Dubbel Taschenbuch für den Maschinenbau 3: Maschinen und Systeme

EBOOK INSIDE

Die Zugangsinformationen zum eBook inside finden Sie am Ende des Buchs.

Beate Bender · Dietmar Göhlich
(Hrsg.)

Dubbel Taschenbuch für den Maschinenbau 3: Maschinen und Systeme

26., überarbeitete Auflage

Hrsg.
Prof. Dr.-Ing. Beate Bender
Lehrstuhl für Produktentwicklung,
Fakultät für Maschinenbau
Ruhr-Universität Bochum
Bochum, Deutschland

Prof. Dr.-Ing. Dietmar Göhlich
Fachgebiet Methoden der
Produktentwicklung und Mechatronik,
Fakultät Verkehrs und
Maschinensysteme
Technische Universität Berlin
Berlin, Deutschland

ISBN 978-3-662-59714-9 ISBN 978-3-662-59715-6 (eBook)
https://doi.org/10.1007/978-3-662-59715-6

Die Deutsche Nationalbibliothek verzeichnet diese Publikation in der Deutschen Nationalbibliografie; detaillierte bibliografische Daten sind im Internet über http://dnb.d-nb.de abrufbar.

Springer Vieweg

Springer Vieweg ist ein Imprint der eingetragenen Gesellschaft Springer-Verlag GmbH, DE und ist ein Teil von Springer Nature.
Die Anschrift der Gesellschaft ist: Heidelberger Platz 3, 14197 Berlin, Germany

Vorwort zur 26. Auflage des DUBBEL – Fundiertes Ingenieurwissen in neuem Format

Der DUBBEL ist seit über 100 Jahren für Generationen von Studierenden sowie in der Praxis tätigen Ingenieurinnen und Ingenieuren das Standardwerk für den Maschinenbau. Er dient gleichermaßen als Nachschlagewerk für Universitäten und Hochschulen, technikorientierte Aus- und Weiterbildungsinstitute wie auch zur Lösung konkreter Aufgaben aus der ingenieurwissenschaftlichen Praxis. Die enorme inhaltliche Bandbreite basiert auf den umfangreichen Erfahrungen der Herausgeber und Autoren, die sie im Rahmen von Lehr- und Forschungstätigkeiten an einschlägigen Hochschulen und Universitäten oder während einer verantwortlichen Industrietätigkeit erworben haben.

Die Stoffauswahl ist so getroffen, dass Studierende in der Lage sind, sich problemlos Informationen aus der gesamten Breite des Maschinenbaus zu erschließen. Ingenieurinnen und Ingenieure der Praxis erhalten darüber hinaus ein weitgehend vollständiges Arbeitsmittel zur Lösung typischer Ingenieuraufgaben. Ihnen wird ein schneller Einblick insbesondere auch in solche Fachgebiete gegeben, in denen sie keine Spezialisten sind. So sind zum Beispiel die Ausführungen über Fertigungstechnik nicht nur für Betriebsingenieur*innen gedacht, sondern beispielsweise auch für Konstrukteur*innen und Entwickler*innen, die fertigungsorientiert gestalten. Durch die Vielschichtigkeit technischer Produkte ist eine fachgebietsübergreifende bzw. interdisziplinäre Arbeitsweise nötig. Gerade in Anbetracht der Erweiterung des Produktbegriffs vor dem Hintergrund der Serviceintegration und Digitalisierung müssen Entwicklungsingenieur*innen z. B. über Kenntnisse in der Mechatronik oder Informations- und Kommunikationstechnik verfügen, aber auch auf Systemverständnis sowie Methodenkenntnisse zurückgreifen können. Der DUBBEL hilft somit den Mitarbeiterinnen und Mitarbeitern in allen Unternehmensbereichen der Herstellung und Anwendung maschinenbaulicher Produkte (Anlagen, Maschinen, Apparate, Geräte, Fahrzeuge) bei der Lösung von Problemen: Angefangen bei der Produktplanung, Forschung, Entwicklung, Konstruktion, Arbeitsvorbereitung, Normung, Materialwirtschaft, Fertigung, Montage und Qualitätssicherung über den technischen Vertrieb bis zur Bedienung, Überwachung, Wartung und Instandhaltung und zum Recycling. Die Inhalte stellen das erforderliche Basis- und Detailwissen des Maschinenbaus zur Verfügung und garantieren die Dokumentation des aktuellen Stands der Technik.

Die Vielfalt des Maschinenbaus hinsichtlich Ingenieurtätigkeiten und Fachgebieten, der beständige Erkenntniszuwachs sowie die vielschichtigen

Zielsetzungen des DUBBEL erfordern bei der Stoffzusammenstellung eine enge Zusammenarbeit zwischen Herausgeber*innen und Autor*innen. Es müssen die wesentlichen Grundlagen und die unbedingt erforderlichen, allgemein anwendbaren und gesicherten Erkenntnisse der einzelnen Fachgebiete ausgewählt werden.

Um einerseits diesem Ziel weiterhin gerecht zu werden und andererseits die Übersichtlichkeit und Lesbarkeit zu verbessern, haben die Herausgeberin und der Herausgeber gemeinsam mit dem Springer-Verlag entschieden, Schrift- und Seitengröße deutlich zu erhöhen. Damit finden sich die bewährten Inhalte nunmehr in einer **dreibändigen** Ausgabe. Jeder Band wird künftig zudem als Full-Book-Download über das digitale Buchpaket SpringerLink angeboten.

Die *Reihung der Kapitel* wurde gegenüber der 25. Auflage so verändert, dass im Band 1 Grundlagen und Tabellen, im Band 2 maschinenbauliche Anwendungen und im Band 3 Maschinen und Systeme zu finden sind.

Band 1 mit Grundlagen und Tabellen enthält neben den allgemeinen Tabellenwerken das technische Basiswissen für Ingenieur*innen bestehend aus Mechanik, Festigkeitslehre, Werkstofftechnik, Thermodynamik und Maschinendynamik. Aufgrund vielfacher Leser*innen-Hinweise sind auch die Grundlagen der Mathematik für Ingenieure wieder Teil dieser Auflage des DUBBEL.

Band 2 behandelt maschinenbauliche Anwendungen und umfasst die Produktentwicklung, die virtuelle Produktentwicklung, mechanische Konstruktionselemente, fluidische Antriebe, Elektrotechnik, Messtechnik und Sensorik, Regelungstechnik und Mechatronik, Fertigungsverfahren sowie Fertigungsmittel.

Band 3 fokussiert auf Maschinen und Systeme, im Einzelnen sind dies Kolbenmaschinen, Strömungsmaschinen, Fördertechnik, Verfahrenstechnik, thermischer Apparatebau, Kälte-, Klima- und Heizungstechnik, Biomedizinische Technik, Energietechnik und -wirtschaft sowie Verkehrssysteme (Luftfahrt, Straße und Schiene).

Beibehalten wurden in allen Bänden die am Ende vieler Kapitel aufgeführten quantitativen Arbeitsunterlagen in Form von Tabellen, Diagrammen und Normenauszügen sowie Stoff- und Richtwerte.

Die *Benutzungsanleitung* vor dem Inhaltsverzeichnis hilft, die Buchstruktur einschließlich Anhang sowie die Abkürzungen zu verstehen. Zahlreiche Hinweise und Querverweise zwischen den einzelnen Teilen und Kapiteln erlauben eine effiziente Nutzung des Werkes. Infolge der Uneinheitlichkeit nationaler und internationaler Normen sowie der Gewohnheiten einzelner Fachgebiete ließen sich in wenigen Fällen unterschiedliche Verwendung gleicher Begriffe und Formelzeichen nicht immer vermeiden.

„Informationen aus der Industrie" mit technisch relevanten Anzeigen bekannter Firmen zeigen industrielle Ausführungsformen und ihre Bezugsquellen.

Mit dem Erscheinen der 26. Auflage wird Prof. Grote nach 25 Jahren und sieben Auflagen aus dem Herausgeberteam ausscheiden. Die Herausgeber danken ihm sehr herzlich für seine lange und zeichensetzende Herausgeberschaft des DUBBEL.

Die Herausgeber danken darüber hinaus allen am Werk Beteiligten, in erster Linie den Autoren für ihr Engagement und ihre Bereitschaft zur kurzfristigen Prüfung der Manuskripte im neuen Layout. Wir danken insbesondere Frau G. Fischer vom Springer-Verlag für die verlagsseitige Koordination und Frau N. Kroke, Frau J. Krause sowie Frau Y. Schlatter von der Fa. le-tex publishing services für die engagierte und sachkundige Zusammenarbeit beim Satz und der Kommunikation mit den Autoren. Ein Dank aller Beteiligten geht auch an die Verantwortlichen für das Lektorat beim Springer-Verlag, Herrn M. Kottusch, der insbesondere die Weiterentwicklung des Layouts und die Aufnahme des Mathematikteils vorangetrieben hat, sowie Herrn A. Garbers, der in diesem Jahr das Lektorat des DUBBEL übernommen hat. Beide wurden wirkungsvoll von Frau L. Burato unterstützt.

Abschließend sei auch den vorangegangenen Generationen von Autoren gedankt. Sie haben durch ihre gewissenhafte Arbeit die Anerkennung des DUBBEL begründet, die mit der jetzt vorliegenden 26. Auflage des DUBBEL weiter gefestigt wird.

Dank der Mitwirkung zahlreicher sehr engagierter und kompetenter Personen steht die Marke DUBBEL weiter für höchste Qualität, nunmehr in einem dreibändigen Standardwerk für Ingenieurinnen und Ingenieure in Studium und Beruf.

Bochum und Berlin
im Herbst 2020

Prof. Dr.-Ing. Beate Bender
Prof. Dr.-Ing. Dietmar Göhlich

Hinweise zur Benutzung

Gliederung. Das Werk umfasst 26 Teile in drei Bänden: Band 1 enthält Grundlagen und Tabellen. Hier findet sich das technische Basiswissen für Ingenieure bestehend aus den Teilen Mathematik, Mechanik, Festigkeitslehre, Werkstofftechnik, Thermodynamik und Maschinendynamik sowie allgemeine Tabellen. Band 2 behandelt Anwendungen und Band 3 richtet den Fokus auf Maschinen und Systeme. Die Bände sind jeweils unterteilt in Teile, die Teile in Kapitel, Abschnitte und Unterabschnitte.

Weitere Unterteilungen werden durch fette Überschriften sowie fette und kursive Zeilenanfänge (sog. Spitzmarken) vorgenommen. Sie sollen dem Leser das schnelle Auffinden spezieller Themen erleichtern.

Kolumnentitel oder Seitenüberschriften enthalten auf den linken Seiten (gerade Endziffern) die Namen der Autoren, auf der rechten jene der Kapitel.

Kleindruck. Er wurde für Bildunterschriften und Tabellenüberschriften gewählt, um diese Teile besser vom übrigen Text abzuheben und Druckraum zu sparen.

Inhalts- und Sachverzeichnis sind zur Erleichterung der Benutzung des Werkes ausführlich und Band-übergreifend gestaltet.

Kapitel. Es bildet die Grundeinheit, in der Gleichungen, Bilder und Tabellen jeweils wieder von 1 ab nummeriert sind. Fett in blau gesetzte Bild- und Tabellenbezeichnungen sollen ein schnelles Erkennen der Zuordnung von Bildern und Tabellen zum Text ermöglichen.

Anhang. Am Ende vieler Kapitel befinden sich Anhänge zu Diagrammen und Tabellen sowie zur speziellen Literatur. Sie enthalten die für die praktische Zahlenrechnung notwendigen Kenn- und Stoffwerte sowie Sinnbilder und Normenauszüge des betreffenden Fachgebietes und das im Text angezogene Schrifttum. Am Ende von Band 1 findet sich zudem das Kapitel „Allgemeine Tabellen". Er enthält die wichtigsten physikalischen Konstanten, die Umrechnungsfaktoren für die Einheiten, das periodische System der Elemente sowie ein Verzeichnis von Bezugsquellen für Technische Regelwerke und Normen. Außerdem sind die Grundgrößen von Gebieten, deren ausführliche Behandlung den Rahmen des Buches sprengen würden, aufgeführt. Hierzu zählen die Kern-, Licht-, Schall- und Umwelttechnik.

Nummerierung und Verweise. Die *Nummerierung* der Bilder, Tabellen, Gleichungen und Literatur gilt für das jeweilige Kapitel. Gleichungsnummern stehen in runden ( ), Literaturziffern in eckigen [ ] Klammern.

Bilder. Hierzu gehören konstruktive und Funktionsdarstellungen, Diagramme, Flussbilder und Schaltpläne.

Bildgruppen. Sie sind, soweit notwendig, in Teilbilder **a, b, c** usw. untergliedert (z. B. Bd. 3, Abb. 14.5). Sind diese nicht in der Bildunterschrift erläutert, so befinden sich die betreffenden Erläuterungen im Text (z. B. Bd. 1, Abb. 17.12). Kompliziertere Bauteile oder Pläne enthalten Positionen, die entweder im Text (z. B. Bd. 3, Abb. 2.26) oder in der Bildunterschrift erläutert sind (z. B. Bd. 3, Abb. 51.5).

Sinnbilder für Schaltpläne von Leitungen, Schaltern, Maschinen und ihren Teilen sowie für Aggregate sind nach Möglichkeit den zugeordneten DIN-Normen oder den Richtlinien entnommen. In Einzelfällen wurde von den Zeichnungsnormen abgewichen, um die Übersicht der Bilder zu verbessern.

Tabellen. Sie ermöglichen es, Zahlenwerte mathematischer und physikalischer Funktionen schnell aufzufinden. In den Beispielen sollen sie den Rechnungsgang einprägsam erläutern und die Ergebnisse übersichtlich darstellen. Aber auch Gleichungen, Sinnbilder und Diagramme sind zum besseren Vergleich bestimmter Verfahren tabellarisch zusammengefasst.

Literatur. *Spezielle Literatur.* Sie ist auf das Sachgebiet eines Kapitels bezogen und befindet sich am Ende eines Kapitels. Eine Ziffer in eckiger [ ] Klammer weist im Text auf das entsprechende Zitat hin. Diese Verzeichnisse enthalten häufig auch grundlegende Normen, Richtlinien und Sicherheitsbestimmungen.

Allgemeine Literatur. Auf das Sachgebiet eines Kapitels bezogene Literatur befindet sich ebenfalls am Ende eines Kapitels und enthält die betreffenden Grundlagenwerke. Literatur, die sich auf das Sachgebiet eines ganzen Teils bezieht, befindet sich am Ende des Teils.

Sachverzeichnis. Nach wichtigen Einzelstichwörtern sind die Stichworte für allgemeine, mehrere Kapitel umfassende Begriffe wie z. B. „Arbeit", „Federn" und „Steuerungen" zusammengefasst. Zur besseren Übersicht ersetzt ein Querstrich nur ein Wort. In diesen Gruppen sind nur die wichtigsten Begriffe auch als Einzelstichwörter aufgeführt. Dieses raumsparende Verfahren lässt natürlich immer einige berechtigte Wünsche der Leser offen, vermeidet aber ein zu langes und daher unübersichtliches Verzeichnis.

Gleichungen. Sie sind der Vorteile wegen als Größengleichungen geschrieben. Sind Zahlenwertgleichungen, wie z. B. bei empirischen Gesetzen oder bei sehr häufig vorkommenden Berechnungen erforderlich, so erhalten sie den Zusatz „Zgl." und die gesondert aufgeführten Einheiten den Zusatz „in". Für einfachere Zahlenwertgleichungen werden gelegentlich auch zugeschnittene Größengleichungen benutzt. Exponentialfunktionen sind meist in der

Form „exp(**x**)" geschrieben. Wo möglich, wurden aus Platzgründen schräge statt waagerechte Bruchstriche verwendet.

Formelzeichen. Sie wurden in der Regel nach DIN 1304 gewählt. Dies ließ sich aber nicht konsequent durchführen, da die einzelnen Fachnormenausschüsse unabhängig sind und eine laufende Anpassung an die internationale Normung erfolgt. Daher mussten in einzelnen Fachgebieten gleiche Größen mit verschiedenen Buchstaben gekennzeichnet werden. Aus diesen Gründen, aber auch um lästiges Umblättern zu ersparen, wurden die in jeder Gleichung vorkommenden Größen wenn möglich in ihrer unmittelbaren Nähe erläutert. Bei Verweisen werden innerhalb eines Kapitels die in den angezogenen Gleichungen erfolgten Erläuterungen nicht wiederholt. Wurden Kompromisse bei Formelzeichen der einzelnen Normen notwendig, so ist dies an den betreffenden Stellen vermerkt.

Zeichen, die sich auf die Zeiteinheit beziehen, tragen einen Punkt. Beispiel: Bd. 1, Gl. (17.5). Variable sind kursiv, Vektoren und Matrizen fett kursiv und Einheiten steil gesetzt.

Einheiten. In diesem Werk ist das Internationale bzw. das SI-Einheitensystem (Système international) verbindlich. Eingeführt ist es durch das „Gesetz über Einheiten im Messwesen" vom 2. 7. 1969 mit seiner Ausführungsverordnung vom 26. 6. 1970. Außer seinen sechs Basiseinheiten m, kg, s, A, K und cd werden auch die abgeleiteten Einheiten N, Pa, J, W und Pa s benutzt. Unzweckmäßige Zahlenwerte können dabei nach DIN 1301 durch Vorsätze für dezimale Vielfache und Teile nach Bd. 1, Tab. 49.3 ersetzt werden. Hierzu lässt auch die Ausführungsverordnung folgende Einheiten bzw. Namen zu:

Masse	1 t = 1000 kg	Zeit	1 h = 60 min = 3600 s
Volumen	1 l = 10^{-3} m^3	Temperaturdifferenz	1 °C = 1 K
Druck	1 bar = 10^5 Pa	Winkel	1° = π rad/180

Für die Einheit 1 rad = 1 m/m darf nach DIN 1301 bei Zahlenrechnungen auch 1 stehen.

Da ältere Urkunden, Verträge und älteres Schrifttum noch die früheren Einheitensysteme enthalten, sind ihre Umrechnungsfaktoren für das internationale Maßsystem in Bd. 1, Tab. 49.5 aufgeführt.

Druck. Nach DIN 1314 wird der Druck p in der Einheit bar angegeben und zählt vom Nullpunkt aus. Druckdifferenzen werden durch die Formelzeichen, nicht aber durch die Einheit gekennzeichnet. Dies gilt besonders für die Manometerablesung bzw. atmosphärischen Druckdifferenzen.

DIN-Normen. Hier sind die bei Abschluss der Manuskripte gültigen Ausgaben maßgebend. Dies gilt auch für die dort gegebenen Definitionen und für die angezogenen Richtlinien.

Chronik des Taschenbuchs

Der Plan eines Taschenbuchs für den Maschinenbau geht auf eine Anregung von Heinrich Dubbel, Dozent und später Professor an der Berliner Beuth-Schule, der namhaftesten deutschen Ingenieurschule, im Jahre 1912 zurück. Die Diskussion mit Julius Springer, dem für die technische Literatur zuständigen Teilhaber der „Verlagsbuchhandlung Julius Springer" (wie die Firma damals hieß), dem Dubbel bereits durch mehrere Fachveröffentlichungen verbunden war, führte rasch zu einem positiven Ergebnis. Dubbel übernahm die Herausgeberschaft, stellte die – in ihren Grundzügen bis heute unverändert gebliebene – Gliederung auf und gewann, soweit er die Bearbeitung nicht selbst durchführte, geeignete Autoren, zum erheblichen Teil Kollegen aus der Beuth-Schule. Bereits Mitte 1914 konnte die 1. Auflage erscheinen.

Zunächst war der Absatz unbefriedigend, da der 1. Weltkrieg ausbrach. Das besserte sich aber nach Kriegsende und schon im Jahre 1919 erschien die 2. Auflage, dicht gefolgt von weiteren in den Jahren 1920, 1924, 1929, 1934, 1939, 1941 und 1943. Am 1. 3. 1933 wurde das Taschenbuch als „Lehrbuch an den Preußischen Ingenieurschulen" anerkannt.

H. Dubbel bearbeitete sein Taschenbuch bis zur 9. Auflage im Jahre 1943 selbst. Die 10. Auflage, die Dubbel noch vorbereitete, deren Erscheinen er aber nicht mehr erlebte, war im wesentlichen ein Nachdruck der 9. Auflage.

Nach dem Krieg ergab sich bei der Planung der 11. Auflage der Wunsch, das Taschenbuch gleichermaßen bei den Technischen Hochschulen und den Ingenieurschulen zu verankern. In diesem Sinn wurden gemeinsam Prof. Dr.-Ing. Fr. Sass, Ordinarius für Dieselmaschinen an der Technischen Universität Berlin, und Baudirektor Dipl.-Ing. Charles Bouché, Direktor der Beuth-Schule, unter Mitwirkung des Oberingenieurs Dr.-Ing. Alois Leitner, als Herausgeber gewonnen. Das gesamte Taschenbuch wurde nach der bewährten Disposition H. Dubbels neu bearbeitet und mehrere Fachgebiete neu eingeführt: Ähnlichkeitsmechanik, Gasdynamik, Gaserzeuger und Kältetechnik. So gelang es, den technischen Fortschritt zu berücksichtigen und eine breitere Absatzbasis für das Taschenbuch zu schaffen.

In der 13. Auflage wurden im Vorgriff auf das Einheitengesetz das technische und das internationale Maßsystem nebeneinander benutzt. In dieser Auflage wurde Prof. Dr.-Ing. Egon Martyrer von der Technischen Universität Hannover als Mitherausgeber herangezogen.

Die 14. Auflage wurde von den Herausgebern W. Beitz und K.-H. Küttner und den Autoren vollständig neubearbeitet und erschien 1981, also 67 Jahre nach der ersten. Auch hier wurde im Prinzip die Disposition und die Art der Auswahl der Autoren und Herausgeber beibehalten. Inzwischen hatten aber besonders die Computertechnik, die Elektronik, die Regelung und die Statistik den Maschinenbau beeinflusst. So wurden umfangreichere Berechnungs- und Steuerverfahren entwickelt, und es entstanden neue Spezialgebiete. Der Umfang des unbedingt nötigen Stoffes führte zu zweispaltiger Darstellung bei größerem Satzspiegel. So ist wohl die unveränderte Bezeichnung „Taschenbuch" in der Tradition und nicht im Format begründet.

Das Ansehen, dessen sich das Taschenbuch überall erfreute, führte im Lauf der Jahre auch zu verschiedenen Übersetzungen in fremde Sprachen.

Eine erste russische Ausgabe gab in den zwanziger Jahren der Springer-Verlag selbst heraus, eine weitere erschien unautorisiert. Nach dem 2. Weltkrieg wurden Lizenzen für griechische, italienische, jugoslawische, portugiesische, spanische und tschechische Ausgaben erteilt. Von der Neubearbeitung (14. Auflage) erschienen 1984 eine italienische, 1991 eine chinesische und 1994 eine englische Übersetzung.

1997 wurde K.-H. Grote Mitherausgeber und begleitete 7 Auflagen bis 2018, darunter auch die beiden interaktiven Ausgaben des Taschenbuchs für Maschinenbau um die Jahrtausendwende. Jörg Feldhusen wurde zur 21. Auflage Mitherausgeber des DUBBEL. Mit der 25. Ausgabe übernahmen B. Bender und D. Göhlich zunächst die Mit-Herausgeberschaft gemeinsam mit K.-H. Grote. Entsprechend der Entwicklung des maschinenbaulichen Kontexts wurden die Inhalte des Dubbel erweitert und aktualisiert wie beispielsweise die komplette Überarbeitung des Kapitels Energietechnik oder die gemeinsame Neustrukturierung der Kapitel Mechatronik und Regelungstechnik erkennen lassen. Mit der 26. Auflage übernahmen B. Bender und D. Göhlich die alleinige Herausgeberschaft. Sie führten 2020 eine übersichtliche Band-Dreiteilung ein. Bereits 2001 übertraf der DUBBEL die Marke von 1 Million verkauften Exemplaren seit der Erstauflage. Dieses beachtliche Gesamtergebnis wurde durch die gewissenhaft arbeitenden Autoren und Herausgeber, die sorgfältige Bearbeitung im Verlag und die exakte drucktechnische Herstellung möglich.

Biographische Daten über H. Dubbel

Heinrich Dubbel, der Schöpfer des Taschenbuches, wurde am 8. 4. 1873 als Sohn eines Ingenieurs in Aachen geboren. Dort studierte er an der Technischen Hochschule Maschinenbau und arbeitete in der väterlichen Fabrik als Konstrukteur, nachdem er in Ohio/USA Auslandserfahrungen gesammelt hatte. Vom Jahre 1899 ab lehrte er an den Maschinenbau-Schulen in Köln, Aachen und Essen. Im Jahre 1911 ging er an die Berliner Beuth-Schule, wo er nach fünf Jahren den Titel Professor erhielt. 1934 trat er wegen politischer Differenzen mit den Behörden aus dem öffentlichen Dienst aus und widmete sich in den folgenden Jahren vorwiegend der Beratung des Springer-Verlages auf dem Gebiet des Maschinenbaus. Er starb am 24. 5. 1947 in Berlin.

Dubbel hat sich in hohem Maße auf literarischem Gebiet betätigt. Seine Aufsätze und Bücher, insbesondere über Dampfmaschinen und ihre Steuerungen, Dampfturbinen, Öl- und Gasmaschinen und Fabrikbetrieb genossen großes Ansehen.

Durch das „Taschenbuch für den Maschinenbau“ wird sein Name noch bei mancher Ingenieurgeneration in wohlverdienter Erinnerung bleiben.

PDMD-A10097-00-7600

FLENDER

Inhaltsverzeichnis

Teil III Fördertechnik

Teil V Thermischer Apparatebau und Industrieöfen

Teil VI Kälte-, Klima- und Heizungstechnik

Inhaltsverzeichnis Band 1

Teil IV Werkstofftechnik

Teil V Thermodynamik

Inhaltsverzeichnis Band 2

Teil VIII Fertigungsverfahren

Teil IX Fertigungsmittel

Verzeichnis der Herausgeber und Autoren

Über die Herausgeber

Professor Dr.-Ing. Beate Bender 1987–2000 Studium des Maschinenbaus und Tätigkeit als Wissenschaftliche Mitarbeiterin am Institut für Maschinenkonstruktion – Konstruktionstechnik an der TU Berlin, bis zu dessen Tod 1998 unter der Leitung von Prof. Beitz. 2001 Promotion an der TU München, 2001 bis 2013 bei Bombardier Transportation Bahntechnologie im Angebotsmanagement, Engineering, Projektleitung und Produktmanagement. Seit 2013 Leiterin des Lehrstuhls für Produktentwicklung an der Ruhr-Universität Bochum. Herausgeberin des DUBBEL, Taschenbuch für den Maschinenbau (ab 25. Auflage), des Pahl/Beitz – Konstruktionslehre (ab 9. Auflage), Mitglied der Wissenschaftlichen Gesellschaft für Produktentwicklung (WiGeP).

Professor Dr.-Ing. Dietmar Göhlich 1979–1985 Studium an der TU Berlin, 1985–1989 Promotion am Georgia Institute of Technology in den U.S.A, 1989 bis 2010 in leitender Funktion in der Pkw-Entwicklung der Daimler AG u. a. in der Gesamtfahrzeugkonstruktion Smart und S-Klasse. Seit 2010 Leiter des Fachgebiets Methoden der Produktentwicklung und Mechatronik und Geschäftsführender Direktor des Instituts für Maschinenkonstruktion und Systemtechnik an der Technischen Universität Berlin. Herausgeber des DUBBEL, Taschenbuch für den Maschinenbau (ab 25. Auflage). Mitglied der Wissenschaftlichen Gesellschaft für Produktentwicklung (WiGeP), Sprecher des BMBF Forschungscampus Mobility2Grid, Mitglied in der acatech – Deutsche Akademie der Technikwissenschaften.

Autorenverzeichnis

Friedherz Becker studierte 1974 Werkstofftechnik und Verfahrenstechnik an der TU Clausthal und promovierte 2016 an der Otto-von-Guericke-Universität Magdeburg. Er war dann Prokurist und Leiter der Abteilung Versuch und Entwicklung bei der Ofenbaufirma Riedhammer GmbH in Nürnberg. Von 1987 bis 1995 hatte er einen Lehrauftrag an der FH Nürnberg. In den Jahren 2003 bis 2009 leitete er als Vorsitzender die Forschungsgemeinschaft Industrieofenbau in Frankfurt. Von 1999 bis 2007 war er stellvertretender Vorsitzender des FA Wärmetechnik der DGK.

Matthias Bohnet wurde 1964 mit einer Arbeit auf dem Gebiet der Mehrphasenströmungen an der Universität Karlsruhe promoviert. Danach war er bei der BASF AG in Ludwigshafen und New York, N.Y. in Forschung und Entwicklung tätig. Seit 1973 ist er Professor und war Direktor des Institutes für Verfahrens- und Kerntechnik der Technischen Universität Braunschweig. Seine Forschungsschwerpunkte sind Mehrphasenströmungen und Wärme- und Stoffübertragung. Er veröffentlichte über 250 Beiträge in Büchern und Zeitschriften über seine Forschungsarbeiten.

Henrik Botterweck studierte bis 1993 Physik an der RWTH Aachen und promovierte dort 1997 auf dem Gebiet der Theoretischen Chemie zum Dr. rer. nat. Anschließend arbeitete er als wissenschaftlicher Mitarbeiter und Senior Scientist am Forschungslabor der Philips GmbH in Aachen an Themen der Spracherkennung, Computertomographie und Nuklearmedizin. Seit 2008 leitet er als Professor an der FH Lübeck das Labor für medizinische Bildgebung. Seine Arbeitsgebiete umfassen die Modellierung und Optimierung tomographischer Methoden und diffusiver Prozesse. Er ist Mitglied im TANDEM Kompetenzzentrum Medizintechnik der Universität Lübeck und der Fachhochschule Lübeck.

Christian Bratfisch studierte an der Ruhr-Universität Bochum Maschinenbau mit der Vertiefungsrichtung Energie- und Verfahrenstechnik. Anschließend war er von Januar bis Juli 2011 als Simulatorausbilder für einen Druckwasserreaktor bei der Gesellschaft für Simulatorschulung (Simulatorzentrum Essen) beschäftigt. Im November 2011 kehrte der Diplom-Ingenieur an die Ruhr-Universität zurück um dort im Bereich Reaktorsimulation und -sicherheit des Lehrstuhls Energiesysteme und Energiewirtschaft als wissenschaftlicher Mitarbeiter zu forschen und in diesem Rahmen die Promotion abzuschließen. Seit 2018 ist er für ein Unternehmen in der chemischen Industrie tätig.

Rainer Bruns, geb. 06.07.1956 in Hamburg. 1976–1982: Studium Maschinenbau/Luft- und Raumfahrttechnik TU Braunschweig; 1982–1986: Wissenschaftlicher Mitarbeiter Uni Bw Hamburg; 1987: Promotion zum Dr.- Ing.; 1987–1992: Tätigkeit bei der Jungheinrich AG; 1992: Professur Maschinenelemente und Technische Logistik Helmut-Schmidt-Universität. Mitglied: wissenschaftlichen Kuratoriums der Forschungsgemeinschaft für Logistik e.V., Beirat der Zeitschrift „Hebezeuge und Fördermittel", „Wissenschaftlichen Gesellschaft für Technische Logistik WGTL", europäischen Kreises deutschsprechender Fördertechnikprofessoren. Veranstalter der Hamburger Staplertagung.

Professor Dr.-Ing. Horst Gelbe† wurde 1967 mit einer Arbeit über Mehrphasenströmungen in Füllkörperschüttungen an der TH Hannover promoviert. Nach 8 Jahren Industrietätigkeiten im Chemieanlagenbau wurde er 1975 zum ordentlichen Professor an die TU Berlin berufen. Seine Forschungsschwerpunkte sind: Prozessentwicklung, Prozessdynamik und -führung, Trennkolonnen, Wärmeübertrager mit Schwerpunkt Fluidinduzierte Rohrbündelschwingungen.

Jochen Gier studierte 1988–1994 Maschinenbau mit der Vertiefung Turbomaschinen (Dipl.-Ing.) an der RWTH-Aachen und 1992–1993 als Stipendiat an der Thayer School of Engineering am Dartmouth College, Hanover, USA. Von 1994–1998 war er als wissenschaftlicher Mitarbeiter an der RWTH-Aachen tätig. 2001 promovierte er zum Dr.-Ing. an der RWTH-Aachen. Seit 1998 arbeitet er bei MTU Aero Engines in verschiedenen Positionen in der Aerodynamik, Technologiemanagement, technischen Reviewleitung und derzeit Wärmetechnik und Verbrennung.

Professor Klaus Görner studierte Verfahrenstechnik und promovierte und habilitierte in der Fakultät Energietechnik an der Universität Stuttgart. Von 1991 bis 1996 war er bei der Lentjes AG in Düsseldorf und der Babcock Feuerungssysteme GmbH in Oberhausen tätig. Seit 1996 ist er Leiter des LUAT und seit 2002 in Personalunion wissenschaftlicher Vorstand des GWI. Seine fachlichen Schwerpunkte liegen in den Themengebieten Zentrale und dezentrale Erzeugung von Strom und Wärme, Flexibilisierungsoptionen (P2X), Verbrennungstechnik, Thermische Abfallbehandlung und Modellbildung und Simulation (CFD).

Professor Dr.-Ing. Dipl.-Wirtsch.-Ing. Willibald A. Günthner studierte an der Technischen Universität München Maschinenbau und Arbeits- und Wirtschaftswissenschaften. Nach seiner Promotion am dortigen Lehrstuhl für Förderwesen trat er als Konstruktions- und Technischer Leiter für Förder- und Materialflusstechnik in die Fa. Max Kettner Verpackungsmaschinen ein. 1989 übernahm er die Professur für Förder- und Materialflusstechnik an der FH Regensburg. Seit 1994 ist Professor Günthner Leiter des Lehrstuhls für Fördertechnik Materialfluss Logistik an der TU München. Er ist Gründungsmitglied und Schatzmeister der Wissenschaftlichen Gesellschaft für Technische Logistik WGTL, Vorsitzender des Fachbereichs Technische Logistik und Mitglied des Vorstands der VDI-Gesellschaft Produktion und Logistik.

Christian Hainbach Geschäftsführer der IKET GmbH. Zuvor war er wissenschaftlicher Mitarbeiter am Institut für Angewandte Thermodynamik und Klimatechnik an der Universität Essen.

Seit 1988 ist er Mitglied im Normenausschuss Kältetechnik und war von 1999 bis 2007 Lehrbeauftragter für Heizungs-, Lüftungs- und Kältetechnik an der Universität Essen.

Sachverständiger nach §29b BlmSchG, §53 AwSV und §52 KrW-/AbfG, öffentlich bestellt und vereidigt von der IHK für München und Oberbayern.

Weiterhin ist er als Sachverständiger der zugelassenen Überwachungsstelle GTÜ, Anlagensicherheit Stuttgart tätig. Autor bzw. Mitherausgeber zahlreicher Veröffentlichungen.

Harald Hanke promovierte nach einem Maschinenbaustudium an der TU Hamburg-Harburg dort im Jahr 2000 zum Dr.-Ing. im Fachgebiet Fertigungstechnik. Seit 2001 ist er im Bereich Forschung und Entwicklung in der Medizintechnik/Endoskopie bei der Firma Olympus tätig, seit 2008 General Manager für den Verantwortungsbereich Surgical Therapy.

Hendrik Hasenclever studierte Maschinenbau mit der Vertiefungsrichtung Energie- und Verfahrenstechnik an der Ruhr-Universität in Bochum. Nach seinem Abschluss als Diplom-Ingenieur begann er mit seiner Promotion als wissenschaftlicher Mitarbeiter am Lehrstuhl Energiesysteme und Energiewirtschaft an der Ruhr-Universität Bochum. Hier forschte er im Bereich der energetischen Optimierung von Gewerbe- und Industriegebieten mit der Vertiefung in der Nutzung von Kraft-Wärme-Kopplung in industriellen Unternehmen. Seit April 2016 ist er Mitglied im VDI-Richtlinienausschuss für die VDI-Richtlinie „Referenzlastprofile von Ein- und Mehrfamilienhäusern“. Nach Abschluss seiner Promotion fing er als Projektleiter für Quartierssysteme bei der Vonovia SE an.

Markus Hecht Studium Fahrzeugtechnik Uni Stuttgart und RWTH Aachen bis 1982, Assistententätigkeit RWTH Aachen bis 1987, 1988 bis 1997 Schweizerische Lokomotiv- und Maschinenfabrik AG, Winterthur, Leiter Mess- und Steuerungstechnik, seit 1997 Prof. für Schienenfahrzeuge am Institut für Land- und Seeverkehr der TU Berlin, seit 2012 Mitglied im European Railway Research Advisory Council (ERRAC), Brüssel, Forschungstätigkeiten im Bereich Spurführung Rad-Schiene, Treibhausgasreduktion, Lärmminderung und innovative Güterverkehrstechnik; Lehrtätigkeit im Bereich Eisenbahnmechanteil.

Professor Dietmar Christian Hempel war nach Promotion in Thermo- und Fluiddynamik (Thema: heterogene Katalyse) an der RU Bochum, Industrietätigkeit (Bayer AG, Reaktionstechnik und Bioverfahrenstechnik) und 14-jähriger Professur in Technischer Chemie und Chemischer Verfahrenstechnik (Universität Paderborn) von 1994 bis 2009 an der TU Braunschweig Begründer und Leiter des Instituts für Bioverfahrenstechnik und Sprecher des SFB 578 „Vom Gen zum Produkt". Seine Forschungsinteressen lagen in der Reaktions- und Verfahrenstechnik biologischer und chemischer Prozesse, zunächst im Bereich der Umweltbiotechnologie (Paderborn) und später in der Systembiotechnologie (Braunschweig).

Kathrin Hoffmann studierte Umwelttechnik und Ressourcenmanagement an der Ruhr-Universität in Bochum. Von 2010 bis 2012 arbeitete die Diplom-Ingenieurin bei der Industrie- und Handelskammer zu Köln als Referentin für Energieeffizienz. Zwischen 2012 und März 2017 war sie als wissenschaftliche Mitarbeiterin am Lehrstuhl für Energiesysteme und Energiewirtschaft an der Ruhr-Universität in Bochum tätig und forschte im Bereich Energiekonzepte für Gewerbegebiete, Nachhaltigkeit und Energieeffizienz in Unternehmen. Nach einer Station im Bereich der nachhaltigen Stadtentwicklung, arbeitet sie mittlerweile in der Elektromobilität im Bereich Ladeinfrastruktur.

Herbert Hölz Berlin, Deutschland

Professor Dr. Michael ten Hompel studierte Elektrotechnik an der RWTH Aachen und promovierte an der Universität Witten/Herdecke. Er ist Ordinarius des Lehrstuhls für Förder- und Lagerwesen an der TU Dortmund und geschäftsführender Institutsleiter des Fraunhofer-Instituts für Materialfluss und Logistik in Dortmund. Schwerpunkte seiner Arbeit liegen in den Bereichen Planung von Logistiksystemen, Logistiksoftware, Warehouse Management, Identtechnik und in der Entwicklung von Materialflusssystemen. Er gilt als einer der Väter des „Internet der Dinge" und war wesentlich an der Entwicklung der „Shuttle-Technologie" und der „Zellularen Intralogistik" beteiligt. Neben weiteren Engagements ist Prof. ten Hompel Vorstandsmitglied der BVL und des BITKOM, Vorsitzender der Fraunhofer Academy und Mitglied der acatech „Deutsche Akademie der Technikwissenschaften". Ten Hompel wurde 2012 in die Hall of Fame der Logistik aufgenommen.

Professor Dr.-Ing. André Katterfeld leitet den Lehrstuhl Förder- und Materialflusstechnik am Institut für Logistik und Materialflusstechnik der Otto-von-Guericke-Universität Magdeburg. Nach dem Abschluss seiner Promotion auf dem Gebiet der Kettenförderer im Jahr 2005 beschäftigte er sich als wissenschaftlicher Mitarbeiter in zahlreichen Forschungsprojekten mit dem Einsatz von Computersimulationen auf Basis der Diskrete Elemente Methode (DEM) im Bereich der Schüttgutfördertechnik. Nach einer Tätigkeit als Junior-Professor wurde er 2015 auf den Lehrstuhl Fördertechnik und 2017 auf den Lehrstuhl Förder- und Materialflusstechnik berufen. Seit 2011 ist er zudem Gastprofessor an der University of Newcastle (Australien). Seine Forschungsschwerpunkte liegen auf dem Gebiet der Berechnung, der experimentellen Analyse und Simulation von Stetigförderern sowie Schüttguttechnik.

Thomas Keilig Universität Stuttgart, Stuttgart, Deutschland

Michael Ketting, Jahrgang 1950; 1970–1974 Studium der Regelungstechnik an der TU Dresden, 1977–1981 Studium der Wissenschaftsphilosophie/Physikgeschichte an der Humboldt-Universität zu Berlin. Promotion 1982 über Entwicklungsprobleme in der Geschichte der Festkörperphysik. In langjähriger Industrietätigkeit war Michael Ketting auf dem Gebiet der Baumaschinentechnik, zuletzt (bis 2003) als Vorstand der Intertractor AG in Gevels-berg tätig. Sein Spezialgebiet ist die Raupenfahrwerkstechnik für Baumaschinen und Off-Road-Fahrzeuge. Von 2003 bis 2015 war er Wissenschaftlicher Direktor des IBAF-Institutes für Baumaschinen, Antriebs- und Förder-technik GmbH in Bochum und Generalbevollmächtigter bzw. Geschäftsführer der IAMT mbH (Holding). Bis zu seinem Ruhestand 2016 war er zudem Honorarprofessor für Fördertechnische Systeme/Baumaschinentechnik an der Fakultät für Maschinenbau der Ruhr-Universität Bochum. Allein auf dem Gebiet der Baumaschinen- und Kettenfahrwerkstechnik veröffentlichte er weit über 200 Fachaufsätze.

Ulrich Kleemann Studium Maschinenbau an der TU München, Diplom 1981. Akad. Rat am Lehrstuhl B für Mechanik, Schwerpunkte Schwingungstechnik, Regelungstechnik, Fahrdynamik, Robotik; 1989 Promotion bei Prof. Pfeiffer. Von 1989 bis 2008 Knorr-Bremse, Systeme für Schienenfahrzeuge GmbH, München; diverse Positionen im Bereich Bremsen für Schienenfahrzeuge, zuletzt Leiter Innovation Fernverkehr. Convenor der CEN-Arbeitsgruppe „Brake Components". Lehrauftrag an der TU Berlin zu Fahrdynamik und Bremstechnik des Schienenverkehrs seit 2002. 2009 bis 2013 Faiveley Transport Witten GmbH, Leiter System Engineering Brake. 2014 bis 2018 PROSE München GmbH, Geschäftsführer, Leiter Engineering, Fachexperte Bremse. Honorarprofessor an der Technischen Universität Berlin, Gutachter zum Fachbereich Bremse, anerkannt durch das Eisenbahn-Bundesamt.

Stephan Klein Studium des Maschinenbaus an der FH Kiel und der TU Berlin bis 1983. Industrietätigkeit im Bereich Ultraschallgeräte sowie feinmechanischer und optischer Systeme bis 1989. Anschließend Wissenschaftlicher Mitarbeiter an der TU Berlin und dort Promotion zum Dr.-Ing. im Bereich Entwicklungsmethodik. Seit 1994 Professor für Feinmechanik und Konstruktion am Fachbereich Angewandte Naturwissenschaften der TH Lübeck. Leiter des Labors für Medizinische Sensor- und Gerätetechnik der TH Lübeck, des gemeinsamen internationalen Studiengangs Biomedical Engineering sowie stv. Sprecher des gemeinsamen Lübecker Kompetenzzentrums TANDEM-Technology and Engineering in Medicine. Vorstandsmitglied im Verein „Forum für Medizintechnik".

Jochim Koch Maschinenbaustudium von 1969–1976 an der FH Lübeck und der TU Berlin. Dort 1978 Promotion im Bereich Fahrzeugtechnik. Danach langjährige und verantwortliche Industrietätigkeit als Projekt- und Entwicklungsleiter sowohl in der Grundlagen- als auch in der Produktentwicklung von Medizinprodukten, speziell von Wärmetherapie-, Sauerstoffanreicherungs- und Beatmungsgeräten.

Marc Kraft hat 1989 ein Studium an der Offiziershochschule für Militärflieger in Bautzen abgeschlossen und war anschließend Jagdflieger. Danach folgten ein Studium des Maschinenbaus sowie 1999 die Promotion an der TU Berlin. Industrielle Tätigkeiten als Entwicklungsleiter bei der Vanguard AG, Berlin bzw. im strategischen Technologiemanagement der Otto Bock HealthCare GmbH, Duderstadt schlossen sich an. Seit 2004 ist Kraft Universitätsprofessor und Leiter des Fachgebietes Medizintechnik der TU Berlin sowie Mitgründer des Innovationszentrums Technologien für Gesundheit und Ernährung der TU Berlin. Seit 2009 ist Kraft Vorsitzender des VDI Fachgebiets Medizintechnik, seit 2007 Sprecher des Fachausschusses Rehabilitationstechnik und seit 2005 Sprecher des Fachausschusses Aus- und Weiterbildung in der Deutschen Gesellschaft für Biomedizinische Technik im VDE. Arbeitsgebiete: Mechanische Hilfsmittel zur Rehabilitation, Aufbereitung von Medizinprodukten mit besonders hohem Gefährdungspotenzial (Katheter, Chirurgieinstrumente), Prüf- und Bewertungsmethoden für Medizinprodukte, Geräte und Instrumenten für die Kardiologie und minimal invasive Chirurgie.

Edwin Krämer 1959 geboren in Deutschland, 1980 Studium des Maschinenbaus an der Universität Karlsruhe, Deutschland, 1985 BBC Forschung an Gleitlagern, Rotor Dynamik und Turbinenschaufel Vibrationen, 1989 ABB Forschung und Entwicklung Projektleiter, 1997 ABB/ALSTOM General Manager Dampfturbinen Forschung und Entwicklung, 2002 ALSTOM Schweiz AG, General Manager Gasturbinen Komponenten Entwicklung und Technologie, 2004 Direktor Industrial Support. 2010 Leitung Einkauf & Engineering für Service Dampfturbinen. 2016 GE Product Management Service Dampfturbinen. Seit 2018 als Consultant tätig.

Professor Dr.-Ing. habil. Dr. h.c. Friedrich Krause promovierte 1969 an der damaligen Hochschule für Schwermaschinenbau in Magdeburg über den Entleerungsvorgang zellenloser Schaufelräder. Nach seiner Tätigkeit als wissenschaftlicher Oberassistent am Institut für Fördertechnik leitete er als Forschungs- und Entwicklungsingenieur in der Industrie u. a. die Neuerarbeitung von Berechnungsgrundlagen für Gurtförderer für den TGL-Standard. Im Jahr 1983 habilitierte er und war seit 1989 Professor und Lehrstuhlleiter für Förder- bzw. Materialflusstechnik sowie mehrfach Geschäftsführender Institutsleiter des Instituts für Logistik und Materialflusstechnik der Otto-von-Guericke-Universität Magdeburg. 2004 scheidet er nach Eintritt in den Ruhestand aus dem aktiven Dienst als Hochschullehrer aus, wirkt jedoch weiter in der Doktorandenbetreuung, an Forschungs- und Buchprojekten sowie Gutachten.

Rainer Krull 1977–1980 Ausbildung zum Chemiefacharbeiter, 1982–1989 Studium der Chemie und Chemietechnik an der Universität Paderborn, 1992 Promotion an der Universität Paderborn, 1993–1994 industrielle Tätigkeit in der Bio- und Umweltverfahrenstechnik, seit 1995 Akademischer Direktor am Institut für Bioverfahrenstechnik der TU Braunschweig, 2002 Habilitation, 2005 Ernennung zum apl. Prof., 2001–2012 Geschäftsführer des SFB 578 „Vom Gen zum Produkt". Forschungsschwerpunkte: Verfahrenstechnik biologischer und chemischer Prozesse, Morphologiebeeinflussung und Schersensitivität filamentöser Mikroorganismen, Mikrobioreaktionstechnik, Pharmabioverfahrenstechnik sowie Elektrobiotechnologie.

Professor Günter Kunze hat 1972 sein Maschinenbaustudium an der TU Dresden abgeschlossen und anschließend als Wissenschaftlicher Assistent auf dem Gebiet der Rollreibung promoviert. Während seiner Tätigkeit als leitender Ingenieur in der Industrie hat er 1988 zu Problemen der Mitnehmerverzahnungen habilitiert. 1993 überträgt man ihm eine Professur für Maschinenbau. Seine Forschungsschwerpunkte betreffen spezielle Maschinenelemente und die Antriebstechnik sowie Simulation mobiler Arbeitsmaschinen.

Arno Kwade promovierte 1996 zum Dr.-Ing. an der Technischen Universität Braunschweig auf dem Gebiet der Feinstzerkleinerung in Rührwerkskugelmühlen. Darauf aufbauend arbeitete er 9 Jahre auf unterschiedlichen Positionen in der Industrie, schwerpunktmäßig im Bereich der Zerkleinerungs-, Schüttgut- und Mischtechnik. Seit 2005 ist er Leiter des Instituts für Partikeltechnik an der TU Braunschweig. Seine Forschungsschwerpunkte sind das Zerkleinern und Dispergieren kleinster Partikel, nanopartikuläre Beschichtungen und Kompositmaterialien, Schüttguttechnik, Elektrodenfertigung für Batterien sowie Bio- und Pharmapartikeltechnik.

Ronald Mailach studierte 1989–1994 Maschinenbau mit Vertiefung Energietechnik an der Technischen Universität Dresden (Dipl.-Ing.). Von 1994–2011 war er als wissenschaftlicher Mitarbeiter und Oberassistent an der TU Dresden tätig. Im Jahr 2001 promovierte er zum Dr.-Ing. an der TU Dresden. Er wurde 2009 an der TU Dresden habilitiert und erhielt die Venia Legendi für das Fachgebiet Turbomaschinen. 2011 folgte er dem Ruf auf den Lehrstuhl für Thermische Turbomaschinen an der Ruhr-Universität Bochum. Seit 2015 ist er Inhaber der Professur für Turbomaschinen und Flugantriebe an der TU Dresden. Seine Forschungsschwerpunkte liegen im Bereich Aerodynamik, Fluid-Struktur-Interaktionen und Probabilistik für Flugtriebwerke, Gas- und Dampfturbinen.

Jürgen Manigel promovierte 1993 nach seinem Studium der Elektrotechnik im Fachbereich Regelungstechnik der TU Braunschweig. Seit 1993 ist er bei Dräger Medical in Lübeck in der Entwicklung von Intensivbeatmungsgeräten und Anästhesiegeräten tätig. Schwerpunkte sind die Entwicklung und Umsetzung von Beatmungsalgorithmen, Atemwegsmonitoring sowie modellbasierte Regelkreise für Inhalationsanästhetika.

Alfons Mersmann Von 1952 bis 1957 Studium Maschinenbau/Verfahrenstechnik an der Technischen Hochschule Hannover. Tätigkeiten: Von 1957 bis 1961 am Max-Planck-Institut für Strömungsforschung in Göttingen, danach in der chemischen Industrie, von 1969 bis 1997 Inhaber eines Lehrstuhls für Verfahrenstechnik an der Technischen Universität München mit den Forschungsgebieten Mehrphasenströmung und Thermische Trenntechnik, vor allem Adsorption und Kristallisation. 1994 mit der Emil-Kirschbaum-Medaille und 1996 mit dem Ernest-Solvay-Preis ausgezeichnet.

Klaus Mollenhauer Studium des Maschinenbaus an der TU Berlin: Diplom (1957), Tätigkeit am Institut für Verbrennungskraftmaschinen der TU Berlin: Promotion (1967), Habilitation (1971), Professor für das Fachgebiet Verbrennungskraftmaschinen (1971–1996). Forschungsarbeiten u. a. zu: Wärmeübergang in Verbrennungskraftmaschinen, Messung der Reibung von Kolben und Kolbenringen in Verbrennungsmotoren, Einsatz von Wasser-Kraftstoff-Emulsionen in Dieselmotoren und Brennkammern, Charakterisierung der Partikelemission von Dieselmotoren, Entwicklung von Partikel-Messverfahren zur normgerechten Messung n. ECE R49 bzw. ISO/CD 8178. Ehrenplakette des VDI.

Lothar Mörl promovierte 1972 auf dem Gebiet des Chemischen Ingenieurwesens an der Otto-von-Guericke-Universität Magdeburg. Danach beschäftigte er sich in der industriellen Forschung mit Problemen der Feststofffluidisation. Seit 1982 ist er Professor für Chemischen Apparatebau an der Otto-von-Guericke-Universität Magdeburg. Seine Hauptforschungsgebiete umfassen Prozesse der Feststofffluidisation, der Trocknung und Granulation und deren apparative Gestaltung. Er hat mehr als 200 Aufsätze in wissenschaftlichen Zeitschriften veröffentlicht, mehr als 180 Patente angemeldet und ist Mitautor in 3 Büchern über Trocknung und Granulation.

Steffen Müller Nach dem Studium der Luft- und Raumfahrt an der TU Berlin promovierte Prof. Dr.-Ing. Steffen Müller 1998 an der TU Berlin im Bereich Schienenfahrzeugdynamik. Er arbeitete dann zwei Jahre im ABB-Forschungszentrum in Heidelberg und beschäftigte sich dort mit Antriebsregelsystemen von Hochleistungszügen. Anschließend ging er für ein Jahr als Postdoc an die UC Berkeley und forschte dort im Gebiet der Fahrzeugregelung von Pkw. Von 2001–2008 arbeitete Prof. Müller bei BMW im Bereich Fahrwerk und Fahrwerkregelsysteme. Er folgte 2008 einem Ruf an die TU Kaiserlautern auf den Lehrstuhl für Mechatronik in Maschinenbau und Fahrzeugtechnik. 2013 wechselte er an die TU Berlin und leitet dort nun das Fachgebiet Kraftfahrzeuge.

Lars M. Nerheim 1973–1975: Werkstudent, Porsche AG, Stuttgart. 1978: Dipl-Ing. für Maschinenbau/Kfz-Technik Universität Stuttgart; Daimler Benz, Dieselmotoren-Entwicklung. 1980: Rolls-Royce Bergen Diesel: Entwicklung von Diesel- u. insbesondere Gasmotoren. 1992: Entwicklungsleiter. 1998: Leiter für strategische Entwicklungsprojekte. 2003: Associated Fellow of Engineering with Rolls-Roycs plc. 2004: Ricardo plc, UK: Chief Engineer for Large Engines. Seit 2006: Vorsitzender der CIMAC Arbeitsgruppe Gas Engines. Seit 2008 Bergen University College, Professor, Lehrgebiete: Thermische Maschinen, Gas-Technologie.

Gerd Oeljeklaus absolvierte eine Lehre als Maschinenbauer und studierte an der Universität-GH-Essen Maschinenbau mit der Vertiefungsrichtung Energie- und Verfahrenstechnik. Promotion 1987 zum Dr.-Ing. an der Universität-GH-Essen.

Ab 1991 Oberingenieur und akademischer Oberrat mit den Schwerpunkten thermodynamische Kreislaufberechnungen, CO_2-Rückhaltung und -Wiederverwertung. Mitarbeit in verschiedenen Gremien des VDI sowie Geschäftsführer der Deutschen Vereinigung für Verbrennungsforschung e. V. (DVV), (01.01.2005 bis 31.12.2019).

Ludger Overmeyer schloss sein Studium der Elektrotechnik in Hannover im Jahr 1991 ab und promovierte 1996 im Fachbereich Maschinenbau der Universität Hannover. Von 1997 bis 2001 war er bei der Mühlbauer AG in Roding tätig – zuletzt als Leiter Forschung und Entwicklung. Seit 2002 leitet er das Institut für Transport- und Automatisierungstechnik (ITA) der Leibniz Universität Hannover. Er ist geschäftsführender Gesellschafter des Instituts für Integrierte Produktion Hannover gGmbH (IPH) und Vorstand des Laser Zentrum Hannover e.V. (LZH). Seit 2004 ist er Mitglied der Wissenschaftlichen Gesellschaft für Technische Logistik, seit 2006 im wissenschaftlichen Beirat der Bundesvereinigung Logistik (BVL) und seit 2011 Mitglied der Wissenschaftlichen Gesellschaft für Lasertechnik (WLT). Seine Arbeitsgebiete umfassen Themen der Transporttechnik, Automatisierungstechnik sowie der Aufbau- und Verbindungstechnik mit dem Schwerpunkt Lasertechnologie.

Professor Dr.-Ing. habil. Oldrich Polach, selbständiger Berater und Gutachter, von 2001 bis 2016 in leitenden Positionen im Fachbereich Dynamik des Geschäftsbereichs Drehgestelle in Bombardier Transportation, Winterthur, Schweiz. Honorarprofessor am Fachgebiet Schienenfahrzeuge des Instituts für Land- und Seeverkehr der Technischen Universität Berlin, Privatdozent an der Eidgenössischen Technischen Hochschule Zürich, Gutachter für die Prüfung von Fahrzeugen anerkannt vom Eisenbahn-Bundesamt, Mitglied des Überwachungsausschusses des Internationalen Verbands für Systemdynamik der Fahrzeuge (IAVSD) und Mitglied der Redaktionsbeiräte mehrerer internationalen Zeitschriften.

Philipp Rostalski Nach dem Studium der Mess-, Steuer- und Regelungstechnik an der TU Hamburg-Harburg Promotion am Institut für Automatik der ETH Zürich im Jahr 2009. Während dieser Zeit zahlreiche Gastaufenthalte als eingeladener Wissenschaftler, unter anderem in Cambridge, Minneapolis und Amsterdam. Von 2009–2011 Stipendiat der Alexander von Humboldt Stiftung an der University of California, Berkeley. Nach einer Industrietätigkeit in der Research Unit der Drägerwerk AG & Co. KGaA in Lübeck seit 2015 Leiter des Instituts für Medizinische Elektrotechnik der Universität zu Lübeck. Forschungsinteressen liegen auf dem Gebiet der Signalverarbeitung und Regelungstechnik im Bereich der Medizintechnik.

Martin Ryschka Physikstudium zum Diplom-Physiker im Jahr 1979 und 1982 Promotion am Institut für Experimentalphysik der Universität Kiel. Von 1982 bis 1994 Industrietätigkeit in der Entwicklung von Medizingeräten. Von 1994 bis 2011 geschäftsführender Gesellschafter der CogniMed GmbH. Seit 1995 Professor an der Technischen Hochschule Lübeck mit den Lehrgebieten analoge und digitale Elektronik, Medizintechnik sowie Medizinelektronik. Mitglied im TANDEM Kompetenzzentrum Medizintechnik der Universität Lübeck und der Technischen Hochschule Lübeck.

Sylvia Schädlich 1982–1988: Studium des Maschinenbaus an der Universität GH Essen, 1988 Promotion zum Dr.-Ing. an der Universität GH Essen, 1988 - 2004 erst Wissenschaftliche Mitarbeiterin, dann Wissenschaftliche Assistentin am Institut für Angewandte Thermodynamik und Klimatechnik der Universität Essen, seit 1999 Vizepräsidentin des Verbandes für Wärmelieferung (www.energiecontracting.de), seit 2006 Geschäftsführerin des Institutes für Energie-, Kälte- und Klimatechnik GmbH (www.inekk.de), seit 2014 Professorin für Angewandte Thermodynamik der Hochschule RuhrWest am Campus Bottrop, u. a. Mitglied der Fachkommission des Fachverbandes Gebäude-Klima e.V., Mitglied in Normausschüssen, Herausgeberin von Fachbüchern sowie Autorin zahlreicher Fachartikel.

Volker Schindler studierte Physik an der Technischen Universität München, schloss dort ein Arbeits- und Wirtschaftswissenschaftliches Aufbaustudium ab und wurde zum Dr. rer. nat. promoviert. Danach war er bei der KWU AG und seit 1983 bei der BMW AG in unterschiedlichen Funktionen des technischen Managements tätig. Seit 2000 war er Professor für das Fachgebiet Kraftfahrzeuge an der Technischen Universität Berlin, 2014 wurde er pensioniert. Seine Arbeitsschwerpunkte betreffen Gesamtfahrzeuge, Fahrzeugsicherheit, Energie und Verkehr, Entwicklungsprozesse in der Automobilindustrie. 2001–2002 war er Mitglied der Enquete-Kommission des Deutschen Bundestages „Nachhaltige Energieversorgung unter den Bedingungen der Globalisierung und der Liberalisierung“. Er gehörte dem Wissenschaftlichen Beirat beim Bundesminister für Verkehr, Bau und Stadtentwicklung an und ist Honorarprofessor der Dalian University of Technology.

Udo Schlemmer-Kelling studierte Maschinebau an der Universität von Braunschweig. Von 1981 bis 2012 war er bei der Krupp MaK GmbH (später in Caterpillar Motoren GmbH) in Kiel angestellt. In den Jahren 1998/1999 wechselte er zum Caterpillar Stammwerk in Lafayette (USA). Zuletzt war er Engineering Manager in Kiel für den Bereich New Technology Introduction. Seit 2012 ist er bei der FEV GmbH in Aachen und mit der Fachleitung für den Bereich Technologie in der Business Unit Commercial Engines betraut.

Im Jahre 2002 promovierte er an der Universität von Rostock. Er hatte verschiedene Lehraufträge an der Fachhochschule in Kiel und der Universität Rostock. Im Jahre 2008 wurde ihm die Umweltnadel des Landes Schleswig Holstein für die maßgebliche Entwicklung des Low Emission Motors verliehen. 2020 Emeritierung.

Professor Dr. Thorsten Schmidt führt seit 2008 die Professur für Technische Logistik an der Technischen Universität Dresden. Er studierte Maschinenbau mit Schwerpunkt Maschinentechnik an der Universität Dortmund 1987–1994 und Industrial Engineering am Georgia Institute of Technology, Atlanta, 1991–1992. Nach dem Studium war er als wissenschaftlicher Mitarbeiter, später als Oberingenieur am Lehrstuhl für Förder- und Lagerwesen der Universität Dortmund und als Abteilungsleiter Maschinen und Anlagen am Fraunhofer Institut für Materialfluss und Logistik in Dortmund tätig. Seine Tätigkeitsschwerpunkte liegen in der Entwicklung und Gestaltung innerbetrieblicher Produktions- und Logistiksysteme und der Entwicklung und Optimierung technischer Gewerke für die innerbetriebliche Materialfluss- und Handhabungstechnik. Er ist Vizepräsident der Wissenschaftlichen Gesellschaft für Technische Logistik und Editor-in-Chief für das Logistics Research Journal.

Stephan Scholl 1979 bis 1985 Studium Maschinenbau/Verfahrenstechnik an der TU München, 1985 bis 1991 Promotion bei Prof. Mersmann/TU München auf dem Gebiet der Gasphasenadsorption. 1992 bis 2002 Entwicklungsingenieur und Gruppenleiter bei BASF AG, Ludwigshafen. Seit 2002 Direktor und Geschäftsführender Leiter des Instituts für Chemische und Thermische Verfahrenstechnik an der TU Braunschweig. Forschungsschwerpunkte auf den Gebieten Fouling und Reinigung, innovative Apparate- und Anlagentechnik, biotechnologische und pharmazeutische Verfahren sowie nachhaltige Produktionstechnologien.

Jan Scholten 2001 Promotion zur „Beanspruchungsermittlung wartungsfreier Gelenklager", anschließend zunächst Entwicklungsleiter, heute Geschäftsführer des IBAF – Institut für Baumaschinen, Antriebs- und Fördertechnik GmbH, Bochum. 2002 zunächst Juniorprofessor, heute apl. Professor Baumaschinentechnik. Parallel von 2003–2006 Leiter des Lehrstuhls für Maschinenelemente und Fördertechnik. Forschung im Bereich Produktverifikation: Entwicklung von Methoden und Werkzeugen zur Modellierung, Simulation und Evaluierung des Produktverhaltens in der Nutzungsphase; virtuelle Schädigungssimulation; Modellierung tribomechanischer Systeme; Akustische Simulation.

Peter Schouwink schloss sein Studium der Physik 1999 in Münster ab und promovierte 2002 am Max-Planck-Institut für Polymerforschung in Physikalischer Chemie. Seit 2002 ist er bei Olympus Surgical Technologies Europe in Hamburg tätig. Hier verantwortet er die Bereiche Optik- und Mechanik-Entwicklung für starre medizinische Endoskope.

Jörg Schwedes† Nach einem Studium in Maschinenbau/Verfahrenstechnik promovierte Jörg Schwedes mit einer Arbeit über das Scherverhalten kohäsiver Schüttgüter bei Hans Rumpf an der Universität Karlsruhe. Von 1971 bis 1976 war er Leiter einer Forschungs- und Entwicklungsgruppe über Mechanische Verfahrenstechnik bei der Bayer AG in Leverkusen. 1976 wurde er zum Professor und Leiter des Instituts für Mechanische Verfahrenstechnik an der TU Braunschweig ernannt, wo er bis zu seiner Emeritierung 2005 blieb. Seine Hauptforschungsgebiete waren die Schüttguttechnik und das Zerkleinern. Er betrieb mit D. Schulze ein Ingenieurbüro zur Schüttguttechnik.

Professor Andreas Seidel-Morgenstern erwarb 1987 seinen Doktortitel an der Akademie der Wissenschaften in Berlin. Zwischen 1991 und 1992 arbeitete er als wissenschaftlicher Mitarbeiter an der Universität Tennessee. Seit 1995 ist er Professor für Chemische Verfahrenstechnik an der Otto-von-Guericke-Universität Magdeburg. Er wurde 2002 zum Direktor am Max-Planck-Institut für Dynamik komplexer technischer Systeme in Magdeburg berufen. Seine Forschungsschwerpunkte sind Reaktionstechnik, heterogene Katalyse und Trennprozesse.

Jörg Seume, Jahrgang 1958, erhielt seinen MS an der University of Wisconsin, Madison, und promovierte 1988 an der University of Minnesota, Minneapolis/USA. Nach zwei Jahren industrieller Tätigkeit in den USA und neun Jahren in der Erprobung und Entwicklung stationärer Gasturbinen in Mülheim und Berlin wurde er 2000 auf die Professur für thermische Turbomaschinen und Strömungsmechanik an der Leibniz Universität Hannover berufen. Dort lehrt und forscht er auf den Gebieten der Aerodynamik, Aeroelastik und Aeroakustik der thermischen Turbomaschinen und der Windenergieanlagen.

Eckehard Specht, Jahrgang 1952, Studium der Verfahrenstechnik an der TU Clausthal, Habilitation in Hochtemperaturverfahrenstechnik. Seit 1993 C4-Professor an der Otto-von-Guericke-Universität Magdeburg. Die Forschungsgebiete sind Analyse, Modellierung und Simulation von thermischen Prozessen in Industrieöfen. Berufenes Mitglied in mehreren Ausschüssen der Industrie. 2000 Ludwig Mond Preis der englischen Ingenieurkammer. Er ist Vorsitzender der Gutachtergruppe Verfahrens- und Energietechnik der Arbeitsgemeinschaft industrieller Forschungsvereinigungen (AiF).

Folker Spitzenberger ist Diplom-Chemiker und promovierte an der Universität Heidelberg zum Dr. sc. hum. im Bereich der Molekularbiologie. Nach Postdoc-Tätigkeiten an der Medizinischen Fakultät der Universität Dresden und an der Yale University war er von 2002–2016 hauptamtlich im Bereich der Begutachtung und Implementierung von Qualitätssicherungssystemen im Bereich Medizinprodukte bei der Zentralstelle der Länder für Gesundheitsschutz – ZLG, am Robert Koch-Institut – RKI und bei der Deutschen Akkreditierungsstelle – DAkkS tätig. Mit der zusätzlichen Qualifikation als Master of Drug Regulatory Affairs berät er internationale Organisationen wie die WHO und die EU im Bereich QM/QS und Regulatory Affairs. Seit 2016 vertritt Folker Spitzenberger das Fachgebiet Regulatory Affairs für Medizinprodukte an der Technischen Hochschule Lübeck.

Harald Stricker Maschinenbaustudium/Strömungsmaschinen an der TU Berlin bis 1991, danach Wissenschaftlicher Mitarbeiter am Institut für Hydraulische Strömungsmaschinen der TU Berlin. Promotion 1996 (Axiale Laufräder für Kreiselpumpen, Schiffspropeller und Rührwerke). Seit 1996 in der Turbomaschinen-Industrie: Mitarbeiter der MAN Diesel & Turbo SE (ehemals GHH BORSIG), zunächst als Berechnungsingenieur, dann Leiter Berechnung und Entwicklung. 2003 Leiter Engineering (Berechnung, Entwicklung, Konstruktion, Anlagen- und MSR-Technik) am Standort Berlin. Seit 2015 gesamtverantwortlich für das Engineering Turbomachinery und Turbocharger der MAN Diesel & Turbo SE.

Professor Dr.-Ing. Paul Uwe Thamsen studierte Maschinenbau an der Technischen Universität Braunschweig und forschte am Pfleiderer-Institut für Strömungsmaschinen. Danach wirkte er in verschiedenen technischen Management-Positionen bei der Pleuger Worthington GmbH in Hamburg, einer Firma der Flowserve Corporation. Seit November 2003 ist er Professor an der TU Berlin, Fachgebiet Fluidsystemdynamik – Strömungstechnik in Maschinen und Anlagen. 2011–2014 war er erster Vize-Präsident der TU Berlin. Seit 2017 lehrt er als Gast-Professor an der NTNU in Trondheim (Norwegen). Zudem wirkt er in verschiedenen Arbeitsgruppen der Fachverbände VDMA und DWA.

Helmut Tschöke Dr.-Ing. Dr. h.c., Universitätsprofessor für Kolbenmaschinen an der Otto-von-Guericke-Universität Magdeburg bis 31.3.2011. Forschungsschwerpunkte waren: Gemischbildungsvorgänge bei Otto- und Dieselmotoren, der Einsatz alternativer Kraftstoffe sowie Motorakustik und Hochdruck-Einspritztechnik, des Weiteren die Abgasnachbehandlung, insbesondere Rußpartikelfilterung. Sprecher des Forschungsschwerpunktes „Automotive" an der OVGU und Projektleiter des Instituts für Kompetenz in AutoMobilität (IKAM) bis zur Emeritierung. Langjährige Erfahrung in der Automobilzulieferindustrie in Vorentwicklung, Entwicklung und Fertigung von Hochdruckeinspritzsystemen für Dieselmotoren. Fünf Jahre Vorstandsmitglied der Wissenschaftlichen Gesellschaft für Fahrzeug- und Motortechnik e.V. (WKM). Von 2003 bis 2018 Vorsitzender des Gesellschaftervereins der WTZ gGmbH Dessau-Roßlau. Beratung und Weiterbildung für die Industrie.

Professor Rudolf Voit-Nitschmann lehrte an der Universität Stuttgart von 1994 bis 2013. Seine langjährige Karriere in der Luftfahrt umfasst die Entwicklung von Leichtflugzeugen (Speed Canard, Solarflugzeug icaré, Elektroflugzeug e-Genius) bis zu Entwicklungserfahrungen komplexer Flugzeuge wie beispielsweise Dornier 328 und A 600 ST Beluga. Sein Hauptinteresse in der Forschung liegt auf den Gebieten Entwurf von Flugzeugen, insbesondere Entwurf von unkonventionellen Konfigurationen und Elektroflugzeugen. Weiterhin ist er Gründer und war bis Mitte 2018 geschäftsführender Gesellschafter der Steinbeis Flugzeug- und Leichtbau GmbH (SFL-GmbH), Stuttgart, die Dienstleistungen für die Luftfahrtindustrie anbietet.

Professor Hermann-Josef Wagner studierte Elektrotechnik an der RWTH Aachen und promovierte dort in der Fakultät Maschinenbau. Nach Arbeiten am Deutschen Bundestag war er Leiter der „Systemanalyse und Technologische Entwicklung" im Forschungszentrum Jülich.

Die Gerhard-Mercator-Universität Duisburg ernannte ihn zum Honorarprofessor. Bevor er 2001 zur Ruhr-Universität Bochum wechselte hatte er Professuren an der Technischen Universität Berlin und der Universität Essen inne. Schwerpunkt seiner derzeitigen Arbeitsthemen sind u. a. kumulierte Energieaufwendungen und Ökobilanzen von erneuerbaren Energien sowie Analysen von Einsatzoptionen effizienter und innovativer Technologien.

In den Jahren 2000 bis 2005 nahm er den Vorsitz der VDI Gesellschaft für Energietechnik (GET) wahr. Zuvor war er 6 Jahre Mitglied im Vorstand der ETG im Verein Deutscher Elektrotechniker (VDE). In den Jahren 2009 bis 2015 hatte er den Vorsitz der VDI-Gesellschaft „Energie und Umwelt" (GEU) inne.

Die Deutsche Akademie der Wissenschaften LEOPOLDINA nahm ihn im Jahr 2006 auf.

Der VDI ehrte ihn mit der Ehrenmedaille und dem Ehrenzeichen.

Im Jahre 2010 zeichnete ihn der Bundespräsident der Bundesrepublik Deutschland mit dem Bundesverdienstkreuz am Bande aus.

Karl-Heinz Wehking, Jahrgang 1954, studierte Maschinenbau an der Universität Dortmund (1976–1982). Promotion zum Dr.-Ing., Universität Dortmund (1986). Oberingenieur am Institut für Förder- und Lagerwesen der Uni Dortmund und Abteilungsleiter am Fraunhofer Institut Dortmund (1986–1989). Gründung und Aufbau der Firma Logistiktechnologie Ingenieur- und Consultingbüro in Dortmund (1989–1995).

Seit 01.09.1995 Ordentlicher Universitätsprofessor und Direktor am Institut für Fördertechnik und Logistik der Universität Stuttgart. 2000 bis 2003 Prorektor der Universität Stuttgart für den Bereich Forschung und Technologie. Seit 2000 Mitglied des Managementkomitees der OIPEEC (Organisation internationale pour l'etude de l'endurance des cables). 2004 bis 2013 Präsident der Wissenschaftlichen Gesellschaft für Technische Logistik (WGTL). 2006 bis 2013 stellvertretender Vorsitzender/Vorsitzender des Intralogistik Netzwerk in Baden-Württemberg e.V. Visiting Professor University of Western Ontario, London, Kanada (2008/2009). Seit 04/2012 Ehrendoktor der Staatlichen Polytechnischen Universität Odessa, Ukraine.

Thomas Wucherpfennig 2003–2009 Studium der Biotechnologie an der TU Braunschweig und an der University of Waterloo in Kanada, 2013 Promotion zum Dr.-Ing. am Institut für Bioverfahrenstechnik der TU Braunschweig, 2013–2014 Beschäftigung als Fermentationsingenieur bei Clariant Produkte Deutschland GmbH und als Post-Doc und Gruppenleiter am LOEWE Zentrum für Insektenbiotechnologie in Gießen, 2014–2015 Post-Doc im Bereich Strömungssimulation bei Boehringer Ingelheim, 2015–2016 Projektleiter Upstream Bioprocess Development, seit 2016 Associate Director und seit 2020 Senior Principal Scientist im Bereich Late Stage Bioprocess Development bei Boehringer Ingelheim in Biberach.

Expertise: Bioverfahrenstechnik, Bioprozessentwicklung, Zellkulturtechnik, Numerische Strömungssimulation (CFD), Scale-up, Modellierung, Morphologie und Schersensitivität von Mikroorganismen

... bis zu 89,5 % Kosten sparen*
89 %
... bis zu 78,1 % Kosten sparen*
78 %
... bis zu 58,58 % Kosten sparen*
58 %
... bis zu 60 % Kosten sparen*
60 %
... 62,1 % Kosten sparen*
bei CFBUS.PUR mit Cat5e anstatt Cat 6A
Garantie igus chainflex 36 Monate Garantie
62 %
... 88 % kürzere Montagezeit*
mit autoglide 5 im Vergleich zu einer Standardlösung mit Führungsrinnen
88 %
... bis zu 74,1 % Kosten sparen*
PVC- statt PUR-Mantel
Garantie igus chainflex 36 Monate Garantie
74 %
Kosten senken.
Technik verbessern.
48 %
... 48 % Gewicht und deutlich Montagezeit sparen*
mit e-kette® YE.42 im Vergleich zu einer marktüblichen Stahl-Schleppkette
Garantie igus e-ketten 36 Monate Garantie
20 %
... 20 % mehr Stabilität*
mit e-kette® E4Q im Vergleich zur e-kette® E4.56
Jetzt ist die Zeit.
www.igus.de/tucd
Mit 55 Jahren Erfahrung in „Kunststoffen für Bewegung" bietet
Ihnen igus® viele Möglichkeiten, klassische Maschinenelemente
auszutauschen und gleichzeitig Kosten zu sparen. Dabei ist unser
Motto: „Technik rauf, Kosten runter" und mindestens eines dav
wollen wir immer erfüllen. Das ist schon immer unsere Auf
und unser Angebot an Sie.
igus®
igus® GmbH
Spicher Str. 1a 51147 Köl
info@igus.de www.igus
* Garantiebedingungen und weitere Informationen finden Sie online www.igus.de/tucd

Teil I
Kolbenmaschinen

Kolbenmaschinen gehören zu den am weitesten verbreiteten Arbeits- und Kraftmaschinen. Ihre Einsatzmöglichkeiten sind nahezu unbegrenzt. Die thermodynamischen und mechanischen Grundlagen für die verschiedenen konstruktiven Ausführungen von Kolbenmaschinen und die Unterschiede zu anderen Verdrängermaschinen werden dargestellt. Hubkolbenpumpen sind erforderlich wenn Drücke von mehreren 100 oder 1000 bar notwendig werden. Sie sind robust auslegbar für die verschiedensten Fluide mit einem weiten Viskositätsbereich. Daneben werden Verdrängerpumpen wie zum Beispiel Membran- oder Drehkolbenpumpen und ihre Eignung für Anwendungen als Dosier- oder Dickstoffpumpen beschrieben. Die Verdichtung von gasförmigen Fluiden ist eine weitere Domäne des Verdrängerprinzips. Auch hier gilt, dass hohe Drücke bevorzugt mit Hubkolben- oder Membranverdichter realisierbar sind. Die besonderen Anforderungen an die Dichtelemente sowie die Regelung des Durchflusses oder Druckes sind weitere Schwerpunkte. Der Verbrennungsmotor nutzt heute praktisch ausschließlich das Hubkolbenprinzip, überwiegend als Viertaktmotor und nur noch in Sonderanwendungen als Zweitaktmotor. Aufgrund der Verfügbarkeit verschiedener Kraftstoffe werden sowohl fremdzündende (Otto) als auch selbstzündende (Diesel) Verbrennungsverfahren eingesetzt. Die Energiewandlung der Kohlenwasserstoffe über die Verbrennung ist jedoch nicht frei von Emissionen, die gesundheitsschädlich und umweltrelevant sind. Die Gesetzgebung verlangt sehr niedrige Schadstoff-Emissionen und mittel- sowie langfristig eine drastische Absenkung der CO_2-Emission in Stufen. Dies führt bereits heute zur verstärkten Einführung von elektrifizierten Antrieben (Hybride, Batterie-E-Fahrzeuge und Brennstoffzellen-E-Fahrzeuge). Im Pkw-Bereich werden sich zuerst bei kleinen Fahrzeugen die reinen E-Antriebe einen nennenswerten Marktanteil erobern. Mittel- und Oberklasse werden zunächst überwiegend auf der Basis von Ottomotoren hybridisiert. Für den kommerziellen Anwendungsbereich wie Nfz, Bau- und Landmaschinen, Stationärmotoren sowie für Bahn- und besonders Schiffsantriebe bleibt der Dieselmotor noch auf lange Sicht die erste Wahl. Bei konsequenter Anwendung der verfügbaren Abgasnachbehandlungssysteme kann der Dieselmotor in allen Betriebsbereichen bezüglich der Schadstoffemissionen völlig unkritisch bei niedrigsten CO_2-Emissionen betrieben werden. Neben den bekannten

Kraftstoffblends mit biogenen Anteilen werden zukünftig auch geeignete synthetische Kraftstoffe aus H_2, CO_2 und CH_4 zur Verfügung stehen, die dann sowohl das Schadstoff- wie auch das CO_2-Problem lösen. Die Grundlagen der Verbrennungsmotoren und die konkret ausgeführten Motoren aller Anwendungsbereiche, besonders auch für den maritimen Bereich, werden vorgestellt.

Allgemeine Grundlagen der Kolbenmaschinen

1

Helmut Tschöke und Klaus Mollenhauer

1.1 Definition und Einteilung der Kolbenmaschinen

Definition. Kolbenmaschinen sind Fluidenergiemaschinen, die als Arbeitsmaschinen die Energie eines Fluids (Gas, Flüssigkeit) mittels eines Verdrängers (Kolbens) durch Zufuhr mechanischer Energie erhöhen oder als Kraftmaschinen unter Abfuhr mechanischer Energie vermindern. Die gebräuchliche Bezeichnung „Kraftmaschine" darf nicht wörtlich genommen werden, da nicht Kräfte, wie bei einfachen Maschinen, sondern mechanische Energie als Nutzarbeit W_e am Abtrieb ansteht.

Arbeitsweise. Mit der Bewegung des Verdrängers ändert sich der nach außen dichte Arbeitsraum V_a periodisch innerhalb der Volumengrenzen V_{min} und V_{max}. Man unterscheidet Hub- und Rotationskolbenmaschinen, bei letzteren entspricht der Verdränger nicht einem zylindrischen Kolben. Dieser bewegt sich bei Hubkolbenmaschinen (HKM) in einem Zylinder zwischen zwei Endlagen, den Totpunkten, hin und her, siehe Abb. 1.4a. Bei den Rotationskolbenmaschinen (RKM) bewirkt ein rotierender Verdränger das Verändern des Arbeitsraumes, der relativ zum Verdränger ebenfalls rotieren kann. Es gibt vier RKM-Grundformen, die durch die Schwerpunktlagen von Verdränger und Arbeitsraum gekennzeichnet sind [1], Abb. 1.1.

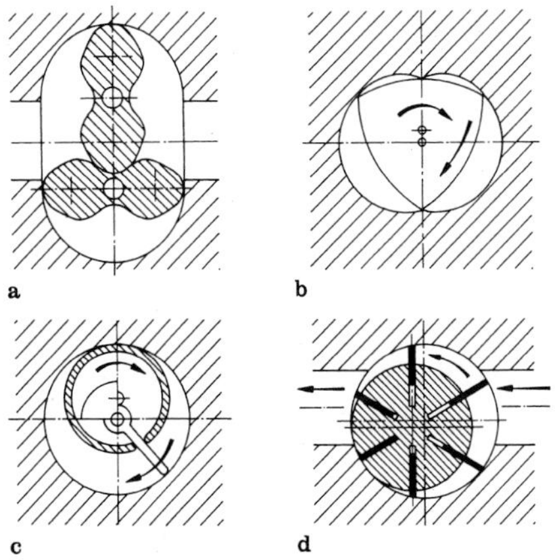

Abb. 1.1 Beispiele von Rotationskolbenmaschinen: **a** außenachsiger Drehkolbenverdichter, Bauart Roots (1848); **b** innenachsiger Kreiskolbenmotor, Bauart Wankel (1954); **c**, **d** drehkolbenartige (Trotter 1805) bzw. kreiskolbenartige Umlaufkolbenmaschinen (Kompressor, Bauart Wittig um 1900)

Drehkolbenmaschinen (DKM) sind frei von rotierenden und oszillierenden Massenkräften (Abb. 1.1a), wogegen **Kreiskolbenmaschinen (KKM)** rotierende Massenkräfte aufweisen, die vollständig ausgeglichen werden können (s. Wankelmotor Abb. 1.1b). **Drehkolbenartige Umlaufkolbenmaschinen (DUKM)** und **kreiskolbenartige Umlaufkolbenmaschinen (KUKM)**

H. Tschöke (✉)
Otto-von-Guericke-Universität Magdeburg
Magdeburg, Deutschland
E-Mail: tschoeke@mb.uni-magdeburg.de

K. Mollenhauer
Technische Universität Berlin
Berlin, Deutschland
E-Mail: vkm@tu-berlin.de

B. Bender und D. Göhlich (Hrsg.), *Dubbel Taschenbuch für den Maschinenbau 3: Maschinen und Systeme*,
https://doi.org/10.1007/978-3-662-59715-6_1

besitzen infolge rotierender und oszillierender Bewegung von Verdränger und auch arbeitsraumbildenden Wandteilen freie, nicht auszugleichende Massenkräfte (Abb. 1.1c,d). Letztere sind daher in ihrer Schnellläufigkeit auf niedrige bis mittlere Drehzahlen beschränkt, wogegen sich Kreiskolbenmaschinen und Drehkolbenmaschinen auch für sehr hohe Drehzahlen eignen.

Weitere Unterscheidungsmerkmale sind die Lage der Achsen von Verdränger und Arbeitsraum: parallelachsig (überwiegen), winkel- bzw. geschränktachsig sowie innen- oder außenliegend; ferner feste oder nachgiebige Verdränger oder/und Arbeitsraumwände [1]. Die Vielfalt möglicher RKM wird nur bei thermischen oder hydraulischen Arbeitsmaschinen genutzt. Abgesehen vom Wankelmotor (s. Abschn. 4.8.2) als einzige, technisch realisierte KKM als Verbrennungsmotor, sind diese Rotationskolbenmaschinen noch bei Arbeitsmaschinen zu finden.

1.2 Vollkommene und reale Kolbenmaschine

1.2.1 Die vollkommene Maschine

1.2.1.1 Der Arbeitsraum

Der Arbeitsraum V_a ändert sich während eines Arbeitsspieles infolge der Verdrängerbewegung innerhalb der Volumengrenzen V_{min} und V_{max}, sodass gilt $V_{min} \leq V_a \leq V_{max}$ bzw. für das maximale Arbeitsvolumen V_A, Abb. 1.4a

$$V_A = V_{max} - V_{min} \,. \tag{1.1}$$

Im speziellen Fall der Hubkolbenmaschine entspricht das maximale Arbeitsvolumen dem vom zylindrischen Kolben mit dem Durchmesser D bzw. der Kolbenfläche A_K über den Hub s zwischen den beiden Totpunkten erzeugten Hubvolumen V_h des Zylinders

$$V_A \to V_h = s\,\pi\,D^2/4 = s\,A_K \,. \tag{1.2}$$

(Im technischen Sprachgebrauch wird auch bei RKM der maximale Arbeitsraum als „Hubraum“ bezeichnet.)

Für das Hubvolumen einer aus z Einzeltriebwerken gleicher Abmessungen bestehenden Maschine gilt dann

$$V_H = z\,V_h \,. \tag{1.3}$$

Das minimale Arbeitsvolumen entspricht entweder einem konstruktiv bedingten Schadraum V_S oder dem vom Arbeitsprozess her erforderlichen Kompressionsvolumen V_c bei Verbrennungsmotoren, wobei V_S möglichst klein sein soll. Sofern nicht prozessbedingt erforderlich, wird die vollkommene Maschine als schadraumfrei angenommen.

1.2.1.2 Arbeitsprozesse vollkommener Maschinen

Definition. Folgende Annahmen bestehen für die vollkommene Maschine und die Zustandsänderung des im Arbeitsraum eingeschlossenen Fluids:

1. Quasistatische, also unendlich langsame Zustandsänderungen, um irreversible Ausgleichsvorgänge zu vermeiden,
2. kein Wärmeaustausch mit den Wänden des Arbeitsraumes,
3. absolut dichter Arbeitsraum,
4. der für periodisch arbeitende Maschinen erforderliche Austausch des Fluids erfolgt ohne Zustandsänderung (keine Druck- und Temperaturänderung) und Masseverlust.

Somit entspricht der Zustand des Fluids vor Eintritt in die Maschine dem Anfangszustand (Punkt 1 in Abb. 1.2) in der Maschine. Dabei ist für Gase nicht zwingend, dass es sich um ideale Gase handelt. Unter der Annahme, dass die Zustandsänderungen im Arbeitsraum erfolgen, sind abhängig vom Arbeitsmedium und Aufgabe der Maschine die in Abb. 1.2 dargestellten p, V-Diagramme charakteristisch für Kolbenkraft- und -arbeitsmaschinen. Unabhängig von der Bauart, Hub- oder Rotationskolbenmaschine, erfolgen die Zustandsänderungen jeweils innerhalb zweier Druckgrenzen, p_{max} und p_{min}, und zweier Volumengrenzen des Arbeitsraumes V_{max} und V_{min}. Bei einigen Ausführungen von Arbeitsmaschinen finden die Zustandsänderungen außerhalb des eigentlichen Arbeitsraumes statt.

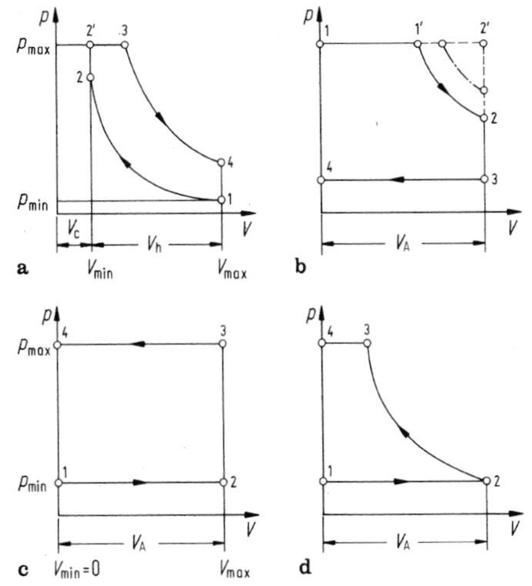

Abb. 1.2 Vollkommene Fluidenergiemaschinen: p, V-Diagramme von **a** Verbrennungsmotor, **b** Expansionsmaschine, **c** Verdrängerpumpe und **d** -kompressor

Verbrennungsmotor. Nach Abb. 1.2a findet ausgehend vom Zustand in Punkt 1 eine isentrope Kompression durch Verringerung des Arbeitsraumes von $V_{\text{max}} = V_{\text{c}} + V_{\text{h}}$ auf das Kompressionsvolumen $V_{\text{c}} = V_{\text{min}}$ statt, der sich beispielsweise eine teils isochore, teils isobare Wärmezufuhr durch innere Verbrennung einer Kraftstoffmasse m_{B} anschließt. Dadurch steigt der Kompressionsdruck p_2 bis auf den maximalen Zylinderdruck $p_{\text{max}} = p_{2'} = p_3$ an bzw. das Volumen von V_{c} auf V_3. Die im Punkt 3 einsetzende isentrope Expansion endet mit dem Erreichen der Volumengrenze V_{max}. Durch Wärmeentzug längs der Isochoren $V_{\text{max}} = V_4 = V_1 = \text{const}$ schließt sich der Kreisprozess, s. Abschn. 4.2.2.

Expansionsmaschine. Bei dieser ebenfalls mit einem Gas, z. B. Druckluft oder Wasserdampf, als Arbeitsmedium arbeitenden Kraftmaschine, Abb. 1.2b, ist die Druckerhöhung auf p_{max} außerhalb der Maschine vorgenommen worden, sodass im Arbeitsraum zu Beginn des Arbeitsprozesses der Maximaldruck $p_{\text{max}} = p_1$ herrscht. Der damit beaufschlagte Verdränger leistet Arbeit längs einer Isobaren bzw. einer Isentropen, sofern im Punkt 1′ die Zufuhr des Arbeitsgases mit dem Druck p_{max} gestoppt wird. Mit der Lage des Punktes 1′ ändert sich die nutzbare Arbeit, wobei die maximal mögliche Arbeit mit der Fläche $(1-2'-3-4)$ der einer Volldampfmaschine entspricht,

$$(W_{\text{v}})_{\text{max}} = V_{\text{A}}(p_{\text{max}} - p_{\text{min}}) \,. \qquad (1.4)$$

Verdrängerpumpe (Abb. 1.2c). Ausgehend von $V_{\text{min}} = V_{\text{s}} = 0$ füllt sich durch die Volumenzunahme der Arbeitsraum mit einem inkompressiblen Fluid, was bei Umkehr der Bewegungsrichtung selbst bei infinitesimalen Volumenänderungen zu einem isochoren Druckanstieg führt. Die Höhe des Druckes p_{max} richtet sich nach der Größe der Ausflussöffnung während des Ausschiebens längs der Isobaren $p_3 = p_4 = p_{\text{max}}$ zur vollständigen Entleerung des Arbeitsraumes, bis sich der Ansaugvorgang längs der Isobaren $p_{\text{min}} = \text{const}$ wiederholt. Die gegen Uhrzeigersinn (Arbeitsmaschine) laufenden Zustandsänderungen zeigen an, dass die zum Antrieb der Pumpe erforderliche mechanische Energie W_{a} der Arbeit W_{v} der vollkommenen Maschine entspricht.

Verdrängerkompressor (Abb. 1.2d). Der vollkommene Kompressor (Arbeitsmaschine) sieht wegen der geringeren Verdichtungsarbeit eine isotherme Verdichtung von p_{min} auf p_{max} vor, nachdem zuvor der Arbeitsraum $V_{\text{A}} = V_{\text{max}} - V_{\text{min}} = V_{\text{max}}$ verlustfrei längs der Isobaren $p_{\text{min}} = \text{const}$ beim Ansaugen gefüllt wurde. Im Punkt 3 wird die Verbindung zum Druckraum außerhalb des Arbeitsraumes hergestellt, womit die Verdichtung endet und das Ausschieben längs der Isobaren $p_{\text{max}} = \text{const}$ bis zur vollständigen Entleerung einsetzt.

1.2.2 Die reale Maschine

1.2.2.1 Energieumsatz

Allgemein gilt für die Arbeit W_{v} der vollkommenen Maschine

$$W_{\text{v}} = \oint V \,\mathrm{d}\, p = -\oint p \,\mathrm{d}\, V \,. \qquad (1.5)$$

Üblicherweise gilt für Arbeitsmaschinen $W_{\text{v}} > 0$ bzw. für Kraftmaschinen $W_{\text{v}} < 0$. Bei vollkommenen Arbeitsmaschinen entspricht W_{v} der zu deren Antrieb erforderlichen mechani-

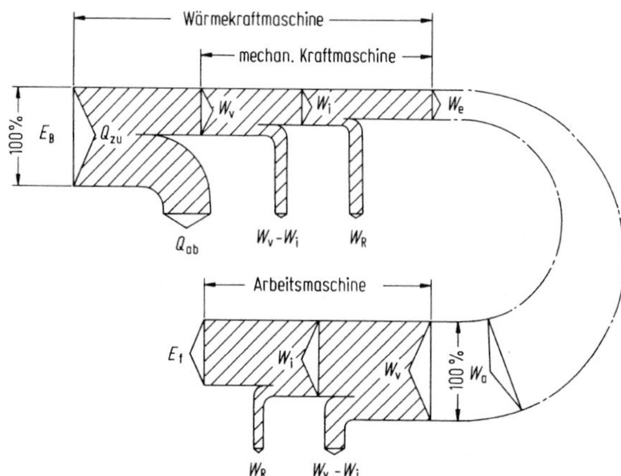

Abb. 1.3 Energieflussdiagramm für Wärmekraftmaschine und Arbeitsmaschine bei direkter Ankopplung

schen Arbeit W_a bzw. bei Kraftmaschinen der Nutzarbeit W_e als maximale Ausbeute an zugeführter Energie. Die Abweichungen von der vollkommenen Maschine führen zu der inneren (indizierten) Arbeit W_i, die durch das Integral über den realen Druckverlauf ermittelt wird. Die auf dem Weg vom Arbeitsrauminneren über den Verdränger an die nach außen führende Welle – umgekehrt bei Arbeitsmaschinen – auftretenden Triebwerksverluste werden summarisch als Reibarbeit W_R zusammengefasst und mindern die abgebbare Nutzarbeit W_e von Kraftmaschinen bzw. bei Arbeitsmaschinen die Energie E_f des geförderten Fluids. Geht man umgekehrt von dem geförderten Fluid aus, so bedingen die in einer Arbeitsmaschine auftretenden Verluste einen gegenüber der Arbeit der vollkommenen Maschine erhöhten Einsatz an mechanischer Arbeit W_a zum Antrieb der Arbeitsmaschine (Abb. 1.3).

1.2.2.2 Wirkungsgrade

Wirkungsgrade drücken das Verhältnis von Nutzen zu Aufwand aus. Bei Wärmekraftmaschinen entspricht letzterer der gesamten zugeführten Wärme Q_{zu}, z. B. der im Kraftstoff chemisch gebundenen und verlustlos umgesetzten Energie E_B. Somit gilt für den Wirkungsgrad der vollkommenen Kraftmaschine analog dem thermischen Wirkungsgrad

$$\eta_v = W_v/Q_{zu} = 1 - (Q_{ab}/Q_{zu}) . \qquad (1.6)$$

Entsprechend der Güte der Umsetzung des vollkommenen Prozesses in der realen Maschine kann ein Gütegrad definiert werden

$$\eta_{gK} = W_i/W_v . \qquad (1.7)$$

Entsprechend gilt für die Arbeitsmaschine mit $W_i < W_v$ und $W_v = W_a$

$$\eta_{gA} = W_i/W_a . \qquad (1.8)$$

Analog gilt für den mechanischen Wirkungsgrad, der ebenso wie der Gütegrad kein echter Wirkungsgrad ist, mit der an der Kupplung der Kraftmaschine abnehmbaren mechanischen Nutzarbeit W_e

$$\eta_{mK} = W_e/W_i = 1 - (W_R/W_i) . \qquad (1.9)$$

Der Nutzenergie W_e entspricht bei Arbeitsmaschinen die Energie E_f der pro Arbeitsspiel geförderten Masse, sodass analog gilt

$$\eta_{mA} = E_f/W_i . \qquad (1.10)$$

Für Wärmekraftmaschinen unter Einschluss der Wärmeerzeugung besteht somit folgende Wirkungsgradkette

$$\begin{aligned}\eta_{eK} &= \eta_v\, \eta_{gK}\, \eta_{mK} \\ &= (W_v/Q_{zu})(W_i/W_v)(W_e/W_i) \\ &= W_e/Q_{zu} \qquad (1.11)\end{aligned}$$

und entsprechend lautet der effektive Wirkungsgrad für Arbeitsmaschinen

$$\eta_{eA} = \eta_{gA}\,\eta_{mA} = (W_i/W_a)(E_f/W_i) = E_f/W_a\,. \tag{1.12}$$

Massen, Volumina. Das Volumen des Arbeitsraumes begrenzt die pro Arbeitsspiel geförderte oder umgesetzte Masse des Fluids. Bei gleicher Dichte vor Einlass in die Maschine entsprechend dem Außenzustand (p_0; T_0) und der Dichte am Beginn des Arbeitsprozesses $\varrho_1 = \varrho_0(p_1/p_0)(T_0/T_1)$ gilt für die Fluidmasse m_v in einer vollkommenen Maschine

$$m_v = V_A\,\varrho_0\,. \tag{1.13}$$

Die in der realen Maschine umgesetzte Masse des Arbeitsmediums ist wegen der Ladungswechselverluste und Undichtheiten kleiner und damit auch die von Arbeitsmaschinen geförderte Masse bzw. bei Kraftmaschinen die Ausbeute an mechanischer Nutzarbeit W_e pro Arbeitsspiel.

Bezieht man die geförderte Masse m_f an Fluid auf die der vollkommenen Maschine, Gl. (1.13), so lässt sich ein Liefergrad λ_L definieren

$$\lambda_L = m_f/m_v = m_f/(V_A\,\varrho_0)\,. \tag{1.14}$$

Damit beträgt für Arbeitsmaschinen das geförderte Volumen des Mediums bezogen auf Zustand (p_f; T_f) am Austritt aus der Maschine

$$V_f = m_f/\varrho_f \tag{1.15}$$

bzw. die geförderte Energie E_f infolge der Enthalpieerhöhung des Fluids

$$E_f = m_f(h_f - h_0) = \lambda_L V_A\,\varrho_0(h_f - h_0)\,. \tag{1.16}$$

Bei Verbrennungsmotoren entspricht die geförderte Masse m_f der im Arbeitsraum (Zylinder) eingeschlossenen Masse m_L an Luft (Dieselmotor oder Otto-Direkteinspritzer) bzw. an Kraftstoff-Luft-Gemisch (Ottomotor mit äußerer Gemischbildung, s. Abschn. 4.4.3): $m_f = m_L + m_B$.

Spezifische Arbeit. Bezieht man die an einer Kraftmaschine gewonnene Arbeit auf das Arbeitsraumvolumen, erhält man die volumenspezifische Arbeit w, z. B. die volumenspezifische Nutzarbeit w_e in kJ je dm^3 Hubraum eines Motors,

$$w_e = W_e/V_H\,. \tag{1.17}$$

Diese Größe beschreibt also die Arbeitsausbeute für einen gegebenen Arbeitsraum. Oftmals wird hierfür noch der Begriff des „mittleren effektiven Druckes" p_e mit der Angabe in bar verwendet, der keinem realen Druck entspricht, sondern eine reine Rechengröße darstellt, s. Abschn. 4.2.3.

Für Arbeitsmaschinen ist es üblich, die massenspezifische Arbeit w' in kJ/kg anzugeben, indem man die Antriebsenergie W_a auf die je Arbeitsspiel geförderte Masse bezieht:

$$w' = W_a/m_f = W_a/\lambda_L V_A\,\varrho_0\ \text{(kJ/kg)}\,, \tag{1.18}$$

die damit mit zunehmenden Verlusten in der Maschine ansteigt.

Leistung und Drehzahl. Definitionsgemäß folgt die Leistung aus der je Zeiteinheit erbrachten Arbeit aufeinander folgender Arbeitsspiele, sodass bei bekannter Arbeitsspielfrequenz n_a allgemein gilt

$$P = W\,n_a\,. \tag{1.19}$$

Setzt man die Drehzahl der Maschine ins Verhältnis zur Arbeitsspielfrequenz, erhält man das Frequenzverhältnis a, das angibt, wie viele Umdrehungen für ein Arbeitsspiel erforderlich sind. Hierbei ist z. B. zwischen einfach- oder doppeltwirkend (Kompressoren), Zwei- oder Viertaktverfahren (Verbrennungsmotoren) zu unterscheiden. Somit beträgt das auch als „Taktzahl" bezeichnete Frequenzverhältnis a für

einfachwirkende Viertaktmotoren:
$a = 2$,
einfachwirkende Zweitaktmotoren:
$a = 1$,
einfachwirkende Kompressoren/Pumpen:
$a = 1$,
doppeltwirkende Kompressoren/Pumpen:
$a = 0{,}5$.

1.3 Hubkolbenmaschinen

1.3.1 Triebwerksbauarten

Hinsichtlich möglicher Rotationskolbenmaschinen wird auf Kap. 2 und 3 verwiesen. Nachfolgend werden nur Hubkolbenmaschinen behandelt. Deren oszillierende Kolbenbewegung beruht auf dem Kurbeltrieb, die Schubkurbel der Getriebelehre (s. Bd. 2, Kap. 16), wobei man Tauchkolben- und Kreuzkopf-Triebwerke unterscheidet, Abb. 1.4. Seltener sind das Taumelscheibentriebwerk, Abb. 1.4d, und der bei Steuer- und Kleinanlagen zu findende Exzenter, Abb. 1.4e. Bei Kolbenpumpen kommt häufig der Nockentrieb zum Einsatz, Abb. 1.4f. Zur mechanischen Kraftübertragung dient bei Tauchkolbenmaschinen ein Pleuel, entspricht bei Kreuzkopfmaschinen der Schubstange, wobei ein Kreuzkopf den Kolben von der Normalkraft F_N entlastet.

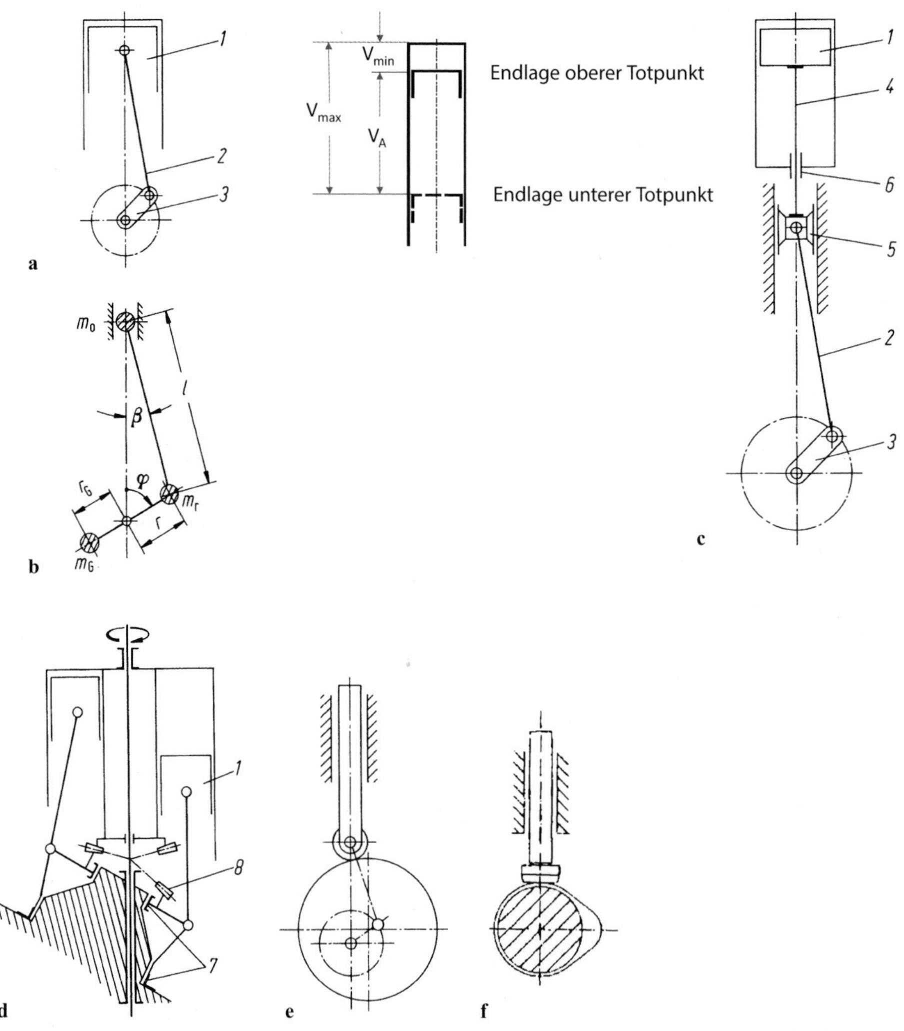

Abb. 1.4 Hubkolbentriebwerke. **a**, **b** Tauchkolbentriebwerk, Hauptabmessungen und Massenverteilung; **c** Kreuzkopf-, **d** Taumelscheibentriebwerk; **e** Exzenterantrieb; **f** Nockenantrieb. *1* Kolben, *2* Pleuel- oder Schubstange, *3* Kurbelwelle, *4* Kolbenstange, *5* Kreuzkopf, *6* Stopfbuchse, *7* Lager, *8* Zahnkranz

1.3.2 Kinematik des Kurbeltriebs

1.3.2.1 Kolbenweg

Mit dem Kurbelradius r und der Pleuel- oder Schubstangenlänge l bzw. dem Schubstangenverhältnis $\lambda_s = r/l$ ist die Kinematik festgelegt, somit der Kolbenweg x, der zwischen dem oberen (OT) und dem unteren Totpunkt (UT) dem Hub s des Kolbens entspricht: $s = 2r$. Nach Abb. 1.4b folgt mit dem Kurbelwinkel φ ($\varphi = 0$: Kolben im OT), dem Stangenwinkel β für $\sin\beta = \lambda_s \sin\varphi$ bzw. $\cos\beta = \sqrt{1-\lambda_s^2 \sin^2\varphi}$ für den Kolbenweg $x = x(\varphi)$

$$
\begin{aligned}
x &= r(1-\cos\varphi) + l(1-\cos\beta)\\
&= r\Bigg[1-\cos\varphi\\
&\quad + \left(1-\sqrt{1-\lambda_s^2\sin^2\varphi}\right)\Big/\lambda_s\Bigg]. \qquad (1.20)
\end{aligned}
$$

Wird der Ausdruck unter der Wurzel nach der Taylor'schen Reihe entwickelt, ergibt sich

$$
\begin{aligned}
x = r\big[&1-\cos\varphi + (\lambda_s/2)\sin^2\varphi\\
&+ (\lambda_s^3/8)\sin^4\varphi\\
&+ (\lambda_s^5/16)\sin^6\varphi + \cdots\big]. \qquad (1.21)
\end{aligned}
$$

Näherungswerte x_K liefert eine auf die ersten drei Glieder der Gl. (1.21) beschränkte Beziehung

$$x_K = r\left[1-\cos\varphi + (\lambda_s/2)\sin^2\varphi\right], \qquad (1.22)$$

die für unendlich lange Pleuel, also $\lambda_s \to 0$, den Weg für die Schubkurbel beschreibt. Der für $\lambda_s = 1/3$ bestehende Fehler von $x - x_K \approx r/200$ nimmt mit abnehmendem λ_s weiter ab, Abb. 1.5.

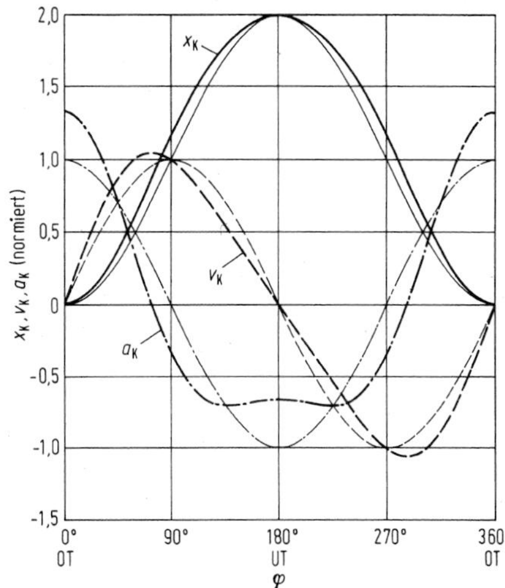

Abb. 1.5 Kolbenweg x_K, -geschwindigkeit v_K, -beschleunigung a_K als Funktion des Kurbelwinkels φ: $\lambda_S = 0$ (*dünn*), $\lambda_S = 1/3$ (*dick*)

1.3.2.2 Kolbengeschwindigkeit

Mittlere Kolbengeschwindigkeit. Sie folgt aus dem Hub des Kolbens und der Drehzahlfrequenz $n = \omega/2\pi$

$$c_m = 2\,s\,n\,, \qquad (1.23)$$

wobei für die Kreisfrequenz ω gilt

$$\omega = \mathrm{d}\varphi/\mathrm{d}t = 2\pi n\,. \qquad (1.24)$$

Damit folgt aus Gl. (1.20) für die Kolbengeschwindigkeit

$$
\begin{aligned}
v &= \frac{\mathrm{d}x}{\mathrm{d}t} = \omega\frac{\mathrm{d}x}{\mathrm{d}\varphi} = r\,\omega\,\frac{\sin(\varphi+\beta)}{\cos\beta}\\
&= r\,\omega\left(\sin\varphi + \frac{\lambda_s}{2}\,\frac{\sin 2\varphi}{\sqrt{1-\lambda_s^2\sin^2\varphi}}\right). \qquad (1.25)
\end{aligned}
$$

Aus Gl. (1.25) folgt unter Beachtung der goniometrischen Gleichungen (s. Bd. 1, Teil I)

$$
\begin{aligned}
v = r\,\omega\Bigg[&\sin\varphi\\
&+\left(\frac{\lambda_s}{2}+\frac{\lambda_s^3}{8}+\frac{15\,\lambda_s^5}{26}\right)\sin 2\varphi\\
&-\left(\frac{\lambda_s^3}{16}+\frac{3\,\lambda_s^5}{64}\right)\sin 4\varphi\\
&+\frac{3\,\lambda_s^5}{256}\sin 6\varphi \mp \cdots\Bigg]. \qquad (1.26)
\end{aligned}
$$

Näherungswerte folgen durch Differentiation von Gl. (1.22)

$$v_K = r\,\omega[\sin\varphi + (\lambda_s/2)\sin 2\varphi], \qquad (1.27)$$

wobei die maximale Abweichung $v - v_K = r\,\omega/207$ für ein großes $\lambda_s = 1/3$ mit kleinerem

λ_s abnimmt. Die Kolbengeschwindigkeit wechselt in den Totpunktlagen das Vorzeichen und erreicht ihre Extremwerte υ_{max} für $\beta \approx 56{,}5°\lambda_s$.

1.3.2.3 Kolbenbeschleunigung

Aus Gl. (1.25) folgt durch Differentiation

$$\begin{aligned} a &= \omega \frac{\mathrm{d}\upsilon}{\mathrm{d}\varphi} \\ &= r\,\omega^2 \left[\frac{\cos(\varphi+\beta)}{\cos\beta} + \frac{\sin\beta}{\sin\varphi}\frac{\cos^2\varphi}{\cos^3\beta}\right] \\ &= r\,\omega^2 \left[\cos\varphi + \lambda_s \frac{\cos 2\varphi + \lambda_s^2 \sin^4\varphi}{\sqrt{(1-\lambda_s^2 \sin^2\varphi)^3}}\right] . \end{aligned} \tag{1.28}$$

Die harmonische Analyse der Beschleunigung ergibt aus Gl. (1.26) nach Differentiation

$$\begin{aligned} a = r\,\omega^2 \Bigg[&\cos\varphi \\ &+ \left(\lambda_s + \frac{\lambda_s^3}{4} + \frac{15\,\lambda_s^5}{128}\right)\cos 2\varphi \\ &- \left(\frac{\lambda_s^3}{4} + \frac{3\,\lambda_s^5}{16}\right)\cos 4\varphi \\ &+ \frac{9\,\lambda_s^5}{128}\cos 6\varphi \pm \cdots \Bigg] . \end{aligned} \tag{1.29}$$

Näherungswerte der Kolbenbeschleunigung beschreibt nach Differentiation von Gl. (1.27)

$$a_K = r\,\omega^2(\cos\varphi + \lambda_s \cos 2\varphi) \tag{1.30}$$

mit einer Abweichung $a - a_K = r\,\omega^2/50$ für großes $\lambda_s = 1/3$, die mit abnehmendem λ_s geringer wird.

Verlauf (Abb. 1.5). Im OT ($\varphi = 0°$, $\beta = 0°$) bzw. UT ($\varphi = 180°$, $\beta = 0°$) betragen die exakten Werte der Beschleunigung

$$\begin{aligned} a_{K,OT} &= r\,\omega^2(1+\lambda_s) , \\ a_{K,UT} &= r\,\omega^2(1-\lambda_s) . \end{aligned} \tag{1.31}$$

Ist $a_{K,OT}$ stets das Maximum, so ist $a_{K,UT}$ nur das Minimum für $\lambda_s \le 1/4$. Für $\lambda_s > 1/4$ existieren symmetrisch zu UT zwei Minima $|a_{Kmin}| < |a_{K,UT}|$.

1.3.2.4 Geschränkter Kurbeltrieb

Man erhält ihn durch Versatz q des Mittelpunktes des Kurbeltriebs gegenüber der Zylinderachse um wenige Millimeter (±). Neben einer geringfügigen niedrigeren Motor-Bauhöhe verlagert sich der Anlagewechsel des Kolbens (Möglichkeit zur Geräuschverminderung). Ferner ist der Bewegungsablauf nicht mehr symmetrisch mit Rückwirkungen auf Kräfte und Momente. Entsprechend den Bezeichnungen für den normalen Kurbeltrieb (Abb. 1.4b) folgt mit den Angaben in Abb. 1.6 für den Kolbenweg

$$x = \sqrt{(l+r)^2 - q^2} - l\,\cos\beta + r\,\cos\varphi$$

und den Hub

$$s = \sqrt{(l+r)^2 - q^2} - \sqrt{(l-r)^2 - q^2} .$$

Die Geschwindigkeit und die Beschleunigung folgen aus der Gl. (1.25) und (1.28), wobei aber für den Winkel β gilt: $\sin\beta = (q + r\,\sin\varphi)/l$.

Beim geschränkten Kurbeltrieb ist der Bewegungsablauf (Abb. 1.6) nicht mehr zum Kurbelwinkel $\varphi = 180°$ symmetrisch. Bei der in Abb. 1.6 gezeigten Anordnung wird bei der Abwärtsbewegung des Kolbens der Hub schneller durchlaufen. Hierbei sind also die Geschwindigkeiten und Beschleunigungen und damit auch die Kräfte und Momente am größten.

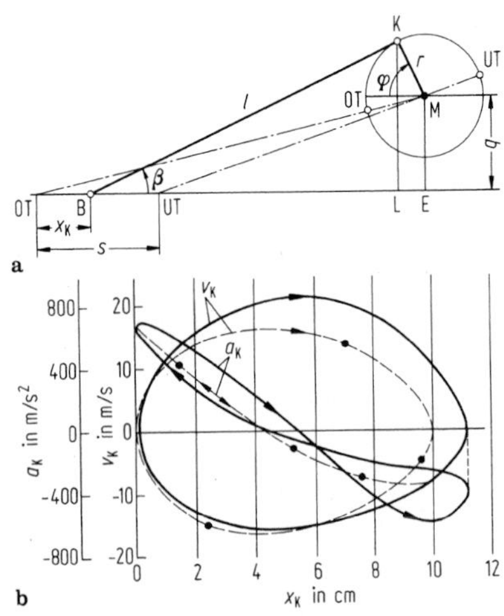

Abb. 1.6 Geschränkter Kurbeltrieb: **a** Anordnung, **b** Bewegungsablauf über Kolbenweg für Exzentrizität q (*voll*) und $q = 0$ (*gestrichelt*)

Bei Versetzung des Kolbenbolzens aus der Mittenachse spricht man von Bolzendesachsierung. Sie ist kinematisch ähnlich der Schränkung (Richtung der Schränkung und Richtung der Kolbenbolzendesachsierung wirken jeweils umgekehrt), jedoch kleiner im Betrag und kann die Kolbensekundärbewegung günstig beeinflussen.

1.3.3 Kräfte am Kurbeltrieb

1.3.3.1 Fluidkräfte

Infolge der periodischen Bewegung des Verdrängers ändert sich der Zustand des im Arbeitsraum eingeschlossenen Fluids während des Arbeitsprozesses mit der Arbeitsspielfrequenz n_a bzw. der Periode $T_a = 1/n_a$, wodurch Triebwerk und Arbeitsraum durch wechselnde Drücke und Temperaturen beansprucht werden. Mit dem Druck p_Z im Zylinder (Arbeitsraum) und dem Umgebungsdruck p_o wird der einfachwirkende Kolben mit

$$F_Z = [p_Z(\varphi) - p_o]\, A_K \tag{1.32}$$

belastet, ebenso der Zylinderdeckel. Damit besteht ein geschlossener Kraftfluss, der vom Kolben über den Kurbeltrieb zu den Lagern im Motorgestell führt bzw. vom Zylinderdeckel über die Zylinderkopfschrauben und die Gehäusewand ebenfalls in das Motorgestell, sodass die Gehäusewand auf Zug beansprucht wird. Entlastung des aus GG oder Aluminiumguss bestehenden Gehäuses erreicht man durch Zuganker, die das Gehäuse auf Druck vorbelasten (Gehäuse von Großdieselmotoren, s. Abschn. 4.8.4). Kreuzkopftriebwerke ermöglichen bei Einbau von Stopfbuchsen (6), Abb. 1.4c, die doppeltwirkende Bauart, bei der auch die Kolbenunterseite am Arbeitsprozess teilnimmt, sodass der hier herrschende Druck $p_{Zu} > p_o$ ist. Mit Berücksichtigung des Kolbenstangenquerschnittes A_{St} gilt für die Fluidkraft am Kolben

$$\begin{aligned} F_Z &= F_Z(\varphi) \\ &= [p_Z(\varphi) - p_{Zu}(\varphi)]\, A_K \\ &\quad + [p_{Zu}(\varphi) - p_o]\, A_{St}\,. \end{aligned} \tag{1.33}$$

1.3.3.2 Massenkräfte

Rotierende Massenkräfte. Die Triebwerksmassen vollführen teils rotierende, teils oszillierende Bewegungen. Bei Annahme der Konzentration aller rotierenden Massen m_r im Kurbelzapfenmittelpunkt, Abb. 1.4b, laufen die Fliehkräfte

$$F_r = m_r\, r\, \omega^2 \tag{1.34}$$

mit dem Kurbelwinkel um und wirken in Kurbelrichtung. Zwei um 180° an den Kurbelwangen versetzt angebrachte Gegenmassen $m_G = 0{,}5\; m_r\; r/r_G$ ermöglichen den Ausgleich der rotierenden Massenkraft, Abb. 1.7b (s. Bd. 1, Abschn. 46.2).

Oszillierende Massenkräfte. Mit der Kolbenbeschleunigung a folgt für die oszillierende Massenkraft aller oszillierenden Massen, deren gemeinsamer Schwerpunkt sich in der Kolbenbolzenachse befindet,

$$F_o = a\, m_o\,. \tag{1.35}$$

Mit Gl. (1.29) ergeben sich entsprechend dem Vielfachen des Kurbelwinkels φ Kräfte I., II. und höherer Ordnung, die periodisch in Zylinderachse entgegen der Kolbenbewegung wirken,

$$\begin{aligned} &F_o = m_o\, r\, \omega^2 \sum_{k=1}^{n} f(\lambda_s)\, \cos k\,\varphi = \sum_{k=1}^{n} F_k\,, \\ &\qquad k = 1,\ 2,\ 4,\ 6,\ 8,\ \ldots,\ n; \\ &F_I = m_o\, r\, \omega^2\, \cos\varphi\,; \\ &F_{II} = m_o\, r\, \omega^2 \left(\lambda_s + \frac{\lambda_s^3}{4} + \frac{15\,\lambda_s^5}{128}\right) \cos 2\varphi\,; \\ &F_{IV} = -m_o\, r\, \omega^2 \left(\frac{\lambda_s^3}{4} + \frac{3\,\lambda_s^5}{16}\right) \cos 4\varphi\,; \\ &F_{VI} = \frac{9\,\lambda_s^5}{128}\, m_o\, r\, \omega^2\, \cos 6\varphi\,. \end{aligned} \tag{1.36}$$

Hinreichend genaue Werte erhält man mit a_K, Gl. (1.30),

$$\begin{aligned} &F_o = F_I + F_{II} \quad \text{mit} \\ &F_I = m_o\, r\, \omega^2\, \cos\varphi = \boldsymbol{F_I}\, \cos\varphi\,, \\ &F_{II} = \lambda_s\, m_o\, r\, \omega^2\, \cos 2\varphi = \boldsymbol{F_{II}}\, \cos 2\varphi \end{aligned} \tag{1.37}$$

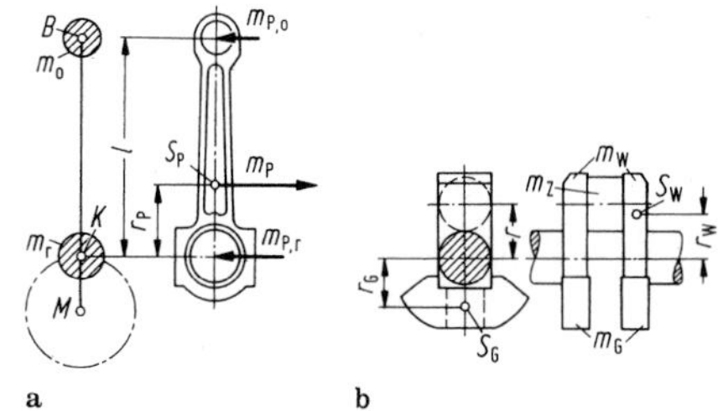

Abb. 1.7 Verteilung von Massen (**a**) und Gegenmassen (**b**)

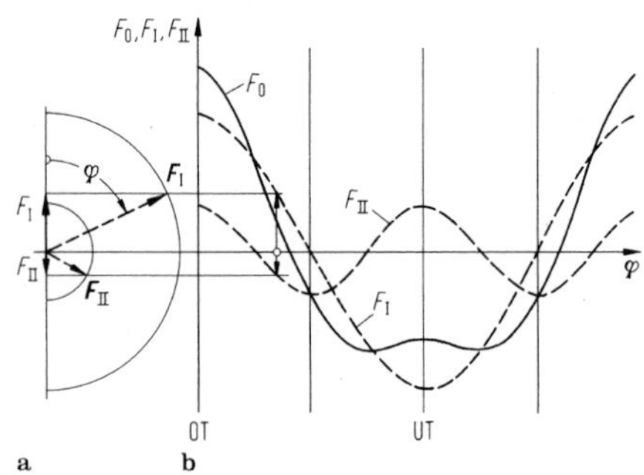

Abb. 1.8 Oszillierende Massenkräfte I. und II. Ordnung. **a** Vektor-, **b** Zeitdiagramm

mit den mit φ bzw. 2 φ umlaufenden Vektoren

$$\boldsymbol{F}_{\mathbf{I}} = m_o\, r\, \omega^2 \quad \text{und} \quad \boldsymbol{F}_{\mathbf{II}} = \lambda_s\, m_o\, r\, \omega^2 \,. \quad (1.38)$$

Ihre Projektionen auf die Zylinderachse entsprechen den Kräften F_I und F_{II}, Gl. (1.37) (Abb. 1.8a). Die Abweichungen dieser Näherungswerte beträgt für $\lambda_s = 1/3$, $\varphi = 0$ zwar nur 0,46 %, dennoch sind die genauen Werte, Gl. (1.36), bei Resonanzen schwach gedämpfter Schwingungen bedeutsam. Mit den Extremwerten $\pm \boldsymbol{F}_{\mathbf{I}}$ für F_I bei $\varphi = 0°$ (OT) bzw. $\varphi = 180°$ (UT) sowie $\pm \boldsymbol{F}_{\mathbf{II}}$ für F_{II} bei $\varphi = 0°, 90°, 180°$, 270° und 360° erreicht die oszillierende Massenkraft F_o das Maximum $F_I + F_{II}$ im OT und den Wert $F_I - F_{II}$ im UT, der für $\lambda_s < 1/3{,}8$ auch das Minimum ist. Dabei besteht für die oszillierenden Massenkräfte kein geschlossener Kraftfluss, sodass über die Lagerung der Kurbelwelle im Gehäuse die Maschinenlagerung einer Wechselbeanspruchung unterliegt.

1.3.3.3 Massen

Rotierende Massen. Hierzu zählen die Massen von Kurbelzapfen m_Z und Kurbelwange m_W reduziert auf Kurbelzapfenmitte: $m_{W,\,red} = m_W \cdot r_W/r$ (r_W: Schwerpunktabstand) sowie der rotierende Anteil der Pleuelmasse $m_{P,\,r}$

$$m_r = m_{P,\,r} + m_Z + m_{W,\,red} \,. \quad (1.39)$$

Bei bekanntem Schwerpunktabstand r_P von der Mittelachse des großen Pleuelauges (Abb. 1.7a) gilt für die Aufteilung der Pleuelmasse m_P in einen rotierenden und oszillierenden Anteil

$$m_{P,\,r} = m_P(l - r_P)/l, \qquad m_{P,\,o} = m_P\, r_P/l \,, \quad (1.40)$$

wobei in 1. Näherung für übliche Pleuel mit $\lambda_s \approx 1/4$ gilt $m_{P,\,o} \approx m_P/3$ bzw. $m_{P,\,r} \approx (2/3)m_P$.

Oszillierende Massen. Hierzu zählen die Kolbenmasse m_K einschließlich der Kolbenringe, Kolbenbolzen und evtl. Kühlmittelinhalt, bei Kreuzkopftriebwerken sind die Massen von Kreuzkopf m_{KK} und Kolbenstange m_{KS} zu berücksichtigen, ferner in beiden Fällen der oszillierende Anteil der Pleuel- oder Schubstange $m_{P,\,o}$.

Kräfte am Triebwerk. Unter Vernachlässigung von Reibkräften ergibt die Superposition von Fluid- und Massenkräften die Kolbenkraft F_K mit Wirkrichtung in Zylinderachse (Vorzeichen abhängig von Wirkrichtung beachten), Abb. 1.10,

$$F_K = F_Z + F_o \,. \quad (1.41)$$

Bei Aufnahme der Kolbenkraft im Kolbenbolzen, Abb. 1.9a, erfolgt eine Zerlegung in Stangenkraft F_S und Normalkraft F_N, welche die Führung des Kolbens übernimmt,

$$F_S = F_K/\cos\beta, \qquad F_N = F_K \tan\beta \,. \quad (1.42)$$

Am Kurbelzapfen kann die Stangenkraft in eine Radial- bzw. Tangentialkomponente zerlegt werden

$$F_R = F_K \cos(\varphi + \beta)/\cos\beta,$$
$$F_T = F_K \sin(\varphi + \beta)/\cos\beta. \quad (1.43)$$

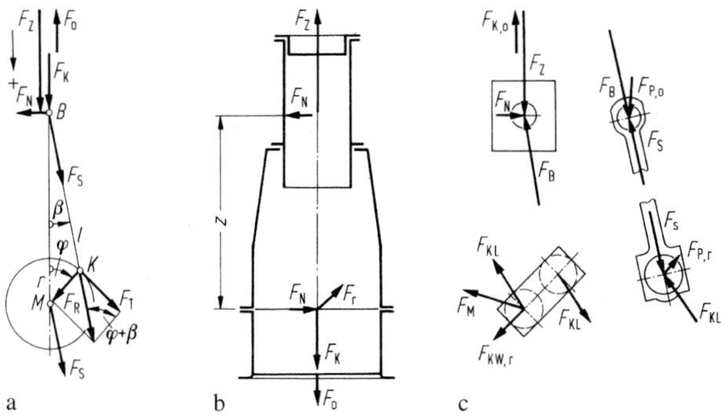

Abb. 1.9 Kräfte am **a** Triebwerk, **b** Gehäuse, **c** an Einzelteilen

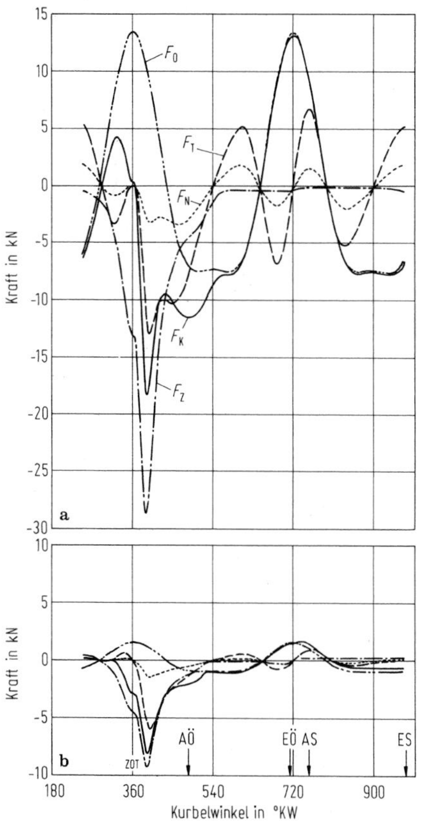

Abb. 1.10 Verlauf von Gaskraft F_Z, oszillierender Massenkraft F_o, Kolbenkraft F_K, Normal- F_N und Tangentialkraft F_T bei Vollast (**a**) ($P_e = 115\,\mathrm{kW}$ bei $5800\,\mathrm{min}^{-1}$) und Teillast (**b**) ($n = 2000\,\mathrm{min}^{-1}$) eines aufgeladenen Pkw-Ottomotors

Aus Kurbelarm und Tangentialkraft folgt das momentane Drehmoment M_d an der Welle, wobei Kraftrichtung und Drehsinn übereinstimmen,

$$M_d = F_T\, r\,. \tag{1.44}$$

Die allgemeine Abhängigkeit der Kolbenkraft und aller davon abgeleiteten Kräfte von der Kurbelstellung φ bedingt ein wechselndes Drehmoment während eines Arbeitsspieles, das sich einem mittleren Drehmoment überlagert und eine ungleichmäßige Drehung zur Folge hat, ausgedrückt durch den Ungleichförmigkeitsgrad

$$\delta_m = 2(\omega_{max} - \omega_{min})/(\omega_{max} + \omega_{min})\,. \tag{1.45}$$

Das Gehäuse nimmt die Triebwerkskräfte auf, indem die Fluidkräfte und die Normalkraft F_N am Zylinder bzw. an der Gleitbahn des Kreuzkopfes angreifen, Abb. 1.9b. Das Grundlager nimmt die Kraft $F_S = \sqrt{F_K^2 + F_N^2}$, Gln. (1.41) und (1.42) auf, zusätzlich zu F_r, Gl. (1.34), die nicht in F_R enthalten ist. In der Zylinderachse steht der Kraft F_Z am Deckel nur die Kraft F_K gegenüber, sodass für den Erhalt des Gleichgewichts das Fundament die restlichen Massenkräfte F_o aufnehmen muss. Ebenfalls von den Fundamentschrauben aufgenommen wird das Moment $M_d = F_N\, z = F_T\, r$. Dieses Reaktionsmoment kann bei pendelnd gelagerten Generatoren/Motoren zur Drehmomentmessung verwendet werden.

1.3.3.4 Kräfte an Triebwerksteilen und Lagern

Kolben. Mit den Kräften F_Z und $F_{K,o} = m_K a_K$ in Zylinderachse folgt für die am Bolzen angreifende Kraft F_B als Resultierende

$$F_B = \sqrt{(F_Z - F_{K,o})^2 + F_N^2}\,. \tag{1.46}$$

Pleuelstange. Am oberen Pleuelauge entspricht die Kraft F_B der in die Pleuelstange eingeleiteten Pleuelstangenkraft $F_{PS} = -F_B$. Bezogen auf die Stange und das große Auge bzw. den Kurbelzapfen ist zusätzlich der oszillierende Anteil der Pleuelmasse $F_{P,o}$ zu berücksichtigen, sodass die Lagerkraft F_{KL} am Kurbelzapfen der Stangenkraft F_S, Gl. (1.42), entspricht, ergänzt um die rotierende Massenkraft $F_{P,r}$ des Pleuels, die mit der rotierenden Masse $m_{P,r}$, Gl. (1.40), analog zu Gl. (1.34) bestimmt werden kann,

$$F_{KL} = \sqrt{F_S^2 + F_{P,r}^2}\,. \qquad (1.47)$$

Kurbelwelle. Dieser Belastung am unteren Pleuelauge bzw. am Kurbelzapfen entspricht eine Reaktionskraft am Wellenzapfen. Hinzu kommen die rotierenden Massenkräfte von Wange und Kurbelzapfen $F_{KW,r}$, sodass für die Kraft F_M, die sich auf die benachbarten Grundlager verteilt, gilt

$$F_M = \sqrt{F_{KL}^2 + F_{KW,r}^2}\,. \qquad (1.48)$$

Entsprechend sind für die Gesamtlagerkraft eines Grundlagers die aus den jeweils benachbarten Kröpfungen herrührenden Kräfte zu berücksichtigen.

1.4 Elemente der Kolbenmaschine

1.4.1 Kurbeltrieb

1.4.1.1 Kurbelwellen

Wie auch bei den übrigen Bauteilen ist die Ausführung von Baugröße, Arbeitsverfahren, Medium, Verwendungszweck etc. abhängig. Grundsätzlich besteht die Kurbelwelle (Abb. 1.11a) aus den Kröpfungen mit den in Grundlagern laufenden Wellenzapfen *1*, dem Kurbel(Hub)zapfen *2*, den verbindenden Wangen *3* mit daran befindlichen Gegenmassen *4* und dem Flansch *5*. Die Zylinderabstände $a_Z \approx (1{,}2 \ldots 1{,}6)D$ (D Kolbendurchmesser) sind bei homogenen Triebwerken gleich, ebenso die Triebwerksmassen. Üblich sind $(z+1)$ Grundlager, kleinere, gering belastete Maschinen mit geraden Zylinderzahlen kommen auch mit $1 + (z/2)$ Lagern aus, wenn Doppelkröpfungen vorgesehen werden (Abb. 1.11b).

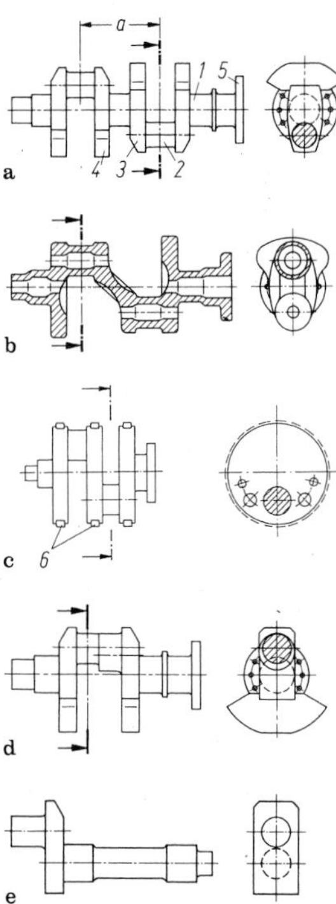

Abb. 1.11 Kurbelwellenbauarten von Zweizylindermaschinen

Bei V-Motoren laufen zwei (oder mehr bei Fächermaschinen) um v in Längsrichtung versetzte Pleuel auf einer Kröpfung und bedingen einen Versatz der Zylinderreihen, sofern keine Anlenk- oder Gabelpleuel verwendet werden. Die Motor-Baulänge kann durch Verwendung von meist in Wälzlagern *6* gelagerten Scheibenkurbelwellen deutlich verkürzt werden (Abb. 1.11c), da Wellenzapfen und Wangen zusammenfallen. Kröpfungen mit angesetzten Hubzapfen für unterschiedliche Hübe findet man an Motorkompressoren (Abb. 1.11d), Stirnkurbeln bei kleinen, schnellaufenden Kompressoren (Abb. 1.11e). Sie verlangen wegen der fliegenden Lagerung eine stark ausgebildete Wange und zwei Grundlager.

Kleinere Kurbelwellen werden aus Vergütungsstahl im Gesenk, große Abmessungen freiform geschmiedet. Großdieselmotoren verwenden halb-gebaute (Kurbelkröpfungen mit Wellenzapfen durch Schrumpfen oder Schweißen verbunden) oder ganz-gebaute Kurbelwellen (Wellen- und Kurbelzapfen über Wangen verbunden). Vorzugsweise bei Pkw-Motoren verwendete ge-

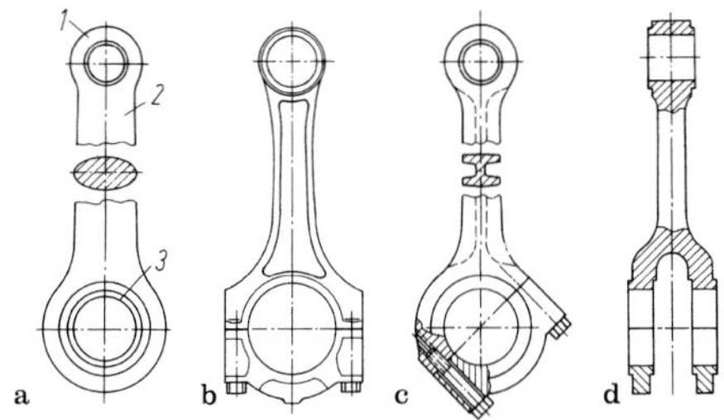

Abb. 1.12 Pleuelstangen

gossene Kurbelwellen aus Sphäro-Grauguss gleichen die geringere Festigkeit durch beanspruchungsgerechte Formgebung aus, Abb. 1.11b.

1.4.1.2 Pleuel-, Schubstange

Die Pleuelstange verbindet den Kolben bzw. den Kreuzkopf (als Schubstange) mit dem Kurbelzapfen der Kurbelwelle und besteht aus Schaft *2* (Abb. 1.12a), oberem (kleinem) und unterem (großem) Pleuelauge *1*, *3*. Neben gesenkgeschmiedeten (Vergütungsstahl) und gegossenen (Grau-, Temperguss, Leichtmetall) Pleuelstangen wird auch die Pulvermetallurgie zur Herstellung eingesetzt, wobei sich das Teilen des großen Auges durch Bruchtrennen („Cracken"), selbst bei Stahlpleuel, durchgesetzt hat [2]. Ungeteilte Pleuel (Abb. 1.12a) findet man nur bei Stirnkurbeln oder gebauten Kurbelwellen in kleinen Zweitaktmotoren, gerade oder schräg geteilte Pleuelköpfe überwiegen (Abb. 1.12b,c), wobei letztere den Ausbau durch die Laufbuchse nach oben auch bei verstärktem Pleuelauge erlauben (s. Abschn. 4.8.3). Eine Gabelung des oberen Pleuelauges kommt bei Kreuzkopf-, des unteren (selten) bei *V*-Maschinen vor (Abb. 1.12d).

1.4.1.3 Kolben

Werkstoffe. Um die Massenkräfte klein zu halten, verwendet man Leichtmetall-Kolbenlegierungen (Al mit Cu-, Si-, Mg- und Ni-Zusätzen, s. Bd. 1, Abschn. 30.2), seltener Grauguss und Stahl; Stahl oder Stahlguss als Vollstahlkolben oder auch als Oberteil gebauter Kolben (s. Abschn. 4.8.3) oder für Plungerkolben. Die Reibpaarung Leichtmetall-Grauguss besitzt günstige (Not-)Laufeigenschaften. Neben der Kraftübertragung führt der Kolben Wärme über die Kolbenringe ab, bei Verbrennungsmotoren evtl. unterstützt durch die Kolbenkühlung, s. Abschn. 4.8.3.

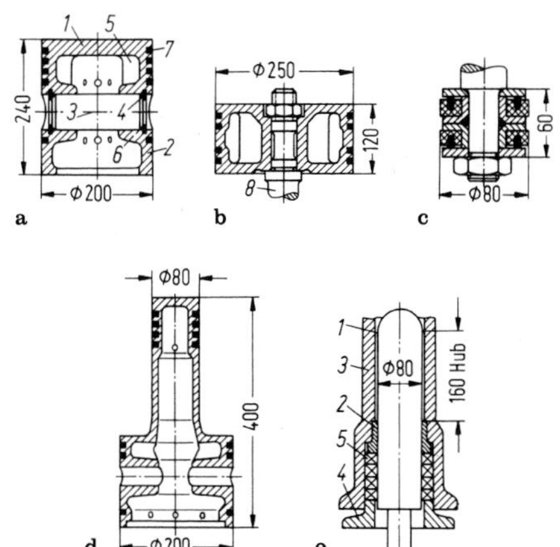

Abb. 1.13 Kolben-Bauarten

Tauchkolben (Abb. 1.13a) zerlegen über den Kolbenbolzen *3* die Kolbenkraft in die Normal- und die Stangenkraft, wogegen Kreuzkopfkolben (Abb. 1.13b) mit der Kolbenstange fest verschraubt werden. Bei Verbrennungsmotoren ist der Boden *1* Teil des Brennraumes und enthält Brennraum- und Ventilmulden, der Schaft *2* besitzt einen ballig-ovalen Formschliff. Der mit den Kolbenringnuten *7* versehene Kopf des Kolbens wird dabei stark zurückgenommen, ebenso die Mantelflächen quer zur Kolbenbolzenachse zugunsten der parallel dazu liegenden Tragflächen. Rippen *5* sowie andere Elemente dienen der Abstützung der Bolzenaugen *6*, in denen der Bolzen schwimmend gelagert und axial gesichert ist *4*, [8].

Scheibenkolben werden mit der Kolbenstange *8* fest verbunden und in doppeltwirkenden Kreuzkopfmaschinen eingesetzt, wobei gebaute, aus mehreren Scheiben zusammengesetzte Kolben geschlossene Dichtringe aus Kohle, Kunststoff (Nutringmanschetten) aufnehmen können (Abb. 1.13b,c).

Stufenkolben für Verdichter mit bis zu drei Verdichtungsstufen (Abb. 1.13d).

Plungerkolben (Abb. 1.13e) laufen mit kleinem Spiel in einer Führungsbuchse *2* des Zylinders *3* und werden über eine nachstellbare Packung *4*, *5* zusätzlich gedichtet. Die notwendige Dichtfläche bedingt einen relativ langen Kolben *1*, der nur bei selbstschmierenden Stoffen und geringen Kolbengeschwindigkeiten einsetzbar ist (Hydraulikpumpen).

1.4.1.4 Festigkeitsberechnung

Kurbelwelle. Näherungsberechnungen beschränken sich auf Stellen höchster Beanspruchung, z. B. bei Verbrennungsmotoren im OT-Bereich. Unter Wirkung von Biegemomenten treten die höchsten Kerbspannungen in den Hohlkehlen, an den Übergängen von Kurbelzapfen zu den Wangen als Zug- oder Druckspannungen auf, je nachdem ob die Fluidkräfte (Zünd-OT) oder die Massenkräfte überwiegen (Ladungswechsel-OT bei Viertaktmotoren). Da es sich bei der Kurbelwelle um ein mehrfach unbestimmtes System handelt, wird unter der Annahme gelenkig miteinander verbundener Kröpfungen für einen „Balken auf zwei Stützen" das Biegemoment in der Mitte einer Wange (Abb. 1.14) ermittelt [3, 9]:

$$M_c = 0{,}5\,F\,c(1 + \upsilon/a_z)\,,$$
$$F = F_{\mathrm{Zmax}} + r\,\omega^2[m_r + m_o(1+\lambda_s)] \le F_{\mathrm{Zmax}} \tag{1.49}$$

(υ: Pleuelversatz bei *V*-Motoren; m_r, m_o: s. Gl. (1.39) ff.). Damit kann mit der maximalen Nennspannung σ_{Nmax} und der aus Erfahrungswerten bekannten Formziffer α [3] die maximale Hohlkehlenspannung ermittelt werden

$$\sigma_{\max} = \alpha\,\sigma_{\mathrm{Nmax}} = \alpha\,M_c/W = \alpha\,M_c/(\pi\,d^3/32)\,. \tag{1.50}$$

Die Formsteifigkeit erhöhen u. a. große Hohlkehlenradien ($\varrho/d \ge 0{,}05$, d = Zapfendurchmesser), ovale, die Zapfen umfassende Wangen ($b/d = 1{,}2\ldots1{,}8$) bei entsprechender Dicke ($h/d = 0{,}3\ldots0{,}5$), Entlastungsbohrungen d_i und eine große Zapfenüberschneidung u.

Den Biegespannungen überlagern sich aus dem Drehmoment resultierende Torsionswechselspannungen, sodass mit einer analog ermittelten maximalen Torsionsspannung eine Vergleichsspannung ermittelt werden kann. Die vom Drehmoment herrührenden Torsionsspannungen sind oft klein gegenüber den aus Drehschwingungen herrührenden, sodass eine Berechnung des Drehschwingungsverhaltens stets ratsam ist (s. Bd. 1, Abschn. 46.5).

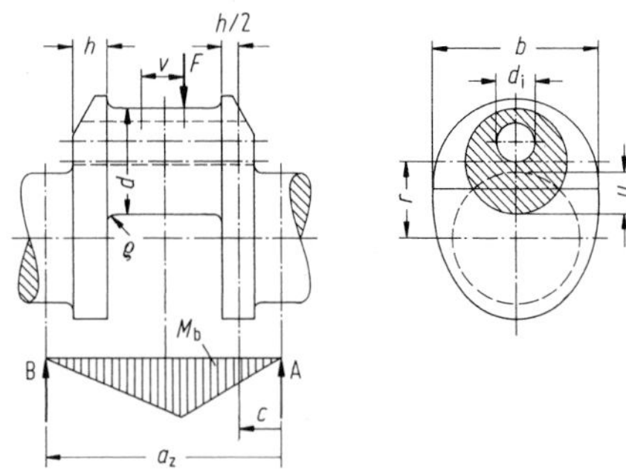

Abb. 1.14 Kurbelkröpfung eines *V*-Motors: Ansatz zur Näherungs-Berechnung der maximalen Kerbspannung [3]

Pleuelstangen. Der Schaft unterliegt einer Zug-Druck-Wechselbeanspruchung, der sich bei Schnellläufern infolge der Schwenkbewegung Biegespannungen überlagern. Bei 4T-Fahrzeugmotoren mit variabler Drehzahl ist für die maximale Druckkraft $F_{\mathrm{d,\,max}}$ der maximale Gasdruck bei maximalem Moment und minimaler Drehzahl, für die größte Zugkraft $F_{\mathrm{z,\,max}}$ die maximale Massenkraft bei Höchstdrehzahl im Ladungswechsel-OT anzusetzen:

$$F_{\mathrm{d,\,max}} = F_{\mathrm{Zmax}} - F_{\mathrm{o,\,min}}\,,\quad F_{\mathrm{z,\,max}} = F_{\mathrm{Zmin}} - F_{\mathrm{o,\,max}}\,, \tag{1.51}$$

wobei für die Massenkraft im OT $F_m = F_o = m_o\,r\,\omega^2(1+\lambda_s)$ und $m_o = m_K + m_{P_o}$ ist bei $\omega \to \omega_{\min} \le \omega \le \omega_{\max}$.

Um am großen Pleuelkopf die an beliebiger Schnittstelle herrschenden Normal-, Querkräfte und Momente zu bestimmen, kann das Pleuelauge als ein kreisförmig gebogener, beidseitig eingespannter Balken (Einspannwinkel $\alpha \approx 40°$ bis $50°$) mit rechteckigem Querschnitt aufgefasst werden, der unter einem Winkel $\gamma \approx 60°$ durch zwei Einzelkräfte $F/2$,

$$F = r\,\omega^2[(m_K + m_{\mathrm{P,o}})(1+\lambda_s) + m_{\mathrm{P,r}}]\,, \tag{1.52}$$

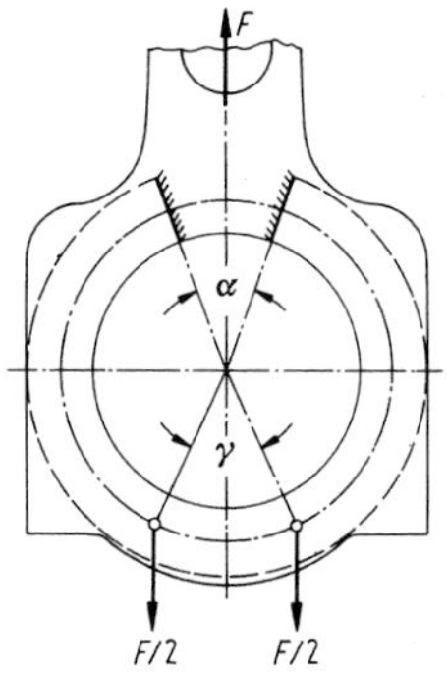

Abb. 1.15 Modellansatz zur näherungsweisen Berechnung von Pleuelaugen [3]

bzw. am kleinen Pleuelkopf durch die Kraft F_o,

$$F_o = r\,\omega^2\,m_K(1 + \lambda_s)\,, \tag{1.53}$$

belastet wird (Abb. 1.15). Für ihn existiert eine geschlossene Lösung. Damit können näherungsweise die in Teilungsfugen herrschenden Spannungen bzw. die notwendigen Schraubenkräfte F_s berechnet werden, um ein Abheben oder Verschieben des Deckels zu verhindern [3].

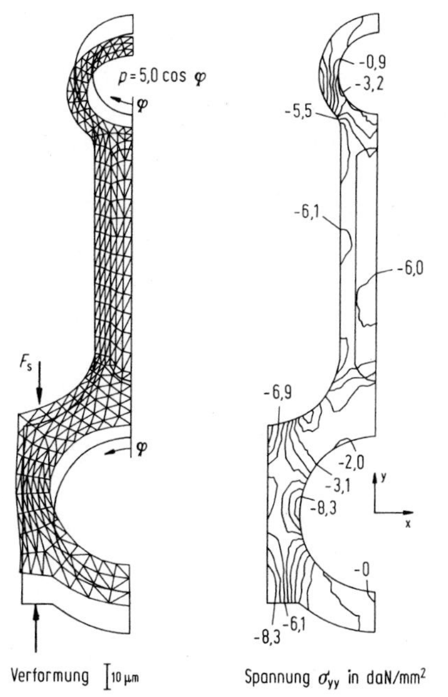

Abb. 1.16 Beanspruchungsanalyse einer Pleuelstange mittels FEM im Zünd-OT für einen Dieselmotor (P_e = 33,1 kW; n = 4500 min^{-1}) [4]

Kolben und Kolbenbolzen. Für den Kolbenboden kann eine allseitig eingespannte, durch den Fluiddruck p_Z belastete Kreisplatte angesetzt werden. Für die reale Beanspruchung sind die Abstützung an den Kolbenbolzenaugen und bei Verbrennungsmotoren zusätzliche thermische Belastungen zu berücksichtigen, die nur mittels FEM hinreichend genau erfassbar sind [4, 8, 10] (Abb. 1.16). Der Kolbenbolzen ist auf zulässige Durchbiegung und Ovalverformung zu kontrollieren [3, 8].

1.4.2 Abdichten des Arbeitsraumes

1.4.2.1 Spaltdichtung

Kolbenmaschinen setzen einen dichten Arbeitsraum voraus, auch wenn sich Arbeitsraumwand und Kolben (Verdränger) relativ zueinander bewegen. Spaltdichtungen (Abb. 1.17a) sind empfindlich gegenüber Wärmedehnungen, sodass für Verdichter nur geringe Drucksteigerungen von $n_v \leq 2$ möglich sind, mit Öleinspritzung (Wärmeabfuhr, erhöhte Dichtwirkung) bis $n_v = 5\ldots6$. Diesel-Einspritzpumpen (Plungerkolbenpumpen) erreichen mit engsten Spalten wegen geringer Wärmeentwicklung bei gleichzeitiger Dichtung und Schmierung durch das Fluid Drücke bis zu 3000 bar.

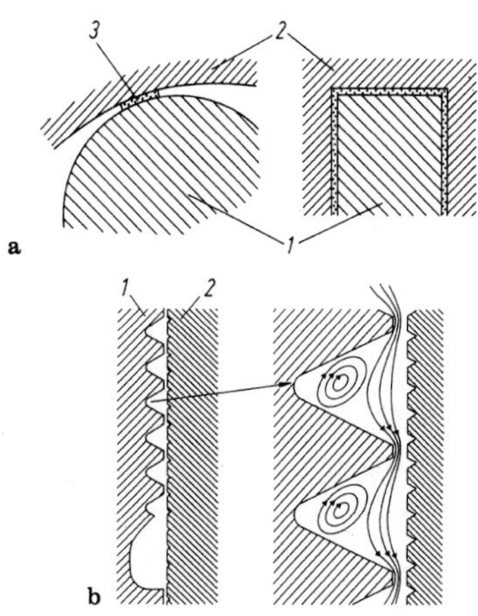

Abb. 1.17 Abdichten mit **a** Spalt- und **b** Labyrinthspalt-Dichtung

1.4.2.2 Labyrinthspaltdichtung

ermöglicht Druckverhältnisse bis $n_V = 3.5$, bei mehrstufiger Anordnung Drücke bis 300 bar, bedingt durch den Druckabbau zwischen den Labyrinthkammern an den Drosselstellen (Abb. 1.17b): Die hier erzeugte kinetische Energie geht in der nachfolgenden Kammer unter Verwirbelung nahezu gegen Null, damit sinkt das Druckniveau [5].

1.4.2.3 Kolbenringe

gleichen bei Verbrennungsmotoren die unterschiedlichen Wärmedehnungen von Kolben und Zylinderwand aus, sichern so die Dichtheit des Arbeitsraumes auch unter höchsten Wechseldrücken und -temperaturen (Abb. 1.18a) [8]. Zur freien, radialen Beweglichkeit in der Kolbenringnut sind die meist rechteckigen Ringe geschlitzt. Der notwendige Dichtdruck an Nutunterseite und Zylinderwand wird selbstregulierend von der Druckdifferenz zwischen Ringober und -unterseite erzeugt. Eine Zylinderschmierung bewirkt eine überwiegend hydrodynamische Schmierung der Reibpartner Kolbenring-Buchse. Ölabstreifringe (Abb. 1.18b) leiten überschüssiges Schmieröl über Bohrungen und Schlitze *1*, *2* und *4* ins Kolbeninnere. Nach dem Prinzip des selbstdichtenden Kolbenringes lassen sich auch räumliche Dichtungen bei nichtzylindrischen Verdrängern und Arbeitsräumen erzeugen, wie z. B. beim Wankelmotor.

Trockenlaufverdichter fördern ölfreie Gase, verzichten auf eine Schmierung und verwenden in Scheibenkolben eingesetzte Spezial-Kolbenringe aus Keramik, Kunststoff etc.

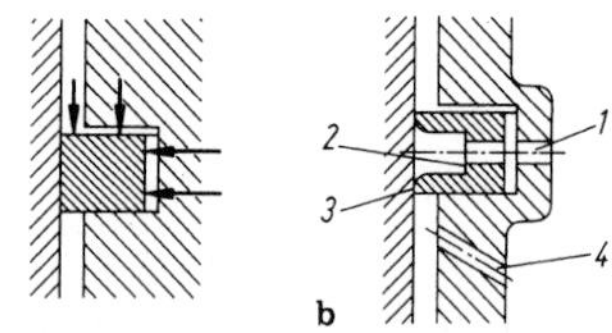

Abb. 1.18 Dichtelemente: **a** Kolbenring; **b** Schlitzring als Ölabstreifring. *1* Dichtbolzen, *2* Stirnleiste, *3* Seitenleiste, *4* Stirnwand

1.4.3 Zylinderanordnung und -zahl

Bei Verbrennungsmotoren werden Einzeltriebwerke überwiegend in Reihen- oder V-Anordnung zusammengefasst. Die Boxeranordnung findet man bei (Pkw-)Motoren selten (Baubreite ungünstig bei Vorderradantrieb), jedoch bei (Hochdruck-)Kolbenverdichtern; kombiniert mit Stufenkolben auch in Tandemanordnung. Ebenso sind *L*- (z. B. für Motor-Verdichter) oder *W*-Anordnung üblich (Abb. 1.19). Frühe Flugmotoren weisen in Sternform angeordnete Zylinder auf (freies Anströmen der Kühlluft!), sind heute aber vom Markt verschwunden.

Dient die Mehrzylinderausführung bei Verbrennungsmotoren vorwiegend zur Leistungserhöhung, so ermöglicht sie bei Kompressoren eine mehrstufige Verdichtung, was unterschiedliche Kolbendurchmesser bedingt.

Die mit der Baulänge abnehmende Drehsteifigkeit der Kurbelwelle beschränkt die jeweils in einer Reihe anzuordnenden Zylinder bei Fahrzeugmotoren auf $z \leq 6$, bei Großmotoren auf maximal 12 Zylinder bei Reihen- bzw. 18 bei *V*-Motoren, s. Abschn. 4.8.2. Der durch die *V*-Anordnung ermöglichten Leistungskonzentration in einer Maschine steht eine erschwerte Zugänglichkeit gegenüber, was die Wartung im Vergleich zu Reihenmotoren erschwert und verteuert.

Um unterschiedlichen Kundenwünschen nachkommen zu können, werden Baureihen gebildet. Dabei strebt man einen hohen Anteil sogenannter Gleichteile an, wie z. B. Kolben, Pleuel etc., um so die Kostenvorteile einer Massenproduktion nutzen zu können.

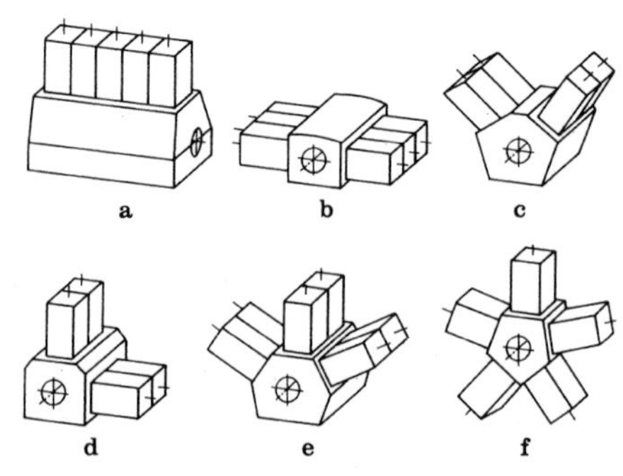

Abb. 1.19 Zylinderanordnung: **a** Reihen-, **b** Boxer-, **c** *V*-Motor; **d** *L*- und **e** *W*-Anordnung; **f** Sternmotor

1.4.4 Lagerung und Schmierung

1.4.4.1 Triebwerkslager

Überwiegend werden Gleitlager verwendet, seltener Wälzlager, deren Teilung durch Einsatz von Scheiben- (selten) und gebauten Kurbelwellen vermieden wird. Auch Kolbenkompressoren im unteren Leistungsbereich verwenden Wälzlager für Kurbelwellen und Pleuel.

Zuverlässige Gleitlager erfordern neben Lagerwerkstoffen hoher Belastbarkeit eine möglichst umfassende Lagerberechnung, die auch Verformungen von Welle und Lagerkörper berücksichtigt [6, 9].

1.4.4.2 Zylinderschmierung

Sie erfolgt bei Tauchkolben kleinerer Motoren und Kompressoren durch das vom Triebwerk abgeschleuderte Spritzöl, wobei Ölabstreifringe den Ölhaushalt regulieren. Die bei kleinen Zweitaktmotoren übliche Gemischschmierung mit einem Schmieröl-Kraftstoff-Verhältnis von 1:30 bis 1:50 kann minimal 1:100 betragen und wird häufig durch dosiertes Öleinspritzen in den Ansaugkanal ersetzt.

Großdieselmotoren in Tauchkolben- oder Kreuzkopfausführung versorgen über Dosierpumpen und -düsen im oberen Drittel der Buchse die Laufflächen gezielt mit Öl, meist aus einem separaten Frischölbehälter. Ähnlich verfährt man bei Kompressoren mit doppeltwirkenden Kolben und Stufenkolben. Da in den mit Zylinderschmierung versehenen Kolbenkompressoren das Schmieröl nicht verbrennt, muss es durch nachgeschaltete Ölabscheider aus dem geförderten Fluid entfernt werden.

1.4.4.3 Schmierölkreislauf

Üblich ist die Druckumlaufschmierung mit nassem Ölsumpf, der Ölwanne, aus der eine vom Motor angetriebene Ölpumpe über Grobsieb, Ölkühler und Hauptstrom-Ölfilter den Haupt-Ölkanal versorgt, der das Öl auf die Lager und evtl. vorhandene Spritzdüsen zur Kolbenkühlung verteilt (Abb. 1.20). Schmierung mit Trockensumpf: Die Ölwanne fängt nur ablaufendes Öl auf, während die (fremdangetriebene) Ölpumpe aus einem separaten Ölbehälter versorgt wird, z. B. bei Geländefahrzeugen, Diesel-Großmotoren. Ein Sicherheitsventil am Hauptölkanal sorgt für den notwendigen Öldruck (4 bis 5 bar) und Abfluss des überschüssigen Öles in die Ölwanne. Umgehungsleitungen an Ölkühler und -filter mit entsprechenden Druckventilen gewährleisten die sichere Ölversorgung auch bei evtl. Verstopfung von Filter oder Schmierölkühler.

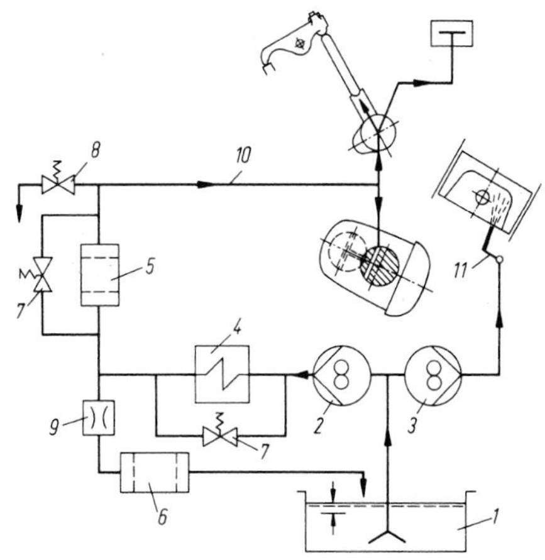

Abb. 1.20 Ölkreislauf eines Nfz-Dieselmotors. *1* Ölwanne, *2* Schmieröl-, *3* Kühlölpumpe, *4* Ölkühler, *5* Schmierölhaupt-, *6* -nebenstromfilter, *7* Umgehungsventil (3,5 bar), *8* Sicherheitsventil (4,5 bar), *9* Drossel, *10* Hauptölkanal mit Abgängen zu Kurbelwelle, Ventiltrieb und Drehzahlregler, *11* Spritzdüse für Kolbenkühlung

Durch Wärmeabgabe über Gehäuse und Ölwanne kommen Verdichter und Motoren kleiner Leistung meist ohne Ölkühler aus, ohne die zul. Öltemperatur von < 130 °C im Ölsumpf zu überschreiten. Im Nebenschluss angeordnete Fein-Filter *6* (Freistrahl-Ölzentrifugen, Schmierölseparatoren bei Großdieselmotoren) zum Reinigen eines Teilstromes (< 30 %) sind sehr wirkungsvoll, sodass eine Kostenersparnis durch verlängerte Ölwechselzeiten ermöglicht wird. Werden die festen Ölwechselintervalle durch ein flexibles Wartungssystem unter Erfassen relevanter Motordaten ersetzt [7], sind weitere Kosteneinsparungen bei Öl, Filter, Personal und durch geringere Ausfallzeiten möglich.

Ein Ölwechsel ist unabhängig davon immer dann erforderlich, wenn der Mindestölvorrat erreicht wird oder/und eine Erschöpfung der Schmieröl-Additive erkennbar wird (erfordert evtl. teure Ölanalyse).

Der leistungsbezogene Öldurchsatz liegt für PKW-Motoren bei $q_{Ö} = 25$ bis 35 l/kWh, für mittlere und große Dieselmotoren bei 44 bis 55 l/kWh (incl. Kolbenkühlung). Für den Ölvorrat in der Maschine sind für Motoren mit $80 > V_H > 20$ dm³ ca. 1 bis 1,8 dm³ Öl/dm³ Hubraum bzw. bei $V_H \leq 20\,\mathrm{dm}^3$ ca. 2 bis 2,5 dm³ Öl/dm³ Hubraum anzusetzen, bei Großdieselmotoren rechnet man mit ca. 0,7 dm³/kW.

1.4.5 Kühlung

1.4.5.1 Kühlung des Arbeitsraumes

Während des Motor-Arbeitsprozesses an die Arbeitsraumwand übergehende Wärme (Wandwärmeverlust, s. Abschn. 4.2.3) führt zu einer Aufheizung der Wand, damit zu Einbußen an Festigkeit, Schmierfähigkeit des Öles sowie Motorleistung infolge Füllungsverlustes und erfordert eine Kühlung der Zylinderwand. Dabei führt ein Kühlmedium die Wandwärme an die Umgebung ab: Direkt bei Luftkühlung oder indirekt über eine Kühlflüssigkeit (Wasser, seltener Öl) mittels Wärmeübertrager (Kühler).

Das beim Kühlen infolge der Wärmeleitung entstehende Temperaturgefälle in der Arbeitsraumwand erzeugt Wärmespannungen, die sich den mechanischen Beanspruchungen überlagern. (Sind bei grenzbelasteten Motoren zu berücksichtigen, s. Abschn. 4.8.1). Kompressoren kühlen den Arbeitszylinder vornehmlich zur Verbesserung der Füllung (entspricht der Ladeluftkühlung bei der Aufladung von Motoren, s. Abschn. 4.3.5).

1.4.5.2 Wärmebilanz

Bei Saugmotoren und Motoren geringer Leistung verteilt sich die mit dem Brennstoff zugeführte Energie ungefähr gleichmäßig auf die effektive Leistung, die Kühlwärme und die im Abgas enthaltene Energie („Drittel-Regel"). Bei aufgeladenen Motoren verringert sich relativ zur Leistungssteigerung mit zunehmender Aufladung der Wandwärmeverlust, wobei die Summe der an das Kühlwasser abgegebenen Wandwärme und der im Ladeluft- und Ölkühler abgeführten Wärmen nahezu gleich bleibt:

$$\sum \Phi_K = \Phi_{KW} + \Phi_{LLK} + \Phi_{ÖK} \approx (0{,}45 \ldots 0{,}55) P_e \,. \tag{1.54}$$

Die Ölkühlerwärme enthält dabei auch die bei der Kolbenkühlung anfallende Bauteilwärme.

Literatur

1. Wankel, F.: Einteilung der Rotationskolbenmaschinen. Deutsche Verlagsanstalt, Stuttgart (1963)
2. Weber, M.: Vorteile der Bruchtrennung bei Pulverschmiedepleueln. ATZ/MTZ-Sonderheft Fertigungstechnik (1993)
3. Mettig, H.: Konstruktion schnellaufender Verbrennungsmotoren. de Gruyter, Berlin (1973)
4. Knoll, G., Peeken, H.: Analyse tribologischer Systeme mit Hilfe der Finite-Elemente-Methode. VDI-Z 120, 1157 (1978)
5. Graunke, K.: Labyrinthspaltdichtung eines Labyrinthkolben-Kompressors. Technische Rundschau Sulzer, H. 4 (1984)
6. Affenzeller J., Gläser, H.: Lagerung und Schmierung von Verbrennungskraftmaschinen. Die Verbrennungskraftmaschine – Neue Folge, Bd. 8. Springer, Wien (1996)
7. Warnecke, W. et al.: Belastungsgerechte Ölwartung mit ASSYST. MTZ **59**, 414–421 (1998)
8. Köhler, E., Flier, R.: Verbrennungsmotoren – Motormechanik, Berechnung und Auslegung des Hubkolbenmotors, 7. Aufl. Vieweg+Teubner, Wiesbaden (2019)
9. Tschöke, H., Mollenhauer, K., Maier, R. (Hrsg.): Handbuch Dieselmotoren, 4. Aufl. Online-Version, Springer (2019)
10. Mahle (Hrsg.): Kolben und motorische Erprobung, 2. Aufl. Springer Vieweg, Wiesbaden (2015)

Weiterführende Literatur

van Basshuysen, R., Schäfer, F. (Hrsg.): Handbuch Verbrennungsmotoren, 8. Aufl. Springer Vieweg, Wiesbaden (2017)

Eifler, W., Schlücker, E., Spicher, U., Will, G.: Küttner Kolbenmaschinen, 7. Aufl. Vieweg+Teubner, Wiesbaden (2009)

Kalide, W., Siegloch, H.: Energieumwandlung in Kraft- und Arbeitsmaschinen, 10. Aufl. Hanser, München Wien (2010)

Taschenbuch Maschinenbau, Bd. 5: Kolbenmaschinen-Strömungsmaschinen. VEB Verlag Technik, Berlin (1989)

Zima, S.: Kurbeltriebe: Konstruktion, Berechnung und Erprobung von den Anfängen bis heute. Vieweg, Braunschweig, Wiesbaden (1998)

2 Verdrängerpumpen

Helmut Tschöke und Herbert Hölz

2.1 Bauarten und Anwendungsgebiete

Verdrängerpumpen nehmen das von der Saugleitung in den Arbeitsraum geflossene Fördermedium auf und verschieben es dann in die Druckleitung. Die Verschiebearbeit des Verdrängers erhöht die Energie (Druckenergie, Geschwindigkeitsenergie, potentielle Energie) des Fördermediums und deckt die Rohrreibungsverluste ab. Zur Kapselung und Ein- und Auslasssteuerung des Fördermediums werden druckgesteuerte Ventile oder Wegsteuerung durch Schieber, durch Steuerkanten im Arbeitsraum oder durch weggesteuerte Ventile eingesetzt. Nach der Verdrängerkinematik werden oszillierende und rotierende Verdrängerpumpen unterschieden. Verdrängerpumpen sind in der Lage, eine Saugleitung selbsttätig zu entlüften und arbeiten in dieser Betriebsphase als Verdränger-Vakuumpumpen.

Tab. 2.1 nennt Bauarten, Einsatzgebiete und Einsatzgrenzen von Verdrängerpumpen. Die Werte p_{max} und Q_{max} werden nicht gleichzeitig erreicht und können in Sonderfällen auch überschritten werden. Neben dem erforderlichen Druck und Volumenstrom bestimmt das Fördermedium die Auswahl der geeigneten Pumpenbauart, sodass Verdrängerpumpen auch nach dem Fördermedium benannt werden:

H. Tschöke (✉)
Otto-von-Guericke-Universität Magdeburg
Magdeburg, Deutschland
E-Mail: tschoeke@mb.uni-magdeburg.de

Fördermedien mittlerer und hoher Viskosität mit abrasiv wirkenden Fremdkörpern: Schlammpumpen, Betonpumpen, Mörtelpumpen. Mit Verdrängerpumpen lassen sich entwässerte, stichfeste Schlämme fördern.

Fördermedien mittlerer und hoher Viskosität ohne abrasiv wirkende Fremdkörper: Lebensmittelpumpen, Schmiermittelpumpen (Fette, Öle), Farben, Klebstoffe, Schweröl, Bitumen, Spinnpumpen zur Kunststoffverarbeitung.

Fördermedien mit besonderen Anforderungen an die chemische oder thermische Resistenz der Pumpenwerkstoffe: Chemiepumpen. Werkstoffe

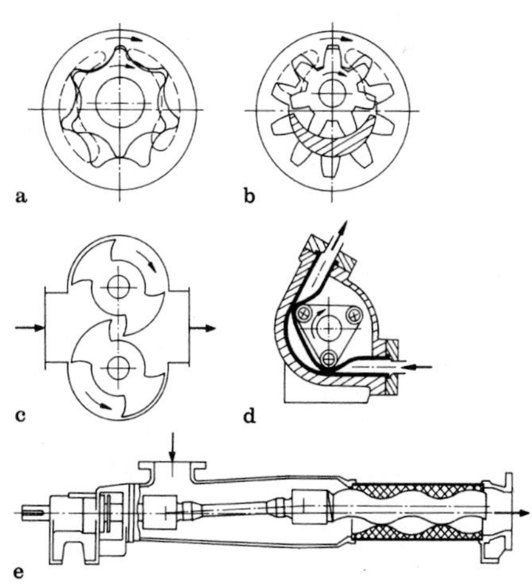

Abb. 2.1 Pumpen mit rotierendem Verdränger. **a** Zahnringpumpe; **b** Innenzahnradpumpe (Sichelpumpe); **c** Drehkolbenpumpe; **d** Schlauchpumpe; **e** Exzenterschneckenpumpe. Weitere Beispiele s. Bd. 2, Abb. 19.1

B. Bender und D. Göhlich (Hrsg.), *Dubbel Taschenbuch für den Maschinenbau 3: Maschinen und Systeme*,
https://doi.org/10.1007/978-3-662-59715-6_2

Tab. 2.1 Bauarten, Einsatzgebiete und Einsatzgrenzen von Verdrängerpumpen (Kinematik: r = rotierend, o = oszillierend, Steuerung: v = ventilgesteuert, w = weggesteuert, Hauptanwendung: H = Hydraulik, S = abrasive und hochviskose Schlämme, V = hochviskose, nicht abrasive Fluide, D = Dosierpumpen, L = Lebensmittel)

Kolbenmaschine Verdrängerpumpe	Kinematik	Steuerung	P_{max} (bar)	Q_{max} (m^3/h)	Hauptanwendung
Hubkolbenmaschine					
Reihenkolbenpumpe	o	v, w	3500	800	H, S, D, V
Taumelscheiben-Axialkolbenpumpe	o	v, (w)	400	50	H, V
Schrägscheiben-Axialkolbenpumpe	o	w	300	30	H
Radialkolbenpumpe	o	v, w	500	50	H
Winkelachsiger Verdränger					
Schrägachsen-Axialkolbenpumpe	o	w	250	40	H
Drehkolbenmaschine					
Außenzahnradpumpe	r	w	200	100	H, V
Innenzahnradpumpe	r	w	300	100	H, V
Zahnringpumpe	r	w	200	12	H, V
Drehkolbenpumpe	r	w	14	200	S, V, L
Schraubenförmiger Verdränger					
Schraubenpumpe	r	w	100	1600	H, V
Kreiskolbenmaschine					
Exzenterschneckenpumpe	r	w	72	400	S, V, L
Umlaufkolbenmaschine					
Flügelzellenpumpe	r	w	175	60	H, V
Sperrflügelpumpe	r	w	175	40	H
Elastischer Verdränger					
Schlauchpumpe	r	w	10	15	S, V
Schlauchmembranpumpe	o	v	160	140	S, L, V
Membranpumpe	o	v	300	180	S, V, D, L
Gasförmiger Verdränger	o	v	2	60	S, V
Schwingkolbenmaschine					
Flügelpumpe	o	v	0,2	6	

mit besonderer Resistenz sind PTFE, Keramik, rostfreier Stahl, Glas.

Fördermedien mit besonderen Sicherheitsanforderungen: Giftstoffe, radioaktive Fördermedien. Hier werden vorzugsweise Membranpumpen eingesetzt.

Fördermedien, die zugleich dosiert werden müssen: Dosierpumpen, Einspritzpumpen für Verbrennungskraftmaschinen, Schmierpumpen für Fett oder Öl bei Verbrauchsschmierung.

Fördermedien zur Energieübertragung in Umlaufsystemen: Hydraulikpumpen, Heizungsumwälzpumpen, Lenkhelfpumpen für Servolenkung. Hydraulikpumpen siehe Bd. 2, Kap. 18; Einspritzpumpen siehe Abschn. 4.6.

Abb. 2.1 und 2.2 zeigen Beispiele für Pumpen mit rotierendem und oszillierendem Verdränger. Pumpen mit rotierendem Verdränger sind immer weggesteuert. Der Arbeitsraum wird durch Spalte abgedichtet. Oszillierende Verdrängerpumpen arbeiten mit druckgesteuerten Ventilen oder mit Wegsteuerung. Der Dichtspalt am Ventil besitzt einen kleinen Spaltumfang und ist druckkompensiert, deshalb sind mit ventilgesteuerten Pumpen Drücke bis 7000 bar erreichbar. Bei allen weggesteuerten Pumpen lässt sich die Richtung des Energieflusses umkehren, sie können als Hydraulikmotor betrieben werden. Für Pumpen mit Druckübersetzung können bis zu 14 000 bar erreicht werden [1].

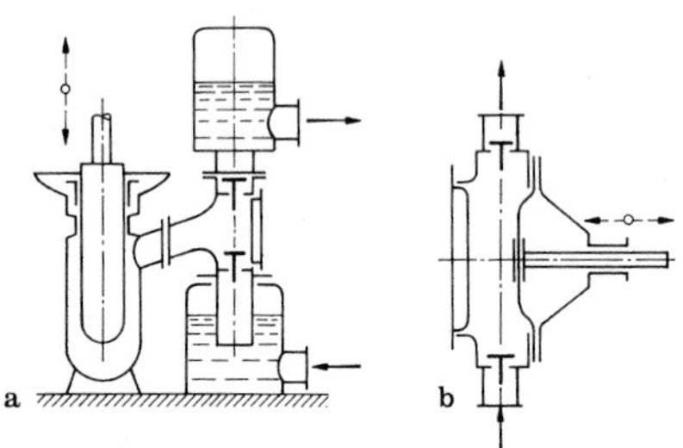

Abb. 2.2 Pumpen mit oszillierendem Verdränger. **a** Hubkolbenpumpe; **b** Membranpumpe. Weitere Beispiele s. Bd. 2, Abb. 19.1

2.2 Berechnungsgrundlagen

Eine Pumpenanlage (Abb. 2.3) besteht aus Saug- und Druckbehälter, Saugleitung, Druckleitung, Leitungsarmaturen und der Pumpe. Der Saugbehälter kann höher oder tiefer liegen als die Pumpe. Die Pumpe erhöht die Energie des Fördermediums und deckt die Energieverluste in den Leitungen und Armaturen. Schnittstellen der Energiebilanz sind die Pumpenflansche und der Ein- und Austritt der Leitung [1].

2.2.1 Förderhöhen, Geschwindigkeiten und Drücke

Die Förderhöhe H einer Pumpe entspricht der Differenz der Energiehöhen zwischen Austritt und Eintritt der Pumpe. Sie ist die auf das geförderte Gewicht bezogene Energie, die von der Pumpe an das Fördermedium übertragen wird (g = Erdbeschleunigung, ϱ = Dichte des Fördermediums, übrige Bezeichnungen nach Abb. 2.3)

$$H = (z_2 - z_1) + (p_2 - p_1)/(\varrho\, g) + \left(v_2^2 - v_1^2\right)/(2\, g)\,. \qquad (2.1)$$

Die Förderhöhe der Anlage H_A ergibt sich aus den Daten der Pumpenanlage (Abb. 2.3). Im stationären Betriebspunkt schneiden sich Pumpenkennlinie und Anlagenkennlinie, sodass $H_\mathrm{A} = H$ ist (Energieerhaltung)

$$H_\mathrm{A} = z_{2\mathrm{B}} - z_{1\mathrm{B}} + (p_{2\mathrm{B}} - p_{1\mathrm{B}})/(\varrho\, g) + \left(v_{2\mathrm{B}}^2 - v_{1\mathrm{B}}^2\right)/(2g) + H_{\mathrm{J}_1} + H_{\mathrm{J}_2}\,. \qquad (2.2)$$

H_{J_1} ist die eintrittseitige Verlusthöhe, H_{J_2} ist die austrittseitige Verlusthöhe infolge Rohrreibung (Rohrreibungszahl λ) und Druckverlusten an Armaturen (Widerstandszahl ζ), vgl. Bd. 1, Kap. 17. Bei i Rohrabschnitten und j Armaturen ist die gesamte Verlusthöhe $H_\mathrm{J} = H_{\mathrm{J}_1} + H_{\mathrm{J}_2}$

$$H_\mathrm{J} = \sum_i \lambda_i\, l_i/d_i v_i^2/(2\, g) + \sum_j \zeta_j v_j^2/(2\, g)\,. \qquad (2.3)$$

Die Druckdifferenz zwischen Saug- und Druckstutzen einer Pumpe folgt aus Gln. (2.1) und (2.2):

$$p_2 - p_1 = \varrho\, g\big(H - (z_2 - z_1) - \left(v_2^2 - v_1^2\right)/(2\, g)\big)\,. \qquad (2.4a)$$

Die Pumpenkopfhöhe $H_\mathrm{PK} = z_2 - z_1$ und die Differenz der Geschwindigkeitshöhen zwischen Saug- und Druckstutzen sind meist vernachlässigbar, sodass

$$p_2 - p_1 = \varrho\, g\, H = \varrho\, g\, H_\mathrm{A}\,. \qquad (2.4b)$$

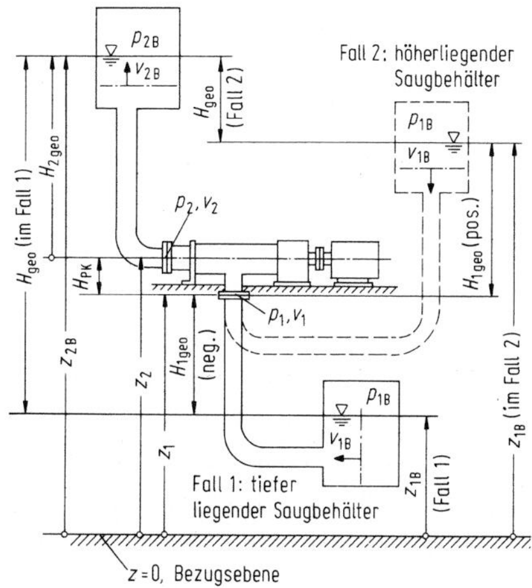

Abb. 2.3 Drücke, Höhen und Strömungsgeschwindigkeiten in einer Pumpenanlage

2.2.2 Förderleistung, Antriebsleistung, Gesamtwirkungsgrad

Als Förderleistung P_u wird in DIN 24 260 die von der Pumpe auf das Fördermedium übertragene nutzbare Leistung verstanden ($\dot{m}$ = Massenstrom; Q = Volumenstrom)

$$P_\mathrm{u} = \dot{m}\, g\, H = \varrho\, Q\, g\, H\,. \qquad (2.5a)$$

Mit Gl. (2.4b) ergibt sich:

$$P_\mathrm{u} = Q(p_2 - p_1) = Q\,\Delta p\,. \qquad (2.5b)$$

Der Leistungsbedarf P der Pumpe (Antriebsleistung) wird an der Pumpenwelle gemessen, sodass sich für den Pumpenwirkungsgrad η_t ergibt:

$$\eta_\mathrm{t} = P_\mathrm{u}/P\,. \qquad (2.6)$$

2.2.3 Instationäre Strömung

Bei Verdrängerpumpen ist die Bewegung der Flüssigkeit in der Leitung an die Kinematik des Verdrängers gekoppelt, solange über das offene Steuerorgan eine Verbindung zum Arbeitsraum besteht und keine Pulsationsdämpfer vorhanden sind.

Für eine Einzylinder-Kolbenpumpe mit Geradschubkurbeltrieb (Schubstangenverhältnis λ) und ohne Pulsationsdämpfer (Abb. 2.5) ergibt sich für die zeitabhängige Strömungsgeschwindigkeit $\upsilon_{(t)}$ und Beschleunigung $a_{(t)}$ der Flüssigkeit in der Leitung ($\upsilon_{K(t)}$ = Kolbengeschwindigkeit; $a_{K(t)}$ = Kolbenbeschleunigung; $\varphi = \omega \cdot t$ = Kurbelwinkel; A = Leitungsquerschnitt; A_K = Kolbenquerschnitt; r = Kurbelradius):

$$\upsilon_{(t)} = \upsilon_{K(t)} A_K/A = r\,\omega(\sin \omega\, t + \lambda/2 \sin 2\,\omega\, t) A_K/A\,, \quad (2.7)$$

$$a_{(t)} = a_{K(t)}\, A_K/A = r\,\omega^2(\cos \omega\, t + \lambda\,/2 \cos 2\,\omega\, t)\, A_K/A\,. \quad (2.8)$$

Durch Beschleunigung der Flüssigkeitsmasse in den Leitungen ohne Pulsationsdämpfer kommt es zu einer Druckänderung $\Delta\, p_{a(t)}$ bzw. zu einer beschleunigungsbedingten Druckhöhenänderung $\Delta\, H_{a(t)}$ (L = Länge der Leitung).

$$\Delta\, p_{a(t)} = a_{K(t)}\, A_K/A\; L\, \varrho\,, \quad (2.9a)$$

$$\Delta\, H_{a(t)} = \Delta\, p_{a(t)}/(\varrho\, g)\,. \quad (2.9b)$$

Die beschleunigungsbedingte Druckänderung überlagert sich den reibungsbedingten zeitabhängigen Druckverlusten nach Gl. (2.3) in Verbindung mit Gl. (2.7). Die Druckänderung $\Delta\, p_{a(t)}$ führt zu einer Druckabsenkung bei Beginn des Saughubes und zu einer Druckerhöhung bei Beginn des Druckhubes für Leitungen ohne Pulsationsdämpfer.

Fördern mehrere Zylinder phasenverschoben in eine Leitung ohne Pulsationsdämpfer, überlagern sich Geschwindigkeits- und Beschleunigungsverläufe der einzelnen Zylinder (Abb. 2.6). Der Maximalwert der resultierenden Beschleunigung beträgt bei 3-, 5- und 7-Zylinderpumpen das 0,5fache des Wertes der Einzylinderpumpe, bei 2- und 4-Zylinderpumpen ergibt sich keine Änderung gegenüber der Einzylinderpumpe.

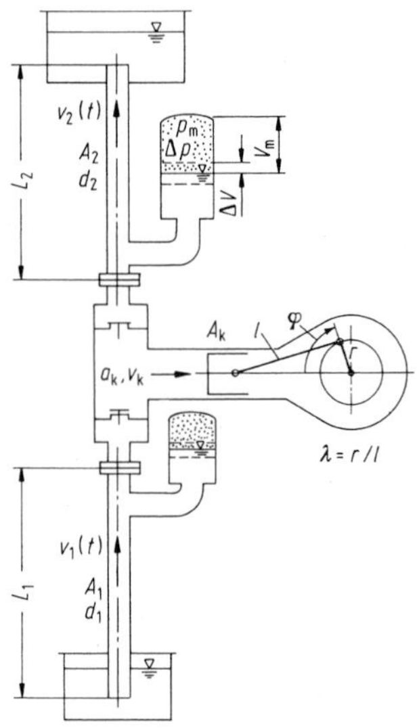

Abb. 2.4 Kolbenpumpe mit Leitungen und Pulsationsdämpfern

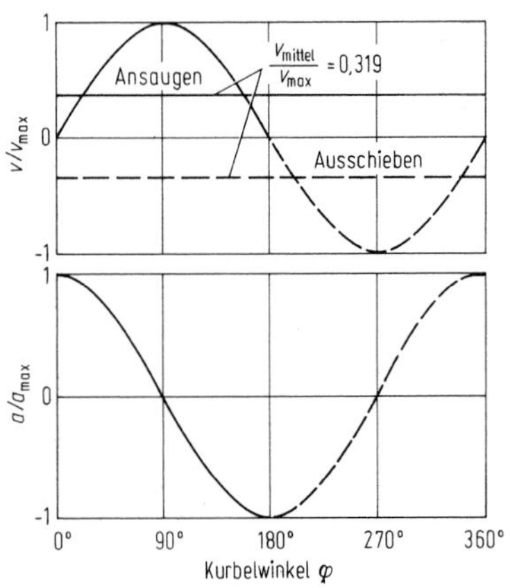

Abb. 2.5 Geschwindigkeit und Beschleunigung in den Leitungen einer Einzylinder-Kolbenpumpe ohne Pulsationsdämpfer [2]

Beeinflusst werden die Geschwindigkeits- und Beschleunigungsverläufe außerdem dadurch, dass die Ventile infolge Triebwerks- und Flüssigkeitselastizität nicht im Totpunkt, sondern um den Winkel φ_o verzögert öffnen (Abb. 2.6).

Auch die Kinematik rotierender Verdrängerpumpen (Zahnradpumpen, Drehkolbenpumpen)

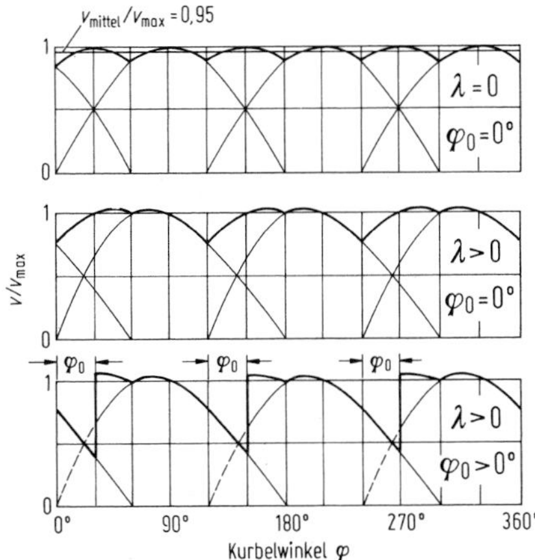

Abb. 2.6 Überlagerung der bezogenen Strömungsgeschwindigkeit für eine Dreizylinder-Kolbenpumpe ohne Pulsationsdämpfer (Saughub). φ_o = Verzögerungswinkel für Ventilöffnung

verursacht in den Leitungen beschleunigungsbedingte Druckänderungen.

2.2.4 Kavitation

Erreicht der Druck im Arbeitsraum der Pumpe den Dampfdruck p_v des Fördermediums, tritt Kavitation auf. Dies führt zu einem Förderstromabfall der Pumpe, zu Kavitationsgeräusch und zur Beschädigung von Pumpenbauteilen.

Es genügt nicht, dass der Druck am Pumpensaugflansch über dem Dampfdruck p_v liegt, da Strömungsgeschwindigkeit und Beschleunigung des Flüssigkeitsvolumens in der Pumpe zusätzliche Druckabsenkungen verursachen. Druckverluste im Arbeitsraum treten besonders im Hubspalt der Pumpenventile auf und durch Umlenkung, Querschnittsänderungen und Spaltströmung auch in rotierenden Verdrängerpumpen.

Die um die Dampfdruckhöhe $p_v/(\varrho g)$ verminderte Energiehöhe am Saugflansch der Pumpe NPSHA (Definition siehe Abschn. 8.3.3) beträgt

$$\begin{aligned}\text{NPSHA} &= H_{1\,\text{geo}} - H_{J_1} - \Delta\, H_a \\ &\quad + (p_{1\,B} - p_v)/(\varrho\, g) + v_{1\,B}^2/(2\, g).\end{aligned} \tag{2.10}$$

Die beschleunigungsbedingte Druckhöhenänderung $\Delta\, H_a$ wird nach Gl. (2.9b) bestimmt und tritt nur bei instationärer Strömung auf.

Die Energiehöhe NPSHR des Eintrittsdruckverlustes $\Delta\, p_E$ beträgt

$$\text{NPSHR} = \Delta p_E/(\varrho\, g)\,. \tag{2.11}$$

Für kavitationsfreien Betrieb muss die Energiehöhe NPSHA einen Sicherheitsabstand zu NPSHR haben:

$$\text{NPSHA} > \text{NPSHR}\,. \tag{2.12}$$

NPSHR wird experimentell ermittelt, indem NPSHA am Pumpensaugflansch soweit abgesenkt wird, dass ein Kavitationskriterium gerade erfüllt wird, z. B. der Förderstromabfall 3 % beträgt. Das dann erreichte NPSHA entspricht NPSHR.

2.2.5 Pulsationsdämpfung

Die an den Pumpenstutzen bei instationärer Strömung auftretenden periodischen Druckänderungen regen das Fördermedium zu Schwingungen an. Zu deren Dämpfung dienen Windkessel, Blasenspeicher, Resonatoren oder Blenden [1] (Abb. 2.4, 2.8).

2.2.5.1 Fluktuierendes Flüssigkeitsvolumen

Eine Einzylinder-Kolbenpumpe mit Gradschub-Kurbeltrieb fördert den zeitabhängigen Volumenstrom $\dot{V}_{(t)}$

$$\begin{aligned}\dot{V}_{(t)} &= A_K v_{(t)} \\ &= A_K\, r\, \omega(\sin\, \omega\, t + \lambda/2\, \sin\, 2\, \omega\, t)\,.\end{aligned} \tag{2.13}$$

Der mittlere Volumenstrom Q beträgt

$$Q = A_K\, r\, \omega/\pi\,. \tag{2.14}$$

Nach Abb. 2.7a nimmt ein idealer Pulsationsdämpfer den von der Pumpe verdrängten Überschuss über den mittleren Volumenstrom auf und gibt ihn an die Leitung ab, wenn $\dot{V}_{(t)} < Q$. Es besteht das fluktuierende Flüssigkeitsvolumen

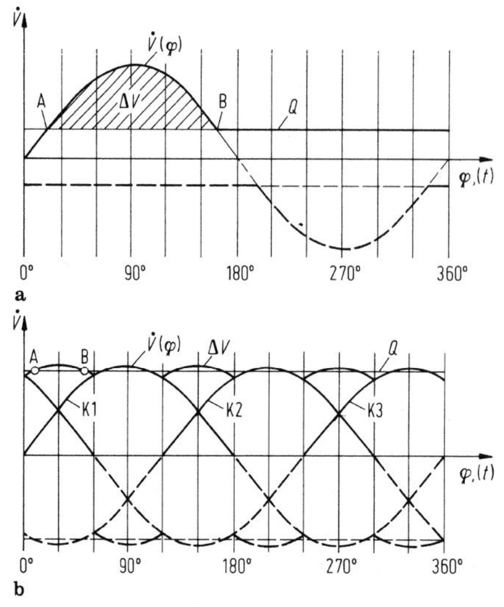

Abb. 2.7 Fluktuierendes Flüssigkeitsvolumen. **a** Einzylinder-Pumpe; **b** einfachwirkende Dreizylinder-Pumpe. Ausgezogen bzw. *gestrichelt*: Saug- bzw. Gegendruckbehälter, *schraffiert*: flukturierendes Volumen

ΔV, das zwischen Leitung und Pulsationsdämpfer ausgetauscht wird.

Als Amplitudenfaktor m wird das Verhältnis des fluktuierenden Flüssigkeitsvolumens ΔV zum Hubvolumen $V_H = 2rA_K$ eines Zylinders bezeichnet, als Frequenzfaktor k das Verhältnis der Kreisfrequenz ω_v der Volumenpulsation ΔV zur Kreisfrequenz ω des Pumpentriebwerks (Tab. 2.2)

$$m = \Delta V / V_H = \Delta V / (2\,r\,A_K)\,, \tag{2.15}$$

$$k = \omega_v / \omega\,. \tag{2.16}$$

Amplitudenfaktor und Frequenzfaktor hängen von der Zylinderzahl, dem Schubstangenverhältnis und vom Phasenwinkel φ_o ab, mit dem das Ventil verspätet öffnet [2, 3]. Mit zunehmendem Phasenwinkel φ_o vergrößert sich der Amplitudenfaktor mehrzylindriger Pumpen, der Frequenzfaktor geht auf den Wert der Zylinderzahl zurück. Durch Austausch des fluktuierenden Flüssigkeitsvolumens ΔV zwischen Leitung und Pulsationsdämpfer wird das Luftvolumen des Pulsationsdämpfers adiabat komprimiert und expandiert, der Luftdruck schwankt um $\pm\Delta p$ um den mittleren Luftdruck p_m, das fluktuierende Volumen ΔV entspricht der Änderung des Luftvolumens im Windkessel, welches um $\pm\Delta V$ um das mittlere Luftvolumen V_m schwankt (Abb. 2.4).

Tab. 2.2 Amplitudenfaktor m und Frequenzfaktor k für $\lambda = 0{,}225$ und $\varphi_o = 0$ [2]

Zylinderzahl	m	k
1	0,55	1
2	0,21	2
3	0,035	6
4	0,042	4
5	0,010	10
6	0,018	6
7	0,005	14

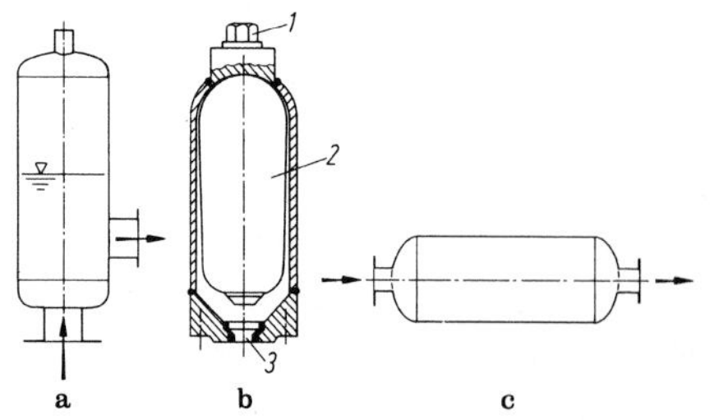

Abb. 2.8 Pulsationsdämpfer. **a** Windkessel; **b** Blasenspeicher; **c** Resonator

Das System nach Abb. 2.4 kann auf ein Feder-Massesystem mit geschwindigkeitsproportionaler Dämpfung zurückgeführt werden. Die Eigenfrequenz ω_1 des Systems beträgt mit dem Isotropenexponenten $\varkappa$, Bezeichnungen nach Abb. 2.4:

$$\omega_1 = \sqrt{\varkappa\, p_m\, A / (\varrho\, L\, V_m)}\,. \tag{2.17}$$

Bei Blasenspeichern muss bei der Berechnung der Eigenfrequenz noch die Federsteifigkeit der Blase berücksichtigt werden.

Die Kreisfrequenz ω_v der Volumenpulsation soll einen ausreichenden Abstand zur Eigenfrequenz ω_1 haben:

$$\omega_v / \omega_1 > \sqrt{2}\,. \tag{2.18}$$

Nach Gl. (2.17) lässt sich die Eigenfrequenz ω_1 durch große Leitungslängen L und ein großes mittleres Luftvolumen V_m im Pulsationsdämpfer herabsetzen, um Gl. (2.18) zu erfüllen. Die gesamte Druckschwankung $2\Delta p$ um den mittleren

Druck p_m im Windkessel beträgt bei adiabater Kompression des Luftinhaltes im Windkessel

$$2\,\Delta\, p/p_m = \varkappa\, m\, V_H/V_m\,. \qquad (2.19)$$

Der Wert von $2\Delta p/p_m$ soll zwischen 0,001 und 0,1 liegen.

Aufbau der Pulsationsdämpfer. Die Pulsationsdämpfer sollen so nah wie möglich an den Ventilen liegen, um die beschleunigten Massen zu verringern.

Windkessel (Abb. 2.8a) werden als Saugwindkessel oder Druckwindkessel in Behälterform gebaut. Da sich im Druckwindkessel bei Überdruck Luft im Fördermedium löst, muss diese über einen Kompressor erneuert werden.

Blasenspeicher (Abb. 2.8b) besitzen eine vorkomprimierte gasgefüllte Gummiblase, wodurch sich das Behältervolumen im Vergleich zum Windkessel reduziert. Sie werden für Drücke bis 350 bar verwendet.

Resonatoren (Abb. 2.8c) dämpfen die Druckwellen durch Reflexion an einer sprunghaften Querschnittsänderung. Sie eignen sich für Drücke über 350 bar und sind von Änderungen des Betriebsdruckes unabhängig.

Blenden dämpfen ebenfalls Druckpulsationen durch Reflexion, erzeugen jedoch den größten bleibenden Druckverlust.

2.3 Verlustteilung

Zur Verlustteilung und Kennlinienberechnung von Verdrängerpumpen eignen sich mathematische Modellbeschreibungen und bauartbezogene Modellbeschreibungen. Beim „mathematischen Pumpenmodell" [4–8] wird die reale Verdrängerpumpe einer verlustfreien Verdrängerpumpe gegenübergestellt und daraus die Verlustteilung in mechanisch-hydraulische Verluste und in volumetrische Verluste abgeleitet. Das Pumpenmodell [4–8] setzt voraus, dass die Spaltweiten der Arbeitsraumabdichtungen konstant, d. h. von Druck- und Drehzahl unabhängig sind, dass die Viskosität des Fördermediums sich innerhalb der Pumpe nicht ändert und dass die volumetrischen Verluste Energieverluste sind, d. h. durch Spaltrückströmung verursacht sind. Die letzte Voraussetzung trifft für Hochdruck-Kolbenpumpen und Hochdruck-Membranpumpen nicht zu, dort werden bauartbezogene Modellbeschreibungen verwendet.

2.3.1 Betriebsverhalten der verlustfreien Verdrängerpumpe

Die verlustfreie theoretische Verdrängerpumpe hat weder volumetrische noch mechanisch-hydraulische Energieverluste. Der theoretische Volumenstrom Q_{th} ist drehzahlproportional und druckunabhängig. W_{th} ist das theoretische Verdrängervolumen je Umdrehung

$$Q_{th} = W_{th}\, n\,. \qquad (2.20)$$

Das theoretische Antriebsdrehmoment M_{th} der verlustlosen Pumpe ergibt sich aus der Gleichsetzung der abgegebenen hydraulischen Leistung $Q_{th}\,\Delta p$ mit der aufgenommenen Wellenleistung $M_{th}\,\omega$. Mit $\omega = 2\,\pi\, n$ folgt:

$$M_{th} = \Delta\, p\, W_{th}/(2\,\pi)\,. \qquad (2.21)$$

Das theoretische Antriebsdrehmoment M_{th} ist proportional der Druckdifferenz $\Delta\, p$ an der Pumpe und unabhängig von der Drehzahl.

Der theoretische Volumenstrom W_{th} je Umdrehung wird nach Abb. 2.9 aus dem Verlauf der Q_e,n-Kennlinie für $\Delta p = 0$ bestimmt:

$$W_{th} = \Delta\, Q_e/\Delta\, n \qquad \text{für} \quad \Delta\, p = 0\,. \qquad (2.22)$$

W_{th} stimmt nicht mit dem geometrischen Verdrängungsvolumen je Umdrehung überein. Der Unterschied wird verursacht durch Fertigungstoleranzen, Näherungsformeln für das geometrische Verdrängungsvolumen, durch liefergradbedingte Füllungsverluste und dadurch, dass die viskose Reibung in den Dichtspalten der Pumpen zur Förderung beitragen kann.

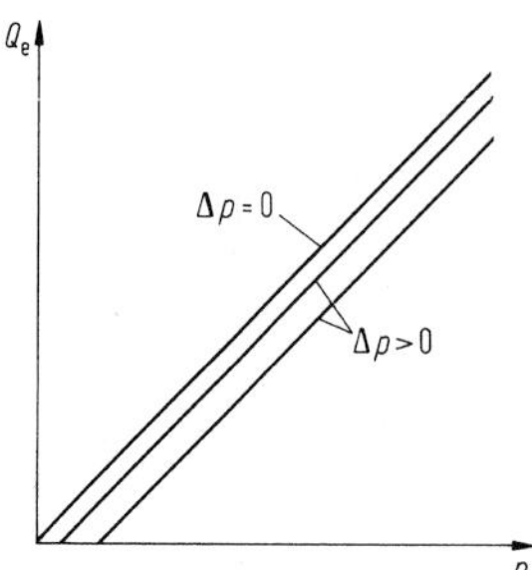

Abb. 2.9 Verlauf des effektiven Volumenstroms Q_e von Verdrängerpumpen über der Drehzahl

2.3.2 Definition von Wirkungsgraden

Die reale Verdrängerpumpe liefert ein gegenüber Q_{th} kleineren Volumenstrom Q_e und benötigt ein gegenüber M_{th} größeres Antriebsdrehmoment M_a.

2.3.2.1 Volumetrischer Wirkungsgrad η_v und Nutzliefergrad λ_{nu}

Q_{th} und Q_e unterscheiden sich durch den Leckstrom Q_s, der als innerer Leckstrom durch die Dichtspalte der Pumpe zur Saugseite fließt und durch Füllungsverluste.

Der *Nutzliefergrad* ist das Verhältnis des effektiven zum theoretischen Volumenstrom

$$\lambda_{nu} = Q_e / Q_{th} \,, \tag{2.23}$$

$$\lambda_{nu} = \lambda_E \, \lambda_G \, \lambda_F \, \eta_v \tag{2.24}$$

mit λ_E = Elastizitätsgrad; λ_G = Gütegrad; λ_F = Füllungsgrad; η_V = volumetrischer Wirkungsgrad.

Nach Abb. 2.10 ergibt sich der Gütegrad λ_G aus der Schließverzögerung der Pumpenventile, der Elastizitätsgrad folgt aus der Flüssigkeits- und der Triebwerkselastizität der Hochdruckpumpe. Der Füllungsgrad λ_F wird verursacht durch saugseitige Füllungsverluste infolge Dampfblasen (Kavitation) oder Luftblasen (Aeration). Durch geeignete Versuchsbedingungen können diese Füllungsverluste ausgeschlossen werden. Der volumetrische Wirkungsgrad η_v ist ein Energiewirkungsgrad und wird durch den inneren Leckstrom Q_s verursacht, der infolge Druckdifferenz Δp von der Druck- zur Saugseite fließt.

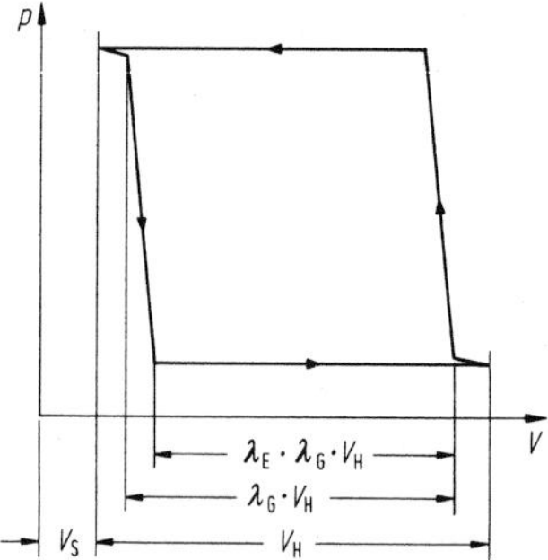

Abb. 2.10 *p*, *V*-Diagramm einer ventilgesteuerten Hubkolbenpumpe

Für Hochdruck-Kolbenpumpen und Hochdruck-Membranpumpen ist $\eta_v \approx 1$ und die volumetrischen Verluste setzen sich aus dem Gütegrad λ_G und dem Elastizitätsgrad λ_E zusammen. Für rotierende Verdrängerpumpen ist $\lambda_G \lambda_E \approx 1$ und die volumetrischen Verluste sind Energieverluste.

Der volumetrische Wirkungsgrad η_v ist mit Q_s = Leckstrom infolge Druckdifferenz Δp an der Pumpe.

$$\begin{aligned}\eta_v &= Q_e / (n \; W_{th}) = (Q_{th} - Q_s) / Q_{th} \\ &= 1 - Q_s / (n \; W_{th}) \,.\end{aligned} \tag{2.25}$$

Der Gesamtwirkungsgrad η_T ist das Verhältnis der abgegebenen hydraulischen Leistung zur aufgenommenen mechanischen Leistung und teilt sich auf in den mechanisch-hydraulischen Wirkungsgrad η_{mh} und den volumetrischen Wirkungsgrad η_v

$$\eta_T = \Delta \; p \; Q_e / (M_a \, \omega) = \eta_{mh} \, \eta_v \,. \tag{2.26}$$

Der mechanisch-hydraulische Wirkungsgrad folgt aus Gln. (2.26) und (2.25)

$$\eta_{mh} = M_{th} / M_a = \Delta \; p \; W_{th} / (2 \, \pi \, M_a) \,. \tag{2.27}$$

2.3.3 Volumetrische Verluste

Für Pumpen ohne Füllungsverluste ($\lambda_G \lambda_E \lambda_F = 1$) ergibt sich für den Leckstrom Q_s

$$Q_s = Q_{th} - Q_e = n \; W_{th} - Q_e \,. \tag{2.28}$$

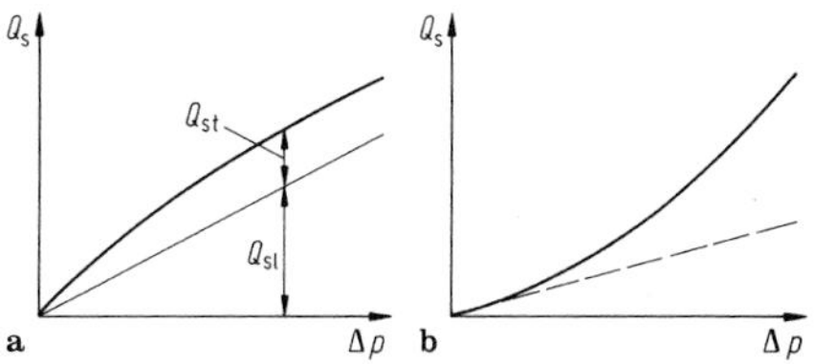

Abb. 2.11 Verlauf des Leckstroms Q_s über der Druckdifferenz. **a** druckunabhängige Spaltweite, laminarer Leckstrom Q_{sl}, turbulenter Leckstrom Q_{st}; **b** Leckstromverbrauch bei druckabhängiger Spaltaufweitung

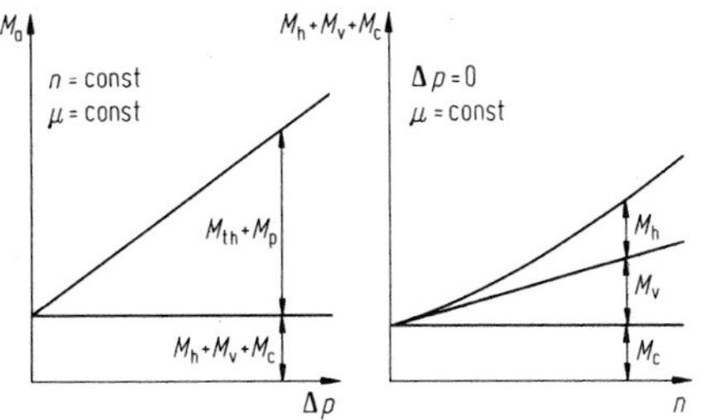

Abb. 2.12 Ermittlung der Verlustmomente M_p, M_v, M_h, M_c

Der Leckstrom setzt sich aus einem laminaren Anteil Q_{sl} und einem turbulenten Anteil Q_{st} zusammen, die durch die Verlustfaktoren C_l und C_t beschrieben werden

$$Q_s = Q_{sl} + Q_{st} = C_l \,\Delta p + C_t \sqrt{\Delta p}\,. \quad (2.29a)$$

Die Verlustfaktoren C_l und C_t werden experimentell bestimmt. Bei druckabhängiger Spaltaufweitung wird nach Abb. 2.11b

$$Q_s = A_1 \,\Delta p + A_2 \,\Delta p^2\,. \quad (2.29b)$$

Der physikalische Ansatz für den laminaren Leckstrom lautet (s = Spaltweite, e = Spaltbreite, l = Spaltlänge, μ = dynamische Viskosität)

$$Q_{sl} = \Delta p\, s^3\, e/(12\,\mu\, l)\,. \quad (2.30)$$

2.3.4 Mechanisch-hydraulische Verluste

Die mechanisch-hydraulischen Verluste verursachen das Verlustmoment $M_a - M_{th}$, das in vier Teilmomente aufgeteilt wird: Das Verlustmoment M_p infolge Druckdifferenz Δp, das Verlustmoment M_v für die viskosen Reibverluste, das Verlustmoment M_h für die hydraulischen Verluste und das konstante Verlustmoment [6]

$$M_a - M_{th} = M_p + M_v + M_h + M_c\,. \quad (2.31)$$

Das *Verlustmoment* M_p ist proportional der Druckdifferenz und unabhängig von der Drehzahl. Es entsteht durch mechanische Reibung im Gleitkontakt druckbeaufschlagter Pumpenteile und wird durch den Verlustfaktor C_p beschrieben:

$$M_p = C_p \,\Delta p\, W_{th}/(2\,\pi)\,. \quad (2.32)$$

Das *Verlustmoment* M_v ist proportional der Drehzahl und unabhängig von der Druckdifferenz. Es entsteht durch viskose Reibung in den Dichtspalten der Verdrängerpumpe und wird durch den Verlustfaktor C_v beschrieben (μ = dynamische Viskosität, n = Drehzahl je Sekunde)

$$M_v = C_v\, \mu\, n\, W_{th}/(2\,\pi)\,. \quad (2.33)$$

Das *Verlustmoment* M_h erfasst die hydraulischen Verluste (Strömungsdruckverluste in der Pumpe). Es ist proportional der Dichte ϱ des Fördermediums und dem Quadrat der Drehzahl. Es wird durch den Verlustfaktor C_h beschrieben:

$$M_h = C_h\, \varrho\, n^2\, W_{th}^{5/3}/(4\,\pi)\,. \quad (2.34)$$

Das *Verlustmoment* M_c ist unabhängig von Δp und n und entsteht durch Verspannung von Pumpenbauteilen.

Die Verlustmomente werden experimentell bestimmt (Abb. 2.12). Die Aufteilung von M_v und M_h erfolgt durch Polynomapproximation aus den Messwerten. Aus den gemessenen Verlustmomenten lassen sich dann die Verlustfaktoren C_p, C_v und C_h berechnen.

Die Verlustfaktoren verschiedener Verdrängerpumpen sind Tab. 2.3 zu entnehmen.

Mit bekannten Verlustfaktoren C_l, C_t, C_p, C_v, C_h und dem konstanten Verlustmoment M_c können Kennlinien und Wirkungsgrade von Verdrängerpumpen in Abhängigkeit von Viskosität und Dichte des Fördermediums berechnet werden.

Tab. 2.3 Verlustfaktoren für Verdrängerpumpen (Ziff. 1 bis 6 nach [6])

Ziffer	Pumpentyp	$C_l \cdot 10^{-8}$	$C_t \cdot 10^{-4}$	C_p	$C_v \cdot 10^{-5}$	C_h
1	Schraubenpumpe	10...45	8...36	0,03...0,06	0,2...0,4	500...1400
2	Zahnradpumpe ohne Spaltkompensation	40	30	0,01...0,12	0,2...1,0	20...140
3	Zahnradpumpe mit Spaltkompensation	2	2	0,03...0,06	0,3...0,6	60...270
4	Flügelpumpe	3...4,3	3,5...9	0,02...0,3	0,4...1,6	10...60
5	Axialkolbenpumpe	0,5...2	0,5...2,8	0,01...0,1	0,2...2	100...250
6	Radialkolbenpumpe	$A_1 \cdot 10^{-9}$	$A_2 \cdot 10^{-15}$	0,01...0,08	0,2...0,8	10...50
7	Exzenterschneckenpumpe einstufig	−1,3	27	0,1...0,3	0,2...0,4	20...50

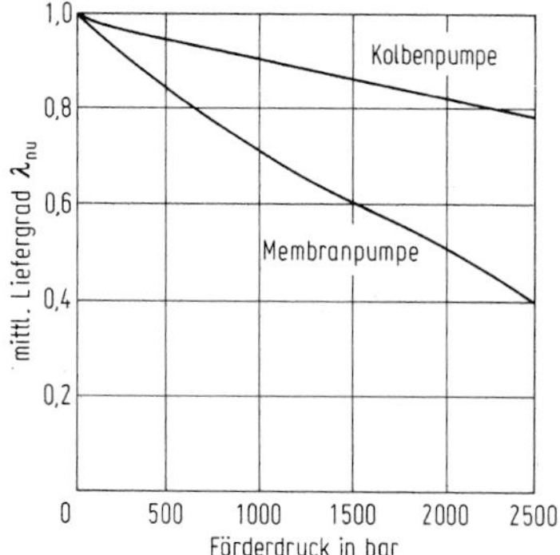

Abb. 2.13 Mittlerer Nutzliefergrad von ventilgesteuerten Kolbenpumpen und Membranpumpen als Funktion des Förderdruckes [9]

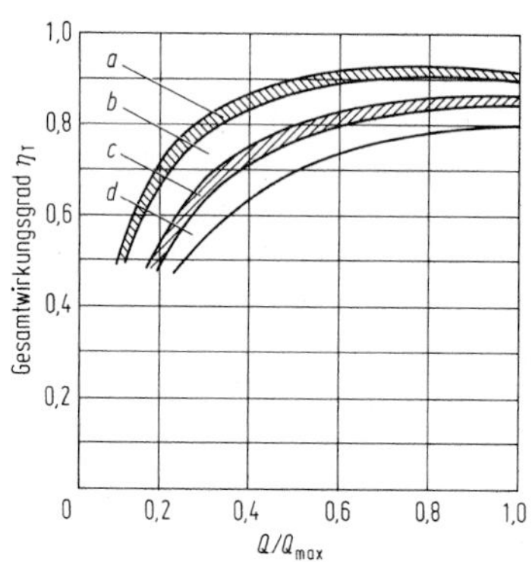

Abb. 2.14 Gesamtwirkungsgrad oszillierender Verdrängerpumpen [10]. *a* Prozessmembranpumpe großer Leistung; *b* Hubkolbenpumpe großer Leistung; *c* Dosier-Membranpumpen mittlerer Leistung; *d* Dosier-Hubkolbenpumpen mittlerer Leistung

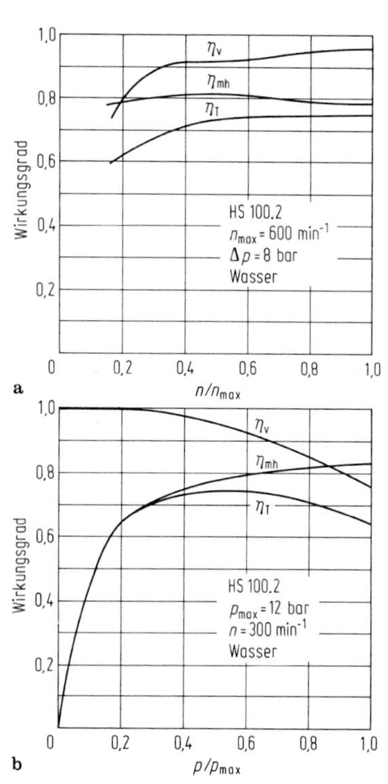

Abb. 2.15 Wirkungsgrad von Exzenterschneckenpumpen. **a** über Drehzahl; **b** über Druckdifferenz. η_v = volumetrischer, η_{mh} = mechanisch-hydraulischer, η_T = Gesamtwirkungsgrad

2.3.5 Nutzliefergrad und Gesamtwirkungsgrad

Bei ventilgesteuerten Hochdruck-Kolbenpumpen und Membranpumpen ist der volumetrische Wirkungsgrad ≈ 1. Der Nutzliefergrad wird bestimmt durch den Gütegrad und den Elastizitätsgrad (Abb. 2.13).

Elastizitätsgrad und Gütegrad haben keine Auswirkungen auf den Gesamtwirkungsgrad. Bei Membranpumpen entfällt die Reibung der mediumseitigen Kolbendichtung (Stopfbuchse), deshalb werden höhere Gesamtwirkungsgrade als bei Hubkolbenpumpen erreicht (Abb. 2.14).

Bei rotierenden Verdrängerpumpen sind der Gütegrad und der Elastizitätsgrad vernachlässigbar, der Leckstrom bestimmt den volumetrischen Wirkungsgrad als Energiewirkungsgrad (Abb. 2.15).

Der volumetrische Wirkungsgrad wird verbessert durch zunehmende Drehzahl und zunehmende Viskosität. Der mechanisch-hydraulische Wirkungsgrad wird verbessert durch zunehmenden Druck und abnehmende Viskosität.

2.4 Auslegung und Hauptabmessungen

2.4.1 Oszillierende Verdrängerpumpen

Bei *Hubkolbenpumpen* wird der Volumenstrom Q_e durch die Zylinderzahl z, den Kolbenquerschnitt A_K, dem Hub s, die Drehzahl n und den Nutzliefergrad λ_{nu} bestimmt. Für einfachwirkende Hubkolbenpumpen ist:

$$Q_e = z\,A_K\,s\,n\,\lambda_{nu} = z\,A_K\,0,5\,v_{Km}\,\lambda_{nu}\,. \quad (2.35)$$

Die mittlere Kolbengeschwindigkeit $v_{Km} = 2sn$ wird durch Kavitation und das dynamische Verhalten der Ventile begrenzt (Abb. 2.16).

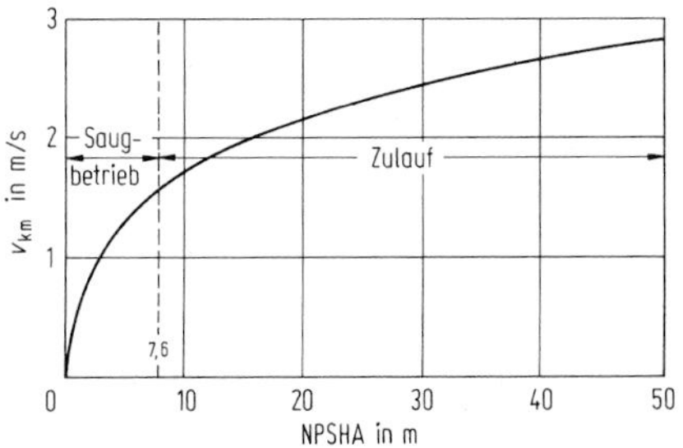

Abb. 2.16 Erreichbare mittlere Kolbengeschwindigkeit v_{Km} für ventilgesteuerte Hubkolbenpumpen als Funktion der Energiehöhe NPSHA am Pumpensaugflansch [11]

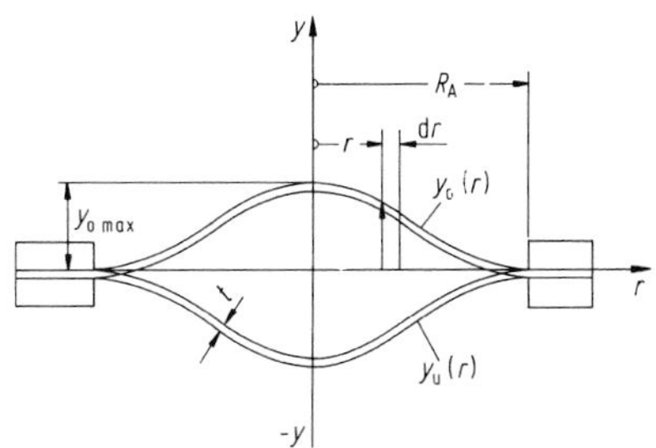

Abb. 2.17 Hauptabmessungen von Membranpumpen

Bei *Membranpumpen* (Abb. 2.17) ist der Volumenstrom Q_e von der Membranauslenkung $y_{o(r)}-y_{u(r)}$ und dem Membraneinspanndurchmesser $2\,R_A$ abhängig

$$Q_e = z\,W_g n\,\lambda_{nu}, \quad \text{mit} \quad (2.36a)$$

$$W_g = 2\,\pi \int\limits_{r=0}^{R_A} (y_{o(r)} - y_{u(r)})\,r\,\mathrm{d}\,r\,. \quad (2.36b)$$

Die Funktionen $y_{o(r)}$ und $y_{u(r)}$ beschreiben die obere und die untere Membranlage. Sie sind abhängig von der Membranform (Formmembran, Flachmembran) und der Membranauslenkung. Die Membranen werden mechanisch oder hydraulisch angetrieben. Mechanisch angetriebene Membranen werden durch den Förderdruck belastet und bis etwa 20 bar eingesetzt. Hydraulisch angetriebene Membranen werden aus gewebeverstärktem Elastomer, aus PTFE oder aus Stahlblech ausgeführt. Sie sind hydraulisch entlastet und daher für höhere Drücke geeignet. Bis 400 bar werden Membranen aus PTFE eingesetzt, darüber hinaus aus Stahlblech.

Der maximale Membranhub $s = y_o(r = 0) - y_u(r = 0)$ ist abhängig vom Werkstoff, der Membranform und der Membrandicke t:

$s/D \leq 0,11$ für gewebeverstärkte Elastomer-Flachmembranen;

$s/D \leq 0,24$ für gewebeverstärkte Tellerformmembranen;

$s/D \leq 0,08$ für hydraulisch betätigte PTFE-Flachmembranen;

$s/D \leq 0,013$ für hydraulisch betätigte Stahlmembranen;

$s/t = 10 \ldots 25$ für Stahlmembranen;

$t = 0{,}2$ bis 2 mm (Membrandicke).

2.4.2 Rotierende Verdrängerpumpen

Für *Exzenterschneckenpumpen* beträgt der effektive Volumenstrom Q_e mit d_r = Rotordurchmesser, e = Rotorexzentrizität, h_{st} Statorsteigung (= 2 × Rotorsteigung), k_F = Formfaktor (Abb. 2.18)

$$Q_e = k_F\, 4\, d_r\, e\, h_{st}\, n\, \lambda_{nu}\,. \qquad (2.37)$$

Der Nutzliefergrad λ_{nu} entspricht dem volumetrischen Wirkungsgrad, wenn Füllungsverluste auszuschließen sind (Abb. 2.15). Der Formfaktor k_F korrigiert die Näherungsgleichung für das geometrische Volumen je Umdrehung und ist abhängig vom Übermaß des Rotors über den gummielastischen Stator zur Erzeugung eines vorgespannten Dichtspaltes ($k_F = 0{,}93$ bis 0,96). Der Rotordurchmesser d_r von Exzenterschneckenpumpen-Baureihen beträgt 6 bis 200 mm; $e/d_r = 0{,}16$ bis 0,2; $h_{St}/d_r = 5$ bis 11.

Für *Drehkolbenpumpen* ist der effektive Volumenstrom Q_e (Abb. 2.19) mit k_F = Formfaktor, b = axiale Rotorlänge, n = Drehzahl, A_K = Kammervolumen, A_s = Schadraumvolumen

$$Q_e = k_F\, z(A_K - A_s)\, b\, n\, \lambda_{nu}\,. \qquad (2.38)$$

Die Kammerzahl z je Umdrehung beträgt 6 für dreiflügelige und 4 für zweiflügelige Profile. $A_s = 0$ für schadraumfreie Profile (Abb. 2.19a).

Rotoren nach Abb. 2.19a werden aus Elastomer mit Stahlkern oder aus gehärtetem Werkzeugstahl hergestellt. Rotoren aus Elastomer be-

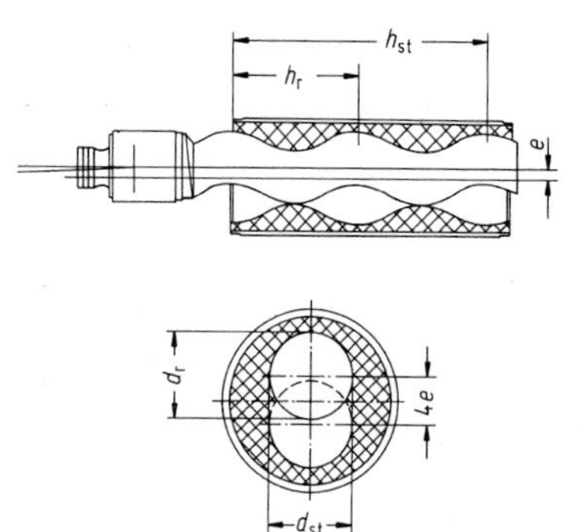

Abb. 2.18 Hauptabmessungen von Exzenterschneckenpumpen

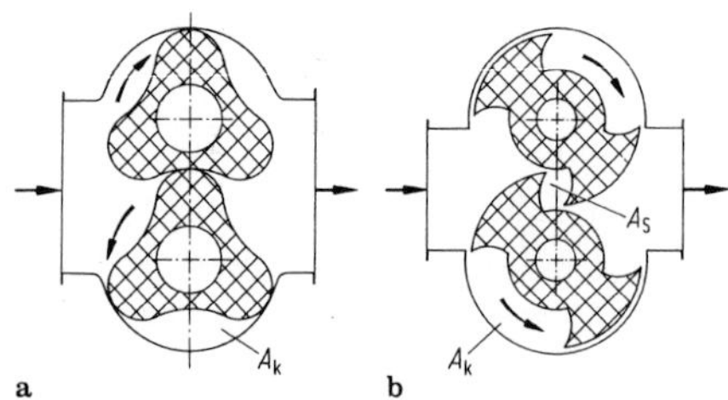

Abb. 2.19 Hauptabmessungen von Drehkolbenpumpen. **a** Schadraumfreies dreiflügeliges Profil; **b** zweiflügeliges Profil mit Schadraum

sitzen einen gummielastisch vorgepressten Dichtspalt, die dadurch hervorgerufene Profilverformung wird durch k_F korrigiert.

Das Profil schneidet den Wälzkreis (Wälzkreisradius = halber Achsabstand) sechsmal beim dreiflügeligen Rotor und viermal beim zweiflügeligen Rotor. Bedingung für identische Profile ist, dass die Wälzkreisteilung gleiche Teilungswinkel hat: 60° beim dreiflügeligen und 90° beim zweiflügeligen Profil. Beim Profil nach Abb. 2.19a wird das über dem Wälzkreis befindliche Profil bis zum Wälzkreis als Kreisbogen ausgeführt, der innerhalb des Wälzkreises befindliche Profilabschnitt wird punktweise nach dem Verzahnungsgesetz berechnet: Die Profilnormale muss im Profileingriff durch den Wälzpunkt (halber Achsabstand) gehen, und definiert den Eingriffspunkt als gemeinsamen Punkt beider Profile.

Exzenterschneckenpumpen und Drehkolbenpumpen werden zur Förderung von hochviskosen und hochabrasiven Schlämmen eingesetzt. Die mittlere Umfangsgeschwindigkeit v_u am Außendurchmesser d_r des Verdrängers muss abhängig vom Fördermedium begrenzt werden:

$$v_u = d_r\, \pi\, n\,, \qquad (2.39)$$

$v_u < 0{,}8$ m/s für hochabrasive und sehr hoch viskose Fördermedien;

$v_u < 1{,}6$ m/s für abrasive und hoch viskose Fördermedien;

$v_u < 3$ m/s für gering abrasive und viskose Fördermedien;

$v_u < 4$ m/s für Fördermedien ohne Feststoff, gering abrasiv.

Das Verhältnis v_u/v der Umfangsgeschwindigkeit zur Strömungsgeschwindigkeit in der

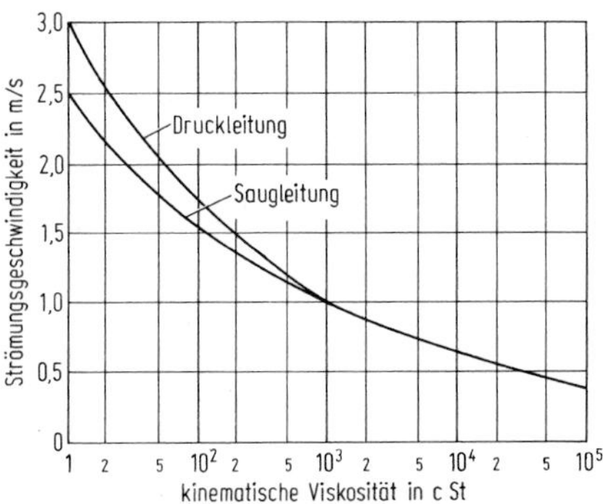

Abb. 2.20 Richtwerte für die Strömungsgeschwindigkeit in Abhängigkeit von der kinematischen Viskosität

Saugleitung soll 1 bis 1,6 betragen, um Füllungsverluste zu vermeiden, Abb. 2.20.

Weitere Bauformen rotierender und oszillierender Verdrängerpumpen siehe Bd. 2, Kap. 18.

2.5 Baugruppen und konstruktive Gestaltung

2.5.1 Baugruppen zur Ein- und Auslasssteuerung

Zur Steuerung von Ein- und Auslass verwendet man druckgesteuerte Ventile oder Wegsteuerung. Die Wegsteuerung erfolgt mit weggesteuerten Ventilen oder Schiebern oder mit gehäusefesten Steuerkanten, die vom Verdränger gesteuert werden.

Druckgesteuerte Ventile dichten höhere Druckdifferenzen ab im Vergleich zur Wegsteuerung, da der Dichtspalt druckkompensiert ist. Das Ventil bewegt sich normal zur Dichtfläche. Mit Wegsteuerung lassen sich größere Öffnungsquerschnitte aufsteuern. Rotierende Verdrängerpumpen arbeiten immer weggesteuert.

2.5.1.1 Druckgesteuerte Ventile

Druckgesteuerte Ventile [1] werden als Kugelventile, Tellerventile oder Kegelventile mit oder ohne Federbelastung ausgeführt (Abb. 2.21). Bei höheren Drehzahlen muss der Ventilhub durch einen Anschlag (Hubfänger) begrenzt werden, um die Schließverzögerung (Schließen nach Totpunkt des Triebwerkes) in Grenzen zu halten.

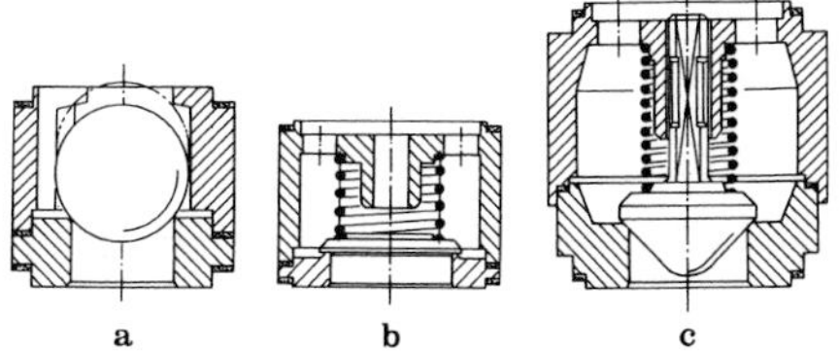

Abb. 2.21 Ventilbauarten für Hub- und Membrankolbenpumpen (LEWA, Leonberg). **a** Kugelventil; **b** federbelastetes Plattenventil; **c** federbelastetes Kegelventil

Die Verzögerung beim Öffnen wird verursacht durch Adhäsion des Ventils am Sitz und durch Triebwerks- und Flüssigkeitselastizität bei Hochdruckpumpen (Abb. 2.10). Maßgebend für den Öffnungswinkel ist das Kräftegleichgewicht am Ventil. Die Schließverzögerung wird verursacht durch Adhäsion am Hubfänger und durch Verdrängung: da der Kolben noch bis zum Totpunkt imkompressible Flüssigkeit durch den Ventilspalt verdrängt, kann das Ventil im Totpunkt noch nicht geschlossen sein. Die Schließverzögerung kann einen hörbaren Ventilschlag verursachen, der die Pumpendrehzahl nach oben begrenzt. Der Ventilschlag wird hörbar, wenn die kinetische Energie des Ventils beim Auftreten auf den Sitz die Größe von (0,6 bis 1)$\cdot 10^{-2}$ J erreicht [12].

Ventilhub h, Druckverlust Δp am Ventil, Ventilgeschwindigkeit h und Ventilschließgeschwindigkeit $\dot{h}$ werden durch die Bewegungsdifferentialgleichung des Ventils beschrieben (Abb. 2.22): $\psi \Delta p A_v$ = Strömungskraft, F_G = Gewichtskraft, F_F = Federvorspannkraft, $c_F h$ = Federkraft, $\vartheta\, \dot{h}$ = Dämpfungskraft, $m\, \ddot{h}$ = Trägheitskraft, A_v = Ventiltellerfläche, ψ = Kraftbeiwert:

$$\psi\, \Delta p\, A_v - F_G - F_F - c_F h - \vartheta\, \dot{h} - m\ddot{h} = 0. \quad (2.40)$$

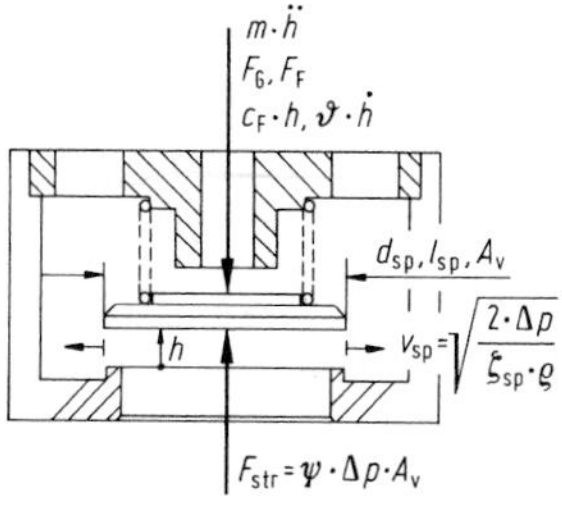

Abb. 2.22 Kräfte und Bezeichnungen an einem druckgesteuerten Pumpenventil

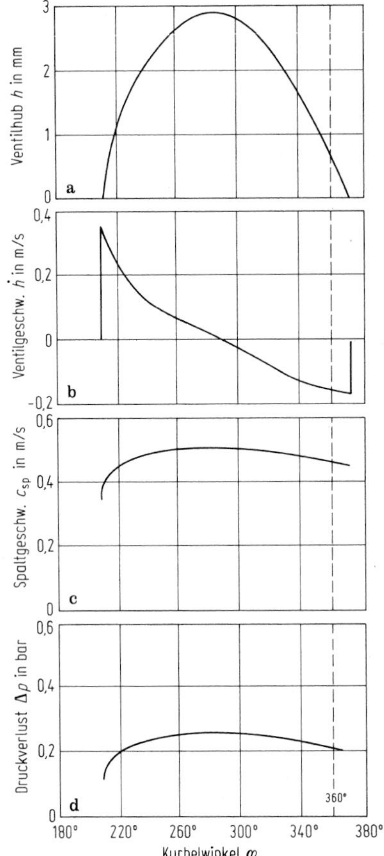

Abb. 2.23 Ventilhub (**a**), Ventilgeschwindigkeit (**b**), Spaltgeschwindigkeit (**c**) und Druckverlust (**d**) an einem Pumpenventil

Die Kontinuitätsgleichung für das durchströmte Ventil mit A_K = Kolbenquerschnitt, v_K = Kolbengeschwindigkeit, $A_v \dot{h}$ = Ventilverdrängung, $A_K v_K$ = Kolbenverdrängung, $l_s p$ = Spaltumfang, $v_{Sp} = \sqrt{2\,\Delta\, p/(\zeta_{Sp}\,\varrho)}$ = Ausflussgeschwindigkeit am Ventil lautet:

$$A_K\, v_K = l_{Sp}\, h \sqrt{2\,\Delta\, p/(\zeta_{Sp}\,\varrho)} + A_v\, \dot{h}\,. \quad (2.41)$$

Substituiert man den Druckverlust Δp in Gl. (2.40) über Gl. (2.41), lässt sich die Bewegungsdifferentialgleichung Gl. (2.40) numerisch nach dem Nyström-Verfahren lösen und Ventilhub, Ventilgeschwindigkeit, Druckverlust und Ausflussgeschwindigkeit berechnen (Abb. 2.23).

Gleichungen (2.40) und (2.41) enthalten die 3 empirischen Konstanten ψ, ζ_{Sp} und ϑ. Der Kraftbeiwert ψ zur Berechnung der Strömungskraft beträgt 0,4 bis 0,7; die Widerstandszahl ζ_{sp} beträgt im turbulenten Strömungsbereich 1 bis 4. Für laminar umströmte Ventile sind ψ, ζ und die Dämpfungskonstante ϑ von der Viskosität abhängig, ϑ kann für Viskositäten < 6000 mPa s vernachlässigt werden [12, 13].

2.5.1.2 Wegsteuerung

Die Wegsteuerung wird so ausgelegt, dass kein Kurzschluss zwischen Einlass und Auslass entsteht (positive Steuerkantenüberdeckung). Wird das zwischen Einlass, Auslass und Verdränger eingeschlossene Volumen komprimiert, entstehen hohe Druckspitzen. Zur Vermeidung werden Entlastungsnuten, Schlitze oder Bohrungen angeordnet. Durch Druckkompensation der Spaltweiten lassen sich die Leckverluste bei Wegsteuerung begrenzen.

2.5.2 Verstellung und Regelung

Durch Verstellung des Hubes, der Exzentrizität oder der Drehzahl von Verdrängerpumpen lässt sich der Volumenstrom von Null bis Q_{max} ändern. Zusätzlich kann der Volumenstrom auch durch Abschalten einzelner parallel geschalteter Pumpen und durch Bypassleitungen zwischen Saug- und Druckleitung verändert werden. Geregelte Verstellungen sind die Druckregelung zur Aufrechterhaltung eines konstanten Druckes, die Volumenstromregelung und die kombinierte Druck-Volumenstromregelung (Leistungsregelung).

2.5.3 Verwendungsbedingte Ausführung

Die Beispiele beschränken sich auf Dickstoffpumpen, Prozessmembranpumpen und auf Dosierpumpen. Verdrängerpumpen für Ölhydraulik siehe Bd. 2, Kap. 18; Verdrängerpumpen für Verbrennungsmotoren siehe Kap. 4.

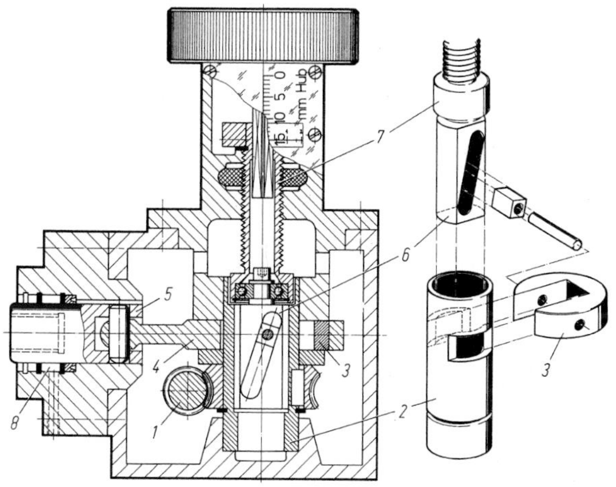

Abb. 2.24 Dosierpumpen-Triebwerk mit Stellexzenter (LEWA, Leonberg)

2.5.3.1 Dosierpumpen

Dosierpumpen sind Membrankolbenpumpen oder Hubkolbenpumpen mit hubverstellbarem Triebwerk. Die Funktionen des Dosiervorganges (Fördern, Messen, Einstellen) sind in einer Dosierpumpe zusammengefasst. Dies setzt eine weitgehend druckunabhängige Förderstromkennlinie voraus, was nur bei Kolbenpumpen und bei Membranpumpen zutrifft.

Beim Stellexzenter-Triebwerk (Abb. 2.24) treibt die Antriebswelle (*1*) über ein Schneckenrad die Hohlwelle (*2*) an. Der Stellexzenter (*3*) wird von der Hohlwelle (*2*) über eine Abflachung mitgenommen, in die er U-förmig eingreift und längs der er radial verschiebbar ist. Das Pleuel (*4*) wird vom Stellexzenter (*3*) angetrieben und treibt einen Kreuzkopf (*5*) an, von dem aus unterschiedliche Pumpenköpfe betrieben werden können. Die radiale Verschiebung des Stellexzenters (*3*) erfolgt über eine Schiebewelle (*6*) mit schräg verlaufender Nut, in die ein Gleitstein eingreift, der mit dem Stellexzenter (*3*) verstiftet ist. Die Schiebewelle (*6*) wird über die Spindel (*7*) manuell oder über elektrische oder pneumatische Hub-Stellantriebe verstellt und damit Hub und Volumenstrom je Umdrehung eingestellt.

Abb. 2.25 zeigt verschiedene Pumpenköpfe, die mit dem Stellantrieb (Abb. 2.24) verstellt werden können. Der mechanisch angetriebene Membranpumpenkopf (Abb. 2.25a) besteht aus einer dreilagigen Formmembran und wird bis 20 bar eingesetzt. Ein Bruch der Arbeitsmembran wird über die Überwachungsmembran durch ein Kontaktmanometer signalisiert. Durch die Schutzmembran bleibt die Pumpe noch funktionsfähig.

Der hydraulisch betätigte Membranpumpenkopf (Abb. 2.25b) ist mit einer zweilagigen Sandwichmembran ausgerüstet. Sie verhindert, dass bei Membranbruch eine Vermischung von Förder- und Hydraulikfluid eintritt und das Förderfluid an die Atmosphäre gelangen kann. Bricht eine der beiden Membranen, so gelangt Förder- oder Hydraulikfluid zum Membranbruchsensor, der ein akustisches oder optisches Signal auslöst. Auf der Hydraulikseite befindet sich unten ein Schnüffelventil, über das der Leckstrom des Hydraulikzylinders ergänzt wird. Der Membranhub wird durch den eingestellten Überdruck begrenzt, die Membrane liegt nicht am Pumpenkopf an (Membranlagensteuerung).

Beim Kolbenpumpenkopf (Abb. 2.25c) wird der Kolben über eine Stopfbuchse abgedichtet. Die plastisch verformbaren Packungsringe werden über eine schraubbare Brille verspannt, die Reibungswärme wird über einen Sperrwasserring abgeführt. Bei Stopfbuchsenabdichtungen muss eine geringe Leckrate in Kauf genommen werden.

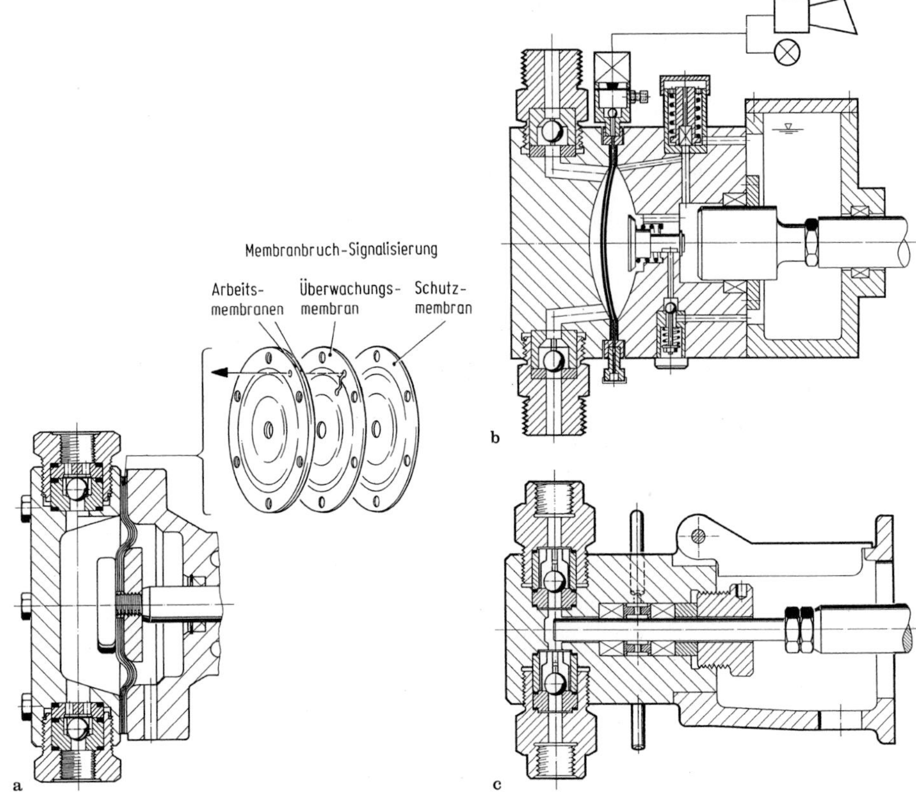

Abb. 2.25 Pumpenköpfe für Dosierpumpen (LEWA, Leonberg). **a** mechanisch betätigter Membranpumpenkopf; **b** hydraulisch betätigter Membranpumpenkopf; **c** Kolbenpumpenkopf

2.5.3.2 Prozessmembranpumpen (Abb. 2.26)

Für hohe Drücke und Förderströme werden dreizylindrige Prozessmembranpumpen eingesetzt, die über ein Kurbeltriebwerk angetrieben werden. Der maximale Druck beträgt 350 bar mit Kunststoff-Sandwich-Membran und bis 1200 bar mit Metallmembran. Der Förderstrombereich reicht bis 180 m^3/h, der Leistungsbereich bis 600 kW. Der Vorteil gegenüber der Hubkolbenpumpe ist die hermetische Abdichtung des Arbeitsraumes durch die Membran und die entfallende Stopfbuchsenreibung.

2.5.3.3 Dickstoffpumpen

Dickstoffpumpen fördern hochviskose und hochabrasive Schlämme mit einer Feststoffkonzentration bis 50 Gew.-%. Für diese Aufgaben werden folgende Pumpenbauarten eingesetzt:

- Exzenterschneckenpumpen,
- Membranpumpen,
- hydraulisch angetriebene Kolbenpumpen.

Gesichtspunkte zur Gestaltung von Dickstoffpumpen sind: Keine Strömungstoträume, in denen sich Ablagerungen bilden können. Umlenkungen oder Querschnittsänderungen sollen vermieden werden. Keine Zwängungen durch bewegte und feststehende Wandungen, in die sich Fremdkörper einklemmen können. Der größte förderbare Fremdkörperdurchmesser beträgt etwa 40 % des größten Förderquerschnittes, gegebenenfalls müssen Zerkleinerungsmaschinen vorgeschaltet werden. Die Arbeitsräume müssen zu Reinigungszwecken und zur Beseitigung von Störungen zugänglich sein. In medienberührten Gleitkontakten hat sich die Werkstoffpaarung hart–weich bewährt: gummibeschichtete Oberflä-

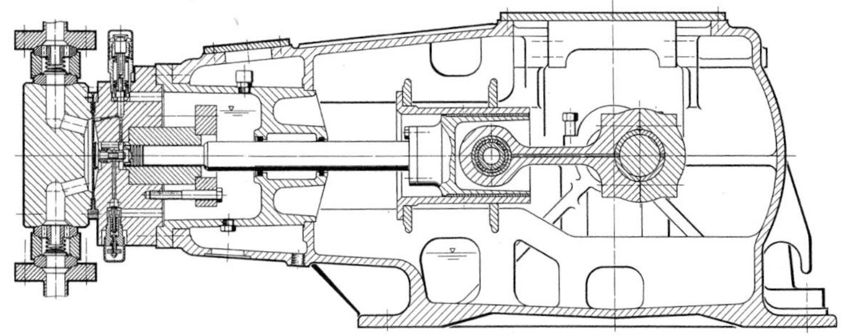

Abb. 2.26 Prozessmembranpumpe (LEWA, Leonberg)

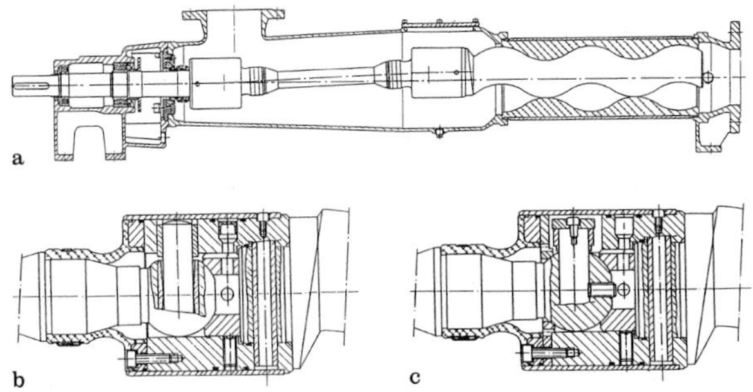

Abb. 2.27 Exzenterschneckenpumpe (KSB, Frankenthal). **a** Pumpe; **b** Sphäro-Bolzengelenk; **c** Gleitsteingelenk

chen mit 65 Shore gegen gehärteten Werkzeugstahl mit einer Härte von 62 HRC. Verschleißbedingte Spaltweitenvergrößerungen sollen kompensiert werden können.

Exzenterschneckenpumpen (Abb. 2.27) fördern mit einem wendelförmigen Rotor, der sich in einem gummielastischen Stator doppelter Steigungshöhe dreht und über eine kardanische Gelenkwelle angetrieben wird. Es sind 1 bis 12 Statorwindungen („Stufen") vorgesehen, je Stufe können 6 bar Druck zugelassen werden. Die Saugseite befindet sich normalerweise an der Gelenkwelle. Durch bis 24 bar druckfeste Gelenkmanschetten (Abb. 2.27a,b) kann die Förderrichtung auch umgekehrt und die Exzenterschneckenpumpe als Tauchpumpe ausgeführt werden. Durch Verminderung der geodätischen Saughöhe um die Pumpenlänge wird der NPSHA-Wert verbessert. Als kardanische Gelenke sind Sphäro-Bolzengelenke (Abb. 2.27a) oder Gleitsteingelenke (Abb. 2.27c) vorgesehen. Drehmoment- und Axialkraftübertragung sind bei diesen Gelen-

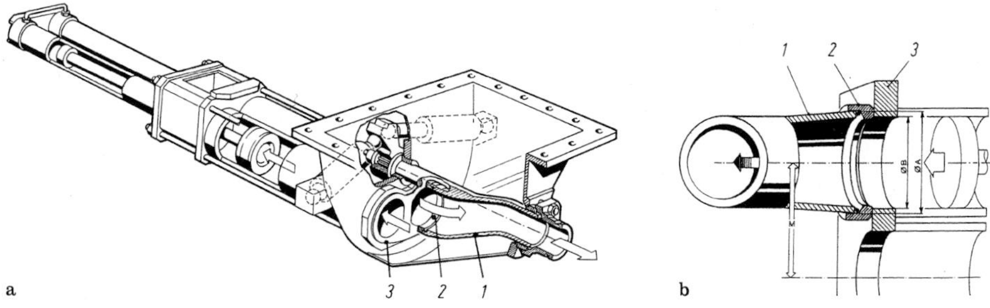

Abb. 2.28 Rohrweichenpumpe (Putzmeister, Aichtal). **a** Pumpe; **b** Rohrweiche *1* mit Verschlussring *2* und Brillenplatte *3*

ken getrennt. Beim Gleitsteingelenk (Abb. 2.27c) bestehen nur Flächenkontakte bei der Drehmomentübertragung, sodass das doppelte Drehmoment bei gleichem Außendurchmesser übertragen werden kann.

Die Rohrweichenpumpe (Abb. 2.28) ist eine hydraulisch betätigte Zweizylinder-Kolbenpumpe. Der Kolbenhub beträgt 1000 bis 2100 mm, der Kolbendurchmesser 120 bis 280 mm, der Förderdruck bis 100 bar. Die Rohrweiche stellt die Verbindung zwischen Druckleitung und förderndem Zylinder her und wird hydraulisch geschwenkt, wenn der andere Zylinder fördert. Beim Umschwenken gleitet die Rohrweiche (*1*) mit einem druckkompensierten Verschleißring (*2*) auf der Brillenplatte (*3*). Die Druckkompensation erfolgt über den Durchmesserunterschied *A–B*.

Literatur

1. Will, D., Gebhardt, N., (Hrsg.): Hydraulik, 6. Auflage, Springer Vieweg, Wiesbaden (2014)
2. Vetter, G., Fritsch, H.: Auslegung von Pulsationsdämpfern für oszillierende Verdrängerpumpen. Chemie-Ing.-Techn. **42**, 609–616 (1970)
3. Palte, R.: Einflussgrößen auf die Förderstrompulsation ventilgesteuerter Kolbenpumpen. Ölhydraulik und Pneumatik **24**, 534–538 (1980)
4. Schlösser, W. M. J.: Ein mathematisches Modell für Verdrängerpumpen und -motoren. Ölhydraulik und Pneumatik **5**, 122–130 (1961)
5. Schlösser, W. M. J., Hildbrands, J. W.: Der volumetrische Wirkungsgrad von Verdrängerpumpen. Ölhydraulik und Pneumatik **7**, 469–476 (1963)
6. Schlösser, W. M. J., Hildbrands, J. W.: Über den hydraulisch-mechanischen Wirkungsgrad von Verdrängerpumpen. Ölhydraulik und Pneumatik **9**, 333–338 (1965)
7. Schlösser, W. M. J.: Über den Gesamtwirkungsgrad von Verdrängerpumpen. Ölhydraulik und Pneumatik **12**, 415–420 (1968)
8. Schlösser, W. M. J.: Eine Maßstabtheorie zur Voraussage des Verhaltens von Mitgliedern einer Familie hydraulischer Verdrängermaschinen. Ölhydraulik und Pneumatik **14**, 1–5 (1970)
9. Vetter, G.: Untersuchungen an Dosierpumpen für die Verfahrenstechnik. Chemie-Ing.-Techn. **36**, 185–191 (1964)
10. Fritsch, H.: Dosierpumpen. Moderne Industrie, Landsberg (1989)
11. Dettinger, W.: Die hydrodynamische und technologische Leistungsgrenze der Kolbenpumpen. Industrie-Anzeiger **88**, 923–929, 968–972 (1966)
12. Vetter, G. (Hrsg.): Pumpen, 2. Aufl. Vulkan Verlag, Essen (1992)
13. Adolph, U.: Vorausberechnung der Funktion und der Schlaggrenze selbsttätiger Pumpenventile bei reiner Flüssigkeitsförderung. Dissertation TH Dresden (1967)

Weiterführende Literatur

Bohl, W.: Pumpen und Pumpenanlagen, 3. Aufl. expert, Grafenau (1982)

Ivantysyn, I. u. M.: Hydrostatische Pumpen und Motoren. Vogel, Würzburg (1993)

Leuschner, G.: Kleines Pumpenhandbuch für Chemie und Technik. Verlag Chemie, Weinheim (1967)

Schulz, H.: Die Pumpen, 13. Aufl. Springer, Berlin (1977)

Vetter, G.: Leckfreie Pumpen, Verdichter und Vakuumpumpen. Vulkan, Essen (1998)

Vetter, G.: Rotierende Verdrängerpumpen für die Prozesstechnik. Vulkan, Essen (2006)

Zey, W.: Dickstoffpumpen. Moderne Industrie, Landsberg (1995)

Vetter, G.: Rotierende Verdrängerpumpen für die Prozesstechnik, Vulkan Verlag, München (2006)

Surek, D.: Pumpen für Abwasser- und Kläranlagen, Vulkan Verlag München (2014)

Matthies, H.J., Renius, K.T.: Einführung in die Ölhydraulik, 8. Auflage, Springer Vieweg, Wiesbaden (2014)

www.ksb.com

www.lewa.de

www.parker.com

www.boschrexroth.com

3 Kompressoren, Verdichter

Helmut Tschöke und Herbert Hölz

3.1 Bauarten und Anwendungsgebiete

Verdrängerkompressoren kapseln das angesaugte Gas und schieben es dann in die Druckleitung. Während der Kapselung verkleinert sich der Arbeitsraum, sodass Druck und Temperatur des Gases ansteigen (innere Verdichtung). Die Verdichtung auf höhere Drücke erfolgt über einen oder mehrere hintereinandergeschaltete Arbeitsräume (Stufen), zwischen denen das Gas gekühlt wird (Außenkühlung). Dadurch wird der Temperaturanstieg begrenzt und die erforderliche Verdichtungsarbeit vermindert.

Beim Roots-Gebläse (Wälzkolbenvakuumpumpe) erfolgt keine innere Verdichtung. Öleinspritzgekühlte Schrauben- und Rotationsverdichter werden während der Verdichtung im Arbeitsraum gekühlt (Innenkühlung).

Verdrängervakuumpumpen evakuieren einen Vakuumbehälter (Rezipienten). Der saugseitige Druck erreicht Werte unter 10^{-3} mbar.

Abb. 3.1 zeigt die wichtigsten Bauarten von Verdichtern und Vakuumpumpen. Die Bauarten unterscheiden sich nach der Schmierung der bewegten Teile im Arbeitsraum, nach dem erreichbaren Druck und Volumenstrom und nach den Anwendungsgebieten (Tab. 3.1). Nach der Schmierung wird zwischen Ölschmierung, Trockenlauf mit Berührungsdichtungen und berührungsfreiem Trockenlauf mit Spaltdichtungen unterschieden. In Sonderfällen wird auch Wasser verwendet. Schmierung, Innenkühlung und Abdichtung sind kombiniert, wenn das Schmiermittel (Öl, Wasser) in größeren Mengen zugeführt

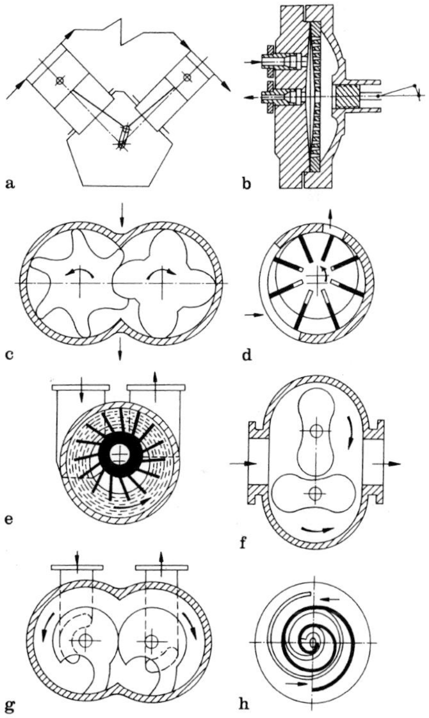

Abb. 3.1 Wichtigste Bauarten von Verdichtern (und Vakuumpumpen). **a** Hubkolbenverdichter; **b** Membranverdichter; **c** Schraubenverdichter; **d** Rotationsverdichter (Zellenverdichter); **e** Flüssigkeitsringverdichter (Flüssigkeitsring-Vakuumpumpe); **f** Rootsgebläse (Wälzkolben-Vakuumpumpe); **g** Drehzahnverdichter (Drehzahn-Vakuumpumpe); **h** Scrollverdichter

H. Tschöke (✉)
Otto-von-Guericke-Universität Magdeburg
Magdeburg, Deutschland
E-Mail: tschoeke@mb.uni-magdeburg.de

B. Bender und D. Göhlich (Hrsg.), *Dubbel Taschenbuch für den Maschinenbau 3: Maschinen und Systeme*,
https://doi.org/10.1007/978-3-662-59715-6_3

Tab. 3.1 Bauarten und Anwendungsgebiete von Verdrängerverdichtern ($\dot{V}_{max}$ bezogen auf Ansaugdruck)

Bauart	$\dot{V}_{max}$	p_{max}	Hauptanwendung			
Schmierung	(m^3/h)	(bar)	Luft	Gase	Vakuum	Kälte
Hubkolbenverdichter						
Öl	100 000	3500	+	+		+
Trockenlauf	100 000	200	+	+		
Labyrinthspalt	11 000	300		+		+
Membranverdichter						
Trockenlauf	100	4000		+		
Schraubenverdichter						
Öl	10 000	40	+			+
Trocken-Spalt	80 000	40	+	+		
Rotationsverdichter						
Öl	5000	16	+	+	+	
Trocken-Lamelle	600	2,5	+		+	
Flüssigkeitsringverdichter						
Wasser	10 000	11	+	+	+	
Rootsgebläse						
Trocken-Spalt	84 000	2	+	+	+	
Drehzahnverdichter						
Trocken-Spalt	840	9	+		+	
Scrollverdichter						
Öl	35	10				+
Trocken-Spalt	50	10	+			

wird. Die in Tab. 3.1 genannten Werte von p_{max} und $\dot{V}_{max}$ werden nicht immer bei derselben Ausführung erreicht und können in Sonderfällen auch überschritten werden.

Die Anwendung bestimmt den erforderlichen Volumenstrom und Verdichtungsenddruck, Beispiele:

Luft: Belüftung, pneumatischer Transport bis 2 bar; Druckluft, Bremsverdichter 10 bar; Auffüllung von Druckluftflaschen bis 320 bar.

Gase: Erdgastankstellen bis 250 bar; Reinjection von Erdgas bis 450 bar; Hydrieren bis 350 bar; Ammoniak-Synthese bis 450 bar; Methanol-Synthese bis 300 bar; Synthese von Hochdruck-Polyethylen bis 3500 bar.

Kältemittel: Ammoniak bis 20 bar; Halogenkohlenwasserstoffe bis 20 bar; Propan bis 35 bar; CO_2 bis 110 bar. Beispiele für Kältemittelverdichter siehe Abschn. 37.4.1.

Vakuum: Grobvakuum 1000 bis 1 mbar saugseitiger Druck; Feinvakuum 1 bis 10^{-3} mbar; Hochvakuum 10^{-3} bis 10^{-7} mbar; Ultrahochvakuum unter 10^{-7} mbar. Im Hochvakuum und Ultrahochvakuum erzeugen Verdrängervakuumpumpen das erforderliche Vorvakuum für die Hochvakuumpumpe; im Grob- und Feinvakuum werden überwiegend Verdrängervakuumpumpen eingesetzt.

3.2 Grundlagen und Vergleichsprozesse

3.2.1 Volumenstrom, Eintrittspunkt, Austrittspunkt

Der nutzbare Ansaugvolumenstrom eines Verdichters wird nach DIN 1945 am Austrittspunkt des Verdichters gemessen und auf die am Eintrittspunkt herrschenden Bedingungen für die Gesamttemperatur, den Gesamtdruck und die Gaszusammensetzung (z. B. Feuchtigkeit) bezogen. Eintrittsdruck ist der mittlere absolute Gesamtdruck am Eintrittspunkt, Austrittsdruck der mittlere absolute Druck am Austrittspunkt. Der absolute Gesamtdruck kann in der Regel dem absoluten statischen Druck gleichgesetzt werden. Eintrittspunkt ist der Saugflansch des Verdichters, bei Kompaktanlagen für Luft die Umgebung des Luftfilters. Austrittspunkt ist der Druckflansch des Verdichters, bei Kompaktanlagen für Luft der Anschluss zum Abnehmer.

Für die Umrechnung des Förderzustandes (f; 2) in den Ansaugzustand (fa; 1) gilt für trockene Gase (Z = Realgasfaktor)

$$\dot{V}_{\text{fa}}/\dot{V}_{\text{f}} = (p_2/p_1)\,(T_1/T_2)\,(Z_1/Z_2)\,. \quad (3.1\text{a})$$

Für die Umrechnung des Förderzustandes (f; 2) in den Normzustand (f_0; 0) gilt für trockene Gase (Realgasfaktor $Z_0 = 1$)

$$\dot{V}_{\text{f}\,0}/\dot{V}_{\text{f}} = (p_2/p_0)\,(T_0/T_2)\,(Z_0/Z_2)\,. \quad (3.1\text{b})$$

Für die Umrechnung eines angesaugten feuchten Volumenstroms $\dot{V}_{\text{a}}$ vom Zustand (T_1, p_1) mit der relativen Feuchte φ und dem Sättigungsdampfdruck p_{s} (bezogen auf T_1) auf den Normzustand (0) gilt

$$\dot{V}_0/\dot{V}_{\text{a}} = (p_1 - \varphi\, p_{\text{s}})/p_0\,(T_0/T_1)\,. \quad (3.1\text{c})$$

3.2.2 Verdichtung idealer und realer Gase

Bei der Verdichtung auf hohe Drücke und in der Umgebung des Nassdampfgebietes muss das von der Zustandsgleichung für ideale Gase abweichende Verhalten realer Gase berücksichtigt werden, siehe Bd. 1, Kap. 40.

Der Realgasfaktor Z ist das Verhältnis des spezifischen Realgasvolumens v_{real} zum spezifischen Idealgasvolumen v_{ideal} entsprechend der Zustandsgleichung (R = Gaskonstante des Gases).

$$Z = v_{\text{real}}/v_{\text{ideal}} = p\,v_{\text{real}}/(RT)\,. \quad (3.2)$$

Der Realgasfaktor (Abb. 3.2) ist für verschiedene Gase Diagrammen zu entnehmen [1] oder numerisch mit stoffabhängigen Konstanten zu berechnen, siehe Bd. 1, Kap. 40.

Bei niederen Drücken kann der Realgasfaktor unberücksichtigt bleiben ($Z = 1$); für Luft bis 25 bar bleibt der Fehler < 1 %.

Beim realen Gas sind die spezifischen Wärmekapazitäten c_p und c_{v} und der Isotropenexponent $\varkappa = c_p/c_{\text{v}}$ druck- und temperaturabhängig (Abb. 3.3).

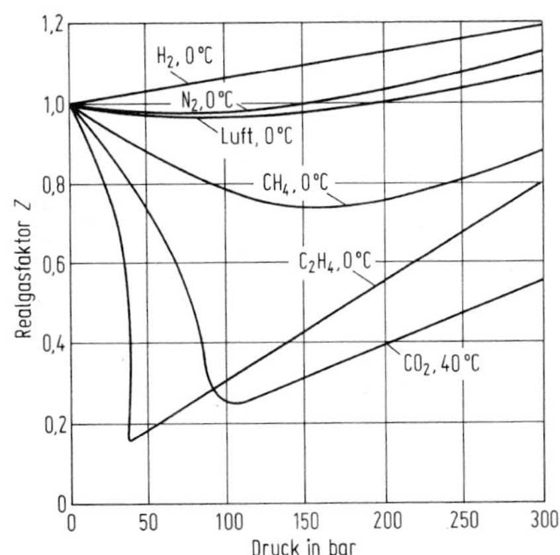

Abb. 3.2 Realgasfaktor

Die Isentropenexponenten idealer Gase sind:

- für einatomige Gase (He) 1,66;
- für zweiatomige Gase (CO, H_2, O_2, N_2, Luft) 1,4;
- für mehratomige Gase CO_2 1,3; CH_4 (Methan) 1,32; C_2H_4 (Äthylen) 1,25; NH_3 (Ammoniak) 1,31.

Die Gaskonstante R ist unabhängig vom Realgasverhalten und berechnet sich aus der universellen Gaskonstanten $R_{\text{M}} = 8315$ (J/kmol K) und der Molmasse M (kg/kmol). Mit $R = R_{\text{M}}/M$ ergeben sich die Gaskonstanten in Tab. 3.2.

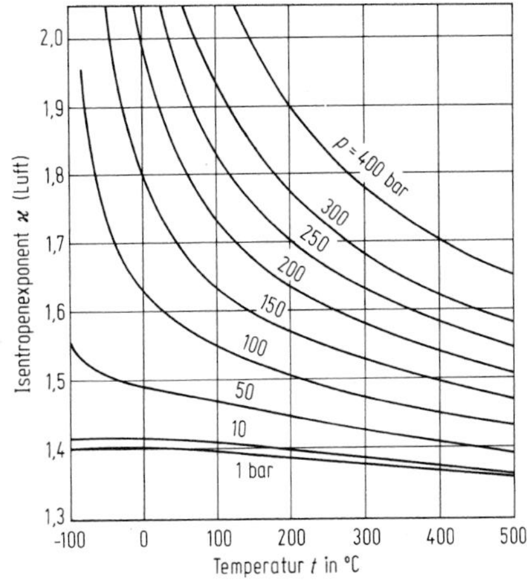

Abb. 3.3 Isentropenexponent von Luft [1, 2]

Tab. 3.2 Gaskonstante

Gasart	Gaskonstante R (J/kg K)
Wasserstoff H_2	4124,4
Helium He	2076,9
Luft	287,1
Sauerstoff O_2	259,83
Stickstoff N_2	296,8
Kohlenmonoxid CO	296,83
Kohlendioxid CO_2	188,92
Wasserdampf H_2O	461,4
Methan CH_4	518,25
Äthylen C_2H_4	296,37
Ammoniak NH_3	488,1

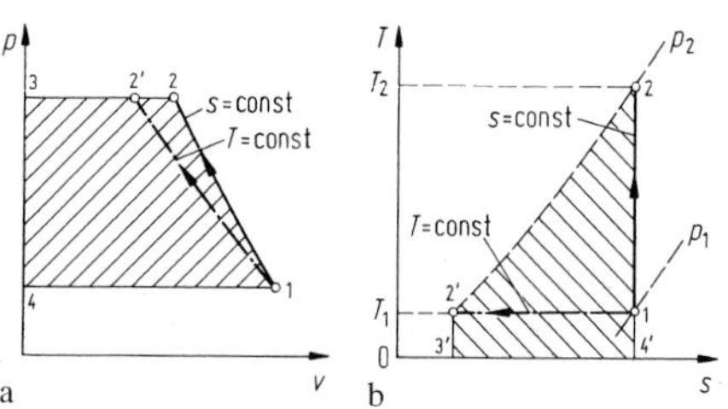

Abb. 3.4 Isentroper und isothermer Vergleichsprozess für einstufige Verdichtung idealer Gase

3.2.3 Vergleichsprozesse für einstufige Verdichtung

Als Vergleichsprozesse werden die isotherme oder die isentrope Verdichtung gewählt (Abb. 3.4).

Bei der isothermen Verdichtung idealer Gase ist die spezifische isotherme Verdichtungsarbeit $w_T = \int v\,dp$ (schraffierte Fläche 1 2′ 3 4 in Abb. 3.4a)

$$w_T = RT \ln(p_2/p_1)\,. \tag{3.3}$$

Mit der je Zyklus geförderten Gasmasse m_f bzw. dem Massenstrom $\dot{m}_f$ wird die isotherme Verdichtungsarbeit W_T bzw. die isotherme Verdichtungsleistung P_T

$$W_T = m_f\, w_T \quad \text{und} \tag{3.4a}$$

$$P_T = \dot{m}_f\, w_T\,. \tag{3.4b}$$

Für die isotherme Verdichtungslinie 1 2′ gilt mit $v =$ spezifisches Volumen

$$p\,v = RT = \text{const.} \tag{3.5}$$

Die spezifische isentrope Verdichtungsarbeit w_s ist die schraffierte Fläche 1 2 3 4 in Abb. 3.4a:

$$w_s = \varkappa/(\varkappa - 1)\; p_1\, v_1 \left((p_2/p_1)^{(\varkappa-1)/\varkappa} - 1\right)\,. \tag{3.6a}$$

Für die isentrope Verdichtungsarbeit W_s bzw. Verdichtungsleistung P_s gilt

$$W_s = m_f\, w_s \quad \text{und} \tag{3.6b}$$

$$P_s = \dot{m}_f\, w_s\,. \tag{3.6c}$$

Für die isentrope Verdichtungslinie 1–2 gilt

$$p\,v = p_1\, v_1 = \text{const.} \tag{3.7}$$

Die Verdichtungstemperatur T_2 des isentropen Vergleichsprozesses beträgt

$$T_2 = T_1 (p_2/p_1)^{(\varkappa-1)/\varkappa}\,. \tag{3.8}$$

Die Verdichtungstemperatur T_2 bei isentroper Verdichtung ist aus dem T, s-Diagramm (Abb. 3.4b) direkt ablesbar. Die Fläche 4′ 2 2′ 3 ist die Wärmemenge, die bei Kühlung des verdichteten idealen Gases auf Ansaugtemperatur im Kühler abgeführt wird. Sie entspricht der zuvor aufgewendeten isentropen Verdichtungsarbeit des idealen Gases.

Gleichung (3.8) ist für den wirklichen Verdichter eine Näherungsgleichung, da sich das Gas nach Gl. (3.24) beim Einströmen in den Zylinder auf $T_1' = T_1/\lambda_A$ erwärmt und das innere Druckverhältnis $\psi_i = p_2'/p_1'$ größer ist als das äußere Druckverhältnis p_2/p_1, verursacht durch die Druckverluste beim Ein- und Ausströmen, Gl. (3.27). Temperaturerniedrigend wirkt sich dagegen die Zylinderkühlung aus, was mit einem Exponenten $n < \varkappa$ berücksichtigt wird.

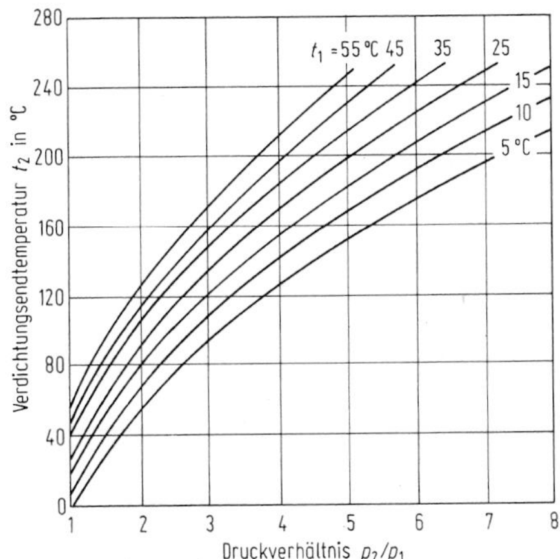

Abb. 3.5 Temperaturanstieg für isentrope Verdichtung idealer Gase (κ=1,4)

Die Verdichtungsendtemperatur wird für ölgeschmierte Luftverdichter nach VBG 16 [3] begrenzt, um die Gefahr von Bränden oder Explosionen zu vermeiden (Auszug):

Kompressoren mit Öleinspritzkühlung	110 °C
mehrstufige Kompressoren von Schienen- oder Kraftfahrzeugen bei Fahrt	200 °C
mehrstufige Kompressoren > 10 bar	160 °C
einstufige Kompressoren < 10 bar	220 °C

Diese Werte begrenzen das Druckverhältnis einer Stufe für ölgeschmierte Verdichter (Abb. 3.5). Bei trockenlaufenden Verdichtern mit berührungsfreien Spaltdichtungen führt eine zu hohe Verdichtungsendtemperatur zur Überbrückung der Spaltweite infolge thermischer Dehnung. So beträgt beim trockenlaufenden Schraubenverdichter die maximale Verdichtungsendtemperatur 250 °C. Bei trockenlaufenden Verdichtern mit Berührungsdichtungen bestimmt der mit der Temperatur zunehmende Verschleiß der Dichtelemente die Temperaturgrenze.

Für reale Gase ist das abweichende Volumen bei der Berechnung der Verdichtungsarbeit zu berücksichtigen.

Durch die Realgasabweichung besteht die Zusatzarbeit $\Delta\ w_T$ für $Z > 1$ bzw. Minderarbeit für $Z < 1$ (Abb. 3.6).

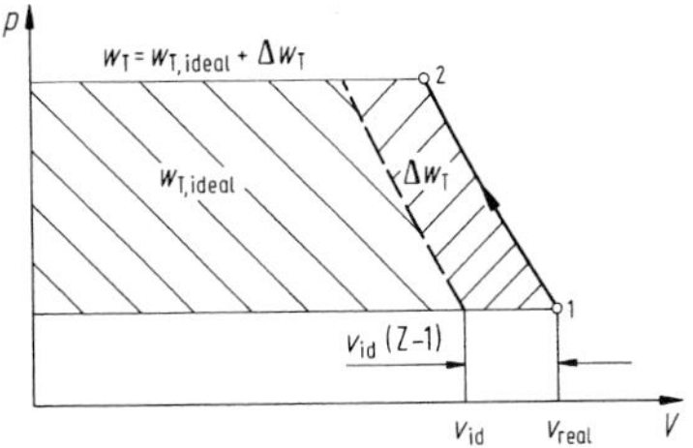

Abb. 3.6 Isotherme Verdichtung realer Gase

Die spezifische isotherme Verdichtungsarbeit beträgt für das reale Gas

$$w_T = p_1\, v_1/Z_1\left(\ln(p_2/p_1) + \int_{p_1}^{p_2}(Z-1)/p\mathrm{d}p\right) \tag{3.9a}$$

und

$$w_T = p_1 v_1/Z_1(\ln(p_2/p_1)+(B_2-B_1)). \tag{3.9b}$$

Das Integral in Gl. (3.9a) wird über den Realgasfaktor numerisch berechnet oder nach Abb. 3.7 bestimmt. B_2 bezieht sich auf p_2, B_1 auf p_1.

Die spezifische isentrope Verdichtungsarbeit w_s realer Gase wird aus der Enthalpiedifferenz unter Berücksichtigung der druck- und tempe-

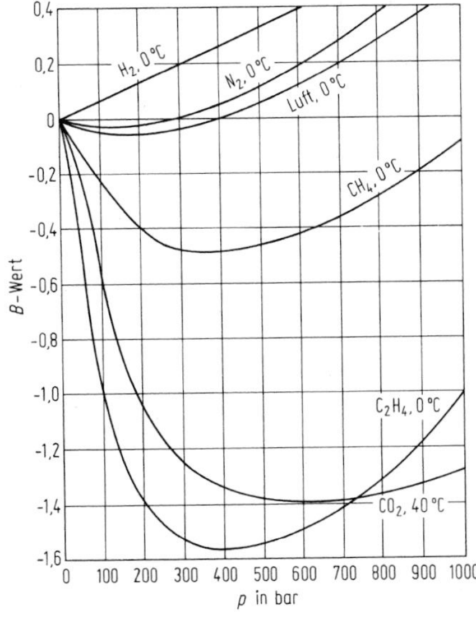

Abb. 3.7 *B*-Werte zur Berechnung der spezifischen isothermen Verdichtungsarbeit

raturabhängigen spezifischen Wärmekapazität c_p ermittelt:

$$w_s = h_2 - h_1 = c_{p_2}\, T_2 - c_{p_1}\, T_1\,. \qquad (3.10)$$

3.2.4 Definition von Wirkungsgraden

Der indizierte isotherme Wirkungsgrad $\eta_{T,\mathrm{i}}$ ist das Verhältnis des isothermen Leistungsbedarfs P_T zur indizierten Leistung P_i, die über die p, V-Diagramme und die Verdichterdrehzahl ermittelt wird

$$\eta_{T,\mathrm{i}} = P_T / P_\mathrm{i} = W_T / W_\mathrm{i}\,. \qquad (3.11)$$

Der effektive isotherme Kupplungswirkungsgrad $\eta_{T,\mathrm{Ku}}$ ist das Verhältnis des isothermen Leistungsbedarfs P_T zu der an der Kupplung des Verdichters aufgenommenen Kupplungsleistung

$$\eta_{T,\mathrm{Ku}} = P_T / P_\mathrm{Ku} = W_T / W_\mathrm{Ku}\,. \qquad (3.12)$$

Der *mechanische Wirkungsgrad* η_m ist das Verhältnis der indizierten Leistung P_i zur Kupplungsleistung P_Ku

$$\eta_\mathrm{M} = P_\mathrm{i} / P_\mathrm{Ku}\,. \qquad (3.13)$$

Daraus folgt für den effektiven isothermen Kupplungswirkungsgrad

$$\eta_{T,\mathrm{Ku}} = \eta_{T,\mathrm{i}}\, \eta_\mathrm{m}\,. \qquad (3.14)$$

Der effektive isotherme Kupplungswirkungsgrad kleinerer einstufiger Luftverdichter liegt zwischen 0,4 und 0,6; bei großen mehrstufigen Gasverdichtern zwischen 0,56 und 0,74. Er hängt vom Druckverhältnis und bei mehrstufiger Verdichtung von der gewählten Stufenzahl ab.

Der mechanische Wirkungsgrad beträgt bei großen Gasverdichtern 0,90 bis 0,95; bei kleinen Tauchkolbenverdichtern zwischen 0,8 und 0,85.

Für den isentropen Vergleichungsprozess sind der *indizierte isentrope Wirkungsgrad* $\eta_{s,\mathrm{i}}$ und der *effektive isentrope Kupplungswirkungsgrad* $\eta_{s,\mathrm{Ku}}$ analog definiert:

$$\eta_{s,\mathrm{i}} = P_s / P_\mathrm{i} = W_s / W_\mathrm{i}\,, \qquad (3.15)$$

$$\eta_{s,\mathrm{Ku}} = P_s / P_\mathrm{Ku} = W_s / W_\mathrm{Ku}\,. \qquad (3.16)$$

Der isentrope Leistungsbedarf P_s liegt, abhängig vom Druckverhältnis und vom Isentropenexponenten um 10 % bis 30 % über dem isothermen Leistungsbedarf, bezogen auf dasselbe Druckverhältnis. Es ist daher $\eta_{s,\mathrm{Ku}} > \eta_{T,\mathrm{Ku}}$ bei gleicher Kupplungsleistung P_Ku. Wirkungsgradangaben für Verdichter müssen sich daher immer auf den gewählten Vergleichsprozess beziehen. Bei kleineren einstufigen Luftverdichtern liegt $\eta_{s,\mathrm{Ku}}$ zwischen 0,6 und 0,7; bei großen mehrstufigen Gasverdichtern zwischen 0,69 und 0,84.

3.2.5 Mehrstufige Verdichtung

Mehrstufige Verdichtung begrenzt die Verdichtungsendtemperatur auf zulässige Werte, führt zu einer Arbeitsersparnis im Vergleich zur einstufigen Verdichtung, verbessert den Liefergrad und reduziert die Triebwerkkräfte. Dagegen vergrößert sich der Bauaufwand und es erhöhen sich die Strömungsdruckverluste.

In Abb. 3.8 entsprechen die schraffierten Flächen der Verminderung der Verdichtungsarbeit im Vergleich zur einstufigen isentropen Verdichtung; die isentrope Verdichtungsendtemperatur verringert sich von $T_{\mathrm{D\,I}}$ bei einstufiger isentroper Verdichtung auf $T_{\mathrm{D\,II}}$ durch Zwischenkühlung und verringertes Stufendruckverhältnis.

Für mehrstufige isentrope Verdichtung idealer Gase mit z Stufen wird die isentrope Verdichtungsarbeit minimiert, wenn das Stufendruckverhältnis ψ_Stufe aller Stufen gleich ist und nach Gl. (3.17) aus dem Gesamtdruckverhältnis ψ_ges berechnet wird.

$$\begin{aligned}\psi_\mathrm{Stufe} &= \sqrt[z]{\psi_\mathrm{ges}} = p_{\mathrm{D\,I}} / p_{\mathrm{S\,I}} \\ &= p_{\mathrm{D\,II}} / p_{\mathrm{S\,II}} = \ldots = \mathrm{const.}\end{aligned} \qquad (3.17)$$

Die ausgeführten Stufendruckverhältnisse sind bauartabhängig (s. Tab. 3.3).

Die hohen Stufendruckverhältnisse von Membranverdichtern und öleinspritzgekühlten Schraubenverdichtern beruhen auf der Kühlung des Arbeitsraumes während der Verdichtung durch die große Membranoberfläche bzw. die Öleinspritzung. Bei trockenlaufenden Schraubenverdichtern und bei Rootsgebläsen begrenzt die ther-

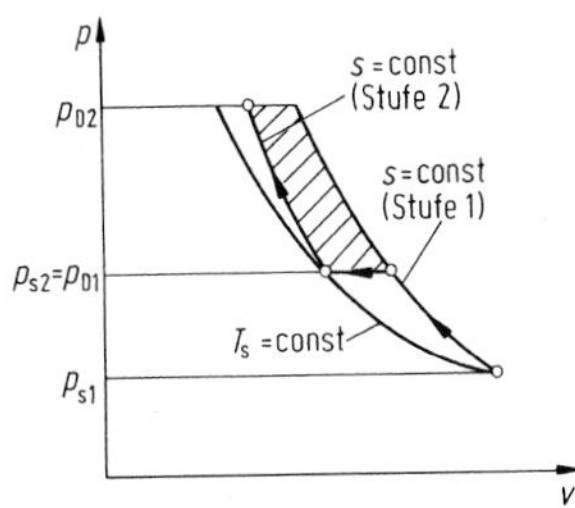

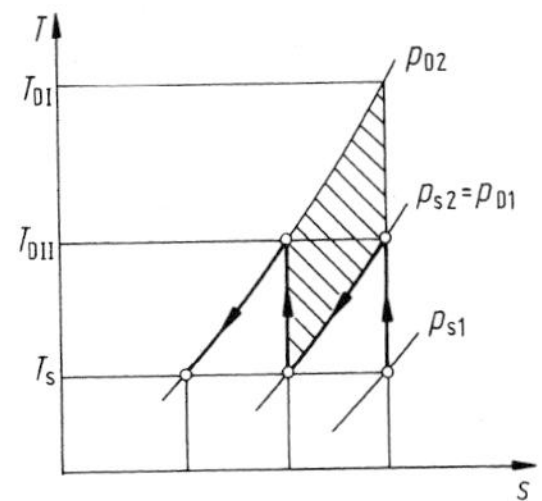

Abb. 3.8 Zweistufige isentrope Verdichtung

Tab. 3.3 Stufendruckverhältnis und Stufenzahl

Bauart	Stufendruckverhältnis bis	Stufenzahl bis
Trockenlaufende Schraubenverdichter	4...5	4
Öleinspritzgekühlte Schraubenverdichter	20...22	3
Öleinspritzgekühlte Rotationsverdichter	12...13	1
Trockenlaufende Kolbenverdichter	4	4
Labyrinthkolbenverdichter	4	4
Ölgeschmierte Hubkolbenverdichter	3,5 (max 10)	7
Membranverdichter	10 (max 20)	4
Flüssigkeitsringverdichter	1,5...2,2	3
Roots-Gebläse	2	2

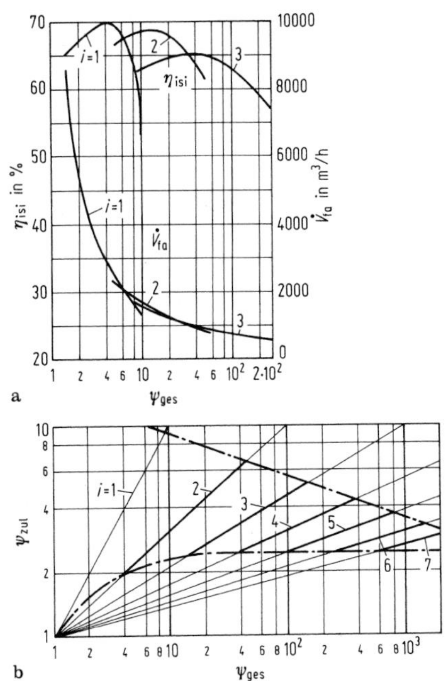

Abb. 3.9 Wahl der Stufenzahl *i* für Hubkolbenverdichter. **a** Förderströme und indizierte isentrope Wirkungsgrade einer Baureihe; **b** zulässiges Stufen- und Gesamtdruckverhältnis

mische Dehnung der Läufer das Druckverhältnis und die zulässige Verdichtungsendtemperatur. Bei ölgeschmierten Hochdruck-Kolbenverdichtern beträgt das Stufendruckverhältnis 1,5 bis 3,5; die kleineren Werte werden für die Hochdruckstufen gewählt und die Stufendruckverhältnisse ungleich ausgeführt. Stufendruckverhältnisse bis 10 werden bei Hubkolbenverdichtern nur für kleine Bremsverdichter ausgeführt bei intensiver Zylinderkühlung (Abb. 3.9).

Die Wahl der Stufenzahl für ein vorgegebenes Gesamtdruckverhältnis ist ein Kompromiss zwischen zunehmendem Bauaufwand und Energieersparnis bei höherer Stufenzahl.

3.2.6 Verdichtung feuchter Gase

Bei der Verdichtung feuchter Gase kondensiert in den Zwischenkühlern und im Nachkühler eine bestimmte Menge des kondensierbaren Gasanteils, für dessen Verdichtung Leistung aufgewendet wurde. Die erforderlichen Leistungskorrekturen beschreibt DIN 1945.

Die Dichte ϱ_W (absolute Feuchte) des kondensierbaren Gases ist mit φ = relative Feuchte, p_s = Sättigungsdampfdruck, R_W =

Gaskonstante des kondensierbaren Gasanteils (Wasserdampf)

$$\varrho_{\mathrm{W}} = \varphi\, p_{\mathrm{s}}/(R_{\mathrm{W}}\, T) = \dot{m}_{\mathrm{W}}/\dot{V}_{\mathrm{a}(p,T)}\,. \quad (3.18\mathrm{a})$$

Die absolute Feuchte kann höchstens den Wert ϱ_{s} erreichen.

$$\varrho_{\mathrm{s}} = p_{\mathrm{s}}/(R_{\mathrm{W}}\, T)\,. \quad (3.18\mathrm{b})$$

Mit Gl. (3.18a) wird die ursprünglich angesaugte Wasserdampfmenge bestimmt, mit Gl. (3.18b) die maximal lösbare Menge, bezogen auf den verdichteten Volumenstrom am Austritt der Kühler. Die Differenz fällt als Kondensat an und muss ausgeschieden werden. Sinkt die Temperatur im Leitungsnetz unter die Temperatur am Kühleraustritt, wird eine zusätzliche Abscheidung oder eine Vorwärmung oder eine Trocknung vor der folgenden Verdichtungsstufe erforderlich (Kältetrockner, Adsorptionstrockner). Mit Kältetrocknern werden Drucktaupunkte von 5 °C erreicht, mit Zweikammer-Adsorptionstrocknern bis −70 °C.

3.3 Arbeitszyklus, Liefergrade und Druckverluste

3.3.1 Arbeitszyklus

Der Arbeitszyklus eines Verdichters unterscheidet sich vom Vergleichsprozess durch den Einfluss des Schadraums, der Strömungsdruckverluste beim Ansaugen (4… 1) und Ausschieben (2… 3), der Undichtigkeiten, der Aufheizung des Gases beim Ansaugen und des Wärmetauschs zwischen Gas und Zylinderwand bei Verdichtung (1… 2) und Expansion (3… 4). Durch den Wärmetausch verlaufen Verdichtung und Expansion nicht mehr isentrop, sondern polytrop (Abb. 3.10b).

Massen. Der Verdichter fördert nur einen Teil der theoretisch möglichen Gasmasse $m_{\mathrm{th}} = \varrho_{\mathrm{a}} V_{\mathrm{H}}$. Es sind die theoretische, die angesaugte und die geförderte Masse $m_{\mathrm{th}} > m_{\mathrm{a}} > m_{\mathrm{f}}$ zu beachten. Die theoretische Masse m_{th} füllt das Hubvolumen beim Ansaugzustand aus und dient als Vergleichsgröße. Die angesaugte Masse m_{a} ist um den Rückexpansions- und Aufheizungsverlust kleiner, die Fördermasse m_{f} berücksichtigt auch noch zusätzlich die Leckverluste.

Für die Berechnung des Arbeitsprozesses wurden bauartbezogene Modelle der Realprozessrechnung entwickelt, die den Einfluss der Realgaseigenschaften, des Wärmetauschs, der Ventildynamik, der Gassäulenschwingungen und der Leckverluste berücksichtigen [4–13].

Eine vereinfachte Berechnung ist mit empirischen Konstanten möglich. Verdichtungslinie 1–2 und Expansionslinie 3–4 werden mit Gl. (3.7) berechnet, anstelle des Isentropenexponenten κ werden die Polytropenexponenten n_{e} für Expansion und n_{k} für Kompression verwendet.

Der Polytropenexponent n_{k} für Kompression erreicht bei hohen Drehzahlen den Wert von κ. Bei langsamlaufenden Verdichtern und bei guter Kühlung des Arbeitsraumes ist $n_{\mathrm{k}} < \varkappa$. Für Schraubenverdichter mit Öleinspritzkühlung wird $n_{\mathrm{k}} = 1{,}5 \ldots 1{,}1$ bei Verdichtung von Luft.

Der Rückexpansionsexponent n_{e} liegt bei niederen Drehzahlen unter dem Kompressionsex-

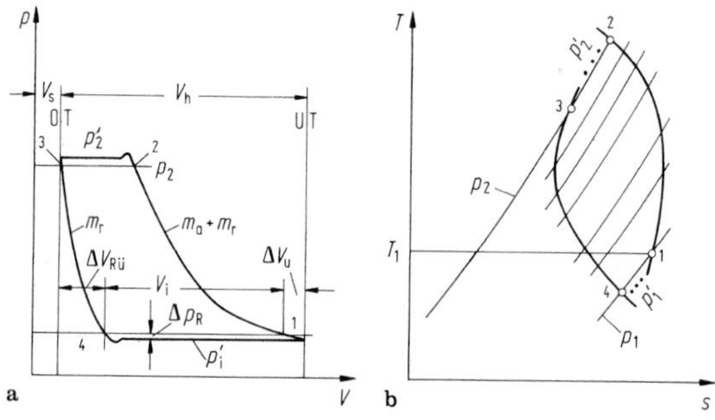

Abb. 3.10 Arbeitszyklus eines Verdichters. **a** p, V-Diagramm; **b** T, s-Diagramm

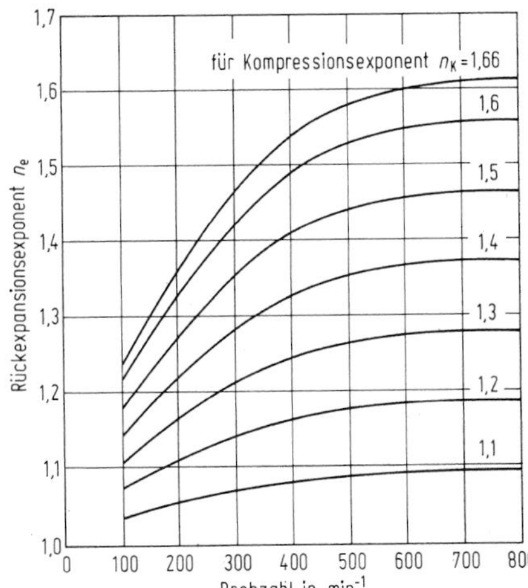

Abb. 3.11 Rückexpansionsexponent n_e als Funktion der Drehzahl für Hubkolbenverdichter für verschiedene Kompressionsexponenten n_k

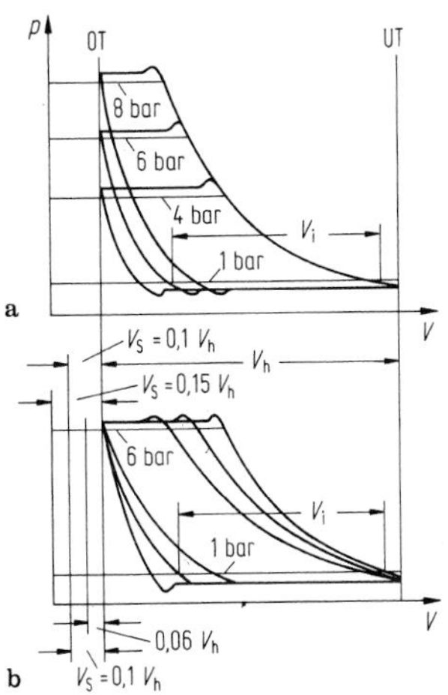

Abb. 3.12 Abhängigkeit des Füllungsgrades eines Verdichters vom Druckverhältnis (**a**) und vom Schadraum (**b**)

ponenten und nähert sich bei Drehzahlen über 700 min^{-1} diesem an (Abb. 3.11).

Ansaug- bzw. Ausschublinie liegen unter bzw. über den Drücken p_1 bzw. p_2, verursacht durch die Druckverluste der Ventile, Ventileinbauten und Leitungen.

3.3.2 Liefergrade

Nutzliefergrad. Der Nutzliefergrad λ_{nu} ist das Verhältnis der geförderten Gasmasse $m_f = \varrho_a V_{fa}$ zur theoretisch möglichen Masse $m_{th} = \varrho_a V_H$ (a = Ansaugzustand)

$$\lambda_{nu} = m_f/m_{th} = V_{fa}/V_H = \dot{V}_{fa}/\dot{V}_H\,. \qquad (3.19)$$

Zur Trennung der Einflüsse wird der Nutzliefergrad in Teilliefergrade aufgeteilt: indizierter Liefergrad λ_i und Einflusszahl σ. Der indizierte Liefergrad λ_i wird aufgeteilt in den Füllungsgrad λ_F und den Drosselgrad λ_p; die Einflusszahl σ wird aufgeteilt in den Aufheizungsgrad λ_A und den Dichtheitsgrad λ_d

$$\lambda_{nu} = \lambda_i\,\sigma = (\lambda_F\,\lambda_p) * (\lambda_A\,\lambda_d)\,. \qquad (3.20)$$

Der indizierte Liefergrad ist dem p, V-Diagramm zu entnehmen (Abb. 3.10a)

$$\lambda_i = V_i/V_H\,. \qquad (3.21)$$

Durch Messung des Nutzliefergrades ist dann aus Gl. (3.20) die Einflusszahl σ bestimmbar.

Der Füllungsgrad beschreibt den Einfluss des im Schadraum V_s am Ende der Verdichtung noch befindlichen Gases. Dieses Gasvolumen mit der Masse m_f wird expandiert (3 ... 4) und mindert das mit p_1 noch ansaugbare Volumen um $\Delta V_{Rü}$ (Abb. 3.10). Mit $\varepsilon_o = V_s/V_H$ = relativer Schadraum, Z_3 bzw. Z_4 = Realgasfaktor am Beginn bzw. Ende der Expansion, $\psi = p_2/p_1$ = Druckverhältnis ist der Füllungsgrad

$$\lambda_F = 1 - \varepsilon_o\left(Z_4/Z_3\,\psi^{1/ne} - 1\right)\,. \qquad (3.22)$$

Nach Abb. 3.12 und 3.13 nimmt der Füllungsgrad mit zunehmendem Druckverhältnis und Schadraum ab. Der relative Schadraum ε_o ist konstruktionsbedingt durch das Hubspiel zwischen Kolben und Zylinderdeckel und durch die Ventilanordnung und das Ventil selbst gegeben.

Anhaltswerte für Hubkolbenverdichter sind
ε_o = 0,06 bis 0,1 für die 1. und 2. Stufe;
0,08 bis 0,15 für die 3. und 4. Stufe und
0,1 bis 0,2 für die 5. und 6. Stufe.

Der Drosselgrad λ_p wird durch den Druckunterschied $p_1 - p_1'$ am Ende des Ansaugens verursacht. Zur Verdichtung von p_1' auf p_1 wird das Volumen $\Delta\,V_u$ benötigt (Abb. 3.10a). Näherungsweise ist

$$\lambda_p \approx p_1'/p_1\,. \qquad (3.23)$$

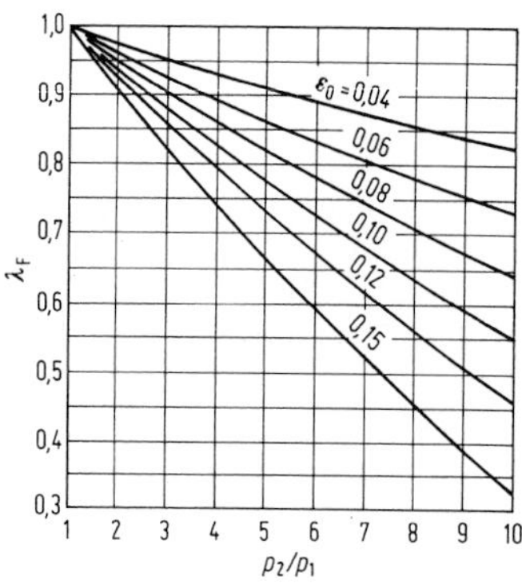

Abb. 3.13 Füllungsgrad λ_F eines Verdichters als Funktion des Druckverhältnisses p_2/p_1 und des relativen Schadraumes ε_o für $n_e = 1{,}4$

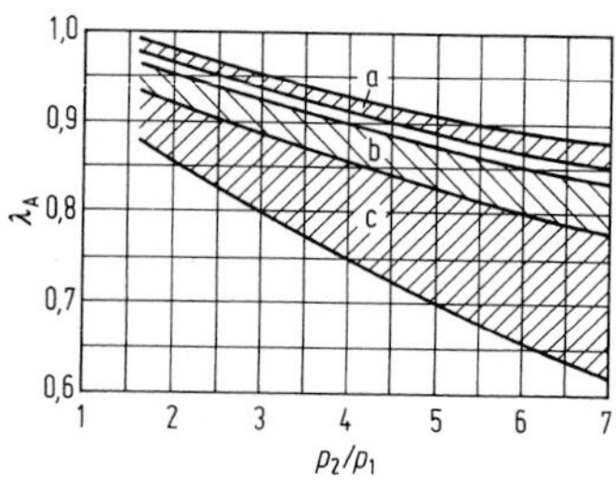

Abb. 3.14 Aufheizungsgrad λ_A als Funktion des Druckverhältnisses eines Hubkolbenverdichters. *a* für zweiatomige Gase; *b*, *c* für SO_2- und NH_3-Dämpfe; *b* in Tauchkolben- und *c* in Kreuzkopfmaschinen, *obere Grenzkurve* für große und *untere Grenzkurve* für kleine Zylinder

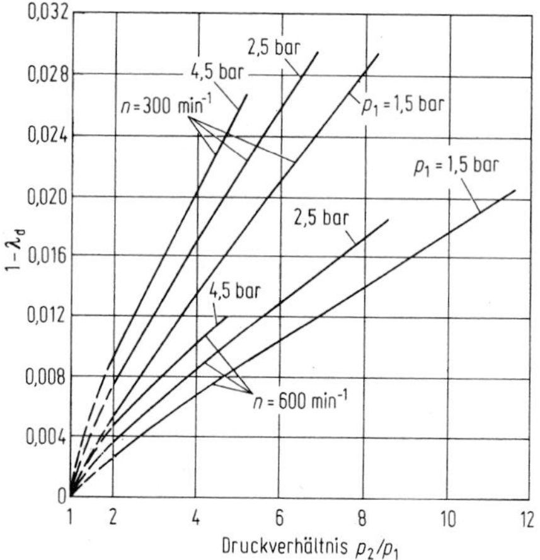

Abb. 3.15 Mit Luft als Fördermedium berechneter Dichtheitsgrad λ_d als Funktion des Druckverhältnisses p_2/p_1, des Ansaugdruckes p_1 und der Drehzahl für einen Tauchkolbenverdichter

Der Drosselgrad liegt im Bereich 0,95... 0,98. Durch Druckschwingungen in der Saugleitung kann er auch > 1 sein. Bei der Saugdrosselregelung wird der Drosselgrad gezielt herabgesetzt, um den Volumenstrom zu reduzieren.

Der Aufheizungsgrad λ_A ist das Verhältnis des tatsächlich angesaugten Volumens V_a (vom Eintrittszustand 1) zum indizierten Volumen V_i und entspricht dem Verhältnis der Temperatur T_1 am Eintrittspunkt zur Temperatur T_1' des Gases am Ende des Ansaugvorganges

$$\lambda_A = V_a/V_i = T_1/T_1'. \tag{3.24}$$

Das Gas wird an den Zylinderwänden und noch geringfügig von den Restgasen des Schadraums erwärmt. Da die Wand- und Restgastemperaturen mit dem Gegendruck steigen, nimmt der Volumenverlust zu und der Aufheizungsgrad ab. Mit abnehmendem Kolbendurchmesser wird das Verhältnis Volumen zu Oberfläche ungünstiger und der Aufheizungsgrad nimmt ab (Abb. 3.14). Mit zunehmendem Isentropenexponenten fällt der Aufheizungsgrad.

Der Dichtheitsgrad λ_d erfasst innere und äußere Undichtheiten. Er ist das Verhältnis des geförderten Volumens V_{fa} zum angesaugten Volumen V_a

$$\lambda_d = V_{fa}/V_a. \tag{3.25}$$

Bei Hubkolbenverdichtern entstehen innere Undichtheiten an Kolbenringen und an den Ventilen, äußere Undichtheiten an Kolbenstangendichtungen und an Sicherheitsventilen. Eine Rückführung äußerer Undichtheiten in die Saugleitung ist möglich. Bei den spaltgedichteten Maschinen (Labyrinthkolbenverdichter, Schraubenverdichter, Rootsgebläse, Rotationsverdichter) sind die Leckquerschnitte größer als beim Hubkolbenverdichter oder Membranverdichter, der Dichtheitsgrad dadurch bei gleicher Drehzahl kleiner [14].

In Abb. 3.15 ist der Dichtheitsgrad λ_d aufgetragen als $(1-\lambda_d)$. Berücksichtigt sind die Leckverluste an Ventilen und an den Kolbenringen. Der Dichtheitsgrad wird durch Drehzahlsteigerung verbessert.

3.3.3 Druckverluste

Bei Verdichtern entstehen in den Ein- und Auslasskanälen, an den Ventilen und in den Verbindungsleitungen und Armaturen (Rohrleitungen, Puffer, Kühler, Abscheider, Filter, Trockner) Druckverluste. Diese bewirken, dass das innere Druckverhältnis $\psi_i = p'_2/p'_1$ über dem äußeren Druckverhältnis $\psi = p_2/p_1$ liegt (Abb. 3.10). Der Druckverlust Δp wird durch den relativen Druckverlust δ oder durch das Verlustdruckverhältnis ψ_v beschrieben, wobei p der jeweilige Bezugsdruck ist.

$$\delta = \Delta p/p\,, \tag{3.26a}$$

$$\psi_v = (p + \Delta p)/p = 1 + \delta\,. \tag{3.26b}$$

Der Bezugsdruck p ist der Druck in Strömungsrichtung hinter dem den Druckverlust Δp verursachenden Element (Ventil, Kühler, Blende, Puffer, Filter, ...). Sind mehrere Strömungswiderstände hintereinandergeschaltet, ergibt sich das Gesamtverlustdruckverhältnis aus der Multiplikation der Einzelverlustdruckverhältnisse, wobei der Bezugsdruck p für das Gesamtverlustdruckverhältnis der Druck hinter dem letzten Element ist

$$\psi_{v,\,ges} = \psi_{v_1}\,\psi_{v_2}\,\psi_{v_3}\,\ldots \tag{3.26c}$$

Die Druckverluste in Abb. 3.16 beziehen sich auf Ventile einschließlich des Ventileinbaus. Die äußere Grenzkurve gilt für Mittelwerte ausgeführter Maschinen, die innere Grenzkurve für große Ventil- und Leitungsquerschnitte und für besonders strömungsgünstige Ventile.

Bei Zwischenstufenelementen (Rohrleitung, Puffer, Blende, Abscheider, Kühler) ist der Bezugsdruck der Ansaugdruck der nächst höheren Stufe. Der mittlere Druckverlust ist dort von gleicher Größenordnung wie bei Druckventilen und Abb. 3.16, oben, zu entnehmen.

Das innere Druckverhältnis $\psi_{i,j}$ einer Stufe j ergibt sich aus dem äußeren Druckverhältnis $\psi_j = p_{2j}/p_{1j}$ durch Multiplikation mit den Verlustdruckverhältnissen $\psi_{vS,j}$ für das Saugventil, $\psi_{vD,j}$ für das Druckventil und $\psi_{vL,j}$ für die Leitungselemente (Rohrleitungen, Kühler, Puffer, Blenden, Kondensatabscheider ...)

$$\psi_{i,j} = \psi_j\,\psi_{vS,j}\,\psi_{vD,j}\,\psi_{vL,j}\,. \tag{3.27}$$

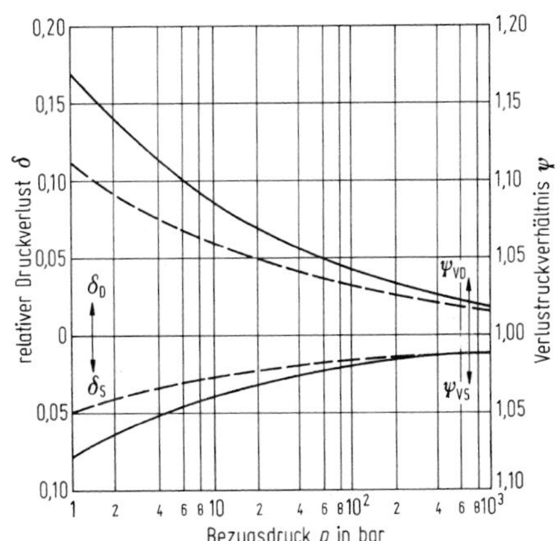

Abb. 3.16 Mittlere relative Druckverluste an Saug- und Druckventilen. *Oben:* Druckventile, *unten:* Saugventile

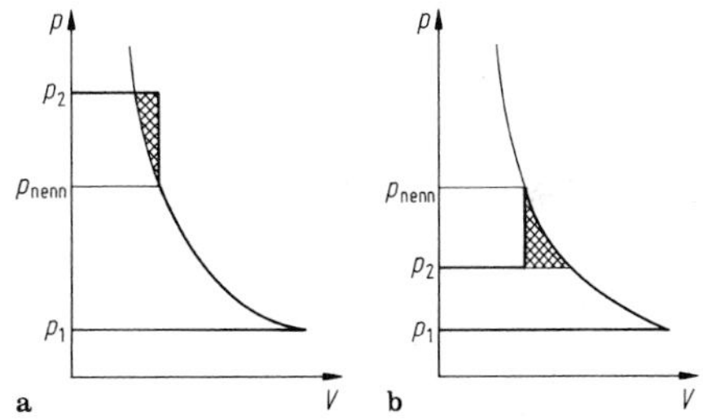

Abb. 3.17 Unterverdichtung (**a**) und Überverdichtung (**b**) bei einem Schraubenverdichter

Rotierende Verdrängerverdichter (Schraubenverdichter, Rotationsverdichter, Drehzahnverdichter, Rootsgebläse) sind weggesteuert, die Ventilverluste entfallen. Diese Verdichter besitzen ein „eingebautes" inneres Druckverhältnis. Weicht das innere vom äußeren Druckverhältnis ab, entstehen Verluste durch Unterverdichtung oder Überverdichtung (Abb. 3.17).

Bei Unterverdichtung erfolgt der über das innere Druckverhältnis hinausgehende Druckverlauf isochor, bei Überverdichtung wird trotz kleinerem äußeren Druckverhältnis bis zum Erreichen des inneren Druckverhältnisses weiterverdichtet.

Bei öleingespritzten Schraubenverdichtern entstehen äußere Druckverluste am Ölfilter, Nachkühler, Kondensatabscheider und Trockner. Das Verlustdruckverhältnis ψ_{vL} erreicht Werte bis 1,36 [15] und liegt höher als bei trockenlaufenden Schraubenverdichtern, bei denen die Ölfilterung entfällt.

3.4 Auslegung und Hauptabmessungen

3.4.1 Hubkolbenverdichter

Bei mehrstufigen Hubkolbenverdichtern wird für ein vorgegebenes Gesamtdruckverhältnis die Stufenzahl und das Stufendruckverhältnis Gl. (3.17) bestimmt; es ergeben sich daraus die Ansaugdrücke p_1 und die Verdichtungsenddrücke p_2 für jede Stufe.

Abb. 3.18, 3.19 und 3.20 zeigen Stufen- und Zylinderanordnungen für mehrstufige Kolbenverdichter. Mehrere Stufen können auf einer Zylinderachse angeordnet werden (Abb. 3.18b,c,g und Abb. 3.19a,b); diese Kolben werden als Stufenkolben bezeichnet. Es können auch Ausgleichsstufen (A_o) vorgesehen werden (Abb. 3.18d,e, Abb. 3.19a). Die Drücke in Ausgleichsstufen werden so ausgelegt, dass die Gaskräfte im oberen und unteren Totpunkt möglichst ausgeglichen sind. Sie enthalten keine Ventile und leisten keinen Beitrag zur Förderung.

Die Wahl der Kurbel-, Zylinder- und Stufenanordnung erfolgt unter folgenden Gesichtspunkten:

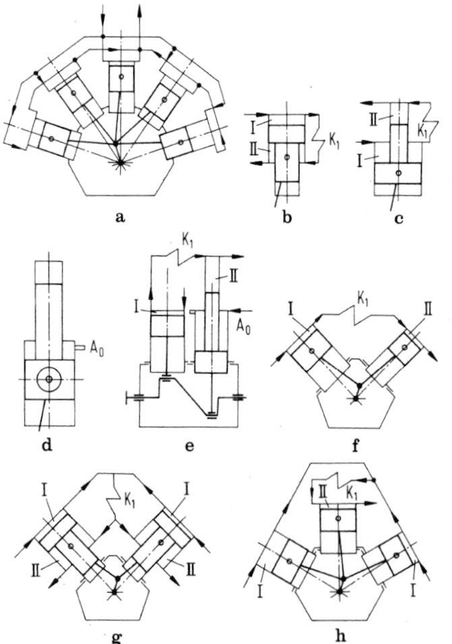

Abb. 3.18 Tauchkolbenverdichter. **a** Einstufig; **b–h** zweistufig (A_o = Ausgleichsstufe; K_1 = Zwischenkühler)

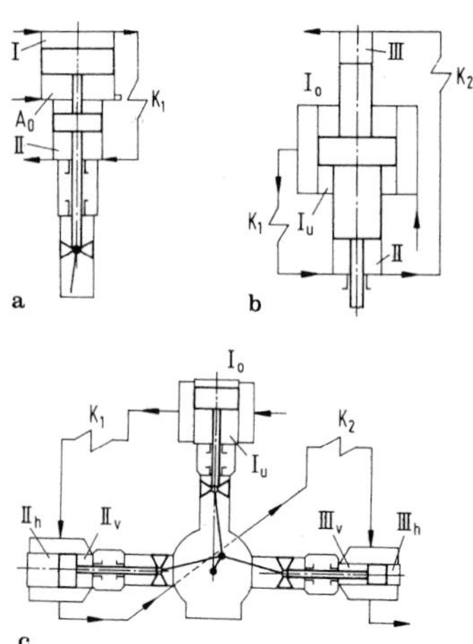

Abb. 3.19 Kreuzkopfverdichter. **a** Zweistufig mit Ausgleichsstufe (A_o); **b** dreistufig; **c** Winkelverdichter, dreistufig

- Die freien Massenkräfte und -momente sollen möglichst gering bzw. ausgleichbar sein. So können bei der 90 °V-Anordnung (Abb. 3.18f,g) die oszillierenden Massenkräfte 1. Ordnung durch Gegengewichte ausgeglichen werden (s. Bd. 1, Kap. 46).
- Die Gaskräfte sollen im OT und UT möglichst gleich groß sein. Dies führt zu einem ausgeglicheren Drehmomentenverlauf. Möglich ist dies nur, wenn auch die Unterseite des Kolbens verdichtet, was Stufenkolben oder doppeltwirkende Kolben erforderlich macht.
- Zwischen benachbarten Arbeitsräumen sollen die Druckdifferenzen möglichst gering sein, um die Leckströme zu verringern.
- Beim Ausschieben des Gases aus der Stufe j soll die Stufe $j+1$ unmittelbar darauf folgend ansaugen, da sich sonst überhöhte Drücke in der Zwischenstufe aufbauen.

Die Anordnungen nach Abb. 3.18 sind für kleine, schnellaufende Verdichter vorgesehen. Von einer Kurbel aus können mehrere Zylinder über nebeneinander liegende Pleuel angetrieben werden. Bei luftgekühlten Verdichtern bietet die Fächerbauart (Abb. 3.18h) den Vorteil, dass mit einem an der Kurbelwelle angeordneten Axiallüfter alle Zylinder gekühlt werden können. Zwischen- und Nachkühler befinden sich vor oder hinter dem Axiallüfter. Die Drehzahl reicht bis $2000\,\mathrm{min}^{-1}$.

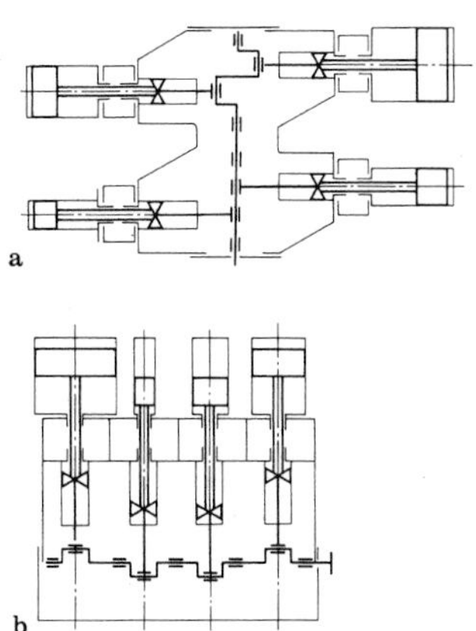

Abb. 3.20 Vierstufige Kreuzkopfverdichter. **a** Liegende Doppel-Boxerbauart; **b** stehende Reihenmaschine (alle Stufen doppeltwirkend, Kühler nicht eingezeichnet)

Bei großen Hubkolbenverdichtern (Abb. 3.19 und 3.20) wird der Kolben über einen Kreuzkopf und eine Kolbenstange angetrieben. Die Kolbenstange wird mit einer auf der Kurbelseite des Zylinders angeordneten Kolbenstangendichtung (Packung) nach außen abgedichtet. Der Drehzahlbereich dieser Verdichter beträgt 300 bis 1000 min^{-1}, die mittlere Kolbengeschwindigkeit 2 bis 4,5 m/s. Bei Kreuzkopfverdichtern überwiegt die Wasserkühlung. Zwischen- und Nachkühler sind bei Großverdichtern nach Abb. 3.20 nicht mehr in die Verdichterkonstruktion integriert. Die Zylinder nach Abb. 3.19e und 3.20a,b sind doppeltwirkend, Deckelseite und Kurbelseite sind parallel geschaltet.

Nach Festlegung der Kurbel-, Zylinder- und Stufenanordnung werden die Nutzliefergrade $\lambda_{\text{nu},j}$ für jede Stufe j bestimmt (Gln. (3.19)–(3.24)).

Der Volumenstrom $\dot{V}_j$, der von der Stufe j beim jeweiligen Ansaugzustand angesaugt wird, ergibt sich aus der Zustandsgleichung zu

$$\dot{V}_j/\dot{V}_1 = (p_1/p_j)\,(\dot{m}_j/\dot{m}_1)\,(T_j/T_1)\,(Z_j/Z_1)\;. \tag{3.28}$$

Maßgebend für die Verkleinerung des Ansaugvolumenstroms $\dot{V}_j$ der Stufe j ist der von Stufe zu Stufe ansteigende Ansaugdruck p_j. Der Massenstrom m_j ändert sich gegenüber m_1 durch Leckströme, Kondensatabscheidung und Zwischenentnahmen. Die Temperatur T_j kann je nach Kühlerauslegung 10 bis 25 K über der Ansaugtemperatur T_1 der 1. Stufe liegen.

Der Hubvolumenstrom $\dot{V}_{\text{H},j}$ berechnet sich mit dem Nutzliefergrad $\lambda_{\text{nu},j}$ der Stufe j zu

$$\dot{V}_{\text{H},j} = \dot{V}_j/\lambda_{\text{nu},j}\;. \tag{3.29}$$

Die Kolbenfläche $A_{\text{K},j}$ aller parallel geschalteten Kolbenseiten und -zylinder einer Stufe j berechnet sich aus dem Hubvolumenstrom $\dot{V}_{\text{H},j}$ mit s = Kolbenhub, n = Drehzahl, $c_{\text{m}} = 2\,s\,n$ = mittlere Kolbengeschwindigkeit

$$A_{\text{K},j} = \dot{V}_{\text{H},j}/(s\,n) = 2\,\dot{V}_{\text{H},j}/c_{\text{m}}\;. \tag{3.30}$$

Kolbenhub s und Drehzahl n sind für alle Stufen gleich. Die mittlere Kolbengeschwindigkeit c_{m} beträgt bei Kolbenverdichtern 2 bis 6 m/s. Niedrige mittlere Kolbengeschwindigkeit verbessert die Standzeit der Bauteile. Bei Verdichtern mit Trockenlauf-Kolbenringen werden 3,5 m/s nicht überschritten, Labyrinthkolbenverdichter liegen mit 5 bis 6 m/s an der oberen Grenze. Die Drehzahl beträgt 300 bis 2000 min^{-1}, die Obergrenze wird durch die Ventildynamik bestimmt.

3.4.2 Schraubenverdichter

Schraubenverdichter haben von zwei Schraubenläufern gebildete, sich in axialer Richtung verringernde Arbeitsräume. Mit sich kontinuierlich verkleinernden Zahnlückenräumen arbeiten sie nach dem Verdrängerprinzip. Der Verschleiß der Rotoren ist unbedeutend, freie Massenkräfte treten nicht auf. Sie sind unempfindlich gegen kleinere Mengen mitgeführter Flüssigkeit (hängt vom Kompressionsverhältnis ab). Die Wirkungsgrade sind in erster Linie eine Funktion der Spaltweiten; je größer die Spalte, desto geringer der Wirkungsgrad und umgekehrt. Große Fortschritte in den Fertigungsverfahren haben für eine weite Verbreitung dieses Verdichtertyps gesorgt (Hartmetallwerkzeuge, Wälzfräsen, Profilschleifen).

Einsatzgebiete. Die Förderströme liegen zwischen 0,5 und 1200 m^3/min. Mit maximal 4 Stufen werden Gegendrücke bis zu 40 bar erzeugt.

3

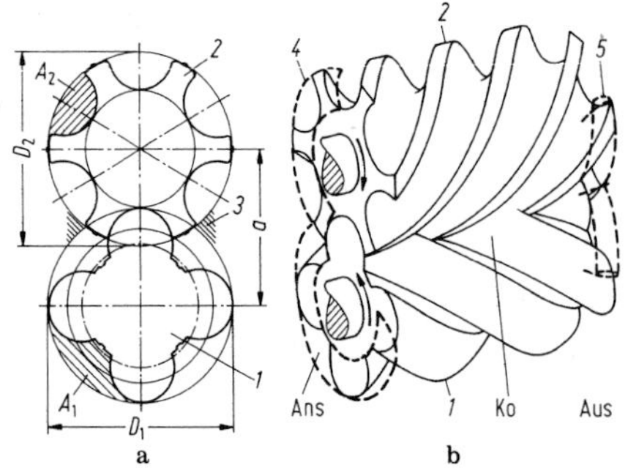

Abb. 3.21 Läuferpaar eines Schraubenverdichters. **a** Stirnschnitt; **b** perspektivische Ansicht

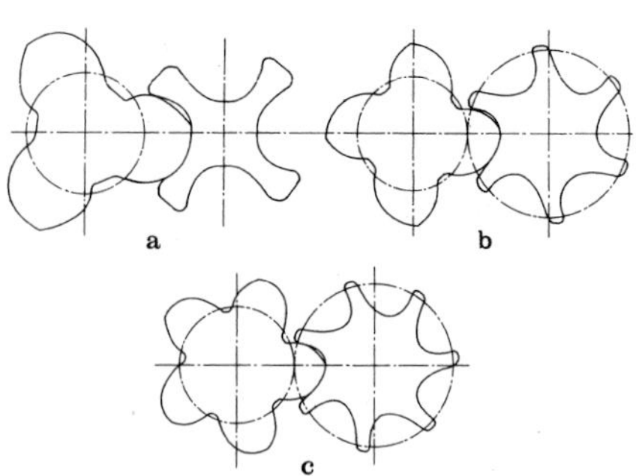

Abb. 3.22 Asymmetrische Schraubenverdichter-Profile (Aerzener, Aerzen). **a** 3 + 4 Profil; **b** 4 + 6 Profil; **c** 5 + 7 Profil

Die max. Druckverhältnisse pro Stufe betragen $\psi = 4$ bis 5 für Trockenläufer und $\psi = 20$ bis 22 für Öleinspritzkühlung. Bei Luft- und Gasförderung im Trockenlauf darf die Verdichtungsendtemperatur 250 °C nicht überschreiten, damit die thermische Ausdehnung von Rotoren und Gehäuse die Betriebssicherheit nicht gefährdet. Die Durchmesser liegen im Bereich von 40 bis 1000 mm bei Rotorumfangsgeschwindigkeiten von 15 bis 150 m/s, was Rotordrehzahlen von 2500 bis 25 000 min^{-1} entspricht.

Arbeitsweise. Der Haupt- und Nebenläufer (Abb. 3.21) (Position und Index 1 und 2 und Achsabstand a) drehen sich im Gehäuse 3. Die mit der Einlassöffnung 4 korrespondierenden Zahnlücken zwischen Gehäuse und den Läufern füllen sich über die ganze axiale Länge. Bei der Verdichtung verringert sich das Volumen zweier korrespondierender Zahnlücken (Stirnquerschnitte A_1 und A_2) durch axiale Verschiebung des Zahneingriffs in Richtung Auslass 5, der Druck steigt an. Ein- und Auslass sind durch das Gehäuse in Umfangsrichtung und stirnseitig während der Verdichtung verschlossen. Bei Erreichung des vorgesehenen Druckverhältnisses wird die Auslassöffnung 5 durch das Profil aufgesteuert. Weicht das vorgesehene Druckverhältnis vom äußeren Druckverhältnis ab, kommt es zu Über- oder Unterverdichtung (Abb. 3.17).

Volumina. Mit den Zahnquerschnitten A_{1s} und A_{2s} im Stirnquerschnitt, der Läuferlänge L, λ_{nu} = Nutzliefergrad, C = Korrekturfaktor, z_1 = Zähnezahl des Hauptläufers, n = Drehzahl beträgt der Förderstrom $\dot{V}_f$

$$\dot{V}_f = \lambda_{nu}\, C(A_{1s} + A_{2s})\, L\, z_1\, n\ . \qquad (3.31)$$

Der Faktor C ist das Verhältnis von Zahnlückenvolumen bei Verdichtungsbeginn zum maximalen Zahnlückenvolumen der Läufer. Er ist bei einem Verschraubungswinkel von 280° nahezu 1 und fällt dann ab. Der Nutzliefergrad λ_{nu} = 0,7 bis 0,95 fällt mit zunehmendem Druckverhältnis ab und verbessert sich mit zunehmender Drehzahl.

Profile. Zum Einsatz kommen asymmetrische Profile mit unterschiedlichen Zähnezahlen (Abb. 3.22).

Kleine Zähnezahlen erhöhen den Förderstrom, große Zähnezahlen die Biegesteifigkeit und damit die Druckbelastbarkeit. Der Hauptrotor liegt in Abb. 3.22 jeweils links und dreht im Uhrzeigersinn. Der untere Rotorenbereich ist die Saugzone, der obere bildet die Verdichtungs- oder Druckzone.

Die 3 + 4 Profilzähnekombination (Abb. 3.22a) ist geeignet für Druckdifferenzen bis 3 bar, optimal ist der Bereich 1 bis 2 bar. Die 4 + 6 Profilzähnekombination ist geeignet für Druckdifferenzen bis 12 bar, optimal ist der Bereich 3 bis 6 bar. Die 5 + 7 Profilzähnekombination ist geeignet für Drücke bis 15 bar und höher, optimal ist der Bereich 5 bis 10 bar.

Anhaltswerte. Die heute meist asymmetrische Profilform wird mit Verwindungswinkeln zwischen 280 und 330° ausgeführt. Das Verhältnis von Profillänge zu Profildurchmesser L/D liegt zwischen 1 und 2,5. Je höher die Arbeitsdruckdifferenz, desto geringer ist L/D, um die Läuferdurchbiegung zu beherrschen. Für Trockenläufer liegt das Verhältnis von Zylinderspalt zu Läuferdurchmesser bei ca. 0,0006; für Nassläufer (Öl) liegt es bei 0,0003 bis 0,0004. Ein Verschweißen (Fressen) der Rotoren muss durch entsprechende Spaltabmessungen vermieden werden.

3.4.3 Rotationsverdichter

Rotationsverdichter, auch Vielzellenverdichter genannt, bestehen aus einem exzentrisch gelagerten Rotor mit Schlitzführungen, in denen Lamellen gleiten, die sich am Gehäuse abstützen. Voreilende und nacheilende Lamelle bilden jeweils eine Zelle, deren Volumen sich zwischen Es und Aö verkleinert (Abb. 3.23).

Die nacheilende Lamelle schließt den Einlass bei Es, die voreilende Lamelle öffnet den Auslass bei Aö. Die Lamellen können im Rotor radial angeordnet oder im Drehsinne angestellt sein, gekennzeichnet durch die Schieberrichtungskonstante x (Abb. 3.23). Drehschieber-Vakuumpumpen mit zwei Lamellen besitzen ein ölüberlagertes Auslassventil, um die erforderliche innere Verdichtung bei kleiner Lamellenzahl zu ermöglichen.

Die Exzentrizität e wird durch die dimensionslose relative Exzentrizität ε ausgedrückt:

$$\varepsilon = e/R = 2\,e/D\,. \qquad (3.32)$$

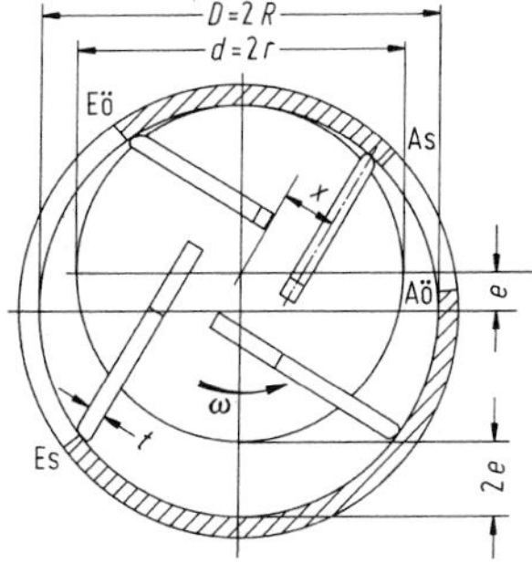

Abb. 3.23 Aufbau und Hauptabmessungen von Rotationsverdichtern (Drehschieber-Vakuumpumpen)

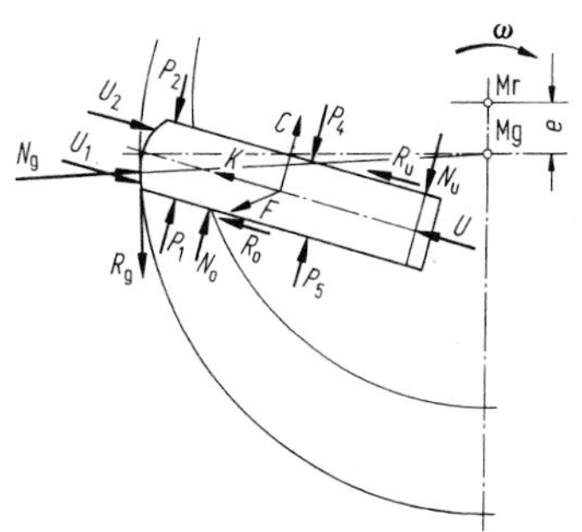

Abb. 3.24 Kräfte an der Lamelle eines Rotationsverdichters

Mit z = Lamellenzahl, L = axiale Rotorlänge, t = Lamellendicke wird der Volumenstrom $\dot{V}_\mathrm{f}$

$$\dot{V}_\mathrm{f} = (\pi\,D - z\,t)\,\varepsilon\,D\,L\,n\,\lambda_\mathrm{nu}\,. \qquad (3.33)$$

Anhaltswerte. Umfangsgeschwindigkeit v_u = 6 bis 24 m/s; Nutzliefergrad $\lambda_\mathrm{nu} = 0{,}8 \ldots 0{,}9$; $L/D = 1 \ldots 3$; $\varepsilon = 0{,}08 \ldots 0{,}2$; $z = 2 \ldots 8$ (max 20).

An der Lamelle eines Rotationsverdichters greifen Massenkräfte (F, K, C), Druckkräfte (P, U), Normalkräfte (N_o, N_u, N_G) und Reibkräfte (R_o, R_u, R_G) an (Abb. 3.24). Maßgebend für die Lamellenbeanspruchung ist die Druckdifferenz aus vor- und nacheilendem Zellendruck zum Zeitpunkt des Öffnens der Zelle zum Druckkanal hin.

Angestellte Lamellen ($x > 0$) ermöglichen eine größere Führung der Lamelle im Schlitz und setzen dadurch Reibkräfte und Biegebeanspruchung der Lamelle herab. Exzentrizität und Bauraumausnutzung können damit erhöht werden [12].

3.4.4 Flüssigkeitsringverdichter

Flüssigkeitsringverdichter werden auch Wasserringpumpen genannt, da in den meisten Fällen Wasser als Betriebsmittel zur Bildung des Arbeitsraumes verwendet wird. Aus verfahrenstechnischen Gründen kann jedoch Wasser nicht immer eingesetzt werden, es werden dann andere Flüssigkeiten verwendet, wie Öle, Alkohole, Gly-

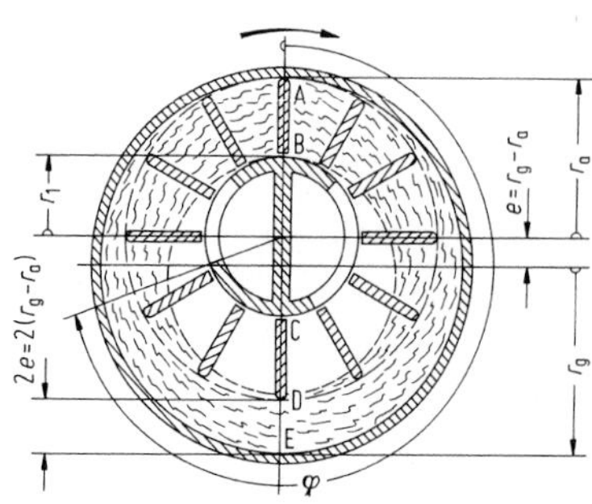

Abb. 3.25 Hauptabmessungen eines Flüssigkeitsringverdichters

kol, Schwefelsäure. In der Vakuumtechnik wird die Bezeichnung „Flüssigkeitsringvakuumpumpe" verwendet.

Abb. 3.25 zeigt Aufbau und Hauptabmessungen eines Flüssigkeitsringverdichters. Radiale oder im Drehsinn angestellte Schaufeln tauchen in den Flüssigkeitsring ein (A–B; D–E). Zwischen Innenseite des Flüssigkeitsringes und Nabe (C–D) wird ein Gasvolumen gekapselt, das aus dem Saugkanal angesaugt, verdichtet und in den Druckkanal ausgeschoben wird.

Der Volumenstrom $\dot{V}_{\text{fa}}$ beträgt mit $L =$ axiale Länge des Rotors, $\lambda_{\text{nu}} =$ Nutzliefergrad, $n =$ Drehzahl

$$\dot{V}_{\text{fa}} = \lambda_{\text{nu}}\, 4\, e\, L\, r_{\text{a}}\, n\,. \tag{3.34}$$

Anhaltswerte. Umfangsgeschwindigkeit $v_{\text{u}} =$ 14 bis 20 m/s; $\lambda_{\text{nu}} = 0{,}5$ bis 0,9; $L/r_{\text{a}} = 1{,}2$ bis 2,4; $e/r_{\text{a}} = 0{,}12$ bis 0,15.

Betriebsverhalten. Flüssigkeitsringverdichter benötigen eine mit dem Druckverhältnis und dem Ansaugdruck zunehmende Mindestumfangsgeschwindigkeit; bei Unterschreitung erfolgt Schaumbildung und Abfall des Nutzliefergrades. Das erreichbare Endvakuum ist durch den Dampfdruck der Betriebsflüssigkeit begrenzt, jedoch erweiterbar durch vorgeschaltete Vakuumpumpen (Gasstrahler). Die Betriebsflüssigkeit wird im Umlauf ausgeschieden, gekühlt und rückgeführt. Eine besondere Eignung besteht für die Verdichtung von zündfähigen Gasen und Dämpfen, von verunreinigten Gasen und von Gasen, die zur Polymerisation neigen [16, 17].

3.4.5 Roots-Gebläse

Roots-Gebläse arbeiten mit zwei- oder mit dreiflügeligen Rotoren, die außerhalb des Arbeitsraumes durch Zahnräder gekoppelt sind. Die Förderung erfolgt ohne innere Verdichtung. Der Druckanstieg erfolgt durch Rückströmen des Fördermediums in den Arbeitsraum über Spalte (Eintrittsspalt, Umfangsspalt, Seitenspalt) bzw. über die sich öffnende Auslasssteuerkante. Die dadurch verursachten Druckschwankungen führen zu einem Schalldruckpegel bis 170 dB, dessen Maximum bei der Förderfrequenz liegt, d. h. dem vierfachen der Drehfrequenz bei zweiflügeligen und dem sechsfachen bei dreiflügeligen Rotoren entsprechend der Zahl der Ausschubvorgänge pro Umdrehung [9, 18].

Beim dreiflügeligen Rootsgebläse nach Abb. 3.26 wird durch einen Vorauslasskanal konstanter Breite eine Reduktion des Schalldruckpegels um 30 dB bei Förderfrequenz erzielt [18], verursacht durch Interferenz von Druckpulsationen am Vorauslass und am Eingriffsspalt der Profile. Dies ist nur beim dreiflügeligen Rootsgebläse möglich, wo der Winkel zwischen Ein- und Auslass um 60° größer sein kann als der Winkel zwischen den Rotorflügeln, ohne dass die Kanalbreite am Auslass zu stark verengt wird.

Die Rotorprofile werden als Kreisbogen-Punktprofile nach dem Verzahnungsgesetz ausgeführt (s. Abschn. 2.4) oder als Kreisbogen-Evolventenprofile [9, 19] oder als Epizykloidenprofil [20].

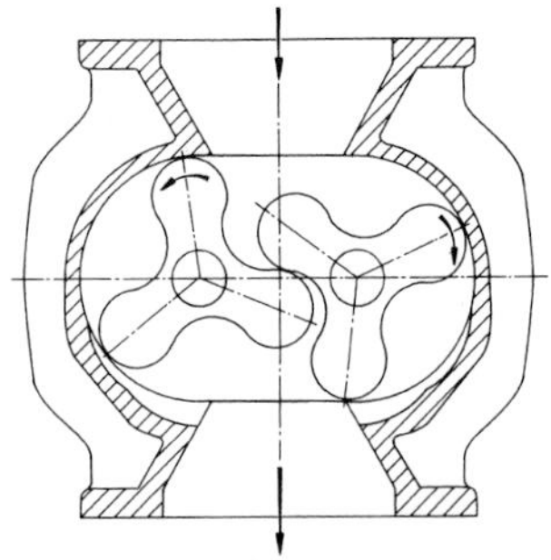

Abb. 3.26 Dreiflügeliges Rootsgebläse mit auslassseitigen Steuerkanälen (Aerzener, Aerzen)

Anhaltswerte. $L/D = 1$ bis 3; Zähnezahlen $z_1 = z_2 = 2$ oder 3; Umfangsgeschwindigkeit $u = 20$ bis $50\,\mathrm{m/s}$; Nutzliefergrad $\lambda_{\mathrm{nu}} = 0{,}75$ bis 0,95; Achsabstand $A = 0{,}625\,D$, wenn Welle und Rotor einteilig; $A = 0{,}66$ bis $0{,}68\,D$, wenn Welle und Rotor zweiteilig.

3.5 Ein- und Auslasssteuerung

Steuerungen schließen den Arbeitsraum bei der Verdichtung mit der Rückexpansion ab und verbinden ihn beim Ansaugen mit dem Saugstutzen und beim Fördern mit dem Druckstutzen. Steuerpunkte sind hierbei das Öffnen und Schließen Eö und Es des Einlasses und Aö und As des Auslasses. Die Steuerung erfolgt über druckgesteuerte, selbsttätige Ventile oder über Wegsteuerung. Druckgesteuerte Ventile werden überwiegend bei Hubkolbenverdichtern und bei Membranverdichtern eingesetzt, Wegsteuerung überwiegend bei rotierenden Verdrängerverdichtern.

Selbsttätige Ventile werden wie Rückschlagventile von den Druckdifferenzen an der Ventilplatte betätigt und passen die Steuerpunkte selbsttätig den Drücken an. Von mechanischen Antrieben unabhängig, stellen sie die übliche Steuerung für Hubkolbenverdichter dar und sind bis zu Drehzahlen von $3000\,\mathrm{min}^{-1}$ und Temperaturen bis 250 °C einsetzbar.

Wegsteuerungen steuern den Arbeitsraum bei einem festen Drehwinkel und passen sich daher nicht selbsttätig an das äußere Druckverhältnis an. Weggesteuerte Verdichter besitzen ein eingebautes inneres Druckverhältnis. Ist dieses dem äußeren Druckverhältnis nicht angepasst, entsteht Überverdichtung oder Unterverdichtung bei allen Verdichtern mit innerer Verdichtung (Abb. 3.17). Die Steuerkanten sind in der Regel fest im Gehäuse eingebaut und werden vom Verdränger gesteuert. Schiebersteuerungen werden nicht mehr verwendet.

3.5.1 Aufbau selbsttätiger Ventile

Abb. 3.27 zeigt den Aufbau eines Einzelringventils. Die Ventilplatte besteht aus drei Einzelringen (*3*) aus Kunststoff, die befedert sind (*2*) und auf

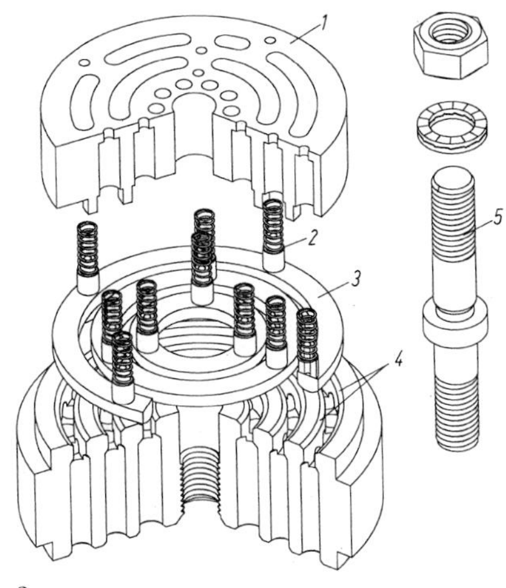

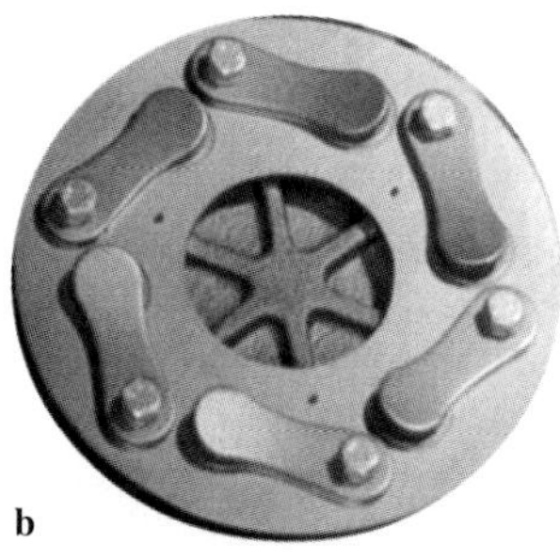

Abb. 3.27 Einzelringventil (Borsig, Berlin). *1* Hubfänger, *2* Ventilfeder, *3* Einzelring, *4* Ventilsitz, *5* Verschraubung. **b** Zungenventil (HOERBIGER, Wien)

Ventilsitzen mit kegelförmigen Dichtflächen abdichten. Der Ventilhub wird durch den Hubfänger (*1*) begrenzt, Ventilsitz und Hubfänger werden verschraubt (*5*). Der Sitzwinkel beträgt 36°; daneben gibt es ebene Ringplattenventile mit einem Sitzwinkel von 0°. Bei den Ringplattenventilen sind die Ringe durch Stege verbunden, die Ventilplatte besteht aus Stahl oder Kunststoff.

Ventile mit kegelförmigen Dichtflächen haben einen kleineren Druckverlust als Ringplattenventile, da die Strömung weniger umgelenkt wird und der angeströmte Ventilring eine gerundete Form erhält. Es werden hochtemperaturbeständige Kunststoffe aus Polyether-Ether-Keton (PEEK) mit einer Dauergebrauchstemperatur bis 250 °C verwendet. Kunststoffventilplatten sind im Vergleich zu Stahl schmutzunempfindlicher.

Andere Ventilbauformen, wie Zungenventile (Lamellenventile), kommen z. B. in Klimakompressoren zum Einsatz (Abb. 3.27b).

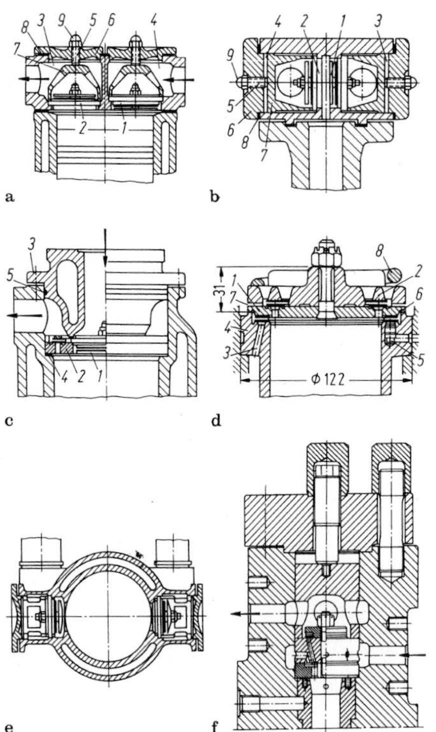

Abb. 3.28 Ventileinbau. **a** Einzelventile, parallel zur Zylinderachse; **b** dgl. senkrecht dazu; **c** konzentrische Ventile; **d** Kältemaschinenventile; **e** Ventileinbau am Zylinderumfang; **f** Druckventil etagenförmig über dem Saugventil angeordnet

3.5.2 Ventileinbau

Der Ventileinbau bestimmt neben der Kühlung und der Kolbenform die Konstruktion der Zylinder. Bei kleineren Maschinen (Abb. 3.28a–d) und bei Hochdruckmaschinen (Abb. 3.28f) erfolgt der Ventileinbau in den Deckel, bei Kreuzkopfmaschinen auch in den Zylinder (Abb. 3.28e).

Beim Einbau in den Deckel bestehen folgende Möglichkeiten:

Einzelventile (Abb. 3.28a,b). Hier können die Mittellinien der Ventile parallel, senkrecht und schräg zu den Zylindermittellinien gelegt werden. Die Ventile werden mit einer Schraube (*5*) im Deckel (*6*) über die Glocke (*7*) auf ihren Sitz gedrückt. Der Deckel (*6*) dichtet mit der Weichdichtung (*8*) ab und ist mit dem Zylinderdeckel verschraubt. Würde das Ventil direkt vom Deckel auf den Sitz gedrückt, wäre eine Doppelpassung entstanden. Der Ausbau der Ventile ist ohne Abnahme von Rohrleitungen möglich.

Konzentrische Ventile (Abb. 3.28c). Die Ventilachse fällt mit der Zylinderachse zusammen, die Einbaufläche entspricht der Kolbenfläche oder ist etwas größer. Saugventil (*1*) und Druckventil (*2*) sind in einer Baugruppe zusammengefasst. Saug- und Druckraum werden durch einen plastisch verformbaren Aluminiumring abgedichtet, gegen den der mit einer Ringschneide versehene Deckel mit der Verschraubung (*3*) verschraubt wird.

Kälteverdichterventile (Abb. 3.28d). Bei diesem konzentrischen Ventil ist das Saugventil außen, das Druckventil innen angeordnet. Am Flansch (*4*) des Zylinders sind 20 Zuflussbohrungen (*3*) angeordnet, außerdem vier Kolben (*5*) zum Offenhalten der Saugventile bei der Regelung. Der Sitz (*6*) des Druckventils (*2*), zugleich Hubfänger des Saugventils (*1*), besitzt Ölabflussnuten (*7*) und wird auf den Bund (*4*) mit der Feder (*8*) gedrückt. Hierdurch kann sich bei einem Flüssigkeitsschlag das gesamte Ventil abheben und den Ausflussquerschnitt wesentlich vergrößern. Dadurch werden schwere Beschädigungen der Maschine vermieden.

Etagenförmiger Einbau (Abb. 3.28f). In den Hochdruckstufen wird der Kolbenquerschnitt immer kleiner, sodass kein Platz mehr für nebeneinander eingebaute Ventile besteht. Das Druckventil wird dann etagenförmig über dem Saugventil angeordnet. Etagenventile gibt es auch bei Niederdruckstufen, um große Strömungsquerschnitte unterbringen zu können, dort sind Saug- und Druckventile getrennt angeordnet und Einzelringe des Ventils befinden sich etagenförmig übereinander.

Ventileinbau im Zylindermantel (Abb. 3.28e). Bei Kreuzkopfmaschinen verdichtet auch die Zylinderunterseite. Da für Kolbenstangen und Kolbenstangendichtungen Platz benötigt wird, werden die Ventile oft seitlich im Zylindermantel angeordnet. Zwischen Ventil und Zylinderraum befindet sich ein ovaler Durchbruch und ein kegelartiger Übergang zum runden Ventil, das Ventilnest. Dieser Durchbruch wird von den Kolbenringen nicht erreicht. Das Ventilnest verursacht einen zusätzlichen Druckverlust.

3.5.3 Ventilauslegung

Ventilbauart, Ventilhub und Strömungsquerschnitt werden bei der Ventilauslegung zunächst festgelegt. Der erforderliche Strömungsquerschnitt kann auch auf mehrere Saug- und Druckventile aufgeteilt werden.

Der maximal zulässige Ventilhub nimmt mit zunehmender Drehzahl und zunehmendem Druck ab. Erfahrungsgemäß beträgt der maximal zulässige Ventilhub H (mm) von Ringplattenventilen aus Stahl (p (bar) = Druck am Ventil; n (min^{-1}) = Drehzahl) [21]

$$\lg H = 0{,}92 - 0{,}1851 \lg p - (0{,}66 - 0{,}0478 \lg p) \lg(n/100). \quad (3.35)$$

Der Ventilhub wird durch den Hubfänger begrenzt und beträgt 0,5 bis 3 mm. Möglich sind auch fängerlose Ventile [6].

Die Begrenzung des Druckverlustes erfordert einen ausreichenden Strömungsquerschnitt im Hubspalt des Ventils. Maßgebend ist die gleichwertige Düse (Effektivquerschnitt) Φ_H des offenen Ventils (H = max. Ventilhub; α_H = Durchflusszahl; l_{sp} = Spaltumfang aller Ventilringe)

$$\Phi_H = \alpha_H H l_{sp} . \quad (3.36)$$

Abb. 3.29 zeigt die Durchflusszahl als Funktion des Hubspaltflächenverhältnisses 2 H/b. Die Sitzspaltbreite b wird größer ausgeführt als der Ventilhub H.

Die Durchflusszahl ist auch abhängig von der Einbauumgebung des Ventils. Abb. 3.30 liegt ein Ventileinbau mit Nest entsprechend Abb. 3.28e zugrunde. Beziehen sich die Durchflusszahlen auf Ventile ohne Nest, muss der einbaubedingte zusätzliche Druckverlust berücksichtigt werden [22, 23].

Der erforderliche Spaltumfang l_{sp} des Ventils ergibt sich näherungsweise aus der Forderung nach Begrenzung des mittleren relativen Druckverlustes δ (Abb. 3.16), aus dem Bezugsdruck p, dem Kolbenquerschnitt A_K, der mittleren Kolbengeschwindigkeit v_{KM}, der Dichte ϱ des Gases und der Expansionsziffer ε (Kontinuitätsgleichung)

$$l_{sp} = A_K v_{KM} / \left(H \alpha_H \varepsilon \sqrt{2 p \delta / \varrho} \right) . \quad (3.37)$$

Die Expansionsziffer ε berücksichtigt den Einfluss der Kompressibilität des Gases. Sie ist eine Funktion des relativen Druckverlustes δ und des Isentropenexponenten $\varkappa$. Näherungsweise ist [6]:

$$\varepsilon = 1 - \delta(0{,}5 - 0{,}972(\varkappa - 1)/\varkappa) . \quad (3.38)$$

Die Befederung des Ventils bestimmt das dynamische Verhalten der Ventilplatte. Diese flattert, wenn die Strömungskraft auf die Ventilplatte stets kleiner ist als die maximale Federkraft, d. h. die Federn zu stark ausgelegt sind. Dieser Fall tritt bei der Drehzahlregelung ein (Abb. 3.31). Bei zu schwacher Befederung löst sich die Ventilplatte zu spät vom Hubfänger und trifft verspätet nach Totpunkt und mit zu hoher Geschwindigkeit am Ventilsitz auf. Der Schließwinkel soll 20 ... 40 °KW betragen, damit liegt der Schließbeginn für ein deckelseitiges Druckventil bei 320 bis 340 °KW, für ein deckelseitiges Saugventil bei 140 bis 160 °KW.

Die Strömungskraft F_{str} auf die Ventilplatte wird mit dem experimentell ermittelten Kraftbeiwert ψ (Abb. 3.32) bestimmt, (A_{pl} =

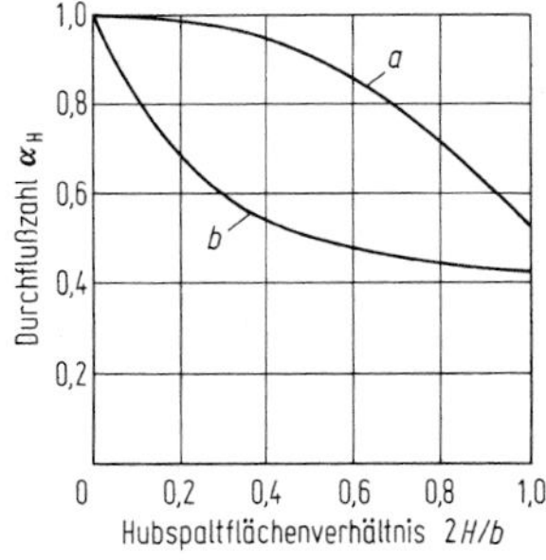

Abb. 3.29 Durchflusszahl als Funktion des Hubspaltflächenverhältnisses. a Einzelringventil mit Kegelsitz; b Ringplattenventil mit ebenem Sitz

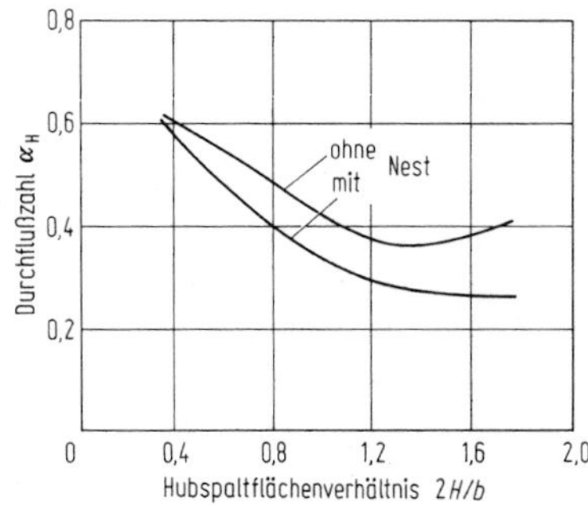

Abb. 3.30 Durchflusszahl für ein Ringplattenventil mit und ohne Nest

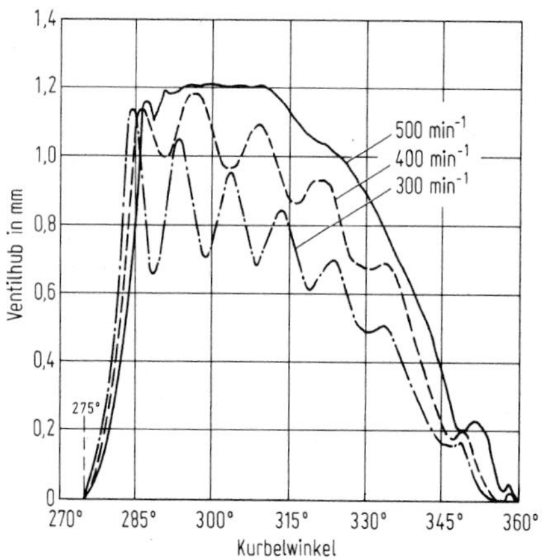

Abb. 3.31 Berechnete Ventilhubverläufe für ein Ringplatten-Druckventil

angeströmte Ventilplattenfläche; δ = relativer Druckverlust = $\Delta\, p/p$)

$$F_{\text{str}} = \psi\, A_{\text{pl}}\, \delta\, p\,. \qquad (3.39)$$

Der relative Druckverlust δ am Ventil wird durch die Frenkel-Dolleschal'sche Differentialgleichung beschrieben, für deren Lösung eine Stammgleichung entwickelt wurde [24]. Abb. 3.33 zeigt den relativen Druckverlust δ für ein Druckventil als Funktion des Kurbelwinkels und der Machzahl Ma. Mit A_{K} = Kolbenfläche, r = Kurbelradius, ω = Winkelgeschwindigkeit, T = Gastemperatur, z = Zahl gleicher Ventile je Zylinderseite, κ = Isentropenexponent, A_{H} = Hubspaltquerschnitt des Ventils, α_{H} = Durchflusszahl des Ventils, R = Gaskonstante wird die Machzahl Ma:

$$Ma = 2\,A_{\text{K}}\,r\,\omega/\left(\pi\,\alpha_{\text{H}}\,A_{\text{H}}\,z\,\sqrt{\kappa\,RT}\right)\,. \qquad (3.40)$$

Sie kennzeichnet das mittlere Niveau der Strömungsgeschwindigkeit in der gleichwertigen Düse des Ventils bezogen auf die Schallgeschwindigkeit. Die Machzahl für Ventile beträgt 0,1 bis 0,3.

Die maximale Federkraft ergibt sich aus der Strömungskraft bei Schließbeginn (Gl. (3.39), Abb. 3.32 und 3.33) unter Berücksichtigung der Gewichtskraft der Ventilplatte.

Das dynamische Bewegungsverhalten des Ventils wird über die Bewegungsdifferentialgleichung der Ventilplatte berechnet (Gl. (2.40)). Die instationäre Ventiltheorie [6] berücksichtigt zusätzlich drei instationäre Effekte auf die Ventilbewegung: den Gasträgheitseffekt, den Gas-

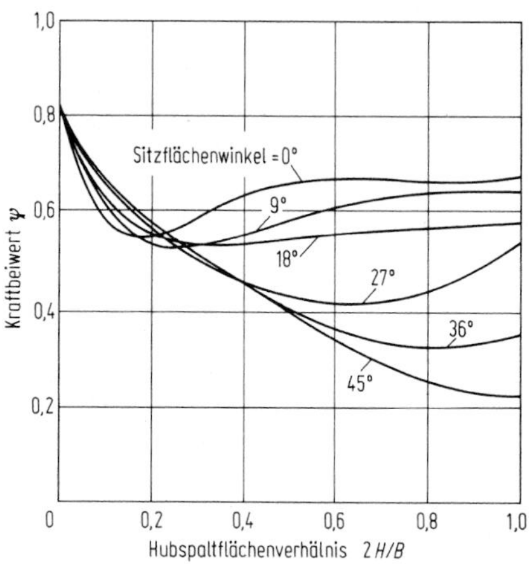

Abb. 3.32 Kraftbeiwert für Ventile mit geradem Sitz und mit Kegelsitz

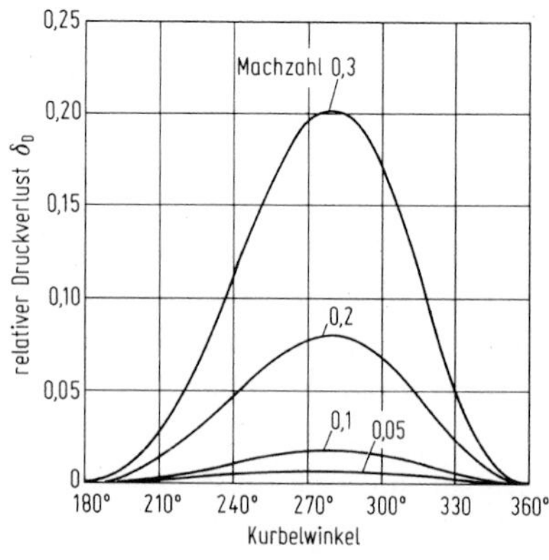

Abb. 3.33 Relativer Druckverlust für ein Druckventil als Funktion des Kurbelwinkels und der Machzahl

federeffekt und den Arbeitsaustauscheffekt. Der Gasträgheitseffekt erfasst den Einfluss der Beschleunigung des Gases im Ventilkanal auf die Strömungsgeschwindigkeit im Hubspalt und auf die Strömungskraft; der Gasfedereffekt die „Kolbenwirkung" der Ventilplatte in Bezug auf Kompression und Expansion des Gases in den Räumen vor und nach dem Ventil; der Arbeitsaustauscheffekt den instationären Arbeitsaustausch zwischen Strömung und Ventilplatte.

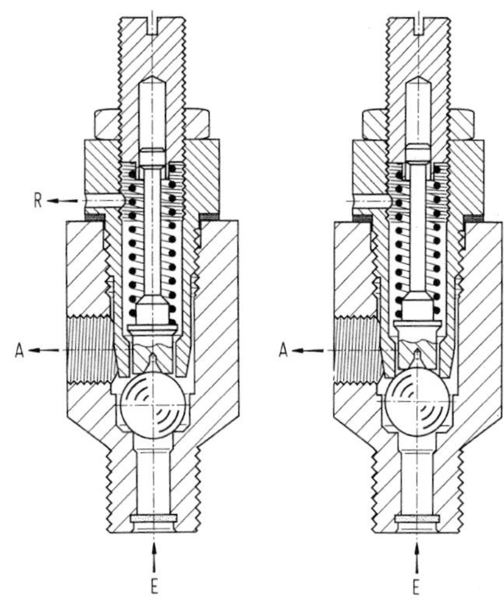

Abb. 3.34 Aussetzregler (Hoerbiger, Wien)

3.6 Regelung und Betriebsverhalten

3.6.1 Regelung

Zweck der Regelung von Verdichteranlagen ist es, die Fördermenge dem Bedarf anzupassen, den Enddruck auf einem vorgegebenen Wert zu halten und die Einsparung von Antriebsenergie. Regelgröße ist der Druck nach dem Kompressor, aber auch die Durchflußmenge oder Temperaturen bei Kälteanlagen und Wärmepumpen.

Bei Verdichtern werden häufig pneumatische Regler mit und ohne Instrumentenluft als Hilfsenergie eingesetzt [25, 26]. Aussetzregler (Abb. 3.34) sind direkt wirkende pneumatische Zweipunktregler ohne Instrumentenluft als Hilfsenergie. Aussetzregler werden zur Leerlaufregelung eines Kompressors in Abhängigkeit vom Enddruck verwendet. Überschreitet der zu regelnde Druck den eingestellten oberen Schaltpunkt, so wird der Eingang E mit dem Ausgang A verbunden (Abb. 3.34, links). Gleichzeitig wird die Entlüftung R verschlossen. Unterschreitet der zu regelnde Druck den unteren Schaltpunkt, so wird der Eingang E (unten) verschlossen und der Ausgang A (seitlich) über eine Entlüftungsbohrung R entlüftet. Beide Schaltvorgänge werden durch eine schlagartige Bewegung der Kugel 9 bewirkt.

Sind Eingang E und Ausgang A verbunden, wird über den Behälterdruck ein Stellglied pneumatisch betätigt, das den Verdichter auf Leerlauf schaltet.

Verdichterregelungen werden nach den Stelleingriffen benannt, die auf den Antrieb (Drehzahlregelung, Aussetzregelung), auf die Anlage (Bypassregelung, Saugdrosselregelung) oder auf den Verdichter selbst einwirken können.

Die wichtigsten Verdichterregelungen sind:

Drehzahlregelung. Mit Drehzahlregelung lässt sich die Fördermenge im Bereich von 100 bis 50 % stufenlos regeln. Die Regelung ist energiesparend, da bei konstantem Moment die Leistung mit der Drehzahl abnimmt, zusätzlich auch die Strömungsdruckverluste reduziert werden. Bei Hubkolbenverdichtern nimmt der Ungleichförmigkeitsgrad mit sinkender Drehzahl zu, außerdem können kritische Drehzahlen für Torsionsschwingungen der Kurbelwelle und für Gassäulenschwingungen durchlaufen werden. Die Drehzahlregelung wird auch bei Schraubenverdichtern eingesetzt. Bei trockenlaufenden Schraubenverdichtern erwärmt die Spaltrückströmung des verdichteten Gases das angesaugte Gas, sodass mit abnehmender Drehzahl die Verdichtungsendtemperatur ansteigt.

Aussetzregelung. Durch Stillsetzen des Verdichters wird der Förderstrom von 0 bis 100 % intermittierend geregelt. Es entsteht jedoch bei großer Schalthäufigkeit ein zusätzlicher Energieaufwand für das Anfahren des Verdichters. Durch die Wahl großer Druckbehälter lässt sich die Schalthäufigkeit herabsetzen.

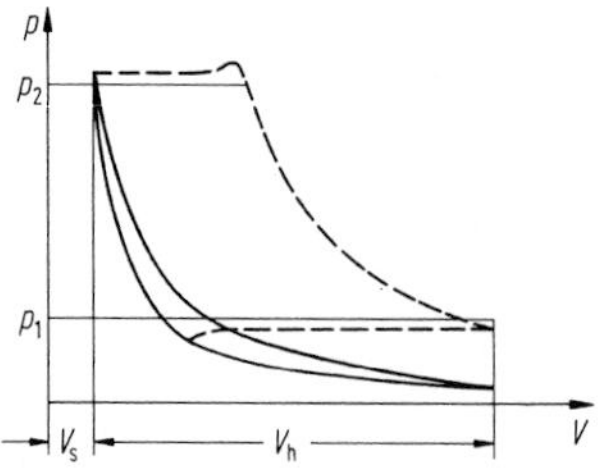

Abb. 3.35 p, V-Diagramm für Saugdrosselregelung

Bypassregelung. Die Bypassregelung über alle Stufen des Verdichters verbindet die Druckleitung mit der Saugleitung der 1. Stufe. Das Gas muss gekühlt zurückströmen. Bei der Bypassregelung über alle Stufen besteht keine Energieeinsparung, die Fördermenge lässt sich von 100 bis 0 % verstellen. Eine Bypassregelung hinter der 1. Stufe regelt die Menge von 100 bis 50 %, wobei sich aber die Zwischendrücke der nachfolgenden Stufen verschieben und sich das Druckverhältnis der letzten Stufe erhöht.

Saugdrosselregelung. Die Saugdrosselregelung arbeitet stufenlos und energiesparend. Durch Drosseln der Saugleitung wird die Dichte des angesaugten Gases vermindert.

Das p, V-Diagramm für Saugdrosselregelung (Abb. 3.35) zeigt, dass das Druckverhältnis und damit auch die Verdichtungsendtemperatur bei Saugdrosselregelung zunimmt. Bei öleinspritzgekühlten Schraubenverdichtern wird jedoch auch bei großen Druckverhältnissen der Temperaturanstieg durch Innenkühlung gebremst und die Saugdrosselregelung wird dort häufig eingesetzt. Bei Hubkolbenverdichtern für Luft kann zur Begrenzung des Temperaturanstiegs und des Druckverhältnisses bei Saugdrosselregelung die Druckleitung entlastet werden.

Zuschaltraumregelung. Bei der Zuschaltraumregelung wird der Schadraum des Verdichters über ein pneumatisch betätigtes Ventil mit einem Zuschaltraum verbunden. Verdichtungs- und Expansionslinie verlaufen dadurch flacher, das indizierte Volumen verkleinert sich entsprechend der Größe des Zuschaltraumes (Abb. 3.36).

Je größer der Zuschaltraum, desto flacher verlaufen Verdichtungs- und Expansionslinie und

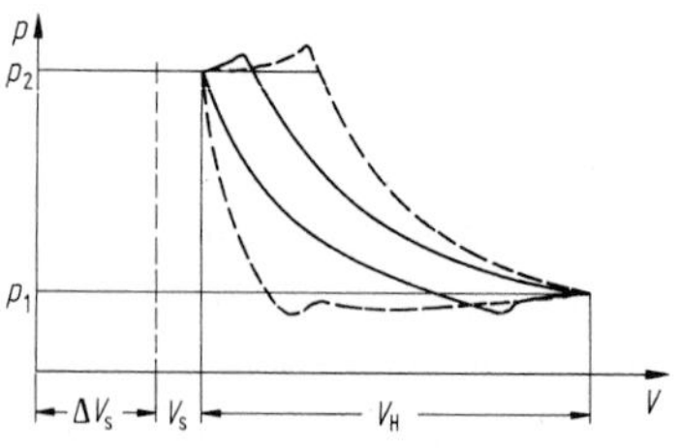

Abb. 3.36 p, V-Diagramm für Zuschaltraumregelung

um so stärker reduziert sich der Füllungsgrad. Abb. 3.42 zeigt die Anordnung eines Zuschaltraumes im Zylinderdeckel. Das Ventil zwischen Zuschaltraum und Zylinder wird pneumatisch betätigt. Durch Anordnung mehrerer Zuschalträume ist eine stufenweise Regelung der Fördermenge möglich. Eine stufenlose Zuschaltraumregelung kann durch einen Verstellkolben erreicht werden, der das Volumen des Zuschaltraumes stufenlos verändert. Die Zuschaltraumregelung wird nur bei großen Hubkolbenverdichtern angewendet. Der Verstellbereich für den Volumenstrom reicht bis 50 %, die indizierte Verdichtungsarbeit reduziert sich entsprechend der verminderten Fläche des p, V-Diagramms (Abb. 3.36).

Regelung durch Saugventil-Abhebung. Diese erfolgt stufenlos als *Staudruckregelung* oder stufenweise als *Greiferregelung*.

Bei der Staudruckregelung (Abb. 3.37) wird die Saugventilplatte durch den Greifer (*5*) über Greiferarme (*6*) vom Ventilsitz abgehoben. Die Betätigung des Greifers erfolgt pneumatisch über die Steuerluft (*1*), die Membrane (*2*) und die Feder (*4*). Die Betätigungsstange ist mit einem Metallfaltenbalg abgedichtet. Eine Entlüftungsleitung befindet sich unterhalb der Membran; Rückführleitungen werden im Falle eines Bruchs der Metallfaltenbalgdichtung wirksam. Neben pneumatischen gibt es auch hydraulische Betätigungen des Greifers.

Kehrt der Kolben nach Beendigung des Ansaugvorganges um, wird das angesaugte Gas in die Saugleitung zurückgeschoben; dabei wächst mit zunehmender Kolbengeschwindigkeit die an der Saugventilplatte in Schließrichtung wirkende Strömungskraft. Wird die Federkraft der Feder (*4*) durch die Strömungskraft kompensiert, schließt das Saugventil und die Verdichtung des Restgases im Zylinder beginnt. Der Volumenstrom wird in einem Bereich von 100 bis 50 % stufenlos geregelt, da die Feder (*4*) unterschiedlich stark vorgespannt werden kann. Außerdem kann auf Leerlauf eingestellt werden, wenn die Federkraft im ganzen Hubbereich über der Strömungskraft liegt.

Das p, V-Diagramm bei Staudruckregelung (Abb. 3.38) zeigt die Energieersparnis als Differenzfläche zwischen geregeltem und ungeregeltem Diagramm.

Die *Leerlaufregelung* mit Saugventilabhebung arbeitet mit einem starren, unbefederten Greifer. Die Saugventilplatte bleibt im ganzen Arbeitszyklus abgehoben.

Das p, V-Diagramm (Abb. 3.39) zeigt, dass im Leerlauf nur die Strömungsdruckverluste des Saugventils aufzubringen sind. Bei Saugventilabhebung wird die auf den Greiferarmen abgestützte Saugventilplatte stärker beansprucht als im Normalbetrieb.

Bei der *Loch- oder Schieberregelung* wird der Beginn der Verdichtung (Einlass schließt) durch einen Schieber oder ein ventilbetätigtes Loch im Zylinder verschoben. Das Gas strömt im Teillastbereich zunächst durch die aufgesteuerte Öffnung in den Saugkanal zurück, ehe die Verdichtung beginnt. Die Loch- oder Schieberregelung wird bei Rotationsverdichtern und bei Schraubenverdichtern angewandt, seltener bei Hubkolbenverdichtern.

Bei öleinspritzgekühlten Schraubenverdichtern kann ein Teil des Gehäuses als verstellbarer Schieber ausgebildet werden. Es entsteht eine Rückströmöffnung, über deren Größe der Verdichtungsbeginn und damit der Volumenstrom stufenlos geregelt wird (Abb. 3.40). Der Regelbereich liegt zwischen 100 und 10 % der Fördermenge. Diese Regelung arbeitet energiesparender als die Saugdrosselregelung. Abb. 3.49 zeigt eine konstruktive Ausführung der Schieberregelung.

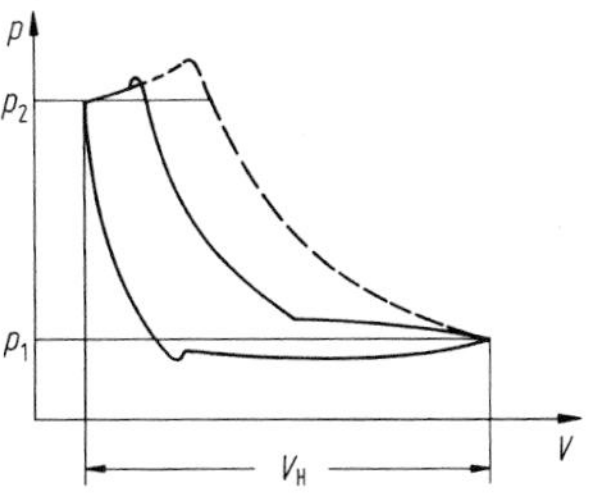

Abb. 3.38 p, V-Diagramm bei Staudruckregelung

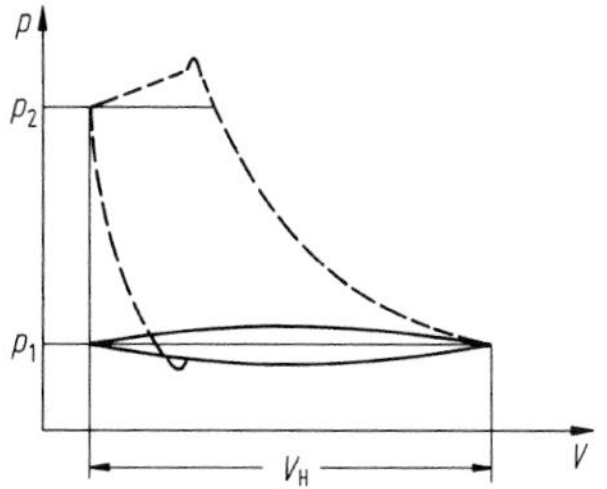

Abb. 3.39 p, V-Diagramm für Leerlaufregelung mit Saugventilabhebung

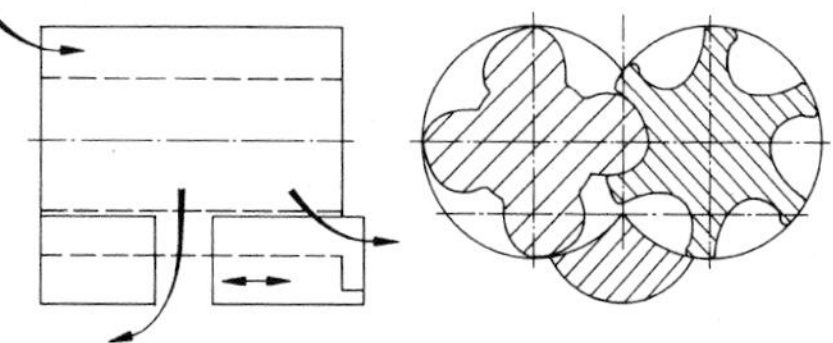

Abb. 3.40 Schieberregelung eines Schraubenverdichters

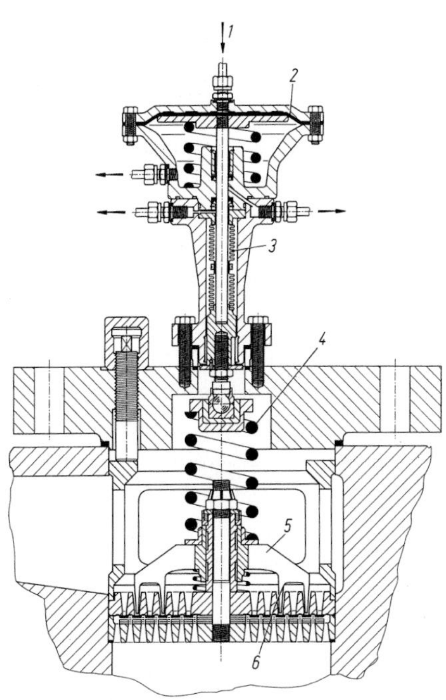

Abb. 3.37 Staudruck-Regelung (Hoerbiger, Wien)

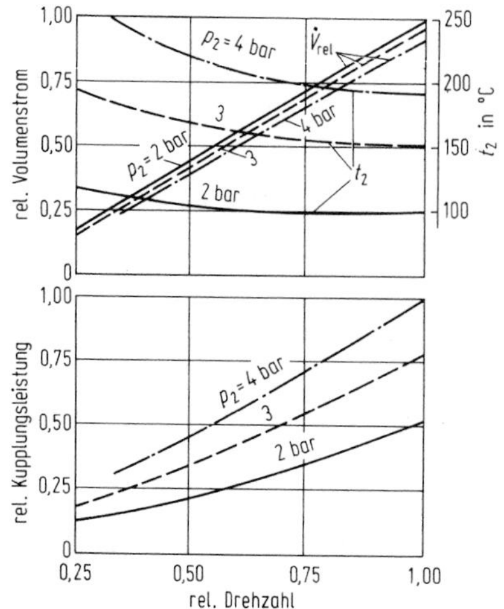

Abb. 3.41 Kennfeld eines trockenlaufenden Schraubenverdichters (Aerzener, Aerzen)

3.6.2 Betriebsverhalten

Verdrängerkompressoren zeigen folgendes Betriebsverhalten:

Zunahme des Druckverhältnisses bei konstanter Drehzahl. Der Volumenstrom fällt nur wenig ab (steile Kennlinie), Leistungsaufnahme und Verdichtungsendtemperatur steigen an. Die Verdichtungsendtemperatur begrenzt das maximale Stufendruckverhältnis; darüber hinaus wird eine höhere Stufenzahl und Zwischenkühlung erforderlich.

Zunahme der Drehzahl bei konstantem Druckverhältnis. Volumenstrom und Leistungsaufnahme verhalten sich näherungsweise proportional der Drehzahl, das Drehmoment steigt nur gering an.

Bei trockenlaufenden Schraubenverdichtern (Abb. 3.41) steigt die Verdichtungsendtemperatur mit abnehmender Drehzahl an. Grund sind die inneren Leckverluste durch Spaltrückströmung verdichteter Gase. Bei Hubkolbenverdichtern sinkt die Verdichtungsendtemperatur mit abnehmender Drehzahl.

3.7 Bauformen und Baugruppen

3.7.1 Hubkolbenverdichter

Abb. 3.42 zeigt die liegende Zylindereinheit eines Prozessgasverdichters. Der Antrieb erfolgt über ein Boxertriebwerk oder über ein Doppel-Boxertriebwerk (Abb. 3.20a). Die Zylinder sind wassergekühlt und werden in Abhängigkeit vom Betriebsdruck und vom Durchmesser aus folgenden Werkstoffen hergestellt:

- bis 50 bar = Grauguss GG 25;
- bis 100 bar = Sphäroguss GGG 40.4 oder GGG 50;
- bis 220 bar = Stahlguss GS-C 25 oder GS-C 35;
- bis 1000 bar = Schmiedestahl Ck 35.

Die Zylinderbuchse wird eingeschrumpft. Die Stutzen sind vertikal angeordnet. Der Druckstutzen liegt unten, um Flüssigkeitsansammlungen zu vermeiden. Der Kolben (*3*) ist geschweißt und gleitet auf Tragsätteln (*4*) auf der Zylinderbuchse. Tragsattel und Kolbenringe bestehen aus Kunststoff (PTFE- oder PEEK-Compound). Der Zylinder ist mit einer Zuschaltraumregelung (*6*) und einer Staudruckregelung (*7*, *8*) ausgerüstet. Die Staudruckregelung entspricht Abb. 3.37. Das Kolbenstangenende (*1*) ist mit einem Dehnschaft zur Aufnahme der Kreuzkopfkupplung (Abb. 3.43) versehen. Der Kolbenhub beträgt 320 mm, der Kolbendurchmesser 385 mm, das Hubspiel (Sicherheitsabstand zum Zylinderdeckel) 4,5 mm.

Der Kreuzkopf (Abb. 3.43) besitzt einstellbare Gleitschuhe mit einer Lauffläche aus Weißmetall. Das Schmieröl wird über Axial- und Umfangsnuten verteilt, in die Keilflächen zum Aufbau eines hydrodynamischen Schmierfilms eingearbeitet sind. Das Schmieröl wird über den Kreuzkopfbolzen und das Pleuel an das Kurbelzapfen-

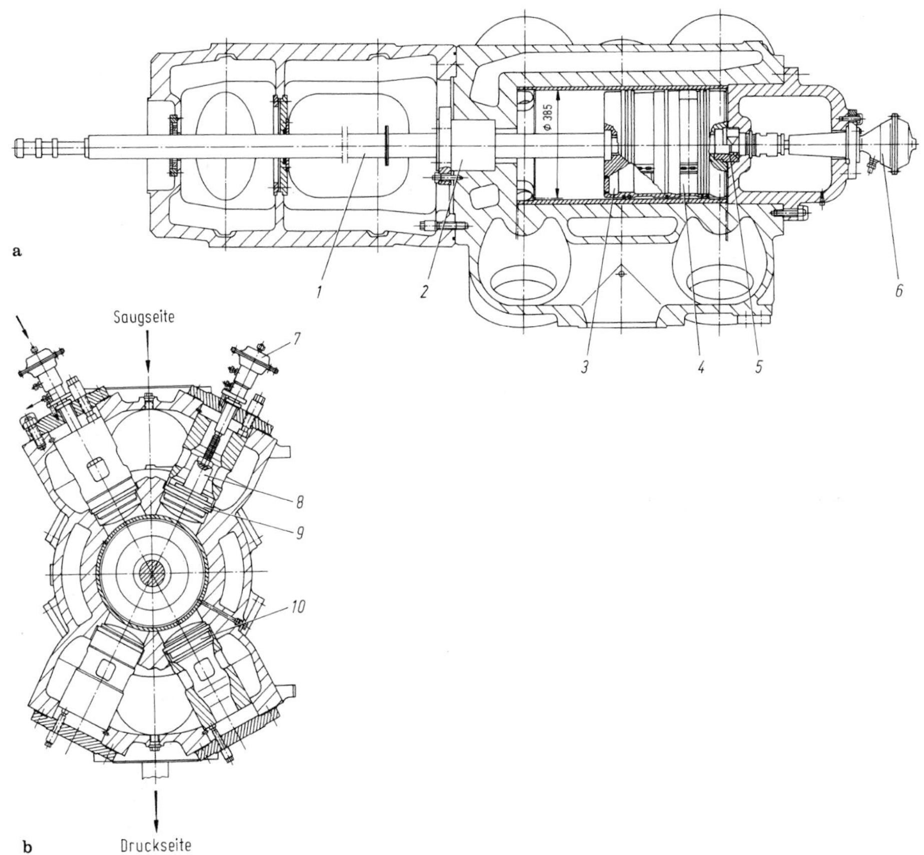

Abb. 3.42 Liegende Zylindereinheit eines Prozessgasverdichters (Borsig, Berlin). **a** Längsschnitt; **b** Querschnitt durch die Ventilgruppe. *1* Kolbenstange, *2* Kolbenstangendichtung, *3* Kolben, *4* Tragsattel, *5* Kolbenstangenmutter, *6* Membranabhebung für Zuschaltraumventil, *7* Membranabhebung für Staudruckregelung, *8* Greifer, *9* Saugventil, *10* Druckventil

lager weitergeleitet. Das Kolbenstangenende (*1*) ist als Dehnschaft gestaltet und wird hydraulisch vorgespannt. Bei der Montage wird über den Nippel (*6*) Drucköl zur Lippendichtung (*7*) geführt und der Ring (*2*) mit Mutter (*3*) unter Längung des Dehnschaftes nach rechts bewegt. Das linke Ende des Dehnschaftes stützt sich über Halbringe (*5*) und Schraubring (*4*) am Kreuzkopf ab. Wird nun die Mutter (*3*) nachgestellt, bleibt die Vorspannung auch ohne Öldruck erhalten.

Den Aufbau der Kolbenstangendichtung zeigt Abb. 3.44. Die Dichtelemente (*10*) befinden sich in Kammerringen (*2*), die mit O-Ringen (*5*) abgedichtet sind. Das Dichtelement (*10*) ist geschlitzt und wird mit einem Federring verspannt. Der Schlitz wird mit einem Stützring abgedichtet. Vom Gasdruck wird das Dichtelement gegen die Kolbenstange und gegen den Stützring gedrückt, dieser gegen die Flanke des Kammerrings (*2*). Das durchtretende Leckgas wird abgesaugt (*9*), zusätzlich wird mit Überdruck und einem neutralen Gas gesperrt (*7*), sodass der Austritt gefährlicher Prozessgase wirksam verhindert wird.

Höchstdruck-Kolbenverdichter (Abb. 3.45) werden bei der Erzeugung von Hochdruck-Polyäthylen mit Drücken bis 3500 bar eingesetzt [27]. Der Kolben (Plunger) besteht aus Hartmetall und wird mit metallischen, geteilten Dicht- und Deckringen abgedichtet, die in geschrumpften Kammerringen angeordnet sind. Am antriebsseitigen Ende des Plungers befindet sich eine Niederdruckpackung für Leckgasabsaugung, Spülung und Kühlung. Saug- und Druckventile sind hintereinander in einem vom Zylinder getrennten

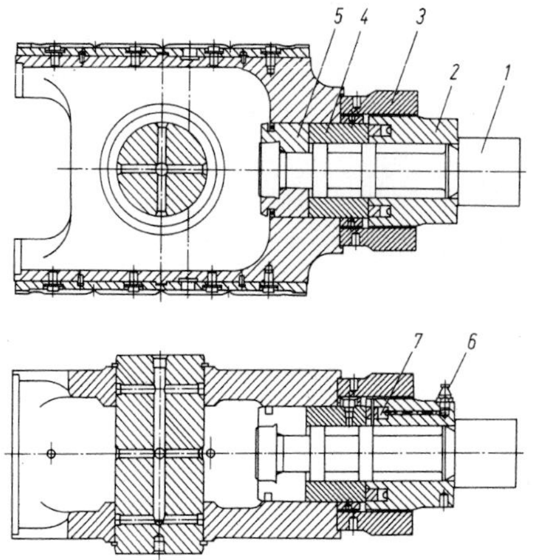

Abb. 3.43 Kreuzkopf und Kreuzkopfkupplung (Borsig, Berlin)

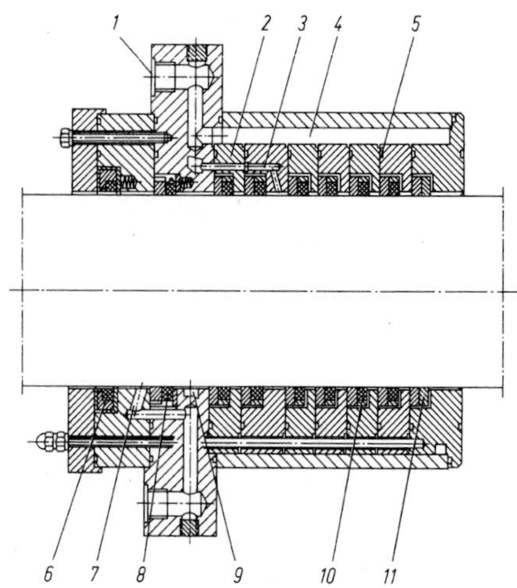

Abb. 3.44 Kolbenstangendichtung (Borsig, Berlin). *1* Anschluss für Kühlung, *2* Kammerring, *3* Schmierung, *4* Kühlraum, *5* O-Ring, *6* Sperrgas-Dichtelement, *7* Sperrgaskammer, *8* Leckgas-Dichtelement, *9* Leckgaskammer, *10* Dichtelemente, *11* Drosselelemente

Zylinderkopf angeordnet. Zur Erhöhung der Belastbarkeit durch den schwellenden Innendruck sind Zylinder, Kammerringe und Zylinderkopf geschrumpft.

3.7.2 Membranverdichter

Membranverdichter (Abb. 3.46) verdichten ölfrei bis 4000 bar. Die Stahlmembran ist zwischen Lochplatte und Membrandeckel eingespannt und wird durch pulsierenden Hydraulikdruck betätigt, der vom Hydraulikkolben erzeugt wird. Durch eine Kompensationspumpe werden die Leckverluste des Hydraulikkolbens ausgeglichen, sodass die Membrane wechselseitig am Membrandeckel bzw. an der Lochplatte zur Anlage kommt. Durch eine Ölkühlschlange wird das Hydrauliköl gekühlt. Wegen der großen wärmetauschenden Oberfläche der Membran und des kleinen Schadraums sind hohe Stufendruckverhältnisse von 10 (max. 20) möglich. Die Membran ist dreilagig aufgebaut, sodass bei Bruch einer Membranlage der Membranbruch angezeigt werden kann und Öl und Gas sich nicht vermischen.

3.7.3 Schraubenverdichter

Beim öleinspritzgekühlten Schraubenverdichter mit Schieberregelung (Abb. 3.47) erfolgt die Volumenstromregelung stufenlos zwischen 10 und 100 % durch eingebauten Steuerschieber, der nach dem Prinzip von Abb. 3.40 arbeitet. Das eingespritzte Öl führt die Verdichtungswärme ab, dichtet und schmiert. Die Rückkühlung des Öls erfolgt über wassergekühlte Ölkühler. Die Förderung erfolgt von oben nach unten. Die Axialkraft auf den Rotor wird von zwei Schrägkugellagern in Tandemanordnung aufgenommen. Bei öleinspritzgekühlten Schraubenverdichtern treibt der Hauptrotor den Nebenrotor im Schraubeneingriff an, ein Koppelgetriebe entfällt.

Zweistufige trockenlaufende Schraubenverdichter (Abb. 3.49) verdichten bis 10,5 bar. Der Antrieb des Hauptläufers erfolgt in jeder Stufe über ein ins Schnelle übersetzendes Stirnradgetriebe. Haupt- und Nebenläufer sind durch ein Koppelgetriebe verbunden und arbeiten im Schraubeneingriff berührungsfrei. Die Abdichtung des Wellendurchtritts in den Förderraum erfolgt durch dreifache Kohle-Labyrinthdichtungen und zwei Kammerringe mit neutralem Raum zur Atmosphäre. Die Rotoren sind wälzgelagert (Zylinderrollenlager, Schrägkugellager). Die Getriebestufen sind schrägverzahnt und mit Zylinderrollenlagern, Nadellagern und Vierpunktlagern gelagert. Für Zwischen- und Nachkühler dient Wasser oder Luft als Kühlmedium; das Schmier-

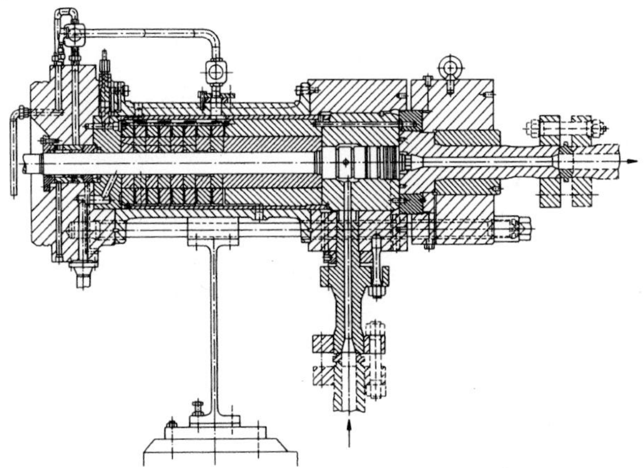

Abb. 3.45 Liegende Zylindereinheit eines Höchstdruck-Kolbenverdichters (Sulzer Burkhardt, Winterthur)

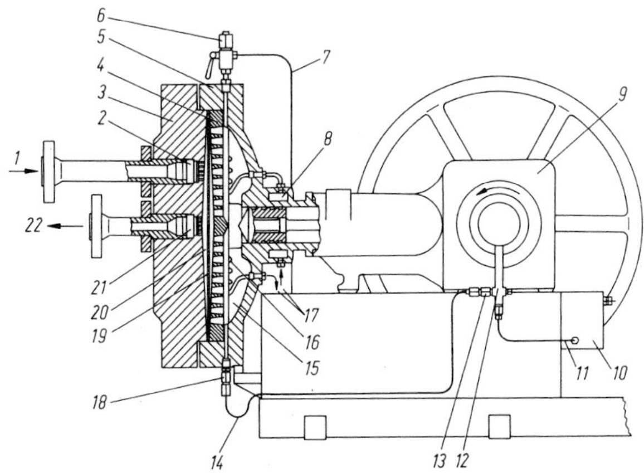

Abb. 3.46 Membranverdichter (Hofer, Mülheim). *1* Gasaustritt, *2* Saugventil, *3* Membrandeckel, *4* Lochplatte, *5* Flansch, *6* Ölüberströmventil, *7* Ölrücklauf, *8* Zylinderkühlung, *9* Kurbeltriebwerk, *10* Ölberuhigungsbehälter, *11* Ölansaugleitung, *12* Kompensationspumpe, *13* Rückschlagventil, *14* Öleinspritzung (Leckageausgleich), *15* Ölraum, *16* Ölkühlschlange, *17* Kühlwasserein-/austritt, *18* Rückschlagventil, *19* Membranen, *20* Gasraum, *21* Druckventil, *22* Gasaustritt

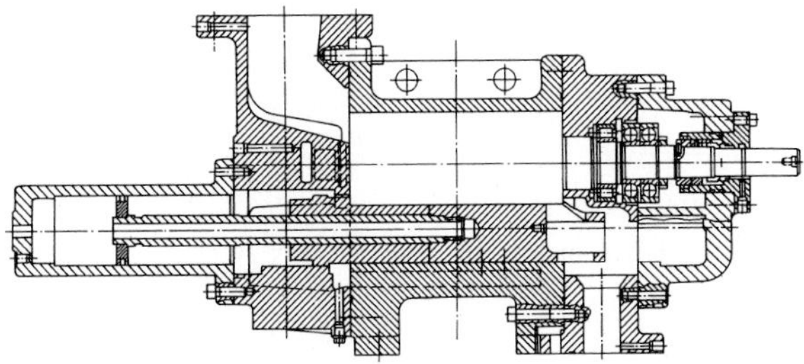

Abb. 3.47 Öleinspritzgekühlter Schraubenverdichter mit Schieberregelung (Aerzener, Aerzen)

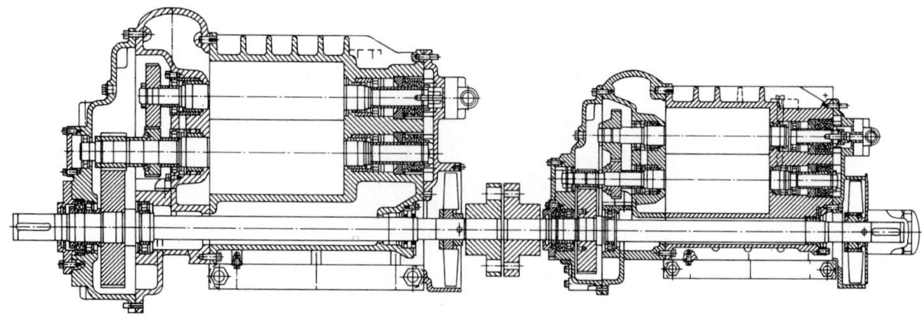

Abb. 3.48 Zweistufiger, trockenlaufender Schraubenverdichter (Aerzener, Aerzen)

öl wird mit Luft über Axiallüfter (Abb. 3.48) rückgekühlt. Die Kühlung der Verdichterzylinder erfolgt durch Umgebungsluft. Zur Volumenregelung werden die Bypassregelung, die Drehzahlregelung oder die Vollast-Leerlaufregelung mit Saugdrossel eingesetzt.

3.7.4 Rotationsverdichter

Der Rotationsverdichter ist wesentlich durch folgende Bauteile gekennzeichnet:

- Gehäuse als Fuß- oder Flanschversion,
- zwei Gehäusedeckel,
- Rotor mit ein- oder beidseitiger Lagerung,
- Rotorschieber aus Elektrographit, Kunststoff, Aluminium, Grauguss oder Stahl bei Laufringmaschinen,
- zwei Rotorlager in Form von Radialwälzlagern, selten auch Gleitlager,
- Wellenabdichtung als Gleitringdichtung oder Wellendichtring.

Als Antriebseinheit überwiegt der direkt gekuppelte Elektromotor.

Bezüglich Schmierung und Kühlung wird zwischen Trockenlauf und Frischölschmierung mit Oberflächenkühlung durch Luft oder Wasser sowie Öleinspritzung mit Innenkühlung unterschieden. Bei Verdichtern und Vakuumpumpen mit Öleinspritzung übernimmt das Öl die Funktionen Dichten, Schmieren und Kühlen. An den Gleitflächen der Rotorschieber tritt hydrodynamische Schmierung und damit verbundene Verschleißfreiheit auf. Die intensive Spaltabdichtung führt zu einem nahezu gleichbleibenden Nutzliefergrad im Drehzahlbereich von 50 bis 120 % der Nenndrehzahl. Ölumwälzung, Ölkühlung und Ölabscheidung wird durch eine entsprechende Peripherie sichergestellt (Abb. 3.49).

Im stationären Bereich fördern Aggregate mit Öleinspritzung technisch ölfreie Luft oder Gas einstufig bis zu einem Volumenstrom von 5000 m^3/h bei einer Antriebsleistung von 500 KW. Stufen mit Öleinspritzung verdichten bis 12 bar bei einer Endtemperatur von 75 bis 85 °C.

Trockenlaufende Rotationsverdichter werden für Volumenströme bis 600 m^3/h und Verdichtungsüberdrücke bis 2,5 bar ausgeführt. Die Rotorschieber bestehen aus Elektrographit. Abb. 3.50 zeigt einen luftgekühlten Trockenläufer für Fahrzeugeinbau.

Bei Rotationsverdichtern nach dem Laufringprinzip wird ein Teil des Gehäuses über zwei mitrotierende Laufringe dargestellt, deren Innendurchmesser geringfügig kleiner ist als der des Gehäuses. Die Rotorschieber stützen sich in radialer Richtung auf den Laufringen ab. Einstufig werden Endüberdrücke von 2,5 bis 3 bar, zweistufig von 8 bis 9 bar bei Stufenendtemperaturen von ca. 180 °C gefahren. Heutige Rotationsverdichter werden jedoch ohne Laufringe ausgeführt.

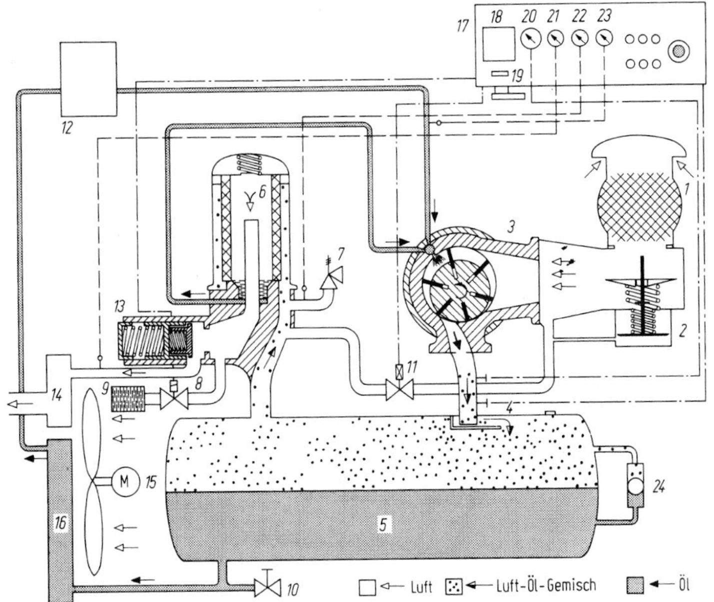

Abb. 3.49 Rotationsverdichter mit Öleinspritzkühlung (Mannesmann DEMAG Verdichter Wittig, Schopfheim). *1* Ansaugfilter, *2* Saugabsperr-Regelung, kombiniert mit Bypass-Regelventil *11*, *5* Ölvorrats- und Abscheidebehälter, *6* Entölelement, *7* Sicherheitsventil, *8* Entlastungsventil mit Entlastungs-Luftschalldämpfer *9*, *12* Ölfilter, *13* Mindestdruck- und Rückschlagventil, *14* Druckluftnachkühler, *16* Ölkühler, *17* Steuerschrank mit Überwachungsgeräten, *24* Ölstandsanzeige

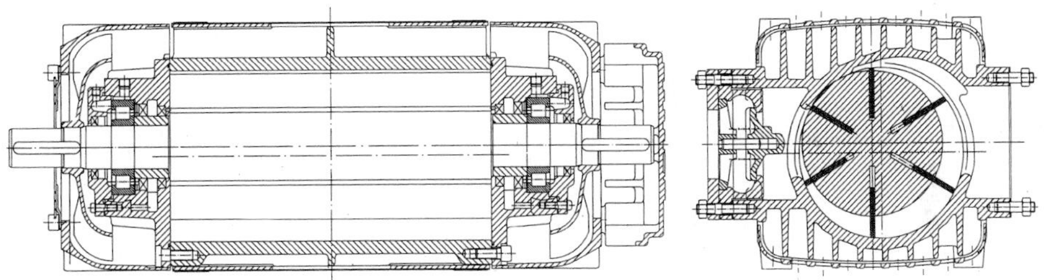

Abb. 3.50 Trockenlaufender Rotationsverdichter mit Luftkühlung für Fahrzeugeinbau (Mannesmann DEMAG Verdichter Wittig, Schopfheim)

Literatur

1. VDI 2045, Blatt 3. Abnahme und Leistungsversuche an Verdichtern-Teil III, Thermische Stoffwerte. Ausg. Mai (1967) und VDI 2045 Blatt 1 und 2, Ausg. August 1993
2. Baehr, H. D.: Der Isentropenexponent der Gase H_2, N_2, O_2, CH_4, CO_2, NH_3 und Luft für Drücke bis 300 bar. Brennstoff, Wärme, Kraft 65–68 (1967)
3. Unfallverhütungsvorschrift „Verdichter" (VBG 16). Unfallverhütungsvorschriften Ausg. 04/1987 bis 01/1997
4. Barthmann, L.: Beitrag zur Bestimmung der Leckverluste im Arbeitszylinder eines Kolbenkompressors. Dissertation TU Karlsruhe (1968)
5. Röttger, W.: Digitale Simulation von Kältekompressoren unter Verwendung realer Zustandsgleichungen. Dissertation TU Hannover (1975)
6. Böswirth, L.: Strömung und Ventilplattenbewegung in Kolbenverdichterventilen, 2. Aufl. Selbstverlag, Wien (1994)
7. Naujoks, R.: Zustandsänderungen in trockenlaufenden Schraubenmaschinen – Ein Vergleich von Rechnung und Experiment. Fortschr. Ber. VDI-Z Reihe 7, Nr. 69. Düsseldorf (1982)

8. Graunke, K.: Labyrinthspaltströmung eines Labyrinthkolben-Kompressors. Technische Rundschau Sulzer **5**, 16–20 (1984) und **1**, 30–33 (1985)
9. Graunke, K.: Untersuchungen über Gasschwingungen in einem Drehkolbenverdichter und dessen Druckleitung. Fortschr.-Ber. VDI-Z Reihe 7, Nr. 58. Düsseldorf (1981)
10. Machu, E.: A simplified theory on the influence of valve throttling on compressor efficiency and gas temperatures. Wien, Hoerbiger engineering report (56), Hoerbiger Ventilwerke
11. Machu, E.: How leakages in valves can influence the volumetric and isentropic efficiencies of reciprocating compressors. Wien 1990, Hoerbiger engineering report (54), Hoerbiger Ventilwerke
12. Feller, H. G., Hölz, H., Schriever, U.: Wartungsfreier Betrieb von Rotationsverdichtern und Druckluft-Lamellenmotoren. In: Tribologie Bd. 5, 395–531. Springer, Berlin (1983)
13. Soedel, W.: Introduction to computer simulation of positive displacement type compressors. Purdue University, Indiana, West Lafayette (1972)
14. Haehndel, H.: Welche Wirkungsgrade sind im Kolbenverdichter erreichbar? VDI-Z **26**, 1449–1553 (1956)
15. Scherff, R.: Ölfreie Drucklufterzeugung. Druckluft-Kommentare **2**, 8–10 (1996), Atlas Copco
16. Hetzel, H.: Auslegung einräumiger Wasserringpumpen durch Berechnen des theoretischen Förderstromes. Chemie-Ing.-Techn. **39**, 74–79 (1967)
17. Faragallah, W. H.: Ausführung und Anwendung von Flüssigkeitsring- und Gasring-Vakuumpumpen und -Verdichtern – ein Überblick. In: Handbuch Verdichter, hrsg. von G. Vetter. Vulkan Verlag, Essen (1990)
18. Nissen, H.: Pulsationsabbau beim Rootsverdichter durch konstruktive Maßnahmen. Konstruktion **47**, 43–46 (1995)
19. Kukla, F.: Entwicklung einer neuen Gebläsereihe. Technische Rundschau Sulzer **4**, 267–279 (1971)
20. Mack, K.: Untersuchungen zur Verbesserung des Wirkungsgrades und der Betriebssicherheit von Drehkolbengebläsen. Dissertation TU München (1978)
21. Kleinert, H. J.: Taschenbuch Maschinenbau, Bd. 5. VEB Verlag Technik, Berlin (1969)
22. Graunke, K., Ostermann, E.: Ventilverluste im Hubkolbenkompressor. Technische Rundschau Sulzer **68**, 37–40 (1986)
23. Bauer, F.: Strömungswiderstände von eingebauten Kolbenverdichter-Ventilen. Hoerbiger Ventilwerke AG, Wien (1988)
24. Hölz, H., Bleich, H. J.: Druckverlust und Bewegungsverhalten von Verdichterventilen. In: Handbuch Verdichter, hrsg. von G. Vetter. Vulkan Verlag, Essen (1990)
25. Ott, J.: Pneumatische Regelung von Kolbenverdichtern. Hoerbiger Ventilwerke AG, Wien (1973)
26. Ott, J.: Steuerung und Regelung von Kolbenverdichtern für Kältekreisläufe. Hoerbiger Ventilwerke AG, Schongau (1966)
27. Matile, C.: Industrie-Höchstdruck-Kolbenverdichter. Technische Rundschau Sulzer **2**, 97–104 (1971)

Weiterführende Literatur

Bouche, Ch., Wintterlin, K.: Kolbenverdichter. Springer, Berlin (1968)

DIN 1945 Teil 1. Verdrängerkompressoren. Ausg. Nov. (1980)

Groth, K.: Kompressoren. Vieweg, Braunschweig (1995)

Heinz, A.: Hubkolbenpumpen und -verdichter. Resch, München (1985)

Herz, R.: Grundlagen der Rohrleitungs- und Apparatetechnik, 4. Aufl., Vulkan Verlag, München (2014)

Kleinert, H.J.: Kolbenmaschinen, Strömungsmaschinen. Taschenbuch Maschinenbau, Bd. 5. VEB Verlag Technik, Berlin (1989)

Küttner, K.-H.: Kolbenverdichter. Springer, Berlin (1991)

Pohlenz, W.: Pumpen für Gase, 2. Aufl. VEB Verlag Technik, Berlin (1987)

Rinder, L.: Schraubenverdichter. Springer, Wien (1979)

Vetter, G.: Leckfreie Pumpen, Verdichter und Vakuumpumpen, Vulkan Verlag München 1998

Vetter, G. (Hrsg.): Verdichter: Handbuch. Vulkan, Essen (1990)

www.aerzener.com

www.alup.com

www.bauer-kompressoren.de

zm.borsig.de

www.hoerbiger.com

www.ina.de

4 Verbrennungsmotoren

Helmut Tschöke und Klaus Mollenhauer

4.1 Einteilung und Anwendung

Verbrennungsmotoren sind Kolbenmaschinen, die Wärme in mechanische Energie umwandeln. Dazu wird die durch Verbrennung als Wärme frei werdende chemische Energie eines Kraftstoffes einem in einem begrenzten Raum eingeschlossenen gasförmigen Arbeitsmedium zugeführt und in potentieller Form (Druck) ausgenutzt. Für den gasdichten, veränderlichen Arbeitsraum können Hubkolben- und Rotationskolbenmotoren (HKM bzw. RKM) verwendet werden.

Motoren mit innerer Verbrennung. Das Arbeitsmedium (Luft) ist zugleich der Sauerstoffträger und vor jedem Arbeitsspiel durch einen Ladungswechsel zu erneuern. Die Verbrennung erfolgt daher zyklisch, wobei je nach Verbrennungsverfahren zwischen Otto-, Diesel- und Hybridmotoren unterschieden wird. Für Motoren mit kontinuierlicher innerer Verbrennung existieren nur technische Konzepte [1].

Motoren mit äußerer Verbrennung. Die außerhalb des Arbeitsraumes durch kontinuierliche Verbrennung entstehende Wärme wird auf das Arbeitsmedium durch Wärmeaustausch übertragen. Damit ist ein Arbeitsprozess mit geschlossenem Kreislauf und beliebigem Arbeitsgas möglich, wobei mit der zulässigen Betriebstemperatur des Wärmeübertragers maximale Prozesstemperatur und Wirkungsgrad festliegen.

Wirtschaftliche Bedeutung. Hierzu konnten bisher nur Motoren mit innerer Verbrennung als Otto-, Diesel- und Gasmotoren gelangen: Neben stationärer Verwendung zur Stromerzeugung (Blockheizkraftwerk, Notstromaggregat) sowie in Land- und Baumaschinen, Förder- und Hebeanlagen vor allem beim Antrieb von Straßenfahrzeugen (Pkw, Nkw, Omnibus), Schienenfahrzeugen und Schiffen und nur noch in geringem Maße bei Flugzeugen.

Die Forderungen an einen Fahrzeugantrieb, wie günstiges Massenverhältnis von Antrieb zu Fahrzeug, geringer Raumbedarf, Wirtschaftlichkeit und gutes Betriebsverhalten, werden vom schnelllaufenden Otto- und Dieselmotor am ehesten erfüllt und führte dazu, dass in Europa die Kraftfahrzeugindustrie zur Schlüsselindustrie wurde. Umweltbelastende Abgasschadstoffe und Geräuschentwicklung beeinflussen heute und in Zukunft noch mehr die Entwicklungsziele für die Motoren, ebenso die begrenzten Energievorräte. Bei höchster Wirtschaftlichkeit und geringster Umweltbelastung muss der Motor bei möglichst hoher Leistungskonzentration auch alternative Kraftstoffe verbrennen können. Regenerative Biokraftstoffe (Bioalkohol, Pflanzenöle, Biodiesel, Biomasse-to-Liquid (BtL)) ent-

H. Tschöke (✉)
Otto-von-Guericke-Universität Magdeburg
Magdeburg, Deutschland
E-Mail: tschoeke@mb.uni-magdeburg.de

K. Mollenhauer
Technische Universität Berlin
Berlin, Deutschland
E-Mail: vkm@tu-berlin.de

B. Bender und D. Göhlich (Hrsg.), *Dubbel Taschenbuch für den Maschinenbau 3: Maschinen und Systeme*,
https://doi.org/10.1007/978-3-662-59715-6_4

lasten zwar die globale CO_2-Bilanz (Treibhauseffekt), jedoch stehen sie z. T. in direkter und indirekter Konkurrenz zur Nahrungsmittelherstellung oder sind nicht ausreichend verfügbar. Längerfristig werden dem Wasserstoff größere Chancen eingeräumt, vor allem in Brennstoffzellen („kalte Verbrennung"), vorausgesetzt, er kann ausreichend und kostengünstig regenerativ erzeugt werden, z. B. mittels elektrischer Energie aus der Windkraft oder Photovoltaik. Außerdem kann mittels Wasserstoff und CO_2 Methan oder flüssiger Kraftstoff hergestellt werden, sogenannte synthetische Kraftstoffe, hierzu laufen derzeit intensive Entwicklungsprojekte [43, 48].

4.2 Arbeitsverfahren und Arbeitsprozesse

In den folgenden Abschnitten werden Vorgänge bei Verbrennungsmotoren mit innerer Verbrennung behandelt.

4.2.1 Arbeitsverfahren

Unabhängig vom Verbrennungsverfahren wird zwischen Viertakt- und Zweitaktverfahren unterschieden. Beiden gemeinsam ist die in einem ersten Takt (Hub) ablaufende Verdichtung der Ladung (Luft- oder Kraftstoffdampf-Luftgemisch) durch Verringerung des Arbeitsraumes von $V_{max} = V_h + V_c$ auf $V_{min} = V_c$ (mit V_h Hubvolumen, V_c Kompressionsvolumen, s. Kap. 1) sowie die kurz vor Umkehr der Kolbenbewegung einsetzende Zündung, die Verbrennung mit einer Druckerhöhung bis auf maximalen Zylinderdruck p_{max} und Ausdehnung des Arbeitsgases im darauf folgenden Takt, bei der am Kolben Arbeit geleistet wird.

Viertaktverfahren (4-Takt). Es benötigt zwei weitere Takte, um das Verbrennungsgas durch Ausschieben aus dem Arbeitsraum zu entfernen und den Arbeitsraum mit frischer Ladung zu füllen.

Zweitaktverfahren (2-Takt). Hier erfolgt der Ladungswechsel im Bereich des unteren Totpunkts bei nur noch geringer Änderung des Arbeitsvolumens durch Ausspülen der Verbrennungsgase mit frischer Ladung, sodass für die Verdichtung und Ausdehnung nicht der volle Hub ausgenutzt wird (s. Abschn. 4.3.4). Aufgrund der Nachteile, wie erhöhte thermische Belastung, Schwierigkeiten bei Kolbenschmierung und Abgasemission, Wirkungsgradeinbuße durch Expansionsverlust sowie Überspülen bei äußerer Gemischbildung, wird das Zweitaktverfahren nur noch selten bei kleinen Fahrzeug-Ottomotoren (Moped, Kraftrad) oder zum Antrieb von Hilfsaggregaten sowie bei Großdieselmotoren für Schiffsantriebe angewendet, wo entweder der einfache kostengünstige Motoraufbau oder der bei wartungsgünstiger Gestaltung mögliche Schwerölbetrieb bei Niedrigstdrehzahlen von Vorteil sind (s. Kap. 5).

Arbeitsspielfrequenz. Sie lautet mit der Drehzahlfrequenz n und der sog. Taktzahl a

$$n_a = n/a \,. \tag{4.1}$$

Es ist $a = 2$ bzw. 1 für einfachwirkende Vier- bzw. Zweitakt-Hubkolbenmotoren, ferner ist $a = 3$ für Rotationskolbenmotoren, System Wankel. Damit entspricht die sogenannte Taktzahl einem Frequenzverhältnis.

4.2.2 Vergleichsprozesse

4.2.2.1 Wahl des Vergleichsprozesses

Die Zustandsänderungen des Arbeitsgases im Motor zeigt ein zu definierender Vergleichsprozess (VP), der je nach Anforderung zwischen einem theoretischen, idealisierten Kreisprozess der Thermodynamik und dem wirklichen Motorprozess liegt.

Mechanische Arbeit. Sie folgt für jeden Vergleichsprozess aus dem Energieumsatz nach dem ersten Hauptsatz der Thermodynamik

$$W = Q_{zu} - \sum Q_V = \int p \, dV \,. \tag{4.2}$$

Für gleiche zugeführte Wärme Q_{zu} ist die Arbeit W nur von den mit dem jeweiligen VP berücksichtigten Verlusten $\sum Q_V$ abhängig.

Energieumsetzungsverluste. Der theoretische Kreisprozess mit idealem Arbeitsgas berücksichtigt nur den thermodynamischen Verlust: $\sum Q_V = Q_{ab}$ und liefert den oberen Grenzwert W_{th},

$$W_{th} = Q_{zu} - Q_{ab} \,. \tag{4.3}$$

Um jedoch die Energieumsetzung im wirklichen Motor beurteilen zu können, sind auch die durch das reale Arbeitsgas (Druck- und Temperaturabhängigkeit der Wärmekapazität, Dissoziation) bedingten Verluste zu berücksichtigen. Die mittels Computer mögliche Berechnung des realen Arbeitsprozesses erlaubt, die im wirklichen Motor auftretenden Verluste relativ genau zu berechnen und die realen Zustandsänderungen zu erfassen.

Wärmezufuhr. Sie wird dem Prozess je Arbeitsspiel durch die Brennstoffmasse m_B mit dem (unteren) Heizwert H_i zugeführt

$$Q_{zu} = m_B H_i \,. \tag{4.4}$$

Das Arbeitsmedium umfasst neben m_B die Masse m_L an trockener Luft, m_D an Wasserdampf und den Restgasanteil m_R aus dem vorhergehenden Arbeitsspiel.

Gemischheizwert. Er ist bei Vernachlässigung von m_R (vollkommene Restgasausspülung) und m_D (Anteil $< 1\,\%$), also mit $m_z = m_L + m_B$

$$h_i = Q_{zu}/m_z = H_i/(1 + \lambda L_{min}) \,. \tag{4.5}$$

Er stellt die pro Masseneinheit des Arbeitsmediums zugeführte Wärme dar.

Luftverhältnis. Es ist das Massenverhältnis der trockenen Luft im Zylinder zu der bei stöchiometrischer Verbrennung erforderlichen Luft:

$$\lambda = m_L/(m_B L_{min}) \,. \tag{4.6}$$

Anhaltswerte. $H_i = 43\,000\,\text{kJ/kg}$ für Benzin und Dieselkraftstoff (Dk), $H_i = 40\,000\,\text{kJ/kg}$ für Schweröl. Minimaler Luftbedarf bei stöchiometrischer Verbrennung $L_{min} = 14{,}7$ kg Luft/kg Brst. (Benzin), 14,5 kg/kg (Dk) bzw. 13,9 kg/kg (Schweröl).

4.2.2.2 Vergleichsprozess mit idealem Arbeitsgas

Voraussetzungen. Unter Vernachlässigung des für eine innere Verbrennung erforderlichen Ladungswechsels gelten:

- gleiches Volumen und Verdichtungsverhältnis wie der wirkliche Motor bei hermetischer Abdichtung des Arbeitsraums (keine Leckverluste),
- vollkommene Füllung des Arbeitsraums mit idealem Arbeitsgas (Isentropenkoeffizient = const) vom Zustand vor Eintritt in den Motor,
- isentropische Verdichtung und Ausdehnung (wärmedichte Wandungen),
- Wärmezufuhr entsprechend der dem wirklichen Motor zugeführten Brennstoffmenge bei vollkommener und vollständiger Verbrennung,
- idealisierte Wärmezufuhr entsprechend einer zunächst isochoren Zustandsänderung bei $V_2 = V_c$ bis zu einem zulässigen (vorgegebenen) Höchstdruck p_{max} mit anschließender isobarer Zustandsänderung,
- isochore Wärmeabfuhr am Ende der Ausdehnung durch verlustlose Entspannung auf den Anfangsdruck.

Prozessdaten. Dieser als Seiliger- oder gemischter Prozess bezeichnete VP kommt dem Arbeitsprozess im Motor sehr nahe, der – gleichgültig ob Diesel- oder Ottomotor (auch hier erfolgt die Verbrennung nur mit endlicher Reaktionsgeschwindigkeit) – zwischen zwei Volumen- und Druckgrenzen abläuft, Abb. 4.1.

Es ergibt sich für ein Füllungsverhältnis $\varphi \to 1$ der Gleichraumprozess und für ein Druckverhältnis $\psi \to 1$ der Gleichdruckprozess.

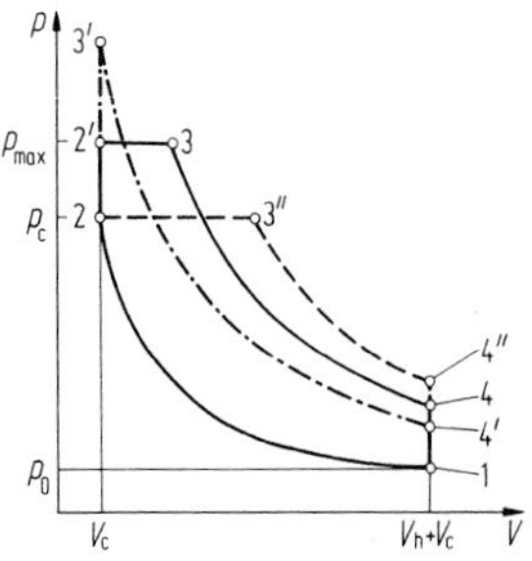

Abb. 4.1 Seiliger-Prozess (1–2–2′–3–4) und seine Grenzfälle im p, V-Diagramm

Füllungsverhältnis. Es folgt aus $\varphi = V_3/V_2$ zu

$$\varphi = 1 + (1/\varkappa\,\psi)[(h_i/c_v T_2) - (\psi - 1)] \quad (4.7)$$

mit $\varphi \to \varphi_{max}$ für $\psi \to 1$.

Druckverhältnis. Bei vorgegebenem Verdichtungsverhältnis ε und Höchstdruck p_{max} entsprechend der zulässigen mechanischen Belastbarkeit ist das Druckverhältnis $\psi = p_{max}/p_c$ bekannt. Für $\varphi = 1$ beträgt die maximale Drucksteigerung

$$\psi_{max} = 1 + (h_i/c_v T_2)\,. \quad (4.8)$$

Für das Verdichtungsende gilt

$$p_2 = \varepsilon^{\varkappa} p_1\,, \quad (4.9)$$

$$T_2 = \varepsilon^{\varkappa-1} T_1\,. \quad (4.10)$$

Erfahrungsgemäß entspricht p_2 weitgehend dem wirklichen Verdichtungsenddruck p_c, wogegen $p_3 = p_{max}$ vom Verbrennungsverfahren und den Betriebsbedingungen abhängt.

Anhaltswerte. Verdichtungsenddruck: Ottomotor: 20 bis 40 bar (S) bzw. 30 bis 80 bar (A). Fahrzeugdieselmotor: 50 bis 80 bar (S) bzw. 100 bis 140 bar (A), mittelschnelllaufender Viertaktdieselmotor (A): 100 bis 200 bar, Zweitaktlangsamläufer (A): 120 bis 150 bar (S Saugbetrieb; A Aufladebetrieb des Motors).

Druckverhältnis $\psi = 1{,}1 \ldots 1{,}2$ bei Vorkammerdieselmotoren, $1{,}4 \ldots 1{,}6$ bei direkter Einspritzung, jeweils abnehmend mit zunehmender Aufladung.

Luftverhältnis: Für den Vergleichsprozess kann $\lambda \approx 1$ (Ottomotor), 1,5 (Dieselmotor-Saugbetrieb), 2 (Dieselmotor mit Aufladung) gesetzt werden. Werte für ε, κ, c_v: vgl. Tab. 4.4 bzw. Abb. 4.2.

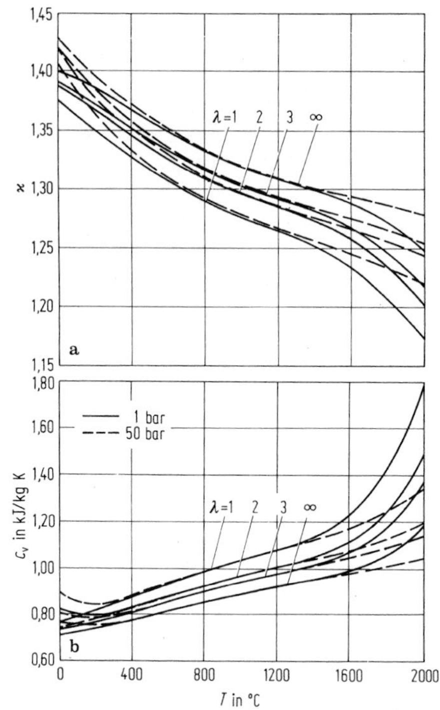

Abb. 4.2 Einfluss von Temperatur, Druck und Luftverhältnis auf **a** Isentropenkoeffizienten κ, **b** spezifische Wärmekapazität c_v von Verbrennungsgasen [3]

Thermischer Wirkungsgrad. Er beträgt

$$\begin{aligned}\eta_{th} &= W_{th}/Q_{zu}\\ &= 1 - \frac{1}{\varepsilon^{\varkappa-1}} \cdot \frac{\varphi^{\varkappa}\,\psi - 1}{\psi - 1 + \varkappa\,\psi(\varphi - 1)}\,. \quad (4.11)\end{aligned}$$

Mit Gl. (4.4) ist die maximale Arbeit W_{th} bekannt, wobei für konstante Werte von Q_{zu}, κ und ε mit steigendem Gleichraumanteil bzw. ψ der Wirkungsgrad η_{th} zunimmt. Ist ε beliebig steigerbar (keine Klopfgrenze bei Luftansaugung), so liefert der Gleichraumprozess (theoretisch) den höchsten Wirkungsgrad, s. Abb. 4.3.

4.2.2.3 Vergleichsprozess (VP) mit realem Arbeitsgas

Voraussetzungen. Geht man für einen vollkommenen Motor von einem offenen Durchlaufprozess aus, der einen idealisierten Ladungs-

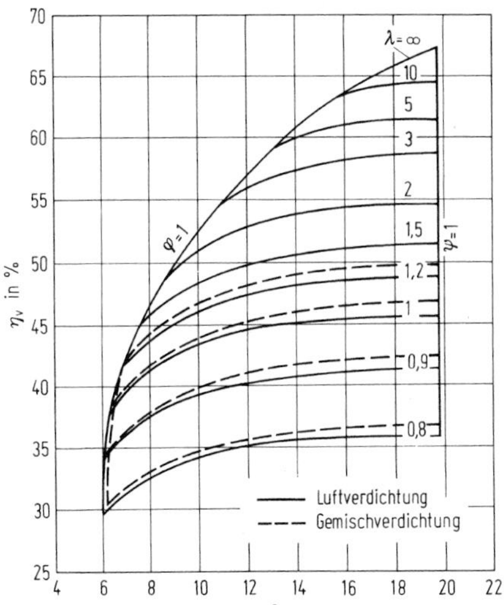

Abb. 4.3 Einfluss von Verdichtungs- und Luftverhältnis auf den Wirkungsgrad η_v des vollkommenen Motors bei konstantem Maximaldruck bzw. Druckverhältnis $p_3/p_1 = 60$ [2]

wechsel einbezieht, so sind die Bedingungen des VP mit idealem Gas zu ergänzen durch:

- verlustloser Ladungswechsel längs Isobaren (keine Verluste durch Spülen, Drosselung und Aufheizung),
- Berücksichtigung des wirklichen Arbeitsgases und seines realen Verhaltens bei allen Zustandsänderungen.

Der so definierte VP für einen vollkommenen Motor folgt bis auf die Forderung nach gleichem Luftverhältnis für vollkommenen und wirklichen Motor der DIN 1940.

Verluste. Die durch die Änderung der Wärmekapazität mit der Temperatur und Gaszusammensetzung sowie den endothermen Zerfall (Dissoziation) von Verbrennungsprodukten ab 1500 K eintretende Minderung der Arbeitsausbeute von W_{th} auf W_v kann mit Mollier-h, s-Diagrammen [2] oder rein rechnerisch mittels Näherungsgleichungen bestimmt werden [3]. Die Zusammensetzung des Arbeitsgases ist durch Wahl eines Bezugskraftstoffs (z. B. gilt für Abb. 4.2 ein Massenverhältnis $c/h = 85{,}63/14{,}37$) und das Luftverhältnis festgelegt.

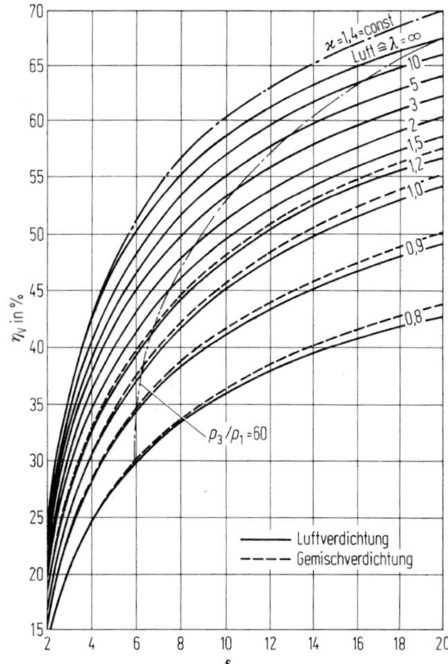

Abb. 4.4 Wirkungsgrad η_v für den Gleichraumprozess mit realem und idealem Arbeitsgas [2]

Wirkungsgrad. Für den vollkommenen Motor gilt

$$\eta_v = W_v/m_B H_i \,. \tag{4.12}$$

Dabei ist $\eta_v < \eta_{th}$ (Abb. 4.3; [2]) wobei neben Luftverhältnis λ und Verdichtungsverhältnis ε Anfangszustand (p_1, T_1) und Druckverhältnis p_3/p_1 von Einfluss sind. Für den Grenzfall Gleichraumprozess (s. Abb. 4.1, $p_3' = p_{max}$) ermöglicht Abb. 4.4 eine Abschätzung nach oben für η_v.

4.2.3 Wirklicher Arbeitsprozess

4.2.3.1 Arbeit des wirklichen Motors

Innere Arbeit. Für den wirklichen Motorprozess ist sie nach Gl. (4.2) für ein Arbeitsspiel (AS) aus dem Druckverlauf bestimmbar, wenn dieser für jeden der z Zylinder gleich verläuft.

$$W_i = z \int_{AS} p_z \mathrm{d}V \,. \tag{4.13}$$

Sie setzt sich beim Viertaktmotor aus dem im Sinne der Arbeitsabgabe positiven Anteil W_{i1}

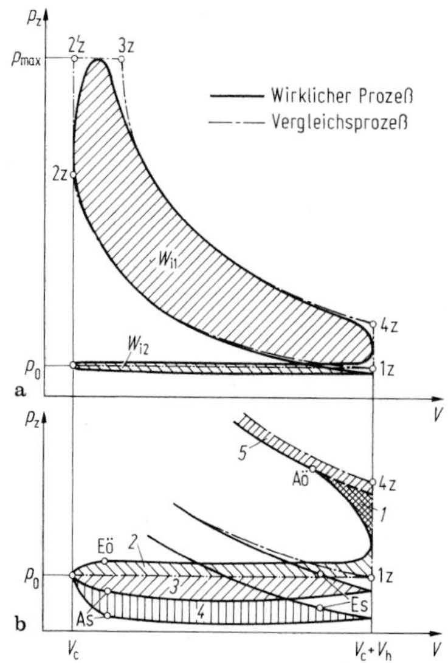

Abb. 4.5 **a** Druckverlauf eines Verbrennungsmotors (Ottomotor) im p, V-Diagramm; **b** Ladungswechselschleife mit *1* Expansions-, *2* Ausschub-, *3* Ansaugverlust, *4* zusätzlichem Drosselverlust, *5* Wandwärmeverlust

des Kompressions- und Arbeitshubs und dem des Ladungswechsels W_{i2} zusammen, der negativ (Saugbetrieb, Verlust) oder positiv (Aufladung, Gewinn) sein kann, Abb. 4.5a.

Indizierung. Um die innere Arbeit W_i nach Gl. (4.13) zu bestimmen, muss der Druck p_z bekannt sein. Schnelllaufende Motoren mit ihren schnellen Druckänderungen verlangen Druckaufnehmer mit hoher Grenzfrequenz (z. B. piezoelektrische Aufnehmer). Elektronische Messverfahren messen damit den zeitlichen Druckverlauf, der durch gleichzeitig aufgenommene Kurbelwinkelmarken der Kolbenstellung zugeordnet werden kann, Abb. 4.6. Mit der Kolbenwegfunktion $x_K = x_K(\varphi)$ (s. Abschn. 1.3.2), der Zylinderzahl z und dem Zusammenhang zwischen Kurbelwinkel φ und Drehzahlfrequenz n

$$d\varphi/dt = 2\pi n = \omega \qquad (4.14)$$

folgt für W_i mit der Kolbenfläche A_K

$$W_i = z A_K \omega \int_{AS} p_z(t) \frac{dx_K}{d\varphi} \, dt \, . \qquad (4.15)$$

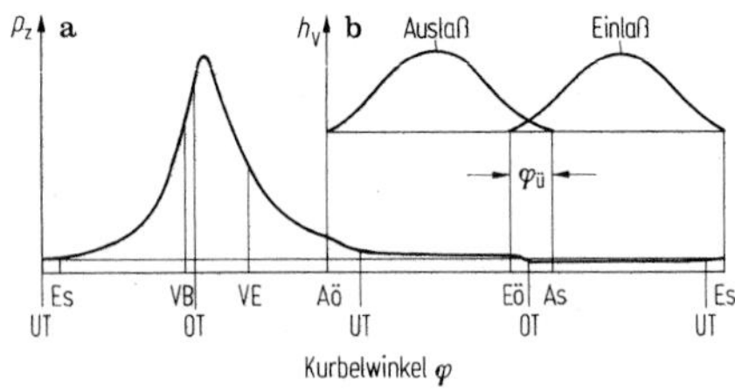

Abb. 4.6 Viertaktmotor. **a** Druck p_z und **b** Ventilerhebung h_v als Funktion des Kurbelwinkels φ, $\varphi_ü$ Ventilüberschneidung

Nutzarbeit. Die pro Arbeitsspiel geleistete effektive Arbeit folgt aus dem am Abtrieb zur Verfügung stehenden und mittels einer Leistungsbremse bestimmbaren Moment M sowie der „Taktzahl" a

$$W_e = 2\,\pi\,a\,M \, . \qquad (4.16)$$

Reibarbeit. Sie ist die Differenz zwischen innerer Arbeit und Nutzarbeit $W_R = W_i - W_e$ und setzt sich aus der Triebwerksreibung, aerodynamischer und hydraulischer Verlustarbeit sowie vereinbarungsgemäß der Antriebsarbeit für Nebenaggregate zusammen. Hierbei überwiegt bei starkem Drehzahleinfluss der Anteil der Triebwerksreibung (bis zu 2/3 der Gesamtreibung bei Schnellläufern) mit der Kolben- und Kolbenringreibung als Hauptursache.

Messung. Genaue Bestimmung der Gesamtreibarbeit W_R erfordert neben einer Drehmomentmessung, Gl. (4.16), die Indizierung des Motors, wobei Abweichungen in den Druckverläufen der einzelnen Zylinder und Zyklen zu berücksichtigen sind, Gl. (4.15), s. auch [49].

Näherungsverfahren sind Auslaufversuch (Messung des Drehgeschwindigkeitsabfalls liefert das Reibmoment $M_R = I_{ges} d\omega/dt$), Schleppversuch (Messen der Reibarbeit als Schlepparbeit durch Fremdantrieb bzw. Abschalten einzelner Zylinder oder Zylindergruppen) und Willians-Verfahren (Extrapolation aus dem Brennstoffverbrauch m_B in Abhängigkeit von w_e für n = const liefert für $m_B = 0$ näherungsweise die spezifische Reibarbeit w_R).

4.2.3.2 Spezifische Arbeit und Mitteldruck

Spezifische indizierte Arbeit. Wird die innere Arbeit W_i auf das Hubvolumen V_H bezogen, so folgt die volumenbezogene spezifische Arbeit w_i

$$w_i = W_i/V_H\,. \tag{4.17}$$

Bei Hubkolbenmotoren gilt dann (r Kurbelradius)

$$w_i = (\omega/2r)\int_{AS} p_z(t)\,\frac{dx_K}{d\varphi}\,dt\,. \tag{4.18}$$

Spezifische effektive Arbeit. Aus der Nutzarbeit W_e des Motors, Gl. (4.16), folgt

$$w_e = W_e/V_H\,. \tag{4.19}$$

Sie ist unabhängig von Motorabmessungen und Drehzahl und ist neben c_m (mittlere Kolbengeschwindigkeit) die wichtigste Kenngröße. Sie wird oft als „mittlerer Nutzdruck" p_e bezeichnet, obwohl physikalisch kein messbarer Druck vorliegt. Treffendere Bezeichnungen sind: Spezifische Nutzarbeit, Arbeitsdichte oder auch Arbeit pro Einheit des Hubvolumens („Literarbeit"). Für Umrechnungen gilt z. B. $w_e = p_e/10$ in kJ/dm^3 für p_e in bar.

Spezifische Reibarbeit. Sie beschreibt die gesamte Reibung des Motors

$$\begin{aligned} w_R &= W_R/zV_h = w_i - w_e \\ &= w_e(1-\eta_m)/\eta_m\,. \end{aligned} \tag{4.20}$$

Nachfolgende Beziehungen zur Bestimmung der Reibung beruhen auf einer Vielzahl von Messungen an Dieselmotoren ($D = 0{,}06\ldots0{,}6$ m) und berücksichtigen außer Einspritzpumpe und Ventiltrieb die Hilfsaggregate gesondert:

$$\begin{aligned} w_R &= w_{R0} + w_{Rp} + w_{Ra} \\ &\quad + \sum \Delta w_{RH} \end{aligned} \tag{4.21}$$

mit

$$\begin{aligned} w_{R0} &= f(c_m,\ D) \\ &= A_0 + A_1\,c_m + A_2\,c_m^2\,, \end{aligned} \tag{4.22}$$

$$\begin{aligned} w_{Rp} &= f(w_e) \\ &= B_1 w_e + B_2 w_e^2 + B_3 w_e^3\,, \end{aligned} \tag{4.23}$$

wobei $A_0 = 0{,}061 + 0{,}026D$; $A_1 = 0{,}0045 \cdot D - 0{,}007 \cdot \sqrt{D}$; $A_2 = 0{,}00084 + 0{,}00024D + 0{,}0017D^2$ sowie bei Saugmotoren mit direkter Einspritzung $B_1 = -0{,}0138$; $B_2 = 0{,}0282$; $B_3 = 0$ bzw. mit indirekter Einspritzung $B_1 = 0{,}0275$; $B_2 = 0{,}263$; $B_3 = 0{,}19$ ist. Bei Aufladung ist ein zusätzlicher Lasteinfluss abhängig vom Ladedruck p_L zu berücksichtigen, sofern $c_m < 14$ m/s ist,

$$\begin{aligned} w_{Ra} &= f(p_L/p_0) \\ &= ((p_L/p_0) - 1)(0{,}05 - 0{,}0035c_m)\,. \end{aligned} \tag{4.24}$$

Bei Nennleistung sind für Schmieröl- und Kühlwasserumlaufpumpe zusammen anzusetzen $\sum \Delta w_{RH} \approx 0{,}02\ldots0{,}05$ kJ/dm^3. Dabei wird die Betriebstemperatur des Motors angenommen. Bei abweichender Öltemperatur ändert sich die spezifische Reibarbeit um ca. 0,5 J/dm^3 K [4].

4.2.3.3 Verluste und Wirkungsgrade

Innerer Wirkungsgrad. Er berücksichtigt die Summe aller Verluste $\sum Q_v$, vgl. Gl. (4.2), die neben dem thermodynamischen Verlust Q_{ab} durch das Realgas, durch Undichtheit des Arbeitsraumes (Lässigkeitsverluste), Wärmeaustausch zwischen Arbeitsgas und Wand (Wandwärmeverlust), nichtideale Verbrennung hinsichtlich Verlauf und Vollkommenheit, nichtisochore Wärmeabfuhr am Ende der Expansion sowie durch Drosselung, Verwirbelung und Aufheizung beim Ladungswechsel verursacht werden und Abweichungen des wirklichen Druckverlaufs vom Vergleichsprozess (Abb. 4.5) bewirken,

$$\eta_i = W_i/m_B H_i\,. \tag{4.25}$$

Gütegrad. Er vergleicht die innere Arbeit W_i mit der Arbeit W_v des Prozesses mit realem Gas. Die somit verbleibenden Verluste sind nur dem Motor anzulasten. Es gilt

$$\eta_g = W_i/W_v\,. \tag{4.26}$$

Mechanischer Wirkungsgrad. Er berücksichtigt die auf dem Weg vom Kolben zum Abtriebsflansch auftretenden mechanischen Verluste, d. h. die Reibarbeit

$$\eta_m = W_e/W_i = 1 - (W_R/W_i)\,. \tag{4.27}$$

4

Tab. 4.1 Wirkungsgrade von Verbrennungsmotoren (Bestwerte), S Saugbetrieb, A Aufladung, DE direkte, IDE indirekte Einspritzung (spez. Verbrauch b_e: s. Gl. (4.69))

Motorenart	Verbrennungs- und Arbeitsverfahren	η_e	η_m	η_g
Pkw-Motor	Ottomotor	0,26 ... 0,35	0,8 ... 0,9	0,8 ... 0,9
	(DE)	... 0,38		
	Dieselmotor			
	(IDE)	0,28 ... 0,34		
	(DE)	0,41 ... 0,43		
Nfz-Motor	Dieselmotor			
	(S)	0,32 ... 0,42	0,78 ... 0,86	0,86 ... 0,9
	(A)	0,38 ... 0,47	0,82 ... 0,9	0,86 ... 0,9
Mittelschnellläufer MSL	Viertaktdieselmotor	0,44 ... 0,51 (0,53)[a]	0,86 ... 0,92	0,88 ... 0,9
Langsamläufer LL	Zweitaktdieselmotor	0,46 ... 0,53 (0,54)[a]	0,88 ... 0,92	0,86 ... 0,9

[a] Motor mit Turbo-Compound (s. Abschn. 4.3.5)

Nutzwirkungsgrad oder effektiver Wirkungsgrad. Er lautet

$$\eta_e = W_e / m_B H_i = \eta_v \, \eta_g \, \eta_m = \eta_i \eta_m \,. \quad (4.28)$$

Vergleich der Wirkungsgrade. Beim Vergleich von Motoren ist zu beachten, dass der Wert des Gütegrades auch von der Wahl des Vergleichsprozesses abhängt, sowie von der konstruktiven Ausführung und der Zylinderleistung, Tab. 4.1. Erkennbar wird, dass große Dieselmotoren nur noch geringe Wirkungsgradverbesserungen zulassen. Da die Arbeitsprozessrechnung η_i liefert, haben η_v und η_g an Bedeutung verloren, nicht so der idealisierte Vergleichsprozess, mit dem Wirkungsgrad und Zustandsänderungen einfach verfolgt und abgeschätzt werden können.

4.2.3.4 Berechnung des realen Arbeitsprozesses

Gang der Rechnung. Für den Zylinderinhalt (Index z) als ein geschlossenes thermodynamisches System (Abb. 4.7) liefert eine Energiebilanz die Differentialgleichung, [42, 46].

$$\frac{dQ_B}{d\varphi} - \frac{dQ_w}{d\varphi} = \frac{d(m_z u_z)}{d\varphi} + p_z \frac{dV_z}{d\varphi} - \frac{dm_L}{d\varphi} h_L + \frac{dm_A}{d\varphi} h_z \,. \quad (4.29)$$

Die vom Kurbelwinkel φ abhängigen Glieder der Gleichung stehen in der angegebenen Reihenfolge für

- die durch Verbrennung frei werdende und dem System zugeführte Wärme (Brennverlauf), Q_B,
- den Wandverlust infolge Wärmeaustausches zwischen Wand und Arbeitsgas, Q_W,
- die Änderung der inneren Energie des Systems, $m_z \cdot u_z$,
- die am Kolben geleistete Arbeit, $p_z \cdot V_z$,
- die mit der einströmenden Ladung zugeführte bzw. mit der ausströmenden Abgasmasse abgeführte Energie [5], $m_L \cdot h_L$ bzw. $m_A \cdot h_A$.

Die Kontinuitätsgleichung liefert mit $m_B = Q_B / H_i$

$$\frac{dm_z}{d\varphi} = \frac{dm_L}{d\varphi} + (1/H_i)\frac{dQ_B}{d\varphi} - \frac{dm_A}{d\varphi} \,. \quad (4.30)$$

Zustand des Arbeitsgases. Für die Temperatur folgt aus der Änderung der inneren Energie $u_z = u_z(T_z, \lambda)$

$$\frac{dT_z}{d\varphi} = \frac{1}{m_z \frac{\partial u_z}{\partial T_z}} \left(\frac{dQ_B}{d\varphi} - \frac{dQ_w}{d\varphi} - p_z \frac{dV_z}{d\varphi} + h_L \frac{dm_L}{d\varphi} - h_z \frac{dm_A}{d\varphi} - u_z \frac{dm_z}{d\varphi} - m_z \frac{\partial u_z}{\partial \lambda} \frac{d\lambda}{d\varphi} \right) . \quad (4.31)$$

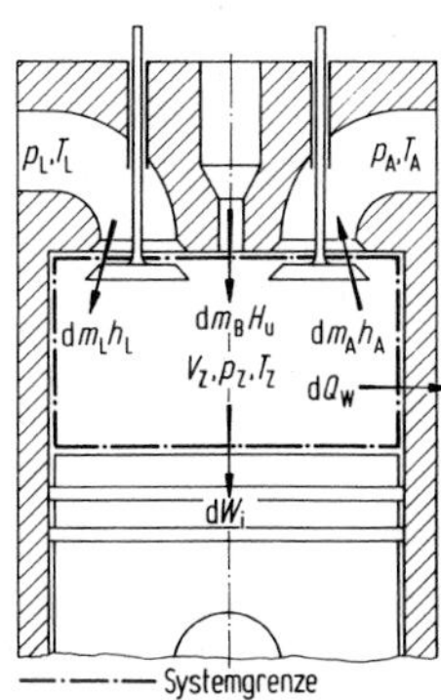

Abb. 4.7 Energiebilanz eines Viertaktmotors

Hierbei gilt für die Änderung der Brennstoffmasse

$$\frac{dm_B}{d\varphi} = (1/H_i)\frac{dQ_B}{d\varphi} - \frac{m_B}{m_z} \cdot \frac{dm_A}{d\varphi} \tag{4.32}$$

bzw. der Gaszusammensetzung

$$\frac{d\lambda}{d\varphi} = (1/L_{min} m_B)\left(\frac{dm_z}{d\varphi} - \frac{m_z}{m_B} \cdot \frac{dm_B}{d\varphi}\right) . \tag{4.33}$$

Sind die thermischen und kalorischen Zustandsgrößen des Arbeitsgases bekannt [3], so kann bei gegebenen Randbedingungen Gl. (4.31) einer schrittweisen Lösung zugeführt werden. Der Druck im Arbeitsraum folgt aus der um den Realfaktor Z ergänzten allgemeinen Gasgleichung für reale Gase [3] (s. Bd. 1, Abschn. 40.1. 3)

$$p_z V_z = Z m_z R T_z . \tag{4.34}$$

Brennverlauf. Für die vielfachen chemischen und physikalischen Vorgänge während der Verbrennung im Motor gibt es keine einfache analytische Beziehung.

Ersatzbrennverlauf. Er wird für die Prozessrechnung verwendet und hinsichtlich Form, Brennbeginn φ_{VB} und -dauer $\Delta\varphi_V$ so angepasst, dass der Arbeitsprozess mit gemessenen Motorwerten (w_i, p_z, p_{max}) möglichst gut übereinstimmt. Die einfachste Form ist ein Dreieck.

Vibe-Brennverlauf [6]. Er beruht auf reaktionskinetischen Überlegungen und beschreibt die Wärmefreisetzung während der Brenndauer $\Delta\varphi_V = \varphi_{VE} - \varphi_{VB}$ mit $\varphi_B = 0 \ldots \Delta\varphi_V$

$$\begin{aligned} Q_B(\varphi) &= Q_{B\,ges}\left(1 - e^{-a(\varphi_B/\Delta\varphi_V)^{m+1}}\right) \\ &= X Q_{B\,ges} . \end{aligned} \tag{4.35}$$

Hierbei sind $a = \ln(1 - \eta_u)^{-1}$ ein Maß für den Umsetzungsgrad η_u des eingebrachten Brennstoffs ($a = 6{,}91$ für 1‰ Unverbranntes) und m ein Formparameter. X wird als Durchbrennfunktion bezeichnet, deren Ableitung dann den Brennverlauf $dQ_B/d\varphi$ liefert. Verbrennungsbeginn, Brenndauer und Schwerpunktlage des Wärmeumsatzes, berücksichtigt durch den Formfaktor ($0{,}2 < m < 2$), bestimmen Druck- und Temperaturverlauf sowie den Wirkungsgrad η_i, Abb. 4.8a–c. Danach verschlechtern zu früher Zündbeginn (Ottomotor) oder Förderbeginn (Dieselmotor) ebenso den Wirkungsgrad wie eine schleppende Verbrennung ($m > 1$).

Wandwärmeverlust. Für die vom Arbeitsgas an eine bestimmte Wandfläche A_i übergehende Wärme gilt (s. Bd. 1, Abschn. 45.2)

$$dQ_{wi} = \alpha_i A_i (T_z - T_{wi})\, dt . \tag{4.36}$$

Da die jeweiligen örtlichen Wärmeübergangsbedingungen meist unbekannt sind, wird von einem örtlich mittleren Wärmeübergangskoeffizienten α ausgegangen, ebenso von örtlich und zeitlich mittleren Wandtemperaturen T_w für die gesamte Wandfläche oder Teile davon (Kolben, Laufbuchse, Zylinderkopf). Der Wärmeaustausch Gas – Wand ist vom Zustand des Arbeitsgases abhängig, ferner vom Verbrennungsverfahren, den Strömungsverhältnissen im Zylinder (c_m), den geometrischen Abmessungen (D) und der Wandtemperatur (T_w) für $T_w > 600$ K [42].

Wärmeübergangskoeffizient. Nach Messungen an Diesel- und Ottomotoren [7] gilt die Zahlenwertgleichung für α in W/m² K

$$\begin{aligned} \alpha = 130\, &p_z^{0,8} T_z^{-0,53} D^{-0,2} \\ &\cdot [C_1 c_m + C_2 (p_z - p) V_h T_1 / p_1 V_1]^{0,8} , \end{aligned} \tag{4.37}$$

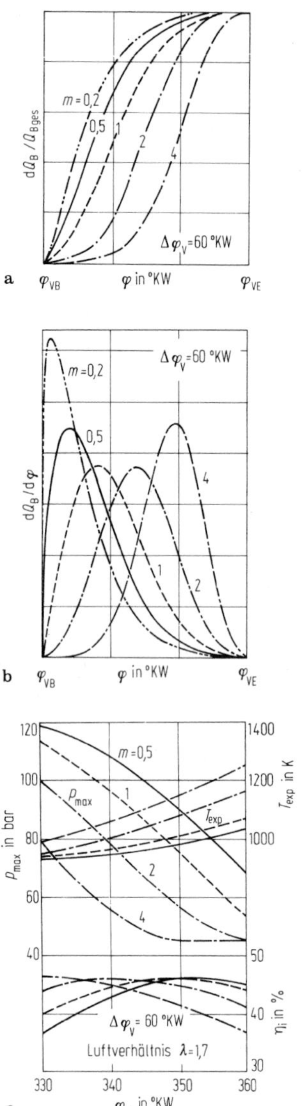

Abb. 4.8 Einfluss des Formparameters m auf **a** Durchbrennfunktion, **b** Brennverlauf, **c** Wirkungsgrad η_i, maximalen Verbrennungsdruck p_{max} und Expansionsendtemperatur T_{exp} als Funktion des Verbrennungsbeginns φ_{VB} (Viertakt-Dieselmotor $D = 120 =$ mm, $s/D = 1$)

wenn Druck p_z und Temperatur T_z des Arbeitsgases in bar bzw. K, der Kolbendurchmesser D in m und die mittlere Kolbengeschwindigkeit c_m (s. Abschn. 1.3.2) in m/s eingesetzt werden. Die Druckdifferenz $p_z - p$ wird aus dem Druckverlauf mit (p_z) und ohne Verbrennung (p) gebildet; p_1, T_1, V_1 bezeichnen einen bekannten Gaszustand während der Kompression (z. B. zum Zeitpunkt Einlass schließt), V_h das Hubvolumen. Während Verdichtung und Expansion ist $C_1 = 2{,}28 + (0{,}308 c_u/c_m)$, während des Ladungswechsels $C_1 = 6{,}18 + (0{,}417 c_u/c_m)$. Das Verhältnis c_u/c_m berücksichtigt den Anteil der Ansaugdrallströmung an der durch die Hubbewegung des Kolbens verursachten Gasbewegung.

Erfahrungswerte. Schnelllaufende Motoren mit direkter Einspritzung $c_u/c_m \approx 2{,}5$, bei Wandverteilung (M. A. N.-M-Verfahren) $c_u/c_m = 3$, mit zunehmendem Kolbendurchmesser D geht wegen möglichst drallfreier Strömung $c_u/c_m \to 0$.

Die Konstante C_2 berücksichtigt den während der Verbrennung intensiveren Wärmeübergang infolge erhöhter Gasgeschwindigkeiten, Strahlungseinflüsse etc. Für Dieselmotoren mit indirekter Einspritzung gilt $C_2 = 6{,}22 \cdot 10^{-3}$ ms/K, bei direkter Einspritzung und Ottomotoren $C_2 = 3{,}24 \cdot 10^{-3}$ ms/K jeweils für $T_w < 600$ K; ist $T_w > 600$ K gilt $C_2 = 2{,}3 \cdot 10^{-5}(T_w - 600) + 0{,}005$ (ms/K), sodass bei Brennraumisolierung durch Keramik bei hoher Wandtemperatur trotz geringerer Temperaturdifferenz der Wandwärmeverlust steigt [8].

Volumenänderung des Zylinders. Aus dem vom Kurbelwinkel abhängigen Kolbenweg folgt mit der Kolbenfläche A_K, dem Kurbelradius r und der Pleuelstangenlänge l (s. Abschn. 1.3.2)

$$\frac{dV_z}{d\varphi} = A_K\, r \left(\sin\varphi + \frac{\sin\varphi\, \cos\varphi}{\sqrt{(l/r)^2 - \sin^2\varphi}} \right). \tag{4.38}$$

Massendurchsatz im Ein- und Auslasskanal. Der Austausch von Frischladung und Abgas durch die Ein- und Auslassventile folgt den Gesetzen der instationären Gasdynamik. Bei quasistationärer Betrachtungsweise und dem Ansatz einer adiabatischen Drosselströmung gilt angenähert für den Massendurchsatz am Ventil

$$\frac{dm}{d\varphi} = (1/\omega)\mu A_V \left(p_1/\sqrt{RT_1}\right) \psi_{1,2} \tag{4.39}$$

mit der für $p_2/p_1 < 1$ geltenden Durchflussfunktion,

$$\psi_{1,2} = \sqrt{\frac{2\varkappa}{\varkappa - 1}[(p_2/p_1)^{2/\varkappa} - (p_2/p_1)^{(\varkappa+1)/\varkappa}]}\,, \tag{4.40}$$

wobei je nach Vorgang der jeweilige Druck vor und hinter dem Ventilquerschnitt A_V einzusetzen ist. So ist z. B. für das Einströmen von Ladung $p_1 = p_L$, $p_2 = p_z$ bzw. für das Ausströmen von Abgas $p_1 = p_z$, $p_2 = p_A$. Für $p_1 > p_2$ kehrt sich die Strömungsrichtung um (p_2 und p_1 in Gl. (4.40) sind zu tauschen); für $p_2/p_1 = (2/(\varkappa + 1))^{\varkappa/(\varkappa-1)}$ ist das kritische Druckverhältnis und damit der größtmögliche Durchsatz erreicht. Abgesehen von Erfahrungswerten ($\mu \approx 0{,}8$), ist der Durchflussbeiwert μ durch stationäre Strömungsuntersuchungen zu bestimmen.

4.3 Ladungswechsel

4.3.1 Kenngrößen des Ladungswechsels

4.3.1.1 Viertaktmotor

Liefergrad. Nach DIN 1940 beschreibt er den Erfolg eines Ladungswechsels: Austausch der Verbrennungsgase gegen Frischgas (Luft- bzw. Kraftstoffluftgemisch), und ist das Verhältnis der nach Abschluss des Ladungswechsels im Zylinder befindlichen Masse an Frischgas m_{Lz} zur theoretisch möglichen Masse $m_{th} = V_H \varrho_{th}$,

$$\lambda_l = m_{Lz}/V_H \varrho_{th}\,, \tag{4.41}$$

wobei ϱ_{th} dem Zustand (p_L; T_L) vor Einlass in den Zylinder entspricht. Bei Saugmotoren wird unter Vernachlässigung von Verlusten im Ansaugkanal statt p_L, T_L meist der Zustand vor Ansaugfilter p_0, T_0 eingesetzt.

Für $\varrho_z \to \varrho_{th}$ und vollkommene Restgasausspülung nähert sich λ_l einem Grenzwert $\lambda_{l\,max} = \varepsilon/(\varepsilon - 1)$. 4-Takt-Saugmotoren erreichen Bestwerte von $\lambda_l = 0{,}8\ldots0{,}9$ und darüber. Der Liefergrad wird beeinflusst durch die Strömungswiderstände im Ansaugsystem und am Ventil

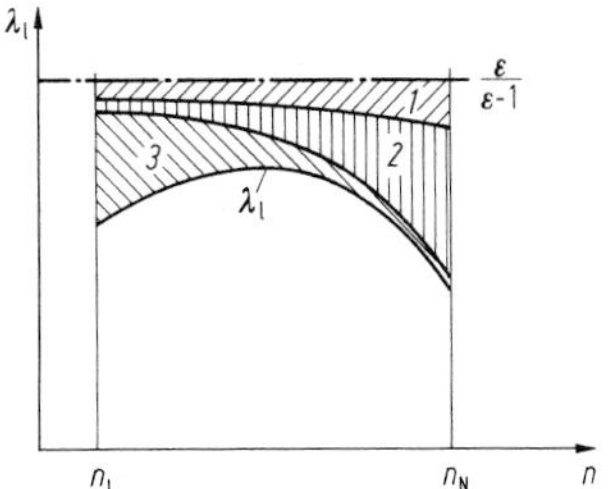

Abb. 4.9 Liefergrad λ_l unter Einfluss von *1* Aufheiz-, *2* Strömungs- und *3* Spülverlusten in Abhängigkeit von der Drehzahl

(Drosselverluste), den Wärmeaustausch mit den Wänden in Zylinder und Ansaugkanal (Aufheizverlust) sowie die Ventilüberschneidung und das Druckverhältnis Druck vor Einlassorgan zu Abgasgegendruck (Spülverlust). Mit steigender Drehzahl nehmen Drossel- und Aufheizverluste zu, bei geringen Drehzahlen überwiegen die Spülverluste (s. Abschn. 4.3.3), sodass λ_l im mittleren Drehzahlbereich ein Maximum besitzt (Abb. 4.9), das durch Wahl der Steuerzeiten und durch Ausnutzen dynamischer Vorgänge in den Leitungen zu beeinflussen ist.

Luftaufwand. Als Verhältnis der einfach zu messenden insgesamt zugeführten Masse $m_{L\,ges}$ zur theoretischen wird er häufig anstelle des Liefergrads benutzt. Es gilt

$$\lambda_a = m_{L\,ges}/m_{th}\,. \tag{4.42}$$

Fanggrad. Als Verhältnis von dem Zylinder zugeführter Frischgasmenge zur insgesamt geförderten ist er

$$\lambda_z = m_{Lz}/m_{L\,ges} = V_z \varrho_z/m_{L\,ges}\,, \tag{4.43}$$

sodass auch gilt

$$\lambda_z = \lambda_l/\lambda_a\,. \tag{4.44}$$

Für selbstansaugende Viertaktmotoren mit geringen Spülverlusten kann $\lambda_z \approx 1$ gesetzt werden, sodass $\lambda_a \approx \lambda_l$.

4.3.1.2 Zweitaktmotor

Der Ladungswechsel wird mit dem Luftaufwand λ_a und dem Spülgrad λ_s beurteilt.

Spülgrad. Er gibt den Anteil der Frischladung m_{Lz} an der aus Frischladung und Restgas m_R bestehenden Gesamtladung an (s. Abschn. 4.3.4)

$$\lambda_s = m_{Lz}/(m_{Lz} + m_R)\,. \tag{4.45}$$

4.3.1.3 Einfluss des Ladungswechsels

Bei Luftansaugung muss nach Gl. (4.6) die zur Verbrennung einer Kraftstoffmasse m_B erforderliche Luftmasse $m_{Lz} = m_B \lambda L_{min}$ gleich der nach dem Ladungswechsel im Zylinder befindlichen sein, nach Gl. (4.41): $m_L = m_{Lz} = \lambda_l V_H \varrho_{th}$. Damit ist die zugeführte Energie, Gl. (4.4), gegeben.

$$Q_{zu} = m_B H_i = \lambda_l V_H \varrho_{th} H_i/(\lambda L_{min})\,. \tag{4.46}$$

Mit dem Zustand vor Einlass Motor und dem Nutzwirkungsgrad, Gl. (4.28), folgt damit für die Nutzarbeit

$$W_e = \eta_e \lambda_l V_H (p_L/R_L T_L)(H_i/\lambda L_{min})\,. \tag{4.47}$$

Spezifische Nutzarbeit. Für sie folgt aus Gl. (4.19)

$$w_e = \eta_e \lambda_l (p_L/R_L T_L)(H_i/\lambda L_{min})\,. \tag{4.48}$$

Bei Gemischansaugung (Ottomotor) gilt mit $m_{Lz} = m_L + m_B$

$$w_e = \eta_e \lambda_l (p_L/R_L T_L)(H_i/(1+\lambda L_{min}))\,. \tag{4.49}$$

Drehmoment. Für konstante Stoffwerte H_i, L_{min}, R_L besteht nach Gl. (4.16) folgende Abhängigkeit

$$M \sim \eta_e V_H \lambda_l (p_L/T_L)(1/\lambda)\,.$$

Motor-Hauptgleichung. So werden Gln. (4.48) bzw. (4.49) bezeichnet, die das Verhalten eines Verbrennungsmotors mit innerer Verbrennung beschreiben. Sie zeigen, dass bei gegebenem Motor bzw. V_H eine wirksame Drehmomentsteigerung wegen bestehender Grenzen für λ (Zünd- bzw. Rauchgrenze bei Otto- bzw. Dieselmotoren), $\eta_e (< \eta_{th})$, T_L (Umgebungstemperatur) und λ_l nur durch Erhöhen von p_L möglich ist, d. h. durch Aufladung, s. Abschn. 4.3.5. Da sich ferner nur Liefergrad λ_l und Luftverhältnis λ gezielt beeinflussen lassen, wird für Belastungsänderungen beim Saugmotor ausgehend von der Volllast je nach Verbrennungsverfahren entweder λ_l verringert (Ottomotor) oder λ erhöht (Dieselmotor).

Beispiel

Für einen Ottomotor mit einem Nutzwirkungsgrad von $\eta_e = 0{,}3$, einem optimalen Liefergrad von $\lambda_l = 1$, den spez. Brennstoffwerten $H_i = 43$ MJ/kg bzw. $L_{min} = 14{,}7$ kg/kg folgt aus Gl. (4.49) bei Saugbetrieb ($\varrho_L = 1{,}2$ kg/m^3) und stöchiometrischer Verbrennung eine Literarbeit von

$$\begin{aligned} w_e &= 0{,}3 \cdot 1{,}0 \cdot 1{,}2 \cdot 43 \\ &\quad /(1 + 1 \cdot 14{,}7)\,\text{kJ/dm}^3 \\ &= 0{,}98\,\text{kJ/dm}^3\,, \end{aligned}$$

also ca. 1 kJ je Liter Hubraum. Für Pkw-Dieselmotoren mit einem minimalen Luftverhältnis von ca. 1,3 folgt mit Gl. (4.48) eine Literarbeit von $w_e \approx 0{,}8$ kJ/dm^3. ◀

4.3.2 Steuerorgane für den Ladungswechsel

4.3.2.1 Konventioneller Ventiltrieb

Ventile. Sie werden vorwiegend bei Viertaktmotoren, aber auch bei Zweitaktmotoren (Gleichstromspülung) verwendet. Durch eine zwangsgesteuerte Hubbewegung (s. Abb. 4.6b) wird zunehmend bis zum Erreichen eines maximalen Hubes der Strömungsquerschnitt eines Pilzventils freigegeben und unter der Wirkung einer Ventilfeder geschlossen. Die Dichtkraft des Ventils *1* am Sitz wird von der Ventilfeder *2* und der Gaskraft aufgebracht, Abb. 4.10.

Untenliegende Nockenwelle (Abb. 4.10). Die vom Nocken *6* erzeugte Hubbewegung wird über Ventilstößel *5*, Stoßstange *4* und Kipphebel *3* auf das meist hängend eingebaute Ventil *1* übertragen. Neben hoher thermischer und mechanischer

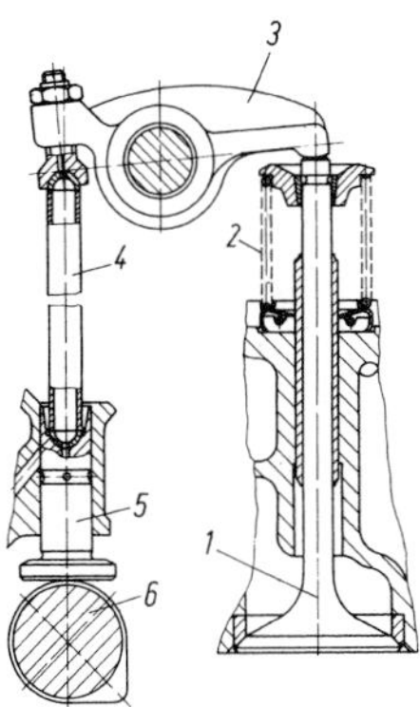

Abb. 4.10 Ventilsteuerung mit untenliegender Nockenwelle

Beanspruchung sind Ventile großer Viertaktmotoren im Schwerölbetrieb auch einer Heißkorrosion ausgesetzt, was bei Auslassventilen gekühlte Ventilsitze erfordert, Abb. 4.11. Ein fülliger Ventilkegel vermeidet Verformungen und damit Reibverschleiß.

Obenliegende Nockenwelle. Verlegen der Nockenwelle aus dem Gehäusebereich in den Zylinderkopf vermindert die zu bewegenden Massen um Ventilstößel und Stoßstangen; eine weitere Massenreduzierung ergeben die bei modernen schnelllaufenden Pkw-Motoren verwendeten Schwinghebel, Tassenstößel oder Rollenschlepphebel, Abb. 4.12a–c, wobei bei Pkw-Motoren ein hydraulischer Ventilspielausgleich und ein reibungsarmer Antrieb über Rollen üblich ist [9, 10, 37]. Der Antrieb der Nockenwelle erfolgt überwiegend durch Zahnriemen oder Kette; seltener

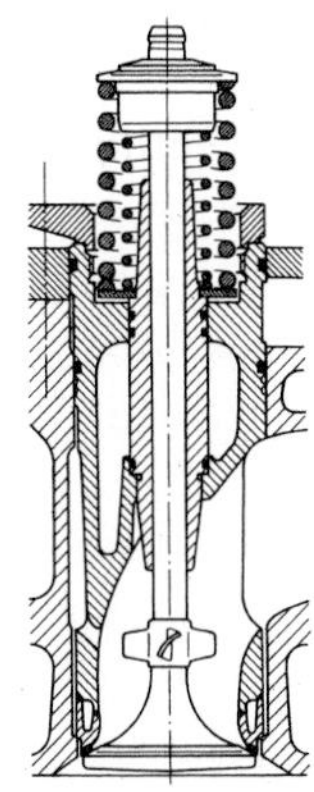

Abb. 4.11 Auslassventil mit Ventilkorb, Sitz-, Führungskühlung und Drehung durch Abgasstrom. (M. A. N.)

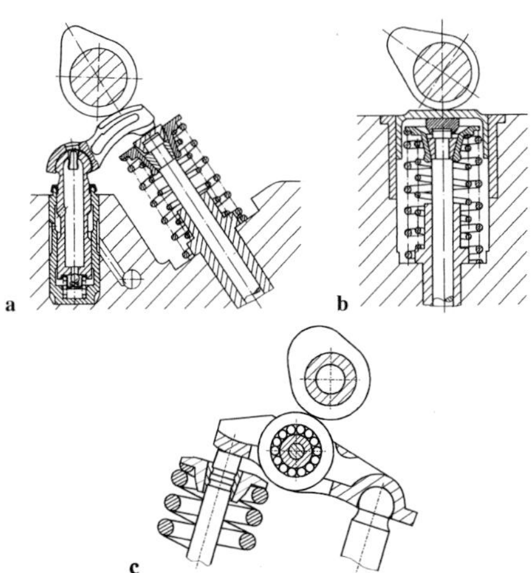

Abb. 4.12 Ventilbetätigung bei obenliegender Nockenwelle. **a** Schlepphebel mit hydraulischem Ventilspielausgleich; **b** Tassenstößel; **c** Rollenschlepphebel

sind Stirnradgetriebe oder zwei Kegelräder mit verbindender Königswelle.

Ventilbewegung. Gestaltung des Nockens bestimmt Bewegungsablauf und Zeitquerschnitt, langsamer Anstieg des Nockens bedingt geringere Massenkräfte und vermeidet Schwingungsanregung bei Einbußen am Zeitquerschnitt. Anzustreben ist ein fülliger Nocken (großer Hub schon bei kleiner Nockendrehung) bei Beschleunigungen unter 100 g. Bei schnelllaufenden Motoren sind Nockenformen mit stetigem bzw. ruckfreiem Verlauf (Abb. 4.13) vorzuziehen [11, 37], um erhöhte Beschleunigungen, Geräuschbildung und Abweichung von der vorgeschriebenen Erhebungskurve zu vermeiden.

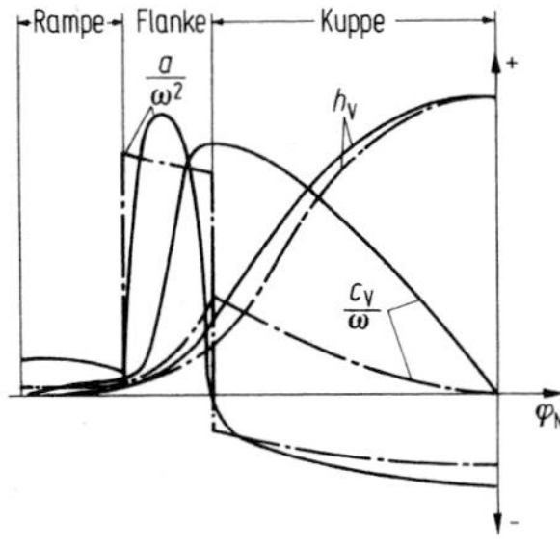

Abb. 4.13 Verlauf von Ventilhub h_V, relativer Ventilgeschwindigkeit c_V/ω und -beschleunigung a/ω^2 abhängig vom Nockenwinkel φ_N (*ausgezogen*: stetiger Beschleunigungsverlauf)

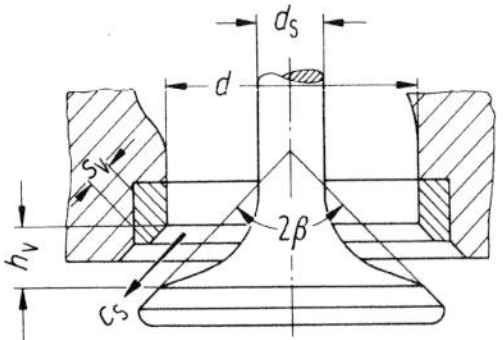

Abb. 4.14 Bezeichnungen am Ventil

Ventilquerschnitt. Mit dem Ventilhub h_V gilt für den geometrischen Ventilquerschnitt A_V (Abb. 4.14):

$$A_V = \pi d h_V \sin\beta \,. \tag{4.50}$$

Dabei wird angenommen, dass das Gas im engsten Querschnitt mit der Geschwindigkeit c_s parallel zur Sitzfläche des Ventiles strömt. Der effektive Ventilquerschnitt A_{eff} kann durch einen Strömungsversuch ermittelt werden. Der für Berechnungen verwendete Beiwert $\mu_V = A_{eff}/A_V$ hängt somit von der Bestimmungsgleichung für A_V ab. Für die Ventilsitzdurchmesser d ergibt sich für einen möglichst großen Einlassquerschnitt $d_A/d_E = 0{,}7\ldots0{,}9$, für den maximalen Ventilhub $h_{max}/d = 0{,}25\ldots0{,}3$ und für die Sitzbreite $s_V/d = 0{,}05\ldots0{,}1$. Die Anordnung von je zwei Ein- und Auslassventilen bietet einen größeren Ventilquerschnitt, geringere Drosselung und somit Steigerung des Drehmomentes bei hohen Drehzahlen aber auch Verlust an Drehmoment im unteren Drehzahlbereich (Ausgleich möglich durch variablen Ventiltrieb, z. B. Änderung der Steuerzeiten durch Verdrehen der Nockenwelle). Die thermische Beanspruchung ist bei vier Ventilen wegen der Zentralsymmetrie bei mittiger Zündkerze bzw. Einspritzdüse geringer.

4.3.2.2 Variabler Ventiltrieb

Entwicklung. Die Forderung an den Pkw/Nfz-Antrieb nach maximalem Wirkungsgrad bei minimaler Umweltbelastung erfüllt hinsichtlich Verbrauch zzt. am ehesten der aufgeladene Dieselmotor mit direkter Einspritzung und variablen Ventilsteuerzeiten [42, 50–52]. Wirksam kann der Verbrauch des Ottomotors durch einen drosselfreien Ladungswechsel reduziert werden: entweder durch Zufuhr einer bedarfsgerechte Gemischmenge bei variabler Ventilsteuerung oder

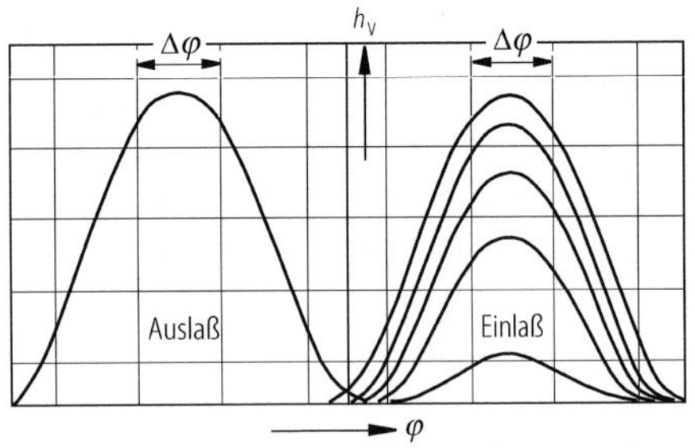

Abb. 4.15 Ventilerhebung h_V über Kurbeldrehwinkel φ bei mechanischem vollvariablen Ventiltrieb. $\Delta\varphi$: Variationsbereich der Ventilöffnungszeiten von Ein- und Auslassventil. (Nach BMW)

Änderung der Gemischqualität durch geschichteten Magerbetrieb (s. Abschn. 4.5.4). Nach dem Einsatz von teilvariablen Ventiltrieben zum Ausgleich von Drehmomentverlusten sind inzwischen vollvariable Ventiltriebe in Serie [12, 13, 37, 38, 45].

Elektromechanischer vollvariabler Ventiltrieb. Ergänzend zu der stufenlosen Einstellung der Steuerzeiten durch Verdrehen der Nockenwellen (z. B. BMW-VANOS) [12] ermöglicht ein zwischen Nockenwelle und Schlepphebel angebrachter Hebel, der über eine elektrisch angetriebene Exzenterwelle betätigt wird, die stufenlose Variation des Einlassventilhubs, Abb. 4.15. Dabei ändern sich Öffnungsdauer und Steuerzeiten, sodass man in Kombination mit der Nockenstellung ohne zusätzliche Drosselung auskommt und Verbrauchsminderungen von maximal 20 % (niedrige Teillast), im Mittel ca. 10 %, erreicht [13].

Rein elektrischer Ventiltrieb. Ein eigener, variabel ansteuerbarer Ventil-Antrieb sichert maximale Funktionalität. Da über Elektromagneten oder Piezoaktuatoren betätigte Ventile ruckartig öffnen und schließen, entfallen der beim Nocken entstehende Ventilspalt (s. Abb. 4.14) und die für die Gemischbildung günstigen hohen Eintrittsgeschwindigkeiten, was durch große Ventilüberschneidung (interne Abgasrückführung) und eine thermische Gemischaufbereitung kompensierbar ist. Trotz intensiver Entwicklung sind diese Systeme noch nicht in Serie.

Elektrohydraulischer Ventiltrieb. Dieses System hat den Vorteil, dass Magnetventile angesteuert werden, um die über eine Hydraulik betätigten Ventile zu öffnen bzw. zu schließen. Nachteilig ist der zusätzliche Hilfskreislauf [39, 45].

4.3.2.3 Alternative Steuerorgane

Schieber. Gleichförmig bewegte Drehschieber bieten Vorteile hinsichtlich Massenkräften und Steuerquerschnitt, sind jedoch schwer abzudichten. Trotz großer konstruktiver Variationsbreite (z. B. Flach-, Walzen- und Kegeldrehschieber) konnten sie sich daher im modernen Motorenbau nicht durchsetzen.

Kolben (Schlitze). Mit Ausnahme des Wankelmotors wird nur bei Zweitaktmotoren der Arbeitskolben als Steuerorgan verwendet, indem er am Zylinderumfang befindliche Ein- und Auslassöffnungen steuert (Schlitzsteuerung). Die Schlitzhöhe bestimmt die Steuerzeiten und mit der Breite den Zeitquerschnitt und damit Vorauslass und Spülerfolg (s. Abschn. 4.3.4).

4.3.3 Ladungswechsel des Viertaktmotors

4.3.3.1 Steuerzeiten.

Konventionelles Steuerdiagramm. Mit Öffnen des Auslassquerschnittes am Ende des Expansionshubs (Aö) beginnt der Ladungswechsel durch Ausströmen der Verbrennungsgase zunächst infolge überkritischen Druckgefälles $p_Z - p_A$ im engsten Querschnitt mit Schallgeschwindigkeit, Abb. 4.16a. Durch Auffüllen der Abgasleitung, Drosselung und Entspannung des Zylinderdruckes nimmt das Druckgefälle schnell ab, sodass das restliche Verbrennungsgas vom Kolben unter Arbeitsleistung verdrängt werden muss. Da der Auslassquerschnitt anfangs klein und die Auslassströmung massebehaftet ist, öffnet das Ventil schon vor dem unteren Totpunkt zum Zeitpunkt Aö (s. Abb. 4.5b): Zu frühes Öffnen bedingt hohen Expansionsverlust bei geringer Ausschubarbeit und umgekehrt.

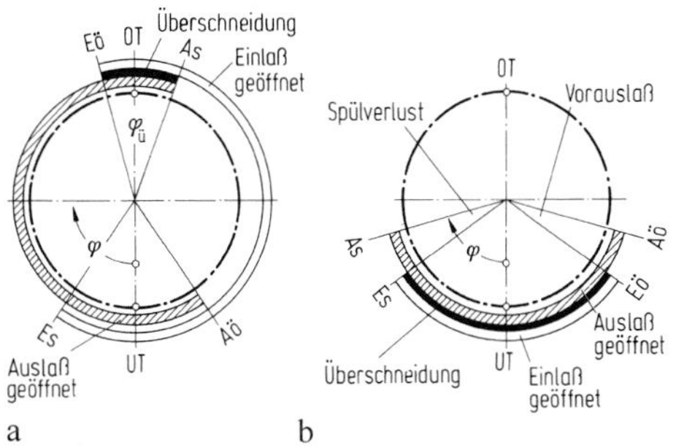

Abb. 4.16 **a** Steuerdiagramm eines Viertaktmotors (vgl. Abb. 4.6); **b** symmetrisches Steuerdiagramm eines Zweitaktmotors (Schlitzsteuerung)

Ventilüberschneidung. Auch der Einlass öffnet (*Eö*) bzw. schließt (*Es*) nicht in den Totpunktlagen, sodass im Bereich des Ladungswechsel-Totpunkts (vgl. Abb. 4.6b) beide Ventile gleichzeitig geöffnet sind. Diese Ventilüberschneidung ermöglicht Spülen des Kompressionsraums (Verbesserung des Liefergrads, Verringerung der thermischen Bauteilbeanspruchung). Der Überschneidungswinkel $\varphi_{\text{ü}} = \varphi_{\text{As}} - \varphi_{\text{Eö}}$ beeinflusst den Liefergrad und damit das Drehmomentenverhalten: Höheres Drehmoment im oberen Drehzahlbereich bei größerer Überschneidung. Wichtig ist die Wahl von *Es*. Spätes Schließen ermöglicht Nutzen der kinetischen Energie der Ladung bei hohen Drehzahlen zur Nachladung. Die *Ventilspreizung* beschreibt den Abstand des maximalen Ventilhubes zum Ladungswechsel-OT.

Variable Steuerzeiten. Eine vollvariable Ventilsteuerung (s. Abschn. 4.3.2) ermöglicht eine „drosselfreie Laststeuerung" z. B. durch frühes „Einlass schließen" (E_s) bereits dann, wenn sich die gewünschte Gemischmenge im Zylinder befindet, Abb. 4.17. Bei spätem „Einlass schließen" muss das zu viel angesaugte Gemisch während der Kompressionsphase durch das noch offene Einlassventil in das Ansaugrohr zurückgeschoben werden, was höhere Ladungswechselverluste im Vergleich mit frühem „E_s" bedingt. Frühes E_s wird auch bei Dieselmotoren in Verbindung mit der Aufladung und zur Abkühlung der Zylinderladung (NO_x-Reduktion) angewandt (Miller-Verfahren). Das späte E_s wird bevorzugt bei Otto-Motoren angewandt (Atkinson-Verfahren) [52].

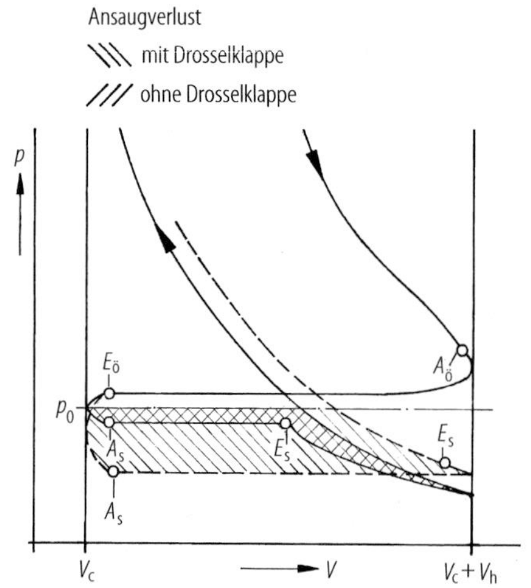

Abb. 4.17 Ansaugverluste bei frühem Einlassschluss E_S (— –) ohne Drosselung bzw. bei konventionellem Ladungswechsel mit Drosselung

Weitere Möglichkeiten eröffnen elektromagnetische bzw. -hydraulische Steuerungen, indem durch frühes Auslass öffnen bzw. spätes Auslass schließen Restgasmengen gezielt zur Gemisch-Verdünnung oder -Aufbereitung genutzt werden können (innere Abgasrückführung).

Ladungswechsel. Er wird durch Größe und Verlauf des freien Querschnitts A_V beeinflusst, wobei zur Beurteilung der sog. Winkel- oder Zeitquerschnitt A_φ bzw. A_Z herangezogen wird,

$$A_\varphi = \int_{\varphi_ö}^{\varphi_s} A_V(\varphi)\,d\varphi \quad \text{bzw.} \tag{4.51}$$

$$A_Z = \int_{t_ö}^{t_s} A_V(t)\,dt = A_\varphi/\omega\,. \tag{4.52}$$

Daraus folgt mit steigender Drehzahl eine Abnahme von A_Z, der durch größere Öffnungsdauer begegnet werden kann.

Für die Überschneidungsphase mit den Ein- und Auslassquerschnitten (A_E bzw. A_A) kann unter vereinfachenden Annahmen ein Ersatzquerschnitt bestimmt werden:

$$A_{red}(\varphi) = \sqrt{(A_E A_A)^2/\left(A_E^2 + A_A^2\right)}\,. \tag{4.53}$$

Bezogen auf die Dauer $\Delta\varphi_{AS}$ des gesamten Arbeitsspiels erhält man damit den „gleichwertigen" Querschnitt $\bar{A}_{red}$ (s. Beispiel Zweitaktmotor: Abb. 4.18)

$$\bar{A}_{red} = \int_{\varphi_ö}^{\varphi_s} A_{red}\,d\varphi/\Delta\varphi_{AS}\,. \tag{4.54}$$

Ladungsdurchsatz. Der Massenstrom an Frischladung folgt aus Gl. (4.42)

$$\dot{m}_{L\,ges} = \lambda_a V_H \varrho_L (n/a) = \dot{m}_{Lz} + \dot{m}_{LS} \tag{4.55}$$

und setzt sich aus Zylinderladungs- und Spülluftdurchsatz zusammen. Bezogen auf den Ansaugzustand folgt daraus der Volumenstrom

$$\begin{aligned}\dot{V}_0 &= \dot{m}_{L\,ges}/\varrho_0 \\ &= \lambda_a V_H (n/a)(p_L/p_0)(T_0/T_L)\,,\end{aligned} \tag{4.56}$$

der bei konstanter Motordrehzahl mit Erhöhung des Ladeluftdrucks steigt bzw. mit steigender Temperatur T_L („Motorschlucklinie") sinkt.

Spülluftmenge. Für den Spülluftstrom gilt näherungsweise mit der Durchflussfunktion $\psi_{L,A}$ aus dem Druck vor und hinter dem Zylinder nach Gl. (4.40)

$$\dot{m}_{LS} = \mu_{red}\,\bar{A}_{red}\,\psi_{L,A}\,\varrho_L\sqrt{RT_L}\,. \tag{4.57}$$

Damit ist die durchgespülte Luftmenge unabhängig von der Drehzahl n, während die insgesamt durchgesetzte Luftmasse proportional mit n zunimmt, Gl. (4.55).

Ladungswechselrechnung. Sie berechnet den Liefergrad und den Zylinderinhalt an Frischgas und dient u. a. der Optimierung der Ventilsteuerung.

Die instationäre Rohrströmung im Ein- und Auslasssystem kann mit Hilfe der instationären Gasdynamik erfasst werden. Dazu wird entweder auf die Theorie der nichtlinearen oder vereinfachend der linearen Wellenausbreitung zurückgegriffen und als Charakteristiken- bzw. akustisches

Verfahren angewendet [14]. Weitere Vereinfachung bringt die sog. Füll- und Entleermethode [42, 46]: Angewendet auf die Abgasleitung eines aufgeladenen Motors, wird das gesamte Leitungssystem als ein Behälter aufgefasst, der durch die einzelnen Zylinder intermittierend aufgefüllt wird und sich durch eine Öffnung konstanten Querschnitts, den Abgasturbolader, kontinuierlich entleert (s. Gl. (4.39)). Dabei werden nur die zeitlichen, nicht die örtlichen Änderungen des Gaszustands in der Leitung berücksichtigt. Die Abweichungen gegenüber dem Charakteristikenverfahren nehmen mit Leitungslänge und Arbeitsspielfrequenz zu, wobei das rechenintensive Charakteristikenverfahren auch Rohrverzweigungen berücksichtigen kann.

Da bei Saugbetrieb die Voraussetzung kleiner Änderungen der Zustandswerte relativ zu den Absolutwerten in den Leitungen weitgehend erfüllt ist, wird bei schnelllaufenden Fahrzeugmotoren meist die akustische Theorie verwendet, die jedoch nicht den Einfluss von Rohrverzweigungen erfasst.

4.3.4 Ladungswechsel des Zweitaktmotors

4.3.4.1 Steuerdiagramm

Nach Abbau des Druckgefälles $p_z - p_A$ während des Vorauslasses zwischen Aö und Eö erfolgt der Ladungswechsel im Vergleich zum Viertaktmotor nur durch Spülen und verlangt neben einer entsprechend großen Überschneidung eine Vorverdichtung der Ladung auf den Spüldruck p_S. Die Steuerzeiten bei einem nur durch Schlitze und den Arbeitskolben gesteuerten Ladungswechsel ergeben ein symmetrisches Diagramm, Abb. 4.16b. Der Querschnittsverlauf (Abb. 4.18) zeigt, dass entsprechend dem Vorauslasszeitquerschnitt auch Ladung verloren gehen kann. Diesen Verlust verhindert, verbunden mit einem Nachladeeffekt, ein unsymmetrisches Steuerdiagramm, bei dem der Einlass nach dem Auslass schließt. Das erfordert voneinander unabhängige Steuerung der Ein- und Auslassöffnungen z. B. durch ein Auslassventil, Abb. 4.20a (veraltet: Gegen-

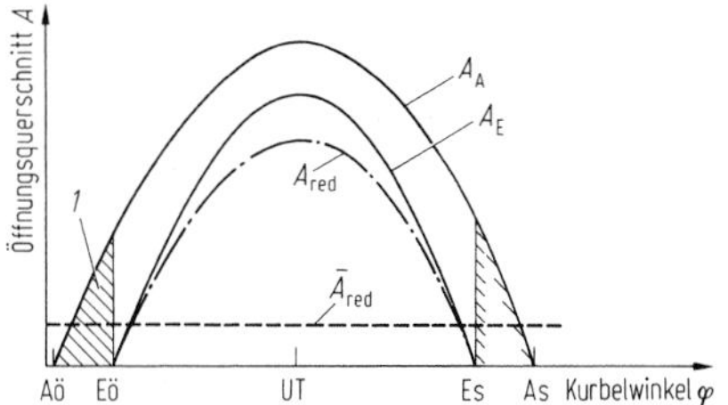

Abb. 4.18 Verlauf von Aus- und Einlassquerschnitt A_A bzw. A_E sowie des Ersatzquerschnittes A_{red} abhängig vom Kurbelwinkel φ, $\bar{A}_{red}$ gleichwertiger Querschnitt. *1* Vorauslass

oder Doppelkolben), bzw. es sind bei reiner Schlitzsteuerung zusätzliche Maßnahmen entweder hinter dem Auslassschlitz oder vor dem Einlass in den Zylinder (Rückschlagventil) erforderlich.

4.3.4.2 Spülverfahren

Spülmodell. Für den Spülvorgang sind zwei Grenzfälle vorstellbar.

Verdrängungsspülung. Es werden die Verbrennungsgase durch das einströmende Frischgas ohne Mischung in der Grenzzone verdrängt. Der Spülgrad ist damit linear vom Luftaufwand abhängig und erreicht bei $\lambda_a = \varepsilon/(\varepsilon - 1)$ den Wert 1 (vollkommene Restgasspülung).

Mischungsspülung. Die Frischladung mischt sich sofort mit dem Zylinderinhalt und verdünnt ihn mit zunehmendem Luftaufwand, sodass für den Spülgrad eine exponentiale Abhängigkeit besteht, Abb. 4.19.

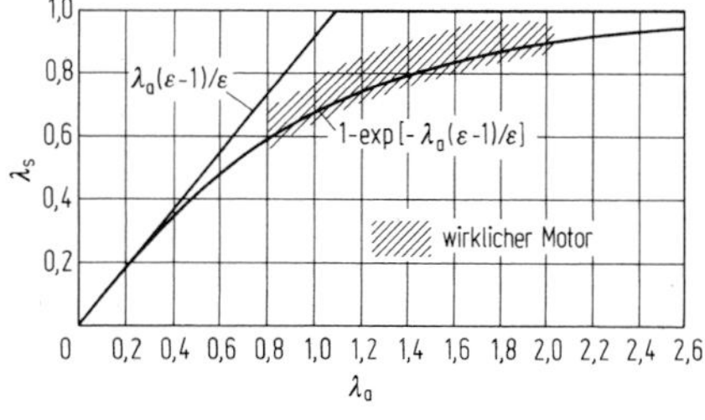

Abb. 4.19 Theoretische Abhängigkeit des Spülgrads λ_s vom Luftaufwand λ_a

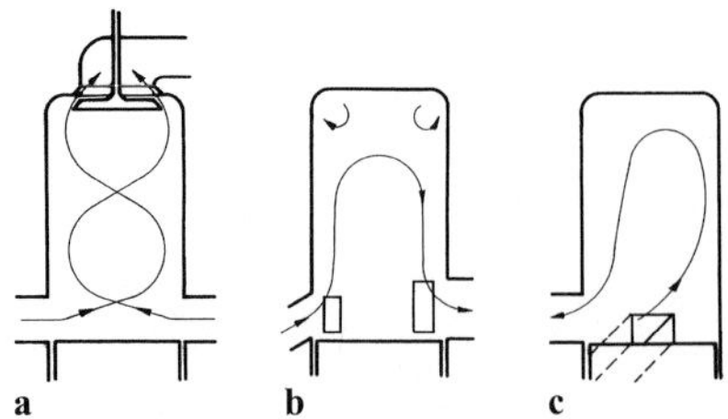

Abb. 4.20 Spülverfahren. **a** Gleichstromspülung mit Auslassventil; **b** Querstromspülung; **c** Schnürle-Umkehrspülung

Der Spülvorgang im wirklichen Motor wird je nach Spülverfahren durch den Verlauf des Spülgrads zwischen beiden Grenzkurven beschrieben. Bei teilweiser Kurzschlußströmung kann λ_s auch unterhalb der unteren Grenzkurve verlaufen.

Gleichstromspülung (Abb. 4.20a). Sie bietet auch bei extrem langen Hüben günstige Voraussetzungen für einen hohen Anteil an Verdrängungsspülung, sodass bei gleichem Luftaufwand die besten Spülgrade erreicht werden. Konstruktiv bedingt ist ein zweites Steuerorgan erforderlich und somit Nachladung möglich. Heutige Diesel-Zweitaktgroßmotoren arbeiten nach diesem Verfahren mit einem hydraulisch gesteuerten Auslassventil.

Querstromspülung (Abb. 4.20b). Der für die Einlassschlitze verfügbare Umfang ist kleiner. Möglichst schräg nach oben gerichtete Einlasskanäle führen das Frischgas längs der Zylinderwand, um Kurzschlußströmung zu vermeiden.

Umkehrspülung. Früher bei Großmotoren eingesetzt (M. A. N.-Umkehrspülung), findet man sie nur noch bei kleinen Zweitakt-Motoren basierend auf der *Schnürle-Umkehrspülung*, bei der zwei schräg gegeneinander gerichtete Einlassströmungen, geführt durch die Zylinderwand, das Ausspülen besorgen, möglichst unter Vermeiden eines Kurzschlusses (Abb. 4.20c).

4.3.4.3 Auslegen der Spülung

Spülluftdurchsatz. Da hier $\dot{m}_{L\,ges} = \dot{m}_{LS}$ ist, gilt für den vom Spülgebläse angesaugten Volu-

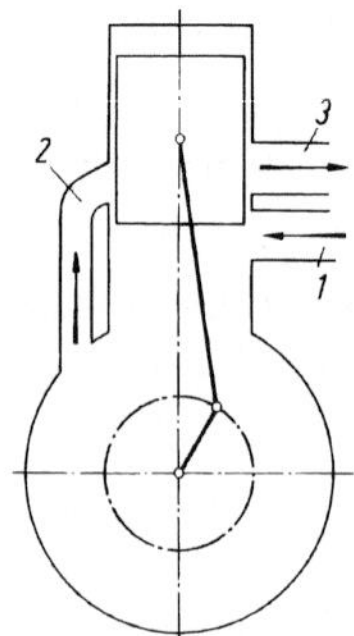

Abb. 4.21 Spülluftverdichtung mittels Kolbenunterseite bei Kurbelkastenspülung (Zweitakt-Kleinmotoren). *1* Lufteinlass, *2* Überströmkanal, *3* Abgasaustritt

menstrom nach Gl. (4.57)

$$\dot{V}_0 = \dot{m}_{L\,ges}/\varrho_0 = \mu_{red}\,\bar{A}_{red}\,\psi_{L,A}(p_L/p_0)\left(T_0\sqrt{R/T_L}\right). \qquad (4.58)$$

Luftaufwand. Es gilt nach Gl. (4.42)

$$\lambda_a = \dot{m}_{L\,ges}/V_H\,\varrho_L\,n = \mu_{red}\,\bar{A}_{red}\,\psi_{L,A}\sqrt{RT_L}/(V_H n). \qquad (4.59)$$

Danach ist λ_a und damit der Spülerfolg abhängig vom Druckverhältnis $p_L/p_A = p_S/p_A$ und vom Spülquerschnitt (Erfahrungswert: $\mu_{red} = 0{,}55\ldots0{,}75$ (0,9) zunehmend mit D bzw. abnehmend mit n). Mit steigender Drehzahl nimmt λ_a ab bzw. erfordert höhere Spüldrücke, was einen Verlust an Nutzleistung bedeutet, wenn das Spülgebläse mit dem Motor gekoppelt ist.

Spüllufterzeugung. Hierzu werden mechanisch gekoppelte Verdichter (z. B. Roots-Drehkolbenverdichter), bei aufgeladenen Zweitakt-Großmotoren elektrisch angetriebene Hilfs-Gebläse für Start und niedrige Teillast oder bei kleinen Motoren die Kolbenunterseite (sog. Kurbelkastenspülung) verwendet, Abb. 4.21. Hierbei wird der Einlass durch die Kolbenunterkante gesteuert und das Frischgas gelangt erst nach der Verdichtung im Kurbelgehäuse durch einen Überströmkanal in den Zylinder.

Für eine genauere Ladungswechselberechnung wird wie in Abschn. 4.3.3 angedeutet verfahren.

4.3.5 Aufladung von Motoren

4.3.5.1 Aufladeverfahren

Unter Aufladung versteht man das Vorverdichten der gesamten oder eines Teils der Ladung, sodass nach Gl. (4.48) mit der spezifischen Nutzarbeit w_e Drehmoment und Leistung zunehmen. Dabei unterscheidet man zwischen Fremd- und Selbstaufladung, erstere wird außer im Versuchsbetrieb nur in Kombination mit der Abgasturboaufladung angewendet. Selbstaufladung kann *ohne* und *mit* Verdichter (mechanische oder Abgasturbo-Aufladung) erfolgen.

Verdichterlose Verfahren. *Schwingsaugrohraufladung.* Durch Ausnutzen der von Drehzahl und Saugrohrlänge abhängigen Saugrohrschwingung werden Aufladegrade von $p_L/p_0 < 1{,}3$ erzielt. Bei Pkw-Ottomotoren eingesetzte Schaltsaugrohre verbinden jeden Zylinder mit einem eigenen Saugrohr variabler Länge, wobei kurze Schwingrohre eine hohe Nennleistung mit Verlust an Drehmoment bei niederen Drehzahlen bedingen, während lange Schwingrohre ein umgekehrtes Verhalten zeigen. Damit wird eine füllige Momentenkurve erzielt.

Comprex-Verfahren. Es ist ein verdichterloses Verfahren, bei dem in einem Druckwandler, einem von der Kurbelwelle her angetriebenen Zellenrad, die Energie der Abgasdruckwellen direkt auf die Frischladung übertragen wird. Das Verfahren weist für Fahrzeugmotoren Vorteile gegenüber der Abgasturboaufladung durch ein höheres Drehmoment im unteren Drehzahlbereich und einen geringeren Rußstoß bei schnellem Beschleunigen auf [15], dagegen Nachteile bei Geräusch und Bauvolumen; bis heute konnte es sich nicht durchsetzen.

Mechanische Aufladung. Ein mechanisch mit der Kurbelwelle gekoppelter Verdichter als Verdrängermaschine (z. B. Roots-, Vielzellengebläse, G-Lader [16]) ermöglicht zwar eine höhere Hochdruckarbeit, die Verdichterarbeit ist jedoch höher als der Gewinn durch die positive Ladungswechselschleife (s. Abb. 4.22: Fläche 1 z–5–8 z–7 z mit $p_A = p_0$). Sie passt sich aber der

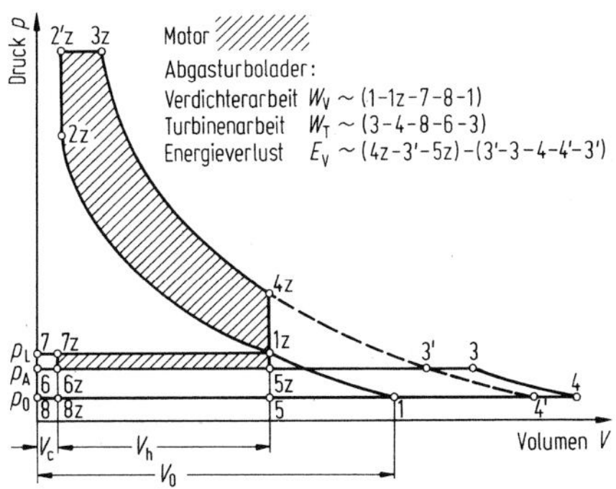

Abb. 4.22 Vergleichsprozess eines abgasturboaufgeladenen Motors (*schraffierte Fläche*, Index z) mit Verdichterarbeit (1–1 z–7–8–1) und Turbinenarbeit (3–4–8–6–3) für reine Stauaufladung

Motorschlucklinie, Gl. (4.56), bei Drehzahländerungen im Fahrbetrieb unmittelbar an, wogegen besonders bei kleinvolumigen Motoren der Ladedruckaufbau beim Abgasturbolader verzögert erfolgt, Abb. 4.23. Trotzdem setzt sich die Abgasturboaufladung auch beim Ottomotor mehr und mehr durch, inzwischen sind etwa 95 % der aufgeladenen Ottomotoren mit Abgasturboladern ausgestattet.

4.3.5.2 Abgasturboaufladung

Die im Abgas enthaltene Energie wird in einer Abgasturbine in mechanische Energie zum Antrieb eines Strömungsverdichters umgewandelt und damit der Druck p_L der Ladeluft erhöht.

Stoßaufladung. Ausgehend vom Vergleichsprozess (Abb. 4.22) wird im Idealfall die gesamte isentrope Expansionsarbeit vom Expansionsend-

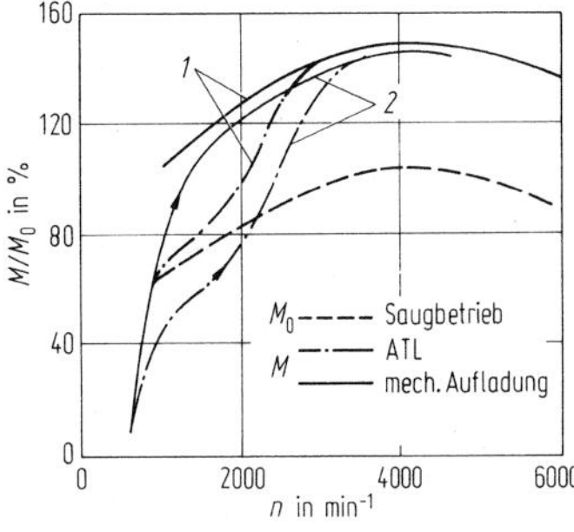

Abb. 4.23 Drehmomentverlauf bei Aufladung eines kleinen Pkw-Motors im Vergleich zum Saugbetrieb. *1* stationär, *2* instationär

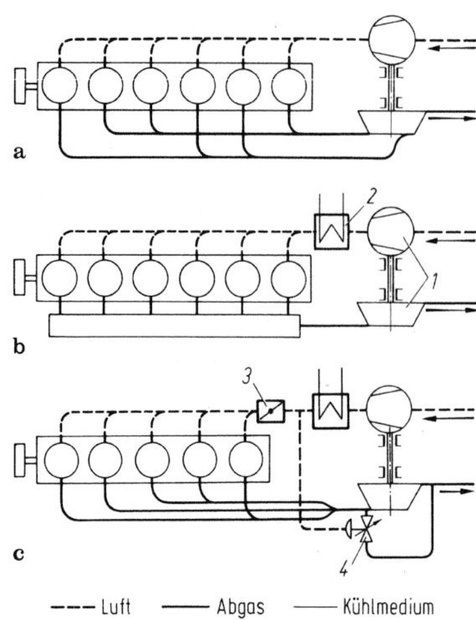

Abb. 4.24 Abgasleitungsführung bei **a** Stoßbetrieb (Zündfolge 1–2–4–6–5–3); **b** Staubetrieb mit Ladeluftkühlung; **c** Mehrstoßaufladung eines Ottomotors mit Abblaseregelung und Ladeluftkühlung. *1* Abgasturbolader, *2* Ladeluftkühler, *3* Drosselklappe, *4* ladedruckabhängiges Abgas-Abblasventil („Waste-Gate")

druck p_{4z} auf Umgebungsdruck p_0 als kinetische Energie in der Turbine verwertet. In Wirklichkeit erfolgt in der Abgasleitung ein Aufstau der Abgase mit starker Pulsation, sodass die Abgasenergie der Turbine in Form von Druck- und Geschwindigkeitsstößen zugeführt wird. Dabei treten kurzzeitig Druckspitzen auf, die ein Mehrfaches des Ladeluftdrucks p_L betragen, sodass Aufladung auch bei geringem Abgasturboladerwirkungsgrad möglich ist. Dazu müssen die Zylinder über relativ enge Abgasleitungen einzeln oder bei geeignetem Zündabstand in Gruppen zusammengefasst (keine gegenseitige Beeinflussung des Ladungswechsels) an die Turbine angeschlossen werden, Abb. 4.24a.

Stauaufladung. Die Abgase werden in einem Abgassammelrohr (Abb. 4.24b) auf Abgasgegendruck p_A aufgestaut, sodass die Turbine mit nahezu konstantem Gefälle betrieben werden kann, Abb. 4.22. Dabei geht allerdings ein Teil des verbleibenden Expansionsverlustes (Fläche 4 z–3′–5 z–4 z, Abb. 4.22) bis auf den Anteil verloren, der zugunsten der Abgasenergie durch Verwirbelung in Wärme umgesetzt wird (Fläche 3′–3–4–4′–3′). Mit steigender Aufladung wird der Verlust jedoch geringer, sodass die Vorteile der Stauaufladung (einfachere Führung der Abgasleitung, geringere Ausschubarbeit des Kolbens infolge schnellen Abbaus des Auspuffstoßes, gleichmäßige Beaufschlagung der Turbine) trotz schlechteren Beschleunigungsverhaltens überwiegen.

Abgasturboladerwirkungsgrad. Mit dem mechanischen Wirkungsgrad des Aggregats, den isentropen Wirkungsgraden η_{Vs} und η_{Ts} für Verdichter bzw. Turbine folgt

$$\eta_{ATL} = \eta_{mA}\,\eta_{Vs}\,\eta_{Ts}\,. \tag{4.60}$$

Verwendet werden einstufige Radialverdichter und -turbinen bei kleinen bzw. Axialturbinen bei größeren Motorleistungen, wobei maximal Wirkungsgrade von $\eta_{ATL} = 0{,}6\ldots0{,}75$ erreicht werden, bei kleinsten Turboladern mit Raddurchmessern von nur 60 mm wenig über 0,4.

Ladeluftdruck. Die mechanische Kopplung zwischen Verdichter und Turbine bedingt Energiegleichgewicht zwischen effektiver Turbinen- und Verdichterarbeit. Bei isentroper Verdichtung von p_0 auf p_L und Entspannung von p_A auf p_0 (keine Pulsation, Rohrleitungsverluste vernachlässigt) folgt daraus mit dem Wirkungsgrad η_{ATL} sowie den Massenströmen $\dot{m}_{L\,ges}$ für Verdichter und $\dot{m}_A = \dot{m}_{L\,ges} + \dot{m}_B$ für Turbine

$$\begin{aligned}\pi_V &= p_L/p_0\\ &= \left(1 + \eta_{ATL}\,\frac{\dot{m}_A\,c_{pA}\,T_A}{\dot{m}_{L\,ges}\,c_{pL}\,T_0}\right.\\ &\qquad \left.\left(1 - \pi_T^{(1-\varkappa_A)/\varkappa_A}\right)\right)^{\varkappa_L/(\varkappa_L-1)}\end{aligned} \tag{4.61}$$

(Stoffwerte s. Abb. 4.2, Abschn. 4.2.2: Index A: Abgas, Index L: Ladung, Luft, Index 0: Ansaugzustand).

Danach ist der Ladeluftdruck abhängig von dem Wirkungsgrad η_{ATL}, dem Druckverhältnis $\pi_T = p_A/p_0$ und den Temperaturen (1. Hauptgleichung des Abgasturboladers). Eine 2. Bestimmungsgleichung folgt für den Durchsatz $\dot{m}_A$ aus Gl. (4.57) mit einem Turbinenersatzquerschnitt statt $\bar{A}_{red}$ und entsprechender Durchflussfunktion für π_T. Dazu liefert das Turbinenkennfeld den drehzahlabhängigen Wirkungsgrad η_{Ts}. Außerdem muss bei gleicher Läuferdrehzahl der

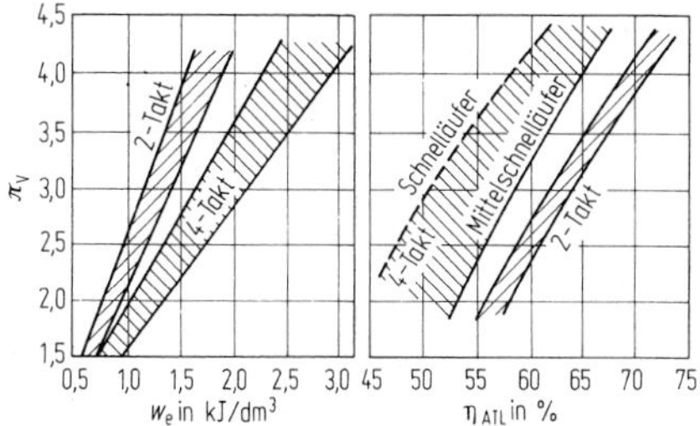

Abb. 4.25 Zusammenhang zwischen Druckverhältnis π_V und spezifischer Nutzarbeit w_e bzw. erforderlichem Turboladerwirkungsgrad η_{ATL} bei Dieselmotoren

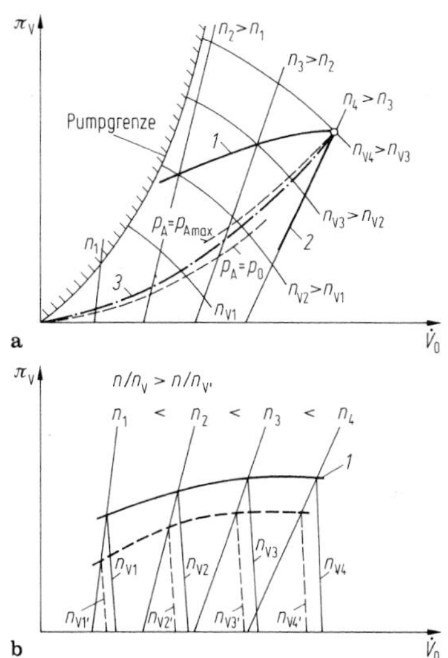

Abb. 4.26 Zusammenwirken von Motor und Verdichter im $\dot{V}_0$, π_V-Diagramm abhängig von der Motor-Bedarfskennung für **a** Abgasturboaufladung bzw. **b** mechanische Aufladung eines mit M = const (*1*) oder n = const (*2*) laufenden Viertaktmotors, *3* Zweitaktmotor mit ATL

Verdichter entsprechend dem Wirkungsgrad η_{Vs} das Ansaugvolumen $\dot{V}_0$, Gl. (4.56), auf p_L verdichten, um die gewünschte Leistungssteigerung zu bekommen, Abb. 4.25.

Ladelufttemperatur. Mit dem Ladeluftdruck p_L bzw. dem Verdichtungsverhältnis $\pi_V = p_L/p_0$ steigt abhängig vom isentropen Verdichterwirkungsgrad η_{Vs} die Temperatur T_L an (Ansaugzustand p_0, T_0 gleich Zustand vor Verdichter)

$$T_L = T_0 + (T_0/\eta_{Vs})\left(\pi_V^{(\varkappa-1)/\varkappa} - 1\right) . \quad (4.62)$$

Ladeluftkühlung. Hierdurch kann für gleiches w_e bei verringertem Ladedruck die mechanische und thermische Belastung des Motors herabgesetzt werden. Daher werden Zweitaktmotoren immer mit Ladeluftkühler ausgerüstet, ebenso wegen Klopfgefahr fast alle Gas- und Ottomotoren. Bei Viertaktdieselmotoren ist zur Reduktion der NO_x-Emission die LLK inzwischen ebenfalls Standard. Die LLK kann vereinfacht als eine direkte Luft/Luft-Kühlung oder effizienter indirekt über ein Kühlmittel (z. B. Wasser) gekühlt werden [42, 53].

Zusammenwirken von Motor und Verdichter. In einem $\dot{V}_0$, π_V-Diagramm lassen sich Liefer- (Verdichter) und Bedarfskennung (Motor) gemeinsam darstellen. Strömungsverdichter müssen so betrieben werden, dass der Betriebspunkt sich rechts von der „Pumpgrenze“ befindet, vgl. Abb. 4.26a (s. a. Abschn. 6.7), wobei bei konstanter Verdichterdrehzahl n_V das Druckverhältnis mit steigendem Durchsatz nach einer annähernd quadratischen Abhängigkeit abnimmt. Den Bedarf des Motors liefert als „Motorschlucklinie“ für den Viertaktmotor Gln. (4.56) bzw. (4.58) für den Zweitaktmotor: Zum einen erhält man, Ladeluftkühlung vorausgesetzt (T_L = const), für n = const Geraden mit abnehmender Steigung bei zunehmendem Spülluftanteil, zum anderen eine von der Motordrehzahl unabhängige parabelförmige Kurve, die durch den mit zunehmendem Durchsatz $\dot{V}_0$ und Druckverhältnis π_V steigenden Abgasgegendruck $p_0 < p_A < p_{A\,max}$ beeinflusst wird. Sie entspricht damit etwa der Motorbetriebslinie unabhängig von der Betriebsart, wogegen beim Viertaktmotor nur beim Generatorbetrieb (n = const) die Betriebslinie mit der Bedarfslinie übereinstimmt. Beim Motorbetrieb für m = const sinkt mit abnehmender Leistung bei geringerem Durchsatz auch die Abgasenergie vor Abgasturbine, folglich fallen Turboladerdrehzahl und Ladedruck p_L.

Bei mechanischer Aufladung mit Verdrängerlader, Abb. 4.26b, zeigen die Lieferkennlinien wegen zunehmender innerer Verluste mit steigender Aufladung einen geringeren Durchsatz an. Bei einem konstanten Drehzahlverhältnis n_V/n erfolgt mit abnehmender Motordrehzahl und folglich sinkendem Durchsatz für Motorbetrieb mit M = const eine leichte Abnahme des Ladedrucks; für n = const bleibt im gesamten Lastbereich der Ladedruck gleich. Wechsel des Drehzahlverhältnisses verschiebt die Motorbetriebslinien auf ein anderes Druckniveau. Für den Zweitaktmotor folgt die Bedarfskennung aus dem Durchsatz für $p_A = p_0$.

4.3.5.3 Anwendung der Aufladung

Dieselmotoren. Nahezu alle Dieselmotoren werden heute serienmäßig mit Abgasturboaufladung betrieben [38, 40, 42].

Um die mit p_L steigenden Zünddrücke und Temperaturen zu begrenzen, werden Drucksteigerung p_{max}/p_c und Verdichtungsverhältnis ε gesenkt. Einbußen am Wirkungsgrad η_V, s. Gl. (4.11) werden durch ein höheres Luftverhältnis ($\lambda > 2{,}0$) teilweise kompensiert, vgl. Abb. 4.3, wobei gleichzeitig die thermische Belastung sinkt. Da mit steigendem Arbeitsdruck die Wandwärme- (η_g) und insbesondere die Reibungsverluste (η_m) relativ abnehmen, steigt der effektive Wirkungsgrad des aufgeladenen Motors. Mit Verdichtung (Abb. 4.25) und Hochaufladung (Leistungssteigerung über 100 %) erreichen Viertaktmotoren bei ($6 > \pi_V > 2{,}5$) spezifische Nutzarbeiten von $w_e = 2\ldots3{,}0\,\mathrm{kJ/dm^3}$, große Zweitaktmotoren $w_e = 1{,}5\ldots1{,}7\,\mathrm{kJ/dm^3}$, bei einstufiger, die höheren Werte bei zweistufiger Aufladung.

Bei schnelllaufenden Hochleistungs-Dieselmotoren wird die Verdichtung zurückgenommen, um den Spitzendruck zu senken, was Start- und Teillastverhalten beeinträchtigt [17] und die Verbrennungstemperaturen reduziert (NO_x).

Heute kommen bei Pkw-Motoren sowohl einstufige als auch zweistufige Kombinationen von Register- und Stufenaufladung sowie variabler Turbinengeometrie [54] zum Einsatz. Kann ein Viertaktmotor unter Verzicht auf Spülung auch mit einem Druck $p_L < p_A$ betrieben werden, so erfordert die Spülung beim Zweitaktmotor ein $p_L/p_A = 1{,}1\ldots1{,}2$ und damit wegen erhöhter Verdichterarbeit infolge des Spülluftbedarfs bei verringerter Abgastemperatur höhere Wirkungsgrade η_{ATL}, Abb. 4.25. Hinzu kommt, dass der Zweitaktmotor mit ATL nur eine Strömungsstrecke zwischen zwei Strömungsmaschinen darstellt, vergleichbar mit einer offenen 1-Wellen-Gasturbinenanlage, sodass eine Erhöhung des Luftdurchsatzes stärker als beim Viertaktmotor vom Durchflusswiderstand des Motors, s. Gl. (4.58) und dem Wirkungsgrad η_{ATL} abhängt. Während Start und niedriger Teillast sorgen bei reiner Abgasturboaufladung vorgeschaltete, fremdangetriebene Gebläse für die Spülluft, sodass nachgeschaltete Kolbenunterseiten oder zusätzliche Spülpumpen (kombinierte Aufladung) entfallen. Zur Verbesserung des dynamischen Verhaltens werden heute zusätzlich elektrisch angetriebene Verdichter als sog. e-Booster eingesetzt. Die Umstellung auf das 48 V-Bordnetz erlaubt leistungsfähige Verdichter einzusetzen [55].

Ottomotoren. Sinnvoll ist eine Aufladung nur im Bereich der Volllast, da im Teillastgebiet meist eine Drosselung erforderlich ist. Da mit der Ladeluftverdichtung außerdem die Neigung zu klopfender Verbrennung zunimmt, ist neben ε-Senkung und Ladeluftkühlung auch Spätzündung bzw. Zündzeitpunktregelung über als Körperschallaufnehmer arbeitende Klopfsensoren angebracht. Problematisch ist der für Pkw-Motoren typische große Drehzahlbereich und das schon bei niedrigen Drehzahlen geforderte hohe Drehmoment und die hohen Abgastemperaturen. Dem wird durch Wahl eines kleinen ATL mit möglichst geringem Massenträgheitsmoment entsprochen, sodass bei ca. $0{,}4\ n_N$ der maximale Ladeluftdruck schon erreicht wird und ein vom Ladedruck gesteuertes Abgas-Abblaseventil (Wastegate) erforderlich wird, Abb. 4.24c, um Verbrennungshöchstdruck und Klopfgefahr zu mindern. Druckabnahme vor Drosselklappe vermeidet unnötige Laderarbeit. Gegenüber einem Saugmotor gleicher Volllastleistung besteht der Vorteil hinsichtlich vergleichsweise geringerer Reibung eines kleineren Triebwerks, dem ein geringerer thermischer Wirkungsgrad gegenübersteht (ε-Senkung, Downsizing). Der ATL setzt sich inzwischen bei Ottomotoren mehr und mehr durch. Die Kombination ATL, Direkteinspritzung und variabler Ventiltrieb ermög-

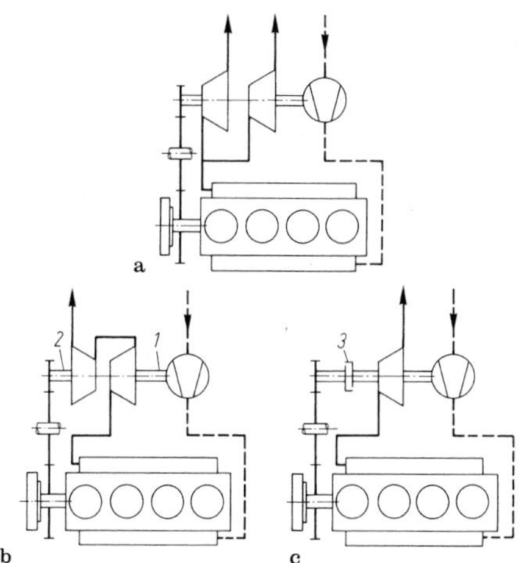

Abb. 4.27 Anwendung von Turbo-Compound mit Nutzturbine. **a** Parallel-, **b** Serien-, **c** Direkt-Schaltung. *1* Abgasturbolader, *2* Nutzturbine mit Untersetzungsgetriebe, *3* Überholkupplung

licht eine Optimierung des Verbrennungsprozesses [43].

Turbo-Compound. Verbesserte Abgasturboladerwirkungsgrade ermöglichen gleichen Ladedruck bei niedrigerem Abgasdruckgefälle, was aufgrund besserer Spülung und zunehmender positiver Ladungswechselarbeit den Wirkungsgrad η_e steigert, ferner, vom Turbolader nicht benutzte Abgasenergie in einer Nutzturbine zur Erzeugung mechanischer (elektrischer) Energie zu verwenden (Waste Heat Recovery, WHR) [42]. Zweitakt- bzw. Viertakt-Dieselgroßmotoren bevorzugen Parallelschaltung, Abb. 4.27a, wobei bei einer Abgas-Abzweigrate von 10 bis 14 % eine Verbrauchsminderung von ca. 5 g/kWh bei Nennleistung möglich ist. Der wegen des geringeren Abgasstroms verringerte Turbinenquerschnitt der Turboladerturbine bewirkt außerdem im Teillastbereich bessere Abgasenergienutzung, ebenfalls mit Vorteil für den Verbrauch. Für Nfz-Motoren ist die Reihenschaltung günstiger, Abb. 4.27b, und u. U. sinnvoll bei Überland-Langstreckenverkehr. Eine Vereinfachung stellt die Schaltung in Abb. 4.27c für Mittelschnellläufer dar, wo nach entsprechender Verkleinerung der Abgasturbine bei Schiffsmotoren eine Wirkungsgradverbesserung im gesamten Betriebsbereich zu erwarten ist. Eine Überholkupplung verhindert ein Mitschleppen des Turboladers im Teillastbereich zu Lasten des Wirkungsgrades. Nachteilig ist die geringere Abgastemperatur für die Abgasnachbehandlungskomponenten.

4.4 Verbrennung im Motor

4.4.1 Motoren-Kraftstoffe

Sie können gasförmig oder flüssig sein, feste Brennstoffe werden indirekt verwendet (Vergasung, Entgasung, Verflüssigung) [38, 41, 42, 48].

Flüssige Kraftstoffe. Sie sind vorwiegend Kohlenwasserstoffe hoher Energiedichte auf Erdölbasis, gut speicher- und transportierbar. Die Emissionsreduzierung, besonders CO_2, sowie der Wunsch nach größerer Unabhängigkeit vom Erdölmarkt zwingt zur Suche nach alternativen Kraftstoffen. Aussichtsreich hinsichtlich Herstellung und verfügbarer Rohstoffe (Kohle bzw. pflanzliche Stoffe) sind Methanol CH_3OH und Ethanol C_2H_5OH, z. B. in Mischung mit Benzin für Ottomotoren. Dieselkraftstoffe auf der Basis von Biomasse sowie Bioalkohol der sogen. 2. Generation tragen wesentlich zur Verringerung von klimarelevanten CO_2-Emmissionen bei. Langfristig gesehen ist, sofern verfügbar, der Einsatz von Wasserstoff möglich, womit die Atmosphäre global entlastet wird [46, 48]. Jedoch ist zunächst der Ersatz von Erdöl bei anderen Verbrauchern (Kraftwerke, Raumheizung) problemloser und daher sinnvoller.

Kraftstoffanforderungen. Sie sind unterschiedlich, je nach Verbrennungsverfahren: Ottomotoren verlangen leicht siedende und zündunwillige, Dieselmotoren zündwillige Kraftstoffe.

Oktan- und Methanzahl. Die Zündneigung und Klopffestigkeit (s. Abschn. 4.4.2) wird bei Flüssigkraftstoffen durch die Oktanzahl, bei Gasen durch die Methanzahl (Tab. 4.2) angegeben. Dazu wird die Zündwilligkeit des Kraftstoffs verglichen mit der eines Bezugskraftstoffs, eines

4

Tab. 4.2 Klopffestigkeit verschiedener Brenngase ausgedrückt durch die Methanzahl

Gasart	Chem. Zeichen	Methanzahl
Wasserstoff	H_2	0
Butan	C_4H_{10}	10
Butadien	C_4H_5	12
Ethylen	C_2H_4	15
β-Butylen	C_4H_8	20
Propylen	C_3H_6	18,6
Isobutylen	C_4H_8	26
Stadtgas[a]		52
Propan	C_3H_8	33,5
Ethan	C_3H_6	43,7
Kohlenoxid	CO	75
Erdgas[b]		77
Erdgas[c]		78,5
Methan	CH_4	100
Klärgas[d]		133,8

Anteile chemischer Verbindungen in %

	CH_4	C_2H_6	C_3H_8	C_4H_{10}	CO_2	N_2	CO	H_2
a	26				17,8		14,8	53,4
b	84	5,6	1,7	0,7	1,6	6,4		
c	81,9	3,4	0,7	0,6	1,2	12,2		
d	65				35			

Gemisches aus einer zündunwilligen Komponente (Iso-Oktan $\hat{=}$ Oktanzahl 100 bzw. Methan CH_4 $\hat{=}$ Methanzahl 100) mit einer zündwilligen (n-Heptan C_7H_{16} $\hat{=}$ Oktanzahl 0 bzw. Wasserstoff H_2 $\hat{=}$ Methanzahl 0). Oktanzahlen werden ferner nach den Prüfbedingungen unterschieden: Üblich sind R(esearch)-OZ und M(otor)-OZ.

Schwefelgehalt. Da Schwefel die Partikelemission fördert und Katalysatoren (s. Abschn. 4.7.3) schädigt, ist der Kraftstoffschwefel weitgehend zu eliminieren: In der EU max. 10 ppm S seit 2009.

Weitere Merkmale. Wichtig sind neben dem Heizwert für den Ottomotor Siedeverhalten und Flüchtigkeit (EN 228), für den Dieselmotor (Dk: DIN EN 590) die die Zündwilligkeit beschreibende Cetanzahl ≥ 51, ferner Viskosität, Verkokungsrückstand (DIN 51 551), Schwefel- sowie Vanadium-, Aluminium- und Wassergehalt bei Schwerölen [18].

Kraftstoffvergleich. Bei unterschiedlichen Kraftstoffen ist bei gleicher Nutzarbeit und gleichem Wirkungsgrad η_e die zuzuführende Kraftstoffmenge dem jeweiligen Heizwert H_i umgekehrt proportional, der Energieinhalt der Zylinderladung und damit die Motorleistung proportional dem Gemischheizwert h_i, Gl. (4.5). Daher steigt z. B. der spezifische Kraftstoffverbrauch (s. Abschn. 4.7.1) bei Methanolbetrieb auf etwa das Doppelte an (Superbenzin $H_i = 41\,170\,\mathrm{kJ/kg}$, Methanol $H_i = 19\,600\,\mathrm{kJ/kg}$), jedoch entstehen wegen nahezu gleicher Gemischheizwerte keine größeren Leistungseinbußen (Superbenzin: $h_i = 2750\,\mathrm{kJ/kg}$, Methanol $h_i = 2650\,\mathrm{kJ/kg}$ für stöchiometrische Mischung: $\lambda = 1$).

4.4.2 Gemischbildung und Verbrennung im Ottomotor

4.4.2.1 Normale Verbrennung

Für konventionelle Ottomotoren ist sie gekennzeichnet durch: äußere Gemischbildung, homogenes Kraftstoff-Luftgemisch, gesteuerte Fremdzündung, Lastbeeinflussung durch Füllungsänderung (oft auch „Quantitätsregelung“ genannt) [43].

Gemischbildung. Gasförmige Kraftstoffe werden meist in einer Mischkammer kurz vor Eintritt in den Zylinder oder durch Direkteinblasung im Zylinder mit der Luft gemischt. Für flüssige Kraftstoffe benötigt man zusätzliche Zerstäubungseinrichtungen. Die anfänglich verwendeten Vergaser wurden (außer bei Klein- und Hilfsmotoren) durch die Niederdruck-Einspritzung des Kraftstoffs in das Sammelsaugrohr oder das zylinderindividuelle Saugrohr nahe dem Einlassventil ersetzt. Alternativ wird bei Ottomotoren heute mehr und mehr die direkte Einspritzung in den Brennraum angewandt, um die Vorteile hinsichtlich Wirkungsgrad (Verringerung der Ansaugverluste, s. Abb. 4.17, höheres Verdichtungsverhältnis möglich) und Emissionsverhalten zu nutzen, s. Abschn. 4.5.4. Dabei kann das Ziel für die Gemischbildung eine homogene oder eine inhomogene Verteilung des Kraftstoffes im

Brennraum sein. Letzteres Verfahren bezeichnet man als Ladungsschichtung; sie werden den sog. Hybridmotoren zugerechnet, s. Abschn. 4.4.4 und 4.5.4.

Zündung. Bei Benzindampf-Luftgemischen liegen die Zündgrenzen im praktischen Betrieb zwischen $\lambda > 0{,}6$ (fett) und $\lambda < 1{,}3$ (mager). Der Zündfunke einer elektrischen Entladung führt dem Gemisch kurz vor OT örtlich eine so hohe Energie zu, dass die in der Nähe befindlichen Moleküle zerfallen und komplex ablaufende Vorreaktionen einleiten, die schließlich zur Verbrennung führen.

Verbrennung. Sie breitet sich aus, wenn die freiwerdende Energie genügt, um benachbarte zündfähige Gemischteile zur Reaktion zu bringen. Bei normaler Verbrennung erfolgt die Flammenausbreitung ohne sprunghafte Geschwindigkeitsänderungen, sodass sich die Flammenfront nahezu kugelförmig von der Zündkerze aus fortpflanzt, s. Abb. 4.28.

Flammenfrontgeschwindigkeit. Sie besteht aus der Brenngeschwindigkeit c_B relativ zum unverbrannten Gemisch und der Geschwindigkeit c_T, mit der die Flammenfront durch Eigenbewegung des Gasgemisches transportiert wird: $c_F = c_B + c_T$.

Verbrennungsvorgang. Motordrehzahl und Brennraumgeometrie beeinflussen die Transportgeschwindigkeit c_T, chemische Zusammensetzung des Kraftstoffs, Luftverhältnis λ sowie Zustand des Gemisches die Brenngeschwindigkeit c_B, die bei steigendem Druck geringfügig abnimmt, wogegen höhere Temperaturen die Reaktionsgeschwindigkeit steigern. Mit $c_B \approx 7\,\text{m/s}$ bei ruhendem Gemisch (Bombenversuch) erreicht die Flammenfrontgeschwindigkeit während der Verbrennung maximale Werte von $c_F = 60 \ldots 100(150)\,\text{m/s}$ bzw. im Mittel 10 bis 40 m/s. Entscheidend ist die durch den Einlassvorgang und die Brennraumgeometrie beeinflussbare Transportgeschwindigkeit. Hohe Turbulenz der Strömung begünstigt den Mischungsvorgang, während gerichtete Strömungen die Bildung eines homogenen Gemisches behindern. Der Einfluss von λ auf die Brenngeschwindigkeit wirkt sich über den Brennverlauf auch auf die Motorleistung aus, wogegen der effektive Wirkungsgrad in erster Linie von der Vollkommenheit der Verbrennung bestimmt wird, Abb. 4.29. Ein wirtschaftlicher Betrieb verlangt daher Anpassung von λ: Teillast – mageres Gemisch ($\lambda > 1$), Volllast – fettes Gemisch ($\approx 0{,}85 \ldots 0{,}9$), Leerlauf – überfettes Gemisch wegen der Verdünnung durch hohen Restgasanteil ($\lambda < 0{,}9$). Andere Kraftstoffe als Benzin weisen abweichende Explosions- oder Zündgrenzen auf (Methanol: $\lambda = 0{,}34 \ldots 2{,}0$, Wasserstoff: $\lambda = 0{,}14 \ldots 10$).

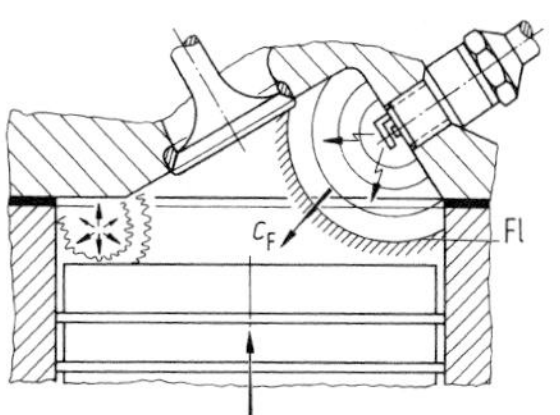

Abb. 4.28 Nichtnormale Verbrennung beim Ottomotor durch Zündungsklopfen, *Fl* Flammenfront

Ansaugdrosselung. Da wegen der Zündgrenzen das Luftverhältnis nur in engen Grenzen veränderbar ist, müssen Belastungsänderungen über den Liefergrad λ_l durch zusätzliche Drosselung im Ansaugkanal ausgeglichen werden, s. Gl. (4.49), was den Teillast-Wirkungsgrad verschlechtert, s. Abb. 4.5b. Durch Einsatz variabler Ventilsteuerungen kann diese negative Drosselwirkung weitgehend vermieden werden.

4.4.2.2 Gestörte Verbrennung

Zündungsklopfen. Hierbei entzündet sich ein Teil des von der Flammenfront noch nicht erfassten Gemisches, auch Endgas genannt, von selbst und verbrennt so heftig, dass Druckwellen hoher Frequenz entstehen, die Klopf- und Klingelgeräusche sowie thermische und mechanische Überbeanspruchung von Bauteilen (Kolben und Lager) verursachen. Der Selbstzündung voraus gehen ab 750 bis 800 °C einsetzende Vorflammenreaktionen, wenn die Temperatur des Endga-

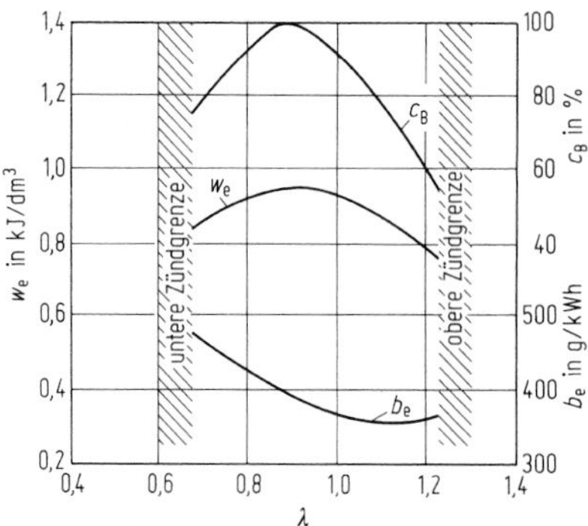

Abb. 4.29 Einfluss von Luftverhältnis λ auf Brenngeschwindigkeit c_B, spez. Nutzarbeit w_e und Verbrauch b_e eines Ottomotors

ses infolge Verdichtung, Wärmefreisetzung und Flammenstrahlung steigt, Abb. 4.28.

Oberflächenzündung (Glühzündung). Die initiierende Wärmezufuhr an das Gemisch erfolgt unabhängig vom Zündzeitpunkt durch heiße Stellen der Brennraumoberfläche, z. B. durch glühende Ölkohlebeläge, vorstehende Dichtungskanten, Zündkerzen zu niedrigen Wärmewerts. Treten solche Selbstentflammungen sporadisch auf ohne die oben beschriebenen äußeren Ursachen, spricht man von Vorentflammung [46].

Frühzündung. Sie setzt vor Erreichen des Zündzeitpunktes ein und führt oft zu schwerwiegenden Motorstörungen.

Nachzündung. Sie erfolgt wie Zündungsklopfen nach der eigentlichen Zündung und kann hörbar (klopfend) oder nicht hörbar ablaufen.

Vermeiden von Störungen. Zündungsklopfen wird vermieden, wenn die für den Ablauf der Vorflammenreaktionen bis zur Selbstzündung erforderliche Zeit t_{VR} länger als die von der Flammenfront zum Erfassen des Endgases benötigte Zeit t_F ist. Kurze Brennwege durch mittige Zündkerzenanlage und kompakten Brennraum, Erhöhen von Transportgeschwindigkeit c_T durch Ausnutzen turbulenter Quetschströmungen (s. Abb. 4.30) und hohe Brenngeschwindigkeit c_B bei optimalem Luftverhältnis λ (s. Abb. 4.29) verkürzen t_F. Brennstoffe höherer Oktanzahl, Zusatz von klopfhemmenden Additiven, Vermeiden einer zu

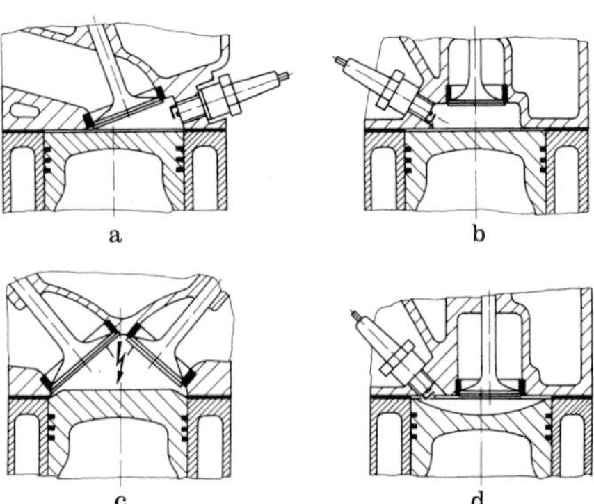

Abb. 4.30 Brennräume von Ottomotoren. **a** Keilform; **b** Wannenform; **c** Halbkugelbrennraum (kompakt, mittige Zündkerzenanlage); **d** Heron-Brennraum mit Kolbenmulde (**a, b** mit Quetschströmung infolge Kolbenüberdeckung)

starken Erwärmung des Endgases durch Anordnung der Zündkerzen nahe dem heißen Auslassventil, Zurücknahme des Zündzeitpunkts auf spät, Verringerung des Verdichtungsverhältnisses und niedrige Ansaugtemperatur der Ladung verzögern die Vorreaktionen. Oberflächenzündung kann hauptsächlich durch Beseitigung von Motorablagerungen vermieden werden, andere Maßnahmen (OZ-Erhöhung, Spätzündung) sind weniger wirksam.

4.4.3 Gemischbildung und Verbrennung im Dieselmotor

4.4.3.1 Zündung und Verbrennung

Charakteristisch für den Dieselmotor sind: innere Gemischbildung, heterogenes Kraftstoff-Luftgemisch, Selbstzündung und Lastbeeinflussung durch Änderung des Luftverhältnisses über die Kraftstoffmasse (sog. „Qualitätsregelung") [42].

Gemischbildung. Der Kraftstoff wird erst kurz vor dem oberen Totpunkt durch eine Düse in die hochverdichtete heiße Luft eingespritzt, wobei sich der Strahl in einzelne Kraftstofftröpfchen unterschiedlicher Größe und Durchschlagskraft aufteilt und ein heterogenes Gemisch entsteht. Die Selbstzündung setzt ein entsprechend hohes Verdichtungsverhältnis voraus, dessen unterer Grenzwert mit dem steigenden Kolbendurchmesser abnimmt ($\varepsilon = 19 \ldots 11$).

Zündverzug. Hiermit wird die Zeit zwischen Einspritzbeginn und dem durch Druckzunahme gegenüber dem Kompressionsdruckverlauf messbaren Verbrennungsbeginn bezeichnet, der von motorischen, chemischen und physikalischen Einflüssen abhängt. Da während des Zündverzugs und bis in die Verbrennungsphase hinein Kraftstoff in den Brennraum eingespritzt wird (vgl. Abb. 4.40), darf während des Zündverzugs nur soviel zündfähiges Gemisch gebildet werden, dass starke Drucksteigerungen vermieden werden ($\mathrm{d}p/\mathrm{d}\varphi \leqq 6 \ldots 8\,\mathrm{bar}/°\mathrm{KW}$), die sonst zu hartem Gang (Nageln) und zur Überbeanspruchung der Bauteile führen. Großer Zündverzug begünstigt das Nageln und ist vom Zustand der Ladung sowie vom Luftverhältnis abhängig [19, 44].

Verbrennung. Sie setzt bei einzelnen Brennstofftröpfchen ein, indem durch Wärmeaufnahme aus der umgebenden heißen Luft Sieden und Verdampfen eintritt. Durch gegenseitige Diffusion von Kraftstoffdampf und Luft entsteht um den noch flüssigen Kraftstoffrest eine Mischungszone unterschiedlicher Konzentration entsprechend einem von Null (Tropfenoberfläche) auf Unendlich zunehmenden Luftverhältnis. Entsprechend den Zündgrenzen bei homogenen Gemischen kommt es im Bereich stöchiometrischen oder fetten Mischungsverhältnisses bei genügend hoher Temperatur zur Selbstzündung, die Verdampfung und Diffusion beschleunigt sowie die Entzündung benachbarter Tröpfchen anregt.

Rußbildung. Entsprechend dem Siedeverhalten des Kraftstoffes verbrennen zuerst die Moleküle mit hohem H-Anteil, während schwersiedende Anteile zum Teil Crackreaktionen unterliegen. Dabei können schwerentzündbare Moleküle aus nahezu reinem Kohlenstoff entstehen und bei niedrigen Verbrennungstemperaturen im Abgas als unverbrannter Ruß verbleiben (Schwarzrauch). Er verursacht auch die stark leuchtende Gelbfärbung einer Diffusionsflamme, wogegen vorgemischte Flammen von blauer Farbe sind (Ottomotor).

Die beim Dieselmotor auftretenden Vorgänge der Diffusionsflamme führen zu einer statistischen Verteilung der Entzündung und damit zu einem nahezu gleichartigen Verbrennungsablauf von Arbeitsspiel zu Arbeitsspiel. Dagegen führt die feste Zündquelle mit den wechselnden Zündbedingungen infolge Inhomogenitäten des Gemisches und Strömungseinflüssen beim Ottomotor zu großen Verbrennungsdruckunterschieden. Heterogene Gemische ermöglichen aber auch kleinste Kraftstoffmengen bei großem Gesamtluftverhältnis zu verbrennen, sodass das Drehmoment der Änderung des Luftverhältnisses folgt.

Die Schwierigkeit, in kürzester Zeit (ca. 1 bis 2 ms bei schnelllaufenden Fahrzeugmotoren) eine Gemischbildung und Verbrennung mit möglichst hoher Luftausnutzung zu erreichen, begrenzt die Maximaldrehzahl und führte zur Entwicklung unterschiedlicher Gemischbildungsverfahren. Man unterscheidet Verfahren der indirekten Einspritzung (IDE,IDI) mit Aufteilung des Brennraums auf Zylinderraum V_Z und Zylinderkopf sowie der direkten Einspritzung (DE,DI) in den ungeteilten Brennraum.

4

4.4.3.2 Indirekte Einspritzung IDE (geteilter Brennraum)

Entwicklung. Bei Pkw-Dieselmotoren wurden zunächst Verfahren mit indirekter Einspritzung entwickelt, um eine schnelle Gemischbildung und Verbrennung innerhalb des vorgegebenen Zeitfensters (< 2 ms) zu ermöglichen. Aus der Aufteilung von Gemischbildung und Verbrennung auf Neben- und Hauptbrennraum folgt eine „verschleppte" Verbrennung mit geringerer Drucksteigerung $p_{\max}/p_c$ und Vorteilen für Laufruhe (Fahrkomfort) sowie Abgasemission (NO_x), jedoch bei höherem Verbrauch (kleiner Gleichraumanteil) sowie Neigung zur Rußbildung. Ebenfalls verbrauchserhöhend wirken sich bei IDE-Motoren, die heute nicht mehr angewandt werden, die internen Strömungsverluste beim Überschieben der Ladung sowie das größere Oberflächen-Volumenverhältnis (Wandwärmeverluste) aus. Dies erfordert außerdem Starthilfe mittels Glühkerze oder -stift und ein höheres Verdichtungsverhältnis zum Erreichen der Selbstzündungstemperatur.

Wirbelkammer-Verfahren. Bei diesem früher häufig verwendeten Verfahren verbindet ein relativ weiter Überströmkanal den Hauptbrenn-

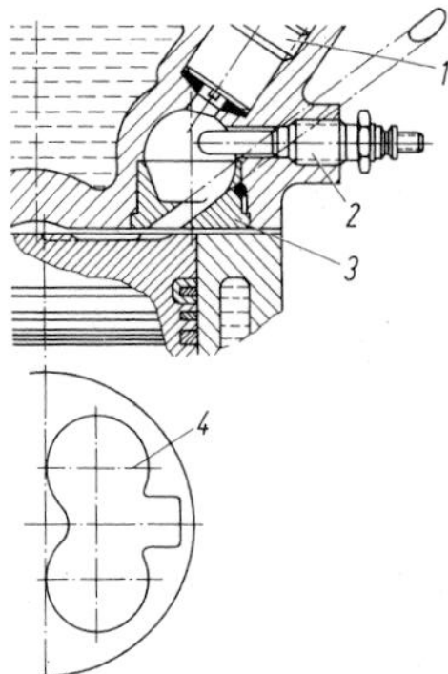

Abb. 4.31 Wirbelkammer, Typ Ricardo Comet Mark V, eines Pkw-Dieselmotors (VW-Golf-Diesel). *1* Einspritzdüse, *2* Starthilfe (Glühstift), *3* wärmespeichernder Einsatz, *4* Wirbelmulde im Kolben bei Draufsicht

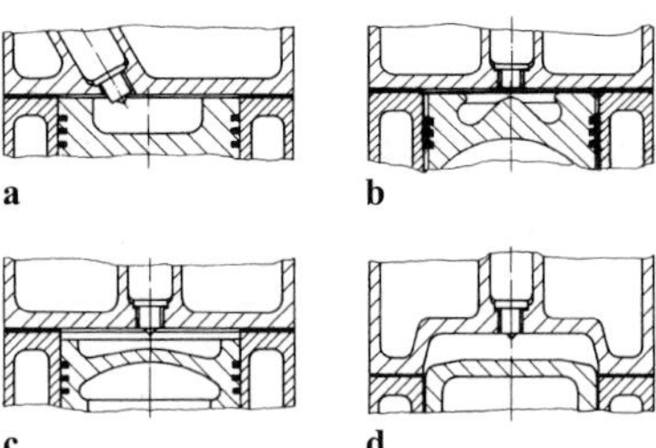

Abb. 4.32 Ungeteilte Brennräume von Dieselmotoren. **a** Ältere Muldenform mit teilweiser Wandanlagerung des Kraftstoffes; **b** Doppelwirbel-Brennraum mit Ausnutzung von Quetsch- und Drallströmung; **c** Viertakt-Mittelschnellläufer (Hesselman-Form); **d** Zweitakt-Großmotor

raum mit der kugel- oder scheibenförmigen Wirbelkammer im Zylinderkopf. Der dort bei der Verdichtung entstehende Luftwirbel bedingt eine gute Gemischbildung. Durch den nach der Entzündung eines Teils des Kraftstoffes steigenden Druck verlagert sich die Verbrennung in den Hauptbrennraum, der ca. 50 % des Kompressionsvolumens ausmacht, Abb. 4.31.

Vorkammer-Verfahren. Der in der im Zylinderkopf befindlichen Vorkammer ($V_{VK}/V_c = 0{,}2\ldots0{,}35$) durch Teilverbrennung von in die Kammer eingespritztem Kraftstoff erzeugte Überdruck verlagert die Gemischbildung überwiegend in den Hauptbrennraum, wobei enge Verbindungsbohrungen hohe Strahlgeschwindigkeiten mit hoher Turbulenz erzeugen, welche die Gemischaufbereitung in Neben- bzw. Hauptbrennraum bei hoher Luftausnutzung wirksam unterstützen.

4.4.3.3 Direkte Einspritzung DE (ungeteilter Brennraum)

Entwicklung. Entscheidend für die Gemischbildung ist ein hoher Druck in der Düse, um den eingespritzten Kraftstoff genügend fein zu zerstäuben und gleichmäßig über den Brennraum zu verteilen. Somit ist die DE eng verknüpft mit der Entwicklung der Einspritzsysteme [42]. Neben dem Einfluss der Dynamik des Einspritzstrahles wird die Gemischaufbereitung oft durch eine eher luftgestützte Kraftstoffverteilung unterstützt.

Luftverteilter Kraftstoff. Um die Gemischbildung zu intensivieren, werden bei kleinen Motoren gerichtete Luftströmungen hoher Geschwindigkeit benötigt. Dazu wird die Verdrängerwirkung des Kolbens und die Ansaugströmung ausgenutzt, die durch die konstruktive Gestaltung von Brennraum und Ansaugtrakt, wie Kolbenüberdeckung, Drallkanal, Tangentialkanal, unterstützt wird, Abb. 4.32a,b. Mit steigendem Durchmesser werden zusätzliche Luftbewegungen immer weniger erforderlich, sodass ab $D \approx 300\,\text{mm}$ die Kraftstoffverteilung überwiegend durch das als Mehrlochdüse (bis zu 12 Bohrungen) ausgeführte Einspritzventil erfolgt, s. Abschn. 4.6.2. Der Brennraum wird dem Einspritzstrahl angepasst: ein hochgezogener Kolbenrand vermeidet das Anspritzen der Laufbuchse (Zerstörung des Schmierfilms), wobei evtl. vorhandener Luftdrall keine Überdeckung der einzelnen Brennstoffstrahlen bewirken darf. Teilweise Wandanlagerung des Kraftstoffs am Kolben wird mitunter mehr oder weniger stark angestrebt (Hesselmann-Brennraum, Abb. 4.32c). Bei schnelllaufenden DE-Dieselmotoren findet man in Verbindung mit einer Vier-Ventilanordnung oft eine Brennraumform, bei der eine ω-förmige Mulde großen Durchmessers lange, freie Einspritzstrahlen ermöglicht. Eine erhöhte Muldenmitte verdrängt die Strömung in Bereiche hoher Drallintensität, wobei der eingezogene Muldenrand die Strahlauflösung unter Vermeiden des Wandanspritzens begünstigt (Abb. 4.32b). Es werden auch Stahlkolben mit Stufenmulde eingesetzt, um das Muldenvolumen zu vergrößern und gleichzeitig die Quetschflächen zu verringern. Dies führt zu einer besseren Luftausnutzung mit geringerer Rußbildung [56]. Die mit der direkten Einspritzung infolge großer Drucksteigerungen verbundene Gefahr starker Verbrennungsgeräusche kann durch Voreinspritzen einer kleinen Kraftstoffmenge vermieden werden (s. Abschn. 4.6.2). Üblich sind heute „luftverteilende" Verfahren mit Mehrlochdüsen.

Wandverteilter Kraftstoff. Je nach Grad der Wandanlagerung erfolgt unter Ausnutzen der Wandwärme bei der Kraftstoffverdampfung eine schonende Gemischaufbereitung in Verbindung mit einer wandnahen Potentialwirbelströmung der Luft, somit ein „weicher", geräuscharmer Verbrennungsverlauf (M. A. N.-M-Verfahren). Nachteilig ist die Neigung zur Blaurauchbildung (Geruchsbelästigung) beim Kaltstart. Sie wird vermieden, wenn die Wandanlagerung so beschränkt wird, dass die Wandwärme nur zur Unterstützung der Gemischbildung bei hohen Lasten dient (Abb. 4.32a). Heute übliche Gemischbildungsverfahren vermeiden Wandanlagerung des Kraftstoffes.

4.4.4 Hybride Verfahren für Gemischbildung und Verbrennung

Ottomotoren mit DE. Diese sind gekennzeichnet durch eine innere Gemischbildung, die sowohl homogen als auch inhomogen (Schichtladung/Ladungsschichtung) ausgeführt sein kann und sind heute Stand der Technik, s. Abschn. 4.5.4; [20, 43].

Vielstoffmotoren. Besitzen heute keine Bedeutung mehr. Dagegen gewinnt das Flex-Fuel-Verfahren an Bedeutung, welches Kraftstoffe mit ähnlichen physikalischen und chemischen Eigenschaften verarbeiten kann. Besondere Bedeutung in Brasilien (Benzin, Ethanol, Erdgas) und Biodiesel in Europa.

Schichtlademotor. Bei dem besonders in den 70er-Jahren verfolgten Konzept soll ein nahe der Zündkerze befindliches, fettes Benzindampf-Luftgemisch einem insgesamt mageren Gemisch in Verbindung mit motorin- und -externen Maßnahmen zur Entflammung und Verbrennung verhelfen. Infolge des Luftüberschusses, bezogen auf die gesamte Füllung, reduziert sich die NO_x-Emission, aber auch die Nutzarbeit, die durch Aufladung oder/und Hubraumvergrößerung kompensiert werden kann. Die meist erhöhte HC-Emission erfordert eine katalytische Nachoxidation. Das Prinzip wird heute nicht mehr in entsprechend konzipierten Motoren [21], sondern allenfalls bei Ottomotoren mit direkter Einspritzung angewendet [43].

Magermotor. Bei magerem Gemisch (λ = 1,4 bis 1,7) werden CO- und NO_x-Werte ähnlich wie bei Systemen mit 3-Wege-Katalysatoren erreicht, s. Abb. 4.48. Bei Übergang vom Stadtverkehr (Teillast) zur Volllast erfolgt durch Kraftstoffanreicherung ($\lambda \rightarrow 1$) ein Anstieg der NO_x-Emission: Daher trotz Verbrauchsvorteil im Stadtverkehr (max. bis 10 %) keine umfassende Lösung des Abgasproblems (gilt nicht für homogene Magergemischaufladung von Gas-Ottomotoren), zumal der technische Aufwand erheblich ist [22].

Gasmotor. Gasmotoren besitzen als Ottogasmotoren die Merkmale des normalen Ottomotors, vorausgesetzt das Verdichtungsverhältnis wird der Klopffestigkeit und die elektrische Zündanlage der Zündwilligkeit des jeweiligen Gases angepasst, s. Tab. 4.2. Bei genügend hoher Klopffestigkeit des Gases (methanreiches Erdgas, Klärgas) kann auch soweit verdichtet werden, dass eine Selbstzündung von in üblicher Weise eingespritztem Dieselkraftstoff eintritt, der damit die Zündquelle für das homogene Gas-Luftgemisch abgibt (Zündstrahlmotor). Der Anteil des Zündöls beträgt 0,5 bis 10 % der Volllastkraftstoffmenge und kann bis 100 % gesteigert werden, sodass der Motor dann als Dieselmotor läuft (Dual-Fuel-Motor). Bei ausreichend weitem Zündbereich erfolgt Laständerung durch Qualitätsänderung bis zur Magergrenze, danach Gemischdrosselung. Das Zündstrahlverfahren eignet sich auch für den Einsatz von Alkoholen (Methanol, Ethanol) in zu Hybridmotoren umgewandelten Dieselmotoren [48].

Homogene Kompressionszündung beim Dieselmotor. Es ist bekannt, dass homogene Gemische wesentlich sauberer und mit gleich guten oder besseren Wirkungsgraden verbrannt werden können wie heterogene Gemische. Die Gemischhomogenisierung vermeidet die bei der Verbrennung heterogener Gemische immer vorhandenen örtlichen Temperaturspitzen und unterdrückt dadurch weitestgehend die Stickoxidentstehung. Gemischzusammensetzungen, die zu einer intensiven Rußbildung führen, können ebenfalls vermieden werden [42]. Die Kohlenwasserstoff- und Kohlenmonoxidemissionen sind jedoch höher als bei der heterogenen Dieselverbrennung. Diese können aber mittels Oxidationsdkatalysator wirksam beseitigt werden. Heute werden teilhomogene Verbrennungsverfahren eingesetzt.

4.5 Verfahren zur Gemischbildung und Zündung bei Ottomotoren

4.5.1 Anforderungen an Gemischbildung

Die ottomotorische Verbrennung erfordert ein möglichst homogenes Gemisch, dessen Qualität durch die Zündgrenzen oder den Einsatz eines 3-Wege-Katalysators ($\lambda = 1$-Betrieb, s. Abschn. 4.7.3) bestimmt wird und eine entsprechende Dosierung von Kraftstoff und Luft erfordert. Die der Lastanforderung entsprechende Gemisch-Quantität wird überwiegend verlustreich durch im Ansaugtrakt angeordnete Drosselklappen (Klappenstutzen) gesteuert, s. Abb. 4.5b. Während bei Benzin-Einspritzanlagen die Bestimmung der angesaugten Verbrennungsluft getrennt von der Kraftstoffdosierung erfolgt, vereinen Vergaser beide Funktionen, Abb. 4.33a,b. Zur Bestimmung eines Luftmassenstromes dienen u. a. Saugrohrdrucksensoren, Luftklappen und Schwebekörper. Weitere Möglichkeiten bieten Sensoren, die nach dem Prinzip des Hitzdraht-Anemometers in Verbindung mit einem Temperaturfühler zur Messung der Ansaugluft-Temperatur arbeiten sowie der Heißfilm-Luftmassenmesser (HFM).

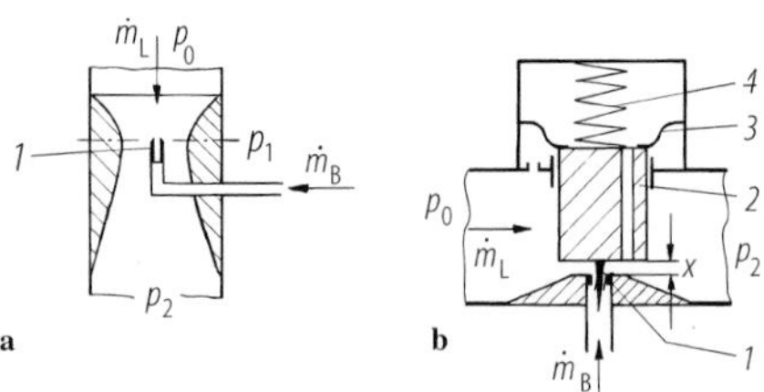

Abb. 4.33 Messung des Luftdurchsatzes mittels **a** Venturidüse; **b** variabler Düse. *1* Kraftstoffdüse (A_B), *2* Kolben, *3* Membran, *4* Feder

4.5.2 Vergaser

4.5.2.1 Konstant-Querschnitt-Vergaser

Beim Venturirohr, Abb. 4.33a, nimmt der statische Druck p_0 im engsten Querschnitt A_L des Lufttrichters bei gleichzeitig erhöhter Strömungsgeschwindigkeit auf p_1 ab. Verbindet man eine im engsten Querschnitt angeordnete Düse mit dem Querschnitt A_B mit einem belüfteten, mittels Schwimmer niveaugeregelten Kraftstoffbehälter, so gilt vereinfacht mit dem Druckgefälle $\Delta p_V = p_0 - p_1$ für den Massenstrom $\dot{m}_L$ der Luft, s. Bd. 2, Abschn. 31.6.2,

$$\dot{m}_L = \alpha_L A_L (2\varrho_0 \Delta p_V)^{1/2} \tag{4.63}$$

und mit dem Düsenquerschnitt A_B für den Kraftstoffdurchsatz

$$\dot{m}_B = \alpha_B A_B (2\varrho_B \Delta p_V)^{1/2} \,. \tag{4.64}$$

Die Durchflusszahlen α hängen u. a. ab von dem Querschnittsverhältnis der Einschnürung, der Reynoldszahl und der Kompressibilität des Mediums. Bei konstanter Kraftstoffdichte folgt für das Luftverhältnis

$$\lambda \sim (\alpha_L/\alpha_B)(A_L/A_B)(\varrho_L/\varrho_B)^{1/2} \,. \tag{4.65}$$

Hohe Luftgeschwindigkeiten w_L im Lufttrichter fördern die Zerstäubung des Benzins, der damit sinkende Druck p_1 die Verdampfung und somit die Gemischbildung. Zusätzliche Einrichtungen sind erforderlich, um der Anfettung des Gemisches durch die Abnahme der Luftdichte bei sinkendem Druck p_1 zu begegnen, ferner beim Leerlauf und Starten wegen zu geringer Luftgeschwindigkeit w_L und zur Anreicherung des Gemisches beim Beschleunigen des Fahrzeuges.

4.5.2.2 Konstant-Druck-Vergaser

Es wird eine abhängig vom Druckgefälle Δp_V gesteuerte, variable Düse, Abb. 4.33b, verwendet, sodass Druckgefälle Δp_V, Ansaugdruckverlust und Luftgeschwindigkeit im Mischbereich nahezu konstant sowie last- und drehzahlunabhängig sind. Daraus folgt für Gl. (4.65), dass entsprechend der Querschnittsänderung von A_L auch der Düsenquerschnitt A_B variiert werden muss, um die Bedingung $A_L/A_B = \text{const.}$ zu erfüllen, wozu eine mit dem Kolben 2 verbundene konische Düsennadel dient.

4.5.2.3 Einsatz von Vergaseranlagen

Die Vorteile (geringe Kosten, Robustheit, gute Notlaufeigenschaften, Möglichkeit zur Selbsthilfe) konnten nicht verhindern, dass die Vergaser aufgrund der gestiegenen Anforderungen an Wirtschaftlichkeit und Umweltfreundlichkeit fast gänzlich vom Markt verschwunden sind.

4.5.3 Saugrohr-Benzin-Einspritzung

4.5.3.1 Entwicklung

Wesentlich für den Erfolg der Benzin-Einspritzung ist die von der Kraftstoffdosierung getrennte Luftdurchsatzmessung sowie die Möglichkeit, elektro-mechanische Bauteile in Verbindung mit einer elektronischen Regelung einsetzen zu können.

Genügten zur Ansaugluftbestimmung oft Saugrohrdruckmessung und Drosselklappenstellung, so werden heute auch elektrische (z. B. HFM) Geräte in Verbindung mit Temperaturfühler zur Bestimmung des Luftdurchsatzes eingesetzt; zur Kraftstoffdosierung vorwiegend elektromagnetisch oder piezo-gesteuerte Einspritzventile, deren Öffnungsdauer entsprechend ihrer elektrischen Erregung proportional der eingespritzten Kraftstoffmasse ist.

Zentraleinspritzung Sie verwendet nur ein einziges elektromagnetisches Einspritzventil im Sammelsaugrohr. Infolge guter Zerstäubung (Systemdruck ca. 2 bar) wird i. Allg. eine bessere Gemischverteilung auf die einzelnen Zylinder durch das Sammelsaugrohr als mit einem Vergaser erreicht. Die Auslösung der Einspritzimpulse erfolgt meist durch den Zündverteiler, wogegen die Einspritzdauer über die Luftmassenmessung ergänzt durch Zusatzinformationen über Motorzustand oder λ-Sonde, s. Abb. 4.48, gesteuert wird. Ihre Anwendung ist auf einfache und kleine Motoren beschränkt.

Einzel-Saugrohreinspritzung. Die Einspritzung erfolgt für jeden einzelnen Zylinder durch ein im Saugrohr angeordnetes Einspritzventil und führt neben guter Zerstäubung zur gleichmäßigen Versorgung der Zylinder und verringert die Ansaugverluste um den durch den Vergaser bedingten Anteil, wobei die Drosselklappe als Steuerorgan beibehalten wird. Außerdem ermöglicht die Einzel-Saugrohreinspritzung freizügige Ausführung der Ansaugrohre, Erhöhung des Verdichtungsverhältnisses wegen nahezu gleicher Klopfgrenze für alle Zylinder und verbessertes Abgasverhalten bei Verbrauchsminderung und höherer spezifischer Nutzarbeit.

Kontinuierliche Einspritzung. Hierbei wird die angesaugte Luftmasse gemessen, danach der Kraftstoff dosiert und kontinuierlich mit geringem Überdruck (ca. 3 bar) vor jedes Einlassventil in den Ansaugkanal eingespritzt. Der Kraftstoff wird hierzu von einer elektrisch angetriebenen Pumpe einem Mengenteiler zugeführt, der ihn abhängig von der mittels Stauscheibe gemessenen Luftmenge den einzelnen Zylindern zumisst. Ein Differenzdruckventil sorgt für konstanten Öffnungsdruck an der Düse [24]. Korrekturen sind für Kaltstart und Warmlaufperiode vorgesehen.

Diskontinuierliche Einspritzung. Derartige Anlagen verarbeiten die Informationen von Luftmengenmessung und Drehzahl als Hauptsteuergrößen für eine intermittierende Einspritzung mittels elektromagnetisch betätigter Einspritzventile. Ein Motor-Steuergerät ermöglicht über die Beeinflussung des Kraftstoff-Luft-Gemisches die Abgasnachbehandlung mittels 3-Wege-Katalysator, Abb. 4.34. Sie ist das nach wie vor am häufigsten eingesetzte Einspritzverfahren bei Ottomotoren. Üblicherweise erfolgt dabei die Ein-

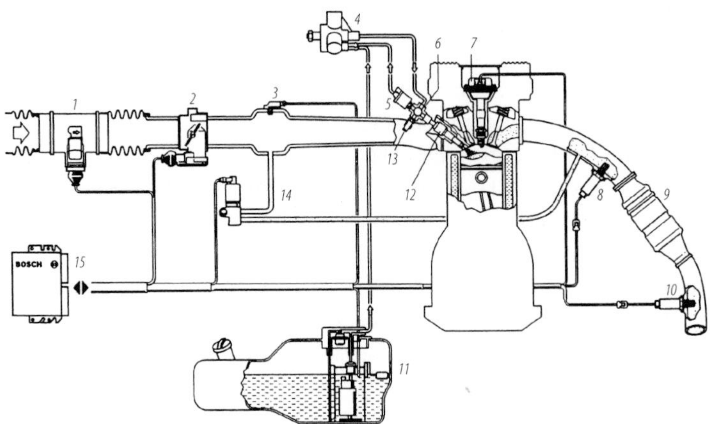

Abb. 4.34 Benzindirekteinspritzung Motronic MED (Bosch). *1* Luftmassensensor mit Temperatursensor, *2* Drosselklappe, *3* Saugrohrdrucksensor, *4* Hochdruckpumpe, *5* Drucksteuerventil, *6* Kraftstoffverteiler, *7* Zündspule, *8, 10* Lambda-Sonden, *9* Katalysator, *11* Fördermodul, *12* Einspritzventil, *13* Drucksensor, *14* Abgasrückführventil, *15* elektronisches Steuergerät

spritzung entsprechend der Zündfolge mit geringer Vorlagerung bevor das Einlassventil öffnet [24].

4.5.4 Direkte Benzin-Einspritzung

4.5.4.1 Entwicklung

Eine wirkungsvolle Verbrauchsminderung (bis zu 15 ... 18 % im Zyklus) kann bei Ottomotoren u. a. durch einen ungedrosselten Teillastbetrieb und/oder einen thermodynamisch verbesserten Hochdruckprozess (höhere Verdichtung) in Verbindung mit der direkten Einspritzung (DE) erreicht werden. Die Gemischbildung mit ihrer Parametervielzahl erfordert einen hohen, kostenintensiven Entwicklungsaufwand. Allerdings besteht die Neigung zu erhöhter Rußbildung, der Gefahr von Schmierölabwaschung und -verdünnung sowie die Notwendigkeit zur Abgasnachbehandlung.

4.5.4.2 Grundlagen

Lambda=1-Konzept. Die Einspritzung erfolgt während des Saughubes, um ein weitgehend homogenes Gemisch zum Zündzeitpunkt zu bilden. Verbunden mit einer $\lambda = 1$-Regelung sind konventionelle Dreiwege-Katalysatoren einsetzbar. Verbrauchsvorteile werden durch ein höheres Verdichtungsverhältnis infolge sogen. Innenkühlung durch den verdampfenden Kraftstoff ermöglicht. Dieses Konzept wird heute überwiegend eingesetzt [24].

Magerkonzept mit Ladungsschichtung. Bei Teillast erfolgt nach drosselfreiem Ansaugen die Einspritzung erst während der Verdichtung, um im Bereich der Zündkerze ein zündfähiges Kraftstoff-Luftgemisch zu bilden, umhüllt von reiner Luft bzw. sehr magerem Gemisch. Damit werden Kontakte brennbaren Gemischs mit der Brennraumwand und somit Reaktionen an der Wand verhindert, sodass die Klopfneigung herabgesetzt wird. Nach bisherigen Erfahrungen ist der geschichtete Betrieb beschränkt auf Drehzahlen bis etwa 4000 1/min und Teillast von ca. 0,8 kJ/dm^3 (8 bar mittlerer effektiver Druck). Wegen der begrenzten Magerlauffähigkeit erfolgt daher im oberen Lastbereich ein Betrieb mit homogenem Gemisch innerhalb der Zündgrenzen. Inhomogenitäten mit überfetteten Gemischzonen neigen zur Rußbildung und sind zu vermeiden.

Wesentlich für die Gemischbildung ist die Ausbildung des Einspritzstrahls. Man unterscheidet strahl-, luft- und wandgeführte Verfahren. Strahlgeführte Verfahren erfordern eine räumlich nahe Anordnung von Einspritzdüse und Zündkerze bei äußerst exakter Positionierung wegen geringer Ausdehnung der zündfähigen Zone. Wandgeführte Verfahren lassen einen größeren Abstand zwischen Einspritzdüse und Zündkerze zu, wobei die Gemischbildung meist in einer Wechselbeziehung zwischen der Brennraummulde und einer, durch den Einlasskanal bedingten, Ladungsbewegung (bevorzugt Tumble) erfolgt. Bei überwiegend luftgeführten Verfahren wird bereits aufbereiteter Kraftstoff durch gezielte Ladungsbewegung zur Zündkerze hin bewegt. Notwendig ist die Verträglichkeit mit einer internen Abgasrückführung, um die NO_x-Rohemission zur Entlastung der $DeNO_x$-Katalysatoren senken zu können. Übliche Drei-Wege-Katalysatoren dienen zur Nachoxidation von CO und HC und Reduktion der Stickoxide in Lambda=1 Betriebsbereichen, Abb. 4.34.

4.5.4.3 Ausgeführte Verfahren

Mitsubishi-Verfahren. Der erste serienreife Motor mit einem Common-Rail-Einspritzsystem (s. Abschn. 4.6.1) arbeitet mit einem Einspritzdruck von 50 bar. Die elektromagnetisch betätigten und nach innen öffnenden Einspritzdüsen besitzen Drallkanäle, sodass der Kraftstoff mit einem Drall austritt. Die Europa-Version der GDI-(Gasoline Direct Injection-)Motoren weist eine 2-Phasen-Einspritzung mit einer auf den Kaltstart beschränkten 2-Phasen-Verbrennung auf: Während des ungedrosselten Ansaugvorganges erfolgt die erste Einspritzung und bildet ein homogenes Magergemisch ($\lambda \approx 2\ldots$ bis 5), die zweite Einspritzung erfolgt gegen Ende der Kompression und soll ein möglichst homogenes, zündfähiges Gemisch bilden, Abb. 4.35. Das extrem magere Gemisch verringert die Klopfneigung, sodass die Europa-Motoren ein Verdichtungsverhältnis von $\varepsilon = 12{,}5$ erlauben. Zur Abgasnachbehandlung dienen ein kontinuierlicher DeNO-Katalysator und ein nachgeschalteter Dreiwege-Katalysator zur Nachoxidation von HC und CO. Um bei kaltem Motor die Katalysator-Betriebstemperatur schnell zu erreichen, wird bei später, erster Einspritzung nach Beginn der ersten Verbrennung während des Expansionstaktes ein zweites Mal eingespritzt und damit eine zweite Verbrennungsphase eingeleitet und die Abgastemperatur erhöht.

4.5.4.4 VW-FSI-(Fuel Stratified Injection-)Motor

Charakteristisch für das VW-Konzept ist ein durch ein eingegossenes Blech geteilter Ansaugkanal, bei dem der untere Kanalteil durch eine unterdruckgesteuerte Klappe verschlossen werden kann, Abb. 4.36. Der Kolben weist einlassseitig eine Kraftstoff-, auslaßseitig eine Luftmulde auf. Beim Teillast-Schichtladebetrieb wird bei geschlossener Kanalklappe im Brennraum eine Tumble-(Walzen-)Strömung erzeugt, dadurch der während der Kompressionsphase eingespritzte Kraftstoff abgebremst und weitgehend in der Kraftstoffmulde konzentriert. Nur ein wandnaher Anteil in der Kolbenmulde wird, unterstützt durch den Tumble, zur Zündkerze hin umgelenkt und sichert eine stabile Entflammung. Eine zusätzliche Abgasrückführung AGR erlaubt einen nahezu drosselfreien Teillastbetrieb bei $\lambda < 2$ und bei abgesenkter Drehzahl einen stabilen Leerlaufbetrieb. Bei Volllast erfolgt bei geöffneter Kanalklappe die direkte Einspritzung wäh-

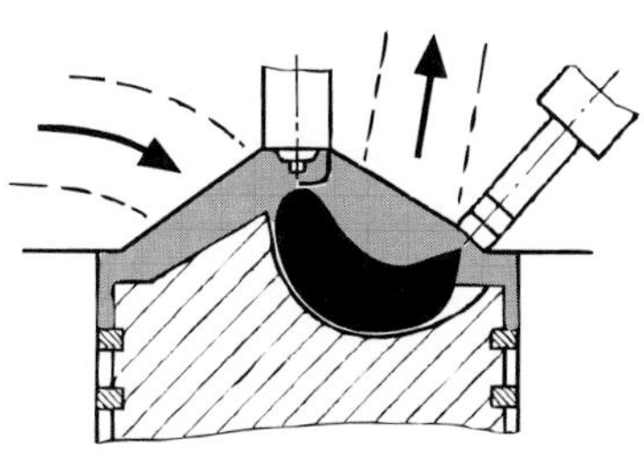

Abb. 4.35 Mitsubishi-Verfahren: 2-Phasen-Benzineinspritzung bei Ottomotoren: 1. Phase homogenes Magergemisch, 2. Phase homogenes zündfähiges Gemisch

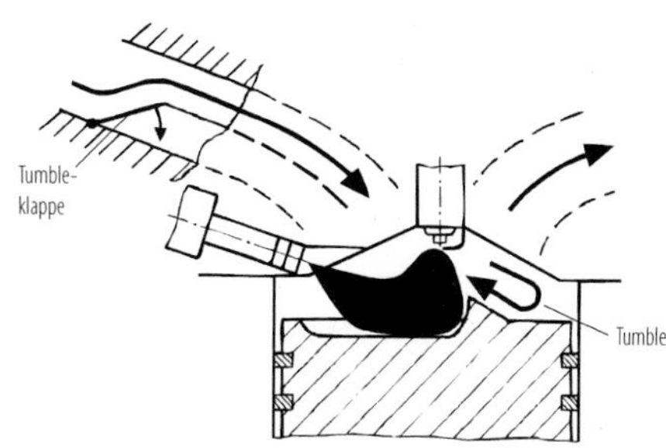

Abb. 4.36 FSI-Verfahren für direkte Benzin-Einspritzung bei Ottomotoren (Volkswagen AG) mit Tumbleklappe zur Ladungsschichtung

rend des Ansaugvorganges und ist vor „Einlassschließt" beendet. Bei hohen Drehzahlen und Lasten arbeitet der FSI-Motor wie ein konventioneller Motor mit homogenem Gemisch und externer AGR, jedoch mit besserem Wirkungsgrad infolge höherer Verdichtung ($\varepsilon = 12{,}0$, normal: $\varepsilon = 9$). Ein Managementsystem steuert die drei Betriebsarten: Lambda $= 1 +$ AGR, homogener Magerbetrieb ($\lambda = 1{,}4$) und geschichteter Magerbetrieb + AGR, dazu u. a. das mit Drücken bis 120 bar arbeitende Common-Rail-System und die Abgasnachbehandlung durch einen Drei-Wege-Katalysator als Vorkatalysator und einen $DeNO_x$-Speicherkatalysator mit einer Regeneration in Intervallen von weniger als 1 min (s. Abschn. 4.7.3).

4.5.4.5 Weiterentwicklung

Derzeit werden die vorgenannten wand- und luftgeführten Verfahren mit Ladungsschichtung nicht mehr appliziert und überwiegend die frühe direkte Kraftstoffeinspritzung mit homogenem Gemisch und Lamda = 1 angewandt. Das etwa 2005 in Serie eingeführte strahlgeführte Verfahren (mit Ladungsschichtung und 2–5-fach Einspritzung mittels Piezoinjektoren) führt zu deutlich geringeren Verbräuchen bei allerdings höherem Aufwand [34–36, 43]. Um die Anzahl der Partikel, die seit Euro 6 auch für Ottomotoren mit Direkteinspritzung limitiert sind, zu verringern, werden heute Mehrfacheinspritzungen (bis zu 5 mal) und höhere Einspritzdrücke (bis zu 350 bar) angewandt. In der Entwicklung befinden sich Systeme mit bis zu 500 bar. Auch der Partikelfilter für Ottomotoren wird ab 2017 von verschiedenen Fahrzeugherstellern serienmäßig eingeführt. Derzeit wird auch eine Wassereinspritzung im Vollastbereich entwickelt, um z. B. die heute notwendige Anfettung mit Kraftstoff zu vermeiden [59].

4.5.5 Zündausrüstung

4.5.5.1 Zündstromquellen

Batterie (Akkumulatoren). Sie liefern durch elektrische Entladung die Zündenergie für das Gemisch (Batteriezündung), wobei überwiegend Bleibatterien (Elektroden Pb/PbO_2, Elektrolyt H_2SO_4), seltener alkalische Batterien (Elektroden $Ni(OH)_3$ / Fe bzw. Cd, Elektrolyt KOH) verwendet werden.

Magnetzünder. Sie erzeugen durch einen rotierenden Dauermagneten im Feld einer umgebenden Spule infolge Induktion die notwendige Energie (autarker Motorbetrieb, z. B. bei Zweiradfahrzeugen), wobei der Hochspannungsteil der Zündanlage dem bei Batteriebetrieb entspricht.

4.5.5.2 Zündanlagen

Spulenzündanlage. Durch einen Unterbrecherkontakt, Abb. 4.37, wird der durch den Primärteil der Zündspule fließende Strom unterbrochen. Ein parallel zum Unterbrecher liegender Kondensator ergänzt den Ladekreis zu einem Schwingkreis, der über den Sekundärteil der Zündspule im Entladekreis eine hochtransformierte Spannung induziert, sodass ein Überschlag an der Zündkerze erfolgen kann (Überschlagspannung ca. 5000 bis 20 000 V). Ein von der Kurbel- oder Nockenwelle aus angetriebener Zündverteiler ordnet die Entladungen den einzelnen Zylindern zu und befindet

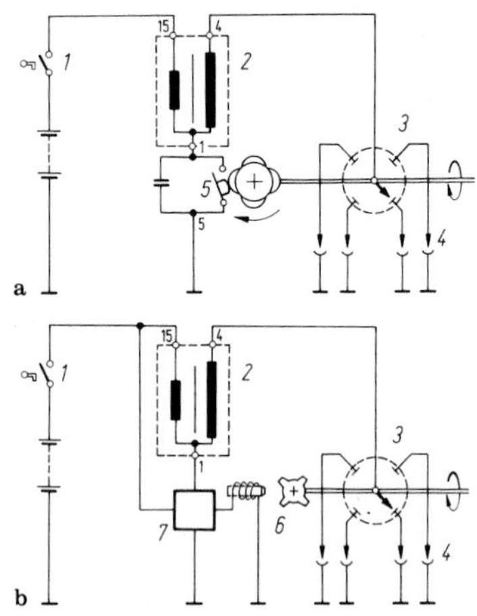

Abb. 4.37 **a** Spulenzündanlage; **b** Kontaktlose Transistorzündanlage. *1* Zündschalter, *2* Zündspule, *3* Zündverteiler, *4* Zündkerzen, *5* über Zündverteiler angetriebener Unterbrecherkontakt, *6* am Zündverteiler befestigtes Polrad mit induktivem Geber, *7* elektronisches Schaltgerät. *1*, *4*, *15* Anschlussklemmen

sich mit dem Kondensator, dem über einen Nocken gesteuerten Unterbrecherkontakt und einem Zündversteller in einem Gehäuse. Der Zündversteller steuert lastabhängig (Saugrohrdruck) und drehzahlabhängig (Fliehmassen) den Öffnungszeitpunkt am Unterbrecherkontakt und somit den Zündzeitpunkt (Vorverlegung mit Drehzahlzunahme, Unterdruck für zusätzliche Frühzündung bei Teillast).

Transistorzündanlage. Ein Leistungstransistor dient zum Schalten des Zündstroms, wodurch der Unterbrecherkontakt nur noch vom Steuerstrom des Transistors beaufschlagt wird (Verschleißminderung). Sie bietet höhere Zündenergie, die für magere Gemische, höhere Turbulenzen im Brennraum und größere Elektrodenabstände erforderlich ist.

Kontaktlose Transistorzündanlage. Sie verwendet statt des Unterbrecherkontakts berührungslose Impulsgeber (induktive, magnetische oder fotoelektronische Geber), die die Impulse für eine Schaltelektronik liefern, Abb. 4.37b.

Elektronische und vollelektronische Zündanlage. Mikrocomputer ersetzen den mechanischen Zündversteller und berechnen jeweils zwischen zwei Zündvorgängen den günstigsten Zündzeitpunkt nach einem gespeicherten Zündwinkelkennfeld in Abhängigkeit von Drehzahl, Kurbelstellung und Saugrohrdruck (Last), wobei mittels weiterer Sensoren (Motortemperatur, Drosselklappenschalter, Batteriespannung) korrigierende Eingriffe über den Rechner möglich werden. Ein mechanischer Hochspannungsverteiler verteilt nach kontaktloser Auslösung den Zündfunken auf die Zylinder, wobei bei vollelektronischer Zündung der mechanische Verteiler durch statisch arbeitende, elektronisch gesteuerte Komponenten ersetzt wird. Diese Anlagen bieten die Ausbaumöglichkeit zu einem elektronisch gesteuerten und geregelten Motormanagement (Motronic, Bosch) durch Kombination mit einer elektronischen Einspritzung und ergänzt z. B. durch eine Klopf-, λ- oder/und Leerlaufregelung gegebenenfalls bis hin zur zentralen Steuerung von Bremskraft, Gangwahl bei automatischen Getrieben etc. unter Wahrnehmung von Überwachungsaufgaben [24]. Auch Mehrfachzündungen (Multi Spark Ignition) sind in Anwendung. Magere Gemische lassen sich besonders sicher durch sogenannte Raumzündungen (z. B. Corona-Zündsysteme oder Laserzündung) entflammen, diese Systeme befinden sich noch in der Entwicklungsphase. Dabei werden dem Hochfrequenzzündsystem gute Chancen eingeräumt [57].

4.5.5.3 Zündkerze

Ein gasdicht in ein Einschraubgehäuse eingesetzter Isolator (Aluminiumoxid) enthält eine Mittelelektrode (Abb. 4.38), die über Kerzenstecker und Verteilerkabel mit dem Zündverteiler verbunden ist. Zwischen ihr und der am Gehäuse befindlichen Masseelektrode erfolgt die elektrische Entladung mit Funkenbildung. Die dabei freiwerdende Energie ist abhängig von der Überschlagspannung, die bei gleichem Zustand des Gasgemisches vom Elektrodenabstand (ca. 0,3 bis 1 mm) sowie von Formgebung und Werkstoff der Elektroden beeinflusst wird.

Wärmewert. Die hohe thermische Belastung der Zündkerze erfordert je nach Motor die Anpassung des Wärmeleitwiderstands, ausgedrückt durch den sog. Wärmewert, sodass sich eine Kerzen-Betriebstemperatur zwischen 450 und 900 °C einstellt. Bei zu hohem Wärmewert wird die Selbstreinigungstemperatur (400 °C) unterschritten: die Kerze verschmutzt. Zu niedriger Wärmewert bedingt Wärmestau mit Gefahr von Glühzündungen. Innere und äußere Verschmutzungen der Kerze begünstigen unerwünschte Kriechentladung des Zündstroms.

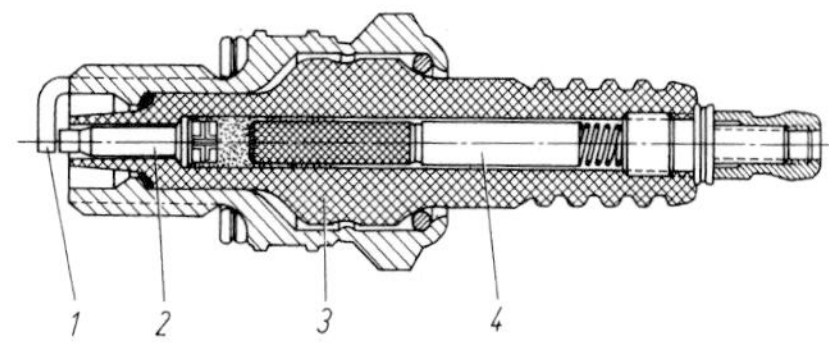

Abb. 4.38 Zündkerze mit Entstörwiderstand (Bosch). *1* Masseelektrode, *2* Mittelelektrode, *3* Isolator, *4* Entstörwiderstand

4.6 Einrichtungen zur Gemischbildung und Zündung bei Dieselmotoren

4.6.1 Einspritzsysteme

Die Aufgaben jedes Einspritzsystems sind die lastgerechte Kraftstoffdosierung, deren zeitgenaue Einspritzung innerhalb eines Zeitfensters sowie Zerstäubung im Brennraum, um die gewünschte Gemischbildung zu ermöglichen [42]. Forderungen nach minimalem Verbrauch und Einhalten ständig verschärfter Grenzwerte für die Abgas- und Geräuschemission stellen hohe Anforderungen an das Einspritzsystem. Die Vielzahl der Einflussgrößen (Förderverlauf der Pumpe, konstruktive Ausführung von Pumpe, Einspritzleitung, Injektor, Düse, Mehrfacheinspritzung etc.) erfordert eine Abstimmung des Einspritzsystems auf den gewünschten Einspritzverlauf bzw. Brennverlauf. Abb. 4.39 zeigt eine Übersicht der Einspritzsysteme. Das Einspritzen beginnt mit dem durch den Druckanstieg ausgelösten Abheben der Düsennadel gegen die Kraft der Düsenfeder oder eine hydraulische Kraft (hydraulischer Steuerkreis) und endet, wenn die Wirkung des Leitungsdrucks diese unterschreitet, Abb. 4.40. Der Druckanstieg kann durch die Kraftstoffförderung mittels eines Kolbens oder durch Schließen eines elektromagnetisch oder piezoelektrisch betätigten Ventils erfolgen. In Common Rail Systemen (CRS) beginnt die Einspritzung durch die elektrische Energiezufuhr zum Aktuator (Magnetventil oder piezogesteuertes Ventil), der an der Düse anliegende Druck ist dabei nahezu konstant.

Druckwellen. Sie werden in dem bei hohen Drücken und kleinen Durchsätzen hochelastischen Kraftstoff durch den Druckstoß ausge-

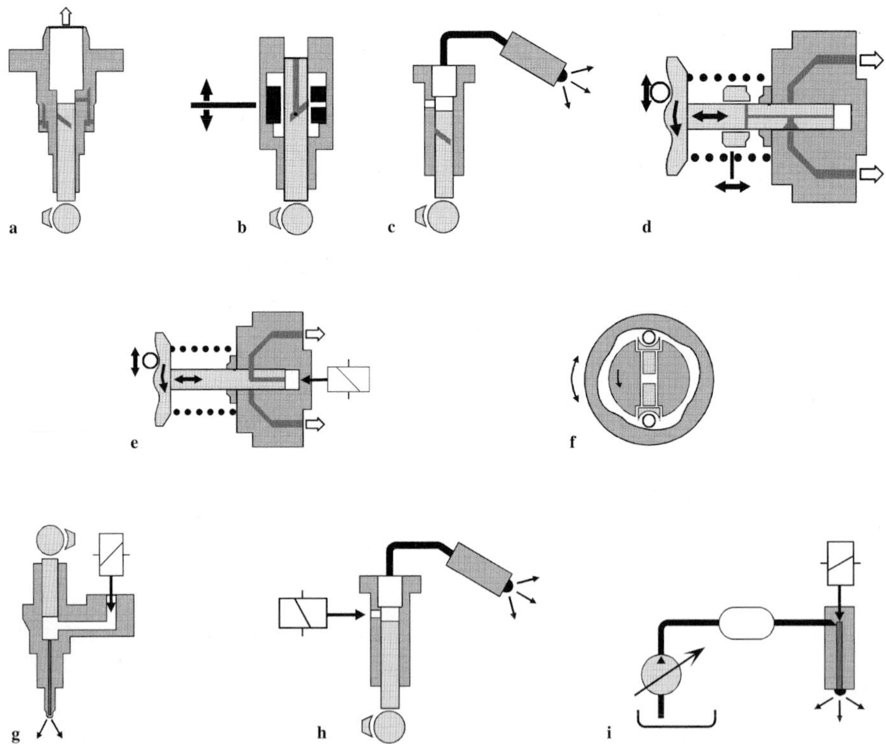

Abb. 4.39 Einspritzsysteme. **a** Reihenpumpe (mech./elektr. kantengesteuert); **b** Hubschieberpumpe (elektr. kantengesteuert); **c** Steckpumpe (mech./elektr. kantengesteuert); **d** Axialkolben-Verteilerpumpe (mech./elektr. kantengesteuert); **e** Axialkolben-Verteilerpumpe (magnetventil-gesteuert); **f** Radialkolben-Verteilerpumpe (magnetventil-gesteuert, hubgesteuert); **g** Pumpe-Düse-Einheit (Magnetventil/Piezo); **h** Pumpe – Leitung – Düse (Magnetventil); **i** Common-Rail (Magnetventil/Piezo)

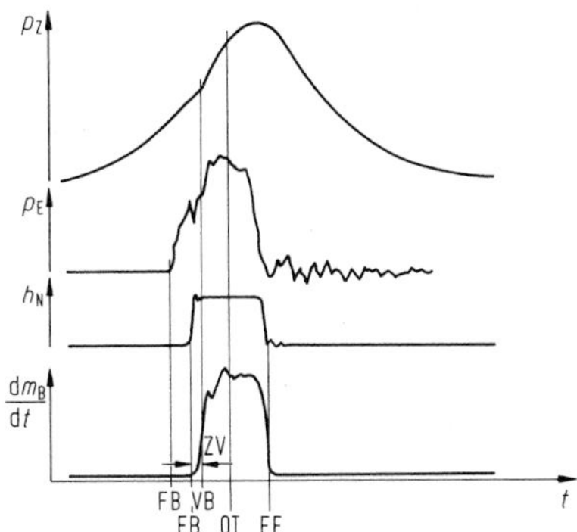

Abb. 4.40 Einspritzvorgang: Verlauf von Zylinderdruck p_Z, Einspritzdruck p_E vor Düse, Düsennadelhub h_N und eingespritzter Menge dm_B/dt. FB, EB und VB Förder-, Einspritz und Verbrennungsbeginn; EE Einspritzende; ZV Zündverzug

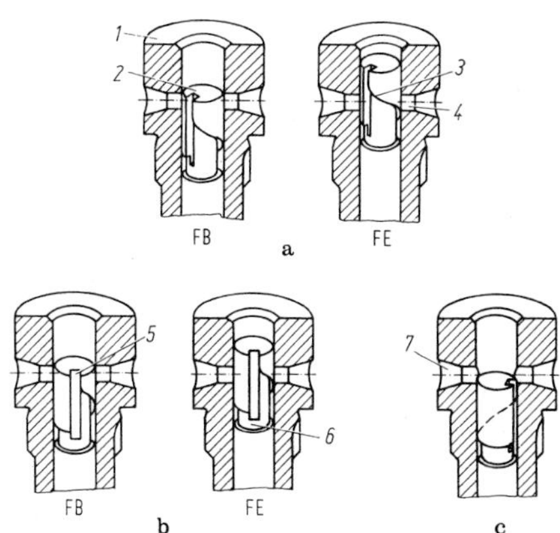

Abb. 4.41 Mengensteuerung mittels Steuerkante für Einspritzsysteme a, b und c Abb. 4.39: **a** Vollförderung; **b** Teilförderung; **c** Leerlauf. FB Förderbeginn, FE Förderende; *1* bis *4* siehe Text, *5* Längs-, *6* Ringnut, *7* Zulauf. (Bosch)

löst und laufen infolge von Reflexionen bis zur Aufzehrung durch Reibung in der Leitung mit Kraftstoffschallgeschwindigkeit mehrmals hin und her. Sie führen bei ungünstiger Auslegung bei konventionellen Leitungssystemen zu unerwünschtem Nachspritzen der Düse (Verschleppen der Verbrennung) sowie Kavitation in der Einspritzleitung oder Mengenschwankungen, besonders bei Druckwellen in Injektoren. Durch schnell aufeinanderfolgende Mehrfacheinspritzungen in CRS können ungewünschte, mengenbeeinflussende Druckwellen im Injektor entstehen.

Druckentlastung bei Leitungssystemen. Sie verhindert ein nochmaliges Abheben der Düsennadel (Nachspritzen) und wird durch Druckabsenkung in der Leitung beim Schließen des die Pumpe zur Leitung hin abschließenden, federbelasteten Entlastungsventils bewirkt.

4.6.1.1 Einspritzpumpen

Einzeleinspritzpumpe. Je Zylinder ist ein Pumpenelement vorgesehen. Über einen auf einer Nocken-(Steuer-)welle befindlichen Nocken wird der Einspritzvorgang ausgelöst. Das aus Kolben *2* und Zylinder *1* bestehende Pumpenelement, Abb. 4.41, wird über Filter durch eine Förderpumpe mit Kraftstoff versorgt. Zur Steuerung der Kraftstoffmenge wird meist eine Überströmöffnung vor Hubende freigegeben, sodass nicht der volle Pumpenhub zur Förderung beiträgt. Dazu werden meist vom Kolben über eine Schrägkante *3* gesteuerte Überströmöffnungen *4* verwendet. Der in einer außen verzahnten Regelhülse fixierte Kolben wird dazu über die als Zahnstange ausgebildete Regelstange verdreht, sodass sich der gewünschte Nutzhub einstellt.

Pumpe – Leitung – Düse (PLD) oder Unit Pump System (UPS). Wurden Einzel-Einspritzpumpen bisher vorwiegend bei Großmotoren ($P_Z > 100$ kW) und kleinen Stationär-Motoren eingesetzt, findet man dieses System auch bei schnelllaufenden Dieselmotoren. Es verfügt über eine Einzeleinspritzpumpe (Steckpumpe) je Zylinder, die angetrieben von einer möglichst hoch angeordneten Nockenwelle über eine kurze, abgestimmte Hochdruckleitung mit der Düsenhalter-Kombination verbunden ist. Ein schnell schaltendes, elektronisch angesteuertes Magnetventil ersetzt die Schrägkantensteuerung. Überwiegend in Nfz-Motoren eingesetzt werden Einspritzdrücke bis zu 2200 bar erreicht.

Reiheneinspritzpumpe. Die auf einer Nockenwelle angebrachten Pumpennocken sind mit den zugehörigen Pumpenelementen (Abb. 4.41) in einem Gehäuse vereinigt, woran meist noch Drehzahlregler und Kraftstoffförderpumpe ebenso wie

Spritzversteller angeflanscht werden. Dieser verlegt den Einspritzzeitpunkt mit zunehmender Drehzahl vor und gleicht so die Zunahme des relativen Zündverzuges in °KW aus. Bei Einspritzdrücken zwischen 550 und 1300 bar werden sie bei Motoren mit maximal 100 kW eingesetzt.

Hubschieber-Reiheneinspritzpumpe. Sie unterscheidet sich von der herkömmlichen Reihen-Einspritzpumpe durch einen auf dem Pumpenkolben gleitenden Hubschieber, mit dem der Vorhub und damit der Förderbeginn über eine zusätzliche Stellwelle verändert werden kann, womit ein zusätzlicher Freiheitsgrad gewonnen wird.

Verteilereinspritzpumpen. *Axialkolben-Verteilereinspritzpumpe.* Eine kosten- und bauraumgünstige Vereinfachung wird erreicht, wenn nur ein Pumpenelement (Abb. 4.42) für alle Zylinder die Förderung übernimmt, wobei die einzelnen Zylinder über eine entsprechende Anzahl von Auslässen an einem Verteiler angeschlossen werden. Außerdem sind Förderpumpe, Spritzversteller und Drehzahlregler im Pumpengehäuse konstruktiv vereinigt. Förderung (Hubbewegung) und Verteilung (Drehung) werden von einem Verteilerkolben ausgeführt, wobei ein Regelschieber Förderende und damit die eingespritzte Kraftstoffmasse bestimmt. Die Zahl der Hübe je Umdrehung entspricht der Zylinderzahl. Dazu befindet sich auf der Unterseite einer mit dem Kolben verbundenen Hubscheibe eine entsprechende Zahl von Nockenerhebungen, die sich auf an einem Rollenring befindlichen Rollen abstützen. Durch Verdrehen des Rollenringes kann der Förderbeginn geändert werden. Elektronisch gesteuerte Hochdruckmagnetventile können anstelle des Regelschiebers die Dosierung in Verbindung mit einer elektronischen Dieselregelung EDC (s. Abb. 4.56) übernehmen, Einspritzdrücke bis 1600 bar.

Radialkolben-Verteilereinspritzpumpe. Zwei bis vier Radialkolben, die paarweise gegeneinander arbeiten, wobei sie sich auf innerhalb eines rotierenden Ringes befindlichen Nocken abstützen, übernehmen die Hochdruckerzeugung und -förderung und ein Hochdruckmagnetventil die Dosierung bei Einspritzdrücken an der Düse bis zu 1900 bar.

Pumpe-Düse-Einheit (PDE) oder Unit Injection System (UIS) Steigende Anforderungen an Wirtschaftlichkeit und Umweltverträglichkeit erfordern eine unabhängige Einstellung von Ein-

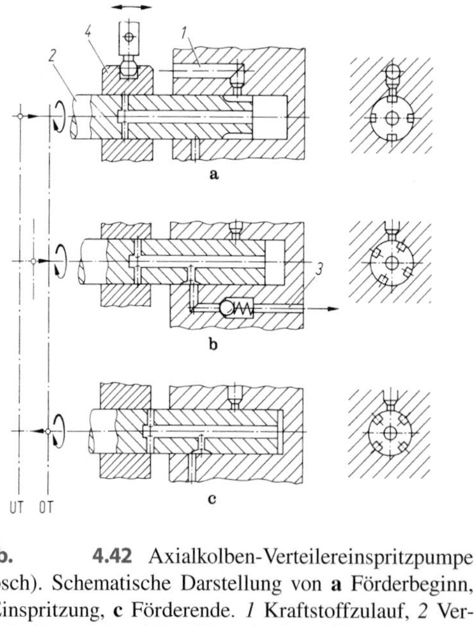

Abb. 4.42 Axialkolben-Verteilereinspritzpumpe (Bosch). Schematische Darstellung von **a** Förderbeginn, **b** Einspritzung, **c** Förderende. *1* Kraftstoffzulauf, *2* Verteilerkolben, *3* Anschluss Einspritzdüse, *4* Regelschieber

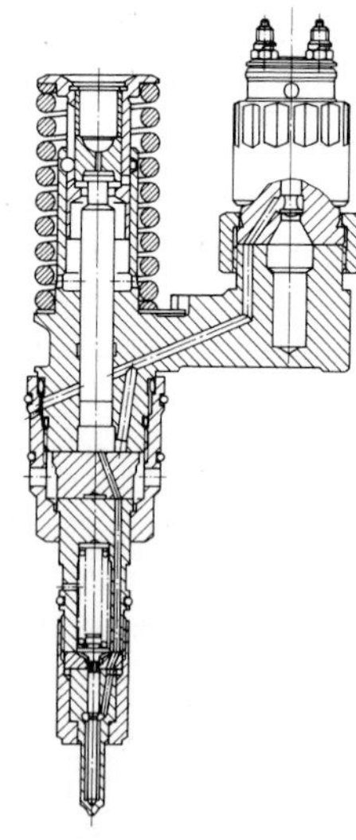

Abb. 4.43 Pumpe-Düse mit elektromagnetischem Ventil zur Mengenregelung. (Bosch)

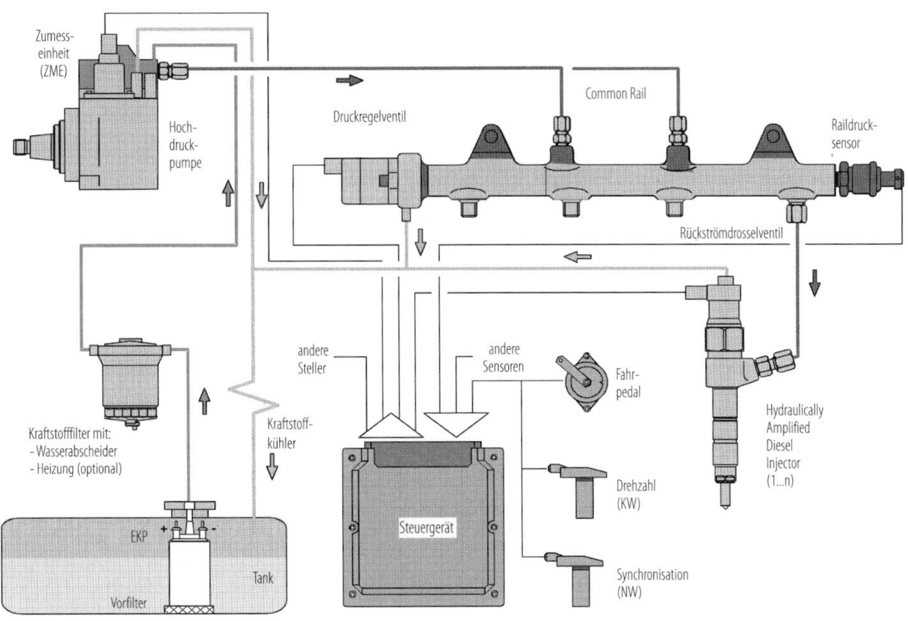

Abb. 4.44 Schema eines Common-Rail-Einspritzsystems mit hydraulischer Druckübersetzung im Injektor. (Bosch)

spritzmenge und -zeitpunkt unter Einsatz der elektronischen Kennfeldregelung zur Ansteuerung von Magnetventilen (Abb. 4.43) oder Piezoaktoren. Die sog. „Pumpe-Düse" vereinigt Einspritzdüse und Pumpenstempel unter Wegfall der Einspritzleitung, sodass keine Druckschwingungen auftreten und Einspritzdrücke > 2000 bar erreicht werden können. Der für den Pumpenkolben erforderliche Nockentrieb bedingt größeren Bauaufwand und Einbauraum im Zylinderkopf.

4.6.1.2 Common-Rail-Einspritzsystem (CRS)

Eine Hochdruckpumpe fördert den Kraftstoff in ein gemeinsames Leitungssystem (Rail), von dem aus die Injektoren für jeden einzelnen Zylinder versorgt werden. Die Einspritzung erfolgt durch elektronische Ansteuerung der Injektoren über das Steuergerät (Abb. 4.44). Die Fördermenge ist abhängig von der Öffnungsdauer und dem Systemdruck, der über einen Drucksensor gemessen wird und zur Regelung der Hochdruckpumpe dient. Über ein regelbares Ventil wird sie mit Kraftstoff versorgt. Abtasten der Kurbelstellung sichert die zeitliche Zuordnung des Einspritzvorganges. Mit dem durch den zwischengeschalteten Speicher von der Einspritzpumpendrehzahl nahezu unabhängigen Einspritzdruck existiert eine zusätzliche Variable, um eine bedarfsgerechte Einspritzung des Kraftstoffs zu ermöglichen. Bei Dieselmotoren mit direkter Einspritzung hat sich das Common-Rail-System bei allen Motorgrößen inzwischen durchgesetzt, weil es u. a. hohe Drücke bis 2700 bar (Feinstzerstäubung) und eine Mehrfach-Einspritzung (bis zu 8 Einspritzungen) ermöglicht: z. B. mehrere Vor(Pilot)- und Nach(Post)-Einspritzungen um die Geräusch- bzw. Rußemission zu reduzieren bzw. den Partikelfilter zu regenerieren. Eingesetzt werden magnetventil- oder piezogesteuerte Injektoren. Außerdem kann der Einspritzdruck durch eine Druckstärkung (Stufenkolben) in Injektor erhöht werden. Die Bewegung des Steuerventils oder der Düsennadel werden heute für Regelungsfunktionen zur exakten Steuerung von Mehrfacheinspritzungen (Menge und Abstand) genutzt [58].

4.6.2 Einspritzdüse

Bei Diesel-Einspritzsystemen werden geschlossene Düsen mit einer unter Federkraft oder hydraulischen Kraft schließenden Nadel verwendet, die, hydraulisch betätigt, nach innen öffnet.

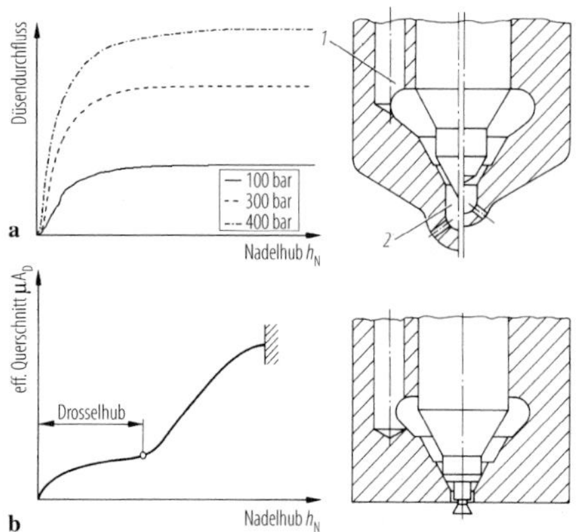

Abb. 4.45 Durchflusscharakteristik von Einspritzdüsen. **a** Mehrlochdüse bei verschiedenen Raildrücken (*rechts* mit vermindertem Sacklochvolumen); **b** Drosselzapfendüse. *1* Brennstoffzulauf, *2* Sacklochvolumen

Mehrlochdüsen übernehmen über die Anzahl der Bohrungen (6 bis 12 Spritzlöcher, $d_{min} > 0{,}08$ mm) die Verteilung des Kraftstoffs auf den Brennraum. Das Spritzbild und die Zerstäubungsgüte werden außer von der Lochzahl durch die Länge und Neigung der Bohrungen bestimmt, wobei die Tröpfchengröße mit abnehmendem Bohrungsdurchmesser, steigendem Einspritz- sowie Gegendruck abnimmt, und damit gleichfalls die Rußbildung. Angestrebt wird ein möglichst kleines Sack- und Spritzlochvolumen, um HC- und Partikelemissionen zu senken, Abb. 4.45a. Ab Temperaturen von 200 bis 250 °C am Düsennadelsitz wird zur Funktionssicherung eine Düsenkühlung erforderlich, bei Schwerölbetrieb schon ab 120 bis 140 °C, um Cracken und Verkoken des Brennstoffes zu vermeiden: Koksansätze an der Düse verändern deren Spritzbild und verschlechtern die Verbrennung.

Zapfendüsen werden bei Kammermotoren verwendet. Es sind Einlochdüsen mit einem in das Spritzloch des Düsenkörpers eintauchenden Zapfen am Nadelventil, wodurch eine Selbstreinigung der Düsenöffnung bewirkt wird. Der Mengenverlauf wird wesentlich vom Verlauf des effektiven Düsenquerschnitts μA_D in Abhängigkeit vom Nadelhub h_N beeinflusst. Bei der Zapfenausführung als Drosselzapfen tritt zunächst nur eine kleine Brennstoffmenge aus, um den Druckanstieg (Geräusch) zu begrenzen.

Düsenhalter/Injektor dienen zum Einbau der Düsen in den Motor und enthalten neben den Anschlüssen für Drucköl- und Leckölleitung auch Filtereinsätze und Einstellmöglichkeiten für den Öffnungsdruck (80 bis 150 bar bei Zapfendüsen, bis 300 bar bei Lochdüsen). Bei Common-Rail-Systemen wird die Düse mit der Mengenzumesseinrichtung zum sogen. Injektor kombiniert, der magnet- oder piezogesteuert sein kann und damit auch einen elektr. Anschluss erforderlich macht.

4.6.3 Start- und Zündhilfen

Thermische Zündhilfe. Da die Selbstzündung eine Mindesttemperatur voraussetzt, müssen besonders bei kleinen Motoren (großes Oberflächen-Volumenverhältnis), zündunwilligen Kraftstoffen oder niedrigem Verdichtungsverhältnis (bei Höchstaufladung zur Senkung von p_{max}, s. Abschn. 4.3.5) je nach Starttemperatur Zündhilfen eingesetzt werden. Die minimale Starttemperatur der Ansaugluft beträgt bei Vorkammermotoren 60 °C, Wirbelkammermotoren 30 °C, Motoren mit ungeteilten Brennräumen (DI) −10 °C. Sie wird durch elektrisch beheizte Glühkerzen oder -stifte (bis zu 1200 °C) oder durch Anheizkerzen bzw. Heizflansche erhöht. Wirkungsvoller ist eine Flammenbeheizung der Ansaugluft mit gegenüber der elektrischen Beheizung geringerem Energiebedarf aber größerem Aufwand (Flammenkerzen, Kraftstoffförder- und -dosiereinrichtung). Sie wird bei größeren Direkteinspritzern angewendet ($V_h = 3 \ldots 15\,dm^3$) [42].

Mechanische Zündhilfe. Bei Verfahren mit überwiegend wandverteiltem Kraftstoff verringern im Ansaugkanal angeordnete Drallklappen während des Startens die Drallströmung. Dadurch steigt der leichter zündende Anteil an luftverteiltem Brennstoff, wodurch das Starten erleichtert und gleichzeitig der Ruß- und Aldehydgehalt in dieser Phase verringert wird.

Starteinrichtungen. Um die Startdrehzahl zu erreichen, werden neben dem Handstart bei Kleinmotoren meist elektrisch betriebene Hilfsmotoren (Starter) durch Eingriff eines Ritzels in einen Zahnkranz an der Schwungscheibe zugeschaltet, größere Motoren werden mit gespeicherter Druckluft (15 bis 40 bar) über ein mechanisch oder pneumatisch gesteuertes Anlaßventil im Zylinder angelassen.

4.7 Betriebsverhalten und Kenngrößen

4.7.1 Leistung, Drehmoment und Verbrauch

4.7.1.1 Nutzleistung

Sie beträgt für einen Motor mit z Zylindern und einer Arbeitsspielfrequenz n_a (s. Gl. (4.1))

$$P_e = W_e n_a = z V_h w_e n_a = M\, 2\pi\, n\,. \quad (4.66)$$

Zahlenwertgleichungen. Mit w_e in kJ/dm^3, V_h in dm^3 und n_a in 1/s folgt aus Gl. (4.66) die Nutzleistung in kW. Bei Drehzahlangabe in 1/min gilt für einfachwirkende Motoren mit der Taktzahl a

$$P_e = z V_h w_e (n/a\; 60) \quad \text{in kW}\,, \quad (4.67)$$

bei Gebrauch des „Nutzdrucks" p_e in bar (s. Kap. 1) ist

$$P_e = z V_h\, p_e (n/a\; 600) \quad \text{in kW}\,. \quad (4.68)$$

Definition. Die Nutzleistung ist nach DIN 1940 die Kupplungsleistung, die nach Abzug der für alle zum Motorbetrieb erforderlichen Hilfsaggregate aufgewendeten Leistung zur Verfügung steht (Pumpen für Kraftstoff, Öl, Kühlwasser, Zündvorrichtung, Gebläse). Dagegen berücksichtigen die amerikanischen SAE-Vorschriften diese Verlustleistungen nicht, die angegebene Motorleistung ist also höher. Die nutzbare maximale Leistung ist abhängig vom Verwendungszweck und den zu erwartenden Volllastbetriebsstunden. Gegenüber einem Anteil von ca. 3 bis 5 % an der jährlichen Betriebszeit bei Pkw-Motoren werden von einem Schiffsmotor ca. 8000 h/a störungsfreier Volllastbetrieb verlangt.

Leistungsangaben. Für Kraftfahrzeugmotoren erfolgen sie nach ISO 1585 (bisher DIN 70 020) für $T_0 = 298\,\text{K}$, $p_0 = 1\,\text{bar}$, rel. Feuchte 30 % (entspr. Wasserdampfpartialdruck von 1 kPa), für sonstige Anwendungen nach ISO 3046, Teil 1 (Bezugszustand: $T_0 = 300\,\text{K}$, $p_0 = 1{,}0\,\text{bar}$, rel. Luftfeuchte $\varphi_0 = 60\,\%$, Kühlwassertemperatur vor Ladeluftkühler $T_k = 300\,\text{K}$), wobei je nach Verwendung und Betriebsdauer nach Dauerleistung A mit kurzzeitig zulässiger Überleistung (z. B. für 1 h innerhalb 12 h um 10 % überlastbar), Dauerleistung B bei blockierter Mengenzumessung und Höchstleistung unterschieden wird. Die Leistungsbemessung für Schiffshauptmotoren erfolgt meist nach der MCR (Maximum Continuous Rating), was ungefähr Dauerleistung A jedoch mit abweichendem Bezugszustand entspricht (z. B. $T_0 = 318\,\text{K}$, $p_0 = 1\,\text{bar}$, Kühlwassertemperatur vor Ladeluftkühler 305 K, $\varphi_0 = 60\,\%$).

Abweichungen vom vereinbarten Bezugszustand werden durch Korrekturformeln oder entsprechende Vereinbarungen bei der Leistungsbewertung und den Verbrauchsangaben berücksichtigt (s. DIN 70 020 bzw. ISO 1585).

4.7.1.2 Motorkennung

Hiermit bezeichnet man den Verlauf des Drehmoments über der Drehzahl. Ebenso wie die Leistung ändert sich das Drehmoment zwischen Leerlauf n_L („runder" Lauf des unbelasteten Motors) bzw. einer wegen der strömungsabhängigen Gemischbildungsvorgänge höheren Mindestdrehzahl $n_{min} = n_0$ bei Volllast und der Nenndrehzahl n_N als maximale Drehzahl entsprechend der Leistungsangabe. Die Überdrehzahl (ca. 1,1 bis 1,2 n_N) dient der konstruktiven Auslegung. Drehzahlabhängigkeit des Liefergrads (vgl. Abschn. 4.3.1), der Reibung, s. Gl. (4.22), sowie der Gemischbildung und Verbrennung bedingen Abweichungen vom idealen Verlauf $M(n) = \text{const}$, sodass das maximale Moment M_{max} bei einer Zwischendrehzahl $n_{M\,max}$ erreicht wird, s. Tab. 4.3 (Orientierungswerte). Der Drehmomentanstieg bei sinkender Drehzahl bringt im Fahrbetrieb erwünschte „Motorelastizität" (s. Abb. 4.53). Sind in einem P_e, n-Diagramm die Linien konstanten Moments Null-

Tab. 4.3 Nutzbare Drehzahlspanne $\Delta n_N = n_0/n_N$, Drehmomentlage $n_{M\,max}/n_N$ und Drehmomentanstieg M_{max}/M_N für Fahrzeugmotoren

Motorenart		Δn_N	$n_{M\,max}/n_N$	M_{max}/M_N
Pkw-Ottomotor	Saug	0,25...0,15	0,25...0,35	1,25...1,3
	ATL			1,3...1,5
Pkw-Dieselmotor	Saug	0,28...0,2	0,15...0,4	1,15...1,2
	ATL			1,3...1,6
Nfz-Dieselmotor	Saug	0,55...0,3	0,15...0,6	1,1...1,2
	ATL			1,2...1,6

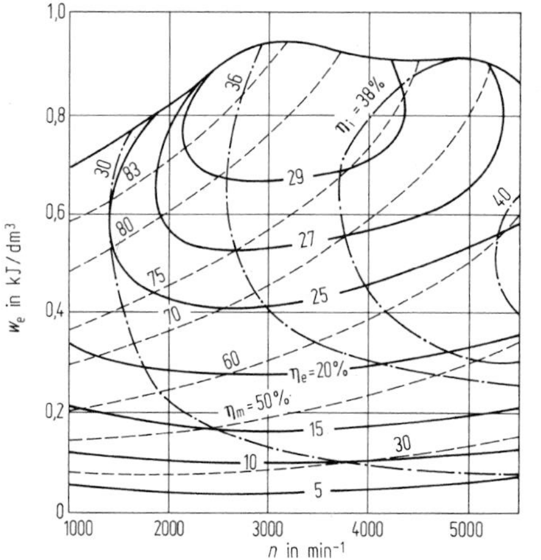

Abb. 4.46 Kennfeld (Muscheldiagramm) eines 2-l-Pkw-Ottomotors für den effektiven, mechanischen und indizierten Wirkungsgrad

punktsgeraden, so sind die Linien konstanter Leistung im M, n-Diagramm gleichseitige Hyperbeln, wobei die Hyperbel maximaler Leistung die Volllastlinie nicht bei M_N tangieren muss.

Kennfelddarstellung. Linien gleichen Wirkungsgrads η_e im M, n- bzw. w_e, n-Diagramm zeigen die Wirtschaftlichkeit des Motors, Abb. 4.46 („Muscheldiagramm"). Die Grenze der maximalen Nutzarbeit bzw. des Moments bei Volllast ($M_{Volllast}$) entspricht der Linie maximaler Drosselklappenöffnung bei Otto- bzw. der zulässigen Abgastrübung („Rauchgrenze") oder max. Druckbelastung bei Dieselmotoren.

4.7.1.3 Verbrauch

Statt η_e wird häufig der spezifische Brennstoffverbrauch b_e verwendet, Abb. 4.47:

$$b_e = \dot{m}_B/P_e = 1/H_i\eta_e \,. \qquad (4.69)$$

Vergleichbarkeit der meist in g/kWh angegebenen Werte setzt gleichen Kraftstoff bzw. Heizwert voraus: Bezugsheizwert nach DIN 6271: $H_i = 42\,000$ kJ/kg, vgl. auch Abschn. 4.4.1.

Zahlenwertgleichung. Für $H_i = 42\,860 \approx 43\,000$ kJ/kg (Benzin, Dk) und Angabe von b_e in g/kWh ist $\eta_e = 84/b_e$ bzw. $b_e = 85{,}7/\eta_e$ für $H_i = 42\,000$ kJ/kg.

Für n = const nimmt der spezifische Verbrauch mit sinkender Belastung w_e wegen relativer Zunahme der mechanischen Verluste zu.

Für Fahrzeugmotoren wird der Verbrauch auf die Fahrleistung bezogen und in l/100 km angegeben, in den USA in miles per gallon (10 mpg $\widehat{=}$ 4,26 km/l $\widehat{=}$ 23,5 l/100 km). Erstmals besteht hier eine Verbrauchsgesetzgebung mit einem über einen Fahrzyklus gemessenen mittleren Verbrauch, der auf alle verkauften Fahrzeuge eines Herstellers bezogen wird (Flottenverbrauch). Weltweit wird inzwischen die CO_2-Emission oder der Verbrauch bezogen auf die neu zugelassenen Fahrzeuge begrenzt.

Der Wirkungsgrad (Verbrauch) von großen Dieselmotoren wird auch durch das Verhältnis w_e/p_{max} charakterisiert (entspricht dem Gleichraumgrad der Verbrennung); angestrebt wird für optimalen Verbrauch ein Verhältnis $w_e/p_{max} = 0{,}0125\ldots 0{,}01$, ($p_{max}/p_e = 8\ldots 9$).

4.7.2 Kenngrößen

Neben der volumenbezogenen Nutzarbeit w_e und der mittleren Kolbengeschwindigkeit c_m werden auch leistungsbezogene Kenngrößen zum Vergleich der Motoren untereinander verwendet, Tab. 4.4.

Hubraumleistung. Die auf das Hubvolumen bezogene Leistung („Literleistung") ist drehzahlabhängig,

$$P_V = P_e/zV_h = w_e n_a \,, \qquad (4.70)$$

und nur bei gleichem Zylindervolumen bzw. Motoren gleicher Größenordnung sinnvoll anwendbar.

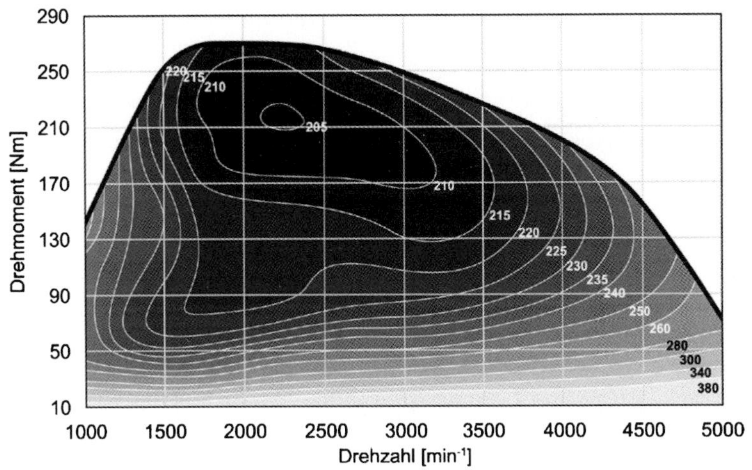

Abb. 4.47 Verbrauchskennfeld eines 3-Zylinder Dieselmotors [59]

Kolbenflächenleistung. Für die auf die Kolbenflächen bezogene Leistung gilt

$$P_A = P_e/zA_K = w_e c_m/2a\,. \qquad (4.71)$$

Mit Angabe in W/mm^2 für w_e in kJ/dm^3, c_m in m/s. Die Kenngröße ist proportional dem Produkt aus spezifischer Arbeit und der Schnellläufigkeit des Motors, ausgedrückt durch die mittlere Kolbengeschwindigkeit c_m, beides größenunabhängige Werte.

Beispiel

Aufgeladene Großmotoren erreichen z. B. als Zweitakt-Langsamläufer mit 800 bis 900 mm Bohrungsdurchmesser eine spezifische Kolbenflächenleistung von $P_A = 6{,}8\,W/mm^2$ mit $w_e = 1{,}7\,kJ/dm^3$ und $c_m = 8\,m/s$; bei einem Otto-Viertakt-Pkw-Hochleistungsmotor mit z. B. 162 kW bei $5700\,min^{-1}$ ($s/D = 86{,}4/81$, $z = 5$) ist $P_A = 1{,}53 \cdot 16{,}4/4 = 6{,}3\,W/mm^2$. ◄

Diese Kolbenflächenleistungen weisen beide Motoren als Spitzen- oder „High-Tech"-Produkte aus, dagegen nicht die Werte für die volumenspezifische („Liter"-)Leistung von ca. 2 bzw. ca. $70\,kW/dm^3$. Steigerung von w_e wie auch c_m stößt auf die Grenzen zulässiger mechanischer und thermischer Belastung, s. Abschn. 4.8.1. Heute werden bereits Literleistungen von bis zu 100 kW/l bei Pkw-Dieselmotoren und 140 kW/l bei Pkw-Ottomotoren erreicht.

Kennwerte für den Bauaufwand. Hier sind die auf die Leistung bezogene Motormasse m_M („Leistungsgewicht") $m_P = m_M/P_e$ in kg/kW üblich, ferner die Bauraumleistung $V_P = V_M/P_e$ in m^3/kW, wobei das Motorvolumen V_M einem Quader aus den lichten Motormaßen entspricht.

4.7.3 Umweltverhalten

4.7.3.1 Abgasemission

Gesundheitsschädigende Bestandteile im Abgas von Verbrennungsmotoren veranlassten den Gesetzgeber, zuerst national (USA und z. B. Deutschland: Bundes-Immissionsschutz-Gesetz mit TA-Luft für stationäre Anlagen mit Verbrennungsmotoren), später übernational (EU) und international (ISO 8178) Vorschriften zu erlassen, in denen Prüfverfahren, Messgeräte und zulässige Grenzwerte festgelegt sind [23, 38, 41, 42].

Gesetzliche Grenzwerte (Tab. 4.5–4.7). Sie gelten für die gasförmigen Schadstoffe Kohlenmonoxid CO, unverbrannte Kohlenwasserstoffe und Stickoxide, summarisch mit HC bzw. NO_x bezeichnet. Bei Dieselmotoren ist auch die Abgastrübung sowie die Emission an Staub nach TA-Luft (für Dk entspricht Staub etwa dem Gehalt an trockenem Ruß) bzw. Partikeln PM VO 715/2007/EG limitiert: Diesel-Partikel bestehen überwiegend aus Ruß mit daran angelagerten

Tab. 4.4 Kenngrößen von Verbrennungsmotoren: Sofern kein Bereich angegeben, handelt es sich um Mittelwerte bzw. Orientierungswerte. Die maximale spezifische Arbeit $w_{e\,max}$ entspricht dem maximalen Moment bei $n_{M\,max}$ (vgl. Tab. 4.3)

	n_N 1/min	D mm	s/D	ε	c_m m/s	$w_{e\,max}$ kJ/dm³	m/P_e kg/kW	P_A W/mm²
Kraftrad-Ottomotoren								
Zweitakt	5500... 9000	40 ... 80	0,8... 1,0	8,6	13	0,65	3,5	3,8
Viertakt	5000... 10500	40 ... 100	0,7... 1,25	9,4	17	1,0	2	4,1
Einbaumotoren								
Otto: Zweitakt	3600... 7000	40... 90	0,7... 1,0	8	8	0,5	3,4	1,5
Otto: Viertakt	3600... 6200				8	0,8	4	1,3
Diesel: Viertakt	2300... 3600	70... 100	0,7... 1,3	19,6	8,5	0,6	9	1,1
Pkw-Motoren								
Otto: Saugbetrieb 2V	4600... 6600	70... 100	0,75... 1,1	11	14,5	1,2	1,2	3,2
Otto: Saugbetrieb 4V DI	5200... 7000			14	14,5	1,8	1,3	4,4
Otto: m. Aufladung 2V	5000... 6800	80... 100	0,75... 1,1	8	15	1,4	1,3	5,5
Otto: m. Aufladung 4V DI	5000... 6800			10	15	1,6	1,3	5,5
Diesel: Saugbetrieb	4200... 5000	75... 100	0,9... 1,1	22	13	0,75	2,6	2,1
Diesel: m. Auflad. (IDE)	4200... 5000			22	13	1,1	3,0	3,0
Diesel: m. Auflad. (DE)	4000... 4500	75... 100	0,0... 1,1	16... 19	12... 14	2,0	1,8	2,8
Nfz-Dieselmotoren								
Saugbetrieb	2000... 4000	90... 140	0,9... 1,35	17	10,2	0,8	5,4	1,8
m. Aufladung	1800... 2800	90... 170	0,9... 1,35	15	10	1,2	4,3	2,4
m. Aufladung u. LLK[a]	1800... 2800			15	10	1,5	3,8	3,1
Schnelllaufende Hochleistungsdieselmotoren[a]	1000... 2000	165... 280	1,0... 1,35	12	10,3	2,3	5,8	5,0
Mittelschnelllaufende Viertaktmotoren[a]	350... 750	240... 620	1,0... 1,5	12	8,7	2,2	13	4,5
Langsamlaufende Zweitaktdieselmotoren[a]	58... 250	260... 900	2,8... 3,8	12	8,0	1,8	36	7,2
Rennmotoren								
Saugbetrieb	10 000... 19 000	70... 90	0,5... 0,9	14	22	1,2	0,4	5,8
mit Aufladung	10 000... 15 000	74... 90	0,5... 0,7	7	15	4,3	0,28	19,4

[a] Mit Abgasturboaufladung und Ladeluftkühlung; 2V, 4V: 2 bzw. 4 Ventile je Zylinder.

anorganischen und organischen Verbindungen, wenn das Abgas mit Luft verdünnt und auf maximal 52 °C abgekühlt wird. Ab 2011/13 (Euro 5b) ist zusätzlich die Anzahl der Partikeln (PN) im Dieselabgas und ab 2014/15 (Euro 6) auch im Abgas von DI-Ottomotoren limitiert [42, 43].

Toxizität. Gemessen an der gesetzlich maximal zulässigen Immissionskonzentration MIK ist die Gefährlichkeit des Stickstoffdioxids NO_2 um den Faktor 100 größer als die von Kohlenmonoxid CO. Dabei entsteht im Motor überwiegend NO, das erst an der Luft zu dem hochgiftigen NO_2 aufoxidiert. Die Schädlichkeit der geringen Mengen an HC-Verbindungen ist einzeln für sich genommen sehr unterschiedlich und reicht von geruchsbelästigend bis karzinogen, hervorgerufen durch teiloxidierte Kohlenwasserstoffe, wie Aldehyde und Ketone, bzw. durch polyzyklische Aromaten (PAH), wie z. B. Benzo-*a*-pyren. Sie machen weniger als 1 ‰ an der Partikelmasse aus. Die potentielle Gefährdung durch Dieselrußpartikel wird in dem PAH-Gehalt und der geringen Größe von meist unter 0,2 µm gesehen. Die Technischen Regeln für Gefahrstoffe TGRS 554 geben für Dieselmotorenemissionen in Arbeitsbereichen deshalb eine Technische Richtkonzentration TRK von 0,1 mg/m³ an. Erwähnt werden sollte aber auch, dass bei jeder Verbrennung von Kohle oder Kohlenwasserstoffen

Tab. 4.5 Abgasgrenzwerte für Pkw. (Quelle: Umweltbundesamt, www.umweltbundesamt.de/themen/verkehr-laerm/emissionsstandards/pkw-leichte-nutzfahrzeuge (Stand: August 2016))

	Schadstoff in g/km	EURO 2[a] ab	EURO 3 ab	EURO 4 ab	EURO 5 ab	EURO 6 ab
Typprüfung Serienprüfung		01.01.1996 01.01.1997	01.01.2000 01.01.2001	01.01.2005 01.01.2006	01.09.2009 01.01.2011	01.09.2014 01.09.2015
Richtlinie/ Verordnung (VO)		94/12/EG	98/69/EG	98/69/EG	VO EG 715/2007[b] i. V. mit VO EG 692/2008 und VO EG 459/2012	
Benzin	CO	2,2	2,3	1	1	1
	HC+NO_x	0,5	–	–	–	–
	THC	–	0,2	0,1	0,1	0,1
	NO_x	–	0,15	0,08	0,06	0,06
	Partikelmasse (PM)	–	–	–	0,0045[c]	0,0045[c]
	Partikelzahl (PN) (in Anzahl/km)	–	–	–		$6{,}0 \times 10^{11}$ [d]
	NMHC	–	–	–	0,068	0,068
Diesel	CO	1	0,64	0,5	0,5	0,5
	HC+NO_x/THX+NO_x (ab Euro 5)	0,7 / 0,9[e]	0,56	0,3	0,23	0,17
	NO_x	–	0,5	0,25	0,18	0,08
	Partikelmasse (PM)	0,08 / 0,17[f]	0,05	0,025	0,0045	0,0045
	Partikelzahl (PN) (in Anzahl/km)	–	–	–	$6{,}0 \times 10^{11}$	$6{,}0 \times 10^{11}$

[a] Ab Euro 2 werden die Grenzwerte nicht mehr nach Typ/Serie unterschieden
[b] Die Verordnungen EG 692/2008 und EG 459/2012 setzen die Verordnung EG 715/2007 um
[c] Die Grenzwerte für die Partikelmasse gelten nur für Fremdzündungsmotoren mit Benzin-Direkteinspritzung
[d] Für Euro-6-Fahrzeuge mit fremdgezündeten Benzin-Direkteinspritzmotoren gilt nach Wahl des Herstellers für neue Typgenehmigungen bis zum 01.09.2017 bzw. für neue Fahrzeuge bis zum 01.09.2018 ein Emissionsgrenzwert für die Partikelzahl von 6,0 × 10E12 Partikel/km. Spätestens zu diesen Zeitpunkten ist ein Typgenehmigungs-Prüfverfahren einzuführen, das die wirksame Begrenzung der Partikelzahl sicherstellt
[e] Bei Fahrzeugen mit direkteinspritzenden Dieselmotoren gilt bis zum 30.09.1999 der Grenzwert von 0,9 g/km
[f] Bei Fahrzeugen mit direkteinspritzenden Dieselmotoren gilt bis zum 30.09.1999 der Grenzwert von 0,10 g/km

(Hausbrand, Kraftwerk, Ottomotor etc.) PAHs sowie Schwebstaub emittiert werden.

4.7.3.2 Abgase von Ottomotoren

Kohlenmonoxid. Es entsteht im Luftmangelgebiet durch unvollkommene Verbrennung, wobei der Reaktionsablauf weitgehend der Wassergasreaktion folgt. Da das wirkliche Kraftstoff-Luftgemisch nicht völlig homogen ist, tritt auch bei Luftüberschuss noch CO auf, Abb. 4.48.

Kohlenwasserstoffe. Auf den Gehalt an unverbrannten Kohlenwasserstoffen wirkt sich für $\lambda < 1$ die unvollkommene, für $\lambda > 1$ die mit zunehmendem Luftgehalt schleppendere Verbrennung aus (Gefahr von Zündaussetzern an der oberen Zündgrenze); ferner die Motorbelastung und die Brennraumform (Oberflächenvolumenverhältnis, Quetschspaltanteil), da im Bereich der „kalten“ Wand die Flamme erlischt und die Verbrennung abbricht. An der gesamten HC-Emission eines Motors bzw. Fahrzeugs sind außerdem die Verdampfungsverluste des Kraftstoffsystems und die Kurbelgehäuseabgase beteiligt und erfordern Maßnahmen wie geschlossene Kurbelhausbelüftung und Kraftstoffsysteme.

Stickoxide. Die Bildung von NO, das an der Atmosphäre zu NO_2 oxidiert, ist stark temperaturabhängig und erreicht deshalb ihre maximale Konzentration dort, wo örtlich die höchsten Verbrennungstemperaturen auftreten und ausreichend Sauerstoff vorhanden ist ($\lambda \approx 1{,}1$). Der gegensätzliche Einfluss von λ auf NO_x- und HC- bzw. CO-Emission lässt eine allseitige Verringe-

Tab. 4.6 Abgasgrenzwerte für Lkw und Busse ab 2610 kg Fahrzeuggewicht. (Quelle: Umweltbundesamt, www.umweltbundesamt.de/verkehr/index.htm)

	EURO III	EURO IV	EURO V	EEV	EURO VI	EURO III	EURO IV	EURO V	EEV	EURO VI	EURO VI
Richtlinie/ Verordnung	99/96/EG Stufe A	99/96/EG Stufe B1	99/96/EG Stufe B2	99/96/EG Stufe c EEV	EG 582/2011, Anhang XV Diesel-Fzg.	99/96/EG Stufe A	99/96/EG Stufe B1	99/96/EG Stufe B2	99/96/EG Stufe c EEV	EG 582/2011, Anhang XV Diesel-Fzg.	EG 582/2011, Anhang XV Otto-Fzg.
Typprüfung	ab 01.10.2000	ab 01.10.2005	ab 01.10.2008	–	ab 31.12.2012	ab 01.10.2000	ab 01.10.2005	ab 01.10.2008	–	ab 31.12.2012	ab 31.12.2012
Serienprüfung	ab 01.10.2001	ab 01.10.2006	ab 01.10.2009	ab 01.07.2000	ab 31.12.2013	ab 01.10.2001	ab 01.10.2006	ab 01.10.2009	ab 01.07.2000	ab 31.12.2013	ab 31.12.2013
In g/kWh	Grenzwerte für die ESC- und die ELR-Prüfung				WHSC	Grenzwerte für die ETC-Prüfung				WHTC	
CO	2,1	1,5	1,5	1,5	1,5	5,45	4	4	3	4	4
HC	0,66	0,46	0,46	0,25	–	0,78	0,55	0,55	0,4	–	–
THC	–	–	–		0,13	–	–	–	–	0,16	–
NO_x	5	3,5	2	2	0,4[a]	5	3,5	2	2	0,46[a]	0,46[a]
CH_4	–	–	–	–	–	–	–	–	–	–	0,5
NMHC	–	–	–	–	–	–	–	–	–	–	0,16
NH_3 (in ppm)	–	–	–	–	10	–	–	–	–	10	10
Methan	–	–	–	–	–	1,6	1,1	1,1	0,65	–	–
Partikelmasse[c,d]	0,10; 0,13[e]	0,02	0,02	0,02	0,01	0,16; 0,21[e]	0,03	0,03	0,02	0,01	0,01
Partikelzahl[d] (in Anzahl/kWh)		–	–	–	$8{,}0\times10^{11}$		–	–	–	$6{,}0\times10^{11}$	[f]
Rauchtrübung	0,8	0,5	0,5	0,15	–	–	–	–	–	–	–

Ab EURO II Grenzwert für alle Fzg. = Grenzwert für neue Fahrzeugtypen
Messungen für EURO I und II erfolgen im 13-Stufen-Test
Messungen für EURO III bis VI erfolgen im ESC und ELR-Verfahren bzw. ETC-Test
EEV Enhanced Environmentally Friendly Vehicle, *ESC* European Stationary Cycle, *ELR* European Load Reponse Test, *ETC* European Transient Cycle, *WHSC* World Harmonized Stationary Cycle, *WHTC* World Harmonized Transient Cycle
[a]Der Wert des zulässigen NO_2-Anteils am NO_x-Grenzwert kann zu einem späteren Zeitpunkt festgelegt werden
[b]Gilt nur für Fahrzeuge mit Erdgasmotoren
[c]Gilt bei der ETC-Prüfung nicht für mit Gas betriebene Motoren in den Stufen A, B1 und B2
[d]Bis zum 31.12.2012 wird eine Messprozedur für die Partikelzahlmessung für Otto- und Diesel-Lkw (Euro VI, WHSC- und WHTC-Zyklen) festgelegt
[e]Für Motoren mit einem Hubraum von unter 0,75 dm^3 je Zylinder und einer Nennleistungsdrehzahl von über 3000 U/min
[f]Vor dem 31.12.2012 wird ein Grenzwert für die Partikelzahl eingeführt

Tab. 4.7 TA Luft-Schadstoffgrenzwerte für stat. Verbrennungsmotoren größer 1 MW_{th} (für Deponiegas besteht keine Leistungsgrenze) in mg/m^3 [42]

Staub	20[a]		
SO_2	Abhängig vom Kraftstoff, z. B. 350 bei Biogas oder Klärgas		
Formaldehyd	Motoren mit sonstigen Brennstoffen außer Biogas	60	
	Motoren mit Biogas	40	
Gesamt-C	–		
Chlor, Fluor, Halogene	3 %		
CO[b,c]	a) Selbstzündungsmotoren und Fremdzündungsmotoren mit flüssigen Brennstoffen, Selbstzündungsmotoren (Zündstrahlmotoren) und Fremdzündungsmotoren mit gasförmigen Brennstoffen (ausgenommen Bio-, Klärgas oder Grubengas)	300	
	b) Fremdzündungsmotoren mit Bio- oder Klärgas[d]	<3 MW_{th} 1000[c]	≥3 MW_{th} 650
	c) Fremdzündungsmotoren mit Grubengas	650	
		<3 MW_{th} 2000[c]	≥3 MW_{th} 650
NO_x[c]	a) Selbstzündungsmotoren mit flüssigen Brennstoffen	<3 MW_{th} 1000	≥3 MW_{th} 500
	b) Gasbetriebene Selbstzündungsmotoren (Zündstrahlmotoren) und Fremdzündungsmotoren		
	– Zündstrahlmotoren mit Bio- oder Klärgas	<3 MW_{th} 1000	≥3 MW_{th} 500
	– Magergasmotoren und andere 4-Takt-Ottomotoren mit Bio- oder Klärgas	500	
	– Zündstrahlmotoren und Magergasmotoren mit sonstigen gasförmigen Brennstoffen	500	
	c) Sonstige 4-Takt-Ottomotoren	250	
	d) Zweitaktmotoren	800	

Werte in mg/m^3, O_2-Gehalt 5 %

[a] 80 mg/m^3 bei ausschließlichem Notantrieb oder bis zu 300 h zur Abdeckung der Spitzenlast bei der Stromerzeugung

[b] Deponiegas z. Zt. allgemein 650 mg/m^3

[c] Emissionswerte finden keine Anwendung bei ausschließlichem Notantrieb oder bis zu 300 h zur Abdeckung der Spitzenlast bei der Stromerzeugung

[d] Bei Fremdzündungsmotoren mit Grubengas 650 mg/m^3

rung durch Änderung der Gemischzusammensetzung nicht zu.

Partikel. Bei äußerer Gemischbildung (Saugrohreinspritzung) ist der Homogenisierungsgrad sehr hoch und Wandanlagerung im Brennraum tritt praktisch nicht auf, sodass keine nennenswerten Partikelemissionen entstehen. Dagegen sind sie bei Direkteinspritzung nicht vermeidbar, insbesondere bei später DI (Ladungsschichtung). Dabei ist die Partikelmasse weniger kritisch als die Anzahl von sehr kleinen sog. Nanopartikeln.

Schadstoffreduzierung [24, 43]. Von der nach Tab. 4.8 möglichen Beeinflussung verbessern Ansaugluftvorwärmung, Saugrohrbeheizung, Übergang auf Benzineinspritzung die Gemischaufbereitung und -verteilung und erlauben mit entsprechender Brennraumgestaltung zur besseren Verwirbelung die Verbrennung bei $\lambda \geqq 1$ (Standardkonzept). Das „Magerkonzept" strebt Betrieb jenseits der Laufgrenze ($\lambda \geqq 1{,}3$) an, um CO und NO_x zu verringern bei Anstieg von HC (evtl. Nachoxidation) und Laufunruhe, Abb. 4.48, sowie Abnahme von Verbrauch und w_e, s. Abb. 4.28. Magerbetrieb erfordert kontrollierte, energiereiche Zündung („Zündmanagement"), Ausspülen der Restgase, hohe Verdichtung und Wandtemperaturen (Heißkühlung); letzteres mindert HC-Emission.

Der Zündzeitpunkt beeinflusst den Brennverlauf (s. Abb. 4.8), sodass bei später Zündung mit den Arbeitsdrücken und -temperaturen der NO_x-Gehalt sinkt, aber auch der Wirkungsgrad, HC bei

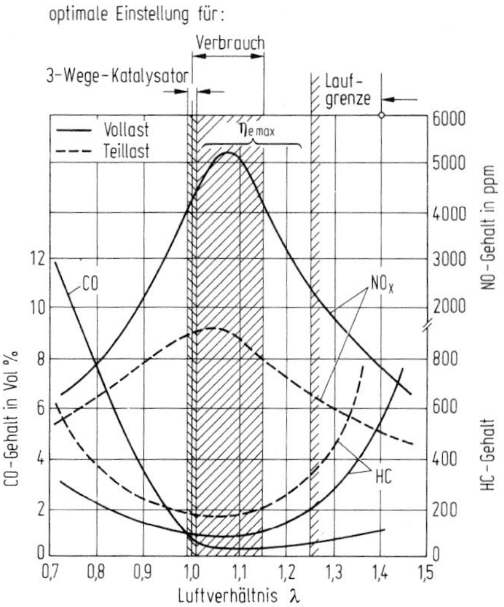

Abb. 4.48 Einfluss von Luftverhältnis und Motorbelastung auf die Schadstoffemission von Ottomotoren

schleppender Verbrennung jedoch steigt. Senken der Höchsttemperaturen ist ferner möglich durch geringere Verdichtung (η_v sinkt) und durch höheren Inertgasanteil (kontrollierte interne Restgaszurückhaltung im Ansaugsystem). Die heutigen Anforderungen an die Abgasreinheit erfordern eine zusätzliche Nachbehandlung der Abgase.

Katalysatoren/Partikelfilter [25, 43]. *Oxidations-Katalysatoren.* Sie reduzieren HC und CO durch Nachoxidation bei Luftüberschuss und relativ niedrigen Reaktionstemperaturen.

Drei-Wege-Katalysator. Er ist ein multifunktioneller Katalysator, der neben der Oxidation von HC und CO gleichzeitig NO_x unter Verwendung von HC und CO als Reduktionsmittel reduziert, was eine nur innerhalb eines engen „Fensters“um den stöchiometrischen Punkt pendelnde Gemischzusammensetzung erfordert, Abb. 4.49, somit für die Kraftstoffdosierung einen geschlossenen Regelkreis mit einer sog. „λ-Sonde“ zur Messung des O_2-Gehalts im Abgas als Regelgröße. Die als Katalysatoren verwendeten Edelmetalle (Pt, Rh, Pd) befinden sich feinstverteilt in einer Schicht (wash coat) eingebettet, die sich auf den Oberflächen eines in Strömungsrichtung von vielen kleinen Kanälen (25 bis 40 je cm^2) durchzogenen Monolithen aus gesintertem Al_2O_3

Tab. 4.8 Einflussgrößen auf die Abgasemissionen von Ottomotoren

Bereich	Einflussgrößen
Ansaugluft	Druck, Temperatur, Feuchtigkeit
Kraftstoff	Zusammensetzung, Siedeverhalten
Gemischbildung	Einspritzung, DE homogen/inhomogen, Luftverhältnis, Wassereinspritzung
Saugrohr	Gemischverteilung, Druck, Temperatur
Motor	Hubraum, Verdichtung, Brennraumform, Rückstände, Turbulenz, Steuerzeiten, Kühlung
Zündung	Kerzenlage, Elektrodenabstand, Funkendauer, Zeitpunkt, Zündenergie
λ-Sonde mit Steuergerät	Temperatur, Betriebszeit
3-Wege-Katalysator	Temperatur, Betriebszeit, Bleigehalt im Kraftstoff
Partikelfilter	Bauart, Regeneration

befindet. Daneben werden auch Al_2O_3-Granulat, Schüttgut- und Metallwickel-Katalysatoren verwendet. Die Katalysatorwirkung wird wesentlich von dessen Betriebstemperatur bestimmt, sodass neben einer geeigneten Einspritzstrategie zur Abgastemperaturerhöhung (nur bei DE), der Isolierung bei motornaher Anordnung auch eine elektrische Katalysatorheizung für den Leerlauf- und Schwachlastbetrieb vorgesehen wird (evtl. auch kurzzeitig eine Abgasrückführung). Voraussetzung für den Einsatz dieser Katalysatoren ist bleifreies Benzin, um eine sog. Katalysatorvergiftung zu vermeiden.

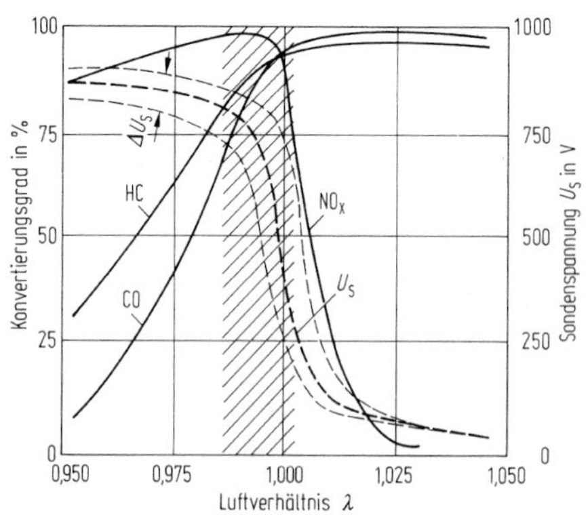

Abb. 4.49 Statisch gemessene Konvertierung von Schadstoffen im Bereich des „λ-Fensters“ eines 3-Wege-Katalysators und Spannungsverlauf U_S der λ-Sonde, ΔU_S Einfluss der Abgastemperatur auf U_S

Für DE-Ottomotoren wird derzeit auch ein *Partikelfilter* eingeführt, um die in der Gesetzgebung vorgeschriebene Anzahl von Partikeln sicher einhalten zu können. Wenn DI-Motoren mit Ladungsschichtung betrieben werden (Magerbetrieb) wird außerdem ein *DeNO$_x$-System* eingesetzt, üblicherweise ein NO$_x$-Speicherkat.

4.7.3.3 Abgase von Dieselmotoren

Sie enthalten wegen des Luftüberschusses wenig CO und HC, der NO$_x$-Gehalt entspricht bei direkter Einspritzung etwa dem des unbehandelten Ottomotors und ist bei indirekter Einspritzung (geteilter Brennraum) unter Volllast nur etwa halb so groß. Die für den Dieselmotor charakteristische Rußbildung nimmt bei Volllast zu, außerdem bei verschleppter Verbrennung, wobei als Ursachen örtlicher O_2-Mangel und Crackvorgänge während der Verbrennung bzw. Oxidationsabbruch bei niedrigen Temperaturen verantwortlich sind. Die sich an Rußpartikeln anlagernden HC-Verbindungen entstammen auch dem Schmieröl und sind ansonsten abhängig vom Verbrennungsverfahren und der Kraftstoffzusammensetzung. Mit dem Gehalt von Aromaten und Schwefel nimmt die Partikelemission zu. Daneben ist auch die Geruchsbelästigung störend, die besonders bei Kaltstart, Leerlauf und in der Warmlaufperiode auftritt. Sie ist gekennzeichnet durch den Gehalt an Aldehyden und Ketonen. Abhilfe bringt schnelles Durchlaufen dieser Phase (Verringern des wandverteilten Kraftstoffanteils).

Schadstoffreduzierung [26, 38, 42, 46]. Eine Verringerung von NO$_x$ ist möglich durch Spätverstellen des Spritzbeginns gegenüber OT, Aufladung, Ladeluftkühlung und kontrollierte Abgasrückführung (Hoch- und Niederdruck-AGR), wobei späte Einspritzung Verbrauch und Abgastrübung erhöhen, s. Tab. 4.9. Um bei Abgasturboaufladung beim Beschleunigen von Fahrzeugmotoren den „Rußstoß" wegen Nachhinkens der Luftförderung zu vermeiden, werden Abgasturbolader mit kleinem Massenträgheitsmoment, integriertem elektrischen Zusatzantrieb, Turbinen mit verstellbaren Leitschaufeln sowie eine zweistufige Aufladung verwendet.

Tab. 4.9 Einflussgrößen auf die Abgasemission von Dieselmotoren

Bereich	Einflussgrößen
Ansaugluft	Druck, Temperatur, Feuchtigkeit
Kraftstoff	Zusammensetzung, Aromatengehalt, Schwefelgehalt, Cetan-Zahl, Siedeverhalten, Zähigkeit
Ansaug-system	Luftwiderstand, Aufladeverfahren, Ladeluftzustand
Einspritz-anlage	Einspritzmenge, Einspritzdruck, Spritzbeginn, Mengenverlauf, Düsenform, Düsenlage, Mehrfacheinspritzung
Motor	Brennraumform, Verbrennungs-Verfahren, Verdichtung, Luftdrall, Steuerzeiten, Kühlung
Abgasrück-führung	Menge, Temperatur (HD- und ND-AGR)
Oxidations-katalysator	Temperatur
DeNO$_x$-System	NH_3-Dosierung (über Harnstoff), NO$_x$-Speicherkatalysator (Pkw)
Partikelfilter	Bauart, Regenerierung

Katalysatoren. *Oxidationskatalysatoren* werden bei Dieselmotoren vorwiegend zur Reduktion von HC, weniger von CO, eingesetzt, um die Partikelbildung durch angelagerte HC-Verbindungen zu unterdrücken, sowie zur Oxidation von NO zu NO_2 für die Abgasnachbehandlungssysteme.

Katalytische NO$_x$-Reduktion ist bei einer Verbrennung mit Luftüberschuss, wie bei Dieselmotoren und Ottomotoren mit DE, problematisch und kann unterschiedlich erfolgen. Von den miteinander konkurrierenden DeNO$_x$-Katalysatoren sind heute das SCR-System und der NO$_x$-Speicher-Katalysator in Serie.

SCR-Verfahren *(SCR: Selective Catalytic Reaction),* Abb. 4.50. Es verwendet Ammoniak NH_3 als Reduktionsmittel, das aus dem ungefährlichen Harnstoff (Markenname AdBlue) im SCR-Katalysatorsystem generiert wird, wobei ein enger Temperaturbereich einzuhalten ist. Durchgesetzt hat sich das Verfahren bisher bei größeren, stationären und Schiffs-Motorenanlagen, sowie für Nfz-Dieselmotoren und inzwischen auch bei mittleren und größeren Pkw, wobei hier besonders der erforderliche Platz für die Infrastruktur (Tank, Dosiermodul) ein Problem darstellt. Eine

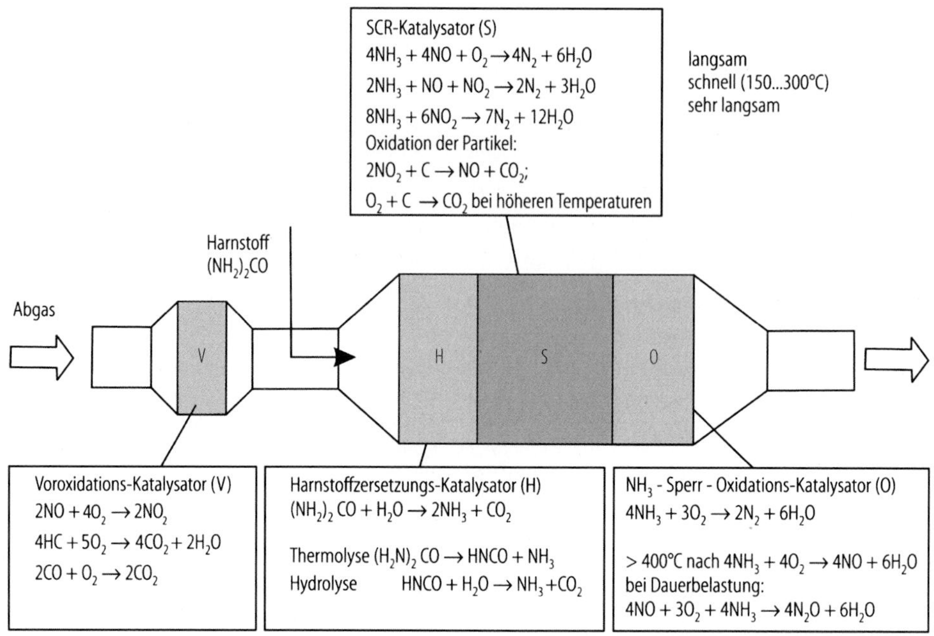

Abb. 4.50 SCR-System zur NO_x-Abgasnachbehandlung beim Dieselmotor

präzise Dosierung und Verteilung des Reduktionsmittels in Abhängigkeit der im Fahrbetrieb auftretenden Belastungsänderungen ist erforderlich, da ein Schlupf des hochgiftigen Ammoniaks zu vermeiden ist. Extrem schadstoffarme Dieselfahrzeuge verwenden heute zwei SCR-Systeme, um sowohl im Stadtverkehr (geringe Temperaturen) wie auch bei Autobahnfahrt (hohe Temperaturen) die Eur6d Grenzwerte auch im Realbetrieb zu unterschreiten [67].

NO_x-Speicher-Katalysatoren (NSR, NSC). Sie erreichen im Neuzustand 85–90 % Effizienz, die jedoch durch hohe Abgastemperaturen und Kraftstoffschwefel stark beeinträchtigt werden (üblich sind in Mitteleuropa < 10 ppm). In dem Katalysator werden unter Wirkung des Sauerstoffes die Stickoxide (NO_2) in Form von Nitraten eingelagert. Ist das Speichervermögen erschöpft (50 ... 300 s), wird zur Regenerierung kurzzeitig für wenige Sekunden das Kraftstoff-Luftgemisch „angefettet", sodass mit dem dabei gebildeten CO und HC das Nitrat zu Stickstoff reduziert wird. NSR werden derzeit bevorzugt bei kleineren und mittleren Pkw eingesetzt. Zukünftig finden auch Kombinationen von SCR und NSR Anwendung, da damit ein größerer Abgastemperaturbereich abgedeckt werden kann.

Partikelfilter. Der Rußfilter ist heute serienmäßig bei Neufahrzeugen. Aber auch Altfahrzeuge können mit offenen Filtern nachgerüstet werden. Gefordert wird hoher Abscheidegrad bei großer Aufnahmefähigkeit und niedrigem Strömungswiderstand. Die beschränkte Aufnahmefähigkeit erfordert Regenerierung des Filters und Entsorgung durch Verbrennen des gesammelten Rußes. Problematisch ist dabei dessen hohe Entzündungstemperatur von ca. 600 °C, die vom Abgas nur selten (Volllast) erreicht wird und deshalb durch exotherme Reaktionen in einem vorgeschalteten Oxidationskatalysator erzeugt werden muss. Eine Regenerierung mit Unterstützung chemischer Katalysatoren als Additive oder Beschichtung zum Senken der Zündtemperatur (Zusatz extern als Kraftstoffadditiv und/oder auf Filter) muss umweltverträglich sein; Regenerierungsverfahren durch Zufuhr thermischer Energie (elektr. Heizung, Ölbrenner, Nacheinspritzung) erhöhen den Verbrauch. Als Filter dienen meist Keramikmonolithe, ähnlich den als Katalysator eingesetzten, jedoch mit wechselseitig verschlossenen

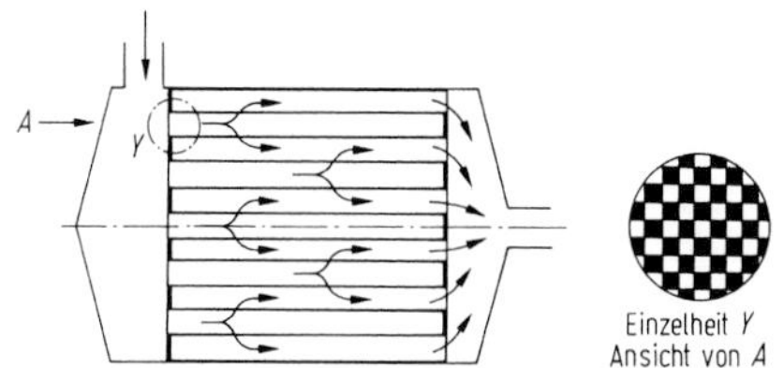

Abb. 4.51 Rußfiltersystem zur Minderung der Partikelemission von Dieselmotoren: Keramikmonolith mit wechselseitig verschlossenen Kanälen

Kanälen, s. Abb. 4.51. Daneben gibt es sog. offene Filter mit Metallfolien und Fliesen. Angestrebt wird eine möglichst hohe Integration des gesamten Abgasnachbehandlungssystems.

4.7.3.4 Geräuschemission

Durch gesetzliche Vorschriften wird weltweit versucht, die Lärmbelästigung durch Straßenfahrzeuge zu begrenzen, wovon auch der Motor betroffen ist. Das vom Motor abgestrahlte Geräusch (Abb. 4.52) wird dabei direkt oder indirekt als Luftschall (s. Bd. 1, Abschn. 48.2) erzeugt. Schwingungsanregend auf die Bauteile wirken der Verbrennungsvorgang und die rein mechanische Erregung durch Massen-, Feder- und Stoßkräfte (Spiel zwischen Bauteilen). Das unterschiedliche Übertragungsmaß bei der Körperschallleitung bedingt die jeweilige Körperschallschnelle an der Motoroberfläche, die abhängig vom Abstrahlmaß in Luftschallleistung umgesetzt wird. Die durch Strömungsvorgänge direkt erzeugten Geräusche können am Entstehungsort relativ einfach durch Ansaug-/Auspuffschalldämpfer gedämpft werden. Die indirekt erzeugten Geräusche verlangen zur Absenkung des Gesamtgeräusches die gleichmäßige Dämpfung möglichst aller Einzelschallquellen. Dazu kann neben einer verminderten Anregung sowohl auf das Übertragungsmaß (Eingangsimpedanz) als auch auf das Abstrahlmaß eingewirkt werden.

Motorinterne Maßnahmen. Änderungen am Verbrennungsvorgang (Senken des Druckanstiegs durch spätere Einspritzung, geteilter Brennraum, Aufladung) oder an den mechanischen Kräften (Kolbenbolzen-Desachsierung, hydraulische Ventilspiel-Ausgleichselemente) können die Körperschallerregung nur beschränkt beeinflussen (maximal 2 bis 4 dB(A) Dämpfung des Gesamtgeräusches). Konstruktive Änderungen an den äußeren Bauteilen beeinflussen das Abstrahlmaß durch körperschallisolierende Befestigung nichtkraftführender (Deckel, Ölwanne) und größere Biegesteifigkeit der kraftführenden Wandteile, sodass die Emission des Bauteils um maximal 10 dB(A), durch aufwändige Vorsatzschalen bis zu 20 dB(A) abnimmt, was insgesamt eine Geräuschminderung bis zu 5 dB(A) ergibt.

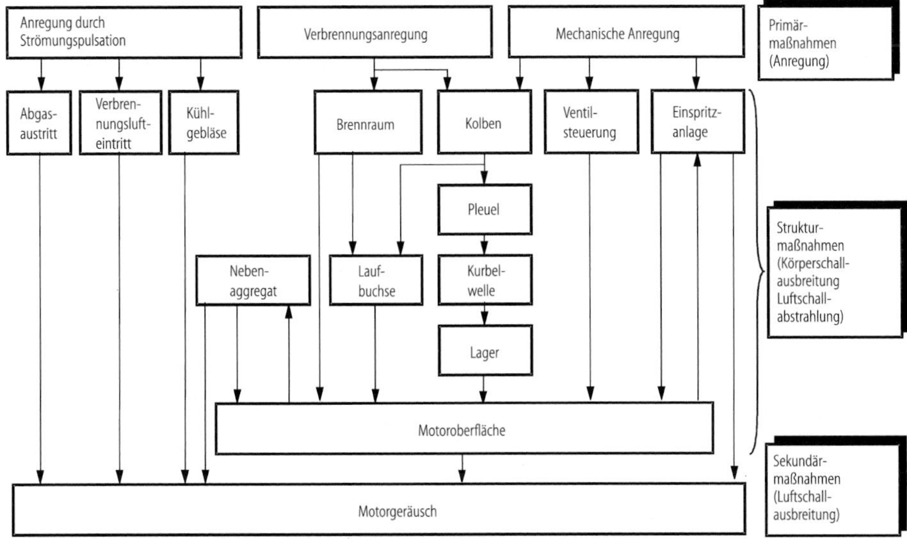

Abb. 4.52 Geräuschentstehung an einem Motor und Maßnahmen zur Geräuschminderung. (S. auch [61])

Äußere Maßnahmen. Eine für das menschliche Ohr deutlich merkbare Geräuschminderung von über 10 dB kann nur durch nachträgliche vollständige Kapselung des Motors erreicht werden, maximal 10 bis 20 dB(A) bei einer Gewichtszunahme von 8 bis 15 % je nach Motorgröße [27]. Günstiger ist eine schon bei Neukonstruktion berücksichtigte Kapselung. Durch stark dämpfende Wände (Magnesium) und steife Skelettkonstruktion eines Triebwerkträgers mit isoliert angebrachten Wandschalen konnten gegenüber konventioneller Bauweise bei Prototypen ca. 10 dB(A) Geräuschminderung erreicht werden.

4.7.4 Verbrennungsmotor als Antriebsaggregat

4.7.4.1 Motorbelastung bzw. Motorkennung

Es sind vier charakteristische Abhängigkeiten zwischen Drehmoment und Drehzahl zu unterscheiden, Abb. 4.53.

Drehzahldrückung (M const, n variabel). Sie tritt beim Antrieb von Kolbenmaschinen auf, ebenso bei Schiffsmotoren infolge Zunahme des Schiffswiderstands. Dabei sind hochaufgeladene Motoren durch thermische Überlastung wegen verringerter Luftförderung bei Drehzahlabfall und erhöhte mechanische Beanspruchungen durch Zünddrucksteigerungen gefährdet, sodass grenzbelastete Motoren eine Leistungsreserve bei der Auslegung verlangen.

Generatorbetrieb (M variabel, n const). Er stellt bei Drehstromgeneratoren mit p_G Polpaaren wegen der Abhängigkeit von der Frequenz

$$n = f/p_G \qquad (4.72)$$

hohe Anforderungen an die Drehzahlregelung. Die Motorauslegung erfolgt bei Angabe der Generatornennleistung als Scheinleistung P_S in kVA nach der Wirkleistung P_W unter Berücksichtigung von Leistungsfaktor $\cos\varphi$ und Generatorwirkungsgrad η_G ($\eta_G \approx 0{,}93$; $\cos\varphi \approx 0{,}8$)

$$P_e = P_W/\eta_G = P_S \cos\varphi/\eta_G\,. \qquad (4.73)$$

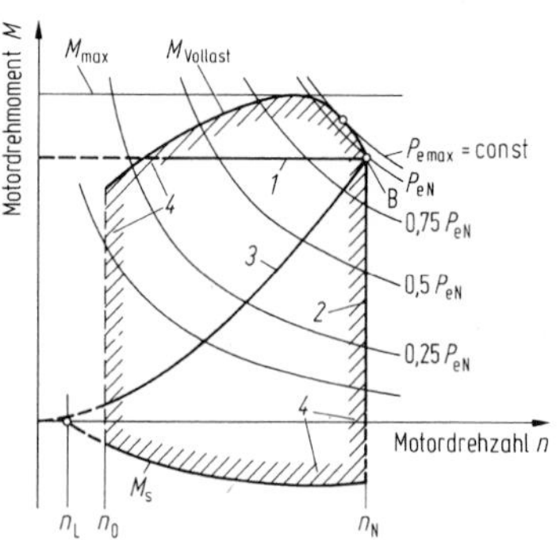

Abb. 4.53 Motorbelastung bei *1* Drehzahldrückung, *2* Generatorantrieb, *3* Propellerantrieb, *4* Fahrzeugantrieb, *B* Betriebspunkt

Propellercharakteristik ($M \sim n^2$). Sie besteht bei Strömungsmaschinen, wie Kreiselpumpen, Flugzeug- und Schiffspropellern, sodass die Leistungaufnahme angenähert mit der dritten Potenz der Drehzahl steigt und geringe Drehzahländerungen starke Belastungsänderungen bewirken.

Beim Schiffsantrieb mit Festpropeller besteht eine Selbstregelung, indem sich die Propellerdrehzahl abhängig von der eingespritzten Brennstoffmenge und dem ihr entsprechenden Moment je nach Betriebspunkt einstellt (Füllungsregelung). Verstellpropeller mit veränderlicher Anstellung der Flügel bis zur Schubumkehr erweitern den Betriebsbereich des Motors. Damit werden Drehzahlbegrenzungen gegen Durchgehen erforderlich bei Wegfall der Umsteuereinrichtung (axial verschiebbare Nockenwelle mit zweitem Nockensatz zur Änderung der Steuerzeiten).

Fahrzeugantrieb (M und n variabel). Der nutzbare Betriebsbereich des Motors, s. Abb. 4.53, ist hierbei noch um das Schleppmoment M_S für den Schiebebetrieb durch das Fahrzeug (Motorbremsung) zu erweitern.

Idealer Antrieb für ein Straßenfahrzeug ist ein Momentenverlauf bei konstanter Leistung P_{max} (Zugkrafthyperbel), der einerseits begrenzt ist durch das mit den Antriebsrädern übertragbare maximale Moment $M_{R,\,max}$, andererseits durch die maximale Motordrehzahl, Abb. 4.54. Durch ein zwischengeschaltetes Getriebe wird das Motormoment an die Hyperbel P_{max} = const angepasst.

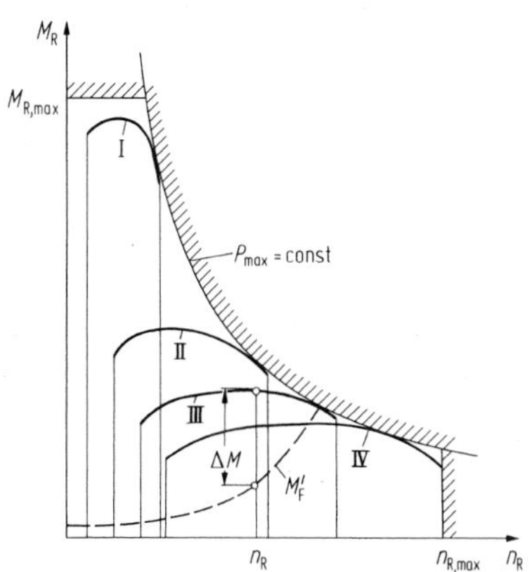

Abb. 4.54 Anpassung des Motormoments M an das Fahrzeugkennfeld $M_R(n_R)$ durch ein Vier-Gang-Schaltgetriebe (*I* bis *IV*)

Drehmoment und Leistung. Für das am Rad wirkende Moment M_R gilt mit der Untersetzung i_K im Stufengetriebe bzw. i_A im Achsgetriebe und Differential und den Wirkungsgraden η_K bzw. η_A

$$M_R = i_K i_A \, \eta_K \, \eta_A \, M \,. \tag{4.74}$$

Im Betriebspunkt besteht Gleichgewicht zwischen M_R und dem Momentenverlauf $M_F = F_F r$ nach der Fahrwiderstandslinie (s. Abschn. 53.8, r =Radhalbmesser). Daraus folgt, dass sich die erforderliche Antriebsleistung (Verbrauch)

$$P_R = 2\,\pi\, n_R \, M_R = F_F \, c_F \tag{4.75}$$

durch geringe Fahrgeschwindigkeit c_F sowie Leichtbauweise (Masseneinfluss auf Roll-, Beschleunigungs- und Steigungswiderstand) und günstigen Strömungswiderstand klein halten lässt.

Beschleunigen des Fahrzeugs erfolgt durch den Momentenüberschuss ΔM zwischen der Fahrwiderstandslinie M_F' und der Kurve M_{Volllast} entsprechend der Gangwahl bei c_F = const.

Anfahren. Die Drehzahllücke zwischen Motormoment bei Leerlaufdrehzahl und Anfahrmoment bei Fahrzeugstillstand ($n_K = 0$) muss durch eine Kupplung oder hydr. Wandler überbrückt werden, die beim Anfahren als Drehzahlwandler ($M = M_K, n \neq n_K$) wirkt.

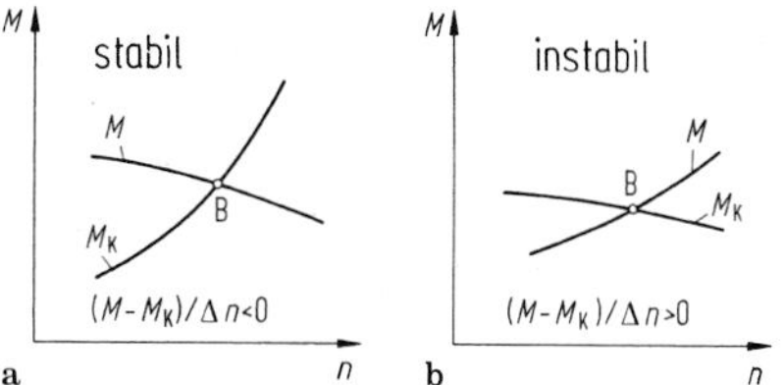

Abb. 4.55 **a** Stabiler und **b** instabiler Betriebspunkt B (Δn vorzeichenbehaftet)

4.7.4.2 Regelung

Je nach Lage des Schnittpunkts von Motor- und Kupplungsmoment M und M_K des zu treibenden Aggregats ist der Betrieb stabil oder instabil, Abb. 4.55. Bei Instabilität ist Momenten- oder Drehzahlregelung notwendig.

Ottomotor. Er besitzt selbst im Leerlauf durch die quadratisch mit n zunehmenden Ansaugverluste bei Verwendung als Fahrzeugmotor stabile Betriebspunkte, sodass prinzipiell der Regelungsbedarf gering ist. Um durch Bedienungsfehler Überdrehzahlen zu vermeiden, verwendet man einen Drehzahlbegrenzer.

Dieselmotor. Wegen der „Durchgehgefahr" wird ein Regler benötigt, wobei vereinfacht normalerweise bei Straßenfahrzeugen nur *Leerlauf- und Enddrehzahl* (maximale Drehzahl) begrenzt werden. Zwischenstufen werden unter Ausschaltung des Reglers durch die Mengenzumessung (durch den Wunsch des Fahrers) direkt eingestellt.

Verstell-(Alldrehzahl-)regler. Er hält eine vorgegebene Motordrehzahl, z. B. bei Schleppermotoren, Anlagen mit Verstellpropellern etc. ein.

Regler. Je nach Reglerbauart wird der Sollwert unterschiedlich eingehalten:

P-Regler besitzen eine lastabhängige Abweichung, die durch den Ungleichförmigkeitsgrad δ (P-Grad, s. Bd. 2, Abschn. 36.2) des Reglers ausgedrückt wird.

PI-Regler. Sie werden benutzt, wenn in Sonderfällen keine Drehzahlabweichung zulässig ist.

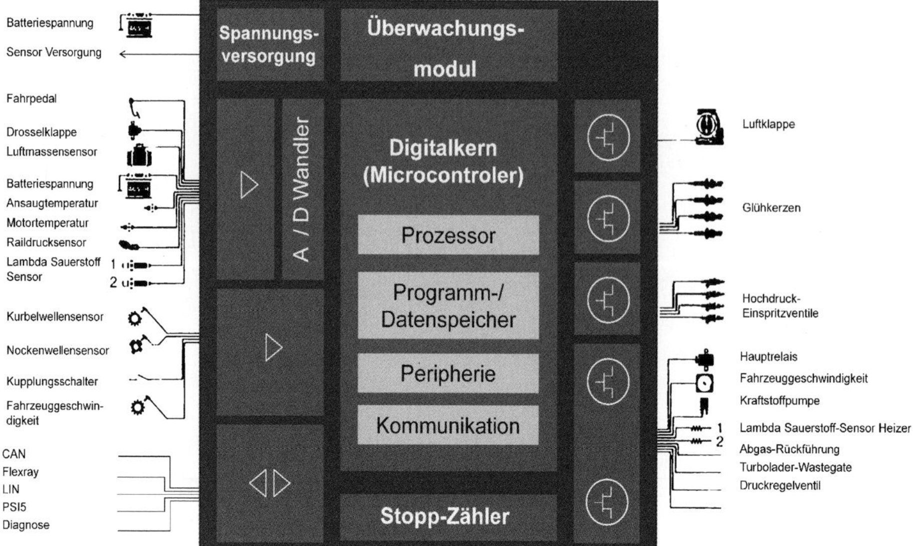

Abb. 4.56 Blockdiagramm Diesel-Steuergerät (Bosch) [42]

Durch eine nachgiebige Rückführung wird die bleibende Drehzahlabweichung bei Ausregelzeiten unter 2 s zu Null.

Elektronischer Regler. Bei Reihen- (und auch Verteilereinspritzpumpen) ersetzt ein elektromagnetisches Stellwerk den mechanischen Fliehkraftregeler und betätigt z. B. die Regelstange (Regelschieber). Abhängig von Fahrpedalstellung, Drehzahl und mehreren Korrekturgrößen errechnet ein Mikroprozessor im Vergleich zu einem gespeicherten Soll-Kennfeld die Soll-Einspritzmenge bei einem Soll-Ist-Vergleich des Regelstangenwegs. Ebenso kann auch der mechanische Spritzversteller der Verteilerpumpe ersetzt werden, in dem ein Sensor die Öffnung der Düsennadel einer der Einspritzdüsen anzeigt und über einen Soll-Ist-Vergleich auf das Stellwerk des Spritzverstellers einwirkt. Bei heutigen magnetventil- oder piezogesteuerten Einspritzsystemen erfolgt die elektronische Regelung direkt über die Mengenänderung durch die Ansteuerung der Aktuatoren (Abb. 4.56).

Die sich bietenden Möglichkeiten für komplexe Funktionskennfelder (z. B. Fahrgeschwindigkeitsregelung, Abgasrückführungsrate, Abgasnachbehandlung etc.) erfordern für den Fahrzeugdieselmotor die elektronische Regelung [42].

4.8 Konstruktion von Motoren

4.8.1 Ähnlichkeitsbeziehungen und Beanspruchung

Mechanische Beanspruchung. Motorbauteile werden durch Gas- und Massenkräfte mechanisch beansprucht: Für die Beanspruchung durch oszillierende $m = m_{\text{osz}}(1 + \lambda_s)$ bzw. rotierende Massen $m = m_{\text{rot}}$ kann eine Massenkraft F_m angegeben werden, für die Beanspruchung durch den Gasdruck die maximale Kolbenkraft F_z (λ_s Schubstangenverhältnis)

$$F_m = m r \omega^2, \quad F_z = p_{\max} A_K . \tag{4.76}$$

Damit gilt für die Spannung im Bauteilquerschnitt A_B

$$\sigma_m = F_m / A_B \quad \text{bzw.} \quad \sigma_p = F_z / A_B . \tag{4.77}$$

Wird näherungsweise $m \sim D^3 \varrho$, $A_B \sim D^2$ gesetzt, so folgt aus Gln. (4.76) und (4.77)

$$\begin{aligned}\sigma_m &\sim D^3 \varrho\, r\, \omega^2 / D^2 \\ &= D \varrho (s/2)(2\,\pi\, n)^2 \sim c_m^2\, \varrho\end{aligned} \tag{4.78}$$

bzw.

$$\begin{aligned}\sigma_p &= p_{\max}\, A_K / A_B \sim p_{\max}\, D^2 / D^2 \\ &\sim p_{\max} .\end{aligned} \tag{4.79}$$

Geometrische Ähnlichkeit zweier Motoren (gleiche lineare Abhängigkeit der Abmessungen vom jeweiligen Kolbendurchmesser D) und gleiches p_{max} hat nach Gl. (4.79) gleiche mechanische Beanspruchung aller Bauteile durch Gaskräfte zur Folge.

Mechanische Ähnlichkeit besteht bei gleicher Kolbengeschwindigkeit c_m wegen gleicher Beanspruchung durch die Massenkräfte, Gl. (4.78). Danach kann σ_m durch stärkere Querschnitte A_B nicht verringert werden.

Neben den Werten für c_m in Tab. 4.4 kann bei Dieselmotoren mit folgender maximaler Kolbengeschwindigkeit gerechnet werden ($0{,}1 < D < 1$ in m)

$$c_m \approx 8(D)^{0,25} \quad \text{in m/s}\,. \tag{4.80}$$

Bei Schwerölbetrieb sollte eine Geschwindigkeit von 9 m/s nicht überschritten werden.

Thermische Beanspruchung. Mit der Beaufschlagung der brennraumbildenden Wände durch die Wärmestromdichte q_w (s. Abschn. 4.2.3) entsteht im Bauteil ein Temperaturgefälle, das thermische Spannungen σ_{th} verursacht. Vereinfacht gilt für eine ebene Wand der Stärke δ mit der Wärmeleitfähigkeit λ_w, dem linearen Ausdehnungskoeffizienten β und dem Elastizitätsmodul E

$$\sigma_{th} = (\Delta l/l)E = \pm\tfrac{1}{2}(E\beta/\lambda_w)q_w\delta\,. \tag{4.81}$$

Da die Wärmestromdichte $q_w = Q_w/A$ von dem gasseitigen Wärmeübergangskoeffizienten α abhängt, Gl. (4.37), gilt näherungsweise (Stoffwerte = const)

$$\sigma_{th} \sim D^{0,8}\,. \tag{4.82}$$

Die mit zunehmendem Kolbendurchmesser D wachsenden thermischen Spannungen sind zu beherrschen, wenn sie mittels einer Stützkonstruktion (Membran- oder strong-back-Konstruktion) getrennt von der mechanischen Beanspruchung aufgenommen werden. Durch eine relativ dünne Wand (Abb. 4.57a) wird dabei die Wärme an das Kühlmittel abgeleitet (σ_{th} klein), wobei die innere Schale ihre Festigkeit gegenüber der mechanischen Beanspruchung durch Abstützen auf eine starke Außenwand erhält. Bei der

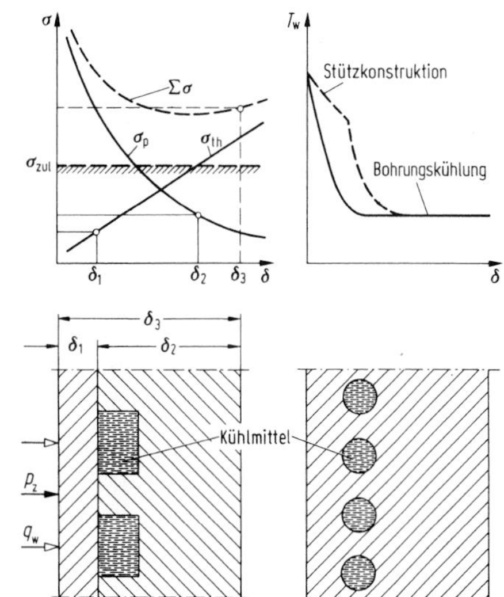

Abb. 4.57 Einfluss der Wandstärke δ auf Beanspruchung und Temperaturverlauf. **a** Stützkonstruktion; **b** Konstruktion mit Bohrungskühlung

immer häufiger verwendeten Bohrungskühlung (Abb. 4.57b) „entartet" dieses Konstruktionsprinzip zu einer starken Wand mit nahe der brennraumseitigen Oberfläche verlaufenden und von Kühlmittel durchströmten Bohrungen.

Beanspruchung bei Leistungssteigerung. Aus Gl. (4.66) folgt für die Nutzleistung

$$P_e \sim w_e c_m D^2\,. \tag{4.83}$$

Bohrungsdurchmesser. Seine Vergrößerung bringt die wirkungsvollste Leistungssteigerung. Abgesehen von den Abmessungen (Handhabung) findet sie ihre Grenzen in den thermischen Beanspruchungen, Gl. (4.82) und in der mit D zunehmenden Leistungsmasse $m_P \sim D$.

Kolbengeschwindigkeit. Ihre Erhöhung hat außer quadratisch zunehmenden Massenkräften, Gl. (4.78), und Ansaugverlusten (Liefergrad, Gaswechselarbeit) auch größere thermische Spannungen zur Folge,

$$\sigma_{th} \sim \alpha(T_z - T_w) \sim c_m^{0,8}\,. \tag{4.84}$$

Aufladung steigert die spezifische effektive Arbeit (s. Gl. (4.48)) und führt bei gleichem Verbrennungsluftverhältnis zu höheren Gasdrücken bei gleichbleibenden Prozesstemperaturen. Damit steigt die mechanische Beanspruchung annähernd proportional mit w_e, die thermische Beanspruchung entsprechend dem Druckeinfluss auf den Wärmeübergang jedoch schwächer,

$$\sigma_{th} \sim p_z^{0,8} \quad \text{bzw.} \quad \sigma_{th} \sim w_e^{0,8} \,. \qquad (4.85)$$

Luftverhältnis. Seine Verringerung bedingt erhöhte Prozesstemperaturen T_z und wirkt sich auf den Wärmeübergangskoeffizienten sowie das wirksame Temperaturgefälle aus, Gl. (4.84), sodass angenähert gilt

$$\sigma_{th} \sim T_z^{0,5} \,. \qquad (4.86)$$

Die in erster Näherung gleiche exponentielle Abhängigkeit der Spannung σ_{th} von w_e und c_m erklärt, dass bei konstantem Produkt $w_e c_m$ kleine Änderungen von w_e oder c_m ohne größeren Einfluss auf die Beanspruchung σ_{th} sind, so z. B. bei der „low speed"-Version von Zweitakt-Großmotoren mit erhöhtem w_e.

4.8.2 Motorbauarten

4.8.2.1 Hubkolbenmotoren

Bauformen. Bis auf Kleinmotoren werden heute Mehrzylinder-Motoren in Reihen- oder V-Anordnung der Zylinder ausgeführt; bei Pkw-Motoren findet man auch Boxer- (s. Abschn. 1.4.3) und VR-Anordnung (sehr kleine V-Winkel ermöglichen kurze Baulänge durch wechselseitiges Auseinanderdrücken der Zylinder).

Zylinderzahl. Bei schnelllaufenden Fahrzeugmotoren findet man bis zu $z = 6$ in Reihenanordnung, darüber als V 8- bis V 12-Motor, bei größeren Motoren ($D > 0{,}14$ m) mit entsprechend steiferer Kurbelwelle sind auch 8-Zylinder-Reihenmotoren möglich: bei V-Anordnung bis $z = 10$ in einer Reihe. Viertakt-Großmotoren ($D > 0{,}3$ m) werden bis $z = 9$ bzw. 18 (Reihen- bzw. V-Motor) ausgeführt, Zweitakt-Großmotoren nur als Reihenmotoren mit bis zu 12 Zylindern. Dem Vorteil der kompakten V-Bauweise steht eine aufwändigere Herstellung im Vergleich zu zwei entsprechenden Reihenmotoren gegenüber. Größere Zylinderzahl begünstigt Laufruhe und Ungleichförmigkeitsgrad, erhöht jedoch Störanfälligkeit sowie (bei gleicher Leistung) Fertigungs- und Wartungskosten.

Verdichtungsverhältnis ε. Bei Ottomotoren wird der maximale Wert durch die Klopfgrenze, somit vom Kraftstoff, Ladungstemperatur, Zündung, Brennraum und Bohrungsdurchmesser bestimmt: Mit Zunahme von D nimmt das Oberflächen-Volumenverhältnis ab und bedingt ε-Senkung. Übergang auf 4 Ventile bringt ε-Steigerung um 1 bis 1,5 Einheiten. Klopfsensoren erlauben Nutzung des optimalen ε unabhängig von Kraftstoffart. Bei Dieselmotoren bestimmt die Kaltstartfähigkeit die Wahl von ε und erfordert bei Pkw-Motoren $\varepsilon = 16 \ldots 19$. Die Abnahme mit größer werdendem D wird eingeschränkt bei Steigerung von p_{max}, die ein Anheben von ε für optimalen Verbrauch erfordert, s. a. Tab. 4.4.

Hub-Bohrungsverhältnis. Seine Wahl richtet sich nach den Anforderungen: Kurzhuber mit überquadratischem Verhältnis ($s/D < 1$) erlauben große Ventilquerschnitte und hohe Drehzahlen bzw. niedriges c_m, jedoch steigen die Gaskräfte. Der Wert s/D beeinflusst ferner die Motormaße (Baulänge sinkt mit zunehmendem s/D, während Motorbreite und -höhe wachsen), den Verbrennungsraum, indem er mit fallendem s/D bei Anstieg des Oberflächen-Volumenverhältnisses (Wandwärmeverlust, „flame quenching") flach und ungünstig für die Verbrennung wird und das realisierbare Verdichtungsverhältnis senkt. Forderungen nach Quereinbau im Fahrzeug (kurze Baulänge), geringem HC-Ausstoß und Verbrauch stärken bei Pkw-Motor Trend zu $s/D = 1$, vgl. Tab. 4.4, der bei Viertakt-Dieselmotoren zu $s/D = 1{,}2 \ldots 1{,}4$ (1,5), bei Zweitakt-Großmotoren mit Rücksicht auf niedrige Propellerdrehzahl zu $s/D = 3{,}2 \ldots 4$ geht.

Bohrungsdurchmesser. Er hat die Grenze bei $D \leqq 0{,}65$ für Viertakt- und $D \leqq 1$ m für Zweitaktmotoren erreicht, womit maximale Motorleistungen von $P_e = 20 \ldots 24$ MW bei Viertaktmotoren, bis zu fast 100 MW bei Zweitakt-

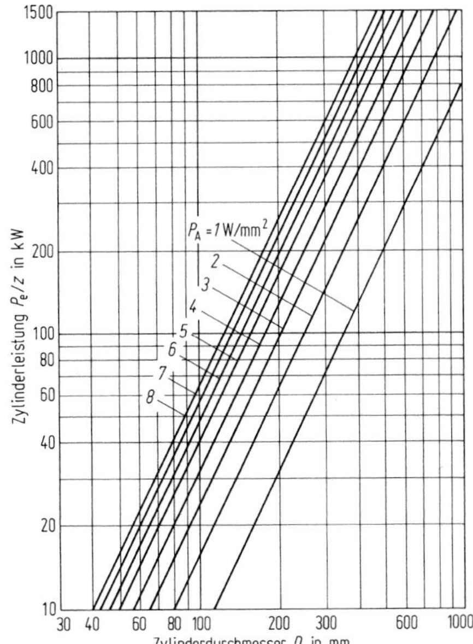

Abb. 4.58 Zusammenhang zwischen Zylinderdurchmesser und Zylinderleistung abhängig vom „Stand der Technik", ausgedrückt durch die Kolbenflächenleistung P_A bzw. das Produkt aus spezifischer Nutzarbeit w_e und mittlerer Kolbengeschwindigkeit c_m, s Gl. (4.71)

motoren erreicht werden. Abb. 4.58 liefert den Zusammenhang zwischen dem „Stand der Technik", ausgedrückt durch P_A, s. Tab. 4.4, und dem Bohrungsdurchmesser D. Für Pkw-Motoren liegen die Durchmesser kleiner 0,1 m.

Verwendung. Kleine Zweitaktmotoren werden wie alle Viertaktmotoren in Tauchkolbenbauart ausgeführt (s. Abschn. 1.3) und hauptsächlich zum Antrieb von kleinen Zweirädern bzw. als Antrieb kleiner Arbeitsmaschinen verwendet. Der schnelllaufende Viertaktmotor dient überwiegend dem Antrieb von Pkws und Nutzfahrzeugen bzw. (als schnelllaufender Hochleistungs-Dieselmotor) von Lokomotiven und schnellen Schiffen. Daneben findet auch der Einsatz in stationären Anlagen zur Stromerzeugung gekoppelt mit Abwärmenutzung statt (Blockheizkraftwerk BHKW zur dezentralen Wärme- und Stromerzeugung, meist mit Erdgas betrieben). Zum Antrieb von großen Container- und Tankschiffen wird der Zweitaktgroßmotor (LL) in Kreuzkopfbauart verwendet. Gute Schweröltauglichkeit bei Trennung des Triebwerkraums von dem Verbrennungsraum (geringere Schmierölverschmutzung) ergibt hohe Betriebssicherheit bei niedrigsten Drehzahlen (direkter Propellerantrieb möglich). Mittelschnelllaufende Viertaktmotoren (MSL) haben dagegen geringeres Gewicht und Bauvolumen, kostengünstigere Herstellung, erfordern aber Untersetzungsgetriebe oder die Wandlung der mechanischen Energie in elektrische Energie für den Antrieb. Der Wettbewerb zwischen den Schiffsmotoren wird davon beeinflusst, ob der MSL gleiche Betriebssicherheit bei gleichem Wartungsaufwand, Verschleiß und Schmierölverbrauch (Zweitakt: 0,8 bis 1,2 g/kWh; Viertakt: 1,0 bis 1,6 g/kWh) erreicht. Kritisch sind dabei die Ventilstandzeiten bei Schwerölbetrieb.

4.8.2.2 Kreiskolbenmotor (Wankelmotor)

Von der Vielzahl möglicher Rotationskolbenmaschinen konnte nur der von F. Wankel entwickelte Kreiskolbenmotor eine gewisse technische Bedeutung erlangen [28].

Aufbau. Durch Abrollen eines Hohlrads (d_2) mit daran im Abstand R befindlichen kurvenerzeugendem Punkt A auf einem fixen Ritzel (d_1) entsteht die äußere Arbeitsraumkontur als zweibogige Trochoide, Abb. 4.59, wenn sich $d_1 : d_2 = m : (m + 1)$ verhalten und $m = 2$ ist. Die $m + 1 = 3$ erzeugenden Punkte A,

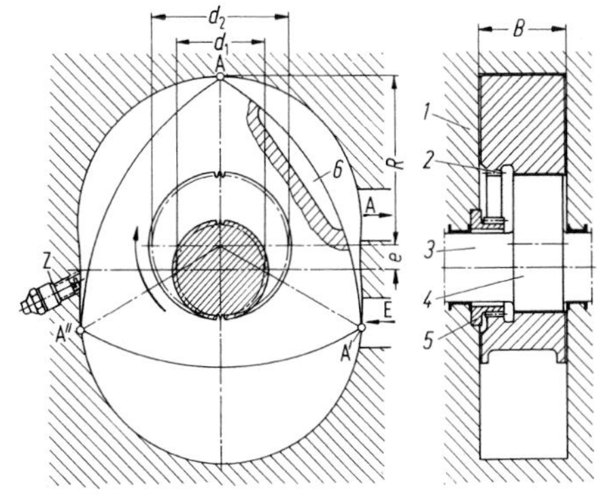

Abb. 4.59 Kinematik und Aufbau eines Wankelmotors mit Umfangsein- und -auslass E, A, und Zündkerze Z. V_{max}-Stellung der Kolbenseite $A'A''$ kurz vor „Einlass schließt" am Beginn der Kompression, während $A''A$ am Beginn der Expansions- bzw. AA' am Ende der Ausschubphase ist (Erläuterungen s. Text)

A′, A″ bilden auch die Eckpunkte des Innenläufers (Kolben) als innere Hüllfigur. Er ist auf dem Exzenter *4* der Welle *3* gelagert, wobei das mit dem Kolben verbundene Hohlrad *2* mit dem an der Seitenscheibe *1* befestigten Zahnritzel kämmt. Die Exzentrizität der Zahnräder beträgt $e = (d_2 - d_1)/2$. Das Verhältnis *R*/*e* bestimmt die Trochoidenform (üblich $R/e = 6{,}8 \ldots 7{,}2$) und das maximale Verdichtungsverhältnis

$$\varepsilon_{\max} \approx 2{,}6(R/e)\,. \tag{4.87}$$

Hubraum. Für eine Kammer folgt er als Differenz $V_{\max} - V_{\min}$ aus

$$V_K = 3\sqrt{3}eRB \approx 5{,}2eRB\,. \tag{4.88}$$

Arbeitsweise. Der Motor arbeitet nach dem Viertaktverfahren mit 270° Exzenterwinkel je Arbeitstakt einer Kammer, somit pro Arbeitsspiel $4 \cdot 270° = 1080°$ bzw. drei Umdrehungen, was einem Frequenzverhältnis $a = 3$ entspricht, Gl. (4.1). Die Leistung eines 1-Scheibenmotors folgt aus Gl. (4.66) mit $V_h = 3V_K$. Ausgeführt wurden bisher kommerziell 1- und 2-Scheibenmotoren, letztere nur wassergekühlt.

Die Kolbenmulde *6* senkt $\varepsilon_{\max}$ auf für Ottomotoren übliche Werte, verbindet im OT die beiden sichelförmigen Brennräume und erhöht das bereits hohe Oberflächen-Volumenverhältnis, das Wandwärmeverlust, HC-Emission sowie Verbrauch ungünstig beeinflusst. Da auch die Herstellung im Vergleich zum Hubkolbenmotor keine Vorteile bietet und sehr teuer ist, konnte sich der Wankelmotor trotz einiger Vorteile (Massenausgleich, Leistungsmasse) am Markt nicht behaupten. Gelegentlich wird der Wankelmotor als sogen. Range Extender für batteriebetriebene Fahrzeuge diskutiert.

4.8.3 Motorbauteile

Kolben Die Triebwerksbeanspruchung durch Massenkräfte erfordert Leichtbauweise und geringe Werkstoffdichte, die thermische Beanspruchung gute Wärmeleitfähigkeit. Die daher vorzugsweise eingesetzten Leichtmetallkolbenlegierungen besitzen gegenüber Eisenwerkstoffen jedoch geringere Warmfestigkeit und größere Wärmedehnung, die erhöhtes Kalt-Laufspiel am Kolben bzw. konstruktive Maßnahmen zum Dehnungsausgleich erfordern [37, 42, 47].

Fahrzeugmotoren. Um Massen- und Reibkräfte zu verringern, wurden für Pkw-Ottomotoren Leichtbaukolben mit nur zwei Ringen entwickelt aber nicht in Großserie eingeführt, Abb. 4.60a. Erhöhte thermische Belastung erfordert bei Überschreiten der zulässigen Grenztemperatur am Muldenrand bei Dieselmotoren und der 1. Kolbenringnut deren Armierung durch warmfeste Ringträgereinlagen oder (und) eine Kühlung des Kolbens durch Anspritzen der Kolbenunterseite oder gezielte Ölkühlung über eingegossene Kühlkanäle mit Öl aus dem Schmierölkreislauf, Abb. 4.60b; [62]. Für Hochleistungsdieselmotoren mit Zylinderspitzendrücken über 200 bar werden auch im Pkw-Bereich inzwischen Stahlkolben als Monoblock-Kolben eingesetzt [42].

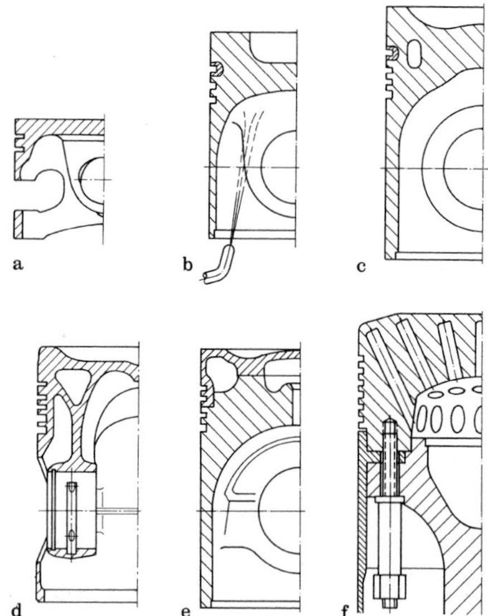

Abb. 4.60 **a** Pkw-Leichtbaukolben in 2-Ringausführung (Prototyp); **b** Kolben mit Ringträger und Anspritzkühlung; **c** Kühlkanal-Kolben (gepresst); **d** GGG-Monoblock-Kolben mit „Shakerkühlung"; **e** gebauter Kolben mit St-Oberteil und Leichtmetall-Unterteil; **f** Kolben für Zweitakt-Langsamläufer mit Bohrungskühlung (Abmessungen auf ungefähr gleichen Durchmesser bezogen)

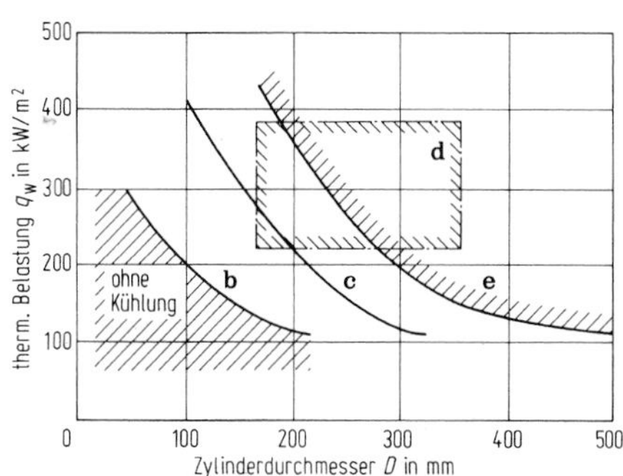

Abb. 4.61 Verwendung gekühlter Kolben nach Abb. 4.60 bei Viertakt-Dieselmotoren

Großmotoren. Wirkungsvoller sind eingegossene, volldurchströmte bzw. teilgefüllte Kühlkanäle mit der für die Kühlung günstigen Pendel- oder Shakerströmung, die auch bei den gebauten Kolben für Viertaktmotoren hoher Leistung auftritt, Abb. 4.60c. Dabei wird die Kolbenkrone aus warmfestem Stahl oder Stahlguss mit dem Kolbenunterteil aus üblicher Kolbenlegierung verschraubt, Abb. 4.60e, hohe Zünddrücke bei großer thermischer Belastung, verbunden mit starkem abrasiven und korrosiven Verschleiß erfordert Übergang auf Leichtbau-GGG-Monoblock-Kolben, Abb. 4.60d, bzw. gebaute Kolben mit GGG- statt Leichtmetall-Unterteil (Abb. 4.60e) bei vorteilhaft geringem Laufspiel.

Auch Kolben von Zweitaktgroßmotoren sind gebaut, wobei sich das dünnwandige GS-Kolbenoberteil über Stützkörper auf der Kolbenstange abstützt, die auch das Kolbenhemd trägt. Die Kühlung wird durch Wasser statt Motoröl und Bohrungskühlung intensiviert, Abb. 4.60f. Der Einsatz gekühlter Kolben (Abb. 4.61) ist abhängig von der Baugröße und der thermischen Belastung durch die Wärmestromdichte q_W.

Die mit Kolbendurchmesser und Zünddruck wachsende Belastung der Kolbenbolzenlagerung bei Tauchkolben (Abb. 4.62) zwingt zur Vergrößerung der druckseitigen Auflagefläche durch abgesetzte Pleuelaugen bis hin zur Ausbildung als Schwingzapfen.

Kreuzkopf Am Kreuzkopf von Zweitakt-Großmotoren bedingt die Gaskraft F_Z ein dauerndes Anliegen der Zapfenunterseite bei nur geringen

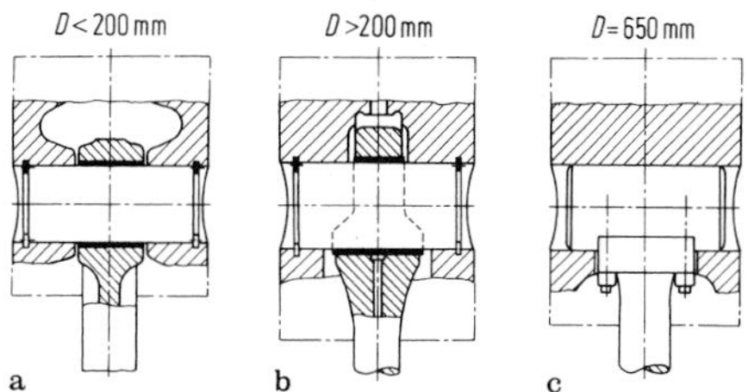

Abb. 4.62 Kolbenbolzenlagerung. **a** Fahrzeugmotor; **b** Mittelschnellläufer, $D = 250$ mm; **c** Schwingzapfenausführung, $D = 650$ mm. (M. A. N., Prototyp)

Schwenkbewegungen, die keine Schmierkeilbildung und Vollschmierung zulässt. Zunehmende Aufladung erfordert daher sorgfältige Gestaltung des oft grenzbelasteten Bauteils. Nachgiebige Auflager gleichen Zapfenverformungen aus, durch Schwingzapfen vergrößerte Lagerflächen senken die Flächenpressung, Abb. 4.63a,c.

Ein exzentrischer Versatz am Zapfen soll ein wechselndes Abheben der Lagerflächen beim Ausschwenken der Treibstange erreichen und die Kontaktflächen entlasten, Abb. 4.63b. Die Kreuzkopfführung kann einseitig oder beidseitig, dann mit vier Führungsflächen erfolgen.

Pleuelstange Schnelllaufende Motoren erfordern mit Rücksicht auf Massenkräfte sorgfältige Formgebung der als Doppel-T ausgeführten Stange mit geschlossenem oberen und geteiltem unteren Pleuelauge, die (gegossen: Pkw) meist im Gesenk geschmiedet wird. Der Einsatz faserverstärkter Werkstoffe (CFK) könnte oszillierende Masse senken. Hohe Beanspruchungen

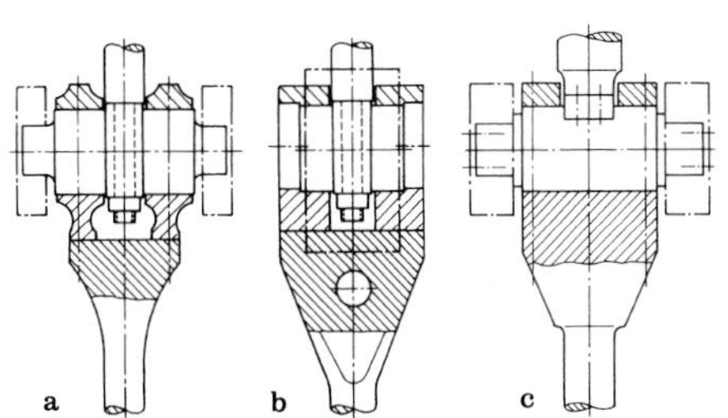

Abb. 4.63 Gestaltung des Kreuzkopfes. **a** Nachgiebige Zapfenlagerung, beidseitige Führung (Sulzer); **b** exzentrische Lagerung, einseitige Führung (Zapfen um 90° gedreht gezeichnet, Fiat-G. M. T.); **c** Schwingzapfen, beidseitige Führung. (M. A. N.-B & W)

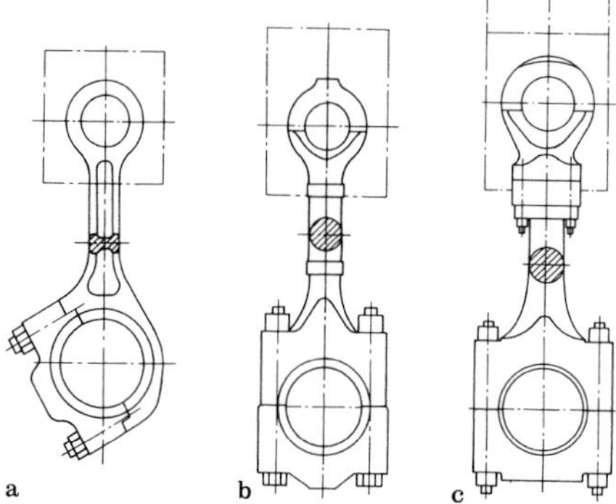

Abb. 4.64 Pleuelstangen. **a** Schräggeteiltes Pleuel für Schnellläufer; **b** teilweise unbearbeitete Stange für Mittelschnellläufer (MaK); **c** Marinekopf-Ausführung. (M. A. N.-B & W)

bestehen am Übergang Stange/großes Pleuelauge mit zusätzlicher Gefährdung durch Gewindebohrungen für Pleuelschrauben, die Klaffen (Biegemoment), Abheben (Normalkraft) und Verschieben (Querkräfte) in der Trennfuge vermeiden müssen. Die formschlüssige Verbindung kann durch Passschraube, Nut und Feder, Kerbverzahnung oder heute überwiegend durch Cracken unterstützt werden, Abb. 4.64a. Mit zunehmendem Durchmesser wird eine einfachere Gestaltung des Schafts wegen geringerer Massenkräfte bei Schwenkbewegung möglich, Abb. 4.64b.

Marinekopf. So heißt die Ausführung, die durch Teilung von Stange und Pleuelkopf bei Großmotoren das Kolbenziehen erleichtert, Abb. 4.64c.

V-Motoren besitzen nur selten Gabelpleuel oder Anlenkpleuel (teuer), um den bei nebeneinanderlaufenden Pleueln auftretenden Versatz der Zylinderreihen zu vermeiden bzw. Baulänge zu sparen (s. Abschn. 1.4).

4.8.3.1 Kurbelwelle und Lager

Belastung. Gas- und Massenkräfte beanspruchen die Kurbelwelle auf Biegung, das Nutzdrehmoment auf Verdrehung, Zusatzbeanspruchungen durch Drehschwingungen sind durch Drehschwingungsberechnungen zu erfassen [29, 42], gegebenenfalls durch Schwingungsdämpfer, -tilger zu senken [37].

Herstellung. Kurbelwellen werden je nach Motorgröße im Gesenk oder frei vorgeschmiedet, zunehmend (USA überwiegend) werden für Pkw-Motoren gegossene Ausführungen (Sphäroguss) verwendet. Die dadurch mögliche freie Gestaltung ergibt günstige Spannungsverteilungen und hohe Gestaltfestigkeiten bei günstigen Kosten. Unbearbeitete Kurbelwangen mit angeschmiedeten Gegengewichten findet man bei kleinen, niedrig belasteten Motoren. Üblicherweise erfolgt allseitige Bearbeitung, wobei die Gegengewichte angeschraubt werden.

Zweitakt-Großmotoren besitzen gebaute (Hubzapfen, Wangen und Grundzapfen einzeln gefertigt und durch Schrumpfen verbunden) oder halb-gebaute Kurbelwellen (Hubzapfen mit Wangen aus einem Stück, Schmiedestahl oder Stahlguss).

Lager. Es werden überwiegend Gleitlager verwendet, Wälzlager sind selten. Sie setzen gebaute Kurbelwellen (Kleinmotoren) oder Scheibenkurbelwellen voraus, bei denen die Wellenzapfen zur Wange mit Kreisquerschnitt erweitert werden (Bauart Maybach). Der Auslegung von Grund- und Pleuellagern hochbelasteter Motoren liegt die Verlagerungsbahn des Zapfens im instationär belasteten Gleitlager zugrunde [30].

4.8.3.2 Motorgehäuse, Kurbelgehäuse

Gehäuseformen. Bei kleineren und mittleren Motoren vereinigt ein gemeinsames Gehäuse Zylinder, Kühlmantel (Wasserkühlung) und Kurbelgehäuse, wobei wegen der komplizierten Formgebung Gussverfahren verwendet werden (Grauguss, Pkw-Motoren auch Leichtmetalldruckguss mit eingegossenen oder eingepressten Zylinderbuchsen aus Grauguss, anderenfalls ist Eisenbeschichtung am Kolben erforderlich). Gute Kühlung ist bei allseitig umströmten Zylindern gegeben, jedoch besteht mit Rücksicht auf Baulänge (Quereinbau von Pkw-Motoren) ein Trend zu praktisch zusammengewachsenen Zylindern.

Kurbelwellenlagerung. Einwandfreies Arbeiten des Triebwerks setzt hohe Formsteifigkeit des Gehäuses voraus. Liegt bei Pkw-Reihenmotoren

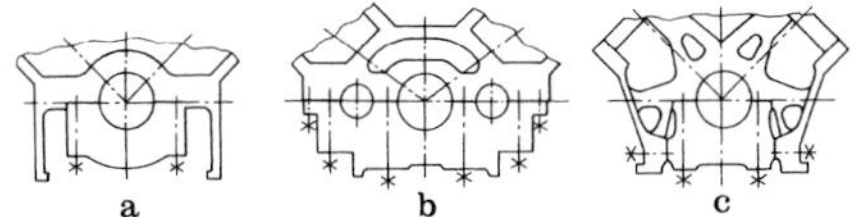

Abb. 4.65 Kurbelgehäuse von V-Motoren (Abmessungen auf gleiche Zylinderbohrung D bezogen). **a** Pkw-Motor (Daimler-Benz); **b** Lkw-Motor (Saurer); **c** Lkw-Motor (KHD)

die Unterkante des Gehäuses meist auf der Höhe der Grundlagerteilung, so wird bei V-Motoren durch Herunterziehen der Gehäusewand das Gehäuse versteift, Abb. 4.65a. Ebenso wirkt eine gemeinsame Blocklagerung von Kurbel- und Nockenwelle (Abb. 4.65b) oder ein durch Querverspannung erzielter ringförmiger Verband um die Kurbelwellenlagerung herum (Abb. 4.65c). Sie wahrt auch den Montagevorteil der hängenden Lagerung. Diese wird auch bei Viertaktgroßmotoren mit einteiligem Motorgestell bevorzugt. Die liegende Lagerung ist günstiger bei geteiltem Gehäuse und wird bei Zweitaktgroßmotoren ausschließlich verwendet.

Zuganker. Das bei großen Zweitaktmotoren aus Grundplatte, Gestell und Zylinderblock bestehende Gehäuse wird mittels Zuganker verspannt, sodass im Gehäuse nur Druckspannungen auftreten. Die für Schiffsmotoren erforderliche Gehäusesteifigkeit zum Schutz der Kurbelwelle bedingt, dass die für das Gestell früher angewendete Ständerbauweise (auf Grundplatte aufgesetzte Einzelständer tragen den Zylinderblock) weitgehend von durchgehenden Kastenträgern mit hohem Widerstandsmoment abgelöst wird, s. Abb. 4.72.

4.8.3.3 Zylinderkopf

Einzel-, Blockzylinderkopf. Letzterer kann nur für $D \leqq 130$ mm für bis zu sechs Zylindern verwendet werden und setzt große Stückzahlen voraus. Ein gleichmäßiger Dichtdruck erfordert genügend Steifigkeit (Bauhöhe), wobei die bei Viertaktmotoren neben Ein- und Auslasskanälen anzubringenden Durchbrüche (Zündkerze bzw. Einspritzdüse, Nebenbrennraum, Ventile, Zylinderkopfschrauben etc.) eine komplizierte Formgebung und Gussform (GG) bedingen, bei Pkw-Motoren meist Leichtmetall, auch bei Dieselmotoren.

Ventilzahl. Je ein Ein- und Auslassventil verwenden nur noch Kleinmotoren und luftgekühlte Fahrzeug-Motoren, die wegen der notwendigen Verrippung nur zwei Ventile aufnehmen können. Schon bei Pkw-Motoren sind vier Ventile wegen des vorteilhafteren, symmetrischen Brennraumes und der verbesserten Füllung die Regel. Hinzu kommt eine geringere thermische Belastung der Ventile infolge mittiger Zündkerze bzw. Einspritzdüse und insgesamt größerer Ventilsitzfläche. Beim konventionellen Ventiltrieb sind im Normalfall zwei Nockenwellen vorgesehen. Die Ventile von Viertakt-Großmotoren erhalten Ventilkörbe, um die Wartung zu erleichtern und zu verhindern, dass sich Zylinderkopfdeformationen auf die Ventilsitzdichtung übertragen, s. Abb. 4.11.

Mit Zunahme von Kolbenflächenleistung und Bohrungsdurchmesser werden besondere Kühlmaßnahmen erforderlich, zunächst lokal beschränkt (Ventilsteg, Einspritzdüsenbereich), dann Übergang zur Stützkonstruktion oder Bohrungskühlung bei Großmotoren, s. Abb. 4.57.

4.8.3.4 Laufbuchse

Integrierte Buchse. Sie ist integraler Bestandteil des wassergekühlten Motorgehäuses mit engem Zylinderabstand, Abb. 4.66a, aus möglichst verschleißfestem Werkstoff: Grauguss bietet gute Laufeigenschaften in Verbindung mit Leichtme-

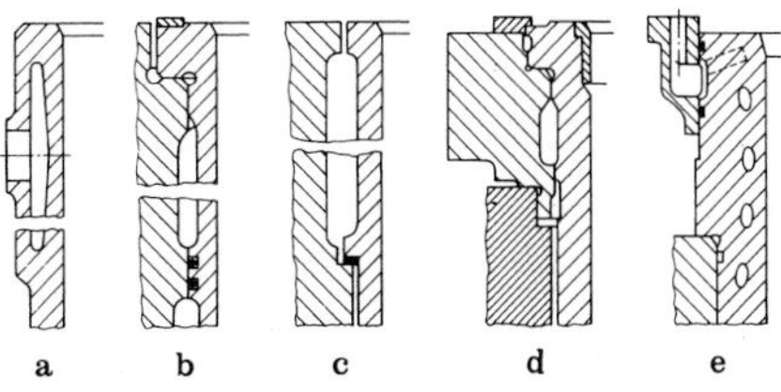

Abb. 4.66 Wassergekühlte Laufbuchsen. **a, b** geschlossenes Gehäuse („closed-deck") mit integrierter bzw. nasser Buchse; **c** offenes Gehäuse („open-Deck") mit nasser Buchse; **d, e** Buchsen für Großmotoren mit hoher thermischer Belastung

tallkolben; Leichtmetallgehäuse erfordert Oberflächenbehandlung an Buchse oder/und Kolben.

Trockene Buchse. Darunter sind in die Gehäusebohrung eingesetzte und bei Reparaturen auswechselbare Laufbuchsen von 2,5 bis 3,5 mm Stärke aus verschleißfestem Gusseisen zu verstehen. Sie ermöglichen preiswerteren Grauguss oder Leichtmetall und werden bei Fahrzeugmotoren bis $D = 120$ mm verwendet.

Nasse Buchse. Sie ermöglicht gute Kühlung und sichere Schmierung. Obere Buchsenbundauflage bei hängender Ausführung ohne Dichtung zum Wasserraum, der unten mittels O-Ringen abgedichtet wird, Abb. 4.66b, stehende Buchsen, bei Pkw-Leichtmetallgehäusen in open-deck-Bauweise verwendet, werden am unteren Bund metallisch gedichtet, Abb. 4.66c. Mit zunehmender Baugröße bei Großmotoren anwachsende Beanspruchungen und Verformungen im Bereich des Buchsenkragens erfordern beanspruchungsgerechte Gestaltung mit guter Kühlung nach Entlastung des Gehäuses von radialen Einspannkräften durch hochgelegte Auflage, Abb. 4.66d, wobei bei zunehmender Belastung Ausbildung zum Stützring mit Flanschkühlung oder zu starkwandigem Bund mit Bohrungskühlung erfolgt, Abb. 4.66d,e. Die dabei auf die obere Buchsenpartie beschränkte Kühlung soll mögliche Naßkorrosion bei Unterschreiten des Taupunkts an den Wänden verhindern.

Luftgekühlte Motoren. Deren Laufbuchsen werden meist als Einzelbuchsen aus Grauguss in das Kurbelgehäuse eingesetzt und mittels Zuganker gemeinsam mit dem Einzelzylinderkopf verspannt. Sie sind außen zur Vergrößerung der Kühlfläche mit Rippen versehen, wobei Luftkühlung wegen des mit zunehmendem Durchmesser D abnehmenden Oberflächen-Volumenverhältnisses nur bis $D = 150$ mm anwendbar ist und heute praktisch nicht mehr angewandt wird.

4.8.4 Ausgeführte Motorkonstruktionen

4.8.4.1 Pkw-Ottomotor (Abb. 4.67)

Dieser Motor [31] stellt einen konsequenten Beitrag zum Downsizing von modernen Ottomotoren dar. Aus nur 1,4 Litern Hubraum werden mit Hilfe der Direkteinspritzung und einer in dieser Form erstmalig eingesetzten Doppelaufladung eine Leistung von 125 kW erreicht. Durch den zum Abgasturbolader zuschaltbaren Kompressor wird damit schon bei niedrigen Drehzahlen das maximale Drehmoment von 125 Nm bei einem absoluten Ladedruck von 2,5 bar erreicht. Neben der Möglichkeit der Leistungssteigerung erfüllt

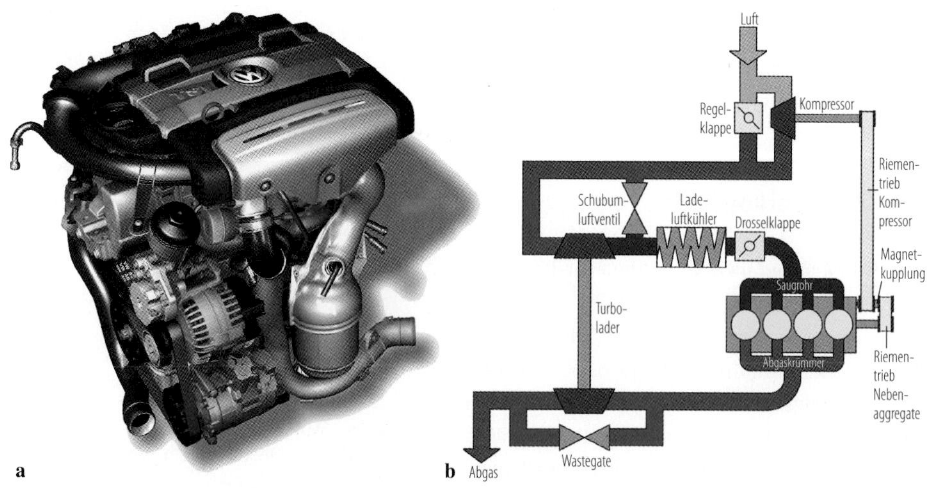

Abb. 4.67 Pkw-Ottomotor (VW 1.4 TSI). **a** Ansicht; **b** Prinzip der Doppelaufladung mit Kompressor und Abgasturbolader

dieses Downsizing-Konzept vor allem die Forderungen nach einem geringen Verbrauch; das Verdichtungsverhältnis liegt bei 10:1.

Um die hohen Mitteldrücke von 21,7 bar in jeder Betriebssituation standzuhalten, wurde als Werkstoff GJL (Gusseisen mit Lamellengraphit) verwendet, womit ein sehr niedriges Gewicht von 29 kg für das Kurbelgehäuse erreicht werden konnte.

Der TSI-Motor wird erstmals mit einem Mehrloch-Hochdruckeinspritzventil mit sechs Kraftstoffaustrittsbohrungen ausgestattet. Neben einer optimierten Homogenisierung des Gemisches wird dadurch unter anderem die Benetzung des Einlassventils bei einer frühen Einspritzung vermieden. Diese führt zu einer Verringerung der HC-Emissionen. Der im TSI auf 150 bar gegenüber dem FSI angehobene Einspritzdruck wird durch eine angepasste Hochdruckpumpe erzeugt.

Die Doppelaufladung, Abb. 4.67b, besteht im Wesentlichen aus einem Rootskompressor, dem Abgasturbolader und einer Regelklappe. Kennfeldabhängig wird der Kompressor über die Magnetkupplung an der Wasserpumpe mit der Kurbelwelle verbunden. Intern ist der Kompressor mit einem Vorgelegegetriebe ausgestattet, wodurch vor allem beim Anfahren und im unteren Drehzahlbereich ein hohes Drehmoment bereitgestellt wird.

Durch den Einsatz der beiden Aufladeaggregate kann das maximale Drehmoment schon ab 1250 l/min bis 6000 l/min erzeugt werden. Da der Abgasturbolader auf einen hohen Wirkungsgrad ausgelegt ist, steht im niedrigen Drehzahlbereich kein ausreichender Ladedruck zur Verfügung. Hier greift der Kompressor ein und überbrückt das so genannte „Turboloch". Bei einer Drehzahl von 3500 1/min wird der Kompressor über die Magnetkupplung abgeschaltet und die Regelklappe komplett geöffnet. Ab hier erzeugt der Abgasturbolader alleine den notwendigen Ladedruck.

Einen weiteren **Pkw-Ottomotor** zeigt Abb. 4.68; [63]. Es ist ein 3,0 l-V6 TFSI Motor von AUDI mit 260 kW und 500 Nm. Die spez. Leistung liegt bei 87 kW/l und das Verdichtungsverhältnis beträgt 11,2. Im Gegensatz

Abb. 4.68 AUDI 3,0 l-V6-Ottomotor mit Direkteinspritzung

zum Vorgängermotor, der mit einem Kompressor mechanisch aufgeladen war, kommt jetzt wieder ein ATL, innenliegend im V zum Einsatz. Das Wastgate wird im Kaltstart geöffnet, um die Light-Off-Temperatur des Katalysators schnell zu erreichen. Der Ladungswechsel nutzt den Miller-Zyklus mit Einlassöffnungsdauern von 130 Grad KW und die hohe Verdichtung zur Wirkungsgradsteigerung. Der Einspritzdruck liegt bei 250 bar, es werden Mehrloch Magnetventi-Injektoren eingesetzt. Ein Bestwert für den spez. Krafststoffverbrauch von 224 g/kWh ist das Ergebnis. Außerdem konnte durch konsequenten Leichtbau das Gewicht um 14 kg reduziert werden.

Pkw-Dieselmotor (Abb. 4.69). Der Mercedes-Benz 4-Zylinder-Dieselmotor (1,95 l) ist Basis für eine neue Dieselmotorenfamilie [56]. Der Reihenvierzylinder hat eine Leistung von 143 kW (73 kW/l) und ein Drehmoment von 400 Nm bei einem Mitteldruck 25,8 bar. Das Verdichtungsverhältnis beträgt 15,5. Ein einstufiger Turbolader mit VTG und einem hohen Ladedruckgradienten im unteren Drehzahlbereich kommt zum Einsatz. Das Brennverfahren führt zu hohen Spitzendrücken und einen Stahlkolben mit Stufenmulde für gute Luftausnutzung. Das CR-Einspritzsystem arbeitet mit 8-Loch-Piezo-Injektoren und max. 2050 bar. Neu ist die sowohl auf der Hochdruck- als auch auf der Niederdruckseite gekühlte Mehrwege-AGR mit optimierter Re-

Aluminium-Kurbelgehäuse
mit Nanoslide
bis 205 bar
Stahlkolben
Wasserladeluftkühler
Zukunftsfähiges,
modulares
Abgassystem
Zukunftsfähige
Emissionseinhaltung
Mehrwege-
AGR-System
mit sDPF
Zylinder-
desachsierung
Neues Stufenmulden-
Brennverfahren
Optimierter
Steuertrieb

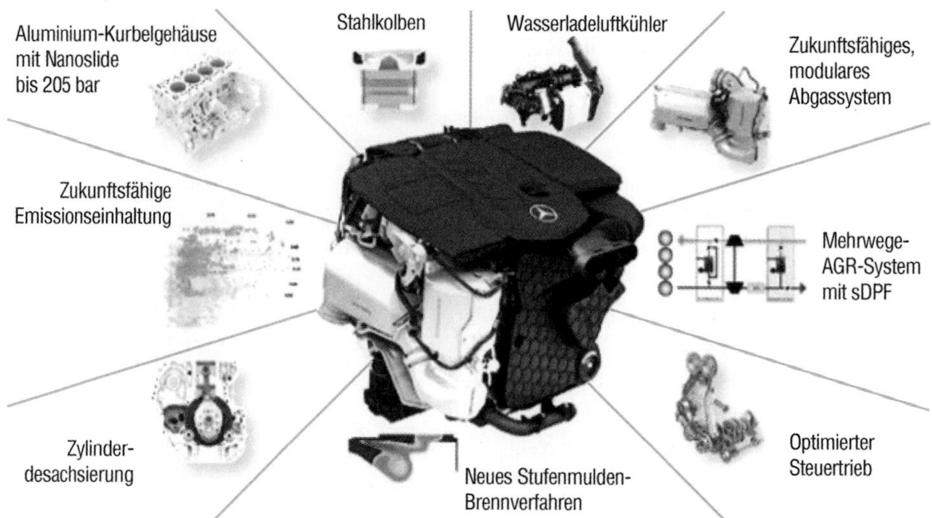

Abb. 4.69 4-Zylinder Reihen-Dieselmotor Mercedes-Benz OM654 [64]

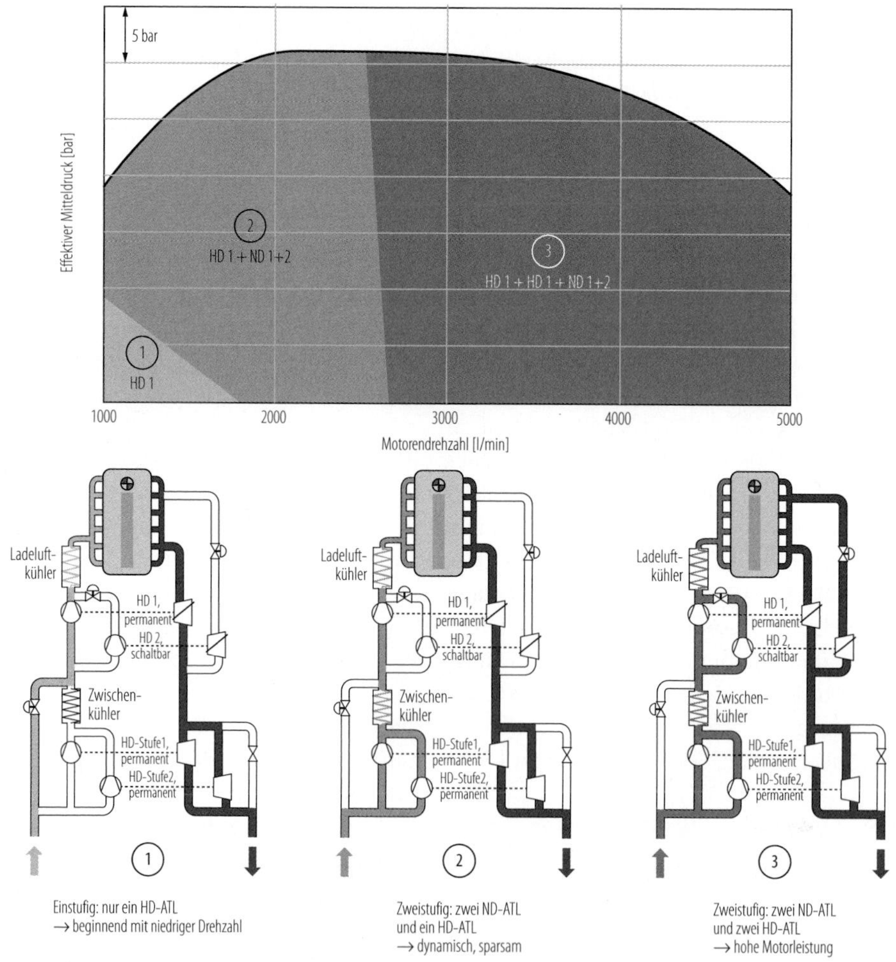

5 bar
Effektiver Mitteldruck [bar]
2
HD 1 + ND 1+2
3
HD 1 + HD 1 + ND 1+2
1
HD 1
1000
2000
3000
4000
5000
Motorendrehzahl [l/min]
Ladeluft-
kühler
HD 1,
permanent
HD 2,
schaltbar
Zwischen-
kühler
HD-Stufe1,
permanent
HD-Stufe2,
permanent
1
2
3
Einstufig: nur ein HD-ATL
→ beginnend mit niedriger Drehzahl
Zweistufig: zwei ND-ATL
und ein HD-ATL
→ dynamisch, sparsam
Zweistufig: zwei ND-ATL
und zwei HD-ATL
→ hohe Motorleistung

Abb. 4.70 Schaltstrategien für die vier ATL, abhängig von Last und Drehzahl, des 6-Zyl. BMW-Dieselmotor [54]

gelung. Eine motornahe Abgasnachbehandlung (Oxi-Kat, DPF mit SCR-Beschichtung und nachgeschaltetem SCR für höhere Lasten) lassen alle gegenwärtigen Emissionsgrenzen deutlich unterschreiten.

Die konsequente Weiterentwicklung des bisherigen BMW 6-Zylinder-Motors mit 3 Turboladern führte zu jetzt 4 ATL und 296 kW (spez. Leistung 98,3 kW) und 760 Nm [32, 54]. Die Zylinderspitzendrücke erreichen Werte bis zu 210 bar; trotzdem wird am Leichtbaukonzept festgehalten, auch am Leichtmetall-Kolben. Die Einspritzdrücke liegen bei über 2500 bar und das piezogesteuerte Schaltventil ist druckausgeglichen ausgeführt. Eine Sieben-Loch-Düse verteilt den Kraftstoff optimal. Die Düsennadel ist zur Verbesserung der Strahlsymmetrie sitznah geführt in einer Sacklochdüse. Die Betriebsmodi der zweistufigen Aufladung mit vier ATL zeigt Abb. 4.70. Beide Hochdruckstufen sind mit je einer variable Turbinengeometrie ausgestattet; die Ladedrücke erreichen 4 bar (absolut). Neben einer HD- und ND-AGR wird ein motornaher NSR mit einem DPF kombiniert und durch einen Unterflur-SCR-Katalysator ergänzt. Damit können im gesamten Fahrkollektiv die Schadstoffemissionen gering gehalten werden.

4.8.4.2 Dieselmotor für schwere Nutzfahrzeuge (Abb. 4.71)

Die Baureihe OM47x von Daimler ist für den europäischen Markt vorgesehen, in den USA ist sie als DDxx und im asiatischen Markt als 6R10 bekannt. Sie wird auch mit Turbocompound angeboten. Das Hubvolumen reicht von 10,7 bis 15,6 l und die Leistungsbandbreite liegt bei 310 bis 390 kW mit Drehmomenten von 2100 bis 2600 Nm, die max. Drehzahl beträgt ca. 2000 1/min. In einem großen Kennfeldbereich erreicht der Motor Wirkungsgrade höher als 42 % mit einem Bestwert von ca. 46 %. Das druckübersetzte CR-Einspritzsystem arbeitet auf der sog. Niederdruckseite mit 1160 bar und erreicht damit Einspritzdrücke an der Düse von bis zu 2700 bar und erlaubt eine Einspritzverlaufsformug. Es kommt eine 8-Loch-Düse zum Einsatz mit max. 4 Einspritzungen pro Arbeitszyklus. Das AGR-Ventil ist so angeordnet, dass es die AGR-Rate wie auch den Turbineneinlass regelt. Die Turbine kann asymmetrisch durch das Abgas der Zylinder 1–3 beaufschlagt werden. Die Einspritzmenge kann für diese Zylinderbank reduziert und für die Zylinder 4–6 erhöht werden (asymmetrische Einspritzung). Ein Betrieb mit drei Zylindern in Teillast ist dadurch möglich und

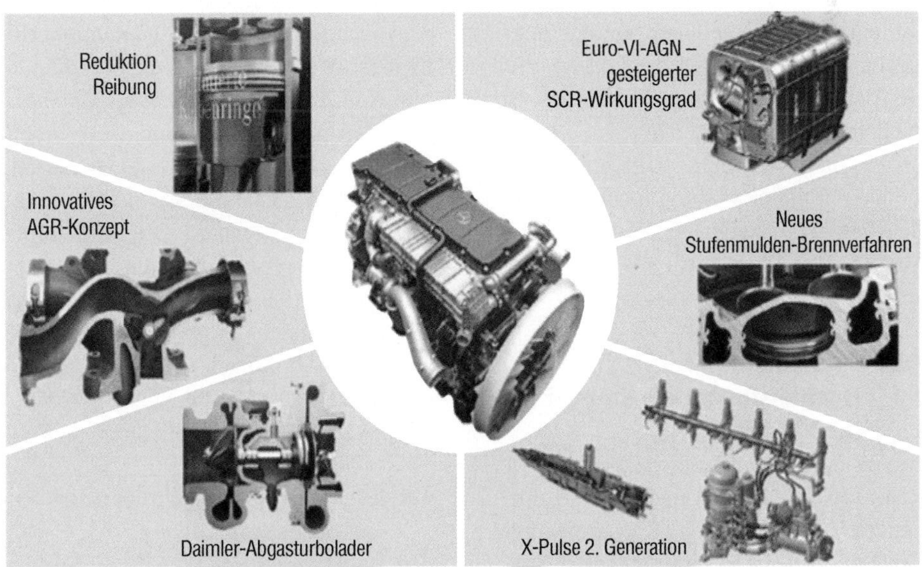

Abb. 4.71 Mercedes Benz 6-Zylinder Dieselmotoren-Baureihe OM47x für Nutzfahrzeuge [64]

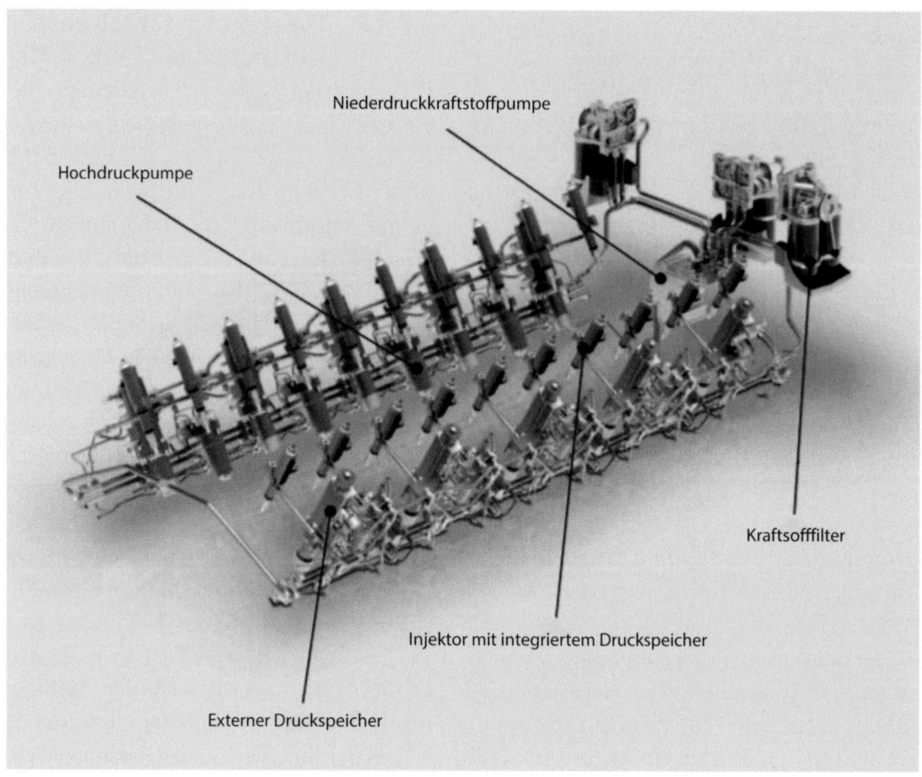

Abb. 4.72 Common Rail Einspritzsystem für den schnelllaufenden Hochleitungsdieselmotor MTU Baureihe 1163 [65]

unterstützt das Thermomanagement für die aktive DPF-Regeneration wenn die restlichen drei Zylinder unter Volllast laufen. Der Kolben weist eine Stufenmulde bei erhöhtem Verdichtungsverhätnis von 18,3 auf.

Die Abgasnachbehandlung wurde den erhöhten NO_x-Rohemissionen angepasst, es werden jeweils parallel zwei DOC, DPF und SCR mit Ammoniakschlupfkatalysatoren angeordnet. Der AdBlue-Verbrauch steigt, abhängig von der Anwendung, von ca. 3 auf etwa 5 % des Dieselverbrauchs an.

4.8.4.3 Schnelllaufender Hochleistungsdieselmotor (Abb. 4.72)

Dargestellt ist die Weiterentwickung der MTU-Baureihe 1163 für IMO II und IMO III mit 12-, 16- und 20-V-Motoren, siehe Kap. 5, für den Lokomotivantrieb, den Einsatz in schnellen Schiffen und zur 60-Hz-Stromerzeugung. Der Viertakt-Dieselmotor ist mit einem CR-Einspritzsystem mit 1800 bar Einspritzdruck und dem elektronischen Motorregler ADEC (Advanced Diesel Engine Control) ausgestattet.

Abhängig von der Zylinderzahl verfügen der 12 V-/16 V- und 20 V-Motor über drei, vier und fünf Aufladegruppen die jeweils als einstufig oder als zweistufige Registeraufladung arbeiten [17, 40]. Der Leistungsbereich liegt zwischen 4,44 und 7,4 MW, d. h. die Zylinderleistung beträgt 370 kW/Zyl., die max. Drehzahl 1300 1/min. Zur innermotorischen Reduktion der Stickoxide wurde das Millerverfahren (frühes Einlassschließen) angewandt, damit konnte IMO II (8,5 g/kWh NO_x) ohne Abgasnachbehandlung erfüllt werden, Für IMO III (2,1 g/kWh NO_x) wird dann zusätzlich ein SCR-System appliziert.

4.8.4.4 Mittelschnelllaufender Dieselmotor

Abb. 4.73 zeigt einen Mittelschnelllaufenden Gasmotor von MAN Diesel&Turbo. Der Motor hat 20 Zylinder und eine max. Leistung in der

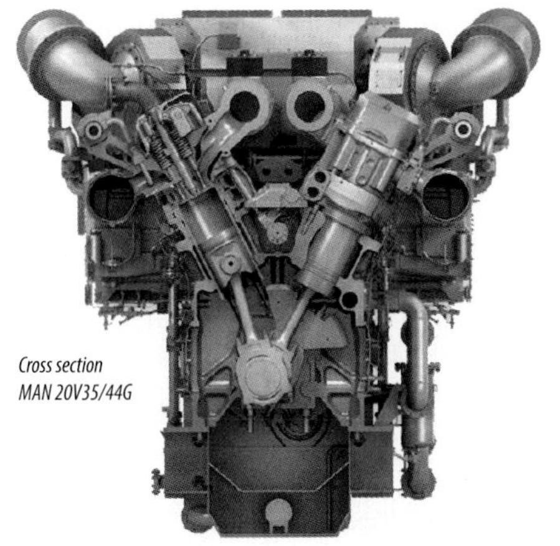

Abb. 4.73 MAN Diesel&Turbo Gasmotor 20V35/44 G

50 Hz-Applikation von 10,6 MW und 750 1/min. Der Effektive Mitteldruck beträgt 20 bar und die Zylinderleistung 530 kW. Sein bevorzugte Anwendungen sind die Stromerzeugung oder im Combined-Cycle eine zusätzliche Wärmenutzung durch einen nachgeschalteten Dampfturbinenprozess [66]. Das Brennverfahren ist ottomotorisch, d. h. die Zündung erfolgt über eine Zündkerze in einer brenngasgespülten Vorkammer. Das Brenngas wird dem Hauptbrennraum über Gasventile im Einlasskanal zugeführt. Ein hohes Verdichtungsverhältnis wurde mit Miller-Steuerzeiten kombiniert um Klopfen zu vermeiden. Der effektive Wirkungsgrad wird mit 48,4 % angegeben.

4.8.4.5 Zweitakt-Großmotor (Abb. 4.74)

Langsamlaufende Zweitaktdieselmotoren werden heute nahezu ausschließlich im Marinebereich eingesetzt, siehe Kap. 5. Sie sind abgasturboaufgeladen, längsgespült, einfach wirkend und mit einem Kreuzkopftriebwerk ausgestattet [42]. Hohe Wirkungsgarde zwischen 50 und 53 % und hohe Zuverlässigkeit sind typische Merkmale dieser Motoren. Die Betriebsdrehzahlen liegen zwischen 60 und 100 1/min womit ein direkter Propellerantrieb möglich wird. Abb. 4.74 zeigt die Ausführungen der drei Hersteller von großen Zweitakt-Dieselmotoren. Inzwischen wurden Antriebsleistungen von fast 100 MW realisiert mit bis zu 14 Zylindern in Reihenbauweise, d. h. Zylinderleistungen von ca. 7 MW. Die Verbrennungsspitzendrücke liegen bei knapp 200 bar, die Einspritzdrücke (schweröltaugliches CR-System) bei 1000 bis 1200 bar. Das Hub/Bohrungsverhältnis ist mit bis zu 4,5 extrem langhubig ausgeführt. Zylinderdurchmesser bis fast 1000 mm sind üblich. Die Aufladung arbeitet mit Druckverhältnissen bis zu ca. 5. Problematisch ist der Schwefelgehalt des Schweröls, hier werden zunehmend schärfere Forderungen umgesetzt, um die Schwefeloxidemission zu verringern. Zur Reduzierung der Stickoxide finden sowohl ND-AGR als auch SCR-Systeme Anwendung.

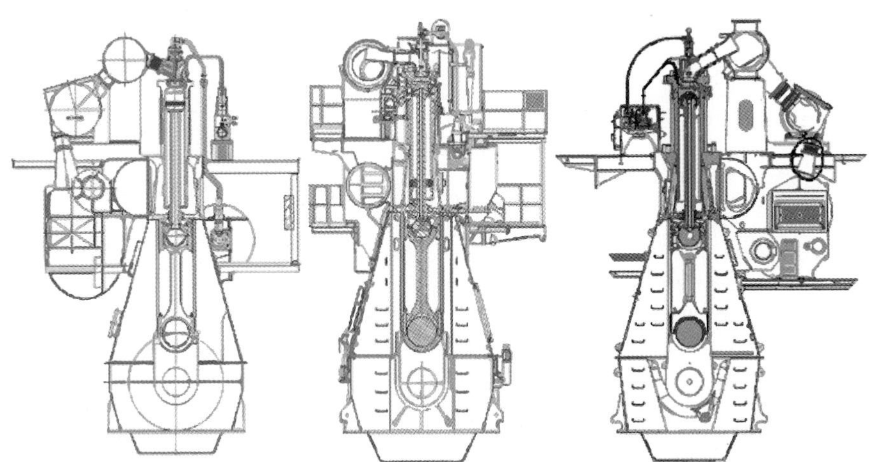

Abb. 4.74 Ausführungen von langsamlaufenden Zweitakt-Dieselmotoren mit Längsspülung: *links* Mitsubishi UEC50LSH-Eco (D = 500 mm), *Mitte* MAN B&W G50ME-B9 (D = 500 mm), *rechts* Wärtsilä X52 (D = 520 mm) [42]

Literatur

Spezielle Literatur

1. Siencnik, L., et al.: Arbeitsraumbildende Maschinen mit kontinuierlicher Verbrennung. 2nd Symp. on Low Pollution Power Systems Development, Düsseldorf. (1974)
2. Pflaum, W.: Mollier-Diagramme für Verbrennungsgase, Teil I und II, 2. Aufl. VDI, Düsseldorf (1960)
3. Zacharias, F.: Mollier-I,S-Diagramme für Verbrennungsmotoren in der Datenverarbeitung. MTZ **31**, 296–303 (1970)
4. Thiele, E.: Ermittlung der Reibungsverluste in Verbrennungsmotoren. MTZ **43**, 253–258 (1982)
5. Woschni, G.: Elektronische Berechnung von Verbrennungsmotor-Kreisprozessen. M A forschung H(12), 1–16 (1965)
6. Vibe, I.I.: Brennverlauf und Kreisprozess von Verbrennungsmotoren. VEB Verlag Technik, Berlin (1970)
7. Woschni, G.: Die Berechnung der Wandverluste und der thermischen Belastung der Bauteile von Dieselmotoren. MTZ **31**, 491–499 (1970)
8. Woschni, G.: Einfluß von Brennraumisolierung auf den Kraftstoffverbrauch und die Wärmeströme bei Dieselmotoren. MTZ **49**, 281–285 (1988)
9. Blodig, G.: Gestaltung reibungs- und verschleißarmer Schlepp- und Kipphebel. MTZ **66**, 598–603 (2005)
10. Speckens, F.-W., Hermsen, F.-G., Buck, J.: Konstruktive Wege zum reibungsarmen Ventiltrieb. MTZ **59**, 176–181 (1998)
11. Bensinger, W.-D.: Die Steuerung des Gaswechsels in schnellaufenden Verbrennungsmotoren, 2. Aufl. Springer, Berlin (1968)
12. Klüting, M., Flierl, R., Grudno, A., Luttermann, Ch : Drosselfreie Laststeuerung mit vollvariablen Ventiltrieben. MTZ **60**, 476–485 (1999)
13. Flierl, R., Hofmann, R., Landerl, C., Melcher, T., Steyer, H.: Der neue BMV-Vierzylinder-Ottomotor mit Valvetronic. MTZ **62**, 450–463 (2001)
14. Seifert, H.: Instationäre Strömungsvorgänge in Rohrleitungen an den Verbrennungskraftmaschinen. Springer, Berlin (1962)
15. Kirchhofer, H.: Aufladung von Fahrzeugdieselmotoren mit Comprex. Automobilind **22**, 59–67 (1977)
16. Walzer, P., et al.: Mechanische Aufladung am Beispiel des Volkswagen-G-Laders. Automobilind **32**, 437–445 (1987)
17. Deutschmann, H.: Neue Verfahren für Dieselmotoren zur Mitteldrucksteigerung auf 30 bar und zur optimalen Nutzung alternativer Kraftstoffe. In: Pucher, H. (Hrsg.) Aufladung von Verbrennungsmotoren. expert, Sindelfingen (1985)
18. Groth, K., et al.: Brennstoffe für Dieselmotoren heute und morgen. expert, Ehningen (1989)
19. Pischinger, F.: Der Verbrennungsablauf im Dieselmotor aus neuerer Sicht. VDI-Z **111**, 430–434 (1969)
20. Kollmann, K., Niefer, H., Panten, D.: Wohin führt die Weiterentwicklung der Ottomotoren? MTZ **59**, 630–642 (1998)
21. Müller, H., Thomas, U.: Motoren mit geschichteter Ladung. MTZ **36**, 233–234 (1975)
22. Walzer, P.: Magerbetrieb beim Ottomotor. ATZ **88**, 301–312 (1986)
23. Klingenberg, H.: Automobil-Meßtechnik. Band C: Abgasmeßtechnik. Springer, Berlin, Heidelberg (1995)
24. Reif, K. (Hrsg.): Ottomotor-Management: Systeme und Komponenten, 4. Aufl. Springer Vieweg, Wiesbaden (2014)
25. Hagelücken, C.: Autoabgaskatalysatoren, 2. Aufl. expert, Renningen (2005)
26. Reif, K. (Hrsg.): Dieselmotor-Management: Systeme und Komponenten, 5. Aufl. Vieweg, Wiesbaden (2012)
27. Thien, E., Fachbach, H.: Geräuscharme Dieselmotoren in neuartiger Bauweise. MTZ **35**, 237–246 (1974)
28. Bensinger, W.-D.: Rotationskolbenmotoren für Kraftfahrzeuge. ATZ **66**, 120–125 (1964)
29. Haug, K.: Die Drehschwingungen in Kolbenmaschinen. Konstruktionsbücher, Bd. 8/9. Springer, Berlin (1952)
30. Lang, O.R., Steinhilper, W.: Gleitlager. Konstruktionsbücher Bd. 31. Springer, Berlin (1979)
31. Krebs, S., et al.: Neuer Ottomotor mit Direkteinspritzung und Doppelaufladung von Volkswagen. MTZ **66**(844–856), 978–968 (2005)
32. Steinparzer, F., et al.: Die neue BMW Sechszylinder Spitzenmotorisierung mit innovativem Aufladekonzept. 37. Internationales Wiener Motorensymposium. VDI Reihe, Bd. 12. (2016)
33. Körner, W.-D., Bergmann, H., Weiß, E.: Die Motorbremse von Nutzfahrzeugen, Grenzen und Möglichkeiten zur Weiterentwicklung. ATZ **90**, 671 ff (1988)
34. Schaupp, U., et al.: Strahlgeführtes Brennverfahren mit Piezo-Benzineinspritzung. In: Tschöke, H. (Hrsg.) Diesel- und Benzindirekteinspritzung, IV. expert, Renningen (2006)
35. Wirth, M., et al.: Der Otto-DI-Turbomotor mit strahlgeführtem Brennverfahren: Optimierung eines Downsizingskonzepts für Fahrzeugverbrauch und Emission. In: Tschöke, H. (Hrsg.) Diesel- und Benzindirekteinspritzung, IV. expert, Renningen (2006)
36. Schintzel, K., et al.: Die Entwicklung strahlgeführter Brennverfahren im Spannungsfeld zwischen Potenzial und Kosten. In: Tschöke, H. (Hrsg.) Diesel- und Benzindirekteinspritzung, IV. expert, Renningen (2006)
37. Köhler, E., Flierl, R.: Verbrennungsmotoren – Motormechanik, Berechnung und Auslegung des Hubkolbenmotors, 7. Aufl. Vieweg+Teubner, Wiesbaden (2019)
38. van Basshuysen, R., Schäfer, F. (Hrsg.): Handbuch Verbrennungsmotor – Grundlagen, Komponenten,

Systeme, Perspektiven, 8. Aufl. Springer Vieweg, Wiesbaden (2017)

39. Bernhard, L., Ferrari, A., et al.: Elektrohydraulische Ventilsteuerung mit dem „MultiAir"-Verfahren. MTZ **70**, 892–899 (2009)
40. Hiereth, H., Prenninger, P.: Aufladung der Verbrennungskraftmaschine. Springer, Wien (2003)
41. van Basshuysen, R., Schäfer, F.: Lexikon Motorentechnik – Der Verbrennungsmotor von A–Z, 2. Aufl. Vieweg, Wiesbaden (2006)
42. Tschöke, H., Mollenhauer, K., Maier, R.: Handbuch Dieselmotoren, 4. Aufl. Springer, Berlin (2019)
43. van Basshuysen, R.: Ottomotor mit Direkteinspritzung und Direkteinblasung, 4. Aufl. Springer Vieweg, Wiesbaden (2017)
44. Pischinger, R., Sams, T., Klell, M.: Thermodynamik der Verbrennungskraftmaschine, 3. Aufl. Springer, Wien (2009)
45. Kirsten, K., Brands, C.: Welche Bedeutung hat der variable Veniltrieb in zukünftigen Verbrennungsmotoren, in ATZlive: Der Antrieb von morgen. Vieweg, Wolfsburg (2011)
46. Merker, G., Teichmann, R. (Hrsg.): Grundlagen Verbrennungsmotoren, 9. Aufl. Springer, Berlin (2019)
47. Mahle (Hrsg.): Kolben und motorische Erprobung. Vieweg+Teubner, Wiesbaden (2010)
48. van Basshuysen, R.: Erdgas und erneuerbares Methan für den Fahrzeugantrieb. Springer, Wiesbaden (2015)
49. Deuß, T.,: Reibverhalten der Kolbengruppe eines Pkw-Dieselmotors, Dissertation, Otto-von-Guericke-Universität Magdeburg, 2013
50. Dreisbach, R., et al.: Diesel versus Otto 2020: Synergie oder Wettbewerb? 35. Internationales Wiener Motorensymposium. VDI Reihe, Bd. 12. (2014)
51. Neußer, H.-J., et al.: Die Euro-6-Motoren des modularen Dieselbaukastens von Volkswagen. MTZ **74**, 6 (2013)
52. Mahle GmbH (Hrsg.): Ventiltrieb. Springer, Berlin Heidelberg (2013)
53. Hummel, K.-E., et al.: Ansaugmodul mit indirektem und integriertem Ladeluftkühler. MTZ **71**, 11 (2010)
54. Steinparzer, F., et al.: Die neue BMW Sechzylinder-Spitzenmotorisierung mit innovativem Aufladekonzept. MTZ **77**, 10 (2016)
55. Heiduk, T., et al.: Der neue V8-TDI-Motor von Audi – Teil 1. MTZ **77**, 6 (2016)
56. Eder, T., et al.: OM654 – Start einer neuen Motorenfamilie bei Mercedes-Benz. MTZ **77**, 3 (2016)
57. Rau, E.: Zukunftspotentiale durch Variabilitäten am Ottomotor. 35. Internationales Wiener Motorensymposium. (2014)
58. Tschöke, H., Marohn, R. (Hrsg.): 10. Tagung Diesel- und Benzindirekteinspritzung 2016. Springer, Berlin Heidelberg (2017)
59. Ardey, N., et al.: Die neuen BMW 3- und 4-Zylinder Dieselmotoren mit TwinPower Turbo Technologie. 35. Internationales Wiener Motorensymposium. VDI Reihe, Bd. 12. (2014)
60. Pauer, T., et al.: Optimierung von Ottomotoren durch Wassereinspritzung. 37. Internationales Wiener Motorensymposium. VDI Reihe, Bd. 12. (2016)
61. Luft, T.: Aktive und passive Schallreduktion am Dieselmotor, Otto-von-Guericke-Universität Magdeburg 2016
62. Stitterich, E.: Experimentelle Untersuchung zur Wirkung von Kühlkanälen in Kolben von Pkw-Dieselmotoren, Dissertation Otto-von-Guericke-Universität Magdeburg 2012
63. Königstedt, J., et al.: Der neue 3,0l-V6-TFSI-Motor von Audi. 37. Internationales Wiener Motorensymposium. VDI Reihe, Bd. 12. (2016)
64. Hermann, H.-O., et al.: Die (R)evolution der Daimler Heavy Duty Engine Plattform. 37. Wiener Motoren Symposium. VDI Reihe, Bd. 12. (2016). siehe auch MTZ 77 06/2016 und 07–08/2016
65. Fenske, Ch.: Weiterentwicklung der Baureihe 1163 für IMO II (2014). www.mtu-online.com
66. Bauer, M., et al.: Das Brennverfahren des Gasmotors 20V35/44G von MAN. MTZ **74**, 4 (2013)
67. Tschöke, H. (Hrsg): Real Driving Emissions (RDE). Springer Vieweg, Wiesbaden (2019)

Weiterführende Literatur

Affenzeller, J., Gläser, H.: Lagerung und Schmierung von Verbrennungsmotoren. In: List, H., Pischinger, A. (Hrsg.) Die Verbrennungskraftmaschine – Neue Folge, Bd. VIII, Springer, Wien (1996)

Bensinger, W.-D.: Rotationskolben-Verbrennungsmotoren. Springer, Berlin (1973)

Bosch: Kraftfahrtechnisches Taschenbuch, 28. Aufl. Vieweg, Wiesbaden (2014)

Heywood, J.B.: Internal combustion engine fundaments. McGraw-Hill, New York (1988)

Pucher, H., Zinner, K.: Aufladung von Verbrennungsmotoren, 4. Aufl. Springer, Berlin Heidelberg (2012)

Pflaum, W., Mollenhauer, K.: Wärmeübergang in der Verbrennungskraftmaschine. In: List, H. (Hrsg.) Die Verbrennungskraftmaschine, Bd. III, Springer, Wien (1977)

Tschöke, H. (Hrsg.): Diesel- und Benzindirekteinspritzung II. Renningen: expert 2003, Diesel- und Benzindirekteinspritzung III. Renningen: expert 2005, Diesel- und Benzindirekteinspritzung IV. Renningen: expert 2007, Diesel- und Benzindirekteinspritzung V. expert, Renningen (2009)

Diesel- und Benzindirekteinspritzung VI. Renningen: expert 2011

Diesel- und Benzindirekteinspritzung VII. Renningen: expert 2013

Tschöke, H. (Hrsg.): 9. Tagung Diesel- und Benzindirekteinspritzung 2014. Springer Vieweg, Wiesbaden (2014)

Tschöke, H., Gutzmer, P., Pfund, T. (Hrsg): Elektrifizierung des Antriebsstrangs. Springer Vieweg, Wiesbaden (2019)

Automobiltechnische Zeitschrift (ATZ). Wiesbaden: Springer Vieweg

4

Automotive Engineering International (aei). Warrendale, PA, USA: SAE International

Diesel & Gas Turbine Worldwide. Waukesha, WI, USA: Diesel & Gas Turbine Publications

Diesel Progress International Edition. Waukesha, WI, USA: Diesel & Gas Turbine Publications

International Journal of Automotive Technology (IJAT). Seoul, Korea: Korean SAE

Motortechnische Zeitschrift (MTZ). Wiesbaden: Vieweg+Teubner

www.all4engineers.com

www.dieselnet.com

5 Motoren für den maritimen Betrieb

Udo Schlemmer-Kelling und Lars Nerheim

5.1 Grundsätzliches

Verbrennungsmotoren werden üblicherweise ihrer Größe entsprechend in Familien eingeteilt (Abb. 5.1):

Fahrzeugmotoren:

- Motoren für den On Road Bereich (Light Duty PKW, LD)
- Motoren für den On Road Bereich (Heavy Duty LKW, HD)

Großmotoren:

- High Speed Motoren für Lokomotiven, Schiffsantriebe, Baufahrzeuge und zur Stromerzeugung (Off Road, HS)
- Medium Speed Motoren für Schiffsantriebe, zur Stromerzeugung und für Gaspumpstationen (MS)
- Low Speed Motoren für Schiffsantriebe (LS)

Durch die hohen Lebensdaueranforderungen und die schweren Belastungsprofile im maritimen Betrieb kommen umgerüstete HD Motoren nur bei Sportbooten zum Einsatz, für See- und Binnenschiffe werden ausschließlich Großmotoren verwendet. Sie werden im Leistungsbereich oberhalb von 1000 kW eingesetzt. Üblicherweise werden sie nach ihren Drehzahlbereichen mit fließenden Grenzen unterteilt. High Speed werden normalerweise Motoren mit Nenndrehzahlen oberhalb etwa 1200 U/min verstanden, Medium Speed Motoren liegen im Bereich von etwa 450–1000 U/min und Low Speed Motoren unterhalb von etwa 200 U/min. Für die High und Medium Speed Motoren hat sich das 4-Taktverfahren durchgesetzt. Technisch unterscheiden sie sich wenig voneinander. Lediglich der eingesetzte Kraftstoff erfordert einige Anpassungen in der Thermodynamik und im Design. Low Speed Motoren arbeiten grundsätzlich nach dem 2-Takt Prinzip.

Da die mittlere Kolbengeschwindigkeit physikalische und insbesondere tribologische Grenzen hat und deshalb nicht mit der Motorgröße ansteigen kann, muss bei Großmotoren die Nenndrehzahl reduziert werden. Damit sinkt die spezifische Leistung (kW/Hubraum) und das spezifische Gewicht (kg/kW) steigt (Abb. 5.2). Als Folge des erhöhten Materialeinsatzes und der geringeren Produktionszahlen steigen die spezifischen Herstellungskosten der Großmotoren an (Abb. 5.1). Während bei Fahrzeugmotoren der Preis im Wesentlichen vom Einspritzsystem und dem Zylinderkopf bestimmt wird, sind es bei Medium und Low Speed Motoren die Kosten der Kurbelwelle und des Zylinderkurbelgehäuses. Der Nachteil des hohen Anschaffungspreises (€/kW) der Großmotoren wird durch den hohen Wirkungsgrad und die Eignung, schlechte (billige) Kraftstoffe in Verbindung mit langen Lebensdauern

U. Schlemmer-Kelling (✉)
Molfsee, Deutschland
E-Mail: kelling-molfsee@gmx.de

L. Nerheim
Bergen University College
Bergen, Norwegen
E-Mail: Lars.Magne.Nerheim@hvl.no

B. Bender und D. Göhlich (Hrsg.), *Dubbel Taschenbuch für den Maschinenbau 3: Maschinen und Systeme*,
https://doi.org/10.1007/978-3-662-59715-6_5

		PKW	LKW	High Speed	Medium Speed	Low Speed
Arbeitsverfahren	-	4-Takt	4-Takt	4-Takt	4-Takt	2-Takt
Kraftstoff	-	Diesel	Diesel	Diesel	Schweröl	Schweröl
Bohrung	mm	70-90	120-150	150-180	200-600	300-1000
Hub/Bohrung	-	1,1-1,2	1,2-1,3	1,2-1,3	1,3-1,5	3,5-4,5
Hubraum	dm^3/Zyl.	0,3-0,5	1,0-2,0	3-6	10-300	150-1800
Drehzahl	rpm	4500-5000	1900-2300	1500-1800	500-1000	90-170
Leistung	kW/Zyl.	20-40	35-65	100-200	200-1200	800-6000
Gewicht	T	0,1-0,2	0,4-0,7	5-40	10-200	200-2500
Gewicht	kg/kW	1-2	2-3	4-5	10-13	15-25
Produktion/OEM	Stk/Jahr	500.000	100.000	10.000	500	200
Produktkosten	Euro/kW	15-20	40-50	50-70	160-190	150-180
Lebensdauer	1000 h	3-4	15-20	40-70	100-150	100-150
Kolbengeschw.	m/s	14-16	12-13	11-12	10-11	8-10
Mitteldruck	MPa	1,5-2,0	1,8-2,1	2,0-2,4	2,5-2,8	2,0-2,2
Power Factor	%	10-20	45-60	50-70	85-95	65-80
Verbrauch	g/kWh	230	200	195	185	170
Zünddruck	Mpa	15-18	20-23	19-21	20-23	16-18
Einspritzdruck	MPa	200-220	220-240	180-210	160-180	100-120
Ladedruck	kPa	200-300	300-350	400-450	450-550	400-450

Abb. 5.1 Kenngrößen der verschiedenen Motorfamilien

verbrennen zu können, recht schnell amortisiert. Nimmt man ein repräsentatives Betriebskollektiv eines Großmotors (z. B. Leistung: 12 MW, Laufzeit: 6000 h/Jahr) als Basis und versucht die Anforderung mit einer Vielzahl kleinerer Motoren zu erzeugen, so wird der finanzielle Vorteil von Großmotoren deutlich (Abb. 5.3). Es wurde ebenfalls berücksichtigt, dass sowohl Medium als auch Low Speed Motoren mit dem billigen Schweröl betrieben werden.

Grundsätzlich haben größere Motoren einen höheren Wirkungsgrad als kleinere (Abb. 5.1).

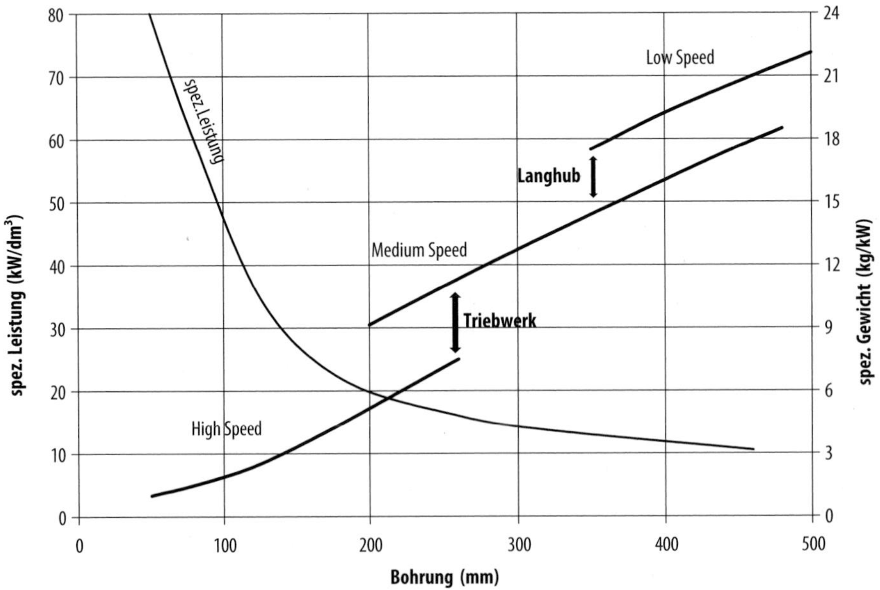

Abb. 5.2 Spezifische Motordaten

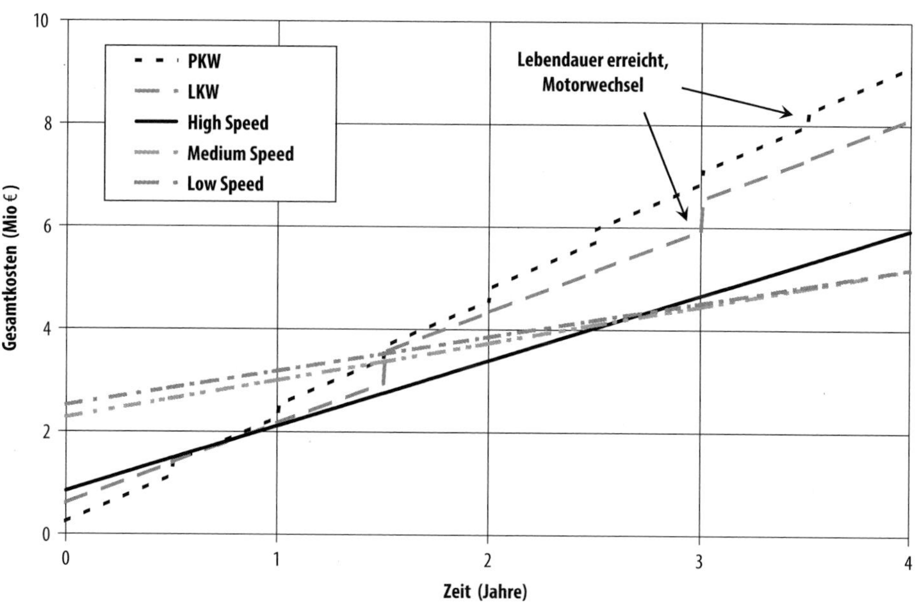

Abb. 5.3 Anschaffungs- und Betriebskosten für eine 12 MW Anlage mit 6000 h/Jahr

Der Wirkungsgradunterschied zwischen PKW- und Großmotor liegt im Wirkungsgradoptimum bei ca. 12 %-Punkten. Wesentliche Gründe für den höheren Wirkungsgrad der Großmotoren sind:

- das höhere Luftverhältnis mit geringeren Wandverlusten, ca. +3,5 % (Abb. 5.4),
- die mit der Motorgrößen abnehmende Wärmeübergangszahl, ca. +3,0 % (Abb. 5.4),
- der höhere Wirkungsgrad des Gaswechsels, insbesondere Laderwirkungsgrad, ca. +2,5 %, (Abb. 5.5),
- die niedrigere Drehzahl mit günstigerem Energieumsatz, ca. +2,0 % (Abb. 5.6),
- der höhere Mitteldruck, ca. +0,5 %.

Nachteile resultieren lediglich aus:

- dem geringeren mechanischen Wirkungsgrad der schwereren Triebwerks, ca. –4,5 %,
- der höheren Kolbengeschwindigkeit, ca. –0,5 %,
- dem niedrigeren Verdichtungsverhältnis, ca. –0,5 %.

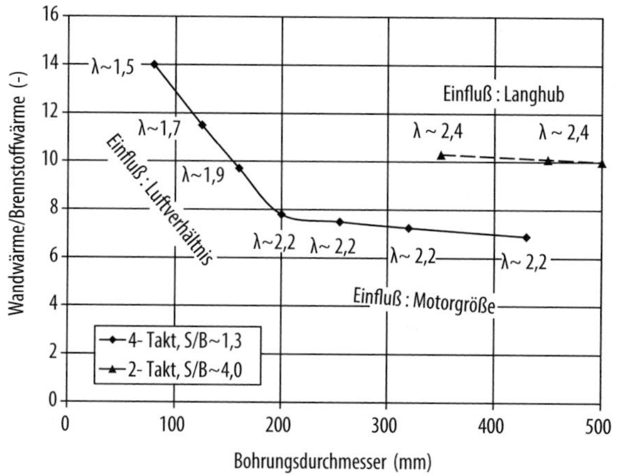

Abb. 5.4 Wandwärmeverluste verschiedener Motoren (ohne EGR)

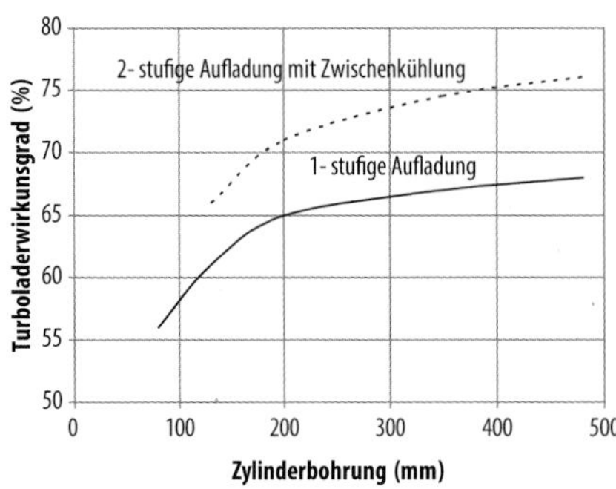

Abb. 5.5 Turboladerwirkungsgrad bei Großmotoren

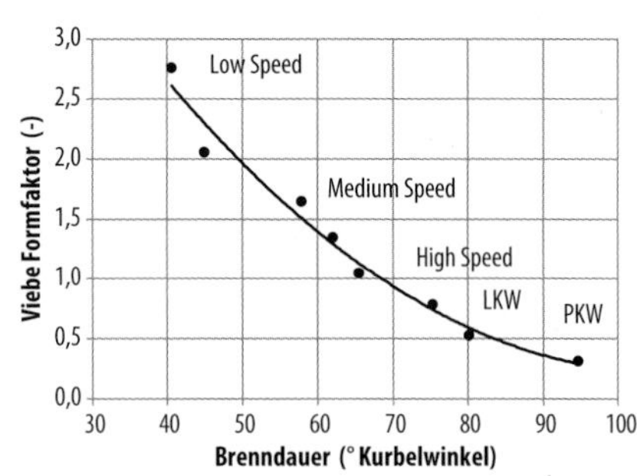

Abb. 5.6 Brenndauern und Formfaktoren von Vibe-Brennverläufen

Medium und Low Speed Motoren erreichen heute einen Wirkungsgrad von etwa 50 %. Innermotorisch ist eine weitere Erhöhung um etwa 2 % über eine Zünddrucksteigerung oder ein Derating denkbar. Die Erhöhung des Zünddrucks erfordert einen gesteigerten Materialeinsatz und das Derating senkt die Leistungsausbeute. In beiden Fällen steigen die spezifischen Motorkosten (€/kW). Hier müssen Investitions- und Betriebskosten gegeneinander abgewogen werden („Total Cost of Ownership").

Die ersten 2-Takt Motoren waren noch kurzhubig und umkehrgespült (Ein- und Auslassschlitze im UT Bereich) ausgelegt. Um die Propulsionsanlage wirkungsgradoptimal zu betreiben, mussten die Propellerdrehzahlen immer weiter gesenkt werden. Da ein Untersetzungsgetriebe nicht gewünscht wurde, mussten die Motoren im Hub/Bohrung Verhältnis immer weiter erhöht werden. Damit setzte sich das Längsspülungsprinzip durch, bei dem die Einlassschlitze im unteren Totpunkt und ein großes Auslassventil im Zylinderkopf liegen. So konnte eine hohe Motorleistung bei niedrigsten Drehzahlen realisiert werden (Abb. 5.1). Das Auslassventil wurde schon seit langer Zeit hydraulisch betätigt. Nachdem sich auf der Einspritzseite Common Rail System etablierten, war der Übergang zum nockenwellenlosen Motor mit großen Kostenvorteilen möglich.

Außermotorisch ist die Nutzung der Abgasenergie (Waste Heat Recovery) eine bekannte Möglichkeit, den effektiven Wirkungsgrad der Anlage um bis zu 10 % zu erhöhen. Dazu sind aber zusätzliche Investitionskosten für das Aggregat notwendig, die in etwa in Höhe der Motorkosten liegen. Auch hier ist eine betriebswirtschaftliche Abwägung unabdingbar. Wenn man die gesamte Abwärme des Motors nutzen kann (Blockheizkraftwerke), sind im Schwerölbetrieb thermische Wirkungsgrade von ca. 70 % und im Diesel- oder Gasbetrieb von ca. 90 % möglich.

5.2 Kraftstoffe

Die Kraftstoffe von „On-Road" Fahrzeugen können geographisch etwas variieren. Diese Änderungen sind jedoch im Vergleich zu den Kraftstoffen, die bei Großmotoren eingesetzt werden, eher klein. Dies gilt sowohl für die flüssigen als auch die gasförmigen Kraftstoffe. Eine Übersicht einiger Basiseigenschaften ist Abb. 5.7 zu entnehmen.

5.2.1 Flüssige Kraftstoffe

Die wichtigste Gruppe sind hier die Mineralöle. Sie werden in Raffinerien aus Rohöl hergestellt (Abb. 5.8). Ursprünglich wurden dafür recht einfache Destillationsprozesse angewandt. Dabei blieb ein hoher Anteil an Rückstandsölen (Schweröl, HFO) übrig. Da sich die Destillationsprodukte (Benzin, Petroleum, Naphta, Diesel, Kerosin, ...) zu höheren Preise verkaufen lassen, entstanden im Laufe der Zeit immer weiter verfeinerte Prozesse, um den Anteil der Rückstandsöle zu Gunsten von Destillaten zu verringern. Über die Vakuum-Destillation und verschiedene Crack-Prozesse, bei denen die langkettigen

		Benzin	Methanol	Wasser-stoff	Methan	Diesel	Rapsme-thylester	Schweröl
Zusammen-setzung		C_xH_x	CH_3OH	H	CH_4	C_xH_y	$C_xH_yO_z$	C_xH_y
Dichte	g/m³	730-780	800	0,09	0,72	810-850	880	950-1010
Siedepunkt	°C	30 - 210	65	- 253	-164	200 - 350	350	> 380
Viskosität	cST					2 - 4	4 - 5	380 - 700
Heizwert	kJ/kg	44.000	20.000	120.000	50.000	43.000	37.500	39.000
Luftbedarf	kg/kg	14,7	6,4	34,0	17,2	14,4	12,6	14,4

Abb. 5.7 Übliche Brennstoffe für Großmotoren

Moleküle zerkleinert werden, wird der Anteil der minderwertigen Kraftstoffe reduziert. In modernen Raffinerien bleibt heute ein so geringer Anteil an Rückstandsölen übrig, dass er für die Eigenversorgung an Prozesswärme aufgebraucht wird.

Nachdem die Rückstandsöle (HFO) zuerst in Kraftwerken verbrannt wurden, kam vor etwa 50 Jahren der Einsatz auf Seeschiffen hinzu. Der Grund lag in dem deutlich geringeren Preis gegenüber dem sonst üblichen Marine Diesel Kraftstoff (MDO). Während er lange Zeit ca. 45 % vom Dieselpreis betrug, liegt er heute bei ca. 65 %. Da die Betriebskosten eines Seeschiffes zu 60 bis 70 % durch die Kraftstoffkosten geprägt werden, ist dies ist ein entscheidender betriebswirtschaftlicher Faktor.

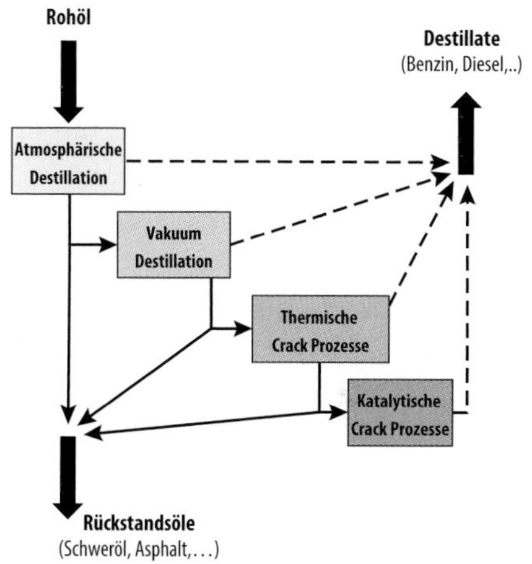

Abb. 5.8 Raffinerie-Prozess für Mineralöle

Auf Grund der hohen Viskosität von Schweröl muss der Kraftstoff grundsätzlich vorgeheizt werden. Um die erforderliche Viskosität von 12 bis 16 cSt zu gewährleisten muss je nach Viskositätsklasse auf 100 bis 150 °C aufgeheizt werden (Abb. 5.9).

Die bei Dieselmotoren zur Beurteilung des Zündverhaltens häufig herangezogene **Cetan Zahl (CZ)** ist beim Schweröl geringer und schwierig zu bestimmen. Sie schwanken stark und können im Bereich von 25 bis 45 CZ liegen. Bei den heutigen Motorgenerationen mit hoher Verdichtung (Kompressionsendtemperatur 900 bis 1000 K) treten selten Problemen in der Verbrennung auf. Versuche, die mit alternativen Kraftstoffen durchgeführt wurden, haben gezeigt, dass selbst Cetan Zahlen im Bereich von 5 CZ bei motorischer Anpassung auf eine möglichst hohe Verdichtungsendtemperatur (>1100 K) gut zündbar sind.

Um die entstehenden Endprodukte des Raffinerieprozesses in ihrer schwankenden Qualität besser handhaben zu können, wurden von der CIMAC Viskositätsklassen definiert, die später von ISO übernommen wurden. Die meisten für die Verbrennung oder die Lebensdauer des Motors wichtigen Kraftstoffeigenschaften sind um Zehnerpotenzen weiter gefasst als für den Kraftstoff

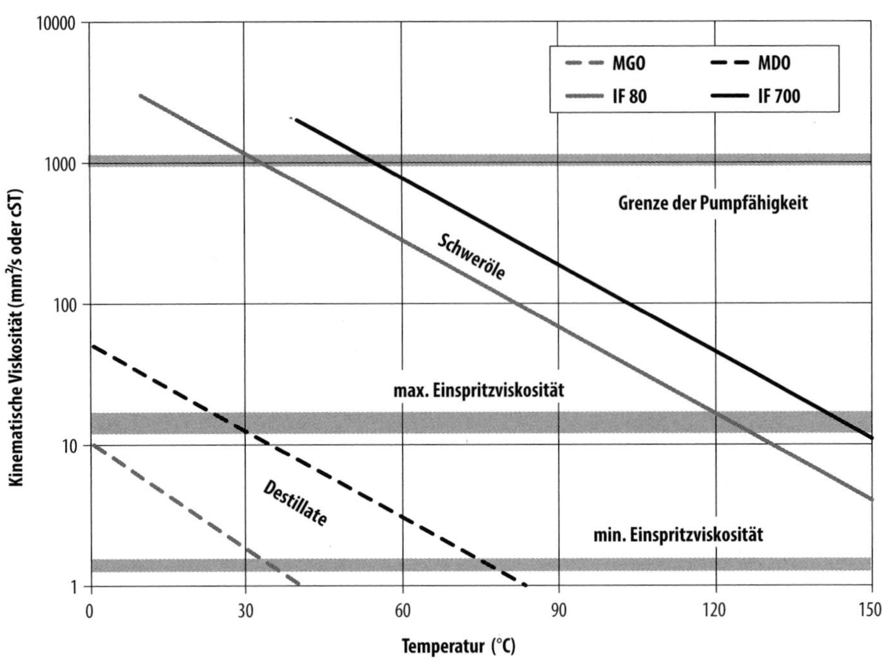

Abb. 5.9 Viskositäts-/Temperatureinfluss von Mineralkraftstoffen

der On Road Fahrzeuge nach EN 590 (Abb. 5.10). Das Endprodukt wird von den Raffinerien durch Zugabe von niedrigviskosem Kraftstoff (z. B. Destillat) auf die entsprechende Viskositätsklasse eingestellt. In einigen Fällen können aber auch gebrauchte Schmieröle, organische Lösungsmittel sowie sonstige Abfallprodukte der chemischen Industrie zur Verdünnung benutzt werden. Um das Zündverhalten im Voraus abschätzen zu können hat sich für Schweröle in der Praxis der

Bezeichnung	-	EN 590	RMA10	RMC 10	RMD 15	RMK 55
Kurzform	-	Diesel	MGO	MDO	IF 80	IF 700
Viskosität @ 50°C	CST	3	40	40	80	700
Dichte	kg(m³)	840	950	975	980	1010
Stockpunkt	°C	-20	6	24	30	30
Koksrückstände	mass%	0,1	12	14	14	30
Aschegehalt	mass%	0,01	0,10	0,10	0,10	0,15
Wasser	Vol%	0,1	0,5	0,5	0,8	1,0
Vanadium	mg/kg	1	150	300	350	600
Aluminium+Silizium	mg/kg	1	80	80	80	80
Schwefel	vol%	1	150	300	350	600

Abb. 5.10 Spezifikation für Marinekraftstoffe

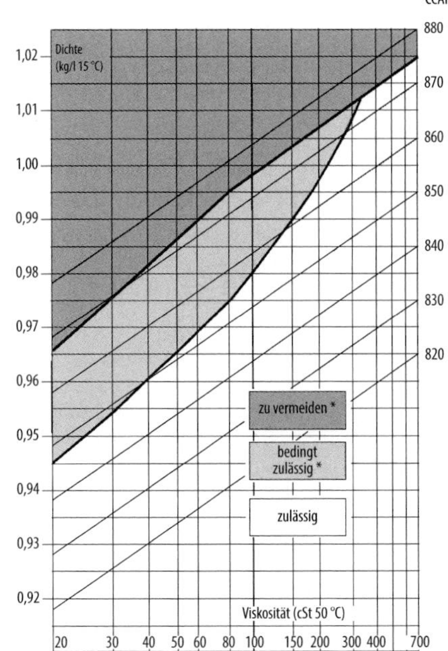

Abb. 5.11 CCAI Werte für Marinekraftstoffe [8]

empirisch definierte **CCAI Wert** bewährt, der wie folgt aus den Kraftstoffdaten berechnet werden kann:

$$\text{CDAI} = \text{Dichte} - 141 \cdot \log\log(\text{Viskosität} + 0{,}85) - 81$$

Betriebliche Probleme sind bei Kraftstoffen mit einer hohen Dichte und niedriger Viskosität zu erwarten (Abb. 5.11) nicht nur im Zündverhalten aber auch hinsichtlich Ruß- und Belagsbildung im Motor.

Eine weitere Schwierigkeit im Schiffsbetrieb besteht darin, dass ein reiner Schwerölbetrieb nicht überall erlaubt ist (Emissionen in Häfen und Küstenbereichen). Das bedeutet, dass zeitweise auf sauberen Kraftstoff umgestellt werden muss. Vom Kraftstoffsystem her ist dies zwar ohne weiteres möglich, da es mehrere Bunkertanks an Bord gibt. Allerdings ist die Verträglichkeit von Diesel und Schweröl mitunter problembehaftet. Durch Unverträglichkeiten kann sich als Folge Schlammbildung einstellen. Um einen sicheren Motorbetrieb zu gewährleisten, muss der Kraftstoff an Bord von Schiffen gereinigt werden. Dies geschieht über Filteranlagen und Separatoren. Über Zentrifugalkräfte wird der Dichteunterschied der Medien ausnutzt, um so schädliche Komponenten ausscheiden können. Für einen unterbrechungsfreien Motorbetrieb ist das Kraftstoffsystem redundant ausgelegt (Abb. 5.12), d. h. Pumpen, Filter, Separatoren und Heizeinrichtungen sind doppelt vorhanden und können für Wartungs- oder Reinigungsarbeiten im laufenden Betrieb umgeschaltet werden.

5.2.2 Gasförmige Kraftstoffe

Anfangs wurden gasförmige Kraftstoffe nur in Kraftwerken verbrannt. Es kamen Gase zum Einsatz, die im Wesentlichen aus Methan (CH_4) bestanden. Im Laufe der Zeit kamen Sondergase wie Biogas oder Deponiegas hinzu, die in kleineren Einheiten wie Blockheizkraftwerken eingesetzt wurden. In den letzten Jahren wurde der Einsatzbereich auch auf den On Road/Off Road Bereich bei kleineren und den Schiffseinsatz bei größeren Motoren ausgedehnt.

Für einen sicheren Gas-Betrieb sind folgende Kennzahlen von Bedeutung:

- Die **Methanzahl** (**MZ**) gibt Aufschluss über die Klopffestigkeit eines Gases. Ein Wert von 100 (reines Methan) bedeutet eine hohe bzw. ein Wert von 0 (reiner Wasserstoff) eine ausgesprochen niedrige Klopffestigkeit. Normales Erdgas liegt im MZ Bereich von 75 bis 85.
- Die **laminare Flammengeschwindigkeit** gibt an, mit welcher Geschwindigkeit sich die Flamme bei laminaren Strömungsverhältnissen ausbreitet. Eine hohe Geschwindigkeit sorgt für ein schnelles Durchbrennen mit geringer Klopfneigung.
- Eine hohe **Selbstzündungstemperatur** ermöglicht ein hohes Verdichtungsverhältnis und somit einen hohen Wirkungsgrad.
- Die **Zündgrenzen** beschreiben die Zündfähigkeit vom Gas/Luft Gemisch. Eine große Spreizung ermöglicht einen stabilen Verbrennungsprozess. Die untere Zündgrenze ist für Magermotoren von Bedeutung.
- **Heizwert und Dichte** geben Aufschluss über die Energiedichte und sind für die maximal erreichbare Motorleistung wichtig.

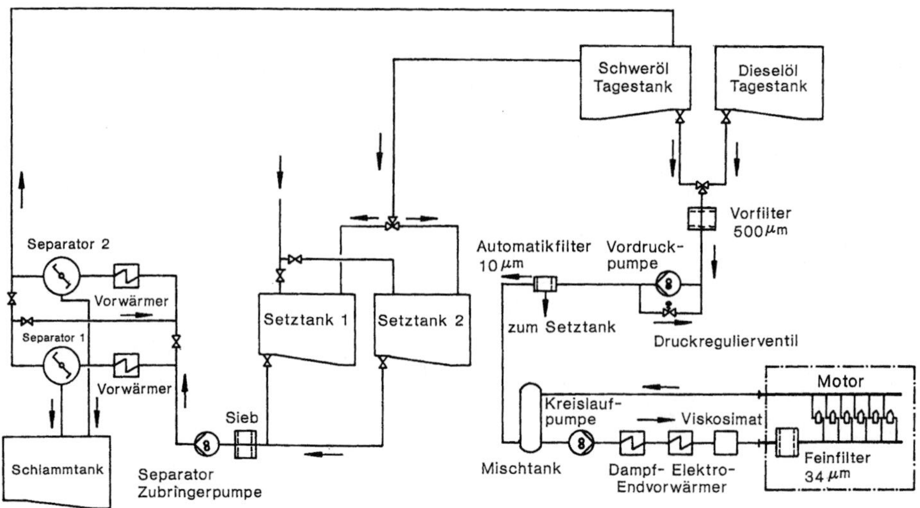

Abb. 5.12 Kraftstoffsystem für den Schwerölbetrieb [8]

Wie Schweröl ist Gas kein genau spezifizierter Kraftstoff und unterliegt erheblichen Schwankungen in seiner chemischen Zusammensetzung. Übliche Gasquellen sind Erdgas, Grubengas, Deponiegas, Klärgas und Biogas. Die chemische Zusammensetzung ist sehr unterschiedlich und muss bei der Auslegung des Motors berücksichtigt werden. Für ein Gasgemisch aus unterschiedlichen Gaskomponenten lässt sich die Methan Zahl über ein Dreiecksdiagramm (Abb. 5.13) bestimmen.

Um Biogas sinnvoll im Transportsektor einzusetzen, muss es „angereichert" werden, indem die nicht-brennbaren Komponenten „ausgewaschen" werden bis der Methan-Gehalt auf etwa 95 % ab-

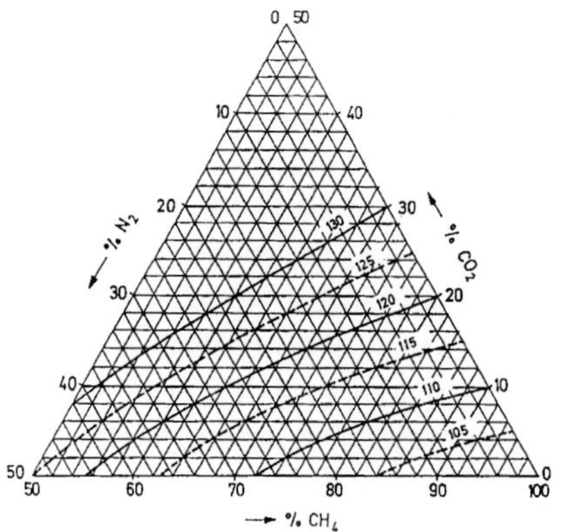

Abb. 5.13 Methanzahlbestimmung aus 3 Gaskomponenten [7]

gehoben wird. Dadurch wird die Reichweite pro Gasfüllung wesentlich erhöht.

5.3 Motor Auslegung und Design

Die Größe des Motors erfordert gegenüber dem Fahrzeugmotor ein geändertes **Designkonzept**. Diese Motoren werden in den Bau des Schiffes oder der Kraftstation integriert und nur im Falle eines Totalschadens wieder ausgebaut. Alle Wartungs- und Reparaturarbeiten werden im eingebauten Zustand durchgeführt. Das bedeutet, dass alle Motorkomponenten einzeln zugänglich und demontierbar sein müssen sein. Die Modul-Bauweise hat sich in der letzten Zeit immer weiter durchgesetzt, da sie sowohl eine flexible Konfiguration der Motoren für die verschiedenen Einsatzfälle als auch eine leichtere Austauschbarkeit von Komponenten bei der Wartung ermöglicht.

Die Nenndrehzahl von Großmotoren wird normalerweise auf die Synchron-Drehzahlen der Wechselstromerzeugung abgestimmt. So können die Anforderungen der wichtigsten Einsatzfälle für 50 und 60 Hz Betrieb abgedeckt werden. Ausgehend von einem durch die Motorgröße vorgegebenen Hub/Bohrungsverhältnis und einer vertretbaren mittleren Kolbengeschwindigkeit wird eine passende Synchron-Drehzahl gewählt. Bei

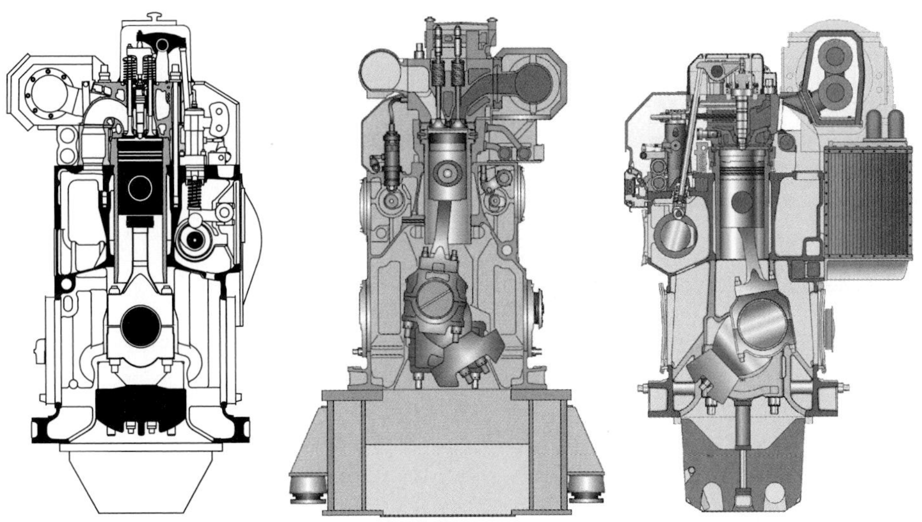

Abb. 5.14 Querschnitte von Medium Speed Motoren [1, 23, 24]

zu niedriger Kolbengeschwindigkeit wird der Motor zu teuer, bei zu hoher leidet die Zuverlässigkeit und die Überholungsintervalle werden kürzer. Die für Großmotoren üblichen Synchron-Drehzahlen sind:

Polpaare	2	3	4	5	6	7	
50 Hz	1500	1000	750	600	500	428	U/min
60 Hz	1800	1200	900	720	600	514	U/min

Die extrem niedrige Drehzahl von 2-Takt Motoren, die auf der einen Seite ideal für den Schiffsantrieb ist, spricht auf der andren Seite gegen einen Einsatz in Kraftstationen. Die Generatoren müssen eine hohe Anzahl von Polpaaren haben und sind entsprechend groß und teuer.

High und Medium Speed (Abb. 5.14) Motoren arbeiten nach dem 4-Takt Tauchkolben-Prinzip. Es gibt sie als Reihenmotoren mit 6 bis 9 Zylindern, die im Marinebereich zum Einsatz kommen. V-Motoren mit 12 bis 20 Zylindern werden im Off Road Bereich als High Speed Motoren und im Kraftwerksbereich als Medium Speed Motoren eingesetzt. Heutzutage werden alle 4-Takt Motoren in integrierter Blockbauweise mit hängender Kurbelwelle gebaut. Dies ergibt einen kompakten und steifen Motorblock und ermöglicht z. B. eine elastische Auflagerung des Motors im Schiff. Die hohen Drehzahlen der Medium und High Speed Motoren erfordern ein Untersetzungsgetriebe. Dadurch kann sowohl mit optimaler Propellerdrehzahl gefahren als auch ein Abtrieb für einen an das Getriebe angeflanschten Generator für 50 bzw. 60 Hz ermöglicht werden. Der Motor wird mit dem Getriebe über eine hochelastische Kupplung am Schwungrad verbunden. Bei Festpropelleranlagen befindet sich normalerweise eine Trennkupplung im Getriebe.

Low Speed Motoren (Abb. 5.15) benutzen im Kurbeltrieb das Kreuzkopf-Prinzip. Der tribologisch empfindliche Kolben/Ring/Laufbuchsen-Bereich wird so weitgehend von Kolbenseitenkräften freigehalten. Bedingt durch ihre großen und schweren Bauteile werden 2-Takt Motoren als Reihenmotor mit 5 bis 14 Zylindern gebaut. Nur so können notwendige Wartungs- und Reparaturarbeiten einfach ausgeführt werden. Moderne 2-Takt Motoren arbeiten in ihrer langhubigen Ausführung nach dem Längsspülungsprinzip, d. h. sie haben im unteren Totpunkt Einlassschlitze und im Zylinderkopf ein großes Auslassventil, das hydraulisch betätigt wird. Beim Einspritzsystem ist ein klarer Trend zum Common Rail System vorhanden.

Will man einen Motor mit dem Kraftstoff Schweröl störungsfrei und wartungsarm betreiben, so sind:

- für die brennraumumgebenden Bauteile bestimmte obere und untere Grenztemperatu-

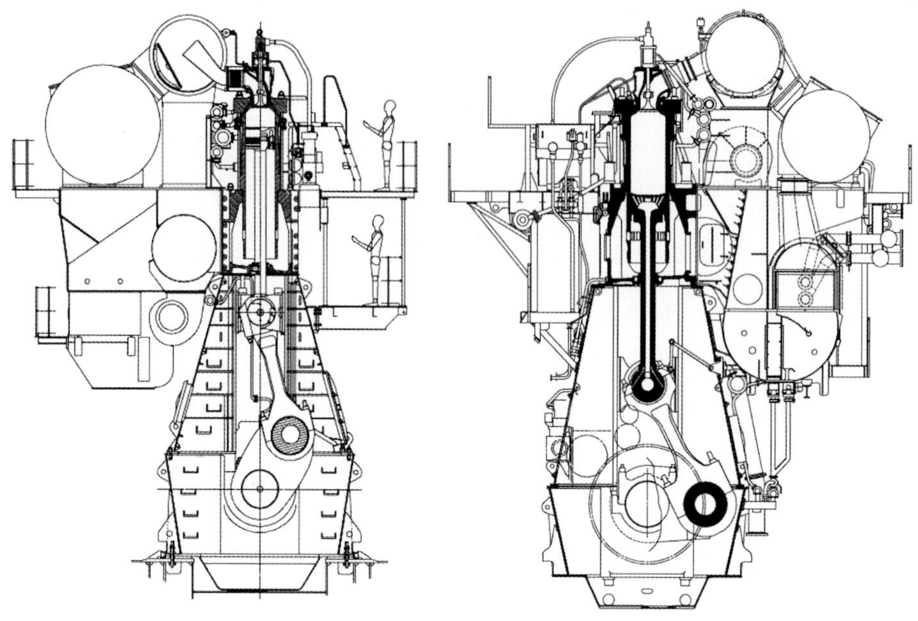

Abb. 5.15 Querschnitte von Low Speed Motoren [3, 4]

Bauteil	Mindest-temperatur	Maximal-temperatur
Kolbenmulde	-	350 °C
Ringnuten	100 °C	130 °C
Laufbuchse OT	180 °C	210 °C
Laufbuchse UT	80 °C	
Zylinderkopf	-	250 °C
Auslassventilsitz	-	420 °C
Abgas v. Turbine	-	520 °C
Kraftstoff	-	150 °C
Düsenkuppe	-	250 °C

Abb. 5.16 Temperaturgrenzwerte bei Schwerölbetrieb

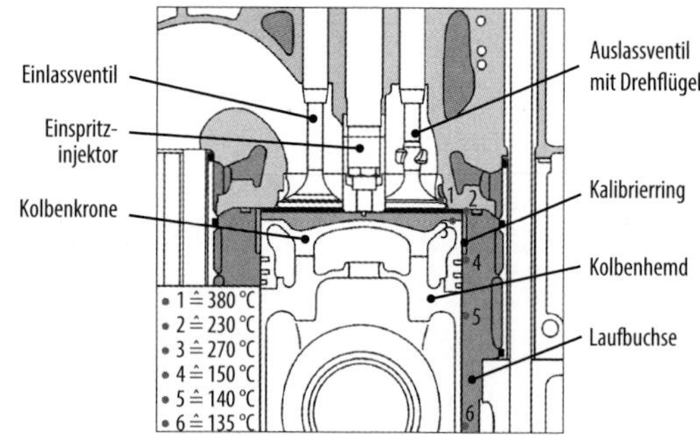

Abb. 5.17 Brennraumtemperaturen eine Medium Speed Motors [22]

ren einzuhalten (Abb. 5.16). Beispielhaft zeigt Abb. 5.17 die Messergebnisse eines Schwerölmotors. Heiß- und Kaltkorrosion werden so sicher vermieden.

- die Relativbewegungen zwischen Bauteilen (z. B. Kolbenring in den Nuten) zu minimieren. Lange Führungslängen bei allen Gleitpartnern sind dafür anzustreben.

Die **Zylinderköpfe** werden auf Grund der komplexen Kühlkanäle normalerweise als Gussteil (GJL, GJS, GJV) ausgeführt. Die absolute Größe der Bauteile (Herstellung und Wartung) sowie die großen Wärmedehnungen erfordern einzelne Zylinderköpfe für jeden Zylinder. Aus diesem Grund werden Nockenwellen untenliegend im Kurbelgehäuse angeordnet und die Ventile über Stoßstangen betätigt. Vier Ventile und eine zentrale Lage der Einspritzdüse sind der Standard. Zur Zylinderdruckmessung haben alle Köpfe eine Bohrung zum Indizieren und ein Sicherheitsventil zur Druckbegrenzung. Die Ventilsitzringe sind aus verschleißfesten Sondermaterialien. Entscheidend ist hier die richtige Materialpaarung zwischen Ventilsitzpanzerung und Sitzring. Die Auslasssitzringe werden vom Motorkühlwasser umströmt und damit die Sitzringtemperatur reduziert.

Auslassventile sind im Schwerölbetrieb besonders hoch belastet. Zur Vermeidung von Heißkorrosion nimmt man für den Ventilteller meistens hochtemperaturfeste austenitische Stähle wie „Nimonic". Der Ventilschaft (häufig X45) wird mit dem Teller über eine Reibschweißung verbunden. Um den Ventilsitz widerstandsfähiger zu machen, wird eine Panzerung aus „Stellit" oder „Colmonoy" aufgebracht. **Einlassventile** sind einfacher ausgeführt und bestehen oft vollständig aus X45 und haben ebenfalls eine Sitzpanzerung. Auf den Auslassventilen lagern sich bei Temperaturen oberhalb von 450 °C korrosive Na-V-Schlacken aus dem Schweröl auf den Sitzen ab. Sie behindern den Wärmeabfluss und heizen das Ventil weiter auf. Damit erhöht sich die Korrosionsgefahr am Ventilteller und die Sitzhärte nimmt ab. Werden die Belege zu dick, platzen Teilbereiche ab und das Ventil wird undicht. Die ausströmenden Brenngase erzeugen Schusskanäle, die zu einer Zerstörung des Ventils mit erheblichen Folgeschäden (Turbolader) führt. Eine wirksame Gegenmaßnahme ist die Drehung der Ventile beim Aufsetzen auf den Ventilsitz. Dazu werden Drehvorrichtungen oder Drehflügel am Ventilschaft benutzt.

Die **Kurbelwellen** werden bei 4-Taktmotoren fast immer einteilig geschmiedet. Das äußere Abmaß der Wellen von 2-Takt Motoren lassen dieses Produktionsverfahren nicht mehr zu. Sie werden aus Einzelteilen (Wagen und Zapfen) über Schrumpfprozesse zusammengebaut. Als Materialien kommen Vergütungsstähle auf Chrom/Molybdän Basis zum Einsatz. Die für den Massenausgleich wichtigen Gegengewichte werden mit der Kurbelwelle verschraubt und aus praktischen Gründen nur statisch ausgewuchtet. 2-Taktmotoren haben keine Gegengewichte, aber bei einigen Zylinderzahlen für den Massenausgleich zusätzliche Ausgleichwellen oder Ausgleichsmassen an den freien Enden der Kurbelwelle.

Alle **Lagerstellen** von Großmotoren werden grundsätzlich als Gleitlager ausgeführt. Sie sind sehr widerstandsfähig, haben hohe Dämpfungseigenschaften und sind montagefreundlich. Im Reparaturfall sind Übermaßlager in mehreren Stufen verfügbar, die bei nachgearbeiteten Lagerzapfen eingesetzt werden können. Weit verbreitet sind Zweistofflager (Stahl/Aluminium) oder Dreistofflager (Stahl/Blei/Zinn) in 4-Takt Motorenbereich. 2-Takt Motoren verwenden Dickschichtlager auf Weißmetallbasis. Sie nehmen die Verformungen der großen Motoren gut auf und haben ein hohes Einbettungsvermögen der Schmutzpartikel im Schwerölbetrieb. Da diese Lager im Vergleich zu Dünnschichtlager der 4-Taktmotoren weniger tragfähig sind, ist eine ausreichende Dimensionierung nötig.

Auch die **Zylinderkurbelgehäuse** unterscheiden sich bei beiden Motorarten. Bei 4-Takt Motoren sind es einteilige Konstruktionen aus Grauguss (GJL, GJS, GJV). In den meisten Fällen ist das Kurbelgehäuse heute trotz Wartungsberücksichtigung hoch integriert und beinhaltet viele Funktionen wie:

- den Rädertrieb zum Antrieb der Nockenwelle,
- den Ladeluftschacht zur Versorgung aller Zylinder mit Ladeluft,
- das Gehäuse für die Drehschwingungsdämpfer an Kurbel- und Nockenwelle,
- alle Leitungen für die Versorgung das Motors mit Wasser und Öl.

Das Kühlkonzept langhubiger Medium und Low Speed Motoren erlaubt es, das Kurbelgehäuse „trocken" (ohne Kühlwasserkühlung) zu gestalten. Alle Verschraubungen der Hauptkomponenten wie z. B. Zylinderkopf, Lagerdeckel und Gegengewichte werden hydraulisch angezogen. Nur so können die erforderlichen Drehmomente aufgebracht und ein gleichmäßiger Anzug aller Schraubenverbindungen gewährleistet werden. Am freien Motorende (Gegenschwungradseite) werden über Zahnräder alle notwendigen Nebenaggregate angetrieben. Im Extremfall können dies bis zu 4 Pumpen (HT- und NT-Wasserpumpe, Saug- und Druckölpumpe) sein. Beim 2-Takt Motor besteht das Kurbelgehäuse aus mehreren Schweißkonstruktionen, die als Segmente aufgebaut und mit langen Zugankern zusammengehalten werden.

Für den Ventilantrieb sind die oberliegenden **Nockenwellen** der Fahrzeugmotoren ungeeignet. Die einzelnen Zylinderköpfe machen eine Fluch-

5

tung der Lagerstellen unmöglich. Die Wellen werden heute meist aus Zylindersektionen zusammengeschraubt. Einteilige Wellen werden zu lang und können im Reparaturfall schlecht gewechselt werden. Um einen steifen Ventiltrieb darzustellen, wird die Lage der Welle möglichst hoch im Zylinderkurbelgehäuse angeordnet. Die Nockenbewegung wird entweder über Rollenführungskörper (billig, aber hohe Reibung) oder Schwinghebel (teuer, aber verlustarm) über kurze Stoßstangen auf die Ein- und Auslassventile übertragen. Wählt man für die Schwinghebel eine exzentrische Lagerung der Achse, so ist mit ihrer Drehung ein „Phasing" der Ventilsteuerzeiten möglich. Der Antrieb der Welle erfolgt über einen Zahnräder als Stufenrad- oder Stirnradsatz von der Kurbelwelle. Drei Stirnräder sind billiger, erfordern aber ein großes Nockenwellenrad (Baubreite), vier Stufenräder sind teurer aber platzsparender. Im Falle einer mechanischen Einspritzung hat die Nockenwelle am freien Ende einen oder mehrere Drehschwingungsdämpfer. Der Startvorgang des Motors wird häufig von einem Anlassluftverteiler gesteuert, der von der Nockenwelle angetrieben wird.

Der Kühlung der **Laufbuchse** kommt im Schwerölbetrieb besonders hohe Bedeutung zu. Sie ist so auszulegen, dass es im unteren Bereich nicht zu kalt und im oberen nicht zu heiß ist. Das Langhub-Konzept moderner 2- und 4-Takt Motoren erlaubt es, den im Zylinderkurbelgehäuse liegenden Bereich nicht mehr zu kühlen. Lediglich der darüber hinausragende Buchsenbereich wird durch Kühlwasser gekühlt. Dadurch werden sowohl Heiß- im oberen als auch Kaltkorrosion im unteren Laufbuchsenbereich vermieden (Abb. 5.18). Während die Lauffläche der Buchsen früher nitriert wurde, setzt man heute sogenannte „naturharte" Legierungen ein. Dabei wird in das Grundmaterial (GGL: bei 4-Takt Motoren als Schleuderguss, bei 2-Takt Motoren bevorzugt den härteren Sandguss) oft Phosphor und Bor eingebunden.

Ein weiterer Meilenstein in dieser Hinsicht war die Einführung von **Kalibrierringen** (Abb. 5.17), die im oberen Bereich der Laufbuchse eingelegt werden. Da der Innendurchmesser dieser Ringe etwas kleiner als der Buchendurchmesser ist, wird der Ölkoks vom Feuersteg des Kolbens abgestreift. Das sogenannte „Bore Polishing", bei dem der Ölkoks die Hohnstruktur der Laufbuchse über die Laufzeit so weit poliert, bis die dann spiegelblanke Oberfläche seine Ölspeichereigenschaft verliert, wird dadurch vermieden. Die signifikante Verbesserung der Tribologie hält den Schmierölverbrauch über lange Zeit stabil und verlängert die Überholungsintervalle und die Lebensdauer von Kolben, Ringen und Laufbuchsen erheblich.

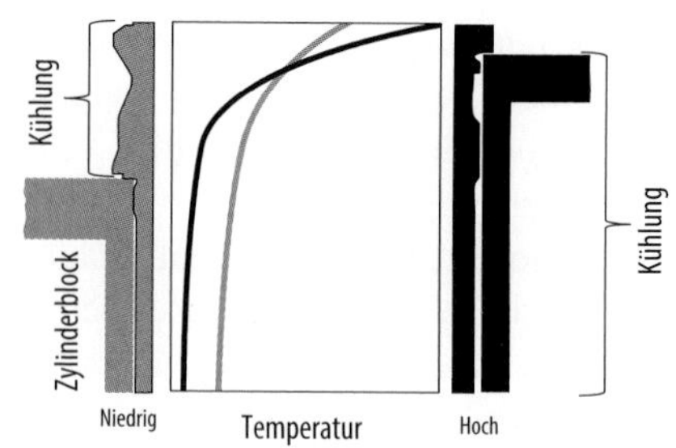

Abb. 5.18 Kühlkonzept von Laufbuchsen [22]

Die hohe Leistungsdichte der Großmotoren erfordert eine intensive Kühlung der **Kolben**. Bei High Speed Motoren kann dies noch über Spritzöldüsen erfolgen. Bei den größeren Hüben der Medium und Low Speed Motoren würde der Ölspray auffächern und zu wenig Öl in den Kolben gelangen. Deshalb wird das Kühlöl vom Pleuellager über die hohlgebohrte Pleuelstange und den Kolbenbolzen zu den Kühlräumen des Kolbens geführt. Um die Kühlräume optimal gestalten zu können, werden Kolben zweiteilig (Hemd und Krone, Abb. 5.17) ausgeführt. Während man noch vor einigen Jahren Stahlkronen auf Aluminiumhemden einsetzte, erforderte der laufende Anstieg der Mittel- und Zylinderspitzendrücke den Übergang auf Guß- bzw. Stahlunterteile. Die Kolbenhöhe der 2-Takt Motoren ist deutlich geringer, da alle Seitenkräfte des Kurbeltriebs vom Kreuzkopf aufgenommen werden.

Die **Kolbenringe** sind mechanisch und thermisch sehr hoch belastet. Die Lauffläche und mitunter auch die Ringflanken sind deshalb verchromt. In neueren Entwicklungsstufen wurden zusätzlich Keramikelemente in die Chromschicht eingelagert. Moderne 4-Takt Motoren haben nur noch 2 Kompressionsringe, 2-Takt Motoren kommen mit 4 bis 5 Ringen in gasdichter Ausführung aus. Beim Laufprofil haben sich asymmetrisch ballige Formen gegenüber den Minuten-Profilen durchgesetzt.

Die hohen Zünddrücke und die Vorschriften der Klassifikationsgesellschaften erfordern bei Großmotoren verhältnismäßig dicke Pleuellagerzapfen. Die großen unteren Pleuelaugen erschweren die Montage der Kolben/Pleuel Einheit. Bei High- und kleineren Medium Speed Motoren werden häufig noch schräg geteilte **Pleuelstangen** eingesetzt, größere Medium Speed Motoren verwenden 3-teilige Ausführungen als schaftgeteilte Version oder den klassischen „Marine-Kopf".

Bedingt durch die Abgasgesetzgebung kommen heute im Bereich der High Speed Motoren fast ausschließlich Common Rail **Einspritzsysteme** zum Einsatz. Bei Medium Speed Motoren wird weitgehend noch ein Pumpe-Leitung-Düse System für jeden Zylinder benutzt. Insbesondere bei Kraftwerksmotoren, die in dieser Leistungsklasse die Grundlast erzeugen und fast ausschließlich mit Volllast gefahren werden, wird dieses einfache, kostengünstige und wartungsarme System wahrscheinlich noch lange eingesetzt werden. Erst bei einer Verschärfung der Abgasgesetzgebung wird der Übergang auf das teurere und komplexe Common Rail System erfolgen. Beim Zusammentreffen von Schweröl und Schmieröl bilden sich lackartige Belege. Sie können zum Klemmen von Düsennadel oder Plunger führen. Alle Leckölmengen aus dem Einspritzsystem müssen deshalb separat abgeführt werden. Bei mechanischen Pumpen ist eine Regelstangenschmierung vorzusehen. Da das bis zu 150 °C heiße Schweröl die Düsenkuppe stark aufheizt, wird der Einspritzinjektor meist mit Schmieröl gekühlt. So wird ein Härteabfall am Nadelsitz und die Bildung von Kokstrompeten am Spritzlochaustritt verhindert. 2-Takt Motoren vermeiden das Überhitzen, indem sie den Nadelsitzbereich weit in den Zylinderkopf hinein verlagern. Zur Verringerung des Wärmeeinfalls aus der Verbrennung ist die Einspritzdüse sehr schmal ausgeführt. Das große Sacklochvolumen dieser Bauart wurde durch schieberartige Füllstücke (Slide Valve Düse) minimiert.

Für die Einspritzpumpen von CR Systemen sind zwei Varianten üblich.

- Entweder Reiheneinspritzpumpen verwenden, die ihr Fördervolumen mit kleinen Plunger und hoher Drehzahl (~3000 U/min) erzeugen. Sie erzeugen geringe Druckschwankungen im Rail, erfordern aber einen geeigneten Antrieb vom Motor.
- Oder man kann den Platz der herkömmlichen mechanischen Pumpen benutzen, die über 2- oder 3-fach Nocken die Förderleistung mehrerer Zylinder gewährleistet.

Die absolute Große der Großmotoren verhinderte, dass man in der Vergangenheit alle Zylinder einer Zylinderreihe an ein Rail anschließen kann. Aus Fertigungsgründen müssen kleiner Rail-Sektionen gewählt werden. Der Übergang zu höheren Rail-Drücken mit Speicherinjektoren umgeht dieses Problem in der Zukunft.

Allen 4-Takt **Gasmotoren** ist gemeinsam, dass sie eine **externe Zündquelle** benötigen. Dies kann entweder der elektrische Zündfunke einer Zündkerze oder ein flüssiges, zündfähiges Medium (z. B. Diesel) sein. Kleinere Gasmotoren ($B = 100$ bis 200 mm) sind meist mit einer Zündkerze ausgerüstet, die direkt im Brennraum platziert ist. Bei größeren Motoren ($B > 200$ mm) reichen Zündenergie und Flammengeschwindigkeit nicht aus, um die Gasladung schnell und klopffrei zu verbrennen. Deshalb wird hier eine Vorkammer zentral im Zylinderkopf platziert, die wiederum kerzengezündet den Hauptbrennraum entflammt (Abb. 5.19). Um eine ausreichende Standzeit von Zündkerze und Vorkammer zu erreichen, ist eine ausreichende Kühlung beider Komponenten sicherzustellen.

Die **Gasversorgung** des Motors kann über 3 Arten erfolgen:

- Eindüsung vor Motor am Verdichter Eintritt (Venturi)
  - positiv: niedrigere Produktionskosten, sehr homogenes Gemisch, geringer Versorgungsdruck (günstig bei Biogas-Anwendungen)
  - negativ: geringere Sicherheit, Dynamik schlechter (größeres Gasvolumen)

5

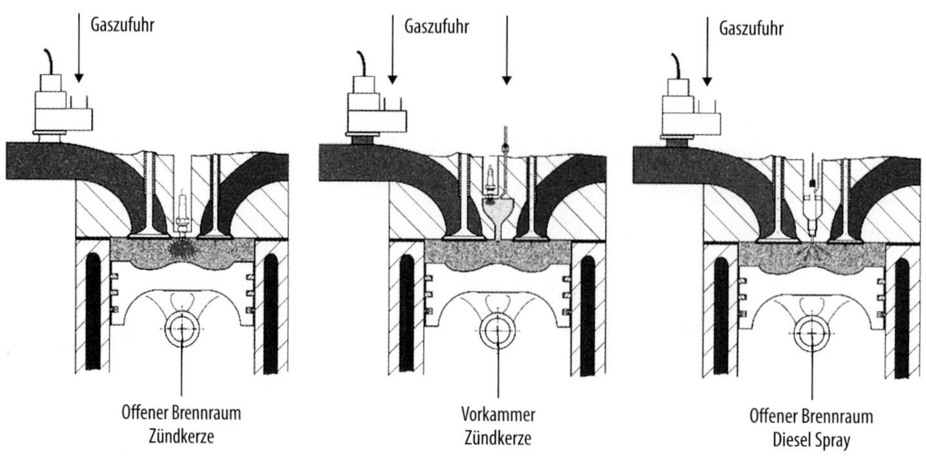

Abb. 5.19 Brennverfahren von Gasmotoren

- Eindüsung vor jedem Zylinder (Magnetventile)
  - positiv: zylinderselektive Regelung möglich, höhere Sicherheit
  - negativ: höhere Produktionskosten, größere Inhomogenität, hoher Versorgungsdruck
- Einspritzung direkt in jeden Zylinder (Einspritzventile)
  - positiv: Große Klopfsicherheit und minimalen Methanschlupf
  - negativ: Gasdruck von ca. 300 bar und SCR zur NO_x Reduktion notwendig

Die Eindüsung vor Motor ist der Standard bei High Speed Motoren, bei Medium Speed Motoren wird die Eindüsung vor jedem Zylinder eingesetzt. Die Hochdruckgaseinspritzung wird nur bei einem Low Speed Motorhersteller eingesetzt.

Der **Luftversorgung** kommt im Schwerölbetrieb eine hohe Bedeutung zu. Um die Bauteile nicht zu überhitzen, sind ein hohes Luftverhältnis und ein hoher Luftdurchsatz nötig. Der Wirkungsgrad des Turboladers und die Güte der Ladeluftkühlung sind hierfür entscheidend. Motorisch sind eine verlustarme Gasführung durch den Motor sowie eine große Ventilüberschneidung notwendig. Beim 2-Takt Motor erfolgt die Steuerung des Luftdurchsatzes durch die freie Gestaltbarkeit des Auslasstakts. Der 2-Takt Motor benötigt für den Gasaustausch ein großes Spülgefälle. Da dies bei Turboaufladung im Teillastbereich zu gering ist (Abb. 5.20), um den Brennraum mit Frischgas zu versorgen, werden in diesem Betriebsgebiet Zusatzgebläse benötigt.

Im Schwerölbetrieb lagern sich im Laufe der Betriebszeit mehr oder weniger Verbrennungsrückstände im Turbinenteil des Turboladers ab. Sie können wirkungsvoll mit Waschvorrichtungen, die Wasser vor der Turbine eindüsen, verhindert werden. Die Prozedur beruht auf dem Thermoschock-Prinzip, bei dem die Belege abplatzen. Der Reinigungsprozess kann bei Teillast im laufenden Betrieb durchgeführt werden. Ein Betrieb mit Abgastemperaturen oberhalb von 550 °C führt zu erheblichen Ablagerungen, die durch Waschprozesse nicht mehr entfernbar sind. Im normalen Schwerölbetrieb wird diese Reinigung meist wöchentlich durchgeführt. Auch die

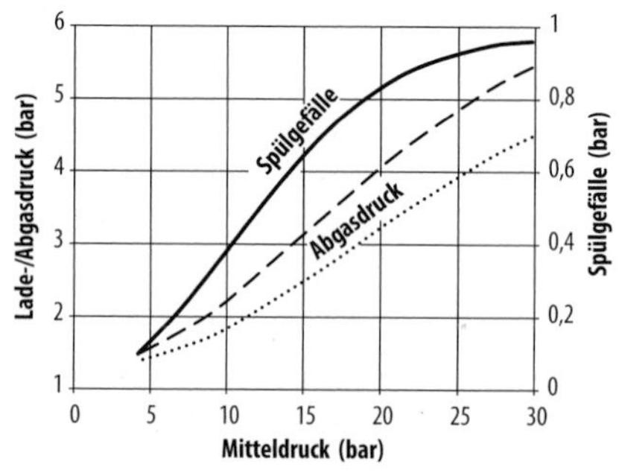

Abb. 5.20 Spülgefälle bei 1-stufiger Turboaufladung

Verdichter werden mit Wasser gereinigt. Hierbei sollen Schmutz- und Ölrückstände des aus dem Maschinenraum ansaugenden Motors eliminiert werden. Die Waschfrequenz liegt beim Verdichter im Bereich von 1 bis 2 Monaten. Indikator, die Wäschen durchzuführen, sind die thermischen Messdaten des Monitoring Systems.

Großmotoren haben meistens zwei unabhängige **Kühlwasserkreisläufe**. Der Hochtemperaturkreis (HT) kühlt den Motor und die 1. Stufe des Ladeluftkühlers (LLK). Hier wird bei Volllast die Luft von über 220 °C auf etwa 95 °C heruntergekühlt. Die Anordnung kann dabei vor oder nach Motor erfolgen. Geregelt wird der Kühlkreislauf meist auf ca. 90–93 °C Motoraustrittstemperatur. Im Niedertemperaturkreis (LT) wird die Luft hinunter auf 45–55 °C gekühlt, wobei auf Taupunktunterscheidungen beachtet werden muss. Der Schmierölkühler ist meist dem LLK nachgeschaltet. Dieses Kühlkonzept ermöglicht eine niedrige Ladelufttemperatur und eine hohe Restwärmeausnutzung in der HT Stufe.

Auch die **Schmierung** der Großmotoren weist einige Besonderheiten auf. Der **Schwerölbetrieb** erfordert:

- ein hohes Neutralisationsvermögen der sauren Verbrennungsprodukte,
- ein hohes Reinigungs- und Schmutzaufnahmevermögen,
- eine geringe Emulgierneigung mit Wasser,
- eine hohe thermische Stabilität zur Vermeidung von Lack- und Koksbildung.

Es werden grundsätzlich Einbereichsöle der Viskositätsklasse SAE 30 oder 40 verwendet. Die Öleintrittstemperatur liegt bei Schwerölmotoren üblicherweise im Bereich 55 bis 65 °C. Um dem hohen Schmutzeintrag aus dem Schweröl zu begegnen, wird das aus der Ölwanne kommende Schmieröl (Trockensumpfschmierung) separat vom Motor neu konditioniert. Ölkühler, Filter und Separator sorgen für die Aufrechterhaltung der Ölqualität. Der aus dem Separator abgeführte Ölschlamm wird gesondert gelagert und entsorgt. Die Ölverbrauchsergänzung durch Frischöl reicht aus, um eine konstante Ölqualität über lange Zeit zu gewährleisten. Ein Ölwechsel ist damit normalerweise nicht nötig. Alle 2-Takt Motoren haben 2 getrennte Ölsysteme. Die separate Zylinderschmierung hat die gleichen Aufgaben wie die Spritzschmierung beim 4-Takt Motor und wird zum Schmieren des schmutzigen Bereiches oberhalb des Kreuzkopfes benutzt. Die Schmierung des sauberen, unteren Triebraums (Kurbelwelle und früher Nockenwelle) ist keine Verlustschmierung. Sie hat einen geringeren Schmutzeintrag benötigt aber trotzdem ein externes Konditionier-Modul. Der Schmierölverbrauch von 4-Takt Schwerölmotoren liegt typischerweise bei ca. 0,6 g/kWh. Für die Zylinderschmierung des 2-Takt Motors können als Verbrauch 0,7 und für die Triebraumschmierung 0,1 g/kWh angenommen werden. High Speed Motoren liegen in etwa im Bereich der Fahrzeugmotoren von 0,1 bis 0,2 g/kWh. Zur Neutralisierung der schwefelsäurehaltigen Komponenten im HFO Betrieb wird dem Schmieröl Kalilauge zugesetzt. Üblich ist bei 4-Taktmotoren eine TBN (Total Base Number) Zahl von 30 bis 40 mg KOH/g und bei 2-Takt Motoren 70 bis 90 mg KOH/g für das Zylinderöl. Für den Dieselbetrieb mit MGO/MDO wird typisch ein TBN von 10–15 verwendet.

Da **Gasmotoren** recht empfindlich auf Additivreste im Brennraum reagieren und grundsätzlich wärmer als Dieselmotoren sind, erfordern sie eine andere Schmierölzusammensetzung. Außerdem ist ein geringer und stabiler Schmierölverbrauch von großer Wichtigkeit (typischer Wert: ~0,2 g/kWh). Die Schmieröle müssen wesentlich weniger Aschegehalt aufweisen, gute Oxydationsstabilität aufweisen und gute Neutralisations- und Reinigungsfähigkeiten besitzen. Für Erdgasbetrieb werden üblicherweise Öle mit einer TBN von 5 und Aschegehalt von <0,3 % Gew. eingesetzt, im Biogasbetrieb etwas darüber. Für Dual-Fuel (Zweistoff-)Motoren, die sowohl mit Dieselöl oder Schweröl als auch mit Erdgas betrieben werden, muss bezüglich der Schmierölqualität ein nicht ganz einfacher Kompromiss gefunden werden.

Der **Anlassvorgang** bei Großmotoren erfolgt mit Druckluft. Dazu werden sogenannte „Luftflaschen" von Startluftkompressor-Anlagen auf

5

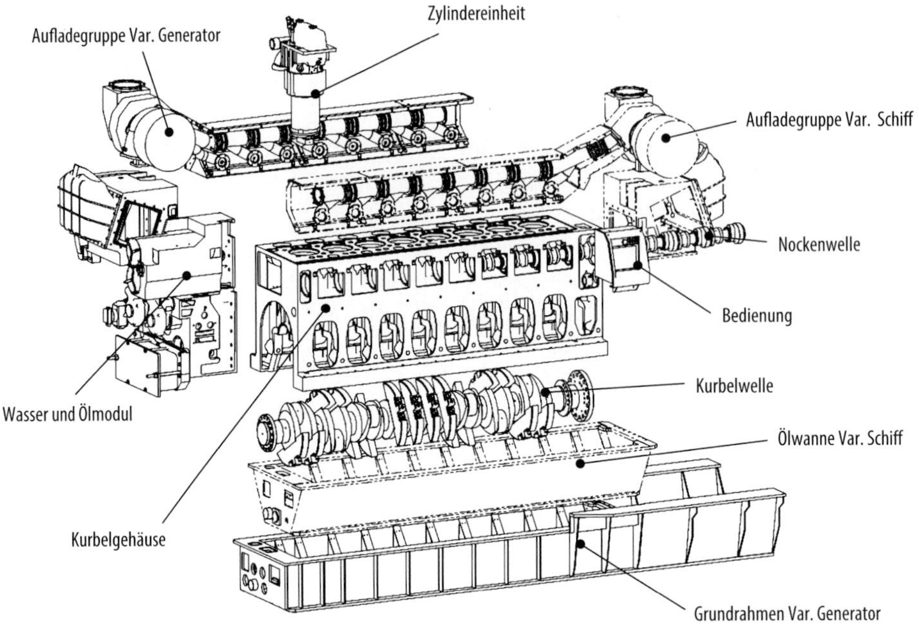

Abb. 5.21 Modulbauweise bei Großmotoren

30 bar aufgepumpt. Von der Nockenwelle gesteuerte Anlassventile leiten die Luft im Expansionstakt des Motors in den Brennraum. Über den Kolbendruck wird der Motor gestartet. Die notwendigen Leistungen für elektrische Anlasser können für Dieselmotoren nicht sinnvoll zu Verfügung gestellt werden. Gasmotoren benutzen, bedingt durch ihr geringeres Verdichtungsverhältnis, bis zu einer Motorleistung von etwa 10 MW noch druckluftgetriebene externe Anlasser. So wird Platz im Zylinderkopf gespart und ein zerklüfteter Brennraum vermieden. Elektrische Anlasser kommen nur bei High Speed Motoren zum Einsatz.

In der Montagetechnik gab es in den letzten Jahren den Übergang von der Standproduktion zur Fließbandproduktion. Früher wurde das Zylinderkurbelgehäuse an einen Montageplatz gestellt und alle Einzelteile nacheinander hinzugefügt. Die Fließbandproduktion werden vorgefertigte Baugruppen nacheinander an den Motor angebaut (Abb. 5.21). Der Motor verlässt dabei kontinuierlich oder arbeitsschrittweise seinen Montageplatz. Diese Aufbauphilosophie ermöglicht außerdem schnell und mit weniger Einzelteile mehrere Varianten abzudecken.

5.4 Thermodynamik

5.4.1 Grundauslegung

Da die Verbrennung stärker von der absoluten Zeit als vom Kurbelwinkel geprägt wird, reduziert sich die Brenndauer mit zunehmender Motorgröße (abnehmender Drehzahl). Die Schwerpunktlage der Verbrennung verlagert sich nach spät (Vibe Faktor) und die Verbrennung wird weicher (Abb. 5.6). Eine kurze Brenndauer führt zu einem besseren Wirkungsgrad mit höheren NO_x Emissionen, eine weichere Verbrennung ist NO_x mindernd.

Die Anordnung der Ladungswechselorgane hat dazu geführt, dass 2-Takt und 4-Takt Motoren eine sehr unterschiedliche Brennraumgeometrie aufweisen (Abb. 5.22 und 5.23). Während man bei 4-Takt Motoren eine zentrale Einspritzdüse mit 4 konzentrischen Gaswechselventilen benutzt, sieht das heutige 2-Taktkonzept nur ein zentrales Auslassventil mit 2 bis 3 konzentrischen Einspritzdüsen vor.

In der Verbrennung unterscheiden sich Diesel- und Gasmotoren stark voneinander ab. Dieselmo-

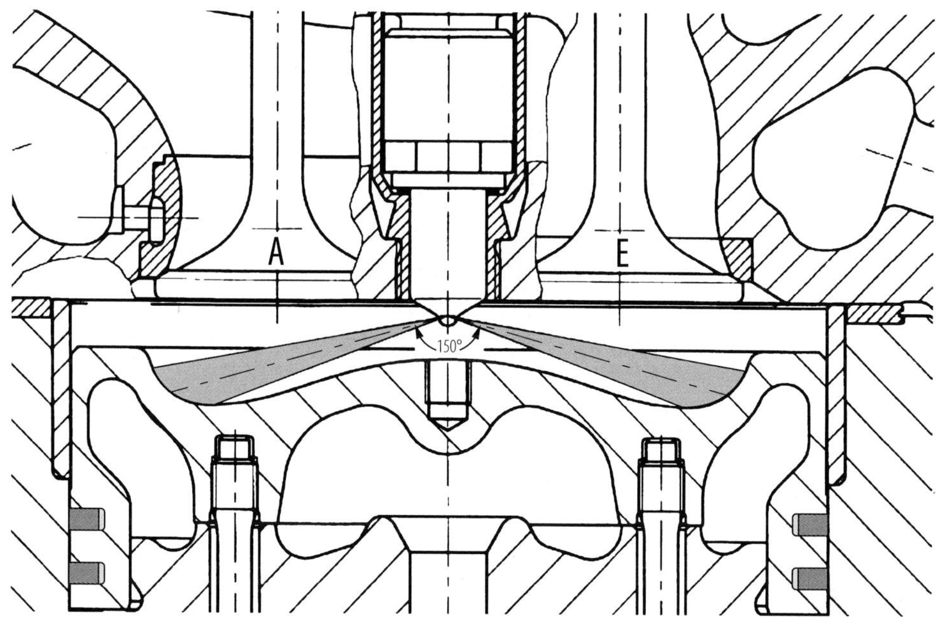

Abb. 5.22 Brennraum eines typischen Medium Speed Motors [6]

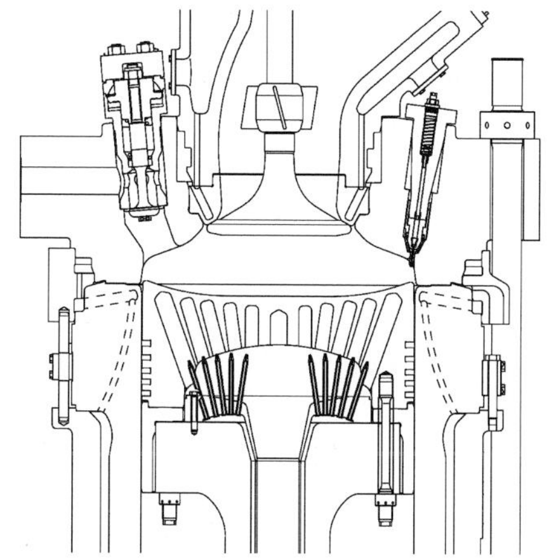

Abb. 5.23 Brennraum eines typischen Low Speed Motors

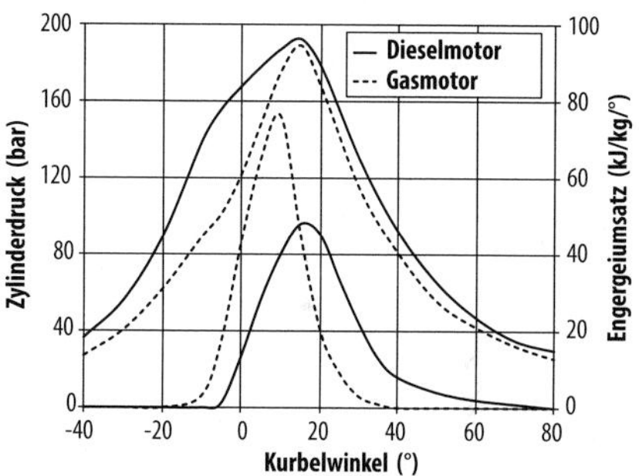

Abb. 5.24 Zylinderdruck und Brennverlauf von Gas und Diesel Prozessen

toren haben eine längere und weichere Verbrennung als Gasmotoren (Abb. 5.24). Ohne Klopfgefahr können sie mit einer hohen Verdichtung betrieben werden. Gasmotoren haben eine kurze und intensive Verbrennung. Um den Zünddruck zu begrenzen und das Klopfen zu vermeiden, muss deshalb eine niedrige Verdichtung gewählt werden. Sie sind aus diesem Grund kurzhubiger ausgelegt als Dieselmotoren. Als Nebeneffekt wird der Gasmotor kostengünstiger in der Herstellung und hat geringere Wärmeverluste (Oberfläche/ Volumen). Während die Schwankungsbreite im Zylinderspitzendruck bei Dieselmotoren nur max. ±3 % beträgt, liegt sie bei Gasmotoren um ±10 %. Neuste Entwicklungsarbeiten beschäftigen sich z. Z. damit, dieses Potential über elektronische Regelungen zugunsten eines höheren Wirkungsgrads auszunutzen. Wesentliche Kenngrößen des Verbrennungsprozesses sind in Abb. 5.25 für Gas- und Dieselbrennverfahren gegenübergestellt.

Bei der Verbrennung von Schweröl kommt der Auslegung des Wärmehaushaltes eine hohe Bedeutung zu. Da die Wärmemenge durch den erreichbaren Prozesswirkungsgrad wenig beein-

		High Speed Dieselmotor	Medium Speed Schwerölmotor	Medium Speed Gasmotor
Mitteldruck	bar	23 bis 25	25 bis 27	20 bis 22
Hub/ Bohrung Verhältnis	-	1,2 bis 1,35	1,35 bis 1,5	1,15 bis 1,3
Verdichtungsverhältnis	-	15 bis 17	15 bis 17	11 bis 12
Brenndauer	° Kw	60 bis 70	50 bis 60	35 bis 45
Brennbeginn	° v OT	4 bis 8	1 bis 4	8 bis 12
Schwerpunktlage (50 %)	° n OT	12 bis 15	16 bis 19	10 bis 13
Luftverhältnis	-	1,6 bis 1,8	2,1 bis 2,2	2,0 bis 2,1
Ventilüberschneidung	° Kw	50 bis 60	85 bis 95	40 bis 50

Abb. 5.25 Vergleich thermodynamischer Grunddaten

flussbar ist, können die Temperaturen nur durch den Gaseinsatz (Luftverhältnis >2) und den Gasdurchsatz (Luftdurchsatz > 6,5 kg/kWh) reduziert werden. Neben einer strömungsgünstigen Gasführung durch den Motor kommt dem Turbolader eine Schlüsselfunktion zu. Der Wirkungsgrad der Turbolader ist heute so hoch (Abb. 5.5), dass sich ein positives Spülgefälle über den Motor einstellt (Abb. 5.20). Bei ausreichender Ventilüberschneidung wird viel Spülluft durch die Zylinder gepresst, die die Brennraumkomponenten und die Turbine des Turboladers ausreichend kühl hält. Die Spreizung im Mitteldruck zwischen Volllast (27 bar) und Leerlauf (0 bar) ist bei heutigen Motoren so groß ist, dass der Turbolader im Wirkungsgrad nur auf eine engen Bereich optimiert werden kann. Dies Optimum liegt meist bei ca. 80 % der Motorleistung. In den übrigen Bereichen sinkt der Wirkungsgrad der Aufladung und das Spülgefälle über den Motor wird kleiner. Dies ist die Ursache für den Anstieg der thermischen Belastung und der Abnahme des Motorwirkungsgrads im Vollast- und Überlastbereich.

Durch das Bestreben, die Mitteldrücke bei Dieselmotoren immer weiter zu steigern und die Gasmotoren immer magerer zu fahren, wurde inzwischen die Leistungsgrenze der 1-stufigen Aufladung erreicht. Ladedrücke > 5 bar sind ohne deutliche Nachteile im Teillastbetreib nicht mehr darstellbar, so dass der Übergang zur 2-stufigen Aufladung von einigen Motorenherstellern vollzogen wurde. In Verbindung mit einer Zwischenkühlung können der Wirkungsgrad der Aufladegruppe deutlich gesteigert werden, wodurch sich die thermische Belastung der Motoren verringert und der Wirkungsgrad steigt.

Motoren in stationären Kraftwerken fahren mit sehr hohen Leistungen nahezu im Dauerbetrieb. Für diese Anwendungen lohnt sich der bauliche Aufwand der teuren 2-stufigen Aufladegruppe besonders und die Mehrkosten amortisieren sich nach sehr kurzer Zeit. Im Marinebereich fahren die Schiffe mit niedrigerer Leistung und haben weniger Laufzeit. Aus diesem Grund wird hier bis heute ausnahmslos noch 1-stufig aufgeladen.

5.4.2 Brennverfahren

Im Bereich der **Großdieselmotoren** haben sich die Brennverfahren sehr stark angeglichen. Die Gemischbildung ist im Gegensatz zu den Motoren mit kleinerer Bohrung weitgehend luftverteilt. Die Brennraumform (Wandeffekte) spielt deshalb eine weniger bedeutende Rolle. Entscheidend ist die Einbringung des Kraftstoffes unter moderatem Druck. Maßnahmen bei 4-Takt Motoren auf diesem Weg waren:

- Reduzierung des Einlassdralls auf Cu/Ca: 0,3 bis 0,5

- Einspritzdauer von 25 bis 30° Kurbelwinkel
- Erhöhung der Spritzlochzahl auf 10 bis 14
- Vergrößerung des Muldendurchmessers auf ca. 80 % vom Kolbendurchmesser.

Größere Unterschiede gibt es beim Einspritzdruck (Abb. 5.1). Bei den High Speed Motoren hat die Abgasgesetzgebung über die Reduzierung der Ruß/Partikel Emission dazu geführt, dass ein flexibles Einspritzsystem (Common Rail) mit hohem Druck (>2000 bar) eingesetzt werden musste. Die Medium Speed Motoren, die z. Z. noch keine PM-Begrenzung dieser Art haben, setzen weitgehend noch auf billigere PLD (Pumpe-Leitung-Düse) Systeme und benutzen geringere Drücke (<1800 bar). Die Robustheit sowie die hydraulischen Wirkungsgrade sind meistens höher als bei CR Systemen.

Die Größe des Brennraums und die zentrale Lage des Auslassventils im Brennraum zwingen beim 2-Takt Motor dazu, die 2 bis 3 Einspritzinjektoren am Brennraumrand anzuordnen. In Verbindung mit der größeren Brennraumhöhe ist eine gesonderte Ausrichtung jedes einzelnen Spritzloches erforderlich. Für den Teil-bzw. Schwachlastbetrieb ergibt sich die Möglichkeit, einzelne Injektoren abzuschalten und somit die Verbrennungsqualität zu verbessern. Die Raildrücke dieser Motoren liegen heute bei ca. 1000 bis 1200 bar.

Entsprechend der theoretischen Prozessbetrachtung kann der Wirkungsgrad bei **Gasmotoren** über das Verdichtungsverhältnis und das Luftverhältnis gesteigert werden. Während dies beim Dieselmotor nur ein mechanisches Problem (Ladedruck, Gestaltfestigkeit) ist, kommen beim Gasmotor thermodynamische Herausforderungen hinzu. Mit steigendem Verdichtungsverhältnis erhöht sich die Klopfgefahr (Selbstzündung) und magere Gemische sind schwer zu entflammen, was letztendlich zu Zündaussetzern führt (Abb. 5.26).

Ein Betrieb in diesem eingeschränkten Bereich ist nur geregelt möglich. Dazu gibt es folgende Regelkreise:

- Klopfregelung, die Zylinderselektiv den Verbrennungsvorgang überwacht

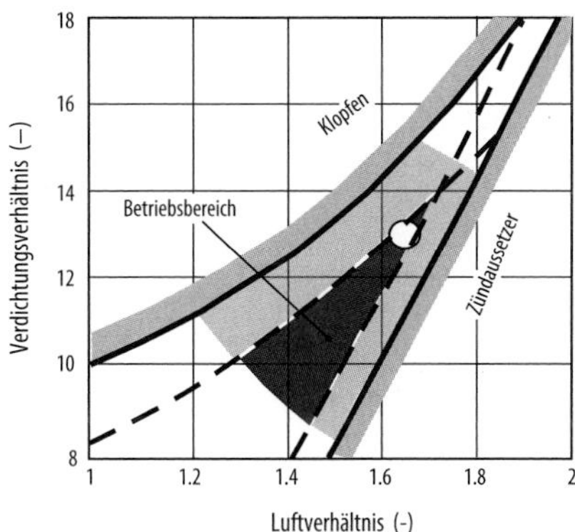

Abb. 5.26 Betriebsbereich von Magergasmotoren

- Ladedruckregelung, die über ein Regelorgan am Turbolader das Luftverhältnis λ einstellt
- Gasdruckregelung, die den Versorgungsdruck für Haupt- und Vorkammer regelt.

Neben diesen notwendigen Regelkreisen ist eine Zylinderdruckregelung sinnvoll, die die einzelnen Zylinder untereinander abgleicht. So können alle Zylinder dichter an ihren Grenzen arbeiten und ein höherer Motorwirkungsgrad erzielt werden.

Im Bereich der **4-Takt Gas-Motoren** haben sich 3 verschiedene Brennverfahren durchgesetzt (Abb. 5.27). Kleine High Speed Motoren arbeiten meist stöchiometrisch ($\lambda = 1{,}0$). Sie haben eine Zündkerze zentral im offenen Brennraum und für die Schadstoffminderung einen 3-Wege Katalysator nachgeschaltet. Selbst mit Abgasrückführung sind die erreichbaren Mitteldrücke nicht ganz auf dem Niveau der Magermotoren.

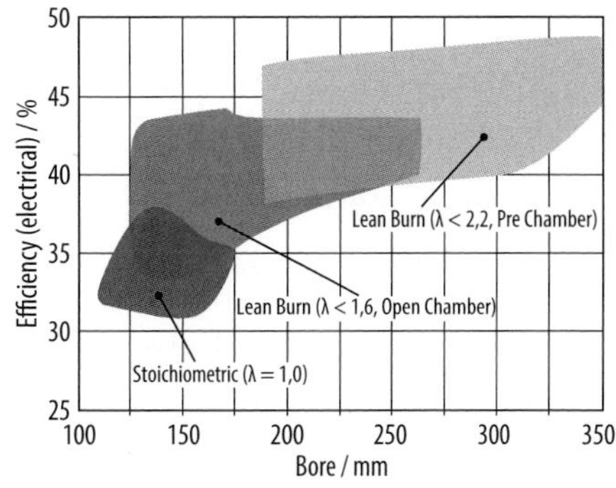

Abb. 5.27 Wirkungsgrade von Gasmotoren

Der Wirkungsgrad ist etwas schlechter und die thermische Belastung des Motors deutlich höher als bei Magermotoren. Bei kleinen Motoren (Kolbendurchmesser bis 180 mm) mit Magerbrennverfahren können bis zu einem Luftverhältnis von etwa $\lambda = 1{,}6$ noch offene Brennräume benutzt werden. Bei größeren Kolbendurchmessern und weiterer Abmagerung des Gemisches ist die Zündenergie nicht mehr ausreichend. Deshalb werden Vorkammern benutzt, die eine eigene Gaszufuhr aufweisen. Das Luftverhältnis in der Kammer kann so ausreichend niedrig eingestellt ($\lambda \sim 1$) und die Zündenergie für den mageren Hauptbrennraum ($\lambda = \sim 2{,}1$) deutlich erhöht werden.

Da die **2-Takt Motoren** hohe Spülluftdurchsätze haben, sind die o. g. genannten Verfahren nur bedingt geeignet. Der hohe Gasschlupf führt zu einem hohen Ausstoß von unverbrannten HC-Komponenten. Deshalb muss das Gas nach dem Schließen des Auslassventils direkt in den Zylinder eingeblasen werden. Hierfür gibt es mehrere Möglichkeiten. Zurzeit wird besonders an dem Diesel-Gas Verfahren intensiv entwickelt. Zuerst wird eine Diesel Pilotmenge eingespritzt und gezündet. Danach wird das Gas mit hohem Druck (typisch 300 bar) gegen die Flammen eingeblasen und dieselähnlich (Diffusionsverbrennung) verbrannt. Der Ausbrand erfolgt ohne nennenswerte HC-Emission, die Klopfstabilität der Verbrennung ist hoch und die Empfindlichkeit gegenüber schwankenden Gasqualitäten sehr gering. Nachteilig ist der erforderliche hohe Gasdruck, der meist nach Verflüssigung (Antriebsleistung der Verdichter) mit anschließender Verdampfung bereitgestellt wird. Die hohe NO_x-Emission erfordert wie beim Dieselmotor eine Abgasreinigung über SCR Katalysatoren.

5.4.3 Emissionen

Die Vielfalt bei den Emissionsvorschriften von Off-Road Motoren ist groß. Hauptsächlich werden NO_X, HC, CO und Partikel limitiert. Bei Medium und Low Speed Motoren erfolgt dies im maritimen Bereich durch die International Maritime Organisation (IMO) für NO_X, CO_2 und SO_X und im Bereich der Kraftstationen durch die Weltbank (wenn sie Kreditgeber ist) für NO_X, SO_X und Partikel. Im Gegensatz zu den Fahrzeugmotoren werden alle Emissionen nicht im Fahrzyklus sondern nur für stationäre Betriebspunkte bestimmt.

Die IMO hat sich im Jahre 2015 von der globalen Festlegung von Emissionsgrenzwerte verabschiedet. Es gibt eine Vorschrift für Küstenbereiche in Europa und den USA (ECA Gebiete) mit sehr strengen Vorschriften, die außermotorische Maßnahmen erfordern. Auf den Weltmeeren (non-ECA Gebiete) gelten dagegen geringere Anforderungen, die durch innermotorische Maßnahmen einhaltbar sind. Für den Schiffsbetrieb kommt deshalb erschwerend hinzu, dass je nach Fahrtgebiet andere Grenzwerte gelten und die Emissionsminderungsmaßnahmen zu- bzw. abschaltbar sein müssen.

Die **NO_X Minderung** beruht auf 2 Grundprinzipien. Entweder wird die Temperatur der Ladeluft abgesenkt und/oder die Wärmeentwicklung der Verbrennung wird vermindert. Die heutigen NO_X Grenzwerte können für alle Großmotoren noch innermotorisch erreicht werden. Standardmaßnahmen dafür sind:

- Miller-Prozess (frühes Schließen des Einlassventils)
- Erhöhung der Verdichtung
- Maximale Ladeluftkühlung
- Verlagerung der Verbrennung nach spät.

Veränderungen an der Luftversorgung, der Kraftstoffeinbringung oder der Brennraumform haben nur geringe Auswirkungen auf den NO_X/Verbrauchs Trade Off. Sie gehören aber zu den Schlüsselgrößen bei der Ruß-/Partikelminderung.

Da der externen Kühlung der Ladeluft enge Grenzen gesetzt sind, wird in der letzten Zeit verstärkt auf die innermotorische Kühlung ausgewichen. Hierbei werden die Einlassventile entweder früher oder später als beim füllungsoptimalen Zeitpunkt geschlossen. Im ersten Fall wird die angesaugte Luft durch die volumenvergrößernde Kolbenbewegung abgekühlt (Miller-Prozess), im zweiten durch die noch nicht geschlossenen

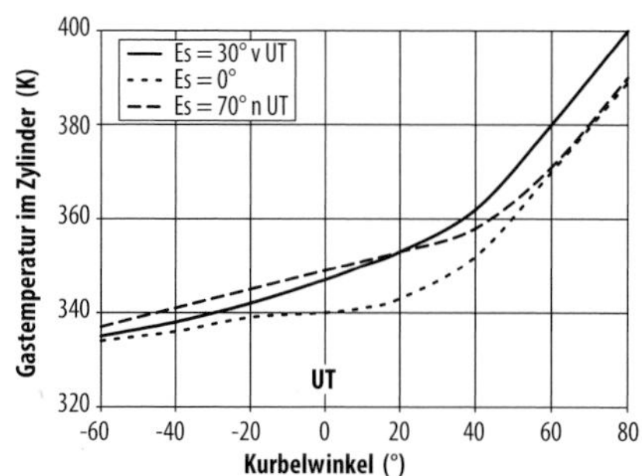

Abb. 5.28 Temperaturverlauf im UT Bereich bei Miller Prozessen

Einlassventile zurückgeschoben wieder in den Ansaugkanal (Atkinson Prozess). Beide Maßnahmen erzeugen über eine Abkühlung der Zylinderladung (Abb. 5.28) eine Minderung der NO_X Emission. Im oberen und mittleren Leistungsbereich wird der dadurch entstehende Luftmangel vom Turbolader über einem höheren Ladedruck kompensiert. Im Schwachlastbereich findet der Ausgleich nur unzureichend statt, so dass die Verbrennungsgüte (Rußbildung) und die Lastaufnahme mit zunehmender Stärke des Miller Prozesses immer problematischer werden. Ein Ventiltrieb mit variablem Schließzeitpunkt für die Einlassventile ist hier sinnvoll. Ein weiterer Vorteil dieser Variabilität liegt in der Erhöhung der Lufttemperatur im Schwachlastbetrieb. Die Rußemission, die bei Großmotoren im Schwachlastbereich am höchsten ist, kann so wirkungsvoll reduziert werden. Allerdings muss ein leichter Anstieg in der NO_x Emission hingenommen werden.

In den ECA Gebieten werden bei 4-Takt Motoren hauptsächlich SCR Katalysatoren zur NO_X Minderung eingesetzt. Bei den niedrigen Abgastemperaturen der 2-Takt Motoren ist der SCR Katalysator vor dem Turbolader anzuordnen. Alternativ gibt es hier auch die Abgasrückführung, die allerding für das rezirkulierte Abgas ein Abgaswäscher erfordert.

Die **SO_X Emission** wird üblicherweise über den Schwefelgehalt des Kraftstoffes begrenzt. Der weltweite durchschnittliche Schwefelgehalt von Schweröl liegt im Bereich von 2,7 % (27 000 ppm) und liegt damit deutlich oberhalb vom Dieselkraftstoff für On Road Fahrzeuge (EN 590, 10 ppm). Ab 2016 ist innerhalb der Emissionskontrollgebiete (ECA) nur noch eine SO_x Emission erlaubt, die bei einem Betrieb mit 1000 ppm Schwefel emittiert wird. Dies erfordert einen Betrieb mit dem teuren Dieselkraftstoff oder den Einsatz eines Schwefelwäschers. Geeignet sind hierfür entweder Trockenwäscher, die aus Kalkhydrat Granulat $Ca(OH)_2$ in Verbindung mit der Schwefelsäure im Abgas Gips $CaSO_4$ erzeugen, oder Nasswäscher, die die Schwefelsäure aus dem Abgas auswaschen. Dieses Verfahren reduziert in gewissem Umfang auch die Partikel Emission. In Süßwassergebieten muss Natriumhydroxid NaOH dem Waschmedium zugesetzt werden. In beiden Fällen muss der Abfall aus den Wäschern fachgerecht entsorgt werden.

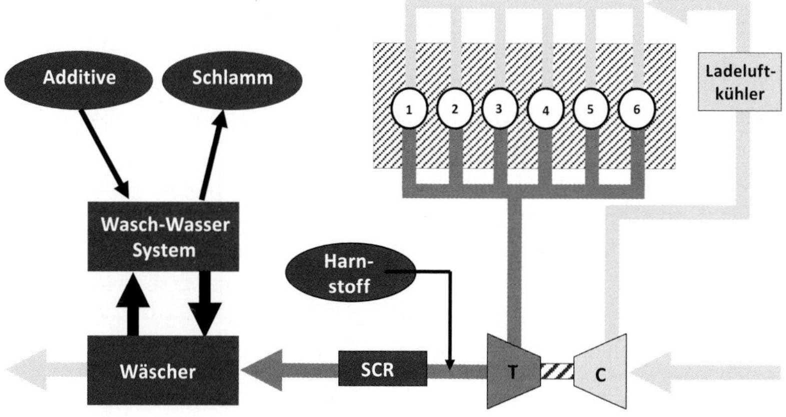

Abb. 5.29 Schwerölmotor mit Abgasnachbehandlung für IMO III

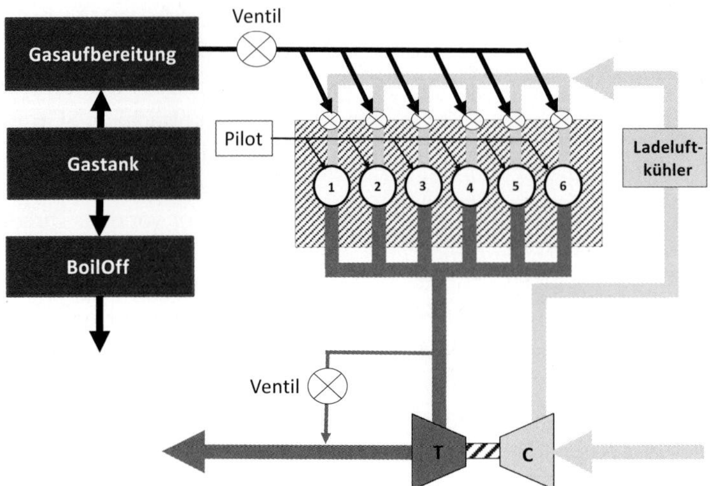

Abb. 5.30 Dual Fuel Motor für Betrieb mit HFO und LNG

Ab dem Jahre 2020 werden auch die Schwefelgehalte auf den Weltmeeren (non-ECA) von heute 35 000 auf 5000 ppm reduziert. Dies erfordert entweder einen schwefelarmen Kraftstoff, einen Abgaswäscher (Abb. 5.29) oder den Umstieg auf Gasbetrieb (Abb. 5.30).

Die **CO_2 Minderung** lehnt sich an die Gesetzgebung der Fahrzeugindustrie an. Begrenzt wird die CO_2 Emission pro Ladungsmenge und pro Entfernung (EEDI Index: g_{CO2}/Nm/DWT). Für die verschiedenen Schiffstypen gelten unterschiedliche Grenzwerte, die alle 5 Jahre um 10 % reduziert werden. Da sich der Grenzwert auf das gesamte Schiff bezieht, spielen neben dem Motor auch die Schiffsform, die Propellerauslegung und viele andere Dinge eine Rolle.

Die Emissionsgesetzte für die High Speed Motoren sind sowohl in den Grenzwerten schärfer als auch in den Emissionskomponenten umfangreicher. Die Gesetzgebungen der EPA (Tier IV Final) in den USA, die EURO (Stage 4) in der EU setzen hier Maßstäbe und sind die Vorreiter. Sowohl die Grenzwerten für die NO_X als auch für die Partikel-Emission sind extrem niedrig. Innermotorisch sind sie vermutlich nicht mehr darstellbar und erfordern Abgasnachbehandlungssysteme. Je nach Grenzwert und Anwendungsprofil können unterschiedliche Wege sinnvoll sein (Abb. 5.31):

- für niedrige Anforderungen: starker Miller Prozess, hohe AGR Rate, hoher Einspritzdruck
- für mittlere Anforderungen: starker Miller Prozess, Hoher Einspritzdruck, SCR
- für hohe Anforderungen: starker Miller Prozess, Partikelfilter, SCR

Da mit zunehmender Motorleistung der Wirkungsgrad eine immer größere Bedeutung zukommt, ist es für den Motorhersteller notwendig, über einen modularen Baukasten möglichst viele Varianten abdecken zu können. Für den Betreiber ist die Gesamtbetrachtung alle Kosten (Total Cost of Ownership TCO) von großer Bedeutung. Dabei werden alle Investitions- und Betriebskosten betrachtet. Für Schiffe und Fahrzeuge sind die streckenspezifische Kosten (Euro/Ladung/Entfernung), für Kraftwerke leistungsspezifische Kosten (Euro/Leistung).

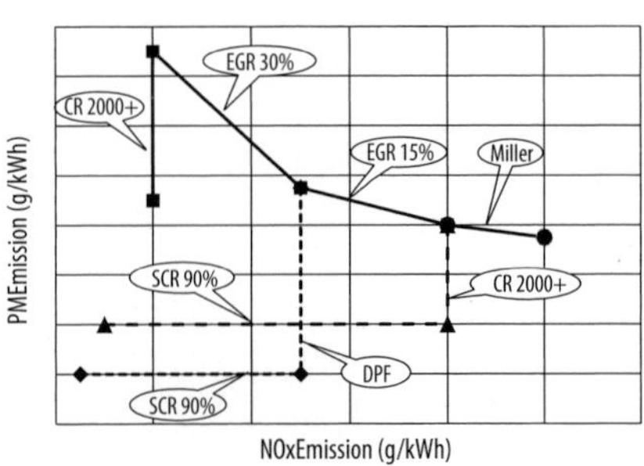

Abb. 5.31 Emissionsminderung bei High Speed Motoren

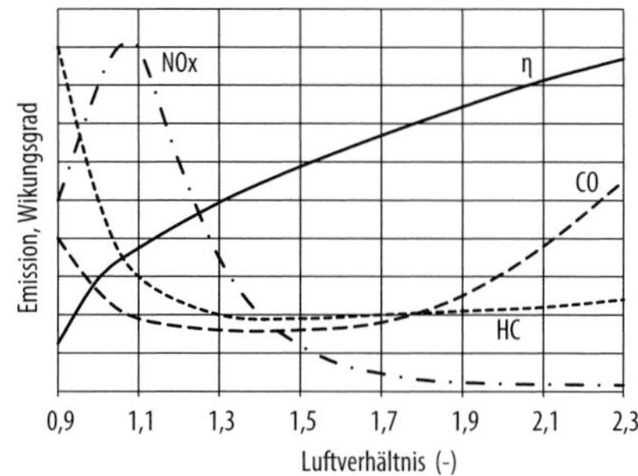

Abb. 5.32 Emissionen von Gasmotoren bei Abmagerung

Auch im Bereich der Gasmotoren gibt es viele, lokal unterschiedliche Abgasvorschriften. Als zusätzliche Abgaskomponente werden von den Vorreitern EPA und TA-Luft die unverbrannten Kohlenwasserstoffe CO und HC begrenzt. Die heutigen NO_X Grenzwerte lassen sich durch:

- Erhöhung des Luftverhältnisses (Lean Combustion, Abb. 5.32)
- Miller-Prozess (frühes Schließen des Einlassventils)
- maximale Ladeluftkühlung
- Verlagerung der Verbrennung (Brennbeginn) nach spät

einhalten. Für zukünftige Emissionsanforderungen kann die Abgasrückführung oder ein SCR Katalysator notwendig werden. Da der Methanschlupf beim Gasmotor unvermeidlich ist, muss dieses Treibhausgas außermotorisch reduziert werden. Allerdings ist die Abgastemperatur durch den sehr hohen Wirkungsgrad so niedrig,

Konzept	Leistungsdichte	NOx Emission	THC Emission	Wirkungsgrad	Kosten
λ= 1, stöchiometrisch 3-Weg Kat & EGR	-	++	+	-	+
Magermotor, offener Brennraum, Zündkerze	+	+	+	+	++
Magermotor, Vorkammer, Zündkerze	++	++	+	++	+
Magermotor, Zündstrahl	++	+	+/-	++	+/-
Dual Fuel, Offener Brennraum	++	+	--	+	--
Direkte Gas-Einspritzung, SCR	++	+	+	++	--

Abb. 5.33 Bewertung verschiedener Gas Brennverfahren

dass heutige Oxidationskatalysatoren nicht zufriedenstellend arbeiten. Eine Bewertung der unterschiedlichen Gaskonzepte hinsichtlich Emissionen, Motorleistung und Produktkosten ist aus Abb. 5.33 zu entnehmen.

5.4.4 Motorapplikation und Betrieb

4-Taktmotoren sind auf Grund des kurzen Hub/Bohrungsverhältnisses deutlich kompakter als 2-Taktmotoren und damit leichter in engen Maschinenräumen von Lokomotiven, Off Road Fahrzeugen und kleineren Schiffen (<15 MW) unterzubringen. Bei großen Schiffen (>15 MW) spielt insbesondere die Bauhöhe eine untergeordnete Rolle. Um mit der optimalen Propellerdrehzahl zu fahren, benötigen Medium Speed Motoren immer ein Untersetzungsgetriebe, während Low Speed Motoren immer direkt mit dem Festpropeller (ohne Flügelverstellung) gekuppelt werden können. Zum Manövrieren und zum Rückwärtsfahren müssen die Motoren umsteuerbar (d. h. in beiden Motordrehrichtungen betreibbar) sein. 4-Taktmotoren werden meistens mit Verstellpropellern betrieben und ändern die Fahrtrichtung des Schiffes über die Steigungsänderung der Propellerflügel. Eine weitere Antriebsvariante ist der Diesel-elektrische Antrieb. Dabei werden die Hauptmotoren als Generatoranlagen ausgelegt. Sie bilden ein elektrisches Netz, das die Versorgung aller elektrischen Verbraucher sicherstellt. Auch die Propeller werden über elektrische Fahrmotoren angetrieben. Der Vorteil dieses Konzepts liegt

- in der freien Positionierung der Motoren im Schiff
- dem Entfall der 3 Hilfsmotoren zur unabhängigen Bordnetzerzeugung
- im Betrieb mit optimalem Wirkungsgrad (Zu- bzw. Abschalten von Motoren je nach Leistungsbedarf, Load Management)
- in der guten Manövrierfähigkeit
- im Betrieb mit Festpropeller (billiger als Verstellpropeller und höherer Wirkungsgrad)

Diese Antriebsart wird häufig bei Kreuzfahrtschiffen mit hohem Energieverbrauch im Passagierbereich, bei RoRo-Schiffen und bei Off Shore Versorgungsschiffen bei denen die Motoren in der Standardanordnung die Auslegung der Fahr- und Lastdecks behindern. Trotz vieler Vorteile ist dieses Antriebssystem in Anschaffungs- und Betriebskosten teurer als ein mechanischer Antrieb über Getriebe und Verstellpropeller.

Seeschiffe sind große Investitionsgüter, die vom Eigner üblicherweise gegen vielerlei Schadensszenarien versichert werden. Die Versicherungsgesellschaften berechnen ihre Beiträge an Hand des Schiffszustandes. Als unabhängiger Gutachter haben sich dazu weltweit 13 Klassifikationsgesellschaften zusammengeschlossen, die diese Arbeit durchführen:

- American Bureau of Shipping (ABS), USA
- Bureau Veritas (BV), Frankreich
- China Classification Society (CCS), China
- Det Norske Veritas (DNV-GL), Norwegen/Deutschland
- Hrvatski Registar Brodova (CRS), Kroatien
- Indian Register of Shipping (IRS), Indien
- Korean Register of Shipping (KRS), Korea
- Lloyd's Register of Shipping (LRS), England
- Nippon Kaiji Kyokai (NKK), Japan
- Polski Rejestr Statków (PRS), Polen
- Registro Italiano Navale (RINA), Italien
- Maritime Register of Shipping (RS), Russland

Sie sind in der Dachorganisation International Association of Classification Societies (IACS) zusammengeschlossen und haben weitgehend untereinander abgestimmte Bauvorschriften, die für eine Zulassung eingehalten werden müssen. Die Bauteilzulassung bezieht sich auf betriebswichtige Motorkomponenten (Kurbelwelle, Pleuel, Kolben, Zylinderkopf, ...), die einzeln oder per Produktionscharge testiert werden. Vor der Erstlieferung eines neuen Motors an den Kunden ist eine Zulassung (Type Approval) des Motors notwendig. Jeder Serienmotor durchläuft am Ende seines Produktionsprozesses eine Einzelabnahme (Acceptance Test), bei dem alle Betriebswerte dokumentarisch festgehalten werden. Der Zustand der Antriebsanlage wird im Laufe der Betriebszeit in regelmäßigen Abständen von den Gesellschaften überprüft. Weitere wichtige Vorschriften für die Zulassung von Motoren sind:

- die IMO Resolution A 468 XII zur Begrenzung des Schalldruckes auf max. 110 dB A,
- das SOLAS Requirement Chapter II-2, Part A zur Begrenzung der Oberflächentemperaturen im Durchgangsbereich von Motoren auf max. 220 °C,
- die ISO 10816/6 zur Begrenzung der Schwinggeschwindigkeit für Anbauteile auf max. 70 mm/s,
- die ISO 3046/1 zur Definition von Leistungs- und Verbrauchswerten im Nennpunkt,
- die ISO 8528/1 zur Klassifizierung der Anwendungen und der Ortleistungen,
- die ISO 8178 zur Bestimmung der NO_X Emission von Motoren.

Nach den Vorschriften der Klassifikationsgesellschaften müssen Schiffe mit 3 unabhängigen elektrischen Energieversorgungseinheiten ausgerüstet sein. Große Schiffe mit Low Speed Motoren benötigen dazu 3 Generatorsätze (üblich je 1 bis 3 MW), die von kleinen Medium Speed Motoren angetrieben werden. Bei kleineren Schiffen mit Medium Speed Motoren ermöglicht die Getriebelösung, dass der Hauptmotor zur Energieversorgung mit herangezogen werden kann. Dazu wird beim Getriebe ein zusätzlicher Abtrieb mit 1500 oder 1800 U/min (50 bzw. 60 Hz) geschaffen und ein Generator angeflanscht. Damit reduziert sich der Bedarf an unabhängigen Generatorsätzen von 3 auf 2. Auf langen Überfahrten wird die elektrische Energieversorgung vom Hauptmotor übernommen, der einen deutlich höheren Wirkungsgrad hat.

Eine weitere Anforderung der Klassifikationsgesellschaften ist das Lastaufnahmeverhalten von Generatoranlagen. Um an Bord im Falle eine Stromausfalls (Black Out) schnell genug elektrische Energie zur Verfügung zu haben, wird eine stufenweise Lastaufschaltung nach ISO 8528 gefordert (Abb. 5.34). Je nach Mitteldruck muss die Anlage in 3 oder 4 Laststufen nach 15 bzw. 20 s auf Volllast sein. Der Frequenz bzw. Drehzahleinbruch darf dabei 10 % nicht überschreiten. Bedingt durch die hohen Aufladegrade ist dies

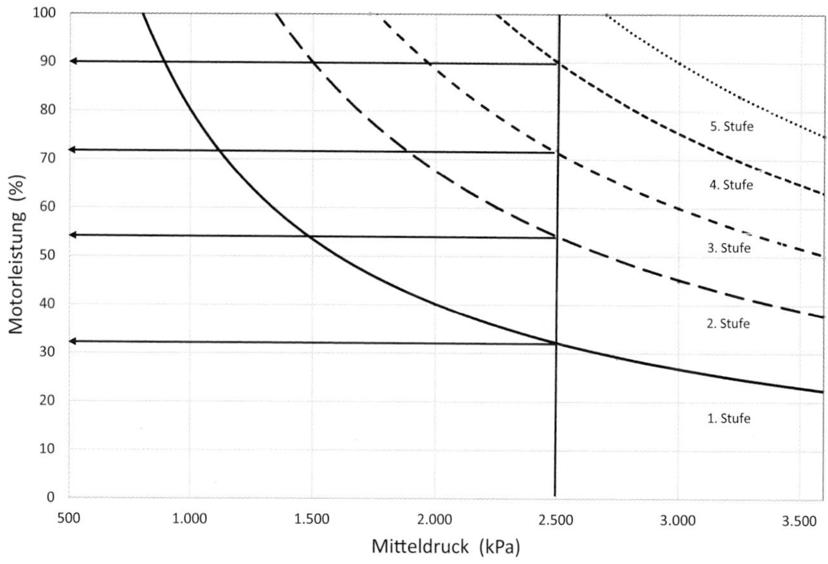

Abb. 5.34 Lastaufschaltung nach ISO 8528

in erster Linie ein Problem für die Luftversorgung des Motors. Um die Frequenzausregelung zu verbessern Lastaufschaltungen auf 100 % zu ermöglichen, werden die Motoren für Generatoranlagen in der Leistung auf 110 % der Typenschildleitung blockiert. Üblicher Weise wird diese Überlast für 1 h in 12 h vom Hersteller zugelassen. Schiffs- und Off Road Motoren werden dagegen auf 100 % blockiert.

Großmotoren, die aus dem kalten Zustand in Betrieb genommen werden sollen, haben üblicherweise Hochlaufzeiten von 30 min bis zur Nennleistung. In vorgewärmten Zustand kann dies in 2 min erfolgen.

Der Schwachlastbereich ist im Normalfall nicht für einen mehrstündigen Schwerölbetrieb vorgesehen. Rückstände aus unvollständiger Verbrennung verschmutzen die den Brennraum umgebenden Bauteile. Sollte es doch notwendig sein, so ist eine längere Laufzeit mit hoher Motorleistung (Temperatur) notwendig, um die Beläge wieder abzubauen.

Die Motorhersteller geben für die Lebensdauer und Wartungsintervalle ihrer Produkte Richtwerte an, die bei ausreichender Pflege und Wartung erreicht werden (Abb. 5.35). Da die Angaben von Hersteller zu Hersteller schwanken, sind die Angaben als Richtwerte anzusehen. Sie machen aber deutlich, dass die Lebensdauererwartung bei Großmotoren deutlich größer als bei Kleinmotoren ist. Während PKW-Motoren eine Lebenserwartung von 5000 h und LKW Motoren von 20 000 h haben, werden vom Großmotoren über 100 000 h erwartet. Hinzu kommt, das Großmotoren fast nur im oberen Leistungsbereich zwischen 70 und 90 % betrieben werden

Bauteil	Nacharbeit (1000 Stunden)	Lebensdauer (1000 Stunden)
Kolbenkrone	20 bis 30	60 bis 90
Kolbenringe		20 bis 30
Laufbuchse		45 bis 60
Zylinderkopf	12 bis 15	
Einlassventil	12 bis 15	20 bis 30
Auslassventil	12 bis 15	20 bis 30
Einspritzdüse		5 bis 8
Einspritzpumpe		12 bis15
Kurbelwellenlager		25 bis 30
Pleuellager		25 bis 30

Abb. 5.35 Typische Lebensdauern von Motorbauteilen

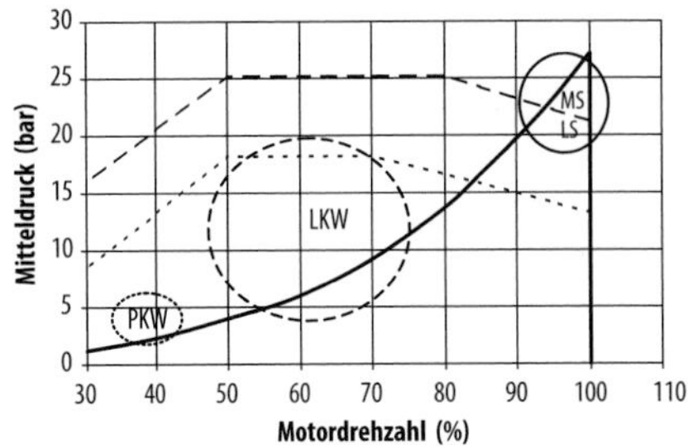

Abb. 5.36 Typische Betriebsbereiche von Motorfamilien

(Abb. 5.36). Motoren im Grundlasteinsatz bei Kraftwerken laufen über 8000 h pro Jahr (Auslastung 95 %). Im Schiffsbereich liegt diese Zahl bei über 6000 h pro Jahr (Auslastung 70 %). Im Gegensatz dazu laufen PKW Motoren bei durchschnittlich 5 bis 10 % Leistung und einer Betriebszeit von 300 h (Auslastung 5 %). Die Anwendung bei LKW Motoren liegt zwischen beiden Extremen.

Literatur

1. Projekt Guide M 32 Propulsion, Caterpillar Motoren GmbH, 2012
2. Projekt Guide M 20 Genset, Caterpillar Motoren GmbH, 2012
3. MAN B&W S60ME-C8-GI-TII, Project Guide, MAN SE, 2010
4. Marine Installation Manual W-X35, Wartsila, 2012
5. Bächtele, et al.: Estimation of technical Parameters for development of a new engine series. CIMAC-Paper, Interlaken. (1995)
6. Möglichkeiten und Grenzen bei der innermotorischen Reduktion der Schadstoffemission von Schiffsdieselmotoren im Schweröleinsatz, U. Schlemmer-Kelling, Dissertation Rostock, 2002.
7. Zacharias, F.: Gasmotoren. Vogel Buchverlag, Würzburg, D (2001)
8. Mollenhauer, K., Tschöke, H.: Handbuch Dieselmotoren. Springer, Berlin Heidelberg (2007)
9. Meier-Peter, H., Bernhardt, F. (Hrsg.): Handbuch Schiffsbetriebstechnik. Seehafenverlag, Hamburg, D (2012)
10. Kuiken, K.: Diesel Engines I + II. Target Glob Eng Train. Onnen, NL (2008)
11. FVV Heft 885, Magerkonzept-Gasmotoren Verbrennungsmodelle, 2009
12. FVV Heft 840, Innermotorische NO_x Reduktion, 2007
13. FVV Heft 919, Zylinderspitzendrücke, 2010
14. Bauder, W., et al.: The 32 bore engine from MAN Diesel SE. CIMAC Congress. (2010)
15. Wik, C., et al.: Utilization of 2 stage turbo charging as an emission reduction mean on a Wartsila 2-stroke medium-speed Diesel engine. CIMAC Congress. (2007)
16. Brunner, H., et al.: Common Rial at Wartsila 2-stroke engine in practice. CIMAC Congress. (2007)
17. Raiko, T., et al.: Design and first application of a 2-stage turbocharging system for a medium-speed engine. CIMAC Congress. (2010)
18. Mathey, C.: Variable valve timing – a necessity for future large Diesel and Gas engines. CIMAC Congress. (2010)
19. Codan, E., et al.: IMO III Emission regulation : impact on the turbocharging system. CIMAC Congress. (2010)
20. Klausner, J., et al.: The Gas engine of the future. CIMAC Congress. (2010)
21. Boewing, R., et al.: Thermodynamic optimization of 3 Gas engine families for high efficiency. CIMAC Congress. (2010)
22. Wirth, K.: Emission reduction opportunities on MaK engines. CIMAC Congress. (2010)
23. 32/44CR MAN Project Guide – Marine, 2013
24. Wartsila 32 Product guide, 2012
25. FVV Heft 856, Mager Gasmotoren Verbrennungsmodelle, 2008
26. Nerheim, L.M., et al.: Some experience with modern design and development methods in the creation of a new Bergen Hyundai medium speed marine Diesel engine series. CIMAC Congress, Hamburg. (2001)
27. International Maritime Organization: MARPOL Annex VI and NTC 2008, 2013 Edition. IMO Pub, London (2013)
28. Nerheim, L.M., et al.: Bergen gas engine developments. CIMAC Congress, Kyoto. (2004)

Teil II
Strömungsmaschinen

Strömungsmaschinen (oder Turbomaschinen) sind Fluidenergiemaschinen, die durch eine Arbeitsübertragung zwischen Maschinenbauteilen und einem kontinuierlich durch die Maschine strömenden Fluid charakterisiert sind. Ihre Wirkungsweise beruht auf einem dynamischen Arbeitsprinzip. Die grundlegende Komponente von Strömungsmaschinen ist der Rotor, welcher mit Schaufeln (Laufschaufeln bzw. Rotorblättern) bestückt ist und durch den die Arbeitsübertragung zum bzw. vom strömenden Fluid erfolgt. Die Schaufeln haben eine Profilform, bei deren Umströmung sich die Geschwindigkeit nach Betrag und/oder Richtung ändert. Es entsteht eine Druckdifferenz zwischen den beiden Seiten des Profils (Druck- und Saugseite), die eine Schaufelkraft bewirkt.

Strömungsmaschinen gibt es in verschiedensten Bauformen mit vielfältigen konstruktiven Details, die eine Anpassung an den speziellen Anwendungsfall ermöglichen. Eine Übersicht zu den Klassifizierungsmerkmalen sowie wesentlichen zugehörigen Maschinentypen ist in Abb. 1 gegeben. Erstes wesentliches Unterscheidungsmerkmal ist die Richtung der Arbeitsübertragung zwischen Fluid und Bauteilen. Wird in einer Maschine von einem mit Schaufeln bestückten Rotor an ein Fluid Arbeit übertragen und ihm dadurch Energie zugeführt, wird diese als Arbeitsmaschine bezeichnet. Für deren Antrieb ist an der Welle mechanische Leistung aufzuwenden. Wird im Gegensatz dazu dem Fluid Energie entzogen und in mechanische Arbeit umgewandelt, spricht man von einer Kraftmaschine, die entsprechend Leistung an der Welle abgibt.

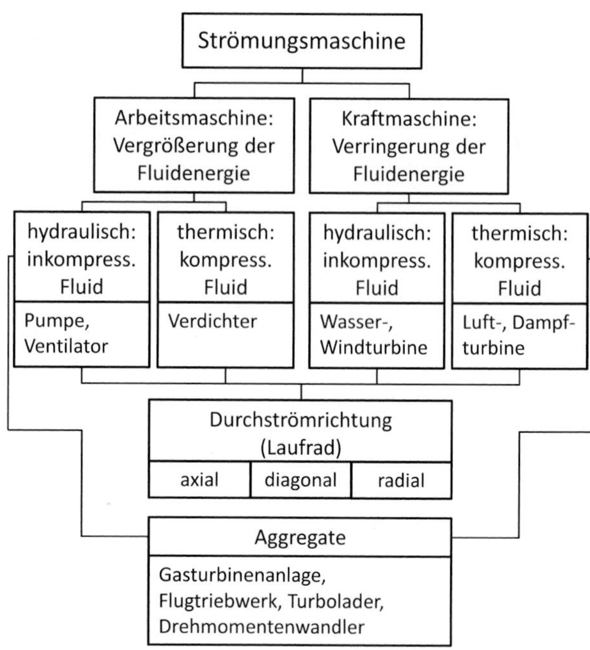

Abb. 1 Klassifizierung von Strömungsmaschinen

Ein weiteres Kriterium stellt die Art des Arbeitsfluids (Flüssigkeit, Dampf, Gas) sowie dessen Volumenbeständigkeit (Kompressibilität) dar. Kann die Dichteänderung bei Durchströmung der Maschine vernachlässigt werden, wird diese als hydraulisch bezeichnet. Ist dies nicht der Fall, spricht man von einer thermischen Strömungsmaschine. Typische Bauformen von Arbeitsmaschinen sind Kreiselpumpen, Ventilatoren und Verdichter. Bei den Kraftmaschinen sind Wasser- und Windturbinen als hydraulische Maschinen sowie thermische Turbinen für Gase und Dampf zu nennen.

Abhängig von der Anwendung gibt es verschiedene Laufschaufelformen, die sich hinsichtlich der Strömungsrichtung bei der Arbeitsübertragung – axial, diagonal oder radial – unterscheiden können. Weiterhin sind verschiedene Kombinationen von Arbeits- und Kraftmaschinen möglich. Dazu zählt die Gasturbine als Wärmekraftmaschine, die grundlegend aus einem Verdichter und einer Turbine, mit dazwischen geschalteter Brennkammer, besteht. Die Turbine treibt den Verdichter über eine Welle an. Die im Kreisprozess verfügbare Restenergie wird in einer stationären Gasturbine in Wellenleistung umgewandelt und bei Flugtriebwerken zur Schuberzeugung genutzt. Weitere Beispiele für solche Aggregate sind hydrodynamische Drehmomentenwandler als Kombination von Flüssigkeitsturbine und Kreiselpumpe sowie Abgasturbolader, mit Kopplung einer thermischen Turbine und eines Turboverdichters. Eine weiterführende Erläuterung der Klassifizierungsmerkmale erfolgt in Kap. 6, ausgewählte Maschinentypen werden in Kap. 7–13 diskutiert.

Strömungsmaschinen eignen sich aufgrund des kontinuierlichen Strömungsvorgangs durch einen großen Durchströmquerschnitt grundsätzlich zur Förderung großer Massenströme. Dabei decken sie je nach Anwendungsfall ein großes Leistungsspektrum von wenigen Watt bis zu mehreren hundert Megawatt ab. Die Bandbreite reicht dabei von Bauarten mit relativ einfach ausgeführten strömungsführenden Bauteilen, z. B. Laufrädern mit wenigen Schaufeln in einstufigen Kreiselpumpen oder Wasserturbinen, bis hin zu hochkomplexen Turbomaschinen-Aggregaten, z. B. stationären Gasturbinen oder Flugtriebwerken, die aus mehreren tausend Bauteilen bestehen.

Strömungsmaschinen haben einen großen Einsatzbereich mit vielfältigen Anwendungen und sehr hoher installierter Leistung. Weit verbreitet sind sie im Bereich der Energieumwandlung (z. B. fossilen Kraftwerken, Gas- und Dampfkraftwerken, Wind- oder Wasserkraftwerken), der Verfahrenstechnik, der chemischen Industrie, der Verkehrstechnik und der Gebäudetechnik. Dabei stellen sie oftmals die Schlüsselkomponenten der Gesamtanlage dar. Ihrem zuverlässigen, effizienten und schadstoffarmen Betrieb kommt deshalb eine sehr große ökonomische und ökologische Bedeutung zu.

Mit Teil II „Strömungsmaschinen" soll ein grundlegendes Verständnis für Strömungsmaschinen und deren wichtigste Anwendungen vermittelt werden. Es ist wie folgt gegliedert: Kap. 6 behandelt in kompakter Form die gemeinsamen Grundlagen der Strömungsmaschinen, die für alle Bauarten gültig sind. Diskutiert werden grundlegende Begriffe und Definitionen, strömungsmechanische, thermodynamische und strukturmechanische Grundlagen, konstruktiver Aufbau und Wirkungsweise, Kennzahlen, Betriebsverhalten und Regelung. In den nachfolgenden Kap. 7–13 werden wichtige Bauarten von Strömungsmaschinen vorgestellt. Dies sind in Kap. 7–10 wesentliche Vertreter der hydraulischen Strömungsmaschinen: Wasserturbinen, Kreiselpumpen, Schiffspropeller sowie hydrodynamische Drehmomentenwandler. In Kap. 11 werden Dampfturbinen als Wärmekraftmaschinen behandelt und typische Ausführungsbeispiele für den Einsatz im Kraftwerk sowie als Industriedampfturbinen diskutiert. Gegenstand von Kap. 12 stellen Turboverdichter als Strömungsarbeitsmaschinen dar, wobei sich die Ausführungen auf deren industrielle Anwendung konzentrieren. Abschließend werden in Kap. 13 Gasturbinen und ihr Einsatz in stationärer Bauweise in Kraftwerken sowie als Flugtriebwerke dargestellt. Verweise auf weiterführende Literatur sind am Ende jedes Kapitels sowie für den gesamten Teil am Ende desselben zu finden.

6 Grundlagen der Strömungsmaschinen

Jörg Seume und Ronald Mailach

6.1 Strömungstechnik

6.1.1 Einleitung und Definitionen

Kraft- und Arbeitsmaschinen. Strömungsmaschinen sind Fluidenergiemaschinen, die durch eine Arbeitsübertragung zwischen Maschinenbauteilen und einem kontinuierlich durch die Maschine strömenden Fluid charakterisiert sind. Es gibt verschiedenste Bauausführungen. Eine Übersicht zu den Klassifizierungsmerkmalen sowie wesentliche zugehörige Maschinentypen ist in Abb. 1 der Einleitung des Teils „II – Strömungsmaschinen“ gegeben. In Abhängigkeit der Richtung der Energieübertragung zwischen Fluid und Bauteilen wird grundlegend zwischen Kraft- und Arbeitsmaschinen unterschieden. Wird in einer Maschine von einem mit Schaufeln bestückten Rotor an ein Fluid Arbeit übertragen und ihm dadurch Energie zugeführt, wird diese als Arbeitsmaschine bezeichnet. Für deren Antrieb ist an der Welle mechanische Leistung aufzuwenden. Wird im Gegensatz dazu dem Fluid Energie entzogen und in mechanische Arbeit umgewandelt, spricht man von einer Kraftmaschine, die entsprechend Leistung an der Welle abgibt.

Fluid. Es umfasst alle Flüssigkeiten, Dämpfe und Gase, die den strömungsmechanischen Gesetzen nicht fester Kontinua folgen. Bei den Arbeitsmaschinen sind folgende grundlegenden Bauformen zu unterscheiden: Pumpen für Flüssigkeiten, Ventilatoren für Gase und Dämpfe bei kleinen Druckänderungen sowie Verdichter für Gase bei großen Druckänderungen. Bei den Kraftmaschinen sind dies hydraulische Turbinen für Flüssigkeiten und thermische Turbinen für Dämpfe und Gase.

Durchströmrichtung. Der Rotor kann in Abhängigkeit des Anwendungsfalls in verschiedenen Richtungen durchströmt werden, wobei die Durchfluss- bzw. die in der Meridian-Ebene durch die Maschinenachse gelegene Geschwindigkeitskomponente c_m für die Bezeichnung maßgebend ist (Abb. 6.1). Bei einer Axialmaschine ist c_m im Bereich der rotierenden Laufschaufeln vorwiegend axial, d. h. parallel zur Rotorachse, ausgerichtet (Abb. 6.1a). Eine radiale Ausrichtung von c_m im Laufschaufelbereich kennzeichnet entsprechend eine Radialmaschine (Abb. 6.1b). Bei radial nach außen gerichtetem

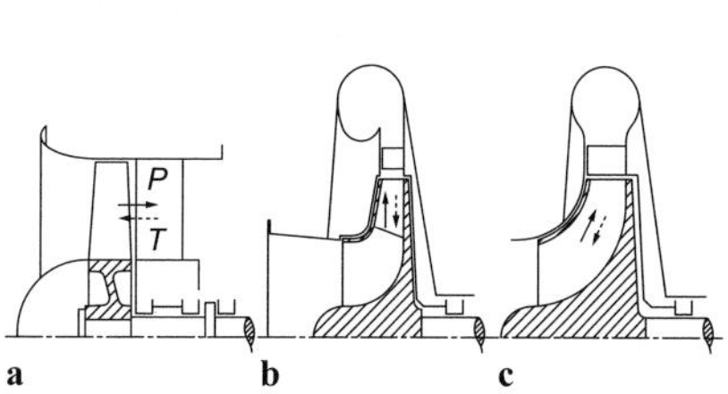

Abb. 6.1 Durchströmrichtung. **a** axial; **b** radial; **c** diagonal. Pumpe **P**, Turbine **T**

J. Seume
Leibniz Universität Hannover
Hannover, Deutschland
E-Mail: seume@tfd.uni-hannover.de

R. Mailach (✉)
Technische Universität Dresden
Dresden, Deutschland
E-Mail: ronald.mailach@tu-dresden.de

B. Bender und D. Göhlich (Hrsg.), *Dubbel Taschenbuch für den Maschinenbau 3: Maschinen und Systeme*,
https://doi.org/10.1007/978-3-662-59715-6_6

c_m handelt es sich um eine zentrifugale Radialmaschine (Verdichter bzw. Pumpe: P), im umgekehrten Fall um eine zentripetale Radialmaschine (Turbine: T). Beinhaltet die Durchströmkomponente im Laufschaufelbereich sowohl axiale als auch radiale Anteile, wird die Bezeichnung Diagonalmaschine verwendet (Abb. 6.1c).

6.1.2 Wirkungsweise

Arbeit. Um Arbeit zwischen einem Fluid und einem mechanischen System übertragen zu können, muss das System, an dem Kräfte angreifen, beweglich sein. In Strömungs- oder Turbomaschinen (lat. *turbare*, drehen) wirken Strömungskräfte zwischen dem strömenden Fluid und den rotierenden Laufschaufeln, die eine Profilform haben und am Rotor befestigt sind (Abb. 6.2).

Schaufelkraft. Schaufelkräfte werden durch Druckunterschiede zwischen den beiden Seiten der umströmten Schaufel sowie Scherkräfte an den Profiloberflächen hervorgerufen (Abb. 6.2). So sind z. B. in Axialmaschinen mit in Durchströmrichtung gekrümmten Schaufeln nahe der konkaven Seite die Geschwindigkeiten geringer und der Druck höher (Druckseite) als an der gegenüber liegenden konvexen Seite (Saugseite). Die aufgrund der Druckverteilung auf die Schaufeloberfläche wirkenden Normalkräfte haben eine Resultierende, die den wesentlichen Teil der Schaufelkraft ergibt. Weiterhin werden aufgrund der Viskosität des Arbeitsfluids auch zur Profiloberfläche tangentiale Kräfte in Strömungsrichtung auf die Schaufel übertragen. Als Reaktion auf das Integral aller an den Schaufeln angreifenden Kräfte wird die Strömung umgelenkt.

Vergleich von Strömungs- und Kolbenmaschinen. Tab. 6.1 zeigt die wesentlichen Unterschiede hinsichtlich der Kraftwirkung, der Bewegung der Maschinenteile und der Strömung des Arbeitsfluids. Wegen des kontinuierlichen Strömungsvorgangs durch den gesamten verfügbaren Durchströmquerschnitt eignen sich Strömungsmaschinen im Vergleich zu Kolbenmaschinen besonders für große Volumenströme. Allerdings ist der Betrag der in einstufigen Strömungsmaschinen übertragbaren Arbeit geringer als in Kolbenmaschinen. Dieser Nachteil kann durch Hintereinanderschalten mehrerer Stufen in Strömungsmaschinen überwunden werden (s. Abschn. 6.1.7).

6.1.3 Strömungsgesetze

Kontinuität des Massenstroms. Der Raum, in dem die Beschaufelung arbeitet, sei durch die

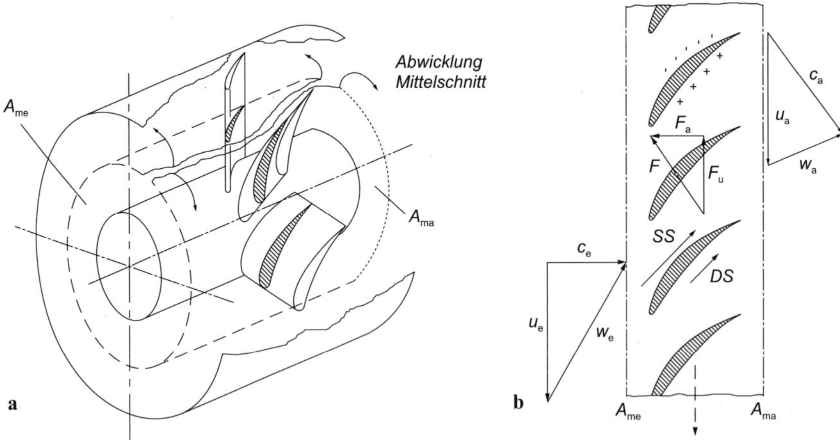

Abb. 6.2 Schaufelkraft und Bewegung. **a** Abwicklung eines Zylinderschnitts; **b** Kraft und Geschwindigkeiten nahe Schaufelprofil im Schnitt

Tab. 6.1 Kräfte und Bewegung bei Strömungs- und Kolbenmaschinen

Strömungsmaschine	Kolbenmaschine
kontinuierliche Strömung durch die Maschine	periodisches Zu- und Abströmen zu und aus dem Arbeitsraum
Kraftwirkung durch Strömungskräfte	Kraftwirkung durch den Druck des im Arbeitsraum eingeschlossenen Gases
Bewegung drehend	Bewegung meist periodisch hin- und hergehend (erst durch Kurbelgetriebe in Drehbewegung verwandelt), aber auch unmittelbar drehend (Drehkolbenmaschinen)

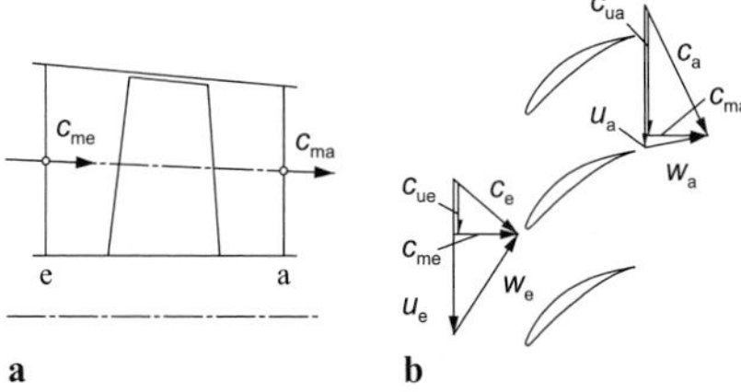

Abb. 6.3 Ableitung der Euler-Gleichung. **a** Meridianschnitt; **b** Abwicklung eines Schaufelschnitts

beiden materiellen Stromführungen (Innen- und Außenkontur) und zwei Strömungsquerschnitte auf der Ein- und Austrittsseite A_{me} und A_{ma} eingegrenzt, deren Flächennormale jeweils parallel zur mittleren Meridiangeschwindigkeitskomponente c_m steht (Abb. 6.3).

Bei stationärer Strömung (Geschwindigkeiten und Zustandsgrößen) ist die in diesem Raum zu jedem Zeitpunkt befindliche Masse konstant und deshalb der ein- und austretende Massenstrom gleich:

$$\dot{m}_\mathrm{a} = \dot{m}_\mathrm{e} = \int\limits_{A_\mathrm{a}} \rho_\mathrm{a} c_{m\,\mathrm{a}} \mathrm{d}A_{m\,\mathrm{a}} = \int\limits_{A_\mathrm{e}} \rho_\mathrm{e} c_{m\,\mathrm{e}} \mathrm{d}A_{m\,\mathrm{e}}. \tag{6.1}$$

Darin bedeuten $\dot{m}$ Massenstrom, ϱ Dichte, c_m in der Meridianebene gelegene Komponente der absoluten Geschwindigkeit, A_m Strömungsquerschnitt, e und a die Indizes für Ein- bzw. Austritt.

Wenn die örtlichen Änderungen der Geschwindigkeit und der Dichte innerhalb der Querschnitte vernachlässigt oder diese Größen als örtliche Mittelwerte eingesetzt werden können, lassen sich die Integrale in Gl. (6.1) durch Produkte ersetzen (eindimensionale Stromfadentheorie):

$$\rho_\mathrm{a} c_{m\,\mathrm{a}} A_{m\,\mathrm{a}} = \rho_\mathrm{e} c_{m\,\mathrm{e}} A_{m\,\mathrm{e}}. \tag{6.2}$$

Drallsatz. Im betrachteten Raum üben die Schaufeln am Hebelarm zur Drehachse ein Drehmoment auf die Strömung aus, Abb. 6.3. Außerdem werden zusätzlich durch Reibungskräfte auf die rotationssymmetrischen Begrenzungswände sowohl auf der Innen- wie auch auf der Außenseite Drehmomente übertragen. Nach dem Drallsatz, s. Bd. 1, Abschn. 14.3.5, ist die Summe aller im betrachteten Raum mit der Strömung in Wechselwirkung stehenden Momente gleich der Änderung des Dralls. Bei ungleicher Geschwindigkeitsverteilung ist der Drall jeweils am Eintritt e und am Austritt a aus dem Elementardrall $r c_u \mathrm{d}\dot{m} = r c_u \rho c_m \mathrm{d}A_m$ aufzuintegrieren.

$$M_\mathrm{S} + M_\mathrm{N} + M_\mathrm{G} = \int\limits_{A_\mathrm{a}} r_\mathrm{a} c_{u\,\mathrm{a}} \rho_\mathrm{a} c_{m\,\mathrm{a}}\, \mathrm{d}A_{m\,\mathrm{a}} - \int\limits_{A_\mathrm{e}} r_\mathrm{e} c_{u\,\mathrm{e}} \rho_\mathrm{e} c_{m\,\mathrm{e}}\, \mathrm{d}A_{m\,\mathrm{e}}. \tag{6.3}$$

Darin bedeuten M_S Drehmoment der Schaufelkräfte, M_N und M_G die Reibungsmomente an der inneren bzw. äußeren Begrenzungswand (Nabe und Gehäuse), r Radius, c_u Umfangskomponente der absoluten Geschwindigkeit jeweils am Ein- und Austritt. Gleichung (6.3) gilt unabhängig von der Bewegung von Maschinenbauteilen im betrachteten Strömungsraum und gilt auch für den Grenzfall eines unbeschaufelten rotationssymmetrischen Hohlraumes, in dem sich der Drall nur durch die Reibung an den Wänden ändern kann ($M_\mathrm{S} = 0$).

Turbomaschinengleichung von Euler. Ist im betrachteten Raum der Rotor eingeschlossen, so überträgt er die Schaufelmomente und auch das Reibungsmoment an der inneren mitdrehenden Nabenfläche; bei Rotoren mit einer äußeren Abdeckung der Schaufeln sind auch die hieran wirkenden Momente einzubeziehen. Wird der Rotor gegen dieses Moment mit der Winkelgeschwindigkeit ω angetrieben, so ergibt sich für die aufzubringende Leistung

$$P = M_{\mathrm{R}}\omega = \int\limits_{A_{\mathrm{a}}} u_{\mathrm{a}} c_{u\,\mathrm{a}} \rho_{\mathrm{a}} c_{m\,\mathrm{a}}\,\mathrm{d}A_{m\,\mathrm{a}} - \int\limits_{A_{\mathrm{e}}} u_{\mathrm{e}} c_{u\,\mathrm{e}} \rho_{\mathrm{e}} c_{m\,\mathrm{e}}\,\mathrm{d}A_{m\,\mathrm{e}} - M_{\mathrm{G}}\omega. \tag{6.4}$$

Darin sind $M_{\mathrm{R}} = M_{\mathrm{S}} + M_{\mathrm{N}}$ Drehmoment am Rotor und $u = \omega r$ die Umfangsgeschwindigkeit des rotierenden Systems an der betrachteten Stelle des Querschnitts. Unter den bei Gl. (6.2) angegebenen Voraussetzungen für eine eindimensionale Stromfadentheorie ergeben sich aus jedem der beiden Integrale in Gl. (6.4) Produkte $uc_u\dot{m}$. Bei Außenwänden mit kleiner Oberfläche, z. B. in Axialstufen, kann man außerdem das Reibungsmoment an der Außenwand M_{G} vernachlässigen. Damit folgt aus Gl. (6.4) nachfolgende Beziehung, die als Turbomaschinengleichung von Euler bezeichnet wird

$$P/\dot{m} = a = u_{\mathrm{a}} c_{u\,\mathrm{a}} - u_{\mathrm{e}} c_{u\,\mathrm{e}} \tag{6.5}$$

wobei a die zwischen dem Fluid und dem beschaufelten Rotor übertragende spezifische Arbeit ist (s. auch Abb. 6.3). Die Eulersche Turbomaschinengleichung gilt für alle Bauformen der Strömungsmaschinen, wobei das Vorzeichen der spezifischen Arbeit für Arbeitsmaschinen positiv und für Kraftmaschinen negativ ist. Ein Arbeitsumsatz ist generell nur in rotierenden Schaufelreihen möglich.

6.1.4 Absolute und relative Strömung

Für die Strömungsführung ist die Geschwindigkeit im jeweiligen Bezugssystem des betrachteten Bauteils relevant. Für alle rotierenden Bauteile (z. B. Laufschaufeln) ist dies die Relativgeschwindigkeit w, für feststehende Bauteile (z. B. Leitschaufeln) die Absolutgeschwindigkeit c. Die Umfangsgeschwindigkeit rotierender Bauteile wird mit u bezeichnet. Die kinematische Grundgleichung besagt, dass sich die Absolutgeschwindigkeit durch die vektorielle Addition der

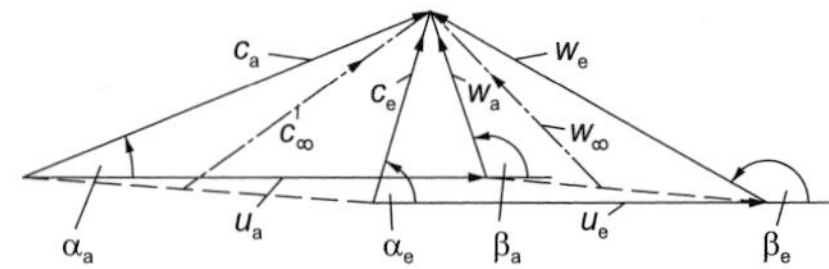

Abb. 6.4 Geschwindigkeitsdreiecke für die Laufschaufelreihe einer Arbeitsmaschine

Umfangs- und Relativgeschwindigkeit ergibt

$$\vec{c} = \vec{u} + \vec{w} = \vec{w} + \vec{u}. \tag{6.6}$$

Die Absolut- und Relativgeschwindigkeit können jeweils in eine Komponente in Durchströmrichtung (meridionale Komponente, Index m) und eine Umfangskomponente (Index u) zerlegt werden. In einem Axial (a)-Umfangs (u)-Radial (r)-Koordinatensystem unterscheiden sich nur die Umfangskomponenten

$$\vec{c}_u = \vec{u} + \vec{w}_u. \tag{6.7}$$

Die Strömungskomponente in der Meridianebene, die sich aus Axial- und Radialkomponente zusammensetzt, ist im Absolut- und Relativsystem gleich:

$$\vec{c}_m = \vec{c}_{\mathrm{ax}} + \vec{c}_{\mathrm{r}} = \vec{w}_m. \tag{6.8}$$

Praktisch wichtig ist der Übergang zwischen Absolut- und Relativsystem am Ein- und Austritt der Rotorbeschaufelung. Entsprechend der kinematischen Grundgleichung (6.6) ergeben sich dort aus den drei Geschwindigkeitsvektoren sogenannte *Geschwindigkeitsdreiecke*, in die zusätzlich deren Geschwindigkeitskomponenten eingezeichnet werden können, Abb. 6.4. Sie gelten bei großer radialer Erstreckung nur für einen Radius (bzw. einen Punkt im Strömungsfeld), im Rahmen einer Stromfadentheorie für die ganze Stromröhre. Die Strömungswinkel im Absolutsystem werden mit α, diejenigen im Relativsystem mit β bezeichnet und sind hier jeweils gegen die positive Umfangsrichtung definiert. Den Index ∞ s. Abschn. 6.4.2.

Gleichung (6.5) lässt sich durch Einführen der Relativgeschwindigkeiten auch in die folgende Form bringen

$$P/\dot{m} = \left(c_{\mathrm{a}}^2 - c_{\mathrm{e}}^2\right)/2 + \left(u_{\mathrm{a}}^2 - u_{\mathrm{e}}^2\right)/2 - \left(w_{\mathrm{a}}^2 - w_{\mathrm{e}}^2\right)/2. \tag{6.9}$$

6.1.5 Schaufelanordnung für Pumpen und Verdichter (Arbeitsmaschinen)

Arbeit kann am Fluid nur geleistet werden (positives Vorzeichen), wenn dabei der Drall der Strömung vergrößert wird. Üblicherweise wird die Laufschaufelreihe (Laufgitter) drallfrei oder nur mit geringem Drall behaftet angeströmt; an deren Austritt ergibt sich durch die Umlenkung der Strömung ein großer Drall. Um die darin enthaltene kinetische Energie zu nutzen, wird der Drall nachfolgend in einer im Gehäuse befestigten Leiteinrichtung (Leitschaufelreihe, Diffusor, Spirale) gemindert und dabei die kinetische in statische Energie umgewandelt. Deshalb ist in Durchströmrichtung erst das Laufgitter und danach die Leiteinrichtung anzuordnen, Abb. 6.5a.

Das Laufgitter und die zugehörige Leiteinrichtung lassen sich durch die Kontrollflächen 1, 2 und 3 einschließen. Die Größen des Laufgitters erhalten zwei, die der Leiteinrichtung einen hochgestellten Strich. Ungestrichene Größen gelten für die Stufe, also Laufgitter und Leiteinrichtung in ihrer Gesamtheit. Gleichung (6.5) lautet dann

$$a' = 0, \quad a = a'' = c_{u2}u_2 - c_{u1}u_1. \quad (6.10)$$

Der Betrag der in einer einzelnen Stufe umsetzbaren spezifischen Arbeit $a = a''$ ist limitiert. Falls ein höherer Arbeitsumsatz erforderlich ist, dann müssen mehrere Stufen hintereinander geschaltet werden.

6.1.6 Schaufelanordnung für Turbinen (Kraftmaschinen)

Arbeit kann dem Fluid nur entzogen werden (negatives Vorzeichen), wenn dabei der Drall der Strömung in der Laufschaufelreihe verringert wird. Dazu muss zunächst ein Drall mit einer stationären Leiteinrichtung, einem Leitgitter oder einer Spirale, erzeugt werden. Deshalb ist in Kraftmaschinen die Leiteinrichtung vor dem Laufgitter anzuordnen, Abb. 6.5b.

Um auch bei Turbinen (Abb. 6.5b) vor und nach dem Laufgitter die Kontrollflächen 1 und 2 beizubehalten, erhält die Kontrollfläche vor dem Leitgitter den Index 0. Die durch Striche gekennzeichneten Größen werden wie bei Arbeitsmaschinen verwendet (s. Abschn. 6.1.5). Danach gilt Gl. (6.10) auch für Turbinenstufen. In Turbinenschaufelreihen sind aufgrund der beschleunigten Strömung größere Strömungsumlenkungen als in Verdichterschaufelreihen möglich, in denen die Strömung verzögert wird. Folglich ist entsprechend der Eulerschen Turbomaschinengleichung in einer Turbinenlaufschaufelreihe bzw. -stufe ein größerer spezifischer Arbeitsumsatz möglich. Da viele Anwendungen einen Arbeitsumsatz erfordern, der nicht in einer einzelnen Stufe realisiert werden kann, müssen in diesem Fall auch in Turbinen mehrere Stufen hintereinander angeordnet werden.

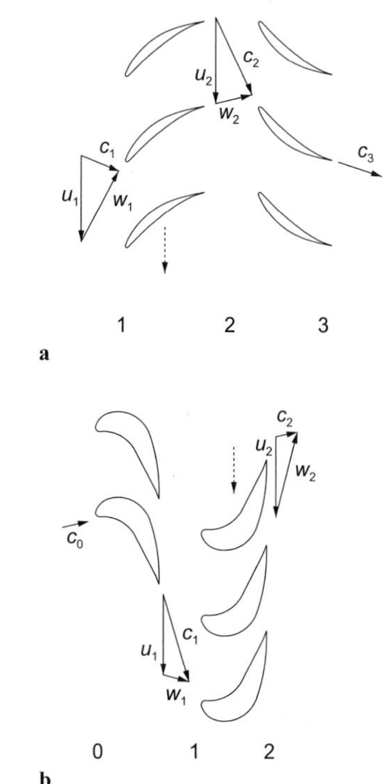

Abb. 6.5 Leit- und Laufgitter. **a** Verdichter; **b** Turbine

6.1.7 Schaufelgitter, Stufe, Maschine, Anlage

Jede Strömungsmaschine hat mindestens eine rotierende Laufschaufelreihe, in der die Arbeits-

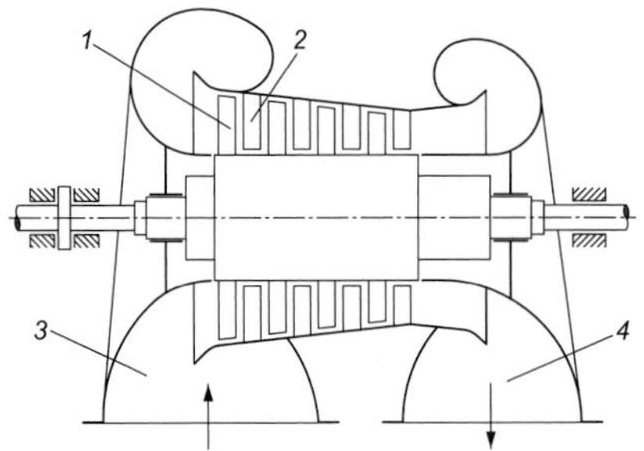

Abb. 6.6 Teile einer Strömungsmaschine (Bsp.: vierstufiger Axialverdichter). *1* Laufrad, *2* Leitrad, *3* Eintrittsgehäuse, *4* Austrittsgehäuse mit Diffusor

übertragung mit dem Fluid erfolgt. Die Leiteinrichtung kann aus einem weiteren Schaufelgitter, der stationär angeordneten Leitschaufelreihe, oder einer anderen Umlenkeinrichtung bestehen. Zusammengefasst werden Lauf- und Leitschaufelreihe als Stufe bezeichnet.

Die Maschine besteht aus einer oder mehreren hintereinander geschalteten Stufen, Abb. 6.6. Der Beschaufelung (Lauf- und Leitschaufelreihen) wird das Fluid durch das Eintrittsgehäuse zugeführt, wobei die Strömung vom Gehäuseflansch bis in die Beschaufelung meist beschleunigt wird, um einen hohen Energieumsatz zu erreichen. Am Austritt der Beschaufelung ist noch ein hoher Anteil an kinetischer Energie vorhanden. Für industrielle Anwendungen wird dieser im Austrittsgehäuse durch Diffusoren und geeignete Strömungsführungen bis zum Maschinenflansch soweit wie möglich in statische Energie umgewandelt. Alle vom Eintritts- bis zum Austrittsflansch im Maschinengehäuse enthaltenen Komponenten gehören zur Maschine (Abb. 6.6) und außerhalb der Flansche angebrachte Teile zur Anlage. (s. Abschn. 6.7.1)

6.2 Thermodynamik

6.2.1 Thermodynamische Gesetze

Die im Folgenden beschriebenen Gesetze können auf jedes der vorgenannten Systeme Laufgitter, Leiteinrichtung, Stufe, Ein- oder Austrittsgehäuse und Maschine angewendet werden.

Energie-Erhaltungssatz. Alle dem kontinuierlich durchströmten System von außen zugeführte mechanische Leistung P und alle von außen zugeführte Wärme $\dot{Q}$ (beide positives Vorzeichen) müssen zu einer Erhöhung der Energie des Fluides führen, die sich durch die Totalenthalpie h_t ausdrücken lässt.

$$P + \dot{Q} = \int\limits_{A_\mathrm{a}} h_{\mathrm{t\,a}} \rho_\mathrm{a} c_{m\,\mathrm{a}} \,\mathrm{d}A_{m\,\mathrm{a}} - \int\limits_{A_\mathrm{e}} h_{\mathrm{t\,e}} \rho_\mathrm{e} c_{m\,\mathrm{e}} \,\mathrm{d}A_{m\,\mathrm{e}}. \tag{6.11}$$

Leistungsabgabe und Wärmeabgabe (beide negatives Vorzeichen) bewirken eine Verminderung der Energie des Fluids. Hier werden alle Größen, besonders die spezifischen Totalenthalpien h_t, als stationär angesehen; sonst sind zeitliche Mittelwerte einzusetzen.

Die spezifische Totalenthalpie erfasst die ganze an das Fluid gebundene Energie.

$$h_\mathrm{t} \equiv h + c^2/2 + gz. \tag{6.12}$$

Es bedeuten h spezifische Enthalpie, z Höhenkoordinate und g Erdbeschleunigung. In der Enthalpie sind zusätzlich zur inneren Energie die Verschiebungsarbeiten am Ein- und Austritt eingeschlossen.

Unter den bei Gl. (6.2) angeführten Voraussetzungen für die eindimensionale Stromfadentheorie folgt aus Gl. (6.11) zusammen mit den Gln. (6.2) und (6.12) und den Definitionen der spezifischen Arbeit $a = P/\dot{m}$ und der spezifischen Wärme $q = \dot{Q}/\dot{m}$

$$a + q = h_\mathrm{a} - h_\mathrm{e} + \left(c_\mathrm{a}^2 - c_\mathrm{e}^2\right)/2 + g/\left(z_\mathrm{a} - z_\mathrm{e}\right). \tag{6.13}$$

Abgesehen von besonderen Fällen, wie z. B. der Kühlung des Fluids zwischen den Stufen mehrstufiger Turboverdichter oder gekühlten Turbinenschaufeln in Gasturbinen, kann die Wärmeübertragung für die meisten Strömungsmaschinen im Verhältnis zur Arbeit vernachlässigt und die Maschine deshalb als adiabat betrachtet werden. In allen ortsfesten Maschinenteilen wie Leiteinrichtungen, Ein- und Austrittsgehäusen, Rohrleitungen und Wärmeübertragern wird keine Arbeit zu- oder abgeführt.

Hauptgleichung von Gibbs. Die kalorischen Größen Enthalpie h und Entropie s sind mit den thermischen Größen Temperatur T, Druck p und spezifisches Volumen $v = 1/\varrho$ verknüpft durch

$$h_\mathrm{a} - h_\mathrm{e} = \int_\mathrm{e}^\mathrm{a} v\,\mathrm{d}p + \int_\mathrm{e}^\mathrm{a} T\,\mathrm{d}s. \tag{6.14}$$

In Gl. (6.14) hängen die Enthalpieänderungen nur vom Ein- und Austrittszustand, die beiden Integrale für die spezifische Strömungsarbeit $\int v\,\mathrm{d}p$ und die spezifische Wärme $\int T\,\mathrm{d}s$ jedoch vom Integrationsweg ab, also von der Zustandsänderung vom Ein- bis zum Austritt.

Reibungswirkung. Die Entropie ändert sich nicht nur durch Wärmeübertragung $\mathrm{d}q$ über die Systemgrenzen, sondern auch durch innere Reibung $\mathrm{d}j$, die vom Fluid aufgenommen wird (spezifische Dissipation)

$$T\,\mathrm{d}s = \mathrm{d}q + \mathrm{d}j. \tag{6.15}$$

Zur Berechnung dieser inneren Reibung in Turbomaschinenströmungen bietet Denton [1] grundlegende Ansätze, die sich auch schon bei Traupel [2] finden.

Aus Gl. (6.14) und (6.15) ergibt sich für die Enthalpieänderung

$$h_\mathrm{a} - h_\mathrm{e} = y + q + j\ , \tag{6.16}$$

wobei die spezifische Strömungsarbeit $\int_\mathrm{e}^\mathrm{a} v\,\mathrm{d}p$ mit y abgekürzt wird. Die Enthalpieänderung lässt sich in Gl. (6.12) ersetzen:

$$a = y + j + \left(c_\mathrm{a}^2 - c_\mathrm{e}^2\right)/2 + g\left(z_\mathrm{a} - z_\mathrm{e}\right). \tag{6.17}$$

Eine Wärmeübertragung über die Systemgrenzen erscheint explizit nicht; sie beeinflusst aber die Zustandsänderung und damit die Strömungsarbeit und die Dissipation.

6.2.2 Zustandsänderung

Wirkliche Zustandsänderung. Sie hängt von der Beschleunigung oder Verzögerung mit oder ohne Arbeits- und Wärmezufuhr und der Dissipation eines Fluidelements auf seinem Weg durch die Strömungsmaschine ab, Abb. 6.7. Diese Einflüsse sind rechnerisch und experimentell schwer zu erfassen.

Polytrope Zustandsänderung. Sie approximiert die reale Zustandsänderung (gestrichelt in Abb. 6.7d) (s. Bd. 1, Abschn. 41.1). Für sie ist das differentielle Polytropenverhältnis

$$\begin{aligned}\nu &= \frac{\mathrm{d}h}{v\,\mathrm{d}p} = 1 + \frac{T\,\mathrm{d}s}{v\,\mathrm{d}p} = 1 + \frac{\mathrm{d}j + \mathrm{d}q}{\mathrm{d}y}\\ &= \frac{h_\mathrm{a} - h_\mathrm{e}}{y} = 1 + \frac{j + q}{y}\end{aligned} \tag{6.18}$$

bei allen Teilschritten gleich; deshalb stehen auch die gesamte Enthalpieänderung und die gesamte Strömungsarbeit im gleichen Verhältnis zueinander. Ein- und Austrittszustände stimmen mit den wirklichen überein.

Isentrope Zustandsänderung. Für $\nu = 1$ bleibt die Entropie konstant. Eine solche Zustandsänderung kann zum Vergleich herangezogen werden, wenn sie als verlustlos und adiabat angenommen wird. Der Austrittszustand dieser idealisierten Zustandsänderung weicht von dem der wirklichen ab.

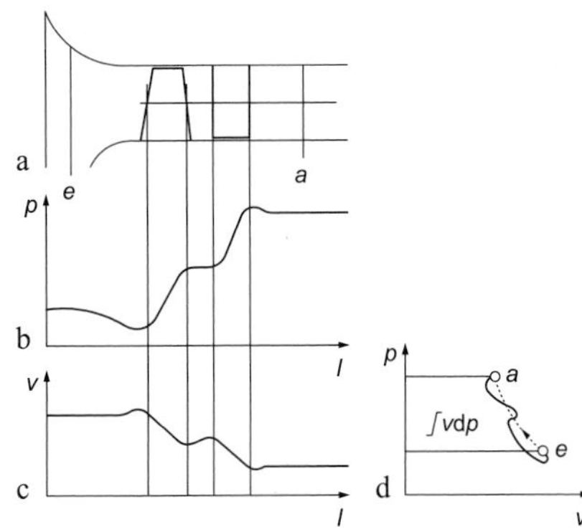

Abb. 6.7 Zustandsänderung (Bsp. Axialverdichter). **a** Meridianschnitt; **b** Druckverlauf; **c** Verlauf des spezifischen Volumens; **d** p,v-Diagramm

6

6.2.3 Totaler Wirkungsgrad

Arbeitsmaschinen. Die von außen zugeführte Arbeit bewirkt nach Gl. (6.17) einen Energiezuwachs des Fluids. Dabei wird nicht die gesamte von außen zugeführte Arbeit in Strömungsarbeit, kinetische oder potentielle Energie umgewandelt, sondern ein Teil davon wird dissipiert. Durch die Dissipation wird ein Teil der Energie irreversibel in innere Energie umgewandelt, wodurch eine Erwärmung des Fluids stattfindet, die für den Prozess keinen Nutzen bringt. Nutzen bringen die in der Strömungsarbeit enthaltene Druckzunahme und die Steigerung von kinetischer und potentieller Energie. Der totale Verdichterwirkungsgrad berücksichtigt die Änderungen aller Energieformen und ist wie folgt definiert

$$\eta_{t\,\mathrm{V}} = \frac{y + \left(c_\mathrm{a}^2 - c_\mathrm{e}^2\right)/2 + g\left(z_\mathrm{a} - z_\mathrm{e}\right)}{a} = \frac{a - j}{a}. \tag{6.19}$$

Kraftmaschinen. Durch Energieabsenkung des Fluids wird mechanische Arbeit gewonnen. In Gl. (6.17) sind also die Strömungsarbeit und die mechanische Arbeit negativ. Die Dissipation ist positiv, da auch hier die Entropie zunimmt. Dem Betrag nach wird dem Fluid wegen der Dissipation also mehr Strömungsarbeit entzogen, als in mechanische Arbeit umgesetzt werden kann. Für die Turbine sind die an den Rotor übertragene Arbeit als Nutzen, die dem Fluid entzogene Strömungsarbeit und die kinetische und potentielle Energie als Aufwand anzusehen. Der totale Turbinenwirkungsgrad ist dann

$$\eta_{t\,\mathrm{T}} = \frac{a}{y + \left(c_\mathrm{a}^2 - c_\mathrm{e}^2\right)/2 + g\left(z_\mathrm{a} - z_\mathrm{e}\right)} = \frac{a}{a - j}. \tag{6.20}$$

Für eine Kraftmaschine sind gegenüber einer Arbeitsmaschine Nutzen und Aufwand vertauscht; die Turbinen- und Verdichterwirkungsgrade sind also reziprok zueinander.

6.2.4 Statischer Wirkungsgrad

Durch Gl. (6.17) in der Form

$$a - \left(c_\mathrm{a}^2 - c_\mathrm{e}^2\right)/2 = y + g\left(z_\mathrm{a} - z_\mathrm{e}\right) + j \tag{6.21}$$

sind die durch dynamische Vorgänge verursachten Änderungen auf ihrer linken Seite den dadurch bewirkten statischen Zustandsänderungen auf ihrer rechten Seite gleichgesetzt.

Arbeitsmaschinen. Ist der Nutzen für einen Verdichter die Steigerung des Drucks bei möglicher Änderung der potentiellen Energie, so steht dem als Aufwand die zugeführte Arbeit und die Änderung der kinetischen Energie gegenüber. Als statischer Verdichterwirkungsgrad wird dann definiert

$$\eta_\mathrm{V} = \frac{y + g\left(z_\mathrm{a} - z_\mathrm{e}\right)}{a - \left(c_\mathrm{a}^2 - c_\mathrm{e}^2\right)/2} = \frac{y + g\left(z_\mathrm{a} - z_\mathrm{e}\right)}{y + g\left(z_\mathrm{a} - z_\mathrm{e}\right) + j}. \tag{6.22}$$

Kraftmaschinen. Für Turbinen ergibt sich analog der statische Turbinenwirkungsgrad

$$\eta_\mathrm{T} = \frac{a - \left(c_\mathrm{a}^2 - c_\mathrm{e}^2\right)/2}{y + g\left(z_\mathrm{a} - z_\mathrm{e}\right)} = \frac{y + g\left(z_\mathrm{a} - z_\mathrm{e}\right) + j}{y + g\left(z_\mathrm{a} - z_\mathrm{e}\right)}. \tag{6.23}$$

6.2.5 Polytroper und isentroper Wirkungsgrad

In den Gln. (6.19), (6.20), (6.22) und (6.23) für die Wirkungsgrade steht die nutzbringend aufgenommene oder geleistete Strömungsarbeit y, zu deren Bestimmung die Zustandsänderung festzulegen ist.

Polytroper Wirkungsgrad. Als Ersatz für die wirkliche Zustandsänderung wird die polytrope zur Berechnung der Strömungsarbeit herangezogen: $y_\nu = \int_\nu v\,\mathrm{d}p$, die diese approximiert. Die hiermit gebildeten Wirkungsgrade werden totale bzw. statische polytrope Wirkungsgrade genannt.

Setzt man das Polytropenverhältnis Gl. (6.18) in die Gl. (6.22) für den statischen polytropen Verdichterwirkungsgrad und in die Gl. (6.23) entsprechend für die Turbine ein, so geht daraus ihre unmittelbare Verknüpfung mit dem Polytropenverhältnis hervor

$$\begin{aligned}\eta_{\mathrm{pol\,V}} &= \frac{1+g\,(z_a-z_e)\,/\,y}{\nu+g\,(z_a-z_e)\,/\,y-q/y}\\ &= \frac{y+g\,(z_a-z_e)}{(h_a-h_e)+g\,(z_a-z_e)-q}\,,\\ \eta_{\mathrm{pol\,T}} &= \frac{\nu+g\,(z_a-z_e)\,/\,y-q/y}{1+g\,(z_a-z_e)\,/\,y}\\ &= \frac{(h_a-h_e)+g\,(z_a-z_e)-q}{y+g\,(z_a-z_e)}\,. \end{aligned} \qquad (6.24)$$

Ohne geodätischen Höhenunterschied und Wärmeübertragung folgt somit:

$$\eta_{\mathrm{pol\,V}} = \frac{y}{h_a-h_e} = \frac{1}{\nu}\,,\qquad \eta_{\mathrm{pol\,T}} = \frac{h_a-h_e}{y} = \nu. \qquad (6.25)$$

Der polytrope Wirkungsgrad ist ein eindeutiges Maß für die strömungstechnische Güte der Maschine.

Isentroper Wirkungsgrad. Als Bezugs-Zustandsänderung wird die isentrope (verlustlos und ohne Wärmeaustausch) zur Berechnung der Strömungsarbeit herangezogen:

$$y_s = \int\limits_s v\,\mathrm{d}p = h_{as}-h_e\,,$$

$$\eta_{s\,\mathrm{V}} = \frac{h_{as}-h_e+g\,(z_a-z_e)}{h_a-h_e-q+g\,(z_a-z_e)}\,,\qquad \eta_{s\,\mathrm{T}} = \frac{h_a-h_e-q+g\,(z_a-z_e)}{h_{as}-h_e+g\,(z_a-z_e)}\,. \qquad (6.26)$$

Ohne Höhenunterschied und Wärmeübertragung ergibt sich:

$$\eta_{s\,\mathrm{V}} = \frac{h_{as}-h_e}{h_a-h_e} = \frac{y_s}{y+j}\,,\qquad \eta_{s\,\mathrm{T}} = \frac{h_a-h_e}{h_{as}-h_e} = \frac{y+j}{y_s}\,. \qquad (6.27)$$

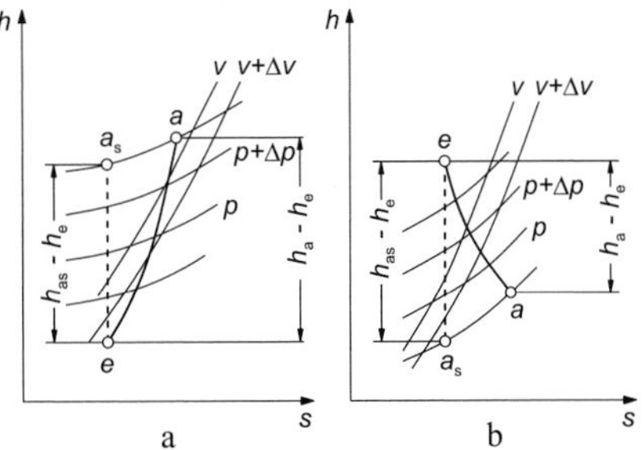

Abb. 6.8 Polytrope und isentrope Zustandsänderung. **a** Verdichter; **b** Turbine

Es kommt hierbei im Wesentlichen auf die wirkliche und die isentrope Enthalpieänderung an, die sich in h, s-Diagrammen anschaulich darstellen lassen. Isentrope und wirkliche Zustandsänderungen haben nur einen gemeinsamen Eintrittszustand; je größer die Enthalpieänderung ist, umso weiter laufen die Zustände auseinander, Abb. 6.8. Die mit den isentropen Strömungsarbeiten gebildeten totalen und statischen Wirkungsgrade sind deshalb nicht nur von der strömungstechnischen Güte $1/(1+j/y)$ bzw. $1+j/y$ abhängig, sondern auch von der Art des Fluids und von der gesamten Enthalpieänderung oder dem entsprechenden Druckverhältnis.

6

Erhitzungsfaktor. Für alle Dämpfe und Gase (Abb. 6.8) ist der Betrag der polytropen Strömungsarbeit y_ν größer als jener der isentropen y_s, weil bei zunehmender Entropie die spezifischen Volumina ansteigen.

Polytrope Verdichterwirkungsgrade sind also immer höher als isentrope und polytrope Turbinenwirkungsgrade immer kleiner als isentrope. Das Anwachsen der polytropen gegenüber der isentropen Strömungsarbeit lässt sich durch den Erhitzungsfaktor f ausdrücken

$$f = y_\nu / y_s - 1. \qquad (6.28)$$

Er ist immer positiv und hängt von den Eigenschaften des Fluids, dem Druckverhältnis sowie vom Polytropenverhältnis (Gl. 6.18) ab.

Der Erhitzungsfaktor ist für zweiatomige Gase oder Mischungen solcher Gase z. B. in Abb. 6.9 als Funktion des Polytropenverhältnisses ν und des Druckverhältnisses p_a/p_e aufgetragen. Für

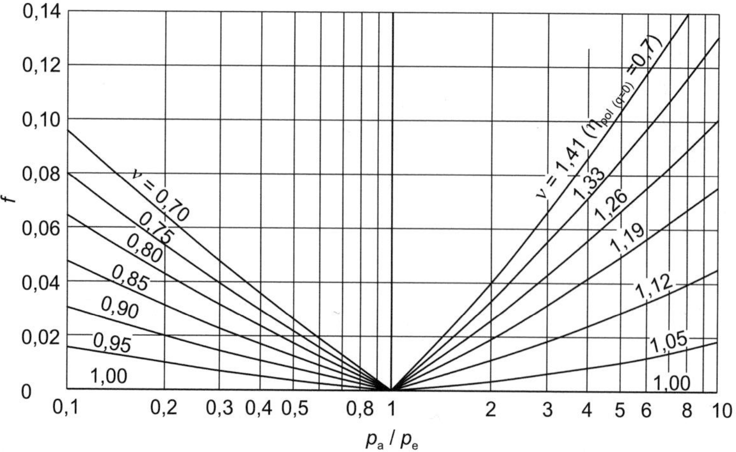

Abb. 6.9 Erhitzungsfaktor für zweiatomige Gase für Turbine (*links*) und Verdichter (*rechts*)

den Fall vernachlässigbarer Änderungen der kinetischen und potentiellen Energie in der Maschine gelten folgende Beziehungen:

$$\eta_{\text{pol V}}/\eta_{s\,\text{V}} = y_v/y_s = 1 + f$$
$$\eta_{\text{pol T}}/\eta_{s\,\text{T}} = y_s/y_v = 1/\,(1 + f)\,. \qquad (6.29)$$

6.2.6 Mechanische Verluste

Mechanische Verluste entstehen in den Lagern des Rotors, an berührenden Dichtelementen sowie durch Ventilation in berührungslosen Dichtungen oder an rotierenden Flächen. Die Ventilationsleistung ist allerdings nur in dem Fall zu den mechanischen Verlusten zu rechnen, wenn das ventilierende Fluid nicht mit dem Hauptstrom durch die Maschine in Verbindung steht. Wird nämlich die Ventilationsleistung von einem Bypass zum Hauptstrom aufgenommen, so ändert sich dadurch die Gesamtbilanz nicht, aber die Zustandsänderung und Geschwindigkeitsverteilung. Geht die Ventilationsleistung in einen Fluidstrom über, der entweder aus dem Hauptstrom entnommen oder ihm zugeführt wird, so ist der Gesamtstrom in einzelne Teilströme aufzugliedern.

In der Leistungsbilanz für den Rotor $P = P_\text{K} + P_\text{m}$ mit der Kupplungsleistung P_K ist die mechanische Verlustleistung P_m immer negativ. Der mechanische Wirkungsgrad für einen Verdichter bzw. eine Turbine ist dann

$$\eta_{\text{m V}} = P/P_\text{K} = 1 + P_\text{m}/P_k\,,$$
$$\eta_{\text{m T}} = P_\text{K}/P = 1 - P_\text{m}/P. \qquad (6.30)$$

Der totale Maschinenwirkungsgrad für einen Verdichter (V) und eine Turbine (T) ist unter Einschluss der mechanischen Verluste (Index K: Kupplung) mit Gln. (6.19) und (6.20):

$$\eta_{\text{t K V}} = \eta_{\text{t V}}\eta_{\text{m V}}, \quad \eta_{\text{t K T}} = \eta_{\text{t T}}\eta_{\text{m T}}. \qquad (6.31)$$

6.3 Arbeitsfluid

6.3.1 Allgemeiner Zusammenhang zwischen thermischen und kalorischen Zustandsgrößen

Zur Integration von $y = \int v\,\text{d}p$ oder von $j + q = \int \text{T}\,\text{d}s$ müssen $v = v(p)$ oder $T = T(s)$ eingesetzt werden. Diese Funktionen hängen nicht nur vom Polytropenverhältnis ab, sondern auch davon, mit welcher Änderung von spezifischem Volumen oder Temperatur das Arbeitsfluid auf die Arbeits- und Wärmeübertragung reagiert. Sie sind für bestimmte Fälle aus den Gleichungen (s. Bd. 1, Abschn. 38.2) abzuleiten:

$$\text{d}h = c_p\,\text{d}\,\text{T} + (1 - \alpha)\,v\,\text{d}p\,, \qquad (6.32)$$

$$\text{d}u = c_v\text{d}\,\text{T} + (1 + \beta)\,p\,\text{d}v \qquad (6.33)$$

mit $c_p \equiv (\partial h/\partial T)_p$ spezifische Wärmekapazität bei konstantem Druck, $c_v \equiv (\partial u/\partial T)_v$ spezifische Wärmekapazität bei konstantem Volumen, $\alpha \equiv (\partial v/\partial T)_p T/v$ isobarer Ausdehnungskoeffizient, $\beta \equiv (\partial p/\partial T)_v T/p$ isochorer Spannungskoeffizient.

6.3.2 Ideale Flüssigkeit

Das spezifische Volumen oder die Dichte seien für eine ideale Flüssigkeit konstant, unabhängig vom Zustand. Diese Idealisierung wird von keinem Fluid exakt erfüllt, doch mit ausreichender Genauigkeit von den meisten Flüssigkeiten im für Strömungsmaschinen üblichen Zustandsbereich. Die Strömungsarbeit lässt sich unmittelbar integrieren, die Koeffizienten α und β haben den Wert 0, s. Tab. 6.2. Enthalpieänderungen setzen sich hauptsächlich aus der von der Druckdifferenz abhängigen Strömungsarbeit und aus dem meist geringen Verlust zusammen, der allein für die Temperaturerhöhung verantwortlich ist; denn Wärmezu- und -abfuhr sind bei nur geringen Temperaturunterschieden meist zu vernachlässigen. Für große hydraulische Maschinen wird der Verlust oft aus der gemessenen Temperaturerhöhung bestimmt. Isothermen und Isentropen sind identisch, da die Entropie nur von der Temperatur abhängt. Ein Beispiel ist die Zustandsänderung in einer Speisepumpe im h, s-Diagramm, Abb. 6.10.

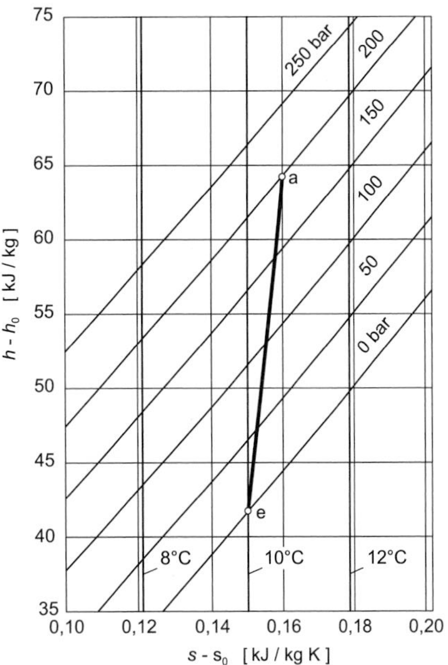

Abb. 6.10 h,s-Diagramm für ideale Flüssigkeit mit Zustandsänderung für eine Pumpe

6.3.3 Ideales Gas

Es gelte die Gasgleichung $pv = RT$ (s. Bd. 1, Abschn. 40.1). Diese Idealisierung wird von Gasen im Zustandsbereich mit Drücken weit unter dem kritischen Druck und mit genügend hohen Temperaturen gut erfüllt. Die Koeffizienten α und β sind für ein ideales Gas gleich 1. Gleichsetzen der gemischten zweiten Ableitungen der Enthalpie nach Druck und Temperatur zusammen mit Gl. (6.32) lässt keine Abhängigkeit der spezifischen Wärmekapazität vom Druck, sondern nur von der Temperatur zu. Also hängt auch die Enthalpiedifferenz nur von der Temperatur ab, s. Tab. 6.2. Isothermen sind also auch Isenthalpen, Abb. 6.12. Arbeitszu- und -abfuhr sind immer mit Temperaturänderungen verbunden (thermische Maschinen). Die Entropiedifferenz lässt sich aufteilen in einen sich bei isobarer Zustandsänderung ergebenden Anteil, der vom Temperaturverhältnis abhängt und einen sich bei isothermer Zustandsänderung ergebenden Anteil, der nur vom Druckverhältnis abhängt, s. Tab. 6.2. Das Verhältnis beider Anteile ist gleich dem Polytropenverhältnis (Abb. 6.11), das unmittelbar mit den Wirkungsgraden zusammenhängt (Gl. (6.24))

$$\nu = -\frac{(\Delta s)_p}{(\Delta s)_T} = \frac{c_p \ln(T_a/T_e)}{R \ln(p_a/p_e)}. \tag{6.34}$$

Ein Beispiel ist die Zustandsänderung in einem Verdichter, Abb. 6.12.

6.3.4 Reales Fluid

Definition der Wirkungsgrade für reale Gase. Die bisher genannten Definitionen polytroper und isentroper Wirkungsgrade können für ideale Gase mit konstanten spezifischen Wärmekapazitäten und daher auch insbesondere für deren differentielle Zustandsänderungen als einfache Funktionen

Tab. 6.2 Eigenschaften der Fluide

	Ideale Flüssigkeit	Ideales Gas	Reales Fluid
Voraussetzung	$v = 1/\varrho = \text{const} \rightarrow$ $\alpha = 0\,;\beta = 0$	$pv = RT \rightarrow \alpha = 1\,;\beta = 1$	*keine*
Enthalpie-differenz	$\Delta h = v\Delta p + \overline{c}_F \Delta T$	$\Delta h = \overline{c}_p \Delta T = \overline{\left(\frac{K}{K-1}\right)} RT_e \left[\left(\frac{P_a}{P_e}\right)^{\overline{\overline{\left(\frac{n-1}{n}\right)}}} - 1\right]$	Δh aus Tabelle oder Diagramm
Isentrope Enthalpie-differenz	$\Delta h_s = y = v\Delta p$	$\Delta h_s = \overline{c}_p (T_{as} - T_e) = \overline{\left(\frac{K}{K-1}\right)} RT_e \left[\left(\frac{P_a}{P_e}\right)^{\overline{\overline{\left(\frac{K-1}{K}\right)}}} - 1\right]$	Δh_s aus Tabelle oder Diagramm
Strömungs-arbeit	$y = v\Delta p$	$y = \Delta h/v = \overline{\left(\frac{n}{n-1}\right)} RT_e \left[\left(\frac{P_a}{P_e}\right)^{\overline{\overline{\left(\frac{n-1}{n}\right)}}} - 1\right]$	$y = \frac{\Delta h}{v} = \widehat{\left(\frac{n}{n-1}\right)} (pv)_e \left[\left(\frac{P_a}{P_e}\right)^{\widehat{\widehat{\left(\frac{n-1}{n}\right)}}-1}\right] \left(\frac{n-1}{n}\right) = v\left(\frac{k-1}{k}\right) + (1-v)\left(\frac{m-1}{m}\right)$
Polytropen-verhältnis	$v = 1 + \frac{\overline{c}_F \Delta T}{v\Delta p}$ $c_F = c_p = c_v$	$v = \left(\frac{K}{K-1}\right)\left(\frac{n-1}{n}\right) = -\frac{(\Delta s)_p}{(\Delta s)_T} = 1 - \frac{\Delta s}{(\Delta s)_T}$ $\varkappa = \frac{c_p}{c_v}$	$v = 1 - \frac{\Delta s}{\int\left(\frac{\partial s}{\partial p}\right)_h dp} \cong 1 - \frac{\Delta s}{\sum(\Delta s)_h}$ $k \equiv -\left(\frac{v}{p}\right)\left(\frac{\partial p}{\partial r}\right)_s,\ m \equiv -\left(\frac{v}{p}\right)\left(\frac{\partial p}{\partial v}\right)_h$
Entropie-differenz	$\Delta s = \overline{\overline{c}}_F \ln \frac{T_a}{T_e}$	$\Delta s = (\Delta s)_p + (\Delta s)_T = c_p \ln \frac{T_a}{T_e} - R \ln \frac{p_a}{p_e}$	

mit den Mittelwertbildungen $\bar{x} \equiv \dfrac{\int x\mathrm{d}T}{T_a - T_e}$, $\overline{\overline{x}} \equiv \dfrac{\int x \frac{\mathrm{d}T}{T}}{\ln \frac{T_a}{T_e}}$, $\widehat{x} = \dfrac{\int x\mathrm{d}(pv)}{(pv)_a - (pv)_e}$, $\widehat{\widehat{x}} = \dfrac{\int x \frac{\mathrm{d}(pv)}{pv}}{\ln \frac{(pv)_a}{(pv)_e}}$

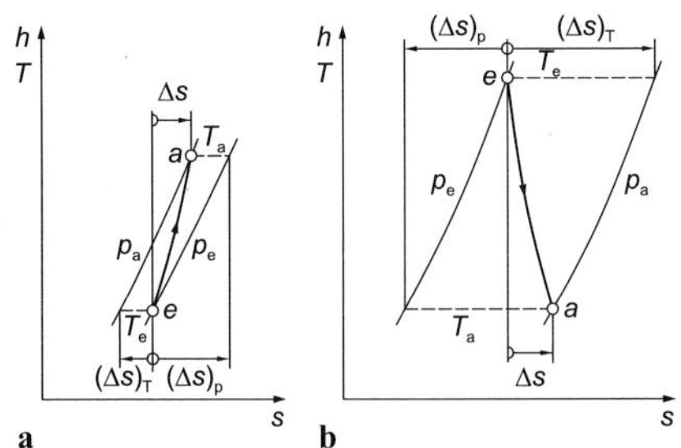

Abb. 6.11 Entropiedifferenzen für konstanten Druck und für konstante Temperatur für ideale Gase. **a** Verdichter; **b** Turbine

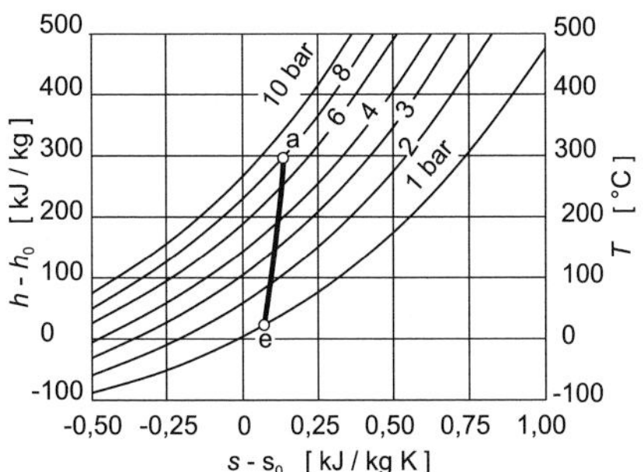

Abb. 6.12 *h,s*-Diagramm für ideales Gas mit Zustandsänderung für einen Verdichter

der Temperaturen und Drücke ausgedrückt werden. Für reale Gase und ideale Gase mit variablen spezifischen Wärmekapazitäten sind diese Ausdrücke aber nicht anwendbar. Fister [3] und Casey [4] wiesen darauf hin, dass für endliche Zustandsänderungen realer Gase alternative Definitionen, die sich der Entropien bzw. Enthalpien der Anfangs- und Endzustände der Zustandsänderung bedienen, vorteilhaft angewandt werden können.

Abb. 6.13 zeigt im *h*-*s*-Diagramm für einen adiabaten Verdichtungs- bzw. Entspannungsprozess die Verläufe (e-a) und die für die Bestimmung der Wirkungsgrade relevanten Enthalpie- und Entropiedifferenzen. Nach Gl. (6.27) kann der isentrope adiabate Wirkungsgrad wie folgt ermittelt werden

$$\eta_{s\,\mathrm{V}} = \frac{h_{\mathrm{as}} - h_{\mathrm{e}}}{h_{\mathrm{a}} - h_{\mathrm{e}}}; \quad \eta_{s\,\mathrm{T}} = \frac{h_{\mathrm{a}} - h_{\mathrm{e}}}{h_{\mathrm{as}} - h_{\mathrm{e}}}. \tag{6.35}$$

Entsprechend Gl. (6.34) kann der polytrope adiabate Wirkungsgrad aus den in Abb. 6.13 dar-

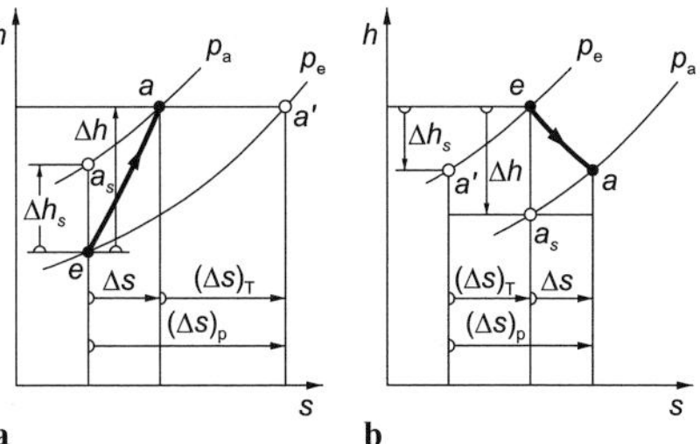

Abb. 6.13 Wirkungsgrade realer Fluide im *h,s*-Diagramm. **a** Verdichter; **b** Turbine

gestellten Entropiedifferenzen bestimmt werden

$$\eta_{\mathrm{pol\,V}} = -\frac{(\Delta s)_p}{(\Delta s)_T}; \quad \eta_{\mathrm{pol\,T}} = -\frac{(\Delta s)_T}{(\Delta s)_p}. \tag{6.36}$$

6

Näherungsverfahren für Dämpfe. Das Verhalten von Dämpfen, z. B. von Wasserdampf, ist im Zweiphasenbereich und gering überhitzten Bereich schwierig zu beschreiben. Dazu können empirische Zustandsgleichungen genutzt werden, die allerdings meist keine einfache Form haben. Alternativ kann man aus Tafeln oder aus Zustandsdiagrammen, z. B. *h*, *s*-Diagramm, die wirkliche und die isentrope Enthalpiedifferenz ablesen und damit einen isentropen Wirkungsgrad bilden. Der polytrope Wirkungsgrad kann wiederum aus der wirklichen und aus der isenthalpen Entropieänderung bestimmt werden

$$\nu = 1 - \Delta s / \Sigma(\Delta s)_h. \tag{6.37}$$

Praktisch teilt man die Zustandsänderung durch einen oder mehrere Zwischendrücke auf und liest die jeweiligen isenthalpen Entropieänderungen zwischen diesen Isobaren ab, Abb. 6.14. Mit dem Polytropenverhältnis und der Enthalpiedifferenz ist auch die Strömungsarbeit bestimmt. Eine weitere Möglichkeit zur Berechnung der Strömungsarbeit bietet sich an, wenn Isentropen- und Isenthalpenexponent für das betreffende Fluid vorliegen (z. B. für Wasserdampf [5]). Mit den Gleichungen der Tab. 6.2 werden zuerst der Polytropenexponent und damit die Strömungsarbeit berechnet, wobei hier das Produkt (*pv*) nicht durch die Temperatur ersetzt werden darf!

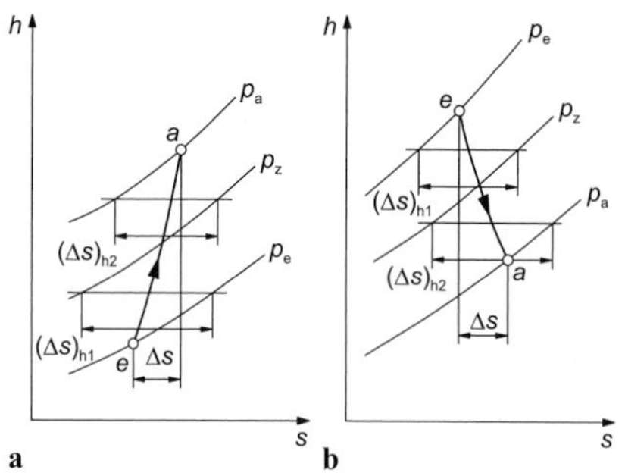

Abb. 6.14 Wirkungsgrad aus Entropiedifferenzen für reale Fluide. **a** Verdichter; **b** Turbine

6.3.5 Kavitation bei Flüssigkeiten

Der Druck einer Flüssigkeit kann bei hohen örtlichen Geschwindigkeiten, insbesondere im Ansaugbereich von Pumpen und im Austrittsbereich von Wasserturbinen, kleiner werden als der Dampfdruck, der von der lokalen Temperatur abhängig ist. Bei dem Phasenübergang entsteht Dampf, der ein viel größeres spezifisches Volumen als die Flüssigkeit hat. Zunächst werden dadurch die Strömungsgeschwindigkeiten beeinflusst; kritisch ist aber das Zusammenbrechen der Dampfblasen bei wieder ansteigendem Druck in der Strömung. Dadurch werden lokal Massenbeschleunigungen der Flüssigkeit ausgelöst, die zu sehr hohen Druckspitzen führen können. Geschieht dies in der Nähe einer Wand, Schaufel oder anderen Bauteilen, so wird durch schnellen Wechsel des Drucks der Werkstoff in der Oberfläche ermüdet und lokal zerstört. Weitere mit Kavitation verbundene Probleme sind Schwingungsanregungen, Lärmerzeugung und die Veränderung des Betriebspunkts. Kavitation ist aus diesen Gründen durch geeignete Maßnahmen bei der Auslegung und der Installation hydraulischer Strömungsmaschinen zu vermeiden [6].

6.3.6 Kondensation bei Dämpfen

Der Phasenübergang vom Dampf zur Flüssigkeit, die Kondensation, erfolgt für einen Anteil in allen Kondensations-Dampfturbinen. Sie lässt sich nicht vermeiden, wenn die im Dampf enthaltene Energie so weit wie möglich ausgenutzt werden soll. Es gibt aber auch bei der Tieftemperaturtechnik Prozesse, bei denen durch Expansion in das Nassdampfgebiet ein Teil des Arbeitsfluids im flüssigen Zustand abgeschieden werden soll (Gastrennung, Gasreinigung). Die Tropfenbildung in Strömungsmaschinen beeinflusst einerseits die thermodynamischen Zusammenhänge; andererseits können die bei ihrer Entstehung sehr kleinen Tropfen durch Einfangen und anschließenden Abriss oder Abschleudern zu größeren anwachsen, deren Bahnen von denen des Dampfes abweichen [2]. Durch ihr Auftreffen auf die Laufschlaufen entstehen Bremsverluste. Außerdem können durch Tropfenschlag an Schaufeln, Wänden und Einbauten Erosionen entstehen.

Die Tropfenbildung wird durch die Wilson-Linie beschrieben, die im h-s-Diagramm die Grenze zwischen rein gasförmigem Zustand und Nassdampf in Abhängigkeit von der Expansionsrate angibt. Je schneller die Expansion, desto stärker kann der Dampf unterkühlt werden, ohne dass sich Tropfen bilden. Dieses Phänomen wurde theoretisch von Gyarmathy [7] vorhergesagt. Moore und Sieverding [8] fassen die experimentellen Ergebnisse für Niederdruck-Dampfturbinen zusammen und Gyarmathy [9] ergänzte diese um die Kondensation bei hohen Drücken, die für die Vorhersage der Kondensationsverluste in Sattdampfturbinen in Kernkraftwerken wichtig ist.

6.4 Schaufelgitter

6.4.1 Anordnung der Schaufeln im Gitter

Anordnungen von Schaufeln, die an entsprechenden Stellen in gleichem Abstand zueinander in einer Fläche liegen, heißen Schaufelgitter. Es gibt sowohl mit dem Gehäuse der Maschine fest verbundene Gitter als Leiteinrichtung (Leit- bzw. Statorschaufelgitter) wie auch rotierende Gitter (Lauf- bzw. Rotorschaufelgitter). In ihnen wird, dem Zweck der Maschine entsprechend, das Fluid umgelenkt und in den Laufgittern dabei Arbeit übertragen (s. Abschn. 6.1.2).

Nach der Anordnung der Schaufeln unterscheidet man:

Axialgitter. Die Schaufeln stehen wie die Speichen eines Rads in dem axial durchströmten Rotationshohlraum mit kreisringförmigem Querschnitt zwischen Nabe und Gehäuse (z. B. Lauf- und Leitgitter in Abb. 6.1a).

Radialgitter. Die Schaufeln sind sternförmig im radial durchströmten Raum zwischen zwei im Wesentlichen achssenkrechten Stromführungen (z. B. Lauf- und Leitgitter in Abb. 6.1b) angeordnet. Ist die Strömung von innen nach außen gerichtet, so handelt es sich um zentrifugal und bei der Richtung von außen nach innen um zentripetal durchströmte Radialgitter.

Diagonalgitter. Die Schaufeln stehen senkrecht zu der unter einem Winkel zwischen 0° und 90° zur Achse durchströmten Rotationshohlraum (z. B. Laufgitter in Abb. 6.1c).

Ebenes gerades Gitter. Die Schaufeln stehen parallel zueinander, mit den Schaufelvorderkanten bzw. -hinterkanten entlang einer Geraden ausgerichtet und werden zwischen zwei ebenen Stromführungen durchströmt. Schaufelgitter werden in dieser Anordnung in Maschinen nicht verwendet. Wickelt man jedoch Axialgitter in die Ebene ab (Abb. 6.2b), so erhält man eine solche Gitteranordnung, an der sich sowohl theoretisch wie auch experimentell grundsätzliche Zusammenhänge für die Umlenkung im Gitter und die Verluste finden lassen.

6.4.2 Leit- und Laufgitter

Es wird angenommen, dass die Systemgrenzen genügend weit vor und hinter den Schaufeln liegen, sodass die Strömung ausgeglichen ist und sich bei kleiner Erstreckung zwischen den inneren und äußeren Strömungsführungen durch einen Zustand und eine Strömungsgeschwindigkeit im Sinne einer eindimensionalen Stromfadentheorie beschreiben lässt.

Leitgitter (′). Ohne Arbeitsleistung ($a' = 0$), ohne Wärmeübertragung ($q' = 0$) liefert der Energieerhaltungssatz (Gl. (6.13)) unter Vernachlässigung der Änderung der potentiellen Energie $g(z'_\mathrm{a} - z'_\mathrm{e})$

$$\begin{aligned}\Delta h'_t &= h'_{t\,\mathrm{a}} - h'_{t\,\mathrm{e}} = 0\\ \Delta h' &= h'_\mathrm{a} - h'_\mathrm{e} = -\frac{1}{2}\left(c'^2_\mathrm{a} - c'^2_\mathrm{e}\right)\\ &= -\left(c'_{u\,\mathrm{a}} - c'_{u\,\mathrm{e}}\right)c'_{u\infty} - \left(c'_{m\,\mathrm{a}} - c'_{m\,\mathrm{e}}\right)c'_{m\infty}.\end{aligned} \tag{6.38}$$

Hierin bedeuten $c'_{u\infty} = (c'_{u\,\mathrm{a}} + c'_{u\,\mathrm{e}})/2$ und $c'_{m\infty} \equiv (c'_{m\,\mathrm{a}} + c'_{m\,\mathrm{e}})/2$.

Mit dem Index ∞ wird der vektorielle Mittelwert der Geschwindigkeiten vor und nach dem Gitter dargestellt wie in der Tragflügeltheorie, wo er die unendlich weit vor und hinter einem Einzeltragflügel erreichte Geschwindigkeit bezeichnet, Abb. 6.4.

Laufgitter (″). Ohne Wärmeübertragung ($q'' = 0$) und ohne Änderung der potentiellen Energie ($\Delta z'' = 0$) liefert der Energieerhaltungssatz (Gl. (6.13))

$$a'' = \Delta h''_t\,, \quad \Delta h'' = a'' - \left(c''^2_\mathrm{a} - c''^2_\mathrm{e}\right)/2. \tag{6.39}$$

Mit a'' aus Gl. (6.5) unter Vernachlässigung der Wandreibung und mit $w^2 = w_u^2 + w_m^2 = (c_u - u)^2 + w_m^2 = c^2 + u^2 - 2c_u u$, also $uc_u = \frac{1}{2}(c^2 - w^2 + u^2)$, folgt

$$\Delta h'' = \left[-\left(w''^2_\mathrm{a} - w''^2_\mathrm{e}\right) + \left(u''^2_\mathrm{a} - u''^2_\mathrm{e}\right)\right]/2. \tag{6.40}$$

Für das Laufgitter gilt ferner

$$\begin{aligned}\Delta h'' = &-\left(w''_{u\,\mathrm{a}} - w''_{u\,\mathrm{e}}\right)w''_{u\infty}\\ &-\left(w''_{m\,\mathrm{a}} - w''_{m\,\mathrm{e}}\right)w_{m\infty}\\ &+\frac{1}{2}\left(u''^2_\mathrm{a} - u''^2_\mathrm{e}\right).\end{aligned} \tag{6.41}$$

Hierin bedeuten $w''_{u\infty} = (w''_{u\,\mathrm{a}} + w''_{u\,\mathrm{e}})/2$ und $w''_{m\infty} = (w''_{m\,\mathrm{a}} + w''_{m\,\mathrm{e}})/2$.

Vergleich der Gitter. Auch wenn man die Absolutgeschwindigkeiten im Leitgitter als Relativgeschwindigkeiten zum (ruhenden) Leitgitter auffasst, also in Gl. (6.38) formal alle c durch w

6

ersetzt, unterscheidet sich die Enthalpieänderung im Laufgitter von der im Leitgitter durch $(u_a''^2 - u_e''^2)/2$. Beim radialen Laufgitter hat die Änderung der Umfangsgeschwindigkeit einen wesentlichen Anteil an der Enthalpiedifferenz (positiv im Fall von zentrifugaler und negativ im Fall von zentripetaler Strömung).

Ebene und axiale Gitter. Hier ändert sich die Umfangsgeschwindigkeit nicht; denn für ebene Gitter kommt nur eine translatorische Bewegung in Frage und für axiale Gitter wird im Rahmen der eindimensionalen Theorie angenommen, dass die Strömung auf Zylinderflächen verläuft. Dann hängt die Enthalpieänderung nur von der Relativströmung zum Lauf- oder Leitgitter ab. Bei gleicher Relativströmung sind die Verluste und entsprechend die Strömungsarbeiten gleich. Die Druckdifferenzen sind aber wegen der veränderlichen spezifischen Volumina verschieden und nur im Sonderfall einer idealen Flüssigkeit gleich.

6.4.3 Einteilung nach Geschwindigkeits- und Druckänderung

Geschwindigkeitsänderungen. Um Leit- und Laufgitter gleichermaßen behandeln zu können, werden alle Geschwindigkeiten als Relativgeschwindigkeiten geschrieben; die Umfangsgeschwindigkeiten sind im Fall des Leitgitters Null zu setzen. Nach dem Einfluss des Gitters auf die Strömung werden unterschieden (Abb. 6.15a–c):

a) Verzögerungsgitter $|w_a| < |w_e|$ und $\Delta h - (u_a^2 - u_e^2)/2 > 0$.
b) Beschleunigungsgitter $|w_a| > |w_e|$ und $\Delta h - (u_a^2 - u_e^2)/2 < 0$.
c) Umlenkgitter $|w_a| = |w_e|$ und $\Delta h - (u_a^2 - u_e^2)/2 = 0$.

Druckänderungen. Hier sind zu unterscheiden: Kompressionsgitter $p_a > p_e$, $y > 0$; Entspannungsgitter $p_a < p_e$, $y < 0$ oder Gleichdruckgitter $p_a = p_e$, $y = 0$.

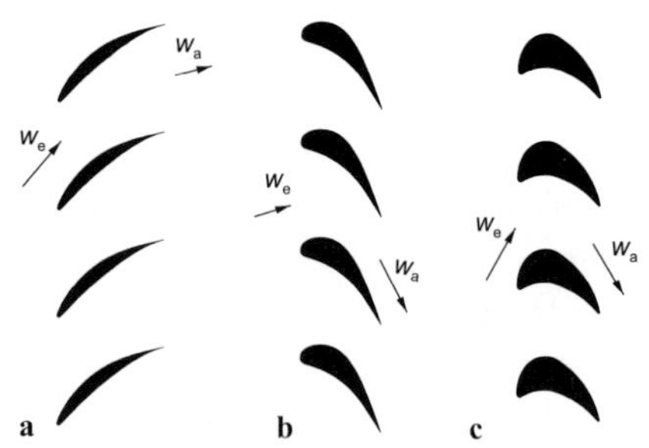

Abb. 6.15 Schaufelgitter. **a** Verzögerungs-, **b** Beschleunigungs-, **c** Umlenkgitter

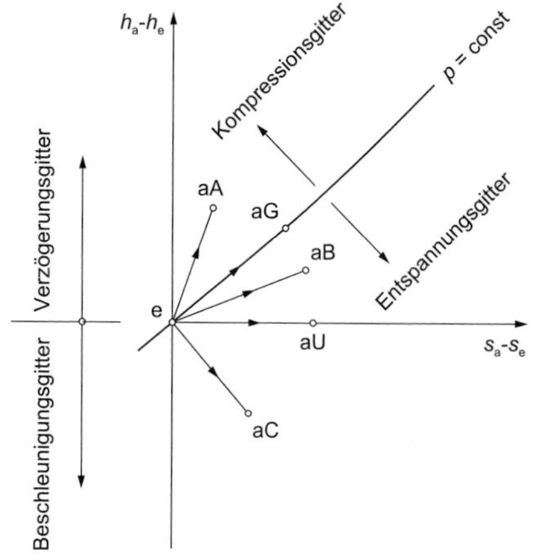

Abb. 6.16 Zustandsänderung im Gitter

Zustandsänderungen. Das *h,s*-Diagramm (Abb. 6.16) zeigt diese vom Eintritt *e* zum Austritt *a*. Dabei gilt die Unterscheidung zwischen Verzögerungs- und Beschleunigungsgittern nach dem Vorzeichen von Δh nur für ebene axiale Gitter. Welche Geschwindigkeitsänderungen zusammen mit entsprechenden Druckänderungen auftreten können, hängt von den Verlusten ab. Für Verdichter liegt der Austrittszustand üblicherweise im Sektor A (Verzögerungs- und Kompressionsgitter), für Turbinen im Sektor C (Beschleunigungs- und Entspannungsgitter). Bei Teillast können Gitter in Turbinen im Sektor B arbeiten (zugleich Verzögerungs- und Entspannungsgitter); die verzögerte Strömung führt dann zu höheren Verlusten. Dieser Bereich wird durch die beiden Spezialfälle Gleichdruckgitter ($y = 0$) mit dem Austrittszustand *G* und Umlenkgitter ($|w_a| = |w_e|$) mit dem Austrittszustand U eingegrenzt.

e-aA: Verzögerung mit Druckzunahme:
$\Delta h > 0$, $\Delta p > 0$,
e-aB: Verzögerung mit Druckabnahme:
$\Delta h > 0$, $\Delta p < 0$,
e-aC: Beschleunigung mit Druckabnahme:
$\Delta h < 0$, $\Delta p < 0$,
e-aG: Gleichdruck mit Verzögerung:
$\Delta h > 0$, $\Delta p = 0$,
e-aU: Umlenkgitter mit Druckabnahme:
$\Delta h = 0$, $\Delta p < 0$.

6.4.4 Reale Strömung in Schaufelgittern

Die reale Strömung in Schaufelgittern ist dreidimensional, reibungsbehaftet und instationär. Zunächst sind Effekte zu betrachten, die auch bei reibungsfreier Strömung auftreten würden. Die unterschiedlichen Geschwindigkeiten auf Saug- und Druckseite der umströmten Schaufeln bewirken Geschwindigkeits- und Druckgradienten innerhalb der Schaufelpassage. Insbesondere bei großer Schaufelhöhe sind Gradienten dieser Strömungsparameter zwischen Nabe und Gehäuse zu verzeichnen. Dadurch wird die dreidimensionale Durchströmung der Gitter, d. h. der Verlauf der Stromlinien, beeinflusst.

Durch Reibung bedingt treten Strömungseffekte auf, die eine Geschwindigkeitskomponente orthogonal zur Hauptströmung (Primärströmung) besitzen und deshalb als Sekundärströmungen bezeichnet werden (Abb. 6.17). Durch die reibungsbehaftete Umströmung der Schaufeln (Profilgrenzschicht: PGS) entsteht durch Zusammenwachsen der Grenzschichten von Druck- und Saugseite eine Nachlaufströmung: NL (Nachlaufdelle), die ein Geschwindigkeitsdefizit besitzt und sich erst in gewissem Abstand hinter dem Gitter vollständig ausmischt. Strömungsgrenzschichten sind ebenfalls an den Seitenwänden vorzufinden (Wandgrenzschicht WGS, Abb. 6.17). Durch Aufstau der WGS an der Profilvorderkante entsteht der Hufeisenwirbel (HEW), der einen druck- und saugseitigen Ast in der Passage ausbildet. Innerhalb des Gitters kann im Wandbereich das Fluid nicht der freien Strömung folgen, sondern fließt entlang den Seitenwänden von Druck- zu Saugseite (DS, SS), um im mittleren Strömungsbereich wieder zurückgeführt zu werden: Kanalwirbel KW. Bei konstruktionsbedingtem Spalt zwischen der Schaufelspitze und Seitenwand tritt, bedingt durch den Druckgradienten zwischen den beiden Schaufelseiten, ein Überströmen auf, wodurch der Radialspaltwirbel (RSW) entsteht, der sich typischerweise spiralförmig einrollt. Durch Ausgleichsströmungen an der Schaufelhinterkante bedingt entstehen Hinterkantenwirbel (HKW). Durch die Querströmung an der Nabe kann eine Eckenablösung (EA) ausgelöst werden. Die Sekundärströmungsphänomene interagieren miteinander und sind wesentlich für die Verlustentstehung in Strömungsmaschinen verantwortlich.

Bei transsonischen oder supersonischen Strömungen treten weiterhin Verdichtungsstöße im Strömungskanal auf, durch die weitere Verluste verursacht werden.

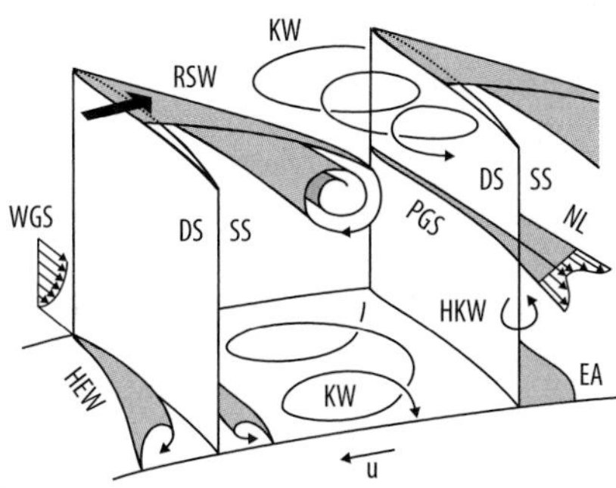

Abb. 6.17 Sekundärströmungen im Axialverdichtergitter (Laufschaufelreihe, Drehrichtung: u)

6.4.5 Gitterauslegung

Die Hauptaufgabe besteht darin, den Zusammenhang zwischen geometrischer Form der Beschaufelung und der Strömung zu bestimmen. Sie stellt sich in den beiden Fällen:

Entwerfen. Form und Stellung der Schaufeln ist so zu bestimmen, dass die gegebene Zuströmung (Art des Fluides, Geschwindigkeitsverteilung nach Betrag und Winkel) im Gitter in eine bestimmte Abströmung (Betrags- und Winkelverteilung) übergeführt wird, dass die dadurch verursachten Verluste möglichst gering sind, und dass die Schaufeln den auftretenden Beanspruchungen standhalten (s. Abschn. 6.8.3 bis 6.8.5).

Nachrechnen oder Messen. Für das in seiner Geometrie gegebene Gitter (Form und Stellung der Schaufeln) und eine bestimmte Zuströmung (Art des Fluids, Geschwindigkeitsverteilung nach Betrag und Winkel) sind die Abströmung des Fluids nach Betrags- und Winkelverteilung und die Verluste zu bestimmen, wozu Lakshminarayana [10] ausführlich Ansätze vorstellt.

Auslegungsaufgabe. „Entwerfen" für einen strömungstechnisch vorgegebenen Fall setzt sog. inverse Verfahren zur Bestimmung der entsprechenden Formen der Schaufel und ihrer Stellung im Gitter voraus. Dabei lässt sich der Verlauf bestimmter Strömungsgrößen entlang der Schaufelkontur z. B. der Geschwindigkeit und des Druckes, für den geringe Verluste erwartet werden, vorgeben. Es stehen bisher jedoch nur wenige und schwer anzuwendende Verfahren zur Verfügung; zugleich müssen dabei auch die durch die mechanische Beanspruchung vorgegebenen Randbedingungen berücksichtigt werden. In der Praxis wird deshalb meistens durch Nachrechnen oder Nachmessen vorgegebener Schaufelgitter und durch iteratives Verbessern dieser Gitter unter strömungstechnischen und mechanischen Gesichtspunkten die „Auslegungsaufgabe" gelöst. Während früher nur das Experiment zum Ziel führte, gibt es heute dafür verschiedene Rechenmethoden und -programme [11]. Dazu ist der schwer erfassbare Einfluss der Schaufeln, des Gehäuses und der Nabe auf die dreidimensionale Strömung quantitativ zu beschreiben. Früher wurde, durch sehr dicht stehende Schaufeln mit nur engen Kanälen, die Strömung auf zur Oberfläche nahezu kongruente Bahnen durch die Schaufelreihe gelenkt. Dabei traten hohe Reibungsverluste auf; diese ließen sich durch eine größere Teilung der Schaufeln vermindern. Die Strombahnen sind dann aber nicht mehr unmittelbar durch die geometrische Form von Schaufeln und Stromführung vorgegeben, sondern müssen im ganzen beschaufelten und unbeschaufelten Raum vor und hinter dem Gitter bestimmt werden.

Berechnung der dreidimensionalen, reibungsbehafteten Strömung. Es ist die dreidimensionale Impulserhaltungsgleichung, die Navier-Stokes-Differentialgleichung Bd. 1, Abschn. 17. 6.1 zusammen mit den anderen Erhaltungsgleichungen für Masse und Energie im gesamten Strömungsraum zu lösen [13]. Zur richtigen Wiedergabe der Reibungswirkung müsste die instationäre Navier-Stokes-Gleichung bei äußerst feiner zeitlicher und örtlicher Diskretisierung numerisch gelöst werden. Meistens werden die Schwankungsterme durch sog. Turbulenzmodelle ersetzt, z. B. Mischungswegansatz von Prandtl oder linearer Zweigleichungsansatz für die kinetische Energie und die Dissipation. Auch anisotrope Gleichungsmodelle entsprechend dem Reynolds'schen Spannungstensor kommen zur Anwendung.

Vereinfachte Berechnungsverfahren. Zwei grundsätzliche, abstrahierende Ideen erlauben näherungsweise eine Aufteilung in Teilprobleme, die sich mathematisch einfacher behandeln lassen.

Trennung zwischen Grenzschicht und reibungsfreier Strömung. Die Wirkung der Reibung ist nach Prandtl (Abb. 6.17) im Wesentlichen auf wandnahe und nur dünne Schichten mit großen Geschwindigkeitsgradienten beschränkt [12]. Näherungsweise kann zunächst die reibungsfrei angenommene Strömung durch Lösen der Potentialgleichung berechnet werden. Mit dem Geschwindigkeitsverlauf entlang der Wand lässt sich die reibungsbehaftete, aber nur dünne Grenzschicht berechnen. Daraus folgen die Verluste und eine Korrektur für die Begrenzung der reibungsfreien Strömung, die nur außerhalb der Grenzschicht anzunehmen ist. Rechenverfahren für die reibungsfreie Strömung und Grenzschichtverfahren sind also in diesem Fall iterativ zu lösen.

Für die von der Euler-Gleichung zusammen mit den anderen Erhaltungssätzen beschriebene reibungsfreie Strömung gibt es sowohl Integral- wie auch numerische Feldmethoden. Im ersten Fall müssen die Konturen der Schaufeln als Verzweigungsstromlinie formuliert werden, im zweiten Fall werden die Differentialgleichungen durch finite Differenzengleichungen ersetzt und für ein zwischen die Berandungen gelegtes Netz berechnet. Hier werden vor allem sog. Zeitschrittverfahren eingesetzt, die eine vorgegebene Näherungslösung als möglichen Momentanzustand eines instationären Zustands auffassen. Bei gleichbleibenden Randbedingungen wird in zeitlichen Schritten die Lösung errechnet. Vorteil des Verfahrens ist der für Unter-, Trans- und Überschallströmungen durchgehend hyperbolische Charakter des Verfahrens.

Für die Grenzschicht lässt sich durch Vernachlässigung von Gliedern kleinerer Größenordnung ein parabolisches Gleichungssystem ableiten. Es gibt zwei Gruppen von Berechnungsmethoden: Bei den Integralmethoden werden bereits über die Grenzschichtdicke integrierte Größen in das Gleichungssystem eingeführt. Im anderen Fall werden die in Differenzengleichungen umgewandelten Differentialgleichungen im ganzen Grenzschichtgebiet schrittweise gelöst. Beide Verfahren gelten grundsätzlich nur für an den Begrenzungen anliegende Strömungen, also nur bis zu dem Ablösepunkt. Für hochbelastete Gitter können in Ablösegebieten sog. inverse Verfahren eingesetzt werden. Hierbei werden Annahmen für die Ablösegebiete iterativ mit den Bedingungen der Außenströmung in Einklang gebracht.

Aufteilung in gekoppelte zweidimensionale Strömungsprobleme. Die Strömung durch den beschaufelten Raum wird aufgeteilt in Stromflächen, die sich von Schaufel zu Schaufel (S_1-Flächen) und von der inneren zur äußeren Stromführung (S_2-Flächen) erstrecken, Abb. 6.18. Dadurch wird die Berechnung der dreidimensionalen Strömung auf zwei zweidimensionale Strömungsprobleme aufgeteilt, die iterativ mit den entsprechenden zweidimensionalen Verfahren zu lösen sind.

Hierbei wird meistens vereinfachend die Annahme gemacht, es handle sich durchgehend um eine rotationssymmetrische Strömung. In Wirklichkeit sind die S_1-Flächen je nach radialer Lage unterschiedlich gewölbt, und die S_2-Flächen hängen von der Lage zwischen den benachbarten Schaufeln ab.

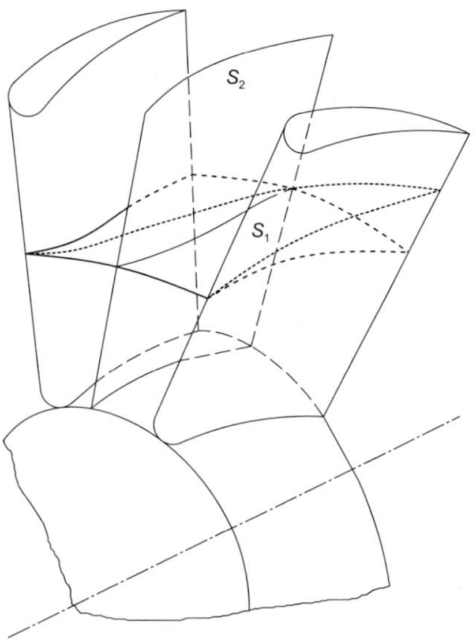

Abb. 6.18 Beschreibung der Strömung in Flächen zwischen den Schaufeln (S_1) und zwischen den Stromführungen (S_2); *gepunktet*: S_1 mit Verwölbung, ausgezogen: S_1 axialsymmetrische

Für die Berechnung der reibungsfreien Strömung in S_2-Flächen werden häufig noch weiter vereinfachte Verfahren eingesetzt: Stromlinienkrümmungsverfahren und Verfahren zur Erfüllung der radialen Gleichgewichtsbedingung [10].

6.4.6 Strömungsverluste

Die Gitterverluste lassen sich aufteilen in den Profilverlust und den Verlust an den Schaufelenden.

Profilverlust. Er entsteht bei der zweidimensionalen Durchströmung des Gitters auf einer S_1-Stromfläche, Abb. 6.18. Er wird durch die aerodynamische Profilierung der Schaufeln und deren Anordnung im Gitter beeinflusst. Als Kenngröße für diesen Verlustanteil kann er prinzipiell auf jedes Quadrat einer charakteristischen Geschwindigkeit z. B. Δw_u bezogen werden. Soll diese Kenngröße aber ein Maß für die aerodynamische Güte des Gitters sein, so muss die Bezugsgeschwindigkeit gefunden werden, die innerhalb der an das Gitter gestellten Aufgabe für die Entstehung des Verlust verantwortlich ist.

Mittlere Gleitzahl. In Analogie zur Tragflügeltheorie lässt sich als für den Profilverlust verantwortliche kinetische Energie ableiten

$$w_{\mathrm{B}}^2 = \left(w_{m\infty}^2 + w_{u\infty}^2 + \Delta w_u^2/12\right) \Delta w_u / w_m.$$

Als mittlere Gleitzahl wird der Profilverlust auf diese kinetische Energie bezogen,

$$\begin{aligned} \bar{\varepsilon} &= j_p / w_{\mathrm{B}}^2 \\ &= j_p \left(w_m / \Delta w_u\right) / (w_{m\infty}^2 + w_{u\infty}^2 + \Delta w_u^2/12\right). \end{aligned} \tag{6.42}$$

Mit aerodynamisch gut ausgebildeten Gittern können unabhängig von der Aufgabe des Gitters Gleitzahlen zwischen $\bar{\varepsilon} = 0{,}01 \ldots 0{,}02$ erreicht werden; nach [2] gelten die höheren Werte für kleine Abströmwinkel und große Umlenkungen.

Verluste an den Schaufelenden. Die Strömung erleidet im mittleren Bereich der Schaufeln nur die Profilverluste. An den Schaufelenden, und zwar sowohl zur äußeren wie auch zur inneren Stromführung hin, treten zusätzliche Verluste durch die Wände und die Spalte zwischen Schaufeln und Wand auf, s. Abschn. 6.4.4. Für axiale Gitter lassen sich die Einflüsse der beiden Enden auf die Verluste und den Massenstrom trennen. Dazu wird vorausgesetzt, dass einerseits bei genügend großer Höhe l zur Profilsehne s zwischen den Schaufelenden eine von diesen ungestörte Strömung vorhanden ist; andererseits soll sich bei nicht zu großer Erstreckung l/s die Strömung an der inneren und äußeren Stromführung nur wenig unterscheiden. Der Verlust beträgt:

$$j = \frac{j_p + (s/l)\left(j_{\mathrm{R}} + j_{\mathrm{Sp}}\right)}{1 - (s/l)\left(\mu_{\mathrm{R}} - \mu_{\mathrm{Sp}}\right)}. \tag{6.43}$$

Hierbei entstehen zusätzlich zum Profilverlust die Dissipationen j_{R} infolge des Abschlusses der Schaufel durch die Stromführung (ohne Spalteinfluss) und j_{Sp} infolge eines Spalts zwischen Schaufelende und Stromführung. Mit der Verminderung μ_{R} des Massenflusses infolge der Begrenzung und der Vermehrung μ_{Sp} infolge der Spaltströmung gilt für Gitter, die auf einer Seite einen Spalt gegenüber der Stromführung haben, näherungsweise

$$\begin{aligned} j_{\mathrm{R}} &= 0,06\left(w_{m\infty}^2/2\right) \\ &\quad + 0,0614\,(t/s)\,(\Delta w_u / w_2)^4 \left(w_2^2/2\right), \\ j_{\mathrm{Sp}} &= A(2 - 3As/l + A^2(s/l)^2 w_2^2/2 \end{aligned}$$

mit der Abkürzung

$$A = \delta_{\mathrm{Sp}}/t \sqrt{2(t/s) w_\infty \left|\Delta w_u\right| / w_{m\infty}^2},$$

mit $\mu_{\mathrm{R}} = (1 - B)[(D_{\mathrm{N}}/2l) + 1]$ mit $0{,}99 \leq B \leq 1$ und D_{N} Nabendurchmesser und Profilabstand t

$$\begin{aligned} \mu_{\mathrm{Sp}} &= D_{\mathrm{Sp}} \delta_{\mathrm{Sp}} / \left(D_m s\right) \\ &\quad \cdot \sqrt{2\,(t/s)\, w_\infty \left|\Delta w_u\right| / w_{m\infty}^2 \,(-\cos\beta_\infty)}. \end{aligned}$$

Hierbei sind D_{Sp} Durchmesser an der Stelle des Spalts, D_{m} mittlerer Durchmesser und δ_{Sp} Spaltweite.

Bei Deckbändern oder Deckplatten lassen sich ähnliche Ansätze finden, jedoch hängt der Spaltstrom sehr stark von der Art der Dichtung im Spalt ab.

6.5 Stufen

6.5.1 Zusammensetzen von Gittern zu Stufen

Leit- und Laufgitter werden zu Stufen so hintereinander angeordnet, dass möglichst in beiden folgende Zustandsänderungen stattfinden (s. Abschn. 6.1.5 und 6.1.6): bei Verdichtern (Abb. 6.19) Enthalpie- und Druckerhöhung in der Folge Lauf-, Leitgitter und bei Turbinen (Abb. 6.20) Enthalpie- und Druckabsenkung in der Folge Leit-, Laufgitter.

Hier gilt für die Verdichter- wie auch für die Turbinenstufe 1 und 2 für die Querschnitte vor und nach dem Laufgitter. Für die ganze Stufe wird dann für Verdichter: 1, 2, 3 und für Turbinen: 0, 1, 2 gewählt. Wegen der Hintereinanderschaltung addieren sich die Änderungen aller

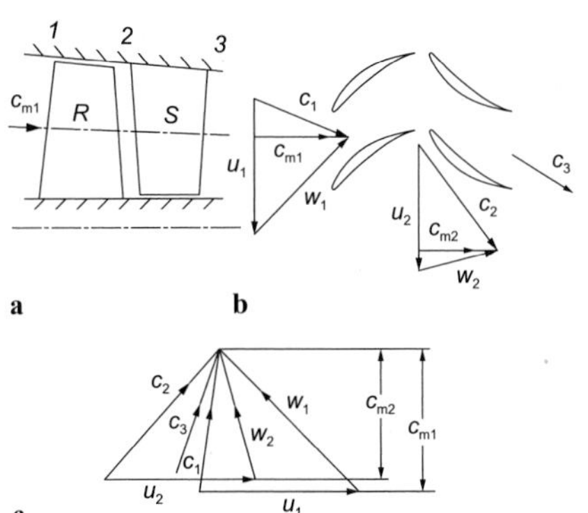

Abb. 6.19 Verdichterstufe. **a** Meridianschnitt; **b** Abwicklung; **c** Geschwindigkeitsdreieck

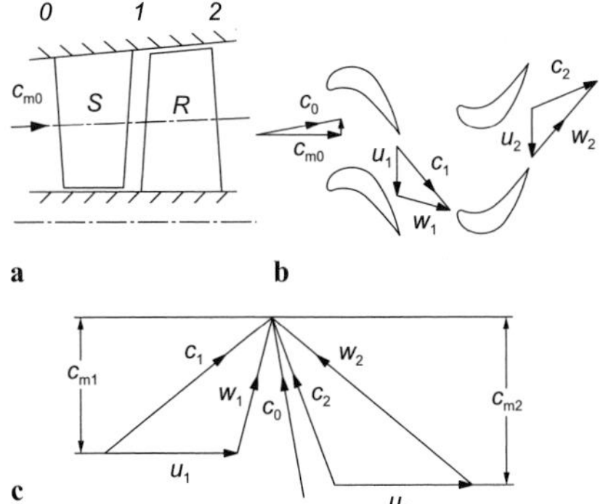

Abb. 6.20 Turbinenstufe. **a** Meridianschnitt; **b** Abwicklung; **c** Geschwindigkeitsdreieck

Zustandsgrößen im Leit- (′) und Laufgitter (″)

$$\begin{aligned} \Delta h &= \Delta h' + \Delta h'', \quad \Delta p = \Delta p' + \Delta p'' , \\ \Delta s &= \Delta s' + \Delta s'' , \\ \Delta T &= \Delta T' + \Delta T'', \quad \Delta v = \Delta v' + \Delta v'' , \end{aligned} \tag{6.44}$$

wobei Δ jeweils die Änderung der Größe am Austritt gegenüber dem Eintritt bedeutet.

Die Zustandsänderungen (Abb. 6.21) in den einzelnen Gittern und ihre Addition zeigt das Enthalpie (h)-, Entropie (s)-Diagramm.

Die wegabhängigen Integrale der Strömungsarbeit y und der Dissipation j für die einzelnen Gitter sind nur in dem Fall exakt zu den entsprechenden Integralen für die Stufe zusammenzusetzen, wenn auch für die Stufe die gleichen polytropen Zustandsänderungen wie für die einzelnen Gitter angenommen werden, also zwei Polytropen durch den Zustand im Spalt zwischen Lauf- und Leitgittern gelegt werden

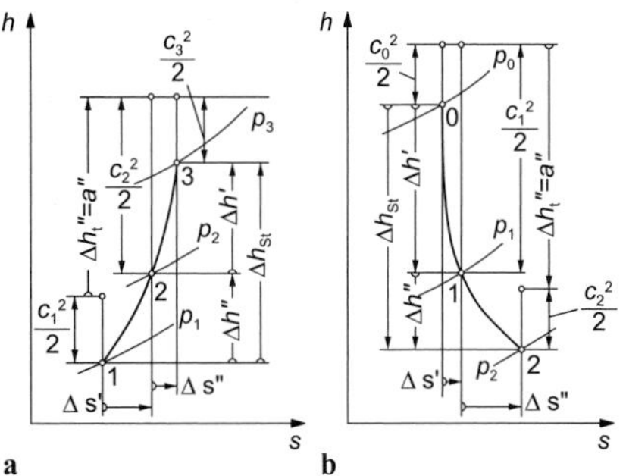

Abb. 6.21 Zustandsänderungen in der Stufe. **a** Verdichterstufe; **b** Turbinenstufe

$$y_\Sigma = y' + y'' , \quad j_\Sigma = j' + j'' . \tag{6.45}$$

Für die Stufe wird oft eine durchgehende Polytrope durch den Ein- und Austritt gelegt (gestrichelt in Abb. 6.21), entlang der Strömungsarbeit und Dissipation nur näherungsweise gleich der Summe der Integrale für die einzelnen Gitterpolytropen sind

$$y_{\mathrm{St}} \cong y' + y'' , \quad j_{\mathrm{St}} \cong j' + j'' . \tag{6.46}$$

Arbeit wird nur im Laufgitter zu oder abgeführt; $a'' = a$, $a' = 0$, die Totalenthalpie ändert sich also nur im Laufgitter (Gl. (6.39)), während sie im Leitgitter konstant bleibt (Gl. (6.38)).

Da Arbeitsübertragung durch die Umlenkung der Strömung im Laufgitter zustande kommt (s. Abschn. 6.1.2) müssen die Geschwindigkeiten vor und nach dem Laufgitter verschiedene Richtungen und Beträge haben (Abb. 6.20c und 6.21b):

$$\begin{aligned} a = a'' &= c_{u2}u_2 - c_{u1}u_1 = u_2 \Delta c''_u + c_{u1} \Delta u'' \\ &= u_2 \Delta w''_u + (c_{u1} + u_2)\, \Delta u'' \end{aligned} \tag{6.47}$$

(Δ Anmerkung zu Gl. (6.44)). Die Arbeit hängt also nur von den Geschwindigkeiten und Komponenten in Umfangsrichtung und von deren Änderungen ab.

Im Leitgitter muss entweder der in der Strömung nach dem Laufgitter verbliebene Drall in statische Energie umgewandelt werden (Verdichterstufe) oder der Drall vor dem Laufgitter er-

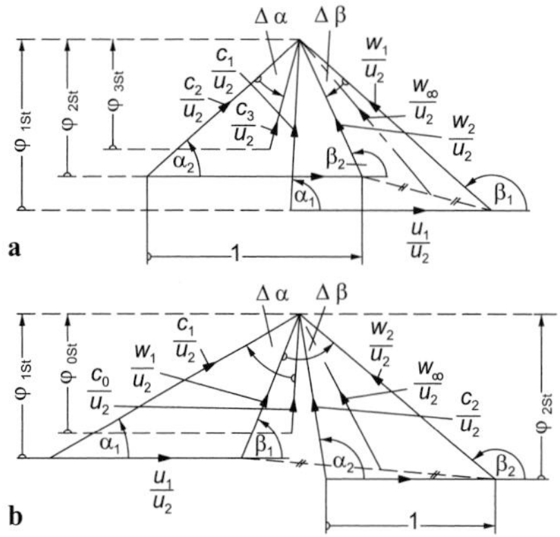

Abb. 6.22 Dimensionslose Geschwindigkeitsdreiecke. **a** Verdichterstufe; **b** Turbinenstufe

zeugt werden (Turbinenstufe); meist ist der Vordrall vor und der Restdrall nach der Stufe klein; dann sind die Dralländerungen im Lauf- und Leitgitter ungefähr gleich groß und entgegengesetzt gerichtet also $\Delta c'_u \cong -\Delta c''_u = -\Delta w''_u - \Delta u$.

6.5.2 Stufenkenngrößen

Die Geschwindigkeitsdreiecke einer Stufe lassen sich vorgeben durch die Geschwindigkeitsvektoren in den drei Querschnitten bzw. deren sechs Komponenten jeweils in meridionaler und Umfangsrichtung und durch zwei Umfangsgeschwindigkeiten:

Verdichterstufe $c_{u1}, c_{m1}, u_1, c_{u2}, c_{m2}, u_2, c_{u3}, c_{m3}$,
Turbinenstufe $c_{u0}, c_{m0}, c_{u1}, c_{m1}, u_1, c_{u2}, c_{m2}, u_2$.

Normierte Geschwindigkeiten. Für Gitter ist Δw_u, für Stufen u_2 die Bezugsgröße, Abb. 6.22. Die normierten Vektoren der Gitter-Geschwindigkeiten sind also für die Stufen mit $-\Delta w_u/u_2$ zu multiplizieren. Den acht zur Beschreibung der Dreiecke notwendigen Geschwindigkeiten entsprechen sieben normierte Verhältnisse.

Stufen-Enthalpie-Kenngröße. Zu vorgegebenen Geschwindigkeiten gehören bestimmte Enthalpieänderungen (Gln. (6.38) und (6.39)), die sich z. B. für die Verdichterstufe aus denen für die beiden Gitter zusammensetzen lassen: $\Delta h_V = c_{u2}u_2 - c_{u1}u_1 - 1/2(c_3^2 - c_1^2)$.

Division durch $u_2^2/2$ ergibt für die Verdichterstufe

$$\psi_{hV} = \frac{\Delta h_V}{u_2^2/2} = 2\left(\frac{c_{u2}}{u_2} - \frac{u_1}{u_2}\frac{c_{u1}}{u_2}\right) - \left[\varphi_3^2 + \left(\frac{c_{u3}}{u_2}\right)^2 - \varphi_1^2 - \left(\frac{c_{u1}}{u_2}\right)^2\right]. \tag{6.48}$$

und für die Turbinenstufe

$$\psi_{hT} = \frac{\Delta h_T}{u_2^2/2} = 2\left(\frac{c_{u2}}{u_2} - \frac{u_1}{u_2}\frac{c_{u1}}{u_2}\right) - \left[\varphi_2^2 + \left(\frac{c_{u2}}{u_2}\right)^2 - \varphi_0^2 - \left(\frac{c_{u0}}{u_2}\right)^2\right] \tag{6.49}$$

Für Verdichter kommt es bei ungefähr axialer Zu- und Abströmung hauptsächlich auf $2c_{u2}/u_2$, für Turbinen auf $-2u_1\, c_{u1}/u_2^2$ an. Bei Verdichtern können in den Gittern nur kleinere Umlenkungen verwirklicht werden (verzögerte Strömung) als bei Turbinen (beschleunigte Strömung). Deshalb ist der Betrag des für Verdichter maßgebenden Geschwindigkeitsverhältnisses kleiner als der des für Turbinen gültigen, Abb. 6.22. Folglich kann in einer Verdichterstufe nur weniger Enthalpie umgesetzt werden als in einer Turbinenstufe.

Durchfluss-Kenngrößen. Es gilt

$$\varphi_0 = c_{m0}/u_2, \quad \varphi_1 = c_{m1}/u_2,$$
$$\varphi_2 = c_{m2}/u_2 \quad \text{und} \quad \varphi_3 = c_{m3}/u_2. \tag{6.50}$$

Sie sind die Ordinaten in den normierten Geschwindigkeitsdreiecken.

Enthalpie-Reaktionsgrad. Er ist das Verhältnis der Enthalpieänderung im Laufrad zur gesamten Enthalpieänderung in der Stufe.

Verdichterstufe:

$$\begin{aligned}\rho_{hV} &= \frac{\Delta h''}{\Delta h} = 1 - \frac{\Delta h'}{\Delta h}\\ &= 1 - \left[(c_{m2}/u_2)^2 + (c_{u2}/u_2)^2\right.\\ &\quad \left. - (c_{m3}/u_2)^2 - (c_{u3}/u_2)^2\right]/(\psi_{hV})\\ &= \left[-\Delta w_u w_{u\infty}/u_2^2 - \Delta w_m w_{m\infty}/u_2^2\right.\\ &\quad \left. + \Delta u u_\infty/u_2^2\right]/\left[\Delta c_u/u_2 + c_{u1}\Delta u/u_2^2\right.\\ &\quad \left. - (c_3 + c_1)(c_3 - c_1)/\left(2u_2^2\right)\right].\end{aligned} \tag{6.51}$$

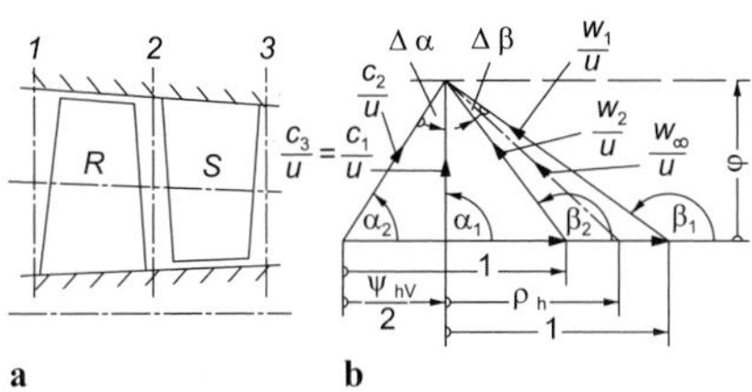

Abb. 6.23 Axiale Repetierstufe eines Verdichters. **a** Meridianschnitt; **b** normierte Geschwindigkeitsdreiecke

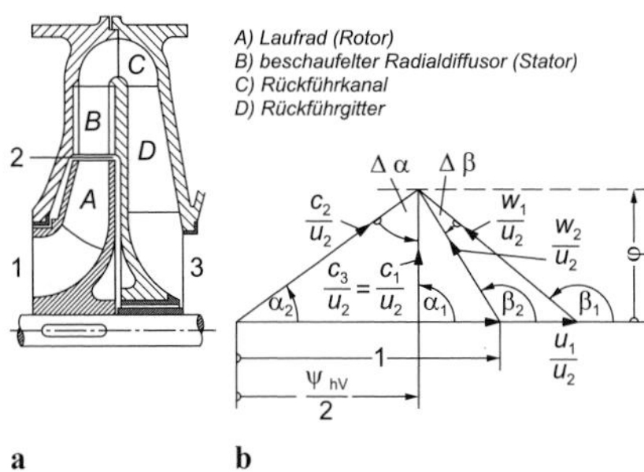

Abb. 6.24 Radiale Repetierstufe eines Verdichters. **a** Meridianschnitt; **b** normierte Geschwindigkeitsdreiecke

Turbinenstufe:

$$\begin{aligned}\rho_{h\mathrm{T}} &= \frac{\Delta h''}{\Delta h} = 1 - \frac{\Delta h'}{\Delta h}\\ &= 1 - \left[(c_{m0}/u_2)^2 + (c_{u0}/u_2)^2 - (c_{m1}/u_2)^2\right.\\ &\quad \left.- (c_{u1}/u_2)^2\right]/\left[\psi_{h\mathrm{T}}\right]\\ &= \left[-\Delta w_u w_{u\infty}/u_2^2 - \Delta w_m w_{m\infty}/u_2^2\right.\\ &\quad \left.+ \Delta u u_\infty/u_2^2\right]/\left[\Delta c_u/u_2 + c_{u1}\Delta u/u_2^2\right.\\ &\quad \left.- (c_2 + c_0)\,(c_2 - c_0)\,/\,\left(2u_2^2\right)\right].\end{aligned} \tag{6.52}$$

Bei geringer Änderung der Meridionalgeschwindigkeit Δw_m und der Umfangsgeschwindigkeit Δu kommt es für Verdichter und Turbine hauptsächlich auf $-\Delta w_u w_{u\infty}/\Delta c_u u_2 = -w_{u\infty}/u_2$ mit $\Delta c_u = \Delta w_u + \Delta u$ an. Infolge der im Verdichter nur kleineren zu verwirklichenden Umlenkungen ist der Vektor w_∞ stärker gegen die Umfangsrichtung geneigt als in Turbinen, Abb. 6.22, 6.23 und 6.24. Deshalb ist der Reaktionsgrad für Verdichter $\rho_{h\mathrm{V}} = 0{,}5\ldots1{,}0$ und für Turbinen $\rho_{h\mathrm{T}} = 0\ldots0{,}5$.

Stufen-Druck-Kenngröße. Enthalpieänderung und Strömungsarbeit sind nach Gl. (6.16) durch die Verluste miteinander verknüpft $\Delta h = y + j$, wenn in der Stufe keine Wärme nach oder von außen übertragen wird (adiabat). Wird die Strömungsarbeit auf die gleiche kinetische Energie wie die Enthalpiedifferenz bezogen, so ergeben sich die Druckkenngrößen für

$$\begin{aligned}&\text{Verdichter} \quad \psi_{y\mathrm{V}} \equiv \frac{y_\mathrm{V}}{u_2^2/2},\\ &\text{Turbinen} \quad \psi_{y\mathrm{T}} \equiv \frac{y_T}{u_2^2/2}.\end{aligned} \tag{6.53}$$

Stufen-Wirkungsgrad. Nach den Definitionen in Gln. (6.22) und (6.23) ist im adiabaten Fall und bei Vernachlässigung der Änderung der potentiellen Energie für

$$\begin{aligned}&\text{Verdichter} \quad \eta_\mathrm{V} = y/\Delta h = \psi_y/\psi_h,\\ &\text{Turbinen} \quad \eta_\mathrm{T} = \Delta h/y = \psi_h/\psi_y.\end{aligned} \tag{6.54}$$

Reibungseinfluss. Analog zum Gitter ist für die Verluste und damit die Beziehung zwischen Enthalpieänderung, Strömungsarbeit und Wirkungsgrad der Einfluss der Reibung zu berücksichtigen. Die Reynoldszahl wird als Ähnlichkeitsparameter für die Stufe üblicherweise mit der Umfangsgeschwindigkeit u_2 gebildet $\mathrm{Re} = \rho_2 u_2 D_2/\mu$, obwohl u_2 die Führungs- und keine Strömungsgeschwindigkeit ist. Diese stehen aber über die normierten Geschwindigkeiten miteinander in Beziehung. Für den Turbulenzgrad wird die gleiche Definition verwendet wie auch für Gitter.

Kompressibilitätseinfluss. Auch die Machzahl wird für Stufen üblicherweise mit der Umfangsgeschwindigkeit gebildet $Ma = u_2/c_{s2}$. Die Fluideigenschaften sind in gleicher Weise zu berücksichtigen wie für Gitter.

Schluckkenngröße. Sie wird hauptsächlich für Turbinenstufen angewendet

$$\mu_\mathrm{T} = c_{m2}/\sqrt{2\,|y|} = \varphi_2/\sqrt{|\psi_y|} \tag{6.55}$$

und hängt von den vorgenannten Kenngrößen ab. Für eine Düse oder Blende bestimmter Geometrie wäre sie konstant; für eine Axialturbine ändert sie sich für eine einzelne Stufe nur wenig, auch wenn die Drehzahl variiert wird. Dagegen wirkt sich in Radial-Turbinenstufen das mit der Drehzahl veränderliche Rotationsfeld auf ihren Verlauf aus.

6.5.3 Axiale Repetierstufe eines vielstufigen Verdichters

Axialstufe. Werden die S_1-Stromflächen im idealisierten Fall als Zylinderflächen angenommen (Abb. 6.23a), ist die Umfangsgeschwindigkeit des rotierenden Systems in der mittleren Stromfläche überall gleich

$$u_1 = u_2 = u \quad \text{bzw.} \quad u_1/u_2 = 1. \qquad (6.56)$$

Repetierstufe. Wenn gleichartige Stufen unter ähnlichen Bedingungen, also bei gleichen normierten Geschwindigkeitsdreiecken arbeiten, so lassen sich die Eigenschaften der Stufengruppe leicht aus denen der Einzelstufen ableiten; bei kompressiblen Fluiden ist dann die Schaufellänge dem spezifischen Volumen anzupassen. Zu- und Abströmung müssen in diesem Fall für alle Stufen gleich sein; damit gilt für die Geschwindigkeit und mit Gl. (6.50)

$$c_1 = c_3, \quad c_{u1}/u = c_{u3}/u,$$
$$\varphi_1 = \varphi_3 = c_{m1}/u = c_{m3}/u. \qquad (6.57)$$

Eine solche Stufe kann auch einzeln verwendet werden, wenn die Zu- und Abströmung dieser Bedingung genügt.

Meridianschnitt. Für die Strömungsführung ergeben sich gleichmäßige Konturen nur, wenn die Meridiankomponente der Geschwindigkeit zwischen Lauf- und Leitgitter gleich groß ist wie vor oder hinter der Stufe:

$$c_{m2} = c_{m1} = c_{m3}, \quad \varphi_2 = \varphi_1 = \varphi_3 = \varphi. \qquad (6.58)$$

Durch die Gln. (6.56) bis (6.58) lassen sich vier der sieben im allgemeinen Fall zur Beschreibung normierter Geschwindigkeitsdreiecke notwendigen Verhältnisse eliminieren. Es verbleiben

$$c_{u1}/u = c_{u3}/u, \quad c_{u2}/u \quad \text{und} \quad \varphi. \qquad (6.59)$$

Drallfreie Zu- und Abströmung. In diesem für die Auslegung oft gewählten Fall hängt das Eintrittsdreieck (1) mit $c_{u1}/u = c_{u3}/u = 0$ nur noch von φ ab, das Austrittsdreieck (2) zusätzlich von c_{u2}/u. Es ergeben sich einfache Ausdrücke für die Enthalpie-Kenngrößen (Gl. (6.48)) $\Psi_{hV} = 2c_{u2}/u$ und für den Enthalpie- Reaktionsgrad (Gl. (6.51)) $\varrho_{hV} = -w_{u\infty}/u$. Beide Kenngrößen können aus dem normierten Geschwindigkeitsdreieck (Abb. 6.23b) abgegriffen werden.

Mitdrall. Die relative Anströmgeschwindigkeit zum Laufgitter lässt sich auch in Hochgeschwindigkeits-Verdichtern unter der Schallgeschwindigkeit halten ($Ma = w_1/c_{s1} < 1$), wenn durch ein Vorleitrad ein Mitdrall ($c_{u1}/u > 0$) eingeführt wird. Mit einem Vorleitrad mit drehbaren Schaufeln lassen sich über den Vordrall Druckverhältnis und Durchfluss des Verdichters regeln (s. Abschn. 6.7 und 12.4).

6.5.4 Radiale Repetierstufe eines Verdichters

Umfangsgeschwindigkeits-Zunahme. Hier sind die Umfangsgeschwindigkeiten nicht gleich. Bei zentrifugaler Durchströmung (Abb. 6.24a) wird $u_1/u_2 < 1$. Es werden alle Größen auf u_2 bezogen.

Die Gln. (6.57) bis (6.59) gelten auch hier. Da die normierte Umfangsgeschwindigkeit am Eintritt (1) kleiner ist, wird bei etwa gleichen Winkeln das ganze Geschwindigkeitsdreieck kleiner. Am Laufgitter-Austritt (2) ist die Umfangsgeschwindigkeit $u_2/u_2 = 1$ also größer als u_1/u_2 am Eintritt. Deshalb ist der Winkel α_2 spitzer, unter dem c_2/u_2 steht.

Drallfreie Zu- und Abströmung. Für Radialstufen ist auch in diesem Fall die Enthalpie-Kenngröße $\Psi_{hV} = 2c_{u2}/u_2$ wie bei Axialstufen im analogen Fall (Abb. 6.24b), ist aber wegen der Zunahme der Umfangsgeschwindigkeit dem Betrag nach größer. Sie lässt sich im Geschwindigkeitsdreieck ebenso darstellen. Jedoch vereinfacht sich der Enthalpie-Reaktionsgrad (Gl. (6.51)) wegen der Änderung der Umfangsgeschwindigkeit nur wenig,

$$\rho_{hV} = \frac{-\Delta w_u w_{u\infty} + \Delta u u_\infty}{\Delta c_u u_2 + \Delta u c_{u1}}, \qquad (6.60)$$

sodass er im Geschwindigkeitsdreieck nicht darzustellen ist.

Vordrall. Auslegung mit Vordrall bringt i. Allg. bei beschränkter Umlenkungsmöglichkeit keine Vorteile. Veränderlicher Vordrall wird zur Regelung eingesetzt (s. Abschn. 6.7 und 12.4).

6.5.5 Kenngrößen-Bereiche für Verdichterstufen

In Radialverdichterstufen sind höhere Werte der Enthalpie-Kenngröße zu erreichen als in axialen (s. Abschn. 6.5.3). Wegen der kleineren normierten Umfangsgeschwindigkeit u_1/u_2 ist für Radialverdichterstufen bei ungefähr gleichen Strömungswinkeln auch die bezogene Meridian-Geschwindigkeits-Komponente $\varphi = c_{m1}/u_2 = c_{m2}/u_2$ kleiner. Das Ψ_h, φ-Diagramm (Abb. 6.25) zeigt die Felder für Radial- bzw. Axialverdichterstufen zusammen mit den erreichbaren Wirkungsgraden.

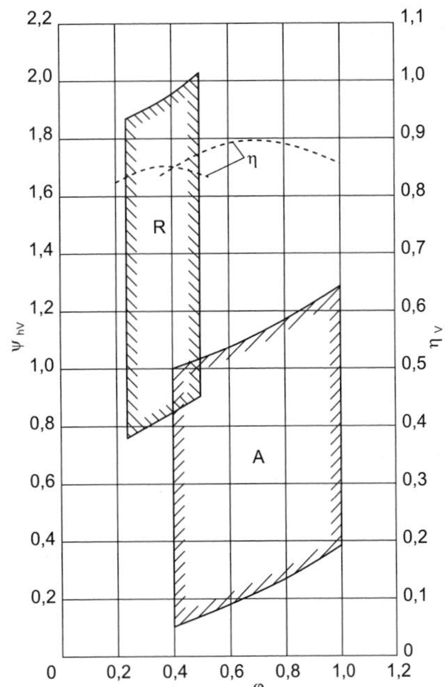

Abb. 6.25 Bereiche der Enthalpie(ψ_{hV})- und Durchfluss(φ)-Kenngrößen, erreichbarer Wirkungsgrad für Radial- und Axialverdichterstufen R und A

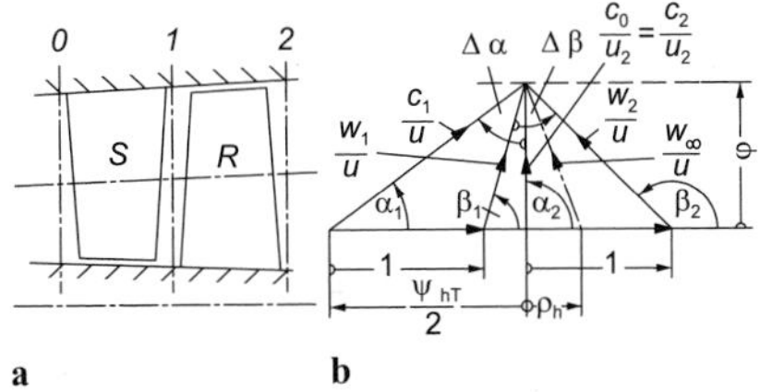

Abb. 6.26 Axiale Repetierstufe einer Turbine. **a** Meridianschnitt; **b** normierte Geschwindigkeitsdreiecke

6.5.6 Axiale Repetierstufe einer Turbine

Axiale Repetierstufe. Hier gelten die entsprechenden Annahmen wie für Verdichter (s. Abschn. 6.5.4).

Gleiche Umfangsgeschwindigkeit (Abb. 6.26):

$$u_1 = u_2 = u \quad \text{und} \quad u_1/u_2 = 1. \qquad (6.61)$$

Repetierbedingung:

$$c_0 = c_2\,; \quad c_{u0}/u = c_{u2}/u \quad \text{und}$$
$$\varphi_0 = \varphi_2 = c_{m0}/u_2 = c_{m2}/u_2. \qquad (6.62)$$

Gleiche Meridiankomponente im Spalt zwischen Leit- und Laufgitter wie vor und hinter der Stufe

$$c_{m1} = c_{m0} = c_{m2}\,, \quad \varphi_1 = \varphi_0 = \varphi_2 = \varphi. \qquad (6.63)$$

Neben diesen Voraussetzungen können zur Festlegung der normierten Geschwindigkeitsdreiecke nur noch $c_{u0}/u = c_{u2}/u$; c_{u1}/u; und φ_2 gewählt werden.

Drallfreie Zu- und Abströmung. Mit $c_{u0}/u = c_{u2}/u = 0$ hängt das normierte Eintrittsdreieck (1) nur noch von φ ab und das

Austrittsdreieck (2) zusätzlich von c_{u1}/u_2. Es gilt:

Enthalpiekenngröße (Gl. 6.49) $\Psi_{hT} = -2c_{u1}/u$,

Enthalpie-Reaktionsgrad (Gl. 6.52) $\varrho_{hT} = -w_{u\infty}/u$.

Diese Kenngrößen lassen sich den normierten Geschwindigkeitsdreiecken entnehmen. Nach ihrer Wahl werden zwei Spezialfälle unterschieden:

Reaktionsstufe. Wird das noch freie Geschwindigkeitsverhältnis, $c_{u1}/u = 1$ gewählt (Abb. 6.27a) so ergeben sich $\Psi_{hT} = -2$, $\varrho_h = 0{,}5$ bei $\varphi = 0{,}3\ldots0{,}4$. Die Umlenkungen in Leit- ($\Delta\alpha$) und Laufgitter ($\Delta\beta$) sind gleich und vergleichsweise klein. In Leit- und Laufgitter können symmetrische Gitter sonst gleicher Geometrie, insbesondere gleicher Profilierung, mit guten Wirkungsgraden eingesetzt werden. Infolge gleichen Enthalpieabbaus in Leit- und Laufgitter sind die Druckdifferenzen in beiden Gittern ungefähr gleich groß. Der auf die Welle infolge der Druckdifferenz am Laufgitter ausgeübte Axialschub muss durch zweiflutige Bauweise kompensiert oder durch Ausgleichskolben und Axiallager aufgenommen werden.

Aktionsstufe. Bei der Wahl $c_{u1}/u = 2$ (Abb. 6.27b) sind $\Psi_{hT} = -4$, $\varrho_h = 0$ bei $\varphi = 0{,}32\ldots0{,}45$. Im Vergleich zur Reaktionsstufe kann also die doppelte Enthalpiedifferenz umgesetzt werden. Die Umlenkungen sind für Leit- und Laufgitter verschieden groß, sodass Gitter mit unterschiedlich profilierten Schaufeln eingesetzt werden müssen; sie sind in beiden Gittern größer, weshalb etwas geringere Wirkungsgrade erwartet werden können. Die Enthalpiedifferenz im Umlenk-Laufgitter ist $\Delta h'' = 0$ ($|w_2| = |w_1|$), die Druckdifferenz entspricht den Verlusten im Laufgitter $y'' = -j''$ und ist nur klein. Der Axialschub kann meistens durch das Axiallager aufgenommen werden.

Gegendrall. Der Nachteil des kleinen Gefälles bei der Reaktionsstufe kann unter weitgehender Beibehaltung der Vorteile dieses Stufentyps verringert werden, wenn am Stufen-Ein- (0) und -Austritt (2) ein Gegendrall $c_{u0}/u = -0{,}2\ldots-0{,}4$ eingeführt wird, Abb. 6.27c. Die Enthalpie-Kenngröße $\Psi_{hT} = 2(c_{u2}/u - c_{u1}/u)$ erreicht Werte im Bereich $\Psi_{hT} = -2{,}8\ldots-3{,}6$ bei gleichem Reaktionsgrad $\varrho_h = 0{,}5$ und gleicher Durchflusskenngröße $\varphi = 0{,}3\ldots0{,}4$. Das ist zu erklären mit den etwas größeren Umlenkungen in Leit- ($\Delta\alpha$) und Laufgitter ($\Delta\beta$), die aber nur eine geringfügige Wirkungsgradeinbuße erwarten lassen.

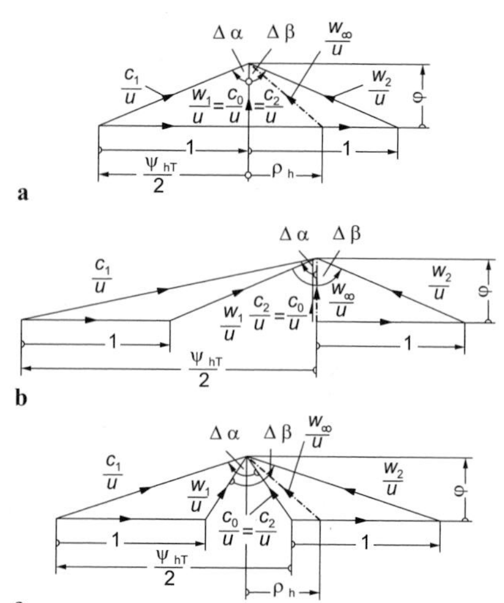

Abb. 6.27 Beispiele für Axialturbinenstufen. **a** Reaktionsstufe mit drallfreier Zu- und Abströmung $c_{u1}/u = 1$, $c_{u0}/u = 0$, **b** Aktionsstufe mit drallfreier Zu- und Abströmung $c_{u1}/u = 2$,, $c_{u0}/u = 0$; **c** Reaktionsstufe mit Vordrall $c_{u1}/u = 0{,}2\ldots-0{,}4$

6.5.7 Radiale Turbinenstufe

Umfangsgeschwindigkeits-Abnahme. Radiale Turbinenstufen müssen zentripetal durchströmt werden, wenn ein möglichst großer Enthalpieabbau im Laufrad erstrebt wird. In Gl. (6.40) ist dann $u''_e = u_1 > u''_a = u_2$. Für das spezifische Volumen gilt $v_2 > v_1$.

Querschnittsverlauf. Die Strömungsquerschnitte (Abb. 6.28a) würden bei gleicher Schaufelbreite b in Durchflussrichtung mit dem Radius $D/2$ abnehmen, also wäre $A_2/A_1 = D_2\,b_2/(D_1\,b_1)$.

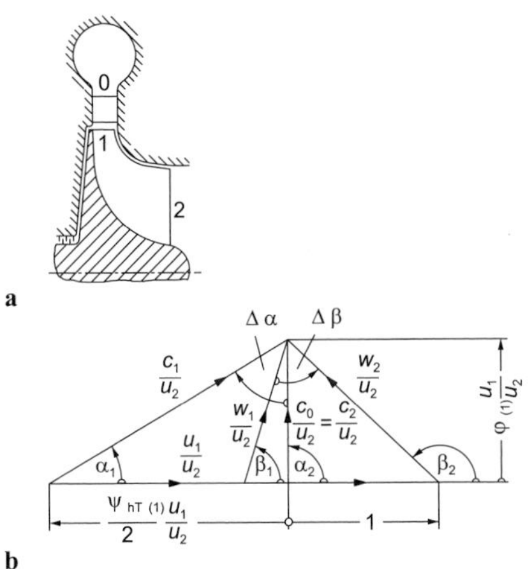

Abb. 6.28 Radiale Repetierstufe einer Turbine. **a** Meridianschnitt; **b** normierte Geschwindigkeitsdreiecke

Damit der Massenstrom bei etwa gleicher Meridian-Komponente durch den Querschnitt 2 fließt, muss nach der Kontinuitätsgleichung (Gl. (6.2)) $b_2 > b_1$ sein,

$$b_2/b_1 = v_2 D_1 c_{m1}/(v_1 D_2 c_{m2}). \quad (6.64)$$

Die Radbreite am Eintritt b_1 muss also klein gewählt werden.

Bezugsgröße für Enthalpie- und Durchfluss-Kenngröße. Mit $u_1/u_2 > 1$ ist bei etwa gleichem relativem Eintrittswinkel (Abb. 6.28b) in das Laufgitter β_1 die absolute Eintrittsgeschwindigkeit stärker zur Umfangsgeschwindigkeit geneigt als bei der Axialstufe; deshalb ist die Umfangs-Komponente c_{u1}/u_2 größer. Wird die Enthalpie-Kenngröße wieder auf die Umfangsgeschwindigkeit am Austritt aus dem Laufrad bezogen, so ist nach Gl. (6.49) $\psi_{hT(2)}/2 = \Delta h_T/u_2^2 = -c_{u1}u_1/u_2^2$; sie wird durch den Bezug auf das Quadrat der kleineren Umfangsgeschwindigkeit besonders groß.

Oft wird für Radialstufen auch die größere Umfangsgeschwindigkeit u_1 als Bezugsgröße gewählt; denn sie ist mit Rücksicht auf die Festigkeit des Rads begrenzt. Dann ist die Enthalpie-Kenngröße $\psi_{hT(1)}/2 = \Delta h_T/u_1^2 = -c_{u1}/u_1$. Sie hat dann einen kleineren Wert als $|-c_{u1}/u_2|$, ist aber je nach Durchmesserverhältnis immer noch größer als für eine Axialstufe.

Die Meridiankomponente kann auf die Umfangsgeschwindigkeit am Austritt bezogen werden $\varphi_{2(2)} \equiv c_{m2}/u_2$. Der Vergleich dieser Kenngröße mit der von Axialstufen ist aber schlecht, weil die Bezugsgeschwindigkeit u_2 klein ist. Deswegen wird die Form vorgezogen $\varphi_{1(1)} \equiv c_{m1}/u_1$. Ihre kleineren Werte lassen sich besser mit Axialstufen vergleichen, weil sich ungefähr gleiche Bezugsgeschwindigkeiten in beiden Stufenarten verwirklichen lassen.

6.5.8 Kenngrößen-Bereiche für Turbinenstufen

Für Turbinenstufen ist aus den analogen Gründen wie für Verdichterstufen (s. Abschn. 6.5.6) der Enthalpieabbau und damit der Arbeitsumsatz in Radialstufen größer als in Axialstufen. Das auf die Umfangsgeschwindigkeit am Eintritt bezogene Durchfluss-Geschwindigkeits-Verhältnis für Radialstufen ist kleiner als das übliche auf die Umfangsgeschwindigkeit am Austritt bezogene Durchfluss-Geschwindigkeits-Verhältnis für Axialstufen (s. Abschn. 6.5.7).

Die für verschiedene Radial- und Axialturbinenstufen üblichen Anwendungsbereiche s. Abb. 6.29. Gegenüber den Verdichterstufen

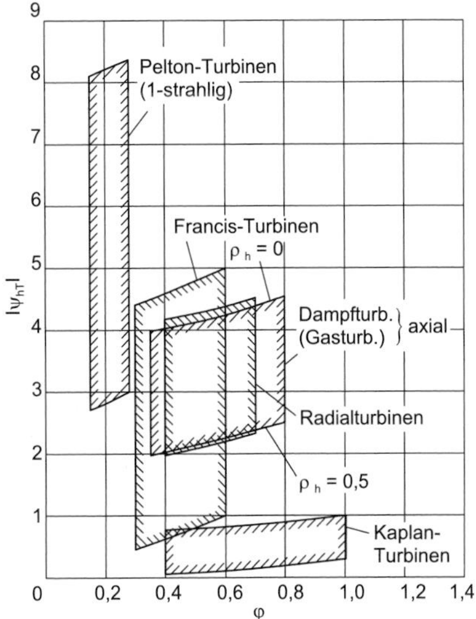

Abb. 6.29 Bereiche der Enthalpie (ψ_h)- und Durchfluss (φ)-Kenngrößen für Radial- und Axialturbinenstufen

(Abb. 6.25) werden bei ungefähr gleichen Durchfluss-Geschwindigkeits-Verhältnissen in Turbinenstufen doppelt so große Enthalpie-Kenngrößen erreicht, da sich eine beschleunigte Strömung bei gutem Wirkungsgrad stärker umlenken lässt als eine verzögerte.

In Abb. 6.29 sind auch die Bereiche für die üblichen Wasserturbinenbauarten angegeben: einstrahlig beaufschlagte Pelton-, Francis- und Kaplanturbine.

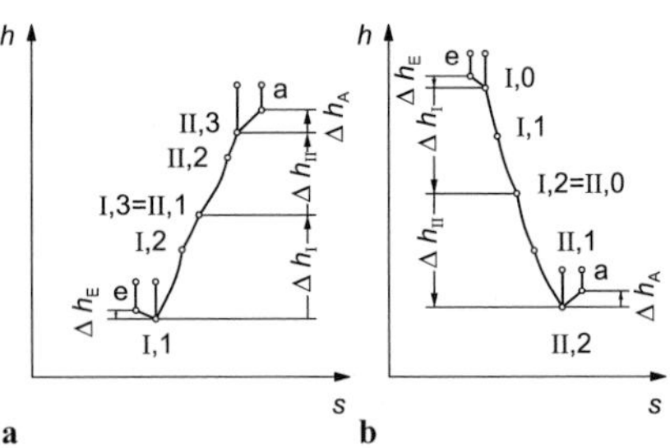

Abb. 6.30 Zustandsänderung in der Maschine. **a** Zweistufiger Verdichter; **b** zweistufige Turbine

6.6 Maschine

6.6.1 Beschaufelung, Ein- und Austrittsgehäuse

Beschaufelung. Ihr muss das Arbeitsfluid von einem Maschinenflansch in einem Eintrittsgehäuse zugeführt werden, z. B. Abb. 6.6. Dahinter fließt es im Austrittsgehäuse zum anderen Maschinenflansch, wobei noch möglichst viel kinetische Energie in Druck umgesetzt wird.

Ein- und Austrittsgehäuse. Hier wird keine Arbeit zu- oder abgeführt; der Wärmeaustausch mit der Umgebung ist vernachlässigbar, wenn entweder die Temperaturdifferenzen klein, oder die Gehäuse ausreichend isoliert sind. Nach dem Energieerhaltungssatz (Gl. (6.13)) bleibt die Totalenthalpie beim Durchströmen der Gehäuse gleich; jedoch ändern sich die Enthalpien und alle anderen Zustandsgrößen:

$$h_\mathrm{a} - h_\mathrm{e} = -\left(c_\mathrm{a}^2 - c_\mathrm{e}^2\right)/2 - g\left(z_\mathrm{a} - z_\mathrm{e}\right).$$

In Eintrittsgehäusen sinkt die Enthalpie bei zunehmender und steigt in Austrittsgehäusen bei abnehmender kinetischer Energie. In der gesamten Enthalpieänderung der Maschine sind die Gehäuse durch Δh_E und Δh_A (mit E für Ein- und A für Austrittsgehäuse) und die Stufen durch $\Sigma\Delta h_\mathrm{i}$ (mit $i = \mathrm{I, II}\ldots$) zu berücksichtigen (Abb. 6.30)

$$\begin{aligned}\Delta h_\mathrm{M} &= \Sigma\Delta h_i + \Delta h_\mathrm{E} + \Delta h_\mathrm{A}\\ &= \Sigma\Delta h_i + \Sigma\Delta h_\mathrm{G}.\end{aligned} \tag{6.65}$$

Die Dissipation in den Gehäusen (Index G) folgt aus Gl. (6.16) bei Vernachlässigung der Änderung der potentiellen Energien $g\Delta z_\mathrm{G} = 0$

$$j_\mathrm{G} = \Delta h_\mathrm{G} - y_\mathrm{G} = -\left(\frac{c_\mathrm{a}^2}{2} - \frac{c_\mathrm{e}^2}{2}\right) - y_\mathrm{G}.$$

Bei kleinen Dichteänderungen gilt $y_\mathrm{G} \cong (p_\mathrm{a} - p_\mathrm{e})/\bar{\rho}$, $c_\mathrm{a}^2/2 \cong (p_\mathrm{at} - p_\mathrm{a})/\bar{\rho}$ und $c_\mathrm{e}^2/2 \cong (p_\mathrm{et} - p_\mathrm{e})/\bar{\rho}$ (mit t für den Totalzustand). Dann folgt

$$\begin{aligned}j_G &\cong -\frac{p_\mathrm{at} - p_\mathrm{et}}{\bar{\rho}} = -\frac{\Delta p_\mathrm{tG}}{\bar{\rho}},\\ \Delta s_\mathrm{G} &\cong \frac{1}{\mathrm{T}} \cdot j_\mathrm{G} = -\frac{1}{T} \cdot \frac{\Delta p_\mathrm{tG}}{\bar{\rho}}\\ \text{und } \Delta p_\mathrm{G} &= \bar{\rho} \cdot \Delta h_\mathrm{G} + \Delta p_\mathrm{tG}.\end{aligned} \tag{6.66}$$

Entsprechend gilt dann auch

$$\begin{aligned}\Delta s_\mathrm{M} &= \Sigma\Delta s_i + \Sigma\Delta s_\mathrm{G},\\ \Delta p_\mathrm{M} &= \Sigma\Delta p_i + \Sigma\Delta p_\mathrm{G} \quad \text{und}\\ y_{\Sigma\mathrm{M}} &= \Sigma y_i + \Sigma y_\mathrm{G} \cong y_\mathrm{M},\end{aligned} \tag{6.67}$$

wobei durch $y_{\Sigma\mathrm{M}}$ angedeutet wird (s. Abschn. 6.5.1), dass als Integrationsweg die Aneinanderreihung der einzelnen Zustandsänderungen gewählt wurde. Dieser Weg kann näherungsweise als y_M für eine Polytrope durch Ein- und Austrittszustand ersetzt werden.

6.6.2 Maschinenkenngrößen

Sie sind analog zu den Stufen-Kenngrößen definiert, aber auf andere Durchfluss- und Umfangs-Geschwindigkeiten bezogen, um dafür nur ein

Längenmaß und ein Maß für die Drehbewegung zu verwenden. Da sich streng genommen alle Kenngrößen nur auf geometrisch ähnliche Maschinen übertragen lassen, genügen die beiden Bezugsgrößen, wenn sie nur in gleicher Art für die ganze Familie verwendet werden.

Bezugsgrößen. Für die Länge ist es der größte Durchmesser D_B des Rotors (des Laufgitters), für die Drehbewegung die Umfangsgeschwindigkeit

$$u_\text{B} = \pi n D_\text{B} . \quad (6.68)$$

Für die fiktive Durchfluss-Geschwindigkeit wird der Volumenstrom $\dot{V} = \dot{m}/\rho$ auf den gesamten Querschnitt $\pi D_B^2/4$ bezogen:

$$c_D = 4\dot{V}/\left(\pi D_B^2\right) . \quad (6.69)$$

Enthalpie-Kenngröße. Mit der Enthalpiedifferenz für die Maschine Δh_M (Gl. (6.65)) und der Umfangsgeschwindigkeit (Gl. (6.68)) ergibt sich

$$\psi_{h\,\text{M}} = \frac{\Delta h_\text{M}}{u_\text{B}^2/2} = \frac{2\Delta h_\text{M}}{\pi^2 n^2 D_\text{B}^2} . \quad (6.70)$$

Druck-Kenngröße. Die Strömungsarbeit y_M (Gl. (6.67)) wird ebenso bezogen

$$\psi_{y\,\text{M}} = \frac{y_\text{M}}{u_\text{B}^2/2} = \frac{2 y_\text{M}}{\pi^2 n^2 D_\text{B}^2} . \quad (6.71)$$

Wirkungsgrad. Für einen Verdichter bzw. eine Turbine gilt:

$$\eta_{\text{M}\,\text{V}} = y_\text{M}/\Delta h_\text{M} = \psi_{y\,\text{M}}/\psi_{h\,\text{M}} ,$$
$$\eta_{\text{M}\,\text{T}} = \Delta h_\text{M}/y_\text{M} = \psi_{h\,\text{M}}/\psi_{y\,\text{M}} . \quad (6.72)$$

Durchfluss-Kenngröße. Sie ist das Verhältnis der fiktiven Durchflussgeschwindigkeit (Gl. (6.69)) zur Umfangsgeschwindigkeit (Gl. (6.68))

$$\varphi_\text{M} = \frac{c_D}{u_\text{B}} = \frac{4\dot{V}}{\pi^2 n D_\text{B}^3} . \quad (6.73)$$

Schluck-Kenngröße.

$$\mu_\text{M} = \frac{\varphi_M}{\sqrt{\psi_{y\text{M}}}} = \frac{4\dot{V}}{\pi D_\text{B}^2 \sqrt{2 y_\text{M}}} . \quad (6.74)$$

Momenten-Kenngröße.

$$\tau_M = \frac{\psi_{hM}}{\varphi_M} = \frac{1}{2} \cdot \frac{\Delta h_M D_\text{B}}{n\dot{V}} = \frac{\Delta h_M \dot{m}}{\omega} \cdot \frac{\pi D_\text{B}}{\rho \dot{V}^2} = M \frac{\pi D_\text{B}}{\rho \dot{V}^2} . \quad (6.75)$$

Reibungseinfluss. Die neben Turbulenzgrad und Oberflächenbeschaffenheit maßgebende Reynoldszahl wird mit der Umfangsgeschwindigkeit (Gl. (6.68)) definiert

$$\text{Re}_\text{M} = u_\text{B} D_\text{B} \rho/\mu . \quad (6.76)$$

Kompressibilitätseinfluss. Die Machzahl wird ebenfalls mit der Umfangsgeschwindigkeit (Gl. (6.68)) gebildet

$$\text{Ma}_M = u_\text{B}/c_\text{s} . \quad (6.77)$$

Sie und die Eigenschaften des Fluids sind die Einflussgrößen der Kompressibilität.

Ähnlichkeitsbedingungen. Analog zu den Kenngrößen für Gitter gilt auch für die Maschinenkenngrößen

$$\Psi_{h\,\text{M}} = \Psi_{h\,\text{M}}(\phi_\text{M}, \text{Re}_\text{M}, \text{Tu}, \text{Ma}_\text{M}, k, \alpha, \beta, \text{geom. Größenverh.}).$$

Von den gleichen Kenngrößen hängen auch $\Psi_{y\text{M}}$, η_M, μ_M, und τ_M ab.

6.6.3 Wahl der Bauweise

Mit den verschiedenen Maschinenbauarten lassen sich jeweils nur bestimmte Bereiche der Kenngrößen erreichen. Zur Auswahl der zweckmäßigen Bauart werden die Kenngrößen folgendermaßen umgeformt. In den Kenngrößen $\Psi_{y\text{M}}$ (Gl. (6.71)) und φ_M (Gl. (6.73)) kommen jeweils beide noch unbekannten Größen D_B und n vor, die die Maschine charakterisieren, während nur jeweils eine der beiden Größen y_M und $\dot{V}$ enthalten ist, die durch die Aufgabe vorgegeben sind.

Zur Wahl der Bauweise wäre es einfacher, je eine Kenngröße für die beiden Unbekannten

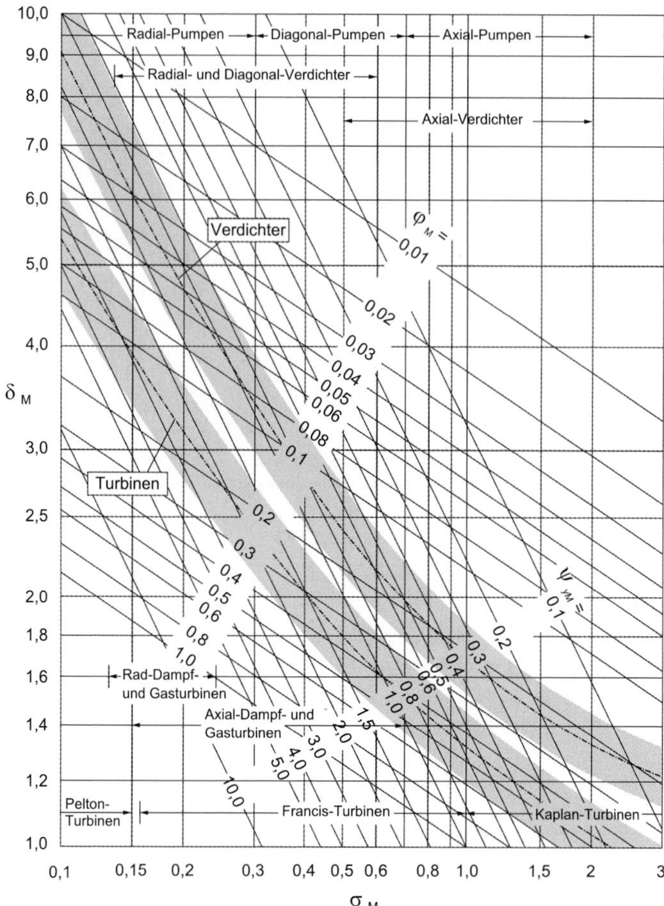

Abb. 6.31 Durchmesser-Kenngröße δ_M in Funktion der spezifischen Drehzahl σ_M für einstufige Turbomaschinen (Cordier-Diagramm)

n und D_B zu haben, wobei in jeder die durch die Aufgabe gegebenen Größen y_M und $\dot{V}$ vorkommen können. Deswegen werden die beiden Kenngrößen Ψ_{yM} und φ_M durch zwei aus ihnen zweckmäßig gebildeten Potenzprodukten ersetzt.

Spezifische Drehzahl. Die Forderung, es solle nur n nicht aber D_B vorkommen, würde mit den Gln. (6.71) und (6.73) das Potenzprodukt $\varphi_M/\left|\psi_{yM}\right|^{3/2}$ erfüllen; soll die Drehzahl in der ersten Potenz enthalten sein, so ist aus diesem Verhältnis die Wurzel zu ziehen:

$$\sigma_M = \frac{|\varphi_M|^{1/2}}{\left|\psi_{yM}\right|^{3/4}} = \frac{n\sqrt{\dot{V}}}{|y_M|^{3/4}}\left(2\pi^2\right)^{1/4}. \quad (6.78)$$

Spezifischer Durchmesser. Das Potenzprodukt Ψ_{yM}/φ_M^2 gemäß den Gln. (6.71) und (6.73) enthält die Drehzahl nicht; daraus ist die vierte Wurzel zu ziehen, um den Bezugsdurchmesser D_B in der ersten Potenz stehen zu lassen

$$\delta_M = \frac{\left|\psi_{yM}\right|^{1/4}}{|\varphi_M|^{1/2}} = \frac{D_B|y_M|^{1/4}}{\sqrt{\dot{V}}}\left(\frac{\pi^2}{8}\right)^{1/4}. \quad (6.79)$$

Cordier-Diagramm. Für einstufige Verdichter und Turbinen lassen sich σ_M und δ_M eindeutig einander zuordnen (Abb. 6.31); dazu dürfen nur Maschinen mit den unter den jeweiligen Verhältnissen besten aus Rechnung oder Messung erreichbaren Wirkungsgraden herangezogen werden, Optimalpunkte in den Abb. 6.25

und 6.29. Ist neben dem Volumenstrom $\dot{V}$ und der Strömungsarbeit y eine der beiden Größen n oder D_B vorgegeben, so lässt sich eine der beiden Kenngrößen berechnen, die andere folgt aus Abb. 6.31 und damit die andere Auslegungsgröße [14].

Zusätzlich sind Netze mit Linien konstanter Druck- Ψ_{yM} und Durchfluss-Kenngröße φ_M eingetragen. Außerdem sind den einzelnen Bereichen von σ_M oder δ_M bestimmte Bauweisen (axial, diagonal, radial) zugeordnet, mit denen ein guter Wirkungsgrad zu erzielen ist.

Mehrstufige Maschinen. Hier sind keine so einfachen Zusammenhänge zu finden, da hier die Stufenzahl als zusätzlicher Parameter hinzutritt; durch Hintereinanderreihung mehrerer Stufen lassen sich die für die Stufen und die Gehäuse aufsummierten Strömungsarbeiten für alle Bauweisen in einem weiten Bereich ändern. Nur bei Umrechnung vielstufiger Maschinen in einstufige lassen sich diese in den gleichen Zusammenhang einordnen. Hierbei spielen die Zustandsänderungen in den Gehäusen bei Maschinen mit sehr vielen Stufen nur eine untergeordnete Rolle.

6.7 Betriebsverhalten und Regelmöglichkeiten

6.7.1 Zusammenwirken von Strömungsmaschine und Anlage

Fluidseitig sind Strömungsmaschinen stets mit einer Anlage bzw. einem Verbraucher gekoppelt. Zur Anlage gehören alle vom Fluid durchströmten Anlagenteile, unabhängig davon, ob diese vor Eintritt oder nach Austritt der Strömungsmaschine angeordnet sind.

Das Zusammenwirken von Strömungsmaschine und Anlage wird durch die Koppelungsbedingungen bestimmt, d. h. einige Betriebskenngrößen sind ihnen gemeinsam. Für Beharrungszustände müssen deshalb an den Trennstellen zwischen Maschine und Anlage e und a gleiche Zustände und Fluidströme vorliegen (Abb. 6.32 und 6.33). Mit Hinblick auf Gl. (6.71) und (6.73)

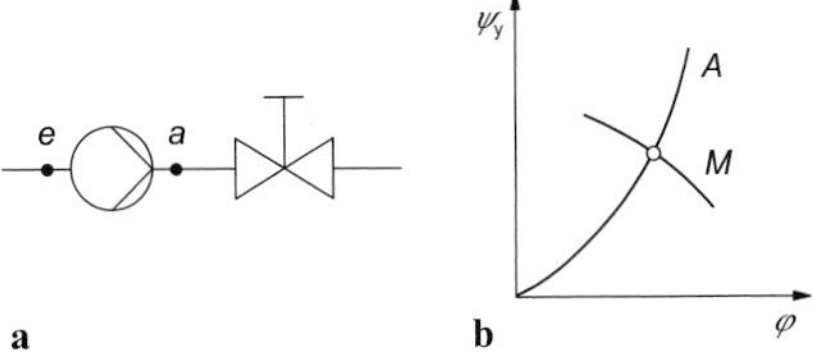

Abb. 6.32 Einfache Pumpenanlage. **a** Schaltbild; **b** Kennlinie

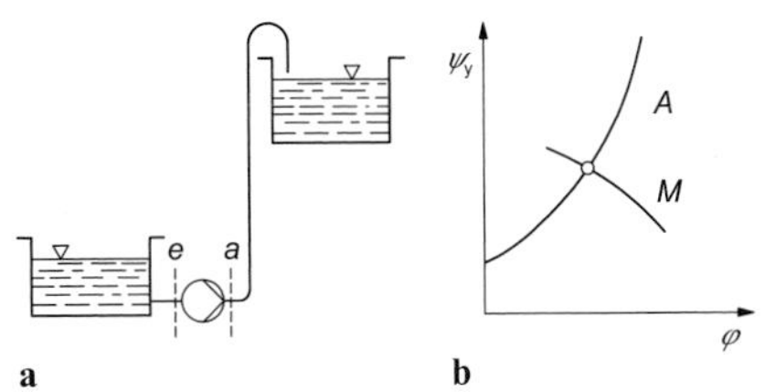

Abb. 6.33 Pumpenanlage mit geodätischem Höhenunterschied. **a** Schaltbild; **b** Kennlinie

gilt:

$$y_A = y_M\,; \quad \psi_{yA} = \psi_{yM},$$
$$\dot{V}_A = \dot{V}_M\,; \quad \varphi_A = \varphi_M \tag{6.80}$$

Der Betriebspunkt ergibt sich deshalb als Schnittpunkt der Maschinen- und Anlagenkennlinie. Durch diesen Betriebspunkt und dessen Variation bei geänderten Anforderungen der Anlage werden Bauart, Leistung, Abmessungen und Betriebsverhalten der Strömungsmaschine grundlegend bestimmt.

Die in einer Strömungsmaschine zwischen der Beschaufelung und dem Fluid übertragene Energie wird beim Durchströmen der Anlage verbraucht für den Ausgleich der Strömungsverluste (hydrodynamischer Anteil), die Änderung der potentiellen Energie der Teilchen (hydrostatischer Anteil) sowie die Überwindung von Anlagendruckdifferenzen (z. B. bei Förderung in einen druckbeaufschlagten Behälter). Folgend sind die ψ_y-φ-Kennlinien für Maschine und Anlage anhand von 2 Beispielen dargestellt.

Beispiel

Einfache Anlage, deren Durchströmung mit einer Pumpe realisiert wird (Abb. 6.32). Wenn keine geodätischen Höhenunterschiede

6

und keine Anlagendruckdifferenzen vorhanden sind, dann ist die Pumpe lediglich für die Überwindung der Strömungsverluste der Anlage verantwortlich. Entsprechend gelten dann folgende Zusammenhänge für die Anlage:

$$y_{\mathrm{A}} \sim \bar{\dot{V}}_{\mathrm{A}}^{2}; \quad \psi_{y\,\mathrm{A}} \sim \bar{\varphi}_{\mathrm{A}}^{2} \tag{6.81}$$

◄

Am Schnittpunkt der Anlagen- und Pumpenkennlinie (A und M) stellt sich dann entsprechend Gl. (6.80) der gemeinsame Betriebspunkt ein (Abb. 6.32b).

Beispiel

Eine Pumpe soll Wasser von einem Behälter durch eine Rohrleitung in einen an größerer geodätischer Höhe befindlichen Behälter fördern (Abb. 6.33). Die Füllstande der Behälter sind als konstant vorausgesetzt. Durch die Pumpe muss zunächst die hydrostatische Druckdifferenz überwunden werden, bevor die Förderung des Fluids überhaupt möglich ist. Zusätzlich muss der Druckaufbau für die Überwindung des Reibungswiderstandes der Rohrleitung erfolgen. Damit ergeben sich die in Abb. 6.33b qualitativ dargestellte Anlagenkennlinie und der gemeinsame Betriebspunkt von Maschine und Anlage. ◄

6.7.2 Regelung von Strömungsmaschinen

Mit geänderten Anforderungen seitens der Anlage ergibt sich für diese auch eine neue Kennlinie. Wenn die Strömungsmaschine bei konstanter Drehzahl und auch sonst ungeänderten Bedingungen betrieben wird, verschiebt sich dadurch der gemeinsame Betriebspunkt als Schnittpunkt von Anlagen- und Maschinenkennlinie. Um geänderten Anforderungen der Anlage in der Praxis Rechnung zu tragen, ist eine Regelung von Strömungsmaschinen oftmals unumgänglich.

Verdichter. Bei Verdichtern sind als Regelgrößen der Volumenstrom, der Gegendruck und der Saugdruck üblich. Als Stellgrößen werden u. a. die Drehzahl, die Stellung von Leitschaufeln, von Drosselklappen und Bypassventilen verwendet.

Drehzahländerung: Durch eine Drehzahlvariation ändert sich der Volumenstrom $\dot{V}$ bzw. die Durchflusskenngröße φ der Maschine etwa linear. Währenddessen ändern sich die Druckänderungsarbeit y bzw. die Druckkenngröße ψ_y näherungsweise quadratisch mit der Drehzahl. Ein Vorteil besteht darin, dass am Verdichter selbst keine besonderen Anpassungen notwendig sind, da die Drehzahländerung durch die zugehörige Antriebsmaschine realisiert wird. Für diese Regelungsvariante ist eine Anpassung des Betriebszustandes bei hohen Teillastwirkungsgraden möglich.

Leitschaufelverstellung: Bei dieser Regelungsvariante wird geänderten Lastbedingungen dadurch Rechnung getragen, dass durch die Verstellung einer oder mehrerer Schaufelreihen der Durchströmquerschnitt des Gitters, die Zuströmbedingungen des nachfolgenden Schaufelgitters sowie der Drall geändert werden. Mit der Dralländerung geht auch eine Änderung der Umfangskomponente der Absolutgeschwindigkeit c_u einher, die entsprechend der Eulerschen Turbomaschinengleichung (Gl. 6.5) auch eine Änderung der spezifischen Laufradarbeit bzw. des Leistungsumsatzes bewirkt. Ein Nachteil der Leitschaufelverstellung besteht im erhöhten konstruktiven und fertigungstechnischen Aufwand.

Drosselregelung: Eine weitere Möglichkeit der Anpassung der Maschinenkennlinie besteht durch die Anordnung eines Drosselorgans, vorzugsweise am Verdichtereintritt (Saugdrossel). Durch eine Saugdrosselregelung kann bei konstanter Drehzahl und definiertem Eintrittszustand des Verdichters ein gewünschter Austrittsdruck des Verdichters p_A eingestellt werden. Ein Vorteil besteht in niedrigen Investitionskosten, nachteilig sind vergleichsweise niedrige Wirkungsgrade.

Für eine detailliertere Diskussion der Regelung von Verdichtern wird auf Abschn. 12.4 verwiesen.

Turbinen. Regelgrößen sind Fluidstrom, Zustand vor der Turbine, Gegendruck und Drehzahl, soweit diese nicht durch die angetriebene

Arbeitsmaschine, z. B. Synchrongenerator, festgelegt ist.

Gleitdruck-Betrieb: da Turbinen ohne Eingriffe näherungsweise bei konstanter Schluckkenngröße nach Gl. (6.74) $\dot{V} \sim \sqrt{y_M}$ arbeiten, besteht die Möglichkeit, mit der Anlage den Druck zu erzeugen, der dem gewünschten Volumenstrom entspricht (z. B. Gleitdruckverfahren bei Dampfturbinen).

Temperatur-Verfahren: die von der Turbine geforderte Leistung wird über die Temperatur am Turbineneintritt bestimmt (Beispiel Gasturbine). Das Druckverhältnis von Turbine und Verdichter der Gasturbinenanlage ändern sich dabei entsprechend der Maschinencharakteristiken.

Düsengruppen-Verfahren: es wird der dem Fluid im ersten Leitkranz zur Verfügung gestellte Querschnitt dadurch geändert, dass ein Teil der parallelen Zuflüsse abgesperrt wird (Teilbeaufschlagung). Dabei sinkt der Druck nach der Regelstufe, weil die nachfolgende vollbeaufschlagte Beschaufelungsgruppe ihrer Charakteristik entsprechend bei kleinerem Durchfluss auch nur ein kleineres Gefälle verarbeiten kann.

6.7.3 Kennfeld und Betriebsverhalten von Verdichtern

Eine Strömungsmaschine wird für einen bestimmten Betriebspunkt ausgelegt (Auslegungspunkt AP). Bei geänderten Anforderungen durch eine Anlage und die Regelung der Maschine ergibt sich eine Variation des Betriebspunktes, der im Kennfeld dargestellt werden kann. In Abb. 6.34 ist ein typisches Kennfeld eines drehzahlgeregelten Axialverdichters dargestellt. Aufgetragen ist das Druckverhältnis des Verdichters über dem Volumenstrom. Eingezeichnet sind Linien konstanter Drehzahl, Linien konstanter Wirkungsgrade (sogenannte Muschelkurven), die Betriebsgrenzen (Schluckgrenze SG, Pumpgrenze PG) und eine exemplarische Anlagenkennlinie (AKL). Alternativ können für die Kennfelddarstellung bezogene oder dimensionslose Kenngrößen verwendet werden.

Für konstante Verdichterdrehzahl ergibt sich bei Verschiebung der Anlagenkennlinie eine einzelne Kennlinie, durch Variation der Drehzahl das Kennfeld. Bei Steigerung der Drehzahl werden bei ungeänderter Anlagenkennlinie ein höheres Druckverhältnis und ein höherer Durchsatz erreicht. Verschiebt sich hingegen die Anlagenkennlinie bei konstanter Drehzahl, ergibt sich ein neuer Betriebspunkt auf der Drehzahllinie.

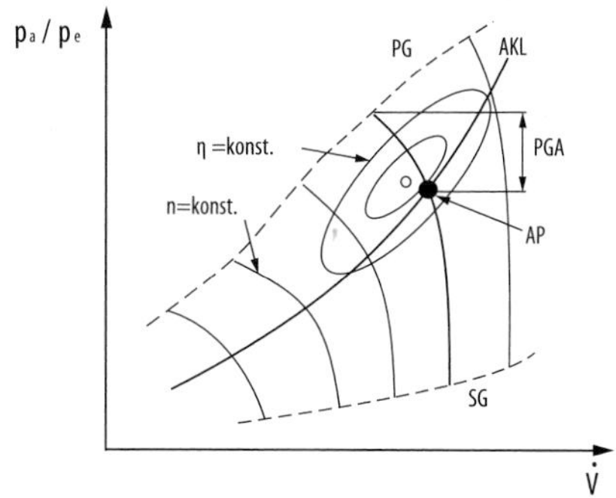

Abb. 6.34 Kennfeld eines drehzahlgeregelten Axialverdichters

Der stationäre Betriebsbereich eines Verdichters wird durch dessen Betriebsgrenzen limitiert. Die Schluckgrenze ergibt sich durch den maximal möglichen Massendurchsatz bei der jeweiligen Drehzahl.

Die Pumpgrenze stellt hingegen die Betriebsgrenze bei minimalem Durchsatz dar. Verschiebt sich der Betriebspunkt eines Verdichters bei konstanter Drehzahl mit steigendem Austrittsdruck zu kleinerem Volumenstrom, so wird der relative Zuströmwinkel β_1 zu den einzelnen Schaufelreihen immer größer. Die Strömung wird dann von den Gittern stärker umgelenkt und die aerodynamische Belastung steigt. Schließlich löst die Strömung von einzelnen Schaufeln ab. Die zunächst lokale Strömungsablösung läuft in Umfangsrichtung um und breitet sich innerhalb weniger Umdrehungen des Verdichters auf einen Teil der Beschaufelung des Schaufelkranzes aus. Damit bildet sich eine Ablösezelle, die mit einer Geschwindigkeit von ca. 30–50 % der Drehgeschwindigkeit des Rotors umläuft. Dieses Phänomen wird als rotierende Ablösung (engl.: *rotating stall*) bezeichnet. Innerhalb der Ablösezelle ist der Durchsatz geringer bzw. es können Rückströmungen auftreten. Der Verdichter fördert bei rotierender Ablösung noch stetig, allerdings mit vergleichsweise geringem Druckaufbau. In Abhängigkeit der Randbedingungen (z. B. Geometrie und Drehzahl des Verdichters, Luftvolumen der Anlage nach Verdichteraustritt) kann weiterhin Pumpen (engl.: *surge*) des Verdichters auftreten, das durch eine periodische Oszillation des Massenstroms am gesamten Umfang gekennzeichnet ist. Bei starker Ausprägung kann ein periodischer Wechsel zwischen Vor- und Rückströmung im gesamten Verdichter auftreten [15].

Durch rotierende Ablösung und Pumpen werden Schwingungen der Beschaufelung und Maschinenkomponenten angeregt, die zu Schäden und im Extremfall zur Zerstörung der Maschine führen können. Deren Auftreten ist deshalb definitiv zu vermeiden, weshalb beim Betrieb von Verdichtern ein genügend großer Abstand zwischen Betriebspunkt und Pumpgrenze eingehalten wird: Pumpgrenzabstand PGA, Abb. 6.34 (engl.: *surge margin*).

6.8 Beanspruchung und Festigkeit der wichtigsten Bauteile

Mechanische Lasten in Strömungsmaschinen. Strömungsmaschinen wandeln kinetische Energie des strömenden Arbeitsmediums in Rotorarbeit um (Turbine – umgekehrt für Verdichter und Pumpen), indem an der Rotorbeschaufelung Druckkräfte wirken, die auf den Rotor ein Drehmoment ausüben. Aus dieser Funktionsweise folgen unmittelbar die allen Strömungsmaschinen gemeinsamen wesentlichen mechanischen Belastungen:

- Umfangskräfte, die die Beschaufelung auf Biegung beanspruchen, und den Rotor tordieren
- Instationär wechselnde Kräfte an der Beschaufelung
- Fliehkräfte an den Rotorkomponenten (Laufrad), häufig bestehend aus Welle, Scheibe und Schaufel

Die Bauteile von Strömungsmaschinen werden durch folgende äußere Kräfte und innere Spannungen beansprucht:

Zentrifugalkräfte. Sie wirken in allen drehenden Teilen in radialer Richtung. Dabei kommt es nicht nur auf die Masseverteilung des Rotorkörpers, sondern auch auf die an ihm befestigten Schaufeln, Deckplatten, -bänder, -scheiben, Dämpfungs- und Bindeelemente zwischen den Schaufeln an.

Strömungskräfte. Die senkrecht auf jedem Oberflächenelement der Schaufeln stehenden Druckkräfte und die wesentlich kleineren in Strömungsrichtung an der Oberfläche wirkenden Schubkräfte ergeben eine resultierende Schaufelkraft, die auch als Reaktion auf die Umlenkung der Strömung aufgefasst werden kann. Sowohl Lauf- wie auch Leitschaufeln werden durch sie beansprucht, wenn auch nur die Umfangskomponente der an den Laufschaufeln wirkenden Strömungskraft zur Umwandlung von oder in mechanische Arbeit beiträgt.

Schaufelkräfte und -momente müssen vom die Schaufeln aufnehmenden Schaufelträger bzw. Rotor übertragen werden. Die Strömungskräfte wirken nicht nur stationär, sondern enthalten periodisch sich ändernde Anteile; dadurch können Schaufeln zu Schwingungen erregt werden.

Druckkräfte. Auch andere Bauteile werden durch Kräfte als Folge ungleicher Drücke, die auf ihre Oberfläche wirken, beansprucht. Solche treten z. B. bei Gehäusen durch den Innendruck des Arbeitsfluids und den atmosphärischen Außendruck auf; aber auch infolge der Druckänderung des Arbeitsfluids in der Maschine werden auf Rotor und Gehäuse Kräfte ausgeübt.

Gewichts-, statische und dynamische Stützkräfte. Die infolge des Eigengewichts auftretenden Kräfte müssen für das Gehäuse über Abstützungen und für den Rotor über Lager und deren Abstützungen in das Fundament geleitet werden. Durch die Abstützungen des Gehäuses ist auch das auf die Leitschaufeln ausgeübte Drehmoment aufzunehmen. Von den Lagern werden nicht nur die Kräfte infolge des Rotorgewichts, sondern auch die dynamischen Kräfte z. B. infolge von Restunwuchten, thermischen

Verkrümmungen oder infolge anderer dynamischer Erregungen übertragen. Die Abstützungen der Lager werden zusätzlich durch das Lagerreibungsmoment belastet.

Thermische Beanspruchung. Mit der Temperatur des Arbeitsfluids wird in thermischen Maschinen auch die Temperatur der Bauteile angehoben. Dadurch werden nicht nur die Festigkeitseigenschaften der Werkstoffe beeinflusst, sondern bei ungleicher Temperaturverteilung treten innere thermische Spannungen auf.

Spannungen. Welche Spannungen im Bauteil durch die aufgezählten Beanspruchungen hervorgerufen werden, hängt von ihrer Form und ihrer Lage zur beanspruchenden Kraft, von ihrer Temperaturverteilung und auch von den Werkstoffeigenschaften ab. Ihre Berechnung erfolgt nach Bd. 1, Abschn. 19.1 und Bd. 1, Kap. 21. Hier seien nur die Zusammenhänge für einige typische Formen von Strömungsmaschinen-Bauteilen zusammengestellt.

6.8.1 Rotierende Scheibe, rotierender Zylinder

In einer rotierenden Scheibe (s. Bd. 1, Abschn. 24.3.2) herrscht ein ebener Spannungszustand, wenn ihre Dicke überall so gering ist, dass sich keine Spannungen in axialer Richtung ausbilden können. Radial- σ_r und Tangentialspannungen σ_t folgen der Differentialgleichung

$$r\frac{\mathrm{d}\sigma_r}{\mathrm{d}r}+\sigma_r\frac{r}{y}\frac{\mathrm{d}y}{\mathrm{d}r}+\sigma_r-\sigma_t+\rho(r\omega)^2=0\,, \quad (6.82)$$

wobei r der Radius des betrachteten Elements und y die Breite der Scheibe an dieser Stelle ist. Bei elastischem Verhalten des Werkstoffs gilt auch die Differentialgleichung

$$r\left(\frac{\mathrm{d}\sigma_t}{\mathrm{d}r}-\nu\frac{\mathrm{d}\sigma_r}{\mathrm{d}r}\right)+(1+\nu)(\sigma_t-\sigma_r)=0. \quad (6.83)$$

Dabei ist ν das Querkontraktionsverhältnis.

Als Randbedingung am äußeren Umfang ist die Scheibe durch den Schaufelkranz belastet. Bei aufgezogenen Scheiben herrschen am inneren Rand die dort aufgebrachten Schrumpfspannungen. Bei ungelochten Scheiben gehen im Zentrum Radial- und Tangentialspannungen ineinander über. Nach dem Querschnittsverlauf lassen sich folgende Spezialfälle unterscheiden:

Scheibe gleicher Dicke. In diesem Fall ist $\mathrm{d}y/\mathrm{d}r=0$,

$$\begin{aligned}\sigma_r &= \sigma_{ra}-\frac{r_i^2}{r^2}\frac{r_a^2-r^2}{r_a^2-r_i^2}(\sigma_{ra}-\sigma_{ri})\\ &\quad+\frac{3+\nu}{8}\left(1-\frac{r^2}{r_a^2}\right)\left(1-\frac{r_i^2}{r^2}\right)\rho u_a^2\,,\\ \sigma_t &= \sigma_{ra}+\frac{r_i^2}{r^2}\frac{r_a^2+r^2}{r_a^2-r_i^2}(\sigma_{ra}-\sigma_{ri})\\ &\quad+\frac{3+\nu}{8}\\ &\quad\cdot\left(1+\frac{r_i^2}{r_a^2}+\frac{r_i^2}{r^2}-\frac{1+3\nu}{3+\nu}\frac{r^2}{r_a^2}\right)\rho u_a^2. \end{aligned} \quad (6.84)$$

Hierin bedeuten r_a Außenradius der Scheibe, r_i Innenradius der Scheibe, σ_{ra} Radialspannung am Außenrand der Scheibe, σ_{ri} Radialspannung am Innenrand der Scheibe, ν Querkontraktionsverhältnis.

In der gelochten Scheibe ist die Spannung am Lochrand am größten, in der ungelochten Scheibe ($r_i=0$) erreicht sie im Zentrum ($r=0$) ihr Maximum. Hier sind Normal- und Tangentialspannung einander gleich. $\sigma_t=\sigma_r=\sigma_{ra}+\frac{3+\nu}{8}\rho u_a^2$.

Sie ist wesentlich kleiner als die Tangentialspannung am Lochrand einer gelochten, aber sonst gleichen Scheibe.

Ein beschaufelter Kranz überträgt auf eine Scheibe eine Radialspannung, die nach Gl. (6.84) auch eine Erhöhung der Tangentialspannung am Rand zur Folge hat. Die Anschlussbedingung für den Kranz auf der Scheibe [2] lautet

$$\begin{aligned}\sigma_{ta} &= \frac{r_K}{r_a}\left(\frac{\Sigma F_s}{2\pi\alpha a_K}+\frac{a_K\rho u_K^2}{\alpha a_K}\right)\\ &\quad+\left[\nu\left(1-\frac{y_a}{y_k}\right)-\frac{r_K y_a}{\alpha a_K}\right]\sigma_{ra}. \end{aligned} \quad (6.85)$$

Darin bedeuten für den Kranz r_K Schwerpunktradius, u_K Umfangsgeschwindigkeit im

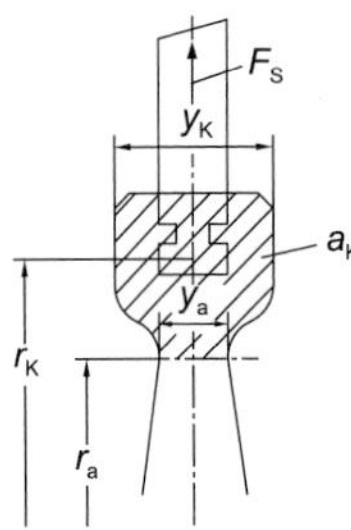

Abb. 6.35 Fliehkraftbeanspruchung durch Radkranz. a_K Querschnitt mit Schaufelfüßen und Zwischenstücken, r_K Schwerpunktradius, y_K Kranzbreite, F_s Fliehkraft der Schaufelblätter

Schwerpunkt, a_K Querschnitt mit Schaufelfüßen und Zwischenstücken, α Querschnittsanteil, der Umfangsspannungen überträgt und y_K Breite. F_s ist die Radialkraft der Schaufelblätter, Abb. 6.35.

Scheibe gleicher Festigkeit. Zur optimalen Werkstoffausnutzung wird gefordert: $\sigma_r = \sigma_t = \sigma = \text{const.}$ (s. Bd. 1, Abschn. 24.3.3). Aus Gl. (6.82) folgt damit für die Scheibenkontur

$$y = y_a \exp\left[\rho\omega^2\left(r_a^2 - r^2\right)/(2\sigma)\right]. \qquad (6.86)$$

Kegelige Scheibe. Für ihre Kontur gilt: $y = y_0\,(1 - r/R)$. Hierin ist R Radius der (gelochten) Kegelspitze; y_0 (gedachte) Scheibendicke für $r = 0$. Für den praktischen Gebrauch werden hier die Kurventafeln in [2] empfohlen.

Scheiben mit beliebigem Querschnittsverlauf. Jeder Querschnittsverlauf lässt sich durch Aufteilen der Scheibe in kegelige Ringe beliebig genau annähern. Der Spannungsverlauf in den einzelnen Teilringen ist mit den vorgenannten Tafeln mit genügender Genauigkeit zu bestimmen.

Rotierende Zylinder. Sie sind aus Scheiben gleicher Dicke zusammengesetzt zu denken. Nur sind hier die für Scheiben vernachlässigbaren Axialspannungen zu berücksichtigen; denn bei größerer Länge des Zylinders erzeugen die radialen und tangentialen Spannungen über die Querkontraktion auch axiale Spannungen. Diese hängen ohne eine von außen eingeleitete Axialkraft nur von den beiden anderen Normalspannungskomponenten ab (s. Bd. 1, Abschn. 24.3.5). Die Gln. (6.84) gelten auch für rotierende Zylinder, wenn darin die Koeffizienten $(3+\nu)/8$ durch $[3+\nu/(1-\nu)]/8$ und $(1+3\nu)/(3+\nu)$ durch $(1+2\nu)/(3-2\nu)$ ersetzt werden [2].

Die Axialspannung σ_z folgt aus

$$\sigma_z = \nu \cdot \left[(\sigma_t + \sigma_r) - \frac{2}{r_a^2 - r_i^2}\int (\sigma_t + \sigma_r)\, r\, dn\right].$$

Hohlzylinder (Trommel). Hier ist die Radialspannung an der freien inneren Begrenzung $\sigma_{ri} = 0$.

Vollzylinder. In seinem Zentrum ist wieder $\sigma_r = \sigma_t$. Zusätzlich durch äußere Axialkräfte eingeleitete Axialspannungen dürfen überlagert werden.

Fertigung, Qualitätssicherung und Montage der Rotorkomponenten – Rotoren werden entweder aus monolithischen Schmiedeteilen gefertigt oder aus Scheiben durch Formschluss (axiale Verzahnung, radiale Stifte), durch Reibschluss (unter axialer Vorspannung durch Zuganker) oder durch Materialschluss (Verschweißen der Scheiben) aufgebaut. Fertigungsbedingt enthalten diese mechanisch hoch belasteten Schmiedestücke Ungänzen, so dass sie zerstörungsfrei geprüft werden können (Ultraschall, Röntgen) und anhand der kleinsten detektierbaren Fehler ein bruchmechanischer, rechnerischer Festigkeitsnachweis der Zeitfestigkeit geführt wird.

Bei einer Vollscheibe tritt die maximale Radial- und Tangentialspannung im Kern auf. Bei einer gebohrten Scheibe verschwindet die Radialspannung an der Bohrung, während die Tangentialspannung an der Bohrung den maximalen Wert erreicht, der die doppelte Tangentialspannung im Kern der Vollscheibe ist.

Die de Laval'sche (Voll-)Scheibe gleicher Festigkeit erreicht durch einen geeigneten Verlauf der Breite über dem Radius eine radial gleichförmige Festigkeit mit breitem Ballen und geringerer Dicke am Außendurchmesser. In der Praxis werden in Axialmaschinen zumeist gebohrte Scheiben mit breitem Ballen eingesetzt.

Spezielle Rotorformen. Lassen sich diese auch nicht näherungsweise durch die behandelten Formen ersetzen, sind Verfahren mit finiten Elementen zu empfehlen. Dies gilt auch für die Scheiben von Radialrädern, die einseitig durch die Schaufeln auf Biegung beansprucht werden [16–18].

6.8.2 Durchbiegung, kritische Drehzahlen von Rotoren

Bei größerem Lagerabstand und einem biegeweichen Rotor ist die statische Durchbiegung möglichst klein zu halten, damit sich die Spiele an den Schaufeln und in den Dichtungen entsprechend klein einstellen lassen.

Mit der Durchbiegung hängen die biegekritischen Drehzahlen zusammen (s. Bd. 1, Abschn. 46.7.3). Da sich fertigungsbedingte Exzentrizitäten durch Wuchten (s. Bd. 1, Abschn. 46.5.4) nicht restlos beseitigen lassen, liegt der Schwerpunkt etwas exzentrisch zur Rotorachse und lenkt das umlaufende System aus. Die Ausschläge sind bei den biegekritischen Drehzahlen am größten, die mit den Eigenfrequenzen der Biegeschwingungen des Rotors übereinstimmen. Sie liegen um so tiefer, je biegeweicher der Rotor ist, je größer also seine statische Durchbiegung ist. Dies zeigt die für einen dämpfungsfrei gelagerten Einscheibenrotor gültige Gleichung $n_k = \sqrt{g/f}/2\pi$ mit der Erdbeschleunigung g und der Durchbiegung des Rotors f.

Als Abschätzung der ersten Ordnung der biegekritischen Drehzahl von Rotoren mit beliebiger Querschnittsverteilung angewandt, liefert sie etwas zu tiefe Werte. Für genauere Rechnungen sind folgende Einflüsse zu erfassen: Querschnittsverteilung, Lagerelastizität und Lagerdämpfung, Nachgiebigkeit des Lagerbocks und der Fundamente, innere Dämpfung und Art der Kupplung mit anderen Maschinen. Biegeweiche Rotoren sind auch empfindlich gegenüber einer Spalterregung, die in den Spalten von Strömungsmaschinen auftreten kann, z. B. in Schaufelspalten, in Labyrinthspalten usw. [19]. Bei Zusammenarbeit mit anderen rotierenden Maschinen kann es auch zu Torsionsschwingungen kommen.

6.8.3 Beanspruchung der Schaufeln durch Fliehkräfte

Axialschaufeln. Sie werden durch Fliehkräfte in ihrer Längsachse beansprucht. Kürzere Schaufeln haben oft von Fuß bis Kopf den gleichen Querschnitt; bei längeren Schaufeln müssen die Querschnitte A sowohl den Strömungsbedingungen angepasst, wie auch mit dem Radius r verjüngt werden (Abb. 6.36), um die Beanspruchung durch Fliehkräfte zu verkleinern. Die Spannung an jedem beliebigen Radius r_j beträgt

$$\sigma_{zj} = \rho\omega^2 \int_{r_j}^{r_\mathrm{a}} \frac{A}{A_j} r\,\mathrm{d}r. \qquad (6.87)$$

Die größte Spannung tritt im Fußquerschnitt $A_\mathrm{j} = A_\mathrm{F}$ an den Ausrundungsradien auf. Je weiter sich die Schaufel nach außen verjüngt, um so kleiner ist die Spannung am Fuß. Der Querschnittsverlauf A/A_F lässt sich oft so annähern, dass Gl. (6.87) geschlossen zu integrieren ist.

Besonders gilt für zylindrische Schaufeln $A/A_\mathrm{F} = 1$ und $\sigma_{z\mathrm{F}} = \rho\omega^2(r_\mathrm{a}^2 - r_\mathrm{F}^2)/2 = 2\rho u_\mathrm{m}^2 l/D_\mathrm{m}$.

Hierin bezeichnen $l = r_\mathrm{a} - r_\mathrm{F}$ die Schaufellänge, D_m den Durchmesser und u_m die Umfangsgeschwindigkeit für die mittlere Schaufelhöhe. Mit der Kontinuitätsgleichung $\dot{V} = c_\mathrm{ax}\pi D_\mathrm{m} l$, wobei $\dot{V}$ der Volumenstrom und c_ax die Axialkomponente der Geschwindigkeit ist, folgt $\sigma_{z\mathrm{F}} = \rho\omega^2\dot{V}/(2\pi c_\mathrm{ax})$.

Die Spannung in der Schaufel ist bei dem durch die Aufgabe gegebenen Volumenstrom, bei durch An- oder Abtrieb gegebener Drehzahl oder Winkelgeschwindigkeit und bei nach aero-

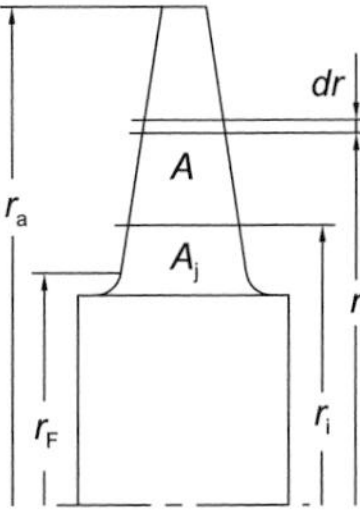

Abb. 6.36 Fliehkraftbeanspruchung rotierender Schaufeln

dynamischen Gesichtspunkten gewählter Axialgeschwindigkeit unabhängig davon, ob längere Schaufeln auf kleinerem Durchmesser oder kürzere Schaufeln auf größerem Durchmesser eingesetzt werden.

Zusatzspannungen. Sie werden in den Schaufeln durch Deckbänder, -platten und -scheiben, Bindedrähte, Dämpferdrähte oder andere Dämpfungselemente zur Reduktion von Schwingungen erzeugt. Ringförmige Körper verursachen zwischen ihrer und der Schaufelbefestigung eine Zusatzspannung

$$\sigma_{Zj} = 2\pi\rho u_Z^2 A_Z / \left(z A_j\right) . \quad (6.88)$$

Darin bedeuten u_Z Umfangsgeschwindigkeit im Schwerpunkt des Zusatzkörpers, A_Z sein Querschnitt, z Anzahl der tragenden Schaufeln und A_j ihr tragender Restquerschnitt.

Schräg gestellte Schaufeln. Werden sie gegenüber der radialen Richtung um den Winkel ν in Umfangsrichtung (Abb. 6.37) etwas schräg gestellt, so wirken die Zentrifugalkräfte der einzelnen Schaufelelemente als Zugkräfte und üben zusätzlich ein Biegemoment aus

$$\mathrm{d}M = r_F \sin \nu\rho\omega^2 A\left(x\right) x \,\mathrm{d}x \, .$$

Hierbei ist x die laufende Längenkoordinate der Schaufel, $\mathrm{d}M$ ist mit dem Querschnittsverlauf $A(x)$ über die Schaufellänge l zu integrieren. Um die Spannungen und Verformungen zu berechnen, wird das Biegemoment in Komponenten in Richtung der beiden Hauptträgheitsachsen (s. Bd. 1, Abschn. 20.4.5) des Profilquerschnitts z. B. des am stärksten belasteten Fußquerschnitts zerlegt.

Schaufeln werden oft etwas schräg gestellt, um dem Biegemoment infolge der Strömungskräfte (s. Abschn. 6.8.4) entgegen zu wirken und dadurch die Biegespannungen klein zu halten.

Stark verwundene Schaufeln. Hier haben die Verbindungslinien sich entsprechender Punkte in den Schaufelschnitten wie Vorderkanten, Profilschwerpunkte und Hinterkanten unterschiedliche

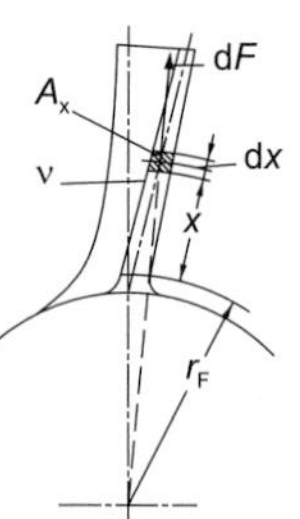

Abb. 6.37 Biegebeanspruchung einer schräg stehenden rotierenden Schaufel

Schräglagen. Die Unterschiede in den Biegemomenten erzeugen ein Torsionsmoment auf die Schaufel, das der Verwindung entgegenwirkt. Berechnungsverfahren nach [2].

Schaufeln von Radial-Dampfturbinen. Die üblicherweise schlanken Schaufeln liegen parallel zur Drehachse und werden meistens an beiden Enden durch Tragringe gehalten. Sie werden auf Biegung nach der Theorie eines beidseitig gestützten Trägers mit der kontinuierlichen Belastung $\mathrm{d}F = r\rho\omega^2 A \,\mathrm{d}x$ beansprucht (s. Bd. 1, Abschn. 20.4.8).

Schaufeln zentrifugaler Verdichter und zentripetaler Turbinen. Die Beanspruchung der Schaufeln dieser Maschinen lässt sich nicht unabhängig von der Radscheibe berechnen; wie Spannungen und Verformungen sich in Schaufeln und Scheiben gegenseitig beeinflussen, ist nicht mehr elementar darzustellen.

6.8.4 Beanspruchung der Schaufeln durch stationäre Strömungskräfte

Die Strömung übt Kräfte auf Leit- und Laufschaufeln hauptsächlich durch Druckunterschiede auf beiden Seiten der Schaufel aus; viel kleiner sind die Kräfte infolge der an der Oberfläche der Schaufel wirkenden Schubspannungen.

Biegebeanspruchung einseitig eingespannter Schaufeln. Aus dem Impulssatz folgt für die Komponente der Schaufelkraft in Umfangsrichtung:

$$\mathrm{d}F_u = (\rho_a c_{m\,a} c_{u\,a} - \rho_e c_{m\,e} c_{u\,e}) \frac{2\pi r}{z} \mathrm{d}r.$$

Hierin ist z die Anzahl der Schaufeln im Gitter. Für eine Laufschaufel ergibt sich in Bezug auf den Radius am Fuß r_F für die Komponenten des Biegemoments in Umfangs- und Meridianrichtung

$$M_u = \frac{2\pi}{z} \cdot \int_{r_F}^{r_a} (\rho_a c_{m\,a} c_{u\,a} - \rho_e c_{m\,e} c_{u\,e})(r - r_F) r \,\mathrm{d}r,$$

$$M_m = \frac{2\pi}{z} \cdot \int_{r_F}^{r_a} (p_a - p_e + \rho_a c_{m\,a}^2 - \rho_e c_{m\,e}^2)(r - r_F) r \,\mathrm{d}r. \tag{6.89}$$

Für eine Leitschaufel ist der Radius am Fuß gleich dem Außenradius und deshalb $(r - r_F)$ durch $(r_a - r)$ zu ersetzen.

Das resultierende Biegemoment lässt sich in die Richtungen der beiden Hauptträgheitsachsen des Fußprofils zerlegen. Die maximale Spannung wird dann durch die Biegung um die Achse des kleinsten Flächenträgheitsmomentes hervorgerufen.

Näherung für kurze Axialschaufeln. Bei kleinem l_m/r sind die Größen $c_{me} = c_{ma} = w_m$, ϱ, $\Delta w_u = \Delta c_u$, p_e und p_a nahezu unabhängig vom Radius; mit Gl. (6.89) folgt dann

$$M_u = \frac{\pi r_m}{z} l^2 \rho w_m \Delta w_u,$$

$$M_m = \frac{\pi r_m}{z} l^2 (p_a - p_e) \cong -M_u \cot\gamma. \tag{6.90}$$

Bei vernachlässigbaren Verlusten steht die Kraft auf die Schaufel senkrecht zum vektoriellen Mittelwert aus Ein- und Austrittsgeschwindigkeit w_∞, Abb. 6.38. Diese liegt unter dem Winkel γ zur Umfangsrichtung, sodass gilt $w_m = w_\infty \sin(\gamma - 90°)$.

Aus Gl. (6.90) ergibt sich dann

$$M = \sqrt{M_u^2 + M_m^2} \cong \frac{\pi r_m}{z} l^2 \rho w_\infty \Delta w_u. \tag{6.91}$$

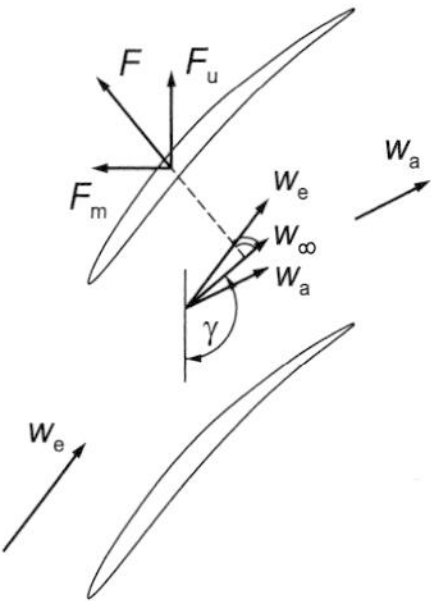

Abb. 6.38 Biegebeanspruchung einer Schaufel infolge von Strömungskräften

Fällt die Achse des kleinsten Flächenträgheitsmomentes in die Richtung der mittleren Geschwindigkeit, so ergibt sich die maximale Biegespannung im Fußprofil mit dem Widerstandsmoment W zu

$$\sigma_{\mathrm{Max}} = \frac{\pi r_m}{z} \frac{l^2}{W} \rho w_\infty \Delta w_u. \tag{6.92}$$

6.8.5 Schaufelschwingungen

Erregung. Ein großer Teil der Schäden an Turbomaschinen wird durch Schwingungsbrüche von Schaufeln verursacht. Schwingungen können einerseits durch periodische Strömungsphänomene wie Wirbelablösungen erregt werden; in Verdichterbeschaufelungen können umlaufende Ablösungen (rotating stall) und die als „Pumpen" bezeichneten Gaspulsationen entstehen (s. Abschn. 6.7.1). Andererseits wirken sich auch stationäre Ungleichmäßigkeiten in der Absolutströmung in den relativ dazu umlaufenden Gittern als periodische Erregung aus. So sind durch Ein- oder Austrittsgehäuse verursachte ungleiche Geschwindigkeitsverteilungen, der unterbrochene Strom bei Teilbeaufschlagung oder Störungen durch Rippen oder Unrundheiten des Gehäuses für die Laufschaufeln periodische Störungen. Die Nachlaufströmung hinter den Leitschaufeln („Nachlaufdellen") wirkt als periodische Erregung auf die Laufschaufeln und umgekehrt der Laufschaufelnachlauf auf die Leitschaufeln. Bei einer festen Drehzahl können den durch die Relativbewegung verursachten Erregungsmöglichkeiten bestimmte Frequenzen zugordnet werden. Bei variabler Drehzahl und auch beim An- und Abfahren sind die Frequenzbereiche für die Erregung zu berücksichtigen.

Resonanz. Schaufeln werden zu Schwingungen mit großer Amplitude angeregt, wenn die Erreger- in der Nähe einer Eigenfrequenz liegt (s. Bd. 1, Abschn. 15.1). Ihren verschiedenen Schwingungsformen entsprechend haben Schaufeln viele Eigenfrequenzen. Die durch Schwingungen verursachte Wechselbeanspruchung ist proportional zur Schwingungsamplitude. Um sie gering zu halten, sind die zu den niedrigen Ordnungen der Biegeschwingungen und zu der ersten Ordnung der Torsionsschwingung gehörenden Resonanzen durch Einwirkung auf die Erregungsquellen und/oder die Auslegung der Schaufeln zu vermeiden. Sie können für schlanke Schaufeln (großes l/s) bei starrer Einspannung ohne Wirkung eines Zentrifugalfelds wie für einseitig eingespannte Stäbe berechnet werden, s. Bd. 1, Abschn. 15.2.4. Jedoch liegen sie infolge der schwer zu erfassenden Elastizität der Einspannung oft tiefer. Über die Einspannung können auch Schwingungen der Scheibe oder der Nachbarschaufeln übertragen werden (Koppelschwingungen). Bei Laufschaufeln hat das Zentrifugalfeld einen versteifenden und daher die Eigenfrequenz f_e erhöhenden Einfluss [2]

$$f_e^2 = f_{eo}^2 + n^2 \left[\left(\frac{r_N}{l} + \frac{3}{4} \right) k_n - \cos^2 \vartheta \right]. \tag{6.93}$$

Darin bedeuten f_{eo} Eigenfrequenz ohne Einwirkung des Zentrifugalfelds, n Drehzahl, r_N Nabenradius, ϑ Winkel zwischen Schwingungs- und Umfangsrichtung, k_n Eigenwerte der Ordnung n, für $n = 1$, 2 und 3 ist $k_n = 1, 61$, 7,05 und 16,7.

Bindungen zwischen den Schaufeln, Dämpferdrähte, Deckbänder, verschweißte oder einzelne sich berührende Deckplatten vermehren einerseits die schwingende Masse, sie lassen andererseits nur gekoppelte Schwingungen des ganzen Schaufelpakets zu. Der zweite Effekt überwiegt und bewirkt eine Eigenfrequenzerhöhung. In diesen Fällen wie auch bei kurzen Schaufeln (l/s klein) und stark verwundenen Schaufeln sind

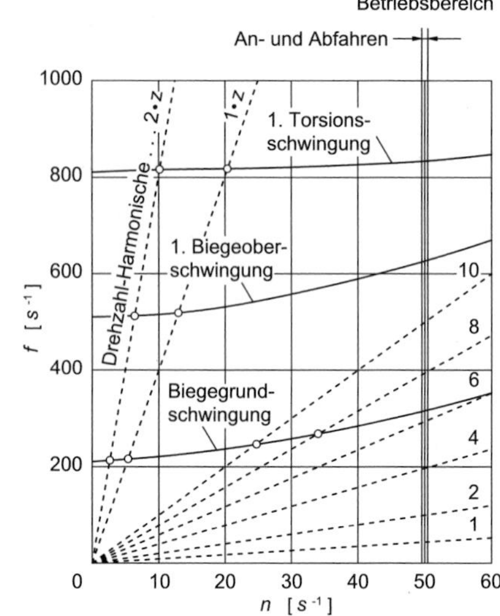

Abb. 6.39 *Campbell*-Diagramm für Eigen- und Erregerfrequenzen in Funktion der Drehzahl. ∘ beim An- und Abfahren durchlaufene Resonanzen

analytische Rechenverfahren [2] oder eine Aufteilung in finite Elemente [18] anzuwenden.

Eigenfrequenzen lassen sich im Campbell-Diagramm (Abb. 6.39) als Funktion der Drehzahl zusammen mit den möglichen Erregungen als Vielfache der Drehzahl (insbesondere Schaufelzahl mal Drehzahl) darstellen. An den (s. Bd. 1, Kap. 26) Schnittpunkten von Eigenfrequenz- und Erregerlinien ist bei der entsprechenden Drehzahl Resonanz zu erwarten. Die Betriebsdrehzahl oder deren Bereich muss frei von Resonanzen zumindest der niederen Ordnungen sein.

Schaufelschwingungen und Aeroelastik. Dynamisch wechselnde Kräfte treten in Strömungsmaschinen zumeist aus strömungsmechanischen („aerodynamischen") Gründen der Strömungs-Struktur-Wechselwirkung auf:

Umfangskraft – Die Umfangskraft werden von den Schaufeln auf den Rotor bzw. die Aufhängung der Leitschaufel übertragen. Sie belastet die Schaufeln stationär auf Biegung und Torsion. Die Umfangskraft wird verursacht durch den Druckgradienten zwischen Saug- und Druckseite der Schaufeln, der zu einer inhomogenen Verteilung des statischen Drucks in Umfangsrichtung führt. Durch die rotierende Relativbewegung des

Rotors werden die strömungsführenden Komponenten des Stators, z. B. die Leitschaufeln, dem instationären Druckfeld des Rotors, z. B. mit der Schaufelwechselfrequenz, ausgesetzt. Aus gleichem Grund sind die Druckgradienten im Stator verantwortlich für dynamisch wechselnde Lasten der Rotorbeschaufelung.

„Forced Response" – Die Grenzschichten an umströmten Komponenten und durch Wechselwirkung der Grenzschichten und durch Leckagen induzierte komplexere Sekundärströmungen führen zu Geschwindigkeitsgradienten, die zu einer inhomogenen Verteilung des Totaldrucks im Strömungsfeld führen. Insbesondere führen die Nachlaufdellen eines Schaufelgitters zu einer periodisch- instationären Schwellbelastung der nachfolgenden Schaufelgitter. Dadurch werden strömungsführende Komponenten zu Schwingungen angeregt. Die dominante Anregung tritt mit den Schaufelwechselfrequenzen (Drehzahl x Schaufelzahl) und deren Vielfachen und Schwebungsfrequenzen auf.

Die beiden bisher genannten Schwingungen der strömungsführenden Bauteile werden durch dynamisch wechselnde Schwankungen in statischem und Totaldruck erzwungen, engl. „forced response".

Flattern – Wenn nun die schwingenden Schaufeln (oder andere strömungsführende Komponenten) durch ihre Schwingung das Strömungsfeld instationär so ändern, dass die Schwingung der Schaufel angefacht wird („negative Dämpfung"), so spricht man von Flattern (engl. „flutter"). Steigen die Amplituden, ohne dass die Komponenten versagen, so wird ein Grenzzyklus („limit cycle") erreicht, in dem das so gekoppelte aeroelastische System schwingt, typischerweise bis eine Komponente ermüdet und versagt.

HCF und das Campbell-Diagramm. Da die dominante Anregung der Schaufeln hochfrequent ist, belastet sie die Bauteile in kurzer Zeit mit einer hohen Anzahl von Lastzyklen, so dass die resultierende Materialermüdung als „high cycle fatigue" (HCF) bezeichnet wird. Die Ermüdung erfolgt besonders dann schnell, wenn zwischen der Schwingungsanregung der Schaufel und den Eigenschwingungsformen („Eigenmoden") der Schaufel eine Resonanz auftritt, d. h. die Anregungsfrequenz nahe der natürlichen Frequenz (Eigenfrequenz) der Schaufel liegt.

Um die Möglichkeiten der Resonanz zu prüfen, werden im Campbell-Diagramm (Abb. 6.39) die Eigenfrequenzen der Beschaufelung über den drehzahlvielfachen Anregungsfrequenzen aufgetragen, wobei die Anregungsfrequenzen Ursprungsgeraden sind. An den Schnittpunkten der anregenden Drehzahlvielfachen mit den Eigenfrequenzen sind Resonanzen zu erwarten. Die Aufgabe des Konstrukteurs ist es nun, die Beschaufelung so auszulegen, dass diese Schnittstellen im Betrieb entweder vermieden oder nur kurzzeitig durchfahren werden, nicht aber im Dauerbetrieb getroffen werden.

Konstruktive Vermeidung der Resonanzen. Um die Resonanzmöglichkeiten zu vermeiden, gilt die Regel, dass in keiner Strömungsmaschine identische Schaufelzahlen in aufeinanderfolgenden Stufen verwendet werden sollten. In manchen Fällen wird sogar in der oberen Hälfte des Stators eine andere Schaufelzahl verwendet als in der unteren Hälfte, um den nachfolgenden Rotor nicht über den gesamten Umfang mit einer Schaufelwechselfrequenz anzuregen. Ausnahmen von der Regel, in aufeinanderfolgenden Statoren oder aufeinanderfolgenden Rotoren nur unterschiedliche Schaufelzahlen einzusetzen, werden zur Nutzung des „Clocking"-Effekts gemacht, bei der die Umfangspositionen zweier aufeinanderfolgender Stator-(Leitschaufel-)reihen oder Rotor-(Laufschaufel-)reihen um einen Winkel so versetzt sind, dass der Wärmeübergang oder die Aerodynamik stromabwärts durch das gezielte Auftreffen der Schaufelnachläufe besonders günstig wird. Im Falle des „clocking" müssen Resonanzmöglichkeit besonders sorgfältig geprüft und vermieden werden.

Die unterschiedlichen Schaufelzahlen der einzelnen Schaufelreihen verursachen eine Vielzahl von Schaufelwechselfrequenzen. Zusätzlich regen niedrige Vielfache der Rotordrehzahl („Low Engine Order") die Komponenten der Strömungsmaschine zu Schwingungen an. Im Einlauf eines Verdichters können diese Anregungen z. B. von den Stützrippen eines Lagers, Stützrippen in Übergangskanälen zwischen Niederdruck- und Hochdruckverdichter oder von anderen Asymmetrien herrühren; im Einlauf eines Flugtriebwerks werden z. B. durch die Bodengrenzschicht verursachte Wirbel angesogen. Brenner in der Brennkammer vor der Hochdruckturbine sowie Stützrippen zwischen Hochdruck- und Niederdruckturbine oder im Turbinenaustrittsdiffusor regen ebenfalls niederfrequente Schwingungen an. Diese Schwingungen können nicht nur in der Beschaufelung auftreten, sondern in vielen schwingungsfähigen Komponenten von Strömungsmaschinen, so dass mögliche Resonanzen anhand des Campbell-Diagramms in Strömungsmaschinen an allen Komponenten geprüft werden sollten, die erfahrungsgemäß zu Schwingungen neigen. Dabei müssen neben Biege- und Torsionsschwingungen auch Membranschwingungen, z. B. hohler Turbinenschaufeln, geprüft werden. Wegen der Vielfalt der auftretenden Anregungen und der möglichen Resonanzmoden ist ein vollständiger Nachweis der Resonanzfestigkeit einer gesamten Strömungsmaschine in der Praxis nicht möglich, insbesondere weil die Dämpfung der Schwingungen schwer abschätzbar ist. Wegen der Schwierigkeit der Berechnung, besonders der gekoppelten und komplexen Eigenmoden, empfiehlt sich ein experimenteller Nachweis der Resonanzfestigkeit am Prototyp oder in vorausgehenden Komponentenversuchen.

Bei hydraulischen Strömungsmaschinen führen aufgrund der hohen Dichte des strömenden Mediums die Trägheit des Mediums und die daraus resultierenden Massenkräfte zu hohen dynamischen Belastungen. Bei thermischen Strömungsmaschinen führen die für einen hohen Arbeitsumsatz (vgl. Eulersche Turbomaschinengleichung) erforderlichen hohen Geschwindigkeiten zu hohen dynamischen Belastungen.

6.8.6 Gehäuse

Es nimmt die Leitgitter auf, und schließt den Rotor und das Arbeitsfluid druckdicht ein, das durch das Ein- und Austrittsgehäuse zur und von der Beschaufelung geführt wird. An der oder den Wellendurchführungen muss die Welle gegen das Gehäuse bei hohen Umfangsgeschwindigkeiten berührungslos (Labyrinthe) und nur bei niedrigen Umfangsgeschwindigkeiten mit Dichtlippen oder Stopfbüchsen gedichtet werden. Die Wellenlager können mit dem Gehäuse integriert oder auf gesonderten Böcken angeordnet sein. Beim Betrieb darf sich das Gehäuse weder unter dem Innendruck noch unter den thermischen Beanspruchungen so weit verziehen, dass die Schaufel- oder Labyrinthspiele überbrückt werden.

Die Gehäuse sind insbesondere bei mehrstufigen Maschinen im Mittelteil zylindrisch, bei hohen Innendrücken auch kugelförmig und werden an den Enden durch Ein- und Austrittsgehäuse abgeschlossen.

Zylindrische Gehäuse. Die Spannungen in einem durch Innen- oder Außendruck belasteten Hohlzylinder (Bd. 1, Abschn. 23.3.2) folgen aus den Gln. (6.84) ohne Fliehkraftglied, wenn der Druck auf die innere Fläche p_i für $-\sigma_\mathrm{ri}$ und auf die Außenfläche p_a für $-\sigma_\mathrm{ra}$ eingeführt werden:

$$\sigma_r = -p_\mathrm{a} - \frac{r_i^2}{r^2}\frac{r_\mathrm{a}^2 - r^2}{r_\mathrm{a}^2 - r_i^2}(p_i - p_\mathrm{a}) \,,$$
$$\sigma_t = -p_\mathrm{a} + \frac{r_i^2}{r^2}\frac{r_\mathrm{a}^2 + r^2}{r_\mathrm{a}^2 - r_i^2}(p_i - p_\mathrm{a}). \tag{6.94}$$

Für die Axialspannung ergibt sich

$$\sigma_\mathrm{a} = \frac{r_i^2 p_i - r_\mathrm{a}^2 p_\mathrm{a}}{r_\mathrm{a}^2 - r_i^2}. \tag{6.95}$$

Für dünnwandige Gehäuse (s/r klein mit s als Wandstärke) folgt hieraus

$$\sigma_t \cong \frac{r}{s}(p_i - p_\mathrm{a}) \,, \quad \sigma_\mathrm{a} \cong \frac{r}{2s}(p_i - p_\mathrm{a}) \,. \tag{6.96}$$

Die Radialspannung ist in dünnwandigen Gehäusen meist vernachlässigbar.

Kugelförmige Gehäuse. Hier muss in jedem Meridianschnitt die gleiche Kraft übertragen werden, wie in einem senkrecht zur Achse geschnittenen Hohlzylinder; die Spannung ist also nach

Gl. (6.95) zu berechnen. Wie im Fall dünnwandiger Gehäuse aus den Gl. (6.96) abzulesen ist, könnten kugelförmige Gehäuse mit gleichem Radius unter dem gleichen Innendruck mit ungefähr halber Wandstärke gegenüber zylindrischen Gehäusen ausgeführt werden, jedoch muss eine Hohlkugel (s. Bd. 1, Abschn. 23.3.2) einen größeren Radius haben als ein Hohlzylinder, wenn sie die gleiche Beschaufelung aufnehmen soll.

Ein- und Austrittspartien. Die hier in den Gehäusen auftretenden Spannungen lassen sich wie die in Kugelschalen abschätzen, wenn keine zusätzlichen Schubspannungen auftreten; auch in eingestülpten Schalen können Schubspannungen durch axial gehaltene Innenringe vermieden werden. Sonst gilt die Theorie der biegesteifen Schalen [20].

Zweischalige Gehäuse. Bei hohem Innendruck lässt sich das Gehäuse aufteilen (Abb. 6.40) in ein Innengehäuse – meist ein eingesetzter Schaufelträger – und ein Außengehäuse; der Zwischenraum wird mit der Austrittseite im Gehäuse verbunden, sodass vom bei thermischen Maschinen heißen Innengehäuse nur der Differenzdruck zwischen Ein- und Austritt aufzunehmen ist, während das kältere Außengehäuse den Austrittsdruck gegenüber der Atmosphäre aushalten muss.

Trennflansch. Die Gehäuse müssen sich zum Einbau der Leitschaufeln und zum Einlegen des Rotors öffnen lassen. Dazu wird der Trennflansch parallel (Abb. 6.41a) oder senkrecht zur Maschinenachse (Topfgehäuse, Abb. 6.41b) gelegt.

Die aus der Spannung im entsprechenden Schnitt des Gehäuses folgende Kraft muss vom Trennflansch übertragen werden. Sie ist für ein dünnwandiges, zylindrisches Gehäuse senkrecht zur Maschinenachse nach Gl. (6.96) halb so groß wie parallel dazu. Der Trennflansch senkrecht zur Achse wird viel bei nur einer radialen oder axialen Stufe mit fliegend gelagertem Läufer angewendet.

Bei vielen Stufen werden meistens zur Maschinenachse parallele Trennflansche zur Montage bevorzugt. Die größeren Kräfte werden durch Flanschkonstruktion oder zweischalige Bauweise übertragen. Der Ausbildung der Flansche ist besondere Aufmerksamkeit zu widmen [2].

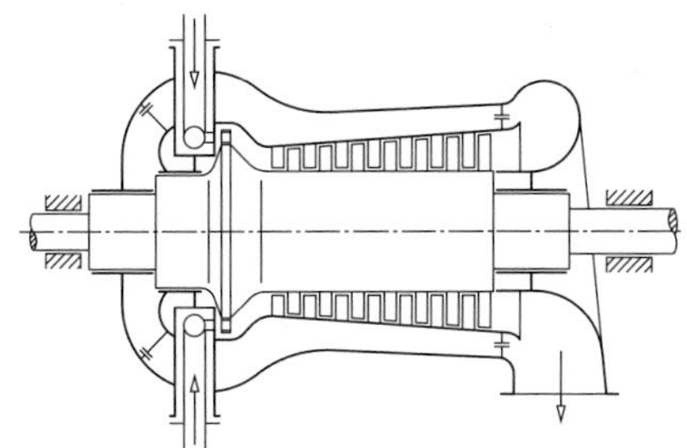

Abb. 6.40 Zweischaliges Gehäuse

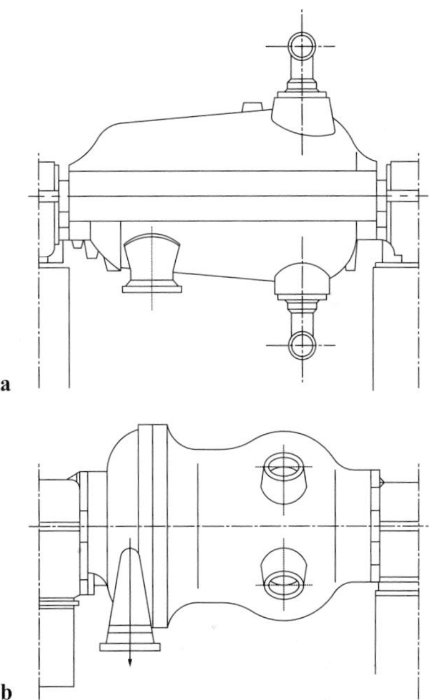

Abb. 6.41 Lage des Trennflansches. **a** Parallel; **b** senkrecht zur Maschinenachse

6.8.7 Thermische Beanspruchung

In thermischen Strömungsmaschinen haben Verdichten oder Entspannen Temperaturunterschiede gegenüber der Umgebung und im Arbeitsfluid zur Folge, die sich auf die durch- oder umströmten Teile übertragen. Hierbei sind nicht nur die stationären Temperaturfelder maßgebend, sondern auch die instationären beim An- und Abfahren und bei Laständerungen.

Den Temperaturdifferenzen in den Bauteilen folgen bei freier Einstellmöglichkeit unterschiedliche Ausdehnungen. Soweit sich die Verformungen gegenseitig behindern, haben sie Zusatzspannungen zur Folge (s. Bd. 1, Abschn. 23.1.5). Im Bereich elastischen Verhaltens der Werkstoffe können sie den anderen Spannungen überlagert werden.

$$\sigma = \mathrm{E}\,\beta\,(T_\mathrm{m} - T) \,/\, (1 - \nu)\,. \qquad (6.97)$$

Hierin bedeuten β Längenausdehnungskoeffizient, ν Querkontraktionverhältnis, T_m mittlere Temperatur in der neutralen Faser, in der keine Zusatzspannungen auftreten.

Die örtliche und zeitliche Temperaturverteilung und deren Mittelwert T_m hängen von der Form des Bauteils und dessen Oberflächentemperatur ab.

Dünne ebene Platte. Hier gilt sowohl für die maximale Zugspannung auf der kalten Seite (T_K) wie auch für die maximale Druckspannung auf der heißen Seite (T_H)

$$\sigma_\mathrm{max} = 0{,}5\,\mathrm{E}\,\beta\,(T_\mathrm{H} - T_\mathrm{K}) \,/\, (1 - \nu)\,. \qquad (6.98)$$

Hohlzylinder. Er sei *außen beheizt* (Trommelrotor). Für dünnwandige Zylinder gilt in erster Näherung auch Gl. (6.98). Bei dickwandigeren Zylindern werden die Temperaturgradienten innen steiler und außen flacher. Die neutrale Faser verschiebt sich dabei nach innen, da Druck- und Zugkräfte im Gleichgewicht stehen müssen. So ergeben sich für ein relativ großes Radienverhältnis $r_\mathrm{a}/r_\mathrm{i} = 2{,}0$: Zugspannungen innen um 22 % höher; Druckspannungen außen um 22 % niedriger als bei der ebenen Platte. Der Hohlzylinder sei *innen beheizt* (Gehäuse). Bei dickwandigen Zylindern mit $r_\mathrm{a}/r_\mathrm{i} = 2{,}0$ sind die Druckspannungen innen um 22 % höher, Zugspannungen außen um 22 % niedriger als bei der ebenen Platte [2].

Diese Rechnungen für idealisierte Körper mit gleicher Oberflächentemperatur geben nur einen Anhalt, denn Flansche, Stutzen usw. bedingen Abweichungen der thermischen Spannungen von den für einfache Formen berechneten.

Außerdem ist die Oberflächentemperatur weder örtlich gleich noch zeitlich konstant. Je schneller sich die Temperatur des Arbeitsfluids ändert, um so steiler werden die Temperaturgradienten und um so höher die thermischen Spannungen. Sie sind höher als im stationären Betrieb und begrenzen deshalb die An-, Abfahr- und Laständerungsgeschwindigkeiten. Im Fall von Maschinen für industrielle Zwecke stehen sie je nach Fahrprogramm nur während der Laständerungen, also nur für kurze Zeiten an. Eine genaue Berechnung der thermischen Zusatzspannungen muss mit finiten Elementen erfolgen [18].

Schaufeln. Die Temperaturverteilung des Arbeitsfluids um die Schaufeln ist ungleichmäßig: Im Staupunkt wird die über der Temperatur in der Zuströmung liegende Stagnationstemperatur erreicht, während um die Schaufel herum die Temperatur der Geschwindigkeitsverteilung entsprechend fallen oder steigen kann.

Die Temperatur an der Oberfläche stellt sich dem Übergang der Wärmeströmung folgend ein: Bei ungekühlten Schaufeln sind im stationären Zustand nur diese Temperaturdifferenzen maßgebend für die thermischen Spannungen. Bei gekühlten Schaufeln sind die Temperaturdifferenzen und die dadurch erzeugten thermischen Spannungen wesentlich größer. Besonders groß werden sie beim instationären An- und Abfahren von thermischen Turbomaschinen, weil sich die ungleichen Querschnitte der Schaufel an Schaufelspitze und -fuß unterschiedlich schnell aufwärmen und abkühlen.

Materialermüdung: LCF und TCF. Da hohe Umfangsgeschwindigkeiten des Rotors zu hohem Arbeitsumsatz beitragen (vgl. ebenfalls die Eulersche Turbomaschinengleichung), werden sie in Strömungsmaschinen zur Erhöhung der Leistungsdichte angestrebt. Änderungen der Umfangsgeschwindigkeit verursachen Änderungen der Fliehkraftdehnung der rotierenden Komponenten. Diese sind mindestens bei An- und Abfahren einer Maschine unvermeidbar, treten aber zumeist auch bei Änderungen des Betriebspunkts auf. Da diese Änderungen selten (also mit niedriger Zyklenzahl) auftreten, spricht man bei der resultierenden Materialermüdung von „Low Cycle Fatigue“ (LCF).

Da in thermischen Strömungsmaschinen zunächst thermische Energie in kinetische Energie der Strömung umgesetzt wird (in Turbinen; bei Verdichtern umgekehrt), treten in thermischen Strömungsmaschinen zusätzlich hohe Temperaturen auf, die insbesondere bei Änderung des Betriebspunkts zu hohen Temperaturgradienten und daher zu hohen thermischen Dehnungen führen. Da sich thermische Vorgänge (im Vergleich zur Zeitkonstante von Schaufelschwingungen) langsam vollziehen, folgt diese thermisch induzierte Materialermüdung („Thermal Cycle Fatigue“ = TCF) ähnlich dem LCF den Änderungen des Betriebspunkts.

Literatur

Spezielle Literatur

1. Denton, J. D.: Loss Mechanisms in Turbomachines, ASME J. Turbomach. 115, 621–656 (1993)
2. Traupel, W.: Thermische Strömungsmaschinen. Erster Band: Thermodynamisch-strömungstechnische Berechnung. Zweiter Band: Geänderte Betriebsbedingungen, Regelung, Mechanische Probleme, Temperaturprobleme. Berlin: Springer (2001)
3. Fister, W.: Fluidenergiemaschinen, Bd. 1. Berlin: Springer (1984)
4. Casey, M.V.: Accounting for Losses and Definitions of Efficiency in Turbomachinery Stages, Proc. IMechE Vol. 221 (6), pp. 735–743. Part A: J. Power and Energy (2007)
5. Wagner, W., Kruse, A.: Properties of Water and Steam – The Industrial Standard IAPWS-IF97/Zustandsgrößen von Wasser und Wasserdampf – Der Industrie-Standard IAPWS-IF97. Springer, Berlin (1998)
6. Brennen, C. E.: Cavitation and Bubble Dynamics. Oxford Engineering Science Series 44, Oxford University Press (1995)
7. Gyarmathy, G.: Grundlagen einer Theorie der Nassdampfturbine. Dissertation No. 3221, ETH Zürich (1962)
8. Moore, M.J., and Sieverding, C.H.: Two-Phase Steam Flow in Turbines and Separators. Washington and London: Hemisphere (1976)
9. Gyarmathy, G.: Nucleation of Steam in High-pressure Nozzle Experiments, Proceedings of 6th European Turbomachinery Conference, Paper 042_05/225, Lille (2005)
10. Lakshminarayana, B.: Fluid Dynamics and Heat Transfer of Turbomachinery. New York: John Wiley and Sons 1996.
11. AGARD-LS-195: Turbomachinery Design using CFD (1994)
12. Schlichting, H.: Grenzschicht-Theorie, 8. Aufl. Springer, Heidelberg (1982)
13. Hirsch, C.: Numerical Computation of Internal and External Flows. Vol. 1: Fundamentals of Numerical Discretization. Vol. 2: Computational Methods for Inviscid and Viscous Flows. Wiley (1994)
14. Cordier, O.: Ähnlichkeitsbedingungen für Strömungsmaschinen. VDI-Ber. 3, 85 (1955)
15. Greitzer, E. M.: The Stability of Pumping Systems – the 1980 Freeman Scholar Lecture. ASME Journal of Fluids Engineering 103, 193–242 (1981)
16. Zienkiewics, O. C.: Methode der finiten Elemente. Hanser, München (1984)
17. Mlejnek, H. P., Schreineck, R.: Einsatz der Finite Elemente Methode zur statischen und dynamischen Berechnung von schalenartigen Radial- und Axialschaufeln bei beliebigen Drehzahlen (System Turban). VDI-Ber. 264, 173–178 (1976)
18. Hohn, A.: Die Rotoren großer Dampfturbinen. Brown Boveri Mitt. 60(2), 404–416 (1973)
19. Thomas, H. J., Ulrichs, K., Wohlrab, R.: Läuferinstabilität bei thermischen Turbomaschinen infolge Spalterregung. VGB Kraftwerkstechnik 56(6), 377–383 (1976)
20. Gravina, P. B. J.: Theorie und Berechnung der Rotationsschalen. Springer, Berlin (1961)

7 Wasserturbinen

Paul Thamsen

7.1 Allgemeines

Die Wasserturbinen haben die Aufgabe, die Lage-, Druck- oder Geschwindigkeitsenergie des Wassers für die Erzeugung mechanischer Arbeit auszunutzen.

7.1.1 Kennzeichen

Wasserturbinen sind Bestandteil eines Wasserkraftwerks, Abb. 7.1. Ihre Aufgabe ist die Umwandlung der in Stauseen, Kanälen, Flüssen, Gezeiten enthaltenen potentiellen Energie des Wassers in mechanische Leistung, meist zum Antrieb elektrischer Generatoren [1–6]. Wasserturbinen arbeiten mit relativ niedrigen Umfangsgeschwindigkeiten. Die Dichte und Temperatur des durchströmenden Wassers ändern sich minimal. Beim Einsatz der Turbinen besteht die Gefahr der Kavitation (s. Abschn. 6.3.5). Durch das Entstehen von Dampfblasen, an Stellen mit Drücken nahe dem Dampfdruck p_v und das schlagartige Zusammenbrechen der Dampfblasen bei höheren Drücken, können Schäden entstehen (vgl. Abschn. 8.3.1). Hierbei ist die Ausführung des Saugrohres beziehungsweise die Geschwindigkeitsverzögerung hinter dem Laufrad bis zum Unterwasser UW zu beachten (Abb. 7.1a–c).

In den Industrieländern kommt den Wasserturbinen beim Bau großer Pumpspeicherkraftwerke als Regel- und Spitzenkraftwerke in Ergänzung zu den dominierenden thermischen Kraftwerken und zum Ausgleich der Energie aus regenerativer Energierzeugung weiterhin große Bedeutung zu.

Arbeitsweise. Wasserturbinen werden eingeteilt in:

Gleichdruckturbinen (Abb. 7.2a,b). Die statischen Drücke sind am Laufradein- und -austritt gleich groß. Das Laufrad lässt sich segmentweise mit einzelnen Massenströmen beaufschlagen (Teilbeaufschlagung – Abb. 7.4), da hier keine verlustbehaftete Druckausgleichsströmung in Umfangsrichtung entsteht. Hierdurch ist eine Leistungsanpassung möglich.

Überdruckturbinen (Abb. 7.2c–e). Der statische Druck ist am Eintritt in das Laufrad größer als am Austritt. Daher sind nur vollbeaufschlagte Laufräder möglich.

Einsatzbereich (Abb. 7.3). Der Leistungsbereich beträgt i. d. R. 1 kW bis 1000 MW; Wasserturbinen sind energiesparend regelbar infolge der Schaufelverstellung bzw. Teilbeaufschlagung. Die Ausführung ist meist einstufig und einströmig, die Aufstellung kann waagerecht bis senkrecht (weniger Grundfläche, bessere Anpassung an schwankende Wasserstände im UW) sein. Die Fallhöhen betragen 2 bis 2000 m, die Laufraddurchmesser 0,3 bis 11 m und mehr [1–6].

P. Thamsen (✉)
Technische Universität Berlin
Berlin, Deutschland
E-Mail: paul-uwe.thamsen@tu-berlin.de

B. Bender und D. Göhlich (Hrsg.), *Dubbel Taschenbuch für den Maschinenbau 3: Maschinen und Systeme*,
https://doi.org/10.1007/978-3-662-59715-6_7

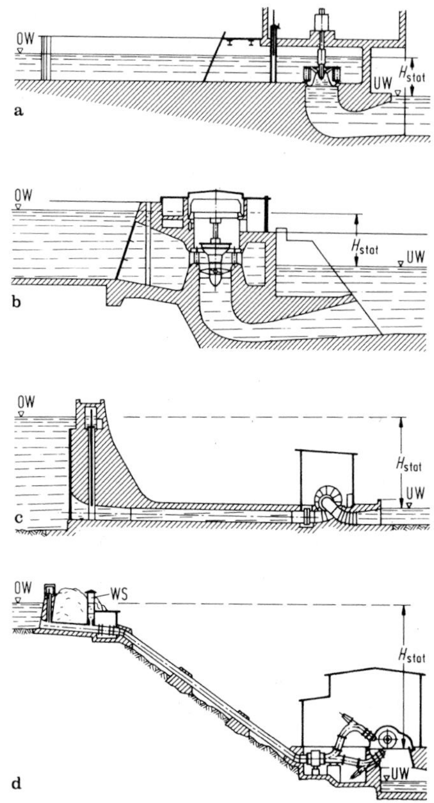

Abb. 7.1 Wasserkraftwerke. **a** Niederdruckanlage im Seitenkanal mit Francisturbine; **b** Niederdruckanlage im Fluss mit Kaplanturbine; **c** Hochdruckanlage an einer Talsperre mit Francisturbine; **d** Hochdruckanlage im Gebirge mit Peltonturbine. *OW* Oberwasser, *UW* Unterwasser, *WS* Wasserschloss, H_{stat} Statische Fallhöhe

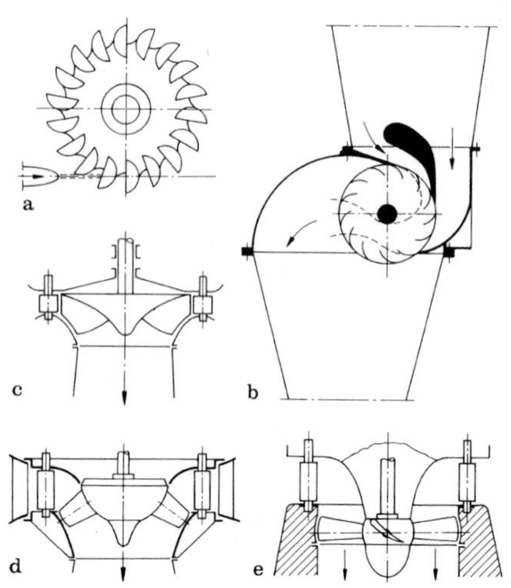

Abb. 7.2 Zur Arbeitsweise der Wasserturbinen. **a** Pelton-, **b** Ossberger-, **c** Francis-, **d** Dériaz- und **e** Kaplanturbine

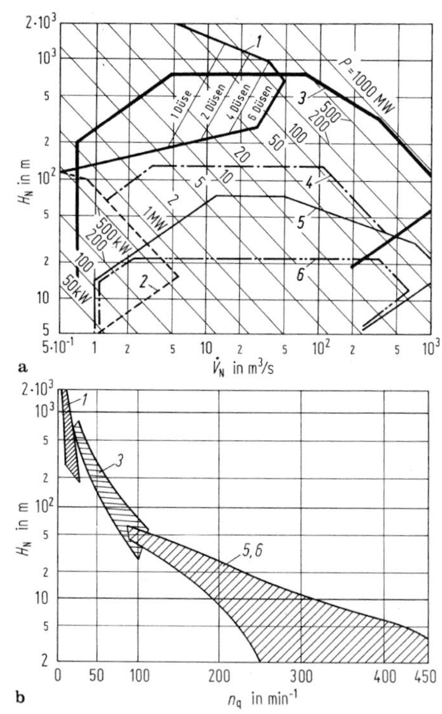

Abb. 7.3 Einsatzbereiche der Wasserturbinen (nach Unterlagen der Firmen Sulzer und Voith). Bereiche: *1* Peltonturbinen, *2* Ossbergerturbinen, *3* Francisturbinen, *4* Dériazturbinen, *5* vertikale Kaplanturbinen, *6* horizontale Kaplanturbinen (Rohrturbinen). n_q spezifische Drehzahl (s. Abschn. 8.2.1), H_N Nennfallhöhe, $\dot{V}_N$ Nennvolumenstrom

Die wichtigsten Begriffe, Zeichen und Einheiten aus der Wasserturbinentechnik sind in [3, 6–8] festgelegt.

7.1.2 Wasserkraftwerke

Je nach der verfügbaren statischen Fallhöhe H_{stat} lassen sich Wasserkraftwerke in Mittel- bis Hochdruckkraftwerke ($\geqq$ 50 m) und Niederdruckkraftwerke (< 50 m) einteilen.

Hauptteile. Ein Wasserkraftwerk besteht in der Regel aus folgenden Hauptteilen (Abb. 7.1): – Speicheranlage OW (See, Staustufe, Seitenkanal)

– Entnahmeanlage (Rechen, Überlauf, Schütze) – Leitung (bei längeren Leitungen Druckstoßsicherung in Form eines offenen Wasserschlosses WS (Abb. 7.1d) zur Aufnahme von Wassersäulenschwingungen bis 20 m Höhe erforderlich, Druckleitung auf Gefällstrecke dennoch auf Festigkeit bei schnellen Regelvorgängen nachzurechnen) – Wasserturbine (Maschinenhaus) – Rückgabeanlage UW (bei Niederdruckanlagen Fallhöhenverlust durch Hochwasser möglich).

Sonderformen. Verschiedene Wasserkraftwerke benötigen kein besonderes Maschinenhaus (Freiluftaufstellung); Wasserturbine und Druckleitungen werden sehr häufig in Felsen eingebaut (Kavernenkraftwerk), Zusammenlegung von Turbinen und Pumpen im gemeinsamen Maschinenhaus bei Pumpspeicheranlagen. Zusammenfassende Literatur in [1, 2, 6].

7.1.3 Wirtschaftliches

Bei kleineren Wasserkraftwerken (< 500 kW) liegen die Investitionskosten für Wasserturbinen und Regeleinrichtungen bei 10 bis 50 % der gesamten Anlagekosten. Bei mittleren bis großen Wasserkraftwerken bei ca. 10 % (Hochdruckanlagen) bis 20 % (Niederdruckanlagen). Die gesamten Anlagekosten sind – je nach den Geländeverhältnissen – sehr verschieden. In Pumpspeicherwerken wird die nachts und sonntags überschüssige Energie der Kraftwerke genutzt, um das Wasser in hochgelegene Speicher zu pumpen, von denen es zu Zeiten besonderen Spitzenbedarfs wieder zur Arbeitsabgabe durch Wasserturbinen zurückströmt (s. Abschn. 7.7). Investitionskosten solcher Werke sind besonders hoch, zusätzliche Verluste entstehen durch zweimalige Energieumsetzung, daher ist „Spitzenstrom" teurer als „Nachtstrom". Im Zuge des Ausbaus der Nutzung der regenerativen Energien spielt Energiespeicherung eine zunehmende Rolle.

7.2 Gleichdruckturbinen

7.2.1 Peltonturbinen

Peltonturbinen [2–6, 9–11] mit horizontaler Welle werden mit 1 bis 2 Freistrahldüsen und mit vertikaler Welle mit 1 bis 6 Düsen je Rad eingesetzt. Abb. 7.4 zeigt als Beispiel eine sechsstrahlige Peltonturbine. Bei der Durchströmung der Schaufeln (Becher) ändert sich der statische Druck nicht (Reaktionsgrad 0). Das Wasser wird in den Düsen stark beschleunigt; am Düsenaustritt herrscht Atmosphärendruck. Der Massenstrom wird über axial verschiebbare Nadeln zur Leistungsregulierung verändert. Die Verschiebung geschieht über außen oder innen angeordnete Verstelleinrichtungen (hydraulisch oder elektrisch).

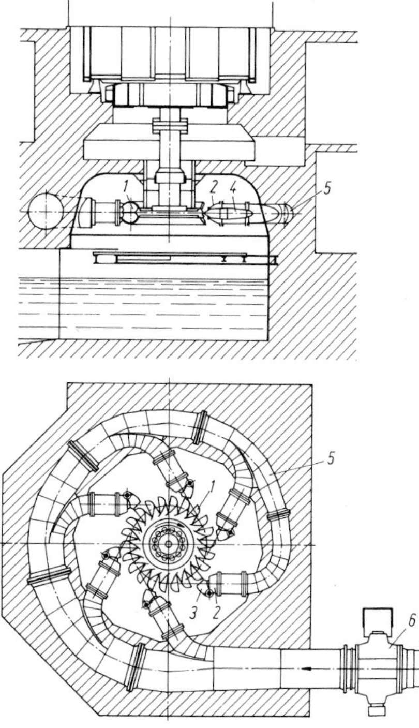

Abb. 7.4 Peltonturbine mit sechs innengesteuerten Düsen (Voith). Strahlkreisdurchmesser 4,35 m, $H_N = 413$ m, $\dot{V}_N = 46{,}1\,m^3/s$, $n = 180\,min^{-1}$, $P_N = 167$ MW. *1* Laufrad, *2* Düse, *3* Strahlablenker, *4* Innensteuerung der Düsennadel (Schließstellung), *5* Ringleitung, *6* Absperrorgan

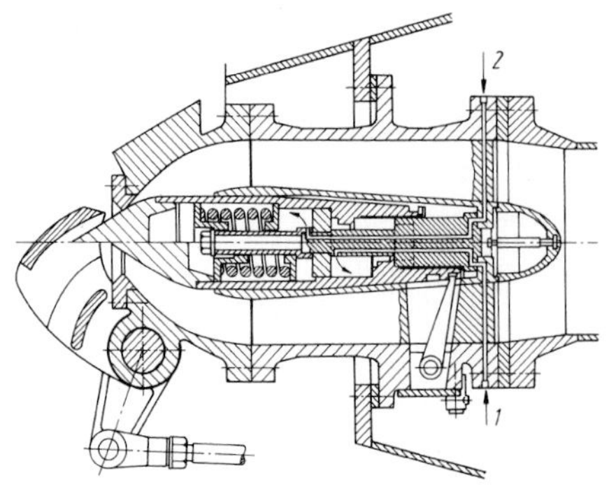

Abb. 7.5 Innengesteuerte Peltondüse mit Strahlablenker, oben geschlossen, unten geöffnet (Voith). Steueröldruck: *1* Öffnen, *2* Schließen

Die Strahlablenker greifen ein, wenn bei plötzlicher Lastverringerung die Maschine schnell nachreguliert werden soll, der Druckstoß in der Zuleitung ein bestimmtes Maß jedoch nicht überschreiten darf. Die Strahlablenker (Abb. 7.5) schneiden von der Seite her in den Strahl, lenken einen Teil des Wasserstroms ab und verringern damit sehr schnell die Antriebsleistung der Turbine. Gleichzeitig werden die Düsennadeln, wenn auch wesentlich langsamer, auf den neuen Betriebszustand eingestellt.

Spezialliteratur über Peltonturbinen ist in den diversen Druckschriften der Hersteller zu finden, z. B. Sulzer, J. M. Voith sowie in [1–6, 9–11].

7.2.2 Ossbergerturbinen

Bei diesen Kleinturbinen (Abb. 7.2b) durchströmen flache Freistrahlen, geführt durch verstellbare Leitschaufeln, ein trommelförmiges Laufrad, und zwar erst von außen nach innen, dann von innen nach außen. Haupthersteller heute Fa. Ossberger, Weißenburg/Bayern: $\dot{V} = 0{,}04\ldots 13{,}0\,\mathrm{m^3/s}$, $H = 1\ldots 200\,\mathrm{m}$, $n = 50\ldots 200\,\mathrm{min^{-1}}$, $P = 15\ldots 10\,000\,\mathrm{kW}$. Wegen des Gleichdruckprinzips ist Teilbeaufschlagung (Aufteilung in Laufradzellen) möglich; gute Anpassungsfähigkeit an stark schwankende Wasserströme. Teillastströme von 100 % bis ca. 15 % des Nennvolumenstroms können bei Bestwirkungsgraden von ca. 80 % (und höher) verarbeitet werden. Bis zu 30 einfache Laufschaufeln aus blank gezogenem Stahlprofil, kein Achsschub [2, 4].

7.3 Überdruckturbinen

7.3.1 Francisturbinen

Den Einsatzbereich von Francisturbinen zeigt Abb. 7.3, die Konstruktion Abb. 7.6. Das radiale (Langsamläufer) bis halbaxiale (Schnellläufer) Laufrad wird von außen nach innen durchströmt, die Abströmung ist stets axial. Der Druck am Laufradeintritt ist höher als am Austritt. Die Einlaufspirale führt das Wasser axialsymmetrisch in das Leitrad; seine Leitschaufeln sind profiliert und drehbar gelagert, der Fink'sche Leitapparat.

Schaufelverstellung. Zur Regelung werden die Leitschaufeln über die Lenker eines gemeinsamen Rings verstellt. Stellkräfte von zwei (in Sonderfällen auch vier) hydraulischen Servomotoren. Angewendet werden auch Einzelservomotoren für jede Laufschaufel. Bei einer Änderung der Betriebsverhältnisse aufgrund von Fallhöhen- und/oder Volumenstromschwankungen wird der Drall vor dem Laufrad durch Leitschaufelverstellung in dem Maße reguliert, dass die Laufraddrehzahl je nach abgenommener Antriebsleistung des Generators konstant bleibt. Die Leitschaufeln bewirken in den extremen Betriebsstellungen einen fast freien oder nahezu geschlossenen

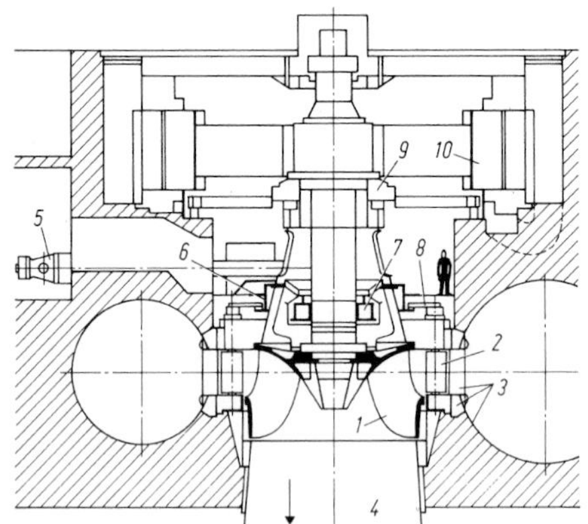

Abb. 7.6 Francisturbine, Laufraddurchmesser 7,13 m, $H_\mathrm{N} = 113{,}5\,\mathrm{m}$, $\dot{V}_\mathrm{N} = 415\,\mathrm{m^3/s}$, $n = 107{,}1\,\mathrm{min^{-1}}$, $P_\mathrm{N} = 415\,\mathrm{MW}$ (Voith). *1* Laufrad (Schweißkonstruktion), *2* verstellbare Leitschaufeln, *3* Einlaufspirale mit Stützschaufeln und Traversenring (Schweißkonstruktion), *4* Diffusor (Saugrohr), *5* hydraulische Servomotoren (zu 2), *6* Regelring (Schweißkonstruktion), *7* Führungslager, *8* Lenker, *9* Spurlager, *10* Generator

Durchflussquerschnitt. Bei Abweichungen vom Nennbetriebspunkt, die eine Dralländerung notwendig machen, ist die Abströmung nach dem Laufrad nicht mehr drallfrei (Wirkungsgradverlust). Zudem treten außerhalb des Bestpunktes instationäre Strömungszustände auf [1, 2, 6], die – teilweise auf Kavitation zurückzuführen – mechanische und akustische Schwingungen anregen.

Aufbau. Das Laufrad ist aus einem Stück gegossen oder aus Deckscheiben und Schaufeln zusammengeschweißt. Bei Gusskonstruktionen kann u. U. die vordere Deckscheibe (Außenkranz) fehlen, wodurch die Reibleistung verringert wird, jedoch die Gefahr von Schaufelschwingungen steigt. Francisturbinen werden auch bei kleineren Fallhöhen (< 5 m) und Leistungen (< 200 kW) ohne Einlaufspirale als Kleinturbine in Schächten und Seitenkanälen (s. Abb. 7.1a) eingesetzt. Weitere konstruktive Details von Francisturbinen in [1, 2, 4–6].

7.3.2 Kaplanturbinen

Kaplanturbinen sind für relativ niedrige und schwankende Fallhöhen (z. B. bei Laufkraftwerken, s. Abb. 7.1b) geeignet. Sowohl die radialen Leitradschaufeln als auch die axialen Laufradschaufeln sind verstellbar, s. Abb. 7.7. Der Einsatzbereich geht aus Abb. 7.3 hervor.

Aufbau. Er entspricht grundsätzlich dem der Francisturbine, der wesentliche Unterschied liegt im axialen Laufrad (Schnellläufer). Die Verstellung der Laufradschaufeln erfolgt über einen Hydraulikservomotor, der am oberen Wellenende (Teil *10* in Abb. 7.7) oder in der Laufradnabe selbst untergebracht ist. Die Lagerung der Schaufeln in der Nabe gestaltet sich dadurch schwierig, dass die Verstellfunktion auch noch bei der Durchgangsdrehzahl (bei Kaplanturbinen ca. 2,6fache Nenndrehzahl, s. [2]) gewährleistet sein muss. Bei der in Abb. 7.7 dargestellten Kaplanturbine ergeben sich für die einzelne Schaufel bei Durchgangsdrehzahl konstruktiv

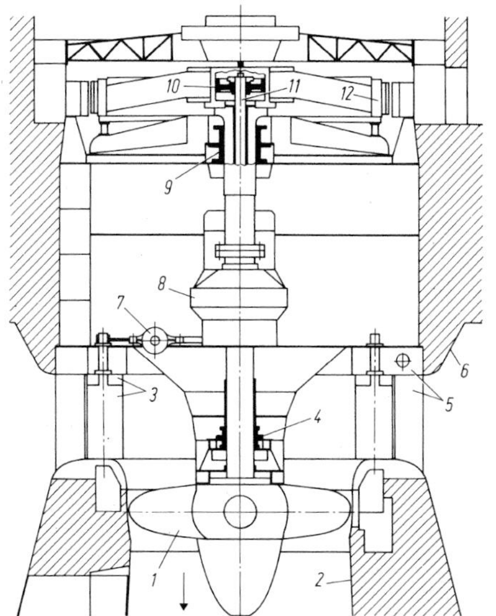

Abb. 7.7 Kaplanturbine, Laufraddurchmesser 7,80 m, $H_N = 9{,}6\,\text{m}$, $\dot{V}_N = 408\,\text{m}^3/\text{s}$, $n = 65{,}2\,\text{min}^{-1}$, $P_N = 34{,}7\,\text{MW}$ (Voith). *1* Laufrad mit verstellbaren Schaufeln (je 12 t Schaufelgewicht), *2* Diffusor (Saugrohr), *3* verstellbare Leitradschaufeln mit Füllstücken, *4* unteres Führungslager, *5* Traversenring mit Stützschaufeln (Schweißkonstruktion), *6* Einlaufspirale (Betonkonstruktion), *7* Regelring mit Leitradservomotor, *8* Spurlager, *9* oberes Führungslager, *10* Servomotor zur Verstellung der Laufradschaufeln, *11* Verstellstange innerhalb der Turbinenwelle, *12* Generator

zu berücksichtigende Zentrifugalkräfte von max. 11 000 kN.

Sonderbauarten von Kaplanturbinen z. B. als Rohrturbinen (mit axialen bis halbaxialen verstellbaren Leitschaufeln) oder als Spiralturbine mit liegender Welle, s. [1–6].

Regelung. Regelgröße ist die Drehzahl, Stellgröße die Schaufelstellung, und als Störgrößen treten die Belastung und der Wasserstand auf. Die Kaplanturbinen haben wegen der Lauf- und Leitradverstellung einen aus energetischen Gründen besonders vorteilhaften flachen $\eta(\dot{V})$-Verlauf im Gegensatz zu den „einfachgesteuerten" Francisturbinen. Das Problem besteht bei Kaplanturbinen darin, stets die für den Leistungsbetrieb notwendige, optimale Zuordnung von Leitschaufel- zur Laufschaufelstellung zu finden. Dazu bedient man sich zweckmäßigerweise eines Prozessrechners.

7.3.3 Dériazturbinen

Eine neuere Entwicklung einer doppeltregulierten Halbaxialturbine mit verstellbaren tragflügelähnlichen Schaufeln ist in Abb. 7.2d dargestellt [2]. Das Laufrad ist als halbaxialer Propeller ausgelegt, wonach sich eine höhere Schaufelarbeit im Vergleich zum axialen Laufrad umsetzen lässt. Diese Turbinen eignen sich auch als Umkehrturbinen (Pumpenturbinen s. Abschn. 7.7).

7.4 Werkstoffe

Gehäuse. Bei Hochdruck-Spiralgehäusen (Schweißkonstruktion vorherrschend) wird meist Feinkornbaustahl (z. B. TT STE 36) verwendet, Blechstärken bis 80 mm; bei Kleinturbinen auch GS- oder GG-Konstruktionen, Traversen mit Stützschaufeln werden ebenfalls aus Feinkornbaustahl (z. B. TT STE 43) gefertigt. Für Leitschaufeln werden bei kleineren Turbinen und Fallhöhen oft GG, sonst GS oder bei Schweißkonstruktionen Chrom-Nickel-Stahlblech (z. B. X 5 CrNi 13 4) verwendet.

Läufer. Pelton-Laufräder praktisch immer aus Chrom-Nickel-Stahl (z. B. G-X 5 CrNi 13 4, Werkstoffnr. 1.4313), Strahlablenker mit Auftragschweißungen an erosionsgefährdeten Stellen. Francislaufräder bis ca. 3 m Durchmesser aus GS, größere geschweißt (bei Stückzahlen > ca. 6 auch GS-Konstruktionen wirtschaftlich). Bei Schweißkonstruktionen Deckscheiben meist aus GS 20 Mn 5, ebenfalls die Schaufeln (wenn einzeln gegossen), seltener aus rostbeständigem Material, auch heiß formgepresst (z. B. aus TT STE 36). In der Regel ist Auftragschweißung an den kavitationsgefährdeten Stellen vorgesehen. Bronzelaufräder (z. B. G-SnBz 10) vereinzelt bei Kleinturbinen. Kaplanturbinenschaufeln werden in der Regel aus Mangan- oder Chrom-Nickel-Stahl, seltener aus GG oder Bronze gegossen. Bei geschweißten Flügeln Verwendung von Blechen aus Kohlenstoff- oder Chrom-Nickel-Stahl (z. B. X 5 CrNi 13 4). Auftragschweißungen an kavitationsgefährdeten Stellen (besonders Außenspalt und äußere zur Austrittskante hin gelegene Flächen der Saugseite).

Weitere Bearbeitung der Flügelflächen bei Genauguss nur noch Glätten (Zugabe < ca. 3 mm), sonst Kopierfräsen.

Abström- und Zuströmgehäuse. Sie werden bei Niederdruckanlagen sehr oft als Teil des Bauwerks aus Beton gestaltet, bei besonders hohen Maßanforderungen mit sog. „verlorener Schalung" aus St 37-Blech.

7.5 Kennliniendarstellungen

Im praktischen Betrieb konstante Drehzahl n (Antrieb von Drehstromgeneratoren) gefordert, Fallhöhe H bleibt in der Regel unverändert, Volumenstrom $\dot{V}$ wird abhängig von Wellenleistung P geregelt.

Spezielle Kennlinien. Bei den Kennlinien (Abb. 7.8) einer Francisturbine ist die Leitschaufelstellung längs dieser Kurven verschieden, bei Kaplanturbinen auch die Laufschaufelstellung; hier wird die jeweils günstigste Kombination beider Einstellungen durch planmäßige Versuche ermittelt und im praktischen Betrieb angewendet.

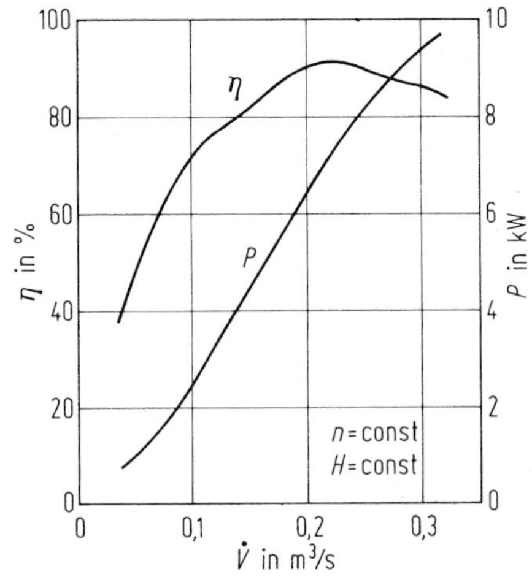

Abb. 7.8 Charakteristik einer Francisturbine; Volumenstrom wird über die verschiedenen Stellungen des Leitapparates reguliert

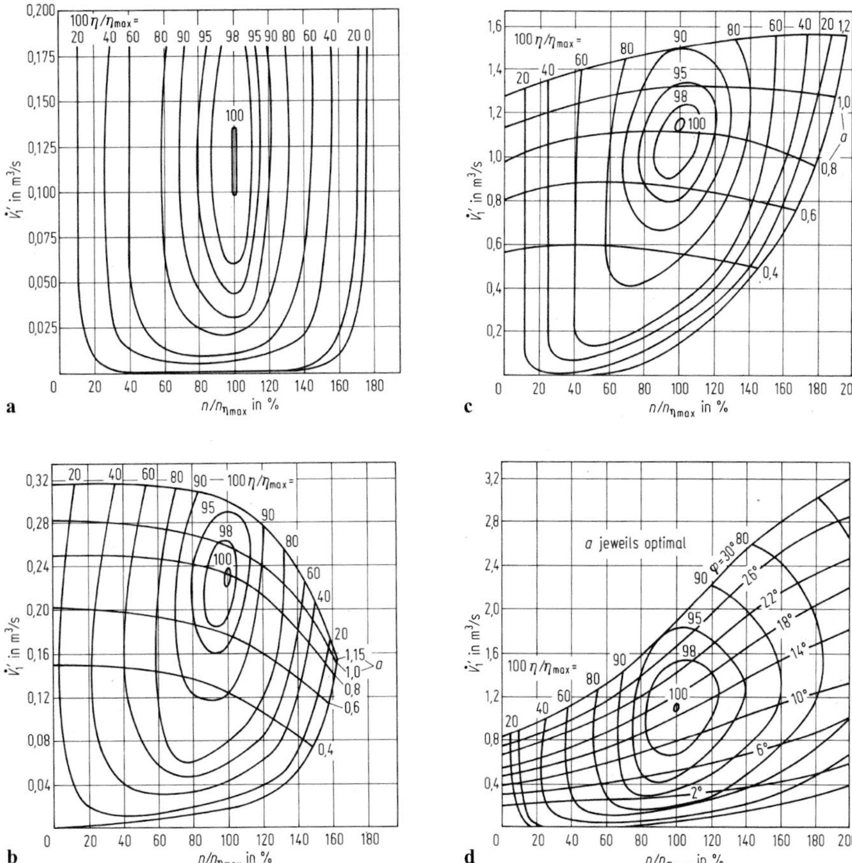

Abb. 7.9 Wasserturbinen-Kennfelder [2]. **a** Peltonturbine $n_q = 16\,\text{min}^{-1}$; **b** Francisturbine $n_q = 23\,\text{min}^{-1}$; **c** Francisturbine $n_q = 90\,\text{min}^{-1}$; **d** Kaplanturbine $n_q = 160\,\text{min}^{-1}$. Bezeichnungen: n_q spez. Drehzahl (s. Abschn. 8.2.1), n Drehzahl, $n_{\eta_{\max}}$ Drehzahl bei max. Wirkungsgrad, $\dot{V}_1' = \dot{V}/(D^2 H^{1/2})$ Einheitsvolumenstrom in m³/s, $\dot{V}$ Volumenstrom in m³/s, H Fallhöhe in m, D Laufradnenndurchmesser in m, a Maßzahl für Leitradöffnung (dimensionslose Lichtweite), φ Laufschaufelwinkel

Einheitsdiagramm. Es entsteht aus den speziellen Kennlinien durch Umrechnung mehrerer solcher Kurven auf eine geometrisch ähnliche Turbine mit 1 m Raddurchmesser und auf 1 m Fallhöhe. Das Einheitsdiagramm zeigt das Betriebsverhalten einer Bauart, Abb. 7.9. In Einheitsdiagrammen kann der Einfluss von Änderungen der Reynoldszahl (Baugröße und Drehzahl), der Spaltweite, der relativen Rauigkeit usw. nicht dargestellt werden. Diese Einflüsse sind bei mittleren Verhältnissen nur gering, müssen jedoch in jedem Fall geprüft werden.

7.6 Extreme Betriebsverhältnisse

Durchgangsdrehzahl. Wasserturbinen „gehen durch", wenn plötzlich das Lastmoment ausbleibt und die Regelung noch nicht eingegriffen hat, z. B. bei schlagartigem Lastabwurf eines Generators. Das Verhältnis von Durchgangsdrehzahl zu Normaldrehzahl kann folgende Werte annehmen:

- Peltonturbinen: 1,8 bis 1,9,
- Francisturbinen: Langsamläufer 1,6, Schnellläufer bis 2,1,
- Kaplanturbinen: 2,2 bis 2,8.

Vereinfachte Theorie zur Berechnung der Durchgangsdrehzahl ist in [1, 2] zu finden. Der Turbinenläufer und die angekuppelten rotierenden Teile müssen diese Drehzahl auch bei dem größtmöglichen Gefälle aushalten.

Maximales Drehmoment. Es liegt bei Francisturbinen bei der Drehzahl 0 und ist das ca. 1,6- bis 1,8fache des Auslegungswertes (günstig für das Anfahren). Bei Kaplanturbinen ist $M_{\max}$ nur ca. 1,05 M_{normal} bei 0,25facher Normaldrehzahl [1, 2].

Unterwasserstand. Bei Hochwasser setzt die Gefälleverringerung die Leistung herab (ausgenommen Peltonturbinen mit durch Überdruck erzwungenem Freihang); in „Ejektor-Leerschüssen" nutzt man die kinetische Energie des Hochwassers, um den Druck nach der Turbine zu senken. Wenn das Saugrohr bei zu tiefem Wasserstand Luft saugt, verliert es seine Wirkung; daher liegen Saugrohrmündungen möglichst tief.

7.7 Laufwasser- und Speicherkraftwerke

Laufwasserkraftwerke sind Niederdruckanlagen in Flüssen und Seitenkanälen (s. Abb. 7.1a und b). Infolge der zunehmenden Nutzung regenerativer Energien sind hier auch die Gezeitenkraftwerke zu nennen. Die jahreszeitlich bedingten Schwankungen des Wasserstroms sind bei Laufwasserkraftwerken beträchtlich. Daher sind doppeltregulierte Wasserturbinen hier besonders vorteilhaft. Der Aggregatwirkungsgrad η_{Gr} für das Laufwasserkraftwerk ist

$$\eta_{\text{Gr}} = P_{\text{el}}/(\varrho\, g \dot{V} H) = \eta_{\text{GT}}\, \eta_{\text{Tu}}\, \eta_{\text{L}}$$

mit P_{el} elektrische Leistung am Generator bzw. Transformator. Er lässt sich in folgende Wirkungsgrade aufteilen: $\eta_{\text{GT}} \approx 0{,}95 \ldots 0{,}99$ für Generator und Transformator; $\eta_{\text{Tu}} \approx 0{,}85 \ldots 0{,}95$ für die Turbine; $\eta_{\text{L}} \approx 0{,}93 \ldots 0{,}99$ für strömungsführende Bauteile (z. B. Rohrleitungen).

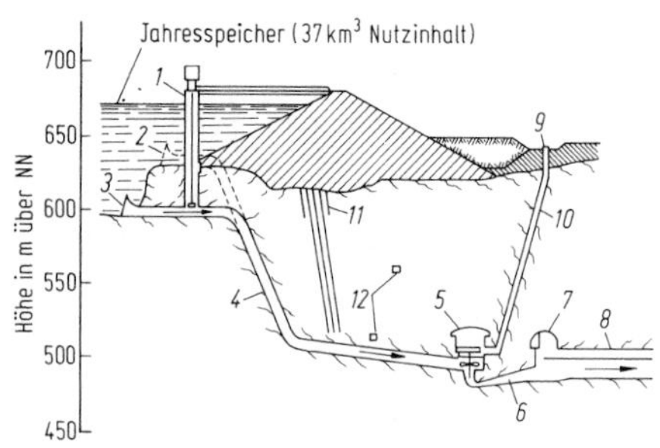

Abb. 7.10 Schema des Speicherkraftwerks Shrum (British-Columbia, Kanada). Staudamm mit 83 m Höhe und einer Breite von 2040 m, vorgesehen für 10 vertikale Maschinen mit je 227 MW bis 260 MW (Francis-Turbinen), Fallhöhe 152 m, Volumenstrom 170 m^3/s, Drehzahl 150 min^{-1} (24 Polpaare 60 Hz). *1* Einlaufkontrolle; *2, 3* Einlauf für 10 Maschinen; *4* Druckrohr; *5* Maschinenhaus (Kaverne); *6* Turbinenauslass; *7* Sammelkammer; *8* Ablasstunnel; *9* Umspannwerk 500 kV; *10* Kabelschacht; *11* Abdichtungsschirm; *12* Entwässerungstunnel

So liegt der Aggregatwirkungsgrad, der alle Wirkungsgrade umfasst, in diesem Falle zwischen 0,75 und 0,93 [1, 2].

Speicherkraftwerk. Speicherkraftwerke sind meist Hochdruckanlagen an Talsperren, Tages- bis Jahresspeicherbecken und Gebirgsseen (s. Abb. 7.1c und d). Sie können als Spitzenlastkraftwerke bei kurzzeitig erhöhtem Strombedarf eingesetzt werden. Im Gegensatz zum Laufwasserkraftwerk muss das zufließende Wasser nicht

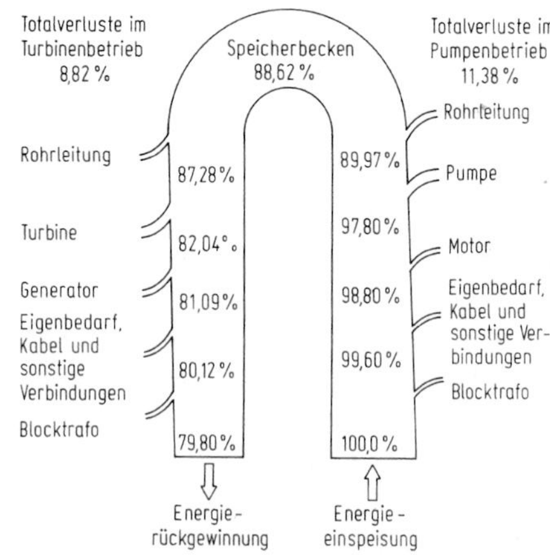

Abb. 7.11 Energiebilanz eines Pumpspeicherwerks mit einem Drei-Maschinen-Satz

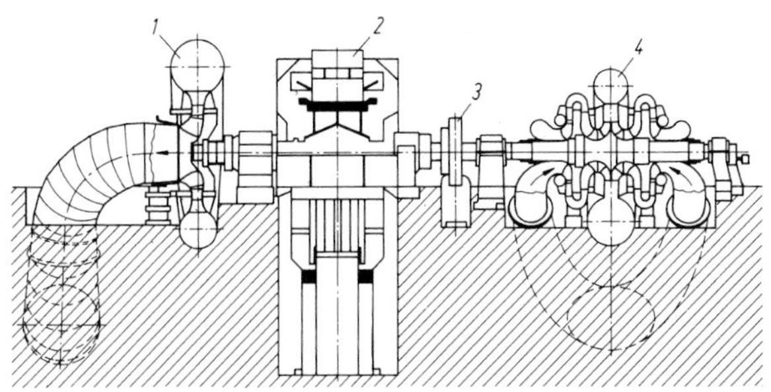

Abb. 7.12 Maschinensatz des Pumpspeicherwerks Vianden (Luxemburg). *1* Francis-Spiralturbine, $H = 265\ldots290\,\mathrm{m}$, $\dot{V} = 37{,}2\ldots39{,}5\,\mathrm{m^3/s}$, $n = 428{,}6\,\mathrm{min^{-1}}$, $P = 90\ldots100\,\mathrm{MW}$, $P_{max} = 104\,\mathrm{MW}$; *2* Synchronmaschine (Generator oder Motor), *3* Anwurf-Freistrahlturbine mit Zahnschaltkupplung, $H = 288\,\mathrm{m}$, $\dot{V} = 1{,}31\,\mathrm{m^3/s}$, $P = 2{,}7\,\mathrm{MW}$; *4* zweiflutige-zweistufige Speicherpumpe, $P = 67\ldots69\,\mathrm{MW}$, $P_{max} = 76\,\mathrm{MW}$

sofort ausgenutzt werden, sondern kann zur späteren Spitzendeckung dienen, u. U. bis zur erheblichen Entleerung des Beckens. Die Maschinenhäuser der Spitzenkraftwerke liegen entweder am Fuße des Gebirges (s. Abb. 7.1d) oder innerhalb des Gebirges bei Kavernenkraftwerken, Abb. 7.10.

Bei nicht ausreichendem Zufluss zur Deckung der Spitzenlast werden Speicherkraftwerke oft als Pumpspeicherwerke angelegt (Ausnutzung billigen Stroms, Netzregulierung, s. Abschn. 7.1.3). Es gibt drei mögliche Anordnungen von Turbine und Pumpe [2]:

- Turbine mit separatem Generator und Pumpe mit separatem Motor (Vier-Maschinen-Satz),
- Turbine und Pumpe mit gemeinsamem Motor-Generator (Drei-Maschinen-Satz),
- reversible Pumpturbine mit Motor-Generator (Zwei-Maschinen-Satz).

Entscheidung nach Kosten, Wirkungsgrad, Fall-Förderhöhenbereich, Betriebsart und zur Verfügung stehender Zeit zum Starten oder Wechseln vom Turbinenbetrieb in den Pumpbetrieb und umgekehrt. Abb. 7.11 zeigt die Energiebilanz eines Pumpspeicherwerks mit einem Drei-Maschinen-Satz. Der Gesamtwirkungsgrad von nahezu 80 % liegt an der oberen heute möglichen Grenze, üblich sind Gesamtwirkungsgrade um 75 %. Abb. 7.12 zeigt die technische Verwirklichung eines Drei-Maschinen-Satzes für das Pumpspeicherwerk Vianden in Luxemburg.

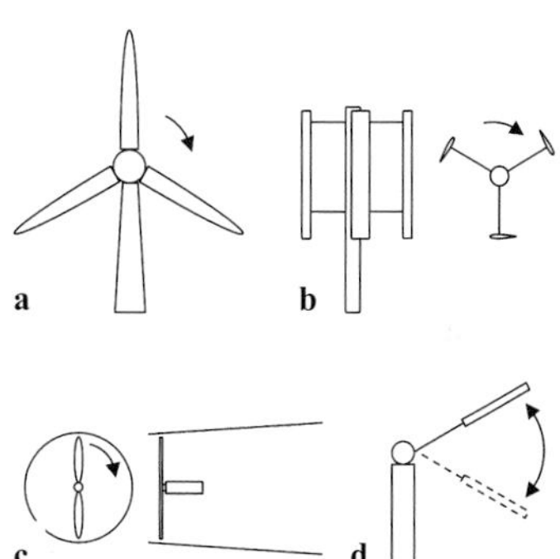

Abb. 7.13 Wasserkraftwerke. Hydrodynamische Wasserturbinen. **a** Horizontalachser; **b** Vertikalachser; **c** ummanteltes Flügelrad; **d** oszillierender Flügel

Hydrodynamische Wasserturbinen sind eine neuere Entwicklungen. Diese Anlagen nutzen die kinetische Energie aus Gezeitenströmungen (Tiden) oder Flüssen. Sie sind schnellläufig, mit spezifischen Drehzahlen über denen von Rohrturbinen. Grundsätzlich lassen sich vier Bauarten unterscheiden (Abb. 7.13a–d): Horizontalachser, Vertikalachser, das ummantelte Flügelrad, sowie der oszillierende Flügel.

Literatur

Spezielle Literatur

1. Giesecke, J., Mosonyi, E.: Wasserkraftanlagen, Planung, Bau, Ausführung und Betrieb. Springer, Berlin (2009)
2. Raabe, J.: Hydraulische Maschinen und Anlagen. VDI-Verlag, Düsseldorf (1989)

7

3. DIN 4048-2: Wasserbau. Begriffe, Teil 2: Wasserkraftanlagen. Beuth, Berlin (1994)
4. Bohl, W.: Strömungsmaschinen 1. Vogel, Würzburg (2008)
5. Bohl, W.: Strömungsmaschinen 2. Vogel, Würzburg (2005)
6. Raabe, J.: Hydro Power. VDI-Verlag, Düsseldorf (1985)
7. IEC 60041: Field acceptance tests to determine the hydraulic performance of hydraulic turbines, storage pumps and pump turbines, Genf (1991)
8. IEC 60193: Hydraulic turbines, storage pumps and pump-turbines – Model acceptance tests, Genf (1991)
9. Fister, W.: Fluidenergiemaschinen, Bände 1 und 2. Springer, Berlin (1986)
10. Siekmann, H., Thamsen, P.U.: Strömungslehre, Grundlagen. Springer, Berlin (2007)
11. Siekmann, H., Thamsen, P.U.: Strömungslehre für den Maschinenbau, Technik und Beispiele. Springer, Berlin (2008)

Kreiselpumpen

8

Paul Thamsen

8.1 Allgemeines

Pumpen heben Flüssigkeiten bzw. erhöhen deren Druck oder Geschwindigkeit. Bei Kreiselpumpen erfolgt dies, indem mechanische Arbeit durch die Fliehkraft und Umlenkung des Mediums in Schaufelrädern übertragen wird. Fördermedien sind neben Wasser auch aggressive Medien und zähe Fluide bis hin zum Flüssigbeton.

8.2 Bauarten

Einteilung und Bezeichnung der Kreiselpumpen erfolgen nach verschiedenen Gesichtspunkten: Form der Laufräder, Gehäuseaufbau, Stufenzahl, Antrieb, Fördermedien, Verwendung [4–12].

8.2.1 Laufrad

Meist werden die Pumpen nach der Bauart ihrer Laufräder bezeichnet (Abb. 8.1): Radiale, halbaxiale, axiale Pumpen mit aufsteigenden spezifischen Drehzahlen n_q (Gl. (8.1)). Dabei erfolgt die Bezeichnung nach der Hauptrichtung der Strömung in den Schaufelkanälen in Bezug zur Welle.

Radialräder nach Abb. 8.2a,b dienen zur Förderung von reinen Fluiden, Räder nach Abb. 8.3 für ausgasende Fluide, Abwässer und Feststoffe in Trägerflüssigkeiten. Die vordere Laufraddeckscheibe ist erforderlich bei Förderung faseriger Verunreinigungen („geschlossene" Laufräder), „offene" Laufräder bewähren sich bei dem Transport von gashaltigen Flüssigkeiten und Schlämmen.

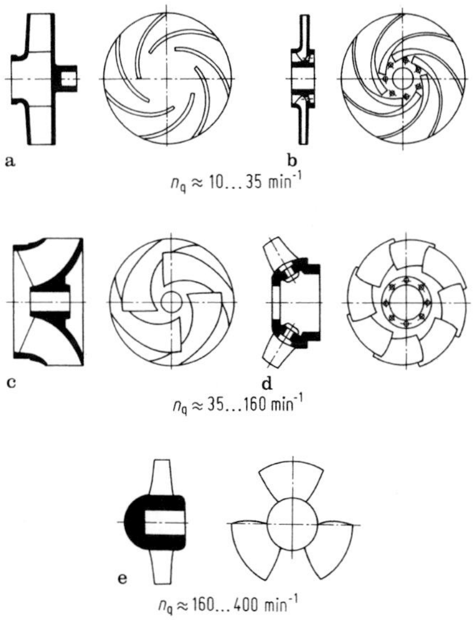

a b
$n_q \approx 10\ldots35\ \text{min}^{-1}$

c d
$n_q \approx 35\ldots160\ \text{min}^{-1}$

e
$n_q \approx 160\ldots400\ \text{min}^{-1}$

Abb. 8.1 Laufradbauarten nach [7]. **a** Radialrad mit **b** axial vorgezogenen Schaufeln; **c** Halbaxialrad mit **d** einstellbaren Schaufeln; **e** Axialrad

Halbaxialräder (Abb. 8.1c,d). Die Schaufeln (Abb. 8.1d) können während des Betriebs verstellt oder, je nach Konstruktionsaufwand, im Stillstand eingestellt werden. Die Kontur der Laufradnabe und des Pumpengehäuses sind im

P. Thamsen (✉)
Technische Universität Berlin
Berlin, Deutschland
E-Mail: paul-uwe.thamsen@tu-berlin.de

B. Bender und D. Göhlich (Hrsg.), *Dubbel Taschenbuch für den Maschinenbau 3: Maschinen und Systeme*,
https://doi.org/10.1007/978-3-662-59715-6_8

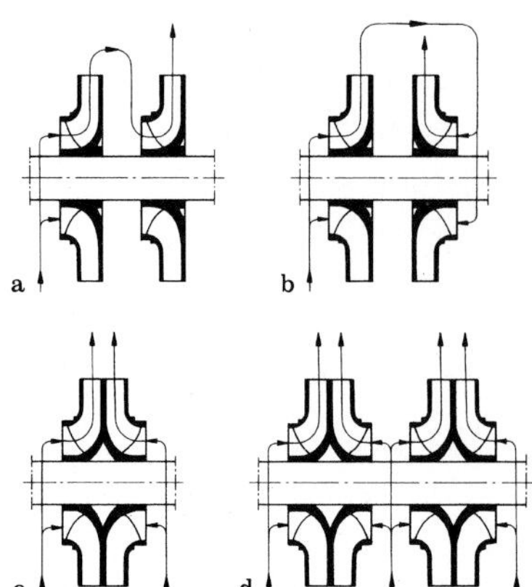

Abb. 8.2 Anordnung von Radialrädern nach [7]. **a, b** Zweistufig; **a** gleiche, **b** gegensinnige Durchströmrichtung (back-to-back); **c** zweiströmig; **d** vierströmig

Bereich der möglichen Schaufelwinkel kugelig auszuführen. Halbaxiale Laufräder werden eingesetzt für relativ geringe bis mittlere Förderhöhen bei großen Volumenströmen.

Axialräder (Abb. 8.1e). Hierfür gilt gleiches. Ist keine Winkeländerung erforderlich, so sind die Schaufeln mit der Nabe meist in einem Stück gegossen, und es entfällt die strömungsungünstige kugelige Kontur an Nabe und Gehäuse. Axiale Laufräder bewältigen große Volumenströme bei relativ geringen Förderhöhen.

8.2.1.1 Spezifische Drehzahl

Sie ermöglicht die Wahl der Laufradbauart mit dem besten Pumpenwirkungsgrad und lautet dimensionslos:

$$n_q^* = 333\, n_\mathrm{N}\, \dot{V}_\mathrm{N}^{1/2} / (g H_\mathrm{N})^{3/4} \qquad (8.1)$$

mit n_N Nenndrehzahl in min^{-1}, $\dot{V}_\mathrm{N}$ Nennförderstrom in $\mathrm{m^3/s}$, H_N Nennförderhöhe in m der Stufe, $g = 9{,}81\,\mathrm{m/s^2}$ Fallbeschleunigung, Faktor 333 nur für die dimensionslose Darstellung von Bedeutung [4–8].

Die Umfangsgeschwindigkeiten liegen je nach Kavitationsbedingung, Festigkeit und zulässiger Geräuschemission zwischen ca. 20 und 60 m/s, in Sonderfällen bis 140 m/s. Bei hohen Umfangsgeschwindigkeiten werden Stufenförderhöhen bis zu 800 m verwirklicht.

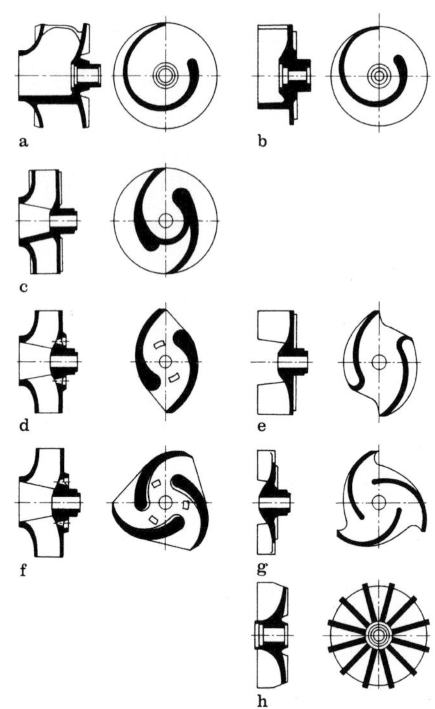

Abb. 8.3 Sonderformen radialer Laufräder nach [7]. **a** Einschaufelräder; **c** Einkanalrad; **d** Zweikanalräder; **f** Dreikanalräder; **h** Freistromrad. **a, c, d, f** „geschlossen", für Flüssigkeiten mit Feststoffen; **b, e, g, h** „offen", für gasbeladene Flüssigkeiten ohne faserige Beimengungen

8.2.1.2 Verteilung der Stufen

Es bestehen folgende Möglichkeiten:

Mehrstufige Bauart (Abb. 8.2a,b). Mehrstufigkeit, d. h. *Reihenschaltung* der Laufräder, bewirkt die Addition von Förderhöhen bei gleichem Förderstrom. Bei Standardpumpen werden bis zu 20, bei Tiefbrunnenpumpen bis zu 40 Stufen in einem Pumpenteil verwirklicht. Zum Ausgleich des Axialschubs sind die Laufräder häufig spiegelbildlich angeordnet (Abb. 8.2b).

Mehrströmige Bauart (Abb. 8.2c,d). Große Förderströme werden in zwei, bisweilen in vier Teilströme aufgespalten, um z. B. zur Vermeidung von Kavitation die Strömungsgeschwindigkeit im Laufradeintritt möglichst niedrig zu halten; der Axialschub ist ebenfalls ausgeglichen. Mehrströmigkeit bewirkt als *Parallelschaltung* die Addition von Förderströmen bei gleicher Förderhöhe.

8.2.2 Gehäuse

Kreiselpumpen werden auch nach der Bauart ihrer Gehäuse bezeichnet, z. B.:

Spiralgehäusepumpe (Abb. 8.14, 8.15, 8.21, 8.23, 8.24). Um den Radialschub auszugleichen, erhalten Spiralgehäuse oft eine zweite Spirale (Doppelspirale), deren Zunge um 180° zur ersten versetzt beginnt.

Ringraumgehäusepumpe. Ringraumgehäuse weisen im Meridianschnitt symmetrische Querschnitte auf, oft abgewandelt zu spannungsgünstigen, montagefreundlichen Konstruktionen in kugeliger Grundform, Abb. 8.22.

Rohrgehäusepumpe (Abb. 8.17). Sie ist vorzugsweise bei großen halbaxialen und axialen Pumpen in vertikaler Aufstellung zu finden.

Rohrschachtpumpe (Abb. 8.25). Sie ist in axialer und halbaxialer Bauart geeignet zur Förderung von Oberflächen- und vorgereinigtem Abwasser.

Seitenkanalpumpe (Abb. 8.26). Sie gehört zur Gruppe der sogenannten Peripheralpumpen und ist weit verbreitet wegen ihrer relativ hohen Druckzahlen. Die technologisch weit entwickelte Seitenkanalpumpe enthält Kunststoffflügelräder, Blechtiefziehteile und wird in Topfgehäuseform (Barrel) ausgeführt.

Teilung. Gehäuse sind in der Mehrzahl radial geteilt. Abb. 8.15 zeigt ein axial geteiltes Gehäuse.

Kesselspeisepumpen besitzen entweder eine Gliederform (Abb. 8.19) oder ein Topfgehäuse, Abb. 8.20. Je kleiner der Massenstrom, um so kostengünstiger kann eine Gliederpumpe im Vergleich zur Topfgehäusepumpe hergestellt werden [7]; im Falle einer Läuferrevision ist die Topfgehäusepumpe wie auch die axial geteilte Bauweise montagefreundlicher.

Charakteristische Merkmale der Pumpen können auch sein: die Befestigung des Pumpengehäuses, z. B. am Elektromotorgehäuse (Blockpumpen Abb. 8.18, 8.21); die Trocken- oder Nassaufstellung des Gehäuses bzw. auch des Elektromotors (Unterwassermotorpumpen, Tauchmotorpumpen Abb. 8.16 und 8.18).

8.2.3 Fluid

Sehr verbreitet ist die Bezeichnung der Kreiselpumpen nach dem zu fördernden Fluid, z. B.: Reinwasser-, Abwasser-, Schlamm-, Säure-, Öl-, Flüssiggaspumpe. Der Mittransport sowohl von Dampf und Gas als auch von Feststoffen ist nicht auszuschließen, die Viskosität des Fluids beeinflusst erheblich die Kennlinien [7, 13, 16].

8.2.4 Werkstoff

Die Bezeichnungen Kunststoffpumpe, Betongehäusepumpe, Graugusspumpe usw. geben Auskunft über den Hauptwerkstoff (Gehäusewerkstoff). Die wichtigsten Kriterien bei der Werkstoffauswahl sind Festigkeit (Kesselspeisepumpen), Korrosionsbeständigkeit (Chemiepumpen), Erosionsbeständigkeit (Baggerpumpen), Kavitationsbeständigkeit (Kondensatpumpen) und – gleichermaßen wichtig für alle Pumpen – Kosten für Investition, Bearbeitung, Wiederbeschaffung, u. a.

Gehäuse und Laufräder

Gusseisen:	GG-20 (0.6020), GG-25 (0.6025), GGG-40 (0.7040), GGG-NiCr 20 2 (0.7660).
Stahlguss:	G-X 20 Cr 14 (1.4027), G-X 6 CrNi 18 9 (1.4308), G-X 6 CrNiMo 18 10 (1.4408), G-X 7 NiCrMoCuNb 25 20 (1.4500).
Bronzen:	G-CuAl 10 Ni (2.0975), G-CuSn 10 (2.1050).
Nichtmetalle:	Thermoplaste (z. B. Polyvinylchlorid), Duroplaste (z. B. Epoxidharz), Kautschuk (z. B. für gummierte Chemiepumpen).

Wellen

Baustahl:	St 52-3 (1.0570),
Vergütungsstahl:	C-45 (1.0503),
Nichtrostender	X 20 Cr 13 (1.4021),
Walz- und	X 5 CrNiMo 18 10 (1.4401),
Schmiedestahl:	X 10 CrNiMoTi 18 10 (1.4571).

8.2.4.1 Kavitationsbeständigkeit

Geeignet sind Chromnickelstähle, nicht hingegen Gusseisen und Kunststoffe; neben der Werkstoffzusammensetzung spielt hierbei auch die Formgebung (Gießen, Schmieden, Spanen) und die Oberflächenbeschaffenheit (rau, poliert) eine Rolle. Allen kavitationsbeständigen Werkstoffen gemein ist eine relativ hohe Dauerfestigkeit und Beständigkeit gegen Schwingungsrisskorrosion.

8.2.5 Antrieb

Unterwassermotorpumpen, Dieselmotorpumpen, Turbopumpen u. a. sind Bezeichnungen nach dem Antrieb.

Elektromotoren. Der gebräuchlichste Antrieb für Kreiselpumpen. Üblich sind Einphasen-Wechselstrommotoren in den untersten Leistungsbereichen (<1 kW), sonst Asynchronmotoren (bis ca. 12 MW) und – vorwiegend in den oberen Leistungsbereichen – Synchronmotoren (bis ca. 10 MW), oft kombiniert mit einem Untersetzungsgetriebe. Im Zuge der höreren Effizienzklassen sind aktuell vermehrt Permanentmotoren oder auch Reluktanzmotoren im Einsatz.

Unterwassermotoren (Abb. 8.16) sind wassergefüllt (vereinzelt ölgefüllt); Motorleistungen erreichen mehrere MW bei Betriebsspannungen bis 14 kV.

Spaltrohrmotoren stellen eine Bauart mit nassem Läufer und trockener Statorwicklung dar, Abb. 8.23.

Mit dem Fortschritt der Leistungselektronik verbreiten sich frequenzgesteuerte Drehstromantriebe sehr schnell als verlustarme drehzahlgeregelte Pumpenantriebe im Leistungsbereich bis zu mehreren MW.

Verbrennungsmotoren. Sie sind bei kleineren transportablen Pumpenantrieben und bei mittleren stationären Aggregaten weitab vom elektrischen Netz sowie bei netzunabhängigen Reserveaggregaten zu finden. Als nachteilig ist der Bauaufwand (Volumen, Anfahrkupplungen, Dämpfungseinrichtungen) anzusehen.

Dampfturbinen. Sie dienen hauptsächlich als Antrieb von Großpumpen der Kraftwerkstechnik (z. B. Direktantrieb von Kesselspeisepumpen, Antriebsleistungen bis 50 MW, Drehzahlbereich 3000 bis 6000 min^{-1}), teilweise auch von Wasserwerkspumpen bis hin zum Antrieb kleinerer Pumpen über Getriebe.

8.3 Betriebsverhalten

8.3.1 Kavitation

Kavitation, das Entstehen und schlagartige Zusammenbrechen von Dampfblasen, tritt in Flüssigkeitsströmungen an Stellen mit Drücken nahe dem Dampfdruck (Verdampfungsdruck) p_V auf. Zur Einleitung ist die Anwesenheit von Gasspuren (Keimen) erforderlich.

Vorgang. Die Druckabsenkung im Pumpeneintritt durch Beschleunigung der Strömung, Minderung des Systemdrucks oder Absenken des Saugspiegels (Abb. 8.8) führt örtlich zum Erreichen des Dampfdrucks. Die Flüssigkeit verdampft unter erheblicher Volumenzunahme. Im weiteren Verlauf der Strömung durch das Laufrad steigt der Druck wieder an. Der Dampf kondensiert unter implosionsartiger Volumenabnahme; hierbei entstehen in hochfrequenter Folge Mikrowasserstrahlen, die beim konzentrierten Aufprallen auf Schaufel und Gehäuse Drücke bis zu mehreren 1000 bar erzeugen [1–12, 13, 14].

Folgen. Die Kavitation stellt insbesondere am Beginn der Energieumsetzung im Laufrad eine Strömungsstörung dar, die sich einerseits auf die Pumpenkennlinien durch Wirkungsgrad- und Förderhöhenabfall (Abb. 8.4), andererseits aufgrund der schlagartigen Kondensationsvorgänge durch mechanische Schwingungen, prasselnde Geräusche und Materialverschleiß bemerkbar machen. Das Material wird sowohl mechanisch (Kavitationserosion durch Hochgeschwindigkeitsstrahlen) als auch chemisch (Kavitationskorrosion aufgrund von Zerstörung der Deckschicht) angegriffen.

NPSH-Wert (*N*et *P*ositive *S*uction *H*ead). Dies ist eine international eingeführte Kenngröße

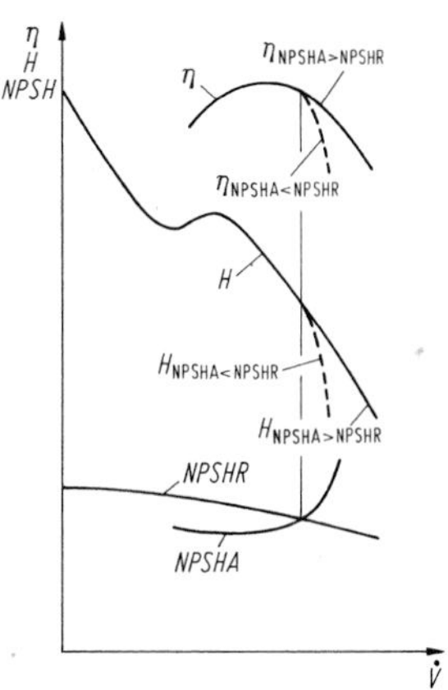

Abb. 8.4 Einfluss des NPSH-Wertes auf die Drossel- und Wirkungsgradkurve $H = f(\dot{V})$ und $\eta = f(\dot{V})$; *ausgezogen*: NPSHA > NPSHR, *gestrichelt*: NPSHA < NPSHR nach [7]

zur Quantifizierung der Kavitationsempfindlichkeit einer Kreiselpumpe [1, 2]. Der NPSH-Wert ist definiert als Gesamtdruckhöhe der Strömung in Laufradmitte, vermindert um die Verdampfungsdruckhöhe der Flüssigkeit, Einheit m. Es ist zu unterscheiden zwischen dem *vorhandenen NPSH*-Wert der *Anlage NPSHA* (Abb. 8.5) und dem mindest *erforderlichen NPSH-Wert der Pumpe NPSHR* (engl. vorhanden = available, erforderlich = required).

Anlage. Hier gilt:

$$\begin{aligned} \text{NSPHA} &= \frac{p_\text{tot} - p_\text{V}}{\varrho g} \\ &= \frac{p_\text{a} + p_\text{I} - p_\text{V}}{\varrho g} + \frac{v_\text{I}^2}{2g} + z_\text{I} \qquad (8.2) \end{aligned}$$

mit p_tot Gesamtdruck der Strömung in Laufradmitte, genauer: im Schnittpunkt der Drehachse mit der Ebene durch die äußeren Punkte der Schaufeleintrittskanten, ϱ Dichte der Förderflüssigkeit, p_V Dampfdruck (Verdampfungsdruck) der Förderflüssigkeit, g Fallbeschleunigung.

Pumpe. Der Wert

$$\text{NPSHR} = \left(\frac{p_\text{tot} - p_\text{V}}{\varrho\, g}\right)_\text{min} \qquad (8.3)$$

ist erforderlich, um die Kreiselpumpe ohne Kavitationsfolgen dauernd betreiben zu können. Gebräuchlich sind folgende Alternativkriterien bzw. Erscheinungsformen ($\dot{V} = \text{const}$):

Blasenlänge eine nach Ort und Größe definierte Ausdehnung des Dampfgebiets auf der Schaufel (z. B. 5 mm auf der äußeren Flusslinie).

Wirkungsgradabfall (z. B. 1 % von dem kavitationsfrei gemessenen Wirkungsgrad).

Förderhöhenabfall (z. B. 3 % von der kavitationsfrei gemessenen Förderhöhe).

Schalldruckpegel eine nach Messort und Größe definierte kavitationsbedingte Erhöhung.

Materialverschleiß, als Pumpenmaterial, das in der Zeiteinheit durch Kavitationswirkung abgetragen wird.

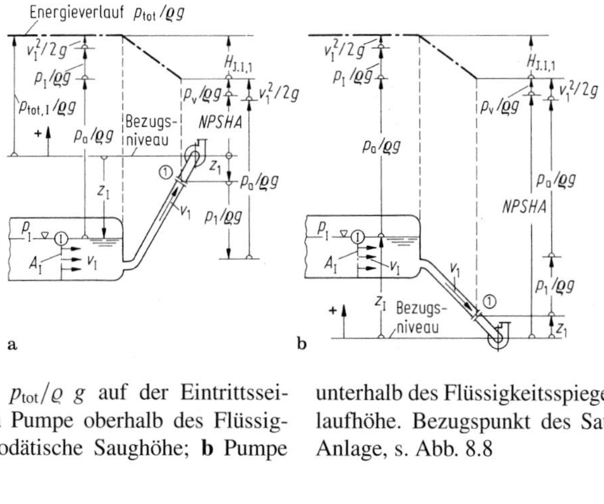

Abb. 8.5 Energieverlauf $p_\text{tot}/\varrho\, g$ auf der Eintrittsseite einer Pumpenanlage. **a** Pumpe oberhalb des Flüssigkeitsspiegels, $z_\text{I} < 0$ geodätische Saughöhe; **b** Pumpe unterhalb des Flüssigkeitsspiegels, $z_\text{I} > 0$ geodätische Zulaufhöhe. Bezugspunkt des Saugspiegels im Eintritt der Anlage, s. Abb. 8.8

Verläufe (Abb. 8.4, 8.6 und 8.7). Aus Gl. (8.3) ergibt sich die zu verwirklichende geodätische Saughöhe ($z_{\mathrm{I}} < 0$) bzw. Zulaufhöhe ($z_{\mathrm{I}} > 0$) (Abb. 8.5) zu

$$z_{\mathrm{I}} \geq \mathrm{NPSHR} + H_{\mathrm{J.I,1}} - \frac{p_{\mathrm{a}} + p_{\mathrm{I}} - p_{\mathrm{V}}}{\varrho\, g} - \frac{v_{\mathrm{I}}^2}{2\, g}\,. \tag{8.4}$$

Durch *Vergleichmäßigung* der Zuströmung und Einsatz eines axialen Vorsatzläufers (Inducer) kann NPSHR und damit z_{I} noch wesentlich verringert werden.

Der NPSHA-Wert ändert sich mit der Anlagenkennlinie (Widerstandsparabel), der NPSHR-Wert mit der Pumpenkennlinie. Ein Betriebspunkt der Pumpe kann nur dann ein Dauerbetriebspunkt ohne schädliche Kavitationsfolgen sein, wenn in diesem Punkt folgende Ungleichung deutlich mit einer Mindestsicherheit von ca. 1–2 m erfüllt ist:

$$\mathrm{NPSHA} > \mathrm{NPSHR}\,.$$

Die Gefahr, durch Kavitation Schäden im Dauerbetrieb zu erleiden, ist offensichtlich um so geringer, je größer NPSHA gegenüber NPSHR ist, so dass der Differenz

$$\mathrm{NPSHA} - \mathrm{NPSHR}$$

die Bedeutung einer Sicherheit gegenüber Kavitation zukommt.

8.3.2 Kennlinien

Die Kennlinien einer Kreiselpumpe sind Darstellungen folgender Größen in Abhängigkeit vom Förderstrom $\dot{V}$: Förderhöhe H oder spezifische Förderarbeit $Y{=}gH$, Leistungsbedarf P, Pumpenwirkungsgrad $\eta = \varrho \dot{V} Y / P$ mit Dichte des Fluids unter den Bedingungen am Saugstutzen, NPSHR-Wert und u. U. auch akustische und mechanische Schwingungsgrößen, u. a.

Voraussetzungen für die einzelne Kennlinie sind die Konstanz der Pumpendrehzahl n, der Pumpengeometrie (z. B. Schaufelwinkel) und der physikalischen Beschaffenheit des Fluids.

Bestpunkt (engl. Best Efficiency Point BEP). Mit dem maximalen Wirkungsgrad $\eta_{\max}$ ist der Bestpunkt H_{opt}, P_{opt}, $\mathrm{NPSHR}_{\mathrm{opt}}$ über $\dot{V}_{\mathrm{opt}}$ bestimmt; der Nennbetriebspunkt sollte i. Allg. möglichst nah bei dem Bestpunkt liegen.

Verlauf. In Abb. 8.6 sind, bezogen auf die Bestwerte, die Kennlinien für drei unterschiedliche Bauarten einstufiger Kreiselpumpen qualitativ dargestellt, in Abb. 8.7 findet sich eine quantitative Darstellung.

Drosselkurven (Förderhöhenkurven). Die Steigung ist vorwiegend negativ; Kurvenstücke mit positiven Steigungen heißen nichtstabil wegen u. U. nicht eindeutig definierter Betriebspunkte. Die Nullförderhöhe ($\dot{V} = 0$) liegt, bezogen auf H_{opt}, um so höher, je größer n_q ist. Drosselkurven axialer und halbaxialer Kreiselpumpen zeigen – je höher n_q, um so ausgeprägter – einen Sattel im Teillastgebiet $\dot{V}/\dot{V}_{\mathrm{opt}} < 1$ (Abb. 8.6).

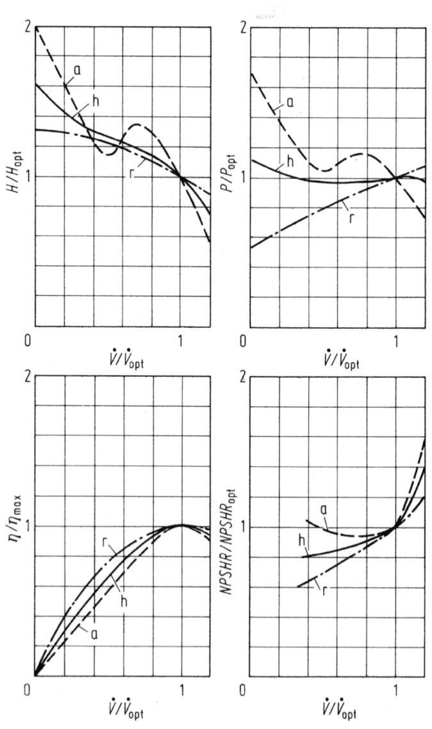

Abb. 8.6 Einfluss der spezifischen Drehzahl n_q auf die Kennlinien der Pumpen (ohne Viskositätseinflüsse). *a* axial $n_q{\approx}200\ \mathrm{min}^{-1}$, *h* halbaxial $n_{\mathrm{q}} \approx 80\ \mathrm{min}^{-1}$, *r* radial $n_q \approx 25\ \mathrm{min}^{-1}$ [7]

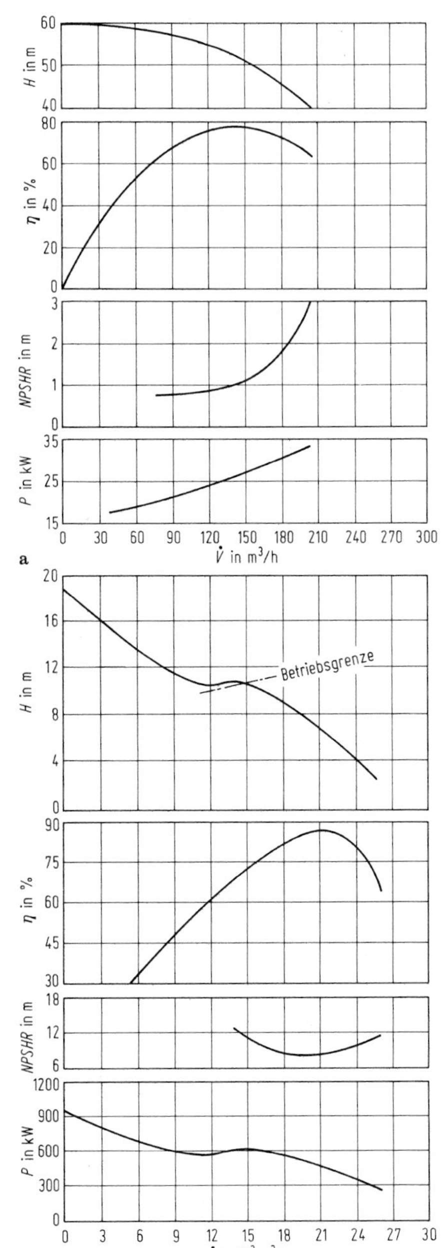

Abb. 8.7 Kennlinien ausgeführter einstufiger Pumpen (KSB und SIHI-Halberg). **a** Radial $n_q \approx 15\ \mathrm{min}^{-1}$, $n = 1450\,\mathrm{min}^{-1}$, Wasser 15 °C; **b** axial $n_q \approx 200\ \mathrm{min}^{-1}$, $n = 314\,\mathrm{min}^{-1}$, Wasser 15 °C [6, 7]

Leistungskurven. Axialpumpen nehmen bei $\dot{V} = 0$ maximale, Radialpumpen dagegen minimale Leistung auf. Daher sind – um Überlastung des Antriebs zu vermeiden – Axialpumpen bei geöffnetem und Radialpumpen bei geschlossenem Absperrorgan anzufahren.

Wirkungsgradkurven. In Richtung Teillast und Überlast fällt der Wirkungsgrad um so mehr, je höher n_q ist. Diesem Nachteil kann durch die günstigeren Regelmöglichkeiten aufgrund von Schaufelverstellung begegnet werden.

NPSH-Kurven. Der Verlauf wird von der Radialpumpe zur Axialpumpe ungünstiger (vgl. dazu die winkelabhängigen Unterdruckspitzen von Tragflügeln). In Richtung Teillast werden die meisten Kreiselpumpen unempfindlicher gegen Kavitation (um so mehr eingeschränkt, je größer n_q), s. Abb. 8.6.

Betriebspunkt. Er ist der Schnittpunkt zwischen Drosselkurve $H(\dot{V})$ und Anlagenkennlinie (Rohrleitungskennlinie) $H_\mathrm{A}(\dot{V})$ für die Förderhöhe H der Pumpe und Förderhöhe H_A der Anlage (Abb. 8.9 und 8.10):

$$H = z_2 - z_1 + \frac{p_2 - p_1}{\varrho\, g} + \frac{v_2^2 - v_1^2}{2\,g}\,, \qquad (8.5)$$

$$H_\mathrm{A} = z_\mathrm{II} - z_\mathrm{I} + \frac{p_\mathrm{II} - p_\mathrm{I}}{\varrho\, g} + \frac{v_\mathrm{II}^2 - v_\mathrm{I}^2}{2\,g} + H_{\mathrm{J.I},1} + H_{\mathrm{J.II},2}\,. \qquad (8.6)$$

Während in Gl. (8.5) für H nur pumpenspezifische Größen enthalten sind (Leistungsangebot), so gibt Gl. (8.6) für H_A den anlagenbedingten Leistungsbedarf wieder, um den Förderstrom $\dot{V}$ zwischen dem Eintrittsquerschnitt A_I und Austrittsquerschnitt A_II aufrechtzuerhalten. Im Beharrungszustand der Förderung, d. h. im Betriebspunkt, ist $H = H_\mathrm{A}$, Abb. 8.9 und 8.10. In der Regel kann nicht jeder Punkt der Drosselkurve ein Dauerbetriebspunkt sein. Meist ist der Förderstrom nach oben durch nicht mehr ausreichenden NPSH-Wert der Anlage NPSHA, nach unten durch unzulässig starke wirbelerregte Schwingungen (Teillastwirbel), insbesondere bei Drosselkurven mit Sattel, begrenzt.

8.3.3 Anpassung der Kreiselpumpe an den Leistungsbedarf

Die Anpassung an den Leistungsbedarf $P = \varrho\, g \dot{V} H / \eta$ kann durch Änderung der Anlagenkennlinie oder der Drosselkurve geschehen.

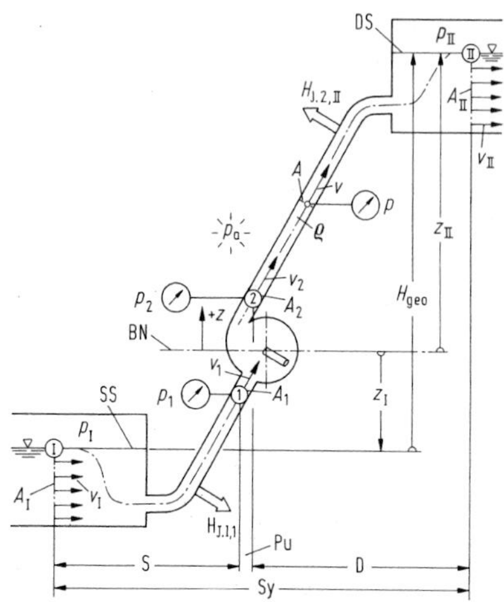

Abb. 8.8 Schema einer Kreiselpumpe und Anlage [1]. *BN* Bezugsniveau, *SS* Saugspiegel, *DS* Druckspiegel, *Pu* Pumpe, *S* saugseitige Anlage, *D* druckseitige Anlage, *Sy* System. A_{I}, A_{II} Eintritts-, Austrittsquerschnitte der Anlage; A_1, A_2 Eintritts-, Austrittsquerschnitte (Saug-, Druckstutzenquerschnitte) der Kreiselpumpe; z Höhenkoten zum Bezugsniveau BN; p Überdruck ($p > 0$) oder Unterdruck ($p < 0$) zum örtlichen barometrischen Luftdruck p_a; υ absolute Strömungsgeschwindigkeit (Mittelwert $\dot{V}/A$); $H_{\text{J.I,1}}, H_{\text{J.2,II}}$ Verlusthöhen in saugseitiger, druckseitiger Anlage; H_{geo} geodätische Förderhöhe ($z_{\text{II}} - z_{\text{I}}$). *II* Bezugspunkt des Druckspiegels im Austritt der Anlage, *I* Bezugspunkt des Saugspiegels im Eintritt der Anlage

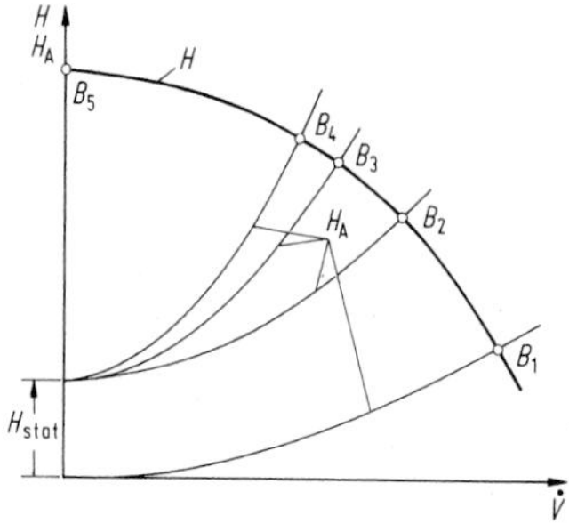

Abb. 8.9 Betriebspunkte B auf der Drosselkurve $H(\dot{V})$ bei Änderung der Anlagenkennlinie $H_{\text{A}}(\dot{V})$. B_1 Anlagenkennlinie ohne statische Förderhöhe $H_{\text{stat}} = H_{\text{geo}} + (p_{\text{a}} - p_{\text{I}})/\varrho\, g = 0$; $B_2 - B_5$ Anlagenkennlinien mit statischer Förderhöhe und unterschiedlicher Drosselstellung der Armatur; B_5 Armatur geschlossen

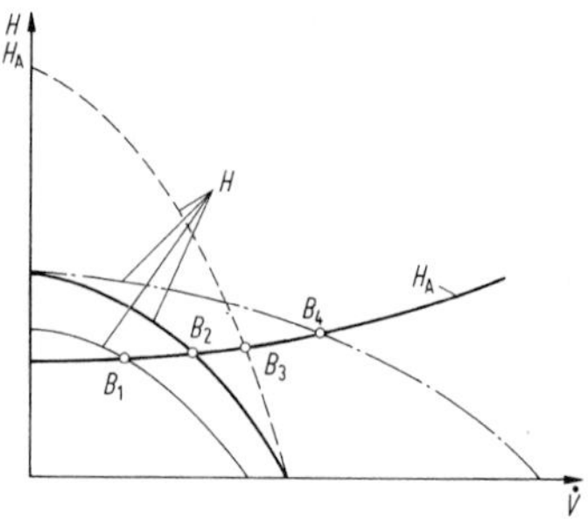

Abb. 8.10 Betriebspunkte B auf der Anlagenkennlinie $H_{\text{A}}(\dot{V})$ infolge Drehzahländerung der Pumpe oder Zuschaltens einer zweiten gleichen Pumpe. B_1, B_2 eine Pumpe bei reduzierter bzw. bei Nenndrehzahl; B_3 zwei gleiche Pumpen in Reihenschaltung (Addition zweier gleicher Förderhöhen *gestrichelt*); B_4 zwei gleiche Pumpen in Parallelschaltung (Addition zweier gleicher Förderströme *strichpunktiert*)

8.3.3.1 Anlagenkennlinie

Drosselung. Da $H_{\text{A}}(\dot{V})$ nur durch Vergrößern der Strömungsverluste beeinflusst wird, ist sie hinsichtlich der Betriebskosten unwirtschaftlich; dagegen sind die Investitionskosten für Drosselarmaturen relativ niedrig. Die Hauptanwendung liegt bei kleineren radialen Kreiselpumpen, insbesondere auch wegen des mit verringertem Förderstrom fallenden Leistungsbedarfs, Abb. 8.7a.

Bypass. Diese Anpassung basiert ebenfalls auf veränderbaren Strömungsverlusten bei relativ geringen Investitionskosten, hier für eine gedrosselte Rückführleitung von der druckseitigen zur saugseitigen Anlage. Er ist vereinzelt bei Axialpumpen zu finden, deren Leistungsbedarf mit zunehmendem Förderstrom abnimmt, Abb. 8.7b.

8.3.3.2 Drosselkurve

Drehzahländerung. Bei gleicher Pumpengröße und Förderflüssigkeit lauten die Modellgesetze:

$$\dot{V} \sim n\,, \quad H \sim n^2\,, \quad P \sim n^3\,.$$

So wandern bei Veränderung der Drehzahl die Punkte einer Drosselkurve auf Parabeln zweiten Grades auf die andere Drosselkurve (Kennfeld Abb. 8.11a), während der Wirkungsgrad bei kleineren Abweichungen bis zu 20 % von der Nenndrehzahl und genügend hohen Reynoldszahlen konstant bleibt. Bei größeren Drehzahlsprüngen zwischen den Betriebspunkten 1 und 2 und kleineren Reynoldszahlen $Re < 10^6$ (auf den Laufradaustritt bezogen) ändert sich der Wirkungsgrad

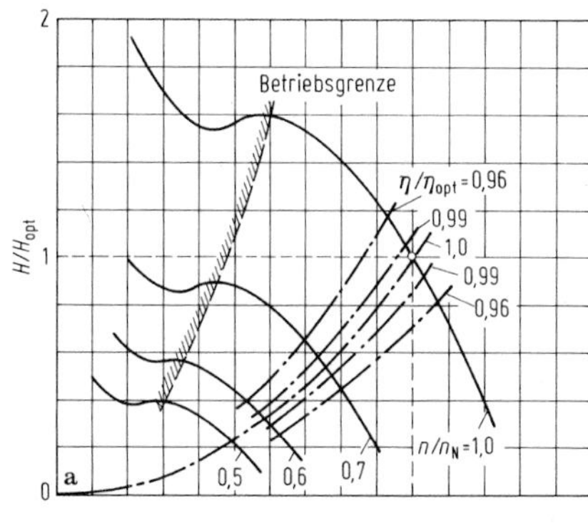

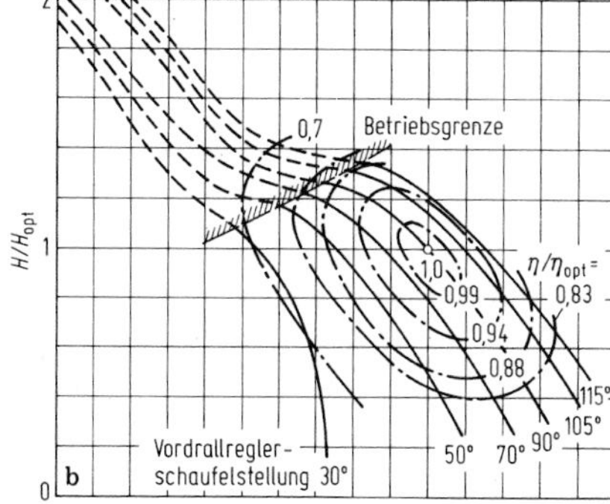

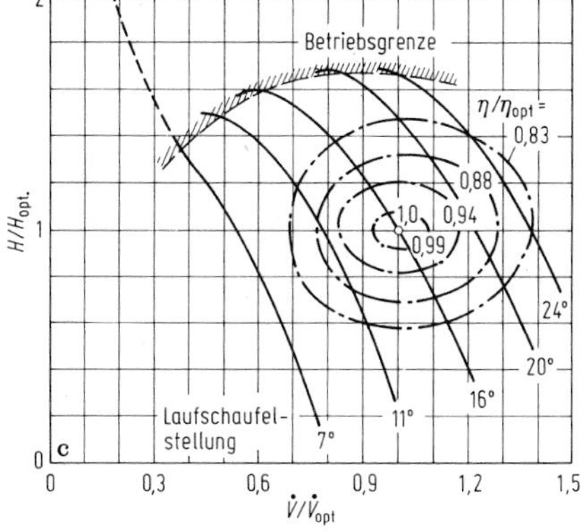

Abb. 8.11 Kennfelder [7] von Kreiselpumpen. **a** Axiale Pumpe mit Drehzahländerung $n_q \approx 200\ \text{min}^{-1}$; **b** halbaxiale Pumpe mit Vordralländerung $n_q \approx 160\ \text{min}^{-1}$; **c** axiale Pumpe mit Laufschaufelverstellung $n_q \approx 200\ \text{min}^{-1}$

nach der Näherungsformel (Wirkungsgradaufwertung) [4, 12]

$$\eta_2 = 1 - (1 - \eta_1)(n_1/n_2)^{0,1}\ .$$

Leistungsbedarf. Da dieser mit der dritten Potenz der Drehzahl steigt, kann der Antrieb bei nur geringen Drehzahlsteigerungen schon überlastet sein. Die Drehzahlregelung ist aus der Sicht der Betriebskosten die wirtschaftlichste Regelart, wenn die Anlagenkennlinie keine oder nur geringe statische Förderhöhe aufweist (vgl. Abb. 8.9).

Vorleitschaufelverstellung. Die übliche hydraulische Auslegung einer Kreiselpumpe geht von einer gleichmäßigen, drallfreien Zuströmung zum Laufrad aus. Wird nun durch ein vorgeschaltetes Leitrad mit veränderlicher Schaufelstellung (Vordrallregelung, s. Abb. 8.17) der Zuströmung ein Drall aufgeprägt, so wird die Lage der Drosselkurve verändert. Gleichdrall (Umfangskomponenten der Zuströmung in Richtung der Umfangsgeschwindigkeit, Schaufelstellung $< 90°$) führt zu einer Absenkung der Drosselkurve, Gegendrall (Schaufelstellung $> 90°$) zu einer Anhebung, Abb. 8.11b. Aus der Euler-Strömungsmaschinenhauptgleichung (s. Abschn. 6.1.3) folgt, dass diese Verstellung um so wirksamer ist, je größer n_q ist. Das gilt insbesondere, wenn Förderhöhenschwankungen bei annähernd gleichbleibendem Förderstrom auftreten, z. B. bei Kühlwasserpumpen (s. Wirkungsgrad in Abb. 8.11b).

Laufschaufelverstellung. Abb. 8.11c zeigt ihren Einfluss bei einer axialen Kreiselpumpe (Propellerpumpe) auf die Lage der Drosselkurve. An der aufwändigen Konstruktion der laufschaufelverstellbaren Propellerpumpe (auch in halbaxialer Bauart) ist bei gleichbleibender Förderhöhe der Förderstrom mit relativ gutem Wirkungsgrad zu verändern. Vorbilder für diese Verstellung sind Schiffspropeller und Kaplanturbinen. Konstruktiv weniger aufwändig sind einstellbare Schaufeln, die allerdings wegen der Demontage des Laufrads nur bei langfristigen Eingriffen vorteilhaft sind.

8.3.3.3 Verändern der Schaufelaustrittskanten

Hierunter wird das Abdrehen des Laufrads (Bauarten a–c Abb. 8.1) sowie das Zuschärfen der Schaufelenden als einmalige Anpassung verstanden. *Abdrehen* stellt eine Durchmesserreduktion des Laufrads von D_x auf D_y dar, das *Ausdrehen* bezieht sich dabei nur auf die Schaufeln und nicht auf die Radseitenwände. Wird der Durchmesser nur soweit geändert, dass die Schaufeln gegenseitig überdeckt bleiben, so gilt näherungsweise $\dot{V}_x/\dot{V}_y = H_x/H_y = (D_x/D_y)^2$. Der Wirkungsgrad verringert sich dabei um so weniger, je kleiner n_q ist. Das Zuschärfen der Schaufelenden in Richtung steilerer Schaufelaustrittswinkel ergibt bei radialen und halbaxialen Pumpen eine bis zu 3 % höhere Förderhöhe im Bereich des Wirkungsgradmaximums.

8.3.3.4 Selbstregelung durch Kavitation

Dieser Ausgleich tritt vornehmlich bei Kondensatpumpen auf und nutzt den Blockierungseffekt der Dampfblasen in den Schaufelkanälen aus. Fällt wenig Kondensat an, so sinkt mit dem Flüssigkeitspegel die Zulaufhöhe; dabei wächst das Blasenvolumen und reduziert wie gewünscht den Förderstrom.

8.3.4 Achsschubausgleich

Bei allen Bauarten tritt abhängig vom Betriebspunkt am Laufrad eine resultierende Axialkraft (Achsschub) auf, deren Wirkungslinie die Drehachse ist und deren Richtung (falls kein Achsschubausgleich vorhanden) zur Saugseite der Kreiselpumpe weist. Der Achsschub F setzt sich aus mehreren in der Drehachse liegenden Komponenten zusammen, die, am Beispiel einer einstufigen radialen Kreiselpumpe im stationären Strömungszustand, aus Abb. 8.12 hervorgehen: F_{Wd} = resultierende Druckkraft aus den Druckkräften vor und hinter der Wellendichtung, $F_{\mathrm{i}} = \varrho\dot{V}(v_{\mathrm{ax},1} - v_{\mathrm{ax},2})$ = Impulskraft (Index 1 Laufradeintritt, Index 2 Laufradaustritt), $F_{\mathrm{d}} - F_{\mathrm{s}}$ = resultierende Druckkraft aus den Druckkräften auf die druckseitige und saugseitige Laufraddeckscheibe, F_{mech} = resultierende Axialkraft aufgrund mechanischer Einrichtungen (z. B. Achsschubausgleichseinrichtung, magnetischer Zug im Elektromotor), F_{G} = Axialkomponente der Rotorgewichtskraft. Dominierend ist in der Regel der Anteil $F_{\mathrm{d}} - F_{\mathrm{s}}$, entgegen der Anströmrichtung (v_{ax}) gerichtet.

Näherungsformeln. $F_{\mathrm{d}} - F_{\mathrm{s}} = (0{,}7 \ldots 0{,}9)\ A_{\mathrm{ne}}\ \varrho\ g\ H$ bei Radialrädern mit nichtentlasteter Laufradfläche A_{ne} und $F_{\mathrm{d}} - F_{\mathrm{s}} = (1{,}0 \ldots 1{,}3)\ \varrho\ g\ H\ \pi\ D_2^2/4$ bei halbaxialen bis axialen Laufrädern.

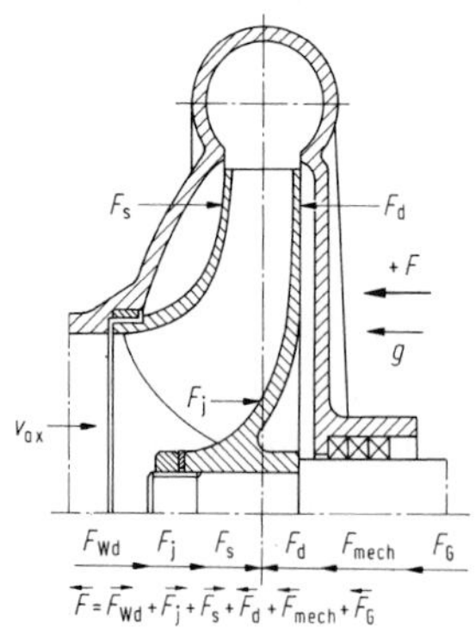

Abb. 8.12 Axialkräfte einer Kreiselpumpe

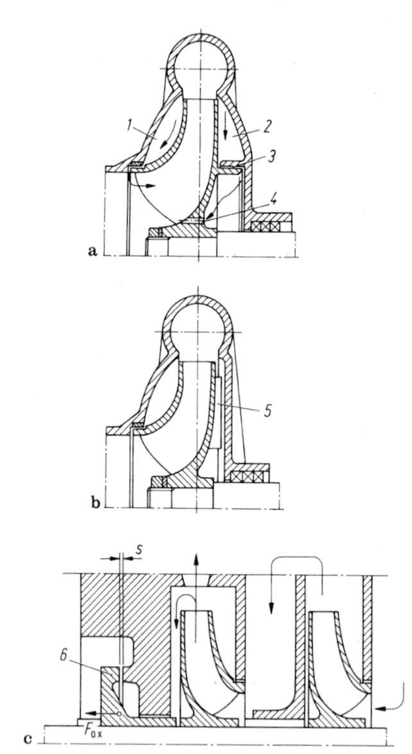

Abb. 8.13 Ausgleich des Axialschubs. **a** Mit druckseitigem Dichtspalt und Entlastungsbohrungen, *Pfeile*: Spaltstrom, *1* und *2* saugseitiger (äußerer) und druckseitiger (innerer) Seitenraum, *3* druckseitiger Dichtspalt, *4* Entlastungsbohrungen; **b** mit Rückenschaufeln *5*; **c** mit Entlastungsscheibe *6*

Achsschubausgleich. Er ist möglich durch:

1. *Axiallager* (Wälz- oder Gleitlager) mit ausreichender Dimensionierung,
2. *gegenströmige bzw. zweiströmige* Anordnung von *Laufrädern* (Abb. 8.2b–d, 8.15),
3. *Entlastungsbohrungen* (Druckausgleich zwischen innerem Seitenraum und Saugraum des Laufrads, kombiniert mit Dichtspalt, Abb. 8.13a),
4. *Rückenschaufeln* (Erzeugung eines verminderten Drucks im inneren Seitenraum (Abb. 8.13b),
5. *Entlastungsscheibe* (Abb. 8.13c),
6. *Entlastungskolben und Axiallager*,
7. *Doppelkolben und Axiallager*.

8.4 Ausgeführte Pumpen

8.4.1 Wasserwirtschaft

Dieser große Anwendungsbereich umfasst die Wassergewinnung, -aufbereitung (z. B. in Meerwasser-Entsalzungsanlagen) und -verteilung (Abb. 8.14, 8.15), die Wasserhaltung und -absenkung auf Baustellen und den Grubenbetrieb (Abb. 8.16), die Be- und Entwässerung, auch bei schwankenden Wasserspiegeln (z. B. Grundwasserabsenkung im Braunkohletagebau), sowie die Entsorgung, Abb. 8.18. Um die Anforderungen an den Abwassertransport zu erfüllen, kommen Laufräder mit freien, unverengten Laufraddurchgängen und einer geringen Schaufelzahl von ein bis drei Schaufeln zum Einsatz.

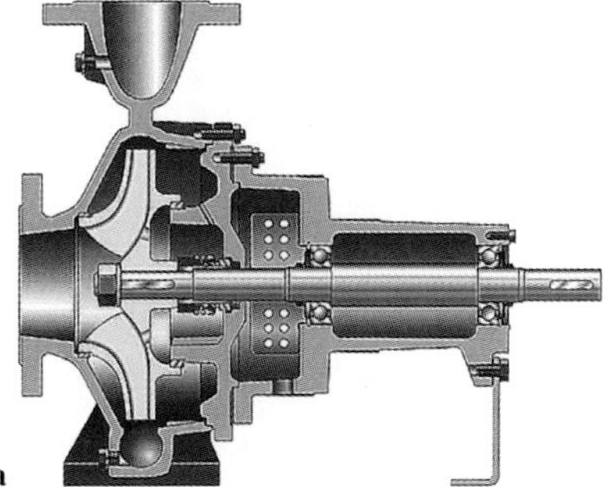

Abb. 8.14 Spiralgehäusepumpe. **a** Ausführung nach EN 733; **b** Spiralgehäusepumpe mit Lagerträger (KSB)

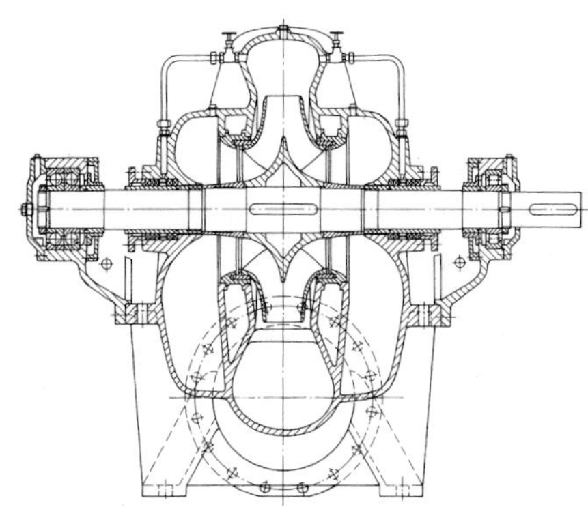

Abb. 8.15 Zweiströmige Spiralgehäusepumpe zur Förderung von Reinwasser und vorgereinigtem Wasser (Sulzer)

8.4.2 Kraftwerkstechnik

Hier liegen Extrembedingungen vor, wie: die Kesselspeisepumpen als Höchstdruckpumpen in Gliederbauweise oder Topfbauweise (Abb. 8.20), die Kesselwasser-Umwälzpumpen (Abb. 8.21) unter hohen Temperaturen (bis 420 °C) und Systemdrücken (bis ca. 400 bar), die Reaktorkühlmittelpumpen (Abb. 8.22) neben hohen Temperaturen und Drücken (z. B. 350 °C, 170 bar bei Druckwasserreaktoren) unter extremen Dichtproblemen [7, 15].

8.4.3 Verfahrenstechnik

In diese Gruppe gehören Chemie-, Raffinerie- und Tanklagerpumpen. Extreme Bedingungen sind durch die Förderflüssigkeiten gegeben, die korrosiv, giftig, explosiv oder leichtflüchtig sind oder bei relativ hohen oder tiefen Temperaturen gefördert werden. Hier wird oft die vielseitig einsetzbare, besonders montagefreundliche Spiralgehäusepumpe verwendet, die den Vorschrif-

8

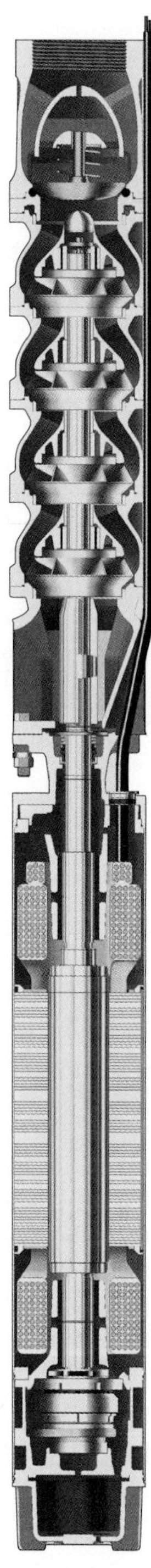

Abb. 8.16 Mehrstufige halbaxiale Unterwassermotorpumpe zur Wasserhaltung und Trinkwasserförderung (Flowserve)

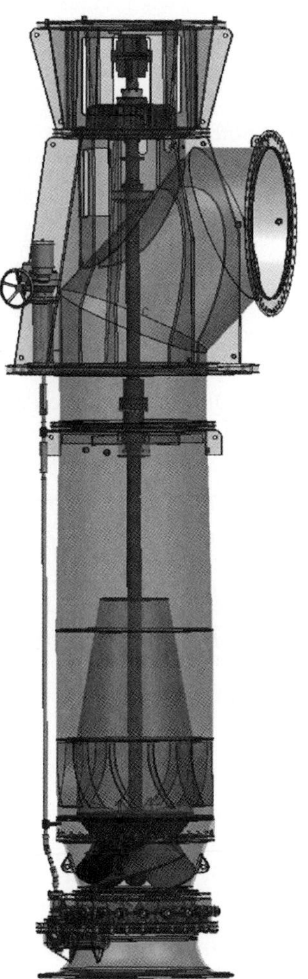

Abb. 8.17 Rohrgehäusepumpe: Schraubenradpumpe mit Vordrallregler zur Förderung von Kühlwasser (KSB)

ten des American Petroleum Institute (API 610) entspricht. Abb. 8.23 zeigt eine Spaltrohrmotorpumpe zur Förderung.

8.4.4 Andere Einsatzgebiete

Umwälzpumpen aus der Haustechnik (s. Abschn. 39.2.5) werden für Warmwasserheizungsanlagen in Zwillingsausführung gebaut, bei der eine Pumpe als stets betriebsbereite Reservepumpe oder als parallel arbeitende Zweitpumpe dient.

Die in Abb. 8.24 dargestellte Spiralgehäusepumpe besitzt ein Freistromrad, das besonders zur Förderung gasbeladener Abwässer geeignet ist; die relativ großen Abstände zu den Gehäusewänden machen diese Pumpe auch zur Förderung verzopfender Beimengungen tauglich.

Axiale Rohrschachtpumpen (Abb. 8.25) mit Tauchmotor finden sowohl kommunale als auch industrielle Anwendung in Abwasserpumpwerken, Schöpfwerken und zur allgemeinen Wasserversorgung.

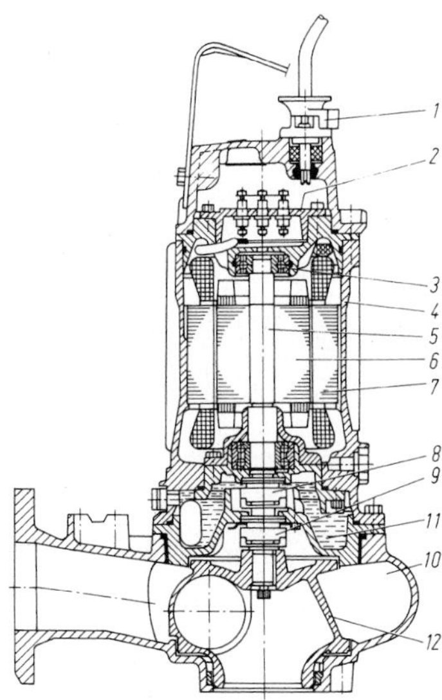

Abb. 8.18 Tauchmotorpumpe mit Kanalrad zur Förderung von Abwasser (Flygt). *1* wasserdichte Kabeldurchführung, *2* Klemmplatte, *3* Kugellager, *4* Statorgehäuse, *5* Welle, *6* Rotor, *7* Stator mit Isolierung nach Klasse F (155 °C), *8* obere Dichtungseinheit mit Hartmetall/Kohle-Gleitringdichtung, *9* untere Dichtungseinheit mit Hartmetall-Gleitringdichtung, *10* Pumpengehäuse, *11* Ölgehäuse: das Öl schmiert und kühlt die Dichtungsringe und dient zur Kontrolle des Zustandes der Dichtung, *12* verstopfungsfreies Kanalrad

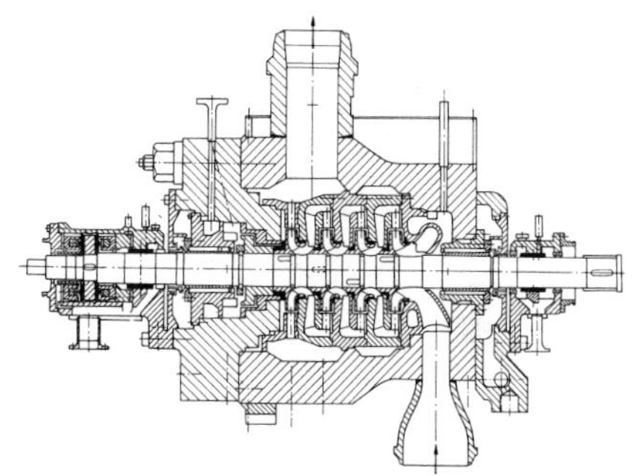

Abb. 8.20 Vierstufige Kesselspeisepumpe mit Topfgehäuse (KSB)

Abb. 8.19 Sechsstufige horizontale Gliedergehäusepumpe nach ISO 5199/ EN 25199 (Sterling SIHI)

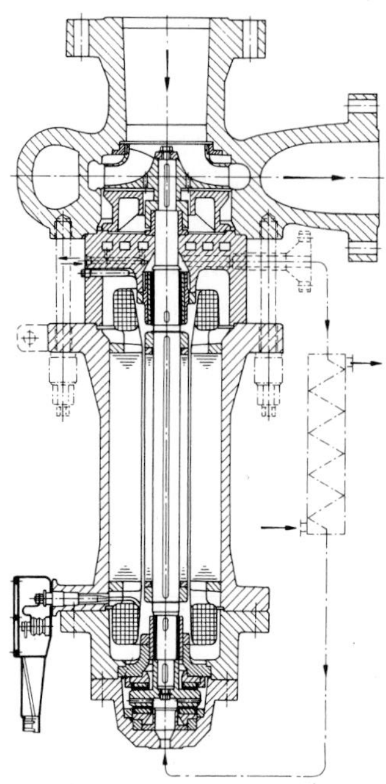

Abb. 8.21 Stopfbuchslose Kesselwasser-Umwälzpumpe (KSB)

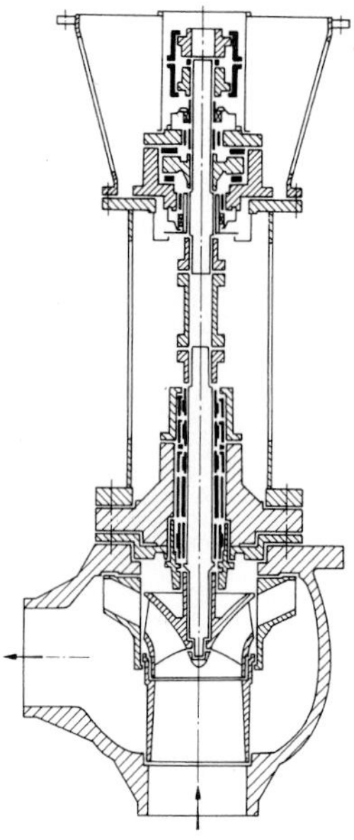

Abb. 8.22 Reaktorkühlmittelpumpe für Druckwasserreaktoren (KSB)

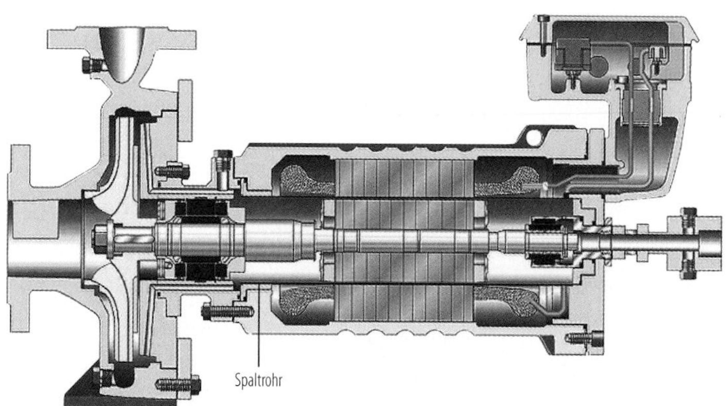

Abb. 8.23 Spiralgehäusepumpe mit Spaltrohrmotor für die Verfahrenstechnik (KSB)

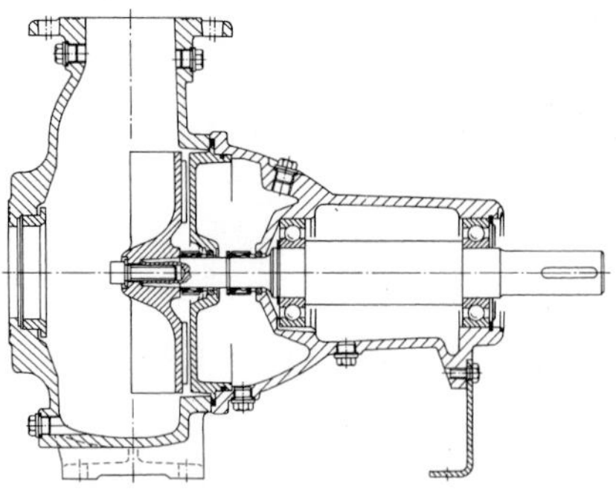

Abb. 8.24 Trocken aufgestellte radiale Spiralgehäusepumpe mit Freistromrad zur Förderung von Rohabwasser (KSB)

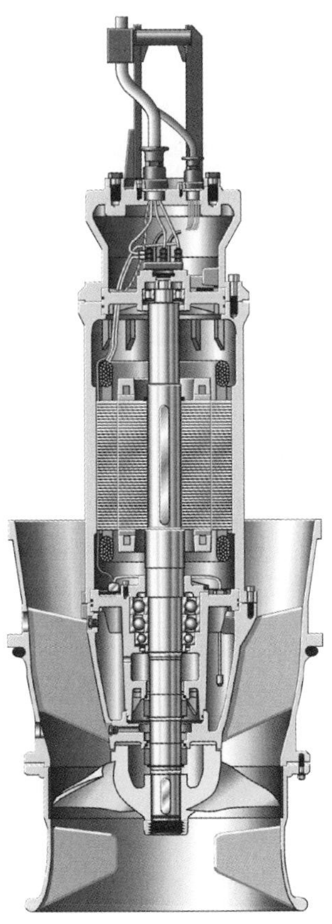

Abb. 8.25 Bewässerungspumpe: wartungsfreie Tauchmotor-Propellerpumpe mit einstellbaren Laufschaufeln (KSB)

Abb. 8.26 Horizontale Seitenkanalpumpe mit offenen Flügelrädern und NPSH-Vorstufe (Sterling SIHI)

Literatur

Spezielle Literatur

1. DIN (EN) 12 723: Flüssigkeitspumpen, Allgemeine Begriffe für Pumpen und Pumpenanlagen. Beuth, Berlin (2000)
2. DIN 24 250: Kreiselpumpen, Benennung und Benummerung von Einzelteilen. Beuth, Berlin (2000)
3. DIN EN ISO 9906: Kreiselpumpen – Hydraulische Abnahmeprüfung- Klasse 1 und Klasse 2. Beuth, Berlin (2002)
4. Pfleiderer, C., Petermann, H.: Strömungsmaschinen. Springer, Berlin (2004)
5. Troskolanski, A. T., Lazarkiewicz, S.: Kreiselpumpen. Birkhäuser, Basel (1976)
6. Wesche, W.: Radiale Kreiselpumpen. Berechnung und Konstruktion der hydrodynamischen Komponenten, Springer, Berlin (2012)
7. Klein, Schanzlin & Becker (KSB): Kreiselpumpenlexikon, 4. Aufl. Frankenthal (2009)
8. Bohl, W.: Strömungsmaschinen 1. Vogel, Würzburg (2004)
9. Bohl, W.: Strömungsmaschinen 2. Vogel, Würzburg (2005)
10. Raabe, J.: Hydraulische Maschinen und Anlagen. VDI-Verlag, Düsseldorf (1989)
11. Fister, W.: Fluidenergiemaschinen, Bände 1 und 2. Springer, Berlin (1984 und 1986)
12. Gülich, J. F.: Kreiselpumpen. Springer, Berlin (2010)
13. Siekmann, H., Thamsen, P.U.: Strömungslehre, Grundlagen. Springer, Berlin (2007)
14. Siekmann, H., Thamsen, P.U.: Strömungslehre für den Maschinenbau, Technik und Beispiele. Springer, Berlin (2008)
15. Sihi-Halberg: Grundlagen für die Planung von Kreiselpumpenanlagen. Sihi-Halberg, Ludwigshafen
16. Reprints der VDMA-Pumpentagungen 1973–2016. VDMA-Fachgemeinschaft Pumpen und Verdichter, Frankfurt

9 Schiffspropeller

Paul Thamsen

9.1 Allgemeines

Schiffspropeller sind hydrodynamische Strömungsarbeitsmaschinen meistens axialer Bauart zur Erzeugung eines Vortriebs. Der Achsschub, eine sonst lästige Nebenwirkung auf die Lager, ist hier Hauptwirkung (Impulssatz, Propellerstrahltheorie [1]). Für Anwendungen ist die Berechnung der Propeller nach der Wirbel- oder Tragflügeltheorie [2, 3] sinnvoller als nach der Strahltheorie. Profile sind Göttinger, NACA-, Kármán-Trefftz-, Kreissegment- und Sonder-Profile (z. B. Wageninger Profile). Modellversuche entscheiden die endgültige Auslegung, insbesondere bei ungleichförmigen Geschwindigkeitsfeldern vor und hinter dem Propeller (Druckschwankungen am Einzelflügel). Entsprechend den extrem hohen spezifischen Drehzahlen $n_q \approx 300 \ldots 1000\,\text{min}^{-1}$ ist die Schaufelzahl niedrig, 2 bis 6, selten mehr. Strömungstechnische Begrenzungen sind bei Schiffspropellern durch Kavitationswirkungen gegeben [4]. Oft sind Festigkeitsprobleme ausschlaggebend. Nachgeschaltete Leiträder können Verlust durch nicht ausgenutzten Austrittsdrall minimieren, bewirken jedoch zusätzliche Reibverluste; daher werden sie nur in Sonderfällen mit Erfolg angewendet [5].

P. Thamsen (✉)
Technische Universität Berlin
Berlin, Deutschland
E-Mail: paul-uwe.thamsen@tu-berlin.de

9.2 Schiffspropeller

Abb. 9.1 zeigt einen Schiffspropeller für ein schnelles Containerschiff (21 kn). Bei einer Leistung am Dieselmotor (8 Zyl. 2 T.) von 17,8 MW hat der Propeller die Daten:

Durchmesser 6,3 m, Drehzahl $120\,\text{min}^{-1}$, Flügelzahl 6, Werkstoff G-NiA1 BzF60, Gewicht 25,3 t, Wirkungsgrad 63,5 %.

Der Propeller wurde dem vorliegenden Nachstrom des Schiffes angepasst.

Verstellpropeller. Sie ermöglichen größere Sicherheit und Wirtschaftlichkeit des Antriebs auch bei reduzierten Schiffsgeschwindigkeiten mit im Betrieb veränderlicher Flügelsteigung, bessere Beherrschung der von ungleichförmigem Nachstromfeld induzierten Wechsellasten und bessere Abstimmung bei Mehrmotorenanlagen. Sie werden heute bis ca. 8 m Durchmesser und ca. 35 MW gebaut [6, 7]. Hydraulischer Servomotor zur Flügelverstellung im Schiffsinnern oder in der Propellernabe selbst (Abb. 9.2); vgl. Verstelleinrichtung von Kaplanturbinen Kap. 7.

Azimuthing Podded Drive (Azipod). Dies ist ein neuartiger seegängiger dieselelektrischer Außenbordantrieb, um 360° schwenkbar, meist in der Anordnung zweier gleichlaufender Propeller hintereinander (Zug- und Druckpropeller).

B. Bender und D. Göhlich (Hrsg.), *Dubbel Taschenbuch für den Maschinenbau 3: Maschinen und Systeme*,
https://doi.org/10.1007/978-3-662-59715-6_9

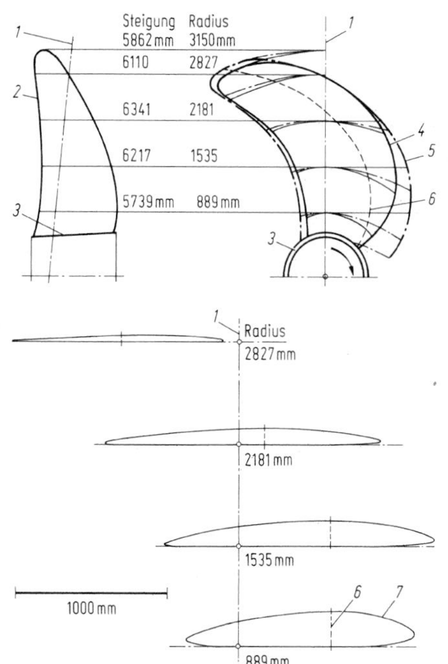

Abb. 9.1 Schiffspropeller mit nichtverstellbaren Schaufeln. *1* Erzeugende, *2* Durchschlagskurve, *3* Nabe, *4* Berandung der projizierten und *5* der abgewickelten Druckseitenfläche, *6* Orte maximaler Profildicke, *7* Schaufelprofile

Kort-Düse. Hierbei ist der Propeller mit einer Düse ummantelt. Bei geringer Fahrt und hoher Schubbelastung ergeben sich folgende *Vorteile*: Am Flügelende geringere Verluste. – Abströmquerschnitt aus Düse ist größer als beim freien Strahl (keine Strahlkontraktion), Geschwindigkeit also kleiner, kleinerer Austrittsverlust; in der Schraube selbst gesteigerte Durchflussgeschwindigkeit, also Leistungs- bzw. Wirkungsgradsteigerung infolge größeren Massenstroms. – Infolge der Druckverteilung an der mit dem Schiff verbundenen Düse trägt auch diese zur Vortriebswirkung bei. – Ruhiger Nachstrom; Ufer und Sohlen von Binnengewässern werden weniger angegriffen. Ein- und Austrittsquerschnitt der Düse können rechteckig sein zur Anpassung an den zwischen Oberfläche und Grund vorhandenen Wasserquerschnitt. Bei herkömmlichen Propellerdüsen macht sich aber die grobe Wasserverschmutzung durch Verklemmen fester Bestandteile im Spalt zwischen Propeller und Düse nachteilig bemerkbar [8].

Anwendung. Ummantelte Propeller spielen auch als Manövrierhilfen eine große Rolle, z. B. Aktivruder (im Ruder eingebauter Hilfspropeller mit elektrischem Unterwassermotorantrieb oder um 360° schwenkbarer Düsenpropeller mit Winkeltrieb), Querstrahlruder (in Rohrkanälen quer zur Fahrtrichtung im Vor- und/oder Hinterschiff angeordnete Propeller erzeugen je nach Dreh- und Durchströmrichtung eine Steuerwirkung nach Back- oder Steuerbord). Die sog. Strahlantriebe sind eher als Kreiselpumpenanlagen an Bord zu betrachten (Erzeugung eines Schubstrahls unter oder über Wasser).

Voith-Schneider-Propeller, heißt auch Zykloidenpropeller. Er hat gute Manövriereigenschaf-

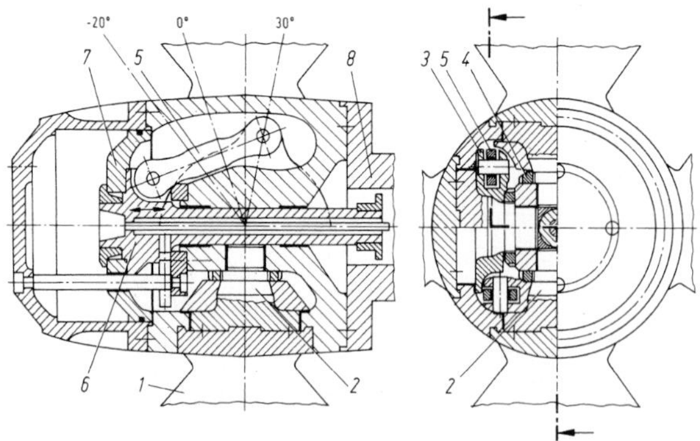

Abb. 9.2 Nabe eines Verstellpropellers (Escher Wyss). *1* Schaufel, *2* Schaufelzapfen, zweifach gelagert, *3* Verstellhebel, *4* Zapfenmutter, *5* Lenker, *6* Verstellkreuz mit zweifach gelagerter Verstellstange, *7* Servomotorkolben, *8* Propellerwelle

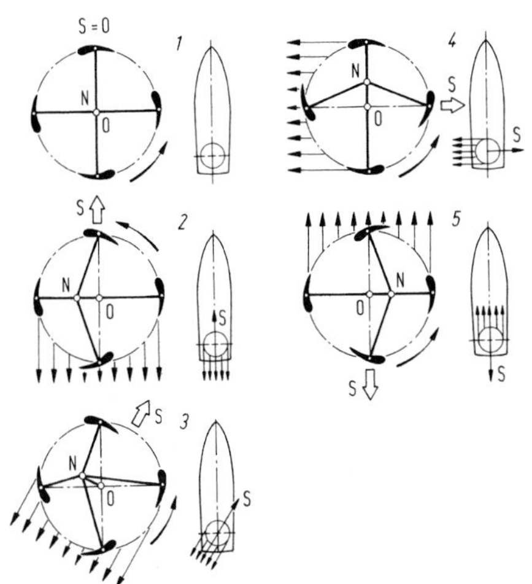

Abb. 9.3 Schubsteuerung eines Voith-Schneider-Propellers (Voith). *1* Steuerpunkt „N" in O-Position, keine Schuberzeugung, *2* „N" ausgelenkt nach links, Schuberzeugung voraus, *3* Phasenverschiebung im Uhrzeigersinn, Schubrichtung schwenkt entsprechend, *4* „N" ausgelenkt nach vorn, Schubrichtung nach Steuerbord, *5* „N" ausgelenkt nach rechts, Schubrichtung zurück. *0* Mittelposition, *N* Steuerpunkte, *S* Schub

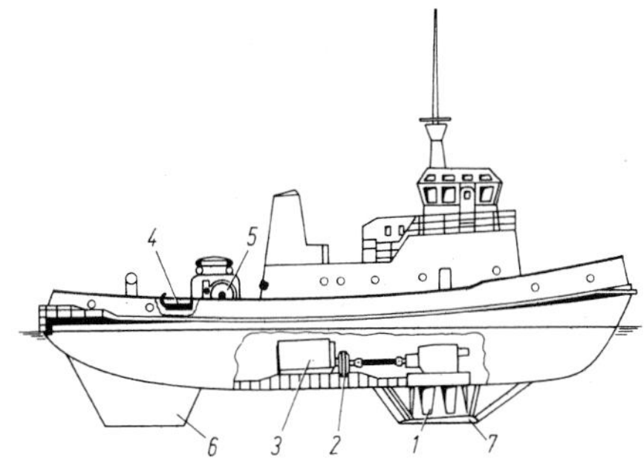

Abb. 9.4 Bugsierfahrzeug mit Voith-Schneider-Propeller (Voith). *1* Voith-Schneider-Propeller, *2* Föttinger-Kupplung, *3* Dieselmotor, *4* Schlepphaken, *5* Schleppwinde, *6* Stabilisierungsflosse, *7* Propellerschutzplatte

ten. An einem Rotor mit vertikaler Drehachse sind am Umfang in sich unverwundene Flügelprofile angeordnet, denen während des Umlaufs Schwingbewegungen aufgezwungen werden, wodurch stets ein positiver Anstellwinkel zur resultierenden Anströmrichtung zum Profil und somit Schuberzeugung möglich ist [9].

Arbeitsweise. (Abb. 9.3) Der nicht mitrotierende Steuerhebel kann nach Größe und Richtung verstellt werden. Hierdurch Einstellen des vollen Schubs im Betrieb nach jeder Steuerrichtung möglich. Hauptdrehbewegung um O, Ausrichten der Flügel jeweils senkrecht zur Verbindungslinie von Flügelmitte nach N. Abb. 9.3 zeigt je nach Lage von O und N fünf verschiedene Schübe S nach Größe und Richtung. Der Einbau ist an verschiedenen Stellen des Schiffs möglich; bei Abb. 9.4 am Bug eines Schleppers, hier werden zwei Dieselmotoren mit 880 kW und zwei Propeller nebeneinander eingesetzt (Schiffslänge ca. 30 m, Trossenzug voraus ca. 270 kN, Freifahrtgeschwindigkeit 12 kn).

Einsatzgebiete sind: Wassertrecker (Propeller unter Vorschiff, Schleppgeschirr achtern), Schwimmkrane mit Eigenantrieb, Doppelendfähren auf relativ kurzen Fährstrecken, Fahrgastschiffe auf viel befahrenen Binnenwasserstraßen, Messschiffe und Forschungsschiffe, Bohrschiffe und Arbeitsgeräte, die im Offshore-Gebiet dynamisch positioniert werden müssen.

Literatur

Spezielle Literatur

1. Baer, W.: Der Voith-Schneider-Propeller heute und seine Entwicklungstendenzen. In: Jahrbuch 1972 der STG. Springer, Berlin (1973)
2. Lerbs, H., Alef, W., Albrecht, U.: Numerische Auswertungen zur Theorie der tragenden Fläche von Propellern. In: Jahrbuch 1964 der STG. Springer, Berlin (1965)
3. Ulrich, W., Danckwardt, E.: Konstruktionsgrundlagen für Schiffsschrauben. Fachbuchverlag, Leipzig (1956)
4. Siekmann, H., Thamsen, P. U.: Strömungslehre für den Maschinenbau, Technik und Beispiele. Springer, Berlin (2008)
5. *Propellers, 78*, Symposium, Virginia Beach, Va. USA, May 24–25, 1978. The Society of Naval Architects and Marine Engineers, New York (1979)
6. Grim, O.: Propeller und Leitrad, Forschungszentrum des Deutschen Schiffbaus, Bericht 22, Hamburg (1971)
7. Wührer, W.: Konstruktive Fortschritte als Folge erhöhter Anforderungen am Beispiel von Verstellpropelleranlagen. In: Jahrbuch 1978 der STG. Springer, Berlin (1979)
8. *Mehr als 40 Jahre Escher Wyss Verstellpropeller*, Druckschrift der Firma Escher Wyss (Sulzer), Ravensburg (1977)
9. Luthra, G.: Untersuchungen der Maßnahmen zur Verbesserung der Betriebssicherheit bei Düsenpropellern. Schiff & Hafen 29, H. 6 (1977)

Föttinger-Getriebe 10

Paul Thamsen

10.1 Prinzip und Bauformen

Prinzip: Hydrodynamische Leistungsübertragung mit Kreiselpumpe (P) und Flüssigkeitsturbine (T) in einem gemeinsamen Gehäuse. P ist mit der Antriebswelle verbunden, T mit der Abtriebswelle [1–6].

Föttinger-Getriebe (Abb. 10.1–10.6) enthalten mehrere, die Strömung umlenkende Schaufelräder als Hauptglieder H, bestehend aus: Pumpenlaufrad P, Turbinenlaufrad T und Leitrad (Reaktionsglied) R. Letztgenanntes ist nur bei Wandlern (P, T, R) vorhanden; Kupplungen (P, T) und hydrodynamische Bremsen (P, T fest) sind einfacher aufgebaut als Wandler [5]. Die leistungsübertragende Flüssigkeit ist meist Öl.

Föttinger-Kupplungen. Sie bewirken eine stufenlose Drehzahlanpassung ohne Drehmomentwandlung als stoß- und schwingungsdämpfender Überlastschutz in Aggregaten mit Strömungsmaschinen, Kolbenmaschinen, Fördergeräten, Walzenantrieben, Fahrzeugen, Mahlwerken u. a.

Abb. 10.1 zeigt vier Bauarten von Konstantfüllungskupplungen [5], wobei H sowohl als P als auch als T wirken kann.

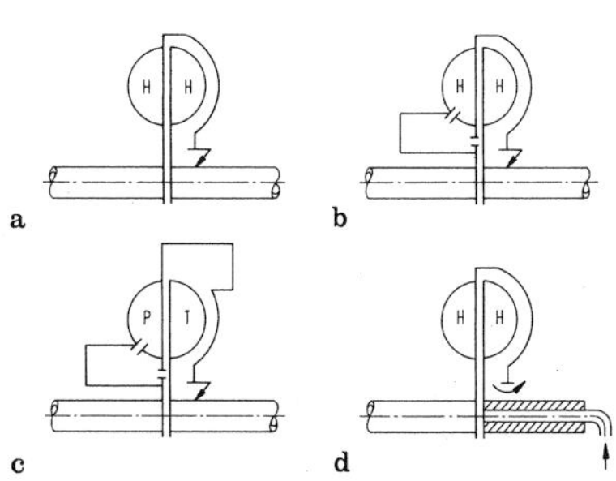

Abb. 10.1 Konstantfüllungskupplungen (H = Hauptglied als Pumpe oder Turbine wirkend). **a–c** Füllung im Stillstand; **a** ohne Nebenraum; **b** mit Nebenraum innen; **c** mit Nebenraum innen und außen; **d** mit Kühlstromdurchfluss [1]

Abb. 10.2 gibt einen Überblick über Stell- und Schaltkupplungen [5], wobei von außen in die Kreislaufströmung oder auf den Fluidinhalt während des Betriebes eingegriffen wird.

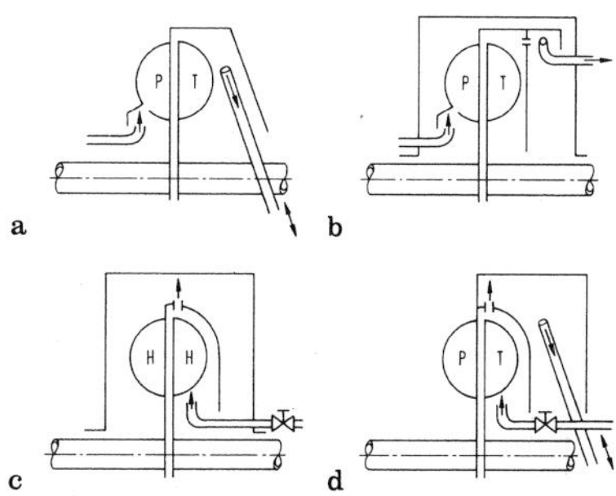

Abb. 10.2 Stell- und Schaltkupplungen. **a** Bewegliches Schöpfrohr; **b–d** mit Zu- oder Ablaufsteuerung; **b** Staudruckpumpe; **c** stehendes Gehäuse; **d** umlaufendes Gehäuse und bewegliches Schöpfrohr [1]

P. Thamsen (✉)
Technische Universität Berlin
Berlin, Deutschland
E-Mail: paul-uwe.thamsen@tu-berlin.de

B. Bender und D. Göhlich (Hrsg.), *Dubbel Taschenbuch für den Maschinenbau 3: Maschinen und Systeme*,
https://doi.org/10.1007/978-3-662-59715-6_10

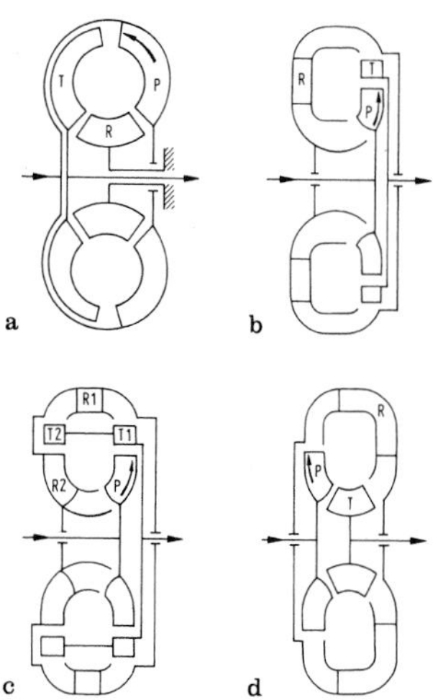

Abb. 10.3 Einphasige Wandler. **a** Einstufig mit Zentripetalturbine; **b** einstufig mit Zentrifugalturbine; **c** zweistufig; **d** einstufig Pumpe und Turbine gegensinnig laufend [1]

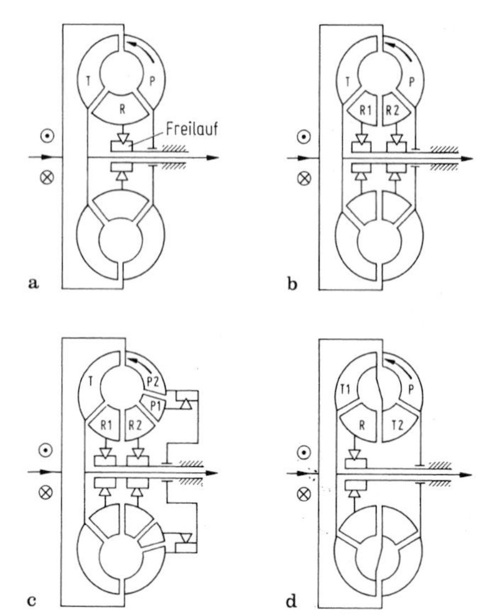

Abb. 10.4 Mehrphasige Wandler. **a–c** Zwei-, drei- und vierphasig; **d** zweiphasig, zweistufig [1]

Föttinger-Wandler. Ihre Aufgabe ist die stufenlose Drehzahlanpassung und Drehmomentwandlung zwischen Kraftmaschinen (Benzin-, Diesel-, Elektromotor, Gas-, Dampf- oder Wasserturbine) auf der Antriebsseite und Arbeitsmaschinen (Kreisel-, Verdrängerpumpe, Propeller, Ventilator, Verdichter, Förderanlage, Schienen-, Straßenfahrzeug, Hebezeug oder Wickelmaschine) auf der Abtriebsseite.

Abb. 10.3 zeigt vier bekannte Bauarten einphasiger Wandler, bestehend aus P, T (gleichsinnig oder gegensinnig zu P) und R (fest). Bei hoher Momentwandlung werden T und R mehrstufig ausgeführt.

Abb. 10.4 gibt vier verbreitete Bauarten mehrphasiger Wandler wieder, bei denen der Leistungsfluss von der Pumpe zur Turbine eine selbsttätige Änderung aufgrund von Strömungskräften im Kreislauf erfährt. Diese Änderung erfolgt durch Öffnen oder Schließen eines Freilaufs zwischen R und dem Gehäuse oder P und R und dem Gehäuse.

Stell- und Schaltwandler sind in Abb. 10.5 dargestellt.

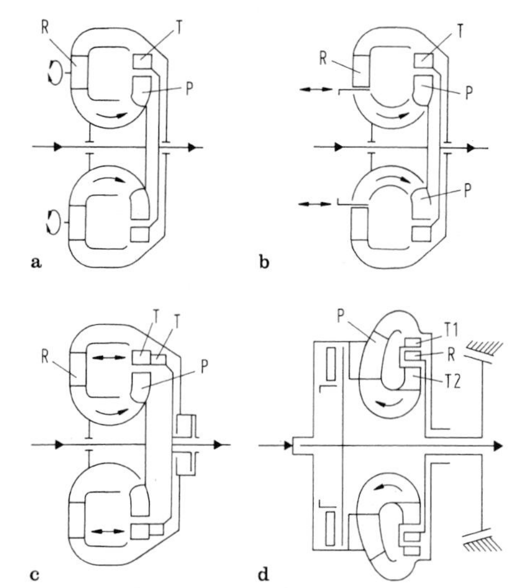

Abb. 10.5 Stell- und Schaltwandler. **a** Mit Leitschaufelverstellung; **b** mit Ringschieber; **c** mit axial verschiebbarer Turbine (Ausrückturbine); **d** mit festbremsbarem Leitrad [1]

Hydrodynamische Bremsen (Retarder). Sie liefern die verschleißärmste Leistungsumwandlung mechanischer Leistung in Wärmeleistung beim Abbremsen von Schienen- und Straßenfahrzeugen (Omnibussen, Lastkraftwagen) [1–6].

Abb. 10.6 gibt die bekanntesten Bauarten einer hydrodynamischen Bremse wieder, die einer hydrodynamischen Kupplung entspricht, deren Turbine (hier Stator S) gegen das Gehäuse fest abgestützt ist.

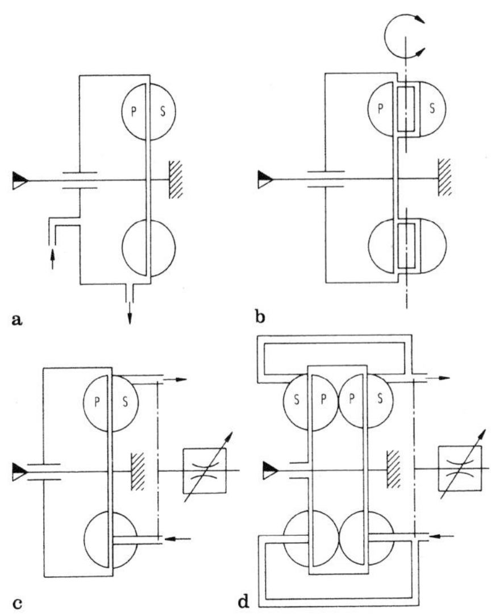

Abb. 10.6 Hydrodynamische Bremsen (Retarder). **a** Konstantfüllung mit Kühlstrom; **b** mit Stellschaufeln; **c**, **d** mit Zu- oder Ablaufsteuerung; **c** einflutig; **d** zweiflutig [1]

Konstantfüllungsbremsen (Abb. 10.6a) besitzen ein je nach Füllungsgrad veränderliches Kennfeld. Stellbremsen (Abb. 10.6b) zeigen zusätzlich zum Füllungsgrad noch den Stellwinkel von nichtrotierenden Verstellschaufeln als Parameter im Kennfeld. Änderungen des Füllungsgrades durch einen gesteuerten oder geregelten Zu- oder Ablauf (Abb. 10.6c) führen zu unterschiedlichen Kennlinien. Diese Bauart kann auch zweiflutig (Abb. 10.6d) ausgeführt werden.

10.2 Auslegung

Maßgebend für die hydrodynamische Auslegung ist wieder die Euler-Strömungsmaschinen-Hauptgleichung; übertragene hydraulische Leistung $P_\mathrm{h} = \dot{m}Y$ mit $Y = u_2 v_{2\mathrm{u}} - u_1 v_{1\mathrm{u}}$. Bei gegebenen Leistungswerten ist optimales n_q möglich, da die Betriebswerte Y und $\dot{m}$ des Pumpenrads im Rahmen eines der gegebenen Leistung entsprechenden Produkts $\dot{m}Y$ frei gewählt werden können; man erhält daher günstige Verhältnisse von Radbreiten zu Durchmessern. Bei großem Moment und kleiner Drehzahl (großes M/n^2) ergeben sich Räder, die im Verhältnis zur übertragenen Leistung zu groß sind; dann eignen sich eher hydrostatische Getriebe [2–5]. Das Föttinger-Getriebe möglichst auf die schnelllaufende Welle setzen, wenn Zahnrad- oder Riemenübersetzungen vorhanden sind.

Leistung und Drehmoment. Für die Pumpe gilt nach Ähnlichkeitsgesetzen der Strömungsmaschinen

$$P_\mathrm{P} = \lambda\, \varrho\, D^5 \omega_\mathrm{P}^3, \quad M_\mathrm{P} = \lambda\, \varrho\, D^5 \omega_\mathrm{P}^2 .$$

Für Kupplungen mit normalem Schlupf $s = (1 - \upsilon) \cdot 100 \approx 3\,\%$ gilt, wenn $\upsilon = n_\mathrm{T}/n_\mathrm{P}$ das Drehzahlverhältnis ist, erfahrungsgemäß die Zahlenwertgleichung

$$P_\mathrm{P} = (0{,}7 \ldots 0{,}8) \cdot 10^{-6} D^5 n_\mathrm{P}^3$$

mit P_P in kW, D in m, n_P in min^{-1}.

Die Winkelgeschwindigkeit ω_P der Pumpe und die geometrische Größe des Getriebes, wie der Kreislaufdurchmesser D, sind entscheidend für P_P und M_P (weniger die Dichte ϱ der Betriebsflüssigkeit).

Charakteristische Parameter sind:

Leistungszahl λ (Abb. 10.8 und 10.14),

Drehmomentenzahl $\mu = M_\mathrm{T}/M_\mathrm{P}$, die bei Kupplungen stets $\mu = 1$ und bei Wandlern $\mu = \mu(\upsilon)$ ist,

Wandlerwirkungsgrad $\eta_\mathrm{w} = \mu\upsilon$ (Abb. 10.14).

10.3 Föttinger-Kupplungen

Die Konstantfüllungskupplung (Abb. 10.7) hat eine unsymmetrische Radform von Pumpe und Turbine. Dadurch wird unter der Pumpe ein Stauraum gebildet, der dem Ölkreislauf bei großem Schlupf zwischen Pumpen- und Turbinenrad (kleines Drehzahlverhältnis υ) einen Teil des Öls entzieht. Dieses Konstruktionsprinzip bewirkt, dass die Drehmomentaufnahme des Pumpenrads zwischen Anfahrpunkt A und einem bestimmten (vom Anwendungsfall der Kupplung her erforderlichen) Drehzahlverhältnis nahezu konstant

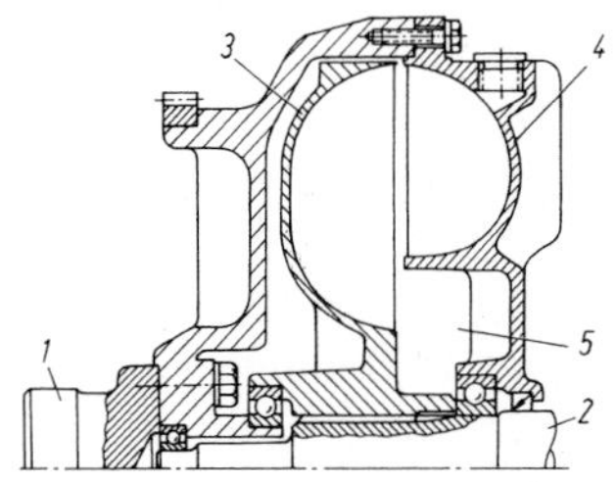

Abb. 10.7 Zur Konstruktion einer Föttinger-Kupplung (Zahnradfabrik Friedrichshafen). *1* Antrieb, *2* Abtrieb, *3* Turbinenrad, *4* Pumpenrad, *5* Stauraum

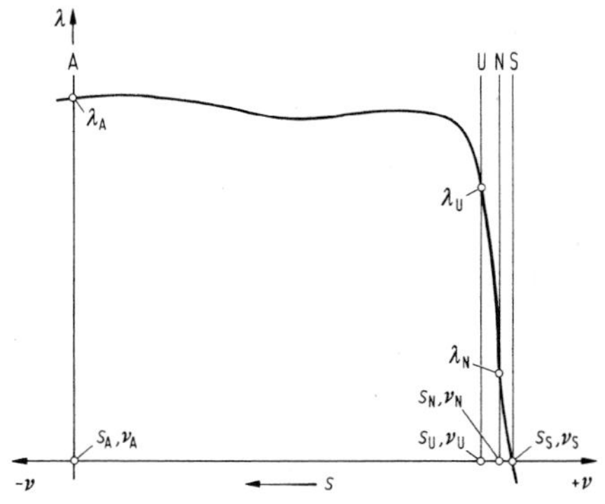

Abb. 10.8 Kupplungskennlinie (qualitativ) für eine Bauart nach Abb. 10.7 bei einer konstanten Ölfüllung. Betriebspunkte: *A* Anfahrpunkt, *U* unterer Dauerbetriebspunkt, *N* Nennbetriebspunkt, *S* Synchronpunkt. Betriebsbereiche: *A* bis *S* Hauptbetrieb, *U* bis *S* Dauerbetrieb. $\upsilon < 0$ Gegenbremsung, $\upsilon > \upsilon_s$ übersynchron

bleibt, Abb. 10.8. Dieses Drehzahlverhältnis ist durch die Radienverhältnisse der Kupplung und damit der Größe des Stauraums beeinflussbar. Der Kupplungswirkungsgrad ist mit $\mu = 1$

$$\eta_K = \upsilon\,,$$

im Synchronpunkt S $\eta_K = 1$. Hier besteht kein Kreislauf und keine Momenten- und Leistungsübertragung.

Abb. 10.9 zeigt die industrielle Ausführung einer Stellkupplung mit Schöpfrohr. Die rotierenden Teile sind in einem allseits geschlossenen, öldichten Gehäuse gelagert. Der Ölbehälter (*5*) ist in das Gehäuse integriert. Die Betriebsmittelpumpe (*6*) ist als Zahnradpumpe ausgeführt, die über einen Nebenantrieb von der Welle des Pumpenrades (*1*) angetrieben wird. Die Wellen sind wälzgelagert und mit Drucköl geschmiert.

Die zugehörigen Kennlinien sind in Abb. 10.10 dargestellt [7].

10.4 Bremsen

Abb. 10.11 zeigt eine hydrodynamische Bremse (Retarder) für den Einsatz in Omnibussen und Lastkraftwagen. In der Regel übernehmen die Retarder ca. 90 % aller Bremsvorgänge. Der angetriebene Rotor (Pumpe) fördert die Flüssigkeit in den Stator (festgebremste Turbine). Die kinetische Energie wird dort in Wärme gewandelt, das Fahrzeug gebremst. Die anfallende Wärme wird über den Wärmeübertrager an die Fahrzeugkühlanlage abgeführt (Kühlwasseranschlüsse). Bei der Konstruktion ist auf ein Minimum drehender Massen geachtet worden, um negative Einflüsse auf den Gelenkwellenstrang zu vermeiden.

In Abb. 10.12 ist ein Bremsenkennfeld eines Retarders für Kraftfahrzeuge mit fünf schaltba-

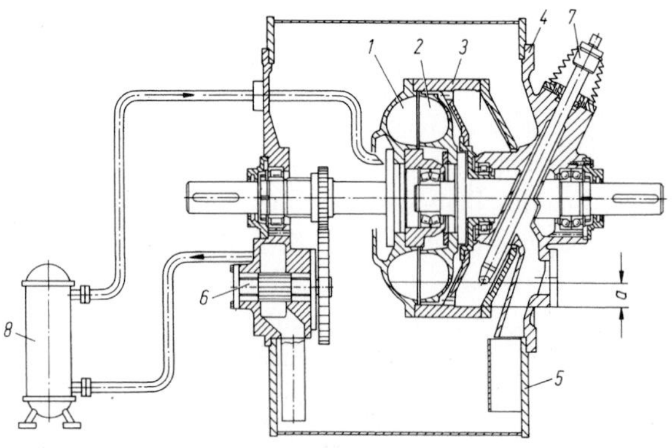

Abb. 10.9 Stellkupplung mit Schöpfrohr (Voith Turbo). *1* Pumpenrad, *2* Turbinenrad, *3* Schale, *4* Schöpfrohrgehäuse, *5* Ölbehälter, *6* Betriebsmittelpumpe, *7* Schöpfrohr, *8* Wärmeaustauscher, *a* Schöpfrohrabstand vom Boden

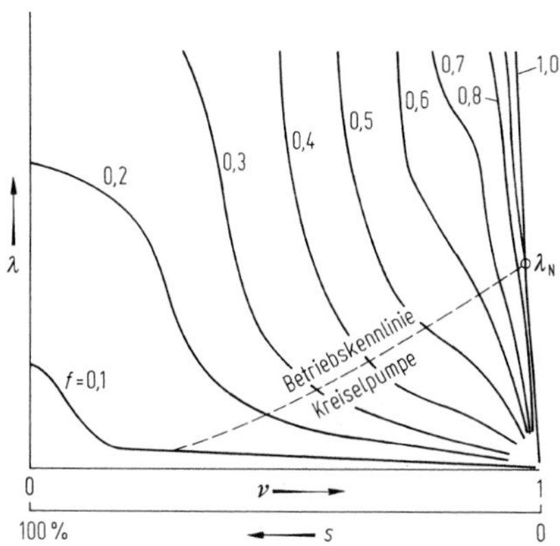

Abb. 10.10 Kennlinien einer Stellkupplung. Füllungsgrad f ist proportional zum Schöpfrohrhubverhältnis a/a_{max} (s. Abb. 10.9). Stabile Schnittpunkte zwischen Betriebskennlinie und Kupplungskennlinie erlauben Drehzahlstellungsgenauigkeiten bis $\pm 0{,}1\,\%$

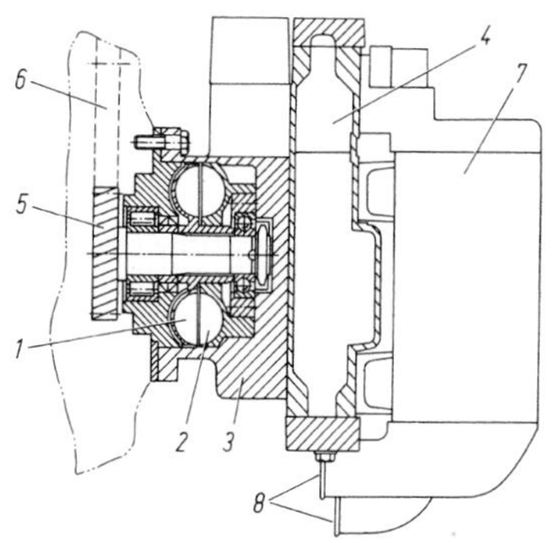

Abb. 10.11 Hydrodynamische Bremse (Voith Turbo). *1* Rotor, *2* Stator, *3* Retardergehäuse, *4* Ölbehälter, *5* Ritzelwelle, *6* Antriebsrad, *7* Wärmeübertrager, *8* Kühlwasseranschlüsse

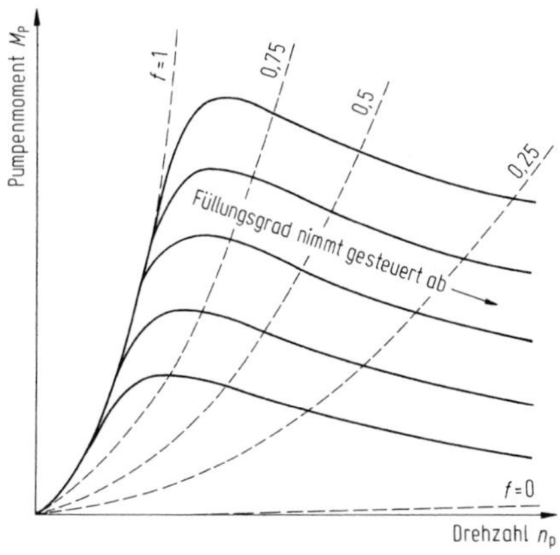

Abb. 10.12 Bremsenkennfeld qualitativ

ren Bremsstufen dargestellt. Die angegebenen Füllungsgrade f ergeben die für Kreiselpumpen typischen parabolischen Momentenverläufe. Der Betriebspunkt ist durch den Schnittpunkt von Bremskennlinie und Füllungsgradkennlinie f = konstant gegeben, wobei die Bremskennlinie durch eine Füllungssteuerung aufgeprägt wird [5].

10.5 Föttinger-Wandler

Der Wandler (Abb. 10.13) besteht aus dem Pumpenrad P, dem Turbinenrad T und dem Leitrad R, das feststehend oder – wie dargestellt – über einen Freilauf (Trilokprinzip) am feststehenden Gehäuse abgestützt sein kann. Wesentliche Baugruppen hierbei sind in Blech konstruiert. Kennlinien Abb. 10.14; bei Betrieb im Wandlungsbereich $\mu > 1$ ($M_T < M_P$) ist R stets mit dem Gehäuse verbunden; bei $\mu = 1$ ($M_P = M_T$) wirkt Wandler wie Kupplung, Leitrad ist wirkungslos (Freilauf).

Zweiphasige Wandler. Die Leitradabstützung über Freilauf (Abb. 10.4a, 10.13) ermöglicht also zwei Betriebsphasen. In der ersten stützt sich das Leitrad gegen das Gehäuse ab, das Antriebsdrehmoment wird gewandelt. Die zweite arbeitet mit über den Freilauf gelöstem

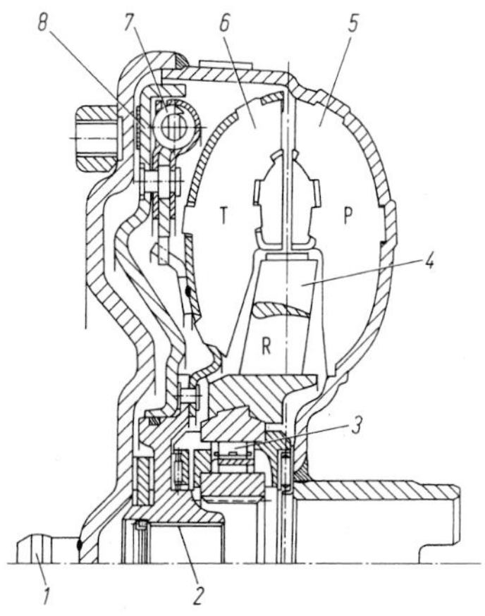

Abb. 10.13 Föttinger-Wandler mit Freilauf und Überbrückungskupplung (Fichtel & Sachs). *1* Antrieb, *2* Abtrieb, *3* Freilauf, *4* Leitrad, *5* Pumpe, *6* Turbine, *7* Torsionsdämpfer, *8* Überbrückungskupplung

10

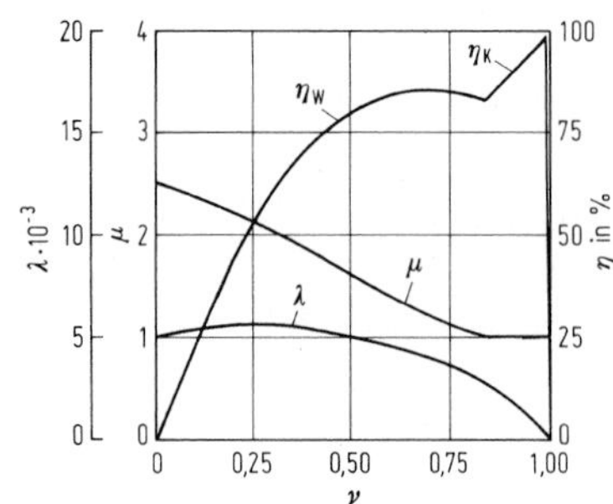

Abb. 10.14 Kennlinien eines einstufigen, zweiphasigen Wandlers

Leitrad, der Wandler arbeitet als hydraulische Kupplung. Die Überbrückungskupplung verbindet Pumpen- und Turbinenrad mechanisch und wird immer dann betätigt, wenn der Wandler nicht mehr zur Zugkrafterhöhung beiträgt. Damit wird der Übertragungswirkungsgrad verbessert. Hauptanwendungsgebiete sind Automatik-Getriebe für Nutzkraftwagen (Bus, Lkw) und Arbeitsmaschinen mit überwiegendem Fahreinsatz.

Stellwandler. Sie besitzen verstellbare Leitschaufeln. Ihre große Bedeutung liegt im Ausgleich bei der Verbindung von Kraft- und Arbeitsmaschinen, z. B. beim Anfahren einer Gasturbine.

Literatur

Spezielle Literatur

1. VDI-Richtlinie 2153: Hydrodynamische Leistungsübertragung, Begriffe – Bauformen – Wirkungsweise. VDI-Verlag, Düsseldorf (1994)
2. Förster, H. J.: Automatische Fahrzeuggetriebe. Springer, Berlin (1994)
3. Kickbusch, E.: Föttinger-Kupplungen und Föttinger-Getriebe. Springer, Berlin (1963)
4. Wolf, M.: Strömungskupplungen und Strömungswandler. Springer, Berlin (1962)
5. Voith, J. M.: Hydrodynamik in der Antriebstechnik, Wandler, Wandlergetriebe, Kupplungen und Bremsen. Krausskopf, Mainz (1987)
6. Bohl, W.: Strömungsmaschinen 1. Vogel, Würzburg (2008)
7. Höller, H.: Steuern von Antriebsanlagen mittels hydrodynamischer Kupplungen, in VDI-Z Special-Ölhydraulik und Pneumatik, Heft 1. VDI, Düsseldorf (1989)
8. Menne, A.: Einflüsse von hydraulischen Kupplungen auf Torsionsschwingungen in Antriebssystemen, in Antriebstechnik 36/3. Springer, Berlin (1997)

Dampfturbinen

11

Edwin Krämer

Der Beitrag basiert auf Ausführungen der 19. Auflage von L. Busse, Mannheim.

11.1 Benennungen

Nach DIN 4304 sind zu unterscheiden:

Dampfturbine. Sie ist eine Wärmekraftmaschine mit rotierenden Laufteilen, in der das Enthalpiegefälle stetig strömenden Dampfes in einer oder mehreren Stufen in mechanische Arbeit umgewandelt wird.

Dampfturbosatz. Er besteht aus einer Dampfturbine mit angetriebener Arbeitsmaschine, auch mit Getriebe.

Dampfturbinenanlage. Dies ist ein Dampfturbosatz einschließlich Kondensationsanlage, verbindender Rohrleitungen und Hilfseinrichtungen.

Weitere Benennungen. Hierfür ist der Zustand und das Verhalten des Dampfes in der Turbine maßgebend.

Durchflussrichtung. Hiernach gibt es Axial- und Radialturbinen.

E. Krämer (✉)
Consenec AG
Baden, Schweiz
E-Mail: edwin.kraemer@consenec.ch

Arbeitsverfahren. Hiernach gibt es Gleichdruckturbinen (Entspannung des Dampfes vorwiegend im Leitteil der Turbinenstufen) und Überdruckturbinen (Entspannung etwa je zur Hälfte im Leit- und Laufteil).

Eintrittszustand. Es werden unterschieden Heißdampfturbinen, bei denen der Dampfeintrittszustand mindestens 50 K überhitzt ist, und Sattdampfturbinen (vorwiegend für Leichtwasser-Kernkraftwerke) sowie Niederdruck-, Mitteldruck-, Hochdruck und Höchstdruckturbinen.

Dampfzuführung. Es werden zwischen Frischdampf-, Abdampf-, Speicherdampf und Zwei- oder Mehrdruckturbinen unterschieden.

Dampfabführung. Hiernach werden die Dampfturbinen meist benannt: Bei Kondensationsturbinen wird die Kondensationswärme des Abdampfes durch ein Kühlmittel ohne weitere Ausnutzung an die Umgebung abgeführt. Bei der Frischwasserkühlung an einen Fluss, See oder das Meer, bei der Rückkühlung durch im Kreislauf geführtes Kühlwasser über einen Nass- oder Trockenkühlturm an die Luft, bei der Luftkondensation direkt an die Luft. Bei Gegendruckturbinen wird die Abdampfenergie noch für andere Zwecke – meist zur Heizung – ausgenutzt. Bei der Anzapfturbine wird ein Teil des Dampfes nach teilweiser Entspannung ungeregelt, bei der Entnahmeturbine geregelt entnommen. Damit bestimmt der weiterfließende Dampfstrom den

B. Bender und D. Göhlich (Hrsg.), *Dubbel Taschenbuch für den Maschinenbau 3: Maschinen und Systeme*,
https://doi.org/10.1007/978-3-662-59715-6_11

Anzapfdruck, während der Entnahmedruck durch nachgeschaltete Drosselorgane, Regelstufen oder verstellbare Leitschaufeln konstantgehalten wird.

11.2 Bauarten

11.2.1 Kraftwerksturbinen

Über Jahrzehnte waren Dampfturbinen aufgrund einer hohen Leistungsdichte, sehr grosser Einheitsgrössen (bis zu 1100 MW in Kohleblöcken, 1600 MW in Kernkraftwerken), langer Lebensdauer (> 200 000 Betriebsstunden), exzellenter Verfügbarkeit und gutem thermischen Wirkungsgrad die dominierende Antriebsmaschine im Bereich der Stromerzeugung. Dabei erfolgte die Dampferzeugung grösstenteils auf Kohlebasis oder in nuklearen Reaktoren. Im Zuge der CO_2-Vermeidungsdiskussionen und der abnehmenden Aktzeptanz der Kernenergie gibt es weltweit einen signifikanten Zuwachs der Stromerzeugung mittel „Regenerativer Energien" (Abschn. 48.6). Gleichzeitig bieten immer größere Gasturbinen mit GUD Wirkungsgraden von bis zu 62 % grosstechnische Alternativen mit geringerem CO_2-Austoß. Für die Kraftwerksdampfturbine bedeutet dies vermehrt kleinere Leistungseinheiten in GUD-Prozessen, aber viel wichtiger ist der Trend zur flexiblen Betriebsweise. Die extrem niedrigen variablen Betriebskosten der regenerativen Energien sowie die hohen Schwankungen der Wind- und Solarenergieeinspeisung (Abschn. 48.6) zwingen Kohle- und Kombikraftwerke in Netzen mit einem hohen Anteil regenerativer Energien weg vom Grundlast- hin zum Lastfolgebetrieb. Die Folgen sind erhöhter Verschleiss durch höhere Temperaturgradienten bei schnellen Lastwechseln und längerer Betrieb in Teillastzuständen mit starker Drosselung in den Ventilen und ungleichmässiger Strömung durch die Turbine. Verbesserte Berechnungsverfahren und Regeleinheiten erlauben eine wirtschaftliche Optimierung der bestehenden Anlagen. Zusätzlich wird bei Neuanlagen oder größeren Umbauten die Konstruktion an diese Anforderungen angepasst.

11.2.1.1 Turbinen für konventionelle Dampfkraftwerke

Der thermische Wirkungsgrad (s. Bd. 1, Abschn. 42.3.2) lässt sich darstellen als $\eta_{th} = (Q_{zu} - Q_{ab})/Q_{zu}$, wobei Q_{zu} die der Turbine zugeführte, Q_{ab} die aus dem Kondensator abgeführte Wärme bedeutet.

Wärmezufuhr. Da sie hauptsächlich bei der Verdampfung erfolgt, ist der Frischdampfdruck und vor allem die Frischdampftemperatur für den thermischen Wirkungsgrad maßgebend. Sie sind gekoppelt über die Bedingung, dass die Dampfnässe am Ende der Expansion bei der Kondensationsturbine den Wert von etwa 15 % nicht überschreiten darf. Üblicherweise wird die spezifische Wärmezufuhr und damit der thermische Wirkungsgrad durch die einfache Zwischenüberhitzung des Dampfes erhöht. Damit ergeben sich dann im *h*-*s*-Diagramm (Abb. 11.1) die üblichen Bereiche für Frischdampftemperatur und -druck. Heute hat sich bei den Großturbinen weltweit die Frischdampf- und Zwischenüberhitzungstemperatur auf etwa 565 bis 620 °C und der Frischdampfdruck auf etwa 250 bis 300 bar eingependelt. Angesichts steigender ökologischer Anforderungen wird derzeit durch die Weiterentwicklung und den Einsatz von Nickel-Basis-Legierun-

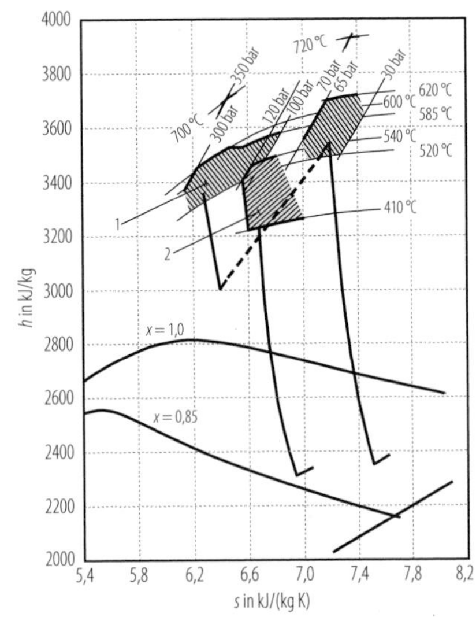

Abb. 11.1 Übliche Dampfzustände von Kondensationsturbinen mit (*1*) und ohne (*2*) Zwischenüberhitzung

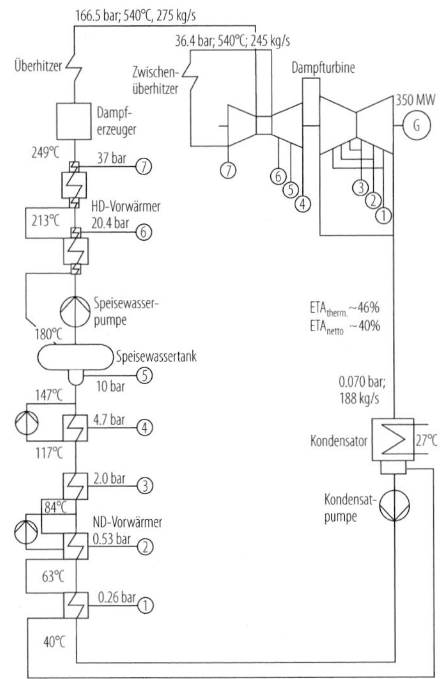

Abb. 11.2 Wärmeschaltbild einer unterkritischen 350-MW-Zwischenüberhitzungs-Dampfturbinenanlage

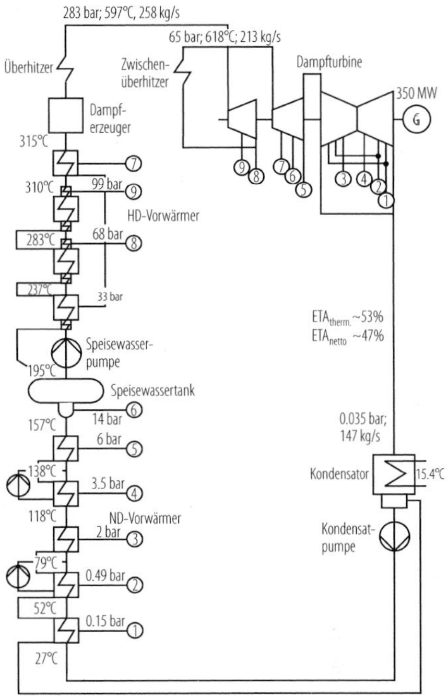

Abb. 11.3 Wärmeschaltbild einer überkritischen 350-MW-Zwischenüberhitzungs-Dampfturbinenanlage

gen der Anwendungsbereich zu erhöhten Dampfparametern von 720 °C und 350 bar ausgeweitet. Damit sind Netto-Wirkungsgrade von 50 % und kombiniert mit weiteren Kreislaufoptimierungen (z. B. Ausführung einer doppelten Zwischenüberhitzung) von mehr als 50 % realisierbar.

Wärmeabfuhr. Um diese zu verringern, wird die untere Prozesstemperatur möglichst tief, also nahe an die Umgebungstemperatur abgesenkt wie bei der Frischwasserkühlung, die aber wegen der schon bestehenden Wärmebelastung unserer Gewässer und in vielen Regionen bestehenden Wasserknappheit kaum noch zu verwirklichen ist. So bleibt nur die Wärmeabfuhr über Nass- oder Trockenkühltürme an die Luft. Die Vorwärmung des Speisewassers mit Anzapfdampf aus der Turbine verringert die Prozessabwärme ebenfalls und hebt die mittlere Temperatur der Wärmezufuhr an. Die obere Grenze dieses Verfahrens ist dadurch gegeben, dass bei einer zu hohen Speisewasser-Endtemperatur die Kessel-Abgas-Temperatur trotz Luftvorwärmung nicht mehr auf dem Tiefstwert gehalten werden kann. Das Wärmeschaltbild (Abb. 11.2) zeigt eine 350-MW-Dampfturbinenanlage mit unterkritischen Frischdampfzuständen (Druck $p < 166{,}5$ bar) am Turbineneintritt und siebenstufiger Speisewasservorwärmung, bestehend aus vier Niederdruckvorwärmern, einem Mischvorwärmer-Entgaser und zwei Hochdruckvorwärmern. Damit wird ein thermischer Wirkungsgrad von 46 % erreicht, was einem Netto-Wirkungsgrad von 40 % entspricht.

Im Vergleich dazu zeigt das nächste Wärmeschaltbild (Abb. 11.3) eine 350-MW-Dampfturbinenanlage mit überkritischen Frischdampfzuständen (Druck $p > 221{,}2$ bar) am Turbineneintritt und neunstufiger Speisewasservorwärmung. Durch die höheren Dampfzustände am Turbineneintritt, die bessere Vorwärmung und eine tiefer liegende Kühlwassertemperatur beträgt der Netto-Wirkungsgrad ca. 47 % (s. Abschn. 49.1.1).

Das Ergebnis der rechnerischen Optimierung der Variabeln des Dampfturbinenprozesses ist stark abhängig von den standortspezifischen ökonomischen und ökologischen Randbedingungen.

Unter Berücksichtigung von Stromlieferverträgen, Kraftwerksfinanzierung, Umweltauflagen, Brennstoffpreisen, Wasserverfügbarkeit und den klimatischen Verhältnissen werden Frischdampf- und Zwischenüberhitzungszustände, Anzahl, Gütegrad und Anzapfdrücke der Vorwärmer, Anzahl und Größe der Niederdruckbeschaufelungen, Größe und Ausführung des Kondensators und Kühlturms optimal aufeinander abgestimmt.

Konstruktiver Aufbau. Den vielfältigen Anforderungen werden am besten Baukastensysteme für Ein- und Mehrgehäuse-Turbinen gerecht. Bei den mehrgehäusigen Großturbinen sind die Niederdruckteile und ihre Beschaufelung genormt, bei den Hochdruck- und Mitteldruckteilen werden Wellen und Beschaufelungen lediglich angepasst. Ferner sind Konstruktionselemente wie Ventile, Schaufeln, besonders Endschaufeln, Lagergehäuse und Lager, Kupplungen, Wellendichtungen und Läufer-Dreheinrichtungen durch Herstellernormen festgelegt.

Der Aufbau der Großturbinen ist bei den verschiedenen Herstellern, bei Gleichdruck- und Überdruckturbinen weitgehend ähnlich. In der 300-MW-Klasse sind Hochdruck- und Mitteldruckbeschaufelungen einflutig, die Niederdruckteile bei Kühlturmbetrieb zweiflutig ausgeführt. Zwischen 600 und 800 MW sind die Hochdruckteile einflutig, die Mitteldruckteile ein- oder zweiflutig und die Niederdruckteile meist vierflutig ausgelegt. Da bei den kürzesten Schaufeln auch die Axialspiele und damit die Relativdehnungen zwischen Läufern und Gehäusen am kleinsten sein müssen, sitzt das Axiallager üblicherweise zwischen Hochdruck- und Mitteldruckturbine und die Zudampfstutzen liegen neben dem Axiallager. Hochdruck- und Mitteldruckgehäuse sind in Topf- oder Doppelmantelbauweise, die Niederdruckteile mit geschweißten Außengehäusen und teils gegossenen, teils geschweißten Innengehäusen ausgeführt. Das Hochdruck-Topfgehäuse einer 800-MW-Turbine in Überdruckbauweise für 50 1/s, 180 bar, 525 °C (Abb. 11.4), ein entsprechender kombinierter Hoch- und Mitteldruckteil für nukleare Kraftwerke in Gleichdruckbauart (Abb. 11.5) sowie der Hochdruck-, Mitteldruck- und ein von drei Niederdruckteilen einer der größten Einwellen-Anlagen mit 930 MW für 50 1/s, gebaut für 260 bar, 550 °C (Abb. 11.6) zeigen die konstruktive Gestaltung moderner Dampfturbinen.

11.2.1.2 Turbinen für kombinierte Gas-Dampfkraftwerke

Kombinierte Gas-Dampfkraftwerke (Abschn. 49.1.3) haben in den letzten Jahren enorm an Bedeutung gewonnen. Gründe sind: in vielen Gebieten günstiges und in ausreichenden Mengen zur Verfügung stehendes Erdgas, die durch den Brennstoff, den hohen Wirkungsgrad und fortschrittliche Verbrennungstechnologie bedingten geringen Emissionen, die Entwicklung großer Gasturbinen (s. Kap. 13) mit Leistungen bis 450 MW sowie geringe spezifische Investitionen bei Neuanlagen im Vergleich zu anderen Technologien.

Die in typischen GUD-Prozessen eingesetzten Dampfturbinen arbeiten mit Frischdampfzuständen von 100 bis 180 bar und 540 bis 600 °C je nach Abgastemperatur der Gasturbine. Im Vergleich zu Dampfkraftwerken wird zugunsten der Investitionskosten meist auf einfachere Vorwärmkonzepte zurückgegriffen und teilweise auch auf die Zwischenüberhitzung verzichtet. Statt dessen wird dem Abhitzekessel sogenannter Zweit-, manchmal auch Drittdampf auf tieferem Druck- und Temperaturniveau entnommen und der Dampfturbine zugeführt. Der 3-Druck-Prozess ist heute eher der Standard.

Neben den bisher üblichen Aufstellungskonzepten, welche ein Zusammenschalten von 2 bis 3 Gasturbinen mit einer Dampfturbine vorsahen, setzt sich die Einwellenanordnung, d. h. Gasturbine, Generator und Dampfturbine in einem Wellenstrang, immer stärker durch. Mittels einer schaltbaren Kupplung zwischen Generator und Dampfturbine ist es möglich, die Dampfturbine vom Rest des Wellenstranges ab- und anzukuppeln. Dadurch wird dem unterschiedlichen Anfahr- und Auslaufverhalten von Dampf- und Gasturbine Rechnung getragen.

Die bei Einwellenanordnungen derzeit resultierenden Dampfturbinenleistungen bis ca. 240 MW wurden mit ein- oder doppelflutigen Niederdruckteilen ausgeführt. Mit einer separa-

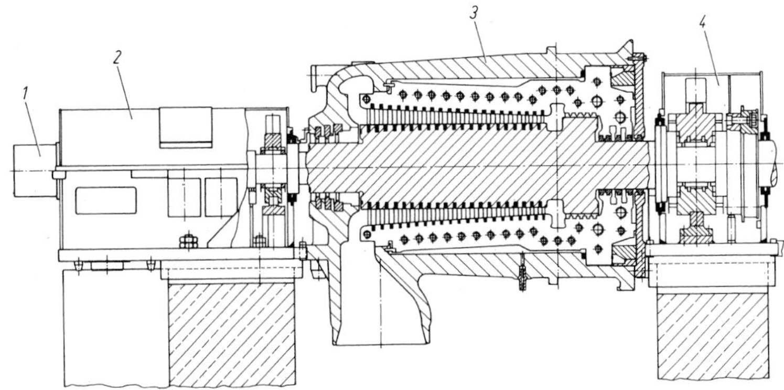

Abb. 11.4 Hochdruckteil einer 800-MW-Zwischenüberhitzungsturbine (Siemens). *1* hydraulische Dreheinrichtung, *2* Lagergehäuse, *3* Hochdruckgehäuse in Topfbauweise, *4* Lagergehäuse mit Radial-Axiallager

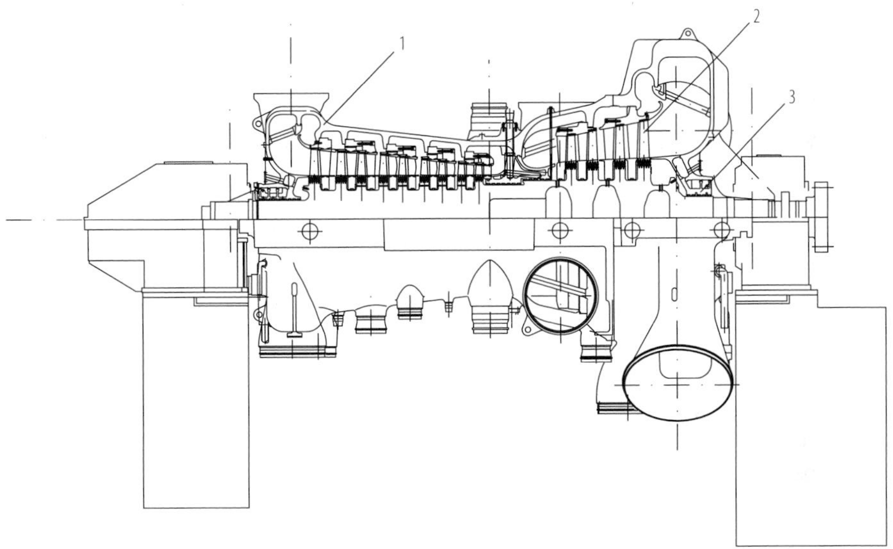

Abb. 11.5 Kombinierte Hoch- und Mitteldruckturbine in Gleichdruckbauart für den Einsatz in Kernkraftwerken (General Electric) *1* Gehäuse, *2* Laufbeschaufelung, *3* Wellendichtung

ten, einflutigen Hochdruckturbine und einer kombinierten, im Umkehrfluss ausgeführten Mitteldruck-Niederdruckturbine mit axialem Abdampf (Abb. 11.7) ergeben sich kompakte Anordnungen.

11.2.1.3 Turbinen für nukleare Kraftwerke

Der Frischdampfzustand bei Siedewasserreaktoren liegt nur bei etwa 70 bar, der Sättigungstemperatur (etwa 285 °C) und einer Dampffeuchte von etwa 0,3 %. Druckwasserreaktoren liefern um bis zu 30 K überhitzten Dampf. Die großen Volumenströme und die Dampfnässe in der Hochdruckteilturbine (Abb. 11.5) stellen besondere Anforderungen an die Konstruktion von Sattdampfturbinen. Um die Endnässe in Grenzen zu halten, wird in der Rohrleitung nach der Hochdruckturbine ein Hochgeschwindigkeitsabscheider und dahinter ein mit Frischdampf beheizter Überhitzer eingesetzt. Diese verbessern den thermischen Wirkungsgrad um 1,0 bis 1,5 %. Das optimale Druckniveau für Wasserabscheidung und Überhitzung liegt bei 8 bis 12 bar.

Abmessungen. Da die Anlagenkosten bei einem Kernkraftwerk mit zwei Dritteln in die

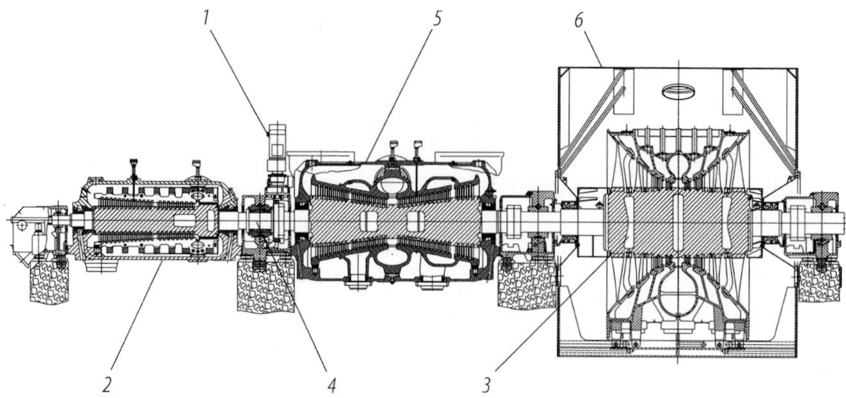

Abb. 11.6 930-MW-Zwischenüberhitzungsturbine (General Electric). *1* Läufer-Dreheinrichtung, *2* einflutige Hochdruckturbine, Innengehäuse mit Schrumpfringen, *3* geschweißte Welle, *4* Axiallager, *5* doppelflutige Mitteldruckturbine, *6* geschweißtes Niederdruckgehäuse

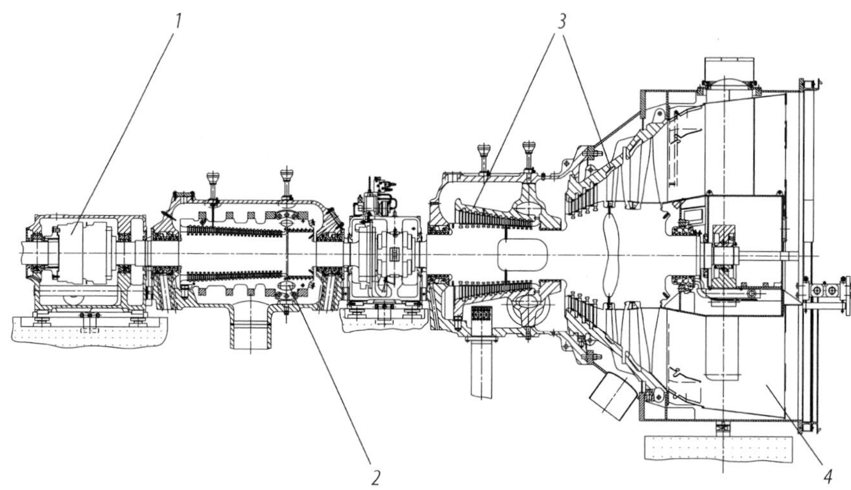

Abb. 11.7 Dampfturbine für Einwellenanordnung mit Gasturbine und Generator (General Electric). *1* Schaltbare Kupplung (SSS), *2* Hochdruckturbine mit 360° Einlassspirale, *3* kombinierte Mittel- und Niederdruckturbine, *4* axiales Abströmgehäuse

Stromentstehungskosten eingehen, sind große Einheiten notwendig. Dazu kommt wegen der niedrigen Frischdampfdaten im Vergleich zu einer konventionellen Zwischenüberhitzungsturbine gleicher Leistung ein vierfacher Volumenstrom am Eintritt und ein etwa 70 % größerer Abdampfvolumenstrom. Dies führt bei frischwassergekühlten Anlagen zu sogenannten halbtourigen Turbinen, d. h. Drehzahlen mit halber Netzfrequenz (25 oder 30 1/s). Werden nämlich bei einer gegebenen volltourigen Endstufe alle geometrischen Abmessungen verdoppelt, so bleiben Strömungsverhältnisse, mechanische Beanspruchungen und relative Lage der Schaufeleigenfrequenzen bei halber Drehzahl konstant, der Abdampfvolumenstrom aber steigt um den Faktor vier. Die Sattdampfturbinen der heute üblichen Leistungsklasse 1000 bis 1800 MW sind im Hochdruckteil zweiflutig und im Niederdruckteil, je nach Abdampfdruck, vier- oder sechsflutig ausgeführt.

Erosion und Korrosion. Hierfür und für die Abschaltsicherheit ist die Dampfnässe in der Hochdruckturbine maßgebend. Erosionskorrosion tritt im Bereich hoher Dampfdichte und hoher

Dampfgeschwindigkeit, also in der Hochdruckturbine an allen Drosselstellen, im Wasserabscheider und in den Anzapf- und Überströmleitungen an un- und niedriglegierten Werkstoffen auf. Abhilfe bringen Panzerung durch hochlegierte Schweiß- oder Spritzschichten bzw. Übergang zu hochlegierten Werkstoffen. Die Nachverdampfung des Kondensatfilms in der Beschaufelung und des Kondensats im Wasserabscheider bei einer Abschaltung erfordern zusätzliche Maßnahmen – z. B. Abfang- oder Bypassklappen vor der Niederdruckturbine – um die Sattdampfturbinen abschaltsicher zu machen, also um ein Hochlaufen in die Schnellschlussdrehzahl zu vermeiden.

11.2.1.4 Speisepumpen-Antriebsturbinen

Speisepumpen werden direkt von der Hauptturbine, von einem Elektromotor oder einer speziellen Dampfturbine angetrieben. Verwendet werden heute meist Turbinen mit eigenem Kondensator, die bei Normalbetrieb mit Dampf aus einer Anzapfung der Hauptturbine zwischen etwa 3 und 10 bar und im Niedriglast-Bereich bzw. Störfall aus der Leitung zum Zwischenüberhitzer versorgt werden. Die Leistungen der Speisepumpe und der Antriebsturbine im Anzapfbetrieb stimmen über dem Lastbereich relativ gut überein (Abb. 11.8), sodass oft ein Regelrad entbehrlich ist. Andererseits verlangen hohe Pumpendrehzahlen und kleine Gefälle meist eine zweiflutige Beschaufelung.

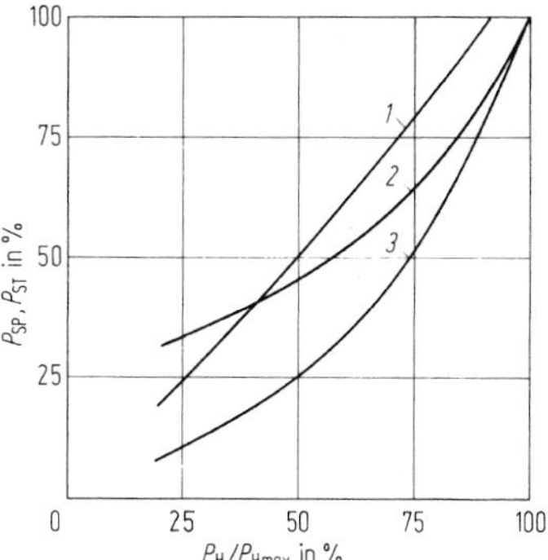

Abb. 11.8 Leistungsbedarf von Speisepumpen-Antriebsturbinen. *1* Mögliche Leistung der Speisepumpen-Antriebsturbinen im Anzapfbetrieb, *2* Speisepumpenleistung im Festdruckbetrieb, *3* Speisepumpenleistung im Gleitdruckbetrieb. Leistungen: P_{SP} Speisepumpe, P_{ST} Speisepumpenturbine, $P_H P_{Hmax}$ Hauptturbine

11.2.2 Industrieturbinen

Leistungen von einigen Hundert kW bis über 100 MW, einfache Gegendruckturbinen bis zu Doppelentnahme-Kondensationsturbinen, Drehzahlen zwischen 50 und 300 1/s bei niedrigen und hohen Dampfdaten, Antrieb von Generatoren, Pumpen, Gebläsen und Kompressoren lassen sich hier mit Baukastensystemen bedienen. Möglich war dies durch Baugruppen auch für die Gehäuse, die durch Steckmodelle und Flansche weitgehend anpassungsfähig sind, Abb. 11.9. Die Hauptabmessungen der Baugruppen sind meist nach einer Normzahlreihe abgestuft. Die Drehzahlen sind dann umgekehrt proportional zu den Bezugsdurchmessern der Beschaufelungen, z. B. den Regelraddurchmessern und stammen aus der gleichen Normzahlreihe. Dabei bleiben mit den Gefällen die Stufenzahlen, Durchfluss- und Druck-Kenngrößen (s. Abschn. 6.6.2) konstant. So ergeben sich auch bei kleinen Leistungen gute Wirkungsgrade, für den Generatorantrieb ist aber ein Getriebe erforderlich. Die bei Industrieturbinen üblichen Frischdampfdaten reichen bis etwa 150 bar und 540 °C, bei vorgeschalteten Gasturbinen sogar 565 °C, die Gegen- und Entnahmedrücke bis etwa 55 bar. Von den Radialturbinen wird nur noch die auf dem Konstruktionsprinzip von *Köhler* beruhende, von außen nach innen durchströmte Turbine (Abb. 11.10) gebaut. Sie eignet sich nur für relativ kleine Volumenströme erreicht aber hohe Wirkungsgrade dank Deckplattenbeschaufelung und verlustarmer Abströmung.

Gegendruckturbinen. Sie werden überall dort eingesetzt, wo elektrische Energie *und* Wärme gebraucht wird. Da die Kondensationswärme des Gegendruckdampfes ausgenutzt wird, ist der Gegendruck durch das geforderte Temperaturniveau, der Dampfstrom durch den benötigten Wärmestrom gegeben. Die benötigte Leistung lässt sich dann in gewissen Grenzen durch das Gefälle d. h. durch die Frischdampfdaten erreichen. Ist die benötigte Leistung größer als die im Gegendruckbetrieb erzeugbare, bietet sich der

11

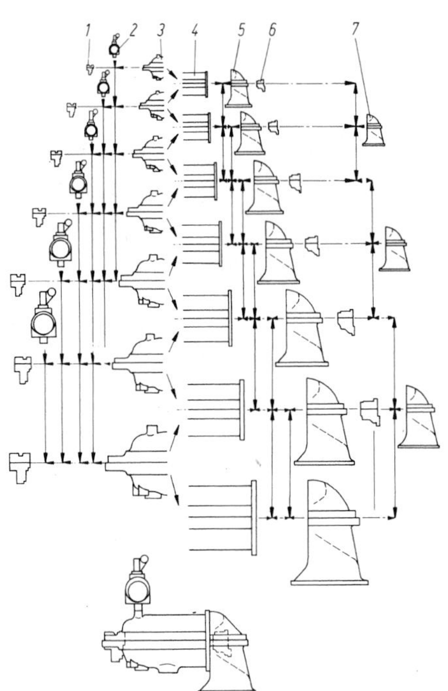

Abb. 11.9 Industrieturbinen-Baukasten. *1* Lagergehäuse Einströmseite, *2* Stellventilgehäuseblock, *3* Gehäuse-Einströmteil, *4* Gehäuse-Mittelteil, *5* Gehäuse-Abdampfteil, *6* Lagergehäuse Abdampfseite, *7* Gehäuse-Abdampfteil für hohen Gegendruck

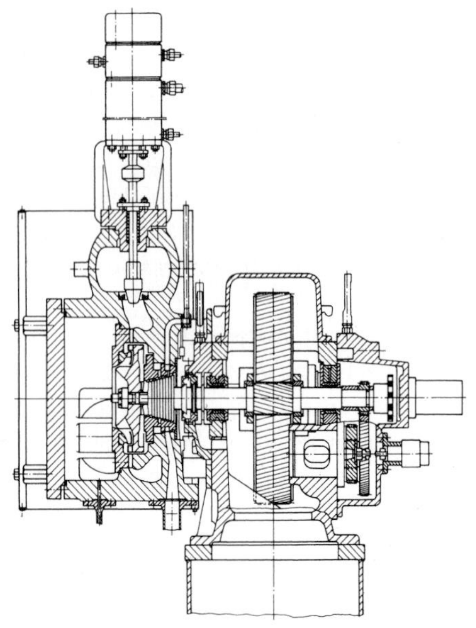

Abb. 11.10 Gegendruck-Radialturbine (Siemens). 450 °C Frischdampftemperatur, 64 bar Frischdampfdruck und 4 MW Leistung

Bezug aus dem öffentlichen Netz oder eine Entnahme-Kondensationsturbine an. Gegendruckturbinen werden im Allgemeinen auf konstanten Gegendruck, also auf benötigten Wärmestrom geregelt, die Mehr- oder Minderleistung wird vom Netz übernommen. Ist bei Netzstörungen ein Inselbetrieb erforderlich, so läuft die Turbine leistungsgeregelt, fehlenden Dampf liefert eine Reduzierstation, fehlende Leistung muss durch Abschalten nicht lebensnotwendiger Verbraucher kompensiert oder durch Zuschalten eines Notkondensators erzeugt werden. Die Gegendruckturbine in Überdruck-Bauart (Abb. 11.11) aus einer Baukastenreihe ist für Frischdampf von 140 bar, 540 °C, Gegendrücke bis 16 bar, Drehzahlen bis 270 1/s und Leistungen bis 140 MW ausgelegt.

Kondensationsturbinen. Zur reinen Stromerzeugung sind sie in der Industrie meist nicht wirtschaftlich und daher relativ selten. Ausgenommen sind Turbinen für Entwicklungsländer und die Fälle, in denen Dampf aus Abwärme erzeugt wird, wie bei bestimmten Prozessen in der Chemie, in Müllverbrennungsanlagen oder kombinierten Gas-Dampf-Anlagen (s. Abschn. 13.5.2). Meist dienen sie zum Antrieb von Gebläsen, Verdichtern und Pumpen. Mit Rücksicht auf die Endnässe liegen die Frischdampfdrücke oft unter 100 bar, maximal bei 130 bar. Auch hierfür wurden Baukastenreihen mit einem Leistungsbereich von 0,5 bis über 150 MW und Drehzahlen bis 250 1/s entwickelt.

Anzapf- und Entnahmeturbinen. Es gibt zwei Möglichkeiten, Dampf aus einer oder mehreren Zwischenstufen der Beschaufelung zu entnehmen: Bei der Anzapfung ungeregelt, wobei der Druck an der Zwischenstufe vom Dampfstrom durch die nachfolgende Beschaufelung bestimmt wird und bei der Entnahme geregelt, wobei der Druck an der Zwischenstufe durch ein nachgeschaltetes Drosselorgan konstantgehalten wird. Da, abgesehen von der Speisewasservorwärmung, vom Dampfverbraucher meist ein konstanter Druck gefordert wird, muss bei der Anzapfung im Teillastbereich auf eine oder mehrere im Druck höher gelegene Anzapfungen umge-

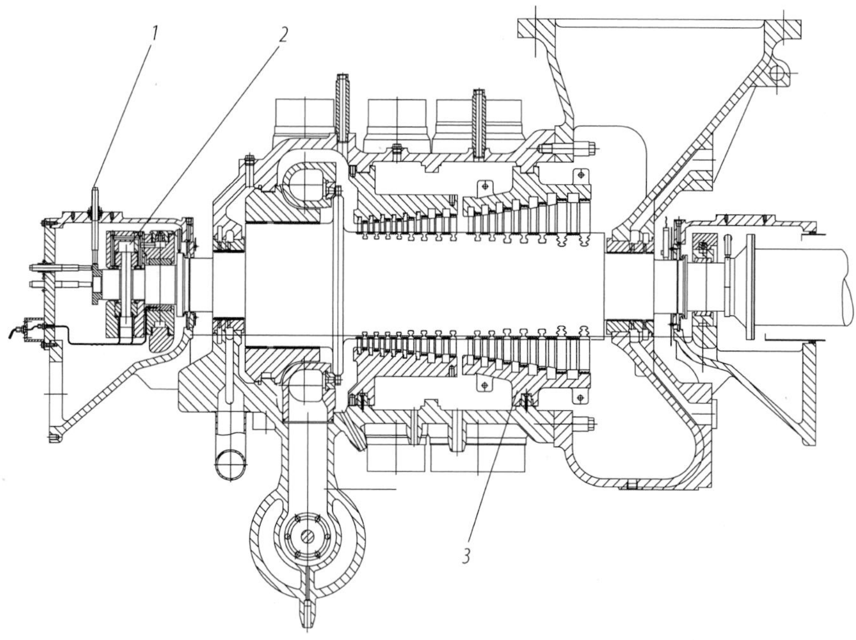

Abb. 11.11 Baukasten-Gegendruckturbine (General Electric). *1* Drehzahlwächter, *2* Axiallager, *3* Leitschaufelträger

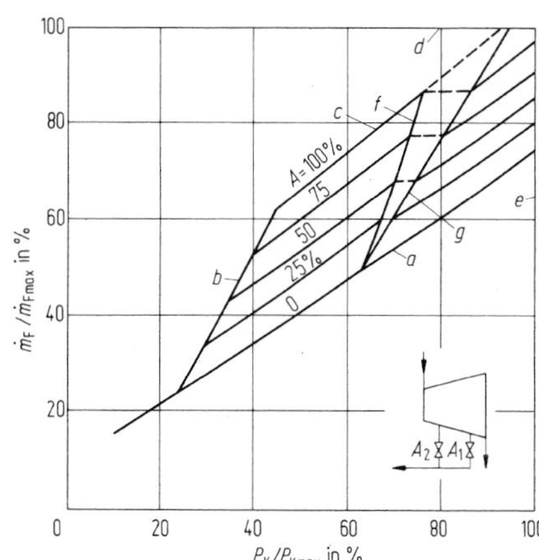

Abb. 11.12 Anzapfdiagramm

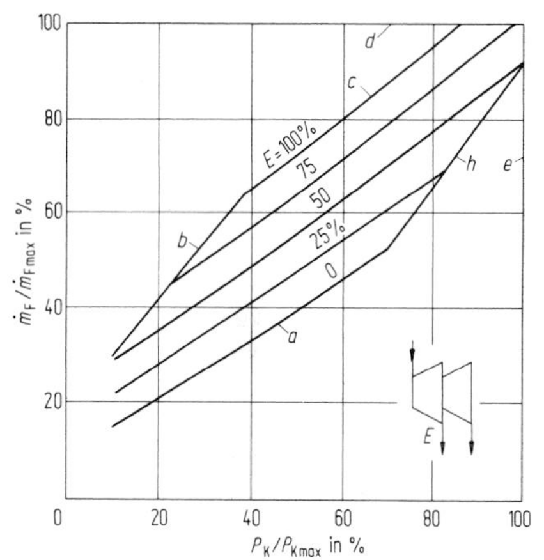

Abb. 11.13 Entnahmediagramm

schaltet werden (Wanderanzapfung). Die Anzapfung ist einfacher und billiger als die Entnahme, hat aber dort ihre Grenzen, wo der geforderte Druck bei großen Anzapfmengen, also kleinen weiterströmenden Dampfmengen nicht mehr gehalten werden kann.

Anzapfdiagramm. Es zeigt den Fahrbereich einer Anzapfturbine mit Wanderanzapfung im Dampfstrom-Leistungsdiagramm $\dot{m}_F = f(P_K)$ mit dem relativen Wert $A = \dot{m}_A/\dot{m}_{Amax}$ des Anzapfstroms $\dot{m}_A$, Abb. 11.12. Seine Grenzkurven sind: Der Betrieb ohne Anzapfung *a*, die Linie minimalen Anzapfdrucks *b* an der Anzapfung 2, die maximale Anzapfmenge *c* – begrenzt durch die Dampfgeschwindigkeit im Stutzen und die Schaufelbeanspruchung –, die maximale Frischdampfmenge *d* und die maximale Leistung *e*, begrenzt durch den Generator. In dem Zwickel zwischen den Linien *f* und *g*, den Verbindungslinien

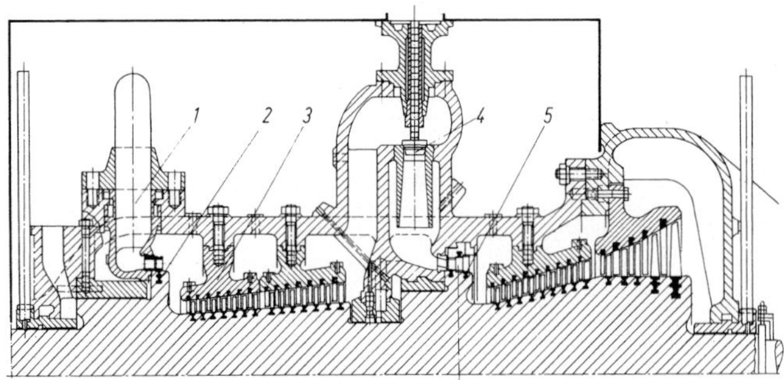

Abb. 11.14 Baukasten-Entnahme-Kondensationsturbine (MAN Turbo). *1* Hochdruck-Düsengehäuse, *2* Regelrad einkränzig, *3* Überdruckstufen mit Leitschaufelträger, *4* Überström-Stellventil, *5* Regelrad zweikränzig

der Umschaltpunkte von Anzapfung 1 auf Anzapfung 2 ist kein Betrieb möglich, da beim Umschalten bei konstanter Anzapfmenge die Leistung von f nach g oder umgekehrt springt.

Entnahmediagramm. Bei einer Entnahmeturbine (Abb. 11.13) mit dem relativen Entnahmestrom $E = \dot{m}_{\text{E}}/\dot{m}_{\text{Emax}}$ ist diese Unstetigkeit nicht vorhanden. Dafür ist hier eine weitere Grenzlinie, nämlich die der Schluckfähigkeit der Überströmventile h, zu finden. Die Entnahme-Kondensationsturbine (Abb. 11.14) gehört zu einem Bausteinsystem für einen Frischdampfzustand bis 130 bar 540 °C, Entnahmedrücke bis 45 bar und Abdampfdrücke bis 0,2 bar. Die Regelstufe im Hochdruck ist einkränzig, im Niederdruck zweikränzig ausgeführt. Die für Baukastenturbinen typischen Leitschaufelträger haben folgende Vorzüge: Etwa gleich schnelle Erwärmung von Läufer und dampfumspültem Leitschaufelträger, große zulässige Belastungs- und Temperaturänderungen, Einhaltung kleiner Schaufelspiele, schnelle Reparaturmöglichkeit im Schadensfall und die Unterbringung stark unterschiedlicher Beschaufelungen im gleichen Gehäuse.

Zweidruckturbinen. Sie entsprechen im Aufbau der Entnahmeturbine. An einer Zwischenstufe wird Dampf einer niedrigeren Druckstufe zugeführt. Bei der Entnahme-Zweidruck-Turbine wird der Dampf zugeführt oder entnommen. Eingesetzt werden Zweidruck-Turbinen dort, wo Abdampf aus einem industriellen Prozess, meist mit stark schwankender Menge angeboten wird oder ein Abhitzekessel Dampf in zwei Druckstufen liefert. Die mittlere Temperaturdifferenz bei der Wärmeübertragung im Abhitzekessel lässt sich dadurch erheblich verringern und damit der Gesamtprozess verbessern. Zwei- oder Dreidruckturbinen heißen auch die Turbinen, die das Dampfangebot eines Gefällespeichers ausnutzen. Da beim Entladevorgang der Dampfdruck stark sinkt, muss für konstante Turbinenleistung der Speicherdampf stufenweise auf die Stufen niedrigeren Drucks umgeschaltet werden.

11.2.3 Kleinturbinen

Sie werden in der Industrie und im Schiffbau als Haupt- und Hilfsantriebe vielfach verwendet. Meist sind es Einradturbinen mit ein- oder zweikränziger Gleichdruckbeschaufelung, oft mit einem Getriebe zusammengebaut. Sie sind einfach im Aufbau, robust und zuverlässig im Betrieb und unkompliziert in der Bedienung. Das ist, besonders bei nur zeitweisem Betrieb, wichtiger als bester Wirkungsgrad. Die einkränzige Getriebeturbine (Abb. 11.15) ist mit einer radialen Wellendichtung ausgerüstet. Diese Turbine kann maximal mit 4000 kW, 215 1/s, 125 bar, 530 °C und 20 bar Gegendruck betrieben werden.

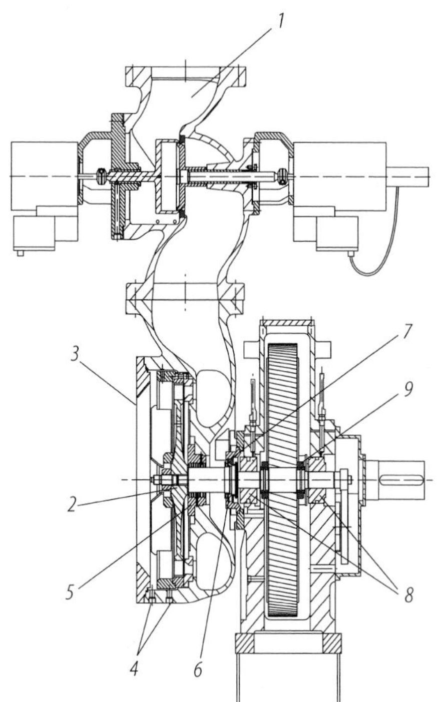

Abb. 11.15 Einrad-Getriebeturbine (Siemens). *1* Frischdampfstutzen, *2* Aktions-Rad verschraubt mit Hirth-Verzahnung, *3* Abdampfstutzen, *4* Entwässerung, *5* Wellendichtung, *6* Spritzring, *7* Ölabstreifer, *8* Radiallager, *9* Druckkamm

11.3 Konstruktionselemente

11.3.1 Gehäuse

Das Turbinengehäuse hat die Druck- und Temperaturdifferenz zwischen dem Dampf in der Beschaufelung und der Atmosphäre aufzunehmen.

Einschalige Gehäuse. Mit horizontaler Teilfuge werden sie nur bis zu einem Frischdampfzustand von etwa 140 bar und 565 °C ausgeführt. Höhere Druckdifferenzen sind wegen der Flanschabmessungen schwer zu realisieren, die mit ihren großen Massen auch die zulässigen Temperaturänderungen bei instationären Betriebszuständen begrenzen.

Doppelmantelgehäuse. Bei höheren Dampfzuständen wird deshalb die Gesamtdifferenz auf zwei Schalen aufgeteilt, wobei der Zwischendruck meist dem Abdampfdruck entspricht. Die Abdichtung des Innengehäuses übernehmen verschraubte Teilflansche oder Schrumpfringe. Letztere ergeben kleinere Außengehäuse-Abmessungen, rotationssymmetrische Innengehäuse ohne Materialanhäufungen und besseres Betriebsverhalten bei instationären Zuständen.

Topfgehäuse. Sein rohrförmiger Mantel weist die kleinsten Zusatzspannungen auf und vermeidet die Schwierigkeiten des horizontalen Teilflansches (Abb. 11.4). Die Abdichtung übernimmt hier ein stirnseitiger Deckel, der geflanscht oder mit einem selbstdichtenden Verschluss versehen sein kann. Die Vorteile des Topfgehäuses werden mit einer schlechteren Zugänglichkeit bei Revisionen und Reparaturen erkauft.

Die Dampfeinführung in das Innengehäuse verlangt wegen der Relativdehnung zwischen Innen- und Außengehäuse eine axial und radial bewegliche Dichtung mit Kolbenringen oder einem Winkelring.

11.3.2 Ventile und Klappen

Eine Dampfturbine benötigt für ihren sicheren Betrieb folgende Ventile: Auf der Frischdampfseite eine doppelte Absperrung durch Schnellschluss- und Frischdampfstellventile, nach der Zwischenüberhitzung zur Ausschaltung des Zwischenüberhitzervolumens eine doppelte Absperrung durch Abfang-Schnellschluss- und -Stellventile, für die Entnahme Überström-Stellventile und Schnellschluss-Rückschlagventile. Dazu kommen Rückschlagklappen in den Anzapfleitungen zu den Vorwärmern, um das Rückströmen von Wasser und Dampf in die Beschaufelung zu verhindern sowie Abfangklappen vor den Niederdruckteilen der Sattdampfturbinen. Alle Schnellschlussventile gehören zum Schutzkreis gegen Überdrehzahlen (s. Abschn. 11.5).

Einsitzventile. Sie werden wegen ihrer guten Dichtheit und ihres kleinen Druckverlustes am häufigsten verwendet: Unentlastete Einsitzventile wegen ihrer großen Stellkräfte nur für relativ kleine Sitzdurchmesser, sonst entlastete

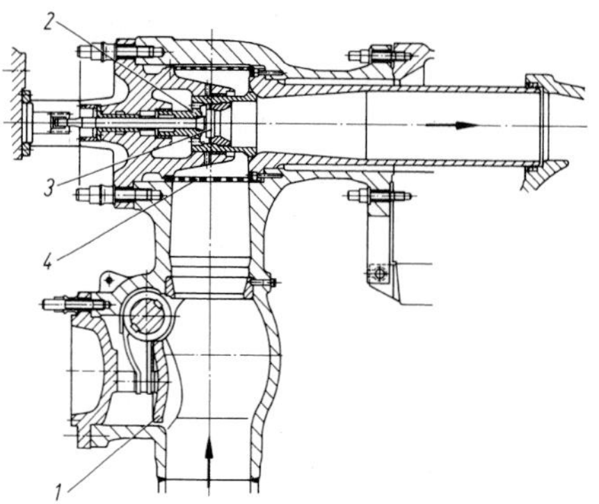

Abb. 11.16 Abfang-Schnellschlussklappe und Stellventil (General Electric). *1* Schnellschlussklappe, *2* Stellventil, *3* Entlastungsventil, *4* Dampfsieb

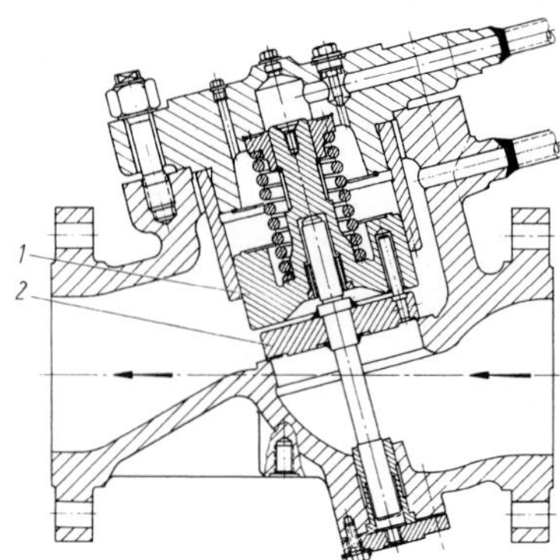

Abb. 11.18 Entnahme-Schnellschluss-Rückschlagventil (General Electric). *1* Ventilkolben, *2* Rückschlagteller

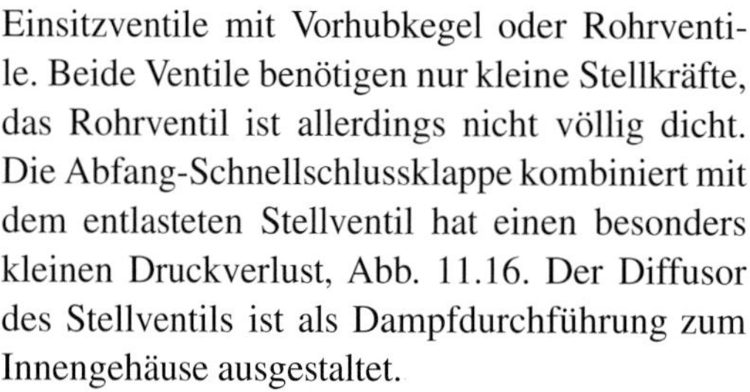

Einsitzventile mit Vorhubkegel oder Rohrventile. Beide Ventile benötigen nur kleine Stellkräfte, das Rohrventil ist allerdings nicht völlig dicht. Die Abfang-Schnellschlussklappe kombiniert mit dem entlasteten Stellventil hat einen besonders kleinen Druckverlust, Abb. 11.16. Der Diffusor des Stellventils ist als Dampfdurchführung zum Innengehäuse ausgestaltet.

Doppelsitzventile. Sie haben kleine Stellkräfte, sind aber schwer dicht zu halten und kommen meist bei Industrieturbinen vor. Der Stellventil-Düsengehäuseblock (Abb. 11.17) einer Industrieturbine hat drei Doppelsitz-Stellventile, von denen nur das erste vom Stellantrieb direkt betätigt wird, während die beiden anderen durch das jeweils vorhergehende Ventil geöffnet und durch eine Feder geschlossen werden. Wegen der kleinen Stellkräfte genügt ein Antrieb für die drei Stellventile.

Das mediumbetätigte Entnahme-Schnellschluss-Rückschlagventil (Abb. 11.18) besitzt einen frei beweglichen Rückschlagteller. Es wird durch Beaufschlagung des Kolbens mit dem Vordruck und durch Federkraft geschlossen und öffnet durch Absenken des Druckes im Kolbenraum.

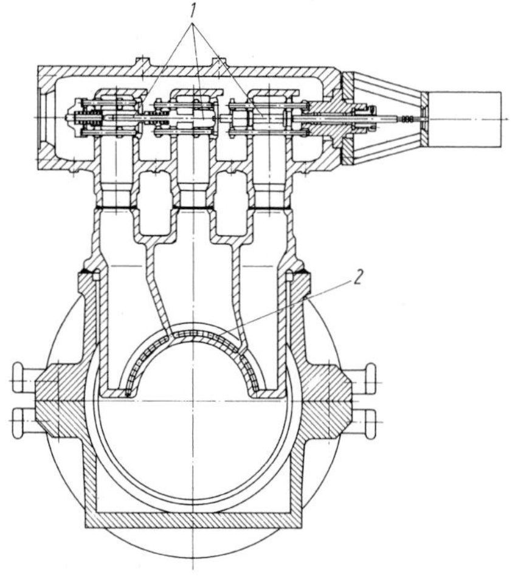

Abb. 11.17 Stellventil-Düsengehäuseblock (General Electric). *1* Stellventil, *2* Düsen

11.3.3 Beschaufelung

Sie soll die thermische Energie des Dampfes (Druck und Temperatur) möglichst verlustlos in Geschwindigkeitsenergie umwandeln und die dabei auftretenden Kräfte auf die Welle und das Gehäuse übertragen. Jedes Schaufelprofil ist infolgedessen ein Kompromiss zwischen strömungstechnischen, festigkeitsmäßigen, schwingungstechnischen und wirtschaftlichen Forderungen. Die Schaufelprofile stehen mit meist geometrisch abgestuften Sehnenlängen zur Verfügung.

Leit- und Laufschaufeln. In Hoch- und Mitteldruckteilturbinen werden fast ausnahmslos aus dem Vollen gefräste Deckplattenschaufeln verwendet, die gute Festigkeitseigenschaften mit hohen Wirkungsgraden verbinden, Abb. 11.19a und b.

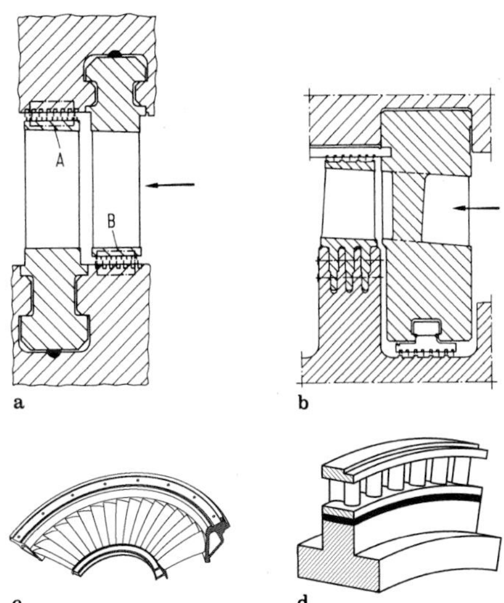

Abb. 11.19 Stufenformen. **a** Überdruckstufe mit integralen Füßen und Deckplatte und Spaltabdichtung in Noniusteilung (Siemens); **b** Gleichdruckstufe mit geschweißtem Leitrad und Laufschaufel mit Steckfuß und Deckplatte (Alstom); **c** Leitschaufel als Blechhohlschaufel ausgeführt und in einen inneren und äußeren Tragring eingeschweißt (Alstom); **d** aus dem Vollen erodierter und anschließend auf die Welle geschweißter Regelradschaufelkranz (General Electric)

Regelstufen. Ihre Laufschaufeln sind besonders hoch beansprucht, da sie teilbeaufschlagt sind und bei Teillast große Gefälle verarbeiten. Sie erhalten bei Großturbinen Steckfüße, axiale Tannenbaumfüße oder werden mit der Welle verschweißt, Abb. 11.19d.

Endschaufeln. Sie sind am höchsten beansprucht. Für ihre Auslegung gilt in vermehrtem Maße der schon erwähnte Kompromiss zwischen Aerodynamik, Schaufelfestigkeit und Schwingungsverhalten. Die Modellgesetze erlauben die Bildung von Familien mit geometrisch ähnlichen Schaufeln, wenn sich die Abmessungen umgekehrt proportional zu den Drehzahlen ändern. Der Steck- und der Tannenbaumfuß (Abb. 11.20) sind die heute allein üblichen Befestigungsarten für Endschaufeln von Großturbinen. Man unterscheidet ferner freistehende und gebundene Endschaufeln, wobei letztere im äußeren Profilbereich Bindelemente wie eingelegte Drähte und Bolzen, integrale Stützflügel oder Deckplatten aufweisen.

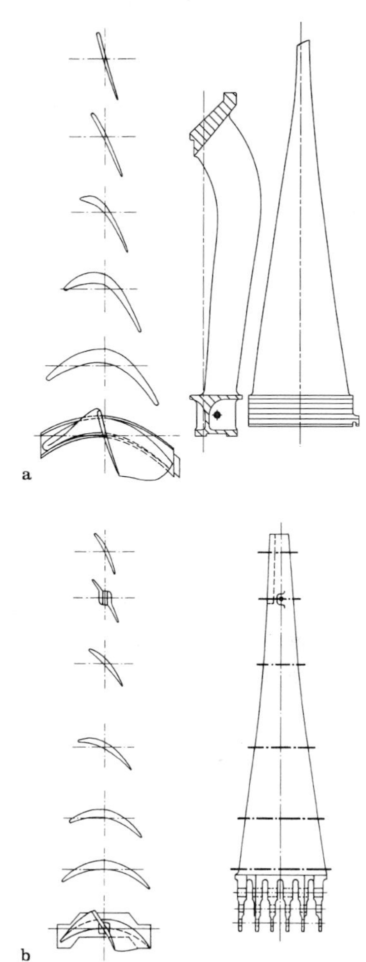

Abb. 11.20 Endschaufeln von Großturbinen. **a** Leitreihe und freistehende Laufschaufel mit gebogenem Tannenbaumfuß; **b** gebundene Laufschaufel mit Steckfuß

Der ausgeprägt dreidimensionale Charakter der Strömung im Niederdruckströmungskanal erfordert diesen Verhältnissen angepasste Schaufelgeometrien. Durch die mechanischen Einschränkungen bei der hochbelasteten Laufschaufel kommt der aerodynamischen Gestaltung der letzten Leitreihen eine besondere Bedeutung zu.

Sehr lange Endschaufeln können wegen der hohen Fliehkräfte nicht mehr aus Stahl ausgeführt werden. Endschaufeln bei Dampfturbinen mit einer Drehzahl 50 1/s werden ab einer Schaufelblattlänge von ca. 1100 mm in Titan ausgeführt.

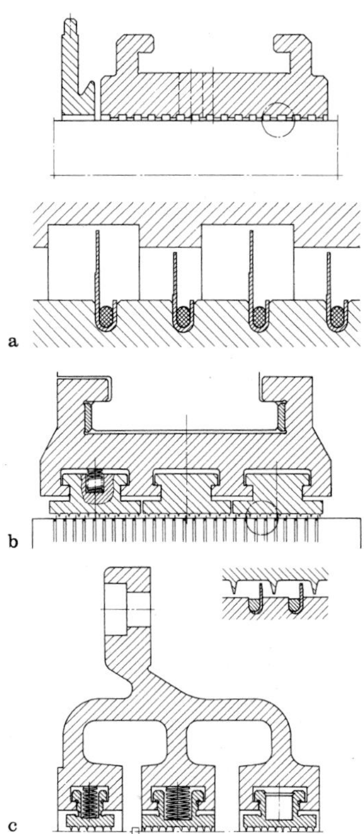

Abb. 11.21 Wellendichtungen. **a** Mit eingestemmten Dichtbändern in der Welle; **b** mit federnden Dichtsegmenten; **c** mit glatter Welle

11.3.4 Wellendichtungen

Berührungsfreie Labyrinthdichtungen (Abb. 11.21) sind heute allgemein üblich. Form Abb. 11.21c wird an Niederdruckteilen mit ihren großen Relativdehnungen zwischen Welle und Gehäuse verwendet. Alle Wellendichtungen von Großturbinen sind in einzelne Abschnitte mit dazwischenliegenden Ringkammern aufgeteilt und haben federnde Dichtsegmente. Die äußerste Kammer besitzt eine Absaugung zur Vermeidung von Dampfaustritt an der Welle, die zweite Kammer ein Sperrdampfsystem. Hier herrscht ein leichter Überdruck, um das Eindringen von Luft in die Niederdruckteile zu verhindern.

11.3.5 Läufer-Dreheinrichtung

Wenn beim Abstellen einer Turbine der Läufer zum Stillstand gekommen ist, bildet sich in dem noch heißen Gehäuse eine Temperaturschichtung aus, die zu einer Verkrümmung von Läufer und Gehäuse führt, sodass die Turbine erst wieder nach dem Erkalten angefahren werden kann. Alle größeren Turbinen haben deshalb eine Dreheinrichtung mit einer Drehzahl von 0,1 bis 2 1/s. Als Antriebsenergie stehen Strom, Drucköl oder Druckluft zur Verfügung, wobei letztere meist nur für Hilfsantriebe verwendet wird (Abb. 11.6). Zur Verringerung des Losbrechmoments und zur Vermeidung trockener Reibung in den Lagern wird bei Großturbinen unter die Lagerzapfen Hochdrucköl eingespeist, das den gesamten Läuferstrang beim Anfahren aufschwimmen lässt.

11.3.6 Lager

Radiallager. Bei den Dampfturbinen sind fast alle im Maschinenbau vertretenen Gleitlager-Typen zu finden (s. Bd. 2, Kap. 12): Taschenlager, Mehrkeillager und Kippsegmentlager. Die Lager haben oft zur Überwachung eine eingebaute Temperaturmessstelle und bei Großturbinen Anschlüsse für das Hochdrucköl zur Läuferanhebung.

Axiallager. Sie nehmen den Restschub der Beschaufelung auf und sind bei Klein- und Industrieturbinen oft starre Mehrflächenlager, sonst meist Klotzlager, deren auf Kippkanten gelagerte Klötze zum Belastungsausgleich auf Federelementen oder Ausgleichhebeln sitzen.

11.4 Anfahren und Betrieb

Anfahren. Hierbei treten an den vom Dampf umströmten Bauteilen mit größerer Wandstärke zusätzliche Beanspruchungen auf, die die Lebensdauer verringern. Sie sind vom zeitlichen Ablauf des Anfahrvorgangs und den dabei gefahrenen Dampfdruck- und Temperaturtransienten abhängig. Bei Großturbinen ermitteln numerische Regler aus Temperaturmessungen die Spannungen in den gefährdeten Bauteilen und steuern den Anfahrvorgang automatisch so, dass die Turbine schnell und schonend hochfährt und dass die kritischen Drehzahlbereiche so schnell wie möglich durchfahren werden. Im Umfeld steigender Anforderungen an die Betriebsflexibiliät werden die Kosten erhöhten Verschleiss durch schnelleres Anfahren den zusätzlichen Erlösen gegenübergestellt.

Schwingungsverhalten. Die Lage der biege- und torsionskritischen Drehzahlen der aus bis zu sieben Einzelwellen bestehenden Läuferstränge wird mit Hilfe moderner Rechenverfahren (s. Bd. 1, Abschn. 46.7) bestimmt, die auch eine Aussage über das Auftreten von Lauf-Instabilitäten erlauben. Der Läuferstrang wird mit Schwingungsaufnehmern an den Lagergehäusen und/oder an den Läufern überwacht. Fehler an diesen Teilen können so rasch erkannt und vor dem Auftreten größerer Schäden beseitigt werden.

11.5 Regelung, Sicherheits- und Schutzeinrichtungen

Regelkreis. Turbinen sind meist mit Drehzahlreglern ausgerüstet. Regelgröße ist also die Drehzahl, Stellgröße der Dampfstrom. Störgrößen sind die Belastung, aber auch der Entnahmestrom, der Gegen- und der Vordruck, Stellglieder sind die Stellventile, Abb. 11.17. Die Regelstrecken haben, vom Hochfahren abgesehen, einen Ausgleich. Die Regler wirken bei Netzbetrieb nach dem PI-, beim Inselbetrieb nach dem P-Verfahren. Sie arbeiten entweder mechanisch mit Fliehgewichten, also Pendeln oder Stabfedern, hydraulisch mit einer Ölpumpe oder elektronisch mit einem Tachogenerator als Impulsgeber. Weiterhin werden noch weitere Größen wie der Vor-, Gegen- und Entnahmedruck geregelt (s. Bd. 2, Abschn. 36.4).

Schutzkreis. Schnellschluss- und Stellventile schließen, um Schäden bei Ausfall der Regelung zu verhüten. Auslösend wirken Drehzahlwächter (bei 110 % der Nenndrehzahl), Druckwächter (zu niedriger Schmieröldruck, zu hoher Kondensatordruck, Gegendruck, Entnahmedruck), Temperaturwächter (zu hohe Kondensatortemperatur, Lagertemperatur), Niveauwächter (zu hoher Wasserstand in den Vorwärmern), Wellenlagewächter (zu große Axialschubkräfte) und Schwingungsüberwachung.

11.6 Berechnungsverfahren

11.6.1 Allgemeines

Seitdem die Wasserdampfgleichungen programmiert sind, werden selbst Kleinturbinen mit Rechenprogrammen ausgelegt. Die für die Wirkungsgradberechnung der Schaufelprofile notwendigen Einzelverlust-Rechnungen sind auch so kompliziert geworden, dass sie nur noch auf elektronischen Rechenanlagen durchgeführt werden können. Deshalb werden hier nur Überschlagsrechnungen gebracht, deren Genauigkeit aber für Projektierungsrechnungen völlig ausreicht. Für den Wärmeverbrauch der Kraftwerksturbinen wird auf das VDI-Handbuch Energietechnik, Teil 2 Wärmetechnische Arbeitsmappe, Arbeitsblätter 6.4, 6.5 und 6.6 verwiesen.

11.6.2 Auslegung von Industrieturbinen

11.6.2.1 Gegendruckturbinen

Gegeben sind i. Allg. die Kupplungsleistung P_K, der Frischdampfdruck p_F, die Frischdampftemperatur t_F, der Gegendruck p_G.

Kupplungswirkungsgrad. Aus der Dampftafel bzw. dem h, s-Diagramm folgen die Enthalpie h_F und die Entropie s_F des Frischdampfes. Durch Auftragen im h, s-Diagramm oder auch durch Interpolieren in der Dampftafel lässt sich die isentrope Enthalpiedifferenz y_s zwischen dem Frischdampfzustand und dem Gegendruck (Index G) bestimmen, Abb. 11.22. $y_s = h_F - h_{Go}$. Mit dem inneren Wirkungsgrad $\eta_i = 0{,}8$ folgt $y_i = 0{,}8 y_s$. Damit wird vorläufig die Gegendruckenthalpie $h_G = h_F - y_i$ und der Frischdampfstrom $\dot{m}_F = P_K / y_i \eta_{mech}$. Hierbei ist der mechanische Wirkungsgrad $\eta_{mech} = 0{,}98$.

11

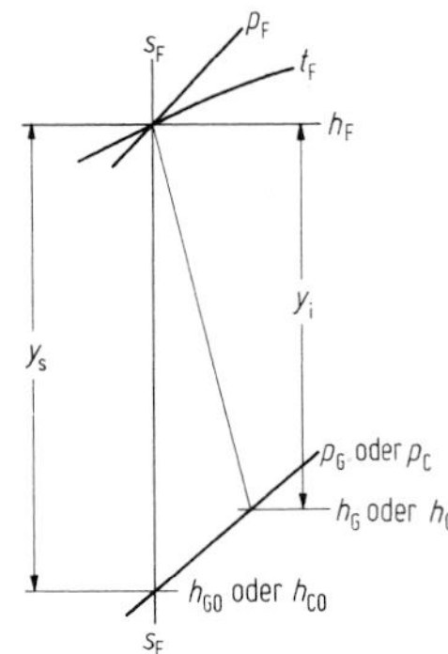

Abb. 11.22 Gefällebestimmung im h,s-Diagramm

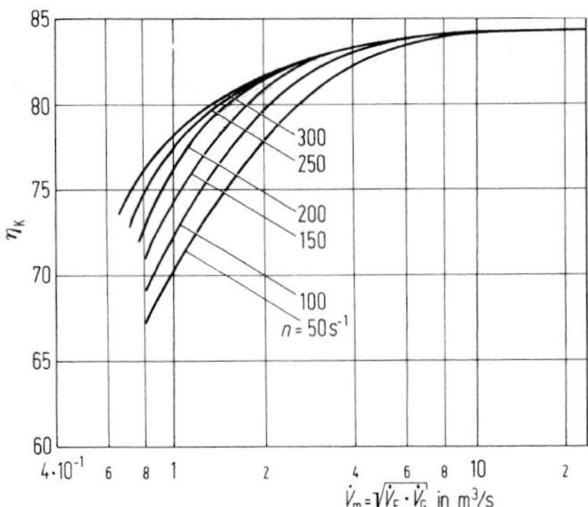

Abb. 11.23 Kupplungswirkungsgrad η_K als Funktion des mittleren Volumenstroms $\dot{V}_m$ von Gegendruckturbinen

Für den Frischdampf- und Abdampfzustand wird aus der Dampftafel das spezifische Volumen v_F und v_G abgelesen. Damit ergibt sich der Zudampf- und Abdampfvolumenstrom $\dot{V}_F = \dot{m}_F\, v_F$ und $\dot{V}_G = \dot{m}_F\, v_G$ und ihr Mittelwert $\dot{V}_m = \sqrt{\dot{V}_F \dot{V}_G}$.

Aus der Abb. 11.23 folgt damit $\eta_k = \eta_i\, \eta_{mech}$. Mit diesem Wert wird $\dot{m}_F$ und $\dot{V}_m$ verbessert. Eine weitere Iteration ergibt meist den endgültigen Wirkungsgrad. Höhere Drehzahlen bei kleinem mittlerem Volumenstrom verbessern den Wirkungsgrad, Abb. 11.23. Dabei verursacht aber das dann notwendige Getriebe einen Verlust von 2 bis 3 % und zusätzliche Kosten.

Stutzen und Ventile. Die Zudampf- und Abdampfstutzenabmessungen lassen sich aus $\dot{V}_F$ und $\dot{V}_G$ und den üblichen Dampfgeschwindigkeiten c bestimmen: 30 bis 60 m/s für Zudampf- und 50 bis 80 m/s für Gegendruckstutzen. Die Druckverluste in den Schnellschluss- und Stellventilen sollen 1 bis 2 bzw. 3 bis 4 % nicht überschreiten. Die Durchmesser ergeben sich dann mit $\Delta p = \zeta c^2 \varrho / 2$ (s. Bd. 1, Abschn. 17.2). Die ζ-Werte betragen: Schnellschlussventil 1,5 bis 2,5, Einsitzstellventil 0,4 bis 0,8, Doppelsitzstellventil 1,0 bis 2,0.

11.6.2.2 Kondensationsturbinen

Gegeben sind i. Allg. die Kupplungsleistung P_K, der Frischdampfdruck p_F, die Frischdampftemperatur t_F, der Kondensatordruck p_c oder die Kühlwassertemperatur t_{KW}. Ist nur t_{KW} bekannt, lässt sich der Kondensatordruck $p_c = f(t_s)$ mit der Sättigungstemperatur des Kondensats $t_s = t_{KW} + \Delta t$ abschätzen. Hierbei ist $\Delta t = 13\,K$ (Kühlwasseraufwärmung = 10 K, Grädigkeit des Kondensators = 3 K).

Kupplungswirkungsgrad. Zunächst wird die Enthalpiedifferenz zwischen dem Frischdampfzustand und dem Kondensatordruck $y_s = h_F - h_c$ bestimmt. Mit den Wirkungsgraden $\eta_i = 0{,}82$ und $\eta_{mech} = 0{,}99$ und mit Abb. 11.24 wird dann wie bei der Gegendruckturbine weitergerechnet. (Abdampf-Dampfnässe 15 % nicht überschreiten!)

Stutzen und Ventile. Der Zudampfstutzen und die Ventile werden wie für die Gegendruckturbinen ausgelegt. Der Abdampfstutzen sollte für eine Geschwindigkeit von 100 bis 150 m/s bemessen werden.

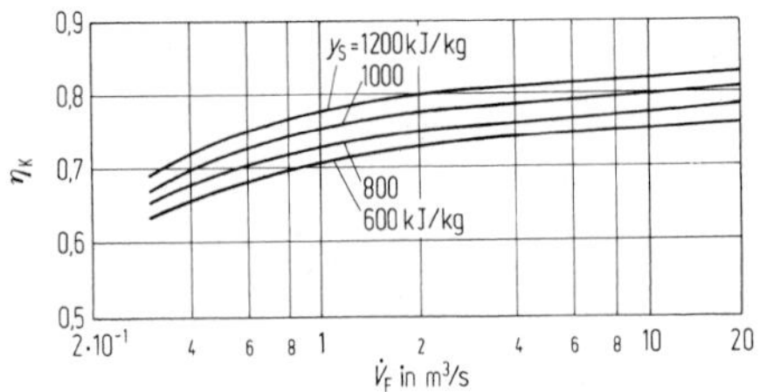

Abb. 11.24 Kupplungswirkungsgrad η_K als Funktion des Frischdampfvolumenstromes $\dot{V}_F$ von Kondensationsturbinen

11.6.2.3 Entnahmeturbinen

Der Hochdruckteil wird wie eine Gegendruckturbine, der Niederdruckteil wie eine Gegendruck- oder Kondensationsturbine berechnet.

Das Entnahmediagramm (Abb. 11.13) entsteht, wenn der Dampfverbrauch der beiden Teilturbinen über der Leistung aufgetragen wird und die Punkte gleichen Entnahmestroms miteinander verbunden werden. Beim Anzapfdiagramm (Abb. 11.12) muss dabei, da der Anzapfdruck gleitet, für jeden Punkt das Gefälle neu bestimmt werden.

Turboverdichter

12

Harald Stricker

12.1 Einteilung und Einsatzbereiche

12.1.1 Allgemeines

Turboverdichter (auch Turbokompressoren genannt) sind Strömungsarbeitsmaschinen zur Verdichtung von Gasen. Als Element der Energieübertragung auf das Gas dient das beschaufelte, kontinuierlich durchströmte Laufrad. Druck, Temperatur und Geschwindigkeit des Gases sind nach dem Verlassen des Laufrads größer als am Eintritt. Das dem rotierenden Laufrad nachgeschaltete stehende Leitteil sorgt für weitere Druck- und Temperaturerhöhung durch Verzögerung des Gases (s. Kap. 6).

Die Unterteilung in Axial- und Radialverdichter erfolgt anhand der Hauptströmungsrichtung in der Meridianebene des Laufrads, d. h. einer Ebene, die die Drehachse enthält. Diese für den Durchsatz maßgebende Meridianströmung verläuft bei Axialverdichtern während der Energieübertragung im Wesentlichen axial, bei Radialverdichtern im Wesentlichen radial von innen nach außen. Gelegentlich trifft man auch Mischbauarten an (sog. Diagonalverdichter). Eine andere Unterteilung in Verdichter und Ventilatoren basiert auf der Höhe der spezifischen Verdichtungsarbeit. Beim Ventilator bleibt sie vergleichsweise gering, so dass keine nennenswerten Dichte- und Temperaturänderungen auftreten. Der Übergang zum Verdichter ist jedoch fließend.

H. Stricker (✉)
MAN Diesel & Turbo SE
Berlin, Deutschland
E-Mail: harald.stricker@man.eu

12.1.2 Ventilatoren

Die Auslegungsberechnung wird mit den Formeln für inkompressible Medien durchgeführt. Die niedrige Umfangsgeschwindigkeit des Laufrads und der Betrieb meist auf niedrigem Druckniveau führen im Vergleich zum aufwändigen Turboverdichter zu einfachen, leichten, dünnwandigen Blechkonstruktionen. Der ungefähre Einsatzbereich von Ventilatoren ist aus Abb. 12.1 ersichtlich. Einsatzbereiche: Gruben- und Tunnelbelüftung, Kesselluftversorgung, Klima-, Chemie-, Verbrennungs-, Entstaubungsanlagen, Zement-, Papier-, Glasindustrie, Abwasseraufbereitung u. a. Außer für Luft auch für erosive, korrosive, explosive, toxische und staubhaltige Gase.

12.1.3 Axialverdichter

Kennzeichen des Axialverdichters sind große Volumenströme bei moderaten Druckverhältnissen (s. Abb. 12.1) und vergleichsweise hohen Wirkungsgraden. Die statische Druckerhöhung im Laufrad erfolgt ausschließlich durch Strömungsumlenkung und die damit verbundene Verzögerung der Relativströmung, weil durch die Abwesenheit einer wesentlichen Radialströmung die Arbeit des Fliehkraftfelds entfällt. Somit bleibt die polytrope Arbeit je Stufe verhältnismäßig ge-

B. Bender und D. Göhlich (Hrsg.), *Dubbel Taschenbuch für den Maschinenbau 3: Maschinen und Systeme*,
https://doi.org/10.1007/978-3-662-59715-6_12

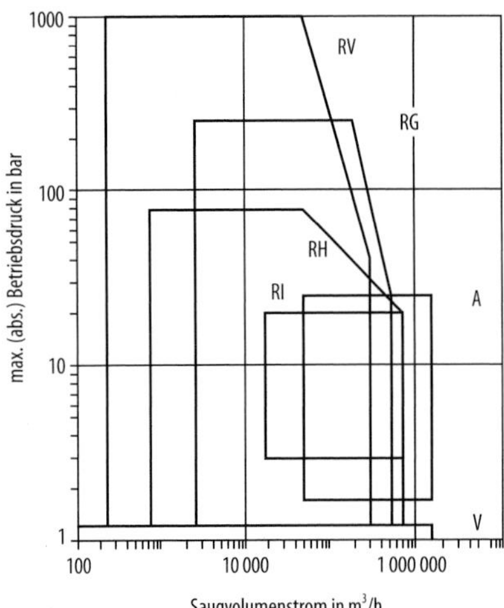

Abb. 12.1 Arbeitsbereiche Verdichter und Ventilatoren. *RV* Radialverdichter, vertikale Teilfuge, Radialverdichter, horizontale Teilfuge, *RI* Radialverdichter, horizontale Teilfuge, integrierte Kühler, *RG* Radialverdichter, integriertes Getriebe, *A* Axialverdichter, *V* Ventilatoren. Je nach Hersteller variieren die Grenzen erheblich

ring, wodurch der Axialverdichter für das gleiche Druckverhältnis wesentlich mehr Stufen benötigt als der Radialverdichter, während bei gleicher Baugröße größere Volumenströme gefördert werden können. Höhere Gehäusedruckverhältnisse lassen sich durch den Einsatz einer radialen Endstufe erzielen.

Abb. 12.2 zeigt einen Axialverdichter als Industriemaschine zur Verdichtung von Erdgas in einer Erdgasverflüssigungsanlage (LNG). Der breite Betriebsbereich des Verdichters wird durch synchron verstellbare Vorleitgitter in allen 16 Stufen erzielt. Der Zwischenstutzen dient der Entlastung des Verdichters während des Anfahrens mit Stickstoff.

Einsatzbereiche: Hochofenwinderzeugung, Luftzerlegungsanlagen und in chemischen und petrochemischen Prozessen zur Verdichtung von Luft und Gasen.

12.1.4 Radialverdichter

Der radiale Prozessverdichter in Einwellenbauweise ist im Öl- und Gasfeldbetrieb, in der Erdgasverarbeitung, in der Ölraffinerie- und petrochemischen Verfahrenstechnik und in der chemischen Industrie weit verbreitet [1], beispielsweise

- zur Erhöhung des Gasdruckes auf ein für die Verarbeitung erforderliches Druckniveau,
- zur Überwindung von Systemwiderständen bzw. Druckverlusten, die bei der Förderung von Gasen durch Rohrleitungen, Wärmetauschern, Reaktoren u. a. m. auftreten (Anlagencharakteristik, s. Abschn. 6.7.2),
- als Teil von Industriekälteanlagen zum Absaugen des Kältemittels aus dem Verdampfer und Erhöhen des Druckes auf den Betriebsdruck des Kondensators, u. a. m.

Das leichteste, von Prozess-Radialverdichtern geförderte Medium ist das in der Benzinherstellung benötigte H_2-Reichgas mit einer molaren Masse von $M \approx 4\,\mathrm{g\ mol^{-1}}$ und Drücken bis ca. 200 bar, das schwerste ist der in der Kältetechnik verwendete Fluorkohlenwasserstoff R134a mit $M \approx 102$. Im unteren Feld liegen NH_3-Synthesegas ($M = 8{,}5$; $p_{\mathrm{max}} = 200\,\mathrm{bar}$), Methanolsynthesegas ($M = 11{,}3$; $p_{\mathrm{max}} = 85\,\mathrm{bar}$) und NH_3 ($M = 17$; Saugtemperatur $t_{\mathrm{s\,min}} = -35\,°\mathrm{C}$). Im Mittelfeld findet sich Erdgas, gemischt mit anderen Normal-Paraffinen ($M = 18$–26) in Gaslifting-Anlagen bis 220 bar und Reinjections-Anlagen bis 800 bar. Atmosphärische Luft ($M = 28{,}8$) wird bis maximal 50 bar in Ammoniak-, Terephthal- und Essigsäure-Anlagen verdichtet, in Luftzerlegungsanlagen bis 120 bar. Ethylen-Anlagen erfordern einen Rohgasverdichter ($M = 28$; $p = 30\,\mathrm{bar}$), einen Ethylen- ($M = 28$; $t_{\mathrm{s}} = -101\,°\mathrm{C}$) und einen Propylen-Verdichter ($M = 42$; $t_{\mathrm{s}} = -43\,°\mathrm{C}$). Im Bereich schwerer Gase liegt auch die CO_2-Verdichtung in Harnstoff-Anlagen ($M \approx 44$; $p_{\mathrm{max}} = 200\,\mathrm{bar}$), in Speicheranlagen (Carbon Capture and Storage, CCS) bis 250 bar mit Getriebeverdichtern, bis 550 bar mit Einwellen-Topfverdichtern. Chlorgas ($M = 71$) wird bis zu ca. 13 bar verdichtet.

Die Stufenzahlen der Prozess-Radialverdichter in Einwellenbauweise reichen von 1 bis 26 in bis zu drei hintereinander geschalteten, bis zu fünfmal zwischengekühlten Gehäusen. Maximale Stufenzahl je Gehäuse: ca. zehn; maxi-

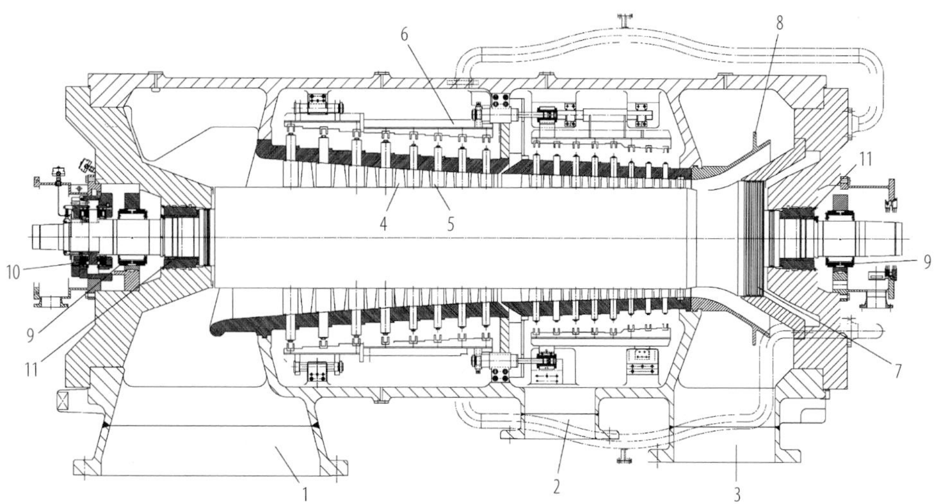

Abb. 12.2 Axialverdichter (MAN Diesel & Turbo SE) mit Leitschaufelregelung für eine Anlage zur Erdgasverflüssigung (LNG), Leistung 57 MW. *1* Saugstutzen, *2* Zwischenstutzen, *3* Druckstutzen, *4* Laufschaufel, *5* Leitschaufel, *6* Leitschaufel-Verstellmechanismus, *7* Ausgleichskolben, *8* Diffusor, *9* Radiallager, *10* Axiallager, *11* Trockengasdichtung

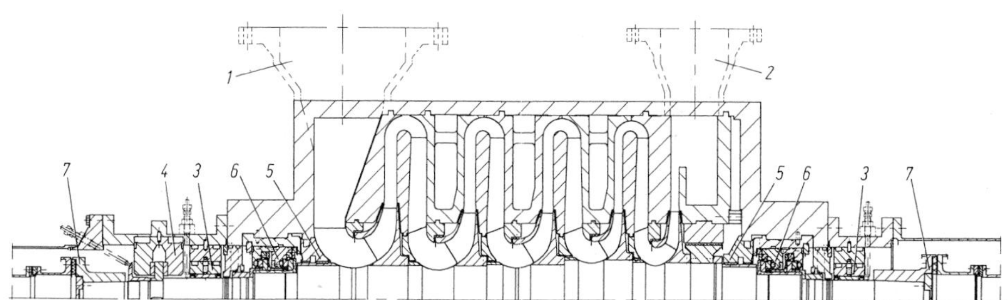

Abb. 12.3 Radialer Einwellenverdichter (MAN Diesel & Turbo SE) mit horizontal geteiltem Schweiß-Gehäuse. *1, 2* Saug-, Druckstutzen, *3, 4* Radial-, Axiallager, *5* Labyrinthdichtung, *6* gasgeschmierte Gleitringdichtung, *7* Kupplung

male Zwischenkühlungen je Gehäuse: drei, d. h. maximal vier Stufengruppen und maximal acht Stutzen je Gehäuse. Antrieb durch Elektromotore, Dampf- und Gasturbinen; Einwellenverdichter-Drehzahlen bis ca. 20 000 min^{-1}; Getriebeverdichter-Ritzeldrehzahlen bis ca. 50 000 min^{-1}; Leistungen bis ca. 50 MW, in seltenen Fällen auch darüber.

Das Gas strömt während der Energieübertragung im Laufrad im Wesentlichen radial von innen nach außen und unterliegt der Änderung des Zentrifugalfelds. Damit wird die statische Enthalpie um den Summanden $(u_2^2 - u_1^2)/2$ erhöht, wodurch die erzielbaren Druckverhältnisse wesentlich höher als beim Axialverdichter werden. Die radiale Strömungsrichtung im Laufrad erfordert wiederum radial angeordnete Diffusoren, die den Außendurchmesser des Gehäuses auf etwa das Doppelte des Laufraddurchmessers erhöhen.

Die außen angeordneten Leitteile mit vielen Umlenkungen und vergleichsweise langen Strömungswegen erklären die gegenüber dem Axialverdichter niedrigeren Wirkungsgrade und setzen dem Radialverdichter durch Anwachsen des Außendurchmessers und der Masse Volumenstromgrenzen, s. Abb. 12.1. Einen fünfstufigen Radialverdichter mit hintereinander geschalteten Laufrädern zeigt Abb. 12.3.

Abb. 12.4 zeigt, als Sonderbauform, einen „Isothermverdichter" mit horizontaler Gehäuseteilfuge, mit im Gehäuse integrierten Kühlerbündeln zur Verdichtung von Luft. Die Einsatzbe-

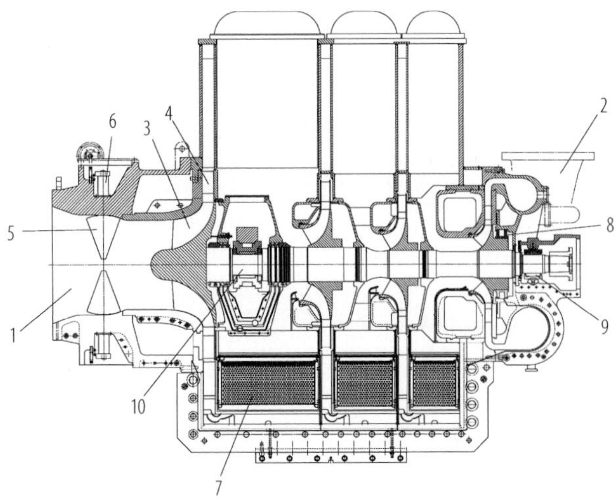

Abb. 12.4 Radialer Einwellenverdichter (MAN Diesel & Turbo SE) mit horizontaler Gehäuseteilfuge und integrierten Zwischenkühlern (Isothermverdichter) als Haupt-Luftverdichter für eine Luftzerlegungsanlage. *1* Saugstutzen, *2* Druckstutzen, *3* Laufrad (1. Stufe offen, fliegend gelagert), *4* Radialdiffusor, *5* Leitschaufel, *6* Leitschaufel-Verstellmechanismus, *7* Zwischenkühler, *8* Ausgleichskolben, *9* Radiallager, *10* Kombiniertes Axial-Radiallager

reiche von Getriebeverdichtern (Radialverdichter mit integriertem Getriebe, Abb. 12.11) sind die Verdichtung von: Luft und luftähnlichen Gasen (z. B. N_2, CO) in der Luftzerlegungs- und Grundstoffindustrie; Prozessbrüden (Dampf) in der Zuckerindustrie, Destillationsprozessen u. a.; Erdgas in der Brenngasversorgung von Gasturbinenanlagen. Auf Grund der vielfältigen Vorteile des Getriebeverdichters, die sich in vergleichsweise geringen Investitions- und Betriebskosten niederschlagen (s. Abschn. 12.3.2), kommt er zunehmend in den klassischen Anwendungsfeldern des einwelligen radialen Prozessverdichters zum Einsatz, beispielsweise in Kälteanlagen, Synthesegasanwendungen und Hochdruck-CO_2-Anwendungen wie Harnstoffsynthese und CCS.

12.2 Radiale Laufradbauarten

12.2.1 Allgemeine Anforderungen

Die aero-thermodynamischen und strukturmechanischen Möglichkeiten und Grenzen dieses schnelllaufenden und daher hoch beanspruchten Bauteils bestimmen das Einsatzpotenzial des Verdichters. Die Auslegung des Laufrads, d. h. die Festlegung der Geometrie und der Drehzahl wird durch mehrere Disziplinen bestimmt: Aero-Thermodynamik muss Volumenstrom, polytrope Arbeit, Wirkungsgrad und Betriebsbereich sicherstellen; Festigkeitsberechnung muss statische und dynamische Integrität nachweisen; Werkstofftechnik muss geeignetes Material festlegen (z. B. Korrosions-, Erosions- und Temperaturbeständigkeit); Rotordynamik muss Laufruhe und Fertigungstechnik soll wirtschaftliche Herstellung gewährleisten. Man unterscheidet geschlossene und offene Laufräder, sowie 2D- und 3D-Laufräder, Abb. 12.5.

12.2.2 Das geschlossene 2D-Laufrad

Das traditionelle Laufrad des radialen Industrieverdichters besitzt eine Deckscheibe und hat rückwärts gekrümmte Schaufeln, die über die ganze Schaufeltiefe dieselbe Krümmung aufweisen (Kurzbezeichnung: 2D).

Je höher das Druckverhältnis je Gehäuse, desto stärker nehmen beim Einwellenverdichter die Volumenstromzahlen von Stufe zu Stufe ab. Das führt zu 2D-Laufrädern mit φ-Werten bis unter 0,01 mit erheblich abgesenkten Stufenwirkungsgraden. Dadurch werden jedoch kleine Volumenströme, hohe Druckverhältnisse, niedrige Drehzahlen und große Stufenzahlen je Gehäuse erst möglich gemacht. Je nach Hersteller werden

Laufradbauart	2D (geschlossen)	3D (geschlossen)	3D offen
Deckscheibe	ja	ja	nein
Schaufeleintritt	radial	diagonal	axial
Schaufelaustrittswinkel °	ca. 40 - 45	ca. 45 - 55	ca. 50 - 60 (90)
Volumenstromzahl	ca. 0,005 - 0,05	ca. 0,05 -0,15	ca. 0,03 - 0,18

Abb. 12.5 Bauarten radialer Laufräder und typische Kennwerte. Schaufelaustrittswinkel gemessen von Tangente. Volumenstromzahl $\varphi = \frac{\dot{V}}{\frac{\pi}{4} d_2^2 u_2}$

mit geschlossenen 2D-Laufrädern Radialstufen mit spezifischen Drehzahlen (Abschn. 6.6.3) von ca. 0,08 bis 0,25 verwirklicht.

12.2.3 Das geschlossene 3D-Laufrad

Eine Erhöhung des Volumenstroms bei gleichem Raddurchmesser führt zu breiteren Schaufelkanälen und größeren φ-Werten. Zur Erzielung hoher Wirkungsgrade muss die Schaufeleintrittskante an die unterschiedlichen Strömungswinkel an Deck- und Nabenscheibe angepasst und die Schaufellänge vergrößert werden. Diese Forderungen führen zu räumlich verwundenen Schaufeln mit vorgezogenen Eintrittskanten, mit unterschiedlichen Krümmungen über die Schaufelbreite (Kurzbezeichnung: 3D), zu kleineren Nabenverhältnissen und vergrößerter axialer Baulänge (s. Abb. 12.10). Geschlossene 3D-Räder sind gekennzeichnet durch hohen Wirkungsgrad bei verringertem Außendurchmesser, weiten Betriebsbereich, hohe Drehzahl und eine reduzierte maximale Stufenzahl je Einwellenverdichtergehäuse. Spezifische Drehzahlen ca. 0,25 bis 0,5, je nach Hersteller.

12.2.4 Das offene 3D-Laufrad

Eine höhere Umfangsgeschwindigkeit ist Voraussetzung für eine weitere Steigerung des Volumenstroms und der polytropen Arbeit. Dazu sind erforderlich: Weglassen der Deckscheibe, Gestaltoptimierung der Nabenscheibe, weiteres Vorziehen der Schaufeln in den Einlauf (daraus wird dann der axiale sog. „Vorsatzläufer", „Inducer"), Aufdrehen des Schaufelaustrittswinkels, konische Schaufeln mit schwingungsmindernder Dickenverteilung. Die offenen Räder operieren mit engem Spalt zwischen Gehäuse und Schaufelspitzen und haben räumlich verwundene Schaufeln. Spezifische Drehzahlen herstellerabhängig ca. 0,15–0,5.

Gelegentlich wird nur ein Teil der Laufradschaufeln bis in den Saugmund vorgezogen und die dazwischen liegenden Schaufeln kürzer ausgeführt (sog. „splitter blades"), um lokal das Niveau der Strömungsgeschwindigkeiten zu senken.

12.2.5 Laufradverwendung

Einwellenverdichter werden fast ausschließlich mit geschlossenen 2D- und 3D-Laufrädern bestückt. Bei axialer Ansaugung kann die erste Stufe vorteilhaft auch als offenes Rad ausgeführt werden, s. Abb. 12.4.

Offene Laufräder sind prädestiniert für den Einsatz als fliegend gelagerte Räder mit axialer Ansaugung, also in ein- und vielstufigen Getriebeverdichtern, weil die Vorteile hoher Umfangsgeschwindigkeiten durch die Rotordynamik der kurzen Ritzelwellen nicht behindert und die Laufradspalte gut beherrscht werden. In vielen Anwendungsfällen werden Getriebeverdichter auch mit geschlossenen 3D- und bei hohen Enddrücken deren letzte Stufen auch mit 2D-Rädern ausgerüstet.

12.2.6 Laufradherstellung

Industrieller Standard ist das Fräsen aus dem vollen Schmiedematerial der Nabenscheibe. Für geschlossene Laufräder wird die Deckscheibe entweder getrennt gefertigt und durch Schweißen oder Vakuum-Hochtemperatur-Löten angefügt, oder sie wird gemeinsam mit Schaufeln und Nabenscheibe aus einem Schmiedestück gefräst (Integralfräsen). Je nach Herstellerfirma, Anforderungen der Betreiber, Laufradgröße etc. kommen in Frage:

Fräsen der Schaufeln. Aus dem vollen Schmiedematerial der Nabenscheibe nach dem NC-Verfahren heraus gefräste Schaufelkanäle. 2D-Räder erfordern 3 Achsen; Räder mit räumlich verwundenen Schaufeln erfordern 5 Achsen (drei translatorische, zwei rotatorische Bewegungen relativ zwischen Werkzeug und Werkstück). Da die Schaufeloberflächen oft aus erzeugenden Geraden, die keine Nachteile für die Aerodynamik darstellen, bestehen (s. Abb. 12.5, Linienraster), ist kostengünstiges Flankenfräsen entlang dieser Geraden möglich, wobei der Fräser über die gesamte Schaufelhöhe im Eingriff ist. Sogenanntes point milling mit kugelförmigen Fräsern ermöglicht eine punktweise Beschreibung der Schaufeloberfläche, die dem Aerodynamiker größere Freiheiten bei der Auslegung lässt.

Je nach Gestaltung des Strömungskanals kann es vorteilhaft sein, die Schaufeln aus dem vollen Schmiedematerial der Deckscheibe zu fräsen und anschließend die Nabenscheibe anzufügen, die folgenden Beschreibungen gelten dann sinngemäß.

Schweißen der Deckscheibe. Aufschweißen der Deckscheibe durch Einführen der Elektrode in den Strömungskanal vom Innen- oder Außendurchmesser her. Kostengünstiger Einsatz von Schweißrobotern ist möglich. Verfahren begrenzt durch die Zugänglichkeit der Schweißnaht im Strömungskanal bei Austrittsbreiten unterhalb ca. 20 mm, darunter anderes Fügeverfahren oder integrale Herstellung.

Vakuum-Hochtemperatur-Löten der Deckscheibe. Lötung für Laufraddurchmesser derzeit bis ca. 1000 mm. Für größere Durchmesser wird während der Aufheizung die absolute Verformung so groß, dass die Lötspaltweite die zulässigen Grenzen über- oder unterschreiten kann und eine einwandfreie Bindung entlang der ganzen Schaufellänge nicht gewährleistet ist. Als Lot wird meist eine Gold-Nickel-Legierung gewählt.

Integralfräsen geschlossener Laufräder. Die Schaufelkanäle werden vom Innen- und Außendurchmesser her aus dem vollen Schmiedematerial gebohrt und gefräst, das anschließende Fügen der Deckscheibe entfällt. Anwendbar auf 2D- und 3D-Räder, deren Strömungskanäle sich von innen und außen her vollständig mit dem Fräswerkzeug (Kugelfräser) bearbeiten lassen.

Elektroerodierte Laufräder. Basiert auf Werkstoffabtrag durch Funkenentladung in einer dielektrischen Flüssigkeit zwischen dem Werkstück und dem Werkzeug, das die Form eines Laufradkanals hat. Das auf einfache Schaufelformen beschränkte Verfahren findet vorteilhaft bei sehr kleinen Strömungskanalbreiten Anwendung, wenn eine gelötete Deckscheibe aufgrund der Zusammensetzung des geförderten Gases unzulässigen Korrosionsangriffen ausgesetzt wäre.

Separate Schaufelfertigung. Schaufeln können auch separat durch Gesenkschmieden, Freiverformung oder Gießen hergestellt und mit Deck- und Nabenscheibe verschweißt werden; meist für Laufraddurchmesser über ca. 1300 mm.

Gegossene Laufräder. Die durch Einschlüsse verringerte Integrität des Gussstücks reduziert die maximale Umfangsgeschwindigkeit, Modellkosten erzwingen viele Abgüsse ohne geometrische Variation. Sandguss für Laufräder über ca. 400 mm Durchmesser, Wachsausschmelzverfahren für kleinere Laufraddurchmesser und größere Stückzahlen.

Modellerstellung durch 3D-Stereolithografie-Verfahren (Rapid Prototyping) möglich, meist zur Entwurfsverifikation oder als erster Prototyp. Ein von den CAD-Daten des Werkstücks gesteuerter UV-Laserstrahl „baut" das positive Laufradmodell in einem Kunstharz durch sukzessives Aushärten dünner, horizontal übereinanderliegender Schichten auf.

Genietete Laufräder. Deckscheibe aufgenietet. Nur für 2D-Schaufeln geeignet, größere erforderliche Schaufeldicke senkt den Wirkungsgrad, Nietfestigkeit reduziert maximale Umfangsgeschwindigkeit. Veraltete Fügetechnik, für Industrieverdichter heute praktisch bedeutungslos.

Weitere Herstellverfahren wie z. B. das Schlitzschweißen (Deckscheibe wird mit den Schaufeln von außen durch gefräste Schlitze verschweißt), Sintern und Hippen (hotisostatic pressing) von Laufrädern stellen für die industrielle Praxis Ausnahmen dar.

12.2.7 Laufradfestigkeit und Strukturdynamik

Spannungen, Dehnungen, Eigenformen und -frequenzen werden nach der Finite-Elemente-Methode (FEM) berechnet (s. Bd. 1, Kap. 26). Infolge der Fliehkraftbeanspruchung verformen sich die Laufräder im Betrieb durch axiale Verkürzung und Aufweitung sämtlicher Durchmesser. Durch eine Schleuderprobe (impeller overspeed test, [2]) ist nachzuweisen, dass diese Verformungen im elastischen Bereich liegen. Absicherung gegen Schwingbrüche erfolgt durch Berechnung der Eigenfrequenzen und Vergleich mit möglichen Anregungen. Zur Erfassung höherer Eigenformen ist die Modellierung des ganzen Laufrades erforderlich.

Abb. 12.6 zeigt exemplarisch für ein Segment eines offenen Getriebeverdichter-Laufrades die für den Betriebsfall berechneten Vergleichsspannungen. Die höchsten Beanspruchungen treten am hinteren Ende der Nabenbohrung, am Radrücken und im saugseitigen Grund des Strömungskanals auf. Bei breiten geschlossenen Rädern treten die Maximalspannungen meist saugseitig am Innenrand der Deckscheibe auf.

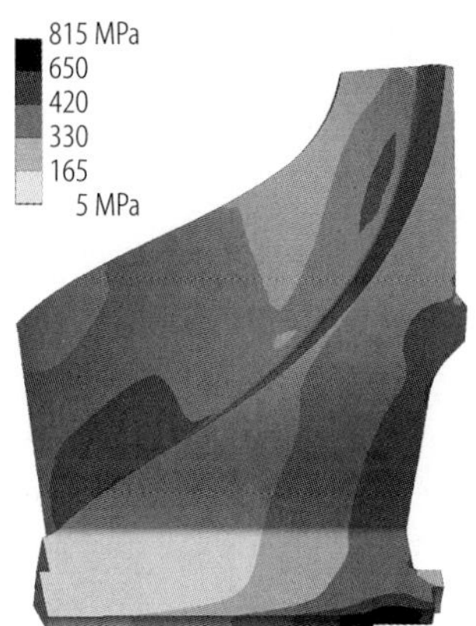

Abb. 12.6 Festigkeitsberechnung von Laufrädern. Segment eines offenen Getriebeverdichter-Laufrades mit Flächen gleicher v. Mises-Vergleichsspannungen im Betrieb (Umfangsgeschwindigkeit ca. 420 m/s)

12.3 Radiale Verdichterbauarten

12.3.1 Einwellenverdichter

Die mit einer Deckscheibe versehenen Laufräder sind auf einer Welle mittels Schrumpfsitz zwischen den beiden Lagern angeordnet. Die Eintrittsstutzen sind radial, die Austrittsstutzen meist tangential zum zylindrischen Gehäusekörper orientiert. Es werden Maschinen mit bis zu acht Stutzen, d. h. maximal vier Stufengruppen mit drei Zwischenkühlungen je Gehäuse ausgeführt. Eine Stufengruppe wird von den zwischen zwei aufeinander folgenden Stutzen liegenden Stufen gebildet. In der Prozesstechnik wird die Stufengruppe oftmals mit Stufe oder Prozessstufe bezeichnet.

Horizontale und vertikale Teilfuge. Der wartungsfreundliche Verdichter mit horizontaler Gehäuseteilfuge (Abb. 12.3) wird bis zu einem maximalen Betriebsdruck von ca. 80 bar eingesetzt, bei H_2-haltigen Gasen bis zu einem maximalen H_2-Partialdruck von 14,8 bar [2]. Oberhalb dieser Grenze kommt der (Topf-)Verdichter mit vertikaler Teilfuge, die größere Dichtfähigkeit hat, zum Einsatz (Abb. 12.7).

12

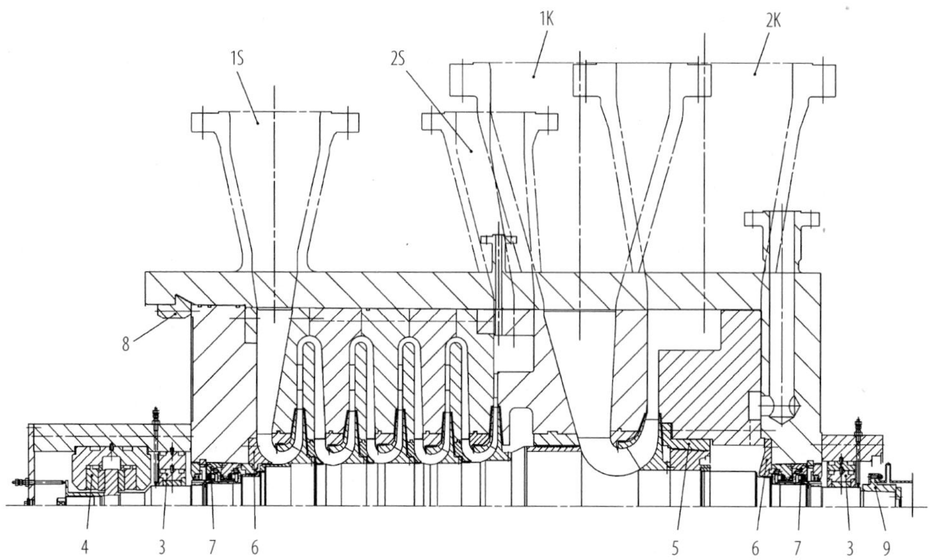

Abb. 12.7 Radialer Einwellenverdichter (MAN Diesel & Turbo SE) mit vertikaler Gehäuseteilfuge (Topfverdichter) als kombinierter Synthese- und Kreislaufgasverdichter einer Methanolanlage. *1* Saugstutzen, *2* Druckstutzen (*S* Synthesegas, *K* Kreislaufgas), *3* Radiallager, *4* Axiallager, *5* Ausgleichskolbendichtung, *6* Labyrinthdichtung, *7* Trockengasdichtung, *8* Scherring, *9* Kupplung

Schaltung der Laufräder. Sind keine Zwischenkühler vorhanden, werden die Laufräder meist wie in Abb. 12.3 hintereinander geschaltet: Das Gas strömt vom Laufradaustritt durch den Diffusor und wird dem jeweils folgenden Laufrad über Rückführkanäle rotationssymmetrisch verteilt zugeführt; erst in der letzten Stufe wird es in der Spirale gesammelt und aus dem Gehäuse geleitet. Die Diffusoren werden beschaufelt (Wirkungsgrad, Kennlinienanstieg) oder unbeschaufelt (Kennfeldbreite) ausgeführt, die Rückführkanäle beschaufelt (drallfreie Anströmung des folgenden Laufrades). Den Axialschubausgleich besorgt ein auf der Welle montierter, hinter dem letzten Rad sitzender Kolben. Bei Gegeneinanderschaltung („back to back", häufig bei Zwischenkühlung angewandt) übernehmen die Räder selbst zum größten Teil den Schubausgleich. Die im mittleren Wellenlabyrinth zwischen Hoch- und Niederdruck-Stufengruppe überfließende Leckmenge ist kleiner und zirkuliert nur in der Hochdruck-Stufengruppe. Die Leistung ist daher kleiner als bei Hintereinanderschaltung (d. h. höherer Verdichterwirkungsgrad).

Zwischenzuführung und Doppelflutigkeit. Maschinen mit Zwischenzuführung(en) haben eine spezielle Rückführbeschaufelung, die Zumischung eines Seitenstroms zwischen zwei Laufrädern gestattet, so wie sie bei Industriekälteverdichtern häufig ausgeführt wird. Gelegentlich erfolgt die Zuführung auch außerhalb des Verdichtergehäuses, insbesondere bei relativ großen Zuspeisemassenströmen.

Das Konzept der Doppelflutigkeit ermöglicht durch Teilung des Massenstroms auf zwei spiegelbildliche, „back to back" angeordnete Verdichterhälften die Reduzierung des Außendurchmessers um 30 %; bei Stufenzahlen über drei jedoch wird wegen der Verdoppelung der Laufradzahl meist ein zweites Gehäuse erforderlich.

Stabilität, maximale Stufenzahl. Länge und Durchmesser der Welle werden maßgeblich bestimmt durch Stufenzahl und Volumenstromzahlen der eingesetzten Laufräder. Tendenziell nehmen mit steigender Volumenstromzahl die axiale Länge der Stufe zu und der Wellendurchmesser ab, Abb. 12.10. Beide Tendenzen können sich negativ auf das Schwingungsverhalten des

Rotors auswirken; die rotordynamische Berechnung ist i. d. R. ausschlaggebend, ob die geplanten Volumenstromzahlen (die den Wirkungsgrad bestimmen) bei der geplanten Stufenzahl ausführbar sind. Die Stabilitätsanalyse als Teil der rotordynamischen Berechnung soll nachweisen, dass die Dämpfung des aus Rotor, Lager und Lagerabstützung gebildeten Systems ausreichend groß ist und Schwingungsanregungen wie Unwuchten, Spaltanregung in den Labyrinthen, Schrumpfsitzreibung, Schaufel- und Getriebezahn-Frequenzen, u. a. nicht zu unzulässig hohen Wellenschwingungen führen [2]. Das Verhältnis von erster biegekritischer Drehzahl in starren Lagern und maximaler Dauerdrehzahl wird als „Wellensteifigkeitsverhältnis" definiert: $F = n_{1\text{starr}}/n_{\text{max}}$. Wenn bei steigendem Lagerabstand (Zunahme der Stufenzahl) und/oder abnehmendem Wellendurchmesser (Zunahme der Volumenstromzahl) F einen Grenzwert unterschreitet, neigt der Rotor zur Instabilität, d. h. zu Wellenschwingungen hoher Amplitude mit Frequenzen, die deutlich unter der Drehfrequenz liegen (subsynchrone Schwingungen) und den Betrieb des Verdichters unmöglich machen. Die Ursache sind Querkrafterregungen, die im Ringspalt zwischen Welle und feststehender Labyrinthdichtung auftreten: Infolge der Wellen-Durchbiegung kommt es zu einer Exzentrizität des Ringspalts. Der Drall des durchströmenden Gases erzeugt eine Rückstellkraft (Querkraft), die bei nicht ausreichender Dämpfung den Rotor zu subsynchronen Schwingungen anregt; der Rotor wird instabil. Die Querkraft nimmt zu, je größer die Durchbiegung (länger und dünner der Rotor) und die Gaskraft im Spalt (Gasdichte) werden. Daher wird bei gegebener Dämpfung (maßgeblich bestimmt durch Lagerverhalten und -abstützung) und Gasdichte (maßgeblich bestimmt durch Druckniveau und molare Masse) der Rotor um so stabiler, je kleiner die Durchbiegung bzw. je steifer der Rotor ist. Da die biegekritische Drehzahl in einer umgekehrt proportionalen Funktion zur Durchbiegung f steht ($n_{1\text{starr}} \sim 1/\sqrt{f}$), muss die kritische Drehzahl also einen Mindestwert haben, der umso höher liegt, je dichter das Gas ist. Die von Fulton [3] statistisch ermittelte Kurve in Abb. 12.8

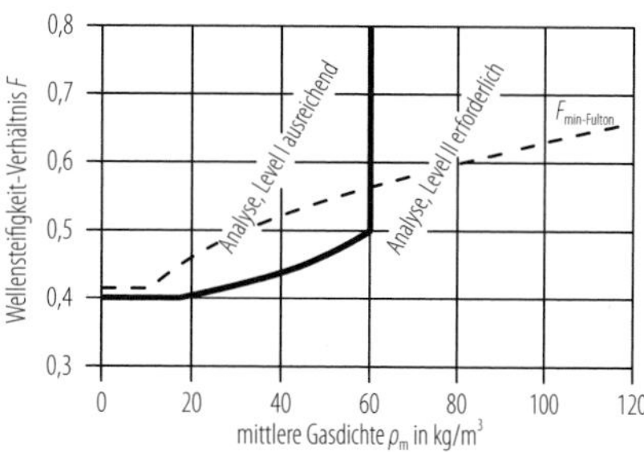

Abb. 12.8 Wellensteifigkeitsverhältnis Level I und II. ρ_{m} arithm. Mittelwert Gasdichte Saug-/Druckseite, $F = n_{1\text{starr}}/n_{\text{max}}$ (nach API 617, 2002, Kap. 2.6.5 und 2.6.6)

zeigt diese Mindestwerte. Oberhalb der Fulton-Kurve waren alle untersuchten Verdichter stabil, unterhalb instabil. Der international maßgebliche API-Standard 617 [2] schreibt die Art der Stabilitätsanalyse je nach F und ρ_{m} vor, Abb. 12.8. „Level I" benutzt eine vereinfachte Querfederzahl, „Level II" ist detaillierter, um das logarithmische Dekrement (natürlicher Logarithmus des Amplitudenverhältnisses zweier aufeinanderfolgender Ausschläge gleicher Richtung) als Maß für die Dämpfung zu ermitteln. Es darf den Wert von 0,1 nicht unterschreiten (bei einem Stoß auf die Welle soll die jeweils folgende Schwingungsamplitude um mehr als 10 % kleiner sein als die vorhergehende). Genügt der Rotor den Anforderungen nicht, muss der Wellendurchmesser vergrößert und/oder der Lagerabstand verkleinert werden. Beide Maßnahmen führen zu einer weniger als optimalen aerodynamischen Auslegung der Maschine. Dieser negative Effekt lässt sich teilweise durch den Einbau von Drallbrechern vor den Labyrinthen umgehen. Diese beschaufelten Elemente reduzieren die Drehbewegung des in den Ringspalt einströmenden Leckgases und damit weitgehend die Entstehung einer Querkraft.

Abb. 12.9 zeigt grobe Richtwerte der maximal im Gehäuse unterzubringenden Laufradzahl als Ergebnis statistischer Daten [1]. Mit φ steigt die axiale Stufenlänge und sinkt der Wellendurchmesser ($n_{1\text{starr}}$ sinkt), Abb. 12.10. Mit steigender Machzahl wird das Gasvolumen von Stufe zu Stufe stärker reduziert, so dass die Stufen weniger Baulänge benötigen und die Laufradanzahl erhöht werden kann. So kann z. B. ein Verdichter

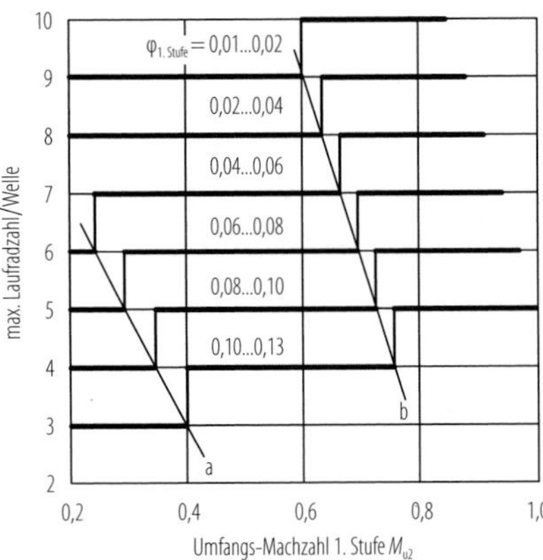

Abb. 12.9 Einwellenverdichter, angenäherte maximale Laufradzahl je Gehäuse [1]. *a* max. Machzahl für Läufer mit identischen Rädern. *b* max. Machzahl für ungekühlte Verdichter. Je nach Hersteller variieren die Grenzen erheblich

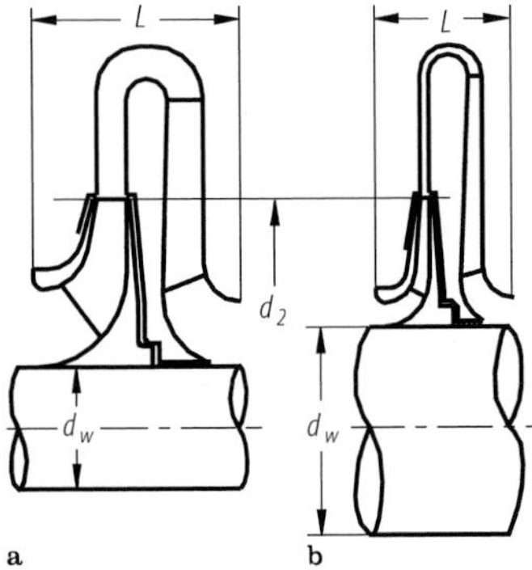

Abb. 12.10 Stufengeometrie, Unterschiede [1]. **a** Mittlere, **b** kleine Volumenstromzahl, *L* axiale Länge, d_W Wellendurchmesser d_2 Laufraddurchmesser

bei $M_{u2} = 0{,}5$ und $\varphi = 0{,}015$ neun Laufräder aufnehmen, dagegen ist bei $M_{u2} = 0{,}5$ und $\varphi = 0{,}13$ die Kapazität mit vier Rädern ausgeschöpft.

Aus Kostengründen sollte angestrebt werden, den Verdichter eingehäusig auszuführen. Bei Stufenzahlen über sechs muss jedoch die (optimale) Volumenstromzahl abgesenkt werden, mit dem Resultat eines im Durchmesser größeren Gehäuses und eines verringerten Wirkungsgrades (s. Abb. 12.17). Die volumetrische Schluckfähigkeit eines im Durchmesser vorgegebenen Gehäuses ist somit umso größer, je kleiner die Stufenzahl ist.

12.3.2 Getriebeverdichter

Der ein- oder mehrstufige Radialverdichter mit integriertem Getriebe, kurz auch Getriebeverdichtergenannt (Abb. 12.11 und 12.12), besteht aus einzelnen am Getriebe angeflanschten und durch Rohrleitungen verbundenen Spiralgehäusen. Die Eintrittsstutzen sind axial, die Austrittsstutzen tangential angeordnet. Die fliegend gelagerten Laufräder sind meist mittels Hirthverzahnung und Dehnschraube auf die verlängerte Ritzelwelle montiert. Die maximal ausgeführte Laufradzahl beträgt derzeit zehn auf fünf Ritzelwellen. Zwischenkühlung nach jeder Stufe, Zwischenzuführungen und -entnahmen, Integration unterschiedlicher Prozesse in einer Maschine bis hin zur Kombination von Verdichter und Expansionsturbine (sog. „Compander"), sowie doppelflutige Ausführungen sind möglich. Da die Laufräder meist paarweise gegeneinander geschaltet sind, wird ein Teil des Schubes dadurch bereits ausgeglichen. Der Restschub wird über die Druckkämme der Ritzel zu dem auf der langsam laufenden Radwelle liegenden Axiallager geleitet.

Getriebeverdichter ermöglichen wegen der axialen Ansaugung, der kleinen Laufradnabendurchmesser und der Anpassung der Drehzahl an den von Stufe zu Stufe abnehmenden Saugvolumenstrom (es können oft Volumenstromzahlen in der Nähe des Wirkungsgradoptimums radialer Laufräder realisiert werden, Abb. 12.17) hohe aerodynamische Stufenwirkungsgrade. In Verbindung mit Zwischenkühlung ergeben sich hieraus Leistungsvorteile des Getriebeverdichters, auch bei hohen Stufendruckverhältnissen, wie sie sich üblicherweise durch Einsatz offener Laufräder hoher Umfangsgeschwindigkeit ergeben. Nachteilig kann sich bei kleinen Nutzmassenströmen und hohen Enddrücken die Anzahl der benötigten Wellendichtungen auswirken, da jede Stufe einzeln gegen Atmosphäre gedichtet wird. Zum Einsatz kommen je nach Anwendung Labyrinth-, Kohlering- und Trockengasdichtungen.

Erfolgt der Antrieb des Getriebeverdichters durch einen Elektromotor, so wird wie in Abb. 12.11 die Antriebskupplung direkt auf die

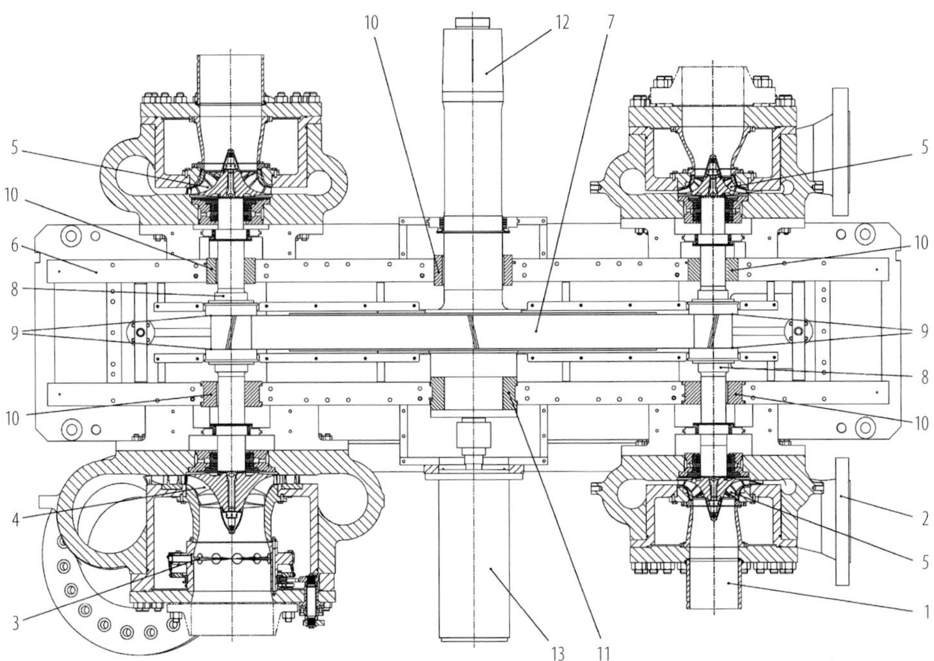

Abb. 12.11 Getriebeverdichter (MAN Diesel & Turbo SE) als Hochdruck-Luftverdichter einer Luftzerlegungsanlage. *1* Stufen-Saugstutzen, *2* Stufen-Druckstutzen, *3* verstellbare Eintrittsleitschaufeln, *4* Laufrad (offen), *5* Laufrad (geschlossen), *6* Getriebegehäuse, *7* Großrad, *8* Ritzelwelle, *9* Druckkamm, *10* Radiallager, *11* Axial-Radiallager, *12* Antriebszapfen, *13* Schmierölpumpe

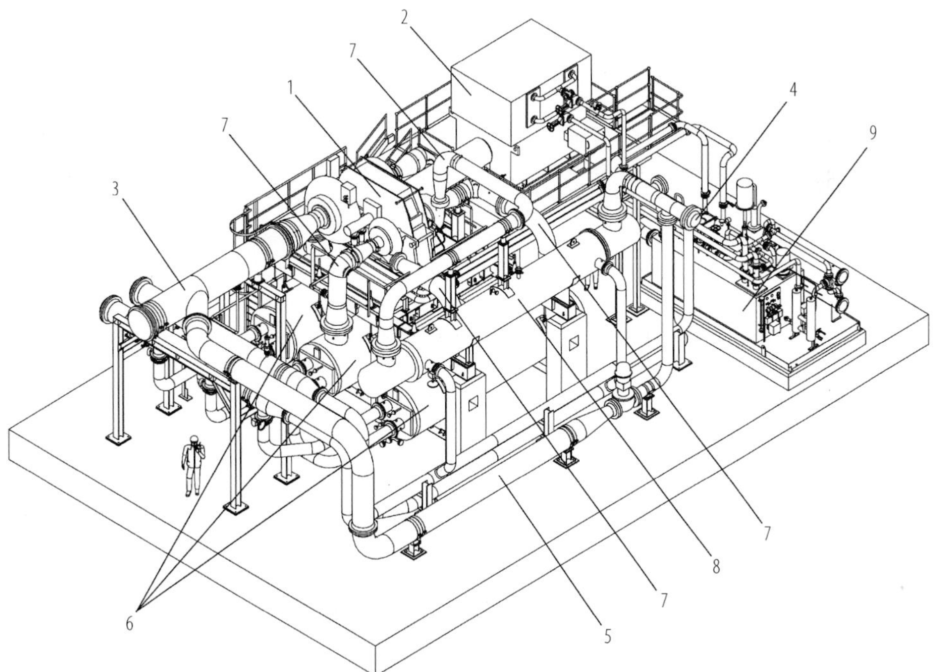

Abb. 12.12 Getriebeverdichter-Anlage (MAN Diesel & Turbo SE). *1* vierstufiger Getriebeverdichter (Hochdruck-Luftverdichter einer Luftzerlegungsanlage), *2* Antriebsmotor, *3* Saugleitung, *4* Druckleitung, *5* Umblaseleitung, *6* Zwischenkühler, *7* verbindende Rohrleitungen, *8* Nachkühler, *9* Kühl- und Schmierölsystem

Radwelle gesetzt. Im Falle eines Turbinenantriebes ermöglicht ein zusätzliches Antriebsritzel vorteilhaft die Reduzierung der höheren Turbinendrehzahl auf die Raddrehzahl, ein Zwischengetriebe ist so nicht erforderlich.

Bauartbedingte Besonderheiten. Wegen der vergleichsweise hohen Teilkreisgeschwindigkeiten (z. T. in der Größenordnung von 180 m/s) unterliegen die Verzahnungen der integrierten Getriebe hohen Qualitätsanforderungen [2, 4]. Lastabhängige Durchbiegung und Lagerreaktionskräfte der Verdichter- bzw. Ritzelwellen, da bei fester Antriebsdrehzahl die Verzahnungskräfte mit der Verdichterleistung steigen. In der Folge lastabhängige Steifigkeiten und Dämpfungen mit entsprechender Auswirkung auf Eigenfrequenzen und Stabilitätsverhalten bei Voll- und Teillast.

Radiallager: Zulässige maximale Temperatur im Schmierspalt und gefordertes Dämpfungsverhalten begrenzen die spezifische Belastung und Wellenumfangsgeschwindigkeit (je nach Lagerdurchmesser, -breite und -spiel, Kippsegment-Abstützung u. a.). Bei gegebener Teilkreisgeschwindigkeit des Getriebes führt dies mit steigender Drehzahl zu kleineren realisierbaren Verdichterwellenleistungen, Abb. 12.13. Dieser Zusammenhang und die in Abschn. 12.3.1 genannten, auch für Getriebeverdichter gültigen [2, 4] Stabilitätsanforderungen setzen der optimalen aerodynamischen Auslegung der Maschine Grenzen. Durch höhere Teilkreisgeschwindigkeiten können höhere Leistungen realisiert werden; dem gegenüber stehen die dann erhöhten Getriebeverlustleistungen („Ventilationsverluste"), Massenträgheitsmomente (Startverhalten) und Herstellkosten der Maschine bei steigendem Großraddurchmesser. In der Auslegungspraxis gilt es, das gemeinsame Optimum hinsichtlich der Aerodynamik und des Getriebes zu finden.

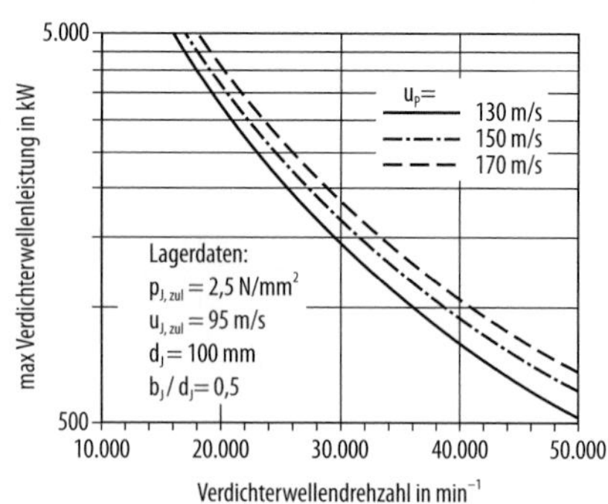

Abb. 12.13 Getriebeverdichter, maximale Verdichterwellenleistung bei gegebener Verdichterwellendrehzahl. u_P Teilkreisgeschwindigkeit des Getriebes; die zulässigen Lagerdaten $p_{J.zul}$ spezifische Belastung und $u_{J.zul}$ Wellenumfangsgeschwindigkeit variieren je nach Lagertyp (d_J Nenndurchmesser, b_J/d_J relative Breite, Kippsegment-Abstützung u. a.) erheblich und sind je nach Anwendungsfall (zulässige maximale Temperatur im Schmierspalt, geforderte Feder- und Dämpfungseigenschaften u. a.) festzulegen

12.3.3 Gekapselte, direkt angetriebene Verdichter

Zunehmend werden Einwellenverdichter auch als gekapselte, direkt angetriebene Ausführungen realisiert (s. Abb. 12.14). Der elektrische Antriebsmotor wird zusammen mit den Verdichterkomponenten in einem gemeinsamen, drucktragenden Gehäuse verbaut. Die Motorwelle ist direkt mit der Verdichterwelle gekoppelt und läuft bei gleicher Drehzahl; ein drehzahlerhöhendes Getriebe entfällt. Wellendurchtritte durch das Gehäuse und damit einhergehend Wellenabdichtungssysteme werden gänzlich vermieden, so dass sich die Systemkomplexität deutlich reduziert. Der Elektromotor läuft unter hohem Druck in der Prozessgasumgebung und kann bei entsprechender Auslegung durch das geförderte Gas direkt gekühlt werden.

Der Antriebsmotor wird als sog. Hochfrequenzmotor ausgeführt, um die vergleichsweise hohe Drehzahl der Verdichterwelle zu ermöglichen. Der Antrieb erfordert auf elektrischer Versorgungsseite einen Frequenzumrichter, welcher ausgehend von der Netzfrequenz mittels leistungselektronischer Komponenten die für den Betrieb des Hochfrequenzmotors notwendige elektrische Frequenz im Bereich von ca. 100 bis 300 Hz bereitstellt und zugleich die Regelung der Maschinendrehzahl ermöglicht.

Verdichter dieser Bauart werden mit aktiven Magnetlagern ausgestattet, da konventionelle Öllager nicht für einen Betrieb in direkter Prozessgasumgebung geeignet sind; Öl- und Ölaufbe-

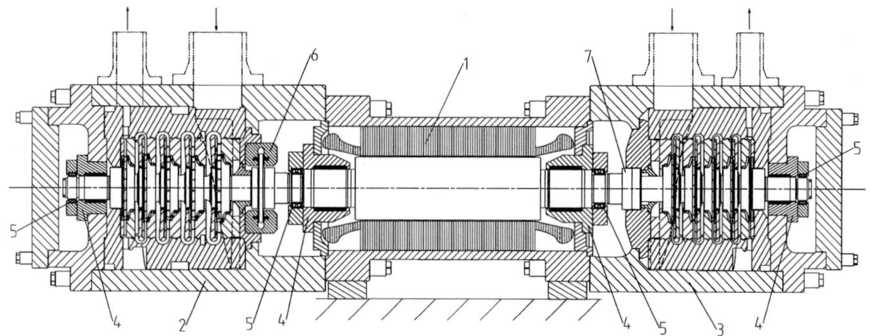

Abb. 12.14 Gekapselter, direkt angetriebener Verdichter (MAN Diesel & Turbo SE) mit integriertem Hochfrequenzmotor und beidseitig angeflanschten, mehrstufigen Radialverdichtern. *1* Hochfrequenzmotor, *2* fünfstufiger Niederdruckverdichter, *3* fünfstufiger Hochdruckverdichter, *4* radiale Magnetlager, *5* Fanglager, *6* axiales Magnetlager, 7 Kupplung

reitungssysteme für die Lager werden vermieden. Aktive Magnetlager ermöglichen ein fallspezifisches Anpassen der Regelparameter; das rotordynamische Betriebsverhalten des Maschinenstrangs kann so ohne weitere bauliche Maßnahmen positiv beeinflusst werden. In der Folge ermöglicht sich ein schwingungstechnisch stabiler Betrieb des Verdichters über einen relativ weiten Drehzahlbereich (typischer Weise von ca. 30 bis 100 % der Nenndrehzahl) mit entsprechenden Vorteilen hinsichtlich der Verdichterregelung (s. Abschn. 12.4.2).

Als Sonderbauform gekapselter, direkt angetriebener Verdichter sind Unterwasser-Kompressoren (*subsea compressors*) zur Erdgasförderung zu erwähnen: Durch Installation direkt auf dem Meeresboden erfolgt die Druckanhebung bohrlochnah und erhöht die Effizienz der Förderung. So wird eine längere und höhere Ausbeutung von entlegenen Unterwasser-Erdgasfeldern ermöglicht.

12.4 Regelung und Maschinenschutz

12.4.1 Verdichterkennfeld

Wird der Verdichter mit einem vom Auslegungspunkt abweichenden Volumenstrom bzw. Druckverhältnis betrieben, ohne die Drehzahl, die Stufengeometrie oder die Gaszusammensetzung zu ändern, erweitert sich der Betriebspunkt zur Kennlinie. Durch Veränderung der Stellgrößen Drehzahl, Saugdrosselverhältnis, Leitschaufelwinkel oder Bypass-Massenstrom entstehen weitere Kennlinien, die in ihrer Gesamtheit als Kennfeld bezeichnet werden. Dabei werden die Verstellorgane Saugdrosselklappe, Eintrittsleitschaufeln und Bypassventil thermodynamisch als integrale Bestandteile des Verdichters betrachtet und deren Verluste dem Verdichterwirkungsgrad zugerechnet. Ansaugdruck, Ansaugtemperatur (bei Zwischenkühlung auch Rückkühltemperatur) und Gasdaten werden i. d. R. für das gesamte Kennfeld konstant gehalten, obwohl sie im praktischen Betrieb mit der Entfernung vom Auslegungspunkt von diesen Bezugsgrößen abweichen können. Durch Veränderung der o. g. Stellgößen, kann jeder Punkt im Kennfeld, der stets ein Schnittpunkt der Verdichter- und der Anlagenkennlinie ist, angefahren werden. In der Praxis erfolgt dies automatisiert durch den sog. Fahrpunktregler; je nach Anwendungsfall sind der Förderstrom, der Saug- oder der Enddruck die Regelgröße. Im Folgenden werden vier wichtige Regelungsarten für Radialverdichter beschrieben, vgl. [1]. Dazu zeigt Abb. 12.15 die typischen Kennfelder verschiedener Verstellarten einzelner Stufen mit Laufrädern mit rückwärts gekrümmten Schaufeln bei mittleren Umfangsmachzahlen. Hierbei bezeichnet der Punkt bei $\dot{V}/\dot{V}_0 = 1$ und $h_p/h_{p0} = 1$ den Auslegungspunkt und die gestrichelte Linie die Pumpgrenze, die den stabilen Arbeitsbereich abgrenzt.

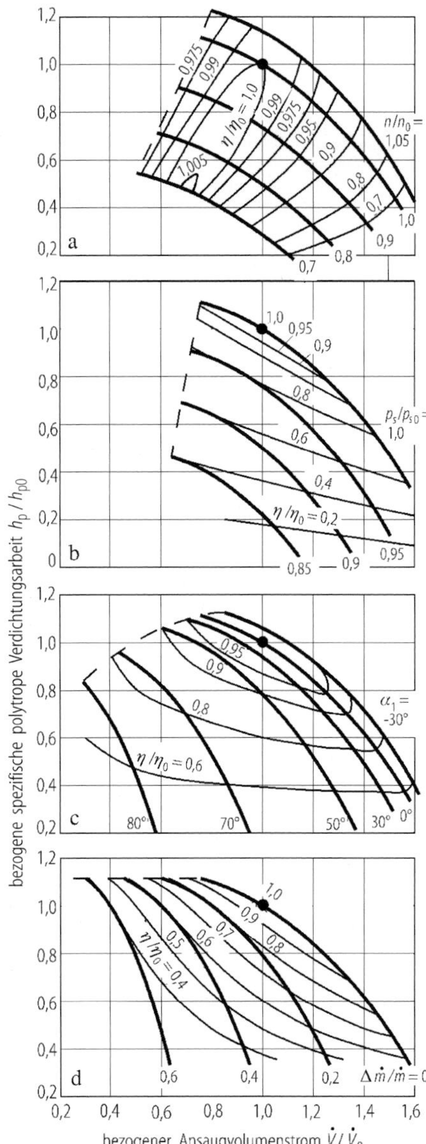

Abb. 12.15 Typische Einzelstufen-Kennfelder für verschiedene Regelungsarten [1]. **a** Drehzahlregelung, n/n_0 Drehzahlverhältnis; **b** Saugdrosselregelung, p_s/p_{s0} Druckverhältnis an der Drosselklappe; **c** Eintrittsleitschaufel-Regelung, α_1 Leitschaufelwinkel; **d** Bypass-Regelung, $\Delta\dot{m}/\dot{m}$ Bypassverhältnis; η/η_0 bezogener Wirkungsgrad

12.4.2 Drehzahlregelung

Entsprechend der Ähnlichkeitsbeziehungen für Strömungsmaschinen („fan law“)

$$\dot{V} = c_1\, n \quad \text{und} \quad h_p = c_2\, n^2\,,$$

die näherungsweise auch für kompressible Medien noch gültig sind, werden durch Drehzahländerung der Volumenstrom linear und die polytrope Arbeit quadratisch mit der Drehzahl variiert (Abb. 12.15a).

Merkmale. Hohe Teillastwirkungsgrade, da der Verdichter nur die benötigte polytrope Arbeit erzeugt (keine zusätzliche Energiedissipation); volumetrische Überlast durch Überdrehzahl möglich; wirkt auf alle Stufen des Verdichters; eignet sich für alle Laufrad- und Verdichterbauarten, besonders aber für parabolische Anlagenkennlinie; Antrieb mit veränderlicher Drehzahl oder Regelkupplung erforderlich. Die vergleichsweise höchsten Wirkungsgrade im Kennfeld und die ausgezeichnete Betriebs-Flexibilität machen die Drehzahlregelung zur ersten Wahl aller Regelungsarten.

12.4.3 Saugdrosselregelung

Wird eine in die Saugleitung eingebaute Drosselklappe als integraler Bestandteil des Verdichters betrachtet, ergibt sich das in Abb. 12.15b dargestellte Saugdrosselkennfeld. Der Verdichteransaugzustand ist vor der Klappe definiert und der Kurvenparameter ist das Druckverhältnis an der Klappe. Wird die Klappe aus der Offenstellung verdreht, erzeugt sie einen mit dem Verstellwinkel wachsenden Widerstand, der den Laufradansaugdruck absenkt. Dadurch werden der Massenstrom, der Enddruck und die Leistung reduziert.

Merkmale. Sehr niedrige Teillastwirkungsgrade, da die nicht benötigte polytrope Arbeit zwar vom Laufrad erzeugt, aber in der Klappe dissipiert wird; bei konstanter polytroper Arbeit keine volumetrische Überlast möglich; wirkt auf alle Stufen des Verdichters; geeignet für alle Laufrad- und Verdichterbauarten, besonders aber für Anlagenkennlinie mit (nahezu) konstantem Enddruck; niedrige Investitionskosten, hohe spezifische Betriebskosten bei Betrieb mit stark abgesenktem Enddruck. In vielen Fällen nicht geeignet für Verdichter mit atmosphärischem Ansaugdruck, da Unterdrücke im Verdichter bei entflammbaren

Gasen wegen der Gefahr des Lufteinbruchs oftmals untersagt sind.

12.4.4 Eintrittsleitschaufel-Regelung

Eine vor dem Laufrad verstellbar angeordnete Schaufelreihe („Dralldrossel") erzeugt positiven oder negativen Vordrall. Gemäß der Euler-Gleichung

$$h_\mathrm{p} = (c_{u2}u_2 - c_{u1}u_1) \cdot \eta_\mathrm{h}$$

wird damit durch Variation der Umfangskomponenten der Zuströmgeschwindigkeit c_{u1} primär die Arbeit beeinflusst (Förderhöhenregelung) (Abb. 12.16), Ableitung s. [1]. Ein gegebener positiven Vordrall (Mitdrall) erzeugender Leitschaufelwinkel bewirkt jedoch keine gleichmäßige Reduzierung der polytropen Arbeit entlang der Kennlinie: im volumetrischen Überlastbereich ist die Wirkung sehr stark, da c_{u1} groß und im Teillastgebiet gering, da c_{u1} klein gegenüber c_{u2} ist. Dadurch tritt bei Mitdrall de facto eine Linksverschiebung des gesamten Kennfelds ein (Abb. 12.15c). Die Pumpgrenze wird ebenfalls nach links versetzt, da der für die Einleitung des Pumpens maßgebende kleinste Absolutwinkel $\alpha_{2\,\mathrm{min}}$ erst bei kleinerem Volumenstrom erreicht wird. Der hydraulische Wirkungsgrad η_h erfasst alle inneren Stufenverluste außer Leck- und Scheibenreibungsverlusten. Mit zunehmendem Verstellwinkel der Leitschaufeln (je nach Ausführung ab ca. 30°) gewinnt die Absenkung des Druckes im Laufradsaugmund, hervorgerufen durch die Druckverluste im Eintrittsleitapparat, an Einfluss auf das Regelverhalten (vgl. Saugdrosselregelung); daher die gelegentlich verwendete Bezeichnung „Dralldrossel". Dies erklärt auch die Wirksamkeit der v. a. von axialen Strömungsmaschinen bekannten Eintrittsleitschaufel-Regelung für Radialverdichter, selbst bei reinen 2D-Laufrädern mit vergleichsweise kleinem Verhältnis u_1/u_2.

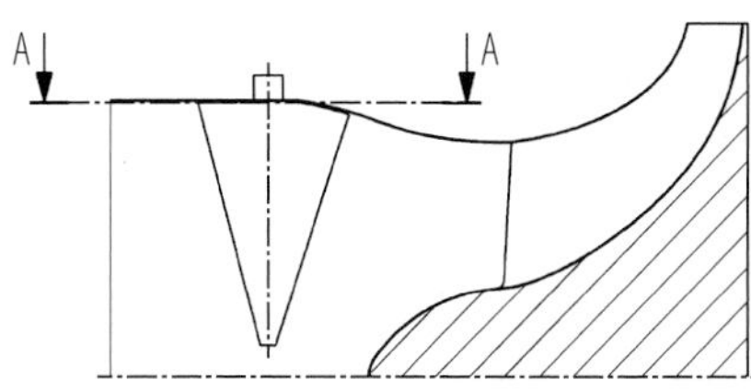

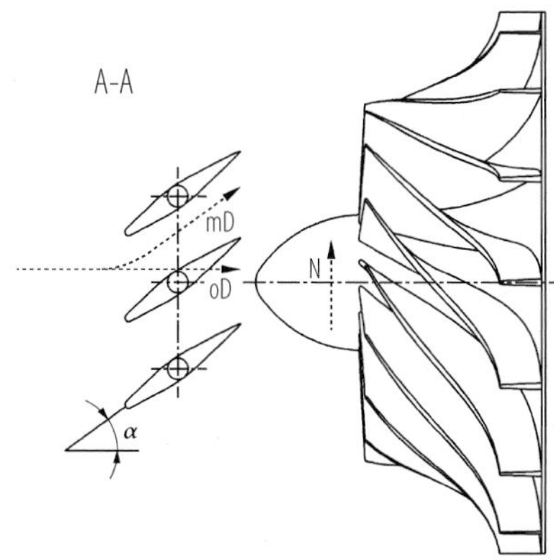

Abb. 12.16 Verstellbare Eintrittsschlaufen, axiale Anordnung (Beispiel: Laufrad mit Vorsatzläufer). *N* Drehrichtung, *mD* Stromlinie mit positivem Drall, *oD* ohne Drall

Merkmale. Mittlere Teillastwirkungsgrade; der Verdichter erzeugt nur die benötigte polytrope Arbeit; volumetrische Überlast durch negativen Vordrall (Gegendrall); Verstellschaufeln wirken nur auf das nachgeschaltete Laufrad; für Getriebeverdichter sehr gut geeignet, da vor jeder Stufe Platz zur Unterbringung vorhanden; mehrstufige Einwellenverdichter können jedoch in der Regel aus Platzgründen nur mit ein bis zwei Vorleitapparaten bestückt werden, die gelegentlich im radial von außen nach innen durchströmten Rückführkanal der vorherigen Stufe angeordnet sind; geeignet für alle Laufradtypen; besonders aber für Anlagenkennlinie mit (nahezu) konstantem Enddruck; höhere Investitions- und niedrigere spezifische Teillast-Betriebskosten als mit Saugdrosselung. Vollständigkeitshalber erwähnt sei die Nachleitgitter-Regelung, bei die Winkel der Diffusorschaufeln verstellt werden, [1].

12.4.5 Bypass-Regelung

Obwohl diese Methode allein auf Energie-Dissipation beruht, wird sie häufig in der Öl- und Gasindustrie angewandt, wenn andere Regelungsarten nicht möglich oder nicht angemessen sind. Die Differenz zwischen dem gewünschten Prozess- und dem Verdichter-Massenstrom $\Delta\dot{m}$ bei dem Soll-Enddruck wird nach Durchströmen eines Bypass-Kühlers zur Saugleitung zurückgeführt. Wenn die Umführungsleitung als interne Angelegenheit des Verdichters betrachtet wird, entsteht für jedes Bypass-Verhältnis eine neue „Verdichter“-Kennlinie und der Prozess relevante Verdichter-Wirkungsgrad muss modifiziert werden gemäß: $\eta = (1 - \Delta\dot{m}/\dot{m})\ \eta_v$, wobei $\dot{m}$ der Verdichtermassenstrom und η_v der eigentliche Verdichter-Wirkungsgrad sind.

Merkmale. Hohe Energieverluste bei großem Unterschied zwischen Soll- und tatsächlichem Verdichter-Betriebspunkt; geeignet für alle Laufrad- und Verdichterbauarten; am besten geeignet für Anlagenkennlinie mit (nahezu) konstantem Enddruck; bei parabolischer Anlagenkennlinie sehr hohe Verluste.

12.4.6 Maschinenüberwachung und -schutz

Turboverdichter sind für eine Lebensdauer von mindestens 20 Jahren auszulegen; je nach Bauart und Anwendung wird ein ununterbrochener Betrieb (zwischen zwei geplanten Service-Stillständen) von drei bis fünf Jahren gefordert [2, 4]. Neben sorgfältiger Auslegung, Konstruktion, Materialauswahl und Fertigung spielt die Maschinenüberwachung hierbei eine wesentliche Rolle; sie soll die Zustandsdiagnose während des Betriebes ermöglichen und die Maschine vor unzulässigen Betriebszuständen schützen (Maschinenschutz). Hierzu werden geeignete Betriebsdaten gemessen, und bei Erreichen der vom Hersteller festgelegten Grenzwerte wird ein entsprechender Alarm ausgelöst bzw. bei entsprechendem Gefährdungsrisiko die Maschine abgeschaltet, ggf. automatisch. Zu den überwachten Betriebdaten zählen i. d. R. Wellendrehzahl und -schwingungen, Lagertemperaturen, Förderstrom des Verdichters, saug- und druckseitige Gastemperaturen und -drücke, u. a. m. Weitere Anforderungen an die Schutzeinrichtungen können sich aus der Risikobewertung ableiten [5].

Pumpgrenzregelung. Die Lage des Betriebspunktes im Verdichterkennfeld (Abb. 12.15) wird überwacht und bei Annäherung an die Pumpgrenze wird der Verdichter durch Öffnen des Pumpgrenz-Regelventils (Abblase- oder Bypass-Ventil) entlastet; der instabile Betrieb (s. Abschn. 6.7.1) des Verdichters links von der Pumpgrenze, gekennzeichnet durch lokale Strömungsablösungen bis hin zu periodischem Rückströmen über den gesamten Querschnitt (Pumpstoß), wird so vermieden. Erklärung der in Radialverdichtern zu beobachtenden Phänomene, Unterscheidung System- und Stufenpumpgrenze s. [1].

Stand der Technik: Die sog. Pumpgrenzregelinie, bei deren Überschreiten das Pumpgrenz-Regelventil zunächst proportional-integral zur Regelabweichung geöffnet wird, liegt ca. 10 % rechts von der tatsächlichen Pumpgrenze des Verdichters; der Pumpgrenzregler hält den Betriebspunkt auf der Regellinie. Je nach Empfindlichkeit der Maschine gegenüber der Wirkung von Pumpstößen, bestimmt durch Bauart, Druckniveau u. a. m., sowie der im Regler verwirklichten Signalverarbeitungszeit (i. d. R. 100–150 ms) können kleinere Sicherheitsabstände zwischen Pumpgrenze und -regellinie realisiert werden. In Abhängigkeit von der Geschwindigkeit, mit der sich der Betriebspunkt der Pumpgrenzregellinie nähert, wird diese vom Regelalgorithmus in das Kennfeld verschoben (der Sicherheitsabstand zur Pumpgrenze vergrößert); das Pumpgrenz-Regelventil beginnt also im Falle einer schnellen Annäherung an den instabilen Betriebsbereich früher zu öffnen. Zusätzlich wird bei Überschreiten der sog. Pumpgrenzsicherheitslinie (ca. 3–5 % rechts der tatsächlichen Pumpgrenze) das Pumpgrenz-Regelventil sehr schnell (max. 2 s) vollständig geöffnet und der Verdichter sicher entlastet. Je nach Anlagenschaltung und Größe des Pumpgrenz-Regelventils (Radialverdichter: abhängig vom Anwendungsfall und Kennlinienanstieg ca. 100–150 % des Nennförderstromes bei Nenndruckverhältnis) stellt sich dann ein sicherer Betriebspunkt unterhalb des Nennbetriebspunktes ein.

12.5 Beispiel einer Radialverdichterauslegung

12.5.1 Vereinfachtes Verfahren

Vereinfachtes Verfahren zur Auslegung vielstufiger Einwellenverdichter mit geschlossenen Laufrädern mit rückwärts gekrümmten Schaufeln nach [1]. Berechnung basiert auf Totalzuständen für Drücke und Temperaturen. In der industriellen Praxis finden vereinfachte Verfahren dieser Art oft zur ersten überschlägigen Festlegung von Gehäusegröße und Stufenzahl Anwendung. Die detaillierte Auslegung erfolgt meist durch stufenweise Überlagerung gemessener, in geeigneter Form normierter Einzelstufenkennlinien (sog. „Basischarakteristiken") und Umrechnung auf den jeweiligen Anwendungsfall. Je nach Herstellerfirma unterschiedliche normierte Kennlinienbeschreibungen und Standardisierungsgrade der Stufen [1]. Überprüfung von Details, Entwicklungs- und Sonderauslegungen mittels numerischer Strömungsberechnung (CFD, „computational fluid dynamics").

12.5.2 Betriebsbedingungen (vorgegeben)

Gas: Kreislaufgas, $N_2 + CH_4$			
Raumanteile	r_{N_2}	0,639	–
	r_{CH_4}	0,361	–
Ansaugdruck (absolut)	p_s	6,2	bar
Enddruck (absolut)	p_d	33,06	bar
Druckverhältnis	$\Pi = p_d/p_s$	5,3323	–
Ansaugtemperatur	$T_s = t_s + 273{,}15$	305,15	K
Kühlwassertemperatur	$T_k = t_k + 273{,}15$	298,15	K
Massenstrom	$\dot{m}$	14,85	kg/s
Zusatzbedingungen laut Anfragespezifikation			
Maximale Drehzahl	n_{max}	15.000	1/min
Max. spezifische polytrope Stufenarbeit	$h_{p\,max}$	42	kJ/kg
Definitionen			
Volumenstromzahl	$\varphi = \frac{\dot{V}}{(\pi/4)d_2^2 u_2}$		
Polytrope Druckzahl	$\psi_p = \frac{h_p}{u_2^2/2}$		
Arbeitszahl	$s = \frac{\Delta h}{u_2^2} = \frac{\psi_p}{2\eta_p}$		

12

12.5.3 Gasdaten

Gasgemisch-Kennwerte werden aus Zustandsgleichungen für reale Gase berechnet, z. B. LKP (Lee-Kesler-Plöcker) oder BWRS (Benedict-Webb-Rubin-Starling) oder RKS (Redlich-Kwong-Soave) [1, 6]. In dem hier benutzten Näherungsverfahren werden die Realgasfaktoren nach der generalisierten Methode von Nelson-Obert [7] als Funktion der reduzierten Werte für Druck und Temperatur und ein mittlerer Isentropenexponent für ideales Gasverhalten als Funktion der Temperatur ermittelt; spezifische isobare Wärmekapazität c_p z. B. aus Wärmeatlas [8].

Molare Masse		$M = \sum r_i M_i$	23,693	kg/kmol
Gaskonstante		$R = 8{,}3145/M$	0,3509	kJ/(kg K)
Realgasfaktor	Saugseite	$Z_s \approx$	1,0	–
	Druckseite	$Z_d \approx$	1,0	–
Molare isobare Wärmekapazität	Saugseite	$M\ c_p\,(T_s) = \sum \left[r\ M\ c_p\,(T_s)\right]_i$	31,60	kJ/(kmol K)
	Druckseite	$M\ c_p\,(T_d) = \sum \left[r\ M\ c_p\,(T_d)\right]_i$	33,38	kJ/(kmol K)
Verhältnis spez. Wärmekapazitäten	Saugseite	$\varkappa_s = M\ c_p / \left(M\ c_p - 8{,}3145\right)$	1,357	–
	Druckseite	$\varkappa_d = M\ c_p / \left(M\ c_p - 8{,}3145\right)$	1,332	–
Die druckseitigen Werte werden iterativ ermittelt, da die Endtemperatur zunächst nicht bekannt ist				
Mittlerer isentroper Volumenexponent		$k_v \approx \varkappa \approx (\varkappa_s + \varkappa_d)/2$	1,344	–
Mittlerer isentroper Temperaturexponent		$k_T \approx \varkappa \approx (\varkappa_s + \varkappa_d)/2$	1,344	–

12.5.4 Volumenstrom, Laufraddurchmesser, Drehzahl

Volumenstrom, Saugzustand		$\dot{V} = \dot{m} Z_s R T_s / p_s$	2,565	m^3/s
Mittlere polytrope Druckzahl, geschätzt		ψ_p	0,99	–
Maximale Umfangsgeschwindigkeit		$u_{2\max} = \sqrt{2h_{p\,\max}/\psi_p}$	291	m/s
Volumenstromzahl	Berechnet	$\varphi_{ber} = 4\pi V n_{\max}^2 / u_{2\max}^3$	0,082	–
1. Stufe	Gewählt	φ	0,081	–
Liegen keine Beschränkungen oder Vorgaben für n und u_2 vor, kann für erste Durchrechnung gesetzt werden:				
$\varphi \approx 0{,}1$; $u_2 \approx 300$ m/s; jedoch: $u_2 \leq a_0$				
Laufraddurchmesser 1. Stufe		$d_2 = \sqrt{4\dot{V}/(\pi u_2 \varphi)}$	0,372	m
Drehzahl		$n = u_2/(\pi d_2)$	14.940	1/min

12.5.5 Endtemperatur, spezifische polytrope Arbeit

Temperaturexponent, polytrop (η_p wird iterativ ermittelt)	$m \approx (\varkappa - 1) / (\varkappa \eta_p)$	0,32	–
Zahl der Zwischenkühler, gewählt	c	1	–
Zahl der Stufengruppen	$c + 1$	2	–
Mittl. Druckverhältnis Stufengruppe	$\Pi_{Gr} = \Pi^{\frac{1}{c+1}}$	2,3092	–
Endtemperatur 1. Stufengruppe	$t_{d1} \approx T_s \Pi_{Gr}^m - 273{,}15$	126	°C
Grädigkeit Zwischenkühler, $\Delta t = 5 \ldots 15\,\mathrm{K}$	Δt	10	K
Rückkühltemperatur	$T_R = T_K + \Delta t$	308,15	K
Endtemperatur	$t_d = T_R \Pi_{Gr}^m - 273{,}15$	130	°C
Spezifische polytrope Arbeit	$h_p \approx [T_s + c T_R (1 + h_c)] \frac{Z_s + Z_d}{2} R \frac{n_v}{n_v - 1} \left[\Pi_{Gr}^{\frac{n_v - 1}{n_v}} - 1 \right]$	207	kJ/kg
Volumenexponent, polytrop	$(n_v - 1) / n_v \approx (\varkappa - 1) / (\varkappa \eta_p)$	0,32	–
Kühlerverlust	$h_c = \Delta h_{pc} / h_p$	0,005	–

12.5.6 Wirkungsgrad, Stufenzahl

Volumenstrom-Faktor (für $c = 0$: $T_R / T_s = 1$)	$a = (T_R / T_s)\, \Pi^{\left(\frac{\varkappa - 1}{(c+1)\varkappa \eta_p} - 1\right)}$	0,247	–
Volumenstromzahl Saugseite	$\varphi_s = 4\dot{V} / (\pi d_2^2 u_2)$	0,081	–
Polytroper Wirkungsgrad, Abb. 12.17	$\eta_{ps} = f(\varphi_s)$	0,83	–
Arbeitszahl, Abb. 12.17	$s_s = f(\varphi_s)$	0,615	–
Volumenstromzahl Druckseite	$\varphi_d = a \varphi_s$	0,02	–
Polytroper Wirkungsgrad, Abb. 12.17	$\eta_{pd} = f(\varphi_d)$	0,74	–
Spezifische Arbeitszahl, Abb. 12.17	$s_d = f(\varphi_d)$	0,65	–
Mittlere Volumenstromzahl	$\varphi_m = (\varphi_s + \varphi_d)/2$	0,05	–
Polytroper Wirkungsgrad, Abb. 12.17	$\eta_{pm} = f(\varphi_m)$	0,82	–
Arbeitszahl, Abb. 12.17	$s_m = f(\varphi_m)$	0,625	–
Polytroper Wirkungsgrad	$\eta_p = (\eta_{ps} + \eta_{pm} + \eta_{pd})/3$	0,797	–
Polytrope Druckzahl	$\psi_p = 2\eta_p (s_s + s_m + s_d)/3$	1,0	–
Spezifische polytrope Arbeit je Stufe	$h'_p = \psi_p u_2^2 / 2$	42,3	kJ/kg
Stufenzahl, berechnet	$i_{ber} = h_p / h'_p$	4,9	–
Stufenzahl, gewählt	i	5	–
Schallgeschwindigkeit Saugseite, $k_{VS} \approx \varkappa_s$	$a_0 = \sqrt{k_{VS} Z_s R T_s}$	381,2	m/s
Umfangs-Machzahl 1. Stufe (falls $M_{u2} \geq (0{,}9 \ldots 1{,}0)$, u_2 reduzieren und d_2, n, i neu bestimmen!)	$M_{u2} = u_2 / a_0$	0,763	–
Maximale Stufenzahl/Gehäuse, Abb. 12.9	i_{max}	6	–

12.5.7 Leistung

Labyrinthverluste, geschätzt (Ausgleichskolben + Sperrgas)	$\Delta \dot{m} / \dot{m}$	0,02	–
Innere Leistung	$P_i = \dot{m}\,[1 + (\Delta \dot{m} / \dot{m})]\, h_p / \eta_p$	3934	kW
Mechanische Verluste (nach Herstellerangaben)			
Lager (2 Radial-, 1 Axiallager)	P_{VL}	40	kW
Sperröldichtungen (2 Stück)	P_{VS}	–	kW
Gleitringdichtungen (2 Stück, gasgeschmiert)	P_{VD}	4	kW
Leistung an der Verdichterkupplung	$P_K = P_i + P_{VL} + P_{VS(D)}$	3978	kW

12

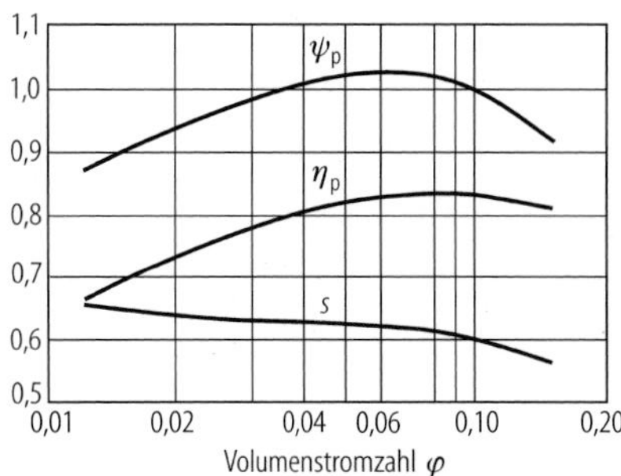

Abb. 12.17 Grobe Richtwerte für polytrope Druckzahl, polytropen Stufenwirkungsgrad und Arbeitszahl als Funktion der Volumenstromzahl (Grundwerte) [1]. Für geschlossene Laufräder, $\beta_2 = 40° \ldots 50°$, $d_2 = 400\,\mathrm{mm}$, $M_{u2} = 0{,}7$, $Re_{u2} = 500\,000$; erforderliche η-Korrekturen: Größeneinfluss, Mach-, Reynoldszahl, Diffusorverhältnis, Ein-, Austrittsverlust, Geometrievarianten, Rauheit

Literatur

Spezielle Literatur

1. Lüdtke, K.H.: Process Centrifugal Compressors. Springer, Berlin (2004)
2. API: Axial and Centrifugal Compressors and Expander-compressors for Petroleum, Chemical and Gas Industry Services. Standard **617**(7) (2002)
3. Fulton, J.W.: The decision to full load test a high pressure centrifugal compressor in its module prior to tow-out. 2nd European Congress on Fluid Machinery for the Oil, Petrochemical and Related Industries. I Mech E Conf Publ (1984)
4. API: Packaged, Integrally Geared Centrifugal Air Compressors for Petroleum, Chemical, and Gas Industry Services, 4. Aufl. Bd. 672. API (2004)
5. Kompressoren und Vakuumpumpen – Sicherheitsanforderungen, Teil 1: Kompressoren; EN 1012-1:2010 und Teil 3: Prozesskompressoren; EN 1012-3:2013
6. Knapp, H., Döring, R., Oellrich, L., Plöcker, U., Prausnitz, J.M.: Vapor-liquid equilibria for mixtures of low boiling substances. Dechema Chemistry Data Series, Bd. VI. (1982)
7. Nelson, L.C., Obert, E.F.: Generalized Compressibility Charts. Trans Asme **76**, (1954)
8. VDI: Wärmeatlas, 11. Aufl. Springer, Berlin (2013)

13 Gasturbinen

Jörg Seume und Jochen Gier

13.1 Einteilung und Verwendung

Die Gasturbine zählt zu den Wärmekraftmaschinen, weil sie, in der Regel durch Verbrennung von Brennstoff freigesetzte, Wärme in mechanische Energie (Wellenleistung) oder in Schubkraft (bei Luftfahrt-Triebwerken) umsetzt. Sie besteht im einfachsten Fall (Abb. 13.1a) aus einem Verdichter, einer Turbine und einer Brennkammer. Der Verdichter saugt einen bestimmten Luftmassenstrom aus der Umgebung an und bringt ihn auf einen erhöhten Druck. Durch isobare Verbrennung eines bestimmten Brennstoffmassenstroms mit diesem Luftmassenstrom in der Brennkammer wird zusätzlich die Temperatur des Arbeitsgasstroms erhöht, so dass bei dessen anschließender Entspannung auf Umgebungsdruck in der Turbine diese mehr Leistung abgeben kann, als der von ihr angetriebene Verdichter aufnimmt. Der Leistungsüberschuss der Turbine steht als Nutzleistung (z. B. zum Antrieb des Generators G) zur Verfügung.

Gasturbinenprozesse. Nach dem Weg des Arbeitsmediums unterscheidet man:

- *Offener Prozess*. Das Arbeitsmedium wird (als Luft) aus der Umgebung angesaugt und nach dem Durchströmen aller Komponenten des Gasturbinenaggregats (in der Regel als Verbrennungsgas) wieder an die Umgebung abgegeben (Abb. 13.1a und c–e).
- *Geschlossener Prozess*. Das Arbeitsmedium läuft geschlossen um und nimmt nicht an der Verbrennung teil. An die Stelle der Brennkammer im offenen Prozess tritt ein Wärmetauscher (= *Erhitzer*). Zum Schließen des thermodynamischen Kreisprozesses ist zusätzlich ein Rückkühler erforderlich (Abb. 13.1b). Außer Luft kommen auch andere Gase als Arbeitsmedium in Frage (z. B. Helium). Der geschlossene Kreislauf ermöglicht es, den Ansaugdruck des Verdichters über den Umgebungsdruck und damit das Dichteniveau des Arbeitsmediums insgesamt anzuheben, was zur Verkleinerung der Aggregat-Abmessungen und zu einer wirkungsgradgünstigen Leistungsregulierung (Druckpegelregelung) genutzt wird.
- *Halboffener Prozess*. Dabei wird einer der beiden Teilkreisläufe der aus einem Hochdruck- und einem Niederdruckkreislauf bestehenden Gasturbinenanlage offen, der andere geschlossen geführt.

Prozessführung. Man unterscheidet:

- *Einfache Prozesse*. Sie bestehen nur aus einer Verdichtung, einer Erhitzung und einer Entspannung (beim offenen Prozess); beim

J. Seume (✉)
Leibniz Universität Hannover
Hannover, Deutschland
E-Mail: seume@tfd.uni-hannover.de

J. Gier
MTU Aero Engines AG
München, Deutschland
E-Mail: jochen.gier@mtu.de

B. Bender und D. Göhlich (Hrsg.), *Dubbel Taschenbuch für den Maschinenbau 3: Maschinen und Systeme*,
https://doi.org/10.1007/978-3-662-59715-6_13

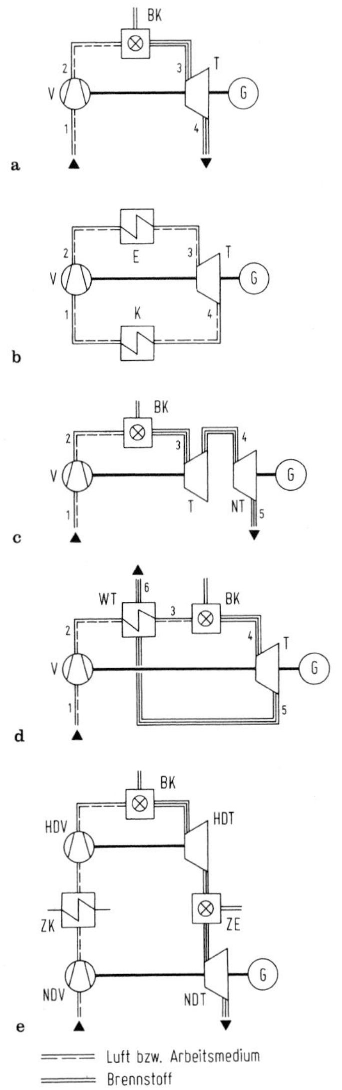

Abb. 13.1 Beispiele für Gasturbinenschaltungen. *BK* Brennkammer, *E* Erhitzer, *G* Generator bzw. angetriebene Maschine, *HDT* Hochdruckturbine, *HDV* Hochdruckverdichter, *K* Rückkühler, *NDT* Niederdruckturbine, *NDV* Niederdruckverdichter, *NT* Nutzturbine, *T* Turbine, *V* Verdichter, *WT* Abgas-Wärmetauscher, *ZE* Zwischenerhitzer, *ZK* Zwischenkühler, *1–6* Zustände des Arbeitsmediums

geschlossenen Prozess tritt noch die Rückkühlung hinzu. Dabei ist es unerheblich, ob die Entspannung in nur einer Turbine (Abb. 13.1a) oder gemäß Abb. 13.1c zum Teil in der Turbine des *Gaserzeugersatzes* (V + BK + T) und zum Rest in der *Nutzturbine* dieses zweiwelligen Aggregats erfolgt.

- *Prozess mit Abgaswärmetauscher* (Abb. 13.1d). Die im Arbeitsmedium nach der Turbine (5) enthaltene Abgaswärme (Restexergie) wird zur Vorwärmung der verdichteten Luft vor der Brennkammer benutzt, womit der Brennstoffverbrauch reduziert wird.
- *Prozess mit Zwischenkühlung bzw. Zwischenerhitzung* (Abb. 13.1e). Durch Rückkühlung des Arbeitsmediums zwischen den Verdichtungsstufen und/oder Wiederaufheizung zwischen den Entspannungsstufen lässt sich bei gleichbleibender thermischer und mechanischer Belastung die Leistungsdichte des Gasturbinenaggregats erhöhen. In der Praxis sind auch Kombinationen der unter Abb. 13.1c–e gezeigten Prozessführungen zu finden.

13.2 Thermodynamische Grundlagen

13.2.1 Idealisierte Kreisprozesse

Das *Arbeitsmedium* durchläuft beim kontinuierlichen Durchströmen der Komponenten des Gasturbinenaggregats einen thermodynamischen Kreisprozess, der sich in einem h,s-, T,s- oder p,v-Diagramm darstellen lässt. Reale Gasturbinenprozesse werden bezüglich Wirkungsgrad und Arbeitsvermögen an idealisierten Kreisprozessen gemessen. Für diese gelten folgende Voraussetzungen:

- Das Arbeitsmedium ist ein ideales Gas, d. h. die kalorischen Stoffgrößen c_p, c_v, und R sind Konstanten.
- Das Arbeitsmedium läuft geschlossen um und ändert seine Zusammensetzung nicht.
- Die Zustandsänderungen in den Strömungsmaschinen (Verdichter, Turbine) sind reversibel.
- Es treten keine Druckverluste und, außer in Wärmetauschern, auch keine Wärmeverluste auf.
- Die Zustandsänderungen verlaufen unendlich langsam, so dass keine kinetischen Energieanteile zu berücksichtigen sind.

a) Joule-Prozess. Er bildet den theoretischen Vergleichsprozess für den einfachen Gasturbinenprozess gemäß Abb. 13.1a und b. Er besteht gemäß Abb. 13.2a aus einer isentropen Verdichtung 1–2 um das Druckverhältnis π, einer isobaren Wärmezufuhr 2–3, einer isentropen Expansion 3–4, wobei $p_3/p_4 = \pi$ gilt, und einer isobaren Wärmeabfuhr 4–1. Der thermische Wirkungsgrad

$$\eta_{\mathrm{th}} = 1 - \frac{1}{\pi^{\frac{\varkappa-1}{\varkappa}}}$$

hängt nur vom Druckverhältnis π ab und steigt mit diesem an. Die spezifische Nutzarbeit w_{t} des Prozesses, mit $c_p \cdot T_1$ dimensionslos gemacht,

$$\frac{w_{\mathrm{t}}}{c_p \cdot T_1} = \frac{T_3}{T_1}\left(1 - \frac{1}{\pi^{\frac{\varkappa-1}{\varkappa}}}\right) - \left(\pi^{\frac{\varkappa-1}{\varkappa}} - 1\right)$$

hängt außer vom Druckverhältnis π auch noch, bei gegebener Ansaugtemperatur T_1, von der Turbineneintrittstemperatur T_3 ab, wobei für jedes T_3 ein anderes optimales Druckverhältnis π existiert. Im T, s-Diagramm (Abb. 13.2a) entspricht w_{t} der vom Zustandsverlauf 1–2–3–4–1 eingeschlossenen Fläche.

b) Ericsson-Prozess (Abb. 13.2b). Im Unterschied zum Joule-Prozess verlaufen die Verdichtung 1–2 und die Expansion 3–4 jeweils isotherm, was sich praktisch durch möglichst viele Zwischenkühl- und Zwischenerhitzungsstufen (siehe Abb. 13.1e) annähern lässt. Für gleiche Werte bezüglich T_3/T_1 und π liegt im Vergleich zum Joule-Prozess die spezifische Nutzarbeit höher (Zugewinn entspricht schraffierten Teilflächen in Abb. 13.2b), der thermische Wirkungsgrad liegt jedoch niedriger und hängt außer von π auch von T_3/T_1 ab.

c) Joule-Prozess mit Abgaswärmetauscher (Abb. 13.2c). Durch einen Abgaswärmetauscher gemäß Abb. 13.1d lässt sich im Idealfall aus dem Abgas die spezifische Wärme q_{R} entsprechend der Fläche 5–6–a–b–5 entnehmen und auf die verdichtete Luft zur isobaren Temperaturerhöhung 2–3 übertragen. Bei gleicher spezifischer Nutzarbeit wie beim Joule-Prozess gilt für den thermischen Wirkungsgrad nunmehr

$$\eta_{\mathrm{th}} = 1 - \frac{T_1}{T_4} \cdot \pi^{\frac{\varkappa-1}{\varkappa}} .$$

Wie Abb. 13.3 verdeutlicht, geht der Vorteil des Abgaswärmetauschers ab einem (von T_4/T_1 abhängigen) Wert von π jedoch in einen Nachteil über, weil dann ein Wärmeaustausch in der umgekehrten Richtung erfolgt.

Bei einer Kombination des Ericsson-Prozesses mit einem Abgaswärmetauscher kann die spezifische Wärme entsprechend der Fläche 4–1–a–b in Abb. 13.2b getauscht, d. h. zur isobaren Aufheizung 2–3 verwendet werden, wodurch

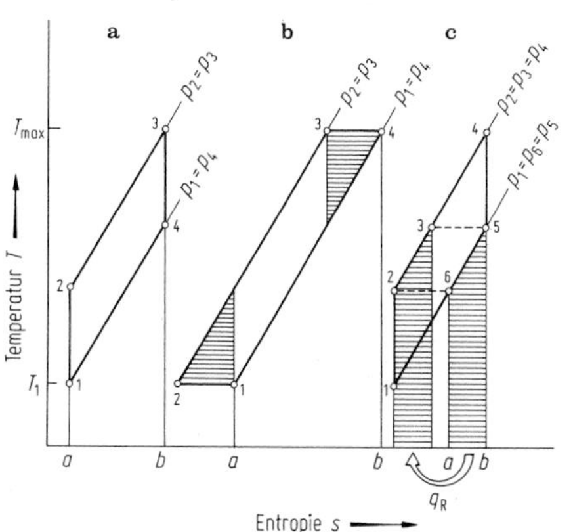

Abb. 13.2 Idealisierte Gasturbinenprozesse im Temperatur-Entropie-(T, s-) Diagramm

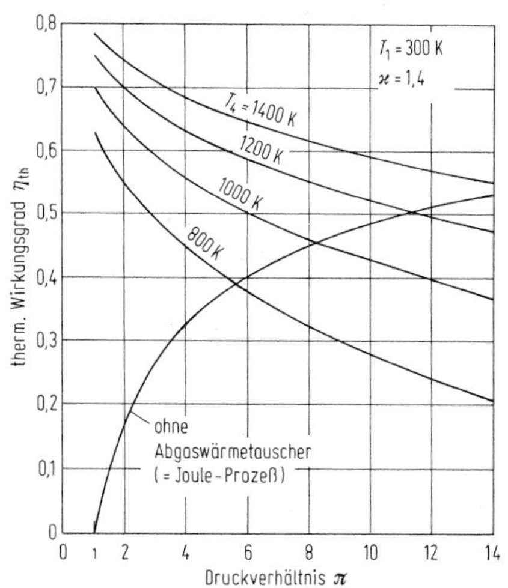

Abb. 13.3 Thermischer Wirkungsgrad η_{th} des idealen Gasturbinenprozesses mit Abgaswärmetauscher abhängig vom Druckverhältnis π für unterschiedliche Turbineneintrittstemperaturen T_4

der thermische Wirkungsgrad gleich dem Carnot-Wirkungsgrad wird.

13.2.2 Reale Gasturbinenprozesse

Demonstriert am Beispiel des einfachen offenen Gasturbinenprozesses entsprechend der Schaltung in Abb. 13.1a, unterscheidet sich der Ablauf des realen Prozesses von dem des Idealprozesses (Joule-Prozess) gemäß Abb. 13.4.

13.2.2.1 Polytrope Kompression und Expansion, Druckverluste

Durch den Ansaugverlust (Druckabfall p_0–p_1) nimmt schon die zum Erreichen des Verdichteraustrittsdrucks p_2 ideal aufzubringende isentrope Enthalpiedifferenz von Δh_{sV_0} auf Δh_{sV} zu; die real aufzubringende Enthalpiedifferenz Δh_{V} ist infolge polytroper Verdichtung noch größer. Ohne den Druckverlust in der Brennkammer $\Delta p_{\mathrm{BK}} = p_2 - p_3$ würde die Expansion in der Turbine vom Punkt 3′ aus erfolgen und im Idealfall bei isentroper Expansion auf den Umgebungsdruck p_0 eine spezifische Turbinenarbeit entsprechend Δh_{sT_0} freisetzen. Real erfolgt die Expansion in der Turbine von 3 ausgehend auf den Druck p_4, nicht isentrop nach 4 *S*, sondern polytrop nach 4, wodurch die reale spezifische Turbinenarbeit nur noch Δh_{T} beträgt. Die Druckdifferenz p_4–p_0 stellt den Abgasdruckverlust dar.

Druckverluste werden vielfach als jeweils relativer Druckverlust

$$\varepsilon = \Delta p / p$$

angegeben, wobei der Druckabfall Δp über den betrachteten Abschnitt auf den Druck p vor diesem Abschnitt bezogen wird.

Der *Ausbrenngrad* η_{a} der Brennkammer

$$\eta_{\mathrm{a}} = \frac{(\dot{m}_{\mathrm{L}} + \dot{m}_{\mathrm{B}}) \cdot h_3 - \dot{m}_{\mathrm{L}} \cdot h_2}{\dot{m}_{\mathrm{B}} \cdot H_{\mathrm{u}}} \quad \text{mit} \quad \eta_{\mathrm{a}} < 1$$

berücksichtigt, dass infolge unvollständiger Verbrennung des Brennstoffs und durch Wandwärmeverluste die Enthalpieerhöhung in der Brennkammer kleiner ausfällt, als sie aus der theoretischen *Heizleistung* $\dot{m}_{\mathrm{B}}$ H_{u} des zugeführten Brennstoffs im Idealfall entstehen würde.

Das *Arbeitsmedium ist ein reales Gas*, d. h. die kalorischen Stoffgrößen sind mit Druck und Temperatur veränderlich. Im Falle des offenen Prozesses ändert sich zudem während des Durchlaufs auch die Zusammensetzung des Arbeitsmediums.

Verluste durch Leckage-, Sperr- und Kühlluft. Durch Leckage von Luft an der berührungs-

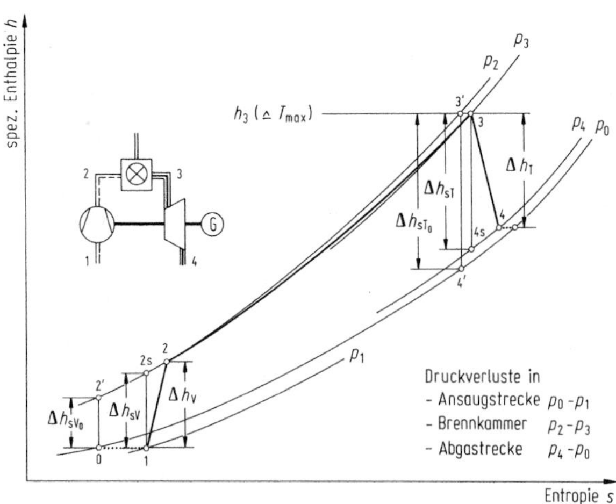

Abb. 13.4 Vergleich von idealem und realem (verlustbehafteten) Gasturbinenprozess im Enthalpie-Entropie-(h, s-)Diagramm

losen Verdichter-Wellenabdichtung und gegebenenfalls am regenerativen Abgaswärmetauscher sowie durch Entnahme verdichteter Luft zur Bereitstellung von Sperrluft für die Turbinenwellenabdichtung und insbesondere für die Turbinenschaufel-Kühlung verringert sich der Gesamtwirkungsgrad der Gasturbine, weil diese Luft-Teilströme zwar zuvor die volle spezifische Verdichterarbeit aufnehmen, dann aber keine bzw. nur zu einem sehr geringen Anteil spezifische Turbinenarbeit erzeugen.

13.2.2.2 Leistung und Wirkungsgrad

Alle bislang aufgeführten Verluste lassen sich im inneren Wirkungsgrad η_i der Gasturbinenanlage zusammenfassend berücksichtigen. Mit diesem erhält man aus der zugeführten *Brennstoffleistung* $\dot{m}_B \cdot H_u$ die innere Leistung P_i

$$P_i = \dot{m}_B \cdot H_u \cdot \eta_i \,.$$

Unter Berücksichtigung der Reibleistung P_r, bestehend aus der Lagerreibung und eventuell zusätzlich aus der Antriebsleistung für Hilfsaggregate (z. B. Brennstoff- und Schmierölpumpen), ergibt sich die effektive Leistung P_e an der Kupplung (*Kupplungsleistung*)

$$P_e = P_i - P_r \,.$$

Entsprechend gilt für den mechanischen Wirkungsgrad

$$\eta_m = \frac{P_e}{P_i} = \frac{P_e}{P_e + P_r}$$

und den effektiven Wirkungsgrad (= Kupplungswirkungsgrad)

$$\eta_e = \eta_i \cdot \eta_m = \frac{P_e}{\dot{m}_B \cdot H_u} \,.$$

Abb. 13.5 zeigt, dass η_e des realen Gasturbinenprozesses sich insbesondere über eine Anhebung der Turbineneintrittstemperatur steigern lässt, dabei aber das Druckverhältnis π mitanzuheben ist. In jedem Fall aber sollten die Strömungsmaschinenwirkungsgrade η_V und η_T hoch sein.

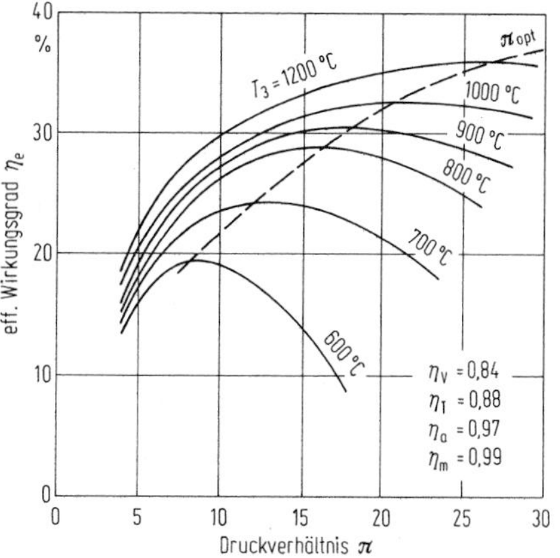

Abb. 13.5 Effektiver Wirkungsgrad eines einfachen Gasturbinenprozesses über dem Druckverhältnis für verschiedene Turbineneintrittstemperaturen T_3

13.3 Baugruppen

13.3.1 Verdichter

In Gasturbinen finden sowohl Radialverdichter als auch Axialverdichter Anwendung. Der *Radialverdichter* kann schon in einstufiger Ausführung, bei dennoch relativ gutem Wirkungsgrad, ein Druckverhältnis bis $\pi = 4{,}5$ erreichen. Noch höhere Werte sind durchaus realisierbar, allerdings unter Einbußen am Wirkungsgrad. Der Radialverdichter wird demgemäß bevorzugt bei Kleingasturbinen eingesetzt, die normalerweise gar keine höheren Verdichter-Druckverhältnisse benötigen, so auch bei Abgasturboladern. Aus Wirkungsgradgründen werden die Laufräder heute überwiegend mit *rückwärts gekrümmten* Schaufeln ($\beta_2 < 90°$) gestaltet gegenüber den früher aus Festigkeitsgründen bevorzugten radial endenden Schaufeln ($\beta_2 = 90°$).

Der *Axialverdichter* liefert in einer Stufe ein Druckverhältnis von $\pi = 1{,}2$ bis $2{,}0$ und wird daher in der Regel mehrstufig gebaut. Sein Wirkungsgrad liegt günstiger als der des Radialverdichters. Wegen der zusätzlich günstigen Eigenschaft des großen Massenstroms relativ zu seinen radialen Abmessungen ist in Industriegasturbinen und Flugtriebwerken ausschließlich der mehrstufige Axialverdichter in Anwendung, mit

Gesamtdruckverhältnissen bis 35 bei schweren Industrie-Gasturbinen und bis über 40 bei modernen Zweistrom-Luftfahrt-Triebwerken.

Da die Leistung der Gasturbine dem durchgesetzten Massenstrom proportional ist, erfordert unter sonst gleichbleibenden Bedingungen (u. a. Turbineneintrittstemperatur) eine beabsichtigte Leistungssteigerung einen erhöhten Verdichtermassenstrom, dem jedoch nach oben Grenzen gesetzt sind. Nach Ausschöpfen der zulässigen Umfangsgeschwindigkeit (mechanische Belastung) bietet der Übergang zu *transonischen* Schaufelprofilen eine Durchsatzsteigerung gegenüber dem *Unterschallverdichter*.

Isentrope Wirkungsgrade. Sie nehmen grundsätzlich mit der Baugröße zu und erreichen Bestwerte von 87 bis 92 % (Axialstufe) bzw. 78 bis 85 % (Radialstufe).

13.3.2 Turbine

Wie der Verdichter ist auch die Turbine in axialer und radialer Bauart in Gasturbinen zu finden. Die isentropen Wirkungsgrade von Turbinenstufen liegen höher als die der entsprechenden Verdichterstufen, weil die in den (konvergenten) Turbinen-Schaufelkanälen stattfindende *Düsenströmung* mit weniger Verlusten darstellbar ist als die *Diffusorströmung* in den (divergenten) Verdichter-Schaufelkanälen. Ihre Bestwerte betragen 88 bis 93 % (Axialstufe) und 83 bis 88 % (Radialstufe), wobei eine zunehmende Baugröße sich wie bei allen Strömungsmaschinen positiv auswirkt.

Die *Axialturbine* überwiegt in den möglichen Gasturbinenanwendungen und ist in Industriegasturbinen und Flugtriebwerken immer mehrstufig ausgeführt. In Abgasturboladern von Großdieselmotoren ist sie in einstufiger Ausführung zu finden (mit einem einstufigen Radialverdichter auf der gemeinsamen Welle). Die Axialturbinenstufe wird bei Gasturbinen aus Wirkungsgradgründen als Reaktions-(= Überdruck-)stufe mit einem Reaktionsgrad von etwa 50 % ausgeführt, d. h. nicht als Aktions-(= Gleichdruck-)stufe, wie sie als Anfangsstufen (*Regelstufen*) von Dampfturbinen verwendet werden.

Die Schaufellänge L nimmt entlang der Stufenreihe zu. Die auf den mittleren Stufendurchmesser D_m (Rotorkreis durch halbe Schaufelhöhe) bezogene Schaufellänge sollte zur Vermeidung von Schaufel(biege)schwingungen $L/D_\mathrm{m} = 0{,}25$ jedoch nicht überschreiten.

Schaufelkühlung. Um bei immer weiter gesteigerter Turbineneintrittstemperatur zum Zweck der Erhöhung des Gesamtwirkungsgrades die thermische Belastung der Turbinenschaufeln beherrschbar zu halten, werden bei Flugtriebwerken und Kraftwerksturbinen zusätzlich zur Verwendung extrem hochwarmfester Werkstoffe die Leit- und Laufschaufeln der Anfangsstufen gekühlt. Dazu wird Luft hinter dem Verdichter abgezweigt und – bei der Laufschaufel über den hohlen Rotorinnenraum durch den Schaufelfuß, bei der Leitschaufel über das Turbinengehäuse – ins Innere der Schaufel geleitet. Nach Aufnahme der Kühlwärme wird der Kühlluftstrom wieder dem Arbeitsmedium zugemischt. Es wird unterschieden (s. Abb. 13.6) in

- *Konvektionskühlung*. Über eine möglichst große wirksame innere Schaufeloberfläche wird durch Konvektion Wärme aus dem Schaufelmaterial auf die Kühlluft übertragen, die über Bohrungen am Profilende austritt.
- *Filmkühlung*. Zusätzlich zur Konvektionskühlung im Schaufelinneren lässt man über kleine Bohrungen an thermisch besonders hochbelasteten Stellen der Schaufeloberfläche Kühlluft austreten, die dort einen Kühlluftfilm bildet.
- *Transpirationskühlung*. Die Kühlluft gelangt über eine poröse Außenhaut vom Inneren an die Oberfläche der Schaufel. Der praktische Einsatz steht u. a. aus Werkstoffgründen noch aus.

Die Wirksamkeit der Schaufelkühlung lässt sich, ähnlich wie bei einem Wärmetauscher, über einen Rekuperationsgrad

$$\eta_{\mathrm{R,\,Sch}} = \frac{T_\mathrm{G} - T_\mathrm{M}}{T_\mathrm{G} - T_\mathrm{K}}$$

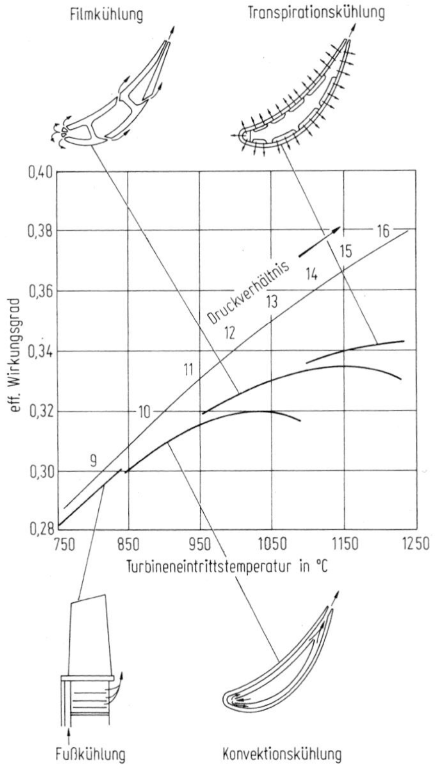

Abb. 13.6 Einfluss der Schaufelkühlung auf den effektiven Wirkungsgrad

beschreiben, wobei T_G die Heißgastemperatur vor der Schaufel, T_M die mittlere Schaufel-Materialtemperatur an der Oberfläche und T_K die Kühlmitteleintrittstemperatur bedeuten. Durch Schaufelkühlung sind heute thermodynamisch äquivalente, d.h. durch Massenstrommittelung der Enthalpien des Heißgases und der Kühlluftströme berechnete, Turbineneintrittstemperaturen bei Industriegasturbinen bis 1200 °C und bei Luftfahrt-Triebwerken (geringere Lebensdauer) bis 1600 °C möglich. Der Gesamtwirkungsgrad steigt mit intensivierter Schaufelkühlung allerdings degressiv (Abb. 13.6), weil die dazu erforderliche Erhöhung des Kühlluftstroms ihrerseits der Wirkungsgradsteigerung entgegenwirkt.

Die *Radialturbine* zeichnet sich analog dem Radialverdichter dadurch aus, dass sie bei relativ hohem Wirkungsgrad und geringen Abmessungen schon in einer einzigen Stufe ein relativ hohes Enthalpiegefälle bzw. Druckverhältnis abarbeiten kann. Sie ist dementsprechend bevorzugt in Kleingasturbinen zu finden, meist auf gemeinsamer Welle mit einem Radialverdichter, eine Bauform, die im Abgasturbolader von Fahrzeugmotoren die stückzahlmäßig größte Anwendung gefunden hat.

13.3.3 Brennkammer

Energieumsatz. In der Brennkammer findet die kontinuierliche isobare Verbrennung des Brennstoffmassenstroms $\dot{m}_B$, von der gegenüber dem Heizwert H_u vernachlässigbar kleinen Enthalpie des unverbrannten Brennstoffs h_B, mit dem Luftmassenstrom $\dot{m}_L$, von der Enthalpie $h_L(T_2)$, zum Turbinenmassenstrom $\dot{m}_T$, von der Enthalpie $h_T(T_3)$, statt.

Aus der Energiebilanz

$$\dot{m}_L \cdot h_L(T_2) + \dot{m}_B \cdot (\underbrace{h_B}_{\approx 0} + H_u \cdot \eta_a) = \dot{m}_T \cdot h_T(T_3)$$

und der Massenbilanz

$$\dot{m}_L + \dot{m}_B = \dot{m}_T$$

ergibt sich das (massenmäßige) Brennstoff/Luft-Verhältnis

$$\frac{\dot{m}_B}{\dot{m}_L} = \frac{h_T(T_3) - h_L(T_2)}{H_u \cdot \eta_a - h_T(T_3)} .$$

Unter Verwendung der Luftverhältniszahl λ, kurz Luftverhältnis genannt,

$$\lambda = \frac{\dot{m}_L}{L_{min} \cdot \dot{m}_B}$$

mit L_{min} als dem Mindestluftbedarf des Brennstoffs, T_2 als der Bezugstemperatur für die Enthalpie und $c_{p,BK}$ als Mittelwert für $c_{p,L}(T_2)$ und $c_{p,T}(T_3)$ ergibt sich für die Temperaturerhöhung in der Brennkammer

$$\Delta T_{BK} = T_3 - T_2 = \frac{H_u \cdot \eta_a}{c_{p,BK} \cdot (\lambda \cdot L_{min} + 1)} .$$

Beispielsweise mit Dieselkraftstoff oder Heizöl EL als Brennstoff ($H_u 42\,500\,kJ/kg$, $L_{min} = 14{,}5\,kg/kg$) kann demnach die Temperaturerhöhung in der Brennkammer maximal (für $\eta_a = 1{,}0$, $\lambda = 1{,}0$, $c_{p,BK} = 1{,}16\,kJ/(kg\,K)$) den Betrag $\Delta T_{BK} = 2364\,K$ erreichen.

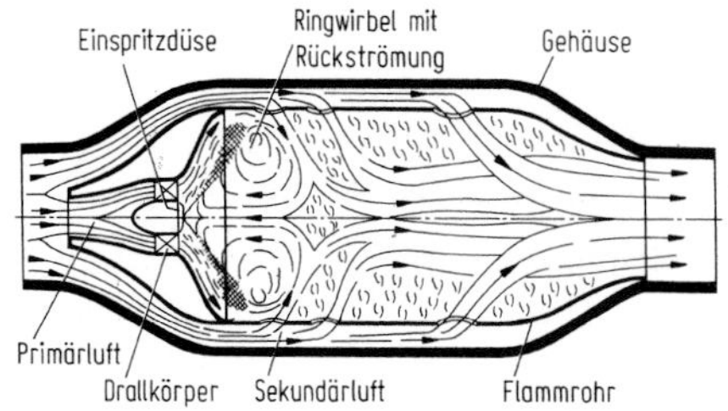

Abb. 13.7 Gleichstrom-Brennkammer mit Diffusionsbrenner (schematisch)

Aufbau und Funktionsprinzip (Abb. 13.7). Die zuströmende Luft wird durch die Anordnung von Flammrohr und Gehäuse in den Primär- und in den Sekundärluftstrom aufgeteilt. Drallschaufeln prägen der Primärluft eine Rezirkulationsströmung in der Primärzone auf. Der flüssige Brennstoff wird über eine Dralldüse bei Drücken bis 100 bar in die Primärzone eingespritzt, zerstäubt, verdampft, mit der Primärluft vermischt und mit dieser bei relativ kleinem λ (1,2 bis 1,5) bei einer Temperatur von etwa 2000 °C verbrannt (Diffusionsbrenner). Die nachfolgend über die Sekundärluftbohrungen im Flammrohr zugemischte Sekundärluft kühlt Gehäuse und Flammrohr, vervollständigt die Verbrennung und ist mengenmäßig so bemessen, dass die Brennkammeraustrittstemperatur die zulässige Turbineneintrittstemperatur nicht überschreitet, wobei bei Volllast λ-Werte von 3,5 bis 4 vorliegen, bei Teillast Werte bis $\lambda = 15$.

Bei *Vormischbrennern*, für gasförmige oder zuvor verdampfte flüssige Brennstoffe, werden (Primär-)Luft und Brennstoff bereits vor der Primärzone gemischt. Vormischbrenner ermöglichen gegenüber Diffusionsbrennern ein höheres λ in der Primärzone, wodurch die Temperatur in der Primärzone sinkt und dementsprechend weniger NO_x gebildet wird. Instabilität der Flamme infolge zu mageren Gemisches in der Primärzone kann durch eine (fett brennende) Pilotflamme zu höheren λ-Werten verschoben werden.

In *katalytischen Brennkammern* sorgen katalytisch beschichtete keramische oder metallische Wabenkörper (Oxidationskatalysatoren) dafür, dass das durchströmende Brennstoff/Luft-Gemisch auch noch bei λ-Werten von 1,5 und größer stabil brennt, was extrem niedrige NO_x-Werte ermöglicht.

Bauarten. Hierbei wird unterschieden in

1. Gleichstrom- und Gegenstrombrennkammer, je nachdem ob die Sekundärluft in Flammen-

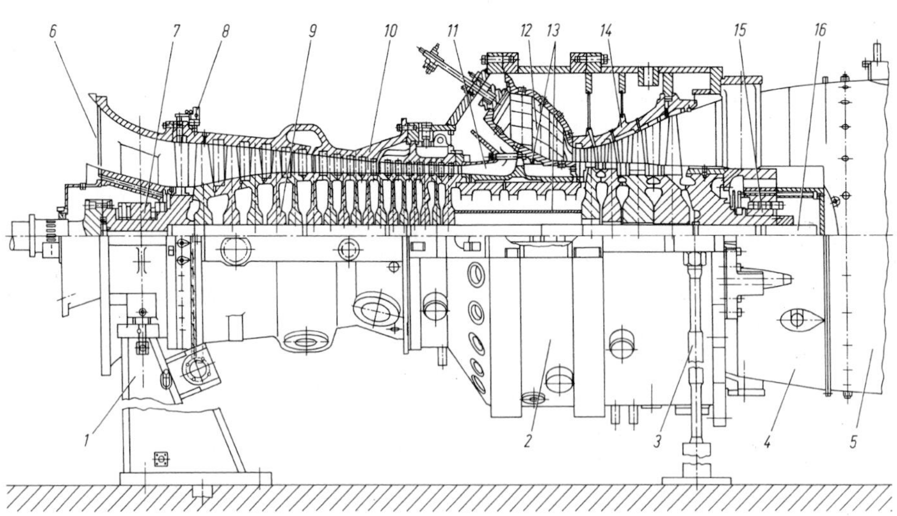

Abb. 13.8 Einwellige Kraftwerks-Gasturbine mit Hybrid-Vormischbrenner für Erdgas oder Heizöl (Siemens V64.3A). *1* Verdichter-Stütze, *2* Gehäuse, *3* Turbinen-Stütze, *4* Turbinen-Lagergehäuse, *5* Abgasdiffusor, *6* Ansaugkanal, *7* Axial-Radial-Lager, *8* Vorleitgitter-Verstelleinrichtung, *9* Radscheibe, *10* Verdichter-Leitschaufelträger, *11* Verdichter-Diffusor, *12* Brennkammer, *13* Kühllufttrennrohre, *14* Turbinen-Leitschaufelträger, *15* Radial-Lager, *16* Zuganker

richtung (z. B. Abb. 13.7) oder entgegengesetzt strömt.

2. Einzelrohr-Brennkammer. Sie ist bei Kleingasturbinen und bei Gasturbinen in Schwerbauweise (auch in Mehrfachanordnung) zu finden.
3. Rohr-Ringbrennkammer. Auf einem Kreis um die Längsachse des Gasturbinenaggregats sind einzelne Flammrohre in einem gemeinsamen kreisringzylindrischen Gehäuse angeordnet, von dem aus die Sekundärluft zugeführt wird. Diese Bauform ist bei Flugtriebwerken und davon abgeleiteten stationären Gasturbinen anzutreffen.
4. Ringbrennkammer. Primär- und Sekundärluftströme werden in zur Triebwerkslängsachse konzentrischen Ringräumen geführt, mit über dem Umfang verteilten einzelnen Brennern (Abb. 13.8). Anwendung wie bei 3.

Belastung und Verluste. Die spezifische Brennkammerbelastung

$$q_{BK} = \frac{\dot{m}_B \cdot H_u}{V_{BK} \cdot p_{BK}}$$

mit V_{BK} für das Brennkammervolumen und p_{BK} für den Druck in der Brennkammer, liegt bei Flugtriebwerken mit 20 bis 50 MW/(m^3 bar) am höchsten. Für Industriegasturbinen kann sich dieser Wert bis auf ein Zehntel verringern, was an den möglichen größeren Abmessungen und daran liegt, dass vielfach Abgaswärmetauscher eingesetzt sind. Die Druckverluste betragen je nach Bauart zwischen 1 und 6 %.

13.4 Gasturbine im Kraftwerk

13.4.1 Allgemeines und Bauweise

Basierend auf ihrer hohen Leistungsdichte und ihrem schnellen Lastannahmevermögen, dienten Gasturbinen im Kraftwerksbetrieb über Jahrzehnte überwiegend zur Spitzenlastdeckung, für Reservekraftwerke sowie als fahrbare Notstromaggregate. Die Abgaswärme wird gegebenenfalls nicht in einem Abgaswärmetauscher im Sinne von Abb. 13.1d genutzt, sondern zur Erzeugung von Nah- oder Fernwärme, für Trocknungsprozesse oder zur Meerwasserentsalzung (Kraft-Wärme-Kopplung). Heute steht der Einsatz in Gas- und Dampf-Anlagen (s. Abschn. 13.4.2) im Vordergrund. Die höchsten Einheitenleistungen von Gasturbinen in Schwerbauweise liegen derzeit bei 375 MW, wofür ein Luftmassenstrom von etwa 829 kg/s erforderlich ist. Die Kupplungswirkungsgrade reichen bis etwa 40 % (Abb. 13.8).

13.4.2 Gas- und Dampf-Anlagen

Die im Abgas der Gasturbine enthaltene Restexergie wird einem Dampfkraftprozess zugeführt, der daraus zusätzliche elektrische Energie liefert. Zwischen folgenden beiden Grundkonzepten ist zu unterscheiden.

Gasturbine mit Abhitzekessel (Abb. 13.9). Die elektrische Leistung wird überwiegend von der Gasturbinenwelle abgegeben, ergänzt um die elektrische Zusatz-Leistung aus dem Dampfkraftprozess, der entweder einzig aus der Abgaswärme der Gasturbine gespeist wird oder im Falle des *befeuerten Abhitzekessels* eine entsprechend größere Zusatzleistung liefert.

Gas- und Dampf-Kombiprozesse. Da die Gasturbine bei Volllast bei etwa $\lambda = 2$ betrieben wird, demnach die Hälfte des Luftsauerstoffs nicht verbraucht wird, kann das Gasturbinenabgas als (bereits sehr heiße) „Ansaugluft" einem Dampferzeuger zugeführt und in diesem zusätzlich noch Brennstoff verbrannt werden. Die vom Dampfturbinensatz daraus erzeugte elektrische Leistung beträgt wegen des höheren Dampfturbinenwirkungsgrades das rund Vierfache der Gasturbinenleistung. Der besondere Vorteil dieses über zwei getrennte Feuerungen verfügenden *Nicht-integrierten Kombiprozesses* besteht darin, dass im Dampferzeuger auch relativ minderwertige Brennstoffe (Kohle, Schweröl) verfeuert werden können.

Beim *Integrierten Kombiprozess* (Abb. 13.9) mit dem Verbrennungsgas (λ nahe bei 2) zu-

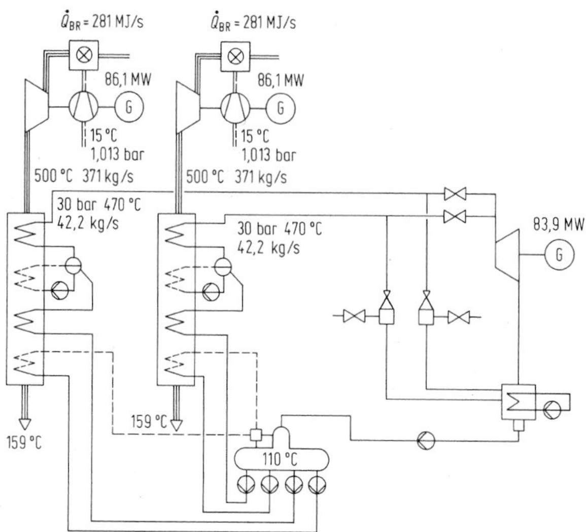

Abb. 13.9 Gasturbinenanlage mit (unbefeuertem) Abhitzekessel

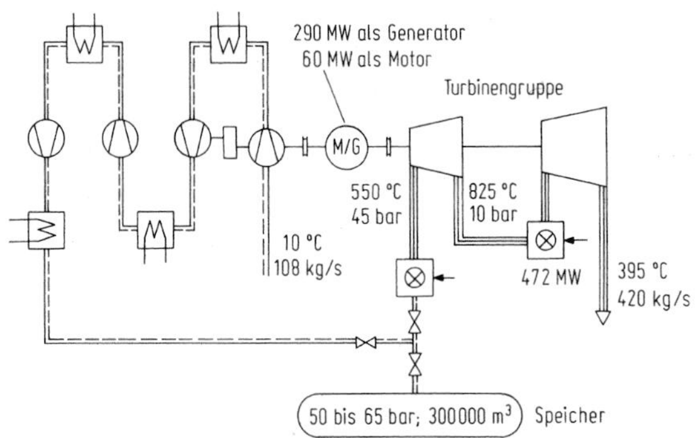

Abb. 13.10 Luftspeicherkraftwerk

nächst der Dampfkraftprozess beheizt und anschließend die Turbine des Gasturbinensatzes beaufschlagt. Die Brennstoffauswahl hat sich dabei an den (anspruchsvolleren) Anforderungen der Gasturbine zu orientieren.

In Kombianlagen werden Gesamtwirkungsgrade (elektrische Leistung/Brennstoffleistung) bis über 60 % erzielt. Kombianlagen eignen sich außer für Neuanlagen besonders auch zur Leistungsaufstockung bestehender Dampfturbinen-Kraftwerke (s. Abschn. 49.1.3).

13.4.3 Luftspeicher-Kraftwerk (Abb. 13.10)

Analog zum Pumpspeicher-Wasserkraftwerk werden entsprechend große, natürliche Speichervolumina (z. B. ausgelaugter Salzstock) mit Luft (bis 75 bar, mit 2,5 bar/h) aufgepumpt, wobei die Verdichter mit billigem Nachtstrom betrieben werden. Tagsüber wird zur Spitzenlastdeckung verdichtete Luft entnommen (von 75 auf 55 bar, mit 10 bar/h) und einem Gasturbinensatz zugeführt, dessen gesamte Turbinenleistung nunmehr als Nutzleistung verfügbar ist, weil der Verdichter dabei abgekoppelt ist.

13.5 Gasturbinen im Verkehr

13.5.1 Flugtriebwerke

Nach ersten Anfängen in den 30er und 40er Jahren des 20. Jahrhunderts haben sich Gasturbinen als Antrieb für Flugzeuge und Hubschrauber mit Ausnahme von Kleinflugzeugen durchgesetzt. Dies liegt an dem im Vergleich zu Kolbenmotoren niedrigeren Gewicht und Bauvolumen durch die große erreichbare Leistungsdichte.

Dabei unterteilt man die Fluggasturbinen in schuberzeugende Luftstrahltriebwerke und in Wellenleistungstriebwerke zum Antrieb von Propellern und Hubschrauberrotoren. Die einfachste Bauform ist das Turbo-Luftstrahltriebwerk (TL, engl. Turbojet). Dabei handelt es sich um ein Einkreistriebwerk bestehend aus Einlauf, Gasgenerator (einwellige Gasturbine) und Schubdüse.

Besonders für zivile Antriebe haben sich Zweistrom-Turbo-Luftstrahltriebwerke (ZTL, engl. Turbofan) durchgesetzt. Dem Gasgenerator wird hier noch ein Gebläse (engl. Fan) und ggf. ein Niederdruckverdichter vorgeschaltet, die von der nachgeschalteten Niederdruckturbine angetrieben werden. Diese laufen auf einer separaten Welle mit niedrigerer Drehzahl.

Für größere propellergetriebene Flugzeuge werden Propeller-Turbo-Luftstrahltriebwerke (PTL, Turboprop) eingesetzt. Hier wird dem Gasgenerator eine Nutzturbine nachgeschaltet, die über eine separate Welle und ein Getriebe den Propeller antreibt. Üblicherweise werden noch ungefähr 10 % der Schubleistung über eine Schubdüse durch den Abgasstrahl erzeugt.

Für Hubschrauber setzt man reine Wellenleistungstriebwerke ein, Turbo Motor (TM, engl. Turboshaft). Diese ähneln den PTL Triebwerken, erzeugen aber keinen Schub über einen Luftstrahl.

13.5.1.1 Grundlegende Zusammenhänge

Die Antriebsleistung von Luftstrahltriebwerken in Form des Schubs ergibt sich aus der Differenz des eintretenden und austretenden Impulses. Für ein TL-Triebwerk (Abb. 13.11) ergibt sich der Schub zu:

$$FN = c_9 \cdot (\dot{m}_l + \dot{m}_B - \dot{m}_Z) - c_0 \cdot \dot{m}_1 + A_9 \cdot (p_9 - p_0)$$

Dabei entspricht die Schubkraft dem Impulsunterschied zwischen dem Austrittsimpuls und dem Eintrittsimpuls sowie dem Druckkraftunterschied zwischen Umgebungsdruck und Druck am Düsenaustritt. Für den Austrittsimpuls sind der Brennstoffmassenstrom und der aus dem Triebwerk für z. B. Kabinenbelüftung und Enteisung abgeführte Zapfluftmassenstrom berücksichtigt. Wenn man diese beiden Massenströme und die unterschiedlichen Druckkräfte vernachlässigt, erhält man als vereinfachte Schubformulierung:

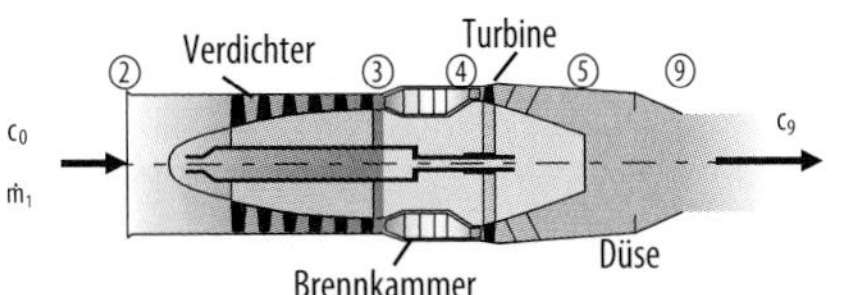

Abb. 13.11 Schematische Darstellung eines Einkreistriebwerks mit den Referenzebenen Eintritt *2*, Verdichteraustritt *3*, Brennkammeraustritt *4*, Turbinenaustritt *5* und Schubdüsenaustritt *9*

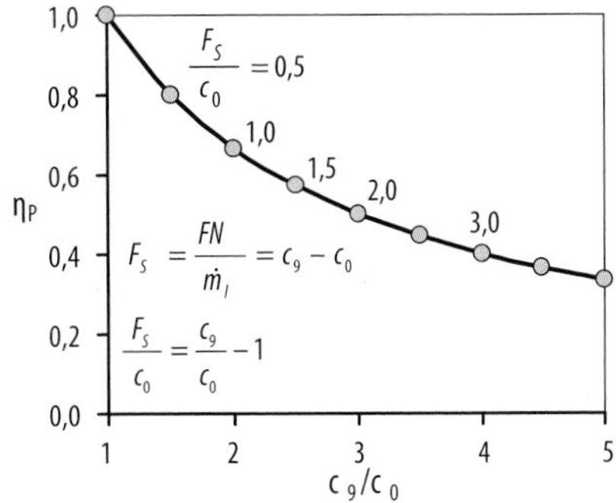

Abb. 13.12 Vortriebswirkungsgrad η_P und spez. Schub F_s als Funktion des Geschwindigkeitsverhältnisses c_9/c_0

$$FN = \dot{m}_1 \cdot (c_9 - c_0)$$

Bei hohen Austrittsgeschwindigkeiten sinkt die Effizienz des Luftstrahltriebwerks deutlich ab. Dies lässt sich durch den Vortriebswirkungsgrad (propulsiver Wirkungsgrad) beschreiben:

$$\eta_P = \frac{2}{l + c_9/c_0}$$

Dieser nähert sich 100 % bei Annäherung der Düsenaustrittsgeschwindigkeit c_9 an die Fluggeschwindigkeit c_0 an. Allerdings nimmt gleichzeitig der spezifische, auf die Fluggeschwindigkeit bezogene Schub ab (Abb. 13.12).

Hier muss bei dem Triebwerksentwurf der sinnvollste Kompromiss gewählte werden, da der

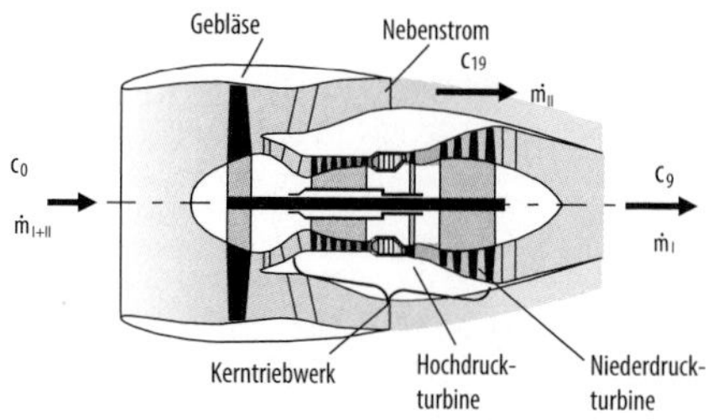

Abb. 13.13 Schematische Darstellung eines Zweikreistriebwerks mit dem Primärkreis I und dem Sekundärkreis II

Vortriebswirkungsgrad stark in den Brennstoffverbrauch eingeht. Diese für Einkreistriebwerke dargestellten Zusammenhänge liefern gleichzeitig die primäre Motivation für die Einführung der Zweikreistriebwerke (ZTL) (Abb. 13.13). Durch Einführen eines separaten Gebläses, welches den größeren Teil des Luftmassenstroms beschleunigt, ist es möglich, das Geschwindigkeitsverhältnis deutlich zu reduzieren und damit den Vortriebswirkungsgrad zu erhöhen.

Der gesamte Schub ergibt sich aus der Addition des Primärkreisschubs F_I und des Sekundärkreises F_{II}.

$$\begin{aligned} FN &= F_I + F_{II} \\ F_I &= c_9 \cdot (\dot{m}_I + \dot{m}_B - \dot{m}_Z) - c_0 \cdot \dot{m}_I \\ &\quad + A_9 \cdot (p_9 - p_0) \\ F_{II} &= \dot{m}_{II} \cdot (c_{19} - c_0) \end{aligned}$$

In gleicher Näherung wie bei der Schubgleichung für Einkreistriebwerke ergibt sich vereinfacht:

$$FN = \dot{m}_I \cdot (c_9 - c_0) + \dot{m}_{II} \cdot (c_{19} - c_0)$$

Für diesen Triebwerkstyp ist das Verhältnis des Massenstroms des Sekundär- und des Primärkreises eine wichtige Kennzahl. Diese wird als Nebenstrom- oder Bypassverhältnis bezeichnet:

$$\mu = \frac{\dot{m}_{II}}{\dot{m}_I}$$

Der thermodynamische Basisprozess der Flugtriebwerke ist wie bei den stationären Gasturbinen der Joule Prozess. Bei Einkreis-Luftstrahltriebwerken (TL) entzieht die Turbine dem Abgas nur so viel Energie, wie zum Antrieb des Verdichters benötigt wird. Die restliche nutzbare Enthalpie wird zur Beschleunigung der Abgasströmung in der Schubdüse genutzt (Ebene 5 $\rightarrow$ 9, Abb. 13.14).

Im Zweikreistriebwerk (Abb. 13.15) wird ein großer Teil der nutzbaren Enthalpie des Abgases zum Antrieb des Gasgenerators (Hochdruckturbine, Expansion von 4 nach 45) und zusätzlich zum Antrieb des Gebläses (Niederdruckturbine, Expansion von 45 nach 5) verwendet. Dadurch ist die restliche kinetische Energie des Abgases in der Schubdüse deutlich kleiner.

Während bei Turboprop Antrieben (PTL) die Niederdruckturbine in ähnlicher Weise lediglich über ein Getriebe den Propeller antreibt und die Abgase über eine Schubdüse noch in einem geringen Umfang zum Vortrieb beiträgt, wird die kinetische Energie in reinen Wellenleistungstriebwerken (TM) im Austritt minimiert, da sie dort einen Verlust darstellt.

Je größer das Nebenstromverhältnis eines ZTL-Triebwerks ist, desto geringer können die Geschwindigkeitsdifferenzen zwischen Luftstrahl und Fluggeschwindigkeit sein. Neben einem geringeren spezifischen Kraftstoffverbrauch durch den besseren Vortriebswirkungsgrad führt ein großes Nebenstromverhältnis auch zur einer verringerten Lärmemission. Während die ersten Zweikreistriebwerke nur Nebenstromverhältnisse um 2 hatten, weisen moderne Triebwerke heute Werte von bis zu 10 auf.

Eine weitere Steigerung des Nebenstromverhältnisses stößt allerdings an verschiedene Grenzen. Zum einen wird die Frontalfläche des Triebwerks und der Umfang der Gondel immer größer, was erhöhte Strömungswiderstände des installierten Triebwerks verursacht. Außerdem wächst das Gewicht an. Beides bedeutet, dass es für gegebene Randbedingungen und Triebwerksarchitekturen Optima gibt, über die hinaus es trotz besseren Vortriebswirkungsgrads keine weitere Verbesserung des Kraftstoffverbrauchs des Flugzeugs (engl. fuel burn) gibt. Außerdem führt ein hohes Nebenstromverhältnis zu der Kombination von niedrigen Drehzahlen der Niederdruckwelle und hohen Niederdruckturbinenleistungen. Dies führt zu einer wachsenden Anzahl von Turbinen-

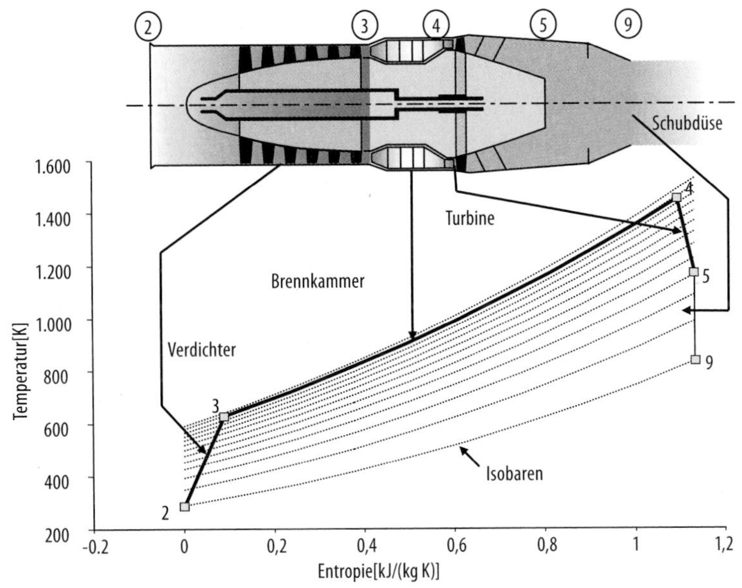

Abb. 13.14 Energieumsetzung im Einkreistriebwerk dargestellt im *T*-*s* Diagramm

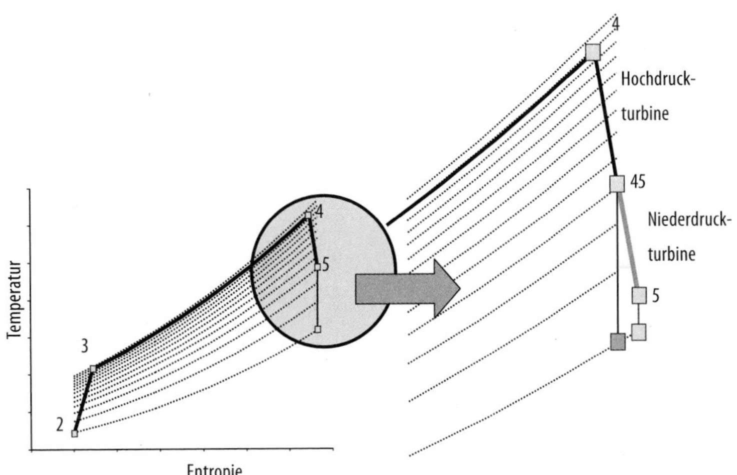

Abb. 13.15 Energieumsetzung im Zweikreistriebwerk dargestellt im *T*-*s* Diagramm

stufen, was sowohl Gewicht als auch Produktionskosten in die Höhe treibt. Weitere Limitierungen betreffen hier Triebwerksbauteile wie die Niederdruckwelle, die das wachsende Drehmoment von der Niederdruckturbine zum Gebläse übertragen muss.

Bei militärischen Triebwerken spielt im Vergleich zu zivilen Triebwerken das Schub-Gewichtsverhältnis eine deutlich größere Rolle. Hier wird auch ein größerer spezifischer Schub gefordert bei Forderung nach kompakten Abmessungen. Daher weisen militärische Triebwerke für Kampfflugzeuge nur kleine Nebenstromverhältnisse auf (Abb. 13.16).

Zur weiteren Schubsteigerung bei militärischen Luftstrahltriebwerken werden diese oft mit Nachbrennern (engl. afterburner) ausgestattet. Im Nachbrenner wird hinter dem Kerntriebwerk zusätzlich Kraftstoff eingespritzt, durch dessen Verbrennung und der damit verbundenen Expansion des Abgases die Austrittsgeschwindigkeit aus der Düse erheblich erhöht wird. So wird

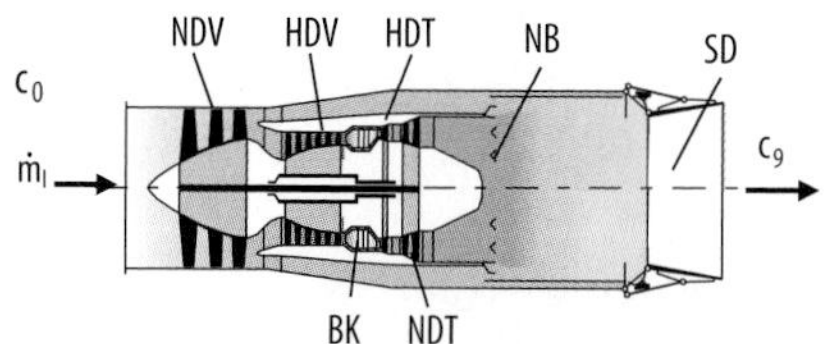

Abb. 13.16 Schematische Darstellung eines militärischen Zweikreistriebwerks mit Niederdruckverdichter (*NDV*), Hochdruckverdichter (*HDV*), Brennkammer (*BK*), Hochdruckturbine (*HDT*), Niederdruckturbine (*NDT*), Nachbrenner (*NB*) und Schubdüse (*SD*)

bei Einstromtriebwerken der Schub um 30 % bis 40 % erhöht, während die Schubsteigerung bei modernen Zweistromtriebwerken wie dem EJ200 50 % bis 70 % betragen kann. Wegen des hohen Brennstoffverbrauchs im Nachbrennerbetrieb (ca. 100 % mehr) wird dieser jedoch meist nur relativ kurzzeitig genutzt.

13.5.1.2 Triebwerksaufbau

Um einen thermisch effizienten, schnelldrehenden Gasgenerator mit einem langsam drehenden Gebläse zu kombinieren, weisen ZTL Triebwerke im Gegensatz zu stationären Gasturbinen zwei oder bei einer Reihe von Rolls-Royce Triebwerken 3 unterschiedlich schnell drehende Wellen auf. In Abb. 13.17 ist ein typisches Zweiwellen ZTL Triebwerk abgebildet. Die Kernstromluft wird vom langsam drehenden Gebläse und Niederdruckverdichter vorverdichtet und im sich anschließenden, schnelldrehenden Hochdruckverdichter auf den Enddruck gebracht. Hinter der Brennkammer schließt sich zuerst die Hochdruckturbine an, die über die Hochdruckwelle den Hochdruckverdichter antreibt. Dahinter expandiert das Abgas durch die Niederdruckturbine, die über die Niederdruckwelle den Niederdruckverdichter und das Gebläse antreibt. Schließlich strömt das Abgas durch das Austrittsleitgitter, welches der Strömung den Restdrall entnimmt, und die Austrittsdüse, die bei diesem Triebwerk als Blütenmischer zur Vermischung von Kernstrom und Nebenstrom ausgeführt ist.

In Abb. 13.18 ist das Hubschraubertriebwerk MTR 390 dargestellt. Dieses ist in sehr kompakter Bauweise mit zwei Radialverdichterstufen, einstufiger Hochdruckturbine und zweistufiger Leistungsturbine, die über ein Getriebe den Hubschrauberrotor antreibt, ausgeführt

Luftstrahltriebwerke werden für Schübe von ca. 5 kN bis zu 500 kN (GE90-115B, 115 000 lbs Schub) eingesetzt. Bei ZTL Triebwerken geht der Trend dabei zu Nebenstromverhältnissen von 5–6 für kleinere Triebwerke bis 80 kN Schub und bis zu Nebenstromverhältnissen von 10 für große Triebwerke. Neu entwickelte ZTL Triebwerke

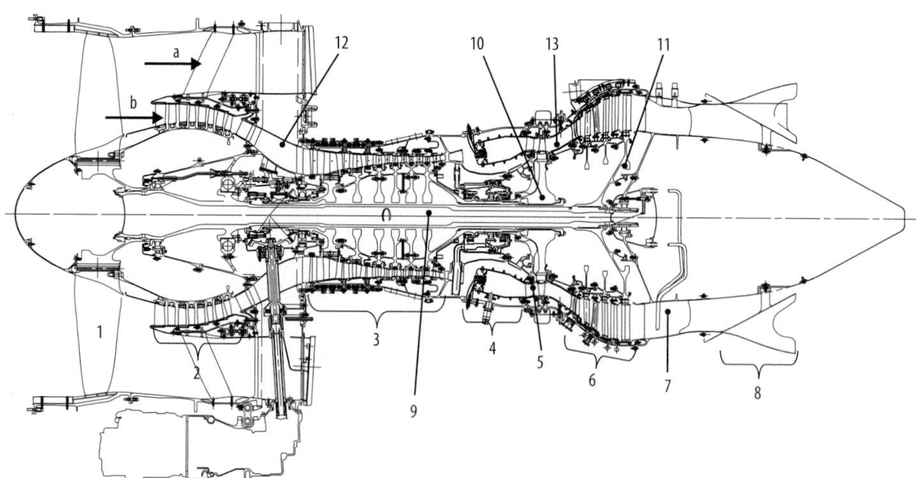

Abb. 13.17 Schnittbild des zweiwelligen ZTL Triebwerks PW6000 (Nebenstromverhältnis: 4,6; Schub: 106 kN [23800 lbf]) **a** Nebenluftstrom, **b** Kernluftstrom, *1* Gebläse, *2* Niederdruckverdichter NDV, *3* Hochdruckverdichter HDV, *4* Brennkammer, *5* Hochdruckturbine HDT, *6* Niederdruckturbine NDT, *7* Austrittsgehäuse, *8* Austrittsdüse mit Mischer, *9* Niederdruckwelle, *10* Turbinenscheibe der HDT, *11* Turbinenscheibe NDT mit Wellenanschluss, *12* Übergangskanal NDV – HDV, *13* Übergangskanal HDT - NDT

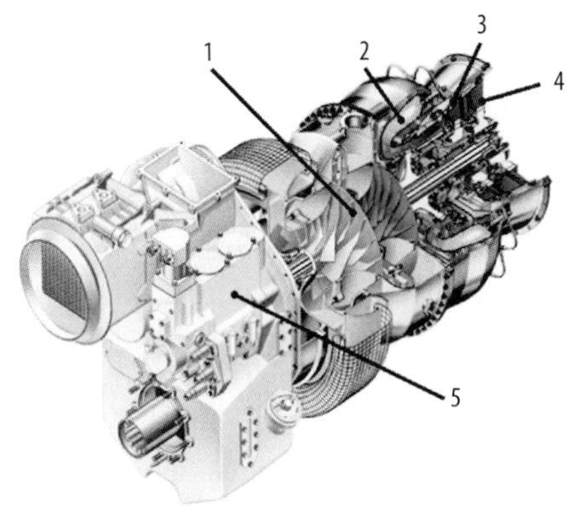

Abb. 13.18 Wellenleistungstriebwerk MTR390, 1000 kW *1* zweistufiger Radialverdichter, *2* Brennkammer, *3* einstufige Hochdruckturbine, *4* zweistufige Nutzturbine, *5* Antriebsgetriebe

Abb. 13.19 ZTL Triebwerk GP7200

mit Getriebe (Getriebefan, GTF) zwischen dem Gebläse und der dann schnell drehenden Niederdruckwelle kommen schon auf Nebenstromverhältnisse von bis zu 12. Für geringen Kraftstoffverbrauch ist neben dem Vortriebswirkungsgrad auch der thermische Wirkungsgrad des Gasgenerators wichtig. Dies führt zu Kreisprozessen mit hohen Gesamtdruckverhältnissen von bis zu 50 und hohen Turbineneintrittstemperaturen von über 1700 K. In Abb. 13.19 ist exemplarisch das GP7000 Triebwerk als Antrieb für den A380 gezeigt.

13.5.1.3 Triebwerkskomponenten

Gebläse (Fan) und Niederdruckverdichter (Booster). Bei zivilen ZTL Triebwerken besteht das Gebläse aus einem großen Rotor mit kleinem Nabenverhältnis. Hinter dem Rotor teilt sich der Luftstrom. Der innere Teil geht in den Niederdruckverdichter und damit in das Kerntriebwerk, dem äußeren Teil des Luftstroms wird im nachfolgenden Leitrad der Drall entzogen und dann der Nebenstromdüse oder bei gemischten Triebwerken dem Mischer zugeführt. Je größer das Nebenstromverhältnis ist, umso geringer ist das Fandruckverhältnis. Typische Werte liegen hier bei modernen Triebwerken bei 1,7 – 1,5 bei Wirkungsgraden bis zu 95 %.

Bei militärischen Triebwerken ist der Fan oft mit dem Niederdruckverdichter kombiniert. Im EJ200 Triebwerk ist er dreistufig ausgeführt. Bei zivilen ZTL Triebwerken bewirkt der Niederdruckverdichter eine Vorverdichtung des Luftstroms im Kerntriebwerk.

Traditionell werden Gebläseschaufeln und Niederdruckverdichterschaufeln aus Titanlegierungen hergestellt. Bei neuen Triebwerksentwicklungen geht der Trend hier aber zu leichteren Bauweisen aus hochfestem Aluminium und faserverstärktem Kunststoff.

Hochdruckverdichter. Dank der hohen Drehzahl der Hochdruckwelle kann im Hochdruckverdichter effizient ein hohes Druckverhältnis erzielt werden. In zivilen ZTL Triebwerken mit großen Nebenstromverhältnissen werden hier Werte von bis zu 20 bei Wirkungsgraden um die 90 % polytrop erzielt. Dazu werden diese mit Stufenzahlen bis zu 10 ausgeführt. Bei der aerodynamischen Auslegung muss ein guter Kompromiss zwischen dem aerodynamischen Wirkungsgrad und der Betriebsstabilität eingestellt werden. Da Flugtriebwerke in einem großen Lastbereich betrieben werden, muss im Verdichterkennfeld ein größerer Betriebsbereich einschließlich Pumpgrenze vorhanden sein als bei stationären Gasturbinen. Besonders aufwändig ist bei diesem Verdichtertypus das aeromechanische Design aufgrund der hohen Schwingspannungsbelastung (high cycle fatigue, HCF).

Konstruktiv werden moderne Hochdruckverdichter zunehmend in Bliskbauweise (bladed disc) ausgeführt. Dabei besteht der Rotor aus einem integralen Bauteil bestehend aus der Scheibe und den Schaufeln. Dieses wird meist aus einem Schmiederohling gefräst. Diese Bauweise vermeidet die mechanisch hochbelasteten Schaufel-

Abb. 13.20 Rotor eines 6stufigen Hochdruckverdichters

füße gebauter Rotoren aus Scheiben und Einzelschaufeln und ermöglicht so die hohen Drehzahlen und somit die hohen Stufendruckverhältnisse. Lediglich die Endstufen werden in Triebwerken mit großen Gesamtdruckverhältnissen über 40 wegen des sich dort einstellenden Temperaturniveaus als gebaute Stufen ausgeführt. Je nach Designphilosophie werden Hochdruckverdichterschaufeln mit Deckband und Labyrinthdichtung (shroud) oder mit offenem Radialspalt (cantilever) ausgeführt. Zur Erweiterung des Betriebsbereichs werden die ersten Hochdruckverdichterstufen mit verstellbaren Leitgittern ausgestattet. Alternativ gibt es Konzepte zur Betriebsstabilitätsverbesserung durch Gehäusestrukturen (engl. casing treatment). Während die Frontstufen von Hochdruckverdichtern aus Gewichtsgründen aus Titanlegierungen gefertigt werden, müssen die Endstufen bei großen Triebwerksdruckverhältnissen wegen der Austrittstemperaturen von bis zu 700 °C aus Nickelbasislegierungen ausgeführt werden (Abb. 13.20).

Brennkammer. Wie bei stationären Gasturbinen sorgt die Brennkammer für die notwendige Enthalpieerhöhung des Gasstroms zwischen dem Verdichteraustritt und dem Turbineneintritt. In Flugtriebwerken werden ausschließlich Ringbrennkammern für Flüssigkraftstoffe eingesetzt. Zum Einsatz kommt hier Kerosin, es gibt aber auch schon erste erfolgreiche Versuche mit Biokraftstoffen. Als Randbedingungen für Brennkammern sind dabei ein spezifizierter Druckverlust – in der Regel ca. 3–5 % – und eine geforderte Temperaturverteilung am Hochdruckturbinen-Eintritt einzuhalten. Zur Beschreibung der Temperaturverteilung am Hochdruckturbinen-Eintritt werden die Verteilungskennwerte OTDF und RTDF gebildet. Der OTDF-Wert (Overall Temperature Distribution Factor) beschreibt die Höhe des absoluten Temperaturmaximums in der Brennkammeraustrittsfläche und ist ein Maß für die thermische Belastung des Turbinenleitkranzes. Der RTDF-Wert (Radial Temperature Distribution Factor) beschreibt den in Umfangsrichtung gemittelten Spitzentemperaturwert und stellt eine wichtige Randbedingung für die Laufschaufeln dar.

Aufgrund von verbrennungs- und kühlungstechnischen Randbedingungen erfolgt eine Aufteilung der Verdichteraustrittsluft auf mehrere Ströme, die in getrennten Zonen (Primärzone, Sekundär-/Nachreaktionszone) der Brennkammer zugeführt und mit dem Brennstoff reagieren bzw. gemischt werden. Bei modernen Brennkammern geht dabei die Entwicklung wegen der Begrenzung der NO_X Emissionen hin zu trockener Magerverbrennung, was auch wiederum über die Änderung des Temperaturaustrittsprofils Auswirkungen auf die thermische Auslegung der Turbine hat.

Hochdruckturbine. Die Hochdruckturbine stellt die erste Expansionsstufe dar. Sie hat die Funktion, den auf der Hochdruckwelle verbundenen Hochdruckverdichter anzutreiben. Sie wird je nach Anwendung ein- oder zweistufig ausgeführt. Einstufige Hochducktturbinen haben Druckverhältnisse bis zu 4, zweistufige bis zu 6. Dabei sind die Turbinen transonisch ausgelegt und laufen in einem großen Lastbereich des Triebwerks gesperrt, d. h. mit konstantem reduziertem Massenstrom. Einstufige Ausführungen sind bezüglich der Komponentenkosten attraktiv, zweistufige weisen aber merklich höhere Wirkungsgrade auf, wodurch die größeren zivilen ZTL Triebwerke überwiegen zweistufige Hochdruckturbinen haben.

Aufgrund der hohen Turbineneintrittstemperaturen von bis zu 1900 K bei zivilen Triebwerken und teilweise noch höheren bei militärischen Triebwerken müssen Hochdruckturbinen sowohl in den Leitgittern als auch in den Laufgittern gekühlt werden. Insbesondere die erste Stufe wird mit sehr komplexen Kühlanordnungen in Kombination von Film-, Prall- und Konvektionskühlung ausgeführt. Zusätzlich kommen Wärmedämmschichten zu Einsatz. Hochdruckturbinenlaufschaufeln werden wegen der hohen thermischen und mechanischen Belastung ohne Deckband ausgeführt, mit Ausnahme der größeren, zivilen Triebwerke der Firma Rolls-Royce, die aufwändig gekühlte Deckbänder einsetzt. In Hochdruckturbinen kommen hochwertige, hochlegierte Nickelbasislegierungen zum Einsatz. Die Beschaufelung wird aus hochtemperaturfestem Einkristallguss ausgeführt. Die mechanisch und thermisch hochbelasteten Scheiben werden aus geschmiedeten oder Pulvermetall-Nickelbasislegierungen gefertigt.

Niederdruckturbine. Die Niederdruckturbine treibt durch Nutzung des verbliebenen Drückverhältnisses das Gebläse und den Niederdruckverdichter an. Dies geschieht bei der durch die maximale Gebläsedrehzahl definierten relativ geringen Drehzahl der Niederdruckwelle. Da der Wirkungsgrad der Niederdruckturbinen nahezu 1 : 1 in den spezifischen Kraftstoffverbrauch des Triebwerks eingeht, ist ein hoher Wirkungsgrad eine zentrale Zielgröße der Niederdruckturbine. Da aufgrund der geringen Drehzahl die effizient erzielbare Leistungsdichte nicht so hoch ist, weisen Niederdruckturbinen bei zivilen ZTL Triebwerken Stufenzahlen zwischen 3 und 7 bei Druckverhältnissen zwischen ca. 3 und 7 auf. Durch die steigenden Nebenstromverhältnisse tragen Niederdruckturbinen so zunehmend zur Baulänge und Gewicht der Triebwerke bei. Niederdruckturbinen arbeiten durch die in der Hochdruckturbine durchgeführte Expansion bei Temperaturen, die meist keine Schaufelkühlung mehr erfordern. Es gibt aber auch einige Ausnahmen mit gekühlter erster Stufe.

Zivile Niederdruckturbinen weisen zur Aufnahme der Expansion divergente Ringräume auf, die sich sinnvoll nur mit Deckbandspitzendichtungen ausführen lassen. Bei den im Vergleich zur Hochdruckturbine langen, schlanken Schaufeln haben die Deckbänder auch eine schwingungsdämpfende Funktion. Durch den Wegfall der Schaufelkühlungsnotwendigkeit können die ND-Turbinen je nach Baugröße mit Schaufelzahlen zwischen 50 bis 150 pro Schaufelreihe ausgeführt werden, was zusammen mit den moderaten Strömungsmachzahlen gute Wirkungsgrade ermöglicht. Diese liegen bei kleineren Triebwerken in der Größenordnung von 90 % isentrop und können bei großen Triebwerken bis zu 94 % betragen.

Zur Vermeidung von Schaufelkühlung bestehen die Frontstufen meist aus Einkristallguss auf Nickelbasis, während die mittleren und hinteren Stufen in polykristallinen Nickelbasislegierungen ausgeführt sind. Scheiben und Gehäuse werden aus Schmiedewerkstoffen – überwiegend auch Nickelbasis – hergestellt.

Hinter der Niederdruckturbine sorgt das Turbinenaustrittsgehäuse für eine drallfreie Abströmung des Gasstroms in die Schubdüse.

Spezifika bei Getriebefantriebwerken. Eine Möglichkeit, zur weiteren Reduktion des spezifischen Verbrauchs das Nebenstromverhältnis von ZTL Triebwerken über ca. 10 zu steigern ist das Entkoppeln der Niederdruckturbinendrehzahl von der Gebläsedrehzahl durch Zwischenschalten eines Getriebes mit einem festen Übersetzungsverhältnis zwischen 2 und 3. Dadurch kann das Gebläse langsamer laufen, was Wirkungsgrad- und Lärmvorteile hat, und die Niederdruckturbine und der Niederdruckverdichter können mit deutlich höheren Drehzahlen betrieben werden. Das Gewicht des zusätzlich integrierten Planetengetriebes wird durch die Möglichkeit kompensiert, die Stufenzahl des Niederdruckverdichters und vor allem der Niederdruckturbine zu reduzieren. So beträgt die NDT Stufenzahl des PW1524G Triebwerks nur 3 anstelle von 6 Stufen einer vergleichbaren langsamdrehenden Niederdruckturbine. Die höhere Drehzahl hat allerdings zur Folge, dass die mechanische Belastung der Niederduckturbine deutlich höher ist.

Sekundärluftsystem. Innerhalb des Triebwerks wird ein nicht unerheblicher Teil der Luft des Kerntriebwerks zu Kühlungszwecken in der Hochdruckturbine und in geringerem Umfang in der Niederdruckturbine benötigt. Die hierfür notwendige Kühl- und Sperrluft wird dem Hochdruckverdichter an meist mehreren Stufen entnommen. Diese Luft, die das notwendige Druckniveau hat und zugleich immer noch merklich kühler ist als der Gasstrom in der Turbine, wird über Leitungen und den Rotor vom Verdichter zur Turbine transportiert und dort verteilt. Diese Luft wird in der Hochdruckturbine zur Schaufelkühlung und als Sperrluft gegen Heissgaseintritt in die Dichtungsbereiche verwendet. Dabei werden bei kleineren Triebwerken um die 15 % und bei großen zivilen und bei militärischen Triebwerken durchaus auch 25 % des Verdichtermassenstroms als Kühlluft eingesetzt. In der Niederdruckturbine werden meist zwischen 2 und 3 % des Luftmassenstroms für die Temperaturreduktion der Turbinenscheiben und des Gehäuses benötigt.

Einige zivile Triebwerke nutzen darüber hinaus Luft aus dem Nebenstrom zur thermischen Spaltkontrolle (Active Clearance Control, ACC). Dabei wird im Reiseflug Luft außen auf das Turbinengehäuse geblasen, wodurch dieses schrumpft und den Laufspalt der Rotorschaufeln verringert.

Spezifische Randbedingungen bei der Auslegung. Fluggasturbinen werden für definierte Flugmissionen ausgelegt. Diese bestehen aus einer Anzahl typischer Betriebspunkte und der Verweildauer in diesen Punkten. Besonders relevant sind hierbei typischerweise der Reiseflug (engl. cruise) für die aerodynamische Auslegung, der Start (take-off) für die thermische und mechanische Belastung sowie verschiedene Punkte für die Lärmauslegung (Start – take-off, Vorbeiflug – sideline, Landeanflug – approach). Dabei ist zu beachten, dass das Triebwerk in unterschiedlichen Höhen bei stark variierenden Umgebungsbedingungen (Druck, Temperatur) operieren muss. Die Abstimmung der Triebwerkskomponenten für den Betriebsbereich und die transienten Beschleunigungen und Verzögerungen werden durch die Leistungsrechnung abgedeckt.

13.5.2 Schifffahrt

In der militärischen Schifffahrt kommen Gasturbinen vornehmlich in Schnellbooten zum Einsatz, meist als von Flugtriebwerken abgeleitete Versionen.

In der zivilen Schifffahrt werden Gasturbinen ebenfalls in schnellen Schiffen eingesetzt, wobei sie in vielen Fällen in CODOG-(combined diesel or gas turbine-)Anlagen zu finden sind, in denen die Gasturbine gemeinsam oder wechselweise mit einem Dieselmotor arbeitet. Der Antrieb von großen seegehenden Schiffen erfolgt heute weltweit praktisch ausschließlich über Großdieselmotoren, weil hier der Vorteil der Gasturbine in Form einer hohen Leistungsdichte nicht von Bedeutung ist, der Dieselmotor jedoch den besseren Wirkungsgrad und zudem extreme Schweröltauglichkeit aufzuweisen hat.

13.5.3 Straßenfahrzeuge

Als Antrieb für Straßenfahrzeuge (PKW, LKW, Bus) ist die Gasturbine bislang nicht über die prototypische Anwendung hinausgekommen, weil sie, zumindest bei metallischer Ausführung, dem Otto- und erst recht dem Dieselmotor wirkungsgradmäßig weit unterlegen ist. Ihren Vorteil der im Vergleich zum Verbrennungsmotor in jedem Fall günstigeren Abgasqualität kann die Gasturbine erst dann ausspielen, wenn sie durch eine Steigerung der Turbineneintrittstemperatur bis zu 1350 °C wirkungsgradmäßig an den Verbrennungsmotor heranreicht. Dies erfordert den Einsatz von Keramik (SiC, Si_3N_4) für die heißgasführenden Komponenten, der bisher im Serieneinsatz nicht gelungen ist. Ebenfalls aus Wirkungsgradgründen wird eine Fahrzeuggasturbine immer über einen Abgaswärmetauscher (Regenerator oder Rekuperator) verfügen.

13.5.4 Abgasturbolader (Abb. 13.21)

Er stellt eine Sonderform der einwelligen Gasturbine dar. Anstelle der Brennkammer (in Abb. 13.1a) liefert ein Verbrennungsmotor sein Abgas an die Turbine und erhält dafür vom Verdichter vorverdichtete Luft (Aufladung). Entsprechend der Luftdichteerhöhung kann die Motorleistung gegenüber der des nicht-aufgeladenen Motors angehoben werden (s. Abschn. 4.3.5).

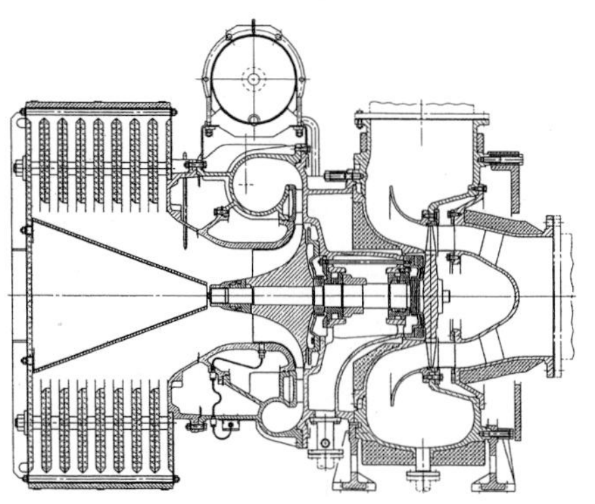

Abb. 13.21 Abgasturbolader eines Großdieselmotors, mit Axialturbine, Typ MAN, NA/S

13.6 Brennstoffe

Gasturbinen im offenen Prozess sind auf gute Brennstoffqualitäten angewiesen, da Brennstoffaschen zu Schaufelerosion und Ablagerungen an den Schaufeln, Brennstoffgehalte an Schwefel, Natrium und Vanadium durch Bildung von Na_2SO_4 und V_2O_5 zu Schäden durch Heißkorrosion führen. Von den flüssigen Brennstoffen kommen daher vor allem alle Destillatkraftstoffe (wie Heizöl EL, Dieselkraftstoff, Kerosin, Benzine) und auch Alkoholkraftstoffe (Methanol, Ethanol) in Frage, von den gasförmigen spielt vor allem Erdgas eine wichtige Rolle. An sich sind alle bekannten Brenngase (s. Abschn. 48.4) für den Gasturbineneinsatz geeignet, sofern sie ausreichend schwefelfrei (H_2S) und weitestgehend staubfrei ($< 2\,\mathrm{mg/m^3}$) sind.

13.7 Beanspruchungen und Werkstoffe

Die Komponenten von Gasturbinen sind unterschiedlich hohen mechanischen und thermischen Belastungen ausgesetzt.

Mechanische Belastung. Innendruck auf Gehäuse, Fliehkräfte an rotierenden Bauteilen, Biegeschwingungen an Laufschaufeln und Rotor, gekoppelt mit Drehschwingungen.

Thermische Beanspruchung. Thermische Spannungen infolge ungleichmäßiger Wärmedehnungen von Bauteilen in sich und miteinander verbundener Bauteile, Gefügeveränderungen im Bauteil-Werkstoff, Verzundern der Bauteiloberfläche.

Thermomechanisch am höchsten belastet sind die Laufschaufeln der ersten Turbinenstufe. Bei der Werkstoffauswahl kommt es infolge der hohen Bauteiltemperaturen und dem damit verbundenen Kriechen des Werkstoffs vor allem auf ausreichend hohe Werte für die Zeitstandfestigkeit $R_{\mathrm{m}/t/T}$ und die Zeitdehngrenze $R_{\mathrm{p}0,2/t/T}$ an, wobei für denselben Werkstoff höhere Werte für die Zeit t und die Temperatur T zu einem entsprechend niedrigeren Festigkeitswert führen (s. Bd. 1, Kap. 29, Bd. 1, Kap. 31).

Gasturbinenbauteile sind jeweils für eine bestimmte Lebensdauer auszulegen, die bei Flugtriebwerken mit etwa 5000 h, bei Industriegasturbinen in Schwerbauweise mit etwa 100 000 h angesetzt wird. Dies erklärt, warum bei in beiden Fällen gleichem Werkstoff in den Flugtriebwerken die höheren Turbineneintrittstemperaturen gefahren werden können.

Für die thermomechanisch hochbelasteten Bauteile, insbesondere die Turbinenschaufeln, werden hochwarmfeste Superlegierungen auf Nickel- und auch Kobaltbasis eingesetzt, wobei auch Sekundäreigenschaften wie gute Schmied- oder Gießbarkeit (für innengekühlte Schaufeln) gefragt sind. In Luftfahrt-Triebwerken werden inzwischen gerichtet erstarrte Superlegierungen und Einkristallschaufeln eingesetzt. Gegen zu hohe thermische Beanspruchung, aber auch zum Schutz gegen Heißkorrosion werden Schutzschichten (Coatings), unter anderem durch Plasmaspritzen, aufgebracht.

13.8 Betriebsverhalten

13.8.1 Ähnlichkeitskennfelder

Bei der Untersuchung des Betriebsverhaltens von Gasturbinenanlagen und Luftfahrttriebwerken müssen die Eigenschaften der Turbomaschinen unter veränderlichen Bedingungen bekannt sein. So ist beim Verdichter beispielsweise der Einfluss eines unterschiedlichen Ansaugzustands zu berücksichtigen.

Reduzierte Größen. Nach der Ähnlichkeitstheorie sind bei einer Turbomaschine bei gegebenem Fluid zwei Betriebspunkte dann ähnlich, wenn die Machzahlen *Ma* der Strömungsgeschwindigkeit *c* an einer Stelle gleich sind, also $(c/a)_1 = (c/a)_2$.

Unter Berücksichtigung des Zusammenhangs zwischen Strömungsgeschwindigkeit *c* und Massenstrom $\dot{m}$ und der Gaszustandsgleichung $\varrho = p/(R \cdot T)$ ergibt sich

$$c = \dot{m}/(A \cdot \varrho) = \dot{m} \cdot R \cdot T/(A \cdot p) \sim \dot{m} \cdot T/p\,.$$

Unter Einbeziehung der Schallgeschwindigkeit $a = \sqrt{\varkappa \cdot R \cdot T}$ und der Tatsache, dass bei $Ma_1 = Ma_2$ auch $(T_t/T)_1 = (T_t/T)_2$ und $(p_t/p)_1 = (p_t/p)_2$ gilt, erhält man schließlich den *reduzierten Massenstrom*

$$\left(\dot{m}\,\sqrt{T_\mathrm{t}}/p_\mathrm{t}\right)_1 = \left(\dot{m}\,\sqrt{T_\mathrm{t}}/p_\mathrm{t}\right)_2\,.$$

Wegen der Ähnlichkeit der Strömungsgeschwindigkeit *c* und der Umfangsgeschwindigkeit *u* des Läufers

$$u \sim c \sim \dot{m}\,T/p$$

gilt $(u/\sqrt{T_\mathrm{t}})_1 = (u/\sqrt{T_\mathrm{t}})_2$ und mit dem Zusammenhang zwischen *u* und dem Durchmesser *D* sowie der Drehzahl *n*

$$u = D \cdot \pi \cdot n \sim n$$

ergibt sich die *reduzierte Drehzahl*

$$(n/\sqrt{T_\mathrm{t}})_1 = (n/\sqrt{T_\mathrm{t}})_2\,.$$

Verdichterähnlichkeitskennfeld (Abb. 13.22). Die Linien konstanter Verdichterdrehzahl $(n\,\sqrt{T_{\mathrm{t}_1}} = \mathrm{const})$ sind nach links durch die Pumpgrenze begrenzt, jenseits der kein stabiler Betrieb mehr möglich ist, nach rechts unten durch die Stopfgrenze. Diese ist z. B. dann erreicht,

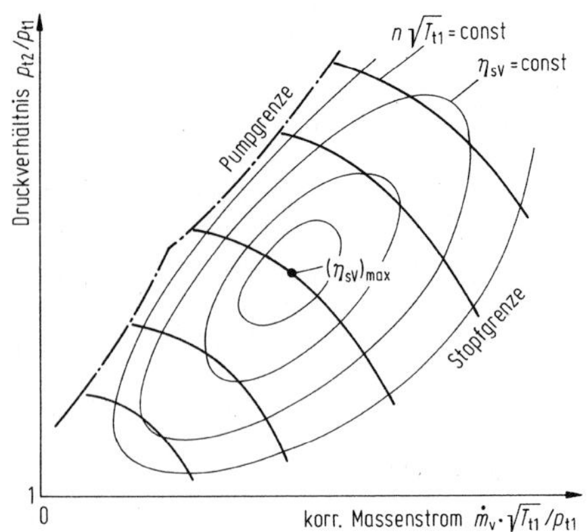

Abb. 13.22 Verdichter-Ähnlichkeitskennfeld (schematisch)

wenn an einem Querschnitt des Verdichters Schallgeschwindigkeit vorliegt. Der isentrope Verdichterwirkungsgrad η_{sV} nimmt entsprechend den dargestellten Isolinien von $(\eta_{\mathrm{sV}})_{\max}$ ausgehend nach außen ab.

Turbinenähnlichkeitskennfeld. Abb. 13.23 zeigt schematisch eines der möglichen Turbinenähnlichkeitskennfelder, mit dem reduzierten Turbinendurchsatz $\dot{m}\,\sqrt{T_{\mathrm{t}_3}}/p_{\mathrm{t}_3}$ und dem isentropen Turbinenwirkungsgrad η_{sT} jeweils als Funktion des Turbinendruckverhältnisses p_{t_3}/p_4 und

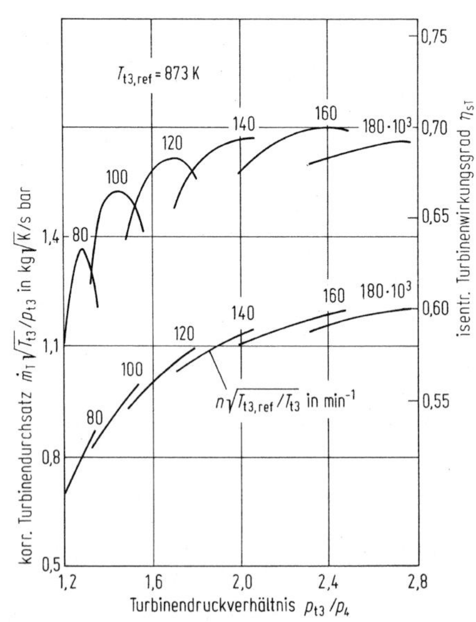

Abb. 13.23 Ähnlichkeitskennfeld einer kleinen Radialturbine

mit der reduzierten Turbinendrehzahl $n/\sqrt{T_{t_3}}$ als Parameter.

13.8.2 Teillastbetrieb

Geht eine einwellige Gasturbine im offenen Prozess (Abb. 13.1a) bei Generatorbetrieb ($n = \text{const}$) vom Volllastpunkt auf einen Teillastpunkt über, so wandert der Betriebspunkt im Verdichterkennfeld (Abb. 13.24) längs der Verdichterkennlinie $n\sqrt{T_{t_1}} = \text{const}$ von NP nach A. Da dabei der (reduzierte) Verdichtermassenstrom leicht zunimmt, fällt wegen der bei Teillast geringeren Brennstoffleistung die Turbineneintrittstemperatur (T_{t_3}/T_{t_1}) relativ stark ab. Bei einer Zweiwellenanlage (Abb. 13.1c) verschiebt sich bei gleicher Leistungsabnahme gegenüber NP der Betriebspunkt nach B. Gegenüber A sinken die Drehzahl und damit das Druckverhältnis sowie der Massenstrom des Verdichters weiter ab, so dass die Turbineneintrittstemperatur weniger stark als im Fall A abfällt. Ohne Einsatz eines Abgaswärmetauschers würden sich die Fälle A und B im Wirkungsgrad allerdings kaum unterscheiden. Im Fall B liegt jedoch eine höhere Turbinenaustrittstemperatur (Punkt 4 B im h, s-Diagramm, Abb. 13.24) vor, so dass sich über einen Wärmetauscher der Wirkungsgrad stärker anheben lässt als im Fall A.

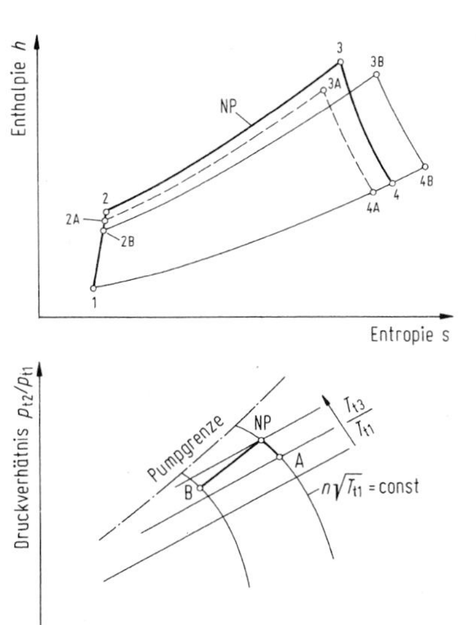

Abb. 13.24 Generator-Teillastbetrieb mit einer Einwellenanlage (A) und einer Zweiwellenanlage (B); *NP* Betrieb bei Nennleistung

13.9 Abgasemission

Unter der idealisierenden Annahme vollständiger Verbrennung, die bei Gasturbinen aber auch praktisch weitgehend zutrifft, setzt sich bei Verbrennung beispielsweise von Heizöl EL bei $\lambda = 4$ (Volllast) das Abgas volumetrisch zusammen aus 76,7 % Stickstoff N_2, 15 % Sauerstoff O_2, 3,5 % Kohlendioxid CO_2 und 4,8 % Wasser(dampf) H_2O. Unter realen Bedingungen kommen noch die so genannten Schadstoffe Stickoxide NO_x, Kohlenmonoxid CO und unverbrannte Kohlenwasserstoffe HC hinzu, die in Summe kaum mehr als 1 Vol.% ausmachen, aber entsprechend giftig sind. Weiter kann im Abgas Verbrennungs-Ruß (Partikel) auftreten. Bei Vorhandensein von Schwefel im Brennstoff enthält das Abgas einen entsprechenden Anteil an SO_2.

Unter Umweltschutzgesichtspunkten spielen eine Rolle:

Kohlendioxid CO_2. Dieses an sich unschädliche Gas zählt jedoch zu den Verursachern des (unerwünschten) Treibhauseffekts. Als Produkt der vollständigen Verbrennung lässt es sich nur in dem Maße verringern, in dem weniger bis gar nicht kohlenstoffhaltige Brennstoffe eingesetzt werden. So liegt Erdgas mit einem C/H-Massenverhältnis von 3,2 : 1 diesbezüglich rund doppelt so günstig wie Heizöl EL oder Dieselkraftstoff mit C/H = 6,6 : 1.

Kohlenmonoxid CO. ist ein extrem giftiges Gas und entsteht vor allem bei O_2-Mangel in der Reaktionszone. Da Gasturbinen bei relativ hohen λ-Werten betrieben werden, liegt ihre CO-Emission auf vernachlässigbar geringem Niveau.

Unverbrannte Kohlenwasserstoffe HC. Darunter wird die Summe aller (gasförmigen) Kohlenwasserstoffverbindungen im Abgas verstanden. Sie bestehen aus unverbranntem Brennstoff oder aus nicht vollständig verbrannten Anteilen des

Brennstoff/Luft-Gemisches. Diese entstehen entweder durch lokalen O_2-Mangel oder durch Abkühlung an zu kalten Wandstellen (Quenching-Effekt). Im Gegensatz zu Verbrennungsmotoren spielt die HC-Emission bei Gasturbinen, so wie CO, eine vernachlässigbare Rolle.

Stickoxide NO_x. Diese bestehen unmittelbar im Abgaskamin aus etwa 9 Teilen NO und 1 Teil NO_2. In der Atmosphäre wird dann aber auch NO in das wesentlich giftigere NO_2 umgewandelt. Die NO_x-Bildung wird gefördert durch

- hohe Temperatur in der Reaktionszone (Primärzone der Brennkammer),
- hohen Anteil freien Sauerstoffs (O_2) in der Reaktionszone und
- lange Verweildauer.

Die Stickoxide sind bei Gasturbinen praktisch die einzige Abgaskomponente, auf deren Senkung Maßnahmen zur Verbesserung der Abgasqualität zielen, wenngleich die NO_x-Rohemission von Gasturbinen schon eine Zehnerpotenz niedriger liegt als die von Verbrennungsmotoren (s. Abschn. 13.5.3).

Interne Maßnahmen zur NO_x-Senkung. bestehen überwiegend in einer Erhöhung von λ in der Primärzone, die allerdings nicht auf Kosten der Flammenstabilität gehen darf (s. a. Abschn. 13.3.3). Auch durch Einspritzen von Wasser in die Brennkammer, entweder direkt oder in Form einer Brennstoff/Wasser-Emulsion, lässt sich die NO_x-Emission verringern. So konnte bei Kraftwerksturbinen durch Eindüsung von Wasser bis zum Verhältnis $\dot{m}_{\text{Wasser}}/\dot{m}_{\text{Brennstoff}} = 1{,}0$ die NO_x-Emission bis auf 30–40 % des Ausgangswertes abgesenkt werden.

Abgasvorschriften. Für Gasturbinen gelten, wie für andere Verbrennungskraftmaschinen auch, je nach Einsatzart und Leistungskategorie unterschiedliche nationale oder auch internationale gesetzliche Vorschriften, meist in Form von Grenzwerten (s. Abschn. 4.7.3).

Literatur

Spezielle Literatur

1. Bräunling, W.J.G.: Flugzeugtriebwerke, 3. Auflage, Springer (2009).
2. Cohen, H., Rogers, G.F.C., Saravanamuttoo, H.I.H.: Gas Turbine Theory. 4. Auflage, Longman Group Ltd., Harlow Essex, England (1996).
3. El-Sayed, A.F.: Aircraft Propulsion and Gas Turbine Engines. CDC Press, Taylor & Francis Group, LLC (2008).
4. Grieb, H.: Verdichter für Turbo-Flugtriebwerke. Springer (2009).
5. Lechner, C., Seume, J.: Stationäre Gasturbinen. 2. Auflage. Springer (2010).
6. Mattingly, J.D.: Elements of Gas Turbine Propulsion. McGraw-Hill (1996).
7. Müller, R.: Luftstrahltriebwerke. Friedr. Vieweg & Sohn (1997).
8. Urlaub, A.: Flugtriebwerke. 2. Auflage. Springer (1995).

Normen und Richtlinien

DIN 4340: Gasturbinen; Begriffe, Benennungen

DIN 4341: Gasturbinen; Abnahmeregeln für Gasturbinen. Grundlagen

DIN 4342: Gasturbinen; Normbezugsbedingungen, Normleistungen, Angaben über Betriebswerte

ISO 2314: Gas turbines Acceptance tests

ISO 2533: Standard atmosphere

ISO 3977: Gas turbines – Procurement

CIMAC (Congrès International des Machines à Combustion): Recommendations for gas turbine acceptance tests

Literatur zu Teil II Strömungsmaschinen

Bücher

Bohl, W.: Strömungsmaschinen 1 (Aufbau und Wirkungsweise), 11. Aufl. Vogel, Würzburg (2013)

Bohl, W.: Strömungsmaschinen 2 (Berechnung und Konstruktion), 8. Aufl. Vogel, Würzburg (2013)

Bölcs, A., Suter, P.: Transsonische Turbomaschinen. Braun, Karlsruhe (1986)

Boyce, M.P.: Gas Turbine Engineering Handbook. 3rd edition. Gulf Publishing Company, Houston (Texas) (2001)

Cumpsty, N.A.: Jet Propulsion: A Simple Guide to the Aerodynamic and Thermodynamic Design and Performance of Jet Engines. 2nd edition. Cambridge University Press, Cambridge (England) (2003)

Cumpsty, N.A.: Compressor aerodynamics. Reprinted edition. Longman, Harlow (England) (1996)

Dietzel, F.: Gasturbinen. 3. Aufl. Hanser, München (1980)

Eck, B.: Ventilatoren, 6. Aufl. Springer, Berlin (2003)

Giesecke, J., Mosonyi, E.: Wasserkraftanlagen, Planung, Bau, Ausführung und Betrieb. Springer, Berlin (2009)

Gülich, J.F.: Kreiselpumpen (Handbuch für Entwicklung, Anlagenplanung und Betrieb). 3. Aufl. Springer, Berlin (2010)

Lechner, C., Seume, J.: Stationäre Gasturbinen, 2. Aufl., Springer, Berlin (2010)

Leizerovich, A.S.: Steam Turbines for modern Fossil-Fuel Power Plants. Fairmont Press, Lilburn (Georgia) (2007)

Menny, K.: Strömungsmaschinen, 5. Aufl. Teubner, Stuttgart (2006)

Petermann, H.: Konstruktion und Bauelemente von Strömungsmaschinen. Springer, Berlin (1982)

Pfleiderer, C.: Die Kreiselpumpen für Flüssigkeiten und Gase, 6. Aufl. Springer, Berlin (1991)

Pfleiderer, C., Petermann, H.: Strömungsmaschinen, 7. Aufl. Springer, Berlin (2005)

Saravanamuttoo, H.I.H., Roger, G.F.C., Cohen, H., Straznicky, P.: Gas Turbine Theory, 6th edition. Prentice Hall, Upper Saddle River (New Jersey) (2008)

Siekmann, H.E., Thamsen, P.U.: Strömungslehre für den Maschinenbau (Technik und Beispiele), 2. Aufl. Springer, Berlin (2009)

Traupel, W.: Thermische Turbomaschinen, Bd. 1 und 2, 4. Aufl. Springer, Berlin (2001)

Teil III
Fördertechnik

Die Fördertechnik ist die anwendungsbezogene Fachrichtung des Maschinenbaus, die sich mit dem Transport von Gütern und Personen in einem abgegrenzten räumlichen Gebiet – dem sogenannten innerbetrieblichen Transport beschäftigt. Die Reichweite der Transportverfahren grenzt das Fachgebiet von der Verkehrstechnik (LKW-, Bahn-, Schiffs und Flugtransporte) ab. Die Fördertechnik ist heute nach der Antriebstechnik die zweitgrößte Branche des deutschen Maschinen- und Anlagenbaus [VDMA: Maschinenbau in Zahl und Bild 2016. Maschinenaußenhandel nach Fachzweigen für das Jahr 2015.]. Von großer Vielfalt sind die mechanischen Elemente der Fördertechnik wie auch die Fördermaschinen selbst, über deren Konstruktion und Auslegung dieses Kapitel informiert.

Menschen haben schon seit Urzeiten und aus den unterschiedlichsten Gründen versucht, Gegenstände bzw. Lasten zu transportieren, anzuheben oder zumindest ihre Lage zu verändern. Räder, Rollen, schiefe Ebenen, Seile und komplizierte Flaschenzüge wurden in vielen Hochkulturen benutzt und sind auch heute noch wichtige mechanische Maschinenelemente der Fördertechnik.

Die Industrialisierung des 19. Jahrhunderts wäre ohne geeignete Fördermittel nicht denkbar gewesen. Kräne ermöglichten erst den Transport großer Lasten, Kratzerförderer und Bagger den mechanisierten Abbau von Rohstoffen und Ketten- und Kreisförderer eine Produktion nach dem Fließbandprinzip.

Doch auch im Zeitalter des Internets und der Energiewende, ist die Fördertechnik nicht wegzudenken. Oder wie sollten sonst die zahllosen Pakete der Internetgroßhändler ihren Weg zum Kunden finden? Wie sollten sonst die über 100 m hohen Türme der vielen Windkraftanlagen mitten auf einem Feld errichtet werden oder hoch produktive Montagestraßen für das immer mehr nach Kundenwunsch ausgestattete Auto funktionieren? Viel wichtiger als früher ist jedoch die Betrachtung des kompletten Materialflusses in den z. T. vollautomatisch arbeitenden Produktionsanlagen, den Verteil- und Kommissionierzentren. Die Verknüpfung des Informationsflusses mit dem eigentlichen Guttransport macht aus den kontinuierlich und diskontinuierlich arbeitenden Maschinen der Fördertechnik Materialflussanlagen, die in das logistische Netzwerk eines Unternehmens direkt eingebunden sind. So verschmelzen Fördertechnik und Materialflusstechnik zur Intralogistik, die eine Schlüsseldisziplin und Voraussetzung für die 4. Industrielle Revolution ist.

Grundlagen

14

Thorsten Schmidt, Jan Scholten, Michael Ketting und Karl-Heinz Wehking

14.1 Begriffsbestimmungen und Übersicht

14.1.1 Einordnung der Fördertechnik

Die Aufgabe der *Fördertechnik* ist das Fortbewegen *(Fördern)* von Gütern und Personen über begrenzte Entfernung innerhalb einer örtlich begrenzten und zusammenhängenden Betriebseinheit unter Einsatz von technischen Mitteln, den *Fördermitteln*. Zu ihnen gehören die Fördermaschinen (s. Abschn. 14.1.2).

Der Transport von Gütern und Personen über große Entfernungen ist ein Aufgabengebiet der *Verkehrstechnik*. Verkehrsmittel sind Lkw, Bahn, Schiff, Flugzeug. Der Transport von Flüssigkeiten und Gasen durch Rohrleitungen ist ein Aufgabengebiet der *Verfahrenstechnik*.

Das Fachgebiet *Fördertechnik* befasst sich mit der Projektierung und Konstruktion der Fördermittel sowie mit der Planung und Projektierung von *Materialflusssystemen* [1]. Der *Materialfluss* entsteht durch die Verkettung aller Vorgänge beim Gewinnen, Be- und Verarbeiten sowie bei der Verteilung von Gütern innerhalb festgelegter Bereiche. Materialflusssysteme, behandelt in [2, 3], entstehen in der Regel aus einer sinnvollen Verkettung von Fördermaschinen. Richtlinien zur Planung der Materialflusssysteme enthalten [4, 5].

Die Folge von technisch und organisatorisch miteinander verknüpften Vorgängen, bei denen Personen oder Güter von einem Ausgangsort (Quelle) zu einem Ziel (Senke) bewegt werden, heißt *Transportkette*. Darin können Fördermittel allein (innerbetriebliche Transportkette) oder Verkehrsmittel allein (außerbetriebliche Transportkette) oder Förder- und Verkehrsmittel gemeinsam arbeiten. Grundbegriffe enthält DIN 30781 T1. Die Transportkette ist als System aufzufassen, bei dem die Verknüpfungen systemverträglich sein müssen. Der Überbegriff *Transporttechnik* umfasst die Fördertechnik (innerbetrieblich) und die Verkehrstechnik (außerbetrieblich).

Hauptoperationen in der Transportkette sind: *Transportieren*, *Umschlagen*, *Lagern*. Als *Umschlag* wird die Gesamtheit aller Vorgänge bezeichnet, die beim Übergang der Güter auf ein Transportmittel, beim Abgang von einem Transportmittel und beim Wechseln des Transportmittels notwendig sind. Abgeleitet sind die Begriffe Umschlagtechnik und Umschlagmittel.

Handhaben oder *Manipulieren* ist die positionsgerechte Übergabe von Gütern in eng be-

T. Schmidt (✉)
Technische Universität Dresden
Dresden, Deutschland
E-Mail: thorsten.schmidt@tu-dresden.de

J. Scholten
Ruhr-Universität Bochum
Bochum, Deutschland
E-Mail: Jan.Scholten@bmft.ruhr-uni-bochum.de

M. Ketting
Ruhr-Universität Bochum
Bochum, Deutschland

K.-H. Wehking
Universität Stuttgart
Stuttgart, Deutschland
E-Mail: karl-heinz-wehking@ift.uni-stuttgart.de

B. Bender und D. Göhlich (Hrsg.), *Dubbel Taschenbuch für den Maschinenbau 3: Maschinen und Systeme*,
https://doi.org/10.1007/978-3-662-59715-6_14

grenzten Arbeitsräumen. Fördermaschinen können auch zur positionsgerechten Übergabe eingesetzt werden. Sie bedienen jedoch wesentlich größere Arbeitsräume als Manipulatoren.

Die ganzheitliche Betrachtung des Materialflusses und des begleitenden Informationsflusses einschließlich der Gestaltung der zu lösenden dispositiven und administrativen Aufgaben ist Gegenstand der *Logistik*. Sie stellt sich die Aufgabe, das richtige Objekt (Material, Gut, Information, Dienstleistung, Energie) zum richtigen Zeitpunkt in der richtigen Qualität und Quantität, versehen mit den notwendigen Informationen, am rechten Ort mit minimalen Kosten bereitzustellen [2].

14.1.2 Fördergüter und Fördermaschinen

Fördergüter lassen sich einteilen nach ihrer Beschaffenheit in *Schüttgüter* (lose Güter in schüttbarer Form, z. B. Kohle, Erz, Getreide) und *Stückgüter* (individualisierte Güter, die stückweise gehandhabt werden, z. B. Kiste, Container, Pkw). Eine Transporteinheit kann ein Einzelstück sein oder aus mehreren Einzelstücken bestehen, die auf einem Transporthilfsmittel (z. B. Palette, Container) zusammengefasst sind.

Fördermaschinen sind Arbeitsmaschinen, die mittels Gutaufnahmemittel oder anderer Zwischenmittel die Ortsveränderung von Gütern ausführen (Hebe- und Transportmaschinen) oder die mittels Schneidwerkzeug und Aufnahmemittel der Gewinnung von Schüttgütern dienen (Gewinnungsmaschinen).

Nach der Hauptarbeitsbewegung des Gutaufnahmemittels unterscheidet man zwei Hauptgruppen von Fördermaschinen: die *Unstetigförderer* mit aussetzenden und die *Stetigförderer* mit dauernden Arbeitsbewegungen. Die dritte Hauptgruppe bilden die *Gewinnungsmaschinen*. Sie haben funktionell immer zwei Aufgaben zu erfüllen: das Lösen und Aufnehmen des Guts und dessen Transport.

Die *Unstetigförderer* lassen sich entsprechend der Hauptarbeitsbewegung des Gutaufnahmemittels unterteilen. Sie verläuft für Hebezeuge im Raum, Flurförderer auf horizontalen Flächen, Regalbediengeräte auf vertikalen Flächen, Seil- und Hängebahnen auf Kurven, Aufzüge auf Geraden und Kipper um eine Drehachse.

An der stetigen Fördergutbewegung bei *Stetigförderern* sind die drei physikalischen Wirkprinzipien Reibungs- und Formschluss zwischen Gut und Aufnahmemittel, Kraftfeldwirkung am Gut und allseitige Druckfortpflanzung im Fördermedium beteiligt. Das führt zur Einteilung der Stetigförderer in Zugmittelförderer, Schwerkraftförderer, Strömungsförderer, Strömungsmischförderer, Fließrinnen sowie Dreh- und Schwingförderer (s. auch DIN 15201 T1).

Kriterium für die Gliederung der *Gewinnungsmaschinen* sind die Hauptschneidbewegungen. Sie verlaufen stetig oder unstetig, jeweils auf geradlinigen Bahnen, kreisförmigen Bahnen oder Koppelkurven. Beispiele sind Eimerkettenbagger und Schürfkübelbagger (Scraper), Schaufelradbagger und Teilschnittmaschinen sowie Löffelbagger.

Unstetigförderer erledigen ihre Transportaufgabe durch mehrere, zeitlich hintereinander, teilweise auch gleichzeitig, ablaufende Einzelbewegungen (z. B. bei Kranen das Greifen, Heben, Fahren usw.). Wiederholt sich dieser Ablauf in gleicher Reihenfolge, so bilden die zwischen dem Aufnehmen der einen und der nächsten Last ausgeführten Einzelbewegungen das Spiel (Abb. 14.1). Die dazwischen liegende Zeit heißt *Spielzeit* t_S. Die *Spielzahl* z_S ist die Anzahl der in der Zeiteinheit ausgeführten Spiele. Das ständige Anfahren und Bremsen der Antriebe erfordert, verglichen mit den Stetigförderern, einen größeren Aufwand in der Steuerung und führt zu größeren dynamischen Beanspruchungen.

Stetigförderer bringen das Fördergut i. Allg. mit konstanter Fördergeschwindigkeit bei stetig fließendem (Gurtförderer) oder bei pulsierend fließendem Gutstrom (Becherwerk, Kreisförderer) von der Aufgabe- zur Abgabestelle.

Ein anderes Gliederungskriterium für Fördermittel ist, ob sie auf dem Flur (Flurförderer) oder über dem Flur (flurfreie Förderer) arbeiten.

Unter bestimmten Voraussetzungen können Baumaschinen den Fördermaschinen zugerech-

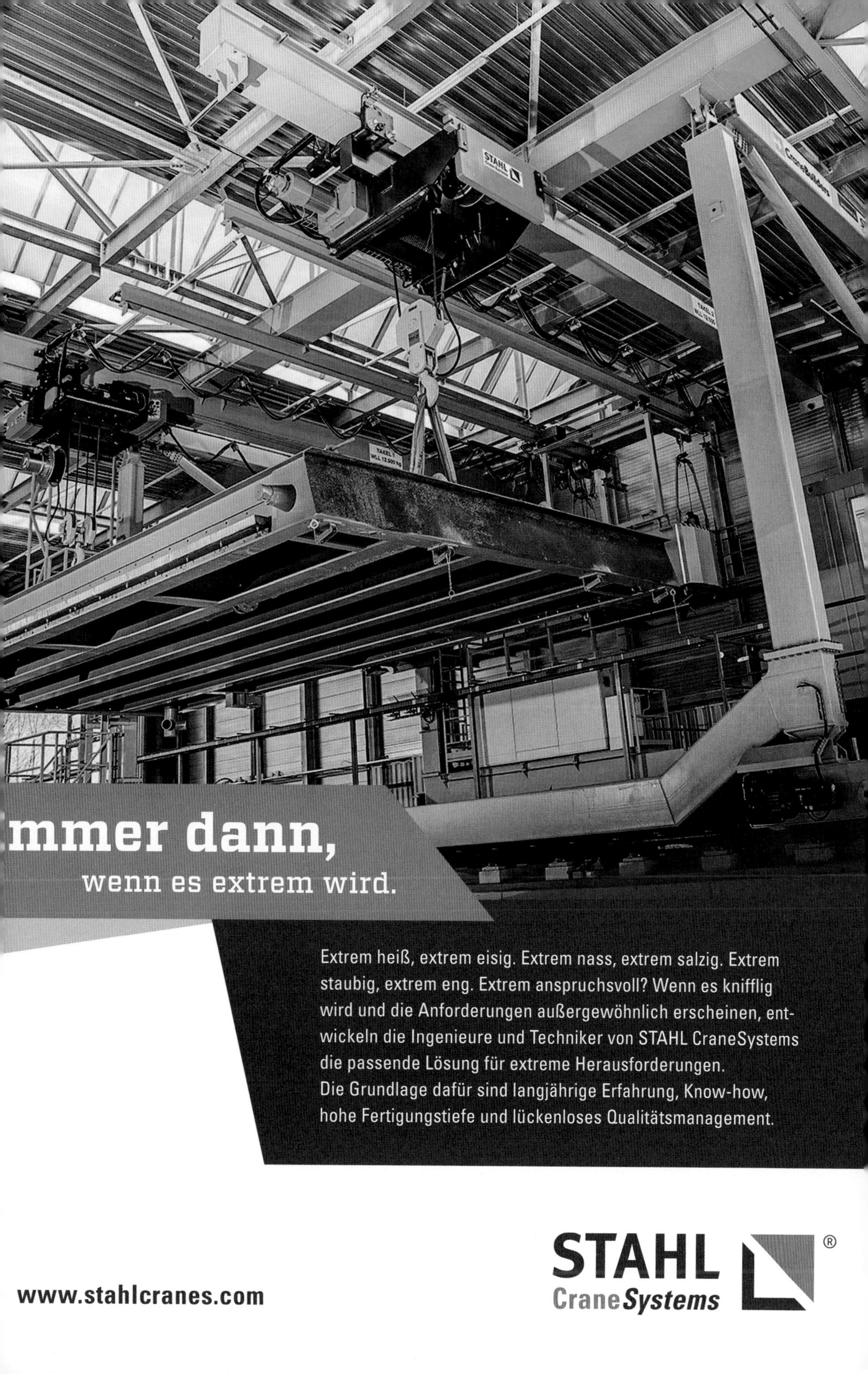
mmer dann,
wenn es extrem wird.
Extrem heiß, extrem eisig. Extrem nass, extrem salzig. Extrem staubig, extrem eng. Extrem anspruchsvoll? Wenn es knifflig wird und die Anforderungen außergewöhnlich erscheinen, entwickeln die Ingenieure und Techniker von STAHL CraneSystems die passende Lösung für extreme Herausforderungen. Die Grundlage dafür sind langjährige Erfahrung, Know-how, hohe Fertigungstiefe und lückenloses Qualitätsmanagement.
www.stahlcranes.com
STAHL
CraneSystems

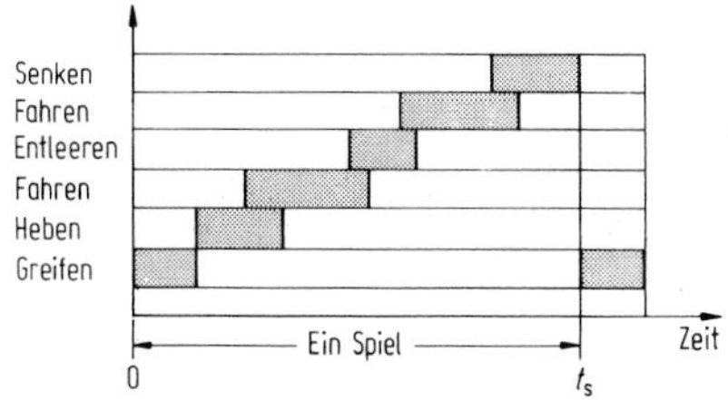

Abb. 14.1 Spieldiagramm für Unstetigförderer. Beispiel: Kran im Greiferbetrieb

net werden. So gehören die im Hochbau arbeitende Krane (Unstetigförderer) zu den Baumaschinen. Andererseits gibt es Baumaschinen, die keine Transportaufgabe erfüllen (z. B. Verdichter). In Abschn. 15.3.2 (Turmdrehkrane) und in Kap. 22 werden Baumaschinen vorgestellt, die den Fördermaschinen zuzurechnen sind.

14.1.3 Kenngrößen des Fördervorgangs

Die *Stromstärke* λ ist die im Augenblick pro Zeiteinheit geförderte Menge. Der über einen größeren Zeitabschnitt zwischen den Zeiten t_1 und t_2 gebildete Mittelwert ist der Durchsatz I

$$I = \frac{1}{t_2 - t_1} \int_{t_1}^{t_2} \lambda \, \mathrm{d}t \, .$$

Es sind λ_V die *Volumenstromstärke*, λ_M die *Massenstromstärke*, λ_S die *Stückgutstromstärke* und entsprechend I_V, I_M, I_S der *Volumen-*, *Massen-*, *Stückgutdurchsatz*. Die Stromstärke ist bestimmend bei der Auslegung des Fördermittels, der Durchsatz gibt Auskunft über seine Leistungsfähigkeit.

Bei Unstetigförderern errechnet sich der Durchsatz aus der Zahl der Spiele (Spielzahl) je Zeiteinheit z_s und der je Spiel transportierten Menge Q (Nutzlast): $I_M = Q z_s$.

Bei stetiger Schüttgutförderung bestimmen Fördergeschwindigkeit v und Transportstromquerschnitt A die Stromstärke und den Durchsatz. Für z. B. einen Gurtförderer mit konstanter Streckenbelegung und Fördergeschwindigkeit v (Abb. 19.1a) ist $I_V = Av$. Mit der Schüttgutdichte ϱ folgt der Massendurchsatz $I_M = \varrho I_v$.

Bei stetig pulsierender Stückgutförderung bestimmen die Fördergeschwindigkeit v und der erforderliche Mindestabstand b zweier aufeinander folgender Transporteinheiten (Abb. 19.1c) die Stückgutstromstärke bzw. den Stückgutdurchsatz: $I_S = v/b$.

14.2 Antriebe der Fördermaschinen

14.2.1 Hubwerke

Winden – manuell oder motorisch getrieben – können Zugkräfte in beliebiger Richtung aufbringen und dabei das Zugmittel speichern. *Hubwerke* sind stationär oder auf Laufkatzen von Kranen angeordnete Winden einschließlich des Seiltriebs, die Lasten heben und senken. Übliche Hubgeschwindigkeiten 0,8 bis 40 m/min (DIN 15022), bei Umschlagkranen bis 180 m/min. Tragfähigkeiten s. DIN 15021.

Konstruktive Ausführung (s. Abschn. 15.2). Das Hubwerk – bestehend aus Motor, drehelastischer Kupplung, Getriebe, Seiltrieb und Last – ist ein schwingungsfähiges System. Die Größe der dynamischen Beanspruchung seiner Glieder kann in einer Simulationsrechnung bestimmt werden [6]. In der Praxis werden die Triebwerke auch heute noch über ein starrkörperkinetisches Modell berechnet, wobei die Spannungserhöhung infolge dynamischer Belastung durch einen Schwingbeiwert berücksichtigt wird, der zwischen 1,5 und 2,5 liegt [7, 8]. Er ist um so höher, je größer der Momentenstoß des Motors beim Anfahren, die Hubgeschwindigkeit, das Getriebespiel und die Schlaffseillänge sind.

Antriebsleistung. Die Bewegungsphasen des Hubwerks innerhalb eines Spiels lassen sich in einem Bewegungsdiagramm darstellen (Abb. 14.2). In der Phase 2 wird die Hubmasse m (Masse der Nennlast, des Lastaufnahmemittels und des anteiligen Seiles) mit der Nenngeschwindigkeit v gehoben. Die Volllastbeharrungsleistung ist $P_L = mgv/\eta$, mit Wirkungsgrad $\eta = \eta_{\text{Seiltrieb}}\eta_{\text{Getriebe}}$ (überschlägig $\eta \approx 0{,}85$).

In der Phase *1* sind zusätzlich die Leistung P_{BL} und P_{BJ} zur Beschleunigung der Hub-

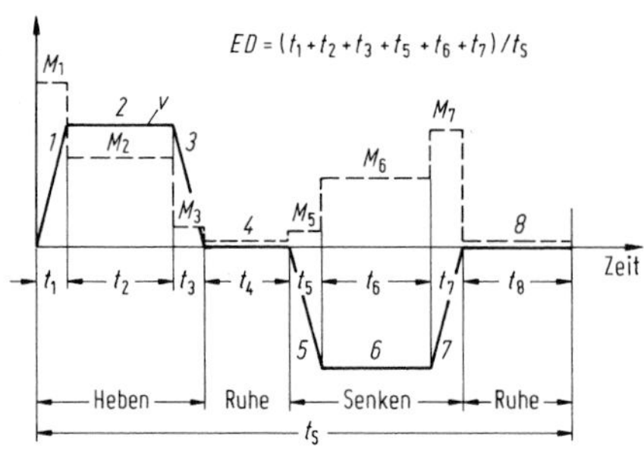

Abb. 14.2 Bewegungsdiagramm eines Hubwerks und Definition der Einschaltdauer *ED*. *M* Motormoment, *v* Hubgeschwindigkeit, *1* bis *8* Bewegungsphasen

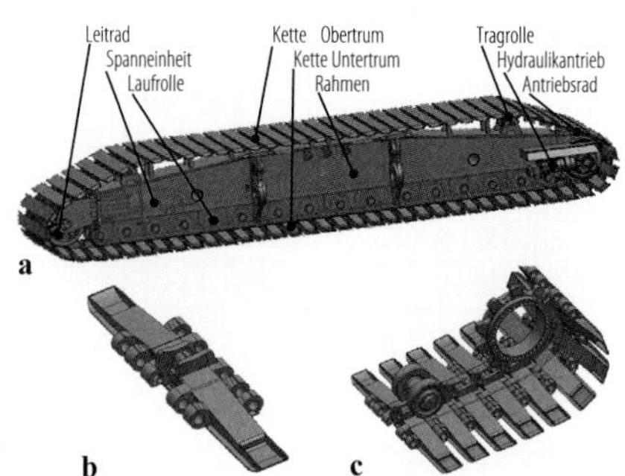

Abb. 14.3 Schakenfahrwerk (TEREX Cranes Germany, Zweibrücken). **a** Fahrschiff; **b** Schakenkettenglied; **c** Ablauf der Kette über das Antriebsrad

masse m und der rotierenden Massen J_{red} aufzubringen. $P_{\text{BL}} = mv^2/(t_a\eta)$ und $P_{\text{BJ}} = J_{\text{red}}\omega^2/(t_a\eta)$.

J_{red} ist das auf die mit der Winkelgeschwindigkeit ω drehende *Motorwelle* reduzierte Massenträgheitsmoment aller rotierenden Teile. Hochlaufzeit $t_a = 0{,}2$ bis 1,0 s, je nach Motorgröße. In den meisten Fällen ist $P_{\text{BL}} \leq 0{,}1\ P_{\text{L}}$.

Da P_{BL} und P_{BJ} nur kurzzeitig wirken, werden sie bei der überschlägigen Motordimensionierung vernachlässigt. Diese erfolgt über die Volllastbeharrungsleistung P_{L} und über die relative Einschaltdauer $ED = \Sigma$ Einschaltzeiten $\cdot$ 100 %/(Σ Einschaltzeiten + Σ stromlose Pausen). Die Motornennleistung $P_{\text{M nen}}$ ist in den Motorkatalogen für ED = 15, 25, 40, 60, 100 % angegeben. Es muss sein $P_{\text{M nen}} \geq P_{\text{L}}$. Genauere Motordimensionierung und -auswahl (s. Abschn. 14.2.7).

Beim Senken mit Nenngeschwindigkeit (Phase *6*) ist die elektrisch zu bremsende Leistung $P_{\text{BR}} = P_{\text{L}}\eta^2$. Die maximale Bremsleistung wird in Phase *7* benötigt: $P_{\text{BRmax}} = (P_{\text{L}} + P_{\text{BL}} + P_{\text{BJ}})\eta^2$.

Bei Winden bestimmen Seilzugkraft S und Aufwickelgeschwindigkeit v_{S} die Volllastbeharrungsleistung $P_{\text{L}} = Sv_{\text{s}}/\eta$.

14.2.2 Fahrwerke

Der Fortbewegung von Fördermaschinen dienen Fahr-, Schreit- und *Kriechwerke*. Schreit- [36] und Kriechwerke [37] haben eine untergeordnete Bedeutung. Bei den Fahrwerken unterscheidet man im Wesentlichen zwischen Schienenfahrwerken, schienenlosen Fahrwerken (Radfahrwerken) und Raupenfahrwerken (Kettenfahrwerken).

Schienenfahrwerke (s. Abschn. 14.4.5) werden hauptsächlich bei Kranen (s. Abschn. 15.3) eingesetzt. Flurförderzeuge (s. Abschn. 16.1.1) und zahlreiche Baumaschinen (s. Kap. 22) sind mit Radfahrwerken ausgerüstet. Raupenfahrwerke ([9, 10]; s. Abschn. 14.4.6) kommen ebenfalls bei Kranen und Baumaschinen, aber auch bei Rück- und Gewinnungsmaschinen, Absetzern u.Ä. zum Einsatz. Während die Auslegung von Radfahrwerken, in Abhängigkeit von den jeweiligen Belastungen und Beanspruchungen, an die Kraftfahrzeug- [38] bzw. die Schienenfahrzeugtechnik (s. Abschn. 54.2, 14.4.5, 15.3.1) angelehnt werden kann, gelten für Raupenfahrwerke anders geartete Anforderungen, beispielsweise bezogen auf Verschleiß und Betriebsfestigkeit (s. Abschn. 14.4.6 u. Kap. 16). Die Vorteile von Raupenfahrwerken sind u. a. eine hohe Traktionsfähigkeit bei gleichzeitig bodengriffiger Geländegängigkeit. Große Aufstandsflächen gewährleisten hohe Standsicherheiten und geringen Bodendruck. Bezogen auf Radfahrwerke können sich Nachteile aus ggf. größeren Massen, höheren inneren Fahrwiderständen und ganz besonders hinsichtlich eines modifizierten Fahr- und Lenkverhaltens ergeben.

Abb. 14.3a zeigt das Fahrschiff eines nach der konstruktiven Ausführung der Kette benannten Schakenfahrwerkes (einteilig geformtes Kettenglied – Abb. 14.3b). Mit derartigen Fahrwerken sind unterschiedliche Förder- und Baumaschi-

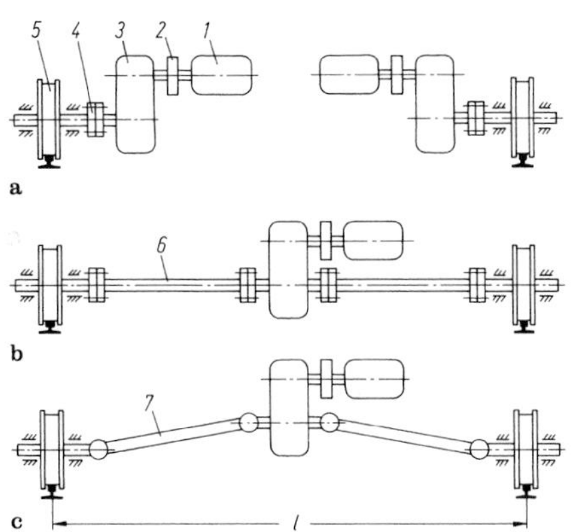

Abb. 14.4 Antriebssysteme für Krane und Laufkatzen. *1* E-Motor, *2* Bremse, *3* Getriebe, *4* Flanschkupplung, *5* Laufrad, *6* starre Welle, *7* Gelenkwelle (weitere Erläuterungen im Text)

nen ausgerüstet, z. B. nicht schienengebundene Krane (Raupenkrane), aber auch Gewinnungsmaschinen, Seilbagger u.Ä.

Fahrwerke für schienengebundene Krane werden im Folgenden dargestellt. So zeigt Abb. 14.4 mögliche Antriebssysteme für Krane und Laufkatzen, bei denen die Laufräder *5* auf zwei parallelen Schienen laufen. Abb. 14.4a: In Kranen mit großer *Spurweite l* werden vorwiegend Einzelradantriebe eingesetzt. Abb. 14.4b,c: Zentralantriebe mit Kopplung zweier Räder über starre Wellen *6* oder über Gelenkwellen *7* werden nur noch bei kleiner Spurweite (z. B. Laufkatze) und bei manuell über Kettenzug bewegten Kleinkranen verwendet.

Das Drehmoment kann in die Laufräder bei leichten Kranen und Katzen über einen in das Laufrad gefrästen Zahnkranz (Abb. 14.5a), bei schweren Kranen und Katzen über einen mit dem Laufrad verschraubten Zahnkranz (Abb. 14.5b,c) eingeleitet werden. Ein Antrieb der Laufräder über die Radwelle vermeidet offene Zahnräder (Abb. 14.5d). Bei leichten Kranen und Katzen können dafür an den Kran geflanschte Getriebemotoren (Abb. 14.6) verwendet werden. Bei schweren Kranen werden Aufsteckgetriebe (Abb. 14.7) mit Drehmomentstütze *5* eingesetzt, die das Moment über ein Keilwellenprofil DIN 5471 oder über Schrumpfscheiben in die Radwelle übertragen, oder es werden über Flanschkupplungen angeschlossene Getriebe (Abb. 14.8) mit Drehmomentstütze *5* eingesetzt.

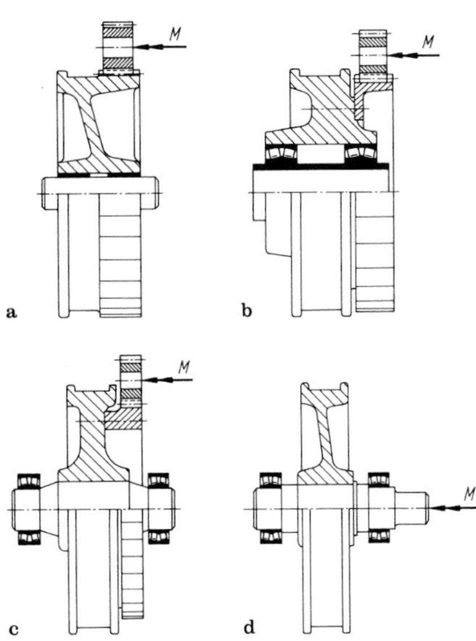

Abb. 14.5 Drehmomenteinleitung in Laufräder (Erläuterungen im Text)

Üblich ist die Abstützung auf vier Rädern. Schwere Geräte erhalten Teilfahrwerke mit mehreren Laufrädern, die in Schwingen gelagert sind (Abb. 14.7). Die Schwinge *1* mit einem angetriebenen und einem nicht angetriebenen Rad ist in A_1 und A_2 drehbar in der Krankonstruktion *2* gelagert. Die an der Schwinge wirkende Vertikalkraft F_V teilt sich in F_1 und F_2 auf. Diese sind ungleich, wenn eine Seitenführungskraft F_S wirkt: $F_{1,2} = F_V/2 \mp F_S h_1/b$. Durch den Hebelarm h_2 erzeugt die Antriebskraft F_{an} ungleiche Radlasten R_1 und R_2. Sie errechnen sich zu $R_{1,2} = F_V/2 \mp F_{an} h_2/a$. Die erforderliche

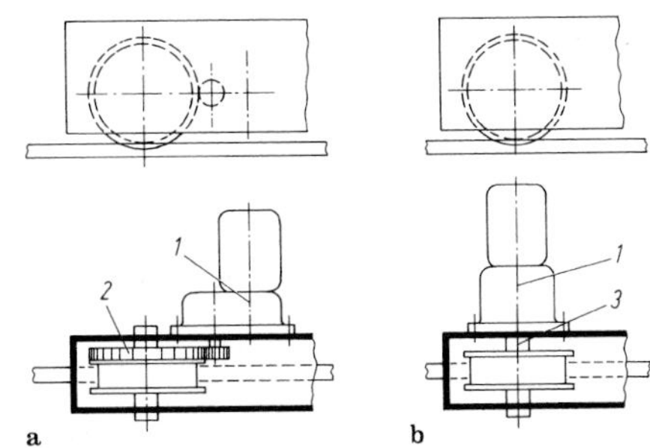

Abb. 14.6 Einzelradantriebe durch angeflanschte Getriebemotore (*1*). **a** Über Zahnkranz (*2*); **b** über Laufradwelle (*3*)

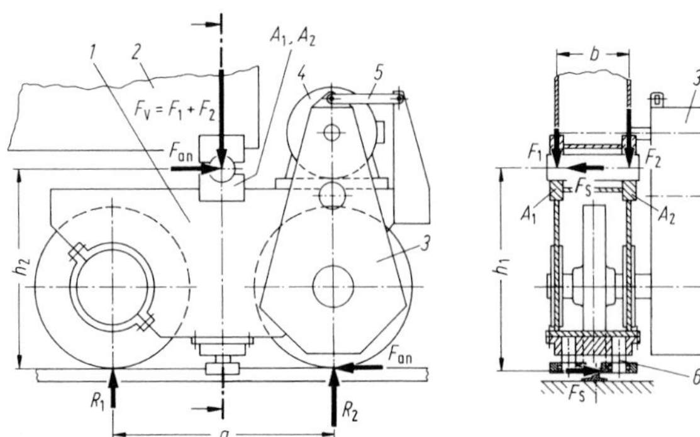

Abb. 14.7 Äußere Kräfte an einer Radschwinge. *1* Radschwinge, *2* Krankonstruktion, *3* Aufsteckgetriebe, *4* E-Motor, *5* Drehmomentstütze, *6* Führungsrollen

Anzahl n_R der Räder je Schwinge ist der Quotient aus maximaler Vertikalkraft F_{Vmax} und zulässiger Radlast R_{zul}.

Beim Verfahren des Krans sind der Fahrwiderstand F_F (Reibungskräfte in Radlagerung und zwischen Rädern und Schiene), Windkräfte F_W und Massenkräfte F_B zum Beschleunigen des Krans zu überwinden.

Die Fahrwiderstandskraft ist $F_F = w\Sigma R_i$ mit w Fahrwiderstandsbeiwert (Tab. 14.1) und ΣR_i Summe der Radlasten. Die Windkraft ist $F_W = q\Sigma c_{fi} A_i$. Dabei sind q der Winddruck (z. B. $q = 250\ \text{N/m}^2$ bei Windstufe „2 normal" nach DIN EN 13001-2), A_i die Windangriffsflächen der angeströmten Bauteile des Krans sowie der Last und c_{fi} der zugehörige, von der Form der einzelnen Bauteile bzw. von der Form der Last abhängige, aerodynamische Kraftbeiwert, s. DIN EN 1991-1-4. Lasteinwirkungen s. auch DIN EN 13001-2, Lastannahmen für Tragwerke (s. Abschn. 14.3.3).

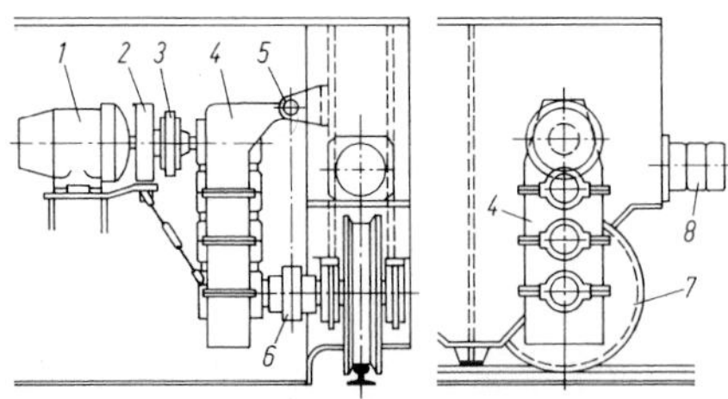

Abb. 14.8 Einzelradantrieb (Krupp-Kranbau). *1* Motor, *2* Bremstrommel, *3* elastische Kupplung, *4* Getriebe mit Ölumlaufschmierung, *5* Drehmomentstütze, *6* starre Kupplung, *7* Laufrad, *8* Kunststoffpuffer

Die Beschleunigungskraft ist $F_B = m_{ges} v_{Fnen}/t_a$, mit m_{ges} Summe von Eigen- und Lastmasse, v_{Fnen} Nennfahrgeschwindigkeit und t_a Beschleunigungszeit.

Abb. 14.9: Brückenkrane, s. Abschn. 15.3.1. Die von den Fahrantrieben zu überwindende resultierende Abtriebskraft F_{ab} des gesamten Krans ist $F_{ab} = F_F + F_W + F_B$. Die Exzentrizität e ihrer Kraftwirkungslinie berechnet sich zu $e = ((F_F + F_B)e_M + F_W e_W)/(F_F + F_B + F_W)$. Dabei ist e_M der Abstand des gemeinsamen Schwerpunkts S von Kran, Katze und Last zur Kranmitte und e_W der Abstand der resultierenden Windkraft F_W. Wenn Krane eine Gleichlaufsteuerung (s. Abschn. 15.3.1) haben, sind die Antriebskräf-

Tab. 14.1 Fahrwiderstandsbeiwert w in ‰ (nach [11])

Laufrad-durch-messer d_1 mm	Fahrwiderstandsbeiwert w in ‰			
	bei Wälzlagerung		bei Gleitlagerung	
	mit Spur-kranz	ohne Spur-kranz	mit Spur-kranz	ohne Spur-kranz
200	10,5	5,5	32	27
250	9,5	4,5	28	23
315	8,5	3,5	26	21
400	8,0	3,0	23,5	18,5
500	7,5	2,5	21,5	16,5
630	7,0	2,0	19,5	14,5
710	7,0	2,0	19	14
800	6,5	1,5	19	14
900	6,5	1,5	19	14
1000	6,5	1,5	19	14
1120	6,0	1,0	19	14
1250	6,0	1,0	19	14

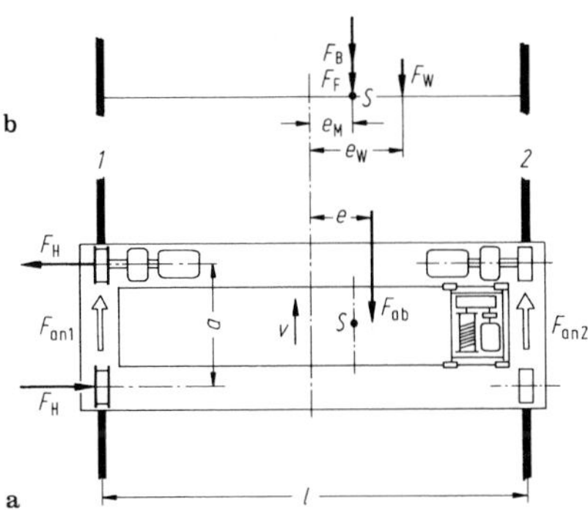

Abb. 14.9 **a** Durch asymmetrische Katzstellung hervorgerufene Horizontalkräfte am Brückenkran mit zwei Einzelradantrieben; **b** Bestimmung der resultierenden Abtriebskraft F_{ab} und der Exzentrizität e beim Anfahren gegen den Wind

te der Kranseiten $F_{an\,1,2} = F_{ab}e/(2l)$. Hierbei wird für die Katze die ungünstigste aller Laststellungen berücksichtigt. Für Krane mit steifen Kranträgern kann bei Einzelradantrieben eine Gleichlaufsteuerung entfallen. Bei beidseitig gleich starken, ungeregelten Motoren sind die Antriebskräfte dann wegen der Drehzahlkopplung (s. Abschn. 14.2.7) $F_{an\,1} = F_{an\,2} = F_{ab}/2$. In diesem Fall entsteht bei außermittiger Abtriebskraft ein Moment $F_{ab}e$, das an den Spurführungselementen die Horizontalkräfte $F_H = F_{ab}e/a$ hervorruft.

Aus Symmetriegründen ist i. Allg. die Zahl der angetriebenen Räder sowie die Zahl und Größe der Antriebsmotore auf beiden Kranseiten gleich. Nur bei großen Kranen kann die Zahl der angetriebenen Räder je Kranseite aus wirtschaftlichen Gründen unterschiedlich groß sein.

Die erforderliche Zahl $n_{Ran\,1,2}$ der anzutreibenden Räder pro Kranseite ist die auf $F_{Ran\,1,2}/(R_{min\,1,2}\mu)$ folgende ganze Zahl. Es sind $R_{min\,1,2}$ die kleinste Radlast der betreffenden Kranseite und μ die Reibungszahl zwischen Rad und Schiene ($\mu = 0{,}14$ nach DIN 15019 T1).

Ein Antriebsmotor treibt meist ein Laufrad oder zwei Laufräder, in Sonderfällen bis zu vier. Für die erforderliche Nennleistung $P_{M\,nen}$ eines Motors bei z_M Motoren pro Kranseite und dem Gesamtwirkungsgrad η ($\approx 0{,}87$ bis $0{,}92$) gelten überschlägig die Gleichungen der Tab. 14.2. $P_{M\,nen}$ und die Einschaltdauer *ED* (s. Abschn. 14.2.1) bestimmen die Motorgröße. Genauere Motordimensionierung (s. Abschn. 14.2.7).

14.2.3 Drehwerke

Ein *Drehwerk* realisiert die Drehbewegung um eine i. Allg. senkrechte Achse. Das Oberteil kann sich gegenüber dem Unterteil drehen. Dieses kann fest stehen (z. B. Säulendrehkran, Derrickkran), auf Schienen verfahren (z. B. Wippdrehkran, Eisenbahnkran), auf einem Schwimmkörper montiert sein (Schwimmkran) oder ein straßengängiges Fahrgestell sein (Autokran, Mobilkran). Das Drehwerk besteht aus den maschinellen Teilen der Drehverbindung und dem Drehwerkantrieb.

14.2.3.1 Drehverbindung

Abb. 14.10: Die Drehverbindung zwischen Ober- und Unterteil überträgt Vertikalkräfte F_y, Horizontalkräfte F_x und Momente M_z. Letztere entstehen durch die außermittige Schwerpunktlage des Oberteils und der Last, durch Windkräfte

Tab. 14.2 Erforderliche Nennleistung eines Fahrwerkmotors $P_{M\,nen}$ (überschlägig). Dazu Abb. 14.9

	P_{Mnen}	
Betriebsart	Gleichlaufsteuerung vorhanden	Gleichlaufsteuerung nicht vorhanden
Im Freien arbeitende Krane	$\frac{F_F + F_W}{1{,}2 \cdot z_M \cdot \eta}\left(\frac{1}{2} + \frac{e}{l}\right) \cdot v_{Fnen}$ sowie[a] $\frac{F_F + F_W + F_B}{1{,}7 \cdot z_M \cdot \eta}\left(\frac{1}{2} + \frac{e}{l}\right) \cdot v_{Fnen}$	$\frac{F_F + F_W}{1{,}2 \cdot z_M \cdot \eta} \cdot \frac{1}{2} \cdot v_{Fnen}$ sowie[a] $\frac{F_F + F_W + F_B}{1{,}7 \cdot z_M \cdot \eta} \cdot \frac{1}{2} \cdot v_{Fnen}$
Hallenkrane	$\frac{F_F + F_B}{1{,}6 \cdot z_M \cdot \eta} \cdot \left(\frac{1}{2} + \frac{e}{l}\right) \cdot v_{Fnen}$	$\frac{F_F + F_B}{1{,}6 \cdot z_M \cdot \eta} \cdot \frac{1}{2} \cdot v_{Fnen}$

[a] Der größere der beiden Werte ist die erforderliche Nennleistung

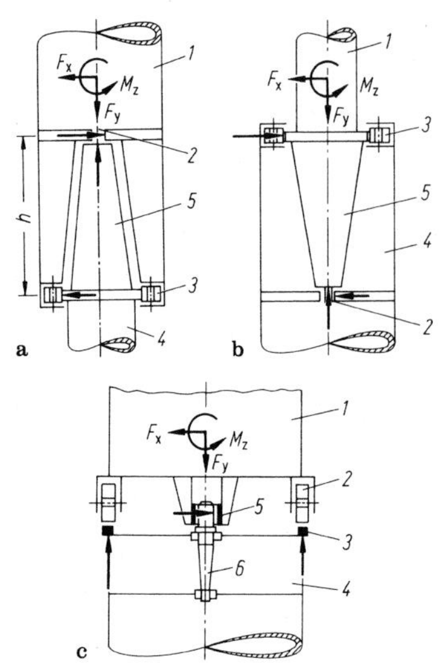

Abb. 14.10 Drehverbindungen. **a** Mit fester Säule *4*; **b** mit drehender Säule *5*; **c** mit Königzapfen *6* (weitere Erläuterungen im Text)

und durch Massenkräfte beim Drehen und Fahren.

Abb. 14.10a: Das Oberteil *1* stützt sich oben über ein Axialpendellager *2* (Aufnahme von F_x, F_y) und unten über am Umfang verteilte Laufräder *3* (F_x) an der fest mit dem Unterteil *4* verbundenen Säule *5* ab. Das Moment M_z überträgt ein Kräftepaar (Abstand h), dessen gleich große Horizontalkräfte durch *2* und *3* gestützt werden. In Abb. 14.10b sind die Einbaulage von Axialpendellager *2* und Laufräder *3* vertauscht. Die Säule *5* gehört hier zum drehenden Oberteil *1*.

Abb. 14.10c: Das Oberteil *1* stützt sich über Laufräder *2* (F_y) und über eine Kreisringschiene *3* auf das Unterteil *4*. Horizontalkräfte F_x werden über ein Gleitlager *5* in den sog. Königzapfen *6* geleitet, der in das Unterteil *4* eingespannt ist. Das Moment M_z nimmt ein durch die Laufräder *2* gestütztes Kräftepaar auf.

Abb. 14.11: Am häufigsten werden heute die (ein- bis dreireihigen) Kugel- und (zwei- bis dreireihigen) Rollendrehverbindungen eingesetzt. Einer der beiden Ringe dieser Großwälzlager (Laufbahndurchmesser D_L bis 14 m) wird mit dem Oberteil *5*, der andere mit dem Unterteil *6* verschraubt und dort am günstigsten durch Zylinderrohre *7* und *8* gleichmäßig gestützt. Steifigkeitssprünge in der Unterkonstruktion, z. B. durch Rippen, können örtlich zu starker Überlastung führen [12, 13]. In einen der beiden Wälzringe ist der Zahnkranz für das Drehwerk gefräst.

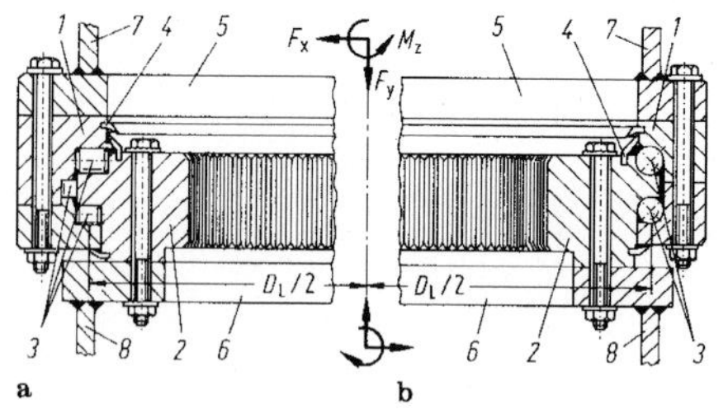

Abb. 14.11 Wälzkörperdrehverbindungen (Hoesch Rothe Erde). **a** Dreireihige Rollendrehverbindung; **b** zweireihige Kugeldrehverbindung. *1* Außenring, *2* Innenring mit Verzahnung, *3* Wälzkörper, *4* Dichtung, *5* Kranoberteil, *6* Kranunterteil, *7*, *8* Abstützungen

14.2.3.2 Drehwerkantrieb

Abb. 14.12: Der Drehwerkantrieb ist i. Allg. auf dem Oberteil *6* befestigt. Er bewirkt dessen Verdrehung gegenüber dem Unterteil *8*. Dabei wälzt das Drehwerkritzel *5* in einem mit dem Unterteil *8* fest verbundenen Zahnkranz *9*. Die Drehzahl des Oberteils ist $n = n_{\text{Motor}}/(i_1(1 - i_2))$. Es ist i_1 die Übersetzung des Drehwerkgetriebes *3*, i_2 ist die Standübersetzung zwischen Zahnkranz

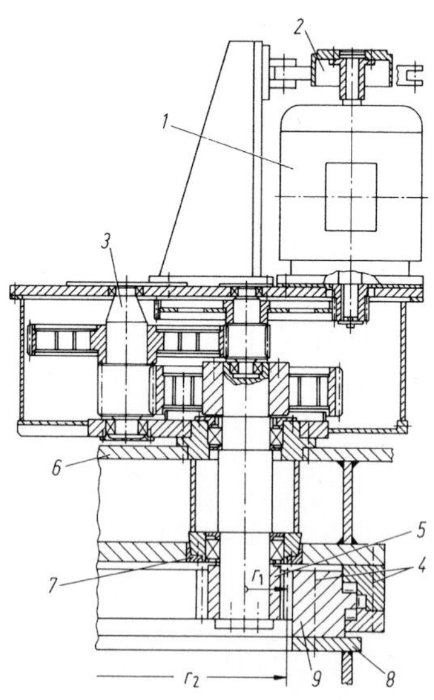

Abb. 14.12 Drehwerk für schwere Krane. *1* Motor, *2* mechanische Bremse, *3* Getriebe, *4* Rollendrehverbindung, *5* Abtriebsritzel, *6* Kranoberteil, *7* Kegelspannhülse, *8* Kranunterteil, *9* Zahnkranz. (Krupp)

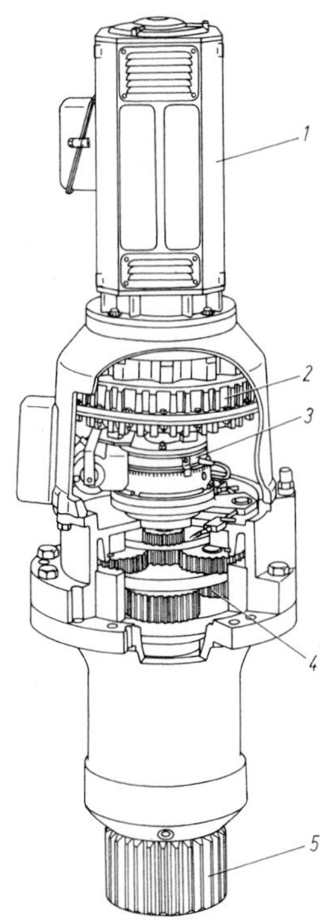

Abb. 14.13 Drehwerkantrieb für leichte Krane (Liebherr). *1* Motor, *2* Strömungskupplung, *3* elektrohydraulische Scheibenbremse, *4* dreistufiges Planetengetriebe, *5* Drehwerkritzel

9 und Drehwerkritzel *5*, $i_2 = +r_2/r_1$. Um ein Ausschlagen der Drehwerkbefestigung in Oberteil *6* zu vermeiden, empfiehlt sich ein fester Sitz z. B. über eine Kegelspannhülse *7*.

Drehwerke werden meist von Kurzschlussläufermotoren getrieben und gebremst. Die mechanische Bremse wirkt nur als Haltebremse. Wenn das Bremsmoment kleiner ist als das durch Windkräfte bei Sturm erzeugte Moment, werden zur Vermeidung von Kollisionen, z. B. mit benachbarten Kranen oder Schiffsaufbauten, Oberteil *6* und Unterteil *8* in der Außerbetriebsstellung des Krans durch Bolzen verriegelt.

Abb. 14.13: Drehwerke für leichte Krane können über eine zwischengeschaltete Strömungskupplung angetrieben werden. Bei Baukranen wird die mechanische Drehwerkbremse in der Außerbetriebstellung geöffnet, damit sich der Ausleger selbsttätig in den Wind stellen kann. Drehwerke von Autokranen werden hydraulisch getrieben und gebremst.

Die Verbindung zwischen Ober- und Unterteil ist betriebssicher, wenn die Ringe des Großwälzlagers mit den Auflagekonstruktionen von Ober- und Unterteil ordnungsgemäß verschraubt worden sind, die zulässigen Wälzkörperkräfte nicht überschritten werden [14] und die für das Drehen des Oberteils erforderlichen Antriebsmomente übertragen werden können.

Momente am Drehwerkmotor. Das größte Motormoment $M_{\mathrm{M\,max}}$ entsteht beim Drehbeschleunigen des Oberteils mit Ausleger und Last unter Gegenwind. Die um die Drehachse des Oberteils wirkenden Momentenanteile sind M_{D}, M_{W}, M_a.

M_{D} berücksichtigt die Reibungswiderstände in der Drehverbindung. Für einen Kran mit Wälzkörperdrehverbindung nach Abb. 14.11 ist überschlägig

$$\begin{aligned} M_{\mathrm{D}} = \big[& \left|F_y/2 + M_z/(0{,}75\,D_{\mathrm{L}})\right| \\ & + \left|F_y/2 - M_z/(0{,}75\,D_{\mathrm{L}})\right| \\ & + |F_z| \big] D_{\mathrm{L}}/2\,\mu\,, \end{aligned}$$

mit D_{L} mittlerer Rollkreisdurchmesser (Laufbahndurchmesser), μ Rollreibungszahl ($\mu = 0{,}003$ bis $0{,}006$), F_y Vertikal-, F_x Horizontalkraft. M_z ist das auf die Drehverbindung wirkende resultierende Moment, das durch ein Kräftepaar mit dem angenommenen Hebelarm $0{,}75\,D_{\mathrm{L}}$ gestützt wird.

M_{W} entsteht durch Windkräfte: $M_{\mathrm{W}} = \Sigma\,(A_{\mathrm{r}i}\,r_i\,c_{\mathrm{f}i})\,q - \Sigma\,(A_{\mathrm{l}j}\,r_i\,c_{\mathrm{f}i})\,q$. Es sind $A_{\mathrm{r}j}$ und $A_{\mathrm{l}j}$ die rechts und links der Drehachse (Abb. 14.14) liegenden Windwirkflächen der Bauteile des Oberteils, r die Abstände ihrer Flächenschwerpunkte zur Drehachse, $c_{\mathrm{f}i}$ der zugehörige aerodynamische Kraftbeiwert nach DIN EN 1991-1-4 und q der Winddruck (s. Abschn. 14.2.2).

M_a beschleunigt in der Zeit t_a die um die Drehachse rotierenden Massen des Oberteils. Zur Berechnung von M_a gliedert man das mit der Winkelgeschwindigkeit ω drehende Oberteil in einzelne Massen m_i, bestimmt deren Schwerpunktsabstände r_i zur Drehachse und deren Massenträgheitsmomente J_{0i} um den eigenen

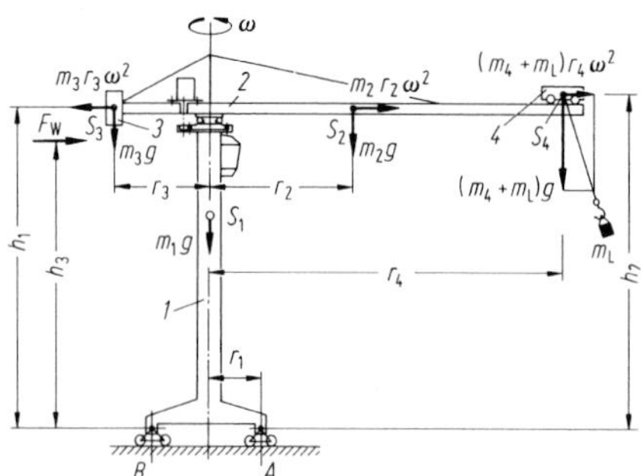

Abb. 14.14 Kräfte am Drehkran (schematisch) beim Drehen. *1* Unterteil, *2* Oberteil mit Ausleger, *3* Gegengewicht, *4* Laufkatze

Schwerpunkt. $M_a = \Sigma\left(m_i r_i^2 + J_{0i}\right)\omega/t_a$. Bei geringer Ausdehnung der Massen m_i in horizontaler Richtung kann J_{0i} vernachlässigt werden (z. B. Gegengewicht). Unberücksichtigt bleiben auch die relativ kleinen rotierenden Massen des Antriebs.

Beispiel

Für den Kran nach Abb. 14.14 ist $M_a = \left(m_2 r_2^2 + J_{02} + m_2 r_2^2 + m_3 r_3^2 + m_4 r_4^2\right)\omega/t_a$.

Das maximale Motormoment ist $M_{\mathrm{M\,max}} = (M_\mathrm{D} + |M_\mathrm{W}| + M_a)/(i_1 \cdot (1 - i_2) \cdot \eta)$. Es sind i_1 die Übersetzung des Drehwerkgetriebes, i_2 die Standübersetzung zwischen Zahnkranz und Drehwerkritzel (s. Beschreibung von Abb. 14.12). Der Gesamtwirkungsgrad von Zahnkranz/Ritzel und Getriebe ist $\eta \approx 0{,}85$. Das erforderliche Motornennmoment ist überschlägig $M_{\mathrm{M\,erf}} \le M_{\mathrm{M\,max}}/1{,}7$. Mit der zugehörigen Motornennleistung $P_{\mathrm{M\,nen}}$ und der Einschaltdauer *ED* (25 oder 40 %. Definition der *ED*, s. Abschn. 14.2.1) lässt sich die Motorgröße aus dem Motorkatalog ermitteln. Es muss sein: $M_{\mathrm{Motor\,(ED)}} \ge M_{\mathrm{M\,nenn}}$. Genauere Motordimensionierung (s. Abschn. 14.2.7) ◄

Steht die Drehachse nicht vertikal (z. B. beim Schwimmkran) ist ein zusätzliches Moment zu überwinden, da das Drehwerk infolge der Schräglage seines Unterteils (schwimmender Ponton) Hubarbeit leisten muss. Näheres s. [1].

14.2.4 Einzieh- und Wippwerke

Einzieh- und Wippwerke – sie ähneln sich in ihrer konstruktiven Ausführung, Wippwerke arbeiten mit größeren Geschwindigkeiten – ändern den Neigungswinkel und damit die Ausladung von Auslegern. Wie Hubwerke werden sie vorrangig durch Gewichtskräfte belastet. Zur Wirkung der Hubmasse tritt i. Allg. die der Ausleger-Eigenmasse. Der Verstellung des Auslegers dienen Seil-, Zahnstangen-, Spindeltriebe oder Hydraulikantriebe. Um dabei die Hubarbeit so gering wie möglich zu halten, wird die Kinematik der Ausleger- und Hubseilführung so gestaltet, dass sich die Last beim Verändern der Ausladung auf einer möglichst horizontalen Bahn bewegt (Hubwegausgleich). Der Eigenmassenausgleich kompensiert weitgehend die Auslegermasse [15, 16].

Abb. 14.15a: Das Oberteil ist über eine Wälzkörperdrehverbindung *6* mit der Rohrsäule *8* des Unterteils verbunden. Der Ausleger *1* wird durch den Seilrollenzug *3* verstellt. Der annähernd horizontale Lastweg wird erreicht durch die Dreifacheinscherung des Hubseils *2* zwischen Ausleger *1* und Pylon *7* in Verbindung mit der besonderen Lagezuordnung der Seilrollen des Hubseilflaschenzugs. Abb. 14.15b: Bei dem sog. Doppellenkerwippkran laufen die Seile vom Hubwerk *6* über zwei Lenker *2* und *1* zum Lastaufnahmemittel. Durch die aufeinander abgestimmten Gliedlängen des Gelenkvierecks, gebildet aus dem Ausleger *1*, Zuglenker *2*, Drucklenker *3* und dem feststehenden Pylon *7*, schneiden sich die Verlängerungen der Glieder *2* und *3* in jeder Lenkerstellung annähernd auf der Wirkungslinie der Last (Momentanpol *P*). Nur dann ergibt sich der gewünschte, annähernd horizontale Lastweg. Die Größe des beweglichen Ausgleichsgewichts *4* und die Kinematik seiner Ankopplung an den Drucklenker *3* sind so auf das Lenkersystem abgestimmt, dass in jeder Lenkerstellung ein annähernder Eigenmassenausgleich des Lenkersystems stattfindet. Dessen Verstellung geschieht entweder über ein Spindelgetriebe *5* (Wippwerk Abb. 14.16), über einen doppelt wirkenden Hydraulikzylinder oder bei großen Kranen über ein geschlossenes, vorgespanntes Seilzugsystem.

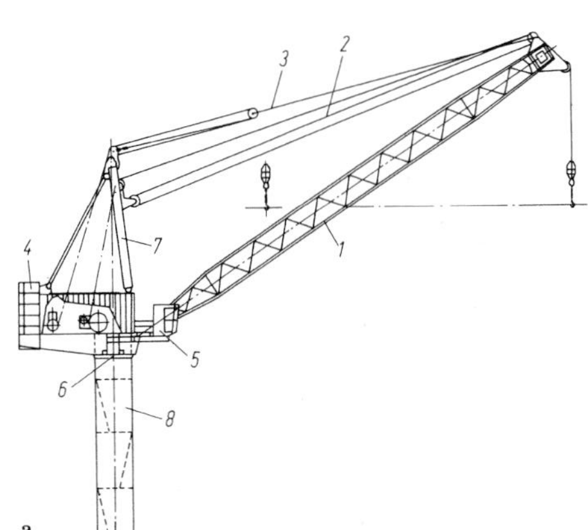

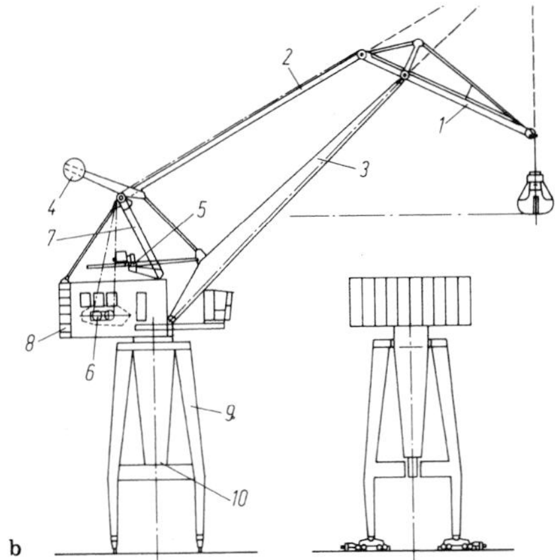

Abb. 14.15 Wippdrehkrane (MAN). **a** Auslegerkran. *1* Ausleger, *2* Hubseil, *3* Auslegereinziehseil, *4* Gegengewicht, *5* Kranführerkanzel, *6* Wälzkörperdrehverbindung, *7* Pylon, *8* Unterteil; **b** Doppellenkerwippkran. *1* Ausleger, *2* Zuglenker, *3* Drucklenker, *4* Ausgleichsgewicht für Lenkersystem, *5* Auslegereinziehwerk (Wippwerk), *6* Hubwerk, *7* Pylon, *8* Gegengewicht, *9* Unterteil, *10* Axialpendellager

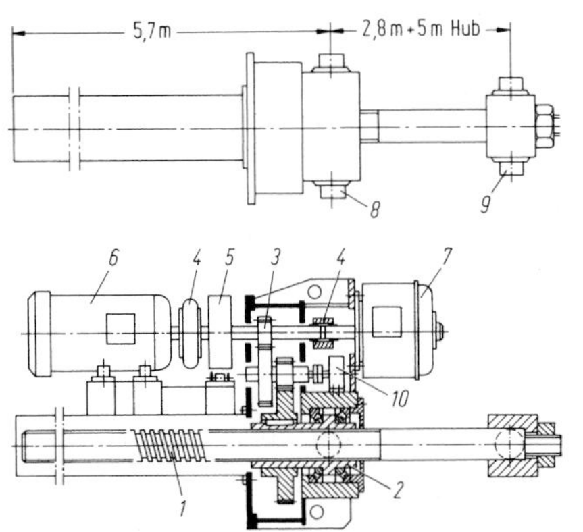

Abb. 14.16 Wippwerk (Krupp). *1* Trapezgewindespindel, *2* Mutter, *3* Getriebe, *4* Kupplung, *5* Bremstrommel, *6* Antriebsmotor, *7* Wirbelstrombremse, *8* Anschlussbolzen zum Kran, *9* Anschlussbolzen zum Auslegersystem, *10* Endschalter

Momente am Antriebsmotor. Die am bewegten Ausleger angreifenden Kräfte bzw. Momente sind Bestimmungsgrößen für die Bemessung. Im Unterschied zu Hubwerken sind die am Antriebselement angreifenden äußeren Kräfte nicht konstant, sondern ändern sich mit der Ausladung. Hinweise zur Dimensionierung s. Abschn. 14.2.7 und [1].

14.2.5 Kraftschlüssige Antriebe

Beim *kraftschlüssigen Antrieb* überträgt das Antriebsorgan (Treibscheibe, Antriebstrommel) die Umfangskraft durch Reibung auf ein biegsames Zugelement (Seil, Gurt). Bedingungen für die Kraft- bzw. Bewegungsübertragung sind: ausreichende Spannung des Zugelements, ausreichende Reibungszahl zwischen den Berührungsflächen, ausreichender Umschlingungswinkel. Für den Nachweis der Treibfähigkeit ist die Eytelwein'sche Gleichung (s. Bd. 2, Abschn. 13.2.1) heranzuziehen.

Vorteile gegenüber dem formschlüssigen Antrieb sind ein stoßfreier, geräuscharmer Lauf, wodurch hohe Fördergeschwindigkeiten ermöglicht werden. Nachteilig ist die Baugröße des Antriebsorgans. Anwendungsgebiete sind z. B. Seilaufzüge (s. Abschn. 18.2.2) mit Treibscheiben [1], Gurtförderer (s. Abschn. 19.2.2) und Becherwerke (s. Abschn. 19.2.3).

14.2.6 Formschlüssige Antriebe

Beim *formschlüssigen Antrieb* überträgt das Antriebsorgan (Kettenrad) die Umfangskraft durch Formschluss auf ein entsprechend gestaltetes Zugelement (Laschenkette). Bei der Auslegung ist der sog. Polygoneffekt (s. Bd. 2, Abschn. 13.5, [1]) zu berücksichtigen.

Der Vorteil gegenüber dem kraftschlüssigen Antrieb ist die Größe des übertragbaren Moments bei gleicher Baugröße des Antriebsorgans. Die schlechtere Laufqualität wegen des Polygoneffektes lässt aber nur geringere Fördergeschwindigkeiten zu.

Angewendet werden formschlüssige Antriebe z. B. in Gliederbandförderern (s. Abschn. 19.2.5), Kratzerförderern (s. Abschn. 19.2.6), Trogkettenförderern (s. Abschn. 19.2.7), Kreisförderern (s. Abschn. 19.2.4) und bei Raupenfahrwerken (s. Abschn. 14.2.2).

14.2.7 Antriebsmotoren und Steuerungen

14.2.7.1 Elektromotorische Antriebe

Die Dreiphasenspannung der Drehstrommotoren für die meisten Fördermaschinen beträgt 400, 480 und 690 V nach DIN EN 60038 bei 50 Hz Netzfrequenz (in manchen Ländern 60 Hz). Direkteinspeisung in fahrende Geräte erfolgt durch Schleif- oder Schleppleitung. Geräte großer Leistung werden mit 3, 6, 10 oder 20 kV über Kabeltrommel und eigenen Transformator versorgt. Am häufigsten eingesetzte Elektromotoren arbeiten mit Nenndrehzahlen zwischen 600 und 1800 U/min, bei Leistungen kleiner ca. 20 kW auch mit bis zu 3000 U/min. Üblich sind selbstbelüftende Motoren in Schutzart IP 44 oder IP 54 nach DIN EN 60034-5. Empfehlenswert sind Kondenswasserlöcher. Bei Gefahr starker Kondenswasserbildung empfiehlt sich zusätzlich eine Stillstandsheizung. Bauformen sind IM B3, IM B5, IM B35 und IM V 1 nach DIN EN 60034-7 (s. Bd. 2, Abschn. 24.1.2). Bei länger im kleinen Drehzahlbereich arbeitenden, geregelten Motoren ist Fremdbelüftung erforderlich. In die Wicklung integrierte Temperaturfühler schützen Motoren gegen thermische Überlastung. Wirken Axial- oder Querkräfte z. B. durch Ritzel oder Riemenscheiben auf die Motorwelle, sind die Lager zu überprüfen.

Motorgröße. Antriebsmotoren der Stetigförderer arbeiten im Dauerbetrieb nach DIN EN 60034-1. Sie werden nach der Leistung im Dauerbetrieb dimensioniert, die sich aus dem Lastmoment ergibt. Die Eignung für den Anlauf (Anlaufmoment, -zeit) ist zu prüfen.

Antriebsmotoren der Unstetigförderer, z. B. Hebezeugmotoren, arbeiten im Aussetzbetrieb. Ihr Anlaufmoment ist 2- bis 3mal größer als das Nennmoment M_{nen}. Der Motor wird überschlägig nach der Volllastbeharrungsleistung und Einschaltdauer (für Hubwerke s. Abschn. 14.2.1, für Fahrwerke s. Abschn. 14.2.2, für Drehwerke s. Abschn. 14.2.3) ausgewählt. Bei Laständerungen innerhalb eines Spiels (z. B. Volllast, Teillast, ohne Last) kann, solange die Spielzeiten $t_S <$ 10 min sind, die Motorgröße genauer über das äquivalente Moment M_{eff} bestimmt werden. Dazu werden die Motormomente M_i ($i = 1, \dots, n$) der n Bewegungsphasen eines Spiels ihren Wirkungsdauern t_i wie folgt zugeordnet:

$$M_{\text{eff}} = \sqrt{\frac{M_1^2 t_1 + M_2^2 t_2 + \cdots + M_n^2 t_n}{t_S - t_{sP}}}\,,$$

mit t_S Spielzeit, t_{sP} stromlose Pausenzeit innerhalb t_S.

M_{eff} würde bei gleicher Einschaltdauer ED (Definition s. Abschn. 14.2.1) den Motor gleich stark erwärmen, wie das Momentenkollektiv. Daher wird die Motorgröße aus dem Katalog mit M_{eff} und der ermittelten Einschaltdauer ED bestimmt, wobei $M_{\text{M nen (ED)}} \geq M_{\text{eff}}$ sein muss. Zur Motorauswahl nach Herstellerkatalog ist über die Winkelgeschwindigkeit die äquivalente Leistung P_{eff} zu berechnen, sodass $P_{\text{M nen (ED)}} \geq P_{\text{eff}}$ gilt.

Anmerkung: Liegt die ermittelte Einschaltdauer zwischen zwei genormten Einschaltdauern (15; 25; 40; 60; 100 %), so kann aus der nächstliegenden genormten Einschaltdauer das für die Motorauswahl zugrunde zu legende äquivalente Moment $M_{\text{M eff}}$ zu $M_{\text{M eff}} = M_{\text{eff}}\sqrt{ED_{\text{ermittelt}}/ED_{\text{genormt}}}$ bestimmt werden.

Bei Kurzschlussläufermotoren ist die zulässige Schalthäufigkeit entsprechend den Herstellerunterlagen zu überprüfen.

Energieverbrauch. Für die Auswahl des Motors bezüglich des Energieverbrauchs und des Wirkungsgrads ist die Klassifizierung nach DIN EN 60034-30-1 zu beachten. Hier werden für Drehstrommotoren mit Kurzschlussläufer die

Wirkungsgradklassen IE1, IE2, IE3 und IE4 (Standard, Hoch, Premium und Super Premium) verbindlich festgelegt. Laut EU-Verordnung 2019/1781 dürfen ab Juli 2021 nur noch Motoren in Verkehr gebracht werden, deren Energieeffizienz im Leistungsbereich von 0,75 bis 1000 kW mindestens dem Effizienzniveau IE3 entspricht und im Leistungsbereich von 0,1 bis 0,75 kW mindestens dem Effizienzniveau IE2. Ab Juli 2023 müssen Motoren im Leistungsbereich 75 bis 200 kW mindestens dem Effizienzniveau IE4 entsprechen.

Motorsteuerung. Triebwerke der Fördermaschinen sind schwingungsfähige Systeme. Die beim Anfahren und Bremsen auftretenden Belastungen liefern i. Allg. die max. Schnittlasten in den Maschinenbau- und Stahlbauelementen, von denen im Betriebsfestigkeitsnachweis auszugehen ist. Um zu kleinen Bauteilabmessungen zu kommen, sollen die elektrische Maschine, ihre Steuerung und Regelung auf den mechanischen Teil beanspruchungsgünstig abgestimmt werden. Die Motorsteuerung bietet Einsparpotenzial von Energie: Rückspeisung der Bremsenergie ins Netz oder in einen Akkumulator bzw. deren Nutzung durch intelligente Zwischenkreiskopplung, bei der die Bremsenergie des einen Antriebs von einem Partnerantrieb zum Treiben eingesetzt wird.

Ungeregelte Antriebe. Für viele Einsatzfälle können preiswerte, dem Einsatzzweck angepasste Drehstromkurzschlussläufermotoren verwendet werden. Kurze Hochlaufzeiten sind anzustreben, da während des Anlaufs ca. die Hälfte der elektrischen Energie im Motor in Wärme gewandelt wird. Zur Reduzierung des Anlaufmoments (Anlaufstroms) ist der Hochlauf möglich mit Stromverdrängungsläufern, Stern/Dreieckschaltung, Polumschaltung, sog. Kusa-Widerständen im Ständerkreis (Kusa steht für Kurzschlussläufer-Sanft-Anlauf) und Drehstromstellern.

Ungeregelte Hubwerkantriebe. Die einzelnen Betriebsphasen werden des besseren Verständnisses wegen am Beispiel des Drehstromschleifringläufermotors erläutert (Abb. 14.17a). Vorwiderstände im Läuferkreis ermöglichen bei konstantem Kippmoment eine Veränderung der Kennlinie. Der Hochlauf in Hubrichtung im I. Quadranten beginnt auf Kennlinie 1 bei M_{an} (Stoß). Stufenweise werden durch Zeit- oder Frequenzrelais die Vorwiderstände R_v bei S_1, S_2 usw. überbrückt. Nach dem Hochlauf arbeitet der Motor bei ca. 5 % Schlupf $s(s = 1 - n/n_0)$ auf seiner natürlichen Kennlinie *4* (Arbeitspunkt A_1, $R_v = 0$, Motormoment $M_{M(H)} = M_L/\eta$). M_L ist das Motormoment infolge der Hublast ohne Berücksichtigung des mechanischen Wirkungsgrads η. Der Antrieb wird durch Netztrennung und Einschalten der mechanischen Bremse stillgesetzt.

Beim Senken arbeitet der Motor im übersynchronen Bereich des IV. Quadranten, z. B. mit Kennlinie *6* (Arbeitspunkt A_2, $M_{M(S)} = M_L\eta$) als elektrische Bremse (Generatorbetrieb) mit Rückspeisung ins Netz ($M_{M(S)} = M_{M(H)}\eta^2$). Stillsetzen des Antriebs erfolgt durch Kontern, d. h. kurzzeitige Netztrennung und Umschalten von A_2 auf die in Hubrichtung wirkende Kennlinie *5*. Das mit abnehmender Drehzahl sinkende motorische Bremsmoment ist dann $M_{BR} = M_M - (M_L\eta)$.

Weitere Kennlinien zum Senken kleiner Lasten bei kleiner Geschwindigkeit sind möglich, wenn die Ständerwicklung mit Gleichstrom gespeist wird (Kennlinie *7*, Arbeitspunkt *A3*, der Motor arbeitet dann als Wirbelstrombremse), oder wenn nur zwei der drei Wicklungen des Motors an nur zwei Phasen des Netzes geschaltet werden (untersynchrone Senkbremsung). Die im III. Quadranten beginnende Kennlinie *8* wird zum schnellen Beschleunigen kleiner Lasten in Senkrichtung benutzt. Sie ergibt sich aus der Kennlinie *6*, bei einem großen Vorwiderstand im Läuferkreis. Der II. und III. Quadrant liefert bei Hubwerken keinen stabilen Arbeitspunkt. Alle Umschaltungen im Läuferkreis erzeugen Drehmomentensprünge an den Antriebselementen. Bei Schalthandlungen im Statorkreis (z. B. Anlauf, Kontern) entstehen zusätzliche Drehschwingungen im Bereich um 50 Hz.

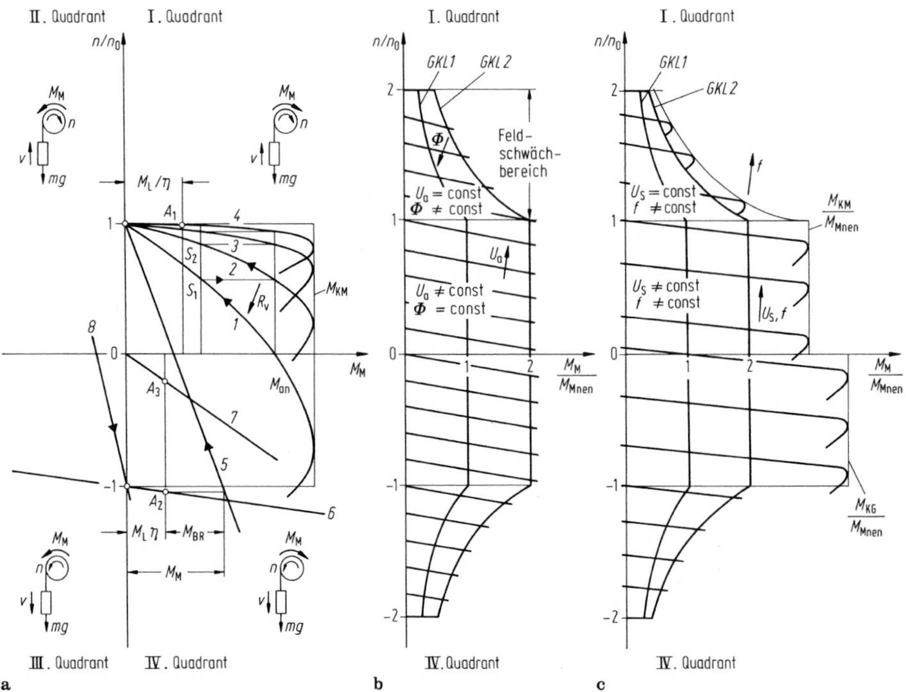

Abb. 14.17 Elektromotorische Hubwerkantriebe (Siemens). **a** Drehstromschleifringläufermotor, im Vier-Quadrantenbetrieb, ungeregelt; **b** Gleichstromnebenschlussmotor, im I. und IV. Quadranten, geregelt; **c** Drehstromkurzschlussläufermotor, im I. und IV. Quadranten, mit Frequenzumrichter geregelt; Bezeichnungen: n Motordrehzahl, n_0 Drehzahl bei $M_M = 0$ ($n_0 \approx$ Leerlaufdrehzahl bei Nennfrequenz und Nennspannung), M_M Motormoment, M_{KM} Kippmoment im Motorbetrieb, M_{KG} Kippmoment im Generatorbetrieb, M_L Lastmoment, M_{BR} Bremsmoment, U_a Läuferspannung (Ankerspannung), U_s Ständerspannung, f Frequenz, R_v Läufervorwiderstand, Φ magnetischer Fluss

Geregelte Hubwerkantriebe. Sie gewinnen zunehmend an Bedeutung, da sie ein sanftes Anfahren und Bremsen und eine stufenlose Geschwindigkeitseinstellung im Bereich zwischen der Ordinate und der Grenzkennlinie *GKL 1* (Abb. 14.17b,c) bei Beharrung und *GKL 2* bei Beschleunigung ermöglichen. Abb. 14.17b: Bei Gleichstromnebenschlussmotoren geschieht die Drehzahlregelung durch Veränderung der Läuferspannung U_a bei konstantem Erregerstrom (magnetischer Fluss Φ const). Im Teillastbereich oberhalb n_0 ist eine Drehzahlvergrößerung auf ca. $2n_{nen}$ durch Verkleinerung des Erregerstroms möglich (Feldschwächung, $\Phi \neq$ const, $U_a = U_{a\,nen}$ = const). Für *GKL 1* und *GKL 2* ist hier n ungefähr gleich. Senken im IV. Quadranten geschieht durch Richtungsänderung von U_a. Die elektrische Maschine arbeitet dann als Generator.

Abb. 14.17c: Die größte Bedeutung haben über Frequenzumrichter gespeiste Kurzschlussläufermotoren. Durch gleichzeitige Verstellung von Frequenz f und Ständerspannung U_S ist die stufenlose Wahl einer anderen Kennlinie möglich, d. h. die Drehzahl kann von Null bis zur Maximaldrehzahl verstellt werden. Auch im Stand kann der Motor ein Moment abgeben.

Im Drehzahlbereich $|n/n_0| > 1$ nähern sich mit steigender Drehzahl die Grenzlinien GLK 1 und GLK 2 sowohl beim Gleichstromnebenschlussmotor als auch beim Drehstromkurzschlussläufermotor (hier noch deutlicher). Die damit verbundene Verringerung der Regelreserve ist bei der Auswahl des Antriebs zu beachten. Bei längerem Betrieb im niedrigen Drehzahlbereich ist die thermische Belastung des Motor sehr groß; oft ist Fremdbelüftung erforderlich. Der Frequenzumrichter ist dafür großzügig zu dimensionieren.

Fahr- und Drehwerkantriebe. Sie arbeiten mit ähnlichen Kennlinienfeldern wie die Hubwerke. Dabei gilt der I. Quadrant für Fahren bzw. Drehen nach rechts, der II. für das Bremsen aus dieser Bewegung, der III. für das Fahren bzw. Drehen nach links und der IV. entsprechend für das Bremsen. Werden mehrere Motoren in Fahrwerken durch die Rad/Schiene-Kopplung gezwungen, mit gleicher Drehzahl zu laufen und wird nicht jeder Motor einzeln geregelt, soll der Schlupf s bei Nennmoment mindestens 5 % betragen, da andernfalls zu flache (starre) Kennlinien wegen unvermeidbarer Fertigungsungenauigkeiten zu ungleicher Belastung der Motoren führen können.

14.2.7.2 Verbrennungsmotorische Antriebe

Verbrennungsmotoren (s. Kap. 4) werden in der Fördertechnik als Energiewandler eingesetzt, wenn Aufgabe und Betriebsweise der Fördermaschine die Unabhängigkeit von der Energiezufuhr aus einem stationären Netz erfordern. Hauptanwendungsgebiete sind Fahrzeugkrane, Flurförderer und Bagger.

Dieselhydraulische Antriebe werden in Mobil-, Auto- und Raupenkranen eingesetzt. Hydraulische Bauelemente und Antriebe (s. Bd. 2, Kap. 18 und Bd. 2, Kap. 19).

Mit dieselelektrischen Antrieben arbeiten Schwimm- und Schienendrehkrane (Eisenbahnkrane).

Zusatzmaterial: http://eur-lex.europa.eu/LexUriServ/LexUriServ.do?uri=OJ:L:2009:191:0026:0034:DE:PDF.

14.3 Tragwerke

14.3.1 Tragwerksgestaltung

Im Bereich der fördertechnischen Anwendungen sind Tragwerke in der Regel als geschweißte Stahlbaukonstruktionen ausgeführt. Ihre Gestaltung unterliegt neben den konstruktiven Rahmenbedingungen des eigentlichen Verwendungszweckes weiteren Kriterien, die auf eine beanspruchungsgerechte Auslegung abzielen [17]. Diese sind u. a. eine kraftflussgerechte Gestaltung durch Vermeidung von exzentrischer Lasteinleitung und Querschnittssprüngen, ein symmetrischer Aufbau der Querschnitte zur Verringerung von Schweißverzügen, eine möglichst flächige Einleitung äußerer Lasten zur Reduzierung lokaler Beanspruchungen sowie die Ausführung des Querschnittes im Sinne einer gewichts- und kostenoptimierten Konstruktion. Neben gewalzten Hohlprofilen mit Rechteck- oder Zylinderquerschnitt kommen häufig I-Profile und geschweißte Kastenträger zum Einsatz, die sich durch gute Anschlussmöglichkeiten, hohe Belastbarkeit und geringe Eigenmassen auszeichnen.

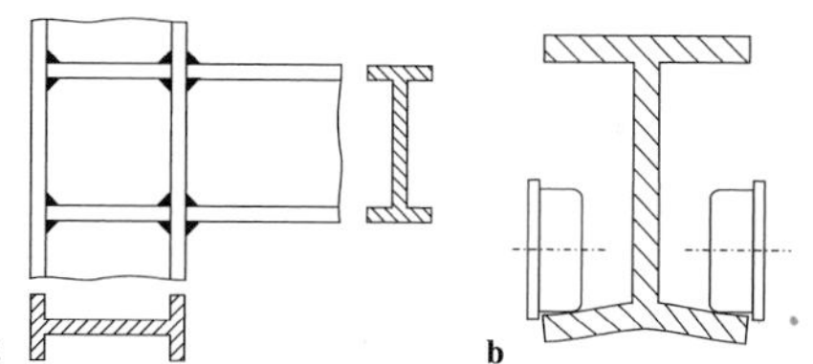

Abb. 14.18 I-Profil. **a** Kraftflussgerechte Gestaltung; **b** mit Unterflanschbiegung

14.3.1.1 I-Träger

I-Träger sind als gewalzte und geschweißte Ausführung erhältlich, wobei Walzprofile bezüglich Kosten und Beanspruchbarkeit und Schweißprofile aufgrund ihrer einsatzspezifischen Gestaltungsmöglichkeiten Vorteile aufweisen. Bei der Verwendung von I-Profilen ist die kraftflussgerechte Ausführung der Verbindungen besonders zu beachten. So kann beispielsweise durch Einschweißen von Querblechen eine gleichmäßige Lastverteilung an der Verbindungsstelle erzielt werden (s. Abb. 14.18a). Im Kranbau werden I-Träger häufig direkt als Kranbahn für Hängekatzen eingesetzt (Einträger-Brückenkrane, Schwenkkrane). In diesem Zusammenhang ist bei der Tragwerksauslegung die lokale Unterflanschbiegung zu berücksichtigen, die eine Biegebeanspruchung um eine Achse parallel zur Trägerlängsachse hervorruft (s. Abb. 14.18b).

14.3.1.2 Kastenprofile

Abb. 14.19a zeigt schematisch den Aufbau eines Kastenträgers. Die zentralen profilkennzeichnenden Elemente sind die beiden parallel verlaufen-

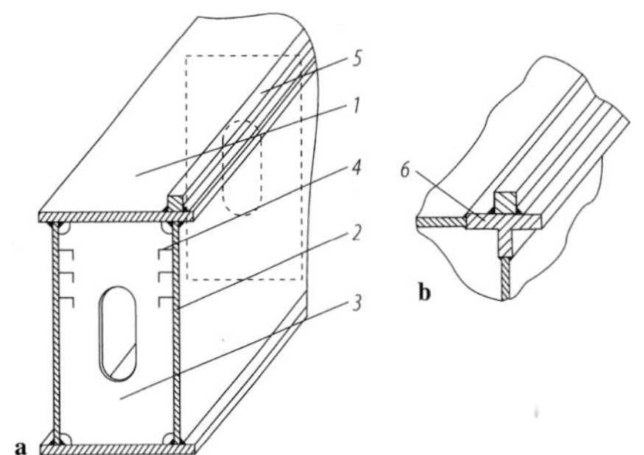

Abb. 14.19 **a** Kastenträgeraufbau; **b** beanspruchungsgerechte Gestaltung. *1* Gurtbleche, *2* Stegbleche, *3* Schottbleche, *4* Beulsteifen, *5* Kranschiene, *6* T-Profil

den Gurtbleche *1* und die dazu senkrecht angeordneten, zueinander parallelen Stegbleche *2*. Schottbleche *3* und Beulsteifen *4* dienen zur Erhaltung des Querschnitts unter Lasteinwirkung. Aufgrund hoher 2-achsiger Biegebeanspruchbarkeit bei gleichzeitiger Torsionsbeanspruchbarkeit finden Kastenträger ihre Hauptanwendung im Bereich des Brücken- und Kranbaus. Auch bei dieser Trägerform ist der Einsatz von Unterflanschkatzen möglich, wobei sich eine zum I-Träger vergleichbare Problematik der Unterflanschbiegung einstellt. Darüber hinaus kommen Kastenträger häufig bei Zweiträgerbrücken- und Portalkranen mit oben laufender Katze zum Einsatz. In der Regel ist die Kranschiene *5* oberhalb eines der Stegbleche montiert, wodurch die Radlast neben einer globalen Biegung aufgrund der Exzentrizität zusätzliche Beanspruchungen im Träger verursacht. Einerseits sind hier die durch Querkraft und Torsionsmoment verursachten Schubspannungen zu nennen, die bei geringer Blechdicke einen dominierenden Einfluss auf die Gesamtbeanspruchungen gewinnen. Andererseits ergeben sich auf die beiden Stegbleche ungleichmäßig verteilte Lasten, woraus eine deutlich verminderte Beanspruchbarkeit des Trägers resultiert, da nur ein Teil des Querschnitts als tragend anzunehmen ist. Um dem entgegen zu wirken, kommen so genannte Schottbleche *3* zum Einsatz, die in bestimmten Abständen zur Entlastung und zur Erhaltung des Querschnitts in den Träger eingeschweißt werden. Mit Hilfe dieser hauptsächlich auf Schub beanspruchten Querbleche erfolgt eine Lastverteilung auf beide Stegbleche. Findet die Lasteinleitung zwischen diesen Blechen statt, kommt es neben der globalen Biegung des Trägers aufgrund des in diesem Bereich geringeren wirksamen Widerstandsmomentes zur so genannten Sekundärbiegung, die bei mittiger Belastung zwischen zwei Schottblechen maximal wird. Zur Erhöhung der elastischen Stabilität des Trägers können zudem Beulsteifen *4* eingesetzt werden. Diese sollten kontinuierlich über die gesamte Trägerlänge verschweißt sein. Alternativ kommen funktionsbedingt auch ovale oder halbovale Profile zur Anwendung, die in den druckbeanspruchten Zonen des Trägers durch ihre Form einem Beulen der Struktur entgegenwirken (z. B. Mobilkrane, s. Abschn. 15.3.4 Abb. 15.28).

Im Gegensatz zu gewalzten Profilen ist bei Kastenträgern der herabgesetzten Beanspruchbarkeit im Bereich der Schweißnähte Rechnung zu tragen. Dies kann beispielsweise durch konstruktive Maßnahmen wie die Positionierung der Schweißnähte außerhalb hoch beanspruchter Zonen, bspw. durch Einsatz gewalzter T-Profile *6* (s. Abb. 14.19b), geschehen.

14.3.2 Grundlagen der Tragwerksberechnung

Die Methodik zur Berechnung von Tragwerken ist prinzipiell vergleichbar mit Festigkeitsnachweisen aus anderen Bereichen des Maschinenbaus sowie des Stahlhochbaus und zielt darauf ab, eine vorhandene und eine zulässige Bauteilbeanspruchung zu ermitteln und diese miteinander zu vergleichen, schematisch dargestellt in Abb. 14.20. Im Gegensatz zu Regelwerken anderer Anwendungsbereiche des Maschinenbaus, die häufig nur Teilaspekte eines Nachweises abbilden, stellen Normen und Richtlinien auf dem Gebiet der Tragwerksauslegung in der Regel ein ganzheitliches geschlossenes Konzept zur Verfügung und sind damit ähnlich wie im Stahlhochbau aufgebaut. Der Fokus liegt dabei zum einen auf der Seite der anzusetzenden Lasten und zum anderen auf der Seite der Berücksichtigung und Quantifizierung zulässiger Grenz- bzw. Versagenszustände. Prinzipiell ist die Vorgehensweise zur Durchführung von Festigkeitsnachweisen im Rahmen der verschiedenen Regelwerke vergleichbar. Mit Hilfe von Lastmodellen werden

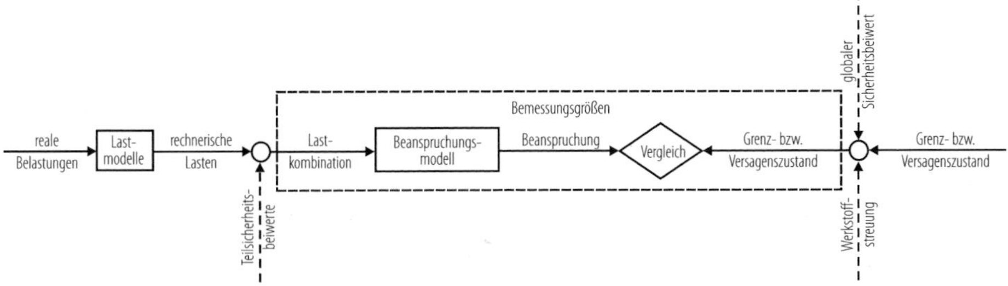

Abb. 14.20 Methodik von Festigkeitsnachweisen mit globalem Sicherheitsbeiwert (*oberer Bereich*) und mit Teilsicherheitsbeiwerten (*unterer Bereich*)

die rechnerischen Lasten ermittelt. Im Anschluss erfolgt das Zusammenfassen zeitgleich auftretender Lasten zu „Lastkombinationen" und eine Überführung in die für den jeweiligen Nachweis anzusetzenden Bemessungsgrößen. Anhand von Beanspruchungsmodellen werden dann für jedes entscheidende Konstruktionsdetail die aufgrund der verschiedenen Lastkombinationen vorhandenen inneren Beanspruchungen bestimmt und letztendlich mit den entsprechenden zulässigen Bemessungsgrößen verglichen. Prinzipiell sind zwei Sicherheitskonzepte zu unterscheiden.

14.3.2.1 Sicherheitskonzepte

Methode der zulässigen Spannungen. In älteren Normen und Regelwerken (z. B. DIN 15018, DIN 15350, FEM-Regeln) weit verbreitet ist die „Methode der zulässigen Spannungen". Hierbei wird die Beanspruchbarkeit eines Konstruktionsdetails um einen globalen Sicherheitsbeiwert vermindert, der u. a. sowohl Streuungen in den Materialkennwerten als auch Ungenauigkeiten bei der Last- und Beanspruchungsermittlung sowie Wartungsmöglichkeiten und Gefährdungspotential bei Bauteilversagen berücksichtigt.

Methode der Grenzzustände mit Teilsicherheitsbeiwerten. In aktuellen Regelwerken (z. B. DIN 22261, so genannter Eurocode: EN 1991 bzw. EN 1993 [18], EN 13001, ISO 20332) hat sich immer mehr die „Methode der Grenzzustände mit Teilsicherheitsbeiwerten" durchgesetzt, bei der im Gegensatz zur „Methode der zulässigen Spannungen" bereits die rechnerischen Lasten mit individuellen Sicherheitsbeiwerten, den so genannten „Teilsicherheitsbeiwerten" überhöht werden. Auf diese Weise ist es einerseits möglich, auch bei nichtlinearen Beanspruchungsmodellen ein transparentes und andererseits prinzipiell ein wesentlich differenzierteres Sicherheitsniveau zu schaffen. Die Größe der Teilsicherheitsbeiwerte ist u. a. abhängig von der Genauigkeit der Lastmodelle und der Wahrscheinlichkeit des Auftretens der Belastung. Streuungen in den Materialkennwerten werden durch eine Verminderung der Beanspruchbarkeit bzw. des entsprechenden Grenzzustandes abgedeckt (s. Abb. 14.20).

14.3.2.2 Nachweisführung

Lastermittlung. Im Rahmen der Nachweise müssen sämtliche relevante auf das Tragwerk wirkende reale Belastungen zunächst identifiziert und anschließend mit Hilfe von Lastmodellen als rechnerische Lasten quantifiziert werden. Die Normen und Regelwerke geben Auskunft darüber, um welche Lasten es sich handelt und welche Lastmodelle herangezogen werden können (s. Abschn. 14.3.3).

Beanspruchungsermittlung. Die Überführung der äußeren Lasten in innere Beanspruchungen des Tragwerks mit Hilfe von geeigneten Beanspruchungsmodellen liegt in der Regel in der Verantwortung des Anwenders des jeweiligen Regelwerkes. Da die normativ gegebenen Beanspruchungsgrenzen oft auf dem Nennspannungskonzept basieren, bietet es sich in solchen Fällen an, das Tragwerk in ein stabstatisches Ersatzmodell zu überführen, sofern die Tragwerksstruktur dies zulässt. In den Bereichen, die einen hinreichenden Abstand von Lasteinleitungsstellen aufweisen, sind die vorhandenen Spannungen mit guter Genauigkeit anhand der Schnittgrößen und der

Querschnittsgeometrie zu ermitteln. Zur Bestimmung der Schnittgrößen selbst bietet sich aufgrund der häufig vorhandenen Überbestimmtheit der Tragwerke der Einsatz von rechnergestützten Stabstatikprogrammen [19] an. Vor allem beim Einsatz von Trägern mit dünnwandigen Querschnitten (z. B. Kastenträger, s. Abschn. 14.3.1) können neben Normalspannungen auch Schubspannungen signifikanter Größe auftreten, die im Rahmen der Nachweise ebenfalls zu berücksichtigen sind. Beanspruchungsüberhöhungen durch Kerben, Schweißnähte oder weitere geometrische Einflüsse sowie durch lokale Lasteinleitung in Bereichen von Stößen, Flanschen oder durch Radlasten (Sekundär- und Flanschbiegung, s. Abschn. 14.3.1) sind gesondert zu betrachten. In diesem Zusammenhang geben viele Normen für bestimmte tragwerkstypische Fälle eine reduzierte Beanspruchbarkeit oder auch Modelle zur Bestimmung der Beanspruchungen für konkrete Konstruktionsdetails unter spezifischen Belastungszuständen an.

Neben der Beanspruchungsermittlung im Sinne von Nennspannungen sind viele aktuelle Normen auch offen gegenüber anderen Methoden, beispielsweise der Einbeziehung örtlicher, mit Hilfe von Finite-Elemente-Berechnungen ermittelter Spannungen, wobei in solchen Fällen die Wahl geeigneter Grenzzustände zu beachten ist.

Grenz- bzw. Versagenszustände. Auf der Seite der Beanspruchbarkeit sind prinzipiell die „Grenzzustände der Tragfähigkeit" und die „Grenzzustände der Gebrauchstauglichkeit" zu unterscheiden. Hinsichtlich der Tragfähigkeit sehen die aktuellen Regelwerke einerseits Beanspruchungsgrenzen gegenüber einer maximal auftretenden Belastung vor, andererseits ist ein Grenzwert gegenüber zyklisch auftretender Beanspruchung nicht zu überschreiten.

Über die zuvor aufgeführten Grenzzustände hinaus werden in einigen Regelwerken auch verschiedene „Grenzzustände der Gebrauchstauglichkeit" genannt, die jedoch individuell abhängig vom konkreten Einsatz des Tragwerks sind und daher nicht allgemein angegeben werden können (s. Abschn. 14.3.4).

14.3.3 Lasten und Lastkombinationen

Für die Anwendung der vorgestellten Nachweismethoden ist eine Differenzierung zwischen einzelnen Lasten (Einzellasten) und Kombinationen von Einzellasten (Lastkombinationen) sowie zwischen Teilsicherheitsbeiwerten und Dynamikfaktoren erforderlich [20].

Einzellasten. Relevante Belastungen und deren Quantifizierung sind ebenso wie die Bestimmung der zulässigen Spannungen bzw. Grenzzustände in Normen vorgegeben. Die realen äußeren Belastungen werden anhand von Lastmodellen in rechnerische Einzellasten überführt. Die Lastmodelle reichen von einfachen physikalischen Zusammenhängen bis zu empirisch basierten Ansätzen. Exemplarisch seien an dieser Stelle Gewichtskräfte, die durch Wiegen oder Berechnung relativ einfach zu bestimmen sind und Windlasten, die anhand komplexer Berechnungsmodelle zu ermitteln sind und u. a. Geometrie und Anströmrichtung des Tragwerks berücksichtigen, genannt. Die Ermittlung der Lasten und der Beanspruchbarkeit ist innerhalb einer Norm aufeinander abgestimmt und bildet eine Einheit. Eine abweichende Art der Lastermittlung würde ggf. auch andere zulässige Spannungen bzw. Grenzzustände erfordern und umgekehrt.

In der Regel werden Einzellasten unterschieden in

- regelmäßige Lasten (Hauptlasten): dauernd im Betrieb auftretende Lasten, z. B. Eigengewicht, Fördergut/Hublast, Massenkräfte aus Beschleunigungen,
- nicht regelmäßige Lasten (Zusatzlasten): nur zeitweise im oder außer Betrieb auftretende Lasten, z. B. Wind-, Schnee- und Eislasten,
- außergewöhnliche Lasten (Sonderlasten bzw. Grenzlasten): nicht erwartungsgemäß, sondern nur in Ausnahmefällen im oder außer Betrieb auftretende Lasten, z. B. Überlast aus Prüflast, Erdbeben.

Da im realen Betrieb mehrere Einzellasten gleichzeitig auftreten, ist die Nachweisführung für Einzellasten nicht ausreichend.

Lastkombinationen. Das gleichzeitige Auftreten aller ungünstigsten Einzellasten im Gebrauch ist nahezu unmöglich und würde als Grundlage der Nachweisführung zu überdimensionierten und teuren Konstruktionen führen. Normen geben deshalb realistische Kombinationen von Einzellasten vor, für die jeweils die Nachweise (s. Abschn. 14.3.4) zu führen sind.

Die nachzuweisenden Lastkombinationen (auch „Lastfälle") bestehen

- nur aus regelmäßigen Lasten,
- aus regelmäßigen und nicht regelmäßigen Lasten oder
- aus regelmäßigen und außergewöhnlichen Lasten (ggf. auch mit nicht regelmäßigen Lasten).

Tab. 14.3 zeigt als Beispiel einen Auszug aus den Lastkombinationen der EN 13001 mit den Dynamikfaktoren ϕ_i und den für den Nachweis der statischen Festigkeit erforderlichen Teilsicherheitsbeiwerten γ_p.

Für alle Lastkombinationen ist ein statischer Nachweis gegen Fließen bzw. Bruch erforderlich, für regelmäßig auftretende Lastkombinationen i. d. R. zusätzlich ein Betriebsfestigkeitsnachweis gegen Ermüdung (Details zu den Nachweisen und weitere Nachweise in Abschn. 14.3.4). Bei Tragwerken mit beweglichen Teilen sind für alle Lastkombinationen die jeweils ungünstigsten Stellungen nachzuweisen.

Teilsicherheitsbeiwerte/Sicherheitsbeiwerte. In älteren und teilweise noch gültigen Normen werden statt der Teilsicherheitsbeiwerte globale Sicherheiten für die Lastkombinationen verwendet, die die Beanspruchbarkeit (meist Werkstoffkennwert, wie z. B. Fließgrenze) pauschal herabsetzen (s. Abschn. 14.3.2).

In aktuellen Normen werden abhängig vom nachzuweisenden Grenzzustand Teilsicherheitsbeiwerte verwendet. Je nach Wahrscheinlichkeit des Auftretens der Lastkombinationen und eventueller Abweichungen werden die Einzellasten jeweils mit einem Teilsicherheitsbeiwert beaufschlagt, der eine Sicherheit gegen Versagen (s. Nachweise in Abschn. 14.3.4) darstellt. Je öfter die Einzellast auftritt und je größer die Abweichung und deren Konsequenz sein können, desto höher ist in der Regel der Teilsicherheitsbeiwert gewählt. Zudem sind die Teilsicherheitsbeiwerte für häufiger auftretende Lastkombinationen in der Regel größer.

Partiell werden Teilsicherheitsbeiwerte kleiner als 1 verwendet, wenn eine kleinere Last eine Beanspruchungserhöhung verursacht (z. B. Gegengewicht).

Dynamikfaktoren. Dynamikfaktoren (auch „Schwingbeiwerte" genannt) werden wie die Teilsicherheitsbeiwerte auf die Lasten aufgeschlagen, unterscheiden sich von diesen aber grundlegend. Trieb- und Tragwerk bilden mit ihren gekoppelten Nachgiebigkeiten und Trägheiten ein schwingfähiges System. Daraus resultieren als Effekte bei periodischer Anregung Vibrationen und bei stoßartiger Anregung ein Überschwingen (Anfahr-/Abbremsvorgänge, Anheben/Abwerfen von Lasten, etc.) und somit eine Beanspruchungserhöhung. Dynamikfaktoren berücksichtigen den aufgrund von Schwingungen real auftretenden dynamischen Effekt der Beanspruchungsüberhöhung, indem die statische Last mit ihrem Dynamikfaktor multipliziert wird. Sie beinhalten jedoch keine zusätzliche Sicherheit. Abb. 14.21 zeigt qualitativ den Beanspruchungs-Zeitverlauf eines einmalig erregten Systems und die Definition eines Dynamikfaktors.

Dynamikfaktoren bilden unabhängig vom jeweiligen Nachweiskonzept einen pragmatischen Ansatz, das Überschwingen bei Lasten, die mit starrkörperkinetischen und quasi-statischen Rechnungen bestimmt wurden, zu berücksichtigen und auf Messungen oder elastokinetische

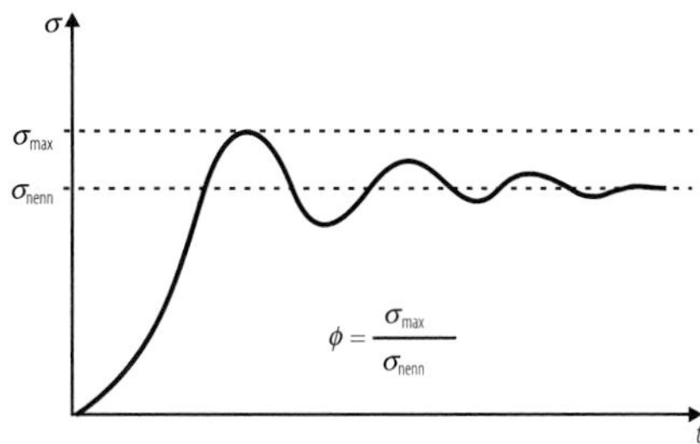

Abb. 14.21 Veranschaulichung eines Dynamikfaktors ϕ

Tab. 14.3 Auszug aus den Lastkombinationen der EN 13001

Lastkategorien	Einzellasten f_i		Lastkombinationen A					Lastkombinationen B						Lastkombinationen C											
			Faktor γ_p	A1	A2	A3	A4	Faktor γ_p	B1	B2	B3	B4	B5	Faktor γ_p	C1	C2	C3	C4	C5	C6	C7	C8	C9	C10	C11
Regelmäßige Lasten	Fallbeschleunigung und Stoßwirkungen	Masse des Krans	0,95–1,22	ϕ_1	ϕ_1	1	–	0,97–1,16	ϕ_1	ϕ_1	1	–	–	1,00–1,10	ϕ_1	1	ϕ_1	1	1	1	1	1	1	1	1
		Masse der Hublast	1,34	ϕ_2	ϕ_3	1	–	1,22	ϕ_2	ϕ_3	1	–	–	1,1	ϕ_{2C}	η_W	–	1	1	1	ϕ_L	ϕ_9	1	1	–
		Fahren über Unebenheiten	1,22	–	–	–	ϕ_4	1,16	–	–	–	ϕ_4	ϕ_4	–	–	–	–	–	–	–	–	–	–	–	–
	Beschleunigungswirkung aus Antrieben	ohne Hubbewegungen	1,34	ϕ_5	ϕ_5	–	ϕ_5	1,22	ϕ_5	ϕ_5	–	ϕ_5	–	1,1	–	–	ϕ_5	–	–	–	–	–	–	–	–
		mit Hubbewegungen		–	–	ϕ_5	–		–	–	ϕ_5	–	–		–	–	–	–	–	–	–	–	–	–	–
	Weggrößen		0,09–1,10	1	1	1	1	0,95–1,05	1	1	1	1	1	1,0	1	1	1	1	1	1	1	1	1	1	1
Nicht regelmäßige Lasten	Wetterbedingte Einflüsse	Lasten aus Wind in Betrieb	–	–	–	–	–	1,22	1	1	1	1	1	1,16	–	–	1	–	–	–	–	–	–	–	1
		Schnee- und Eislasten	–	–	–	–	–	1,22	1	1	1	1	1	1,1	–	1	–	–	–	–	–	–	–	–	–
		Lasten aus Wärmeeinwirkungen	–	–	–	–	–	1,16	1	1	1	1	1	1,05	–	1	–	–	–	–	–	–	–	–	–
	Schräglauf		–	–	–	–	–	1,16	–	–	–	–	1	–	–	–	–	–	–	–	–	–	–	–	–
Außergewöhnliche Lasten	Lasten aus Wind außer Betrieb		–	–	–	–	–	–	–	–	–	–	–	1,1	–	1	–	–	–	–	–	–	–	–	–
	Prüflasten		–	–	–	–	–	–	–	–	–	–	–	1,1	–	–	ϕ_6	–	–	–	–	–	–	–	–
	Pufferstoß		–	–	–	–	–	–	–	–	–	–	–	1,1	–	–	–	ϕ_7	–	–	–	–	–	–	–
	Kippkräfte		–	–	–	–	–	–	–	–	–	–	–	1,1	–	–	–	–	1	–	–	–	–	–	1
	Antriebskräfte durch Not-Halt		–	–	–	–	–	–	–	–	–	–	–	1,1	–	–	–	–	–	ϕ_5	–	–	–	–	–
	Antriebskräfte durch Triebwerksversagen		–	–	–	–	–	–	–	–	–	–	–	1,1	–	–	–	–	–	–	–	–	ϕ_5	–	–
	Externe Schwingungsanregung des Krantragwerks		–	–	–	–	–	–	–	–	–	–	–	1,1	–	–	–	–	–	–	–	–	–	1	–
Widerstandsbeiwert γ_m			1,1	–				1,1	–					1,1	–										

Simulationen verzichten zu können. Sie werden in Normen unabhängig vom zugrunde liegenden Nachweiskonzept verwendet. Die Bestimmung der Dynamikfaktoren reicht von einer einfachen Auswahl aus einer Tabelle über überschlägige Formeln bis hin zu Mehrmassenschwingermodellen und Messungen am realen System. Neuere Normen sehen oft mehrere Möglichkeiten vor, sodass zur schnellen Rechnung mit wenig Aufwand ein Dynamikfaktor auf der sicheren Seite gewählt oder, falls erforderlich, eine aufwändigere und genauere Bestimmung des Dynamikfaktors vorgenommen werden kann.

14.3.4 Zu führende Einzelnachweise

Ziel der durchzuführenden Nachweise der Tragwerke ist der Beleg, dass Versagens- bzw. Grenzzustände, die entweder eine entsprechende Gefährdung nach sich ziehen oder die Gebrauchstauglichkeit des Tragwerkes einschränken, nicht auftreten. Während die Grenzzustände der Gebrauchstauglichkeit, wie hohe Verformungen oder niedrige Eigenfrequenzen, meist nur einsatzspezifisch festzulegen sind, lassen sich die gefährdungsrelevanten Grenzzustände unabhängig vom genauen Einsatz des Tragwerks im Wesentlichen durch die Zustände Fließen, Ermüdung, elastische Instabilität, sowie Starrkörperinstabilität benennen. Für diese Zustände sind in den Tragwerksnormen der Fördertechnik (z. B. DIN 15018, DIN 15350, DIN 22261, EN 13001, ISO 20332) sowie in den Normen des allgemeinen Stahlbaus (z. B. so genannter Eurocode: EN 1991 bzw. EN 1993) Nachweise formuliert [20].

Daneben gibt es die in Sonderfällen zu berücksichtigenden Grenz- und Versagenszustände wie Temperatur oder Korrosion.

Fließen. Der Nachweis für den Grenzzustand Fließen, häufig als allgemeiner Spannungsnachweis bezeichnet, ist für jedes Tragwerk zu führen. Im Gegensatz zum allgemeinen Stahlbau (z. B. so genannter Eurocode: EN 1991 bzw. EN 1993) lassen dabei die Richtlinien und Normen in der Fördertechnik in der Regel nur das so genannte Verfahren elastisch-elastisch zu. Hiernach ist bereits das Auftreten eines Spannungszustandes oberhalb der um eine entsprechende Sicherheit (s. Abschn. 14.3.2) verminderten Fließgrenze des Werkstoffes an einem Querschnittspunkt unzulässig. Damit werden plastische Reserven des Werkstoffs bzw. des Tragwerks insbesondere für den Fall einer überwiegend ruhenden Beanspruchung nicht ausgenutzt.

Aufgrund des in der Regel verwendeten Nennspannungskonzeptes muss der im Nachweis angesetzte Grenzzustand auch kerbwirkungsbedingte Spannungsüberhöhungen berücksichtigen. Diese liegen insbesondere für Schweißverbindungen vor und werden je nach Stoßgeometrie und Schweißnahtform sowie -güte in den betreffenden Normen entweder als Verminderungsfaktoren oder direkt als verminderter Grenzzustand angegeben. Außerdem enthalten einige Normen konstruktive Hinweise bzw. Restriktionen, welche die Gültigkeit der angegebenen Grenzzustände betreffen, z. B. für Bohrungsabstände bei Schraubstößen, für die Spannungsberechnung in Lasteinleitungszonen sowie für Schweißnahtdicken.

Um die Nachweisführung zu erleichtern, werden für Schrauben- oder Bolzenverbindungen als Grenzwert bereits abmessungsabhängige Schnittgrößen angegeben, welche dem zunächst auf Spannungsebene gegebenen Grenzzustand entsprechen.

Zusätzlich zum Grenzzustand Fließen ist zur Sicherstellung eines zähen Versagens eine gewisse Mindestzähigkeit (z. B. Kerbschlagbiegearbeit), beispielsweise abhängig von der Einsatztemperatur, der Wandstärke, der Spannungskonzentration sowie der Fließgrenze, erforderlich (z. B. EN 13001, ISO 20332, so genannter Eurocode: EN 1991 bzw. EN 1993).

Ermüdung. Der Nachweis für den Grenzzustand Ermüdung, häufig auch als Betriebsfestigkeitsnachweis bezeichnet, ist immer dann zu führen, wenn das Tragwerk nicht nur überwiegend ruhend beansprucht wird. Die Ermüdung ist dabei die z. B. nach Palmgren/Miner kumulierte Schädigung der einzelnen Spannungsspiele, welche den mit einer entsprechenden Sicherheit (s. Abschn. 14.3.2) verminderten Grenzwert, umgerechnet auf eine zulässige Amplitude bzw. Oberspannung, für ein Ermüdungsversagen nicht überschreiten darf. Wesentliche Einflussgrößen für diesen Grenzwert sind neben der Anzahl der Spannungsspiele deren Amplituden. Der quantitative Zusammenhang hinsichtlich der Schädigung eines Spiels ist die so genannte Wöhlerlinie, die aufgrund des überwiegend eingesetzten Nennspannungskonzeptes als Bauteilwöhlerlinie formuliert ist. Diese berücksichtigt den jeweiligen Kerbfall, der u. a. von der lokalen Geometrie, dem Werkstoff und ggf. der Verbindungsart beeinflusst ist. Dabei ist insbesondere in den aktuellen Normen (EN 13001, ISO 20332) eine sehr feine Stufung der Kerbfälle vorgesehen, um so beispielsweise die vorliegende Stoßgeometrie, Schweißnahtform und -güte detailliert berücksichtigen zu können.

Die Ermittlung der als Beanspruchungskollektiv bezeichneten Häufigkeitsverteilung der Amplitudenhöhe kann in Sonderfällen rechnerisch infolge einer Simulation erfolgen, meist werden allerdings so genannte Einstufungen in genormte Kollektive aufgrund von Erfahrungswerten mit vergleichbaren fördertechnischen Geräten und Einsatzfällen (DIN 15018: Beanspruchungsgruppen B1–B6; EN 13001: S-Klassen S02, S01, S0–S9) vorgenommen. Grundlage bildet dabei die Kollektivform und die Spielzahl. Während in der alten DIN 15018 die Beanspruchungsgruppeneinstufung durch relativ grobe Zuordnung der Spielzahlen und der Kollektivform in jeweils vier Stufen manuell erfolgt, realisiert die aktuelle EN 13001 diese Einstufung über einen so genannten Spannungsverlaufsparameter s. Dieser erfasst die tatsächliche Schädigungswirkung eines vorzugebenden Kollektivs und kann damit detailliert errechnete, simulierte oder gemessene Spannungskollektive exakt erfassen. Die Klasse S02 bedeutet dabei eine sehr geringe Schädigung (geringe Spielzahlen, geringe Kollektivvölligkeit), die Klasse S9 hingegen eine hohe Schädigung (sehr hohe Spielzahlen, hohe Kollektivvölligkeit). Der Spannungsverlaufsparameter kann dabei als auf die maximale Amplitude bezogene Relativschädigung interpretiert werden.

Diese Relativschädigung wird anschließend für den konkreten Einsatzfall über die vorliegende maximal rechnerisch regelmäßig auftretende Spannungsamplitude (s. Abschn. 14.3.3) skaliert und erlaubt die Bestimmung des Grenzwertes unter Zuhilfenahme der betreffenden Bauteilwöhlerlinie bzw. des Kerbfalles. In einigen Normen wird zusätzlich auch der Einfluss des Mittelspannungsniveaus (DIN 15018) zur Ermittlung des Grenzwertes berücksichtigt.

Elastische Instabilität. Der Nachweis für den Grenzzustand elastische Instabilität, häufig auch als Stabilitätsnachweis bezeichnet, ist für jedes Tragwerk zu führen. Insbesondere Druckstäbe (Grenzzustand Knicken), druckbeaufschlagte dünne Platten/Scheiben (Grenzzustand Beulen) können elastisch instabil werden. Da die Grenzzustände nur über mechanische Modelle höherer Ordnung bestimmbar sind, geben die betreffenden Normen eine pragmatische Vorgehensweise zur vereinfachten Ermittlung an (z. B. EN 13001, ISO 20332).

Starrkörperinstabilität. Der auch als Lagesicherheits- sowie Standsicherheitsnachweis bezeichnete Nachweis hinsichtlich des Grenzzustandes Starrkörperinstabilität ist immer dann zu führen (z. B. DIN 15019, EN 13001), wenn das übergeordnete fördertechnische Gerät des Tragwerks als Starrkörper kippen kann. Dabei ist für die in den betreffenden Normen spezifizierten relevanten Lastkombinationen (s. Abschn. 14.3.3) für die so genannten Kippkanten sicherzustellen, dass das resultierende Kippmoment positiv bleibt. Umkippend wirkende Momente sind dabei negativ zu zählen. Je nach Ausführung des Tragwerkes kann hierbei die Berücksichtigung der lastbedingten Verformung (Theorie 2. Ordnung) bei der Bildung des Gleichgewichtes notwendig sein.

14.4 Charakteristische Maschinenelemente der Fördertechnik

14.4.1 Ketten und Kettentriebe

Ketten bestehen aus einer Vielzahl kurzer miteinander verbundener Glieder. Wegen ihrer Vorteile wie: gute Beweglichkeit, Unempfindlichkeit

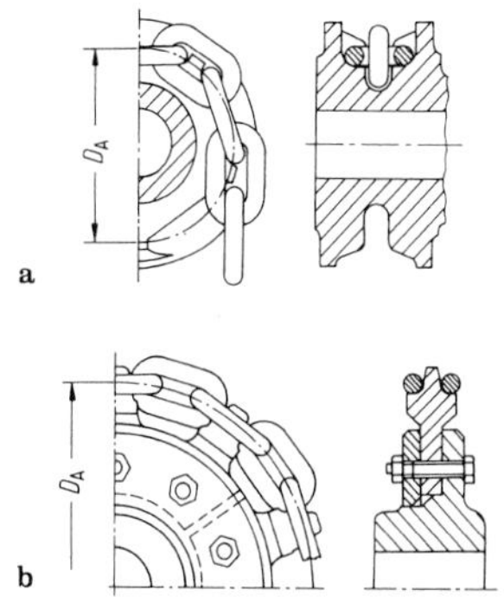

Abb. 14.22 Kettenräder. **a** Taschenrad; **b** Kettenrad, hier mit auswechselbarem zweiteiligen Zahnkranz. Normen und Richtlinien: DIN 764, 766 Rundstahlketten für Hebezeuge; DIN 5684 Rundstahlkette, DIN 5687-1 und DIN EN 818-2 Rundstahlketten, DIN 5688-1 und DIN EN 818-4 und DIN EN 1677-4 und DIN 5688-3 Anschlagketten

gegenüber Verschleiß und Korrosion, einfacher Ersatz einzelner Kettenglieder bei Beschädigung und der Möglichkeit, mit ihnen kleine Antriebsräder und Umlenkrollen verwenden zu können (gedrängte Bauweise von Kettentrieben), werden Ketten in vielfältiger Weise eingesetzt.

Hinsichtlich des *Einsatzes* unterscheidet man:

- Lastketten (z. B. in Kettenzügen),
- Förderketten (z. B. in Stetigförderern) und
- Treibketten (z. B. in Fahrzeugen), s. Abb. 14.23.

Die Nachteile der Kette gegenüber dem Seil liegen im höheren Gewicht, der kleineren Elastizität, der größeren Empfindlichkeit gegenüber Überlastungen und dem Fehlen von erkennbaren Anzeichen, die einem Bruch vorhergehen.

Nach der konstruktiven *Form der Kettenglieder* werden unterschieden:

- Rundstahlketten und
- Stahlgelenkketten.

Die Kettenglieder von *Rundstahlketten* werden aus Rundstahl gebogen und dessen Enden durch Abbrenn- oder Press-Stumpfschweißung verbunden. Die Ketten werden in verschiedenen Güteklassen mit unterschiedlichen Bruchspannungen und -dehnungen hergestellt. So eignet sich z. B. die lehrenhaltige geprüfte Rundstahlkette der Güteklasse 8 (DIN 5684) besonders für motorisch angetriebene Hebezeuge, weil mit ihr

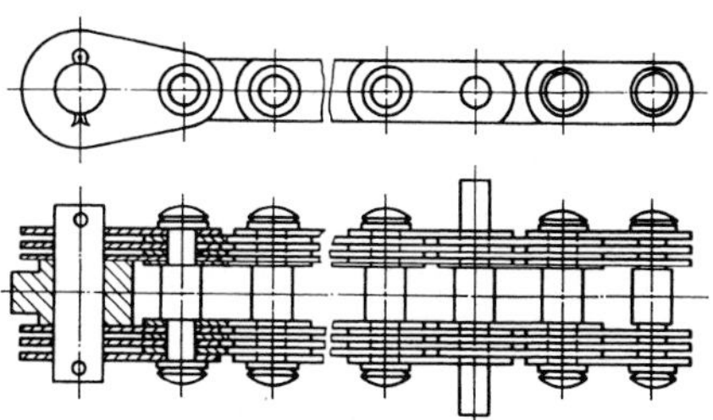

Abb. 14.23 Gallkette als Hubkette

sehr kleine Abmessungen verwirklicht werden können.

Nicht lehrenhaltige Rundstahlketten können nicht über ein Kettenrad geführt werden. Sie dienen aber u. a. als geprüfte Ketten zum Anschlagen von Lasten an den Tragmitteln z. B. von Hebezeugen (Anschlagketten).

Bei den *Stahlgelenkketten* werden die Kettenglieder meist aus Laschen und Bolzen gebildet (s. Abb. 14.24a). Dadurch sind diese Ketten i. Allg. nur in einer Ebene beweglich. Als Lastketten werden sie in der Form einer Gallkette für kleine Geschwindigkeiten bis 0,5 m/s eingesetzt.

Bevorzugt dienen Stahlgelenkketten als Förderketten. Die bei ihnen übliche größere Länge der Kettenglieder verringert die Zahl der notwendigen Glieder, die auftretende Reibung und die Menge der dem Verschleiß unterworfenen Gelenke und damit auch das Gewicht der Kette. Die manchmal notwendige räumliche Führung der

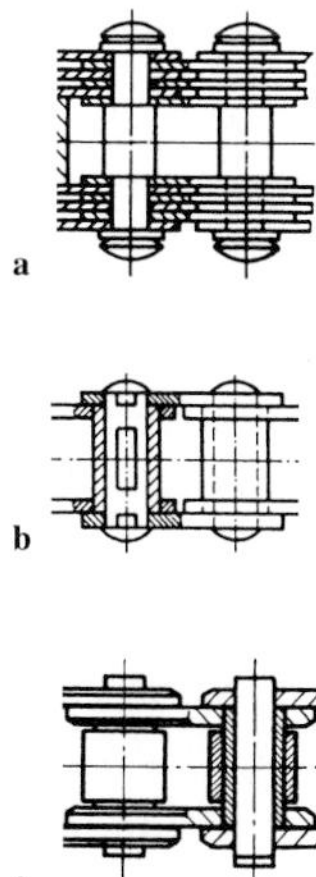

Abb. 14.24 Stahlgelenkketten – unterschiedliche Ausführungen der Gelenkstelle. **a** Lasche und Bolzen; **b** Lasche und Buchse mit Bolzen; **c** Lasche und Rolle, Buchse mit Bolzen

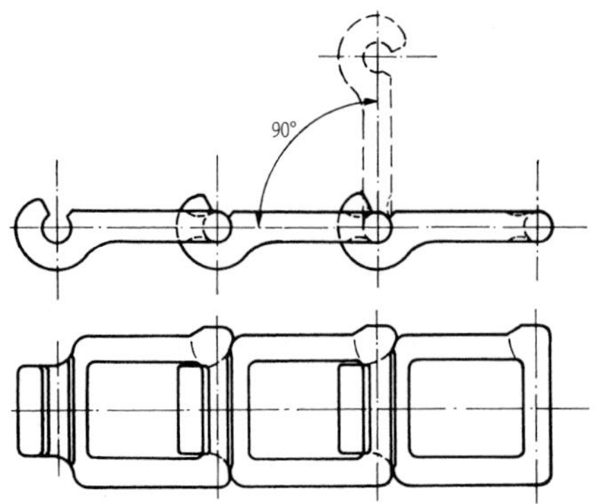

Abb. 14.25 Zerlegbare Gelenkkette. Normen: DIN 8150 Gallketten; DIN 8164 Buchsenketten; DIN 8187, DIN ISO 606 Rollenketten; DIN 8194 Stahlgelenkketten

Förderketten macht die Beweglichkeit der Kette in einer zweiten Ebene in gewissem Maße erforderlich, was durch eine entsprechende Gestaltung der Kettenglieder ermöglicht wird (z. B. Steckkette). Eine besondere Forderung an Förderketten ist ihre leichte Montierbarkeit möglichst ohne Werkzeug (s. Abb. 14.25).

Stahlgelenkketten mit zusätzlichen Buchsen auf den Bolzen (Buchsenketten) oder mit auf den Bolzen drehbaren Rollen (Rollenketten), beides zur Verringerung der Pressung und der Reibung in den Gelenken bzw. beim Ein- und Auslauf der Kette, werden auch als Förderketten eingesetzt. Sie können mit größeren Geschwindigkeiten (Buchsenkette bis 5 m/s und Rollenkette bis 30 m/s) betrieben werden und eignen sich daher vorzugsweise als Treibketten in Fahrzeugen und Getrieben (s. Abb. 14.24b,c).

Kettenräder werden bei Kettentrieben zur Einleitung von Zugkräften in die Kette benötigt (Abb. 14.26). Bei Rundstahlketten erfolgt die Kraftübertragung durch Formschluss zwischen den am Umfang des Kettenrades angebrachten Taschen und den darin liegenden Kettengliedern (Abb. 14.22a,b). Bei Stahlgelenkketten greifen die Kettenglieder mit ihren Bolzen in ein Kettenrad ein, dessen Verzahnung durch die Kettenteilung, den Bolzendurchmesser und durch die Bewegungsbahnen des einlaufenden und des auslaufenden Kettengliedes bestimmt ist.

Für die langgliedrigen Ketten werden Kettenräder in Form eines Polygons verwendet (Abb. 14.27).

Ihre großen Durchmesser sind meist mit Rücksicht auf die Abmessungen der von der Förderkette bewegten Lasten notwendig.

Die kleinsten Kettenraddurchmesser werden mit Rundstahlketten und Zähnezahlen von 4 bis 5 Zähnen erreicht. Für Gall- und Buchsenketten (die man in gekapselter Form auch als Kettennuss bezeichnet) soll die kleinste Zähnezahl 10 betragen, was größere Abmessungen des Kettentriebes ergibt. Sein Wirkungsgrad ist aber besser und der Verschleiß geringer als bei der Verwendung von Rundstahlketten.

Kettenrollen dienen zur Umlenkung der Kette. Die Form ihrer Rillen soll eine Auflage der Kettenglieder ohne zusätzliche Biegebeanspruchung ermöglichen (Abb. 14.28).

DIN 8191 Berichtigung 1: Verzahnung der Kettenräder für Zahnketten nach DIN 8190.

Kraftübertragung zwischen Kette und Kettenrad. Die am Einlauf der Kette in das Kettenrad vorhandene Kettenzugkraft wird im Eingriffsbereich von Zahn zu Zahn bis auf eine Restkraft am Auslauf abgebaut. Ist die Vorspannkraft gleich der Restkraft, dann liegt die Kette konzentrisch auf dem Kettenrad [21]. Im praktischen Betrieb

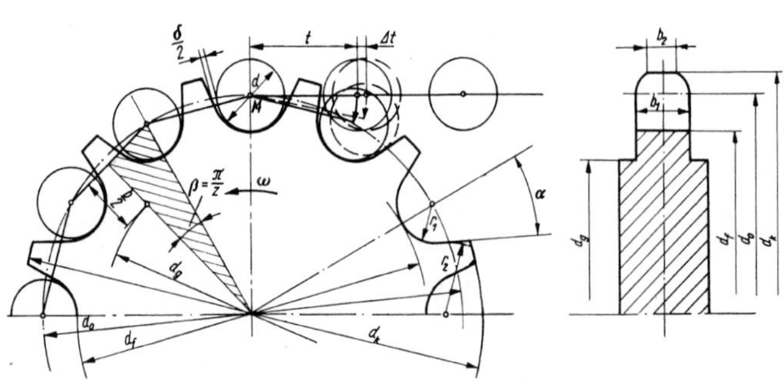

Abb. 14.26 Abmessungen eines Kettenrads für Rollen- und Buchsenketten

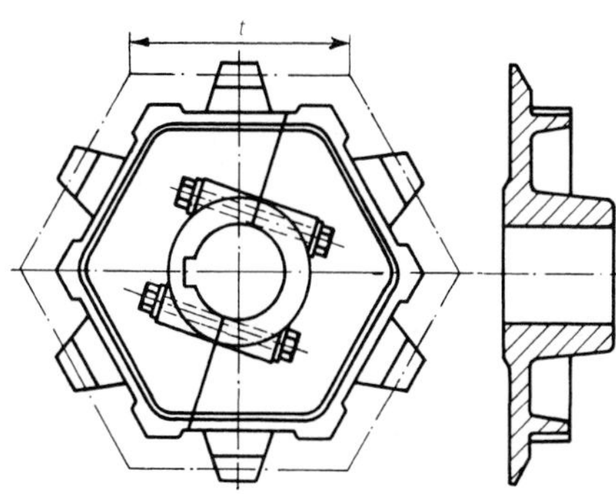

Abb. 14.27 Polygonrad

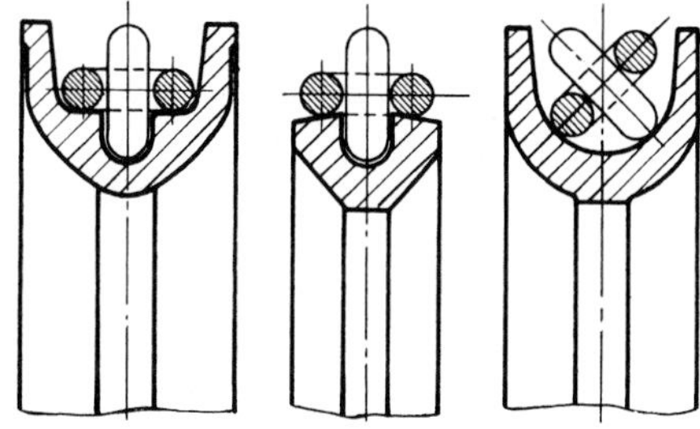

Abb. 14.28 Rillenformen für Kettenrollen

ist das selten der Fall, weil sich die erforderlichen Kettenzugkräfte und damit auch die Restkräfte ständig ändern. Ist die vorhandene Vorspannkraft größer als die Restkraft, wandert die Kette nach innen (Gefahr des Festklemmens der Kette), ist sie kleiner, wandert sie nach außen (Gefahr des Herausspringens aus der Kettenradverzahnung). In beiden Fällen liegt die Kette exzentrisch auf dem Kettenrad. Die erforderliche Vorspannkraft und die mögliche Zahnhöhe können nach [22] bestimmt werden.

14.4.2 Seile und Seiltriebe

14.4.2.1 Drahtseile und Drahtseilelemente

Herstellung und Eigenschaften. Hergestellt werden Seile in einem oder mehreren Arbeitsgängen, indem um einen Kerndraht schraublinienförmig Drähte zu einer Litze *3* geschlagen werden. Die Seildrähte nach EN 10264 Teil 1–4 sind aus kaltgezogenen, blanken (U) oder verzinkten (B) oder dick verzinkten (A) Drähten großer

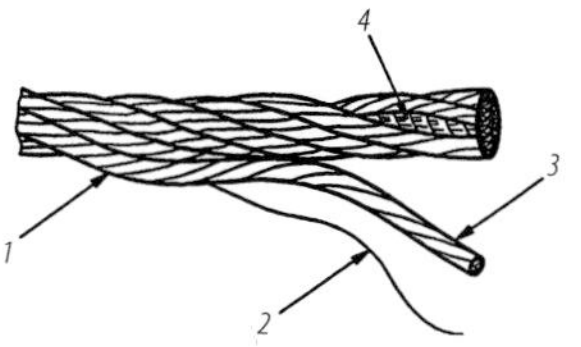

Abb. 14.29 Aufbau eines Rundlitzenseiles. *1* Seil, *2* Kerndraht, *3* Litze, *4* Einlage

Zugfestigkeit ($R_m = 1570 \ldots 2450\,\mathrm{N/mm^2}$), in Sonderfällen aus legierten (z. B. nichtrostenden) Stählen. Die Litzen werden um eine Einlage *4* aus pflanzlichen oder synthetischen Faserstoffen (FC) *4* wie z. B. Sisal oder Polyamid oder aber um eine Stahleinlage (WC) *4*, die eine Litze oder ein Seil sein kann, zum Seil *1* geschlagen (Abb. 14.29).

Litzen. Die Litzenkonstruktionen unterscheiden sich durch Zahl, Anordnung und Dicke ihrer Drähte sowie durch die Zahl ihrer Drahtlagen (eine oder mehrere). Bei der Parallelverseilung (Abb. 14.30a–c) liegen die Drähte aller Drähte einer Litze parallel, bei Standardverseilung (Abb. 14.30d) kreuzen sich die Drähte der einzelnen Drahtlagen auch bei gleicher Schlagrichtung.

Weite Verbreitung finden Litzen aus der kombinierten Verseilung mit drei oder mehr Drahtlagen z. B. die Warrington-Seale-Litze. Die Warrington-Seale-Litze entsteht durch Kombination einer Warrington und einer Seale Litze (Abb. 14.31a). Die so genannten Formlitzen (Abb. 14.31b,c) werden nur noch selten z. B. im Bergbau bzw. der Schachtförderung eingesetzt.

Verdichtete Litzen (Abb. 14.32a–b) sind Litzen aus Runddrähten, die nach der Verseilung durch Ziehen, Walzen oder Hämmern verdichtet worden sind. Ein Seil aus verdichteten Litzen hat bei gleichem Durchmesser einen größeren metallischen Querschnitt.

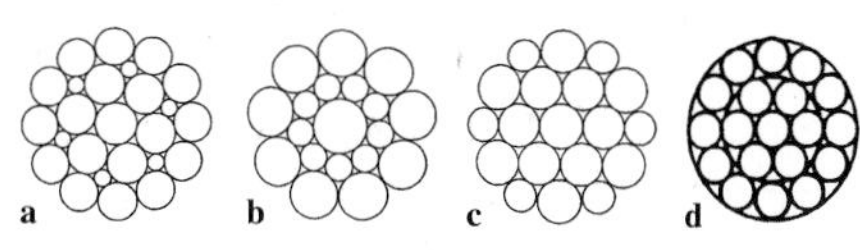

Abb. 14.30 Gebräuchliche Litzenkonstruktionen mit zwei Drahtlagen. **a** Filler; **b** Warrington; **c** Seale; **d** Standard

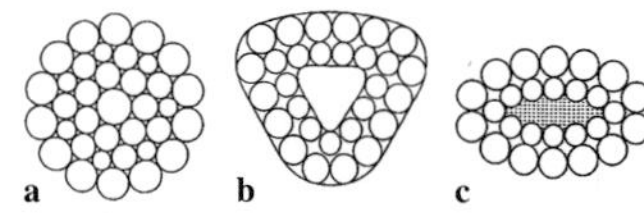

Abb. 14.31 Sonstige Litzenmacharten. **a** Warrington-Seale-Litze; **b** Dreikantlitze; **c** Flachlitze

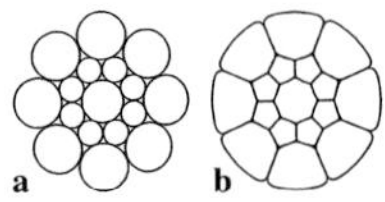

Abb. 14.32 Litzenverdichtung. **a** vor der Verdichtung; **b** nach der Verdichtung

Seileinlagen. Die Seileinlage (früher auch Seele genannt) bildet den Kern eines Litzenseils, um den die Litzen geschlagen sind. Die Aufgaben der Stahl- oder Fasereinlagen ist die elastische Stützung der Außenlitzen und die Speicherung von Schmierstoff im Seilinnern. In Tab. 14.4 sind genormte Seileinlagen und deren Kurzzeichen nach DIN EN 12385 Teil 2 und der abgelösten DIN 3051 zusammengefasst.

Seilschmierung. Drahtseile ermöglichen Fahrgeschwindigkeiten bis zu 20 m/s, geräuscharmen Lauf, Temperaturen von −40 bis +100 °C, kurzzeitig bis 250 °C. Durch die Parallelschaltung vieler Drähte hat das Seil eine große Sicherheit. Gebrochene Drähte tragen nach einiger Entfernung von der Bruchstelle wieder mit.

Die Biegung der Seile beim Lauf über Scheiben ist nur möglich, wenn die innere Reibung zwischen den Seildrähten und zwischen Seil und Seilscheibe durch Schmierstoff herabgesetzt wird. Durch die Grundschmierung, die beim Verseilvorgang in das Seil eingebracht wird, erhalten Seile aus blanken Drähten zusätzlich einen Korrosionsschutz. Seile aus verzinkten Drähten müssen auch geschmiert werden, da die Zinkschicht nicht als Schmiermittel dient. Als Schmiermittel werden je nach Einsatz der Seile Mineralöle, Teere oder Vaseline verwendet. Bei hohen Seilgeschwindigkeiten über $v = 2{,}5\,\mathrm{m/s}$ werden zähflüssige oder pastöse Schmiermittel eingesetzt z. B. Vaseline. Mineralöle eignen sich bei mittleren Geschwindigkeiten von $v = 1{,}5\ldots2{,}5\,\mathrm{m/s}$. Guten Korrosionsschutz bieten bituminöse Stoffe wie z. B. Teere.

Die Nachschmierung, bei der Schmierstoff im Betrieb auf das Seil gebracht wird, erhöht die Seillebensdauer nachhaltig.

14.4.2.2 Seile

Einteilung nach Verwendungszweck. Je nach Verwendungszweck haben Drahtseile verschiedene Aufgaben zu erfüllen (Abb. 14.33). Laufende Seile müssen große Zug- und Biegebeanspruchungen ertragen, während stehende Seile vorwiegend durch schwellende Zugkräfte belastet werden.

Tab. 14.4 Übersicht über genormte Seileinlagen nach DIN EN 12385 Teil 2 und DIN 3051 (alt)

	Seileinlage	DIN EN 12385	DIN 3051
Einlagiges Seil	Fasereinlage	FC	FE
	Naturfaser	NFC	FEN
	Kunstfaser	SFC	FEC
	Massivpolymer	SPC	–
	Stahleinlage	WC	SE
	Stahllitze	WSC	SEL
	Stahlseileinlage, gesondert verseilt	IWRC	SES
	Stahlseileinlage verdichtet, gesondert verseilt	IWRC(K)	–
	Stahlseileinlage, gesondert verseilt und mit Kunststoff umspritzt	EPIWRC	SESUG[a]
Parallel verseiltes Seil	Stahleinlage, parallel verseilt	PWRC	SESP[a]
	Stahleinlage verdichtet, parallel verseilt	PWRC(K)	–
Drehungsarme und drehungsvermin-derte Seile	Fasereinlage	FC	FE
	Stahllitze	WSC	SEL
	Verdichtete Stahllitze	KWSC	–

[a] Nicht in DIN 3051 genormt

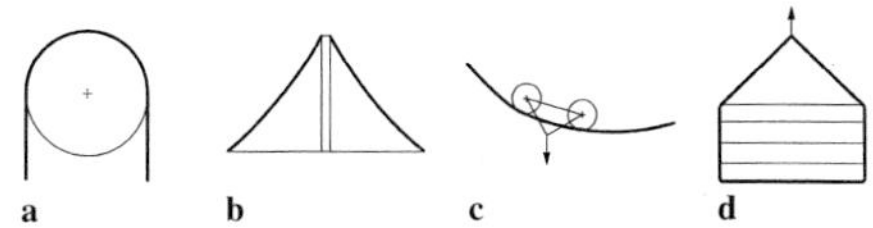

Abb. 14.33 Einteilung der Drahtseile nach ihrem Verwendungszweck, VDI 2358

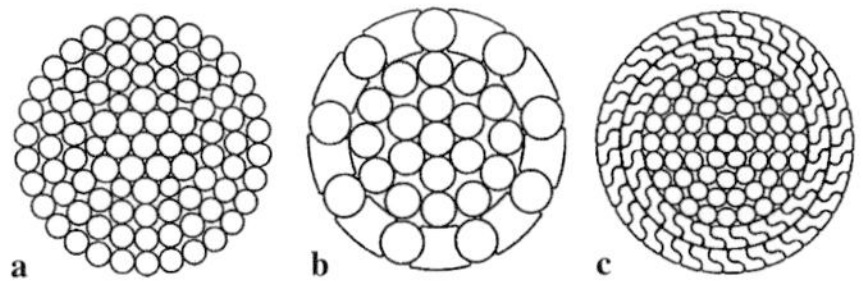

Abb. 14.34 Spiralseilkonstruktionen nach DIN EN 12385 Teil 2. **a** offenes Spiralseil; **b** halbverschlossenes Spiralseil; **c** vollverschlossenes Spiralseil

Spiralseile. Einfach verseilte Drahtseile werden als Spiralseile bezeichnet. Die genormten Spiralseile (Abb. 14.34) sind wenig biegsam, eignen sich aber zur Übertragung von großen Zugkräften und Querkräften. Spiralseile finden Anwendung im Seilbahnbau, Kabelkranbau und Brückenbau.

Rundlitzenseile. Sie bestehen aus einer Einlage und einer oder mehreren Litzenlagen, (siehe auch Abschnitt Auswahl von laufenden Seilen). In Gleichschlagseilen haben die Seildrähte in den Litzen und die Litzen im Seil gleiche (zZ, sS), in Kreuzschlagseilen entgegengesetzte (sZ, zS) Schlagrichtungen (Abb. 14.35a–d).

Die zwei- und dreilagigen Rundlitzenseile werden nach DIN EN 12385 Teil 2 drehungsarme Seile genannt. Üblicher Sprachgebrauch ist Spiral-Rundlitzenseile. Dabei ist die Schlagrichtung der Außenlitzen der Schlagrichtung der darunter liegenden Litzenlage entgegengesetzt. Die

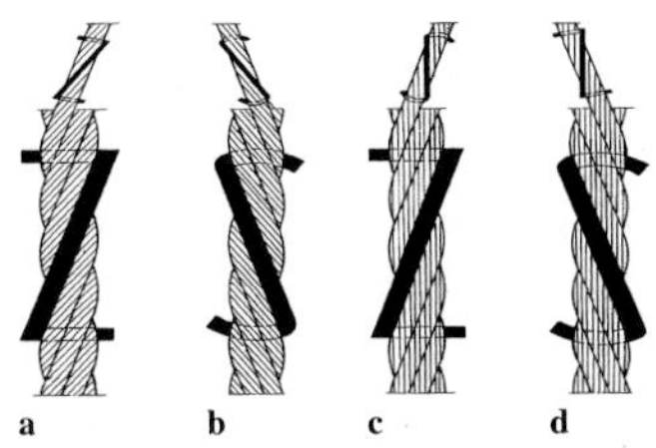

Abb. 14.35 **a** Gleichschlagseil rechtsgängig (zZ). **b** linksgängig (sS); **c** Kreuzschlagseil rechtsgängig (sZ); **d** linksgängig (zS). DIN EN 12385 Teil 2

Drehmomente unter einer Zugkraft heben sich teilweise auf und die Seile bekommen dadurch drehungsarme Eigenschaften.

Durch Vorformung werden bei der Verseilung die Spannungen in den Drähten und Litzen reduziert, sodass der Seilverbund beim Entfernen von Abbindungen erhalten bleibt und nicht aufspringt.

Seilbezeichnung. Das Bezeichnungssystem nach DIN EN 12385-1 und -2 sieht die Angabe der folgenden Schlüsselmerkmale vor:

a) Maß (z. B. Seildurchmesser),
b) Seilkonstruktion,
c) Konstruktion der Einlage,
d) Seilfestigkeitsklasse,
e) Oberflächenausführung der Drähte,
f) Schlagart und Schlagrichtung.

Beispiel

22 6×36 WS-IWRC 1770 B sZ

a) Seildurchmesser 22 mm,
b) Konstruktion: 6 Litzen (Warrington-Seale) à 36 Seildrähte,
c) Einlage: unabhängig verseilte Stahlseileinlage (indepent wire rope core IWRC),
d) Seilfestigkeitsklasse 1770 N/mm^2,
e) normalverzinkt,
f) Kreuzschlag rechtsgängig. ◄

Rechengrößen. Die Rechengrößen für die Drahtseile sind in DIN EN 12385-2 festgelegt (Tab. 14.5). Die für die Berechnung notwendigen Faktoren und Konstanten sind nicht für einzelne Seilkonstruktionen (wie bislang nach DIN 3051), sondern für Seil- bzw. Konstruktionsklassen in Tabellen angegeben.

Der metallische Seilnennquerschnitt A wird aus dem Faktor für den metallischen Querschnitt C (vom Füllfaktor f abgeleiteter Faktor) und dem Seildurchmesser d berechnet. Der Füllfaktor f ist das Verhältnis des metallischen Querschnitts A zum Flächeninhalt seines Umkreises A_u. Für Hebezeugseile ist $f = 0{,}47 \ldots 0{,}77$ je nach Seilkonstruktion.

Tab. 14.5 Rechengrößen für Drahtseile nach DIN EN 12385-2 und -4

Rechengröße	Berechnung	Einheit
Metallischer Querschnitt	$A = C \cdot d^2$	mm²
Faktor für den metallischen Querschnitt	$C = f \cdot \frac{\pi}{4}$	–
Füllfaktor	$f = \frac{A}{A_u}$	–
Rechnerische Bruchkraft	$F_{e.min} = \frac{d^2 \cdot C \cdot R_r}{1000}$	kN
Mindestbruchkraft	$F_{min} = \frac{d^2 \cdot R_r \cdot K}{1000}$	kN
Mindestbruchkraftfaktor	$K = \frac{\pi \cdot f \cdot k}{4}$	–
Wirkliche Bruchkraft (aus Versuch)	F_m	kN

Die Rechnerische Seilbruchkraft $F_{e,\,min}$ wird mit dem Mindestbruchkraftfaktor K und der Seilfestigkeitsklasse R_r berechnet. Die Seilfestigkeitsklasse R_r ist das Anforderungsniveau an die Seilbruchkraft, die z. B. 1770 oder 1960 N/mm² betragen kann.

Der Verseilverlustfaktor k berücksichtigt die Minderung der Seilbruchkraft gegenüber der Bruchkraft eines unverseilten Drahtbündels aus parallelen Einzeldrähten ($k = 0{,}74 \ldots 0{,}9$ je nach Seilkonstruktion).

Die Wirkliche Bruchkraft F_m ist die beim Zerreißen des ganzen Seilstrangs gemessene Bruchkraft.

F_r und R_{min} sind zusammen mit den Faktoren C und K für die Seilklassen in EN 12385 – Teil 4 angegeben.

Seilelastizitätsmodul. Die Seilspannungs-Seildehnungskurve ist nicht linear und ist wegen der Hysterese bei Be- und Entlastung wegen der Hystereseverluste unterschiedlich. Zahlenwerte für Seil-E-Modul sind Mittelwerte. Sie sind umso größer, je kleiner die Zahl der Drähte und Litzen im Seil, je größer die Schlaglänge und je länger die Aufliegezeit. Zudem sind die Seilelastizitätsmodule wesentlich von den Seilzugspannungen abhängig.

Anhaltswerte:

Litzenseile mit Fasereinlage:

$$E = 0{,}5 \ldots 1{,}2 \cdot 10^5\,\mathrm{N/mm^2}$$

Litzenseile mit Stahleinlage:

$$E = 0{,}6 \ldots 1{,}4 \cdot 10^5\,\mathrm{N/mm^2}$$

Offene und verschlossene Spiralseile:

$$E = 1{,}4 \ldots 1{,}7 \cdot 10^5\,\mathrm{N/mm^2}$$

Auswahl von laufenden Seilen. Die über Seilrollen laufenden Seile haben in den meisten Fällen eine große sicherheitstechnische Bedeutung, insbesondere dann, wenn Personen von diesen Seilen getragen werden. Zur Bemessung der Seiltriebe von Förderanlagen sind die jeweils gültigen Technischen Regeln für Aufzüge, Seilbahnen, Schachtförderanlagen, Seiltriebe von Hebezeugen etc. heranzuziehen. Wenn nicht anders geregelt, können die Seile aus einer Vielzahl von Seilkonstruktionen ausgewählt werden. In Hebezeugen werden häufig sechs- oder achtlitzige Seile mit zwei oder drei Drahtlagen je Litze (Abb. 14.36a–b) in Parallelmachart eingesetzt. Seile in Parallelmachart haben gegenüber den Seilen in Kreuzverseilung (Standardmachart) bessere Biegewechseleigenschaften, da die Drähte sich in den Litzen linienförmig berühren und nicht punktförmig. Trotz der etwas geringeren Lebensdauer beim Lauf in Rundrillen werden Kreuzschlagseile gegenüber Gleichschlagseilen wegen der besseren Erkennbarkeit der Ablegereife und der besseren Handhabung bevorzugt eingesetzt. Seile mit Fasereinlage sind flexibler und erreichen nahezu die gleiche Lebensdauer wie Seile mit Stahleinlage. Bei stoßartiger Beanspruchung, hohen Querkräften z. B. bei der mehrlagigen Bewicklung von Seiltrommeln oder Temperaturen über 100 °C sind Seile mit Stahleinlage wegen der größeren Formstabilität und der ge-

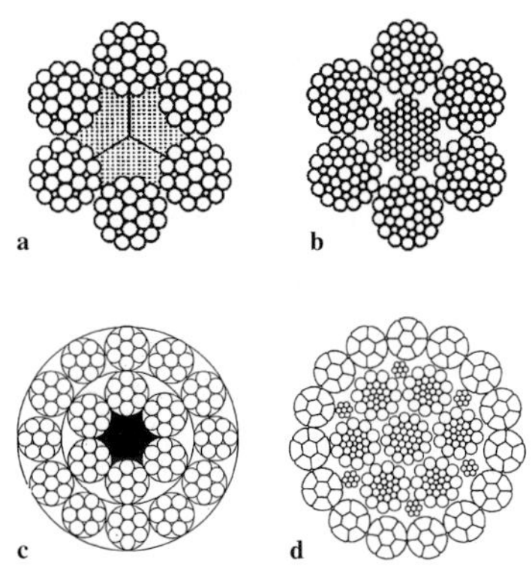

Abb. 14.36 Beispiele für Seilkonstruktionen nach DIN EN 12385 Teil 2. **a** Rundlitzenseil 6 × 19 Filler FC; **b** Rundlitzenseil 6 × 36 Warrington-Seale IWRC; **c** Spiral-Rundlitzenseil 18 × 7 mit IWRC; **d** Drehungsarmes Seil mit verdichteten Außenlitzen

Abb. 14.37 Seil mit kunststoffumspritzter Stahleinlage

ringeren spezifischen Drahtbelastung (höher metallischer Querschnitt) vorzuziehen. Sehr günstig auf die Seillebensdauer dynamisch belasteter Seile wirkt sich die Ummantelung der Stahleinlage mit Kunststoffen (bis 100 °C) aus (Abb. 14.37). Bei stark verschleißbehaftetem Betrieb (z. B. Greiferseile, Schrapperseile) sind Konstruktionen mit dicken Außendrähten zu wählen (z. B. Seale, Warrington-Seale). Als vorteilhaft in der Mehrlagenwicklung haben sich Seile mit verdichteten Außenlitzen wegen der höheren Bruchkraft und Flexibilität und der besseren Schmiegung in die Rillen von Seilrollen und -trommeln erwiesen. Guten Korrosionsschutz bieten Seile mit verzinkten oder dick verzinkten Drähten. In einlagigen Rundlitzenseilen entsteht durch die Draht- und Litzenwendeln ein von der Seilkonstruktion und der Belastung abhängiges Drehmoment. Bei einsträngiger Aufhängung muss das Drehen der Last unterbunden oder ein Seil in drehungsarmer bzw. drehungsfreier Konstruktion (Abb. 14.36c–d) gewählt werden.

Bemessung der Seiltriebe von Hebezeugen nach DIN 15020. Nach DIN 15020 T1 wird der Seildurchmesser so bemessen, dass das Seil eine ausreichende Lebensdauer hat und die Ablegereife zuverlässig anzeigt. Der kleinste erforderliche Seilnenndurchmesser errechnet sich aus der größten auftretenden Seilzugkraft S zu

$$d_{\min} = c\sqrt{S}\,,$$

$d_{\min}$ kleinster erforderlicher Seildurchmesser,
S größte auftretende Seilzugkraft,
c Betriebsfestigkeitswert.

c (Tab. 14.6) ist ein Betriebsfestigkeitswert, der durch die Nennfestigkeit R der Drähte und die Triebwerkgruppe bestimmt wird. Er ist unabhängig vom Füllfaktor, von der Draht-, Litzenzahl und Art der Seileinlage. Die Triebwerkgruppe ergibt sich aus dem Lastkollektiv und der mittleren Laufzeit je Tag (Tab. 14.7).

Die Berechnung des erforderlichen Seilrollen- und Seiltrommelmindestdurchmessers, bezogen auf Seilmitte, erfolgt nach DIN 15020 T 1 über

$$D_{\min} = h_1 \cdot h_2 \cdot d_{\min}\,.$$

Der Faktor h_1 begrenzt die Biege- und Druckspannungen zwischen Seil und Rille (Tab. 14.8). h_2 berücksichtigt die Zahl der Einfach- und Gegenbiegewechsel des höchst beanspruchten Seilstücks, das die meisten Biegungen bei einem Hubspiel erfährt. Für Trommeln und Ausgleichsrollen ist $h_2 = 1$. Für Seilrollen liegt h_2 je nach Seilführung und Zahl der Rollen zwischen 1 und 1,25.

Beispiele für Seiltriebe in Hebezeugen. Einsträngiger Eintrommelseiltrieb (Abb. 14.38a). Abb. 14.38b: zweisträngige Seilführung mit Unterflasche *1* und oberem Festpunkt *2*. Bei Hubhöhen größer 80 × Rollendurchmesser drehungsarme oder -freie Seile einsetzen. Abb. 14.38c: Lastaufhängung mittels Traverse *3* und Seilbefestigungspunkten an zwei Stellen für den Einsatz von Seilen mit entgegengesetzten Schlagrichtungen für Drehmomentenausgleich an der Traverse *3*. Das Trommelmoment ist bei gleicher Last

Tab. 14.6 Beiwerte c nach DIN 15020, c in mm/$\sqrt{N}$, Nennfestigkeit der Einzeldrähte in N/mm^2

Triebwerkgruppe	übliche Transporte								gefährliche Transporte					
	nicht drehungsfreie Drahtseile					drehungsfreie bzw. drehungsarme Drahtseile			nicht drehungsfreie Drahtseile			drehungsfreie bzw. drehungsarme Drahtseile		
	1570	1770	1960	2160	2450	1570	1770	1960	1570	1770	1960	1570	1770	1960
$1E_m$	–	0,0670	0,0630	0,0600	0,0560	–	0,0710	0,0670	–			–		
$1D_m$	–	0,0710	0,0670	0,0630	0,0600	–	0,0750	0,0710	–			–		
$1C_m$	–	0,0750	0,0710	0,0670		–	0,0800	0,0750	–			–		
$1B_m$	0,0850	0,0800	0,0750	–		0,0900	0,0850	0,0800	–			–		
$1A_m$	0,0900	0,0850		–		0,0950		0,0900	0,0950			0,106		
2_m	0,0950			–		0,106			0,106			0,118		
3_m	0,106			–		0,118			0,118			–		
4_m	0,118			–		0,132			0,132			–		
5_m	0,132			–		0,150			0,150			–		

Tab. 14.7 Triebwerkgruppen nach Laufzeitklassen und Lastkollektiven nach DIN 15020

Laufzeitklasse	Kurzzeichen mittlere Laufzeit je Tag in h, bezogen auf 1 Jahr			V_{006} bis 0,125	V_{012} über 0,125 bis 0,25	V_{025} über 0,25 bis 0,5	V_{05} über 0,5 bis 1	V_1 über 1 bis 2	V_2 über 2 bis 4	V_3 über 4 bis 8	V_4 über 8 bis 16	V_5 über 16
	Nr	Benennung	Erklärung	Triebwerkgruppe								
Lastkollektiv	1	leicht	geringe Häufigkeit der größten Last	$1E_m$	$1E_m$	$1D_m$	$1C_m$	$1B_m$	$1A_m$	2_m	3_m	4_m
	2	mittel	etwa gleiche Häufigkeit von kleinen mittleren und größten Lasten	$1E_m$	$1D_m$	$1C_m$	$1B_m$	$1A_m$	2_m	3_m	4_m	5_m
	3	schwer	nahezu ständig größte Lasten	$1D_m$	$1C_m$	$1B_m$	$1A_m$	2_m	3_m	4_m	5_m	5_m

Tab. 14.8 Beiwert h_1 nach DIN 15020

Trieb-werk-gruppe	h_1 für					
	Seiltrommel		Seilrolle		Ausgleichrolle	
	nicht drehungsfreie Drahtseile	drehungsfreie bzw. drehungsarme Drahtseile	nicht drehungsfreie Drahtseile	drehungsarme Drahtseile	nicht drehungsfreie Drahtseile	drehungsfreie bzw. drehungsarme Drahtseile
$1E_m$	10	11,2	11,2	12,5	10	12,5
$1D_m$	11,2	12,5	12,5	14	10	12,5
$1C_m$	12,5	14	14	16	12,5	14
$1B_m$	14	16	16	18	12,5	14
$1A_m$	16	18	18	20	14	16
2_m	18	20	20	22,4	14	16
3_m	20	22,4	22,4	25	16	18
4_m	22,4	25	25	28	16	18
5_m	15	28	28	31,5	18	20

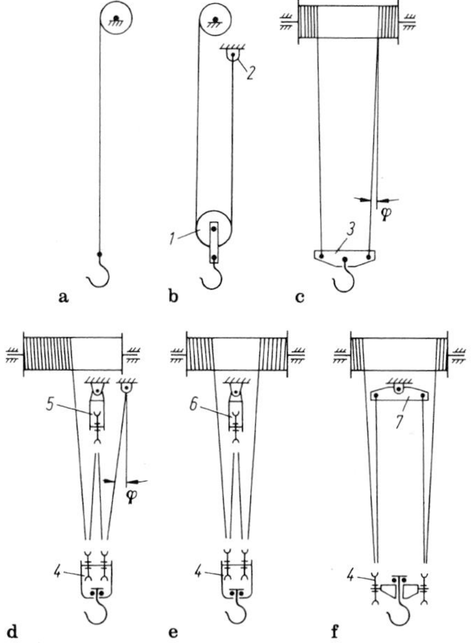

Abb. 14.38 Beispiele von Seiltrieben (Erläuterungen im Text)

zweimal so groß wie bei Lösung *b* und erfordert ein größeres Getriebe. Abb. 14.38d: viersträngige Ausführung mit Unterflasche *4* und Oberflasche *5*. Abb. 14.38e: viersträngiger Seiltrieb mit einem durchlaufenden Seil und Ausgleichsrolle *6*. Abb. 14.38f: viersträngige Aufhängung mit zwei Seilen entgegengesetzten Schlagrichtungen und Ausgleichshebel *7*.

Die Strangzahl n je Rollenzug ist bis $n = 8$ wirtschaftlich. Darüber hinaus kann die Tragfähigkeit durch Parallelschaltung von zwei oder mehr Rollenzügen vergrößert werden. Eine kleinere Strangzahl führt bei gleicher Last zu kürzeren, dickeren, schwerer handhabbaren Seilen, zu größeren Seilrollen, größeren Trommeldurchmessern und -momenten. Entscheidend für die Ausbildung des Seiltriebs sind oft die Platzverhältnisse und die erforderliche Begrenzung des Schrägzugwinkels φ zwischen Seil und Seilrolle bzw. Trommelrille. Die Seilablenkung führt zu Seilverschleiß und damit reduzierter Lebensdauer. Nach DIN 15020 darf der maximal auftretende Schrägzugwinkel $\varphi = 4°$ bei Rundlitzenseilen und $\varphi = 1{,}5°$ bei Spiral-Rundlitzenseilen nicht übersteigen. Es gilt die Regel je kleiner der Schrägzug umso besser. Redundante Seiltriebe arbeiten mit zwei parallel laufenden Seilen. Beim Versagen eines Seiles kann das redundante Seil die volle Last übernehmen.

Wirkungsgrad von Seiltrieben. Verluste beim Lauf (Biegung) des Seiles über Rollen und Trommeln führen zur Vergrößerung der Seilzugkraft. Anhaltswerte: Seilrollenwirkungsgrad $\eta_R = 0{,}98$ bei Wälzlagerung, $\eta_R = 0{,}96$ bei Gleitlagerung.

Wenn das Seil über n Seilscheiben läuft, deren Achsen zueinander feststehen so ist der Wirkungsgrad dieser Anordnung

$$\eta_G = \eta^n \, .$$

Der Wirkungsgrad beim Lauf des Seiles über eine lose Scheibe (Abb. 14.39) ist

$$\eta_L = \frac{1 + \eta}{2} \, .$$

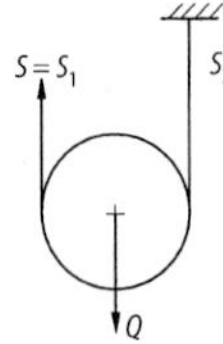

Abb. 14.39 Lose Seilscheibe

Der Wirkungsgrad eines Flaschenzuges mit z Seilsträngen (Abb. 14.40) ist

$$\eta_F = \frac{1}{z} \cdot \frac{1 - \eta^Z}{1 - \eta} ,$$

η Wirkungsgrad beim Heben der Last,
η Seilrollenwirkungsgrad,
z Anzahl der Seilstränge, s. a. Abb. 14.39.

Wenn das Seil über n Seilscheiben mit feststehender Achse und einen Flaschenzug mit z tragenden Strängen läuft, dann ist der Gesamtwirkungsgrad

$$\eta_{ges} = \eta_G \cdot \eta_F .$$

Der Wirkungsgrad beim Senken unterscheidet sich nur geringfügig von dem beim Heben.

Anschlagseile. Es sind nach DIN EN 13414-1-3 Seile der Festigkeitsklassen 1770 oder 1960 zu verwenden. Die Seildrähte können blank oder verzinkt ausgeführt sein. Für die Seilklassen 6 × 19, 6 × 36 mit Fasereinlage und 6 × 19, 6 × 36 und 8 × 36 mit Stahleinlage und verpresster Seil-Endverbindungen sind in DIN EN 13414-1 Tragfähigkeiten für verschiedene Anschlagarten in Abhängigkeit vom Seildurchmesser angegeben.

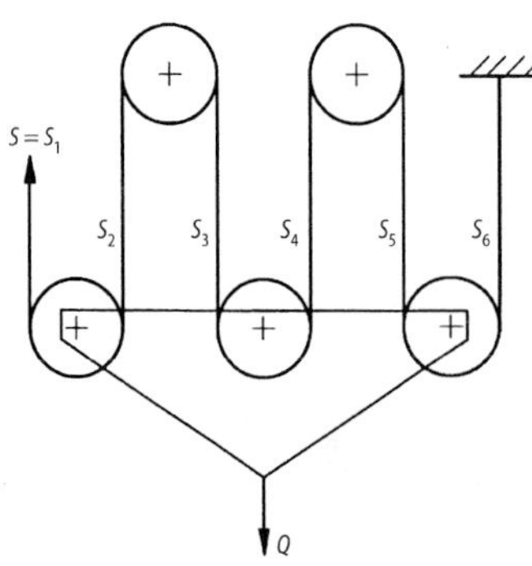

Abb. 14.40 Flaschenzug

Anschlagseile dürfen nach DIN EN 13414-3 auch aus den flexiblen Kabelschlagseilen hergestellt werden. Daneben gibt es noch endlos gemachte Seile so genannte Grummets. Angaben zur Tragfähigkeit siehe DIN EN 13414-3. Anleitung für die Auswahl, Verwendung, Prüfung und Ablegen von Anschlagseilen allgemein, siehe DIN EN 13414-2.

Halte- und Abspannseile (Stehende Seile). Sind Seile die nicht über Rollen oder Trommeln geführt sind und nicht von Rollen befahren werden, z. B. Krannackenseile, Abspannseile von Masten und hochfeste Zugglieder in Bauwerken. Die Bemessung von Halte- und Abspannseilen regelt die DIN EN 13001-3-1. Die zulässigen Spannungen (Tab. 14.9) für Seile mit einer Nennfestigkeit $R = 1570\,\text{N/mm}^2$ sind abhängig von den dort definierten Beanspruchungsgruppen, die sich nach der Anzahl der vorgesehenen Spannungsspiele N und dem Spannungskollektiv richten. Bei ruhender Belastung beträgt die zulässige Zugspannung $\sigma_z = 450\,\text{N/mm}^2$. Bei schwellender Belastung ist die zulässige Zugspannung sehr stark abhängig vom Seildurchmesser d und von dem Grenzspannungsverhältnis

$$\chi = \frac{\min \sigma}{\max \sigma} .$$

Die in Tab. 14.9 angegebenen Spannungsgrenzen gelten für Seile, die durch Seilvergüsse oder Poller befestigt sind. Für Pressklemmen ist eine Minderung der Seilspannungen auf 90 %, bei Seilschlössern und -spleißen auf 80 % und bei Seilklemmen auf 40 % zu berücksichtigen. Die DIN 15018 entspricht wie neue Untersuchungen zeigen nicht mehr dem derzeitigen Wissensstand der Seilforschung und wird überarbeitet werden.

Tab. 14.9 Zulässige Spannungen für Halte- und Abspannseile, Auszug aus DIN EN 13001-3-1

Drahtseildurchmesser mm	Zulässige Spannung zul σ_{Dz} in N/mm^2 bei Beanspruchungsgruppe	
	B1, B2 und B3	B4, B5 und B6
bis 5	450	$400 + 50 \cdot \mathcal{H}$
über 5 bis 20	$350 + 100 \cdot \mathcal{H}$	$250 + 200 \cdot \mathcal{H}$
über 20 bis 30	$300 + 150 \cdot \mathcal{H}$	$200 + 250 \cdot \mathcal{H}$
über 30 bis 40	$250 + 200 \cdot \mathcal{H}$	$150 + 300 \cdot \mathcal{H}$

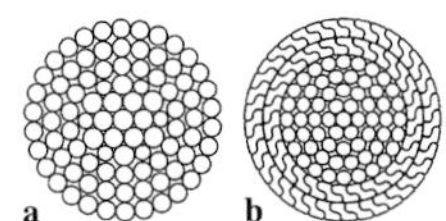

Abb. 14.41 Spiralseilkonstruktionen. **a** Spirallitzenseil; **b** vollverschlossenes Spiralseil mit 2 Z-Drahtlagen

Tragseile. Sie dienen in Seilbahnen und Kabelkranen als Fahrbahn für Laufräder mit kunststoffgefütterter Rundrille (Polyamid oder Polyurethan). Tragseile sind meist vollverschlossene Spiralseile (Abb. 14.41b), bei denen die äußeren Lagen durch die Formdrähte (Z-Drähte) eine glatte Lauffläche bilden und die innenliegenden Drähte vor Korrosion schützen. Die Nennfestigkeit ist allgemein $R = 1570\,\mathrm{N/mm^2}$. Anhaltswerte für die zulässige Pressung zwischen Rad und Seil $p = R/(Dd) = 40\,\mathrm{N/mm^2}$. Darin ist R die Radlast, D der Raddurchmesser und d der Seildurchmesser.

14.4.2.3 Sicherheit und Ablegekriterien bei Stahldrahtseilen

Übersicht über die Ablegekriterien. Anzeichen für die Ablegereife eines Seiles sind:

- *Drahtbrüche* (wichtigstes Ablegekriterium) (Ablegedrahtbruchzahl auf Bezugslängen nach DIN 15020, ISO 4309, BOSeil, TAS, usw.),
- *Litzenbruch,*
- *Seilverformungen* (Korkenzieherartige Verformungen, Korbbildung, Schlaufenbildung, Knoten, Klanken, Knicke),
- *Seildurchmesser, Schlaglänge* (Ablegen bei 10 % Durchmesserverminderung bezogen auf den Durchmesser eines nicht über Seilrollen laufenden und nicht korrodierten Seilstücks),
- *Korrosion und Verschleiß* (Abrieb) (Ablegen bei 10 % Durchmesserverminderung oder bei wesentlichen Kerben, Rostnarben oder starker innerer Korrosion),
- *Aufliegezeit* und
- *starke Hitzeentwicklung.*

Bei starker Seilverformung oder einem Litzenbruch ist die Anlage sofort stillzulegen und erst nach Auswechseln (Ablegen) des Seiles wieder in

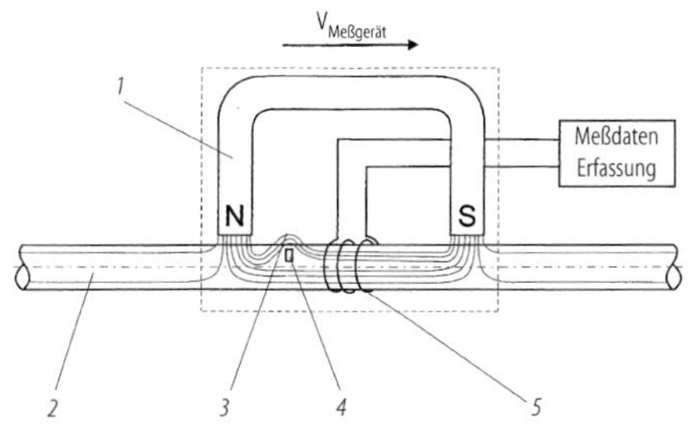

Abb. 14.42 Messprinzip magnetinduktive Seilprüfung. *1* Magnet, *2* Seil, *3* Streufeld, *4* Fehlstelle, *5* Messspule

Betrieb zu nehmen. Die übrigen Kriterien wachsen mit der Aufliegezeit des Seiles und zeigen erst durch eine bestimmte Größe die Ablegereife an. An dem Wachstum der Größe kann der voraussichtliche Ablegezeitpunkt geschätzt werden. Die Zahl der Drahtbrüche ist dabei das wichtigste Kriterium.

Sicherheit von Drahtseilen. Die Sicherheit, mit der ein Seilbruch vermieden wird, hängt im Wesentlichen von der zuverlässigen Inspektion der Seile ab. Im Normalfall werden die Seile durch visuelle und taktile Inspektion überwacht. Gezählt werden dabei die sichtbaren Drahtbrüche auf Bezugslängen (6-facher und 30-facher Seilnenndurchmesser) der offensichtlich am stärksten beanspruchten Seilzone. Gemessen wird der Seildurchmesser und gegebenenfalls die Schlaglänge. Darüber hinaus werden die Seile qualitativ beurteilt, insbesondere hinsichtlich Verschleiß und Korrosion.

Bei höheren Anforderungen an die Sicherheit, insbesondere wenn durch die Seile Personen getragen oder gefährliche Güter transportiert werden, genügt die einfache taktile und/oder visuelle Inspektion für die Sicherheit nicht. Je nach den technischen Möglichkeiten und Erfordernissen werden dann verschiedene zusätzliche Maßnahmen ergriffen. Eine dieser Maßnahmen ist der Einsatz von Messmethoden zur Erkennung von inneren Seilschäden. Dazu dient in der Praxis insbesondere die magnetinduktive Seilprüfung (Abb. 14.42). Eine andere Maßnahme, die z. B. für Seile im Aufzugsbau verwendet wird um die Erhöhung der Sicherheit zu erreichen ist, dass hier mindestens 3 und bis zu 8 parallel tragende Seile verwendet werden. D. h. man arbeitet hier mit aktiv redundanten Bauteilen.

Tab. 14.10 Ablegereife von Seilbahnseilen nach BOSeil

Bezugslänge L	Ablegereife
6-facher Seildurchmesser	wenn die Zahl der äußerlich feststellbaren Dauerdrahtbrüche mehr als *5 %* der als tragend anzunehmenden Drahtzahl des Seiles (also ohne Einlage) beträgt.
40-facher Seildurchmesser	wenn durch äußerlich feststellbare Dauerdrahtbrüche und Abnützung der Drähte eine Verminderung des als tragend anzunehmenden metallischen Seilquerschnittes (also ohne Einlage) von mehr als *10 %* eingetreten ist.
500-facher Seildurchmesser	wenn durch äußerlich feststellbare Dauerdrahtbrüche eine Verminderung des als tragend anzunehmenden metallischen Seilquerschnittes (also ohne Einlage) von mehr als *25 %* eingetreten ist.

Tab. 14.11 Ablegereife von Seilen nach DIN 15020

Anzahl der tragenden Drähte in den Außenlitzen des Drahtseiles [a]	Anzahl sichtbarer Drahtbrüche bei Ablegereife							
	Triebwerkgruppen $1E_m$, $1D_m$, $1C_m$, $1B_m$, $1A_m$				Triebwerkgruppen 2_m, 3_m, 4_m, 5_m			
	Kreuzschlag auf einer Länge von		Gleichschlag auf einer Länge von		Kreuzschlag auf einer Länge von		Gleichschlag auf einer Länge von	
n	$6d$	$30d$	$6d$	$30d$	$6d$	$30d$	$6d$	$30d$
bis 50	2	4	1	2	4	8	2	4
51 bis 75	3	6	2	3	6	12	3	6
76 bis 100	4	8	2	4	8	16	4	8
101 bis 120	5	10	2	5	10	19	5	10
121 bis 140	6	11	3	6	11	22	6	11
141 bis 160	6	13	3	6	13	26	6	13
161 bis 180	7	14	4	7	14	29	7	14
181 bis 200	8	16	4	8	16	32	8	16
201 bis 220	9	18	4	9	18	35	9	18
221 bis 240	10	19	5	10	19	38	10	19
241 bis 260	10	21	5	10	21	42	10	21
261 bis 280	11	22	6	11	22	45	11	22
281 bis 300	12	24	6	12	24	48	12	24
Über 300 [b]	$0{,}04 \cdot n$	$0{,}08 \cdot n$	$0{,}02 \cdot n$	$0{,}04 \cdot n$	$0{,}08 \cdot n$	$0{,}16 \cdot n$	$0{,}04 \cdot n$	$0{,}08 \cdot n$

Bei Seilkonstruktionen mit besonders dicken Drähten in der Außenlänge der Außenlitzen, z. B. Rundlitzenseil 6 × 19 Seale nach DIN 3058 oder Rundlitzenseil 8 × 19 Seale nach DIN EN 12385-4, ist die Anzahl sichtbarer Drahtbrüche bei Ablegereife um 2 Zeilen niedriger als nach den Tabellenwerten anzunehmen. Triebwerkgruppen nach DIN 15020 Blatt 1. d Drahtseildurchmesser

[a] Fülldrähte werden nicht als tragend angesehen. Bei Drahtseilen mit mehreren Litzenlagen gelten nur die Litzen der äußersten Litzenlagen als „Außenlitzen“. Bei Drahtseilen mit Stahleinlage ist die Einlage wie eine innere Litze anzusehen

[b] Die errechneten Zahlen sind aufzurunden

14.4.2.4 Beispiele für Ablegekriterien nach gültigen technischen Regeln

Ablegereife von Seilbahnseilen nach BOSeil. Für Seilbahnen ist durch die BOSeil (Technische Verordnung für den Bau und Betrieb von Seilbahnen) bzw. die dazu gehörenden Ausführbestimmungen die Seilablegereife aufgrund verschiedener Seilschäden festgelegt. Das Hauptablegekriterium ist der Querschnittsverlust, der auf drei verschiedenen Bezugslängen definiert ist (Tab. 14.10).

Ablegereife nach DIN 15020. Für Seiltriebe von Kranen und allen Hebezeugen, für die nicht besondere technische Regeln erlassen sind, gelten die Grundsätze für die Überwachung von Seiltrieben DIN 15020, Blatt 2. Das Seil ist abzulegen, wenn auf einer Bezugslänge von 6-fachem bzw. 30-fachem Seildurchmesser eine bestimmte Anzahl an äußerlich sichtbaren Drahtbrüchen überschritten wird (Tab. 14.11).

In ISO 4309 sind ebenfalls Ablegekriterien auf der Basis von Drahtbrüchen auf Bezugslängen angegeben.

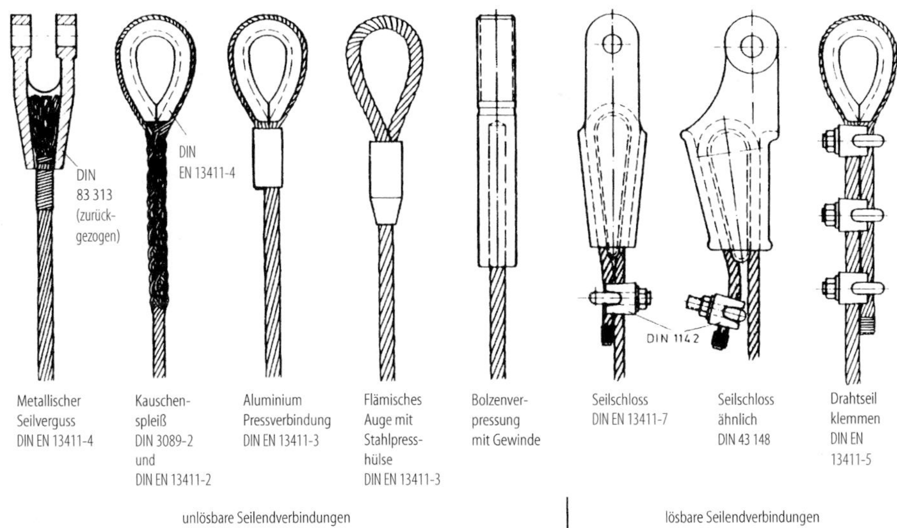

Abb. 14.43 Lösbare und unlösbare Seilendverbindungen

Seilendverbindungen. Die Befestigung der Drahtseile im Maschinenbau und Baubereich erfolgt über lösbare und unlösbare Seilendverbindungen (Abb. 14.43). Zu den unlösbaren Seilendverbindungen zählen Seilvergüsse, mit denen regelmäßig die größten Bruchkräfte und Schwingspielzahlen unter Zugschwellbeanspruchung erreicht werden. Spleiße sind in EN 13411-4 und Pressverbindungen in DIN EN 13411-3 geregelt. Die durch Umformvorgänge hergestellte schlanke Bolzenverpressung ist hingegen noch nicht genormt.

Zu den lösbaren Seilendverbindungen gehören die Seilschlösser, wobei zwischen symetrischen Seilschlössern nach DIN EN 13411-7 für den Aufzugbau und asymmetrischen Seilschlössern nach DIN EN 13411-6 unterschieden wird. Drahtseilklemmen nach DIN EN 13411-5 dienen wie die Seilschlösser zur Herstellung von lösbaren, meist nur temporären Seilendverbindungen.

Auswahlempfehlungen. Die Auswahl der Seilendverbindung richtet sich sehr stark nach dem Verwendungszweck und den Anforderungen. Meist ist die Bruchkraft bei der Auswahl einer Seilendverbindung für laufende Seile, Tragseile und Anschlagseile nicht das ausschlaggebende Kriterium, da die Ablegereife durch Schäden auf der freien Seilstrecke und nicht an den Endverbindungen auftritt. Hier entscheidet oftmals die zweckmäßige Bauform, die Nachstellmöglichkeit, die Lösbarkeit und die Kosten die Auswahl. Bei Anwendungen mit großem Zugschwellanteil sind Seilschlösser weniger, Seilklemmen und Spleiße praktisch nicht geeignet.

14.4.3 Faserseile

Herstellung. Faserseile werden aus Pflanzenfasern (z. B. Sisal, Manila, Hanf) oder aus Chemiefasern (z. B. Polyamid PA, Polyester PES, Polypropylen PP, Polyethylen PE, hochmolekulare Polyethylene HMPE, Aramide) gefertigt. Die Fasern für synthetische Faserseile werden in Spinnverfahren (z. B. Trockenspinnverfahren) und vorgeschalteten chemischen Reaktionen (Polymerisation, Polykondensation) gewonnen. Mit technischen Verfahren (weben, flechten, drehen, verseilen) werden aus den Spinnfasern, Filamentgarnen, Monofile, Splitfasern oder Filamentvliese Faserseile hergestellt. Zunehmend gewinnen hochfeste Garne aus Aramiden und Polyethylene wegen der günstigen Eigenschaften (hohe Festigkeit bei geringem Gewicht) an Bedeutung für Faserseile.

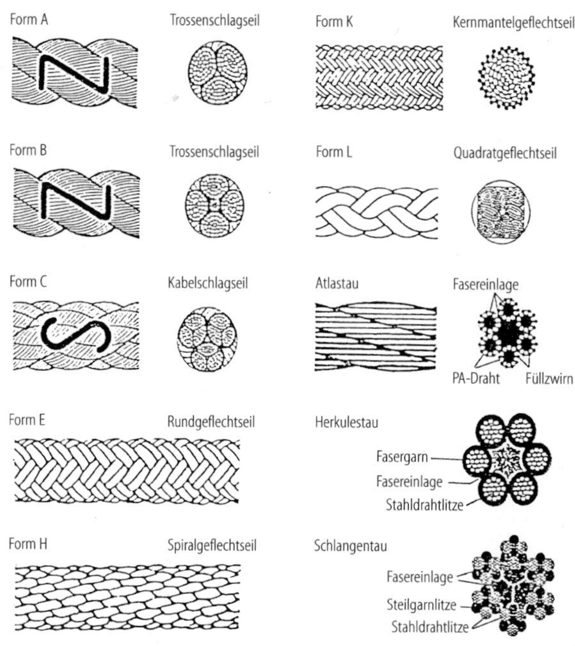

Abb. 14.44 Faserseilkonstruktionen, Auszug aus VDI 2500

Konstruktionen und Eigenschaften. Die große Variantenvielfalt der Faserseilkonstruktionen wird in die beiden Gruppen der gedrehten und geflochtenen Faserseile eingeteilt. Eine Übersicht über Faserseilkonstruktionen gibt die VDI 2500 (Abb. 14.44).

Das Garnmaterial bestimmt zusammen mit der Seilkonstruktion die mechanischen und chemischen Eigenschaften der Faserseile. So lassen sich sehr elastische Faserseile mit großer Bruchdehnung (Bergseile) und auch hochfeste Seile mit kleiner Bruchdehnung (Segelleinen) je nach Anforderung und Einsatzfall herstellen. Die Festigkeitswerte einiger hochfester Faserwerkstoffe liegen z. T. deutlich oberhalb der Festigkeit von Seildrähten. In Tab. 14.12 sind einige mechanische und thermische Eigenschaften von Chemiefasern gegenübergestellt.

Die Werkstoffe für Faserseile werden nach VDI 2500 unterteilt in Pflanzenfasern bzw. Chemiefasern (s. oben).

Die Eigenschaften von Pflanzenfasern sind:

- Sie haben eine geringere Bruchkraft als Chemiefasern.
- Sie sind empfindlich gegen Feuchte.
- Es besteht Verrottungsgefahr.
- Sie sind nicht UV-beständig.
- Ihr Einsatz ist heute nur noch selten.

Die Eigenschaften von Chemiefasern sind:

- Sie haben hohe Bruchkräfte.
- Sie lassen sich gezielt erzeugen.
- Sie sind teilweise UV-beständig.
- Sie sind teilweise beständig gegen Säuren.
- Sie sind vielfältig einsetzbar.

Auswahl von Faserseilen. Faserseile eignen sich wegen der günstigen mechanischen und z. T. chemischen Eigenschaften für weitreichende Anwendungen in der Schiffs- und Meerestechnik (z. B. DIN 83307, DIN 83334, DIN EN ISO 1968), Umschlags- und Handhabungstechnik (Anschlagmittel nach DIN EN 1492-4), Personensicherung gewerblich und im Bergsport (DIN EN 892, DIN EN 1891) als auch für allgemeine Anwendungen (DIN EN ISO 1140, DIN EN ISO 1141, DIN EN ISO 1181, DIN EN ISO 1346, DIN EN ISO 1969, DIN EN ISO 9554) als Halte- und Abspannseile. Erste Hilfestellung zu Auswahl, Eigenschaften und Bemessung ge-

Tab. 14.12 Eigenschaften hochfester Chemiefasern

Markennamen	Dichte [g/cm³]	Bruchfestigkeit [N/mm²]	E-Modul [N/mm²]	Bruchdehnung [%]	Hitzebeständigkeit [°C]
Twaron 1055	1,45	2800	120 000	2,4	450
Kevlar 49	1,45	2800	120 000	2,4	450
Technora	1,39	3500	74 000	4,6	500
Dyneema SK60	0,97	2700	87 000	3,5	140
Zylon-HM	1,56	5800	270 000	2,5	650

ben die „Faserseile-Richtlinien" VDI 2500 und DIN EN ISO 2307.

Hochfeste Faserseile. Neben den Stahldrahtseilen hat Ende der 1980er bzw. Anfang 1990er-Jahre die Bedeutung von hochfesten Faserseilen (z. B. aus Aramid und HMPE) eine besondere Bedeutung bekommen. Verwiesen werden kann hier exemplarisch auf eine Veröffentlichung von Jacobs und van Dingenen [33].

Innerhalb der Fördertechnik werden Faserseile zunehmend als laufendes Seil und damit als Alternative zum Tragmittel Drahtseil verwendet. Die meist gute Biegsamkeit der Faserseile (z. B. auch von hochfesten Garnen) und die daraus resultierende kleine Biegebeanspruchung kommt der Forderung innerhalb der Förder- und Personenfördertechnik nach Seiltrieben mit kleinen Umlenkradien und kleinbauenden Antrieben nach. Die sehr leichten und hochfesten Faserseile weisen z. T. erheblich günstigere Biegewechseleigenschaften [24] und höhere Biegewechselzahlen beim Lauf über Scheiben bis zum Ablegen oder bis zum Versagen auf als Drahtseile unter sonst gleichen Bedingungen.

Verwiesen wird hier auf die Veröffentlichung hochfeste Faserseile beim Lauf über Seilrollen [30]. Aus dieser Veröffentlichung stammt auch Abb. 14.45. Dieses zeigt in Abhängigkeit vom Durchmesserverhältnis von Seilscheibe und Seil (D/d) die Biegewechselzahl einerseits von Faserseilen aus hochfesten Polyethylen und andererseits eines Drahtseiles (8 × 19 W + FE sZ). Man erkennt, dass die Biegewechselzahlen des Faserseiles bei geringen Lasten um ein vielfaches höher sind als die eines Stahlseiles.

Welche Chancen sich aus diesen neuen hochfesten Faserwerkstoffen für Seile ergeben liegt einerseits an ihren besonderen Vorteilen, nämlich

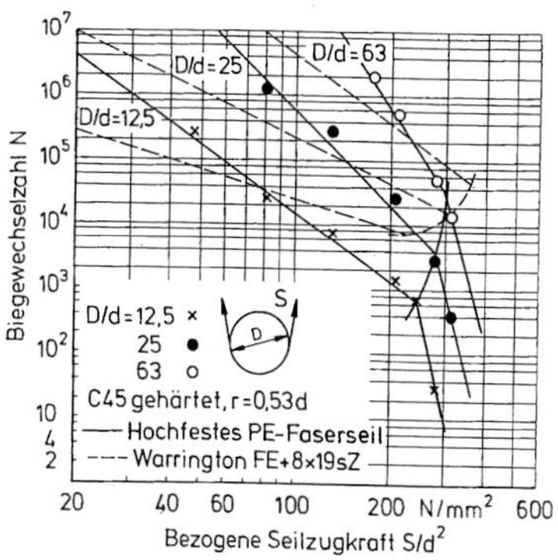

Abb. 14.45 Bruchbiegewechselzahlen eines Faserseils mit hochfesten Polyethylenfasern Dyneema SK 60 [30]

dem geringen spezifischen Gewicht pro Meter (bis zu 30 % leichter als bei einem Stahlseil), den günstigen Biegewechseleigenschaften (viel höher als bei einem Stahlseil) und den daraus sich ergebenden guten und günstigen Verhältnissen des Scheiben-zu-Seil-Durchmessers. Die Anwendung von hochfesten Faserseilen ist stark von den Anwendungsparametern abhängig.

Hinsichtlich der bisher untersuchten Eigenschaften von Stahlseilen im Vergleich zu hochfesten Faserseilen ist in der Forschung ein großer Nachholbedarf festzustellen (Abb. 14.46).

Neben den in Abb. 14.46 gezeigten Eigenschaften ist außerdem das Problem der Bestimmung der Ablegereife (d. h. dem rechtzeitigen Tausch der Seile bevor ein Gefahrenzustand für Mensch und Maschine entsteht) von hochfesten Faserseilen ein sehr wichtiges Thema. Die klassische Vorgehensweise, nämlich die Ermittlung von Drahtbrüchen auf einem bestimmten Längenabschnitt (z. B. 6d / 40d / 500xd) des Stahlseiles, ist bei hochfesten Faserseilen aufgrund der Konstruktion nicht möglich.

Typische Ablegekriterien für Faserseile sind beispielhaft Garn- und Litzenbrüche, Quetschun-

Stahldrahtseile	Parameter mit Einfluss auf die Seillebensdauer	Faserseile
●●●○	Seilkonstruktion	●○○○
●●●●	Seildurchmesser	●○○○
●●●○	Schlaglänge	●○○○
●●○○	Werkstoff Drähte/Fasern	●○○○
●●●●	Festigkeit Drähte/Fasern	○○○○
●●●●	Scheibendurchmesser	●○○○
●●○○	Rillenform	○○○○
●●●○	Schrägzug	○○○○
●●●●	Biegelänge	●○○○
●●●○	Schmierung/Imprägnierung	○○○○
gut untersucht ●●●●		nicht untersucht ○○○○

Abb. 14.46 Untersuchte Eigenschaften von laufenden Seilen [34]

gen, Schäden durch Schnitte, aggressive Medien und Durchmesserveränderungen. Darüber hinaus wird in der Forschung vor allem intensiv an zerstörungsfreien Prüfmethoden mittels Kamerasystem [31] und intelligenten Indikatoren als Sensorelement eingebettet ins hochfeste Faserseil [32] gearbeitet. Erste Erfolge sind erkennbar. Für Forschung und Entwicklung sind hochfeste Faserseile in der Zukunft von großer Bedeutung.

Eine gute überblickende Zusammenfassung der Aktivitäten von hochfesten Faserseilen liefert die Veröffentlichung neuartiger Maschinenelemente in der Fördertechnik und Logistik – hochfeste, laufende Faserseile [35]. Hier wird auf verschiedene Anwendungsbereiche für laufende Faserseile, nämlich in den Bereichen

- Serienkleinhebezeuge
- Offshore-Technik
- Tiefseeforschung
- Schleppen und Festmachen von Schiffen
- Aufzugstechnik

eingegangen und der Stand in diesen Anwendungsbereichen geschildert. Diese Untersuchungen zeigen, dass laufende Faserseile in speziellen Anwendungen zu den Stahldrahtseilen eine Alternative sind. Die oben zitierten weiteren Forschungen, insbesondere hinsichtlich der sicheren Erkennung der Ablegereife, werden dieses Potential weiter erhöhen.

14.4.4 Mechanische Elemente der Antriebe

14.4.4.1 Mechanische Bremsen

Sie sind im Hebezeugbau aus Sicherheitsgründen stets so auszuführen, dass bei Stromausfall sofort die volle Bremswirkung eintritt (s. Bd. 2, Abschn. 10.5.7 Fremdgeschaltete Kupplungen – Bremsen).

14.4.4.2 Betriebsart

Stopbremsen. Sie bringen geradlinig sich bewegende und rotierende Massen zum Stillstand. Die kleinsten Abmessungen haben die Bremsen, wenn die Trommel bzw. Scheibe auf der am schnellsten sich drehenden Welle sitzt.

Haltebremsen. Bei neuzeitigen Antrieben nimmt die elektrische Maschine 80 bis 100 % der Bewegungsenergie auf. Sie wird erst nach Erreichen einer Geschwindigkeit $\upsilon \gg 0{,}1\upsilon_{\text{nen}}$ geschlossen. Im Ausnahmefall arbeitet die Haltebremse als Notstoppbremse. Sie muss daher wie eine Stoppbremse ausgelegt werden.

Sicherheitsbremsen. Bremsen werden als Sicherheitsbremsen bezeichnet, wenn sie in Hubwerken als zusätzliche Bremse am Ende der kinematischen Kette des Triebwerks stehen und nur dann aktiv werden, wenn eines der davor liegenden Glieder der Antriebskette versagt (passive Redundanz). Da ihre Bremskörper (i. Allg. die Trommelbordwand oder die Treibscheibe) mit relativ kleiner Geschwindigkeit drehen, müssen sie große Bremsmomente aufnehmen.

Zweikreisbremsen bestehen aus zwei unabhängigen Bremshälften, von denen jede das Triebwerk bis zum Stillstand abbremsen kann (aktive Redundanz). Nur die Bremsscheibe und ggf. der Lüfter ist gemeinsam (Beispiel Aufzug).

Werkstoffe der Reibpaarung. Bremstrommeln und -scheiben werden nach DIN 15437 aus Gusseisen mit Lamellengraphit EN-GJL-250/GG25 (nicht für Hüttenwerkskrane) oder mit Kugelgraphit EN-GJS-400/GGG40, EN-GJS-600/GGG60, Stahlguss GS60, aus Baustahl S355JO/St52-3 oder seltener aus Vergütungsstählen C45 oder 42CrMo4 hergestellt.

Reibbeläge sind ein unter großem Druck und großer Temperatur gepresstes Gemisch aus organischen und anorganischen Stoffen. Sie sollen ausreichend widerstandsfähig sein gegen thermische Belastung (bis 400 °C), einen geringen Verschleiß haben, die Bremsscheibe nicht angreifen und nicht Geräusch anregend wirken. Die mittlere Reibungszahl μ_m unter Normalbelastung ist je nach Belagfabrikat 0,25 bis 0,45. Bei Überschreitung der zulässigen Reibflächentemperatur kann die mittlere Reibzahl stark abfallen [24, 25]. Bremsmomente werden i. Allg. mit $\mu_m = 0{,}35$ berechnet. Bei Reibflächentemperaturen bis 150 °C werden auch gewebte Baumwollbeläge eingesetzt. Bremsbeläge (DIN 15436) werden auf die Belaghalter geklebt, bei Trommelbremsen auch noch genietet.

Der Belagverschleiß, bezogen auf die Reibarbeit, ist bei Normalbelastung $q = 0{,}1$ bis $1{,}0\,\text{cm}^3/\text{kWh}$ je nach Werkstoffpaarung und Reibflächenrauheit. Über die zulässige Verschleißdicke $\Delta\, s$, die wirksamen Reibflächen $\Sigma\, A_1$ und über die je Bremsung in Wärme umgesetzte Energie $W_{BR} = M_{BR}\,\omega_1 t_a/2$ lässt sich die Zahl Z_B der mit einem Belagsatz erreichbaren Stopbremsungen abschätzen zu: $Z_B = \Sigma\, A_1 \Delta\, s/(qW_{BR})$.

Es sind M_{BR} Bremsmoment, ω_1 Winkelgeschwindigkeit der Bremswelle bei Bremsbeginn, t_a Bremszeit. Nach DIN 15434 ist $\Delta\, s = 0{,}8$mal Dicke des neu geklebten Belags. Für genietete Beläge ist Δs um 2 mm kleiner.

Der Trommel- und Scheibenverschleiß ist bei abgestimmter Reibpaarung unter Normalbelastung unbedeutend. Er kann aber bei unpassender Werkstoffkombination der Reibpartner oder bei zu großer thermischer Belastung unannehmbar groß werden.

14.4.4.3 Bauart

Kegel- und Lamellenbremsen. Sie werden z. B. bei leichten Kranen in Verbindung mit seriengefertigten Getriebemotoren und in Elektrozügen eingesetzt.

Trommelbremsen (DIN 15435 T 1) nach Abb. 14.47 sind in schweren Kranen die gebräuchlichsten Bremsen (Trommelabmessungen s. DIN 15431). Bremsbeläge 10 (DIN 15435 T 3) sind auf zwei leicht auswechselbaren Bremsbacken *3* und *5* (DIN 15435 T 2) aus Gusseisen, Stahl- oder Aluminiumguss geklebt, selten noch genietet. Diese sind drehbar in den Bremshebeln *4* und *6* gelagert. Eine geführte Druckfeder 9 erzeugt beidseitig über das Hebelsystem *8*, *6*, *7*, *4* die zwischen den Reibbelägen *10* und der Trommel *2* wirkende Bremskraft. Durch Verändern der Federkraft F_F und der Hebellänge b lässt sich das Bremsmoment bis zum Fünffachen verstellen. Nachstellen des Verschleißwegs er-

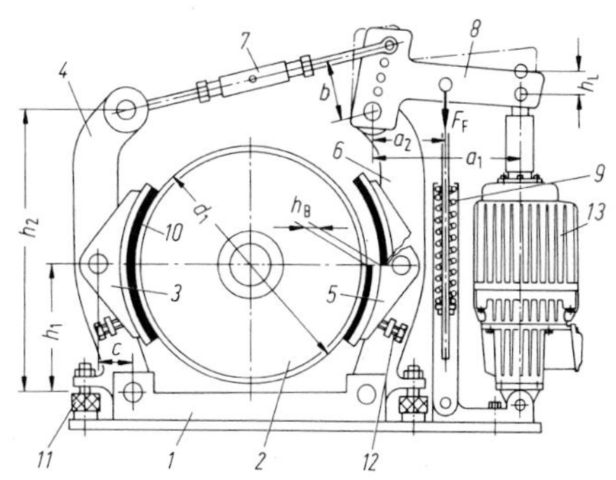

Abb. 14.47 Doppelbacken-Trommelbremse (ThyssenKrupp) (Erläuterungen im Text)

14

Tab. 14.13 Zulässige $(pv_1\mu_m)_{zul}$-Werte, Trommeldurchmesser und Bremsmomente (DIN 15434)

d_1	$(pv_1\mu_m)_{zul}$	Bei Drehzahl n_1 in min^{-1}			
		1500	1000	750	600
cm	W/cm^2	M_{BRzul} in Nm			
20	75	78	117	–	–
25	80	130	195	260	–
31,5	90	–	348	464	580
40	100	–	624	832	1040
50	110	–	–	1430	1788
63	125	–	–	2580	3225
71	135	–	–	–	4423

folgt über ein manuell oder automatisch betätigtes Spannschloss *7*. Einstellbare Pufferelemente *11* sorgen für gleichmäßiges Öffnen. Stellschrauben *12* verhindern Schleifen der Beläge bei geöffneter Bremse.

Das Bremsmoment ist überschlägig mit den Bezeichnungen aus Abb. 14.47:

$$M_{BR} = F_F \cdot a_2/(b) \cdot h_1/(h_2) \cdot \mu_m d_1 \eta \leq M_{BR\,zul}\,,$$

mit $\eta \approx 0{,}9$ Wirkungsgrad des Bremshebelsystems. Das zulässige Bremsmoment ist $M_{BR\,zul} = 2\,A_1 \cdot (pv_1\mu_m)_{zul}/\omega_1$ mit A_1 Reibfläche eines Belags. $A_1 = 0{,}204 d_1^2$ nach DIN 15434 T 1. p ist die mittlere Flächenpressung zwischen Trommel und Belag ($p = 10$ bis $40\,N/cm^2$), v_1 die Reibgeschwindigkeit bei Bremsbeginn (bis 60 m/s) und w_1 die Winkelgeschwindigkeit bei Bremsbeginn. $(pv_1\mu_m)_{zul}$ ist die Reibleistung, bezogen auf die Reibflächeneinheit des Belages, zulässige Werte (Tab. 14.13). Bei thermisch stark beanspruchten Trommelbremsen ist nachzuweisen, dass die mittlere Reibflächenbeharrungstemperatur 150 °C nicht überschreitet. Rechengang s. DIN 15434.

Bei Serientriebwerken sind die Bremshebel am Triebwerksgehäuse mit genauer Zuordnung zur Bremsscheibe gelagert. Dadurch kann eine einfache Bauform ohne die beweglichen Bremsbacken eingesetzt werden (Abb. 14.48).

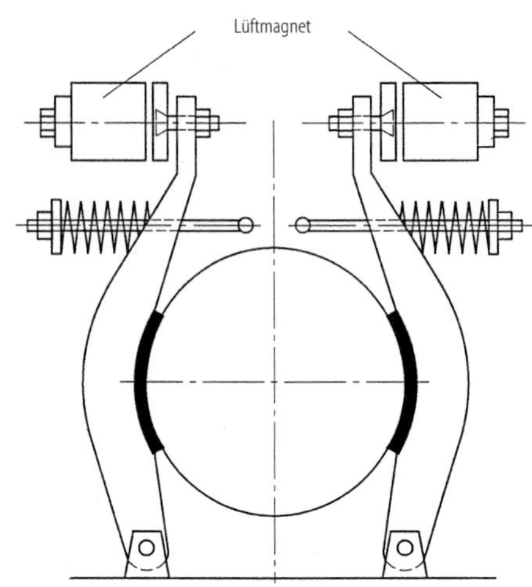

Abb. 14.48 Zweikreisbackenbremse, Feyrer

Scheibenbremsen (DIN 15433-2). Scheiben als Bremskörper bringen wegen ihrer kleineren Massenträgheitsmomente und ihrer größeren zulässigen Reibflächenbeharrungstemperatur (350 °C nach DIN 15434) gegenüber Backenbremsen Vorteile. Sie werden daher zunehmend z. B. in Krantriebwerken eingesetzt, wenn deren Bremsen bei großen Geschwindigkeiten oder bei großer thermischer Belastung arbeiten. Greift nur ein Bremsbackenpaar an der Scheibe an, so erzeugt die Bremskraft ein Biegemoment an der Bremswelle.

Standardisierte Scheibenaußendurchmesser (DIN 15432) entsprechen den Bremstrommeldurchmessern (Tab. 14.13). Es sind zzt. 15 und 30 mm dicke Vollscheiben und 30, 42, 80,

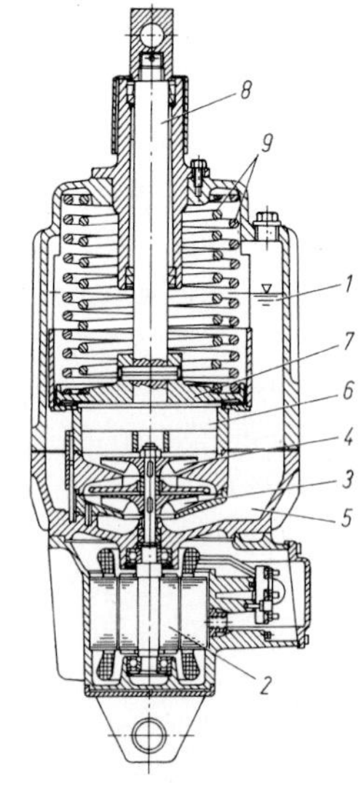

Abb. 14.49 Elektrohydraulisches Hubgerät (Eldro) mit integrierter Bremsfeder (EMG) (Erläuterungen im Text)

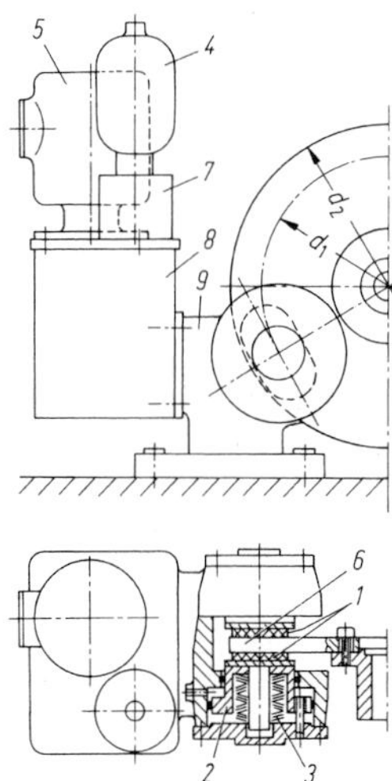

Abb. 14.50 Scheibenbremse (Stromag) (Erläuterungen im Text)

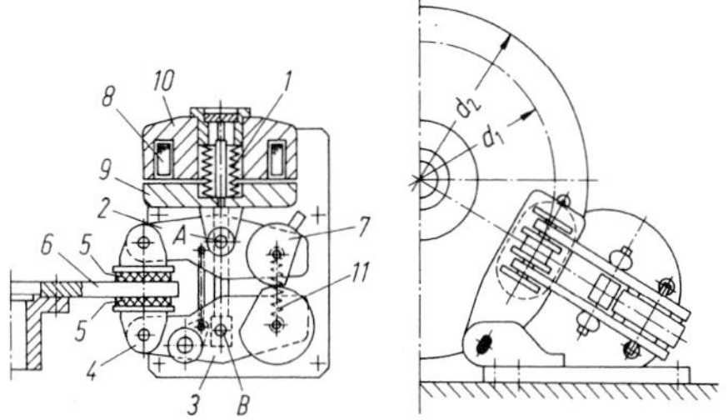

Abb. 14.51 Scheibenbremse (SIMINDUSTRIE) (Erläuterungen im Text)

112 mm dicke Scheiben mit radialen Lüftungskanälen im Einsatz. Diese selbst belüftenden Scheiben haben ein größeres Wärmeabgabevermögen. Sie sind vorteilhaft in Stoppbremsen, wenn diese im oberen Temperaturbereich arbeiten. Die kostengünstigeren massiven Scheiben haben bei gleicher Dicke ein größeres Wärmespeichervermögen. Sie sind für Halte- und Sicherheitsbremsen zu empfehlen [26]. Bei kleinen Motoren werden die Scheibenbremsen in den Motor integriert. Das Bremsmoment errechnet sich aus der Zahl Z der Bremsbacken (z. B. ist $Z = 2$ für Bremsen nach Abb. 14.50), der Anpresskraft F_N zwischen diesen und der Bremsscheibe, deren mittleren Reibkreisdurchmesser d_1 und der mittleren Reibungszahl μ_m zu $M_{BR\,zul} = Z \cdot F_N \cdot \mu_m \cdot d_1/2$. Das zulässige Bremsmoment ist $M_{BR\,zul} = (pv_1\mu_m)_{zul}A_1Z(1/\omega_1)$. In Ermangelung anderer Werte kann $(pv_1\mu_m)_{zul}$ nach Tab. 14.13 gewählt werden. A_1 ist die wirksame Reibfläche eines Bremsbelags (s. DIN 15433-2). Bei thermisch stark beanspruchten Scheiben ist nachzuweisen, dass die mittlere Reibflächentemperatur 350 °C nicht überschreitet. Rechengang siehe DIN 15434.

Bei der direkt wirkenden Federkraftbremse (Schließzeit ca. 0,15 s) sitzen die Bremsbeläge *1* auf zwei gegeneinander arbeitenden Hydraulikkolben *2* (Abb. 14.50). Ein Tellerfederpaket *3* erzeugt die Bremskraft zwischen den Belägen *1* und der Scheibe *6*. Drucköl aus dem Speicher *4* öffnet die Bremse nach Betätigen eines Ventils. Für konstanten Druck sorgt Pumpe *5*, die mit dem Speicher *4*, dem Ventilblock *7* und dem Ölbehälter *8* eine Baueinheit bildet. Diese ist mit dem Bremsgehäuse 9 verschraubt.

Abb. 14.51: Bei der Bremszange (Schließzeit ca. 0,17 s) drückt die Bremsfeder *1* die radial zur Scheibe angeordneten Zangenhebel *2* und *3* zusammen, wobei sich der Hebel *3* nur um den ortsfesten Drehpunkt *B* dreht und drückt damit Bremsbacken *4*, auf die Bremsbeläge *5* geklebt sind, gegen die Bremsscheibe *6*. Exzenter *7* sorgen für Verschleißnachstellung. Das Öffnen der Bremszange erfolgt durch das Magnetfeld der Spule *8*, das das Joch *9*, gegen die Bremsfederkraft wirkend, an das Gehäuse *10* zieht und so die Entfernung der Zangenhebellagerpunkte *A* und *B* (ortsfest) vergrößert. Rückzugfeder *11* sorgt für das vollständige Öffnen der Zange. Zur Vergrößerung des Bremsmoments können mehrere Bremszangen am Scheibenumfang angeordnet werden.

Abb. 14.52: Die Bremskraft zwischen der Scheibe *1* und den Bremsbelägen *2* wird durch die Feder *3* über zwei parallel zur Reibfläche liegende Hebel *4* und *5* aufgebracht. Das Öffnen der Bremse erfolgt durch das Eldrogerät *6* (z. B. nach Abb. 14.49, aber ohne Bremsfeder *9*). Die Schließzeit ist ca. 0,2 bis 0,6 s je nach Größe des Eldros (6). Es wirkt über Hebel *7* und über einen zwischen Bremshebeln *4* und *5* wirkenden Drehkeil *8* gegen die Bremsfeder *3*. Rollen *9* mindern Keilreibung. Verschleißnachstellung erfolgt selbsttätig oder manuell über Gewindestange *10*. Bei größeren Bremsmomenten kann auf der an-

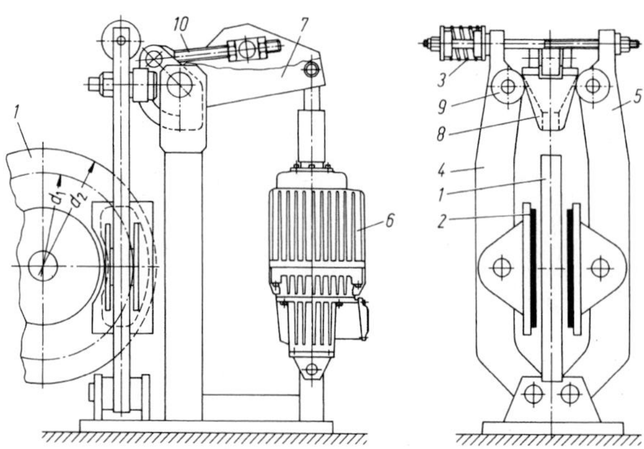

Abb. 14.52 Scheibenbremse (Asku-Scholten) (Erläuterungen im Text)

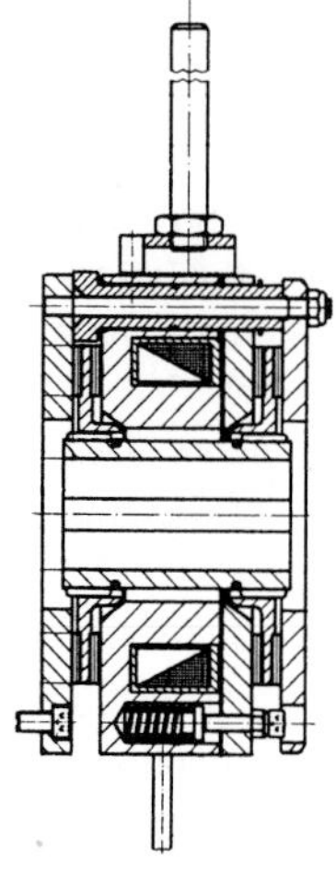

Abb. 14.53 Zweikreis-Sicherheitsbremse (mayr)

deren Seite der Scheibe ein zweites Hebelpaar untergebracht werden, das über ein Gestänge mit dem ersten verbunden und durch dasselbe Eldrogerät geöffnet werden kann. Scheibenbremse mit Doppelrotorausführung (Abb. 14.53) werden auch im Aufzugbau als Zweikreis-Sicherheitsbremsen eingesetzt.

Bandbremsen werden eingesetzt bei Bremstrommeln mit großem Durchmesser (Fördermaschinen, Bagger-, Schiffs-, Montagewinden). Bandbremsen beanspruchen die Bremswelle stark auf Biegung. Die Betätigungskraft F_F wird manuell oder durch ein Gewicht oder durch eine Feder aufgebracht. Bandbremsen können bei kleinen Betätigungskräften F_F große Bremsmomente M_{BR} erzeugen, da die längenbezogene Anpresskraft zwischen Bremsband und Bremstrommel verstärkt wird zu $M_{BR} = (F_1 - F_2) \cdot \mu \cdot d_1/2$.

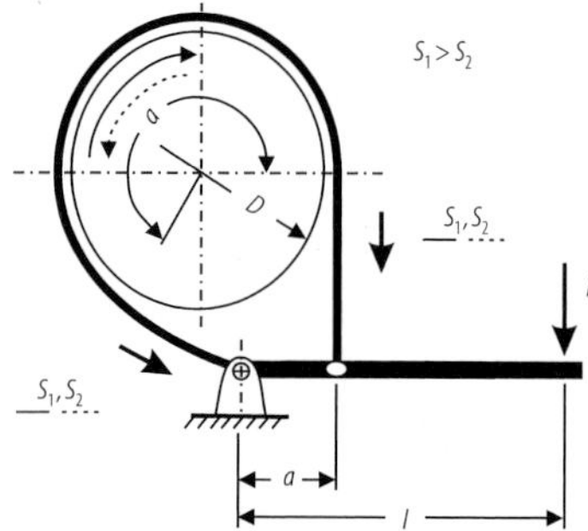

Abb. 14.54 Einfachbandbremse

Abb. 14.54: Ein Stahlband *1* mit aufgenietetem Bremsbelag *2* bildet das Bremsband.

Am Umfang verteilte ortsfeste Anschläge ermöglichen gleichmäßiges Abheben des Bands nach dem Öffnen der Bremse. Stahlbanddicke $t = F_1 S/(B R_e)$. Sicherheitsfaktor $S = 1{,}5$ bis 2,0. Bandbreite B (10- bis 15mal Stahlbanddicke t). R_e Streckgrenze des Bandwerkstoffs (gebräuchlich ist St52-3). Die maximale Bremsbelagflächenpressung ist $p_{max} = 2\,F_1/(d_1 B) < p_{zul}$. Für gebräuchliche Belagwerkstoffe ist $p_{zul} = 30$ bis $40\,\mathrm{N/cm^2}$. Für Stoppbremsen ist zu überprüfen, ob $(p_{max} v_1 \mu_m) \leq (p v_1 \mu_m)_{zul}$. In Ermangelung anderer Werte kann mit den in Tab. 14.13 festgelegten $(p v_1 \mu_m)_{zul}$-Werten gerechnet werden. v_1 Reibgeschwindigkeit bei Bremsbeginn.

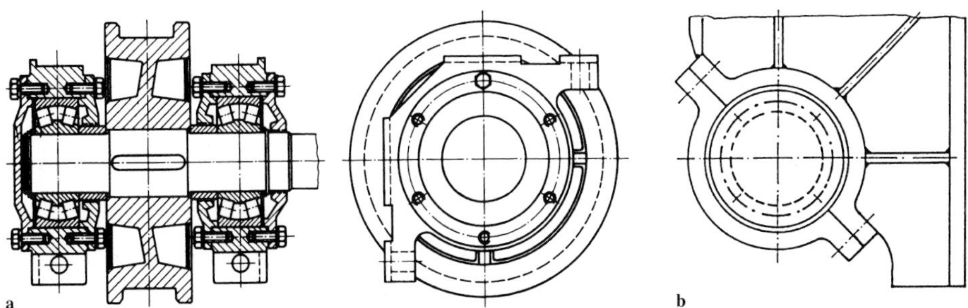

Abb. 14.55 Laufrad mit Laufradwelle. **a** Lagerung in Ecklagern; **b** Korblager. (Quelle: DIN 15071)

Bremslüfter. Gleichstrommagnete werden bevorzugt in der zuverlässigen Bauform mit Flachanker ausgeführt (Abb. 14.48 und Abb. 14.51). Elektrohydraulische Hubgeräte (Eldro, Abb. 14.47) oder Motordrücker werden bei größerer Lüfterarbeit eingesetzt. Hydraulische Bremslüfter sind nur bei sehr großen Bremsmomenten anzutreffen (Abb. 14.50).

14.4.5 Laufrad und Schiene (Schienenfahrwerke)

Laufrad und Schiene sind die wichtigsten Bauteile von Schienenfahrwerken, die, im Vergleich z. B. zu Reifenfahrwerken, vorwiegend für Fahrbewegungen mit kleineren Steigungen eingesetzt werden. Sie verursachen einen geringen Fahrwiderstand, verlangen aber eine gute Stützung der Fahrbahn (Biegebeanspruchung der Schiene). Ihr Nachteil ist die Bindung an die fest verlegte Fahrbahn. Schienenfahrwerke von Kranen unterscheiden sich von denen der Eisenbahnfahrzeuge durch das Auftreten erheblich größerer Rad-, Seiten- und Führungskräfte und durch wesentlich kleinere Fahrgeschwindigkeiten.

Die *Laufräder* von Schienenfahrwerken haben nicht nur die vertikalen Radkräfte sondern auch Horizontalkräfte, die von der Führung des Fahrzeuges durch die Schiene herrühren, aufzunehmen. Bei angetriebenen Rädern kommen noch die Umfangskräfte hinzu. Diese Kräfte werden über die Aufstandsfläche des Rades auf die Schiene übertragen. Durch Führungsmittel, das sind z. B. Spurkränze am Laufrad oder zusätzlich angeordnete horizontale Führungsrollen, wird sichergestellt, dass das Laufrad die Schiene nicht verlassen kann. Beim Anlaufen der Führungsmittel an den Schienenkopf treten horizontale Seitenkräfte auf, die, wie die Führungskräfte und die Vertikalkräfte, von der Schiene in den Fahrbahnträger eingeleitet werden.

Die Laufräder von Kranen haben wegen der großen Radkräfte relativ breite Laufflächen, wobei sich der Radkranz, zur Aufnahme der durch die Seiten- und Führungskräfte auftretenden Momente, über Versteifungsrippen auf die Radnabe abstützt (Abb. 14.55a,b).

Laufräder werden meist in Wälzlagern gelagert. Bei niedriger Beanspruchung (kleiner Belastung, niedriger Fahrgeschwindigkeit, seltenem Einsatz) werden gelegentlich noch fettgeschmierte oder selbstschmierende Gleitlager verwendet. Wie das Bild zeigt, kann man den Ein- und Ausbau des Laufrades durch Abstützung der Wälzlager auf einer drehgesicherten Buchse, die über die feststehende Achse geschoben wird, vereinfachen. Angetrieben wird in diesem Beispiel das Laufrad über einen seitlich angeschraubten Zahnkranz. Diese Ausbildung als „offenes“ Zahnradvorgelege erschwert die Schmierung der Verzahnung. Ein Beispiel der Lagerung eines Laufrades auf mitdrehender Welle zeigt Abb. 14.56.

Es ermöglicht die Unterbringung der Antriebsräder in einem geschlossenen Getriebegehäuse. Das Laufrad kann hier durch Lösen des mit dem Tragwerk verschraubten Lagergehäuses und durch Herausrollen der ganzen Baugruppe auf der Schiene, nach vorausgegangener Abstützung des Tragwerkes, ausgebaut werden.

Die Auswahl des geeigneten *Schienenprofiles* hängt von der Steifigkeit des Fahrbahnträgers bzw. der Bettung der Schiene und von der Größe der auftretenden Vertikal- und Horizontalkräfte

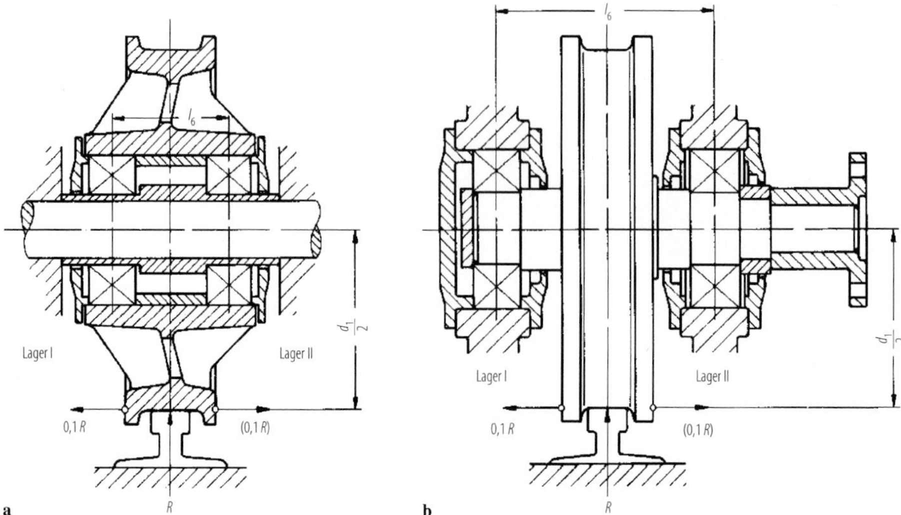

Abb. 14.56 **a** Laufrad auf stehender Achse. **b** Laufrad auf mitdrehender Welle [2]

ab. Sind die Schienen auf Schwellen abgestützt, werden sie in erheblicher Weise auf Biegung beansprucht und ihr Profil sollte ein großes Trägheitsmoment um die horizontale Trägheitsachse aufweisen (Eisenbahnschienen). Bei hohen Seitenkräften, wie sie bei Kranen wegen des kleinen Radstandes im Verhältnis zur Spurweite (Spannweite) auftreten, wird ein großes Trägheitsmoment auch um die vertikale Trägheitsachse notwendig, insbesondere wenn die Schiene auf ihrer ganzen Länge gleichmäßig abgestützt werden kann (Kranschiene).

Ein Beispiel für die Befestigung einer Kranschiene nach DIN 536 auf einem Kranträger zeigt Abb. 14.57.

Im rechten Teil des Bildes vermeidet eine elastische Unterlage zwischen Schiene und Träger das Auftreten hoher Kantenpressungen z. B. infolge elastischer Verformungen des Tragwerkes.

Für leichten Betrieb (geringe Betriebsstundenzahl, selten Höchstlast) wird auch Flachstahl mit gerundeten Kanten nach DIN EN 10058 als Kranschiene verwendet und mit dem Kranträger direkt verschweißt (Abb. 14.58).

Bei hohen Biegebeanspruchungen der Schiene werden Eisenbahnschienen nach DIN EN 13674-1 und -4 als Kranschienen eingesetzt.

Die Schienenkopfbreiten sind nach DIN 15072 bestimmten Laufraddurchmessern zugeordnet, wodurch ein gewisses Spurspiel sichergestellt wird. Dabei ist auch berücksichtigt, dass der Abrundungsradius am Schienenkopf immer größer sein muss, als der Abrundungsradius in der Hohlkehle zwischen Lauffläche und Spurkranz des Laufrades, damit ein Aufsteigen des Laufrades auf den Schienenkopf vermieden wird.

Die Festigkeiten der verwendeten *Schienenwerkstoffe* liegen im Bereich von 590 bis 880 N/mm^2.

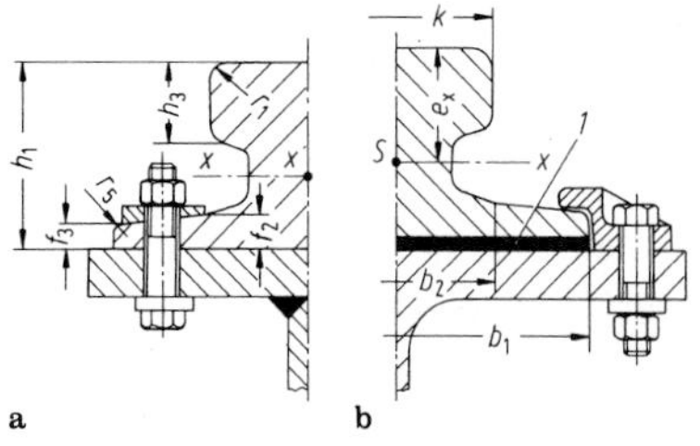

Abb. 14.57 Kranschiene (DIN 536 T 1) mit Befestigungsmöglichkeiten

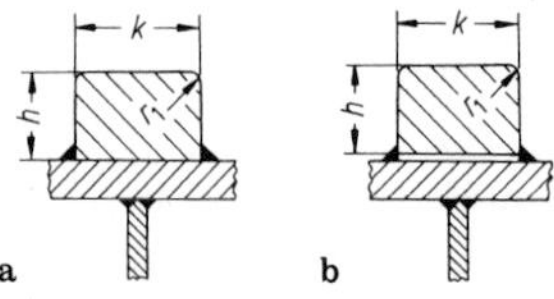

Abb. 14.58 **a** Kranschiene aus Flachstahl (DIN EN 10058). Übliche Querschnitte k × h: 50 × 30; 50 × 40; 60 × 30; 60 × 40. **b** gefährdete Schweißnähte durch hohlliegende Kranschiene

Laufradberechnung. Die Nachweiskriterien in der aktuellen Norm DIN EN 13001-3-3 beruhen auf der Hertz'schen Pressung auf die Kontaktfläche und der durch den Laufrad/Schiene-Kontakt hervorgerufenen Scherspannung unterhalb der Oberfläche.

Die Berührung von Laufrad und Schiene kann meist mit der Wälzpaarung Zylinder und Ebene (Linienberührung) verglichen werden, wenn man eine ebene Schienenoberfläche voraussetzt und Parallelitäts-Abweichungen zwischen ihr und der Laufradachse vernachlässigt. Die Druckfläche ist dann eine Rechteckfläche von der Länge ($b\prime$ = tragende Breite des Schienenkopfes) und der Breite $2a$ (= Hertz'sche Berührungsbreite), s. Abb. 14.59a,b.

Berücksichtigt man, dass die Hertz'sche Berührungsbreite klein gegenüber b' ist, ergibt sich ein dreiachsiger Spannungszustand für Rad und Schiene. Im Bild ist der Spannungsverlauf entlang der Symmetrielinie y nach L. Föppl [27] dargestellt.

Die im Bild eingetragenen Größen ergeben sich aus:

Hertz'sche Pressung:

$$p_{H^2} = \frac{F_R}{b' \cdot D_L} \cdot 2 \cdot \frac{E_1 \cdot E_2}{E_1 + E_2} \cdot \frac{1}{\pi \cdot (1 - \upsilon^2)}$$

Hertz'sche Berührungsbreite:

$$a = 2 \cdot \sqrt{0{,}29 \cdot \frac{F_R \cdot D_L}{b'} \cdot \frac{E_1 + E_2}{2 \cdot E_1 \cdot E_2}}$$

Normalspannungen:

$$\sigma_x = \frac{p_H}{a} \cdot \left(2y - \frac{a^2 + 2y^2}{\sqrt{a^2 + y^2}}\right);$$

$$\sigma_y = -p_H \cdot \frac{a}{\sqrt{a^2 + y^2}}$$

Schubspannung:

$$\tau = \frac{p_H}{a} \cdot y \cdot \left(1 - \frac{1}{\sqrt{(a/y)^2 + 1}}\right)$$

F_R = Radkraft; E_1, E_2 = Elastizitätsmoduln von Rad und Schiene; υ = Querdehnungszahl ($1/\upsilon = m$ Poisson'sche Zahl).

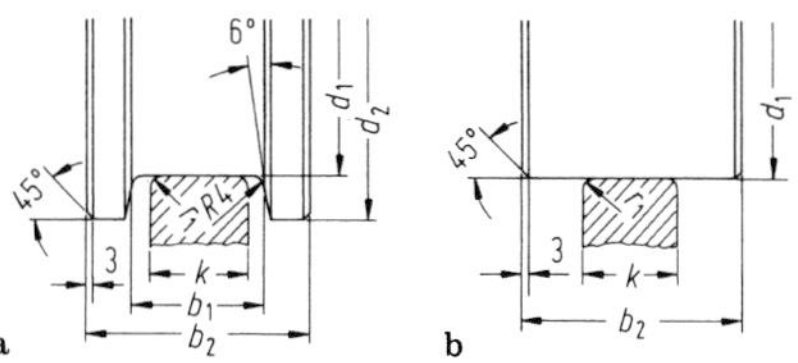

Abb. 14.59 Bezeichnungen am Laufrad und Schienenkopfprofil

Für die Berührungsfläche $y = 0$ ergibt sich an der Stelle der Symmetrieachse

$$\sigma_x = -p_H; \qquad \sigma_y = -p_H; \qquad \tau = 0\,.$$

Wenn nur die vertikale Radkraft wirkt ist die Berührungsfläche schubspannungsfrei.

Wegen $b' \gg a$ gilt, dass ein ebener Formänderungszustand vorliegt und somit die Querausdehnung in der z-Achse durch eine senkrecht zur x, y-Ebene wirkende Druckspannung verhindert wird

$$\sigma_z = \upsilon \cdot (\sigma_x + \sigma_y) = -2 \cdot \upsilon \cdot p_H\,.$$

Wird der Fließbeginn des Werkstoffes als Versagensursache angesehen, ergibt sich nach der Schubspannungshypothese die Vergleichspannung für $y = 0$ zu

$$\sigma_V = \sigma_{max}\sigma_{min} = 2 \cdot \tau_{max} = (2 \cdot \upsilon - 1) \cdot p_H\,.$$

Mit $\upsilon = 0{,}3$ für Stahl wird $\sigma_V = -0{,}4 \cdot p_H$.

Wie aus dem Bild weiter hervorgeht, tritt die maximale Schubspannung im Abstand 0,78 a unter der Oberfläche in der Größe

$$\tau_{max} = 0{,}3 \cdot p_H$$

auf.

Die Vergleichspannung wird damit an dieser Stelle

$$\sigma_V = 2 \cdot \tau_{max} = 0{,}6 \cdot p_H$$

und ist ebenfalls größer als in der Berührungsfläche.

Wegen des 3-achsigen Spannungszustandes darf daher die Hertz'sche Pressung p_H die Fließgrenze des Werkstoffes erheblich überschreiten ohne dass Fließbeginn befürchtet werden muss.

Außer den Beanspruchungen aus der vertikalen Radkraft sind Schubspannungen aus den

14

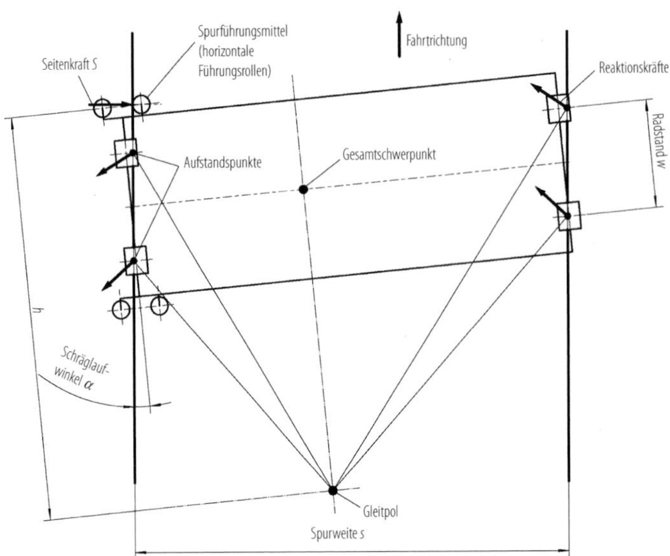

Abb. 14.60 Spurführungskräfte bei Fahrwerksschräglauf

Führungskräften quer zur Laufrichtung und, bei angetriebenen Rädern, auch aus der Umfangskraft in Laufrichtung an der Schienenoberfläche zu berücksichtigen.

Neben der statischen Betrachtungsweise ist insbesondere bei höher beanspruchten Laufwerken die Bemessung auf eine bestimmte Anzahl von ertragbaren Überrollungen d. h. auf Lebensdauer vorzunehmen. Als Werkstoffkennwert wird die „Wälzfestigkeit“ [28] herangezogen, wobei die Einflüsse von Laufraddrehzahl, Betriebsdauer, Lastkollektiv und auftretenden Umfangskräften über Beiwerte berücksichtigt werden können [29].

Für die Wälzfestigkeit wird in Abhängigkeit der Brinellhärte des Werkstoffes bei Linienberührung für eine Überrollungszahl von $6,4 \cdot 10^6$ und eine Überlebenswahrscheinlichkeit von 90 % ein Wert

$$p_{\mathrm{H,D}}\,\mathrm{N/mm^2} = 3{,}0 \cdot HBW\,\mathrm{N/mm^2}$$

eingesetzt.

HBW ist die Brinellhärte des Werkstoffes nach DIN EN-ISO 6506-1 und ist dimensionslos. Der Faktor 3,0 ergibt sich aus früheren Versuchsergebnissen nach Umstellung auf $\mathrm{N/mm^2}$.

In neueren Berechnungsansätzen wird auch der auftretende Verschleiß insbesondere an den Spurkränzen der Laufräder berücksichtigt und durch günstigere Gestaltung (Vergrößerung der Spurkranzhöhe und des Neigungswinkels der Kegelfläche gegenüber der Norm) verringert.

Führungskräfte. Wegen nicht zu vermeidender Fertigungstoleranzen bei der Herstellung eines Fahrwerkes verläuft der Fahrweg des Schienenfahrzeuges bogenförmig, soweit das vorgesehene Spurspiel das zulässt. Dadurch kann sich das Fahrzeug schräg zur Schiene stellen und es kommt zum Anlauf eines der vorhandenen Spurführungsmittel (Spurkranz, horizontale Führungsrolle) an den Schienenkopf unter dem Schräglaufwinkel α. Das Fahrzeug wird dann durch die senkrecht zur Schiene wirkende Seitenkraft gerade gerichtet. Es wird eine Drehbewegung um den Gleitpol erzwungen, die sich der reinen Fahrbewegung überlagert. Die Seitenkraft muss dabei die an den Aufstandspunkten der Räder wirkenden Reibungskräfte (Reaktionskräfte) überwinden (Abb. 14.60).

Der Gleitpol hängt von der Lage des Gesamtschwerpunktes des Fahrzeuges ab. Sein Abstand h zur auftretenden Seitenkraft kann aus dem Gleichgewicht des Momentes der Seitenkraft mit den Momenten aus den Reaktionskräften um den Gleitpol bestimmt werden.

$$\Sigma M = 0\,.$$

Die Reaktionskräfte F_i sind bestimmt durch die jeweilige Radkraft R_i und einen vom Schlupf abhängigen Kraftschlussbeiwert f_i

$$F_i = f_i \cdot R_i \,.$$

Der Schräglaufwinkel ist ein Maß für die an den Aufstandspunkten erzwungenen Verschiebewege und damit für den dort auftretenden Schlupf. Im Kraftschluss-Schlupf-Gesetz, das das Ergebnis zahlreicher experimenteller Untersuchungen ist, wird der Kraftschlussbeiwert als Funktion von α dargestellt:

$$f = f_{\max}(1 - e^{-a\alpha}) \,.$$

Nach DIN 15018, T 1, gilt für Krane $f_{\max} = 0{,}3$ und $a = 0{,}25$. In gleicher Weise ist der Kraftschlussbeiwert vom Schlupf σ abhängig. Zur Errechnung der Reaktionskräfte müssen daher die jeweiligen Kraftschlussbeiwerte f_i für die an den Aufstandspunkten vorhandenen unterschiedlichen Schlupfe σ_i mit Hilfe der obigen Kraftschluss-Schlupf-Funktion bestimmt werden. Der Schlupf an den jeweiligen Aufstandspunkten muss ferner der Entfernung vom Gleitpol proportional sein.

Zu unterscheiden ist zwischen angetriebenen und nicht angetriebenen Laufrädern. Bei den Letzteren ist nur ein Schlupf quer zur Rollrichtung möglich, weil in Rollrichtung das Laufrad als frei drehbar angesehen werden kann. In Rollrichtung ist somit der Schlupf und, nach dem vorstehenden Gesetz, auch die Reaktionskraft-Komponente gleich Null.

Mit Hilfe der zwei weiteren Gleichgewichtsbedingungen

Σ Kräfte in Rollrichtung $\quad \Sigma = 0$

Σ Kräfte normal zur Rollrichtung $\quad \Sigma = 0$

können unter Berücksichtigung der Fahrzeuggeometrie und der Art des Antriebes die Größe der Seitenkraft und der Reaktionskräfte bestimmt werden.

14.4.6 Raupenfahrwerke

Vor- und Nachteile von Raupenfahrwerken wurden bereits in Abschn. 14.2.2 genannt. Dort wird in Abb. 14.3 ein im Bereich der Raupenkrane oft eingesetztes Schakenfahrwerk gezeigt. Der strukturelle Aufbau (s. Bildlegende) gilt prinzipiell für alle Raupenfahrwerke.

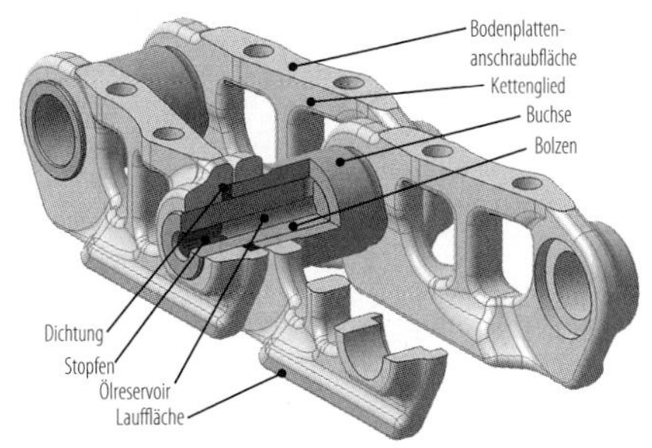

Abb. 14.61 Gleiskette mit Ölschmierung

Ausführungs- und Bauformen. Die Bezeichnung der Raupenfahrwerke richtet sich nach der konstruktiven Ausführung der Fahrwerksketten. Hiernach werden, für zivile Anwendungen, Raupenfahrwerke im Wesentlichen in Schaken-, Gleis- und Elastomer-/Gummikettenfahrwerke eingeteilt. Während Elastomer- bzw. Gummiketten [39] zunehmend in den Bereichen der Landwirtschaft und der Off-Road-Fahrzeugtechnik Anwendung finden, haben sich in der Förder- und Baumaschinentechnik, neben den Schakenketten, hauptsächlich die – im Rahmen dieses Abschnittes behandelten – Gleisketten etabliert. Der Begriff leitet sich aus Form und Funktion des Kettengliedes ab, das einem Abschnitt des Gleises entspricht, auf dem die Maschinen ursprünglich gefahren sind [40]. Den konstruktiven Aufbau einer Gleiskette mit Ölschmierung zeigt Abb. 14.61.

Bei der Auslegung der Fahrwerke ist von Bedeutung, ob die Maschinen vorwiegend im Stand arbeiten und höhere Tragfähigkeiten gefordert sind oder einen größeren Fahranteil aufweisen und damit Verschleißaspekte im Vordergrund stehen. Vornehmlich für Letztere hat sich, neben der Standardausführung, das Deltafahrwerk etabliert (Abb. 14.62).

Beim Deltafahrwerk ist das Getriebe höher gestellt. Somit ist es keinen Vertikalstößen ausgesetzt und verschmutzt weniger. Weitere Merkmale sind ein geringerer Umschlingungswinkel am Antriebsrad sowie der – bei Vorwärtsfahrt – per-

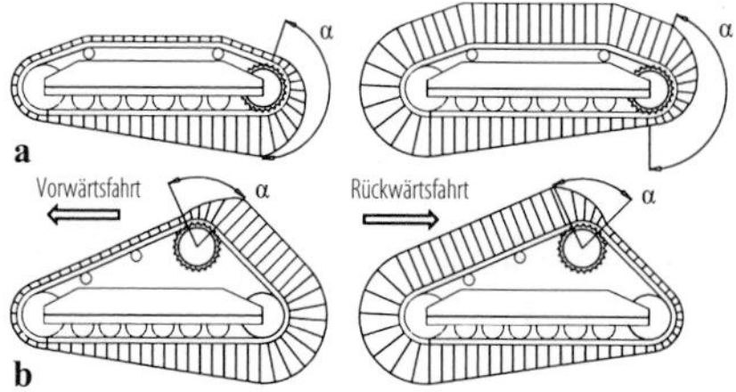

Abb. 14.62 Bauformen und Zugkraftverlauf. α Umschlingungswinkel der Kette am Antriebsrad. **a** Standardfahrwerk, **b** Deltafahrwerk

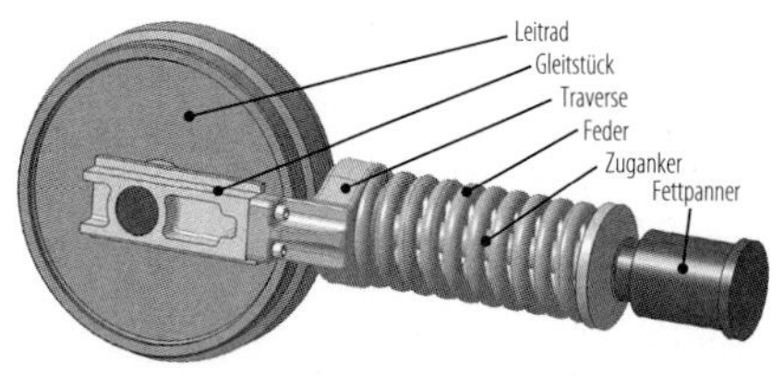

Abb. 14.63 Leitradeinheit mit klassischer Spannvorrichtung

manente Kettenzug über das zusätzliche Leitrad. Rückwärtsfahrt ist bei Raupenfahrwerken generell nachteilig, da der maximale Kettenzug stets über das Leitrad und den gesamten Obertrum wirksam wird. Beim Standardfahrwerk wirkt bei Vorwärtsfahrt im Obertrum nur die Kettenvorspannung, die über die Kettenspannvorrichtung (Abb. 14.63), abhängig von den Einsatz- und Bodenverhältnissen und bezogen auf Verschleiß und Verschmutzung, einzustellen ist. Die Federeinheit schützt das Fahrwerk vor übermäßigem Kettenzug.

Kinematik. Raupenfahrwerke weisen eine charakteristische Antriebskinematik auf, die – selbst bei konstanter Getriebedrehzahl – zu ungleichförmigen Fahrbewegungen führt. Dieser sogenannte Polygoneffekt resultiert aus unterschiedlichen Wirkradien (h bzw. $d_0/2$) am Antriebsrad (Abb. 14.64) und nimmt bei gleicher Kettenteilung T mit kleinerer Zähnezahl z zu:

$$d_0 = \frac{T}{\sin(360°/z)}$$
$$h = \sqrt{(d_0/2)^2 - (T/2)^2}$$

Bei Fahrzeugen mit höherem Fahranteil werden daher z. T. größere Antriebsräder eingesetzt

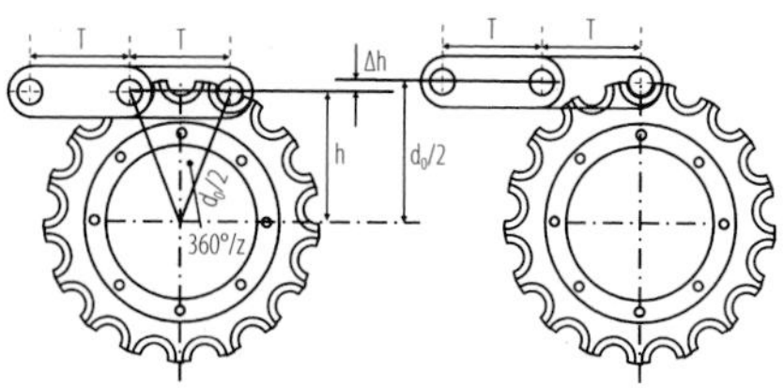

Abb. 14.64 Wechselnde Wirkradien am Antriebsrad (T-Kettenteilung)

[41]. Damit reduziert sich der Scharnierwinkel in den Kettengelenken. Umgekehrt lassen sich mit möglichst kleinen Antriebsrädern bei gleichem Getriebe höhere Zugkräfte realisieren. Auch der Durchmesser des Leitrades ist für die Fahreigenschaften wesentlich; dessen Laufflächendurchmesser ist wie der Teilkreis des Antriebsrades zu betrachten.

Kettenzugkräfte. Wesentlich sind Fahrwiderstand K_F, Steigungswiderstand K_S und Wendewiderstand K_W. Bei K_F ist der Fahrwiderstandsbeiwert f und bei K_S der Steigungswinkel φ zu berücksichtigen. Der für das Wenden erforderliche Kettenzug K_W ergibt sich in erster Näherung aus Achsabstand a, Spurweite s und dem Reibbeiwert μ zwischen Bodenplatte und Boden (u. a. ist hier der Einfluss der Bodenplattenbreite vernachlässigt, s. [42]). Unter Berücksichtigung der Gewichtskraft F_F des Fahrzeuges folgt für den Gesamtkettenzug K:

$$K = K_F + K_S + K_W$$
$$= F_F(f + \sin\varphi + \mu a/4s)$$

Es wird deutlich, dass für die Manövrierfähigkeit eine größere Spurweite von Vorteil ist, die gleichzeitig eine höhere Standsicherheit gewährleistet (s. schematische Vergleichsdarstellung Abb. 14.65). Umgekehrt ist der Wendewiderstand bei längerem Fahrwerk größer.

Anstieg. Steigt die Kette, ausgehend von der ersten bzw. letzten Laufrolle zu Leit- und Antriebsrad *nicht* an, wird – aufgrund der Polygonwirkung – das Scharnieren der Kette behindert. Dies kann zu Negativscharnieren, Anheben des Leitrades oder lokalem Einsinken der Kette in

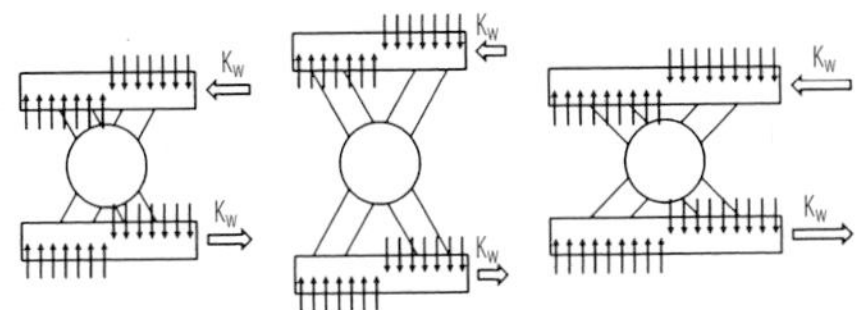

Abb. 14.65 Wendewiderstände K_W bei unterschiedlicher Breite bzw. Länge des Fahrwerkes

den Boden (Abb. 14.66a) führen. Dadurch wird u. a. die Manövrierfähigkeit der Maschine beeinträchtigt.

Der erforderliche Anstieg (Abb. 14.66b) am Leitrad $A_{L(Bo)}$ wird unter Beachtung der Rahmen- und Kettenmaße H, G und F wie folgt berechnet:

$$A_{L_{(Bo)}} = H + G + F - \sqrt{(d_0/2 + H)^2 + (T/2)^2}$$

Ein über die Betriebszeit unterschiedlicher Rollen- und Leitradverschleiß ist zusätzlich zu berücksichtigen [43]. Bei vorwiegend im Stand und auf härteren Böden arbeitenden Maschinen wird u. U. auf einen Anstieg verzichtet, um die Aufstandsfläche zu erhöhen.

Bodeninteraktion. Der Bodendruck wird hauptsächlich über die Bodenplattenbreite b (Abb. 14.67) und die Fahrwerkslänge (z. B. LC-Fahrwerke – Long Crawler) beeinflusst. Bei weichen Böden ist dabei der Achsabstand a zwischen Antriebs- und Leitrad relevant, bei harten Böden und ausreichendem Anstieg der Abstand zwischen erster und letzter Laufrolle. Bezogen auf 2 Fahrschiffe berechnet sich der nominelle Bodendruck zu:

$$p_{\text{Boden}} = \frac{F_F}{2(a \cdot b)}$$

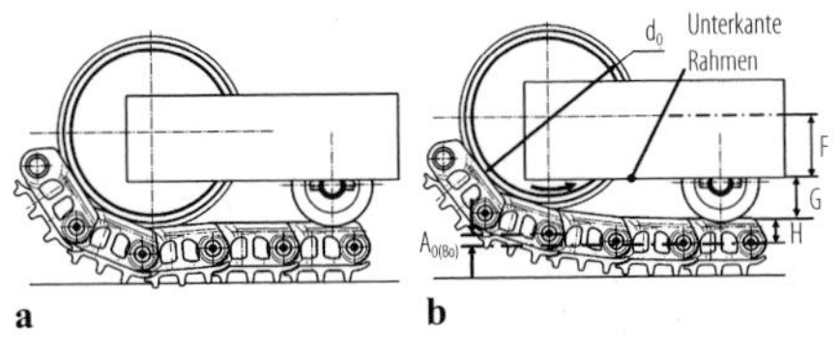

Abb. 14.66 Anstieg beim Kettenfahrwerk. **a** Beispiel: Eindringen des Kettengliedes bei nicht ausreichendem Anstieg und weichen Böden. **b** Relevante Abstände zur Einstellung des Anstieges am Leitrad, bezogen auf den Kettenbolzen

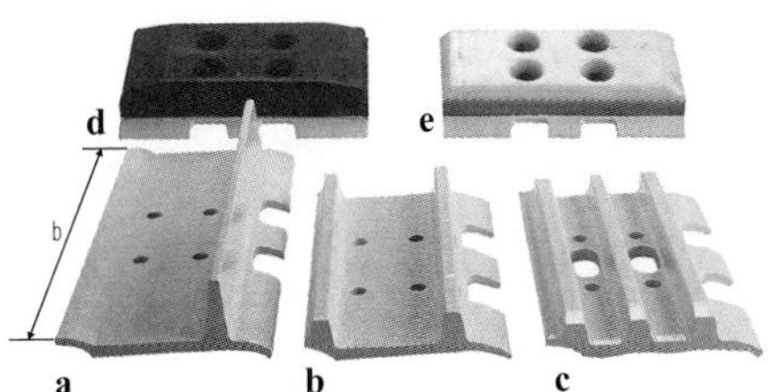

Abb. 14.67 Bodenplatten (Auswahl) (Linser, Troisdorf). **a** 1-Steg-Platte; **b** 2-Steg-Platte; **c** 3-Steg-Platte; **d** Platte mit Gummibeschichtung; **e** Platte mit Polyurethan-Beschichtung

Bei stark außermittigem Maschinenschwerpunkt weicht der reale Bodendruck vom Nominalwert ab (Abb. 14.68).

Gibt es beim Einsatz von Bodenplatten mit Stegen unzulässige Abweichungen zwischen Nominal- und Realwert des Bodendruckes, sind alternative Bodenplatten zu wählen. So sorgen z. B. bei hartem Untergrund Flach- oder beschichtete Bodenplatten für eine gleichmäßigere Druckverteilung. Steht die Vortriebskraft im Vordergrund, sind die Form der Stege und das Eindringen in den Boden maßgebend. Bei hartem Grund können die Platten zur Erhöhung des Reibbeiwertes beschichtet werden. Dies schont zudem die Fahrbahn.

Es wird deutlich, dass für die Bodeninteraktion die Beschaffenheit der Böden eine wichtige Rolle spielt, so dass die Bodenklassifizierung sowie bodenphysikalische Aspekte (Tragfähigkeit, Verformungsverhalten usw.) [9] bei der Auslegung durchaus zu berücksichtigen sind.

Lebensdauer. Im Unterschied zu den meisten Maschinenbauteilen unterliegen Raupenfahrwerke einem extrem hohen abrasiven Verschleiß. Damit wird die Lebensdauer eines Fahrwerkes vorrangig vom Verschleißfortschritt der Komponenten bestimmt [44]. Dies betrifft Antriebs- und Leiträder, Lauf- und Tragrollen sowie Ketten. Es

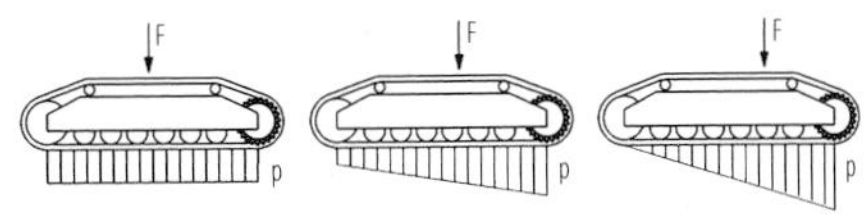

Abb. 14.68 Bodendruckverteilung bei unterschiedlicher Lage des Maschinenschwerpunktes

Abb. 14.69 Verschleißerscheinungen bei Gleiskettengliedern. **a** Wellenverschleiß der Laufflächen; **b** Abplatzungen (Spalling)

gilt somit, dem *abrasiven* Verschleiß durch eine geeignete Formgebung, Werkstoffauswahl und Wärmebehandlung entgegenzuwirken. Für unterschiedliche Einsatzbedingungen gibt es daher speziell ausgeführte Komponenten.

Die Lebensdauer der *Ketten* ist beispielsweise vom Gelenkverschleiß (Teilungsverlängerung) abhängig. Deshalb kommen fett- und vor allem ölgeschmierte Gleisketten zum Einsatz (Abb. 14.61), bei denen der Gelenk*innen*raum abgedichtet wird. Solange Dicht- und Schmierwirkung gegeben sind, sind die Gelenke weitgehend verschleißfrei. Des Weiteren ist der Laufflächenverschleiß der *Kettenglieder* von Bedeutung. Die Laufflächen werden vornehmlich durch Überrollungen auf der Oberseite und durch die Spurführung seitlich verschlissen. Für vielfahrende Maschinen gibt es z. B. geometrisch überhöhte Laufflächen mit zusätzlichem Verschleißvolumen. Besonders durch unterschiedliche Breiten der Gliedlauffläche entsteht zudem ein wellenförmiger Laufflächenverschleiß (Abb. 14.69a), der zu einem merklich unruhigem Fahrverhalten der gesamten Maschine führen kann.

Zu vermeiden sind außerdem Kettengliedausfälle durch Abplatzungen an den Laufflächen (Abb. 14.69b). Diese Abplatzungen entstehen durch eine zu hohe Beanspruchung zwischen den Laufächen der Glieder, Laufrollen und Leiträder, wenn in unebenem Gelände die Kontaktfläche in den Kantenbereich wandert. Dem kann durch eine spezifische Anpassung der Härtewerte des Laufflächenprofils und vor allem durch die Gestaltung einer korbbogenähnlichen Laufflächenform entgegengewirkt werden. Da die kritischen Spannungsüberhöhungen an den Laufflächenkanten auftreten und zudem Materialfließen eintritt [45], kann in diesem Fall die Auslegung der Laufflächen nicht allein auf Basis der Hertzschen Pressung (s. z. B. Abschn. 14.4.5) vorgenommen werden. Beim Überrollvorgang stellt sich, physikalisch bedingt, die korbbogenähnliche Laufflächenform von selbst ein, so dass es sich hierbei um eine festigkeitsoptimale Formgebung handelt. Allerdings hat sich bei handelsüblichen Gleisketten ein solches Profil, aufgrund des erhöhten Fertigungsaufwandes, bisher nicht durchgesetzt. Für Fahrwerke von schweren Maschinen (z. B. in der Gewinnungstechnik) ist eine derartig optimierte Laufflächengestaltung [46] oft aber unabdingbar.

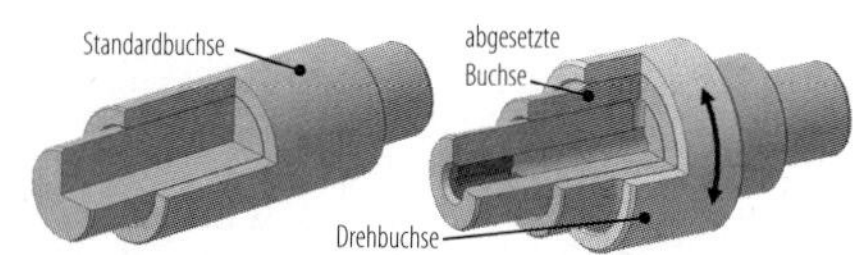

Abb. 14.70 Buchsenausführungsformen

Kettenbuchsen haben eine unterschiedliche Außengeometrie (Abb. 14.70). Die Standardausführung wird für vornehmlich im Stand arbeitende Maschinen eingesetzt. Sogenannte *abgesetzte* Buchsen und *Dreh*buchsen sind für Maschinen mit höherem Fahranteil vorgesehen.

Da der Buchsen*außen*durchmesser durch den Kontakt mit dem Antriebsrad reduziert wird, ist das zusätzliche Verschleißvolumen bei abgesetzten Buchsen sinnvoll. Zu beachten ist, dass bei Vorwärtsfahrt die Buchse an der Zahnflanke in den Zahngrund des Antriebsrades *gleitet* und sich bei Rückwärtsfahrt relativ zum Antriebsrad zusätzlich *dreht*. Bei Rückwärtsfahrt kann damit der Verschleiß um etwa das Fünffache größer sein [47]. Besonders bei den Drehbuchsenketten, die in abgedichteter [48] und nicht abgedichteter Ausführung zum Einsatz kommen, wird die Drehbewegung zwischen der feststehenden und einer *zusätzlichen,* frei rotierenden Buchse gewährleistet, so dass der Buchsenverschleiß reduziert wird. Wichtig ist, dass für die Verschleißrate die Fahrgeschwindigkeit (typisch für Gleiskettenfahrwerke 3–15 km/h) kaum von Bedeutung ist, sondern vielmehr die durch die Kettenzugkraft bedingte Kontaktkraft am Antriebsrad [47]. Hinsichtlich Werkstoffauswahl und Wärmebehandlung kann bei den Buchsen davon ausgegangen werden, dass höhere Härtewerte auch einen größeren Verschleißwiderstand bedeuten. Ähnlich wie bei den Gliedlaufflächen stehen dem aller-

Abb. 14.71 Laufrolle für Fahrwerke mit höherem Fahranteil. **a** neuwertige Laufrolle; **b** verschlissene Laufrolle

dings nicht zu unterschätzende Anforderungen an Zähigkeit und Bruchfestigkeit gegenüber (Einlaufstöße). Mit einer Kombination aus Oberflächenhärte, Einhärtetiefe und Kernfestigkeit können dem Maschineneinsatz angepasste Lösungen gefunden werden.

Bei *Lauf- und Tragrollen* (Abb. 14.71) spielt der Außenverschleiß die vorrangige Rolle. Das Verschleißbild (Abb. 14.71b) zeigt die sich im Einsatz herausbildende korbbogenförmige Kontaktgeometrie zwischen Kettenglied und Laufrolle deutlich. Die Ablegereife der Rollen wird über die Einhärtetiefe der Laufflächen definiert.

Bezogen auf den Innenverscheiß kann davon ausgegangen werden, dass dieser nur dann eintritt, wenn die Dichtungssysteme vorzeitig versagen. Lauf- und Tragrollen bestehen i. d. R. aus Schmiedehalbkörpern mit integriertem Ölraum, der durch Gleitringdichtungen (s. Abschn. 35.3) abgedichtet wird. Die Gleitlager (bei kleineren Größen auch Wälzlager) besitzen damit eine *Lebensdauerschmierung*. Die Größe des Ölraums variiert zwischen Maschinen mit weniger und mehr Fahranteil. Laufrollen für mehr stehenden Einsatz haben oft dickere Achsen, massivere Körper und kleinere Durchmesser, um die Einbauhöhe zu reduzieren und damit einen niedrigeren Schwerpunkt der Maschine zu erreichen. Die Befestigung der Laufrollen erfolgt bei vielen Anwendungen im Bereich der Förder- und Baumaschinentechnik *starr* am Fahrwerksrahmen. Bei schneller fahrenden Maschinen, teilweise auch bei hohen Maschinenmassen, kommen zum Teil gefederte bzw. pendelnde Laufrollensysteme zum Einsatz (s. [9]). Damit werden zugleich Fahrverhalten und Bodendruckverteilung optimiert. Die konstruktiv ähnlich aufgebauten Tragrollen zeigen ein vergleichbares Verschleißverhalten. Sie dienen der Stabilisierung des Obertrums (Tragfunktion und Schwingungsreduzierung). Fahrschiffe mit sehr geringen Bauhöhen erhalten an Stelle der Tragrollen auch sogenannte Schleißleisten aus hochfestem Stahl oder Kunststoff.

Hinsichtlich der verschleißbedingten Lebensdauer ist bei Fahrwerkskomponenten besonders zu beachten, dass nahezu alle Verschleißteile aufgrund des hohen abrasiven Verschleißes eine *deutliche* Querschnittsreduzierung erfahren, wodurch sowohl das Spannungsniveau als auch die Bruch- und Ermüdungsfestigkeit erheblich beeinflusst werden. Somit ist zusätzlich zu den konstruktiv und werkstoffseitig umgesetzten Maßnahmen die Lebensdauerbewertung des Restquerschnittes von besonderer Bedeutung. In der Praxis wird dieser Effekt in Verschleißtabellen oft nicht ausreichend berücksichtigt, so dass, insbesondere bei *schweren* Maschinen mit *hohen* dynamischen Belastungen und *stark* abrasivem Verschleiß, eine an den Verschleißzustand gekoppelte stufenweise Lebensdauerbewertung ratsam ist [49].

Massen- und Steifigkeitsverteilung. Bei der Auslegung von Fahrwerken sind insgesamt die auf das Fahrwerk wirkenden Lasten und die daraus resultierenden Massen- und Trägheitskräfte aus der Bodeninteraktion (Kräfte aus Fahrbewegungen, Hindernisüberfahrten usw.) sowie den Arbeitsverrichtungen der Maschine (Transport, Greifen, Drehen, Heben, Senken, Graben u.A.) zu beachten. Deren umfassende Bestimmung stellt sich in der Praxis wegen ihrer Komplexität als problematisch dar. Raupenfahrwerke bestehen i. d. R. aus *2* oder mehreren Fahrschiffen, die über einen Fahrwerksrahmen miteinander verbunden sind (*Unterwagen*), sowie einer entsprechenden Anbindung an die Maschinenstruktur (*Oberwagen*). So sind die Massen- und Trägheitskräfte nicht zuletzt von den Steifigkeiten der Schnittstellen abhängig. Ihre adäquate Berücksichtigung ist in vielen Fällen an Messungen und Erfahrungen der Hersteller gebunden. Als Ausführungsformen kommen sowohl in der Förder- als auch der Baumaschinentechnik *starre* (geschraubte/geschweißte) sowie *bewegliche* Rahmenanbindungen (z. B. Pendelachsen, Ausgleichstraversen u.Ä.) vor [9].

Antrieb. Raupenfahrwerke werden in den meisten Fällen hydrostatisch angetrieben. Speziell hierfür existieren kompakte Hydrogetriebemotoren (s. Kap. 22, Abb. 14.11). Als Basis für die antriebstechnische Auslegung kann die oben für den Gesamtkettenzug K angegebene Beziehung gelten. Heute übliche hydrostatische Fahrantriebskonzepte für Raupenfahrwerke sind in [50] dargestellt. Zudem werden in Abschn. 22.3.1, Abschn. 22.3.2 und [9] weitere Hinweise zu Aufbau und Funktion von Raupenantrieben gegeben.

Literatur

Spezielle Literatur

1. Scheffler, M.: Grundlagen der Fördertechnik – Elemente und Triebwerke. Vieweg, Wiesbaden (1994)
2. Arnold, D., Furmans, K.: Materialfluss in Logistiksystemen. Springer, Berlin Heidelberg New York (2009)
3. ten Hompel, M., Schmidt, T., Nagel, L.: Materialflusssysteme – Förder- und Lagertechnik. Springer, Berlin Heidelberg New York (2009)
4. VDI-Handbuch Technische Logistik – Materialfluss I (Gestaltung)
5. VDI-Handbuch Technische Logistik – Materialfluss II (Organisation/Steuerung)
6. Fink, R.: Dynamische Beanspruchung von Brückenkrananlagen aus Hubvorgängen und Beharrungsfahrt. Report: Schwingungstechnik. Fortschritt-Berichte VDI / Reihe 11 Schwingungstechnik (1993)
7. Fickenscher, G., Frauendorf, C.: Projektierung der Triebwerke von Hebezeugen – Berechnung und Konstruktion. Hebezeug Förderm **42**(5) (2002)
8. Obretinow, R., Wagner, G.: Die Europäische Krannorm (EN 13001). Stahlbau **69**(4) (2000)
9. Kunze, G., Göhring, H., Jacob, K.: Baumaschinen – Erdbau und Tagebaumaschinen. Vieweg, Braunschweig Wiesbaden (2002)
10. Scheffler, M., Pajer, G., Kurth, F.: Grundlagen der Fördertechnik – Einführung, Bauteile und Maschinensätze, Grundlagen des Stahlbaus. Verlag Technik, Berlin (1982)
11. Ernst, H.: Die Hebezeuge – Bemessungsgrundlagen, Bauteile, Antriebe. Vieweg, Braunschweig (1973)
12. Brändlein, J.: Lastübertragung in Großwälzlagern. Fördern Heb **30**(3) (1980)
13. Wozniak, J.: Einfluss von Steifigkeitssprüngen in Stahlkonstruktionen fördertechnischer Geräte auf die Lastverteilung in Großwälzlagern. Dtsch Heb Fördertech **32**(3) (1986)
14. Leonhardt, T., Matthias, K.: Aussagekräftigere Tragfähigkeitskennlinien für Großwälzlager. Hebezeug Förderm **32**(12) (1992)
15. Malcher, K., Nogie, T.: Wippdrehkrane: Lastausgleich bei idealem Lastweg. Fördern Heb **36**(3) (1986)
16. Scheffler, M., Feyrer, K., Matthias, K.: Fördermaschinen. Hebezeuge, Aufzüge, Flurförderzeuge. Vieweg, Braunschweig Wiesbaden (1998)
17. Warkenthin, W.: Tragwerke der Fördertechnik. Vieweg, Braunschweig Wiesbaden (1999)
18. Piechatzek, E.: Einführung in den Eurocode 3. Vieweg, Braunschweig (2002)
19. Neugebauer, R.: KRASTA, Programmsystem zur Berechnung von Krantragwerken. TH Darmstadt, Fachgebiet Fördertechnik, Darmstadt (1989)
20. Scholten, J., Haensel, H., Wagner, G.: Neue Möglichkeiten im Festigkeitsnachweis – die zukünftige Krannorm EN 13001. 11. Kranfachtagung, Dresden. Tagungsbeiträge. (2003)
21. Rachner, H.G.: Stahlgelenkketten und Kettentriebe. Springer, Berlin (1962)
22. Hofmann, P.: Kraftübertragung zwischen Kettenrad und Kette bei exzentrischer Lage der Kette. Fördern Heb **24**(17) (1974)
23. Vogel, W., Wehking, K.-H.: Hochfeste, laufende Faserseile in der Fördertechnik und Logistik. Euroseil **123**(3) (2004)
24. Severin, D., Musiol, F.: Der Reibprozeß in trockenlaufenden mechanischen Bremsen und Kupplungen. Konstruktion **47** (1995)
25. Severin, D., Kleinjan, O.: Sicherheit von Kranbremsen, Beanspruchungsgerechte Dimensionierung und Abnahme von mechanischen Bremsen in Kranen. Dtsch Heb Fördertechn **7**, 8 (1996)
26. Severin, D., Lührsen, B.: Vergleich von Trommel- und Scheibenbremsen für Kranhubwerke. Stahl Eisen **103**(18) (1983)
27. Föppl, L.: Der Spannungszustand und die Anstrengung des Werkstoffes bei der Berührung zweier Körper. Forschg Ing Wesen **7**(5), 5206–5221 (1936)
28. Niemann: Maschinenelemente Bd. I. Springer, Berlin, S. 209–210 (1963)
29. Scheffler: Grundlagen der Fördertechnik-Elemente. Verlag Technik, Berlin, S. 124 (1964)
30. Vogel, W., Feyrer, K.: Hochfestes Faserseil beim Lauf über Seilrollen. Draht **42**(11), 814–818 (1991). Englisch: WIRE 42 (1992) 5, S. 455–458
31. o.V.: Digital-visuelle Seilkontrolle ist praxisreif. Seilbahnen International 7/2009. S. 70–71
32. Winter, S., Finckh-Jung, A., Wehking, K.-H.: Safe use of ropes, Proceedings of the OIPEEC Conference 2011, 22.–24. März 2011. College Station, Texas, S. 165–179 (2011)
33. Jacobs, M., van Dingenen, J.: Leichtfasern für Hochleistungsseile. Drahtwelt (3), 30–33 (1991)
34. Wehking, K.-H., et al.: Laufende Seile. Expert Verlag (2005)
35. Vogel, W., Wehking, K.-H.: Neuartige Maschinenelemente in der Fördertechnik und Logistik. Hochfeste, laufende Faserseile. E-Journal der Wissen-

schaftlichen Gesellschaft für Technische Logistik (WGTL) (2004)
36. Heuer, H.: Bewegungsmöglichkeiten von Erdbaugeräten unter besonderer Berücksichtigung der Lenkschreitwerke. Braunkohle **13**(2), 52–61 (1961)
37. Eckardt, J.: Zur Entwicklung von Kriechwerken. Hebezeuge Förderm **34**(12), 548–550 (1994)
38. Heißing, B., Ersoy, M., Gies, S.: Fahrwerkhandbuch, 4. Aufl. Springer, Wiesbaden (2013)
39. Dudzinski, P., Ketting, M.: New Ideas for Mobile Track System with Elastomer Belt. Part 1/2. In: Proceedings of the International ISTVS Conference Wroclaw (Poland) ISTVS-East European Office, Technical University of Wroclaw, Wroclaw (Polen), S. 125–145. (1996)
40. Chors, H.-H.: Erdbewegung durch 5 Jahrhunderte. Giesel-Verlag, Hannover, S. 67 (1995)
41. Hammerle, U.: Reduktion der life-cycle costs an Dozerlaufwerken. Schriftenreihe des Instituts für Product an Service Engineering der Ruhr-Universität Bochum, H. 15.1. Ruhr-Universität, Bochum, S. 95–102 (2015)
42. Radisch, W.: Laufwerkskräfte und Kettenschlupf von Gleiskettenfahrzeugen. Schriftenreihe des Instituts für Konstruktionstechnik der Ruhr-Universität Bochum H. 91.5. Ruhr-Universität, Bochum (1991)
43. Casemier, M., Humbeck, H., Ketting, M., Klaus, H.: Kettenanstieg bei Raupenfahrwerken. Entwicklung und Innovation. Intertractor AG, Eigenverlag, Gevelsberg, S. 23–24 (1995)
44. Kotte, G.: Verschleiß an Kettenlaufwerken von Baumaschinen. Verlagsgesellschaft R. Müller, Köln (1984)
45. Ketting, M.: Theoretical Principles to Optimize the Running Surface of Chain Links for Track Assemblies. The 11th International Conference of ISTVS, Incline Village, Nevada. Proceedings, Bd. I. S. 125–136 (1993)
46. Ketting, M., Tintrup, F.: Numerische Berechnung der Kontaktverhältnisse für Gleisketten. Proceedings of the International ISTVS Conference Wroclaw (Poland), S. 159–165 (1996)
47. Poppy, W., Segieth, Ch : Verschleißminderung bei Raupenlaufwerken durch Antriebsräder mit vergrößerter Zähnezahl. Baumasch Bautechnik **37**(4), 171–176 (1990)
48. Dörrié, A.: Innovative Drehbuchsenketten von Caterpillar. Wissensportal baumaschine.de **2**, https://www.baumaschine.de/baumaschine/wissensportal-archiv/2003-02/maschinen-und-geraete/kette_dateien/kette.pdf. (2003)
49. Ketting, M.: Verschleißteil-Lebensdauer an Baumaschinen. Hebezeuge Förderm **44**(3), 134–138 (2004)
50. Gebhardt, N., Ketting, M., Kühne, H., Morgenstern, J.: Fluidtechnik in Kraftfahrzeugen. Springer, Heidelberg Dordrecht London New York (2010)

Weiterführende Literatur

51. Durst, W.: Bucket wheel excavator. Trans Tech Publications, Clausthal-Zellerfeld (1988)
52. Ernst, H.: Die Hebezeuge – Bemessungsgrundlagen, Bauteile, Antriebe. Vieweg, Braunschweig (1973)
53. Ernst, H.: Die Hebezeuge Bd. I–III. Vieweg, Braunschweig (1965). 1966, 1964
54. Feyrer, K.: Drahtseile – Bemessung, Betrieb, Sicherheit. Springer, Berlin (2000)
55. Feyrer, K.: Stehende Drahtseile und Seilendverbindungen. expert-Verlag, Ehningen (1990)
56. Hoffmann, K.: Fördertechnik Bd. 1 u. 2. Oldenbourg, Wien München (2005)
57. Jehmlich, G.: Anwendung und Überwachung von Drahtseilen. Verlag Technik, Berlin (1985)
58. Lenzkes, D.: Hebezeugtechnik – Krane als Gesamtsystem. expert-Verlag, Sindelfingen (1985)
59. Martin, H.: Förder- und Lagertechnik. Vieweg, Braunschweig (1978)
60. Molerus, O.: Schüttgutmechanik – Grundlagen und Anwendungen in der Verfahrenstechnik. Springer, Berlin (1985)
61. Pajer, G., Scheffler, M., et al.: Unstetigförderer 1 u. 2. Verlag Technik, Berlin (1985). 1989
62. Pajer, G.: Stetigförderer. Verlag Technik, Berlin (1988)
63. Pajer, G.: Tagebaugroßgeräte und Universalbagger. Verlag Technik, Berlin (1979)
64. Pfeifer, H.: Fördertechnik – Konstruktion und Berechnung. Vieweg, Braunschweig Wiesbaden (1998)
65. Reitor, G.: Fördertechnik – Hebezeuge, Stetigförderer, Lagertechnik. Hanser, Wien München (1979)
66. Scheffler, M.: Fördermaschinen – Hebezeuge, Aufzüge, Flurförderzeuge. Vieweg, Braunschweig Wiesbaden (1998)
67. Wehking, K.-H.: Laufende Seile – Bemessung und Überwachung. expert-Verlag, Renningen (2005)
68. Zillich, E.: Fördertechnik für Studium und Praxis Bd. 1, 2, 3. Werner, Düsseldorf (1971). 1972, 1973
69. dhf Intralogistik. AGT Verlag Thum, Ludwigsburg
70. f+h Zeitschrift für Materialfluss und Warenwirtschaft. Vereinigte Fachverlage, Mainz
71. Hebezeuge und Fördermittel. Huss Medien, Berlin
72. Logistik & Fördertechnik; Materialfluss, Verpackungstechnik, Transport, Informationstechnik. Swiss Professional Media, Wabern

15 Hebezeuge und Krane

Jan Scholten

15.1 Tragmittel und Lastaufnahmemittel

Tragmittel sind nach DIN 15 003 mit dem Hebezeug fest verbunden (z. B. Lasthaken). Die Last wird über Anschlagmittel (z. B. Anschlagseil) oder über spezielle Lastaufnahmemittel (z. B. Lasthebemagnet, Greifer) mit dem Tragmittel verbunden. Die Tragfähigkeit entspricht dabei der Summe aus Lastaufnahmemittel und der entsprechend reduzierten Nutzlast des Hebezeugs. Eine Aufstellung gebräuchlicher Trag-, Lastaufnahme- und Anschlagmittel enthält DIN 15 002.

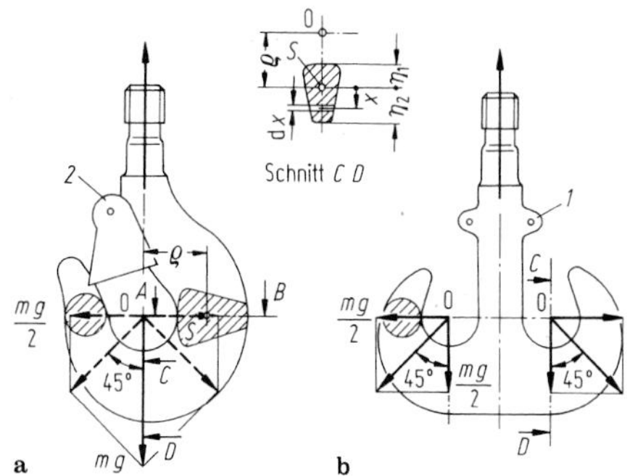

Abb. 15.1 Formen von Lasthaken. **a** Einfachhaken, DIN 15 401; **b** Doppelhaken, DIN 15 402; **a** und **b** geschmiedet, wahlweise mit oder ohne Nocken *1* zum Anbau einer Sperre *2*

15.1.1 Lasthaken

Im Stückguttransport werden am häufigsten geschmiedete Einfach- und Doppelhaken (Abb. 15.1) aus alterungsbeständigen Stählen eingesetzt. DIN 15 400 gibt die Tragfähigkeit der Haken für fünf Festigkeitsklassen in Abhängigkeit von der Triebwerksgruppe $1B_m$ bis 5_m (gemäß FEM-Einstufung) sowie die zugehörigen Spannungen im Haken- und Schaftquerschnitt an. Für leichteren Betrieb als $1B_m$ sind Haken der Triebwerksgruppe $1B_m$ zu verwenden. Maße für Einfachhaken gem. DIN 15 401 und für Doppelhaken gem. DIN 15 402.

Lasthaken werden in Unterflaschen um die vertikale und um eine horizontale Achse drehbar gelagert (Abb. 15.2). Die Last wird durch den Haken *1* über die durch ein Vierkantprofil *8* formschlüssig gesicherte Lasthakenmutter *2* (DIN 15 413) und über ein Axialkugellager *3* in die Hakentraverse *4* (DIN 15 412-2) übertragen. Zuglaschen *5* verbinden die drehbar gelagerte Hakentraverse mit der Seilrollenachse *6*. Entsprechende Schutzkästen *7* verhindern das Abspringen des schlaffen Seils aus der Seilrille. Bezüglich Unterflaschen und Zubehör sei auf DIN 15 408 bis DIN 15 414, DIN 15 417, DIN 15 418, DIN 15 421 sowie DIN 15 422 verwiesen.

In der Seeschifffahrt werden Ladehaken nach DIN 82017 eingesetzt, bei denen ein Abweiser das Hängenbleiben an Lukenkanten verhindert.

J. Scholten (✉)
Ruhr-Universität Bochum
Bochum, Deutschland
E-Mail: Jan.Scholten@bmft.ruhr-uni-bochum.de

B. Bender und D. Göhlich (Hrsg.), *Dubbel Taschenbuch für den Maschinenbau 3: Maschinen und Systeme*,
https://doi.org/10.1007/978-3-662-59715-6_15

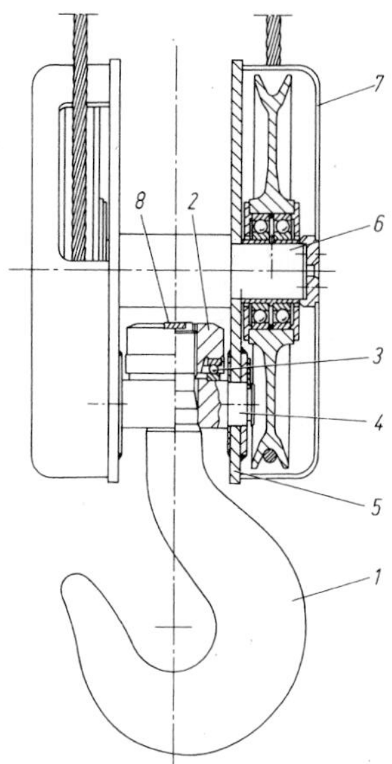

Abb. 15.2 Zweirollige Unterflasche (Erläuterungen im Text)

Bei Transport von feuerflüssigem Gut kommen Lamellenhaken nach DIN 15 407 zum Einsatz (Abb. 15.3a). Sie bestehen aus Gründen der Sicherheit aus mehreren parallelgeschalteten und miteinander verschraubten Blechen *1* aus alterungsbeständigem Stahl (z. B. P355N nach DIN EN 10028-3 für die Festigkeitsklassen M bzw. P nach DIN 15 400). Maulschale *2* und Schlagschutz *3* verhindern die Entstehung von Kerben an den Blechkanten. Zum Aufnehmen ringförmiger Lasten, wie Blech- und Papiercoils sowie Drahtrollen dienen C-Haken (Abb. 15.3b).

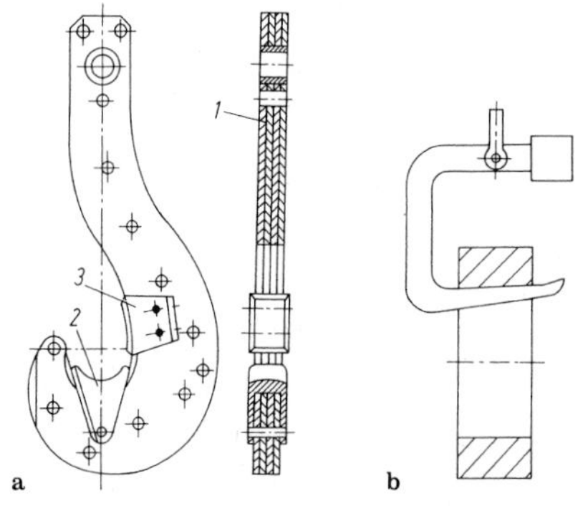

Abb. 15.3 **a** Lamellenhaken; **b** C-Haken (Erläuterungen im Text)

15.1.2 Lastaufnahmemittel für Stückgüter

nehmen Lasten durch Reib- oder Formschluss auf und sind den Transportgütern angepasst. Als typische Anwendungsbeispiele sind Stahlblock-, Stammholz-, Sack-, Ballen-, Kisten-, Steinzangen oder Blechklemmen zu nennen. Abb. 15.4a zeigt einen als Zange wirkenden Parallelgreifer, welcher auf dem Prinzip der Nürnberger Schere beruht. Bei diesem Parallelgreifer können die Scheren *1* und damit der Greifer in jeder Position über den Bedienhebel *2* verriegelt werden. Die Gelenkpunkte *3* der Scheren bewegen sich beim Anheben parallel aufeinander zu. Dies erlaubt auf einfache Weise die Anpassung des Parallelgreifers an unterschiedliche Transportaufgaben.

Vakuumheber sind geeignet zum Aufnehmen von Lasten mit glatten, wenig porösen Flächen (Blech-, Glas-, Spanplatten) und werden an Elektroseilzüge oder -kettenzüge gehängt.

Abb. 15.5: Eine Vakuumpumpe *1* erzeugt Unterdruck p im Raum *2*, dessen Arbeitsfläche A durch Gummi *3* gegen atmosphärischen Druck p_0 gedichtet ist. p entspricht dem 0,2 bis bis 0,4-fachen von p_0. Die Tragfähigkeit berechnet sich mit $A(p_0 - p)/S$, mit einer für waagerechten Transport geltenden Sicherheit $S = 2$. Bei senkrecht stehender Kraftangriffsfläche ist die zulässige Tragfähigkeit um ca. 50 % reduziert. Bei großen Lastflächen nehmen mehrere federnd an eine Lasttraverse montierte Saugelemente die Last auf. Ein zusätzlicher Vakuumspeicher erlaubt einen kontinuierlichen Betrieb der Vakuumpumpe und damit kürzere Taktzeiten.

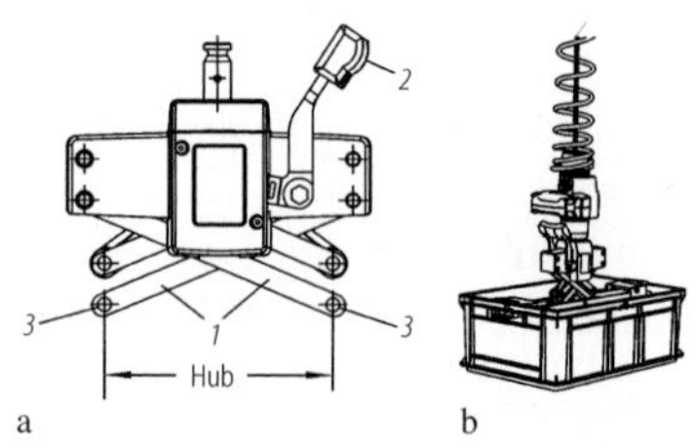

Abb. 15.4 Zangengreifer (Demag Cranes & Components). **a** Grundmodul für Kleinlasten; **b** Parallelgreifer für die Aufnahme von Behältern (Erläuterungen im Text)

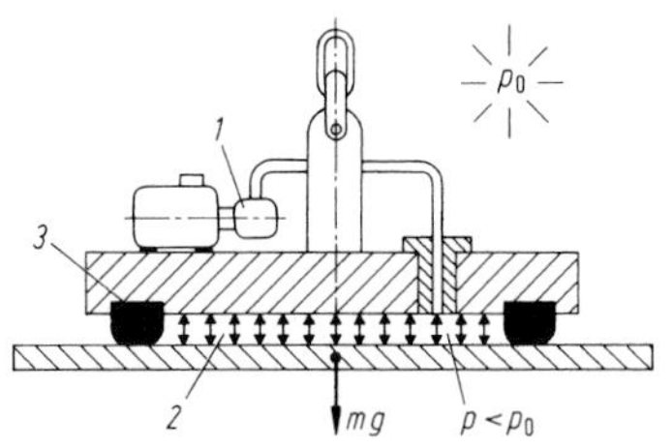

Abb. 15.5 Vakuumheber (Fezer) (Erläuterungen im Text)

Lasthebemagnete nehmen magnetisierbare Güter, wie Brammen, Masseln, Schrott oder Späne auf. Ihre kennzeichnende Größe ist die nach VDE 0580 zu bestimmende Abreißkraft. Die Tragfähigkeit ist je nach Luftspalt zwischen Magnetboden und Gut sowie dessen Form um das Zwei- bis Mehrfache kleiner als die Abreißkraft. Die größte Tragfähigkeit (bis 90 t bei 17 t Eigengewicht und 2,3 m Durchmesser) besitzen Rundmagnete (Abb. 15.6). Die Magnetkraft wird durch eine stromdurchflossene Spule *1* erzeugt, welche in einem Stahlguss- oder geschweißten Gehäuse *7* stoßgeschützt eingebaut ist. Eine spezielle Spulenanordnung, z. B. in Rechteckmagneten, ermöglicht eine gezielte Kraftlinienausrichtung in Längs- oder Querrichtung. In Sonderfällen ist die Form der Aufnahmefläche dem Transportgut (Profilstangen) angepasst. Als Speisespannung wird i. Allg. die gleichgerichtete Netzspannung von 220 oder 380 V verwendet. Bei Stromausfall kann eine zusätzliche Stützbatterie die Last halten. Zum Transport von Blechen oder langen Profilstählen werden mehrere Magnete federnd an eine Lasttraverse gehängt. Bei kleinen Lasten werden auch batteriegespeiste Magnete oder Dauermagnete eingesetzt.

15.1.3 Lastaufnahmemittel für Schüttgüter

Greifer nehmen selbsttätig Schüttgut auf (Abb. 15.7) und bestehen aus zwei drehbar miteinander verbundenen Halbschalen *1* und *2*, die im geschlossenen Zustand einen Transportbehälter bilden. Die Halbschalen sind typischerweise aus verschleißtechnischen Gründen aus S355 geschweißt. Die Schneiden *3* sind aus S355 oder aus hochfesten Feinkornbaustählen und in Sonderfällen mit Reißzähnen aus Manganhartstahl versehen. Die Gelenke *4* sind mit Gleitlagern ausgerüstet, die Seilrollen i. Allg. mit Wälzlagern. Die Schließseile *S* und Halteseile *H* werden durch Schließtrommel und Haltetrommel von zwei unabhängigen Triebwerken bewegt.

Abb. 15.7a: Füllen erfolgt durch Ziehen am Schließseil *S* bei losem Halteseil *H*.

Abb. 15.7b: Heben des gefüllten Greifers erfolgt durch beide Seile bei annähernd gleicher Lastaufteilung.

Abb. 15.7c: Durch unterschiedliche Geschwindigkeiten v_S und v_H lässt sich der Greifer während der Hub- und Senkbewegung öffnen und schließen. Der vollständig geöffnete Greifer hängt nur am Halteseil.

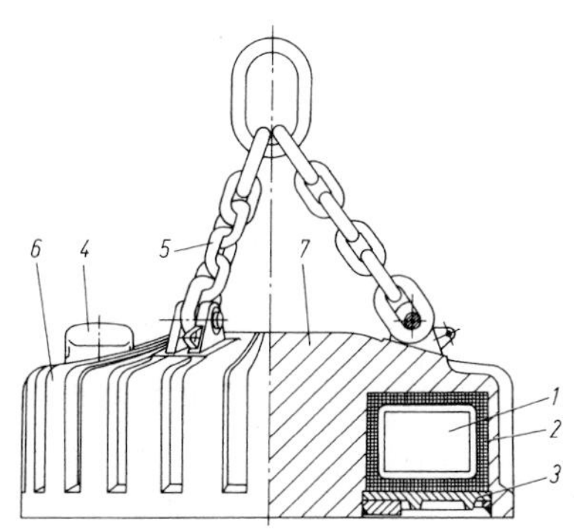

Abb. 15.6 Lasthebemagnet (Steinert). *1* Spule, *2* Vergussmasse, *3* Manganhartstahlplatte, *4* Klemmkasten, *5* Kette, *6* Kühlrippen, *7* Stahlgehäuse

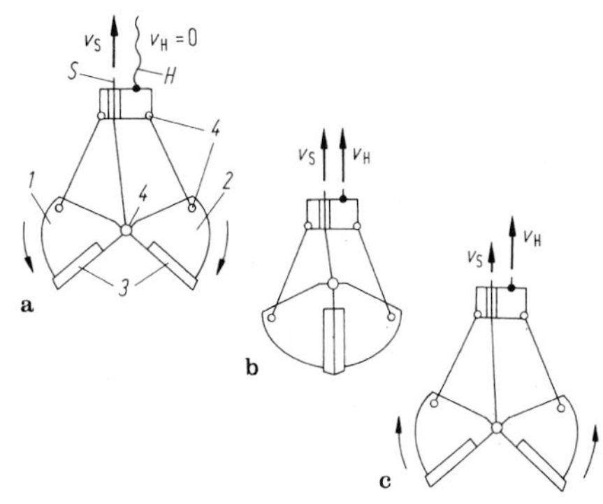

Abb. 15.7 Elemente und Funktion des Greifers (Erläuterungen im Text)

15

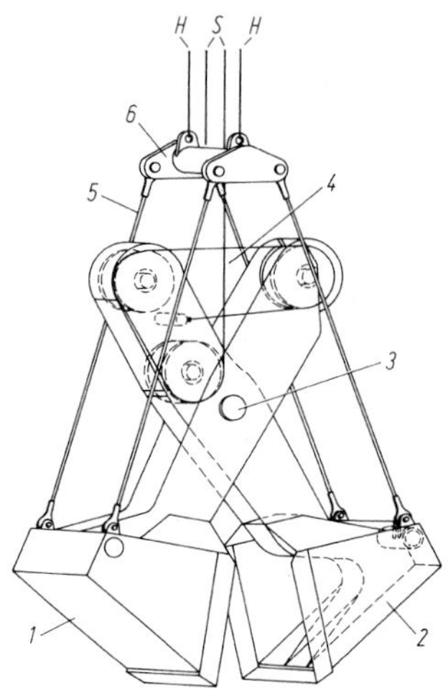

Abb. 15.8 Scherengreifer (PEINER SMAG) (Erläuterungen im Text)

Scherengreifer (Abb. 15.8) arbeiten vorzugsweise bei der Schiffsentladung von schwer aufnehmbaren Schüttgütern (Erz, Kohle). Die Nutzlasten betragen bis zu 50 t. Die löffelartigen Schalen *1* und *2* sind in einem Drehgelenk *3* gelagert und werden beim Schließen durch den darüber liegenden Flaschenzug *4* (nur für ein Schließseil *S* dargestellt) zusammengezogen. Die Schalen sind über Seile *5* mit der Traverse *6* verbunden. Der Greifer öffnet beim Nachlassen des Schließseils.

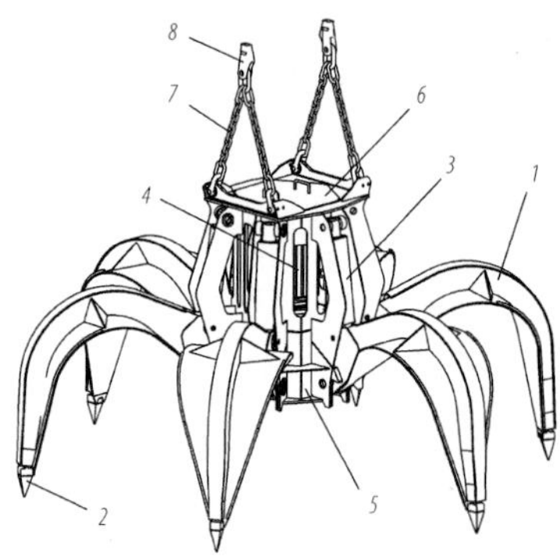

Abb. 15.9 Motor-Mehrschalen-Müllgreifer (MRS Greifer GmbH). *1* Greiferschale, 2 Greiferspitze mit auswechselbaren Zähnen, 3 Hydraulikschließzylinder, *4* integriertes Hydraulikaggregat, *5* Greifertragrahmen, *6* Wartungsöffnung für Hydraulikaggregat, *7* Kettenaufhängung, *8* Anschlagpunkte für Hubseile

Mehrschalenseilgreifer besitzen mehrere, schmale, kreisförmig angeordnete Schalen, die sich beim Betätigen des Schließseils in der Untertraverse derart drehen, dass bei breiten Schalen ein vollständig geschlossener Behälterraum oder bei schmalen Schalen (Polypgreifer) ein teilweise offener Behälter entsteht. Mehrschalenseilgreifer werden zum Aufnehmen von gewachsenem Boden, Schlacke, Schrott, Müll, Steinen usw. eingesetzt. Sie werden auch als Motorgreifer gebaut (Abb. 15.9) und können somit an ein einfaches Stückguthubwerk gehängt werden. Ein greiferintegriertes elektrohydraulisches Aggregat, das über eine Leitungstrommel mit Strom versorgt wird, betätigt den Schließmechanismus.

15.2 Hubwerksausführungen

Hubwerke sind Maschinen zum Heben und Senken von hängenden Lasten über vorher festgelegte Entfernungen. Bei z. B. Brücken-, Portal- und Wandschwenkkranen (s. Abschn. 15.3) und als Montagehilfsmittel kommen im Tragfähigkeitsbereich bis etwa 1 t überwiegend motorisch getriebene Kettenzüge zum Einsatz, mit zunehmender Tragkraft vor allem motorisch getriebene Seilzüge. Sowohl Ketten- als auch Seilzüge gehören zu den Serienhebezeugen (DIN 15 100). Sie werden in großen Stückzahlen gefertigt. Üblicherweise sind sie nach dem Baureihen-/Baukastensystem konzipiert. Im Gegensatz dazu sind Einzelhebezeuge (offene Hubwerke) Sonderkonstruktionen für den jeweiligen Anwendungsfall, mit z. B. sehr hohen Tragfähigkeiten (> 100 t) oder speziellen Eigenschaften bezüglich Sicherheit und Redundanz.

Hubwerke von beispielsweise Fahrzeug-, Turmdreh- oder Schiffsentladekranen weisen stationär angeordnete, meist mehrlagig wickelnde, motorisch getriebene Seilwinden und in das Tragwerk integrierte Seiltriebe auf (s. Abschn. 14.4).

Motorisch betriebene Hubwerke werden bei stationären Anwendungen überwiegend elektrisch getrieben, bei mobilen Anwendungen hydraulisch, in explosionsgefährdeten Bereichen

pneumatisch oder mit besonderen Schutzvorkehrungen auch elektrisch. Zur Triebwerksausführung s. Abschn. 14.2.

15.2.1 Serienhebezeuge

Durch die Serienproduktion, meist auch in Baureihen, sind sie kostengünstig und für die meisten Anwendungen geeignet. Serienhebezeuge werden auch als Kranhubwerke verwendet und sind dann in eine Katze integriert.

Die FEM Produktgruppe Krane und Hebezeuge definiert die Gruppierung und Bemessung von Serienhebezeugen. FEM 9.511 bestimmt die Einstufung der Triebwerke, FEM 9.661 Baugrößen und Ausführung von Seiltrieben, FEM 9.901 Berechnungsgrundlagen. Einen Überblick über kraftbetriebene Hubwerke gibt die EN 14 492-2 [1].

Elektroseilzug. Drei wesentliche Bauformen existieren, die sich durch die Anordnung ihrer Komponenten unterscheiden: Lange Bauform mit hintereinander koaxial angeordneter Seiltrommel, Getriebe und Motor mit integrierter Bremse; einfacher Aufbau aus Standardkomponenten, leicht zugänglich (Abb. 15.10). Integrierte Bauweise mit koaxialer Anordnung, bei der zumindest das Getriebe, manchmal auch der Motor in die Seiltrommel integriert ist; gewichts- und raumsparend. Kompakte Bauform oder C-Bauform (Abb. 15.11) mit neben der Seiltrommel angeordnetem Motor und Stirnradgetriebe; leicht zugänglich, kostengünstig.

Elektroseilzüge haben eine Tragfähigkeit von etwa 1 bis 100 t. Die Hubgeschwindigkeit reicht von 2 bis 50 m/min, je nach Tragfähigkeit. Antriebe sind Zylinderläufermotoren mit Polumschaltung bzw. Motoren mit Drehzahlregelung über Frequenzumrichter.

Elektrokettenzug (Abb. 15.12). Ein Asynchronmotor *1* treibt über eine elektrisch überwachte Rutschkupplung *2* und ein Übersetzungsgetriebe *3* ein Kettentaschenrad *4* an. Eine lastseitig angeordnete Einscheibenbremse *5* übernimmt die Haltefunktion. Tragmittel ist eine Rundstahlkette *6*. Ein Kettenspeicher *7* nimmt die Kette auf. Eine Schützsteuerung reduziert die Spannung am Steuertaster auf 24 V. Übliche Hubhöhen sind 4 bis 8 m. In Sonderfällen (Windkraftanlagen) bis 180 m. Hubgeschwindigkeiten bis 30 m/min. Tragfähigkeit: 1-strängig bis 3200 kg, 2-strängig bis 5000 kg, in Sonderfällen auch bis zu 80 t.

Druckluftkettenzug (Abb. 15.13). Ein schnell laufender Druckluft-Lamellenmotor *1* treibt über ein mehrstufiges Planetengetriebe *2* und ein Kettentaschenrad im Mittelteil *3* die Rundstahlkette *6* an. Verfahrbewegungen auf dem Unterflanschträger *5* über pneumatische Fahrantriebe *4* (Nenndruck 4 oder 6 bar). Hubhöhe bis 50 m. Tragfähigkeit 125 kg bei 15 m/min bis 100 t bei 0,4 m/min. Eine stufenlose Verringerung der Hubgeschwindigkeit ist durch Reduzierung des Druckluftvolumenstroms und eine Überlastsicherung über Druckdifferenzabfrage im Motor möglich. Einsatz der Hebezeuge vorzugsweise in explosionsgefährdeter Umgebung (Off-shore-Industrie, Bergbau, Gießerei) und im Sonderfall auch unter Wasser.

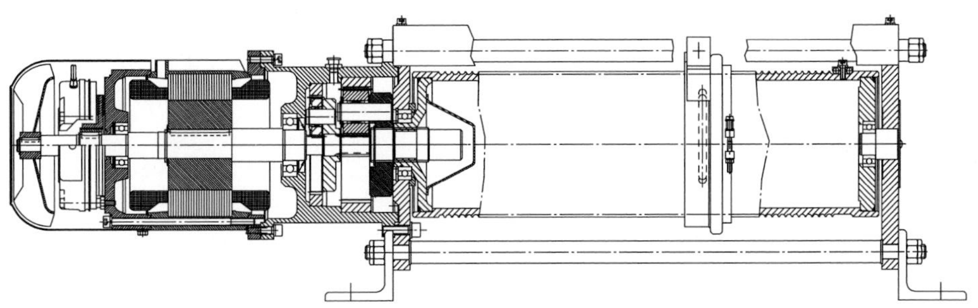

Abb. 15.10 Elektroseilzug (Kuli Hebezeuge)

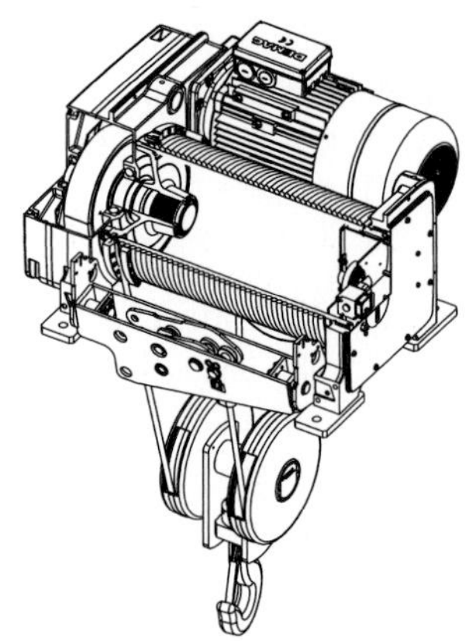

Abb. 15.11 Elektroseilzug (Demag Cranes & Components)

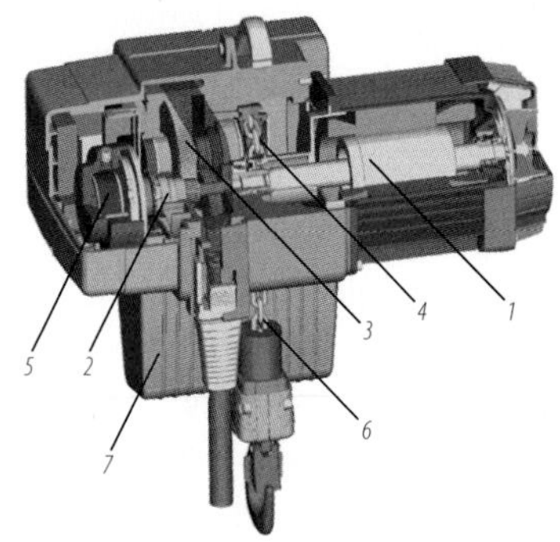

Abb. 15.12 Elektrokettenzug (Demag Cranes & Components) (Erläuterungen im Text)

15.2.2 Einzelhebezeuge

Die übliche Ausführung eines Hubwerks in offener Bauweise (Abb. 15.14) besteht aus einem Motor *1*, Doppelbackenbremse oder Scheibenbremse *2* auf der Antriebsseite des Getriebes, drehelastischer Kupplung *3*, Stirnradgetriebe *4*, einer Seiltrommel *5* und dem Seiltrieb *6* mit Oberflasche *7* und Unterflasche *8*. Der Hubweg wird von einem von der Seiltrommel abgetriebenen Getriebegrenzschalter *9* begrenzt, wobei die höchste Hubposition meist von einem Betriebs- und von einem Notendschalterkontakt überwacht wird. Gegenüber Seilzügen werden bei offenen Hubwerken meist symmetrische Seiltriebe eingesetzt, um Lastwandern und Lastdrehen zu vermeiden.

Eine Sonderbauform von Hubwerken sind Winden mit in die Seiltrommel integrierten Getrieben mit mehreren hintereinander geschalteten Planetengetriebestufen. Abb. 15.15: Der Abtriebsplanetenträger *1* steht fest und trägt das Trommellager *2*. Die durch den angeflanschten Hydraulikmotor *3* getriebene Antriebswelle *4* treibt über ein dreistufiges Planetengetriebe die Seiltrommel *6*. Verzahnungen und Lager sind im Öl laufend. Die federkraftgeschlossene und hydraulisch gelüftete Lamellenbremse *5* ist mit der Antriebswelle *4* formschlüssig verbunden. Das Senken der Last erfolgt im offenen Hydraulikkreis über ein am Hydraulikmotor angeflanschtes Senkbremsventil. Die Seiltrommel *6* ist gegos-

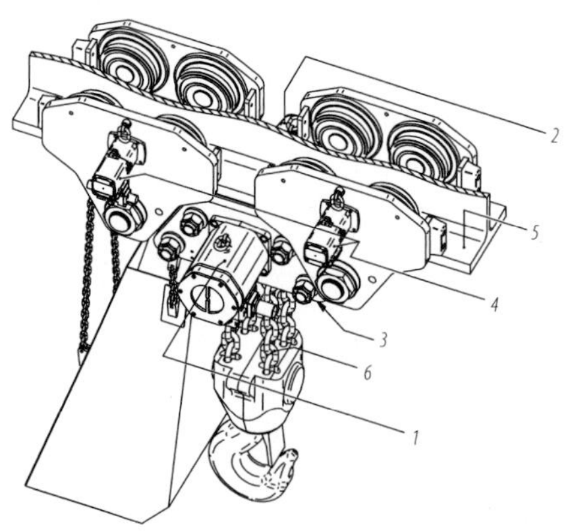

Abb. 15.13 Druckluftkettenzug, integriert in Einschienenhubwerk (J.D. Neuhaus) (Erläuterungen im Text)

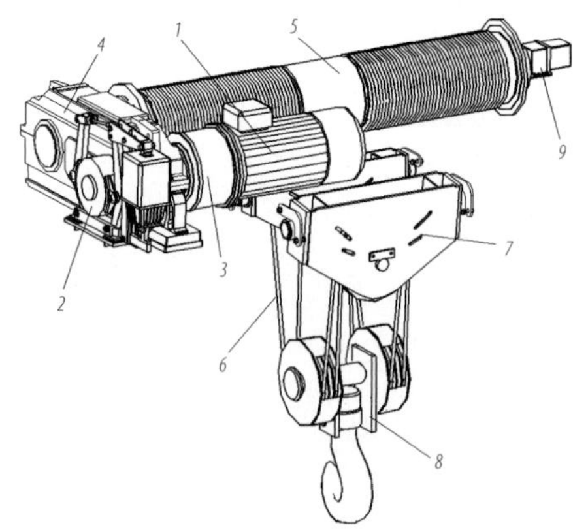

Abb. 15.14 Hubwerk in offener Bauweise (Demag Cranes & Components) (Erläuterungen im Text)

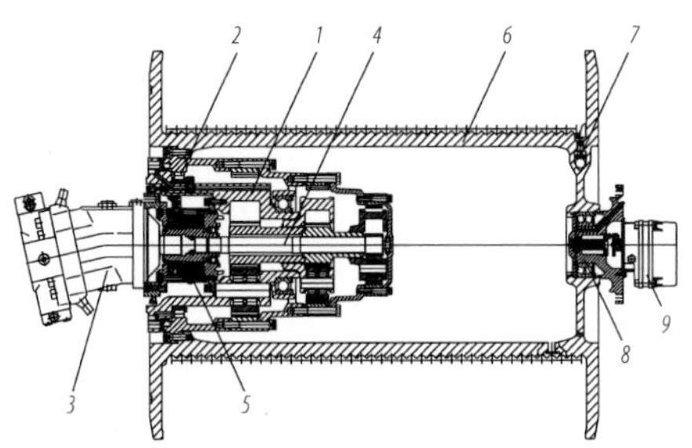

Abb. 15.15 Hubwerk mit 3-stufigem Planetengetriebe (Zollern Antriebstechnik) (Erläuterungen im Text)

sen und hat ein innenliegendes Schraubschloss *7* als Seilendbefestigung. An der Flanschlagerung *8* ist der Nockenendschalter *9* montiert. Durch die Mehrlagenwicklung und die kompakte Bauform der Winde kommt diese Bauart u. a. bei Mobilkranen und Schiffskranen zum Einsatz. Es wird eine Einzelseilzugkraft bis 2000 kN erreicht.

Redundante Hubwerke. Vollredundante Hubwerke besitzen zwei gleich belastete parallel geschaltete Antriebsstränge und Seiltriebe. Wenn in einem Teilsystem ein sicherheitsrelevantes Bauteil ausfällt, übernimmt das andere die volle Last, wobei die Lasttraverse ihre horizontale Lage beibehält. Einsatz erfolgt z. B. in Gießereikranen und Reaktorkranen.

Teilredundante Hubwerke haben nur einen doppelten Seiltrieb. Eine sog. Sicherheitsbremse, die auf die Trommelbordscheibe wirkt, verhindert den Lastabsturz bei Versagen eines Glieds im vorgeschalteten Antriebsstrang. Bei Seilriss übernimmt das andere Seil die volle Last.

15.3 Kranarten

Krane sind Unstetigförderer, die an einem Tragmittel hängende Lasten heben, senken und in eine oder mehrere waagerechte Richtungen verfahren können. Zwischen Tragmittel und Last werden Anschlagmittel oder spezielle Lastaufnahmemittel eingesetzt (s. Abschn. 15.1). Krane können auf Schienen oder frei (Fahrzeug- und Raupenkrane) verfahren, ortsfest oder auf Schwimmkörpern angeordnet sein. Einteilung nach Bauart und Verwendung s. DIN 15 001.

Für die Auslegung von Kranen und relevanten Krankomponenten existieren umfassende Regelwerke. Auf europäischer Ebene ist hier die Grundnorm EN 13001 „Kransicherheit – Konstruktion allgemein“ zu nennen, die neben den allgemeinen Prinzipien und Anforderungen (Teil 1) und den Lasteinwirkungen (Teil 2) die Grenzzustände und Sicherheitsnachweise für die Stahltragwerke (Teil 3.1) (s. Abschn. 14.3), die Drahtseile in Seiltrieben (Teil 3.2) und die Rad/Schiene-Systeme (Teil 3.3) beschreibt. Für spezifische Kranarten sind darüber hinaus eigens entwickelte Produktnormen (z. B. EN 13000 „Krane – Fahrzeugkrane“) anzuwenden. Ein wesentlicher Unterschied zwischen der mittlerweile zurückgezogenen DIN 15 018 und EN 13001 bzw. ISO 20332 auf internationaler Ebene liegt in der Nachweismethodik, wobei die aktuellen Normen, die im Regelfall nach der Methode der Grenzzustände (s. Abschn. 14.3) vorgehen, ein differenzierteres Sicherheitsniveau innerhalb der Nachweisführung zulassen [2, 3].

Den Gefahren, die sich aus einem möglichen Versagen von Bauteilen, dem Nichtvorhandensein oder dem Versagen von Sicherheitseinrichtungen ergeben können, wird des Weiteren durch die Prüfung von Kranen vor der ersten Inbetriebnahme und nach wesentlichen Änderungen sowie durch wiederkehrende Prüfungen begegnet.

Die Durchführung der Abnahmeprüfungen regelt DIN 15 030. Dazu autorisiert sind Sachverständige der technischen Überwachung sowie von der Berufsgenossenschaft ermächtigte Sachverständige. Die Prüfung der Trag- und Triebwerke erfolgt bei angehängter Prüflast durch Verfahren der Katze, des Krans sowie durch Heben und Senken der Prüflast einschließlich einer Bremsprobe aus Nenn-Senkgeschwindigkeit. Zur Berücksichtigung der Prüflasten im Rahmen der Auslegung von Kranen geben die einschlägigen Normen Hinweise.

15.3.1 Brücken- und Portalkrane

Brückenkrane fahren schienengeführt auf hoch liegenden Kranbahnen. Sie können mit einer oder mehreren Katzen ausgestattet sein.

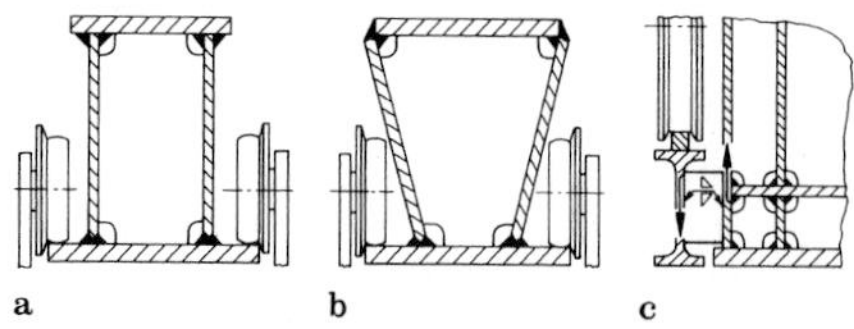

Abb. 15.16 Geschlossene Kranträgerquerschnitte für Untergurtlaufkatzen. **a**, **b** Gestaltungsvarianten; **c** für große Radlasten

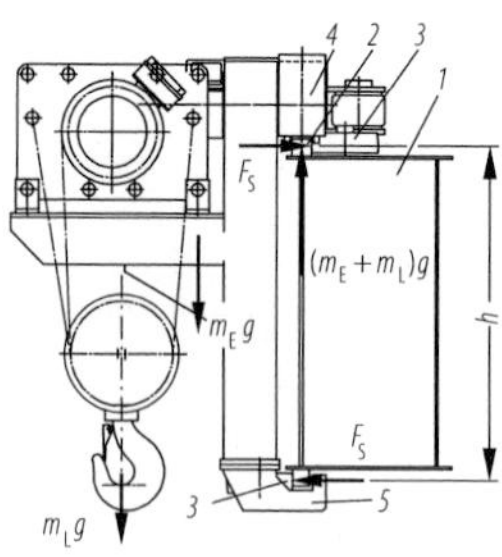

Abb. 15.17 Winkellaufkatze (Kuli Hebezeuge) (Erläuterungen im Text)

Als Hebezeug kommen bedingt Handkettenzüge, in der Regel elektrisch und zum Teil auch pneumatisch oder hydraulisch betriebene Ketten- und Seilzüge zum Einsatz (s. Abschn. 15.2). Die Kran- und Katzfahrantriebe bilden i. Allg. Getriebemotoren mit eingebauten Bremsen. Die Fahrgeschwindigkeiten betragen je nach Einsatzfall für die Katze 20 m/min bis max. 40 m/min und für den Kran 40 m/min bis max. 120 m/min. Flurgesteuerte Brückenkrane verfügen neben der kabelgebundenen Bedieneinheit zunehmend über eine Funkfernbedienung. Bei Kranfahrgeschwindigkeiten über 80 m/min erfolgt die Bedienung aus einem mit dem Kran bewegten Steuerstand heraus.

Um das Pendeln der angeschlagenen Last zu verringern existieren verschiedene mechanische oder regelungstechnische Lösungen. Bei Letzteren dämpft ein in die Kransteuerung eingreifender Algorithmus die Pendelbewegung der Last in Abhängigkeit von dem meist mit einem optischen Messsystem aufgezeichneten aktuellen Pendelwinkel durch Beeinflussung des Fahrantriebes [4]. Einträgerbrückenkrane geringer Tragfähigkeit besitzen meist Untergurtlaufkatzen, die auf dem Hauptträger aus geschweißten oder gewalzten I-Profilen fahren (s. Abb. 14.18b). Bei Kranen mittlerer Tragfähigkeit bis 20 t und maximalen Spannweiten von 40 m besteht der Hauptträger aus einem geschweißten Kastenträger. Hier können neben Untergurt- (s. Abb. 15.16) auch Winkellaufkatzen (Abb. 15.17) eingesetzt werden.

Die Radlasten, die von der Untergurtlaufkatze auf den Hauptträger wirken, rufen eine lokale Biegebeanspruchung des Untergurtes (sog. Flanschbiegung) hervor. Nicht symmetrische Radlasten führen zu einem zusätzlichen Torsionsmoment im Kranträger, das bei der Trägergestaltung und -dimensionierung zu berücksichtigen ist (s. Abschn. 14.3). Ansätze zur Berechnung der lokalen Spannungen im Untergurt, die aus den Radlasten resultieren, liefert EN 15011 [5]. Bei großen Radlasten muss die Schiene durch einen zusätzlichen I-Träger gestützt werden (Sekundärträger) (Abb. 15.16c), der in kurzen Abständen an den Hauptträger anzuschließen ist.

Winkellaufkatzen (Abb. 15.17) arbeiten an der Seite eines geschlossenen Kastenträgers *1*. Sie fahren auf nur einer Schiene *2*. Das um die Schiene wirkende Moment M aus Last m_L und Eigengewicht m_E wird durch ein Kräftepaar $F_\mathrm{S} = M/h$ an den seitlichen Führungsrollen *3* gestützt. Die Kräfte F_S werden als Horizontalkräfte in den Ober- und Untergurt des Kranträgers eingeleitet. Die Radblöcke *4* übertragen die vertikalen Kräfte aus Last und Eigengewicht in die Schiene. Ein Fanghaken *5* sichert bei außerplanmäßigen Ereignissen die Spurführung.

Zweiträgerbrückenkrane verfügen über zwei parallel liegende Hauptträger mit auf dem Obergurt aufgeschweißten Schienen, auf denen eine Zweischienenlaufkatze verfährt. Als Hauptträger von Zweiträgerbrückenkranen leichter Bauweise werden häufig zwei Vollwandträger (I-Träger) eingesetzt, bei denen die Katzschienen über den Stegen liegen. Schwere Zweiträgerbrückenkrane mit Tragfähigkeiten bis zu 100 t und Spannweiten bis 36 m besitzen zwei parallel angeordnete, rechteckförmige Kastenträger (Abb. 15.18a). Die Hauptträger *1* sind an beiden Enden mit den Kopfträgern *2* verschraubt oder verschweißt. In deren Enden sind die Kranlaufräder *3* oder die Fahrwerkschwingen (s. Abb. 14.7) gelagert. Die

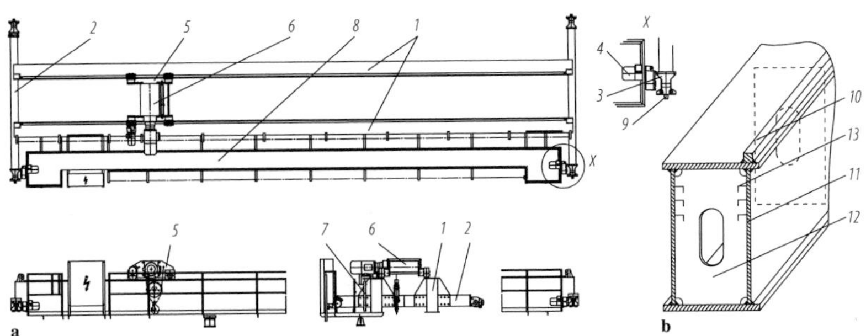

Abb. 15.18 **a** Brückenkran mit zwei parallelen Kastenträgern (Kuli Hebezeuge) (weitere Erläuterungen im Text); **b** Kastenträgerquerschnitt mit Schottblechen und Beulsteifen

Hälfte der Räder ist i. Allg. durch die Kranfahrwerke *4* angetrieben. Die Katze *5* besitzt ein oder zwei (z. B. Gießkran) Hubwerke *6*. Kran und Katze werden über Stromschienen *7* oder Schleppleitungen mit Strom versorgt. Die Bedienung erfolgt von einem Führerhaus aus oder per Funk flurgesteuert. Der Zugang zur Laufkatze erfolgt über den Kranträgerobergurt oder über einen eigenen Laufsteg *8*. Elastische Kunststoffpuffer *9* oder hydraulische Puffer dämpfen den Stoß bei Fahrt gegen den Endanschlag oder einen anderen Kran.

Die Katzfahrschienen *10* liegen i. Allg. über dem inneren Stegblech *11* der beiden Kastenträger (Abb. 15.18b). Die außermittige Einleitung der Radlasten in den Hauptträger führt neben der Biegebeanspruchung zu einer Torsionsbeanspruchung. Die Aufrechterhaltung des Kastenquerschnitts stellen aus Profilen zusammengesetzte oder als Bleche ausgeführte Schotten *12* sicher. Werden Radlasten im Bereich zwischen zwei Schotten eingeleitet, trägt nicht der gesamte Kastenträger. Ersatzweise können hier der Innensteg und Abschnitte des Ober- und Untergurtes im Bereich unterhalb der Katzfahrschiene als tragend angenommen werden (sog. Sekundärbiegung, s. Abschn. 14.3). In Längsrichtung an die Stegbleche angeschweißte Walzprofile im Inneren des Trägers, sog. Beulsteifen *13*, verhindern das Beulen der Stegbleche im freien Bereich zwischen zwei Schotten.

Die Radlasten der Katze, die als Hertz'sche Pressung übertragen werden, führen zu lokalen Spannungen in der Katzfahrschiene und der stoff-, reib- oder formschlüssigen Verbindung zwischen Schiene und Hauptträger. Für die Bestimmung der Spannungen kann vereinfachend von einer kegelförmigen Lastausbreitung unterhalb der Kontaktstelle von Rad und Schiene ausgegangen werden. Nähere Berechnungsansätze liefern EN 15011 [5] und EN 13001.

Die Führung schienengebundener Krane und Laufkatzen wird durch Spurkränze der Laufräder oder, bei angestrengtem Betrieb, durch seitliche Führungsrollen realisiert. Beim schräglaufbedingten Anlaufen dieser Führungsmittel an der Führung werden auch die Laufräder in ihrer Aufstandsfläche verschoben, woraus wiederum Reibreaktionskräfte im Rad-Schiene-Kontakt resultieren. Schräglaufkräfte gelten gemäß EN 13 001 als nicht regelmäßige Lasten (s. Abschn. 14.3). In Einzelfällen kann die Häufigkeit ihres Auftretens die Einstufung als regelmäßige Lasten erforderlich machen. Zur Quantifizierung der Schräglaufkräfte wird ein vereinfachtes Modell herangezogen, das von einem starren Krantragwerk auf einer starren Kranbahn ausgeht. Die Anordnung der Laufradpaare in Bezug auf die in Fahrtrichtung vorderen Führungsmittel wird durch die Abstände d_i (Abb. 15.19) beschrieben, bei der Verwendung von Laufrädern mit Spurkränzen ist $d_i = 0$ zu setzen. Die Gewichtskraft mg des beladenen Krans greift in einer Entfernung μl von Schiene *1* an und verteilt sich gleichmäßig auf die n Laufräder auf jeder Seite der Kranbahn. Der Kran bewege sich unter einem Schräglaufwinkel α in rad.

Die Spurführungskraft F_y am vorderen Führungsmittel bildet bezogen auf den momentanen Gleitpol ein Momentengleichgewicht mit den Reibreaktionskräften F_{x1i}, F_{y1i}, F_{x2i}, F_{y2i}. Gemäß EN 13 001-2 gilt $F_y = \nu f mg$ mit f Kraft-

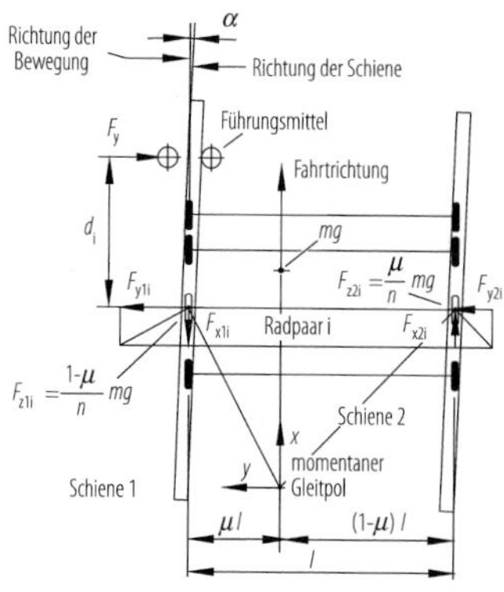

Abb. 15.19 Modell zur Quantifizierung der Schräglaufkräfte nach EN 13 001

schlussbeiwert oder Reibungskoeffizient des Rades und $f = 0{,}3(1 - e^{-250\alpha})$.

Der Beiwert v hängt ab von der Zahl der Radpaare, deren relativen Lage zum vorderen Führungsmittel d_i, von der Antriebsart (Einzelradantrieb oder drehzahlgekoppelte Räder oder frei mitlaufende Räder), von der axialen Bewegungsmöglichkeit der Räder (axial fest oder verschiebbar) und von der Lage des Kranschwerpunkts (Berechnung von v s. EN 13 001-2).

Eine Minimierung der Spurführungskraft F_y und des Verschleißes der Laufflächen ist zu erreichen durch enge Toleranzen der Achsparallelität der Laufräder, durch steife Anschlusskonstruktionen der Laufräder und durch kleine Schräglaufwinkel α, d. h. durch enge Kranbahntoleranzen und kleines Spiel zwischen Führungselementen und Schiene. Dafür ist es vorteilhaft, den Kran nur an einer Schiene zu führen. Toleranzen für Krane und Kranbahnen s. ISO 12 488-1. Nach EN 13 001-2 sollte der Schräglaufwinkel $\alpha = 0{,}015$ rad nicht überschreiten.

Portalkrane sind Krane mit einem oder mehreren horizontalen Hauptträgern, die an mindestens einem Ende des Hauptträgers (Halbportalkrane) über eine vertikale Stütze getragen werden. Bei Vollportalkranen, die über zwei vertikale Stützen verfügen, kann eine der Stützen als Pendelstütze oder beide Stützen fest an den Hauptträger angebunden sein [6]. Portalkrane werden kabelgebunden oder per Funkfernbedienung flurgesteuert oder von einem Steuerstand aus bedient. In einigen Anwendungsgebieten wie z. B. Containerhäfen sind auch automatische Krananlagen zu finden [7]. Wichtig hierbei ist die präzise Lastführung (vgl. Brückenkrane) zur automatischen Positionierung.

Verladebrücken (Abb. 15.20) sind Vollportalkrane, die im Umschlagbetrieb auf Lagerplätzen (Stahl, Holz, Betonfertigteile) und in Häfen (Schüttgut, Container) eingesetzt werden. Wegen ihrer großen Spannweite lagert der in Fachwerk- oder Kastenbauweise ausgeführte Kranträger *1* statisch bestimmt auf einer Pendelstütze *2*, die nur Vertikalkräfte aufnimmt, und auf einer festen Stütze *3*, die auch die Horizontalkräfte in Katzfahrrichtung ableitet. Die Stützkräfte

Abb. 15.20 Verladebrücke (KONECRANES). *1* Kranträger in Kastenbauweise, *2* Pendelstütze, *3* Feststütze, *4* Fahrwerksschwinge, *5* drehbare Untergurtlaufkatze, *6* Spreader

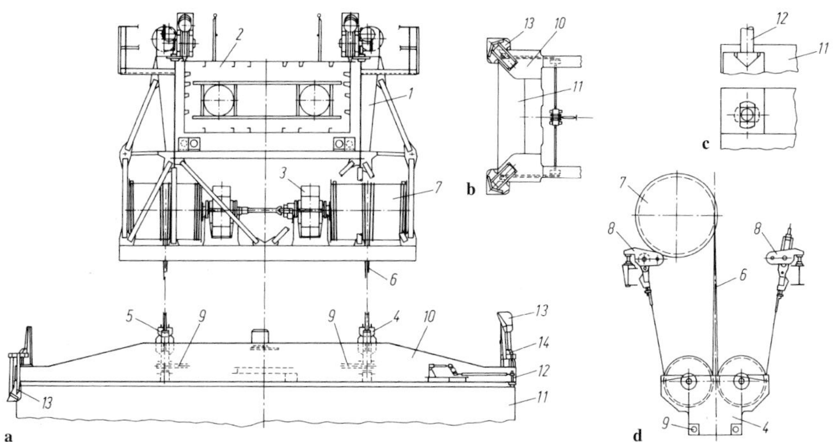

Abb. 15.21 Spreader einer Containerbrücke (Vulkan Hafentechnik) (Erläuterungen im Text)

werden über Fahrwerksschwingen *4* auf mehrere Räder verteilt. Eine Gleichlaufregelung begrenzt die Wegdifferenz zwischen beiden Stützen durch Abbremsen der Fahrwerke der voreilenden Seite. Brücken mit kleiner Spannweite und steifer Rahmenkonstruktion verzichten auf eine Gleichlaufregelung (z. B. Schiffsentlader Abb. 15.22). Für den Containerumschlag sind Portalkrane häufig mit Drehkatzen *5* ausgestattet, die über spezielle Lastaufnahmemittel, sog. Spreader *6* (s. Abb. 15.21a), verfügen. Die Drehbarkeit um die vertikale Achse ermöglicht das Ausrichten und Positionieren der Container bei der Übergabe.

Abb. 15.21 zeigt den Spreader einer in Kastenträgerbauweise *2* ausgeführten Containerbrücke. Die Hubwerke *3* sind meist auf der Katze *1*, seltener stationär im Portal angeordnet. Die Tragfähigkeit beträgt 45 bis 75 t unter den Flaschen. Die Hubgeschwindigkeit ist 45 bis 52 m/min für die Nennlast und bis 180 m/min für den leeren Spreader. Die Fahrgeschwindigkeit der Laufkatzen beträgt 150 bis 240 m/min. Im Mittel können 32 Container pro Stunde umgeschlagen werden [8]. Über die Unterflaschen *4* und *5* laufen je zwei Seile *6* von den Trommeln *7* zu den Festpunkten *8*. Die Unterflaschen sind durch je zwei lösbare Bolzen *9* mit dem Lastaufnahmemittel *10* (Spreader) für die Container *11* verbunden. Die Verbindung zwischen Spreader und Container erfolgt vom Kranführer fernbetätigt über hydraulisch getriebene Drehbolzen *12* (Twistlocks). Führungsarme *13* (Flipper) dienen zur Zentrierung des Spreaders am Container. Beim Anschlagen im Schiff werden diese hochgeklappt und der Spreader über Rollen *14*, die in schiffseigenen Rahmen laufen, geführt.

Feste Spreader haben unveränderliche Längenmaße. Bei schwereren Teleskopspreadern kann der Abstand zwischen den Twistlock-Bolzen in Längsrichtung hydraulisch verstellt werden, so dass wahlweise 20′ (6 m), 30′ (9 m), 40′ (ca. 12 m) oder 45′ (13,7 m) lange Container angeschlagen werden können. Die neuste Generation von Spreadern ist in der Lage, zwei 20′ Standardcontainer (Twin-Lift) oder sogar zwei 40′ Container (Tandem-Lift) anzuschlagen.

Für den Schüttgutumschlag in Häfen kommen so genannte Greiferschiffsentlader zum Einsatz. Auf ihnen arbeiten von der Reibkraftübertragung zwischen Rad und Schiene unabhängige, seilgezogene Laufkatzen (Abb. 15.22a). Um deren Eigengewicht zu reduzieren, sind Katzfahrwerk *1*, Schließwerk *2* und Haltewerk *3* in einem festen Maschinenhaus *4* untergebracht. Damit sich der Greifer *5* beim Verfahren der Laufkatze *6* auf einem horizontalen Lastweg bewegt, sind besondere Seilsysteme erforderlich. Bevorzugt werden solche mit zwei Katzen (Abb. 15.22b). Die Halte- und Schließseile laufen von der Schließtrommel *2* und Haltetrommel *3* über feststehende Umlenkrollen *7* zu der Zwischenkatze *8*, von dort über die Hauptkatze *6* zum Greifer *5*. Von der Katzfahrtrommel *1* laufen zwei parallele Seile

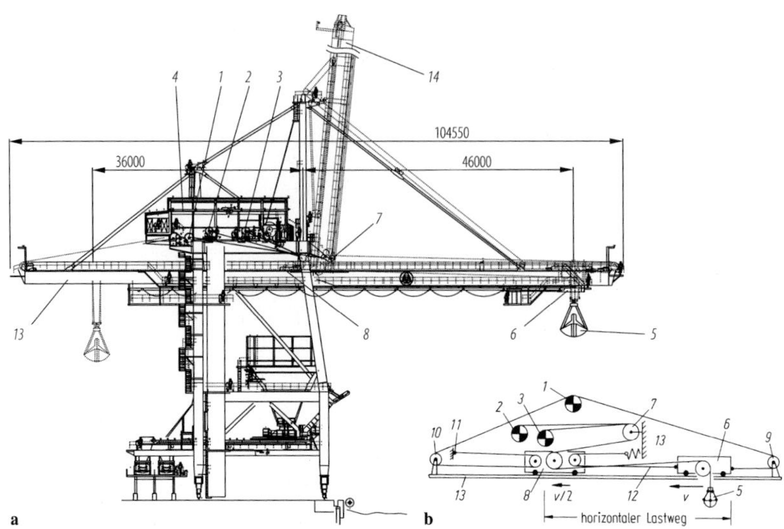

Abb. 15.22 Greiferschiffsentlader mit Seilzugkatze (thyssenkrupp Industrial Solutions). **a** Aufbau; **b** Seilsystem (Erläuterungen im Text)

zur Auslegerspitze, dort über Umlenkrollen *9* zur Hauptkatze *6*. Zwei andere Seile laufen von der Katzfahrtrommel *1* zum hinteren Kranträgerende, dort über Rollen *10* zur Zwischenkatze *8* und nach Umlenkung wieder zurück zu einem Festpunkt *11* am Kranträgerende. Die Hauptkatze *6* fährt dadurch mit doppelter Geschwindigkeit der Zwischenkatze *8*. Dabei ist die Verkürzung der Greiferseillänge zwischen beiden Katzen genauso groß wie deren Verlängerung zwischen der Zwischenkatze *8* und den festen Rollen *7*, so dass der Greifer beim Verfahren der Katzen seine Höhenlage nicht ändert. Zwischenseile *12* sorgen für eine Vorspannung im Katzfahrseilsystem.

Die Hubwerke und das Katzfahrwerk arbeiten mit geregelten Antrieben mit Hubgeschwindigkeiten bis zu 180 m/min und Katzfahrgeschwindigkeiten bis zu 240 m/min (Beschleunigungszeit 4 s). Die automatische Pendelunterdrückung des Greifers *5* geschieht für die Triebwerke am schonendsten, wenn die Hauptkatze in der Eigenschwingungszeit des Greifers beschleunigt und gebremst wird [9]. Kurzzeitig sind maximale Durchsätze bis zu 2500 t/h erreichbar. Katzfahrbetrieb auf dem festen Kranträger *13* ist auch bei hochgeklapptem Ausleger *14* möglich (Abb. 15.22a).

15.3.2 Drehkrane

Drehkrane sind Krane, bei denen sich das Oberteil mit dem Ausleger gegenüber dem Kranunterteil um eine vertikale Achse drehen kann. Als Schwenkkrane werden Drehkrane bezeichnet, wenn der Drehwinkel eingeschränkt ist (z. B. Wandschwenkkran). Das Unterteil von Drehkranen kann fest stehen (z. B. Säulendreh-, Turmdrehkran), auf Schienen verfahren (z. B. Eisenbahnkran), auf einem Schwimmkörper montiert (Schwimmkran) oder ein straßentaugliches Fahrgestell sein (Mobilbaukran). Für die Auslegung von Turmdrehkranen und Ausleger-Drehkranen verweist die EN 13 001 auf eigene Produktnormen. Für die Auslegung von Säulendreh- und Wandschwenkkranen sieht sie die Produktnorm für kraftgetriebene Hubwerke (s. Abschn. 15.2) vor.

Die Schnittstelle zwischen Ober- und Unterteil bildet eine angetriebene Drehverbindung, das so genannte Drehwerk (s. Abschn. 14.2.3). Es überträgt Vertikalkräfte, Horizontalkräfte und Momente, die aus der außermittigen Schwerpunktlage des Oberteils und der Last, durch Trägheitskräfte beim Drehen und Fahren sowie durch Windkräfte entstehen. Am häufigsten werden heute Kugel- und Rollendrehverbindungen eingesetzt. Drehwerke für schwere Krane werden über Gleichstrom- oder Schleifringläufermotore getrieben und gebremst. Die mechanische Bremse wirkt nur als Haltebremse. Bei leichten Kranen können Kurzschlussläufermotore mit zwischengeschalteter Strömungskupplung eingesetzt werden. Für den Fall, dass das durch Sturmkräfte erzeugte Moment das maximale Bremsmoment übersteigt, werden Kranober- und Unterteil zur Vermeidung von Kollisionen, z. B. mit benachbarten Kranen oder Schiffsaufbauten, in der Außerbetriebsstellung des Krans durch Bolzen verriegelt. Bei Turmdrehkranen, die sich außer Betrieb befinden, wird die Drehwerkbremse hingegen geöffnet, damit sich der Ausleger selbsttätig in den Wind stellen kann.

Windlasten sind auch beim Nachweis der *Standsicherheit* (s. Abschn. 14.3) zu berücksichtigen, der vor allem bei Auslegerdrehkranen und allen übrigen Kranen, bei denen eine Kippgefahr besteht (z. B. Fahrzeugkrane Abschn. 15.3.3), durchzuführen ist. Unter anderem ist gemäß EN 13001 dabei zu differenzieren zwischen Windlasten $F = q(3)cA$ bei Kranen im Betrieb und $F = q(z)\,cA$ bei Kranen außer Betrieb. In beiden Fällen beschreibt c den aerodynamischen Formbeiwert gemäß EN 13 001-2 und A die Wirkfläche. $q(3) = 0{,}5\,\rho\,v(3)^2$ stellt den Staudruck für eine über eine Zeitspanne von drei Sekunden gemittelte Böengeschwindigkeit $v(3)$ bei einer Dichte $\rho = 1{,}25\ \mathrm{kg/m^3}$ der Luft dar. Der statisch äquivalente Staudruck bei Sturm $q(z) = 0{,}5\,\rho\,v(z)^2$ hängt maßgeblich von der statisch äquivalenten Windgeschwindigkeit $v(z)$ ab, die sich einerseits mit der Höhe über dem Boden verändert und andererseits regionale Gegebenheiten und die dort vorherrschenden Sturmhäufigkeiten berücksichtigt.

Portaldrehkrane (Abb. 15.23) werden vorzugsweise in Häfen und Werften eingesetzt. Ihre Tragwerksteile werden in Vollwand-, Kasten-, Fachwerk- oder Mischkonstruktion gebaut. Das portalartige, i. Allg. vierbeinige Unterteil ermöglicht den Durchgangsverkehr für Bahn und Lkw.

Die Kinematik der Ausleger- und Hubseilführung wird so gestaltet, dass sich die Last beim Verändern der Ausladung auf einer möglichst horizontalen Bahn bewegt [10], so dass die Verstelleinrichtung (Wippwerk) keine Hubarbeit leisten muss.

Der in Abb. 15.23a dargestellte Hafen-Schienen-Kran besteht aus einem Oberteil, das auf einem schienengängigen Portalunterwagen *1* steht. Der Kran wird voll-elektrisch, diesel-elektrisch oder in Kombination beider Antriebsarten betrieben. Der Ausleger *2* ist am Turm *3* angelenkt und wird durch den Hydraulikzylinder *4* verstellt. Das Gegengewicht *5* unterstützt die Standsicherheit und reduziert das Kippmoment der Rollendrehverbindung *6*. Der annähernd horizontale Lastweg wird durch die Dreifacheinscherung der Hub- und Schließseile *7* erreicht.

Bei dem sog. Doppellenkerwippkran (Abb. 15.23b) laufen die Seile vom Hubwerk *1* über zwei Lenker *2* und *3* zu dem Lastaufnah-

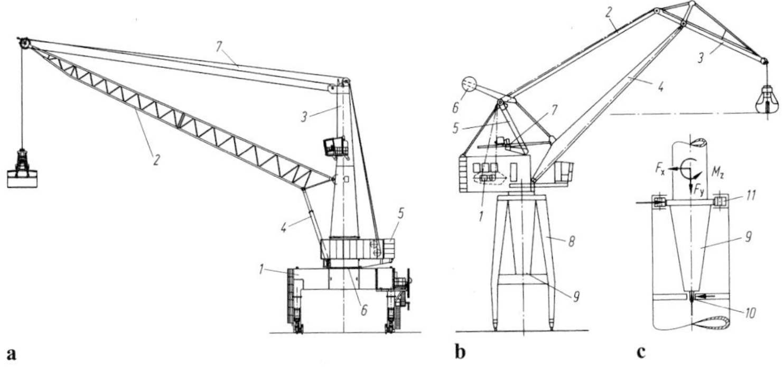

Abb. 15.23 **a** Hafen-Schienen-Kran (KONECRANES Gottwald); **b** Doppellenkerwippkran (MAN); **c** Drehverbindung (Erläuterungen im Text)

memittel. Durch die aufeinander abgestimmten Gliedlängen des Gelenkvierecks, gebildet aus Ausleger *3*, Zuglenker *2*, Drucklenker *4* und dem feststehenden Pylon *5*, schneiden sich die Verlängerungen der Glieder *2* und *4* in jeder Lenkerstellung annähernd auf der Wirkungslinie der Last (Momentanpol). Hierdurch ergibt sich der gewünschte, annähernd horizontale Lastweg. Die Größe des beweglichen Ausgleichsgewichts *6* und die Kinematik seiner Ankopplung an den Drucklenker *4* sind so auf das Lenkersystem abgestimmt, dass in jeder Lenkerstellung ein annähernder Eigengewichtsausgleich des Lenkersystems stattfindet. Dessen Verstellung erfolgt entweder über ein Spindelgetriebe *7* (Wippwerk), über einen doppelt wirkenden Hydraulikzylinder oder bei großen Kranen über ein geschlossenes, vorgespanntes Seilzugsystem. Das Oberteil ist mit dem Unterteil *8* über eine robuste Drehverbindung mit drehender Säule (Abb. 15.23c) verbunden. Das Kranoberteil stützt sich dabei über die Säule *9* unten an einem Axialpendellager *10* und oben über am Umfang verteilte Laufräder *11* am Unterteil ab.

Turmdrehkrane (Abb. 15.24a) werden im Hoch- und Tiefbau eingesetzt (Baukrane, Ausladung × Tragfähigkeit: bis zu 5000 mt), müssen häufig auf- und abgebaut werden und sich den Bedürfnissen der Baustellen in Bezug auf Tragfähigkeit, Hubhöhe und Ausladung anpassen. Sie werden daher aus standardisierten und einfach montierbaren Baugruppen bedarfsgerecht zusammengesetzt. Gegengewicht *1*, Gewicht des Hubwerks *2* und Gewicht des Gegenauslegers *3* bilden das Gegenmoment zum Gewicht des Auslegers *4*, der Laufkatze *5* und der Last *6*. Überlastsicherungen verhindern das Überschreiten der zulässigen Last und des zulässigen Lastmoments durch Abschalten der Hub- und Katzbewegung [10]. Die Tragwerkselemente (Abb. 15.24e) sind leichte Fachwerkkonstruktionen, meist aus Rechteckrohren, vereinzelt noch aus offenen Walzprofilen. Turmdrehkrane können fest mit einem Fundament verbunden sein (Abb. 15.24b), auf Unterwagen ortsfest oder auf Schienen verfahrbar eingesetzt werden (Abb. 15.24a). Kurvenfahrt ist möglich. Sie können weiterhin auf Kettenfahrwerke gesetzt oder mit einem Fahr-

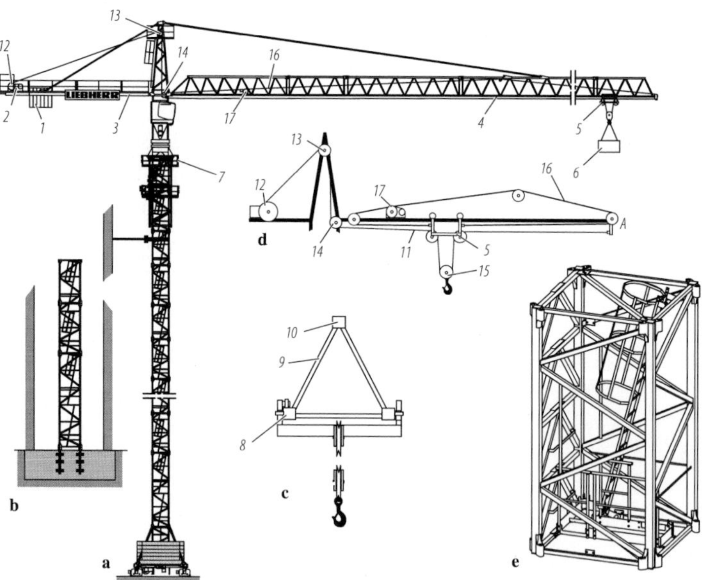

Abb. 15.24 Obendrehender Turmdrehkran (Liebherr). **a** Turmdrehkran mit Laufkatzausleger auf Unterwagen; **b** Kranturm auf Fundamentankern; **c** Schnitt durch Kranausleger; **d** Seilführung von Hubseil *11* und Katzfahrseil *16*; **e** Turmstück mit Schraubverbindungen (weitere Erklärungen im Text)

zeugkranchassis zu Mobilbaukranen kombiniert werden.

Mit Klettervorrichtungen *7* ausgerüstete Turmdrehkrane können ihre Turmhöhe mit wachsender Gebäudehöhe vergrößern. Bei großen Höhen werden sie dabei am Gebäude abgespannt (Abb. 15.24a) oder sie klettern im Gebäude. Sie können einen verstellbaren Ausleger oder, heute bevorzugt (Abb. 15.24a), einen festen horizontal liegenden Ausleger *4* besitzen, auf dem eine Seilzugkatze *5* mit bis zu 110 m/min fährt. Abb. 15.24c: Die Katzfahrbahn besteht meist aus zwei Rechteckrohren *8*, die mit den Diagonalen *9* und einem obenliegenden Rechteckrohr *10* zu einem dreieckförmigen Kranträger verschweißt sind. Abb. 15.24d: Das Hubseil *11* wird von der Trommel *12* über zwei feste Rollen *13* und *14* im Turm, dann entlang des Auslegers *4* durch die Laufkatze *5* und die Unterflasche *15* zum Festpunkt *A* an der Auslegerspitze geführt. Über ein geschlossenes Seilsystem *16* wird die Laufkatze *5* durch das Katzfahrwerk *17* bewegt. Die Hubgeschwindigkeit wird stufenlos durch frequenzgeregelte Antriebe an die Last angepasst (bis 150 m/min). Häufig wird durch fernbetätigte Getriebeumschaltung der Geschwindigkeitsbereich weiter vergrößert (bis 280 m/min). Als Antrieb für Hub- und Katzfahrwerke arbeiten neben frequenzgeregelten Elektromotoren, Schleifringläufermotore in Verbindung mit einer Wirbelstrombremse, polumschaltbare Kurzschlussläufermotore oder hydrostatische Antriebe.

Wandschwenkkrane (Abb. 15.25) sind für Lasten bis 5 t und Ausladungen bis 10 m verfügbar. Das Lastmoment wird als Kräftepaar über eine Konsole *1* in die Wand eingeleitet. Bei der Montage ist darauf zu achten, dass die bauseitige Tragkonstruktion ausreichend tragfähig und steif ist, um die Auflagerkräfte aufzunehmen, die entsprechend den verschiedenen Schwenkpositionen ihre Wirkrichtung verändern. Schwenken des Auslegers erfolgt manuell, bei größeren Tragfähigkeiten mit Schwenkantrieben. Wandschwenkkrane werden i. Allg. mit kraftgetriebe-

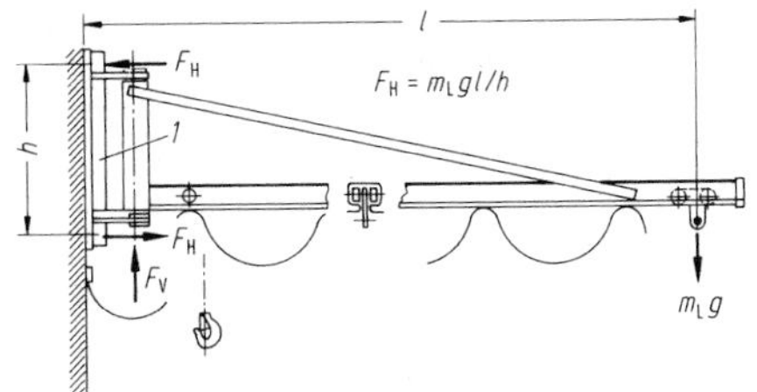

Abb. 15.25 Wandschwenkkran (ABUS). *1* Konsole

nen Kettenzügen oder -seilzügen ausgerüstet (s. Abschn. 15.2), die an manuell oder elektrisch verfahrbaren Unterflanschkatzen hängen. Wird die Konsole *1* mit Laufrädern ausgerüstet, die auf parallel zur Wand horizontal verlegten Schienen fahren, spricht man von Wandlaufkranen. Der Ausleger ist dann nicht schwenkbar.

Säulendrehkrane für Lasten bis 6,3 t und Ausladungen bis 10 m werden i. Allg. mit kraftgetriebenen Seil- oder Kettenzügen ausgerüstet (s. Abschn. 15.2) und in Werkstätten oder auf kleinen Lagerplätzen eingesetzt (Abb. 15.26). Die als Rohr ausgebildete feststehende Säule *1* leitet das Lastmoment über Ankerschrauben in den Boden. Das Drehlager *2* nimmt die Vertikalkraft F_y und die Horizontalkraft F_x auf. Die Führung des Auslegers *3* beim Drehen übernehmen zwei Rollen *4*, die sich am Laufring *5* abstützen. Drehen erfolgt manuell oder motorisch. In anderen Konstruktionen erfolgt die Drehung in einer

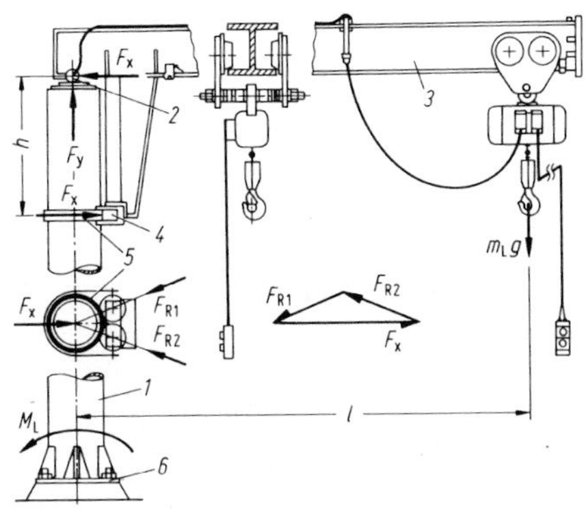

Abb. 15.26 Säulendrehkran (ABUS) (Erläuterungen im Text)

Kugeldrehverbindung zwischen Ausleger *3* und fester Säule *1* oder zwischen einer beweglichen Säule und der Bodenplatte *6*.

15.3.3 Fahrzeugkrane

Fahrzeugkrane besitzen Gittermastausleger oder hydraulisch ausfahrbare Teleskopausleger bei Tragfähigkeiten von 35–1200 t (Krane mit Raupenfahrwerk bis zu 3000 t). Richtlinien für die Auslegung gibt die EN 13000. Die Auslegung der Ausleger erfolgt nach der Balkentheorie (vgl. Abschn. 14.3). Die Krane bestehen aus einem Ober- und einem Unterwagen, der mit einem Rad- oder Raupenfahrwerk (s. Abschn. 14.4) ausgerüstet ist, so dass entweder die Verkehrstauglichkeit oder die Einsatzfähigkeit in schwierigem Gelände gewährleistet wird.

Die überwiegende Anzahl der heutigen Fahrzeugkrane sind Autokrane für die Straße und ebenes Gelände, sog. AT-Krane (All Terrain). Sie haben bis zu neun Achsen, die alle hydropneumatisch gefedert sind, der Antrieb erfolgt über einen Dieselmotor, ein Automatikschaltgetriebe, Gelenkwellen, Verteilergetriebe und blockierbare Differentialgetriebe, bis zu 8 Achsen sind lenkbar [10].

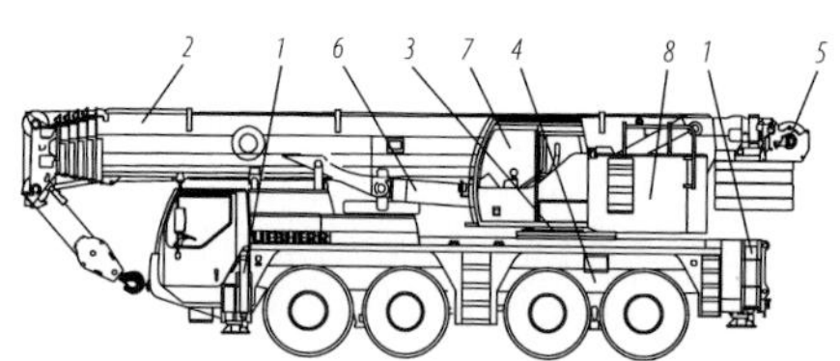

Abb. 15.27 Fahrzeugkran (Liebherr) (Erläuterungen im Text)

Im Kranbetrieb werden die in den Drehkranz *3* vom Oberwagen eingeleiteten Kräfte und Momente vom Fahrzeugrahmen in die Abstützung *1* abgeleitet (Abb. 15.27). Die maximale Traglast ist begrenzt durch die Standsicherheit und die Festigkeit der Bauteile, wie Ausleger *2*, Drehkranz *3* und Fahrzeugrahmen *4*. Die Baugruppen für die Hauptfunktionen des Kranes, wie Hubwerk *5*, Drehwerk, Wippwerk *6* und das Auslegersystem *2* sind auf dem Oberwagen untergebracht. Der Oberwagenrahmen dient auch der Aufnahme der Kranführerkabine *7*, der Oberwagenhydraulik und eines zweiten Dieselmotors *8* zum Antrieb der Hydraulikpumpen bei Kranen ab ca. 60 … 80 t Tragfähigkeit. Alle Kranfunktionen werden durch hydraulische Antriebe ausgeführt [10].

Der Ausleger wird (Abb. 15.28b) gebildet durch bis zu neun geschweißte Auslegerkästen aus Feinkornbaustählen mit einer Fließgrenze bis zu 1100 N/mm^2 (STE1100). Bei hohen Tragfähigkeiten werden Profile verwendet, deren ovalförmige Querschnittsform *1* Beulsteifen oder Materialdopplungen zur Erhöhung der Stabilität überflüssig macht (Abb. 15.28a,b) [11]. Neben Systemen mit mehrfach teleskopierbaren Hydraulikzylindern oder einstufigen Zylindern in Verbindung mit einem Seilzugsystem ist der aktuelle Stand der Technik durch Einzylinder-Teleskopiersysteme mit automatisierter Sicherungs-

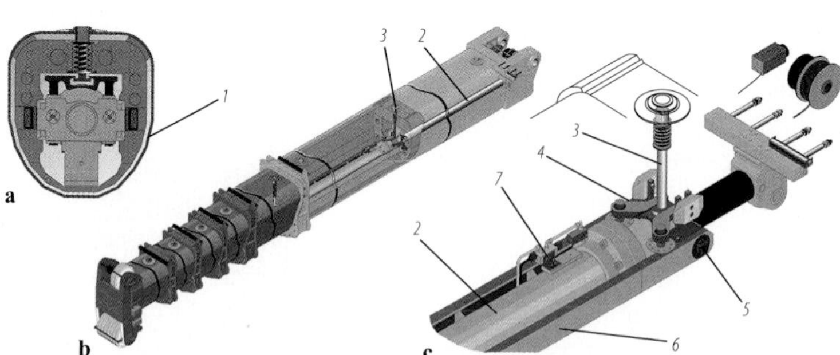

Abb. 15.28 Ausleger eines Fahrzeugkrans mit automatischem Teleskopiersystem und Innenverriegelung (Liebherr). **a** Schnittansicht, *1* ovales Auslegerquerschnittsprofil; **b** Seitenansicht, *2* einstufiger Teleskopierzylinder, *3* Teleskopausleger-Bolzen; **c** Detailansicht, *4* Auslegerverbolzung mit Querjoch, *5* Mitnehmerverbolzung, *6* Zylinderführung, *7* Steuerventil für Ausleger-/Mitnehmerverbolzung

und Verbolzungseinheit (Abb. 15.28b,c) gegeben. Bei der Teleskopierung wird hier zunächst der innerste Schuss mit dem Hydraulikzylinder *2* hinausgeschoben und mit dem nächsten Schuss über die Auslegerverbolzung *3* und *4* verbunden. Anschließend fährt der Zylinder ein, greift über die Mitnehmerverbolzung 5 den nächst inneren Schuss und schiebt ihn zusammen mit dem ersten Schuss hinaus. Über unterschiedliche Positionen der Teleskopauslegerverbolzung können bis zu 1000 Ausfahrzustände realisiert werden. Durch die Verbolzung werden die Normalkräfte im Betrieb ausschließlich in den Stahlbau eingeleitet und wirken nicht auf das Hydrauliksystem.

Zur Vergrößerung des Arbeitsbereiches können Teleskopausleger mit einer Gittermastspitze verlängert werden, so dass sich Hubhöhen bis zu 146 m und Ausladungen von 126 m realisieren lassen. Bei Kranen größter Tragfähigkeit werden reine Gittermastausleger verwendet. Erreichbare Hubhöhen liegen dann bei 193 m und Ausladungen bei 136 m. Gittermastkrane mit Raupenfahrwerk erlauben Ausladungen von 164 m und Hubhöhen bis 226 m.

Zur Erhöhung der Tragfähigkeit kommen zusätzliche Abspannungen zum Einsatz (Abb. 15.29), die zur Aufnahme von Seitenkräften mit Hilfe von Hydraulikzylindern *1* auch aus der Ebene des Auslegers *2* geklappt werden können [12]. Die Seile *3* vom Kopf bis zum Abspannbock *4* werden dabei über Winden *5* vorgespannt.

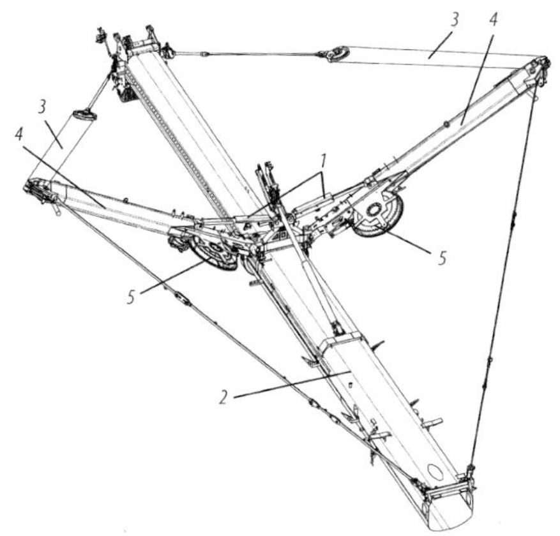

Abb. 15.29 Abspannungen am Teleskopausleger (Terex Cranes) (Erläuterungen im Text)

15.3.4 Weitere Kranarten

Hängebahnen werden nach dem Baukastensystem erstellt (Abb. 15.30), i. Allg. mit flurgesteuerten Kettenzügen *1* ausgerüstet und zur Bedienung von Arbeitsplätzen in der Fertigung bei Lasten bis ca. 2000 kg eingesetzt. Die Kettenzüge können elektrisch, pneumatisch oder hydraulisch betrieben werden (s. Abschn. 15.2). Die Fahrbahnen aus kaltgeformten Schienen *2* werden pendelnd oder fest über Gewindestangen *3* an Decken oder an Dachkonstruktionen aufgehängt und justiert. Im Trägerinneren oder auf dem Trägeruntergurt laufen mit Kunststoffrädern *4* ausgerüstete Vierradfahrwerke *5*, die manuell bewegt oder über Reibräder angetrieben werden. Der Einbau von Horizontalbögen und Weichen ist möglich. Die Energieversorgung erfolgt durch von Leitungswagen *6* geführte Leitungen *7* oder über Stromschienen.

Hängekrane. Manuell bewegte oder angetriebene Hängekrane (Abb. 15.31) verwenden die gleichen Trag- und Fahrelemente sowie die gleiche Energiezuführung und Steuerung wie die Hängebahnen (nach Abb. 15.30). Die Kranbahn *4* wird in Form von pendelnd oder fest aufgehängten Hängebahnschienen realisiert, diese können in gleicher Bauart auch als Kranträger *1* dienen. Die Laufkatzen *2* können bei Bedarf von einem Kranträger auf einen anderen wechseln. Durch gelenkige Aufhängung des Kranträgers *1* in den Kranfahrwerken *3* ist das Durchfahren von Abschnitten mit unterschiedlich großen

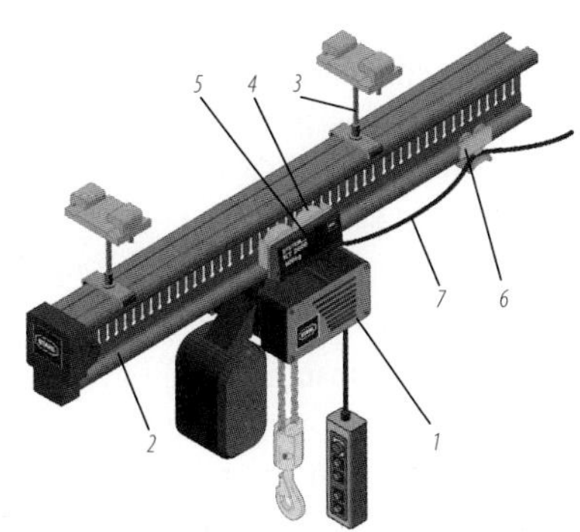

Abb. 15.30 Hängebahn (STAHL CraneSystems) (Erläuterungen im Text)

15

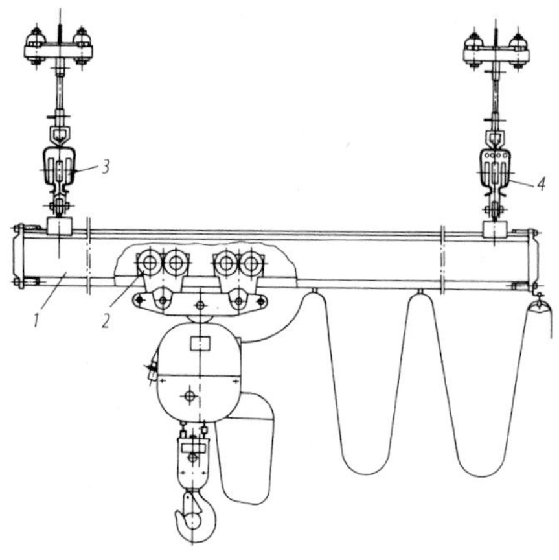

Abb. 15.31 Einträgerhängekran (Demag Cranes & Components) (Erläuterungen im Text)

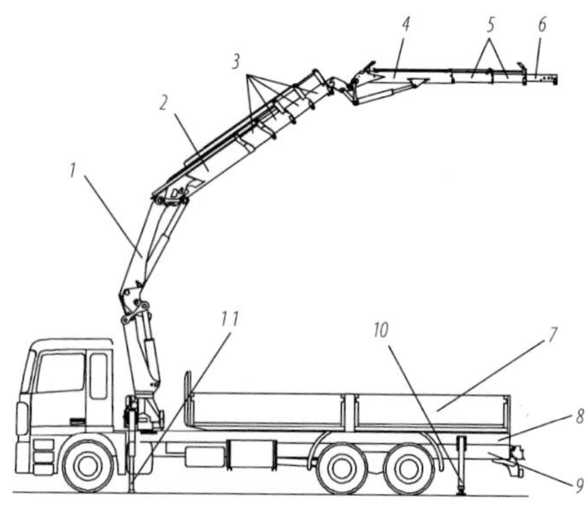

Abb. 15.32 Ladekran (Palfinger). *1* Hauptarm, *2* Knickarm, *3* Schubarme, *4* Zusatzknickarm, *5* Schubarme, *6* mechanische Verlängerung, *7* Ladepritsche, *8* Hilfsrahmen und *9* Fahrzeugrahmen, *10* Zusatzabstützung, *11* Abstützung

Aufhängeabständen möglich. Je nach Spannweite und Last ist der Kranträger als Einträger- oder Zweiträgerkran ausgeführt. Bei Tragfähigkeit über 2,0 t sind Hängekrane mit I-förmigen Kranträgern und Untergurtlaufkatzen ausgerüstet.

Ladekrane (Abb. 15.32) sind kraftbetriebene Krane mit einer Säule, die in einem Kransockel drehbar gelagert ist, und einem Auslegersystem, das am oberen Ende der Säule befestigt ist. Im Allgemeinen sind Ladekrane auf ein Fahrzeug (auch Anhänger) montiert und für die Be- und Entladung vorgesehen. Wenn es die Standsicherheit erfordert, müssen am Fahrzeug Abstützungen vorgesehen sein. Richtlinien für die Auslegung gibt die Produktnorm EN 12 999 (s. Abschn. 14.3).

Offshore-Krane definieren sich weniger durch ihre Konstruktionsweise als durch den Einsatzort in vorwiegend maritimer Umgebung. Die für die Auslegung solcher Krane existierende Produktnorm EN 13 852 unterscheidet „Offshore-Krane für allgemeine Verwendung" (Teil 1) und „schwimmende Krane" (Teil 2). Offshore Krane sind fest auf Bohrinseln installiert und in der Regel als Drehkrane ausgeführt. Schwimmende Krane sind auf einem speziell konstruierten Schwimmkörper befestigt und werden bei Montage- oder Demontagearbeiten eingesetzt. Beide Krantypen sind vorwiegend mit einem Seegangsfolgesystem und einem Seilspannsystem ausgestattet. Besondere Bedeutung kommt dem Stabilitätsnachweis der Schwimmkrane zu. Bei der Auslegung müssen die zu hebenden Lasten darüber hinaus mit einem speziellen Dynamikbeiwert überhöht werden, der die Relativgeschwindigkeit zwischen Kranfundament und der zu hebenden Ladung berücksichtigt.

Literatur

Spezielle Literatur

1. EN 14492-2: Krane – Kraftgetriebene Winden und Hubwerke – Teil 2: Kraftgetriebene Hubwerke
2. Kempkes, O., Scholten, J., Wagner, G.: Europäische Krannorm DIN EN 13 001 – Wege zur Konstruktion sicherer und wirtschaftlicher Krane. Hebezeug Fördermittel, **7–8**, 356–358, HUSS-Medien GmbH, Verlag Technik, Berlin (2005)
3. Golder, M.: Die praktische Anwendung der EN 13 001 am Beispiel von Brückenkrananlagen. In: G. Wagner, J. Scholten (Hrsg.) 12. Internationale Kranfachtagung, Tagungsband, Selbstverlag der Ruhr-Universität Bochum, Bochum (2004)
4. Smolyaninov, D., Horn, P., Krause, F., Palis, F.: Ergebnisse der Untersuchungen zur Pendeldämpfung bei Drehkranen. In: H.-G. Marquardt (Hrsg.) 11. Internationale Kranfachtagung, Tagungsbeiträge, Selbstverlag der TU Dresden, Dresden (2003)
5. EN 15011: Krane – Brücken- und Portalkrane
6. Brötzmann, I.: Portalkrane – Einsatzgebiete, Arbeitsaufgaben und Problemlösungen. 12. Internationale Kranfachtagung, Tagungsband, Bochum (2004),

Hrsg. G. Wagner, J. Scholten, Selbstverlag der Ruhr-Universität Bochum, Bochum
7. Koch, T.: Einsatz automatisierter Krananlagen im Yard des Container-Terminals Altenwerder – Funktion und erste Betriebserfahrungen. In: G. Wagner, J. Scholten (Hrsg.) 12. Internationale Kranfachtagung, Tagungsband, Selbstverlag der Ruhr-Universität Bochum, Bochum (2004)
8. Dobner, M.: Welchen Kran braucht der Hafen? In: G. Wagner, J. Scholten (Hrsg.) 12. Internationale Kranfachtagung, Tagungsband, Selbstverlag der Ruhr-Universität Bochum, Bochum (2004)
9. Traunitz, W.: Seeschiffsentlader mit automatischer Steuerung. Siemens-Z. **48**(2) (1974)
10. Griemert, R., Römisch, P.: Fördertechnik – Auswahl und Berechnung von Elementen und Baugruppen. Springer, Wiesbaden (2015)
11. Wagner, G., Scholten, J.: Neue Entwicklungstendenzen in der Fördertechnik. Hebezeug Fördermittel **6**, 262–264, HUSS-Medien GmbH, Verlag Technik, Berlin (2003)
12. Fries, O.: Traglaststeigernde Systeme für Fahrzeugkranausleger. In: H.-G. Marquardt (Hrsg.) 11. Internationale Kranfachtagung, Tagungsband, Selbstverlag der TU Dresden, Dresden (2003)

Allgemeine Literatur

Koop, J., Hesse, W.: Sicherheit bei Kranen. Springer, Heidelberg, Dordrecht, London, New York (2011)

15

Flurförderzeuge 16

Rainer Bruns

Flurförderzeuge (Ffz) [1], auch als Flurfördermittel oder Flurförderer bezeichnet, sind auf dem Boden (Flur), nicht auf Schienen fahrende Fördermittel für den innerbetrieblichen Transport. Sie dienen je nach Bauart zum Befördern, Ziehen, Schieben, Heben, Stapeln oder zum Ein- und Auslagern von Lasten in Regale, zum Kommissionieren sowie zum Be- und Entladen von Verkehrsmitteln.

Für die Kurzbezeichnungen nach VDI 3586 [2] werden den Merkmalsausprägungen der Ffz jeweils Kennbuchstaben zugeordnet. Die Benennung setzt sich zusammen aus den Bezeichnungen des Fahrantriebs, der Bedienung, der Bauform sowie der baulichen Besonderheiten wie ggf. der Leitlinienführung. So wird z. B. ein Elektro-Gabelstapler mit Fahrersitz als EFG benannt. Die Ffz werden nach der Art der Abstützung des Lastgewichtes auch in frei tragende und radunterstützte Ffz unterteilt.

Die VDI 2198 [3] enthält Vorgaben für einen standardisierten Aufbau der Typenblätter für Flurförderzeuge. Dazu gehören neben technischen Daten auch Angaben zum Kraftstoff- bzw. Energieverbrauch sowie Vorgaben zu deren Messung in einem standardisierten Arbeitsspiel, dem sog. VDI-Zyklus. Sicherheitsaspekte, u. a. für die Bediener von Flurförderzeugen, werden in der DIN EN ISO 3691 [4] geregelt.

R. Bruns (✉)
Helmut-Schmidt-Universität Hamburg
Hamburg, Deutschland
E-Mail: Rainer.bruns@hsu-hh.de

16.1 Baugruppen und Komponenten

Wesentliche Baugruppen von Ffz sind das Fahrwerk, der Fahrantrieb, das Hubgerüst, die Lastaufnahmevorrichtung, der Antrieb der Hub- und Nebenfunktionen, der Fahrzeugrahmen (Chassis), die Lenkung, die Bremsen und die Bedienelemente (Mensch-Maschine-Schnittstelle).

16.1.1 Fahrwerk

Fahrwerke mit drei Rädern sind bis max. 3 t Tragkraft zu finden. Alle anderen Flurförderzeuge besitzen vier oder mehr Räder. Das 4-Rad-Fahrwerk bietet als Vorteil eine größere Standsicherheit und bessere Fahreigenschaften. Bodenunebenheiten werden durch eine pendelnd gelagerte Hinterachse oder durch gefederte Stützrollen ausgeglichen. Gelenkte Räder werden an Achsschenkeln geführt oder in Drehschemeln gelagert. Letzteres ermöglicht Lenkeinschläge von über 90°. Dies verleiht dem Ffz eine große Wendigkeit und verringert den Platzbedarf der Verkehrsflächen (Gangbreite im Lager).

Je nach den Einsatzbedingungen werden Polyurethan-Elastomere (nur für Inneneinsatz), Vollgummi-, Superelastik- oder Luftreifen verwendet. Die Reifenart hat Einfluss auf die Standsicherheit [5] und die im Betrieb entstehende Schwingungsbelastung des Bedieners, der Last und des Ffz.

B. Bender und D. Göhlich (Hrsg.), *Dubbel Taschenbuch für den Maschinenbau 3: Maschinen und Systeme*,
https://doi.org/10.1007/978-3-662-59715-6_16

16.1.2 Fahrantrieb

Der Fahrwiderstand von Ffz auf fester Fahrbahn besteht aus dem Rollwiderstand, dem Beschleunigungswiderstand und dem Steigungswiderstand, bei motorgetriebenen Fahrzeugen ist auch der Beschleunigungswiderstand zu berücksichtigen. Der Luftwiderstand kann aufgrund der geringen Fahrgeschwindigkeit vernachlässigt werden. Die Berechnung des Fahrwiderstandes W_F erfolgt wie bei Kraftfahrzeugen (s. Abschn. 53.2).

Für eine Fahrgeschwindigkeit υ und einen Getriebewirkungsgrad η ist die erforderliche Fahrmotorleistung:

$$P_F = W_F \cdot v/\eta \,.$$

Die Auslegung des Fahrantriebs erfolgt nach den geforderten Werten für die Steigfähigkeit, die Zugkraft und die maximale Fahrgeschwindigkeit gemäß VDI 2198 [3], welche im Typenblatt der Ffz angegeben werden.

Handbetrieb. Kleine Flurförderzeuge werden oft von Hand gezogen oder geschoben (handbetriebene Flurförderzeuge, s. Abschn. 16.2). Sie sind nur für den gelegentlichen Transport über kurze Entfernungen geeignet.

Elektromotorischer Fahrantrieb. Der elektromotorische Fahrantrieb besteht aus dem Elektromotor, einem Untersetzungsgetriebe, der Batterie und der elektronischen Steuerung. Als Fahrmotoren werden heute überwiegend Drehstrom-Asynchronmotoren, früher Gleichstrommotoren verwendet. Typische Batteriespannungen sind 24 V, 48 V und 80 V. Um die Einsatzzeit der Batterie zu erhöhen, wird beim Bremsen die Elektromaschine als Generator verwendet und die elektrische Energie in die Batterie zurückgespeist (elektrische Nutzbremsung). Neben den bisher üblichen Blei-Säure-Batterien werden auch Li-Ionen-Batterien und wasserstoffbetriebene Brennstoffzellensysteme als elektrische Energiespeicher verwendet.

Verbrennungsmotorischer Fahrantrieb. Die Leistungsübertragung vom Verbrennungsmotor (Diesel- oder Ottomotor) zu den angetriebenen Rädern erfolgt mit hydrodynamischem Drehmomentwandler, Untersetzungs-, Wende- und Differenzialgetriebe oder hydrostatischem Getriebe mit stufenloser Verstellung des Übersetzungsverhältnisses. Bei Gegengewichtstaplern, Plattformwagen und Schleppern kommen auch elektrische Getriebe zum Einsatz (Verbrennungsmotor-Generator-Elektromotor). Neben der erforderlichen Fahrleistung ist die erforderliche Hubleistung für die Auslegung des Antriebs maßgeblich, da die Hydraulikpumpe für den Hubantrieb vom Verbrennungsmotor angetrieben wird.

Hybrid-Antrieb. Gegengewichtsstapler, Portalstapler und Schlepper sind auch mit einem Hybridantrieb verfügbar. Diese Antriebsart mit wenigstens zwei verschiedenen Motoren und zwei verschiedenen Energiespeichern tritt hier vor allem als Kombination eines Dieselmotors mit einem Elektromotor oder mit einem hydraulischen Antrieb auf. Gegenüber konventionellen Ffz lassen sich damit ein geringerer Energieverbrauch und eine bessere Ökobilanz realisieren. Darüber hinaus besteht je nach Bauart die Möglichkeit, zeitweise emissionsfrei in geschlossenen Hallen zu fahren ohne auf lange Batterieladezeiten Rücksicht nehmen zu müssen.

16.1.3 Hubgerüst

Das Hubgerüst (Hubmast) ist eine mechanische Vorrichtung von Ffz zum vertikalen Bewegen von Lasten. Es besteht je nach Bauart aus 1 bis 4 Hubrahmen (Benennung siehe VDI 3586 [1]). Die Hubrahmen sind Schweißkonstruktionen aus zwei parallel angeordneten Walzprofilen und mindestens 2 Querträgern zur Verbindung der Profile und zur Aufnahme der Hubzylinder. Die Hubrahmen sind ineinander geschachtelt und mittels Rollen geführt, damit das Hubgerüst auch unter Last aus- und eingefahren werden kann (Abb. 16.1). Im inneren Hubrahmen ist der Hubschlitten mittels Rollen geführt. Er besteht aus zwei senkrecht angeordneten Wangen, die durch die waagerecht verlaufenden Gabelträger verbunden sind. An den Wangen sind die

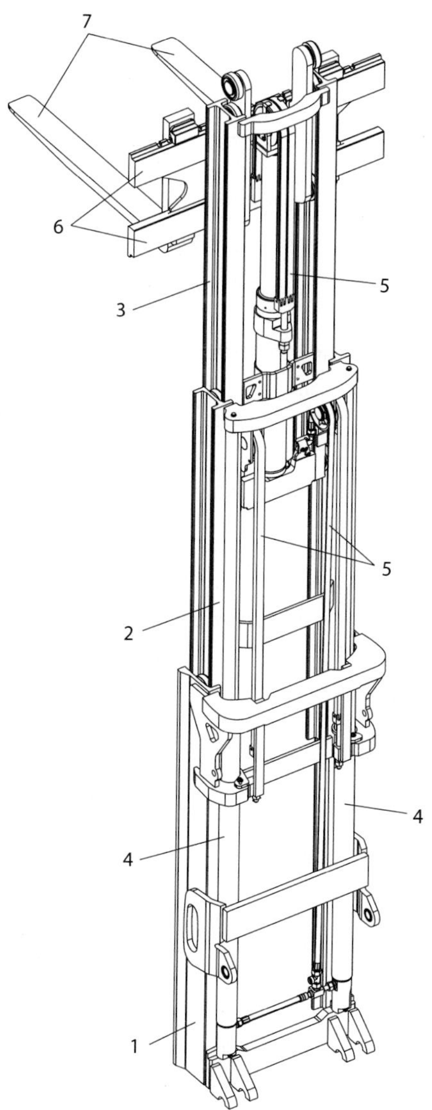

Abb. 16.1 Hubgerüst im ausgefahrenen Zustand (Jungheinrich AG, Hamburg). *1* Äußerer Hubrahmen, *2* mittlerer Hubrahmen, *3* innerer Hubrahmen, *4* Hubzylinder, *5* Hubketten, *6* Hubschlitten, *7* Gabelzinke

Führungsrollen befestigt. Die Gabelträger nehmen die seitlich verschiebbaren Gabelzinken auf.

Der äußere Hubrahmen ist am Fahrzeugrahmen oder bei Gegengewichtstaplern auch an der Vorderachse befestigt. Oftmals kann das Hubgerüst relativ zum Ffz mithilfe von Hydraulikzylindern geneigt, geschoben oder gedreht werden.

Das Hubgerüst wird durch einseitig wirkende Plungerzylinder und Hubketten ausgefahren (heben). Das Einfahren (senken) erfolgt passiv durch die Schwerkraft. Zur Einstellung einer lastunabhängigen Senkgeschwindigkeit werden hydraulische Stromregelventile (Senkbremsventile) verwendet. Die Hubzylinder und die Hubketten sind möglichst nahe an den Hubrahmenprofilen angeordnet, um die Sicht des Fahrers auf die Fahrbahn und die Gabelzinken zu verbessern (Freisichthubgerüst).

Hubgeschwindigkeiten 0,2 bis 0,6 m/s. Die Senkgeschwindigkeit ist aus Sicherheitsgründen auf 0,5 m/s beschränkt. Maximale Hubhöhe 17 m.

16.1.4 Lastaufnahmevorrichtung

Bei Staplern können außer den üblichen geschmiedeten Gabeln je nach Anwendungsfall auch andere Lastaufnahmevorrichtungen (Anbaugeräte) Anwendung finden, wie Ballenklammer, Teppichdorn, Fassklammer, Schüttgutschaufel, Räumschild, Montagebühne etc. Hierdurch lässt sich das Ffz an die jeweiligen Anforderungen anpassen und flexibel einsetzen.

Portalstapler sind mit speziellen Tragrahmen (Spreader) zur Aufnahme von Containern von oben ausgestattet.

16.1.5 Hubantrieb, Antrieb der Nebenfunktionen

Die Arbeitsbewegungen wie das Ausfahren, Neigen, Schieben und Drehen des Hubgerüstes, die Bewegungen des Lastaufnahmemittels sowie die Lenkung bei Ffz mit verbrennungsmotorischem Fahrantrieb werden hydraulisch erzeugt. Die Hydraulikanlage zur Betätigung der Hub-, Neige- und Schiebezylinder besteht aus einer Hochdruckzahnrad- oder einer Axialkolbenpumpe, den Steuerorganen (Ventile mit Betätigungshebeln), einem Überdruck-Sicherheitsventil, einem Senkbremsventil und dem Ölbehälter. Der Öldruck liegt zwischen 120 und 250 bar. Bei Ffz mit verbrennungsmotorischem Fahrantrieb wird die Hydraulikpumpe durch den Verbrennungsmotor angetrieben. Bei Ffz mit batterieelektrischem Fahrantrieb ist für den Hubantrieb ein separater Elektromotor vorhanden. Um die Einsatzzeit der Batterie zu erhöhen, wird beim Senken des Lastaufnahmemittels die hydraulische Pumpe als Motor und die Elektromaschine als Generator verwendet um die elektrische Energie in die Batterie zurückzuspeisen (elektrisches Nutzsenken).

16.2 Handbetriebene Flurförderzeuge

Handbetriebene Ffz werden für den horizontalen Transport kleinerer Lasten über kurze Strecken und bei beengten Platzverhältnissen sowie zur Pufferung von Waren eingesetzt. Sie bestehen aus einem einfachen Tragwerk, einem oder mehreren Rädern, einem Tragorgan zur Aufnahme der Lasten und z. T. aus einer Hubvorrichtung. Sie sind kostengünstig in der Herstellung, einfach an spezielle Erfordernisse anpassbar und daher sehr vielseitig verwendbar.

16.2.1 Handwagen

Handwagen sind einfache Gestelle mit anwendungsspezifischen Aufbauten zur Lastaufnahme. Die Räder einer Achse sind nicht lenkbar gelagert. Die übrigen Räder sind entweder als Lenkrollen ausgeführt oder an einem deichselgeführten Drehschemel befestigt. Handwagen werden auch als mobile Pufferlager, als Anhänger in Schleppzügen eingesetzt oder auf Schleppzügen transportiert.

16.2.2 Rollwagen

Rollwagen (Rollpaletten, Rollcontainer) sind rollbare Ladehilfsmittel. Hierzu sind an Unterseite des Ladehilfsmittels feste und schwenkbare Rollen kleinen Durchmessers angebracht. Rollwagen können leicht von Hand verschoben werden, z. B. für die Be- und Entladung von Lkw. Sie können jedoch auch mit den Gabelzinken anderer Ffz aufgenommen werden.

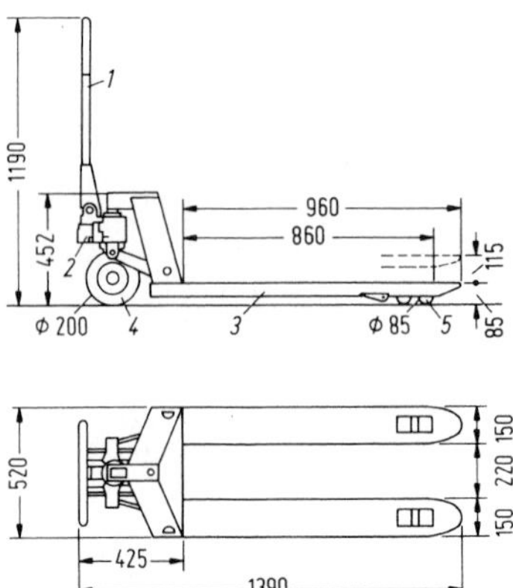

Abb. 16.2 Handgabelhubwagen 2 t Tragfähigkeit mit hydraulisch betätigter Hubeinrichtung (Still GmbH, Hamburg). *1* Stahlrohr-Deichsel, *2* Pumpengehäuse enthält Ölbehälter, Pumpenkolben und Steuerventile, *3* Hubgabel, *4* Lenkräder, *5* Tandem-Gabelrollen

16.2.3 Handgabelhubwagen

Handgabelhubwagen (Abb. 16.2) werden zum horizontalen Transport von Paletten über kurze Strecken und für die Be- und Entladung von Lkw eingesetzt. In den U-förmigen Gabelzinken sind Lastrollen kleinen Durchmessers untergebracht. Gelenkt wird das Ffz mit einer Deichsel, über die auch die hydraulische Hubvorrichtung betätigt wird. Tragfähigkeit bis 2,2 t. DIN EN ISO 3691-5 [4].

16.3 Motorisch betriebene Flurförderzeuge

16.3.1 Niederhubwagen

Niederhubwagen sind Ffz für den horizontalen Transport von Paletten und die Be- und Entladung von Lkw. Für kurze Transportwege und beengte Raumverhältnisse werden deichselgeführte Niederhubwagen (Abb. 16.3) im Mitgängerbetrieb eingesetzt. Die Fahrgeschwindigkeit ist hierbei auf Schrittgeschwindigkeit (6 km/h) begrenzt. Für lange Transportwege sind schnell fahrende Niederhubwagen mit seitlichem Sitz besser geeignet. Für wechselnden Einsatz sind Niederhubwagen mit einer Standplattform konzipiert. Niederhubwagen besitzen vier oder fünf Räder,

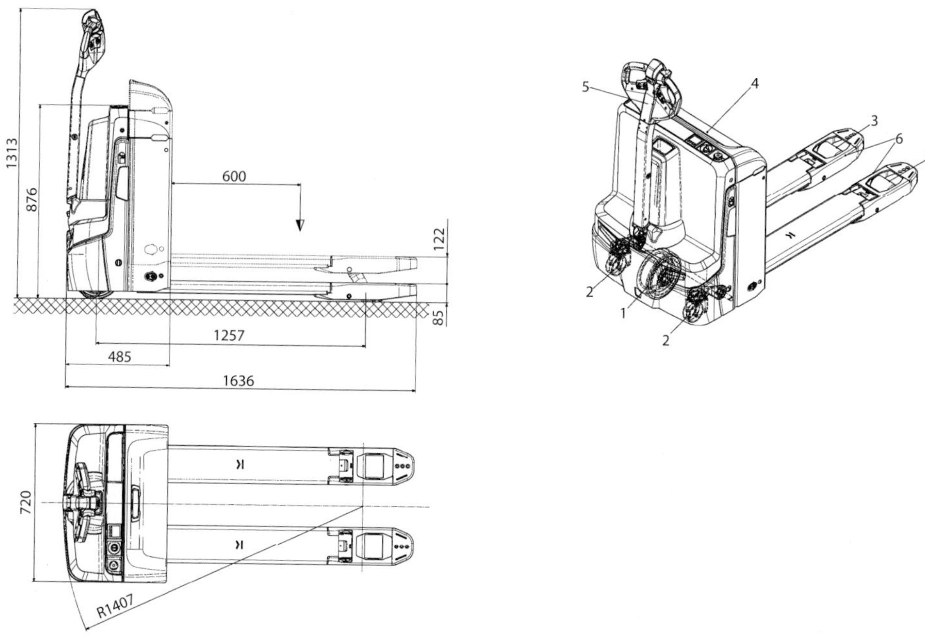

Abb. 16.3 Deichselgeführter Niederhubwagen mit 2 t Tragfähigkeit (Jungheinrich AG, Hamburg). *1* Angetriebenes und gelenktes Rad, *2* gefedertes Stützrad, *3* Lasträder, *4* Batterie, *5* Deichsel, *6* Hubgabel

Abb. 16.4 Niederhubwagen CiTi mit 0,5 t Tragfähigkeit für Belieferung in Innenstädten (Linde Material Handling GmbH, Aschaffenburg)

von denen zwei in den als Gabeln ausgeführten Radarmen untergebracht sind und eines gelenkt, angetrieben und gebremst wird. Tragfähigkeit 1,2 bis 3 t. Für die Belieferung im innerstädtischen Bereich sind für Traglasten bis 500 kg Niederhubwagen mit verbesserter Steigfähigkeit entwickelt worden, siehe Abb. 16.4.

16.3.2 Gabelhochhubwagen

Gabelhochhubwagen sind zum Ein- und Ausstapeln von Paletten in Boden- oder Regallägern mit beengten Platzverhältnissen oder geringer Umschlagsleistung geeignet. Die Vorderräder sind in festen Radarmen angeordnet, die im abgesenkten Zustand von den U-förmigen Gabelzinken (unten offene Kastengabeln) umschlossen werden. Die aufzunehmende Last wird von den Radarmen und der Gabel unterfahren. Paletten mit Bodenauflagen können daher nicht von allen vier Seiten aufgenommen werden. Um die Lasten auf größere Höhen heben zu können, besitzen Gabelhochhubwagen ein Hubgerüst, das fest mit dem Fahrzeugrahmen verbunden ist. Gabelhochhubwagen sind meistens vierrädrig. Zwei Räder sind in den Radarmen gelagert und ein Rad wird gelenkt, angetrieben sowie gebremst. Das vierte Rad ist als Lenkrolle ausgeführt. Gabelhochhubwagen werden ebenfalls als deichselgeführte Fahrzeuge für den Mitgängerbetrieb oder als Fahrzeuge mit klappbarer Standplattform bzw. seitlichem Sitz ausgeführt.

16.3.3 Spreizenstapler

Spreizenstapler besitzen feste Radarme, die hinreichend weit auseinander angeordnet sind, um die Gabelzinken zwischen den Radarmen bis auf den Flur (Boden) absenken zu können. Spreizenstapler gehören zu den Radarmstaplern, die die Last innerhalb der Radbasis aufnehmen, transportieren und heben.

16.3.4 Gegengewichtstapler

Gegengewichtstapler (Abb. 16.5) sind universell sehr verwendbar und sind daher die am häufigsten eingesetzten motorisch betriebenen Flurförderzeuge. Sie werden zum Ein- und Ausstapeln in Lägern, zum (seitlichen) Be- und Entladen von Lkw sowie für den horizontalen Transport über größere Entfernung verwendet. Bei allen Arbeitsvorgängen befindet sich der Lastschwerpunkt außerhalb der Radaufstandsfläche. Deshalb benötigt dieses Ffz ein Gegengewicht aus Gusseisen (namensgebendes Merkmal). Spezielle Lastaufnahmemittel (Anbaugeräte) wie Dorne, Klammern, Greifer, Kranausleger, Manipulatoren, Schaufeln und Kippkübel für Schüttgut ermöglichen die Aufnahme sehr unterschiedlicher Lasten. Ausführung für Tragfähigkeiten von 1 bis 90 t.

Gegengewichtstapler bestehen aus einem auf drei oder vier Rädern ungefedert gestützten Fahrzeugkörper und einem zumeist unmittelbar an der Vorderachse neigbar gelagerten Hubgerüst. Der Fahrzeugkörper enthält den gesamten Fahrantrieb und den Hubantrieb sowie Steuerorgane und Lenkung. Für den Betrieb in geschlossenen Hallen werden drei- oder vierrädrige Gegengewichtstapler mit elektromotorischem Fahr- und Hubantrieb verwendet. Der verbrennungsmotorische Antrieb ist insbesondere für den Einsatz im Freien vorgesehen.

Gegengewichtstapler werden meistens mit Superelastikreifen, aber auch mit Vollgummi- oder Luftreifen ausgerüstet.

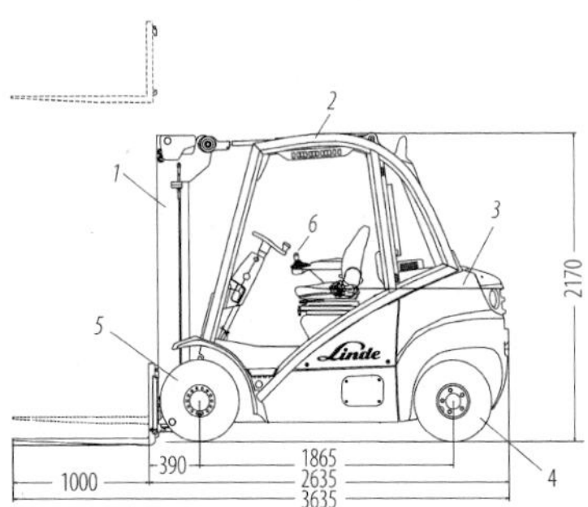

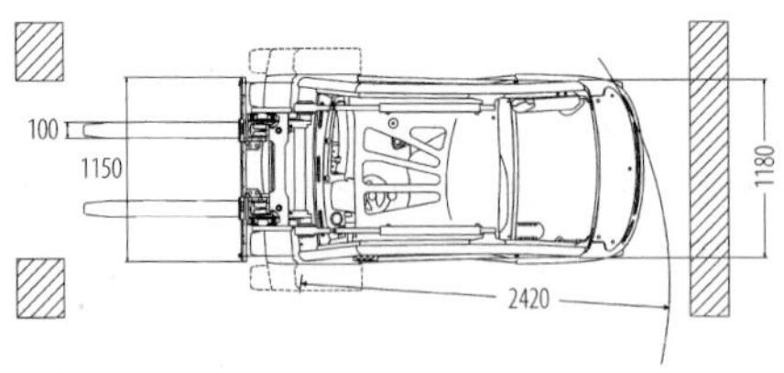

Abb. 16.5 Diesel-Gegengewichtstapler in Vierradbauweise mit 2,5 t Tragkraft und hydrostatischem Antrieb (Linde Material Handling GmbH, Aschaffenburg). *1* Hubgerüst, *2* Schutzdach, *3* Gegengewicht aus Gusseisen, *4* Hinterräder an Pendelachse, *5* Antriebsräder, *6* Multifunktions-Bedienelement (Joystick) für Arbeitshydraulik

16.3.5 Schubstapler

Schubstapler sind Flurförderzeuge zum Ein- und Ausstapeln in Regallägern. Beim Schubstapler kann das Lastaufnahmemittel in Fahrzeuglängsrichtung verschoben werden. Die vorgeschobene Position ermöglicht die Aufnahme von Paletten vom Boden, aus Regalen oder von Lkw-Ladeflächen. In der zurückgeschobenen Position ist der Stapler kürzer, wendiger und benötigt daher nur geringe Gangbreiten zwischen den Regalen. Außerdem wird die Standsicherheit durch die Verlagerung des Lastschwerpunktes zur Radaufstandsfläche erhöht. Es gibt zwei Ausführungsformen von Schubstaplern. Erstens den Schubmaststapler (Abb. 16.6), bei dem das gesamte Hubgerüst zwischen den Radarmen verschoben wird. Zweitens den Schubgabelstapler, bei dem lediglich das Lastaufnahmemittel mithilfe eines Scherenmechanismus (Pantograph) bewegt wird.

16.3.6 Mehrwegestapler

Mehrwegestapler sind Querstapler oder Schubmaststapler, deren Räder zur Fahrtrichtungsänderung in beliebigem Winkel schwenkbar sind. Hierdurch wird eine größtmögliche Wendigkeit

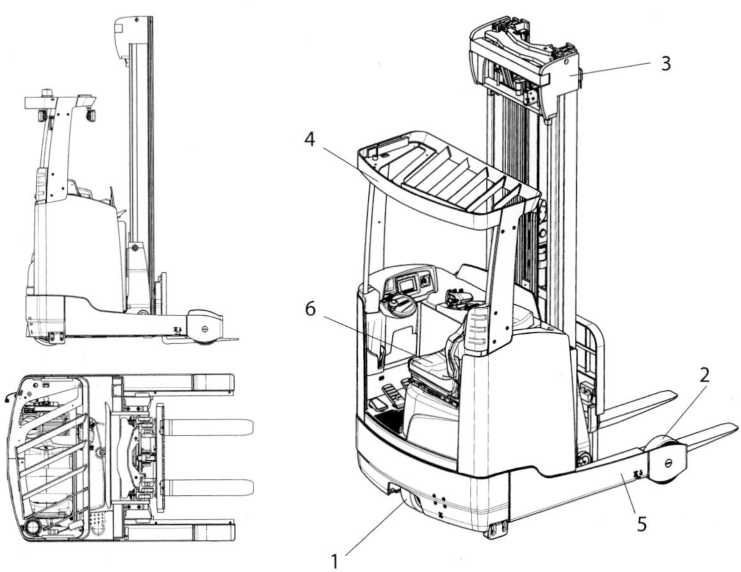

Abb. 16.6 Schubmaststapler mit 1,6 t Tragfähigkeit (Jungheinrich AG, Hamburg). *1* Angetriebenes und gelenktes Rad, *2* Lastrad, *3* Hubgerüst, *4* Schutzdach, *5* Radarm, *6* Fahrersitz quer zum Stapler

erreicht. Sie sind daher insbesondere für den Transport von Langgut geeignet. Vierwegestapler sind eine einfachere Variante des Mehrwegestaplers. Bei ihnen lassen sich alle Räder um 90° schwenken, wodurch in zwei zueinander orthogonalen Richtungen gefahren werden kann.

16.3.7 Querstapler

Ffz, die speziell für den Transport von Langgut konzipiert sind. Das Hubgerüst ist in der Mitte eines Plattformfahrzeugs quer zur Fahrzeuglängsachse in einer Aussparung verschiebbar angeordnet. Bei Lastaufnahme und -abgabe steht der Hubmast bündig mit der Fahrzeugseitenwand. Für das Verfahren der Last wird das Hubgerüst, durch Hydraulikzylinder, in die Aussparung hineingezogen und die Last auf die Plattform abgesenkt (Abb. 16.7).

16.3.8 Schmalgangstapler

Schmalgangstapler (Abb. 16.8) (Seitenstapler, Dreiseitenstapler oder Hochregalstapler) sind Ffz zum Ein- und Ausstapeln von Paletten in hohen Regallagern. Schmalgangstapler mit hebbarer Fahrerkabine können auch zum Kommissionieren genutzt werden, weshalb sie auch als Kommissionierstapler bezeichnet werden. Mittels eines speziellen Lastaufnahmemittels (Schwenkschubgabel oder Teleskopgabel) können sie Lasten seitlich ein- und ausstapeln. Dadurch benötigen sie nur sehr schmale Gänge zwischen den Regalen. Außerdem erreichen sie sehr große Hubhöhen (bis 17 m). Die Last wird außerhalb der Radaufstandsfläche aufgenommen.

16.3.9 Kommissionier-Flurförderzeuge

Ffz zum Kommissionieren, d. h. zum auftragsbezogenen Zusammenstellen von sortenunreinen Ladeeinheiten in Palettenregal- oder Kleinteilelägern. Horizontalkommissionierer besitzen keine Hubvorrichtung, die es dem Fahrer ermöglicht, Waren aus höher gelegenen Regalfächern zu entnehmen. Erreichbar sind nur die erste und die zweite Regalzeile. Sie sind jedoch häufig mit sehr langen Hubgabeln zur Aufnahme mehrerer Paletten hintereinander ausgestattet. Die Bedienung erfolgt über eine kurze klappbare Deichsel oder über ein kleines Lenkrad. Vertikalkommissionierer sind mit einem Hubgerüst zum Heben einer Kabine und der zu beladenden Palette ausgestat-

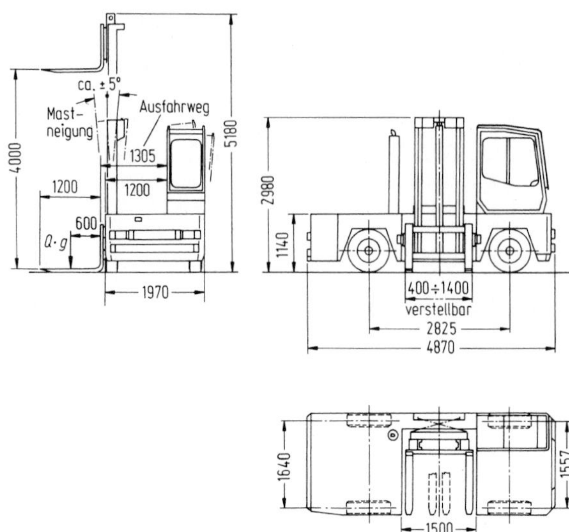

Abb. 16.7 Querstapler mit 6,5 t Tragfähigkeit. Hubhöhe 4000 mm; Dieselmotor 56 kW – 2400 1/min; Fahrgeschwindigkeit horizontal bis 22 km/h (Kalmar LMV, Ljungby)

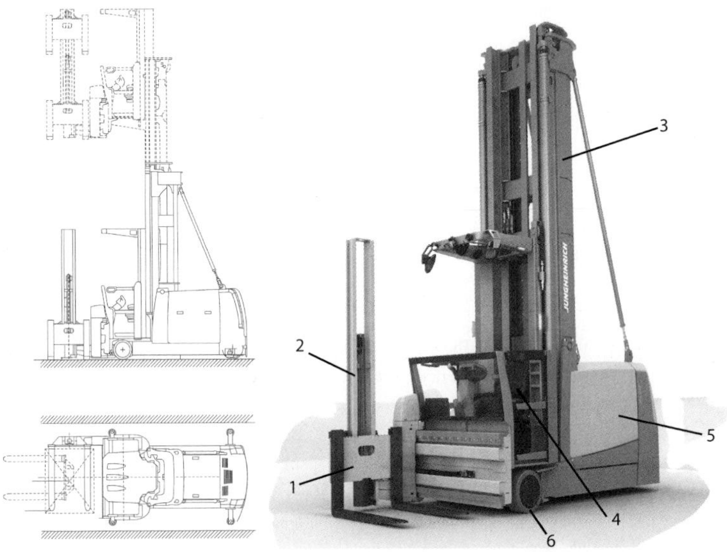

Abb. 16.8 Schmalgangstapler mit hebbarer Fahrerkabine (Kommissionierstapler) 1 t Tragkraft, Hubhöhe 6 m (Jungheinrich Moosburg GmbH, Moosburg). *1* Schwenkschubgabeln, *2* Zusatzhubgerüst, *3* Hubgerüst, *4* Fahrerkabine, *5* Batterie, *6* Lastrad

tet. Der Fahrer kann von der hebbaren Kabine aus alle Lagerfächer erreichen.

16.3.10 Wagen

Wagen werden für regelmäßige, schnelle Förderung größerer Lasten auf einer Plattform eingesetzt. An Stelle einer Plattform können Sonderaufbauten wie Pritsche, Kasten, Tank, Kippmulde, Schwenkkran usw. treten. Wagen besitzen im Allgemeinen ein Fahrwerk mit vier Rädern, von denen zwei oder seltener alle vier gelenkt werden. Die Bedienung erfolgt meistens vom Fahrersitz.

Bei elektromotorisch angetriebenen Wagen ist die Batterie unter der Plattform zwischen den

Achsen angeordnet. Die Fahrgeschwindigkeiten betragen 10 bis 25 km/h.

Für Hoftransporte und Werkrundverkehr bieten verbrennungsmotorisch angetriebene Wagen wirtschaftliche Vorteile. Sie besitzen Tragfähigkeiten von 3 bis 10 t (auch bis 30 t) und erreichen Fahrgeschwindigkeiten bis 30 km/h. Der Verbrennungsmotor wird an Stelle der Batterie unter der Plattform (oder über den vorderen gelenkten Rädern) angeordnet. Die Lenkung, die Bremseinrichtungen und die Federung sind wie bei Kraftfahrzeugen ausgebildet.

16.3.11 Schlepper

Schlepper dienen zum Ziehen von Anhängern oder von rollfähigen Einzellasten, wie z. B. Flugzeuge oder Rollplattformen für Container im Roll on/Roll off-Verkehr. Dreirad-Elektroschlepper (Abb. 16.9) sind kleine, wendige Flurförderzeuge mit Fahrersitz oder Standplattform für Zugkräfte bis 9 kN und mit Fahrgeschwindigkeiten von 6 bis 15 km/h. Für größere Zugkräfte bis 300 kN und höhere Fahrgeschwindigkeiten bis 20 km/h werden Vierrad-Schlepper eingesetzt. Für den Einsatz im Freien und Zugkräfte über 300 kN werden verbrennungsmotorisch angetriebene Schlepper gebaut, deren Fahrwerk, Antriebssystem und Lenkung wie bei Kraftfahrzeugen ausgebildet sind. Für den kombinierten Indoor-/Outdoor-Einsatz werden seit langem auch Schlepper mit Hybridantrieb eingesetzt.

Abb. 16.9 Dreirad-Elektro-Schlepper mit 6 t Schleppleistung (1,2 kN Zugkraft am Haken), Fahrmotor 3,2 kW – 24 V bzw. 48 V, Fahrgeschwindigkeit horizontal mit (ohne) Last bis 7,0 (17,0) km/h (Linde Material Handling GmbH, Aschaffenburg)

16.3.12 Schleppzüge

Ein Schleppzug besteht aus einem Schlepper und mehreren Anhängern. Schleppzüge werden für den regelmäßigen Transport großer Mengen über lange Strecken, z. B. für den Gepäcktransport auf Flughäfen, oder zur Materialver- und -entsorgung von Montagearbeitsplätzen in der Produktion (Routenzug, Milkrun-System) verwendet. Die Anhänger eines Schleppzuges sollen ein spurtreues Fahrverhalten aufweisen sowie schnell und ohne zusätzliche technische Mittel möglichst beidseitig be- und entladen werden können (Abb. 16.10). Die Spurtreue [7] der Anhänger wird mit zwei unterschiedlichen Fahrwerkskonzepten erreicht. Beim Einachsfahrwerk liegt die Drehachse der für die Spurführung verantwortlichen Räder in der Mitte des Anhängers. Die beiden Räder der Mittelachse brauchen nicht gelenkt zu werden. Zusätzliche Nachlaufrollen stützen den Anhänger sicher ab. Die Räder des Zweiachsfahrwerks sind dagegen an den vier Ecken des Anhängers angebracht. Sie werden über die Deichsel aktiv gelenkt, wobei die Räder der Vorderachse in die Kurve hineinlenken und die Räder der Hinterachse entgegengesetzt eingelenkt werden.

DIN15172 [8]: Schlepper und schleppende Flurförderzeuge, Zugkraft, -Anhängelast. VDI-Richtlinie 3973 [9]: Schleppzüge mit ungebremsten Anhängern.

16.3.13 Portalstapler

Portalstapler (Abb. 16.11), die auch als Van Carrier oder Straddle Carrier bezeichnet werden, sind Ffz, die speziell für den Transport von Containern auf den Containerterminals von See- und Binnenhäfen entwickelt worden sind. Neben dem reinen Horizontaltransport werden Portalstapler auch zum Stapeln der Container sowie zum Be- und Entladen von Lkw oder Eisenbahnwaggons verwendet. Je nach Ausführung können Portal-

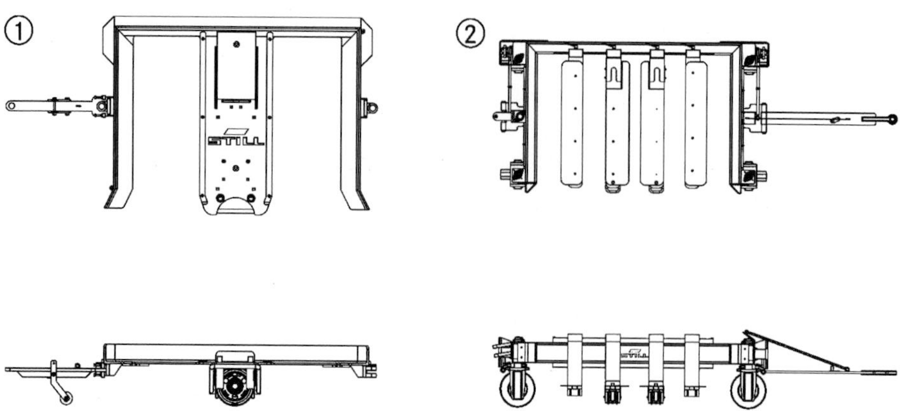

Abb. 16.10 Routenzugelemente (Still GmbH) 1) E-Rahmen Anhänger mit unglenkten Rollen 2) C-Rahmen mit aktiv gelenkten Rädern

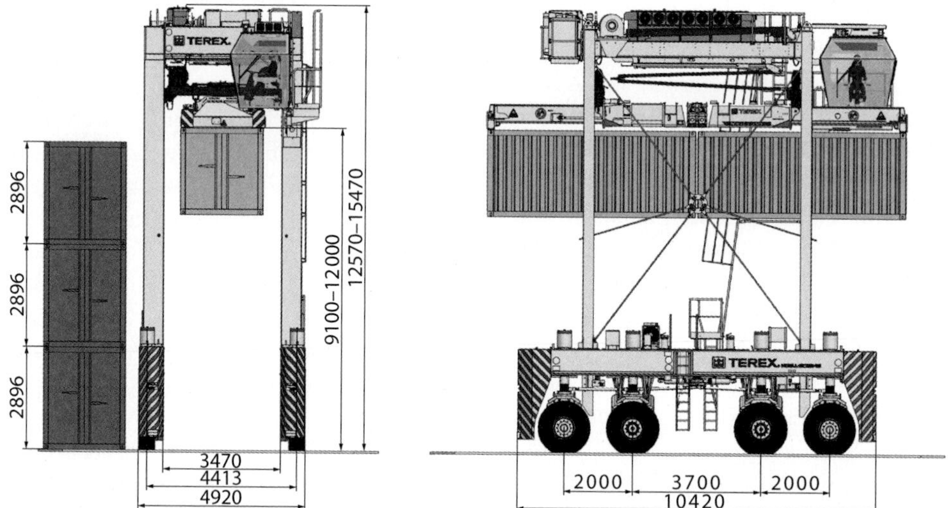

Abb. 16.11 Portalstapler mit bis zu 60 t Tragfähigkeit zum Stapeln von Frachtcontainern nach ISO 668 und anderem Stückgut mit nach ISO standardisierten Anschlagpunkten bis zu einer Höhe von 12 m; Hub- und Fahrbewegungen elektrisch angetrieben, Energieerzeugung mittels 355-kW-Dieselgeneratorsatz; Fahrgeschwindigkeit bis 30 km/h, Hubgeschwindigkeit bis 24 m/min, jeweils mit Last; hydraulische Allradlenkung, elektrisch angesteuert (TEREX MHPS GmbH, Würzburg)

stapler zwei, drei oder vier Container übereinander stapeln. Die Container werden zwischen den Rädern mit einem Tragrahmen (Spreader) von oben aufgenommen.

Das Tragwerk der Portalstapler besteht aus den beiden Radträgern, vier senkrechten Stützen und der Maschinenbühne. Bei einigen Ausführungen werden die Verbindungen zwischen den Radträgern und der Maschinenbühne durch diagonal verlaufende Zugstäbe versteift. In jedem der beiden Radträger sind vier luftbereifte Räder in Drehschemeln gelagert, die alle hydraulisch gelenkt werden. Angetrieben und gebremst werden allerdings nur vier der insgesamt acht Räder. Portalstapler neuerer Bauart verfügen über einen dieselelektrischen Antrieb. Der Dieselmotor und der Generator befinden sich oben auf der Maschinenbühne und die elektrischen Fahrmotoren sind in den Radnaben oder den Drehschemeln angeordnet. Die Fahrerkabine ist mittig oder seitlich an der Vorderseite der Maschinenbühne angebracht.

16.3.14 Fahrerlose Transportsysteme (FTS)

In FTS [10] werden Flurförderzeuge wie Wagen, Schlepper, Gabelhubwagen und Schmalgangstapler automatisch, d. h. ohne die unmittelbare Einwirkung eines Bedieners/Fahrers, betrieben. FTS kommen in der Fertigung zur Verkettung einzelner Arbeitsstationen und als mobile Arbeitsplattformen zum Einsatz. Ein weiterer Anwendungsbereich ist der Transport zwischen einem Lager und dem Wareneingang/-ausgang sowie den Kommissionier- und Verpackungsstationen. Die batteriebetriebenen Ffz fahren aus Sicherheitsgründen nur mit Schrittgeschwindigkeit.

Bei der automatischen Fahrzeugführung ist zwischen der spurgebundenen (Leitlinienführung) und der spurungebundenen (autonomen) Führung zu unterscheiden. Bei Ersterer müssen sensierbare Leitlinien im oder auf dem Boden fest verlegt werden. Leitlinien können von Wechselstrom durchflossene Drähte, reflektierende oder magnetische Streifen sowie mechanische Führungsschienen sein. Bei der autonomen Fahrzeugführung sind die Fahrkurse als Software in einem Umgebungsmodell beschrieben. Die Lagekoordinaten des Ffz werden laufend gemessen und in einem Regelkreis mit den Sollwerten verglichen. Bei Fahrkursabweichungen werden Stellbewegungen des Lenkmotors veranlasst. Zur Messung der Lagekoordinaten kommen unterschiedliche Technologien zum Einsatz (Koppelnavigation, Trägheitsnavigation, Laserradar, Ultraschall und GPS). Zur Erkennung von Hindernissen im Fahrzeug werden Laserscanner oder Kameras verwendet.

Literatur

Spezielle Literatur

1. ISO 5053-1: Terminologie und Klassifizierung. Teil 1: Flurförderzeugtypen, Beuth Verlag, Berlin (2015)
2. VDI-Richtlinie 3586: Flurförderzeuge-Begriffe, Kurzzeichen, Beispiele. VDI-Verlag, Düsseldorf (2012)
3. VDI-Richtlinie 2198: Typenblätter für Flurförderzeuge, Beuth Verlag, Berlin (2012)
4. DIN EN ISO 3691 Teile 1 bis 6, Beuth Verlag, Berlin
5. Busch, N.: Querdynamisches Verhalten von Industriereifen und dessen Einfluss auf die Fahrdynamik von Gabelstaplern. Dissertation, Hamburg (2015)
6. Tübke, J.: Elektrochemische Energiespeicher in mobilen Anwendungen. In: WVMA (Hrsg.) 2. Fachtagung Hybridantriebe für mobile Arbeitsmaschinen, Tagungsband, Karlsruhe (2009)
7. Bruns, R. et al.: Simulationsgestützte Untersuchung der Spurtreue von Routenzügen. 9. Fachkolloquium der WGTL, Dortmund (2013)-
8. DIN 15172: Kraftbetriebene Flurförderzeuge: Schlepper und schleppende Flurförderzeuge, Beuth Verlag, Berlin (1988)
9. VDI-Richtlinie 3973: Kraftbetriebene Flurförderzeuge: Schleppzüge mit ungebremsten Anhängern, Beuth Verlag, Berlin (2016)
10. VDI-Richtlinie 2510-1: Infrastruktur und periphere Einichtungen für Fahrerlose Transportsysteme (FTS), Beuth Verlag, Berlin (2009)

17 Weitere Unstetigförderer

Ludger Overmeyer

17.1 Elektrohängebahn

Elektrohängebahnen sind schienengeführte, flurfrei angeordnete Transportsysteme mit einzeln angetriebenen Fahrzeugen [1]. Hierdurch ist ein reversierbarer Betrieb möglich. Sie dienen zur Verbindung einer oder mehrerer Quellen mit einer oder mehreren Senken sowie zum Puffern und Sortieren von Stückgütern.

Elektrohängebahnen bestehen aus den Systemkomponenten Schiene, vertikale Umsetzeinrichtungen, Fahrzeuge, Lastaufnahmeeinrichtungen, Energiezufuhr und Steuerung.

Durch den Einsatz von horizontalen und vertikalen Kurven bis 90° sowie Weichen sind beliebige Fahrkurse realisierbar. Vertikale Umsetzeinrichtungen verbinden Laufschienen auf verschiedenen Transportebenen; maximale Hubgeschwindigkeiten liegen bei ca. 2,5 m/s.

In Abhängigkeit von der Fahrzeug- und Schienenausführung unterscheidet man zwischen Außen-, Innen- und Obenläufern. Die Übertragung der Antriebskraft vom Fahrzeug auf die Fahrschiene erfolgt im Regelfall durch Reibschluss, bei hohen Steigungen auch durch Formschluss. Die Fahrzeuge bestehen aus einem angetriebenen sowie bei höheren Traglasten aus einem zusätzlichen nicht angetriebenen Teil. Diese sind durch eine Traverse gekoppelt. Typische Traglasten bei horizontalem Streckenverlauf betragen 250 kg bis 750 kg. Der Antrieb erfolgt meist durch Drehstromasynchron- oder Gleichstrommotoren. Die Übertragung der elektrischen Versorgungsspannung erfolgt mittels Stromschienen oder Schleppkabeln. Alternativ kann der Antrieb auch manuell, durch Schwerkraft, pneumatisch oder hydraulisch erfolgen. Die maximale Fahrgeschwindigkeit beträgt bei automatisch gesteuerten Hängebahnen ca. 3,0 m/s.

Zur Steuerung der Elektrohängebahnen dienen Handsteuerungen sowie Speicherprogrammierbare Steuerungen (SPS). Eine Einbindung in Fertigungszellen ist möglich.

Literatur

Spezielle Literatur

1. VDI-Richtlinie 3643: Elektro-Hängebahn-Obenläufer, Traglastbereich 500 kg Anforderungsprofil an ein kompatibles System. VDI-Verlag, Düsseldorf (1998)

L. Overmeyer (✉)
Leibniz Universität Hannover
Garbsen, Deutschland
E-Mail: ita@ita.uni-hannover.de

B. Bender und D. Göhlich (Hrsg.), *Dubbel Taschenbuch für den Maschinenbau 3: Maschinen und Systeme*,
https://doi.org/10.1007/978-3-662-59715-6_17

18 Aufzüge und Schachtförderanlagen

Karl-Heinz Wehking

18.1 Übersicht

In den Geltungsbereich der Personenfördertechnik fallen die Aufzüge, die Seilbahnen und Aufstiegshilfen, die Fahrtreppen und Fahrsteige und die Schachtförderanlagen. Bei den *Aufzügen* wird zwischen Seil-, Hydraulik-, Spindel-, Trommel- und Zahnstangenaufzügen unterschieden. Seil- und Hydraulikaufzüge haben einen Anteil von 98 %. Unter *Seilbahnen* fallen die Seilschwebebahnen im Pendel- und im Umlaufbetrieb mit Tragseil (meist vollverschlossenes Spiralseil) und Zugseil (Rundlitzenseil). Bei Einseilumlaufbahnen sind die Funktionen von Zug- und Tragseil im Förderseil zusammengeführt. Sessellifte können mit fix geklemmten oder kuppelbaren Lastaufnahmemitteln (Geschwindigkeiten > 2 m/s) versehen sein. Bei Standseilbahnen, die im Pendel- und Umlaufbetrieb ausgeführt werden, sind die Wägen schienengeführt. Beim Pendelbetrieb wird über eine große Fahrstrecke nur eine Spur benutzt, d. h. in der Mitte der Fahrstrecke ist eine Ausweichstelle vorgesehen. Für *Fahrtreppen* sind Stufenbreiten (600, 800, 1000 mm) und Steigungen (30°, 35°) festgelegt mit Geschwindigkeiten bis etwa 0,7 m/s. Bei *Fahrsteigen* ist die maximale Steigung 12° mit der Geschwindigkeit $v \leq 0{,}75$ m/s. Für Steigungen unter 6° kann die Geschwindigkeit 1,0 m/s erreichen. Schnellere Fahrsteige sind vereinzelt umgesetzt mit Geschwindigkeiten bis etwa 2,5 m/s mit Lösungsvorschlägen für das sichere Betreten und Aussteigen und die Beschleunigung der Fahrgäste.

18.2 Aufzüge

Wegen der starken Verbreitung der Aufzüge (etwa 600 000 überwachungspflichtige Anlagen 2003 in Deutschland) und der hohen wirtschaftlichen Bedeutung wird auf Hydraulik- und Seilaufzüge, die etwa 98 % der Aufzüge ausmachen, eingegangen. Es werden hier nur Bauteile und Baugruppen diskutiert, die aufzugsspezifisch sind. Aufzüge sind komplexe Maschinen an der Schnittstelle von Maschinenbau und Bauwesen, die auf unterschiedliche Technikbereiche zugreifen und zwar stets vor dem Hintergrund des sicherheitstechnisch sensiblen Personentransports.

18.2.1 Hydraulikaufzüge

Die üblichen Bauweisen der hydraulischen Aufzüge sind direkter und indirekter Heber. Der direkt angetriebene hydraulische Aufzug mit dem Heber in einer Erdbohrung ist geeignet für kleine Förderhöhen. Die Bauweise ist relativ einfach, wobei die Maßnahmen gegen Öleintritt in das Grundwasser und Korrosion aufwändig sind. Der indirekte Antrieb kommt ohne Erdbohrung aus. Man unterscheidet die Druck- und Zugkolbenvariante. Beim Druckkolben sind die Knickbean-

K.-H. Wehking (✉)
Universität Stuttgart
Stuttgart, Deutschland
E-Mail: karl-heinz-wehking@ift.uni-stuttgart.de

B. Bender und D. Göhlich (Hrsg.), *Dubbel Taschenbuch für den Maschinenbau 3: Maschinen und Systeme*,
https://doi.org/10.1007/978-3-662-59715-6_18

spruchungen entscheidend. Bei großen Förderhöhen müssen Zwischenabstützungen des Kolbens vorgesehen werden. Der Zugkolben mit einem kleineren Kolbendurchmesser erfordert aber höhere Öldrücke. Ein Gegengewicht als Ausgleich der Fahrkorbmasse ist möglich. Für hohe Lasten und Fahrkorbmassen können mehrere Zylinder vorgesehen werden. Die Förderhöhe ist üblicherweise auf etwa 25 m begrenzt.

Die Geschwindigkeit liegt nur in Ausnahmefällen über 1 m/s. Die Leistung des Antriebs des Hydraulikaufzugs ohne Gewichtsausgleich muss für die Summe der Gewichtskräfte von Fahrkorb, Zuladung und Kolben berechnet werden. Ein Vergleich der Leistungen wird in Abschnitt „Drehstarre, nicht schaltbare Kupplungen" gegeben.

Die Aufwärtsfahrt erfolgt mit laufendem Antrieb, während bei der Abwärtsfahrt der Motor steht und die Regelung über Ventile erfolgt. Üblicherweise werden pulsationsarme Schraubenspindelpumpen häufig in Unterölausführung eingesetzt.

Maßnahmen gegen unkontrollierte Fahrbewegungen, d. h. Übergeschwindigkeiten als Folge eines Leitungsbruch oder Absinken in der Haltestelle bei offener Tür sind beim direkten Heber das Leitungsbruchventil und bei den indirekten Hebern Fangvorrichtungen.

18.2.2 Seilaufzüge

Bei den Seilaufzügen wird zwischen Trommel- und Treibscheibenaufzügen unterschieden. Der Siegeszug des Treibscheibenaufzugs begann mit der zunehmenden Höhe der Hochhäuser in den USA. Der Treibscheibenantrieb ist praktisch unabhängig von der Förderhöhe, während bei den Trommelaufzügen die Dimensionen der Antriebe mit der Förderhöhe zunehmen.

Bei Aufzügen mit Treibscheibenantrieb sind Fahrkorb und Gegengewicht an Führungsschienen geführt, über mehrere redundant angeordnete Seile miteinander und über Reibung mit der Treibscheibe verbunden. Üblicherweise wird durch das Gegengewicht die Masse des Fahrkorbes und die halbe maximale Zuladung ausgeglichen. Die unteren Fahrbahnenden werden durch Puffer begrenzt, die Fahrkorb oder Gegengewicht beim unkontrollierten Überfahren der unteren Haltestellen bis zu einer Geschwindigkeit v vom 1,15fachen der Nenngeschwindigkeit abbremsen. Durch Rutschen der Seile über die Treibscheibe oder den sehr unwahrscheinlichen Riss aller Seile kann es zu unkontrollierten Fahrbewegungen nach unten kommen. Bei Erreichen der Übergeschwindigkeit, d. h. dem 1,15fachen der Nenngeschwindigkeit löst der Geschwindigkeitsbegrenzer die Fangvorrichtung aus, bremst den Fahrkorb mit begrenzten Verzögerungen ab und setzt ihn an den Führungsschienen still. Die unkontrollierte Fahrbewegung nach oben ist durch gesonderte Maßnahmen abzubremsen. Der Fahrkorb ist durch die Fahrkorbabschlusstür vom Schacht getrennt. Der Schacht und das Gebäude sind durch die Fahrschachttüren, an die besondere Anforderungen hinsichtlich des Feuerwiderstandes gestellt sind, getrennt.

18.2.3 Bemessung, Förderstrom, Steuerung

In allgemeinen Bemessungsregeln von Personenaufzügen werden Anforderungen an die Anzahl der Aufzüge, die Grundfläche der Kabine, die Tragfähigkeit und die Nenngeschwindigkeit der Aufzüge gestellt. In den Landesbauordnungen und dort in der LBOAVO (Allgemeine Ausführungsverordnung des Wirtschaftsministeriums zur Landesbauordnung) finden sich Mindestanforderungen zu der Ausstattung eines Gebäudes mit Personenaufzügen und deren grundlegende Gestaltung. Es wird gefordert, dass für Gebäude mit mehr als 5 Geschossen Aufzüge vorhanden sein müssen. Mindestens einer dieser Aufzüge ist so zu gestalten, dass ein Rollstuhlfahrer oder eine Krankentrage aufgenommen werden können. Für die Aufnahme einer Krankentrage ist eine Grundfläche des Fahrkorbes von 1,1 m auf 2,1 m vorzusehen. Die Anzahl der Aufzüge und deren Grundfläche wird durch die Forderung der LBOAVO vorgegeben, dass für je 20 Aufzugnutzer ein Platz in dem oder den Aufzügen vorhanden sein muss. Dabei sollte beachtet werden, dass bestimmte Tragfähigkeiten und dafür die Fahrkorbabmessungen für Aufzüge in Wohn-, Verwaltungs- und Krankenhäusern nach DIN 15 306 und DIN 15 309 (vergleiche auch ISO 4190-1) genormt sind.

Eine besondere Sorgfaltspflicht muss gegenüber Personen mit Behinderung und Rollstuhlfahrern bestehen. Die Fahrkorbabmessungen (Fahrkorbbreite 1100 mm, Türbreite 800 mm) nach DIN 15 306 für Tragfähigkeiten ab 630 kg lassen ein Befahren mit einem Rollstuhl zu. Sind nach LBOAVO Aufzüge vorhanden, die für die Aufnahme von Rollstühlen vorgesehen sind, müssen diese für Behinderte ohne fremde Hilfe zweckentsprechend genutzt werden können. Dies gilt für alle nach LBO als barrierefrei definierte Anlagen. Zudem müssen diese Aufzüge von der öffentlichen Verkehrsfläche stufenlos erreichbar sein und stufenlos erreichbare Haltestellen in allen Geschossen mit Aufenthaltsräumen haben.

Im Bereich der Aufzüge sind mit der DIN EN 81-20 einheitliche europäische Normen eingeführt worden. In der europäischen Normung, d. h. in der Normenreihe DIN EN 81 ist das Thema Zugänglichkeit von Aufzügen für Personen einschließlich Personen mit Behinderungen in DIN EN 81-70 berücksichtigt. In diesem Entwurf werden 3 Größen von Aufzügen mit unterschiedlichen Abmessungen und damit Typen von Zugänglichkeiten beschrieben. Typ 1 und 2 haben Fahrschachttüren von 800 mm und Typ 3 von 900 mm. Die Fahrkorbbreiten steigen an von 1000 mm (Typ 1 – 85 % der Rollstuhlbenutzer ohne Begleitperson) zu 1100 mm (Typ 2 – auch elektrisch betriebene Rollstühle) bis zu 2000 mm (Typ 3 – Wenden von Rollstühlen in der Kabine möglich und Begleitperson).

Bei Bemessung von Lastenaufzügen muss bedacht werden, dass die geplante Tragfähigkeit größer zu wählen ist als der maximale, aktuelle Bedarf an zu transportierender Last. Sollte ein Befahren des Fahrkorbs mit einem Gabelstapler möglich sein, ist dies bei der Tragfähigkeit zu berücksichtigen. Die Nenngeschwindigkeiten von Lastenaufzügen sind klein und übersteigen 0,8 m/s nicht.

Für gehobene Ansprüche, Gebäude mit großer Förderhöhe und Stockwerkszahl ist eine Berechnung eines Grenzförderstroms für das Füllen eines Gebäudes und der mittleren Wartezeit zur Beurteilung der Anlage unerlässlich.

18.2.3.1 Förderstrom und Wartezeit

Aufzüge müssen für die größtmögliche Belastung durch ankommende und im Gebäude zu verteilende Fahrgäste ausgelegt werden. Diese Situation tritt beim Füllen von Gebäuden auf. Ein Förderablauf beim Füllverkehr ist in Abb. 18.1 dargestellt.

Die Fahrgäste steigen im Erdgeschoss ein. In der Aufwärtsfahrt steigen die Fahrgäste in den gewünschten Stockwerken nach und nach aus. Die leere Kabine fährt dann ohne Zwischenhalt in das Erdgeschoss zurück. Die dabei verstrichene Zeit wird als Umlaufzeit t_u bezeichnet. Bei der Berechnung von Förderstrom und Wartezeit für den Füllverkehr wird vorausgesetzt, dass der Fahrkorb im Erdgeschoss bei jeder Fahrt mit jeweils gleicher Anzahl an Fahrgästen

$$T = T_0 \cdot \eta \tag{18.1}$$

beladen ist. Darin ist T_0 die Tragfähigkeit des Fahrkorbs und η der Füllungsgrad. Mit der Kenntnis der *Umlaufzeit* t_u und der vorausgesetzten, aktuellen Beladung T des Fahrkorbes kann der sogenannte *Grenzförderstrom*

$$N_z = z\frac{T}{t_u} = z\frac{T_0\eta}{t_u} \tag{18.2}$$

berechnet werden. In Gl. (18.2) ist die Umlaufzeit t_u unbekannt. Aus Abb. 18.1 ist zu erkennen, dass sich die Umlaufzeit aus der *Standzeit des Fahrkorbs* t_0 in den Stockwerken und der *Fahrzeit des*

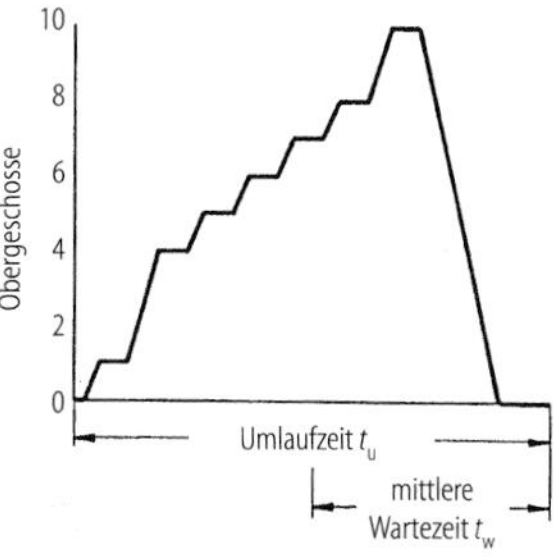

Abb. 18.1 Förderablauf und Umlaufzeit

Tab. 18.1 Türzeit und Ein- und Aussteigezeit [4]

Türbreite	Türzeit für Schiebetüren für das Öffnen, Offenhalten und Schließen t_t		Zeit für das Ein- und Aussteigen eines Fahrgastes t_p
	Mittig öffnende Tür	Einseitig öffnende Tür	
mm	s	s	s
≤ 1000	6	7	2
≥ 1000	7	8	1,5

Fahrkorbs t_F zusammensetzt zu

$$t_u = t_F + t_o \,. \tag{18.3}$$

Die Fahrzeit des Fahrkorbs t_F setzt sich aus der *Durchfahrzeit* t_{DF} während der Fahrkorb mit der Nenngeschwindigkeit v_N im Schacht fährt – und der *Anhalteverlustzeit* t_{VW} – infolge der Beschleunigungs- und Verzögerungsvorgänge in den Stockwerken – zusammen [1]. Für den gesamten Förderablauf ist die Durchfahrzeit t_{DF} mit der *wahrscheinlichen Umkehrhöhe* H_W und der Nenngeschwindigkeit v_N

$$t_{DF} = \frac{H_W}{v_N} \,. \tag{18.4}$$

Für die Gesamtanhalteverlustzeit in einem Förderablauf muss die Anzahl der *wahrscheinlichen Halte* x_W berücksichtigt werden, [2, 3]. Sowohl die Anhalteverlustzeit als auch die Haltezahl sind Wahrscheinlichlichkeitsgrößen. Damit ist die Fahrzeit für einen Förderablauf

$$t_F = 2\frac{H_W}{v_N} + t_{VW}(x_W + 1) \,. \tag{18.5}$$

Die wahrscheinliche Umkehrhöhe hängt ab von *dem wahrscheinlichen Umkehrstockwerk* y_W und der Stockwerkshöhe h, die über dem Gebäude konstant oder unterschiedlich sein kann. Die Standzeit t_0 als zweiter Anteil zur Umlaufzeit setzt sich aus der *Ein- und Aussteigezeit* t_P der T-Fahrgäste und der *Türöffenzeit* t_t (Tab. 18.1) zusammen zu

$$t_0 = t_P T + t_t(x_W + 1) \,. \tag{18.6}$$

Tab. 18.2 Anforderungen an Förderstrom und Wartezeit aus [4]

Gebäudeart	Förderstrom N_z Personen pro Minute	Mittlere Wartezeit t_w S
Wohnhaus	2 % der Bewohner	30 bis 50
Bürogebäude	5 bis 6 % der Beschäftigten und Besucher	10 bis 25

Mit der Fahrzeit Gl. (18.5) und der Standzeit Gl. (18.6) ist die Umlaufzeit

$$t_u = 2\frac{H_W}{V_N} + (t_{VW} + t_1)(x_W + 1) + t_p T \,. \tag{18.7}$$

Bei den Betrachtungen ist vorausgesetzt, dass stets der Fahrkorb im Erdgeschoss mit der angenommen Anzahl an Personen beladen ist. Damit ist die mittlere Wartezeit für den einzelnen Fahrgast

$$t_W = \frac{t_u}{2z} \,. \tag{18.8}$$

Bei den vorangegangenen Ausführungen sind Grenzbedingungen, d. h. der Grenzförderstrom und die mittlere Wartezeit berechnet worden. Eine Überprüfung, ob ein Aufzug ausreichend bemessen ist, erfolgt durch einen Vergleich mit den in Tab. 18.2 zusammengefassten Anforderungen.

18.2.4 Steuerungen

18.2.4.1 Einzelaufzüge

Aufzüge sind seit den 60er Jahren in nahezu allen Fällen Selbstfahreraufzüge, die erst durch die Weiterentwicklung und Optimierung der Aufzugssteuerungen möglich geworden sind. Aufzüge sind mit Bedienungs- und Anzeigeelementen außen an der Haltestelle und im Fahrkorbinnern ausgerüstet. Mit den Rufknöpfen können die Fahrgäste außen an der Haltestelle (Außenrufe) und im Fahrkorbinnern (Innenrufe) ihre Fahrwünsche angeben. Im Fahrkorb können mehrere Fahrwünsche abgegeben werden, die von der Steuerung gespeichert wird. Diese Fahrwünsche werden durch die Aufzugssteuerung abgearbeitet, wobei solange in eine Richtung gefahren und an Zielstockwerken angehalten wird bis keine Fahrwünsche mehr vorliegen. Die Steuerungen für Aufzüge gehen bei der Bearbeitung der Außenrufe nach unterschiedlichen Strategien vor. Steuerungen für Einzelaufzüge sind

a) Einfachsteuerung,
b) Richtungsunabhängige Sammelsteuerung,
c) Abwärtssammelsteuerung und
d) Zweirichtungssammelsteuerung.

Die Steuerungen a) bis c) sind Einknopfsammel- bzw. Einknopfsteuerungen, d. h. dem Fahrgast steht für Außenrufe auf dem Stockwerk als Bedienelement ein Rufknopf zur Verfügung. Bei der Zweirichtungssammelsteuerung (d) sind auf den Stockwerken für die Abwärts- und die Aufwärtsrichtung jeweils ein Rufknopf angebracht. Die Endhaltestellen sind selbstverständlich nur mit jeweils einem der möglichen Fahrtrichtung entsprechenden Rufknopf versehen.

Bei der *Einfachsteuerung*, die bei Lastenaufzügen eingesetzt wird, können die Außenrufe nicht gespeichert werden. Die Außenrufe werden bei der Einfachsteuerung nacheinander abgearbeitet. Der Vorteil liegt darin, dass ein vollbeladener Fahrkorb nicht durch Außenrufe angehalten wird.

Bei der *richtungsunabhängigen Sammelsteuerung* können Innen- und Außenrufe gemeinsam gespeichert werden. Der auf- bzw. abwärts fahrende Fahrkorb hält immer dann, wenn das durch Innen- oder Außenruf angegebene Fahrziel das erste Mal erreicht wird.

Bei der *Abwärtssammelsteuerung* werden Innen- und Außenrufe getrennt gespeichert. Die Außenrufe werden als Fahrwünsche in Abwärtsrichtung interpretiert. Innenrufe werden wie bei den bereits aufgelisteten Steuerungen abgearbeitet. Einsatzgebiet der Abwärtssammelsteuerung sind Gebäude mit geringem Zwischenstockverkehr.

Bei der *Zweirichtungssammelsteuerung* sind auf den Stockwerken – ausgenommen die Endhaltestellen – für die Abwärts- und die Aufwärtsrichtung jeweils ein Rufknopf angebracht, damit der Fahrgast die Fahrrichtung bereits vor der Fahrt angeben kann. An den Stockwerken wird nur gehalten, wenn die aktuelle Fahrtrichtung und die vom Fahrgast im Stockwerk gewünschte Fahrtrichtung übereinstimmen.

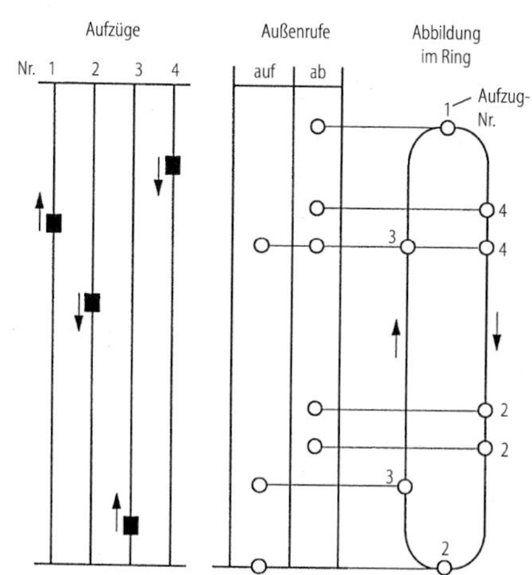

Abb. 18.2 Außenrufzuteilung bei der Ringauswahl

18.2.4.2 Aufzuggruppen

In hohen Gebäuden werden mehrere Aufzüge in einer 3er und einer 6er Aufzuggruppe in Zonen (Nah-, Mittel-, Express- und Ferngruppe) angeordnet. In den meisten Fällen sind die Aufzüge in Aufzuggruppen mit Zweirichtungssammelsteuerungen ausgestattet, wobei aber auch richtungsunabhängige Sammelsteuerungen und Abwärtssammelsteuerungen eingesetzt werden.

Für Aufzuggruppen typische Steuerungen sind die *Intervallsteuerung* (Fahrkörbe vom Erdgeschoss aus losgeschickt) und die *Ringauswahlsteuerung* (Zuordnung der Fahrkörbe zu einem umlaufenden Ring, Abb. 18.2). Mit der Ringauswahlsteuerung eng verbunden ist die sogenannte *Diagonalverteilung* (Verteilung der Fahrkörbe in Zonen). Mit der *Kontensteuerung* wird jedem Außenruf jedes Aufzuges ein Konto zugeteilt entsprechend Kriterien wie Standort zu Außenruf, Beladung etc. Die Rufzuteilung erhält dann der Aufzug mit der höchsten Punktezahl. Bei der *Zielwahlsteuerung* wählt der Fahrgast bereits als Außenruf sein Zielstockwerk. Innenrufe können nicht mehr abgegeben werden.

18.2.4.3 Vermeidung von Verzögerungen beim Förderablauf

Vermeidung von Verzögerungen beim Förderablauf durch *Besetztmeldeeinrichtung* (kein Halt bei Last größer als 80 % der Zuladung), aktueller *Lastmessung*, z. B. für Rufplausibilitätsprüfung und bei Aufzügen mit Zweiknopfsammelsteuerung *Doppelruflöschung* zur Vermeidung unnötiger Halte.

18.2.5 Spezifische Sicherheitseinrichtungen

Fangvorrichtung und Geschwindigkeitsbegrenzer. Fangvorrichtungen sind bei Seilaufzügen vorgeschrieben. Die Fangvorrichtungen werden durch einen Geschwindigkeitsbegrenzer (Pendel- oder Fliehkraftbeschleunigungsbegrenzer) betätigt, wenn das 1,15fache der Nenngeschwindigkeit überschritten ist. Die Fangvorrichtung ist so zu bemessen, dass der mit Nutzlast beladene Fahrkorb mit einer Verzögerung von $0{,}2g \leq a \leq 1{,}2g$, d. h. für Bremskräfte $1{,}2\,(F + Q) \leq B \leq 2{,}4\,(F + Q)$ der Fallbeschleunigung abgebremst und an den Führungsschienen festgesetzt wird. Es werden Sperrfangvorrichtungen (Keilfang- und Rollenfangvorrichtungen) für kleine Nenngeschwindigkeiten bis $v = 0{,}85\,\mathrm{m/s}$ und Bremsfangvorrichtungen für unbeschränkte Nenngeschwindigkeiten unterschieden. Für die Bauart der Fangvorrichtung gilt ein Beanspruchungsfaktor, der für die Sperrfangvorrichtungen wegen der kurzen Bremswege zwischen $k = 3$ und $k = 5$ liegt und für die Bremsfangvorrichtung (wie auch für die hydraulischen Puffer) bei $k = 2$. Die Anforderungen an die Fangvorrichtungen sind für den freifallenden Fahrkorb definiert. Da der Bruch aller redundanten Tragseile äußerst unwahrscheinlich ist, ist die Bremskraft zu groß und sollte zukünftig an diese Gegebenheiten mit intakten Tagmitteln angepasst werden.

Puffer. Als Begrenzung der Fahrbahnen von Gegengewicht und Fahrkorb werden Puffer eingesetzt. Die Puffer müssen so bemessen sein, dass der mit Nennlast beladene Fahrkorb bzw. das Gegengewicht aus einer Geschwindigkeit von höchstens dem 1,15fachen der Nenngeschwindigkeit mit einer mittleren Verzögerung von höchstens der Fallbeschleunigung ($1g$) abgebremst wird. Verzögerungsspitzen sind zulässig. Verzögerungen über $2,5g$ dürfen aber nur über einen Zeitraum von 0,04 s wirken. Bis zu einer Nenngeschwindigkeit von $v = 1{,}25\,\mathrm{m/s}$ nach DIN EN 81-20 werden Federpuffer (energiespeichernde Puffer) mit linearer und teilweise mit nichtlinearer Federkennlinie und für größere Geschwindigkeiten hydraulische Puffer (etwas unglücklich „energieverzehrende Puffer") eingesetzt. Die Geschwindigkeitsbereiche der Puffer und Regelungen unter Einsatz einer Verzögerungskontrollschaltung sind in DIN EN 81-20 geregelt.

Sicherheitsbremse. Bei Aufzugwinden müssen alle an der Bremswirkung beteiligten mechanischen Bauteile doppelt, d. h. redundant ausgeführt sein, und zwar so, dass beim Ausfall einer Bremshälfte die andere intakte Bremshälfte den vollbeladenen Fahrkorb mit ausreichender Bremswirkung abbremsen kann. Die Bremsen werden regelmäßig durch stoßarme Gleichstrommagnete gelüftet. Die Bremse wird durch mindestens zwei in Reihe geschaltete, voneinander unabhängige Schütze offen gehalten. Die Bremse muss nach dem fail-safe-Prinzip bei Unterbrechung der Schütze wirksam werden. Deshalb wird die Bremskraft mechanisch durch Druckfedern erzeugt. Bandbremsen sind unzulässig.

Tür und Türriegel. Bei Türen müssen die Schachttüren, die Fahrkorbtüren und die Türkantensicherung betrachtet werden. Allgemeine Stichworte sind Schiebetüren, Hubtüren, Gliederschiebetüren, Drehtüren, Vierfalttüren mit dem Fokus auf Teleskoptüren horizontal. Die Fahrkorbtür ist motorisch bewegt, die Schachttür wird jeweils beim Halt mitgenommen. Die Türen sind mit speziellen Verriegelungen versehen, wie z. B. dem Hakenriegel. Türen können ein- oder mehrteilig, zentral oder seitlich öffnend sein. Ziel einer Schachttür ist Absturzverhinderung falls Fahrkorb nicht dahinter steht, Feuerwiderstand zum verhindern der Feuerüberleitung in darüber liegende Stockwerke. Die Schließkraft der Fahrkorbtüre und die Schließenergie ist zum Schutz des Nutzers begrenzt. Die Türen werden über Seil- oder Riementriebe angetrieben. Frequenz umgerichtete Türantriebe gehören die Zukunft.

Die Türen im Schacht und am Fahrkorb sowie andere wesentliche Elemente des Aufzugs, die an einem sicheren Betrieb der Anlage beteiligt sind, werden sicherheitstechnisch gesehen im Sicherheitskreis als logische Reihenschaltung verknüpft. Ein Losfahren ist erst dann möglich, wenn für den Nutzer keine Gefährdung z. B. durch eine fehlerhaft offene Tür besteht.

18.3 Schachtförderanlagen

Die *Schachtförderanlagen* (Flurfördermaschinen) können mit Koepetreibscheibe, zylindrischer oder kegelförmiger Trommel ausgeführt sein. Schachtförderanlagen werden bei dem Transport von Gut (Güterfahrt) und Personen (Seilfahrt) mit angepassten Geschwindigkeiten (bis 20 m/s bzw. $< 10\,\mathrm{m/s}$) und Seilsicherheiten ($v = 7{,}2{-}0{,}0005L$ bzw. $v = 9{,}5 - 0{,}001L$ mit L = Fördertiefe) betrieben. In Deutschland sind Teufen bis etwa 1000 m möglich, wobei insbesondere in der Gold- und Edelsteingewinnung Schächte von bis zu 3000 m bekannt sind. Diese müssen allerdings noch durch mehrere hintereinander angeordnete Schachtförderanlagen erschlossen werden.

Literatur

Spezielle Literatur

1. VDI-Richtlinie 2411 (zurückgezogen): Begriffe und Erläuterungen im Förderwesen
2. Scheffler, M.: Grundlagen der Fördertechnik – Elemente und Triebwerke. Vieweg, Wiesbaden (1994)
3. Arnold, D., Furmans, K.: Materialfluss in Logistiksystemen. Springer, Berlin, Heidelberg, New York (2005)
4. Jünemann, R.: Materialflusssysteme – systemtechnische Grundlagen. Springer, Berlin, Heidelberg, New York, Barcelona, Hongkong, London, Mailand, Paris, Singapur, Tokio (2000)

19 Stetigförderer

Andre Katterfeld, Friedrich Krause, Ludger Overmeyer, Karl-Heinz Wehking, Willibald Günthner und Michael ten Hompel

19.1 Berechnungsgrundlagen

Definition der Stetigförderer, Übersicht, Einteilung und Vorteile (s. Kap. 14, Abschn. 14.1.3).

Aus der stetigen Fördergutbewegung (eventuell mit wechselnder Geschwindigkeit oder im Takt) resultiert ein Gutstrom, durch dessen Stärke die Leistungsfähigkeit der unterschiedlichen Förderprinzipe und Fördermittel bestimmt wird. Für seine Berechnung ist die Kontinuitätsgleichung der Strömungslehre für inkompressible Medien $A_1 \cdot v_1 = A_2 \cdot v_2 = A_i \cdot v_i = I_V$ heranzuziehen, d. h. in der Zeiteinheit muss durch jede Förderquerschnittsfläche A_i das gleiche Gutvolumen transportiert werden. Wechselnde Gutstrom-Querschnittsflächen A_i erfordern veränderte Fördergeschwindigkeiten v_i. In der Praxis wird nicht mit dem Differentialquotient $\dot{V} = \mathrm{d}V/\mathrm{d}t$ (augenblicklicher Volumenstrom) sondern mit dem mittleren Volumenstrom I_V in $\mathrm{m^3/s}$ bzw. $\mathrm{m^3/h}$ gerechnet.

Der im Betrieb erreichbare Nennvolumenstrom folgt aus der theoretisch möglichen Gutstrom-Querschnittsfläche A_{th} (konstruktiv bedingt), einem betriebsbedingten Füllungsgrad φ und der möglichen Fördergeschwindigkeit v (stetiger Gutstrom, z. B. bei einem Gurtförderer, Abb. 19.1a):

$$I_{VN} = \varphi \cdot A_{th} \cdot v \,. \tag{19.1}$$

Mit der Schüttdichte ρ des Gutstroms ergibt sich der Nennmassenstrom:

$$I_{mN} = I_{VN} \cdot \rho = \varphi \cdot A_{th} \cdot v \cdot \rho \,. \tag{19.2}$$

Aus einem vorgegebenen Nennvolumenstrom ermittelt sich die theoretisch erforderliche Förderquerschnittsfläche

$$A_{th} = \frac{I_{VN}}{\varphi \cdot v} \,.$$

Liegt statt eines stetigen (durchgehenden) Gutstroms ein pulsierender vor (z. B. Becherwerk, Abb. 19.1b), kann dieser durch einen ideellen kontinuierlichen Ersatzstrom mit der Querschnittsfläche $A_{id} = e_{id} \cdot b$ mit der Ausladung e_{id}

A. Katterfeld (✉)
Otto-von-Guericke-Universität Magdeburg
Magdeburg, Deutschland
E-Mail: Andre.Katterfeld@ovgu.de

F. Krause
Otto-von-Guericke-Universität Magdeburg
Magdeburg, Deutschland
E-Mail: friedrich.krause@ovgu.de

L. Overmeyer
Leibniz Universität Hannover
Garbsen, Deutschland
E-Mail: ita@ita.uni-hannover.de

K.-H. Wehking
Universität Stuttgart
Stuttgart, Deutschland
E-Mail: karl-heinz-wehking@ift.uni-stuttgart.de

W. Günthner
Technische Universität München
Garching, Deutschland
E-Mail: guenthner@fml.mw.tum.de

M. ten Hompel
Technische Universität Dortmund
Dortmund, Deutschland
E-Mail: m.tenHompel@iml.fhg.de

B. Bender und D. Göhlich (Hrsg.), *Dubbel Taschenbuch für den Maschinenbau 3: Maschinen und Systeme*,
https://doi.org/10.1007/978-3-662-59715-6_19

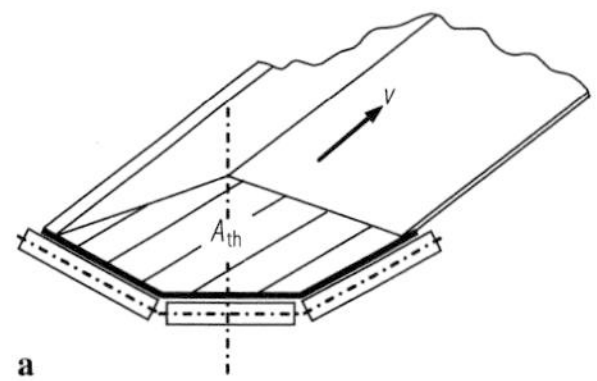

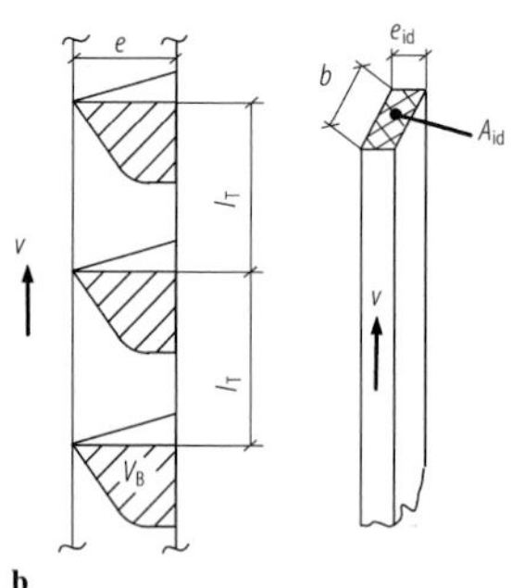

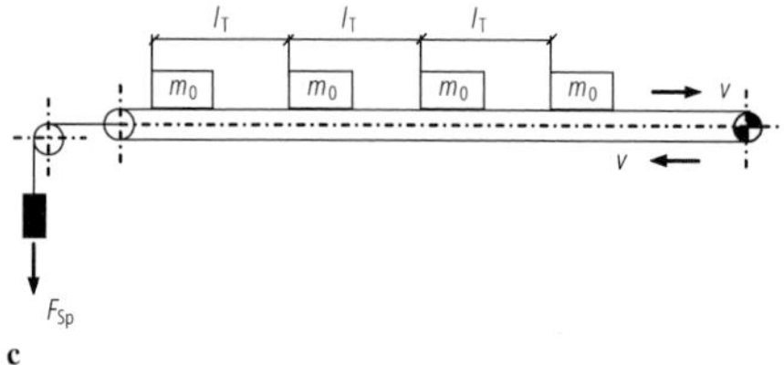

Abb. 19.1 Zur Gutstrombestimmung von Stetigförderern. **a** stetiger Gutstrom (Bsp. Gurtförderer); **b** pulsierender Gutstrom (Bsp. Becherwerk); **c** Stückgutstrom (Bsp. Gurtförderer)

und der Breite b (Becherbreite) ersetzt werden. Für A_{id} gilt:

$$A_{\mathrm{id}} = \frac{V_{\mathrm{B}} \cdot \varphi}{l_{\mathrm{T}}} = \frac{I_{\mathrm{VN}}}{v} = \frac{I_{\mathrm{mN}}}{v \cdot \rho} \tag{19.3}$$

mit der Becherteilung l_{T} und dem Bechervolumen V_{B}. Damit sind die Gln. (19.1) und (19.2) verwendbar, wenn $\varphi \cdot A_{\mathrm{th}}$ durch A_{id} ersetzt wird.

Stetigförderer für Stückgut weisen ebenfalls einen pulsierenden Gutstrom auf (Abb. 19.1c). Für eine konstante Stückgutteilung l_{T} ergeben sich die Stückgutfolgezeit zu $t_{\mathrm{lT}} = l_{\mathrm{T}}/v$ und der Stückgutstrom:

$$I_{\mathrm{St}} = \frac{v}{l_{\mathrm{T}}} = \frac{1}{t_{\mathrm{lT}}} \text{ in Stück/s.} \tag{19.4}$$

Bei gleich großer Stückgutmasse m_0 beträgt der Massenstrom $I_{\mathrm{m}} = I_{\mathrm{St}} \cdot m_0$.

Für die Ermittlung der Bewegungswiderstände und der Belastungen des Traggerüstes der Stetigförderer sind die längenbezogenen Massen (Metermassen) des Gutstroms m'_{F}, des (wenn vorhanden) endlos umlaufenden Zugmittels m'_{Z} und des eventuell zusätzlichen Tragmittels m'_{T} (z. B. bei einem Becherwerk) wichtig. Die Metermasse eines stetigen Gutstroms ergibt sich aus:

$$m'_{\mathrm{F}} = \varphi \cdot \rho \cdot A_{\mathrm{th}} = \frac{I_{\mathrm{VN}} \cdot \rho}{v} = \frac{I_{\mathrm{mN}}}{v} \tag{19.5}$$

und die eines pulsierenden Stückgutstroms:

$$m'_{\mathrm{F}} = \frac{m_0}{l_{\mathrm{T}}} \tag{19.6}$$

bei konstanter Stückgutmasse m_0. Daraus folgen die längenbezogenen Gewichtskräfte $q_{\mathrm{F}} = m'_{\mathrm{F}} \cdot g$, $q_{\mathrm{Z}} = m'_{\mathrm{Z}} \cdot g$ und $q_{\mathrm{T}} = m'_{\mathrm{T}} \cdot g$.

19.2 Stetigförderer mit Zugmittel

19.2.1 Grundlagen der Berechnung

Das gemeinsame Merkmal einer Vielzahl von mechanischen Stetigförderern ist ein endlos umlaufendes Zugmittel (Zm), s. Abb. 19.2. Es ist ein Teil des eigentlichen Fördermittels, das außerdem noch Einrichtungen zur Aufnahme des Fördergutes (Schüttgut oder Stückgut) besitzt, das Tragmittel (Tm). Das Zm übernimmt die beim Fördervorgang auftretenden Widerstände und überträgt diese auf den Antrieb. Vom Tm werden das Fördergut aufgenommen und die Gewichtskraftkomponenten des Gutstroms sowie aller bewegten Teile des Fördermittels auf die Stützkonstruktion des Förderers übertragen. Je nachdem, ob das Tm umläuft oder feststeht, entstehen die unterschiedlichsten Reibungsverhältnisse (Abb. 19.2a,b).

Führungen werden zwischen die bewegten Teile des Fördermittels und die Stützkonstruktion gefügt, wenn das Tm mit umläuft oder wenn Radialkräfte durch das Ablenken des Zm abgefangen werden müssen (Abb. 19.3). Häufig bilden Zug- und Tragmittel eine Einheit, wie z. B. der Gurt eines Gurtförderers (s. Abschn. 19.2.2).

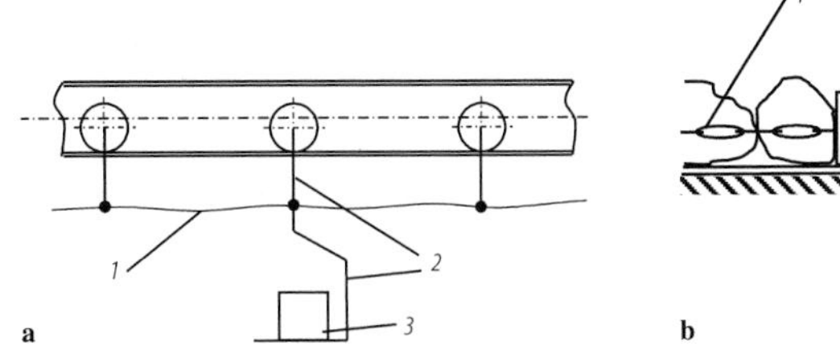

Abb. 19.2 **a** Förderer mit umlaufendem Tragmittel (z. B. Kreisförderer); **b** Förderer mit feststehendem Tragmittel (z. B. Kratzerförderer). *1* Zugmittel (Zm), *2* Tragmittel (Tm), *3* Fördergut

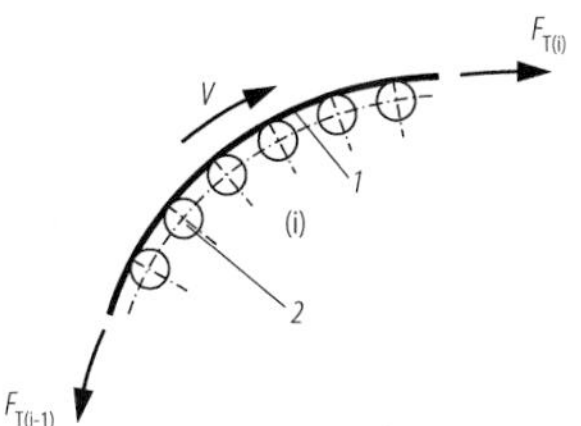

Abb. 19.3 Rollenführung zur Aufnahme von Radialkräften des abgelenkten Zugmittels. *1* Zugmittel (Zm), *2* Führung

Im stationären Betrieb (v = const) treten eine Reihe von Widerständen auf, die sich in drei Gruppen einteilen lassen:

- *Bewegungs- und Steigungswiderstände*: Auf geradlinigen Strecken entstehen Bewegungswiderstände durch die Roll- bzw. Gleitreibung der bewegten Teile, d. h. des Fördergutes, des Zug- und eventuell des Tragmittels (wenn dieses umläuft). Zusätzliche Bewegungswiderstände werden bei der Änderung der Förderrichtung durch Radialkräfte hervorgerufen. Diese durch Reibung bedingten Widerstände wirken gegen die Förderrichtung und sind deshalb positiv. Dagegen sind die an geneigten Strecken durch die Hangabtriebskraft hervorgerufenen Steigungswiderstände unabhängig von der Förderrichtung stets abwärts gerichtet und daher positiv, wenn sie entgegen der Bewegung wirken (steigende Abschnitte) bzw. negativ, wenn sie in der Bewegungsrichtung liegen (fallende Abschnitte). Bewegungswiderstände und Steigungswiderstände sind förderwegabhängig.
- *Widerstände an Beschickungs- und Abgabestellen*: Besonders durch die Gutaufgabe entstehen zusätzliche Widerstände. Das Fördergut muss beschleunigt werden. Bei großen Fallhöhen entstehen Staukräfte. Bei der Gutabgabe werden nur in Sonderfällen Widerstände hervorgerufen.
- *Widerstände durch Zusatz- oder Hilfseinrichtungen*: Für den störungsfreien Betrieb sind Zusatzeinrichtungen erforderlich, z. B. Reiniger, Geradlaufeinrichtungen oder seitliche Begrenzungen des Gutstroms auf der Strecke, die Widerstände verursachen.

Alle Widerstände werden vom Zm aufgenommen, summiert und schließlich auf den Antrieb übertragen. Dieses Prinzip ist allen Zugmittel-Förderern eigen, und es wird dadurch möglich, diese Förderer trotz unterschiedlichen Aufbaus nach einem einheitlichen Verfahren zu berechnen. Die Widerstände, die in den einzelnen Wegabschnitten des Förderers auftreten, sind unterschiedlich. So gibt es beladene und unbeladene Abschnitte, horizontale und steigende usf. Für das Berechungsverfahren ist es erforderlich, die Streckenführung hinsichtlich der Widerstände in Teilabschnitte einzuteilen. Die Einteilung erfolgt so, dass sich in einem Abschnitt die Widerstände nur stetig ändern. Sobald eine Unstetigkeit im Widerstandsverlauf auftritt, z. B. durch Änderung des Beladungszustandes, beginnt ein neuer Abschnitt. Die Abschnitte werden fortlaufend mit in Klammern gesetzten ganzen Zahlen gekennzeichnet. Es ist zweckmäßig, mit der Zählung z. B. am Antrieb zu beginnen und die Wegführung in der Bewegungsrichtung (Fördergeschwindigkeit v) zu durchlaufen (Abb. 19.4). Die Gesamtzahl aller Abschnitte des Förderers sei (n). Daraus ergibt sich, dass der vom Antrieb ablaufende Strang des Zm mit dem Abschnitt (1) beginnt und der auflaufende Strang mit dem Ab-

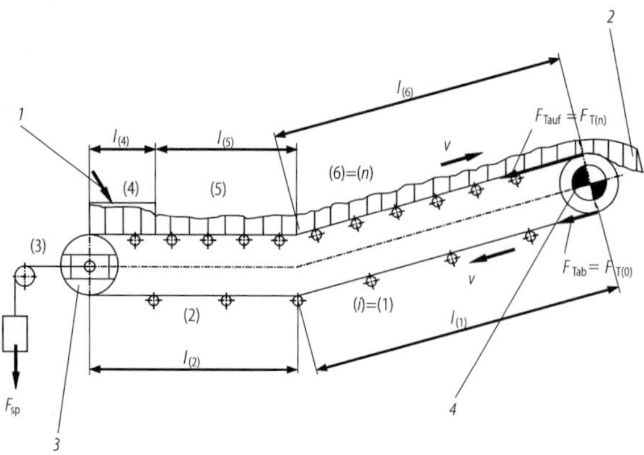

Abb. 19.4 Verfahren zur Berechnung der Widerstände und der Zm-Kräfte, Beispiel Gurtförderer, Einteilung in Wegabschnitte (1) ... (*i*) ... (*n*), beginnend am Ablaufpunkt der Antriebstrommel in *v*-Richtung. *1* Gutaufgabe, *2* Gutabgabe, *3* Spanntrommel, *4* Antriebstrommel

schnitt (*n*) endet. Mit (*i*) wird ein beliebiger Abschnitt im Intervall (1) ... (*i*) ... (*n*) bezeichnet. Die Widerstände in den einzelnen Abschnitten tragen den Index (*i*). Sinngemäß erfolgt die Bezeichnung der Zm-Kräfte. Unter $F_{T(i)}$ wird die Zm-Kraft am Ende des Abschnittes (*i*) verstanden. Es gilt in Bewegungsrichtung:

$$F_{T(i)} = F_{T(i-1)} + F_{W(i)}\,, \tag{19.7}$$

entgegen der Bewegungsrichtung

$$F_{T(i-1)} = F_{T(i)} - F_{W(i)}\,, \tag{19.8}$$

wobei bei $F_{W(i)}$ die Vorzeichen zu beachten sind.

Die Widerstände in den Abschnitten können als Einzelkraft oder über den Abschnitt verteilt (analog Linienbelastung) auftreten. Eine Einzelkraft ergibt eine sprungartige Änderung des Zm-Kraftverlaufs. Die Abschnitte sind so aufzuteilen, dass die Einzelkraft am Anfang des Abschnitts wirkt. Längenbezogene Widerstände bedingen einen stetig veränderlichen Kraftverlauf im Zm (Abb. 19.5). Durch Integration über die Länge $l_{(i)}$ des Abschnitts ergibt sich die resultierende Widerstandskraft $F_{W(i)}$.

Es ist üblich, die Kräfte im auf- bzw. ablaufenden Strang des Zm am Antrieb besonders zu kennzeichnen. Hier werden diese mit $F_{T\,auf}$ und $F_{T\,ab}$ bezeichnet.

Daraus folgt $F_{T\,auf} = F_{(n)}$ bzw. $F_{T\,ab} = F_{(0)}$.

Für die Kraft an einer beliebigen Stelle (*i*) im Zm ergibt sich

$$F_{T(i)} = F_{T\,ab} + \sum_{(1)}^{(i)} F_{W(i)} \qquad \text{bzw.}$$

$$F_{T\,auf} = F_{(n)} = F_{T\,ab} + \sum_{(i=1)}^{(n)} F_{W(i)}\,.$$

Die Gln. zeigen, dass für die Anwendung der Berechnungsmethode an einer Stelle des Förderweges die Kraft im Zm bekannt sein muss. Dieser Wert ist aufgrund der Betriebsbedingungen des Förderers festzulegen.

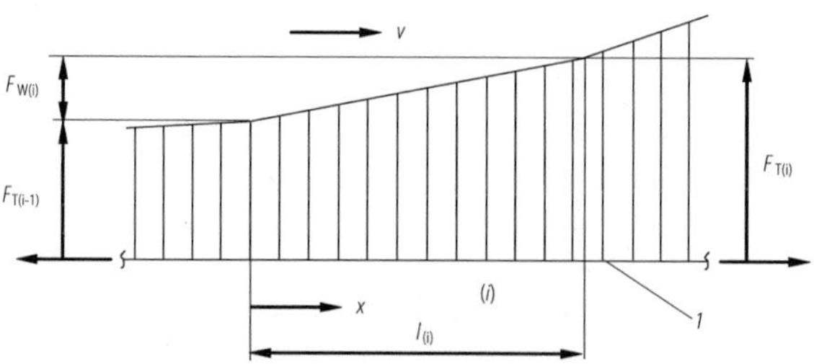

Abb. 19.5 Kräfte in einem Wegabschnitt (*i*) des Zm, um 90° gedreht über dem Zm aufgetragen. *1* Zugmittel

Bei Förderern mit kraftschlüssigen Antrieben (z. B. Gurtförderern) ist die Hauptbedingung, dass zur Kraftübertragung eine Mindestzugkraft im ablaufenden Strang (bei einer Umfangskraft $F_U > 0$) vorhanden sein muss, d. h. es muss die Eytelwein'sche Beziehung

$$\frac{F_{T\,auf}}{F_{T\,ab}} \leq e^{\mu\alpha} \quad \text{für } F_{T\,auf} > F_{T\,ab} \quad \text{bzw.}$$
$$\frac{F_{T\,ab}}{F_{T\,auf}} \leq e^{\mu\alpha} \quad \text{für } F_{T\,ab} > F_{T\,auf} \tag{19.9}$$

erfüllt sein, mit dem Umschlingungswinkel α in rad und dem Reibwert μ.

Aber auch bei allen anderen Förderern, unabhängig vom Antrieb, darf eine Mindestzugkraft im Zm nicht unterschritten werden, damit der Durchhang des Zm zwischen zwei Stützstellen nicht unzulässig groß wird. Bei Kettenförderern wird durch Festlegung einer Mindestzugkraft ein ruhiger und sicherer Lauf erreicht. Diese Mindestzugkraft ist von den Parametern abhängig und muss aus Erfahrung festgelegt werden (z. B. 500 ... 2000 N). Die Größe der Spannkraft F_{Sp} muss $F_{T\,min}$ sichern. Die Stelle $(i) = (k)$, an der $F_{T\,min} = F_{(k)}$ auftritt, ist zu ermitteln.

Die erforderliche Umfangskraft F_U am Antrieb beträgt:

$$F_U = F_{T\,auf} - F_{T\,ab} = \sum_{(i=1)}^{(n)} F_{W(i)}\,. \tag{19.10}$$

Damit folgt für die Antriebsleistung

$$P = F_U \cdot v = \sum_{(i=1)}^{(n)} F_{W(i)} \cdot v \tag{19.11}$$

mit der Fördergeschwindigkeit v.

19.2.1.1 Widerstände auf geradlinigen Strecken mit konstanter längenbezogener Belastung *q*

Durch die Normal- und Hangabtriebskomponente der bewegten Massen von Gutstrom, Zm und Tm werden Reib- und Steigungswiderstände hervorgerufen (Abb. 19.6).

Bewegungswiderstand aufgrund von Roll- und Gleitreibung:

$$F'_{wR(i)} = q_{(i)} \cdot \mu_{R(i)} \cdot l_{(i)} \cdot \cos\delta_{(i)} \tag{19.12}$$

mit $q_{(i)} = q_F + q_Z + q_T$, dem Reib- bzw. Bewegungswiderstandsbeiwert $\mu_{R(i)}$ und dem Neigungswinkel $\delta_{(i)}$.

Die längenbezogenen Gewichtskräfte q_S von bewegten Führungen, z. B. den drehenden Teilen der Stützrollen (Tragrollenstationen) bei Gurtförderern, laufen nicht mit dem Zm um, verursachen nur Bewegungswiderstände unabhängig vom Neigungswinkel und müssen deshalb gesondert behandelt werden:

$$q_{S(i)} = \frac{m_S \cdot g}{l_T}$$

mit der Masse der drehenden Teile m_S und der Teilung l_T der Tragrollenstationen. Für den Bewegungswiderstand $F''_{wR(i)}$ gilt:

$$F''_{wR(i)} = q_{S(i)} \cdot \mu_{S(i)} \cdot l_{(i)}\,. \tag{19.13}$$

Unter der Annahme der Gleichheit der Reibwerte $\mu_{R(i)}$ und $\mu_{S(i)}$ (z. B. für Gurtförderer $\mu_{(i)} = \mu_{R(i)} = \mu_{S(i)} = f$, s. Abschn. 19.2.2)

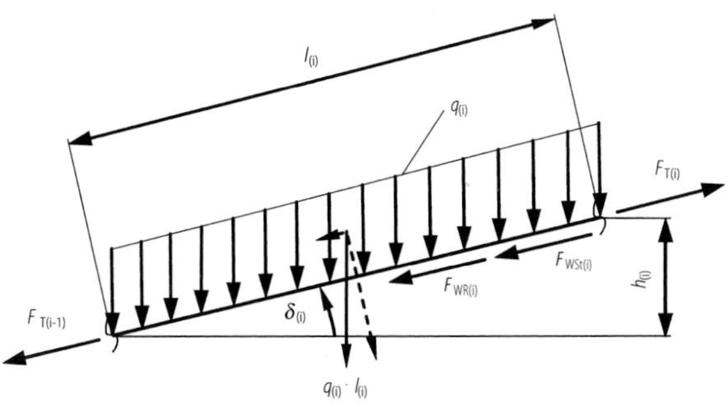

Abb. 19.6 Bewegungswiderstand $F_{WR(i)}$ und Steigungswiderstand $F_{WSt(i)}$ im Abschnitt (i)

folgt für den Bewegungswiderstand $F_{\mathrm{wR}(i)}$:

$$F_{\mathrm{wR}(i)} = F'_{\mathrm{wR}(i)} + F''_{\mathrm{wR}(i)} = \mu_{(i)} \cdot l_{(i)} \cdot \left(q_{(i)} \cdot \cos\delta_{(i)} + q_{\mathrm{S}(i)}\right). \quad (19.14)$$

Der Bewegungswiderstandsbeiwert $\mu_{(i)}$ hängt von der Konstruktion des jeweiligen Förderers ab (s. Abschn. 19.2.2 bis 19.2.5) und kann im Wegabschnitt (i) je nach den Reibungsverhältnissen für den Gutstrom und das Zm unterschiedlich sein (z. B. bei Kettenförderern mit ebenfalls umlaufendem oder mit feststehendem Tm).

Steigungswiderstand:

$$F_{\mathrm{wSt}(i)} = \pm q_{(i)} \cdot l_{(i)} \cdot \sin\delta_{(i)} = \pm q_{(i)} \cdot h_{(i)} \quad (19.15)$$

Bei in Förderrichtung steigenden Strecken gilt das positive, bei fallenden Strecken das negative Vorzeichen.

19.2.2 Gurtförderer

Ein endloser Gurt, am einen Ende um eine Antriebstrommel, am andern um eine Umlenktrommel geführt und dazwischen durch Tragrollen gestützt, fördert das Gut von der Aufgabe- zur Abgabestelle (Abb. 19.7). Gurtführung im Obertrum flach oder gemuldet, im Untertrum flach, aber auch leicht gemuldet. Zum Übertragen der Umfangskraft der Antriebstrommel auf den Gurt Vorspannung erforderlich.

19.2.2.1 Gurtarten

Fördergurt mit zugfesten Einlagen. Verfügbar sind Fördergurte mit Textil- oder Stahlseil-Einlagen (Aufbau, s. Abb. 19.8). Die Einlagen

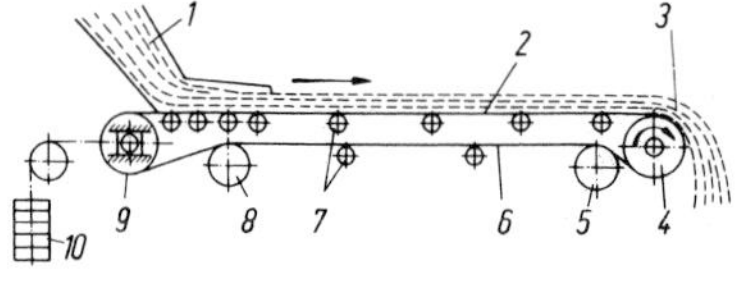

Abb. 19.7 Schema eines Gurtförderers. *1* Gutaufgabe, *2* oberes Gurttrum, *3* Gutabgabe, *4* Antriebstrommel, *5* Ablenktrommel, *6* unteres Gurttrum, *7* Tragrollen, *8* Ablenktrommel, *9* Umlenktrommel, *10* Spanngewicht

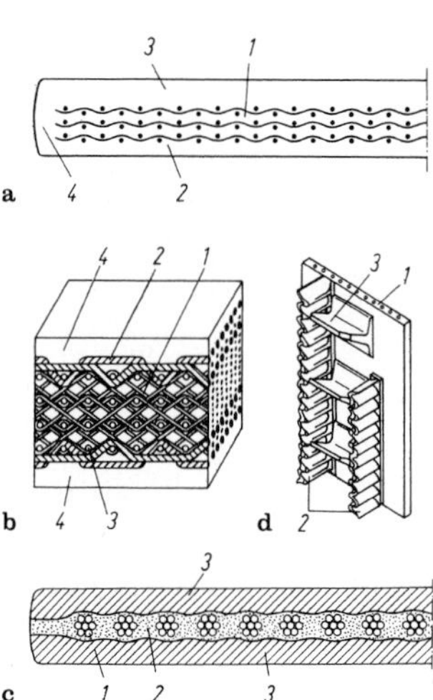

Abb. 19.8 Gurtarten. **a** Fördergurt mit Textileinlagen, *1* Einlagenpaket aus Gewebebahnen und Gummibindeschichten, *2* untere, *3* obere Gummideckplatte, *4* Gummiseitenkante; **b** einlagiger, durchgewebter Fördergurt mit PVC-Kern, *1* zugtragende Polyesterkette, *2* abdeckende Baumwollkette, *3* Polyamidschuß in vier Ebenen, *4* Deckplatte (PVC oder Gummi) (Clouth AG, Köln); **c** Gewebefreier Stahlseilgurt, *1* Stahlseile, *2* metallbindender Innengummi, *3* Gummideckplatten; **d** Wellkantengurt, *1* Stahlseilgurt, *2* Wellkanten (Gummi), *3* Querstollen (Gummi). (C. Scholtz GmbH, Hamburg)

(auch Festigkeitsträger) werden durch Elastomer (Gummi oder Weich-PVC) miteinander verbunden, verfüllt und abgedeckt. Gegenüber der einfachen Ausführung werden für harte Betriebsverhältnisse Schutzeinlagen in Kante und Deckplatten eingearbeitet. Stahlseilgurte meist ohne Gewebeeinlagen, zum Schutz gegen Durchschlag auch mit Querarmierung, z. B. Polyamid-Cordfäden in den Deckplatten.

Bei den *Fördergurten mit Textileinlagen* wird die Gewebequalität gekennzeichnet durch den Werkstoff (Kennbuchstaben) und die gewährleistete Bruchfestigkeit (Nennzugfestigkeit), z. B. in N/mm Breite und Lage in Längs- und Querrichtung im fertigen Gurt. Neben Gewebeeinlagen aus Baumwolle (B) und Zellwolle (Z) solche höherer Zugfestigkeit aus Chemiefasern: Polyamid (P, Perlon, Nylon), Polyester (E, Diolen, Trevira, Terylene), Aramid (D, Kevlar, Twaron). Zur Erzielung günstiger technologischer Eigenschaften des Gewebes für Längsfäden (Kette) und Querfäden (Schuss) verschiedene Faserwerkstoffe z. B. hochfeste, dehnungsarme Polyesterfäden in der Kette und dehnungsfähigere Polyamidfäden im Schuss (EP). Für den Einsatz in verlöschenden Gurten unter Tage auch Mischzwirne, z. B. Eb/Pb. Zahl der Einlagen bis 4, Festigkeit einer Gewebelage bis 400 N/mm in Längs-, bis ca. 100 N/mm in Querrichtung.

Kennzeichnung der Gurtart durch die genannten Kennbuchstaben für das verwendete Gewebe, die Nennzugfestigkeit je mm Breite und die Anzahl der Lagen, mit der diese Festigkeit erzielt wird, z. B. EP 250/2 oder EP 400/3 mit einer Einzellagenfestigkeit von jeweils 125 N/mm Breite. Bruchdehnung bei Gummigurten mit Baumwolleinlagen etwa 14 %, mit Chemiefasereinlagen 10 bis 12 %. Wichtiger ist zur Auslegung des Spannwegs die elastische Betriebsdehnung, die 1 bis 2 % bei üblicher Ausnutzung der Nennfestigkeit von 10 bis 20 % beträgt. Vor allem mit Rücksicht auf die Endlosverbindungen sowie wegen zusätzlicher, durch geometrische Verhältnisse (z. B. im Auf- und Abmuldungsbereich) aufgezwungener Beanspruchungen werden Sicherheiten gegen die Nennfestigkeit im Bereich von 5 bis 10 gewählt. Hierbei sind auch die Anfahrkräfte zu berücksichtigen.

Für Fördergurte mit Textileinlagen für allgemeine Verwendungszwecke gilt DIN 22 102. Wegen der Forderung nach Schwerentflammbarkeit, Selbstverlöschen und Antistatik DIN 22 109 Fördergurte mit Textileinlagen für den Steinkohlenbergbau [3].

Sonderausführungen für steileres Fördern durch Oberflächenmusterung der Tragseite (Fischgräten-, Pyramiden-, Riffelmuster). Zusätzliches Stützen von Schütt- oder Stückgut durch Querleisten (Kastenband) oder pfeilförmig angeordnete Stollen. Spezielle Ausführung des Kastenbands ist der ungemuldete Wellkantengurt, für Steilförderung mit Querstollen geeignet für alle Neigungen bis zur Senkrechtförderung (Abb. 19.8d).

Für den innerbetrieblichen Transport Textilfördergurte aus weich eingestelltem PVC (Polyvinylchlorid) mit zwei, max. drei Lagen aus leichtem Polyester- auch Baumwollgewebe, mit dünnen Deckplatten bis 1 mm, teilweise ohne Deckplatten auf Tragrollen oder Gleitflächen laufend.

Unter Tage Einsatz von schweren, durchgewebten Textileinlagen (Abb. 19.8b) mit Festigkeiten bis 4000 N/mm und sehr guter Durchschlagfestigkeit. Häufig als PVG-(PVC/Gummi-)Gurt ausgeführt mit PVC im Gewebekern und Gummideckplatten zur Erzielung einer Kombination von technologisch wichtigen Eigenschaften. Sehr gut geeignet für Einsatz von mechanischen Haken-Verbindungssystemen zur schnellen Montage beim Verkürzen und Verlängern von bestehenden Anlagen.

Für Anlagen mit großen Achsabständen oder großen Förderhöhen wurde der *Fördergurt mit Stahlseileinlagen* entwickelt. Er vereinigt hohe Zugfestigkeit mit geringer Dehnung und guter Muldungsfähigkeit. Ausführung nur in Gummi [3, 4, 5], (Abb. 19.8c).

Kennbuchstabe St, Nennzugfestigkeit üblich in N/mm Gurtbreite. Aufbau, technologische Daten, Zugkraftstufen St 1000, St 1250, St 1600, St 2500, St 3150 DIN 22 131, für Untertage-Bergbau DIN 22 129, schwerentflammbare Stahlseil-Fördergurte DIN 22 103.

Höhere Festigkeiten als St 4500, St 6600 und St 7500 ausgeführt. Bruchdehnung etwa 2 %, Betriebsdehnung ca. 0,15 %, daher Eignung der Stahlseilgurte für lange Anlagen, heute bis 12 km, bei kurzen Spannwegen.

Drahtgurte. Stahl- oder Metalldrahtgurte als: Drahtglieder-, Drahtgeflecht-, Drahtösenbänder für schweres Fördergut; Stangen- und Drahtgewebebänder für leichteste Güter. Anwendung auch für heiße und glühende Schütt- und Stückgüter, ferner als Entwässerungs- und Trocknungsbänder.

Stahlband. Das aus Kohlenstoffstahl, kalt gewalzt und gehärtet (1200 N/mm^2 Zugfestigkeit) hergestellte Stahlband (0,4 bis 1,6 mm stark) ist besonders für den Transport harter Mineralien oder gesinterten Materials sowie von feuchtem oder klebendem Gut geeignet. Anwendung auch in Bad- und Trockenöfen und in Arbeitstischen bei der Fließfertigung. Meist ebene Führung jedoch auch leichte Muldung möglich.

Sonderausführungen aus rostbeständigem, hartgewalztem Chromnickelstahl, mit Gummischicht umkleidet. Sowohl das nackte als auch das gummibelegte Stahlband erfordern angepasste Gestaltung der stützenden Tragrollen oder Gleitflächen, der Antriebs- und Umlenktrommeln und der Spannvorrichtung (Sandvik Process Systems GmbH, Fellbach).

19.2.2.2 Prüfverfahren und Überwachung von Fördergurten

In Abhängigkeit vom jeweiligen Einsatzgebiet müssen Fördergurte verschiedenen Anforderungen genügen. Die dazu erforderlichen Prüfungen lassen sich in brand-technische, hygienische und elektrische gliedern [6]. Weitere genormte Prüfungen dienen der Ermittlung mechanischer Kenngrößen wie Bruchkraft, Muldungsfähigkeit oder Eindrückrollwiderstand [7]. Von besonderer Bedeutung für die Betriebssicherheit ist die dynamische Zeitfestigkeit von Fördergurtverbindungen. Neben der Bruchkraft beschreibt vor allem die unter realitätsnahen Prüfbedingungen ermittelte Zeitfestigkeit die Qualität der Gurtverbindung [5, 8].

Eine hohe Betriebssicherheit von Gurtförderern erfordert die ständige Überwachung von Betriebsparametern und die Erkennung von auftretenden Gurtschäden. Zu den wichtigsten Betriebsparametern des Gurtes zählen die Geschwindigkeit, die Vorspannung, der Geradlauf und die Position. Die Erkennung und Instandsetzung von Gurtschäden im Frühstadium verhindert schwerwiegende Schäden und einen Anlagenausfall [9].

Prüfverfahren werden gemäß DIN Normen vor dem Einsatz des Fördergurtes zur Überprüfung betriebswichtiger Parameter durchgeführt. Als Beispiel sei hier das Prüfverfahren zur dynamischen Zeitfestigkeit von Fördergurtverbindungen gemäß DIN 22110 Teil 3 genannt, nach welchem bereits mehr als 1000 Prüfungen durchgeführt wurden [45]. Dabei wird ein Prüfgurt der typischen Breite von 400 mm und einer, von der Prüfmaschine abhängigen, Länge von ca. 15 m untersucht. Auf dieser Prüfmaschine läuft der Prüfgurt um, angetrieben von einer Antriebstrommel und läuft danach nur über eine Umlenktrommel zurück. Bei diesem Verfahren wird die umlaufende Fördergurtprobe einer dynamischen Dauerschwellbelastung unterzogen. Die hierbei ermittelte Referenz-Zeitfestigkeit hängt von dem Aufbau der Fördergurtverbindung, den eingesetzten Werkstoffen und der realen Ausführung der Verbindung ab.

Die Überwachung von Fördergurten im Förderbetrieb erfolgt durch Sensoren im Fördergurt oder durch externe Sensoren. Bei den Sensoren im Fördergurt werden Messsensoren in den Fördergurt integriert und die gemessenen Daten an eine externe Auswertestation per Funk übermittelt. Es werden hierzu Leiterschleifen in den Fördergurt einvulkanisiert, die mit Hilfe induktiver Verfahren auf ihre Unversehrtheit im Betrieb geprüft werden. Dies kann direkt mittels Induktionsspulen oder indirekt über Transponder geschehen. Des Weiteren kann bei Stahlseilgurten die Beschaffenheit der Stahlseile mittels Feldspulen überwacht werden.

Die externe Fördergurtüberwachung wird visuell beim Abschreiten der Anlage oder automatisiert mit Kamerasystemen und integrierter Bildauswertung durchgeführt. Eine weitere Möglichkeit der zerstörungsfreien Inspektion besteht in der Durchstrahlung des Fördergurtes mittels energiereicher Strahlung (z. B. Röntgenstrahlung) und der Auswertung von erzeugten Bildinformationen.

19.2.2.3 Berechnungsgrundlagen

In Anlehnung an DIN 22101: Gurtförderer für Schüttgüter – Grundlagen für die Berechnung und Auslegung, siehe [2].

19.2.2.4 Fördergutstrom, Füllquerschnitt, Fördergeschwindigkeit

Fördergutstrom. Er folgt aus dem *Gutquerschnitt („Füllquerschnitt")* A, der *Fördergeschwindigkeit* v und der *Schüttdichte* ρ als *Volumenstrom* I_V oder *Massenstrom* I_m zu

$$\begin{aligned} I_V &= v \cdot A \\ I_m &= \rho \cdot I_V \end{aligned} \tag{19.16}$$

z. B. mit v in m/s, A in m^2 und ρ in kg/m^3.

Großförderbandanlagen für Abraumbewegung in Braunkohlentagebauen erreichen Fördergutströme bis zu 10 000 kg/s.

Füllquerschnitt. Der Berechnung des Füllquerschnitts bei waagerechter Förderung können für dreiteilige Muldensätze die in Abb. 19.9 dargestellten geometrischen Verhältnisse zugrunde gelegt werden. Dabei ist ein dynamischer Böschungswinkel des Förderguts β vorzugeben. Man geht von der Gurtbreite B aus und setzt für

$$B \leq 2000\,\text{mm} \qquad b = 0{,}9B - 50\,\text{mm}$$

und für

$$B > 2000\,\text{mm} \qquad b = B - 250\,\text{mm}\,.$$

Damit ergibt sich der theoretische Füllquerschnitt, der auch der Berechnung des *Nennfördergutstroms* zugrunde gelegt werden kann, zu:

$$\begin{aligned} A_{\text{th}} &= A_{1\text{th}} + A_{2\text{th}} \\ &= 0{,}25\,[l_{\text{M}} + (b - l_{\text{M}})\cos\lambda]^2 \tan\beta \\ &\quad + 0{,}5\,[l_{\text{M}} + 0{,}5\,(b - l_{\text{M}})\cos\lambda] \\ &\quad \cdot (b - l_M)\sin\lambda\,. \end{aligned} \tag{19.17}$$

Der praktisch mögliche Fördergutstrom wird beeinflusst durch Korngröße und -form, inneren Reibungswinkel, dynamischen Böschungswinkel, Übergabegeometrie, Aufschüttverhältnisse, Geradlauf des Gurts, Gleichmäßigkeit der Gutaufgabe und damit Vorhaltung einer Reserveförderkapazität. Daher Abminderung des theoretischen Füllquerschnitts um Faktor φ_{Betr}. Bei geneigter Förderung berücksichtigt der Abminderungsfaktor φ_{St}, dass $A_{1\text{th}}$ reduziert wird. Damit wird der Nennvolumenstrom abhängig von

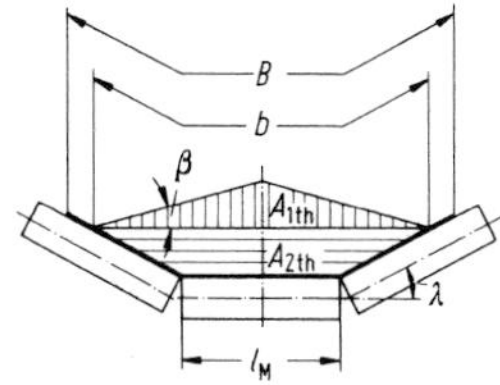

Abb. 19.9 Geometrische Verhältnisse zur Berechnung des Füllquerschnitts bei dreiteiligen Muldenrollensätzen

Tab. 19.1 Normale Gurtbreiten, Tragrollenlängen und Tragrollendurchmesser in mm

Gurtbreite B	Muldenrolle l[a]	Rollendurchmesser D wahlweise	
500	200	63,5	89
650	250	63,5	89
800	315	89	108
1000	380	108	133
1200	465	133	159
1400	530	133	159
1600	600	133	159
1800	670	159	194
2000	750	159	194
2200	800	194	219
2400	900	194	219
2600	950	194	219
2800	1000	219	
3000	1100	219	

[a] Länge der Flachrolle $\approx 3 \times l$
Siehe hierzu auch Gurtförderer für den Kohlenbergbau unter Tage: DIN 22 112: Tragrollen. – DIN 22 111: Leichtes Traggerüst. – DIN 22 114: Schweres Traggerüst.

Förderguteigenschaften, Betriebs- und Anlagendaten

$$I_{\text{V}} = \varphi_{\text{Betr}}\varphi_{\text{St}} v A_{\text{th}} \tag{19.18}$$

mit $0{,}5 \leq \varphi_{\text{Betr}} \leq 1{,}0$; so kann $A_{1\text{th}} = 0$ sein bei Fördergut mit stark fließenden Eigenschaften. Mit dem größten Neigungswinkel der Anlage $\delta_{\max}$ ist für $\delta_{\max} \leq \beta$

$$\varphi_{\text{St}} = 1 - \frac{A_{1\text{th}}}{A_{\text{th}}}\left(1 - \sqrt{\frac{\cos^2\delta_{\max} - \cos^2\beta}{1 - \cos^2\beta}}\right). \tag{19.19}$$

Wird in Gl. (19.17) $l_{\text{M}} = 0$ gesetzt, so erhält man den Füllquerschnitt für zweiteilige Muldensätze und bei $l_{\text{M}} = 0$ und $\lambda = 0$ denjenigen für den flachen Gurt (s. a. DIN 22 101). Normalerweise werden wegen vereinfachter Lagerhaltung für die Bildung des Muldensatzes gleich lange Tragrollen verwendet. Bei dreiteiligen Muldensätzen können dann den Gurtbreiten die in Tab. 19.1 angeführten Tragrollenlängen und Tragrollendurchmesser zugeordnet werden. Die Wahl einer kürzeren Mitteltragrolle ergibt einen bis um 15 % größeren Füllquerschnitt (z. B. Abb. 19.26).

Fördergeschwindigkeit. Die Bewegung großer Massen (Erdbau, Braunkohlentagebau) verlangt hohe *Gurtgeschwindigkeiten* bis zu 7,5 m/s. Erz und andere stark schleißende Schüttgüter werden zzt. mit bis 3,3 m/s befördert. Kesselbekohlungsanlagen und Kohleförderung unter Tage 2 bis 3 m/s; Getreideförderer 1 bis 2 m/s; stark staubende Güter (Mehl, Zement) 1 m/s; trag- und fahrbare Förderer für den Baubetrieb 1 m/s. Für Stückgutförderung und Fließfertigung von 2 m/s abwärts bis zu kleinsten Geschwindigkeiten.

19.2.2.5 Bewegungswiderstände und Leistungsbedarf

Bewegungswiderstände. Sie bestehen bei einer Gurtförderanlage im Beharrungszustand [10] aus *Reibungswiderständen*, an Aufgabestellen auch aus Beschleunigungswiderständen, und bei geneigten Anlagen dazu aus dem *Steigungswiderstand* F_{St}.

Bei den Reibungswiderständen (und Trägheitswiderständen) unterscheidet man:

Hauptwiderstände F_H (auf der Strecke). Laufwiderstand der Tragrollen (Lager- und Dichtungsreibung), Walkwiderstand von Gurt (Gurteindrückung an den Tragrollen, Schwingbiegung des Gurts) und Fördergut (Fördergutwalkung).

Nebenwiderstände F_N (an einzelnen Anlagenstellen). Trägheits- und Reibungswiderstände F_{aA} zur Beschleunigung des Förderguts an Aufgabestellen, Schurrenreibung $F_{sch\,A}$, falls dort Schurren vorhanden, von geringerer Bedeutung i. Allg. Gurt-Umlenkwiderstand F_l beim Lauf über die Trommeln, Trommellagerwiderstand F_t (ohne Antriebstrommeln) [11].

Sonderwiderstände F_S. Sie können auf der Strecke vorhanden sein als Sturzwiderstand F_ε (durch zur besseren Gurtführung schräg zur Förderrichtung gestellte äußere Tragrollen), als Widerstand an Materialführungsleisten F_{sch} und an einzelnen Anlagenstellen als Widerstände durch Gurtreiniger F_r, durch Abstreicher oder Abwurfwagen, durch stellenweise Materialführungsleisten F_s.

Steigungswiderstand F_{St}. Er ist aus gesamter Förderhöhe H ($H > 0$ Gurtlaufrichtung aufwärts, $H < 0$ Gurtlaufrichtung abwärts) und der auf die Längeneinheit bezogenen Masse aus Fördergut m'_F, zu ermitteln.

Leistungsbedarf. Die von der Antriebstrommel auf den Gurt zu übertragende Umfangskraft wird damit

$$F_U = F_H + F_N + F_S + F_{St}\,.$$

Für Anlagen mit Achsabständen über 80 m können die Hauptwiderstände mittels eines Gesamtreibungsbeiwertes f berechnet und die Nebenwiderstände, statt der Einzelbestimmung nach [2], durch einen von der Anlagenlänge abhängigen Beiwert C (Tab. 19.2) berücksichtigt werden. Er ist definiert durch

$$C = (F_H + F_N)/F_H\,.$$

Unter diesen Voraussetzungen wird die Umfangskraft

$$\begin{aligned} F_U &= CF_H + F_S + F_{St} \\ &= CLfg\left[m'_R + \left(2m'_G + m'_F\right)\cos\delta\right] \\ &\quad + F_S + m'_F gH\,. \end{aligned} \tag{19.20}$$

Für kleine Anlagen-Neigungen ($\cos\delta \approx 1$) lässt sich vereinfacht schreiben

$$F_U = CLfg\left[m'_R + 2m'_G + m'_F\right] + F_S + m'_F gH\,.$$

Die am Umfang der Antriebstrommel erforderliche Antriebsleistung ergibt sich dann zu

$$P_U = F_U v$$

und die Motorleistung zu

$$P_{Mot} = P_U/\eta_{ges}$$

mit I_m Fördergutstrom (Massenstrom), m'_F Masse des Förderguts je Längeneinheit ($m'_F = I_m/v$), m'_R Masse der drehenden Teile der Tragrollen je Einheit des Achsabstandes (Ober- und Untertrum), m'_G Masse des Gurts je Längeneinheit, v Gurtgeschwindigkeit, H gesamte Förderhöhe (negativ bei Abwärtslaufrichtung), δ Neigungs-

Tab. 19.2 Beiwert C in Abhängigkeit von Achsabstand L bei Füllungsgraden φ von 0,7 bis 1,1 (Auszug aus [2])

L in m	80	100	150	200	300	500	900	1500	>2000
C	1,92	1,78	1,58	1,45	1,31	1,20	1,10	1,06	1,05

winkel der Anlage, η_{ges} Gesamtwirkungsgrad aller Übertragungsglieder zwischen Gurt und Motorwelle ($\approx 0{,}8 \ldots 0{,}97$).

Die Masse je Längeneinheit wird üblich in kg/m, v in m/s, L und H in m eingesetzt.

Richtwert für f bei normal ausgeführter Anlage: 0,020; bei günstigen Bedingungen Minderung bis auf 0,010; bei ungünstigen Bedingungen Erhöhung bis auf 0,040. Weitere Hinweise in [2].

Für stark abwärtsfördernde Anlagen (generatorischer Betrieb der Antriebe) soll aus Sicherheitsgründen der Reibwert sehr klein angenommen werden: $f = 0{,}012 \ldots 0{,}016$. Zur Verfeinerung bei der Wahl des f-Werts, insbesondere auch zur Berücksichtigung der Außentemperatur [12].

Sonderwiderstände F_S. Beispielhaft wird der Rechenansatz für den *Sturzwiderstand* dargestellt: Der an einer auf Sturz unter dem Winkel ε ($= 1 \ldots 3°$) in Förderrichtung gestellten Tragrolle, auf die eine Normalkraft F_{NR} wirkt, beträgt: $F_{\varepsilon\text{R}} = \mu_\varepsilon F_{\text{NR}} \cdot \sin\varepsilon$.

Damit wird der Sturzwiderstand für dreiteilige Muldensätze mit gleich langen Tragrollen auf der Anlagenlänge L im Obertrum

$$F_\varepsilon = LC_\varepsilon \mu_\varepsilon g \left(m'_\text{G} + m'_\text{F}\right) \cos\delta \sin\varepsilon$$

und für zweiteilig gemuldete Tragrollen im Untertrum

$$F_\varepsilon = L \cos\lambda \mu_\varepsilon g m'_\text{G} \cdot \cos\delta \cdot \sin\varepsilon$$

(L Länge der Anlage mit auf Sturz gestellten Tragrollen, C_ε Belastungsfaktor: $\approx 0{,}4$ bei Muldungswinkel $\lambda = 30°$, $\approx 0{,}5$ bei Muldungswinkel $\lambda = 45°$, μ_ε Reibwert zwischen Gurt und Tragrolle $\approx 0{,}3$) [10].

Nebenwiderstände F_N. Bei kürzeren Anlagen mit $L < 80$ m, insbesondere bei kurzen Abzugs- und Beschleunigungsbändern, können zwar die Hauptwiderstände pauschal berechnet werden aus $F_\text{H} = fLg\left(m'_\text{R} + 2m'_\text{G} + m'_\text{F}\right)$; die Nebenwiderstände sind jedoch gesondert zu ermitteln.

Hierfür gelten die Beziehungen:

Trägheits- und Reibungswiderstand im Beschleunigungsbereich an der Aufgabestelle zwischen Fördergut und Gurt $F_{\text{aA}} = I_\text{m}(v - v_0)$.

Reibungswiderstand zwischen Fördergut und seitlichen Führungsleisten im Beschleunigungsbereich

$$F_{\text{schA}} = \frac{\mu_2 \cdot I_\text{m}^2 \cdot g}{\rho\left(\frac{v+v_0}{2}\right)^2} \frac{l_\text{a}}{b^2}$$

mit v_0 Zuführungsgeschwindigkeit des Förderguts in Förderrichtung, l_a Beschleunigungsstrecke mindestens $l_{\text{a}\,\text{min}} = \left(v^2 - v_0^2\right) / (2\mu_1 g)$, b lichte Weite zwischen den Führungs-(Schurren-)leisten, $\mu_1 = 0{,}5 \ldots 0{,}7$ Reibwert zwischen Fördergut und Gurt, $\mu_2 = 0{,}5 \ldots 0{,}7$ Reibwert zwischen Fördergut und Schurrenwand, z. B. mit l_a und b in m, I_m in kg/s, v in m/s und ρ in kg/m^3.

Gurtbiegewiderstand beim Lauf über die Trommeln und Trommellagerwiderstand nicht angetriebener Trommeln sind fast immer vernachlässigbar klein gegenüber den vorgenannten Widerständen. Im Bedarfsfall Berechnung nach [11, 13].

19.2.2.6 Gurtzugkräfte und ihre Einleitung in den Gurt

Siehe [14]. Die Gurtzugkraft F_{T1} errechnet sich aus der Eytelwein'schen Gleichung $F_{\text{T1}}/F_{\text{T2}} \leq \text{e}^{\mu\alpha}$ und der Beziehung $F_\text{U} = F_{\text{T1}} - F_{\text{T2}}$ (Abb. 19.10) zu

$$F_{\text{T1}} = F_\text{U}\left[1 + \frac{1}{\text{e}^{\mu\alpha} - 1}\right] \tag{19.21}$$

μ Reibwert zwischen Gurt und Antriebstrommel: Werte für μ: Blankgedrehte Trommel nass 0,1, trocken 0,35 bis 0,4; Trommel mit Gummireibbelag (pfeilförmig angeordnete Nuten) schlüpfrig feucht 0,3, trocken 0,45 (im Mittel 0,35) [15].

Aus den beiden angeführten Beziehungen ergibt sich auch die für die Übertragung der

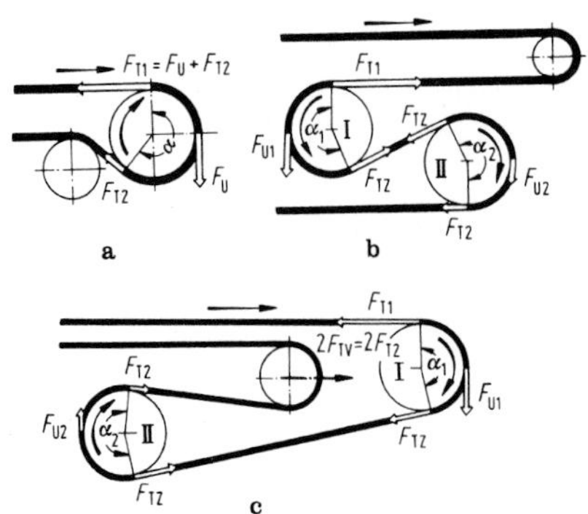

Abb. 19.10 Kräfte an der Antriebstrommel. **a** Eintrommelantrieb; **b** Zweitrommelantrieb für beengte Verhältnisse (z. B. unter Tage); **c** Zweitrommelantrieb am Kopf von Großförderanlagen

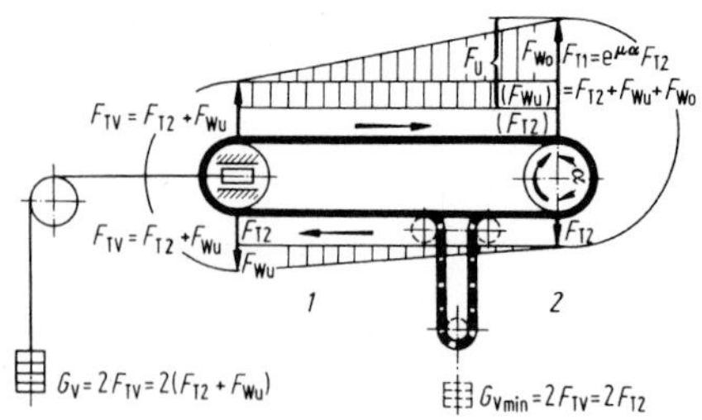

Abb. 19.11 Kräfteverlauf längs eines horizontalen Fördergurts zur Ermittlung der Vorspannkraft F_{TV} im Beharrungszustand. *1* Umlenktrommel, *2* Antriebstrommel

Umfangskraft F_U erforderliche Kraft $F_{T2} = F_U/e^{\mu\alpha} - 1$.

Wird F_{T2} größer als diesem Ausdruck entspricht, etwa infolge Hangabtriebs bei steil aufwärts fördernden Anlagen oder zur Vermeidung zu großen Gurtdurchhangs, so ist F_{T1} als Summe aus dieser größeren Kraft F_{T2} und F_U zu ermitteln.

Doppeltrommelantrieb, wenn Übertragungsfähigkeit eines Eintrommelantriebs bei mäßiger Vorspannung F_{T2} nicht ausreicht oder die maximale Gurtzugkraft verringert werden soll. Theoretische Verteilung der Umfangskraft F_U auf die beiden angetriebenen Trommeln (Abb. 19.10) mit $F_U = F_{U1} + F_{U2}$:

$$F_{U1}/F_{U2} = e^{\mu\alpha_2} \left(e^{\mu\alpha_1} - 1\right) / \left(e^{\mu\alpha_2} - 1\right) .$$

Praktische Aufteilung 2 : 1 (Abb. 19.22), zuweilen auch 1 : 1 unter Verzicht auf beste Ausnutzung der Übertragungsfähigkeit der Trommel I. Bei langen horizontalen und schwach geneigten Anlagen Aufteilung auch auf Kopf- und Heck der Anlage und zwar so, dass über die Hecktrommel etwa die Widerstandskräfte im Untertrum eingeleitet werden.

Der *Kräfteverlauf* längs des Fördergurtes ist in Abb. 19.11 für waagerechte Förderung und vollständige Ausnutzung des Umschlingungswinkels α schematisch dargestellt; Kräfte im Gurt sind senkrecht zu ihrer Wirkungslinie aufgetragen. Größe der Vorspannkraft F_{TV} bestimmt durch Ablaufkraft F_{T2}. Bei kürzeren Gurtförderern Aufbringen der Vorspannkraft an der Umlenktrommel. Bei längeren Anlagen Spannvorrichtung dicht am Ablaufpunkt, ergibt kleinste Vorspannkraft ($F_{TV} = F_{T2}$) und nimmt die beim Anfahren anfallende Gurtlängung auf.

Ausgehend von Ablaufkraft $F_{T2} = F_{T1} - F_U = F_U/(e^{\mu\alpha} - 1)$ kommen auf dem Weg des Untertrums dessen Bewegungswiderstände F_{Wu} dazu und nach Gurtumlenkung die Widerstände im beladenen Obertrum F_{Wo}. Insgesamt sind $F_{Wo} + F_{Wu} = F_U$ zu überwinden. F_{Wo}/F_{Wu} 5 : 1 bis 4 : 1.

Kurve längs des Umschlingungsbogens α der Antriebstrommel logarithmische Spirale. Abnahme der Gurtzugkraft auf Antriebstrommel von F_{T1} auf F_{T2} hat Verringerung der Gurtdehnung zur Folge, so dass Gurt gegenüber Trommelbewegung etwas zurückbleibt (Dehnschlupf). Wird der Reibungsschluss zwischen Gurt und Trommel unterbrochen (z. B. zu geringe Vorspannkraft), so tritt Gleitschlupf auf. Normalerweise wird im Beharrungszustand der Umschlingungsbogen nur teilweise zur Kraftübertragung ausgenutzt; dann tritt der Dehnschlupf nur auf dem von F_{T2} an sich aufbauenden *Nutzungsbogen* φ_N auf, während der Gurt auf dem nicht ausgenutzten Bogenteil, dem *Ruhebogen*, ohne Schlupf läuft, (Abb. 19.12). Zur Ergänzung dieser vereinfachten Darstellung [15].

Dehnschlupf bedingt, dass bei Zweitrommelantrieb Trommel II mit etwas geringerer Umfangsgeschwindigkeit laufen müsste als Trommel I [16]. Bei Antrieb durch einen Motor daher Ausgleichgetriebe zwischen beiden Antriebstrommeln erforderlich; bei Antrieb mit getrennten Motoren Anwendung von Flüssigkeitskupp-

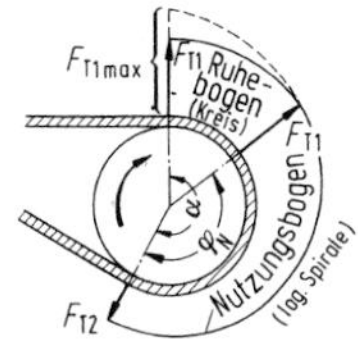

Abb. 19.12 Ausnutzung des Umschlingungswinkels α

lung hinter Käfigläufermotor oder angepasster Trommeldurchmesser oder stärker lastabhängige Drehzahlcharakteristik des Motors II (fester Schlupfwiderstand) bei Schleifringläufermotorantrieb.

Die Ermittlung der Mindest-Nennbruchkraft des Gurtes $k_{N,min}$ erfolgt unter Berücksichtigung der Merkmale der Verbindungsherstellung (Sicherheitsfaktor S_0), der Betriebsbedingungen (Sicherheitsfaktor S_1) sowie dem Beiwert c_K (Textil-Fördergurte: $c_K = 1$; Stahlseil-Fördergurte: $c_K = 1,25$ bei Muldungsübergang bzw. $c_K = 1$ bei Übergangsbogen). Zusammen mit der, auf die Gurtbreite bezogenen, maximalen Gurtzugkraft in der Gurtkante $k_{K,max}$ sowie der relativen Referenz-Zeitfestigkeit der Gurtverbindung $k_{t,rel}$ (Ermittlung nach [8]) ergibt sich:

$$k_{N,min} = c_K \cdot k_{K,max} \cdot \frac{S_0 \cdot S_1}{kt,\mathrm{rel}} \tag{19.22}$$

Die Nennbruchkraft des Gurtes k_N muss größer als die ermittelte Mindest-Nennbruchkraft $k_{N,min}$ sein. Weitere Hinweise zur Auslegung in [2].

19.2.2.7 Anlaufverhältnisse

Bei kurzen und wenig belasteten Anlagen nehmen Motor und Gurt die beim Anfahren auftretenden Mehrbelastungen mit genügender Sicherheit auf. Lange und hochbelastete Anlagen haben erheblichen Losbrech- und Trägheitswiderstand. Für das Losbrechen kann das 1,2- bis 1,5-fache des Beharrungswiderstands angesetzt werden; daher auch Beschleunigungsvorgang so einrichten, dass Beschleunigungskraft mindestens einen 0,2-fachen Überschuss über die Beharrungskraft aufweist und den 0,5-fachen nicht überschreitet. Begrenzen des Anfahrdrehmoments bei Verwendung von Drehstrom-Asynchronmotoren mit Schleifringläufer durch vielstufig wirkenden Anlasser; bei Käfigläufer-Motoren Flüssigkeitskupplung (mit Füllungsverzögerung) oder mit Frequenzumrichter. Zur Begrenzung der Amplituden von Longitudinalschwingungen im Gurt ist die Anstiegszeit des Moments ausreichend zu bemessen; Näheres in [17].

Die Vorspannkraft muss für Anfahren ebenfalls den 1,2- bis 1,5-fachen Betrag gegenüber dem Beharrungszustand haben, d. h. die Spannvorrichtung ist für den Anfahrzustand auszulegen; damit ist bei Gewichtsspannvorrichtungen diese erhöhte Vorspannkraft auch im Beharrungszustand vorhanden; gesteuerte Verringerung möglich bei elektrischer Spannwinde.

19.2.2.8 Horizontalkurven

Beim Durchfahren einer Horizontalkurve mit herkömmlichen Fördergurten bewegt sich der Gurt infolge der örtlichen Gurtzugkraft quer zur Laufrichtung in Richtung Innenkurve. Durch eine in Richtung Außenkurve wirkende Gewichtskraftkomponente aus Gurt und Gut muss die in Richtung Innenkurve wirkende Gurtzugkraftkomponente kompensiert werden. Abb. 19.13 zeigt diese Kräfte innerhalb einer Horizontalkurve [18, 19, 20].

Um Kraftkomponenten in Richtung zur Außenkurve zu erzeugen, werden die Tragrollen-

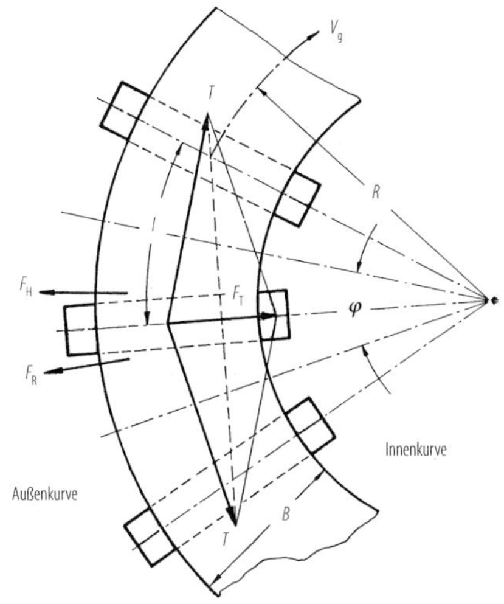

Abb. 19.13 Kräfte am Gurt innerhalb einer Horizontalkurve

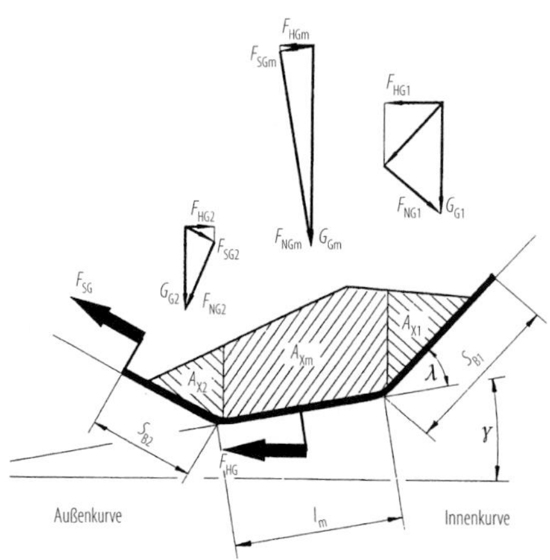

Abb. 19.14 Führungskräfte des beladenen Gurtes

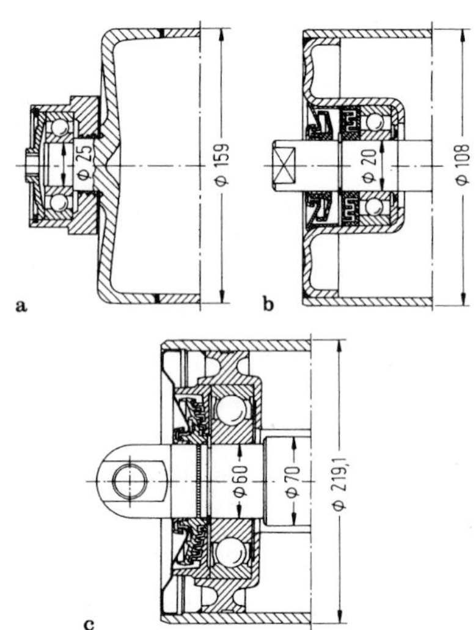

Abb. 19.15 Tragrollenausführungen. **a** Kappenlagerung; **b**, **c** Festachse. (Precismeca, Sulzbach/Saar)

stühle an der Kurveninnenseite erhöht. Durch diese konstruktive Maßnahme werden die Gewichtskraftkomponenten aus Gurt und Gut vergrößert, die der Gurtzugkraftkomponente in Richtung zur Innenkurve entgegenwirken. In Abb. 19.14 sind die Führungskräfte des beladenen Gurtes dargestellt. Zusätzlich werden seitliche Tragrollen auf Sturz gestellt, um Reibkraftkomponenten zur Führung zu nützen.

Um engere Radien in Horizontalkurven zu durchfahren und unabhängig von Reibkraftkomponenten zu werden, deren Größe von Umwelteinflüssen abhängig ist, sind Konstruktionen entwickelt worden, die den optimalen seitlichen Überhöhungswinkel des Tragrollenstuhles selbstständig an den jeweiligen Betriebszustand anpassen [21].

19.2.2.9 Konstruktionselemente und Baugruppen

Tragrollen

Ausrüstung. Durchwegs mit Wälzlagern (Rillenkugellager dauergeschmiert, selten mit Nachschmiermöglichkeit). *Zwei Bauarten*: *Kappenlagerung* (Abb. 19.15a); *Festachse* (Abb. 19.15b,c). Rollenmantel gerolltes, geschweißtes Blech, selten nahtlos gezogenes Rohr; Rollenboden aus tiefgezogenem Stahlblech (Abb. 19.15b), geschmiedet (Abb. 19.15a,c), auch aus Guss.

Dichtung: Labyrinthdichtung, Nilos Blechdichtringe sowie gesickte Blechabschlussscheibe (Abb. 19.15b,c); nur Fettrillen (Abb. 19.15a); bei Dichtungsausbildung und Fettauswahl auf geringen Laufwiderstand achten, besonders bei niedriger Umgebungstemperatur. Unwuchten vermeiden [21].

Die Tragrollen werden in Halterungen aus Blech eingelegt, dabei diejenigen für das gemuldete Gurt-Obertrum in Tragstühlen zusammengefasst. Bei backendem Fördergut Ausrüstung der Untergurt-Tragrollen mit Gummi-Stützringen, (Abb. 19.16). Untertrumstützung bei breiteren Gurten durch zweiteilige Tragrollensätze mit 10 bis 15° Neigung der Einzelrollen, (Abb. 19.26). Zur Milderung der Stoßbeanspruchung des Gurts an Aufgabestellen enggestellte Polsterrollensätze, (Abb. 19.17a–c). Bei Ausfall der Lager und Blockieren bei Polsterrollen allerdings Brandgefahr für die Gummiringe.

Bildung von Muldensätzen auch in Girlandenform durch Aneinanderreihung von Festachs-

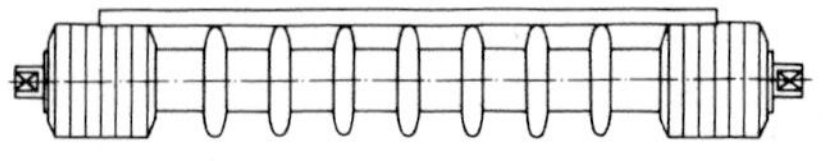

Abb. 19.16 Untertrum-Tragrolle mit Gummi-Stützringen

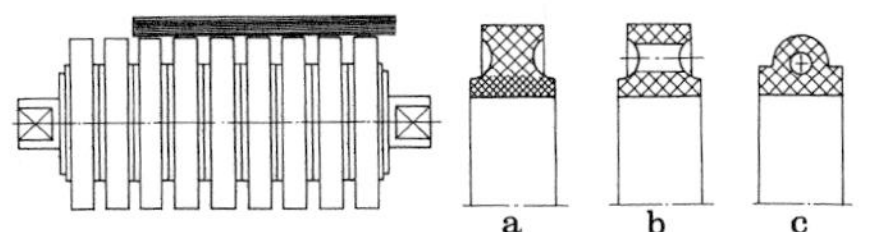

Abb. 19.17 Polsterrolle und Ausführungen der Polsterringe; **a** mit weicher äußerer auf härterer innerer Gummischicht; **b** mit Speichen; **c** mit Hohlprofil

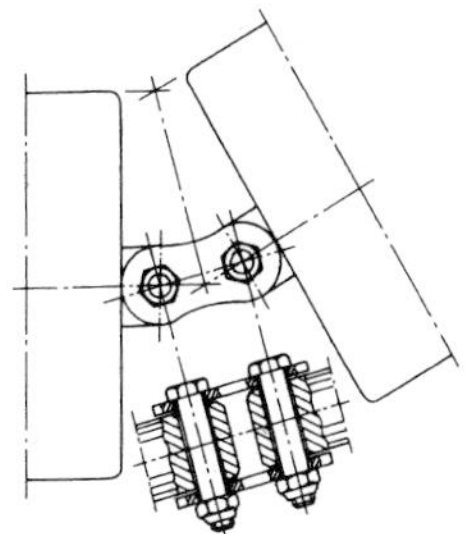

Abb. 19.18 Gelenkverbindung zur Bildung von Rollengirlanden. (Precismeca, Sulzbach/Saar)

Rollen mittels Gelenken. Gelenkverbindung mit Rundstahl-Kettengliedern oder Laschenkettengliedern, (Abb. 19.18). Drei-, seltener fünfteilige Rollengirlandensätze für Aufgabestellen (ohne Polsterringe).

Tragrollenabstand. Er wird bestimmt durch den zulässigen Gurtdurchhang. Unter Vereinfachung der tatsächlichen Verhältnisse kann die Gleichung der Seilparabel zugrunde gelegt werden. Im beladenen Trum:

Gurtdurchhang:

$$h = \left[l^2 \left(m'_G + m'_F\right) g\right] / \left(8 F_T\right) ,$$

relativer Gurtdurchhang:

$$h/l = \left[l \left(m'_G + m'_F\right) g\right] / \left(8 F_T\right) . \quad (19.23)$$

Für das unbeladene Trum ist $m'_F = 0$ zu setzen (F_T Gurtzugkraft, m'_G Masse des Gurts je Längeneinheit, m'_F Masse des Förderguts je Längeneinheit, l Tragrollenabstand, g Fallbeschleunigung), z. B. F_T in N, l und h in m, m' in kg/m und g in m/s^2.

Relativer Durchhang $\leq$ 0,01, d. h., der maximal zulässige Wert des Durchhangs h soll 1 % des Tragrollenabstands l nicht überschreiten. Wählt

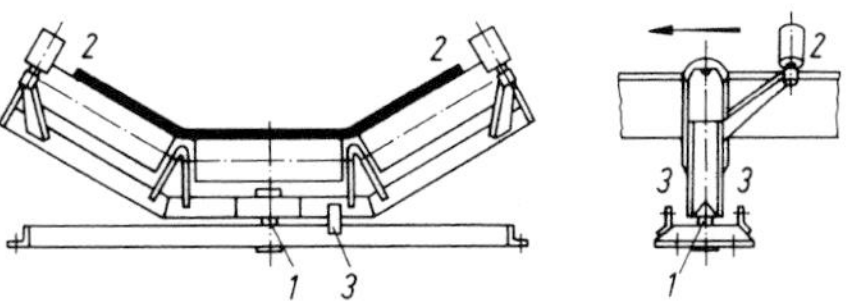

Abb. 19.19 Muldenrollensatz als Lenkrollenstuhl. *1* Drehzapfen, *2* Lenkrollen, *3* Anschläge

man einen zulässigen Wert und setzt ihn in die entsprechenden Gleichungen ein, so Zuordnung von Tragrollenabständen zu den längs der Förderstrecke herrschenden Gurtzugkräften möglich (Staffelung). Bei großen Tragrollenabständen Belastbarkeit der Tragrollen nachprüfen! (Lebensdauer der Rollenkugellager und Durchbiegung der Rollenachse); s. [12, 14].

Verfahren zur Gurtlenkung. Sie beruhen auf der Richtwirkung einer schräg zur Förderrichtung gestellten Tragrolle. Hierzu bei mehrteiligen Muldensätzen Stellung der seitlichen Tragrollen auf Sturz (Anordnung um 1 bis 2° in Förderrichtung geschwenkt); auch besondere Lenkrollenstühle in Abständen von 30 bis 50 m. Muldenrollensatz, auf Drehzapfen gelagert und mit gegen Stuhlmitte versetzten Lenkrollen versehen (Abb. 19.19).

Ursachen für Schieflauf des Gurts: schlecht ausgerichtetes Traggerüst, einseitige Bandbeladung, Mängel an Gurt-Verbindungsstellen, unregelmäßige Verschmutzung von Tragrollen und Trommeln.

Antriebs-, Spann- und Umlenktrommeln, Knicktrommeln. Trommeldurchmesser je nach Gurtart und Zugkraftausnutzung wählen, (Tab. 19.3 und 19.4).

Bei Verringerung der zulässigen Gurtzugkraft um 25 bis 50 % kann der nächstkleinere Trommeldurchmesser der Normzahlenreihe gewählt werden. Spann- oder Umlenktrommeln erhalten Durchmesser $D_1 \approx 0,8D$; Knicktrommeln $D_2 \approx 0,6D$.

Die Trommeln werden aus Stahl in Schweißkonstruktion hergestellt, Naben auch aus Stahlguss, Antriebstrommeln auf ihre Welle aufgekeilt, aufgeschrumpft, oder mit Spannsätzen

Tab. 19.3 Richtwerte der Antriebstrommel-Durchmesser D in mm für Fördergurte mit Gewebeeinlagen in Abhängigkeit von der Einlagenzahl z

Einlagenqualität	B60	EP160	EP200	EP250	EP315	EP400	EP500
Trommeldurchmesser D	$100z$	$150z$	$175z$	$200z$	$225z$	$250z$	$275z$

Tab. 19.4 Mindest-Durchmesser von Antriebs-, Spann- oder Umlenktrommeln und Knicktrommeln für Stahlseilgurte in mm

	Antriebstrommel		Spann- u. Umlenktrommel		Knicktrommel
Ausnutzung der Gurtzugkraft bei $S = 8$	100 %	60 %	100 %	60 %	–
St 1000, St 1250	800	630	630	630	400
St 1600, St 2000	1000	800	800	630	500
St 2500, St 3150	1250	1000	1000	800	500
St 4000, St 5400	1500	1250	1250	1000	630

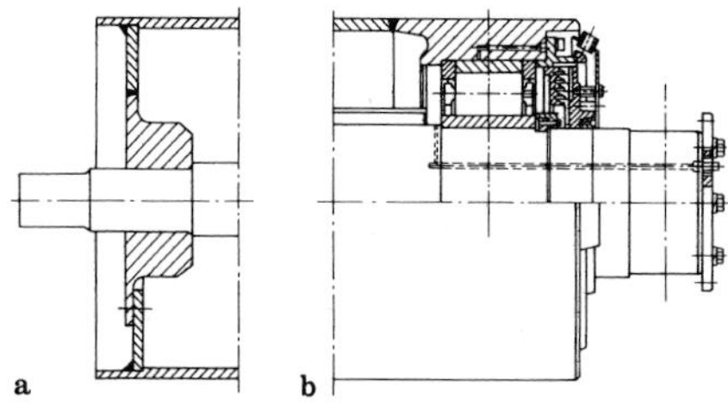

Abb. 19.20 Spann- oder Umlenktrommel. **a** Nabe auf Achse aufgeschrumpft oder aufgekeilt: obere Hälfte, Stirnwand angeschweißt; untere Hälfte, Stirnwand angeschraubt (für niedrige Beanspruchungen); **b** Festachse, Lagerung als Pendelrollen- oder Zylinderrollenlager, letztere auf Achsdurchbiegung abstimmen. (Rheinbraun AG, Köln)

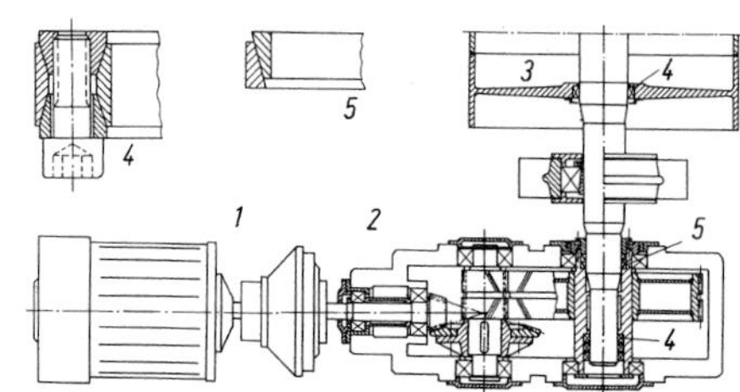

Abb. 19.21 Antriebseinheit. *1* Motor und Kupplung, *2* Steckgetriebe, *3* Trommel (Trommelboden aus Stahlguss), *4* Spannsatz mit konischen Ringen, *5* Spannelemente mit konischen Ringen

mit konischen Ringen befestigt; blank oder mit Belägen aus Gummi oder Polyurethan belegt (Abb. 19.20 und 19.21), Spann-, Umlenk- und Knicktrommeln laufen oft mit in ihren Naben befestigten Wälzlagern auf festen Achsen, (Abb. 19.20); Trommelböden mit gleichbleibender oder veränderlicher Stärke (Turbinenböden Abb. 19.21); keine Rippen!

Antriebs- und Spannstationen

Antriebsstationen. Bei kleinen ortsfesten, tragbaren oder fahrbaren Gurtförderern *Antrieb* durch Käfigläufermotor/Keilriemen- und Zahnradvorgelege/Trommel. Vereinigung von Motor und Vorgelege innerhalb der Trommel: Elektro-Fördergurttrommel (serienmäßig bis etwa 20 kW, Einzelfertigung bis 150 kW). Anordnung meist am Kopf der Anlage; bei fahrbaren Anlagen und Auslegern zum Vermeiden der Kopflastigkeit auch am Aufgabeende (hohe Gurtbeanspruchung auch im Untertrum).

Mittlere und große Anlagen sind meist am Kopf angetrieben. Trommelantrieb durch ein oder zwei Antriebseinheiten: Motor/Kupplung (elastische oder Anlaufkupplung)/Getriebe/Kupplung/Trommel (auf festem Rahmen) (Abb. 19.22) oder Motor/Kupplung/Steckgetriebe/Trommel; Trommelwellenstumpf trägt hier die davorliegenden Antriebselemente, deren Tragrahmen mit Drehmomentenstütze abgefangen ist: Tatzlagerung, (Abb. 19.21).

Weitere Antriebsformen. Ein- oder Zweitrommelantrieb am Kopf und Eintrommelantrieb am Heck (für wenig abwärts fördernde Anlagen günstig; auch für schwere etwa waagerechte Anlagen) gegebenenfalls zusätzlicher Mittelantrieb zur Verringerung der maximalen Gurtzugkräfte; reversierbare Anlagen, angetrieben in Mitte Untertrum oder an einem der Enden oder an beiden. Einleitung von Antriebskraft in den Gurt

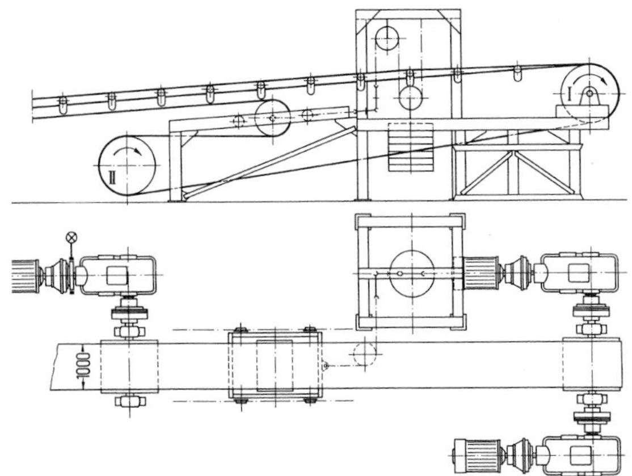

Abb. 19.22 Zweitrommelantrieb mit drei gleichen Käfigläufermotoren und füllungsverzögerten Strömungskupplungen. Vorspannkraft durch seitlich angebrachtes Spanngewicht. Zum raschen Stillsetzen Doppel-Backenbremse mit Bremslüfter auf Antrieb II

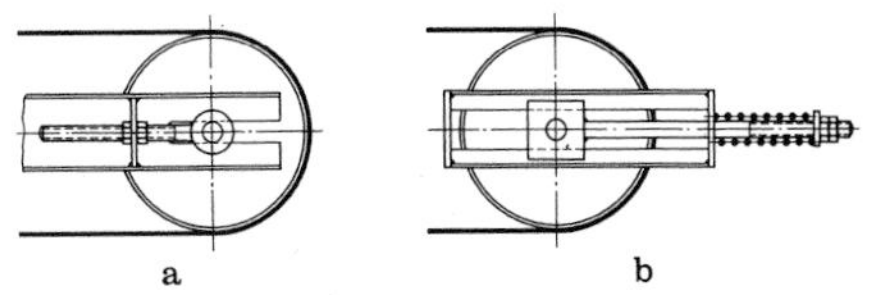

Abb. 19.23 Spindelspannvorrichtungen; **a** mit Druckschraube; **b** mit gefederter Zugschraube

auch durch angetriebene *Treibgurte*, die durch Reibung das aufliegende Ober- oder angepresste Untertrum mitnehmen.

Spannstationen. Für trag- und fahrbare Gurtförderer, auch für ortsfeste Kleinanlagen Spindelspannvorrichtungen, (Abb. 19.23a); zum Begrenzen der Vorspannung auch gefedert, (Abb. 19.23b).

Bei größeren Anlagen wird bewegliche Spannstation erforderlich. Spanntrommel auf Spannwagen gelagert dicht am Kopfantrieb (Abb. 19.22) oder in senkrechten Führungen fahrend. Spannkraft durch Gewicht oder Winde. Gewichte erzeugen konstante Vorspannkraft; fest eingestellter Achsabstand bedingt im Ruhezustand größere Vorspannkraft, damit im Betrieb die noch notwendige vorhanden ist.

Einstellen der *Windenzugkraft* von Hand oder elektromotorisch nach Anzeige eines eingebauten Dynamometers. Elektrische Spannwinde gestattet auch Ausbildung selbsttätiger Einstellung der Windenzugkraft zwischen zwei Grenzwerten oder Regelung auf konstante Größe.

Vorzusehender *Spannweg* abhängig von Achsabstand und Betriebsdehnung der Gurtart. Wird zulässige Gurtzugkraft voll ausgenutzt, so kann gerechnet werden mit Betriebsdehnungen von etwa: 1,5 % bei Chemiefaser- und 0,15 % bei Stahlseil-Einlagen.

19.2.2.10 Fördergutaufgabe, -übergabe- und -abgabestellen

Eine vollständige analytische Beschreibung der Vorgänge bei der Gutübergabe ist meist schwierig. Computersimulationen auf Basis der Diskrete Elemente Methode stellen jedoch ein aussichtsreiches und allgemein anwendbares Verfahren dar, um die Funktion von Fördergutaufgabe, -übergabe- und -abgabestellen zu überprüfen (Abb. 19.24; [43]).

Fördergutaufgabe. Möglichst in Laufrichtung und unter Vermeidung größerer Fallhöhen. Bei Schüttgütern Anbringen von Trichtern und Zulaufschurren, deren Kanten mit Gummileisten gegenüber dem laufenden Gurt abgedichtet werden. Schonende Aufgabe von Schüttgütern mit verschiedener Körnung durch Anbringen eines Rosts, auch Rollenrosts (bei kohäsivem Fördergut Verstopfungsgefahr!).

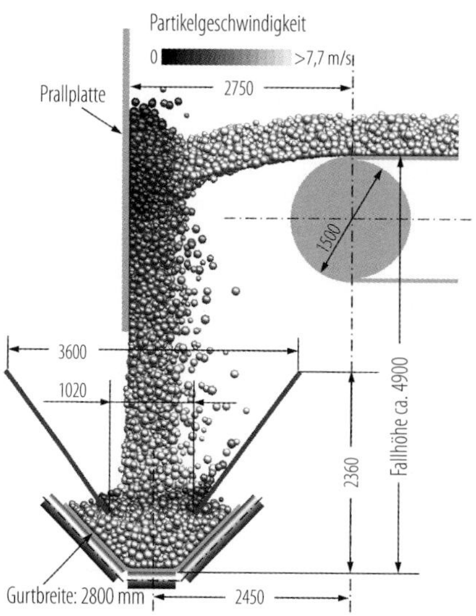

Abb. 19.24 DEM-Simulation des Gutstroms in einer rechtwinkligen Übergabe mit Gurtbreite 2800 mm. (RWE Power AG, Köln; [43])

Fördergutübergabe. Winklig angeordnete Übergabestellenerhalten einstellbare Prallplatten zum mittigen Beschicken des abfördernden Gurts (Abb. 19.24).

Zur Vermeidung von Anbackungen bei kohäsivem, klebrigem Fördergut Ausrüstung der Prallplatten mit profilierten Gummischürzen [23].

Fördergutabwurf (-abgabe). Meist über Kopf am Anlagenende; auf der Förderstrecke durch einseitige oder pflugförmige Abstreifer oder Abwurfwagen (Gurtschleifenwagen). Der längs der Förderstrecke verfahrbare Gurtschleifenwagen gibt entweder in einen Trichter ab, von dem das Schüttgut seitlich durch ein oder zwei Rohre weitergeleitet wird, oder wirft es auf ein nachgeschaltetes Querband ab. Zum Beseitigen der nach dem Fördergutabwurf noch am Gurt haftenden Schüttgutreste Anordnung von gewichts- oder federbelasteten Abstreifern bestehend aus nachstellbaren Gummileisten; für breite Gurte und klebriges Schüttgut: Fächerabstreifer. Rotierende Abstreifer mit Gummilamellen oder Perlonborsten nur bei leichtem, wenig backendem Schüttgut. Pflugabstreifer auf dem Gurtuntertrum vor Trommeln. Zur Trommelreinigung bei blanken Trommeln Stahlabstreifer mit festen oder querbeweglichen Vorrichtungen: glatte oder kammartige Stahlschiene, Abstreiffinger. Gummibeläge auf Trommelmänteln vermindern Anbackungen. Verschmutzung der Untergurt-Tragrollen und Schmutzansammlung unter dem Untertrum werden vermieden durch Wenden des Gurts im Untertrum hinter dem Antrieb und vor der Umkehre.

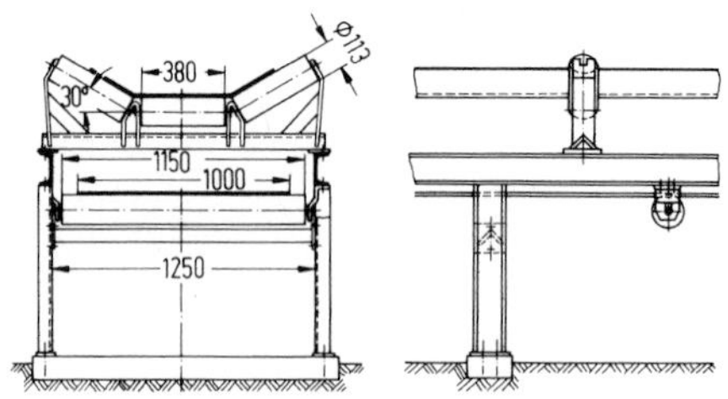

Abb. 19.25 Ortsfestes Traggerüst. Tragrollen mit Festachse

19.2.2.11 Stützkonstruktionen

Die Traggerüste bestehen aus Längsholmen und Stützen aus U-Normal- oder Abkantprofilen; Quersteifigkeit durch die aus U-Profilen, dachförmig gestellten Winkeleisen oder Rohren gebildeten Träger der Muldensätze; zuweilen eingefügte Diagonalverbände verhindern Längsverschiebungen, Abdeckbleche verhindern Untergurtverschmutzung (Abb. 19.25).

Bei umlegbaren und rückbaren Gurtförderanlagen werden die Traggerüste aus einzelnen Stößen gebildet, die auf Stahlschwellen gelagert sind (Abb. 19.26).

Abgedeckte, leicht auf- und abbaubare Gurttraggerüste für unter Tage DIN 22 111. Stationäre Anlagen dort zuweilen mit Traggerüsten, die mit nachstellbaren Ketten oder Seilen am Grubenausbau oder dem Gestein hängend befestigt sind.

Rollengirlanden können auch an längs der Förderstrecke ausgespannten, vielfach unterstützten Tragseilen angebracht werden: *Tragseil-Gurtförderer*.

19.2.2.12 Steilförderung mit Gurten

Zur Führung von Gurten für die Steilförderung, z. B. Wellkantengurt mit Stollen (s. a. Abb. 19.8d), werden zur Erzielung sehr kleiner Vertikalradien Umlenkscheiben und eng gestellte, durchgehende Rollen eingesetzt. Aufgabe des

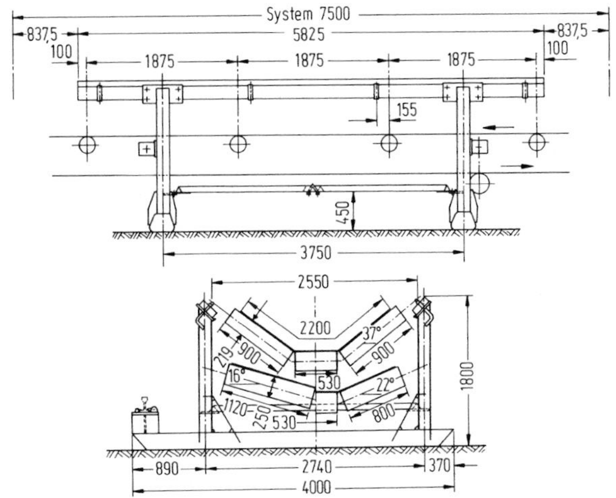

Abb. 19.26 Rückbarer Traggerüststoß eines Langstreckengurtförderers. Rollengirlanden an festen Längsholmen *(oben)*, an einer Stütze *(unten)*. Fördergutstrom 17 000 t/h bei 6,5 m/s Fördergeschwindigkeit. (Rheinbraun AG, Köln)

Förderguts auf horizontaler Strecke und Einstellung von Neigungen zwischen 0 und 90° möglich (Abb. 19.27). Bei vertikaler Lage angepasst an die Eigenschaften des Festigkeitsträgers. Drehen der beiden Trume um die vertikale Achse ohne Stützung durch Rollen ausführbar [24]. Dadurch Einstellmöglichkeit einer veränderbaren, winkligen Lage zwischen den horizontalen Strecken (Aufgabe und Abgabe).

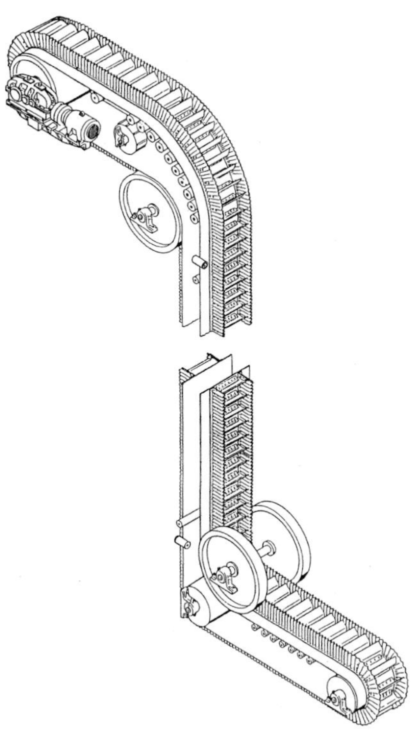

Abb. 19.27 Führung eines Wellkantengurtförderers. (Metso GmbH, Hamburg)

19.2.2.13 Kombination von Gurtfördertechnik und Seilbahntechnik (RopeCon)

Das Fördersystem mit dem Markennamen „RopeCon" ist ein Stetigförderer für Stück- und Schüttgut und besteht aus einem Flachgurt mit mehrlagigem Polyester-Polyamidgewebe oder Stahlseileinlagen. Seitlich angebrachte Wellkanten sorgen für einen kontrollierten Transport des Schüttgutes sowie für einen höheren Füllungsquerschnitt. Am Fördergurt sind in gleichmäßigen Abständen Querstege befestigt, an deren Enden Laufräder mit Seitenbord montiert sind (Abb. 19.28).

Ober- und Untertrum werden auf je zwei Tragseilen geführt. Die Tragseile sind zwischen der Auf- und Abgabestation fix gespannt. Wie bei konventionellen Gurtförderanlagen dient der Fördergurt als Trag- und Zugmittel. Der Antrieb erfolgt am Heck oder Kopf der Anlage mittels konventionellen Antriebstrommeln.

Mit diesem neuartigen Fördersystem können extrem lange Förderstrecken (mehr als 20 km) überbrückt werden, wobei Stützenabstände von über 2 km möglich sind.

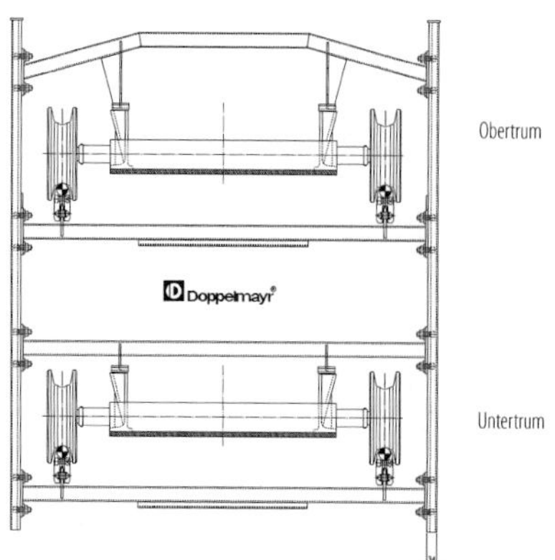

Abb. 19.28 Kombination von Gurtfördertechnik und Seilbahntechnik „RopeCon" der Seilbahnfirma Doppelmayr Seilbahnen GmbH/Wolfurt/Österreich

Der Vorteil dieses Stetigförderers liegt einerseits in der besseren Überbrückbarkeit von Hindernissen und andererseits in dem, im Vergleich zu alternativen Förderkonzepten, geringen Bedarf an Antriebsleistung [25].

19.2.3 Becherwerke (Becherförderer)

Becherwerke mit Bechern als Tragmittel (Tm), die an Gurten, Ketten, seltener an Seilen bzw. Zahnriemen als Zugmittel (Zm) befestigt sind, dienen vorwiegend der Steil- oder Senkrechtförderung (Formschluss zwischen Gut und Tm – Abb. 19.29).

Der Becherstrang läuft über Antriebs- bzw. Umlenkkettenräder (bei Ketten als Zm) oder Antriebs- bzw. Umlenktrommel (bei Gurten als Zm) am Kopf bzw. Fuß des Förderers gekapselt in einem geschlossenen Gehäuse (gemeinsamer Kastenschacht oder Doppelschacht), bei Becherwerkladern auch offen (z. B. Schiffsentladern).

Gestaltung, konstruktive Ausführung, Größe der Fördergeschwindigkeit (und damit der Leistungsfähigkeit) hängen maßgeblich von den Schüttguteigenschaften ab. Leichte und mittelschwere Güter erlauben Gurte als Zm, bei denen hohe Fördergeschwindigkeiten bis 4 m/s möglich sind, schwere Güter erfordern Ketten, die nur Geschwindigkeiten <2 m/s zulassen.

Das Beschickungs- und Entleerungsprinzip der Becher wird durch die Fördergeschwindigkeit, die Becherform und -größe, die Becherteilung und den Umlenkdurchmesser direkt beeinflusst.

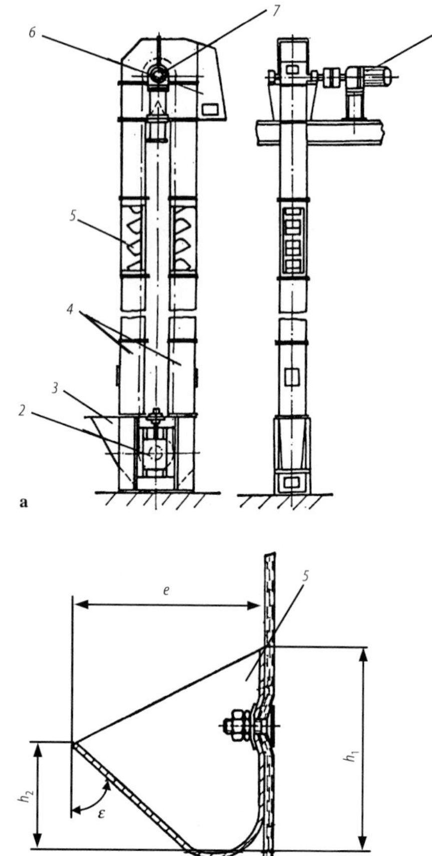

Abb. 19.29 Gurtbecherwerk. *1* Antrieb, *2* Spanneinrichtung, *3* Aufgabetrichter, *4* Schacht, *5* Becher, *6* Abgabeschurre, *7* Textilgurt, *e* – Ausladung, ε – Becheröffnungswinkel

Computersimulationen auf Basis der Diskrete Elemente Methode stellen ein aussichtsreiches und allgemein anwendbares Verfahren dar, um die Funktion der Becherbeschickung und -entleerung zu überprüfen (Abb. 19.31; [44]).

Beschickung. Durch Schöpfen, Einschütten, Schöpfen und Einschütten gemischt und Graben (Lader mit Fahr- und Drehbewegung). Reines Schöpfen und Graben erfordern je nach Fördergut die größten Beschickungswiderstände (Schöpfwiderstände). Becherwerke mit dichter

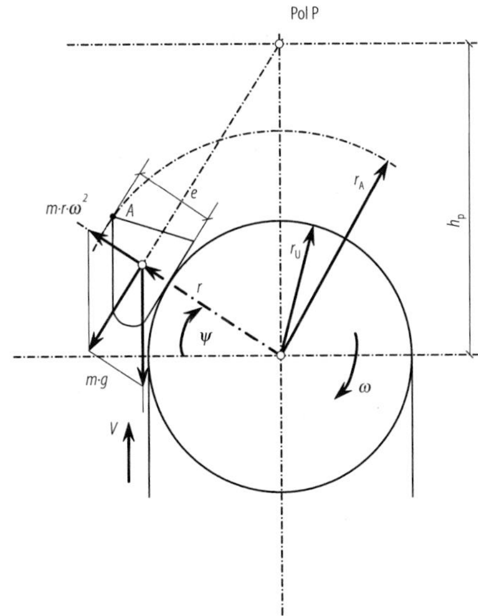

Abb. 19.30 Ermittlung der Polhöhe h_p, ψ Becherdrehwinkel

Becherfolge (Vollbecherwerke, Becherwerke mit Bechern ohne Boden) werden durch Einschütten beschickt.

Entleerung. Für die Entleerungsart, Schwerkraft-, Misch- oder Fliehkraftentleerung, ist in erster Linie das Verhältnis von Flieh- und Schwerkraft maßgebend. Damit eignet sich das Froude'sche Modellgesetz für den Geschwindigkeitsmaßstab noch besser zur Kennzeichnung der Entleerungsbereiche als die so genannte Polhöhe h_p (Abb. 19.30).

Mit der auf die Fördergeschwindigkeit v und den Umlenkradius r_u bezogenen Froude-Zahl $Fr^2 = v^2/r_u \cdot g$ bzw. der Pohlhöhe $h_p = g/\omega^2$ gelten die Verhältnisse nach Tab. 19.5. Dabei ist ω die Winkelgeschwindigkeit der Antriebswelle und r_A der Radius des Kreises um die Becheraußenkante.

Tab. 19.5 Bestimmung der Entleerungsart

Schwerkraft-entleerung	Misch-entleerung	Fliehkraft-entleerung
$h_p = \frac{g}{\omega^2} > r_A$	$r_A \geq h_p \geq r_U$	$h_p = \frac{g}{\omega^2} < r_U$
$Fr^2 < \frac{r_U}{r_A}$	$\frac{r_U}{r_A} \leq Fr^2 \leq 1$	$Fr^2 > 1$

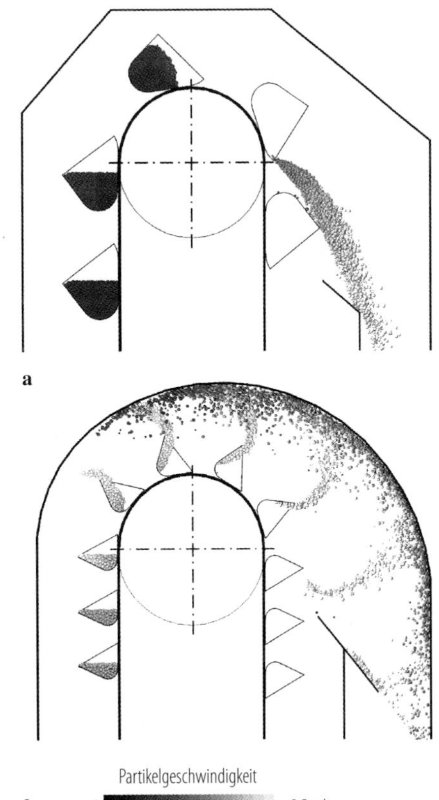

Abb. 19.31 DEM-Simulation der Becherentleerung [44]; **a** Schwerkraftentleerung (Becher nach DIN 15235, Bechergeschwindigkeit: 0,5 m/s); **b** Fliehkraftentleerung. (Becher nach DIN 15231, Bechergeschwindigkeit: 2,5 m/s)

Die Schwerkraftentleerung erfolgt nur über die Becherinnenkante (Abb. 19.31a) bei Drehwinkeln $\psi > 90°$, die Fliehkraftentleerung dagegen nur über die Becheraußenkante (Abb. 19.31b) und der Entleerungsbeginn liegt schon bei $\psi < 90°$.

Häufig ist die Mischentleerung am günstigsten, weil hierbei die Becherfüllung den Becher kompakt verlässt.

Bei Misch- und Fliehkraftentleerung kann die Becherteilung klein sein. Bei Schwerkraftentleerung ist eine größere Becherteilung erforderlich, wenn nicht die Rückseite des vorauseilenden Bechers für die Gutableitung genutzt werden soll.

Zug- und Tragmittel. Bei den Gurtbecherwerken werden die Becher an Gummigurten mit Polyester/Polyamidzugträger (EP) für kleinere bis mittlere Achsabstände meist mittels Segment- und Tellerkopfschrauben-Verbindung befestigt (Abb. 19.29): DIN 15 236-1 und DIN 15 237. Bei großen Achsabständen sind Gurte mit Stahlseil-Zugträger erforderlich, die aufvulkanisierte Gummileisten mit integrierten Stahlschienen tragen, an die die Becher geschraubt werden (Schwingmetallbefestigung).

Zweisträngige Rundstahlketten (DIN 764 bis 766) bzw. einsträngige oder zweisträngige Stahlgelenkketten mit speziellen Befestigungslaschen sind die Zm bei Kettenbecherwerken. Becherbefestigung an der Becherrückwand oder an den Seitenwänden mit speziellen Kettenbügeln (DIN 5699 und DIN 745), Kettenklemmen und Kettenlaschen mit Steckbolzen bei Rundstahlketten, Schraubverbindungen und Winkellaschen bei Stahlgelenkketten. Becherformen für unterschiedliche Einsatzfälle nach DIN 15 231 bis 15 235 aus Stahlblech oder Kunststoff, heute meist Sonderkonstruktionen.

Antriebs- und Spannstation. Die Antriebswelle am Becherwerkskopf trägt die Antriebstrommel, Antriebsrollen oder Antriebsräder. Sie ist bei Antriebsleistungen $P \leq 15\,\text{KW}$ mit einem Getriebemotor (Getriebebremsmotor), bei größeren Leistungen mit einem Kegelstirnradgetriebe gekuppelt. Als Antriebsmotor dient dann ein Kurzschlussläufer und meist eine Flüssigkeitskupplung als lastfreie Motoranfahrhilfe sowie Drehmomentbegrenzung (Zugkraftbegrenzung für das Zm). Stets erforderlich ist eine Rücklaufsperre oder eine selbsttätig einfallende Bremse bei Motorabschaltung.

Durch eine gewichtsbelastete Parallel-Hebelspannstation bzw. federbelastete Spindelspannstation erfolgt die Vorspannung des Zm an der unteren Umlenkung. Die Drehzahlüberwachung der Spannwelle signalisiert unzureichende Vorspannzustände.

Einsatz vorwiegend schnelllaufender Gurtbecherwerke mit Förderhöhen $H \leq 120$ m, Volumenströme $I_V \leq 2000\ \text{m}^3/\text{h}$ und Fördergeschwindigkeiten $v \leq 4\ \text{m/s}$ für pulverförmige bis feinkörnige Fördergüter wie Zement, Rohmehl, Kies, Getreide, (Fliehkraft- oder Mischentleerung).

Die langsamer laufenden Kettenbecherwerke ($v < 2$ m/s) mit $H \leq 70$ (100) m und Volumenströmen $I_V \leq 1400\ \text{m}^3/\text{h}$ werden bei körnigen bis kleinstückigen bzw. auch kohäsiven und adhäsiven feinkörnigen Gütern (eventuell mit höheren Temperaturen) eingesetzt (Baustoff-, Kohle- und Erzaufbereitung, Eimerketten-Nassbaggerung, Schiffsentladung).

Berechnung. Volumen- und Massenstrom (s. Abschn. 19.1). Das erforderliche Bechervolumen beträgt $V_B = I_{VN} l_T / v \cdot \varphi$ mit dem Nennvolumenstrom I_{VN}, der Becherteilung l_T, der Fördergeschwindigkeit v und dem Becherfüllungsgrad φ. V_B bezieht sich auf die Wasserfüllung bei senkrechtem Becherstrang, das erreichbare φ beträgt in Abhängigkeit von v bei feinkörnigem Gut $\varphi \approx 0{,}7 \ldots 0{,}9$, bei grobkörnigem Gut $\varphi \approx 0{,}4 \ldots 0{,}7$.

Bewegungswiderstände, Kräfte im Zm und Leistungsbedarf (s. Abschn. 19.2). Bei senkrechten Becherwerken ergeben sich nur die beiden Berechnungsabschnitte (*1*) und (*2*), s. Abb. 19.32. Als maßgeblicher Widerstandsanteil treten Steigungswiderstände auf, im Abschnitt $(i) = 1$ nur infolge Zug- und Tragmittel, in $(i) = 2$ zusätzlich infolge Gutstrom.

Analog Gl. (19.15) gilt: $F_{\text{WSt}(1)} = -(q_Z + q_T) \cdot H$ und $F_{\text{WSt}(2)} = (q_F + q_Z + q_T) \cdot H$. Bei Kettenbecherwerken wird auch ein Bewegungswiderstand analog Gl. (19.12) berechnet, der insbesondere infolge Reibung in den Kettengelenken an den Umlenkungen (Kettenknickwiderständen) und der Lagerreibung der Kettenräder entsteht. Dieser Bewegungswiderstand wird dem Abschnitt (*2*) zugeordnet und berechnet sich aus:

$$F_{\text{WR}(2)} = f\left[H \cdot (q_F + 2 \cdot q_Z + 2 \cdot q_T) + 2 \cdot F_{\text{sp}}\right] \tag{19.24}$$

mit der längenbezogenen Tragmittelgewichtskraft analog Abschn. 19.1, Gl. (19.6):

$$q_T = \frac{m_{\text{Bges}} \cdot g}{l_T}, \tag{19.25}$$

wobei m_{Bges} die Masse eines Bechers einschließlich der Befestigungsmittel darstellt. Der Bewegungswiderstandsbeiwert kann mit $f \approx 0{,}0035$ für Becherwerke mit kleiner Becherbreite und geringer Höhe H bis $f \approx 0{,}01$ für große Breiten und Höhen abgeschätzt werden.

Der Schöpfwiderstand F_{WS} hängt von der Art der Gutaufgabe, Fördergeschwindigkeit, Becherform, Becherteilung und insbesondere von den Guteigenschaften ab. Empirische Berechnungsverfahren sind [27, 36] und der VDI-Richtlinie 2324 zu entnehmen. Der Anteil von F_{WS} und $F_{\mathrm{W}f}$ zusammengenommen liegt meist nur bei 5 bis max. 10 % von $F_{\mathrm{WStges}} = F_{\mathrm{WSt(1)}} + F_{\mathrm{WSt(2)}} = q_{\mathrm{F}} \cdot H$. Für die Summe der Widerstände und damit für die zu übertragende Umfangskraft am Antrieb gilt:

$$\begin{aligned} F_{\mathrm{W(1)}} + F_{\mathrm{W(2)}} &= F_{\mathrm{u}} \\ &= q_{\mathrm{F}} \cdot H + f\big[H \cdot \big(q_{\mathrm{F}} + 2 \cdot q_{\mathrm{Z}} \\ &\quad + 2 \cdot q_{\mathrm{T}}\big) + 2 \cdot F_{\mathrm{sp}}\big] + F_{\mathrm{WS}} \end{aligned} \tag{19.26}$$

für Kettenbecherwerke, für Gurtbecherwerke Reibkraftanteil vernachlässigbar.

Analog Gl. (19.11) in Abschn. 19.2.1 folgt für die erforderliche Motorleistung

$$P_{\mathrm{M\,erf}} = \frac{F_{\mathrm{U}} \cdot v}{\eta_{\mathrm{ges}}} \tag{19.27}$$

mit dem Wirkungsgrad η_{ges} (Getriebe, Strömungskupplung, eventuell Zusatzwiderstände).

Für die Bestimmung der maximalen Zugmittelkraft $F_{\mathrm{T\,auf\,A}}$ und der maximalen Umfangskraft F_{UA} muss der Anfahrzustand beachtet werden. Es gilt für den Anlauffaktor p_{A}:

$$p_{\mathrm{A}} = \frac{F_{\mathrm{UA}}}{F_{\mathrm{U}}} \tag{19.28}$$

mit der Umfangskraft F_{UA} beim Becherwerksanlauf.

Für Strömungskupplungen als Anlaufhilfe wird ein $p_{\mathrm{A}} = 1{,}6$ bis 2 gewählt, ohne Anlaufhilfe kann p_{A} auch größer werden (Verhältnis Kippmoment/Nenndrehmoment des gewählten Motors).

Damit folgt für die maximale Zm-Kraft (unter Vernachlässigung der Beschleunigungskräfte im abwärts laufenden Abschnitt (*1*)):

$$F_{\mathrm{T\,auf\,A}} = p_{\mathrm{A}} \cdot F_{\mathrm{U}} + H \cdot (q_{\mathrm{Z}} + q_{\mathrm{T}}) + F_{\mathrm{sp}}. \tag{19.29}$$

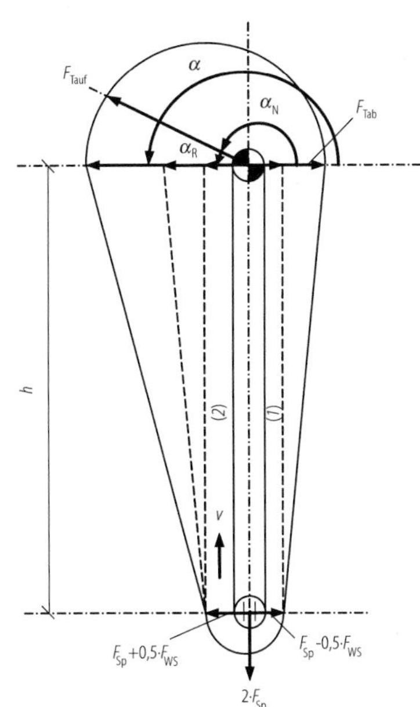

Abb. 19.32 Zugkraftverlauf bei einem Senkrechtbecherwerk mit kraftschlüssigem Antrieb im stationären Betriebszustand, $F_{\mathrm{T\,auf}}/F_{\mathrm{T\,ab}} = \mathrm{e}^{\mu\alpha_{\mathrm{N}}}$, $\alpha = \alpha_{\mathrm{R}} + \alpha_{\mathrm{N}}$, α_{N} – Nutz-, α_{R} – Ruhewinkel

Bei kraftschlüssigem Antrieb des Zm muss die Gesamtspannkraft $2 \cdot F_{\mathrm{sp}}$ die Mindestzugmittelkraft $F_{\mathrm{T\,ab}}$ (Abb. 19.32) gemäß Abschn. 19.2.1, Gln. (19.9) und (19.10) sichern:

$$F_{\mathrm{UA}} \leq F_{\mathrm{T\,ab}} \cdot (\mathrm{e}^{\mu\alpha} - 1)\,, \tag{19.30}$$

mit dem Reibwert $\mu \approx 0{,}20$ bis 0,35 (nass und verschmutzt/trocken).

Pendelbecherwerke sind eine Sonderform der Becherwerke, bei denen die Becher gelenkig (pendelnd) am Zm (zwischen zwei Ketten oder zwei Zahnriemen) aufgehängt sind. Beide Zugmittelstränge mit den Bechern stützen sich über Laufrollen auf Führungsschienen ab. Da die Becher immer lotrecht hängen (Becherschwerpunkt liegt tiefer als Drehpunkte), sind horizontale und vertikale Förderwege möglich. Bei niedriger Fördergeschwindigkeit ($v \leq 0{,}2$ m/s) erfolgt die Gutaufgabe mit Hilfe einer Dosiereinrichtung auf einem horizontalen Abschnitt, die Becherentleerung durch Kippen der Becher mittels Anschlägen oder bei Z-Förderern auch über Kopf hinter der Umlenkung.

19.2.4 Kreisförderer

An Laufrollenpaaren (einem oder zwei), die durch eine offene oder geschlossene Laufbahn geführt werden, sind angepasste Tragglieder angeordnet, z. B. ein- oder mehrstöckige Plattformen, Gestelle, Gabeln, Bügel, Haken, Mulden, Behälter. Sie sind durch eine endlose Kette verbunden, die über ein Kettenrad angetrieben wird (bei längeren Strecken mehrmals auch durch Mitnehmerketten): Ab- und Umlenkung durch Kettenräder, Scheiben oder Rollenbatterien; Spannvorrichtung erforderlich. Beliebige Streckenführung mit raumbeweglicher Kette, Aufnahme und Abgabe des Förderguts von Hand oder selbsttätig. Vorwahl der Abgabestellen durch rechnergestützte Zielsteuerungen.

Laufbahnen und -rollen. I-Schiene für Einschienen-Kreisförderer (Abb. 19.33a). Winkelstahlschienen für Zweischienen-Kreisförderer (Abb. 19.33b); Rohr mit Schlitz (Tubusförderer, Stotz AG, Stuttgart-Kornwestheim); Kastenprofil (Abb. 19.33c). Die Rollen (glatt oder mit Bund) laufen auf Wälz- oder Gleitlagern, DIN 8166.

Zugmittel. Die Ketten, raumbewegliche Rundstahlketten DIN 762, Stahlbolzenketten, Förderketten DIN 8165 (nötigenfalls mit Kardangelenk), im Gesenk geschmiedete, zerlegbare Steck-Ketten (Abb. 19.33a) greifen an einem einfachen oder doppelten Zugbügel des Laufrollenpaars unterhalb der Laufbahn an. Am Zugbügel ist auch das Gehänge beweglich befestigt. Bei rohrförmiger Laufbahn Kettenangriff auch in Mitte Laufrollenachse; dann Rollenpaare abwechselnd mit um 90° versetzten Achsen an Kardankette befestigt. Drahtseile als Zugmittel selten.

Antrieb und Umlenkung. Antriebsort günstig hinter Strecken großen Bewegungswiderstands, z. B. hinter Steigungen und nach Gutabgabe. Antriebskettenrad in waagerechter Kurve; Mitnehmerkettenantrieb auf waagerechter gerader Strecke; Antriebs- und Umlenkkettenräder der Kettenart angepasst; Kettenumlenkung in waagerechter Ebene auch durch Rollenkurven. Kettenspannung mittels Spindel- oder Gewichtsspannvorrichtung, die an verschiebbarer 180°-Umlenkung angreift. Umlenken des Förderstrangs in senkrechter Ebene (Vertikalbögen) durch Führen der Rollenpaare in entsprechender Laufbahnkrümmung. Kettengeschwindigkeit v bis 0,4 m/s; oft stufenlos regelbar. Fördergutstrom $I_m = mv/a$; m Gutmasse in kg je Tragglied, a in m Abstand der Glieder.

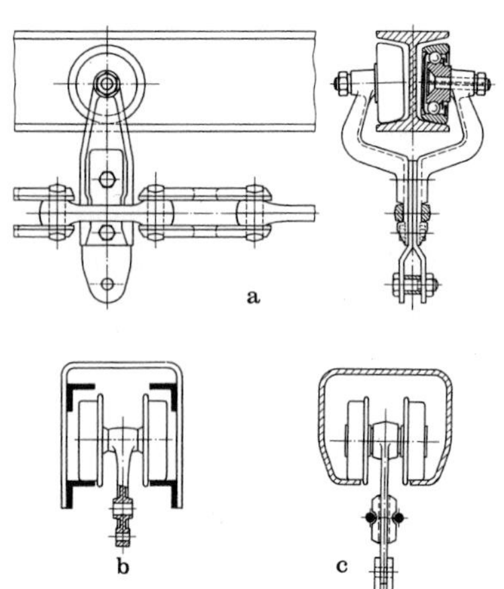

Abb. 19.33 Kreisförderer. **a** Laufrollenpaar mit Steck-Kette auf I-Laufbahn; **b** Winkelschienen-Laufbahn; **c** Kastenprofil-Laufbahn

Zur Berechnung des Leistungsbedarfs und der Kettenzugkraft aus den Einzelwiderständen (Fahrwiderstand, Widerstand an Umlenkrädern, Rollenkurven, Vertikalbögen, Steigungswiderstand) vgl. [32].

19.2.4.1 Ausführungsformen und Anwendungen

Neben dem bisher geschilderten einfachen Einschienenkreisförderer (Abb. 19.33a–c) sind heute in der Anwendung auch sehr häufig Schleppkreisförderer(so genannte Power- und Free-Förderer) anzutreffen (Abb. 19.34). Diese Förderer sind im Gegensatz zu den Einstrangkreisförderern Zweischienenfördersysteme, bei denen das Lastgehänge (Laufwerke) von der so genannten Powerkette geschleppt wird. Feste Mitnehmerklinken an der Powerkette greifen in die beweglichen Mitnehmernocken der Laufwerke und bilden eine formschlüssige Verbindung. Durch Stopper und Anlaufkufen können die Laufwerke automatisch angehalten, dicht auf dicht gestapelt und wieder vereinzelt werden. Fährt das Laufwerk gegen einen Stopper oder gegen eine Kufe

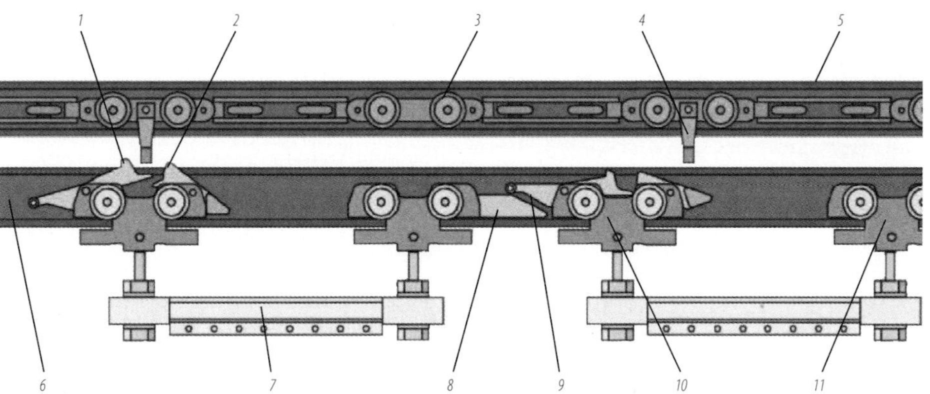

Abb. 19.34 Power- and Free-Förderer. *1* Mitnehmer-Nocke, *2* Rückhalt-Klinke, *3* Power-Kette, *4* Ketten-Mitnehmer, *5* Power-Schiene, *6* Free-Schiene, *7* Last-Traverse, *8* Auflauf-Kufe, *9* Auflauf-Hebel, *10* Vorläufer, *11* Nachläufer

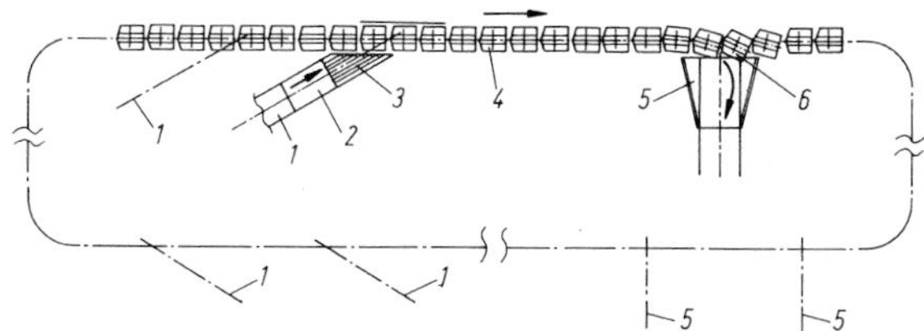

Abb. 19.35 Kippschalen-Sortierförderer (Beumer, Beckum). *1* Taktband, *2* Beschleunigungsband, *3* Einschleusband, *4* Dreh-Kippelement mit Schale, *5* Rutsche zur Endstelle, *6* Dreh-Kippelement mit Schale (gekippt)

eines stehenden Laufwerkes, wird der Auflaufhebel angehoben und dadurch Mitnehmerklinke und Rückhalteklinke abgesenkt. Die Mitnehmer der Powerkette überfahren nun berührungslos das stehende Laufwerk. Hierdurch lassen sich nahezu beliebige Streckenausführungen, auch in mehrgeschossigen Gebäuden, durch entsprechende Hub- und Senkstationen ausführen.

Ein ebenfalls wichtiger Anwendungsfall der Kreisförderer sind so genannte Kippschalensorter (Abb. 19.36). Diese werden als Sortiereinrichtungen mit Einschleusebändern und Ausschleusebändern (Abb. 19.35) in Warenverteilzentren oder z. B. bei der Fluggepäckdistribution eingesetzt. Rechnergestützte Steuerung der gezielten Ein- und Ausschleusung durch automatisch lesbare Zielkodierung. Ausschleusung des Stückgutes von der fördernden Schale durch geführtes Kippen. Fördergeschwindigkeiten bis größer 2 m/s.

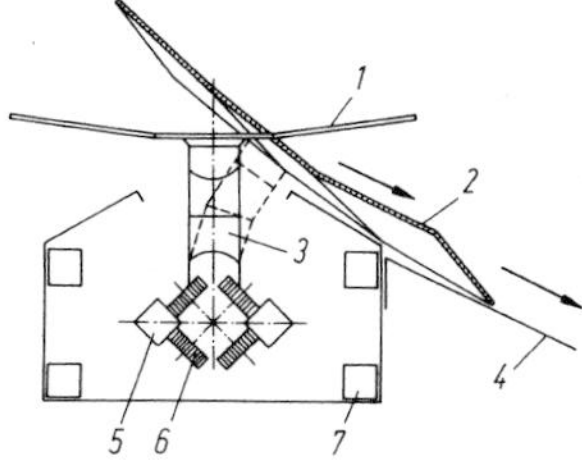

Abb. 19.36 Kippschalen-Sortierförderer (Beumer, Beckum). *1* Schale fördernd, *2* Schale gekippt zum Ausschleusen des Stückguts, *3* Dreh-Kippelement, *4* Rutsche zur Endstelle, *5* Kettenlaufgerüst, *6* Kettenlaufrollen, *7* Gerüst

19.2.5 Gliederbandförderer

Gliederbandförderer sind Schütt- und Stückgutförderer mit umlaufender Kette als Zugorgan und damit verbundenen, stumpf aneinander stoßenden oder sich überdeckenden Platten, Trögen oder Kästen als Tragorgane (Abb. 19.37 und 19.38).

Als Zugmittel werden Laschen- oder Buchsenketten mit Tragrollen und Laschen zur Befestigung der Tragelemente in 2-strängiger Ausführung verwendet. Wegen der relativ schweren

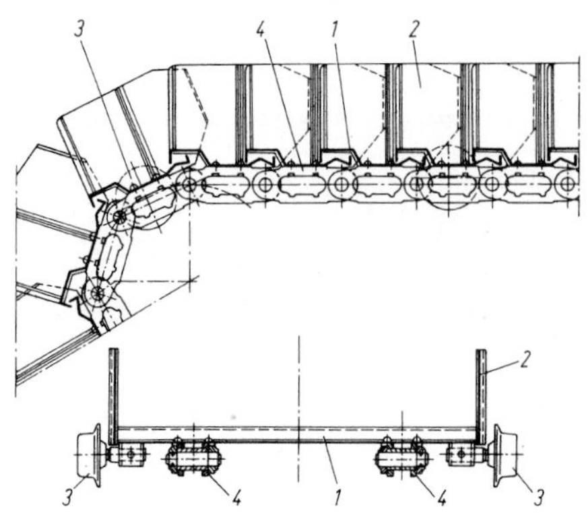

Abb. 19.37 Plattenband mit seitlichen Borden. *1* Platten, *2* Borde, *3* Laufrollen, *4* Ketten. (Aumund, Rheinberg)

Tragelemente sind diese möglichst über die Kettenrollen oder gesonderte Rollen, die an der Tragkonstruktion befestigt sind, abzustützen.

Der Antrieb der Förderketten erfolgt durch Getriebemotoren über Kettenräder oder Kettensterne, wodurch relativ kleine Durchmesser an den Umlenkstellen möglich sind. Bei sehr langen Bändern werden auch Mehrfachantriebe eingesetzt (Zwischenantrieb über angetriebene Schleppketten).

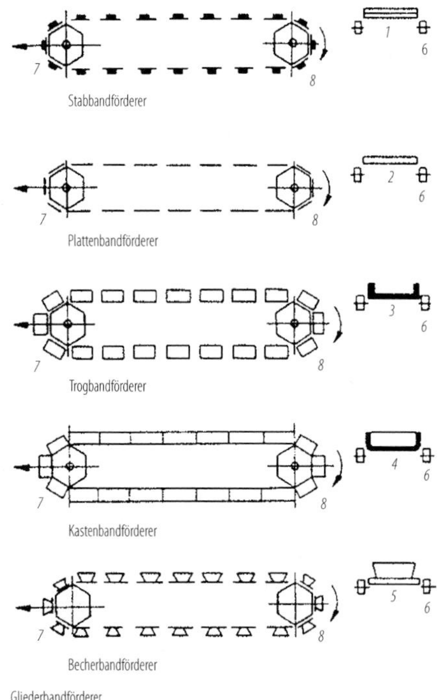

Abb. 19.38 Tragelemente von Gliederbandförderern. *1* Stab aus Stahl, seltener Holz oder Kunststoff, *2* Platte ohne Seitenwände, *3* Trog (Platte mit Seitenwänden), *4* Kasten (Platte mit Seitenwänden und Querstangen), *5* Becher (gemuldete Tragmittel), *6* Laufrolle, *7* Umlenk- und Spannstation, *8* Antriebsstation

Je nach Ausführung der Tragelemente, die in der Regel an beiden Seiten an der Kette befestigt werden, unterscheidet man zwischen:

Plattenbandförderer sind für schwere und heiße Stückgüter sowie als Transportmittel in der Fließfertigung gebräuchlich. Für sehr feinkörniges Schüttgut ist der Plattenbandförderer wegen der Rieselverluste an den Stoßstellen der Tragorgane weniger geeignet.

Trog-, Becher- und Kastenbandförderer dienen dem Schüttguttransport. Sie sind ebenso für heiße, stark schleißende und aggressive Fördergüter geeignet, wobei die Kastenbänder auch für Steilförderung (Steigungswinkel bis 60°) einsetzbar sind. Sie sind außerdem als Bunkerabzugförderer für schwere Schüttgüter wegen ihrer hohen vertikalen Belastbarkeit zu empfehlen.

19.2.6 Kratzerförderer

Kratzerförderer sind Kettenförderer mit Kratzern als Mitnehmer, die das Fördergut in einzelnen Haufen, meist in einem Trog oder einer Rinne, vorwärts schieben und umwälzen (s. Abb. 19.39).

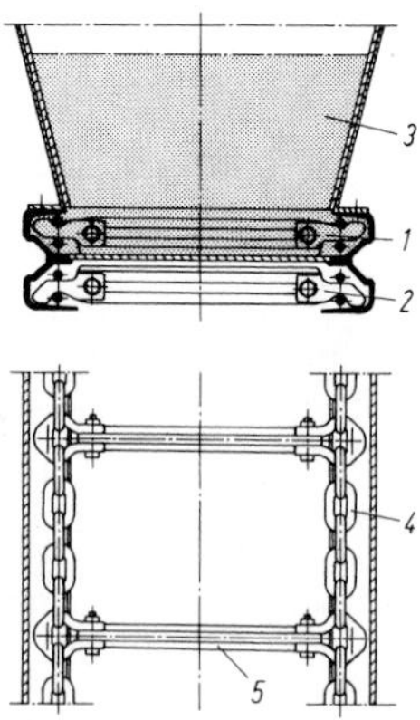

Abb. 19.39 Rinnen- und Kettenausführung eines Doppelketten-Kratzerförderers zum Bunkeraustrag (Aumund, Rheinberg). *1* Förderndes Trum, *2* Rücklaufendes Trum, *3* Bunkerinhalt, *4* Rundstahlkette, *5* Mitnehmer

Rinnenquerschnitte. Die Rinnen sind in der Regel aus Stahlblech gefertigt und nach oben offen. Die an der ein- oder zweisträngigen Kette befestigten Mitnehmer (Scheiben oder Stege) schieben das Fördergut schrappend vor sich her, wobei die Mitnehmer und Ketten über die Kettenrollen oder auch über gesondert angebrachte Tragrollen abgestützt werden. Die Rückführung des Leertrums kann ober- oder unterhalb der Förderrinne erfolgen.

Trotz einfacher Bauweise und hohen Leistungsbedarfs Anwendung als Bunkeraustragsorgan (z. B. für aggressive Schüttgüter). Untertageausführung als Strebfördermittel im Steinkohlenbergbau. Geringer Raumbedarf, kostengünstige Herstellung, Umkehrbarkeit der Förderrichtung, einfache Beschickung und Entnahme des Fördergutes.

Kratzerförderer für den Bergbau werden aus 1,5 m langen Rinnenschüssen zusammengesetzt, deren Verbindung eine geringe Ablenkbarkeit in der Waagerechten und Senkrechten gestattet. Zugmittel: hochfeste Rundstahlketten DIN 22 252. Häufigste Bauart heute im Steinkohlenbergbau unter Tage mit Doppelmittelkette. Antrieb vom Elektromotor (mit Flüssigkeits- oder mechanischer Anlaufkupplung) über Untersetzungsgetriebe auf Kettensternräder. Fördergeschwindigkeit 0,6 bis 0,9 m/s. Kohlenstrom je nach Förderergröße 25 bis 85 kg/s. Förderlänge bis 200 m (mit Kopf- und Schlußantrieb). Rinnenkonstruktion gestattet, Gewinnungsmaschine (Schrämmaschine, Kohlenhobel) zu tragen und zu führen.

19.2.7 Trogkettenförderer

Trogkettenförderer sind Kettenförderer mit im Fördergut laufender Einstrang- oder Zweistrangkette mit eng aufeinander folgenden Mitnehmern, mit oder ohne Mitnehmer, im geschlossenen (auch gasdichten) Trog. Ein Trogkettenförderer fördert das Gut im Gegensatz zum Kratzerförderer nahezu ohne Umwälzung. Das an der Aufgabestelle zugeführte Fördergut fällt auf das fördernde Kettentrum und füllt hier zunächst das

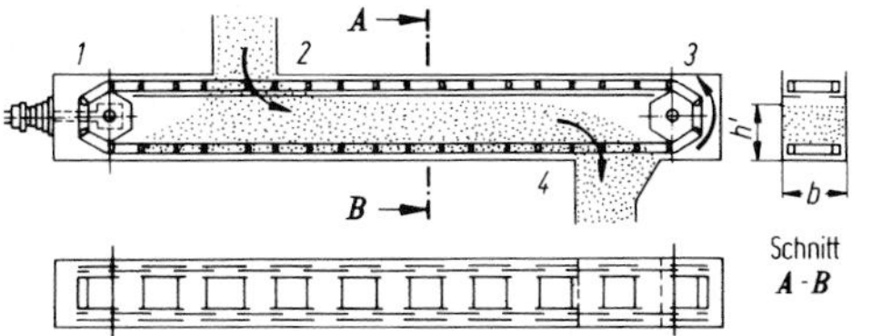

Abb. 19.40 Waagerechter Trogkettenförderer mit Zweistrangkette. *1* Spannstelle, *2* Guteinlauf, *3* Antriebsstelle, *4* Gutauslauf

Volumen aus, welches von Kette und Mitnehmer gebildet wird. Das weiter zulaufende Gut fällt auf diese Gutschicht und wird durch Ausnützung der Reibungseffekte von diesem mitgenommen. Es erfolgt also eine en-bloc-Förderung der gesamten Schüttgutmenge. Die maximal mögliche Guthöhe im Trog richtet sich nach dem Abstand und den Ausführungsformen der so genannten Mitnehmer an der Kette. Die Bewegung der unteren Gutschicht wird bis zu einer bestimmten, sich selbst einstellenden Höhe auf die obere übertragen, so dass das gesamte Fördergut zusammen mit der Kette einen in einer gleichmäßigen Geschwindigkeit dahin gleitenden Körper bildet. Trogkettenförderer arbeiten üblicherweise mit relativ mäßigen Geschwindigkeiten von 0,3 bis 0,8 m/s.

An der Aufgabestelle fällt das Fördergut (feinkörniges Gut oder Grobgut mit Feingut gemischt) auf das fördernde Kettentrum und wird zunächst durch die Querstege und dann durch die bereits in Bewegung befindliche Gutschicht mitgenommen. Die Bewegung der unteren Gutschichten wird bis zu einer bestimmten, sich selbst einstellenden Höhe auf die oberen übertragen, so dass das gesamte Fördergut zusammen mit der Kette einen mit gleichmäßiger Geschwindigkeit dahingleitenden Körper bildet. Förderung waagerecht und leicht geneigt (Abb. 19.40); bei Vertikalkurven und Senkrecht-Förderung: besondere Ketten- und Trogausbildung. Mehrfach Auf- und Abgabe möglich.

Kettenformen. Für waagerechte und leicht geneigte Förderung (Abb. 19.41a,b); die U-förmige Ausbildung der Mitnehmer Abb. 19.41c ist auch für senkrechte Linienführung geeignet.

Antriebs- und Spannstation über Kettenräder oder -sterne. Kettenspannung an Spannstation mit ungefederter oder gefederter Spindelspannvorrichtung.

Berechnungsgrundlagen. Für die Berechnung des Fördervolumens und der Antriebsleistung werden häufig empirisch ermittelte Gleichungen der Hersteller verwendet. Im Nachfolgenden wird eine allgemeine Berechnungsgrundlage angegeben.

Der Fördergutstrom I_V ergibt sich aus dem gefüllten Fördererquerschnitt bh' abzüglich der durch die Kette in Anspruch genommenen Fläche m'_K/ρ_K (m'_K Kettenmasse je Längeneinheit, ρ_K spez. Masse der Kette) und der Gutgeschwindigkeit (v Kettengeschwindigkeit, c Minderungsfaktor für Zurückbleiben des Guts gegenüber Kette: 0,6 bis 0,9 für fein- bis grobkörniges Gut und waagerechte oder wenig geneigte Förderung, 0,5 bis 0,7 für steiles oder senkrechtes Fördern) zu $I_V = cv\left(bh' - m'_K/\rho_K\right)$ und mit der Schüttdichte ρ der Massenstrom (s. Gl. (19.1)), z. B. mit I_V in m³/s, m'_K in kg/m, ρ_K in kg/m³, v in m/s, ρ in kg/m³, b und h' in m.

Zum Zusammenhang zwischen Schüttguthöhe (über Mitnehmer), Kettenteilung und Trogbreite bei verschiedenen Schüttguteigenschaften und waagerechter sowie leicht geneigter Förderung vgl. [33].

Leistungsbedarf. An Antriebswelle angenähert mit Gesamtverlustbeiwert f_1 (0,75 bis 0,6 bei staubförmigem bis gröberem Gut; Kette gleitet auf dünner Gutschicht):

$$P_U = L f_1 g \left(I_m + 2m'_K v\right) + \dot{m} g H \tag{19.31}$$

P_U – Leistungsbedarf an der Antriebswelle
L – Förderlänge
f_1 – Gesamtverlustbeiwert
g – Erdbeschleunigung
I_m – Massenstrom
m'_K – Kettenmasse je Längeneinheit
v – Kettengeschwindigkeit
H – Förderhöhe,

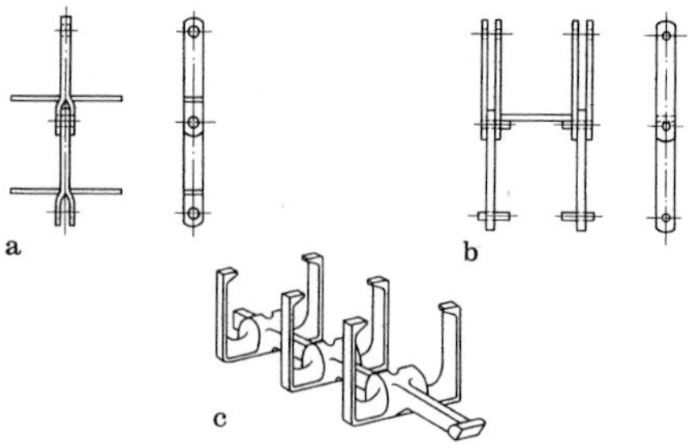

Abb. 19.41 Kettenformen für Trogkettenförderer. **a** Einstrang-Gabelkette; **b** Zweistrang-Blockkette; **c** Kette Bauart Redler

worin L Förderlänge und H Förderhöhe in m, I_m in kg/s, m'_K in kg/m einzusetzen sind, um P in W zu erhalten.

Die Förder- und Antriebsleistung von Trogkettenförderern ist natürlich vom jeweiligen Schüttgut abhängig (wie z. B. Korngrößenspektrum, Reibungsverhältnisse, Feuchtigkeit, etc.), weshalb diese Eigenschaften für die Dimensionierung berücksichtigt werden müssen.

Anwendung. Für Mehl, Zucker, Zement, Brikettierkohle, Ölsaaten, Getreide, Chemikalien, jedoch nicht für klebriges, backendes und stark schleißendes Gut; Transport auf kurze und mittlere Entfernung, Silobeschickung und -abzug, Schiffsentladung. Den Vorteilen schonender Gutbehandlung und staubdichter Förderung bei geringem Platzbedarf stehen Ketten- und Trogverschleiß nachteilig gegenüber.

19.3 Stetigförderer ohne Zugmittel

19.3.1 Förderer mit Schnecken

Förderndes Element ist eine Schraubenfläche aus Blech oder Bandstahl (selten Guss), die um ihre Achse rotiert und das Fördergut in einem Trog oder Rohr vorwärts schiebt.

19.3.1.1 Schneckenförderer mit umlaufender Welle

Gelochte und längs eines Radius aufgeschnittene Blechronden sind zu einem Schneckengang

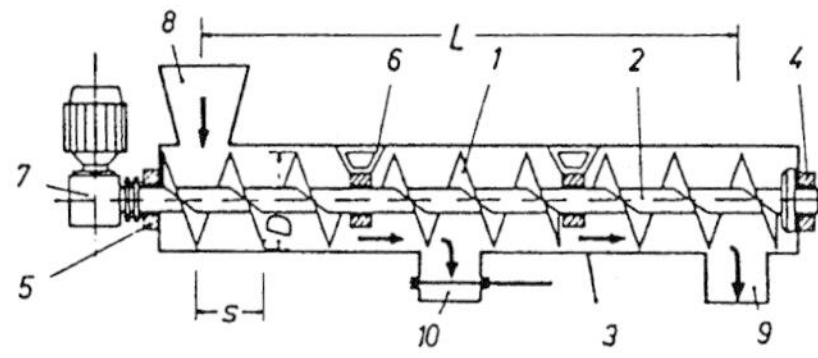

Abb. 19.42 Schneckenförderer mit Vollschnecke. *1* Schnecke, *2* Schneckenwelle, *3* Trog, *4* Endlager (für Radial- und Axiallast), *5* Antriebslager (für Radiallast), *6* Zwischenlager, *7* Antrieb, *8* Aufgabestutzen, *9* Auslauf, *10* Zwischenauslauf mit Schieber

gepresst und untereinander mit einer Rohrwelle (seltener Vollwelle) verschweißt. Vollschnecke (Abb. 19.42); Herstellung der Schraubenfläche auch durch Walzen. Bei der *Bandschnecke* (für stückiges Gut) stützt sich eine Wendel aus Flachstahl mit Armen gegen die Schneckenwelle ab.

Besondere Misch- und Rührwirkung durch einzeln auf die Welle aufgesetzte einstellbare Paletten, von denen jede den Teil einer Voll- oder Bandschnecke bildet: *Rührschnecke*. In die Rohrwelle werden Antriebs- und Endlagerzapfen eingenietet; Längen über 2,5 bis 3,5 m erfordern Zwischenlagerzapfen oder Flanschkuppelstücke; die zugehörigen am Trog aufgehängten Lager bedingen eine Unterbrechung der Schraubenfläche. Der Stahlblechtrog soll mit seiner Rundung eng an die Schraubenfläche anschließen (sonst erhöhter Abrieb und Zermahlen des Fördergutes im Spalt) und hat gewöhnlich gerade Seitenwände, die auf Abkantung oder Saumwinkel den Trogdeckel tragen. Verwendung von Gleit- oder Wälzlagern, wobei ein Lager auch Axialschub aufnehmen muss, der entgegen der Förderrichtung wirkt: Die Anordnung der Schneckenwelle ist so vorzunehmen, dass diese auf Zug beansprucht wird. Die Welle wird vor dem Endlager an der Trog-Stirnwand durch Stopfbuchse gedichtet. Das Antriebslager ist meist als Flanschlager ausgebildet. Antrieb durch Elektromotor über Vorgelege; heute häufig Getriebemotor.

Horizontale bis leicht geneigte Förderung (0°–20°). Abmessungen (Tab. 19.6) und Berechnungsgrundsätze nach DIN 15 261 und 15 262.

Mit Schneckendurchmesser D, Ganghöhe S, Drehzahl n, Schüttdichte des Förderguts ρ und Füllungsgrad φ (von 0,15 bei schwerem, stark schleißendem Fördergut bis 0,45 bei leichten, gut fließenden, nicht schleißenden Gütern) wird der Förderguttstrom I_V bzw. I_m beim waagerechten und leicht geneigten (bis $\delta = \beta_{dyn}$, dem dynamischen Böschungswinkel des Förderguts) Schneckenförderer mit Vollschnecke zu

$$I_V = \varphi \pi D^2 S n / 4 \quad \text{bzw.} \quad I_m = \varrho I_V \quad (19.32)$$

berechnet.

Die Antriebsleistung PU an der Schneckenwelle besteht aus einem Anteil P_R zur Überwindung der Reibungswiderstände (Verschiebewiderstandsbeiwert λ zwischen 4 und 2, vgl. Tab. 2 in DIN 15 262) und der Hubleistung P_H. Sie ergibt sich zu

$$P_U = P_R + P_H = Lg\lambda I_m \cos\delta + I_m gH. \quad (19.33)$$

Anwendung. Schneckenförderer mit umlaufender Welle für staubförmige, feinkörnige bis stückige Fördergüter über verhältnismäßig kurze Entfernungen (selten über 40 m), vielfach als Zubringer oder Zwischenförderer; Verbindung von Förder- und Mischvorgang.

Stark geneigte bis senkrechte Förderung (20°–90°). Steile und senkrechte Förderung mit Vollschnecken in Rohrtrog bei hoher Drehzahl möglich; hierfür gelten andere Berechnungsgrundlagen.

19.3.1.2 Hochleistungs-Schneckenförderer

Betriebsweise eines Schneckenförderers mit umlaufender Welle mit ca. 1,5- bis 2mal höheren Drehzahlen, als in der Norm (DIN 15 262) vorgeschrieben (Tab. 19.6). Damit lässt sich der gleiche Massenstrom mit einer geringeren Baugröße fördern.

Zur Berechnung der Antriebsleistung kann nicht die Norm (DIN 15 262) verwendet werden. Der nach Norm konstante Verschiebewiderstandsbeiwert ist nicht mehr als konstant anzusehen.

Tab. 19.6 Hauptdaten von Vollschnecken (DIN 15 262)

Durchmesser D [mm]	160	200	250	315	400	500	630	800	1000
Ganghöhe S [mm]	160	200	250	315	355	400	450	500	560
Drehzahl n_{max} [1/min]	150	135	120	108	96	84	75	67	60

19.3.1.3 Schneckenrohrförderer

Seltenere Ausführungsform des Schneckenförderers. In dem auf Rollen gestützten, umlaufenden Rohr, meist großen Durchmessers, ist ein Schraubengang aus Flachstahl innen angeschweißt. Ganghöhe S gegenüber Rohrdurchmesser D klein ($S/D \approx 0{,}5$), ebenso Drehzahl, um Gutumlauf mit Rohr zu vermeiden; auch Füllungsgrad sinkt gegenüber Schneckenförderer auf etwa die Hälfte. Dagegen gute Mischwirkung; außerdem einfache Heiz- und Kühlmöglichkeit für das Gut während des Fördervorgangs.

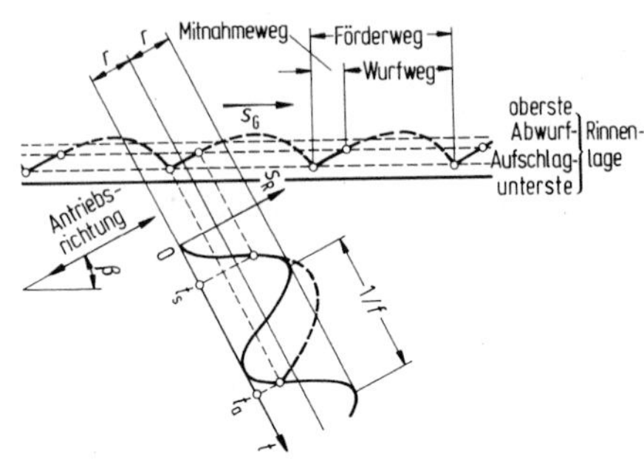

Abb. 19.43 Schematische Darstellung der Mikro-Wurfbewegung bei Schwingrinnen. f Frequenz, r Amplitude, t Zeit, t_s Ablösezeitpunkt, t_a Aufschlagzeitpunkt, s_R Rinnenweg, s_G Gutweg, β Anstellwinkel üblich 25 bis 30°

19.3.2 Schwingförderer

Förderprinzip. Die trog- oder rohrförmige Rinne wird durch schnelle Schwingungen mit kleiner Amplitude vor–aufwärts und zurück–abwärts bewegt. Hin- und Rückgang der schräg gerichteten, im Idealfall sinusförmigen Schwingbewegung haben gleiche Zeitdauer. Das in der Rinne liegende Schüttgut wird hierdurch in eine fließende Bewegung versetzt. Den Gutteilchen kann eine Mikro-Wurfbewegung zugeordnet werden (Abb. 19.43), sie werden zunächst im Kontakt mit der Rinne bewegt und lösen sich wenn die Vertikalbeschleunigung die Fallbeschleunigung überwindet.

Rinnen- und Gutbewegung [34]. Mit den in Abb. 19.43 angegebenen Bezeichnungen wird bei sinusförmigem Schwingungsverlauf der *Rinnenweg* $s_R = r\,[1 - \cos(2\pi f t)]$ und daraus (nach zweimaliger Differentiation) die *Rinnenbeschleunigung*

$$\ddot{s}_R = 4\pi^2 f^2 r \cos(2\pi f t). \tag{19.34}$$

Maßgebend für den Mikrowurf ist die Vertikalkomponente der Rinnenbeschleunigung

$$\ddot{y} = \ddot{s}_R \sin\beta = 4\pi^2 f^2 r \cos(2\pi f t) \sin\beta. \tag{19.35}$$

Kennzeichnend für die Gutbewegung ist das Verhältnis Γ der maximalen Vertikalbeschleunigung ($\cos(2\pi f t) = 1$) zur Fallbeschleunigung g, die *Wurfkennziffer*

$$\Gamma = \left(4\pi^2 f^2 r \sin\beta\right)/g \tag{19.36}$$

($\Gamma \leq 1$ keine Wurfbewegung (Schüttelrutsche), $\Gamma > 1$ Wurfbewegung (Schwingrinne)). Die Fördergeschwindigkeit v_{theor} des Guts ergibt sich aus der mittleren horizontalen Rinnengeschwindigkeit während der Haftzeit t_a bis t_s und der horizontalen Gutgeschwindigkeit während der Wurfzeit t_s bis t_a zu $v_{theor} = \left(g n^2 \cot\beta\right) 2f$. Der Faktor n bedeutet den Anteil der Wurfzeit an der gesamten Periodendauer $T = 1/f$, also $n = (t_a - t_s)/T$ und ist mit dem Kennwert Γ verknüpft durch

$$\Gamma = \sqrt{\left(\frac{\cos 2\pi n + 2\pi^2 n^2 - 1}{2\pi n - \sin(2\pi n)}\right)^2 + 1}\,. \tag{19.37}$$

Diese implizite Funktion ist für die Berechnung von v_{theor} in Abb. 19.44 grafisch dargestellt, so dass zu der aus den gewählten Schwingrinnendaten f, r und β berechneten Wurfkennziffer Γ die Größe n daraus entnommen werden kann. Die Geschwindigkeitsformel gilt für den Bereich: $0 \leq n \leq 1$, entsprechend: $1 \leq \Gamma \leq 3{,}3$, d. h.

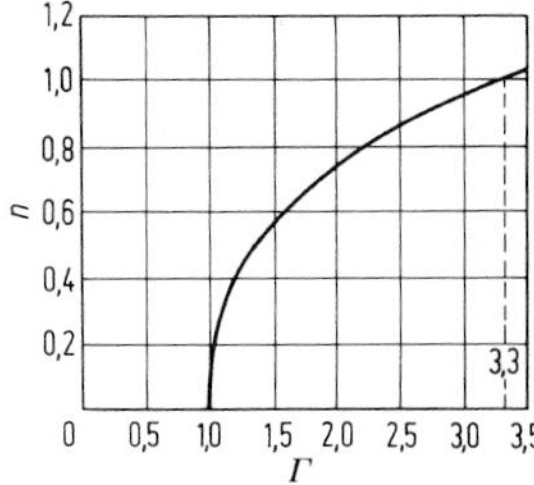

Abb. 19.44 Diagramm zur Ermittlung des Faktors n

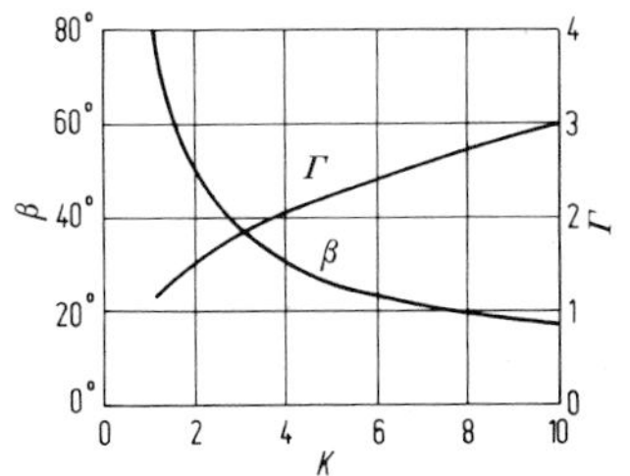

Abb. 19.45 Anstellwinkel β zur Erzielung einer hohen Fördergeschwindigkeit als Funktion der Maschinenkennziffer K, sowie die zugehörige Wurfkennziffer Γ

bis zu einer Wurfzeit von einer Periodendauer. Die so errechnete theoretische Fördergeschwindigkeit stimmt mit der praktisch auftretenden bei körnigem Schüttgut und geringer Schütthöhe gut überein; bei normaler Schütthöhe wirkliche Fördergeschwindigkeit 10 bis 20 % kleiner. Diese Minderung wird bedingt durch die Rückwirkung der Schüttguteigenschaften, wie Korngröße, Schüttdichte, Schütthöhe auf der Rinne.

Mit der Querschnittsfläche A und der Schüttdichte ρ des Förderguts wird der Fördergutstrom $I_{\mathrm{m}} = Av\rho$. Werte für Frequenz und Amplitude sind durch die auftretenden Massenkräfte begrenzt. Größte Massenkraft (bei leerer Rinne) mit m als Masse der Rinne

$$F_{\max} = m\ddot{s}_{\mathrm{R}\ \max} = m\left(4\pi^2 f^2 r\right) \qquad (19.38)$$

z. B. mit F in N, A in m², v in m/s, ρ in kg/m³, r in m, f in 1/s, m in kg. Verhältnis $F_{\max}/(mg) = K = 4\pi^2 f^2 r/g$; K heißt *Maschinenkennziffer* und gilt als Maß für die Beanspruchung der Rinnenteile; normale Schwingrinne $K = 3$ bis 10 meist ≤ 5 (mit $\beta = 30°$ wird hierfür $\Gamma = K \sin\beta = 2{,}5$). Masse des Förderguts wird durch Erhöhung von m um bis 20 % berücksichtigt (Ankopplungsfaktor bis 0,2) [35, 36]. Abb. 19.45 gibt den optimalen Anstellwinkel β zur Erzielung einer hohen Fördergeschwindigkeit als Funktion der Maschinenkennziffer K an, sowie die zugehörige Wurfkennziffer Γ.

Antriebsarten [37]. *Zwanglaufantrieb* durch Kurbeltrieb mit kleinem Schubstangenverhältnis ($\lambda = r/l = 0{,}1 \ldots 0{,}01$) Amplituden von 15 bis 3 mm, dazu Frequenzen f von 5 bis 25 Hz. Stützung der Rinne auf Lenkern oder Blattfedern aus Stahl.

Zusätzliche Federelemente (Stahl oder Gummi), damit Eigenfrequenz des Systems nahe der Betriebsfrequenz, um Kraftbedarf zum Aufrechterhalten der Schwingung klein zu halten (Betriebsfrequenz $\approx 10\,\%$ kleiner als Resonanzfrequenz), s. Abb. 19.46a. Erreichbare Fördergeschwindigkeit 0,4 m/s.

Wuchtmassenantrieb mittels zweier um 180° versetzter, gegenläufiger, gleich großer Unwuchtmassen. Zum Antrieb verwendete gleiche Drehstrom-Asynchronmotoren laufen selbsttätig synchron, wenn sie auf einer gemeinsamen, beweglichen Plattform befestigt sind. Blatt- oder Schraubenfederstützung der Rinne, auch Gummifederstützung oder gefederte Aufhängung der Rinne; Amplituden 5 bis 0,5 mm; Frequenz 15 bis 30 Hz (kleinere Ausführungen bis 50 Hz), (Abb. 19.46b). Fördergeschwindigkeit bis 0,25 m/s.

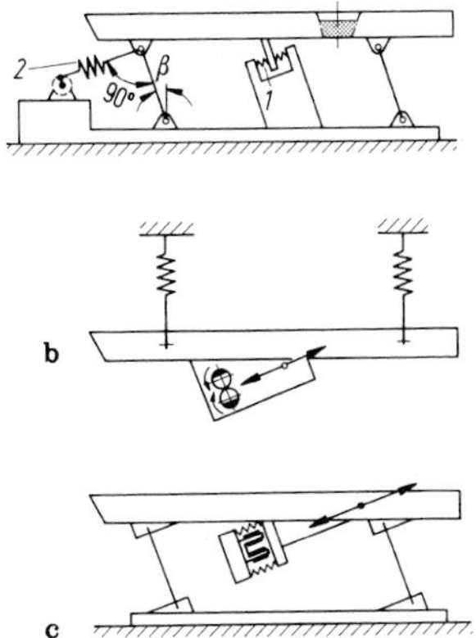

Abb. 19.46 Schwingrinnenantriebe. **a** Schubkurbelantrieb, *1* Speicherfeder, *2* Koppelfeder; **b** Wuchtmassenantrieb, federnd aufgehängt; **c** elektromagnetischer Vibrator

Werden die Unwuchtmotoren nicht starr mit der Rinne verbunden, sondern über Federn mit stark progressiver Kennlinie an die Rinne angeschlossen, so entsteht ein Zwei-Massen-Schwingsystem, das in der Nähe der Resonanz betrieben werden kann. Durch Schlupfregelung der Motoren über Drehstrom-Stelltransformatoren oder Thyristoren ist eine einfache Regelung der Schwingweite und damit des Fördergutstroms während des Betriebs möglich.

Antrieb durch elektromagnetischen Vibrator (Abb. 19.46c). Der Anker eines Elektromagneten ist mit der Rinne fest verbunden, während der mit einer Freimasse versehene Spulenkörper über vorgespannte Druckfedern mit der Nutzmasse (Anker, Rinne, Schüttgut) gekoppelt ist. Da die elektromagnetische Kraft dem Quadrat des Stroms proportional ist, erzeugt eine angelegte Wechselspannung von 50 Hz eine Rinnenfrequenz von 100 Hz, mit der kleinere Rinnen betrieben werden. Die größeren Ausführungen werden über Einweggleichrichter angeschlossen, so dass die Rinne mit 50 Hz schwingt. Amplituden von 0,05 bis 1 mm. Einfache Änderung der Amplitude und damit der Fördergeschwindigkeit, auch während des Betriebs, mittels vorgeschalteten Spannungsreglers. Fördergeschwindigkeit bis 0,12 m/s. Zur Erzielung größerer Fördergeschwindigkeiten, leiseren Laufs und kleinerer dynamischer Kräfte Betrieb auch mit 25 Hz; Anschluss an das übliche Netz von 220 V/50 Hz über Thyristor-Geräte.

Anwendung. Zur Förderung stückiger, grobfeinkörniger Schüttgüter, auch wenn mechanisch oder chemisch aggressiv (Rinne oder Auskleidung aus nicht rostendem Stahl, Gummi, Kunststoff), auf kurze Entfernungen bis $\approx$ 30 m mit einer Einheit; größere Förderstrecken durch Aneinanderreihen mehrerer Einzelrinnen; waagerecht und leicht geneigt. Fördergutstrom bis 250 kg/s; als Bunkerabzugsrinnen, Aufgabe- und Dosierrinnen, Schüttelsiebe. Das Förderverfahren ergibt geringen Rinnenverschleiß und Leistungsbedarf.

19.3.3 Rollen- und Kugelbahnen

Stetigförderer, bei denen die Transporteinheit auf Rollen, Röllchen bzw. Kugeln gefördert wird.

19.3.3.1 Rollenbahn angetrieben

Sie besteht aus hintereinander in Flach- oder Winkelstahlrahmen liegenden, wälzgelagerten Rollen *1* mit Rohren aus Stahl, Aluminium oder Kunststoff. Bei der leichten Ausführung (Abb. 19.47b) werden einfach auswechselbare Rollen von oben in den Tragrahmen *2* gelegt. Den Antrieb übernimmt ein ständig umlaufendes Zugmittel, meist Rollenketten oder Riemen *3*. Bei Riemen drücken federnd gelagerte Röllchen *4* diesen nur so leicht an die Förderrollen *1*, dass sich diese bei ruhenden Transporteinheiten (z. B. im Stau) nicht drehen.

Rollenförderer der schweren Ausführung (Abb. 19.47a) finden vorzugsweise zum Transport von Paletten *1* Anwendung. Deren Bodenbretter *2* stehen mit den Förderrollen *3* in Kontakt. Zur Führung der Paletten auf den Rollen dienen kegelförmige Abweisringe *4*. Der Antrieb erfolgt entweder zentral über Kettenräder *5* und Rollenketten bzw. Zahnriemen, die je zwei benachbarte Rollen verbinden oder mit Hilfe eines tangentialen Antriebes, bei dem eine einzelne Kette alle Rollen einer Bahn antreibt.

19.3.3.2 Staurollenförderer

Stauförderer ermöglichen das geplante Anhalten des Fördergutes. Wenn die Transporteinheiten

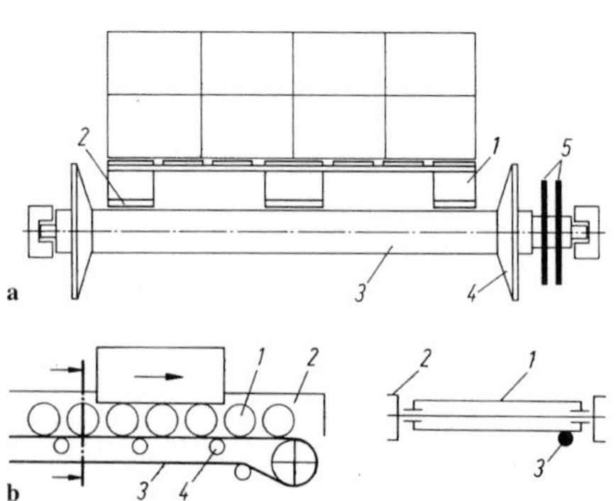

Abb. 19.47 Rollenförderer. **a** Schwere Anwendungen; **b** leichte Anwendungen

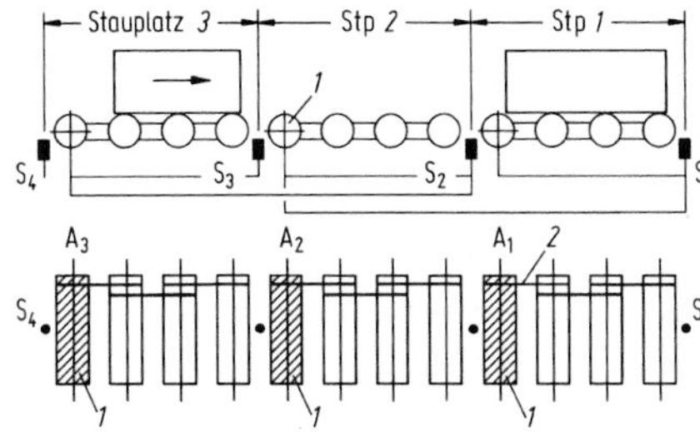

Abb. 19.48 Staurollenförderer

dabei aufeinander auffahren dürfen (Stauen unter Staudruck), können Schwerkraftförderer nach Abb. 19.51 eingesetzt werden. Der gestaute Materialstrom setzt sich selbsttätig in Bewegung, wenn Stopper *1* (Abb. 19.51b) abgesenkt wird.

Bei empfindlichem Gut oder bei schweren Fördergütern dürfen sich die gestauten Transporteinheiten nicht berühren (staudruckloses Stauen) (Abb. 19.48). In diesem Fall ist die Staustrecke in abstandsgleiche Teilstrecken (Stauplätze) mit eigenen Antrieben unterteilt. Die Stauplatzlänge wird durch die längste zu fördernde Transporteinheit bestimmt. Staubildung erfolgt, indem nach Beladung eines Stauplatzes dessen Antrieb *1* und damit die durch Rundriemen *2* oder Ketten verbundenen Rollen abgeschaltet werden, wenn der davorliegende Platz besetzt ist. Wurde eine Transporteinheit von ihrem Stauplatz abgezogen, besetzt die nachfolgende den freigewordenen Platz, so dass auf diese Weise alle gestauten Transporteinheiten sich zeitlich versetzt um je einen Platz vorbewegen. Die Steuerung erfolgt mechanisch durch Schaltnocken oder optisch durch Sensoren S_n.

19.3.3.3 Kugeltische

Kugeltische zum leichten Verschieben von Stückgut von Hand in waagerechter Ebene werden vornehmlich an Gutaufgabestationen, an Weichen oder Kreuzungen (Abb. 19.49a) eingesetzt. Sie erlauben die gleichzeitige Förderung der Transporteinheiten in zwei Richtungen und eine zusätzliche Drehung um deren vertikale Achse. Sie bestehen aus über die Förderebene verteilten, wälzgelagerten Kugelelementen *1* (Abb. 19.49a,b) oder aus parallel und hintereinander geschalteten Allseitenrollen (Abb. 19.49c), bei denen die Achsen *1* der drehbaren Rahmen

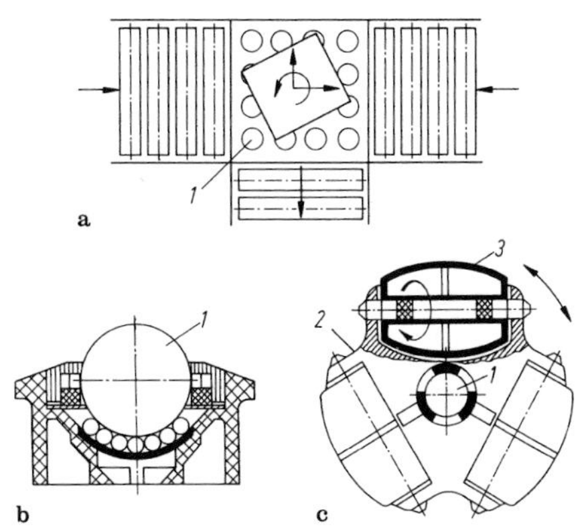

Abb. 19.49 **a** Weiche mit Kugeltisch; **b** wälzgelagertes Kugelelement; **c** Allseitenrolle

2 in die Hauptförderrichtung weisen und die Achsen der drei drehbar im Rahmen gelagerten tonnenförmigen Rollen *3* dazu senkrecht stehen.

Vielseitige *Anwendung* finden Kugeltische für Stückgut mit ebener Bodenfläche, z. B. für Pakete und Kisten beim Warenumschlag und in Lagern sowie für den Werkstücktransport in Werkstätten, insbesondere Gießereien.

19.3.3.4 Röllchenbahn

Leichte Rollenbahnbauart: *Scheibenrollen- oder Röllchenbahnen*. Sie bestehen aus wälzgelagerten, nicht angetriebenen Scheibenrollen, die auf dünnen, im Rahmen *2* eingespannten Achsen laufen (Abb. 19.50). Mehrere in einem Rahmen hintereinander angeordnete röllchenbestückte Achsen bilden das Förderelement.

19.3.3.5 Rollenbahn schwerkraftbetrieben

Schwerkraftförderer wie leicht geneigte Röllchen- (Abb. 19.51a) und nicht angetriebene Rollenförderer (Abb. 19.51b), vorzugsweise für leichte Fördergüter, nutzen die Hangabtriebskraft auf der schiefen Ebene zur Überwindung der Bewegungswiderstände zwischen Transporteinheit und Tragelementen. Das notwendige Ge-

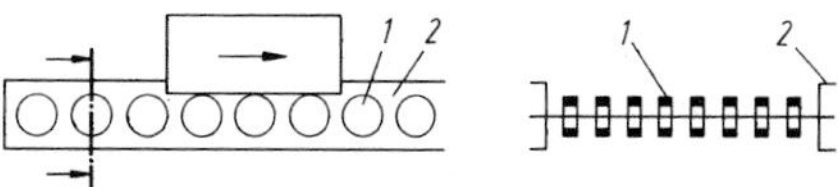

Abb. 19.50 Röllchenförderer

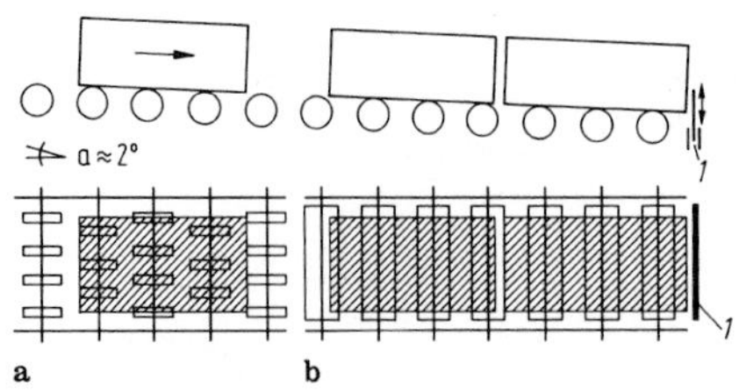

Abb. 19.51 Schwerkraftbetriebene. **a** Röllchenbahn; **b** Rollenbahn

fälle bei kugelgelagerten Rollen beträgt 2 bis 5 %. Bahnen werden aus Rahmen von 1 bis 3 m Länge, auf höhenverstellbaren Böcken oder festgestützt, zusammengesetzt. Kurvenweichen, Drehscheiben- und aufklappbare Durchgangsstücke sowie Wendelrollenbahnen zur Senkrecht-Abwärtsförderung ermöglichen nahezu beliebige Streckenführungen. Kurvenstücke können mit zylindrischen Rollen in radialer Anordnung gebildet werden, ergeben aber teilweises Gleiten des Stückguts. Dies wird durch Unterteilung der zylindrischen Rollen oder Verwendung kegeliger Tragrollen verringert.

Abstandsweise eingesetzte Bremsrollen können die Geschwindigkeit begrenzen. Ungewollter Stillstand des Materialflusses ist möglich, wenn Bewegungswiderstände unplanmäßig groß werden, z. B. beim Anlaufen der Transporteinheiten an Seitenbegrenzungen.

Bei längeren Förderstrecken wird ein Wiederanheben des Stückguts durch angetriebene Rollen (Kettentrieb) notwendig.

19.4 Sorter

Der Sorter ist technischer Bestandteil eines Sortiersystems.

19.4.1 Sortiersystem – Sortieranlage – Sorter

Sortiersysteme identifizieren die in ungeordneter Reihenfolge ankommenden Sortiergüter (SG) aufgrund vorgegebener Unterscheidungskriterien und verteilen sie auf festgelegte Ziele. Das Sortiersystem besteht aus einer *Sortieranlage*, die erst mit einem entsprechenden *organisatorischen* Ablauf und angepassten *Betriebsstrategien*, die in der zugehörigen *Steuerung* implementiert sind, die Systemfunktionalität gewährleistet. Die Sortieranlage stellt den technischen Teil des Sortiersystems dar und besteht aus einem oder mehreren Sortern sowie vor- und nachgeschalteten Funktionsbereichen nach Abb. 19.52.

Die Verteilung (4) der Güter auf die Ziele wird technisch durch den Sorter realisiert. Er besteht aus der Einschleusung, dem Verteilförderer und den Endstellen. Sorter erreichen je nach Gutgewicht Sortierleistungen bis über 25 000 Stück/h. Typische Maximalgewichte der SG liegen bei 30 kg, häufig auch 50 kg und bei einzelnen Systemen bis zu 100 kg. Sortieranlagen erreichen durch parallel oder matrixartig verbundene Sorter Sortierleistungen bis über 400 000 Stück/h [38].

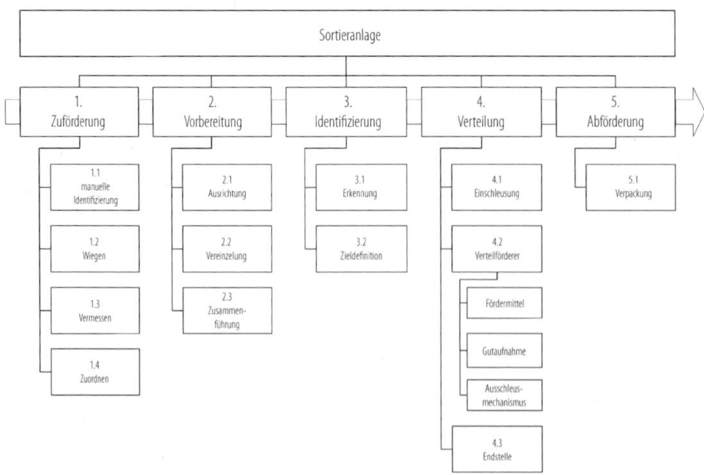

Abb. 19.52 Aufbau einer Sortieranlage [38]

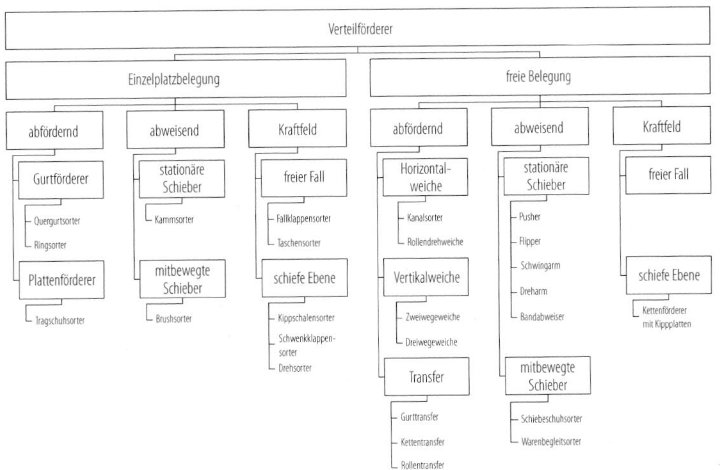

Abb. 19.53 Systematik der Verteilförderer [38]

19.4.2 Systematik der Verteilförderer

Den wachsenden und wechselnden Anforderungen an Sortiersysteme stehen mittlerweile vielfältige Bauformen der Verteilförderer gegenüber. Einen umfassenden Überblick gestattet die technikorientierte Klassifizierung (Abb. 19.53) nach den Kriterien Belegungsart, Wirkprinzip der Ausschleusung und Fördertechnisches Prinzip.

Die meisten Hochleistungssortiersysteme (>10 000 Stück/h) werden mit Quergurt-, Kippschalen- oder Schiebeschuhsortern realisiert. Für kleinere oder skalierbare Systeme gewinnen zunehmend die Sorter im mittleren Leistungsbereich (5000–10 000 Stück/h) an Bedeutung, wie der Dreharm-, der Ring- oder der Drehsorter.

19.4.3 Quergurtsorter (Abb. 19.54)

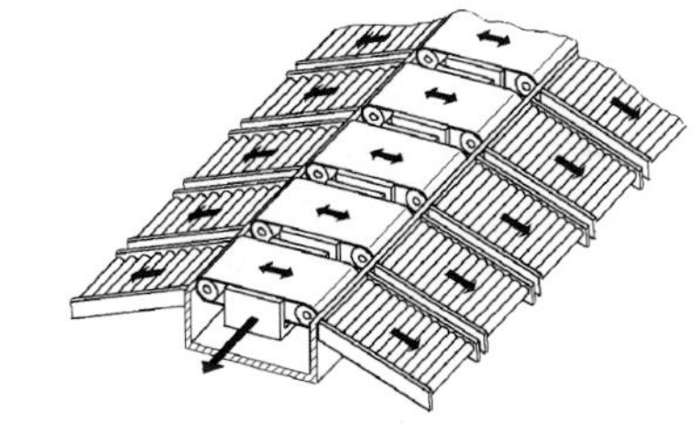

Abb. 19.54 Quergurtsorter

Das Fördermittel der Quergurtsorter besteht aus einzelnen gelenkig zu einer geschlossenen Kette verbundenen Fahrwagen, die über ein Führungssystem mit Geschwindigkeiten bis zu 3,5 m/s bewegt werden. Die Streckenführung erfolgt raumgängig, zumeist horizontal, teilweise auch vertikal. In der horizontalen Bauweise ergibt sich ein geschlossener Kreislauf, die sogenannte *Ringstruktur* (engl.: loop sorter), wodurch komplexere Streckenverläufe realisiert werden können. Der Antrieb der Fahrwagenkette erfolgt über Kettenantriebe, Reibradantriebe und zunehmend über Linearmotorantriebe. Als Gutaufnahme und Ausschleusmechanismus befinden sich auf den Fahrwagen orthogonal zur Förderrichtung installierte Gurtförderer. Die auf den Gurten liegenden SG können an der Ausschleusposition beidseitig aktiv in die Endstelle gefördert werden.

Die Antriebsenergie der Gurte wird mechanisch oder elektrisch über Schleifleitungen und zunehmend berührungslos übertragen. Neben der Einfachanordnung (Abb. 19.54) werden auch zwei Quergurtförderer übereinander (Doppelstocksorter) oder nebeneinander (Parallelsorter) an einem Fahrwagen installiert. Neben einer möglichen Leistungssteigerung auf über 40 000 Stück/h ergibt sich meist ein kompakterer Ausschleusbereich durch übereinander liegende Endstellen.

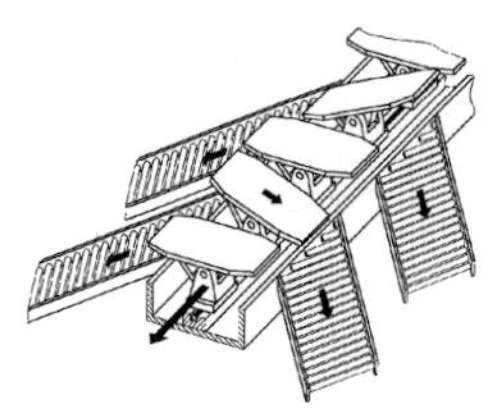

Abb. 19.55 Kippschalensorter

19.4.4 Kippschalensorter (Abb. 19.55)

Das Fördermittel ist weitestgehend mit dem des Quergurtsorters identisch. Als Gutauflage und Ausschleusmechanismus werden mechanisch oder elektrisch kippbare Schalen auf den Fahrwagen installiert.

Die Kippbewegung ist beim elektrischen Antrieb zweidimensional, beim mechanischen Antrieb auch dreidimensional. Die Kippkinematik beeinflusst die Bewegungsbahn der Güter beim Abwurf und hierdurch die minimale Endstellenbreite.

19.4.5 Schiebeschuhsorter (Abb. 19.56)

Das Fördermittel ist ein geradlinig laufender Plattenbandförderer aus zwei parallelen Ketten mit dazwischen liegenden Metallstreben(platten), wodurch die sogenannte *Linearstruktur* (engl.: linear sorter) entsteht. In den Zwischenräumen können, über ein darunter liegendes Schienensystem geführt, die Schiebeschuhe orthogonal zur Förderrichtung verfahren werden.

Die auf den Platten liegenden SG werden durch die Schiebeschuhe in einem Winkel zwischen 25 und 45° in die Endstelle geschoben. Zur beidseitigen Ausschleusung müssen die Schiebeschuhe im Untertrum auf die der Ausschleusung entgegen gesetzte Seite gebracht werden. Bei Fördergeschwindigkeiten bis zu 2 m/s werden Ausschleusleistungen von bis zu 12 000 Stück/h erreicht.

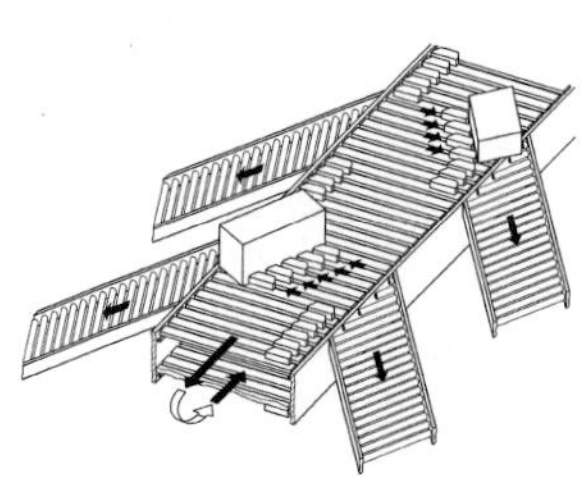

Abb. 19.56 Schiebeschuhsorter

19.5 Weitere Stetigförderer

19.5.1 Plattenbandförderer

Bauform eines Gliederbandförderers mit ebenen, meist stumpf aneinander stoßenden Tragplatten aus Holz, Kunststoff oder Metall, die an den Kettengliedern eines oder zweier parallel bewegter Kettenförderer (einsträngige oder zweisträngige Bauweise) befestigt sind. Die Traglasten reichen von 100 bis 15 000 kg je nach Ausführungsform. Fördergeschwindigkeiten sind meist niedrig und betragen zwischen 0,017 und 0,4 m/s. Die Breite der Tragplatten liegt normal zwischen 0,2 und 3 m. Die robuste Bauweise erlaubt einen Einsatz in Nassbereichen, Bereichen hoher Verschmutzung und hoher Temperatur. Plattenbandförderer werden häufig in der Automobilindustrie zum Karossentransport eingesetzt (Abb. 19.57). Der Einbau erfolgt dann vielfach flureben in Gruben (Abb. 19.58).

19.5.2 Schubplattformförderer

Der Schubplattformförderer zeichnet sich durch das Schieben (druckbehaftetes Fördern) von aufgereihten Paletten, die die TE aufnehmen, über

Abb. 19.57 Plattenbandförderer zum Karossentransport. (DÜRR)

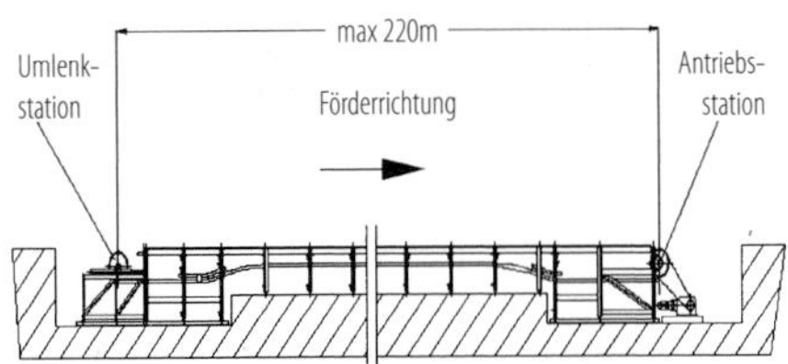

Abb. 19.58 Prinzipskizze Plattenbandförderer (DÜRR) *drive unit*: Antriebsstation, *return station*: Umlenkstation, *conveying direction*: Förderrichtung

größere Strecken aus. Die Plattformen sind in der Regel bei entsprechender Größe und Festigkeit begeh- und befahrbar. Die Schubplattformen werden auf dem Traggestell rollend abgetragen oder rollen selbst auf Laufschienen und werden durch entsprechende Maßnahmen seitlich geführt. Die Abtragungs- und Führungselemente können auf dem Boden oder in Gruben aufgebaut werden. Mehrere Schubplattformen in einer Linie bilden einen Schubverband. Die Antriebsstation am Anfang und die Bremsstation am Ende der Linie sorgen für den Transport der spaltfrei aneinander gereihten Plattformen. Eine Antriebsstation überträgt die Schubkraft auf die jeweils im Eingriff befindliche Palette, um den Schubverband zu bewegen. Ein davorliegender Andockantrieb führt eine bereitgestellte Plattform mit höherer Geschwindigkeit als die Schubgeschwindigkeit bündig an den Schubverband heran, bis die Palette selbst von der Schubantriebsstation übernommen wurde.

Die wesentlichen Bestandteile eines Schubplattformförderers sind Antriebsstation (mit einseitig oder beidseitig angeordnetem Reibradantrieb), Bremsstation, Andockstation, Abzugsstation, Fahr- und Führungsschienen, Traggerüst sowie die Schubplattformen (Länge ca. 4–8 m, Breite 2–3 m, Tragfähigkeit 200–2500 kg). In Abhängigkeit der Systemgestaltung unterscheidet man starre und kurvengängige Systeme sowie Systeme mit selbstrollenden bzw. rollend abgetragenen Plattformen. Schubplattformförderer werden auf Grund ihrer Geräuscharmut, der Mitfahrmöglichkeit für Personal sowie der Möglichkeit eines Fließ- und Taktbetriebes überwiegend in Montagebereichen eingesetzt (Abb. 19.59).

Abb. 19.59 Schubplattformförderer mit Hubgerüst. (DÜRR)

19.5.3 Schuppenförderer

Horizontal und vertikal ablenkbarer Gliederbandförderer mit meist raumbeweglicher Kreuzgelenkkette und sich überdeckenden Platten, die auch quer zur Förderrichtung geneigt sein können. Das Zugorgan stützt sich über Laufrollen in einer Bahn allseitig ab (Abb. 19.60a). Die Tragelemente, auf denen zentral die sich schuppenförmig überdeckenden Platten liegen, sind über Verbindungsglieder an den Kettenlaschen befestigt. Es sind nahezu beliebig im Raum verlaufende Streckenführungen möglich (Abb. 19.60b). Die kettenabhängigen Mindestradien für Horizontal- und Vertikalbögen betragen ca. 1000 mm.

Es werden Fördergeschwindigkeiten (fest oder stufenlos einstellbar) bis zu 2 m/s realisiert. Die Tragfähigkeit reicht bei statischer Belastung bis zu 270 kg/m, bei möglichen Kraftimpulsen bei der Stückgutaufgabe bis 150 kg/m.

Schuppenförderer eignen sich auf Grund der geschlossenen Banddecke für Stückgüter jeder Art. Bevorzugter Einsatz als Sortier- bzw. Verteilförderer für Gepäck z. B. auf Flughäfen oder Bahnhöfen mit automatischer Aufgabe und manueller Abnahme des Stückgutes.

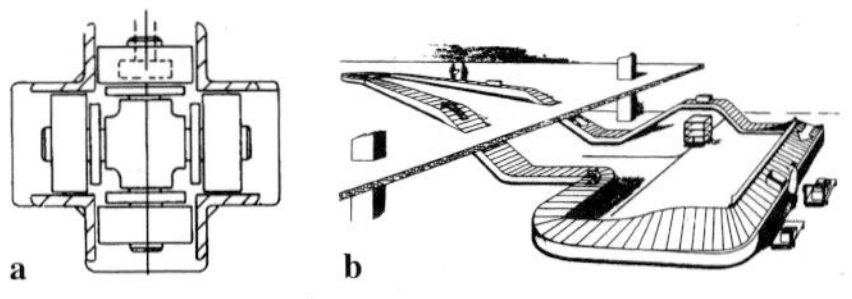

Abb. 19.60 Schuppenförderer. **a** Laufrollen; **b** Streckenführung

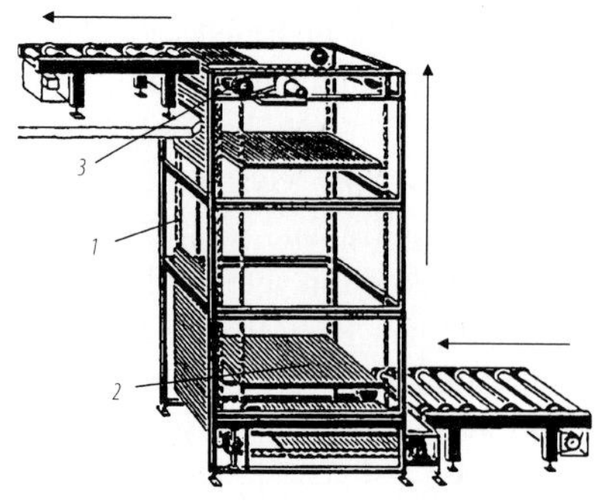

Abb. 19.61 Umlauf-S-Förderer. *1* Zugmittel (meist Gelenkkette), *2* Plattform, *3* Kettenrad

19.5.4 Umlauf-S-Förderer

Stellen die Verbindung zwischen Förderelementen her, die sich auf unterschiedlichen Raumniveaus befinden (Abb. 19.61). Der Antrieb erfolgt über vier geführte, endlose Zugmittel (je zwei Innen- und Außenketten), in die die drehbar gelagerten Tragmittel in Form von Stäben, Traggurten oder Plattformen eingehängt sind. Die Tragfähigkeit dieser nahezu für alle Stückgüter geeigneten Vertikalförderer reicht in der Regel bis 1500 kg. Trotz wechselnder Förderrichtung von horizontal zu vertikal und wieder horizontal bleibt die Fördergeschwindigkeit jederzeit konstant. Der Grenzdurchsatz ist unabhängig von der Förderhöhe. Ein Einsatz ist daher umso vorteilhafter, je größer die zu überbrückende Distanz ist.

Als Bauformen werden Umlauf-S-Förderer (Gutaufgabe und -abgabe liegen auf entgegengesetzter Seite) und Umlauf-C-Förderer (Gutaufgabe und -abgabe liegen auf gleicher Seite) unterschieden.

19.5.5 Rutschen und Fallrohre

Stetigförderer für den senkrechten oder geneigten Abwärtstransport von Stück- und Schüttgütern, bei denen das Fördergut durch Schwerkraft in offenen oder geschlossenen Rinnen auf gerader oder gekrümmter Bahn bewegt wird. Erforderliches Gefälle δ größer als Reibungswinkel ρ_r der Ruhe zwischen Rutsche und Gut ($\tan \rho_r = \mu_r$).

Praktisch angewendete Gefälle für gerade Stahlblech-Rutschen: Getreide 30 bis 35°, Säcke 25 bis 30°, Kohle je nach Stückigkeit 30 bis 40°, Erze $\approx$ 45°, Salze $\approx$ 50°, staubförmige Güter $\approx$ 60°. Die Austrittsgeschwindigkeit aus der Rutsche (Anfangsgeschwindigkeit gleich Null) bei Höhenunterschied h, Rutschenneigung δ und Gleitreibungsbeiwert μ_{gl} zwischen Rutsche und Gut berechnet sich zu

$$v_a = \sqrt{2gh\left(1 - \mu_{gl}\cot\delta\right)}\,. \tag{19.39}$$

Bei *Kurven- und Wendelrutschen* wird als Weg des Schwerpunkts der Fördergutstücke eine Schraubenlinie vorgesehen. Rutschenboden dabei in Kreis-, Ellipsen- oder Parabelform. Offene Wendelrutschen mit Mittelsäule für Pakete und Säcke.

19.6 Strömungsförderer

Strömungsförderer sind dadurch gekennzeichnet, dass das Fördergut durch einen Gas- oder Flüssigkeitsstrom in Rohrleitungen oder Rinnen bewegt wird. Danach unterscheidet man pneumatische und hydraulische Rohr- bzw. Rinnenförderer. Transportiert werden staubförmige bis körnige und kleinstückige Schüttgüter, in Sonderfällen auch Stückgüter (pneumatische Kapsel- und Rohrpostförderung, hydraulische Kapselförderung). Dem im Vergleich mit mechanischen Stetigförderern meist wesentlich höheren spezifischen Energiebedarf, dem häufig hohen Verschleiß und der Beschränkung auf geeignete Fördergüter stehen folgende Vorteile gegenüber:

Gute Anpassung des Förderwegs an örtliche Verhältnisse, geringer Raumbedarf, niedrige Anlagenkosten, staubfreie und von Witterungseinflüssen unabhängige Förderung, Kopplung des Fördervorgangs mit verfahrenstechnischen Prozessen (Trocknung, Mischen oder Entmischen, Klassieren u. a.).

Der Aufbau pneumatischer und hydraulischer Förderer ist prinzipiell gleich: Erforderlich sind eine Einschleusvorrichtung, in der das Gemisch aus Fördergut und Trägermedium gebildet wird und eine Trennvorrichtung, die den Feststoff aus dem Trägermedium wieder abscheidet. Die Energie wird je nach Förderprinzip durch Verdichter

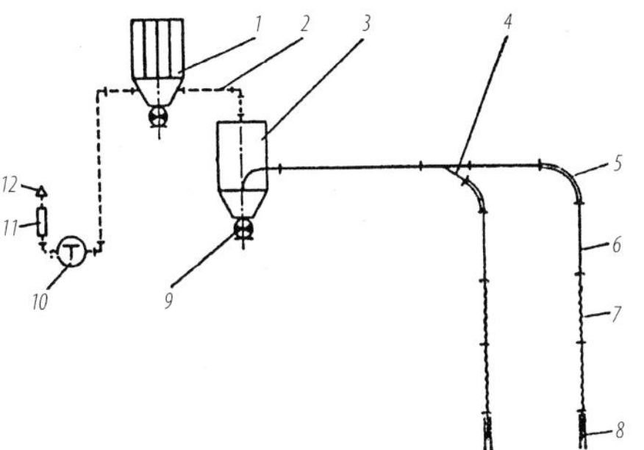

Abb. 19.62 Saugförderanlage, Schema. *1* Saugschlauchfilter, *2* Luftrohr, *3* Rezipient, *4* Abzweigrohr, *5* Krümmer mit Auskleidung, *6* Förderrohr, *7* Stahlschlauch, *8* Saugdüse, *9* Zellenradschleuse, *10* Kreiskolbengebläse, *11* Schalldämpfer, *12* Abluftrohr mit Regenhaube

oder Pumpen eingespeist. Der Transport erfolgt in der Rohrleitung, die den eigentlichen Förderweg bestimmt (Abb. 19.62 und Abb. 19.63).

Wegen der Kompressibilität der Gase sind die erreichbaren Förderwege bei der pneumatischen Förderung geringer als bei der hydraulischen, die durch die wesentlich höhere und konstante Dichte der Flüssigkeiten charakterisiert wird (Ferntransport möglich). Die pneumatische Förderung ist in vielen Wirtschaftszweigen weit verbreitet, weil z. B. Luft als Trägermedium überall verfügbar ist, die Eigenschaften des Fördergutes nicht verändert werden, die Trennung vom Feststoff und die Rückgabe an die Atmosphäre relativ leicht möglich sind.

19.6.1 Pneumatische Förderer

Grundsätzlich ist zwischen dem Transport losen Schüttgutes und dem Stückgut-(Kapsel-)Transport zu unterscheiden. Für den Transport losen Schüttgutes sind fast alle Schüttgüter geeignet, die der Förderleitung frei zufließen können. Es besteht aber eine große Abhängigkeit von den Schüttguteigenschaften, so dass die Anlagendimensionierung aufwändig und kompliziert ist. Nach der Betriebsart sind zu unterscheiden:

19.6.1.1 Saugförderanlagen

Der Luftstromerzeuger befindet sich am Ende der Förderleitung und erzeugt einen Saugstrom, durch den das Gut am Leitungsanfang selbsttätig aufgenommen und bis zum Abscheider transportiert wird (Abb. 19.62). Möglich ist die Parallelschaltung mehrerer Gutaufnahmemittel (Saugdüse, Saugtrichter), die durch flexible Leitungsstücke beweglich gestaltet werden können, so dass Saugförderanlagen für die Entladung von Schiffen, Waggons u. ä. besonders geeignet sind. Die praktisch nutzbare Unterdruckgrenze liegt bei 40 kPa (Nieder- oder Mitteldruckanlagen). Damit können bei horizontalen Förderwegen Längen bis max. 350 m erreicht werden; mögliche Förderhöhen hängen vor allem von der Gutdichte ab.

Saugförderer sind ausnahmslos Dünnstromförderer (Flugförderung).

19.6.1.2 Druckförderanlagen

Der Luftstromerzeuger befindet sich am Anfang der Leitung (Abb. 19.63). Das Gut muss durch besondere Aufgabevorrichtungen in die Druckleitung eingeschleust werden (Zellenradschleuse bis $\Delta p < 100\,\text{kPa}$, Behälter- und Kammerschleuse sowie Schneckenschleuse bei großen Drücken). Die Gutabscheidung erfolgt in besonderen Abscheidern bzw. gleich im Einblasbunker. Durch Rohrweichen können mehrere Gutabgabestellen parallel geschaltet werden. Druckanlagen sind als Niederdruck- ($\Delta p < 10\,\text{kPa}$), Mitteldruck- ($\Delta p = 10 \ldots 100\,\text{kPa}$) und Hochdruckanlagen ($\Delta p > 100\,\text{kPa}$) auslegbar.

Sonderbauformen: kombinierte Saug-/Druckanlagen und *Kreislaufanlagen.*

Nach dem Förderzustand werden unterschieden:

- *Dünnstromförderung* (Flugförderung): hohe Gasgeschwindigkeit zwischen $v_G = 15 \ldots 30\,\text{m/s}$; hoher Verschleiß, hoher spezifischer Energiebedarf, geringes Mischungsverhältnis μ bzw. Feststoffkonzentration ε.
- *Dichtstromförderung*: geringe Gasstromgeschwindigkeit v_G, geringerer Verschleiß, relativ hoher Druckabfall, hohe Feststoffkonzentration ε.
- *Mischstromförderung*: Förderzustand liegt zwischen der Dünnstrom- und Dichtstromförderung, wechselnde Feststoffkonzentration während der Förderung in der Rohrleitung.

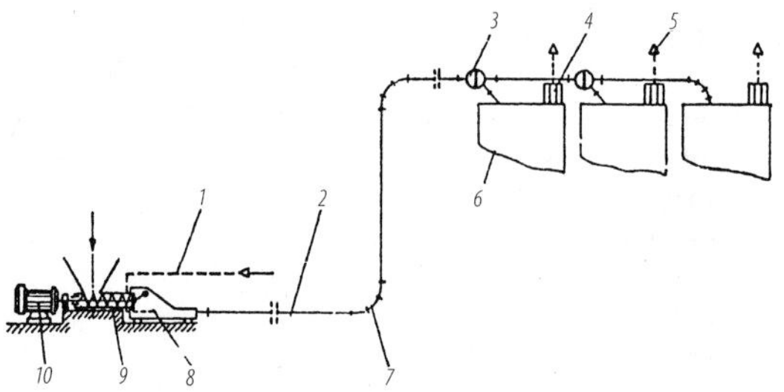

Abb. 19.63 Druckförderanlage, Schema. *1* Druckluftleitung vom Luftstromerzeuger, *2* Förderrohr, *3* Schieberrohrweiche, *4* Bunkerfilter, *5* Abluftrohr mit Regenhaube, *6* Bunker, *7* Segmentkrümmer, *8* Druckluftdüsen, *9* Schneckenschleuse, *10* Motor

Durch sogenannte Bypass-Systeme wird eine gesteuerte Pfropfenförderung möglich.

Pneumatische Förderrinne. In einer zweigeteilten und geschlossenen Rinne wird von dem unteren Zuführungskanal ein Gas (meist Luft) durch eine poröse Trennwand (Filtersteine, Textilgewebe) fein verteilt in den oberen, eigentlichen Förderraum geblasen und dadurch ein staubförmiges oder grießiges Gut (Zement, Asche, Rohmehl u. a.) derart fließfähig gemacht, dass es schon bei Rinnenneigungen von 2 bis 4 % durch die Schwerkraft gefördert wird. Erforderliche Druckdifferenz $\Delta p = 1 \ldots 5\,\mathrm{kPa}$, Volumenströme $I_\mathrm{V} \approx 15 \ldots 100\,\mathrm{m}^3/\mathrm{h}$ bei Rinnenbreiten von 125 bis 500 mm (z. B. Zement). Vorteile: einfache Konstruktion, geringer Energieverbrauch, geringer Verschleiß. Nachteile: Beschränkung auf fluidisierbare Güter, notwendige Abwärtsneigung.

Pneumatische Stückgutförderer. (Behälterförderung, Rohrpostanlagen): Transport von Behältern (mit beliebigen Gütern), die der Rohrleitung angepasst sind, oder von geformten Feststoffen (z. B. Heu- oder Strohballen). Spezielle Rohrpostanlagen mit Rohrdurchmessern von 50 bis 250 mm meist als Saugförderer bei der Post, in Banken, Krankenhäusern, Chemiebetrieben u. a. in unterschiedlicher Anlagenanordnung und Großrohrpost-Anlagen mit Durchmessern von 400 bis 2000 mm, wobei die Transportkapseln Fahrwerke aufweisen.

Gasstromerzeuger. Bauart abhängig von der Druckdifferenz und dem Gasvolumenstrom. *Kreisellüfter* für geringe Druckerhöhungen von 0,05 bis 10 kPa und Gasvolumenströme bis zu 1 m^3/h (große Rohrdurchmesser, Dünnstromförderung), einstufige *Radialgebläse* bis 80 kPa, *Drehkolbengebläse* bis 180 kPa, *Hubkolben-* oder *Schraubenverdichter* bis 400 kPa bzw. Entnahme aus vorhandenem Druckluftnetz.

Einsatzbeispiele pneumatischer Förderer. Pneumatische Schiffsentlader (Getreide, Ölsaaten, Düngemittel, Soda u. a.) Transport in Silos, Mühlenpneumatik, Kohlenstaubanlagen in Kraftwerken, Entstaubungsanlagen allgemein, in Chemiefabriken, Verbindung mit verfahrenstechnischen Prozessen, Blasversatz untertage, Späne-Absauganlagen usw.

19.6.2 Hydraulische Förderer

Flüssigkeiten (vor allem Wasser) als Trägermedium sind inkompressibel und ihre Dichte liegt in der Größenordnung der Gutdichte, dadurch wesentlich geringere Schwebegeschwindigkeiten (Fallgeschwindigkeiten) und damit kleine erforderliche Strömungsgeschwindigkeiten sowie spezifische Druckdifferenzen. *Mitteldruckanlagen* arbeiten mit $\Delta p < 1\,\mathrm{MPa}$, Hochdruckanlagen mit $\Delta p > 1\,\mathrm{MPa}$ bis 10 MPa.

Betriebsarten. *Pumpenförderung* (Saug-Druckanlagen mit Gemischpumpen) für Mitteldruckanlagen, *Schleusenförderung* für Hochdruckanlagen (Einschleusen des Gutes hinter der Pumpe in Druckwasserstrom).

Trennung von Gut und Wasser nach der Förderung in Absetzbecken.

Einsatzgebiete. Entaschung in Kraftwerken, Transport von Kohle über große Entfernungen (bis zu 450 km), Transport von Abraum, Erzen, landwirtschaftlichen Produkten (Verbindung mit Waschverfahren), Saugbaggerung (Kiesgewinnung bzw. Entsandung von Flussläufen und Kanälen) u. a.

Hydraulische Förderung durch Druckluftverdrängung. Das Gut-Wassergemisch wird aus einem abdichtbaren Aufgabebehälter durch Druckluft verdrängt und durch die Leitung transportiert.

Förderung durch Druckluftpumpe (Lufthebeverfahren). Spezielles Vertikalfördererverfahren (Mammutpumpe) – in einem Mischgefäß vor dem senkrechten Leitungsabschnitt wird dem Wasser-Feststoffgemisch Druckluft zugegeben und damit die Dichte des Gesamtgemischs derart herabgesetzt, dass eine zusätzliche Förderhöhe über die Eintauchtiefe bzw. die Förderhöhe der Zubringerpumpe hinaus entsteht (Seigerförderung von Kohle, Entsanden von Flussläufen und Hafenbecken, Unterwasser-Kiesgewinnung).

19.6.3 Berechnungsgrundlagen

Der Gas- bzw. Flüssigkeitstrom überträgt einen Teil der vom Luftstromerzeuger bzw. der Pumpe mitgegebenen Energie kraftschlüssig als Bewegungsenergie an das Fördergut. Dieser Kraftschluss folgt komplizierten physikalischen Gesetzen, die insbesondere bei der pneumatischen Förderung stark von den Guteigenschaften und dem Strömungszustand abhängen. Der Strömungszustand bei der Schüttgutförderung wird in erster Linie von der Schüttgutkonzentration im Förderrohr bestimmt. Zur Ermittlung des erforderlichen Volumenstroms des Trägermediums I_{VT}, des Rohrdurchmessers d_R, und des Gesamtdruckverlustes Δp_{ges} wird auf die Literatur verwiesen.

Für den Leistungsbedarf gilt allgemein:

$$P = \frac{\Delta p_{ges} \cdot I_{VT;\,G}}{\eta_{ges}} \qquad (19.40)$$

mit dem Gesamtdruckverlust Δp_{ges}, dem Volumenstrom des Trägermediums I_{VT} bzw. dem Gemischvolumenstrom I_{VG} (bei Gemischpumpen) und dem Gesamtwirkungsgrad η_{ges}.

Literatur

Spezielle Literatur

1. Pajer, G., Kuhnt, H., Kurth, F.: Stetigförderer. Verlag Technik, Berlin (1988)
2. DIN 22101: Gurtförderer für Schüttgüter; Grundlagen für die Berechnung und Auslegung (2011)
3. von Wallthor, H.R.: Entwicklungsrichtungen bei Fördergurten im Steinkohlenbergbau. Glückauf **112**, 694–700 (1976)
4. Hager, M.: Die Stahlseilfördergurte der 3-m-Bandanlagen im Zusammenhang mit der Antriebstation. Braunkohle **29**, 22–28 (1977)
5. Flebbe, H.: Prüfung der dynamischen Beanspruchbarkeit von Fördergurtverbindungen. Diss. Univ. Hannover (1984)
6. DIN 22100-1: Betriebsmittel und Betriebsstoffe aus Kunststoffen zur Verwendung in Bergwerken unter Tage; Textil-Fördergurte; Sicherheitstechnische Anforderungen, Prüfungen, Kennzeichnung. Beuth, Berlin (2009)
7. DIN 22123: Fördergurte – Gurtbreitenbezogener Eindrückrollwiderstand von Fördergurten – Anforderungen, Prüfung. Beuth, Berlin (2012)
8. DIN 22110-3: Prüfverfahren für Fördergurtverbindungen, Ermittlung der Zeitfestigkeit von Fördergurtverbindungen (Dynamisches Verfahren). Beuth, Berlin (2007)
9. VDI-Richtlinie 3607: Gurtförderer für Schüttgut – Überwachungs- und Schutzeinrichtungen. VDI-Verlag, Düsseldorf (2007)
10. Grimmer, K.J.: Zwei ausgewählte Probleme der Bandfördertechnik. VDI-Verlag, Düsseldorf (1968)
11. Magens, E.-P.: Spezielle Reibwiderstände in Gurtförderanlagen. Diss. Univ. Hannover (1984)
12. Barbey, H.-P.: Untersuchung an Tragrollen bei tiefen Temperaturen und hohen Lasten. Diss. Univ. Hannover (1987)
13. Grimmer, K.J., Thormann, D.: Zur Problematik der Kraft- u. Bewegungsverhältnisse des Schüttgutes an Aufgabestellen von Förderbandanlagen. Fördern Heb **17**, 345–351 (1967)
14. Vierling, A.: Zur Theorie der Bandförderung. Continental-Transportbanddienst. Continental Gummi-Werke (1972)

15. Grimmer, K.J.: Die Reibungsverhalten des Gurtes auf der Antriebstrommel von Bandförderanlagen. VDI-Z. **107**, 1160–1169, 1267 (1965)
16. Kessler, F.: Umfangskraftverteilung bei Zweitrommelantrieben von Gurtförderern. Schüttgut Trans Tech Publ **8**(3), 211–215 (2002)
17. Funke, H.: Zum dynamischen Verhalten von Gurtförderanlagen beim Anfahren und Stillsetzen unter Berücksichtigung der Bewegungswiderstände. Diss. TU Hannover 1973; Auszug hieraus: Braunkohle **26**, 64–73 (1974)
18. Grimmer, K.-J., Kessler, F.: Spezielle Betrachtungen zur Gurtführung bei Gurtförderern mit Horizontalkurven. Berg- Hüttenmänn Monatsh **132**(27–32), 206–211 (1987)
19. Lieberwirth, H.: Design of Belt Conveyors with Horizontal Curves. Bulk Solids Handl **14**(2), 283–285 (1994)
20. Lauhoff, H.: Horizontalkurvengängige Gurtförderer. Zem Kalk Gips **40**, 190–195 (1987)
21. Kessler, F., Grabner, K., Grimmer, K.-J.: Ein kurvengängiger Gurtförderer mit pendelnder Aufhängung. Fördern U Heb **1**(2), 77–80 (1994)
22. Hager, M.: Problematik der Geräuschemission an Bandanlagen und Versuche zu ihrer Minderung unter besonderer Berücksichtigung der Tragrollen. Braunkohle **31**, 122–126 (1979)
23. vom Stein, R.: Optimierung der Übergabezone von Gurtförderanlagen. Diss. Univ. Hannover (1985)
24. Hinkelmann, R.: Zur Auslegung schnelllaufender Vertikalförderanlagen für stetige Massengutförderung. Diss. Univ. Hannover (1986)
25. Pillichshammer, C., Trieb, H., Flebbe, H.: RopeCon – das neue Langstreckenförderband. Schüttgut Trans Tech Publ **9**(2), 108–111 (2003)
26. Zeddies, H.: Untersuchung der Beanspruchung von Trommelbelägen mit dem Ziel der Belagsoptimierung. Diss. Univ. Hannover (1987)
27. Wehmeier, K.H.: Beitrag zur Berechnung von Hochleistungsbecherwerken. Fördern Heb **14**, 670–676 (1964)
28. Krause, F.: Zur mechanischen Senkrechtförderung von Schüttgütern. Habilitation TH Magdeburg (1982)
29. Hellmuth, T.: Einfluss des Entleerungsverhaltens auf Becherform und Becherteilung zur Erhöhung der Leistungsfähigkeit von Becherförderern. Diss. TU Magdeburg (1993)
30. Dilefeld, M.: Zum Schöpfverhalten von Becherförderern. Diss. TU Magdeburg (1993)
31. VDI 2324: Senkrechtbecherwerke (2001)
32. Geissler, H.J.: Zugkraft- und Leistungsberechnung von Kreisförderanlagen. Fördern Heb **9**, 132–138 (1959)
33. Vierling, A., Lamm, M.: Untersuchungen zur Trogkettenförderung. VDI-Z. **83**, 499–502 (1939)
34. Wehmeier, K.H.: Untersuchungen zum Fördervorgang auf Schwingrinnen. Diss. TH Hannover. Fördern Heb **11**(317–327), 375–381 (1961)
35. Hoormann, W.: Untersuchungen zum Einfluß des Fördergutes auf das Betriebsverhalten von Schwingrinnen durch Dämpfung u. Massenankopplung. Diss. TH Hannover (1967)
36. Steinbrück, K.: Zur Fördergutrückwirkung auf Schwingrinnen. Diss. Univ. Hannover (1980)
37. Wehmeier, K.H.: Schwingförderrinnen eine Systematik der Bauformen und ihrer Eigenarten. Fördern Heb **14**, 155–161 (1964)
38. Jodin, D., ten Hompel, M.: Sortier- und Verteilsysteme, 2. Aufl. Springer, Berlin (2012)
39. Weber, M.: Strömungsfördertechnik. Krausskopf-Verlag, Mainz (1974)
40. Spieß, J.: Hydraulische Vertikalförderung kleinstückiger Feststoffe im stationären und instationären Betrieb. Diss. Univ. Hannover (1984)
41. Molerus, O.: Fluid-Feststoff-Strömungen. Springer, Berlin (1982)
42. Buhrke, H., Kecke, H.J., Richter, H.: Strömungsförderer – Hydraulischer und pneumatischer Transport in Rohrleitungen. Vieweg, Braunschweig Wiesbaden (1989)
43. Katterfeld, A., Gröger, T.: Application of the discrete element method in materials handling: transfer stations. Bulk Solid Handl **27**(3), 159–166 (2007)
44. Katterfeld, A., Gröger, T.: Application of the discrete element method in materials handling: bucket elevators and scraper conveyors. Bulk Solid Handl **27**(4), 228–234 (2007)
45. Overmeyer, L., Froböse, T., Radosavac, M.: Trends and experiences of testing the fatigue strength of more than 1,000 conveyor belt splices. 20th International Conference on Material Handling, Constructions and Logistics. Faculty of Mechanical Engineering, University of Belgrade, Belgrade, S. 1–6 (2012)

Normen und Richtlinien

46. VDI-2338: Gliederbandförderer
47. VDI-3583, VDI-3646: Umlauf-S-Föderer

20 Lager- und Systemtechnik

Willibald Günthner, Michael ten Hompel, Andre Katterfeld und Friedrich Krause

20.1 Stückgut-Systemtechnik

20.1.1 Transporteinheiten (TE) und Transporthilfsmittel (THM)

Die Transporteinheit (TE) ist das zu fördernde einzelne Stückgut.

Häufig fasst man zum Zwecke der Mechanisierung und Automatisierung im Materialfluss mehrere Einzelstücke auf einem Transporthilfsmittel (THM), auch Ladehilfsmittel (LHM) oder Ladungsträger genannt, zu einer größeren Transporteinheit (Fördereinheit, Ladeeinheit) bzw. Lagereinheit zusammen. Diese Bildung uniformer logistischer Einheiten dient der Reduzierung der Transporte sowie des Handlingaufwands, der betriebsübergreifenden Standardisierung der Transport-, Förder- und Lagermittel und der optimalen Nutzung der Lager- und Transporträume. Ferner führt „Ladeeinheit = Transporteinheit = Lagereinheit" zu einer Beschleunigung des Umschlags und einer Schonung des Gutes. Vermehrt übernehmen THM in Verbindung mit Identträgern, wie z. B. Barcode oder RFID-Transpondern, auch die Rolle eines Informationsträgers.

Das THM ist meist ein flacher oder behälterartiger Unterbau mit standardisierter Grundfläche, der als Schnittstelle zwischen dem Fördergut einerseits und dem Lastaufnahmemittel, dem Fördergerät und dem Lagerregal andererseits fungiert und oft den besonderen Formen des Transportgutes angepasst ist. Entsprechend ihrer funktionalen Gestaltung werden THM nach VDI 4407 in die Gruppen tragend, umschließend und abschließend gegliedert.

Tragende Transporthilfsmittel. Die Flachpalette (Abb. 20.1a) mit rein tragender Funktion, die in vielen Größen und Materialien (Holz, Kunststoff, Aluminium, Stahl, Pressspan) eingesetzt wird, zählt zu den am häufigsten in Industrie

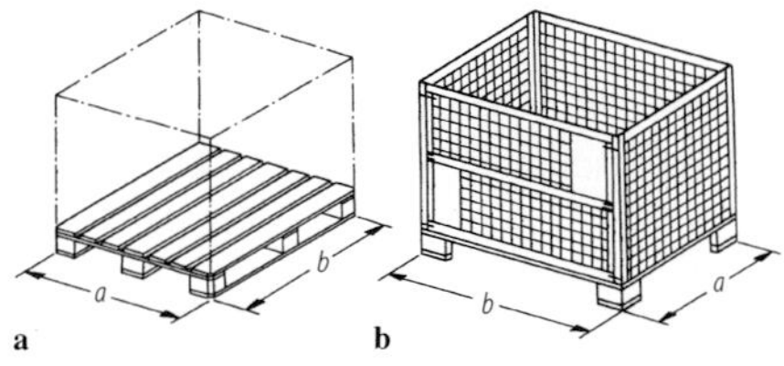

Abb. 20.1 Transporthilfsmittel. **a** Vierwege-Flachpalette aus Holz, seltener aus Kunststoff mit den Außenmaßen (DIN 15 141) ($a \times b$) 800 mm × 1000 mm; 800 mm × 1200 mm (Euro-Palette); 1000 mm × 1200 mm; **b** Gitterboxpalette (DIN 15 155) aus Stahl mit Vorderwandklappen, Grundfläche wie a, fünffach übereinander stapelbar

W. Günthner (✉)
Technische Universität München
Garching, Deutschland
E-Mail: guenthner@fml.mw.tum.de

M. ten Hompel
Technische Universität Dortmund
Dortmund, Deutschland
E-Mail: m.tenHompel@iml.fhg.de

A. Katterfeld
Otto-von-Guericke-Universität Magdeburg
Magdeburg, Deutschland
E-Mail: Andre.Katterfeld@ovgu.de

F. Krause
Otto-von-Guericke-Universität Magdeburg
Magdeburg, Deutschland
E-Mail: friedrich.krause@ovgu.de

B. Bender und D. Göhlich (Hrsg.), *Dubbel Taschenbuch für den Maschinenbau 3: Maschinen und Systeme*,
https://doi.org/10.1007/978-3-662-59715-6_20

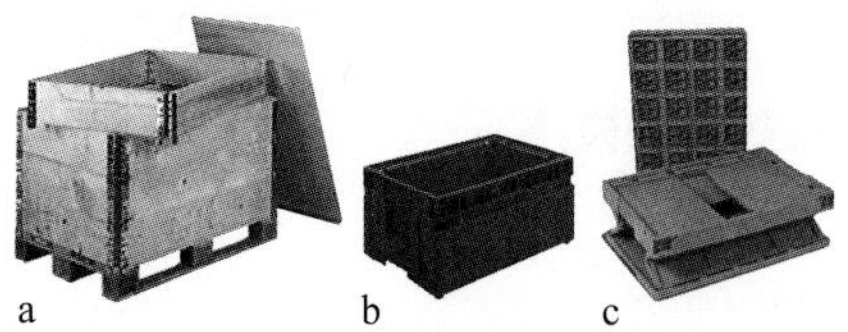

Abb. 20.2 **a** Palette mit faltbarem Aufsetzrahmen; **b** Kleinladungsträger (VDA 4500); **c** Faltbox

und Handel verwendeten THM. Die Tragfähigkeit einer Euro-Palette nach DIN 15 146 liegt bei ca. 1000 kg. Verwendung für Stückgüter mit mittleren bis großen Abmessungen. Zum Schutz der Güter ist meist eine Ladungssicherung nötig. Eine stapeldrucklose Stapelung ermöglichen Rungenpaletten (DIN 15 142) mit an den Ecken angeordneten losen oder festen Stützen.

Umschließende Transporthilfsmittel verfügen über feststehende oder klappbare Wände (Volumenreduzierung beim Leerguttransport) zur Aufnahme der Güter sowie über Füße oder Fangecken zur einfachen Stapelung. Eignung für kleine, ungleichförmige, besonders schutzbedürftige und nicht stapelbare Stückgüter. Gebräuchlichste Formen: Gitterboxpalette (Abb. 20.1b), Vollwandbehälter, Palette mit Aufsetzrahmen, sowie im innerbetrieblichen Materialfluss vielfach Kleinladungsträger (KLT) aus Kunststoff in unterschiedlicher Größe (Abb. 20.2b).

Abschließende Transporthilfsmittel umschließen das Gut allseitig und werden hauptsächlich für große Transportentfernungen eingesetzt. Wichtigste Vertreter sind Container, insbesondere für internationale (See-)Fracht (ISO 668).

Bildung von Transporteinheiten kann manuell, mechanisiert oder automatisiert erfolgen.

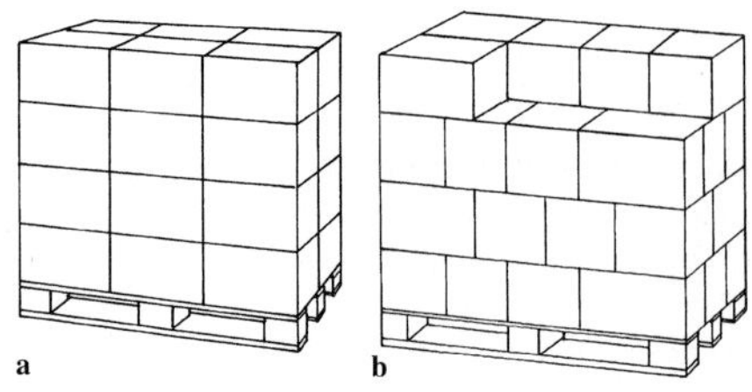

Abb. 20.3 **a** Säulenstapelung; **b** Verbundstapelung

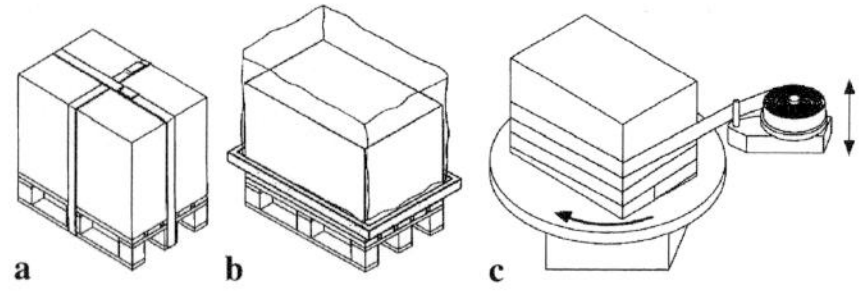

Abb. 20.4 Sicherung von Ladeeinheiten. **a** Umreifen; **b** Schrumpfen; **c** Stretchen [1]

Letzteres allerdings meist nur bei sortenreinen Einheiten. Bei der Verwendung von Paletten als THM wird der Vorgang als Palettieren bezeichnet: Stapelung von Stückgütern zu einem Stapel, wobei der aus einer oder mehreren Lagen bestehende Stapel, von je einem oder mehreren Stückgütern gebildet wird, deren Anordnung einem vorgegebenem Muster entspricht (VDI 3638). Bei der Säulenstapelung (Abb. 20.3a) sind die Güter direkt übereinander angeordnet, dadurch Gefahr des Auseinanderbrechens. Stabilisierung des Stapels durch Überlappung der Güter bei der Verbundstapelung.

Sicherung von Ladeeinheiten zum Schutz der Güter bei Verwendung tragender THM vor mechanischen und klimatischen Belastungen sowie Verschmutzung und Diebstahl. Die wichtigsten Verfahren sind Umreifen, Schrumpfen und Stretchen (Abb. 20.4).

Umreifen: Horizontales und/oder vertikales Umschlingen der TE mit Bändern. Kunststoffbänder finden für empfindliches und leichtes Gut Anwendung, Metallbänder für schwere Güter.

Schrumpfen: Eine Kunststofffolie (PE-LD) wird über die TE gestülpt und nachfolgend kurzzeitig einer Wärmebehandlung (180–220 °C) ausgesetzt. Dadurch zieht sich die Folie zusammen und umschließt das Gut eng.

Stretchen: Das Transportgut wird mit unter Spannung stehender Folie umwickelt. Nach Art der Aufbringung unterscheidet man Folien-, Vorhang- und Haubenstretchen (VDI 3968).

20.1.2 Funktion und Subsysteme

Ein Materialflusssystem (MFS) besteht im Wesentlichen aus dem physischen Materialfluss sowie allen zu dessen Realisierung erforderlichen Informationsströmen. Der physische Material-

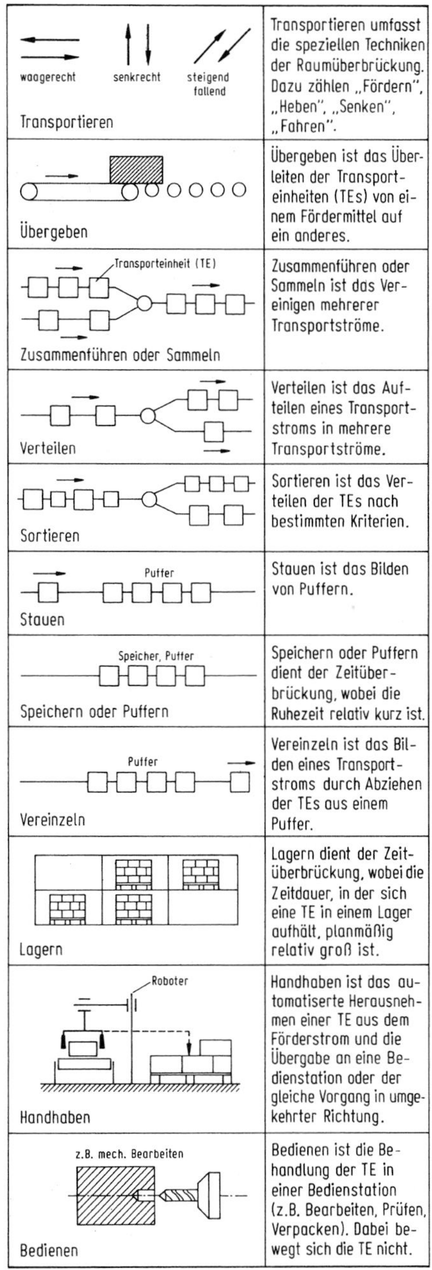

Abb. 20.5 Physische Hauptfunktionen eines Materialflusssystems

fluss gliedert sich in verschiedene Hauptfunktionen, die im Rahmen der Systemauslegung entsprechend zu kombinieren sind (Abb. 20.5).

Die Umsetzung des MFS erfolgt auf Basis der Subsysteme Transport, Lager und Kommissionierung, Bereitstellung, Identifikation und Administration.

Fördern und Transportieren. Wird realisiert durch die Verknüpfung von aufgabenspezifisch arbeitenden Förderelementen und Teilsystemen. Wegen der oft großen Zahl von parallel und hintereinander geschalteten Elementen wird von diesen eine große Zuverlässigkeit und Verfügbarkeit bei kleinstmöglichen Kosten gefordert. Ihre Förderquerschnitte, Fördergeschwindigkeiten, Tragfähigkeiten, möglichen Durchsätze und Übergabestellen sind aufeinander abzustimmen. Zur Lastabstützung und für den Transport dienen wälzgelagerte Kugeln, Röllchen, Rollen sowie Ketten und Gummi- oder Stahlgurtbänder. Tragkonstruktion und Art des Antriebs werden durch das Gewicht der Transporteinheit bestimmt.

Lager. Wird für das geplante Liegen von Arbeitsgegenständen im Materialfluss (VDI 2411) verwendet. Gründe für den Einsatz eines Lagers sind u. a. der Ausgleich von Liefer- und Verbrauchs-, bzw. Liefer- und Nachfrageschwankungen, die Gewährleistung eines hohen Lieferservices zur schnellen Befriedigung von Kundenanforderungen sowie Sonderaufgaben (z. B. Reifung). Lagern bezeichnet ein längerfristiges Verweilen des Gutes, während kurzfristiges Überbrücken von Zeit im Materialfluss Speichern oder Puffern genannt wird. Speicher werden z. B. zur Reihenfolgebildung oder Auftragszusammenstellung verwendet, während Puffer dem Ausgleich von ungeplanten Verweilzeiten (z. B. bei Störungen) innerhalb des MFS dienen. Wegen des gebundenen Kapitals und der Zinskosten sollen die Lagermenge so klein und die Lagerdauer so kurz wie möglich sein.

Abb. 20.6 erklärt den Aufbau und die Funktion eines automatisierten Lagersystems. Es gliedert sich in das administrative, dispositive und technische System. Zu letzterem gehören die Förder- und Lagermittel. Im Wareneingang (WE) werden die angelieferten TE entladen und dort nach Übereinstimmungsprüfung mit der Bestellung meist auf Stauplätzen *1* zwischengespeichert. Förderer *2*, wie Rollen-, Kettenförderer oder Fahrerlose Transportsysteme, transportieren die TE zur Übergabestelle *3*. Vorher erfolgt die Überprüfung der Konturenmaße der TE sowie am sog. I-Punkt (Identifizierungspunkt) die Lagerplatzanweisung und damit die Übergabe der TE

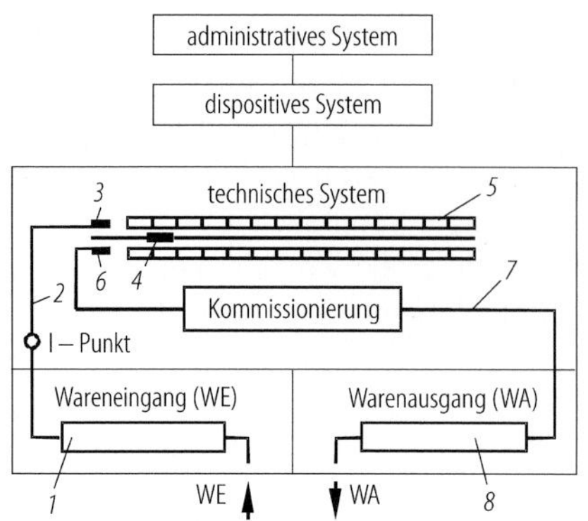

Abb. 20.6 Struktur eines automatisierten Lagersystems (Erläuterungen im Text)

in den automatisierten Betrieb. An der Übergabestelle *3* übernimmt das Lagerbediengerät *4* die TE und bringt sie auf die vorbestimmten Lagerplätze *5*. Aus der Transporteinheit (TE) wird die Lagereinheit (LE). Die Auslagerung erfolgt auf gleiche Weise über die Übergabestelle *6*. Förderer *7* transportieren die TE in den Warenausgang (WA), wo sie vor dem Versand gegebenenfalls auf den Stauplätzen *8* zwischengespeichert werden. Warenverteilzentren besitzen meist zusätzlich ein dem Lagerbereich nachgeschaltetes Kommissioniersystem. Sog. Vorratslager, z. B. in Fertigungsbetrieben, verzichten meist auf den Kommissionierbereich und besitzen keinen Warenausgang. Lager zwischen Produktion und Montage (sog. Zwischenlager) bestehen lediglich aus dem Lagermittel und dem Lagerbediengerät. Ihre Steuerung ist eng mit der Produktion verknüpft.

Kommissionierung. Bewerkstelligt die auftragsbezogene Zusammenstellung von Waren aus einem bereitgestellten Sortiment (VDI 3590). Kommissionierung findet sowohl in Vorbereitung der Teilebereitstellung für die Produktion als auch bei der Zusammenstellung von Kundenaufträgen im Warenausgang statt. Kommissioniersysteme werden nach dem Bereitstellprinzip in statisch („Mann zur Ware") und dynamisch („Ware zum Mann") untergliedert (s. Abschn. 20.1.7).

Identifikation. Dient der eindeutigen Erkennung einer TE innerhalb eines MFS anhand der ihr mitgegebenen, objekteigenen, verschlüsselten Information. Diese kann mechanisch, magnetisch, optisch durch OCR-Schriftzeichen oder durch den sehr häufig eingesetzten Strichcode (Barcode) verschlüsselt sein. Gegenwärtig gewinnt die berührungslose, elektromagnetische Identifikation auf Basis der RFID-Technologie (radio frequency identification) an Bedeutung.

Die Erfassung der Identdaten kann sowohl manuell als auch automatisch erfolgen. Meist ist dazu das Gut zu vereinzeln und entsprechend der Position des Lesegerätes auszurichten. Die Daten werden anschließend von einer Auswerteeinheit verarbeitet und dem Informationssystem bereitgestellt.

Informationssystem. Verknüpft datentechnisch die einzelnen Elemente eines Materialflusssystems und übermittelt die Informationen an die entsprechenden Adressaten. Die Datenübertragung kann sowohl leitungsgebunden (z. B. per Glasfaserkabel) als auch nicht leitungsgebunden (z. B. per WLAN) erfolgen.

Administratives System. Übernimmt die Planung, Überwachung und Steuerung des Materialflusses. Entsprechend der hierarchischen Ebene finden unterschiedliche Systeme Anwendung. Speicherprogrammierbare Steuerungen (SPS) steuern die Förderelemente auf Feldebene. Sie lassen sich einfach der jeweiligen Aufgabenstellung (Messen, Schalten, Steuern, Regeln, Verriegeln, Verknüpfen etc.) anpassen und

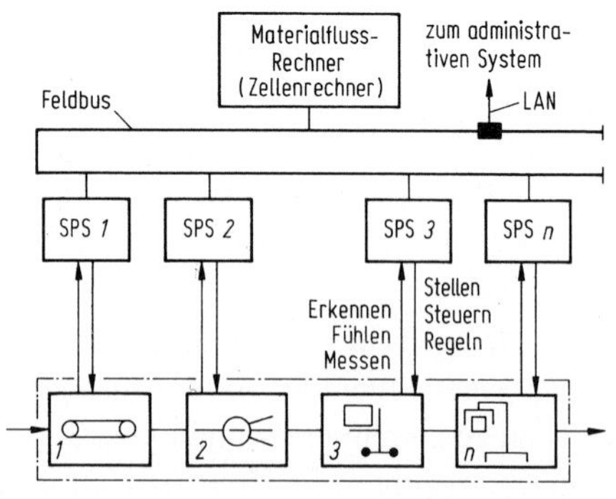

Abb. 20.7 Steuerung automatisierter Materialflusssysteme

leicht programmieren. Dank ihrer Ausgangsleistung können sie die Schaltelemente der Fördersysteme direkt betätigen. Die SPS wiederum kommunizieren mit einer übergeordneten Materialflusssteuerung (Abb. 20.7). Sie enthält Leitstandsfunktionen zur Verwaltung von Ressourcen sowie die Transportsteuerung [2]. Dieser übergeordnet ist das Lagerverwaltungssystem, das u. a. die Bestandsführung auf Lagerort- bzw. Platzebene, die Lagerplatzverwaltung sowie Kommissionier- und Nachschubplanung übernimmt.

20.1.3 Theoretische Behandlung von Materialflusssystemen

Ein MFS kann gedacht werden als eine Hintereinander- oder Parallelschaltung verschiedener Bediensysteme, die durch Transportstrecken und Weichen miteinander verbunden sind. Für das zunächst manuell geplante MFS muss durch Berechnung sichergestellt werden, dass der mögliche Durchsatz in allen Transportstrecken und -knoten um ca. 10 % größer ist als der gewünschte Durchsatz und sich vor keiner Bedienstation eine unzulässig lange Warteschlange bildet.

Bediensystem. Ähnlich wie bei einer Bank besteht das Bediensystem aus der Bedienstation (Schalter), in der eine TE (Kunde) unterschiedlich lange abgefertigt wird, und aus dem Warteraum (Schalterhalle), in dem andere TE auf Abfertigung warten (Abb. 20.8a). Der zeitliche Abstand zweier nacheinander ankommender TE ist die sog. Zwischenankunftszeit t_a.

Um Störungen im Gesamtsystem zu vermeiden, darf die Warteschlange in jedem Bediensystem nicht mehr Plätze belegen als sie sein Warteraum bereit hält. Eine notwendige, aber nicht hinreichende Bedingung zur Begrenzung der Warteschlangenlänge ist $\rho = \lambda/\mu < 1$. Dabei sind: ρ der Auslastungsgrad, $\lambda = 1/t_a$ der mittlere Durchsatz (z. B. Stck/h) des ankommenden und $\mu = 1/t_b$ des abgefertigten Stroms, t_a und t_b die mittlere Zwischenankunftszeit bzw. Abfertigungszeit.

Wegen der mit ungleichen Zwischenankunftszeiten t_a ankommenden TE und der unterschiedlich langen Bedienzeiten t_b bestimmt man die mittlere und maximale Zahl der wartenden TE mit Hilfe der Dichtefunktionen $f(t_a)$ und $f(t_b)$ (Abb. 20.8b und c). Dazu bildet man i. Allg. das MFS auf dem Rechner ab und simuliert den geplanten Güterfluss. Für jedes Bediensystem bestimmt der Rechner aus $f(t_a)$ und $f(t_b)$ die Verteilungsfunktionen $F(t_a)$ und $F(t_b)$ (Abb. 20.9) und darüber mittels eines Zufallszahlengenerators für jeden Simulationsschritt die zufällige

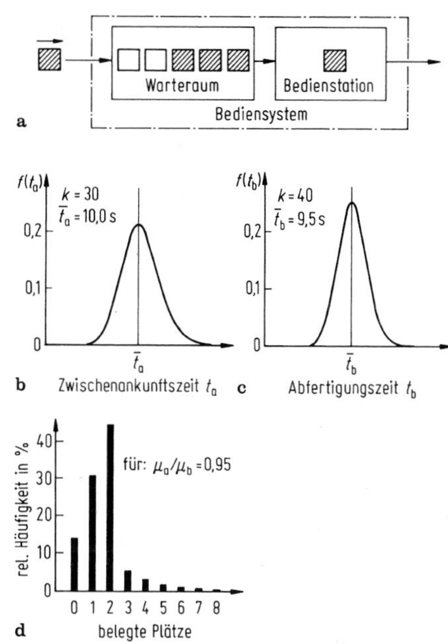

Abb. 20.8 **a** Bediensystem; **b** Wahrscheinlichkeits-Dichtefunktion des ankommenden Stromes; **c** Wahrscheinlichkeits-Dichtefunktion des abgefertigten Stromes; **d** rel. Häufigkeit der belegten Plätze im Warteraum

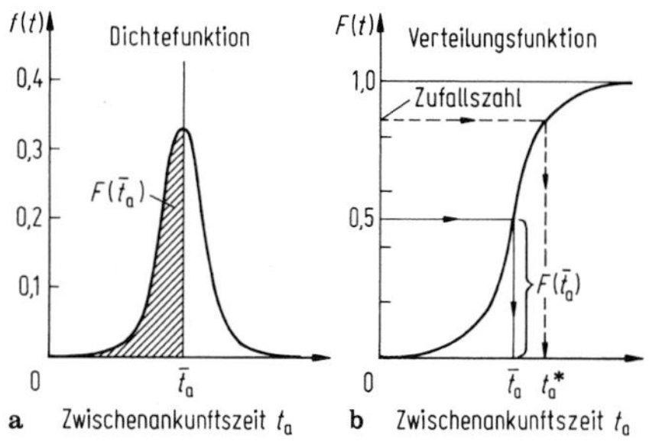

Abb. 20.9 **a** Dichtefunktion eines Ankunftprozesses; **b** daraus abgeleitete Verteilungsfunktion zur Bestimmung der nächsten Zwischenankunftszeit $f(t^*_{ab})$ mit Hilfe des Zufallsgenerators

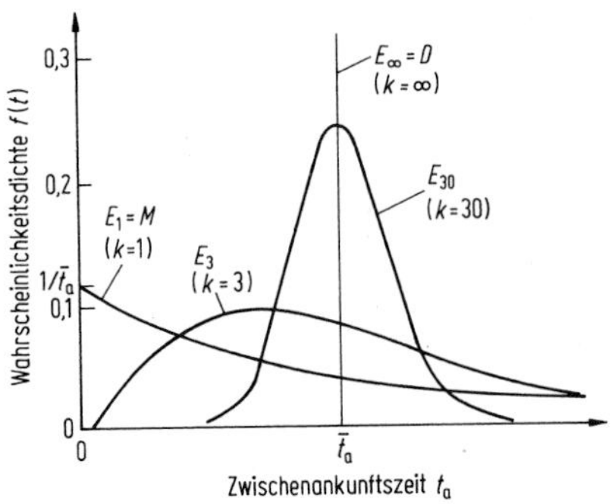

Abb. 20.10 Erlang-Verteilungen bei unterschiedlichen k-Werten (Erläuterungen im Text)

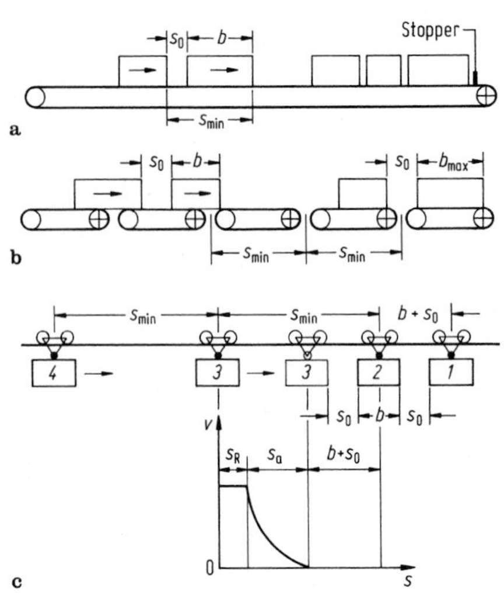

Abb. 20.11 Mindestabstand s_{min} zwischen bei benachbarten TEs auf der Förderstrecke. **a** Bei festem Abstand der TEs auf dem Förderer; **b** bei Stauförderern mit fester Stauplatzlänge; **c** bei selbstfahrenden TEs

Zwischenankunftszeit t_a^* und Abfertigungszeit t_b^*. Die Simulation läuft so lange, bis abgesicherte Aussagen über die Zahl der wartenden TE und deren zeitliche Verteilungen in den einzelnen Bediensystemen getroffen werden können (Abb. 20.8d).

Zur mathematischen Beschreibung von $f(t_a)$ und $f(t_b)$ empfiehlt sich die Erlang-Verteilung (Abb. 20.10).

$$f(t) = (\lambda \cdot k)^k \cdot \frac{t^{(k-1)}}{(k-1)!} \cdot c^{-\lambda k t}$$

mit $k = (\bar{t}/\sigma)^2$, wobei $\bar{t}$ die mittlere Ankunfts- bzw. Abfertigungszeit und σ die zugehörige Standardabweichung ist. Durch Variation des k-Werts lässt sich die Form der Verteilungsfunktion verändern. Mit $k = 1$ ergibt sich der Dirac-Impuls (Kurzzeichen D, getakteter Betrieb), mit $k = 30$ die Gaußverteilung und mit $k = 1$ die oft verwendete Exponentialverteilung $f(t) = \lambda e^{-\lambda t}$ (Kurzzeichen M, Markow-Prozess), die eine relativ große Standardabweichung $\sigma = \bar{t}$ besitzt und bei der TE mit $t = 0$ am häufigsten auftreten.

Analytische Lösungen, und dann nur für die mittlere Wartezeit $\bar{t}_w$ bzw. die mittlere Anzahl $\bar{N}_w = \lambda \cdot \bar{t}_w$ der wartenden TE, bestehen nur für die Bediensysteme mit Dichtefunktions-Kombinationen von $f(t_a)$ und $f(t_b)$.

Durchsatz auf freier Strecke. Fördergeschwindigkeit v und Mindestabstand s_{min} der aufeinander folgenden TE bestimmen den möglichen Durchsatz

$$\mu = v/s_{min} = 1/t_{min}$$

in Stück/Zeiteinheit. s_{min} wird bestimmt durch die Breite b der TE und das Förderprinzip.

Liegen die TE mit festen Abständen zueinander auf dem Fördermittel (z. B. Bandförderer) und dürfen die TE beim Anhalten auf die davor stehende TE auffahren (Stauen unter Staudruck), ist $s_{min} = b + s_0$ (Abb. 20.11a). Der Sicherheitsabstand s_0 muss so groß sein, dass sich die TE bei der Beförderung (z. B. bei Kurvenfahrt) nicht behindern.

Dürfen die TE nicht auffahren (staudruckloses Stauen), teilt sich die Förderstrecke in individuell ein- und abschaltbare Einzelförderer gleicher Länge $b_{max} + s_0$, die durch die breiteste zu fördernde TE bestimmt wird (Abb. 20.11b).

Werden die TE durch selbstfahrende (aktive) Elemente (z. B. Elektrohängebahn) transportiert, ist $s_{min} = s_r + s_a + b + s_0$ (Abb. 20.11c) mit: Reaktionsweg $s_r = v t_r$, Reaktionszeit t_r, Verzögerungsweg $s_a = v^2/2a$, Verzögerung a. Bei der Fördergeschwindigkeit $v = V_{opt} = \sqrt{2a(b + s_0)}$ ergibt sich der größtmögliche Durchsatz $\mu_{max} = 1/(t_r + \sqrt{2a(b + s_0)/a})$.

Durchsatz in Transportknoten. Transportknoten (TPK) (Abb. 20.12a) wie z. B. Weichen, vereinen und/oder verteilen Transportströme λ_{ij}.

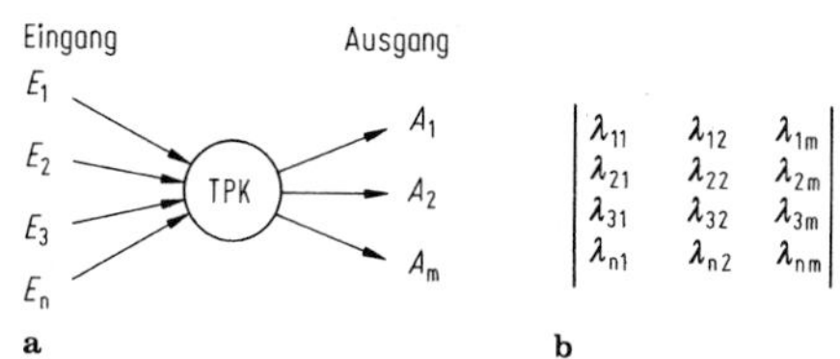

Abb. 20.12 **a** Transportknoten; **b** Transportstrommatrix mit den von den Eingängen *i* zu den Ausgängen *j* fließenden Transportströmen λ_{ij}

Der Durchsatz ist i. Allg. kleiner als der auf freier Strecke, da die nächste TE erst in den TPK einfahren kann, wenn dieser die Vorgängerin abgefertigt hat und wieder aufnahmebereit ist (sog. eingeschränkte Durchfahrt). Auch sich kreuzende Fahrwege von Flurförderzeugen bilden einen TPK.

Der Gesamtdurchsatz des TPK ist die Summe der Durchsätze aller Teilströme $\Sigma\ \lambda_{ij}$ (Abb. 20.12b), die durch das allgemeine Grenzstromgesetz $\Sigma\ \lambda_{ij}/\mu_{ij} \leq 1$ miteinander verknüpft sind. μ_{ij} ist der sog. Grenzstrom, d. h. der max. mögliche Durchsatz für die jeweilige Förderrichtung *ij*, wenn nur zwischen dem Eingang *i* und dem Ausgang *j* gefördert würde. Abb. 20.13 zeigt, wie sich bei einem Verteilelement mit einem Eingang ($i = 1$) und zwei Ausgängen ($j = 2$) und den Grenzströmen μ_{11} und μ_{12} die Durchsätze λ_{11} und λ_{12} gegenseitig beeinflussen (Abb. 20.13a). Vergrößert sich z. B. λ_{11}, verkleinert sich λ_{12}.

Verfügbarkeit und Zuverlässigkeit. Die Verfügbarkeit η^{ver} ist ein Maß für die Wahrscheinlichkeit, ein Element oder ein System zu einem vorgegebenen Zeitpunkt in einem störungsfreien Zustand anzutrefffen. Die Zuverlässigkeit ist ein Maß für die Wahrscheinlichkeit, dass eine betrachtete Funktion störungsfrei und korrekt ausgeführt wird.

Verfügbarkeit:

$$\eta^{\text{ver}} = \frac{T_{\text{E}} - T_{\text{A}}}{T_{\text{E}}}$$

mit T_{E}– Einsatzzeit (Summe aus Bereitschafts- und Betriebszeit), T_{A}– Ausfallzeit (Summe aller Ausfallzeiten)

Zuverlässigkeit:

$$\eta^{\text{zuv}} = \frac{n_{\text{r}}}{n_{\text{r}} + n_{\text{s}}}$$

mit n_{r}– Anzahl korrekter Funktionserfüllungen, n_{s}– Anzahl Störungen.

20.1.4 Lagereinrichtung und Lagerbedienung

20.1.4.1 Überblick, Systematisierung

Lagersysteme lassen sich grundsätzlich unterscheiden nach ihrer Form (Block- oder Zeilenlager), nach der verwendeten Regaltechnik (Boden- oder Regallagerung) und nach Art der Lagerung (dynamisch oder statisch), s. Abb. 20.14.

Die Auswahl eines Lagersystems wird wesentlich bestimmt durch folgende Parameter:

- Anzahl verschiedener Artikel,
- Artikelabmessungen und -gewichte,
- Mengen pro Artikel,
- geforderte Ein-/Auslagerlagerleistung oder Durchsatz,
- Flächen- und Raumbedarf,
- Zugriffverhalten und Bedienstrategien,
- etc.

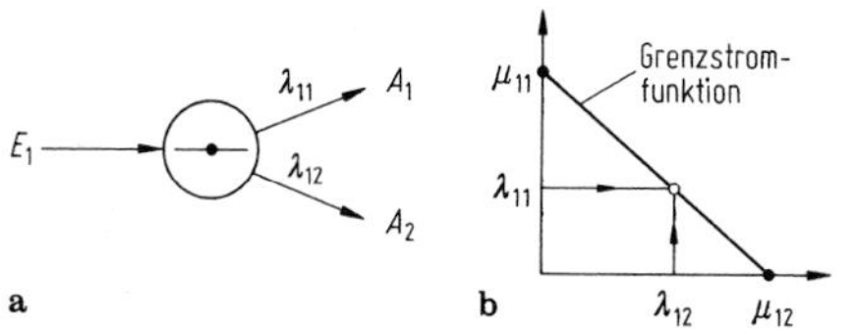

Abb. 20.13 **a** Verteilelement mit zwei Ausgängen; **b** Beziehung zwischen den Grenzströmen μ_{11} und μ_{12} sowie den möglichen Durchsätzen λ_{11} und λ_{12}

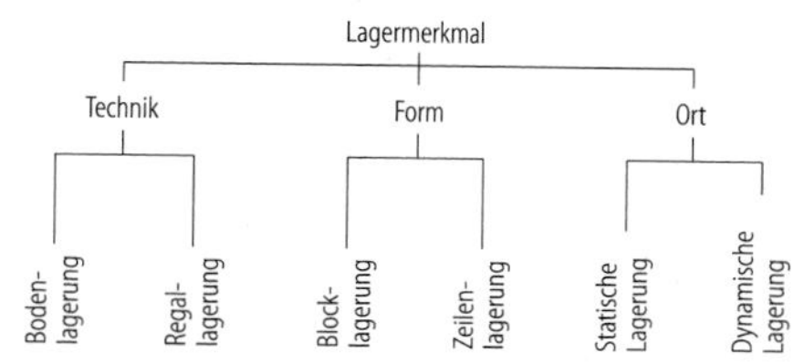

Abb. 20.14 Merkmale von Lagersystemen

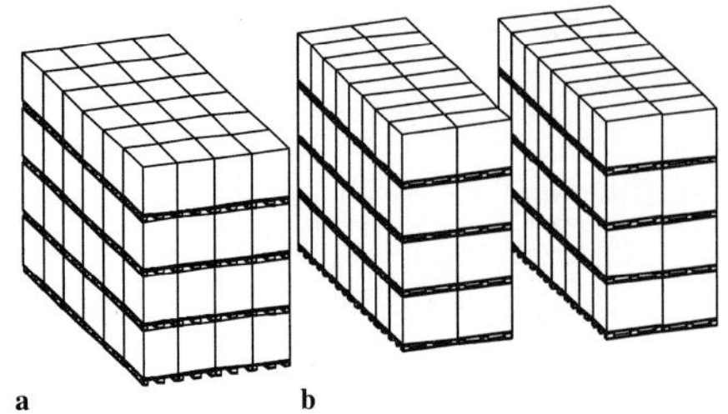

Abb. 20.15 Bodenlagerung. **a** Blocklagerung; **b** Zeilenlagerung

20.1.4.2 Bodenlager

Die *Lagereinheiten* (LE) werden unmittelbar auf dem Boden gelagert bzw. dort gestapelt. Die mögliche Stapelhöhe hängt u. a. von den Eigenschaften der LE oder der eingesetzten *Ladehilfsmittel* (LHM, z. B. Gitterboxen), der Bedientechnik (z. B. Stapler oder Kran) und den räumlichen Gegebenheiten ab. Die Bodenlagerung ist flexibel an örtliche Gegebenheiten (Flächenzuschnitt und Gebäudeform) anpassbar. Bei ausreichend dimensionierten Gangbreiten kann durch eine entsprechende Anzahl von Fördermitteln eine hohe Umschlagleistung realisiert werden.

Bodenblocklager. Die LE werden zu einem kompakten Block angeordnet, d. h. unmittelbar über-, hinter- und nebeneinander gelagert (Abb. 20.15a). Dadurch lassen sich sehr hohe Raumnutzungsgrade erzielen, allerdings ist der Zugriff nur auf die in vorderster Säule befindlichen LE möglich. Typische Einsatzfälle sind monostrukturierte Läger (Getränke, Rohstoffe) oder artikel- und auftragsreine Pufferläger im Warenein-/-ausgang.

Bodenzeilenlager. Um einen gegenüber dem Bodenblocklager besseren Zugriff auf einzelne LE zu erhalten, werden die Artikel so angeordnet, dass jede (zumeist artikelreine) Säule an einem Bediengang liegt (Abb. 20.15b).

20.1.4.3 Statische Regallagerung

Beim Einsatz von Regalen steht häufig die bessere Nutzung der verfügbaren Geschosshöhe im Vordergrund. Die LE werden dabei jeweils in ein separates Fach eines Lagerregals gestellt. Insbesondere können so auch nicht stapelfähige LE effizient gelagert werden. Die mögliche Regalhöhe reicht von 2 m für Fachbodenregale bis ca. 50 m für Hochregalläger und wird wesentlich von der gewählten Bedientechnik bestimmt. Regale in Zeilenanordnung (Zeilenregale) erlauben beliebigen Zugriff auf einzelne LE. Blockregale bieten dagegen kompakte Lagerung und hohe Raumnutzung bei z. T. hohen Durchsatzleistungen. Die meisten Regale setzen einheitliche Güter mit standardisiertem LHM voraus.

Zeilenregale. Einzelne Fächer werden über- und nebeneinander angeordnet und die LE werden unmittelbar an der Regalfront ein- und ausgelagert. Bei der einfachtiefen Lagerung kann auf jede LE direkt zugegriffen werden. Alle möglichen Lagerstrategien können genutzt werden. Bei Einsatz spezieller Bedientechniken können die LE auch zweifach oder dreifach hintereinander (doppelt oder dreifach tief) eingelagert werden. Hierdurch sind jedoch bei Zugriff auf hintere LE Umlagerungen erforderlich, die den möglichen Durchsatz verringern. Die einzelnen Fächer des Regals sind auf die maximalen Abmessungen einzulagernder Güter zuzüglich allseitiger Freiräume zur Handhabung und Gutübergabe auszulegen. Die Länge einzelner Lagergänge und die Anordnung der Bedien- und Gassenwechselwege werden wesentlich durch die Anforderungen der Kommissionierung (s. Abschn. 20.1.7) geprägt. Die Regalbedienung erfolgt bei schweren und großen LE zumeist über Gabelstapler, Regalbediengeräte oder Krane, welche die LE durch vertikale Hubbewegung ein-/auslagern. Leichte LE werden horizontal geschoben. In Abhängigkeit von der eingesetzten Bedientechnik variieren die erforderlichen Arbeitsgangbreiten und damit der realisierbare Raumnutzungsgrad.

Palettenregale. Sie dienen zur Lagerung mit LHM. Die LE (Palette oder Gitterbox) wird nur an den beiden Stirnseiten unterstützt. Bei der *Längseinlagerung* (Abb. 20.16) sind jeweils zwischen den vorderen und den hinteren Regalstützen *1* zwei Traversen *2* befestigt, auf denen die LE *3* nebeneinander gelagert werden. Bei Verwendung von Standardpaletten erfolgt die Einlagerung in Längsrichtung der LE, bezogen auf

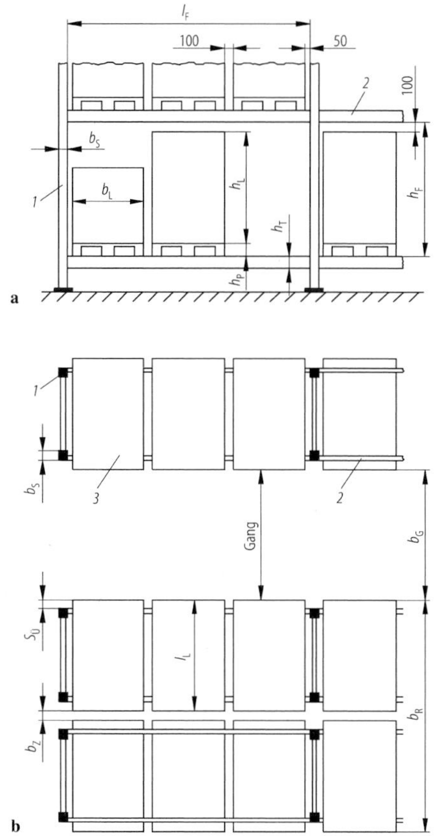

Abb. 20.16 Palettenregal: Mehrplatzlagerung

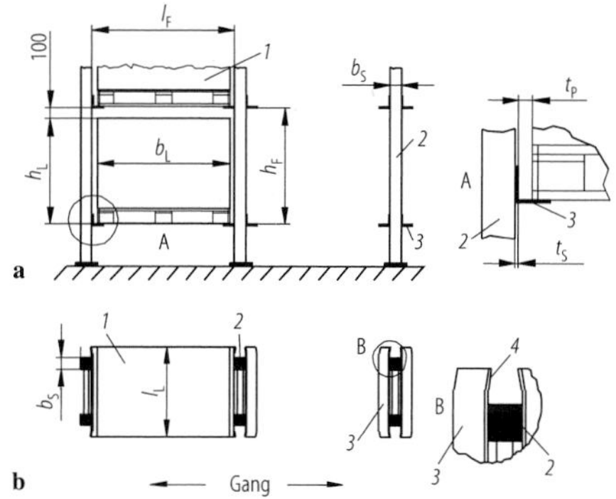

Abb. 20.17 Palettenregal: Einzelplatzlagerung

die Fachtiefe. Mehrere LE können direkt nebeneinander gelagert werden (Mehrplatzlagerung). Typisch drei bis max. fünf LE werden in einem sog. *Feld* gelagert.

Bei der *Quereinlagerung* (Abb. 20.17) wird eine winkelförmige Auflage *3* zwischen einer vorderen und hinteren Stütze *2* befestigt und die LE *1* stirnseitig zur Stütze, quer ins Lagerfach eingelagert. In diesem Fall befindet sich zumeist nur eine LE zwischen den Regalstützen (Einplatzlagerung). Die Positionierung wird durch eine Abschrägung *4* der Winkelauflagen *3* unterstützt.

Die Längseinlagerung ermöglicht i. Allg. eine effizientere Raumnutzung. Die Quereinlagerung ist im Fall der manuellen Kommissionierung im Regal vorteilhaft (bessere Erreichbarkeit der Artikel).

Behälterregale. Bei der Lagerung kleiner Artikel oder geringer Mengen wird die Einlagerung kleinerer Einheiten (Behälter oder Tablare, z. B. 400 mm × 600 mm) bevorzugt. Tablare sind Blechwannen mit einer stirnseitig angebrachten Eingriffsleiste. Durch die geringen Stückgewichte ist die Lagerung auf einfachen Winkelprofilen möglich, die seitlich an den Lagerfächern angebracht sind. Die geringen Stückgutgewichte ermöglichen eine einfachere Lagerfachbedienung, die zu speziellen Ausprägungen der Zeilenregale geführt haben und als Behälter-, Kasten- oder Tablarregale bezeichnet werden. Das relativ geringe Stückgutgewicht ermöglicht in vielen Fällen, die LE in das Lagerfach zu schieben bzw. bei der Auslagerung aus dem Fach zu ziehen. Das Lastaufnahmemittel greift dazu in die Leiste oder den Griff des Tablars oder durch einen Zangenmechanismus seitlich am Behälter an. Durch den Einsatz solcher Ziehtechniken werden kürzere Lastübergabezeiten und eine bessere Raumnutzung durch reduzierte Sicherheitsabstände ermöglicht. Behälterregale werden durch automatische Regalbediengeräte bedient und als Automatische Kleinteilelager (AKL) bezeichnet.

Hochregallager (HRL). Unter der Bezeichnung Hochregallager versteht man ein Hochregalsystem mit fest installiertem Regalbediengerät (RBG, s. Abb. 20.18). Das RBG besitzt einen vertikalen Mast und ist im Regalgang oben und unten geführt. Am Mast verfährt vertikal ein Hubwagen mit dem Lastaufnahmemittel (LAM), oft als Teleskopgabel ausgeführt.

Das RBG nimmt eine LE am Ein-/Auslagerpunkt (E/A) auf und verfährt diagonal entlang der Regalfläche zum Zielfach. Beim

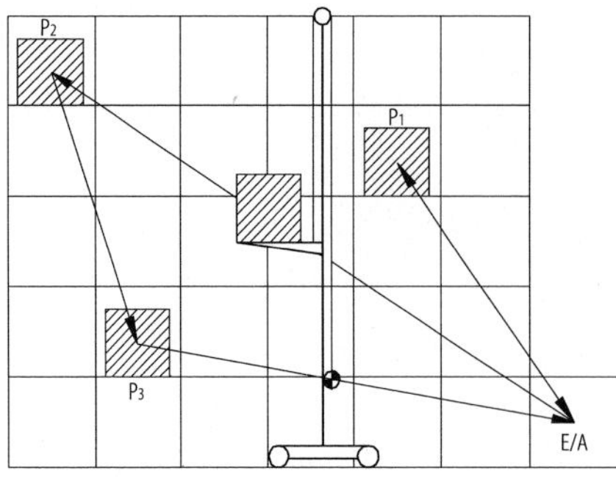

Abb. 20.18 Hochregallagersystem

Einzelspiel (ESP) erfolgt nur eine Ein- oder eine Auslagerung (E/A→P1→E/A). Bei einem Doppelspiel (DSP) erfolgt in einem Zyklus eine Ein- und eine Auslagerung (E/A→P2→P3→E/A).

HRL werden häufig in Silobauweise realisiert, dabei trägt die Regalkonstruktion Dach und Wände und bildet so einen reinen Einzweckbau, der nur dem Zweck der Lagerung dient.

Liftsysteme (Turmregale). Zwischen zwei einander direkt gegenüberliegenden Lagersäulen verfährt vertikal ein spezielles Lastaufnahmemittel *3*, (LAM, s. Abb. 20.19) das über eine Ziehtechnik Tablare *4* zwischen den Lagerfächern und dem Übergabeplatz *2* bewegt. Neben Systemen mit festen Fachhöhen innerhalb der Lagersäule werden auch Anlagen mit flexibel definierbaren Fachhöhen ausgeführt. Dazu wird an Stelle fester Lagerfächer ein Aufnahmeraster für die Tablare mit einem Rastermaß geschaffen, in das die Tablare eingeschoben werden. Nach Erfassung der LE-Höhe *5* werden das Tablar eingelagert

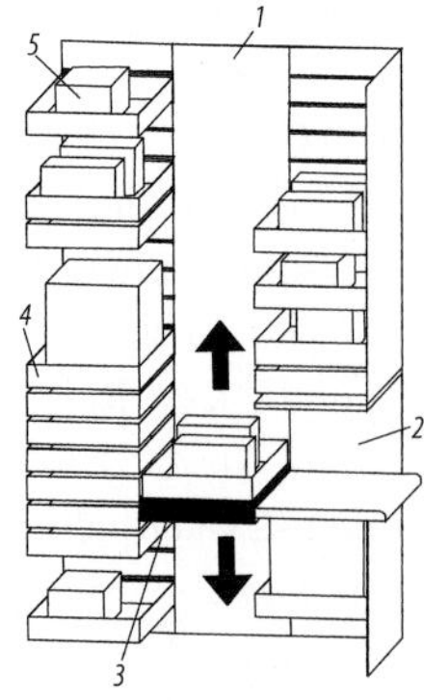

Abb. 20.19 Liftsystem (Turmregal)

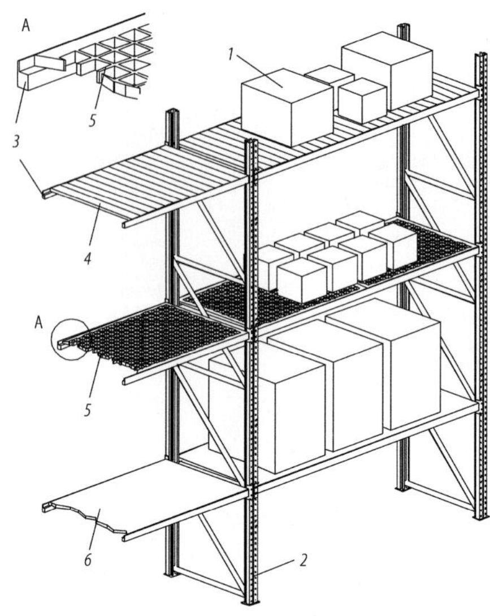

Abb. 20.20 Fachbodenregal mit verschiedenen Fachauflagen

und die entsprechenden Rasterebenen für weitere Einlagerungen gesperrt. Dies ermöglicht eine Anpassung der Lagerfachhöhen an unterschiedliche Güter und somit eine Volumenoptimierung, insbesondere bei variierenden LE-Höhen. Das gesamte System ist durch eine Wand *1* eingehaust.

Fachbodenregale (Abb. 20.20). Fachbodenregale besitzen für jedes Lagerfach einen durchgehenden Lagerboden *4*, *6* (ggf. auch Gitter *5*) die ggf. in eine Traverse *3* eingelegt werden, so dass LE *1* mit beliebigen Abmessungen eingelagert werden können. Durch die flexibel einstellbaren Fachhöhen, verschiedenste Formen der Fachteilung und eine große Menge an Zubehör kann das Fachbodenregal gut an die Bedürfnisse der manuellen Kommissionierung angepasst werden. Zur Ausnutzung vorhandener Raumhöhen werden auch mehrgeschossige Anlagen errichtet, bei denen die Zu- und Bewegungsgänge direkt an den Regalstützen *2* befestigt werden.

Kragarmregal. An vertikalen oder geneigten Regalstützen werden auskragende Arme (Ausleger) befestigt, auf die das Lagergut abgelegt wird (Abb. 20.21). Ebenso können die Kragarme als Trennelemente für stehende LE genutzt

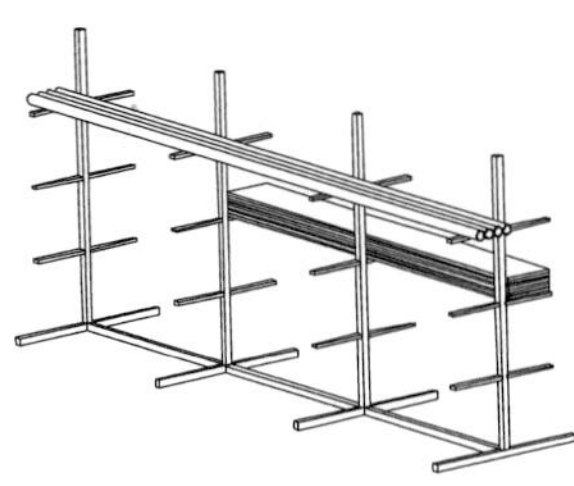

Abb. 20.21 Kragarmregal

werden. Es können durch zusätzliche Auflegeböden auch durchgehende Lagerflächen für LE mit unterschiedlichen Abmessungen geschaffen werden. Das Kragarmregal dient zur Lagerung von Langgut (Rohre oder Stangen) oder Tafelmaterial. Zur Regalbedienung kommen unterschiedliche Systeme zum Einsatz. Neben der manuellen Bedienung bei leichten Lasten werden insbesondere Stapler und Krane eingesetzt. In einigen Fällen werden die Kragarme bzw. Regalböden auch beweglich ausgeführt, um den Zugriff aus vertikaler Richtung (von oben) zu ermöglichen.

Blockregale. Statische Blockregale fassen die LE zu einem kompakten Block zusammen. Durch die Regalanordnung kann nur von einer Seite oder zwei Seiten auf den Block zugegriffen werden. Je nachdem, ob die Bedienung ein- oder zweiseitig erfolgt, lässt sich als Auslagerstrategie nur LIFO oder nur FIFO realisieren. Der wesentliche Vorteil dieser Lagertechniken besteht in der Möglichkeit, sehr hohe Volumennutzungsgrade staudruckfrei bei gleichzeitig geringem Flächenbedarf zu realisieren. Die LE werden nur an den beiden Stirnseiten gestützt und müssen damit eine identische Breite aufweisen. Die Bewegung der LE in schmalen Kanälen stellt gleichzeitig hohe Qualitätsanforderungen an die LE bezüglich Abmessungen und Formstabilität. Aus den genannten Eigenschaften leitet sich auch der bevorzugte Einsatzfall zur Lagerung großer Mengen weniger Artikel ab.

Einfahr- und Durchfahrregale. Die Regalstützen werden derart angeordnet, dass sich jeweils vertikale Spalten ergeben, die durch Flurförderzeuge befahren werden können. An den Regalstützen werden durchgehende Winkelprofile be-

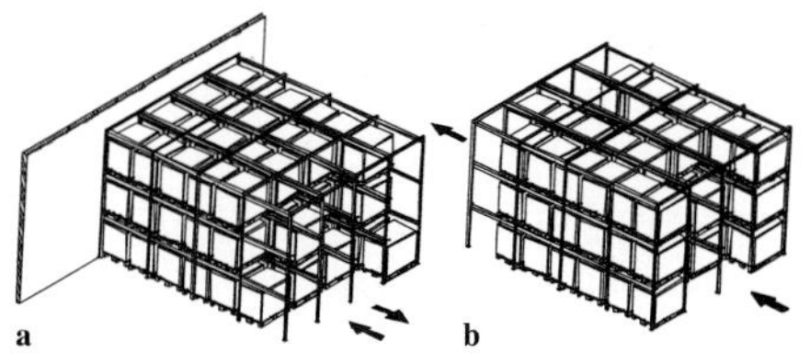

Abb. 20.22 **a** Einfahrregal; **b** Durchfahrregal

festigt, auf die die LE abgesetzt werden können. Bei der Ein- und Auslagerung wird die LE oberhalb des Winkelprofils bewegt. Die Bedienung erfolgt ausschließlich über Frontgabelstapler, die im Regal zur einfachen Fahrzeugführung seitlich geführt werden. Beim Einfahrregal (Abb. 20.22a) werden die LE von der gleichen Seite ein- und ausgelagert (LIFO-Strategie). Beim Durchfahrregal (Abb. 20.22b) erfolgen Einlagerung und Auslagerung auf gegenüberliegenden Seiten (FIFO-Strategie).

Satellitenregale. S. werden je nach Wahl des Regalbediengerätes sowohl als Block- als auch als Zeilenregal ausgeführt. Kanalfahrzeuge als Unterfahrgeräte *1* (Abb. 20.23b) verfahren in einer Fahrschiene unterhalb der Lagerebene eines Kanals im Blockregal und nehmen die LE z. B. durch einen Hubmechanismus *2* auf. Das Kanalfahrzeug kann unabhängig verfahren und dadurch auf die jeweils erste LE eines Kanals zugreifen.

Der beiderseitige Zugriff auf einen Kanal ist möglich. Verschiedene Kanalfahrzeuge sind dazu in der Lage, unter gelagerten Einheiten hindurch zu fahren. Um einen hohen Füllungsgrad bei unterschiedlichen Artikeln zu erreichen, müssten die LE jedoch häufig umgelagert werden.

Fahrzeuge mit seitlicher Lastaufnahme *3* (Abb. 20.23a) verfügen über eine Teleskopgabel *4* und verfahren in der Ebene eines Zeilenregals und ermöglichen so Direktzugriff bei schlechterem Volumennutzungsgrad.

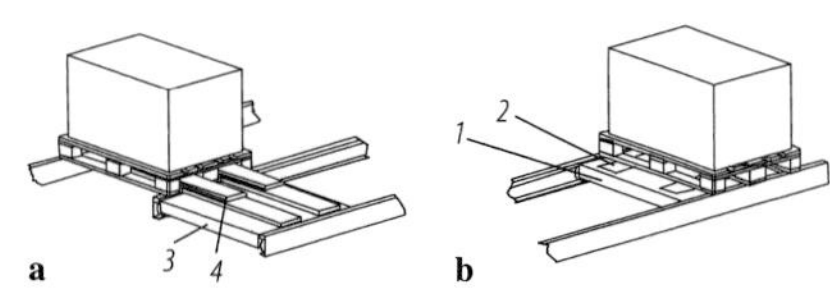

Abb. 20.23 Kanalfahrzeuge. **a** Seitliche Lastaufnahme; **b** Unterfahrgerät

Shuttlelager. Bei einem konventionellen Lager werden die Bewegungen in x- und y-Richtung (vertikale und horizontale Bewegung) innerhalb einer Gasse durch ein Regalbedienge-rät ausgeführt. Bei einem Shuttlelager sind die Bewegungen voneinander entkoppelt: vertikale Bewegungen werden durch Hubstationen oder Aufzüge ausgeführt, horizontale Bewegungen durch Shuttles in den Lagerebenen. Ein Shuttle bezeichnet ein autonomes Lagerfahrzeug, das selbstständig auf den Traversen eines Lagerregals verfährt. Es wird durch Batterien, Powercaps oder über Schleifleitungen mit Strom versorgt und verfügt über ein Lastaufnahmemittel. In einem Shuttlelager können Shuttles in jeder Ebene angeordnet sein, oder einzelne Shuttles werden über Vertikalförderer zu den geforderten Lagerebenen gebracht. Auf dem Markt sind Shuttlelager für Behälter und Paletten verfügbar.

20.1.4.4 Dynamische Regallagerung

Die dynamische Lagerung, d. h. die Lagerung mit Bewegung der LE zwischen Ein- und Auslagerung, wird eingesetzt zur:

- Wegeinsparung in der Kommissionierung und Erhöhung der Kommissionierleistung,
- Erzielung einer hohen Umschlagleistung bei kompakter Lagerung und
- Nutzung der Vorteile der Block- und Zeilenlagerung.

Bei der dynamischen Lagerung werden zwei grundlegende Prinzipien unterschieden: Feststehende LE in bewegten Regalen und bewegte LE in feststehenden Regalen. Zur ersten Gruppe zählen Verschieberegale und Umlaufregale, zur zweiten verschiedene Formen der Durchlaufregale.

Verschieberegale (Abb. 20.24). Diese Regalform stellt die Erweiterung eines statischen Zeilenregals um eine verfahrbare Plattform (Fahrschemel) dar. Auf solche Fahrschemel können alle Regaltechniken wie Paletten-, Behälter-, Fachboden- oder Kragarmregale montiert werden, allerdings bei begrenzter Höhe. Dadurch können einzelne Regalzeilen durch seitliches Verfahren

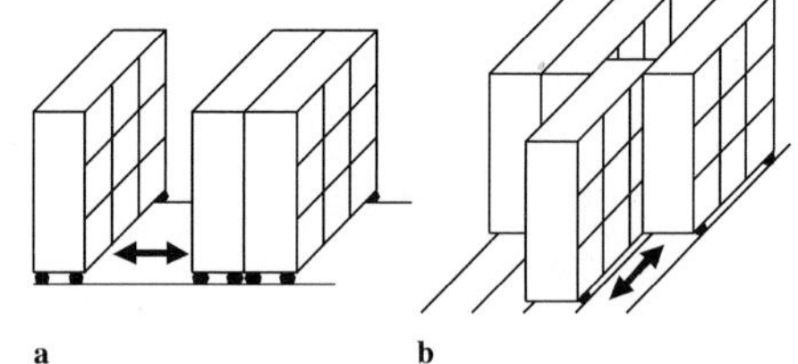

Abb. 20.24 Verschieberegale. **a** Seitenverschub; **b** Längsverschub

zu einem kompakten Block zusammengeführt werden und die Regalgänge entfallen. Ebenso können einzelne Regalzeilen aus einem kompakten Block heraus auch stirnseitig verfahren (herausgezogen) werden (Abb. 20.24b). Nach Öffnen des Ganges kann auf jede einzelne LE zugegriffen werden. Die relativ langsame Verfahrgeschwindigkeit der Regaleinheiten (ca. 3–5 m/min) lässt jedoch nur eine geringe Durchsatzleistung zu. Entscheidend für die Durchsatzleistung ist daher auch die Ein- und Auslagerstrategie, die insbesondere auf eine Minimierung der Regalbewegungen abzielen sollte.

Umlaufregale sind um Lagerkapazitäten ergänzte Stetigfördermittel auf der Basis von Kreis- oder Umlaufförderern.

Vertikale Umlaufregale (*Paternosterregal,* Abb. 20.25). An zwei vertikal umlaufenden Ketten *2* sind horizontale Wannen *1* drehbar befestigt. Es sind mehrere Übergabepunkte auf verschiedenen Ebenen möglich. Auf geringer Standfläche lassen sich durch Nutzung der Raumhöhe relativ viele Artikel mit geringer oder

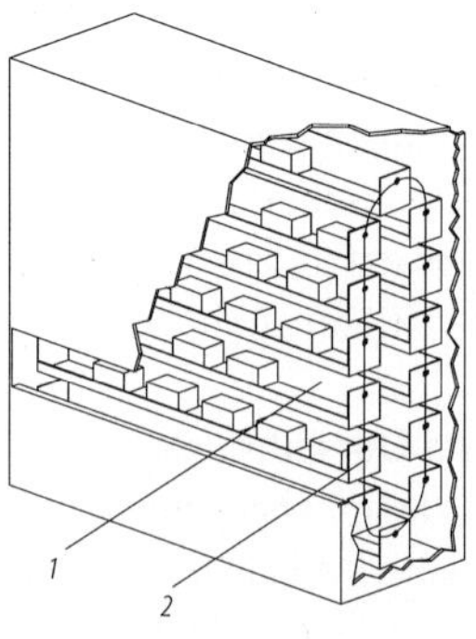

Abb. 20.25 Vertikal-Umlaufregal (Paternoster)

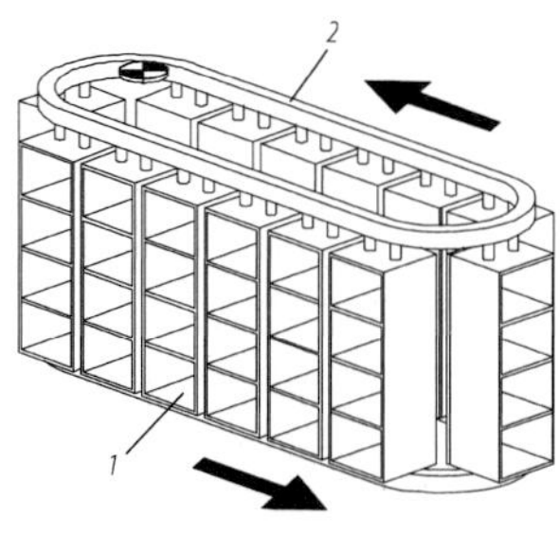

Abb. 20.26 Horizontal-Umlaufregal (Karusselllager)

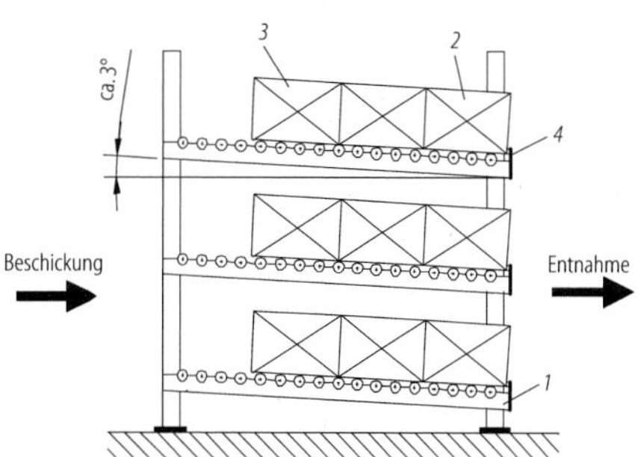

Abb. 20.27 Durchlaufregal

mittlerer Menge pro Artikel einlagern. Die realisierbare Kommissionierleistung an einem System hängt in hohem Maße von der Bauhöhe und dem Zugriffsverhalten auf die gelagerten Artikel ab. Zur Erreichung einer hohen Leistung ist die Zugriffsreihenfolge auf die Lagerplatzreihenfolge abzustimmen, um Reversierfahrten zu vermeiden.

Horizontale Umlaufregale (*Karusselllager,* Abb. 20.26). An einer horizontal umlaufenden Förderkette *2* werden einzelne Lagerfelder *1* befestigt, die eine Fachbodenregalsäule aufnehmen. Für ein anzusprechendes Lagerfach wird die Kette bewegt, bis sich die relevante Lagersäule bzw. das Lagerfeld am Entnahmepunkt befindet. Der Betrieb in der Kommissionierung erfolgt analog zum Paternosterregal. Die großen Baulängen der Karusselllager (bis 50 Meter) bieten höhere Lagerkapazitäten.

Durchlaufregal (Abb. 20.27). Durch Einfügen einer Förderebene in einen feststehenden Regalblock können sich die LE in den Lagerblöcken bewegen. Die LE *2*, *3* werden entweder an der rückseitigen Regalfront in einen Lagerkanal aufgegeben, zur vorderseitigen Regalfront gefördert und dort entnommen oder an der Frontseite in den Lagerkanal eingeschoben und dort wieder entnommen (Einschubregal). In den Kanälen befinden sich die LE hintereinander. Zugriff ist grundsätzlich nur auf die vordere LE *2* möglich. Eine Anlagekante *4* hält die LE bis zur Entnahme im Handel. Durch das Durchlaufprinzip sind Beschickung und Entnahme getrennt und können unabhängig voneinander erfolgen. Das FIFO-Prinzip wird zwangsläufig und ohne zusätzlichen Steuerungsbedarf gewährleistet (bzw. LIFO im Fall des Einschubregals). Der entscheidende Vorteil liegt neben der kompakten Lagerung in der Vorhaltung vieler Artikel im direkten Zugriff bei gesichertem Nachschub. Dadurch kann sich auch eine erhebliche Stirnflächenverkleinerung der Lagerfläche ergeben, die wiederum zu Wegeinsparungen in der Kommissionierung und der Lagerbedienung führt. Durchlaufregale werden sowohl für leichte als auch schwere Stückgüter realisiert.

20.1.5 Belegungs- und Bedienstrategien

20.1.5.1 Einlagerung

Die Vergabe eines Lagerplatzes erfolgt anhand einer Vielzahl von Kriterien. Einflüsse ergeben sich aus den physischen Anforderungen der Ladeeinheiten (LE), aus der betriebstechnisch besten Lageroperation und aus sicherheitstechnischen und rechtlichen Restriktionen (z. B. im Gefahrgut- und Lebensmittelbereich).

Ein generelles Bestreben ist die möglichst gute Nutzung des vorhandenen Lagervolumens. Bei stark unterschiedlichen LE-Höhen wird daher beispielsweise in vielen Fällen eine Stufung der Lagerfachhöhen verwendet.

Anforderungen bezüglich der physischen Lagergutabmessungen und Gewichte finden zunächst ihren Niederschlag in einem entsprechend angepassten Regalbau. Gewichte (Feldlasten etc.) und Volumina (Fachabmessungen etc.) müssen jedoch auch bei der Einlagerstrategie berücksichtigt werden. Eine häufige Maßnahme ist die Reduzierung der zulässigen Traglasten mit zunehmender Regalebene bzw. die Bildung entsprechender Lastbereiche. Insbesondere bei der manuellen Kommissionierung wird aus ergonomischen Gründen in den oberen Lagerfächern die Einlagerung leichterer Einheiten angestrebt. Bei einigen Lagersystemen, bspw. Horizontal-Umlaufregalen, muss zudem funktionsbedingt eine einseitige Belastung vermieden werden.

Zur Optimierung der operativen Bedienprozesse eines Lagersystems existiert eine Reihe grundlegender Strategien, die zumeist auf Heuristiken basieren. Wesentliche sind:

Festplatzlagerung. Ein Artikeltyp erhält eine feste Zuordnung zu einem Lagerplatz. Ursprünglich zur Sicherung der Lagerorganisation genutzt, heute vorteilhaft in manuellen Kommissioniersystemen (Verringerung von Suchzeiten durch Übungseffekt).

Freie Lagerplatzvergabe („Chaotische Lagerung"). Jeder freie Lagerplatz kann beliebig für Artikel disponiert werden. Das Verfahren erlaubt die bestmögliche Nutzung vorhandener Lagerkapazitäten.

Zonung. Das Lager wird logisch in bestimmte Bereiche eingeteilt, die für Artikel mit einer bestimmten Eigenschaft reserviert sind. Häufig erfolgt eine solche Einteilung anhand der Zugriffshäufigkeit von Artikeln oder Artikelgruppen, mit dem Ziel, die durchschnittlichen Wegzeiten zu minimieren. Eine Zone für Artikel mit hoher Umschlaghäufigkeit und hohem Zugriffsverhalten wird als Schnellläuferzone bezeichnet.

Querverteilung. Hierbei werden Artikel auf mehrere Lagergassen, -bereiche oder -kanäle verteilt, um die Artikelverfügbarkeit sicherzustellen und/oder die Lagerleistung durch paralleles Abarbeiten zu erhöhen.

Teilefamilien (Clustering). Hierbei werden kundenseitig häufig gemeinsam bestellte Artikel benachbart gelagert, um Anschlusswege zu minimieren.

Ferner wird, sofern möglich, durch die Strategie *„Kürzester Fahrweg"* die jeweils nächstgelagerte Position angefahren.

20.1.5.2 Auslagerung

Die Verwaltung der Auslagerungsaufträge erfolgt je nach Anwendungsfall für einen kürzeren oder längeren Zeitraum. Zunächst erfolgt eine Reservierung der auszulagernden Mengen und/oder Lagereinheiten, um Fehlmengen zum terminierten Auslagerzeitpunkt zu vermeiden. Die Disposition und Durchführung der Auslagerung erfordert die Berücksichtigung verschiedenster Zielvorgaben und wird unter Anwendung bestimmter Auslagerungsstrategien durchgeführt. Die bekanntesten Auslagerstrategien sind:

FIFO (First-In-First-Out). Die älteste LE wird zuerst ausgelagert. Die Strategie dient der Vermeidung der Überalterung (Verfall des Mindesthaltbarkeitsdatums, MHD).

LIFO (Last-In-First-Out). Die jeweils jüngste LE eines Artikels wird zuerst ausgelagert. Bestimmte Lagertechniken (z. B. Kanallager) erfordern prinzipbedingt LIFO, um Umlagerungen zu vermeiden.

Mengenanpassung. Die Festlegung der auszulagernder LE erfolgt gemäß der angeforderten Menge (Auftragsposition) mit dem Ziel, Rücklagerungen zu minimieren. Es werden diejenigen LE ausgelagert, die in Summe die geringste Anzahl an Auslagerungen ergeben.

Restmengenbevorzugung (Anbruchmenge). Es wird grundsätzlich die LE mit der kleinsten Restmenge ausgelagert, um insgesamt die Gesamtmenge eines Artikels auf möglichst wenigen LE zu konzentrieren und die Lagerkapazitäten ideal zu nutzen.

Gassenwechselminimierung. Die Sortierung der Auslagerreihenfolge erfolgt zunächst nach einzelnen Lagergassen, um bei bestimmten System (z. B. Verschieberegalen) langwierige Umsetzvorgänge zu minimieren.

Tourenorientiert. Die Auslagerreihenfolge wird durch einen nachfolgenden Prozess (z. B. Lkw-Tour) bestimmt.

Analog zur Einlagerung wird bei freier Wahl i. Allg. der *„kürzeste Anschlussweg"* zur Durchsatzoptimierung gewählt. Während die zuvor genannten Strategien jeweils die Bearbeitung einer einzelnen Auslagerung betrachten, erfordern Systeme mit Mehrfach-Lastaufnahmemitteln und Anwendungen in der Kommissionierung weiterreichende Strategien bzw. Algorithmen. Es sind nicht nur die entsprechenden LE auszuwählen, sondern auch die beste Reihenfolge der Auftragsabarbeitung ist zu bestimmen (Reihenfolgeplanung). Aufgabenstellungen dieser Art werden im Rahmen der *betrieblichen Optimierung* bearbeitet.

Viele dieser Aufgabenstellungen lassen sich auf das Travelling-Salesman-Problem (TSP) zurückführen. Zur Lösung solcher kombinatorischer Probleme kommen verschiedenste Verfahren zur Anwendung, u. a.:

Enumerierende Verfahren. Alle Lösungen des Lösungsraumes (z. B. alle theoretisch möglichen Reihenfolgen) werden untersucht, um hierdurch die optimale Lösung zu ermitteln. Aufgrund der hohen Anzahl an Lösungen realer Probleme häufig nicht effizient einsetzbar bzw. nur durch Nutzung geeigneter Heuristiken (z. B. Branch & Bound) nutzbar.

Kalkülbasierte Verfahren. Ermittlung der optimalen Lösung durch ein Gradientenverfahren, das die Steigung der Zielfunktion in Abhängigkeit der Parameter untersucht (z. B. Hill-Climbing-Verfahren). Die Erreichung des globalen Optimums kann nicht garantiert werden, der Suchaufwand ist aber erheblich geringer als bei enumerierenden Verfahren.

Zufallsgesteuerte Verfahren. Iterativ werden zufällige Lösungen generiert, die bis zum Erreichen eines Abbruchkriteriums bewertet und verbessert werden (z. B. Monte-Carlo-Strategie, genetische Algorithmen).

Verschiedene Verfahren benötigen zudem eine Anfangslösung, die eine gültige, nicht optimale Lösung liefert. Geeignete Verfahren sind bspw. die *Streifenstrategie*, *bester Nachfolger*, das *Savings-Verfahren* oder das *Sweep-Verfahren*.

20.1.6 Lagerkennzahlen

20

Zur Berechnung, Beurteilung und Kontrolle eines Lagers finden verschiedene Kennzahlen Anwendung:

Lagerkapazität. Maximale Anzahl von Ladeeinheiten, die ein Lager aufnehmen kann.

Lagerfüllungsgrad. Verhältnis der durchschnittlich belegten Lagerstellplätze zur Gesamtzahl der Stellplätze.

Lagerbestand. Gibt die zu einem bestimmten Zeitpunkt t_1 im Lager befindliche Menge eines Gutes wieder. Wird berechnet aus dem Anfangsbestand zur Zeit t_0 sowie der Differenz aller im Zeitraum $t_1 - t_0$ erfolgten Einlagerungen $e(t)$ und Auslagerungen $a(t)$.

$$b(t_1) = b(t_0) + \sum_{t=t_0}^{t_1} e(t) - \sum_{t=t_0}^{t_1} a(t)$$

Umschlagshäufigkeit. Verhältnis der Entnahmemenge zum durchschnittlichen Lagerbestand innerhalb einer Betrachtungsperiode. Beschreibt, wie oft der Lagerbestand pro Periode umgesetzt wurde. Je höher die Umschlagshäufigkeit, desto kürzer die Lagerdauer.

20.1.6.1 Spielzeiten und Durchsatz

Der Stückgutdurchsatz I_S (Zeiteinheit^{-1}) in einem Lagersystem wird bestimmt aus der mittleren Spielzeit t_{Sm} der n Regalbediengeräte: $I_S = 1/t_{Sm}$:

t_S ist die Spielzeit eines RBG. Zur Bestimmung von t_S sind die Teilzeiten für alle Bewegungen innerhalb des Einfach- oder Doppelspiels zu ermitteln (Abb. 20.28).

Dabei setzt sich die Teilzeit für eine Fahr- oder Hubbewegung (Abb. 20.29) aus der Beschleunigungs- (AB), Beharrungs- (BC) und Abbremsphase (CD) zusammen. Geregelte Antriebe im

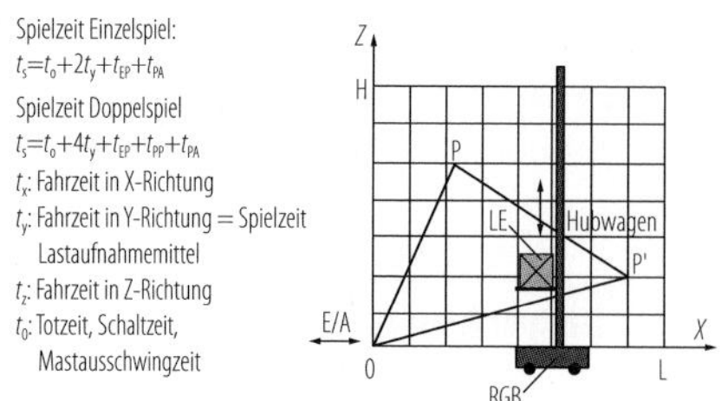

Abb. 20.28 Spielzeitanteile für Einzel- und Doppelspiel

Fahrwerk mit stoß- und ruckfreien Übergängen in der Wegfunktion reduzieren die Schwingbewegung des Mastes und damit die Spielzeit.

Spielzahl. Kehrwert der mittleren Spielzeit t_{Sm}. Beschreibt die Zahl der im Mittel pro Zeiteinheit durchführbaren Arbeitsspiele.

Flächennutzungsgrad und Raumnutzungsgrad. Verhältnis von zur Verfügung stehender Lagernutzfläche bzw. -volumen zu Gesamtnutzfläche bzw. -volumen.

$$\text{Flächennutzungsgrad} = \frac{\text{Netto-Lagernutzfläche}}{\text{Lagernutzfläche}}$$

Die Netto-Lagernutzfläche umfasst die Lagernutzfläche abzüglich der Verkehrsflächen für das verwendete Fördermittel.

$$\text{Raumnutzungsgrad} = \frac{\text{Netto-Lagernutzvolumen}}{\text{Lagernutzvolumen}}$$

Das Lagernutzvolumen, reduziert um den für das verwendete Fördermittel benötigten Verkehrsraum, beschreibt das Netto-Lagernutzvolumen.

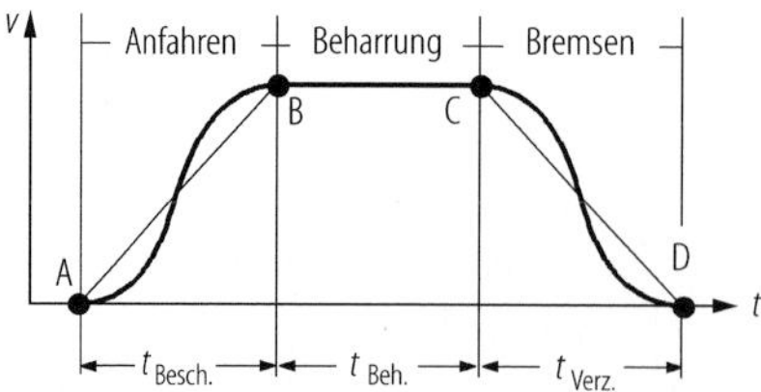

Abb. 20.29 Geschwindigkeits-Zeitdiagramm für eine Einzelbewegung des RBG-Fahr- oder Hubwerks

20.1.7 Kommissionierung

Eine Kommission im logistischen Sinne ist die Zusammenstellung einer kundengerechten Bedarfsmenge eines oder mehrerer Artikel. Der dazugehörige Prozess wird als Kommissionierung bezeichnet und umfasst die Kommissionszusammenstellung für einen Kundenauftrag, d. h. die Entnahme von Teilmengen größerer Einheiten einzelner Artikel sowie deren Zusammenführung und Bereitstellung für die Versendung. Der Funktionsbereich der Kommissionierung ist häufig durch hohe Aufwände (Personal oder Technik) und damit durch hohe Betriebskosten gekennzeichnet. Systemisches Zusammenwirken von technischen Gewerken, Ablauf- und Organisationsstruktur sowie Informationsmanagement führt zu hoher Komplexität bei der Gestaltung und dem Betrieb eines Kommisionierungssystems (Kom.-sys.). Zur Strukturierung wurden Grundfunktionen und Standardabläufe definiert, die ein systematisches Vorgehen bei der Planung und Organisation eines Kom.-sys. ermöglichen [4]. Dabei werden im Wesentlichen die drei Bereiche Materialflusssystem, Organisation und Informationsfluss unterschieden.

20.1.7.1 Materialflusssystem

Der Materialfluss eines Kom.-sys. wird bestimmt durch das effiziente Zusammenführen von Kommissionierer und Artikel, durch die Form der Warenvereinzelung und die Weiterbeförderung der Entnahme- bzw. Sammeleinheit, die durch Bearbeitung der sog. Kommissionierliste (Pickliste) entsteht. Selten (z. B. bei automatischen Kommissionieranlagen) findet keine unmittelbare Bewegung statt, da die Vereinzelung innerhalb der Maschine selbst erfolgt und das Gut von dort zur Sammelstelle gefördert wird. Die physische Kommissionierung setzt sich zusammen aus den in Tab. 20.1 dargestellten materialflusstechnischen Grundfunktionen.

Die vertikale Kombination der Realisierungsmöglichkeiten (vgl. Tab. 20.1) führt zu artikel- und systemspez. Lösungen. Hierbei ist wichtig, dass entweder der Kommissionierer (ein Mensch oder eine Maschine) oder die Bereitstelleinheit eine Bewegung ausführen und die Entnahme-

Tab. 20.1 Grundfunktionen des Materialflusssystems [3]

<table>
<tr><th>Grundfunktionen Materialfluss</th><th colspan="7">Realisierungsmöglichkeiten</th></tr>
<tr><td rowspan="3">Bewegung der Güter zur Bereitstellung</td><td rowspan="3">keine Bewegung</td><td colspan="6">Bewegung</td></tr>
<tr><td colspan="2">1-dimensional</td><td colspan="3">2-dimensional</td><td>3-dimensional</td></tr>
<tr><td colspan="2">manuell</td><td colspan="3">mechanisiert</td><td>automatisiert</td></tr>
<tr><td rowspan="3">Bereitstellung</td><td colspan="3">statisch</td><td colspan="4">dynamisch</td></tr>
<tr><td colspan="3">zentral</td><td colspan="4">dezentral</td></tr>
<tr><td colspan="2">geordnet</td><td colspan="3">teilgeordnet</td><td colspan="2">ungeordnet</td></tr>
<tr><td rowspan="3">Fortbewegung des Kommissionierers zur Bereitstellung</td><td rowspan="3">keine Fortbewegung</td><td colspan="6">Fortbewegung</td></tr>
<tr><td colspan="2">1-dimensional</td><td colspan="3">2-dimensional</td><td>3-dimensional</td></tr>
<tr><td colspan="2">manuell</td><td colspan="3">mechanisiert</td><td>automatisiert</td></tr>
<tr><td rowspan="2">Entnahme der Güter durch den Kommissionierer</td><td colspan="2">manuell</td><td colspan="3">mechanisiert</td><td colspan="2">automatisiert</td></tr>
<tr><td colspan="3">Einzelstück</td><td colspan="4">Sammelstückgut</td></tr>
<tr><td rowspan="4">Transport der Entnahmeeinheit zur Abgabe</td><td rowspan="4">kein Transport</td><td colspan="6">Transport</td></tr>
<tr><td colspan="3">Kommissionierer</td><td colspan="3">Fördermittel</td></tr>
<tr><td colspan="2">1-dimensional</td><td colspan="3">2-dimensional</td><td>3-dimensional</td></tr>
<tr><td colspan="2">manuell</td><td colspan="3">mechanisiert</td><td>automatisiert</td></tr>
<tr><td rowspan="3">Abgabe der Entnahmeeinheit</td><td colspan="3">statisch</td><td colspan="4">dynamisch</td></tr>
<tr><td colspan="3">zentral</td><td colspan="4">dezentral</td></tr>
<tr><td colspan="2">geordnet</td><td colspan="3">teilgeordnet</td><td colspan="2">ungeordnet</td></tr>
<tr><td rowspan="4">Transport der Kommissioniereinheit zur Abgabe</td><td rowspan="4">kein Transport</td><td colspan="6">Transport</td></tr>
<tr><td colspan="3">Kommissionierer</td><td colspan="3">Fördermittel</td></tr>
<tr><td colspan="2">1-dimensional</td><td colspan="3">2-dimensional</td><td>3-dimensional</td></tr>
<tr><td colspan="2">manuell</td><td colspan="3">mechanisiert</td><td>automatisiert</td></tr>
<tr><td rowspan="3">Abgabe der Kommissioniereinheit</td><td colspan="3">statisch</td><td colspan="4">dynamisch</td></tr>
<tr><td colspan="3">zentral</td><td colspan="4">dezentral</td></tr>
<tr><td colspan="2">geordnet</td><td colspan="3">teilgeordnet</td><td colspan="2">ungeordnet</td></tr>
<tr><td rowspan="3">Rücktransport der angebrochenen Ladeeinheit</td><td rowspan="3">kein Rücktransport</td><td colspan="3">Rücktransport ins Lager</td><td colspan="3">Rücktransport ins Anbruchlager</td></tr>
<tr><td colspan="2">1-dimensional</td><td colspan="3">2-dimensional</td><td>3-dimensional</td></tr>
<tr><td colspan="2">manuell</td><td colspan="3">mechanisiert</td><td>automatisiert</td></tr>
</table>

oder Kommissioniereinheit für den Abschluss des Kommissioniervorgangs transportiert werden. Hervorzuheben ist die Differenzierung in statische und dynamische respektive zentrale und dezentrale Funktionserfüllung. Für die Bereitstellung klärt sie, ob die Bereitstelleinheit zur Entnahme fördertechnisch bewegt werden muss (dynamisch) oder nicht (statisch) und ob sie an einem räumlichen festen Punkt (zentral) oder an verschiedenen Punkten im Raum (dezentral) stattfindet (s. a. Tab. 20.2 und 20.3).

20.1.7.2 Organisation

Wesentlichen Einfluss auf Effizienz, Leistungsfähigkeit und damit auch Systemwahl besitzt die Organisation des Kom.-Sys. Zu unterscheiden sind Aufbauorganisation (Struktur/Anordnung der Lagerbereiche) und Ablauforganisation (Abwicklung des Kommissionierungsprozesses).

Aufbauorganisation. Aufgabe ist die Definition einer geeigneten Struktur für ein Kom.-sys., bspw. Auswahl der Bereitstellsys. für unterschiedliche Artikeltypen eines Sortiments. Notwendig ist die sorgfältige Analyse der Sortiments- und Auftragsstruktur. Daraus folgt die Ableitung variierender Anforderungen an Kapazität, Leistung und Eigenschaften des Bereitstellsys. (z. B. Lagerform, Ladehilfsmittel etc.) anhand von Kriterien (bspw. Volumen, Gewicht und Maße der Bereitstelleinheiten, Umschlag- bzw. Zugriffshäufigkeiten pro Artikel, Zugriffssicherheit hochwertiger Güter, usw.). Häufig werden dezidierte funktionale Zonen für unterschiedli-

Tab. 20.2 Beispiele zur Bereitstellung der Entnahmeeinheiten

	Statisch	Dynamisch
Dezentral	*Fachbodenregalanlage* Bereitstellung im Fachbodenregal (FBR); Kom. bewegt sich entlang Regalfront; Entnahme der Einheiten entsprechend Bedarfsinform.; angesprochen werden nur Bereitstellungsorte, für die Bedarf vorliegt (Prinzip Mann-zur-Ware).	*Regalfront an AKL* Bereitstelleinheiten (BE) in autom. Kleinteilelager (AKL); Kommissionierung an bodennaher Regallängsseite; BE werden dynamisch auf wechselnden Plätzen bereitgestellt; Kom. muss sich (vgl. Fall des FBR) vor der Regalzeile bewegen
Zentral	*Kommissioniernest* U-förmige Regalanordnung; mittige Position des Kom.; alle Artikel in Greifreichweite; durch Wegfall sämtlicher Wege sehr hohe Kommissionierleistungen (bis zu 1000 Teile/h); Geeignet bei Kom.-sys. mit begrenzter Anzahl klein volumiger Artikel.	*Hochregallagervorzone* BE befinden sich in autom. Regallager; werden zur Entnahme an zentralen Punkt befördert; nach der Entnahme werden die BE wieder eingelagert; Anordnung wird auch als Kommissionier-U (Prinzip Ware-zum-Mann) bezeichnet

Tab. 20.3 Beispiele zur Abgabe der Entnahmeeinheiten

	Statisch	Dynamisch
Dezentral	*Pick-to-Box* Abgabe der Entnahmeeinheiten (EE) in mitgeführten Behälter; wenn Behälter gleichzeitig Versandeinheit darstellt, wird das Prinzip als Pick & Pack bezeichnet.	*Regalfront an AKL* Abgabe der EE unmittelbar nach der Entnahme auf parallel zur Regalfront angeordnete Stetigfördertechnik; anschließend bewegt er sich zum nächsten Entnahmeort.
Zentral	*Ware-zum-Mann/Kommissionier-U* EE werden an der Entnahmestelle auf bereitgestellte Sammeleinheit (Palette oder Behälter) abgegeben und ggf. dort gestapelt.	*Ware-zum-Mann/Paternosterregal mit Rollenbahn* Dem Paternosterregal entnommene Einheiten werden auf davor installierten Stetigförderer abgegeben; Kommissionierer legt keine Wege zurück.

che Artikeltypen in einem Kom.-sys. gebildet (z. B. Paletten-, Fachboden-, Tiefkühllager). Innerhalb eines Bereitstellsys. kann eine Optimierung durch angepasste Lagerplatzvergabestrategien (vgl. Absch. Abschn. 20.1.5) erfolgen (Cluster, ABC-Verteilung nach Zugriffshäufigkeit). Besteht ein Kom.-sys. aus mehreren funktionalen Zonen, wird dies als mehrzoniger, andernfalls als einzoniger Aufbau (einheitliche Technik und Organisation) bezeichnet.

Ablauforganisation. Die Produktivität eines Kommissionierers ist geprägt durch die Zeitanteile der Kommissionierzeit:

- Basiszeit (z. B. Auftrags- und Behälterübernahme, Belegsortierung, Abgabe von Ware und Behältern, Weitergabe bzw. abschließende Belegbearbeitung),
- Greifzeit (Hinlangen, Aufnehmen, Befördern, Ablegen),
- Totzeit (z. B. Lesen, Aufreißen von Verpackungen, Suchen und Identifizieren, Kontrollieren und Reagieren),
- Wegzeit (Bewegung des Kommissionierers zwischen Annahmestelle – Entnahmeort – Abgabestelle).

Die Kommissionierzeit wird durch die Auftragsstruktur (im Weiteren die mittlere Anzahl der Positionen pro Auftrag) sowie maßgeblich durch die Systemstruktur und die Organisation geprägt. Während die Basis- und Totzeitanteile u. a. durch ein geeignetes Informationssystem beeinflusst werden können, stehen die Greif- und Wegzeit im Fokus der Ablauforganisation (s. u.).

Auftragsserielle Kommissionierung. Im einfachsten Fall wird der Kundenauftrag durch einen Kommissionierer bearbeitet, der diesen vollständig abschließt und anschließend (seriell) den nächsten Auftrag bearbeitet (Prinzip der einfachen auftragsweisen Kommissionierung).

Auftragsparallele Kommissionierung. Gleichzeitige Bearbeitung mehrerer Kundenaufträge durch einen Kommis-sionierer. Die Artikel werden direkt einem Kundenauftrag zugeordnet. („Sortieren beim Kommissionieren")

Zonenserielle Kommissionierung. Der Kundenauftrag wird in mehreren Kom.-zonen nacheinander bearbeitet. Dies geschieht entweder durch einen Kommissionierer über alle Zonen oder durch Weitergabe des Auftrags von Zone zu Zone („Weiterreichsystem").

Zonenparallele Kommissionierung. Mit dem Ziel einer Durchlaufzeitverkürzung werden Kundenaufträge in Teilaufträge zerlegt, die zeitgleich in verschiedene Kom.-zonen eingeschleust und dort parallel gesammelt werden. Anschließend erfolgt die Auftragszusammenführung.

1-stufige Kommissionierung. Bezeichnung für die bisher aufgezeigten Verfahren, bei denen die Zugehörigkeit einer bestimmten Entnahmeeinheit zu einem Kundenauftrag jederzeit ersichtlich ist. In einstufigen Kom.-sys. erfolgen Entnahme und Zuordnung zum Kundenauftrag in einem Schritt („auftragsorientierte Entnahme").

2-stufige Kommissionierung. Im Gegensatz zu vorgenannten Verfahren werden hierbei die Entnahme und die Zusammenstellung der Kundenaufträge in zwei separaten Schritten durchgeführt (Abb. 20.30). Die in so genannten Batches (sortierte Auftragslisten) zusammengefassten Kundenaufträge werden in der ersten Stufe simultan bearbeitet, wobei der Kundenbezug eines Artikels durch Kumulation der Entnahmemengen verloren geht (artikelorientierte Entnahme). Nachdem alle im Batch angeforderten Einheiten gesammelt wurden, erfolgt in der zweiten Stufe die Verteilung auf die Kundenaufträge. Hierfür

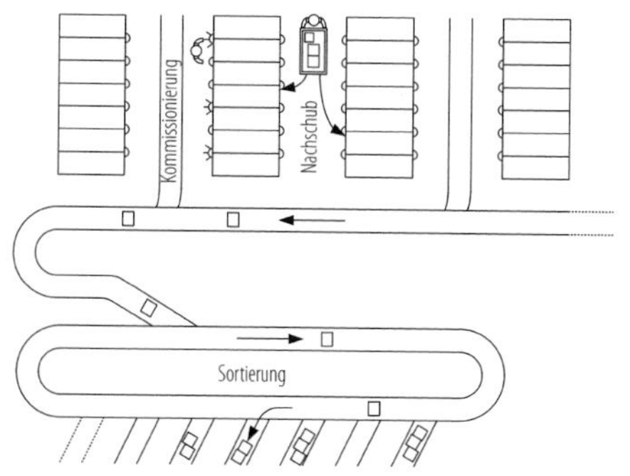

Abb. 20.30 2-stufiges Kom.-sys.

werden so genannte Sortier und Verteilanlagen (Sorter, vgl. 19.4) eingesetzt. Bei der Identifizierung und Zielzuordnung im Sorter wird der Auftragsbezug wiederhergestellt.

Betriebsorganisation/Steuerungsstrategien. Verschiedene Regeln, Strategien und flexible Verhaltensmuster, um den im Tagesbetrieb variierenden Systemanforderungen gerecht zu werden. Diese Regeln können statisch etabliert oder dynamisch im Warehouse Managementsystem hinterlegt sein.

20.1.7.3 Informationsfluss

Aufgaben der Informationsverarbeitung sind die Erfassung, Aufbereitung und Verarbeitung der zur Durchführung der Kommissionierung erforderlichen Informationen:

- Erfassung der Kundenaufträge,
- Aufbereitung der Aufträge in einem Format, angepasst an den Organisationstyp des Kom.-sys.,
- Kommissioniererführung durch Zuweisung von Entnahmeort und -menge und
- Kontrolle des Prozessablaufes.

Auftragsaufbereitung. Die erfassten Kundenaufträge sind zur Durchführung einer effizienten Kommissionierung ungeeignet und müssen daher aufbereitet werden (bis auf wenige Ausnahmen bei sehr kleinen Systemen). Je nach Organisationstyp fallen hierbei folgende Tätigkeiten an:

- Vervollständigen der Aufträge mit relevanten (internen) Informationen (z. B. Lagerort, Artikelnummer),
- Sortieren der Positionen entsprechend der Bereitstellung,
- Zerlegen der Aufträge in Teilaufträge (bspw. für Zonen),
- Zusammenführen von Auftragslisten (2-stufige Kom.),
- Filterung von Aufträgen (Priorität, Versandart, Zieltermin oder Bearbeitungsart).

Kommissioniererführung. Bezeichnet hauptsächlich die Übermittlung relevanter Entnahmeinformationen an den Kommissionierer (zumeist ein Mensch, häufig durch Technik unterstützt). Ziele hierbei sind die Erreichung maximaler Leistung und die Minimierung möglicher Pickfehler. Grundsätzliche Unterscheidung der Informationsweitergabe in *papier- oder belegbehaftete* und *papier- oder beleglose* Verfahren. Für das papierbehaftete Verfahren erhält der Kommissionierer eine Kommissionierliste (Pickliste) mit den Entnahmeinformationen (geeignet für alle Kommissionierungsverfahren). Nachteile der Pickliste liegen in dem hohen Totzeitanteil zur Identifizierung der nächsten Entnahmeposition, dem Handling der Liste und der großen Inflexibilität. Alternative, papierlose Verfahren sind:

- Mobile Terminals, die Entnahmeinformationen online (Infrarot/Funk), offline (Dockingstations), visuell (LCD-Anzeigen) oder akustisch (Pick-by-Voice) übermitteln.
- Stationäre Terminals, mit fest installierten Monitoren, die Entnahmeinformationen (online) an zentralen Kommissionierstellen (z. B. Prinzip Ware-zur-Person) bereitstellen.
- Pick-by-Light Anzeigen, die optisch die jeweiligen Bereitstelleinheiten und die zu entnehmenden Mengen anzeigen (häufig an Durchlauf- oder Fachbodenregalen).

Prozesskontrolle. Fehler in der Kommissionierung (falsche Artikel/Mengen, beschädigte Artikel, Terminüberschreitungen) reduzieren Vertrauen in die Leistungsfähigkeit des Lieferanten und sind gleichbedeutend mit finanziellen Verlusten. Zur Vermeidung werden Kontrollprozeduren in die Kommissioniererführung und die Ablauforganisation integriert. Diese Maßnahmen gestalten zudem das Kom.-sys. und die jeweiligen Stati transparent und können auch zur Auftragssteuerung verwendet werden.

20.1.7.4 Nachschubsteuerung

Die Verfügbarkeit der Artikel an den Entnahmestellen ist von hoher Bedeutung für eine reibungslose und schnelle Kommissionierung. Daher ist die Überwachung der Bereitstellmengen und die rechtzeitige Auslösung des Nachschubes ein wichtiger Faktor im Kommissionierablauf.

20.1.8 Steuerung automatischer Lagersysteme

Lagersysteme in ihren vielfältigen Ausprägungen sind komplexe technische Systeme, die zielgerichtet geführt werden müssen. Im Gegensatz zu manuell bedienten Lagersystemen, die oft nur einfache artikel- und ortsbezogene Funktionen realisieren, können automatische Lagersysteme auch komplexe logistische Prozesse umsetzen [1].

Automatische Lagersysteme werden, abhängig von ihrer Komplexität, durch eine Hierarchie von Steuerungen bedient (Abb. 20.31), an deren Spitze sich häufig ein Materialflussrechner (MFR) bzw. Lagerverwaltungsrechner (LVR) und ein *Warehouse Management System* (WMS) befinden, welche die überlagerten Steuerungs- und Leitaufgaben erfüllen. Dazu gehören insbesondere die Auftragsverwaltung und die Bestandsführung. Die unterlagerten Steuerungen dagegen dienen der direkten Ansteuerung der physischen Lagersysteme. Hierdurch entsteht ein geschlossener Wirkungskreis zwischen der unterlagerten Steuerung und dem Zugehörigen physischen Teilsystem: Ereignisse und Messgrößen führen zur Berechnung von Steuerungsentscheidungen, die in Form von Ausgangssignalen und Stellgrößen übermittelt werden.

Eine unterlagerte Steuerung beinhaltet ein – meist partielles – Modell des physischen Lagers. Dieses Modell dient der Berechnung von Steuerungsentscheidungen und muss während des Betriebs mithilfe von Sensoren mit dem physischen Lager synchron gehalten werden. Ihrerseits verfügen die Steuerungssysteme über Schnittstellen zu den überlagerten Systemen, wie dem Materialflussrechner, über welche u. a. Auftragsdaten ausgetauscht werden.

Betriebsmittel. Zur Umsetzung der logistischen Prozesse stehen in einem automatischen Lagersystem aktive und passive Betriebsmittel zur Verfügung. Aktive Betriebsmittel werden beauftragt, führen den Auftrag aus und melden sich anschließend im ungestörten Fall als betriebsbereit zurück. Beispiele für aktive Betriebsmittel sind Regalbediengeräte, Verteilwagen und

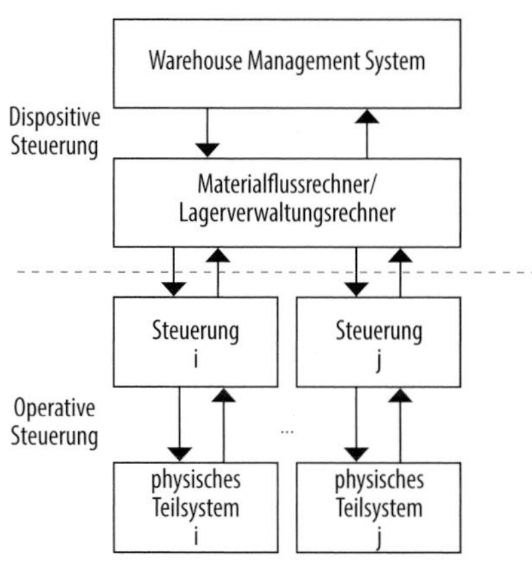

Abb. 20.31 Typische Hierarchie eines automatischen Lagersystems

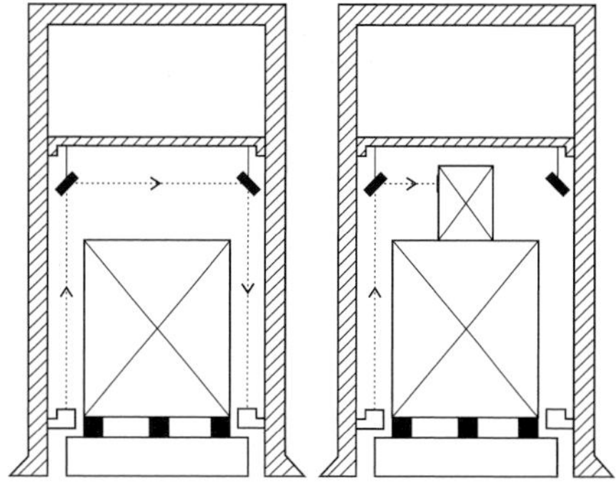

Abb. 20.32 Grundprinzip einer Profilkontrolle ohne und mit Profilverletzung

Rollenbahnen. Passive Betriebsmittel sind beispielsweise Lagerorte und Ladungsträger. Diese können nicht beauftragt werden, stellen aber eine beschränkte Ressource dar, deren Kapazität nicht überschritten werden darf.

Ein MFR und ein WMS beinhalten die dispositive *Steuerung* der aktiven Betriebsmittel und die Verwaltung der passiven Betriebsmittel.

Randbedingungen. Automatische Lagersysteme erfordern definierte Umgebungsbedingungen sowie intakte Ladungsträger und maschinengerechte Transporteinheiten. Beispielsweise können beschädigte Ladungsträger mit überstehenden Kanten oder Lastüberstände zu mechanischen Störungen oder zum unbeabsichtigten Auslösen eines Sensors und somit zu einem Fehlverhalten der operativen Steuerung führen. Aus diesem Grund sind Profilkontrollen am Lagereingang sinnvoll und oftmals sogar unerlässlich (Abb. 20.32).

Synchronisation. Eine Voraussetzung für den Betrieb von automatischen Lagersystemen ist ein korrektes Lagerabbild (Modellzustand). Das Abbild enthält sowohl die Lagerbestände als auch die Zustände der einzelnen Betriebsmittel und muss laufend mit dem Zustand des physischen Lagers synchronisiert werden.

Eine Synchronisation muss insbesondere dort erfolgen, wo Transporteinheiten das Lager betreten bzw. verlassen oder wo innerhalb des Systems objektbezogene Entscheidungen getroffen werden müssen. Zu diesem Zweck werden sogenannte Identifikationspunkte (I-Punkte) eingerichtet, an denen die Ladungsträger identifiziert werden. Um diesen Prozess zu unterstützen werden die Ladungsträger mit Identifikationsmerkmalen gekennzeichnet, welche eine automatische Identifikation ermöglichen (vgl. Kap.~8). Abgesehen von den Identifikationsnummern, welche lediglich eine Referenz auf die zum Gut gehörenden Daten darstellen, können ausgewählte Daten wie Gewicht oder Chargennummer auch direkt mit den Transporteinheiten verknüpft werden. In Lagersystemen werden dafür häufig spezielle Etiketten genutzt, die mit Barcodes oder RFID-Transpondern ausgestattet sind [2]. Neben der Objektidentität können zur Synchronisation verschiedene andere Messgrößen aus dem physischen Lagersystem herangezogen werden, wie z. B. die Anwesenheit einer Transporteinheit an einer bestimmten Stelle innerhalb des Systems.

Systemtechnik. Die unterlagerten Steuerungen arbeiten im Allgemeinen gedächtnislos, treffen ihre programmierten Steuerungsentscheidungen hauptsächlich auf Grund ihrer aktuellen Eingangsdaten, benötigen kein umfangreiches Zustandsmodell der Anlage und erfordern damit auch keine persistente Speicherung von Daten. Typischerweise werden auf dieser Ebene Speicherprogrammierbare Steuerungen (SPS) oder spezifische eingebettete Systeme verwendet, die über keinen frei zugreifbaren, persistenten Speicher verfügen. Die überlagerten Systeme dagegen erfordern die sichere und persistente Speicherung großer Datenmengen [3]. Hierzu zählen die Bestands- und Bewegungsdaten der Lagereinheiten sowie die Zustandsinformation der Betriebsmittel. Zur Lösung dieser Aufgabe sowie zum schnellen und selektiven Zugriff auf die Daten werden *Datenbanksysteme* eingesetzt.

Um Datenverlust vorzubeugen und die Verfügbarkeit des Gesamtsystems zu erhöhen, sollten immer entsprechende Sicherheitsvorkehrungen getroffen werden, z. B. durch den Einsatz einer unterbrechungsfreien Stromversorgung (USV). Damit ist bei einem kurzfristigen Ausfall der Spannungsversorgung der Betrieb der Serversysteme sichergestellt. Dauert ein solcher Ausfall an, wird die Kapazität der USV genutzt, um die Systeme geordnet herunterzufahren. Weitergehende Sicherheit gegen Datenverlust kann durch eine redundante Auslegung der Serverhardware (z. B. durch RAID-Laufwerke) und regelmäßige Datensicherungen erreicht werden.

Zumeist wird die Ebene der dispositiven Steuerung als Client-Server-System realisiert, in dem die Verarbeitung einer Applikation (Programm) in einem Server-Teil (Backend) und einem Client-Teil (Frontend) erfolgt. Beide Teile sind über ein Netzwerk miteinander verbunden und bilden somit ein Client-Server-System. Die Benutzerschnittstelle liegt auf dem Client (Rechner). Typische Client-Applikationen in der Logistik sind Browser, Visualisierungs- oder Datenbank-Tools, während die zentrale Datenbank der Lagerverwaltung auf dem Server läuft. Komplexe Systeme können mehrere Server und Hunderte von Clients enthalten [4].

20.1.9 Betrieb von Lagersystemen

Lager dienen vorrangig zur Überbrückung einer Zeitdauer, zum Ausgleich von Ein- und Ausgangsströmen oder zur Strukturveränderung zwischen Zu- und Abgang. Sie sind nach ihrer Aufgabe, Bauform oder anderen Kriterien wie dem gelagerten Gut klassifizierbar. Hinsichtlich der Aufgabe werden insbesondere *Vorratslager*, *Pufferlager*, *Sammel-* und *Verteillager* unterschieden [6]. Hierunter ordnen sich Lagerarten wie *Rohstoff-*, *Fertigwaren-*, *Saison-*, *Produktions-*, *Zwischen-*, *Speditions-*, *Ersatzteil-* und *Distributionslager* ein.

Grundfunktionen eines Lagersystems. Jedes Lagersystem beinhaltet unabhängig von Art und Ausführung identische Grundfunktionen für das Handling von Waren. Im konkreten Fall ergeben sich technische, organisatorische sowie von der Lagerart abhängige Ausprägungen. Grundfunktionen sind: Warenannahme, Wareneingang und Identifikation, Einlagern, Kommissionieren, Auslagern und Versand. In ihrer Folge beschreiben sie gleichzeitig den gerichteten Fluss von Waren in einem Lager (Abb. 20.33).

Bei der Annahme und Identifikation von Waren wird die angelieferte Menge anhand vorliegender Liefer- bzw. Bestellinformationen des *Lagerverwaltungssystems* (*Ware-house Managementsystem*) auf Vollständigkeit und Unversehrtheit geprüft. Anschließend wird die Ware nach Maßgabe der Lagerverwaltung eingelagert oder sie wird – ohne Einlagerung – unmittelbar für geplante Warenausgänge bereitgestellt (*Cross-Docking*). Die Einlagerung der angelieferten Waren erfolgt je nach Lagerausführung manuell, teilmanuell (z. B. mittels Stapler) oder vollautomatisch durch Paletten- und Behälterfördersysteme, fahrerlose Transportsysteme oder Regalbediengeräte. Umgekehrt werden Waren anhand vorliegender Aufträge zeitnah ausgelagert, gegebenenfalls kommissioniert und im Warenausgangsbereich (z. B. zur Zusammenstellung einer Tour) zwischengepuffert. Im anschließenden Versandbereich erfolgen die Ladungssicherung und das Erstellen von Versandpapieren.

Aufgabe der Kommissionierung ist das Zusammenstellen von Teilmengen aus den üblicherweise auf Lagereinheiten (Paletten und Be-

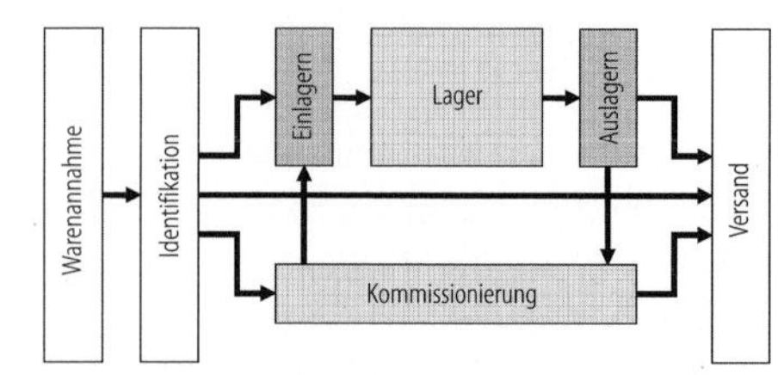

Abb. 20.33 Grundfunktionen eines Lagersystems

hältern) artikelrein vorgehaltenen Beständen des Lagers. Die Entnahme einzelner Artikel und das Kommissionieren auf bereitgestellte Einheiten werden durch Auftragsinformationen gesteuert, in denen die Anzahl der zu kommissionierenden Artikel und die Reihenfolge der Entnahmen festgelegt sind. Die Entnahme erfolgt entweder vom Lageplatz direkt (*Mann-zur-Ware*) oder durch Auslagerung einer Lagereinheit an einen Kommissionierplatz (*Ware-zum-Mann*), anschließender Entnahme und der Rücklagerung der angebrochenen Einheit.

Jede Lagerbewegung ist unmittelbar nach der Ausführung in der Lagerverwaltung zu verbuchen, um eine permanente Bestandsführung des Lagers und aller umlaufenden Waren im Lagerbereich zu ermöglichen.

Lagerstrategien. Der anforderungsgerechte und wirtschaftliche Betrieb eines Lagers ist durch Strategien zu erreichen, mit denen schnelle Zugriffszeiten, kurze Transportwege und Transportzeiten sowie eine insgesamt hohe Umschlagsleistung bei möglichst effizienter Ressourcennutzung ermöglicht werden. Gleichzeitig sind je nach Artikelausprägung u. U. auch Mindesthaltbarkeitsdaten oder Zusammenlagerungsverbote zu beachten. Die bei einer Einlagerung für eine Lagereinheit durchgeführte Lagerplatzvergabe orientiert sich daher an diesen Kriterien und bestimmt zunächst einen bestmöglichen freien Lagerplatz, beispielsweise durch Zonung des Lagers anhand der Zugriffshäufigkeit einzelner Artikel (ABC-Einteilung). In bestimmten Fällen ist das Verteilen identischer Artikel auf mehrere Bereiche eines Lagers sinnvoll. Durch diese Redundanz wird bei Ausfällen eines Betriebsmittels immer noch ein Zugriff auf den betreffenden Artikel ermöglicht. Darüber hinaus können auch aufwändige Algorithmen für die Lagerortsvergabe, die Auftragsreihenfolge sowie für die Zuordnung der Betriebsmittel zu den Aufträgen realisiert werden [3].

Automatische Lagersysteme können eine *Reorganisation* in betriebsschwachen Zeiten durchführen. Da kein zusätzliches Personal benötigt wird, entstehen nur Kosten für Energie und Verschleiß der Betriebsmittel. Dem steht der Vorteil eines geordneten Lagerbestandes gegenüber, der wiederum eine höhere Leistung im anschließenden Lagerbetrieb ermöglicht.

Die deterministischen Transportzeiten in einem automatischen Lagersystem führen dazu, dass das zur Verfügung stehende Optimierungspotenzial häufig besser berechnet und genutzt werden kann als in einem manuell betriebenen Lager. Terminierte Auslagerungen [5], die bis zu einem vorgegebenen Zeitpunkt ausgeführt werden müssen, können in automatisierten Systemen mit hoher Termintreue erfüllt werden.

Inventur. Die Erfassung aller Vermögenswerte, insb. aller Lagerbestände (körperliche Bestandsaufnahme durch Zählen, Messen, Wiegen), zur korrekten Bestimmung des Umlaufvermögens eines Unternehmens zu einem bestimmten Zeitpunkt (Bilanzstichtag) wird als Inventur bezeichnet. Es gibt verschiedene Verfahren der Inventurdurchführung: Voll-, Stichtag-, Stichproben-, Artikel-, Platzinventur usw. Bei allen Verfahren, die nicht ein Stichtag-bezogenes Vollinventurergebnis beinhalten, müssen die Werte durch Fortschreibung und Hochrechnung (meist mittels des Lagerverwaltungssystems) ermittelt werden [6].

Einführung von Lagerverwaltungssystemen. Eine Reduzierung der Fehlerrate, eine Steigerung der Produktivität sowie eine Erhöhung der Lieferbereitschaft sind häufige Gründe zur Einführung eines Lagerverwaltungssystems [3]. Da diese Systeme i. d. R. lange Verwendungsdauern haben, kommt Auswahl- und Einführungsprozessen eine strategische Bedeutung zu. Die Dauer der Einführung richtet sich maßgeblich nach der Komplexität und Anzahl zu integrierender über- und untergeordnete Systeme. Während die Einführung eines einfachen Systems mit manuellem Lager selten mehr als sechs Monate benötigt, kann die Einführung in ein komplexes System mit überlagertem ERP-System sowie automatisierter Fördertechnik häufig bis zu einem Jahr dauern. Für eine erfolgreiche Einführung sind der Erstellung des Pflichtenhefts sowie der Schulung der Mitarbeiter ausreichend Zeit einzuräumen.

20.2 Schüttgut-Systemtechnik

Friedrich Krause und Andre Katterfeld

20.2.1 Übersicht

Analog zur Stückgut-Systemtechnik wird die Schüttgut-Systemtechnik von der Art und den Eigenschaften der Schüttgüter, der Schüttgutmenge bzw. dem Massenstrom und von der Kopplung des Schüttgut-Materialflusssystems mit verfahrenstechnischen Prozessen bestimmt. Besondere Anforderungen an die Elemente des Systems entstehen vor allem dann, wenn sich die Schüttguteigenschaften und die Massenströme durch zwischengeschaltete aufbereitungstechnische Schritte gravierend ändern (Absieben, Zerkleinern und Mahlen, granulieren, physikalische oder chemische Umwandlung u. a.). Häufig sind sehr große Massenströme zu bewältigen, insbesondere in der Mineraliengewinnung (Bergbau, Baustoffaufbereitung, Abfallwirtschaft, Kraftwerksbekohlung, Düngemittelproduktion u. a.), die hohe Anforderungen an die meist erforderlichen Lagerprozesse stellen.

20.2.2 Schüttgutlager

Es ist zwischen *Vorratslagerung* (z. B. Kohlehalde für die Kraftwerksversorgung) und *Zwischenlagerung* in Betriebsprozessen (z. B. bei der Baustoffproduktion) zu unterscheiden. Sowohl bei der *Lagerung im Freien* als auch der *Hallenlagerung* ist eine *Boden-* oder eine *Großbehälterlagerung* möglich.

Witterungsunempfindliche Güter (Kohle, Erze, Kies usw.) werden im Freien zu *Halden* aufgebaut. Aus dem erforderlichen Lagervolumen, der möglichen Lagerhöhe und der technologisch erforderlichen Haldenform ergibt sich unter Beachtung des Schüttgut-Böschungswinkels die Haldengrundfläche. Für die Ein- und Auslagerung sind Haldenbediengeräte erforderlich, die diese Funktionen zunehmend im Automatikbetrieb übernehmen (Portalkrane, Schaufelradbagger, Bandabsetzer, Portalkratzer u. a.). Besondere Anforderungen an den Haldenauf- und -abbauprozess entstehen dann, wenn das Lager nicht nur Vorrats- und Pufferfunktion übernehmen muss, sondern auch der Durchmischung, Vergleichmäßigung bzw. Homogenisierung verschiedener Schüttgutkomponenten dient.

Bodenlagerung in Hallen ist dann erforderlich, wenn witterungsempfindliche, meist hygroskopische, Güter zwischengelagert werden müssen (Düngemittel, Baustoffe, landwirtschaftliche Produkte u. a.).

Die *Schüttgut-Behälterlagerung* erfolgt in Bunkern oder Silos, die im Freien oder in einer Halle stehen können, meist in Hochbauweise (Hochsilos), aber auch unterflur (Schlitzbunker für Waggonentleerung u. a.). Die Bauweise und Form der Bunker sind von der einzulagernden Menge, insbesondere aber von den Schüttguteigenschaften abhängig. Besondere Sorgfalt ist der Gestaltung des Bunkerauslaufs und der Auslegung der Bunkerabzugsförderer (Gurt-, Ketten-, Schnecken-, Schwingförderer, Zellenräder usw.) zu widmen, um einen störungsfreien Betrieb zu gewährleisten. *Füllstandsanzeigegeräte* sind für die Überwachung des maximalen und minimalen Füllstands erforderlich.

Zusatzmaterial Berechnung der Wegzeiten in Person-zur-Ware-Systemen: http://www.logscout.de

Literatur

Spezielle Literatur

1. VDI-Richtlinie 3590, Blatt 1
2. Jünemann, R., Schmidt, T.: Materialflusssysteme, 2. Aufl. Springer, Berlin (1999)
3. ten Hompel, M., Sadowsky, V., Beck, M.: Kommissionierung. Springer, Berlin (2011)
4. Arnold, D., Isermann, H., Kuhn, A.; Tempelmaier, H.: Handbuch Logistik, 2. Aufl. Springer, Berlin (2003)
5. ten Hompel, M., Schmidt, T.: Warehouse Management. Springer, Berlin Heidelberg (2003)
6. Brandes, Th.: Betriebsstrategien für Materialflusssysteme unter besonderer Berücksichtigung automatischer Lager. Shaker Verlag, Aachen (1997)
7. ten Hompel, M., Heidenblut, V.: Taschenlexikon Logistik. Springer, Berlin, Heidelberg (2006)
8. Martin, H.: Transport- und Lagerlogistik. Vieweg, Braunschweig/Wiesbaden (1998)

9. DIN 15141 bis DIN 15145
10. VDI 2411, VDI 3590
11. ten Hompel, M., Büchter, H., Franzke, U.: Identifikati-onssysteme und Automatisierung. Springer, Berlin, Heidelberg (2008).
12. Brandes, Th.: Betriebsstrategien für Materialflusssysteme unter besonderer Berücksichtigung automatischer Lager, Aachen, Shaker Verlag GmbH, 1997
13. ten Hompel, M., Schmidt, T.: Warehouse Management, 4., neu bearb. Aufl., Springer, Berlin Heidelberg (2010)Berlin, Heidelberg: Springer 2003
14. ten Hompel, M., Heidenblut, V.: Taschenlexikon Logistik, Auflage: 3. Aufl., Springer, Berlin, Heidelberg (2011).
15. Geißen, T.: Warehouse Management Systeme: »weltweit zuhause«, In: Softwares in der Logistik, München, Huss-Verlag, 2013

Normen, Vorschriften

DIN 15141 bis DIN 15145
VDI 2411, VDI 3590

21 Automatisierung in der Materialflusstechnik

Ludger Overmeyer

21.1 Materialflusssteuerungen

In der automatisierten Materialflusstechnik übernehmen Steuerungen die Aufgabe, Bewegungen von Gütern in Anlagen zeitlich und räumlich zu koordinieren. Gerätetechnisch unterscheidet man die Steuerungen nach der Komplexität ihres Aufbaus und der Art der Programmierung. Speicherprogrammierbare Steuerungen (SPS) nach IEC 61131, in vernetzten und hierarchischen Strukturen organisiert, stellen in der Materialflusstechnik die bedeutendsten Steuerungen dar [1, 2]. Eingesetzt werden auch Mikrocontrollersteuerungen, PC-basierte Steuerungen, Numerische Steuerungen und Robotersteuerungen. Besondere Bedeutung für die Materialflusstechnik haben dabei Kommunikationsnetzwerke, welche verteilte Steuerungen mittels Feldbussystemen oder Ethernet realisieren [1, 3]. Für eine detaillierte Beschreibung der Steuerungen wird auf Bd. 2, Kap. 46 verwiesen.

21.2 Sensorik

Sensorische Elemente gelangen in der Materialflusstechnik zur Erkennung von Attributen der zu fördernden Stück- und Schüttgüter zur Anwendung. Sensorische Informationen werden als Eingangsgrößen für die Materialflusssteuerung in teil- oder vollautomatisierten Anlagen genutzt. Darüber hinaus werden Sensoren zur Identifikation der Güter in der manuellen Handhabung und im automatisierten Materialfluss eingesetzt. Sensoren werden zur Erfassung von statischen Größen wie Gewicht, Position, Lage sowie von Bewegungsgrößen wie Geschwindigkeit und Beschleunigung verwendet. Elementare Aufgabe ist es, Informationen für die Steuerung von Sortiervorgängen zu liefern. Parameter wie Form, Farbe, Viskosität, Temperatur werden dazu sensorisch erfasst. Eine grundlegende Funktionsbeschreibung findet sich im Kapitel Messtechnik, s. Bd. 2, Kap. 31 und in [4]. Eine materialflussspezifische Aufgabe ist die Identifikation von Gütern. Die hier zum Einsatz kommenden Sensoren werden daher in Abschn. 21.4 daher behandelt.

Die Kenntnis über aktuelle vorliegende technische Betriebsdaten, genauer den Maschinendaten, ist für die Steuerung oder Überwachung einer automatisierten Anlage eine wesentliche Voraussetzung. Diese Daten können mittels Sensorik erfasst werden. Beispielsweise sind die Drehzahl oder anliegende Drehmomente von Antrieben in automatisierten Anlagen von großer Bedeutung [5].

21.3 Aktuatoren

Für die Bewegung und Handhabung von Gütern werden Aktuatoren eingesetzt. Sensorisch erfasste Informationen über die zu bewegenden Güter werden in Materialflusssteuerungen

L. Overmeyer (✉)
Leibniz Universität Hannover
Garbsen, Deutschland
E-Mail: ita@ita.uni-hannover.de

B. Bender und D. Göhlich (Hrsg.), *Dubbel Taschenbuch für den Maschinenbau 3: Maschinen und Systeme*,
https://doi.org/10.1007/978-3-662-59715-6_21

logisch verknüpft und in Anweisungen für Aktuatoren umgeformt. Grundsätzlich lassen sich Aktuatoren in mechanisch, elektrisch oder fluidisch wirkend unterscheiden. Kombinationen der Wirkprinzipien treten z. B. in mechatronischen Systemen auf [6]. Linear und rotatorisch wirkende Aktuatoren wie Linearachsen, Hubzylinder und Greifer dienen vorrangig der Bewegung und Handhabung von Stückgütern. Eine Vielzahl von Grundelementen der in der Materialflusstechnik zum Einsatz kommenden Maschinenelemente beschreibt Abschn. 14.4. Die Aktuatorik in der Materialflusstechnik unterscheidet sich weiterhin in kontinuierlich bzw. stetig wirkende und diskontinuierlich bzw. unstetig wirkende Elemente. Als Beispiel für kontinuierlich wirkende Aktoren sind Endlostransportbänder für den Stück- und Schüttguttransport zu nennen. Diskontinuierlich wirkende Systeme arbeiten nach dem Prinzip der zyklischen Aufnahme, Bewegung und Ablage der Güter (Pick & Place). Exemplarisch seien Portalkrane für den Containerumschlag genannt.

21.4 Identifikationssysteme

21.4.1 Identifikation durch Personen und Geräte

Führt eine Person die Datenaufnahme, die Transformation der Daten in Information und die Weitergabe durch, spricht man von manueller Identifikation [7]. Daten werden bei der manuellen Datenaufnahme durch handschriftliche Einträge oder durch einen Computer mittels Tastatur bzw. Tastenfeld, Maus, Touchscreen oder Sprache weitergegeben. Die Dateneingabe erfolgt nicht echtzeitnah, da Daten zunächst auf einem Papier eingetragen, gesammelt und dann über eine Tastatur eingegeben werden.

Optisch gestützte Wahrnehmung und Aufnahme von Daten erfolgt mit dem Sinnesorgan Auge [7]. Eine Zuordnung von Daten kann dabei durch das Objekt selbst, indem Objekteigenschaften wie Farbe, Geometrie usw. unterschieden werden, oder durch eine zusätzliche Kennzeichnung mittels Datenträger erfolgen. Datenträger können Papierbelege, Etiketten, Beschriftungen, Displays von Datenterminals, Monitore oder Lichtquellen sein [7]. Lichtquellen werden als Signalgeber im Bereich der Kommissionierung (Pick-by-Light/Pick-to-Light) eingesetzt. An jedem Lagerfach wird eine Signalleuchte mit einem Ziffern- und/oder alphanumerischen Display sowie einer Quittierungstaste (evtl. auch Eingabe- bzw. Korrekturtasten) angebracht. Befindet sich ein Kommissionierbehälter an der Pickposition, leuchtet an dem Lagerfach, aus dem der Kommissionierer die Ware entnehmen soll, eine Signallampe auf. Auf einem Display erscheint die zu entnehmende Anzahl. Durch Quittierung bestätigt der Kommissionierer die Entnahme [7].

Sprachsteuerung in der Kommissionierung wird Pick-by-Voice genannt [7]. Informationen werden als Sprachanweisungen übermittelt, die der Kommissionierer akustisch bestätigt. Pickanweisungen erfolgen über Kopfhörer, die Bestätigung über Mikrofon. Häufig erfolgt eine kombinierte Nutzung von akustischer und optische Datenaufnahme [7]. Pick-by-Voice Systeme werden meist in Wareneingangs- und -ausgangsbereichen, bei der Kommissionierung, Sortierung, Verpackung, Retourenabwicklung, Inventur und Inspektion eingesetzt.

Führt ein Gerät die Erkennung und Erfassung von Objekten durch, die mit Informationsträgern gekennzeichnet sind, spricht man von automatischer Identifikation. Ein Identifikationssystem besteht prinzipiell aus dem zu identifizierenden Objekt, dem Träger des Kennzeichens (z. B. Barcode, Transponder), dem Kennzeichen selbst als verschlüsselter Information, dem Applikator oder der Anbringungstechnik, der Leseeinheit und dem verarbeitenden System. Automatische Identifikationssysteme (Auto-ID) können die Daten je nach physikalischem Wirkprinzip mechanisch, elektrisch, optisch, magnetisch, induktiv oder elektromagnetisch übertragen. Typische Anwendungsgebiete automatisierter Identifikationssysteme sind im Bereich der Logistik und Materialflusssteuerung angesiedelt.

21.4.2 Optische Datenerfassung und -übertragung

Die optische Datenerfassung beruht auf folgendem Prinzip: Mittels einer Lichtquelle wird die Oberfläche des Objektes beleuchtet. Das reflektierte Lichtmuster wird mittels Fotosensoren aufgenommen und von einer Rechnereinheit erkannt, ausgewertet und weiterverarbeitet [7]. Es werden verschiedene optische Techniken eingesetzt, um Objekte automatisch zu identifizieren, wie der 1-D-Barcode, der Matrix-Code (Quick Response, Data Matrix, Aztec oder SnapTags), den gestapelten Codes (PDF417, Code 49), den Punktcodes (Dot Code, Snowflake Code), die OCR-Schrift oder die Bildverarbeitung. [8–10]

Der Barcode, auch Strichcode genannt, ermöglicht eine maschinelle Lesung von Daten. Er besteht aus einem Binärcode, der durch eine bestimmte Anzahl von schwarzen, parallelen Strichen (= Balken) auf einem hellen Untergrund (= Lücken) dargestellt ist [7, DIN EN 1556]. Barcodes unterscheiden sich in ihrer Darstellungsform (Anzahl und Breite der Striche) und in der Codierung (einfache und komplexe Codierung). Die Codierung bei einem einfachen Code wird durch eine unterschiedliche Breite der Striche realisiert. Bei der komplexen Codierung wird die Lückenbreite ebenfalls zur Codierung verwendet.

Codeaufbau. Der Aufbau von Barcodes folgt internationalen Vereinbarungen [7, 11]. Er besteht, wie in Abb. 21.1 dargestellt, aus zwei Ruhezonen, jeweils einem Start-/Stoppzeichen, einem dazwischenliegenden Datenfeld mit den verschlüsselten numerischen oder alphanumerischen Informationen und ggf. einer Prüfziffer [12]. Zur manuellen Datenerfassung besteht zudem die Möglichkeit, die codierten Informationen in Klarschrift unterhalb des Barcodes darzustellen [7].

Die Ruhezonen sind unbedruckte Bereiche und in der Regel weiß. Das Startzeichen ist eine spezielle Strich-Lücken-Kombination und steht an der ersten Stelle des Codes. Es dient zur

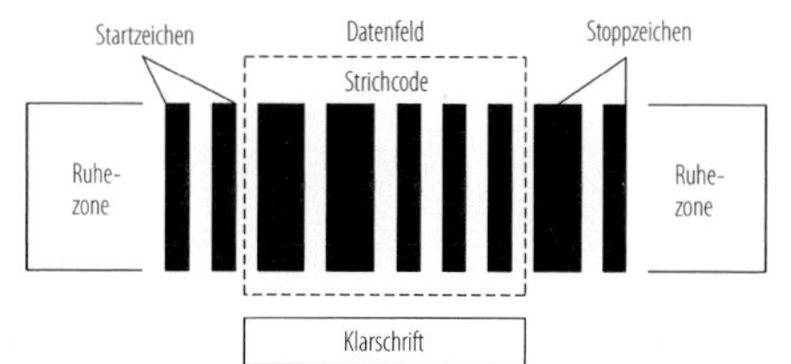

Abb. 21.1 Aufbau von Barcodes [12]

Sicherheit, dass ein Barcode-Symbol und nicht reflektiertes Fremdlicht empfangen wird. Beim Erkennen dieses seriellen Zeichens beginnt ein Decoder die Impulsfolge des Scanners zu verarbeiten. Das Stoppzeichen ist ebenfalls ein serielles Zeichen, welches das Ende des Codes darstellt. Der Decoder erkennt, dass der komplette Code empfangen wurde, prüft und übersetzt die Nachricht. Damit ein Code aus zwei Richtungen zu lesen ist, sind das Start- und Stoppzeichen asymmetrisch aufgebaut (Ausnahme EANs). Wird der Code aus der „falschen" Richtung gelesen, erkennt dieses der Decoder und wandelt die Zeichenfolge um. Das Datenfeld enthält die eigentliche Information. Der Codetyp legt dabei die Syntax fest. Eine Prüfziffer, die bei einigen Codetypen obligatorisch ist, realisiert eine Lesefehlererkennung [11].

Barcodes kommen in verschiedenen Ausführungen zum Einsatz (s. Tab. 21.1). Sie unterscheiden sich z. B. nach der Art und Anzahl der darzustellenden Zeichen und dem vorhandenen Platz auf dem zu beschriftenden Objekt. Barcodes können rein numerisch sein (UPC/EAN, Interleaved 2/5), sie können Zahlen und Buchstaben enthalten (Code 128, Code 39) oder eine feste Länge haben (z. B. EAN-8 ist 8-stellig). Die wichtigsten Barcodetypen sind der Code 2/5 Interleaved, der Code UPC (Universal Product Code), Code 39 und der Code EAN (European Article Numbering). Am weitesten verbreitet sind EAN-13 und EAN-8 [7, 12].

Der *EAN-13* stellt eine 13-stellige Ziffer dar, bestehend aus einem Länderkennzeichen (für Deutschland die Zahlen 40–43), einer bundeseinheitlichen Betriebsnummer (bbn, bestehend aus 4 oder 5 Stellen), der Artikelnummer des Her-

Tab. 21.1 Eigenschaften ausgewählter Barcodes nach [11, 13] (weitere Erläuterungen im Text)

Code	Darstellbare Zeichen	Länge	Prüfziffer	Norm
EAN-Code	Ziffern 0–9	8 (EAN-8) 13 (EAN-13)	vorgeschrieben	ISO/IEC 15420
Code UPC	Ziffern 0–9	12 (Version A) 8 (Version E)	vorgeschrieben	ISO/IEC 15420
Code 128, EAN 128	Alphanumerisch	variabel	vorgeschrieben	ISO/IEC 15417
Code 39	Ziffern 0–9 26 Buchstaben Leerzeichen 7 Sonderzeichen	variabel	optional	ISO/IEC 16388
Code 2/5 Interleaved	Ziffern 0–9	variabel	optional	ISO/IEC 16390

stellers (5 Stellen) und einer Prüfziffer (1 Stelle) [11]. Wenn aus Platzgründen ein kleinerer Code erforderlich ist, wird bevorzugt der *EAN-8* verwendet [11]. Er besteht aus 8 Ziffern, dabei enthält die Artikelnummer des Herstellers nur 3 Stellen.

Der *Code 2/5 Interleaved* verschlüsselt Ziffern durch jeweils zwei breite und drei schmale Striche, wobei der letzte Strich ein der Selbstprüfung dienendes Paritätsbit ist [11]. Die binäre Wertigkeit eines breiten Codeelements beträgt „1“, die eines schmalen Elements „0“, unabhängig von der Darstellungsart als Strich oder Lücke. Bei der Codierung werden je zwei Nutzzeichen verschachtelt angeordnet [11]. Dabei wird das erste Zeichen in Strichen und das zweite Zeichen in den dazwischenliegenden Lücken codiert. Das erste Zeichen des Codes muss aus Strichen bestehen. Durch diese Anordnung ist eine Codierung mit relativ hoher Informationsdichte möglich.

Im *Code 39* werden alphanumerische Zeichen durch zwei breite und drei schmale Striche sowie einer breiten Lücke und drei schmalen Lücken codiert. Start- und Stoppzeichen sind identisch und werden durch das Sonderzeichen „*“ dargestellt [11]. Dadurch ist eine bidirektionale Codeabtastung möglich. Aufgrund der selbstprüfenden Eigenschaft, benötigt dieser Code weder Paritätsbits noch Prüfziffer. Für Anwendungen mit erhöhten Anforderungen an die Lesesicherheit existiert ein optionales Prüfsummenverfahren, das auf einer Referenztabelle für jedes Zeichen beruht [11].

Barcodes werden mit Barcodelesegeräten, Barcodescannern oder Kameras mit entsprechender Bildverarbeitung erfasst. Ein Lichtstrahl wird über das Barcodefeld einschließlich der Ruhezonen vor und hinter dem Barcode geführt. Systeme mit interner Abtastung (Scanner, Kamerasysteme) ermöglichen eine Erfassung der Barcodeinformationen ohne Bewegung von Leseeinrichtung und Lesesymbol. Bei den Leseeinrichtungen mit externer Abtastung wird eine Relativbewegung von Leser und Informationsträger erzwungen. Zu diesen Leseeinrichtungen gehören Barcode-Lesestifte und Schlitzleser [7]. Es werden drei wesentliche Geräteklassen zur Erfassung von Barcodes unterschieden [7]. Handlesegeräte übermitteln die erfassten Informationen an einen separaten Rechner, welcher mittels Software die Weiterverarbeitung übernimmt [7]. Bei *stationären Geräten* wird der Code entlang der Scaneinrichtung bewegt, automatisch erfasst und verarbeitet. Bei *mobilen Systemen* werden die Daten mittels einer Docking-Station oder per Funk übermittelt [7].

Beim *Laserscanner* ermöglicht ein durch bewegte Spiegelflächen ausgelenkter Laserstrahl eine Barcodeabtastung unabhängig von der Objektbewegung. Gängige Spiegelausführungen sind Schwenkspiegel und Polygonspiegel. Der Spiegel wird so bewegt, dass der Laserstrahl über den Barcode bewegt wird. Die Abtastgeschwindigkeit bei der Verwendung von Polygonspiegeln ist von der Spiegeldrehzahl abhängig [7]. *Lesestifte* können jede Länge von Barcodes lesen. Durch eine Rotlicht- oder Infrarotlicht-Diode wird die Strichcodeoberfläche diffus beleuchtet [7, 13]. Dabei muss der Lesestift in korrekter Winkellage mit möglichst konstanter Geschwindigkeit und festem Abstand über den Barcode geführt werden. Im Gegensatz zu Lesestiften sind *Schlitzleser* stationär montiert. Zur Codeidentifizierung wird der Barcode über einen Schlitz geführt. Schlitzleser verfügen ebenso wie Lesestifte über eine geringe Schärfentiefe [13]. *Kamerasysteme* für die Barcodelesung enthalten keine beweglichen Teile, die einem mechanischen Verschleiß unterliegen, sondern fotosensitive integrierte Schaltkreise, sogenannte CCD- oder CMOS-Sensoren. Die Abtastung des Barcodes erfolgt durch die optische Abbildung des Barcodemusters auf einer zeilenförmigen oder matrixförmigen Anordnung von lichtempfindlichen Halbleiterelementen. Sie werden als mobile Handscanner (= Zeilenkamera) oder als Kameras (= Matrixkamera) eingesetzt. Kamerasysteme erfordern ggf. eine zusätzliche Lichtquelle, um das Leseobjekt zu beleuchten. Matrixkameras analysieren flächig die Helligkeitsverteilung im Barcode und können daher auch Symbole lesen, die teilweise beschädigt oder verschmutzt sind.

Zu den Trägermaterialien für Barcodes zählen neben Papier, Karton auch Kunststoffe wie PVC oder Metalle wie Aluminium [12]. An derartige Stoffe werden definierte optische Anforderungen hinsichtlich Lichtreflexion, Kontrast, Farbe und Oberflächenbeschaffenheit gestellt. Barcodeträger müssen zudem gegenüber mechanischer (Haftfestigkeit gegen mechanische Beanspruchungen, Abrieb), chemischer (Schmierstoffe, Lösungsmittel) und thermischer Beanspruchung beständig sein [12].

2-D-Codes werden für Datenmengen verwendet, die mit 1-D-Codes nicht mehr darstellbar sind. Hierfür werden zwei Dimensionen zur Codierung benutzt. Dadurch können mehr Informationen auf der gleichen Fläche untergebracht werden. Während eindimensionale Barcodes nur eine Schlüsselnummer enthalten, über die der Zugriff auf einen Datensatz einer Datenbank erfolgt, lassen sich beim zweidimensionalen Code die gesamten Objektdaten in einem Etikett verschlüsseln. Beim 2-D-Code wird zwischen Stapelcodes und Matrixcodes unterschieden [11] (s. Tab. 21.2).

Stapelcodes. Der Stapelcode nutzt die Grundstruktur des eindimensionalen Barcodes [11]. Er besteht aus mehreren übereinander angeordneten Barcodes, die meistens ein gemeinsames Start- und Stoppzeichen haben. Die zu codierenden Daten sind in Codeblocks verschlüsselt. Die Datensicherheit wird über die Eigensicher-

Tab. 21.2 2-D-Codes nach [11, 12] (weitere Erläuterungen im Text)

Stapelcodes		max. darstellbare Zeichen	Norm
PDF 417		1850 ASCII-Zeichen 2710 Ziffern	DIN EN ISO/IEC 15438
Code 16K		77 ACII Zeichen 154 Ziffern	DIN EN 12323
Matrixcodes		max. darstellbare Zeichen	Norm
Data Matrix		2334 ASCII-Zeichen (7 Bit) 1558 erweiterte ASCII-Zeichen (8 Bit) 3116 Ziffern	ISO/IEC 16022
Maxicode		93 alphanumerische oder 138 numerische Zeichen	ISO/IEC 16023
QR Code		7089 Ziffern 4296 ASCII-Zeichen 1817 japanische Schriftzeichen	ISO/IEC 18004

Abb. 21.2 Grundaufbau des Codes PDF 417 [14]

heit der Codierung selbst sowie über Prüfzeichen, Prüf- und Fehlerkorrekturalgorithmen gewährleistet [11]. Beim Stapelcode kommen herkömmliche Laserscanner zur Anwendung. Besonders Rasterscanner sind zur Lesung von Stapelcodes geeignet.

Ein Beispiel für Stapelcodes ist *PDF 417* (PDF = Portable Data File), dargestellt in Abb. 21.2. Der Code PDF 417 verfügt über vier Grundelemente: Reihen, Spalten, Start- und Stoppzeichen und Module.

Die Zeichen sind in Codewörtern verschlüsselt. Jedes Codewort besteht aus insgesamt 17 Modulen, die sich auf jeweils vier Striche und vier Lücken aufteilen [12].

Der PDF 417 definiert die drei Betriebsarten ASCII, Binärmodus und numerischer Modus und enthält weitere neun anwenderspezifische Betriebsarten. In der ASCII-Betriebsart verschlüsselt ein Codewort zwei alphanumerische Zeichen, in der numerischen Betriebsart sogar drei Ziffern. Ein Symbol kann bis zu 90 eindimensionale Reihen enthalten und damit die Verschlüsselung von über 2000 Zeichen ermöglichen. Jede Zeile enthält einen Zeilenindikator zur Orientierung für das Lesegerät. Hierzu wird das erste und letzte Codewort in einer Zeile herangezogen. Zwei Codewörter dienen als Prüfzeichen, um den Inhalt der Gesamtnachricht abzusichern [12, 14].

Matrixcodes bestehen aus polygonisch, meist quadratisch angeordneten Datenfeldern mit einem typischen Orientierungssymbol, an dem der jeweilige Code erkannt werden kann [7]. Die Datenzellen müssen nicht seriell nacheinander angeordnet sein, sondern können auch getrennt nach festgelegten Algorithmen über die gesamte Fläche verteilt sein. Daher muss der gesamte Matrixcode erfasst werden, um den Code decodieren zu können. Die Elemente des Matrixcodes können unterschiedliche geometrische Formen annehmen. Die Codes besitzen eine Fehlerkorrektur, wodurch eine Erfassung auch von teilweise zerstörten Codes (bis zu 50 %) möglich ist. Die Größe des Codes ist variabel. Ein Matrixcode wird spezifiziert durch die Ruhezone, die Größe der Matrix, ein spezifisches Suchmuster, welches zum Auffinden des Codes und zur Autodiskriminierung dient, die Merkmale zur Lageerkennung, das Taktmuster zur Generierung des Referenzgitters, die Verfügbarkeit einer Fehlerkorrekturrechnung und die Prüfziffernberechnung [11]. Matrixcodes können nicht mit herkömmlichen Strichcodelesern erfasst werden. Als Lesegeräte kommen Kamerasysteme zum Einsatz [12]. Zuerst erfolgt die Bildaufnahme vom Code. Über die Merkmale der Lageerkennung wird eine Bildausrichtung durchgeführt. Erst nach Auswertung der Matrix bezüglich der Elementpositionen können die erkannten Elemente decodiert werden. Durch Aktivierung der Fehlererkennungsalgorithmen wird eine Fehlerkorrektur sichergestellt. Die sich daraus ergebenden Daten stehen dann zur Übertragung bereit [12]. Matrixcodes werden im Bereich von dauerhaften Direktbeschriftungen (z. B. auf Werkzeugen, Motorenbauteilen, Triebwerksteilen, chirurgisch-medizinischen Instrumenten etc.), als Codes auf pharmazeutischen Kleinverpackungen, zur Warenein- und -ausgangskontrolle und zur Kennzeichnung von Mail- und Briefdokumenten eingesetzt.

Der Data Matrixcode wird aus viereckigen Zellen aufgebaut, welche Informationen enthalten. Die Größe des rechteckigen Codes ist variabel. Als Suchmuster dient ein L-förmiger schwarzer Balken. Dem gegenüber ist ein schwarz-weiß alternierendes Muster aufgebracht, das Raster und Begrenzung des Codes wiedergibt [7]. Die Fehlerkorrektur bietet eine hohe Datensicherheit. Die Rekonstruktion des Dateninhaltes ist selbst dann noch möglich, wenn bis zu 25 % des Codes zerstört worden sind. Die meisten Anwendungen sind im Bereich der Direktcodierung zu finden, insbesondere in Verbindung mit der Lasergravur [11].

Der Maxicode besitzt eine feste Größe von 25,4×25,4 mm. In der Mitte des Codes befindet sich ein Suchmuster, bestehend aus drei zentrischen Kreisen, das als Orientierung für die Lesung dient [12]. Um das Suchmuster herum sind 866 Sechsecke wabenförmig in 33 Reihen angeordnet. Diese tragen den Dateninhalt. Jede der 33 Reihen besteht aus maximal 30 Wabenelementen. Sechs Orientierungswaben zu je drei Wabenelementen sind um das Suchmuster im Abstand von 60 Grad angeordnet und dienen der Lageerkennung bei der Codelesung. Der Maxicode bietet eine hohe Sicherheit. Rekonstruktionen des Dateninhaltes sind bei einer Beschädigung des Gesamtcodes von bis zu 25 % möglich.

Der QR-Code (Quick Response Code) ist quadratisch und wird durch die geschachtelten hellen und dunklen Quadrate in drei Ecken charakterisiert [7]. Im Symbol befinden sich mindestens 21×21 und maximal 177×177 quadratische Elemente. Der QR-Code verfügt über eine vierstufige Fehlerkorrektur, mit der es möglich ist, eine bis 30 %ige Fehlerkorrektur zu gewährleisten. Neuere Entwicklungen (z. B. iQR) gewährleisten bis zu 60 % Fehlerkorrektur.

OCR-Schrift. Die optische Zeichenerkennung spezifisch definierter Zahlen und Buchstaben (Optical Character Recognition, kurz OCR) arbeitet ebenfalls mit einer Zeichencodierung ähnlich dem Barcode. Es handelt sich dabei um eine „optische Klarschrift", die nach Form, Größe und Abstand genormte Zeichen enthält [11]. Durch Stilisierung ist die OCR-Schrift nicht nur von Menschen, sondern auch von Maschinen lesbar [15]. Die zwei meistgenutzten Schriften sind OCR-A und OCR-B. Der Zeichenvorrat der Schrift OCR-A (DIN 66 008) umfasst insgesamt 68 Zeichen davon 49 Standardzeichen (Ziffern 0–9, 4 Hilfszeichen, 26 Großbuchstaben, 7 Sonderzeichen und 2 Löschzeichen), 7 nationale Sonderbuchstaben, 9 weitere Sonderzeichen und 3 Währungszeichen. Der Zeichenvorrat der Schrift OCR-B (DIN EN 14 603) umfasst 122 Zeichen. Er kann zusätzlich zu den OCR-A-Zeichen auch Kleinbuchstaben darstellen. Die Erfassung der OCR-Schrift erfolgt mit Hilfe von OCR-Lesern. Die Zeichenabbildungen werden durch elektrooptische Abtaster erfasst, in ASCII-Zeichen umgewandelt und anschließend weiterverarbeitet. Die OCR-Schriften werden vor allem in Banken und auf Flughäfen eingesetzt. In der Produktion wird OCR dann eingesetzt, wenn eine manuelle Datenauswertung neben der Auto-ID erforderlich ist [7, 15].

21.4.2.1 Bildverarbeitung

Die Erfassung der Daten erfolgt mit einem Kamerasystem, wobei Kameras mit CCD- oder CMOS-Sensoren die Objekte nach Größe, Form, Oberflächenstruktur und Objektkennzeichnung (Barcode, OCR-Schrift, ...) unterscheiden. Die Auswertung der Daten erfolgt nach der Methode der Mustererkennung. Zunächst wird das aufgenommene Bild zur Verarbeitung an einen Rechner übermittelt [7]. Dort wird mittels eines Suchalgorithmus derjenige Bildteil ermittelt, der die gesuchten Informationen beinhaltet. Durch Bildsegmentierung (regionenorientierte Segmentierung, Kontursegmentierung) wird das Bild in Objektbereiche zerlegt, um relevante Bereiche vom Bildhintergrund zu unterscheiden. Mit Hilfe einer Merkmalextraktion (aus Reihenentwicklungen und Funktionaltransformationen, von form- und positionsbeschreibenden Merkmalen, Musterbeschreibung durch linguistische Konzepte) werden die Informationen aus dem Bild herausgefiltert. Danach folgt eine Merkmalinterpretation, die eine inhaltliche Auswertung zur Folge hat. Ein Gütekriterium klassifiziert erfasste Objekte als erkannt [7, 13]. Typische Anwendungen sind Sortierungen, Positionierungen, Fertigungs- und Qualitätskontrollen.

21.4.3 Elektronische Datenerfassung und -übertragung durch RFID

RFID-Technologie (Radio Frequency Identification) bietet die Möglichkeit, Objekte berührungslos, auf Basis elektromagnetischer Wechselfelder, zu identifizieren und zu erfassen, auch wenn sie in Bewegung sind. Zum Speichern bzw. zum Austausch der Objektdaten dient ein elektronischer Datenträger bestehend aus einem Mikro-

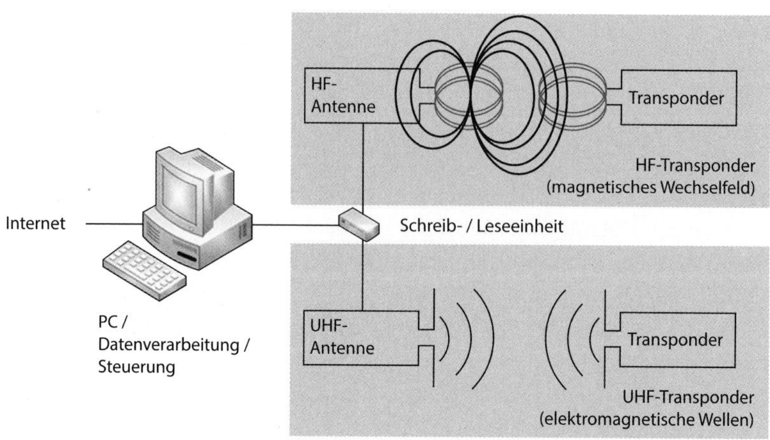

Abb. 21.3 RFID-System

chip und einer Antenne, der als Transponder oder TAG bezeichnet wird. Der Begriff Transponder ist ein englisches Kunstwort und setzt sich aus den Begriffen „transmitter" (Sender) und „responder" (Antwortgeber) zusammen. Basierend auf der RFID-Technologie findet derzeit die Near-Field Communication (NFC) größere Verbreitung, nicht zuletzt wegen der Integration der erforderlichen Hard- und Software in Mobiltelefone [18].

Die RFID-Technik kann überall dort eingesetzt werden, wo automatisch gekennzeichnet, erkannt, befördert, gelagert, überwacht oder transportiert werden muss. Sie eignet sich für Anwendungen, bei denen eine optische Erkennung nicht möglich ist. Speziell in der Logistik ergeben sich viele Einsatzmöglichkeiten, wie Fertigungskontrolle, Behältermanagement, Materialflussüberwachung, Lagerwirtschaft und Sendungsverfolgung.

Grundsätzlich bestehen RFID-Systeme, wie in Abb. 21.3 dargestellt, aus drei Komponenten: dem Transponder, der an den zu identifizierenden Objekten angebracht ist, dem Schreib-/Lesegerät, das in der Lage ist, die Transponder zu orten, ihre Daten auszulesen und ggf. die Daten zu ändern und einer Schnittstelle, welche software- und hardwaretechnisch die Integration des RFID-Systems in die EDV erlaubt.

Die Transponder sowie die Schreib-/Lesegeräte besitzen eine interne Logik zum Erzeugen und Verarbeiten von Signalen sowie eine Antenne, um diese Signale auszusenden bzw. zu empfangen. Das Schreib-/Lesegerät sendet ein Aktivierungssignal aus, auf das der Transponder mit einem eigenen Signal antwortet. Dieses Antwortsignal enthält eine verschlüsselte Information, z. B. seine Identitätsnummer. Ein RFID-Datenträger besteht aus einer Antenne zum Empfangen und Senden und einem Mikrochip, der ggf. mit einem Speicher und einer Batterie ausgerüstet ist. Die Größe der Transponder wird im Wesentlichen durch die Antennengeometrie bestimmt. Der Datenspeicher von Transpondern kann bis zu 128 kByte [16] reichen. 1-bit-Transponder werden bei der Diebstahlsicherung (EAS – Electronic Article Surveillance) angewendet. Sie enthalten keinen Chip, sondern einen Schwingkreis, der durch ein Lesefeld angeregt wird.

Bezüglich der Speicherart ist zwischen festcodierten und programmierbaren Transpondern zu unterscheiden. *Festcodierte Transponder* kommunizieren nur in eine Richtung. Die Festcodierung erfolgt herstellerseitig oder durch den Anwender mit einer eindeutigen Nummernfolge (Transponder-ID) auf einem ROM. Die Transponder senden ihre Kennung, sobald sie in das HF-Feld eines Lesegerätes gelangen. *Programmierbare Transponder* verfügen über ein RAM, EEPROM oder FRAM-Zellen mit einem Speicherbereich von bis zu 64 kByte und bieten die Möglichkeit einer wiederholten Speicherung oder Löschung von Daten [17]. Die Datenübertragung erfolgt blockweise. Dabei wird eine defi-

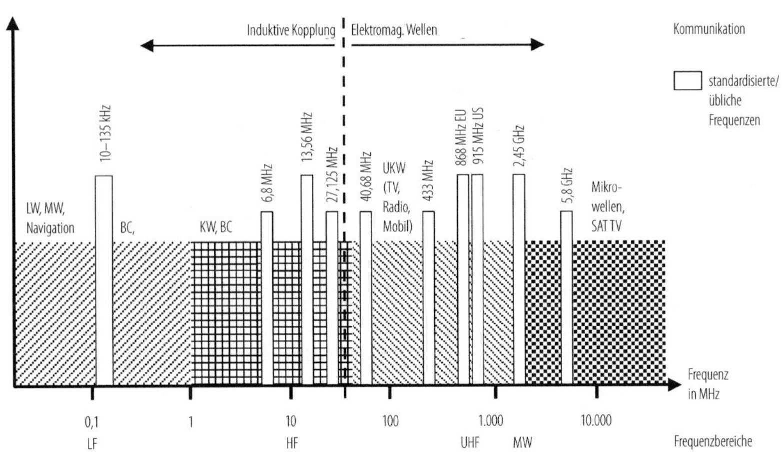

Abb. 21.4 RFID-Arbeitsfrequenzen nach [16]

nierte Anzahl von Bytes zu einem Block zusammengefasst und als Ganzes übertragen. Dadurch ist eine einfache Adressierung im Chip möglich. Damit es zu keiner Kollision von mehreren Transpondern kommt, die sich gleichzeitig im Antennenfeld befinden, ist eine Antikollisionsfunktion erforderlich. Antikollisionsverfahren ermöglichen es, die Transponder einzeln zu adressieren und zu programmieren.

Bei Transpondern mit Kryptofunktion werden ein zusätzlicher Speicher, in dem ein geheimer Schlüssel abgelegt wird, und ein spezieller Controller zur Schlüsselverwaltung benötigt. Dadurch ist das Auslesen und Überschreiben des Speicherinhalts nur durch Berechtigte möglich. Da der Energiebedarf für die Verschlüsselung höher ist, muss die Distanz zwischen Transponder und Leseantenne bei Kryptosystemen geringer sein.

Bezüglich der Energiezufuhr wird zwischen Transpondern mit und ohne eigener Energiequelle unterschieden. Je nach Art der Energieversorgung werden sie in aktive, semiaktive und passive Transponder eingeteilt. Bei *aktiven Transpondern* erfolgt die Energieversorgung zur Speicherung und Datenübertragung über eine Batterie. *Semiaktive* bzw. *-passive Transponder* verfügen ebenfalls über eine batteriegestützte Energieversorgung, diese dient allerdings lediglich der Datenspeicherung [7]. Die Energie, die zur Datenübertragung benötigt wird, erhält der Transponder aus dem elektromagnetischen Wechselfeld, das die Schreib-/Leseeinheit aussendet. *Passive Transponder* besitzen keine Batterie. Sie erhalten die gesamte notwendige Energie aus dem Sendefeld der Schreib-/Leseeinheit durch induktive oder elektromagnetische Kopplung. Passive Systeme ermöglichen eine geringere Baugröße und eine praktisch unbegrenzte Lebensdauer. Die Lebensdauer von aktiven bzw. semiaktiven Transpondern ist begrenzt, abhängig von der Lebensdauer der Batterie und der Anzahl der Lesungen. Dafür bieten diese RFID-Systeme in der Regel mehr Funktionen und können über größere Distanzen mit der Schreib-/Leseeinheit kommunizieren.

Für die Kommunikation zwischen Transponder und Schreib-/Lesegerät werden verschiedene Frequenzen benutzt [16] (s. Abb. 21.4). Die Wahl der Frequenz ist abhängig von den Anforderungen der Anwendung: die Durchdringung von Wasser, die Reflexion an Oberflächen, der Energiebedarf, die Größe der Bauteile sowie die Geschwindigkeit der Datenübertragung. In Abhängigkeit von der gewählten Frequenz unterscheidet man zwischen Low-Frequency-, High-Frequency- und Ultra-High-Frequency-Transponder.

Low-Frequency-Transponder (LF, 30 kHz bis 300 kHz) haben eine geringe Reichweite und lange Übertragungszeiten. Aus der niedrigen Frequenz resultieren geringe Wirbelstromverluste in leitenden Materialien. In metallischen Umgebungen wird deshalb die Funktion weniger eingeschränkt als bei höheren Frequenzen. Nichtleitende Materialien können problemlos durchdrungen werden. Allerdings ergibt sich durch die induktive Arbeitsweise im Nahfeld eine geringe Richtwirkung. Typische Anwendungsgebiete liegen in Zugangskontrollen, Wegfahrsperren und der Lagerverwaltung.

High-Frequency-Transponder (HF, 3 MHz bis 30 MHz) besitzen eine mittlere Reichweite. Die Transponderantennen bestehen aus Spulen mit nur wenigen Windungen. Durch die bessere Richtwirkung sind größere Leseabstände erreichbar. Darüber hinaus sind höhere Datenübertragungsraten möglich und damit Antikollisionserkennung realisierbar. Wegen der höheren Frequenz sind die Wirbelstromverluste höher als bei niederfrequenten Systemen, was das Arbeiten in metallbehafteten Umgebungen erschwert.

Ultra-High-Frequency-Transponder (UHF, 850 MHz bis 950 MHz; 2,4 GHz bis 2,5 GHz; 5,8 GHz) zeichnen sich durch eine hohe Reichweite und hohe Datenübertragungsraten aus. Bei Mikrowellen-Transpondern liegt die Frequenz über 2,5 GHz. Durch die hohe Frequenz ergeben sich eine sehr gute Richtwirkung und eine hohe Datenübertragungsrate. Es lassen sich Leseabstände bei passiven Transpondern von mehreren Metern zuverlässig realisieren. Nichtleitende Materialien mit einer hohen Dielektrizitätskonstante werden wie leitende Materialien von Mikrowellen nicht durchdrungen. An den Grenzflächen treten entsprechend häufiger Reflexionen auf.

Reichweiten. RFID-Systeme werden bezüglich ihrer Reichweite in drei Bereiche unterteilt. (Die Angaben beziehen sich auf passive Transponder.):

Close Coupling. Bei Close Coupling-Systemen liegt die Reichweite im Bereich zwischen 0 und 1 cm [16]. Hierbei werden die Transponder zum Betrieb in ein Lesegerät eingesteckt oder auf eine dafür vorgesehene Oberfläche positioniert. Diese Systeme werden vor allem in Applikationen eingesetzt, die hohe Sicherheitsanforderungen benötigen, jedoch keine großen Reichweiten erfordern, z. B. elektronische Türschließanlagen oder Chipkartensysteme mit Zahlungsfunktionen. Derartige Systeme stellen größere Datenmengen bereit. Close Coupling-Systeme werden im Frequenzbereich zwischen 1 Hz und 30 MHz betrieben [16].

Remote-Coupling-Systeme arbeiten bei Frequenzen von 100 kHz, 135 kHz, 6,75 MHz, 13,56 MHz und 27,125 MHz und verfügen über Reichweiten von bis zu 1 m. Die Kopplung zwischen Lesegerät und Transponder ist induktiv. Diese Systeme finden Anwendung in kontaktlosen Chipkarten, der Tieridentifikation oder der Industrieautomation.

Long-Range-Systeme arbeiten im Mikrowellenbereich bei Frequenzen von 860 MHz bis 950 MHz, 2,45 GHz, 5,8 GHz und 24,125 GHz. Mit passiven Systemen können Reichweiten um 3 m erzielt werden, mit aktiven Systemen sind Reichweiten von 15 m und mehr realisierbar [16].

21.4.3.1 Bauformen und zusätzliche Hardware

Transponder können in den vielfältigsten Bauformen vom Glas-Injektat über die elektrische Ohrenmarke, Scheckkartenformate, verschiedene Scheibenbauformen bis hin zu schlagfesten und über 250 °C hitzebeständigen Datenträgern hergestellt werden.

Sonderform: Smart Label. Smart Label sind ultraflache passive Transponder. Auf einer Folie (Inlay) wird der Datenträger samt Antenne aufgebracht [16] und kann zwischen Papierlagen in herkömmliche Barcode-Etiketten integriert werden.

Die Bauart der Lesegeräte kann in stationäre und mobile Ausführungen unterschieden werden [7].

21.4.3.2 Standardisierung/Produktcodes

Da RFID-Systeme in verschiedenen Frequenzbereichen und Reichweiten arbeiten, müssen die Funkvorschriften der jeweiligen Regionen und Länder berücksichtigt werden. So regelt die ISO 18 000 Übertragungsprotokolle und -eigenschaften verschiedener Frequenzbereiche [17].

Der Standard ISO 18 000-3 beispielsweise beschreibt die Funktionsweise von Transpondern auf der Frequenz von 13,56 MHz.

Die DIN EN 302 208-1 und die ETSI TR 102 436 regeln die elektromagnetische Kompatibilität, die Installation und das Testen der verwendeten Geräte im UHF-Frequenzbereich 865 bis 868 MHz.

Aufbau des EPC. Der EPC (Electronic Product Code) besteht aus einer anwenderspezifischen oder einer festen Kennung mit einer Länge von 64 Bit (EPC-64), 96 Bit (EPC-96) oder 256 Bit (EPC-256), die eine eindeutige Zuordnung von Objekten erlaubt. Die verschiedenen EPC-Versionen enthalten die derzeit verwendeten EAN-Code-Nummern und sind zueinander kompatibel. Eine EPC-Ziffernfolge besteht aus einem Header zur Kennzeichnung der EPC-Version, einer EPC-Manager-Nummer zusammengesetzt aus staatlich vorgeschriebenen Produktangaben, einer Object Class mit der Nummer des Produktes und einer Seriennummer, die der eindeutigen Kennzeichnung des jeweiligen Produktes dient. Ein Schreib-/Lesesystem ermöglicht die Datenerfassung und -bearbeitung. In einer Datenbank kann zu jeder EPC-Nummer eine Internet-Adresse hinterlegt werden, in der Informationen über Zeit, Ort und Umweltbedingungen sowie über Eigentümer des jeweiligen Objektes und dessen Einbettung in andere Objekte und vieles mehr gespeichert sind (Object Name Service).

21.4.4 Magnetische Datenübertragung

Die magnetische Datenübertragung wird in Ausweisen, Geldkarten und zur Personenidentifizierung verwendet. Die Daten auf magnetisierbaren Schichten von Karten werden mittels induktiver Schreib-/Leseköpfe ausgelesen und verändert [7], wobei Magnetfelder für den Datentransfer zum Einsatz kommen. Magnetische ID-Systeme sind wiederbeschreibbar, gut lesbar und haben eine hohe Datenkapazität [11]. Sie sind allerdings gegenüber Magnetfeldern empfindlich. Außerdem muss der Datenträger nah und präzise am Lesegerät vorbeigeführt werden.

21.4.5 Mechanische Datenübertragung

Mechanische Identifikationssysteme verwenden topographische Oberflächenstrukturen, deren binärcodierte Informationen mittels kapazitiver bzw. induktiver Sensoren ausgelesen werden [7]. Trotz ihrer hohen Robustheit und der ggf. direkten Lesbarkeit der Daten für Menschen werden mechanische bzw. elektromechanische Identifikationssysteme auf Grund ihrer kleineren Informationsdichte, der teilweise unveränderlichen Codierung, der erforderlichen genauen Führung, der geringen Abtastentfernung und der relativ hohen Kosten seltener eingesetzt [7].

21.4.6 Weiterverarbeitung der gewonnenen Daten

Bei automatischen Identifikationssystemen werden die Daten so codiert, dass sie direkt vom Rechner gelesen und verarbeitet werden können. Die Weiterverarbeitung der Daten erfolgt im Regelfall mit rechnergestützten Systemen. Auf Grund der Vielfalt von herstellerabhängigen Übertragungsprotokollen und Schnittstellen ist jedoch eine problemlose Austauschbarkeit der Informationen nicht immer gewährleistet [7]. Zu den weit verbreiteten Schnittstellen lokaler Informationssysteme zählen RS 232, RS 485 oder Ethernet-Schnittstellen, Feldbussysteme sowie kundenspezifische Lösungen.

Literatur

Spezielle Literatur

1. Neumann, P. u. a.: SPS-Standard IEC 61131, Programmierung in verteilten Automatisierungssystemen, 3. Aufl. Oldenbourg, München (2000)
2. Gevatter, H.-J. u. a.: Automatisierungstechnik 2, Geräte. Springer, Berlin, Heidelberg (2000)
3. Scherff, B.: Feldbussysteme in der Praxis. Ein Leitfaden für den Anwender. Springer, Berlin Heidelberg (1999)
4. Tränkler, H.-R., Obermeier, E.: Sensortechnik, Handbuch für Praxis und Wissenschaft. Springer, Berlin Heidelberg (1998)

5. Menke, T. et al.: Development of a combined measurement system for torque and angular position. In: Procedia Technology **26** (2016), pp. 136–143.
6. Isermann, R.: Mechatronische Systeme. Grundlagen. Springer, Berlin (2002)
7. Lolling, A.: Identifikationssysteme in der Logistik. Übersicht und praxisorientierte Auswahl. Huss-Verlag, München (2003)
8. Hesse, S.: Fertigungsautomatisierung. Vieweg+Teubner Verlag, Wiesbaden (2000)
9. Hompel, M. T.: Identifikationssysteme und Automatisierung. Springer Verlag, Berlin Heidelberg (2008)
10. Manz, O.: Fehlerkorrigierende Codes. Springer Fachmedien, Wiesbaden (2017)
11. Lenk, B.: Handbuch der automatischen Identifikation, Bd. 1., 3. Aufl., Kirchheim unter Teck (2007)
12. Pötter, M., Jesse, R.: Barcode: Einführung und Anwendungen, 2. Aufl. BHV, Kaarst (1998)
13. Jünemann, R., Beyer, A.: Steuerung von Materialfluss- und Logistiksystemen, 2. Aufl. Springer, Berlin (1998)
14. DIN EN ISO/IEC 15438: Informationstechnik. Verfahren der automatischen Identifikation und Datenerfassung. Spezifikationen der Strichcode-Symbologien; PDF417. Beuth, Berlin (2001)
15. Virnich, M., Posten, K.: Handbuch der codierten Datenträger. Identifikationssysteme für Produktion, Logistik, Handel und Dienstleistung. TÜV Rheinland, Köln (1992)
16. Overmeyer, L., Vogeler, S.: RFID Grundlagen und Potenziale, Hannover Kolloquium (2004), Tagungsband, 2004, S. 139–154
17. ISO/IEC 18000. RFID Air Interface Standards (2008)
18. Langer, J., Roland, M.: Anwendungen und Technik von Near Field Communication (NFC). Springer, Berlin (2010)

Normen, Vorschriften

DIN 66008 Teil 1: Schrift A für die maschinelle optische Zeichenerkennung; Zeichen und Nennmaße, Beuth Verlag, Berlin (1989) (zurückgezogen)

DIN EN 14603 Informationstechnik; Alphanumerischer Bildzeichensatz für optische Zeichenerkennung OCR-B; Formen und Abmessungen des gedruckten Bildes. Beuth Verlag, Berlin (2005)

DIN EN 1556 Strichcodierung – Terminologie (1998)

ISO/IEC 15420 Informationstechnik – Automatische Identifikation und Datenerfassungsverfahren – Spezifikationen für Strichcode-Symbologien (2009) – EAN/UPC

ISO/IEC 15417 Informationstechnik – Verfahren der automatischen Identifikation und Datenerfassung – Spezifikationen für Strichcode-Symbologien; Code 128 (2007)

ISO/IEC 16388 Informationstechnik – Verfahren der automatischen Identifikation und Datenerfassung – Spezifikationen für Strichcode-Symbologien; Code 39 (2007)

ISO/IEC 16390 Informationstechnik – Verfahren der automatischen Identifikation und Datenerfassung – Spezifikationen für Strichcode-Symbologien – Interleaved 2 of 5 (2007)

DIN EN ISO/IEC 15438 Informationstechnik – Verfahren der automatischen Identifikation und Datenerfassung – Spezifikation der Strichcodesymbologie PDF417 (2015)

DIN EN 12323 AutoID-Technologien – Symbologiespezifikationen – Code 16K (2005)

ISO/IEC 16022 Informationstechnik – Internationale Symbologie-Spezifizierung – Daten-Matrix (2006)

ISO/IEC 16023 Informationstechnik – Internationale Symbologie-Spezifizierung – MaxiCode (2000)

ISO/IEC 18004 Informationstechnik; Automatische Identifikation und Datenerfassungsverfahren – Strichcode-Symbologie – QR-Code (2015)

22 Baumaschinen

Günter Kunze

22.1 Einteilung und Begriffe

Als Baumaschinen wird die Gesamtheit der Maschinen und Geräte bezeichnet, die im Bauwesen

- zum Gewinnen, Aufbereiten, Herstellen und Verarbeiten von Baustoffen,
- zum Transportieren und Fördern von Bau- und Bauhilfsstoffen sowie
- zum Herstellen und Instandhalten von Bauwerken aller Art (Gebäude, Industrieanlagen, Verkehrswege, Hafenanlagen, Dämme, Ver- und Entsorgungseinrichtungen usw.)

verwendet werden. Die übliche Einteilung in *Baumaschinen* und *Baustoffmaschinen* ist nicht in allen Fällen eindeutig möglich, ebensowenig die Abgrenzung von *stationär* zu *mobil* eingesetzten Maschinen. Viele Baumaschinen lassen sich der Fördertechnik zuordnen, andere gehören zur Verfahrens- oder zur Fahrzeugtechnik. Wegen universeller Einsatzmöglichkeiten sind zahlreiche Baumaschinen im Laufe ihrer Entwicklung zu Industriemaschinen geworden. Wegen dieser Vielfalt ist eine Definition des Begriffs Baumaschine nicht eindeutig möglich. Bewährt hat sich die Zuordnung zu bestimmten Bausparten: z. B. Betonbau; Erd-, Tief- und Tunnelbau; Straßen-, Kanal- und Gleisbau. Hier wird eine Auswahl besonders häufig verwendeter Baumaschinen behandelt, die der Fördertechnik zuzurechnen sind. Größenangaben beziehen sich auf das Gesamtangebot. Mit größeren Stückzahlen werden die Maschinen in der Regel in der unteren Hälfte der angegebenen Spannen hergestellt.

G. Kunze (✉)
Technische Universität Dresden
Dresden, Deutschland
E-Mail: guenter.kunze@tu-dresden.de

22.2 Hochbaumaschinen

Hochbaumaschinen sind alle für das Errichten von Gebäuden erforderlichen Hebezeuge und Fördermittel sowie die Maschinen für Aufbereitung, Transport, Förderung und Verarbeitung der Baustoffe, insbesondere Beton.

22.2.1 Turmdrehkrane

Siehe Abschn. 15.3.2.

22.2.2 Betonmischanlagen

Die Maschinen und Anlagen zur Betonherstellung umfassen alle Einrichtungen zum *Lagern, Fördern, Dosieren, Abmessen* (z. B. Wiegen) und *Mischen* der Betonbestandteile (Zuschläge, Bindemittel und Wasser, gegebenenfalls Zusatzmittel und -stoffe) sowie zur *Abgabe* des fertig gemischten Betons gemäß DIN EN 206. Zuschläge gemäß DIN EN 12620 (Sand, Kies) werden, nach Korngruppen getrennt, in sternförmigen oder par-

B. Bender und D. Göhlich (Hrsg.), *Dubbel Taschenbuch für den Maschinenbau 3: Maschinen und Systeme*,
https://doi.org/10.1007/978-3-662-59715-6_22

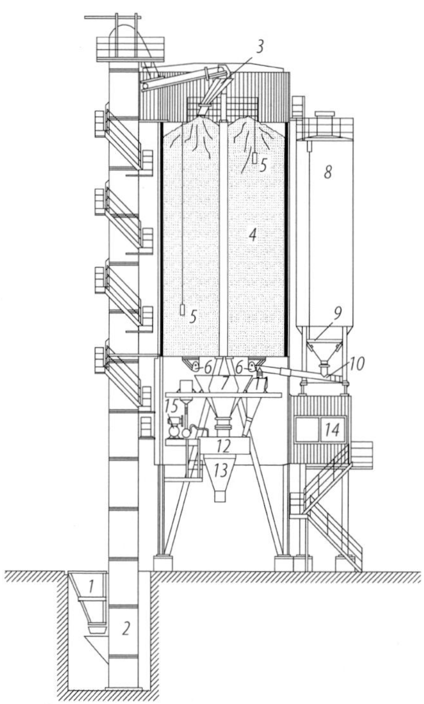

Abb. 22.1 Mischturm zur Herstellung von Beton (Liebherr, Bad Schussenried). *1* Aufgabetrichter für die Turmbeschickung mit Abdeckrost, *2* Gurtbecherwerk, *3* Drehverteiler zum Verteilen der Zuschläge in die Silokammern, *4* Mehrkammersilo für Zuschläge, *5* Füllstandsanzeige zum Überwachen des Siloinhaltes, *6* Dosierorgane für Zuschläge, *7* Zuschlagwaage für additive Mehrkomponenten-Verwiegung, *8* Zementsilo mit pneumatischer Befüllung, *9* Zement-Auflockerungseinrichtung, *10* Zementschnecken, *11* Zementwaage, *12* Ringtellermischer, *13* Auslauftrichter mit Gummirüssel zur Fahrmischer- oder Lkw-Beladung, *14* Steuerraum, *15* Drucklufterzeuger zur Speisung der Betätigungszylinder und der Zementauflockerungseinrichtung

allelen *Boxen* auf dem Boden, in *Reihensilos* oder in mehrkammerigen *Turmsilos* (Abb. 22.1) gelagert, über Dosiereinrichtungen in Wiegebehälter elektronischer *Waagen* oder auf *Bandwaagen* (bei Zuschlägen mit wechselnder Dichte auch volumetrische Dosierung) übergeben und mit Aufzügen, Schrägbändern oder im freien Fall in den *Mischer* gefördert. *Zuschlagförderung* in *Sternboxen* mit *Schrappern* im Hand- oder Automatikbetrieb. Beschickung von Reihensilos mit Radladern, von Turmsilos mit *Becherwerk* oder *Schrägband* und *Drehverteiler*. *Zement* gemäß DIN EN 197 wird in pneumatisch beschickten Silos gelagert, mit *Schneckenförderern* in den Wiegebehälter und im freien Fall in den Mischer gefördert. Staubdichte Übergabewege und *Abluftfilterung* sind vorgeschrieben. Wasser wird mit Wasseruhren oder -waagen abgemessen. Für eine gleichbleibende Betonqualität muss die Gesamtwassermenge unter Berücksichtigung der *Zuschlageigenfeuchte* genau eingehalten werden. Dazu wird die *Sandfeuchte* bestimmt. *Mischanlagen* auf Baustellen arbeiten mit *Druckknopf-* oder *Programmsteuerungen*, stationäre *Betonwerke* vollautomatisch mit *Mikroprozessorsteuerungen* für wechselnde Betonrezepturen. Für alle Antriebe der Betonmischanlagen werden Elektromotoren verwendet, Verschlüsse werden pneumatisch oder hydraulisch betätigt. *Mischleistungen*: 20 bis 250 m^3/h.

Betonmischer. Spielweise arbeitende Betonmischer gemäß DIN 459 haben in der Regel zylindrische *Mischgefäße* mit senkrechter, geneigter oder waagerechter Drehachse (Teller-, Trommel- oder Trogmischer). Die *Mischwerkzeuge* sind mit der drehenden Trommel fest verbunden (wendelförmig) oder laufen zentrisch oder exzentrisch im Mischgefäß um (Rührarme mit Mischschaufeln, Abb. 22.2). Schnelldrehende Zusatzwerkzeuge (Wirbler) können die Mischwirkung verbessern. Verschleißschutz durch Spezialstahlbleche und -kacheln. Die *Mischzeiten* betragen nach DIN 1045-2 mindestens 30 s, in der Praxis meist länger. Kenngröße ist der *Nenninhalt* (0,1 bis 12 m^3), das ist das mit einem Arbeitsspiel herstellbare *Frischbetonvolumen* in verdichtetem Zustand.

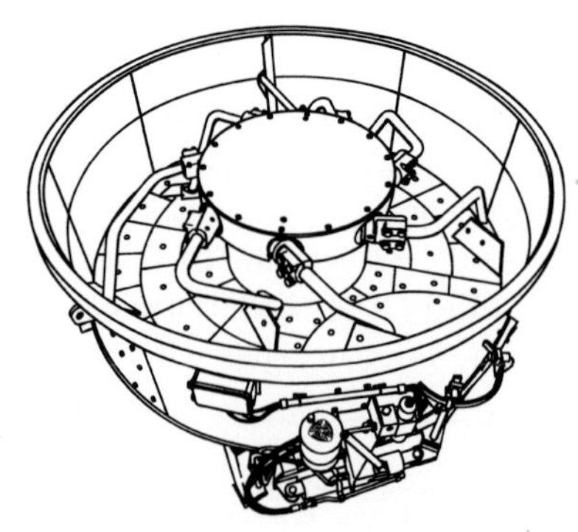

Abb. 22.2 Tellermischer mit Verschleißkacheln. Entleerung durch Bodenöffnung (Liebherr, Bad Schussenried)

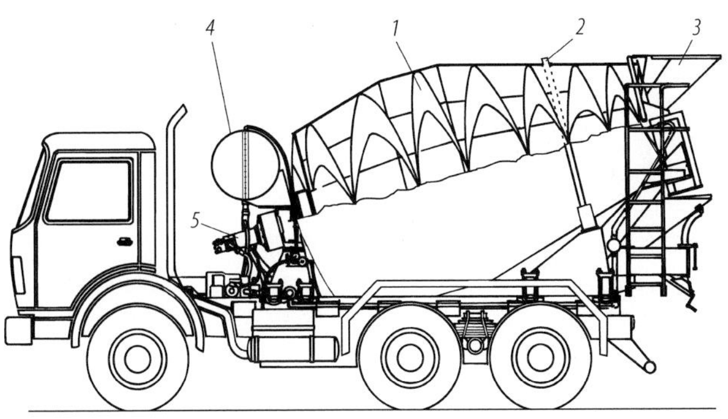

Abb. 22.3 Transportbetonmischer mit 6 m^3-Trommel (Liebherr, Bad Schussenried). *1* Mischtrommel, *2* Laufring für die Trommellagerung, *3* Beschicktrichter, *4* Wasserbehälter, *5* Trommelantrieb mit Hydromotor und Planetengetriebe

22

22.2.3 Transportbetonmischer

Mit Transportbetonmischern (Abb. 22.3) wird Beton über größere Entfernungen von der Mischanlage zur Verarbeitungsstelle transportiert. Die *Mischtrommel* (4 bis 15 m^3) mit geneigter Drehachse und auf die Innenwand geschweißten Mischwendeln aus verschleißfesten Stahlblechen wird je nach Trommelgröße und zulässiger Achslast mit einem Hilfsrahmen auf serienmäßige Lkw-Fahrgestelle (2 bis 4 Achsen) oder Sattelzüge (3 bis 5 Achsen) montiert. Die Trommel liegt mit einem gewalzten Laufring auf zwei geschmiedeten Laufrollen mit einstellbaren Kegelrollenlagern und ist mit einem Zapfen am Trommelboden in einem Bock auf dem Hilfsrahmen so gelagert, dass Spannungen aus Verwindungen des Fahrzeugrahmens bei Geländefahrten nicht auf den Trommelantrieb übertragen werden. Beim Füllen und Entleeren dreht die Trommel in jeweils entgegengesetzter Richtung. Sie wird durch einen Nebenabtrieb vom Fahrzeugmotor hydraulisch (Axialkolbeneinheiten) über ein Planetengetriebe am Trommelzapfen angetrieben. Vor allem große Transportbetonmischer (10 bis 15 m^3) haben einen Separatmotor für den Trommelantrieb.

Abgegeben wird der Beton über eine schwenkbare *Verteilschurre* in *Krankübel*, in den Trichter einer Betonpumpe (s. Abschn. 22.2.4) oder direkt in die Schalung. Transportbetonmischer für die Lieferung kleiner Betonmengen haben Zusatzeinrichtungen zum Fördern des Betons bis zur Einbaustelle (schwenkbares Verteilerband; kleine Betonpumpe, zum Teil mit Verteilermast – s. Abschn. 22.2.5).

22.2.4 Betonpumpen

Mit Betonpumpen wird plastischer bis fließfähiger Beton durch Rohrleitungen über baustellenübliche Entfernungen zur Einbaustelle gefördert (max. erreichte Weite: 2700 m; Höhe: 530 m – nicht gleichzeitig). Vorherrschende Bauart ist die *Zwei-Zylinder-Kolbenpumpe* mit fabrikatabhängig gestaltetem *Rohrschieber* (Abb. 22.4), der abwechselnd die Verbindung eines Förderzylinders zum Aufgabetrichter (Saughub) und zur Förderleitung (Förderhub) herstellt. Der Spalt zur Brillenplatte, über die der Rohrschieber zwischen den Öffnungen der Förderzylinder geschwenkt wird, muss stets dicht gehalten werden (z. B. durch Spanneinrichtungen oder durch Querschnittsänderungen, die ein Anpressen des Schiebers gegen die Brillenplatte bewirken), damit beim Förderhub möglichst kein Zementleim in den Aufgabetrichter zurückgepresst wird und der Beton dadurch seine weichplastische Konsistenz nicht verliert. Großvolumige *Förderzylinder* ($d = 100 \ldots 280$ mm), sanftes Anfahren des Förderkolbens, langsame Kolbengeschwindigkeit und schnelles synchrones Schalten des Rohrschiebers ermöglichen fast kontinuierliche Betonförderung.

Die Förderzylinder werden mit starr gekoppelten *Hydraulikzylindern* von einer *Axialkolbenpumpe* (s. Bd. 2, Kap. 18) angetrieben. Rich-

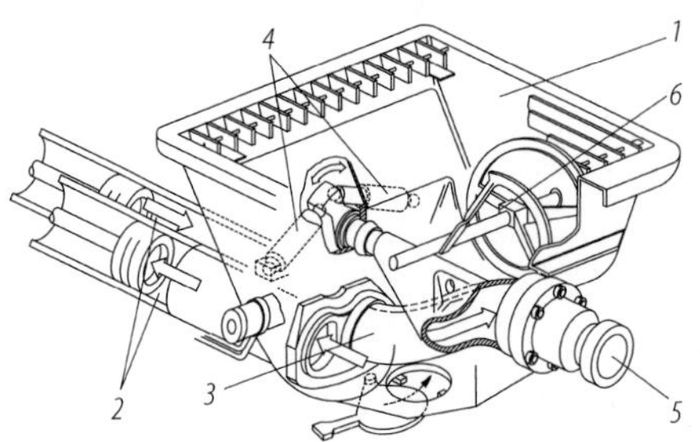

Abb. 22.4 Kolbenbetonpumpe mit S-Rohrschieber (Putzmeister, Aichtal). *1* Aufgabetrichter, *2* Förderzylinder, *3* S-Rohrschieber, *4* Schaltzylinder, *5* Förderleitung, *6* Rührwerk

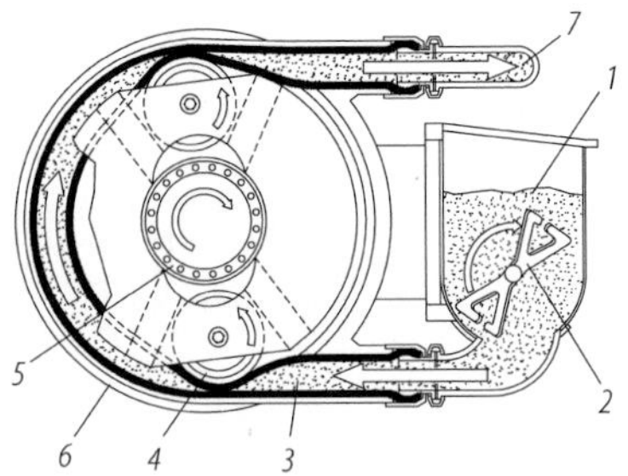

Abb. 22.5 Rotorbetonpumpe (Putzmeister, Aichtal). *1* Aufgabetrichter, *2* Rührwerk, *3* Förderschlauch, *4* Druckrolle, *5* Rotor, *6* Gehäuse, *7* Förderleitung

tungsumkehr durch Schalten eines Ventils über berührungslose Kontakte an den Kolbenstangen oder Schwenken der Axialkolbenpumpe durch die Nullage. Bei kleinen und mittleren Förderweiten und -höhen wird die Stangenseite des Hydraulikzylinders beim Saughub beaufschlagt und der Druckzylinder vom Rücköl über eine Schaukelölleitung an der Kolbenseite angetrieben, um große Fördermengen zu erzielen. (Betonkolonnen im Hochbau verarbeiten etwa 20 bis 30 m^3 *Frischbeton* je Stunde. Großgeräte fördern bei *Massenbeton* bis 200 m^3/h). Bei höherem Druckbedarf (steiferer Beton, lange Förderleitung) kann auf Druckbeaufschlagung der Kolbenseite des Druckzylinders umgeschaltet oder umgerüstet werden (möglich: 80 bis 260 bar im Beton). Stationäre Baustellenbetonpumpen mit Kufen oder abnehmbaren Transportachsen werden mit Diesel- oder Elektromotoren, Autobetonpumpen auf serienmäßigen Lkw-Fahrgestellen vom Fahrzeugmotor angetrieben; Sattelzug-Betonpumpen mit Separatmotor.

Rotorbetonpumpen (Abb. 22.5). Sie fördern den Beton, indem ein stahlbewehrter Gummiförderschlauch in einem geschlossenen Gehäuse mit zwei Rollen, die an einem um die Gehäuseachse drehenden Rotor umlaufen, zusammengedrückt und der vor den Rollen im Schlauch befindliche Beton in die Rohrleitung geschoben wird. Im Gehäuse kann ein Unterdruck erzeugt werden, um das Aufrichten des Förderschlauchs hinter der ablaufenden Druckrolle zu seinem ursprünglichen Kreisquerschnitt zu unterstützen. Dabei entsteht im Schlauch ebenfalls ein Unterdruck, wodurch weiterer Frischbeton aus dem Aufgabebehälter nachgesaugt wird. Der Förderdruck erreicht maximal 30 bar, womit Beton etwa 200 m weit und 80 m hoch gefördert werden kann. Der Rotor wird hydrostatisch mit *Axialkolbeneinheiten* (s. Bd. 2, Kap. 18) angetrieben.

Förderleitungen. Die für alle Betonpumpenarten gleichen Förderleitungen werden aus *Rohren* (Länge: 0,5, 1, 2 und 3 m; Nennweite: 100 und 125 mm) und *Krümmern* (90°, 120°, 135°, 150° und 165°) zusammengesetzt und mit Bügel- oder Schalenkupplungen sowie Gummidichtungen verbunden. Das Ende bildet ein Gummischlauch (4 m) zum Verteilen des Betons in der Schalung. Zum Entleeren und Reinigen nach Abschluss des Betonierens wird der restliche Beton aus der Rohrleitung entfernt, indem ein Schaumgummiball mit Wasser von der Pumpe oder mit Druckluft durch die Förderrohre gedrückt wird.

22.2.5 Verteilermasten

Autobetonpumpen werden überwiegend mit drei- bis fünfgliedrigen knickbaren Verteilermasten (Abb. 22.6) ausgerüstet, um den Auf- und Abbau der Förderleitungen zu vereinfachen, Hindernisse einfach zu überwinden und die Handhabung des Verteilschlauchs beim Betonieren zu erleichtern. Je nach den Platzverhältnissen am Einsatzort (im Freien, in Gebäuden, in Tunneln) werden Verteilermasten mit oben- oder untenliegender Roll- oder Z-Faltung verwendet. Reichweiten von 17 bis 65 m erfordern entsprechende Fahrgestelle und Abstützungen. Der Schwenkbereich ist begrenzt (bis 370°), weil neben dem Drehgelenk

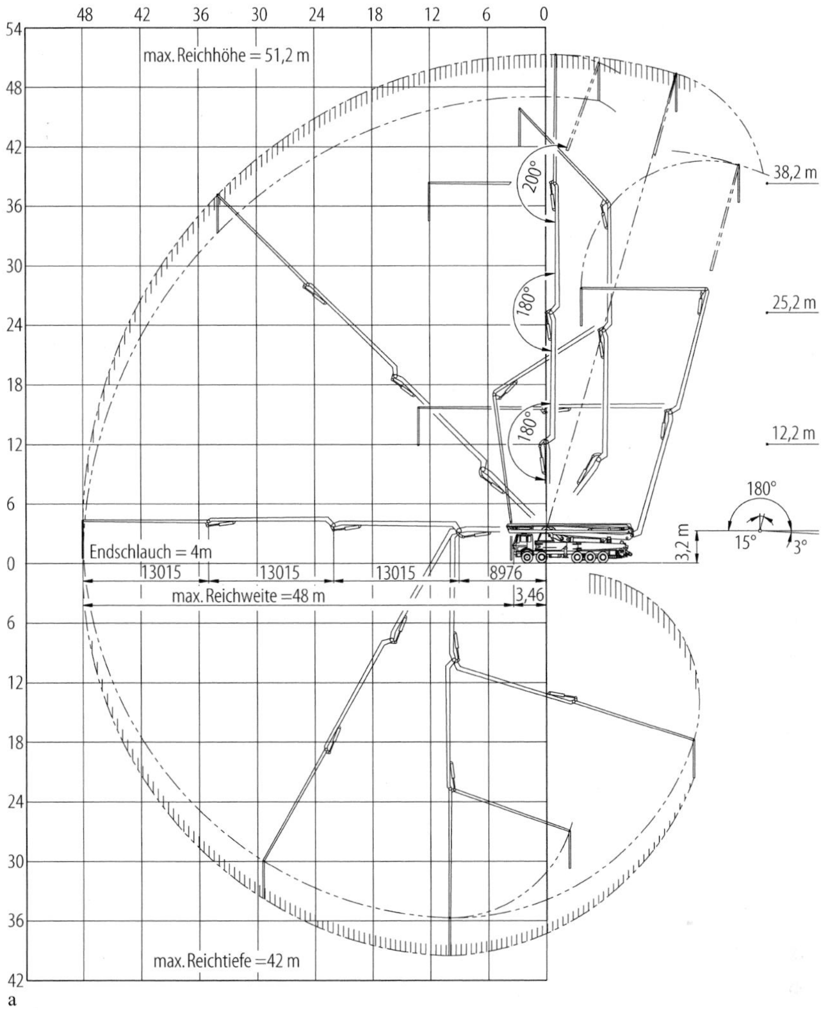

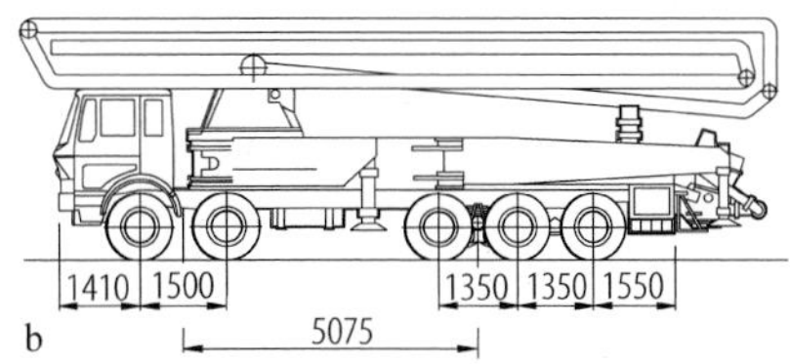

Abb. 22.6 Autobetonpumpe mit Knickverteilermast mit obenliegender Rollfaltung (Beispielabmessungen – Schwing, Herne). **a** Einsatzmöglichkeiten; **b** Falttechnik

der am Verteilermast verlegten Betonförderleitung keine Drehdurchführung für die Hydraulikleitungen zu den Mastknickzylindern angeordnet werden kann. Falten und Schwenken des Mastes mit Druckknopfsteuerung, bei fünfgliedrigen Masten mit Programmsteuerung für optimierten Bewegungsablauf.

Separate Verteilermasten. Sie werden auf ausgedehnten Baustellen oder auf hohen Gebäuden mit eigenem elektrohydraulischem Antrieb auf serienmäßige Krantürme oder auf Rohrsäulen mit Verankerung und Klettermöglichkeit im Gebäude montiert und über Rohrleitungen an eine Betonpumpe angeschlossen.

22.3 Erdbaumaschinen

Erdbaumaschinen werden im Erd- und Tiefbau für die Teilvorgänge *Lösen, Laden, Transportieren, Einbauen* und *Verdichten* eingesetzt, aber auch für die *Materialgewinnung*, den *Schüttgutumschlag* und als *Industriemaschinen*. Die Einsatzbereiche werden durch große Vielfalt der *Arbeitsausrüstungen* und der Maschinengrößen ständig erweitert. Als Antriebe dienen überwiegend Dieselmotoren mit Aufladung (s. Kap. 4) – in Verbindung mit hydrodynamischen Drehmomentwandlern (s. Kap. 10) und Lastschaltgetrieben und mit hydrostatischen Getrieben, die zunehmend auch für den Fahrantrieb verwendet werden. Die Maschinen für das Lösen und Laden haben Rad- oder Raupenfahrwerke, die für den Betrieb im Gelände ausgelegt sind.

22.3.1 Bagger

Bagger werden fast ausschließlich als *Hydraulikbagger* für alle Löse- und Ladearbeiten im Erd- und Tiefbau verwendet. *Seilbagger* mit *Greifer* oder *Schleppschaufel* arbeiten bevorzugt in der Materialgewinnung (Abb. 22.7). Außerdem dienen sie als *Hebezeuge* im Kranbetrieb oder als *Trägergerät*, z. B. für Ramm-, Bohr- und Zieheinrichtungen (Abb. 22.8). Großgeräte arbeiten im Tagebau.

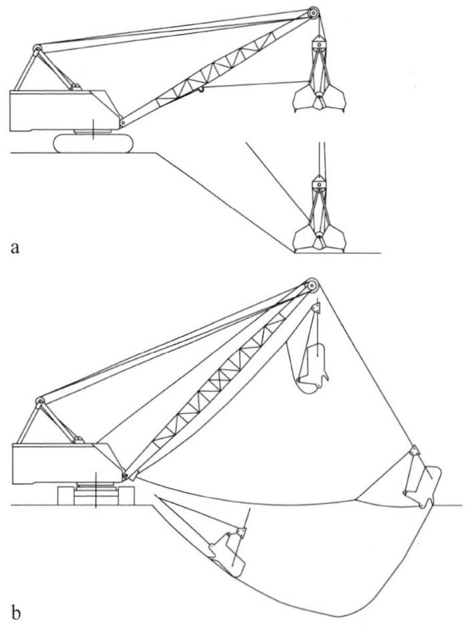

Abb. 22.7 Seilbagger. **a** mit Greifer; **b** mit Schleppschaufel

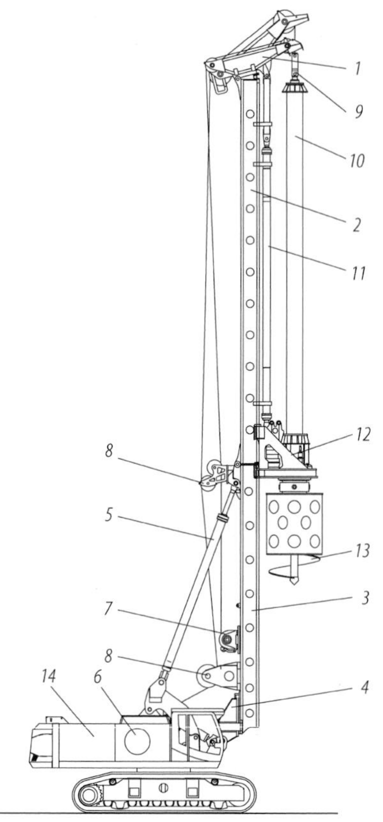

Abb. 22.8 Seilbagger als Trägergerät mit Drehbohrausrüstung (Bauer, Schrobenhausen). *1* Mastkopf mit Seilrollen für Haupt- und Hilfswinde, *2* Mastoberteil, *3* Mastunterteil, *4* Mastanlenkung, *5* Nackenzylinder, *6* Hauptwinde *7* Hilfswinde, *8* Seilführungsrollen, *9* Seilwirbel, *10* teleskopierbare Bohrstange (Kellystange), *11* Vorschubzylinder, *12* Getriebeschlitten, *13* Bohrwerkzeug, *14* Antriebsaggregat

Bagger bestehen aus *Unterwagen, Oberwagen* und *Arbeitseinrichtung* (Abb. 22.9). *Minibagger* (bis 2,5 t Dienstgewicht) und Standardbagger (bis 30 t) haben Rad- oder Raupenlaufwerke, große Bagger (40 bis 800 t) ausschließlich Raupenlaufwerke. *Mobilbagger* (auf Rädern) dürfen als selbstfahrende Arbeitsmaschinen (gemäß StVZO) öffentliche Straßen befahren. Auf dem Oberwagen befinden sich Antriebe, Steuerungen und Fahrerkabine. Die Arbeitseinrichtung besteht aus dem *Verstell-, Knick-* oder *Monoblockausle-*

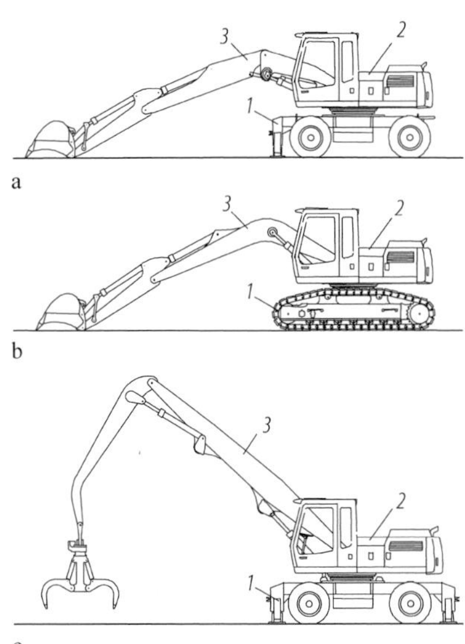

Abb. 22.9 Hydraulikbagger (Liebherr, Kirchdorf). **a** Mobilbagger mit Knickausleger; **b** Raupenbagger mit Monoblockausleger; **c** Mobilbagger mit Industrieausrüstung (Holzgreifer). *1* Unterwagen, *2* Oberwagen, *3* Arbeitseinrichtung

ger, dem *Pendelarm* und der *Arbeitsausrüstung*, z. B. *Grabgefäß* (Tieflöffel, Ladeschaufel, Greifer) oder *Anbaugerät* (Schrottschere, Magnetplatte, Grabenfräse, Hydraulikhammer u. a.).

Die Fahr- und Arbeitsbewegungen werden – auch bei Seilbaggern – hydraulisch mit leistungsgeregelten Axialkolbenpumpen und -motoren bzw. Differentialzylindern angetrieben (s. Bd. 2, Kap. 18). Zur bedarfsgerechten Wandlung der mechanischen Leistung des Antriebsmotors mit hohem Wirkungsgrad in hydraulische Leistung dienen elektronische Regelungen und Load-Sensing-Systeme. Mit Zwei-Kreis-Systemen können mehrere Verbraucher unabhängig voneinander oder ein Verbraucher durch Summenschaltung doppelt beaufschlagt werden. Drei-Kreis-Systeme haben einen separaten Antrieb für das Schwenkwerk, das den Oberwagen gegenüber dem Unterwagen dreht (Abb. 22.10).

Ober- und Unterwagen sind mechanisch durch eine Drehverbindung (mittenfreies Großwälzlager, ein- oder mehrreihig, Kugeln oder Rollen) verbunden, die Axialkräfte, Radialkräfte und Momente aufnehmen kann, und hydraulisch (gegebenenfalls auch pneumatisch) durch eine Dreh-

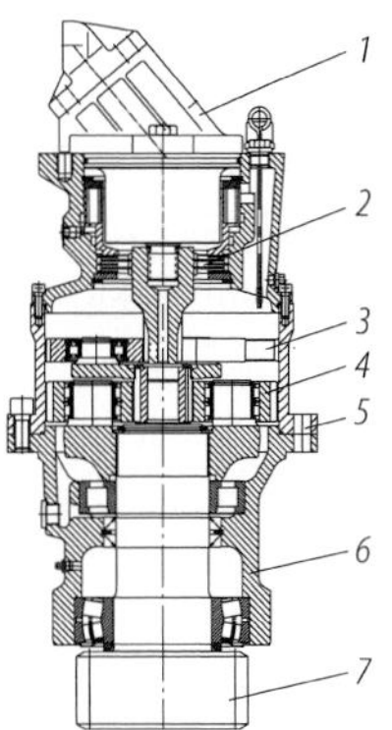

Abb. 22.10 Schwenkantrieb für Hydraulikbagger (Lohmann & Stolterfoht, Witten). *1* Antriebsmotor, *2* Lamellenhaltebremse, *3* erste Planetenstufe, *4* zweite Planetenstufe, *5* Befestigungsflansch, *6* Gehäuse, *7* Abtriebswelle mit Ritzel

durchführung für den Fahrantrieb und seine Steuerung.

Mobilbagger haben einen Verstellfahrmotor, ein Verteilerschaltgetriebe für Gelände- und Straßengang mit Haltebremse und wahlweise ein integriertes Fahrbremsventil für verschleißloses Bremsen bei Talfahrt. Beide Achsen werden über Gelenkwellen angetrieben.

Raupenbagger haben an jedem Laufwerk einen Konstanthydraulikmotor, der mit einem Planetengetriebe und einer Lamellenbremse in das Antriebsrad integriert ist (Abb. 22.11), und ebenfalls wahlweise Fahrbremsventile. Ungleicher Antrieb der Laufwerke ermöglicht Kurvenfahrten, gegenläufiger Antrieb das Drehen auf der Stelle.

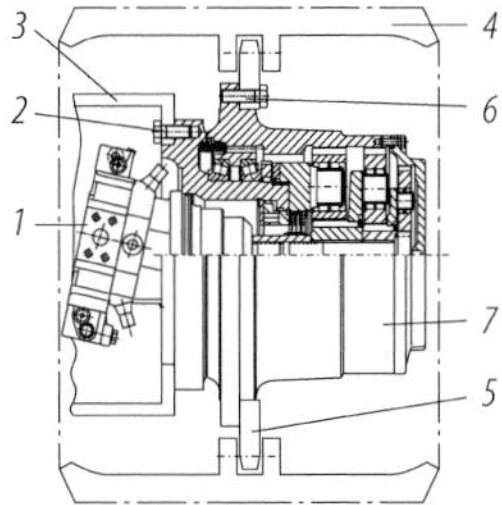

Abb. 22.11 Fahrantrieb für Raupenbagger mit Planetengetriebe und integriertem Hydromotor (Lohmann & Stolterfoht, Witten). *1* Hydraulikmotor, *2* Schraubenverbindung zum Geräterahmen *3*, *4* Raupenkette, *5* Kettenrad (Turas), *6* Schraubenverbindung zum Kettenrad, *7* Fahrgetriebe

Bagger arbeiten als *Standgeräte* durch Betätigen der Arbeitseinrichtung und durch Drehen des Oberwagens je nach Arbeitsausrüstung unter- und oberhalb ihrer Standebene. Fahrbewegungen dienen in der Regel nur dem *Standortwechsel*. Die Standsicherheit der Mobilbagger wird mit Stützschild oder Pratzenabstützungen erhöht. Raupenunterwagen werden in Standard-, LC- (long crawler – mit breiterer Spur und längerem Fahrschiff) und HD-Ausführung (heavy duty – für schwere Einsätze) angeboten.

22.3.2 Schaufellader

Schaufellader dienen im Erdbau und beim Schüttgutumschlag zum *Lösen, Laden* und – über kurze Entfernungen – zum *Transportieren*. Sie nehmen das Material während einer vorwärts gerichteten Fahrbewegung mit der an der Frontseite angeordneten Schaufel auf und geben es nach Rückwärtsfahrt, Richtungsänderung und Vorwärtsfahrt am Entladepunkt (Lkw, Halde, Silo) ebenfalls nach vorn ab (Abb. 22.12). Die Arbeitseinrichtung, bestehend aus zwei am Grundrahmen angelenkten Hubarmen und der Schaufel, wird mit Hydraulikzylindern betätigt. Die Kippbewegungen der Schaufel werden mit Hilfe einer *Parallelogramm-* oder einer *Z-Kinematik* (vorherrschend) bewirkt (Abb. 22.13). Letztere nutzt beim Ankippen der Schaufel die höhere Kraft

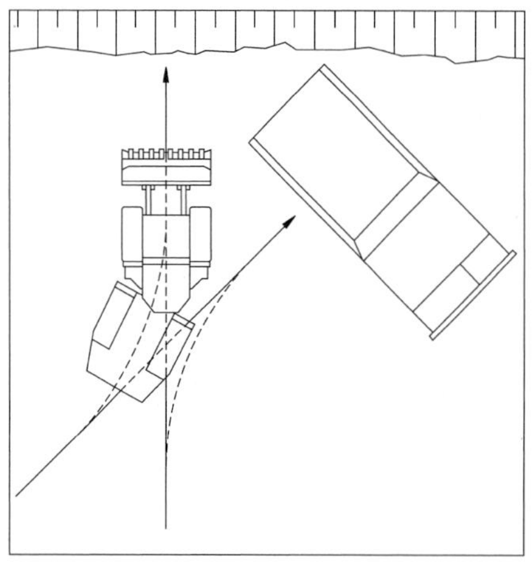

Abb. 22.12 Fahrschema eines Schaufelladers beim Beladen eines Lkw

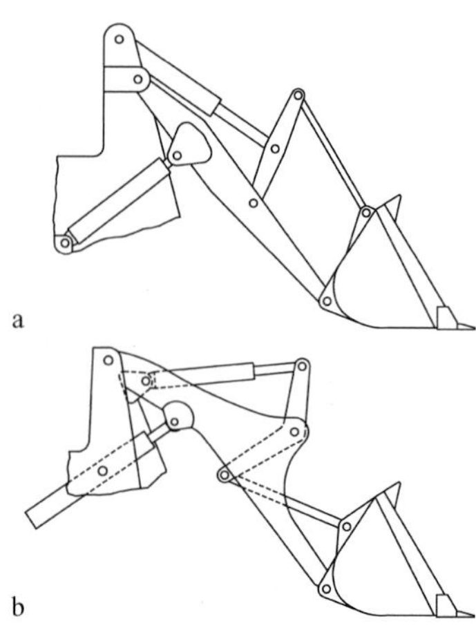

Abb. 22.13 Kippzylindergetriebe für Radladerschaufeln. **a** Parallelogrammkinematik; **b** Z-Kinematik

bei der Druckbeaufschlagung der Kolbenkreisfläche im Schaufelzylinder zum Erzeugen der Reißkraft und die höhere Geschwindigkeit beim Beaufschlagen der Kolbenringfläche zum schnellen Entleeren der Schaufel.

Radlader (Abb. 22.14). Sie haben Radfahrwerke mit grobstolligen Erdbaumaschinenreifen. Maschinen mit starrem Rahmen haben eine *Achsschenkellenkung* der Hinterachse, die zum Ausgleich von Geländeunebenheiten pendelnd am Rahmen befestigt ist, sehr selten Allradlenkung. Vorherrschend werden Radlader mit geteiltem

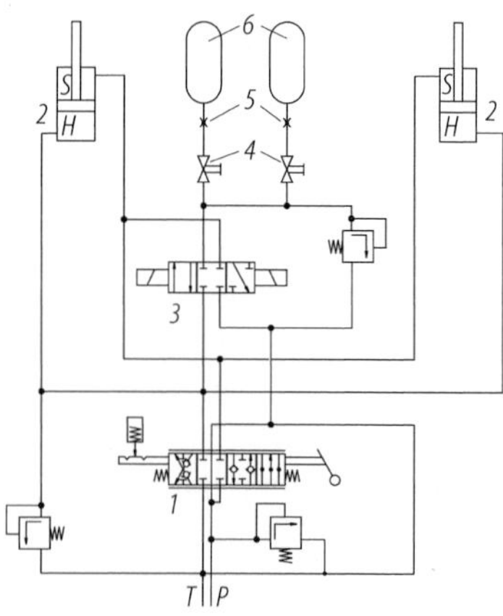

Abb. 22.15 Feder-Dämpfer-System in der Hubhydraulik der Arbeitseinrichtung eines Radladers zur Reduzierung betriebsbedingter Nickschwingungen. *1* Steuerblock für die Hubzylinder, *2* Hubzylinder, *3* 4/3-Wegeventil, *4* Absperrhahn, *5* Drosseln, *6* Hydrospeicher

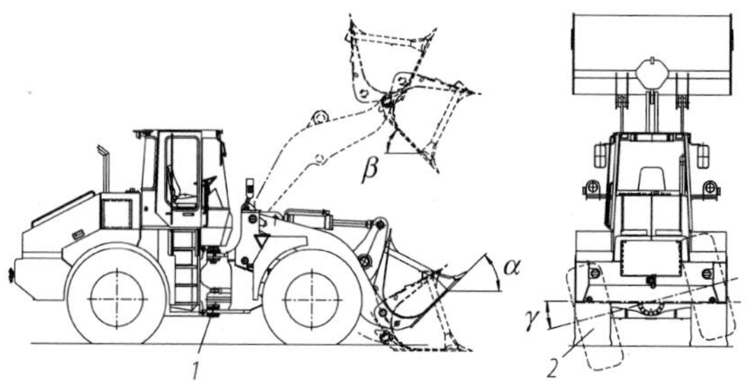

Abb. 22.14 Radlader mit Z-Kinematik zum Kippen der Ladeschaufel, mit Rahmenknicklenkung *1* und Pendelhinterachse *2* (Liebherr, Bischofshofen/Österreich). α Ankippwinkel, β Abkippwinkel, γ Pendelwinkel

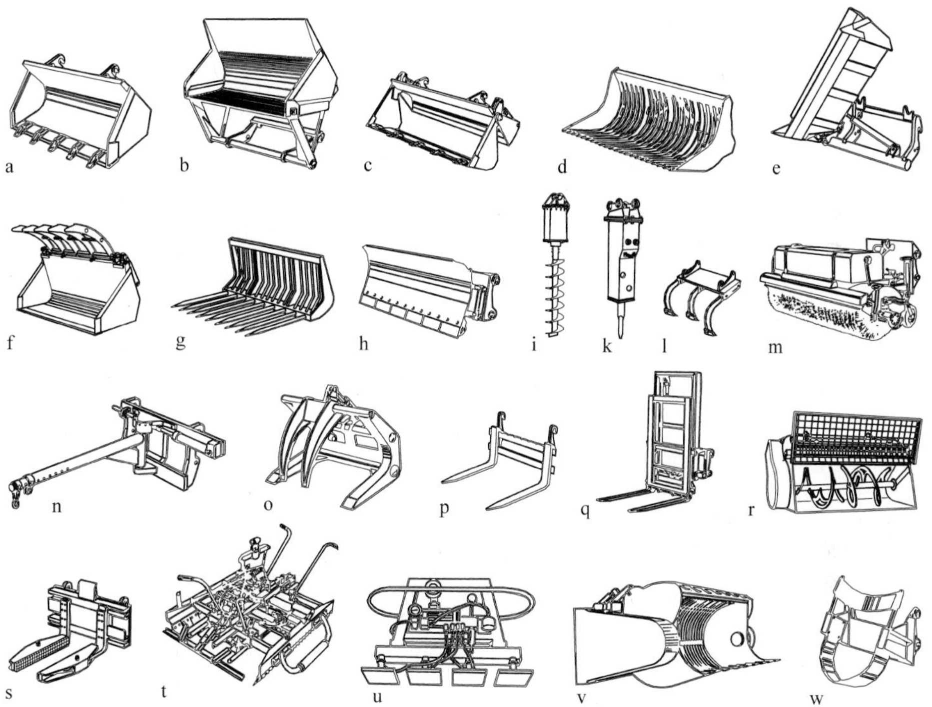

Abb. 22.16 Grabgefäße und Anbaugeräte für kompakte Radlader/Baggerlader (Kramer Allrad, Pfullendorf). **a** Standardschaufel; **b** Hoch-Kippschaufel; **c** Greiferschaufel; **d** Steinschaufel; **e** Seitenkippschaufel; **f** Sperrgutschaufel; **g** Sperrgutgabel; **h** Schneepflug; **i** Erdbohrer; **k** Hydraulik-Hammer; **l** Frontaufreißer; **m** Kehrmaschine; **n** Teleskop-Schwenkkran; **o** Rundholzzange; **p** Stapeleinrichtung; **q** Hubgerüst; **r** Betonmischschaufel; **s** Steinklammer; **t** Steinverlegezange; **u** Vakuumhebegerät; **v** Rotor-Cleaner; **w** Baumversetzgerät

Rahmen und *Knicklenkung* gebaut, die mit Hydraulikzylindern betätigt wird. Am Vorderwagen ist die Arbeitseinrichtung angelenkt. Der Hinterwagen trägt den Antrieb. Die Fahrerkabine (mit Schutzaufbauten gemäß DIN EN ISO 3164, 3449 und 3471) befindet sich über dem Knickgelenk und kann am Vorderwagen (gleichbleibende Sicht auf die Arbeitsausrüstung, Trennung von Antriebsschwingungen und -geräuschen) oder am Hinterwagen befestigt sein (gleichbleibende Stellung zum Maschinenheck während der unübersichtlicheren Rückwärtsfahrt, direkte Übertragungswege für die Antriebsbetätigung).

Nickschwingungen, zu denen die üblicherweise ungefederten Radlader durch Fahrbahnunebenheiten angeregt werden und die schädlich für den Fahrer und die Maschine sind, können durch Einbau eines Feder-Dämpfer-Systems in

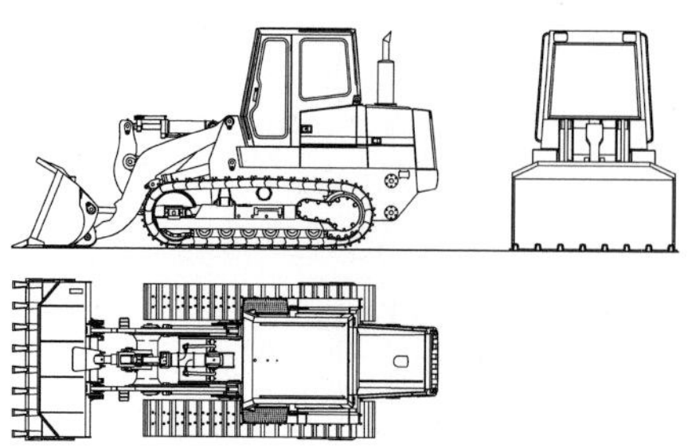

Abb. 22.17 Raupenlader mit Heckmotor und Z-Kinematik (Liebherr, Telfs/Österreich)

die Hubhydraulik der Arbeitseinrichtung reduziert werden (Abb. 22.15).

Größen: Motorleistung 10 bis 500 kW; Schaufelinhalt 0,15 bis 10 m^3; Dienstgewicht 0,7 bis 80 t. Kleinere Radlader werden als universell einsetzbare Maschinen mit vielfältigen Arbeitsausrüstungen und Anbaugeräten angeboten (Abb. 22.16).

Raupenlader (Laderaupen) (Abb. 22.17). Sie haben Raupenlaufwerke, zum Teil mit vertikal um die heckseitige Stützachse pendelnden Fahrschiffen zum Ausgleich von Geländeunebenheiten. Je nach Motoranordnung befindet sich die Fahrerkabine am Heck der Maschine (vorherrschend) oder direkt hinter der Arbeitseinrichtung. Heckmotor ist günstig als Gegengewicht für die Schaufelfüllung. *Größen:* Motorleistung 15 bis 230 kW; Schaufelinhalt 0,3 bis 4,5 m^3; Dienstgewicht 3 bis 42 t.

Kompaktlader (Abb. 22.18). Sie werden als kleine Radgeräte für beengte Baustellen verwendet. Hydrostatische Einzelantriebe der Räder jeder Seite ermöglichen bei gegenläufigem Antrieb das Wenden auf der Stelle. Die Hubarme sind hinter der Fahrerkabine angelenkt. *Größen:* Motorleistung 10 bis 70 kW; Schaufelinhalt 0,1 bis 0,5 m^3; Dienstgewicht 0,5 bis 3,5 t.

Baggerlader (Abb. 22.19). Sie haben als Mehrzweckgeräte neben der Ladeschaufel (0,5 bis 1 m^3) einen Heckbagger, der teleskopierbar und über die Maschinenbreite quer verschiebbar sein kann und in der Regel mit einem Tieflöffel ausgerüstet ist. *Größen:* Motorleistung 30 bis 65 kW; Dienstgewicht 5 bis 7,5 t.

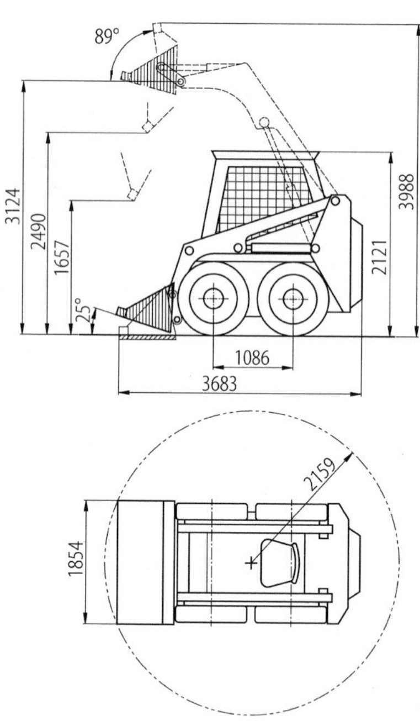

Abb. 22.18 Kompaktlader mit hydrostatischem Fahrantrieb (Beispielabmessungen – Bobcat, Bensheim)

Schaufellader werden mit Dieselmotoren angetrieben, die Arbeitseinrichtung hydrostatisch mit Zahnradpumpen oder leistungsgeregelten Axialkolben-Verstellpumpen, der Fahrantrieb der Radlader (Allrad) vorwiegend mit hydrodynamischem Drehmomentwandler und Lastschaltgetriebe sowie vielfach Selbstsperrdifferentialen und Planeten-Radnabengetrieben. Als Betriebsbremsen werden neben Trommel- und Scheibenbremsen zunehmend nasse Lamellenbremsen eingebaut. Kleine Radlader haben auch hydrostatische Fahrantriebe, größere vereinzelt in Verbindung mit einem Automatikschaltgetriebe.

Bei Laderaupen mit Wandler-Lastschaltgetriebe dient eine Kupplungsbremslenkung zum einseitigen Verzögern des Raupenantriebs für Kurvenfahrten (selten ein aufwändiges Getriebe für den getrennten Antrieb beider Raupen). Bei Geradeausfahrt sind beide Lenkkupplungen geschlossen. Zum Fahren einer weiten Rechtskurve wird die rechte Raupe ausgekuppelt, zum Fahren einer engen Kurve zusätzlich mit der Lenkbremse verzögert, und nur die linke Raupe angetrieben.

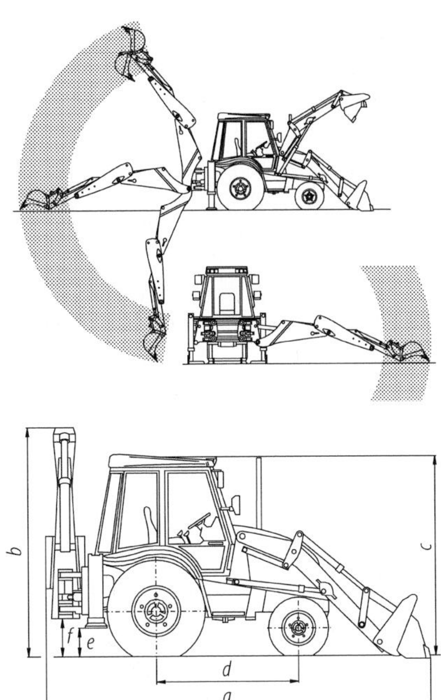

Abb. 22.19 Baggerlader mit Ladeschaufel und Tieflöffel-Heckbagger (JCB, Köln). Abmessungen: *a* Gesamtlänge 5,62 m, *b* Gesamthöhe 3,53 m, *c* Kabinenhöhe 2,87 m, *d* Radstand 2,17 m, *e* Minimum Bodenfreiheit 0,37 m, *f* Schwenkwerk Bodenfreiheit 0,52 m, Breite Heckrahmen 2,24 m, Breite der Schaufel 2,23 m

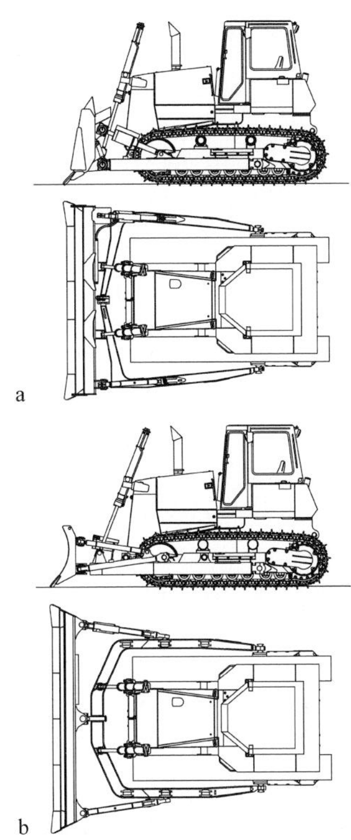

Abb. 22.20 Planierraupe (Liebherr, Telfs/Österreich). **a** Brustschild-, **b** Schwenkschildeinrichtung

Hydrostatische Fahrantriebe ermöglichen kraftschlüssige Lenkbewegungen und das Wenden auf der Stelle (s. Abschn. 22.3.3).

22.3.3 Planiermaschinen

Planiermaschinen dienen zum Abtragen dünner Bodenschichten und zum Herstellen ebener Flächen im Erdbau sowie im Straßen-, Landschafts-, Flughafen- und Sportanlagenbau.

Planierraupen (Abb. 22.20). Sie lösen und verschieben den Boden mit einem Schild (max. Förderweite 50 m), der an der Frontseite der Maschine an zwei Schubholmen (Brustschild) oder einem U-förmigen Schubrahmen (Schwenkschild) befestigt ist. Letzterer kann beidseitig mechanisch oder mit Hydraulikzylindern stufenlos so verstellt werden, dass der Boden zur Seite abfließt, z. B. beim Planieren einer Dammkrone. Die Schnitthöhe wird bei beiden Schildarten mit Hydraulikzylindern, der Schnittwinkel in der Regel mechanisch eingestellt. Durch Querneigen des Schilds (*Tilten/Tiltzylinder*) können mit einer Schildecke flache Rinnen hergestellt werden. *Wölbung, Breite* (2,2 bis 6 m) und *Höhe* (0,6 bis 2,2 m) des Schilds richten sich nach Einsatz- und Bodenart. Die Anlenkpunkte der Schubholme bzw. des Schubrahmens befinden sich hinten seitlich an den Raupenfahrschiffen. Schwere Böden und Fels können mit Ein- oder Mehrzahn-*Heckaufreißern* gelöst werden.

Der Antrieb gleicht prinzipiell dem der Laderaupen. Hydrostatische Fahrantriebe werden mit Primär- und Sekundärregelung ausgeführt, um ein größeres Geschwindigkeitsspektrum zu erreichen. *Größen:* Motorleistung 25 bis 550 kW – überwiegend (75 %) im Bereich 40 bis 150 kW; Dienstgewicht 4 bis 90 t.

Raddozer. Sie werden wegen ihrer höheren Fahrgeschwindigkeit für Planierarbeiten an häufig wechselnden Arbeitspunkten eingesetzt, z. B.

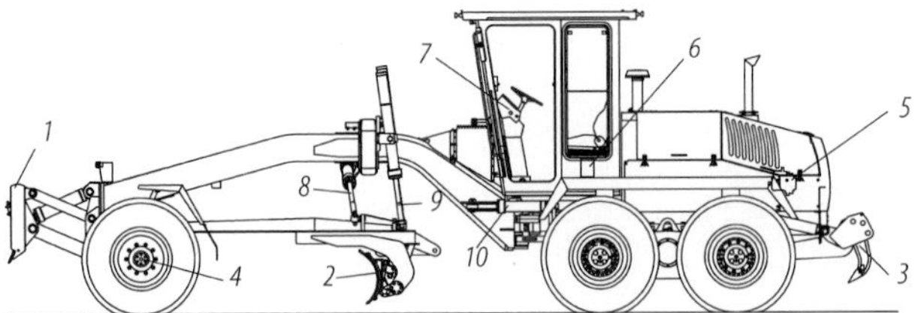

Abb. 22.21 Drei-Achs-Grader mit Frontschild *1*, Hauptschild *2* und Heckaufreißer *3* sowie mit elektronischer Regelung des hydrostatischen Vorderachsantriebs (HBM-Nobas, Nordhausen). *4* Hydromotor, *5* Verstellpumpe, *6* Elektronik, *7* Steuerkonsole, *8*, *9*, *10* Schwenk-, Hub- und Lenkzylinder

in Tagebaubetrieben. Wie Radlader haben sie Knicklenkung und Allradantrieb. Die Einstellungen des Schwenkschilds werden hydraulisch betätigt, um eine schnelle Anpassung an veränderte Arbeitsbedingungen zu ermöglichen. *Größen:* Motorleistung 120 bis 230 kW; Dienstgewicht 12 bis 30 t.

Grader (Erd- oder Straßenhobel) (Abb. 22.21). Die besonders guten Planiereigenschaften dieser Maschinen ergeben sich aus dem langen Radstand und der Anordnung des Planierschilds (*Schar*) zwischen den Achsen, wodurch die Wirkung der von den Rädern überfahrenen Unebenheiten auf die Schildstellung gemildert wird (Strahlensatz). Der mit einem Zugbalken an der Vorderachse angelenkte Planierschild kann mit einem Drehwerk, einem Schildzylinder, zwei Hub- und einem Schwenkzylinder sowie durch Verstellung des Jochs für die Anlenkung dieser Zylinder am Hauptrahmen um eine senkrechte Achse gedreht, beidseitig ausgefahren, einseitig angehoben und nach beiden Seiten ausgeschwenkt werden. Dadurch lassen sich waagerechte und geneigte Flächen sowie Rinnen und Böschungen bei Vorwärts- und Rückwärtsfahrt und auch außerhalb der Spur herstellen. Neben der *Achsschenkellenkung* der Vorderräder haben die meisten Grader eine *Rahmenknicklenkung*, die ein spurversetztes Fahren (*Hundegang*) und somit die Herstellung eines spurfreien Planums ermöglicht (Abb. 22.22). Automatische Nivelliereinrichtungen, die eine Referenzlinie (Draht, Bordstein, Nachbarfahrbahn, Leitstrahl) oder eine Referenzfläche (Rundumlaser) abtasten, verbessern die Planiergenauigkeit. Zum Vorplanieren kann ein Frontschild, zum Lösen fester Böden ein Heckaufreißer montiert werden.

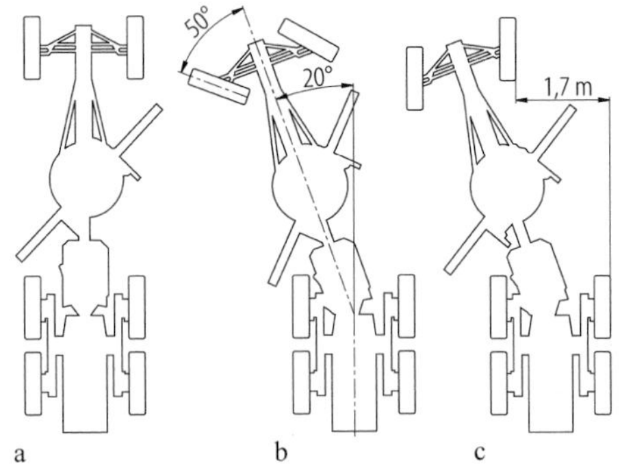

Abb. 22.22 Grader mit Vorderachs- und Rahmenknicklenkung für kleine Wenderadien und spurversetztes Fahren (Caterpillar, Garching). **a** Geradfahrt; **b** Knicklenkung; **c** spurversetzt (Hundegang)

Der Antrieb mit Dieselmotor, hydrodynamischem Drehmomentwandler und Lastschaltgetriebe wirkt auf die hinteren Tandemachsen. Kleine Grader werden auch mit zwei Achsen und hydrostatischem Allradantrieb gebaut. *Größen:* Motorleistung 35 bis 230 kW; Dienstgewicht 5 bis 35 t.

22.3.4 Transportfahrzeuge

Transportfahrzeuge werden als Dreiseiten- und Hinterkipper für den Straßentransport (Abb. 22.23) und als Muldenkipper auf Großbaustellen, bei der Materialgewinnung und in Tagebaubetrieben eingesetzt. Abmessungen und Gewicht großer Muldenkipper lassen ein Befahren öffentlicher Straßen in der Regel nicht zu. Ihre außen mit Kastenprofilrippen versteifte selbsttragende Stahlmulde ruht auf dem Rahmen des Fahrgestells und wird zum Entleeren mit zwei Hydraulikzylindern nach hinten gekippt. Zur gleichmäßigen Verteilung des Fahrzeuggewichts

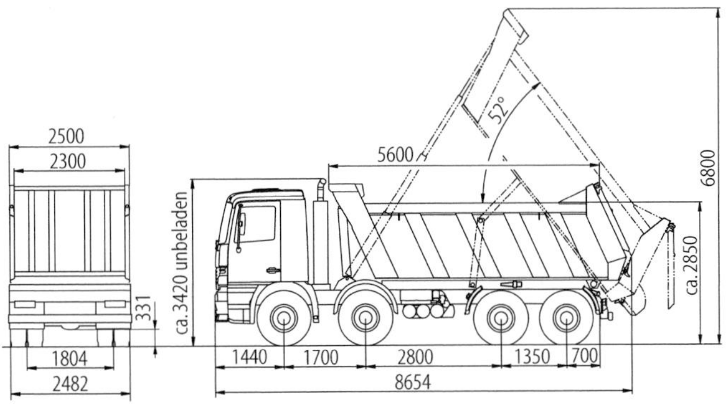

Abb. 22.23 Hinterkipper (Beispielabmessungen – F. X. Meiller, München)

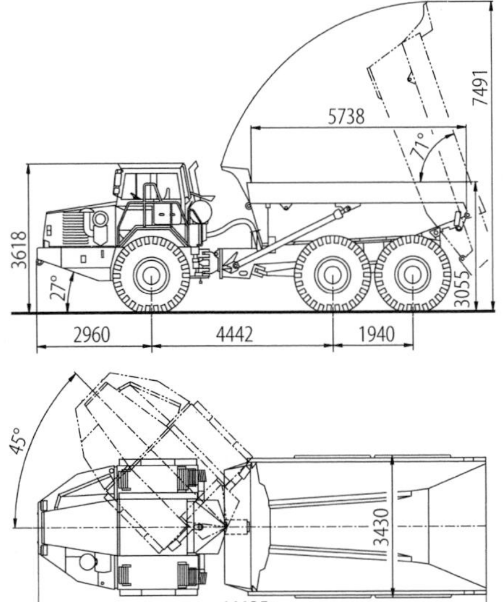

Abb. 22.24 Muldenkipper mit Rahmenknicklenkung (Beispielabmessungen – Volvo, Konz)

auf den Untergrund werden auf die mit Dieselmotor, hydrodynamischem Drehmomentwandler und Lastschaltgetriebe angetriebene Hinterachse Zwillingsreifen montiert. Kleinere Muldenkipper werden auch mit *Rahmenknicklenkung* gebaut (Abb. 22.24) und für gute Geländegängigkeit wahlweise mit Allradantrieb ausgerüstet. *Größen:* Motorleistung 115 bis 2400 kW; Muldeninhalt 8,5 bis 170 m^3; Nutzlast 12 bis 320 t; zulässiges Gesamtgewicht 23 bis 550 t; max. Fahrgeschwindigkeit 30 bis 75 km/h.

Literatur

Weiterführende Literatur

Baugeräteliste (BGL). Bauverlag, Gütersloh (2015)

Becker, H. (Hrsg.): Hütte – Bautechnik (Bd. III). Springer, Berlin (1977)

Kunze, G., Göhring, H. Jacob, K.: Baumaschinen. Vieweg, Wiesbaden (2012)

König, H.: Maschinen im Baubetrieb. Springer Vieweg, Wiesbaden (2014)

Kühn, G.: Der maschinelle Erdbau. Teubner, Stuttgart (1984)

Kühn, G.: Mechanik, Statik, Dynamik der Baumaschinen (Teil 2). Bauverlag, Berlin (1977)

www.baumaschine.de

Teil IV
Grundlagen der Verfahrenstechnik

Einführung

23

Matthias Bohnet

Verfahrenstechnik ist Stoffwandlungstechnik. Sie befasst sich mit der industriellen Umwandlung von Ausgangsstoffen in einer Folge von physikalischen, chemischen oder biologischen Prozessen zu verkaufsfähigen Zwischen- oder Endprodukten. Sie hat ihren Ursprung in der chemischen Industrie, wobei die Ingenieure insbesondere die Aufgabe hatten, die vom Chemiker in Laborversuchen erarbeiteten Ergebnisse in den technischen Produktionsmaßstab zu übertragen. Diese (Maschinenbau-)Ingenieure waren dafür verantwortlich, dass die Vorstellungen der Chemiker, Physiker und Biologen interdisziplinär verbunden wurden. Aus ihrer Tätigkeit hat sich eine eigenständige Ingenieurwissenschaft, die Verfahrenstechnik entwickelt. Hier war es zunächst der Apparatebau, der Forderungen an die Entwicklung neuer Fertigungsverfahren und neuer Werkstoffe stellte. Besonders erfolgreich wurden die Kenntnisse des Maschinenbaus bei der Entwicklung der Hochdruckverfahren, z. B. der Ammoniak- und der Methanolsynthese umgesetzt.

Um Stoffe wandeln zu können, ist Energie erforderlich. Dies kann Wärme oder mechanische Energie sein. Darüber hinaus nutzt man ganz wesentlich auch die Möglichkeit der chemischen Umwandlung von Stoffen sowie die Fähigkeit von Mikroorganismen, Stoffe zu wandeln. Die meisten Prozesse spielen sich dabei in Apparaten ab, wobei die Wärmeübergangs- und Stoffübergangsvorgänge an den Phasengrenzen der beteiligten festen, flüssigen oder gasförmigen Phasen ablaufen, die sich innerhalb des Apparats bewegen. In Einzelfällen setzt man auch Stoffaustauschmaschinen ein.

Da in praktisch allen verfahrenstechnischen Prozessen mehrphasige Strömungen vorliegen, stellen die mehrphasigen Strömungen das Bindeglied zwischen vielen Prozessstufen eines Verfahrens dar. Wärme- und Stoffaustausch werden maßgeblich durch Strömungsvorgänge bestimmt und damit auch der Umsatz und die Ausbeute sowie der Energiebedarf. Die komplexen Verhältnisse macht Abb. 23.1 deutlich, in dem wichtige Prozessschritte der thermischen, mechanischen, chemischen und biologischen Verfahrenstechnik über die Mehrphasenströmungen verknüpft sind.

Alle verfahrenstechnischen Prozesse lassen sich in Grundoperationen (unit operations) zerlegen. Dies hat zunächst den Vorteil, dass man die Gesetzmäßigkeiten der stoffwandelnden Vorgänge losgelöst von einem bestimmten Stoffsystem behandeln kann. Die Zusammenfügung der Einzelschritte zum Prozess ist Aufgabe der Systemverfahrenstechnik, die insbesondere die dynamische Aufeinanderfolge der Teilschritte umzusetzen hat. Hier finden sich dann wichtige Verknüpfungen mit der Mess-, Regel- und Automatisierungstechnik.

Die ingenieurwissenschaftliche Bearbeitung verfahrenstechnischer Probleme nutzt heute vermehrt numerische Methoden, insbesondere bei der Betrachtung dynamischer Vorgänge. Zunehmend an Bedeutung gewinnt dabei die biologische

M. Bohnet (✉)
Technische Universität Braunschweig
Braunschweig, Deutschland
E-Mail: matth.bohnet@tu-bs.de

B. Bender und D. Göhlich (Hrsg.), *Dubbel Taschenbuch für den Maschinenbau 3: Maschinen und Systeme*,
https://doi.org/10.1007/978-3-662-59715-6_23

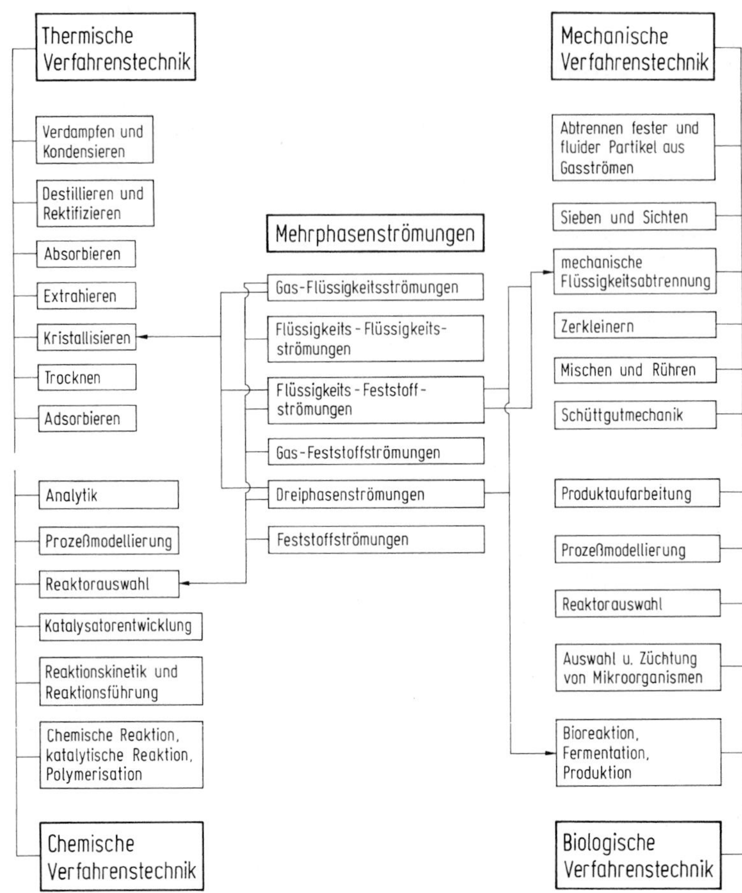

Abb. 23.1 Mehrphasenströmungen als Bindeglied zwischen den vier verfahrenstechnischen Hauptgebieten, letztere erläutert an ausgewählten Verfahrensschritten

Verfahrenstechnik, deren Vorteil liegt darin, dass Mikroorganismen in der Lage sind, in einem Syntheseschritt Stoffe zu erzeugen, für die man bei chemischer Umsetzung mehrere Umwandlungsschritte benötigt. Ihr Nachteil liegt in der geringen Konzentration, in der die erzeugten Produkte vorliegen. Die verfahrenstechnische Aufarbeitung der Bioprodukte entscheidet also über Erfolg oder Misserfolg eines Verfahrens.

Literatur

Weiterführende Literatur

Blaß, E.: Entwicklung verfahrenstechnischer Prozesse. Springer, Berlin (1997)

Brauer, H.: Grundlagen der Einphasen- und Mehrphasenströmungen. Sauerländer, Frankfurt (1971)

Brauer, H., Mewes, D.: Stoffaustausch einschließlich chemischer Reaktion. Sauerländer, Frankfurt (1972)

Dialer, K., Onken, U., Leschonski, K.: Grundzüge der Verfahrenstechnik und Reaktionstechnik. Hanser, München (1986)

Eck, B.: Technische Strömungslehre. Bd. 1 Grundlagen, Bd. 2 Anwendungen. Springer, Berlin (1978, 1981)

Grassmann, P.: Einführung in die thermische Verfahrenstechnik. de Gruyter, Berlin (1974)

Grassmann, P.: Physikalische Grundlagen der Verfahrenstechnik. Sauerländer, Frankfurt (1983)

Kögl, B., Moser, F.: Grundlagen der Verfahrenstechnik. Springer, Berlin (1981)

Mayinger, F.: Strömung und Wärmeübertragung in Gas-Flüssigkeitsgemischen. Springer, Berlin (1982)

Mersmann, A.: Thermische Verfahrenstechnik. Springer, Berlin (1980)

Molerus, O.: Fluid-Feststoff-Strömungen. Springer, Berlin (1982)

Perry's Chemical Engineers' Handbook. McGraw-Hill, New York (1997)

Prandtl, L., Oswatitsch, K., Wieghardt, K.: Führer durch die Strömungslehre. Vieweg, Braunschweig (1990)

Schlichting, H.: Grenzschicht-Theorie. Braun, Karlsruhe (1982)

Ullmann's Encyclopedia of Industrial Chemistry. VCH, Weinheim (ab 1985)

Vauck, W. R. A., Müller, H. A.: Grundoperationen chemischer Verfahrenstechnik. Deutscher Verlag für Grundstoffindustrie, Leipzig und Stuttgart (1994)

VDI-Wärmeatlas, 11. Aufl. Springer, Berlin (2013)

American Institute of Chemical Engineering Journal. American Institute of Chemical Engineering, New York

Canadian Journal of Chemical Engineering. Canadian Society for Chemical Engineers, Ottawa

Chemical Engineering and Processing. Elsevier Sequoia, New York

Chemical Engineering and Technology. VCH, Weinheim

Chemical Engineering Communications. Gordon and Breach Publishers, Amsterdam

Chemical Engineering Science. Elsevier, Amsterdam

Chemie-Ingenieur-Technik. VCH, Weinheim

Chemische Technik. Verlag für Grundstoffindustrie, Leipzig und Stuttgart

Computers and Chemical Engineering. Elsevier, Amsterdam

Multiphase Flow. Pergamon Press, Oxford

24 Mechanische Verfahrenstechnik

Arno Kwade und Jörg Schwedes

24.1 Einführung

Die Mechanische Verfahrenstechnik behandelt die *Wandlung stofflicher Systeme* durch vorwiegend *mechanische Einwirkungen*. Darunter versteht man die Umwandlung und den Transport mechanisch beeinflussbarer disperser Systeme. Mit mechanischen Kräften lassen sich Partikeln (Feststoffpartikeln, Flüssigkeitstropfen, Gasblasen) bis unter 1 µm Partikelgröße beeinflussen, in extrem hohen Fliehkraftfeldern noch eine 10er Potenz weiter. Die Mechanische Verfahrenstechnik umfasst somit schwerpunktmäßig den *grobdispersen* Bereich (0,1 µm bis 1 m) im Gegensatz zur Thermischen Verfahrenstechnik, deren Elemente molekulardispers und kolloiddispers sind (s. Kap. 25). In neusten Entwicklungen werden auch Nanopartikel über Zerkleinern hergestellt, getrennt und in mechanischen Verfahren zu Produkten wie Granulaten verarbeitet.

Die Stoffumwandlungen durch mechanische Einwirkungen lassen sich in Grundverfahren aufgliedern. Man unterscheidet zwei Hauptgruppen, die Verfahren *mit Änderung* der Partikelgröße und die Verfahren *ohne Änderung* der Partikelgröße. Beide Gruppen können weiter in *Trenn-* und *Vereinigungsverfahren* unterteilt werden. Zur ersten Gruppe gehören das *Zerkleinern* und das *Agglomerieren* (Tablettieren, Brikettieren, Pelletieren, usw.), zur zweiten das *Trennen* (Sortieren, Klassieren, Abscheiden, Filtrieren) und das *Mischen.* Zu den Transportvorgängen zählen das *pneumatische* und *hydraulische* Fördern, das *Lagern* und das *Dosieren* von Schüttgütern.

Zur Charakterisierung der Grundverfahren hat sich eine spezielle Messtechnik entwickelt, die *Partikelmesstechnik.* Sie ist eine eigene Messtechnik der Mechanischen Verfahrenstechnik und dient zur Messung der das disperse System beschreibenden Größen. Das sind *Partikelgrößen, Partikelgrößenverteilung, Partikelform, spezifische Oberfläche, Schüttgutdichte, Porosität* u. a. Die Partikelmesstechnik ist unabdingbar. Sonst fehlen die wesentlichen Aussagen über die betrachteten Systeme. Diese *Dispersitätsgrößen* haben für die Mechanische Verfahrenstechnik die Bedeutung, die die Zustandsgrößen Druck, Temperatur, Mischungszustand u. a. für die thermischen Verfahren haben. Nur sind sie ungleich schwieriger zu messen.

Im Folgenden werden die Grundverfahren Zerkleinern, Agglomerieren, Trennen, Mischen und Lagern dargestellt, wobei jeweils nach einer kurzen Darlegung der physikalischen Grundlagen exemplarisch auf einige wenige technische Anwendungen eingegangen wird. Auf die Partikelmesstechik muss aus Platzgründen verzichtet werden. Bezüglich des pneumatischen und hydraulischen Förderns sei auf den Beitrag über Mehrphasenströmungen hingewiesen (s. Kap. 27).

A. Kwade (✉)
Technische Universität Braunschweig
Braunschweig, Deutschland
E-Mail: a.kwade@tu-bs.de

B. Bender und D. Göhlich (Hrsg.), *Dubbel Taschenbuch für den Maschinenbau 3: Maschinen und Systeme*,
https://doi.org/10.1007/978-3-662-59715-6_24

24.2 Zerkleinern

Der Bedeutung des Zerkleinerns wird man sich bewusst, wenn man Art und Menge der industriell zerkleinerten Stoffe betrachtet. Erze werden zerkleinert und aufbereitet, um sie zur Metallgewinnung zu verhütten. Getreide wird gemahlen, um Mehl zum Brotbacken zu erhalten. Die mit Mahlsteinen betriebenen Mühlen gehören zu den ältesten Techniken der Menschen und werden heute noch – zumindest dem Prinzip nach – ähnlich eingesetzt. Nahezu alle anorganischen festen Rohstoffe müssen aufgeschlossen und zerlegt werden, wozu Zerkleinerungsvorgänge nötig sind. Das gleiche gilt heute für die festen Abfälle. Auch sie werden in speziellen Zerkleinerungs- und Trennverfahren aufbereitet, um zumindest anteilmäßig in den industriellen Stoff- und Energiekreislauf zurückgeführt zu werden (Recycling).

Zerkleinerungsprozesse sind sehr energieaufwändig. Weltweit werden nahezu 4 % des Gesamtstromverbrauchs dafür benötigt, wobei allein auf die Zementherstellung 1 % entfällt. Bei Massenprodukten wie Zement, Kohle und Erzen belastet das Zerkleinern die Herstellungskosten beachtlich, z. B. bei Zement mit fast 25 %.

24.2.1 Bruchphysik; Zerkleinerungstechnische Stoffeigenschaften

Eine theoretisch umfassende Beschreibung des Zerkleinerungsverhaltens realer Partikeln ist äußerst problematisch, da zu viele Einflussgrößen bestehen. Man geht deshalb in drei Schritten vor:

- physikalische Betrachtung der Zerkleinerung idealer Partikeln,
- phänomenologische Erfassung des Zerkleinerungsverhaltens realer Partikeln unter idealen Bedingungen,
- Erfassung der Vorgänge in und Optimierung von technischen Zerkleinerungsmaschinen.

Die Bruchphysik lehrt uns, welche Energien nötig sind, um die molekulare Zerreißfestigkeit zu überwinden. Sind wie in allen realen Partikeln *Inhomogenitäten* und *Mikroanrisse* vorhanden, muss die molekulare Zerreißfestigkeit nur an der Rissspitze aufgebracht werden. Die Kerbtheorie liefert die Kenntnis des Spannungsverlaufs in der Umgebung des sich ausbreitenden Risses. An der Rissspitze ist die Energiekonzentration sehr hoch. Es kommt zu mikroplastischen Verformungen und Strukturänderungen. Damit muss für den Rissfortschritt wesentlich mehr Energie bereitgestellt werden als es der Zunahme der freien Grenzflächenenergie entspricht.

Die Erkenntnisse der Bruchphysik und Bruchmechanik nutzen dem Verständnis der Brucherscheinungen, reichen aber nicht aus, das Verhalten von zu zerkleinernden Partikeln aufgrund der physikalischen Einsichten vorauszuberechnen. Hierfür sind zwei Gründe anzuführen:

- Reale Partikeln sind unregelmäßig geformt, d. h. die bei Beanspruchung entstehenden Spannungszustände sind kaum berechenbar.
- Die Kenntnis der Anriss- und Fehlstellen in der Partikel, die für Bruchauslösung und Bruchfortschritt verantwortlich sind, ist gering.

Bei der Beanspruchung eines *Partikelkollektivs* in einer Zerkleinerungsmaschine wird die Lage noch komplizierter, da nicht bekannt ist, wie die von außen zugeführte Energie auf die Einzelpartikeln übertragen wird.

Neben der bruchphysikalischen Betrachtung ist eine *phänomenologische* Behandlung der Zerkleinerung notwendig. Durch umfangreiche Versuche an realen Einzelpartikeln unter definierten Beanspruchungsbedingungen haben sich Erkenntnisse angesammelt, die als „Zerkleinerungstechnische Stoffeigenschaften" bezeichnet werden. Diese lassen sich in zwei Gruppen einteilen: 1. Kennwerte für den *Widerstand gegen die Zerstörung* (Festigkeit, flächenbezogene Reaktionskraft, spezifische Zerkleinerungsarbeit, Bruchwahrscheinlichkeit) und 2. Kennwerte für das *Ergebnis der Beanspruchung* (Verteilungsfunktion der Bruchstücke, erzeugte spezifische Oberfläche). Aus einer Kombination beider Kennwerte lassen sich Aussagen über *Energieausnutzung* und *Mahlbarkeit* machen.

Die zerkleinerungstechnischen Stoffeigenschaften lassen sich *nicht* aus bekannten Stoffeigenschaften wie Elastizitätsmodul, Festigkeit, Querdehnungszahl berechnen. Eine besondere Schwierigkeit bringt die unregelmäßige *Partikelform* und der Einfluss der *Partikelgröße* mit sich. Unterhalb einer gewissen Partikelgröße nimmt die Festigkeit zu, da die Wahrscheinlichkeit für das Vorhandensein bruchauslösender Fehlstellen immer geringer wird. Die Art der Beanspruchung ist ebenfalls von Einfluss. Technisch relevant sind die Beanspruchungen durch Druck (zwischen zwei Flächen), durch Prall (an einer Fläche) und durch das umgebende Medium (im Schergefälle einer Flüssigkeitsströmung).

Mit den Ergebnissen aus Untersuchungen an Einzelpartikeln lassen sich Zerkleinerungsmaschinen beurteilen, wenn man von der Hypothese ausgeht, dass die Beanspruchung einer Einzelpartikel die energiegünstigste Methode darstellt. Als Effektivität wird der Quotient aus Energiebedarf des idealen Prozesses (Einzelpartikel) geteilt durch den der Zerkleinerungsmaschine definiert.

Als Richtwerte können angegeben werden: Backen- und Walzenbrecher 0,7 bis 0,9; Prallbrecher 0,3 bis 0,4; Wälzmühlen 0,07 bis 0,15; Kugelmühlen 0,05 bis 0,1; Prallmühlen 0,01 bis 0,1.

24.2.2 Zerkleinerungsmaschinen

Der weitverbreitete Einsatz, das unterschiedliche Stoffverhalten und die unterschiedlichen Zielsetzungen der technischen Zerkleinerung haben zur Entwicklung einer großen Anzahl von Zerkleinerungsmaschinen geführt. Nach der Partikelgröße des Fertigguts unterscheidet man Brecher (> einige mm) und Mühlen (< 1 mm). Im weiteren kann zwischen Trocken- und Nasszerkleinerung und nach der Art der Energiezuführung unterschieden werden.

Brecher. In Backen- und Kegelbrechern (Abb. 24.1) wird das Mahlgut durch Druck und Schub in einem Brechraum beansprucht, der sich periodisch öffnet und schließt. Die Beanspruchung entspricht im Wesentlichen der Beanspruchung einer Einzelpartikel, woraus die o. g. hohe Effektivität resultiert. Walzenbrecher bestehen aus zwei sich gegensinnig drehenden Walzen, die mit Nocken oder Stacheln versehen werden können, um die Einzugsbedingungen zu verbessern. Mit Backenbrechern können Durchsätze bis zu 600 m^3/h erreicht werden. Die spezifische Zerkleinerungsarbeit liegt im Bereich von 0,2 bis 2 kWh/t.

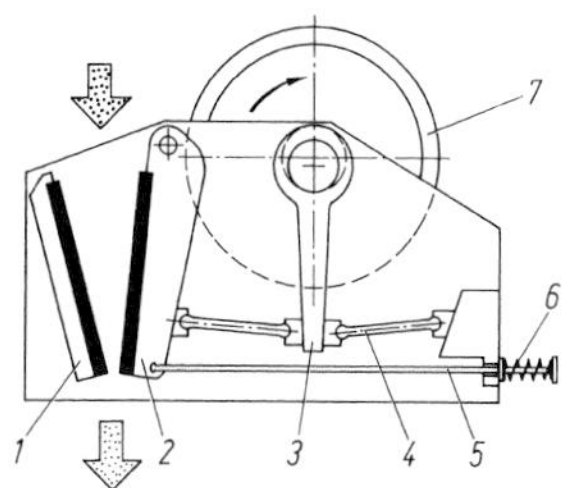

Abb. 24.1 Backenbrecher. *1* Druckplatte, *2* Brechschwinge, *3* Exzenter mit Hubstange, *4* Stützplatte, *5* Zugstange, *6* Rückholfeder, *7* Schwungrad

Wälzmühlen. Diese sind Zerkleinerungsmaschinen, in denen die Beanspruchung zwischen sich aufeinander abwälzenden Flächen geschieht. Die Wälzkörper können kugel- oder rollenförmig sein, Mahlbahnen sind kegel- oder schüsselförmig ausgebildet. Die älteste Bauform ist der Kollergang. Die Krafteinleitung geschieht durch Schwerkraft, Zentrifugalkraft oder durch hydraulische bzw. Federkräfte. Wälzmühlen werden u. a. verwendet, um Steinkohle in Kraftwerken auf die zum Verbrennen nötige Feinheit zu zerkleinern.

Mühlen mit losen Mahlkörpern. Zerkleinerungsmaschinen, bei denen der Mahlbehälter teilweise mit frei beweglichen Mahlkörpern gefüllt ist, haben eine große Bedeutung erlangt. Abhängig davon, ob dem Mahlgut noch eine flüssige Phase zugegeben wird, spricht man von *Trocken-* oder *Nassmahlung*. Die Energiezufuhr kann durch Drehen oder Vibrieren des Mahlbehälters oder durch Rühren des Inhalts bei ortsfestem Mahlbehälter geschehen.

Wichtigster Typ dieser Maschinen ist die *Kugelmühle*. Der kreiszylindrische Mahlraum, der um die horizontale Achse rotiert, ist zu etwa 35 % mit Mahlkörpern (Kugeln, Zylinderstücke, Steine) gefüllt. Das Mahlgut wird zwischen den Mahlkörpern durch Druck und Schub und beim freien Fall der Mahlkörper auch durch Prall beansprucht. Im Bereich der Zementindustrie sind Mühlen mit Längen bis zu 16 m im Einsatz. Die Durchmesser liegen als *Rohrmühle* im Bereich bis zu 5 m, als *Autogenmühlen* bis ca. 12 m.

Rührwerkskugelmühlen werden nahezu ausschließlich zur Nassmahlung eingesetzt. Ein Rührwerk führt die Energie zu. In diesen Mühlen ist die Energiedichte sehr hoch, weshalb sie vorwiegend zur Feinstzerkleinerung eingesetzt werden. Mit diesen Mühlen können anorganische Materialien auch bis in den Nanometerbereich zerkleinert werden.

Prallmühlen. In Prallmühlen, in denen Zerkleinerungen bis in den Bereich um 1 μm möglich sind, findet eine Beanspruchung der Partikeln an einer Fläche statt. Die Partikeln prallen gegen feststehende oder rotierende Platten, Nocken, Stifte oder sonstige Einbauten sowie gegen andere Partikeln innerhalb des Prozessraums. Im Wesentlichen herrscht eine Einzelpartikelbeanspruchung vor. Bei den *Rotorprallmühlen* übertragen Rotoren die Energie auf die Partikeln. Umfangsgeschwindigkeiten bis 150 m/s sind möglich. Bei zwei gegensinnig drehenden Rotoren sind Relativgeschwindigkeiten bis zu 200 m/s erreichbar. Die Rotorwerkzeuge sind gelenkig aufgehängt (Hammermühlen) oder starr mit dem Rotor verbunden (Stiftmühlen). In Prallmühlen findet meist eine Klassierung statt mit dem Ziel, dass die Partikeln so lange im Mahlraum verweilen, bis die erwünschte Feinheit erreicht ist. Die Klassierung erfolgt über Siebe oder Spiralwindsichtung. Die durch den Rotor in Rotationsströmung gebrachte Luft wird über einen Ventilator nach innen zur Rotorachse gezogen. Durch Verändern der Größe der Auslauföffnung lässt sich die Trenngrenze beeinflussen.

In *Strahlprallmühlen* erfolgt die Energiezufuhr mittels vorgespannter Gase. Abb. 24.2 zeigt beispielhaft eine Spiralstrahlmühle. Die Treibluft tritt über die schräg angestellten Düsen ein, das Mahlgut wird über einen Injektor eingespeist.

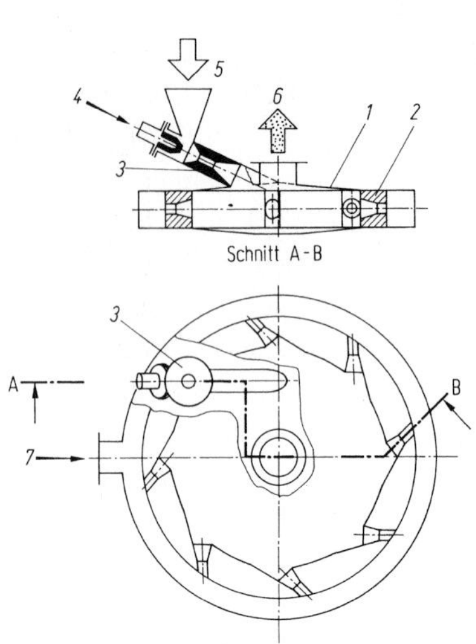

Abb. 24.2 Spiralstrahlmühle, *1* Mahlkammer, *2* Düsenring, *3* Injektor, *4* Injektorluft, *5* Mahlgut, *6* Mahlgut/Luft, *7* Mahlluft

Mit Lavaldüsen lassen sich Gasgeschwindigkeiten von 600 m/s bei Luft und 1100 m/s bei Wasserdampf erreichen. Die Zerkleinerung erfolgt in einer Ringzone im Mahlraum durch gegenseitigen Partikelstoß. Grobe Partikeln gelangen aufgrund der Zentrifugalbeschleunigung an die Wand, werden von den Treibstrahlen erfasst, erneut in die Zerkleinerungszone transportiert und solange zerkleinert, bis die Widerstandskraft der Gasströmung die Zentrifugalkraft übersteigt und somit eine Ausschleusung mit dem Gas ermöglicht wird.

24.3 Agglomerieren/Granulieren

Das Agglomerieren ist das Gegenteil des Zerkleinerns. Durch Zusammenführen von Einzelpartikeln und durch die Wirkung von Haftkräften entstehen *Agglomerate*. Je nach Industriezweig und Stoffgruppen haben sich unterschiedliche Begriffe eingebürgert. Man spricht von *Tablettieren, Brikettieren, Kompaktieren, Pelletieren, Sintern, Granulieren, Instantisieren* u. a. m. Durch die Agglomeration werden verbesserte Produkteigenschaften angestrebt. Gegenüber feinen Partikeln neigen Agglomerate nicht zum Stauben, Anhaften und Entmischen. Die Fließ- und Dosiereigenschaften werden verbessert. Die Schüttgutdichte wird erhöht. Ein schnelleres Dispergieren in Flüssigkeiten ist zu erreichen.

24.3.1 Bindemechanismen, Agglomeratfestigkeit

Folgende Bindemechanismen halten Agglomerate zusammen:

- Haftung durch Materialbrücken zwischen den Partikeln: Festkörperbrücken, hochviskose Bindemittel, frei bewegliche Flüssigkeiten (Kapillarität),
- Haftung ohne Materialbrücken: van-der-Waals-Kräfte, elektrostatische Kräfte, formschlüssige Bindungen.

Mit Hilfe von Modellrechnungen (glatte, starre, symmetrische Körper) sind Haftkraftberechnungen möglich, die vielfach erheblich von Messergebnissen an realen Partikeln abweichen, jedoch immer den Einfluss der wesentlichen Größen richtig wiedergeben.

Festkörperbrücken bilden sich im Kontaktbereich von Partikeln bei Temperaturen oberhalb 60 % der Schmelztemperatur in Kelvin. Werden feuchte Agglomerate getrocknet und die Flüssigkeit enthält gelöste Stoffe, bilden sich im Kontaktbereich durch Kristallisation ebenfalls Festkörperbrücken. Enthalten Agglomerate eine frei bewegliche Flüssigkeit, wird sich diese bei geringem Feuchtegehalt in Form von Flüssigkeitsbrücken im Partikelkontaktbereich ansammeln. Der kapillare Unterdruck in den Flüssigkeitsbrücken und die Oberflächenspannung der Flüssigkeit bewirken die Anziehung. Mit zunehmendem Feuchtegehalt werden auch die Porenzwischenräume gefüllt. Der kapillare Unterdruck im Agglomerat sorgt für eine hohe Festigkeit.

Van-der-Waals-Kräfte entstehen durch Wechselwirkungen zwischen Dipolmomenten von Atomen und Molekülen und sind stets vorhanden. Sie sind der Partikelgröße bzw. dem Krümmungsradius im Kontaktbereich proportional und haben nur eine geringe Reichweite. Elektrostatische Kräfte treten bei Leitern und Nichtleitern auf. Sie haben eine größere Reichweite als van-der-Waals-Kräfte. Beim Partikelkontakt überwiegen aber die van-der-Waals-Kräfte, sodass häufig die elektrostatischen Kräfte für die Anziehung, die van-der-Waals-Kräfte aber für die Haftung verantwortlich sind.

Vergleicht man die Haftkräfte durch Flüssigkeitsbrücken, van-der-Waals-Kräfte und elektrostatische Kräfte beim kleinstmöglichen Abstand von 0,4 nm (Kontaktabstand), so ergeben Flüssigkeitsbrücken die größte und die Elektrostatik die kleinste Haftkraft. Bei den Flüssigkeitsbrücken, bei van-der-Waals-Kräften und beim elektrischen Leiter sind die Haftkräfte H dem Partikeldurchmesser x proportional (elektrischer Nichtleiter: $H \sim x^2$). Da das Partikelgewicht G proportional x^3 ist, nimmt H/G mit kleiner werdenden Partikeln zu. Deshalb haften kleine Partikeln fester an Wänden als große, obwohl diese die größeren Haftkräfte besitzen.

Beruht die Festigkeit von Agglomeraten auf der Haftkraftübertragung an Partikelkontakten und hat das Agglomerat eine Porosität (Hohlraumanteil) ε, so errechnet sich die Zugfestigkeit σ_z des Agglomerats zu

$$\sigma_z = \frac{1-\varepsilon}{\varepsilon}\frac{H}{x^2}\,. \tag{24.1}$$

Aus dieser Gleichung ist ersichtlich, dass die Festigkeit mit kleiner werdenden Partikeln x zunimmt. Reichen z. B. wegen zu großer Partikeln die van-der-Waals-Kräfte für eine erwünschte Festigkeit nicht aus, müssen die Haftkräfte durch Flüssigkeitszugabe, durch Verwendung viskoser Bindemittel, durch Erwärmen oder Anpressen vergrößert werden.

24.3.2 Granulationstechnik

Unter Granulationstechnik versteht man das systematische Herstellen von Agglomeraten mit möglichst definierten Eigenschaften. Die beiden wichtigsten Verfahren sind:

- Aufbaugranulation (selbsttätiges Anlagern),
- Pressagglomeration (zwangsläufiges Verpressen).

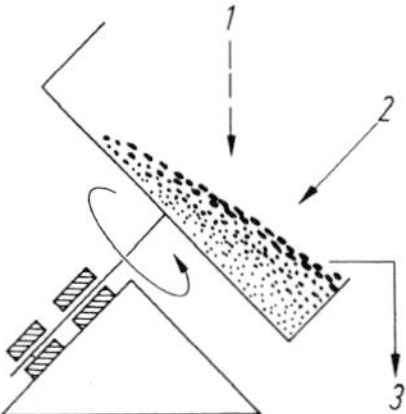

Abb. 24.3 Pelletierteller. *1* Flüssigkeit, *2* Pulver, *3* Agglomerat

Aufbaugranulation. Werden Partikeln gegeneinander bewegt (Abrollbewegung, Mischbewegung, Bewegung im Fluid), tritt bei hinreichender Annäherung eine Anlagerung ein, wenn die anziehenden Kräfte größer als die trennenden Kräfte sind. Trennende Kräfte können sein: elastische Rückstellkräfte, Strömungskräfte, Reibungskräfte. Die Aufbaugranulation ist damit ein Wechselspiel zwischen *Haft-* und *Trennkräften* und unterliegt daher einem Selektionsprinzip. Bei der Aufbaugranulation unterscheidet man *Roll-, Misch-* und *Fließbettgranulation.* Im Mischer (s. Abschn. 24.5) und im Fließbett (s. Kap. 27) werden Partikeln gegeneinander bewegt, womit die Grundvoraussetzung für die Aufbaugranulation gegeben ist. Für die Rollgranulation wird meist ein rotierender Teller (Abb. 24.3) benutzt. Durch die Rollbewegung lagern sich die Partikeln zu kugelförmigen Agglomeraten an (*Schneeballeffekt*), die über den Rand ausgetragen werden. Die Klassierwirkung (große, runde Agglomerate auf der Oberfläche) ist so gut, dass enge Agglomeratgrößenverteilungen erzielt werden können. In der Regel wird Flüssigkeit zugegeben, um die erforderlichen Haftkräfte zu gewährleisten. Die fertigen Feuchtagglomerate („*Grünlinge*") erreichen ihre Endfestigkeit häufig erst nach einer anschließenden Trocknung, wobei durch Kristallisation bedingte Festkörperbrücken für die Haftung sorgen.

Pressgranulation. Beim Verdichten von Haufwerken wird die Porosität ε verringert, die Kontaktstellenzahl nimmt zu und die Haftkräfte H im Partikelkontakt werden durch plastische Verformung erheblich vergrößert. Alle drei Effekte führen zu einer Erhöhung der Agglomeratfestigkeit (s. Gl. (24.1)). Zwei häufig verwendete Pressverfahren sind in Abb. 24.4 dargestellt. Das Tablettieren mit Stempel und Matrize (Abb. 24.4a) findet in der pharmazeutischen Industrie Anwendung. Moderne Hochleistungsmaschinen stellen bis zu 500 000 Tabletten in der Stunde her. Beim Walzenpressen kommen Glattwalzen (Kompaktieren, Abb. 24.4b) oder profilierte Walzen (Brikettieren, Abb. 24.4c) zum Einsatz. Zum Agglomerieren feuchter Schüttgüter werden Lochpressen verwendet (ähnlich dem Fleischwolf). Man spricht vom „Formieren".

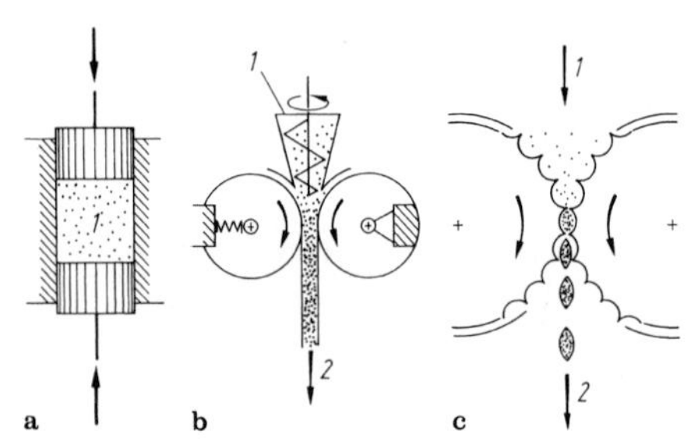

Abb. 24.4 Pressgranulation. **a** Tablettieren; **b** Kompaktieren; **c** Brikettieren. *1* Pulver, *2* Agglomerat

24.4 Trennen

Zu den mechanischen Trennverfahren gehören alle Verfahren, bei denen *ein* disperses System in *zwei* oder *mehrere* disperse Systeme mit unterschiedlichen Eigenschaften aufgeteilt wird. Trennt man ein disperses System mit identischer Partikeldichte in *Grobgut* und *Feingut*, spricht man vom *Klassieren.* Erfolgt eine Trennung nach unterschiedlicher Dichte, handelt es sich um *Sortieren.* Des weiteren gehören zu den Trennverfahren die *Abscheideverfahren.* Das sind die Verfahren, bei denen die Partikeln von dem sie umgebenden flüssigen oder gasförmigen Dispersionsmittel *getrennt* bzw. in ihm *aufkonzentriert* werden. Solche Abscheideverfahren benötigt man zur Reinhaltung von Luft und Wasser, aber ebenso bei vielen Produktionsprozessen.

Zur Kennzeichnung der Güte einer Trennung müssen die Partikelgrößenverteilungen von Grob- und Feingut und der Feingut- oder Grobgutmassenanteil bekannt sein. Aus dem Grad der

Überschneidung der Verteilungen können *Trenngrenze* und *Trennschärfe* berechnet werden.

24.4.1 Abscheiden von Partikeln aus Gasen

Hauptanwendung ist die Luftreinhaltung, wobei eine möglichst vollständige Abscheidung von festen und flüssigen Partikeln angestrebt wird. Die Abtrennung beruht darauf, dass die Partikeln unter der Wirkung verschiedener Kräfte aus dem Gas herausgeführt und gesammelt werden. Da Schwerkraft und Fliehkraft der 3. Potenz der Partikeldurchmesser proportional sind, die Widerstandskräfte bei der Partikelumströmung aber nur der 1. oder 2. Potenz, werden feine Partikeln von der Strömung mitgeschleppt. Im Feinstaubbereich müssen daher andere Mechanismen, vor allem elektrostatische Effekte, ausgenutzt werden. Vier Gruppen von Abscheidern werden technisch genutzt: *Fliehkraftabscheider*, *Nassabscheider*, *Filter* und *Elektrofilter*.

Bekanntester Fliehkraftabscheider ist der Zyklonabscheider. Bei ihm erfährt das beladene Gas einen Drall. Auf die Partikeln wirken Fliehkräfte, die zur Abscheidung an der Zyklonwand führen. Das gereinigte Gas verlässt den Zyklon nach Richtungsumkehr durch ein zentral eingetauchtes Rohr. Zyklone werden mit Durchmessern von 0,02 bis 5 m gebaut und können bei Temperaturen bis über 900 °C eingesetzt werden. Als Endabscheider sind Zyklone häufig nicht ausreichend, da bei großen Gasvolumenströmen die Abscheidung unterhalb 5 μm unbefriedigend ist.

Bei *Nassabscheidern* werden die Partikeln mit einer Waschflüssigkeit in Kontakt gebracht, an oder in dieser gebunden und mit der Waschflüssigkeit aus dem Gasstrom entfernt. Die beladene Waschflüssigkeit muss einer Klärung zugeführt werden. In Nassabscheidern, von denen es verschiedene Bauformen gibt (Rotationszerstäuber, Strahlwäscher, Wirbelwäscher, Venturiwäscher), können auch extrem feine Stäube (0,1 bis 1 μm) abgeschieden werden. Der Energieaufwand ist jedoch hoch.

Bei *Filtern*, die meist aus Faserschichten aufgebaut sind, durchströmt das beladene Gas das sehr poröse Filtermedium. Die Partikeln gelangen durch Trägheitskräfte, Diffusion oder elektrostatische Kräfte an die Filterfasern und werden dort durch Haftkräfte festgehalten. Speicherfilter sind sehr porös (> 90 %). Die Abscheidung erfolgt im Inneren (Tiefenfiltration). Abreinigungsfilter finden bei Gasströmen mit hoher Staubbeladung Anwendung. Die Abscheidung verlagert sich nach einer kurzen Anfangsphase an die Filteroberfläche. Es entsteht eine Staubschicht mit hoher Filterwirkung. Der Druckverlust steigt an, sodass eine periodische Abreinigung nötig wird.

Elektrische Abscheider, die vor allem bei sehr feinen Partikeln wirksam sind, werden bevorzugt bei großen Gasvolumenströmen in Kraftwerken, Müllverbrennungsanlagen u. a. eingesetzt. Nach der Aufladung der Partikeln über Sprühelektroden wandern die Partikeln quer zur Gasströmung an die Niederschlagselektroden, die periodisch abgereinigt werden müssen.

24

24.4.2 Abscheiden von Feststoffpartikeln aus Flüssigkeiten

Die Grundaufgabe der Fest-Flüssig-Trennung besteht darin,

- eine möglichst feststofffreie Flüssigkeit zu erhalten (Klären) oder
- einen möglichst trockenen Feststoff zu gewinnen (Entwässern, Eindicken).

Entsprechende Aufgaben sind in vielen Industriezweigen anzutreffen: Entwässern von Kohle und Erzen, Reinigung von Bier und Säften, Trinkwasseraufbereitung, Papierherstellung, Farbpigmentherstellung, viele Prozesse in Chemie und Pharmazie. Zur Lösung der verschiedenen, unterschiedlichen Trennaufgaben stehen drei physikalische Grundvorgänge zur Verfügung, das Sedimentieren, Filtrieren und Auspressen.

Sedimentieren. Partikeln mit gegenüber der Flüssigkeit höherer Dichte bewegen sich in Richtung des Kraftfelds (Schwer- oder Fliehkraft) und bilden ein Sediment. Die klare Flüssigkeit ordnet sich darüber an. Ihre Reinheit ist eine Frage von Zeit und wirkendem Kraftfeld. Die Hohlräume zwischen den Partikeln des Sediments bleiben immer mit Flüssigkeit gefüllt, sodass kein trockener Feststoff gewonnen werden kann.

Filtrieren. Beim Filtriervorgang strömt die Suspension unter Einwirkung einer Kraft (Schwerkraft, Fliehkraft, Druckgefälle) auf ein poröses Filtermittel zu, auf oder in dem die Feststoffpartikeln zurückgehalten werden. Die Flüssigkeit passiert als *Filtrat* das Filtermittel. Die Feststoffpartikeln bilden auf dem Filtermittel eine Feststoffschicht, den *Filterkuchen*. Der Filterkuchen wirkt selbst als Filtermittel und setzt mit der Zeit dem Flüssigkeitsstrom einen immer größeren Widerstand entgegen. Ähnlich wie beim trockenen Abreinigungsfilter ist eine periodische Entfernung des Filterkuchens notwendig. Vor Entnahme wird im Normalfall Luft durch den Filterkuchen geführt, um den Feststoff möglichst weitgehend zu entwässern.

Auspressen. Zur weiteren Entfernung von Restflüssigkeit aus dem Filterkuchen kann der durch Sedimentation oder Filtration entstandene Filterkuchen durch äußere Kräfte im Volumen verringert werden. Das Porenvolumen wird reduziert und die Flüssigkeit verdrängt.

Die Vielzahl der auf dem Markt befindlichen Apparate zur Fest-Flüssig-Trennung lassen sich in drei Gruppen einteilen: Eindicker, Zentrifugen, Filter.

Eindicker. Diese werden im Wesentlichen zur Wasserreinigung verwendet und mit rechteckigem Querschnitt (bis ca. 10 × 40 m, 4 m tief) und mit Kreisfläche (bis 120 m Durchmesser und ca. 2,5 m Tiefe) gebaut. Konstruktives Augenmerk ist auf die *Ausräumvorrichtung* und den Suspensionszulauf zu richten. Die Ausräumvorrichtung (langsam laufende Kratzer und Krälwerke) muss den aussedimentierten Feststoff kontinuierlich entfernen, ohne den Sedimentationsvorgang zu stören. Ähnlich vorsichtig, d. h. gleichmäßig und mit geringer Geschwindigkeit, muss der Zulauf erfolgen. In den letzten Jahren haben *Flockungsklärbecken* zunehmend an Bedeutung gewonnen. Flockmittel werden bei niedrigen Feststoffkonzentrationen und feinen Partikeln zugegeben. Diese Chemikalien lagern sich an die

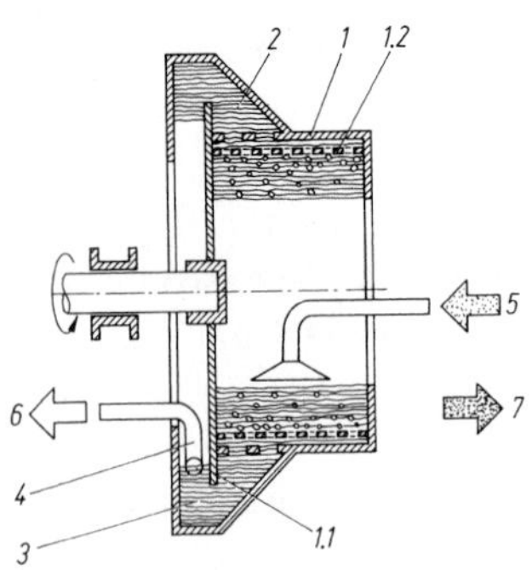

Abb. 24.5 Schälzentrifuge mit Rotationssyphon. *1* Zentrifugentrommel, *1.1* Syphonscheibe, *1.2* Filtermedium, *2* Filtratkammer, *3* Ringtasse, *4* Schälrohr, *5* Suspension, *6* Flüssigkeit, *7* Feststoff

Feststoffe an und bewirken eine Koagulation der feinen Partikeln zu Agglomeraten, die sich dann schneller absetzen.

Zentrifugen. Diese werden als *Siebmantel-* oder *Vollmantel*zentrifugen gebaut. Im zweiten Fall beruht die Fest-Flüssig-Trennung allein auf einer Sedimentation, wogegen bei den Siebmantelzentrifugen Sedimentation und Filtration beteiligt sind. Diese Apparate werden kontinuierlich und absatzweise betrieben. Obwohl absatzweise arbeitende Apparate in kontinuierlichen Prozessen von Nachteil sind, sind sie noch weit verbreitet, weil jeder Filtrationsschritt (Füllen, Trockenschleudern, Waschen) einzeln einstellbar ist und eine schonende Behandlung des Feststoffs, insbesondere beim Ausräumen, ermöglicht wird. Abb. 24.5 zeigt beispielhaft eine *Schälzentrifuge* mit Rotationssyphon. Durch diesen wird der Wirkung des Fliehkraftfelds ein Saugeffekt überlagert, der bis zum Dampfdruck der Flüssigkeit unter dem Filtermedium gesteigert werden kann. In Abb. 24.5 nicht dargestellt ist ein radial verschiebliches Messer, über das absatzweise nach Abstellen der Suspensionszufuhr der getrocknete Filterkuchen ausgeschält werden kann.

Bei den kontinuierlich betriebenen *Siebmantelzentrifugen* erfolgt der Transport des Filterkuchens über die Gestaltung des Siebkorbs oder über zusätzlich wirkende Kräfte. Bei der *Gleitzentrifuge* ist der Siebkorb konisch ausgeführt. Die Suspensionszugabe erfolgt im engsten Querschnitt. Der sich bildende Filterkuchen gleitet nach außen. Bei der *Schwing-* und *Taumelzentrifuge* sorgen Schwing- und Taumelbewegung für den Transport. Bei der *Schubzentrifuge* erfolgt die Bewegung zwangsweise durch einen oder mehrere sich periodisch in Achsrichtung bewegende zusätzliche Schubböden.

In *Vollmantelzentrifugen* werden extrem hohe Fliehkraftfelder erzeugt. Die bekanntesten Bauarten sind der *Dekanter*, bei dem der Feststofftransport über eine Schnecke erfolgt, die mit einer gegenüber der Drehzahl des Zentrifugenkörpers geringen Differenzdrehzahl rotiert, und der *Separator*, der im Wesentlichen zum Abscheiden feinster Partikeln bei geringen Feststoffkonzentrationen oder zum Trennen zweier nicht mischbarer Flüssigkeiten (z. B. Milch : Wasser/Fett-Gemisch) eingesetzt wird. In Dekantern und Separatoren werden Schleuderziffern, das ist das Vielfache der Erdbeschleunigung, bis zu 2500 bzw. 14 000 erreicht.

Filter. Die praktische Ausführung eines Filtervorgangs lässt sich in vier Schritte unterteilen, die nacheinander auszuführen sind: Kuchenbildung, Kuchenbehandlung (Waschen, Entwässern, Nachpressen), Kuchenabnahme, Reinigung des Filtermittels. Unter *Waschen*, das auch bei Siebmantelzentrifugen möglich ist, versteht man das Durchspülen des Filterkuchens mit einer anderen Flüssigkeit als derjenigen, die die ursprüngliche Suspension gebildet hat.

Einfachstes diskontinuierliches Filter ist das *Sandfilter*. Hier besteht das Filtermittel aus Sand oder Kies. Die älteste Bauart ist die Nutsche, die im Saug- oder Druckbetrieb anzutreffen ist und vor allem im Laborbereich Verwendung findet. Großtechnisch weit verbreitet sind *Rahmenfilter-* und *Kammerfilterpressen* (z. B. Farbstoffherstellung), wo eine große Zahl von Filterplattenpaketen (in manchen Fällen größer als 150) mit Abmessungen bis 2 m × 2 m in einer Einheit zusammengefasst werden. Filtrationsdrücke bis 15 bar werden realisiert.

Als Vertreter kontinuierlicher Filter ist in Abb. 24.6 ein *Vakuumfilter* mit Waschband und ablaufendem Filtertuch dargestellt. Über einen entsprechend gestalteten Steuerkopf werden die einzelnen, gegeneinander abgedichteten Zellen

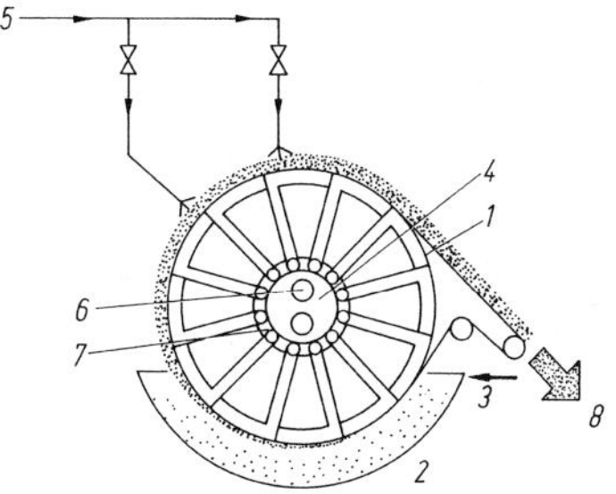

Abb. 24.6 Vakuumfiltrationsanlage. *1* Filtertrommel, *2* Filtertrog, *3* Suspension, *4* Steuerkopf, *5* Waschflüssigkeit, *6* Waschfiltrat, *7* Mutterfiltrat, *8* Feststoff

zeitlich hintereinander an die Zonen der Kuchenbildung und Kuchenbehandlung (Trockensaugen, Waschen, Trockensaugen, usw.) herangeführt. Zur vereinfachten Kuchenabnahme wird das Filtertuch von der Trommel abgeführt und bei kleinem Krümmungsradius umgelenkt.

24.4.3 Klassieren in Gasen

Das Trennen in mehrere Größenklassen in gasförmiger Umgebung nennt man *Windsichten*. Je nach Partikelgröße greifen in einer Gasströmung unterschiedlich große Kräfte an. Unter idealisierten Bedingungen lassen sich Bahnkurven berechnen, die ihrerseits zur Trennung in unterschiedliche Größenklassen verwendet werden können. Die Größe, nach der getrennt wird, ist primär nicht die Partikelgröße, sondern die stationäre Sinkgeschwindigkeit w, die eine Partikel in einem Kraftfeld annimmt.

Bei der *Gegenstrom-Schwerkraftsichtung* mit einer Gasgeschwindigkeit v entgegen der Schwerkraft werden Partikeln mit Sinkgeschwindigkeiten w_g im Schwerefeld, die kleiner als v sind, mit dem Gas ausgetragen (Feingut), wogegen das Grobgut mit Sinkgeschwindigkeiten $w_g > v$ in Richtung der Schwerkraft aussedimentiert.

In einem *Spiralwindsichter*, in dem eine Trennung im Fliehkraftfeld realisiert wird, wird Gas durch einen einstellbaren, rotierenden Leitschaufelkranz entgegen der Fliehkraft nach innen gesaugt. Auf die im Gasstrom dispergierten Partikeln wirken Zentrifugalkraft, Auftriebs- und Widerstandskraft. Ist die Radialkomponente v_r der Gasströmung größer als die Sinkgeschwindigkeit w_b im Fliehkraftfeld, erfolgt ein Abzug nach innen (Feingut). Das Grobgut wird außen gesammelt. Während im Schwerefeld Trennkorngrößen im Bereich 10 bis 100 µm üblich sind, können im Fliehkraftfeld Trennkorngrößen bis hinab zu 1 µm erreicht werden. Die Trennkorngröße, die theoretisch aus der Bedingung $w = v$ folgt, ist jeweils durch Kalibrierversuche zu ermitteln.

24.5 Mischen von Feststoffen

Ziel eines jeden Mischvorgangs ist es, dass auch kleine Teilelemente, Teilvolumina, Teilmengen usw. die zu vermischenden Komponenten in möglichst derselben Zusammensetzung enthalten. In einer realen Mischung ist das selten der Fall. Jede Teilmenge wird in ihrer Zusammensetzung mehr oder weniger von der der Gesamtmenge abweichen. Je größer die Abweichung ist, desto schlechter ist die Mischung. Die Abweichung wird damit zum Gütemaß einer Mischung. Neben der erreichbaren Mischgüte stehen bei der Auslegung von Mischern Fragen der Leistungsaufnahme und der Mischzeit im Vordergrund, wobei Mischzeit und Mischgüte verknüpft sind.

Das *mechanische* Mischen erfolgt durch aufgeprägte Zufallsbewegungen. Die Bewegung der Einzelelemente der Komponenten ist *stochastisch*.

Die bestmögliche Mischung, die in technischen Geräten erreichbar ist, ist die *gleichmäßige Zufallsmischung*. Auch nach beliebig großen Mischzeiten werden die örtlichen und zeitlichen Konzentrationen schwanken. Sind diese Schwankungen zufällig und liegen sie innerhalb gewisser Grenzen (Vertrauensbereiche), liegt eine gleichmäßige Zufallsmischung vor. Eine Mischungskontrolle erfolgt über Probenahme. Aus der Analyse der Stichproben kann geschlossen werden, ob die Konzentrationsschwankungen innerhalb der Vertrauensbereiche liegen, die für jedes Mischproblem berechenbar sind. Liegen die Schwankungen außerhalb der zulässigen Grenzen, ist entweder noch ungenügend gemischt worden oder Entmischungserscheinungen verhindern das Erreichen des bestmöglichen Ergebnisses.

Beim Mischen von Feststoffen in Form des Schüttguts erfolgt die zum Vermischen notwendige Relativbewegung von Teilbereichen durch die Bewegung der Mischbehälter, durch bewegte Mischelemente bei ortsfesten Behältern oder durch Umwälzung mittels eines Gases, i. Allg. Luft.

Apparate zum Mischen von Feststoffen können in drei Gruppen eingeteilt werden: rotierende Mischer, Mischer mit bewegten Mischwerkzeugen und pneumatische Mischer. *Rotierende Mischer*, auch Schwerkraft- oder Freifallmischer genannt, werden bis zu Baugrößen von 10 m^3 angeboten. Im einfachsten Fall rotiert ein zylindrischer Behälter um seine horizontale Achse. Das Schüttgut wird durch die Rotation einseitig angehoben und rutscht über die sich bildende Böschung ab. Eine Mischwirkung stellt sich lediglich an der Oberfläche ein. Vorteile sind einfache Bauart, leichte Reinigung, milde Mischwirkung, geringer Abrieb. Nachteile sind die Beschränkung auf rieselfähige Schüttgüter, die Gefahr des Entmischens nach Partikelgröße und -dichte und lange Mischzeiten. Durch Schrägstellen der Behälter, durch Einbauten oder durch entsprechende nichtzylindrische Form lassen sich die Mischzeiten erheblich reduzieren.

Bei *Mischern mit bewegten Mischwerkzeugen* (Wendel-, Pflugschar-, Schaufel-, Wirbel-, Kegelschnecken- usw. Mischer) erfolgt die Mischwirkung durch eine Scherbeanspruchung im Schüttgut und nur geringfügig an der Schüttgutoberfläche, d. h. die o. g. Entmischungserscheinungen können vermieden werden. Beim *Pflugscharmischer* als Vertreter dieser Gruppe sind in einem horizontal liegenden Zylinder auf dem in der Symmetrieachse liegenden Rührwerk an radialen Stäben Pflugscharen angeordnet, die bei Rotation des Rührwerks die Schüttung durchpflügen, d. h. sie verdrängen das Schüttgut zur Seite. Beim Wiederzusammenfließen hinter den Pflugscharen findet der eigentliche Mischvorgang statt. Verglichen mit den rotierenden Mischern ist der Energiebedarf hoch. Entsprechend größer sind Abrieb (bezogen auf das Schüttgut) und Verschleiß (bezogen auf die Mischelemente). Auch Schüttgüter

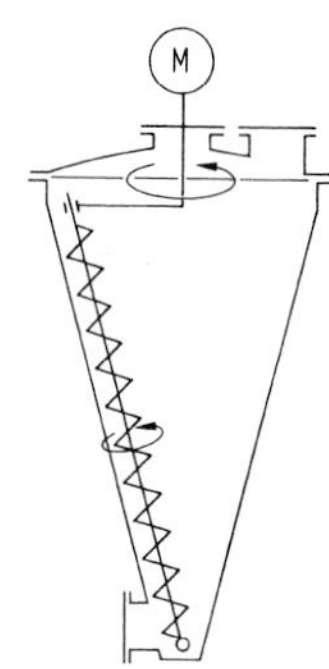

Abb. 24.7 Kegelschneckenmischer

mit schlechten Fließeigenschaften (hoher Feingutanteil, Feuchtigkeit) können gemischt werden. Beim *Kegelschneckenmischer* als weiterem Vertreter dieser Gruppe (Abb. 24.7) fördert eine nahe der konischen Behälterwand geführte Schnecke Schüttgut nach oben. Da die Schnecke über den oben angeordneten Arm gleichzeitig den gesamten Konusmantel abfährt, kommt der gesamte Behälterinhalt in Bewegung. Durch den Zwangstransport können auch feuchte Schüttgüter befriedigend vermischt werden.

Baut man den Boden eines Zylinders mit vertikaler Achse als Belüftungsboden aus, der gas-, aber nicht schüttgutdurchlässig ist, und erzeugt durch Einleiten von Luft durch den Ausströmboden ein Fließbett (s. Kap. 27), stellt dieses Fließbett einen idealen Mischer dar. Baugrößen bis $1000\,\mathrm{m}^3$ in der chemischen Industrie und bis $20\,000\,\mathrm{m}^3$ in der Zementindustrie sind realisiert. Durch verstärkte Belüftung in Teilbereichen, die periodisch wechseln, kann ein Umlaufstrom eingestellt werden. Damit können der Luftvolumenstrom und die erforderliche Mischzeit reduziert werden.

24.6 Lagern

24.6.1 Fließverhalten von Schüttgütern

Das Lagerungs- und Bewegungsverhalten von Schüttgütern ist gegenüber dem von Flüssigkeiten sehr verschieden. Befindet sich eine Flüssigkeit in Ruhe, bildet sie eine horizontale Oberfläche und kann keine Scherkräfte übertragen. In einem Behälter nimmt der Druck linear mit der Tiefe zu und ist nach allen Richtungen gleich. Ein Schüttgut kann dagegen beliebig geformte Oberflächen bilden bis zu Neigungen, die seinem Böschungswinkel entsprechen. Es kann statische Scherkräfte übertragen und die Drücke, die es in einem Silo auf Boden und Wände ausübt, nehmen nicht linear mit der Tiefe zu, sondern streben einem Maximalwert zu. Zudem ist der Druck von der Richtung abhängig und verschieden beim Füllen und Entleeren. Das Schüttgut soll im Silo fließen und die Bildung von Brücken, Schächten und toten Zonen muss vermieden werden. Es ist ein Fließkriterium – Fließkriterium im Sinne der Plastizitätslehre – aufzustellen, das besagt, ob ein Schüttgutelement unter bestimmten Spannungszuständen fließt oder nicht.

Zur Ermittlung dieser Fließgrenze sind Scherversuche durchzuführen. Diese werden heute in der Mechanischen Verfahrenstechnik routinemäßig durchgeführt und liefern u. a. folgende Werte: innere Reibungswinkel für beginnendes und stationäres Fließen; Zugfestigkeit, Druckfestigkeit und Kohäsion in Abhängigkeit von der Schüttgutdichte; Reibungswinkel zwischen Schüttgut und beliebigen Wandmaterialien.

24.6.2 Dimensionierung von Silos

Beim Lagern von Schüttgütern treten u. a. folgende Probleme auf:

- *Brückenbildung*: Ein stabiles Gewölbe bringt den Schüttgutfluss zum Erliegen.
- *Schachtbildung*: Nur das Schüttgut, das sich zentral über der Auslauföffnung befindet, fließt aus.
- *Entmischung*: Bildet sich beim Füllen eines Silos ein Schüttgutkegel, gelangt das Grobgut in die Peripherie, wogegen sich das Feingut im Zentrum ansammelt. Bildet sich beim Entleeren ein Abflusstrichter, wird zunächst vorwiegend Feingut und gegen Ende vorwiegend Grobgut ausgetragen.
- *Verweilzeitverteilung*: Bei Silos mit toten Zonen wird Schüttgut, das beim Füllen in diese Zonen gelangt, erst beim völligen Entlee-

ren ausgetragen, wogegen später eingefülltes Schüttgut sofort wieder ausgetragen wird.

Die Reibungsverhältnisse im Schüttgut und an der Wand und die Siloausführung in ihrem untersten Bereich beeinflussen das *Fließprofil*. Es wird zwischen *Massenfluss* und *Kernfluss* unterschieden, Abb. 24.8. Bei Massenfluss ist die gesamte Füllung in Bewegung, sobald Schüttgut abgezogen wird. Damit dies eintritt, müssen die Wände entsprechend glatt und steil sein. Sind der innere Reibungswinkel und der Wandreibungswinkel bekannt (Scherversuche), kann aus entsprechenden Diagrammen die maximal mögliche Neigung des Auslauftrichters gegen die Vertikale abgelesen werden, die Massenfluss garantiert. Ist Brückenbildung ausgeschlossen, treten weitere Probleme nicht auf. Ist die Neigung des Trichters zu gering oder sind die Wände zu rau, tritt Kernfluss auf und alle genannten Probleme müssen beachtet werden.

Brückenbildung über der Auslauföffnung ist möglich, wenn die dort herrschende Schüttgutfestigkeit größer als die Spannung ist, die im Auflager einer stabilen Brücke aufgrund des Gewichts der Brücke und der Brückenbelastung herrscht. Diese Auflagerspannung lässt sich für jeden Ort im Silo abschätzen. Bei stationärem Silobetrieb lassen sich für alle Silobereiche und insbesondere für den Auslauftrichter, in dem die Gefahr der Brückenbildung besteht, die Spannungen im Schüttgut berechnen. Diesen Spannungen entsprechen jeweils Schüttgutdichten, denen ihrerseits aufgrund der Scherversuche Schüttgutfestigkeiten zuzuordnen sind. Damit sind die Verläufe von Auflagerspannung und Schüttgutfestigkeit bekannt. Im Auslauftrichter nehmen beide in Richtung Auslauf ab. Die Auflagerspannung nimmt stärker ab, sodass es zum Schnittpunkt beider Verläufe kommen kann. Unterhalb dieses Schnittpunkts (kritischer Querschnitt) reicht die Schüttgutfestigkeit aus, um eine stabile Brücke zu bilden.

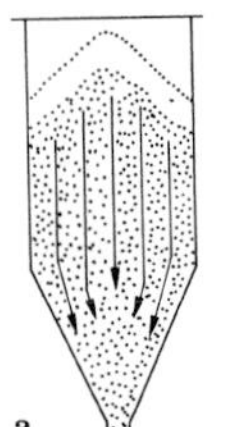

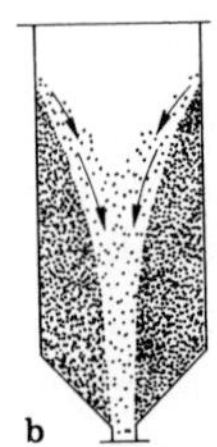

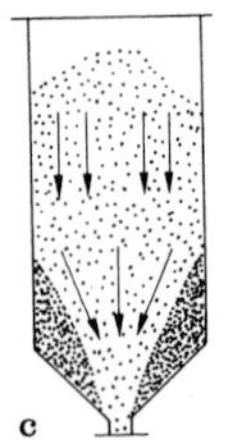

Abb. 24.8 **a** Massenfluss; **b, c** Kernfluss

Zur Vermeidung von Brückenbildungen müssen im Bereich zwischen kritischem Querschnitt und geplanter Auslauföffnung Austraghilfen angeordnet werden, die eine Schüttgutbewegung erzwingen. Oberhalb des kritischen Querschnitts ist ein ungehinderter Schwerkraftfluss gewährleistet. Mögliche Austraghilfen sind das gezielte Einblasen von Luft, ein dem Problem angepasster, sinnvoller Einsatz von Vibrationen oder der Einbau von Rührwerken. Viele Schüttgüter unterliegen beim Lagern in Ruhe einer Zeitverfestigung, die die Schüttgutfestigkeit und damit den kritischen Querschnitt vergrößert. Dieser Zeiteinfluss wie auch Einflüsse von Temperatur und Feuchte können an repräsentativen Proben im Labormaßstab durch Scherversuche quantitativ ermittelt werden.

Literatur

Weiterführende Literatur

Dialer, K., Onken, U., Leschonski, K.: Grundzüge der Verfahrenstechnik und Reaktionstechnik. Hanser, München (1986)

Höffl, K.: Zerkleinerungs- und Klassiermaschinen. Springer, Berlin (1986)

Löffler, F.: Staubabscheiden. Thieme, Stuttgart (1988)

Schubert, H.: Aufbereitung fester mineralischer Rohstoffe, Bd. 1, 4. Aufl. (1989); Bd. 3, 2. Aufl. (1984). Deutscher Verlag für Grundstoffindustrie, Leipzig

Schubert, H. (Hrsg.): Handbuch der Mechanischen Verfahrenstechnik. Wiley-VCH, Weinheim (2002)

Schubert, H., Heidenreich, E., Liepe, F., Neeße, T.: Mechanische Verfahrenstechnik. Bd. I u. II. Deutscher Verlag für Grundstoffindustrie, Leipzig (1977, 1979)

Schulze, D.: Pulver und Schüttgüter – Fließeigenschaften und Handhabung. Springer, Heidelberg (2006)

Technik der Gas-Feststoffströmung, Sichten, Abscheiden, Fördern, Wirbelschichten. VDI-GVC, Düsseldorf (1981)

Mechanische Flüssigkeitsabtrennung, Filtrieren, Sedimentieren, Zentrifugieren, Flotieren. VDI-GVC, Düsseldorf (1987)

Thermische Verfahrenstechnik 25

Stephan Scholl und Alfons Mersmann

In Apparaten und Maschinen der Thermischen Verfahrenstechnik werden *fluide* Gemische getrennt. Das Trennprinzip kann

- auf unterschiedlichen Dampfdrücken (Verdampfen, Destillieren, Rektifizieren),
- auf unterschiedlichen Löslichkeiten (Eindampfen, Kristallisieren, Extrahieren, Absorbieren),
- auf unterschiedlichem Sorptionsverhalten (Adsorption, Desorption, Chromatografie, Trocknen),
- auf unterschiedlicher Durchlässigkeit durch Membranen (Dialyse, Umkehrosmose, Ultrafiltration, Pervaporation) und
- auf unterschiedlichen (elektr.) Feldkräften

der einzelnen Komponenten $(a, b, c, \ldots, i, \ldots, k)$ beruhen.

Beim Trennvorgang gehen eine oder mehrere Komponenten von einer Phase (z. B. *feste* S- (Solid-), *flüssige* L- (Liquid-) oder *gasförmige* G-(Gas-)*Phase*) in eine andere Phase über (Tab. 25.1), wobei die Phasenströme im Apparat häufig im Gegenstrom zueinander geführt werden (s. Abschn. 29.1). Stoffaustauschmaschinen mit bewegten Maschinenteilen sind bisher in der Industrie wenig verbreitet.

S. Scholl (✉)
Technische Universität Braunschweig
Braunschweig, Deutschland
E-Mail: S.Scholl@TU-Braunschweig.de

A. Mersmann
Technische Universität München
München, Deutschland

25.1 Absorbieren, Rektifizieren, Flüssig-flüssig-Extrahieren

Abb. 25.1 zeigt Prinzipskizzen von Gas-flüssig-Gegenstromkolonnen (Absorber, Rektifikatoren), Abb. 25.2 dagegen verschiedene Bauformen von Flüssig-flüssig-Gegenstromkolonnen (Extraktoren).

Solche Kolonnen können *Böden* (Sieb-, Glocken-, Ventilböden) oder *Packungen* (geordnete Packungen oder regellose Füllkörperschüttun-

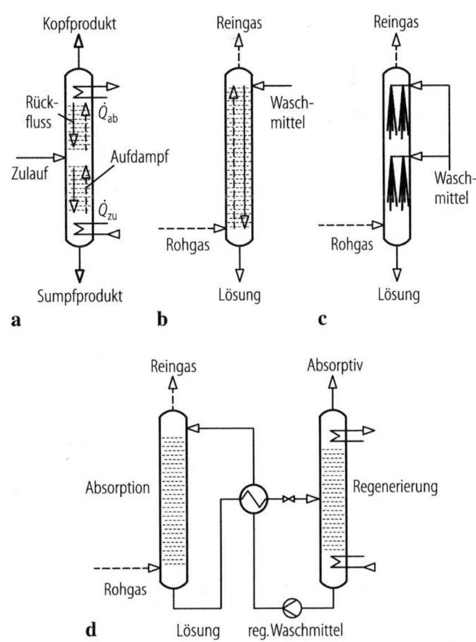

Abb. 25.1 Rektifizier- und Absorptionsanlagen. **a** Gegenstrom-Rektifizierkolonne; **b** Gegenstrom-Absorber; **c** Gegenstrom-Sprühkolonne; **d** Absorptionskolonne mit Waschmittelregenerierung

B. Bender und D. Göhlich (Hrsg.), *Dubbel Taschenbuch für den Maschinenbau 3: Maschinen und Systeme*,
https://doi.org/10.1007/978-3-662-59715-6_25

Tab. 25.1 Übersicht über thermische Trennverfahren

Trennverfahren (ohne Membranen)	Stoffübergang
Verdampfen/**Kon**densieren	$L \underset{\text{Kon}}{\overset{\text{Ver}}{\rightleftarrows}} G$
Kristallisieren/**Lös**en	$L \underset{\text{Lös}}{\overset{\text{Kri}}{\rightleftarrows}} S$
Absorbieren/**Des**orbieren	$G \underset{\text{Des}}{\overset{\text{Abs}}{\rightleftarrows}} L$
L/L-**Ex**trahieren/**Re**extrahieren	$L^{I} \underset{\text{Re}}{\overset{\text{Ex}}{\rightleftarrows}} L^{II}$ oder $G \underset{\text{Re}}{\overset{\text{Ex}}{\rightleftarrows}} L$
Rektifizieren	$L \rightleftarrows G$
Adsorbieren/**Des**orbieren	(G oder L) $\underset{\text{Des}}{\overset{\text{Abs}}{\rightleftarrows}} S$
Trocknen	$S \rightarrow G$
S/L-Extrahieren	$S \rightarrow L$

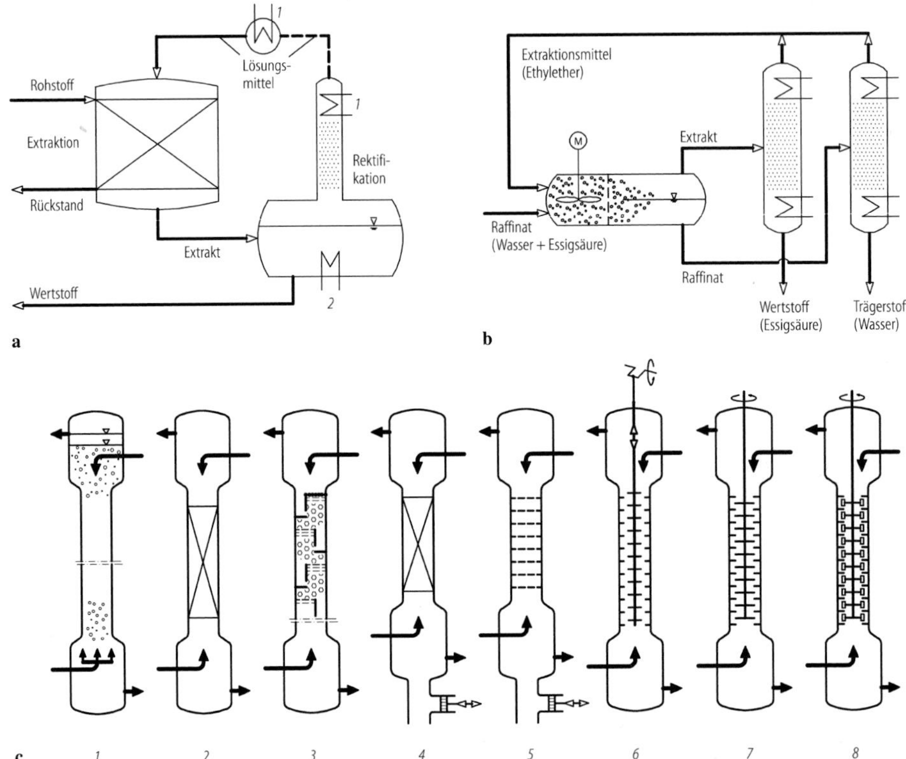

Abb. 25.2 Extraktionsanlagen. **a** einstufige Fest-Flüssig-Extraktionsanlage mit nachgeschalteter Aufbereitung des Lösungsmittels, *1* Kondensieren, *2* Heizen; **b** einstufige Flüssig-Flüssig-Extraktionsanlage mit zwei nachgeschalteten Rektifizierkolonnen zur Aufbereitung von Extrakt und Raffinat; **c** Gegenstrom-Extraktoren, *1* Sprühkolonne, *2* Füllkörperkolonne, *3* Siebbodenkolonne, *4* pulsierte Füllkörperkolonne, *5* pulsierte Siebbodenkolonne, *6* Karr-Kolonne, *7* Rotating Disc Contactor, *8* Rührzellen-Extraktor

gen) enthalten. Die Einbauten werden so konzipiert, dass sowohl große Durchsätze der im *Gegenstrom* geführten Phasen, wie eine möglichst große *Grenzfläche* zwischen den Phasen erzielt werden. Hohe Durchsätze erlauben eine große Kapazität, große Grenzflächen erzielen einen großen übertragenen Stoffstrom für ein gegebenes *Konzentrationsgefälle*. Große Grenzflächen entstehen

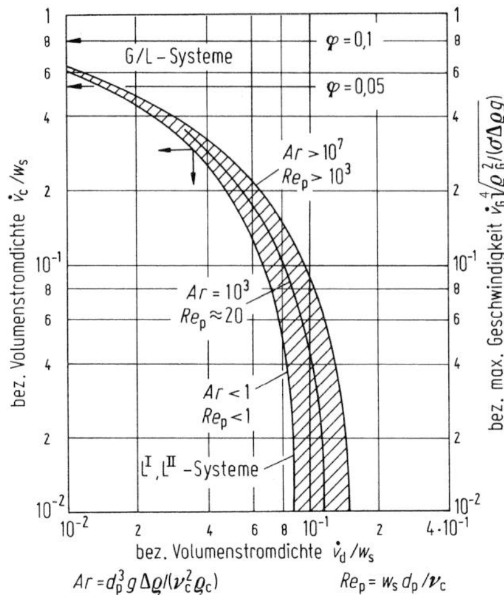

Abb. 25.3 Fluten von Bodenkolonnen für G/L (Absorber und Rektifikatoren) und $L^{\mathrm{I}}/L^{\mathrm{II}}$-Systeme (Extraktoren), (c = continuous phase, d = dispersed phase, p = particle, w_s = Partikel-Sinkgeschwindigkeit)

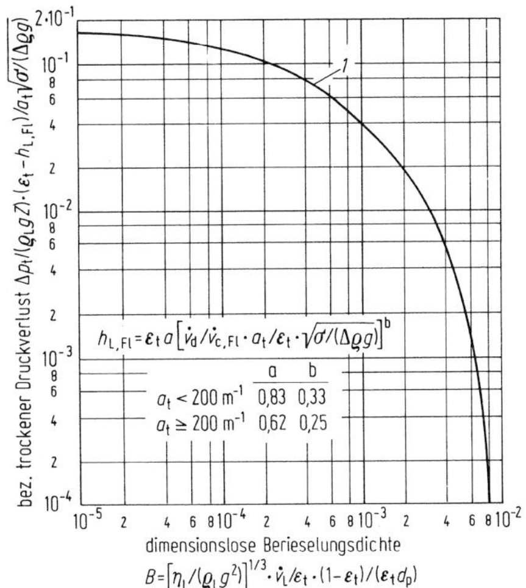

Abb. 25.4 Fluten von Packungskolonnen für G/L-Systeme, a_t, ε_t volumenbezogene trockene Packungsoberfläche bzw. -lückenvolumen, Δp_t Druckverlust des Gases beim Durchströmen der trockenen Packung, $h_{L,\,Fl}$ auf das Packungsvolumen bezogenes Flüssigkeitsvolumen am Flutpunkt, σ Grenzflächenspannung, *1* Flutgrenze

durch kleine Blasen oder Tropfen in Bodenkolonnen bzw. breite dünne Flüssigkeitsfilme oder kleine fluide Partikel auf oder in Packungen von Packungskolonnen. Zu kleine Blasen und Tropfen werden allerdings eher mitgerissen und lassen sich schlechter abscheiden, so dass es eine optimale Größe, oft im Millimeterbereich, gibt.

25.1.1 Durchsatz

Der Durchmesser solcher Gegenstromapparate ist so groß zu wählen, dass ein *sicherer Gegenstrom* der beiden Phasen gewährleistet ist und nicht Fluten eintritt (eine Phase reißt die andere Phase mit, *Gleichstrom* der Phasen). Handelt es sich um Bodenkolonnen, werden mit zunehmender *Volumenstromdichte* $\dot{v}_c$ der kontinuierlichen oder *kohärenten Phase* (Index c) immer mehr und immer größere fluide Partikel (Blasen oder Tropfen) der *dispersen* oder zerteilten Phase (Index d) mitgerissen, bis schließlich Fluten eintritt. Aus diesem Sachverhalt ergibt sich ein einfaches *Flutpunktdiagramm*, das in Abb. 25.3 dargestellt und für überschlägige Auslegungen ausreichend genau ist. In Packungskolonnen für die Flüssig-flüssig-Extraktion sowie Absorption und Rektifikation können sich neben fluiden Partikeln (Tropfen bzw. Blasen) auch noch Flüssigkeitsfilme und -rinnsale auf den Packungselementen im Gegenstrom zur anderen Phase bewegen. Die Vorhersage des Flutpunkts ist dann schwieriger, doch erlaubt Abb. 25.4 überschlägige Berechnungen.

25.1.2 Stofftrennung

Während sich der Durchmesser D von *Gegenstromkolonnen* nach zulässigen Phasendurchsätzen und somit nach den Gesetzen der *Mehrphasenströmung* (s. Kap. 27) richtet, hängt deren Höhe Z von der Trennschwierigkeit des Gemisches ab, die bei Bodenkolonnen durch die Zahl der erforderlichen Trennstufen n und bei Packungskolonnen durch die Zahl der Übergangseinheiten *NTU* (number of transfer units) beschrieben wird. Die Zahl der Trennstufen ist gleich der Zahl der Stufen einer Treppenlinie, die sich zwischen einer *Gleichgewichtslinie* $y^* = f(x)$ und einer *Bilanzlinie* $y = f(x)$ in einem Arbeitsdiagramm einzeichnen lässt (Abb. 25.5 und 25.6). Es ist der *Molanteil* y (oder die *Beladung* Y) der G-Phase (Index G) abhängig vom Molanteil x (oder der Beladung X) in der L-Phase (Index L) auf-

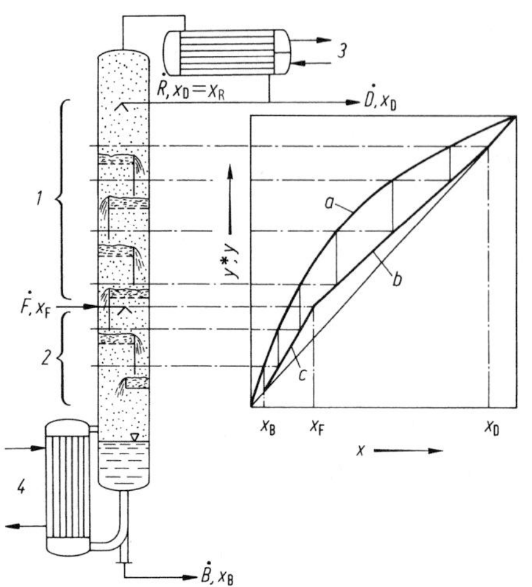

Abb. 25.5 Rektifizierkolonne mit dem dazugehörigen Arbeitsdiagramm für flüssig-siedenden Zulauf. *1* Verstärkungsteil, *2* Abtriebsteil, *3* Kondensieren, *4* Verdampfen, *a* Gleichgewichtskurve, *b* Verstärkungsteil-Bilanzlinie, *c* Abtriebsteil-Bilanzlinie

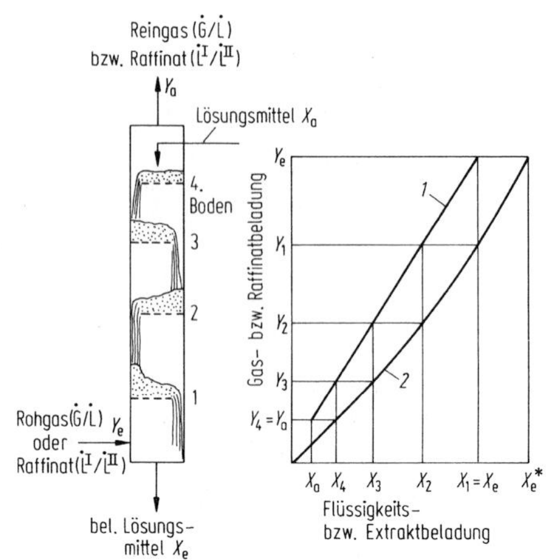

Abb. 25.6 Absorber oder L/L-Extraktor mit dazugehörigem Arbeitsdiagramm. *1* Bilanzlinie $Y = f(X)$, *2* Gleichgewichtslinie $Y^* = f(X)$

getragen. Es gelten die Umrechnungen $x = X/(1 + X)$ und $y = Y/(1 + Y)$. Abb. 25.5 zeigt ein Arbeitsdiagramm für die Rektifikation binärer Gemische und Abb. 25.6 für die Absorption oder Flüssig-flüssig-Extraktion für den Fall, dass nur eine Komponente übertragen wird. Handelt es sich um die Rektifikation von Vielstoffgemischen oder die Absorption oder Extraktion mehrerer Komponenten, sind für die einzelnen Komponenten und jeweiligen Kolonnenelemente (Böden bei Bodenkolonnen, differentielle Kolonnenhöhe bei Packungskolonnen) *Stoffbilanzen* zu formulieren und mit Hilfe von Stoffaustausch- und erforderlichenfalls auch Wärmeübertragungsvorgängen Konzentrationsänderungen zu beschreiben.

Nach Abb. 25.5 wird bei der Rektifikation das binäre Gemisch in ein *Destillat D* mit der Konzentration x_D und in ein *Bodenprodukt B* entsprechend x_B zerlegt. Im Falle der Absorption reichert sich die vom Gas abgegebene und vom flüssigen Waschmittel (Lösungsmittel) absorbierte Komponente und bei der Flüssig-flüssig-Extraktion die vom Raffinat abgegebene und vom Extraktionsmittel (Lösungsmittel) extrahierte Komponente jeweils von der Beladung Y_e am einen (hier unten) Ende der Kolonne auf die Beladung Y_a am anderen Ende ab. Entsprechend wird die andere Phase von X_a auf X_e angereichert. Die dargestellten Bilanzlinien $y = f(x)$ bzw. $Y = f(X)$ ergeben sich aufgrund von Stoffbilanzen der übertragenen Komponente (bei der Rektifikation der leichtersiedenden Komponente) aus der Bilanz um einen Kolonnenabschnitt.

Dagegen stellen Gleichgewichtslinien $y^* = f(x)$ (der Stern steht im Folgenden für Gleichgewicht) thermodynamische Aussagen zum Stoffsystem dar; sie können allgemein für den Gesamtdruck p aus der Beziehung

$$y_i^* \approx \gamma_i x_i \frac{\varphi_i^0(p_i^0)p_i^0}{\varphi_i p}$$

zwischen dem Molanteil x_i der Komponente i in der L-Phase und dem Molanteil y_i^* in der G-Phase (bzw. anderen L-Phase bei der Flüssig-flüssig-Extraktion) berechnet werden. Der *Aktivitätskoeffizient* γ_i beschreibt das reale Verhalten der Komponente i in der kondensierten Phase, während die *Fugazitätskoeffizienten* φ_i und φ_i^0 deren reales Verhalten in Gasen oder Dämpfen berücksichtigen; p_i^0 ist der *Sättigungsdampfdruck* der Komponente i.

Im Falle eines kleinen reduzierten Drucks $p_r = p/p_c$ gilt mit $\varphi_i = \varphi_i^0 \approx 1$ im Falle der Absorption bei kleinen Molanteilen x_i das Henry'sche Gesetz

$$y_i^* = (x_i/p)\gamma_i p_i^0 = x_i(He_i/p)\,.$$

Tab. 25.2 Stoffübergang in Gegenstromkolonnen. w_s Steig- oder Sinkgeschwindigkeit fluider Partikel, $\Delta\varrho$ Dichtedifferenz, g Erdbeschleunigung, D_{AB} Diffusionskoeffizienten, d_N Lochdurchmesser bzw. Packungselementabmessung, φ Bodenlochanteil, τ_B Bildungszeit fluider Partikel, a_t volumenbezogene Oberfläche der trockenen Packung, ε Volumenanteil einer Phase, Z' Höhe der Zweiphasenschicht auf dem Boden

Volumenbezogene Stoffstromdichte $\dot{m}_i = a\,(\Delta c_i)_m \left(\frac{1}{1/\beta_G + m/\beta_L}\right)$	Absorption Rektifikation (Index G, L)	Flüssig-flüssig-Extraktion (Index c, d)
Bodenkolonne		
volumenbezogene Phasengrenzfläche (Tropfenregime)	$a \approx \frac{6\varepsilon_G}{0{,}8\sqrt{\sigma/(\Delta\rho\, g)}}$ $\varepsilon_G \approx \left(\frac{\dot{v}_G\sqrt{\rho_G}}{2{,}5\sqrt[4]{\varphi^2\sigma\Delta\rho\, g}}\right)^{0{,}28}$	$a \approx \frac{6\varepsilon_d}{\sqrt[3]{6 d_N\sigma/(\Delta\rho\cdot g)}}$ $\varepsilon_d \approx \frac{1{,}55}{\dot{v}_d}\sqrt[4]{\frac{\sigma\Delta\rho\, g}{\rho_c^2}}$ für $\varepsilon_d < 0{,}05$
Stoffübergangskoeffizienten	$\beta_G \approx \frac{2}{\pi}\sqrt{\frac{\dot{v}_G D_{AB,G}}{Z'\varepsilon_G}}$ $\beta_L \approx \frac{2}{\pi}\sqrt{\frac{\dot{v}_G D_{AB,\,L}}{Z'\varepsilon_G}}$	Tropfenbildung: $\beta_c = \beta_d = f_B \frac{2}{\pi}\sqrt{\frac{D_{AB}}{\tau_B}}$; $1 < f_b < 4$
Packungskolonne		kugelige Tropfen mit w_s: $\beta_c = f_K \frac{2}{\pi}\sqrt{\frac{w_s D_{AB,c}}{d_p}}$; $f_K \leqslant 1$
Stoffübergangskoeffizienten	$\beta_G \approx 0{,}7\sqrt[3]{\frac{\dot{v}_G^2 D_{AB,G}^2}{d_N\cdot v_G}}$ $\beta_L \approx 4\sqrt{\frac{6 D_{AB,L}}{\pi d_N}}\left(\frac{\dot{v}_L\cdot\sigma}{3 d_N\cdot\rho_L}\right)^{1/6}$	oszillierende Tropfen $\beta_c \approx 1{,}3\sqrt[4]{\frac{\sigma D_{AB,c}^2}{d_p^3\rho_c}}$ disperse Phase, s. Abb. 25.7
volumenbezogene Phasengrenzfläche a	$a = f_L a_t$ nur Filme: $< f_L = f(\dot{v}_L) < 1$ Filme und Tropfen: $0 < f_l = f\,(\dot{v}_L) <\approx 2$	$a \approx \frac{6\cdot\varepsilon_d}{2{,}4\sqrt{\sigma/(\Delta\rho g)}}$ $\varepsilon_d \approx \frac{1{,}55}{\dot{v}_d}\sqrt[4]{\frac{\sigma\Delta\rho g}{\rho_c^2}}$ für $\varepsilon_d < 0{,}05$ und $\frac{\dot{v}_c}{w_s} < 0{,}1$

Für die Flüssig-flüssig-Extraktion erhält man für kleine Werte von x_i das Nernst'sche Gesetz

$$y_i^* = x_i(\gamma^{\mathrm{I}}/\gamma^{\mathrm{II}}) = x_i K\,.$$

Die Aktivitätskoeffizienten γ_i sind bei idealen Gemischen 1 und bei realen Gemischen mit $0 < \gamma < \infty$ von den Wechselwirkungsenergien der verschiedenen Moleküle in der flüssigen Phase abhängig. Die Fugazitätskoeffizienten φ_i hängen vom reduzierten Druck $p_r = p/p_c$ und der reduzierten Temperatur $T_r = T/T_c$ ab und nehmen bei sehr kleinen Werten von p_r den Wert 1 an (s. Bd. 1, Kap. 43).

Handelt es sich nicht um Boden- sondern um Packungskolonnen, ist die Zahl der Übergangseinheiten *NTU* dann gleich der Zahl der Trennstufen *n*, wenn Bilanz- und Gleichgewichtslinien parallel sind. Andernfalls ergibt sich *NTU* der G-Phase aus

$$NTU_G = \int_{y_e}^{y_a} \frac{\mathrm{d}y}{(y^* - y)}\,.$$

Mit den partiellen *Stoffübergangskoeffizienten* β_G in der G-Phase und β_L in der L-Phase folgt dann die erforderliche Höhe Z der Packung mit dem G-Strom $\dot{G} = \dot{v}_G f \varrho_G/\tilde{M}_G$ in der Kolonne aus

$$Z = NTU \frac{\dot{G}}{af}\left(\frac{\tilde{M}_G}{\varrho_G\beta_G} + \frac{\tilde{M}_L}{\varrho_L\beta_L} m\right).$$

Hierin ist f der Leerrohrquerschnitt der Kolonne ($f = D^2\pi/4$ bei zylindrischer Kolonne) und die Größe a die auf das Packungsvolumen bezogene Stoffaustauschfläche (Phasengrenzfläche) zwischen den beiden Phasen. Die Größe $\tilde{M}$ ist die *molare Masse* und $m = \frac{\mathrm{d}y^*}{\mathrm{d}x}$ das Steigungsmaß der Gleichgewichtskurve. Handelt es sich dagegen um eine Bodenkolonne, ergibt sich die erforderliche Kolonnenhöhe Z zu

$$Z = nH/E_{OG}\,,$$

mit dem G-seitigen Verstärkungsverhältnis

$$E_{OG} = 1 - \exp\left(-\frac{\frac{\beta_G a Z'}{\dot{v}_G}}{1 + m\frac{\beta_G\varrho_G\tilde{M}_L}{\beta_L\varrho_L\tilde{M}_G}}\right).$$

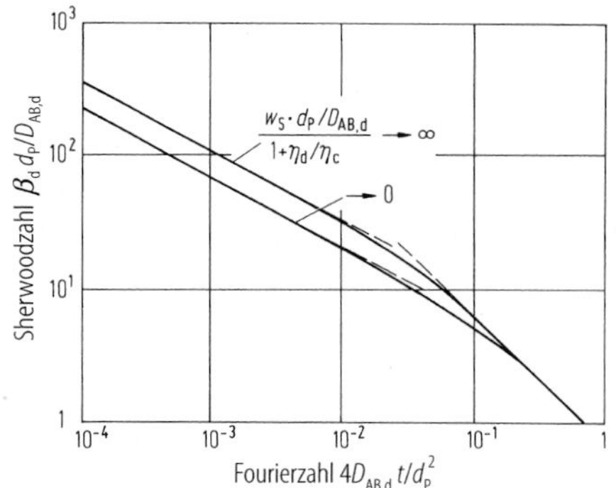

Abb. 25.7 Stoffübergang in fluiden Partikeln

Hierin ist $\dot{v}_G$ die Volumenstromdichte (Volumenstrom/Fläche) des Gasstroms. Der Bodenabstand H wird häufig zwischen 0,2 m (Extraktion) und 0,4 m (Absorption, Rektifikation) gewählt. Diese Gleichungen zeigen, dass die Höhe Z einer Bodenkolonne gleich nH und die Höhe Z einer Packungskolonne dann sehr klein sind, wenn die volumenbezogene Phasengrenzfläche a groß (d. h. kleine Blasen und Tropfen bzw. kleine Füllkörper) und die Stoffübergangskoeffizienten β_G und β_L ebenfalls groß sind. Volumenbezogene Phasengrenzflächen a und Stoffübergangskoeffizienten β_G, β_L, β_c und β_d können aus den Gleichungen nach Tab. 25.2 und Abb. 25.7 abgeschätzt werden.

25.2 Verdampfen und Kristallisieren

In Abb. 25.8 sind industriell häufig eingesetzte Verdampfer dargestellt. Die Heizfläche A von Verdampfern ist so zu dimensionieren, dass der aus dem Brüdenstrom $\dot{M}_i$ resultierende Wärme-

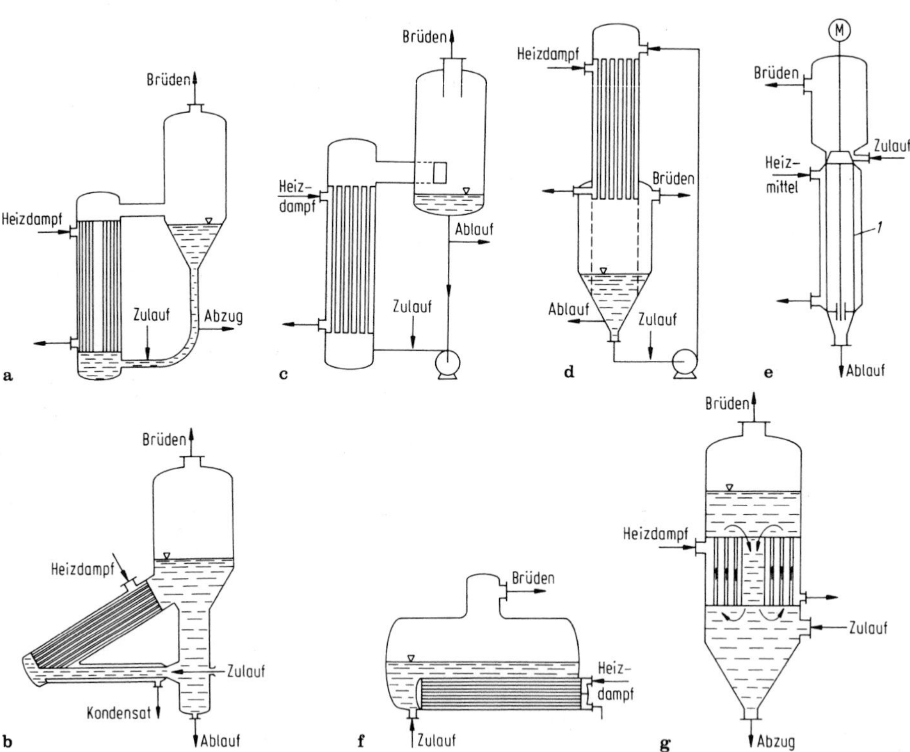

Abb. 25.8 Verdampfer. **a** Umlaufverdampfer, bei dem Heizregister und Ausdampfbehälter getrennt sind; **b** Umlaufverdampfer mit schräg angeordnetem Heizregister; **c** Zwangsumlaufverdampfer mit getrenntem Abscheidegefäß; **d** Fallfilmverdampfer mit innen berieselten Rohren; **e** Dünnschichtverdampfer mit starrem Wischersystem, *1* Wischer; **f** Verdampferblase mit liegendem Rohrbündel; **g** Naturumlaufverdampfer mit weitem inneren Zirkulationsrohr (sog. Robert-Verdampfer)

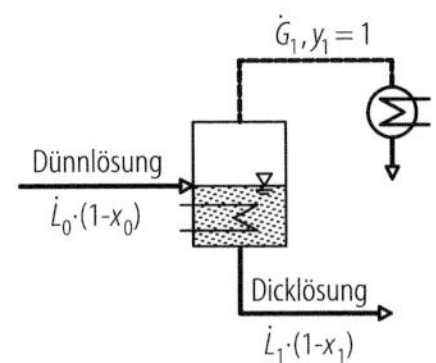

Abb. 25.9 Verdampfer mit Kondensator (Stoffbilanz)

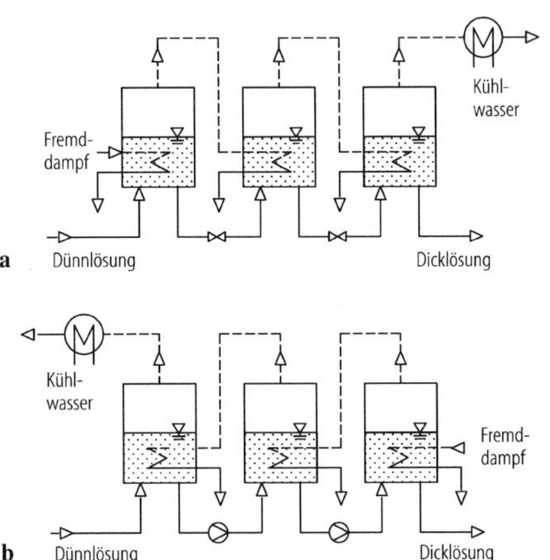

Abb. 25.10 Vielstufenverdampfung; **a** dreistufige Gleichstrom-Verdampferanlage; **b** dreistufige Gegenstrom-Verdampferanlage

strom $\dot{Q}$ entsprechend

$$\dot{Q} = \dot{M}_\mathrm{i} \Delta h_\mathrm{LG} = kA(\Delta\vartheta)_\mathrm{m} = \frac{1}{\frac{1}{\alpha_\mathrm{i}} + R_\mathrm{i} + \frac{s}{\lambda} + \frac{1}{\alpha_\mathrm{a}} + R_\mathrm{a}} A(\Delta\vartheta)_\mathrm{m}$$

übertragen wird (s. Bd. 1, Abschn. 45.2). Hierin sind die Größen $(\Delta\vartheta)_\mathrm{m}$ die mittlere Temperaturdifferenz zwischen dem Heizmedium und der verdampfenden Lösung und Δh_LG die spez. Verdampfungsenthalpie. R_i und R_a sind sog. Foulingswiderstände, die eine Minderung des Wärmedurchgangs aufgrund von Belagbildung auf der Innen- und/oder Außenseite berücksichtigen. Angaben zu Wärmeleitfähigkeiten s. Bd. 1, Tab. 45.6.

Die Dampf-Flüssigkeits-Trenngefäße oberhalb der siedenden Flüssigkeitsoberfläche sind so zu dimensionieren, dass ein unzulässiges Mitreißen von Tröpfchen vermieden wird. Als Anhaltswerte der Dampf-Leerrohrgeschwindigkeit können zulässige Dampfgeschwindigkeiten in Rektifizier-Bodenkolonnen dienen (Abb. 25.3). Handelt es sich um das Verdampfen eines binären Gemisches mit einem sehr weiten Siedeabstand der beiden Komponenten, ergibt sich der Molanteil $(1 - x_1)$ des gelösten Stoffes aufgrund von Gesamt- und Komponentenbilanzen zu (Abb. 25.9)

$$(1 - x_1) = (1 - x_0)\dot{L}_0/\dot{L}_1 = (1 - x_0)/\left(1 - \dot{G}_1/\dot{L}_0\right) .$$

Zur Energieeinsparung sind u. a. die Vielstufenverdampfung und die Brüdenverdichtung geeignet. In Abb. 25.10 sind Schaltungen von Anlagen nach dem Gleichstrom- (in der letzten Stufe treten niedrige Temperaturen auf, verbunden mit hoher Flüssigkeitsviskosität und schlechtem Wärmeübergang) und dem Gegenstromprinzip (hohe Temperaturen mit Zersetzungsgefahr temperaturempfindlicher Stoffe) dargestellt. Theoretisch lässt sich der Energieverbrauch bis auf $1/n$ bei n Stufen reduzieren, praktisch liegt

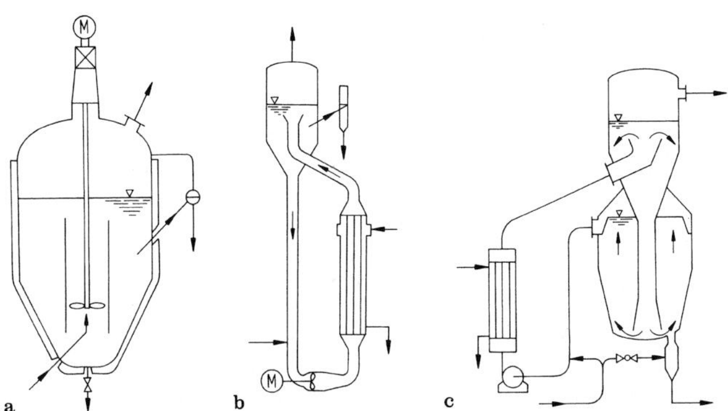

Abb. 25.11 Kristallisatorbauarten (nach Wöhlk, Hofmann). **a** Rührwerk; *M* Motor; **b** Forced Circulation; **c** Fließbett

25

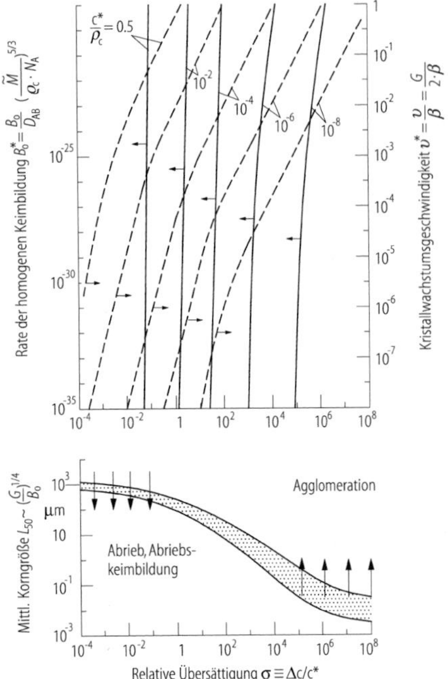

Abb. 25.12 Raten der homogenen Keimbildung und des Kristallwachstums (*oben*) und mittlere Korngröße (*unten*) abhängig von der relativen Übersättigung, ϱ_c = Kristalldichte

er um 10 % bis 30 % höher. Die Kristallisation aus der Lösung erfordert, eine übersättigte Lösung durch Verdampfen von Lösungsmittel oder Kühlen der Lösung oder Verdrängen des gelösten Stoffes durch einen dritten (Verdrängungsmittel) oder durch Reaktion von zwei oder mehreren Edukten zu einem Produkt mit einer die Löslichkeit c^* übersteigenden Konzentration $c = c^* + \Delta c$ herzustellen (Verdampfungs-, Kühlungs-, Verdrängungs- bzw. Reaktions- oder Fällungskristallisation). Abb. 25.11 zeigt einige Kristallisatorbauarten für grobe Massenprodukte. Die mittlere Produktkorngröße L_{50} fällt mit der Keimbildungsrate B_0 (Keime/(m^{3}s)) und nimmt mit der Kristallwachstumsgeschwindigkeit $G = \mathrm{d}L/\mathrm{d}t = 2\ \upsilon$ und der Zeit t zu, wobei B_0 stark mit der relativen Übersättigung $\sigma = \Delta c/c^*$ ansteigt, die Größe υ dagegen schwächer, siehe Abb. 25.12 oben (gültig für nichtdissoziierende Moleküle idealer Gemische). Hieraus ergibt sich die in einstufigen Kristallisatoren zu erwartende Größenordnung der mittleren Korngröße L_{50} abhängig von σ (Abb. 25.12 unten).

25.3 Adsorbieren, Trocknen, Fest-flüssig-Extrahieren

Bei *Stofftrennungen* durch Adsorbieren, Trocknen und Fest-flüssig-Extrahieren ist stets eine feste Phase vorhanden, in die oder aus der ein oder mehrere Stoffe übertragen werden. Der Feststoff kann in Form von Partikeln (Fest-, Wander- und Fließbetten, Gegenstrom- und Gleichstromapparate für die Phasenpaarungen S/G und S/L) oder auch als dünne Schicht (z. B. Bänder oder Schüttschichten aus z. B. Papier, Textilien, Holz, land- und forstwirtschaftlichen Produkten wie Körner, Blätter, Fasern usw.) vorliegen.

Bei der *Adsorption* wird Stoff (*Adsorptiv*) aus einem Gas (Gasphasenadsorption) oder aus einer Flüssigkeit (Flüssigphasenadsorption) in ein *Adsorbens* (Aktivkohle und Kohlenstoffmolekularsiebe vorzugsweise für hydrophobe Komponenten; Silicagel, Aluminiumoxid und zeolithische Molekularsiebe für anorganische und organische Stoffe) vorzugsweise in den *Mikroporen* (Porendurchmesser < 2 nm) des Adsorbens adsorbiert, nachdem er zunächst *Makroporen* (Durchmesser > 50 nm) passiert hat.

Fast immer besteht eine Adsorptionsanlage aus zwei oder mehr *Festbetten* (Abb. 25.13), von denen das eine beladen und das andere durch Temperaturerhöhung (Temperaturwechselverfahren) oder durch Druckabsenkung (Druckwechselverfahren) regeneriert wird, Abb. 25.14. Mehrbettanlagen erlauben durch zyklisches Umschalten also die kontinuierliche Behandlung eines Stromes. Durch das Bett bewegt sich eine Stoffübergangszone, in der der übertragene Stoff von der fluiden Phase an die Kornoberfläche und von dort durch die Makroporen und gegebenenfalls durch die Mikroporen an die „aktiven" Adsorptionsplätze transportiert wird. Bei der *Desorption* wird dieser Weg in umgekehrter Richtung durchschritten.

In der Stoffübergangszone (mass transfer zone MTZ, Abb. 25.13) fallen die Adsorptivkonzentrationen und die Adsorbensbeladung von den Werten der stromaufwärts befindlichen Gleichgewichtszone auf die der stromabwärts gelegenen Gleichgewichtszone ab. Wenn die Stoffübergangszone sich dem Bettende nähert, muss das

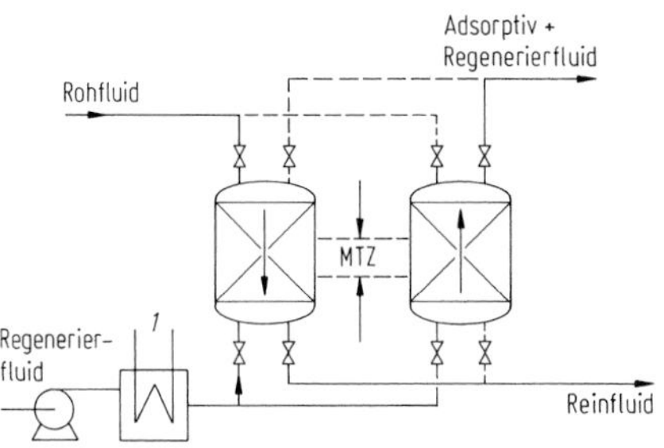

Abb. 25.13 Adsorptionsanlage mit zwei Festbetten (Ad- und Desorber). *1* Heizen

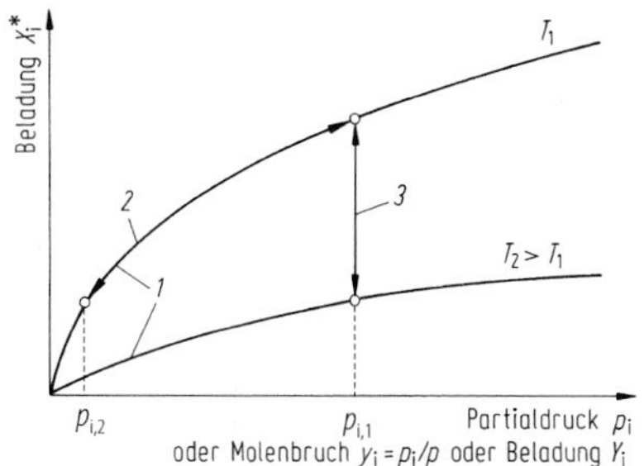

Abb. 25.14 Temperatur- und Druckwechseladsorption dargestellt im Beladungs-Partialdruckdiagramm. *1* Adsorptionsisothermen, *2* Druckwechselverfahren, *3* Temperaturwechselverfahren

Bett auf Regenerierung durch Temperaturerhöhung oder Druckabsenkung umgeschaltet werden.

Das regenerierte Bett wird beladen, das beladene Bett regeneriert. Im Falle einer (technisch nicht möglichen) Rechteck-Durchbruchskurve eines isothermen Betts ergibt sich die *Durchbruchszeit* t_D aufgrund einer Stoffbilanz der übertragenen Komponente i mit der Adsorbensmasse S und dem Volumenstrom $\dot{V}$ der fluiden Phase zu

$$t_D = \frac{SX_i}{\dot{V} c_{0,i}} \,.$$

Daraus kann der theoretische minimale Adsorbensbedarf für eine vorgegebene Durchbruchszeit berechnet werden. Die Durchbruchszeit steigt mit der Beladung X_i des Adsorptivs i auf dem Adsorbens, fällt mit zunehmender Konzentration $c_{0,i}$ dieser Komponente in der fluiden Phase am Eintritt und nimmt mit dem Verhältnis $S/\dot{V}$ zu. Da die Durchbruchskurve mehr oder weniger steil ist und die Adsorptionswärme Bett und Fluid erwärmt, ist die tatsächliche Durchbruchszeit kürzer oder für dieselbe Durchbruchszeit wird mehr Adsorbens benötigt. Steile Durchbruchskurven ergeben sich für kleine Adsorbenspartikel (in isothermen Betten), große Diffusionskoeffizienten des übertragenen Stoffs in den häufig den Stoffübergang limitierenden Makroporen sowie bei einem für die Adsorption günstigen, aber für die Desorption ungünstigen Phasengleichgewicht. Oft wird das 1,2- bis 1,5-fache des minimalen Adsorbensbedarfs eingesetzt.

Während bei der Adsorption die Adsorptionswärme (ungefähr das 1,5fache der Kondensationswärme bei kleiner Adsorbensbeladung X) frei wird, ist diese bei der *isothermen Desorption* zuzuführen. Dies gilt auch für das Trocknen von Feststoffen wie Holz, Papier, Textilien, landwirtschaftliche Produkte, Nahrungs- und Genussmittel, Chemikalien, Pharmazeutika etc. Hierbei ist dem Trocknungsgut im Falle großer Feuchtebeladung X (kg Feuchte/kg trockenes Gut) die *Verdampfungsenthalpie* Δh_{LG} pro kg Feuchte zuzuführen. Je nach der Art der Wärmeübertragung unterscheidet man Kontakt- (Wärmeleitung), Konvektions- und Strahlungstrockner, Abb. 25.15. Solange die Gutoberfläche A dank der Saugwirkung der Poren (Kapillaren) feucht ist und damit im sog. ersten Trocknungsabschnitt getrocknet wird, entscheidet nur der Wärmeübergang aufgrund der mittleren Temperaturdifferenz $(\Delta\vartheta)_m$ entsprechend

$$\dot{Q} = \dot{M}_i \Delta h_{LG} = \alpha A (\Delta\vartheta)_m$$

über die *Trocknungsgeschwindigkeit*

$$\dot{m}_i = \dot{M}_i / A = (\alpha(\Delta\vartheta)_m)/\Delta h_{LG}$$

der Komponente i. Abb. 25.16 zeigt typische Trocknungsverlaufskurven.

Mit der Stoffbilanz

$$\dot{m}_I = -\varrho_s \cdot s(\mathrm{d}X/\mathrm{d}t)$$

eines Guts mit der Dichte ϱ_s, mit der Schichtdicke s und der volumenbezogenen Gutsoberfläche

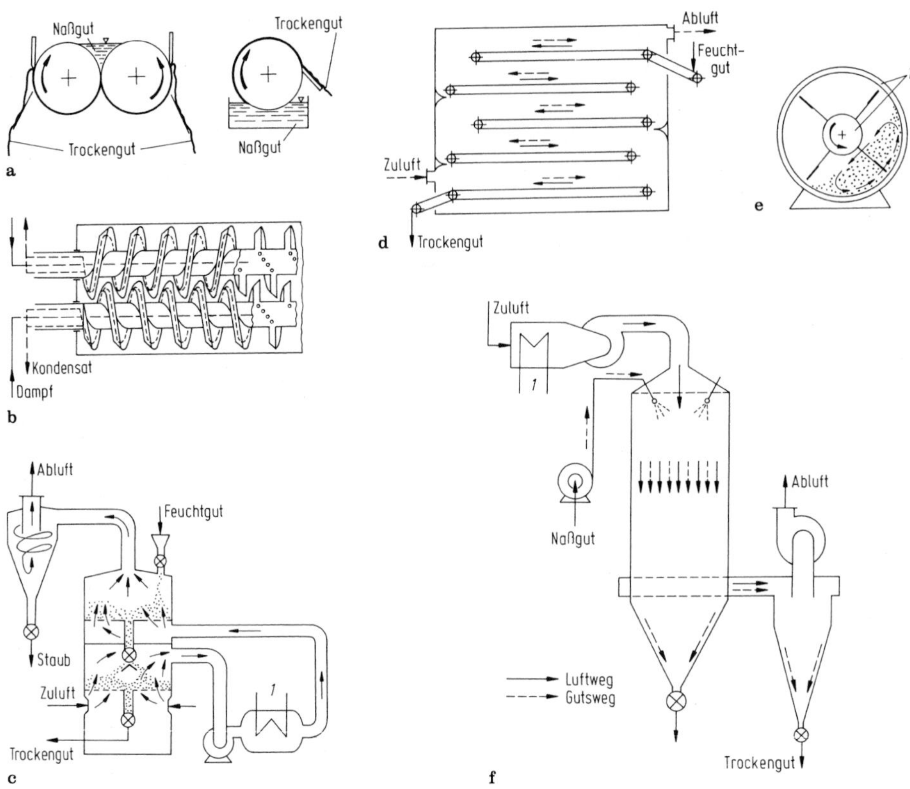

Abb. 25.15 Trocknerbauarten. **a** Walzentrockner; **b** Doppelschnecken-Trockner; **c** zweistufiger Wirbelschichttrockner, *1* Heizen; **d** Fünfbandtrockner; **e** Schaufeltrockner, *1* Heizmittelraum; **f** Gleichstrom-Zerstäubungstrockner, *1* Heizen

a lässt sich die Trocknungszeit τ ermitteln, um ein Gut von der Anfangsfeuchte X_α bis zur sog. *Knickpunktsfeuchte* X_{Kn} zu trocknen:

$$\begin{aligned}\tau_{\mathrm{I}} &= \frac{s\varrho_{\mathrm{s}}}{\dot{m}_{\mathrm{I}}}(X_\alpha - X_{\mathrm{Kn}}) \\ &= \frac{s\varrho_{\mathrm{s}}\Delta h_{\mathrm{LG}}}{\alpha(\Delta\vartheta)_{\mathrm{m}}}(X_\alpha - X_{\mathrm{Kn}}) \\ &= \frac{\varrho_{\mathrm{s}}\Delta h_{\mathrm{LG}}}{\alpha a(\Delta\vartheta)_{\mathrm{m}}}(X_\alpha - X_{\mathrm{Kn}}).\end{aligned}$$

Wenn die Knickpunktsfeuchte X_{Kn} (Abb. 25.16) unterschritten wird, wirkt das feuchte Gut nicht mehr wie eine Flüssigkeitsoberfläche, weil nur noch die feinen Poren aufgrund von Kapillarkräften bis zur Oberfläche gefüllt sind. Nach dem sog. *Trocknungsspiegelmodell* (angenähert gültig bei relativ grobdispersen und deshalb schwachhygroskopischen Trocknungsgütern) lässt sich die *Endtrocknungsgeschwindigkeit* $\dot{m}_{\mathrm{II},\omega}$ aus folgender Gleichung mit der Wärmeleitfähigkeit λ des Guts und dem Umwegfaktor $\mu_{\mathrm{p}} \approx 5$ ermitteln:

$$\begin{aligned}\dot{m}_{\mathrm{II},\omega} &= \frac{\lambda}{s\Delta h_{\mathrm{LG}}}\left(\frac{\vartheta_{\mathrm{G}} - \vartheta_\omega}{1 + (\lambda/\alpha s)}\right) \\ &= \frac{1}{\frac{1}{\beta_{\mathrm{h}}} + \frac{s\mu_{\mathrm{p}}}{D_{\mathrm{AB,G}}} \cdot (1 - (p_{\mathrm{i}})_{\mathrm{m}}/p)} \frac{(p_\omega^0 - p_i)}{RT}.\end{aligned}$$

Die tatsächliche Trocknungsgeschwindigkeit ergibt sich aus der Gleichheit der Ausdrücke, wobei die Endtemperatur ϑ_ω und der Dampfdruck p_ω^0 über die Dampfdruckkurve der durch Trocknen zu entfernenden Komponente verknüpft sind.

Liegt dagegen die Restfeuchte im hygroskopischen Trocknungsgut eher adsorptiv gebunden vor, entspricht das Trocknen der *Desorption*, also der Umkehrung der Gasphasenadsorption. Die Stoffübertragung (und damit Stoffübergangs- oder Trocknungsgeschwindigkeiten sowie Sorptions-, Trocknungs- und Extraktionszeiten) bei der Ad- und Desorption, beim Trocknen wie auch

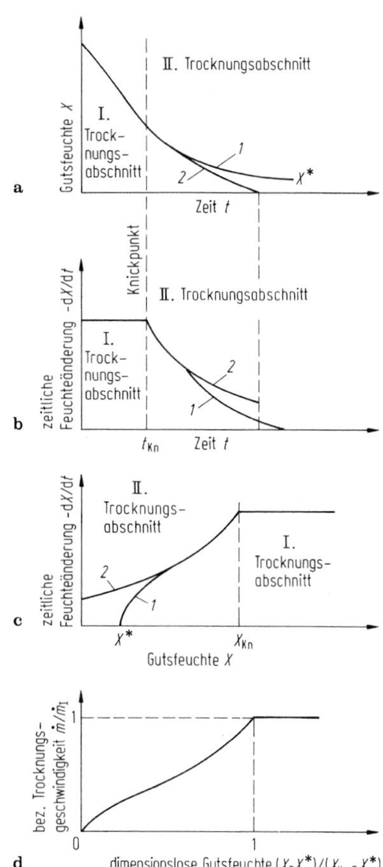

Abb. 25.16 **a** Gutsfeuchte abhängig von der Zeit; **b** zeitliche Feuchteänderung abhängig von der Zeit und **c** abhängig von der Gutsfeuchte (Erläuterung des I. und II. Trocknungsabschnitts); **d** normierte Trocknungsverlaufskurve. *1* hygroskopisches Gut, *2* nicht hygroskopisches Gut

bei der Fest-flüssig-Extraktion von oder an Feststoffe lässt sich mit Hilfe der Gleichung

$$\frac{\Delta X}{\Delta X_\alpha} = \frac{8}{\pi^2} \cdot \exp\left(-\frac{D_{\text{eff}} t \, \pi^2}{s^2}\right)$$

beschreiben. Aus dieser Gleichung folgt, dass die für eine bestimmte Be- bzw. Entladedifferenz ΔX bezogen auf die maximal mögliche Ladedifferenz $\Delta X_\alpha = X_\alpha - X^*$ mit der Gleichgewichtsbeladung X^* erforderliche Zeit t um so kürzer ist, je größer der effektive Diffusionskoeffizient D_{eff} des übertragenen Stoffs im Feststoff mit der Schichtdicke s (z. B. in kugeligen Partikeln mit dem Radius $R = s$) ist. So ergibt sich z. B. die *Trocknungszeit* kapillaraktiver hygroskopischer Güter zu

$$\tau \approx \frac{s^2}{\pi^2 D_{\text{eff}}} \cdot \ln(\Delta X / \Delta X_\alpha) .$$

Allgemein erhält man im ersten und zweiten Trocknungsabschnitt dann kurze Trocknungszeiten, wenn Schichtdicken s oder Pelletradien R klein sind. Entsprechendes gilt für Extraktionszeiten bei der Fest-flüssig-Extraktion.

25.4 Membrantrennverfahren

Tab. 25.3 und Abb. 25.17 geben eine Übersicht über verschiedene Membrantrennverfahren und die dabei wirksamen Triebkräfte. *Diffusion* und *Sorption* bewirken den Stofftransport durch dichte Lösungs-Diffusionsmembranen, während der konvektive Transport in porösen Membranen vorherrscht. Je nach der Geometrie und Konstruktion unterscheidet man *Rohr*-(Hohlfaser-), *Platten*- und *Wickelmodule*, die aus Kunststoffen (Polyethylen, Polypropylen, Polystyrol, Polyamid, Polykarbonat, Polyethylenterephtalat, Polytetrafluorethylen, Silicongummi, Celluloseacetat) bestehen.

25

Die durch die Membran mit der Fläche A permeierenden Massenstromdichten $\dot{m}_i = \dot{M}_i / A$ der Komponente i sind i. Allg. der treibenden Potentialdifferenz Δp_i oder Δc_i direkt und der Membrandicke s umgekehrt proportional. Im Falle der *Dialyse* erhält man mit dem *Permeationskoeffizienten* K_{M} (Index M = Membran)

$$\dot{m}_i = K_{\text{M}} (\Delta c_i)_{\text{m}} .$$

Dagegen muss bei der *Umkehrosmose* die transmembrane Druckdifferenz Δp den osmotischen Druck $\Delta \pi_i \approx c_i RT$ der Lösung mit der Konzentration c_i an gelöstem Stoff i mit der molaren Masse $\tilde{M}_i$ überschreiten, damit eine Permeatflussdichte $\dot{m}_i$ zustande kommt:

$$\dot{m}_i = (P_{\text{M}}/s)(\Delta p - \Delta \pi) .$$

Bei der *Ultrafiltration* kommt zum Transportwiderstand durch die Membran (Transportkoeffizient P_{M}) noch ein weiterer Widerstand aufgrund

Tab. 25.3 Membrantrennverfahren

Verfahren	Phase	Triebkraft	Permeat
Osmose	L/L	Konzentrationsdifferenz	Lösungsmittel
Umkehrosmose Ultrafiltration	L/L	Druckdifferenz	Lösungsmittel
Dialyse	L/L	Konzentrationsdifferenz	gelöster Stoff
Flüssigmembrantechnik	L/L	Konzentrationsdifferenz und chemische Reaktion	gelöster Stoff/Ionen
Elektrodialyse	L/L	elektrisches Feld	gelöste Ionen
Gaspermeation	G/G	Druckdifferenz	Gasmoleküle
Pervaporation	L/G	Konzentrationsdifferenz	Flüssigkeitskomponente

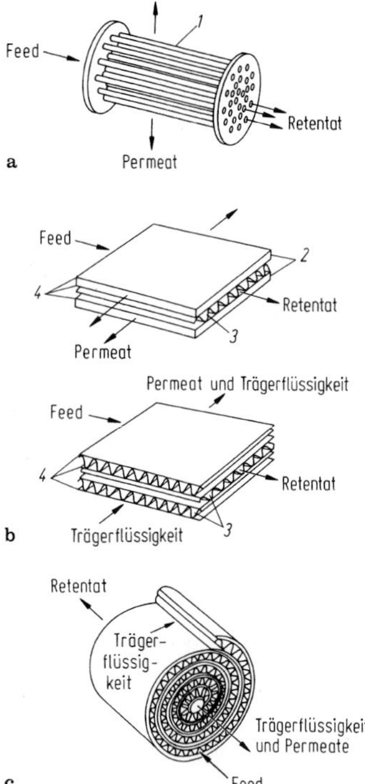

Abb. 25.17 Prinzip von **a** Rohr-, **b** Platten- und **c** Wickelmodulen. *1* hohle, dünnwandige Kunststoffröhrchen, *2* poröse Platten, *3* Abstandshalter, *4* Membran

einer darauf abgelagerten Gelschicht (Transportkoeffizient P_G, Index G = Gel) hinzu:

$$\dot{m}_i = \frac{(P_M + P_G)}{s}(\Delta p - \Delta \pi) .$$

Probleme stellen die Membranverschmutzung und die Konzentrationspolarisation dar, die zu einer Rückdiffusion des permeierenden Stoffs von der Gelschicht wegen des dort vorhandenen Konzentrationsanstiegs entgegen der Fließrichtung des Permeats führt.

Literatur

Weiterführende Literatur

Baehr, H.D., Stephan, K.: Wärme- und Stoffübertragung. Springer, Berlin (2006)

Bathen, D., Breitbach, M.: Adsorptionstechnik. Springer, Berlin (2001)

Goedecke, R.: Fluidverfahrenstechnik. Wiley-VCH, Weinheim (2006)

Grassmann, P.: Physikalische Grundlagen der Verfahrenstechnik. Sauerländer, Aarau (1983)

Kast, W.: Adsorption aus der Gasphase. Weinheim. Verlag Chemie (1988)

Krischer, O., Kast, W.: Die wissenschaftlichen Grundlagen der Trocknungstechnik. Springer, Berlin (1978)

Mersmann, A.: Crystallization Technology Handbook. Marcel Dekker, New York (2001)

Mersmann, A.: Stoffübertragung. Springer, Berlin (1986)

Perry's Chemical Engineer's Handbook. McGraw Hill, Singapore (1984)

Mersmann, A., Kind, M., Stichlmair, J.: Thermische Verfahrenstechnik. Springer, Berlin (2005)

Rautenbach, R., Albrecht, R.: Membrantrennverfahren: Ultrafilter und Umkehrosmose. Sauerländer, Aarau (1981)

Schlünder, E. U., Martin, H.: Einführung in die Wärmeübertragung. Vieweg, Braunschweig (1995)

Schlünder, E. U.: Einführung in die Stoffübertragung. Vieweg, Braunschweig (1996)

Schlünder, E. U.: Destillation, Absorption, Extraktion. Thieme, Stuttgart (1986)

Ullmann's Encyclopedia of Industrial Chemistry. Verlag Chemie, Weinheim (1988)

Mersmann, A.: Brauchen wir Stoffaustausch-Maschinen? Chem.-Ing.-Tech. 58, 87–96 (1986)

Mersmann, A., Kind, M.: Chemical engineering aspects of precipitation from solution. Chem. Eng. Technol. 11, 264–276 (1988)

26 Chemische Verfahrenstechnik

Andreas Seidel-Morgenstern

26.1 Einleitung

Mit chemischen Reaktionen verbundene Stoffwandlungsprozesse besitzen in der Verfahrenstechnik eine zentrale Bedeutung. Die offensichtlichsten Anwendungen liegen dabei im Bereich der chemischen Industrie. Die zielgerichtete Nutzung, die sichere Beherrschung und die quantitative Beschreibung chemischer Reaktionen spielen allerdings auch in vielen anderen Industriezweigen eine wichtige Rolle.

Hauptgegenstand der Chemischen Verfahrenstechnik ist die quantitative Analyse des Ablaufes chemischer Reaktionen und die Berechnung von Reaktoren. Typische Fragestellungen sind:

Ist eine erwünschte chemische Reaktion mit nennenswerten Umsatzgraden durchführbar?

Welche Art der Reaktionsführung ist geeignet, um ein gewünschtes Zielprodukt effektiv herzustellen?

Welcher Reaktortyp ist für die Aufgabenstellung geeignet?

Wie ist ein Reaktor für eine bestimmte Aufgabenstellung zu dimensionieren?

Welches sind die optimalen Reaktionsbedingungen?

Ist eine angestrebte Reaktion sicher beherrschbar?

Um diese und weitere damit im Zusammenhang stehende Fragen zu beantworten, sind verschiedene Teilgebiete für die Chemische Verfahrenstechnik wichtig. Dazu gehören:

- die *Stöchiometrie*, die gewissermaßen die Buchhaltung einer chemischen Reaktion darstellt;
- die *Chemische Thermodynamik*, die Aussagen zur „Wärmetönung“ und zur prinzipiellen Durchführbarkeit einer chemischen Reaktion liefert;
- die *Reaktionskinetik*, die die Geschwindigkeit chemischer Reaktionen quantifiziert und
- die *Berechnung des Umsatzverlaufes* in unterschiedlichen chemischen Reaktoren unter Berücksichtigung verschiedener Betriebsweisen und Gestaltungsprinzipien.

26.2 Stöchiometrie

Die Stöchiometrie beschreibt grundlegende Gesetzmäßigkeiten, denen die Änderung der Zusammensetzung eines Reaktionsgemisches während des Ablaufes chemischer Reaktionen unterliegt. Ausgangspunkt ist folgende allgemeine Formulierung einer chemischen Reaktion:

$$\sum_{i=1}^{N} \nu_i \; A_i = 0 \, . \qquad (26.1)$$

Mit dieser Gleichung wird die Veränderung der Mengen von N an einer Reaktion beteiligten chemischen Komponenten $A_1, A_2, \ldots, A_N$ beschrieben. Die ν_i sind die zu jeder Komponente

A. Seidel-Morgenstern (✉)
Otto-von-Guericke-Universität Magdeburg
Magdeburg, Deutschland
E-Mail: anseidel@ovgu.de

B. Bender und D. Göhlich (Hrsg.), *Dubbel Taschenbuch für den Maschinenbau 3: Maschinen und Systeme*,
https://doi.org/10.1007/978-3-662-59715-6_26

gehörenden reaktionsspezifischen stöchiometrischen Koeffizienten. Als Konvention wird eingeführt, dass die Ausgangsstoffe einer Reaktion (Edukte) mit negativen und die Produkte mit positiven stöchiometrischen Koeffizienten gekennzeichnet werden. So lässt sich beispielsweise die Synthese von Methanol aus Kohlenmonoxid und Wasserstoff folgendermaßen beschreiben:

$$-CO - 2\,H_2 + CH_3OH = 0 \tag{26.2}$$

mit $\nu_{CO} = -1$, $\nu_{H_2} = -2$, $\nu_{CH_3OH} = 1$. Laufen gleichzeitig M Reaktionen ab, gilt verallgemeinernd:

$$\sum_{i=1}^{N} \nu_{ij}\, A_i = 0 \tag{26.3}$$

mit $j = 1, M$. Die Koeffizienten ν_{ij} bilden die *stöchiometrische Matrix* $\boldsymbol{\nu}$.

Die Zusammensetzung einer beliebigen Komponente A_i aus L verschiedenen chemischen Elementen B_h ($h = 1, L$) lässt sich folgendermaßen beschreiben:

$$A_i = \sum_{h=1}^{L} \beta_{hi}\, B_h \tag{26.4}$$

mit $i = 1, N$. Die Matrix $\boldsymbol{\beta}$ wird *Element-Spezies-Matrix* genannt.

Zur Berechnung der Veränderung der Molzahl einer Komponente i infolge einer Reaktion lassen sich unter Einführung einer reaktionsspezifischen und komponentenunabhängigen Reaktionslaufzahl ξ folgende differentiellen bzw. integralen Bilanzen formulieren:

$$dn_i = \nu_i d\xi$$

bzw.

$$n_i - n_{i0} = \nu_i \xi \tag{26.5}$$

mit $i = 1, N$. In der integrierten Form sind die n_{i0} die Stoffmengen der Komponenten zu Beginn der Reaktion. Aus Gl. (26.5) ergibt sich die wichtige Regel, dass die durch die Reaktion verursachte Veränderung der Stoffmenge einer Komponente i und die entsprechende Veränderung für eine beliebige Komponente k folgendermaßen verknüpft sind:

$$d\xi = \frac{dn_i}{\nu_i} = \frac{dn_k}{\nu_k}$$

bzw.

$$\xi = \frac{n_i - n_{i0}}{\nu_i} = \frac{n_k - n_{k0}}{\nu_k} \tag{26.6}$$

mit $i = 1, N$; $k = 1, N$. Für M gleichzeitig ablaufende Reaktionen ist zur Erfassung der Stoffmengenänderung einer Komponente die Berücksichtigung von M Reaktionslaufzahlen ξ_j erforderlich:

$$dn_i = \sum_{j=1}^{M} \nu_{ij} d\xi_j$$

bzw.

$$n_i - n_{i0} = \sum_{j=1}^{M} \nu_{ij} \xi_j \tag{26.7}$$

mit $i = 1, N$. Dabei gilt auf Grund der Massenerhaltung für alle L an den Reaktionen beteiligten chemischen Elemente:

$$\sum_{i=1}^{N} \beta_{hi}\, n_i = \mathrm{const}_h$$

und folglich

$$\sum_{i=1}^{N} \beta_{hi}\, dn_i = 0$$

bzw.

$$\sum_{i=1}^{N} \beta_{hi}\, \Delta n_i = 0 \tag{26.8}$$

mit $h = 1, L$. Unter Verwendung der stöchiometrischen Bilanz, Gl. (26.6), resultiert für den Zusammenhang zwischen den Elementen der beiden Matrizen $\boldsymbol{\beta}$ und $\boldsymbol{\nu}$:

$$\sum_{i=1}^{N} \beta_{hi}\, \nu_{ij} = 0 \tag{26.9}$$

$h = 1, L$; $j = 1, M$. Mit den beschriebenen Gleichungen lassen sich unter Verwendung des Instrumentariums der linearen Algebra u. a. folgende, für eine Reaktorberechnung wichtige Fragen beantworten:

Wie viele und welche Reaktionsgleichungen benötigt man, um die Molzahländerungen aller Komponenten eines Reaktionssystems zu beschreiben?

Von wie vielen und welchen Schlüsselkomponenten müssen die Molzahländerungen mindestens bekannt sein, damit eine Berechnung der Molzahländerungen für weitere Komponenten möglich ist?

Wie sind bei einem komplexen Reaktionssystem die gemessenen Molzahländerungen der Komponenten und der Fortschritt der einzelnen Reaktionen miteinander verknüpft?

Für die Beantwortung dieser Fragen sind die Ränge der das konkrete Reaktionssystem beschreibenden Matrizen $\boldsymbol{\nu}$ und $\boldsymbol{\beta}$ von entscheidender Bedeutung.

26.3 Chemische Thermodynamik

Die Quantifizierung der mit dem Ablauf chemischer Reaktionen verbundenen energetischen Effekte ist eine wichtige Aufgabe der Chemischen Thermodynamik. Die reaktionsbedingte Änderung der Enthalpie bezeichnet man als Reaktionsenthalpie ΔH_R. Sie ergibt sich aus den Enthalpien der Bildung aller an der Reaktion beteiligten Komponenten aus ihren chemischen Elementen, $\Delta H_{\mathrm{B},i}$, und aus den stöchiometrischen Koeffizienten, ν_i:

$$\Delta H_\mathrm{R} = \sum_{i=1}^{N} \nu_i \, \Delta H_{\mathrm{B},i} \, . \qquad (26.10)$$

Reaktionsenthalpien sind für exotherme Reaktionen negativ und für endotherme Reaktionen positiv. Die Bildungsenthalpien sind bei Standardbedingungen ($p = p^\mathrm{O} = 1\,\mathrm{bar}$ und $T = T^\mathrm{O} = 298{,}15\,\mathrm{K}$) für sehr viele Komponenten zugänglich. Die Standardreaktionsenthalpie der exothermen Methanolsynthese, Gl. (26.2), lässt sich mit Gl. (26.10) folgendermaßen berechnen:

$$\begin{aligned}\Delta H_\mathrm{R}^\mathrm{O}(p^\mathrm{O}, T^\mathrm{O}) &= -\Delta H_\mathrm{B,CO}^\mathrm{O} - 2\Delta H_\mathrm{B,H_2}^\mathrm{O} \\ &\quad + \Delta H_\mathrm{B,CH_3OH}^\mathrm{O} \\ &= -\left(-110{,}6\frac{\mathrm{kJ}}{\mathrm{mol}}\right) - 2(0) \\ &\quad + \left(-201{,}3\frac{\mathrm{kJ}}{\mathrm{mol}}\right) \\ &= -90{,}7\frac{\mathrm{kJ}}{\mathrm{mol}} \, .\end{aligned} \qquad (26.11)$$

Nicht alle Reaktionen können jedoch bei Standardbedingungen durchgeführt werden. Man benötigt folglich Methoden, um die Temperatur- und Druckabhängigkeit der Reaktionsenthalpie zu beschreiben. In der Regel ist dabei die Druckabhängigkeit relativ gering. Für Reaktionen idealer Gase ist ΔH_R vom Druck unabhängig. Der Zusammenhang zwischen Reaktionsenthalpie und Temperatur wird durch die Temperaturabhängigkeit der Wärmekapazitäten der an der Reaktion beteiligten Komponenten bestimmt. Es gilt:

$$\Delta H_\mathrm{R}(T) = \Delta H_\mathrm{R}^\mathrm{O}(T^\mathrm{O}) + \sum_{i=1}^{N} \nu_i \int_{T^\mathrm{O}}^{T} c_{p,i}(T) \, \mathrm{d}T \, . \qquad (26.12)$$

Chemische Reaktionen streben ein dynamisches Gleichgewicht an, in dem sich das Verhältnis der Konzentrationen von Edukten und Produkten nicht mehr ändert. In einigen Fällen sind in diesem Zustand die Konzentrationen der Edukte vernachlässigbar klein. Derartige Reaktionen verlaufen einseitig bzw. irreversibel. Verbleiben nennenswerte Mengen nicht umgesetzter Edukte, spricht man von reversiblen Reaktionen. Die Berechnung von Gleichgewichtszusammensetzungen ist eine wichtige Aufgabe der Chemischen Thermodynamik. Im Unterschied zu mechanischen Systemen hängt die Lage des Gleichgewichtes bei chemischen Systemen nicht nur vom Energie-, sondern auch vom Ordnungszustand des Systems ab. Das Gleichgewicht ist deshalb durch ein Minimum der freien Reaktionsenthalpie, G_R, gekennzeichnet. Die freie Reaktionsenthalpie hängt vom Druck, der Temperatur und der Zusammmensetzung ab, und es gilt im Gleichgewicht:

$$dG_R = \left.\frac{\partial G_R}{\partial p}\right|_{T,\bar{n}} dp + \left.\frac{\partial G_R}{\partial T}\right|_{p,\bar{n}} dT + \sum_{i=1}^{N} \left.\frac{\partial G_R}{\partial n_i}\right|_{p,T,n_{j\neq i}} dn_i = 0\,. \quad (26.13)$$

Die partiellen Ableitungen der freien Reaktionsenthalpie nach den Stoffmengen bezeichnet man als chemisches Potential μ_i:

$$\mu_i = \left.\frac{\partial G_R}{\partial n_i}\right|_{p,T,n_{j\neq i}} \quad (26.14)$$

mit $i = 1, N$. Unter isobaren und isothermen Bedingungen sowie unter Berücksichtigung von Gl. (26.5) gilt damit im Gleichgewicht:

$$\sum_{i=1}^{N} \mu_i \nu_i = 0\,. \quad (26.15)$$

Das wesentliche Problem bei der Berechnung von chemischen Gleichgewichten besteht in der korrekten Beschreibung der Abhängigkeit des chemischen Potentials μ_i vom Druck, der Temperatur und der Zusammensetzung. Dabei werden unterschiedliche Standardzustände als Bezugspunkt verwendet. Häufig geht man vom idealen Gas und einem Druck von 1 bar aus. Für diesen Zustand können für unterschiedliche Temperaturen relativ zuverlässig chemische Standardpotentiale, $\mu_i^{\varnothing}(p^{O}, T)$, berechnet werden. Ausgehend von diesen Standardpotentialen gilt für das chemische Potential einer Komponente i bei einem bestimmten Partialdruck p_i:

$$\mu_i(p_i, T) = \mu_i^{\varnothing}(p^{O}, T) + RT \ln \frac{p_i}{p^{O}} \quad (26.16)$$

mit $i = 1, N$. Verknüpft man die Gleichgewichtsbedingung, Gl. (26.15), mit Gl. (26.16), erhält man:

$$\sum_{i=1}^{N} \nu_i \mu_i^{\varnothing}(p^{O}, T) = -RT \ln \prod_{i=1}^{N} \left(\frac{p_i}{p^{O}}\right)^{\nu_i} \quad (26.17)$$

bzw. unter Verwendung der freien Standardreaktionsenthalpie und einer Gleichgewichtskonstanten K_p:

$$\Delta G_R^{\varnothing}(p^{O}, T) = -RT \ln K_p(p^{O}, T) \quad (26.18)$$

mit

$$\Delta G_R^{\varnothing}(p^{O}, T) = \sum_{i=1}^{N} \nu_i \mu_i^{\varnothing}(p^{O}, T) \quad (26.19)$$

und

$$K_p(p^{O}, T) = \prod_{i=1}^{N} \left(\frac{p_i}{p^{O}}\right)^{\nu_i}. \quad (26.20)$$

Bei Kenntnis von K_p kann mit Gl. (26.20) unter Verwendung der stöchiometrischen Bilanz die Gleichgewichtszusammensetzung ermittelt werden. In der Regel ist dazu eine iterative Berechnung erforderlich.

Hingewiesen sei auf die Tatsache, dass für reale Reaktionssysteme häufig verschiedene weitere Aspekte zu berücksichtigen sind, die eine Berechnung des chemischen Gleichgewichtes verkomplizieren. Dazu gehören Abweichungen vom Idealverhalten, das simultane Ablaufen von mehreren Reaktionen und das Vorliegen mehrerer Phasen.

26.4 Kinetik chemischer Reaktionen

Die Überlegungen des vorigen Abschnitts basierten auf der Annahme, dass für die betrachteten chemischen Reaktionen unendlich viel Zeit zur Verfügung steht. Für die Berechnung der tatsächlich in einem Reaktor erzeugbaren Produktmengen benötigt man Angaben zur Reaktionsgeschwindigkeit, d. h. zur zeitlichen Änderung der Stoffmengen der an der Reaktion beteiligten Komponenten. Basierend auf der stöchiometrischen Bilanz, sind die Stoffmengenänderungen der einzelnen Komponenten verknüpft (Gl. (26.6)). Dieser Tatsache sowie der Zielstellung, eine maßstabsunabhängige Beschreibung zu erreichen, ist in folgender Definition der Reaktionsgeschwindigkeit r Rechnung getragen:

$$r = \frac{1}{\nu_i V} \frac{\mathrm{d}n_i}{\mathrm{d}t} \tag{26.21}$$

mit $i = 1,\ N$. In Gl. (26.21) stellt V das Reaktionsvolumen dar. Bleibt dieses Volumen während der Reaktion unverändert, ist es möglich, anstelle der Stoffmengenänderungen die Konzentrationsänderungen zu verwenden:

$$r = \frac{1}{\nu_i} \frac{\mathrm{d}c_i}{\mathrm{d}t} \tag{26.22}$$

mit $i = 1,\ N$. Neben der in den Gln. (26.21) und (26.22) angegebenen volumenbezogenen Reaktionsgeschwindigkeit sind unter Umständen andere Bezüge sinnvoll (Phasengrenzflächen, Katalysatormassen oder -oberflächen).

In der Regel lässt sich die Geschwindigkeit einer Reaktion in einen temperaturabhängigen und in einen konzentrationsabhängigen Anteil aufspalten:

$$r = k(T)\ f(\boldsymbol{c}) \tag{26.23}$$

mit $\boldsymbol{c} = (c_1, c_2, \ldots, c_N)$. Die entwickelten theoretischen Konzepte erlauben es gegenwärtig noch nicht, die Reaktionsgeschwindigkeitskonstanten $k(T)$ und die Funktionen $f(\boldsymbol{c})$ mit der für eine Reaktorauslegung erforderlichen Genauigkeit vorherzusagen. In der Regel sind systematische experimentelle Untersuchungen erforderlich.

Die Temperaturabhängigkeit von Reaktionsgeschwindigkeitskonstanten kann in guter Näherung mit der Arrhenius-Gleichung beschrieben werden:

$$k(T) = k_0 \exp\left(-\frac{E_\mathrm{A}}{RT}\right). \tag{26.24}$$

Dabei sind k_0 der sogenannte Stoßfaktor und E_A die Aktivierungsenergie. Beide Größen können bei Kenntnis einer Reihe von Wertepaaren aus einer logarithmischen Auftragung von $\ln k$ über $1/T$ durch lineare Regression bestimmt werden. Die Dimension von k hängt dabei von der Funktion $f(\boldsymbol{c})$ ab.

Ein Problem bei der korrekten Formulierung von $f(\boldsymbol{c})$ ist die Tatsache, dass die interessierenden Reaktionen häufig über mehrere Zwischenschritte ablaufen, so dass neben den eigentlichen Reaktionspartnern weitere Zwischenprodukte die Kinetik beeinflussen. Deshalb bemüht man sich, unter Einbeziehung dieser Zwischenprodukte plausible Reaktionsmechanismen als Abfolge einfacher Elementarreaktionen zu postulieren. Für die Elementarreaktionen lassen sich auf der Grundlage der sogenannten Stoßtheorie die Konzentrationsabhängigkeiten direkt aus der Stöchiometrie ableiten. Häufig verwendete Elementarreaktionen und die entsprechenden Funktionen $f(\boldsymbol{c})$ sind z. B.:

Rekombinationsreaktionen

$$\begin{gathered} \mathrm{A} + \mathrm{B} \rightarrow \mathrm{C} \\ f(\boldsymbol{c}) = c_\mathrm{A} c_\mathrm{B}; \end{gathered} \tag{26.25}$$

und Zerfallsreaktionen

$$\begin{gathered} \mathrm{C} \rightarrow \mathrm{A} + \mathrm{B} \\ f(\boldsymbol{c}) = c_\mathrm{C}. \end{gathered} \tag{26.26}$$

Für eine in einer homogenen Phase ablaufende Bruttoreaktion A + B → C, die durch eine reversible Aktivierung der Komponente A mittels eines Katalysators K beschleunigt wird, lassen sich die folgenden drei Elementarschritte postulieren:

$$\mathrm{A} + \mathrm{K} \rightarrow \mathrm{AK} \qquad r_1 = k_1 c_\mathrm{A} c_\mathrm{K}\,, \tag{26.27}$$

$$\mathrm{AK} \rightarrow \mathrm{A} + \mathrm{K} \qquad r_2 = k_2 c_\mathrm{AK}\,, \tag{26.28}$$

$$\mathrm{AK} + \mathrm{B} \rightarrow \mathrm{C} + \mathrm{K} \qquad r_3 = k_3 c_\mathrm{AK} c_\mathrm{B}\,. \tag{26.29}$$

Häufig ist dabei die Konzentration des Komplexes AK, c_AK, messtechnisch nicht zugänglich. Zur Berechnung der interessierenden Produktbildungsgeschwindigkeit r_3 aus den messbaren Konzentrationen c_A, c_B und c_K kann oft auf vereinfachende Annahmen zurückgegriffen werden. Falls der Komplex AK relativ kurzlebig ist und sich nicht im Reaktor anreichert, kann von der Gültigkeit des Bodenstein'schen Quasistationaritätsprinzips ausgegangen und postuliert werden:

$$\frac{\mathrm{d}c_\mathrm{AK}}{\mathrm{d}t} = 0 = r_1 - r_2 - r_3\,. \tag{26.30}$$

26

Daraus folgt $c_{AK} = k_1 c_A c_K / (k_2 + k_3 c_B)$ und für r_3 ergibt sich:

$$r_3 = \frac{k_1 k_3 c_A c_B c_K}{k_2 + k_3 c_B} . \tag{26.31}$$

Generell ist eine realistische Zerlegung einer Bruttoreaktion in Elementarschritte schwierig. Deshalb, und um möglichst einfache Ansätze für eine Reaktorberechnung bereitzustellen, verwendet man häufig formalkinetische Potenzansätze zur Beschreibung der Konzentrationsabhängigkeit der Geschwindigkeit einer Reaktion. Diese Ansätze haben folgende allgemeine Struktur:

$$r = k \prod_{l=1}^{\text{Edukte}} c_l^{n_l} . \tag{26.32}$$

Die Exponenten n_l in Gl. (26.32) werden als Reaktionsordnungen der einzelnen Edukte l bezeichnet. Die Summe aller n_l bezeichnet man als Gesamtreaktionsordnung n. Diese Ordnungen lassen sich nur für Elementarreaktionen direkt aus der Stöchiometrie ableiten (vgl. Gln. (26.25) und (26.26)), i. Allg. müssen sie jedoch auf der Basis von experimentellen Daten durch Anpassung ermittelt werden.

Bei Kenntnis der Konzentrationsabhängigkeit der Reaktionsgeschwindigkeiten können durch Integration sogenannte Zeitgesetze ermittelt werden. Diese beschreiben die Konzentrationsverläufe der einzelnen Komponenten in einem geschlossenen und konstanten Volumen unter isothermen Bedingungen. Den Fall berücksichtigend, dass mehrere Reaktionen ($j = 1, M$) ablaufen und autokatalytische Prozesse keine Rolle spielen, resultiert folgendes System gewöhnlicher Differentialgleichungen:

$$\frac{dc_i}{dt} = \sum_{j=1}^{M} \nu_{ij} \, r_j = \sum_{j=1}^{M} \left(\nu_{ij} \, k_j \prod_{l}^{\text{Edukte}} c_l^{n_{lj}} \right) \tag{26.33}$$

mit $i = 1, N$. Zur Lösung der Gln. (26.33) sind Anfangskonzentrationen c_i^0 vorzugeben. Für verschiedene einfache Grenzfälle lassen sich analytische Lösungen ableiten. Einige Zeitgesetze sind in Tab. 26.1 zusammengefasst. Abb. 26.1 illustriert für eine Reaktion A → B den Einfluss der Reaktionsordnung auf den zeitlichen Verlauf der Konzentration der Komponente A. Man erkennt, dass unter sonst gleichen Bedingungen bei höheren Reaktionsordnungen längere Reaktionszeiten erforderlich sind, um gleiche Umsätze zu erzielen. Abb. 26.2 zeigt berechnete Konzentrationsverläufe bei Folgereaktionen des Typs A → B → C. Abhängig von den konkreten Geschwindigkeitskonstanten und Reaktionsordnungen kann dabei der zeitliche Konzentrationsverlauf des häufig interessierenden Zwischenprodukts B sehr unterschiedlich sein.

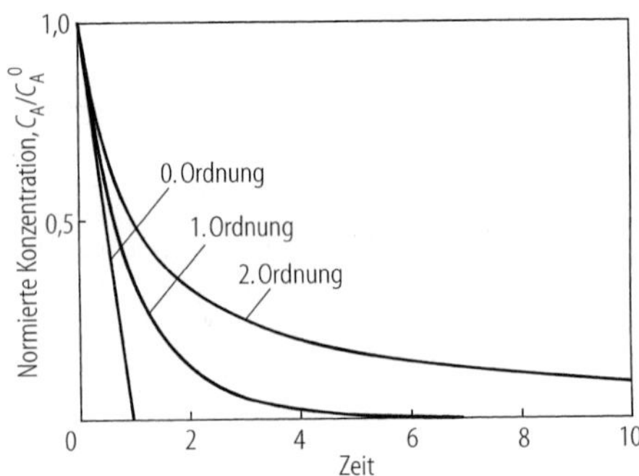

Abb. 26.1 Normierte Konzentrationsverläufe des Edukts A als Funktion der Reaktionsordnung. (A → B, vgl. Tab. 26.1, $n = 0$, 1 oder 2, $k = 1$, Dimension k : 1/[Zeit]

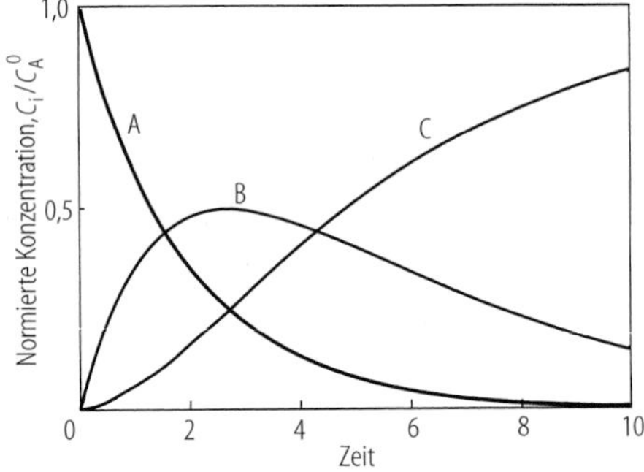

Abb. 26.2 Typische normierte Konzentrationsverläufe der Komponenten einer Folgereaktion. (A → B → C, vgl. Tab. 26.1, $k_1 = 1$, $k_2 = 0{,}5$, Dimension k : 1/[Zeit])

Für komplexe Reaktionssysteme mit nicht ganzzahligen Reaktionsordnungen können die Zeitgesetze nur numerisch ermittelt werden. Es sei angemerkt, dass die zuverlässige Beschreibung der Kinetik chemischer Reaktionen weiterhin eine große Herausforderung darstellt. Das trifft insbesondere für heterogen katalysierte Re-

Tab. 26.1 Zeitgesetze einfacher Reaktionen ($t = 0 : c_i = c_i^0$)

Reaktion und Reaktionsordnung n	Konkrete Form von Gl. (26.33)	Konzentrations-Zeit-Verläufe
Einfache irreversible Reaktionen		
$\mathrm{A} \xrightarrow{r=k} \mathrm{B}$ $n = 0 \quad c_\mathrm{B}^0 = 0$	$\frac{\mathrm{d}c_\mathrm{A}}{\mathrm{d}t} = -k$	$c_\mathrm{A} = c_\mathrm{A}^0 - kt$ $c_\mathrm{B} = c_\mathrm{A}^0 - c_\mathrm{A}$
$\mathrm{A} \xrightarrow{r=k\,c_\mathrm{A}} \mathrm{B}$ $n = 1 \quad c_\mathrm{B}^0 = 0$	$\frac{\mathrm{d}c_\mathrm{A}}{\mathrm{d}t} = -kc_\mathrm{A}$	$c_\mathrm{A} = c_\mathrm{A}^0 e^{-kt}$ $c_\mathrm{B} = c_\mathrm{A}^0 - c_\mathrm{A}$
$\mathrm{A} \xrightarrow{r=k\,c_\mathrm{A}^2} \mathrm{B}$ $n = 2 \quad c_\mathrm{B}^0 = 0$	$\frac{\mathrm{d}c_\mathrm{A}}{\mathrm{d}t} = -kc_\mathrm{A}^2$	$c_\mathrm{A} = \frac{c_\mathrm{A}^0}{1+c_\mathrm{A}^0 kt}$ $c_\mathrm{B} = c_\mathrm{A}^0 - c_\mathrm{A}$
$\mathrm{A} \xrightarrow{r=k\,c_\mathrm{A}^n} \mathrm{B}$ $n \neq 1 \quad c_\mathrm{B}^0 = 0$	$\frac{\mathrm{d}c_\mathrm{A}}{\mathrm{d}t} = -kc_\mathrm{A}^n$	$c_\mathrm{A} = \left({c_\mathrm{A}^0}^{1-n} + (n-1)kt\right)^{\frac{1}{1-n}}$ $c_\mathrm{B} = c_\mathrm{A}^0 - c_\mathrm{A}$
$\mathrm{A} + \mathrm{B} \xrightarrow{r=k\,c_\mathrm{A}c_\mathrm{B}} \mathrm{C}$ $n = 2 \quad c_\mathrm{B}^0 \neq c_\mathrm{A}^0 \quad c_\mathrm{C}^0 = 0$	$\frac{\mathrm{d}c_\mathrm{A}}{\mathrm{d}t} = -kc_\mathrm{A}c_\mathrm{B}$	$c_\mathrm{A} = c_\mathrm{A}^0 \left(1 - \frac{c_\mathrm{B}^0 \exp((c_\mathrm{A}^0 - c_\mathrm{B}^0)kt) - c_\mathrm{B}^0}{c_\mathrm{A}^0 \exp((c_\mathrm{A}^0 - c_\mathrm{B}^0)kt) - c_\mathrm{B}^0}\right)$ $c_\mathrm{B} = c_\mathrm{B}^0 - c_\mathrm{A}^0 + c_\mathrm{A}, \quad c_\mathrm{C} = c_\mathrm{A}^0 - c_\mathrm{A}$
Reversible Reaktion		
$\mathrm{A} \xleftrightarrow{r_1=k_1c_\mathrm{A},\ r_2=k_2c_\mathrm{B}} \mathrm{B}$ $n_1 = n_2 = 1, \quad c_\mathrm{B}^0 = 0$	$\frac{\mathrm{d}c_\mathrm{A}}{\mathrm{d}t} = -k_1c_\mathrm{A} + k_2c_\mathrm{B}$	$c_\mathrm{A} = c_\mathrm{A}^0 \frac{k_1}{k_1+k_2} \left(\frac{k_2}{k_1} + e^{-(k_1+k_2)t}\right), \ \frac{k_1}{k_2} = K_\mathrm{p}$ $c_\mathrm{B} = c_\mathrm{A}^0 - c_\mathrm{A}$
Irreversible Parallelreaktionen		
$\mathrm{A} \xrightarrow{r_1=k_1c_\mathrm{A}} \mathrm{B}$ $\mathrm{A} \xrightarrow{r_2=k_2c_\mathrm{A}} \mathrm{C}$ $n_1 = n_2 = 1, \quad c_\mathrm{B}^0 = c_\mathrm{C}^0 = 0$	$\frac{\mathrm{d}c_\mathrm{A}}{\mathrm{d}t} = -(k_1 + k_2)c_\mathrm{A}$ $\frac{\mathrm{d}c_\mathrm{B}}{\mathrm{d}t} = k_1c_\mathrm{A}$	$c_\mathrm{A} = c_\mathrm{A}^0 e^{-(k_1+k_2)t}$ $c_\mathrm{B} = c_\mathrm{A}^0 \frac{k_1}{k_1+k_2} \left(1 - e^{-(k_1+k_2)t}\right)$ $c_\mathrm{C} = c_\mathrm{A}^0 - c_\mathrm{A} - c_\mathrm{B}$
Irreversible Folgereaktionen		
$\mathrm{A} \xrightarrow{r_1=k_1c_\mathrm{A}} \mathrm{B} \xrightarrow{r_2=k_2c_\mathrm{B}} \mathrm{C}$ $n_1 = n_2 = 1, \quad c_\mathrm{B}^0 = c_\mathrm{C}^0 = 0$ $k_1 \neq k_2$	$\frac{\mathrm{d}c_\mathrm{A}}{\mathrm{d}t} = -k_1c_\mathrm{A}$ $\frac{\mathrm{d}c_\mathrm{B}}{\mathrm{d}t} = k_1c_\mathrm{A} - k_2c_\mathrm{B}$	$c_\mathrm{A} = c_\mathrm{A}^0 e^{-k_1t}$ $c_\mathrm{B} = c_\mathrm{A}^0 \frac{k_1}{k_2-k_1} \left(e^{-k_1t} - e^{-k_2t}\right)$ $c_\mathrm{C} = c_\mathrm{A}^0 - c_\mathrm{A} - c_\mathrm{B}$

aktionen zu, bei denen die eigentliche Reaktionskinetik häufig von Stoff- und Wärmetransportprozessen am und im Katalysator überlagert ist.

26.5 Ideale isotherme Reaktoren

Um chemische Reaktionen effizient und sicher durchzuführen, werden die unterschiedlichsten Reaktortypen eingesetzt. Hauptursache für die anzutreffende Vielfalt ist die Spezifik jeder einzelnen chemischen Reaktion.

Wesentliche Klassifizierungskriterien für Reaktoren basieren auf den vorliegenden Phasen- und Strömungsverhältnissen sowie auf den Betriebsweisen. Letztere gestatten eine einfache Einteilung in diskontinuierlich (chargenweise) und kontinuierlich betriebene Reaktoren. Um die verschiedenen Reaktoren einer einheitlichen mathematischen Beschreibung und Bewertung zugänglich zu machen, verwendet man als Ausgangspunkt vereinfachende Modelle. Dabei wird neben der genannten Unterscheidung zwischen diskontinuierlichen und kontinuierlichen Reaktoren weiterhin zwischen den beiden Grenzfällen der idealen Vermischung und der idealen Verdrängung unterschieden. Die wichtigsten Idealreaktoren sind schematisch in Abb. 26.3 dargestellt. Es handelt sich um

- den ideal durchmischten, diskontinuierlich betriebenen Rührkesselreaktor (Batch reactor, BR),
- das nicht rückvermischte, kontinuierlich betriebene Strömungsrohr (Plug flow tubular reactor, PFTR) und
- den ideal durchmischten, kontinuierlich betriebenen Rührkesselreaktor (Continuous stirred tank reactor, CSTR).

Entsprechend der mit ihrer Einführung verbundenen Zielstellung ist die mathematische Be-

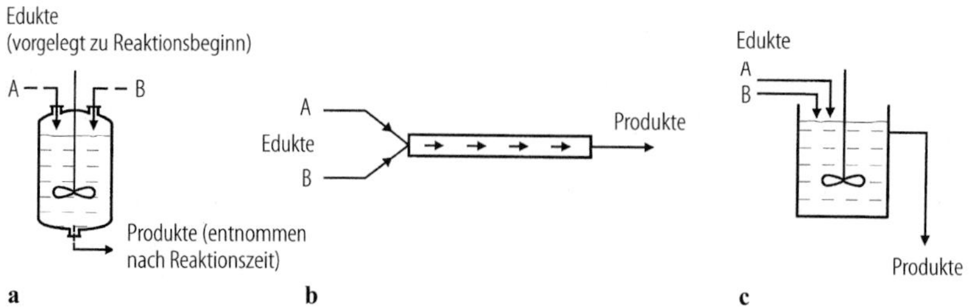

Abb. 26.3 Schematische Darstellung der Idealreaktoren. **a** Diskontinuierlich betriebener Rührkesselreaktor (BR); **b** kontinuierlich betriebenes Strömungsrohr (PFTR); **c** kontinuierlich betriebener Rührkesselreaktor (CSTR)

schreibung der Idealreaktoren einfach. Unter Verwendung der zusätzlichen Annahme, dass im Reaktor isotherme Verhältnisse vorliegen, reduziert sich die Berechnung auf die Lösung der folgenden Stoffbilanz, die für eine Komponente i und ein differentielles Volumenelement die Beiträge der Akkumulation, der Konvektion und der Reaktion berücksichtigt:

$$\frac{\partial c_i}{\partial t} = -\mathrm{div}(u\, c_i) + \sum_{j=1}^{M} \nu_{ij} r_j \qquad (26.34)$$

mit $i = 1, N$. Aus Gl. (26.34) lassen sich die für die drei genannten Idealreaktoren geltenden Bilanzgleichungen ableiten. Für den ideal durchmischten, diskontinuierlich betriebenen Rührkesselreaktor können die zeitlichen Konzentrationsverläufe durch das bereits bekannte System gewöhnlicher Differentialgleichungen beschrieben werden (vgl. Gl. (26.33) und einige Lösungen in Tab. 26.1):

$$\text{BR:}\ \frac{\mathrm{d}c_i}{\mathrm{d}t} = \sum_{j=1}^{M} \nu_{ij}\, r_j \qquad (26.35)$$

mit $i = 1, N$. Für das ideale Strömungsrohr, in dem sich die Konzentrationen entlang einer axialen Koordinate z ändern, gilt unter stationären Bedingungen und unter Annahme einer konstanten Strömungsgeschwindigkeit u:

$$\text{PFTR} : 0 = -u\frac{\mathrm{d}c_i}{\mathrm{d}z} + \sum_{j=1}^{M} \nu_{ij} r_j \qquad (26.36)$$

mit $i = 1, N$. Gleichung (36) lässt sich nach Einführung der Verweilzeit τ ($\tau = z/u$) umformulieren:

$$\text{PFTR} : \frac{\mathrm{d}c_i}{\mathrm{d}\tau} = \sum_{j=1}^{M} \nu_{ij}\, r_j \qquad (26.37)$$

mit $i = 1, N$. Vergleicht man die Gln. (26.35) und (26.37), erkennt man die Analogie zwischen den zeitlichen Verläufen der Konzentrationen im BR und den örtlichen Verläufen der Konzentrationen im PFTR.

Zur Formulierung des konvektiven Beitrags in der Stoffbilanz des ideal durchmischten, kontinuierlich betriebenen Rührkesselreaktors ist es ebenfalls zweckmäßig, eine mittlere Verweilzeit τ einzuführen, die sich als Quotient aus dem Reaktorvolumen und dem Volumenstrom berechnen lässt ($\tau = V/\dot{V}$). Folgende Stoffbilanz gilt für stationäre Bedingungen und unter Berücksichtigung der Zulaufkonzentrationen c_i^0:

$$\text{CSTR: } 0 = \frac{c_i^0 - c_i}{\tau} + \sum_{j=1}^{M} \nu_{ij}\, r_j \qquad (26.38)$$

mit $i = 1, N$. Die Gemeinsamkeiten und Unterschiede zwischen den drei Idealreaktoren lassen sich für einfache Reaktionen durch eine dimensionslose Betrachtung veranschaulichen. Dazu bietet es sich an, den Umsatz U eines Edukts i als Konzentrationsmaß zu verwenden:

$$U_i = \frac{n_i^0 - n_i}{n_i^0}$$

bzw. bei konstantem Volumen:

$$U_i = \frac{c_i^0 - c_i}{c_i^0}\,. \qquad (26.39)$$

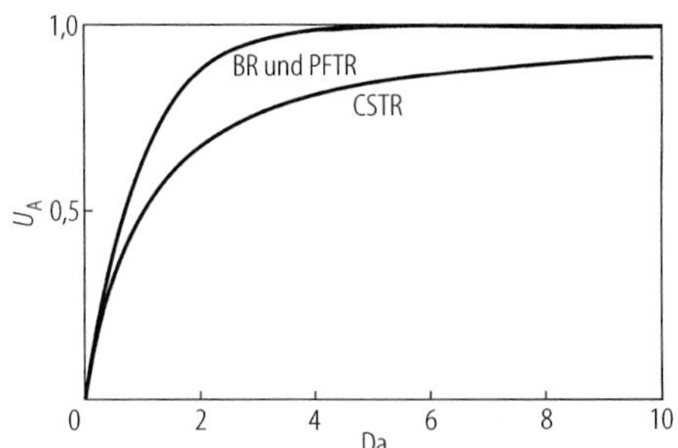

Abb. 26.4 Abhängigkeit des Umsatzes von der Damköhler-Zahl für eine in den Idealreaktoren durchgeführte Reaktion 1. Ordnung (Gln. (26.39)–(26.42))

Wesentlich für den Umsatzverlauf ist das Verhältnis aus einer für die Reaktion zur Verfügung stehenden charakteristischen Zeit t_R, mit $t_R = t$ (BR) bzw. $t_R = \tau$ (PFTR und CSTR), sowie einer von der Reaktionskinetik abhängigen charakteristischen Reaktionszeit. Dieses Verhältnis wird als Damköhler-Zahl, Da, bezeichnet. Für eine Reaktion 1. Ordnung (A $\rightarrow$ Produkte) mit $r = kc_A$ gilt:

$$Da = t_R\, k\,. \tag{26.40}$$

Daraus folgt nach Integration der Stoffbilanzen für die Komponente A ($\mathrm{d}U_A/\mathrm{d}t = k(1-U_A)$ bzw. $\mathrm{d}U_A/\mathrm{d}\tau = k(1-U_A)$) der folgende Umsatzverlauf für den BR und den PFTR:

$$U_A = 1 - e^{-Da}\,. \tag{26.41}$$

Der sich aus der entsprechenden Bilanz ($U_A/\tau = k(1 - U_A)$) ergebende Umsatz des CSTR ist:

$$U_A = \frac{Da}{1 + Da}\,. \tag{26.42}$$

Abb. 26.4 zeigt die durch die Gln. (26.41) und (26.42) beschriebenen Verläufe. Neben der Analogie von BR und PFTR erkennt man einen wesentlichen Unterschied zwischen den beiden kontinuierlich betriebenen Reaktoren. Um den gleichen Umsatz zu erzielen, sind bei positiven Reaktionsordnungen im CSTR stets höhere *Da*-Zahlen erforderlich als im PFTR. Eine Erhöhung der *Da*-Zahl kann dabei durch Vergrößerung des Reaktorvolumens und/oder durch eine Absenkung des Volumenstromes erfolgen. Ursache des Unterschiedes ist die durch Vermischung mit den gebildeten Produkten im CSTR hervorgerufene Absenkung der Eduktkonzentration und damit der Reaktionsgeschwindigkeit.

26.6 Reale Reaktoren

Die im vorigen Abschnitt beschriebenen isothermen Idealreaktoren basieren auf Annahmen, die die realen Verhältnisse sehr stark vereinfachen. Eine quantitative Beschreibung von in der Industrie eingesetzten Reaktoren erfordert in der Regel eine genauere Berücksichtigung verschiedener Abweichungen vom Idealverhalten. Auf einige besonders wichtige Aspekte soll in diesem Abschnitt kurz eingegangen werden.

Reaktoren können häufig nicht isotherm betrieben werden. Teilweise treten beträchtliche Temperaturgradienten auf. Zur Erfassung von Temperatureinflüssen und zur energetischen Quantifizierung von Reaktionsprozessen ist neben der Stoffbilanz die folgende, für ein differentielles Volumenelement gültige Energiebilanz zu lösen:

$$\begin{aligned}\frac{\partial(\bar{\varrho}\,\bar{c}_p\,T)}{\partial t} &= -\mathrm{div}\left(\bar{\varrho}\,\bar{c}_p\,uT\right)\\ &\quad+\sum_{j=1}^{M}(-\Delta H_{R_j})\,r_j\\ &\quad+\mathrm{div}\left(\bar{\lambda}\ \mathrm{grad}\,T\right)\,.\end{aligned} \tag{26.43}$$

Diese Bilanz weist eine starke Analogie zu Gl. (26.34) auf. Neben den Beiträgen der Akkumulation, Konvektion und Reaktion wird auch die Möglichkeit des konduktiven Energietransportes erfasst. Die Größen $\bar{\varrho}$, $\bar{c}_p$ und $\bar{\lambda}$ bezeichnen dabei die mittleren Dichten, Wärmekapazitäten und Wärmeleitfähigkeiten des im Volumenelement vorliegenden Gemisches. In der Regel ist in der Energiebilanz ein weiterer Term zu berücksichtigen, der einen über die Reaktorwand erfolgenden Energieaustausch mit einem Kühl- oder Heizmedium bewertet. Die entsprechende Energiebilanz für ein ideales Strömungsrohr (PFTR) im stationären Zustand lautet unter Berücksichtigung der Wärmeübergangszahl α, der Temperatur des Kühl- oder Heizmediums T_M und des

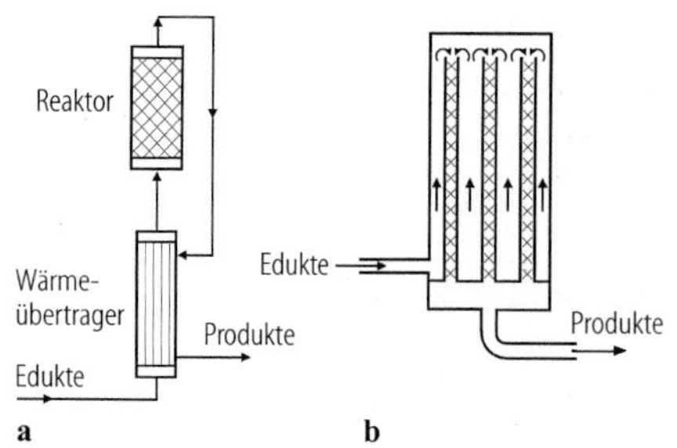

Abb. 26.5 Autotherme Führung exothermer Reaktionen. **a** Mit separatem Wärmeübertrager; **b** mit integriertem Wärmeaustausch

Rohrradius R:

$$0 = -\frac{d(\bar{\varrho}\bar{c}_p u T)}{dx} + \sum_{j=1}^{M}(-\Delta H_{R_j})\, r_j + \frac{2}{R}\,\alpha(T_M - T)\,. \tag{26.44}$$

Es sei darauf hingewiesen, dass kontinuierlich betriebene chemische Reaktoren unter Umständen mehrere stationäre Zustände aufweisen können. Dabei sind in der Regel nicht alle Zustände stabil. Dieser Tatsache ist bei der thermischen Auslegung von Reaktoren Rechnung zu tragen.

Häufig benötigen exotherme Reaktionen vorgeheizte Edukte damit ihre Geschwindigkeit für eine technische Nutzung groß genug ist. Bei den in diesem Fall sinnvoll einsetzbaren autothermen Betriebsweisen wird die durch die Reaktionen freigesetzte Wärme effizient für den Aufheizprozess genutzt. Zwei typische, industriell eingesetzte Schaltungsvarianten zeigt Abb. 26.5.

Untersucht man die Strömungs- und Vermischungsverhältnisse in realen Reaktoren genauer, stellt man in der Regel mehr oder weniger große Abweichungen von den beiden Grenzfällen (perfekte Mischung im BR und CSTR bzw. vollständige Verdrängung im PFTR) fest. Typische Situationen illustriert Abb. 26.6. Eine genaue Beschreibung der fluiddynamischen Verhältnisse in chemischen Reaktoren ist in der Regel äußerst kompliziert. In den letzten Jahren konnten durch die Weiterentwicklung der CFD-Techniken (Computational fluid dynamics) bemerkenswerte Fortschritte erzielt werden. Häufig kann zur Berücksichtigung realer Vermischungseffekte vereinfachend auf das klassische Modell der Rührkesselkaskade zurückgegriffen werden. Dabei wird ein kontinuierlich betriebener, stationär arbeitender Reaktor durch eine Reihenschaltung einer diskreten Anzahl von Rührkesselreaktoren beschrieben. Diese Reaktoren werden jeweils als ideal vermischt (CSTR) betrachtet. Die für die N_K Reaktoren einer derartigen Kaskade gültigen Stoffbilanzgleichungen lauten in Erweiterung von Gl. (26.38):

$$0 = \frac{c_i^{k-1} - c_i^k}{\tau_k} + \sum_{j=1}^{M} \nu_{ij} r_j \tag{26.45}$$

mit $i = 1, N;\ k = 1, N_K$. Es lässt sich zeigen, dass diese Bilanzgleichungen für $N_K = 1$ bzw. $N_K \to \infty$ die beiden Grenzfälle des CSTR bzw. des PFTR beschreiben. Das Kaskadenmodell ist damit in der Lage, unter Verwendung eines einzigen Parameters eine Brücke zwischen diesen beiden Idealmodellen zu schlagen. Die äquivalente Rührkesselzahl N_K kann durch die Auswertung von Verweilzeitmessungen mit Markierungssubstanzen abgeschätzt werden.

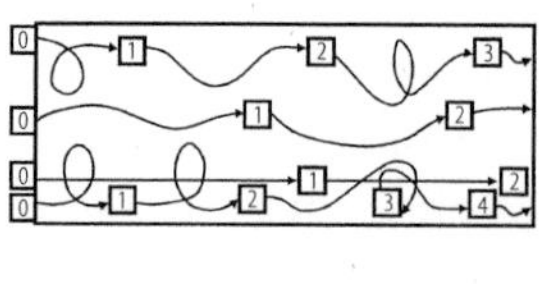

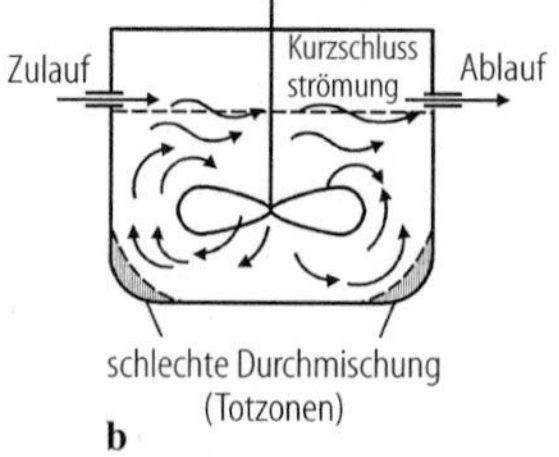

Abb. 26.6 Abweichungen vom idealen Verhalten. **a** Ungleiche Verweilzeiten im Rohrreaktor; **b** Effekte in einem Rührkesselreaktor

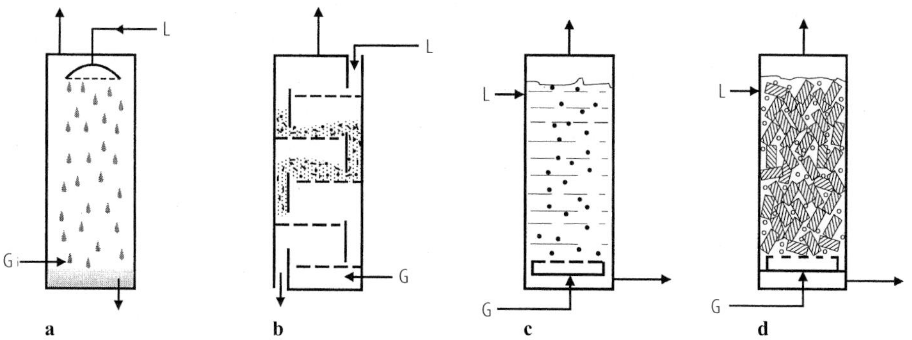

Abb. 26.7 Prinzipien für Gas-Flüssig-Reaktoren. **a** Sprühturm; **b** Bodenkolonne; **c** Blasensäule; **d** gepackte Blasensäule. *G* Gas, *L* Flüssigkeit

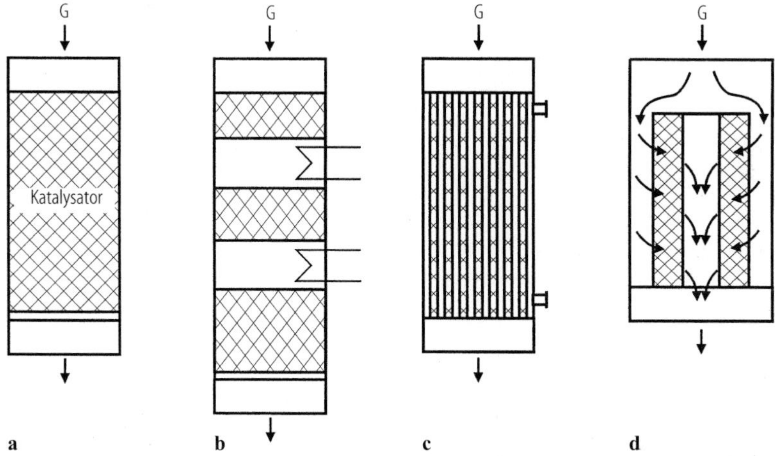

Abb. 26.8 Prinzipien für Festbettreaktoren. **a** Vollraumreaktor; **b** Mehrschichtreaktor (Hordenreaktor); **c** Rohrbündelreaktor; **d** Radialstromreaktor. *G* Gas

Ein für die Auswahl und Auslegung von Reaktoren besonders wichtiger Aspekt resultiert aus der Tatsache, dass während des Reaktionsablaufes häufig mehrere Phasen koexistieren. In der Regel folgt daraus die Aufgabe, den Austausch zwischen diesen Phasen zu intensivieren und Transportwiderstände zu reduzieren. Den möglichen unterschiedlichen Phasenverhältnissen Rechnung tragend, existiert eine große Zahl verschiedener Reaktortypen. Einige Bauformen und Betriebsweisen sind in den Abb. 26.7–26.9 schematisch dargestellt.

Abb. 26.7 illustriert Reaktorprinzipien, die bei Gas-Flüssig-Reaktionen zum Einsatz kommen. Sie unterscheiden sich im Wesentlichen hinsichtlich der Art der Zufuhr der beiden Phasen sowie der Techniken, die zum Erreichen eines effizienten Stoffaustausches eingesetzt werden. Unterschiede bestehen weiterhin bei den im Reaktor vorliegenden Anteilen der beiden Phasen (Abb. 26.7a,b: relativ wenig Flüssigkeit, Abb. 26.7c,d: relativ viel Flüssigkeit).

Viele chemische Reaktionen können durch den Einsatz fester Katalysatoren beträchtlich beschleunigt werden. Dennoch erfordert eine effiziente Reaktionsführung weiterhin häufig höhere Temperaturen, bei denen oft alle Edukte gasförmig vorliegen. Einige der bei der Durchführung von Gas-Feststoff-Reaktionen eingesetzten Festbettreaktoren sind in Abb. 26.8 dargestellt. Neben dem klassischen Vollraumreaktor haben sich besonders bei stark exothermen Reaktionen andere

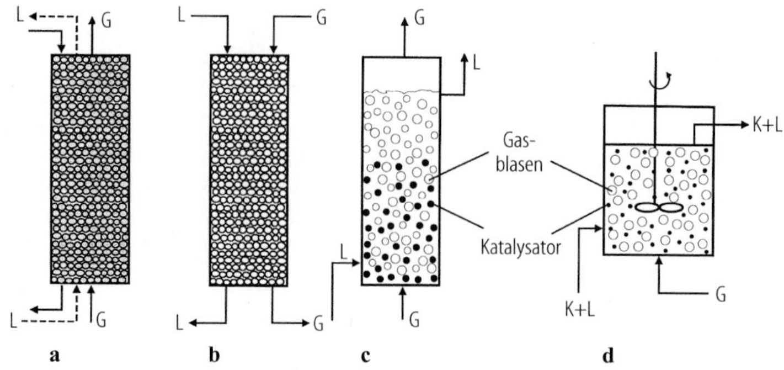

Abb. 26.9 Dreiphasenreaktoren. **a** Dreiphasenfestbett; **b** Rieselbettreaktor; **c** Fließbettreaktor; **d** Rührkesselreaktor mit suspendiertem Katalysator. *G* Gas, *L* Flüssigkeit, *K* Katalysator

Prinzipien durchgesetzt, bei denen die Wärmeabfuhr durch abschnittsweise Zwischenkühlung (Hordenreaktor) bzw. durch Einsatz eines Rohrbündels (teilweise mehrere tausend Rohre) realisiert wird. Zur Reduzierung von Druckverlusten durchströmen die Reaktanden Katalysatorschüttungen teilweise radial.

Zahlreiche technisch interessante Reaktionen laufen bei Anwesenheit von drei Phasen ab. In der Regel reagieren dabei Gase und Flüssigkeiten unter Anwesenheit fester Katalysatoren miteinander. Bei diesen Reaktionssystemen kommt der Sicherstellung eines optimalen Stoffaustausches besondere Bedeutung zu. Abb. 26.9 zeigt Prinzipskizzen verschiedener Reaktoren zur Durchführung von Dreiphasenreaktionen.

Literatur

Weiterführende Literatur

Baerns, M., Behr, A., Brehm, A., Gmehling, J., Hofmann, H., Onken, U., Renken A., Hinrichsen K.-O.: Technische Chemie, 2 Aufl. Wiley-VCH, Weinheim (2013)

Ertl, G., Knözinger, H., Schüth, F., Weitkamp, J. (Herausgeber): Handbook of Heterogeneous Catalysis. 2. Aufl., Wiley-VCH, Weinheim (2008)

Emig, G., Klemm, E.: Technische Chemie. 5. Aufl., Springer, Berlin (2005)

Fogler, S.H.: Elements of Chemical Reaction Engineering, 4. Aufl. Prentice-Hall PTR, Upper Saddle River (2005)

Froment, G.F., Bischoff, K.B., De Wilde, J.: Chemical Reactor Analysis and Design. 3. Aufl., Wiley & Sons, New York (2010)

Jakubith, M.: Grundoperationen und chemische Reaktionstechnik. Wiley-VCH, Weinheim (1998)

Jess, A., Wasserscheid, P.: Chemical Technology: From Principles to Products, 2. Aufl. Wiley-VCH, Weinheim (2020)

Levenspiel, O.: Chemical Reaction Engineering. Wiley, New York (1999)

Misser, R.W., Mims, Ch. A., Saville, B.A.: Chemical Reaction Engineering and Kinetics. Wiley, New York (1999)

Richardson, J.F., Peacock, D.G.: Chemical Engineering, Vol. 3. Chemical & Biochemical Reactors & Process Control. Pergamon, Oxford (1994)

Schmidt Lanny D.: The Engineering of Chemical Reactions, 2. Aufl. Oxford University Press, Oxford (2004)

Mehrphasenströmungen 27

Matthias Bohnet

In den meisten verfahrenstechnischen Prozessen finden an den Phasengrenzflächen disperser Systeme *Wärme-* und *Stoffaustauschvorgänge*, aber auch *chemische Reaktionen* statt. Diese Vorgänge werden ganz wesentlich von den Strömungsverhältnissen beeinflusst. Fortschritte bei der Verbesserung verfahrenstechnischer Prozesse sind oftmals nur zu erreichen, wenn die Strömungsverhältnisse gezielt beeinflusst werden können. Hierzu bedarf es jedoch guter Kenntnisse der physikalischen Vorgänge, die sich in mehrphasigen Systemen abspielen.

27.1 Einphasenströmung

Grundlage für die Behandlung mehrphasiger Strömungen ist die Einphasenströmung. Abhängig von der Reynolds-Zahl $Re = wd\varrho/\eta$ unterscheidet man laminare und turbulente Strömungen (s. Bd. 1, Abschn. 17.2). Der Übergang von der laminaren zur turbulenten Strömung erfolgt bei Rohrströmung bei einer kritischen Reynolds-Zahl $Re_{\text{krit}} \approx 2300$. Dabei stellt sich bei *laminarer* Strömung ein *parabolisches*, bei *turbulenter* ein *abgeflachtes Geschwindigkeitsprofil* ein (s. Bd. 1, Abb. 17.7).

Laminare Rohrströmung: $\frac{w_{\text{ax}}}{w_{\max}} = 1 - \left(\frac{r}{R}\right)^2$; $w = 0{,}5 w_{\max}$.

M. Bohnet (✉)
Technische Universität Braunschweig
Braunschweig, Deutschland
E-Mail: matth.bohnet@tu-bs.de

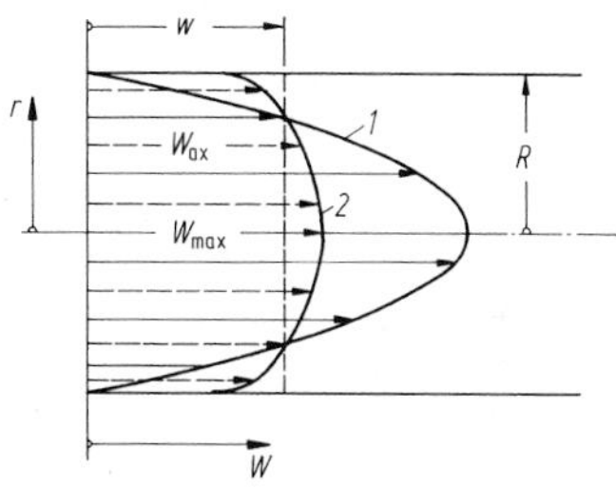

Abb. 27.1 Geschwindigkeitsprofile bei *1* laminarer bzw. *2* turbulenter Rohrströmung

Turbulente Rohrströmung:

$$\frac{w_{\text{ax}}}{w_{\max}} = \left(1 - \frac{r}{R}\right)^{1/7}; \; w \approx 0{,}817 w_{\max}\,.$$

w mittlere Strömungsgeschwindigkeit, Abb. 27.1.

Für den Druckverlust der Rohrströmung gilt (s. Bd. 1, Abschn. 17.2) $\Delta p = \lambda(\varrho/2)w^2 \Delta l/d$. Der Reibungskoeffizient λ hängt bei *laminarer* Strömung nur von der Reynolds-Zahl ab: $\lambda = 64/Re$ für $Re < 2300$.

Bei *turbulenter* Strömung beeinflusst auch die Rauigkeit der Rohrwand den Reibungskoeffizienten. Für hydraulisch glatte Rohre gilt nach Blasius $\lambda = 0{,}3164/(Re^{1/4})$ und für technisch raue Rohre mit guter Genauigkeit nach Colebrook

$$\lambda = 1 \Bigg/ \left(2 \lg \left(\frac{2{,}51}{Re\sqrt{\lambda}} + \frac{0{,}27}{d/k}\right)\right)^2,$$

wobei k die Rauigkeitshöhe ist (s. Bd. 1, Tab. 17.1).

B. Bender und D. Göhlich (Hrsg.), *Dubbel Taschenbuch für den Maschinenbau 3: Maschinen und Systeme*,
https://doi.org/10.1007/978-3-662-59715-6_27

Hat das Rohr keinen kreisförmigen Querschnitt, so ist in die Beziehungen der hydraulische Durchmesser $d_h = 4\ A/U$ (*A* Querschnittsfläche, *U* benetzter Umfang) einzusetzen. Angaben über Reibungskoeffizienten, Druckverlustkoeffizienten für Krümmer, Rohrverzweigungen, Querschnittsänderungen (s. Bd. 1, Abschn. 17.2.4).

27.2 Widerstand fester und fluider Partikel

Bei *Zweiphasenströmungen* ist die kontinuierliche Phase Gas (Dampf) oder Flüssigkeit. Die *disperse* Phase kann von *festen Partikeln, Flüssigkeitstropfen* oder *Gasblasen* gebildet werden. Die Strömung des *Zweiphasengemisches* wird ganz entscheidend von der Partikelbewegung bestimmt, die wiederum von der Sink- oder Steiggeschwindigkeit der Partikeln abhängt. Bewegt sich eine Partikel in einem ruhenden Fluid ausschließlich unter dem Einfluss der Schwerkraft, so gilt für den Fall der beschleunigungsfreien Bewegung für die *Sink-* oder *Steiggeschwindigkeit*

$$w_s = \sqrt{\frac{4}{3} \cdot \frac{1}{\xi} \frac{|\varrho_p - \varrho|}{\varrho} d_p g} \,. \tag{27.1}$$

Bei *festen kugeligen Partikeln* kann für den Widerstandskoeffizienten ξ näherungsweise gesetzt werden (Abb. 27.2):

$$\xi = \frac{24}{Re_p} \quad \text{für } Re_p < 4\,;$$
$$\xi = \frac{12}{\sqrt{Re_p}} \quad \text{für } 4 < Re_p < 744\,;$$
$$\xi = 0{,}44 \quad \text{für } Re_p > 744\,;$$
$$\text{mit } Re_p = w_s d_p \varrho/\eta\,. \tag{27.2}$$

Der Bereich $10^{-1} < Re_p < 3 \cdot 10^5$ lässt sich auch mit der Beziehung von Yilmaz beschreiben

$$\xi = \frac{24}{Re_p} + \frac{3{,}73}{\sqrt{Re_p}} - \frac{4{,}83 \cdot 10^{-3} Re_p^{0{,}5}}{1 + 3 \cdot 10^{-6} Re_p^{1{,}5}} + 0{,}49\,. \tag{27.3}$$

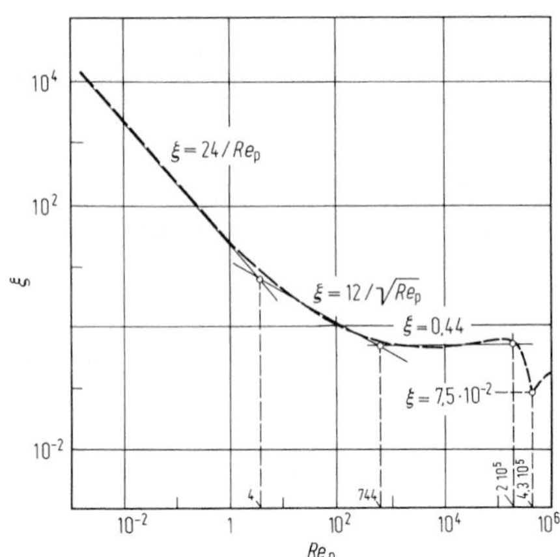

Abb. 27.2 Gemessener Widerstandskoeffizient einer Kugel in Abhängigkeit von der Reynolds-Zahl im Vergleich mit Näherungsbeziehungen

Führt man Kennzahlen ein, so lässt sich ein allgemeingültiges Diagramm zeichnen (Abb. 27.3). Darin bedeuten

$$\textit{Sinkkennzahl:} \quad Si = \frac{w_s^3 \varrho}{\eta g} \frac{\varrho}{|\varrho_p - \varrho|}\,. \tag{27.4}$$

$$\textit{Archimedeszahl:} \quad Ar = \frac{d_p^3 g}{\eta^2} \varrho |\varrho_p - \varrho|\,. \tag{27.5}$$

Abb. 27.3 gilt für formbeständige, kugelige Partikeln mit starrer Oberfläche.

Für *nicht-kugelige* Partikeln hat Muschelknautz den Widerstandskoeffizienten gemessen.

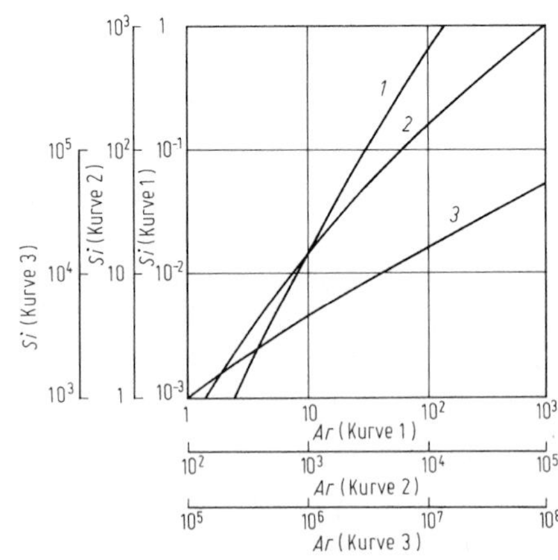

Abb. 27.3 Sinkkennzahl als Funktion der Archimedeszahl für Kugeln

Tab. 27.1 Konstanten zur Berechnung des Widerstandskoeffizienten nach Gl. (27.6)

		d_p	A	B	C	Re_{Gr}	ξ_{Gr}
Kugel		1,00 d	21,5	6,5	0,23	1000	0,46
Polyeder		1,10 a	24,0	6,0	0,35	800	0,60
Zylinder $l/d_z = 1$		$1.08 d_Z$	23,0	6,0	0,50	600	0,80
Würfel		1,24 a	27,0	4,5	0,65	400	0,98
ellipt. Korn		0,79 d_K	25,0	6,0	0,40	800	0,65
ellipt. Linse		1,26 d_L	28,0	6,5	0,70	150	1,40

Für $0{,}5 < Re_p < 10^3$ gilt

$$\xi = \frac{A}{Re_p} + \frac{B}{\sqrt{Re_p}} + C \,, \tag{27.6}$$

mit den in Tab. 27.1 angegebenen Zahlenwerten für einige technisch wichtige Partikelformen. Dabei gilt Gl. (27.6) nur bis zu den angegebenen Reynolds-Zahlen Re_{Gr}. Besteht die disperse Phase aus einem Fluid, so ist bei laminarer Umströmung der Partikeln die Korrektur von Hadamard und Rybczynski zu berücksichtigen:

$$K_{HR} = \frac{1 + \eta_p/\eta}{2/3 + \eta_p/\eta}; \quad \xi = \frac{24}{Re_p \cdot K_{HR}}. \tag{27.7}$$

Wenn die Partikeln bei turbulenter Anströmung ihre Form bei der Bewegung verändern, gelten die genannten Widerstandsgesetze nicht mehr.

27.3 Feststoff/Fluidströmung

Eine der wichtigsten Anwendungen dieser Strömungsform ist die Rohrströmung. Ist die kontinuierliche Phase Gas, spricht man von pneumatischer Förderung, ist sie Flüssigkeit, handelt es sich um die hydraulische Förderung.

27.3.1 Pneumatische Förderung

Abb. 27.4 zeigt verschiedene Förderzustände. Ist die Gasgeschwindigkeit hoch und die Feststoffbeladung $\mu = \dot{M}_p/\dot{M}$ klein, so beobachtet man *Flugförderung*, bei der sich die Partikeln nahezu mit Gasgeschwindigkeit bewegen. Verringert man die Gasgeschwindigkeit, so kann bei Überschreiten einer bestimmten Feststoffbeladung das Gas den Feststoff nicht mehr schwebend transportieren. Ein Teil des Feststoffs *sedimentiert* aus und bewegt sich am Rohrboden in Form einer *Strähne*, deren Geschwindigkeit nur noch 10 bis 20 % der Gasgeschwindigkeit beträgt. Eine weitere Verringerung der Gasgeschwindigkeit führt zu Strähnenförderung über einer ruhenden Ablagerung bzw. zur Pfropfenförderung. *Anhaltswerte* zu den Förderzuständen: Tab. 27.2. Trägt man über der Gasgeschwindigkeit den bezogenen Druckverlust auf, so ergibt sich für unterschiedliche Feststoffbeladungen das Zustandsdiagramm: Abb. 27.5.

27.3.1.1 Bewegungsgleichungen

Die Feststoffpartikeln werden durch den Strömungswiderstand

$$F_w = M_p g \left(\frac{w - w_p}{w_s} \right)^{2-\kappa} \tag{27.8}$$

Tab. 27.2 Anhaltswerte für verschiedene Förderzustände bei pneumatischer Förderung (Rohrdurchmesser 100 mm)

Förderzustand	Gasgeschwindigkeit w m/s	Geschwindigkeitsverhältnis w_p/w	Feststoffbeladung μ	Partikelgröße d_p mm	Druckverlust $\Delta p/100\,\text{m}$ bar
Flugförderung	15...35	0,3...0,7	1...10	1,0	0,1...1
Strähnenförderung	5...20	0,1...0,5	10...100	0,1	1...3
Propfenförderung	2...6	0,6...0,9	50...100	0,5...10	0,5...6

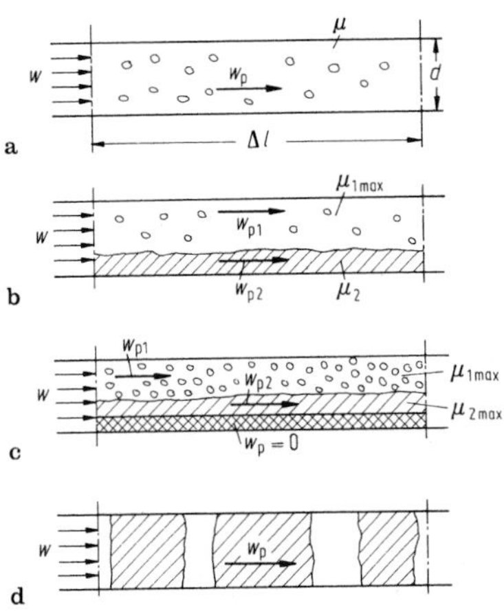

Abb. 27.4 Förderzustände bei pneumatischer Förderung. **a** Flugförderung; **b** Strähnenförderung; **c** Strähnenförderung über ruhender Ablagerung; **d** Pfropfenförderung

angetrieben. Für den Exponenten des Widerstands kann näherungsweise gesetzt werden:

Stokes'scher Bereich:

$Re_p < 4 \qquad \varkappa = 1,$

Übergangsbereich:

$4 < Re_p < 744 \qquad \varkappa = 0,5,$

Newton'scher Bereich:

$744 < Re_p < 2 \cdot 10^5 \qquad \varkappa = 0,$

mit $Re_p = (w - w_p) d_p \varrho / \eta$.

Dem Strömungswiderstand entgegengesetzt wirken die *Wandreibungskraft* der Partikeln $F_R = M_p\, w_p^2\, \lambda_p^*/2\, d$, die *Gewichtskraft* $F_s = M_p g \beta$ und die *Beschleunigungskraft* $F_B = M_p\, \mathrm{d}w_p/\mathrm{d}t$.

Übliche Werte des Partikelwandreibungskoeffizienten sind dabei $\lambda_p^* = 0{,}002$ bis $0{,}005$. Im waagerechten Rohr ist für den Schwerkraftkoeffizienten zu setzen: $\beta = w_s/w$ bei schwebend transportiertem Feststoff, $\beta = 0{,}3$ bis $0{,}6$ bei springender Partikelbewegung und $\beta \approx 0{,}8$ bei Strähnenförderung. Bei Förderung senkrecht nach oben ist $\beta = 1$ und bei Förderung senkrecht nach unten ist $\beta = -1$ zu setzen.

Aus dem Kräftegleichgewicht $F_W - F_R - F_S - F_B = 0$ folgt für die Bewegungsgleichung in einem geraden Rohr

$$\left(\frac{w - w_p}{w_s}\right)^{2-\kappa} - \frac{w_p^2 \lambda_p^*}{2gd} - \beta - \frac{w_p}{g}\frac{\mathrm{d}w_p}{\mathrm{d}l} = 0\,. \tag{27.9}$$

Mit den Kennzahlen

$$Fr = \frac{w^2}{dg}; \quad Fr^* = \frac{w_s^{2-\kappa} w^\kappa}{dg};$$
$$L^* = \frac{lg}{w_s^{2-\kappa} w^\kappa}; \quad W_p^* = \frac{w_p}{w}$$

und dem *Wandreibungsparameter* $R^* = Fr^* \lambda_p^*/2$ bzw. dem *Schwerkraftparameter* $S^* = (Fr^*/Fr)\beta$ erhält man die dimensionslose Bewegungsgleichung

$$\frac{\mathrm{d}W_p^*}{\mathrm{d}L^*} = \frac{1}{W_p^*}\left\{(1 - W_p^*)^{2-\kappa} - R^* W_p^{*\,2} - S^*\right\}\,. \tag{27.10}$$

Bei abwärtsgerichteter Feststoffförderung ändert sich das Vorzeichen des Schwerkraftkoeffizienten und damit auch des Schwerkraftparameters. Ist die Feststoffbeschleunigung abgeschlossen, so folgt aus Gl. (27.10):

$$(1 - W_p^*)^{2-\kappa} - R^* W_p^{*\,2} - S^* = 0\,. \tag{27.11}$$

Die bezogenen Feststoffgeschwindigkeiten für unterschiedliche Betriebszustände zeigt die Abb. 27.6 beispielhaft für den Stokes'schen Bereich. Die Feststoffgeschwindigkeit bei Beschleunigung im waagerechten Rohr ist Abb. 27.7 zu entnehmen.

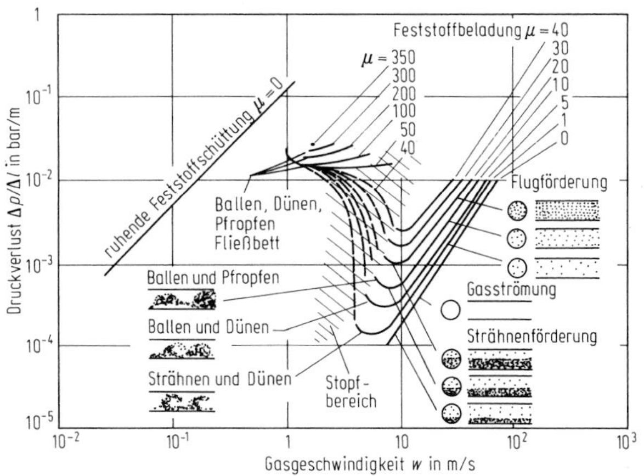

Abb. 27.5 Zustandsdiagramm für die pneumatische Förderung rieselfähiger Schüttgüter (Rohrdurchmesser 100 mm)

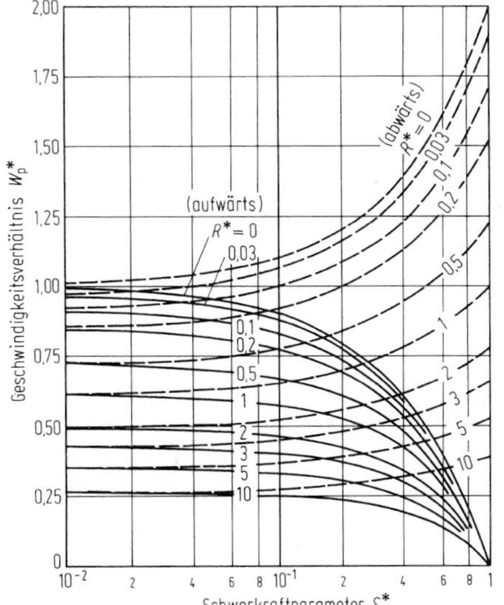

Abb. 27.6 Bezogene Feststoffgeschwindigkeit für den Stokes'schen Bereich ($\kappa = 1$)

Besonders kritisch hinsichtlich des *Verstopfens* der Rohrleitung sind Krümmer. Durch die Zentrifugalkräfte, die bei der Umlenkung auftreten, findet eine Entmischung von Gas und Feststoff statt. Der Feststoff wird an die Krümmeraußenwand geschleudert und gleitet als *Strähne* durch den Krümmer. Durch die Wandreibung wird die Strähne abgebremst. Für die Abbremsung ist es dabei wichtig, ob sie in einer waagerechten oder senkrechten Ebene stattfindet. Für die Umlenkung waagerecht-senkrecht nach oben folgt aus Abb. 27.8 für die Änderung der Fest-

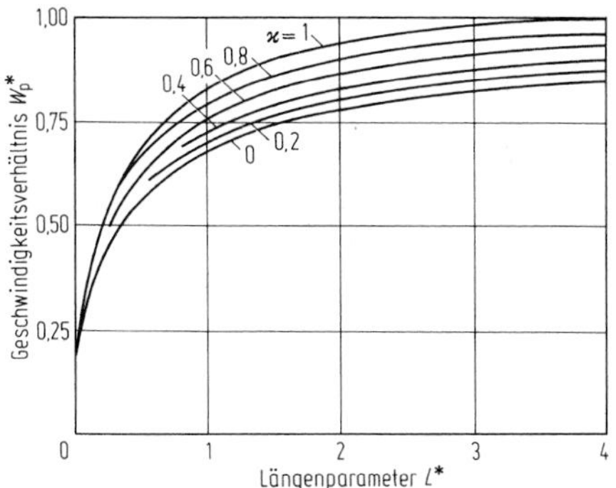

Abb. 27.7 Bezogene Feststoffgeschwindigkeit bei Beschleunigung im waagerechten Rohr

stoffgeschwindigkeit (Abb. 27.9):

$$\frac{w_p}{gR}\frac{dw_p}{d\varepsilon} + \sin\varepsilon + \beta\cos\varepsilon + \frac{w_p^2}{gR}\beta = 0, \quad (27.12)$$

und für die Umlenkung senkrecht-waagerecht nach oben:

$$\frac{w_p}{gR}\frac{dw_p}{d\varepsilon} - \cos\varepsilon - \beta\sin\varepsilon + \frac{w_p^2}{gR}\beta = 0. \quad (27.13)$$

Herrscht Gleichgewicht zwischen Zentrifugalkraft und dem zum Krümmermittelpunkt gerichteten Anteil der Schwerkraft, so wird

$$w_p^2/R = g \cdot \sin\varepsilon\,. \quad (27.14)$$

Die Strähne löst sich von der Krümmerwand ab, eine weitere Abbremsung des Feststoffs

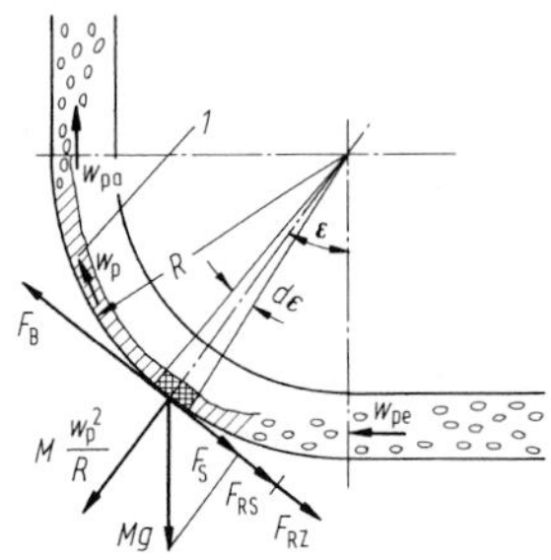

Abb. 27.8 Kräftegleichgewicht an Feststoffsträhne (*1*) im Krümmer

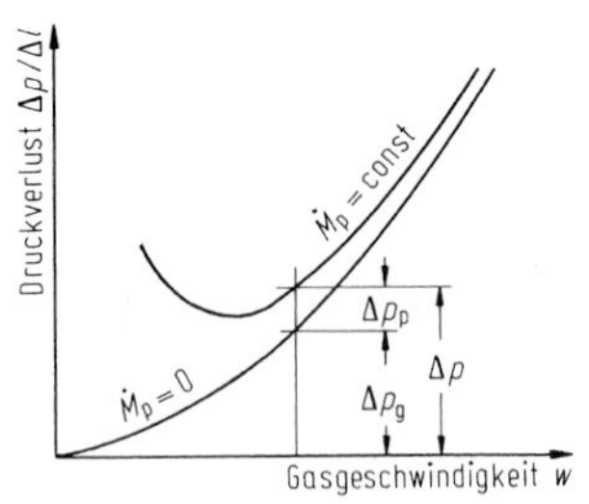

Abb. 27.10 Abhängigkeit des Druckverlustes bei Gas-/Feststoffströmung von der Gasgeschwindigkeit und dem Feststoffmassenstrom

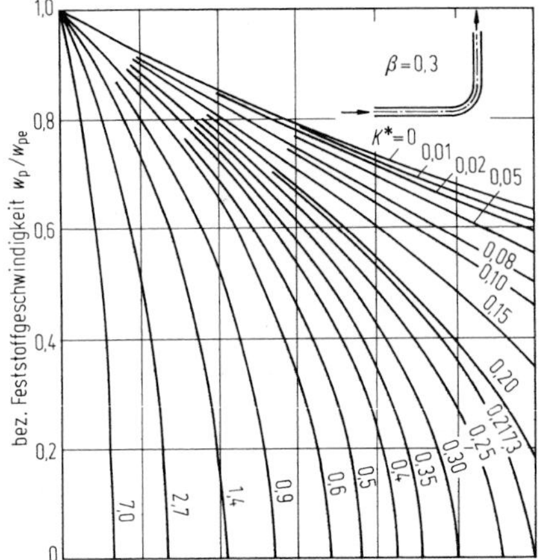

Abb. 27.9 Bezogene Feststoffgeschwindigkeit bei Abbremsung der Strähne in einem Krümmer

erfolgt nicht. Für den *Krümmerparameter* gilt $K^* = gR/w_{\text{pe}}^2$. Erfolgt die Umlenkung in einer waagerechten Ebene, so ist

$$w_\text{p}/w_{\text{p}_\text{e}} = e^{-\beta\varepsilon} \,. \qquad (27.15)$$

Druckverlust. Der Druckverlust bei *pneumatischer* Förderung hängt wesentlich von der Gasgeschwindigkeit und vom Feststoffmassenstrom ab, Abb. 27.10. Der Gesamtdruckverlust für die Förderung von Gas und Feststoff ist:

$$\Delta p = \Delta p_\text{g} + \Delta p_\text{p} = (\lambda + \mu\lambda_\text{p})\,\frac{\varrho}{2}\,w^2\Delta l/d \,. \qquad (27.16)$$

Der Druckverlustkoeffizient für die Feststoffförderung λ_p wird dabei von den Stoffeigenschaften des Feststoffs und der Rohrwand sowie der Beschaffenheit der Rohrwand bestimmt. Für grobkörnige Feststoffe gilt

$$\lambda_\text{p} = \frac{w_\text{p}}{w}\lambda_\text{p}^* + \frac{2\beta}{(w_\text{p}/w)Fr} \qquad (27.17)$$

und für feinkörnige Feststoffe

$$\lambda_\text{p} = \frac{\mu_1}{\mu}\,\frac{w_{\text{p}_1}}{w}\,\lambda_\text{p}^* + \frac{\mu_2}{\mu}\,\frac{2\beta}{(w_{\text{p}_2}/w)Fr} \,. \qquad (27.18)$$

Für die Geschwindigkeitsverhältnisse gilt näherungsweise für *feinkörniges Gut* $w_{\text{p}_1}/w \approx 0{,}9$ bis $1{,}0$ und $w_{\text{p}_2}/w \approx Fr^{1/4}$. Der Beginn der Strähnenbildung kann mit $\mu_1 \approx 2 \cdot 10^{-4} Fr^{5/4}$ abgeschätzt werden. Gemessene Werte für λ_p zeigen Abb. 27.11 (*feinkörniges Gut*)

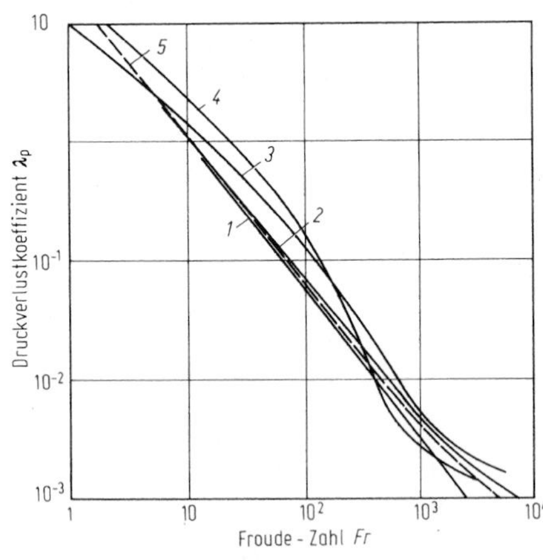

Abb. 27.11 Druckverlustkoeffizient für feinkörnige Feststoffe. *1* Flugasche $d_\text{p} = 24\,\mu\text{m}$, $w_\text{s} = 0{,}04\,\text{m/s}$, *2* Katalysator $d_\text{p} = 70\,\mu\text{m}$, $w_\text{s} = 0{,}22\,\text{m/s}$, *3* Feuerlöschpulver $d_\text{p} = 40\,\mu\text{m}$; $w_\text{s} = 0{,}11\,\text{m/s}$, *4* Quarzsand $d_\text{p} = 70\,\mu\text{m}$; $w_\text{s} = 0{,}38\,\text{m/s}$, *5* berechnet mit $\lambda_\text{p}^* = 0{,}005$, $\beta = 0{,}5$, $w_{\text{p}_1}/w = 1{,}0$, $w_{\text{p}_2}/w = 0{,}05\,Fr^{0{,}25}$

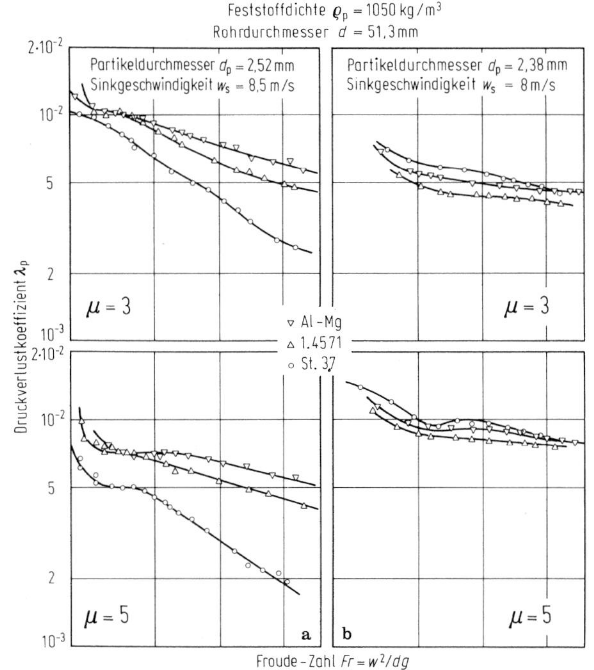

Abb. 27.12 Druckverlustkoeffizient für grobkörnige Feststoffe. **a** Polystyrol-Granulat; **b** Styropor- Granulat

und Abb. 27.12 (*grobkörniges Gut*). Ist bei *Pfropfenförderung* die Pfropfenlänge und die Porosität des Feststoffpfropfens bekannt, findet man den Druckverlust mit

$$\frac{\Delta p_p}{\varrho_p(1-\varepsilon_p)gl_p} = \beta_G + [Fr(w_p/w)^2]^{0,2}, \quad (27.19)$$

wobei die Pfropfengeschwindigkeit mit $w_p/w \approx 1 - 1/w$, abgeschätzt wird. Angaben für die Koeffizienten: Tab. 27.3. Sind die Förderleitungen sehr lang, so kann zur Verringerung des Druckverlusts die Rohrleitung stromabwärts stufenweise erweitert werden. Der Reibungsdruckverlust bei *isothermer Expansion* ist

$$\left(p^2 - p_0^2\right)/2p_0 = (\lambda + \mu\lambda_p)(\varrho_0/2)w_0^2 l/d_0 \,. \quad (27.20)$$

Der Index 0 kennzeichnet die Bedingungen am Ende der Förderleitung. Der Rohrdurchmesser ist stromaufwärts immer dann zu verringern, wenn die Gasgeschwindigkeit einen kritischen Wert erreicht. Als kritische Bedingung gilt:

feinkörniger Feststoff:

$$Fr_{krit} = w_{krit}^2/dg \quad \text{mit } p/p_0 = (d_0/d)^{2,5}\,, \quad (27.21)$$

grobkörniger Feststoff:

$$p_{dyn(krit)} = (\varrho_{krit}/2)w_{krit}^2 \quad \text{mit } p/p_0 = (d_0/d)^4\,. \quad (27.22)$$

27.3.2 Hydraulische Förderung

Die *hydraulische* Förderung mit Flüssigkeit als kontinuierlicher Phase zeigt ein ähnliches Druckverlustverhalten wie die pneumatische Förderung. Wegen des wesentlich kleineren Dichtequotienten von Feststoff und Flüssigkeit bewegen sich die frei schwimmenden Partikeln nahezu mit Flüssigkeitsgeschwindigkeit. Da hydraulische Förderleitungen häufig geneigt verlegt werden, ist bei der Druckverlustberechnung der

Tab. 27.3 Wandreibungs-, Schwerkraft- und Gleitreibungskoeffizienten

Feststoff	Rohrwerkstoff	Wandreibungskoeffizient λ_p^*	Schwerkraftkoeffizient β	Gleitreibungskoeffizient β_G
Glaskugeln	Stahl	0,0030		
Quarzkörner	Stahl	0,0066		
Steinkohle	Stahl	0,0021		
Flugasche	Glas	$\approx 0,005$	$\approx$ 0,05 (Strähne)	
Feuerlöschpulver	Glas			
Katalysator	Glas			
Quarzsand	Glas			
Flugasche	Stahl	0,0010	0,65 (Strähne)	
Polystyrol	Stahl	0,0010		0,20
Glaskugeln	Stahl			0,15
Stahlkugeln	Stahl			0,16
Polystyrol	Stahl	0,0200	0,25	
Styropor	Stahl	0,0300	0,30	
Polyethylen	Al-Mg3	0,0050	0,25	
Quarzsand	Stahl			0,40
Polyethylen	Stahl			0,45

hydrostatische Flüssigkeitsdruck zu berücksichtigen:

$$\Delta p = (\lambda_F + c_v\lambda_p)(\varrho/2)w^2\Delta l/d + \varrho g \sin\alpha\, \Delta l \tag{27.23}$$

mit α als dem Neigungswinkel der Rohrleitung gegen die Waagerechte. Der Reibungsdruckverlustkoeffizient für die Flüssigkeit wird nach Abschn. 27.1 berechnet. Für den Druckverlustkoeffizient, der den Feststofftransport beschreibt, gilt

$$\lambda_p = \frac{2\beta}{Fr}\left(\frac{\varrho_p}{\varrho} - 1\right) + \frac{\varrho_p}{\varrho}\left(\frac{w_p}{w}\right)^2 \lambda_p^* - \lambda_F\,. \tag{27.24}$$

Mit $\beta = \sin\alpha + (w_s/w_p)\cos^2\alpha$ und $\lambda_p^* = 10^{-2}$ als guter Näherung.

Bei der Auslegung ist darauf zu achten, dass die kritische Fördergeschwindigkeit, bei der sich Feststoffpartikeln am Boden ablagern, nicht unterschritten wird. Für die kritische Geschwindigkeit gilt

$$w_k = \left[\frac{\pi\, d^2 c_v}{2\,\varrho\, a\, \lambda_p^{***}}\left\{(\varrho_p - \varrho) g \cdot (\sin\alpha + \lambda_p^{**}\cos\alpha) - \frac{1}{1-\varepsilon}\frac{\Delta p}{\Delta l}\right\}\right]^{1/2} K. \tag{27.25}$$

In Gl. (27.25) ist für die Breite der Feststoffsträhne am Rohrboden zu setzen: $a = d\sin(\gamma/2)$. Der Sektorenwinkel γ berechnet sich aus der Feststoffvolumenkonzentration und der Porosität der Feststoffsträhne $\frac{2c_v}{1-\varepsilon} = \frac{\gamma}{180} - \frac{1}{\pi}\sin\gamma$. Weiter ist $\lambda_p^{**} = 0{,}45$; $\lambda_p^{***} = 0{,}085(d_{p50}/d)^{1/3}$; $\varepsilon = 0{,}4$ und

$$K = \left(\frac{d_{p50}}{2\cdot 10^{-5}}\right)^{1/6}\left(\frac{d_{p50}}{d}\right)^{1/6}\cdot\cos\alpha + w_s\sin\alpha\,.$$

Gemessene Werte der kritischen Geschwindigkeit zeigt Abb. 27.13.

27.3.3 Wirbelschicht

In einer Wirbelschicht wird eine Schüttung aus Feststoffpartikeln so von unten durch Gas oder Flüssigkeit angeströmt, dass die Partikeln vom Fluid getragen werden. Je nach Gasgeschwindigkeit unterscheidet man die in Abb. 27.14 gezeigten Fälle. Für die *Lockerungsgeschwindigkeit* gilt

$$w_f = 7{,}19(1-\varepsilon_f)\,\frac{\eta}{\varrho}\,O_v \cdot\left\{\left(1 + 0{,}067\frac{\varepsilon_f^3}{(1-\varepsilon_f)^2}\,\frac{(\varrho_p - \varrho)g\varrho}{\eta^2 O_v^3}\right)^{1/2} - 1\right\} \tag{27.26}$$

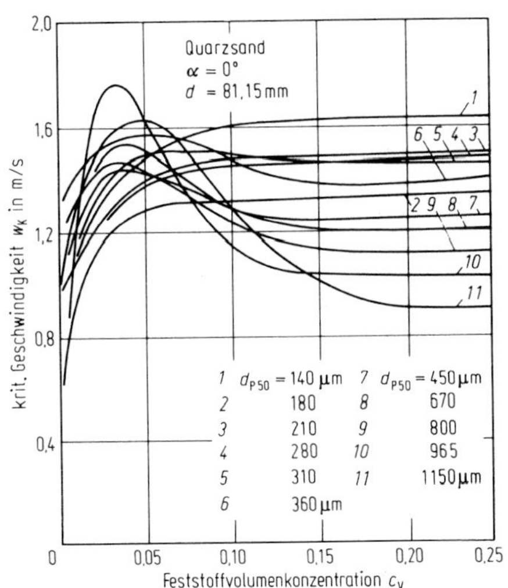

Abb. 27.13 Kritische Geschwindigkeit von Quarzsand/Wasser-Gemischen

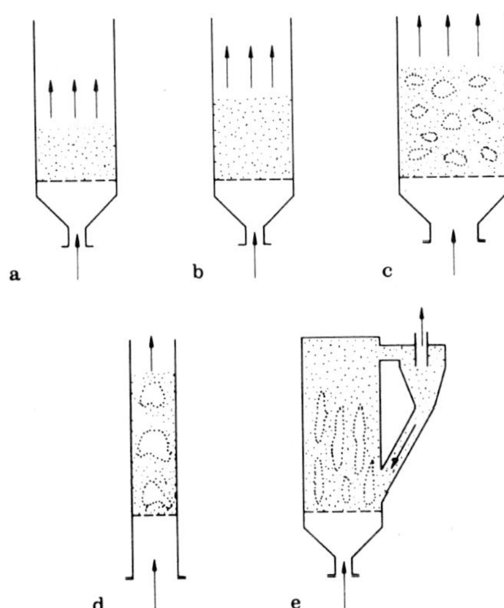

Abb. 27.14 Wirbelschichtzustände. **a** Ruhende Schicht, Festbett; **b** Lockerungszustand; **c** blasenbildende; **d** stoßende; **e** hochexpandierende Wirbelschicht

mit ε_f als der Porosität der Schüttung am Lockerungspunkt und O_v als der spezifischen Oberfläche der Schüttung.

Der Druckverlust bei der Durchströmung der ruhenden Schüttung bis zum Erreichen des Lockerungspunkts ist

$$\Delta p = \Psi[(1-\varepsilon)/\varepsilon^3]w^2\varrho h/d_p \qquad (27.27)$$

mit h als der Höhe der Feststoffschüttung.

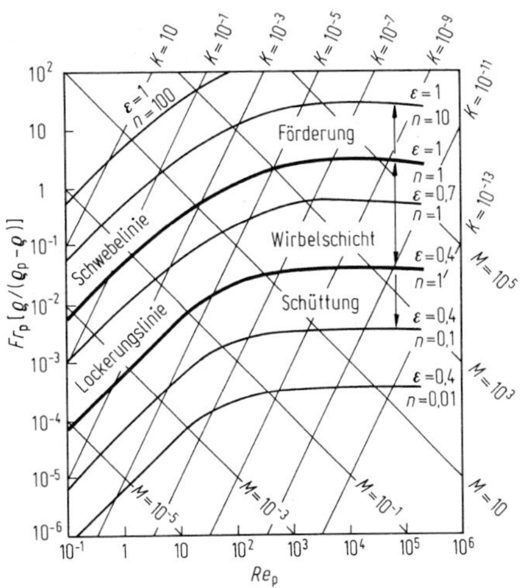

Abb. 27.15 Zustandsdiagramm für Gas-/Feststoff-Systeme

Der Widerstandskoeffizient hängt stark von den Feststoffeigenschaften ab. Für *Gleichkorn-Granulatschüttungen* gilt $\Psi = (150/Re_p)(1-\varepsilon) + 1{,}75$.

Für den Druckverlust bei der Durchströmung der Wirbelschicht gilt

$$\Delta p = hg[(1-\varepsilon)\varrho_p + \varepsilon\varrho]\,. \qquad (27.28)$$

Am Lockerungspunkt müssen Gln. (27.27) und (27.28) den gleichen Wert ergeben. Dort gilt $1 = (\Psi/\varepsilon^3)[\varrho/(\varrho_p-\varrho)]Fr_p$. Diese Gleichung gilt so lange, bis die Feststoffpartikeln ausgetragen werden und die Wirbelschicht in die pneumatische Förderung übergeht.

Zur Bestimmung der Strömungszustände bei homogener Wirbelschicht dient das Diagramm (Abb. 27.15). Hierin bedeuten definitionsgemäß

$$Fr_p\left(\frac{\varrho}{\varrho_p-\varrho}\right) = \frac{w^2}{d_p g}\left(\frac{\varrho}{\varrho_p-\varrho}\right);$$

$$Re_p = \frac{w d_p \varrho}{\eta};$$

$$K = \left(\frac{\varrho}{\varrho_p-\varrho}\right)\frac{\eta^2}{\varrho^2 g d_p^3};$$

$$M = \left(\frac{\varrho}{\varrho_p-\varrho}\right)\frac{\varrho w^3}{g\eta}$$

und n das Verhältnis der Druckkraft zur Massenkraft der Feststoffschüttung. Es gilt also:

ruhende Schüttung:

$$\varepsilon = 0{,}4 = \text{const} \qquad \text{bei} \quad n \leq 1,$$

Wirbelschicht:

$$0{,}4 < \varepsilon \leq 1 \qquad \text{bei} \quad n = 1,$$

Förderung:

$$\varepsilon \approx 1 \qquad \text{bei} \quad n \geq 1.$$

27.4 Gas-/Flüssigkeitsströmung

27.4.1 Strömungsform

Abhängig vom Massenstromverhältnis Gas/Flüssigkeit stellen sich bei Rohrströmung die unterschiedlichsten Phasenverteilungen ein. Ist der Gasgehalt gering, beobachtet man *Blasenströmung*. Mit zunehmendem Gasgehalt gewinnen die Strömungskräfte an Einfluss gegenüber der Schwerkraft. In waagerechten Rohren ändert sich die Phasenverteilung über *Kolben-*, *Schichten-*, *Wellen-*, *Schwall-* und *Pfropfenströmung* hin zur *Film-* bzw. *Nebelströmung* (Abb. 27.16). Für die Bestimmung der Strömungsform kann die sog. *Strömungskarte* nach Baker (Abb. 27.17) genutzt werden, die neben dem Gas- und Flüssigkeitsmassenstrom zwei Stoffwertefunktionen enthält:

$$\lambda = \left[\left(\frac{\varrho_G}{1{,}2}\right)\left(\frac{1000}{\varrho_F}\right)\right]^{1/2};$$

$$\Psi = \frac{73 \cdot 10^{-3}}{\sigma}\left[\frac{\eta_F}{10^{-3}}\left(\frac{1000}{\varrho_F}\right)^2\right]^{1/3}. \tag{27.29}$$

Dabei werden die Stoffwerte von Gas und Flüssigkeit jeweils auf die Stoffwerte eines Luft-/Wasser-Gemisches bezogen.

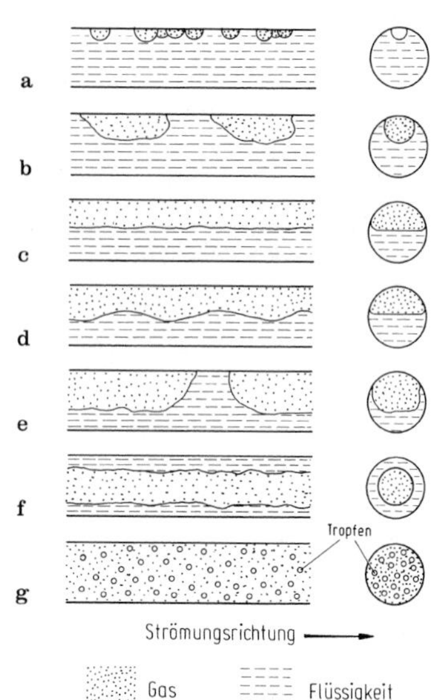

Abb. 27.16 Strömungszustände bei Gas/Flüssigkeitsströmung im waagerechten Rohr. **a** Blasenströmung; **b** Kolbenblasenströmung; **c** Schichtenströmung; **d** Wellenströmung; **e** Schwallströmung; **f** Ringströmung; **g** Nebelströmung

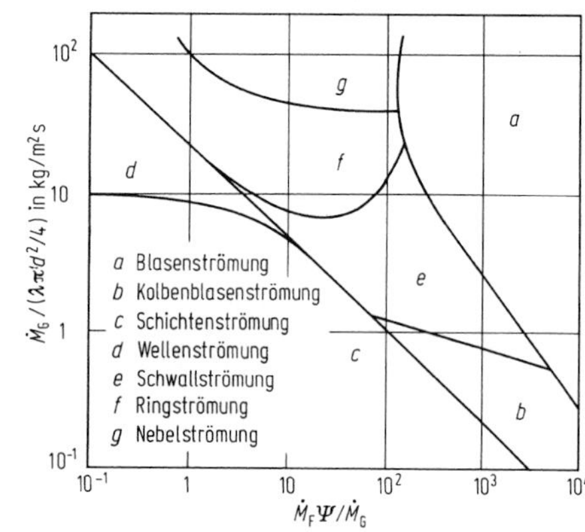

Abb. 27.17 Strömungskarte nach Baker

27.4.2 Druckverlust

Die genaue Vorausberechnung des Druckverlusts von Gas/Flüssigkeits-Gemischen ist wegen der sehr unterschiedlichen Phasenverteilungen schwierig. Lockhart und Martinelli haben deshalb versucht, den Zweiphasendruckverlust durch Einführen eines *Zweiphasenmultiplikators* aus dem Druckverlust der Einphasenströmung zu berechnen. Dabei ist es gleichgültig, ob man hierzu von der Gas- oder der Flüssigkeitsströmung ausgeht. Es gilt

$$\left(\frac{\Delta p}{\Delta l}\right)_{2ph} = \phi_G^2\left(\frac{\Delta p}{\Delta l}\right)_G = \phi_F^2\left(\frac{\Delta p}{\Delta l}\right)_F. \tag{27.30}$$

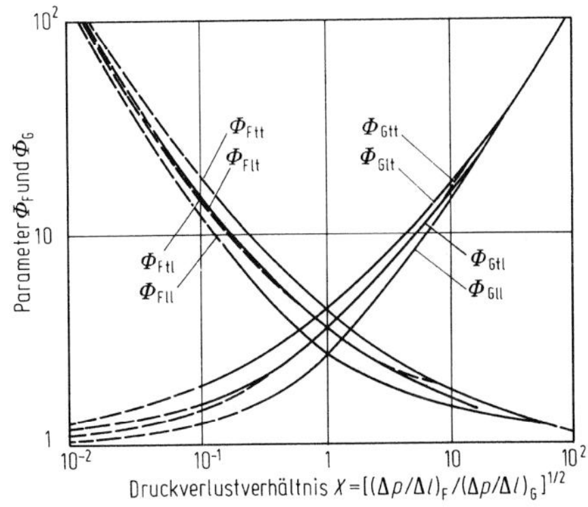

Abb. 27.18 Zweiphasenmultiplikator zur Berechnung des Druckverlusts

Dabei wird der bezogene Druckverlust $(\Delta p/\Delta l)_G$ bzw. $(\Delta p/\Delta l)_F$ für die Gas- bzw. Flüssigkeitsströmung so berechnet, als wäre im Rohr nur die eine Phase vorhanden. Der Zweiphasenmultiplikator ϕ hängt wesentlich vom Druckverlustverhältnis der beiden Einphasenströmungen

$$X = \left[\frac{(\Delta p/\Delta l)_F}{(\Delta p/\Delta l)_G}\right]^{1/2} \tag{27.31}$$

und davon ab, ob das Gas bzw. die Flüssigkeit laminar oder turbulent strömen. Dies wird im Diagramm, Abb. 27.18, durch die vier Kurven berücksichtigt. In technischen Apparaten ist im Regelfall davon auszugehen, dass beide Phasen turbulent strömen. Der Zweiphasenmultiplikator kann auch mit folgenden Beziehungen berechnet werden:

$$\phi_F^2 = 1 + \frac{c}{X} + \frac{1}{X^2},$$
$$\phi_G^2 = 1 + cX + X^2 . \tag{27.32}$$

Für c gelten dabei folgende Werte:

Flüssigkeit	Gas	Bezeichnung	c
turbulent	turbulent	tt	20
laminar	turbulent	lt	12
turbulent	laminar	tl	10
laminar	laminar	ll	5

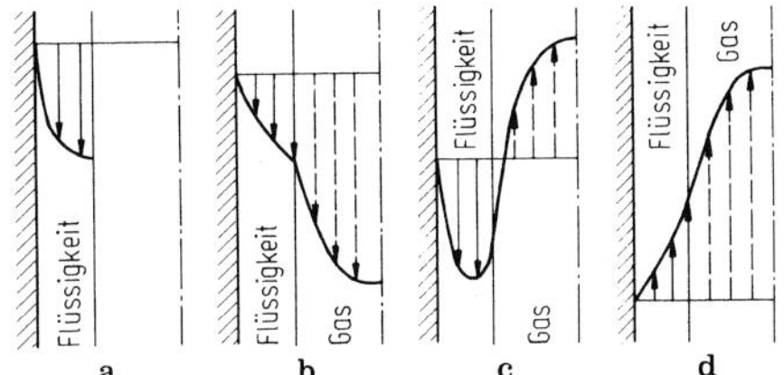

Abb. 27.19 Geschwindigkeitsprofile bei Gas/Flüssigkeitsströmung. **a** Rieselfilm; **b** Gleichstrom abwärts; **c** Gegenstrom; **d** Gleichstrom aufwärts

27.4.3 Filmströmung

Technisch von großer Bedeutung ist die Filmströmung an senkrechten Wänden, Abb. 27.19. Für die Geschwindigkeitsverteilung gilt bei *Rieselfilmströmung* im Rohr bei laminarer Strömung

$$w = \frac{g\varrho R^2}{4\eta}\left[1 - \left(\frac{r}{R}\right)^2 + 2\left(\frac{r_\delta}{R}\right)^2 \ln\left(\frac{r}{R}\right)\right] . \tag{27.33}$$

Da für die meisten technischen Fälle $r_\delta/R > 0{,}8$ gilt, kann auch für gekrümmte Flächen mit der Beziehung für die ebene Wand gerechnet werden:

$$w = \frac{g\varrho\delta^2}{\eta}\left[\frac{y}{\delta} - \frac{1}{2}\left(\frac{y}{\delta}\right)^2\right] . \tag{27.34}$$

Für die mittlere Filmgeschwindigkeit gilt $\bar{w} = (1/3)g\varrho\delta^2/\eta$ und für die Oberflächengeschwindigkeit $w_\delta = 1{,}5\bar{w}$. Über die Einführung der Reynolds-Zahl $Re = \bar{w}\delta\varrho/\eta = \dot{V}\varrho/U\eta$ mit U als der benetzten Fläche folgt für die Filmdicke

$$\delta = (3\eta^2/\varrho^2 g)^{1/3} Re^{1/3} . \tag{27.35}$$

Führt man die bezogene Filmdicke $\delta^* = (2g\varrho^2/\eta^2 Re^2)\delta^3$ ein, so folgt für den *laminar* strömenden Flüssigkeitsfilm $\delta_l^* = 6/Re$ und für den *turbulent* strömenden Film $\delta_t^* = 0{,}165/Re^{0,4}$. Der Umschlag laminar/turbulent erfolgt bei $Re \approx 400$.

Wird der Rieselfilmströmung eine Gasströmung überlagert, so sind drei Fälle zu unterscheiden:

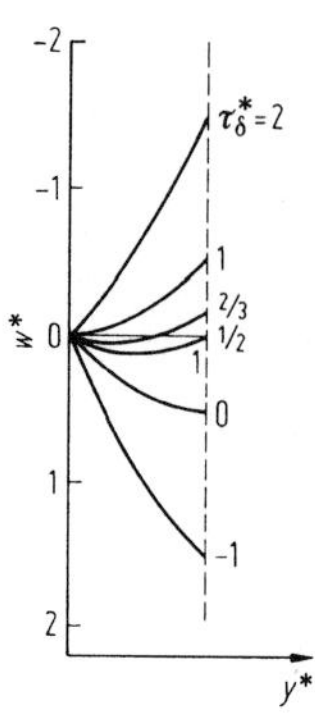

Abb. 27.20 Dimensionsloses Geschwindigkeitsprofil des Flüssigkeitsfilms

- Gleichstrom von Flüssigkeit und Gas – abwärts,
- Gegenstrom: Filmströmung abwärts – Gasströmung aufwärts,
- Gleichstrom von Flüssigkeit und Gas – aufwärts.

Die Geschwindigkeitsverteilung des Flüssigkeitsfilms wird jetzt von der Schubspannung τ_δ beeinflusst, die an der Filmoberfläche von der Gasströmung ausgeübt wird

$$w = \frac{g\varrho\delta^2}{\eta}\left[\frac{y}{\delta} - \frac{1}{2}\left(\frac{y}{\delta}\right)^2 - \frac{\tau_\delta}{g\varrho\delta}\,\frac{y}{\delta}\right]. \quad (27.36)$$

Führt man die dimensionslosen Größen $y^* = y/\delta$, $w^* = w/(g\varrho\delta^2/\eta)$ und $\tau_\delta^* = \tau_\delta/g\varrho\delta$ ein, so folgt

$$w^* = y^*[1 - (1/2)y^* - \tau_\delta^*]. \quad (27.37)$$

Abb. 27.20 zeigt berechnete dimensionslose Geschwindigkeitsprofile des Flüssigkeitsfilms.

Literatur

Weiterführende Literatur

Brauer, H.: Grundlagen der Einphasen- und Mehrphasenströmungen. Sauerländer, Aarau und Frankfurt (1971)

Brennen, C.E.: Fundamentals of Multiphase Flow. Cambridge University Press, London (2005)

Crowe, C.T., Schwarzkopf, J.D., Sommerfeld, M., Tsuji,Y.: Multiphase Flow with Droplets and Particles. CRC Press, Boca Raton (2011)

Eck, B.: Technische Strömungslehre. Springer, Berlin 1978/1981

Govier, G. W., Aziz, K.: The Flow of Complex Mixtures in Pipes. von Norstrand Reinhold, New York (1972)

Kolev, N.I.: Multiphase Flow Dynamics. Springer, New York, Heidelberg, Berlin (2005)

Mayinger, F.: Strömung und Wärmeübergang in Gas-Flüssigkeits-Gemischen. Springer, Berlin (1982)

Michaelidis, E., Crowe, C.T., Schwarzkopf, J.D.: Multiphase Flow Handbook. CRC Press, Boca Raton (2016)

Molerus, O.: Fluid-Feststoff-Strömungen. Springer, Berlin (1982)

Prandtl, L., Oswatitsch, K., Wieghardt, K.: Führer durch die Strömungslehre. Vieweg, Braunschweig (1990)

Schlichting, H.: Grenzschicht-Theorie. Braun, Karlsruhe (1982)

Bioverfahrenstechnik

28

Rainer Krull, Dietmar Hempel und Thomas Wucherpfennig

Mit der Expansion der Industriezweige Biotechnologie und Umwelttechnik bildete sich die Bioverfahrenstechnik (*Biochemical Engineering*) als eigenständige Ingenieurdisziplin aus. Um biologische und biochemische Stoffumwandlungsprozesse aus dem Labor in den industriellen Maßstab übertragen und technisch realisieren zu können, sind für den Bioverfahrenstechniker, zusätzlich zu seinem Wissen über das der klassischen Verfahrenstechnik hinaus, auch biologische und chemische Kenntnisse erforderlich. Die Bioverfahrenstechnik besitzt somit eine Brückenfunktion zwischen Biologie, Chemie und Technik.

Die wesentlichen Aufgaben der Bioverfahrenstechnik im engeren Sinne sind demnach:

1. die *quantitative Erfassung von biotechnologischen Prozessen*, d. h. von stofflichen Umsetzungen durch Biokatalysatoren (Enzyme, Zellen),
2. der Entwurf geeigneter *Bioreaktoren und Apparate* und
3. die Anwendung von Laborergebnissen und theoretischen Konzepten in der technischen Praxis (*Scale up*).

Die Bioverfahrenstechnik gewinnt besonders im Zusammenhang mit pharmazeutischen Produkten, Grundchemikalien aus nachwachsenden Rohstoffen, Nahrungsmitteln und Kosmetika sowie in biologischen Verfahren der Umwelttechnik zunehmend an Bedeutung.

28.1 Mikroorganismen mit technischer Bedeutung

Eine immer größer werdende Zahl von Mikroorganismen wird für technische Zwecke verwendet. Aus der Vielzahl von Mikroorganismen sollen einige wenige exemplarisch aufgeführt werden, um die Gestalt und grundsätzlichen biologischen Funktionen darzustellen.

28.1.1 Bakterien

Bakterien gehören zu den *Prokaryoten*, d. h. der Zellkern ist nicht von einer Membran umgeben und die *DNA* (*Desoxyribonucleinsäure*) liegt frei in der Kernregion. Im *Cytoplasma* befinden sich Proteine (einschließlich Enzyme), lösliche RNA (Ribonucleinsäure), Plasmide (extrachromosomale DNA, DNA-Bruchstücke) und Ribosomen („Proteinfabrik"). Die mRNA (Messenger-RNA) dient zur Übertragung von genetischen Informationen von der DNA an die Ribosomen.

R. Krull (✉)
Technische Universität Braunschweig
Braunschweig, Deutschland
E-Mail: r.krull@tu-braunschweig.de

D. Hempel
Technische Universität Braunschweig
Braunschweig, Deutschland
E-Mail: d.hempel@tu-bs.de

T. Wucherpfennig
Boehringer Ingelheim
Biberach, Deutschland
E-Mail:
thomas.wucherpfennig@boehringer-ingelheim.com

B. Bender und D. Göhlich (Hrsg.), *Dubbel Taschenbuch für den Maschinenbau 3: Maschinen und Systeme*,
https://doi.org/10.1007/978-3-662-59715-6_28

Die *Cytoplasmamembran* (semipermeabel) begrenzt das Cytoplasma. Sie hat entscheidende Stoffwechselfunktionen, denn in ihr erfolgen bei Prokaryoten z. B. die für die Lebensfunktionen der Zellen wichtigen energieliefernden Reaktionen (Atmung oder Photosynthese), bei denen *ATP* (*Adenosintriphosphat*) als Energieträger für den Stoffwechsel und die aktive Stoffaufnahme produziert wird. Beim aktiven Transport werden Substrate durch einen in der Cytoplasmamembran befindlichen Träger (*Carrier*) unter Verbrauch von ATP gegen einen Konzentrationsgradienten in das Zellinnere transportiert.

Die *Zellwand* begrenzt die Zelle nach außen und übernimmt die Stützfunktion. Zwischen Zellwand und Cytoplasmamembran befindet sich der sogenannte *periplasmatische Raum*. Aufgrund unterschiedlicher Durchlässigkeit der Zellwand für einen Kristallviolett-Iod-Komplex ist eine taxonomische Unterscheidung von Bakterien mittels der nach Gram (1884) benannten Färbung möglich: *Gram-negativ* (nicht gefärbt) und *-positiv* (dunkelviolett gefärbt).

Weitere häufig vorkommende Bestandteile der Zellen sind u. a. Lamellenkörper und Mesosomen (beides Einstülpungen der Cytoplasmamembran), Polysaccharid- und Polyphosphatgrana (Speicher) und Lipidtropfen. Viele Bakterien nutzen eine oder mehrere *Geißeln* zur Fortbewegung. Die *Kapsel* umhüllt die Zelle und besteht aus schleimartigen Polysacchariden; sie hat eine schützende Funktion.

Eine Möglichkeit zur Unterscheidung bietet die *Morphologie*: u. a. Kugeln (*Kokken*), Stäbchen (*Bacillus, Pseudomonas*), gekrümmte Stäbchen (*Vibrionen*), Keulenform (*Corynebacterium*), Spiral- oder Schraubenform (*Spirillen*).

Die Größe und Gestalt von Bakterien kann sehr stark variieren (Kugeln von 0,1 µm ∅ bis zu Stäbchen von 40 µm × 5 µm ∅, häufig 5 µm × 1 µm ∅). Das spezifische Gewicht ist etwa 1,1 g/cm^3, der Wassergehalt beträgt 70–90 % und das Gewicht einer Zelle etwa 10^{-12} g.

Bakterien vermehren sich i. d. R. durch *Zellteilung*, d. h. durch die Ausbildung zweier identischer Tochterzellen. Erfolgt nach der Teilung keine Trennung der Tochterzellen, entsteht ein vielzelliges *Filament*, das teilweise myzelartig und den Fäden (*Hyphen*) der Pilze ähnlich ist (z. B. *Streptomyceten, Actinomyceten*).

Bakterien der Gattungen *Bacillus* und *Clostridium* aus der Familie *Bacillaceae* bilden Sporen aus. Diese *Endosporen* bestehen aus Kernmaterial, Cytoplasma und mehreren Sporenhüllen, die die Keimzelle schützen (Hitzeresistenz, Resistenz gegen Austrocknung, pH-Einflüsse u. a.). Nach dem Auskeimen der Sporen gehen diese resistenten Eigenschaften verloren.

Eine Auswahl technisch wichtiger Bakterien ist in Tab. 28.1 zusammengestellt.

28.1.2 Pilze

Pilze gehören zu den *Eukaryoten*, bei denen der Zellkern von einer Membran umgeben ist. Eukaryoten sind komplizierter strukturiert und etwa 10-mal größer als Prokaryoten. Eine Sonderklasse der Pilze sind die *Hefen* (siehe Abschn. 28.1.3).

Pilze (außer Hefen) bilden i. Allg. vielzellige Fäden (*Hyphen*). Diese bestehen im Wesentlichen aus der Zellwand, dem Cytoplasma mit diversen Einschlüssen und dem Zellkern. Eine Hyphe kann Querwände (*Septen*) besitzen oder querwandlos (*nicht septiert*) sein. Die Gesamtmenge der Hyphen bildet das *Myzelium*, das oft gewebeartig verflochten ist und zu erheblichen Viskositätserhöhungen im Kultivierungsmedium führen kann (siehe Abschn. 28.6.8).

Die energieliefernden Reaktionen sind in Eukaryoten in spezialisierten intrazellulären Körpern (*Organellen*) lokalisiert: In *Mitochondrien* erfolgt der Energiegewinn durch die *oxidative Phosphorylierung* oder in *Chloroplasten* durch die Nutzung der Energie des sichtbaren Lichts (*Photosynthese*). Die *Plasmamembran* ist der Cytoplasmamembran der Prokaryoten sehr ähnlich (semipermeabel). Eukaryotische Mikroorganismen können jedoch auch flüssige und feste Nahrung aufnehmen, wobei membranumschlossene *Vakuolen* bei der Speicherung von Substraten und Metaboliten sowie beim Ausscheiden von Produkten mitwirken.

Pilze vermehren sich sexuell und asexuell. Der letztere Vermehrungsweg ist bei den meisten

Tab. 28.1 Technisch relevante Bakterien

Familie	Beschreibung	Beteiligung der Gattungen an technischen Prozessen
Pseudomonadaceae	Gram-negativ, gerade oder schwach gekrümmte Stäbchen	*Pseudomonas*: Kohlenwasserstoffverwertung, Oxidation von Steroiden *Acetobacter*: Alkoholoxidationen, z. B. Ethanol → Essigsäure; Sorbit → Sorbose
Micrococcaceae	Gram-positiv, Kugelform	*Micrococcus*: Oxidation von Steroiden, Kohlenwasserstoffverwertung *Methanococcus*: Methanbildung
Lactobacteriaceae	Gram-positiv, Streptokokken: *Streptococcus* und *Leuconostoc* Stäbchen: *Lactobacillus*	*Streptococcus*: Milchsäuregärung, Diacetylbildung *Leuconostoc*: Dextranbildung *Lactobacillus* (Milchsäurebakterien): Milchsäureherstellung, Milchprodukte, Säuregärung
Propionibacteriaceae	Gram-positiv, anaerob, Stäbchen	*Propionibacterium*: Vitamin B_{12}, Propionsäure, auch in Käse
Enterobacteriaceae	Gram-negativ, kurze Stäbchen	*Escherichia* und *Aerobacter*: unterschiedliche Prozesse, z. B. Nucleotidbildung, Ketoglutarsäurebildung u. v. a.
Bacillaceae	Sporenbildend, Gram-positiv, Stäbchen, *Bacillus* (aerob), *Clostridium* (anaerob)	*Bacillus*: Polypeptide, u. a. Antibiotika, Toxine, Enzyme *Clostridium*: Butanol, Aceton, Buttersäure, Toxine
Corynebacteriaceae	Gram-positiv, aerob, Stäbchen, Keulenform	*Corynebacterium* und *Arthrobacter*: Aminosäuren, Kohlenwasserstoffverwertung
Mycobacteriaceae	Gram-positiv, Stäbchen, z. T. Verzweigungen bildend	*Mycobacterium*: Verwertung von Kohlenwasserstoffen
Streptomycetaceae	Gram-positiv, Myzelbildung, Lufthyphen mit exogenen Sporen (Conidien)	*Actinomyceten* und *Streptomyceten*: sehr viele Antibiotika, Enzyme, Vitamin B_{12}

technischen Prozessen von Bedeutung. Bei der Kernteilung (*Mitose*) wird das genetische Material identisch reproduziert. Die *asexuelle Vermehrung* kann durch endogene Sporen oder überwiegend durch exogene Sporen (*Konidien*) erfolgen, die durch Abschnürungen am Hyphenende (Lufthyphen) entstehen.

Technisch wichtige Pilzfamilien sind in Tab. 28.2 aufgelistet.

28.1.3 Hefen

Hefen sind eine Sonderklasse der Pilze, bilden jedoch i. Allg. keine vielzelligen Hyphen. Für sie ist die einzellige Form, meist rund mit 10 µm ∅, charakteristisch.

I. d. R. vermehren sich Hefen durch *Sprossung* (*Knospung*), bei der sich aus der Mutterzelle heraus durch Ausbuchtung eine neue Tochterzelle bildet. Aber auch die Vermehrung über Sporen ist möglich.

Tab. 28.3 zeigt technisch wichtige Hefefamilien. Allen gemeinsam ist die Fähigkeit, Kohlenhydrate zu vergären. Die Verwertung der Kohlenstoffquelle kann *aerob* (*Atmung, Respiration*) und *anaerob* (durch *Gärung*) erfolgen. Bei der ersteren werden insbesondere körpereigene Substanzen produziert aber z. T. auch Ethanol bei einer Glucosekonzentration > 100 mg/L (*Crabtree-Effekt*), während bei der Gärung vorwiegend Produkte wie Ethanol, organische Säuren oder Glycerin ausgeschieden werden.

28.1.4 Algen

Algen bilden den Hauptbestandteil des Planktons im Meer. Sie enthalten immer *Chlorophyll*, d. h. sie gewinnen ihre Energie aus dem sichtbaren Licht und bilden körpereigene Substanzen aus CO_2 und Wasser unter Freisetzung von O_2 (*Photosynthese*). In Dunkelheit ist auch *Respiration* möglich. Algen besitzen Wachstumsvorteile bei

Tab. 28.2 Technisch relevante Pilze

Familie	Beschreibung	Beteiligung der Gattungen an technischen Prozessen
Mucoraceae	*Phycomycetes*: asexuell, endogene Sporen, Myzelium ohne Querwände	*Mucor* und *Rhizopus*: Äpfelsäure, Fumarsäure, Bernsteinsäure, Gluconsäure u. a. organische Säuren
Choanephoraceae	*Phycomycetes*: Myzelium ohne Querwände	*Blakeslea* und *Choanephora*: β-Carotin
Aspergillaceae (sexuelle Form: *Eurotiaceae*)	*Fungi imperfecti* sexuelle Formen: *Ascomyceten*, asexuelle Formen: exogene Sporen, Myczelium mit Querwänden	*Penicillium*: viele Antibiotika (besonders Penicilline), organ. Säuren, Mycotoxine, Enzyme *Aspergillus*: einige Antibiotika, viele organische Säuren (besonders Zitronensäure), Aflatoxine u. a. Mycotoxine, Enzyme (Amylasen, Proteasen)
Hypocreaceae	*Ascomycetes* oder asexuelle Formen (*Fusarium*-Arten)	*Gibberella*: Gibberelline (Wuchsstoffe)
Clavicepitaceae	*Ascomycetes*	*Claviceps*: Mutterkorn-Alkaloide, Clavine
Agaricaceae	*Basidomycetes*	*Agaricus*: Champignonzucht

Tab. 28.3 Technisch relevante Hefen

Familie	Beschreibung	Beteiligung der Gattungen an technischen Prozessen
Saccharomycetaceae	Sprossung, auch Sporenbildung, sehr gute Gärfähigkeit	*Sachcharomyces*: Bäckerhefe, Bier-, Wein- und Sekthefen, Ethanol
Cryptococcaceae	Sprossung, keine Sporen, Pseudomyzel und Myzel können vorhanden sein	*Candida* und *Torulopsis*: SCP (Single Cell Protein), Eiweißbildung aus Kohlenhydraten und Kohlenwasserstoffen, auch Zitronensäure

hohen Stickstoff- und Phosphorgehalten und führen daher zur *Eutrophierung* von Gewässern.

Die Morphologie der Algen ist vielfältig: einzellig, Zellaggregate, Filamente, pflanzenartig. Außer den *Cyanobakterien* sind alle echten Algen Eukaryoten. Sie vermehren sich sexuell oder asexuell. Von technischem Interesse ist die Algenkultivierung für die Herstellung von Kraftstoffen (Biodiesel) und Ölen, Düngemitteln oder auch für die Proteingewinnung (SCP – Single Cell Protein). Da bei diesen Prozessen CO_2 fixiert wird, sind sie im Rahmen der Energiewende von Bedeutung.

28.1.5 Viren

Die Größe von Viren liegt zwischen 20 und 300 nm. Sie werden daher in bakteriendichten Filtern (Porendurchmesser etwa 0,2 μm) nicht abfiltriert.

Viren werden wegen ihrer sehr einfachen Struktur als *nichtzellulär* oder *akaryotisch* bezeichnet. Da sie keinen eigenen oder einen nur sehr unvollkommenen Stoffwechsel besitzen, sind sie keine selbstständigen Organismen, sondern nur in Verbindung mit einer lebenden Wirtszelle existenzfähig. Gewöhnlich werden sie daher nach ihrer Wirtszelle benannt (z. B. ist *Escherichia coli-Bakteriophage* bzw. *Coliphage*, ein Virus, das *E. coli* angreift).

Die Massenzüchtung (Proliferation) von Viren ist nur in Verbindung mit der Kultivierung mikrobieller, pflanzlicher oder tierischer Wirtszellen möglich. Beispiele für technisch bedeutsame Produkte aus der Virusmassenzucht sind Wirkstoffe gegen die Maul- und Klauenseuche, die Herstellung von Interferonen sowie von insektenpathogenen Viren.

28.1.6 Pflanzliche und tierische Zellen

Die Zellstrukturen pflanzlicher und tierischer Zellen sind prinzipiell von denen der Mikroorganismen zu unterscheiden. Dennoch lassen sie sich mit gleichen oder ähnlichen Methoden wie Einzeller kultivieren (z. B. Wachstum in Suspension oder fixiert auf Trägern). Ein typisches Merkmal ist ihre meist ausgeprägte *Schersensitivität*. Für die Proteinherstellung haben pflanzliche und tierische Zellen den Vorteil, dass sie im Gegensatz zu Bakterien post-translationale Modifikationen wie etwa Glykosylierungen durchführen können.

Tierische (z. B. Nieren- und Leberzellen, Tumorzellen, Blut- und Lymphocytenzellen) und pflanzliche Zellen (z. B. Farne, Moose, Tabak, einige Blumen, pflanzliche Gewebe sowie Wurzelzellen) lassen sich technisch kultivieren.

Bei den tierischen Zellen sind NS0- und SP2/0-Zellen (Myelomzellen der Maus), BHK-Zellen (Baby Hamster-Nierenzellen), COS-Zellen (CV1 Origin SV40 – Affen-Nierenzellen) sowie die menschlichen Zelllinien HEK-293 (Human Embryonic-Nierenzellen) und HELA (Gebärmutterhals-Krebszellen) von besonderer Relevanz. Für die Herstellung von Impfstoffen oder die Proliferation von Viren werden häufig auch Insektenzelllinien wie Sf9- oder Sf21-Zellen (Eierstock (Ovarien)-Zellen vom Nachtfalter *Spodoptera frugiperda*) verwendet. Die industriell am häufigsten verwendeten tierischen Zellen sind allerdings CHO-Zellen (Chinese Hamster Ovary), da diese für die Herstellung der wirtschaftlich bedeutsamen monoklonalen Antikörper eingesetzt werden. Andere wichtige Produkte, die mit CHO-Zellen hergestellt werden, sind z. B. Interferone oder Hormone wie Erythropoetin (EPO). Von steigender wirtschaftlicher Bedeutung ist auch die Kultivierung von Stammzellen in Festbettreaktoren mit Hilfe von Trägermaterialien, die adhärent bewachsen werden.

Nur wenige Prozesse mit Pflanzenzellkulturen sind kommerzialisiert. Ein Beispiel hierfür ist die großtechnische Herstellung des Zytostatikums Paclitaxel, ein Sekundärmetabolit der Eibe, das in großtechnischen Bioreaktoren bis 75 m^3 mit Hilfe von Zellen aus *Taxus chinensis* (chinesische Eibe) hergestellt wird. Gegenstand aktueller Forschung ist die Kultivierung von Wurzelhaarzellen (*hairy roots*), die sich durch ihre hohe metabolische Aktivität oft gut für die Produktion von Sekundärmetaboliten eignen.

28.2 Kultivierungsbedingungen

Mikroorganismen sind *ubiquitär*, d. h. in Erde, Luft und Wasser verbreitet. Ihnen gelingt es, sich dem jeweiligen Lebensraum anzupassen (*Evolution*) und auch unter Extrembedingungen zu existieren. Für das Auffinden (*Screening*) und die Isolierung technisch wichtiger Stämme sind die ökologischen Bedingungen am Standort der Wildstämme das erste wichtige Auswahlkriterium.

28.2.1 Wachstumsbedingungen

28.2.1.1 Nährstoffansprüche

Mikroorganismen lassen sich nach *Ernährungstypen* unterscheiden (Tab. 28.4). Die essentiellen Komponenten der Nährlösung sind:

Kohlenstoff. *Heterotrophe Organismen* wachsen u. a. auf Zucker, Stärke, organischen Säuren, Kohlenwasserstoffen. Diese Organismen nutzen häufig dieselbe organische (energiereiche) Verbindung als Energiequelle und Elektronenlieferant, d. h. sie sind *chemoorganotroph. Autotrophe Organismen* nutzen anorganische (energiearme) Kohlenstoffquellen, wie CO_2 (oder CO). Bei der Verwertung dieser Substanzen benötigen die Organismen immer eine zusätzliche Energiequelle: *Chemolithotrophe Organismen* können Energie durch *Oxidation* reduzierter anorganischer Verbindungen gewinnen, z. B. NH_4^+ (Nitrifizierer), H_2S (Schwefelbakterien). Bei *phototrophen Organismen* wird Licht mit Hilfe photosynthesefähiger Pigmente (*Chlorophyll*) als Energiequelle genutzt, z. B. von Algen, Cyanobakterien, Purpurbakterien.

Stickstoff. Je nach Organismenart und Milieubedingungen werden anorganische Verbindun-

Tab. 28.4 Ernährungstypen von Mikroorganismen

Bezugsgröße	Ernährungstyp	
Kohlenstoffquelle	Organisch *heterotroph*	Anorganisch (CO_2, CO) *autotroph*
Energiegewinnung	Chemisch *chemotroph*	Licht ($h \cdot \upsilon$) *phototroph*
Reduktionsäquivalent (Wasserstoff-Donor entsprechend Elektronenlieferant)	Anorganisch (S^{-2}, NH_4^+, NO_2^-, H_2) *lithotroph*	Organisch *organotroph*

28

gen (NH_4^+- und NO_3^--Ionen), molekularer Stickstoff (von *Azotobacter*) oder komplexe organische Verbindungen (u. a. Harnstoff, Aminosäuren, Proteine) als Stickstoffquelle genutzt.

Schwefel und Phosphor. Mikroorganismen verwerten i. d. R. anorganische Verbindungen (Sulfat- und Phosphationen).

Sauerstoff und Wasserstoff. Mikroorganismen entnehmen Sauerstoff und Wasserstoff aus dem Wasser, das immer in ausreichender Menge zur Verfügung stehen muss.

Kalium, Calcium, Magnesium, Eisen u. a. werden in Form geeigneter Salze aufgenommen.

Spurenelemente. Mangan, Kupfer, Zink, Molybdän, Nickel und Kobalt sind meist als Verunreinigungen in anderen Nährbodenbestandteilen (Salzen, Substraten) enthalten und müssen daher selten gezielt dem Medium zugegeben werden.

Aminosäuren, Vitamine, Purine. *Auxotrophe Mikroorganismen* (mit beschränkter Biosynthese) benötigen im Kultivierungsmedium Wachstumsfaktoren, die zum Grundbestandteil der Zelle gehören. Häufig werden (insbesondere im Laborbereich) die gewünschten Wachstumsfaktoren in *komplexen Nährmedien* (Hefe-, Fleisch- und Malzextrakt, Pepton) bereitgestellt.

Technische Substrate sind i. d. R. komplex und nur teilweise definierte Medien, in denen gelegentlich fehlende Substanzen (Stickstoff, Nährsalze) und organische Vorstufen (*precursor*) für die Produktbildung zu ergänzen sind. Technische Substrate sind z. B. Melasse, Rohrzucker, Molkepulver (Milchzucker), Zellstoffablaugen, Holzzuckerlösungen, Getreide, Moste, Kartoffeln, Maisquellwasser, Sojabohnenmehl, Fischmehl, Kohlenwasserstoffe oder Baumwollsamenmehl. Technische Substrate stehen oftmals als Abfallprodukte anderer Prozesse preiswert zur Verfügung.

28.2.1.2 Physikochemische Wachstumsansprüche

Wachstum und Produktbildung der Mikroorganismen werden durch das physikochemische Ökosystem beeinflusst:

Wasser. Grundsätzliche Voraussetzung für das Wachstum von Mikroorganismen ist das *Vorhandensein von Wasser*, aus dem die Mikroorganismen das zur Zellsynthese und zum Energiegewinn erforderliche, meist *gelöste Substrat* aufnehmen. Mikroorganismen können aber Trockenheit überdauern, besonders, wenn sie bei niedrigen Temperaturen austrocknen.

pH-Wert. Bakterien wachsen gut in neutralem bis leicht alkalischem Milieu (pH 6,5–8,5), aber auch Extremwerte sind möglich (*Thiobacilli*: pH $\geq$ 0; *Nitrosomonas*: pH $\leq$ 9). Pilze bevorzugen dagegen ein leicht saures Milieu (pH 5–7). Über pH-Regelung oder Zugabe von *Puffer* (meist anorganische Phosphate) wird der optimale pH-Wert eingestellt.

Die Bildung und Ausscheidung der Stoffwechselprodukte ist ebenfalls pH-abhängig und oftmals unabhängig vom Wachstumsoptimum.

Temperatur. Der optimale Temperaturbereich für das Wachstum muss nicht mit dem Optimum der gewünschten Produktbildung übereinstimmen. *Psychrophile* (oder *kryophile*) Organismen haben bei 4–20 °C ihr Wachstumsoptimum, *mesophile* bei 20–45 °C und *thermophile* bei 45–80 °C. Die meisten technisch eingesetzten Mikroorganismen sind mesophil. Temperaturen $\geq$ 80 °C sind dagegen eher zur Keimabtötung geeignet (s. Abschn. 28.3.1).

Sauerstoff. Mikroorganismen werden bezüglich des Einflusses von Sauerstoff auf ihren Energiehaushalt charakterisiert:

- *Obligat aerobe Organismen* benötigen Sauerstoff als *terminalen Elektronenakzeptor* (entsprechend *Wasserstoffakzeptor*). Bei der *Atmung* oder *Respiration* wird Wasserstoff auf molekularen Sauerstoff übertragen. Dabei wird der Kohlenstoff des Substrats meist bis zum CO_2 oxidiert. Aber auch eine unvollständige Oxidation bis zu Essigsäure, Zitronensäure, Gluconsäure, Brenztraubensäure u. a. Endprodukten ist möglich.

- *Obligat anaerobe Organismen* wachsen nur in einem sauerstofffreien Milieu; für sie ist Sauerstoff toxisch. Diese Organismen nutzen anorganische terminale Elektronenakzeptoren (Nitrat, Sulfat, Kohlendioxid, Stickoxide), in denen der Sauerstoff „in gebundener Form" vorliegt (*anaerobe Atmung*).

Eine andere Möglichkeit der Energiegewinnung von Anaerobiern ist die *Gärung*. Bei ihnen wird kein zusätzlicher Elektronenakzeptor benötigt, und der Wasserstoff wird auf organische Endprodukte (Milchsäure, Buttersäure, Alkohol) übertragen. Die Gärungsprodukte sind stark reduziert und energiereich. Entsprechend gering sind bei der Gärung der Energiegewinn der Zelle und die Ausbeute an Zellmaterial, die beide nur bis zu einem Zehntel des aeroben Wachstums ausmachen können. Mikroorganismen, die sowohl unter Sauerstoffgegenwart als auch -abwesenheit wachsen bzw. Produkte bilden, werden *fakultativ anaerob* genannt.

Osmotischer Druck. I. d. R. wachsen Mikroorganismen bei Salzgehalten von 0,1–2 %. *Halotolerante Organismen* tolerieren Salzgehalte bis 10 %, *halophile* wachsen in konzentrierter Salzlösung.

Hydrostatischer Druck. Der hydrostatische Druck hat i. d. R. keinen Einfluss auf das Wachstum. Starke plötzliche Druckentspannungen können Mikroorganismen allerdings zum Platzen bringen (Druckentspannung bei Bakterien 500 bar, Hefen und Pilzen 300–400 bar).

Strahlung. Sichtbares Licht ist für *phototrophe Organismen* als Energiequelle notwendig. Elektromagnetische (z. B. ultraviolette) und ionisierende Strahlung schädigen bei zu großer Dosis die DNA und werden zur Sterilisation bzw. Desinfektion eingesetzt.

28.2.2 Phänomenologie des Wachstums

28.2.2.1 Bestimmung des Wachstums

Das Wachstum einer Zellkultur lässt sich über die Bestimmung der *Zellzahl* (in Zählkammern, Coulter-Counter oder durch Ausplattieren auf festen Nährböden) oder der *Zelldichte* (Zellmasse) quantifizieren. Wird die Zelldichte als Kriterium für Wachstum herangezogen, gibt es mehrere Messmethoden:

- Bestimmung der *Biotrockenmasse* (BTM)-Konzentration in g_{BTM}/L (über Zentrifugation oder Filtration, Trocknung, Wägung),
- Messung der Menge einer *typischen Zellkomponente* (DNA, Proteine) oder der *katalytischen Fähigkeit* (Enzymaktivität),
- Bestimmung wachstumsgekoppelter *Stoffwechselgrößen* (Sauerstoffaufnahme, Kohlendioxidabgabe) und
- Messung der Trübung einer Zellsuspension (*Extinktion*).

Bei der Messung der Extinktion (Schwächung des Lichts beim Durchstrahlen der Zellsuspension, optische Dichte) ist eine Linearität zwischen Lichtintensität und Zelldichte Voraussetzung (Lambert-Beer'sches Gesetz), d. h. die Methode ist nur bei Einzelzellen (kein Myzel, keine Flockulation, kein festes Substrat) und geringen Zelldichten geeignet.

28.2.2.2 Batch-Kultivierung

Ein typischer Wachstumsverlauf einer absatzweisen Kultivierung ist in Abb. 28.1 dargestellt. Nachdem der Ansatz sterilisiert und beimpft wurde, bleibt die Zellmenge zunächst konstant (*Inkubationsphase, Lagphase*) bis sich der Stoffwechsel der Organismen auf die Kulturbedingungen eingestellt hat (*Accelerationsphase*). Die Geschwindigkeit der Stoffwechselreaktion und damit des Wachstums strebt dem bei den vorliegenden Umweltbedingungen maximalen Wert zu. In dieser unlimitierten Wachstumsphase hat die Wachstumsgeschwindigkeit der Zellen einen konstanten und maximalen Wert. Die Zellmasse nimmt exponentiell zu (*exponentielle Phase*),

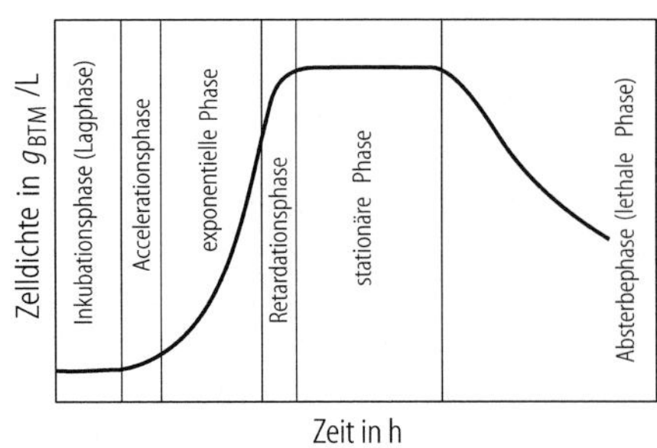

Abb. 28.1 Wachstumsverlauf in einer absatzweisen Kultivierung

bis schließlich aufgrund des Verbrauchs essentieller Nährstoffe oder der Ansammlung toxischer Stoffwechselprodukte die Wachstumsrate abnimmt (*Retardationsphase*) und das Wachstum schließlich ganz zum Erliegen kommt (*stationäre Phase*). Bei anhaltendem Nahrungsmangel oder dauerhafter Einwirkung toxischer Stoffwechselprodukte *lysieren* (zerfallen) die Zellen und verstoffwechseln sich selbst (*Absterbephase*, *lethale Phase*).

28.2.2.3 Diauxie (zweiphasiges Wachstum)

Liegt ein Gemisch mit zwei verwertbaren Nährstoffen vor, kommt es häufig zu einem zweiphasigen Wachstum. In dem Gemisch Glucose und Sorbit wird durch *E. coli* beispielsweise zunächst Glucose genutzt und gleichzeitig die Synthese der zur Sorbitverwertung notwendigen Enzyme unterdrückt (*reprimiert*). Diese werden in einer zweiten Inkubations- und Accelerationsphase erst nach Verbrauch der Glucose produziert, so dass in einer erneuten exponentiellen Wachstumsphase allein Sorbit als Kohlenstoffquelle dient.

28.2.2.4 Kontinuierliche Kultivierung

Bei einer kontinuierlichen Kultivierung wird fortlaufend frische (u. U. sterile) Nährlösung in den Bioreaktor zu der wachsenden Population gegeben. Mit gleichem Volumenstrom werden simultan Zellen, ihre Stoffwechselprodukte und nicht umgesetztes Substrat abgezogen. Die Wachstumsgeschwindigkeit der Organismen wird dabei durch die Geschwindigkeit der Nährstoffzufuhr reguliert. Andererseits ist der Volumenstrom durch den Reaktor dadurch begrenzt, dass der Organismenzuwachs durch die (organismenspezifische) maximale Wachstumsrate beschränkt ist. Sind die Auswaschverluste größer als durch den maximalen Zuwachs kompensiert werden kann, wird der Kultivierungsansatz an Organismen ausgedünnt (*wash out*).

28.2.2.5 Exponentielles Wachstum

Bei unlimitiertem Wachstum von Mikroorganismen, die sich durch Zweiteilung (Zellteilung, Sprossung) vermehren, lässt sich die Zellvermehrung ohne Kenntnis der Reaktionskinetik rechnerisch erfassen:

$$N = N_0 \cdot 2^n, \qquad (28.1)$$

mit N_0, der Zellzahl zu Beginn des Wachstums. Die *Generationszahl* n ist mit der (mittleren) *Generationszeit* t_G verknüpft, so dass die Zellzahl zum Zeitpunkt t sich ergibt:

$$N = N_0 \cdot 2^{t/t_G}. \qquad (28.2)$$

Wird anstelle der Zellzahl die Zelldichte X (als Biotrockenmasse-Konzentration in g_{BTM}/L) als Maß für das sich autokatalytisch vermehrende System gewählt, so ist die zeitliche Zunahme der Zelldichte der vorhandenen proportional (Reaktionsgesetz 1. Ordnung):

$$\frac{dX}{dt} = \mu \cdot X. \qquad (28.3)$$

Die Proportionalitätskonstante wird als *spezifische Wachstumsgeschwindigkeit* bzw. *Wachstumsrate* μ bezeichnet, die bei unlimitiertem Wachstum ihren maximalen Wert μ_{max} annimmt. Die Integration liefert die Zelldichte bei unlimitiertem Wachstum (*exponentielle Wachstumsphase*):

$$X = X_0 \cdot \exp(\mu_{max} \cdot t), \qquad (28.4)$$

mit der Inokulumskonzentration X_0.

Die *Verdopplungszeit* t_D, die Zeit zur Verdopplung der Zellmasse ($X/X_0 = 2$), ergibt sich aus

$$t_D = \ln 2/\mu_{max}. \qquad (28.5)$$

Generationszeit t_G und Verdopplungszeit t_D sind milieuabhängig. Ihre Zahlenwerte sind nur dann gleich, wenn kein Nährstoffmangel vorliegt (unlimitiertes Wachstum) und die mittlere Zellgröße und -masse der mikrobiellen Individuen zu allen Zeiten gleich bleiben, d. h. eine homogene Zellpopulation vorliegt.

28.2.3 Ablauf technischer Kultivierungen

Eine technische Kultivierung durchläuft i. d. R. die in Abb. 28.2 aufgezeigten Grundoperationen.

28.2.3.1 Substratvorbereitung

Die Substratvorbereitung umfasst im Wesentlichen die Herstellung der Nährlösung (Kultivierungsmedium) und die Sterilisation des Substrats sowie der Reaktoren und Apparate.

Die *Herstellung der Nährlösung* ist substratspezifisch. Das Ausgangsmaterial (Rohstoff) muss häufig von Hemmstoffen befreit werden, z. B. von Schwermetallionen. So werden Rüben- und Zuckerrohrmelassen durch Fällung und Zentrifugation geklärt, Zellstoffablaugen durch Erhitzen und Belüften oder durch Neutralisation von SO_2 befreit.

Andere Rohstoffe müssen vor ihrer Verwendung aufgeschlossen werden, damit sie von Mikroorganismen assimiliert werden können. Dazu gehören beispielsweise stärkehaltige Rohstoffe, die durch Mahlen, Dampfbehandlung und/oder enzymatische Verzuckerung vorbereitet werden, sowie zellulosehaltige Rohstoffe, die erst nach Hydrolyse (enzymatisch oder durch Säurebehandlung) von Mikroorganismen umgesetzt werden können.

Die Rohstoffe werden direkt im Bioreaktor (seltener in beheizbaren Vorlagen) mit Wasser angemischt, gelegentlich erhitzt und filtriert. Bevor der Produktionsstamm überimpft wird, durchläuft das Kultivierungsmedium eine *Sterilisation* (meist gemeinsam mit der Produktionsanlage) (s. Abschn. 28.3).

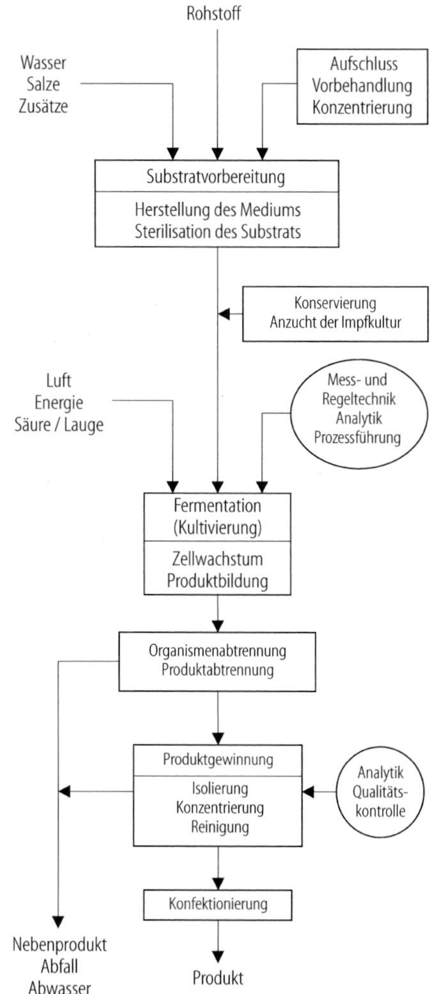

Abb. 28.2 Ablauf technischer Kultivierungen

28.2.3.2 Konservierung

Technisch eingesetzte Mikroorganismen und Zellen werden durch *Umzüchtung* und *Mutantenherstellung* mit dem Ziel optimaler Produktivität dem technischen Prozess angepasst. Damit keine Produktivitätsverluste auftreten, muss der *Produktionsstamm* in seinen Eigenschaften möglichst konstant gehalten werden, d. h. es müssen *Überalterung*, *Rückmutationen* und andere *Degenerationen* vermieden werden.

- Das *Überschichten mit inerten Flüssigkeiten* (Paraffinöl) findet besonders bei Pilzen und myzelbildenden Bakterien (z. B. *Streptomyceten*) Anwendung.
- Durch *Lyophilisieren* (Gefriertrocknung im Vakuum) lassen sich Bakterien und Pilze jahrelang ohne große Aktivitätsverluste konservieren.

28

- Mit einer schonenden *Vakuum-Sprühtrocknung* ist eine begrenzte Lagerung von Bakterien und Hefen möglich.
- Fast alle Organismen lassen sich *schocktiefgefroren* (in flüssigem Stickstoff oder Kohlendioxid), häufig mit Glycerin vermischt und/oder mit Paraffin überschichtet, über Jahre hinweg ohne Aktivitätsverluste bei −80 °C lagern. Für eine begrenzte Zeit (je nach Organismenart Wochen bis Monate) ist die Lagerung in feuchtem Zustand auch bei −18 °C möglich.

28.2.3.3 Anzucht der Impfkultur (Inokulum)

Der Verlauf der Kultivierung ist häufig von der Menge und Aktivität der überimpften Mikroorganismen abhängig. Um eine relativ große Menge an aktivem *Inokulum* überimpfen zu können, wird die Kultur aus der Konserve stufenweise vermehrt (*Impflinie*) bis ausreichend Impfmaterial vorhanden ist (Abb. 28.3).

Üblicherweise wird das Volumen in den Impfschritten um den Faktor 10 erhöht, in einigen Fällen (z. B. bei einigen Hefearten) müssen kleinere Impfschritte (Faktor 3) vorgenommen werden. Um das Infektionsrisiko aufzufangen, werden aus Sicherheitsgründen bei jedem Impfschritt mindestens zwei Vorkulturen angelegt.

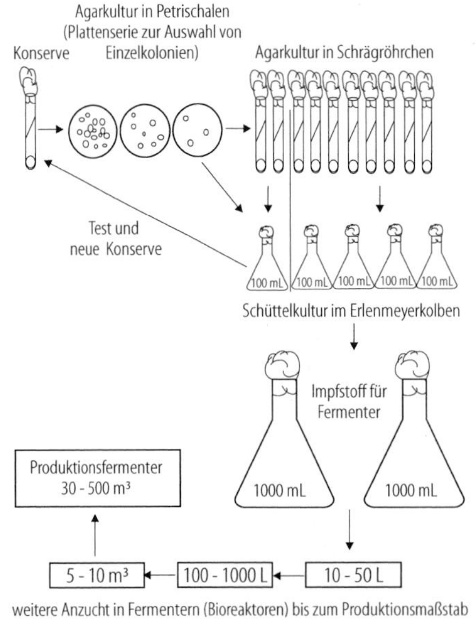

Abb. 28.3 Impflinie, Anzucht einer Impfkultur (Inokulum)

Wichtige Kriterien für eine optimierte Impflinie sind:

- ein aktives Inokulum, das vorzugsweise aus dem letzten Drittel der exponentiellen Wachstumsphase der Vorkultur entnommen wird,
- Kultivierungsmedien in der Vorkultur, die der Nährlösung im Produktionsfermenter möglichst ähnlich sind (häufig werden in den ersten Laborstufen Optimalmedien gewählt) und
- möglichst große Impfgutmengen, da es einerseits unwirtschaftlich ist, die großvolumigen Produktionsreaktoren zur Anzucht einzusetzen, und andererseits größere Verluste von intrazellulären Aktivatoren (Vitamine, Cofaktoren, Ionen) durch Diffusion vermieden werden sollen.

Bei einigen Prozessen kann auf eine derartige Impflinie verzichtet werden, indem entweder ein Teil der Kulturlösung im Bioreaktor als Impfgut verbleibt (semikontinuierlich, s. Abschn. 28.6.5) oder in kontinuierlicher Kultivierung ständig Kulturlösung abgeführt und Nährlösung zugegeben wird (s. Abschn. 28.6.4).

28.2.3.4 Produktbildung und Produktaufarbeitung

Hinsichtlich der biochemischen Reaktion stellt der Mikroorganismus als Individuum den eigentlichen, mikroskopischen Reaktor dar. Der Fermenter (Bioreaktor) hält die Umweltbedingungen für die Mikroorganismen aufrecht, sorgt für die Substratzufuhr und die Abfuhr von Produkten und Prozesswärme. Für die Bewertung des Bioreaktors gelten demnach dieselben Kriterien wie in chemisch-technischen Reaktoren, z. B. Mischgüte, Stoffübertragungseigenschaften, Leistungseintrag, Wärmeaustausch (s. Abschn. 28.4).

Innerhalb der Zellen übernehmen *Enzyme* die Aufgabe von Katalysatoren, d. h. die Produktbildung lässt sich als biochemische Reaktion definieren, die *durch Enzymsysteme katalysiert* wird und in der die Enzyme je nach Bedarf von intakten Organismen synthetisiert werden. Die Reaktionsabläufe und *Reaktionskinetiken* gehorchen somit Gesetzmäßigkeiten, wie sie in derselben oder ähnlicher Form von chemischen Reaktionen bekannt sind.

Biotechnische Prozesse können hinsichtlich des Produkts eingeteilt werden in Prozesse zur *Produktion von Biomasse*, *Produktion von Stoffwechselprodukten* der Mikroorganismen (primäre und sekundäre Stoffwechselprodukte sowie indirekt im Stoffwechsel gebildete Produkte) und zur *mikrobiellen* (bzw. *enzymatischen*) *Stoffumwandlung* (s. Abschn. 28.6.9). Jeder biotechnische Prozess erfordert insbesondere auch in der Aufarbeitung eine Anzahl spezieller, charakteristischer Arbeitsschritte, z. B. die Abtrennung der Mikroorganismen und Produkte sowie die Isolierung, Konzentrierung, Reinigung und Konfektionierung des Produkts, die in ihrer Gesamtheit teilweise sehr kostenintensiv sind und die in modifizierter Form aus der chemischen, thermischen oder mechanischen Verfahrenstechnik übernommen werden können (s. hierzu Kap. 24, 25 und 26). Alle Aufarbeitungsprozesse beruhen auf den wichtigsten Trennprinzipien: Größe, Ladung, Löslichkeit und Dichte. Weitere zur Separation verwendete physikalische Eigenschaften basieren auf der Nutzung der Diffusion, des Dampfdrucks oder der Oberflächenspannung.

28.2.4 Prozessbeispiel – Produktion monoklonaler Antikörper

Monoklonale Antikörper zählen zu den wirtschaftlich bedeutendsten biotechnologisch hergestellten Produkten. Ihre Herstellung erfolgt überwiegend mittels CHO-Zellen. Am Anfang dieses Prozesses steht eine Gensequenz, die für den entsprechenden Antikörper kodiert und welche in einen Vektor kloniert wird. Mit Hilfe dieses Vektors werden mehr als tausend verschiedene Klone erzeugt und in Mikrotiterplatten kultiviert. Die Klone mit dem besten Wachstum und den höchsten Produktkonzentrationen (ca. 10 %) werden in größeren Mikrotiterplatten weiter kultiviert. Anschließend erfolgt eine weitere Selektion (< 1 %), um die Klone mit der höchsten spezifischen Produktivität auszuwählen. Je nach Prozess erfolgt eine weitere Kultivierung in Schüttelkolben oder in Mikro- und/oder Laborbioreaktoren, in denen von den aussichtsreichsten Klonen auch die Produktqualität analysiert wird. Basierend auf Zellwachstum, Produktkonzentration und -qualität sowie weiteren prozessspezifischen Charakteristika (u. a. Sauerstoffbedarf, Schersensitivität), wird dann ein Klon für den kommerziellen Prozess ausgewählt und eine Safety Cell Bank (SCB) angelegt. Hierfür werden Zellen mit sehr hohen Zelldichten in Einfriermedium suspendiert. Anschließend werden diese in sterile Einfriergefäße (Cryo Vials) überführt und in Zellbank-Lagerbehältern in flüssigem Stickstoff bei < −80 °C gelagert. Die SCB wird dann verwendet, um eine Master Cell Bank (MCB) und schließlich eine Working Cell Bank (WCB) mit jeweils über 100 Vials abzulegen. Die weiteren Stufen der Bereitstellung des Inokulums, der Vorstufenreaktoren, der Produktion (das sog. *Upstream Processing*) sowie der Ernte und der Produktaufreinigung (das sog. *Downstream Processing*) ist in Abb. 28.4 dargestellt.

Inokulum und Vorstufenreaktoren. Das Ziel der Arbeiten in den Vorstufen besteht darin, genügend Zellmasse zu erzeugen, um den Produktionsbioreaktor mit einer genügend großen Menge an Zellmasse beimpfen zu können. Die Inokulum-Bereitstellung beginnt mit dem Auftauen eines Vials aus der WCB. Anschließend werden Zellen für 2–3 Tage in Schüttelkolben (N-8) kultiviert, um dann in großvolumigere Schüttelkolben (N-7 und N-6) mit frischem Kultivierungsmedium überführt zu werden. Oft werden auch sog. „Wave"-Bioreaktoren (auf einer Wippe liegende Plastikbeutel, Volumen von etwa 5–20 L, N-5 und N-4), verwendet. Die Inokulum-Bereitstellung kann bis zu 20 Tage in Anspruch nehmen. In den letzten 3 Vorstufen (N-3, N-2 und N-1) werden im Bioreaktor üblicherweise der pH-Wert und die Begasung aktiv nach Bedarf geregelt, wodurch sehr hohe Zelldichten ermöglicht werden. Die Kultivierungsdauer beträgt etwa 2–4 Tage. Die Zellmasse der letzten Vorstufe (N-1) wird dann zur Beimpfung des Produktionsbioreaktors verwendet (Abb. 28.4).

Produktionsbioreaktor. Hier findet die wertschöpfende Antikörperproduktion statt. Bis auf

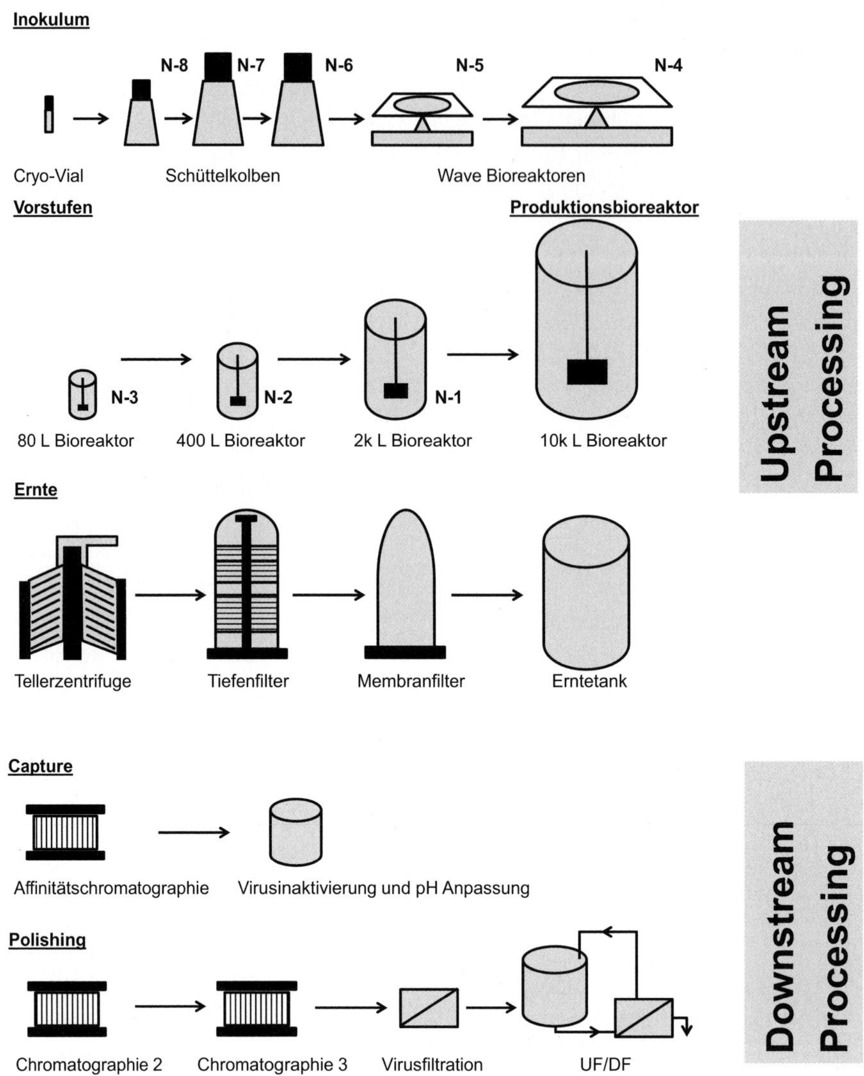

Abb. 28.4 Prozessbeispiel: Produktion monoklonaler Antikörper mit tierischen Zellkulturen

wenige Ausnahmen wird im *Fed Batch*-Modus (s. Abschn. 28.6.5) für etwa 10–14 Tage kultiviert, bei dem nährstoffhaltiges Feedmedium von bis zu 50 % des Endvolumens entweder kontinuierlich oder batchweise dem Bioreaktor zugeführt wird. Typischerweise wird der Bioreaktor mit $0{,}2–1 \cdot 10^6$ Zellen/mL inokuliert und der pH-Wert um pH = 7, die Temperatur auf ca. 37 °C eingestellt. Manche Prozesse beinhalten auch einen pH- oder Temperaturshift, um das Biomassewachstum zu steuern oder die Produktivität zu erhöhen. Die Begasung wird durch verschiedene Strategien (z. B. ausschließlich mit Luft, mit reinem O_2 oder einem Luft/O_2-Gemisch bei konstantem oder nach Bedarf der Zellen erhöhtem Volumenstrom (Proportionalbegasung)) so geregelt, dass Gelöstsauerstoffwerte zwischen 30–60 % über die gesamte Kultivierungszeit erhalten bleiben. In großvolumigen Bioreaktoren ist darauf zu achten, dass die CO_2-Konzentration einen gewissen Wert nicht überschreitet, da sich hohe CO_2-Konzentrationen auf CHO-Zellen toxisch auswirken. Da in der Zellkultur i. d. R. Carbonatpuffer eingesetzt werden, wird auch der pH-Wert von der CO_2-Konzentration beeinflusst. CO_2 kann mittels Erhöhung der Begasungsrate ausgetrieben werden (CO_2-Stripping). Während der Kultivierung werden Zellzahl, wichtige Metabolite und die Produktkonzentration bestimmt. Bei der industriellen Produktion mit CHO-Zellen liegt die typische monoklonale Antiköperkonzentration bei 4–6 g/L. Eine technisch mögliche Erhöhung auf 10 g/L erbringt kaum noch wirtschaftliche Vorteile und führt zu Problemen in der Aufarbeitung.

Ernte und Produktaufreinigung. Da das Produkt vollständig im Kulturüberstand vorliegt, müssen für die Ernte primär die Zellen abgetrennt werden. Hier wird klassischerweise eine Tellerzentrifuge verwendet. Anschließend erfolgt eine Klärfiltration mit Tiefen- und Membranfiltern, um die Partikellast bei der Aufreinigung zu minimieren und die Prozesssterilität sicherzustellen. Bei der Aufkonzentrierung (Capturing) von Antikörpern kommen überwiegend chromatographische Methoden zum Einsatz. Der erste Schritt ist eine Affinitätschromatographie mittels Protein A, ein Protein aus der Zellwand von *Staphylococcus aureus,* das mit hoher Affinität humane IgG1-Antikörper bindet. Üblicherweise wird das Adsorbat nochmals gewaschen, um unspezifisch gebundene Verunreinigungen aus dem Prozess zu spülen. Anschließend kann das Produkt mittels eines speziellen Puffers vom Adsorbens eluiert und das Säulenmaterial anschließend wieder regeneriert werden. Der Antikörper liegt nun angereichert im Eluat vor. Da für pharmazeutische Applikationen der Monomergehalt bei etwa 99 % liegen sollte, müssen in einer weiteren Reinigung, z. B. Ionenaustauschchromatographie (IEC) oder Hydrophobe Interaktionschromatographie (HIC) (Chromatographie 2 und 3), noch störende Antikörperaggregate abgetrennt werden. Weiterhin erfolgt eine Virusabreicherung durch Nanofiltration. Der abschließende Schritt im *Downstream Processing* besteht aus einer Ultra-/Diafiltration (UF/DF), in der das Produkt auf die gewünschte Konzentration eingestellt und in den finalen Formulierungspuffer umgepuffert wird. Dann liegt der monoklonale Antikörper in der geforderten Qualität und Quantität vor und kann nach der Formulierung verwendet werden (Abb. 28.4).

28.3 Sterilisation

Vor Beimpfung eines Kultivierungsansatzes werden zum Ausschluss von Fremdkeimen Geräte, Apparaturen und die Nährlösung sterilisiert; bei aeroben Prozessen muss mit steriler Luft belüftet werden. Darüber hinaus werden häufig Nährsubstrat-Bestandteile nachdosiert, die vor der Zugabe sterilisiert werden müssen. Für die Sterilisation gibt es verschiedene anwendungsspezifische Methoden:

1. *Hitzesterilisation*: Geräte, Leitungen und Apparate, Nährlösungen und Luft, Schaumdämpfungsmittel,
2. *Sterilfiltration*: hitzeempfindliche Nährlösungen und Luft,
3. *Sterilisation durch chemische Substanzen*: Desinfektion von Räumen, Arbeitsflächen, Geräten, Leitungen und Apparaten durch Detergentien, u. a. aktivchlorhaltige und phenolische Verbindungen, Alkohol, Formaldehyd,
4. *Sterilisation durch Bestrahlung*: Luftentkeimung in Räumen (UV-Strahlen bei 240–280 nm).

28.3.1 Hitzesterilisation

Die Hitzesterilisation ist die am weitesten verbreitete Methode. In Abb. 28.5 sind Sterilisationsergebnisse unter der Einwirkung von feuchter Hitze (Wasser oder gespannter Dampf) für vegetative Mikroorganismen (*E. coli*) und für Sporen von *Bacillus stearothermophilus* dargestellt. Die Absterberate von vegetativen Mikroorganismen (Abb. 28.5a) folgt meistens formal einer *Reaktionskinetik 1. Ordnung*, so dass sich die Anzahl der lebenden Organismen berechnen lässt aus

$$\frac{N}{N_0} = \exp(-k \cdot t). \qquad (28.6)$$

N_0 ist die Anfangs-Lebendkeimzahl und k die im Wesentlichen von der Temperatur abhängige Geschwindigkeitskonstante der Absterbekinetik, die sich durch die klassische *Gleichung von Ar-*

28

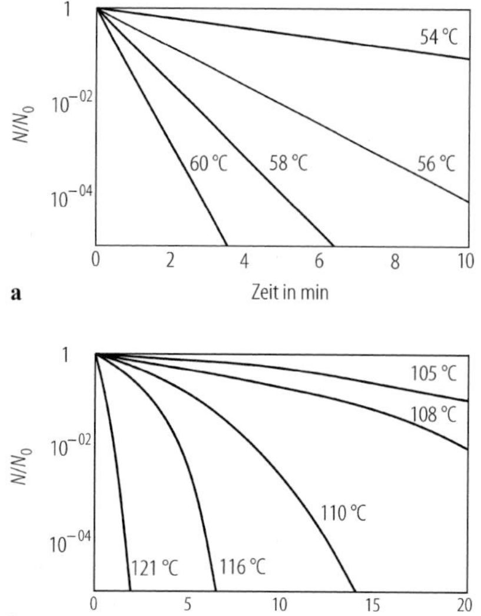

Abb. 28.5 Einwirkung von feuchter Hitze (Wasser oder gespannter Dampf) auf die Lebendkeimzahl von **a** *Escherichia coli* und **b** Sporen von *Bacillus stearothermophilus*

rhenius ausdrücken lässt:

$$k = k_0 \cdot \exp\left(-\frac{E}{R \cdot T}\right). \tag{28.7}$$

T ist die absolute Temperatur, R die allgemeine Gaskonstante, E die Aktivierungsenergie für chemische Veränderungen in der Zelle, die zum Tod führen, und k_0 ein Häufigkeits- oder Frequenzfaktor.

Neben der Temperatur ist der Abtötungseffekt noch abhängig von Milieubedingungen (pH-Wert, Ionenstärke, Zuckergehalt usw.). Außerdem bestehen Abhängigkeiten vom Wassergehalt und Alter der Zellen und Sporen.

Aus Abb. 28.5b wird deutlich, dass Sporen der Hitzesterilisation einen erheblich höheren Widerstand als vegetative Zellen bieten. Außerdem folgt die Absterbekinetik der Sporen nicht einer Reaktion 1. Ordnung. Bakteriensporen haben eine um den Faktor 10^6 größere Hitzeresistenz als vegetative Bakterien, Pilze (Hefen) und die meisten Viren und Bakteriophagen sowie eine um den Faktor 10^5 größere als Pilzsporen. Um ein sicheres Sterilisationsergebnis zu erzielen, wird die Hitzesterilisation des Kultivierungsansatzes auf der Grundlage des Abtötens von Bakteriensporen ausgelegt. Als Leitorganismus werden dabei

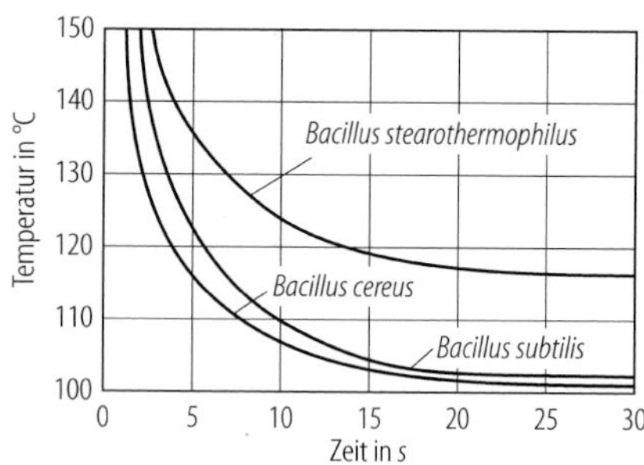

Abb. 28.6 Dezimale Reduktionszeit ($N/N_0 = 0{,}1$) von Sporensuspensionen unter Einwirkung von feuchter Hitze

in der Regel Sporen des thermophilen *Bacillus stearothermophilus* gewählt. Da mit keinem Sterilisationsverfahren eine absolute Sterilität zu erreichen ist, bietet auch die Hitzesterilisation nur eine gewisse Wahrscheinlichkeit, mit der die anfängliche Kontamination auf ein gewünschtes Maß reduziert wird.

Da unter Einwirkung von Hitze auch Nährbestandteile thermisch zerstört werden (im Wesentlichen Vitamine und Proteine, aber auch Zucker durch Karamelisierung u. a.) muss die Zeitdauer der Hitzeeinwirkung so kurz wie möglich gewählt werden. In Abb. 28.6 sind *dezimale Reduktionszeiten* (Abtötungseffekt entsprechend $N/N_0 = 0{,}1$) von Sporensuspensionen bei Einwirkung von feuchter Hitze dargestellt. Für den gleichen Sterilisationseffekt werden mit zunehmender Temperatur kürzere Zeiten benötigt. Da die Aktivierungsenergien zur thermischen Zerstörung von Nährstoffkomponenten geringer sind als zum Abtöten von Mikroorganismen, sind bei gleichem Sterilisationseffekt die Verluste an Nährstoffkomponenten bei Temperaturerhöhung geringer (vgl. hierzu Gl. (28.7)). Ziel sollte folglich eine möglichst hohe Sterilisationstemperatur bei entsprechend kurzen Sterilisationszeiten sein.

28.3.1.1 Sterilisation in feuchter Hitze

In erhitztem Wasser kann bei Temperaturen unter 100 °C *teilentkeimt*, d. h. nur vegetative Mikroorganismen werden abgetötet (Pasteurisation bei 60–90 °C), oder *fraktioniert sterilisiert* werden. Bei letzterem können durch wiederholtes Erhitzen und Auskeimen bei Raumtemperatur auch Sporenbildner abgetötet werden. In fast allen industriellen Kultivierungen werden mit einer

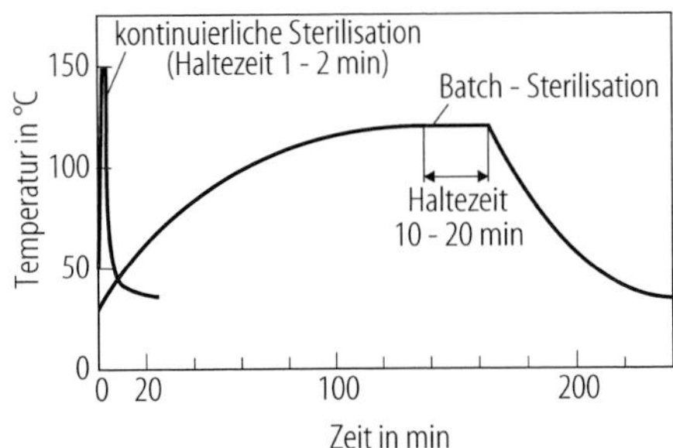

Abb. 28.7 Typischer Temperaturverlauf der Sterilisation

einmaligen Sterilisationsbehandlung die gesamte Anlage und die Nährlösung durch gespannten Dampf (bei 120–150 °C) sterilisiert.

In der *Batch-Sterilisation* werden durch Manteltemperierung oder durch direktes Einleiten von gespanntem Dampf der Bioreaktor, die Zu- und Ableitungen und das Substrat im Reaktor auf etwa 121 °C erhitzt und für eine Dauer von 10–20 min gehalten. Der gesamte Sterilisationsvorgang umfasst abhängig von der Reaktorgröße einen Zeitraum von 3–5 h (vgl. Abb. 28.7).

Im Laborbereich werden Laborreaktoren, Gläser, Kolben und Flaschen im sogenannten *Autoklaven* etwa 30 min bei 121 °C im Wasserdampf sterilisiert. Zur Schonung von Substraten, Vitaminen u. ä. werden häufig *kontinuierliche Sterilisationsverfahren* eingesetzt, bei denen die Nährlösung vor dem Einbringen in den Bioreaktor über Wärmetauscher oder mit direkter Dampfinjektion innerhalb weniger Minuten auf 130–150 °C ultrahocherhitzt wird (Haltezeit etwa 1–2 min, vgl. Abb. 28.7, thermische Belastung von Milch beispielsweise nur für einige Sekunden). Nachteilig bei diesen Verfahren ist die getrennt erforderliche Sterilisation des Bioreaktors sowie der Zu- und Ableitungen.

28.3.1.2 Sterilisation in trockener Hitze

Durch trockene Hitze in einem Ofen (0,5–2 h bei 160–180 °C) werden hitzeunempfindliche Geräte im Labor (Glasgefäße, Pipetten) sowie Antischaummittel (Öle, Fette) sterilisiert. Im industriellen Bereich werden häufig Temperaturen von 240–360 °C bei sehr kurzen Zeiten verwendet, um z. B. als Hitzefalle die Abluft aus dem Bioreaktor zu sterilisieren.

28.3.2 Sterilfiltration

Nährlösungen, die thermolabile Substanzen enthalten, und Gase, wie die Zu- und Abluft, werden durch Filtration entkeimt.

Zur *Sterilfiltration von flüssigen Medien* haben sich Membranfilter mit Porengrößen zwischen 0,2–0,45 µm als geeignet erwiesen. Die Mikroorganismen werden hierbei in erster Linie aufgrund eines Siebeffekts an der Oberfläche der Membranen abgeschieden. Filtermaterialien sind natürliche Polymere (Zellulosederivate) und synthetische Polymere (z. B. Polycarbonat, Polysulfon, Teflon, u. a.). Sie werden mit Porengrößen von 0,01–0,5 µm hergestellt. In diesen als *bakteriendichte Filter* bezeichneten Filtermaterialien ist die sichere Abtrennung von Viren (20–300 nm) und genetischem Material nicht möglich. Da die Filtrationsgeschwindigkeit nicht nur von Druck, Viskosität und Porengröße, sondern auch von Partikelgehalt und -größe abhängt, ist es vorteilhaft, einen Vorfilter zur Abtrennung gröberer Bestandteile einzusetzen.

Die *Sterilfiltration von Luft* kann ebenfalls durch bakteriendichte Filter geschehen. Als Materialien werden mikroporige Metall-, Porzellan- und Glassinterfritten (Porengröße $< 0{,}2\ \mu m$) oder Zellulosemembranfilter genutzt. Auch hydrophobe synthetische Polymermembranen (z. B. Teflon) haben sich in der Luft-Sterilfiltration bewährt. Zur Schonung dieser sog. Absolut-Membranfilter wird häufig zur Rückhaltung von Flüssigkeitstropfen und gröberen Partikeln ein Vorabscheider (Hitzefalle, Tiefenfilter) eingesetzt. Wegen relativ hoher Druckverluste werden Absolut-Membranfilter meist nur in kleinen Anlagen verwendet.

Durch ein dichtgepacktes Fasermaterial entsteht ein grobporiger Filter, in dem eine Partikelabtrennung aus der Luft nicht durch Siebeffekte, sondern durch Aufprallwirkung und adsorptive Bindung an den Fasern erfolgt. Als Materialien dienen hierfür Baumwollfasern (Watte), Kunststofffasern sowie auch Fasern aus Glas und Aktivkohle. Häufig werden die brüchigen Fasern mit hochelastischen Polymeren vernetzt und dadurch haltbarer gemacht (sog. HOSCH-Filter, *Hoch-*

leistungs-Schwebstofffilter). Da derartige Filter reine Trockenluftfilter sind, in denen elektrostatische Kräfte, van-der-Waals-Kräfte und die Brown'sche Molekularbewegung zur Filterung genutzt werden, müssen sie nach der Dampfsterilisation intensiv getrocknet werden.

Häufig ist es notwendig, auch die Abluft des Bioreaktors zu sterilisieren, insbesondere bei der Gefahr von Kontaminationen durch Rückwachsen von Fremdkeimen entgegen dem Abluftstrom oder bei der Kultivierung pathogener Mikroorganismen und Viren zum Schutz der Umwelt. Hierbei wird prinzipiell die gleiche Sterilfiltration wie bei der Zuluft eingesetzt. Zusätzlich besteht aber auch die Möglichkeit, eine Luftsterilisation durch Hitze vorzunehmen (Hitzefalle, bei 240–360 °C).

28.4 Bioreaktoren

Biotechnologische Prozesse werden im Labor meist in Glasgefäßen, in technischen Anlagen in Metallgefäßen aus nichtrostendem Stahl durchgeführt. Aber auch andere Reaktormaterialien (Steingut, Holzbottiche) sind prinzipiell möglich.

28.4.1 Oberflächenkultivierung

Kennzeichen der Oberflächenkultivierung sind kontinuierliche Gas- und (flüssige oder feste) Substratphasen, d. h. die Mikroorganismen wachsen auf der Oberfläche des Substrats und bilden dort eine häufig zusammenhängende Schicht (Kahmhaut, Myzeldecke). Das Mikroorganismenwachstum und die Produktbildung sind von der Größe der Oberfläche abhängig, welche die Intensität der Substrat- und Sauerstoffversorgung bedingt.

Im Labormaßstab dienen *Petri- und Kolleschalen, Schrägröhrchen* und *Fernbach-Kolben* als Kultivierungsgefäße. Im technischen Maßstab werden große, flache Schalen (*Gärtassen*) mit Substrat befüllt, hitzesterilisiert, beimpft und zur Organismenzüchtung in geeignet temperierte, belüftete und ggf. befeuchtete Bruträume oder Gärtassenbehälter eingesetzt.

Oberflächenkultivierungen werden heute nur noch selten zur Produktion von Wertstoffen verwendet (Ausnahmen: Zitronensäure, Enzyme, Impfstoffe), da sie viel Raum beanspruchen, personal- und kostenintensiv sind, sich nur mit hohem Aufwand monoseptisch durchführen lassen und meist geringere Raum-Zeit-Ausbeuten als Submersverfahren aufweisen. Zu den Oberflächenverfahren gehören auch die in der Abwasserreinigung eingesetzten Tropfkörpersäulen, in denen die Mikroorganismen auf Trägersubstanzen (Steinmaterial, Schotter, Kunststoff) aufwachsen und mit Nährlösung (hier Abwasser) beregnet werden.

28.4.2 Submerskultivierung

Die meisten biotechnologischen Verfahren werden submers, d. h. in einem wässrigen Medium, durchgeführt. Submersverfahren sind kompakter als Oberflächenverfahren, erfordern eine gute Durchmischung der festen, flüssigen und gasförmigen Reaktionskomponenten sowie ggf. eine intensive Belüftung zur Sauerstoffversorgung bzw. zur Entfernung von Produktgasen wie CO_2.

Die einfachsten Gefäße für Submerskultivierungen im Laborbereich sind *Erlenmeyerkolben*, die in Schüttelmaschinen durchmischt und belüftet werden. In technischen aeroben, submersen Kultivierungen sind Reaktionsapparate gebräuchlich, wie sie in der chemischen Technik für Gas-Flüssigphase-Reaktionen eingesetzt werden. Abb. 28.8 zeigt eine Auswahl von *Gas-Flüssigphase-Reaktoren*. Die angegebenen Werte für den *volumenbezogenen Leistungseintrag* P/V, den *volumenbezogenen Stoffübergangskoeffizienten* k_La für Sauerstoff an der Gas-Flüssigkeits-Phasengrenzfläche und den auf die Reaktorquerschnittsfläche bezogenen *Gasdurchsatz* (entsprechend der Gasleerrohrgeschwindigkeit) sind Durchschnittswerte.

28.4.2.1 Rührkesselreaktor

Etwa 75 % aller in der chemischen und biologischen Technik eingesetzten Reaktoren sind *Rührkessel*. Beim Rührkesselreaktor wird das Gas

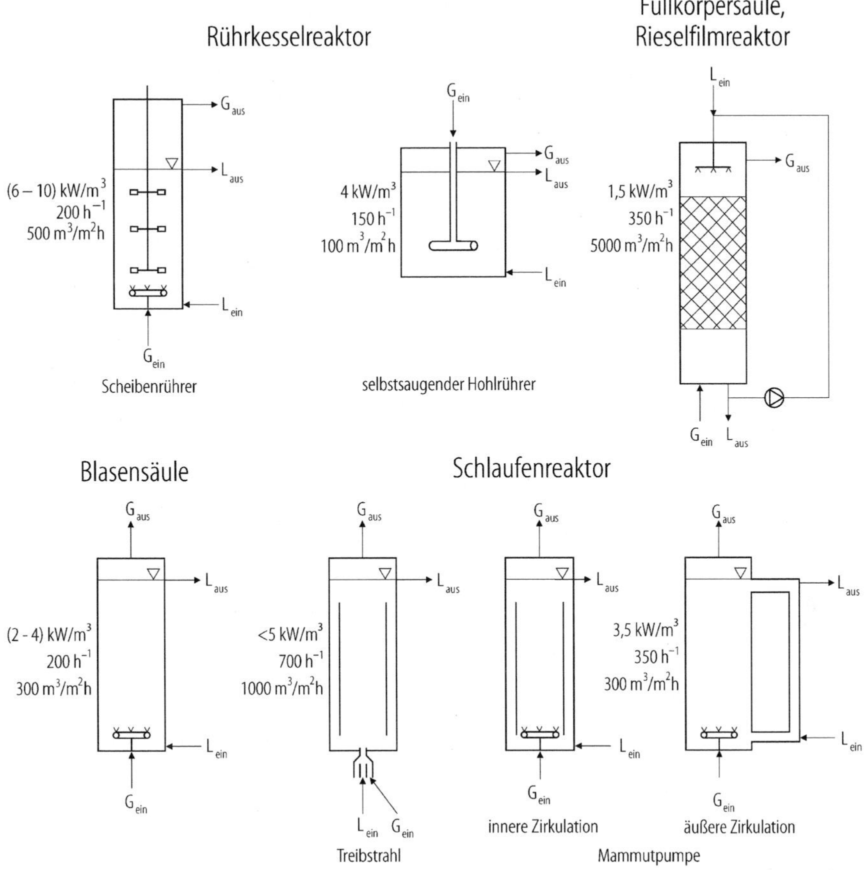

Abb. 28.8 Gas-Flüssigphase-Reaktoren. (Zahlenangaben: Volumenbezogener Leistungseintrag in kW/m^3, volumenbezogener Stoffübergangskoeffizient in h^{-1}, flächenbezogener Gasdurchsatz in m^3/(m^2 h))

üblicherweise mit Hilfe eines zusätzlichen Förderorgans (*Begasungsrohr, Lochring*) unterhalb des Rührers eingetragen. Der Begaserlochdurchmesser (etwa 0,5–5 mm) ist abhängig von den Anforderungen an eine gleichmäßige Durchströmung und die Vermeidung von Durchregnen oder Verstopfen. Auch ein offenes Rohr kann verwendet werden, wenn gleichzeitig ein Rührer mit guter Dispergierung verwendet wird. Der maximal durch den Rührer verteilbare Gasdurchsatz wird erreicht, wenn der Rührer gerade noch nicht vollständig vom Gas „überflutet" ist, so dass die Pump- und Dispergierwirkung des Rührers zusammenbricht.

Der gebräuchlichste Rührertyp im Bioreaktor ist der *Scheibenrührer* mit 6 Schaufeln auf einer Scheibe und einem Durchmesser entsprechend einem Drittel des Behälterdurchmessers $d/D = 1/3$ (DIN 28 131). Er wird in etwa 90 % aller Rührkesselreaktoren eingesetzt und eignet sich besonders für die Dispergierung und Begasung von Flüssigkeiten geringer Viskositäten bis etwa 1 Pa s. Um ein Rotieren der Flüssigkeit und das Entstehen von Tromben zu vermeiden, werden i. Allg. vier senkrecht stehende Prallbleche (*Strombrecher, Baffles*) auf dem Behälterumfang verteilt angeordnet.

Bestimmen vorrangig Homogenisieren und Suspendieren die Rühraufgabe, werden in dünnflüssigen Medien (Viskositäten bis 0,5 Pa s) *Schrägblatt-*, *Schaufel-* und *Propellerrührer* eingesetzt. Bei höheren Viskositäten wird eine axiale Zirkulation der Flüssigkeit dadurch begünstigt, in dem die Rührerbalken im Wandbereich in anderer Richtung geneigt sind als im Bereich der Rührerwelle (z. B. *MIG-Rührer*).

28

Im typisch begasten Rührwerksbioreaktor sind mehrere Scheibenrührer (meist 3) auf einer Welle angeordnet (vgl. Abb. 28.8). Gelegentlich werden auch mehrere unterschiedliche Rührertypen auf einer Welle kombiniert, z. B. bei sehr großen Behältern ein Scheibenrührer zur Dispergierung und zwei Schrägblatt- oder Propellerrührer zur Homogenisierung. Für schersensitive Prozesse, beispielweise für die Kultivierung von Tier- und Pflanzenzellen haben sich 3-Blatt-Segmentrührer etabliert, die sich durch relativ niedrige lokale Scherraten auszeichnen. In einer Industrievereinbarung wurde ein Höhe/Durchmesser-Verhältnis $H/D = 3$ für den Rührbehälter standardisiert. Das genannte geometrische Verhältnis und die Anordnung mehrerer Rührer auf einer Welle dienen einer guten Durchmischung und Gasnutzung. Sie sind insbesondere dann vorteilhaft, wenn hochviskose Medien entstehen, beispielsweise durch sehr hohe Zelldichten, durch die Produktion viskoser Produkte oder durch Myzelbildung filamentöser Mikroorganismen (s. Abschn. 28.6.8) und in Mischkulturen. Beim Rühren und Begasen von strukturviskosen Flüssigkeiten können Probleme auftreten, da die Gasblasen bevorzugt in der Zone größter Geschwindigkeitsgradienten, d. h. in der Nähe der Rührerwelle, aufsteigen.

Zur Vermeidung von Kontaminationen sind die Wellendurchführung, alle Zufluss- und Auslassventile, Messstutzen und Leitungen dampfüberlagert.

28.4.2.2 Blasensäule und Schlaufenreaktor

Klassische Reaktionsgefäße für Gas-Flüssigphase-Reaktionen sind *Blasensäulen* und *Schlaufenreaktoren* (vgl. Abb. 28.8), die nur deshalb in der Kultivierung dem Rührkessel nicht vorgezogen werden, weil ihre Anpassung an die Kultivierungsbedingungen schwieriger ist (wechselnde Produkte, unterschiedliche Füllhöhen), und ihr Einsatz auf dünnflüssige Medien mit einer Viskosität bis 0,3 Pa s beschränkt ist. Da sie konstruktiv einfacher und preiswerter als Rührkessel sind, werden sie bevorzugt bei Massenproduktionen (z. B. Bäckerhefe, Zitronensäure, Ethanol) und in der Abwasserreinigung eingesetzt.

Als *Gasverteiler* und Impulsgeber für die Flüssigkeitsbewegung in Blasensäulen und Schlaufenreaktoren sind Sinterplatten, Lochplatten und Lochringe üblich (Mammutpumpe, Airlift-Reaktor). Außerdem werden Gas und Flüssigkeit mit erhöhter kinetischer Energie über einen Treibstrahl durch Zweistoffdüsen (Injektoren für Gas und Flüssigkeit) eingetragen.

Beim *Schlaufenreaktor* mit innerer Zirkulation (durch Einbringen eines koaxialen Leitrohrs) oder mit äußerer Zirkulation (durch einen Bypass) wird das Vermischen der Flüssigkeit gegenüber der einfachen Blasensäule ohne Einbauten intensiviert. Außerdem wird durch die gerichtete Strömungsführung die Flüssigkeitsgeschwindigkeit erhöht und damit das Suspendieren von Feststoff begünstigt. Durch die Zirkulationsströmung ist eine breite Verweilzeitverteilung der flüssigen Phase wie in einem Rührkessel möglich. Der entgegengesetzte Effekt einer engen Verweilzeitverteilung wie in einem Strömungsrohr oder in einer Kaskade wird durch Unterteilung der Blasensäule in mehrere Stufen durch Einbauten (meist Lochplatten) erreicht.

28.4.2.3 Reaktoren für immobilisierte Mikroorganismen und Enzyme (Mehrphasenreaktoren)

Neben den hauptsächlich eingesetzten, oben beschriebenen Bioreaktoren wurden für spezielle Anwendungen zugeschnittene Reaktorsysteme entwickelt. Zu diesen gehören *Mehrphasenreaktoren*, in denen Mikroorganismen oder Enzyme als Biokatalysatoren an Trägern fixiert vorliegen (*Immobilisierung*). Die gebräuchlichsten Methoden zur *Immobilisierung* von Biomaterial sind physikalische Einschlussverfahren in quervernetzten Polymeren oder in Mikrokapseln und chemische bzw. physikochemische Bindungen an Trägern durch Adsorption und kovalente Bindungen von Enzymen oder durch mikrobiellen Bewuchs von Oberflächen in Form eines Biofilms, ein in der Natur weit verbreitetes Phänomen.

Hauptvorteile der Immobilisierung liegen in der leichten Abtrennbarkeit des biologischen Materials vom Produktstrom und dessen Rückhaltung im Reaktor. Außerdem sind immobilisierte Mikroorganismen oder Enzyme gegen ungünstige Einflüsse geschützt, Prozessverläufe sind leicht zu kontrollieren, und die Produktsynthese ist unter definierten, optimalen Bedingungen durchführbar.

Als Reaktoren mit fixierter Biomasse können *Festbett-*, *Fließbett-* (Wirbelschicht- und Schlaufenreaktoren), *Suspensions-Rührkesselreaktoren* und Spezialreaktoren (z. B. Rotations-Scheibenreaktoren) eingesetzt werden. Die Füllkörpersäule (vgl. Abb. 28.8) gehört als Tropfkörpersäule (*Rieselfilmreaktor*) zu den Reaktoren für die Oberflächenkultivierung. Dieser in der Abwassertechnik gebräuchliche Apparat lässt sehr große Gasbelastungen zu.

Membranreaktoren sind prinzipiell ebenfalls Mehrphasenreaktoren, in denen Mikroorganismen und Enzyme (als feste Phase) durch Membranen zurückgehalten werden und damit dem Prozess in kontinuierlicher Weise zur Verfügung stehen. Außer der Rückhaltung des biologischen Materials können Membranreaktoren auch mit dem Ziel eingesetzt werden, das Produkt ständig dem Prozess zu entziehen und damit einerseits Produktbildung und -abtrennung zu integrieren und andererseits eine mögliche *Produktinhibierung* zu vermeiden. Neben Flachmembran-Reaktoren kommen vor allem *Hohlfaserreaktoren* zum Einsatz, in denen semipermeable Membranbündel eingebaut sind.

28.4.2.4 Zellkulturreaktoren

Kennzeichen für die Kultivierung von tierischen und pflanzlichen Zellen ist ihre im Vergleich zu bakteriellen Systemen relativ hohe Empfindlichkeit gegenüber mechanischer Beanspruchung, die zur Entwicklung verschiedener scherarmer *Zellkulturreaktoren* führte. Da Zellen und Zellaggregate insbesondere durch die von aufsteigenden, koaleszierenden oder desintegrierenden und zerplatzenden Blasen verursachte Schereinwirkung geschädigt werden können, wurden Reaktoren mit Membranbegasung entwickelt. Bei ihnen wird der Sauerstoff blasenfrei über Membranschläuche (meist aus Silikon) diffusiv zugeführt. Aufgrund ihrer eingeschränkten Skalierbarkeit und den hohen Sauerstoffbedarfen von modernen Hochzelldichteprozessen haben sich Reaktoren mit Membranbegasung industriell nicht durchgesetzt. Vielmehr sorgen Medienadditive, u. a. Pluronic (Poloxamer), und spezielle Rührergeometrien für eine Reduzierung der Scherbelastung, so dass auch in der Zellkultur herkömmliche Rührkesselreaktoren verwendet werden können.

28.4.3 Mess- und Regelungstechnik

Für den Betrieb des Bioreaktors, der die optimalen Kultivierungsbedingungen für die Mikroorganismen garantieren soll, ist eine Fülle von Analysen und Messdaten erforderlich, welche zur Aufrechterhaltung dieses Optimums mit möglichst hoher zeitlicher Dichte erfasst werden muss. Tab. 28.5 zeigt Beispiele dieser *Mess- und Regelgrößen* in einem Bioreaktor und die zugehörigen Messmethoden.

28.4.4 Schaumzerstörung

Stoffwechselprodukte und extrazelluläre Proteine bewirken sehr häufig eine starke Schaumbildung, die zu Problemen im Kultivierungsprozess führen kann, z. B. zum Aufschwemmen von Zellen im Schaum und möglichen Austritt über die Abluftleitung, wodurch die Gefahr der Kontamination erhöht wird. Zur Schaumvermeidung oder -zerstörung gibt es folgende Methoden:

- Veränderung der Betriebsparameter (Luftdurchsatz, Drehzahl),
- Zugabe von *chemischen Antischaummitteln* (Öl-Wasser-Emulsionen, Paraffine, Silikonöle, Tenside),
- *mechanische Schaumzerstörung* mittels Zentrifugalkraft,
- *Beregnung* des Schaums.

Allerdings haben Schaumbekämpfungsmaßnahmen auch negative Auswirkungen auf den Prozess. Die Verminderung von Drehzahl und Luftdurchsatz reduziert den Sauerstoffeintrag, chemische Schaumdämpfungsmittel erschweren die Aufarbeitung. Mechanische Schaumzerstörer sind für feste Substrate und Myzelbildner wenig geeignet und das Aufregnen von Flüssigkeiten muss mit im Kreislauf geführter Nährlösung kontaminationssicher erfolgen.

Tab. 28.5 Messmethoden wichtiger Kultivierungsparameter

Messgröße	Messmethoden
Temperatur	Thermoelement[a], Widerstandsthermometer
pH-Wert	Potentiometrisch[b], kalorimetrisch[b]
rH (Redoxpotential)	Polarographisch[b]
pO_2 (Gelöstsauerstoff)	Polarographisch[b]
pCO_2 (Gelöst-CO_2)	Zurückgeführt auf pH-Wert[b]
O_2 in Abluft	UV- oder Elektronenspektroskopie
CO_2 in Abluft	IR- oder UV-Absorption
Druck	Rohrfeder, Membranvorlage, elektronische Deformationsmessung (z. B. Dehnungsmessstreifen)
Flüssigkeitsstand	Schwimmer, Druckmessdose (Gewicht), Kapazitätsmessfühler
Schaumhöhe	Elektrischer Kontakt[a]
Durchfluss, Fließgeschwindigkeit	Blende, Schwebekörper, induktiv, Heißfilmanemometer[a]
Drehzahl	Induktiv, Spannungsimpuls, Lichtsensorik
Drehmoment	Dehnungsmessstreifen, Torsionsstab (induktiv)
Leistung	Elektrisch, mechanisch
Zellkonzentration	Extinktionsmessung[a], Wägung
Viskosität	Drehmomentbestimmung
Substrat-, Produktkonzentration	Vom jeweiligen Substrat bzw. Produkt abhängig (chromatographisch, ionensensitiv, spektrometrisch, photometrisch u. a.)
Enzymaktivität	Vom jeweiligen Substrat bzw. Produkt abhängig

[a]Problem: Fest- und Schleimstoffe
[b]drucküberlagerte Elektroden, Problem: Fest- und Schleimstoffe

Tab. 28.6 Technische Anforderungen zum Erhalt aseptischer Bedingungen

Anlagenteil	Anforderungen
Reaktorkessel	Dampfsterilisation unter Druck, Resistenz gegenüber chemischen Substanzen und Korrosion
Rührerlager und Rührerflansch	Abgedichtete bzw. versiegelte Rührerlager durch mehrere Lagen aus Dichtungsmaterial bzw. durch exakt plangeschliffene Dichtungsflächen (Hülsensiegel)
Lufteinlass	Filter zur Sterilisation der Luft
Luftaustritt	Filter und/oder Hitzfalle zur Vermeidung von Kontaminationen
Leitungen für Zu- und Abflüsse, Beimpfung und Probenahme	Dampfsterilisation vor und nach Gebrauch, zugeführte Stoffe müssen bei Bedarf hitzesterilisierbar oder filtrierbar sein
Rohrleitungen	Vermeidung von Totzonen und Ausbuchtungen, Gefälle zur Drainage an ausgewählten Punkten

28.4.5 Steriler Betrieb

Zur Aufrechterhaltung der gewünschten aseptischen Bedingungen werden an die biotechnischen Anlagen konstruktive und technische Anforderungen gestellt, die eine Kontamination mit Fremdkeimen verhindern bzw. erschweren. In Tab. 28.6 sind einige Kriterien zur Auslegung und zum Betrieb von Bioreaktoren zum Erhalt aseptischer Bedingungen („Sterilkultivierung") zusammengestellt.

28.5 Kinetik enzymatischer Reaktionen

28.5.1 Katalytische Wirkung der Enzyme

In lebenden Zellen übernehmen *Enzyme* (Proteine) die Aufgabe von *Katalysatoren*, die die Aktivierungsenergie für eine bestimmte Reaktion herabsetzen und damit die Reaktionen ermöglichen bzw. beschleunigen. Um die Aktivierungsenergie herabzusetzen, ist ein enger Kontakt zwischen Enzym und Substrat eine wichtige Voraussetzung, die durch instabile Komplexe des Enzymmoleküls mit dem Substratmolekül am *katalytisch aktiven Zentrum* erfüllt wird. Auch außerhalb der Zellen behalten die Enzymmoleküle ihre katalytische Fähigkeit.

Enzyme sind langkettige Proteinmoleküle (bis zu 10^6 g/mol), die aus *Aminosäuren* aufgebaut sind, und deren Spezifität durch die Art, Reihenfolge und räumliche Anordnung der Aminosäurenkette (*Polypeptidkette*) gegeben ist. Sie lassen sich nach *Reaktionstypen* einteilen, z. B. *Oxidoreduktasen*, die Oxidation und Reduktion katalysieren, *Transferasen*, die Molekülgruppen oder Moleküle übertragen, *Hydrolasen*, die unter Einbau von Wasser Bindungen spalten, *Dehydrogenasen*, die dehydrierende Wirkung haben (indem Wasser frei wird), *Isomerasen*, die Atome oder Molekülgruppen intramolekular umlagern, usw. und werden oft nach dem Substrat, auf dem sie wirken, benannt (z. B. *Saccharase* spaltet Saccharose, *Protease* spaltet Proteine). Enzyme sind substratspezifisch und häufig sehr reaktionsspezifisch. Sie zeigen eine ausgeprägte Temperatur- und pH-Wert-Abhängigkeit.

28.5.1.1 Stoffwechselregulation

Der Stoffwechsel von Zellen hält nur unter bestimmten Milieubedingungen (pH-Wert, Stoffkonzentration, Sauerstoffgehalt usw.) eine gewünschte Richtung ein. Die *Regulation des Stoffwechsels* erfolgt dabei auf zwei Wegen:

Steuerung der Enzymbildung. Substratabbauende Enzyme (*katabolische Enzyme*) werden gebildet, wenn das betreffende Substrat in der Nährlösung vorliegt. Das Substrat induziert somit die Enzymbildung. Enzyme des Glucoseabbaus sind jedoch ständig vorhanden (konstitutiv). Enzyme, die der Synthese von Zellmolekülen dienen (*anabolische Enzyme*), werden normalerweise immer gebildet; die Menge unterliegt aber ebenfalls einer Regulation.

Veränderung der Enzymaktivität. Enzyme bündeln durch eine räumliche Faltung des langkettigen Moleküls die reaktiven Gruppen und bilden dadurch das *katalytisch aktive Zentrum* und mindestens noch eine zweite Bindungsstelle, das *regulatorische Zentrum*. Zur Bindung des Substrats am katalytisch aktiven Zentrum sind ladungsmäßige und sterische (räumliche) Eigenschaften des Substrats Voraussetzung, an denen es vom Enzym „erkannt“ wird (Schlüssel-Schloss-Prinzip von E. Fischer (1894): Das Substrat passt zum Enzym wie der Schlüssel zum Schloss).

Substanzen, die wegen geringer struktureller Unterschiede irrtümlich als Substrat wahrgenommen werden, konkurrieren um den Platz im katalytischen Zentrum (*kompetitive Hemmung*). *Effektoren* steigern (*Aktivatoren*) oder vermindern (*Inhibitoren*) durch Anlagerung am regulatorischen Zentrum und dadurch verursachter konformativer Änderung des Enzyms die Enzymaktivität. Endprodukte können Effektoren sein, wobei sie i. d. R. die Enzymaktivität hemmen (Feedback-Regulation).

28.5.2 Michaelis-Menten-Kinetik

Enzymkatalysierte Reaktionen zeigen ein Phänomen, das von heterogen katalytischen Reaktionen bekannt ist: die *Sättigung der Enzyme* am katalytischen Zentrum mit Substratmolekülen, so dass die Reaktionsgeschwindigkeit mit zunehmender Substratkonzentration unabhängig von dieser wird. Die Reaktionsgeschwindigkeit der enzymkatalysierten Reaktion folgt bei niedriger Substratkonzentration formal einem Gesetz 1. Ordnung und bei hohen Konzentrationen einem Reaktionsgesetz 0. Ordnung, Abb. 28.9.

Die Substratsättigung ist Grundlage der von *Michaelis und Menten* (1913) aufgestellten Theorie der Enzymwirkung und Enzymkinetik. Danach gehorcht die enzymkatalysierte Reaktion formal dem Reaktionsschema:

$$E + S \underset{k_{-1}}{\overset{k_{+1}}{\rightleftarrows}} ES \overset{k_{+2}}{\longrightarrow} E + P, \qquad (28.8)$$

E freies Enzym, S Substrat, ES Enzymsubstratkomplex, P Produkt, k_{+1}, k_{-1}, k_{+2}

28

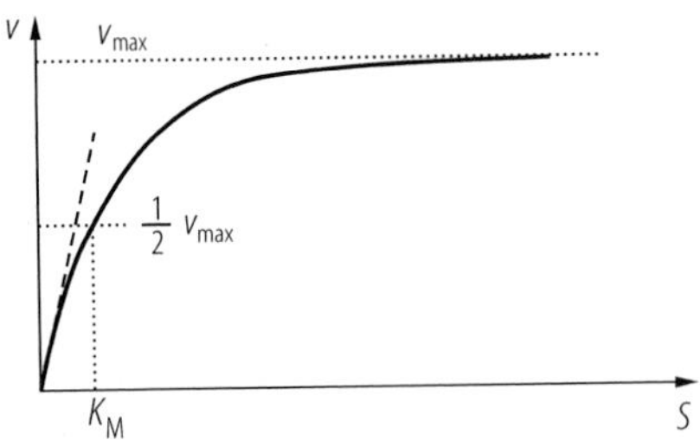

Abb. 28.9 Substratlimitierte Reaktionskinetik enzymkatalysierter Reaktionen (Michaelis-Menten-Kinetik)

Reaktionsgeschwindigkeitskonstanten. Durch das Gleichsetzen von Bildungs- und Zerfallsgeschwindigkeit des Enzymsubstratkomplexes, d. h. bei Einhaltung eines Fließgleichgewichts (steady state) von *ES*, und der Definition einer *maximalen (Brutto-)Reaktionsgeschwindigkeit* $v_{\max}$, bei der die Gesamtheit der Enzyme im *ES*-Komplex gebunden ist, folgt die Michaelis-Menten-Gleichung der *Enzymkinetik (bei Einfach-Substratlimitierung)*. Die Reaktionsgeschwindigkeit *v* der enzymkatalysierten Reaktion ergibt sich danach aus:

$$v = v_{\max} \frac{S}{K_M + S}. \tag{28.9}$$

S ist die Substratkonzentration und K_M ist die Michaelis-Menten-Konstante des Fließgleichgewichts:

$$K_M \equiv \frac{k_{-1} + k_{+2}}{k_{+1}} \tag{28.10}$$

Es gilt $K_M = S$ bei $v = \frac{1}{2}\, v_{\max}$, vgl. Abb. 28.9.

Im Allgemeinen kann das Enzym mehrere verschiedene Substrate umsetzen; ein Faktum, das in der Anwendung der enzymkinetischen Ansätze auf das mikrobielle Wachstum von Bedeutung ist, wenn im Prinzip alle Komponenten des Nährmediums limitierend wirken können. Die Kinetik der *Mehrfach-Substratlimitierung* kann bei *n* Substraten näherungsweise formuliert werden durch

$$v = v_{\max} \prod_i^n \frac{S_i}{K_{Mi} + S_i}. \tag{28.11}$$

28.5.3 Transformationen der Michaelis-Menten-Gleichung

Die maximale Reaktionsgeschwindigkeit $v_{\max}$ und die Michaelis-Menten-Konstante K_M lassen sich aus Messergebnissen bestimmen. Dazu ist eine Linearisierung der Michaelis-Menten-Gleichung von Vorteil, die Streuungen, systematische Abweichungen, Fehlmessungen und prinzipielle Gesetzmäßigkeiten deutlicher visuell erkennen lässt (Modellerkennung). Die gebräuchlichsten Linearisierungen sind

Lineweaver-Burk (1934); Reziprokdarstellung von Gl. (28.9):

$$\frac{1}{v} = \frac{K_M}{v_{\max}} \cdot \frac{1}{S} + \frac{1}{v_{\max}}. \tag{28.12}$$

Eadie-Hofstee (1942); es folgt aus Gl. (28.12):

$$v = -K_M \cdot \frac{v}{S} + v_{\max}. \tag{28.13}$$

Hanes-Woolf (1932); es folgt aus Gl. (28.12):

$$\frac{S}{v} = \frac{K_M}{v_{\max}} + \frac{1}{v_{\max}} \cdot S. \tag{28.14}$$

Ein Vergleich der statistischen Kennwerte von $v_{\max}$ und K_M aus unterschiedlichen Transformationen ist direkt nicht, sondern nur durch Berechnung von $v = f(S)$ im Originalraum (Abb. 28.9) möglich. Die „wirklichen" Koeffizienten sind durch nichtlineare Regressionsrechnung im Originalraum zu bestimmen. Es ist jedoch fast immer zutreffend, dass die im transformierten Raum berechneten Koeffizienten auch im Originalraum gelten.

28.5.4 Einfluss von Temperatur, pH-Wert, Inhibitoren und Aktivatoren

28.5.4.1 Temperatur

Sowohl die Kinetik der Enzymkatalyse als auch gegenläufig dazu die der Enzymdenaturierung

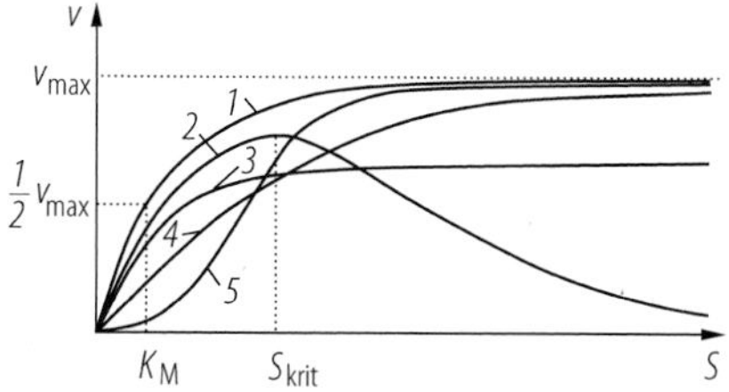

Abb. 28.10 Wirkung von Effektoren auf die Reaktionsgeschwindigkeit enzymkatalysierter Reaktionen. *1* Michaelis-Menten-Kinetik, *2* Substratüberschusshemmung, *3* nichtkompetitive Hemmung, *4* kompetitive Hemmung, *5* Substrataktivierung (homotrop regulatorische Enzyme)

sind temperaturabhängig. Die Temperaturabhängigkeit kann durch die klassische Arrheniusbeziehung (vgl. Gl. (28.7)) ausreichend genau ausgedrückt werden. Die Überlagerung der beiden gegenläufigen Phänomene ist häufig additiv möglich (Ansatz von Hinshelwood). Es existiert eine Optimaltemperatur, bei der die resultierende Reaktionsgeschwindigkeit ein Maximum besitzt.

28.5.4.2 pH-Wert

Auch bezüglich des pH-Wertes existiert ein Optimum, bei dem die Aktivität der Enzyme und damit die Geschwindigkeit der biochemischen Reaktion maximal sind. Der optimale pH-Wert ist keine feste, unveränderliche Eigenschaft des Enzyms, sondern kann vom Substrat, vom Produkt und von der Art der Pufferung abhängen.

28.5.4.3 Effektoren

Effektoren sind Stoffe, die aktivierend oder hemmend auf den enzymatischen Prozess einwirken, indem sie am katalytischen Zentrum und/oder am regulatorischen Zentrum reversibel oder irreversibel angreifen. Abb. 28.10 zeigt die Auswirkungen unterschiedlicher Effektoren auf die Reaktionsgeschwindigkeit enzymkatalysierter Reaktionen.

28.5.4.4 Inhibitoren

Kompetitive Hemmung. Der Inhibitor greift in Konkurrenz zum Substrat am katalytisch aktiven Zentrum des freien Enzyms an. Im Prinzip können auch unmittelbare Reaktionsprodukte kompetitiv hemmend wirken:

$$v = v_{\max} \cdot \frac{S}{K_M \cdot \left(1 + \frac{I}{K_I}\right) + S}, \tag{28.15}$$

I Inhibitor-Konzentration, K_I Fließgleichgewichts-Konstante der Hemmreaktion (Hemmungskonstante).

Nichtkompetitive Hemmung. Diese Hemmung wird durch Substanzen hervorgerufen, die eine regulatorisch aktive Stelle am freien Enzym und am Enzymsubstratkomplex besetzen und damit indirekt die Affinität des katalytischen Zentrums zum Substrat erniedrigen:

$$v = v_{\max} \cdot \left(\frac{K_I}{K_I + I}\right) \cdot \frac{S}{K_M + S}. \tag{28.16}$$

Unkompetitive Hemmung. Bei diesem (seltenen) Hemmtyp reagiert der Inhibitor nur mit dem Enzymsubstratkomplex, d. h. erst durch die Anlagerung des Substrats am Enzym wird die Bindungsstelle für den Inhibitor geschaffen, so dass ein katalytisch inaktiver Komplex entsteht:

$$v = v_{\max} \cdot \frac{S}{K_M + S \cdot \left(1 + \frac{I}{K_I}\right)}. \tag{28.17}$$

Substratüberschusshemmung. In vielen Fällen kann ein Überschuss an Substrat hemmend auf die enzymatische Reaktion wirken, wenn mehr als ein Substratmolekül mit dem Enzymsubstratkomplex unter Bildung von inaktiven Komplexen $ES_2, ES_3, \ldots, ES_n$ reagiert, die nicht in der Lage sind, in Produkt und Enzym zu zerfallen (vgl. Gl. (28.8)). Bei Bildung eines ES_2-Komplexes folgt (Haldane, 1939):

$$v = v_{\max} \cdot \frac{S}{K_M + S + \frac{S^2}{K_I}}. \tag{28.18}$$

Die kritische Substratkonzentration, ab der die Hemmung größer wird als die Katalyse, ergibt sich aus (vgl. Abb. 28.10, Kurve 2):

$$S_{\text{krit}} = \sqrt{K_{\text{M}} \cdot K_{\text{I}}}. \tag{28.19}$$

Bei deutlichem Substratüberschuss können sich multiple inaktive ES_n-Komplexe bilden (Yano und Koga, 1969), wobei die Bindung von mehr als drei Substratmolekülen sehr unwahrscheinlich ist:

$$v = v_{\text{max}} \cdot \frac{S}{K_{\text{M}} + S + \frac{S^n}{K_{\text{I},n}}}; \quad n = 2, 3, \ldots \tag{28.20}$$

28.5.4.5 Aktivatoren

Homotrop regulatorische Enzyme. Bei homotrop regulatorischen Enzymen ist das Substratmolekül selbst ein Modulator, der durch Bindung am regulatorischen Zentrum die katalytische Aktivität vergrößert (kooperativer Effekt). Charakteristisch hierfür ist ein sigmoidaler Verlauf von $v = f(S)$, (vgl. Abb. 28.10, Kurve 5):

$$v = v_{\text{max}} \cdot \frac{S^n}{K_{\text{M}} + S^n}. \tag{28.21}$$

Heterotrop regulatorische Enzyme. Heterotrop regulatorische Enzyme erfahren Stimulanz durch einen Aktivator, der ein anderes Molekül als das Substrat ist und der beispielsweise am Enzym angreift (auch am Enzymsubstratkomplex ist das möglich):

$$v = v_{\text{max}} \cdot \frac{S}{K_{\text{M}} \cdot \left(1 + \frac{K_{\text{A}}}{A}\right) + S}, \tag{28.22}$$

A Aktivatorkonzentration, K_{A} Aktivierungskonstante.

Aktivierung des Substrats. Außer der Stimulanz durch einen Aktivator, der am Enzym angreift, gibt es auch Fälle, bei denen das Substrat mit dem Aktivator reagiert und nur in dieser aktivierten Form vom Enzym katalytisch umgewandelt werden kann. Dabei gilt formal die gleiche Reaktionsgeschwindigkeitsgleichung wie beim heterotrop regulatorischen Enzym, Gl. (28.22).

28.6 Kinetik des mikrobiellen Wachstums

In Analogie zur Enzymkinetik lässt sich das Wachstum einer Population von Zellen quantitativ ermitteln, mit dem Ziel, die Zunahme der Biomasse mit der Zeit in funktionaler Abhängigkeit von Kultivierungsbedingungen und dem inneren Zustand der Zellen zu beschreiben. Dabei muss i. d. R. nicht die Kinetik der Einzelschritte der Biosynthese detailliert systembiotechnologisch herangezogen werden. Es genügt in der industriellen Anwendung in fast allen Fällen mit hinreichender Genauigkeit die *Kinetik des Gesamtwachstums*, d. h. die zeitliche Änderung einer unstrukturierten Zellmasse, zu betrachten.

28.6.1 Substratlimitiertes Wachstum

28.6.1.1 Spezifische Wachstumsrate

Unlimitiertes Wachstum ist nur möglich, wenn alle Bedingungen und Faktoren, die das Wachstum beeinflussen, im optimalen Zustand bzw. in optimaler Größe vorliegen. Bei unlimitiertem Wachstum verläuft die zeitliche Zellzunahme mit der maximal möglichen spezifischen Wachstumsrate μ_{max} und ist proportional zur jeweils vorhandenen Zelldichte X:

$$\left.\frac{\mathrm{d}[X]}{\mathrm{d}t}\right|_{\text{unlimitiert}} = \mu_{\text{max}} \cdot X. \tag{28.23}$$

Die Integration von Gl. (28.23) ergibt die Zelldichte mit der Anfangszelldichte X_0 bei der Zeit $t = 0$ (vgl. Gl. (28.4)):

$$X = X_0 \cdot \exp\left(\mu_{\text{max}} \cdot t\right). \tag{28.24}$$

Die Zellmasse nimmt so lange exponentiell mit der Zeit zu (*exponentielle Wachstumsphase*) bis es in der Umgebung der Zellen zu einer Verarmung von Nährstoffen und/oder zu einer Anreicherung von hemmenden Stoffwechselprodukten kommt (*Retardationsphase*). Die Geschwindigkeit des Wachstums wird dann durch die *spezifische Wachstumsrate* $\mu < \mu_{\text{max}}$ gekennzeichnet, bis die Zellzunahme schließlich ganz zum Erliegen kommt (*stationäre Phase*), vgl. Abb. 28.1.

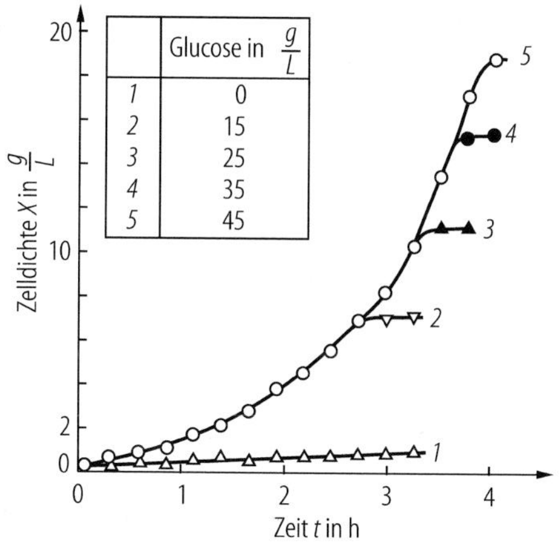

Abb. 28.11 Wachstum von *E. coli* in einem Glucose-Mineralsalzmedium mit Glucoselimitierung

Im Schrifttum wird von Limitierung (Begrenzung) des Wachstums gesprochen, wenn die Optimalwerte der Zustandsgrößen unterschritten werden und von *Inhibierung* (Hemmung), wenn sie überschritten werden. In Übereinstimmung mit Gl. (28.23) ist die spezifische Wachstumsrate $\mu < \mu_{\max}$ definiert durch:

$$\mu \equiv \frac{1}{X} \cdot \frac{\mathrm{d}X}{\mathrm{d}t}. \tag{28.25}$$

28.6.1.2 Ausbeute- oder Zellertragskoeffizient

Die Wachstumskurven beispielsweise von *E. coli* zeigen bei Variation der Glukosekonzentration den in Abb. 28.11 gezeigten Verlauf. In diesem (einfachen) Fall ist der Verlauf der Wachstumskurven unabhängig von der Substratkonzentration. Der maximale Wert der Zellmasse ist dagegen eine Funktion der Anfangskonzentration des Substrats Glukose.

Der Zusammenhang von Zellmasseproduktion in Abhängigkeit vom Substratverbrauch wird durch den *Ausbeute- oder Zellertragskoeffizienten* ausgedrückt:

$$Y_{X/S} = -\frac{\mathrm{d}[X]/\mathrm{d}t}{\mathrm{d}[S]/\mathrm{d}t};$$
$$\left[Y_{X/S}\right] = \frac{g_{\mathrm{BTM}}}{g_{\mathrm{S}}}, \tag{28.26}$$

mit X der Biotrockenmasse- und S der Substratkonzentration bzw. im Index BTM für die Biotrockenmasse und S für das Substrat.

In dem o. g. Beispiel (Abb. 28.11) besteht eine Linearität zwischen Zellertrag und Anfangskonzentration des Substrats, d. h. der Zellertragskoeffizient ergibt sich für alle Anfangskonzentrationen zu $Y_{X/S} = 0{,}45 g_{\mathrm{BTM}}/g_{\mathrm{Glukose}}$ und ist konstant. Im Allgemeinen, insbesondere während des instationären Wachstumsverlaufs muss der Ausbeutekoeffizient nicht gleich bleiben, d. h. $Y_{X/S} \neq$ konst. aufgrund der sich ändernden Enzymaktivitäten und Stoffwechselprozesse.

28.6.1.3 Monod-Wachstumskinetik

Der in Abb. 28.9 gezeigte Verlauf der Reaktionsgeschwindigkeit enzymkatalysierter Reaktionen ist prinzipiell auch bei der Auftragung der spezifischen Wachstumsrate als Funktion der aktuellen Substratkonzentration zu beobachten. Unter Annahme eines den Gesamtprozess reaktionsbestimmenden enzymatischen Schritts (bottle neck) und einer Unabhängigkeit des Ausbeutekoeffizienten vom Wachstumszustand sowie einer Proportionalität zwischen Enzym- und Zellkonzentration hat *Monod* (1949) ein *Wachstumsgesetz* postuliert, das der Michaelis-Menten-Kinetik für Enzymreaktionen formal entspricht (vgl. Gl. (28.9)):

$$\mu = \mu_{\max} \cdot \frac{S}{K_{\mathrm{S}} + S}. \tag{28.27}$$

Die *Substratlimitierungskonstante* K_{S} ist wie die maximale spezifische Wachstumsrate $\mu_{\max}$ keine Organismenkonstante. Beide sind nur in Verbindung mit Wachstumsparametern, wie beispielsweise Substratzusammensetzung, pH-Wert und Temperatur für die jeweilige Organismenart konstant.

Sind während des Wachstums mehrere Stoffe limitierend, so kann dies analog zu Gl. (28.11) durch Erweiterung der Monod-Kinetik berücksichtigt werden (*Mehrfach-Substratlimitierung*)

$$\mu\left(S_1, S_2, \ldots, S_n\right) = \mu_{\max} \cdot \prod_i^n \frac{S_i}{K_{\mathrm{S},i} + S_i}. \tag{28.28}$$

28.6.1.4 Weitere Ansätze zur Wachstumskinetik

Der Umstand, dass es in vielen Fällen auch zu erheblichen Abweichungen zwischen Modell-

28

rechnung und Experiment kommen kann, hat zur Entwicklung einer ganzen Reihe anderer (zum Teil empirischer) Ansätze zur Beschreibung des Wachstums geführt. Im theoretisch begründbaren *Wachstumsmodell von Fujimoto* (1963) (bzw. empirisch von *Contois*, 1959)

$$\mu = \mu_{\max} \cdot \frac{S}{K \cdot X + S} \tag{28.29}$$

ist die Substratlimitierungskonstante von der Zelldichte abhängig, d. h. $K_S = K \cdot X$. Diese Kinetik kann in gewissen Grenzen den konkurrierenden Einfluss hoher Zelldichten berücksichtigen (nimmt danach mit steigendem X ab). Das aus mathematisch logischer Überlegung formulierte, empirische, *logistische Wachstumsgesetz* (Verhulst, 1937),

$$\frac{\mathrm{d}X}{\mathrm{d}t} = \mu_{\max} \cdot X \cdot \left(1 - \frac{X}{X_{\max}}\right) \tag{28.30}$$

lässt sich als Kombination der unlimitierten Zellbildungsgeschwindigkeit 1. Ordnung (vgl. Gl. (28.23)) mit einer Sterberate 2. Ordnung interpretieren. Die Verallgemeinerung führt zu dem Ansatz

$$\frac{\mathrm{d}X}{\mathrm{d}t} = \mu_{\max} \left(1 - \frac{X^m}{X_{\max}^m}\right); \quad m \geq 1. \tag{28.31}$$

Der empirische Ansatz zur Wachstumskinetik von Moser (1958)

$$\mu = \mu_{\max} \cdot \frac{S^n}{K_S + S^n} \tag{28.32}$$

entspricht formal dem sigmoidalen Verlauf der Kinetik homotrop regulatorischer Enzyme, Gl. (28.21).

28.6.2 Wachstumshemmung

Eine Hemmung des Wachstums kann sowohl durch die Anwesenheit unerwünschter (inhibierender) Fremdstoffe, bei Überschreiten der optimalen Konzentration eines für das Wachstum notwendigen Stoffes (Substrat) als auch durch die Bildung von Stoffwechselprodukten („Selbstmordsubstrate" mit hemmenden Intermediaten) auftreten. Die Kinetik des gehemmten Wachstums lässt sich wie das substratlimitierte Wachstum formal wie enzymkatalysierte Reaktionen behandeln, vgl. Gln. (28.15)–(28.20).

28.6.2.1 Kompetitive Hemmung

$$v = v_{\max} \cdot \frac{S}{K_M \cdot \left(1 + \frac{I}{K_I}\right) + S}. \tag{28.33}$$

28.6.2.2 Nichtkompetitive Hemmung

$$v = v_{\max} \cdot \left(\frac{K_I}{K_I + I}\right) \cdot \frac{S}{K_M + S}. \tag{28.34}$$

Weitere empirische, logistische Gesetze zur Beschreibung der nichtkompetitiven Hemmung, die die maximale Wachstumsrate unter Einwirkung von Inhibitoren senken, sind

$$\mu = \mu_{\max} \cdot \exp\left(-K_I I\right) \frac{S}{K_S + S}, \tag{28.35}$$

$$\mu = \mu_{\max} \cdot \left(1 - K_I I\right) \frac{S}{K_S + S}. \tag{28.36}$$

28.6.2.3 Substratüberschusshemmung (Monod-Haldane)

$$\mu = \mu_{\max} \cdot \frac{S}{K_S + S + \frac{S^2}{K_I}}. \tag{28.37}$$

Alternativ zum hyperbolischen Einfluss der Substratüberschusshemmung ist auch ein sigmoidaler der allgemeinen Form möglich:

$$\mu = \mu_{\max} \cdot \frac{S}{K_S + S + \frac{S^n}{K_I}}; \quad n \geq 1. \tag{28.38}$$

Welche Gleichung zur Beschreibung der Wachstumshemmung herangezogen wird, ist wegen ihrer formalen Eigenschaft allein von der Zweckmäßigkeit und der Übereinstimmung mit dem Experiment abhängig und muss, von Substrat- und Inhibitorkonzentration beeinflusst, angepasst werden.

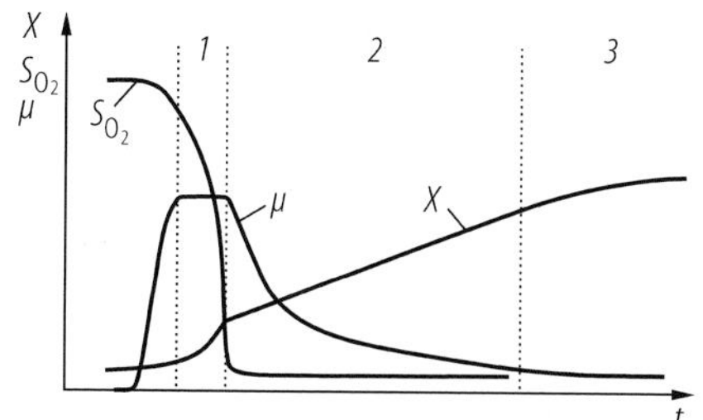

Abb. 28.12 Wachstum mit Transportlimitierung. *1* exponentielle Wachstumsphase, *2* lineare Wachstumsphase (Transportlimitierung), *3* Übergang zur stationären Phase

28.6.3 Wachstum mit Transportlimitierung

Eine Limitierung des Wachstums kann auch hervorgerufen werden, wenn der Transport von Nährstoffen der geschwindigkeitsbestimmende Schritt ist. Während in üblicher Kultivierung das Substrat in ausreichender Menge vorhanden ist, wird das Wachstum in aeroben Kultivierungen häufig durch den Sauerstofftransport an der Gas-Flüssigkeits-Phasengrenze limitiert. Die Bilanzgleichungen für Zellmasse und Sauerstoff lauten dann

$$\frac{\mathrm{d}X}{\mathrm{d}t} = \mu \cdot X \qquad (28.39)$$

bzw.

$$\frac{\mathrm{d}S}{\mathrm{d}t} = -\frac{1}{Y_{\mathrm{X/O_2}}}\mu \cdot X + k_{\mathrm{L}}a \cdot \overline{\Delta S_{\mathrm{O_2}}}. \qquad (28.40)$$

Der erste Term der rechten Seite von Gl. (28.40) beschreibt den über den Ausbeutekoeffizienten $Y_{\mathrm{X/O_2}}$ entsprechend Gl. (28.26) erfassten Sauerstoffverbrauch im Organismus, der zweite die Nachlieferung von Sauerstoff durch Transport aus der Gasphase. $k_{\mathrm{L}}a$ ist hierin der volumenbezogene Stoffübergangskoeffizient von Sauerstoff an der Gas-Flüssigkeits-Phasengrenze (vgl. Abb. 28.8) und $\overline{\Delta S_{\mathrm{O_2}}}$ das mittlere (logarithmische) Konzentrationsgefälle zwischen Flüssigkeit und Phasengrenze.

Der Wachstumsverlauf unter Transportlimitierung sieht qualitativ wie in Abb. 28.12 dargestellt aus. Nach der exponentiellen Phase folgt eine lange *lineare Wachstumsphase* aufgrund der Transportlimitierung, bei der die Sauerstoffkonzentration $S_{\mathrm{O_2}}$ quasi konstant ist (Fließgleichgewicht zwischen Verbrauch und Nachschub). Ist die Biomassekonzentration schließlich so groß, dass der zugeführte Sauerstoff allein zur Biomasseerhaltung verbraucht wird, folgt der übliche Übergang (Retardationsphase) zur stationären Phase, vgl. Abb. 28.1.

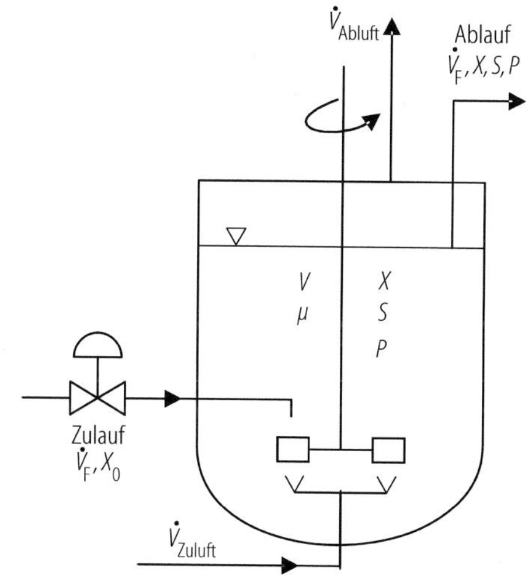

Abb. 28.13 Kontinuierliche Kultivierung (Chemostat)

28.6.4 Wachstum in kontinuierlicher Kultivierung

28

Kontinuierlich bedeutet in der Bioreaktionstechnik eine konstante oder geregelte Zugabe des Substrats und simultan dazu ein ständiger Abfluss von Stoffwechselprodukten und neu gebildeten Zellen.

Beim *Chemostaten* wird der Wachstumsprozess durch das Konstanthalten der Konzentration einer wachstumslimitierenden (chemischen) Substanz über den Feed-Volumenstrom $\dot{V}_{\mathrm{F}}$ gesteuert (Abb. 28.13). Der Chemostat ist dadurch selbstregulierend und strebt einem stabilen Zustand zu. In diesem extern kontrollierten Prozess werden Zelldichte, Substrat- und Produktkonzentration über die *Durchflussrate bzw. Verdünnungsrate*, dem Kehrwert der mittleren Verweilzeit bestimmt:

$$D \equiv \frac{\dot{V}_{\mathrm{F}}}{V}. \qquad (28.41)$$

Es stellt sich abhängig von der Durchflussrate D die spezifische Wachstumsrate $\mu < \mu_{\max}$ ein.

Der *Turbidostat* wird intern kontrolliert, indem die Populationsdichte beispielsweise mit Hilfe der Trübungsmessung (Extinktion) und durch Steuerung des Zuflusses an Nährlösung auf einen konstanten Wert gehalten wird. Andere Kontrollsysteme (Regelungssysteme), wie der *Nutriostat* (Kontrolle der Nährstoffe) und der *Oxystat* (Kontrolle des Sauerstoffs in der Nährlösung bzw. in der Abluft) sind dem Turbidostaten völlig äquivalent.

28.6.4.1 Bilanz für die Zellmasse

Aus der Bilanz für die Zellmasse im homogen durchmischten Bioreaktor (vgl. Abb. 28.13)

$$\frac{dX}{dt} = D\,(X_0 - X) + \mu \cdot X, \tag{28.42}$$

folgt im stationären Betrieb ($dX/dt = 0$) und bei $X_0 = 0$:

$$\mu = D, \tag{28.43}$$

die Grundgleichung der kontinuierlichen Kultivierung. Im Fließgleichgewicht des stationären Betriebs wird also die spezifische Wachstumsrate von der Durchflussrate vorgegeben, und es gilt wegen $\mu < \mu_{max}$ und $S \leq S_0$ (vgl. Abb. 28.14a)

$$0 < D \leq D_{max} < \mu_{max}. \tag{28.44}$$

Ist $D > D_{max}$ kommt es zum Auswaschen der Zellkultur. Beim Vorgang des Auswaschens lässt sich mit der Durchflussrate $D_1 > \mu_{max}$ und $X_0 = 0$ die maximale spezifische Wachstumsrate näherungsweise aus der Bilanzgleichung, Gl. (28.42) bestimmen:

$$\frac{d\ln X}{dt} = \mu_{max} - D_1. \tag{28.45}$$

28.6.4.2 Bilanzgleichungen für Substrat und Produkt

Die *Bilanzen* für *Substrat* und *Produkt* lauten

$$\frac{dS}{dt} = D\,(S_0 - S) - \frac{1}{Y_{X/S}} \cdot \mu \cdot X \tag{28.46}$$

bzw.

$$\frac{dP}{dt} = D\,(P_0 - P) + Y_{P/X} \cdot \mu \cdot X. \tag{28.47}$$

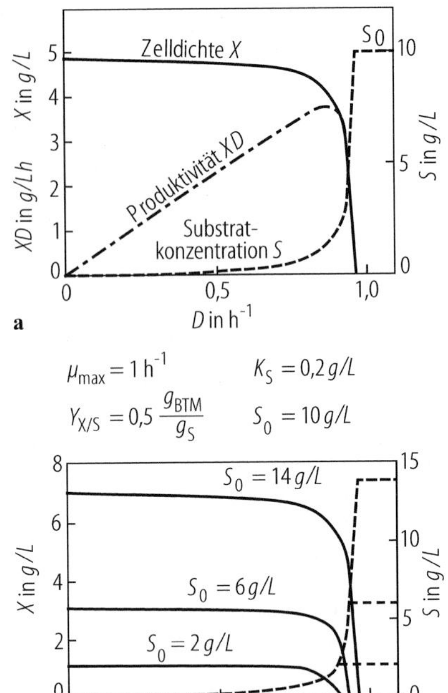

Abb. 28.14 Zelldichte, Substratkonzentration und Produktivität an Zellmasse einer kontinuierlichen Kultivierung (Chemostat)

Hierin sind S und P die Substrat- bzw. die Produktkonzentration, $Y_{X/S}$ der auf das Substrat bezogene Zellertragskoeffizient, Gl. (28.26) und $Y_{P/X}$ der auf die Biomasse bezogene Produktertragskoeffizient

$$Y_{P/X} \equiv \frac{dP/dt}{dX/dt}. \tag{28.48}$$

Beim Wachstum mit einer einfachen Substratlimitierung (Ansatz von Monod Gl. (28.27)) folgen im stationären Zustand die Zelldichte aus

$$X = Y_{X/S}\left(S_0 - \frac{D \cdot K_S}{\mu_{max} - D}\right) \tag{28.49}$$

und die Substratkonzentration aus

$$S = \frac{D \cdot K_S}{\mu_{max} - D}. \tag{28.50}$$

Die Konzentration S am Reaktoraustritt ist unabhängig von der Eintrittskonzentration S_0. Eine Änderung von S_0 wirkt sich nur auf X aus (vgl. Abb. 28.14b).

Die Produktivität an Zellmasse ergibt sich aus

$$\mathrm{Pr} = D \cdot X = D \cdot Y_{X/S} \cdot \left(S_0 - \frac{D \cdot K_\mathrm{S}}{\mu_\mathrm{max} - D} \right). \quad (28.51)$$

Die kritische (bzw. maximale) Durchflussrate beim Auswaschpunkt ($X = 0$, $S = S_0$) folgt bei Gültigkeit der Monod-Kinetik aus Gl. (28.27) mit $\mu = D_\mathrm{max}$:

$$D_\mathrm{max} = \mu_\mathrm{max} \cdot \frac{S_0}{K_\mathrm{S} + S_0}. \quad (28.52)$$

Abb. 28.14 zeigt die Zelldichte, Substratkonzentration und Produktivität eines kontinuierlich betriebenen Bioreaktors, wie sie für fast alle mikrobiellen Prozesse so bestätigt wurden.

Mögliche *Abweichungen vom Idealverhalten* sind:

- K_S ist nicht konstant, sondern eine Funktion von X (vgl. Wachstumsmodell von Fujimoto, Gl. (28.29)).
- Wachstumseffektoren (Inhibitoren oder Aktivatoren) beeinflussen den Prozess.
- Der Ertragskoeffizient $Y_{X/S}$ hängt von der spezifischen Wachstumsrate ab, beispielsweise wenn bei langsam wachsenden Zellen ein großer Anteil des Substrats als Energiequelle zur Zellerhaltung genutzt wird.
- Die Mikroorganismen haften an der Wand (Zellrückhaltung durch Immobilisierung).
- Ungenügende Durchmischung im Reaktor führt zu Transportproblemen, vgl. auch Abschn. 28.6.3.

28.6.4.3 Wachstumseffektoren

Der Einfluss von Wachstumseffektoren lässt sich auch in kontinuierlicher Kultivierung mit den bereits genannten kinetischen Ansätzen (Gl. (28.33)–(28.38)) berücksichtigen. Im Fall der Substratüberschusshemmung, vgl. Gln. (28.37) und (28.38), ergibt sich die Besonderheit von mehrfachen stationären Zuständen. Aus der Substratbilanz (Gl. (28.46) folgt im stationären Betriebszustand ($\mathrm{d}S/\mathrm{d}t = 0$):

$$D\,(S_0 - S) = \frac{1}{Y_{X/S}} \cdot \mu \cdot X, \quad (28.53)$$

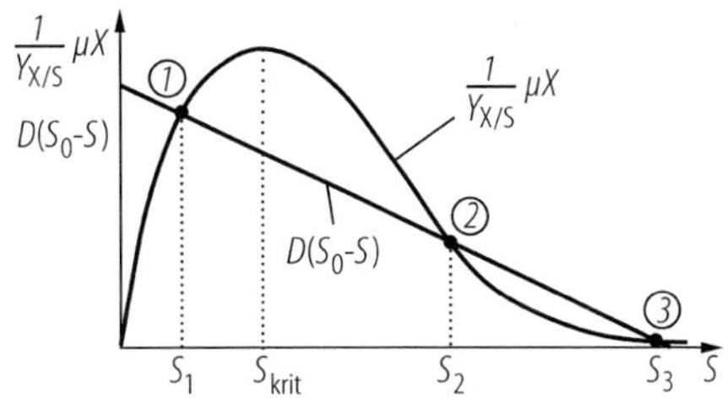

Abb. 28.15 Substratverbrauchs- und Substratzufuhrrate bei kontinuierlichem Betrieb mit Substratüberschusshemmung

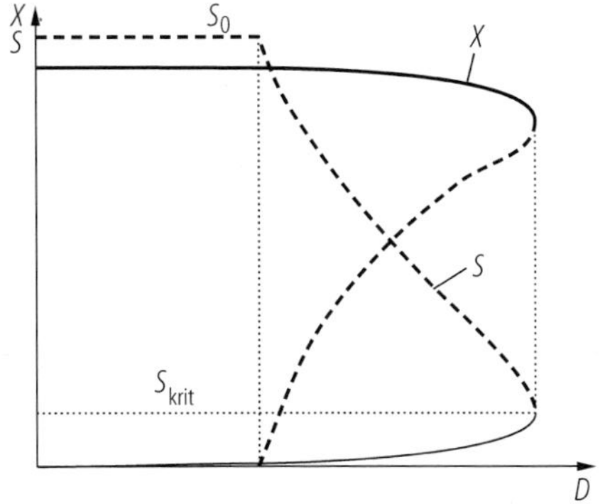

Abb. 28.16 Zelldichte und Substratkonzentration bei kontinuierlichem Betrieb mit Substratüberschusshemmung ($S \leq S_\mathrm{krit}$: stabiler Betriebszustand)

d. h. Substratzufuhr ($D(S_0 - S)$) und -verbrauch ($\mu X / Y_{X/S}$) sind im stationären Zustand gleich, was zu zwei stabilen (Punkte *1* und *3* in Abb. 28.15) und einem instabilen, stationären Betriebszustand (Punkt *2*) führt.

Unter Substratüberschusshemmung zeigt der kontinuierlich betriebene Bioreaktor demnach einen stabilen (sich selbst einstellenden) und einen instabilen Betriebsbereich, Abb. 28.16. Bei Gültigkeit der Monod-Haldane-Kinetik (Gl. (28.37)) ergibt sich die Substratkonzentration aus

$$S = \frac{1}{2}\left(1 - \frac{\mu_\mathrm{max}}{D}\right) K_\mathrm{I} \pm \sqrt{\frac{1}{4}\left(1 - \frac{\mu_\mathrm{max}}{D}\right)^2 K_\mathrm{I}^2 - K_\mathrm{I} K_\mathrm{S}}. \quad (28.54)$$

28.6.4.4 Zellrückhaltung und -rückführung

Durch Ausscheiden von Polymeren (meist Exopolysaccharide) vermögen Mikroorganismen an

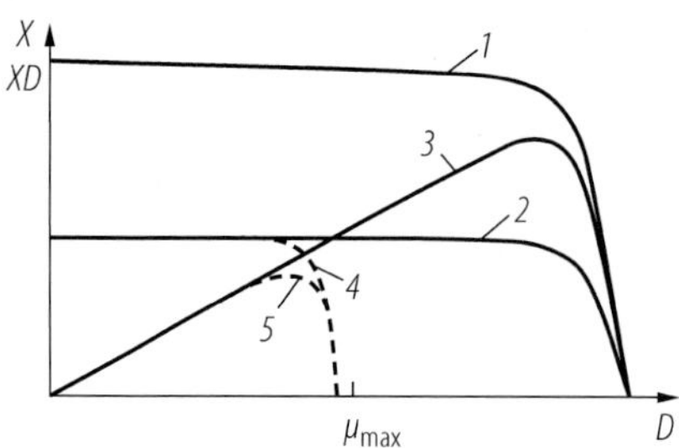

Abb. 28.17 Zelldichte und Produktivität eines Bioreaktors bei kontinuierlicher Kultivierung mit Rückführung der Biomasse (*Kurven 1–3*) und ohne. *1* Zelldichte im Bioreaktor, *2* Zelldichte im Auslauf, *3* Produktivität *XD*, *4* Zelldichte ohne Rückführung, *5* Produktivität ohne Rückführung

Wandungen und festen Oberflächen zu haften (Immobilisierung). Dies führt in vielen Prozessen durch Ausbildung von Biofilmen zu einer gewünschten Rückhaltung an Biomasse. Das unkontrollierte und zufällige *Wandwachstum* führt dagegen zu unerwünschten Ablagerungen. In den Bilanzgleichungen für Biomasse, Substrat und Produkt (Gln. (28.42), (28.46) und (28.47)) lässt sich das Wandwachstum durch Einführen einer (zusätzlichen) immobilisierten Zellmasse berücksichtigen.

Über *Immobilisierung* (Trägerfixierung von Zellen) und über externe oder interne *Zellabtrennung* (Sedimentation, Flotation, Zentrifugation, Filter) lassen sich Zellen rückhalten oder rückführen, so dass die Verweilzeit der Biomasse im System von der Verweilzeit der Flüssigkeit entkoppelt und somit die Biomassekonzentration erhöht wird.

Aus den Bilanzgleichungen eines Reaktors mit Zellrückführung ergeben sich stationäre Zustände, bei denen die Durchflussrate D sehr viel größer ist als die spezifische Wachstumsrate, und auch Zustände $D > \mu_{\max}$ können realisiert werden (Abb. 28.17).

28.6.5 *Fed Batch*-Kultivierung

Oft ist es hilfreich, bestimmte Komponenten der Nährlösung während des Verlaufs der Kultivierung im Batchbetrieb nachzuspeisen (*Fed Batch-Kultivierung*):

- Zugabe von Precursor (Vorstufen des Produkts),
- Einhalten niedriger Nährstoffniveaus, wenn Substratüberschusshemmung vorliegt,
- Nachspeisen von Substrat zur Erzielung hoher Zelldichten (Hochzelldichtekultivierung),
- Einhalten niedriger Konzentrationen von leicht metabolisierbaren Kohlenstoffquellen, beispielsweise Glucose (Vermeidung der sog. Katabolit-Repression),
- Aufrechterhalten einer Batch-Kultivierung über längere Zeiträume.

Wird das Nährmedium kontinuierlich zugegeben, ohne dass Kulturflüssigkeit abfließt, ergibt sich eine der Bilanzgleichung des Chemostaten formal identische Bilanzgleichung für die Biomasse, vgl. Gl. (28.47) mit $X_0 = 0$:

$$\frac{\mathrm{d}X}{\mathrm{d}t} = \mu D - D_{(t)} X. \qquad (28.55)$$

In der *Verdünnungsrate* $D_{(t)}$ einer *Fed Batch*-Kultivierung, die hier der Durchflussrate in kontinuierlicher Kultivierung, Gl. (28.41), formal entspricht, sind jedoch das Volumen und i. Allg. auch der Feed-Volumenstrom nicht konstant sondern zeitveränderlich:

$$D_{(t)} \equiv \frac{\dot{V}_{\mathrm{F}(t)}}{V_{(t)}}. \qquad (28.56)$$

Unter Berücksichtigung der zeitlich variablen Verdünnungsrate gelten die Gesetzmäßigkeiten der kontinuierlichen Kultivierung formal auch für die *Fed Batch*-Kultivierung.

28.6.6 Zellerhaltung

In den meisten Fällen, in denen eine Wachstumslimitierung durch die Kohlenstoffquelle auftritt, ist der Zellertragskoeffizient $Y_{X/S}$ (vgl. Gl. (28.26)) von der spezifischen Wachstumsrate abhängig, da energieliefterndes Substrat außer zur Synthese von Zellmaterial zusätzlich für die Erhaltung der Zellstruktur verbraucht wird.

Der Gesamtverbrauch an Substrat lässt sich nach einem Ansatz von Pirt (1965) additiv aus den Anteilen für Wachstum und Zellerhaltung ermitteln:

$$\frac{dS}{dt} = -\frac{\mu X}{Y_{X/S}} = -\frac{\mu X}{\left(Y_{X/S}\right)_W} - mX. \quad (28.57)$$

Hierin ist m der Zellerhaltungskoeffizient, $Y_{X/S}$ der wachstumsabhängige Zellertragskoeffizient inklusive Zellerhaltung und $(Y_{X/S})_W$ ein von μ unabhängig angenommener Zellertragskoeffizient. Der Ansatz Gl. (28.57) erfüllt die Annahme, dass der Zellerhaltungsstoffwechsel proportional zur Zelldichte und unabhängig von der spezifischen Wachstumsrate ist. $(Y_{X/S})_W$ und m lassen sich experimentell bestimmen über die Auftragung von

$$\frac{1}{Y_{X/S}} = \frac{1}{\left(Y_{X/S}\right)_W} + m\frac{1}{\mu}. \quad (28.58)$$

Die *Bilanzgleichung für das Substrat in kontinuierlicher Kultivierung* (vgl. Gl. (28.46)) lautet bei Berücksichtigung des Substratverbrauchs für Zellerhaltung:

$$\frac{dS}{dt} = D\left(X_0 - X\right) - \frac{\mu X}{\left(Y_{X/S}\right)_W} - mX. \quad (28.59)$$

Bei der Auftragung der stationären Werte für die Zelldichte über der Durchflussrate bei kontinuierlicher Kultivierung (Abb. 28.18) wird deutlich, dass mit abnehmender Durchflussrate (d. h. wegen $\mu = D$ abnehmender spezifischer Wachstumsrate) der relative Anteil des Substratverbrauchs für den Erhaltungsstoffwechsel größer wird, und die Zelldichte mit abnehmender Durchflussrate deswegen sinken muss, um den Erhaltungsstoffwechsel aufrecht zu halten (vgl. Abb. 28.14).

28.6.7 Filamentöses Wachstum

Filamentös (d. h. fadenförmig) *wachsende Mikroorganismen* können abhängig von den Kultivierungsbedingungen unterschiedliche Morphologien ausbilden: homogen-disperses *Myzel*, in dem jede individuelle Hyphe vom Nährmedium

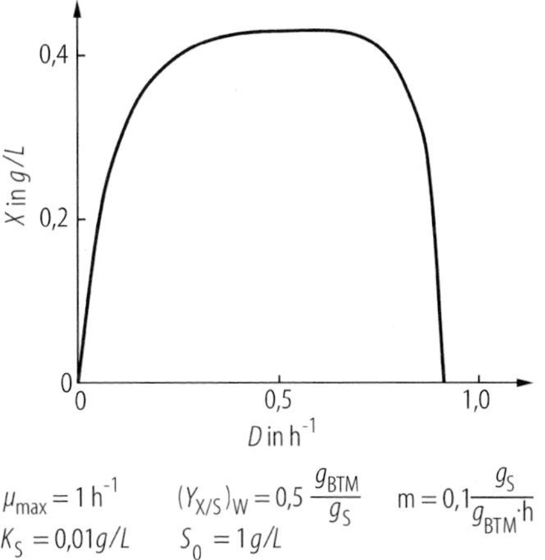

Abb. 28.18 Kontinuierliche Kultivierung mit Erhaltungsstoffwechsel

umgeben ist oder pelletartig, in dem sich das Hyphenagglomerat zu einem meist kugelförmigen *Pellet* zusammenlagert. Beide morphologischen Formen haben bei industriellen Kultivierungen ihre Anwendungen und Vorteile. Die beim Pelletwachstum auftretenden Inhomogenitäten durch substratlimitierte innere Pelletschichten sind gegenüber ihren Vorteilen, z. B. die gegenüber Myzelwachstum niedrigere scheinbare Viskosität, abzuwägen. Sowohl Myzel- als auch Pelletwachstum werden durch eine Reihe von Faktoren beeinflusst, z. B. vom Stamm, Kultivierungsmedium, pH-Wert, Inokulum, gelöstem Sauerstoff, Temperatur sowie der mechanischen Beanspruchung.

28.6.7.1 Mikroskopisches Hyphenwachstum

Das mikroskopische *Hyphenwachstum* beschreibt die Entwicklung der Längenausdehnung und der Verzweigung individueller Hyphen (vgl. Abb. 28.19). Diesen deterministischen Wachstumsprozessen sind stochastische Komponenten überlagert, mit denen der Ort der Verzweigung und die Verzweigungs- und Wachstumsrichtungen festgelegt werden. Unter den Bedingungen einer homogenen Kultivierung, dem sog. planktonischen Wachstum von Einzelhyphen, wird bei geringer mechanischen Beanspruchung sich ein locker strukturiertes *filamentöses Myzel* ausbilden, und es gilt für das Wachstum der Zellen

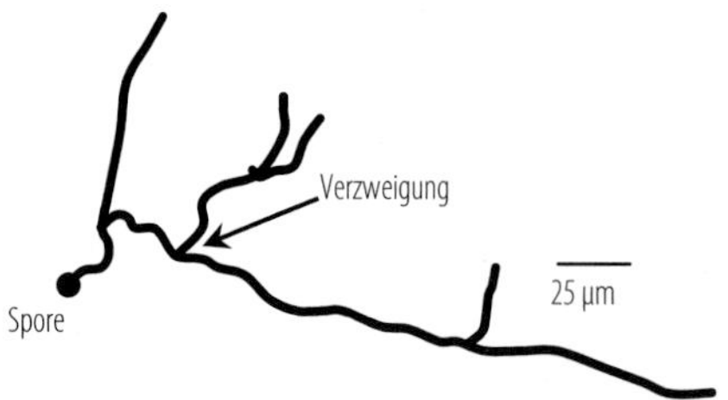

Abb. 28.19 Mikroskopisches Hyphenwachstum

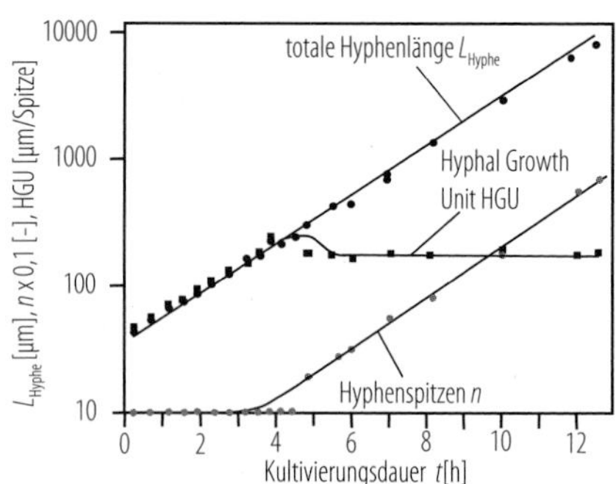

Abb. 28.20 Wachstum der Hyphenlänge, Anzahl an Hyphenspitzen und Hyphal Growth Unit

Gl. (28.3). Nach Abschluss der Sporenkeimung ist bei unlimitiertem Wachstum die spezifische Wachstumsrate maximal und konstant, d. h. $\mu = \mu_{max}$.

Die mikroskopische *Morphologie* wird charakterisiert durch eine totale *Hyphenlänge* L_{Hyphe}, die sich aus der Summe der Länge der Hyphen jedes Einzelabschnittes zusammensetzt, $L_{Hyphe} = \sum L_i$, den mittleren Durchmesser eines Hyphenelements d_{Hyphe} sowie die Anzahl von *Hyphenspitzen* n. Unter der Annahme, dass Wassergehalt, Dichte und Durchmesser des Hyphenelements konstant sind sowie keine Fragmentierung und unlimitiertes Wachstum vorliegen, lässt sich das Längenwachstum eines Hyphenbaums folgendermaßen formulieren

$$\frac{dL_{Hyphe}}{dt} = \mu_{Hyphe} \cdot L_{Hyphe}. \tag{28.60}$$

Mit konstanter spezifischer Wachstumsgeschwindigkeit der Hyphe μ_{Hyphe} folgt hieraus exponentielles Längenwachstum. Der gleiche Ansatz gilt prinzipiell auch für die Zunahme der Anzahl an Hyphenspitzen n, d. h. dn/dt ist proportional zu n. Experimentell zeigt sich, dass nach einer bestimmten Kultivierungszeit, in der sich eine Mindesthyphenlänge einstellt, eine signifikante *Hyphenverzweigung* beginnt. Sowohl die Hyphenlänge als auch die Anzahl der Hyphenspitzen nehmen mit gleicher konstanter spezifischer Geschwindigkeit mit der Kultivierungszeit zu (Abb. 28.20).

Eine fundamentale Abhängigkeit zwischen Längenwachstum und Hyphenverzweigung stellt die sogenannte *Hyphal Growth Unit (HGU)* dar

$$HGU \equiv \frac{L_{Hyphe}(t)}{n(t)}, \tag{28.61}$$

die als die mittlere Länge interpretiert wird, die pro Hyphenspitze zum Längenwachstum beiträgt. Bereits nach relativ kurzer Zeit, wenn sich die Mindesthyphenlänge eingestellt hat, ist $HGU = \text{konst.}$, vgl. Abb. 28.20.

Die zeitliche Änderung der Anzahl an Hyphenspitzen ist auch proportional zur Hyphenlänge,

$$\frac{dn}{dt} = k_{bran} \cdot L_{Hyphe}, \tag{28.62}$$

mit k_{bran} der durchschnittlichen Verzweigungsrate.

Weiterhin ist der Längenzuwachs proportional zur Anzahl an Hyphenspitzen. Mit der mittleren apikalen (d. h. Spitzen) Wachstumsgeschwindigkeit q_{tip} gilt

$$\frac{dL_{Hyphe}}{dt} = q_{tip} \cdot n. \tag{28.63}$$

Für die zeitliche Änderung der *HGU* folgt aus Gln. (28.61)–(28.63)

$$\begin{aligned}\frac{dHGU}{dt} &= q_{tip} - k_{bran} \cdot \left(\frac{L_{Hyphe}}{n}\right)^2 \\ &= q_{tip} - k_{bran} \cdot HGU^2.\end{aligned} \tag{28.64}$$

Die *HGU* strebt wie Abb. 28.20 zeigt mit zunehmender Kultivierungsdauer sehr schnell einem konstanten charakteristischen Grenzwert zu. Unter diesen Bedingungen, d. h. $d(HGU)/dt = 0$, folgt

$$HGU \equiv \frac{L_{Hyphe}}{n} = \sqrt{\frac{q_{tip}}{k_{bran}}}. \tag{28.65}$$

Andererseits muss das Längenwachstum (Gl. (28.60)), das sich aus dem mikrobiellen Wachstumsgesetz (Gl. (28.3)) ergibt, gleich dem des Spitzenwachstums (Gl. (28.63)), sein. Es folgt

$$q_{\text{tip}} = \mu_{\text{Hyphe}} \cdot \left(\frac{L_{\text{Hyphe}}}{n}\right) = \mu_{\text{Hyphe}} \cdot HGU, \tag{28.66}$$

d. h. die mittlere *Spitzenwachstumsrate* q_{tip} ist proportional zur spezifischen *Hyphenwachstumsrate* μ_{Hyphe}. Mit Gln. (28.65) und (28.66) folgt schließlich der Zusammenhang zwischen der spezifischen Hyphenwachstumsrate μ_{Hyphe}, der Spitzenwachstumsrate q_{tip} und der Verzweigungsrate k_{bran}

$$\mu_{\text{Hyphe}} = \sqrt{q_{\text{tip}} \cdot k_{\text{bran}}}. \tag{28.67}$$

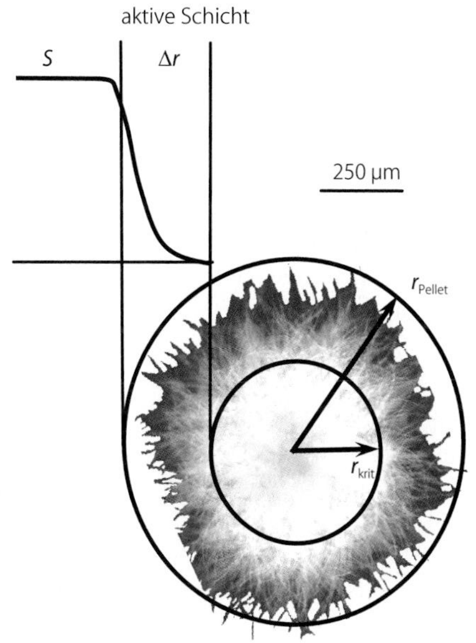

Abb. 28.21 Makroskopisches Pelletwachstum

28.6.7.2 Makroskopisches Pelletwachstum

Unter bestimmten Kultivierungsbedingungen können filamentöse Mikroorganismen zu sphärischen Strukturen (*Pellets*) mit einem Pelletradius r_{Pellet} heranwachsen. Ohne Substratlimitierung zeigt sich exponentielles Wachstum. Überschreiten die Pellets beim Wachstum einen Radius, bei dem die Nährstoffsubstrate S bereits in einer äußeren aktiven Pelletschicht mit der Dicke $\Delta r = r_{\text{Pellet}} - r_{\text{krit}}$ verbraucht werden (vgl. Abb. 28.21), ist die Region $r \leq r_{\text{krit}}$ substratlimitiert. Der Pelletradius r_{Pellet} nimmt somit proportional mit der Dicke der aktiven Schicht Δr zu

$$\frac{\mathrm{d}r_{\text{Pellet}}}{\mathrm{d}t} = \mu \cdot \Delta r. \tag{28.68}$$

Die Integration ergibt bei unlimitiertem Wachstum in der Pelletschicht Δr, d. h. $\mu =$ konst.

$$r_{\text{Pellet}} = \mu \cdot \Delta r \cdot t + r_{\text{Pellet,0}}. \tag{28.69}$$

Hierin ist $r_{\text{Pellet,0}}$ der Pelletradius bei $t = 0$.

Unter der Annahme, dass das Pellet eine homogene Struktur aufweist, d. h. die Dichte im Pellet ρ_{Pellet} überall gleich ist und das Pellet vollständig sphärische Form aufweist, ergibt sich die Biomassekonzentration des Pellets X_{Pellet} mit

$$X_{\text{Pellet}} = \frac{4}{3} \cdot \pi \cdot r_{\text{Pellet}}^3 \cdot \rho_{\text{Pellet}} \cdot n_{\text{Pellet}}, \tag{28.70}$$

wobei n_{Pellet} die Pelletkonzentration darstellt. Gl. (28.70) nach dem Pelletradius r_{Pellet} aufgelöst und in Gl. (28.69) eingesetzt ergibt das sog. *Kubikwurzelgesetz des Pelletwachstums*

$$X_{\text{Pellet}}^{1/3} \approx k \cdot t + X_{\text{Pellet,0}}^{1/3}, \tag{28.71}$$

mit $X_{\text{Pellet,0}}$ der Biomassekonzentration bei $t = 0$ (entsprechend $r_{\text{Pellet,0}}$) und der stammspezifischen Wachstumskonstante

$$k \approx \left(\frac{4 \cdot \pi \cdot \rho_{\text{Pellet}} \cdot n_{\text{Pellet}}}{3}\right)^{1/3} \cdot (\mu \cdot \Delta r). \tag{28.72}$$

Obwohl Biopellets in Kultivierung nicht alle gleich groß werden, sondern eine Größenverteilung aufweisen, lässt sich mit Gl. (28.71) das makroskopische *Pelletwachstum* in erster Näherung gut beschreiben. Es stellt jedoch eine starke Vereinfachung dar, da es keine scharfe Abgrenzung zwischen exponentiell wachsender äußerer Schicht und nicht-wachsendem Pelletkern gibt, wie in erster Näherung hier angenommen wurde.

28.6.7.3 Wachstumslimitierung durch Substratdiffusion

Substrate, die für das Wachstum des Myzelpellets und die Produktbildung notwendig sind, müssen über die Oberfläche in das Pellet hineindiffundieren und reagieren ab. Die über die Oberfläche eines ideal-sphärischen Pellets eintretende Substratmenge S ist gleich der im Pellet abreagierenden Substratmenge

$$4 \cdot \pi \cdot r^2 \cdot D_{\text{eff}} \cdot \frac{\mathrm{d}S}{\mathrm{d}r} = \frac{4}{3} \cdot \pi \cdot r^3 \cdot q_s \cdot \rho_{\text{Pellet}}, \quad (28.73)$$

mit D_{eff} dem im Pellet konstanten effektiven Diffusionskoeffizienten, ρ_{Pellet} der konstanten Pelletdichte sowie $q_S = \mu / Y_{X/S}$ der konstanten spezifischen Substratsverbrauchsrate des limitierenden Substrats für das Wachstum. Nach Variablenseparation liefert die Integration in den Grenzen bis $S = S_{\text{Pellet}}$ der maximalen Substratkonzentration an der Oberfläche des Pellets ($r = r_{\text{Pellet}}$)

$$\int_{S}^{S_{\text{Pellet}}} \mathrm{d}S = \frac{\rho_{\text{Pellet}} \cdot q_S}{3 \cdot D_{\text{eff}}} \cdot \int_{r}^{r_{\text{Pellet}}} r \cdot \mathrm{d}r. \quad (28.74)$$

Aus der Integration folgt

$$(S_{\text{Pellet}} - S) = \frac{\rho_{\text{Pellet}} \cdot q_S}{6 \cdot D_{\text{eff}}} \cdot (r^2_{\text{Pellet}} - r^2). \quad (28.75)$$

Der *kritische Pelletradius* $r_{\text{Pellet,krit}}$ ist erreicht, wenn die Substratkonzentration S im Pelletzentrum gleich Null ist, d. h. $r_{\text{Pellet}} = r_{\text{Pellet,krit}}$ wenn $S = 0$ bei $r = 0$. Aus Gl. (28.75) folgt

$$r_{\text{Pellet,krit}} = \sqrt{\frac{6 \cdot D_{\text{eff}} \cdot S_{\text{Pellet}}}{\rho_{\text{Pellet}} \cdot q_S}} = \sqrt{\frac{6 \cdot D_{\text{eff}} \cdot S_{\text{Pellet}} \cdot Y_{X/S}}{\rho_{\text{Pellet}} \cdot \mu}}. \quad (28.76)$$

Beim Pelletwachstum stellt bei aerober Kultivierung meist der Sauerstoff das wachstumslimitierende Substrat dar. Die Größe von $r_{\text{Pellet,krit}}$ hängt damit von der inneren und äußeren Pelletmorphologie sowie von der in den meisten Fällen nicht konstanten Pelletdichte ρ_{Pellet} und dem effektiven Diffusionskoeffizienten D_{eff} ab.

28.6.8 Rheologie von Kultivierungsbrühen

Die *Rheologie* von Kultivierungsbrühen, insbesondere hervorgerufen durch den Einsatz zähflüssiger Substrate, die Morphologie filamentöser Mikroorganismen oder durch Stoffwechselprodukte, hat einen entscheidenden Einfluss auf die Eigenschaften des Stoff- und Wärmetransports und auf die Produktivität des Kultivierungsprozesses. So kann sich aufgrund der Ausbildung stark verzweigter Myzelien die Viskosität der Kulturflüssigkeit während der Kultivierung filamentöser Mikroorganismen drastisch erhöhen und vom *Newtonschen Fließverhalten* wässriger Lösungen abweichen. Die Kenntnis grundlegender rheologischer Eigenschaften ist somit wesentlich sowohl für die Produktivität als auch die Produktisolierung.

I. Allg. ist die Beziehung zwischen *Schubspannung* τ und *Scherrate* $\dot{\gamma}$ gegeben durch die *Herschel-Bulkley-Beziehung*

$$\tau = \tau_0 + K \cdot (\dot{\gamma})^n \quad (28.77)$$

mit τ_0 der *Mindestschubspannung* oder *Fließgrenze*, K dem *Konsistenz-Faktor* und n dem *Fließindex*. Je nach den Werten für τ_0, K und n können Flüssigkeiten klassifiziert werden als *Newtonsche* und *Nicht-Newtonsche Fluide* (*dilatant, strukturviskos, Bingham-* und *Casson Fluide*). Für *Newtonsche Fluide* ($\tau_0 = 0$, $n = 1$), ergibt es eine lineare Beziehung zwischen Scherspannung τ und Scherrate $\dot{\gamma}$. In diesem Fall wird die Steigung in der Auftragung $\tau = f(\dot{\gamma})$ als dynamische Viskosität η definiert (Abb. 28.22). Für *Nicht-Newtonsche dilatante* ($\tau_0 = 0$, $n > 1$) und *strukturviskose* (*pseudoplastische*) Fluide ($\tau_0 = 0$, $n < 1$) ändert sich Gl. (28.77) in das *Ostwald-de Waele-Modell*. Hier lässt sich die Viskositätseigenschaft nur in Form einer *apparenten* (d. h. scheinbaren) *Viskosität* η_a definieren

$$\eta_a \equiv K \cdot (\dot{\gamma})^{n-1}. \quad (28.78)$$

Dilatante Fluide erhöhen ihre Viskosität mit steigender Scherrate (*scherverdickend*), während *strukturviskose Fluide* eine Abnahme der Viskosität mit steigender Scherrate (*scherverdünnend*)

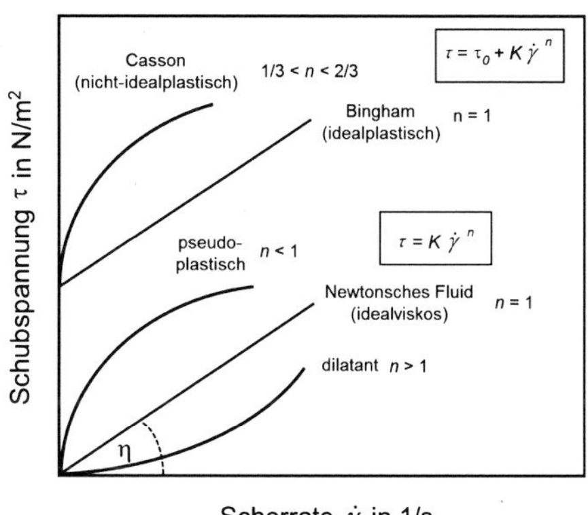

Abb. 28.22 Fließverhalten biologischer Systeme

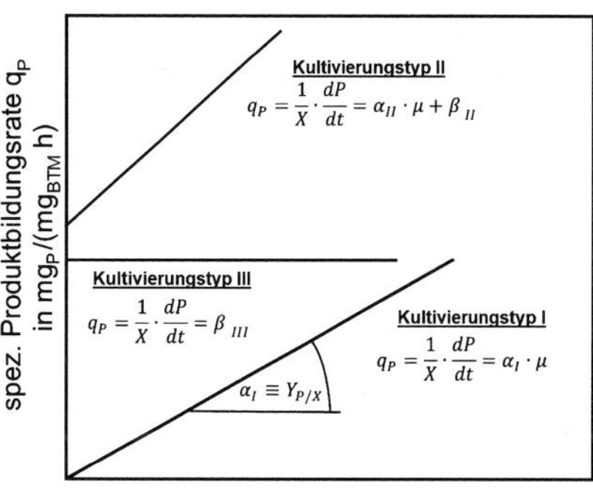

Abb. 28.23 Produktbildungskinetik von Luedeking-Piret, Kultivierungstypen nach Gaden

zeigen. Für *idealplastische Bingham Fluide* ($n = 1$, $\tau_0 \neq 0$, $\tau > \tau_0$) und nicht-idealplastische Casson Fluide ($1/3 < n < 2/3$, $\tau_0 \neq 0$, $\tau > \tau_0$) muss zunächst eine Mindestschubspannung τ_0 überwunden werden, bevor ein Fließen auftritt. Die scheinbare Viskosität η_a ist hier definiert mit

$$\eta_a \equiv \frac{\tau_0}{\dot{\gamma}} + K \cdot (\dot{\gamma})^{n-1}. \qquad (28.79)$$

Abb. 28.22 zeigt ein Diagramm der Schubspannung τ gegenüber der Scherrate $\dot{\gamma}$ mit den Fließeigenschaften unterschiedlicher Kultivierungsbrühen.

28.6.9 Produktbildungskinetik

Für die kinetische Analyse der Produktkinetik hat sich die Einteilung verschiedener *Kultivierungstypen* nach Gaden (1959) bewährt. Es lassen sich drei Kultivierungstypen unterscheiden:

Kultivierungstyp I: Das Produkt der Kultivierung ist ein direktes Produkt des Primär- und Energiestoffwechsels. Wachstums-, Substratverbrauchs- und Produktbildungsrate zeigen ein Maximum, das ungefähr zum gleichen Kultivierungszeitpunkt auftritt. Substratverbrauch und Produktbildung stehen in einem direkten stöchiometrischen Zusammenhang.

Kultivierungstyp II: Das Kultivierungsprodukt ist ein indirektes Produkt des katabolischen und anabolischen Energiestoffwechsels. Wachstums- und Substratverbrauchsrate weisen zwei Maxima in zwei Kultivierungsphasen auf, während die Produktbildungsrate nur ein Maximum in der zweiten Kultivierungsphase zeigt.

Kultivierungstyp III: Das Kultivierungsprodukt ist ein komplexes Molekül, dessen Bildung zeitlich vom Biomassewachstum und Primärstoffwechsel entkoppelt ist. Wachstums- und Substratverbrauchsrate bilden ein Maximum in einer ersten Stoffwechselphase, während die Produktbildungsrate in einer zweiten, zeitlich verschobenen Stoffwechselphase ihr Maximum erreicht.

Aus der Vielzahl kinetischer Modelle für die Produktbildung wird das empirische Modell nach *Luedeking und Piret* (1959) beispielhaft betrachtet. Es wird unterschieden zwischen wachstumsassoziierter ($\alpha \cdot \frac{dX}{dt}$) und -entkoppelter jedoch von der Biomassekonzentration abhängigen *Produktbildungsrate* ($\beta \cdot X$). Für die *volumenbezogene Produktbildungsrate* folgt durch Addition der beiden o. g. Terme

$$\frac{dP}{dt} = \alpha \cdot \frac{dX}{dt} + \beta \cdot X \qquad (28.80)$$

bzw. die spezifische Produktbildungsrate

$$q_P = \frac{1}{X} \cdot \frac{dP}{dt} = \alpha \cdot \mu + \beta. \qquad (28.81)$$

Die Koeffizienten α und β erhält man aus der Auftragung $q_P = f(\mu)$ (Abb. 28.23). Die Steigung α ist in Übereinstimmung mit Gl. (28.48) definiert als der auf die Biomasse bezogene Produktertragskoeffizient $Y_{P/X}$. Der Koeffizient β stellt die wachstumsentkoppelte spezifische Produktbildungsrate dar, d. h. q_P bei $\mu = 0$. Gl. (28.81) und Abb. 28.23 lassen die o. g. drei Kultivierungstypen nach Gaden erkennen.

Literatur

Weiterführende Literatur

Atkinson, B., Mavituna, F.: Biochemical Engineering and Biotechnology Handbook. Second edition. Stockton Press, New York (1991)

Bailey, J. E., Ollis, D. F.: Biochemical Engineering Fundamentals. Second edition. McGraw Hill, New York (1986)

Blanch, H., Clark, D.S.: Biochemical Engineering, Marcel Dekker, New York (1997)

Chmiel, H., Takors, R., Weuster-Botz, D. (Hrsg.): Bioprozesstechnik. 4. Aufl. Spektrum Akademischer Verlag. Springer, Heidelberg (2018)

Fuchs, G. (Hrsg.): Allgemeine Mikrobiologie, 10. Aufl. Georg Thieme Verlag, Stuttgart (2017)

Doran, P.M.: Bioprocess Engineering Principles, Second edition, Academic Press, Waltham (2013)

Hempel, D. C., Dziallas, H.: Scale-up, stirred-tank reactor. In: Flickinger, M.C., Drew, S.W. (eds.): Encyclopedia of Bioprocess Technology: Fermentation, Biocatalysis and Bioseparation, John Wiley and Sons, Hoboken (1999)

Hu, W.S.: Cell Culture Bioprocess Engineering, Minnesota (2012)

Moo-Young, M. (Hrsg.): Comprehensive Biotechnology, 3. Aufl. Elsevier: Pergamon (2019)

Präve, P., Faust, U., Sittig, W., Sukatsch, D. A. (eds.): Fundamentals of Biotechnology. VCH, Weinheim (1987)

Sahm, H.: Biological Fundamentals. In: Rehm, H.-J., Reed, G. (eds.): Biotechnology, Vol. 1. VCH, Weinheim (1993)

Schmidt, R.D.: Taschenatlas der Biotechnologie und Gentechnik. 3. Auflage, Wiley-VCH, Weinheim (2016)

Stephanopoulos, G.: Bioprocessing. In: Rehm, H.-J., Reed, G., Pühler, A., Stadler, P. (eds.): Biotechnology, Vol. 3. VCH, Weinheim (1993)

Villadsen, J., Nielsen, J., Lidén, G.: Bioreaction Engineering Principles, Third edition, Springer, New York, Dordrecht, Heidelberg, London (2011)

Ward, O. P.: Bioreaktionen: Prinzipien, Verfahren, Produkte. Springer, Berlin (1994)

Teil V
Thermischer Apparatebau und Industrieöfen

Industrieöfen

29

Eckehard Specht und Friedherz Becker

29.1 Grundlagen

Müssen gasförmige, flüssige oder feste Medien erwärmt oder unter Wärmezufuhr einer stofflichen Umwandlung unterzogen werden, so werden hierzu spezielle auf den Prozess abgestimmte Apparate und Anlagen benötigt. Das wichtigste Unterscheidungsmerkmal besteht darin, ob die Wärme dezentral erzeugt werden kann oder ob die Wärmeerzeugung mit dem Behandlungsprozess gekoppelt werden muss. Dies hängt vom Temperaturniveau und der thermischen Beständigkeit des Apparatematerials ab. Bei Temperaturen etwa unterhalb 600 °C können Wärmeträgermedien wie Dampf zur Wärmezufuhr verwendet werden, die in einem zentralen Kraftwerk erzeugt werden. Die verschiedenen Medien sind dann im Apparat durch Wände getrennt, die in der Regel aus Stahl oder anderen Metallen bestehen. In solchen Apparaten werden organische Stoffprozesse durchgeführt, die in Teil IV der Verfahrenstechnik behandelt werden. Bei Temperaturen oberhalb 600 °C können die Medien durch Wände auf Grund von deren begrenzten thermischen Festigkeiten nicht mehr getrennt werden. Die Wärmeerzeugung muss dann direkt mit dem Prozess gekoppelt werden. Diese thermischen Apparate werden als Industrieöfen bezeichnet. Sie werden zentral mit fossilen Brennstoffen oder elektrisch beheizt. In Industrieöfen finden typischerweise anorganische Stoffwandlungsprozesse statt, die in den meisten Fällen zu den Bereichen der Metallurgie und Mineralien gehören.

Mit den Feuerungen der Energietechnik haben die Industrieöfen lediglich den Verbrennungsprozess gemeinsam, da der verfahrenstechnische Prozess fehlt, auf den der Verbrennungsprozess abzustimmen ist. Bei den Kesseln beispielsweise zur Erzeugung von Dampf ist zwar ebenfalls die Wärmeerzeugung mit der Wärmeabgabe gekoppelt, der erzeugte Dampf ist aber lediglich ein Energieträger und kein Stoff, der im Sinne der Verfahrenstechnik einer Stoffumwandlung unterzogen werden soll. Somit gelten hier in der Regel andere Kriterien für die Optimierung solcher Prozesse als bei den Industrieöfen. Während bei den letztgenannten Prozessen die Produktqualität im Vordergrund steht, kommt es bei den Anlagen der Energietechnik um Wesentlichen auf eine optimale Energiewandlung an. Feuerungen werden in Teil VIII Energietechnik behandelt.

29.2 Charakterisierung

Industrieofenprozesse. Die in Industrieöfen ablaufenden Prozesse gehören bis auf wenige Ausnahmen zu den Hochtemperaturverfahren. In Abb. 29.1 sind Temperaturbereiche von bedeutenden Industrieofenprozessen aufgeführt, die

E. Specht (✉)
Otto-von-Guericke-Universität Magdeburg
Magdeburg, Deutschland
E-Mail: eckehard.specht@ovgu.de

F. Becker
becker energy consulting
Wendelstein, Deutschland
E-Mail: Friedherz.becker@t-online.de

B. Bender und D. Göhlich (Hrsg.), *Dubbel Taschenbuch für den Maschinenbau 3: Maschinen und Systeme*,
https://doi.org/10.1007/978-3-662-59715-6_29

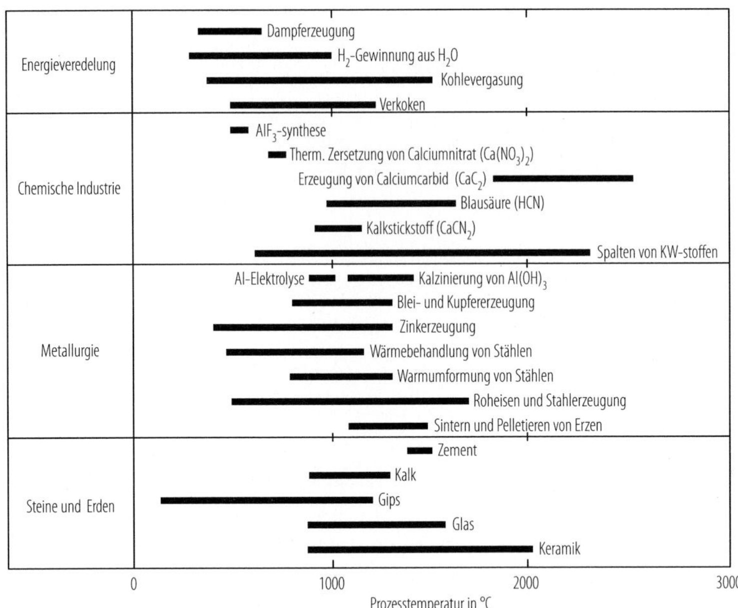

Abb. 29.1 Prozesstemperaturen zur Erzeugung von Produkten der Grundstoffindustrie

überwiegend der Grundstoffindustrie zugeordnet werden können. Zu ihnen gehören also die Verfahren zur Erzeugung von Metallen, wie Eisen und Stahl, Aluminium, Blei, Kupfer, Zink sowie alle übrigen Buntmetalle, weiterhin die Verfahren zur Erzeugung von Produkten der Steine- und Erden-Industrie, wie Zement, Kalk, Gips, Glas, Keramik, usw., aber auch Verfahren der chemischen Industrie und Verfahren zur Umwandlung von festen, flüssigen und gasförmigen Brennstoffen.

Diese Ofenprozesse machen etwa 60 % der in der Industrie verbrauchten Energie aus [1]. Unter verbrauchter Energie, die physikalisch nur umgewandelt werden kann, wird im Folgenden als synonym verbrauchte fossile Brennstoffe verstanden.

Das wichtigste Unterscheidungsmerkmal von Industrieöfen ist deren Bauform. Diese hängt von der Form und Geometrie des zu transportierenden Gutes ab. Dieses lässt sich in drei Kategorien einteilen:

- Feingut, wie Mehl, Sand, Split, Pellets, Granulat, Späne, usw. Solches Gut ist in der Regel kleiner als 30 mm und weist eine breite Korngrößenverteilung auf.
- Stückiges und granulares Gut, wie Pellets, Sinter, Steine, Koks, Drahtbunde, Gusseisenschrotte, usw. Solches Gut ist in der Regel größer als 30 mm und weist meistens auf Grund einer Klassifizierung ein relativ enges Korngrößenband auf.
- Formgut oder Stückgut, wie Brammen, Stäbe, Rohre, Bänder, Zahnräder, Schrauben, Turbinenwellen, Dachziegel, Tassen, Teller, Vasen, Gläser, usw. Solches Gut hat bestimmte gleichmäßige Geometrien und kann Größen vom Millimeter- bis in den Meterbereich aufweisen.

In Tab. 29.1 sind die zugehörigen Ofentypen aufgeführt. Der Name richtet sich in der Regel danach, wie das Gut oder auch der Ofen bewegt wird. Unterschieden wird zusätzlich, ob das Gut kontinuierlich durch den Ofen transportiert wird oder ob es nur im Ofen platziert und dann wärmebehandelt wird. Solche Wärmebehandlungsprozesse werden als Chargenprozesse und die zugehörigen Öfen als Chargenöfen bezeichnet. Solche Öfen werden verwendet, wenn die Menge des zu behandelnden Gutes klein ist oder der Wärmebehandlungsprozess sich öfters bei den einzelnen Chargen ändern muss.

Tab. 29.1 Übersicht der Industrieöfen

Gut	Kontinuierliche Produktion	Chargenweise Produktion
Feines Gut	Drehrohröfen Glaswannenöfen Wirbelschichtöfen	Drehtrommelöfen Hafenöfen
Stückiges Gut	Hochöfen Kupolöfen Normalschachtöfen Ringschachtöfen Gleich-, Gegenstrom-Regenerativöfen	Lichtbogenöfen Induktionsöfen Kokskammeröfen
Geformtes Gut	Stoßöfen Hubbalkenöfen Tunnelöfen: – Tunnelwagenöfen – Rollenöfen – Drehherdöfen – Förderbandöfen – Hängebahnöfen Banddurchlauföfen Turmöfen Schwebebahnöfen	Herdwagenöfen Haubenöfen Ringöfen Tieföfen Kammeröfen Elevatoröfen

Bei Drehrohr- und Drehtrommelöfen wird das Feingut durch die Drehung des Ofens fluidisiert und fließt dann in Folge der Schwerkraft und Grund einer Neigung des Ofens durch diesen. Bei Glaswannen fließt das feine Mineralgemenge und anschließend die Schmelze ebenfalls durch den Ofen. Bei Hafenöfen befinden sich das Mineralgemenge und anschließend die Glasschmelze in einem zylindrischen Behältnis, der sogenannten Hafe, und wird schließlich ausgeschüttet.

Stückiges Gut wird von oben in senkrechte Schächte geschüttet und bewegt sich dann als feste sogenannte Festbettschüttung in Folge der Schwerkraft abwärts. Je nach Art des Prozesses und der Querschnittsform haben sich verschiedene Namen eingebürgert. Bei Hochöfen werden Erze reduziert und das Metall fließt flüssig aus. Bei Kupolöfen werden Schrotte oder Steine geschmolzen. Bei Schachtöfen werden Kalksteine oder Dolomitsteine in den Ofen geschüttet, um dort kalziniert zu werden. Hierbei verlässt das Produkt den Ofen wieder nahezu kalt. Normalschachtöfen haben einen runden oder in Einzelfällen einen rechteckigen Querschnitt. Diese Öfen werden im reinen Gegenstrom vom Material und Gas betrieben. Bei Ringschachtöfen wird die Vorwärm- und Kühlzone des Materials wiederum im Gegenstrom betrieben, der mittlere Teil des Ofens, der Bereich der Kalzinierung, jedoch im Gleichstrom. Daher besteht dieser Ofen aus zwei Schächten. Im Ringspalt fließt das Material nach unten, im inneren Schacht wird das Gas für den Umlauf transportiert. Gegenstrom-Gleichstrom-Regenerativ-Öfen (GGR-Öfen) bestehen aus zwei miteinander verbundenen Schächten, die abwechselnd periodisch durchströmt werden. Dadurch kann zum einen der mittlere Ofenteil im Gleichstrom durchströmt werden und andererseits kann die Steinschüttung selber zur regenerativen Luftvorwärmung genutzt werden, wodurch ein relativ niedriger spezifischer Energieverbrauch erreicht wird. Auf Grund der thermischen Ausdehnung der Materialien und der Schrumpfung durch Reaktionen können Schachtöfen mit der Höhe veränderliche Durchmesser aufweisen.

Bei Tunnelöfen wird das Formgut durch einen rechteckigen, langen Ofen transportiert. Da die geformten Teile zum gleichmäßigen Aufheizen und anschließendem Abkühlen viel Zeit benötigen, sind die Öfen sehr lang, vergleichbar mit einer Tunnelfahrt. Bei Tunnelwagenöfen wird das Gut auf Wagen platziert, die durch den Ofen gedrückt werden. Bei einem Drehherdofen werden die Teile auf Wagen im Kreis durch den Ofen gefahren, der folglich rund ist. Damit kann der Ofen an einer Stelle Be- und Entladen werden. Bei Rollenöfen liegen in der Regel flache

Teile wie Fliesen, Scheiben, Blätter auf vielen eng nebeneinander angeordneten Rollen. Durch die Drehung der Rollen werden die Teile durch den tunnelförmigen Ofen transportiert. Bei Hubbalkenöfen werden typischerweise schwere Metallbrammen mit Balken angehoben, ein Stück vorwärts getragen und dann wieder abgesetzt. Bei Stoßöfen werden solche Brammen auf Schienen durch den Ofen gestoßen. Bei Banddurchlauföfen wird ein Metallband von einem Coil abgewickelt, zwischen Rollen durch den Ofen gezogen und anschließend wieder aufgewickelt. Das Ende eines Bandes wird mit dem Anfang des nächsten Bandes verschweißt, so dass ein kontinuierlicher Prozess entsteht. Einige Metallbänder sind bei den hohen Wärmebehandlungstemperaturen so weich, dass sie auf Gaspolstern durch den Ofen schweben. Bei Hängebahnöfen wird langförmiges Gut wie Pleuelstangen, Kurbelwellen an Schienen hängend durch den Ofen gezogen. Beim Herdwagenofen wird das geformte Gut auf einem Wagen in den Ofen gefahren und nach der Wärmebehandlung oder Erwärmung entsprechend wieder heraus. Bei Haubenöfen werden über Coils (gewickelte Metallbänder) und Brenngut beheizbare Hauben gestülpt, also der Ofen bewegt. Bei Tieföfen werden große Metallteile wie Al- und Cu-Brammen und Kohleanoden und -kathoden von oben in tief im Boden befindliche Ofen gestellt. Bei Kammeröfen werden verschiedene Teile in den Ofen gelegt, wie z. B. Getriebe und Zahnräder zum Härten. Die Öfen müssen dann dicht sein, um definierte Atmosphären einstellen zu können. Bei Elevatoröfen wird das Gut von unten in den Ofen gehoben.

Auf einige dieser Öfen wird im Folgenden noch ausführlicher eingegangen.

29.3 Spezifischer Energieverbrauch

Industrieöfen werden stets primär nach der Produktqualität optimiert. Darüber hinaus wird ein möglichst geringer spezifischer Energieverbrauch angestrebt. Je geringer die Wertschöpfung des Gutes, desto aufwändiger wird der Energieverbrauch optimiert. Bei Massenprodukten können die Energiekosten bis zu 40 % der Produktionskosten ausmachen.

Der spezifische Energieverbrauch ergibt sich aus der Energiebilanz für den gesamten Ofen. Die mit dem Brennstoff und der Verbrennungsluft, die meistens vorgewärmt ist, zugeführte Energie ist gleich dem an das Gut abgegebenen Wärmestrom $\dot{Q}$, dem Verlustwärmestrom durch Wände und Türöffnungen $\dot{Q}_\text{v}$ und der mit dem Ofengas abgeführten Enthalpie

$$\dot{M}_\text{B} \cdot h_\text{u} + \dot{M}_\text{L} \cdot c_\text{pL} \cdot T_\text{L} = \dot{Q} + \dot{Q}_\text{v} + \dot{M}_\text{G} \cdot c_\text{pG} \cdot T_\text{A} \,. \tag{29.1}$$

In der Gleichung bedeuten $\dot{M}_\text{B}$ der Brennstoffmassenstrom, h_u sein Heizwert, $\dot{M}_\text{L}$ der Luftmassenstrom, c_pL die spezifische Wärmekapazität der Luft, T_L deren Temperatur, $\dot{M}_\text{G}$ der Gasmassenstrom, c_pG seine mittlere spezifische Wärmekapazität und T_A die Ofenabgastemperatur. Der an das Gut abgegebene Wärmestrom setzt sich zusammen aus der Enthalpiedifferenz des Produktmassenstrom $\dot{M}_\text{S}$ zwischen Ein- und Austritt, der gegebenenfalls benötigten Phasen- oder Stoffumwandlungsenthalpie Δh und der Enthalpiedifferenz des Massenstroms $\dot{M}_\text{T}$ gegebenenfalls benötigter Brennhilfs- und Transportmittel zwischen Ein- und Austritt

$$\begin{aligned}\dot{Q} &= \dot{M}_\text{S} \cdot c_\text{S} \cdot (T_\text{S ein} - T_\text{S aus}) + \Delta h \\ &\quad + \dot{M}_\text{T} \cdot c_\text{T} \cdot (T_\text{S ein} - T_\text{S aus}) \,.\end{aligned} \tag{29.2}$$

Transportmittel sind beispielsweise Wagen bei Tunnelöfen, wie zuvor bereits beschrieben worden ist. Tassen, Vasen und andere Keramikteile werden in Kaskaden gesetzt, sogenannte Brennhilfsmittel, die wiederum auf die Wagen gestellt werden. Brennhilfs- und Transportmittel können vom Massenstrom in der gleichen Größenordnung liegen wie das Produkt selber. Falls der Produktstrom auf Grund einer Reaktion seinen Wert ändert, so muss die obige Energiebilanz entsprechend erweitert werden.

Die spezifische Wärmekapazität ist temperaturabhängig. Daher muss entsprechend der Definition der Enthalpie bei der Bilanzierung zwischen der Luft- und Gastemperatur ein mittlerer Wert eingeführt werden

$$c_\text{pG} = \frac{1}{T_\text{G} - T_\text{L}} \cdot \int\limits_{T_\text{L}}^{T_\text{G}} c_\text{p}(T) \cdot \text{T} \,, \tag{29.3}$$

wobei zweckmäßigerweise absolute Temperaturen verwendet werden. Die Temperaturabhängigkeit der spezifischen Wärmekapazität einer Gaskomponente kann nämlich mit einem Fehler kleiner als $\pm 3\,\%$ durch die Potenzfunktion

$$c_p(T) = c_p(T_0) \cdot \left(\frac{T}{T_0}\right)^n \qquad (29.4)$$

angenähert werden [2]. Damit ergibt sich als Mittelwert einer Gaskomponente

$$\frac{c_p(T)}{c_p(T_0)} = \frac{1}{n+1} \cdot \frac{(T/T_0)^{n+1} - 1}{T/T_0 - 1}\,. \qquad (29.5)$$

Die mittlere spezifische Wärmekapazität des Gasgemisches erhält man aus der massenbezogenen Wichtung der spezifischen Wärmekapazität der einzelnen Komponenten entsprechend des eingesetzten Brennstoffs und der Luftzahl

$$c_{pG} = \sum x_{iG} \cdot c_{pi} = \frac{1}{\rho_G} \cdot \sum \tilde{x}_{iG} \cdot \rho_i \cdot c_{pi}\,. \qquad (29.6)$$

In Tab. 29.2 sind die spezifischen Wärmekapazitäten mit den dazugehörigen Exponenten n und die Dichten für die wichtigsten Gaskomponenten aufgeführt.

Für die Massenströme gilt

$$\dot{M}_L = \lambda \cdot L \cdot \dot{M}_B \qquad (29.7)$$

und

$$\dot{M}_G = \dot{M}_B + \dot{M}_L = \dot{M}_B (1 + \lambda \cdot L)\,, \qquad (29.8)$$

wobei L der stöchiometrische Luftbedarf und λ die Luftzahl bedeuten. Mit diesen beiden Gleichungen ergibt sich aus der Energiebilanz (Gl. (29.1)) für den spezifischen Energieverbrauch

$$\begin{aligned}\frac{\dot{M}_B \cdot h_u}{\dot{M}_S} &= \big[(c_S + c_T \cdot \dot{M}_T/\dot{M}_S) \\ &\quad \cdot (T_{S\,ein} - T_{S\,aus}) + \Delta h + \dot{Q}_V/\dot{M}_S\big] \\ &\quad \big/\big[1 - (1 + \lambda \cdot L) \cdot \bar{c}_{pA} \cdot (\vartheta_A - \vartheta_L)/h_u\big]\,,\end{aligned} \qquad (29.9)$$

wobei vereinfachend

$$\lambda \cdot L \cdot c_{pL} \approx (1 + \lambda \cdot L) \cdot \bar{c}_{pG} \qquad (29.10)$$

gesetzt worden ist.

Tab. 29.2 Spezifische Wärmekapazität und Dichte bei $T_0 = 273$ K und 1 bar

Gas	c_p kJ / (kg K)	n –	ρ kg/m³	$\tilde{M}$ kg/kmol
N_2	1,00	0,11	1,234	28,0
O_2	0,90	0,15	1,410	32,0
CO_2	0,84	0,30	1,939	44,0
H_2O	1,75	0,20	0,793	18,0
CO	1,00	0,12	1,234	28,0
H_2	14,2	0,05	0,088	2,0

Zur Beurteilung von Industrieöfen wird der feuerungstechnische Wirkungsgrad

$$\eta_f = \frac{\dot{Q} + \dot{Q}_V}{\dot{M}_B \cdot h_u} \qquad (29.11)$$

eingeführt, der das Verhältnis der abgegebenen Wärme zur eingesetzten Brennstoffenergie angibt. Mit Gl. (29.9) erhält man

$$\eta_f = 1 - \frac{(1 + \lambda \cdot L) \cdot \bar{c}_{pA} \cdot (\vartheta_A - \vartheta_L)}{h_u}\,. \qquad (29.12)$$

Dieser Wirkungsgrad ist in Abb. 29.2 beispielhaft für Erdgas dargestellt. Man erkennt, dass der Wirkungsgrad umso höher ist, je niedriger die Abgastemperatur ist und je mehr sich die Luftzahl dem stöchiometrischen Wert eins annähert.

Zur Beurteilung der Isolierung einer Anlage wird der Apparatewirkungsgrad

$$\eta_a = \frac{\dot{Q}}{\dot{Q} + \dot{Q}_V} \qquad (29.13)$$

eingeführt, der den benötigten (genutzten) Wärmestrom in Relation zur gesamten Wärmeerzeugung setzt. Zur Beurteilung des Anteils der genutzten Wärme zum aufgewendeten Brennstoff wird der Gesamtwirkungsgrad

$$\eta_{ges} = \frac{\dot{Q}}{\dot{M}_B \cdot h_u} \qquad (29.14)$$

eingeführt. Mit Gl. (29.13) folgt dann für den Gesamtwirkungsgrad

$$\eta_{ges} = \eta_f \cdot \eta_a\,. \qquad (29.15)$$

Dieser ist also kleiner als der feuerungstechnische Wirkungsgrad.

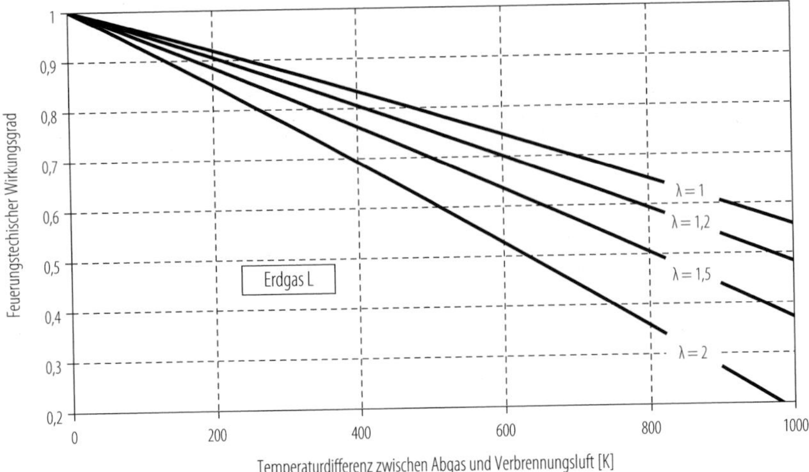

Abb. 29.2 Feuerungstechnischer Wirkungsgrad für Erdgas

Bei vielen Prozessen der Hochtemperaturtechnik verlassen die Verbrennungsgase den Ofen mit Temperaturen von 800 °C bis 1200 °C. Die konvektive Wärmeübertragung ist besonders bei einem Gut mit großen Abmessungen sehr gering. Daher muss die Wärme hauptsächlich durch Strahlung übertragen werden. Hierzu werden jedoch hohe Gastemperaturen benötigt. Bei Schmelzöfen (Glas, NE-Metalle) verlassen die Gase prozessbedingt den Ofen mit Temperaturen etwa in der Höhe der Schmelztemperatur. Die feuerungstechnischen Wirkungsgrade würden dann nach Abb. 29.2 nur bei 40 bis 60 % liegen. Die Enthalpie der Ofengase wird daher so weit wie möglich zurückgewonnen. Bei Öfen mit metallischem Gut und bei Chargenöfen wird mit dem Ofenabgas die Verbrennungsluft vorgewärmt. Hierauf wird im folgenden Abschnitt eingegangen. Bei Feingut und stückigem Gut, das durchströmt werden kann, werden die heißen Ofengase zur Vorwärmung des Gutes verwendet. In diesen Fällen wird die zur Kühlung des Gutes eingesetzte Luft zur Verbrennung verwendet. Dadurch erreicht man eine Wärmerückgewinnung aus dem Gut durch Luftvorwärmung. Hierauf wird bei den speziellen Ofentypen (Drehrohr-, Schachtöfen) eingegangen.

29.4 Wärmerückgewinnung durch Luftvorwärmung

Das Prinzip der Wärmerückgewinnung aus dem Ofenabgas durch Luftvorwärmung ist in Abb. 29.3 dargestellt. In einem Rekuperator wird die Umgebungsluft mit der Temperatur T_L auf die Temperatur T_LV vorgewärmt. Bezeichnet man den Brennstoffstrom mit und ohne Wärmerückgewinnung mit $\dot{M}_\mathrm{B}$ bzw. $\dot{M}_\mathrm{Bo}$, so lässt sich als Energieeinsparungsgrad

$$E = 1 - \frac{\dot{M}_\mathrm{B} \cdot h_\mathrm{u}}{\dot{M}_\mathrm{Bo} \cdot h_\mathrm{u}} \tag{29.16}$$

definieren. Mit dem Brennstoffverbrauch nach Gl. (29.9) erhält man daraus

$$E = 1 - \frac{h_\mathrm{u} - (1 + \lambda \cdot L) \cdot \bar{c}_\mathrm{pAO} \cdot (\vartheta_\mathrm{AO} - \vartheta_\mathrm{L})}{h_\mathrm{u} - (1 + \lambda \cdot L) \cdot \bar{c}_\mathrm{pA} \cdot (\vartheta_\mathrm{A} - \vartheta_\mathrm{L})} \tag{29.17}$$

wobei ϑ_A die Abgastemperatur hinter dem Rekuperator und ϑ_AO die Abgastemperatur des Ofens ist. Diese Temperatur wäre die Abgastemperatur ohne Wärmerückgewinnung. Die Höhe der Luftvorwärmung und damit die Temperaturabsenkung des Abgases hängt von der Güte des Rekuperators ab. Für dessen Beschreibung wird

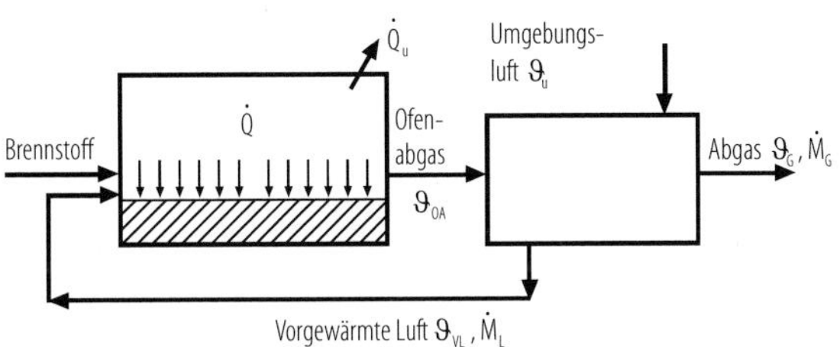

Abb. 29.3 Feuerungsanlage mit Wärmerückgewinnung aus dem Abgas

der Wirkungsgrad

$$\eta_R = \frac{\dot{M}_L \cdot c_{pL} \cdot (\vartheta_{LV} - \vartheta_L)}{\dot{M}_L \cdot c_{pL} \cdot (\vartheta_{AO} - \vartheta_L)} = \frac{\dot{M}_G \cdot \bar{c}_{pA} \cdot (\vartheta_{AO} - \vartheta_A)}{\dot{M}_L \cdot c_{pL} \cdot (\vartheta_{AO} - \vartheta_L)} \quad (29.18)$$

definiert, der die Enthalpieaufnahme der Luft bezogen auf deren maximale Enthalpieaufnahme (Erwärmung auf ϑ_{AO}) ist. Damit ergibt sich aus Gl. (29.17) und mit dem feuerungstechnischen Wirkungsgrad entsprechend Gl. (29.12)

$$E = 1 - \frac{\eta_f}{1 - (1 - \eta_f) \cdot \left(1 - \eta_R \frac{\lambda \cdot L \cdot c_{pL}}{(1 + \lambda \cdot L) \cdot \bar{c}_{pA}}\right)} . \quad (29.19)$$

Dieser Energieeinsparungsgrad ist in Abb. 29.4 dargestellt. Hieraus ist ersichtlich, dass sich insbesondere bei niedrigen feuerungstechnischen Wirkungsgraden durch die Wärmerückgewinnung viel Energie einsparen lässt. Bei einem feuerungstechnischen Wirkungsgrad von beispielsweise 0,5 und einem Rekuperatorwirkungsgrad von ebenfalls nur 0,5 ergibt sich eine relative Energieeinsparung von etwa 35 %.

Der Energieeinsparung stehen allerdings die Investitionskosten des Rekuperators gegenüber. Bis zu Luftvorwärmtemperaturen von etwa 600 °C kann noch Stahl als Material eingesetzt werden. Feuerungen wie Industrieöfen besitzen oft eine Vielzahl von Brennern. Bei einem zentralen Rekuperator sind Luftvorwärmtemperaturen von etwa 450 °C üblich. Oftmals wird das Abgas dezentral über jeden Brenner abgezogen und die Luft direkt vorgewärmt. Bei diesen so genannten Rekuperatorbrennern sind Luftvorwärmtemperaturen bis 600 °C üblich, falls Stahl als Material

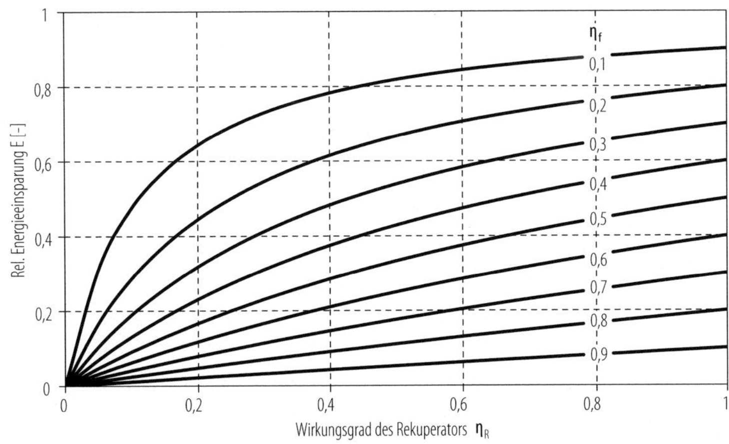

Abb. 29.4 Relative Energieeinsparung durch Luftvorwärmung

29

eingesetzt wird. Bei Siliziumkarbid als Material sind auch noch höhere Temperaturen möglich. Bei großen Feuerungen wie beispielsweise Glasschmelzöfen und Metallschmelzöfen oder falls noch brennbare Bestandteile im Abgas enthalten sind werden zur Luftvorwärmung und gegebenenfalls zum vollständigen Ausbrand Regeneratoren aus keramischen Materialien eingesetzt. Bei diesen periodisch arbeitenden Wärmeübertragern sind Luftvorwärmtemperaturen bis zu 1250 °C möglich. Es ist zu beachten, dass eine Luftvorwärmung problematisch werden kann bei Abgasen, die einen hohen Staubanteil oder flüssige Metalloxide (Anbackungen an den Wänden) oder korrosiv wirkende Spurengase enthalten.

Literatur

Spezielle Literatur

1. Krewitt, W., Temming, H.V., Nast, M., Eichmeier, B.: Das Potenzial industrieller Kraft-Wärme-Kopplung in Deutschland Bd. 58., S. 6–10 (2006)
2. Müller, R.: Die Annäherung der Temperaturabhängigkeit der Transportkoeffizienten von Gasen durch einen Potenzansatz. Chemie-Ing.-Techn. **40**, 344–349 (1968)

30 Drehrohröfen

Eckehard Specht und Friedherz Becker

30.1 Bauarten und Prozesse

30.1.1 Wirkungsweise

Drehrohröfen werden zur thermischen Behandlung von granular und stückig anfallenden Materialien eingesetzt. Der Größenbereich der Materialien reicht von einigen µm bis hin zu einem Meter wie beispielsweise bei Abfällen. Zum Transport der Materialien werden diese einem leicht geneigten, sich drehendem Rohr zugeführt, worauf der Name gründet. Die Bewegung des Materials ist in Abb. 30.1 veranschaulicht. In Längsrichtung fällt die Betthöhe des Materials kontinuierlich wie bei einer fließenden Flüssigkeit ab. Durch die Abnahme der potentiellen Energie wird die Reibung überwunden. Die Drehung fördert das Fließen des Materials. An der Wand wird das Material angehoben, wobei es relativ zur Wandbewegung in Ruhe bleibt. Auf einer schmalen Schicht rutscht das Material dann wieder abwärts. Nur während dieses Abwärtsfließens wird das Material auf Grund der Neigung in Längsrichtung transportiert. Zwischen Hubregion und Gleitschicht findet ein Queraustausch des Materials statt, was die Durchmischung fördert.

E. Specht (✉)
Otto-von-Guericke-Universität Magdeburg
Magdeburg, Deutschland
E-Mail: eckehard.specht@ovgu.de

F. Becker
becker energy consulting
Wendelstein, Deutschland
E-Mail: Friedherz.becker@t-online.de

Der konvektive Wärmeübergang zwischen dem Gas im Drehrohrofen und dem Material entsprechend Abb. 30.1 ist relativ gering. Bei Verfahren im Niedertemperaturbereich besitzt die Wand daher Hubschaufeln, die das Material nach oben transportieren und dann zur Verbesserung des Wärmeübergangs über dem gesamten Querschnitt abwerfen, wie beispielhaft in Abb. 30.2 gezeigt ist. Während des Fallens wird dann das Material auf Grund der Neigung ein Stück in Längsrichtung transportiert. Im Hochtemperaturbereich können aus Festigkeitsgründen keine Hubschaufeln eingebaut werden. Die Wärme wird dann jedoch durch Strahlung übertragen und der konvektive Wärmeübergang ist von untergeordneter Bedeutung. Zur indirekten Beheizung im Niedertemperaturbereich befinden sich im Inneren des Drehrohres Rohrleitungen, wie in Abb. 30.3 schematisch dargestellt. Durch diese strömt Dampf oder Heizgas. Die Rohrleitungen drehen sich mit dem Ofen und geben beim Eintauchen in das Material die Wärme durch den Kontakt ab.

Die Art der Materialien, die auf die Weise transportiert und damit thermisch behandelt werden können, ist überaus hoch. Als Beispiele für die Art der Materialien seien aufgeführt:

- trockenes, körniges Material wie Ton, Kalkstein, Gips, Dolomit, Split, Erze
- nasses, körniges Material wie Sand, Petrolkoks, Schlacke, Salze
- Pellets wie Dünger, Blähton
- trockene Pulver wie STPP

B. Bender und D. Göhlich (Hrsg.), *Dubbel Taschenbuch für den Maschinenbau 3: Maschinen und Systeme*,
https://doi.org/10.1007/978-3-662-59715-6_30

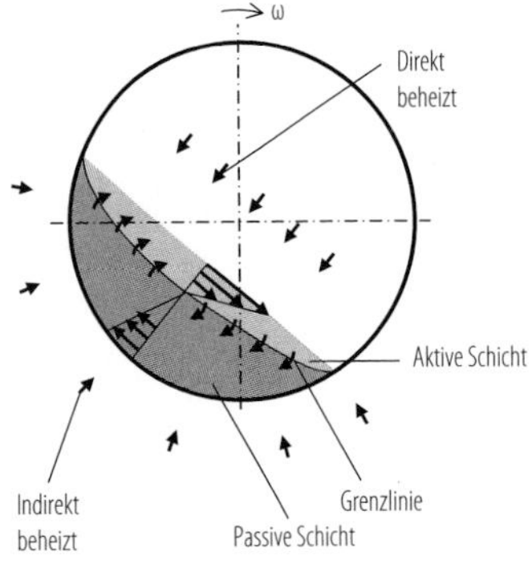

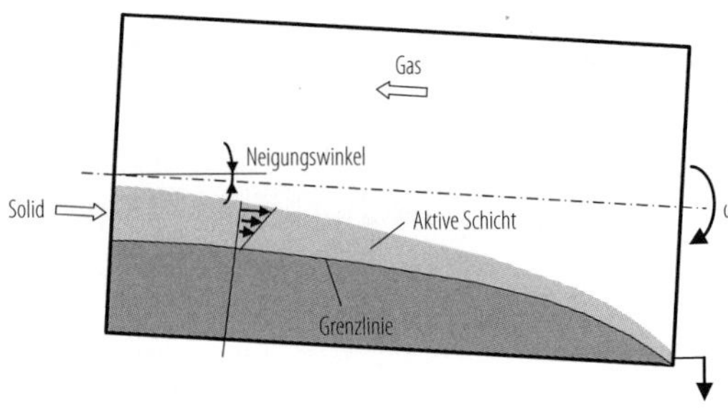

Abb. 30.1 Stoffbewegung in Drehrohröfen

Abb. 30.2 Querschnitt im Drehrohrofen mit Einbauten

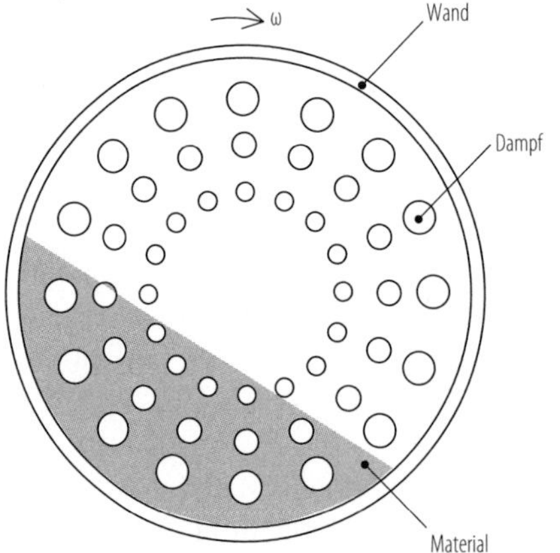

Abb. 30.3 Beheizung durch Rohrleitungen im Inneren des Drehrohres

- kristalline Materialien wie Salze, Zucker, Kristallbrei
- Schlämme wie Kohleschlamm aus der Flotation
- Pasten, wie Papier-Reststoffe, Mergel
- pflanzliche Materialien wie Grünfutter, Rübenschnitzel, Holzschnitzel
- grobstückige Abfälle, wie Hausmüll, Gebinde, Fässer mit Altölen und Chemikalien
- erdiges Material, wie kontaminierte Böden
- faseriges Material, wie Papier-Reststoffe, Holzspäne.

30.1.2 Materialtransport

Der Transport des Materials wird beeinflusst durch (Anhaltswerte in Klammern):

- die Konstruktionsgrößen
  - Durchmesser (bis 6 m)
  - Neigung (0°–6°)
  - Länge (bis 150 m)
  - Form der Hubschaufeln (falls vorhanden)
  - Anzahl der Hubschaufeln (falls vorhanden)
- die Betriebsparameter
  - Drehzahl (1–8 Umdrehungen pro Minute)
  - Füllungsgrad (5 %–30 %)
  - Durchsatz (bis 12 000 t / Tag)
- die Materialeigenschaften, wie z. B.
  - dynamischer Schüttwinkel (33°–47°)
  - innerer Reibungswert
  - Korngrößenverteilung
  - Dichteverteilung (bei Materialgemischen).

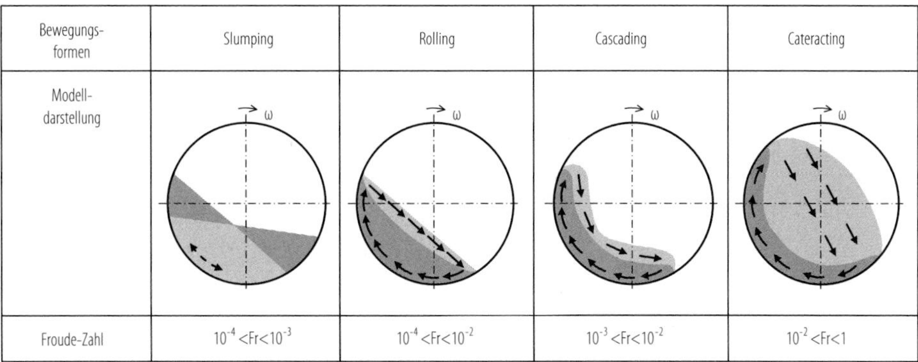

Abb. 30.4 Bewegungsformen von Materialien in rotierenden Zylindern

In Abhängigkeit von Drehzahl und Durchmesser stellen sich verschiedene Bewegungsformen im Querschnitt ein, wie in Abb. 30.4 veranschaulicht ist. Ist z. B. die Drehzahl zu niedrig, fließt das Material schlecht oder gleitet periodisch. Bei zu hoher Drehzahl haftet das Material zu lange an der Wand. In beiden Fällen wird das Material nicht genügend durchmischt. Die optimale Drehzahl hängt hauptsächlich vom Durchmesser und Materialeigenschaften ab und liegt im Bereich Rolling.

Mit steigender Drehzahl wird in einem weiten Bereich der Quertransport und damit der Wärmetransport in das Schüttgut verstärkt. Jedoch wird mit der Drehzahl auch die Durchsatzgeschwindigkeit erhöht und damit die Verweilzeit verkürzt. Über die Verweilzeit wird wiederum die Länge und Neigung des Drehrohres beeinflusst.

Der Transport des Materials durch einen Drehrohrofen wird mit Abb. 30.5 erläutert, das den Längsschnitt eines direkt beheizten Drehrohres ohne Einbauten darstellt. Über eine Dosiereinrichtung, wie z. B. Schnecken und Schüttelrinnen, wird die Materialaufgabe geregelt. Das Gut fällt von oben in das Drehrohr. An dieser Stelle ist der innere Durchmesser in der Regel eingeschnürt, um ein Rückfließen des Materials zu verhindern. Am anderen Ende des Drehrohres tritt das Material über einen sogenannten Ofenkopf wieder aus, der den Ofen gegen die umgebende Atmosphäre abdichtet. Am Austritt ist das Drehrohr oftmals ebenfalls eingeschnürt, um den Füllungsgrad am Ende zu erhöhen.

Die Zusammenhänge zwischen Bewegung und Transport und deren Beeinflussungsmöglichkeiten werden an späterer Stelle ausführlich mit Modellen beschrieben.

30.1.3 Beheizung

Je nach Art der durchzuführenden Wärmebehandlung muss die Beheizung und die Prozessführung ausgerichtet werden. Ein wesentliches Unterscheidungsmerkmal besteht darin, ob das Schüttgut mit dem Verbrennungsgas in Berührung kommen darf und damit direkt beheizt werden kann oder anderenfalls indirekt beheizt werden muss.

Bei der direkten Beheizung ragt der Brenner in das Drehrohr, wie an dem Längsschnitt eines Drehrohrofens in Abb. 30.5 erkennbar ist. Die Verbrennungsgase kommen dadurch mit dem Schüttgut direkt in Berührung. Material und Verbrennungsgas können dabei sowohl im Gegenstrom als auch im Gleichstrom geführt werden, je nach Anforderung an das Materialverhalten.

Die Art des fossilen Brennstoffs, der hierzu verwendet werden kann, richtet sich nach der thermischen Behandlungstemperatur und nach der Art des Schüttgutes. Bei niedrigen Behandlungstemperaturen können nur leicht zündbare Brennstoffe wie Erdgas und Öl eingesetzt werden. Bei hohen Wärmebehandlungstemperaturen, etwa oberhalb 800 °C, können auch feste Brennstoffe eingesetzt werden. Auf Grund der dann hohen Schüttgut- und Wandtemperatur werden die festen Brennstoffpartikel durch Strahlung schnell auf die Zündtemperatur erwärmt. Bei Hochtemperaturprozessen können dadurch auch schwer zündbare Brennstoffe wie Anthrazit und Petrolkoks genutzt werden. Voraussetzung für den Einsatz fester Brennstoffe ist allerdings, dass die Asche in das Schüttgut eingebunden werden kann, wie beispielsweise bei Zement.

Die Wärme wird vom Gas an das Material durch verschiedene Mechanismen übertragen. Das heiße Verbrennungsgas strahlt Wärme auf die Oberfläche des Materials und auch auf die Wand. Die Wand gibt einen Teil dieser Wärme in Form von Festkörperstrahlung an das Material direkt wieder ab. Der andere Teil der Gasstrahlung wird gespeichert und infolge der Drehung unter das Materialbett transportiert. Dort wird diese Wärme durch den Kontakt mit dem Material, das relativ zur Wand in Ruhe ist, durch Wärmeleitung indirekt abgegeben. Der konvektive Wärmeübergang ist gegenüber dem Strahlungswärmeübergang sehr gering.

Das Drehrohr kann indirekt von außen über den Mantel oder von innen durch Einbauten beheizt werden. Der Mantel wird dabei von einem heißen Fluid weitgehend vollständig umströmt. Als Fluid kann ein Verbrennungsgas oder Sattdampf eingesetzt werden. Die Wärme wird dann durch Konvektion bzw. Kondensation an den Mantel übertragen. Dieser besteht in der Regel aus Stahl. Dessen thermische Festigkeit und damit Qualität bestimmt die maximale Höhe der Behandlungstemperatur. Bei sehr hohen Prozesstemperaturen wird der Drehrohrmantel elektrisch beheizt. In diesen Fällen besteht der Mantel aus Hochtemperaturmaterialien wie Keramik oder Graphit.

30.1.4 Drehrohrmantel

Das Material, aus dem der Drehrohrmantel gefertigt wird, richtet sich nach dem Temperaturniveau und der Art des Gutes. Bei niedrigen Temperaturen, etwa bis 600 °C, kann der Mantel aus Stahl hergestellt werden. Oberhalb dieser Temperatur reicht in der Regel die Festigkeit des Stahls nicht mehr aus. Der Mantel muss dann aus einer sogenannten feuerfesten Auskleidung bestehen, die an der Außenseite von einem Stahlmantel gehalten wird. Bei kleineren Drehrohren kann der Mantel aus einer Masse, z. B. Schamotte, gefertigt werden, bei größeren Drehrohren muss der Mantel mit speziellen Steinen gemauert werden. Das Material der Ausmauerung muss so ausgewählt werden, dass es keine Reaktion mit dem Gut eingeht. Darüber hinaus muss die Ausmauerung eine hohe Verschleißfestigkeit gegenüber der Reibung des Gutes aufweisen. Je höher die Prozesstemperatur ist, desto größer sind in der Regel die Anforderungen an das Material der Auskleidung. Entsprechend steigt der Preis der Auskleidung. Folglich sind in Drehrohröfen des Öfteren verschiedene Temperaturzonen mit Steinen unterschiedlicher Qualität ausgemauert.

Die Lebensdauer der Ausmauerung bestimmt bei vielen Drehrohröfen deren Wirtschaftlichkeit. Wird die Ausmauerung an nur einer Stelle zerstört, kann es zum Durchbruch des Gutes kommen. Daher werden die Temperaturen des äußeren Stahlmantels ständig überwacht, um aus deren Anstieg auf örtliche Probleme wie Anbackungen des Gutes oder Schäden der Ausmauerung frühzeitig reagieren zu können. Eine Reparatur oder Erneuerung der Ausmauerung bedeutet unter anderem auf Grund der langen Abkühl- und Aufheizzeiten der Drehrohre stets einen längeren Produktionsausfall. Der Ausmauerung kommt folglich eine große Bedeutung zu.

30.1.5 Lagerung und Antrieb

Drehrohre sind in der Regel zweifach gelagert, wie in Abb. 30.5 veranschaulicht ist. Nur sehr lange Drehrohre, etwa länger als 80 m, können noch ein drittes mal gelagert sein. Ein Lager ist stets als Festlager ausgebildet. Dieses ist in Längsrichtung fixiert. Da sich das Drehrohr nach Inbetriebnahme auf Grund der Erwärmung ausdehnt, muss das zweite Lager als Loslager konstruiert sein, um eine Verschiebung des Lagerringes in Längsrichtung aufnehmen zu können.

Der Drehrohrofen wird in der Nähe einer Laufrollenstation angetrieben. Zur Übertragung

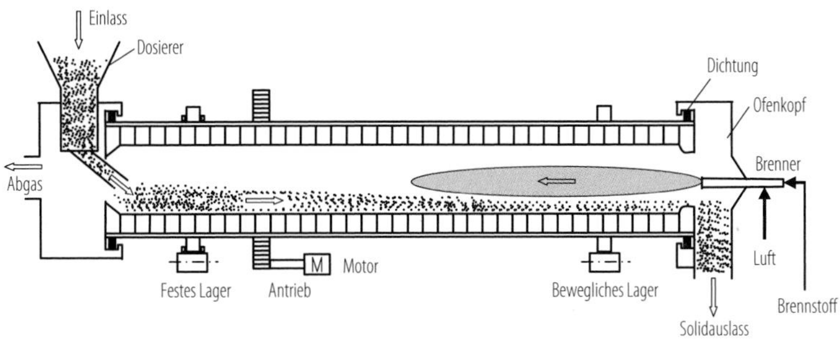

Abb. 30.5 Längsschnitt eines direkt beheizten Drehrohres

Tab. 30.1 Anwendungsgebiete der Drehrohrofentechnik

Prozesse	Beispiele	Temperaturbereich
Erwärmung	Splitt (für Asphalt)	150–200 °C
Granulierung	Düngemittel, Blähton	200–1000 °C
Trocknung	Pflanzliche Stoffe (Rübenschnitzel, Grünfutter, usw.)	60–300 °C
	Mineralische Stoffe (Sand, Schlacke, usw.)	100–300 °C
	Schlämme (z. B. Kohlenschlamm)	100–300 °C
	Salze, Kokse	100–500 °C
Pyrolyse	Pflanzliche Stoffe (z. B. Holzspäne, Biomasse)	200–600 °C
	Abfälle (z. B. Textilien, Kunststoffe)	200–600 °C
Vergasung	Organische Bestandteile in Böden	600–900 °C
	Abfälle	400–900 °C
Dehydratation	Gips $CaSO_4 \cdot 2\,H_2O \rightarrow CaSO_4 \cdot \frac{1}{2}H_2O + \frac{3}{2}H_2O$	300–700 °C
	Salze	300–700 °C
Reduktion	Erze (z. B. Nickelerz)	600–1200 °C
	Strontiumsulfat $SrSO_4 + 2\,C \rightarrow SrS + 2\,CO_2$	1100–1200 °C
	Bariumsulfat $BaSO_4 + 2\,C \rightarrow BaS + 2\,CO_2$	600–800 °C
	Wolframoxid $WO_3 + 3\,H_2 \rightarrow W + 3\,H_2O$	1200–1300 °C
Röstung	Erze	bis 1300 °C
	Wolframcarbid $WC + \frac{5}{2}O_2 \rightarrow WO_3 + CO_2$	750–850 °C
	Quecksilber $HgS + CaO + \frac{3}{2}O_2 \rightarrow Hg + CaSO_4$	700–800 °C
Kalzination	Kalkstein $CaCO_3 \rightarrow CaO + CO_2$	1200–1300 °C
	Dolomit $CaCO_3 \cdot MgCO_3 \rightarrow CaO \cdot MgO + 2\,CO_2$	1200–1700 °C
	Magnesit $MgCO_3 \rightarrow MgO + CO_2$	600–800 °C
	Soda $2\,NaH\,CO_3 \rightarrow Na_2CO_3 + CO_2 + H_2O$	300–600 °C
	Salze	300–600 °C
	Petroleumkoks	1100–1300 °C
	Strontiumtripolyphosphat (STPP)	1200–1350 °C
	Hartferrite	1100–1300 °C
Sinterung	Zement	1450–1500 °C
	Schamotte	1200–1600 °C
	Ferrite $Fe_2O_3 + Mn_3O_4 + ZnO \rightarrow MnFe_2O_4$	950–1250 °C
Glühung	Titanoxid $TiOSO_4 \cdot H_2O \rightarrow TiO_2 + SO_3 + H_2O$	800–1000 °C
	Pigmente	1200–1300 °C
	Blähton	800–1000 °C
Schmelzen	Metallschrott (z. B. Bleilegierungen)	300–1000 °C
Verbrennung	Sondermüll, Gewerbemüll	1100–1200 °C

des Antriebsmomentes vom Motor auf das Drehrohr werden in der Regel Zahnkranz-Ritzel-Kombinationen oder bei kleineren Öfenketten verwendet. Kleinere Drehrohre werden auch über Keilriemen oder direkt über die Lagerrolle angetrieben. Als Antrieb kommen sowohl Gleichstrom- als auch Drehstrommotoren zum Einsatz [1].

Das Anfahren des Drehrohres benötigt das höchste Drehmoment. Dieses kann bis zum 2,5-fachen des Drehmoments vom Betriebszustand betragen. Die Mehrzahl der Drehrohröfen haben zusätzlich zum Hauptantrieb auch einen Hilfsantrieb. Beim Ausfallen des Hauptantriebes, z. B. bei einem Netzausfall, kann der Drehrohrofen mit dem Hilfsantrieb langsam kalt gefahren werden. Dadurch wird ein einseitiges Abkühlen und damit Deformationen des Ofenmantels verhindert.

30.1.6 Ofenköpfe

Beide Seiten des Drehrohres sind mit einem sogenannten Ofenkopf versehen. Dieser verbindet das drehende Rohr mit den fest stehenden Einrichtungen des Material- und Gastransportes (Abb. 30.5). Die Ofenköpfe dichten bei den meisten Drehrohröfen gegen die umgebende Atmosphäre ab. Dadurch soll zum einen ein sogenannter Falschlufteintritt verhindert werden, der den feuerungstechnischen Wirkungsgrad erniedrigt und damit den Energieverbrauch erhöht. Zum anderen soll vermieden werden, dass etwas von dem den Ofen verlassende Gas (z. B. Verbrennungsgas, Pyrolysegas) in die Atmosphäre treten kann. Verbrennungsgase sind auf Grund des Abriebes des Materials beim Transport in der Regel mit Staub beladen und müssen dann gereinigt werden.

30.1.7 Thermische Behandlungsprozesse

Die mit Drehrohröfen durchgeführten thermischen Behandlungsverfahren sind überaus vielfältig, sodass hier nur ein Überblick gegeben werden kann. In Tab. 30.1 sind Prozesse mit Anwendungsbeispielen aufgeführt. Daraus ist ersichtlich, dass Drehrohröfen in überaus vielen Gebieten der Industrie zum Einsatz kommen.

30.2 Quertransport

30.2.1 Arten der Querbewegung

In Abhängigkeit von der Drehzahl, dem Ofendurchmesser und dem Füllungsgrad stellen sich verschiedene Bewegungsformen im Querschnitt ein, wie in Abb. 30.4 veranschaulicht ist [4–6]. Mit steigender Drehzahl treten vier charakteristische Bewegungsformen auf. Bei sehr niedrigen Drehzahlen wird das gesamte Material von der Wand angehoben bis zum sogenannten oberen Schüttwinkel. Dann rutscht plötzlich ein Teil des Materials wie eine Lawine herab. Es stellt sich ein unterer Schüttwinkel ein. Das Material wird danach wieder angehoben und der gesamte Vorgang wiederholt sich periodisch. Die Bewegungsform wird als Slumping bezeichnet. Bei höheren Drehzahlen stellt sich Rolling ein. Hierbei wird Material mit der Wand wie ein Starrkörperwirbel angehoben, wobei es wiederum keine Relativgeschwindigkeit zur Wand aufweist. Danach fließt das Material in einer dünnen Schicht kontinuierlich wieder ab. Das Material fließt dabei mit einem konstanten Winkel ab, dem sogenannten dynamischen Schüttwinkel. Bei noch höheren Drehzahlen tritt Cascading auf. Hier tritt im Materialfluss ein signifikanter Knick auf. Bei sehr hohen Drehzahlen oder sehr feinem so wie klebrigem Material stellt sich Cateracting ein. Das Material wird sehr weit von der Wand angehoben und fällt dann herab.

Die Bewegungsform hängt im Wesentlichen von der Froudezahl, dem Füllungsgradund dem Schüttwinkelab. Die Froudezahl ist definiert als

$$\mathrm{Fr} = \frac{\omega^2 \cdot R}{g} = \frac{\pi^2 \cdot n^2 \cdot D}{1800 \cdot g}\,, \tag{30.1}$$

wobei ω die Drehfrequenz (1/s), n die Drehzahl (Umdrehungen/min), R der Ofenradius, D der Ofendurchmesser und g die Erdbeschleunigung sind. Die Froudezahl bedeutet physikalisch das Verhältnis aus Zentrifugal- und Schwerkraft.

Tab. 30.2 Anhaltswerte für dynamische Schüttwinkel

	mm	Grad
Glaskugeln	0,3–1	23–25
Glaskugeln	3–5	28–30
Sand	0,5–2	31–33
Kalkstein	0,6–1	35–36
Kalkstein	4–10	36–41
Pellets	2–10	35–37
Split, Kies	2–8	40–45

Der Füllungsgrad F ist definiert als die vom Material bedeckte Querschnittsfläche zur freien Ofenquerschnittsfläche. Dieser wird in vielen Gleichungen einfacher durch den halben Schüttwinkel ε angegeben

$$F = \frac{1}{\pi} \cdot (\varepsilon - \sin \varepsilon \cdot \cos \varepsilon) \,. \tag{30.2}$$

Der dynamische Schüttwinkel ist die wichtigste Größe zur Charakterisierung des Materials. In Tab. 30.2 sind Anhaltswerte für den dynamischen Schüttwinkel für verschiedene Materialien angegeben. Feine Kugeln mit glatter Oberfläche weisen mit 25°–30° die niedrigsten Werte auf. Granulare, gebrochene Materialien wie Sand, Splitt, Kalkstein, Pellets liegen im Bereich 35°–41°. Kantiges und faseriges Material wie Holzstücke und Späne besitzen mit 44°–47° die höchsten Werte. Der dynamische Winkel liegt etwa in der Mitte zwischen dem unteren θ_u und oberen Schüttwinkel θ_o. Diese beiden Schüttwinkel hängen linear voneinander ab [7]

$$\theta_u = 0{,}65 \cdot \theta_o + 8{,}75^\circ \,. \tag{30.3}$$

Der Übergang Slumping–Rolling wird durch die kritische Froudezahl

$$\mathrm{Fr_c} = 8 \cdot \frac{d}{D} \cdot \frac{1}{\sin^2 \varepsilon} \cdot \left(0{,}35 \cdot \theta_o - \frac{8{,}75 \cdot \pi}{180}\right)^2 \cdot \sin \theta_o \tag{30.4}$$

beschrieben, wobei der Winkel θ_o in rad einzusetzen und d der mittlere Partikeldurchmesser ist [6]. Je größer der Ofendurchmesser und je kleiner der Schüttwinkel ist, desto niedriger ist also die kritische Drehzahl, bei der der Übergang stattfindet. Der Übergang ist allerdings nicht scharf, sondern tritt innerhalb eines kleinen Bereiches auf.

Der Übergang Rolling–Cascading kann grob durch die kritische Froudezahl

$$\mathrm{Fr_c} \approx 2 \cdot \frac{d}{D} \tag{30.5}$$

angenähert werden. Einige Studien geben an, dass auch der Füllungsgrad vom Einfluss ist, ohne diesen jedoch zu quantifizieren.

30.2.2 Rolling Motion

Die rollende Bewegung ist die am häufigsten vorkommende Bewegungsform bei fließfähigen Materialien. Diese bewirkt eine bessere Vermischung als Slumping und benötigt nicht solch hohe Drehzahlen wie Cascading. In der sogenannten Hubregion wird das Material von der Wand wie ein Starrkörperwirbel angehoben. Die Geschwindigkeit steigt in Folge dessen vom Wert null am Wirbelpunkt linear bis zur Umfangsgeschwindigkeit der Wand an. In der sogenannten Kaskadenschicht fließt das Material wieder ab. Die gebogene Gleitlinie trennt beide Schichten. Am Wirbelpunkt W liegt annähernd Coulombsche Reibung vor. Der Tangens des dynamischen Schüttwinkels entspricht somit dem Reibungskoeffizienten der abrutschenden Partikel. Oberhalb des Wirbelpunktes werden auf der Hubregion laufend Partikel in die Kaskadenschicht eingemischt. Das Abfließen der Partikel wird somit behindert. Folglich erhöht sich der Reibungskoeffizient und der Winkel der Gleitlinie muss ansteigen, damit die Partikel abfließen können. Unterhalb des Wirbelpunktes werden die Partikel aus der Kaskadenschicht wieder in die Hubregion eingemischt. Der Reibungskoeffizient nimmt dadurch ab und die Gleitlinie wird entsprechend flacher. In der Kaskadenschicht werden die Partikel vermischt [8].

Die Form der Gleitlinie lässt sich auf Basis einer Bilanz der Schwer-, Trägheit- und Reibungskraft herleiten. Mit einigen Vereinfachungen ergibt sich als analytische Lösung [9]

$$\delta(\xi_{BL}) = \frac{\xi_{BL} - \xi_0}{\tan \Theta} + \frac{1}{k \cdot \sin^2 \Theta} \cdot \ln \frac{2 + \sin(2 \cdot \Theta) \cdot k \cdot \xi_0}{2 + \sin(2 \cdot \Theta) \cdot k \cdot \xi_{BL}} + \frac{d}{D} \tag{30.6}$$

30

mit

$$\xi_{\mathrm{BL}} = -\sqrt{\rho_{\mathrm{BL}}^2 - (\cos\varepsilon + \delta)^2} \tag{30.7}$$

$$\xi_0 = -\sqrt{\sin^2\varepsilon - 2 \cdot \frac{d}{D} \cdot (1 + \cos\varepsilon)} \tag{30.8}$$

$$k = \frac{\tan\Theta - \tan(\nu_{\mathrm{A}} + \Theta)}{\sin\varepsilon} \tag{30.9}$$

wobei

$$\rho_{\mathrm{BL}} = \frac{r_{\mathrm{BL}}}{R} \tag{30.10}$$

und

$$\delta = \frac{t}{R} = \rho_{\mathrm{Bl}} \cdot \sin\phi - \cos\varepsilon \tag{30.11}$$

die Koordinaten sind. Hierbei sind ϕ der Umfangswinkel, r_{Bl} der Radius der Gleitlinie und t die Tiefe der Gleitlinie. Der Anfangswert der Gleitlinie wurde aus einer Vielzahl von Versuchen zu

$$\nu_{\mathrm{A}} = 0{,}32 \cdot \Theta \cdot (1 + F) + 1800 \cdot \sqrt{\frac{d}{D}} \cdot \mathrm{Fr} \tag{30.12}$$

ermittelt. Somit kann der Radius r_{Bl} der Gleitlinie in Abhängigkeit des Winkels ϕ berechnet werden. Diese Form der Gleitlinie wurde durch viele Versuche mit unterschiedlichen Materialien, Drehzahlen und Ofendurchmessern bestätigt [9].

Mit der maximalen Schichtdicke am Wirbelpunkt kann der abfließende Massenstrom und die mittlere Geschwindigkeit berechnet werden. Die Höhe des Massenstroms ist ein Maß für die Umwälzung und damit Vermischung. Das Geschwindigkeitsprofil in der Kaskadenschicht ist annähernd linear. Damit lassen sich wiederum die Geschwindigkeit und vor allem die Verweilzeit der Partikel auf der Oberfläche ermitteln. Diese ist bedeutend für den Wärmeübergang [10].

30.2.3 Segregation

Schüttgüter besitzen in der Regel eine Korngrößenverteilung. In diesem Fall tritt eine Entmischung des Gutes auf. Die kleinen Partikel reichern sich in der Mitte an und die großen Partikel entsprechend an der Oberfläche und an der Wand. Diese Vorgänge werden als Segregation bezeichnet. In Abb. 30.6 sind Fotos der Querbewegung gezeigt, aus denen die Entmischung auf Grund der unterschiedlich gefärbten Partikel ersichtlich ist. Da die Partikel während ihres Abrutschens auf der Oberfläche in Längsrichtung transportiert werden, ergeben sich somit unterschiedliche Durchsatzgeschwindigkeiten.

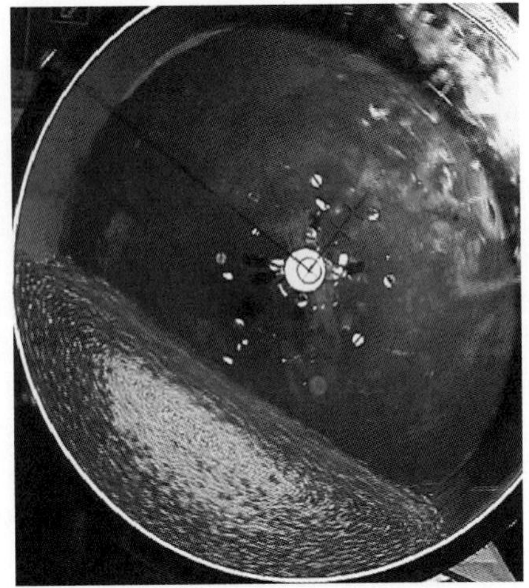

Abb. 30.6 Segregationseffekte (Glaskugeln $d_{\mathrm{P,gelb}} = 3\,\mathrm{mm}/d_{\mathrm{P,rot}} = 5\,\mathrm{mm}$)

30.3 Axialtransport

30.3.1 Betttiefenprofil

Der Füllungsgrad des Drehrohres nimmt in der Fließrichtung des Materials kontinuierlich ab. Für die maximale Betttiefe h hat Saeman [11] bereits 1951 die folgende Differentialgleichung aufgestellt

$$\frac{\mathrm{d}h}{\mathrm{d}x} = \mathrm{Sa} \cdot \left[1 - (1 - h/R)^2\right]^{-3/2} - \frac{\tan\beta}{\cos\theta}\,, \tag{30.13}$$

wobei x die Längskoordinate, β der Neigungswinkel, R der Ofenradius und

$$\mathrm{Sa} = \frac{3 \cdot \dot{V} \cdot \tan\theta}{4 \cdot \pi \cdot n \cdot R^3}\,, \tag{30.14}$$

die sogenannte Saemannzahl ist. Diese kann interpretiert werden als das Verhältnis der Trägheitskraft zur Zentrifugalkraft. Als Anfangsbedingung gilt für den Füllungsgrad [12]

$$F_0\,(x = 0) = 1{,}75 \cdot \mathrm{Sa}^{0{,}5}\,. \qquad (30.15)$$

Zwischen dem Füllungsgrad und der maximalen Betthöhe besteht mit Gl. (30.2) der Zusammenhang

$$\varepsilon = \arccos\left[1 - \frac{h\,(x)}{R}\right]. \qquad (30.16)$$

Die Betthöhe am Austrag kann zwischen einem Partikeldurchmesser bei grobem Gut bis zu mehreren Durchmessern bei feinem Gut liegen. Das Profil der Betttiefe ist durch eine Vielzahl von Versuchen verschiedener Autoren relativ gut bestätigt worden [13].

Über die Betttiefe kann der axiale Verlauf des Füllungsgrades berechnet werden. Dieser beeinflusst die Bewegungsform, wie im vorherigen Abschnitt erläutert wurde. Dadurch kommt es öfters vor, dass im Bereich des Austrages Slumping auftritt, jedoch im übrigen Bereich Rolling.

30.3.2 Mittlere Verweilzeit

Für die Wärmebehandlung des Gutes ist die mittlere Verweilzeit (Mean Residence Time) von Bedeutung. Diese lässt sich durch die von Sullivan et al. [14]. bereits 1927 angegebene Beziehung gut annähern

$$\mathrm{MRT} = 1{,}77 \cdot \frac{L}{D} \cdot \frac{\sqrt{\theta}}{n \cdot \beta}\,. \qquad (30.17)$$

Diese ist somit unabhängig vom Massenstrom. Je höher das L/D Verhältnis ist, desto länger ist die Verweilzeit. Sie ist umgekehrt proportional zur Drehzahl und zum Neigungswinkel. Falls der Ofen am Austritt eine Einschnürung besitzt, sogenannter Damm, dann verlängert sich die Verweilzeit geringfügig [15].

Die Verweilzeit ist jedoch nicht für alle Partikel gleich, sondern unterliegt einer Verteilung. Gibt man dem Material einige Tracerpartikel auf, so gleicht deren Austragsmenge einer Gauß'schen Verteilung. Der Unterschied der Verweilzeit zwischen dem schnellsten und dem langsamsten Partikeln kann bis zum Faktor zwei betragen.

30.4 Wärmeübergang

30.4.1 Gesamtmechanismus

Der Wärmeübergang in einem direkt beheizten Drehrohrofen ist in Abb. 30.7 schematisch dargestellt. Auf die freie Stoffbettoberfläche wird durch die Flamme und das entstehende Verbrennungsgas direkt Wärme gestrahlt. Die Flamme und das Gas strahlen ebenso auf die unbedeckte Drehrohrwand, die aus feuerfestem Material besteht. Ein Teil dieser Wärme wird in der Wand absorbiert, der andere Teil wird reflektiert und auf die freie Oberfläche des Stoffbettes gestrahlt. Von der absorbierten Wärme wird ein Teil durch die Wand geleitet und geht anschließend als Verlust in die Umgebung. Der andere absorbierte Anteil wird mit der Drehung unter die Bettoberfläche transportiert und dann in das Bett geleitet, das hier relativ zur Wand in Ruhe ist. Den Wärmeströmen durch Strahlung, die dominant sind, ist stets noch ein Wärmestrom durch Konvektion überlagert. Bei indirekter Beheizung wird die Drehrohrwand von außen konvektiv oder elektrisch beheizt. Im letzteren Fall ist der Wärmestrom aufgeprägt. Die Wärme wird dann durch Kontakt in die Hubregion geleitet. Die freie innere Rohrwand strahlt Wärme auf die Kaskadenschicht.

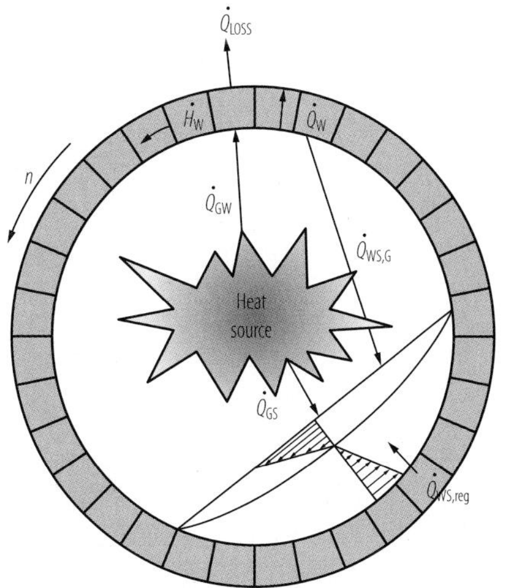

Abb. 30.7 Wärmeübergangsmechanismen im Querschnitt direkt beheizter Drehrohre

30

30.4.2 Direkter Wärmeübergang

Der direkte Wärmeübergang der Flamme und des heißen Gases auf die freie Bettoberfläche und Ofenwand infolge Strahlung wird beschrieben durch

$$\dot{Q}_{\mathrm{GS}} = \varepsilon_{\mathrm{GS\,eff}} \cdot \sigma \cdot A_{\mathrm{GS}} \cdot \left(T_{\mathrm{G}}^4 - T_{\mathrm{S}}^4\right) . \quad (30.18)$$

Der effektive Strahlungsaustauschgrad hängt von den Emissionsgraden des Gases, der Wand und des Solids sowie den Flächenverhältnissen ab. Für dessen Berechnung wird auf das Kapitel Wärmeübertragung und die Lehrbücher über Strahlung verwiesen, z. B. [29].

Zur Berechnung des konvektiven Wärmeübergangs muss berücksichtigt werden, dass sich auf Grund des hohen Impulses des Brenners ein Strömungsfeld einstellt, wie es prinzipiell in Abb. 30.8 dargestellt ist. In Brennernähe bildet sich ein Rückströmwirbel aus, der in Wandnähe in viele kleine Wirbel zerfällt. Dadurch kommt es im Vergleich zur klassischen Rohrströmung zu einem stark erhöhten Wärmeübergang. In Abb. 30.9 ist der axiale Verlauf der örtlichen Nusseltzahl im Verhältnis zur Nusseltzahl der Rohrströmung gezeigt. Diese ist in Bd. 1, Kap. 45 angegeben. Man erkennt, dass in dem für Drehrohröfen maßgeblichen Bereich von $L/D < 10$ der konvektive Wärmeübergang signifikant höher als in Rohren ist. Insbesondere im Bereich des Rückströmwirbels bei $L/D = 3{,}5$ ist der Wärmeübergang um ein Vielfaches höher [16].

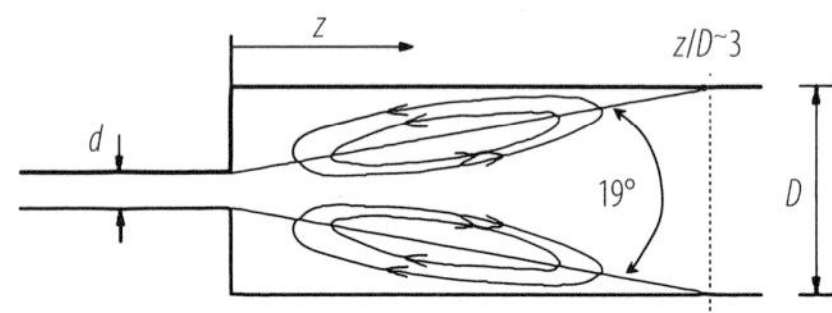

Abb. 30.8 Strömungsverhalten infolge einer Querschnittserweiterung

30.4.3 Regenerativer Wärmeübergang

Der regenerative Wärmestrom der Drehrohrwand kann mit

$$\dot{Q}_{\mathrm{R}} = \alpha_{\mathrm{R}} \cdot A_{\mathrm{S}} \cdot (T_{\mathrm{G}} - T_{\mathrm{S}}) \quad (30.19)$$

beschrieben werden, wobei A_{S} die vom Material bedeckte Fläche der Drehrohrwand und α_{R} der sogenannte regenerative Wärmeübergangskoeffizient

$$\alpha_{\mathrm{R}} = \frac{1}{\frac{1}{\alpha_{\mathrm{WS}}} + \frac{1}{\alpha_{\mathrm{GW}}} \cdot \frac{\varepsilon}{\pi - \varepsilon} + \frac{1}{\alpha_{\mathrm{T}}} \cdot \frac{\varepsilon}{\pi}} \quad (30.20)$$

ist. Dieser setzt sich zusammen aus einer Reihenschaltung des Wärmeübergangs vom Gas an die Wand α_{GW}, dem Enthalpietransport durch die Wand α_{T} und dem Wärmeübergang durch Kontakt von der Wand an das Material. Der Wärmeübergang vom Gas an die Wand setzt sich

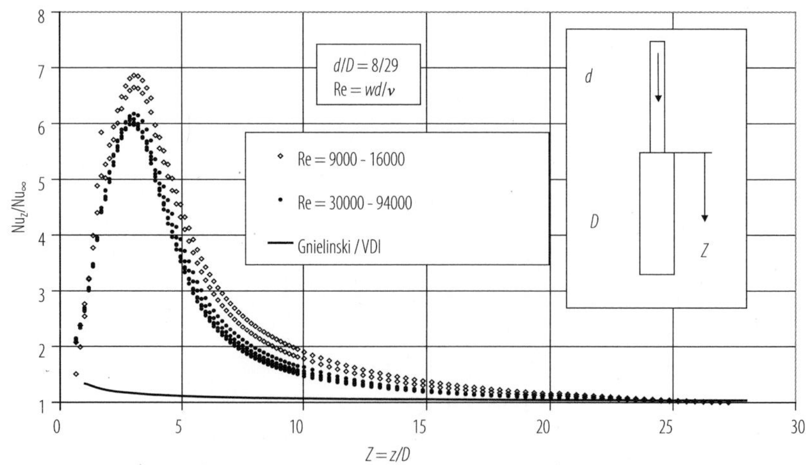

Abb. 30.9 Örtliche Nusseltzahl

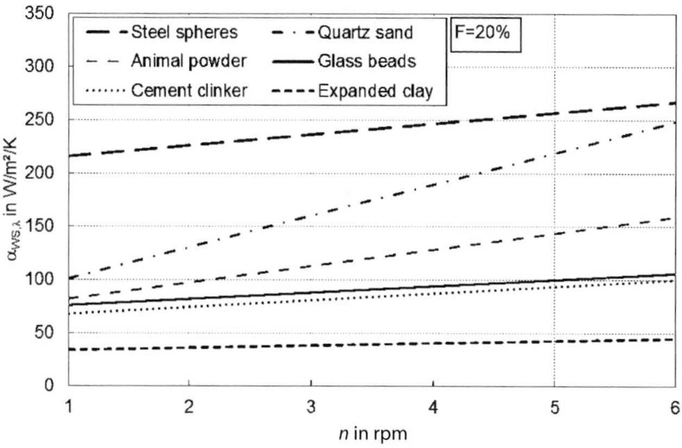

Abb. 30.10 Kontaktwärmeübergangskoeffizient Wand-Bett [31]

durch Strahlung und Konvektion zusammen

$$\alpha_{\mathrm{GW}} = \varepsilon_{\mathrm{GW\,eff}} \cdot \sigma \cdot T_{\mathrm{G}}^3 \cdot \left[1 + \frac{T_{\mathrm{W}}}{T_{\mathrm{G}}} + \left(\frac{T_{\mathrm{W}}}{T_{\mathrm{G}}}\right)^2 + \left(\frac{T_{\mathrm{W}}}{T_{\mathrm{G}}}\right)^3\right] + \alpha_{\mathrm{Kon}}\,, \tag{30.21}$$

wobei die Strahlung durch einen entsprechenden Wärmeübergangskoeffizienten ausgedrückt wird. Dessen Werte liegen je nach Höhe der Temperatur und des Emissionsgrades des Gases im Bereich von 100 bis 500 W/m^2 / K. Zur Berechnung des effektiven Strahlungsaustauschgrades wird wiederum auf das Kapitel Wärmeübergang verwiesen. Der Wärmeübergangskoeffizient ist mit dem Flächenanteil der freien Ofenwand zur Kontaktfläche gewichtet. Der Wärmeübergangskoeffizient durch den Enthalpietransport beträgt [17]

$$\alpha_{\mathrm{T}} = \pi \cdot \sqrt{\lambda \cdot \rho \cdot c \cdot n}\,. \tag{30.22}$$

Dieser setzt sich also aus den Wärmeeindringkoeffizienten der Wand und der Drehzahl zusammen. Der Wärmeübergangskoeffizient wird mit dem Verhältnis der gesamten Mantelfläche zur Kontaktfläche gewichtet. Für übliche Feuerfestmaterialien und Drehzahlen größer als 1 U/min liegen Werte dieses Wärmeübergangskoeffizienten oberhalb 2000 W/m^2 / K. Diese Werte sind erheblich höher als die der anderen beiden Wärmeübergangskoeffizienten, sodass der Enthalpietransportwiderstand relativ gering ist.

Der Wärmeübergangskoeffizient zwischen der Wand und dem Material setzt sich durch einen Kotaktwiderstand und einen Penetrationswiderstand zusammen

$$\alpha_{\mathrm{WS}} = \frac{1}{\frac{1}{\alpha_{\mathrm{WS\,con}}} + \frac{1}{\alpha_{\mathrm{WS\,pen}}}}\,. \tag{30.23}$$

Für den Kontakt gilt nach [30]

$$\alpha_{\mathrm{WS\,con}} \approx 10 \cdot \frac{\lambda_{\mathrm{g}}}{d_{\mathrm{p}}}\,, \tag{30.24}$$

wobei λ_{G} die Wärmeleitfähigkeit des Gases und d_{p} der mittlere Partikeldurchmesser bedeuten. Für die Penetration gilt

$$\alpha_{\mathrm{WS\,pen}} = 2 \cdot \sqrt{\frac{\rho_{\mathrm{s}} \cdot c_{\mathrm{s}} \cdot \lambda_{\mathrm{s}} \cdot n}{\varepsilon}}\,, \tag{30.25}$$

wobei ρ_{s}, c_{s}, λ_{s} die scheinbare Dichte, die spezifische Wärmekapazität und die Wärmeleitfähigkeit der Schüttung bedeuten. In Abb. 30.10 ist der gesamte Wärmeübergangskoeffizient durch den Wandkontakt in Abhängigkeit von der Drehzahl n für verschiedene Materialien beispielhaft für einen Füllungsgrad von 20 % gezeigt [31].

30.4.4 Axiale Temperaturverläufe

Zur Berechnung der axialen Temperaturverläufe müssen für infinitesimale Längenelemente Energiebilanzen aufgestellt und diese über die Ofenlänge integriert werden. Hierbei sind die Wärmequelle der Flamme und gegebenenfalls die

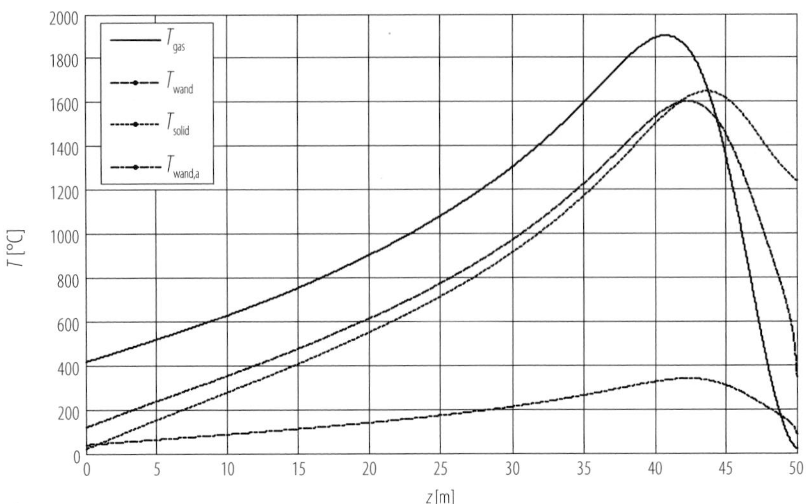

Abb. 30.11 Typische Temperaturverläufe eines im Gegenstrom betriebenen Drehrohrofens

Wärmesenken oder -quellen des Gutes zu berücksichtigen. In Abb. 30.11 ist beispielhaft der Temperaturverlauf für die Sinterung eines quarzhaltigen Materials gezeigt, das im Gegenstrom erwärmt wird. Charakteristisch ist, dass das Maximum der Materialtemperatur vor dem Austrag liegt. Danach fällt die Temperatur leicht ab, da das Material die Verbrennungsluft vorwärmt.

Temperaturverläufe in technischen Drehrohröfen sind nur sehr aufwändig zu messen, auf Grund der großen Abmessungen, der hohen Temperaturen und der sich drehenden Wand. Betriebsversuche sind sehr zeitintensiv, da wegen der langen Zeiten des Materialdurchlaufes von mehreren Stunden sich stationäre Verhältnisse oft erst nach Tagen einstellen.

Für Prozesssimulation und Beschreibungen des Verhaltens verschiedener Produkte in Drehrohröfen sei beispielsweise auf die Arbeiten [19–28] verwiesen.

Literatur

Spezielle Literatur

1. Ranze, W., Malzkorn, H.: Driving Motors for Rotary Kilns. Cem Lime Gypsum **44**, 110–118 (1991)
2. Zimmer, W.: Function Mode and use of Air Canons in the Cement-Lime and Gypsum Industry. Cem Lime Gypsum **54**, 316–334 (2001)
3. Stark, J., Wicht, B.: To the 100rd Anniversary of the Establishment of the first Cement Rotating Furnace in Germany. Cem Lime Gypsum **50**, 407–416 (1997)
4. Mellman, J.: The Transverse Motion of Solids in Rotating Cylinders. Powder Technol **118**, 251–270 (2001)
5. Mellmann, J., Specht, E.: Mathematical Modelling of the Transition Behaviour between the various Forms of Transverse Motion of Bulk Materials in Rotating Cylinders (Part 2). Engl Ger Cem Lime Gypsum Int **54**, 380–402 (2001)
6. Liu, X., Specht, E., Mellmann, J.: Slumping-rolling transition of granular solids in rotary kilns. Chem Eng Sci **60**, 3629–3636 (2005)
7. Liu, X., Specht, E., Mellmann, J.: Experimental study of the upper and lower angle of repose of granular materials in rotating drums. Powder Technol **154**, 125–131 (2005)
8. Mellmann, J., Liu, X., Specht, E.: Prediction of Rolling Bed Motion in Rotating Cylinders. AICHE J **50**(1), 2783–2793 (2004)
9. Liu, X., Specht, E., Guerra Gonzales, O., Walzel, P.: Analytical solution of the rolling – mode granular motion in rotary kilns. Chem Eng Process **45**, 515–521 (2006)
10. Liu, X., Mellmann, J., Specht, E.: Factors influencing the rolling bed motion and transverse particle residence time in rotary kilns. Cem Lime Gypsum Int **58**, 62–73 (2005)
11. Saemann, W.C.: Passage of Solids through Rotary Kilns: Factors affecting Time of Passage. Chem Eng Prog **47**, 508–514 (1951)
12. Shi, Y., Woche, H., Specht, E., Knabbe, J., Sprinz, U.: Experimental Investigation of Solid Bed Depth at the Discharge End of Rotary Kilns. Powder Technol **197**, 17–24 (2010)

13. Spurling, R.J.: Granular Flow in an inclined Rotating Cylinder: Steady State and Transients. PhD thesis. Department of Chemical Engineering, University of Cambridge (2000)
14. Sullivan, J.D., Maier, C.G., Ralson, O.C.: Passage of Solid Particles through Rotary cylindrical kilns. U.S. Bureau of Mines Technical Paper, Bd. 384. (1927)
15. Liu, X., Specht, E.: Mean residence time and hold-up of solids in rotary kilns. Chem Eng Sci **61**, 5176–5181 (2006)
16. Woche, H., Specht, E., Schmidt, J.: Local Heat Transfer in Tubes after Sudden Change of Diameters. Chem Eng Technol **28**, 677–683 (2005)
17. Agustini, S., Queck, A., Specht, E.: Modeling of the Regenerative Heat Flow of the Wall in Direct Fired Rotary Kilns. Heat Transf Eng **29**(1), 57–66 (2008)
18. Lehmberg, J., Hehl, M., Schugerl, K.: Transverse mixing and heat transfer in horizontal rotary drum reactor. Powder Technol **18**, 149–163 (1977)
19. Li, S.Q., Ma, L.B., Wan, W., Yan, Q.: A mathematical model of heat transfer in a rotary kiln thermo-reactor. Chem Eng Technol **28**(12), 1480–1489 (2005)
20. Tscheng, S.H., Watkinson, A.P.: Convective heat transfer in a rotary kiln. Can J Chem Eng **57**, 433–443 (1979)
21. Wachters, L.H.J., Kramers, H.: The calcining of sodium bicarbonate in a rotary kiln. Proceedings of 3rd European Symposium of Chemical Reaction Engineering (Vol. 77), Amsterdam (1964)
22. Herz, F., Specht, E.: Simulation thermischer Prozesse in direkt beheizten Drehrohröfen – Teil 3 Prozessoptimierung.Gas Wärme international **6**, 75–81 (2016)
23. Herz, F., Specht, E.: Simulation of lime burning in rotary kilns. Cement International 3 **15**, 40–49 (2017)
24. Frankenberger, R.: Beitrag zur Berechnung des Wärmeübergangs in Zementdrehrohröfen. Zement-Kalk-Gips **4**, 31–35 (1971)
25. Klose, W., Wiest, W.: Experiments and mathematical modeling of maize pyrolysis in a rotary kiln. FUEL **78**, 65–72 (1999)
26. Manitius, A., Kurcyusz, E., Kawecki, W.: Mathematical Model of the Aluminium Oxide Rotary Kiln. Ind Eng Chem **2**, 132–142 (1974)
27. Rensch, T.: Beitrag zum Prozess der thermischen Bodendekontamination im Drehrohrofen. Dissertation, Universität Magdeburg (2001)
28. Rovaglio, M., et al.: Dynamic modeling of waste incineration plants with rotary kilns: Comparison between experimental and simulation data. Chem Eng Sci **53**(15), 2727–2742 (1998)
29. Specht, E.: Wärme- und Stoffübertragung in der Thermoprozesstechnik. Vulkan Verlag (2014)
30. Li, S.Q.; Ma, L.B.; Wan, W.; Yan, Q.: A mathematical model of heat transfer in a rotary kiln thermo reactor. Chem Eng Technol **28**, 1480–1489 (2005)
31. Nafsun, A., Herz, F., Specht, E., Scherer, V., Wirtz, S.: Heat transfer experiments in a rotary drum for a verity of granular materials. Exp Heat Transf **29**, 520–535 (2016)

31 Schacht-, Kupol- und Hochöfen

Eckehard Specht und Friedherz Becker

31.1 Prozesse und Funktionsweisen

Schachtöfen dienen zur Kalzination von Kalkstein ($CaCO_3 \rightarrow CaO + CO_2$), Dolomit ($CaCO_3 \cdot MgCO_3 \rightarrow CaO \cdot MgO + 2\,CO_2$) und Eisenkarbonat (Siderit) ($FeCO_3 \rightarrow FeO + CO_2$) sowie zur Sinterung von Schamotte. Kupolöfen dienen zum Schmelzen von Metallschrotten (Gusseisen, Kupfer, Zink, Blei) sowie Steinen zur Herstellung von Wollen. Hochöfen werden zur Reduktion von Eisenerzen ($FeO + CO \rightarrow Fe + CO_2$) eingesetzt.

Alle Öfen bestehen aus einem senkrechten Schacht, bei dem das Material in Kübeln hochgefahren und dann von oben in diesen geschüttet wird. Das Material sinkt dann in Folge der Schwerkraft ab. Von unten wird Gas im Gegenstrom durch die Schüttung gedrückt. Daher muss das Material über eine Schleuse zugeführt werden, damit staubhaltiges und schmutziges Gas nicht vor der Reinigung in die Umgebung gelangen kann. Bei Schachtöfen wird das Material wieder möglichst kalt abgeführt. Daher wird von unten Luft zur Kühlung eingeblasen. In Abb. 31.1 ist das Prinzip eines Schachtofens dargestellt. Die Schüttung steht auf einem Tisch, von dem das Material in verschiedene horizontale Richtungen typischerweise mit Schiebern ausgetragen wird. Bei Kupolöfen fließt das Material flüssig und damit sehr heiß aus. Zum Tragen des Materials wird diesem Koksstücke beigemengt, die auf dem Boden des Schachtes ein Gerüst bilden.

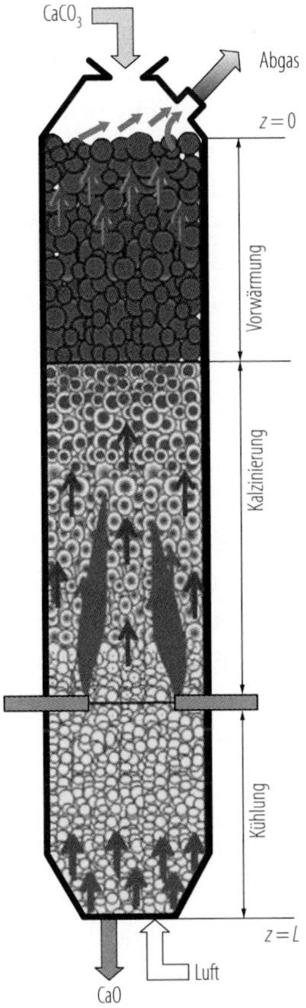

Abb. 31.1 Prinzip eines Schachtofens

E. Specht (✉)
Otto-von-Guericke-Universität Magdeburg
Magdeburg, Deutschland
E-Mail: eckehard.specht@ovgu.de

F. Becker
becker energy consulting
Wendelstein, Deutschland
E-Mail: Friedherz.becker@t-online.de

B. Bender und D. Göhlich (Hrsg.), *Dubbel Taschenbuch für den Maschinenbau 3: Maschinen und Systeme*,
https://doi.org/10.1007/978-3-662-59715-6_31

Tab. 31.1 Anhaltswerte für den Betrieb von Öfen

Prozess	Schachtöfen Kalkbrennen	Kupolöfen Schrottschmelzen	Hochöfen Eisenerzreduktion	Kupolöfen Mineralschmelzen
Hauptdurchmesser in m	2–6	2–4	10–15	1,5–3
Querfläche in m^2	7–17	4–20	80–180	2–8
Max. Durchsatz in t/d	800	2500	12 000	500
Produktion in t/d/m^2	10–40	200	70	100
Mittlere Solidgeschwindigkeit in m/h	0,5–1	2–3	1,5–2	2–3
Max. Solidtemperatur in °C	1000–1200	1300–1500	1400–1500	1400–1600
Energieverbrauch MJ/kg	3,6–4,2	5–6	16–18	5–6

Etwas oberhalb der Ausflussrinnen wird heiße Luft, auch Wind genannt, eingeblasen. Diese oxidiert den Kohlenstoff. Über das heiße Koksgerüst fließt dann die Schmelze ab. Die Eisenschmelze kohlt sich dabei auf. Wegen der Boudouard-Reaktion $C + CO_2 \rightarrow 2\,CO$ kann der Kohlenstoff nicht vollständig oxidiert werden, so dass das Abgas des Ofens bis zu 20 % CO enthalten kann. Daher wird das Abgas nachverbrannt und zur Luftvorwärmung genutzt. Vereinzelt werden Kupolöfen zum Schmelzen von Gusseisen mit Erdgas beheizt, z. B. für Basiseisen und Sphäroguss, weil bei diesem Brennstoff eine Aufnahme von Schwefel in das Eisen nicht auftritt. Hierbei besteht der Rost aus wassergekühlten Rohren. Auf diesem liegen Kugeln aus feuerfestem Material, die zur Überhitzung der Schmelze dienen. Da diese Kugeln ebenfalls abschmelzen, müssen diese kontinuierlich nachgeführt werden. Die feuerfeste Auskleidung dieser Öfen ist einem starken Verschleiß ausgesetzt und muss je nach Ofentyp etwa alle 1 bis 6 Wochen erneuert werden. Sehr große Öfen für einen kontinuierlichen Betrieb ohne Unterbrechung werden daher ohne Futter ausgeführt. Für weitergehende Beschreibungen sei auf [1] verwiesen.

Hochöfen funktionieren analog wie Kupolöfen. Das in der Heißwindzone gebildete CO reduziert jedoch beim Aufströmen das Eisenoxid entsprechend $FeO + CO \rightarrow Fe + CO_2$, wobei das CO_2 mit dem Koks wiederum entsprechend der Boudouard-Reaktion CO bildet. Gemäß dem sich einstellenden Gleichgewicht enthält das Ofenabgas 20 bis 22 % CO. Dieses wird in regenerativ arbeitenden Wärmeübertragern, den sogenannten Cowpern, ausgebrannt und zur Vorwärmung der Verbrennungsluft verwendet, die bis zu 1250 °C erhitzt werden kann. Damit das Material trotz der thermischen Ausdehnung abfließen kann, ist der Schacht konisch mit nach unten zunehmendem Durchmesser ausgebildet. Der Schmelzbereich von Hochöfen besteht aus einer wassergekühlten Graphitwand. Diese wird von der Eisenschmelze nicht angegriffen, so dass ein kontinuierlicher Betrieb gewährleistet ist.

In Tab. 31.1 sind Anhaltswerte für die Geometrien und den Betrieb der Öfen zusammengestellt. Hochöfen weisen die größten Durchmesser und damit den höchsten Durchsatz auf. Schmelzöfen besitzen den höchsten flächenbezogenen Durchsatz, da keine chemischen Reaktionen den Prozess verzögern.

31.2 Strömung

31.2.1 Druckverlust

Die Leistung von Schachtöfen wird von der Menge des durchströmbaren Gases bestimmt, die vom Druckverlust abhängt. Der Druckverlust wird bei Feststoffbetten sehr stark durch den Lückengrad beeinflusst. Dieser ist das Verhältnis des Gas- oder Hohlraumvolumens der Schüttung zum Volumen des Schachtes

$$\psi = \frac{V_{\text{Hohl}}}{V_{\text{Schacht}}} = 1 - \frac{V_{\text{Festkörper}}}{V_{\text{Schacht}}}. \tag{31.1}$$

Basierend auf dem Modell einer Durchströmung der Schüttung mit Kanälen folgt nach Ergun für den Druckverlust Δp

$$\frac{\Delta p}{\Delta z} = 1{,}75 \cdot \frac{1-\psi}{\xi^3} \cdot \frac{\rho \cdot w^2}{d} + 150 \cdot \frac{(1-\psi)^2}{\psi^3} \cdot \frac{\eta \cdot w}{d^2}, \tag{31.2}$$

wobei z die Höhenkoordinate, d der mittlere Korndurchmesser, w und ρ die temperatur- und damit höhenabhängige Geschwindigkeit bzw. Dichte bedeuten. In Folge der vielen Umlenkungen der Strömung zwischen den Partikeln dominiert die Trägheitskraft die Zähigkeitskraft bei den hier vorliegenden Geschwindigkeiten, so dass im Wesentlichen der erste Term maßgebend ist. Bei einer Korngrößenverteilung muss als mittleren Korndurchmesser der Sauterdurchmesser eingesetzt werden

$$d = \left[\sum_{i=1}^{N} \frac{V_i}{V} \cdot \frac{1}{d_i} \right]^{-1} , \qquad (31.3)$$

also der mit dem Volumenanteil jeder Fraktion i gewichtete Durchmesser.

31.2.2 Lückengrad

Der Druckverlust hängt, wie an Gl. (31.2) ersichtlich ist, vom Lückengrad mit der Potenz drei ab. Dieser beeinflusst somit die Strömung in außerordentlichem Maße. Für eine kubisch flächenzentrierte Kugelpackung gilt ein Wert von 0,26 für eine kubisch raumzentrierte Kugelpackung 0,40. Für eine zufällige granulare Schüttung gilt 0,38 bis 0,40.

Der Lückengrad einer bidispersen Kugelpackung ist in Abb. 31.2 in Abhängigkeit des Anteils der kleineren Fraktion dargestellt [2]. Parameter ist das Verhältnis des großen zum kleinen Durchmesser. Hieraus ist ersichtlich, dass der Lückengrad ausgehend von dem Wert 0,40 der monodispersen Schüttung mit dem Anteil der kleineren Fraktion zunächst bis zu einem minimalen Wert abfällt und danach wieder auf den Wert der monodispersen Schüttung ansteigt. Dies ist darin begründet, dass sich in den Lücken der großen Partikel kleine Partikel ansammeln, so dass der Hohlraum verringert wird. Das Minimum ist umso niedriger, je höher das Verhältnis der Korngrößen ist. Eine Korngrößenverteilung erniedrigt somit den Lückengrad und erhöht folglich in starkem Maße den Druckverlust. Erst bei Verhältnissen zwischen Größt- und Kleinstkorn kleiner als ungefähr zwei bleibt der Lückengrad näherungsweise unbeeinflusst wie aus Abb. 31.2 ersichtlich ist.

Als Konsequenz hieraus wird daher bei den meisten Schachtofenprozessen das Aufgabematerial klassifiziert. So wird zum Kalkbrennen der Kalkstein in mehrere Korngrößenfraktionen gesiebt und jeder Ofen nur mit einem engen Kornband betrieben. Bei Hochöfen wird das Einsatzmaterial ebenfalls in Fraktionen abgesiebt. Da die verschiedenen Einsatzmaterialien Pellets, Sinter, Koks und Kalk jedoch unterschiedliche Korngrößen besitzen, werden diese Materialien lagenweise zugeführt. Die Vermischung der einzelnen Lagen beim Absinken liegt le-

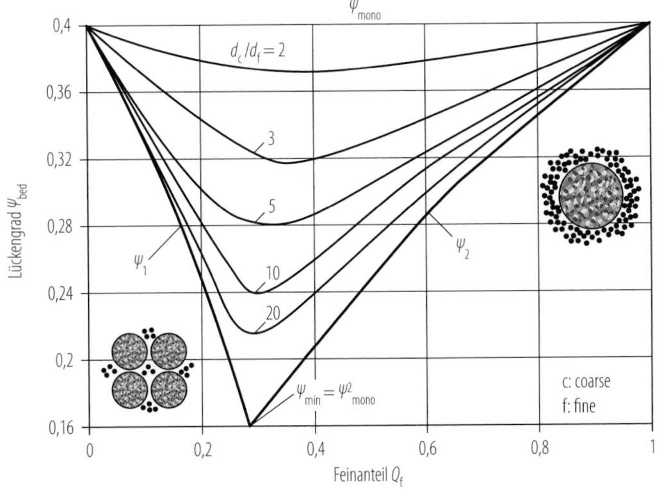

Abb. 31.2 Lückengrad einer bidispersen Kugelpackung

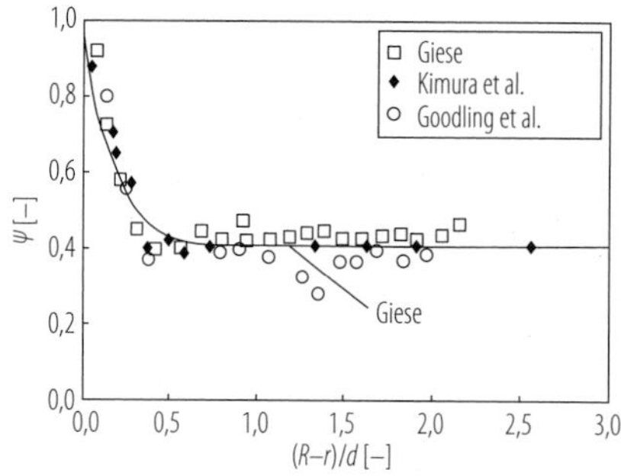

Abb. 31.3 Lückengrad in Abhängigkeit vom Wandabstand [3]

diglich im Bereich von 1 bis 3 Korndurchmessern.

Der Druckverlust der Schüttung nimmt auch zu mit dem reziproken Wert des Durchmessers. Daher sind die Korngrößen nach unten hin auf etwa 30 mm begrenzt, da danach der Druckverlust besonders stark zunimmt.

Der Lückengrad hängt ebenfalls vom Wandabstand ab, wie in Abb. 31.3 gezeigt ist. An der Wand selber ist der Wert des Lückengrades stets eins. Erst nach einem Abstand von wenigen Partikeldurchmessern ist der Lückengrad auf seinen mittleren Wert abgefallen. Da der Lückengrad in Wandnähe also erheblich höher als im übrigen Querschnitt ist, wird die Schüttung in Wandnähe erheblich stärker durchströmt. Dieser Effekt wird als Randgängigkeit bezeichnet. Zur Vermeidung dieser unerwünschten Randgängigkeit wird das Material bei der Aufgabe über den Querschnitt gezielt verteilt. So wird beispielsweise am Rand eine höhere Betthöhe eingestellt oder am Rand wird feineres Material aufgegeben, um stets über dem Querschnitt einen einheitlichen Druckverlust einzustellen, so dass eine möglichst homogene Strömungsverteilung erreicht wird.

Der Lückengrad von strukturiert gepackten Schüttungen aus Kugeln beträgt: 0,476 bei einfacher Packung, 0,395 bei orthorhomber Packung, 0,320 bei raum-zentrierter Packung und 0,260 bei flächen-zentrierter Packung. Der Lückengrad von zufällig geschütteten Partikeln gleicher Größe beträgt 0,39 bei glatten Kugeln, 0,42 bei Perlen, 0,44 bei glatten Kieselsteinen und 0,48 bei gebrochenen, rauen Steinen wie beispielsweise Kalksteinen. Die Werte besitzen Messungsgenauigkeiten von 0,005. Werden unstrukturierte, zufällige Schüttungen kräftig gerüttelt, sinkt die Betthöhe um 5 bis 10 %. Dies führt zu einer Verringerung des Lückengrades von 8 bis 18 %.

31.3 Wärme- und Stoffübertragung

Der Wärme- und Stoffübergang hängt, wie auch der Druckverlust, vom Lückengrad und der Korngröße ab. Auf Grundlage der Modellvorstellung hydraulisch durchströmter Kanäle wird als Nusseltfunktion [4]

$$\mathrm{Nu} = 2 + 1{,}12 \cdot \mathrm{Re}^{1/2} \cdot \left(\frac{1-\psi}{\psi}\right)^{1/2} \cdot \mathrm{Pr}^{0{,}33} + 0{,}0056\,\mathrm{Re} \cdot \mathrm{Pr}^{0{,}33} \tag{31.4}$$

angegeben mit

$$\mathrm{Nu} = \frac{\alpha \cdot d}{\lambda}, \qquad \mathrm{Re} = \frac{w \cdot d}{\nu \cdot \psi}, \tag{31.5}$$

wobei d der mittlere Korndurchmesser gemäß Gl. (31.3) und w die Geschwindigkeit im leeren Schacht

$$w = \frac{\dot{V}}{A_{\mathrm{quer}}} \tag{31.6}$$

ist. Für den Stoffübergang muss die Nu-Zahl durch die Sherwoodzahl und die Prandtlzahl durch die Schmidtzahl ersetzt werden (siehe Bd. 1, Kap. 45). Auf Basis der überströmten Einzelkugel existieren auch andere Formen der Nusseltfunktion. Diese ergeben etwa gleiche Werte, so dass hier nicht weiter darauf eingegangen wird.

31.4 Axiale Temperatur- und Massenstromprofile

Zur Berechnung der axialen Temperaturprofile vom Solid und vom Gas sowie deren axiale Massenstromprofile müssen infinitesimale Energie- und Massenbilanzen aufgestellt werden. Dabei sind in der Regel im Gas Wärmequellen auf Grund der Verbrennungsreaktionen und im Solid Wärmesenken auf Grund der Stoffumwandlung zu berücksichtigen [5–10].

Literatur

Spezielle Literatur

1. Kramer, C., Mühlbauer, A.: Anwendungen und Anlagenkonzepte. Praxishandbuch Thermoprozesstechnik, Bd. 2. Vulkan Verlag, Essen (2003)
2. Furnas, C.C.: Flow of Gases through beds of broken Solid. Bull, Bd. 307. U.S. Bureau of Mines (1929)
3. Tsotsas, E.: Wärmeatlas, Wärmeleitung und Dispersion in durchströmten Schüttungen. VDI (2002)
4. Jeschar, R.: Wärmeübergang in Mehrkornschüttungen aus Kugeln. Arch Für Das Eisenhüttenwes **35**(6), 517–526 (1964)
5. Bluhm-Drenhaus, T., Simsek, E., Wirtz, S., Scherer, V.: A coupled fluid dynamic-discrete element simulation of heat and mass transfer in a lime shaft kiln. Chem Eng Sci **65**, 2821–2834 (2010)
6. Senegacnik, A., Oman, J., Brane, S.: Annular Shaft Kiln for Lime burning with Kiln Gas Recirculation. Appl Therm Eng **28**, 785–792 (2008)
7. Shagapov, V.S., Burkin, M.V.: Theoretical Modeling of Simultaneous Processes of Coke Burning and Limestone Decomposition in a Furnace. Combust Expl Shock **44**(1), 55–63 (2008)
8. Schwertmann, T.: Untersuchung des Optimierungspotentials des Ringschachtofens zum Brennen von karbonatischem Gestein. Dissertation, Universität Magdeburg (2007)
9. Hallak, B., Specht, E., Herz, F., Gröpler, R., Warnecke, G.: Simulation of lime calcination in Normal Shaft Kilns – Mathematical Model. Int. Cement Lime Gypsum (9), 66–71 (2015), (10), 46–50 (2015), (3), 64–68 (2016)
10. Hai Do, D., Specht, E., Kehse, G., Ferri, V., Christiansen, T. L., Bresciani, P.: Simulation of lime calcination in PFR kiln – Influence of energy input and lime throughput. Cement Lime Gypsum (ZKG) (12), 52–64 (2011), (4), 56–65 (2012)

31

Öfen für geformtes Gut 32

Eckehard Specht und Friedherz Becker

32.1 Betriebsweise

Bei Öfen für geformtes Gut unterscheidet man, ob das Gut lediglich erwärmt werden soll oder ob eine Wärmebehandlung durchzuführen ist. In diesem Fall muss das Gut auch wieder definiert abgekühlt werden. Nur erwärmt werden typischerweise metallische Güter wie Brammen, Knüppel, Stäbe, Rohre und Blöcke um diese anschließend zu walzen, pressen, schmieden oder ziehen. Hierzu werden Stoß-, Hubbalken-, Drehherd-, Rollen-, Herdwagen- und Tieföfen eingesetzt. Wärmebehandelt werden metallische Körper zum Härten, Nitrieren, Aufkohlen, Rekristallisieren nach Umformprozessen, usw. Keramische Körper werden stets wärmebehandelt. Diese werden entsprechend ihrer mineralogischen Zusammensetzung zunächst auf definierte Temperaturen erwärmt, um eine Sinterung durchzuführen. Durch die danach auch notwendige Abkühlung sind die Öfen sehr lang (tunnelförmig) oder bei Chargenöfen entsprechend die Behandlungszeiten. Typische Öfen für Wärmebehandlungsverfahren sind Tunnelwagen-, Rollenherd-, Herdwagen-, Hauben- und Kammeröfen. Auf einige Öfen wird im Folgenden näher eingegangen.

Alle Wärme- und Wärmebehandlungsprozessekönnen kontinuierlich oder chargenweise durchgeführt werden. Kontinuierlich betriebene Ofenanlagen sind von Vorteil, wenn

- große Produktionskapazitäten gefordert sind, z. B. >3 t / Tag
- geringer spezifischer Energieverbrauch von Bedeutung ist
- auf besonders gute Temperaturgleichmäßigkeit im Ofenkanalquerschnitt Wert zu legen ist
- Qualitätsreproduzierbarkeit des Brennguts wichtig ist, die man durch eine stabile Temperaturkurve erhält
- Energieverbrauchsspitzen vermieden werden müssen
- Kosten für die Abgasreinigung konstant und niedrig gehalten werden müssen
- kontinuierlicher Materialfluss mit unkomplizierter Logistik erwünscht ist
- einfache Speichermöglichkeiten für Wochenenden und Feiertage notwendig sind, indem z. B. bei Tunnelöfen mit Wagenförderung die Brennwagen als Speicher eingesetzt werden
- ein günstiges Investitions-Leistungsverhältnis gefordert ist
- beim Einsatz leichter Isolierstoffe hohe Flexibilität durch intermittierende Betriebsweise der Durchlauföfen zu erreichen sind.

E. Specht (✉)
Otto-von-Guericke-Universität Magdeburg
Magdeburg, Deutschland
E-Mail: eckehard.specht@ovgu.de

F. Becker
becker energy consulting
Wendelstein, Deutschland
E-Mail: Friedherz.becker@t-online.de

B. Bender und D. Göhlich (Hrsg.), *Dubbel Taschenbuch für den Maschinenbau 3: Maschinen und Systeme*,
https://doi.org/10.1007/978-3-662-59715-6_32

Die entscheidenden Kriterien für den Einsatz diskontinuierlich betriebener Ofenanlagen sind:

- Geringer Arbeitskräfteeinsatz; automatischer Brennbetrieb, wobei auch Maschinen zum Be- und Entladen eingesetzt werden können.
- Preisgünstiger Einsatz von Arbeitskräften, weil der Brennzyklus so gelegt werden kann, dass keine Nacht-, Sonntag- und Feiertagsschichten gefahren werden müssen.
- Anpassung an die Produktionskapazität; Überkapazitäten, die Tunnelöfen nicht mehr verarbeiten, übernimmt der periodische Ofen.
- Flexibilität in der Einstellung der Temperatur- und Atmosphärenkurve; es können verschiedene Brennprodukte nacheinander gebrannt werden, z. B. der Glüh- und der Glattbrand von Porzellan.
- Geringer Platzbedarf.
- Die Ofeninspektion ist einfach und bequem; ein frühzeitiges Erkennen und Verhindern von evtl. Schäden ist nach jedem Brand möglich.

32.2 Durchlauföfen

32.2.1 Stoßofen

Der prinzipielle Aufbau eines Stoßofens ist Abb. 32.1 zu entnehmen. Die Werkstücke in diesem Beispiel Brammen, werden hintereinandergereiht kontinuierlich auf Schienen liegend durch den Ofen gestoßen. Kleinteile lagern dagegen in Körben und werden in besonderen Fällen auch durch den Ofen gezogen. Gut und Heizgas werden im Gegenstrom geführt. Der Stoßofen besteht aus einer Vorwärmzone, einer beheizten Zone, die in mehrere Teilzonen unterteilt werden kann, einer Ausgleichszone zum Temperaturausgleich im Gut sowie einem Rekuperator zur Vorwärmung der Verbrennungsluft. Stoßöfen können mit Seiten- oder Deckenbrennern und in der Vorwärmzone unterhalb des Gutes zusätzlich mit stirnseitigen Beheizungen ausgerüstet sein. Das Heizgas aus den beheizten Ofenteilen, das ebenfalls als Schutzgas dienen kann, wird sowohl zur Vorwärmung des Gutes als auch zur Vorwärmung der Verbrennungsluft genutzt. Die Aufteilung dieses Ofens in verschiedene Heiz- und Vorwärmzonen bietet die Möglichkeit, die gewünschten Aufheizcharakteristiken sowie eine energieoptimale Betriebsweise in Abhängigkeit von der gewünschten Ofenleistung einzustellen. Die Durchsatzleistung kann bis zu 500 t/h und das Einzelgewicht einer Bramme bis zu 40 t betragen.

Der Stoßofen hat den Vorteil, dass seine Wartung im Vergleich zu derjenigen mechanisierter Öfen weniger aufwändig ist. Nachteilig ist allerdings, dass der Stoßofen bei Betriebsstörungen nicht leergefahren werden kann. Dies ist einer der wesentlichen Gründe dafür, dass dieser Ofentyp vorwiegend für Massengüter Verwendung findet, wohingegen für Qualitätsstähle mehr der Hubbalkenofen zur Anwendung gelangt.

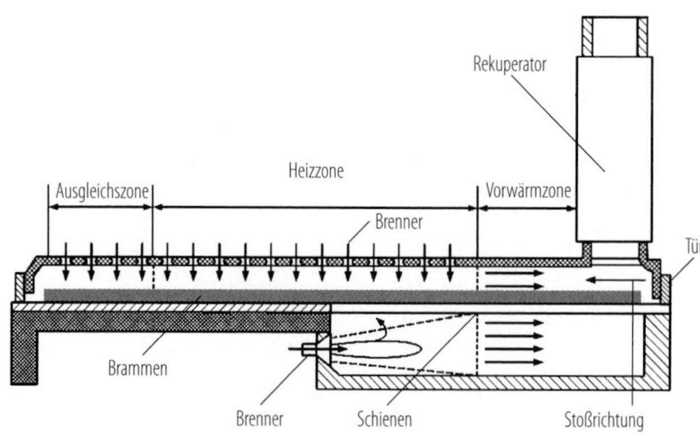

Abb. 32.1 Prinzipieller Aufbau eines Stoßofens

32.2.2 Hubbalkenofen

Abb. 32.2 zeigt den Querschnitt eines Hubbalkenofens. Der Transport des Wärmgutes durch den Ofen wird dadurch gewährleistet, dass der bewegliche Herd das Gut anhebt, es um ein Stück nach vorn transportiert und danach wieder absetzt. Die beweglichen Hubbalken beschreiben bei diesem Ofentyp ein Rechteck oder eine Kreisbahn. Das Tragsystem ist wassergekühlt. Der Antrieb der Hubbalken liegt geschützt außerhalb des Ofens. Je nach ihrer Gestalt können die Werkstücke einzeln oder in Paletten mit anderen Teilen durch den Ofen befördert werden. Dieser kann über seine gesamte Länge mittels Seiten- oder Deckenbrennern beheizt werden. Die letztgenannte Anordnung ist allerdings aufwändig. In Öfen mit relativ geringer Breite werden Seitenbrenner bevorzugt.

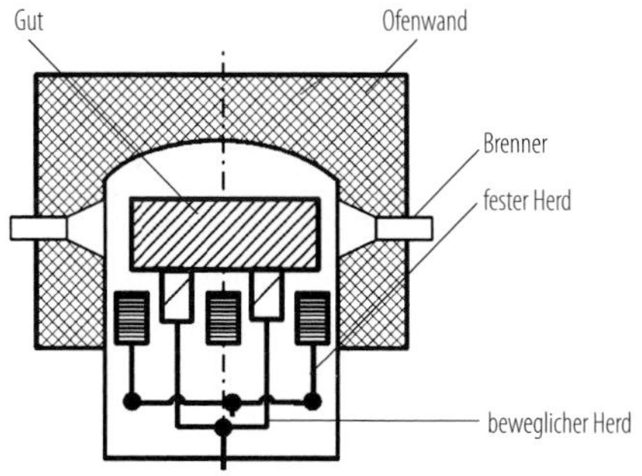

Abb. 32.2 Querschnitt des Hubbalkenofens

Hubbalkenöfen werden vorwiegend zum Erwärmen schwerer metallischer Teile eingesetzt. Ein Vorteil dieses Ofentyps besteht darin, dass er bei einer Betriebsstörung vollständig leergefahren werden kann. Allerdings ist im Vergleich zum Stoßofen seine Wartung aufwändiger. Darüber hinaus wird der Hubbalkenofen in Sonderfällen auch in der keramischen Industrie zur Wärmebehandlung eingesetzt.

32.2.3 Tunnelwagenofen

Bei Tunnelwagenöfen wird das Gut entsprechend seinem Namen auf Wagen transportiert, die aneinander gereiht kontinuierlich oder auch taktweise durch den innen beheizten Tunnel mit Hilfe einer am Ofeneinlauf installierten Vorschubmaschine gedrückt werden (Abb. 32.3). Der Eintritt und Austritt wird oft durch eine Schleuse oder einen Sperrluftschleier abgedichtet. Die Wagen werden außerhalb des Ofens besetzt. Steine werden versetzt aufeinander gestapelt. Flache Teile wie Dachziegel und Teller werden in Kassetten gestellt. Empfindliche Teile, wie Tassen und Vasen werden in Gestelle gesetzt. Diese sogenannten Brennhilfsmittel können vom Massendurchsatz her die gleiche Größenordnung wie

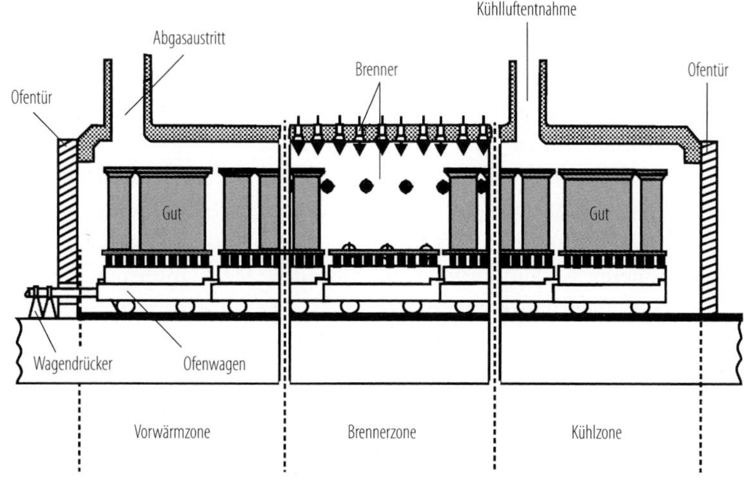

Abb. 32.3 Prinzipielle Darstellung eines Tunnelofens mit Steinzeugrohren als Gut

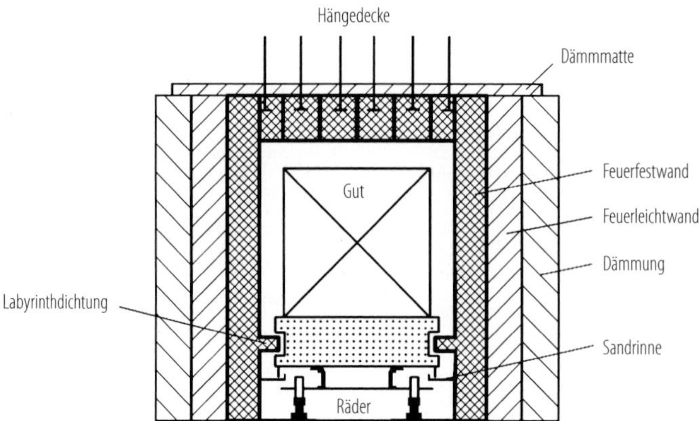

Abb. 32.4 Querschnitt eines Tunnelofens

das Gut selber erreichen und beeinflussen somit erheblich den spezifischen Energiebedarf. Zwischen den einzelnen Brenngutstücken müssen Zwischenräume vorhanden sein, damit eine gute Durchströmung und damit gleichmäßige Temperaturverteilung im Besatz gewährleistet wird.

Der Ofenraum wird durch seitlich an die Wagen angebrachte Schürzen (z. B. Bleche), die in einer Sandrinne laufen, gegen die Fahrgestelle abgedichtet. In Abb. 32.4 ist der Querschnitt eines Tunnelofens schematisch dargestellt.

Die Brenntemperaturen betragen je nach Material 800 °C bis 2000 °C. Die Aufheiz- und Kühlgeschwindigkeit hängt von den Materialeigenschaften des Gutes ab. Die Gase strömen im Ofen entgegengesetzt zum Gut. Das kalte Brenngut wird zunächst in der Vorwärmzone von den heißen Verbrennungsgasen erwärmt. Die Brennzone wird mit Seiten- und/oder Deckenbrennern oder auch elektrisch beheizt. Die in der Kühlzone vorgewärmte Luft wird teilweise zum Trocknen des Rohmaterials abgesaugt und teilweise als Verbrennungsluft oder Wärmeträgerluft im Ofen selbst genutzt. Die Kühlung mit Luft kann direkt oder zur schonenderen Abkühlung zur Vermeidung von Kühlrissen auch indirekt erfolgen. Im letztgenannten Fall bestehen die Ofenwände aus Kühlkästen, in die über den Boden Luft einströmt und unterhalb der Decke wieder abgezogen wird.

Der Tunnelofen ist der bedeutendste Ofen der Keramischen Industrie. In ihm können nahezu alle keramischen Erzeugnisse hergestellt werden. Er kann eine Länge von etwa 10 bis 150 m und eine lichte Breite von einigen cm bis ca. 6 m besitzen. Die Brennzeit kann von einigen Stunden bis zu einigen Tagen dauern.

32.2.4 Rollenherdofen

Bei Rollenherdöfen (oder kurz auch Rollenöfen genannt) lagert das Gut direkt auf Rollen und wird durch deren Drehung transportiert. In Ausnahmefällen kann das Gut auch auf Setzplatten und Körben über die Rollen transportiert werden. Der Durchmesser der Rollen hängt von der Abmessung des Gutes ab. Die Rollen müssen so dünn sein, dass das Gut auf mindestens drei Rollen aufliegen kann. Dies ist notwendig, dass das Gut bei einem Bruch einer Rolle nicht nach unten fallen kann. Eingesetzt werden Rollen von 10 bis 500 mm Durchmesser. Das Material der Rollen hängt von der Anwendungstemperatur ab. Bei höchsten Temperaturen bis max. 1650 °C wird SiC, bei mittleren Temperaturen Al_2O_3 und bei niedrigen Temperaturen bis ca. 600 °C Stahl verwendet. Mehr Informationen über Rollen sind z. B [1]. zu entnehmen. Die Rollen sind durch die Seitenwände geschoben und werden von außen angetrieben. Die Rollen werden in Gruppen angetrieben, um eine hohe Regelbarkeit zu gewährleisten. Anstelle der in Abb. 32.5 ersichtlichen direkten Ober- und Unterbeheizung ist auch eine indirekte Beheizung durch Stahlrohre oder eine elektrische Beheizung möglich.

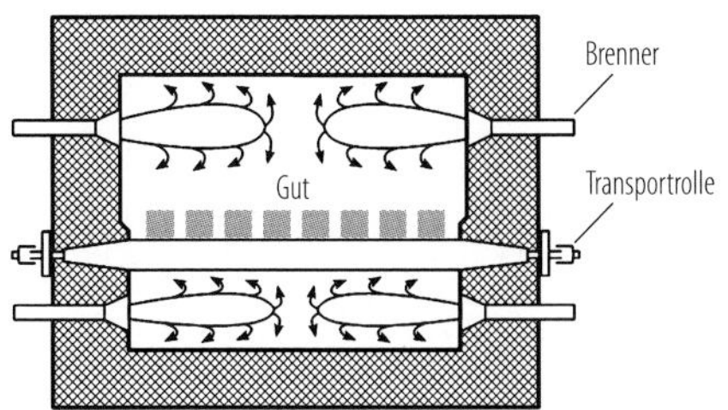

Abb. 32.5 Prinzip des Rollenherdofens

Der Rollenofen eignet sich wegen seiner beidseitigen und gleichmäßigen Wärmezufuhr zur Schnellerwärmung dünner Güter, wie Wand- und Bodenfliesen, Geschirr- und Zierkeramik, Elektrokeramik, Rohre, usw. Er zeichnet sich weiterhin durch gute Regeleigenschaften aus. Bei schweren Gütern sind dem Ofen wegen der Durchbiegung der Rollen Grenzen gesetzt. Die lichte Breite des Ofens ist daher auf etwa 4 m begrenzt. Nachteile dieses Ofentyps sind die hohen Wartungskosten, überwiegend verursacht durch die Instandhaltung des Rollensystems, sowie bei der Erwärmung von Metall die Pickelbildung auf den Rollen oder Werkstückoberflächen.

Der Rollenofen weist die Besonderheit auf, dass in Folge der Rollen die Beheizung von oben und unten unterschiedlich ist. Auf der Oberseite strahlt das Verbrennungsgas direkt auf das Gut. Dieser Wärmeübergang wird in Abschn. 32.5 beschrieben. An der Unterseite strahlt das Gas auf die Rollen und auf das Gut nur durch die Lücken zwischen den Rollen. Die auf die Rollen gestrahlte Wärme wird in einer oberflächennahen Schicht im Material gespeichert und durch die Drehung unter das Gut transportiert. Dort wird die Wärme durch Kontakt an das Gut abgegeben. Für diesen gesamten Wärmeübergansmechanismus konnte auf analytischem Wege eine Näherungslösung hergeleitet werden [2]. Der auf die Rollenlänge L bezogene vom Gas an das Gut übertragene Wärmestrom $\dot{Q}$ beträgt

$$\frac{\dot{Q}}{L} = \frac{T_g - T_s}{\frac{1}{\alpha_{con} \cdot x_{con}} + \frac{1}{\alpha_g \cdot x_g} + \frac{1}{\alpha_R \cdot \pi \cdot D}} . \qquad (32.1)$$

Hierin bedeuten T_g die Gastemperatur, T_s die Guttemperatur, α_{con} der Kontaktwärmeübergangskoeffizient, x_{con} die Kontaktlänge, α_g der Wärmeübergangskoeffizient durch Strahlung (Abschn. 32.5), x_g die bestrahlte Umfangslänge der Rolle (etwa halber Rollenumfang bei einem Rollenteppich), α_R der regenerative Wärmeübergangskoeffizient durch die Rollendrehung und D der äußere Durchmesser der Rolle. Der Gesamtmechanismus lässt sich also durch eine Reihenschaltung der drei Widerstände: Strahlung auf die Rolle, regenerativer Transport und Kontakt beschreiben.

Für den regenerativen Wärmeübergangskoeffizientenergibt sich aus der analytischen Beschreibung [3]

$$\alpha_R = \pi \cdot \sqrt{\lambda \cdot \rho \cdot c \cdot n} , \qquad (32.2)$$

wobei λ, ρ, c die Wärmeleitfähigkeit, Dichte bzw. spezifische Wärmekapazität des Materials der Rolle und n deren Drehzahl bedeuten. Dieser Wärmübergangskoeffizient setzt sich also zusammen aus dem Wärmeeindringkoeffizienten und der Wurzel der Drehzahl. Die Dicke der Rollenwand spielt keine Rolle, da auf Grund der kurzen Kontaktzeiten die Temperaturänderungen nur im oberflächennahen Bereich stattfinden.

Für den örtlichen Wärmeübergangskoeffizienten im Kontaktbereich gilt

$$\alpha_{loc} = \frac{\lambda_g}{\delta + l + \delta_n} , \qquad (32.3)$$

wobei λ_g die Wärmeleitfähigkeit des Gases, δ die örtliche Spaltbreite zwischen Rolle und Gut, δ_n die Tiefe eventuell in der Rolle befindlicher Nute und l eine modifizierte freie Weglänge der Moleküle sind. Für diese gilt [4]

$$l = 2 \cdot \sqrt{2 \cdot \pi \cdot T \cdot R_g} \cdot \frac{\lambda_g}{p \cdot (2 \cdot c_{pg} - R_g)} \cdot \frac{2-\gamma}{\gamma} \qquad (32.4)$$

mit dem Akkomodationskoeffizenten

$$\frac{1}{\gamma} = 4 \cdot \exp\left(- \frac{\frac{1000}{T[\mathrm{K}]} + 1}{0{,}43 \cdot C} \right) + 1 . \qquad (32.5)$$

Die Konstante C hängt von der Art des Gases ab. Für Luft gilt 2,8 und für Wasserstoff 50. Luft kann näherungsweise für Verbrennungsgas eingesetzt werden. Wasserstoff wird als Schutzgas bei Stählen eingesetzt. Die Temperaturabhängig-

32

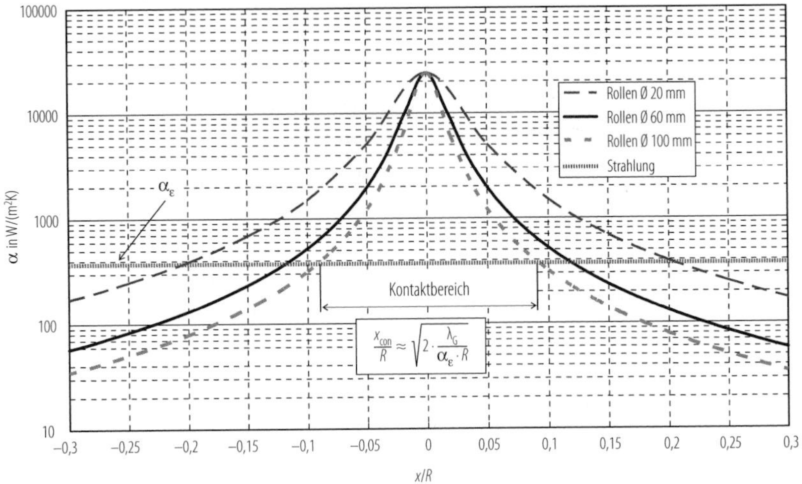

Abb. 32.6 Örtlicher Wärmeübergangskoeffizient im Kontaktbereich

keit der Wärmeleitfähigkeit des Gases kann durch

$$\frac{\lambda_g(T)}{\lambda_{go}(T_0)} = \left(\frac{T}{T_0}\right)^{0,76} \tag{32.6}$$

mit einem Fehler kleiner als $\pm 3\,\%$ angenähert werden [5]. Der Verlauf des Kontaktwärmeübergangskoeffizienten ist in Abb. 32.6 in Abhängigkeit der auf den Rollenradius R bezogenen Gutlänge für drei Rollendurchmesser dargestellt. Am Kontaktpunkt ergibt sich ein sehr hoher Wert von etwa $20\,000\,\mathrm{W/m^2/K}$. Als Kontaktbereich wird der Bereich angesehen, in dem der Wärmeübergangskoeffizient durch Kontakt größer als der durch Strahlung auf das Gut ist. In dem Bild ist beispielhaft ein typischer Wert von $350\,\mathrm{W/m^2/K}$ für die Strahlung eingezeichnet. Je kleiner die Rolle ist desto höher ist der relative Kontaktbereich. Dieser kann durch

$$\frac{x_{\mathrm{con}}}{D} \approx \sqrt{\frac{\lambda_g}{\alpha_\varepsilon \cdot D}} \tag{32.7}$$

angenähert werden.

Für wärmetechnische Berechnungen reicht es aus, in diesem Bereich einen konstanten Wert zu verwenden. Aus der Integration der lokalen Werte

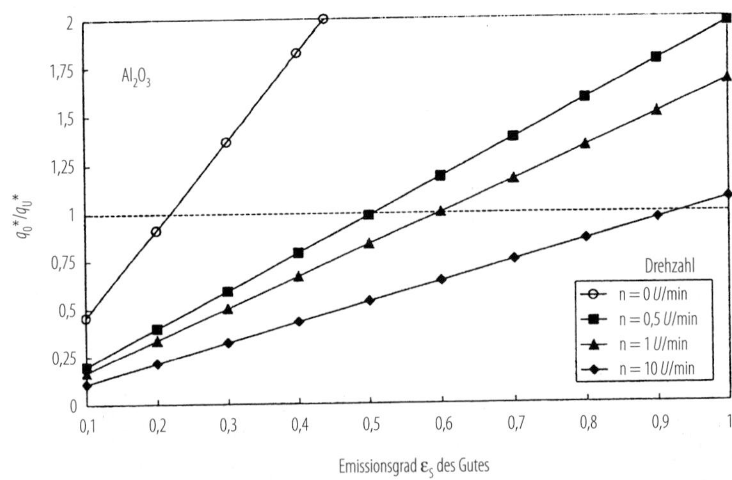

Abb. 32.7 Verhältnis der übertragenen Wärmeströme über die Ober- und Unterseite

erhält man

$$\alpha_{\text{con}}\left[\frac{W}{m^2 \cdot K}\right] = 1060 + 3{,}3 \cdot T_G\,[°C] \quad (32.8)$$

Die Werte sind unabhängig vom Rollendurchmesser und nahezu unabhängig von der Gasart.

Durch die Rollen unterscheidet sich der Wärmeeintrag in das Gut auf der Unterseite und der Oberseite, die direkt von der Wärmestrahlung getroffen wird. In Abb. 32.7 ist das Verhältnis der Wärmeströme von der Ober- und Unterseite dargestellt [7]. Hierbei wurde als Grenzfall davon ausgegangen, dass ein Rollenteppich vorliegt, so dass keine Strahlung mehr zwischen den Rollen auf die Unterseite trifft. Das Verhältnis hängt vom Emissionsgrad des Gutes ab. Bei keramischen Gütern mit relativ großen Emissionsgraden von 0,6 bis 0,8 bei hohen Temperaturen wirken die Rollen wie ein Strahlungsschirm. Der Wärmeeintrag auf der Oberseite ist folglich höher. Bei blanken metallischen Gütern mit relativ kleinen Emissionsgraden von 0,1 bis 0,3 ist der Wärmeübergang durch Strahlung auf der Oberseite folglich gering. Die Rollen besitzen dagegen einen mehrfach größeren Emissionsgrad und absorbieren die Wärmestrahlung erheblich besser. Der weitere Transportwiderstand durch Kontakt ist vergleichsweise gering. Folglich ist bei diesen Gütern der Wärmeeintrag von der Unterseite höher. Die Rollen verstärken also den Wärmeübergang.

32.2.5 Konstruktive Merkmale

Die Grundform von Tunnelöfen besteht aus einem geraden Kanal, der in Vorwärm-, Brenn- und Kühlzone eingeteilt ist. Sie werden in Modulen mit 2 bis 4 m Länge in formversteiften Rahmenkonstruktionen vorgefertigt. Die Module selbst können aus rechts und links getrennten Seitenteilen, aber auch aus kompletten Modulen wie beim Rollenofen bestehen. Rohrleitungen sind installiert für die Zuführung des Brennstoffs und der Verbrennungsluft sowie für Lufteindüsungen und Kühlluftmengen. Abgase und Warmluft aus der Kühlzone werden über Ventilatoren durch die abführenden Rohrleitungen abgesaugt. Alle Leitungen sind so dimensioniert, dass bei maximalem Durchfluss die Geschwindigkeit von 15 m/s nicht überschritten wird, um Schwingungen der Rohrleitungen und damit Lärm und Schäden an der Anlage zu vermeiden.

Die Verbrennungsluftventilatoren sind für ein Druckgefälle von 7000 bis 10 000 Pa ausgelegt. Man kühlt die Abluft aus der Ofenanlage über Schieber mit so genannter Falschluft auf Temperaturen unter 300 °C, um Normalstahlmaterial einsetzen zu können und Wärmedämmkosten zu minimieren. Das Abgas aus der Verbrennung sollte nicht unter 150 °C sinken, weil sonst die Gefahr einer Taupunktunterschreitung verschiedener Dämpfe aus Scherben und Glasur besteht. Mit der Feuchte aus der Verbrennung bilden sich Säuren, die die Abgasleitung innerhalb kurzer Zeit zerstören.

Moderne Tunnelöfen sind im Querschnitt niedrig und breit dimensioniert, um eine gute Temperaturgleichmäßigkeit zu erzielen. Die Ofendecken sind als Hängedecken mit Spezialhängesteinen oder Fasermodulen ausgebildet, während die Seitenwände nur bei Anlagen, die oft ein- und ausgeschaltet werden, mit Hochtemperaturwollen ausgekleidet werden. Ansonsten verwendet man Feuerleichtsteine. Eine feuerfeste Wand wird erst ausreichend standhaft durch:

- richtig bemessene Heißdruckfestigkeit der eingesetzten Materialien,
- entsprechendes Einbinden der Steine ins Mauerwerk,
- Stahlverankerungen.

Große Aufmerksamkeit ist den verschiedenen Fugenarten zu widmen. Lager- und Stoßfugen verbinden durch Feuermörtel und Feuerkitt die einzelnen Steine. Die Fugenstärke wird mit 1 bis 3 mm angesetzt. Gleit- und Trennfugen ermöglichen und erleichtern das Gleiten von Bauteilen, die unterschiedliches Dehnungsverhalten unter Temperatureinfluss haben. Dehnfugen sind in allen Feuerfeststeinaufbauten zu berücksichtigen. Ihre Aufgabe ist es, das reversible Ausdehnungsverhalten der Feuerfesterzeugnisse aufzunehmen. Sie werden im Abstand von ca. 1 m eingebaut.

Die Brenner sind an den Seitenwänden montiert. Die Verbrennung findet in einer Brennkammer statt, die als Düse ausgebildet ist und aus der die verbrannten Abgase mit maximal 150 m/s ausströmen. Die Brenner feuern oberhalb und unterhalb der Ware oder zwischen die Brenngutaufbauten, jedoch niemals direkt auf die Ware. Auf Grund ihres hohen Austrittsimpulses saugen sie ein Vielfaches des eigenen Volumenstroms an und erzeugen dadurch eine hohe Abgasumwälzung im Ofenkanal, die wiederum eine gleichmäßige Temperaturverteilung bewirkt.

Alle eingesetzten Armaturen tragen als Abnahmezertifikat die CE-Kennzeichnung. Die gesamte Brennereinrichtung muss den Sicherheitsvorschriften der EN 746 und EN 60204 sowie dem Regelwerk des DVGW entsprechen.

Der tragende Unterbau der Ofenwagen von Tunnelöfen mit Wagenförderung besteht ebenfalls aus einer soliden Stahlkonstruktion. Sie trägt die feuerfeste Wärmedämmschicht, die die Ofensohle darstellt. Das Gewicht kann mehrere Tonnen betragen, entsprechend stabil muss der Stahlbau einschließlich der Achsen, Lager und Räder ausgelegt sein. Die Radlager sind gewöhnlich für Temperaturen bis 300 °C ausgelegt und haben ein größeres Lagerspiel.

Man kann einem Tunnelofen als eine Hintereinanderschaltung von zwei Wärmetauschern betrachten, bei denen zum einen die heißen Abgase aus den Brennern im Gegenstrom zur Ware von der Brennzone über die Vorwärmzone zum Ofeneinlauf strömen, hierbei ihre Enthalpie an das Brenngut abgeben und sich selbst dabei abkühlen. Zum anderen strömt in der Kühlzone die Kühlluft, die am Ofenauslauf eingeblasen wird, ebenfalls im Gegenstrom zur Ware in Richtung Brennzone, kühlt das Brenngut und erwärmt sich dabei.

Vornehmlich in der Ziegelindustrie wird diese erhitzte Kühlluft gleichzeitig als Verbrennungsluft genutzt, indem der Brennstoff hauptsächlich von oben in den Brennkanal eingedüst wird und dann verbrennt.

In der Feinkeramischen Industrie – soweit es sich um brennstoffbeheizte Ofenanlagen handelt – muss ein exaktes Gas-Verbrennungsluft-Verhältnis eingehalten werden, so dass die Verbrennungsluft direkt den Brennern im erforderlichen Verhältnis zugeführt wird. Deshalb wird hier die heiße Kühlluft über die sog. Zwischenabsaugung zwischen Brennzone und Kühlzone abgezogen und einer weiteren Verwendung, z. B. Trocknung, zugeführt.

Da entsprechend den Verbrennungsrechnungen CO_2-Gehalte sowohl in oxidierender als auch in reduzierender Einstellung auftreten, muss zur genauen Charakterisierung einer Verbrennung zusätzlich zu einer CO_2-Messung der O_2- bzw. der CO-Gehalt ermittelt werden.

32.2.6 Verfahrenstechnische Merkmale

Tunnelofenprozesse lassen sich verfahrenstechnisch in Zonen einteilen. Wärmöfen bestehen aus einer Vorwärm- und einer Ausgleichzone (Temperaturhomogenisierung im Querschnitt). Wärmebehandlungsöfen bestehen aus einer Vorwärm-, Sinterungs- und Kühlzone. Der zugehörige Temperaturverlauf des Gases und des Gutes ist qualitativ in Abb. 32.8 dargestellt, wobei bei Wärmöfen die Verläufe der Kühlzone entfallen. Vorwärm- und Kühlzone sind prinzipiell zwei im Gegenstrom betriebene Wärmeüberträger. Der Brennstoff wird über einen größeren Bereich zugeführt, so dass Vorwärm- und Ausgleichs- bzw. Brennzone nicht scharf voneinander getrennt sind.

Zur Berechnung des Energieverbrauchs trennt man die Kühlzone von der Brenn- und Vorwärmzone, unterteilt die letzteren in kurze Segmente und stellt dann für jedes Segment Energie- und Massenstrombilanzen auf, die nach dem Massenstrom des Brennstoffs aufgelöst werden. Die notwendigen Temperaturprofile der Fluide erhält man aus den in Kap. 34 angegebenen Gleichungssystemen, die sich mit der darin verwendeten Stantonzahl auf die effektiven Wärmeübergangskoeffizienten α_{eff} (Gl. (32.52)) beziehen. Es sind die in Abschn. 32.5 gezeigten unterschiedlichen Wärmeübertragungsverhältnisse zu berücksichtigen. Messungen und Vergleichsberechnungen zur Bestimmung des effektiven Wärmeübergangskoeffizienten α_{eff} in der Vorwärm- und Brennzone

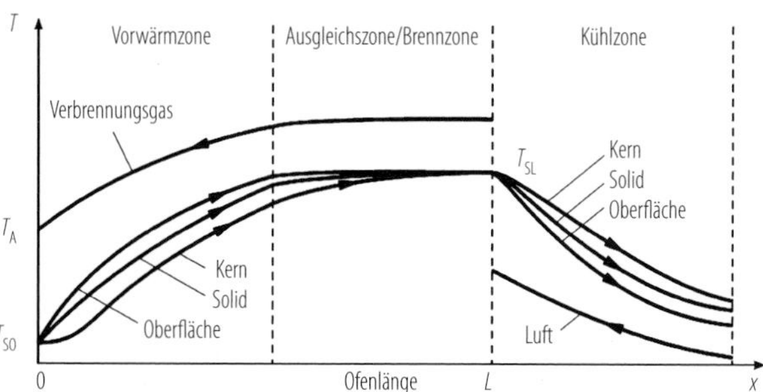

Abb. 32.8 Qualitative Temperaturverläufe in Tunnelöfen

zeigen für Schnellbrandöfen zum Glattbrand von Hartporzellan Werte von $\alpha_{\mathrm{eff}} = 20\,\mathrm{W/m^2/K}$ bis $\alpha_{\mathrm{eff}} = 80\,\mathrm{W/m^2/K}$ [17], wobei bei hohen Temperaturen der Strahlungseinfluss zu steigenden Beträgen des effektiven Wärmeübergangskoeffizienten α_{eff} führt.

32.3 Beschreibung von Chargenöfen

Bei Chargenöfen wird das Brenngut während des thermischen Prozesses nicht bewegt. Der wärmedämmende Ofenraum erfährt zusammen mit dem Brenngut den gesamten Wärmebehandlungsvorgang. Das Ofengehäuse besteht aus einer massiven Stahlrahmenkonstruktion mit Stahlblechverkleidung, in die sämtliche Aussparungen und Ausbrüche für die Aufnahme der Brenner, Schaulochklappen, Thermoelementöffnungen und Messentnahmestellen eingearbeitet sind.

Beim Herdwagenofen werden beladene Wagen, die dem Tunnelwagenofen ähneln, in die wärmegedämmte Ofenkammer und nach dem Wärmebehandlungsprozess aus ihr heraus mit speziellen Verfahreinrichtungen oder Elektromotoren, die unterhalb der Wagen angebracht sind, auf Gleisen in bzw. aus dem Ofen bewegt. Herdwagenöfen haben Schwenk- oder Portaltüren, die an einer oder auch beiden Stirnseiten installiert sind. Es kommen je nach Ofengröße ein oder mehrere Herdwagen zum Einsatz. Die Abdichtung zum Ofen erreicht man wie bei den Tunnelöfen durch seitliche Stahlblechschürzen, die in die Sandtassen tauchen.

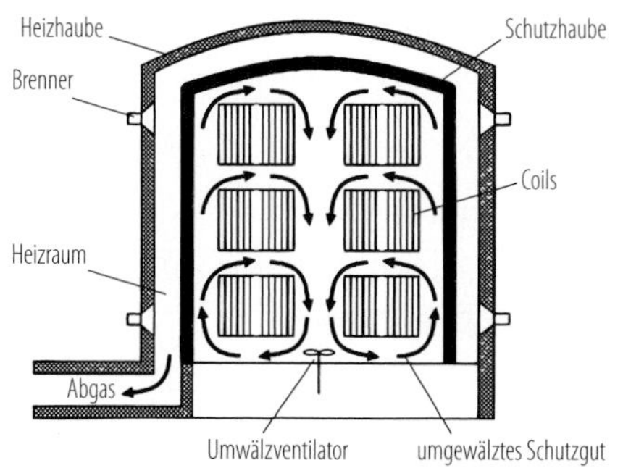

Abb. 32.9 Querschnitt des indirekt beheizten Haubenofens

Bei Haubenöfen wird die komplette Ofenkammer mit hydraulischen oder mechanischen Hebevorrichtungen von oben über das Brenngut gestülpt. In Abb. 32.9 ist als Beispiel ein indirekt beheizter Haubenofen schematisch dargestellte. Das Gut, hier Coils, wird auf einem Sockel gestapelt und anschließend eine Schutzhaube darüber gestülpt. Hierüber wird wiederum die in dem gezeigten Beispiel mit Gas befeuerte Heizhaube gesetzt. Zur Umwälzung des Schutzgases im Inneren der Schutzhaube dient ein im Sockel angeordnete Ventilator. Als Schutzgas gelangt zunehmend Wasserstoff zur Anwendung. In der Keramik kann bei diesem Ofentyp auf den Einsatz von Schutzhauben verzichtet werden, da hier die Gutoberfläche nicht durch die Verbrennungsgase verändert bzw. oxidiert wird. Haubenöfen kommen zum Wärmebehandeln von Metallblechen und -bändern zum Einsatz, z. B. zur Rekristallisation nach dem Walzen, zur Kornorientierung silizierter Elektrobleche, und dienen als Brennöfen in der Feuerfestindustrie, z. B. zum Brennen von Schamottsteinen, oder auch in der Feinkeramik, z. B. zum Brennen von Steingut,

Steinzeug oder Porzellan. Zur Modellierung von Haubenöfen sei z. B. auf [9] verwiesen.

Beim Elevatorofen wird die Beladefläche mit dem Gut von unten in die aufgebockte Kammer gehoben wird. Die einfachste Chargenofenanlage ist der Kammerofen mit der allseitigen Dämmung und einer frontseitigen Tür. Gewöhnlich dämmt man bei Brennzyklen unter 20 h Ofenwände und Decke mit leichten Fasermaterialien, um den Energiebedarf durch die geringe Dämmmasse zu reduzieren. Bei feuerfester Steinausmauerung bestehen die Brennkammern in den Ofenwänden aus hochwertigem Hart- und Leichtsillimanit, sonst – bei faserausgekleideten Ofenwänden – aus SiC-Rohren.

32.4 Beheizung

Eine Beheizung wird vornehmlich in direkt und indirekt unterteilt. Bei einer indirekten Beheizung darf das Verbrennungsgas nicht mit dem Gut in Berührung kommen, um unerwünschte Reaktionen zu vermeiden. Insbesondere blanke metallische Güter, die unter Schutzgas erwärmt werden müssen, um Oxidation mit den Verbrennungskomponenten CO_2 und H_2O zu vermeiden, werden folglich indirekt erwärmt.

32.4.1 Direkte Beheizung

Brenner für eine direkte Beheizung unterscheiden sich nach dem jeweiligen Anforderungsprofil des Ofenprozesses. So werden flache, buschige oder lange Flammen, hohe Austrittsgeschwindigkeit, hohe Luftvorwärmung, gute Regelbarkeit, Austauschbarkeit des Brennstoffs, usw. gefordert. Stets müssen die NO_x-Emissionen gering sein. Folglich gibt es eine Vielzahl von Brennern für die verschiedenen Anwendungsgebiete. Hier werden daher nur einige wichtige Typen prinzipiell dargestellt.

In Abb. 32.10 ist ein zweitstufiger Hochgeschwindigkeitsbrennerdargestellt. Eine gestufte Luftzufuhr wird durchgeführt, um die NO_x-Emissionen zu reduzieren. In der ersten Stufe müssen hierbei unterstöchiometrische Bedingungen (Luftzahl kleiner als eins) vorliegen. In dem vorgestellten Beispiel wird Brenngas mit sogenannter Primärluft in einer internen Kammer mit $\lambda < 1$ verbrannt. Das Brenngas tritt zur intensiven Mischung mit der Luft radial über kleine Löcher aus dem zentralen Rohr aus. Durch die Teilverbrennung tritt das Gas mit hoher Temperatur und damit hoher Geschwindigkeit in den Ofenraum ein. Durch ringförmig angebrachte Düsen wird schräg sogenannte Sekundärluft zum vollständigen Ausbrand der Flamme zugeführt. Durch den hohen Austrittsimpuls wird bereits verbranntes Gas rezirkuliert und in die Austrittsströmung eingemischt. Dadurch erreicht man eine Absenkung der Sauerstoffkonzentration. Diese beiden Maßnahmen, Luftstufung und Abgasrezirkulation, bewirken eine erhebliche Reduzierung der NO_x-Emissionen.

In Abb. 32.11 ist das Prinzip des sogenannten FLOX-Brenners dargestellt. Um das zentral zugeführte Brenngas wird über ringförmig angeordnete Düsen Luft mit einem sehr hohen Impuls zugeführt. Dadurch wird eine sehr intensive Rezirkulation der heißen Verbrennungsgase erreicht. Infolge dessen wird die Sauerstoffkonzentration in der Verbrennungszone weit herab-

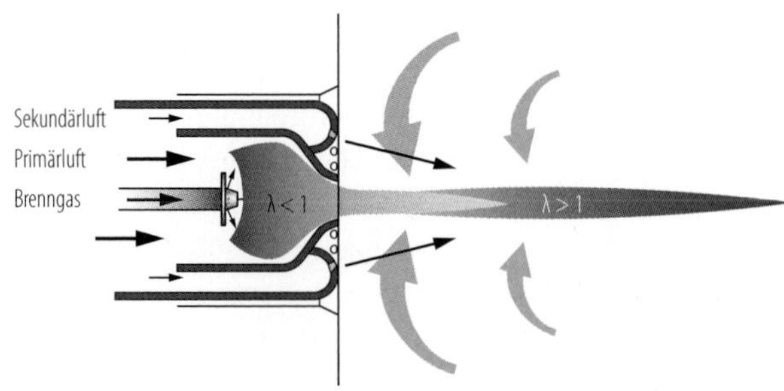

Abb. 32.10 Prinzip des Hochgeschwindigkeitsbrenners

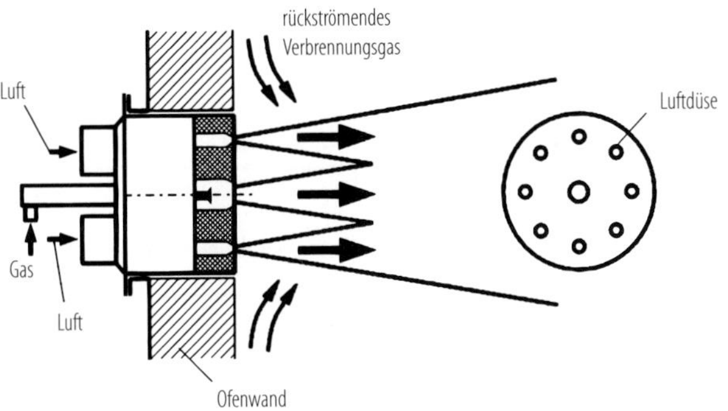

Abb. 32.11 Prinzip des Flox-Brenners

gesetzt. Dies hat eine sehr geringe NO_x-Bildung und eine hohe Zündstabilität zur Folge. Bei dieser Art der Verbrennung ist kein Flammenleuchten mehr sichtbar. Dieses hat den Namen Flammlose Oxidation (Flox) begründet [10].

In Abb. 32.12 ist das Prinzip eines sogenannten Flachflammenbrennerskizziert. Hierbei wird die im Ringspalt um das zentrale Gasrohr zugeführte Luft stark verdrallt. Dadurch erhält die Strömung eine starke Zentrifugalkomponente, so dass das austretende Gemisch radial in Wandnähe strömt. Diese radiale Strömung wird durch den konusförmig ausgebildeten Brennerstein unterstützt. Dadurch werden sehr kurze und damit flache Flammen mit entsprechend großer Ausbreitung an der Wand, meistens der Decke, erzeugt. Diese Art der Brenner wird als Deckenbrenner in flachen Öfen wie beispielsweise Stoßöfen eingesetzt.

In Industrieöfen werden hohe Gastemperaturen für einen hohen Strahlungswärmeübergang benötigt, wie zuvor bereits erläutert wurde. Daher muss eine Wärmerückgewinnung aus dem Abgas durch Luftvorwärmung durchgeführt werden. Eine Möglichkeit besteht darin, das gesamte Abgas durch einen zentralen Rekuperator zu leiten und die vorgewärmte Luft auf die einzelnen Brenner zu verteilen. Dies ist typisch für Stoßöfen mit Deckenbrennern. Bei Öfen mit Seitenbrennern werden dagegen meistens sogenannte Rekuperatorbrennereingesetzt. Das Prinzip ist in Abb. 32.13 skizziert. Bei diesem Brennertyp wird das heiße Verbrennungsgas aus dem Ofen durch den Brenner abgesaugt. Im Gegenstrom wird Umgebungsluft durch den Brenner gedrückt und dabei vorgewärmt. Für eine kompakte Bauweise wird eine Vielzahl von Rippen in den Ringspalten zur Intensivierung der Wärmeübertragung benötigt, was einen höheren Druckverlust zur Folge hat. Bei Luftvorwärmtemperaturen bis 600 °C kann noch Stahl als Werkstoff verwendet werden. Für höhere Vorwärmetemperaturen bis etwa 750 °C kann SiC als Material eingesetzt werden, was allerdings höhere Investitionskosten erfordert.

Für noch höhere Vorwärmtemperaturen von 1000 °C bis zu 1200 °C werden sogenannte Regeneratorbrennereingesetzt, die in Abb. 32.14 skizziert sind. Das heiße Abgas wird dabei durch ein keramisches Füllmaterial geleitet, das hierdurch aufgeheizt wird, beispielsweise auf 1200 °C. Danach wird die Absaugung abgestellt und das Füllmaterial mit Umgebungsluft entgegengesetzt durchströmt, die dabei auf nahezu

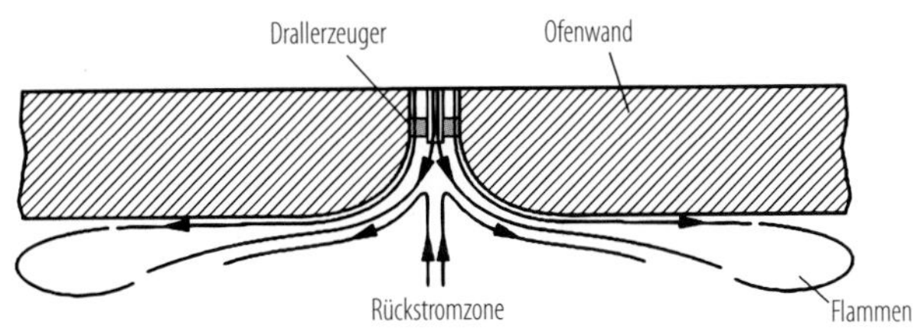

Abb. 32.12 Prinzip des Flachflammenbrenners

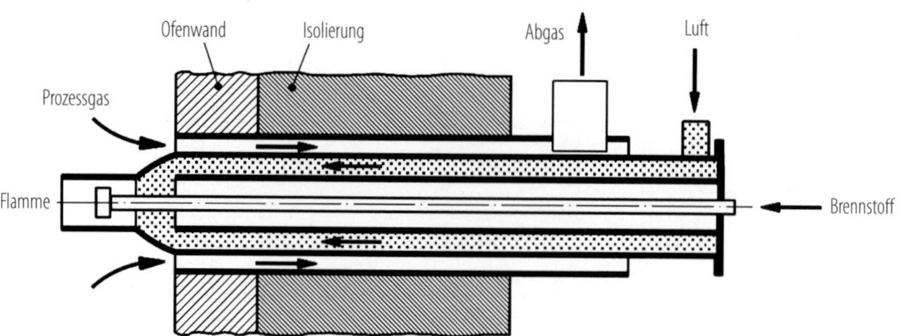

Abb. 32.13 Prinzip des Rekuperatorbrenners

1200 °C aufgeheizt wird. Durch die Kühlung des Füllmaterials nimmt die Luftvorwärmung mit der Zeit ab. Beträgt die Lufttemperatur beispielsweise nur noch 1150 °C, wird die Luft abgeschaltet und das Füllmaterial wieder mit dem Abgas aufgeheizt. Die Aufheiz- und Kühlperioden des Füllmaterials können zwischen 2 und 10 min liegen. Für einen kontinuierlichen Heizbetrieb wird folglich ein Brennerpaar benötigt, bei dem periodisch wechselnd geheizt und abgesaugt wird. Solche Regeneratorbrenner sind typisch für Schmelzöfen, wie bei Glas und Nichteisenmetallen, da hier hohe Gastemperaturen und ein hoher Energieeintrag im Material gefordert wird. Dadurch amortisieren sich die höheren Investitionskosten durch die eingesparten Brennstoffkosten. Eine regenerative Luftvorwärmung ist ebenfalls typisch für Kupolöfen und Hochöfen für die Rohstahlerzeugung.

Bei direkter Beheizung feuern Brenner unterhalb und oberhalb des Gutes in den Ofenraum oder je nach Ofenhöhe in mehreren Ebenen in Brennergassen zwischen den Besatzstapeln und unterhalb der Ware oder auch nur in Brennergassen zwischen den Besatzstapeln. Die gegenüberliegenden Brenner sind in der Höhe versetzt montiert, um einen Strömungsprall in der Ofenmitte zu vermeiden und um hohe Turbulenzen mit dem Ziel gleichmäßiger Temperaturverteilung im Ofenraum zu erreichen. Ähnliche Ergebnisse bekommt man auch mit einer getakteten Befeuerung. Es gibt auch Befeuerungssysteme, bei de-

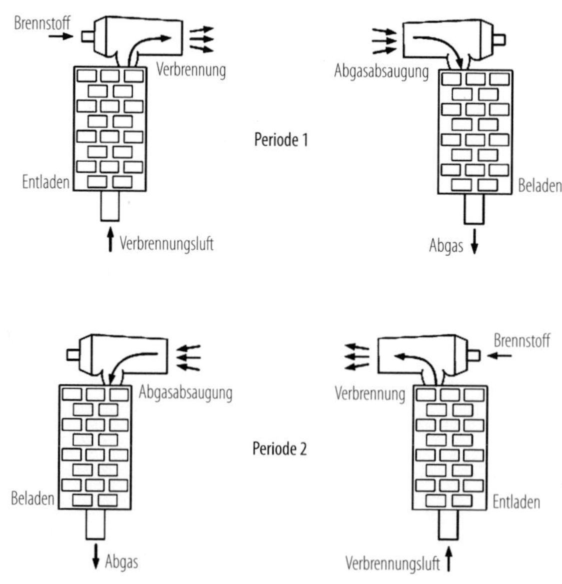

Abb. 32.14 Prinzip des Regeneratorbrenners

nen die Austrittsgeschwindigkeiten der Heizgase aus den Brennern einer Ofenseite periodisch steigen und fallen, während gegenüberliegend die Heizgase im gegenläufigen Zyklus der Austrittsgeschwindigkeiten ausströmen.

Die Brenner werden automatisch gezündet, durch Ionisationsstrom-Elektroden oder UV-Sonden überwacht und gegen Strom-, Gas- und Verbrennungsluftmangel gesichert. Aus Energieersparnisgründen bevorzugt man beim Betrieb von diskontinuierlich betriebenen Ofenanlagen die Verwendung von vorgewärmter Verbrennungsluft, die man von einem Verbrennungsluftgebläse mit ca. 8000 bis 10 000 Pa Überdruck über einen in der Abgasleitung installierten Rekuperator erhält. Da bei den meisten keramischen Brennprozessen ein bestimmtes Gas-Verbrennungsluftverhältnis exakt eingehalten werden muss werden die Volumenströme für Brenngas und Verbrennungsluft als Differenzdrücke über Messblenden erfasst und durch elektronische Messumformer in elektrische Gleichstrom-Einheitssignale umgeformt. Dabei wird die Verbrennungsluft heiß gemessen, deshalb muss ihr Einheitssignal durch eine elektronische Rechenoperation im Verhältnisregler, dem stets die aktuelle Verbrennungslufttemperatur mitgeteilt wird, auf den Normzustand korrigiert werden. Beide Einheitssignale stellen die Istwerte der Verbrennungsmedien dar. Sie werden dem Verhältnisregler zugeführt und angezeigt. Der Verhältnisregler wirkt auf die Luftregelklappe der Verbrennungsluft und damit auf die Luftzahl der Verbrennung. Die Abgase werden durch ein Saugzuggebläse abgesaugt. In der Absaugleitung befindet sich eine Drosselklappe, mit der der Herdraumdruck durch einen elektronischen Regler auf dem gewünschten Sollwert gehalten wird.

32.4.2 Indirekte Beheizung

Zur indirekten Beheizung werden Strahlheizrohreoder elektrische Heizstrahler eingesetzt. Das Prinzip der Strahlheizrohre wird mit Abb. 32.15 verdeutlicht. Die Flamme brennt in einem Kanal eines U-förmigen Rohres. Im anderen Kanal strömt das Verbrennungsgas wieder heraus. Die Verbrennungswärme wird im Inneren konvektiv an die Wand übertragen und von dort an das Gut abgestrahlt. Da das Verbrennungsgas mit der Strahlungstemperatur des Rohres austritt, wird die Gasenthalpie stets zur Luftvorwärmung genutzt.

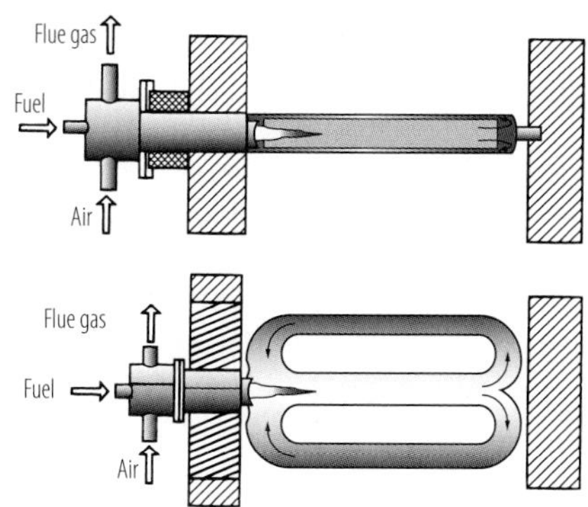

Abb. 32.15 Prinzip der Strahlheizrohre

Bei Wandtemperaturen bis etwa 1250 °C wird Stahl, bei Temperaturen bis etwa 1350 °C SiC als Material verwendet. Zur Erhöhung der Strahlungsfläche sind auch andere Rohrformen gebräuchlich, wie W- und P-Formen. Hierzu wird auf Spezialbücher wie [10] verwiesen.

32.4.3 Elektrobeheizung

Elektroenergie wird zur thermischen Behandlung von Brenngut genutzt:

- in Widerstands beheizten Ofenanlagen
- in Lichtbogenöfen
- in Induktionsöfen
- in Mikrowellenanlagen.

Bei der Widerstandsbeheizung wird leitfähiges Material mit bestimmtem elektrischen Widerstand von Strom durchflossen und erhitzt sich dabei. Die Wärmeleistung ist nach dem ohmschen Gesetz abhängig vom spezifischen Widerstand des Materials, von dessen Querschnitt, dessen Länge und dem elektrischen Stromdurchfluss und damit abhängig von der angelegten Spannung. Die Auslegung eines Heizelements wird von der gewünschten Lebensdauer, der Betriebstemperatur sowie vom Grad und der Art der Korro-

Tab. 32.1 Heizleitermaterialien, Heizleiterausführung und Anwendungsgrenztemperaturen

	Heizleitermaterial	max. Anwendungstemperatur [°C]	Heizleiterausführung
1	Ni-Cr-3020	ca. 800 in Luftatmosphäre	Heizdrahtwendel auf Tragrohr
2	Ni-Cr-8020	ca. 1100 in Luftatmosphäre	Heizdrahtwendel auf Tragrohr
3	Cr-Al (A), (AF)	ca. 1200 in Luftatmosphäre	Heizdrahtwendel auf Tragrohr
4	Cr-Al (A1)	ca. 1300 in Luftatmosphäre	Heizdrahtwendel auf Tragrohr
5	Cr-Al (A1)	ca. 1100 in Luftatmosphäre	Heizdrahtwendel im Faserblock
6	$MoSi_2$	ca. 1500 in Luftatmosphäre	Stabheizleiter in U- bzw. W-Form, hängend und liegend eingebaut
7	SiC	ca. 1500 in Luftatmosphäre	Rohrförmiger Stabheizleiter, hängend und liegend eingebaut
8	Graphit	ca. 3000 in Schutzgasatmosphäre	Stabheizleiter in U- bzw. W-Form, hängend und liegend eingebaut
9	Infrarotstrahler	ca. 900 in Luftatmosphäre	Stabheizleiter in Rohrform im Quarzglas, hängend und liegend eingebaut
10	Molybdän	ca. 1900 in Schutzgasatmosphäre	Heizstäbe, frei hängend
11	Zirkonoxid	ca. 2100 in Luftatmosphäre	Heizstäbe, ab 800 °C einsetzbar

sionsbeständigkeit beeinflusst. Die Lebensdauer eines Heizleiters ist von den Betriebsbedingungen abhängig. Dabei üben die Ofenatmosphäre, die Temperatur, das keramische Tragmaterial, die Abstrahlverhältnisse, die Oberflächenbelastung, die Schalthäufigkeit und die Elementkonstruktion selbst wichtige Einflüsse aus. Die Oberflächenbelastung stellt ein Maß für die Beanspruchung des Heizleiters dar. Eine höhere Oberflächenbelastung bewirkt bei konstanter Leistung zwar einen geringeren Materialeinsatz, aber einen höheren Materialverschleiß und damit eine kürzere Lebensdauer. Die Anwendungstemperaturen von Öfen mit elektrischer Widerstandsbeheizung sind sehr unterschiedlich, entsprechend verschieden sind auch Heizleitermaterialien. Eine Auswahl der gängigsten Materialien, die Einbauausführung und die Anwendungstemperatur in bestimmten Atmosphären sind in Tab. 32.1 Heizleitermaterialien, Heizleiterausführung und Anwendungsgrenztemperaturen angegeben.

Die aus Erfahrung anzusetzende zulässige Oberflächenbelastung von Heizwicklungen kann z. B. beim Aufheizen von 800 °C auf 1250 °C um den Faktor 3,5 abnehmen. Aufgrund des Kornwachstums im Gefüge des Heizdrahtes bei Erwärmung ist der Kaltwiderstand niedriger als der Warmwiderstand. Je niedriger die vorhandene elektrische Spannung ist, umso dicker muss der einzusetzende Heizdraht sein. Heizdrahtstärken > 6 mm lassen sich schlecht verarbeiten, deshalb unterteilt man die Heizleistung in parallele Heizgruppen. Zur Vermeidung von zu dünnen Drähten verwendet man Transformatoren mit sekundärseitig fallenden Trafostufen. Die Heizleistung einer Heizgruppe sollte zur gleichmäßigen Belastung des Netzes, wegen der Verwendung des gleichen Drahtdurchmessers und der gleichen Oberflächenbelastung in drei gleiche die drei Phasen bildenden Teile aufgesplittet werden.

Bei Materialien für Heizwicklungenunterscheidet man zwischen Cr-Ni- und Cr-Al-Legierungen, die neben ihrer Anwendung in verschiedenen Temperaturbereichen auch auf Ofenatmosphären unterschiedlich reagieren. Eisenhaltige Cr-Ni-Legierungen sind bis ca. 800 °C einsetzbar, eisenfreie bis ca. 1100 °C. Beide Legierungen sind bei höherer Temperatur nicht mehr sprühzunderfrei, behalten aber ihre Duktilität auch nach vielen Bränden. Heizleitermaterialienaus Cr-Al-Legierungen sind nach unterschiedlichen Al-Gehalten zu unterteilen, sie sind bis 1350 °C Oberflächentemperatur einsetzbar. Diese Heizleitersind sprühzunderfrei, werden jedoch schon nach den ersten Bränden spröde und lassen sich nur noch warm verformen.

Um die für die Heizleistung erforderliche Heizdrahtlänge unterzubringen, wird der Draht meistens spiralisiert. Dazu wickelt man den Draht auf einen rotierenden Stahldorn, und streckt anschließend die Windung an Windung liegende Spirale zur gewünschten Länge. Die Steigung der Spirale muss gleichmäßig sein, um eine gleichmäßige Wärmeabstrahlung zu erhalten. Die gestreckte Spirale liegt auf keramischen Tragrohren, die sich je nach Länge und Ofenraumtemperatur bei längerer Betriebsdauer durchbiegen können. Der Abstand der Spiralen zueinander soll mindestens 200 mm betragen. Die Anschlussenden, die durch die Ofenisolierung geführt wird, haben gewöhnlich den doppelten Durchmesser des Wendeldrahtes.

SiC-Heizstäbe lassen sich in Ofenanlagen mit 1500 °C Betriebstemperatur einsetzen. Vorteilhaft ist ihre wesentlich höhere Oberflächenbelastung gegenüber Drahtheizungen. Der spezifische Widerstand von SiC-Heizstäben hat ein ausgeprägtes Minimum bei ca. 600 °C, er erhöht sich jedoch mit der Zeit auf Grund der Alterung, so dass entsprechende Spannungs- oder Schaltungsänderungen vorgenommen werden müssen. In Schutzgasatmosphären, die Wasserstoff enthalten, verringert sich die Temperaturanwendungsgrenze auf ca. 1300 °C.

$MoSi_2$-Heizelemente zeichnen sich durch auch nach langer Betriebszeit konstante spezifische Widerstandswerte und vor allem durch hohe Oxidationsbeständigkeit aus. Die Oxidationsbeständigkeit wird durch Oxidation des $MoSi_2$ im Material und der Bildung einer fest anhaftenden Glasurschicht an der Oberfläche erreicht. Reduzierende Gase in der Ofenatmosphäre mindern die zulässige Höchsttemperatur und können zum Abbau der Oxidschutzschicht führen. Im diskontinuierlichen Brennbetrieb kann diese Glasschutzschicht in der Abkühlphase abplatzen, sie bildet sich jedoch beim wiederkehrenden Aufheizen in Luft neu. $MoSi_2$-Heizelemente werden in U- und in W-Form mit kreisrundem Glühteil und verdicktem runden Anschlussendenquerschnitt hergestellt. Der Einbau kann hängend erfolgen, mit einem Element- zu Elementabstand größer als der Schenkelabstand der Anschlussenden. Bei liegendem Einbau wird ein Festkleben der Glühteile auf der Auflegeplatte durch ein lose geschüttetes alkalifreies Sillimanitgranulat als Zwischenschicht vermieden.

Molybdän-Heizelemente können wegen ihrer hohen Affinität zu Sauerstoff nur unter Schutzgas oder Vakuum verwendet werden, sie dürfen auch nicht mit oxidischen Ofenisolationsmaterialien in Berührung kommen. Die Heizelemente fertigt man mit großen Drahtquerschnitten; sie können deshalb mit niedriger Spannung aber wegen des verhältnismäßig geringen Widerstands mit starken Strömen betrieben werden. Bei einer Dauerbetriebstemperatur von 1900 °C sollte die Oberflächenbelastung $40\,W/cm^2$ nicht überschreiten. Zirkonoxid kann als Heizleiter in oxidierenden Brennatmosphären bis 2100 °C eingesetzt werden, jedoch erst ab 800 °C, so dass eine Vorbeheizung notwendig ist.

In Ofenanlagen mit elektrischer Widerstandsbeheizung findet der Festkörperstrahlungsaustausch zwischen der Wärmequelle – den Heizelementen – und dem Brenngut statt, wobei jedes Brenngut wie ein Strahlungsschirm zu dem dahinter positionierten Teil wirkt. Elektrisch beheizte Tunnelöfen mit Wagenförderung haben gewöhnlich einen schmalen, ca. 800 mm breiten, aber hohen Querschnitt. Die Heizelemente sind an den Ofeninnenwänden installiert. Zwischen Ofenwagenbesatz und Heizelementen lässt man einen Randspalt von ca. 100 mm Breite. Eine Elektrobeheizung unterhalb und oberhalb des Brenngutbesatzes wird vornehmlich in Durchlauföfen mit Rollen-, Transportband- und Plattenförderung eingesetzt. Die Festkörperstrahlung wird hier bei größeren Nutzbreiten, aber niedrigen Besatzhöhen genutzt.

Bei den Rollenöfen und bei Ofenanlagen mit Transportbändern werden die Heizleiter auf keramischen nicht elektrisch leitenden Tragrohren gewickelt. Die Tragrohrlänge für Ofenraumtemperaturen bis 1050 °C sollte ca. 1 m nicht überschreiten, um eine Durchbiegung der Tragrohre nach längerer Betriebszeit zu vermeiden. Bei größeren Nutzbreiten dieser Öfen hilft man sich mit Auflagesteinen, die im Boden eingemauert und von der Decke abgehängt werden und in welche die Tragrohre im überlappenden Wechsel eingelegt werden. Die elektrisch beheizten Plattendurchschuböfen werden in der keramischen Industrie z. B. für die Produktion von Hart- und Weichferriten mit Sintertemperaturen von 1420 °C eingesetzt. Im Temperaturbereich von 800 °C bis zur Maximaltemperatur bieten sich $MoSi_2$-Elemente an, die sowohl im Boden als auch in der Decke auf feuerfesten Platten liegen, um eine Durchbiegung der Heizelemente zu vermeiden. Die Nutzbreite der Plattendurchschuböfen wird mit ca. 840 mm für Doppelbahnöfen angegeben, bei denen man zwei Schubplatten mit der Plattenbreite von 420 mm nebeneinander einsetzt.

Elektrisch beheizte Tunnelöfen werden in der keramischen Industrie unter besonderen Prozessbedingungen eingesetzt z. B. inerte Atmosphärenbedingungen beim Sintern von Weichferriten. Auch elektrisch beheizte Chargenöfen werden hauptsächlich für Sinterprozesse unter besonderen Atmosphärenbedingungen bei flexibler und relativ geringer Produktionskapazität eingesetzt, z. B. beim Entbindern und Sintern von Weichferriten.

Die Qualität des Brennprodukts ist im hohen Maße von der Temperaturgleichmäßigkeit während des Brenn- oder Sinterprozesses abhängig.

Bei elektrisch beheizten, intermittierend arbeitenden Öfen ist eine gleichmäßige Wärmeübertragung von den Heizelementen auf das Brenngut nur durch besondere Maßnahmen zu erreichen. Während bei Brenntemperaturen bis ca. 700 °C wegen des hohen Anteils der Konvektion an der Wärmeübertragung mit Zwangsumwälzungen der Atmosphäre im Ofenraum gearbeitet wird, ist man bei höheren Temperaturen wegen der Abnahme der Strahlungsintensität mit dem Quadrat des Abstands von Strahlungsquelle zum Produkt und wegen der Strahlungsschirmfunktion des Brennproduktes selbst in der Ofengeometrie begrenzt. Dies gilt auch, wenn alle Seiten-, Decken- und Bodenflächen mit Heizelementen versehen sind. Um ein Nachhinken der Temperatur im Ofenraumzentrum zu minimieren, kann aber der Besatz in Blöcken mit ca. 700 mm Kantenlänge und Gassen zwischen ihnen aufgebaut werden. In den Gassen installiert man Heizelemente, z. B. SiC-Heizstäbe. Die beschriebene Anordnung der horizontal eingebauten Heizstäbe wird bei Hauben- und Elevatoröfen realisiert.

32.5 Wärmeübertragung

In Wärmeöfen für metallisches Gut, wie Stoß-, Hubbalken-, Rollenöfen und in Drehrohöfen dominiert die Wärmeübertragung durch Strahlung. In Brennöfen für keramisches Gut, wie Tunnelwagenöfen, in dem viele kleine Teile in engem Besatz stehen, dominiert die Wärmeübertragung durch Strahlung ab etwa 600 °C. Nur unterhalb dieser Temperatur dominiert der Wärmeübergang durch Konvektion. Die Grundlagen der Wärmeübertragung sind in Bd. 1, Kap. 45 behandelt. Im Folgenden wird auf die Anwendung in Industrieöfen eingegangen.

32.5.1 Strahlung in Industrieöfen

32.5.1.1 Emissionsgrade

Der Strahlungswärmeübergang in Industrieöfen hängt von den Emissionsgraden des Gutes, der Wand und des Verbrennungsgases ab. Alle Emissionsgrade hängen von der Wellenlänge und damit über die Intensität von der Temperatur ab. Abb. 32.16 zeigt beispielhaft die spektra-

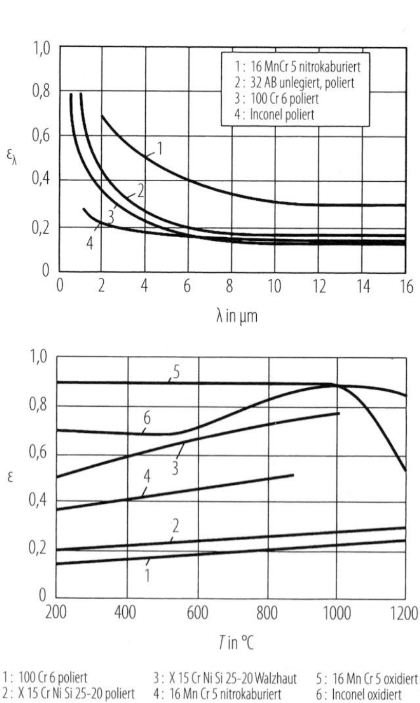

Abb. 32.16 Emissionsgrade von Metallen

len Emissionsgrade einiger Metalle. Bei großen Wellenlängen sind diese sehr niedrig. Blanke Metalle sind bei Umgebungstemperatur folglich spiegelnd. Bei kleinen Wellenlängen steigen die Emissionsgrade dann jedoch relativ stark an. Dies hat zur Folge, dass Sonnenstrahlung von Metallen gut absorbiert wird und diese entsprechend relativ gut erwärmt. Im Bild sind ebenfalls die mittleren, über die Wellenlängen integrierten Emissionsgrade gemäß

$$\varepsilon(T) = \frac{\int_0^\infty \varepsilon_\lambda(\lambda) \cdot I(\lambda, T) \cdot \mathrm{d}\lambda}{\sigma \cdot T^4} \tag{32.9}$$

dargestellt. In dieser Gleichung ist I die Intensität nach dem Max-Planck-Gesetz und $\sigma = 5{,}67 \cdot 10^{-8}\,\mathrm{W/m^2/K^4}$ die Stefan-Boltzmann-Konstante (Merke als Zahlenwert die Reihenfolge 5-6-7-8). Der mittlere Emissionsgrad nimmt also mit der Temperatur zu und ist erheblich größer als der in Büchern meistens angegebene Wert bei Umgebungstemperatur. Der Emissionsgrad von Metallen ist sehr stark von der Oberflächenbeschaffenheit abhängig. Schon bei leichten Oxidschichten steigt der Wert stark an [11].

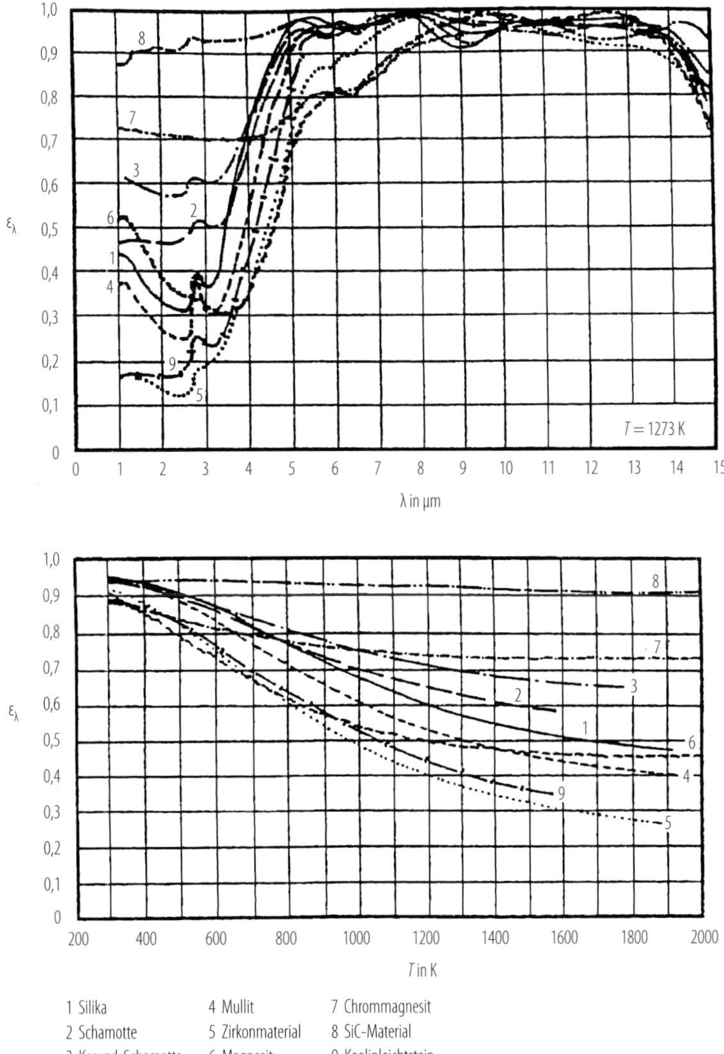

Abb. 32.17 Emissionsgrade einiger Feuerfestmaterialien

Tab. 32.2 Näherungswerte zur Berechnung der Emissionsgrade von CO_2 und H_2O für $p \cdot s$ in bar · m [14, 18]

Gas	A	B	$p \cdot s$ in bar · m	T in K
CO_2	$0{,}51 \cdot (p \cdot s)^{0{,}26}$	$6{,}7 \cdot 10^{-4} \cdot (p \cdot s)^{-0{,}085}$	$> 0{,}01$	> 1200
	$2{,}0 \cdot (p \cdot s)^{0{,}54}$		$< 0{,}01$	
H_2O	$0{,}60 \cdot (p \cdot s)^{0{,}25}$	$5{,}3 \cdot 10^{-4} \cdot (p \cdot s)^{-0{,}2}$	$> 0{,}1$	> 1000
	$0{,}87 \cdot (p \cdot s)^{0{,}47}$		$< 0{,}1$	

In Abb. 32.17 sind die spektralen Emissionsgrade einiger Feuerfestmaterialien zusammengefasst. Diese liegen bei großen Wellenlängen und damit bei Umgebungstemperaturen dicht unterhalb von eins. Bei kleinen Wellenlängen nimmt der Emissionsgrad ab. Der mittlere Emissionsgrad nimmt folglich mit der Temperatur ab, so dass die Werte bei den in Industrieöfen üblichen Temperaturen oberhalb 1000 °C deutlich unterhalb dem Wert von einen des schwarzen Körper liegen. Die Werte bei hohen Temperaturen sind stark von der Art des Materials abhängig. Dunkle Anteile durch Graphit wie bei SiC und Eisenoxidanteile erhöhen den Wert. Bei weißen Oberflächen können die Werte bis 0,5 absinken [12, 13]. Bei Berechnungen des Wärmeübergangs ist die Kenntnis der Emissionsgrade wichtig.

Die Verbrennungsgaskomponenten CO_2 und H_2O strahlen nur in Wellenlängenbereichen, die bei höheren Wellenlängen angesiedelt sind. Die Emissionsgrade sind dadurch extrem stark temperaturabhängig. Diese Abhängigkeit kann bei Temperaturen oberhalb 800 °C relativ einfach angenähert werden durch:

$$\varepsilon = A \cdot \exp(-B \cdot T)\,. \tag{32.10}$$

Die Koeffizienten A und B sind in der Tab. 32.2 angegeben. Der Emissionsgrad ist demnach abhängig vom Produkt aus Partialdruck und Schichtdicke. Diese kann für Ofenräume mit ausreichender Näherung aus

$$s = 0{,}9 \cdot \frac{4 \cdot V}{A} \tag{32.11}$$

ermittelt werden, wobei V das Volumen des Gaskörpers und A die Oberfläche zwischen dem Gaskörper und der im Strahlungsaustausch stehenden Wand ist. Hieraus folgt beispielsweise für ein Gas zwischen zwei unendlich ausgedehnten parallelen Wänden mit dem Abstand a: $s = 1{,}76 \cdot a$, für ein Gas in einem unendlich langen Zylinder mit dem Durchmesser d: $s = 0{,}94 \cdot d$, und für ein Gas in einem Würfel mit der Kantenlänge a: $s = 0{,}6 \cdot a$.

Für ein Gemisch aus CO_2 und H_2O gilt als Emissionsgrad

$$\varepsilon = \varepsilon_{CO_2} + \varepsilon_{H_2O} - \varepsilon_{CO_2} \cdot \varepsilon_{H_2O} \tag{32.12}$$

In Abb. 32.18 ist als Beispiel der Emissionsgrad eines Gemisches aus H_2O und CO_2 gezeigt, wie dieses im Verbrennungsgas von Erdgas auftritt. Die Konzentration von H_2O ist hier etwa

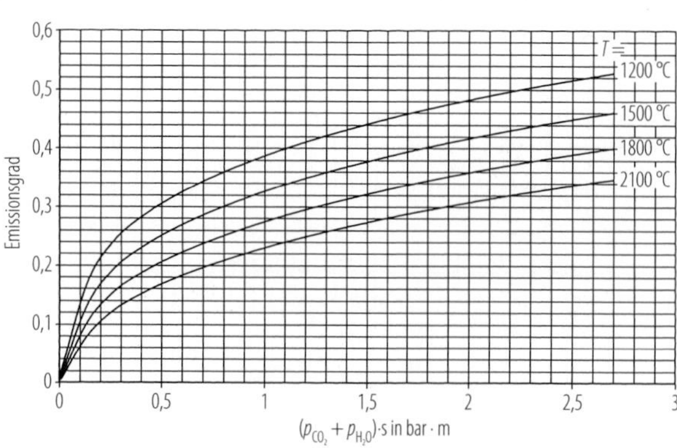

Abb. 32.18 Emissionsgrade eines Verbrennungsgases von Erdgas

doppelt so hoch wie die von CO_2. Unter stöchiometrischen Bedingungen beträgt die Konzentration von H_2O 20 % und die CO_2 10 %. Bei einer Strahlungslänge von 1 m liegen demnach die Emissionsgrade nur im Bereich von 0,1 bis 0,3.

32.5.1.2 Sichtfaktoren

Zur Ermittlung des Strahlungsaustausches zwischen Festkörpern, wie beispielsweise zwischen Gut und Ofenwänden, werden die Sichtfaktoren benötigt, d. h. wie sich die Flächen sehen. Abb. 32.19 zeigt den Strahlungsaustausch zwischen zwei kleinen Flächen. Die Fläche $\mathrm{d}A_1$ strahlt unter dem Winkel ψ_1 auf die Fläche $\mathrm{d}A_2$, die zum Strahl den Winkel ψ_2 bildet. Entsprechend dem Lambert'schen Gesetz strahlt die Fläche $\mathrm{d}A_1$ den Anteil $\cos\psi_1$ gegenüber der Flächennormalen ab und die Fläche $\mathrm{d}A_2$ nimmt folglich nur den Anteil $\cos\psi_2$ auf. Für den Sichtfaktor der Strahlung von 1 nach 2 gilt somit

$$\varphi_{12} \cdot A_1 = \frac{1}{\pi} \int\limits_{A_1} \int\limits_{A_2} \frac{\cos\psi_1 \cdot \cos\psi_2}{s^2} \cdot \mathrm{d}A_2 \cdot \mathrm{d}A_1 \,. \tag{32.13}$$

Die Strahlungsintensität nimmt also quadratisch mit dem Abstand s ab, was der Erfahrung entspricht, wenn man eine Hand über eine Herdplatte hält. Den Sichtfaktor der Strahlung von 2 nach 1 erhält man aus der Umkehrbeziehung

$$\varphi_{21} \cdot A_2 = \varphi_{12} \cdot A_1 \,. \tag{32.14}$$

Für den Sichtfaktor gilt stets $0 \leqslant \varphi_{12} \leqslant 1$.

Der größtmögliche Wert $\varphi_{12} = 1$ liegt vor, falls die Gesamtstrahlung des Körpers 1 in vollem Umfang auf den Körper 2 trifft, wie es z. B. bei sehr großen parallelen Flächen der Fall ist oder bei sich umhüllenden Körpern, wenn 1 der innere und 2 der äußere ist. Bei einer konvexen Fläche 1, die also nicht auf sich selbst strahlt, gilt $\varphi_{11} = 0$. In Tab. 32.3 sind beispielhaft Einstrahlzahlen für einfache Geometrien aufgeführt.

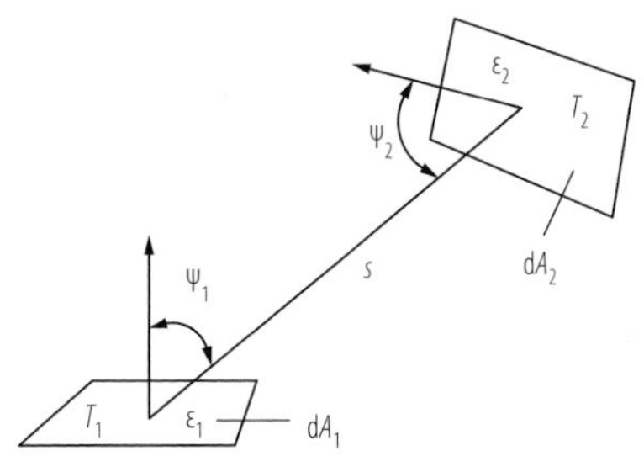

Abb. 32.19 Strahlungsaustausch zwischen zwei Flächen

32.5.1.3 Strahlungsaustausch zwischen zwei Wänden

Der Wärmestrom zwischen einer Wand mit der Temperatur T_w und einem Gut mit der Temperatur T_s und der Fläche A_s berechnet sich zu

$$\dot{Q} = \varepsilon_\mathrm{sw} \cdot A_\mathrm{s} \cdot \sigma \cdot \left(T_\mathrm{w}^4 - T_\mathrm{s}^4\right) \,. \tag{32.15}$$

Für den effektiven Strahlungsaustauschgrad oder kürzer effektiver Emissionsgrad gilt

$$\frac{1}{\varepsilon_\mathrm{sw}} = \frac{1}{\varphi_\mathrm{sw}} + \frac{1}{\varepsilon_\mathrm{s}} - \frac{A_\mathrm{s}}{A_\mathrm{w}} \cdot \left(\frac{1}{\varepsilon_\mathrm{w}} - 1\right) , \tag{32.16}$$

wobei φ_sw der Sichtfaktor zwischen dem Solid und der Wand, ε_s der Emissionsgrad des Gutes und ε_w der der Wand ist. Für zwei gleich große parallele Wände mit $A_\mathrm{s} = A_\mathrm{w}$ folgt hieraus bei geringem Abstand wegen $\varphi_\mathrm{sw} \to 1$ nach Tab. 32.3,

$$\varepsilon_\mathrm{sw} = \frac{1}{1/\varepsilon_\mathrm{s} + 1/\varepsilon_\mathrm{w} - 1} \,. \tag{32.17}$$

32.5.1.4 Strahlungsschirme

Um den Wärmestrom durch Strahlung eines Körpers zu verringern, kann dieser mit sogenannten Schirmen umgeben werden. Für den Strahlungsaustauschgrad zwischen dem Solid und der Wand entsprechend Gl. (32.15) gilt dann unter Berücksichtigung des Schirms unter der Annahme eines Sichtfaktors von 1 [14]

$$\frac{1}{\varepsilon_\mathrm{srw}} = \frac{1}{\varepsilon_\mathrm{s}} + \frac{A_\mathrm{s}}{A_\mathrm{w}} \cdot \left(\frac{1}{\varepsilon_\mathrm{w}} - 1\right) + \frac{A_\mathrm{s}}{A_\mathrm{r}} \cdot \left(\frac{2}{\varepsilon_\mathrm{r}} - 1\right) . \tag{32.18}$$

Für gleiche Flächen und näherungsweiser schwarzer Wand- und Solidstrahlung folgt hieraus

$$\varepsilon_\mathrm{srw} = \frac{1}{2} \cdot \varepsilon_\mathrm{r} \,. \tag{32.19}$$

Tab. 32.3 Sichtfaktoren

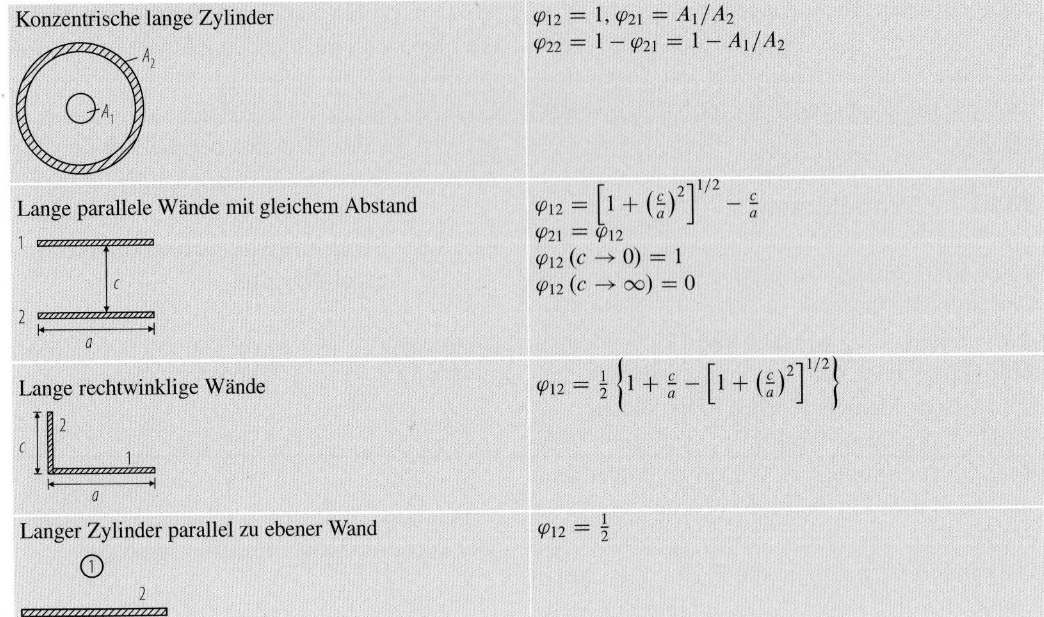

Konzentrische lange Zylinder (A_1, A_2)	$\varphi_{12} = 1, \varphi_{21} = A_1/A_2$ $\varphi_{22} = 1 - \varphi_{21} = 1 - A_1/A_2$
Lange parallele Wände mit gleichem Abstand (1, 2, c, a)	$\varphi_{12} = \left[1 + \left(\frac{c}{a}\right)^2\right]^{1/2} - \frac{c}{a}$ $\varphi_{21} = \varphi_{12}$ $\varphi_{12}\,(c \to 0) = 1$ $\varphi_{12}\,(c \to \infty) = 0$
Lange rechtwinklige Wände (1, 2, c, a)	$\varphi_{12} = \frac{1}{2}\left\{1 + \frac{c}{a} - \left[1 + \left(\frac{c}{a}\right)^2\right]^{1/2}\right\}$
Langer Zylinder parallel zu ebener Wand (1, 2)	$\varphi_{12} = \frac{1}{2}$

Ist der Strahlungsschirm ebenfalls ein schwarzer Strahler, halbiert dieser also den Strahlungsaustausch und damit den übertragenen Wärmestrom. Für mehrere schwarze Schirme gilt anstatt $\frac{1}{2}$ der Faktor $1 + N$, wobei N die Anzahl der Schirme bedeutet. Die Wirkung eines Strahlungsschirms ist besonders stark, wenn dieser einen geringen Emissionsgrad aufweist. Daher werden Speisen in eine Schale oder Folie aus Aluminium ($\varepsilon = 0{,}04$) gelegt, um diese lange warm zu halten.

32.5.1.5 Wirkung von Seitenwänden

Die Wirkung von Seitenwänden von Industrieöfen auf den Wärmeübergang wird mit Abb. 32.20 erläutert. Dort wird ein Gut von der Decke aus bestrahlt. Alle vier Seitenwände seien adiabat. Der Ofen hat die Abmaße Länge a, Breite b und Höhe h. Für diesen Fall erhält man als Strahlungsaustauschgrad [18]

$$\varepsilon_{\mathrm{saw}} = \frac{1}{\frac{1}{\varepsilon_{\mathrm{s}}} + \frac{1}{\varepsilon_{\mathrm{w}}} - \frac{2\cdot\varphi_{\mathrm{sw}}}{1+\varphi_{\mathrm{sw}}}}\,. \tag{32.20}$$

Der Emissionsgrad der Seitenwände hat keinen Einfluss, solange diese als adiabat angesehen werden können. Der Sichtfaktor für diesen Fall ist in Tab. 32.3 enthalten. Wird der Abstand sehr klein, geht der Sichtfaktor gegen eins. Die Gl. (32.20) geht dann in Gl. (32.17) über. Für sehr hohe Seitenwände geht der Sichtfaktor ge-

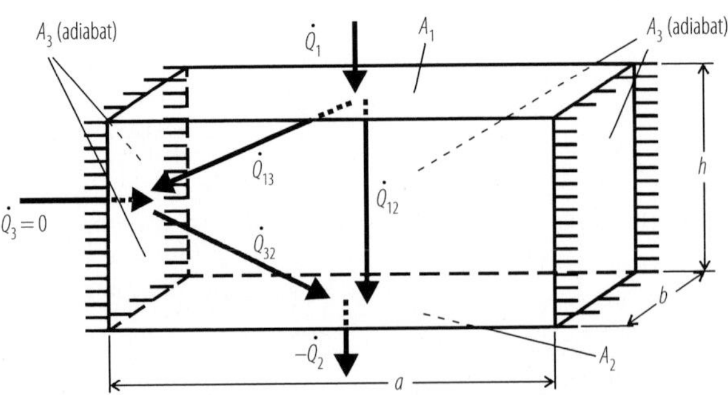

Abb. 32.20 Bestrahlung eines Gutes in einem Ofen mit Deckenheizung und adiabaten Seitenwänden

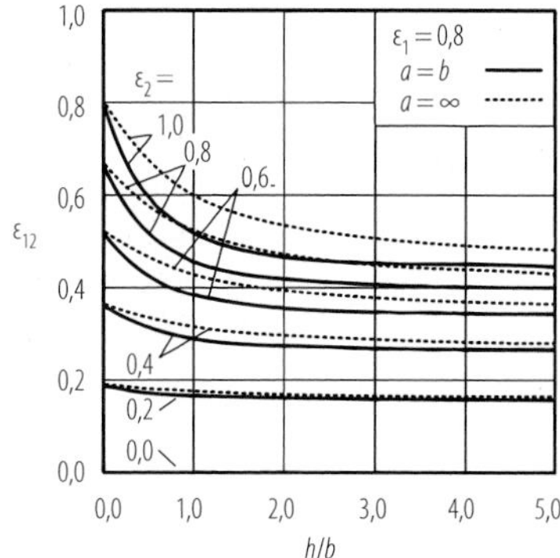

Abb. 32.21 Strahlungsaustauschgrad in einem Ofen mit Deckenbeheizung und adiabaten Seitenwänden

gen Null, so dass folgt

$$\varepsilon_{\text{saw}}(h \to \infty) = \frac{1}{1/\varepsilon_{\text{s}} + 1/\varepsilon_{\text{w}}}. \qquad (32.21)$$

Nimmt man als Beispiel an, dass beide Emissionsgrade eins sind, erhält man $\varepsilon_{\text{saw}} = 1/2$. Die Seitenwände wirken also wie ein Strahlungsschirm. Öfen mit Deckenbeheizung oder Deckenstrahlern müssen folglich möglichst flach gebaut werden. In Abb. 32.21 ist der effektive Srahlungsaustauschgrad für verschiedene Fälle grafisch dargestellt.

Für die Temperatur der Seitenwände gilt

$$T_{\text{a}} = \sqrt[4]{\frac{T_{\text{w}}^4 + K_{\text{a}} \cdot T_{\text{s}}^4}{1 + K_{\text{a}}}} \qquad (32.22)$$

mit

$$K_{\text{a}} = \frac{\varepsilon_{\text{s}} \cdot [1 + (1 - \varepsilon_{\text{w}}) \cdot \varphi_{\text{sw}}]}{\varepsilon_{\text{w}} \cdot [1 + (1 - \varepsilon_{\text{s}}) \cdot \varphi_{\text{sw}}]}. \qquad (32.23)$$

Für den Sonderfall zweier schwarzer Flächen ($\varepsilon_{\text{s}} = \varepsilon_{\text{w}} = 1$) folgt für die Wandtemperatur

$$T_{\text{a}} = \sqrt[4]{\tfrac{1}{2} \cdot \left(T_{\text{s}}^4 + T_{\text{w}}^4\right)}. \qquad (32.24)$$

32.5.1.6 Strahlungsaustausch zwischen einem Gas und einer Wand

In Abb. 32.22 ist der Fall dargestellt, dass ein Gas mit der Wand eines Ofenraumes im Strahlungsaustausch steht, wobei die Wand eine einheitliche Temperatur T_{w} aufweisen soll. Das Gas habe die einheitliche Temperatur T_{g} und den Emissionsgrad ε_{g}. Unter der Voraussetzung grauer Strahlung gilt näherungsweise

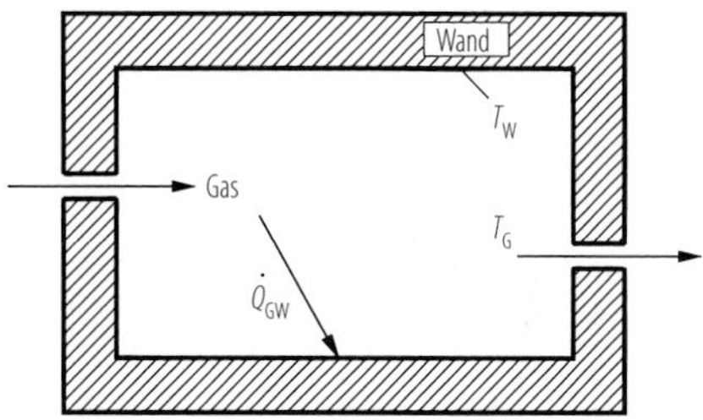

Abb. 32.22 Strahlungsaustausch zwischen einem Gas und einer Wand

$$\dot{Q}_{\text{gw}} = \varepsilon_{\text{gw}} \cdot A_{\text{w}} \cdot \sigma \cdot \left(T_{\text{g}}^4 - T_{\text{w}}^4\right) \qquad (32.25)$$

mit

$$\varepsilon_{\text{gw}} = \frac{1}{1/\varepsilon_{\text{w}} + 1/\varepsilon_{\text{g}} - 1}. \qquad (32.26)$$

Dieses entspricht dem Strahlungsaustauschgrad zwischen zwei großen parallelen ebenen Flächen.

32.5.1.7 Strahlungsaustausch zwischen Gas und Gut mit Sekundärstrahlung der Wand

In Abb. 32.23 ist ein Industrieofen prinzipiell dargestellt, bei dem ein auf dem Boden liegendes Gut von einem Verbrennungsgas erwärmt wird. Das Gas strahlt ebenfalls Wärme auf die Wände, die wiederum auf das Gut strahlen. Diese Strahlung wird als Sekundärstrahlung bezeichnet. Für den an das Solid übertragenen Wärmestrom

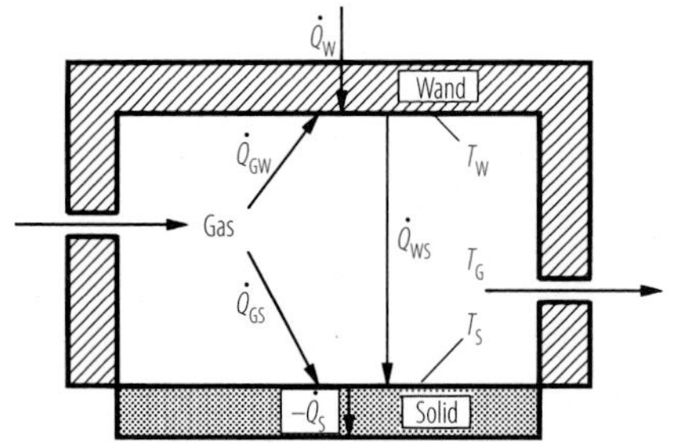

Abb. 32.23 Strahlungsaustausch im Ofen zwischen Gas, Wand und Gut

erhält man bei adiabaten Wänden und der Voraussetzung grauer Gasstrahlung [14, 18]

$$\dot{Q} = \varepsilon_{\mathrm{gws}} \cdot A_{\mathrm{s}} \cdot \sigma \cdot \left(T_{\mathrm{g}}^{4} - T_{\mathrm{s}}^{4}\right) \tag{32.27}$$

mit dem effektiven Strahlungsaustauschgrad

$$\begin{aligned}\varepsilon_{\mathrm{gws}} = &\left\{\varepsilon_{\mathrm{s}} \cdot \varepsilon_{\mathrm{g}} \cdot \left[1 + \varphi_{\mathrm{ws}} \cdot \left(1 - \varepsilon_{\mathrm{g}}\right)\right]\right\} / \\ &\left\{\varepsilon_{\mathrm{g}} + \varphi_{\mathrm{ws}} \cdot \left[1 - (1 - \varepsilon_{\mathrm{s}}) \cdot \left(1 - \varepsilon_{\mathrm{g}}\right)\right] \right. \\ &\left. \cdot \left(1 - \varepsilon_{\mathrm{g}}\right)\right\}.\end{aligned} \tag{32.28}$$

Der Emissionsgrad der Wand taucht in diesen Gleichungen nicht auf und ist daher ohne Einfluss. Dieses gilt stets bei adiabaten Wänden.

Der effektive Austauschgrad ist in Abb. 32.24 für drei Sichtfaktoren $\varphi_{\mathrm{ws}} = A_{\mathrm{s}}/A_{\mathrm{w}}$ grafisch dargestellt mit dem Emissionsgrad des Solids als Parameter. In dem Bild ist ebenfalls der Strahlungsaustauschgrad $\varepsilon_{\mathrm{gw}}$ nach Gl. (32.26) für die Strahlung des Gases an die Wand gezeigt, wobei der Emissionsgrad der Wand der Parameter ist. Da bei diesem Zweieraustausch die Wand dem Solid entspricht, sind die Bilder für $\varepsilon_{\mathrm{s}} = \varepsilon_{\mathrm{w}}$ zu vergleichen. Bei dem Dreieraustausch ist ersichtlich, dass der Austauschgrad umso höher ist, je niedriger der Sichtfaktor, also umso so größer der Anteil der Wandfläche ist. Der Austauschgrad und damit der übertragene Wärmestrom ist beim Dreieraustausch stets höher als beim Zweieraustausch. Wegen der Rückstrahlung durch die adiabate Wand wird der Wärmeübergang an das Solid also verstärkt. Dies begründet die Bezeichnung Sekundärheizfläche für die Wand.

Die Temperatur der adiabaten Wände stellt sich ein bei

$$T_{\mathrm{w}} = \sqrt[4]{\frac{T_{\mathrm{g}}^{4} + K_{\mathrm{w}} \cdot T_{\mathrm{s}}^{4}}{1 + K_{\mathrm{w}}}} \tag{32.29}$$

mit

$$K_{\mathrm{w}} = \frac{\varphi_{\mathrm{ws}} \cdot \varepsilon_{\mathrm{s}} \cdot \left(1 - \varepsilon_{\mathrm{g}}\right)}{\varepsilon_{\mathrm{g}} \cdot \left[1 + \varphi_{\mathrm{ws}} \cdot (1 - \varepsilon_{\mathrm{s}}) \cdot \left(1 - \varepsilon_{\mathrm{g}}\right)\right]}. \tag{32.30}$$

Diese ist ebenfalls nicht von dem Emissionsgrad der Wand abhängig. Ist der Emissionsgrad des Gases sehr hoch, liegt die Temperatur der Wand näher bei der des Gases, im umgekehrten Fall näher bei der des Gutes. Ist der Emissionsgrad des Gutes sehr niedrig ($K_{\mathrm{w}} \rightarrow 0$), liegt die Temperatur der Wand in der Nähe der des Gases.

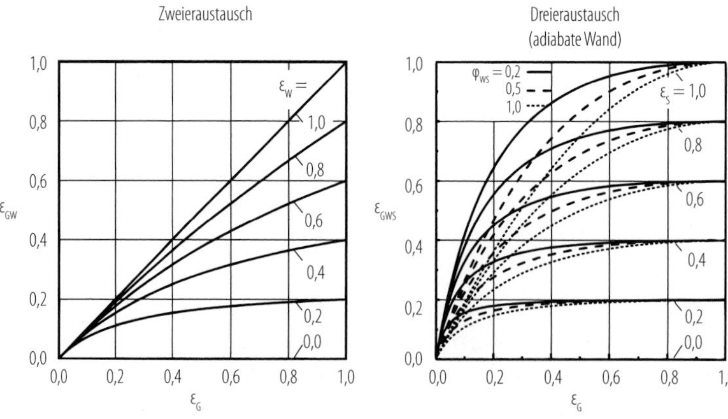

Abb. 32.24 Strahlungsaustauschgrad für den Dreieraustausch (Sekundärheizfläche) und dem Zweieraustausch eines strahlenden Gases

32.5.1.8 Strahlungsaustausch zwischen Wand und Gut mit wärmequellefreiem Gas

Im Folgenden wird der Fall betrachtet, dass entsprechend Abb. 32.25 die Wand als Wärmequelle auf das Solid strahlt und im Ofenraum ein Gas ist, das zwar Strahlung absorbieren und emittieren kann, jedoch selbst keine Wärmequelle, z. B. durch Oxidation, besitzt. Für den übertragenen Wärmestrom gilt nun [14, 18]

$$\dot{Q} = \varepsilon_{\text{wgs}} \cdot A_{\text{s}} \cdot \sigma \cdot \left(T_{\text{w}}^4 - T_{\text{s}}^4\right) \qquad (32.31)$$

mit dem effektiven Strahlungsaustauschgrad

$$\frac{1}{\varepsilon_{\text{wgs}}} = \frac{1 + \varphi_{\text{ws}}}{1 + \varphi_{\text{ws}} \cdot \left(1 - \varepsilon_{\text{g}}\right)} + \frac{1}{\varepsilon_{\text{s}}} - 1 + \varphi_{\text{ws}} \cdot \left(\frac{1}{\varepsilon_{\text{w}}} - 1\right). \qquad (32.32)$$

Dieser Strahlungsaustauschgrad ist in Abb. 32.26 in Abhängigkeit des Emissionsgrades des Gases für zwei verschiedene Emissionsgrade des Solids und drei Flächenverhältnisse gezeigt. Der Emissionsgrad der Wand ist stets 0,8. Hieraus ist ersichtlich, dass der Austauschgrad mit zunehmendem Emissionsgrad des Gases abnimmt. Das Gas behindert also die Strahlung von der Wand an das Solid, und war umso stärker, je höher das Flächenverhältnis $A_{\text{s}}/A_{\text{w}}$ ist. Die Behinderung durch das Gas lässt sich anschaulich zeigen, falls man schwarze Festkörperstrahlung und ein Flächenverhältnis von eins in die obige Gleichung einsetzt. Man erhält nun

$$\varepsilon_{\text{wgs}} = 1 - \tfrac{1}{2} \cdot \varepsilon_{\text{g}} \,. \qquad (32.33)$$

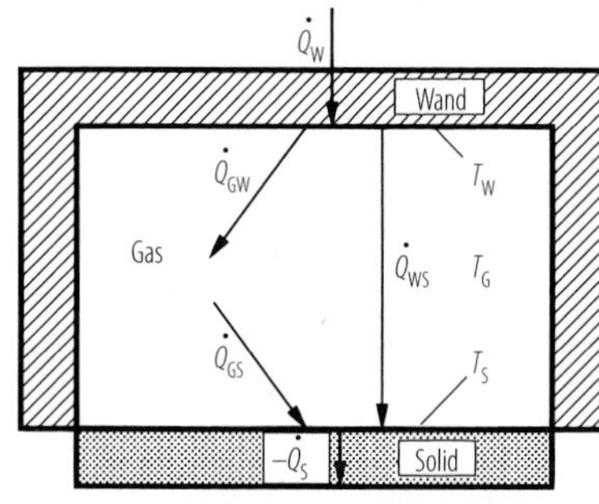

Abb. 32.25 Strahlungsaustausch zwischen einer Wand als Wärmequelle und einem Solid mit einem Gas

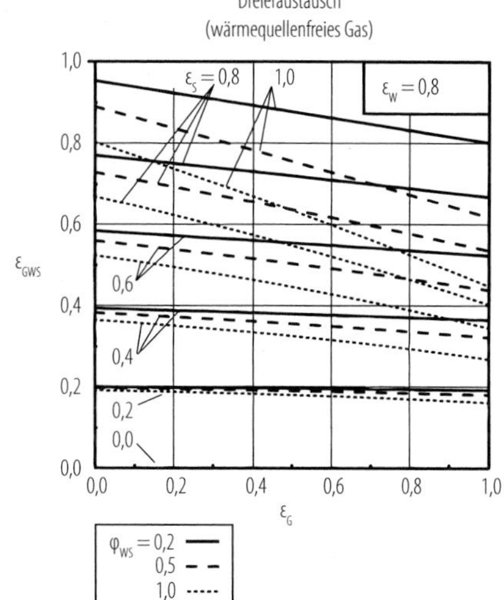

Abb. 32.26 Strahlungsaustauschgrad zwischen einer Wand als Wärmequelle und einem Solid mit einem absorptiven Gas

Bei schwarzer Gasstrahlung wirkt das Gas wie ein Strahlungsschirm.

Die Temperatur des Gases stellt sich ein bei

$$T_{\text{g}} = \sqrt[4]{\frac{T_{\text{w}}^4 + K_{\text{g}} \cdot T_{\text{s}}^4}{1 + K_{\text{g}}}} \qquad (32.34)$$

mit

$$K_{\text{g}} = \frac{\varphi_{\text{ws}} \cdot \varepsilon_{\text{s}} \cdot \left[1 + \varphi_{\text{ws}} \cdot (1 - \varepsilon_{\text{w}}) \cdot \left(1 - \varepsilon_{\text{g}}\right)\right]}{\varepsilon_{\text{w}} \cdot \left[1 + \varphi_{\text{ws}} \cdot (1 - \varepsilon_{\text{s}}) \cdot \left(1 - \varepsilon_{\text{g}}\right)\right]} \,. \qquad (32.35)$$

Ist der Emissionsgrad des Gutes sehr klein, liegt die Temperatur des Gases näher bei der Wand.

32.5.1.9 Viereraustausch

Bei dem in Abb. 32.27 gezeigten Ofen stehen vier Medien unterschiedlicher Temperatur im Strahlungsaustausch, was kurz als Viereraustausch bezeichnet wird. Wie im vorherigen Fall strahlt die Decke auf das Gut, wobei der Ofenraum wiederum ein strahlungsabsorptives Gas ohne Wärmequelle enthält. In diesem Fall strahlen die Seitenwände jedoch nicht selbst, sondern sind adiabat. Für den auf das Solid übertragenen Wärmestrom gilt hierfür

$$\dot{Q} = \varepsilon_{\text{wags}} \cdot A_{\text{s}} \cdot \sigma \cdot \left(T_{\text{w}}^4 - T_{\text{s}}^4\right) \qquad (32.36)$$

32

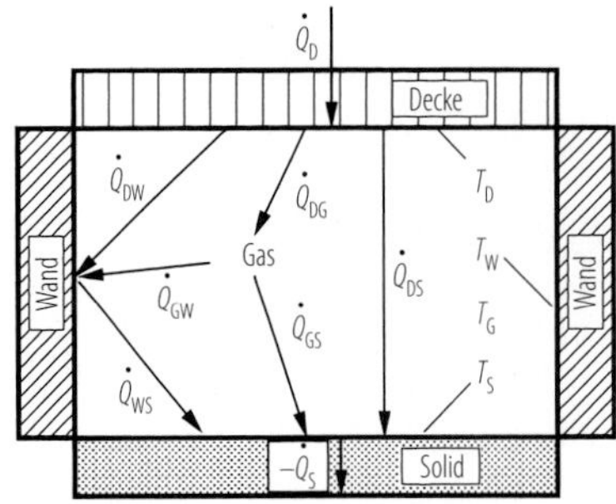

Abb. 32.27 Strahlungsaustausch bei Deckenheizung mit adiabaten Seitenwänden und wärmequellenfreiem Gas

mit

$$\frac{1}{\varepsilon_{\text{wags}}} = \frac{1}{\varepsilon_{\text{w}}} + \frac{1}{\varepsilon_{\text{s}}} - \frac{2 \cdot \varphi_{\text{ws}} \cdot (1 - \varepsilon_{\text{g}})}{1 + \varphi_{\text{ws}} \cdot (1 - \varepsilon_{\text{g}})}. \quad (32.37)$$

Für den diathermen Fall mit $\varepsilon_g = 0$ geht Gl. (32.37) in Gl. (32.20) über. In Abb. 32.28 ist dieser Strahlungsaustauschgrad in Abhängigkeit des Emissionsgrades vom Gas gezeigt. Der Emissionsgrad der Decke wurde zu 0,8 angenommen. Je höher der Emissionsgrad des Gases ist, desto niedriger ist der Austauschgrad. Das Gas behindert wiederum die Wärmeübertragung von der Decke. Je höher der Ofen ist, je niedriger ist der Sichtfaktor φ_{ws} und der Strahlungsaustauschgrad. Die Seitenwände wirken wieder wie ein Strahlungsschirm. Je höher der Ofen ist, desto höher ist auch die äquivalente Schichtdicke und damit der Emissionsgrad des Gases. Seitenwände und

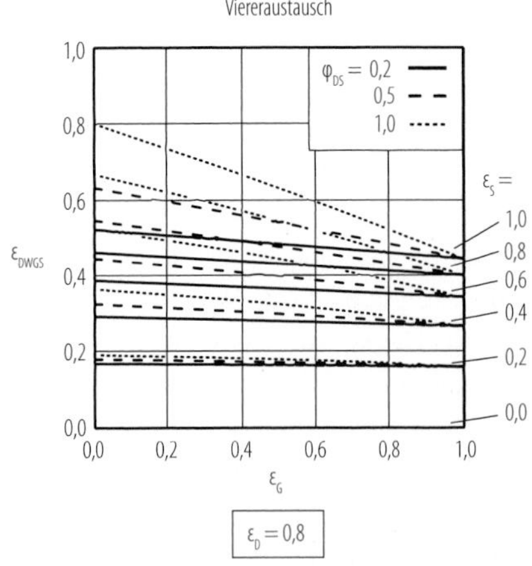

Abb. 32.28 Strahlungsaustauschgrad bei Deckenstrahlung, adiabaten Seitenwänden und einem absorptiven Gas

Gasstrahlung verstärken also gemeinsam die Wirkung als Strahlungsschirm. Solche Öfen müssen daher so flach wie möglich gebaut werden.

32.5.1.10 Beispiel

Der in Abb. 32.5 gezeigte Rollenofen wird seitlich mit Hochgeschwindigkeitsbrennern beheizt. Die Ofenatmosphäre kann somit als gut durchmischt angesehen werden. Zur Wärmeerzeugung wird Erdgas mit einer Luftzahl von 1,1 verbrannt. Der obere Ofenraum hat eine Breite von 4 m und eine Höhe von 1,5 m. Welchen Emissionsgrad hat die Ofenatmosphäre bei 1200 °C und in der Hochtemperaturzone von 1600 °C?

Welchen Wert besitzt der effektive Strahlungsaustauschgrad bei Sägeblättern aus blankem Stahl mit $\varepsilon_s = 0{,}1$ und bei Sanitärfliesen mit $\varepsilon_s = 0{,}8$?

Bei der Verbrennung von Erdgas mit einer Luftzahl von 1,1 ergibt sich ein Verbrennungsgas mit 18 % H_2O und 9 % CO_2, wozu auf Bücher der Verbrennungstechnik verwiesen wird. Der Rest ist N_2 und O_2, die nicht strahlen. Als äquivalente Schichtdicke erhält man aus Gl. (32.11) mit L als Ofenlänge

$$s_{\text{äq}} = 0{,}9 \cdot \frac{4 \cdot H \cdot B \cdot L}{2 \cdot (H + B) \cdot L}$$
$$= 1{,}8 \cdot \frac{H \cdot B}{H + B} = 1{,}8 \cdot \frac{4 \cdot 1{,}5}{5{,}5} \approx 2\,\text{m}\,.$$

Damit folgt aus Tab. 32.2

$$A_{CO_2} = 0{,}51 \cdot (0{,}09 \cdot 2)^{0{,}26} = 0{,}33$$
$$B_{CO_2} = 6{,}7 \cdot 10^{-4} \cdot (0{,}09 \cdot 2)^{-0{,}085} = 7{,}8 \cdot 10^{-4}$$
$$A_{H_2O} = 0{,}60 \cdot (0{,}18 \cdot 2)^{0{,}25} = 0{,}46$$
$$B_{H_2O} = 5{,}3 \cdot 10^{-4} \cdot (0{,}18 \cdot 2)^{-0{,}2} = 6{,}5 \cdot 10^{-4}$$

und aus Gl. (32.10) mit T in Kelvin

$$\varepsilon_{CO_2}(1200\,°\text{C}) = 0{,}11$$
$$\varepsilon_{CO_2}(1600\,°\text{C}) = 0{,}077$$
$$\varepsilon_{H_2O}(1200\,°\text{C}) = 0{,}18$$
$$\varepsilon_{H_2O}(1600\,°\text{C}) = 0{,}14$$

und schließlich aus Gl. (32.12)

$$\varepsilon_g(1200\,°\text{C}) = 0{,}27 \quad \varepsilon_g(1600\,°\text{C}) = 0{,}21\,.$$

Als Sichtfaktoren erhält man aus Tab. 32.3 mit $a = 4\,\mathrm{m}$ und $c = 1{,}5\,\mathrm{m}$ für denjenigen zwischen Decke und dem plattenförmigen Gut aus der zweiten Zeile $\varphi = 0{,}693$ und für denjenigen zwischen der Seitenwand und dem Gut aus der dritten Zeile $\varphi = 0{,}1535$. Der gesamte Sichtfaktor aus beiden Seitenwänden und der Decke ergibt sich somit zu $\varphi_{\mathrm{ws}} = 1$, da alle vom Gut ausgehende Strahlung auf die Wände trifft.

Für den effektiven Strahlungsaustauschgrad erhält man aus Gl. (32.28) für das blanke metallische Gut mit $\varepsilon_{\mathrm{s}} = 0{,}1$ und $\varepsilon_{\mathrm{g}} = 0{,}21$ beispielhaft für 1600 °C

$$\varepsilon_{\mathrm{gws}} = \frac{0{,}1 \cdot 0{,}21 \cdot [1 + 0{,}79]}{0{,}21 + [1 - 0{,}9 \cdot 0{,}79] \cdot 0{,}79} = 0{,}086$$

Und für das keramische Gut mit $\varepsilon_{\mathrm{s}} = 0{,}8$ entsprechend $\varepsilon_{\mathrm{gws}} = 0{,}34$. Ohne Berücksichtigung der Sekundärstrahlung würde man aus Gl. (32.17) für das metallische Gut $\varepsilon_{\mathrm{sw}} = 0{,}073$ und für das keramische Gut $\varepsilon_{\mathrm{sw}} = 0{,}20$ erhalten. Die Sekundärstrahlung der Wände verstärkt also den Wärmeübergang beim metallischen Gut um 18 % und beim keramischen Gut um 70 %.

32.5.2 Konvektion

32.5.2.1 Wärmeübergangskoeffizient

Der konvektive Wärmeübergang zwischen dem Ofengas und dem Gut berechnet sich mit

$$\dot{Q} = \alpha \cdot A_{\mathrm{s}} \cdot \left(T_{\mathrm{g}} - T_{\mathrm{s}}\right) , \tag{32.38}$$

wobei T_{s} wiederum die Oberflächentemperatur des Gutes ist. Den Wärmeübergangskoeffizienten α erhält man aus Nusseltfunktionen, die die Abhängigkeit von der Strömung und von der Geometrie beschreiben. Nusseltfunktionen für grundlegende Geometrien sind in Bd. 1, Kap. 45 enthalten. Bei den in Industrieöfen vielfältigen Formen des Gutes muss abgeschätzt werden, mit welcher Nusseltfunktion der Wärmeübergang angenähert werden kann. So muss beispielsweise abgeschätzt werden, in welcher Weise das Gut überströmt oder durchströmt wird. Zu Untersuchungen der Wärmeübertragung an gestapelte Güter in Durchlauföfen sei auf [15, 16] verwiesen.

32.5.2.2 Überlagerung Konvektion und Strahlung

Häufig ist der Wärmeübertragung durch Konvektion eine Strahlung überlagert. Beide Wärmeübergangsmechanismen sind unabhängig voneinander. Daher können die Wärmeströme durch Konvektion und durch Strahlung addiert werden. Zum Vergleich der Wärmeströme und für Berechnungen zur Guterwärmung ist es zweckmäßig, den Wärmeübergang durch Strahlung ebenfalls mit einem Wärmeübergangskoeffizienten zu beschreiben. Dazu wird ein Wärmeübergangskoeffizient durch Strahlung entsprechend

$$\alpha_{\varepsilon} \cdot \left(T_{\mathrm{g}} - T_{\mathrm{s}}\right) = \varepsilon_{\mathrm{eff}} \cdot \sigma \cdot \left(T_{\mathrm{g}}^4 - T_{\mathrm{s}}^4\right) \tag{32.39}$$

eingeführt, wobei $\varepsilon_{\mathrm{eff}}$ ein effektiver Strahlungsaustauschgrad ist, der in den vorherigen Abschnitten erläutert wurde. Hieraus folgt

$$\alpha_{\varepsilon} = \alpha_{\mathrm{eff}} \cdot \sigma \cdot T_{\mathrm{g}}^3 \cdot \left[1 + \frac{T_{\mathrm{s}}}{T_{\mathrm{g}}} + \left(\frac{T_{\mathrm{s}}}{T_{\mathrm{g}}}\right)^2 + \left(\frac{T_{\mathrm{s}}}{T_{\mathrm{g}}}\right)^3\right] . \tag{32.40}$$

Dieser Koeffizient kann vereinfachend angenähert werden mit

$$\alpha_{\varepsilon} \approx 4 \cdot \varepsilon_{\mathrm{eff}} \cdot \sigma \cdot \left(\frac{T_{\mathrm{g}} + T_{\mathrm{s}}}{2}\right)^3 . \tag{32.41}$$

Beispielsweise ergibt sich bei einer mittleren Temperatur zwischen Gas und Solid von 1200 °C und einem effektiven Austauschgrad von 0,5 ein Strahlungswärmeübergangskoeffizient von $441\,\mathrm{W/m^2/K}$. Dieser Wert ist mehr als um den Faktor 10 höher als typische konvektive Wärmeübergangskoeffizienten.

Man muss beachten, dass obige Gleichung nur gültig ist, falls T_{g} die maßgebende Temperatur sowohl für den konvektiven als auch für den radiativen Wärmeübergang ist. Falls letzterer durch Festkörperstrahlung von Wänden oder Heizrohren hervorgerufen wird, müssen die Wärmeströme durch Konvektion und Strahlung unabhängig berechnet werden.

32.5.2.3 Sekundärstrahlung

In Kanälen, Spalten oder ähnlichen Geometrien mit Wänden unterschiedlicher Temperatur muss beim konvektiven Wärmeübergang eine Über-

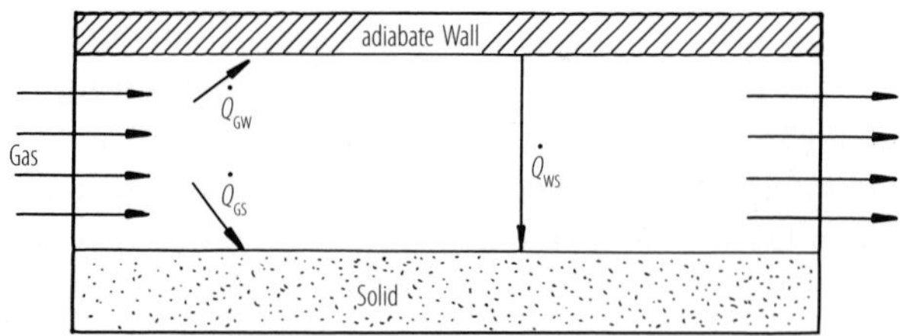

Abb. 32.29 Konvektive Wärmeübertragung mit Sekundärstrahlung

lagerung der Sekundärstrahlung berücksichtigt werden. Dies wird mit Abb. 32.29 verdeutlicht.

Ein Solid wird von einem Gasstrom erwärmt. Die gegenüberliegende Wand ist adiabat. Das Gas überträgt Wärme konvektiv sowohl an das Solid als auch an die Wand. Für beide Wärmeströme gilt

$$\dot{Q}_{gs} = \alpha_{gs} \cdot A_s \cdot \left(T_g - T_s\right) \tag{32.42}$$

und

$$\dot{Q}_{gw} = \alpha_{gw} \cdot A_w \cdot \left(T_g - T_w\right) \tag{32.43}$$

Die Wand gibt ihrerseits durch Festköperstrahlung einen Wärmestrom an das Solid ab

$$\dot{Q}_{ws} = \varepsilon_{ws} \cdot \sigma \cdot A_s \cdot \left(T_w^4 - T_s^4\right) . \tag{32.44}$$

Für den insgesamt an das Solid übertragenen Wärmestrom gilt somit

$$\dot{Q} = \dot{Q}_{gs} + \dot{Q}_{ws} . \tag{32.45}$$

Um die Wirkung der Sekundärstrahlung zu verdeutlichen, wird wiederum der Wärmestrom durch Strahlung linearisiert entsprechend

$$\dot{Q}_{ws} = \alpha_{ws} \cdot A_s \cdot (T_w - T_s) . \tag{32.46}$$

Für die als adiabat angesehene Wand folgt wegen $\dot{Q}_{ws} = \dot{Q}_{gw}$

$$T_w = \frac{\alpha_{gw} \cdot T_g + \alpha_{ws} \cdot T_s}{\alpha_{gw} + \alpha_{ws}} . \tag{32.47}$$

Damit ergibt sich aus Gl. (32.45) für den insgesamt an das Solid übertragenen Wärmestrom

$$\dot{Q} = \alpha_{gs} \cdot A_s \cdot \left(T_g - T_s\right) \cdot \frac{2 \cdot \alpha_{ws}/\alpha_{gs} + 1}{\alpha_{ws}/\alpha_{gs} + 1} . \tag{32.48}$$

Geht das Verhältnis der Wärmeübergangskoeffizienten durch Strahlung und durch Konvektion gegen Null, so folgt $\dot{Q} = \dot{Q}_{gs}$. In diesem Fall übt die Sekundärstrahlung keinen Einfluss aus. Dieser Fall ist gegeben, wenn der Emissionsgrad des Solids und/oder der Wand sehr klein ist, wenn die absoluten Temperaturen relativ niedrig sind oder wenn der konvektive Wärmeübergangskoeffizient sehr hoch ist. Geht dagegen im anderen Grenzfall das Verhältnis der Wärmeübergangskoeffizienten gegen unendlich, so folgt $\dot{Q} = 2 \cdot \dot{Q}_{gs}$.

In diesem Fall kann die Sekundärstrahlung den Wärmestrom an das Solid verdoppeln.

32.5.2.4 Messung Gastemperatur

Bei der Messung der Gastemperatur in Industrieöfen mit Thermoelementen muss berücksichtigt werden, dass dieses im Strahlungsaustausch mit den Wänden steht. Da die Fläche des Thermoelementes sehr viel kleiner als die der Wand ist ($A_t/A_w = 0$), folgt für den Wärmestrom durch Strahlung

$$\dot{Q} = \varepsilon_t \cdot A_t \cdot \sigma \cdot \left(T_w^4 - T_t^4\right) , \tag{32.49}$$

wobei T_t die vom Thermoelement angezeigt Temperatur ist. Der Wärmestrom hängt also vom Emissionsgrad des kleineren Körpers ab. Dieser Wärmestrom wird im stationären Gleichgewicht konvektiv an das Gas übertragen

$$\dot{Q} = \alpha \cdot A_t \cdot \left(T_t - T_g\right) . \tag{32.50}$$

Aus diesen beiden Gleichungen ist ersichtlich, dass die Temperatur des Thermoelementes zwischen denen der Wand und des Gases liegt. Damit die angezeigt Temperatur möglichst nahe an der Gastemperatur liegt, benötigt man einen hohen

Wärmeübergangskoeffizienten und einen niedrigen Emissionsgrad. Dies erreicht man beispielsweise durch Absaugthermometer. Hierbei wird das Thermoelement mit einem kleinen Rohr umgeben, durch das Gas abgesaugt wird. Durch die hohe Umströmungsgeschwindigkeit wird einerseits der Wärmeübergangskoeffizient und durch das Rohr (Schirm) wird andererseits die Strahlung verringert.

32.5.3 Wärmeübergang ins Solid

Die bisherigen Gleichungen beschreiben den Wärmeübergang vom Gas an die Oberfläche des Solids mit der Temperatur T_s. Ist die Temperaturverteilung im Gut von Interesse, so muss diese in Abhängigkeit von der Ofenlänge mit der Fourier'schen Differenzialgleichung berechnet werden. In vielen Fällen genügt jedoch die Kenntnis der mittleren, kalorischen Temperatur des Guts T_{sm}, wie beispielsweise bei dünnwandigem Gut wie Tassen, Teller, Fliesen, Sägeblätter, usw. Dann empfiehlt es sich einen effektiven Wärmeübergangskoeffizienten zu verwenden, der auf diese mittlere Temperatur bezogen ist

$$\dot{Q} = \alpha_{\text{eff}} \cdot A_s \cdot \left(T_g - T_{sm}\right) . \quad (32.51)$$

Dieser beinhaltet somit auch die Wärmeleitung in das Gut. Für ihn gilt

$$\frac{1}{\alpha_{\text{eff}}} = \frac{1}{\alpha} + \frac{s}{\chi \cdot \lambda_s} . \quad (32.52)$$

Hierin ist α der konvektive Wärmeübergangskoeffizient gemäß der Nusseltfunktion, λ_s die Wärmeleitfähigkeit des Gutes, s die Gutdicke bei einseitiger Erwärmung oder die halbe Gutdicke bei beidseitiger Erwärmung und χ der Transientenfaktor, dieser ist von der Geometrie und leicht von der Biotzahl abhängig. Bei einer Erwärmung im Gegenstrom kann die Abhängigkeit von der Biotzahl jedoch vernachlässigt werden. Für die drei Körpergrundformen gilt

$$\begin{aligned} \chi &= 3 \quad \text{Platte} \\ \chi &= 4 \quad \text{Zylinder} \\ \chi &= 5 \quad \text{Kugel} . \end{aligned} \quad (32.53)$$

Bei anderen Körperformen müssen Werte zwischen 3 und 5 abgeschätzt werden. Wird Wärme durch Strahlung übertragen muss Gl. (32.52) entsprechend angewendet werden, in dem der konvektive durch den radiativen Wärmeübergangskoeffizienten ersetzt wird.

Literatur

Spezielle Literatur

1. Sonntag, A., Thiele, G., Roll, U., Isenmann, U., Naderer, C.: New Top-End roller Material for the Firing of Large Format Porcelain Stoneware Tiles. Interceram **52**(6), 334–346 (2003)
2. Chmielowski, M., Specht, E.: Modelling of Heat Transfer by the Transport Rollers in Kilns. Appl Therm Eng **26**(7), 736–744 (2006)
3. Agustini, S., Specht, E.: Influence of the Regenerative Heat of the Wall on the overall Heat Transfer in Rotary Kilns. Cem Int **3**, 60–73 (2005)
4. Schlünder, E.-U., Tsotsas, E.: Wärmeübertragung in Festbetten, durchmischten Schüttgütern und Wirbelschichten. Thieme, Stuttgart, New York (1988)
5. Müller, R.: Die Annäherung der Temperaturabhängigkeit der Transportkoeffizienten von Gasen durch einen Potenzansatz. Chemie-Ing.-Techn **40**, 344–349 (1968)
6. Specht, E.: Einfluss der Rollen auf die Wärmeübertragung in Industrieöfen bei plattenförmigen Körpern. Fortschrittsberichte Dtsch Keramischen Ges **21**(1), 91–97 (2007)
7. Holzapfel, K.-U., Specht, E.: Wärmeübergang zwischen Transportrolle und Gut im Rollenofen. Gaswärme Int **48**, 275–280 (1999)
8. Becker, F.: Aktueller denn je: – Energie sparen, Kosten reduzieren, Qualität erhöhen – durch Innovationen. Cfi/ber Dkg **85**(11), D17–D24 (2008)
9. Austermann, P.: Optimale Prozessführung eines Haubenofens unter Einbeziehung mathematischer Modelle. RWTH, Shaker Verlag,, Aachen (1996). Dissertation
10. Wünning, J.G., Milani, A.: Handbuch der Brennertechnik für Industrieöfen. Vulkan Verlag (2007)
11. Oertel, H., Bauer, W.: Emissionsgrade von Buntmetallen und Stählen in Schutzgasatmosphären. Gaswärme Int **48**, 282–287 (1999)
12. Bauer, W., Steinhardt, R.: Emissionsgrade feuerfester Baustoffe. Gaswärme Int **39**, 388–391 (1990)
13. Bauer, W., Becker, F., Moldenhauer, A.: Spectral Emissivities of SiC Kiln Furniture and Porcelain. L'industrie Ceram Et Verrière **985**, 50–54 (2003)
14. Jeschar, R., Kostowski, E., Alt, R.: Wärmestrahlung in Industrieöfen. Papierflieger-Verlag (2004). ISBN 978-3897206861

15. Becker, F., Lorenz, L., Walter, G.: Heat Exchange in a Fast Firing Kiln for Glost Firing of Porcelain. Cfi/ber Dkg **83**(9), E1–E5 (2006)
16. Lorenz, L.: Wärmeübertragung durch überlagerte Strömungen an gestapelte Güter am Beispiel des Flachgeschirr-Brandes in Durchlauföfen, Dissertation an der Fakultät für Maschinenbau, Verfahrens- und Energietechnik der Technischen Universität Bergakademie Freiberg (2007)
17. Becker, F.: Brenntechnologie für Geschirr unter besonderer Berücksichtigung des Glattbrands von Porzellan Flachgeschirr im Schnellbrandofen. Dissertation an der Fakultät für Verfahrens- und Systemtechnik der Otto-von-Guericke-Universität Magdeburg (2016)
18. Specht, E.: Wärme- und Stoffübertragung in der Thermoprozesstechnik. Vulkan Verlag (2014)

33 Feuerfestmaterialien

Eckehard Specht und Friedherz Becker

Den überwiegenden materiellen Wert einer Ofenanlage stellen die unterschiedlichen Feuerfestmaterialien dar. Das hauptsächliche Kriterium für einen langlebigen Einsatz dieser Materialien ist die Anwendungsgrenztemperatur. Man unterscheidet zwischen [1]:

- feuerbeständigen Produkten, d. h. mit dem Erweichungspunkt unter 1500 °C
- feuerfesten Materialien, d. h. mit dem Erweichungspunkt über 1500 °C
- hochfeuerfesten Erzeugnissen, d. h. mit dem Erweichungspunkt von mindestens 1800 °C.

Die Hauptgruppen feuerfester Steinmaterialien sind:

- Silikasteine
- Schamottesteine
- tonerdereiche Steine
- Magnesiasteine
- nichtoxidkeramische Materialien.

Die Oxide von Silizium und Aluminium und ihre Verbindungen, die sog. Alumosilikate, bilden die Grundlage für Silika-, Schamotte- und tonerdereiche Steine. Die Abhängigkeit der Eigenschaften von der Zusammensetzung kann aus dem Zweistoffsystem SiO_2-Al_2O_3 abgelesen werden (Abb. 33.1).

Die Schmelzkurve weist bei ~94,5 % SiO_2-Gehalt ein Eutektikum mit der Schmelztemperatur 1595 °C auf. Feuerfestmaterialien werden deshalb Zusammensetzungen rechts oder links von diesem niedrigsten Punkt aufweisen. Als einzige stabile Verbindung in diesem System tritt bei 78 % Al_2O_3 der Mullit auf, der sich bei ~1840 °C in Korund und Schmelze zersetzt und der ein Hauptbestandteil von Schamottesteinen und tonerdereichen Erzeugnissen ist.

Silikasteine enthalten mindestens 93 % SiO_2, meistens mehr als 95 %. Beim Aufheizen dehnen sich Silikasteine sehr stark aus und erreichen ihre größte thermische Dehnung zwischen 800 °C und 1000 °C mit ca. 12 mm/m [2]. Oberhalb dieser Temperatur dehnen sie sich nicht mehr aus und sind deshalb im höheren Temperaturbereich unempfindlich gegenüber Temperaturschwankungen. Hochwertige Silikasteine können bis nahe an den Schmelzpunkt, d. h. >1600 °C, eingesetzt werden.

Schamottesteine bestehen zu 10 % bis 45 % aus Al_2O_3 und 50 % bis 80 % aus SiO_2. Schamotte muss wegen sonst übermäßiger Schwindung mit vorgebranntem Ton gemagert werden. Der Anwendungsbereich liegt zwischen 1300 °C und 1450 °C.

Tonerdereiche Steine liegen im System Al_2O_3-SiO_2 bei Al_2O_3-Werten >45 %. Erhöhte thermische und chemische Beständigkeit ist das Ziel. Bei hohen Temperaturen zerfallen die Minerale der sog. Sillimanitgruppe, Cyanit, Sil-

E. Specht (✉)
Otto-von-Guericke-Universität Magdeburg
Magdeburg, Deutschland
E-Mail: eckehard.specht@ovgu.de

F. Becker
becker energy consulting
Wendelstein, Deutschland
E-Mail: Friedherz.becker@t-online.de

B. Bender und D. Göhlich (Hrsg.), *Dubbel Taschenbuch für den Maschinenbau 3: Maschinen und Systeme*,
https://doi.org/10.1007/978-3-662-59715-6_33

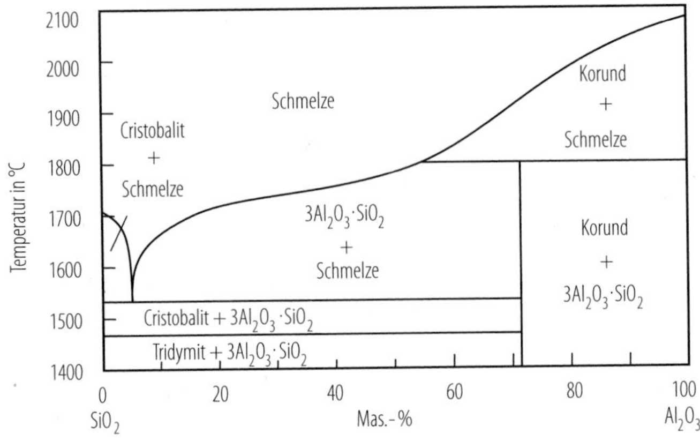

Abb. 33.1 Zweistoffsystem SiO_2-Al_2O_3 [3]

limanit und Andalusit, zu Mullit und SiO_2. Weil ihr Volumen dabei zunimmt, wachsen Steine aus solchen Rohstoffen je nach Mineralart oder Kombination um 5 % bis 15 %. Feuerfeste Steine der Sillimanitgruppe bestehen ebenso wie Schamotte aus Mullit und SiO_2. Weil die Rohstoffe tonerdereicher sind, ist der Anteil an Mullit wesentlich höher und der Anteil an SiO_2 wesentlich geringer als bei Schamotte.

Die bisher genannten Erzeugnisse gehören zu den sauren Materialien, weil sie sich auf chemische Bestandteile beziehen, die sich von den zugehörigen Säuren ableiten lassen. Entsprechendes gilt für basische Materialien. Die chemische Beständigkeit von sauren Feuerfestmaterialien ist nur beim Brand von sauren Brenngütern gegeben, während basische Materialien in Ofenanlagen mit basischer Ausmauerung gebrannt werden müssen. Basische Steine leiten sich von Magnesiumoxid (MgO), Calziumoxid (CaO) und Chromoxid (Cr_2O_3) sowie deren Verbindungen ab. Das thermische Dehnungsverhalten von Magnesiasteinen ist mit 20 mm/m bei 1400 °C nahezu doppelt so groß wie bei Silikasteinen, sie haben deshalb nur eine geringe Temperaturwechselbeständigkeit, obwohl die Wärmeleitfähigkeit hoch ist.

Als nichtoxidische Ofenbauwerkstoffe werden vielfach SiC-Materialien eingesetzt. Dabei unterscheidet man zwischen:

- rekristallisiertem SiC (RSiC)
- drucklos gesintertem SiC (SSiC)
- infiltriertem SiC (SiSiC).

Das rekristallisierte SiC besteht aus SiC-Körnern, die sich durch einen sauerstofffreien Brand bei 2300 °C bis 2400 °C zu einem porösen Körper verbinden. Rekristallisiertes SiC wird, besonders in der Porzellanindustrie, als dünnwandiges, temperaturwechselbeständiges Brennhilfsmittel eingesetzt (Abb. 33.2). Das drucklos gesinterte SiC ist ein gesinterter Werkstoff, der gasdicht und deshalb oxidationsbeständig ist. Er wird für höchstbeanspruchte Teile, z. B. Brennerdüsen verwendet.

Siliziuminfiltriertes SiC wird aus Mischungen von SiC-Körnungen von 1 µm bis 100 µm und Kohlenstoff in Anwesenheit von flüssigem oder gasförmigem Silizium im Vakuum oberhalb des Schmelzpunktes von Silizium (1410 °C) hergestellt. Bei üblichem Überfluss an metallischem Silizium werden während des Brandes alle Poren im Werkstoff gefüllt, sodass ein gasdichtes Produkt mit 6–30 Vol.-% freiem Silizium entsteht. Auf Grund der niedrigen Schmelztemperatur des Siliziums bei 1410 °C werden diese Werkstoffe als Brennhilfsmittel und Rollen im Temperaturbereich unterhalb von 1380 °C eingesetzt.

Weiterhin unterscheidet man feuerfeste Werkstoffe entsprechend ihrem physikalischen Zustand:

- dichte und geformte feuerfeste Erzeugnisse
- ungeformte Feuerfestprodukte
- Feuerleichtsteine
- Keramische Faserprodukte.

Abb. 33.2 Brennhilfsmittel aus SiC

Bei geformten Erzeugnissen handelt es sich um Steine, die ihre Form beim Hersteller fertig gebrannt erhalten, während die ungeformten Erzeugnisse als Massen, Mörtel, Betone, Fasermatten etc. geliefert werden, deren Form durch Spritzen, Stampfen, Gießen, Montieren etc. bei der Verarbeitung entsteht.

Als Kriterium der Feuerleichtsteine nach ISO 2245/1972 gilt eine Mindestporosität von 45 %. Rohdichte und thermische Beständigkeit sind in ISO 2245 klassifiziert. Als Klassifikationstemperatur wird die Temperatur angegeben, bei der nach 12 h nicht mehr als 2 % Längenänderung eintritt. Die Klassifikationstemperatur steigt im Allgemeinen mit zunehmendem Tonerdegehalt, Ausnahme: Silika-Feuerleichtsteine. Der Anstieg der Klassifikationstemperatur macht zur Aufrechterhaltung der Formbeständigkeit eine Zunahme der Rohdichte erforderlich; zugleich werden damit die Festigkeit und die Wärmeleitfähigkeit erhöht. Für Anwendungen bis etwa 1350 °C steht eine breite Palette unterschiedlicher Feuerleichtsteinsorten auf Schamottebasis zur Verfügung.

Anwendungen über 1350 °C erfordern tonerdereiche Feuerleichtsteine mit Al_2O_3-Gehalten über 45 %. Sie werden nach ihrer Zusammensetzung eingeteilt:

- Mullitreiche Feuerleichtsteine bis 1500 °C
- Mullit-Korund-Feuerleichtsteine bis 1650 °C
- Korund-Feuerleichtsteine: 1650 bis 1800 °C.

Feuerleichtsteine zeichnen sich durch eine geringe Wärmeleitfähigkeit, geringe Rohdichte und – als Folge der letzteren – durch geringe Speicherwärme aus. Auf Grund der hohen spezifischen Oberfläche sind Feuerleichtsteine generell empfindlich gegenüber chemischem Angriff. Reduzierende Ofenatmosphären fordern Werkstoffe mit möglichst niedrigem Gehalt an reaktionsfähigen Eisenverbindungen. Kohlenmonoxid wird bei Temperaturen von 400–500 °C auf Grund der katalytischen Wirkung von Eisenoxid zersetzt und kann durch Ablagerung von Kohlenstoff zu Gefügeschäden, dem sog. Kohlenstoffbursting, führen. Methan ergibt bei Temperaturen oberhalb von 900 °C ebenfalls Kohlenstoffablagerungen. Alkalische Dämpfe und alkalische Kondensate rufen Korrosionsschäden hervor, die allgemein als Alkalibursting bezeichnet werden. Wasserstoff in reduzierenden Atmosphären führt in Abhängigkeit von der Konzentration bei erhöhter Temperatur zur Zersetzung der Kieselsäure und ggf. anderen oxidischen Bestandteilen, jedoch nicht zur Zersetzung von Tonerde. Die mineralische Zusammensetzung von Feuerleichtsteinen ist weitgehend identisch mit der von dichten feuerfesten Steinen. Bei der Anwendung dieser Feuerfestmaterialien sollte die Einsatztemperatur ca. 100 K unterhalb der Klassifikationstemperatur liegen.

Keramische Fasern werden über chemische Prozesse oder durch Schmelzen hergestellt. Fasern mit Al_2O_3-Gehalten über 60 Masse-% können nur über chemische Prozesse gewonnen werden. Die Rohstoffe für Fasern mit weniger als 60 % Al_2O_3-Gehalt werden durch elektrisches Schmelzen von Tonerde, Quarzsand, Silikonsilikat etc. gewonnen. Der Schmelzstrahl wird entweder durch schnell rotierende Scheiben oder in einem Luft- oder Dampfstrom von hoher Geschwindigkeit quer oder parallel zur Strahlrichtung zerfasert bzw. zerblasen. Die so hergestell-

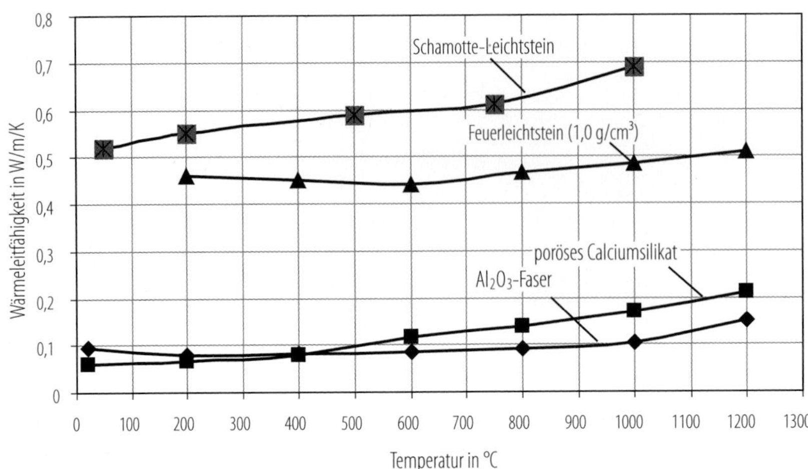

Abb. 33.3 Wärmeleitfähigkeit mineralischer Materialien

ten Fasern haben durch die Schockkühlung eine Glasstruktur. Fasern mit mehr als 60%-igen Al_2O_3-Gehalten und damit wesentlich höheren Anwendungstemperaturen werden aus Lösungen gewonnen, die aus Aluminiumsalzen, SiO_2-Zusatz und organischem Trägermaterial bestehen. Diese Spinnlösungen werden mehrstufig thermisch behandelt und in einen polykristallinen Zustand überführt, wobei die organischen Bestandteile ausgebrannt werden. Mullit und Korund sind die typischen kristallinen Phasen.

Die charakteristischen Eigenschaften der keramischen Faserwerkstoffe lassen sich durch

- niedrige Rohdichte
- geringe Speicherwärme
- geringe Wärmeleitfähigkeit
- ausgezeichnete Temperaturwechselbeständigkeit

beschreiben.

Die Rohfaser (Bulk) verwendet man im Ofenbau zum Ausstopfen von Fugen und Hohlräumen. Durch Vernähen werden die Fasern zu Matten (Blankets) mit unterschiedlichen Rohdichten und Dicken konfektioniert. Diese Matten werden mit speziellen Halterungen in Ofeninnenräumen befestigt.

Fasermodule erhält man durch Schichten, Falten oder Kleben von Matten. Module werden vorverdichtet, sodass sie nach dem Einbau auf Grund des Rückfederungsvermögens die Arbeitsfugen schließen. Während des Ofenbetriebes verändert sich die Mikrostruktur der keramischen Faser mit steigender Betriebsdauer und höherer Betriebstemperatur. Glasige Fasern rekristallisieren und bilden Mullit und Cristobalit, dabei nimmt die Sprödigkeit zu. Diese Vorgänge sind mit Schwindungen verbunden. Das Schwindungsverhalten ist das Kriterium für die Klassifikationstemperatur. Die Klassifikationstemperatur für Fasermaterialien ist definiert als die Temperatur, bei der ein Probekörper bei einseitiger Erwärmung innerhalb von 24 h um nicht mehr als 4 % linear schwindet. Deshalb ist ein Einsatz bei 150 °C bis 200 °C unterhalb der Klassifikationstemperatur angeraten.

In Abb. 33.3 ist die Wärmeleitfähigkeit in Abhängigkeit der Temperatur einiger beispielhaft ausgewählter Materialien dargestellt.

Literatur

Spezielle Literatur

1. Deutsche Gesellschaft Feuerfest- und Schornsteinbau e. V.: Feuerfestbau, Stoffe – Konstruktion – Ausführung, 2. Aufl., Vulkan, Essen (1994)
2. Kollenberg, W.: Technische Keramik, Grundlagen – Werkstoffe – Verfahrenstechnik. 2. Aufl., Vulkan, Essen (2010)
3. Heinrich, J.G.: Physikalische und chemische Grundlagen der Keramik. Teil 1. 2. Aufl. (2009)

Wärmeübertrager

34

Lothar Mörl und Eckehard Specht

Wärmeübertrager sind Apparate, in denen ein Fluid erwärmt oder abgekühlt wird. In Industrieöfen ist ein Fluid ein fluidisierter granularer Feststoff wie bei Drehrohröfen oder ein transportiertes stückiges Gut. Das Heiz- oder Kühlmedium ist in der Regel ein anderes Fluid. Verdampft oder kondensiert ein Fluid dabei, ist der Wärmeübergangskoeffizient so hoch, dass die Wandtemperatur als annähernd konstant angesehen werden kann. Die Temperaturunterschiede im Querschnitt des Fluids können vernachlässigt werden. Dessen Temperatur ändert sich somit nur mit der Strömungslänge.

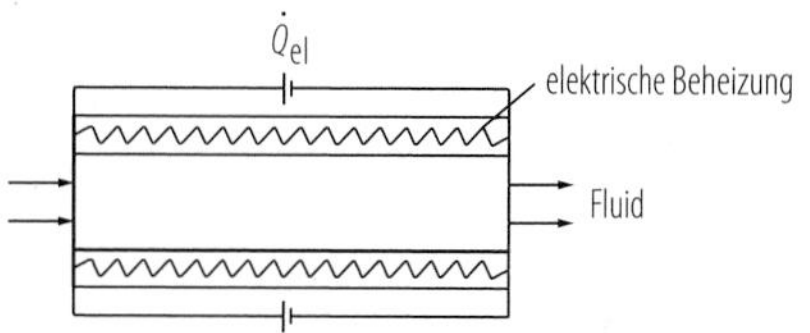

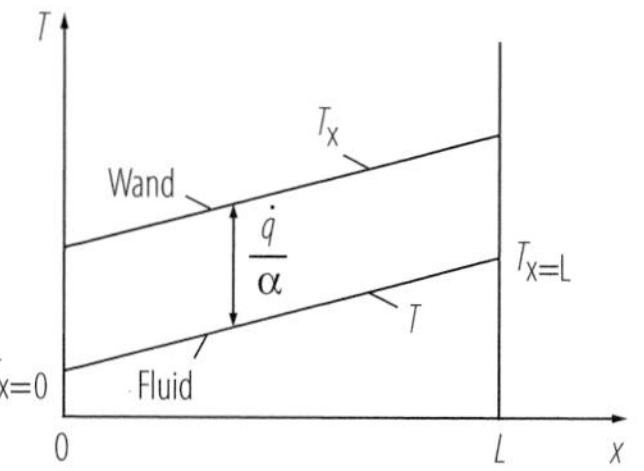

Abb. 34.1 Temperaturverläufe bei einem elektrisch beheizten Rohr

34.1 Konstante Wärmestromdichte

Wird ein Fluid elektrische erwärmt, ist die übertragene Wärmestromdichte längs des Strömungsweges aufgeprägt und konstant. Abb. 34.1 zeigt schematisch ein elektrisch beheiztes Rohr mit zugehörigem Temperaturverlauf. Ist $\dot{Q}$ der zugeführte Wärmestrom, so beträgt die Wärmestromdichte

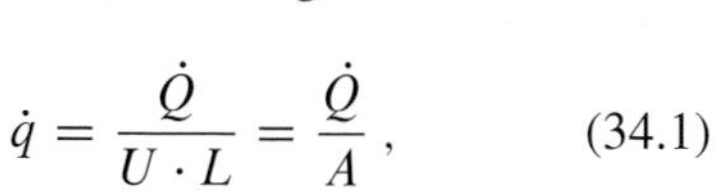

$$\dot{q} = \frac{\dot{Q}}{U \cdot L} = \frac{\dot{Q}}{A}\,, \tag{34.1}$$

wobei L die Länge der Wärmeübertragung und U der Umfang des Rohres oder Kanals ist.

Für die Zunahme der Temperatur gilt für ein infinitesimales Längenelement

$$\dot{q} \cdot U \cdot \mathrm{d}x = \dot{M} \cdot c_\mathrm{p} \cdot \mathrm{d}T\,. \tag{34.2}$$

Mit der Eintrittstemperatur $T_{x=0}$ als Anfangsbedingung

$$T\,(x = 0) = T_{x=0} \tag{34.3}$$

folgt

$$T = T_{x=0} + \frac{\dot{Q}}{\dot{M} \cdot c_\mathrm{p}} \cdot \frac{x}{L}\,. \tag{34.4}$$

Die Fluidtemperatur steigt also linear an. Die Austrittstemperatur $T_{x=L}$ beträgt

$$\dot{Q} = \dot{M} \cdot c_\mathrm{p} \cdot (T_L - T_{x=0})\,. \tag{34.5}$$

L. Mörl (✉)
Otto-von-Guericke-Universität Magdeburg
Magdeburg, Deutschland
E-Mail: lothar.moerl@ovgu.de

E. Specht
Otto-von-Guericke-Universität Magdeburg
Magdeburg, Deutschland
E-Mail: eckehard.specht@ovgu.de

B. Bender und D. Göhlich (Hrsg.), *Dubbel Taschenbuch für den Maschinenbau 3: Maschinen und Systeme*,
https://doi.org/10.1007/978-3-662-59715-6_34

Für die Wandtemperatur gilt

$$\dot{q} = \alpha \cdot (T_\mathrm{w} - T) \ . \tag{34.6}$$

Diese steigt also ebenfalls linear mit der Länge an. Je geringer der Wärmeübergangskoeffizient ist, desto größer ist folglich die sich einstellende Temperaturdifferenz zwischen Wand und Fluid. Der Wärmeübergangskoeffizient ist stets auf die mittlere logarithmische Temperaturdifferenz des Kanals bezogen. Diese setzt eine konstante Wandtemperatur voraus. Da die Wandtemperatur bei konstanter Wärmestromdichte jedoch ansteigt, muss eine modifizierte Nusseltfunktion verwendet werden:

$$\mathrm{Nu}\,(\dot{q} = \mathrm{konst}) = \mathrm{Nu}\,(T_\mathrm{w} = \mathrm{konst}) \cdot \left(\frac{T_\mathrm{w}}{T}\right)^{0{,}45} . \tag{34.7}$$

34.2 Konstante Wandtemperatur

Bei einigen technischen Prozessen ist der Wärmeübergangskoeffizient oder der Wärmekapazitätsstrom des einen Fluides um ein Vielfaches höher als der des anderen Fluides. Die Wandtemperatur des Rohres oder Kanals kann dann näherungsweise als konstant angesehen werden. Dies ist beispielsweise der Fall, wenn ein Fluid durch kondensierenden Dampf erwärmt wird. Die Wand hat dann näherungsweise die Kondensationstemperatur.

In Abb. 34.2 ist der prinzipielle Temperaturverlauf des Fluids dargestellt. Für ein infinitesimales Längenelement dx gilt die Energiebilanz $\mathrm{d}\dot{H} = \mathrm{d}\dot{Q}$. Die Enthalpieänderung ist gleich dem zu- oder abgeführten Wärmestrom. Mit der Zustandsgleichung für die Enthalpie und den Newton'schen Ansatz für die Wärmeübertragung folgt

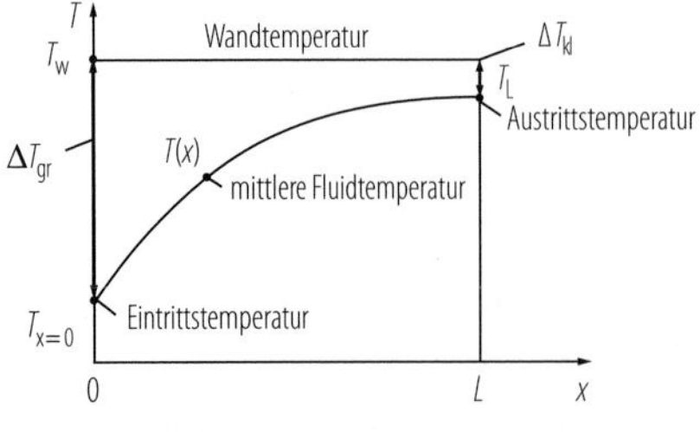

Abb. 34.2 Erwärmung eines strömenden Fluids in einem Kanal mit konstanter Wandtemperatur

$$\alpha \cdot U \cdot \mathrm{d}x \cdot (T_\mathrm{w} - T) = \dot{M} \cdot c_\mathrm{p} \cdot \mathrm{d}T \ , \tag{34.8}$$

wobei U wiederum der Umfang des Kanals ist.

Mit der Eintrittsbedingung

$$T\,(x = 0) = T_{x=0} \tag{34.9}$$

liefert die Lösung der obigen Dgl.

$$\frac{T - T_\mathrm{w}}{T_{x=0} - T_\mathrm{w}} = \exp\left(-\frac{\alpha \cdot A}{\dot{M} \cdot c_\mathrm{p}} \cdot \frac{x}{L}\right) . \tag{34.10}$$

Die dimensionslose Größe im Exponenten wird als Stantonzahl bezeichnet.

$$\mathrm{St} = \frac{\alpha \cdot A}{\dot{M} \cdot c_\mathrm{p}} . \tag{34.11}$$

Ihre physikalische Bedeutung ist

$$\mathrm{St} \sim \frac{\text{konvektiv übertragener Wärmestrom}}{\text{Enthalpiestrom des Fluids}} .$$

Der insgesamt übertragene Wärmestrom beträgt

$$\dot{Q} = \dot{M} \cdot c_\mathrm{p} \cdot (T_{x=L} - T_{x=0}) \ . \tag{34.12}$$

Mit der Gl. (34.10) für $\dot{M} \cdot c_\mathrm{p}$ folgt

$$\dot{Q} = \alpha \cdot A \cdot \Delta T_\mathrm{m}$$

mit der logarithmischen Temperaturdifferenz

$$\Delta T_\mathrm{m} = \frac{(T_{x=0} - T_\mathrm{w}) - (T_{x=L} - T_\mathrm{w})}{\ln \frac{T_{x=0} - T_\mathrm{w}}{T_{x=L} - T_\mathrm{w}}} = \frac{\Delta T_\mathrm{gr} - \Delta T_\mathrm{kl}}{\ln \frac{\Delta T_\mathrm{gr}}{\Delta T_\mathrm{kl}}} , \tag{34.13}$$

wobei ΔT_gr die große und ΔT_kl die kleine Temperaturdifferenz entsprechend Abb. 34.2 bedeuten.

34.3 Wärmeübertragung Fluid–Fluid

In den meisten Fällen wird ein Fluid mit einem anderen Fluid erwärmt oder gekühlt. Beispielsweise wird ein Prozessgas durch ein heißes Verbrennungsgas erwärmt oder mit Umgebungsluft gekühlt. Die Apparate werden idealisiert als adiabat betrachtet. Auf Grund von guten Dämmungen sind die Wärmeverluste relativ niedrig.

34.3.1 Temperaturverläufe

Die beiden Fluide können innerhalb des Apparates auf verschiedenste Weise zueinander geführt werden. In Abb. 34.3 ist der Grundfall dargestellt, bei dem beide Fluide gegeneinander durch den Apparat strömen. Die Temperaturverläufe hängen vom Produkt $\dot{M} \cdot c_p$ ab, was als Kapazitätsstrom bezeichnet wird. Für die Temperaturänderung des Fluids zwischen Ein- und Austritt gilt nämlich

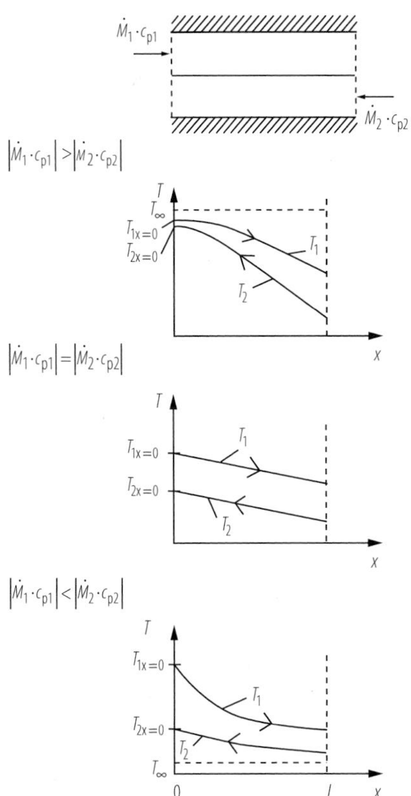

Abb. 34.3 Prinzipielle Temperaturverläufe bei Gleich- und Gegenstrom

$$\dot{Q} = \dot{M}_1 \cdot c_{p1} \cdot (T_{1\,x=0} - T_{1\,x=L}) \qquad (34.14)$$

$$\dot{Q} = \dot{M}_2 \cdot c_{p2} \cdot (T_{2\,x=L} - T_{2\,x=0})\,, \qquad (34.15)$$

wobei $\dot{Q}$ der übertragene Wärmestrom ist. Je höher der Kapazitätsstrom ist, desto geringer ist die Temperaturdifferenz zwischen Ein- und Austritt. Im Abb. 34.3 ist eine Temperatur T_∞ eingezeichnet. Dieser Temperatur würden sich beide Fluide bei einam unendlich langen Wärmeübertrager annähern (Ausnahme $|\dot{M}_1 \cdot c_{p1}| = |\dot{M}_2 \cdot c_{p2}|$ bei Gegenstrom). Bei Gleichstrom wäre diese Temperatur auch die Mischungstemperatur beider Fluide.

Zur Berechnung der Temperaturverläufe wird wieder von einer infinitesimalen Energiebilanz für die Strecke dx ausgegangen. Der übertragene Wärmestrom bewirkt eine Enthalpieabnahme des Fluid 1 $\mathrm{d}\dot{Q} = -\mathrm{d}\dot{H}_1$ und eine Enthalpiezunahme des Fluid 2 $\mathrm{d}\dot{Q} = \mathrm{d}\dot{H}_2$.

Somit ergeben sich aus den Bilanzen die beiden gekoppelten Dgln.

$$\dot{M}_1 \cdot c_{p1} \cdot \frac{\mathrm{d}T_1}{\mathrm{d}x} + \frac{k \cdot A}{L} \cdot (T_1 - T_2) = 0 \qquad (34.16)$$

$$\dot{M}_2 \cdot c_{p2} \cdot \frac{\mathrm{d}T_2}{\mathrm{d}x} + \frac{k \cdot A}{L} \cdot (T_2 - T_1) = 0\,. \qquad (34.17)$$

Bei Gleichstrom sind beide Massenströme positiv, bei Gegenstrom ist der x-Achse entgegenströmende Massenstrom negativ.

Zur Lösung der beiden Dgln. werden jeweils eine Temperatur als Randbedingung benötigt.

Ist der Wärmedurchgangskoeffizient ortsabhängig, z. B. falls sich der Wärmeübergangskoeffizient mit der Temperatur stark verändert, müssen die beiden Dgln. numerisch gelöst werden. Dies ist beispielsweise der Fall, wenn sich bei Gasen die Dichte und damit die Geschwindigkeit oder bei Flüssigkeiten die Viskosität erheblich verändern und die Verwendung von Mittelwerten zu ungenau wird. Bei Industrieofenprozessen kann im Gas noch eine Wärmequelle (Flamme) und im Gut als Fluid noch ein Wärmesenke (Phasenumwandlung) sein. Die Dgln. müssen dann um entsprechende Terme erweitert werden.

Sind die beiden Fluide durch eine Wand getrennt, so gilt für den Wärmedurchgangskoeffizienten

$$\frac{1}{k} = \frac{1}{\alpha_1} + \frac{s_w}{\lambda_w} + \frac{1}{\alpha_2},$$

wobei α_1 und α_2 die konvektiven Wärmeübergangskoeffizienten der beiden Fluide sowie λ_w und s_w die Wärmeleitfähigkeit bzw. die Dicke der Wand sind. Bei Industrieöfen steht zwar das Fluid 1 (Gas) in direktem Kontakt mit dem Fluid 2 (Solid), jedoch muss die Wärmeleitung in das Gut berücksichtigt werden, wie in Abschn. 34.5.3 erläutert wurde. Folglich gilt hier

$$\frac{1}{k} = \frac{1}{\alpha} + \frac{s}{\chi \cdot \lambda_w}.$$

Bei konstantem $k \cdot A$ lassen sich die beiden Dgln. entkoppeln. Hierbei muss zwischen gleichen Kapazitätsströmen bei Gegenstrom und ungleichen Wärmekapazitätsströmen unterschieden werden.

34.3.2 Gleiche Kapazitätsströme (Gegenstrom)

Bei Gegenstromwärmeübertragern mit betragsmäßig gleichen Kapazitätsströmen ($\dot{M}_1 \cdot c_{p1} = -\dot{M}_2 \cdot c_{p2}$) erhält man für den Fall, dass die beiden Temperaturen bei $x=0$ gegeben sind

$$\frac{T_1 - T_{1\,x=0}}{T_{2\,x=0} - T_{1\,x=0}} = \text{St} \cdot X\,, \qquad \frac{T_2 - T_{1\,x=0}}{T_{2\,x=0} - T_{1\,x=0}} = \text{St} \cdot X + 1 \tag{34.18}$$

und

$$\frac{T_1 - T_{1\,x=0}}{T_{2\,x=L} - T_{1\,x=0}} = \frac{\text{St} \cdot X}{\text{St} + 1}\,, \qquad \frac{T_2 - T_{1\,x=0}}{T_{2\,x=L} - T_{1\,x=0}} = \frac{\text{St} \cdot X + 1}{\text{St} + 1}. \tag{34.19}$$

mit der Stantonzahl

$$\text{St} = \frac{k \cdot A}{\dot{M}_1 \cdot c_{p1}} \tag{34.20}$$

und der dimensionslosen Koordinate

$$X = \frac{x}{L}. \tag{34.21}$$

Die Temperaturverläufe sind also linear und parallel. Je größer die Stantonzahl ist, desto geringer ist die Temperaturdifferenz zwischen dem Gas und dem Solid. Ein Kapazitätsstromverhältnis von eins wird beispielsweise in der Kühlzone von Kalkschachtöfen angestrebt.

34.3.3 Ungleiche Kapazitätsstromverhältnisse

Bei ungleichen Kapazitätsstromverhältnissen lassen sich die beiden Dgln. unter Zuhilfenahme der Temperatur T_∞ entkoppeln [8]. Die Glei-

Tab. 34.1 Zusammenfassung der Gleichungen für die Temperaturverläufe bei Wärmeübertragern

$\text{St} = \frac{k \cdot A}{\dot{M}_1 \cdot c_{p1}}, \quad X = \frac{x}{L}, \quad \Omega = \frac{\lvert\dot{M}_1 \cdot c_{p1}\rvert}{\lvert\dot{M}_2 \cdot c_{p2}\rvert}$	(T1)
Gegenstrom ($T_{1\,x=0}$, $T_{2\,x=0}$)	
$\frac{T_1 - T_\infty}{T_{1\,x=0} - T_\infty} = \exp[-(1-\Omega) \cdot \text{St} \cdot X]\,,$	(T2)
$\frac{T_2 - T_\infty}{T_{2\,x=0} - T_\infty} = \exp[-(1-\Omega) \cdot \text{St} \cdot X]$	
$T_\infty = \frac{T_{2\,x=0} - \Omega \cdot T_{1\,x=0}}{1-\Omega}$	(T3)
Gegenstrom ($T_{1\,x=0}$, $T_{2\,x=L}$)	
$\frac{T_1 - T_\infty}{T_{1\,x=0} - T_\infty} = \exp[-(1-\Omega) \cdot \text{St} \cdot X]\,,$	(T4)
$\frac{T_2 - T_\infty}{T_{2\,x=L} - T_\infty} = \exp[+(1-\Omega) \cdot \text{St}(1-X)]$	
$T_\infty = \frac{T_{2\,x=L} \cdot \exp[\text{St} \cdot (1-\Omega)] - \Omega \cdot T_{1\,x=0}}{\exp[\text{St} \cdot (1-\Omega)] - \Omega}$	(T5)
Gleichstrom ($T_{1\,x=0}$, $T_{2\,x=0}$)	
$\frac{T_1 - T_\infty}{T_{1\,x=0} - T_\infty} = \exp[-(1+\Omega) \cdot \text{St} \cdot X]\,,$	(T6)
$\frac{T_2 - T_\infty}{T_{2\,x=0} - T_\infty} = \exp[-(1+\Omega) \cdot \text{St} \cdot X]$	
$T_\infty = \frac{T_{2\,x=0} + \Omega \cdot T_{1\,x=0}}{1+\Omega}$	(T7)
Gleichstrom ($T_{1\,x=0}$, $T_{2\,x=L}$)	
$\frac{T_1 - T_\infty}{T_{1x=0} - T_\infty} = \exp[-(1+\Omega) \cdot \text{St} \cdot X]$	(T8)
$\frac{T_2 - T_\infty}{T_{2\,x=L} - T_\infty} = \exp[+(1+\Omega) \cdot \text{St} \cdot (1-X)]$	
$T_\infty = \frac{T_{2\,x=L} \cdot \exp[\text{St} \cdot (1+\Omega)] + \Omega \cdot T_{1\,x=0}}{\exp[\text{St} \cdot (1+\Omega)] + \Omega}$	(T9)

chungen zur Berechnung der Temperaturverläufe für die beiden Arten von Randbedingungen sind in Tab. 34.1 zusammengefasst. Das Kapazitätsstromverhältnis wird, wie in der Praxis üblich, stets positiv angesetzt. Die Gleichungen für Gegen- und Gleichstrom unterscheiden sich folglich nur durch das positive bzw. negative Vorzeichen vor dem Kapazitätsstromverhältnis Ω. Die jeweils gegebenen Temperaturen stehen in der Klammer. Sind andere Temperaturen gegeben, so können diese aus den Gln. (34.14) und (34.15) berechnet werden.

34.4 Auslegung von Wärmeübertragern

Bei der Auslegung von Wärmeübertragern ist in der Regel die zur Wärmeübertragung notwendige Fläche A und damit die Größe $k \cdot A$ gesucht. Gegeben sind in der Regel einerseits der Massenstrom sowie die Ein- und Austrittstemperaturen des einen Fluids und andererseits der Massenstrom und die Eintrittstemperatur des anderen Fluids. Gesucht sind davon die Austrittstemperatur dieses Fluids, die Fläche und der übertragene Wärmestrom. Für diesen gilt

$$\dot{Q} = k \cdot A \cdot \Delta T_{\mathrm{m}} \,. \tag{34.22}$$

Für die mittlere Temeraturdifferenz gilt Gl. (34.13) mit der großen und kleinen Temperaturdifferenz nach Abb. 34.3. Für den Wärmestrom gelten weiterhin die beiden Gln. (34.14) und (34.15).

Damit stehen drei Gleichungen zur Berechnung von drei Unbekannten zur Verfügung. Dies können, wie eingangs erläutert, die Fläche, der Wärmestrom und eine Austrittstemperatur sein. Es sind jedoch auch viele andere Auslegungsfälle denkbar. Ist beispielsweise der Wärmestrom gegeben, so können die Fläche und zwei Temperaturen berechnet werden. Sind beispielsweise alle Temperaturen gegeben, so erhält man aus den Gleichungen den Wärmestrom, die Fläche und einen Massenstrom.

Bei Gegenstrom wird unter sonst gleichen Bedingungen mehr Wärme als bei Gleichstrom übertragen. Gleichstrom wird daher nur dann angewendet, wenn ein Fluid aus Qualitätsgründen ein bestimmtes Temperaturprofil besitzen muss.

An die Bauarten von Wärmeübertragern können verschiedenste Anforderungen gestellt sein. Stets sollen die Investitionskosten und die Betriebskosten gering sein. Zur Minimierung der Investitionskosten müssen die Fläche und damit die Größe gering sein. Dies erfordert hohe Wärmeübergangskoeffizienten. Zur Minimierung der Betriebskosten muss der Druckverlust und damit die Gebläse- oder Pumpenleistung gering sein. Dies erfordert niedrige Strömungsgeschwindigkeiten, was hohen Wärmeübergangskoeffizienten entgegensteht. Somit muss stets ein

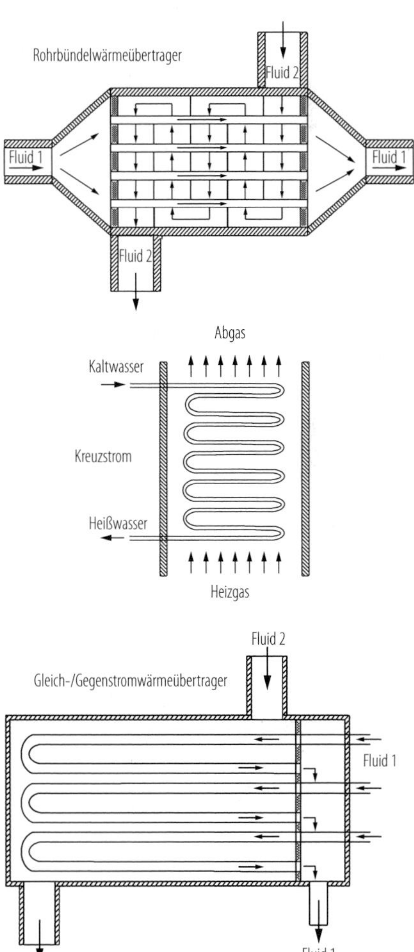

Abb. 34.4 Beispiele von typischen Wärmeübertrager-Bauarten

wirtschaftliches Kostenoptimum gefunden werden. Folglich gibt es je nach Anwendungsfall Bauarten mit verschiedensten Strömungsführungen, um hohe Wärmeübergangskoeffizienten und geringe Druckverluste zu erhalten. Darüber hinaus können bestimmte geometrische Besonderheiten vorgegeben sein, wie beispielsweise Zulauf und Ablauf nur an einer Seite möglich, begrenzter Platzbedarf (Längen- oder Höhenbegrenzung).

In Abb. 34.4 sind beispielhaft einige typische Bauformen dargestellt. Zur Erhöhung der Fläche und des Wärmeübergangskoeffizienten wird ein Fluid oft auf mehrere kleine Rohre aufgeteilt. Je kleiner der Durchmesser ist, desto höher ist entsprechend der Nusseltfunktion der Wärmeübergangskoeffizient. Das andere Fluid muss dann die Rohre überströmen. Für einen hohen Wärmeübergangskoeffizienten ist folglich wiederum eine kleine Überströmlänge notwendig. Dazu müssen die Rohre quer und nicht längs überströmt werden. Das äußere Fluid wird daher bei der Durchströmung des Apparates mehrfach umgelenkt. Jede Umlenkung erhöht jedoch den Druckverlust. Oftmals werden Rohre nur quer angeströmt. Dies ist z. B. im Heizthermen der Fall, in den Wasser in Rohren von außen durch Verbrennungsgase erhitzt wird. Hier strömen die beiden Fluide im Kreuzstrom. Für die Berechnungsgleichungen (speziell mittlere Temperaturdifferenz) wird auf den VDI-Wärmeatlas sowie auf [1–3] verwiesen.

34.5 Kondensatoren

34.5.1 Grundbegriffe der Kondensation

Bei der Abkühlung kondensierbarer Dämpfe unter die Sättigungstemperatur, den Taupunkt, werden die Dämpfe in den flüssigen Zustand überführt. Für Kondensatoren sind es die Erzeugung eines möglichst hohen Vakuums (Dampfkraftmaschinen), die Wiedergewinnung des Kondensats als wertvolle Flüssigkeit (Destillationsanlagen), die Niederschlagung von umweltbelästigenden Abdämpfen (Brüden mit aggressiven Stoffen) sowie die Aufheizung und Verdampfung von Stoffen (Wasserdampf als Wärmeträger). Wasser, Luft, Kühlsole und aufzuheizende Substanzen sind Kälteträger. Unterschieden wird zwischen Oberflächenkondensatoren, in denen Dämpfe durch indirekten Kontakt mit einem Kühlmittel über meist aus Rohren bestehenden Kühlflächen kondensiert werden (die Bauweise ist „geschlossen"); *Einspritz-(Misch-)Kondensatoren*, in denen Dämpfe in direkten Kontakt mit eingespritztem Kühlwasser gebracht und niedergeschlagen werden; *direkte Luftkühlung*, also luftgekühlte Kondensatoren mit offener Bauweise, in denen Dämpfe durch Wärmeabfuhr an die Umgebungsluft verflüssigt werden; *indirekte Luftkühlung*, bei der Wasser als Kühlmedium in Oberflächen- oder Einspritzkondensatoren verwendet wird, das die Wärme über Kühltürme oder Flussläufe an die Luft überträgt. Oberflächen- und luftgekühlte Kondensatoren ermöglichen die Gewinnung reiner Kondensate und höhere Vakua als Mischkondensatoren (im Einspritzwasser gelöste Luft!); diese bieten sich besonders zur Niederschlagung von wertlosen Brüden an. Zur Aufheizung und Verdampfung ist die geschlossene Bauweise von Oberflächenkondensatoren notwendig.

Nichtkondensierbare Gase. Sie reichern sich an den Stellen niedrigsten Drucks (niedrigster Temperatur) an und bilden hier eine wachsende Wärmewiderstandsschicht. Da die Dämpfe hier durchdiffundieren müssen, um an die Kühlfläche zu gelangen, verschlechtert sich das Vakuum. Bei konstantem Gesamtdruck verringern sich der Dampfteildruck und das treibende Temperaturgefälle zwischen Dampf- und Kühlmitteltemperatur. Kondensatoren sind daher bei Überdruck zu entlüften und bei Vakuumbetrieb durch Abpumpen von Inertgasen freizuhalten.

34.5.2 Oberflächenkondensatoren

Als Wärmestrom muss abgeführt werden

$$\dot{Q} = \dot{m}_D (h_D - h_K) = \dot{m}_W c_W (t_2 - t_1) . \qquad (34.23)$$

Daraus folgt als Kühlfläche

$$A = \dot{m}_{\mathrm{D}} \left(h_{\mathrm{D}} - h_{\mathrm{K}}\right) / k \Delta t_{\mathrm{M}} \,. \qquad (34.24)$$

$\dot{m}_{\mathrm{D}}$, $\dot{m}_{\mathrm{W}}$ Dampf- bzw. Kühlmittel-Massenstrom; h_{D}, h_{K} spezifische Enthalpien von Dampf bzw. Kondensat; c_{W} Wärmekapazität des Kühlmittels; t_1, t_2 Ein- bzw. Austrittstemperatur des Kühlmittels; k Wärmedurchgangskoeffizient; Δt_{M} mittlere Temperaturdifferenz.

Der Wärmedurchgangskoeffizient k wird meist von der Wärmeübertragung auf der Kühlmittelseite bestimmt, da die Wärmeübergangskoeffizienten auf der Kondensationsseite – besonders bei Wasserdampf – groß sind. k wächst mit der Kühlmittelgeschwindigkeit und kleiner werdenden Rohrdurchmessern. Für Wasserdampfkondensation mit Kühlwasserströmung auf der Rohrseite zwischen 1,5 und 2,5 m/s ist $k \approx 3000 \ldots 4000\,\mathrm{W/(m^2K)}$. Die hiermit aus Gl. (34.24) berechnete Kühlfläche A wird konstruktiv aufgeteilt und k mit den so erhaltenen geometrischen Daten nachgerechnet. Dabei sind Schmutzschichten und der Einfluss von Inertgasen gesondert zu berücksichtigen.

Überhitzter Dampf. Hier bildet sich ein Kondensatfilm auf der Wand, wenn die Wandtemperatur gleich oder kleiner als die Sattdampftemperatur ist; die Wärmeübergangskoeffizienten für Kondensation ändern sich hierbei nur unwesentlich. Die Bereiche für Dampfkühlung (trockene Wand) und Kondensatkühlung sind gesondert zu berechnen.

Ziel ist die Erzeugung eines möglichst großen Druck- und Wärmegefälles für Kraftmaschinen. Wegen des großen spezifischen Volumens der Dämpfe bei Vakuum sind große Eintrittsquerschnitte notwendig, damit die Druckverluste den Gefällegewinn nicht übersteigen; wirtschaftlich erreichbare Enddrücke p_1 sind bei Kolbenmaschinen 0,1 bar, bei Turbinen 0,025 bar (niedrige Kühlwassertemperaturen t_1 vorausgesetzt, die örtlich und jahreszeitlich variieren). In Mitteleuropa gelten für t_1 und p_1: Brunnenwasser 10 bis 15 °C sowie 0,03 bar, Flusswasser 0 bis 25 °C sowie 0,04 bar, Rückkühlwasser 15 bis 30 °C sowie 0,06 bar. Der Druck p_1 ist um 0,005 bis 0,01 bar höher als der zur Kühlwasser-Austrittstemperatur gehörende Sattdampfdruck. Kühlwassermenge $\dot{m}_{\mathrm{W}} \approx 70\,\dot{m}_{\mathrm{D}}$ bei Dampfturbinen, $\dot{m}_{\mathrm{W}} \approx 40\,\dot{m}_{\mathrm{D}}$ bei Kolbenmaschinen. Ist t_{D} die Sattdampftemperatur am Kühlwasseraustritt, so gilt $t_{\mathrm{D}} - t_2 = 3 \ldots 5\,\mathrm{K}$. Kondensatunterkühlung $t_0 - t_{\mathrm{K}} < 3\,\mathrm{K}$, da anderenfalls Inertgas gelöst und dem Kreislauf wieder zugeführt wird. Die Absaugung des Inertgases ist an der kältesten Stelle (niedrigster Gesamtdruck) mit Abschirmung gegen Dampfzutritt vorzusehen.

Oberflächenkondensatoren zur Gewinnung wertvollen Kondensats hinter Kolonnen und Reaktoren werden entweder mit Wasser oder mit Luft gekühlt. In stärkerem Maße werden zur Energieeinsparung auch Produkte, die vorgewärmt oder verdampft werden müssen, als Kühlmittel verwendet. Wasser als Kühlmittel fließt auf der Rohrseite (bessere Reinigungsmöglichkeit), kondensierender reiner Stoff auf der Mantelseite von Bündeln (größerer Querschnitt und kleinerer Druckverlust). Letzteres ist besonders bei Vakuumbetrieb zu beachten, der bei temperaturempfindlichen Substanzen angewendet wird.

Die Entfernung der Inertgase erfolgt restlos von der kältesten Stelle (Druckminimum) mit minimalem Dampfanteil. Die günstigste Lösung ist die Absaugung in den Zentren der Bündelteile durch Rohre von der Länge des Bündels mit vielen Saugöffnungen. Leitbleche schirmen gegen Dampfzutritt ab, tote Ecken sind zu vermeiden.

Zum Vermeiden der Kondensatunterkühlung halten Führungsbleche das Kondensat von den Kühlrohren fern. Kondensatableiter bzw. Saugpumpen führen das Kondensat ständig ab.

Konstruktion Mäntel über 500 mm Durchmesser (Dmr.) aus Stahlblech geschweißt, Länge $\approx 2 \times$ Dmr. Rohrböden 20 bis 30 mm dick aus Stahl oder Messing (bei saurem oder salzhaltigem Wasser). Rohre 15 bis 25 mm Dmr., Rohrteilung $= (1{,}4 \ldots 1{,}5) \times$ Außendmr., nach unten enger. Leitbleche auf der Mantelseite sind bei Kondensation nicht notwendig. Zur Vermeidung von Schwingungen sind Stützbleche im Abstand $(50 \ldots 70) \times$ Rohrdmr. vorzusehen. Wärmedehnungen ist durch Dehnungsausgleicher oder Sförmig vorgebogene Rohre (Wendestellen liegen im Stützblech) Rechnung zu tragen. Bei zweiflutiger Ausführung kann eine Hälfte gereinigt werden, ohne die Anlage stillzusetzen. Am Dampfeintritt ist ein Notauspuffventil vorzusehen.

Durch Einspritzen feinverteilten Kühlwassers in den Dampf ergeben sich im Vergleich zu den Oberflächenkondensatoren größere Wärmedurchgangskoeffizienten. Es wurden Werte von $k = 100\,000\,\mathrm{W/(m^2K)}$ an Tröpfchen mit 0,6 mm Durchmesser und 15 m/s Geschwindigkeit bei einer Wärmestromdichte von $230\,000\,\mathrm{W/m^2}$ festgestellt. Diese Werte reduzieren sich erheblich mit abnehmender Tropfengeschwindigkeit bzw. zunehmender Verweilzeit sowie mit abnehmendem Kondensatordruck und zunehmendem Inertgasgehalt (Reduziergang 50 % bei 1 % Gasmassengehalt). Da die Phasengrenzfläche pro Volumeneinheit ebenfalls groß wird, sind die Abmessungen von Mischkondensatoren kleiner als die von Oberflächenkondensatoren. Einbauten zur Erhöhung der Kontaktfläche und der Verweilzeit sind relativ billig.

Der spezifische Kühlwasserbedarf $\dot{m}_\mathrm{W}/\dot{m}_\mathrm{D}$ errechnet sich nach Gl. (34.24). Da $t_2 = t_\mathrm{K}$, ist $\dot{m}_\mathrm{W}/\dot{m}_\mathrm{D}$ mit 15 bis 30 kg/kg kleiner als bei Oberflächenkondensatoren. Für große Leistungen und niedrige Drücke ist die Gegenstromführung (trockene Absaugung der Inertgase am Kopf) wirtschaftlicher als die Gleichstromführung (nasse Absaugung). Der Kondensat- und Kühlwasserabzug erfolgt meist über eine Flüssigkeitsvorlage oder eine Wasserstrahlpumpe, bei Gleichstromführung auch über einen Strahlkondensator.

34.5.3 Luftgekühlte Kondensatoren

Bei Wasserknappheit wird neben der indirekten in zunehmendem Maße die direkte Luftkühlung angewandt, die kleinere Oberflächen benötigt. Gekühlt wird zumeist durch Anblasen der berippten Außenflächen mit Lüftern, seltener durch natürliche Belüftung. Aufgrund gesetzlicher Auflagen nehmen langsam laufende, geräuscharme Lüfter mit breiten Schaufeln zu. Die Investitionskosten sind höher als für Oberflächenkondensatoren. Vergleicht man jedoch Luftkühlung mit Oberflächenkondensatoren unter Einschluss des Rückkühlwerks, so sind die Investitionskosten etwa gleich groß, die Betriebskosten bei Luftkühlung aber geringer, solange die Produkttemperatur über 60 °C liegt.

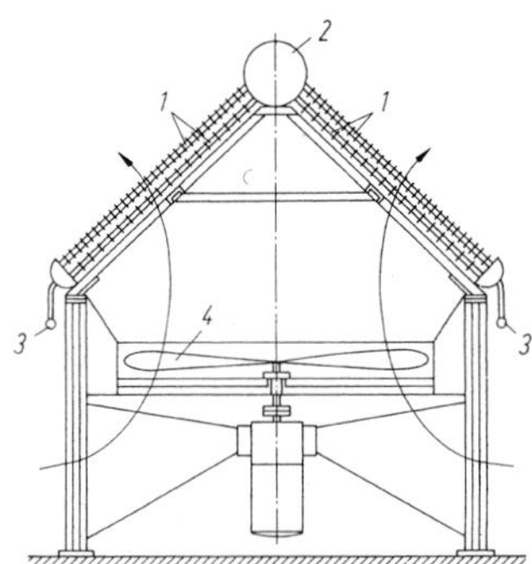

Abb. 34.5 Luftgekühlter Kondensator in A-Anordnung. *1* Rippenrohre mit unterschiedlichem Rippenabstand, *2* Dampfzuführung, *3* Kondensatabzug, *4* Ventilator

Anlagen für Kraftwerke werden mit einer Leistung bis zu etwa 1100 t/h Kondensation (400 MW) gebaut. Die Rohrbündel können vertikal, horizontal oder geneigt (A- oder V-förmig) und platzsparend oberhalb von Rohrbrücken oder auf Gebäuden angeordnet werden. Weit verbreitet ist die A-Anordnung (Abb. 34.5) mit oberer Dampfzuführung (Gleichstromführung von Dampf und Kondensat). Sinkende Kondensationsleistung der Rohrreihen, die im angewärmten Luftstrom liegen, werden durch engere Rippenteilung ausgeglichen (*1* in Abb. 34.5). Bei Frost und Vakuumbetrieb besteht Erfriergefahr am unteren Rohrende durch Totzonenbildung (Dampfrückströmung in Rohre mit vollständiger Kondensation, Einschluss und Anreicherung von Inertgas). Hier bietet sich die untere Dampfzuführung (Gegenstrom) an, die mit einem schlechteren Wärmeübergang verbunden ist, oder eine Kombination beider Schaltungen, die sicherstellt, dass im vorgeschalteten Gleichstromkondensator in allen Rohren Teilkondensation stattfindet und eine Kondensatunterkühlung verhindert wird. Bei variierenden Betriebsbedingungen ist es sicherer, jede Rohrreihe mit getrennten Sammlern zu versehen.

Literatur

Spezielle Literatur

1. Hausen, A.: Wärmeübertragung im Gegenstrom, Gleichstrom und Kreuzstrom, 2. Aufl. Springer, Berlin (1976)
2. Gregorig, R.: Wärmeaustausch und Wärmeaustauscher, 2. Aufl. Sauerländer, Aarau (1973)
3. Martin, H.: Wärmeübertrager, 8. Aufl. Thieme, Stuttgart (1995)
4. Kecke, H.J., Kleinschmidt, P.: Industrie-Rohrleitungsarmaturen. VDI, Düsseldorf (1994)
5. Buhrke, H., Kecke, H.J., Richter, H.: Strömungsförderer. Vieweg, Braunschweig (1989)
6. Herz, R.: Grundlagen der Rohrleitungs- und Apparatetechnik, 3. Aufl. Vulkan, Essen (2010)
7. Moeller, E.: Handbuch Konstruktionswerkstoff, Auswahl – Eigenschaften – Anwendung, 1. Aufl. Vulkan, Essen (2008)
8. Specht, E.: Wärme- und Stoffübertragung in der Thermoprozesstechnik, Vulkan Verlag (2014)

35 Konstruktionselemente von Apparaten und Rohrleitungen

Lothar Mörl und Horst Gelbe

35.1 Berechnungsgrundlagen

Höchstzulässiger Betriebsüberdruck *PS* eines Druckraumes bei normaler Betriebsbelastung ist an einer festgelegten Stelle zu definieren. Dies ist entweder der Anschlusspunkt von Sicherheits- und/oder Begrenzungseinrichtungen oder der höchste Punkt des Druckraumes.

Berechnungsdruck P, p_c muss die auftretende maximale statische und dynamische Druckhöhe einschließen und auf der größtmöglichen Druckdifferenz zwischen Behälterinnenseite und Behälteraußenseite basieren. Druckbehälter unter Außendruckbelastung sind für den maximalen Differenzdruck auszulegen [1–4].

Eine Analyse der Ermüdung ist nicht erforderlich, wenn die Anzahl der Druckzyklen n über die volle Schwingbreite (d. h. von Null bis zum zulässigen Druck P oder $P_{\max}$) unter 500 liegt oder bei kleinerer Druckschwingbreite ΔP_j eine größere Anzahl n_j zugelassen wird. Die äquivalente Anzahl der Druckzyklen n_{eq} entsprechend der Äquivalenzformel

$$n_{eq} = \sum n_j \left(\frac{\Delta P_j}{P_{\max}}\right)^3 \qquad (35.1a)$$

muss unter 500 liegen.

L. Mörl (✉)
Otto-von-Guericke-Universität Magdeburg
Magdeburg, Deutschland

H. Gelbe
Technische Universität Berlin
Berlin, Deutschland

Berechnungstemperatur t darf nicht niedriger sein als die im Betrieb zu erwartende tatsächliche Wandtemperatur oder, wenn die Temperaturänderung über die Wanddicke bekannt ist, als die mittlere Wandtemperatur. Für die Festlegung der Berechnungstemperatur bei Rohrleitungen ist DIN EN 13480-3 zu beachten.

Berechnungsnennspannung. Der maximal zulässige Wert für die Berechnungsnennspannung an drucktragenden Teilen (außer Schrauben) wird nach Tab. 35.1 aus den Mindestwerten der 0,2 % Dehngrenze bzw. 1,0 % Dehngrenze $R_{p\,0,2/t}$ bzw. $R_{p\,0,1/t}$ oder der Mindestzugfestigkeit $R_{m/t}$ bei der entsprechenden Temperatur t ermittelt. Je nach Bedingung ist für die Berechnungsspannung f gleich die Berechnungsspannung im Betriebsfall f_d oder die Berechnungsspannung im Prüflastfall f_{test} zu setzen [5].

Zuschläge. Man unterscheidet: c Korrosions- bzw. Erosionszuschlag (entfällt, wenn Wände von beiden Seiten ausreichend geprüft werden können, Erosion ausgeschlossen werden kann und die verwendeten Werkstoffe ausreichend gegen Einflüsse des Beschickungsmittels geschützt sind) und δ_e Absolutwert der Minustoleranz, der den zugehörigen Werkstoffnormen entnommen werden kann.

Für die Nennwanddicke e_n gilt:

$$e_n \geq e + c + \delta_e \qquad (35.1b)$$

B. Bender und D. Göhlich (Hrsg.), *Dubbel Taschenbuch für den Maschinenbau 3: Maschinen und Systeme*,
https://doi.org/10.1007/978-3-662-59715-6_35

Tab. 35.1 Berechnungsspannungen

	Auslegungsbedingungen [a] [b]	Prüfbedingungen/außergewöhnliche Bedingungen [b]
Nichtaustenitische Stähle mit einer Mindestbruchdehnung A < 30 % [a] [b]	$f_d = \min\left(\frac{R_{p0,2/t}}{1,5};\ \frac{R_{m/20}}{2,4}\right)$	$f_{test} = \left(\frac{R_{p0,2/t_{test}}}{1,05}\right)$
Austenitische Stähle mit einer Mindestbruchdehnung 30 % < A ≤ 35 % [c]	$f_d = \left(\frac{R_{p1,0/t}}{1,5}\right)$	$f_{test} = \left(\frac{R_{p1,0/t_{test}}}{1,05}\right)$
Austenitische Stähle mit einer Mindestbruchdehnung A > 35 % [c]	$f_d = \max\left[\left(\frac{R_{p1,0/t}}{1,5}\right);\ \min\left(\frac{R_{p1,0/t}}{1,2};\ \frac{R_{m/t}}{3}\right)\right]$	$f_{test} = \max\left(\frac{R_{p1,0/t_{test}}}{1,05};\ \frac{R_{m/t_{test}}}{2}\right)$
Stahlgussteile	$f_d = \min\left(\frac{R_{p0,2/t}}{1,9};\ \frac{R_{m/20}}{3}\right)$	$f_{test} = \min\left(\frac{R_{p0,2/t_{test}}}{1,33}\right)$

[a] Für Prüfgruppe 4 (s. DIN EN 13445-3) ist der Wert der Berechnungsspannung mit 0,9 zu multiplizieren.
[b] Anstelle der 0,2-%-Dehngrenze R_{eH} kann die Streckgrenze $R_{p0,2}$ verwendet werden, wenn erstere der Werkstoffnorm nicht entnommen werden kann.
[c] Hinsichtlich der Definition der Bruchdehnung siehe DIN EN 13445-2.

35.2 Zylindrische Mäntel und Rohre unter innerem Überdruck

Die erforderliche Wanddicke e beträgt für die Zylinderschale eines Druckbehälters mit dem Außendurchmesser D_e unter Berücksichtigung eines Schweißnahtfaktors z bei einem Wandstärke-Durchmesserverhältnis von $e/D_e \leq 0{,}16$

$$e = \frac{p_c \cdot D_e}{2f \cdot z + p_c} \,. \tag{35.2a}$$

Der Verschwächungsbeiwert ist bei nahtlosen Mänteln $z = 1$, bei geschweißten Verbindungen in der Schale $z = 0{,}7 \ldots 0{,}85 \ldots 1$ abhängig von der Prüfgruppe. Die Prüfgruppen sind in DIN EN 13445-5 festgelegt.

Für gerade Rohre wird die erforderliche Wanddicke in Abhängigkeit vom Verhältnis Außen- zu Innendurchmesser wie folgt berechnet: für $D_e/D_i \leq 1{,}7$ ist

$$e = \frac{p_c \cdot D_e}{2f_d \cdot z + p_c} \tag{35.2b}$$

für $D_e/D_i > 1{,}7$ ist

$$e = \frac{D_e}{2}\left(1 - \sqrt{\frac{f_d \cdot z - p_c}{f_d \cdot z + p_c}}\right) \,. \tag{35.2c}$$

Die Rohrwanddicke wird außer dem Innendruck durch die Handhabungsmöglichkeit bei Transport und Montage, das Gewicht von Rohrleitung und Inhalt, klimatische Belastungen, dynamische Effekte des Fluids, Bewegung von Untergrund und Bauwerken, Schwingungen, Erdbeben, Durchbiegung zwischen Abstützungen, äußere Beschädigungsmöglichkeiten (mechanisch, Korrosion), Art der Rohrverbindungen, Verkehrslasten und behinderte Wärmedehnung beeinflusst.

Wenn die Gesamtzahl der Lastzyklen aus allen Quellen bei Rohrleitungen mehr als 1000 beträgt, ist eine detaillierte Ermüdungsanalyse nach DIN EN 13480-3 erforderlich.

Wärmespannungen $D_e/D_i < 1{,}7$ Längenänderung Δl durch Temperaturdifferenz $\vartheta - \vartheta_0$ zwischen Betriebs- und Montagetemperatur ist

$$\Delta l = \alpha \cdot l_0 \left(\vartheta - \vartheta_0\right) \,. \tag{35.3a}$$

Bei verhinderter Längenänderung entsteht die Axialspannung

$$\sigma_\vartheta = E \cdot \alpha \left(\vartheta - \vartheta_0\right) \,; \tag{35.3b}$$

l_0 Montagelänge, α Wärmeausdehnungskoeffizient, E Elastizitätsmodul. Bei Druckkräften Rohrknickung beachten.

Treten in der Wand durch Heizen oder Kühlen Temperaturdifferenzen auf, so entstehen an der Innen- bzw. Außenfaser (mit den Indizes i bzw. a) jeweils gleich große Tangential- und Axialspannungen, positiv bei der niedrigeren, negativ bei der höheren Temperatur:

$$\sigma_{\vartheta_i} = \frac{\alpha}{2}\frac{E}{1-\nu}(\vartheta_a - \vartheta_i)\frac{3D_e + D_i}{2(D_e + D_i)},$$
$$\sigma_{\vartheta_e} = -\frac{\alpha}{2}\frac{E}{1-\nu}(\vartheta_a - \vartheta_i)\frac{D_e + 3D_i}{2(D_e + D_i)}. \qquad (35.4)$$

Hieraus lassen sich näherungsweise die maximalen, stationären Spannungen innen und außen berechnen:

$$\sigma_{v,i} = \frac{p(D_e + e_n)}{2{,}3 \cdot e_n} + \sigma_{\vartheta_i},$$
$$\sigma_{v,a} = \frac{p(D_e - 3e_n)}{2{,}3 \cdot e_n} + \sigma_{\vartheta_a}. \qquad (35.5)$$

Hierin bedeuten e_n die ausgeführte Wanddicke, ν die Querkontraktionszahl und ϑ die Temperaturen. Diese Näherungsformeln sind in der Praxis ausreichend genau, solange nur die jeweils größte der beiden Vergleichsspannungen $\sigma_{v,i}$ bzw. $\sigma_{v,a}$ betrachtet wird, bzw. solange gilt:

$$\sigma_{\vartheta_i} \geqq -\frac{p(D_e + e_n)}{4 \cdot e_n},$$
$$\sigma_{\vartheta_e} \geqq -\frac{p(D_e - 3e_n)}{4 \cdot e_n}. \qquad (35.6)$$

Alle Gleichungen gelten für nicht eingespannte Zylinder ohne zusätzliche Axialspannungen aus äußeren oder Lagerkräften.

Überlagerte Spannungen aus Druck- und Temperaturdifferenzen führen gemäß Gl. (35.5) bei entgegengerichteten Gefällen ($p_i > p_a$, $\vartheta_i < \vartheta_a$) zu großen Spannungsspitzen an der Innenfaser (ungünstig!), dagegen bei gleichgerichteten Gefällen zu gleichmäßigeren Spannungsverteilungen (prüfen, ob u. U. $\sigma_{v,a} > \sigma_{v,i}$).

Die Wärmespannungen nach Gl. (35.4) nehmen mit zunehmender Wanddicke bei konstanter Temperaturdifferenz $\vartheta_a - \vartheta_i$ zu. Bei vorgegebener Wärmemenge $\dot{Q}$ und Länge des Rohrs l_0 muss, wegen des zunehmenden Wärmeleitwiderstands, auch die Temperaturdifferenz mit der Wanddicke größer werden:

$$\vartheta_a - \vartheta_i = \frac{\dot{Q}}{2\pi l_0 \lambda}\ln\frac{D_e}{D_i}. \qquad (35.7)$$

Die Wärmespannungen steigen logarithmisch an, während die Druckspannungen abnehmen. Die summierten Vergleichsspannungen bilden ausgeprägte Minima, die sich bei zunehmenden Wärmespannungen zu kleineren Wanddicken verschieben.

35.3 Zylindrische Mäntel unter äußerem Überdruck

Die Wanddicke von Bauteilen unter äußerem Überdruck muss mindestens gleich der Wanddicke vergleichbarer Bauteile unter gleich hohem innerem Überdruck sein. Sie muss mindestens dem nach folgendem Verfahren ermittelten Wert entsprechen.

a) Für die ausgeführte Wanddicke e_a ist ein Wert zu schätzen und der Druck p_y, bei dem die mittlere Umfangsspannung einer Zylinderschale in der Mitte zwischen den Versteifungen die Fließgrenze erreicht, ist mit dem mittleren Radius der Zylinderschale R wie folgt zu berechnen:

$$p_y = \frac{\sigma_e \cdot e_a}{R}. \qquad (35.8)$$

b) Der theoretische elastische Beuldruck p_m bei Versagen einer perfekten Zylinderschale der Länge L wird in Abhängigkeit von dem Elastizitätsmodul E und der mittleren elastischen Dehnung in Umfangsrichtung bei Versagen ε berechnet:

$$p_m = \frac{E \cdot e_a \cdot \varepsilon}{R} \qquad (35.9)$$

mit

$$\varepsilon = \frac{1}{n_{cyl}^2 - 1 + \frac{Z^2}{2}} \cdot \left\{ \frac{1}{\left(\frac{n_{cyl}^2}{Z^2} + 1\right)^2} + \frac{e_a^2}{12R^2(1-\upsilon^2)} \cdot \left(n_{cyl}^2 - 1 + Z^2\right)^2 \right\}. \qquad (35.10a)$$

Tab. 35.2 Werte für p_r/p_y für Zylinderschalen nach DIN EN 13445–3

p_m/p_y	p_r/p_y	p_m/p_y	p_r/p_y
0	0	3,75	0,87
0,25	0,1245	4,0	0,879
0,50	0,2505	4,25	0,8865
0,75	0,573	4,5	0,8955
1,0	0,4995	4,75	0,9045
1,25	0,6045	5,0	0,9135
1,5	0,6795	5,25	0,9165
1,75	0,72	5,5	0,9225
2,0	0,7545	5,75	0,9285
2,25	0,78	6,0	0,9345
2,5	0,8025	6,25	0,9405
2,75	0,822	6,5	0,9465
3,0	0,8355	6,75	0,9525
3,25	0,849	$\geq 7,0$	0,9585
3,5	0,861		

Dabei sind

$$Z = \frac{\pi \cdot R}{L} \tag{35.10b}$$

υ die Querkontraktionszahl, L die ungestützte Schalenlänge und n_{cyl} die Anzahl der Beulwellen die beim Versagen des unversteiften Teils des Zylinders in Umfangsrichtung auftreten können (n_{cyl} ganzzahlig ≥ 2).

c) Das Verhältnis p_m/p_y ist zu berechnen, und das Verhältnis p_r/p_y aus Tab. 35.2 zu entnehmen.

d) Der Wert für den berechneten unteren Versagensdruck p_r ist aus p_r/p_y und p_y zu berechnen.

Der geforderte Auslegungsaußendruck P muss folgende Bedingung erfüllen:

$$P < p_r/S \,. \tag{35.10c}$$

Als Sicherheitsbeiwert S ist je nach Bedingung für die Auslegung 1,5 oder für die Prüfung 1,1 zu setzen.

35.4 Ebene Böden

Ebene Platten finden stets Verwendung, wenn die Drücke oder Druckdifferenzen klein sind oder wenn die Notwendigkeit besteht, dass die Trennfläche eben ist. Das ist bei Rohrbündelapparaten oder bei Deckeln von Hochdruckgefäßen bzw. -verschlüssen der Fall. Wo die Forderung der Ebenheit entfällt, ist zu prüfen, ob die Trenn- oder Abschlussfunktion von gewölbten Bauteilen übernommen werden kann. Diese erlauben eine günstigere Werkstoffausnutzung.

Als ebene, nicht gelochte Abschlüsse von Großbehältern oder -apparaten finden sich auch Anwendungen bis 8000 mm. Die Dicke der Böden schwankt zwischen wenigen Millimetern als Untergrenze (Membranboden) und rund 650 mm als Obergrenze bei Dampferzeugern für Kernkraftwerke. Neben der am häufigsten herangezogenen Kreisplatte werden auch rechteckige oder elliptische Platten, Kreisringplatten oder ebene, am Rande gekrempte Böden eingesetzt.

Ebene Wandungen können grundsätzlich unversteift oder durch Profile oder Zuganker versteift ausgeführt werden. Die Plattendicke kann in Richtung des Radius veränderlich sein.

Wanddicke verschweißter runder ebener Böden ohne Ausschnitt. Sie berechnen sich in Abhängigkeit von der Bodenform zu

a) Ebene Böden mit Ansatz (gekremte ebene Böden), Abb. 35.1a

$$e = C_1 \cdot D_{eq} \sqrt{\frac{p_c}{f}} \tag{35.11a}$$

mit den Beiwerten C_1, A_1 und B_1

$$C_1 = \max\left(0{,}40825 A_1 \frac{D_i + e_{eq}}{D_i};\; 0{,}299\left(1 + 1{,}7\frac{e_{eq}}{D_i}\right)\right), \tag{35.11b}$$

$$A_1 = B_1\left(1 - B_1 \frac{e_{eq}}{2\left(D_i + e_{eq}\right)}\right), \tag{35.11c}$$

$$B_1 = 1 - \frac{3f}{p_c}\left(\frac{e_{eq}}{D_i}\right)^2 + \frac{3}{16}\left(\frac{e_{eq}}{D_i}\right)^4 \frac{p_c}{f} - \frac{3}{4}\frac{\left(2D_i + e_{eq}\right)e_{eq}^2}{\left(D_i + e_{eq}\right)^3}\,. \tag{35.11d}$$

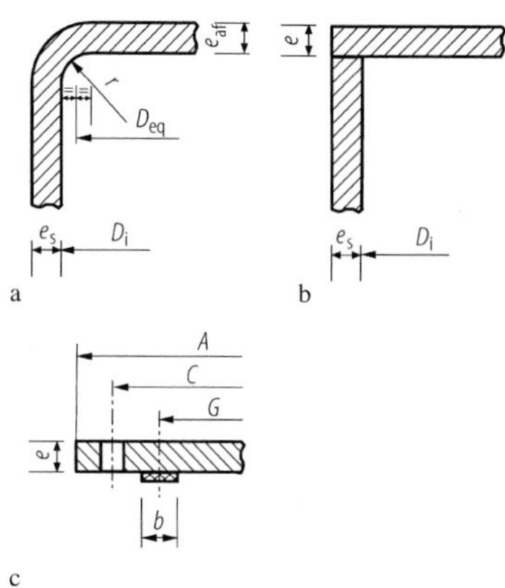

Abb. 35.1 Ebene Böden. **a** Boden mit Ansatz; **b** Kehlnahtverschweißter Boden; **c** verschraubter Boden

Dabei sind e_{eq} die äquivalente Wanddicke der Zylinderschale nahe am Boden, r der innere Übergangsradius eines Ansatzes und

$$D_{eq} = D_i - r . \tag{35.11e}$$

b) kehlnahtverschweißte ebene Böden, Abb. 35.1b

- bei normalen Betriebsbedingungen mit dem Beiwert C_2 nach Abb. 35.2

$$e = \max\left\{\left(C_1 \cdot D_i\sqrt{\frac{p_c}{f}}\right); \left(C_2 \cdot D_i\sqrt{\frac{p_c}{f_{min}}}\right)\right\} . \tag{35.11f}$$

Als Berechnungsnennspannung f_{min} ist die geringere der beiden Berechnungsnennspannungen des Bodens f oder der Schale f_s zu setzen.

$$f_{min} = \min\{f;\ f_s\} , \tag{35.11g}$$

- bei Prüfbedingungen

$$e = C_1 \cdot D_i\sqrt{\frac{p_{test}}{f_{test}}} . \tag{35.11h}$$

35.4.1 Wanddicke verschraubter runder ebener Böden ohne Ausschnitt, Abb. 35.1c

a) Böden mit innen liegender Dichtung

Die erforderliche Dicke des Bodens innerhalb der Dichtung e berechnet sich zu

$$e = \max\{e_A;\ e_P\} , \tag{35.11i}$$

$$e_A = \sqrt{\frac{3\,(C-G)}{\pi \cdot G}\left(\frac{W}{f_A}\right)} , \tag{35.11k}$$

$$e_P = \sqrt{\left[\frac{3\,(3+\upsilon)}{32}G^3 + 3\left(\frac{G}{4} + 2b \cdot m\right)(C-G)\right]\frac{p_c}{f}} . \tag{35.11l}$$

Hierin bedeuten C der Lochkreisdurchmesser, G der wirksame (mittlere) Dichtungsdurchmes-

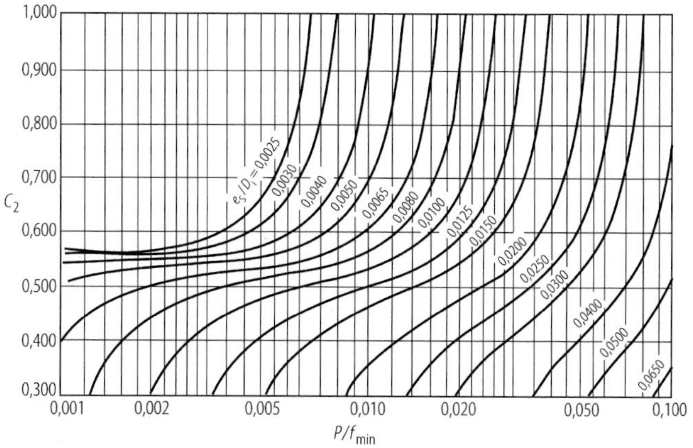

Abb. 35.2 Beiwert C_2

ser, m der Dichtungsbeiwert (nach Herstellerangaben oder DIN EN 13445-3, Anhang H), b die wirksame Dichtungsbreite, W die Schraubenkraft und υ die Querkontraktionszahl des Bodenwerkstoffs.

Die erforderliche Dicke des Flanschbereichs e berechnet sich zu

$$e = \max\{e_A;\ e_{Pl}\}\ , \qquad (35.11\text{m})$$

$$e_{Pl} = \sqrt{3\left(\frac{G}{4} + 2b \cdot m\right)(C - G)\sqrt{\frac{p_c}{f}}}\ . \qquad (35.11\text{n})$$

b) Böden mit durchgehender Dichtung

Die erforderliche Dicke des Bodens e berechnet sich zu

$$e = 0{,}41C\sqrt{\frac{p_c}{f}}\ . \qquad (35.11\text{o})$$

35.4.2 Wanddicke ebener Böden mit Ausschnitten

Die Wanddicke ebener verschweißter Böden e berechnet sich mit den Berechnungsbeiwerten Y_1, Y_2 zu

$$e = \max\left\{(Y_1 \cdot e_0)\,;\ \left(C_1 \cdot Y_2 \cdot D_i\sqrt{\frac{p_c}{f}}\right)\right\}\ , \qquad (35.11\text{p})$$

$$Y_1 = \min\left\{2;\ \sqrt[3]{\frac{j}{j-d}}\right\}\ , \qquad (35.11\text{q})$$

$$Y_2 = \sqrt{\frac{j}{j-d}} \qquad (35.11\text{r})$$

und die verschraubter ebener Böden zu

$$e = Y_2 \cdot e_0 \qquad (35.11\text{s})$$

mit e_0 als erforderliche Dicke des Bodens ohne Ausschnitt.

Der Größe j ist ein aus der Lage eines Ausschnitts ermittelter Faktor, der bei Böden mit einem Ausschnitt in Gl. (35.11q) gleich dem doppelten des Abstandes h und in Gl. (35.11r) gleich D_i ist. Bei Böden mit zwei Ausschnitten ist j gleich dem Abstand der Mittelpunkten zweier benachbarter Ausschnitte. Der Abstand vom Mittelpunkt des Ausschnittes zum Außenrand des Bodens wird mit h bezeichnet.

Bei Böden mit mehreren Ausschnitten ist jeder Ausschnitt als Einzelausschnitt und darüber hinaus jede mögliche Ausschnittpaarkombination zu berechnen.

35.5 Gewölbte Böden

Die Formen gewölbter Böden liegen zwischen dem ebenen Boden und dem Halbkugelboden als Grenzfälle. In Deutschland überwiegen torisphärische Böden, die sich aus einer Kugelkalotte (Radius R) und einer Krempe (Radius r) zusammensetzen, Abb. 35.3. Bekannte Bauformen sind Klöpperboden ($R = D_e$, $r = 0{,}1D_e$) und Korbbogenboden ($R = 0{,}8D_e$; $r = 0{,}154D_e$). Die Bordhöhen sollen bei Klöpperböden $3{,}5e$ und bei Korbbogenböden $3{,}0e$ nicht unterschreiten. Bei Böden, die aus einem Krempen- und einem Kalottenteil zusammengeschweißt werden, soll ein Mindestabstand x zwischen Verbindungsschweißnaht und Krempe eingehalten werden. Bei Klöpperböden ist $x = 3{,}5e$, bei Korbbogenböden $x = 3{,}0e$, mindestens jedoch 100 mm.

In angelsächsischen Ländern überwiegt die ellipsoidische Form, in der Regel mit einem Achsenverhältnis von 2 : 1. In allen Fällen gewährleisten gewölbte Böden eine bessere Werkstoffausnutzung als ebene Böden. Gegenüber Halbkugelböden bieten sie den Vorteil geringerer Bauhöhe und vielfach besserer Zugänglichkeit. Die Abmessungen bewegen sich zwischen 50 und 12 000 mm als Grenzfälle.

Die Verbindung von Böden mit anschließenden Bauteilen ist möglichst als Stumpfstoß aus-

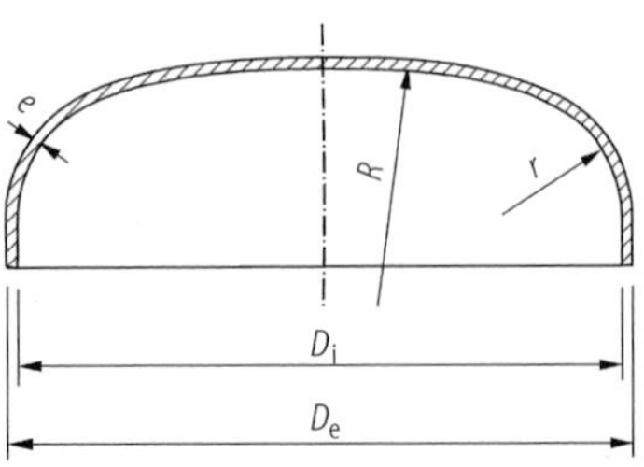

Abb. 35.3 Torisphärischer Boden

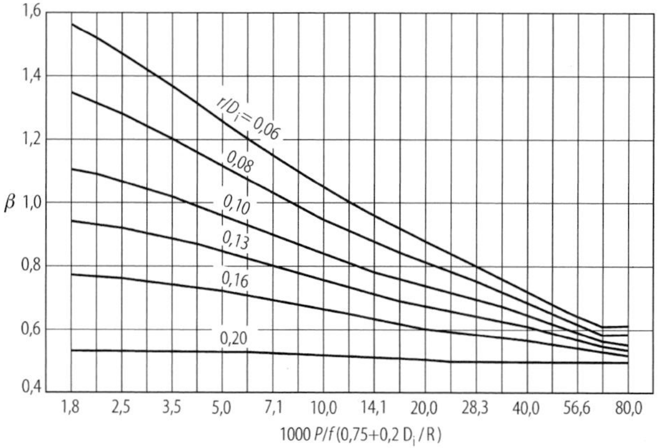

Abb. 35.4 Berechnungsbeiwert β

zuführen. Querschnittsübergänge sind konisch auszubilden.

Die Berechnungsregeln gelten für gewölbte Böden mit dem Kalottenradius $R \leq D_e$, dem Krempenradius $r \leq 0{,}2D_i$, $r \geq 0{,}06D_i$ bzw. $r \geq 2e$ und der erforderliche Wanddicke e des gewölbten Bodens $e \leq 0{,}08D_e$ und $e \geq 0{,}001D_e$.

Erforderliche Wanddicke. Halbkugelböden sind nach Gl. (35.12a) zu berechnen. Die Wanddicke des zylindrischen Bords bis zur Tangente muss mindestens der Wanddicke der Zylinderschale nach Gl. (35.2a) entsprechen.

$$e = \frac{p_c \cdot D_e}{4f \cdot z + p_c}, \tag{35.12a}$$

mit D_e Außendurchmesser, p_c Berechnungsdruck, f Berechnungsnennspannung, z Schweißnahtfaktor.

Die erforderliche Wanddicke torisphärischer Böden e ist gleich dem größten der folgenden Werte e_s, e_y, e_b.

$$e_s = \frac{p_c \cdot R}{2f \cdot z - 0{,}5p_c} \tag{35.12b}$$

$$e_y = \frac{\beta \cdot p_c \cdot (0{,}75R + 0{,}2D_i)}{f}, \tag{35.12c}$$

$$e_b = (0{,}75R + 0{,}2D_i)\left[\frac{p_c}{111 f_b}\left(\frac{D_i}{r}\right)^{0{,}825}\right]^{(1/1{,}5)} \tag{35.12d}$$

mit e_s erforderliche Wanddicke des Bodens zur Begrenzung der Membranspannung in der Mitte, e_y erforderliche Wanddicke der Krempe zur Verhinderung achssymmetrischen Fließens, e_b erforderliche Wanddicke der Krempe zur Verhinderung plastischen Beulens, f Berechnungsnennspannung, f_b Berechnungsnennspannung in der Beulgleichung, D_i Innendurchmesser des zylindrischen Bords.

Für alle Werkstoffe, ausgenommen kaltumgeformte nahtlose Böden aus austenitischem rostfreiem Stahl gilt:

$$f_b = f \tag{35.12e}$$

Für kaltumgeformte nahtlose Böden aus austenitischem rostfreiem Stahl gilt:

$$f_b = 1{,}6f \tag{35.12f}$$

Der Beiwert β wird nach Abb. 35.4 ermittelt.

Die erforderliche Wanddicke elliptischer Böden e gilt für Böden mit $1{,}7 < K < 2{,}2$ und $z = 1$. Sie wird äquivalent torisphärischer Böden berechnet, wobei gilt:

$$r = D_i\left(\frac{0{,}5}{K} - 0{,}08\right) \tag{35.12g}$$

und

$$R = D_i\,(0{,}44K + 0{,}02) \tag{35.12h}$$

und

$$K = \frac{D_i}{2h_i} \tag{35.12i}$$

h_i ist die Innenhöhe des gewölbten Teils des Bodens.

35.6 Ausschnitte

Schalen unter innerem Überdruck mit Ausschnitten müssen im Ausschnittbereich angemessen verstärkt werden, um die Verschwächung der Querschnittsfläche auszugleichen. Die Verstärkung kann durch eines oder eine Kombination der nachfolgenden Verfahren erfolgen:

a) erhöhen der Wanddicke der Schale gegenüber der erforderlichen Mindestdicke der unverschwächten Schale,
b) aufschweißen scheibenförmiger Verstärkungen,
c) einschweißen ringförmiger Verstärkungen,
d) erhöhen der Stutzenwanddicke über den für die Membranspannung geforderten Wert.

Die Abmessungen der zu verstärkenden Querschnittsfläche eines Ausschnitts müssen zunächst geschätzt werden. Mit Gl. (35.13a) wird nachgewiesen, dass die Reaktionskraft des Werkstoffs, die sich als Produkt aus der mittleren Membranspannung und allen spannungsbeanspruchten Querschnittsflächen des Werkstoffs A_f ergibt, größer oder gleich der Summe des Produkts von Druck und druckbeanspruchten Querschnittsflächen A_p ist (Abb. 35.5 und Abb. 35.6).

$$\begin{aligned}(A_{fs} + A_{fw})\,(f_s - 0{,}5p_c)\\ + A_{fp}\left(f_{op} - 0{,}5p_c\right)\\ + A_{fb}\,(f_{ob} - 0{,}5p_c)\\ \geq p_c\left(A_{ps} + A_{pb} + A_{p\varphi}\right)\end{aligned} \quad (35.13a)$$

Dabei ist:

$$f_{ob} = \min\,(f_s;\ f_b)\ , \quad (35.13b)$$

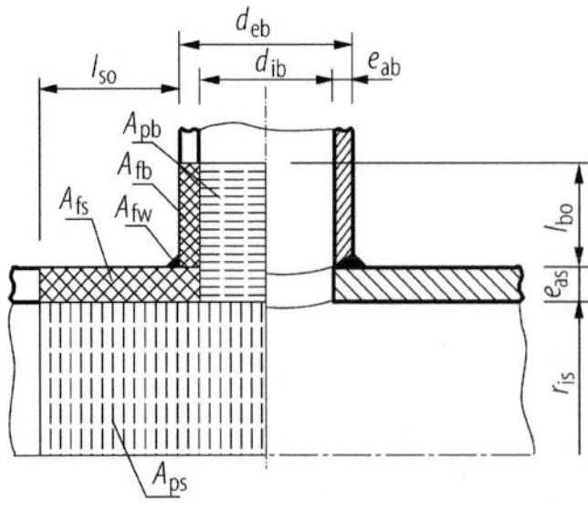

Abb. 35.5 Zylinderschale mit Einzelausschnitt

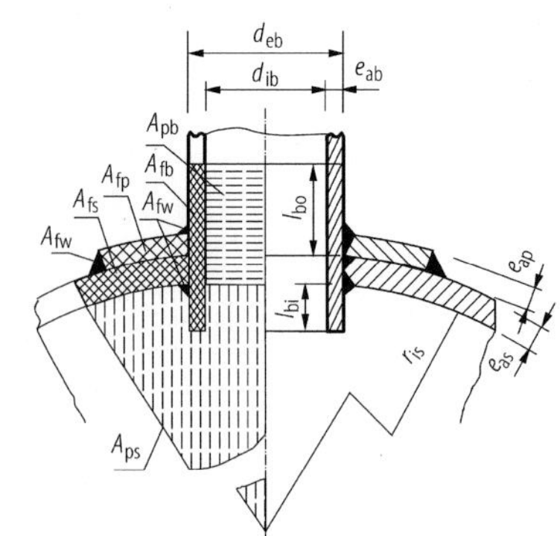

Abb. 35.6 Kugelschale oder gewölbter Boden mit Einzelausschnitt

$$f_{op} = \min\left(f_s;\ f_p\right)\ . \quad (35.13c)$$

35.6.1 Spannungsbeanspruchte Querschnitte

- Effektive Querschnittsfläche der Schale A_{fs} mit der berechneten Wanddicke $e_{a,\,s}$ und der angenommenen Wanddicke der Schale $e_{c,\,s}$, der zur Ausschnittverstärkung anrechenbaren maximalen Länge einer Schale l_{so} und der konstruktiven Länge der Schale vom Rand eines Ausschnitts bis zu einer Störstelle der Schale l_s.

$$A_{fs} = e_{c,\,s} \cdot l'_s\ , \quad (35.14a)$$

$$l'_s = \min\,\{l_{so};\ l_s\} \quad (35.14b)$$

$$l_{so} = \sqrt{(2r_{is} + e_{c,\,s})\,e_{c,\,s}}\ . \quad (35.14c)$$

- effektive Querschnittsfläche der Verstärkungsscheibe A_{fp} mit der mittragenden Wanddicke einer Verstärkungsscheibe e_p und der Breite einer Scheibe l_p

$$A_{fp} = e_p \cdot l'_p\ ,$$

$$l'_p = \min\left\{l_{so};\ l_p\right\}\ , \quad (35.14e)$$

$$e_p = \min\left\{e_{a,\,p};\ e_{a,\,s}\right\}\ , \quad (35.14f)$$

$$e_{a,\,p} \leq 1{,}5e_{a,\,s}\ . \quad (35.14g)$$

Tab. 35.3 Krümmungsradius r_{is}

	Zylinder- oder Kugelschalen	Halbkugelförmige oder torisphärische Böden	Elliptische Böden	Kegelschalen
r_{is}	$\frac{D_e}{2} - e_{a,s}$	R	$\frac{0{,}44 D_i}{2h_i} + 0{,}02 D_i$	$\frac{D_e}{2\cos\alpha} - e_{a,s}$

r_{is} – innerer Krümmungsradius der Schale im Ausschnittmittelpunkt nach Tab. 3
$e_{a,s}$ – Berechnungswanddicke der Schale
D_i – Innendurchmesser des zylindrischen Bords
D_e – Außendurchmesser der Schale im Ausschnittmittelpunkt
h_i – Innenhöhe eines elliptischen Bodens ohne Bordhöhe

- effektive Querschnittsfläche des Stutzens A_{fp} mit der mittragenden Wanddicke eines Stutzens zur Verstärkungsberechnung e_b, der aus der Schale herausragenden mittragenden Länge eines Stutzens zur Verstärkungsberechnung l'_b, der in die Schale hineinragenden mittragenden Länge eines Stutzens zur Verstärkungsberechnung l'_{bi} und der Einstecktiefe eines Stutzen in die Schalenwand bei nicht vollständig durchgestecktem Einschweißstutzen e'_s.

$$A_{fb} = e_b \cdot \left(l'_b + l'_{bi} + e'_s\right) , \tag{35.14h}$$

$$l'_b = \min\{l_{bo};\, l_b\} , \tag{35.14i}$$

$$l_{bo} = \sqrt{(d_{eb} - e_b)\, e_b} , \tag{35.14k}$$

$$l'_{bi} = \min\{0{,}5 l_{bo};\, l_{bi}\} \tag{35.14l}$$

mit l_b aus der Schale herausragende Länge eines Stutzens; siehe Abb. 35.5 und Abb. 35.6.

35.6.2 Druckbeanspruchte Querschnittsflächen A_p

- Drucktragende Fläche der Schale A_{ps}

$$A_{ps} = A_s + 0{,}5d \cdot e_{a,s} + 0{,}5d_i \cdot e_p . \tag{35.15a}$$

Für Zylinderschalen in Längsrichtung mit dem inneren Krümmungsradius der Schale im Ausschnittmittelpunkt r_{is} und dem Durchmesser eines Ausschnitts d gilt für die Teilfläche A_s:

$$A_s = r_{is}\left(l'_s + 0{,}5d\right) . \tag{35.15b}$$

Für Kegelschalen in Längsrichtung gilt:

$$A_s = 0{,}5\left(l'_s + a\right) \cdot \left(r_{is} + \left(r_{is} + \left(l'_s + a\right)\tan\alpha\right)\right) . \tag{35.15c}$$

Hierin sind a der Abstand zwischen dem Ausschnittmittelpunkt und der Außenkante eines Stutzens, gemessen am mittleren Krümmungsradius der Schale und α der halbe Öffnungswinkel der Kegelschale.

Für gewölbte Böden oder Kugelschalen in jeder Schnittrichtung und für Zylinderschalen in Querrichtung mit dem mittleren Krümmungsradius der Schale im Ausschnittmittelpunkt r_{ms} gilt:

$$A_s = 0{,}5 r_{is}^2 \frac{l'_s + r_{ms} \cdot \arcsin\left(\frac{d}{2r_{ms}}\right)}{0{,}5 e_{a,s} + r_{is}} \tag{35.15d}$$

mit

$$r_{ms} = r_{is} + 0{,}5 e_{a,s} . \tag{35.15e}$$

- Drucktragende Fläche A_{pb} eines Stutzens mit dem Innendurchmesser d_{ib}

$$A_{pb} = 0{,}5 d_{ib}\left(l'_b + e_{a,s}\right) . \tag{35.15f}$$

- Zusätzliche druckbeanspruchte Fläche A_{pj} aufgrund der Schrägstellung φ eines Stutzens

$$A_{p\varphi} = \frac{d_{ib}^2}{2}\tan\varphi . \tag{35.15g}$$

Eine gegenseitige Beeinflussung zweier Ausschnitte kann vernachlässigt werden, wenn folgende Bedingung erfüllt ist:

$$L_b \geq a_1 + a_2 + l_{so1} + l_{so2} \tag{35.15h}$$

mit L_b Mittelpunktabstand zwischen zwei Ausschnitten oder Stutzen, gemessen am mittleren Krümmungsradius der Schale, a_1 Abstand zwischen dem Ausschnittmittelpunkt und der Außenkante eines Stutzens, gemessen am mittleren Krümmungsradius der Schale für Stutzen 1, a_2 Abstand zwischen dem Ausschnittmittelpunkt und der Außenkante eines Stutzens, gemessen am mittleren Krümmungsradius der Schale für Stutzen 2, l_{so1} zur Ausschnittverstärkung anrechenbare maximale Länge einer Schale nach Gl. (35.14c), l_{so2} zur Ausschnittverstärkung anrechenbare maximale Länge einer Schale nach Gl. (35.14c).

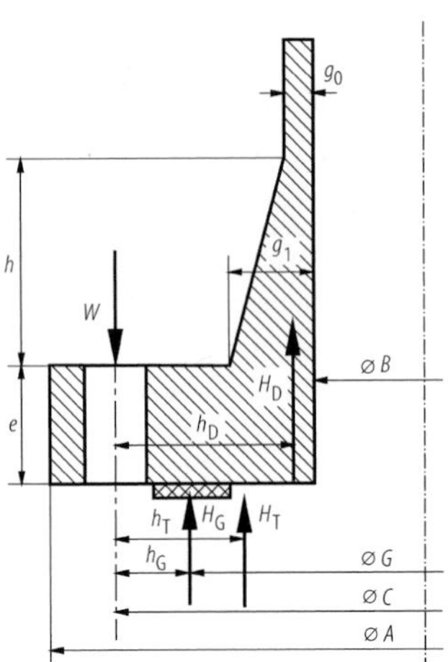

Abb. 35.7 Kräfte am Vorschweißflansch

35.7 Flanschverbindungen

35.7.1 Schrauben

Dehnschrauben sollen bei Betriebstemperaturen über 300 °C oder Betriebsdrücken über 40 bar verwendet werden. Dabei werden als Dehnschrauben nur solche Schrauben bewertet, deren Schaftdurchmesser oder deren Maße DIN 2510 entsprechen. Schrauben mit durchgehendem Gewinde gelten hinsichtlich ihrer Bewertung als Starrschrauben. Schrauben unter M 10 sollten möglichst nicht verwendet werden. Es müssen mindestens vier Schrauben pro Flanschverbindung verwendet werden [6, 7].

Flansche, die einer DIN EN-Norm für Rohrleitungsflansche entsprechen, können ohne weitere Berechnung für Druckbehälter verwendet werden, wenn sie sämtliche nachstehende Bedingungen erfüllen.

- Unter normalen Betriebsbedingungen liegt der Berechnungsdruck unter dem in den Tabellen der einschlägigen DIN EN-Norm angegebenen Nenndruck für Flansch und Werkstoff bei Berechnungstemperatur.
- Unter Prüfbedingungen oder außergewöhnlichen Belastungen überschreitet der Berechnungsdruck nicht das 1,5fache des in den genannten Tabellen angegebenen Nenndrucks bei der entsprechenden Temperatur.
- Die Dichtung ist nach Tab. 35.4 für den Flansch der betreffenden PN-Reihe oder Klasse zugelassen.
- Die Schrauben gehören mindestens zu der Festigkeitskategorie (Tab. 35.5), die als Mindestforderung nach Tab. 35.4 für den in der Flanschverbindung verwendeten Dichtungstyp festgelegt ist.
- Der Behälter ist überwiegend nichtzyklischen Belastungen ausgesetzt.
- Die Differenz zwischen mittlerer Temperatur von Schrauben und Flansch überschreitet unter keinen Bedingungen 50 °C.
- Die Wärmeausdehnungskoeffizienten von Schrauben- und Flanschwerkstoff bei 20 °C differieren um mehr als 10 % (z. B. Flansche aus austenitischem und Schrauben aus ferritischem Stahl), die Betriebstemperatur beträgt jedoch maximal 120 °C, oder die Wärmeausdehnungskoeffizienten von Schrauben- und Flanschwerkstoff bei 20 °C differieren um maximal 10 %.

Belastungsverhältnisse. Nach Abb. 35.7 greifen am Flansch mit innen liegender Dichtung folgende Kräfte an: Rohrlängskraft H_D, Kraft durch Innendruck auf den Kreisringquerschnitt an der Flanschdichtfläche H_T, Dichtungskraft H_G und Schraubenkraft W, die den vorstehenden Kräften das Gleichgewicht halten muss. Die infolge eines Biegemoments in anschließenden Rohrleitungen

Tab. 35.4 Dichtungen für Standardflansche nach DIN EN 13445–3

PN-Reihen [a]	Klasse [a]	Dichtungstyp	Erforderliche Schraubenfestigkeitkategorie
2,5 bis 16	–	Weichstoff-Flachdichtung mit oder ohne Ummantelung	geringe Festigkeit
25	150	Weichstoff-Flachdichtung mit oder ohne Ummantelung	geringe Festigkeit
		Spiral-Metalldichtung mit Füllstoff	mittlere Festigkeit
		Ummantelte Wellmetalldichtung mit Füllstoff	
		Wellmetalldichtung mit oder ohne Füllstoff	
40	–	Weichstoff-Flachdichtung mit oder ohne Ummantelung	geringe Festigkeit
		Spiral-Metalldichtung mit Füllstoff	mittlere Festigkeit
		Ummantelte Wellmetalldichtung mit Füllstoff	
		Wellmetalldichtung mit oder ohne Füllstoff	
		Ummantelte Wellmetalldichtung mit Füllstoff	hohe Festigkeit
		Metall-Kammprofil- oder -Flachdichtung	
63	300	Weichstoff-Flachdichtung mit oder ohne Ummantelung	geringe Festigkeit
		Spiral-Metalldichtung mit Füllstoff	mittlere Festigkeit
		Ummantelte Wellmetalldichtung mit Füllstoff	
		Wellmetalldichtung mit oder ohne Füllstoff	
		Ummantelte Wellmetalldichtung mit Füllstoff	hohe Festigkeit
		Metall-Kammprofil- oder -Flachdichtung	
		Metall-Runddichtung	
100	600	Weichstoff-Flachdichtung mit oder ohne Ummantelung	mittlere Festigkeit
		Spiral-Metalldichtung mit Füllstoff	
		Ummantelte Wellmetalldichtung mit Füllstoff	
		Wellmetalldichtung mit oder ohne Füllstoff	
		Ummantelte Metallflachdichtung mit Füllstoff	hohe Festigkeit
		Metall-Kammprofil- oder -Flachdichtung	
		Metall-Runddichtung	

[a] Die PN- bzw. Klassenagaben in dieser Tabelle beschränken sich auf die in den EN-Normen für Stahlflansche aufgeführten Flansche bis PN 100 bzw. Klasse 600

Tab. 35.5 Schraubenfestigkeitskategorien nach DIN EN 13445–3

	geringe Festigkeit	mittlere Festigkeit	hohe Festigkeit
$R_{p,\text{Schraube}}/R_{p,\text{Flansch}}$	≥ 1	$\geq 1{,}4$	$\geq 2{,}5$

Anmerkung: R_p ist für nichtaustenitische Stähle gleich $R_{p0,2}$ und für austenitische Stähle gleich $R_{p0,1}$.

auftretenden Kräfte werden üblicherweise nicht berücksichtigt. Die Schraubenkräfte und Schraubenquerschnitte sind für den Einbauzustand vor Druckaufgabe und für den Betriebszustand zu ermitteln. Es kann erforderlich sein, die Berechnung auch für mehr als einen Betriebszustand durchzuführen.

$$W_A = \pi \cdot b \cdot G \cdot y \qquad (35.16a)$$

mit W_A erforderliche Schraubenkraft für den Einbauzustand, b Wirkbreite der Dichtung, G Durchmesser der wirksamen Dichtungsfläche, y Setzdruck von Dichtung oder Verbindung nach Herstellerangaben oder DIN EN 13445–3, Anhang H.

Die erforderliche Schraubenkraft im Betriebszustand W_{op} setzt sich aus der Innendruckkraft H und der Kraft an der Dichtung zur Gewährleistung der Dichtheit der Verbindung H_G zusammen.

$$W_{op} = H + H_G\,. \qquad (35.16b)$$

Die Wirkbreite der Dichtung oder Verbindung b wird in Abhängigkeit von der konstruktiv festgelegten Breite der Dichtung w, die durch Dichtungsbreite und Flanschdichtfläche begrenzt wird, angenommen. Für Flansche, außer Flansche mit Ringnut, ist die theoretische Sitzbreite der Dichtung b_o

$$b_o = \frac{w}{2} \tag{35.16c}$$

und für Flansche mit Ringnut

$$b_o = \frac{w}{8}\,. \tag{35.16d}$$

Für $b_o \leq 6{,}3\,\mathrm{mm}$ gilt:

$$b = b_o \tag{35.16e}$$

mit G = mittlerer Durchmesser der Dichtungsauflagefläche.

Für $b_o > 6{,}3\,\mathrm{mm}$ gilt:

$$b = 2{,}52\sqrt{b_o} \tag{35.16f}$$

mit G = Außendurchmesser der Dichtungsauflagefläche minus $2b$.

Der Gesamtwert der Innendruckkraft H und die Kraft an der Dichtung zur Gewährleistung der Dichtheit der Verbindung H_G berechnen sich zu

$$H = \frac{\pi}{4} G^2 \cdot P\,, \tag{35.16g}$$

$$H_G = 2\pi \cdot G \cdot m \cdot P \tag{35.16h}$$

mit P Berechnungsdruck (äußerer Überdruck), m Dichtungsbeiwert nach Herstellerangaben oder DIN EN 13445–3, Anhang H.

Die erforderliche Gesamtquerschnittsfläche aller Schrauben $A_{B,\,min}$ wird wie folgt berechnet:

$$A_{B,\,min} = \max\left(\frac{W_A}{f_{B,\,A}};\ \frac{W_{op}}{f_B}\right). \tag{35.16i}$$

Sowohl für die Montage als auch für den Betrieb gelten im Hinblick auf die Festlegung der Berechnungsnennspannungen bei Montagetemperatur $f_{B,\,A}$ bzw. bei Betriebstemperatur f_B

- für Kohlenstoffstähle und andere nichtaustenitische Stähle der kleinere Wert von $R_{p\,0{,}2}/3$ bei Auslegungstemperatur und $R_m/4$ bei Umgebungstemperatur,
- für austenitische nichtrostende Stähle $R_m/4$ bei Auslegungstemperatur.

Für Prüfbedingungen und außergewöhnliche Betriebsbedingungen können die Werte der zulässigen Spannung mit dem Faktor 1,5 multipliziert werden.

Die Schraubenfestigkeitskategorien sind in Abhängigkeit von den Dichtungen und dem Flanschwerkstoff für die PN-Reihen nach Tab. 35.4 und Tab. 35.5 festzulegen.

Die Gesamtkernquerschnittsfläche der Schrauben im kleinsten Durchmesser A_B muss größer oder gleich $A_{B,\,min}$ sein.

Der Gewindekerndurchmesser d_{Be} einer Starrschraube bzw. der Schaftdurchmesser d_{Bs} einer Dehnschraube in einer Verbindung mit n Schrauben ist

$$d_{Be} \text{ bzw. } d_{Bs} = \sqrt{\frac{4A_{B,\,min}}{\pi \cdot n}} + c\,. \tag{35.16k}$$

Als Konstruktionszuschlag c für den Betriebszustand kann bei Starrschrauben $c = 3\,\mathrm{mm}$ bis M 24 und $c = 1\,\mathrm{mm}$ ab M 52 oder entsprechendem Gewindekerndurchmesser eingesetzt werden. Im Zwischenbereich ist linear zu interpolieren, bei Dehnschrauben ist $c = 0$ zu setzen (s. Tab. 35.7).

35.7.2 Flansche

Die vom Flansch aufzunehmende Schraubenkraft (s. Abb. 35.7) ist für die unterschiedlichen Belastungszustände nach Abschn. 35.7.1 zu ermitteln.

Die Schwächung des Flanschs durch die Schraubenlöcher wird in der Rechnung durch einen Korrekturfaktor C_F in Abhängigkeit vom Schraubenaußendurchmesser δ_b, Abstand zwischen den Mittellinien benachbarter Schrauben d_b, Dichtungsbeiwert m und der erforderliche Flanschdicke e berücksichtigt:

$$C_F = \max\left\{\sqrt{\frac{\delta_b}{2d_b + \frac{6e}{m+0{,}5}}};\ 1\right\}. \tag{35.17a}$$

Die berechneten Spannungen am Flansch in radialer σ_r und tangentialer Richtung Θ_Q sowie im Ansatz σ_H dürfen folgende Grenzwerte f und f_H nach Tab. 35.1 nicht überschreiten:

$$k \cdot \sigma_H \leq 1{,}5\ \min\{f;\ f_H\}\,, \tag{35.17b}$$

$$k \cdot \sigma_r \leq f\ , \qquad (35.17c)$$

$$k \cdot \sigma_\Theta \leq f\ , \qquad (35.17d)$$

$$0{,}5k\,(\sigma_H + \sigma_r) \leq f\ , \qquad (35.17e)$$

$$0{,}5k\,(\sigma_H + \sigma_\Theta) \leq f\ . \qquad (35.17f)$$

Der Spannungsbeiwert k beträgt in Abhängigkeit vom Flanschinnendurchmesser B $k = 1{,}0$ für $B \leq 1000$ mm und $k = 1{,}333$ für $B \geq 2000$ mm. Zwischenwerte sind wie folgt zu berechnen:

$$k = \frac{2}{3}\left(1 + \frac{B}{2000}\right)\ . \qquad (35.17g)$$

Die Spannungen am Flansch werden aus dem Flanschmoment M berechnet.

Für den Einbauzustand ist

$$M = M_A \frac{C_F}{B}\ . \qquad (35.17h)$$

Für den Betriebszustand ist

$$M = M_{op} \frac{C_F}{B}\ . \qquad (35.17i)$$

Die Gesamtmomente M_A und M_{op} werden wie folgt berechnet:

a) Einbauzustand

$$M_A = W \cdot h_G\ , \qquad (35.17k)$$

$$W = 0{,}5\,(A_{B,\min} + A_B)\,f_{B,A} \qquad (35.17l)$$

mit W Auslegungsschraubenlast für den Montagezustand, $f_{B,A}$ Berechnungsnennspannung der Schrauben bei Montagetemperatur.

b) Betriebszustand

$$M_{op} = H_D \cdot h_D + H_T \cdot h_T + H_G \cdot h_G\ . \qquad (35.17m)$$

35.7.2.1 Festflansch mit innen liegender Dichtung unter Innendruck (s. Abb. 35.7)

Die Längsspannung im Ansatz σ_H ist

$$\sigma_H = \frac{\varphi \cdot M}{\lambda \cdot g_1^2} \qquad (35.18a)$$

mit dem Beiwert λ

$$\lambda = \frac{e \cdot \beta_F + l_0}{\beta_T \cdot l_0} + \frac{e^3 \cdot \beta_V}{\beta_u \cdot l_0 \cdot g_0^2} \qquad (35.18b)$$

und den Beiwerten nach Abb. 35.8, Abb. 35.9, Abb. 35.10.

Der Beiwert β_T berechnet sich zu:

$$\beta_T = \frac{K^2\,(1 + 8{,}55246 \log_{10}(K)) - 1}{(1{,}0472 + 1{,}9448K^2)\,(K - 1)}\ . \qquad (35.18c)$$

Mit dem Flanschaußendurchmesser A werden das Verhältnis K zu

$$K = \frac{A}{B} \qquad (35.18d)$$

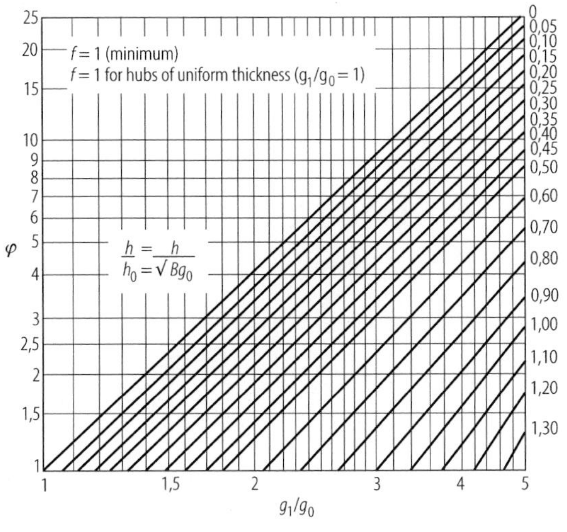

Abb. 35.8 Korrekturbeiwert φ

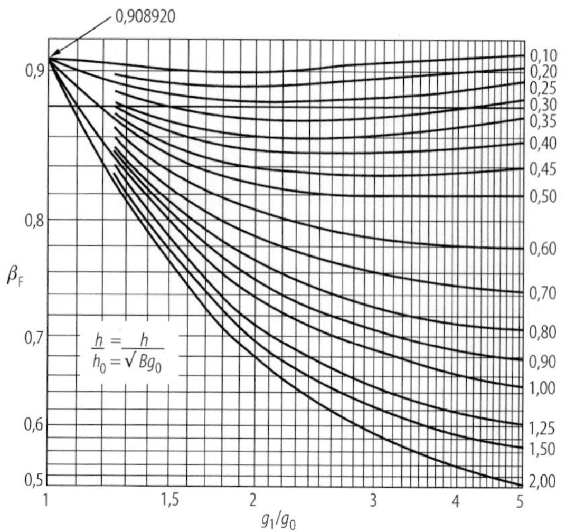

Abb. 35.9 Beiwert β_F

und der Längenparameter l_0 zu

$$l_0 = \sqrt{B \cdot g_0} \tag{35.18e}$$

berechnet. Die Radialspannung im Flansch σ_r beträgt

$$\sigma_r = \frac{(1{,}333e \cdot \beta_F + l_0)\, M}{\lambda \cdot e^2 \cdot l_0} . \tag{35.18f}$$

Die Tangentialspannung im Flansch σ_Θ beträgt

$$\sigma_\Theta = \frac{\beta_Y \cdot M}{e^2} - \sigma_r \frac{K^2 + 1}{K^2 - 1} \tag{35.18g}$$

mit

$$\beta_Y = \frac{1}{K - 1} \cdot \left(0{,}66845 + 5{,}7169 \frac{K^2 \log_{10}(K)}{K^2 - 1}\right) . \tag{35.18h}$$

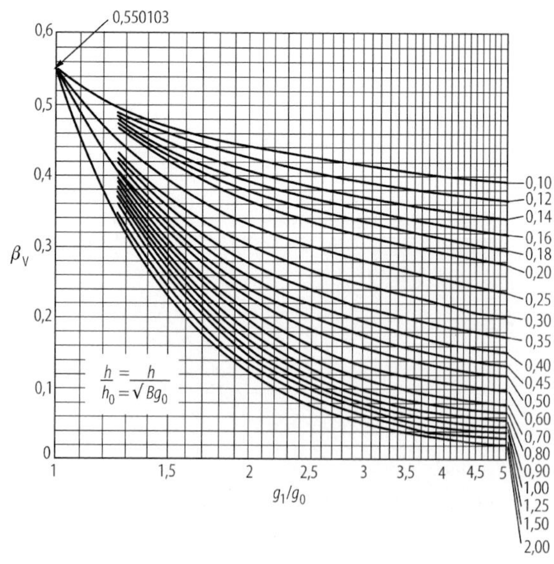

Abb. 35.10 Beiwert β_V

35.7.2.2 Losflansch mit innen liegender Dichtung unter Innendruck

Für die Losflanschverbindung (Abb. 35.11) sind die Radialspannungen im Flansch σ_r und die Längsbeanspruchung im Ansatz σ_H gleich Null.

Die Tangentialspannung im Flansch wird wie folgt berechnet:

$$\sigma_\Theta = \frac{\beta_Y \cdot M}{e^2} . \qquad (35.19a)$$

Der für sämtliche Lastkomponenten einwirkende Hebelarm ist als h_L anzunehmen. Es gilt

$$h_L = \frac{(C - G_1)}{2} \qquad (35.19b)$$

mit dem Schraubenlochkreisdurchmesser C und dem angenommenen Durchmesser der Belastungsreaktion zwischen Losflansch und Bund G_1.

$$G_1 = \frac{(A_2 + B_2)}{2} \qquad (35.19c)$$

$$M_{op} = W_{op} \cdot h_L \qquad (35.19d)$$

$$M_A = W \cdot h_L . \qquad (35.19e)$$

Für das Flanschmoment M gelten die Gln. (35.17h) und (35.17i). Die Spannung σ_b an der Kontaktfläche A_c wird für den Montagezustand und die Betriebsbedingungen wie folgt ermittelt:

$$\sigma_b = \frac{W_{op}}{A_c} , \qquad (35.19f)$$

$$\sigma_b = \frac{W}{A_c} . \qquad (35.19g)$$

Die Kontaktfläche A_c ergibt sich nach Gleichung (35.19h) aus dem Außendurchmesser der Kontaktfläche zwischen Losflansch und Bund A_2 und dem Innendurchmesser der Kontaktfläche zwischen Losflansch und Bund B_2.

$$A_c = \frac{\pi}{2} \min\left\{A_2^2 - G_1^2;\ G_1^2 - B_2^2\right\} . \qquad (35.19h)$$

Die Spannung an der Überlappung σ_b darf das 1,5-fache des niedrigeren der zulässigen Spannungswerte von Losflansch und Bund nicht überschreiten.

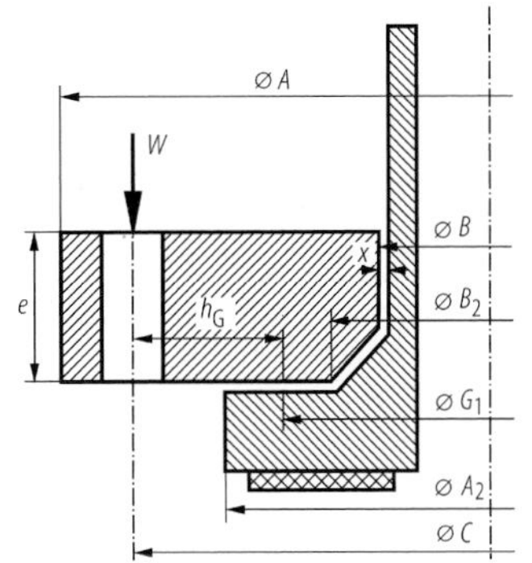

Abb. 35.11 Losflansch

35.7.2.3 Flansche mit innen liegender Dichtung unter Außendruck

Flansche, die sowohl durch Innen- als auch durch Außendruck beansprucht werden, müssen auch für beide Zustände berechnet werden. Der Außendruck kann vernachlässigt werden, wenn der Berechnungsaußendruck P_e kleiner als der Berechnungsinnendruck P ist. Die Berechnung der Flansche unter Außendruck erfolgt analog der Berechnung unter Innendruck mit folgenden Abweichungen:

a) P wird durch P_e ersetzt; P Berechnungsinnendruck, P_e Berechnungsaußendruck.

b)

$$M_{op} = H_D\,(h_D - h_G) + H_T\,(h_T - h_G) , \qquad (35.20a)$$

$$h_D = (C - B)/2 , \qquad (35.20b)$$

$$h_T = (2C - B - G)/4 , \qquad (35.20c)$$

$$h_G = (C - G)/2 . \qquad (35.20d)$$

c)

$$W_{op} = 0 . \qquad (35.20e)$$

35.8 Rohrleitungen

35.8.1 Rohrdurchmesser

Der innere Rohrdurchmesser d ergibt sich aus der Kontinuitätsgleichung mit dem Volumenstrom $\dot{V}$ und dem Rohrquerschnitt bei gewählter Strömungsgeschwindigkeit υ zu $d = \sqrt{4\dot{V}/(\upsilon)}$. Bei vorgegebenem $\dot{V}$ ist $\pi\upsilon$ so zu wählen, dass die Rohrleitungs- und Betriebskosten niedrig sind und d den genormten Werten entspricht. Großes v bedeutet kleinen Rohrdurchmesser, kleine Armaturen, geringen Aufwand für Isolierung und Anstrich, andererseits hohe Druckverluste (größerer Aufwand für Pumpen, höhere Betriebskosten) und höheren Geräuschpegel.

Wirtschaftlicher Rohrdurchmesser ergibt sich aus geringster Summe von Anlage- und Betriebskosten unter Berücksichtigung des Anlage-Ausnutzungsgrads (= Betriebszeit / (Betriebszeit + Stillstandszeit)).

Richtwerte für Geschwindigkeiten in [8, 9] und Tab. 35.8.

35.8.2 Strömungsverluste

Bei inkompressiblen Fluiden entstehen Druckverluste, bei kompressiblen Fluiden (Gasen) Druckverluste, Volumenvergrößerungen und Beschleunigungen. Der Wärmeaustausch mit der Umgebung ist abhängig von der Isolierung.

Druckverluste setzen sich zusammen aus den Verlusten in geraden Rohrstücken, in Formstücken und Armaturen (Einzelwiderstände). Ausführliche Berechnungsunterlagen s. Bd. 1, Abschn. 17.2 und [10]. Druckverluste in Stahlrohren s. Abb. 35.39 [11], in Armaturen s. Abschn. 35.9.1 und Abb. 35.40.

35.8.3 Rohrarten, Normen, Werkstoffe

35.8.3.1 Allgemeines

Wichtige Normen und Vorschriften für den Rohrleitungsbau: DIN EN 1333 Rohrleitungsteile – Definition und Auswahl von PN. – DIN EN ISO 6708 Rohrleitungsteile – Definition und Auswahl von DN (Nennweite). – DIN 2408 T 1 u. T 2 Rohrleitungen verfahrenstechnischer Anlagen; Planungs- und Ausführungsunterlagen. – DIN 2410 T1–T3 Übersicht über Rohrarten. – DIN EN 13480–3 Metallische industrielle Rohrleitungen – Teil 3: Konstruktion und Berechnung. – DIN EN 805 Wasserversorgung – Anforderungen an Wasserversorgungssysteme und deren Bauteile außerhalb von Gebäuden. DIN 4279 T 2 bis T 10 Innendruckprüfung von Druckrohrleitungen für Wasser; verschiedene Werkstoffe (außer Stahl). – ISO 4200 Nahtlose und geschweißte Rohre; Übersicht über Maße. – EU-Richtlinie für Druckgeräte 97/23/EG v. 29. Mai 1997. – Vd-TÜV Merkblätter über verschiedene Prüfverfahren an Rohrleitungsanlagen. Maximilian-Verlag, Herford. – DVGW Arbeitsblätter für den Rohrleitungsbau im Gas- und Wasserfach. ZfGW-Verlag, Frankfurt a. M.

Für genormte Bauteile von Rohrleitungssystemen, die das PN-Kenngrößensystem verwenden, gilt der Begriff PN.

PN ist eine alphanumerische Kenngröße für Referenzzwecke, bezogen auf eine Kombination von mechanischen und maßlichen Eigenschaften eines Bauteils eines Rohrleitungssystems. Die Zahl hinter den Buchstaben PN ist kein messbarer Wert.

Der zulässige Druck eines Rohrleitungsteils hängt von der PN-Stufe, dem Werkstoff und der Auslegung des Bauteils, der zulässigen Temperatur usw. ab.

Alle Bauteile mit gleichen PN- und DN-Stufen sollen gleiche Anschlussmaße für kompatible Flanschtypen haben.

Die PN-Stufen müssen ausgewählt werden aus:

PN 2,5	PN 6	PN 10	PN 16	PN 25	PN 40	PN 63	PN 100

Nennweite DN ist die Kenngröße (kennzeichnendes Merkmal) für zueinander passende Teile, z. B. Rohre mit Formstücken oder mit Armaturen. Die Nennweite DN wird ohne Einheit angegeben; sie stimmt etwa mit der lichten Weite in mm überein.

35.8.3.2 Rohre aus Stahl

Allgemeine Angaben über geschweißte Rohre aus unlegierten Stählen DIN 1626: Handelsgüte: für allgemeine Anforderungen bei Leitungen und Behältern sowie im Apparatebau. Bis 120 °C: für Flüssigkeiten bis 25 bar, für Luft und ungefährliche Gase bis 10 bar Betriebsdruck; bis 180 °C: für Sattdampf bis 10 bar. Werkstoffe: St 33, USt 37.0, St. 37.0, St. 44,0, St. 52,0. Mit Gütevorschriften: für höhere Anforderungen, geeignet zum Biegen, Bördeln u. Ä.; bis 120 °C: bis 64 bar, über 120 bis 300 °C auch bis 64 bar Betriebsdruck, wenn Wandtemperatur in °C multipliziert mit Betriebsdruck in bar $\leqq 7200$; mit besonderem Abnahmezeugnis ohne vorgeschriebene Begrenzung. Besonders geprüfte Rohre mit Gütevorschriften: für besonders hohe Anforderungen; bis 300 °C ohne vorgeschriebene Begrenzung des Betriebsdrucks. Allgemeine Angaben über *nahtlose Rohre* aus unlegierten Stählen DIN 1629: Anwendungsbereiche und Werkstoffe ähnlich DIN 1626.

Präzisionsstahlrohre: nahtlos (DIN 2391, für alle Drücke, 4 bis 120 mm Außendurchmesser), geschweißt (DIN 2393, für alle Drücke, 4 bis 120 mm Außendurchmesser), geschweißt und maßgewalzt (DIN 2394, bis PN 100, 6 bis 120 mm Außendurchmesser) für Verwendungszwecke mit großer Genauigkeit, besonders Oberflächenbeschaffenheit, geringe Wanddicken. Bezeichnung und Werkstoff: Rohr 30 × 2 DIN 2391 St 52 zugblank, weich, hart, weich geglüht usw.

Gewinderohre, nahtlos oder geschweißt, mittelschwer (DIN 2440) und schwer (DIN 2441) aus St 33.

Nahtlose Stahlrohre (DIN 2445, DIN 2448) aus verschiedenen Stählen St 33 bis St 52 (entspricht DIN 1629) mit 10,2 bis 558,5 mm Außendurchmesser. Bei gleichen Außendurchmessern geringere Wanddicken als DIN 2440, z. B. bei $d_a = 60{,}3$ mm nach DIN 2448 $s = 2{,}9$ mm normal (jedoch große Auswahl möglich) gegenüber $s = 3{,}65$ mm nach DIN 2440. Bis PN 100, dadurch für die verschiedensten Zwecke im Maschinen- und Apparatebau verwendbar.

Geschweißte Stahlrohre (DIN 2458) aus Stählen St 33 bis ST 52-3 für alle Nenndrücke mit 10,2 bis 1016 mm Außendurchmesser und noch geringeren Wanddicken als DIN 2448, z. B. bei $d_a = 60{,}3$ mm $s = 2{,}3$ mm normal (jedoch ebenso große Auswahl wie DIN 2448, daher weites Anwendungsgebiet).

Stahlrohre für Wasserleitungen: nahtlos und geschweißt (DIN 2460) aus verschiedenen Stählen: 88,9 bis 2020 mm Außendurchmesser. Mit geschützter Oberfläche: Außenschutz: bituminöse Stoffe mit Glasvliesband und Kalkanstrich; Innenschutz: Anstrich aus Bitumen, Leinöl, Zementmörtel oder andere Schutzfilm bildende Stoffe. Verwendung: Wasserleitungen außerhalb der Gebäude im Erdreich oder oberirdisch.

Stahlrohre für Fernleitungen: für brennbare Flüssigkeiten und Gase (DIN EN 10 208–2) aus Stahl für alle Drücke, ab 100 mm Außendurchmesser.

35.8.3.3 Rohre aus Gusseisen

Druckrohre aus duktilem Gusseisen (DIN EN 545, DIN EN 969) mit Schraubmuffen (Wasser bis PN 40, DN 80 bis DN 600), Stopfbuchsenmuffen (Wasser bis PN 25, DN 500 bis DN 1200), und TYTON-Muffen (Wasser bis PN 40, DN 80 bis DN 600), für Gas bis PN 1 s. a. DIN EN 969.

35.8.3.4 Weitere Rohrwerkstoffe

Kupfer: DIN EN 12 449, DIN EN 12 451, DIN EN 12 168, für Außendurchmesser 3 mm (Wanddicke max. 1 mm) bis 419 mm (Wanddicke max. 4 mm); Werkstoff: Kupfer mit Festigkeitsangabe F 20 ($\sigma_B = 200\ldots250\,\mathrm{N/mm^2}$, $\delta_5 = 40\,\%$) bis F 37 ($\sigma_B = 360\,\mathrm{N/mm^2}$, $\delta_5 = 3\,\%$), üblich F 30 ($\sigma_B = 290\ldots360\,\mathrm{N/mm^2}$, $\delta_5 = 6\,\%$).

Aluminium: DIN EN 754–7, Vorzugsmaße für Rohrleitungen aus Reinst-Al, Rein-Al und Al-Knetlegierungen mit Außendurchmesser 3 mm (Wanddicke max. 1 mm) bis 273 mm (Wanddicke max. 5 mm).

Polyvinylchlorid (PVC) hart für Entwässerungsanlagen, Entlüftungsleitungen, Wasser- und Gasleitungen. Allgemeine Güteanforderungen s. DIN 8061, Maße s. DIN 8062: Außendurchmesser 5 mm (Wanddicke max. 1 mm) bis 1000 mm (Wanddicke max. 29,2 mm). Richtlinien für chemische Beständigkeit s. DIN 8061 Beiblatt 1.

Sonstige Kunststoffe [12]: DIN 8072 Rohre aus Polyethylen weich. – DIN 8074 Rohre aus Polyethylen hoher Dichte. – DIN 8077 Rohre aus Polypropylen. – DIN 16 868 und DIN 16 869 T 1 Rohre aus glasfaserverstärktem Polyesterharz. – DIN 16 870 und DIN 16 871 T 1 Rohre aus glasfaserverstärktem Epoxidharz.

35.8.4 Rohrverbindungen

35.8.4.1 Für Rohre aus Stahl

Flanschverbindungen (Abb. 35.12). Vorzugsweise für höhere Drücke und leicht lösbare Verbindungen. Für Stahl und Gusseisen gibt DIN 2500 eine Übersicht, Anschlussmaße s. DIN 2501 – T 1.

Normen für Flanschformen Abb. 35.12a und b: DIN 2558, DIN EN 1092-1; Abb. 35.12c: DIN EN 1092-1, -2; Abb. 35.12d: *GG, GGG*: DIN EN 1092-2; *GS*: DIN EN 1092-1, DIN 2548, DIN 2549, DIN 2550, DIN 2551; Abb. 35.12e: DIN EN 1092-1, DIN 2638, DIN 2628, DIN 2629, DIN 2627; Abb. 35.12f: DIN EN 1092-1; Abb. 35.12g: DIN 2527.

Schraubverbindungen. Stahlfittings für chemische Industrie und Schiffbau s. DIN EN 10 241. Lösbare Verschraubungen für die Verbindung mit reparaturgefährdeten Apparaten oder für möglichen Umbau mit flacher Dichtung (Klingerit-Dichtung) oder konischer Dichtung (direkte Metallberührung, Abb. 35.13). Hierzu auch DIN

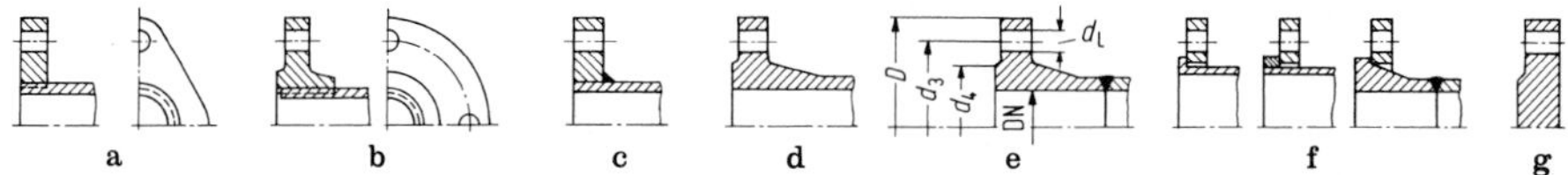

Abb. 35.12 Flanschformen. **a** Gewindeflansch, oval, glatt; **b** Gewindeflansch mit Ansatz, rund; **c** Flansch glatt, zum Löten oder Schweißen; **d** Flansch aus GGL, GS oder GGG; **e** Vorschweißflansch; **f** lose Flansche; **g** Blindflansch

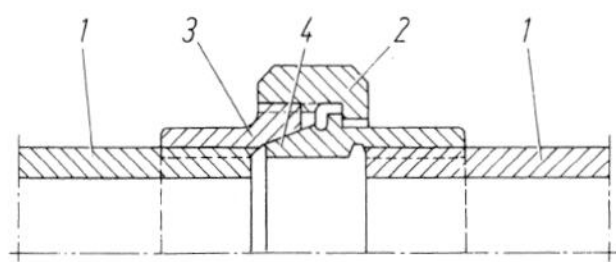

Abb. 35.13 Rohrverschraubung. *1* Stahlrohr, *2* Überwurfmutter, *3* Dichtscheibe, *4* Innenkonus

2353. Vorteile dieser Rohrverschraubungen: Hohe Druckbelastbarkeit (bis DN 630), einfache Montierbarkeit, geringer Platzbedarf, Eignung für verschiedene Rohrqualitäten.

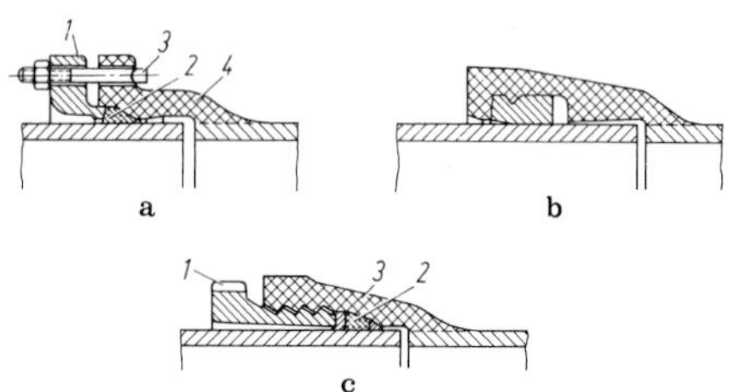

Abb. 35.14 Muffenverbindungen. **a** Stopfbuchsenmuffe; *1* Stopfbuchsenring, *2* Dichtring, *3* Hammerschraube mit Mutter, *4* Stopfbuchsenmuffe; **b** Steckmuffe; **c** Schraubmuffe, *1* Schraubring, *2* Dichtring, *3* Schraubmuffe

Schweißverbindungen. Geschweißte Rohrverbindungen haben den Vorteil unveränderter Dichtheit (daher bei wichtigen Fernleitungen Schweißnaht durch Röntgenaufnahmen oder Ultraschall auf Dichtheit prüfen) und – im Gegensatz zu Flanschverbindungen – geringeren Wärmeverlust. Auch Abzweige, Richtungs- und Querschnittsänderungen aller Art werden aus Rohrteilen hergestellt. Moderne Rohranlagen haben meist nur noch an den Armaturen Flansch- oder Schraubverbindungen. Bei kleinen Nennweiten (etwa unter DN 50) ist bei nicht sorgfältigem Schweißen auf Verengung des Querschnitts und damit auf Widerstandsvergrößerung zu achten. Verfahren: Gasschweißen (für unlegierte und niedriglegierte Stähle bis etwa 3 mm Wanddicke), Lichtbogenschweißen (für Wanddicke über 3 mm), Schutzgasschweißen und Unter-Pulver-Schweißen (für automatisierte Schweißung von Großrohrleitungen), s. DIN EN 12732 Gasversorgungssysteme – Schweißen von Rohrleitungen aus Stahl – Funktionale Anforderungen. Weitere Normen, Richtlinien und Vorschriften sind zu beachten [12]: DIN 2559 T 1 Schweißnahtvorbereitung, Richtlinien für Fugenformen. – DIN EN 1708-1 Schweißen – Verbindungselemente beim Schweißen von Stahl; Druckbeanspruchte Bauteile. – DIN EN 287-1 Prüfung von Schweißern – Schmelzschweißen. – DIN EN 729-1 Schweißtechnische Qualitätsanforderungen; Schmelzschweißen metallischer Werkstoffe; Richtlinien zur Auswahl und Verwendung. – DIN EN 25 817 Lichtbogenschweißverbindungen an Stahl.

35.8.4.2 Für Rohre aus Gusseisen

Steckverbindungen (Abb. 35.14) werden für GG und GGG vorzugsweise verwendet. Strömungsrichtung vom Muffenende zum Spitzenende eines Rohrs. Vorteilhaft schnelle Montage, nachteilig genaue Rohrbaulänge erforderlich und empfindlich gegen Längskräfte.

35.8.4.3 Für Rohre aus Kupfer

Flansch- und Schraubverbindungen ähnlich wie für Stahlrohre, jedoch mit anderen Druckbereichen (Festigkeit).

Schweißverbindungen im Apparatebau sehr verbreitet.

35.8.4.4 Für Rohre aus PVC und anderen Kunststoffen

Flanschverbindungen s. DIN 8063, für größere Durchmesser mit losen Flanschen (meist aus Metall; Abb. 35.15).

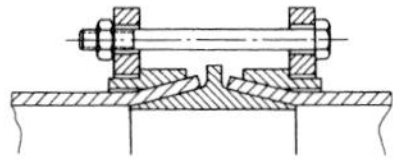

Abb. 35.15 Verbindung von Kunststoffrohren

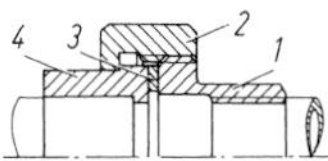

Abb. 35.16 Rohrverschraubung für PVC-Rohre. *1* Gewindebuchse, *2* Überwurfmutter aus PVC hart oder aus Temperguss (GTW) bzw. Cu-Zn-Legierung, *3* Flachringdichtung, *4* Bundbuchse, eingeklebt

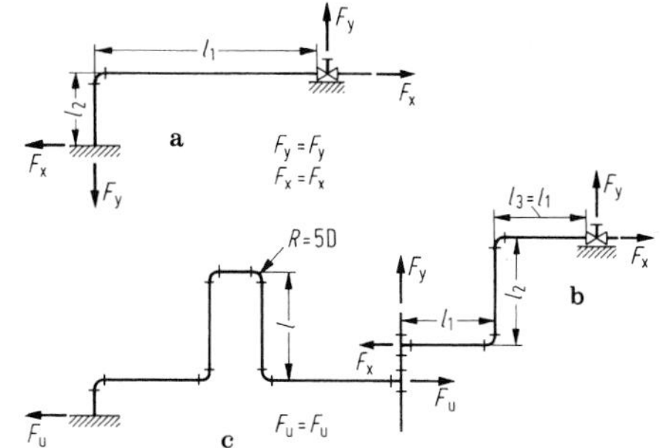

Abb. 35.17 Einfache Dehnungsausgleicher. **a** Rohrschenkel; **b** Z-Bogen; **c** U-Bogen

Schraubverbindungen (Abb. 35.16) s. DIN 8063.

Schweiß- und Klebverbindungen. Verfahren s. DIN 19 533. PVC meist heißluftgeschweißt mit Zulagestab, PE durch Aufschmelzen. PVC auch klebbar mit vorgeformten oder angeklebten Klebmuffen (ähnlich Lötmuffen). Klebemittel meist Lösungskleber (Tetrahydrofuran). PE ist nicht klebbar.

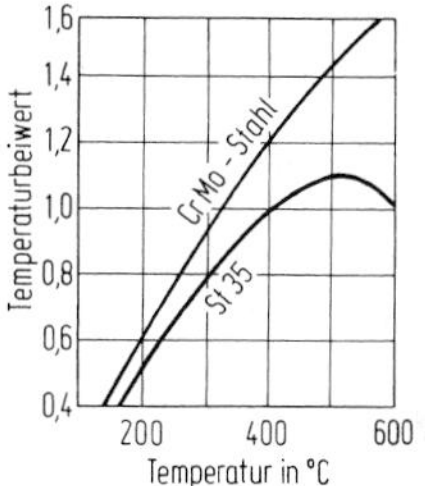

Abb. 35.18 Temperaturbeiwert zur Umrechnung der Festpunktkräfte

35.8.5 Dehnungsausgleicher

Dehnungsausgleicher dienen zur Aufnahme von thermisch bedingten Längenänderungen (s. Gl. (35.3a) u. Abb. 35.41) zwischen zwei Festpunkten. Konstruktiv unterscheidet man:

35.8.5.1 Dehnungsausgleich durch Rohrverlegung (ohne Zusatzelemente, Abb. 35.17)

Festpunkte möglichst an Armaturen. Bei großen Temperaturunterschieden Rohre mit Vorspannung entgegen Wärmedehnung montieren (z. B. für Druckkräfte bei warmgehender Leitung Montage unter Zugbelastung). Übliche Vorspannung gleich 50 % der zu erwartenden Kraft [13].

Rohrschenkelausladung l für Stahl mit Rohraußendurchmesser D und Rohrlängenänderung Δl ist $l = 0{,}0065\sqrt{D\Delta l}$, für Kupfer $l = 0{,}0032\sqrt{D\Delta l}$, Berechnung s. [11].

Näherungsweise Berechnung der Festpunktkräfte. Sie erfolgt mit Zahlenwertgleichungen für St 35, die Temperatur 400 °C, mit 50 % Vorspannung und dem Biegeradius $R = 5d$, Umrechnungen auf andere Temperaturen und Werkstoffe s. Abb. 35.18.

U-Rohrbogen: $F_u = 10 I \Delta l/(l^3 C)$ in N. Gesamtdehnung zwischen den Festpunkten Δl in cm, axiales Flächenträgheitsmoment des Rohrs I in cm^4 und Beiwert C nach Abb. 35.19a.

Rohrschenkel: $F_x = b_1 I/l^2$, $F_y = b_2 I/l^2$ in N.

Z-Bogen: $F_x = b_3 I/l^2$, $F_y = b_4 I/l^2$ in N. Für beide gilt I in cm^4, $l = l_x + l_y$ in m als Gesamtlänge der Schenkel, d. h. $l = 2l_1 + l_2$ in Abb. 35.17b, Beiwerte b_1 bis b_4 nach Abb. 35.19b.

35.8.5.2 Dehnungsausgleich durch besondere Bauelemente [14]

Lyra-Bogen (Abb. 35.20a) sind wie U-Bögen sehr betriebssicher und wartungsfrei, jedoch sehr platzaufwändig; für Leitungen im Gelände geeignet. Ausführung in glatten, gewellten oder

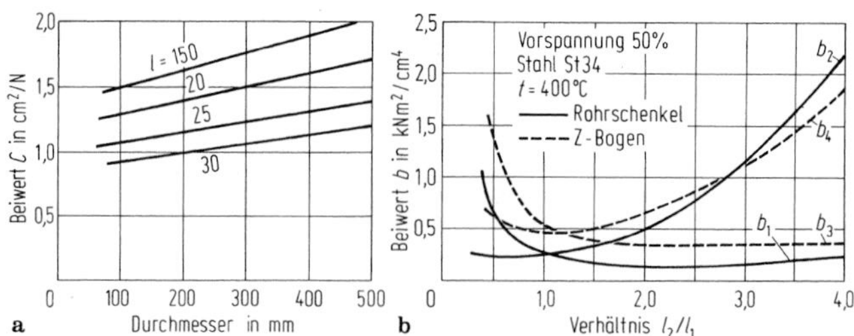

Abb. 35.19 Beiwerte zur Berechnung der axialen Rohrkraft. **a** U-Bogen; **b** Z-Bogen und Rohrschenkel

gefalteten Rohren. Möglichst so anordnen, dass der Scheitelpunkt der Lyra sich selbst nicht verschiebt, jedoch als Lospunkt befestigen. Festpunktkräfte wie beim U-Bogen.

Balg-Kompensatoren sind wartungsfreie Dehnungsausgleicher mit geringstmöglichem Platzbedarf. Linsenkompensatoren mit wenigen aber hohen Wellen für sehr große Durchmesser (um DN 5000), Ein- und Mehrlagenbälge (Abb. 35.20b) mit vielen niedrigen Wellen aus ein- oder mehrlagigen kaltverformten Stahlblechen mit großem Dehnungsvermögen für hohe Drücke (DN 600: PN 100, DN 250: PN 250).

Gummi-Kompensatoren (Abb. 35.20d) verschiedener Ausführungen für DN 40 bis DN 400 und Temperaturen bis 100 °C bei PN 10.

Gelenk-Kompensatoren übernehmen außer Axialdehnungen auch Querverformungen. Beim Einbau Axialkräfte beachten!

Gleitrohr-Kompensatoren (Abb. 35.20c) sind vorgefertigt. Das Degenrohr wird geschlichtet, manchmal auch hartverchromt, damit der Reibungswiderstand gering ist. Packungswerkstoffe: Dauerelastische Perbunandichtungen sind wartungsfrei und für fast alle Medien verwendbar, plastische Dichtungen (Hanftalg für Wasser, Bleilamellen-Asbest für Gas) sind nachzudichten.

35.8.6 Rohrhalterungen

Ihre Aufgabe ist die betriebssichere Befestigung von freiliegenden Rohrleitungen, bezogen auf das Rohr und die Umgebung (z .B. Gebäude).

Aufhängungen sollen die Leitung tragen, das Gefälle genau einrichten lassen und eine gewisse Bewegung ermöglichen. Konstruktionen reichen bis zu „Konstanthängern", bei denen die Aufhängekraft in Abhängigkeit von der Dehnung über Druckfeder und Kniehebelsystem konstant gehalten wird.

Stützen haben dieselbe Funktion wie Aufhängungen mit dem Unterschied der Kraftableitung nach unten, Abb. 35.21.

Festpunkte dienen zum eindeutigen Festlegen der Dehnungsrichtungen, sie nehmen Kräfte und Momente auf. Die auf den Festpunkt wirkende Kraft ist meist Resultierende verschieden gerichteter Kräfte.

Führungen mit der Funktion von Lospunkten zur Ergänzung der Festpunkte erlauben

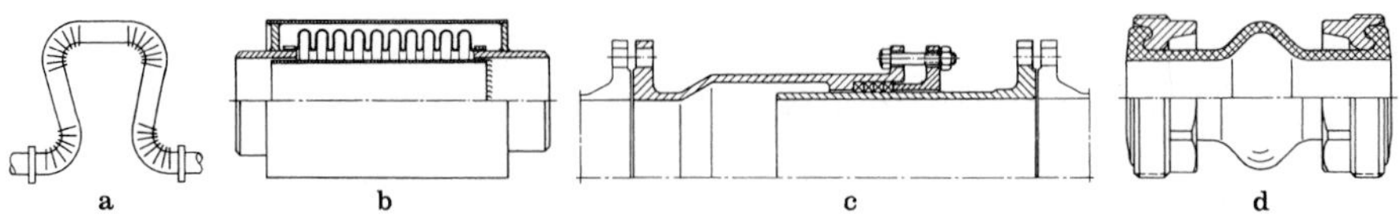

Abb. 35.20 Dehnungsausgleicher. **a** Lyra-Bogen; **b** Axial-Kompensator mit Innenrohr (Balg-Kompensator); **c** Gleitrohr-Kompensator; **d** Gummi-Kompensator

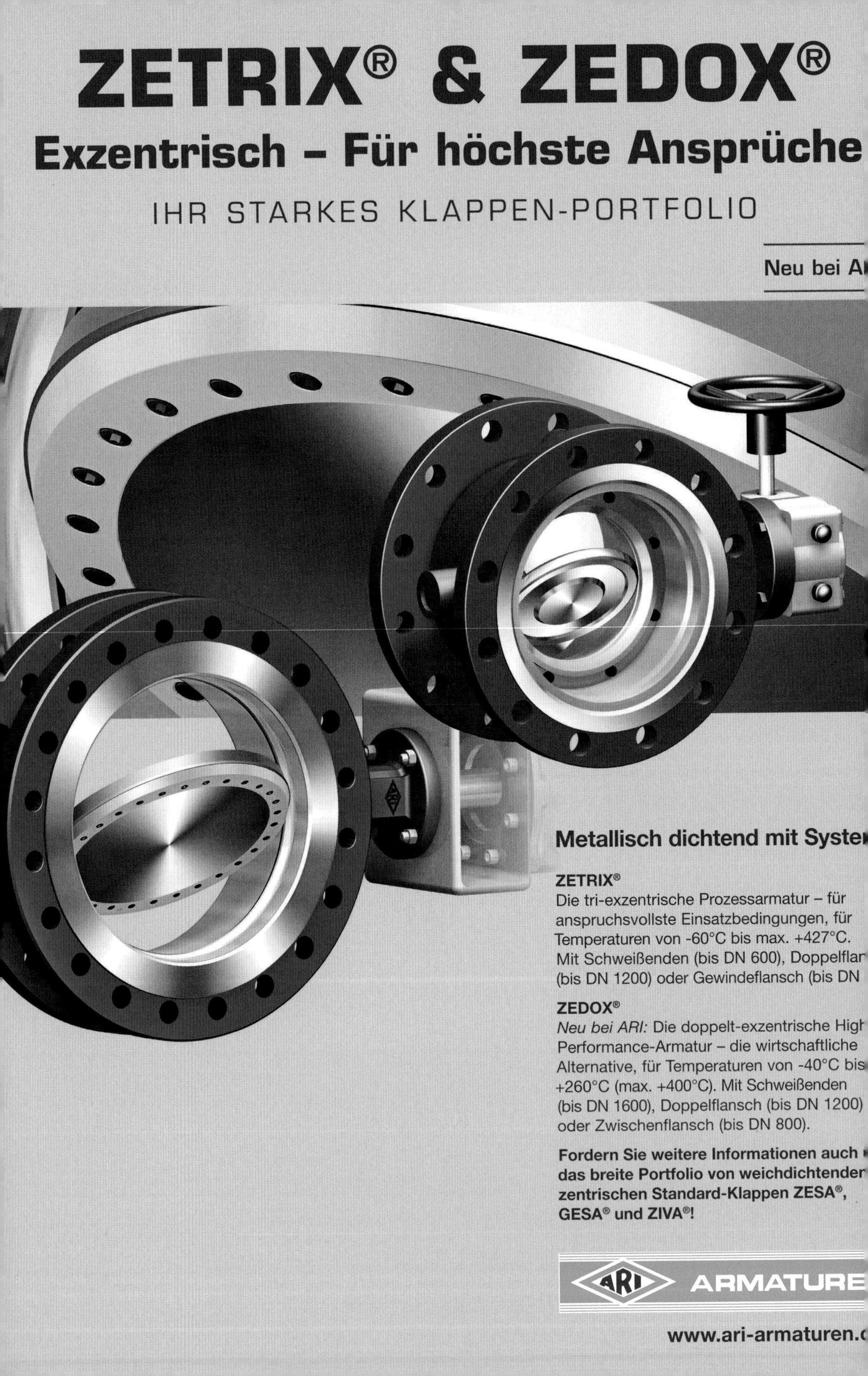
ZETRIX® & ZEDOX®
Exzentrisch – Für höchste Ansprüche
IHR STARKES KLAPPEN-PORTFOLIO
Neu bei A
Metallisch dichtend mit Syste
ZETRIX®
Die tri-exzentrische Prozessarmatur – für
anspruchsvollste Einsatzbedingungen, für
Temperaturen von -60°C bis max. +427°C.
Mit Schweißenden (bis DN 600), Doppelfla
(bis DN 1200) oder Gewindeflansch (bis DN
ZEDOX®
Neu bei ARI: Die doppelt-exzentrische Hig
Performance-Armatur – die wirtschaftliche
Alternative, für Temperaturen von -40°C bis
+260°C (max. +400°C). Mit Schweißenden
(bis DN 1600), Doppelflansch (bis DN 1200)
oder Zwischenflansch (bis DN 800).
Fordern Sie weitere Informationen auch
das breite Portfolio von weichdichtende
zentrischen Standard-Klappen ZESA®,
GESA® und ZIVA®!
ARI ARMATURE
www.ari-armaturen.

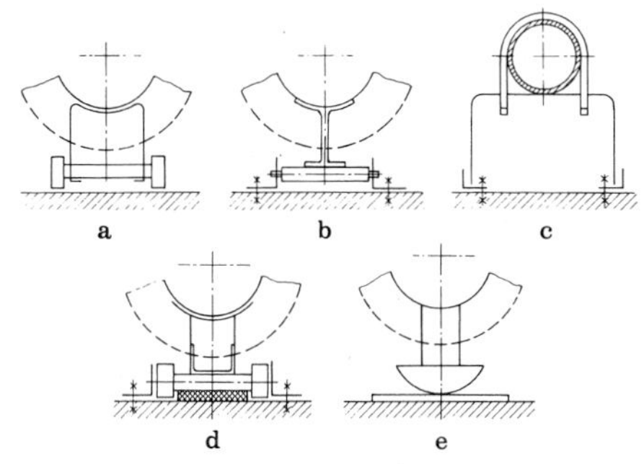

Abb. 35.21 Rohrunterstützungen. **a** Rohrwagen; **b** Rollenlager; **c** Gleichschelle; **d** Walzenlager; **e** Pilzkopf

Axial- und teilweise auch Drehbewegungen, Abb. 35.21 [14].

35.9 Absperr- und Regelorgane

35.9.1 Allgemeines

35.9.1.1 Funktion

Armaturen (Rohrschalter) in Rohrleitungen dienen als:

Absperrorgane, die die Strömung eines Fluids unterbinden. Sie müssen dicht absperren und so schließen, dass die Geschwindigkeit nicht schlagartig null wird, um Stoßbeanspruchungen zu vermeiden (Ausnahme: Schnellschlussschieber);

Regelorgane (Stellglieder), die den Volumenstrom in Abhängigkeit von einer zu regelnden Größe beeinflussen sollen;

Sicherheitsorgane, die bei unzulässigem Überdruck einen Querschnitt zur Druckentlastung freigeben.

35.9.1.2 Bauarten (Übersicht)

Man unterscheidet bei den Armaturen (DIN EN 736-1):

Ventile: Ein Absperrkörper (Platte, Kegel, Kolben, Kugel) gibt mit einer Abhebebewegung

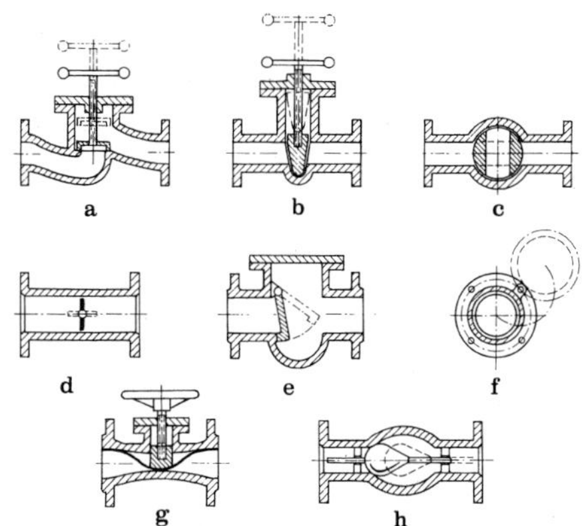

Abb. 35.22 Grundformen der Absperrorgane. **a** Ventil; **b** Schieber; **c** Hahn; **d** Drehklappe im Rohr; **e** Klappe auf Rohrstutzen; **f** einklappbare Scheibe; **g** Ventil mit Membranabschluss; **h** tropfenförmiger Körper im Rohr

parallel zur Strömungsrichtung einen zylindrischen Ringquerschnitt als Strömungsquerschnitt frei, Abb. 35.22a. Ventilähnliche Absperrorgane, in denen wegen besonders günstiger Strömungsverhältnisse oder besonderer Aggressivität des Fluids eine Membrane zusammengedrückt wird, sind Membranventil (Abb. 35.22g) und Ringkolbenventil (Abb. 35.22h) mit rotationssymmetrischer Strömungsführung.

Schieber: Der Absperrkörper (kreisförmige Platte mit parallelen oder keilförmig gestellten Flächen) gibt bei Bewegung quer zur Strömungsrichtung einen teilmondförmigen bis kreisförmigen Strömungsquerschnitt frei, Abb. 35.22b.

Hähne oder Drehschieber: Der Absperrkörper (eingeschliffener Kegelstumpf oder Kugel mit Querbohrung) wird um seine Achse quer zur Strömungsrichtung gedreht und gibt einen linsen- bis kreisförmigen Querschnitt frei, Abb. 35.22c.

Klappen: Eine zunächst senkrecht zur Strömungsrichtung stehende Scheibe wird um eine Achse in der Scheibe in eine Stellung parallel zur Rohrachse geschwenkt und gibt damit den ganzen Rohrquerschnitt frei oder bleibt im Rohrquerschnitt parallel zur Rohrachse stehen, Abb. 35.22d–f.

Schieber und Hähne mit vollständig zu öffnenden Kreisquerschnitten sind für den Einsatz von Molchen (durchziehbare Körper) geeignet, die zur Trennung von verschiedenen geförderten Fluiden oder zur Reinigung dienen.

35.9.1.3 Werkstoffe

Der Werkstoff für das Gehäuse wird gewählt entsprechend den Anforderungen des strömenden Fluids (Erosion, Korrosion), der Betriebstemperatur (Warmfestigkeit) und dem Betriebsdruck (Festigkeit, eventuell Schwellfestigkeit). Auswahl metallischer Werkstoffe in *DIN 3339*. Etwa 80 % aller Gehäuse werden gegossen, vorwiegend aus Grauguss, aber auch aus Stahlguss und Nichteisen-Gusswerkstoffen (Messing und Rotguss in der Installationstechnik). In der chemischen und Wasseraufbereitungstechnik ist eine starke Zunahme von Gehäusen aus Kunststoff (meist gepresst) zu verzeichnen. Ein Teil der Armaturen wird aus Stahl im Gesenk geschmiedet hergestellt (Hochdruck).

Einen Überblick über Vor- und Nachteile der einzelnen Bauarten zeigt Tab. 35.6.

Grauguss: für Wasser, Dampf, Öl und Gas, mit Gummi- oder Emailauskleidung für aggressive Medien; GGL-20 bis PN 16 bei 120 °C, GGL-25 bis PN 16 (25) bei 300 °C; GGG-45 bis 70 für Speisewasser und Frischdampf bis PN 40 bei 450 °C.

Stahlguss: GS-C 25 für Dampf, Wasser und Heißöl bis PN 320 bei 450 °C, gut schweißbar; GS-20 MoV 84 für Dampf und Heißöl bis PN 400 bei 550 °C, schweißbar; GS-X 12 CrNiTi 18.9 für säurefeste und heiße Armaturen.

Stahl: C 20 für gesenkgeschmiedete Gehäuse, Aufsätze und Klappschrauben, schweißbar; 50 CrV 4 für Flansche, Spindel, Schrauben und Muttern bis 520 °C, bedingt schweißbar; X 20 Cr 13 für Teile in Armaturen mit starker mechanischer Beanspruchung, kaum schweißbar; X 10 CrNiTi 18.9 mit sehr guter chemischer Beständigkeit (organische und mineralische Säuren), schweißbar; X 10 CrNiMoTi 18.10 bei starkem Säureangriff und höheren Temperaturen, auch für Kältearmaturen bis −200 °C, schweißbar.

Nichteisenmetalle: G–Cu 64 Zn, G–CuSn 10, G–CuSn 5 Zn 7, G–AlMg 3 und andere für Trinkwasserarmaturen, physiologisch einwandfrei, Al-Legierungen seewasserfest (Schiffbau), auch in der chemischen Industrie.

Kunststoffe und andere: PVC hart, Polyamide, PTFE und Silikone sowie keramische Stoffe in der chemischen Industrie, der Sanitärtechnik usw.

35.9.1.4 Hydraulische Eigenschaften

Armaturen verursachen bei scharfen Umlenkungen (Ventile) große Druckverluste, was beim Einsatz als Regelorgane erwünscht ist. Widerstandsziffer ζ_R und Geschwindigkeit v werden auf den Anschlussquerschnitt A_R bezogen. Der Volumenstrom $\dot{V}$ ergibt sich aus dem Strömungsdruckverlust $\Delta p = \zeta_R \, \varrho v^2/2$ zu $\dot{V} = A_R \sqrt{2\Delta p/(\varrho \, \zeta_R)}$. Bei großen Reynolds-Zahlen (Re $> 10^5$) ändert sich ζ_R nur noch wenig (ζ_R-Werte s. Abb. 35.40). Für vollständig geöffnete Absperrorgane kann $\zeta_R = 0{,}2 \ldots 0{,}3$ angenommen werden [15].

Tab. 35.6 Vor- und Nachteile der einzelnen Bauarten

Eigenschaft	Ventile	Schieber	Hähne	Klappen
Strömungswiderstand	mäßig	niedrig	niedrig	mäßig
Öffnungs-/Schließzeit	mittel	lang	kurz	mittel
Verschleißverhältnis des Sitzes	gut	mäßig	schlecht	mäßig
Eignung für Richtungswechsel der Strömung	mäßig	gut	gut	schlecht
Baulänge	groß	klein	mittel	klein
Bauhöhe	mittel	groß	klein	klein
Verwendungsbereich bis	mittlere DN	größte DN	mittlere DN	größte DN
	höchste PN	mittlere PN	mittlere PN	nur kleine PN
Eignung für Drosselung	sehr gut	schlecht	mäßig gut	gut

Der in VDI-VDE-Richtlinie 2173 für Stellventile und in VDI-VDE-Richtlinie 2176 für Stellklappen definierte k_v-Wert ist für die Regelungstechnik wichtig (s.~Teil X und [16]). Dabei sind die Ventilkennlinien bei konstantem Δp im Ventil zu unterscheiden von den Betriebskennlinien, die durchflussabhängig vom Verhältnis des Ventildruckverlustes zum Gesamtdruckverlust der Rohrleitung beeinflusst werden [17].

35.9.2 Ventile

Unabhängig von ihrer Funktion werden Ventile als Gerad-, Schrägsitz- oder Eckventile ausgeführt. *Geradsitzventile* (Abb. 35.23): günstige Anordnung in Rohrleitungssystemen, gute Bedienbarkeit und Wartung, gleichmäßige Belastung der Ventilbauteile, aber hoher Druckverlust. *Schrägsitzventile* (Abb. 35.24): niedrige Widerstandsziffer ζ_R. *Eckventile:* Vorteile, wenn zusätzlich Funktion eines Krümmers erwünscht, aber höhere Druckverluste. Abmessungen von Armaturen s. DIN EN 558. *Bauelemente von Ventilen* (Abb. 35.23): Ventilgehäuse *1* (Guss-, Schmiede-, Schweiß- oder Presskonstruktion); Ventilteller *2* mit Sitzringen (plattenförmig, kegelig oder parabolisch); Sitzringe aus Gummi, GG, Cu-Legierungen, hochlegierten Stählen, Stellit oder Nitrierstahl je nach Fluid, Druck und Temperatur; Ventilspindel *3* und Mutter *4*; Stopfbuchse *5* zur Abdichtung der Spindel; Ventil- bzw. Spindelantrieb *6* (Handrad, elektromotorischer, hydraulischer, pneumatischer oder elektromagnetischer Antrieb mit Fernbedienung).

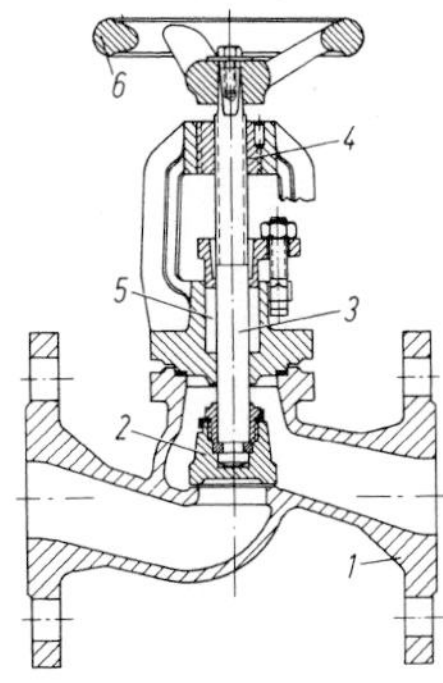

Abb. 35.23 Geradsitzventil (J. Erhard)

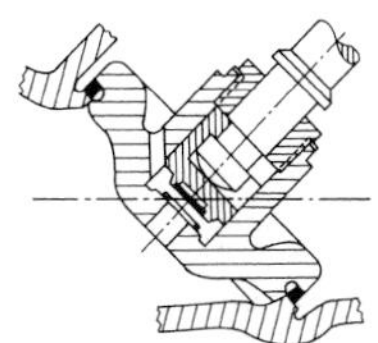

Abb. 35.24 Sitz eines Schrägventils mit Vorhub

Bei großen Sitzquerschnitten ist ein Vorhubventil zur Verminderung der Öffnungskraft zweckmäßig, Abb. 35.24. Ein Hochdruck-Regelventil zeigt Abb. 35.25. Es ist geschmiedet, Drosselkegel und Spindel sind aus einem Stück, die Spindel ist im selbstdichtendem Deckel geführt, strömungsgünstige Gehäuseform, Spindelmutter drehbar gelagert (Höhe des Handrads konstant).

35.9.2.1 Ventilbauformen mit unterschiedlicher Funktion

Wechselventil: Für einen Fluidstrom, der wechselweise in zwei Leitungen geführt werden soll. *Rückschlagventil* (Rückflussverhinderer): Flüssigkeitsstrom nur gegen Feder- oder Gewichtskraft möglich. *Druckminderventil:* Vordruck wird auf einstellbaren Hinterdruck (Minderdruck) reduziert, wobei dieser unabhängig von Vor-

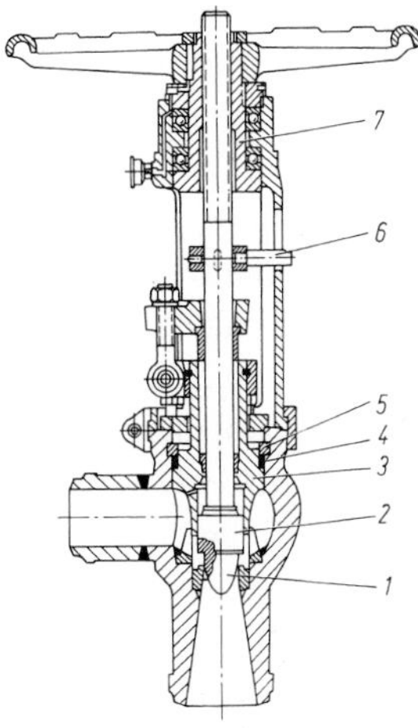

Abb. 35.25 Hochdruck-Regelventil, geschmiedet nach Sempell. *1* Drosselkegel, *2* Spindelführung, *3* Deckel, selbstdichtend, *4* Uhde-Bredtschneider-Dichtung mit *5* geteiltem Ring, *6* Ventilstangenanzeige, verhindert Mitdrehen der Spindel, *7* drehbare Spindelmutter

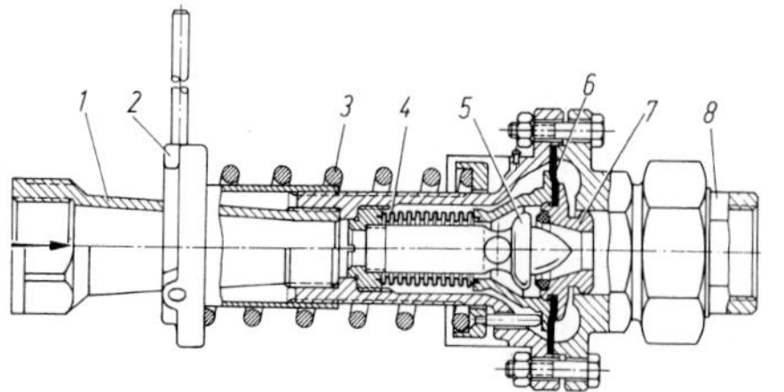

Abb. 35.26 Druckminderer in Axialbauweise (Samson). *1* Muffennippel, *2* Sollwerteinstellung, *3* Feder, *4* Abdichtungsmetallbalg, *5* Kegel, *6* Arbeitsmembran, *7* Sitz, *8* Anschlussnippel

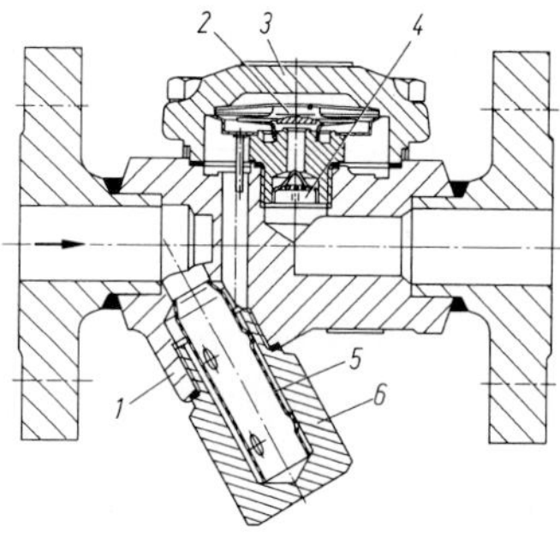

Abb. 35.27 Thermisch wirkender Kondensatableiter mit Membranregler (GESTRA AG). *1* Gehäuse, *2* Regelmembran, *3* Gehäusedeckel, *4* Rückschlagkegel, *5* Schmutzfänger, *6* Siebträger

druck- und Durchflussänderungen mit großer Genauigkeit gleich groß gehalten wird. Beispiel (Abb. 35.26): Fällt der Hinterdruck bei steigendem Durchfluss oder fallendem Vordruck oder wird der Sollwert erhöht, so bewegen sich Membrane *6* mit Sitz *7* nach rechts und geben einen größeren Querschnitt frei. *Schwimmerventil:* Angelenkter Schwimmkörper hebt oder senkt Ventilspindel bzw. Ventilteller. *Kondensatableiter* (Abb. 35.27): Ableitung der flüssigen Phase (z. B. Wasser aus Sattdampfapparaten), Schwimmerableiter, thermischer Ableiter, thermodynamischer Ableiter. *Sicherheitsventil:* Verhindert Steigen des Betriebsdrucks über zulässigen Druck, Ansprechdruck gleich zulässiger Betriebsüberdruck, Gewichtsbelastung (sehr genau) oder Federbelastung (Ventilkraft wird durch Druckfeder beim Anheben größer). *Schnellschlussventil:* Zum Abschluss von Leitungen bei Rohrbruch oder ähnlichen Schadensfällen. Direkte Schließbewegung durch Feder-, Gewichts- oder pneumatische Kraft (Ruhestromprinzip).

35.9.3 Schieber

Anwendungsbereich. Große Nennweiten, hohe Strömungsgeschwindigkeiten, kleine bis mittlere Nenndrücke, kleine Baulängen (s. DIN EN 558).

Bauelemente. Entsprechen bis auf Sitz und Dichtung denen des Ventils (s. Abb. 35.23). Einen einfachen Absperrschieber zeigt Abb. 35.28, mit innenliegender Spindelmutter (Gefahr des Festfressens durch Schmutz und hohe Temperaturen), O-Ringabdichtung statt Stopfbuchse.

Bauformen (Abb. 35.29). Nach der Form des Kopfstückflansches unterscheidet man *Rundschieber* (große Baulänge, hohe Druckfestigkeit des Deckelstutzens), *Ovalschieber* (verkürzte Baulänge, geringe Druckfestigkeit oder größere Wanddicken) und *Flachschieber* (weitere Verringerung der Baulänge, oft Verstärkung des Deckelstutzens mittels Rippen, vorzugsweise bei großen Nennweiten). Überblick über Werkstoffe und Einsatzgrenzen von Schiebern s. DIN 3352 und [15]. Im Gegensatz zu Ventilen sind Schieber immer für beide Strömungsrichtungen geeignet, sie lassen sich aber nur als Absperrorgane einsetzen. Generell Durchgangsform (keine Eckform). Große Bedeutung kommt der Form der Abdichtung zu, da die Spindelkraft nicht direkt auf die Dichtflächen wirkt.

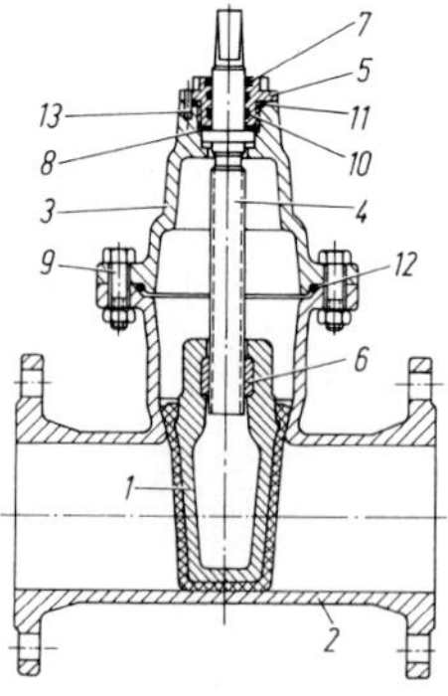

Abb. 35.28 Absperrschieber. *1* Dichtkeil, *2* Gehäuse, *3* Kopfstück, *4* Spindel, *5* Verschlussmutter, *6* Spindelmutter, *7* Abschirmring, *8* Gleitring, *9* Sechskantschraube, *10* bis *12* O-Ringe, *13* Zylinderkerbstift

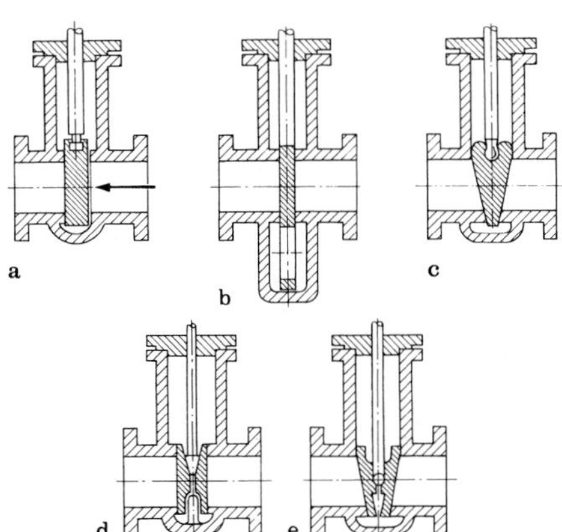

Abb. 35.29 Formen der Schieberabdichtung. **a** Plattenschieber; **b** Scheibenabschlussschieber; **c** Keilschieber; **d** Doppelplattenparallelschieber; **e** Doppelplattenkeilschieber

Abb. 35.29a: Einfache Konstruktion; eine Platte wird im abgesperrten Zustand durch Überdruck angedrückt. Dichtwirkung gering, bei Hubbewegung wegen Gleitreibung Verschleißgefahr; Anwendung bei Ferngasleitungen.

Abb. 35.29b: Gelochte Scheibe gibt bei Hubbewegung Öffnung frei. Gegebenenfalls mittels Federn gespannte Dichtungen; Anwendung bei Gas und Öl (auch mit Staub verunreinigt).

Abb. 35.29c: Häufige Konstruktion; die Absperrung erfolgt durch Einschieben eines starren, keilförmigen Abschlusskörpers in den Durchgang des Gehäuses. Der Spindeldruck verstärkt die Dichtwirkung. Wird viel verwendet im Klein- und Mitteldruckbereich.

Abb. 35.29d: Zwei parallel laufende Dichtplatten werden am Ende der Schließbewegung durch Kniehebel- oder Keilwirkung auf die Sitze gepresst. Dadurch erheblich kleinere Gleitbewegung und geringerer Verschleiß.

Abb. 35.29e: Verbesserte Form des Keilschiebers; zwei gegeneinander bewegliche und keilförmig angeordnete Dichtplatten werden über ein halbkugelförmiges Druckstück am Ende der Schließbewegung mit großer Kraft auf die Sitzflächen gepresst. Eine robuste Bauart mit hoher Dichtkraft und geringem Verschleiß bis PN 400.

Betätigung der Schieber von Hand, auch mit Übersetzungsgetriebe, elektromotorisch mit Getriebe oder mit hydraulischem bzw. pneumatischem Kraftkolben.

Normen. *DIN 3352-1, -2, -3, -4, -5, -11, -12, -13.*

35.9.4 Hähne (Drehschieber)

Ihre Vorteile sind einfache und robuste Bauweise, geringer Platzbedarf, rasche Schließ- und Umschaltmöglichkeit, geringe Strömungsverluste, mögliche Ausbildung als Mehrwegehahn mit mehreren Anschlussstutzen. Nachteilig sind die großen Dichtflächen, die aufeinander gleiten, und der dadurch bedingte Verschleiß. Die Reibungskräfte sind je nach Vorspannung des Dichtkegels (Hahnküken), Bearbeitungsgüte der Dichtflächen, Schmiermittel sowie Art und Temperatur des Fluids recht hoch.

Zur Gruppe der Kegelhähne gehören weiter der *Packhahn*, besonders in der chemischen Industrie für giftige Medien (Gehäuse unten geschlossen, Hahnküken durch Packung und Stopfbuchsbrille abgedichtet und festgehalten), der *Schmierhahn* für aggressive, dickflüssige und verunreinigte Medien in Kokereien sowie der petrochemischen Industrie (das Hahnküken wird hier über eine Nut und Schmierstoffkammer geschmiert), der *Leichtschalthahn* für zähflüssige Medien wie Latex (das Hahnküken wird hier vor dem Drehen etwas angehoben und nach dem Drehen wieder in den Sitz gedrückt), der *Mehrwegehahn*, z. B. Dreiwege- oder Vierwege-Hahn, zum Umschalten in verschiedene Strömungsrichtungen.

Eine wesentliche technische Weiterentwicklung ist der *Kugelhahn*, Abb. 35.30. Der Dichtkörper ist hier eine Kugel mit einer zylindrischen Bohrung für geraden Strömungsdurchgang praktisch ohne jeden Widerstand (Widerstandsziffer $\zeta_R = 0{,}03$ bei vollständig geöffnetem Kugelhahn, das entspricht dem Widerstand eines etwa gleich langen Rohrstücks). Solche Kugelhähne werden gebaut von DN 80 bis DN 1400 für PN 10 bis PN 64.

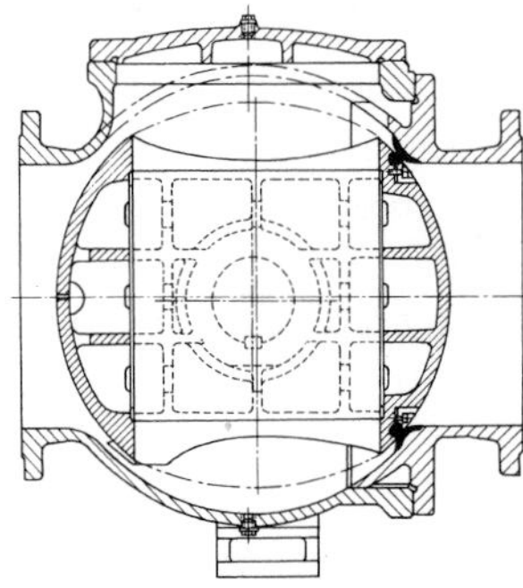

Abb. 35.30 Kugelhahn für Großleitungen (J. Erhard)

35.9.5 Klappen

Die ähnlich Abb. 35.31 gebauten Klappen werden als *Absperr-, Drossel-*, seltener als *Sicherheitsklappen*, in der Wasserversorgung (Pumpwerke, Filteranlagen), im Kraftwerkbau (Kühlkreise), in der chemischen Industrie (Betriebswasser, auch saure und alkalische Medien) und in der Abwassertechnik (Kläranlagen, Pumpwerke) eingesetzt. In steigendem Maße werden sie verwendet anstelle von Ovalschiebern in Trinkwasser- und Gasfernleitungen. Sie schließen tropfdicht ab wie Schieber. Klappen werden gebaut für größte Nennweiten (DN 5300), allgemein für PN 4 bis DN 2400 und für PN 16 bis DN 1200. Der Platzbedarf ist nicht viel größer als der Rohrquerschnitt. Antrieb der Klappe von Hand, elektromotorisch über Stirnradsegment- oder Schneckengetriebe oder mittels hydraulischem Kraftkolben und gegebenenfalls Fallgewicht zum Verstärken oder zum Ausgleich der Strömungskräfte. Im Allgemeinen wird die Klappe so angeordnet, dass die stromauf zeigende Scheibenhälfte beim Schließen nach unten geht (Verstärken der Schließkraft durch hydrostatische Wirkung). *Rückschlagklappen* dienen als Sicherheitsorgan; die Klappenscheibe wird von der Strömung offengehalten. Bei Stillstand oder Druckumkehr schließt sie, unterstützt vom Fallgewicht, gegebenenfalls abgebremst durch Ölbremse.

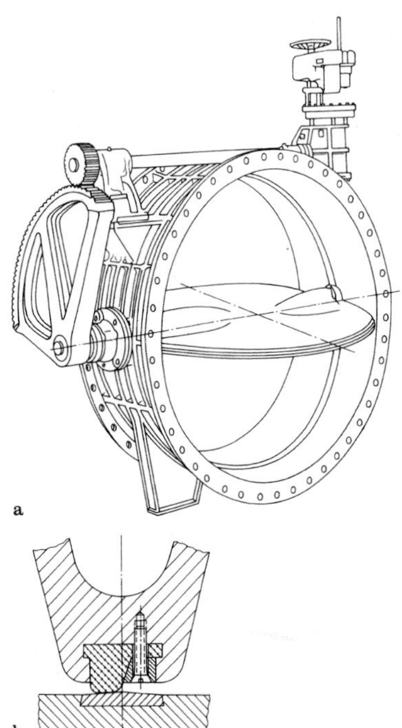

Abb. 35.31 **a** Drosselklappe nach Bopp & Reuther; **b** linsenförmige Platte mit Dichtringen aus Gummi, Dichtung aus nichtrostendem Stahl im Gehäuse

35.10 Dichtungen

Dichtungen sollen das Hindurchtreten von Fluiden durch die Fugen miteinander verbundener Bauteile (normalerweise Flansche s. Abschn. 35.7.2) verhindern. Sie müssen leicht verformbar sein, um Rauigkeiten der Dichtflächen auszugleichen, und ausreichende Festigkeit haben, dem Anpressdruck und dem Innendruck standzuhalten. Auf Temperatur- und chemische Beständigkeit ist zu achten, ebenso darauf, die elektrochemische Zersetzung von Metalldichtungen oder der Berührungsflächen durch elektrochemische Anodenbildung zu vermeiden. Einen Überblick über Dichtungen, ihre Funktionen und Benennungen gibt DIN 3750.

35.10.1 Berührungsdichtungen an ruhenden Flächen

Abb. 35.32 gibt einen Überblick der wichtigsten Dichtungsarten. Sie unterscheiden sich nach a) unlösbar oder bedingt lösbar (bl) und b) lösbar. Dazwischen liegen *1* Stoffschlussverbindungen mit Dichtmassen oder Klebern.

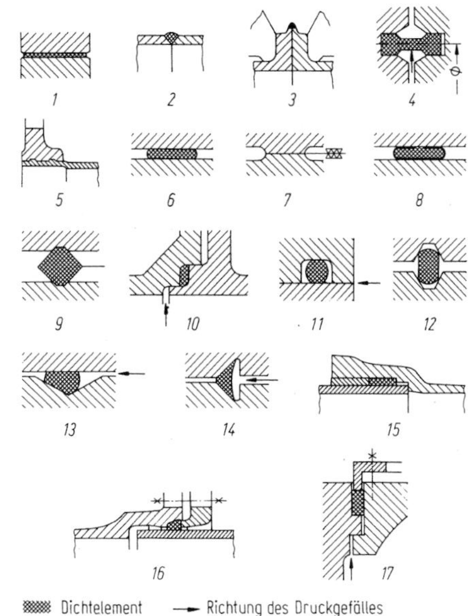

Abb. 35.32 Dichtungen an ruhenden Flächen [18]

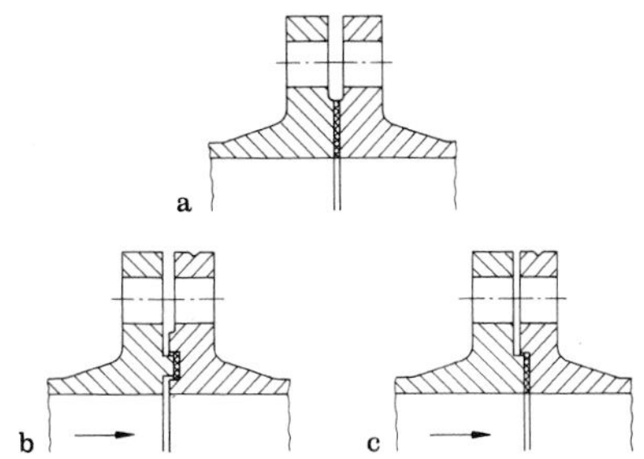

Abb. 35.33 Flachdichtungen und Flanschdichtflächen [19]. **a** Flansch mit glatter Arbeitsleiste und Flachdichtung nach DIN EN 1514-1 (PN1 6, 10, 16, 25, 40); **b** Flansch mit Nut und Feder nach DIN 2512 und Flachdichtung nach DIN EN 1514-1 (PN10, 16, 25, 40, 64, 100); **c** Flansch mit Vor- und Rücksprung nach DIN EN 1092-1 und Flachdichtung nach DIN EN 1514-1 (PN10, 16, 25, 40, 64, 100)

Zu der Gruppe a) gehören: *2* Schweißverbindung, *3* Schweißlippendichtung (bl), *4* Presspassung (bl), *5* Walzverbindung. Zu der Gruppe b) gehören: *6* Flachdichtung (weich oder hart), *7* dichtstofflose Verbindung, *8* Mehrstoffflachdichtung, *9* Schneidendichtung (plastische Verformung), *10* fließende Dichtung, *11* Runddichtung (O-Ring aus Weichstoff oder Metall, elastische Verformung), *12* Hartstoffdichtung (ring joint, elastisch), *13* selbsttätige Weichdichtung (Pressung durch Innendruck), *14* selbsttätige Hartdichtung (Delta-Ring), *15* bis *17* Stopfbuchsartige Dichtungen. Ausführungsformen der Dichtungen mit Dichtungskennwerten nach DIN 2505 s. Tab. 35.7.

Flachdichtungen sind Scheiben, Ringe oder Rahmen, die sich mit ihrer ganzen Breite der Dichtfläche anpassen. Sie bestehen entweder aus einem einheitlichen Werkstoff oder anorganischen Füllstoffen und einem Elastomer als Bindemittel, aus mehreren Werkstoffen wie kaschierte Metall(Al, Cu)-Folien oder verbunden mit Stahlblech oder ganz aus Metall (s. Abschn. 35.7.1). Flachdichtung als Flanschdichtung s. Abb. 35.33.

Profildichtungen (Abb. 35.32, *9* und *10*) sind Scheiben oder Ringe, die wegen ihrer Querschnittsform nicht mit ihrer ganzen Breite aufliegen, wodurch eine höhere Flächenpressung bewirkt wird. Sie bestehen aus elastomeren Werkstoffen, Weichmetall oder kombinierten Werkstoffen und sind – je nach Werkstoff – für hohe Drücke (PN 400) und hohe Temperaturen (etwa 500 °C) geeignet (nur zum einmaligen Gebrauch).

Rundschnurdichtungen (O-Ringe) sind Ringe mit Kreisquerschnitt aus elastischen Werkstoffen oder Metallen, die aufgrund geringer Vorspannung beim Einbau, unterstützt vom Betriebsdruck, abdichten (Abb. 35.32, *11* und *13*). Abmessungen ($d_1 = 2\ldots800$ mm; $d_2 = 1{,}6\ldots10$ mm). Anwendung: Öle, Wasser, Luft, Glykogemische bei −50 bis + 200 °C und mittleren Drücken (zum mehrmaligen Gebrauch geeignet).

Hochdruckdichtungen. a) DN klein (Rohre): (s. Tab. 35.7) Kammprofildichtung, Ring-Joint-Dichtung (häufiges Öffnen), Linsendichtung; b) DN groß (Apparateflansche): (s. Abb. 35.32) Delta-Ring *14*, Spaltdichtung *17* oder nach Abb. 35.34a Doppelkonusdichtung selbsttätig mit 0,3 bis 1 mm Aluminiumfolie als Zwischenlage und Uhde-Bredtschneider-Dichtung (Abb. 35.34b), druckunterstützt, benötigt keine Schrauben und teuren Flansche.

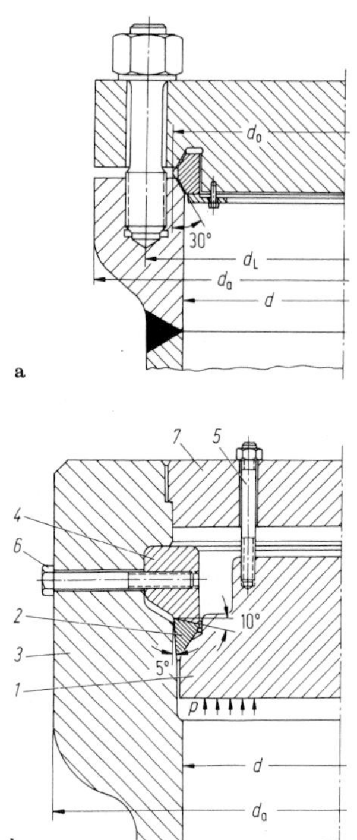

Abb. 35.34 **a** Doppelkonusdichtung; **b** Uhde-Bredtschneider-Dichtung. *1* Deckel, *2* Keildichtring, *3* Behälterkopf, *4* geteilter Ring, *5* Vorspannschrauben, *6* Halteschrauben, *7* Haltering

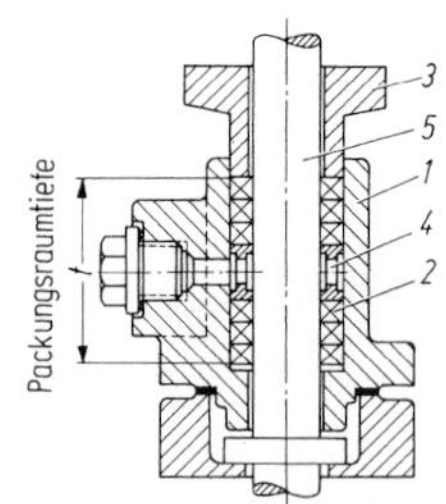

Abb. 35.35 Stopfbuchsendichtung (Goetze)

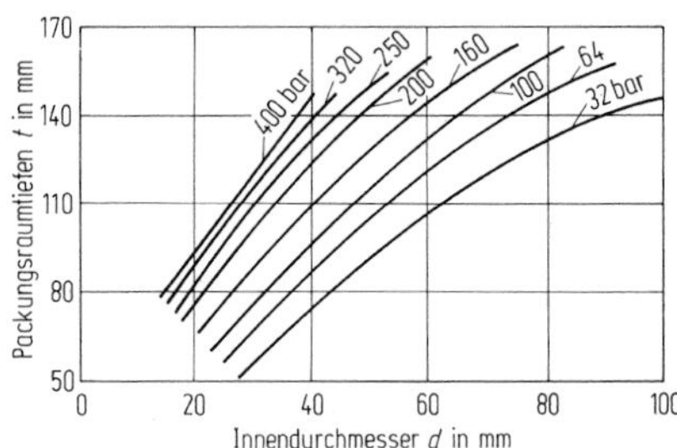

Abb. 35.36 Packungsraumtiefen für Lamellenpackungsringe (Goetze)

35.10.2 Berührungsdichtungen an gleitenden Flächen

Stopfbuchsendichtungen (Packungen) Packungen sind Dichtelemente, die gegeneinander bewegte Zylinderflächen gegen Flüssigkeiten und Gase abdichten. Die Stopfbuchsendichtung (Abb. 35.35) besteht aus dem feststehenden Teil *1* des Gehäuses mit Stopfbuchsraum, dem Dichtmaterial *2* (Packung), der mit dem Gehäuse verschraubten Brille *3* (Flansch oder Gewinde; nachspannbar), der Zwischenlaterne *4* (gegebenenfalls für Schmierölverteilung) sowie der rotierend oder axial beweglichen Welle oder Spindel *5*. Packungen sind verwendbar für relativ geringe Gleitgeschwindigkeiten (bis etwa 0,3 m/s), hohe Temperaturen (bis etwa 520 °C, hohe Drücke (bis etwa 300 bar) und Wellendurchmesser 10 bis 200 mm; Außendurchmesser der Packung 18 bis 245 mm (bis 800 mm für Dehnungskompensatoren in Gasleitungen). Dichtungsprinzip: Verschraubung in axialer Richtung bewirkt Querverformung und Anpressen an die zylindrischen Dichtflächen. Breite von Weichstoffpackungen $= \sqrt{d}$ für kleine und $= 2\sqrt{d}$ für große Spindeldurchmesser d.

Lamellenpackungsringe (Abb. 35.36): Aus gewellten, schichtweise in Asbest bzw. Baumwolle eingebetteten Metalleinlagen wie Weichblei, Kupfer, Nickel oder Chromstahl. Die Ringe sind schräg geschlitzt, sie lassen sich so aufbiegen und um die Welle legen. Bei mehreren Ringen Fugen versetzen. Bei Gasen Dichtung mittels Schmieröl verbessern und damit Reibung verringern.

Blei- oder Kupfer-Hohlring (Abb. 35.37a): Ungeteilt oder zweigeteilt. Blei- oder Kupfermantel mit Graphitschmierstoff gefüllt, der selbstschmierend durch kleine Radialbohrungen austritt; geschliffene Gleitflächen erforderlich, Anwendung z. B. in hydraulischen Presspumpen.

Folien-Packungsringe: Baumwollkern, mit Al-Folie umwickelt.

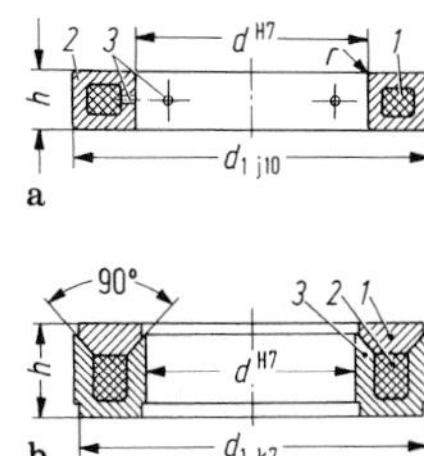

Abb. 35.37 Packungsringe (Goetze). **a** Hohlring, *1* Blei oder Kupfer, *2* Graphit-Schmierstoff, *3* Radialbohrungen; **b** Keilmanschettenring, *1* Keilring, *2* Weichstoffeinlage, *3* Manschettenring

Keilmanschetten-Packungsringe (Abb. 35.37b): Axiale Spannkraft wird aufgrund der Keilform auf die Lauffläche übertragen. Einwandfreie Fremdschmierung erforderlich. Geeignet für sehr hohe Drücke (über 400 bar) bei Autoklaven, Press- und Höchstdruckpumpen.

35.10.2.1 Gleitringdichtungen

Axiale und radiale Gleitringdichtungen haben Stopfbuchspackungen bei rotierenden Wellen zunehmend verdrängt. Abb. 35.38 zeigt den prinzipiellen Aufbau einer Axial-Gleitringdichtung. Beherrschbar 5 bis 500 mm Wellendurchmesser, 10^{-5} bar bis 450 bar Druck, über 100 m/s Umfangsgeschwindigkeit, −200 bis +450 °C Temperatur. Gestaltungsvarianten, Leckverluste, Gleitringverschluss, Reibungsverluste, Betriebssicherheit, s. [18, 20].

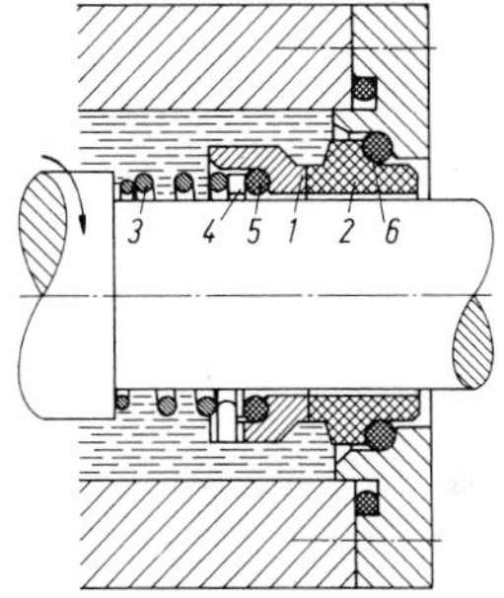

Abb. 35.38 Axial-Gleitringdichtung (Burgmann). *1* Rotierender Gleitring, *2* stationärer Gegenring, *3* Druckfeder, *4* Unterlegring, *5* Dichtring, *6* Lagerring

Anhang

Tab. 35.7 Dichtungskennwerte für Gase und Dämpfe nach DIN 2505 [21]

Dichtungsart	Dichtungsform	Benennung	Werkstoff	Dichtungskennwerte		
				Vorverformen		Betriebszustand
				k_0 mm	$k_0 \cdot K_D$ N/mm	k_1 mm
Weichstoff-Dichtungen		Flachdichtungen nach DIN EN 1514-1	Gummi	–	$2b_D$	$0,5\ b_D$
			PTFE	–	$25\ b_D$	$1,1\ b_D$
			It	–	$b_D \frac{200}{\sqrt{b_D h_D}}$	$b_D\left(0,5+\frac{5}{\sqrt{b_D h_D}}\right)$
Metall-Weichstoff-Dichtungen		Spiral-Asbestdichtung	Asbest/Stahl	–	$50\ b_D$	$1,3\ b_D$
		Welldichtring	Al	–	$30\ b_D$	$0,6\ b_D$
			Cu, Ms	–	$35\ b_D$	$0,7\ b_D$
			weicher Stahl	–	$45\ b_D$	$1\ b_D$
		Blechummantelte Dichtung	Al	–	$50\ b_D$	$1,4\ b_D$
			Cu, Ms	–	$60\ b_D$	$1,6\ b_D$
			weicher Stahl	–	$70\ b_D$	$1,8\ b_D$
Metalldichtungen		Metall-Flachdichtung	–	$1 \cdot b_D$	–	$b_D + 5$
		Metall-Spießkantdichtung	–	1	–	5
		Metall-Ovalprofildichtung	–	2	–	6
		Metall-Runddichtung	–	1,5	–	6
		Ring-Joint-Dichtung	–	2	–	6
		Linsendichtung nach DIN 2696	–	2	–	6
	Z = Anzahl d. Kämme	Kammprofildichtung nach DIN 2697	–	$0,5\sqrt{Z}$	–	$9 + 0,2 \cdot Z$

Tab. 35.8 Richtwert für Geschwindigkeiten in m/s [8]

Heißdampf ($\upsilon = 0{,}025\,\mathrm{m}^3/\mathrm{kg}$)		35	...45	
Heißdampf ($\upsilon = 0{,}02\,\mathrm{m}^3/\mathrm{kg}$)		50	...60	
Sattdampf, auch Leitungen in Kolbenmaschinen		15	...25	
Gas (Fernleitungen)		5	...10	...20
Gas (Hausleitungen)		1		
Luft (Normzustand)		10	...40	
Pressluft		2	...10	
Öl (Fernleitungen) [a]		1	...2	
Brennstoffleitungen in Verbrennungskraftmaschinen		etwa 20		
Schmierölleitungen [a] in Verbrennungskraftmaschinen		0,5...	1	
Wasser	Saugleitung von Pumpen [b]	0,5...	1...	2
	Druckleitung von Pumpen	1,5...	2...	4
	Hausleitungen	1,5...	2,5	
	Fernleitungen	1,5...	3,5	
	für Wasserturbinen	2...	4...	8

[a] Viskosität beachten!
[b] Kavitationsgefahr!

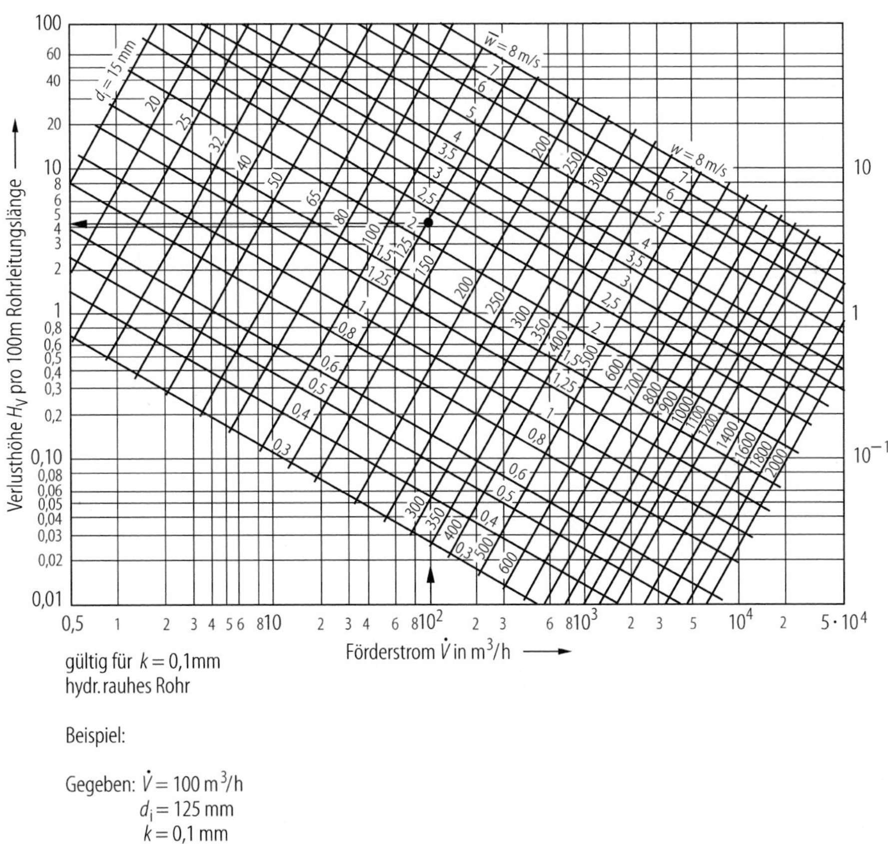

Abb. 35.39 Druckverluste in Stahlrohren DIN 2448 für Kaltwasser (+10 °C) [11]

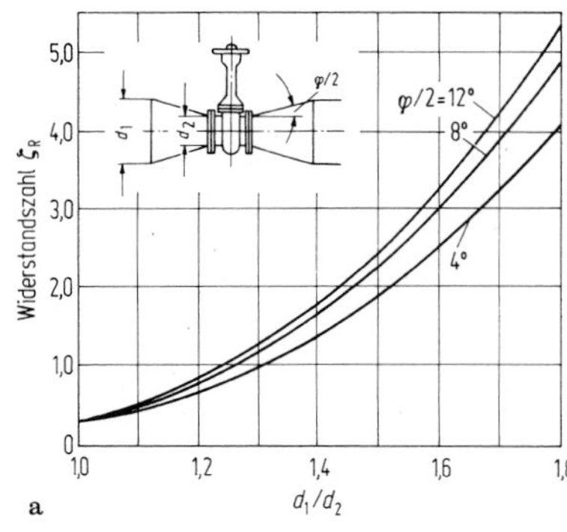

b

	Nennweite in mm									
	25	32	40	50	65	80	100	125	150	200
Durchgangsventile										
Freifluß	1,5	1,4	1,3	1,0	1,0	1,0	1,3	1,3	1,3	1,6
Bauart Boa	2,1	2,2	2,3	2,3	2,4	2,5	2,4	2,3	2,1	2,0
DIN	4,0	4,2	4,4	4,5	4,7	4,8	4,8	4,5	4,1	3,6
Eckventile										
Bauart Boa	1,6	1,6	1,7	1,9	2,0	2,0	1,9	1,7	1,5	1,3
DIN	2,8	3,0	3,3	3,5	3,7	3,9	3,8	3,3	2,7	2,0
Rückschlagklappen	1,9	1,6	1,5	1,4	1,4	1,3	1,2	1,0	0,9	0,8

Abb. 35.40 Widerstandszahl ζ_R. **a** von Absperrschiebern mit Reduzierstücken; **b** von Ventilen und Klappen nach [15]

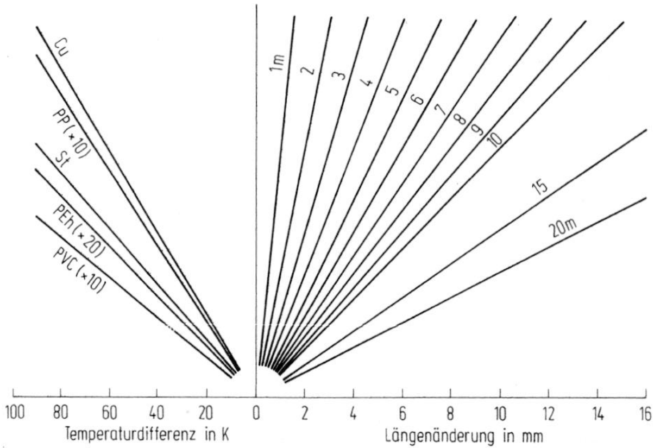

Abb. 35.41 Längenänderung verschiedener Werkstoffe in Abhängigkeit von der Temperatur

Literatur

Spezielle Literatur

1. Titze, H., Wilke, H.-P.: Elemente des Apparatebaues, 3. Aufl. Springer, Berlin (1992)
2. Thier, B.: Apparate – Technik – Bau – Anwendung, 2. Aufl. Vulkan, Essen (1997)
3. Wegener, E.: Festigkeitsberechnung verfahrenstechnischer Apparate. Wiley-VHC Verlag GmbH, Weinheim (2002)
4. Haibach, E.: Betriebsfestigkeit, 2. Aufl. Springer, Berlin (2002)
5. Klapp, E.: Festigkeit im Apparate- und Anlagenbau. Werner, Düsseldorf (1970)
6. Riedl, A.: Beitrag zur Optimierung des Verformungs- und Leckageverhaltens von Flanschdichtungen mittels Kernfunktionen. Diss. Otto-von-Guericke-Universität Magdeburg (2002)
7. Tietze, W.: Handbuch Dichtungspraxis, 2. Aufl. Vulkan, Essen (2000)
8. Richter, H.: Rohrhydraulik, 5. Aufl. Springer, Berlin (1971)
9. Zoebl, H., Kruschik, J.: Strömung durch Rohre und Ventile. Springer, Wien (1978)
10. AD-Merkblätter: Richtlinien für Werkstoff, Herstellung, Berechnung und Ausrüstung von Druckbehältern. Loseblatt-Sammlung. Heymann, Köln
11. Wagner, W.: Rohrleitungstechnik, 7. Aufl. Vogel, Würzburg (1996)
12. Graßmuck, J., Houben, K.-W., Zollinger, R.M.: DIN-Normen in der Verfahrenstechnik, 2. Aufl. Teubner, Stuttgart (1994)
13. Richarts, F.: Berechnung von Festpunktbelastungen bei Fernwärmeleitungen. Heiz., Lüft., Haustech. **6**, 220 (1955)
14. Merkblatt 333: Halterungen und Dehnungsausgleicher für Rohrleitungen. Düsseldorf: Beratungsstelle für Stahlverwertung
15. Armaturen-Handbuch der Fa. KSB, Frankenthal
16. Früh, K.F.: Berechnung des Durchflusses in Regelventilen mit Hilfe des k_V-Koeffizienten. Regelungstechnik **5**, 307 (1957)
17. Ullmanns Encyklopädie der techn. Chemie, Bd. 4, 4. Aufl. Verlag Chemie, Weinheim (1974) S. 258–267

18. Trutnovsky, K.: Berührungsdichtungen, 2. Aufl. Springer, Berlin (1975)
19. Tochtermann, W., Bodenstein, F.: Konstruktionselemente des Maschinenbaues, Teil 1, 9. Aufl. Springer, Berlin (1979)
20. Mayer, E.: Axiale Gleitringdichtungen, 7. Aufl. VDI-Verlag, Düsseldorf (1982)
21. Schwaigerer, S.: Festigkeitsberechnung im Dampfkessel-, Behälter- und Rohrleitungsbau, 5. Aufl. Springer, Berlin (1997)

Intensivkühlung heißer Metalle mit Flüssigkeiten

36

Eckehard Specht

36.1 Phänomenologie

Metalle müssen während ihres Herstellungsweges bei den meisten Prozessen intensiv gekühlt werden. Bei kontinuierlichen Gießvorgängen muss der teilweise erstarrte Strang nach dem Austritt aus der Kokille zur vollständigen Erstarrung gekühlt werden. Zur Härtung werden die Werkstücke auf hohe Temperaturen erwärmt, wie beispielsweise 900 bis 1200 °C bei Stählen und 500 bis 600 °C bei Aluminiumlegierungen. Die Erwärmungstemperaturen von Legierungen aus Kupfer und anderer Metalle liegen dazwischen. Danach müssen die Werkstücke intensiv gekühlt werden, um die geforderten Materialeigenschaften einzustellen (vgl. Bd. 1, Abschn. 29.4).

Es gibt prinzipiell drei verschiedene Kühltechniken, die in Abb. 36.1 schematisch dargestellt sind. Links ist die Tauchkühlung dargestellt. Hierbei werden einzelne Teile in Bäder verschiedener Flüssigkeiten wie Öle, Wasser oder Polymere getaucht. Diese Art der Kühlung wird zur Härtung einzelner Teile wie Schrauben, Lagerringer oder Zahnräder angewendet. In der Mitte ist die Spritzkühlung schematisch dargestellt. Hierbei wird mit einem Feld von Düsen Wasser auf das Metall gespritzt. Hierbei kommen verschiedene Arten von Düsen zur Anwendung. Die Düsen zeichnen sich aus durch verschiedene Spritzwinkel bis hin zum Vollstrahl und durch die Spritzform, wie Vollkegel, Hohlkegel, Flachstrahl. In Einzelfällen wird das Wasser pneumatisch als sogenannte Zweistoffdüse zerstäubt. Die Spritzkühlung wird angewendet beim Strangguss und bei der Härtung von großflächigen Werkstücken wie Platten und Bänder. Rechts im Bild ist schließlich noch die Strahlkühlung dargestellt. Hierbei laufen auf das Metall mehrere Vollstrahlen, die sich schnell zu einem geschlossenen Wasserfilm verbinden. Diese Art der Kühlung wird hauptsächlich beim Strangguss von Nichteisen-Metallen angewendet und zur Härtung von Stahlplatten.

Da die Temperaturen der Metalle weit oberhalb der Siedetemperatur der Flüssigkeiten liegen, tritt der Wärmeübergangsmechanismus der Verdampfungsvorgänge auf. Die vier verschiedenen Bereiche des Wärmeübergangs (Konvektion, Blasenverdampfung, partielle Filmverdampfung, stabile Filmverdampfung) werden von hohen zu niedrigen Temperaturen durchlaufen. Die Wärme wird also zuerst durch stabile Filmverdampfung, dann durch partielle Filmverdampfung, Blasenverdampfung und schließlich Konvektion abgeführt. In der Verfahrenstechnik, bei der Flüssigkeiten verdampft werden, wird dagegen die Siedekurve von niedrigen zu hohen Temperaturen durchlaufen. Der Übergang von der Blasenverdampfung zur Filmverdampfung ist dabei kritisch, da sich dann ein neues Gleichgewicht erst bei viel höheren Temperaturen einstellt, was eine Schädigung des Apparates hervorrufen kann, oder die Leistung fällt steil ab. Die maximale Wärmestromdichte wird daher als kritische Wärmestromdichte und die zugehörige Tempe-

E. Specht (✉)
Otto-von-Guericke-Universität Magdeburg
Magdeburg, Deutschland
E-Mail: eckehard.specht@ovgu.de

B. Bender und D. Göhlich (Hrsg.), *Dubbel Taschenbuch für den Maschinenbau 3: Maschinen und Systeme*,
https://doi.org/10.1007/978-3-662-59715-6_36

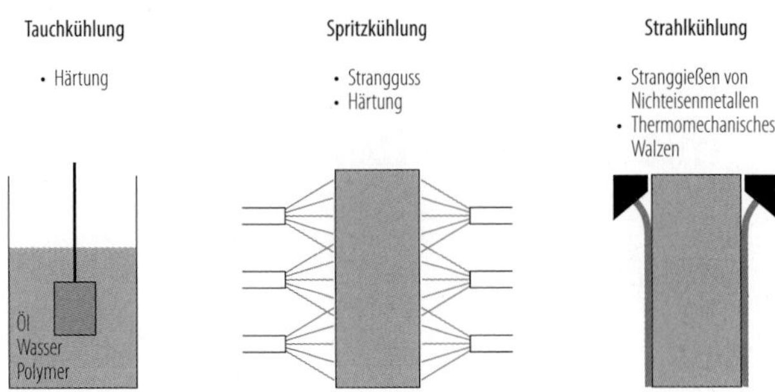

Abb. 36.1 Prinzipielle Kühltechniken

ratur als kritische Temperatur bezeichnet. In der Kühltechnik ist dieser Punkt jedoch keinesfalls kritisch. Daher spricht man hier von maximaler Wärmestromdichte und die zugehörige Temperatur wird als DNB-Temperatur (Departure from Nucleate Boiling) bezeichnet.

Der sich bei der Abkühlung ergebende Temperaturverlauf wird prinzipiell mit Abb. 36.2 erklärt. Bei den hohen Temperaturen zu Beginn der Abkühlung bildet sich über der Oberfläche ein Dampffilm aus. In diesem sogenannten Bereich der stabilen Filmverdampfung ist der Wärmeübergang relativ gering, da die Wärmeleitung durch den Dampffilm einen Wärmetransportwiderstand bewirkt. Die Abkühlkurve verläuft entsprechend flach. Sowie die Temperatur auf der Oberfläche die sogenannte Leidenfrosttemperatur unterschreitet, bricht der Dampffilm partiell zusammen, so dass Teile der Oberfläche mit Wasser benetzt werden. Der Wärmeübergang und damit der Gradient der Abkühlung nehmen folglich zu.

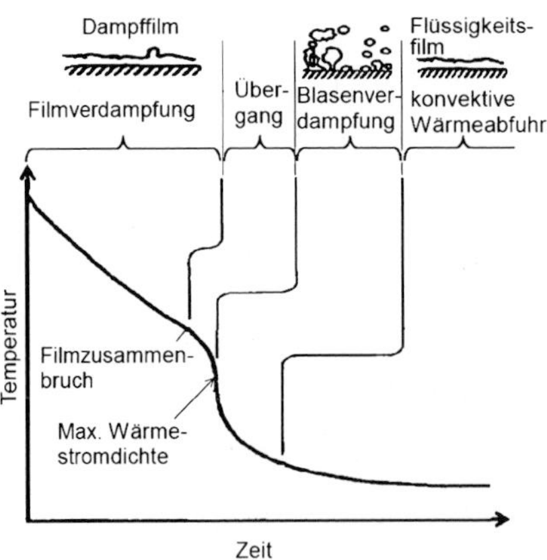

Abb. 36.2 Mechanismus des Wärmeübergangs

Kurze Zeit später setzt die Blasenverdampfung ein, bei der die Oberfläche vollständig benetzt wird. In diesem Bereich ist bekanntlich der Wärmeübergang durch die Blasenablösung überaus hoch und die Temperatur fällt steil ab. Nach dem die Temperatur der Oberfläche unter 100 °C gesunken ist, wird die Wärme nur noch durch reine Konvektion abgeführt. Die Abkühlkurve verläuft wieder flacher, da die Intensität des Wärmeübergangs entsprechend nachlässt (s. Bd. 1, Kap. 40).

Der Wärmeübergang während der Filmverdampfung wird mit Abb. 36.3 erläutert, in dem der prinzipielle Temperaturverlauf dargestellt ist. Innerhalb des Dampffilms nimmt die Temperatur kontinuierlich ab. Die leichte Krümmung ist in der Temperaturabhängigkeit der Wärmeleitfähigkeit begründet, die bei höheren Temperaturen größere Werte hat, so dass der Gradient an der Oberfläche einen geringen Wert besitzt. An der Grenzfläche zwischen Dampf und Flüssigkeit liegt stets die Siedetemperatur vor. In der Grenzschicht fällt dann die Temperatur auf den Wert der Flüssigkeit ab. Die Wärme wird von der

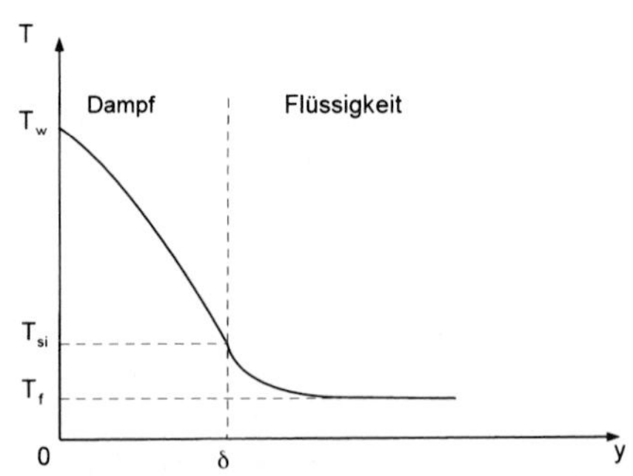

Abb. 36.3 Prinzipieller Temperaturverlauf während der Filmverdampfung

Oberfläche durch Leitung und Strahlung an die Grenzfläche abgeführt. Hierfür gilt

$$\dot{q} = \frac{\lambda_\text{v}}{\delta} \cdot (T_\text{w} - T_\text{si}) + \varepsilon_\text{eff} \cdot \sigma \cdot \left(T_\text{w}^4 - T_\text{si}^4\right), \quad (36.1)$$

wobei λ_v die mittlere Wärmeleitfähigkeit des Dampfes und δ die Dicke der Dampfschicht ist. Der Anteil der Strahlung ist gering und kann vernachlässigt werden. Der an der Grenzfläche ankommende Wärmestrom wird zum einen Teil konvektiv in die Flüssigkeit geleitet und zum anderen Teil in Verdampfungsenthalpie umgewandelt. Hierfür gilt

$$\dot{q} = \alpha \cdot (T_\text{si} - T_\text{f}) + \dot{m}_\text{v} \cdot \Delta h_\text{v}, \quad (36.2)$$

wobei α der Wärmeübergangskoeffizient in der Flüssigkeit, T_f deren Temperatur, $\dot{m}$ der verdampfende Flüssigkeitsstrom und Δh_v die Verdampfungsenthalpie bedeuten. Der in Verdampfungsenthalpie umgewandelte Anteil ist wiederum vergleichsweise gering und kann vernachlässigt werden [1]. Dieses unterscheidet übrigens die Kühltechnik von den Verdampfungsvorgängen in der Verfahrenstechnik, bei denen die Wärme (hier zugeführt) überwiegend in Verdampfungsenthalpie umgewandelt wird. Aus den obigen beiden Gleichungen folgt für die Dicke des Dampffilmes

$$\delta = \frac{\lambda_\text{v}}{\alpha} \cdot \frac{T_\text{w} - T_\text{si}}{T_\text{s} - T_\text{f}}. \quad (36.3)$$

Aus dieser Gleichung lässt sich die Beeinflussung der Leidenfrosttemperatur prinzipiell erklären. Der Dampffilm bricht bei glatten Oberflächen etwa im Bereich 30 bis 70 µm zusammen. Nimmt während der Kühlung die Wandtemperatur ab, wird entsprechend obiger Gleichung der Dampffilm dünner, bis dieser bei seinem kritischen Wert zusammenbricht. Warum der Dampffilm zusammenbricht, kann bisher physikalisch noch nicht erklärt werden. Daher kann auch nicht die Leidenfrosttemperatur vorhergesagt werden. Bei höherer Flüssigkeitstemperatur ergibt sich bei sonst gleichen Bedingungen ein dickerer Dampffilm. Die Wandtemperatur kann folglich auf einen tieferen Wert sinken, bevor die kritische Dicke erreicht wird und der Dampffilm zusammenbricht. Je höher also die Temperatur der Flüssigkeit ist, desto niedriger werden die Leidenfrosttemperaturen, wie in Abb. 36.4 veranschaulicht ist. Die Siedetemperatur beeinflusst die Leidenfrosttemperatur ebenfalls. Je höher diese ist, desto geringer ist die Dicke des Dampffilms bei sonst gleichen Bedingungen. Bei Abnahme der Wandtemperatur wird die kritische Dicke also schon bei höheren Werten erreicht. Der Dampffilm bricht bei der Abkühlung also früher zusammen, die Leidenfrosttemperaturen liegen entsprechend höher. Flüssigkeiten mit höheren Siedetemperaturen als Wasser sind Öle. Bei Ölen bricht der Dampffilm also schon bei relativ hohen Temperaturen zusammen und der Bereich der Blasenverdampfung mit dem sehr hohen Wärmeübergang wird schneller erreicht. Diese sogenannten Härteöle kühlen also intensiver als Wasser. Allerdings können Öle nur bei der Tauchkühlung eingesetzt werden, da bei anderen Kühlverfahren der Öldampf sich entzünden würde. Die Leidenfrosttemperatur kann schließlich noch durch den Wärmeübergangskoeffizienten beeinflusst werden. Je höher dieser ist, desto geringer ist bei sonst gleichen Bedingungen die Dicke des Dampffilms. Dieser bricht also früher zusammen, die Leidenfrosttemperaturen liegen entsprechend höher. Der Bereich der Blasenverdampfung wird wiederum früher erreicht. Der Wärmeübergangskoeffizient nimmt mit der Strömungsgeschwindigkeit zu und mit der Überströmlänge ab. Kleine Körper sowie Ecken und Kanten besitzen also höher Leidenfrosttemperaturen. An Ecken und Kanten tritt somit die Benetzung der Oberfläche zuerst auf.

		Einflussgröße			
T_w ↓	T_{si} ↑	T_f ↑	α↑	w↑	d↑
		Wirkung			
δ↓	δ↓	δ↑	δ↓	δ↓	δ↑
T_{Le}-	T_{Le}↑	T_{Le}↓	T_{Le}↑	T_{Le}↑	T_{Le}↓

Abb. 36.4 Wirkung von Einflussgrößen auf die Dampfdicke und damit Leidenfrosttemperatur

Die abgeführte Wärmestromdichte während des Kühlvorganges ist prinzipiell in Abb. 36.5 in Abhängigkeit von der Wandtemperatur gezeigt. Diese sogenannte Siedelinie hat als charakteristische Punkte die Leidenfrosttemperatur T_Le, die maximale Wärmestromdichte $\dot{q}_\text{max}$ und die Temperatur T_DNB, bei der diese auftritt. Der Bereich

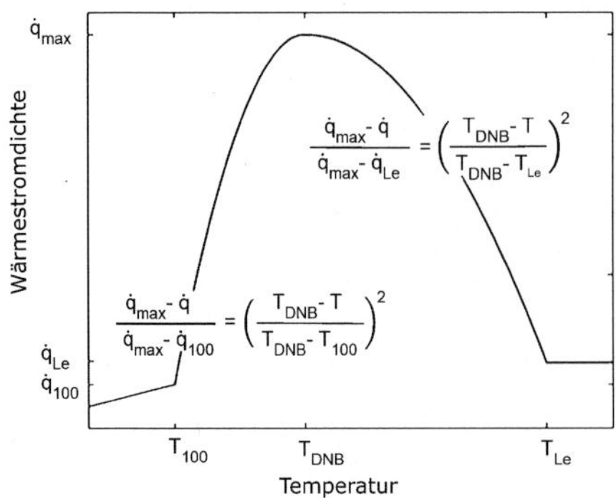

Abb. 36.5 Charakteristische Punkte der Siedelinie und Annäherung

der Filmverdampfung kann für alle Kühltechniken gut mit einer Geraden angenähert werden.

Die Bereiche der Blasenverdampfung und partiellen Filmverdampfung können jeweils gut durch Parabeln angenähert werden (s. Abb. 36.5).

Die Wärmestromdichten bei den verschiedenen Kühltechniken und deren Beeinflussung wird in den folgenden Abschnitten näher beschrieben.

36.2 Tauchkühlung

Zur Härtung metallischer Werkstücke werden diese auf hohe Temperaturen erwärmt und anschließend in ein Flüssigkeitsbad getaucht, wie eingangs bereits beschrieben wurde. Die zuvor qualitativ beschriebene Wirkung der Einflussgrößen wird im Folgenden an einigen Beispielen mit gemessenen Werten verdeutlicht. In Abb. 36.6 ist die zeitliche Abnahme der Oberflächentemperatur von Nickelkugeln in Wasserbädern gezeigt [2, 3]. Im linken Teilbild ist die Wassertemperatur und im rechten Teilbild die Anströmgeschwindigkeit variiert. Je höher die Badtemperatur ist, desto mehr sinkt die Leidenfrosttemperatur. Bei einer Zunahme der Badtemperatur von beispielsweise 20 auf 60 °C verdoppelt sich die Abkühlzeit. Für gleichbleibende Härteergebnisse von Werkstücken während des Produktionsprozesses muss also für eine konstante Badtemperatur gesorgt werden. Im rechten Teilbild ist zu erkennen, wie die Leidenfrosttemperatur mit zunehmender Anströmgeschwindigkeit signifikant zu höheren Werten verschoben wird, was zu einer drastischen Verkürzung der Abkühlzeit führt. Die Aufprägung einer Badströmung ist also ein sehr wirksames Mittel zur Erhöhung der Abkühlgeschwindigkeit. Wie mit Gl. (36.3) veranschaulicht wurde, führt eine Erhöhung des konvektiven Wärmeübergans in das Wasserbad (Erhöhung Geschwindigkeit) zu einer Abnahme der Dicke des Dampffilms. Dieser muss somit früher zusammenbrechen.

In Abb. 36.7 ist die aus den Abkühlkurven ermittelten Wärmestromdichten in Abhängigkeit von der Oberflächentemperatur dargestellt, und zwar für verschiedene Anströmgeschwindigkeiten, Kugelgrößen und Wassertemperaturen. Hieraus ist ersichtlich, dass diese Parameter nicht nur die Leidenfrosttemperatur beeinflussen, sondern auch die Höhe der maximalen Wärmestromdichte und deren zugehöriger Temperatur. Insbesondere sei auf den Einfluss der Körpergröße hingewiesen. Je kleiner diese ist, je höher sind Leidenfrosttemperatur und maximale Wärmestromdichte.

In Abb. 36.8 ist der Einfluss der drei zuvor aufgeführten Parameter auf die Leidenfrosttemperatur dargestellt. Diese steigt in etwa linear mit

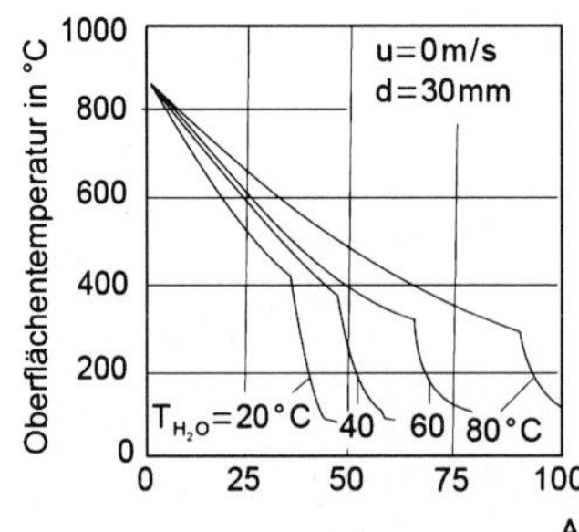

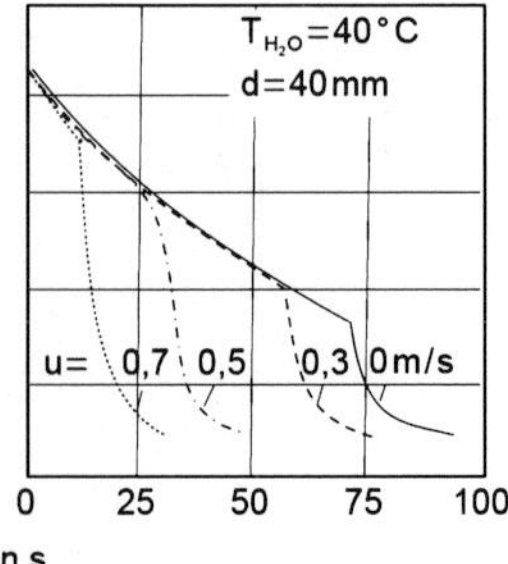

Abb. 36.6 Einfluss der Wassertemperatur und der Anströmgeschwindigkeit auf die Abkühlzeit

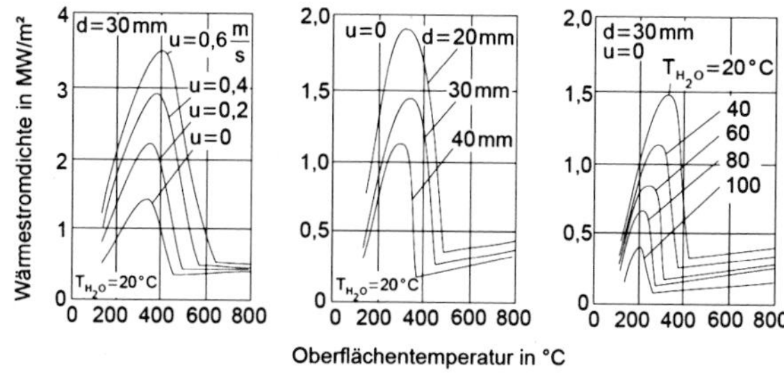

Abb. 36.7 Einfluss der Wassertemperatur, der Kugelgröße und der Anströmgeschwindigkeit auf die abgeführte Wärmestromdichte

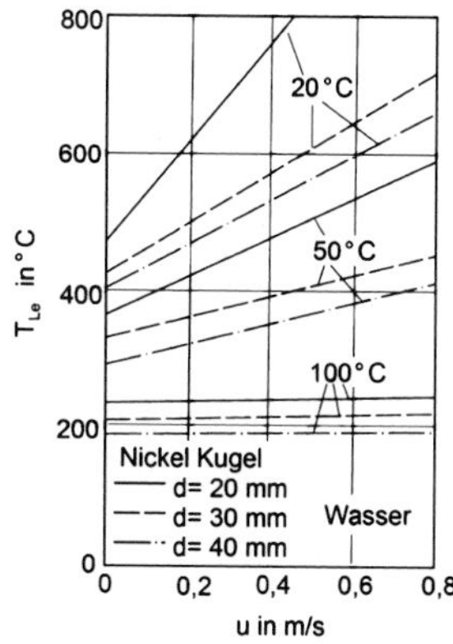

Abb. 36.8 Einfluss der Badgeschwindigkeit, Wassertemperatur und Kugelgröße auf die Leidenfrosttemperatur

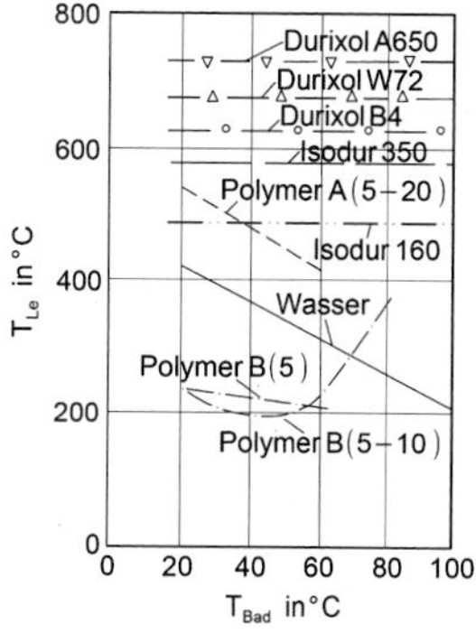

Abb. 36.9 Leidenfrosttemperatur für verschiedene Flüssigkeiten in Abhängigkeit deren Temperatur

der Anströmgeschwindigkeit an. Der Anstieg ist umso stärker, je niedriger die Badtemperatur und je kleiner die Kugel ist. Bei der kleinen Kugel mit der Anfangstemperatur von 800 °C setzt bei bereits geringen Anströmgeschwindigkeiten sofort nach dem Eintauchen Blasenverdampfung ein. Ein Dampffilm bildet sich also nicht mehr aus.

Der Einfluss der Art der Flüssigkeit auf den Wärmeübergang und damit die Abkühlzeit wird mit Abb. 36.9 veranschaulicht. Hieraus ist ersichtlich, dass die Leidenfrosttemperatur durch die Art der Flüssigkeit gezielt eingestellt werden kann. Mit speziellen sogenannten Härteölen kann die Leidenfrosttemperatur bis auf fast 800 °C angehoben werden. Mit Polymeren kann diese dagegen bis auf 200 °C abgesenkt werden. Die Temperatur des Bades spielt nur bei Wasser und Polymere eine Rolle. Bei Ölen macht sich die Temperatur des Bades erst bemerkbar, wenn diese die Nähe der Siedetemperatur erreicht. Die Leidenfrosttemperatur hängt zusätzlich noch von der Art des Metalls, der Oberflächenrauhigkeit und der Qualität des verwendeten Wassers ab, worauf hier nicht eingegangen werden wird.

36.3 Spritzkühlung

36.3.1 Düsentechnik

Bei der Spritzkühlung wird Wasser verdüst, so dass es in Tropfen auf die Oberfläche trifft. Mit der Art der Düse wird ein definiertes Tropfenspektrum auf der Oberfläche erzeugt. Zunächst wird bei Düsen nach der Spritzform unterschieden. In der Kühltechnik werden meistens Vollkegel- und Flachstrahldüsen eingesetzt. Die Form richtet sich nach der Geometrie des zu kühlenden Metalls.

Weiterhin wird danach unterschieden, ob das Wasser direkt und indirekt mit Hilfe von Druckluft verdüst wird. Im ersten Fall werden die Düsen als Einstoffdüsen oder hydraulische Düsen bezeichnet und im zweiten Fall als Zweistoffdüsen oder pneumatische Düsen.

Bei Einstoffdüsen hängt die Austrittsgeschwindigkeit nur vom Vordruck des Wassers ab entsprechend

$$\Delta p = \frac{\rho}{2} w^2. \tag{36.4}$$

Der austretende Volumenstrom hängt zusätzlich noch vom Düsendurchmesser d ab

$$\dot{V} = \frac{\pi}{4} \cdot d^2 \cdot w = \frac{\pi}{4} \cdot d^2 \cdot \sqrt{\frac{2 \cdot \Delta p}{\rho}}. \tag{36.5}$$

Zur Erzeugung feiner Tropfen werden kleine Durchmesser benötigt. Die relativ kleine Auslassbohrung bei Einstoffdüsen ist anfällig für eine Verstopfung und einen Verschleiß. Ein weiterer Nachteil der Einstoffdüse ist der im Vergleich zur Zweistoffdüse kleinere Regelbereich von etwa 1:4. Abb. 36.10 zeigt als Beispiel die Verteilung der Wasserbeaufschlagungsdichte einer speziellen Düse für drei verschiedene Durchsätze. Die Wasserbeaufschlagungsdichte gibt die Wassermenge an, die pro Flächen- und Zeiteinheit auf die Oberfläche trifft. Aus dem Bild ist ersichtlich, dass diese Verteilung bei dieser Düse nur für den Durchsatz 20 l/h symmetrisch ist. Mit dem Durchsatz ändert sich zwar die Wasserbeaufschlagungsdichte, die örtliche Verteilung wird jedoch ungleichmäßiger, was sich entsprechend auf den örtlichen Wärmeübergang auswirkt. Bei Einstoffdüsen reagiert oftmals auch die örtliche Verteilung der Wasserbeaufschlagungsdichte auf den Durchsatz und damit Regelbereich.

Durch die Verwendung von Wasser als einziges Durchflussmedium entfallen bei Einstoffdüsen die Kosten für die Kompressoren zur Erzeugung von Druckluft. Weiter müssen für den Betrieb weniger Rohrleitungen verlegt werden. Hierdurch verringern sich sowohl die Investitions- als auch die Wartungskosten. Weiterhin sind Einstoffdüsen auf Grund deren einfacherer Konstruktion preiswerter als Zweistoffdüsen.

Bei Zweistoffdüsen strömt durch die Austrittsöffnung sowohl Wasser als auch Luft, wobei der Volumenstrom der Luft ein Mehrfaches größer ist als der des Wassers. Folglich müssen die Austrittsöffnungen erheblich größer als bei Einstoffdüsen sein. Der Volumenstrom des Wassers hängt nun nicht nur vom Druck des Wassers ab, sondern auch vom Druck der Luft. Dieser Zusammenhang wird in einem düsenspezifischen Druck-Mengen-Diagramm angegeben. In Abb. 36.11 ist ein solches Diagramm für eine typische Zweistoffdüse gezeigt. Der Volumenstrom des Wassers steigt in etwa mit der Wurzel des Wasserdruckes an, dieser ist jedoch bei gleichem Wasserdruck umso niedriger, je höher der Luftdruck ist. Die Luftmenge nimmt mit dem Druck der Luft zu und mit dem Druck des Wassers ab. Zur Regelung der Wassermenge stehen somit der Druck des Wassers und der Druck der Luft zur Verfügung. Der Regelungsbereich des Wasserstromes kann bis 1:20 bei Zweistoffdüsen betragen.

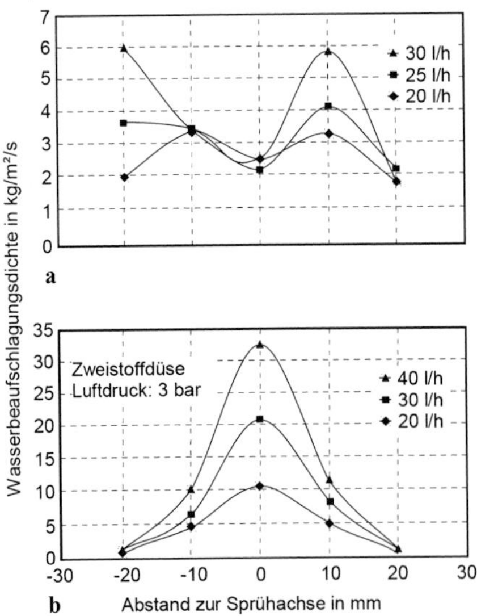

Abb. 36.10 Beispielhafte Verteilung der Wasserbeaufschlagungsdichte für eine hydraulische (**a**) und pneumatische (**b**) Vollkegeldüse

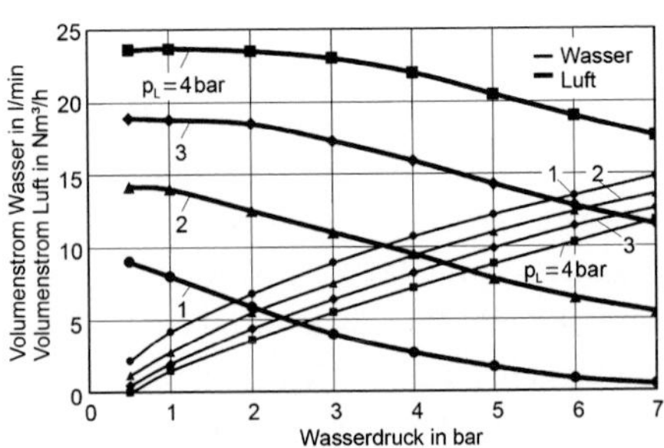

Abb. 36.11 Druck-Mengen-Diagramm einer Zweistoffdüse

36.3.2 Wärmeübergangsmechanismus

Der Wärmeübergang bei der Spraykühlung hängt hauptsächlich von der sogenannten Wasserbeaufschlagungsdichte ab. Dieses ist die Menge an Wasser, die pro Flächen- und Zeiteinheit auf die Oberfläche in Form von Tropfen trifft. Abb. 36.12 zeigt das Siedediagramm beispielhaft für Nickel, wobei die Wasserbeaufschlagungsdichte der Parameter ist. Hieraus ist ersichtlich, dass nicht nur der Wärmeübergangskoeffizient mit der Wasserbeaufschlagungsdichte erhöht wird, sondern auch die Leidenfrosttemperatur und die Temperatur der maximalen Wärmestromdichte zu höheren Werten verschoben werden.

Trifft ein Tropfen auf ein heißes Metall, so stellt sich eine Kontakttemperatur ein, die nur etwas unterhalb der Oberflächentemperatur des Metalls liegt. Die Kontakttemperatur hängt nämlich vom Verhältnis der Wärmeeindringkoeffizienten vom Metall und der Flüssigkeit ab. Der Wärmeeindringkoeffizient ist das Produkt aus Wärmeleitfähigkeit, Dichte und spezifischer Wärmekapazität. Dieser ist für Metalle wesentlich höher als für Wasser, so dass die Kontakttemperatur näher an der Metalltemperatur liegt. Da diese Kontakttemperatur erheblich höher als die Siedetemperatur ist, verdampft sofort Wasser. Der Tropfen kann sich somit auf einem Dampfpolster nahezu reibungsfrei ausdehnen und wieder zusammenziehen, bevor er von dem Dampf fortgeschleudert wird. Größere Tropfen zerplatzen dabei in kleinere Tropfen. Auf der Oberfläche des Tropfens zur Metallseite hin stellt sich stets die Siedetemperatur ein. Der Wärmeübergang hängt also wiederum vom Temperaturgradienten in der Flüssigkeit ab. Die Dampfdicke stellt sich entsprechend dem Wärmeübergang ein, wie zuvor mit Gl. (36.3) beschrieben.

Für die abgeführte Wärmestromdichte folgt [4, 5]

$$\dot{q} = \frac{3}{4} \cdot \sqrt{\frac{2}{\pi}} \cdot \frac{\sqrt{\lambda \cdot \rho \cdot c}}{\rho} \cdot \dot{m} \cdot (T_{\mathrm{Si}} - T_0) \cdot \frac{1}{\sqrt{w \cdot d}} \cdot \left[1 + 1{,}18 \cdot \left(\frac{\rho \cdot w^2 \cdot d}{\sigma} \right)^{0{,}24} \right]^2 . \tag{36.6}$$

Diese ist somit proportional der Wasserbeaufschlagungsdichte und der Temperaturdifferenz im Tropfen, wobei T_{Si} die Siedetemperatur und T_0 die Anfangstemperatur sind. Weiterhin bedeuten λ, ρ, c die Wärmeleitfähigkeit, Dichte und spezifische Wärmekapazität des Wassers Der Einfluss des Tropfendurchmessers d hebt sich in der Gleichung weitgehend auf. Die Tropfengeschwindigkeit w erhöht den Wärmeübergang nur geringfügig. Beides ist durch Experimente bestätigt, z. B. [6, 7]. In Abb. 36.13 ist diese Abhängigkeit von der Wasserbeaufschlagungsdichte gezeigt. In das Bild sind zusätzlich Mittelwerte von experimentellen Ergebnissen verschiedener Autoren mit eingetragen. Die Gleichung gibt also die Messergebnisse gut wieder. Die Messwerte gelten für verschiedenste pneumatische und hydraulische Düsen.

36.3.3 Filmverdampfung

Die Wärmestromdichte der Filmverdampfung ist in Abb. 36.13 in Abhängigkeit von der Was-

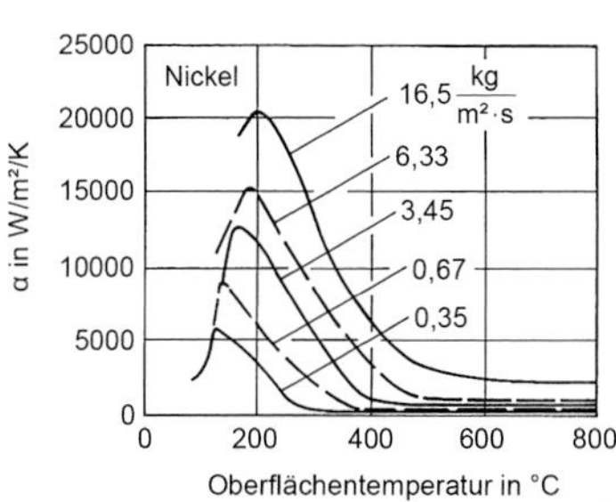

Abb. 36.12 Siedediagramm der Spraykühlung für Nickel [6]

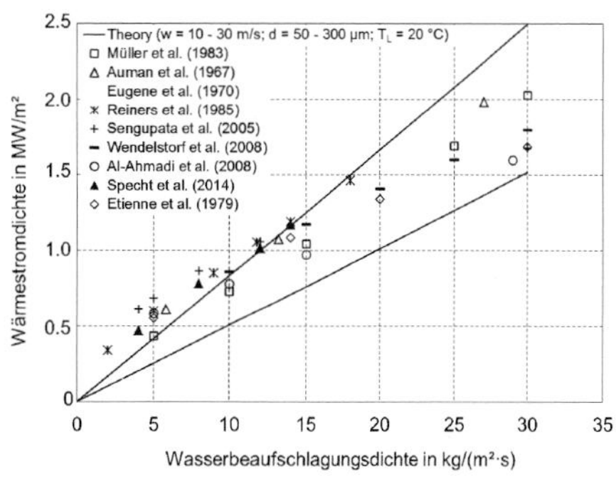

Abb. 36.13 Wärmestromdichte im Bereich der Filmverdampfung [8–11]

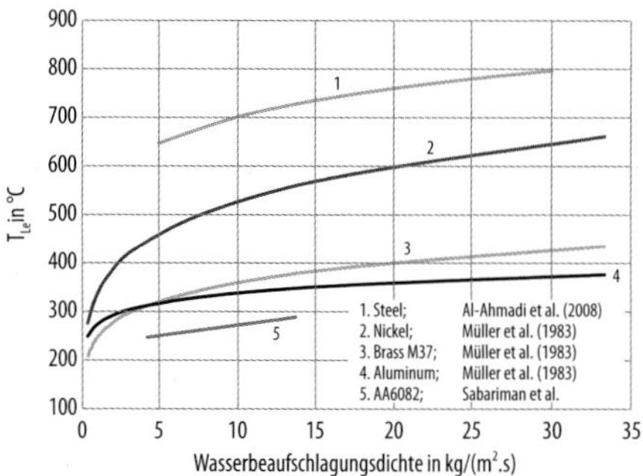

Abb. 36.14 Leidenfrosttemperatur in Abhängigkeit von der Wasserbeaufschlagungsdichte

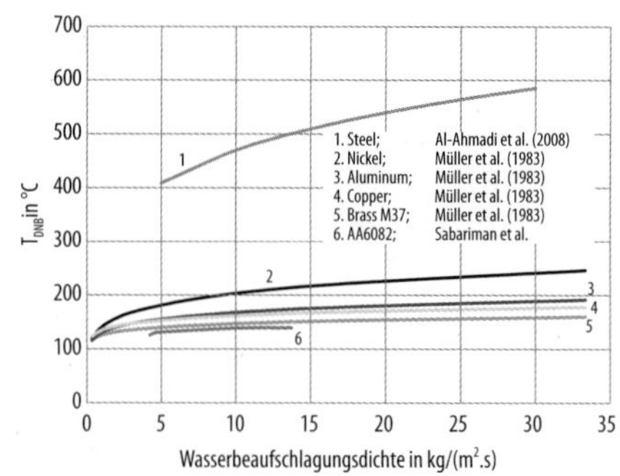

Abb. 36.15 DNB-Temperatur in Abhängigkeit von der Wasserbeaufschlagungsdichte

serbeaufschlagungsdichte gezeigt. Die einzelnen Messwerte verschiedener Autoren [6–8] schwanken im Bereich von $\pm 20\,\%$. Die meisten Autoren verwenden Nickel als Testmaterial, weil Nickel im Gegensatz zu Kupfer auch bei hohen Temperaturen auf der Oberfläche nicht oxidiert und bei der Abkühlung im Gegensatz zu Stahl keine Phasenänderungsenthalpien berücksichtigt werden müssen. Als Düsen wurden Hohlkegel und Flachstrahldüsen verwendet, die hydraulisch und pneumatisch mit geringem Luftdruck betrieben wurden. Für alle Düsen sind die Wärmestromdichten gleich. Mit der Wasserbeaufschlagungsdichte steigen die Wärmestromdichten linear an. Ein Einfluss der Oberflächentemperatur wurde nicht beobachtet. Bei Zweistoffdüsen mit hohem Zerstäubungsdruck wird der Wärmeübergang mit dem Luftüberdruck gesteigert, im beträchtlichen Maße bei kleinen Wasserbeaufschlagungsdichten.

Die Abhängigkeit der Leidenfrosttemperatur von der Wasserbeaufschlagungsdichte ist in Abb. 36.14 dargestellt, und zwar für verschiedene Metalle. Die Streuung der Ergebnisse ist stets relativ hoch, was hier nicht dargestellt ist. Die Leidenfrosttemperatur steigt demnach mit der Wasserbeaufschlagungsdichte an, relativ stark bei sehr niedrigen Werten und bei sehr hohen Werten nur noch geringfügig. Hervorzuheben ist jedoch die starke Abhängigkeit von der Art des Metalls. Je niedriger der Wärmeeindringkoeffizient ist, desto höher ist die Leidenfrosttemperatur. Stahl hat also die höchsten und Aluminium die niedrigsten Werte. Der Unterschied ist mit etwa 400 K überaus hoch. Bei der Abkühlung von Werkstücken aus Stahl dauert der Bereich der Filmverdampfung also nur kurz, bei Aluminium dagegen relativ lang. Eine exakte physikalische Begründung kann hierfür zurzeit noch nicht gegeben werden.

Die Blasenverdampfung ist durch die DNB-Temperatur und den maximalen Wärmeübergangskoeffizienten oder die maximale Wärmestromdichte charakterisiert. In Abb. 36.15 ist die DNB-Temperatur wiederum in Abhängigkeit von der Wasserbeaufschlagungsdichte für verschiedene Metalle dargestellt. Die Kurven sind analog zu denen der Leidenfrosttemperatur. Die Werte steigen mit der Wasserbeaufschlagungsdichte degressiv an. Je höher der Wärmeeindringkoeffizient ist, desto niedriger ist wiederum die Temperatur. Die Unterschiede sind wiederum relativ hoch.

In Abb. 36.16 ist die maximale Wärmestromdichte in Abhängigkeit von der Wasserbeaufschlagungsdichte dargestellt. Die Art des Metalls übt wiederum einen starken Einfluss aus. Bei

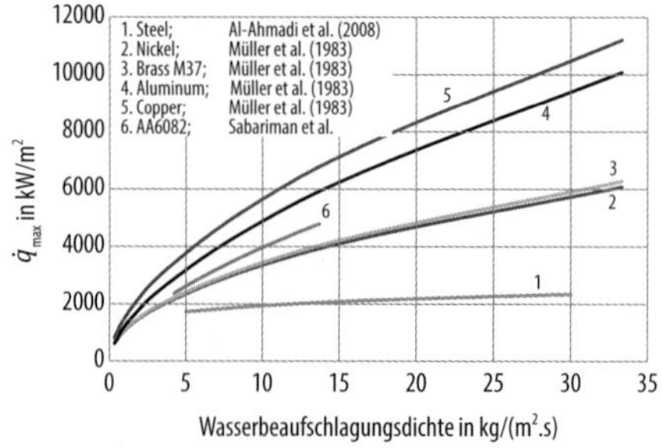

Abb. 36.16 Max. Wärmeübergangskoeffizient und max. Wärmestromdichte in Abhängigkeit von der Wasserbeaufschlagungsdichte

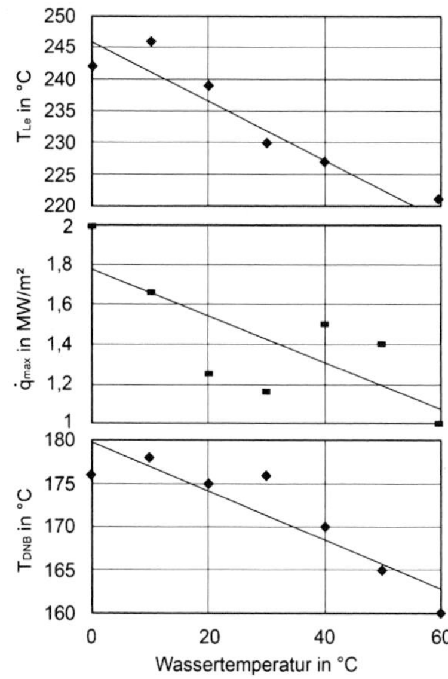

Abb. 36.17 Wärmeübergangskoeffizient der Filmverdampfung und Leidenfrosttemperatur für verschiedene Temperaturen der Wassertropfen [10]

sehr hohen Wasserbeaufschlagungsdichten ist die maximale Wärmestromdichte bei Aluminium etwa um den Faktor fünf höher als bei Stahl. Der Verlauf des Wärmeübergangs im Bereich der Blasenverdampfung wird also erheblich von der Art des Metalls beeinflusst.

36.3.4 Einfluss der Wassertemperatur

Der Einfluss der Wassertemperatur auf den Wärmeübergang wird mit Abb. 36.17 gezeigt. Sowohl die maximale Wärmestromdichte als auch die Leidenfrost- und DNB-Temperatur nehmen etwa linear mit der Wassertemperatur ab. Mit Gl. (36.6) war zu sehen, dass auch die Wärmestromdichte im Bereich der Filmverdampfung linear mit der Wassertemperatur abnimmt.

36.4 Wasserqualität

Die Qualität von natürlichen Wassern unterscheidet sich durch den Gehalt an gelösten Salzen und Gasen. Die Qualität von industriell eingesetzten Wassern unterscheidet sich zusätzlich noch durch den Gehalt an Addiven, wie Gießhilfsmittel (z. B.

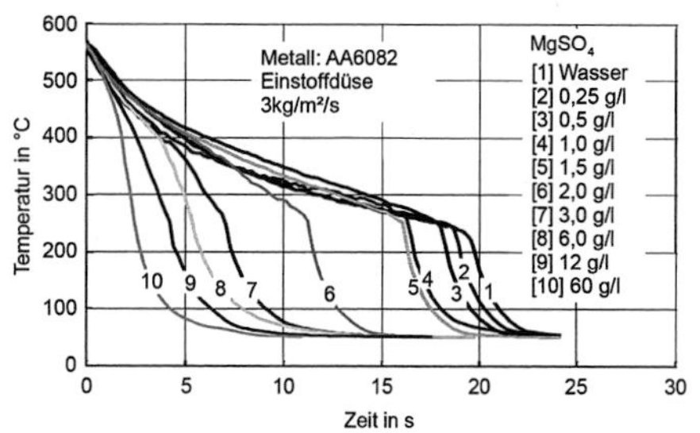

Abb. 36.18 Einfluss des Salzgehaltes von $MgSO_4$ in destilliertem Wasser auf die Abkühlzeit

Borax, Graphit, Ruß), Polymere, Korrosionshemmer, etc.

Der Einfluss gelöster Salze auf den Wärmeübergang wird zunächst am Beispiel von Abb. 36.18 erläutert, dass die Abkühlzeiten einer 3 mm dicken Scheibe der Aluminiumlegierung 6082 zeigt bei einer Spritzkühlung mit einer Wasserbeaufschlagungsdichte von 3 kg/m^2/s. Die Kurve 1 zeigt die Abkühlzeit für destilliertes Wasser. Die anderen Kurven gelten für die verschiedenen Konzentrationen des in diesem Wasser gelösten Salzes $MgSO_4$. Es ist ersichtlich, dass sich die Abkühlzeit mit der Salzkonzentration signifikant verkürzt.

Andere gelöste Salze zeigen den gleichen Effekt, wobei das Salz $MgSO_4$ den stärksten und das Salz NaCl den schwächsten Einfluss zeigt. Die Ergebnisse gelten sowohl für die Spritzkühlung (Qiang et al. [12], Huang et al. [13], Qiao et al. [14]) als auch für die Tauchkühlung (Jeschar et al. [15]).

Alle gelösten Salze dissoziieren in positiv geladene Kationen und negativ geladene Anionen. Dadurch wird die elektrische Leitfähigkeit des Wassers beeinflusst. Folglich ist die Höhe der elektrischen Leitfähigkeit ein Maß für die Menge an gelösten Salzen.

Daher sind die drei charakteristischen Daten der Siedelinie, max. Wärmestromdichte, DNB- und Leidenfrosttemperatur in Abb. 36.19 in Abhängigkeit von der elektrischen Leitfähigkeit dargestellt. Alle drei Größen scheinen linear mit der elektrischen Leitfähigkeit anzusteigen. Insbesondere unterscheidet sich die Leidenfrosttemperatur mit bis zu 150 K beträchtlich zwischen den Wässern. Die max. Wärmestromdichte steigt ungefähr bis zum Faktor zwei und die DNB-

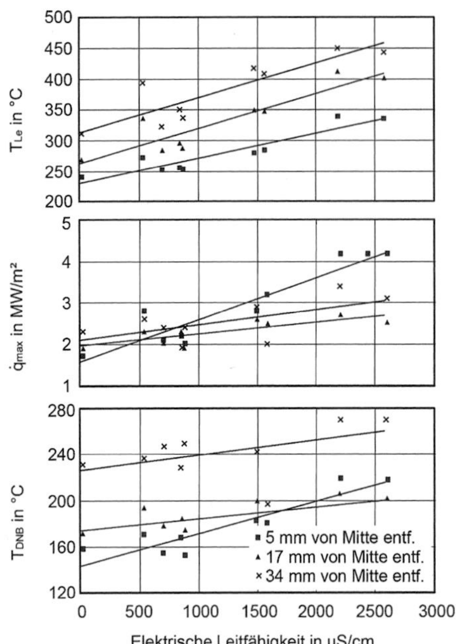

Abb. 36.19 Charakteristische Kenngrößen der Siedelinie in Abhängigkeit von der elektrischen Leitfähigkeit [16]

Temperatur bis zu 50 K an. Die elektrische Leitfähigkeit ist somit eine entscheidende Größe um die Kühlwirkung eines Wassers zu charakterisieren. Gelöste Gase üben nur einen geringen Einfluss aus. Geringfügige Zusätze an Polymere und Tenside im ppm-Bereich verkürzen die Abkühlgeschwindigkeit [16].

Ein Einfluss des pH-Wertes und der Härte des Wassers konnte nicht festgestellt werden. Gelöste Gase üben nur einen geringen Einfluss aus. Geringfügige Zusätze an Polymeren und Tensiden im ppm-Bereich verlängern die Abkühlgeschwindigkeit [16].

Literatur

1. Specht, E., Jeschar, R., Heidt, V.: An Analytical Model for Free Convection Film Boiling on Immersed Solids. Chem Eng Process **31**, 137–146 (1992)
2. Maaß, R., Jeschar, R.: Einflussgrößen des Wärmeüberganges beim Abschrecken von Metallen in Wasser. Gas Wärme Int **38**(1989), 142–150 (1989)
3. Jeschar, R., Specht, E., Köhler, Chr : Heat Transfer During Cooling of Heated Metal Objects With Evapourating Liquids. In: Tensi, H., Liscic, B., Luty, W. (Hrsg.) Theory and Technology of Quenching, S. 73–92. Springer, Berlin (1992)
4. Specht, E.: Wärme- und Stoffübertragung in der Thermoprozesstechnik. Vulkan-Verlag (2014)
5. Sabariman, S.E.: Heat Transfer in Spray Quenching of Hot Metals. Heat Process **4**, 45–51 (2014)
6. Puschmann, F., Specht, E.: Transient Measurement of Heat Transfer for Metal Quenching with Atomized Sprays. Exp Therm Fluid Sci **28**, 607–615 (2004)
7. Schmidt, J.; Boye, H.: Influence of velocity and size of droplets on the heat transfer in spray cooling. Chemical Engineering and Technology Vol. 24, 255–260.
8. Müller, H.R., Jeschar, R.: Wärmeübergang bei der Spritzwasserkühlung von Nichteisenmetallen. Metallkunde **74**, 257–264 (1983)
9. Wendelstorf, J., Spitzer, K.-H., Wendelstorf, R.: Spray water cooling heat transfer at high temperatures and liquid mass fluxes. Int J Heat Mass Transf **51**(2008), 4902–4910 (2008)
10. Al-Ahmadi, H.M., Yao, S.C.: Spray cooling of high temperatures metals using high mass flux industrial nozzles. Exp Heat Transf **2008**(21), 38–54 (2007)
11. Bolle, L., Moreau, J.G.: Spray Cooling of Hot Surfaces. Multiphase Science and Technology. Hemisphere (1982)
12. Qiang, C., Chandra, S., McCahan, S.: The effect of dissolving salts in water sprays used for quenching a hot surface: Part 2 – Spray cooling. J Heat Transfer **125**(2003), 333–338 (2003)
13. Huang, C., Carey, V.: The effect of dissolved salt on the Leidenfrost transition. Int J Heat Mass Transf **50**(2006), 269–282 (2006)
14. Qiao, Y.M., Chandra, S.: Spray Cooling Enhancement by Addition of a Surfactant. Trans Asme **120**, 92–98 (1998)
15. Jeschar, R., Kraushaar, H., Griebel, H.: Influence of gases dissolved in cooling water on heat transfer during stable film boiling. Steel Res **67**(1996), 227–234 (1996)
16. Specht, E.: Sabariman: Einfluss der Wasserqualität auf den Wärmeübergang bei der Kühlung heißer Metalle. Gaswärme Int **5**, 77–82 (2014)

Literatur zu Teil V Thermischer Apparatebau und Industrieöfen

Bücher

Pfeifer, H., Mühlbauer, A.; Beneke, F.: Praxishandbuch Thermoprozesstechnik, Band 1: Grundlagen und Verfahren, 2. Aufl. Vulkan Verlag, Essen (2010)

Brunklaus, J.H., Stepanek, F.J.: Industrieöfen, 6. Aufl. (1994)

Steinhardt, R., Krivandin, V.A.: Grundlagen der Industrieofentechnik. Springer Verlag (1987)

Thrinks, W.: Industrial Furnaces. John Wiley and Sons (2004)

LOI: Taschenbuch für Thermprocess Technik. Vulkan Verlag (1999)

Boateng, A.A.: Rotary Kilns. Elsevier (2008)

Pfeifer, H.: Taschenbuch industrielle Wärmetechnik. Vulkan Verlag (2007)

Zeitschriften

Prozesswärme International. Vulkan Verlag

Heat Processing. Vulkan Verlag

Härterei-Technische Mitteilungen. Hanser Verlag

Ziegelindustrie. Bauverlag

Steel Research. Verlag Stahleisen

Cement International. Verlag Bau und Technik

Zement Kalk Gips. Bauverlag

Ceramic Forum International. Göller Verlag

Teil VI
Kälte-, Klima- und Heizungstechnik

Kältetechnik

37

Christian Hainbach

37.1 Einsatzgebiete

Kältetechnische Anlagen wurden zunächst eingesetzt für Brauereien und Eisfabriken, Schlachthäuser, Fleisch- und Fisch-Gefrieranlagen, Malztennen- und Hopfenlagerkühlung, Molkereien, Marktkühlhallen, Margarinefabriken, Schokoladenherstellung, Champagnerbereitung, Gummifabriken, Leim- und Gelatinekühlung, Farbstoffherstellung, Glaubersalzkristallisation, Leichenkühlung, Transportkühlung auf Schiene, Straße und auf See, Kühlhäuser aller Art, gewerbliche Kühlräume, Paraffin- und Ölindustrie, Kunsteisbahnen, Schachtabteufen, klimatechnische Anlagen.

Weitere Bedarfsfälle mit zum Teil erhöhten Anforderungen an die Regelgenauigkeit kamen hinzu in der chemischen und pharmazeutischen Industrie, der Medizin, bei der Luft- und Drucklufttrocknung, bei der Speiseeisherstellung, bei der Werkzeugkühlung und bei Kältekammern für Industrie und Forschung sowie für die Vielzahl der Kühlmöbel.

Zu der Lebensmittelkühlkette zählen u. a. Kühl- und Tiefkühlräume aller Art, Schnellgefrieranlagen, Transportkühlanlagen in Schiffen, Waggons, Kraftfahrzeugen, Flugzeugen und Containern, Kühlmöbel aller Art für Haushalt, Handel und Gewerbe.

Die Kühl- und Lagerbedingungen reichen von $-40\,°C$ bei sehr starker Luftbewegung im Schnellgefrierraum (Frosterräume) bis zu $+18\,°C$ bei Reifungs- und Verarbeitungsräumen.

An die Regelbarkeit der Anlagen sind höchste Ansprüche zu stellen, da die zulässigen Temperatur- und Feuchteschwankungen in einigen Fällen nur sehr gering sein dürfen, so z. B. bei Bananen, Trockengemüse, Getreide, Tabak, Pflanzen, Lagerung unter kontrollierter Atmosphäre sowie bei der Bierherstellung und der Käsereifung.

Eine weitere weit verbreitete Anwendung finden kältetechnische Anlagen in *Fabrikations-* und *Fertigungsprozessen* der Industrie. Viele Produkte können nur bei bestimmten Temperaturen und oft nur bei einem eng begrenzten Bereich der Luftfeuchtigkeit hergestellt werden, wie pharmazeutische Produkte, Kosmetika, Textilien, Papier u. a. Das Einhalten bestimmter Luftzustände ist ebenfalls für Filmentwicklungs- und Kopieranstalten, feinmechanische Werkstätten und bei der Messgeräte- und Elektronikproduktion – hier sogar unter den Bedingungen der Reinraumtechnik – entscheidend für ein brauchbares Arbeitsergebnis.

Für das Abführen der Prozess- und Maschinenwärme genügen zwar überwiegend Temperaturen im Bereich von 15 bis $25\,°C$; die häufig notwendige Trocknung bzw. eine niedrige Luftfeuchtigkeit ist jedoch nur mit tieferen Temperaturen des Kühlmediums zu erreichen.

Die Bedeutung der Kältetechnik im Bereich der Haustechnik, insbesondere in der Klimatechnik für die in Kap. 38 aufgeführten Gebäude mit

C. Hainbach (✉)
Institut für Kälte-, Klima- und Energietechnik GmbH
Essen, Deutschland
E-Mail: hainbach@iket.de

B. Bender und D. Göhlich (Hrsg.), *Dubbel Taschenbuch für den Maschinenbau 3: Maschinen und Systeme*,
https://doi.org/10.1007/978-3-662-59715-6_37

ihren Arbeits- und Aufenthaltsräumen hat in den letzten Jahrzehnten deutlich zugenommen. Die Kältetechnik hat dabei sowohl die reine Abkühlung der Luft als auch die Entfeuchtung durch Taupunktunterschreitung als Aufgabe (s. Bd. 1, Abschn. 43.2.2).

Für das Erzeugen von Temperaturen unter −80 °C werden Gase durch Entspannen oder Drosseln mit Hilfe des Thomson-Joule-Effekts abgekühlt. Anlagen dieser Art dienen z. B. der Luft- und Chlorverflüssigung und der Edelgasgewinnung. Anlagen zum Erzeugen von Temperaturen etwa von −150 °C bis nahe zum absoluten Nullpunkt zählen zum Gebiet der Tieftemperatur-Verfahrenstechnik. Hierbei spielen als Kältemittel Stickstoff, Wasserstoff und Helium mit dem niedrigsten Siedepunkt von 4,25 K eine besondere Rolle. Wichtige kryotechnische Anwendungen sind das Erzeugen von Hochvakuum [1] und die Supraleittechnik (Kammerlingh Onnes, 1911).

Die im Jahre 1986 entdeckten Werkstoffe bzw. Werkstoffkombinationen, deren Sprungtemperatur, d. h. der Übergang von Normal- zu Supraleitung, oberhalb der Siedetemperatur des flüssigen Stickstoffs (−196 °C bei Atmosphärendruck) liegt, werden zukünftig vielfältige Anwendungen für die *Hochtemperatur-Supraleitung* erschließen.

Neben der industriellen Anwendung der Kältetechnik hat die Bedeutung dieser Disziplin im Bereich der Haustechnik und speziell in der Klimatechnik in den letzten Jahrzehnten deutlich zugenommen. Ein großer Bedarf an Kälteanlagen der unterschiedlichsten Leistungen entstand durch die klimatechnischen Anlagen für Aufenthalts- und Arbeitsräume sowie für Fabrikationsverfahren.

Neben den sowohl wärmerückgewinnenden (auch „kälterückgewinnenden") Einrichtungen (z. B. kreislaufverbundene Systeme, Regenerativ- und Rekuperativ-Wärmeaustauscher) haben als wirtschaftliche, energiesparende Kälteerzeugung während der kalten Jahreszeit die *„freien Kühlsysteme"* mit Hilfe der Außenluft dort an Bedeutung gewonnen, wo hohe innere Kühllasten ganzjährig abzuführen sind.

37.2 Kältetechnische Verfahren

37.2.1 Kaltdampf-Kompressionskälteanlage

Dieser Anlagentyp beruht auf den linksläufigen Kreisprozess (thermodynamisch „Kälteprozess", s. Bd. 1, Abschn. 42.5.1). Das Blockschaltbild eines einfachen Anlagenaufbaus ist in Abb. 37.1 dargestellt.

Durch den im Verdampfer *b* bei niedrigem Druck und tiefer Temperatur aufgenommenen Wärmestrom $\dot{Q}_0$ wird flüssiges Kältemittel verdampft. Der entstehende Dampf wird vom Verdichter *a* angesaugt und verdichtet, sodass im wasser- oder luftgekühlten Verflüssiger *c* das Kältemittel bei höherer Temperatur wieder verflüssigt wird. Der Verflüssigungsdruck ist um so höher, je wärmer das Kühlwasser bzw. die Kühlluft sind. Vom Druckverhältnis Verflüssigungs- zu Verdampfungsdruck wird der Leistungsbedarf *P* des Verdichters beeinflusst.

Das verflüssigte und gegebenenfalls unterkühlte, unter Druck *p* stehende Kältemittel wird durch die Drosseleinrichtung *4* auf den niedrigeren Druck p_0 entspannt, wobei hier eine Teilverdampfung erfolgt. Das Zweiphasengemisch (Flüssigkeit und Dampf) wird dem Verdampfer wieder zugeführt.

In dem für die Kältetechnik gebräuchlichen log *p*,*h*-Diagramm kann der Vergleichsprozess entsprechend Abb. 37.2 eingetragen werden.

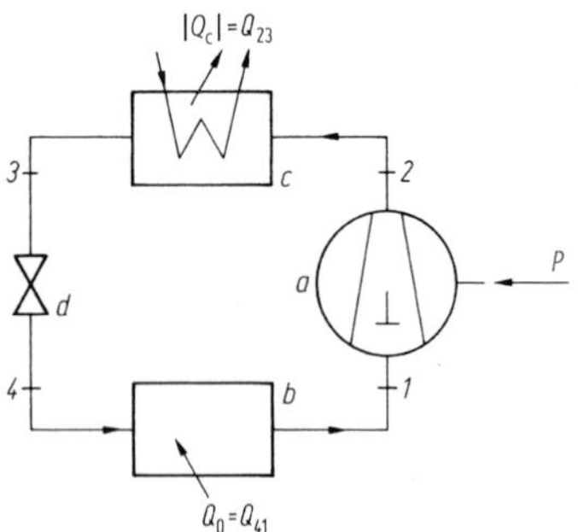

Abb. 37.1 Schema einer einstufigen Verdichterkältemaschine. *a* Verdichter, *b* Verdampfer, *c* Verflüssiger, *d* Drosseleinrichtung. $\dot{Q}_0$ Verdampfer-Wärmestrom, $\dot{Q}_c$ Verflüssiger-Wärmestrom, *P* Verdichter-Antriebsleistung

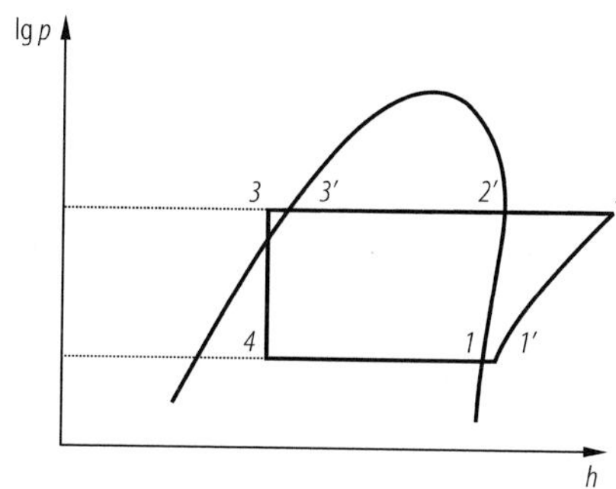

Abb. 37.2 Vergleichsprozess des Kaltdampf-Verdichterverfahrens im p, h-Diagramm (p im logarithm. Maßstab). *4–1* Verdampfungswärme, *1–1′* Saugdampfüberhitzung, *1′–2* Verdichtung, *2–2′* Überhitzungswärme, *2′–3′* Verflüssigungswärme, *3′–3* Unterkühlungswärme, *3–4* Drosselung

Die *Gesamtkälteleistung* errechnet sich wie folgt (s. Bd. 1, Kap. 42):

$$\dot{Q}_0 = \dot{Q}_{41} = \dot{m}_\mathrm{R}(h_{1'} - h_3)\,. \qquad (37.1)$$

Die Verflüssigerleistung ergibt sich zu

$$\dot{Q}_\mathrm{c} = \dot{Q}_0 + P\,. \qquad (37.2)$$

Die energetische Bewertungsgröße ist das Verhältnis Nutzen zu Aufwand und wird als Leistungszahl bezeichnet. Der Nutzen der Kältetechnik ist der aufgenommene Wärmestrom am Verdampfer (Kälteleistung), der Aufwand ist die Antriebsleistung.

Die Leistungszahl ε_0, bezogen auf die Gesamtkälteleistung, ergibt sich zu (s. Bd. 1, Abschn. 42.5.1):

$$\varepsilon_\mathrm{KM} = \dot{Q}_0/P\,. \qquad (37.3)$$

Als Antriebsleistung P kann bei offenen Verdichtern die an der Verdichterwelle gemessene Leistung und bei saug- oder druckgasgekühlten Motorverdichtern in hermetischer oder halbhermetischer Ausführung die Klemmenleistung des Motors angegeben werden. Ein Vergleich der Leistungszahlen unterschiedlicher Kälteanlagen ist nur möglich, wenn die Energieart der Antriebsleistungen gleich sind. Die mechanische Antriebsleistung unterscheidet sich von der elektrischen um die Kupplungs-, Motor- und gegebenenfalls Getriebewirkungsgrade.

Für Wärmepumpen ist die Verflüssigerleistung der Nutzen der Anlage und somit Bezugsgröße zur Bestimmung der Leistungszahl

$$\varepsilon_\mathrm{WP} = \dot{Q}_\mathrm{c}/P\,. \qquad (37.4)$$

Im verlustlosen Prozess ist also die Leistungszahl der Wärmepumpe stets um 1 größer als die Leistungszahl der Kälteanlage.

Zur exergetischen Bewertung wird der Gütegrad einer Anlage bestimmt, er ist das Verhältnis der Leistungszahl der realen Anlage zu der Leistungszahl des linksläufigen Carnot-Prozesses.

Für die Kälteanlage

$$\nu_\mathrm{KM} = \varepsilon_\mathrm{KM}/\varepsilon_\mathrm{cKM}\,. \qquad (37.5)$$

Für die Wärmepumpe

$$\nu_\mathrm{WP} = \varepsilon_\mathrm{WP}/\varepsilon_\mathrm{CWP}\,. \qquad (37.6)$$

37.2.2 Absorptionskälteanlage

Ein Problem bei dem Einsatz von Kaltdampf-Kompressionskältemaschinen besteht in dem großen Aufwand an Antriebsenergie, der durch die Verdichtung des Arbeitsmittels in der Gasphase erforderlich wird. Wird hingegen ein gleichgroßer Druckunterschied in der flüssigen Phase überwunden, so ist dies mit weitaus geringerem Aufwand an massenbezogener Antriebsenergie möglich. Dieser physikalische Effekt wird bei den sog. Absorptionskälteanlage, deren Anlagenschema in Abb. 37.3 dargestellt ist, gezielt genutzt.

Als Antriebsenergie $\dot{Q}_\mathrm{H}$ ist Wärme in Form von niedriggespanntem Dampf oder Heißwasser oder Direktbefeuerung erforderlich. Im industriellen Bereich ist dies ein mit großem wirtschaftlichen Erfolg eingesetztes Verfahren, insbesondere für tiefe Temperaturen – auch in mehrstufiger Ausführung – mit dem Arbeitsstoffpaar Ammoniak/Wasser (NH_3/H_2O). Für klimatechnische Anlagen werden anschlussfertige Kaltwassersätze mit dem Arbeitsstoffpaar Wasser/Lithium-Bromid ($H_2O/LiBr$) bevorzugt.

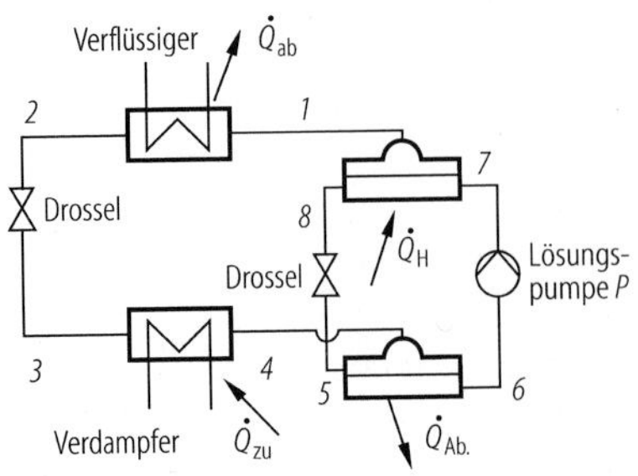

Abb. 37.3 Schema einer H_2O/LiBr-Absorptionskältemaschine. $\dot{Q}_{ZU} = \dot{Q}_0$-Verdampfer-Wärmestrom, $\dot{Q}_{Ab.}$-Absorber-Wärmestrom, $\dot{Q}_{ab} = \dot{Q}_C$-Verflüssiger-Wärmestrom, $\dot{Q}_H$-Austreiber-Wärmestrom

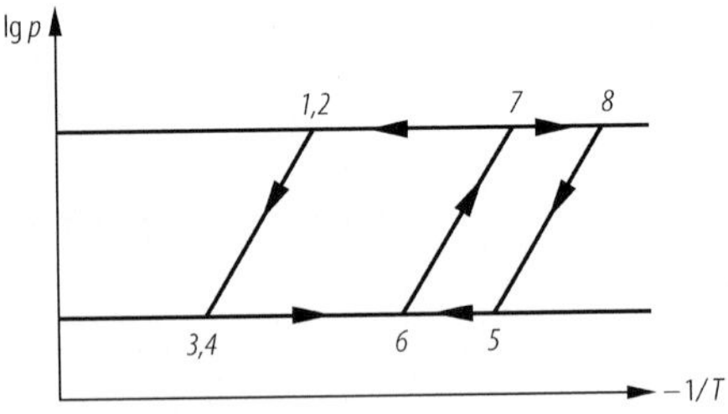

Abb. 37.4 Darstellung des Absorptions-Kältekreislaufs im lg $p, -1/T$-Diagramm

Das flüssige Kältemittel (Wasser) strömt vom Verflüssiger über die Drosselstelle zum Verdampfer, wo es unter Wärmeaufnahme weiter verdampft und das für die Klimatisierung umgewälzte Kaltwasser abkühlt. Im Absorberteil wird der Kältemitteldampf (Wasserdampf) von der versprühten starken Salzlösung absorbiert und die entstehende Lösungswärme durch Kühlwasser abgeführt. Die anfallende, verdünnte wässerige Lösung wird von der Solepumpe angesaugt und gelangt in den Austreiber. Der im Austreiber – auch Generator genannt – durch Erwärmen ausgetriebene Kältemitteldampf wird im Verflüssiger niedergeschlagen (verflüssigt), während die angereicherte Lösung wieder zum Absorber zurückfließt.

Um die in der Nähe der Sättigungslinie bestehende *Kristallisationsgefahr* zu vermeiden, wird die starke Lösung mit einem kleinen Mengenstrom verdünnter Lösung vermischt, bevor sie über die Absorberkühlrohre versprüht wird. Alle Apparate arbeiten im Unterdruck. Die Verflüssigerleistung beträgt etwa 70 % der Absorberleistung; entsprechend teilt sich der Kühlwasserstrom oder – bei Hintereinanderschaltung von Absorber und Verflüssiger – die Temperaturdifferenz des Kühlwasserstroms auf.

Die Darstellung des Prozesses in dem lg $p, -1/T$-Diagramm in Abb. 37.4 gibt hierbei die Konzentrations-, Druck- und Temperaturänderungen der Einzelschritte wieder. Die diagonalen Verbindungslinien zwischen dem hohen und dem niedrigen Druckniveau kennzeichnen dabei Zustände gleicher Arbeitsmittelkonzentrationen bezogen auf den Gesamtmassenstrom.

Die Berechnung von Absorptionskältemaschinen erfolgt mit Hilfe der *Enthalpie-Konzentrations-Diagramme* (h, ξ-Diagramm) der wässerigen Lösungen von Ammoniak bzw. Lithium-Bromid. Bei der messtechnischen Überprüfung von Absorptionsanlagen wird die Lösungskonzentration mit Hilfe von Dichte- und Temperaturmessungen bestimmt.

37.2.2.1 Wärmeverhältnis

Die Bewertung der Absorptions-Kälteprozesse erfolgt üblicherweise nicht über die bei Kompressions-Kälteanlagen übliche Leistungszahl, sondern über das Wärmeverhältnis von Nutz- und Heizwärmestrom, welcher dem Austreiber zugeführt werden muss. Diese Vorgehensweise ist für die Bewertung von Absorptions-Prozessen besser geeignet, da hier die Hauptzufuhr an hochwertiger Energie über den Heizwärmestrom am Austreiber erfolgt.

Für die Kälteanlage ist diese Bewertungsgröße:

$$\zeta_{KM} = \frac{\dot{Q}_0}{\dot{Q}_H}. \tag{37.7}$$

Für die Absorptionswärmepumpe ist das Wärmeverhältnis:

$$\zeta_{WP} = \frac{\dot{Q}_{ab} + \dot{Q}_{Ab.}}{\dot{Q}_H}. \tag{37.8}$$

Der zusätzlich erforderliche Energieaufwand für den Antrieb der Lösungsmittelpumpe ist im Regelfall vergleichsweise gering, jedoch bei einer gesamtenergetischen Betrachtung des Prozesses nicht vernachlässigbar. Die Höhe der Antriebsleistung für die Pumpe variiert mit dem Temperaturunterschied zwischen Wärmequelle und -senke sowie dem Stoffsystem Lösungsmittel/Kältemittel. Darüber hinaus bestimmt der Konzentrationsunterschied zwischen reicher und armer Lösung, die sogenannte Ausgasungsbreite, den spezifischen Lösungsmittelumlauf, der zur Aufnahme des verdampften Kältemittels von der Pumpe auf das hohe Druckniveau gebracht werden muss. Eine neutrale Bewertung der Absorptionsprozesse aus primärenergetischer Sicht ist gegeben, wenn der zur Bereitstellung der Lösungspumpenarbeit notwendige Wärmestrom mit in die Bewertungsgröße einfließt. Da bei der Erzeugung von elektrischer Antriebsleistung in einem Wärmekraftprozess nur etwa ein Drittel der eingesetzten Wärme als Antriebsleistung nutzbar ist und die Lösungspumpen fast ausschließlich elektrisch angetrieben werden, muss bei dem Wärmeverhältnis beim Aufwand die dreifache Antriebsleistung mit berücksichtigt werden. Daher gilt:

$$\zeta_{KM} = \frac{\dot{Q}_0}{\dot{Q}_H + 3 \cdot P} \tag{37.9}$$

oder

$$\zeta_{WP} = \frac{\dot{Q}_{ab} + \dot{Q}_{Ab.}}{\dot{Q}_H + 3 \cdot P}\,. \tag{37.10}$$

Bei der Auslegung von Absorptionskreisläufen ist somit eine hinreichend große Ausgasungsbreite sicherzustellen, da ansonsten die Arbeitsaufnahme der mechanisch angetriebenen Lösungsmittelpumpe einen zu großen Anteil an der gesamten Energieaufnahme einnimmt und die energetische Bilanzierung entsprechend schlechter ausfällt. Dieses ist auch einer der Gründe für aktuelle Entwicklungen, welche die Substitution der mechanisch angetriebenen Lösungsmittelpumpe zum Ziel haben. Konzepte bestehen derzeit sowohl zu thermisch angetriebenen Pumpen, die nach dem Verdrängungsprinzip arbeiten, als auch zu diffusionsgestützten Druckanhebungen.

Das Wärmeverhältnis der Absorptionskältemaschine und die Leistungszahl der Kompressions-Kälteanlage sind nicht unmittelbar miteinander vergleichbar; es besteht der Zusammenhang

$$\zeta_{KM} = \eta_{el} \cdot \varepsilon_{KM} \tag{37.11}$$

(ζ_{KM} = Wärmeverhältnis Absorptionskälteprozess, η_{el} = Wirkungsgrad Kraftwerk, ε_{KM} = Leistungszahl Kompressionskälteanlage)

Wird das Absorptionskälteverfahren zur Heizwärmeerzeugung eingesetzt, so kann aus dem Verflüssiger ein niedrig temperierter Wärmestrom und aus dem Absorber ein höher temperierter Wärmestrom (< 50 bis 60 % des Gesamtwärmestroms, je nach Austreibertemperatur) entnommen werden.

Ein für die *Wärmespeicherung* interessantes Verfahren ist der periodisch arbeitende Sorptionsapparat mit dem Arbeitsstoffpaar Zeolith/Wasser [2].

37.2.3 Verdunstungskühlverfahren

Die stürmische Entwicklung der elektronischen Datenverarbeitung hat den ganzjährigen Kühlbedarf erheblich gesteigert, und zwar nicht nur während der Betriebszeiten der Datenverarbeitung, sondern auch bei der Herstellung der elektronischen Bauelemente (Chip-Herstellung unter Reinraumbedingungen). Die erforderlichen Kühlwassertemperaturen von 14 bis 20 °C sind zumindest während der kälteren Jahreszeit mit Hilfe der Verdunstungskühlung zu erreichen.

Beim Verdunstungskühlprozess wird die Wärme durch einen gekoppelten Wärme- und Stoffaustausch an die Außenluft abgeführt. Hierzu dienen Einrichtungen wie offene und geschlossene *Rückkühlwerke*, *Kühlteiche* sowie mit Sekundärwasser besprühte *Rippenrohr-Wärmetauscher*.

Theoretisch ist eine Abkühlung bis auf die sog. *Kühlgrenze* – die Feuchtkugeltemperatur der Außenluft – möglich. Je nach Kühllast verbleibt jedoch eine Differenz zwischen Kühlwasseraustritts- und Feuchtkugeltemperatur, die als *Kühlgrenzabstand* bezeichnet wird

$$a = t_{Wa} - t_{fa} \quad \text{in K} \tag{37.12}$$

(a zunehmend mit fallender Feuchtkugeltemperatur bei gleichbleibender Kühllast).

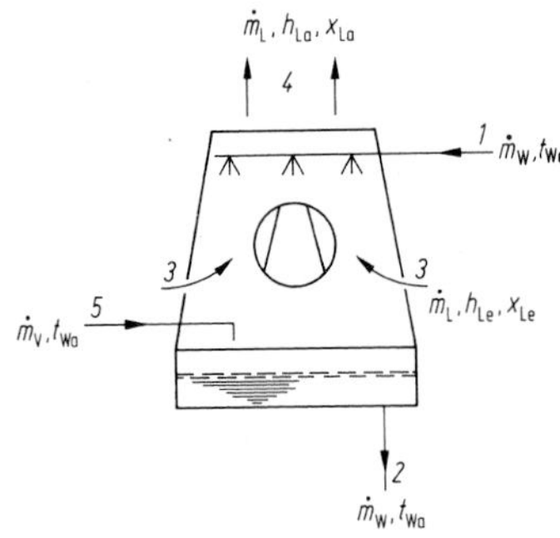

Abb. 37.5 Massen- und Energiebilanz von Rückkühlwerken. *1* Eintritt erwärmten Wassers, *2* Austritt des abgekühlten Wassers, *3* Zuluft, *4* Fortluft, *5* Eintritt des Zuspeisewassers (mindestens Verdunstungsanteil)

Für den Kühlvorgang ergeben sich folgende Massen- und Energiebilanzen, Abb. 37.5:

$$\dot{m}_V = \dot{m}_L(x_{La} - x_{Le}) \, , \qquad (37.13)$$

$$\dot{m}_L h_{Le} + \dot{m}_W c_{pW} t_{We} + \dot{m}_V c_{pW} t_{Wa} = \dot{m}_L h_{La} + \dot{m}_W c_{pW} t_{Wa} \, , \qquad (37.14)$$

$$\dot{m}_W c_{pW}(t_{We} - t_{Wa}) = \dot{m}_L[h_{La} - h_{Le} - c_{pW} t_{Wa}(x_{La} - x_{Le})] \, . \qquad (37.15)$$

Für Überschlagsberechnungen wird das Glied

$$\dot{m}_V c_{pW} t_{Wa} \qquad (37.16)$$

vernachlässigt und es ergibt sich

$$\dot{m}_W c_{pW}(t_{We} - t_{Wa}) = \dot{m}_L(h_{La} - h_{Le}) \qquad (37.17)$$

(t_{fa} Feuchtkugeltemperatur der Außenluft, t_{We} Wassereintrittstemperatur, t_{Wa} Wasseraustrittstemperatur, x_{Le} Lufteintrittsfeuchte (absolut), x_{La} Luftaustrittsfeuchte (absolut), h_{Le} Lufteintrittsenthalpie, h_{La} Luftaustrittsenthalpie, $\dot{m}_W$ tatsächlicher Wasserstrom, $\dot{m}_V$ Verdunstungswasserstrom, $\dot{m}_L$ Luftmassenstrom, c_{pW} spezifische Wärmekapazität des Wassers).

Bei Teillastbetrieb und der damit verbundenen Annäherung an die Kühlgrenze führt das Vernachlässigen des Ausdrucks Gl. (37.16) zu einer zunehmenden Ungenauigkeit, und der Wassergehalt der Austrittsluft kann nicht mehr bestimmt werden. Mit Hilfe von Rechenprogrammen nach Vorschlag gemäß [3] können Fortluftzustand und sog. *„thermische Übergangseinheiten"* für Großkühltürme ermittelt werden. Bei den kleinen Rückkühlwerken, wie sie für gebäudetechnische Anlagen nur in Frage kommen, ist der Einfluss der Feuchtkugeltemperatur insbesondere wegen der geringen Kühlgrenzabstände von größerer Bedeutung und muss zusätzlich zum Lastverhalten berücksichtigt werden [4]. Die Kenntnis des Fortluftzustands ist wichtig zum Beurteilen der Belästigung durch Schwadenbildung, vor allem in Stadtgebieten.

37.3 Kältetechnische Betriebsstoffe

37.3.1 Kältemittel

In Verdichterkältemaschinen für klimatechnische Anlagen werden seit Jahrzehnten Fluor- und Chlorderivate der Kohlenwasserstoffe Methan und Ethan als Kältemittel verwendet. Es handelt sich um Kältemittel der Sicherheitsgruppe A1 gemäß DIN EN 378, Teil 1 – Kälteanlagen, nichtbrennbar, ohne oder mit geringer toxischer Wirkung. Bezeichnung nach DIN 8960.

Wegen der fortschreitenden Umweltbelastung (Ozon-Abbau und Treibhausbelastung) muss die Emission von Fluor-Chlor-Kohlenwasserstoffen FCKW und H-FCKW aus Kälteanlagen sorgfältig vermieden werden. In Bezug auf die mögliche Umweltgefährdung können 4 Stoffgruppen bei den Alkanen unterschieden werden:

- FCKW Fluorchlorkohlenwasserstoffe, vollhalogeniert, kein Wasserstoffatom im Molekül (z. B. R 11, R 12)
- H-FCKW Fluorchlorkohlenwasserstoffe, teilhalogeniert, eines oder mehrere Wasserstoffatome im Molekül (z. B. R 22, R 123)
- FKW Fluorkohlenwasserstoffe, die außer Kohlenstoff nur Fluor im Molekül enthalten (z. B. R 14, R 116)
- H-FKW Fluorkohlenwasserstoffe, teilhalogeniert, neben Fluor- auch Wasserstoffatome im Molekül (z. B. R 134a, R 227).

Das Ozongefährdungspotenzial der einzelnen FCKW und H-FCKW ist unterschiedlich und wird durch den RODP-Wert (Relative Ozon Depletion Potenzial) gekennzeichnet. Bezugswert 1 gilt für Kältemittel R 11 als schädlichsten Stoff [5].

Das Treibhauspotenzial dieser Stoffe ist ebenfalls nicht unerheblich und wird durch den Anstieg klimarelevanter Spurengase in der Erdatmosphäre hervorgerufen. Hierbei dient als Vergleichsmaßstab der sog. Relative Greenhouse Effect (RGE-Wert), dessen Basiswert 1 für R 12 gilt [6] bzw. das Global Warming Potenzial (GWP), das wiederum auf CO_2 bezogen wird. Noch laufende Forschungs- und Entwicklungsarbeiten vieler Wissenschaftsdisziplinen sollen in naher Zukunft neue, zuverlässige Erkenntnisse bringen, und zwar sowohl hinsichtlich der Wirkungen dieser Spurengase in der Atmosphäre als auch über die dringend benötigten harmlosen Ersatzstoffe [7].

Der größte Ozon-Abbau wird von den FCKW verursacht, bei denen die Wasserstoffatome durch Fluor- und Chloratome ersetzt sind. Zu dieser Gruppe gehören u. a. R 11, R 12, R 500 und R 502, die eine entscheidende Bedeutung für Kälteanlagen zur Lebensmittelfrischhaltung in Haushalt, Handel und Gewerbe, in Pkw-Klimaanlagen und für Wasserkühlsätze mit Turbo-Kältemittelverdichtern haben. In bestehenden Anlagen können diese Kältemittel in der Regel nicht durch die harmloseren Austauschstoffe (sog. drop-in-Kältemittel) – z. B. R 134a für R 12 bzw. R 123 für R 11 – ersetzt werden. Neben dem Reinigen und Trocknen des Kältekreislaufes ist zusätzlicher Aufwand für neue Dichtungen, mehrfachen Ölwechsel und Austausch von Teilen zur Anpassung der Leistung meist nicht zu vermeiden.

Kein Ozonzerstörungspotenzial weisen die FKW und H-FKW auf und eignen sich somit als Ersatzstoffe. Jedoch darf hierbei das erhebliche Treibhauspotenzial dieser Stoffe in der Bewertung nicht unberücksichtigt bleiben.

Zum Beurteilen und den Vergleich des Treibhauspotenziales dient die TEWI-Kennzahl (Total Equivalent Warming Impact) bestehend aus einem direkten Anteil – berechnet aus Kältemittelmasse und GWP-Wert – und einem indirekten Anteil – berechnet aus dem Energiebedarf des Kälteerzeugers während der voraussichtlichen Nutzungsdauer [8].

Die Verwendung der H-FCKW (z. B. R 22) ist grundsätzlich verboten. Der Bestandsschutz der H-FCKW in Altanlagen wird nunmehr weiterführend durch eine EU-Verordnung (EU 1005/2009, ergänzt durch die nationale ChemOzonSchichtV) abschließend geregelt. Somit bedarf es keiner weiteren Bekanntgabe durch das Umweltbundesamtes, um diese Stoffe aus dem Verkehr zu ziehen.

37.3.1.1 Ersatzstoffe

Die Kältetechnik stellt an die von ihr als Kältemittel eingesetzten Stoffe eine Vielzahl an Anforderungen, so z. B.:

- günstige physiologische Eigenschaften,
- chemische und thermische Stabilität,
- Verträglichkeit mit den Dichtungs- und sonstigen Materialien,
- Mischbarkeit mit Schmiermitteln,
- geeignete physikalische und thermodynamische Stoffeigenschaften,
- Nichtbrennbarkeit,
- ausreichende Verfügbarkeit,
- vertretbarer Verkaufspreis.

Diese genannten Eigenschaften sind bei den FCKW vorhanden und führten deshalb zu deren vielfältiger Verwendung. Gerade wegen ihrer Ungiftigkeit und Nichtbrennbarkeit wurden sie seit ihrer Einführung als Sicherheitskältemittel erfolgreich eingesetzt.

Da an diese Stoffe (Kältemittel und Öl) die höchsten Anforderungen gestellt werden, ist es äußerst schwierig, neue adäquate Stoffe zu finden. Die weltweit groß angelegten Untersuchungsprogramme haben unter ca. 860 Substanzen nur wenige Ersatzstoffe für die Kältemittel gefunden, die alle Voraussetzungen einigermaßen erfüllten. Zwei internationale Konsortien prüfen die in Frage kommenden Alternativstoffe auf ihre ökologischen (AFEAS) und toxikologischen (PAFT) Eigenschaften. Erst nach Abschluss der Untersuchung und nach positiven Bewertungen kann ein FCKW-Substitutionsprodukt zur Markteinführung kommen.

Tab. 37.1 Alternativen zu FCKW-Kältemitteln

Einstoffe	1. chlorfreie Kältemittel FKW z. B.: R 116, R 218
	2. chlorfreie Kältemittel H-FKW z. B.: R 134a, R 123
	3. natürliche Kältemittel (FKW-frei) z. B.: R 717 (Ammoniak), R 718 (Wasser) brennbare Kältemittel (FKW-frei) z. B.: (Propan)
Gemische	4. nichtazeotrope chlorfreie Gemische
	5. azeotrope chlorfreie Gemische
	6. naheazeotrope chlorfreie Gemische

Die Verwendung wird abschließend in der Chemikalien-Klimaschutz-Verordnung geregelt.

An diese Ersatzstoffe sind neben den genannten Voraussetzungen als Kältemittel noch Forderungen an ihre Umweltverträglichkeit zu stellen.

Mögliche Alternativen zu FCKW-Kältemitteln zeigt Tab. 37.1. In dieser Aufstellung sind die brennbaren Stoffe mit aufgeführt, da nach dem heutigem Kenntnisstand und nach der Wunschliste für Ersatzstoffe des Umweltbundesamtes (die dargestellten Stoffe stehen an zweiter Stelle, neben natürlichen Stoffe, wie O_2, CO_2) deren Einsatz unumgänglich erscheint. Selbstverständlich müssen im Falle des Einsatzes die Kälteanlagen entsprechend den Sicherheitsregeln in ihrer Konstruktion modifiziert werden [9].

Die Industrie stellt eine Vielzahl von neuen Stoffen und Gemischen zur Verfügung, um neben den gesetzlichen Forderungen auch die Anforderungen der verschiedenen Einsatzgebiete in der Kältetechnik zu erfüllen. Nachfolgend werden die momentan auf dem Markt befindlichen Stoffe aufgeführt. Hierbei wird zwischen langfristig einsetzbaren chlorfreien H-FKW und langfristig einsetzbaren natürlichen Stoffe (natürliche Kältemittel) unterschieden.

37.3.1.2 Chlorfreie HFKW-Kältemittel und deren Gemische

Die chlorfreien H-FKW-Kältemittel und deren Gemische können als Alternativen angesehen werden, da diese Stoffe grundsätzlich kein Ozonzerstörungspotenzial aufweisen. Die in Tab. 37.2 genannten Stoffe bedingen in Altanlage einen baulich erhöhten Aufwand und eignen sich daher meistens nur in Neuanlagen.

Nachteilig bei diesen anthropogenen Stoffen ist das erhöhte Treibhauspotenzial. Besonders die Stoffe und deren Gemische mit einem hohen Anteil an Fluoratomen begründen, bedingt durch ihre Stabilität, das Vielfache an direktem Treibhauseffekt.

Wegen ihres hohen Treibhauspotentials ist die Verwendung fluorierter Treibhausgase seit Mai 2006 in der Verordnung (EG) Nr. 842/2006 des europäischen Parlaments und des Rates vom 17. Mai 2006 über bestimmte fluorierte Treibhausgase geregelt. Für ihre Anwendung in stationären Kälte- und Klimaanlagen, Brandschutzsystemen und Schaltanlagen gelten Vorschriften zur Emissionsvermeidung, z. B. die Pflicht zu regelmäßigen Dichtheitsprüfungen. Mit dieser EG-Verordnung erfüllt die EU die Anforderungen des Kyoto-Protokolls.

Eine Umsetzung und Ergänzung der EU-Verordnung in nationales Recht erfolgte im Jahr 2008 durch die Verordnung zum Schutz des Klimas vor Veränderungen durch den Eintrag bestimmter fluorierter Treibhausgase (Chemikalien-Klimaschutzverordnung - ChemKlimaschutzV)

37.3.1.3 Natürliche Kältemittel (Tab. 37.3)

Natürliche Kältemittel, wie z. B. Propan (R290), Isobutan (R600a), Kohlendioxid (R744) oder Ammoniak (R717) zeichnen sich durch ein Ozonabbaupotenzial von 0 und ein sehr geringes bzw. kein direktes Treibhauspotenzial aus. Abgesehen von Kurzzeiteffekten verhalten sie sich umweltneutral. Ihre Anwendung wird jedoch durch Brennbarkeit, Toxizität oder hohe Dampfdrücke eingeschränkt. Bei Einhaltung der Installationsvorschriften und der entsprechenden baulichen Anordnungen bietet deren Anwendung und auch der Betrieb keine Schwierigkeiten.

Nachfolgend werden die Kohlenwasserstoffe und das Ammoniak als Kältemittel näher beschrieben.

37.3.1.4 Kohlenwasserstoffe

Die Suche nach Alternativen hat die bereits früher verwendeten brennbaren Kältemittel, wie z. B.

Tab. 37.2 Chlorfreie Kältemittel und Kältemittelgemische

FCKW	Alternativen				
	Klassifizierung	Hersteller-Bezeichnung	Zusammensetzung (bei Gemischen)	GWP [a]	ODP
R 12	R 134a	–		1300	0
R 502	R 404A	HP62, FX70	R 143a/125/134a	3750	
	R 507	AZ 50	R 143a/125	3800	
	R 407A	KLEA 60	R 32/125/134a	1920	0
	R 407B	KLEA 61	R 32/125/134a	2560	
R 22	R 407C	verschiedene	R 32/125/134a	1610	
		AZ 20	R 32/125		
	R 410A	SUVA 9100	R 32/125	1890	0
		ISCEON 59	R 125/134a/600a	2120	
R 114	R 236fa	–	–	8000	
–					
R 12B1	R 227ea	–	–	3300	0
R 13	R 23	–	–	12100	0
–	–	–	–		
R 503	R 508A	5R3	R 23/116	n.b.	0
	R 508A	Suva95	R 23/116	n.b.	

[a] Bezug: $CO_2 = 1$

Tab. 37.3 Natürliche Kältemittel

FCKW	Alternativen				
	Klassifizierung	Name	Formel	GWP [a]	ODP
R12	R 290/600a	Propan/Isobutan	C_3H_8/C_4H_{10}	3	0
R502	R 717	Ammoniak	NH_3	0	
	R 290	Propan	C_3H_8	3	0
R22	R 717	Ammoniak	NH_3	0	
	R 290	Propan	C_3H_8	3	0
R 114	R 600a	Isobutan	C_4H_{10}	3	0
–					
R 12B1					
R 13B1	keine direkte Alternative verfügbar – ggf. Gemisch R 1270/R 170				0
R 13	R 170	Ethan	C_2H_6	3	0
–					
R 503					
Diverse	R 744	Kohlendioxid	CO_2	1	0

[a] Bezug: $CO_2 = 1$

Propan und Butan, wieder ins Blickfeld gerückt. Diese Kältemittel hatten schon in den 30er Jahren, lange vor den FCKWs, einen bedeutenden Stellenwert.

Derzeit werden viele Neuanlagen mit brennbaren Kältemitteln geplant und realisiert. Diese Entwicklung ist sowohl in der gewerblichen Anwendung als auch in privaten Haushaltgeräten (Weißware) zu beobachten. Die Haushaltstiefkühlgeräte (Kühltruhen) werden inzwischen nur mit den natürlichen Kältemitteln, wie z. B. Butan, Isobutan hergestellt. Hierbei werden diese Stoffe nicht nur als Kältemittel eingesetzt, sondern auch für die Dämmstoffe.

Im Folgenden sollen die Vor- und Nachteile, die durch den Einsatz der Kohlenwasserstoffe zu nennen sind, gegenübergestellt werden.

Vorteile der Kohlenwasserstoffe

- keine Neuentwicklung nötig,
- umfangreiche Erfahrungen seit 1938,

- kein Ozonabbaupotenzial und marginales Treibhauspotenzial,
- günstige thermodynamische Eigenschaften,
- vielfältige Anwendungsgebiete, besonders durch unterschiedliche Mischungsverhältnisse dieser Kohlenwasserstoffe kann eine breite Palette an möglichen Arbeitsstoffen geschaffen werden,
- gute Materialverträglichkeit,
- mischbar mit bekannten Mineralölen,
- als Drop-In-Kältemittel einsetzbar unter Beachtung der Sicherheitstechnik,
- wirtschaftliche Vorteile durch kostengünstige Herstellung.

Nachteile der Kohlenwasserstoffe

- Brennbarkeit,
- Besondere sicherheitstechnische Ausrüstung erforderlich,
- Erhöhte Sachkenntnisse.

Bei großen Industrieunternehmen werden diese Anforderungen in der Regel erfüllt, da diese Unternehmen über geschultes Personal und ausreichend überwachte sicherheitstechnische Ausrüstungen verfügen. Bei kleineren und mittleren Handwerksbetrieben stellt dieser Punkt eine Neuerung dar, da in diesen Betrieben das Personal speziell geschult werden muss, was in der Regel mit Kosten verbunden ist.

37.3.1.5 Ammoniak

Das Ammoniak als natürliches Kältemittel wird schon seit über 100 Jahren in der Kältetechnik eingesetzt. Besonders die im Industriebereich installierten Anlagen und der daraus gewonnene Erfahrungsschatz macht eine Verwendung dieses Kältemittels auch in Kälteanlagen mittlerer Größe möglich. Dabei sollte nicht vergessen werden, dass ca. 70 % der gesamten in Deutschland installierten Kälteleistungen durch Ammoniak-Kälteanlagen abgedeckt werden und derzeit in der Welt ca. 300 000 mit Ammoniak betriebene Kompressionsanlagen existieren.

Ammoniak gehört zu den in der Natur in großen Mengen vorkommenden Stoffen, da einige Milliarden Tonnen jährlich im natürlichen Stickstoffzyklus der Erde umgesetzt werden. Dadurch ist sichergestellt, dass bei Emission von chemisch hergestellten Ammoniak in die Umgebung keine globalen Veränderungen zu befürchten sind. Als Lieferant für die industrielle Herstellung von Ammoniak dienen die Elemente Wasser und Luft.

Für die Wahl eines Stoffes als Kältemittel ist nicht nur die direkte ökologische Verträglichkeit zu berücksichtigen, sondern auch seine thermodynamischen Eigenschaften. Ammoniak hat bezüglich der Verwendung in der Kältetechnik hervorragende thermodynamische Eigenschaften [10].

Besonders hervorzuheben sind die Dampfdruckkurve, der latente Wärmeinhalt beim Phasenübergang und die volumenstrombezogene Kälteleistung. Die Analyse der Dampfdruckkurve gibt Aufschluss über den Einsatzbereiche eines Kältemittels. Durch die Forderung nicht zu hoher oder zu geringer Drücke (Unterdruck) im Kältesystem kann Ammoniak ohne erhöhten konstruktiven Aufwand bei Verdampfungstemperaturen bis zu −30 °C bzw. Verflüssigungstemperaturen bis zu ca. 60 °C eingesetzt werden. Dieses bedeutet, dass neben dem Tiefkühl- und Normalkühlbereich auch der Anwendungsbereich von Klimaanlagen durch den Einsatz von Ammoniak abgedeckt werden kann. Selbst im Wärmepumpenbereich, bei Nutztemperaturen zwischen 40 und 50 °C, sind heutzutage Anlagen kommerziell verfügbar.

Als Nachteil sei hier besonders auf die toxikologischen Eigenschaften und die in Grenzen bestehende Brennbarkeit des Stoffes hingewiesen. Dieses erfordert erhöhte sicherheitstechnische Anforderungen an den Kälteanlagen. Bei Großanlagen mit Füllgewichten oberhalb 3000 kg sind weiterführende Anforderungen (Stand der Sicherheitstechnik) bezüglich Störfallverordnung notwendig.

Physiologische Eigenschaften. Ammoniak ist ein giftiger Stoff und hat einen stechenden Geruch. Besonders die hohe Warnwirkung bei geringsten Konzentrationen (ab ca. 5 ppm) macht diesen Stoff insofern unproblematisch, da schon geringste Leckagen durch das Bedienungspersonal wahrgenommen werden können. Die höchstzulässige Konzentration, ohne die bleibende Schäden für den Menschen hervorgerufen werden, beträgt 20 ppm, d. h. 4 mal höher als die Geruchsschwelle. Dies ist gleichzeitig der MAK-Wert, also die maximal zulässige Konzentration am Arbeitsplatz mit einer Einwirkzeit von acht Stunden täglich.

Höhere Konzentrationen rufen Atmungsschwierigkeiten hervor und je nach Dosis (ab ca. 1700 ppm) sind ernsthafte irreversible Schädigungen möglich. Konzentrationen oberhalb von 2000 ppm können zum sofortigen Tode führen. Nachteilig ist die Eigenschaft, dass Ammoniak bei Konzentrationen oberhalb von 100 ppm nicht paniksicher ist.

Brennbarkeit. Ammoniak ist ein brennbares Gas und innerhalb enger Grenzen von 15 bis 28 Vol% im Gemisch mit Luft explosiv. Hierbei ist jedoch eine Zündtemperatur von 651 °C und eine Zündenergie von mind. 14 mJ nötig. Diese Charakteristika zeigen deutlich, dass das Risiko einer möglichen Entzündung sehr gering einzuschätzen ist.

Versuche haben gezeigt, dass Ammoniakdämpfe in der Atmosphäre schwer zu entzünden sind. Dies berücksichtigt das technische Regelwerk durch entsprechende Erleichterungen bezüglich des Explosionsschutzes. Besonders der in der Atmosphäre immer vorhandene Wasserdampf grenzt den explosionsfähigen Bereich weiter ein.

37.3.2 Kältemaschinen-Öle

In Kältemaschinen können nur hochwertige Mineralöle oder die mit speziellen Eigenschaften entwickelten synthetischen Öle oder Gemische aus beiden verwendet werden [11].

In keinem anderen Bereich werden so hohe Anforderungen an das Öl gestellt wie gerade in der Kältetechnik. Das Öl in Kältemittelkreisläufen ist hohen Belastungen ausgesetzt. Seine Hauptfunktion als Schmier-, Dicht- und Kühlmittel in einem großen Druck- und Temperaturbereich wird durch die Anwesenheit von Kältemittel mehr oder weniger beeinträchtigt. Somit muss der Schmierstoff im gesamten Temperaturbereich eine hohe Stabilität und die notwendige Viskosität aufweisen. Außerdem darf er mit dem Kältemittel nicht chemisch reagieren.

Ein weiteres großes Problem ist die Mischbarkeit mit dem Kältemittel. Da das Öl im ganzen Kältemittelkreislauf mitgeführt wird, kann es durch Entmischungen zu Ölverlusten im Verdichter kommen.

Grundsätzlich ist folgendes Verhalten von *Öl-Kältemittelgemischen* zu unterscheiden:

Vollständige Löslichkeit von Kältemittel in Öl:

- Ölverdünnung führt zu herabgesetzter Schmierfähigkeit,
- Viskosität ist außerdem abhängig von Druck und Temperatur,
- Gefahr droht für den Schmierstoffkreislauf des Verdichters bei schneller Druckabsenkung während des Anfahrvorgangs (Aufschäumen des Öls in der Kurbelwanne),
- um das Anreichern des Kältemittels im Öl zu unterbinden, ist das Öl in der Kurbelwanne bzw. im Ölreservoir während der Maschinenstillstandszeit zu beheizen.

Kältemittel, die bei bestimmten Temperaturen und Mischungsverhältnissen eine Phasentrennung aufweisen:

- liegen die Betriebsbedingungen in diesen sog. *Mischungslücken*, so kann das vom Verdichter ausgeworfene Öl nur durch besondere Maßnahmen aus dem Verdampfer zurückgeführt werden.

Nicht mischbare Kältemittel:

- Öl, das im Laufe der Betriebszeit den Ölabscheider passiert, sammelt sich im Sumpf des Verdampfers und kann von dort abgelassen werden (z. B. bei NH3 Kälteanlagen).

Die thermische Stabilität von Kältemaschinen-Öl ist begrenzt, sodass je nach Verdichterart und Betriebsbedingungen eine Ölkühlung vorgesehen werden muss. Die Angaben der Hersteller über die zugelassenen Ölsorten sind unbedingt einzuhalten. Die Öl-Kältemittelbeständigkeit wird in Labortests und Laufzeitprüfungen nachgewiesen.

Für die FCKW und H-FCKW Kältemittel wurden Mineralöle verwendet, die im gesamten Kältemittelkreislauf mischbar mit dem Kältemittel sind. Eine Gefahr der Entmischung war nicht gegeben. Bei den neuen Kältemittel (FKW, H-FKW) ist der Einsatz dieser Mineralöle nicht mehr möglich, da sie entweder mit ihnen chemisch reagieren oder sich in einigen Temperaturbereichen Mischungslücken ergeben. Für diese Kältemittel werden ausschließlich Öle auf der Basis von synthetischen Estern verwendet. Diese Öle haben jedoch sehr starke hygroskopische Eigenschaften, sodass ein sorgfältiger Umgang gefordert ist. Deshalb dürfen diese Öle nicht bzw. nur kurzfristig mit der Luft (Feuchtigkeit) in Kontakt kommen.

37.3.3 Kühlsolen

Als das thermophysikalisch gesehen günstigste Medium für den Einsatz in Kälte- beziehungsweise Wärmeübertragungssystemen ist unter Außerachtlassung von Mehrphasenfluiden das Wasser zu sehen. Dieses bietet unter Berücksichtigung der thermophysikalischen Eigenschaften die günstigsten Voraussetzungen zum Wärmetransport und Verteilung.

Der Anwendungsbereich ist jedoch auf Temperaturen oberhalb von 0 °C physikalisch begrenzt. Je nach Anwendungsfall und unter Berücksichtigung des oben genannten Temperaturabstandes müssen somit unterhalb von Anwendungstemperaturen kleiner ca. +4 °C andere Stoffe beziehungsweise Gemische eingesetzt werden, die einen Wärmetransport ermöglichen. Diese Stoffe werden als Sole bezeichnet. Früher wurden als Sole Salzwassermischungen verwendet, die jedoch wegen der hohen Korrosionsprobleme einen begrenzten Anwendungsbereich aufweisen. Heutzutage sind Stoffe beziehungsweise Mischungen mit besserer Materialverträglichkeit im Einsatz.

Neben den vielen Einstoffen und Mischungen aus organischen und anorganischen Stoffen besonders im Klimabereich sind viele Wassermischungen bekannt, die einen problemlosen Einsatz erlauben.

In Tab. 37.4 sind einige bedeutsame Solen, die ausschließlich als Wassermischung verwendet werden, aufgelistet.

Tab. 37.4 Sole aus Gemischen mit Wasser

Mischung in Verbindung mit Wasser	Symbol	Massen %/Gefrierpunkt			Eutektikum Temperatur/Konzentration
		−15 °C	−30 °C	−40 °C	
Ethylenglycol*	EG	30,5	45,4	52,8	
Propylenglycol*	PG	33	48	54	
Ethylalkohol	EA	24,5	40,9	53,1	
Methylalkohol	MA	20,0	33,6	41,0	
Glyzerin	Glyc	39,5	56	63	
Ammoniak	NH_3	10,8	17,7	21,1	≈ −100°C/33 %
Kaliumkarbonat	K_2CO_3	27	36,6	–	≈ −37,5°C/40 %
Kalziumchlorid	$CaCl_2$	17,9	25,4	28,3	≈ −50°C/30,5 %
Magnesiumchlorid	$MgCl_2$	14,0	20,5	–	≈ −33°C/21,8 %
Natriumchlorid	NACI	18,8	–	–	≈ −21°C/23,4 %
Kaliumacetat	KAc	24	34	39	≈< −50°C/45 %

Die mit * gekennzeichneten Lösungen werden heute im Klimabereich verwendet, das heißt, der Einsatz erfolgt in Kälteanlagen auf der Verflüssigerseite zum Abführen oder in Verdampferkreisläufen zur Versorgung der Luftkühler.

37.3.3.1 Thermophysikalische Eigenschaften

Für die Berechnung, Planung und Auslegung eines Kälteübertragungssystems ist die richtige Wahl des kälteübertragenden Mediums und die Kenntnis dessen thermophysikalischer Eigenschaften von großer Wichtigkeit. Nachfolgend werden die wichtigsten Kenngrößen kurz erläutert.

Gefrierpunkt. Die Gefriertemperatur eines Fluids muss unterhalb der Betriebstemperatur (Verdampfungstemperatur) liegen, damit nicht durch partielle Vereisungen im Verdampfer diese zu Zerstörungen führen können und das Medium pumpfähig bleibt.

Siedepunkt. Die Siedetemperatur sollte höhere Werte aufweisen als die maximale höchste Betriebstemperatur. Dabei ist besonders bei Kälteübertragungssystemen nicht nur die Stillstandstemperatur in die Betrachtung mit einzubeziehen sondern auch der Einfluss der Druckabhängigkeit auf die Siedetemperatur (Gefahr der plötzlichen Verdampfung bei Leckagen unter Atmosphärendruck).

Oberflächenspannung. Bei zu geringer Oberflächenspannung des Fluids wächst das Risiko der Schaumbildung im System und erhöht die Gefahr einer Kavitation in der Pumpe.

Dichte. Je höher die Dichte eines Fluids desto höher die pro Volumeneinheit übertragbare sensible Wärme (geringere Pumpenarbeit).

Viskosität. Die dynamische und kinematische Viskosität sollte bei der gegebenen Anwendungstemperatur nicht zu hoch liegen, da sonst entsprechend hohe Druckverluste im Rohrleitungsnetz entstehen. Zur Bestimmung der Wärmeübertrager, der Pumpen und des Rohrleitungsnetzes ist diese Kenngröße im Bereich der Strömungsmechanik und der Wärmeübertragung von ausschlaggebender Bedeutung.

Spezifische Wärmekapazität. Dies ist die ausschlaggebende Größe für die maximal mögliche sensible Wärmeübertragung pro Masseneinheit. Um das notwendige Fördervolumen im Sekundärkreislauf so gering wie möglich zu halten (Pumpenenergie), sind hohe Werte anzustreben.

Thermische Leitfähigkeit. Diese Größe beeinflusst im starken Maße die eigentliche Wärmeübertragung. Mit steigender Leitfähigkeit sinkt der notwendige Temperaturabstand zur Wärmeübertragung.

Ausdehnungskoeffizient. Dieser Wert ist ein Maß für die Ausdehnung einer Flüssigkeit bei steigenden Temperaturen. Dieser Wert ist unter anderem die Grundlage zur Bestimmung des Ausdehnungsgefäßes in einem Kälteübertragungssystem.

37.3.3.2 Sonstige Eigenschaften

Zur Bestimmung eines Stoffes im Sekundärkreislauf sind neben der Kenntnis der thermophysikalischen Eigenschaften weitere Eigenschaften besonders zu berücksichtigen. Als wesentlich sind hierbei besonders die zu nennen, die besondere Anforderungen an das Kälteübertragungssystem erfordern:

- Materialverträglichkeit,
- Toxizität,
- Brennbarkeit,
- Wassergefährdung,
- sonstige Umweltbelastung,
- sonstige Gefahrenpotenziale.

Die Auswahl eines Stoffes bedingt somit immer ein Abwägen der Nachteile und Vorteile. In der Klimatechnik haben sich neben reinem Wasser die Wassermischungen Propylenglykol und Ethylenglykol als nutzbar herausgestellt.

Bei der Umstellung oder Reparatur von Altanlagen muss damit gerechnet werden, dass die rost- und kalklösende Wirkung der Glykolsole zu Verstopfungen und Undichtheiten führt und vorhandener Rost die Inhibitoren bindet und ihre Wirkung aufhebt.

37.4 Systeme und Bauteile der kältetechnischen Anlagen

Grundsätzlich lassen sich vom Aufbau her die sogenannten *Direktverdampfer-Systeme* und die Systeme mit Sekundärkreislauf unterscheiden. Bei Direktverdampferanlagen kommt der Wärmeaustauscher, in dem das Kältemittel verdampft, direkt mit dem zu kühlenden Luftstrom in Kontakt. Bei indirekten Systemen mit Sekundärkreislauf werden im Verdampfer Wasser bzw. andere Kälteträger (z. B. Solen) abgekühlt und dann zu den verschiedenen Verbrauchern (z. B. Luftkühler) geführt.

Klimageräte mit *Direktverdampfer-Systemen* sowie anschlussfertige *Kaltwassersätze* mit luft- oder wassergekühlten Verflüssigern werden für alle gängigen Anwendungsfälle serienmäßig hergestellt.

In die Klimageräte werden fast ausschließlich Verdichter-Kältemaschinen mit hermetischen bzw. halbhermetischen Motorverdichtern eingebaut.

Die Bezugswerte für die Nennleistungen der *Raumklimageräte* sind in DIN EN 14511-2 festgelegt; z. B. der Bezugswert für den Kühlbetrieb in gemäßigtem Klima: Raumluft 27 °C/46 % rel. Feuchte und Außenluft 35 °C/40 % rel. Feuchte.

Bei der Vielzahl der Bauteile, die in einer Kälteanlage eingebaut sein können, werden nachfolgend nur die wichtigsten beschrieben. Besonders bei den regelungstechnischen Bauteilen, wie z. B. Kondensationsdruckreglern etc. wird auf weiterführende Fachliteratur verwiesen.

37.4.1 Kältemittelverdichter

Kältemittelverdichter werden neben ihrer Konstruktion als Kolben-, Schrauben-, Turbo- oder Scrollverdichter auch in ihrer Bauweise als *offene, halbhermetische* und *hermetische Bauart* unterschieden (s. Kap. 3, 12).

Offener Verdichter. Verdichter und Antriebsmotor sind durch Keilriemen, bzw. Welle verbunden, Verdichter hat ein drehendes Bauteil nach außen (Wellenabdichtung erforderlich).

Halbhermetischer Verdichter. Verdichter und Antriebsmotor befinden sich in einem verschraubten Gehäuse oder die Gehäuse sind dicht angeflanscht (keine Wellenabdichtung erforderlich). Die Motoren sind sauggasgekühlt (durch Kältemittel) oder luftgekühlt.

Hermetische Verdichter. Verdichter und Motor sind in einem nicht zu öffnenden Gehäuse (verschweißte Ausführung) untergebracht. Sie werden meist als Kapselverdichter bezeichnet und mit kleineren Leistungen, z. B. in Kühlschränken, kleinen gewerblichen Kühltruhen etc., eingesetzt. Grundsätzlich wird der Antriebsmotor durch das einströmende Kältemittel gekühlt (sauggasgekühlt).

Bei den kleineren Kälteleistungen für Haushaltskühlmöbel und Einzelraumklimageräte werden die bisher dominierenden Hubkolbenverdichter durch verbesserte bzw. neue Verdichterarten, wie Rollkolben- und Scrollverdichter (Spiralverdichter), verdrängt [12].

Im mittleren Leistungsbereich werden heute neben Hubkolbenverdichtern auch Schraubenverdichter eingesetzt, während die großen Leistungen den Turboverdichtern vorbehalten sind.

37.4.1.1 Schutzeinrichtungen und Sicherheitsgeräte

Je nach Volumenstrom des Verdichters und der Gesamtfüllmenge an Kältemittel werden die Kälteanlagen gemäß dem technischen Regelwerk (zzt. DIN EN 378) entsprechend ihrem Gefährdungspotenzial abgesichert. Hierbei stehen neben einfachen, druckbegrenzenden Schaltreglern (Druckwächter bzw. Druckbegrenzer) auch freiausblasende Sicherheitseinrichtungen (Sicherheitsventile) und Überströmventile von der Hochdruckseite auf die Niederdruckseite zur Verfügung. Weitere Sicherheitseinrichtungen sind Öl-Differenzdruckschalter, Öltemperaturwächter etc.

Je nach Leistung und Bauart werden die vorstehend genannten Geräte grundsätzlich baumustergeprüft bzw. bauteilgeprüft benötigt.

Zur Sicherstellung der Langlebigkeit der Anlagen sind weitere Schutzeinrichtungen, wie z. B. Lagertemperaturwächter, Wicklungsthermostate oder Motorvollschutz-Einrichtung (Halbleiter), Begrenzung der Einschalthäufigkeit, vorhanden.

Neben den Leistungs-Regeleinrichtungen der Verdichter kann die Kälteleistung durch polumschaltbare oder drehzahlveränderbare Elektromotore, durch drehzahlgeregelte Verbrennungsmotore oder durch einfaches Ein-/Ausschalten der Antriebe dem Bedarf angepasst werden (s. Bd. 2, Kap. 26).

37.4.1.2 Konstruktion

Scrollverdichter (auch *Spiral-Verdichter* genannt), Abb. 37.6. Weltweit sind heute mehrere Millionen Hermetikverdichter (Kapselbauweise) mit Volumenströmen von 5 bis ca. 100 m^3/h in Betrieb. Die Vorteile dieser Konstruktion sind neben geringem Leistungsgewicht sowie Bauvolumen und keine Arbeitsventile auch größere Laufruhe, höherer Liefergrad und gleichförmigerer Drehmomentenverlauf als bei Hubkolbenverdichtern. Der Scrollverdichter ist noch in der Entwicklung zu größeren Bautypen begriffen.

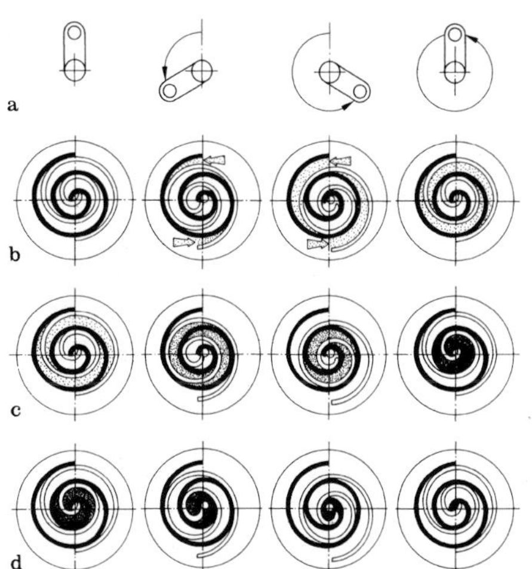

Abb. 37.6 Arbeitsweise des Scrollverdichters (Trane). **a** Prinzip: Das Verdichten erfolgt mittels zweier, einseitig offener, ineinandergreifender Spiralen. Die obere Spirale ist ortsfest, die untere Spirale beschreibt eine Umlaufbahn; **b** Ansaugen: Beim ersten Umlauf der beweglichen Spirale werden zwei Gasräume gebildet und das Ansauggas darin eingeschlossen; **c** Verdichten: Beim zweiten Umlauf wird das Volumen der Gasräume kontinuierlich reduziert und das verdichtete Gas in Richtung des Mittelpunktes der festen Spirale transportiert; **d** Ausschieben: Beim dritten Umlauf wird das Gas weiter verdichtet und endlich durch eine Auslass-Öffnung in der Mitte der ortsfesten Spirale ausgeschoben

Zellenverdichter. Er gehört zu den Drehkolbenverdichtern mit einem Rotor; mehrere Flügel bilden die Zellen. Der einfache, robuste Aufbau in Verbindung mit Verbundfaserwerkstoffen gewährleistet eine lange Lebensdauer. Der zulässige Drehzahlbereich liegt zwischen 400 und 4000 min^{-1}, was eine Drehzahlregelung in weiten Bereichen ermöglicht. Der Rotationsverdichter besitzt eine gute Eignung für Transportkühlanlagen mit direktem Antrieb durch den Verbrennungsmotor. Der Leistungsbereich reicht etwa von 2,5 bis 17 kW Antriebsleistung [13].

Hubkolbenverdichter (Abb. 37.7). Hierbei handelt es sich um eine bewährte Verdichterkonstruktion mit selbsttätigen Arbeitsventilen. Der Einsatz von federbelasteten Ventileinsätzen beugt der Zerstörung von Kolben, Triebwerk und Ventilplatten durch Flüssigkeitsschläge vor. Die Zylinderköpfe von Verdichtern in der Klimatechnik werden im Allgemeinen luftgekühlt ausgeführt, bei tieferen Verdampfungstemperaturen (z. B. Lebensmittelkühlkette) ist der Einsatz von wassergekühlten notwendig. Da Massen- und Momentenausgleich auch bei Vielzylindermaschinen nicht immer vollständig gelingt, muss für ausreichenden Schutz vor Körperschallüber-

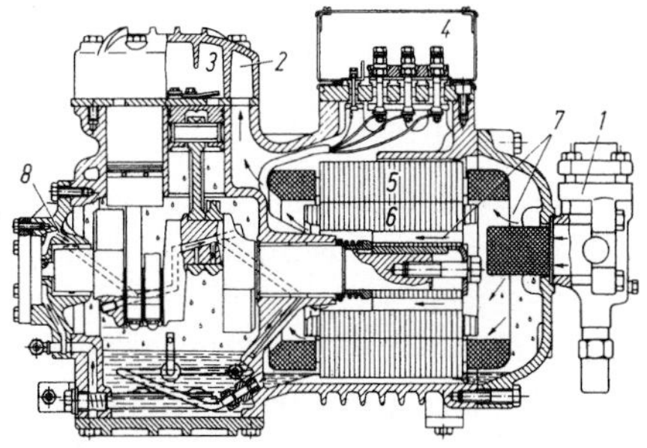

Abb. 37.7 Halbhermetischer Vier-Zylinder-Motorverdichter mit Antriebsleistung bis 37 kW (Bitzer). *1* Saugabsperrventil, *2* Saugraum des Zylinderkopfes, *3* Druckraum des Zylinderkopfes, *4* Klemmkasten, *5* Stator, *6* Rotor, *7* Weg des angesaugten Kältemitteldampfes, *8* Schmierölkreislauf

tragung gesorgt werden. Die Drehzahl beträgt im Allgemeinen 1500 min^{-1}, in Sonderfällen auch bis 3000 min^{-1}.

Die *Leistungsregelung* ist durch Sauggasdrosselung, Druckgas-Bypass mit Nachspritzung oder stufenweiser Zylinderentlastung durch Abheben der Saugventilplatten möglich. Das Abheben der Ventilplatten ist gleichzeitig eine Einrichtung, die den entlasteten Anlauf des Verdichters gewährleistet. Vorwiegend wird mit Hilfe des Schmieröldrucks – seltener mittels des Verflüssigungsdrucks – das Arbeiten der Saugventilplatten der einzelnen Zylinder freigegeben.

Die Leistungsregulierung über veränderbare Drehzahl ist wegen des Verhaltens der selbsttätigen Arbeitsventile wirtschaftlich nur im oberen Drehzahlbereich (50 bis 100 %) möglich.

Schraubenverdichter. Sie arbeiten mit zwei Rotoren (Roots-Prinzip) mit Öleinspritzung, wodurch neben dem Abdichten gleichzeitig eine Kühlung des überhitzten Kältemitteldampfes während des Verdichtungsvorgangs und daher eine niedrigere Verdichtungsendtemperatur erreicht wird (s. Abschn. 3.4.2). Die notwendige Ölkühlung erfolgt durch einen wassergekühlten oder kältemittelgekühlten Ölkühler oder durch die Kältemitteleinspritzung in den Verdichtungsraum. Es sind keine oszillierenden Triebwerksteile und keine Arbeitsventile und damit keine Schadräume vorhanden wie bei Kolbenverdichtern, und es gibt keine Pumpgrenze wie bei Turboverdichtern. Für die Leistungsregulierung von Schraubenverdichtern, stufenlos im Bereich von 100 bis 15 %, wird ein Leistungsschieber so gesteuert, dass ein mehr oder weniger großer Teil des Ansaugraums nicht genutzt wird.

Da das Verhältnis des Ansaugvolumens V_S zum Volumen bei Austrittsdruck V_D konstruktiv bei Schraubenverdichtern fest vorgegeben ist (V_i), muss bei schwankenden äußeren Betriebsbedingungen ein sogenannter V_i-Schieber vorgesehen werden. Zur V_i-Änderung wird der Öffnungswinkel für den Auslassbeginn mittels Schieber verändert. Damit kann auch bei größeren Abweichungen von den Planungsvorgaben (Betriebsdrücke) das Verhalten an die tatsächlichen Betriebsbedingungen angepasst werden.

Mit Hilfe einer Mikroprozessorregelung kann das Rückströmen eines Teils des angesaugten Massenstroms geregelt und das Volumenverhältnis V_i den tatsächlichen Betriebsbedingungen angepasst werden. Die Verlustarbeiten für Nachverdichten bzw. -expandieren sind dann gering [14].

Die hohe zulässige Drehzahl erlaubt den Direktantrieb mit 2-poligen Elektromotoren (3000 min^{-1} bei 50 Hz und 3600 min^{-1} bei 60 Hz).

Turboverdichter, Abb. 37.8. Für die Klimakälteerzeugung genügen 1- oder 2-stufige Turboverdichter mit eingebautem Getriebe (Laufrad-Drehzahlen in der Regel zwischen 3000 und 10 000 min^{-1}) (s. Kap. 12).

Bevorzugt wird die Regelung des Kältemittelmassenstroms abhängig von der Kaltwasser-Vorlauftemperatur durch verstellbare Einlass-Leitschaufeln vor dem Laufrad. Für stabilen Teillastbetrieb werden Hilfseinrichtungen wie Heißgas-Bypass oder Druckgaseinleitung unterhalb des Flüssigkeitsspiegels im Verdampfer vorgesehen. Entlastetes Anfahren der Maschine erfolgt durch Schließen der Einlass-Leitschaufeln, die außerdem zum Begrenzen der Motorstromaufnahme – in der Regel zwischen Sollwerten von 40 bis 100 % einstellbar – verwendet werden.

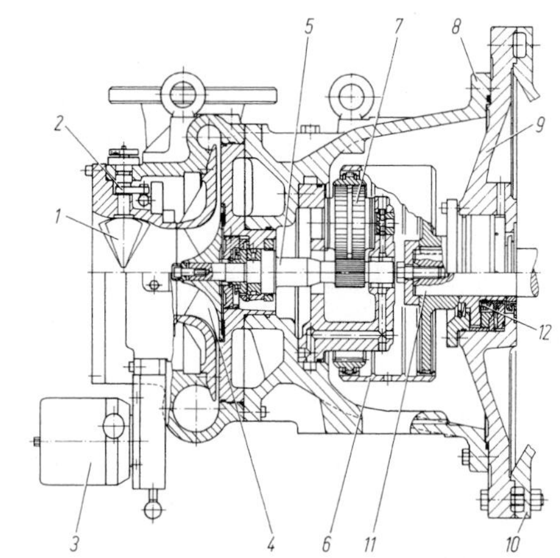

Abb. 37.8 Offener Turbokältemittelverdichter (Sulzer Escher Wyss). *1* Vorleitschaufeln (VLS), *2* VLS-Verstellhebel, *3* VLS-Verstellantrieb (typisch), *4* Laufrad, *5* Laufradwelle mit Ritzel, *6* Getriebeaußenkranz, *7* Planetenräder, *8* Getriebegehäuse, *9* Getriebegehäusedeckel, *10* Flansch des Standardmotors, *11* Antriebswelle des Standardmotors, *12* Gleitringdichtung

Da nur drehende, keine oszillierenden Teile vorhanden sind, kann die Körperschallübertragung durch spezielle Gummiunterlagen unterbunden werden; im Teillastbetrieb kann bei ungünstigen Bedingungen jedoch ein erhöhter Luftschallpegel auftreten.

An pulsierenden Geräuschen und mit gleicher Frequenz schwankenden Drücken und Stromaufnahmen ist das sog. „Pumpen" – die zeitweise Umkehr des Gasflusses durch das Laufrad – zu erkennen. Es kann sowohl die obere als auch die untere Pumpgrenze überschritten werden; längerer Betrieb in diesem Zustand kann zu großen Schäden, insbesondere zu Lagerverschleiß führen (s. Kap. 12).

37.4.2 Verdampfer

Verdampferkonstruktionen für Luftkühlung, Flüssigkeitskühlung und Eisspeicherung.

Nach der Art der Beaufschlagung der Kühlfläche mit Kältemittel wird grundsätzlich zwischen *Überflutungsbetrieb* und *trockener Verdampfung* (s. Abschn. 25.2) unterschieden. Prinzipielle Vorteile der trockenen Verdampfung sind die kleinere Kältemittelfüllung und die geringeren Probleme mit der Ölrückführung.

Luftkühler. Lamellenrohrverdampfer aus Kupferrohren von 9,52 bis etwa 18 mm Durchmesser und Rein-Aluminium-Lamellen mit 0,3 mm Dicke. In korrosiver Atmosphäre: Kupferlamellen bzw. epoxydharzbeschichtete Lamellen; letztere auch in Verbindung mit Chrom-Nickel-Stahlrohren. Lamellenabstände für Direktkühler in Klimaanlagen ab 1,95 bis 4,2 mm, je nach Feuchtigkeitsausscheidung. Praktische Wärmedurchgangskoeffizienten liegen im Bereich von 12 bis 34 $W/(m^2 \cdot K)$; je nach Feuchtigkeitsausscheidung können auch höhere Wärmedurchgangskoeffizienten erreicht werden. Bei der Auslegung der Lamellenabstände sind grundsätzlich die hygienischen Anforderungen mit zu berücksichtigen (VDI 6022).

Flüssigkeitskühler. Rohrbündelverdampfer mit Mantel aus Stahlrohr, stirnseitigen Stahlböden mit eingewalzten – seltener eingeschweißten oder eingelöteten – Kupfer- oder Stahlrohren, mit und ohne äußere und innere Rillen, Rippen oder dergleichen zum Verbessern des Wärmeübergangs, bei einer um das Mehrfache vergrößerten Kühlfläche (etwa 2,5- bis 3,5fach). Bei höheren Ansprüchen an die Korrosionsbeständigkeit werden Sondermessingrohre, Schutzschichten aus Titan etc. verwendet.

Bei *trockener Verdampfung*: Kältemittel in den Rohren; Wasser oder Sole um die Rohre. Kältemittelseitige Aufteilung auch auf zwei, seltener auf drei oder vier Kreisläufe.

Nachteil: Wasserseitig ist nur eine chemische, keine mechanische Reinigung praktikabel.

Bei *Überflutungsbetrieb*: Kältemittel um die Rohre, Kälteträger mittels Umlenkdeckel in Einweg- bis Vierweg-Durchfluss geführt. Für kleine Leistungen sind auch Koaxialverdampfer (Doppelrohre spiralförmig gewickelt) mit beripptem oder glattem inneren Kupferrohr üblich.

Für das Kältemittel Ammoniak werden entsprechende Ausführungen mit Stahlrohren hergestellt. Je nach Verschmutzung und spezifischer Belastung der Kühlflächen werden bei Wasserkühlung Wärmedurchgangskoeffizienten etwa bis 2100 $W/(m^2 \cdot K)$ – bezogen auf die wasserberührte Rohroberfläche – erreicht.

In jüngster Zeit werden verstärkt Plattenwärmeaustauscher als Verdampfer in Kältemittelkreisläufen eingesetzt [15]. Die Vorzüge der Plattenwärmeaustauscher sind hohe Leistungsdichten auf kleinem Raum. Nachteilig sind, bedingt durch die geringen Abständen zwischen den Platten, die erhöhte Verstopfungsgefahr bei verschmutzen Kälteträgern. Weiterhin muss bei Ausbildung von Totwassergebieten, bedingt durch Verstopfungen, mittels Nachverdampfung mit Einfrierschäden gerechnet werden.

Eisspeicherung. Ausgeführt als Plattenverdampfer aus Stahl, verzinkt oder kunststoffbeschichtet oder als Glattrohrschlangen-Verdampfer für Einsatz in offenen Wasserbecken. Das Kältemittel wird über spezielle Verteiler gleichmäßig eingespritzt, mit Kältemittelpumpen oder durch Naturumlauf (Dampfdom) umgewälzt.

37.4.3 Verflüssiger

Luftgekühlte Verflüssiger. Ähnlich ausgeführt wie die Verdampferkonstruktion mit Rohren aus Kupfer oder Stahl und Lamellen aus Aluminium, Kupfer, Stahl und gegebenenfalls zusätzlicher Beschichtung; mit Lamellenabständen ab 1,6 mm. Die Wärmedurchgangskoeffizienten liegen im Bereich von 15 bis 30 $W/(m^2 \cdot K)$, je nach Luftdurchsatz; der jedoch oft wegen des zunehmenden Geräuschpegels besonders bei Außenaufstellung begrenzt werden muss.

Wassergekühlte Verflüssiger. Konstruktion wie Rohrbündelverdampfer für Überflutungsbetrieb mit Wasserumlenkdeckeln bis zu Sechsweg-Durchfluss. Die unteren Kühlrohre dienen bei Einbau eines Leitblechs für den Abflussweg zum Unterkühlen des flüssigen Kältemittels. Spiralförmig gewickelte Koaxial- und Doppelrohr-Wärmeaustauscher und neuerdings auch Plattenwärmeaustauscher als Verflüssiger und zum Rückgewinnen der Überhitzungswärme für Heizwasserkreisläufe. Sonderausführungen mit doppelter Trennwand und Sicherheitszwischenraum zwischen Kältemittel- und Trinkwassernetz für die Brauchwassererwärmung (s. a. wasserhaushaltsrechtliche Anforderungen, DIN 1988, T 4, Trinkwasserverordnung und DIN 8901). Praktische Wärmedurchgangskoeffizienten liegen im Normalfall in der Größenordnung von 900 bis 1700 $W/(m^2 \cdot K)$ bezogen auf die äußere Kühlfläche.

37.4.4 Sonstige Bauteile

Drosseleinrichtungen. Neben Druckerzeuger, Verdampfer und Verflüssiger ist die Drosseleinrichtung zwischen Hoch- und Niederdruckseite wichtiger Bestandteil des Kältemittelkreislaufs.

Kapillar-Drosselrohre: geeignet für Seriengeräte kleiner Leistung, mit abgestimmter Kältemittelfüllung, z. B. kleinere Splitanlagen für ein oder zwei Verbraucher (meist eigensichere Bauweise).

Lochblenden und Düsen: einfachste Form der Drosselung von Kältemittelmassenströmen; angewendet z. B. bei der Motorkühlung von halbhermetischen Turbokältemittelverdichtern.

37.4.4.1 Einspritzeinrichtungen

Thermostatische Einspritzventile: Abhängig von der Temperatur des Fühlelements wird die Einspritzdüse des Ventils für das Durchströmen des Kältemittels mehr oder weniger geöffnet. Das Fühlelement (mit Kältemittel gefüllte Kapillare) erfasst die Überhitzungstemperatur der Saugleitung hinter dem Verdampfer. Bei steigender Überhitzung wird das Ventil weiter geöffnet, sodass der Massenstrom an Kältemittel steigt. Bei sonst konstanten Randbedingungen (Temperatur der Wärmequelle, etc.) sinkt die Überhitzung.

Bei Verdampfern mit größerem kältemittelseitigen Druckabfall sind Einspritzventile mit zusätzlichem Anschluss einer Druckausgleichsleitung an die Saugleitung hinter dem Temperaturfühler erforderlich. Gleiches gilt für Verdampfer mit mehreren parallelen Wegen, bei denen zum gleichmäßigen Beaufschlagen Kältemittelverteiler eingebaut werden. Ein Einspritzventil mit MOP (Maximum Operation Pressure) unterbindet die Kältemitteleinspritzung oberhalb eines bestimmten Verdampfungsdrucks und schützt somit den Antriebsmotor vor Überlastung.

Elektronisches Einspritzsystem: Mit der neuen Generation von mikroprozessorgesteuerten Einspritzsystemen aus Regler, elektronischem Expansionsventil und zwei Messwertaufnehmern wird die Kältemittel-Mengenregelung – abhängig von der Temperaturdifferenz zwischen Verdampferein- und -austritt – so verbessert, dass ein stetiger, kühllastangepasster Verlauf des Verdampfungsdrucks erreicht wird. Im Vergleich zu herkömmlichen Ventilen ergeben sich folgende Vorteile: geringere Überhitzung, geringere Verdichterlaufzeiten und -schaltspiele; kürzere Abtauzeiten bei Luftkühlern; größere Regelgenauigkeit ($\pm 0{,}7$ K und kleiner), selbst bei schnellen Laständerungen und Änderungen des Verflüssigungsdrucks sowie der Unterkühlungstempera-

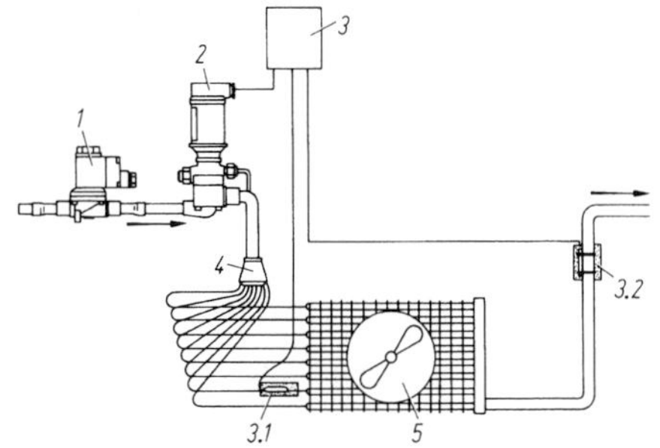

Abb. 37.9 Kältemitteleinspritzregelung mit elektronischem Regelsystem (Danfoss). *1* Magnetventil, *2* Expansionsventil mit Stellantrieb, *3* Regler elektronisch, *3.1* Temperaturfühler PT 1000 am Verdampfereingang, *3.2* Temperaturfühler PT 1000 am Verdampferausgang, *4* Kältemittelverteiler, *5* Rippenrohrluftkühler für Direktverdampfung

tur. Dieses Betriebsverhalten führt zu deutlich höheren Leistungszahlen für die Kälteerzeugung.

Die in Abb. 37.9 dargestellte elektronische Einspritzung kann mit zusätzlichen Funktionen versehen werden für: externe Sollwertverstellung, MOT-Begrenzung (Maximum Opening Temperatur), zwangsweises Öffnen und Schließen, Anzeige der Überhitzungstemperatur. Die Kommunikation mit einem Rechner ist möglich.

Schwimmerregler. Diese Regeleinrichtung kommt bei überfluteten Wärmeübertragern bzw. bei großen Kältemittelfüllmengen und entsprechenden Sammelbehältern (Sammler) zum Einsatz. Es ist zu unterscheiden zwischen Hochdruck- und Niederdruck-Schwimmerregler, je nach Einbauort des Schwimmers auf der Verflüssigerseite (Hochdruck) oder der Verdampferseite (Niederdruck).

Während der *Hochdruckschwimmer* das vom Verflüssiger kommende flüssige Kältemittel zum Verdampfer hin abfließen lässt, den Durchtritt von gasförmigen Kältemittel jedoch verhindert, hält der *Niederdruckschwimmer* einen bestimmten Kältemittelstand im Verdampfer aufrecht.

Regel- und Schalteinrichtungen. Magnetabsperrventile, Druckschalter, Druck- und Temperaturregler in verschiedenen Ausführungen und für verschiedene Aufgaben, z. B.: Startregler vermeidet Motorüberlastung beim Anlaufen mit zu hohem Saugdruck; *Temperaturregler* drosselt den Kältemittelstrom aus dem Verdampfer bei Unterschreiten einer bestimmten Medientemperatur; *Kühlwasserregler* regelt den Wasserdurchfluss durch Verflüssiger abhängig vom Verflüssigungsdruck.

Kältemittel-Rohrleitungen und Zubehör. Für Kältemittel werden bis ca. 54 mm Außendurchmesser (wirtschaftliche und betriebstechnische Gründe) fast ausschließlich *Kupferrohre* nach DIN 8905 verwendet. Bei größeren Rohrdurchmessern sowie für Ammoniakanlagen werden Leitungen aus *Stahl* verlegt (s. Abschn. 35.8).

Grundsätzlich unterliegen alle druckbeaufschlagten Bauteile und somit auch die Rohrleitungen für Bau und Betrieb der Druckgeräteverordnung, für den Betrieb der Rohrleitung gilt die Betriebs-Sicherheitsverordnung nur, wenn das Kältemittel brennbare, ätzende oder giftige Eigenschaften aufweist. (Die gesamte Kälteanlage als Baugruppe unterliegt grundsätzlich beiden Verordnungen.)

Schweißverbindungen müssen von geprüften Schweißern hergestellt werden (s. Bd. 2, Abschn. 8.1). Kleinere Rohrdurchmesser können auch durch Hartlöten verbunden werden (s. Bd. 2, Abschn. 8.2).

Lösbare Verbindungen (Flansche, Bördelverschraubungen) sind auf den unbedingt notwendigen Umfang zu beschränken (Leckverluste – Umweltschutz).

Bei längeren Kältemittelleitungen, insbesondere Saugleitungen, mindert der Druckverlust die Leistung des Kältemittelverdichters. Andererseits darf die Sauggasgeschwindigkeit mit Rücksicht auf eine einwandfreie Ölrückführung nicht beliebig verringert werden (4 bis 8 m/s je nach Steigung und Kältemittel sind einzuhalten).

Für die Kältedämmung der Saugleitungen darf nur schwerentflammbares oder nicht brennbares Material verwendet werden (Baurecht). Vorzugsweise wird geschlossenzelliges, flexibles, synthetisches Kautschukmaterial in schwerentflammbarer Ausführung verwendet.

Kältedämmung. Die Dämmung von kaltgehenden Rohrleitungen und Armaturen ist nötig, um Kälteverluste und Schwitzwasser bei Taupunktunterschreitung zu vermeiden. Dies betrifft im hiesigen Klima alle Leitungen mit Medientemperaturen von 15 °C und niedriger. Wichtige Vorkehrungen: vorbeugender *Korrosionsschutz* durch Beschichten der Rohroberfläche. Vorbehandlung nach AGI Q 151 (Arbeitsgemeinschaft Industriebau e. V.). Rohrbefestigungen mit ausreichender Dämmeinlage, um Wärmebrücken zu verhindern (Dämmstoff Polyurethan-Hartschaum mit Rohdichte bis 250 kg. Ausreichender Verlegeabstand der Rohrleitungen nach DIN EN 378.

Kältemitteltrockner. Der maximale Feuchtigkeitsgehalt des angelieferten Kältemittels liegt mit etwa 0,001 Massenprozent in der Regel weit unter der Löslichkeitsgrenze von Wasser in flüssigem Kältemittel.

Vorbeugend werden bei vor Ort montierten Anlagen Kältemitteltrockner vorwiegend in die Flüssigkeitsleitung eingebaut, um gegebenenfalls die im Kältemittelkreislauf nach dem Evakuieren verbliebene Restfeuchtigkeit an eine geeignete Absorptionsmasse (Aluminium-Silicium-Oxid-Verbindungen, z. B. Silicagel, Molekularsiebes) zu binden. In der Regel dient der Trockner gleichzeitig als Filter.

Ölabscheider. Sie werden in Kälteanlagen der Klimatechnik i. Allg. nicht benötigt; eine Ausnahme bilden die Kaltwassersätze mit Schraubenverdichtern und Anlagen mit dem Kältemittel Ammoniak. Der in die Druckgasleitung eingebaute Ölabscheider führt den größten Teil des aus dem Verdichter ausgeworfenen Öls über einen Schwimmerregler dem Ölreservoir wieder zu.

Armaturen und Zubehör. Im Kältemittelkreislauf eingebaut können sein: betriebsmäßig von Hand zu betätigende Absperrventile; nicht betriebsmäßig zu betätigende Absperrventile mit Kappen; Wechselventile; Schnellschlussventile; sog. „Schrader"-Ventile zum Anschließen von Mess- und Hilfsleitungen; Rückflussverhinderer; Schaugläser; Thermometerstutzen; Kältemittelfilter; Kältemittelsammler.

Bau und Inbetriebnahme. In der Europäischen Gemeinschaft werden zurzeit eine Vielzahl von nationalen Gesetzen, Verordnungen und Normen durch internationale Standards ersetzt. Die Kälteanlagen unterliegen z. B. dem Gerätesicherheitsgesetz, der Druckgeräteverordnung, der Betriebs-Sicherheitsverordnung, dem Wasserhaushaltsgesetz, weiterführenden Länderregelungen usw. Speziell für die kältetechnischen Belange sind die Unfallverhütungsvorschrift BGR 500, die DIN EN 378 Teil 1 bis 4, die TRBS einzuhalten. Ammoniak-Kälteanlagen mit einer Füllmenge größer 3 t sind zusätzlich genehmigungspflichtig nach dem Bundesimmissionsschutzgesetz (BImSchG).

37.5 Direktverdampfer-Anlagen

Im Leistungsbereich bis etwa 300 kW sind in der Klimatechnik Direktverdampfer-Anlagen (Verdampfer als Luftkühler, Abb. 37.10) oft die sowohl in den Anschaffungs- als auch in den Betriebskosten günstigste Lösung. Dies ist darauf zurückzuführen, dass anstelle des Kaltwassernetzes im Durchmesser kleinere Kältemittelleitun-

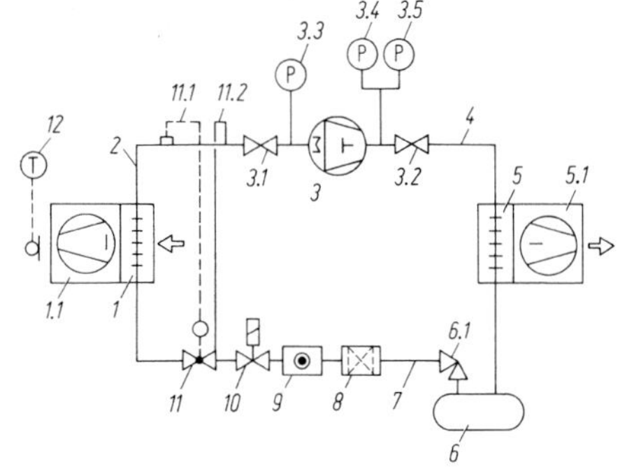

Abb. 37.10 Schema des Kältemittelkreislaufs einer Direktverdampfer-Anlage, luftgekühlt. *1* Verdampfer, *1.1* Radialventilator, *2* Saugleitung, *3* Motorverdichter, sauggasgekühlt, *3.1* Saugabsperrventil, *3.2* Druckabsperrventil, *3.3* Saugdruckwächter, *3.4* Druckwächter, *3.5* Sicherheits-Druckbegrenzer, *4* Druckleitung, *5* Verflüssiger, luftgekühlt, *5.1* Axialventilator, *6* Kältemittelsammler, *6.1* Flüssigkeits-Eckabsperrventil, *7* Flüssigkeitsleitung, *8* Filtertrockner, *9* Schauglas mit Feuchtigkeitsindikator, *10* Magnetabsperrventil, *11* thermostatisches Einspritzventil, *11.1* Temperaturfühler mit Kapillarrohr, *11.2* äußere Druckausgleichsleitung, *12* Raumtemperaturthermostat

gen zu verlegen sind, die Wasserumwälzpumpen entfallen und keine zusätzliche Temperaturdifferenz zum Abkühlen des Kälteträgers wie bei der Wasserkühlanlage erforderlich ist und daher Direktkühlanlagen mit einer um 6 bis 7 K höheren Verdampfungstemperatur betrieben werden können.

Die Aufteilung auf *mehrere dezentrale* Kälteanlagen wird gewählt, um die Kältemittelfüllung kleinzuhalten, Ölrückführungsprobleme zu vermeiden, kein ausgedehntes Kältemittel-Leitungsnetz für weit auseinanderliegende Kälteverbraucher zu erhalten sowie ein geringes Ausfallrisiko tragen zu müssen.

Im Vergleich zu zentralen Kaltwassersätzen sind Ölrückführung und Ölausgleich sowie auch die Schallausbreitung meist schwieriger zu beherrschen. Die Anzahl der Kälteverbraucher sollte daher drei bis vier Stück pro Kältemittelkreislauf nicht überschreiten.

Günstige Bedingungen für den Einsatz von Direkt-Verdampferanlagen: geforderte Zulufttemperatur kleiner 11 °C, kleine Kühllasten, vorwiegend Volllastbetrieb mit geringer Schalthäufigkeit und kurze Saugleitungen.

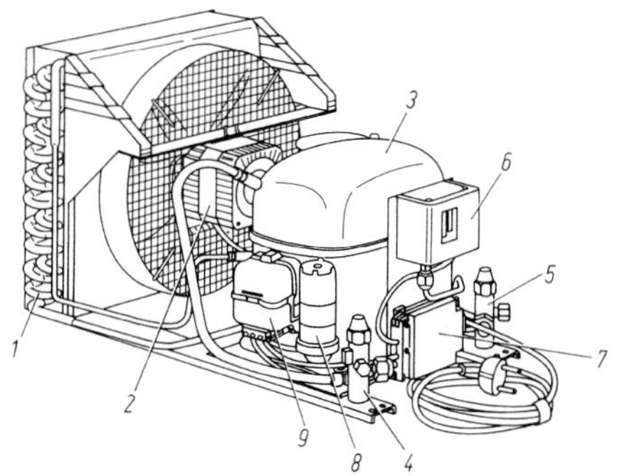

Abb. 37.11 Gekapselter Kältemittelverdichter mit luftgekühltem Verflüssiger für Einphasen-Wechselstrom-Anschluss (Danfoss). *1* luftgekühlter Verflüssiger, *2* Lüftermotor, *3* Hermetik-Verdichter, *4* Saugabsperrventil, *5* Druckabsperrventil, *6* Sicherheitsdruckbegrenzer, *7* Verteilerkasten, *8* Anlaufkondensator, *9* Motorklemmkasten mit Anlassrelais

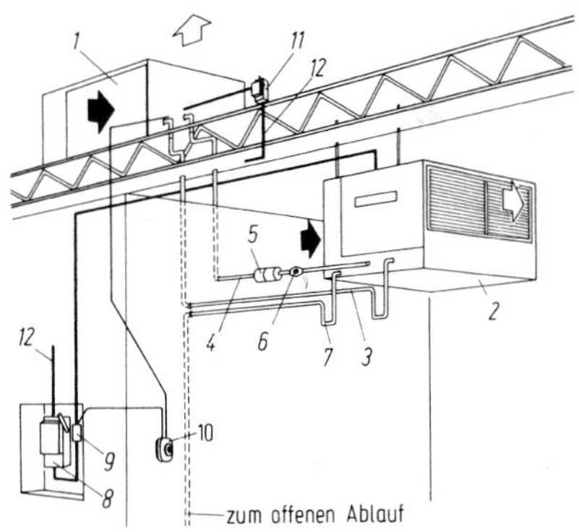

Abb. 37.12 Installation eines Splitsystems. *1* Verflüssigereinheit, *2* Raumluftkühler (Verdampfer), *3* isolierte Saugleitung, *4* Flüssigkeitsleitung, *5* Filtertrockner, *6* Schauglas mit Feuchtigkeitsanzeiger, *7* Kondensatauslass, *8* abgesicherter Trennschalter, *9* Ventilator-Motorschutzschalter, *10* Innenthermostat, *11* abgesicherter Trennschalter, witterungsgeschützt, *12* Stromzuführung

37.5.1 Verflüssigersätze, Splitgeräte für Klimaanlagen

Die Verflüssigersätze sind serienmäßig hergestellte Einheiten, bestehend aus dem Verflüssiger, Verdichter und sonstigen Bauteilen der Hochdruckseite, jedoch ohne Bauteile der Niederdruckseite, wie Verdampfer und Drosselstelle. Ihr Leistungsbereich erstreckt sich etwa von 1,5 bis 350 kW.

Beispiel eines luftgekühlten Verflüssigersatzes kleinster Leistung: Abb. 37.11.

Diese Geräte werden eingesetzt, um unterschiedliche Verdampfereinheiten (Luftkühler) in Klimaanlagen zu versorgen.

Als Splitgeräte werden serienmäßig hergestellte Komplettkälteanlagen bezeichnet, die werksmäßig mit getrenntem Innen- und Außenteil ausgestattet sind. Zum Innenteil gehören Verdampfer und Ventilator (z. B. Umluftkühler) und zum Außenteil die Hochdruckseite der Kälteanlage wie Verdichter und luftgekühlter Verflüssiger, Abb. 37.12.

Je nach Größe des Splitgerätes und Anzahl der Innenteile ist die Drosselstelle bei kleineren Baugrößen dem Außenteil zugeordnet, bei größeren Anlagen erhält jeder Verbraucher ein eigenes Expansionsventil. Der Vorteil des eigenen Expansionsventils liegt in der vereinfachten Rohrführung (keine Mehrphasenströmung, keine Dämmung).

Der wirtschaftlich vertretbare Anschluss von Kälteverbrauchern an Splitgeräte ist einerseits begrenzt durch die Länge der Saugleitung, die 35 m nicht überschreiten und andererseits durch die Höhendifferenz zwischen Verdampfer und Verflüssiger, die nicht mehr als 10 m betragen sollte.

Kompaktgeräte sind für Außenwandmontage bzw. für Außenaufstellung vorgesehen, die mit luft- oder wassergekühltem Verflüssiger und Anschluss des zu kühlenden Raums über Luftkanäle oder Kompaktgeräte für Innenaufstellung, bestehend aus Kältemittelverdichter und wassergekühltem Verflüssiger sowie den im getrennten Geräteteil untergebrachten Verdampfer und Ventilator ausgestattet sind.

37.6 Kaltwassersätze

37.6.1 Kompressions-Kaltwassersätze

Für klimatechnische Anlagen mit mittleren bis großen Gesamtkälteleistungen werden vorzugsweise anschlussfertige Kaltwassersätze eingebaut. Die Kaltwassersätze sind komplette Kälteanlagen, wobei der Verflüssiger entweder als luftgekühlt oder wassergekühlt mittels Sekundärkreislauf ausgeführt ist.

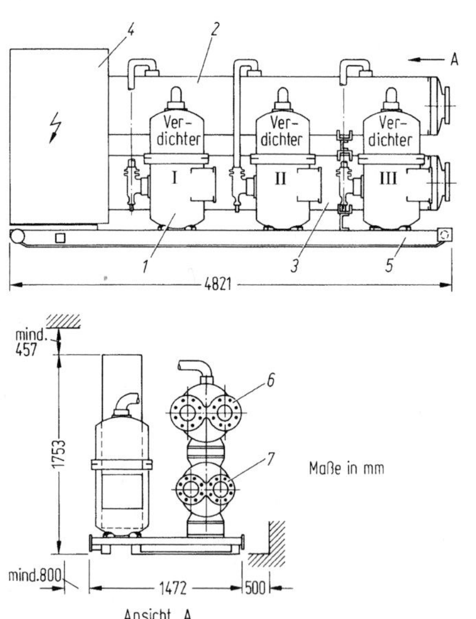

Abb. 37.13 Kaltwassersatz mit drei Schraubenverdichtern, Nennleistung 1000 kW (Dunham-Bush). *1* Schraubenkältemittelverdichter, *2* Robü-Verdampfer, *3* Robü-Verflüssiger, *4* Schaltschrank, *5* Grundrahmen, *6* Kaltwasser-Anschluss, 2-Weg, *7* Kühlwasser-Anschluss, 2-Weg, Betriebsgewicht 5700 kg

Die Auswahl der Verdichter hängt sehr stark von der Gesamtkälteleistung ab:

- Kolbenverdichter bis etwa 600 kW,
- Schraubenverdichter von etwa 300 kW bis 2,5 MW (Abb. 37.13),
- Turboverdichter von etwa 800 kW bis 20 MW (Abb. 37.14).

37.6.2 Absorptions-Kaltwassersatz

Weiterhin sind Absorptions-Kälteanlagen als Kompaktanlagen im Einsatz, die eine Kälteleistung von ca. 300 kW bis ca. 5 MW abdecken. Bis zu 1800 kW Nenn-Kälteleistung werden anschlussfertige Einheiten mit dem Arbeitsstoffpaar Wasser/Lithiumbromid in einem Stück angeliefert. Die *Hauptteile* sind (Abb. 37.15): Verdampfer, Absorber, Austreiber, Verflüssiger; Lösungskreis mit Pumpe und Temperaturwechsler; Verdampfer-Sprühpumpe, Entlüftungseinheit; Regulierventil für Dampf bzw. Heißwasser; Schaltschrank.

Funktionsbeschreibung s. Abschn. 37.2.2.

Die *Leistungsregulierung* erfolgt durch Drosselung der Dampf- oder Heißwasserzufuhr zum Austreiber in Abhängigkeit von der Kaltwasser-Vorlauftemperatur. Im Gegensatz zu Verdichterkältemaschinen verläuft die thermische Leistungsaufnahme bis zu mindestens 10 % fast proportional zur Kälteleistung. Wichtig für den störungsfreien und wirtschaftlichen Betrieb sind konstante Betriebsbedingungen und gleichmäßige Dampfdrücke und Kühlwassertemperaturen.

Merkmale. Das hohe Betriebsgewicht des Absorptionswasserkühlsatzes erfordert oft eine Lastverteilkonstruktion bei Aufstellung auf Geschossdecken. Um Betriebsstörungen, Leistungsverluste und Korrosionsschäden zu vermeiden, müssen die Dichtheit der Anlage und die Funktion der Entlüftungseinheit (Vakuumpumpen) stets

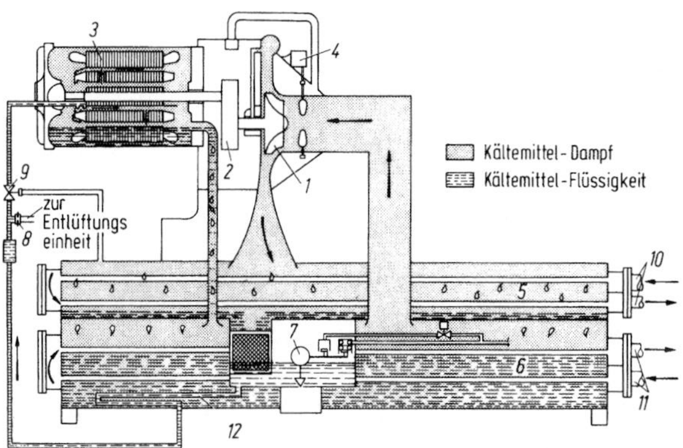

Abb. 37.14 Bauprinzip von Kaltwassersätzen mit Turbokältemittelverdichter (Carrier). *1* Verdichter, *2* Getriebe, *3* Motor, *4* Leitschaufel-Verstellmotor, *5* Verflüssiger, *6* Kühler (Verdampfer), *7* Schwimmerventil, *8* Blende, *9* Regelventil, *10* Kühlwasser, *11* Kaltwasser bzw. Sole, *12* Unterkühler

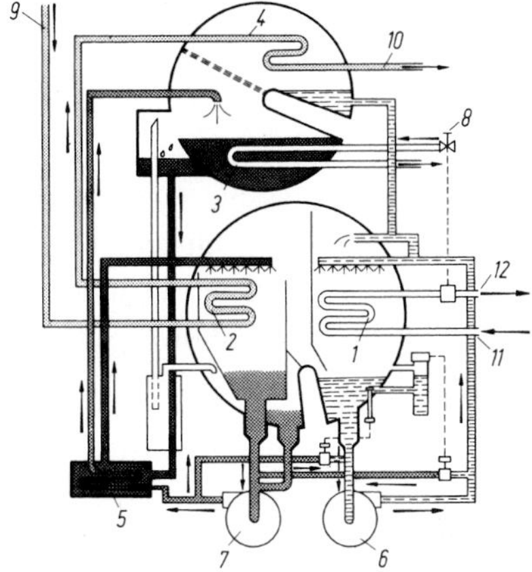

Abb. 37.15 Bauprinzip von H_2O/LiBr-Absorptions-Kaltwassersätzen (Carrier). *1* Verdampfer, *2* Absorber, *3* Austreiber, *4* Verflüssiger, *5* Temperaturwechsler, *6* Kältemittelpumpe, *7* Solepumpe, *8* Dampfregulierventil zur Leistungsregelung, *9* Kühlwassereintritt, *10* Kühlwasseraustritt, *11* Kaltwassereintritt, *12* Kaltwasseraustritt

gewährleistet sein. Die Maschine arbeitet mit hohem Vakuum (6 °C Kaltwassertemperatur entspricht 9,34 mbar absoluter Druck). Die zulässige Leckrate darf 100 bis 800 cm^3/Tag je nach Maschinengröße nicht überschreiten. Aus Gründen des Korrosionsschutzes der inneren Teile wird der H_2O/LiBr-Lösung ein Inhibitor beigemischt, dessen Wirksamkeit in Abständen kontrolliert werden muss. Durch die Zugabe von Octylalkohol wird eine bessere Wärmeübertragung an der Rohroberfläche erreicht sowie das Schäumen im Austreiber unterbunden.

Beim Abschalten der Absorptionsmaschine besteht die Gefahr, dass die sich abkühlende konzentrierte Lösung besonders im Bereich des Temperaturwechslers kristallisiert.

Nach Absperren der Wärmezufuhr zum Austreiber muss deshalb ein ausreichendes Verdünnen der starken Lösung vorgenommen werden, bevor die Lösungsumwälzung eingestellt wird. Wegen dieser Verdünnung beim Abschalten benötigen Absorptionsmaschinen beim Anfahren erheblich längere Zeit als Verdichterkältemaschinen, bis die volle Leistung erreicht ist (z. B. etwa 15 min aus kaltem Zustand).

Sicherheitseinrichtungen verhindern eine zu hohe Lösungskonzentration und damit die Gefahr der Kristallisation bei zu niedriger Kühlwassertemperatur, extremer Schwachlast und bei Überlastung.

Außer den Kältemittel- und Lösungspumpen mit ihrem vergleichsweise niedrigen Anschlusswert von etwa 2 bis 10 kW pro MW Kälteleistung besitzen die Absorptionskältemaschinen *keine drehenden* Teile. Störende Geräusche können jedoch durch Wärmedehnungen und durch die Medienströme hervorgerufen werden.

37.7 Rückkühlwerke

Die *Verflüssigerkühlung* durch Stadt- oder Brunnenwasser scheidet abgesehen von kleinsten Leistungen in der Regel aus Kosten- bzw. Umweltschutzgründen aus. Beim weitaus größten Teil der Kälteanlagen ab mittlerer Leistung wird der Verflüssiger mit Wasser gekühlt, das durch

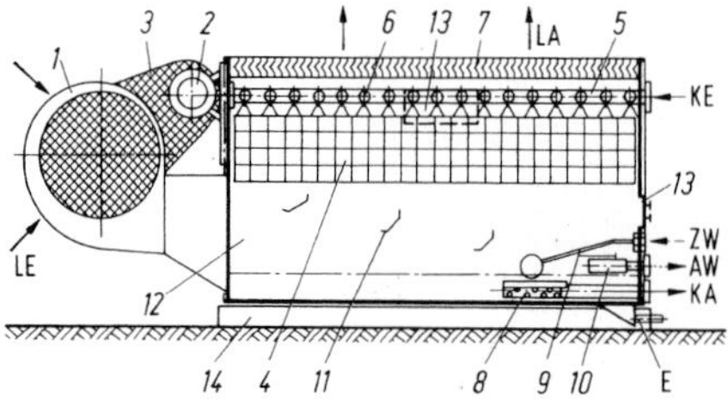

Abb. 37.16 Serienmäßiger Kühlturm (Gohl). *1* Radiallüfter, *2* Motor, *3* Riemenschutzgitter *4* Füllkörpereinsatz, *5* Sprührohr, *6* Sprühdüse, *7* Tropfenabscheider, *8* Saugsieb, *9* Schwimmerventil, *10* einstellbare selbsttätige Abschlämmeinrichtung und Überlauf, *11* Luftleitblech, *12* korrosionsgeschütztes Gehäuse mit Entleerung, *13* Inspektionsklappe, *14* Fundamentstreifen; *LE* Lufteintritt, *LA* Luftaustritt, *KE* Kühlwassereintritt, *KA* Kühlwasseraustritt, *ZW* Zuspeisewasser, *AW* Abschlämmwasser, *E* Entleerung

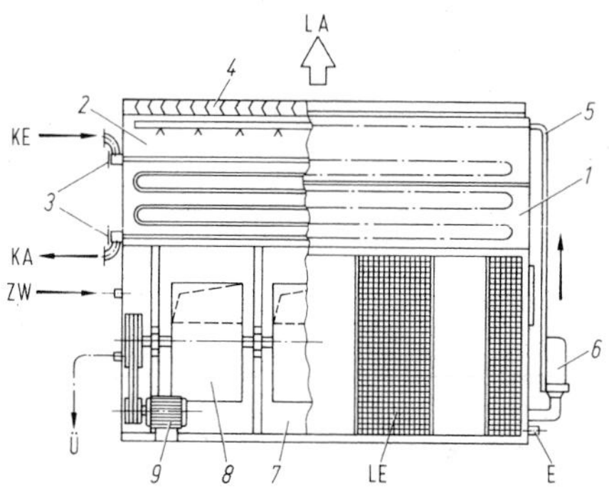

Abb. 37.17 Geschlossenes Rückkühlwerk (Bauprinzip B. A. C.). *1* Gehäuse-Oberteil, *2* Rohrschlangen-Register, *3* Zur Reinigung abnehmbare Kammerdeckel, *4* Tropfenabscheider, *5* Sprühwasserrohr mit Düsenstöcken, *6* Sprühwasserpumpe, *7* Unterteil mit Ventilatorsektion und Wanne, *8* Radialventilator, *9* Motor mit Keilriemenantrieb; *LE* Lufteintritt, *LA* Luftaustritt, *KE* Kühlwassereintritt, *KA* Kühlwasseraustritt, *ZW* Zuspeisewasser, *Ü* Überlauf, *E* Entleerung

serienmäßig gefertigte, ventilatorbelüftete Rückkühlwerke zurückgekühlt wird. Es kann sich hierbei sowohl um sog. *offene* (Abb. 37.16) als auch um *geschlossene Rückkühlwerke* (Abb. 37.17) handeln, in denen Wasser und Luft im Gegenstrom bzw. im Kreuzgegenstrom geführt werden. Für größere Rückkühlleistungen werden mehrere Zellen der jeweiligen Baureihe verwendet.

Natürlich belüftete Kühltürme werden für Anlagen der Klimatechnik wegen ihrer großen Abmessungen nicht eingesetzt. Eine Möglichkeit, ohne Ventilator einen ausreichenden Luftdurchsatz bei verhältnismäßig kleinen Bauvolumen zu erzielen, bietet der *Ejektorkühlturm*. Hierbei wird der Kühlwasserstrom über senkrecht stehende Düsenstöcke in das Kühlturmgehäuse eingesprüht und durch die Injektorwirkung der vielen Wasserstrahlen Luft angesaugt.

In seltenen Fällen kann eine Wasserrückkühlung mit Hilfe eines *Kühlteichs* vorgenommen werden. Hierbei erfolgt das Versprühen des warmen Kühlwassers durch Düsen über einer Wasserfläche, sodass die natürliche Luftbewegung, unterstützt durch das Speichervermögen des Kühlteichs und den Tagesgang der Temperaturen, eine Abkühlung des Wassers bewirkt. Von wesentlichem Einfluss sind Hauptwindrichtung, örtliche Windgeschwindigkeit, Höhe der Düsen über dem Wasserspiegel zuzüglich der Spritzhöhe [16]. Die verdunstende Wassermenge ist oft größer als durch Regenwasser ergänzt werden kann, deshalb ist Zuspeisewasser einzuleiten. Der Wasserstand muss stets hoch genug sein, um das Algenwachstum in Grenzen zu halten.

Da bei *offenen* Rückkühlwerken das Kühlwasser direkt mit der Außenluft in Berührung kommt, wird es durch eingetragene Partikel – zusätzlich zu der Eindickung infolge Verdunstung – verschmutzt. Bei *geschlossenen* Rückkühlwerken beschränkt sich dagegen die Verschmutzung und Eindickung auf die im Rückkühlwerk umlaufende Sprühwassermenge. Dieser Vorteil wird jedoch durch geringere Wasserabkühlung bei gleichen Betriebsbedingungen, größeren Platzbedarf, höheres Gewicht sowie höheren Preis erkauft.

37.7.1 Kühlwassertemperaturen im Jahresverlauf

Kennzeichnend für die Leistungsfähigkeit eines gegebenen Rückkühlwerks ist die unter bestimmten Betriebsbedingungen erreichbare *Kühlwasser-Austrittstemperatur*. Diese wird einerseits von dem Verhältnis des Kühlwasserstroms zum Luftvolumenstrom beeinflusst, andererseits von Außenluftzustand (Feuchtkugeltemperatur) und Kühlwasser-Eintrittstemperatur.

Ausgehend von der Nennleistung eines offenen Rückkühlwerks bei 21 °C Feuchtku-

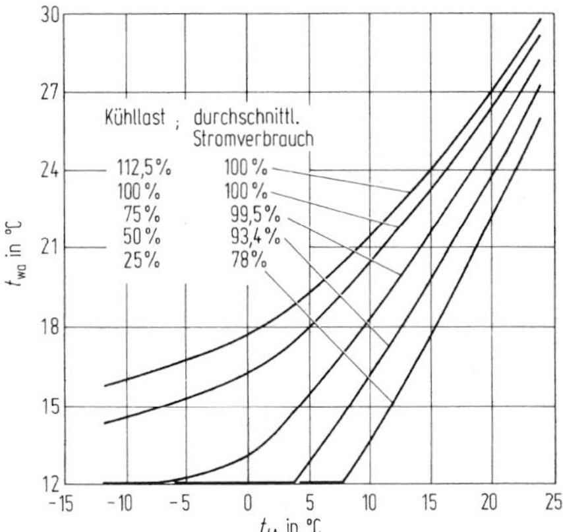

Abb. 37.18 Berechnete Kühlwasser-Austrittstemperaturen aus Rückkühlwerken abhängig von Feuchtkugeltemperatur und Kühllast: Beispiel eines Kennfelds mit einem Wasser-/Luft-Verhältnis von 2 kg/m^3. t_{wa} Kühlwasser-Austrittstemperatur in °C, t_{f_A} Feuchtkugeltemperatur der Außenluft in °C. *Bezugsbedingungen:* Nennleistung bei 32/27/21 °C, Stromverbrauch pro Jahr bei $t_{wa_{min}} = 12$ °C im Raum Frankfurt/M., konstanter Lüfterdrehzahl und Temperaturregelung durch Aussetzbetrieb

geltemperatur, 32 °C Kühlwasser-Eintritts- und 27 °C Kühlwasser-Austrittstemperatur sowie einem spezifischen Wasser/Luft-Wert von 2 kg/m^3 zeigt Abb. 37.18 die berechneten Kühlwassertemperaturen bei verschiedenen Kühllasten, d. h. konstantem Kühlwasserstrom, jedoch variabler Temperaturdifferenz. Begrenzt wurde die Abkühlung bei einer minimalen Kühlwassertemperatur von 12 °C; d. h. je nach Klimaregion wird der Lüfterantrieb durch Drehzahlregelung, Polumschaltung oder Aussetzbetrieb während einer mehr oder weniger großen Anzahl der jährlichen Betriebsstunden eine verminderte Leistungsaufnahme haben. Die Leistungsaufnahme des Lüfterantriebs wird auch bestimmt durch den erforderlichen externen Druckverlust in Luftgittern, Luftkanälen, Klappen und Schalldämpfern.

Der Temperaturverlauf bei Vollast kann in erster Annäherung für Gegenstrom-Rückkühlwerke bezogen auf die vorstehenden Nenn-Leistungsbedingungen gelten.

Die Teillastkurven können dagegen – durch unterschiedliche Füllkörper in Verbindung mit der Wasser/Luft-Verteilung bedingte – größere Abweichungen aufweisen; ebenso wie bei anderen Wasser/Luft-Verhältnissen.

37.7.2 Wasserbehandlung

Das *Zuspeisewasser* für Rückkühlwerke steht oft nur in einem Zustand zur Verfügung, der das Aufbereiten dieses Wassers zwingend erfordert, um den Kühlwasserkreis langfristig störungsfrei betreiben zu können. Je nach den Werten der Wasseranalyse kommen Dosierungen von *Härtestabilisatoren* und *Korrosionsschutzinhibitoren*, Enthärtung oder *Entkarbonisierung* (= Teilentsalzung) in Frage, um die nach VDI-Richtlinie 3803 vorgegebenen Grenzwerte im Umlaufwasser einhalten zu können.

Wesentlicher Bestandteil ist außerdem eine festeingestellte oder eine automatische *Absalzeinrichtung*, sodass die zulässige Eindickung des Kühlwassers nicht überschritten wird. Selbst bei idealer Wasserqualität gilt die 10fache Eindickung als Maximum wegen der aus der Luft ausgewaschenen Festkörper. In wenigen Fällen ist je nach Luftqualität zusätzlich eine Osmoseanlage erforderlich.

37.8 Freie Kühlung

Für die Raumluft- und Maschinenkühlung bei EDV-Anlagen, bei Anlagen der Reinraumtechnik, bei chemischen und anderen Prozessen, für die Druckluftkühlung und für Labor- und Forschungszwecke sind ganzjährig Kalt- und Kühlwasser bereitzustellen. Kennzeichnend ist, dass die Kühllast der angeschlossenen Verbraucher *ganzjährig* annähernd konstant ist und in der Regel eine Vorlauftemperatur von 14 °C oder höher ausreicht. Dies hat zur Folge, dass während der kalten Jahreszeit eine energiesparende, preiswerte Kälteversorgung mit Hilfe der Außenluft möglich ist, wenn die Wasserkühlsysteme einige Zusatzeinrichtungen für den sog. *„freien Kühlbetrieb"* erhalten. Man unterscheidet:

37.8.1 Freie Kühlung durch Außenluft

Bei großen Gebäuden mit zentralen raumlufttechnischen Anlagen und einer vergleichsweise kleinen Winterkühllast einer bestimmten Verbrauchergruppe kann eine vorhandene Außenluft-Behandlungseinrichtung zur „freien Kühlung" genutzt werden. Zu diesem Zweck ist diese Verbrauchergruppe mit den Außenluftkühlern so zusammenzuschalten, dass praktisch ein *kreislaufverbundenes System* entsteht. Die zusätzlichen Installationen bestehen in entsprechenden Verbindungsleitungen, Umschaltventilen und der Umwälzpumpe.

37.8.2 Freie Kühlung durch Solekreislauf

Systeme mit *frostsicheren* Solekreisläufen sind wirtschaftlich interessant vorwiegend im Leistungsbereich bis 150 kW. Eine Frostsicherheit bis −30 °C wird mit einer 35 %igen Glykol/Wasser-Mischung erreicht. Es werden fabrikmäßig hergestellte Ethylenglykol-Solen mit Inhibitoren zum Korrosionsschutz und zur Vorbeugung gegen Ablagerungen, gemischt mit salzarmen Wasser, eingefüllt. Man unterscheidet:

Luftgekühlter Solekühlsatz mit alternativ betriebenem Außenluft-Solekühler (über Dreiwege-Umschaltventil),

Solegekühlte Direktkühlanlage mit zusätzlichem Raumluft-/Solekühler. (Der Solefluss wird stets dann über den Raumluftkühler und anschließend über den Verflüssiger geführt, wenn die Soletemperatur niedriger ist als die Raumzulufttemperatur);

Kühlsystem mit luftgekühltem Solekühlsatz und bivalent betriebenem Solekühler. Bei diesem Kühlsystem wird die Kälteerzeugung durch Reihenschaltung sowohl vom außenluftbeaufschlagten Solekühler als auch vom Verdampfer gleichzeitig übernommen. Mit Hilfe des *Differenzthermostaten* wird der zusätzliche Solekühler dann zur Kälteversorgung benutzt, wenn die Temperatur der Außenluft niedriger ist als die Temperatur des Solerücklaufs.

37.8.3 Freie Kühlung durch Kältemittel-Pumpen-System

Der prinzipielle Aufbau ist aus Abb. 37.19 zu ersehen. Dieses System arbeitet lediglich mit Kältemittel, ohne Zwischenschalten eines Solekreislaufs. Während der warmen Jahreszeit wird das Kältemittel von der Umwälzpumpe *5* aus dem Abscheider *4* angesaugt, über Verdampfer *6* und Ventil *7* wieder zurückgeführt. Vom Verdichter *1* wird der verdampfte Anteil des Kältemittels aus Abscheider *4* abgesaugt und in den Verflüssiger *2* gedrückt, wo es mit Hilfe des Kühlmediums *9* verflüssigt und über das Regelventil *3* in den Abscheider wieder eingespritzt wird.

Der *„freie Kühlbetrieb"* kann beginnen, wenn die Temperatur des Kühlmediums *9* (Außenluft, Sole oder Kühlwasser) niedriger ist als die verlangte Solltemperatur des Kälteträgers *10* (Raumluft, Sole oder Kaltwasser). Der Betrieb des Verdichters *1* wird eingestellt, die Kältemittelpumpe *5* fördert das Kältemittel vom Abscheider *4* über Verdampfer *6* zum Verflüssiger *2*, wo der entstandene Dampfanteil wieder verflüssigt wird, sodass das Kältemittel über Ventil *8* flüssig in den Abscheider 4 zurückgelangt.

37.8.4 Freie Kühlung durch Rückkühlwerk

Anstelle der Systeme mit Solekreisläufen werden für größere, ganzjährige Kühllasten die vor-

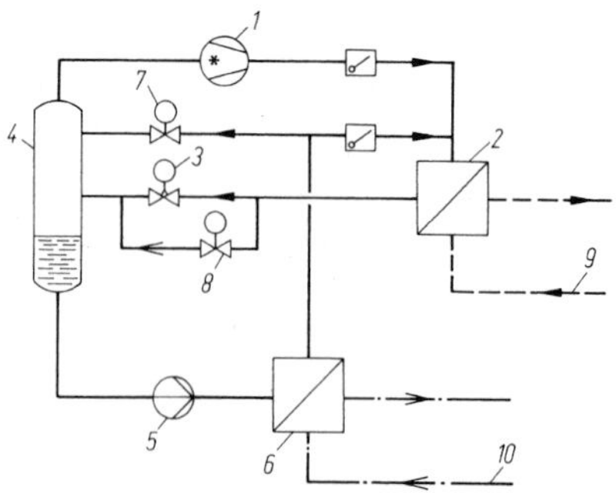

Abb. 37.19 Kältesystem mit Umwälzpumpe und Einrichtungen für „Freien Kühlbetrieb". Erläuterungen im Text

handenen Rückkühlwerke der Kaltwassersätze so mit den Kaltwassernetzen verbunden, dass während der kalten Jahreszeit eine energiesparende Kälteerzeugung allein durch den Betrieb der Rückkühlwerksventilatoren und der Wasserpumpen erreicht wird.

Grundsätzlich können offene als auch geschlossene Rückkühlwerke hierfür verwendet werden. Offene Rückkühlwerke bieten günstigere Voraussetzungen, da kaum ein Einfrierrisiko besteht und außerdem die Leistungsaufnahme der Ventilatoren und Pumpen sowie die Größe des Wärmeübertragers optimal an den Bedarfsfall angepasst werden kann.

Ein u. U. gewichtiger Vorteil der geschlossenen Rückkühlwerke liegt im möglichen *Trocken-Kühlbetrieb*, d. h. ohne Wasserverdunstung und damit ohne lästige *Schwadenbildung*. Es bedarf stets eingehender Überprüfung, ob eine solche Betriebsweise für den vorliegenden Anwendungsfall möglich und wirtschaftlich ist.

Je nach der absoluten Höhe der Winter-Kühlleistung und ihrem Verhältnis zur Nennleistung des Rückkühlwerks kann es vorteilhaft sein, bereits frühzeitig im Jahr den „freien Kühlbetrieb" zur Unterstützung der maschinellen Kühlung vorzuschalten (sog. *„Stützbetrieb"*). Dies ist jedoch nur bei mehreren autarken Wasserkühleinheiten (Kaltwassersätzen mit zugeordneten Rückkühlwerken) möglich.

37.9 Speichersysteme

Der Einsatz von Speichersystemen ist vorteilhaft für das Einsparen von Energiekosten durch Betrieb der Kälteerzeugung während der Niedertarifzeit, das Einsparen von Energiekosten durch Vermeiden zusätzlicher Stromleistungsspitzen (bei Stromtarifen mit Leistungspreisen), das Sichern einer Kälte-Notversorgung ohne Installation eines großen Netz-Ersatzaggregats, das Vermeiden eines Schwachlastbetriebs mit großer Einschalthäufigkeit und die Bereitstellung hoher Spitzenkälteleistung trotz vergleichsweise kleiner Kälteerzeugerleistung.

Da Eisspeicher grundsätzlich Verdampfungstemperaturen unterhalb von 0 °C erfordern, kann die Verwendung in Klimaanlagen energetisch nachteilig sein.

In der Regel ist der Entlade-(Auftau-)Vorgang die entscheidende Bemessungsgrundlage für die Größe der Speicher bzw. der Wärmeaustauschflächen, da die abgerufene Spitzenkühlung zwar hoch, jedoch nur kurzzeitig auftritt. Für den gleichmäßigeren Ladevorgang stehen meist zehn oder mehr Nacht- bzw. Niedrig-Tarifstunden zur Verfügung. Man unterscheidet:

37.9.1 Eisspeichersysteme

Mit Abschmelzvorgang von außen nach innen, Abb. 37.20. Es handelt sich hierbei um Eisspeicheranlagen mit verzinkten *Glattrohrschlangen* für direkte Kühlung oder Solekühlung. Kennzeichnend ist, dass der Eisansatz auf den Rohren durch den Kälteträger „Eiswasser" zur Rohroberfläche hin abgeschmolzen wird; also im direkten Kontakt zwischen Kälteträger und Speichermittel. Der Eisansatz soll maximal 35 mm betragen (entsprechend 0,14 Rohroberfläche pro kWh Speicherkapazität).

Die Aufstellung des Speicherbeckens muss auf gleichem oder höherem Niveau erfolgen als der Wärmetauscher, außerdem sind Kältebrücken am Speicherboden wegen der Gefahr von Tauwasserbildung zu vermeiden. Anstelle der Wasserbewegung durch Lufteinblasen werden auch Rührwerke verwendet; allerdings mit größerem Grundflächenbedarf (je nach Speicherkapazität zwischen 32 und 16 m^2/MWh bei 1,5 bis 2 m Bauhöhe).

Um das Entstehen von Eisbarrieren zu vermeiden, ist bei jedem Entladevorgang ein vollständiges Abtauen nötig.

Mit Abschmelzvorgang von innen nach außen, Abb. 37.21. Der Eisspeicher besteht aus einem kältegedämmten Polyethylen-Behälter von max. 2,3 m Durchmesser und bis 2,54 m Höhe, in dem sich ein *Rohrschlangensystem* aus Polyethylen-Rohren befindet. Diese Rohrschlangen sind als Vor- und Rücklauf in entgegengesetzter Richtung gewickelt, sodass die durchfließende Glykolsole (etwa −4 °C Eintritts- und −1 °C Austritts-

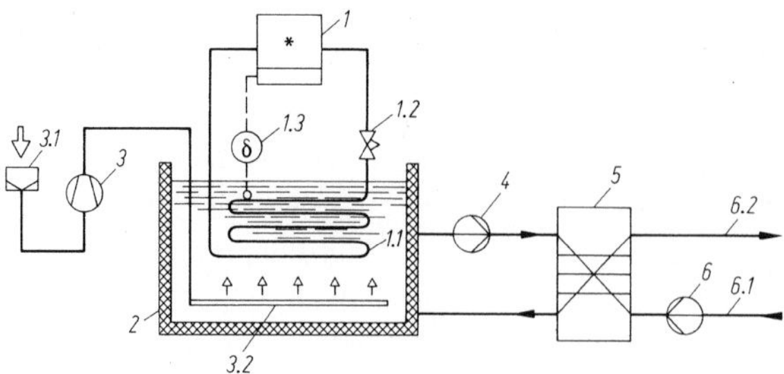

Abb. 37.20 Eisspeicherung mit Abschmelzvorgang von außen nach innen. *1* Verflüssigersatz, *1.1* Glattrohrschlange, verzinkt, *1.2* Kältemitteleinspritzventil, *1.3* Eisdickenregler, *2* Behälter mit Kältedämmung, *3* Luftverdichter, *3.1* Luftfilter, *3.2* Luftverteilrohr, *4* Pumpe (Eiswasser), *5* Plattenwärmetauscher, *6* Verbraucherpumpe (Kaltwasser), *6.1* Rücklauf von den Kälteverbrauchern, *6.2* Vorlauf zu den Kälteverbrauchern

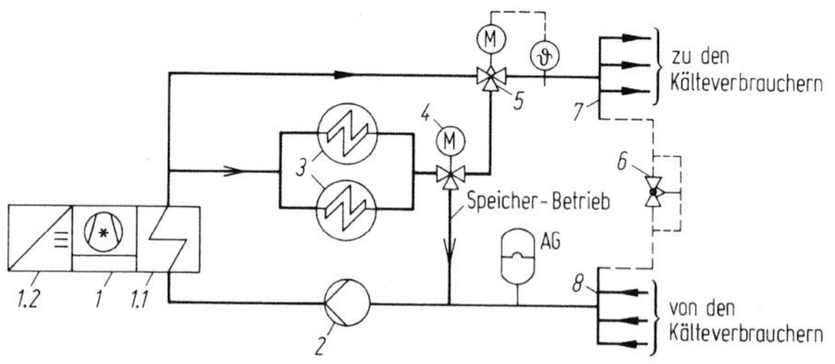

Abb. 37.21 Eisspeicheranlage mit Abschmelzvorgang von innen nach außen. *1* Solekühlsatz, *1.1* Verdampfer, *1.2* luftgekühlter Verflüssiger, *2* Solepumpe, *3* Eisspeicher-Behälter aus Polyethylen (Fa. Calmac), *4* Dreiwege-Umschaltventil, *5* Dreiwege-Regelventil, *6* Überströmregelventil o. a. je nach hydraulischer Schaltung, *7* Solekreis – Vorlaufverteiler, *8* Solekreis – Rücklaufverteiler

temperatur) beim Einfrieren des umgebenden Wasserbads eine gleichmäßige Temperaturverteilung bewirkt. Bei der Temperaturdifferenz von 3 K ist mit Druckverlusten im Bereich von 0,44 bis 0,9 bar je nach Speichergröße zu rechnen. Beim Abschmelzen des Eises bildet sich zwischen der jetzt als Wärmeträger wirkenden Sole und dem Speichereis Schmelzwasser, das den direkten Wärmeaustausch behindert (Abschmelzvorgang von der Rohroberfläche beginnend nach außen).

Vorteile: Es besteht ein geschlossener Solekreislauf, der allerdings häufig nur bis zu einem Betriebsdruck von 6 bar zugelassen ist. Es ist weder ein ungleichmäßiges Abschmelzen zu befürchten noch eine Eisdickenüberwachung notwendig. Die großen Wärmeübertragungsflächen ergeben vergleichsweise hohe Verdampfungstemperaturen. Die Speicherbehälter können übereinander und auch Unterflur im Erdreich aufgestellt werden. Der Grundflächenbedarf beträgt 12 bis 8 m^2/MWh bei einer Bauhöhe von 2,1 bis 2,5 m ohne Inspektionswege.

37.9.2 Kältespeicherung in eutektischer Lösung

Bei diesem Verfahren wird die Kältemenge in *wässerigen Salzlösungen* gespeichert, die sich in wasserdampfdichten *Polyethylenkugeln* befindet. Diese Kugeln von etwa 100 mm Durchmesser werden als Kugelhaufen in Stahl-, Kunststoff- oder Betonbehälter eingefüllt und durch *Glykolsole* bis zum Übergang von der flüssigen in die feste Phase abgekühlt. Die Kugeln enthalten eine Luftblase, um die Ausdehnung des Speichermediums aufzunehmen. Der im Behälter eingeschlossene Kugelhaufen verursacht nur einen geringen Druckverlust, da die Durchflussgeschwindigkeit in der Größenordnung von 0,02 m/s nur eine laminare Strömung ausbildet. Der im Solestrom entstehende Auftrieb der Kugeln erzeugt einen erwünschten kugelfreien Raum im unteren Teil des Behälters. Eine nennenswerte Temperaturschichtung entsteht nicht. Der Wärmedurchgang ist vom Ladezustand der Kugeln abhängig, wobei Mittelwerte für das Laden von $k = 70\,W/(m^2K)$ und für das Entladen von $k = 60\,\mathrm{W/(m^2K)}$ angegeben werden.

Vorteile: Die Probleme mit Eisbarrieren nach unvollständigem Abtauen bzw. ansteigende Temperaturen bei fortschreitender Entladung – wie bei den vorbeschriebenen Verfahren – bestehen nicht. Ebenso ist bei entsprechender Behälterausführung keine Begrenzung hinsichtlich Baugröße und Betriebsdruck gegeben. Es ist eine Aufstellung der Behälter – unabhängig vom Standort der Kälteanlage, z. B. auch im Erdreich, ebenso möglich wie eine Aufteilung auf mehrere Speicherbehälter.

Nachteile: Solefüllung für den gesamten Kälteverbraucherkreis bzw. das Zwischenschalten eines Wärmeübertragers; fehlende Kontrollmöglichkeit für den Lade- bzw. Entladezustand; notwendigerweise etwas niedrigere Verdampfungstemperatur bei der Wahl eines Gefrierpunkts des Speichermediums unter 0 °C.

Technische Daten: Für die klimatechnischen Einsatzfälle eignet sich als Speichermedium Wasser mit Kristallisationszusatz mit Schmelztemperatur 0 °C oder Natriumcarbonat mit Kristallisationszusatz (Na_2CO_3) mit einer Schmelztemperatur von −3 °C. Für beide Stoffe kann pro Kugelhaufen mit einer Latentwärmespeicherung von 46,07 kWh gerechnet werden.

Für die Aufstellung zylindrischer Speicherbehälter ist ein Platzbedarf zwischen 17 bis 9 $\mathrm{m^2/MWh}$ Speicherkapazität bei 1,9 bis 3,3 m Bauhöhe, zuzüglich der gegebenenfalls vorzusehenden Inspektionsflächen, notwendig.

37.9.3 Kältespeicherung in Binäreis

Als neuartige Kältespeicherung mit einigen wesentlichen Vorteilen wurden erste Binäreisanlagen ausgeführt. Als Binäreis wird eine Suspension von kleinsten Eiskristallen in wässriger Lösung bezeichnet, die bei einem Wärmeaustausch schlagartig ihren Aggregatzustand von fest in flüssig wechseln. Diese Eiskristalle mit einem Durchmesser bis etwa 0,5 mm können sowohl als Vakuumeis als auch mit Verdichtungskälteanlagen mit einem Eisgenerator (Abb. 37.22) erzeugt werden. Voraussetzung ist die Gefrierpunkterniedrigung der Lösung durch Zugabe von Salz bzw. Alkohol, womit sich gleichzeitig die Temperatur einstellen lässt, bei der das pumpfähige, hochenergetische Flüssigeis gebildet wird [17].

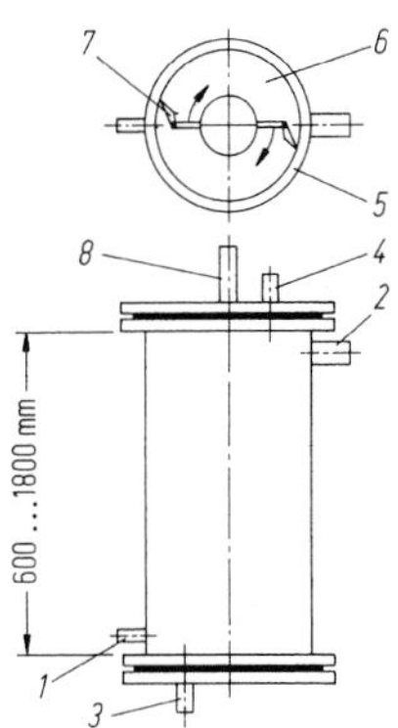

Abb. 37.22 Prinzip des Binäreis-Generators (nach Werkbild Integral Technologie GmbH/FLO-ICE-TEC Binäreis GmbH). *1* Kältemittel-Eintritt, *2* Kältemittel-Austritt, *3* Wasser-Eintritt, *4* Binäreis-Austritt, *5* Kältemittel-Verdampfung im Ringspalt, *6* Eis/Wasser-Kammer, *7* „Wischer" zum Erzeugen der Eiskristall-Suspensions, *8* Antriebswelle der „Wischer"

Der Transport des Binäreises durch Rohrleitungen ist problemlos (kleinerer Druckabfall als bei Wasser), zumal wegen der hohen Energiedichte z. B. bei 40 % Eiskonzentration nur 1/7 des Massenstromes gefördert werden muss.

Während des Speicherbetriebes wird die Eiskonzentration etwa von 5 bis zu 50 % erhöht; was bedeutet, dass maximal das halbe Volumen des angeschlossenen Kaltwassernetzes zur Eisspeicherung zur Verfügung steht [18].

Der grundlegende Unterschied zu den bisher beschriebenen Speicherverfahren besteht darin, dass der Kälteträger selbst gleichzeitig Speichermedium für latente Energie bis zum Ort des Kältebedarfs ist. Bei größeren Verteilnetzen in Gebäuden und bei Fernkälteanlagen kann bei entsprechend hydraulischer Schaltung auf zusätzliche Eisspeichertanks deshalb verzichtet werden.

Ein weiterer wesentlicher Vorteil ist in der Wärmeübertragung zu sehen, da zum Beispiel die Wärmeaufnahme im Luftkühler ein Abschmelzen der Feststoffe und somit nur eine Reduzierung der Feststoffkonzentration zur Folge hat.

Dieser Wärmeaustausch findet somit bei quasi fast konstanten Temperaturverhältnissen statt und erfordert keine Temperaturerhöhung des wärmeaufnehmenden Mediums.

Mit Einsatz von Binäreis aus Wassermischungen, zum Beispiel bekannt unter dem Namen FLO-ICE, Binäreis, Vakuumeis und MaximICE, wird die Schmelzenthalpie der Eiskristalle genutzt.

Außer bei Vakuumeis, welches im industriellen Großkältebereich eingesetzt wird, werden die anderen Eiswassergemische mittels einer kompakten Kälteanlage erzeugt. Für kleinere Kälteleistungen und besonders im Bereich der Klimatisierung eignet sich der Einsatz von FLO-ICE.

37.10 Wärmepumpenanlagen

Durch den Einsatz von Wärmepumpen (s. Bd. 1, Abschn. 42.5) ist es möglich, Wärme von einem niedrigen auf ein höheres Temperaturniveau zu bringen. Dies erfordert jedoch den Einsatz von hochwertiger Energie (Exergie), wie z. B. die Antriebsenergie für einen Verdichter. Wärmepumpen sind also Kältemaschinen, die Wärmequellen mit niedriger Temperatur, z. B. Umweltwärme nutzen, um einen Nutzwärmestrom mit höherer Temperatur zu erzeugen (s. Abschn. 37.2.1 und Abschn. 37.2.2).

Der Unterschied zwischen der Kälteanlagen und der Wärmepumpe liegt lediglich in der Art der Nutzung der Wärmeströme:

- Kälteanlage, wenn der aufgenommene Wärmestrom am Verdampfer genutzt wird (Kälteerzeugung),
- Wärmepumpe, wenn der abgegebene Wärmestrom am Verflüssiger genutzt wird (Wärmeerzeugung).

Anwendungen Voraussetzungen für einen *wirtschaftlichen* und *energetisch günstigen* Wärmepumpenbetrieb sind neben einem möglichst gleichmäßigen Wärmebedarf eine zeitlich und mengenmäßig ausreichende Wärmequelle sowie eine energieoptimierte Regelung des Wärmepumpensystems.

Übersicht zur Wärmepumpentechnologie: Abb. 37.23.

Wirtschaftlich interessant ist bei Betrieb von Wärmepumpen die Nutzung von folgenden Wärmequellen: Abwärme aus der Fortluft von RLT-Anlagen (*Wärmerückgewinnung*), Abwärme aus Abwasser von Produktions- und Waschanlagen sowie im günstigsten Fall die direkte Nutzung der abgeführten Verfüssigerwärme aus Kälteanlagen, wodurch sich eine Nutzleistung sowohl auf der kalten als auch auf der warmen Seite ergibt.

Beispiele hierfür sind Kunsteisbahnen mit angeschlossenen Hallen- oder Freibädern oder gleichzeitig notwendige Kühl- und Heizleistung bei raumlufttechnischen Anlagen, bei kühlintensiven Gewerben mit gleichzeitiger Warmwasserbereitung (z. B. Fleischereien) sowie bei fertigungs- und verfahrenstechnischen Prozessen.

Wirtschaftlich ist ein Einsatz von Wärmepumpen auch bei Freibädern, die nur während des Sommer-Halbjahrs betrieben werden sowie im industriellen Bereich beim Verwerten von Abwärme. Hierbei handelt es sich um Wärmepumpen, die lediglich zum Heizen dienen. Wärmepumpen sind in der Regel auch wirtschaftlich, wenn zum Vermeiden von Schwitzwasserbildung (z. B. in Wasserwerken, bei Trocknungsprozessen, in Schwimmbädern) Luft gekühlt, entfeuchtet und anschließend wieder erwärmt werden muss.

Bauarten Je nach Art der Wärmequelle (Abwärmestrom) und Wärmesenke (Nutzwärmeträger) ergeben sich folgende Begriffsdefinitionen:

Begriff	Wärmequelle	Wärmesenke
Luft/Luft-Wärmepumpen	Außenluft, Fortluft	Zuluft
Luft/Wasser-Wärmepumpen (Kleinwärmepumpe mit größeren Produktionszahlen)	Außenluft, Fortluft	Heizwasser, Warmwasser
Wasser/Wasser-Wärmepumpen (dezentrales System)	z.B. Brunnenwasser, Oberirdische Gewässer	Heizwasser, Warmwasser
Wasser/Luft-Wärmepumpen	Kreislaufwasser	Zuluft
Luft/Wasser/Wasser-Wärmepumpen	Außenluft, Fortluft Kaltwassersystem	Heizwasser, Warmwasser

Anstelle von Wasser als Wärmeträgermedium wird häufig auch *Sole* verwendet, um z. B. bei Wärmeentzug aus Erdreich oder Außenluft Wär-

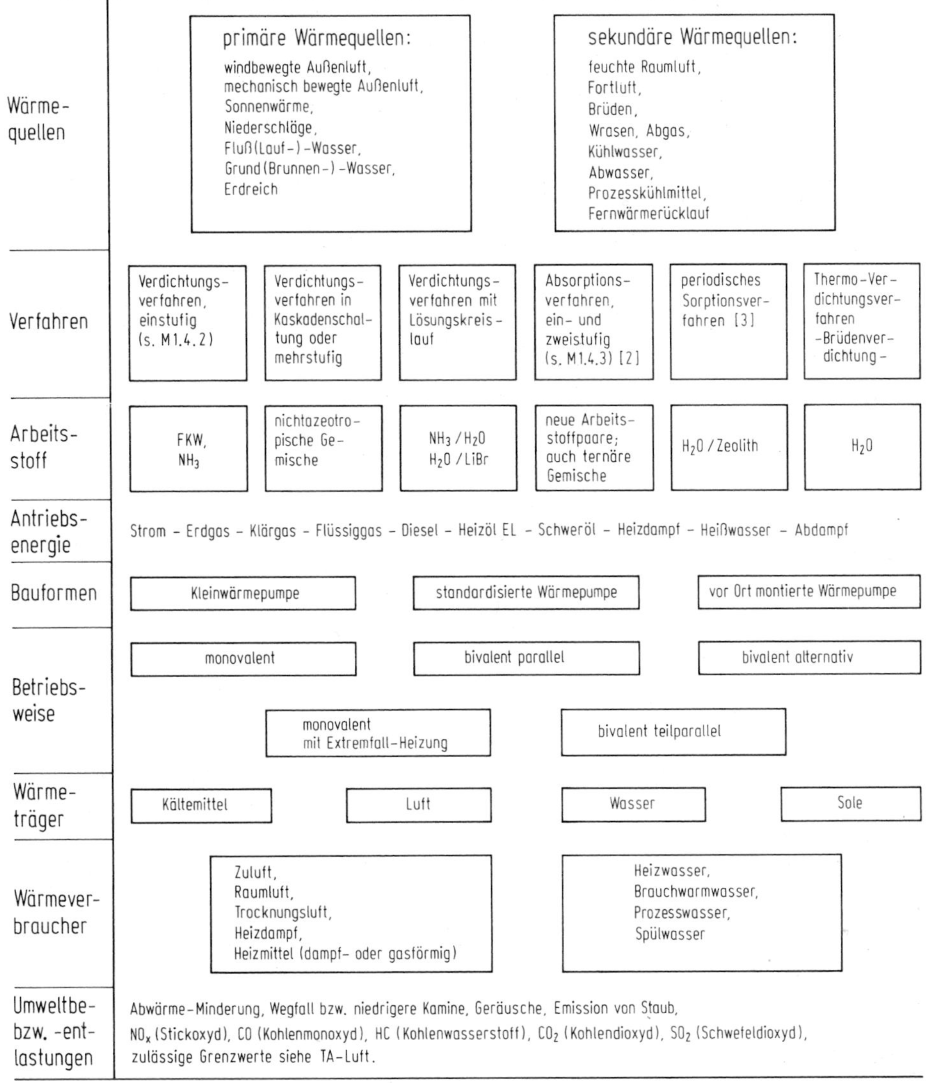

Abb. 37.23 Systematische Übersicht zur derzeitigen Wärmepumpentechnologie. Erläuterungen: monovalent: Alleiniger Betrieb der Wärmepumpe; Bivalent parallel: Wärmepumpe für Heizungsgrundlast, konventioneller Wärmeerzeuger für Spitzenwärmebedarf; bivalent alternativ: Alleiniger Wärmepumpenbetrieb bis zu wirtschaftlicher Grenze, dann alleiniger Betrieb eines anderen Wärmeerzeugers; bivalent alternativ parallel: Wärmepumpenbetrieb bis zur wirtschaftlichen Grenze, paralleler Betrieb des konventionellen Wärmeerzeugers zur Deckung der Spitzenlast und alleiniger Betrieb bei tiefen Außentemperaturen

meströme auf einem Temperaturniveau unterhalb von 0 °C zu nutzen.

Wärmepumpen werden überwiegend als Kaltdampfkompressionsprozess mit elektrischem Antrieb ausgeführt. Es werden jedoch für den Antrieb der Verdichter auch Diesel- und vor allem Gasmotore eingesetzt, um die zeitgleich auf hohem Temperaturniveau anfallenden Abwärmeströme dieser Kraftmaschinen zu Heizzwecken nutzen zu können.

Absorptionswärmepumpen, vorwiegend mit dem Arbeitsstoffpaar NH_3/H_2O, werden in geringem Umfang angewendet. Kleine Absorptionswärmepumpen werden serienmäßig als gasbeheizte Kompaktgeräte – auch zweistufig – hergestellt.

Von der Entwicklung einer regenerativen Wärmepumpe nach dem *Vuilleumier-Prinzip* wurden 1985 die ersten Versuchsergebnisse veröffentlicht [19]. Mit dieser Maschine aus der Stirling-Familie kann Wärme hoher Temperatur direkt in Wärme mittlerer Temperatur mit hohem Primärenergie-Nutzungsgrad umgewandelt werden. Es handelt sich um eine thermische Maschine mit einem rechtsläufigen Arbeits- und einem linksläufigen Kälteprozess in geschlossenem Kreis mit dem Arbeitsmittel Helium.

37.10.1 Wärmequellen

Für Wärmegewinnung aus:

Fortluft: reichlich bemessene Lamellenrohr-Wärmeübertrager mit meist mehreren Wasserauffangwannen zum schnellen Ableiten des anfallenden Tauwassers;

Flusswasser, Brunnenwasser: Rohrbündel- oder Plattenverdampfer für direkte Kältemitteleinspritzung, ausgeführt mit korrosionsbeständigen Materialien; besondere Reinigungsmöglichkeiten (Verokkerung, Okklusionsgefahr);

Erdreich: soledurchflossene Rohrschlangen aus Kunststoff im Erdreich verlegt oder Erdspieße verschiedener Konstruktion bis 100 m Tiefe, Anforderungen nach Wasserhaushaltsrecht sind zusätzlich zu beachten;

Außenluft: neben den o. g. Anforderungen (Fortluft) sind auch verschiedenste Formen und Materialien von soledurchflossenen Wärmeaustauscherflächen möglich, bezeichnet als Energie-Dach, -Stapel, -Zaun u. a.;

Sonnenwärme: bevorzugte Ausführung als Kollektoranlage auf Hausdächern;

Abgas: insbesondere aus Verbrennungskraftmaschinen; werden meist als Rohrbündel-Wärmeübertrager in temperatur- und korrosionsbeständigen Materialien ausgeführt (Gefahr von aggressivem Kondensatanfall).

37.10.2 Kleinwärmepumpen

Klein-(Haus-)Wärmepumpen, geeignet für das Heizen von Einzelräumen, Einfamilienhäusern und für die Brauchwarmwasserbereitung, werden in Serien hergestellt; ihre Antriebsleistungen liegen i. Allg. unter 3 kW. Als Wärmequelle dient meist Außenluft, sodass eine Luft/Wasser-Wärmepumpe vorliegt. Wie die Kleinkälteanlagen (Klimageräte) werden auch die Wärmepumpen kompakt für Innen- oder Außenaufstellung und als Splitanlage ausgeführt.

Abb. 37.24 zeigt eine Luft/Luft-Kleinwärmepumpe, wie sie häufig in wärmeren Klimaregionen in einem Fenster- oder Brüstungs-Klimagerät eingebaut wird. Wesentliches Merkmal ist die Umschaltung des Kältekreislaufs mit Hilfe eines Vierwegeventils *4*. Der im Kühlbetrieb vom Raumluftstrom beaufschlagte Lamellenrohr-Wärmetauscher *3* wird nach dem Umschalten zum luftgekühlten Verflüssiger, während der von der Außenluft durchströmte Wärmeaustauscher

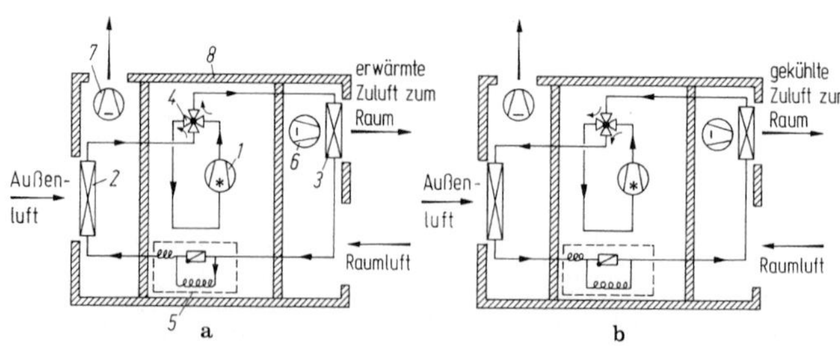

Abb. 37.24 Luft/Luft-Kleinwärmepumpe für Kühl- und Heizbetrieb. **a** Heizbetrieb; **b** Kühlbetrieb. *1* Motorverdichter, *2* Außenluft-Wärmetauscher, *3* Raumluft-Wärmetauscher, *4* Vierwege-Umschaltventil, *5* kombiniertes Drosselorgan für Heiz- und Kühlbetrieb, *6* Raumluftventilator, *7* Außenluftventilator

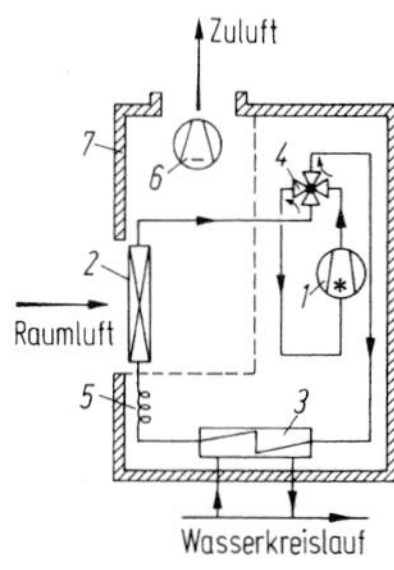

Abb. 37.25 Wasser/Luft-Kleinwärmepumpe für dezentrales Wärmepumpensystem dargestellt im Kühlbetrieb. *1* Motorverdichter, *2* Lamellenrohr-Wärmetauscher, *3* Doppelrohr-Wärmetauscher, *4* Vierwege-Umschaltventil, *5* Drosselorgan (Kapillare), *6* Ventilator

2 dann als Verdampfer arbeitet. Da sich auch die Flussrichtung des flüssigen Kältemittels umkehrt, wird durch eine selbsttätige Einrichtung eine den veränderten Betriebsbedingungen angepasste Einspritzkapillare *5* wirksam. Bei niedrigen Außenlufttemperaturen (etwa ab 4 bis 5 °C) kann der Betrieb automatisch zum Abtauen des Außenluft-Wärmeaustauschers unterbrochen werden. Die Abtauwärme wird entweder durch kurzzeitigen Kühlbetrieb oder bei kleineren Anlagen auch durch eine elektrische Abtauheizung erzeugt.

Für das *dezentrale Wärmepumpensystem* werden Wasser/Luft-Kleinwärmepumpen (Abb. 37.25) eingesetzt, deren Aufbau einem Klimagerät mit wassergekühlter Kälteanlage entspricht.

Auch hier wird das Umschalten von Kühl- auf Heizbetrieb und umgekehrt durch ein von der Raumlufttemperatur gesteuertes Vierwegeventil *4* vorgenommen. Während des Kühlbetriebs dient der Wärmeaustauscher *3* als Verflüssiger und erwärmt den Wasserkreis. Abtauprobleme bestehen bei dieser Anlagenart nicht.

37.10.3 Wärmepumpen größerer Leistung

Im Gegensatz zu den Kleinwärmepumpen werden die größeren, zentralen Wärmepumpen mit Hubkolben-, Turbo- und Schraubenverdichtern vorwiegend als Wasser/Wasser-Wärmepumpen serienmäßig hergestellt. Neben den reinen Heizwärmepumpen, die im Aufbau den Kaltwassersätzen entsprechen, werden solche mit *doppelflutigem Verflüssiger* oder zwei wasserseitig getrennten Verflüssigern angeboten, die zum gleichzeitigen Heizen und Kühlen eingesetzt werden können.

Das bestehende Erdgasnetz ermöglicht vielerorts den Einsatz von *Gasmotoren zum Antrieb von Wärmepumpen.*

Bei der Gasmotor-Wärmepumpe sind die zwei Kreisprozesse gekoppelt, der rechtsläufige Kraftprozess des Gasmotors und der linksläufige Kaltdampfkompressionsprozess. Dabei wird die Wärmeabgabe des Wärmepumpenkreislaufs mit der Wärmeabgabe des Motorenkreisprozesses gemeinsam genutzt. Die Abwärme des Antriebsprozesses wird dabei an zwei Stellen, nämlich im Kühlwasser des Motors und im Abgas freigesetzt.

Damit sind drei Temperaturniveaus vorhanden, die bei Bedarf auch unterschiedlich genutzt werden können:

Sensible Wärme im Abgas:
400 °C → 100 °C (Dieselmotor),
600 °C → 100 °C (Ottomotor)

Kühlwasserwärme bei:
ca. 90 °C

Kondensatorwärme bei:
40 °C bis 50 °C .

Die Gesamtwärmeabgabe des Wärmepumpensystems im Vergleich zum Primärenergieaufwand lässt sich wie folgt angeben:

$$\beta = \eta_M \cdot \varepsilon_{WP} + \eta_g \cdot (1 - \eta_M)$$

dabei ist η_M der Motorwirkungsgrad, ε_{WP} die Leistungszahl der Wärmepumpe, η_g der Rückgewinnungsgütegrad.

Abb. 37.26 zeigt ein Schema mit den Hauptteilen einer Gasmotorwärmepumpe, deren Wärmeströme im Einzelfall auf verschiedene Weise den Verbrauchern zugeführt werden können; z. B. Verflüssigungswärme mit Vorlauftemperaturen im Bereich von 25 bis 50 °C für Lufterhitzer, Fußbodenheizungen, Warmwasservorerwärmung und die Motor- und Abgaswärme mit Temperaturen von 60 bis 80 °C (gegebenenfalls bei Motoren mit sog. *Heißkühlung* auch höher) für statische

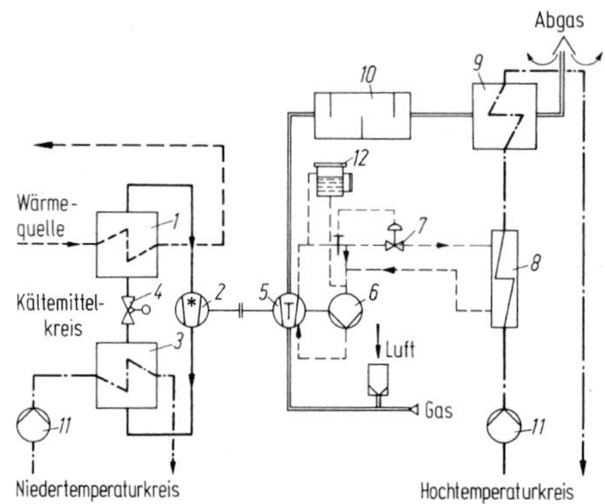

Abb. 37.26 Schema einer Wärmepumpe mit Gasmotorantrieb. *1* Verdampfer, *2* Verdichter, *3* Verflüssiger, *4* Expansionsventil, *5* Gasmotor, *6* Motorkühlwasser-Pumpe, *7* thermostatisches Kühlwasserregelventil, *8* Motorkühlwasser-Wärmetauscher, *9* Abgas-Wärmetauscher, *10* Schalldämpfer in Abgasleitung, *11* Wasserpumpen, *12* Ausdehnungsgefäß für Motorkühlwasser

Heizflächen und Warmwasser- oder Heißwasserbereitung.

Weniger praktische Bedeutung haben die Antriebe durch *Dieselmotor* und *Gasturbinen*.

Als weitere Variante, die vereinzelt gebaut wurde, ist die *„KWKK-Kraft-Wärme-Kälte-Kopplung"* zu nennen, bei der die Kraft-(Strom-), Wärme- und Kälteerzeugung gekoppelt ist. Das hierfür nötige Maschinenaggregat besteht aus Verbrennungsmotor, gegebenenfalls Getriebe, Generator/Elektromotor, automatischer Kupplung und Kältemittelverdichter, auf gemeinsamem Grundrahmen montiert.

37.10.3.1 Wärmeverhältnisse und Wirkungsgrade

Abhängig von der Leistungszahl ε_0 des Kälteprozesses ergeben sich für Wärmepumpen:

mit Elektromotor	mit Verbrennungsmotor
Kälteerzeugung bezogen auf Primärenergie:	
$\dot{Q}_0/E = \varepsilon_0\eta_{el}$	$= \varepsilon_0\eta_g$
Wärmeerzeugung bezogen auf Primärenergie:	
$Q_{ges}/E = \varepsilon_H\eta_{el}$	$= \varepsilon_H\eta_g + \phi$
$= (\varepsilon_0 + 1)\,\eta_{el}$	$= (\varepsilon_0 + 1)\,\eta_g + \phi$
Wärmeerzeugung bezogen auf Verdampferwärme:	
$\dot{Q}_{ges}/\dot{Q}_0 = \varepsilon_H/(\varepsilon_H - 1)$	$= (\varepsilon_H + \phi/\eta_g)/(\varepsilon_H - 1)$
Außerdem für Verbrennungsmotor: Anteil der Motor- und Abgaswärme bezogen auf die Gesamtwärme	
$\dot{Q}_{M+A}/\dot{Q}_{ges}$	$= \phi/(\varepsilon_H\eta_g + \phi)$

Es bedeuten ε_0 Leistungszahl für Kühlbetrieb ($\dot{Q}_0/P$), ε_H Leistungszahl für Heizbetrieb ($\dot{Q}_c/P$), P Leistungsaufnahme an der Verdichterwelle, η_{el} Gesamtwirkungsgrad der Umwandlung der thermischen Energie in mechanische Energie an der Verdichterwelle, abgegeben vom Elektromotor, η_g Gesamtwirkungsgrad der Umwandlung der Gasenergie in mechanische Energie an der Verdichterwelle, abgegeben vom Gasmotor, φ Wärmerückgewinnungsgrad aus Motorwärme (φ_M) und Abgaswärme (φ_A) bezogen auf Primärenergieeinsatz.

Praktisch erreichbare Werte bei Volllastbetrieb:

$\varepsilon_H = \varepsilon_0 + 1 = 3\ldots7$ je nach Betriebsbedingungen, insbesondere bei kleinen Anlagen auch niedriger.

Für die durchschnittliche elektrische Leistungsaufnahme der Nebenantriebe (Pumpen und Ventilatoren) sind 5 bis 12 % des Hauptantriebs zusätzlich zu berücksichtigen. Gute Mittelwerte: $\eta_{el} = 0{,}36$, $\eta_g = 0{,}33$, $\varphi = 0{,}55$.

Je nach Betriebsbedingungen erreicht der Gesamtwärmestrom $\dot{Q}_{ges}$ demnach bei Wärmepumpen mit Elektromotor das 1,03- bis 2,25fache, mit Gasmotor das 1,50- bis 2,65fache der eingesetzten Primärenergie (ohne Übertragungsverluste!). Demgegenüber stehen die vergleichbaren Wirkungsgrade von Kohle-, Öl- und Gaskesseln in Größenordnungen von 0,85 bis etwa 1 bei Brennwertkesseln.

37.10.4 Absorptionswärmepumpen

Theoretisch besitzt das Absorptions- bzw. Resorptionsverfahren die größte Anpassungsfähigkeit an die verschiedenen Aufgaben thermischer Energieumwandlung. Grundlegende Arbeiten auf diesem Gebiet stammen von E. Altenkirch, K. Nesselmann und W. Niebergall [3–5].

Das Absorptionssystem verbindet auch hier zwei Kreisprozesse mit unterschiedlichem Drehsinn.

Wie bereits bei den Kompressionswärmepumpen bestimmen auch hier die Stoffeigenschaften von Lösungs- und Arbeitsmittel die Betriebseigenschaften. Ein gängiges und häufig verwendetes Arbeitsstoffpaar in ausgeführten Anlagen ist Ammoniak als Arbeitsmittel und Wasser als Lösungsmittel, wobei Alternativen mit dem Inertgas Helium im Lösungsmittelkreislauf bestehen. Ein weiteres nutzbares Stoffpaar besteht aus Wasser als Arbeitsmittel und Lithiumbromid als Lösungsmittel.

Heutzutage sind Systeme für kleine Absorptions-Hauswärmepumpen mit Serienreife auf dem Markt. Hierbei handelt es sich um Kompaktgeräte in der Größenordnung eines Wandkessels für den Bereich der Ein- und Zweifamilienhäuser. Diese Systeme, auch als DAWP (Diffusions-Absorptionswärmepumpe) bekannt, arbeiten mit dem Arbeitsstoffpaar NH_3/H_2O und mit dem Inertgas Helium. Für den Austreiber kommen kleine Gasgebläsebrenner zum Einsatz.

In einigen Fällen wurden größere Absorptionswärmepumpen mit dem Arbeitsstoffpaar NH_3/H_2O gebaut, die gleichzeitig die Kaltwasserversorgung für Klimaanlagen sicherstellten. Als Wärmequellen dienten außerdem Erdreich- und Fortluftwärme, Verflüssigungswärme von Kleinkälteanlagen und ein Glykolsolespeicher.

Die Absorptionskältemaschine kann als Wärmeerzeuger (Absorptionswärmepumpe) wirtschaftliche Vorteile bieten, insbesondere bei größeren Kälteleistungen (über 300 kW), tieferen Verdampfungstemperaturen (bis −60 °C), gekoppelter Kraft-Wärme-Kälte-Erzeugung [20], wenn nutzbare Abwärme mit Temperaturen über 100 °C zur Verfügung steht (Industrieanwendungen) [21].

Im letzteren Fall und bei *direktem Beheizen* mit Erdgas zählen diese Anlagen zu den umweltfreundlichsten Heizsystemen.

Die bisherigen anschlussfertigen Absorptionswasserkühlsätze mit dem Arbeitsstoffpaar $H_2O/LiBr$ wurden sowohl für Wärmepumpenbetrieb als auch für Direktbefeuerung eingerichtet, Abb. 37.27. Es werden Heizzahlen bis 2 erreicht. Ein direkter Heizbetrieb (Heizzahl 0,9) ist ebenfalls möglich (Heizleistung von 300 kW bis 4 MW). Als Brennstoffe für die Direktbefeuerung können verwendet werden: Stadtgas, Erdgas, Propan, Butan, Heizöl EL und vorgewärmtes, schweres Heizöl.

Praktische Betriebsdaten eines mit Heißwasser beheizten, einstufigen Absorptionswasserkühlsatzes im Wärmepumpenbetrieb mit etwa 20 % seiner Nenn-Kälteleistung:

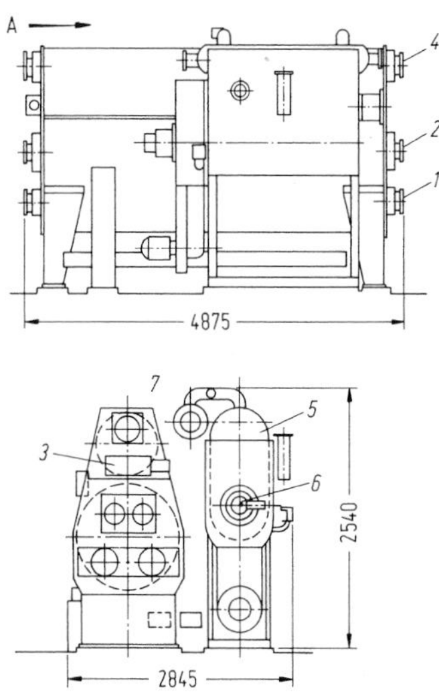

Abb. 37.27 Direktbefeuerter zweistufiger Absorptions-Wasserkühlsatz geeignet für Wärmepumpenbetrieb (BBY) – (Nennkälteleistung 1 MW, Betriebsgewicht 12 600 kg). *1* Absorber, Kühlwasser-Anschluss, *2* Verdampfer, Kaltwasser-Anschluss, *3* Niederdruck-Austreiber, *4* Verflüssiger, Kühlwasser-Anschluss, *5* Hochdruck-Austreiber, *6* Brenner-Einheit (Gas oder Öl), *7* Wärmetauscher

Kaltwassertemperaturen	7,2/6,0 °C
Heizwassertemperaturen	115,0/110,0 °C
Nutzwärme-Vorlauftemperaturen	49,0/46,0 °C
Nutz-/Heizwärme *(Wärmeverhältnis* ist *Heizzahl)*	1,52

Neuartige, diskontinuierlich arbeitende Wasser/Zeolith-Sorptionssysteme können Wärme nicht nur energiesparend erzeugen, sondern auch speichern.

37.10.5 Wärmepumpensysteme Heizbetrieb

Wärmepumpen, die allein zum Heizen dienen ohne Nutzkälteerzeugung, setzen entweder geeignete kostengünstige Antriebsenergie (z. B. Prozessabwärme) oder günstige Wärmeverbraucher (z. B. Niedertemperaturheizungen) voraus. Andernfalls kann die Wirtschaftlichkeit des Wär-

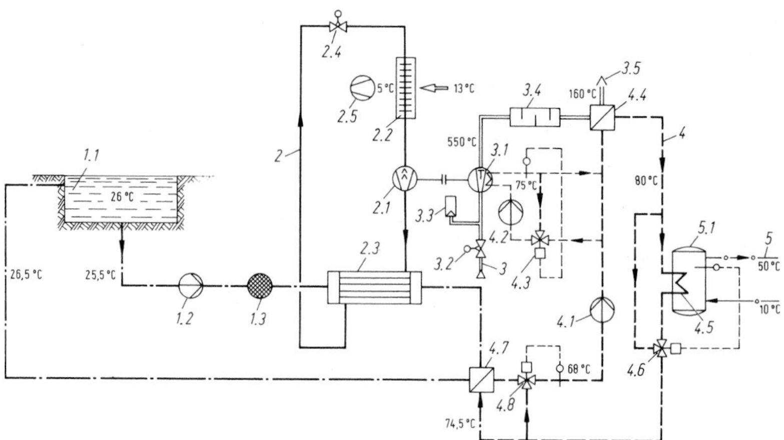

Abb. 37.28 Wärmepumpe mit Gasmotor für Freibadbeheizung (Temperaturangaben nur beispielhaft!). *1* Beckenwasserkreis, *1.1* Freibadbecken, *1.2* Beckenwasserpumpe, *1.3* Kiesfilter, *2* Kältemittelkreis, *2.1* Kältemittelverdichter (Schraube), *2.2* Außenluft-Kühler (Rippenrohr-Verdampfer), *2.3* Robü-Verflüssiger, *2.4* Einspritzventil, *2.5* Außenluftventilator, *3* Gasleitung, *3.1* Gasmotor, *3.2* Gasregelventil, *3.3* Luftfilter, *3.4* Schalldämpfer, *3.5* Abgasleitung, *4* Kühlwasserkreis, *4.1* Kühlwasserpumpe, *4.2* Motorkühlwasserpumpe, *4.3* Dreiwege-Regelventil zur Motorkühlung, *4.4* Abgas-Wärmetauscher, *4.5* Warmwasserspeicher, *4.6* Dreiwege-Regelventil zum WW-Speicher, *4.7* Beckenwasser-Wärmetauscher, *4.8* Dreiwege-Regelventil, *5* Dusch-Warmwassernetz, *5.1* Warmwasserspeicher

mepumpeneinsatzes kaum nachgewiesen werden. Zu den Ausnahmen zählen die Freibadbeheizungen, Abb. 37.28.

Das Beckenwasser *1.1* wird hauptsächlich im Robü-Verflüssiger *2.3* erwärmt; nur wenn die Motor- und Abgaswärme nicht mehr für den Duschwasserspeicher *5.1* benötigt wird, kann sie über Wärmeaustauscher *4.7* zum Erwärmen des Beckenwassers genutzt werden. Dies ist jedoch selten der Fall, da erfahrungsgemäß der Verbrauch an Duschwarmwasser in Freibädern hoch ist. In den Hochsommermonaten sind infolge der Sonneneinstrahlung auf die Wasserfläche nur wenige Betriebsstunden nötig, um das Beckenwasser auf 26 °C zu halten. Das Duschwasser kann dagegen in dieser kurzen Betriebszeit nicht ausreichend erwärmt werden, sodass eine Zusatzheizung nachwärmen muss.

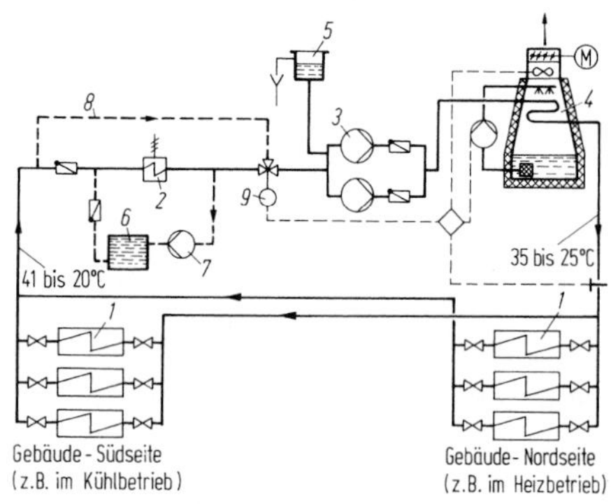

Abb. 37.29 Prinzip-Schema des Wassernetzes für dezentrale Wärmepumpen mit Wärmeausgleich. *1* Wärmetauscher der Kleinwärmepumpe als Verflüssiger, oder als Verdampfer arbeitend, *2* Zusatzheizung, *3* Umwälzpumpen, davon 1 Stck. Reserve, *4* Berieselungskühler, isoliert, mit Luftklappen, *5* Ausdehnungsgefäß, *6* Speicherbehälter, *7* Ladepumpe, *8* Umgehungsleitung bei Speicherbetrieb, *9* Regelventil

37.10.6 Systeme für gleichzeitigen Kühl- und Heizbetrieb

Dezentrales Wärmepumpensystem. Die in Abb. 37.25 dargestellte Wasser/Luft-Kleinwärmepumpe ist ein Bestandteil des dezentralen Wärmepumpensystems mit Wärmeausgleich. Das Prinzipschema eines solchen Systems mit einer größeren Anzahl solcher Kleinwärmepumpen zeigt Abb. 37.29.

Die im Kühlbetrieb arbeitenden Geräte *1* kühlen die Raumluft und erwärmen das Kreislaufwasser. Befinden sich zu gleicher Zeit andere

Geräte *1* im Heizbetrieb (z. B. auf der Gebäude-Nordseite), so erwärmen diese die Raumluft und kühlen das Kreislaufwasser (Wärmeausgleich!). Wenn während der warmen Jahreszeit die Mehrzahl oder alle Geräte kühlen, so wird das Kreislaufwasser zu hoch erwärmt. Die Überschusswärme muss dann über den geschlossenen Berieselungskühler *4* an die Außenluft abgeführt werden. Umgekehrt kann die Mehrzahl oder es können alle Geräte während der Winterzeit im Heizbetrieb arbeiten und dem Kreislaufwasser zu viel Wärme entziehen. Die fehlende Wärme muss in dieser Zeit vom Heizkessel *2* bzw. aus dem Wärmespeicher *6* gedeckt werden.

Wärmepumpensysteme dieser Art sind bisher mehrfach für Bürogebäude und insbesondere für Ladenpassagen sowie Einkaufzentren ausgeführt worden.

Zentrales Wärmepumpensystem. Im Gegensatz zu einer reinen Heizwärmepumpe benötigen Systeme zum gleichzeitigen Kühlen und Heizen eine zusätzliche Kühleinrichtung (Notkühlung) zum Abführen der bei steigenden Kühl- und fallenden Heizlasten anfallenden überschüssigen Wärme. Je nach Art der Wärmepumpe kann es sich hierbei nur um Verflüssigungswärme oder auch um Motor- bzw. Absorberwärme handeln. Auch auf das Abführen eines Teils der Abgaswärme bei Gasmotorantrieben kann u. U. nicht verzichtet werden, um das Überschreiten zulässiger Grenztemperaturen für Werkstoffe und Wärmetauscher zu verhindern.

Kaltwassernetze für gleichzeitigen und energiesparende Betrieb von Kaltwassersätzen und Wärmepumpen. Zentrale Wärmepumpensysteme stehen häufig in Verbindung mit weiteren Kälteerzeugern, da in der warmen Jahreszeit die Kühllasten oft größer sind als die im Winter rückgewinnbare Abwärme durch die Wärmepumpe. Hier entstehen – bei gleichzeitiger Kälteversorgung durch Kaltwassersätze und Wärmepumpen – bei bestimmten Verhältnissen von Kühl- zu Heizlasten regeltechnische Probleme bzw. ein vermeidbarer Energiemehraufwand. Dieser Zustand ist erreicht, wenn die warme Seite der Wärmepumpe ausgelastet ist, der Kühlbedarf von der Wärmepumpe jedoch nicht gedeckt werden kann. Es muss dann ein zusätzlicher Kaltwassersatz eingeschaltet werden. Dies bedeutet, dass beide Aggregate vorwiegend im Teillastzustand arbeiten und der Wärmepumpe mehr oder weniger Abwärme entzogen wird, die zum Erzeugen des gewünschten großen Heizwärmestroms eingesetzt werden könnte. Die erwartete Energieeinsparung und damit die Wirtschaftlichkeit der Kühl- und Heizanlage werden dadurch beeinträchtigt.

Kann andererseits die Verflüssigungswärme nicht vollständig genutzt werden, so ist es zweckmäßig, die Kälteerzeugung durch die Wärmepumpe zu verringern, um die Spitzenkühlast möglichst mit den wirtschaftlichen Betriebsbedingungen des Kaltwassersatzes zu decken. Diese Betriebsweise setzt voraus, dass die Wärmepumpe wärmegeführt; d. h. abhängig von der Heißwassertemperatur leistungsgeregelt wird, zumindest aber die Leistung bei der maximalen Heißwassertemperatur begrenzt wird.

Die hydraulische Schaltung nach Abb. 37.30 gewährleistet mit Hilfe der Motorklappe *4* einen Betrieb, der den genannten Nachteil vermeidet:

- Motorklappe *4* geöffnet bei verhältnismäßig geringem Wärmebedarf,
- Motorklappe *4* geschlossen bei großem Wärmebedarf.

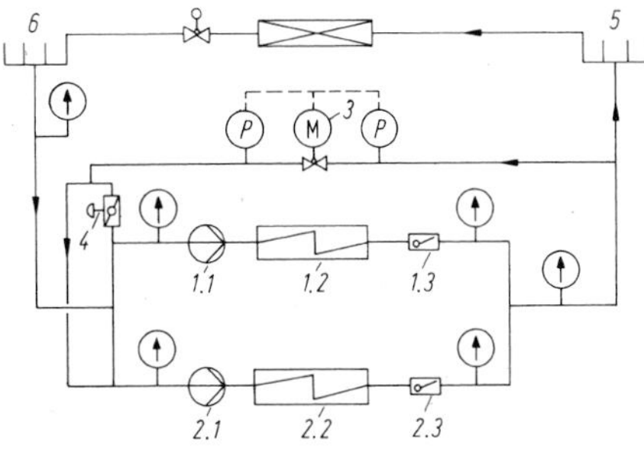

Abb. 37.30 Kaltwasserseitige Kombinationsschaltung für energiesparenden Kühl- und Heizbetrieb. *1.1* Kaltwasserpumpe zur WP, *1.2* Wärmepumpe, *1.3* Rückflussverhinderer, *2.1* Kaltwasserpumpe zum Wasserkühlsatz, *2.2* Wasserkühlsatz, *2.3* Rückflussverhinderer, *3* Bypass-Überströmventil, *4* Motorklappe, *5* Vorlaufverteilung, *6* Rücklaufsammler

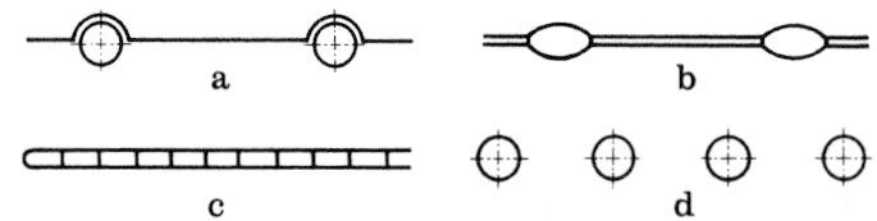

Abb. 37.31 Wärmeabsorber-Grundtypen für Energiedach. **a** Blech/Rohr; **b** Fläche bei integrierten Kanal; **c** Flächen-Hohlkörper; **d** Rohrregister

37.10.7 Wärmepumpen in Heizsystemen

Wärmepumpen in Verbindung mit Heizkesseln können zur Energieeinsparung beitragen. Der Heizkessel ist zweckmäßigerweise in einer Umgehungsleitung eingesetzt (Abb. 37.32) und wird, je nach der geforderten Heizwasservorlauftemperatur, über das Mischventil umgangen, oder auch in Reihe oder parallel zu der Wärmepumpe geschaltet. Für einen störungsfreien Betrieb der Wärmepumpe in der Heizungsanlage ist bei jedem Betriebspunkt eine definierte Wassermenge für den Wärmepumpenkreislauf erforderlich. Dies wird bei mittleren und größeren Anlagen oft mittels eines parallel zur Wärmepumpe geschalteten Heizwasserspeichers erreicht. Die Heizwasser-Vorlauftemperatur wird auf möglichst niedrige, aber für Wärmeverbraucher noch ausreichende Werte geregelt. Aus wirtschaftlichen Gründen ist die Heizwasser-Vorlauftemperatur jedoch begrenzt. Wärmepumpen werden deshalb vorwiegend für Bauten mit spezieller Nutzung, wie Schwimmbäder, für Niedertemperaturheizanlagen, wie Fußbodenheizungen oder zur Warmwasserbereitung, eingesetzt. Als Wärmequelle wird *Luft, Sonnenstrahlung, Erdreich, Grundwasser* über Wärmetauscher (Verdampfer) aber auch die gesamte *Witterungs-* und *Umgebungswärme* über Absorberflächen, wie Energiedach, Energiesäule u. ä. herangezogen, Abb. 37.31.

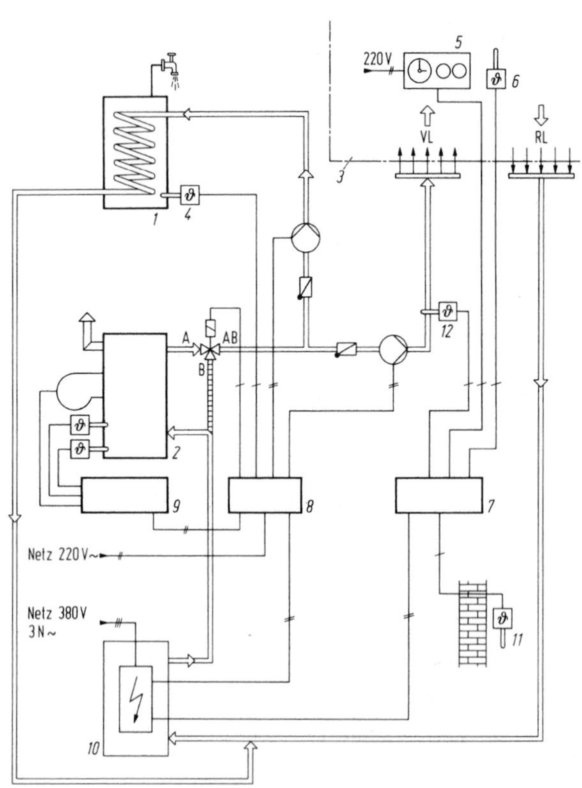

Abb. 37.32 Schema einer bivalenten Wärmeerzeugung. *1* Boiler, *2* Kessel, *3* Raum, *4* Boilerthermostat (bauseits), *5* Raumschaltstation, *6* Raumfühler, *7* Fernbedienung mit Regler, *8* Abzweigdose (bauseits), *9* Kesselüberwachung (bauseits), *10* Wärmepumpe, *11* Außenfühler

Die zur Verfügung stehende Wärmequelle und die Betriebsweise (mono-/bivalent) der Wärmepumpe sind für die Wirtschaftlichkeit der Anlage entscheidend, Abb. 37.32 [22].

Eine größere Verbreitung von Wärmepumpenanlagen für Heizzwecke findet, bedingt durch das gegenwärtige Preisniveau für Brennstoffe, nicht statt.

Anhang

Tab. 37.5 Klimadaten nach [1]

Gebiet und Ort	Seehöhe in m	Mittlere Temperatur in °C			Extreme Temperatur in °C		Mittlere relative Luftfeuchtigkeit in %	
		im Jahr	im wärmsten Monat	im kältesten Monat	maximal	minimal	maximal	minimal
Europa								
Kopenhagen	10	7,7	16,6 Jl	−0,1 F	29	−13	93 D	72 Ju
Helsinki	10	4,4	16,6 Jl	−6,9 F	26	−24	89 N	68 Jn
Dublin	10	9,9	15,7 Jl	5,3 Jr	25	−5	86 Jr	73 Ma
London	40	9,8	17,3 Jl	3,4 Jr	31	−8	89 Jr	69 Jl
Paris	50	10,3	18,6 Jl	2,5 Jr	34	−11	89 D	69 Ap
Hamburg	30	8,3	16,9 Jl	−0,3 Jr	30	−12	90 D	69 Ma
Frankfurt a.M.	100	9,5	18,6 Jl	0,1 Jr	33	−13	86 D	66 Ma
Wien	200	9,2	19,6 Jl	−1,7 Jr	30	−15	85 D	67 Ap
Berlin	40	8,6	18,0 Jl	−0,7 Jr	32	−15	87 D	65 Jn
Warschau	120	7,3	18,8 Jl	3,4 Jr	32	−21	89 D	68 Ma
Leningrad	10	3,7	17,7 Jl	−9,3 Jr	29	−29	89 D	65 Jn
Moskau	140	3,9	18,9 Jl	−11,0 Jr	31	−31	87 D	67 Ma
Astrachan	−10	9,4	25,5 Jl	−7,2 Jr	36	−26	75 D	32 Au
Bukarest	80	10,4	22,8 Jl	−3,6 Jr	35	−20	87 D	60 Au
Istanbul	70	14,5	23,6 Au	5,2 Jr	34	−4	74 D	53 Jl
Athen	110	17,7	27,0 Jl	8,3 Jr	38	−2	75 D	46 Au
Bozen	290	11,7	22,5 Jl	0,0 Jr	34	−8	83 N	61 Ap
Rom	50	15,4	24,8 Jl	6,7 Jr	35	−3	74 D	53 Jl
Madrid	650	13,3	24,3 Jl	4,3 Jr	40	−8	84 D	46 Jl
Afrika								
Tripolis	20	19,7	26,4 Au	11,7 Jr	40	4	67 Jl	63 S
Marrakesch	470	19,6	29,6 Au	10,9 Jr	41	3	66 Jr	47 Jl
Dakar	20	24,2	28,0 S	20,3 F	34	15	87 Au	81 F
Kapstadt	10	16,4	20,7Jr	12,2 Jl	34	4	81 Jn	66 Jr
Johannesburg	1920	14,6	18,5 Jr	9,0 Jn	30	−3	74 F	39 Au
Dar es Salam	10	25,5	27,7 Jr	23,1 Au	33	17	85 Ap	79 Jr
Asien								
Jerusalem	750	15,9	23,0 Au	7,0 Jr	36	−2	74 Jr	41 Ma
Taschkent	480	13,5	27,5 Jl	−1,0 Jr	40	−20	77 Jr	48 Jl
Peking	40	11,7	26,0 Jl	−4,7 Jr	37	−15	76 Au	49 Ap
Hongkong	30	22,0	27,6 Jl	14,3 F	36	6	84 Ap	65 N
Tokio	20	13,8	25,4 Au	2,9 Jr	37	−9	84 Jl	63 F
Delhi	220	25,1	33,4 Jn	14,4 Jr	–	–	68 Au	33 Ap
Bombay	10	26,3	29,2 Ma	23,6 Jr	35	16	87 Au	69 F
Singapur	0	26,3	27,0 Ma	25,5 Jr	38	18	84 D	78 Jl
Djakarta-Java	10	26,0	26,5 O	25,8 Jl	33	20	87 Jl	78 S
Australien, Ozeanien								
Adelaide	40	17,2	23,4 Jr	10,9 Jl	43	2	77 Jl	46 Jr
Auckland	80	15,2	19,6 F	11,1 Au	29	2	82 Jl	73 Jr

Tab. 37.5 (Fortsetzung)

Gebiet und Ort	Seehöhe in m	Mittlere Temperatur in °C			Extreme Temperatur in °C		Mittlere relative Luftfeuchtigkeit in %	
		im Jahr	im wärmsten Monat	im kältesten Monat	maximal	minimal	maximal	minimal
Amerika								
Winnipeg	230	0,6	18,7 Jl	−21,7 Jr	33	−40	90 Jr	69 Ma
Washington	40	12,6	24,9 Jl	0,5 Jr	36	−16	79 S	64 Ap
Chikago	250	9,2	22,4 Jl	−4,6 Jr	35	−26	81 Jr	67 Jl
Los Angeles	110	15,7	20,3 Au	11,7 Jr	38	1	76 Au	67 N
Mexico	2280	15,5	18,3 Ma	11,9 D	30	1	71 S	47 Ap
Habana-Cuba	20	24,8	27,7 Jl	21,3 Jr	36	12	80 S	70 Ap
Valparaiso	40	14,3	17,5 F	11,5 Jl	28	6	78 Ma	66 D
Buenos Aires	20	16,6	23,1 Jr	10,1 Jl	34	0	86 Jn	70 D
Rio de Janeiro	60	22,5	25,6 F	19,7 Jl	36	13	80 F	77 Jl

Jr Januar. – F Februar. – Ma März. – Ap April. – Jn Juni. – Jl Juli. – Au August. – S September. – O Oktober. – N November. – D Dezember.

Literatur

Spezielle Literatur

1. Obert, W.: Kryopumpen. Klima Kälte Heiz. **9**, 393–399 (1989)
2. Maier-Laxhuber, P., Kaubek, F.: Von der Entdeckung zur Anwendung: Das neue, umweltfreundliche Kältestoffpaar Zeolith/Wasser. KI Klima Kälte Heiz. **1**, 23–26 (1985)
3. VDI-Wärmeatlas, Abschn. Mh. 4. Aufl. VDI-Verlag, Düsseldorf (1984)
4. Böttcher, C.: „Freie Kühlung" mit ventilatorbelüfteten Kühltürmen – eine energiesparende Kälteerzeugung bei niedrigen Außenluftzuständen. KI Klima Kälte Heiz. **5**, 238–242 (1987)
5. Kruse, H.: Derzeitiger Stand der FCKW-Problematik – mögliche Ersatzstoffe und ihre Bewertung. KI Klima Kälte Heiz. **7/8** (1989) 343–346
6. Hesse, U., Kruse, H.: Das FCKW-Problem für die Kältetechnik. KI Klima Kälte Heiz. **5**, 173–177 (1988)
7. DKV aktuell 05: Derzeitiger Stand der FCKW-Problematik. Stuttgart: Deutscher Kälte- und Klimatechnischer Verein e. V., (1989)
8. Deutscher Kälte- und Klimatechnischer Verein (DKV): Beitrag der deutschen Kälte- und Klima- und Wärmepumpentechnik Verringerung der Treibhausbelastung bis zum Jahr 2005 (TEWI-Bericht). Statusbericht Nr. 13
9. Bitzer Kühlmaschinenbau GmbH, Sindelfingen: Kältemittel-Report 2, überarbeitete Auflage 9 (1993)
10. Deutscher Kälte- und Klimatechnischer Verein: Sicherheit- und Umweltschutz bei Ammoniak-Kälteanlagen. DKV-Statusbericht, 4. Aufl, Nr. 5. (1/1993)
11. RENISO Kältemaschinenöle. Fuchs Tech. Mitt. **120**, (09/1985)
12. Jakobs, R. M.: Hermetische Kältemittelverdichter kleiner Leistung. KI Klima Kälte Heiz. **10**, 466–475 (1989)
13. Bosée, R.: Der Vielzellen-Rotationsverdichter – Macht der Vielzellen-Rotationsverdichter dem herkömmlichen Kolbenverdichter die Stellung streitig? KI Klima Kälte Heiz. **11**, 472–477 (1989)
14. Heyer, I.: Schraubenverdichter mit variablem Volumenverhältnis. KI Klima Kälte Heiz. **6**, 277–284 (1988)
15. Engelhorn, H. R., Reinhart, A.: Untersuchungen an Platten-Wärmeübertragern in einer Kälteanlage. KI Klima Kälte Heiz. **7/8**, 338–341 (1989)
16. ASHRAE: Cooling towers and spray ponds. Guide and Data Book, Fundamentals and Equipment, S. 743–744 (1965)
17. Backes, E, Krug, N.: FLO-ICE-TEC, Technische Informationen. Magstadt: FLO-ICE.TEC GmbH (1992)
18. Paul, J.: Wasser als Arbeitsmittel für Kühlanlagen, Wärmepumpen und Abwärmekraftwerke. Luft Kältetech. **1**, 15–25 (1991)
19. Eder, F. X.: Vuilleumier-Prozess ermöglicht regenerative Wärmepumpe und Kältemaschine; Clima Commerce Int. 57–59. Müller, Karlsruhe (1982)
20. Holldorf, G., Malewski, Q.: Cogeneration for the simultaneous supply of power and refrigeration. Trans. 1986 Citrus Eng. Conf. Vol. XXXII, 1–20; Florida, section of ASME (1986)
21. Malewski, W.: Integrated absorption and compression heat pumps cycle using mixed working fluid ammonia and water. Proc. Inst. Refrigeration **1**(1982), 83–93 (1985/86)
22. Rolles, W.: Die bivalente Wärmepumpenanlage. Elektrowärme tech. Ausbau **35**(A5), A286–A290 (1977)

Weiterführende Literatur

Arbeitsgemeinschaft für sparsamen und umweltfreundlichen Energieverbrauch e. V. (ASUE): ASUE-Schriftenreihe, Bd. 1–9; Vulkan, Essen (1979/1985)

Berliner, P.: Kühltürme. Springer, Berlin (1975)

CCI-Redaktion (Hrsg.): Thermosoft. Müller, Karlsruhe (1985)

v. Cube, H. L. (Hrsg.): Lehrbuch der Kältetechnik, Bd. 1+2, 3. Aufl. Müller, Karlsruhe (1981)

Deutscher Kälte- und Klimatechnischer Verein (Hrsg.): Kältemaschinenregeln, 7. Aufl. Müller, Karlsruhe (1981)

Deutscher Kälte- und Klimatechnischer Verein (Hrsg.): DKV-Arbeitsblätter, 1. Lieferung Müller, Karlsruhe (1991)

DIN-Taschenbuch 156, Auflage Kältetechnik, Beuth, Berlin (1986)

Maake/Eckert (Hrsg.): Pohlmann-Taschenbuch der Kältetechnik, 17. Aufl. Müller, Karlsruhe (1988)

Haus der Technik: Fachbuchreihe Wärmepumpentechnologie, Bd. I–IX. Vulkan, Essen (1977/1985)

Hönmann, W. (Hrsg.): Taschenbuch für Heizung und Klimatechnik, 65. Aufl. Oldenbourg, München (1990/91)

IKET-GmbH (Hrsg.): Pohlmann-Taschenbuch der Kältetechnik, Grundlagen, Anwendungen, Arbeitstabellen und Vorschriften, 21., überarb. u. erw. Aufl. VDE-Verlag, Berlin (2013)

Jahrbuch der Wärmerückgewinnung, 5. Ausg. Vulkan, Essen (1985/1986)

Keller, G.: Jahrbuch Kälte-Wärme-Klima, 27. Jahrgang, Müller, Karlsruhe (1994)

Kirn, H. (Hrsg.): Buchreihe Wärmepumpen, Bd. 1–8; Müller, Karlsruhe (1981/1987)

Krug, N., Pfeiffenberger, U., Rinck, Th.: Wärmepumpenregeln. Müller, Karlsruhe (1987)

Plank, R. (Hrsg.): Anwendung der Kälte in der Verfahrens- und Klimatechnik, Biologie und Medizin, Sicherheitsvorschriften. Handbuch der Kältetechnik, Bd. XII. Springer, Berlin (1967)

RWE: Bau-Handbuch, 10. Ausg. Heidelberg: Energie-Verlag

Schmidt, D., IKET-GmbH (Hrsg.): Lexikon Kältetechnik. 2. überarb. Aufl., DVE-Verlag, Berlin (2010)

Terminologie für kältetechnische Erzeugnisse, 2. Aufl. Müller, Karlsruhe (1987)

Taschenbuch Kälte Wärme Klima, VDE-Verlag, Berlin (2011)

Normen und Richtlinien

DIN EN 12792:2004 Teil 1: Lüftung von Gebäuden- Symbole, Terminologie und graphische Symbole; Deutsche Fassung EN 12792:2003: 2004-01 Aktuell

DIN 1946-4: Raumlufttechnik Teil 4: Raumlufttechnische Anlagen in Gebäuden und Räumen des Gesundheitswesens: 2018-09 Aktuell

DIN 4109: Schallschutz im Hochbau: 2018-01 Aktuell

DIN 4710-2003-1: Statistiken meteorologischer Daten zur Berechnung des Energiebedarfs von heiz- und raumlufttechnischen Anlagen in Deutschland: 2003-01

DIN 33403-2: Klima am Arbeitsplatz und in der Arbeitsumgebung – Teil 2: Einfluss des Klimas auf den Wärmehaushalt des Menschen: 2000-08

DIN 5035-3: Beleuchtung mit künstlichem Licht – Teil 3: Beleuchtung im Gesundheitswesen: 2006-07 Aktuell

DIN 8941: Formelzeichen, Einheiten und Indizes für die Kältetechnik

DIN 8960: Kältemittel; Anforderungen und Kurzzeichen: 1998-11

DIN 51351: Prüfung von Schmierstoffen; Bestimmung des Flockpunktes von Kältemaschinenölen mit dem Druckrohr-Verfahren: 2007-08 Aktuell

DIN 51 503 Teil 1: Schmierstoffe; Kältemaschinenöle; Mindestanforderungen: 2011-01 Aktuell

DIN EN 14511-1:2019-07: Luftkonditionierer, Flüssigkeitskühlsätze und Wärmepumpen für die Raumbeheizung und -kühlung und Prozess-Kühler mit elektrisch angetriebenen Verdichtern

VDI-Richtlinie 2052: Raumlufttechnische Anlagen für Küchen

VDI-Richtlinie 2058, Bl. 3: Beurteilung von Lärm am Arbeitsplatz unter Berücksichtigung unterschiedlicher Tätigkeiten: 2014-08 Aktuell

VDI-Richtlinie 2081: Raumlufttechnik – Geräuscherzeugung und Lärmminderung: 2019-03 Aktuell

VDI-Richtlinie 2082: Raumlufttechnik – Verkaufsstätten: 2010-07 Aktuell

VDI-Richtlinie 2262 Bl.1: Luftbeschaffenheit am Arbeitsplatz – Minderung der Exposition durch luftfremde Stoffe – Rechtliche Grundlagen; Begriffen; grundlegende organisatorische Maßnahmen für den Arbeitsschutz und Umweltschutz: 2013-06 Aktuell

VDI-Richtlinie 2310: Maximale Immissionswerte: 2010-12 Aktuell

VDI Richtlinie 3802: Raumlufttechnische Anlagen für Fertigungsstätten: 2014-09 Aktuell

Verordnung über Druckbehälter, Druckgasbehälter und Füllanlagen (Druckbehälterverordnung – Druckbeh V) vom 27.02.1980

E ISO 5149-1: Kälteanlagen und Wärmepumpen – Sicherheitstechnische und umweltrelevante Anforderungen: 2014-04 Aktuell

BGR 500/ Teil 2. Kapitel 2.35. Betreiben von Kälteanlagen, Wärmepumpen und Kühleinrichtungen

Gesetz über die Vermeidung und Entsorgung von Abfällen (Abfallgesetz AbfG) vom 27.08.86

FKW-Merkblatt Merkblatt für den Umgang mit Fluorkohlenwasserstoffen. Hauptverband der gewerblichen Berufsgenossenschaften

DIN 2405: Rohrleitungen in Kälteanlagen und Kühleinrichtungen – Kennzeichnung: 2003-01 Aktuell

DIN 4140: Dämmarbeiten an betriebstechnischen Anlagen in der Industrie und in der technischen Gebäudeausrüstung – Ausführung von Wärme- und Kältedämmerung: 2014-04 Aktuell

DIN 8905-1: Rohre für Kälteanlagen mit hermetischen und halbhermetischen Verdichtern; Außendurchmesser bis 54 mm; Technische Lieferbedingungen; T 3:

Zusätzliche technische Lieferbedingungen für Kapillar-Drosselrohre: 1983-10
DIN 8949: Filtertrockner für Kältemittel; Prüfung: 2000-01 Aktuell
DIN 8976: Leistungsprüfung von Verdichter-Kälteanlagen: 2017-03 Aktuell
VDI 2055: Wärme- und Kälteschutz von betriebstechnischen Anlagen in der Industrie und in der Technischen Gebäudeausrüstung; Berechnungsgrundlagen: 2008-09 Aktuell
AGI Q 151: AGI Arbeitsblatt Q 151. Dämmarbeiten. Korrosionsschutz bei Wärme- und Kältedämmungen an betriebstechnischen Anlagen. Ausgabe Januar 2003
AD 2000-Merkblatt HP 801 Nr. 14: Besondere Druckbehälter; Druckbehälter in Kälteanlagen und Wärmepumpenanlagen: 2017-06 Aktuell
VDMA 24176: Inspektion von technischen Anlagen und Ausrüstungen in Gebäuden: 2007-01 Aktuell
VDMA 24186: Leistungsprogramm für die Wartung von technischen Anlagen und Ausrüstungen in Gebäuden; Übersicht und Gliederung; Nummernsystem; Allgemeine Anwendungshinweise: 2019-09 Aktuell
VDMA 24243-1: Kältemaschinen und –anlagen Dichtheit von Kälteanlagen und Wärmepumpen- Lecksuche/Dichtheitsprüfung: 2005-08 Aktuell
DIN 8901: Kälteanlagen und Wärmepumpen; Schutz von Erdreich; Grund- und Oberflächenwasser; Sicherheitstechnische und umweltrelevante Anforderungen und Prüfung: 2002-12 Aktuell

38 Klimatechnik

Sylvia Schädlich

Aufgabe der Klimatechnik. Die Aufgabe der Klimatechnik im Bereich der Komfortklimatisierung ist die Erzeugung und Aufrechterhaltung eines dem Menschen zuträglichen Raumluftzustandes. Bei der Produktklimatiserung in Gewerbe und Industrie stehen dagegen die Anforderungen an die Verarbeitungsfähigkeit, Lagerung oder die Qualität eines Produktes oder einer Dienstleistung im Vordergrund.

Hierzu sind folgende Aufgaben zu erfüllen:

- Abfuhr bzw. Zufuhr von Wärme (Kühlen und Heizen)
- Abfuhr bzw. Zufuhr von Feuchtigkeit (Wasserdampf) (Entfeuchten und Befeuchten)
- Abfuhr von Schadstoffen.

Zum Kühlen und Entfeuchten sind kältetechnische Einrichtungen (z. B. Kältemaschine), zum Heizen wärmetechnische Einrichtungen (z. B. Heizkessel, Wärmepumpe) und zum Befeuchten befeuchtungstechnische Einrichtungen (z. B. Sprühbefeuchter) zu verwenden.

Definitionen Lüftungsanlage/Klimaanlage. Der FGK-Status-Report 14 [1] fasst die Definitionen von Klimaanlagen nach EnEV und EPBD folgendermaßen zusammen: „Die europäische Richtlinie über die Gesamtenergieeffizienz von Gebäuden EU2002/91/EG Artikel 2 definiert eine **„Klimaanlage“** als „eine Kombination sämtlicher Bauteile, die für eine Form der Luftbehandlung erforderlich sind, bei der die Temperatur, eventuell gemeinsam mit der Belüftung, der Feuchtigkeit und der Luftreinheit, geregelt wird oder gesenkt werden kann.“

Im Sinne dieser Richtlinie und der nationalen Umsetzung im Rahmen der EnEV wird eine „Klimaanlage“ wie folgt definiert:

1. Anlagen mit Lüftungsfunktion (Lüftungs- und Klimaanlagen siehe Tab. 38.1)
2. Anlagen zur Raumkühlung ohne Lüftungsfunktion (Raumkühlsysteme, Raumklimageräte, etc.)

Die 2018 erschienene EU-Richtlinie 2018/844/EU über die Gesamtenergieeffizienz von Gebäuden verkürzt die Definition von Klimaanlagen auf „eine Kombination vom Bauteilen, die für eine Form der Raumluftbehandlung erforderlich sind, durch die die Teperatur geregelt wird oder gesenkt werden kann.“

38.1 Anforderungen an das Raumklima

Klimaanlagen kommen in sog. Komfortbereichen zum Einsatz, wenn z. B. in Bürogebäuden, Versammlungsräumen etc. keine ausreichende natürliche Lüftung, wie z. B. Fensterlüftung, aus

S. Schädlich (✉)
Institut für Energie-, Kälte- und Klimatechnik Gladbeck GmbH (InEKK GmbH)
Raesfeld, Deutschland
Hochschule Ruhr-West
Bottrop, Deutschland
E-Mail: sylvia.schaedlich@hs-ruhrwest.de

B. Bender und D. Göhlich (Hrsg.), *Dubbel Taschenbuch für den Maschinenbau 3: Maschinen und Systeme*,
https://doi.org/10.1007/978-3-662-59715-6_38

Tab. 38.1 Definition von Lüftungs- und Klimaanlagen (Quelle: FGK-Status-Report 14) [1]

Kategorie	Thermodynamische Funktion					Bezeichnung
	Lüftung	Heizung	Kühlung	Befeuchtung	Entfeuchtung	
THM-CO	×	–	–	–	–	Einfache Lüftungsanlage
THM-C1	×	×	–	–	–	Lüftungsanlage mit der Funktion Heizen oder Luftheizung
THM-C2	×	×	–	×	–	Einfache Klimaanlage mit der Funktion Befeuchten
THM-C3	×	×	×	–	(×)	Einfache Klimaanlage mit der Funktion Kühlen
THM-C4	×	×	×	×	(×)	Einfache Klimaanlage mit der Funktion Kühlen und Befeuchten
THM-CS	×	×	×	×	×	Klimaanlage mit allen Funktionen

Legende: – von der Anlage nicht beeinflusst; × von der Anlage geregelt und im Raum sichergestellt; (×) durch die Anlage beeinflusst, jedoch ohne Garantiewerte im Raum

Bau-, Umwelt- oder Nutzungsgründen möglich ist. In diesem Fall richtet sich der gewünschte Raumluftzustand nach den thermischen Behaglichkeitskriterien der Personen, der energiesparenden Anlagenausführung und dem Betrieb.

Unerlässlich sind heute Klimaanlagen u. a. in Operations- und Intensivpflegeräumen in Krankenhäusern, in Produktionsstätten im Bereich der Halbleiterfertigung und Mikroelektronik sowie in Pharmabetrieben, wo es auf die Keim- und Partikelzahlkontrolle im Raum ankommt.

Eine gewünschte *Raumluftreinheit* lässt sich durch drastische Erhöhung des Zuluftstroms und durch spezielle Filtertechnik erreichen.

Die Raumluftkondition richtet sich bei den Anlagen von Produktionsstätten nach dem Produkt und nicht nach den Personen, die sich vor allem mit Hilfe der Bekleidung an den vorgegebenen Raumluftzustand (Temperatur, Feuchte, Luftbewegung) anpassen können.

Weiterhin nimmt die Anzahl der Klimaanlagen für Datenverarbeitungsräume (Rechenzentren) ständig zu.

In Serverräumen müssen extrem hohe *Maschinenwärmelasten* bei bestimmter Raumluftkondition abgeführt werden. Zum Abführen der hohen Wärmelasten sind daher große spezifische Luftströme erforderlich. Da Serverräume in der Regel nicht zum bestimmungsgemäßen Arbeitsplatz von Personen – abgesehen von Wartungs- und Reinigungsarbeiten – gehören, spielen hier die Kriterien der thermischen Behaglichkeit keine Rolle. Die Betriebssicherheit dieser Anlagen, vor allem die störungsfreie elektronische und kältetechnische Versorgung, ist von größter Bedeutung.

Im engen Sinne wird das Raumklima durch das Zusammenwirken von *Lufttemperatur, Strahlungstemperatur* (die Temperatur der raumumschließenden Oberfläche), *relativer Luftfeuchte, Luftgeschwindigkeit* im Aufenthaltsbereich des Raums, *Tätigkeit* und *Bekleidung* gebildet.

Im weiteren Sinne gehören noch die *Außenlufterneuerung*, der *Schadstoffgehalt* der Luft, der *Schalldruckpegel*, die *Farbgebung* und *Beleuchtung* des Raums u. a. dazu.

Behaglichkeit. Die thermische Behaglichkeit des Menschen hängt ab von der Wärmebilanz seines Körpers und von der Verteilung der Wärmeabgabe über den Körper. Diese *Wärmebilanz* wird bestimmt von der körperlichen Tätigkeit (Aktivitätsgrad), der Bekleidung (Wärmeleitwiderstand) sowie von den Parametern des Umgebungsklimas, d. h. Umschließungsflächentemperatur, Lufttemperatur, Luftfeuchte und Luftgeschwindigkeit. Thermische Behaglichkeit ist dann gegeben, wenn sich aufgrund der Wärmebilanz im Gleichgewichtszustand solche Haut- und Kerntemperaturen einstellen, die als angenehm empfunden werden; *„unbehaglich kalt"* wird bei Unterschreiten einer bestimmten Hauttemperaturschwelle und *„unbehaglich warm"* bei Überschreiten dieser wahrgenommen.

Außerdem kann thermische Unbehaglichkeit durch eine lokale Abkühlung von Körperteilen hervorgerufen werden, z. B. durch Zugluft.

Die *Wärmeproduktion* des Menschen ist von der Tätigkeit abhängig.

Um dem Menschen zuträgliche Umgebungsbedingungen zu schaffen, müssen zunächst in einem konkreten Projekt Festlegungen der einzuhaltenden Auslegungs- und Innenraumbedingungen getroffen werden. Diese sollten in einem Pflichtenheft oder zwischen Auftraggeber und -nehmer unter Beachtung geltender Verordnungen oder Normen festgelegt werden.

Verordnungen und Normen Verordnungen sind per se rechtsverbindlich; häufig gibt es Veröffentlichungen zu Auslegungsfragen bzgl. der Verordnungen seitens der Ministerien, die einen hohen Verbindlichkeitsgrad besitzen. DIN- bzw. DIN EN-Normen oder VDI-Richtlinien stellen dagegen den allgemeinen Stand der Technik dar, sind jedoch nicht rechtsverbindlich, außer wenn sie Bestandteil von Verträgen sind. Anders verhält es sich mit DIN-Normen, die in einer Verordnung bezogen werden. So wird in der Energieeinsparverordnung die DIN V 18599 als Berechnungsvorschrift in Bezug genommen und somit ist das dort niedergelegte Rechenverfahren inklusive aller Parameter rechtlich verbindlich vorgeschrieben.

Auslegung des Raumklimas In der DIN EN 13779, die inzwischen zurückgezogen und durch die Norm DIN EN 16798 Teil 3 ersetzt wurde, wurde formuliert, dass „die Auslegungsvoraussetzungen für das Raumklima auf Vereinbarungen zwischen Auftraggeber und Planer basieren. Die vereinbarten Anforderungen an das Raumklima, die Raumluftqualität, die Raumluftfeuchte und die Akustik im Raum müssen im Aufenthaltsbereich erfüllt werden. Eine Anlage muss für die besonderen Anforderungen des Projektes ausgelegt sein.“

Von den beteiligten Personen, d. h. Auftraggeber, Planer oder Unternehmer sollten alle notwendigen Angaben protokolliert werden. Es wurde auch gefordert, dass Planer und Auftraggeber Schlüsselentscheidungen im Hinblick auf die Auslegung gemeinsam treffen und dass diese dokumentiert werden. Der Auftraggeber sollte dem Planer sämtliche Informationen über den Betrieb des Gebäudes zukommen lassen; d. h. über Belegungspläne an typischen Tagen, darüber, zu welchen Zeiten im Jahr das Gebäude nicht genutzt wird (z. B. Schulen usw.) sowie über die allgemeine Betriebsnutzung (z. B. Wochenende, nachts usw.). Außerdem muss der Auftraggeber dem Planer Angaben zur Lage des Gebäudes, zu den wesentlichen Umgebungsmerkmalen wie Nachbargebäude, Schatten, Spiegelung, Emissionen, Wege, Meeresnähe und zu allen Faktoren, die die Gebäudeauslegung beeinflussen können, zur Verfügung stellen. Die Projektentwicklung wird als dynamischer Prozess dargestellt, der einen wachsenden Grad an Details und Präzision berücksichtigt. Deshalb wird eine klare Dokumentation und insbesondere die Angabe der gewünschten Ergebnisse für die Übergabe und den normalen Betrieb gefordert. Der Planer muss den Auftraggeber auf die Konsequenzen im Zusammenhang mit bestimmten Anforderungen oder Festlegungen im Aufenthaltsbereich hinweisen. Diese klaren Anforderungen tragen zur Transparenz der Aufgabenverteilung im Planungsprozess bei. Leider ist dies nicht mehr Bestandteil der Normung, nichtsdestotrotz sollten diese Maßgaben im Planungsprozess Berücksichtigung finden.

Gebäudekategorien In der europäischen Norm DIN EN 15251 „Eingangsparameter für das Raumklima zur Auslegung und Bewertung der Energieeffizienz von Gebäuden – Raumluftqualität, Temperatur, Licht und Akustik“ werden die Parameter für das Innenraumklima – sowohl von klimatisierten als auch von nicht-klimatisierten Gebäuden- festgelegt, die sich auf die Gesamtenergieeffizienz von Gebäuden auswirken. Diese Norm soll zukünftig durch die DIN EN 16798 Teil 1 ersetzt werden, in der wesentliche Festlegungen jedoch übernommen werden. Die Definition der Innenraumbedingungen erfolgt im Rahmen von vier Kategorien: Kategorie I für Räume, in denen sich sehr empfindliche Personen aufhalten (bspw. kranke oder ältere Menschen, sehr kleine Kinder) mit einem hohen Maß an Erwartungen; Kategorie II für neue und sanierte Gebäude bei einem normalen Maß an Erwartungen; Kategorie III für bestehende Gebäude bei einem mittleren Maß an Erwartungen und Kategorie IV, die jedoch nur für einen begrenzten Teil des Jahres Anwendung finden soll.

Prozentsatz der Unzufriedenen Eine gebäudetechnische Anlage kann noch so gut funktionieren – es wird immer eine gewisse Anzahl unzufriedener Personen im Gebäude geben. Dieser Prozentsatz der Unzufriedenen wird in der Literatur als „percentage of persons dissatisfied“ (PPD) angegeben und ist DIN EN 15251 in Abhängigkeit von den Gebäudekategorien aufgeführt. Hiernach werden in einem Gebäude der Kategorie I ca. 6 %, in einem Gebäude der Kategorie II ca. 10 %, in einem Gebäude der Kategorie III ca. 15 % der Personen und in einem Gebäude der Kategorie IV mehr als 15 % unzufrieden mit dem Raumklima sein.

Auch die Norm ISO 7730 beschäftigt sich mit dem Thema der Zufriedenheit bzw. Unzufriedenheit. Nach ISO 7730 ist thermische Behaglichkeit definiert als das Gefühl, das Zufriedenheit mit dem Umgebungsklima ausdrückt. Unzufriedenheit kann durch Unbehagen des Körpers durch eine ungewollte Abkühlung oder Erwärmung eines bestimmten Körperteils verursacht werden. Auf Grund individueller Unterschiede ist es unmöglich, ein Umgebungsklima festzulegen, das jedermann zufrieden stellt. Es wird immer einen Prozentsatz an Unzufriedenen geben. In ISO 7730 sind viele Darstellungen in Abhängigkeit von der PPD (Prozentsatz der Unzufriedenen) aufgeführt.

Aufenthaltsbereich In DIN EN 16798 Teil 3 sind die üblichen Maße des Aufenthaltsbereiches festgelegt. Die Standardwerte liegen bei 5 cm bis 1,8 m oberhalb des Fußbodens und bei einem Abstand von 1 m von Außenfenstern und Türen und 50 cm von Außen- und Innenwänden. Alle Messungen, die die Behaglichkeitskriterien betreffen, sind auf diesen Bereich zu beziehen. Durchgangsbereiche und Bereiche in der Nähe von Türen, die oft benutzt werden oder offen stehen gehören nicht zum Aufenthaltsbereich; hierfür können jedoch bei Bedarf gesonderte Vereinbarungen getroffen werden. Die Bereiche in der Nähe von Zuluftdurchlässen und die Bereiche in der Nähe von Einrichtungen mit hoher Wärme- oder Luftstromerzeugung gehören zum Aufenthaltsbereich und müssen besonders sorgfältig betrachtet werden.

Raumtemperatur Vorgabewerte für Raumtemperaturen finden sich in diversen Normen. In DIN EN 15251 sind in Anhang A, Tab. A.2 die Auslegungswerte der Innenraumtemperatur (operative Temperatur) zusammengestellt. Unterschieden werden 3 Kategorien von Gebäuden, wobei Kategorie I höchste und Kategorie III niedrigste Behaglichkeitsanforderungen abdeckt. Kategorie II stellt den Standardfall dar. Hiernach liegt die Temperatur für Einzelbüros der Kategorie II bei 20 °C im Heizfall und 26 °C im Kühlfall.

Die operative Temperatur ist nach DIN EN 13779 wie folgt definiert:

$$\Theta_o = \frac{\Theta_a + \Theta_r}{2} \tag{38.1}$$

Θ_o operative Temperatur
Θ_a Raumlufttemperatur
Θ_r mittlere Strahlungstemperatur aller Oberflächen im Hinblick auf den betrachteten Raumbereich

Bei den meisten Anwendungen sind die Geschwindigkeiten gering und es bestehen nur geringe Unterschiede zwischen der Lufttemperatur und der mittleren Strahlungstemperatur im Raum. Nach DIN EN 16798 Teil 3 beträgt unter Berücksichtigung der Standardwerte für Bekleidung und Aktivitätsgrad in Bürogebäuden die optimale operative Temperatur 24,5 °C im Sommer und 21,5 °C im Winter. Falls keine anderen Vereinbarungen getroffen wurden, gilt ein Standardwert von 21 °C im Winter und 26 °C im Sommer.

Der Arbeitgeber ist im Rahmen der geltenden Gesetze verpflichtet, für den Gesundheitsschutz der Arbeitnehmer zu sorgen. Allerdings gibt die Arbeitsstättenverordnung keine eindeutigen Vorgaben für die erlaubte Temperatur am Arbeitsplatz. In Abschn. 3.5 („Raumtemperatur“) der Verordnung wird folgendes ausgeführt:

„In Arbeits-, Pausen-, Bereitschafts-, Sanitär-, Kantinen- und Erste-Hilfe-Räumen, in denen

Tab. 38.2 Mindestwert der Lufttemperatur in Arbeitsräumen

Überwiegende Körperhaltung	Arbeitsschwere		
	leicht	mittel	schwer
Sitzen	+20° C	+19° C	–
Stehen, Gehen	+19° C	+17° C	+12° C

aus betriebstechnischer Sicht keine spezifischen Anforderungen an die Raumtemperatur gestellt werden, muss während der Arbeitszeit unter Berücksichtigung der Arbeitsverfahren, der körperlichen Beanspruchung der Beschäftigten und des spezifischen Nutzungszwecks des Raumes eine gesundheitlich zuträgliche Raumtemperatur bestehen."

Ergänzende Vorschriften zur Arbeitsstättenverordnung finden sich in der Arbeitsstättenrichtlinie ASR A3.5. Bzgl. der Lufttemperatur heißt es: „Die Lufttemperatur wird mit einem strahlungsgeschützten Thermometer in Grad Celsius [°C] gemessen, dessen Messgenauigkeit +/–0,5 °C betragen soll. Die Messung erfolgt nach Erfordernis stündlich an Arbeitsplätzen für sitzende Tätigkeit in einer Höhe von 0,6 m und bei stehender Tätigkeit in einer Höhe von 1,1 m über dem Fußboden. (...) In Arbeitsräumen muss die Lufttemperatur in Abhängigkeit von der Arbeitsschwere und Körperhaltung mindestens den Werten in Tab. 38.2 entsprechen, wobei diese Lufttemperatur während der gesamten Arbeitszeit zu gewährleisten ist. (...) Werden die Mindestwerte nach Tab. 38.2 in Arbeitsräumen auch bei Ausschöpfung der technischen Möglichkeiten nicht erreicht, ist der Schutz gegen zu niedrige Temperaturen in folgender Rangfolge durch zusätzliche

- arbeitsplatzbezogene technische Maßnahmen (z. B. Wärmestrahlungsheizung, Heizmatten),
- organisatorische Maßnahmen (z. B. Aufwärmzeiten) oder
- personenbezogene Maßnahmen (z. B. geeignete Kleidung) zu gewährleisten." (Tab. 38.3)

Tab. 38.3 Tabellen bzgl. Lufttemperatur und Arbeitsschwere nach Arbeitsstättenrichtlinie

Arbeitsschwere	Beispiele
leicht	leichte Hand-/Armarbeit bei ruhigem Sitzen bzw. Stehen verbunden mit gelegentlichem Gehen
mittel	mittelschwere Hand-/Arm- oder Beinarbeit im Sitzen, Gehen oder Stehen
schwer	schwere Hand-/Arm-, Bein- und Rumpfarbeit im Gehen oder Stehen

38.1.1 Raumluftfeuchte

Die Raumluftfeuchte spielt eine entscheidende Rolle für den Wärmehaushalt des Menschen. Der Mensch produziert durch seinen Stoffwechsel Wärme, den er zu einem großen Teil über Verdunstung abgibt. Diese Höhe dieser Wärmeabgabe wird entscheidend von der Höhe der Raumluftfeuchte beeinflusst: ist die Raumluftfeuchte hoch, so kann der Mensch zu wenig Wärme abgeben; es kommt zu einem „Schwüleempfinden". Ist die Raumluftfeuchte niedrig, so trocknen Schleimhäute aus, es kommt zu Reizungen, trockenen Augen, etc. Einige dieser Zusammenhänge finden sich in der Normung wieder, wenn auch die Normwerte durch die Anpassung an internationale Normen insbesondere in den höheren Feuchtebereichen stark gelockert wurden.

Nach DIN EN 15251 nimmt die Luftfeuchte nur geringen Einfluss auf die Temperaturempfindung und die Wahrnehmung der Luftqualität in Räumen mit sitzenden Tätigkeiten, daher braucht die Raumluft üblicherweise nicht befeuchtet zu werden. Zulässige Feuchtewerte werden in Anhang B, Tab. B.6 der Norm in Abhängigkeit von der Gebäudekategorie festgelegt. In der Standardkategorie II sind Auslegungswerte für die Entfeuchtung im Sommer von 60 % und für die Befeuchtung im Winter von 25 % zulässig. In Gebäudekategorie III findet man jedoch für den Sommer Auslegungswerte für die Entfeuchtung von 70 % und dies bei zulässigen Temperaturen von 26 °C; das ist normativ zwar zulässig, aber unter physiologischen Gesichtspunkten nicht mehr als behaglich zu bezeichnen.

38.1.2 Raumluftgeschwindigkeit

Die Beschreibung und Bestimmung der Raumluftgeschwindigkeit ist eine aufwändige Angelegenheit und erfolgt detailliert in Abschn. 38.3.1. In den Normen erfolgt eine Beschreibung der Raumluftgeschwindigkeit in Abhängigkeit von der Lufttemperatur, der mittleren Geschwindigkeit und dem Turbulenzgrad. Hierbei gilt die Regel, dass bei höheren Temperaturen höhere Geschwindigkeiten zulässig sind und bei höheren Turbulenzgraden niedrigere Geschwindigkeiten.

38.1.3 Schadstoffgehalt

Personen gelten aufgrund der CO_2-Emissionen als „Luftverschmutzer Nr. 1" in Bürogebäuden. Abb. 38.1 zeigt die CO_2-Konzentrationszunahme in einem Raum ohne Lüftung bei der Anwesenheit von zwei Personen und normaler Aktivität. Es ist zu erkennen, dass bereits nach 30 Minuten der MaRaK-Wert (Maximale Raumkonzentration) von 1000 ppm und schon nach einer Stunde der Grenzwert für Büroräume von 1500 ppm überschritten ist.

Jedoch sind nicht nur Personen für die Geruchsemissionen im Raum verantwortlich, auch Tätigkeiten wie z. B. Kopieren, Drucken, Kaffeekochen, etc. sowie die Ausdünstungen von Baumaterialien und Einrichtungsgegenständen und sogar die Außenluft tragen zur Verschlechterung der Raumluft bei. Emittiert werden neben biologischen Geruchsstoffen und CO_2 auch Radon,

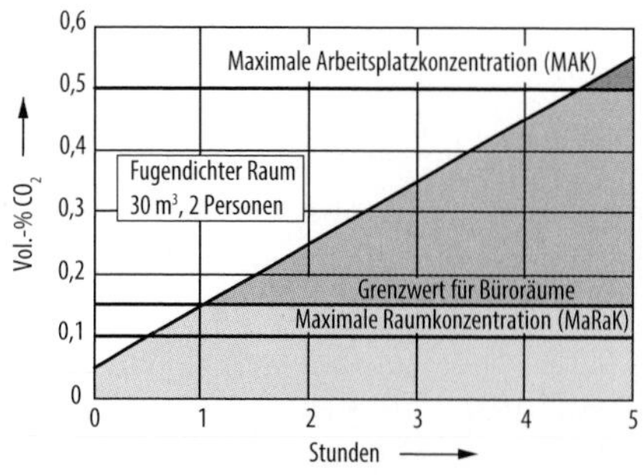

Abb. 38.1 CO_2-Konzentrationszunahme in einem Raum ohne Lüftung bei Anwesenheit von zwei Personen [2]

Asbest, Formaldehyd und tausende weiterer chemischer Verbindungen, von denen oft wenige Moleküle ausreichen um wahrgenommen zu werden. Diese werden unter dem Begriff „VOC" – volatile organic compounds (flüchtige organische Verbindungen) zusammengefasst.

Als Erster definierte der dänische Professor und Forscher Ole Fanger die Geruchsemissionen (Abb. 38.2):

Indem er dem „Normmenschen" die Geruchsemission 1 olf zuordnete und diese adäquat auf Einrichtungsgegenstände, Materialien und Tätigkeiten übertrug, weckte er das Bewusstsein für den zunehmenden Lüftungsbedarf. Nach Fanger emittiert bspw. ein rauchender Raucher 25 olf, während ein nichtrauchender Raucher immerhin noch ca. 6 olf abgibt. Die Emission ist darüber hinaus noch abhängig vom Aktivitätsgrad. Auch verschiedene Einrichtungsgegenstände weisen Verunreinigungslasten auf, so z. B. Teppichboden Wolle bzw. PVC-Belag 0,2 olf/m^2, Teppichboden Kunstfaser 0,4 olf/m^2, Marmor dagegen nur 0,01 olf/m^2.

Zum Abtransport der Schadstoffe muss der dem Raum zugeführte Luftvolumenstrom ausreichend bemessen sein. Hierauf wird in Abschn. 38.2.4 ausführlich eingegangen.

38.1.4 Weitere Einflussgrößen

Die Erwähnung weiterer Einflussgrößen findet sich in DIN EN 13779, die die EN ISO 7730 bezieht und sich auf typische Anwendungen, wie zum Beispiel Bürogebäude usw. beruft. Obwohl die DIN EN 13779 durch die Norm DIN EN 16798 Teil 3 ersetzt wurde, werden an dieser Stelle trotzdem die in der DIN EN 13779 ursprünglich dargestellten Zusammenhänge vorgestellt. Als Erkenntnisquellen können auch zurückgezogene Normen durchaus genutzt werden, insbesondere, wenn in neuen Normenfassungen bestimmte Zusammenhänge nicht mehr aufgeführt werden.

Aktivitätsgrad. Der Aktivitätsgrad beeinflusst entscheidend die Wärmeabgabe. In DIN EN 13779 sind für verschiedene Aktivitätsgrade

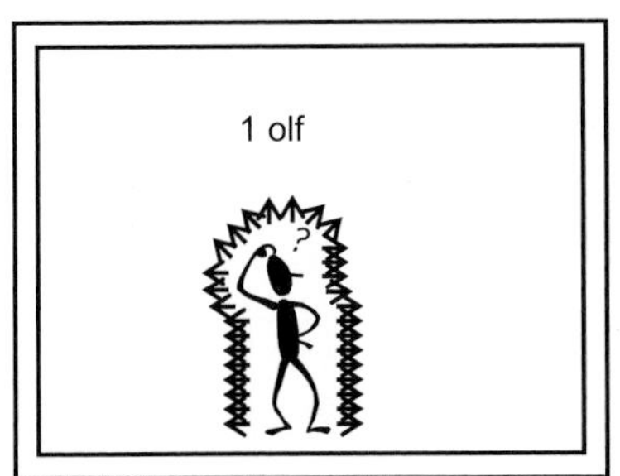

1 olf ist die Luftverunreinigung, die durch eine Norm-Person (erwachsen, sitzende Büro-Tätigkeit, behagliche Raumtemperatur, Hygiene: 0,7 Bäder je Tag) hervorgerufen wird.

Abb. 38.2 Betrachtung aller Schadstoffquellen als Verunreinigungslast im Sinne von Fanger [2]

die Wärmeabgaben (Tab. 38.4) aufgelistet. Dabei entspricht die Einheit 1met in etwa 58 W/m^2 (metabolic rate).

Bekleidung. Die Wärmeabgabe des Menschen wird durch die Kleidung beeinflusst. Maßgebend hierfür ist deren *Wärmeleitwiderstand* (m^{2}K/W). Als bezogene Größe wird auch der Wärmeleitwiderstand in clo ausgedrückt (abgeleitet von clothing value: untere Grenze unbekleidet 0, obere Grenze Polarkleidung 5). Der Wärmeleitwiderstand der Gesamtkleidung kann durch Addition der Einzelwiderstandswerte der Kleidungsstücke bestimmt werden.

Geräusch. Beim zulässigen *Schallpegel* ist für Wohnräume nach Tag und Nacht (Schlafen) zu unterscheiden (s. Bd. 1, Kap. 48). Der Mittelwert, auch für allgemeine Kommunikationsräume, liegt bei 35 dB(A). Als unterer Grenzwert gilt ein mittlerer Pegel von 25 bis 30 dB(A), als oberer (tags) von 30 bis 40 dB(A). Kurzzeitige (1 % der Zeit) Spitzen können bis zu 10 dB(A) höher liegen (Bd. 1, Tab. 49.19 und VDI-Richtlinie 2081).

Belichtung, Beleuchtung. Die Belichtung durch Tageslicht und die Beleuchtung durch Kunstlicht üben ebenfalls einen differenzierten Einfluss aus. Die empfohlenen Nenn-Beleuchtungsstärken liegen für leichte bis schwierige Sehaufgaben im Bereich von 120 bis 1000 lx (Bd. 1, Tab. 49.18 und DIN EN 12665 sowie DIN EN 12464-1).

Lokale Unbehaglichkeit. In der ISO 7730 „Ergonomie der thermischen Umgebung – Analytische Bestimmung und Interpretation der thermischen Behaglichkeit durch Berechnung des PMV- und des PPD-Indexes und Kriterien der lokalen thermischen Behaglichkeit“ werden Verfahren erläutert, anhand derer das allgemeine menschliche Wärmeempfinden und der Grad der Unbehaglichkeit von Menschen vorausgesagt werden können, die einem gemäßigten Umgebungsklima ausgesetzt sind. Sie beschreibt die Umgebungsbedingungen, die für den allgemeinen thermischen Komfort als akzeptabel betrachtet werden.

Nach ISO 7730 kann thermische Unzufriedenheit durch unerwünschtes Abkühlen oder Erwärmen eines bestimmten Körperteils entstehen; bekannt als „lokale Unbehaglichkeit“. Die häufigste Ursache hierfür ist Zugluft, allerdings können auch zu warme oder zu kalte Fußböden oder eine zu hohe Asymmetrie der Strahlungstemperatur Ursache hierfür sein. Lokale Unbehaglichkeit wird vor allem von Personen empfunden, die leichte sitzende Tätigkeiten ausführen. Die

Tab. 38.4 DIN EN 13779: Wärmeerzeugung durch Personen bei unterschiedlichen Aktivitäten (Lufttemperatur 24 °C)

Aktivität	Gesamte Wärme		Sensible Wärme
	[met]	[W/Person]	[W/Person]
Angelehnt	0,8	80	55
Ruhig sitzend	1,0	100	70
Sitzende Tätigkeit (Büro, Schule, Labor)	1,2	125	75
Stehend, leichte Tätigkeit (Laden, Labor, etc.)	1,6	170	85
Stehend, mittelschwere Tätigkeit (Maschinenarbeit, etc.)	2,0	210	105

ISO 7730 enthält u. a. Diagramm zu asymmetrischen Temperaturverteilungen und zu warmen/zu kalten Fußböden.

38.2 Auslegung von Klimaanlagen

38.2.1 Meteorologische Grundlagen

Das Wetter wird durch das Zusammenwirken der meteorologischen Elemente *Luftdruck, Temperatur, Feuchte, Wind, Sonnenstrahlung, Bewölkung* und *Niederschläge* hervorgerufen. Der durchschnittliche Verlauf der Witterung nach jahrzehntelangen Beobachtungen in einem Gebiet oder zu einer Jahreszeit wird als das *äußere Klima* definiert; so ist im Durchschnitt der Januar der kälteste und der Juli der wärmste Monat in Deutschland. Wesentlichen Einfluss auf den Raumluftzustand, also auch auf die Klimatechnik, üben die Lufttemperatur, die Luftfeuchte, der Wind, die Bewölkung, Niederschläge und die Sonneneinstrahlung aus (DIN 4710).

Weiterführende Informationen zu den Klimadaten finden sich u. a. auf den Internet-Seiten des Deutschen Wetterdienstes (www.dwd.de, siehe Tab. 38.5).

38.2.2 Heizlast

C. Hainbach

Die Heizlast setzt sich zusammen aus dem *Wärmeverlust* des Raumes nach außen, der von der Bauausführung und von der Größe der wärmeabgebenden Flächen bestimmt wird, und aus dem *Wärmeaufwand* für die von außen eindringende Außenluft, die zum einen von den Fensterfugen und der Lage zum Windangriff bestimmt wird und zum anderen durch den aus Behaglichkeitsgründen notwendigen Luftwechsel bestimmt wird. Aus der Heizlast ergibt sich die für den einzelnen Raum und das Gebäude notwendige *Heizleistung* und damit die Bemessung der Heizungsanlage.

Im Heizbetrieb muss in Anpassung an die Außenwitterung eine gleichmäßige Erwärmung aller Räume des Gebäudes erreicht werden, was bei zentraler Steuerung des Heizbetriebs eine hinreichende Übereinstimmung zwischen der berechneten und der tatsächlich benötigten Heizleistung voraussetzt. Bei zu großen Abweichungen werden einzelne Räume überheizt oder andere nicht ausreichend erwärmt. Bei Einzelraumregelung, also Steuerung der Heizleistung in jedem Raum, können nicht zu große Abweichungen ausgeglichen werden; der wirtschaftlichste Betrieb ist bei gleichzeitiger zentraler Steuerung und Einzelraumregelung gegeben. Aufgabe der Heizlastberechnung (Wärmebedarfsberechnung) ist somit die Ermittlung einer ausreichenden und untereinander gut abgestimmten Heizleistung pro Raum.

Das Rechenverfahren für den Wärmebedarf ist seit langem genormt worden, um für die Vielzahl der Einflussgrößen einheitliche Annahmen zu treffen und einen Vergleich der Bemessung von Heizungsanlagen zu ermöglichen. Die nationale Norm DIN 4701 ist durch die europäische Norm DIN EN 12 831 im Jahre 2005 ersetzt worden. Neben der Änderung des Rechenganges zur Ermitlung der Gesamtheizlast sind die Begriffe, Formelzeichen und Indizes geändert worden (s. Tab. 38.6).

Zum Rechnungsgang sind die Berechnungsgrundlagen wie *Raumtemperaturen*, *Außentemperaturen*, *Wärmedurchgangskoeffizienten* für Außen- und Innentüren, *Fugenluftdurchlässig-*

Tab. 38.5 Auf den Internetseiten des Deutschen Wetterdienstes werden z. B. 11 Elemente von 44 Stationen aus Deutschland für den Zeitraum seit 1991 bereitgestellt. Die Monatswerte werden aus maximal 31 Tageswerten eines jeden Monats berechnet

Elemente für die Monatswerte			
Abkürzung	Bedeutung	Einheit	Bezugszeit und/oder Berechnungsvorschrift
QN	Qualitätsniveau	—	weitere Informationen bzgl. Qualitätsniveau unter www.dwd.de
TNN	Minimum der Temperatur in 2 m über dem Erdboden	°C	Minimum der Tageswerte TN
TNM	Mittleres Tagesminimum der Temperatur in 2 m über dem Erdboden	°C	Mittel der Tageswerte TN
TMM	Mittel der Temperatur in 2 m über dem Erdboden	°C	Mittel der Tageswerte TM
TXM	Mittleres Tagesmaximum der Temperatur in 2 m über dem Erdboden	°C	Mittel der Tageswerte TX
TXX	Maximum der Temperatur in 2 m über dem Erdboden	°C	Maximum der Tageswerte TX
SOS	Summe der Sonnenscheindauer	Stunden	Summe der Tageswerte SO
NMM	Mittel des Bedeckungsgrades	Achtel	Mittel der Tageswerte NM
RSS	Summe der Niederschlagshöhe	mm	Summe der Tageswerte RS
RSX	Maximum der täglichen Niederschlagshöhe	mm	Maximum der Tageswerte RS
FMM	Mittel der Windstärke	Bft	Mittel der Tageswerte FM
FXX	Maximum der Windgeschwindigkeit in 10 m Höhe (Spitzenböe)	m/s	Maximum der Tageswerte FX

(aus: www.dwd.de)

Tab. 38.6 Gegenüberstellung der Formelzeichen und Indizes aus [2]

früher bis 2004	**heute ab 2005**
Norm DIN 4701	DIN EN 12831
Bezugsmaße innen	Bezugsmaße außen
Formelzeichen alt	**neu**
Temperatur ϑ in°C	θ in°C
Luftwechselrate β in h^{-1}	n in h^{-1}
Wärmedurchgangskoeffizient k in $W/(m^2K)$	U in $W/(m^2K)$
Wärmestrom $\dot{Q}$ in Watt	Φ in Watt
Wärmeverlustkoeffizient keine	H in W/K
Hauskenngröße H	e Abschirmkoeffizient ohne Einheit
alte Indizes	**neue Indizes**
außen a	e (external)
innen i	i (internal)
unbeheizt (keine)	u (unheated)
erdreichberührt G	g (ground)
Lüftung L	V (ventilation)
Wiederaufheizung (keine)	RH (reheat)

keiten sowie *Lüftungsbeiwerte* zu berücksichtigen.

In einem nationalen Beiblatt zur Norm sind für Deutschland einige Eingabeparameter wie Außentemperatur, Innentemperatur der unterschiedlichen Nutzräume, Mindestluftwechselzahlen u. v. m. angegeben.

Die Stoffwerte und Wärmeleitzahlen für häufiger vorkommende Baustoffe sowie Wärmedurchgangskoeffizienten für Verglasungen, Fenster und Fenstertüren sind in weiteren europäischen Normen, z. B. EN ISO 6946, EN 673 etc. erfasst.

Das Rechenverfahren zur Bestimmung der Gesamtheizlast $\Phi_{HL,i}$ gilt für den Beharrungszustand und ist aufgeteilt in die Berechnung des *Transmissionswärmeverlustes* $\Phi_{T,i}$, des *Lüftungswärmeverlustes* $\Phi_{V,i}$ und des *Aufheizzuschlages* $\Phi_{RH,i}$

$$\Phi_{HL,i} = \Phi_{T,i} + \Phi_{V,i} + \Phi_{RH,i} \tag{38.2}$$

Transmissionswärmeverluste. Er wird aus dem physikalischen Vorgang des Wärmedurchgangs (s. Bd. 1, Abschn. 44.2) durch die Raumumschließungsflächen ermittelt. Neu ist hierbei, dass Wärmebrücken mit zu berücksichtigen sind.

$$\Phi_{T,i} = ((\Theta_{int} - \Theta_e) \cdot \left(H_{T,iue} + H_{T,ig} + H_{T,ij}\right) \tag{38.3}$$

Tab. 38.7 Norminnentemperaturen aus [2]

Raumtyp	Norminnentemperatur θ_{int} in °C
Wohn- und Schlafräume, Küchen, Aborte, Büroräume, Schalterhallen, Hotelzimmer, Läden, Unterrichtsräume, Theater	20
Bäder, Duschen, Untersuchungszimmer	24
geheizte Nebenräume, Vorräume, Flure	15
ungeheizte Nebenräume, Treppenräume	16

Tab. 38.8 Normaußentemperaturen für 15 Orte in Deutschland und Zuordnung zur windstarken Gegend (W) aus [2]

1	Norderney	−10 °C W
2	Hamburg	−12 °C W
3	Rostock	−10 °C W
4	Potsdam	−14 °C
5	Braunschweig	−14 °C W
6	Erfurt	−14 °C
7	Essen	−10 °C
8	Kassel	−12 °C
9	Chemnitz	−14 °C
10	Hof, Saale	−18 °C W
11	Würzburg	−12 °C
12	Mannheim	−12 °C
13	Freiburg i. Br.	−12 °C
14	München	−16 °C
15	Garmisch-Partenkirchen	−18 °C

mit

$\Phi_{T,i}$: Transmissionswärmeverluste
Θ_{int}: Innentemperatur (s. Tab. 38.7)
Θ_e: Außentemperatur (s. Tab. 38.8)
$H_{T,ie}$: direkter Wärmeverlust des Raumes an die Umgebung
$H_{T,iue}$: Wärmeverlust durch unbeheizte Räume an die Umgebung
$H_{T,ig}$: Wärmeverlust an das Erdreich
$H_{T,ij}$: Wärmeverlust an andere unbeheizte Nachbarräume.

Der detaillierte Berechnungsgang zur Ermittlung der Wärmeverluste sind der DIN EN 12831 zu entnehmen.

Lüftungswärmeverluste. Die Lüftungswärmeverluste berechnen sich aus der Temperaturdifferenz zwischen Außen- und Innentemperatur und den anzunehmenden Außenluftvolumenstrom.

$$\Phi_{V,i} = (\Theta_{int} - \Theta_e) \cdot H_{V,i} \quad (38.4)$$

mit

$$H_{V,i} = \dot{V}_{i,\,max} \cdot \rho \cdot c_p \quad (38.5)$$

$\Phi_{V,i}$: Lüftungswärmeverlust,
Θ_{int}: Innentemperatur (s. Tab. 38.7),
Θ_e: Außentemperatur (s. Tab. 38.8),
$H_{V,i}$: Lüftungswärmeverlustkoeffizient eines Raumes,
ρ: Dichte der Luft
c_p: spezifische Wärmekapazität der Luft,
$\dot{V}_{i,\,max}$: maximaler Außenluftvolumenstrom.

Der Außenluftvolumenstrom hängt sehr stark von den Undichtigkeiten des Gebäudes ab. Bei der heutigen dichten Bauweise ist jedoch der zugeführte Außenluftvolumenstrom zu gering, um eine aus gesundheitlichen Gründen ausreichende Lufterneuerung im Raum sicherzustellen. Somit wird bei dichten Gebäuden ein Mindestluftwechsel (durch individuelles Lüftungsverhalten) zur Berechnung zu Grunde gelegt.

$$\dot{V}_{i,\,min} = n_{min} \cdot V_i \quad (38.6)$$

mit

n_{min}: Mindestluftwechsel (s. Tab. 38.9),
V_i: Raumvolumen.

Die Berechnung des Außenluftvolumenstromes $\dot{V}_i$ berücksichtigt neben den Undichtheiten des Gebäudes außerdem – wenn vorhanden – die Lüftungsanlage. Der höhere Wert beider Berechnungen muss zur Bestimmung der Lüftungswärmeverluste berücksichtigt werden.

$$\dot{V}_{i,\,max} = \max\left(\dot{V}_i;\ \dot{V}_{i,\,min}\right) \quad (38.7)$$

Der detaillierte Berechnungsgang zur Ermittlung der Wärmeverluste sind der DIN EN 12831 zu entnehmen.

Tab. 38.9 Mindestluftwechsel aus [2]

Raumart	Mindestluftwechsel n_{min} in h^{-1}
bewohnbarer Raum (Standardfall), Küche > 20 m^3	0,5
Büroräume, Küche ≤ 20 m^3	1,0
WC oder Badezimmer mit Fenster	1,5
Besprechungsraum, Schulzimmer	2,0

Aufheizzuschlag. Der Aufheizzuschlag berücksichtigt bei der Bestimmung der Gesamtheizlast die zusätzliche erforderliche Wärmeleistung, wenn Räumlichkeiten nicht kontinuierlich beheizt werden. Dieser Aufheizzuschlag ist optional zu ermitteln und wurde in der früheren Berechnung nach DIN 4701 nicht einbezogen.

$$\Phi_{RH} = A_i \cdot f_{RH} \quad (38.8)$$

mit

Φ_{RH}: Aufheizzuschlag,
A_i: Fläche des Raumes,
f_{RH}: Korrekturfaktor.

Der Korrekturfaktor hängt im starken Maße von den gewünschten Aufheizzeiten und dem Luftwechsel im Raum ab. Er wird tabelliert in der Norm für unterschiedliche Bauweisen (schwer, mittel, leicht) angegeben.

Im Abb. 38.3 sind die Zusammenhänge der ausführlichen Berechnung dargestellt.

Sonderfälle. Für die Ermittlung des Wärmebedarfs von selten beheizten Räumen, Räumen sehr schwerer Bauart, Hallen und Gewächshäusern sowie für den Wärmeverlust von Bauteilen mit Erdreichberührung sind in der Norm weitere Rechenverfahren angegeben.

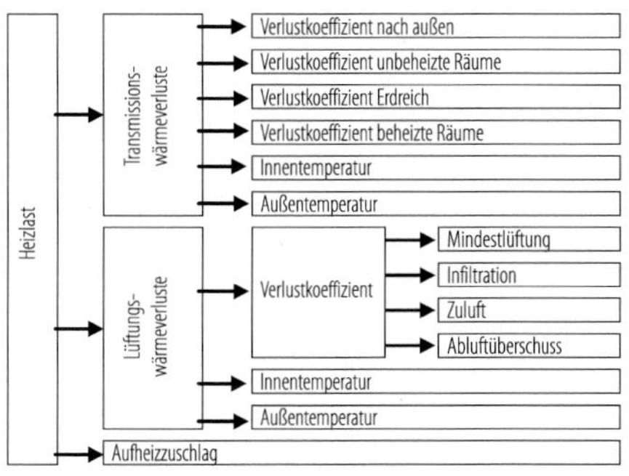

Abb. 38.3 Zusammenhänge bei der ausführlichen Berechnung aus [2]

38.2.3 Kühllast

C. Hainbach

Als Kühllast eines Raums wird die witterungsbedingte oder aus der Umgebung stammende äußere und die im Raum entstehende innere Wärmebelastung bezeichnet. Die Berechnung erfolgt nach der VDI-Richtlinie 2078. Für die äußere Last ist die durch Fenster eindringende Sonnenstrahlungswärme ausschlaggebend, so dass ein guter Sonnenschutz von erheblicher Bedeutung ist. Die durch die äußeren Raumumschließungsflächen im Wärmedurchgang eindringende Wärme fällt wegen der Speicherfähigkeit und dem quasi-stationären Zustand in zeitlicher Verschiebung und verminderter Größe an. Für den meist geringen Wärmezufluss aus der Umgebung, also aus angrenzenden Räumen, kann der Beharrungszustand angenommen werden. Die innere Wärmelast besteht bei Aufenthaltsräumen allgemein aus Personen- und Beleuchtungswärme. Andere innere Lastquellen können die Wärmeabgabe von Maschinen und Geräten oder die bei Prozessen und Verfahren anfallende Wärme und Feuchtigkeit sein.

Die Addition all dieser Belastungswerte ergibt die Kühllast, wobei das Maximum nach dem zeitlichen Verlauf der einzelnen Belastungswerte mit einem Gleichzeitigkeitsfaktor zu ermitteln ist. Dabei kann das Maximum der äußeren Kühllast bei Südorientierung der Fenster anstelle des Monats Juli im März oder September liegen.

38.2.3.1 Innere Kühllast

Wärmeabgabe der Menschen. Diese ist je nach Tätigkeit verschieden. Sie teilt sich in den Anteil der trockenen und feuchten Wärmeabgabe im Zusammenhang mit der Raumlufttemperatur unterschiedlich auf.

Beleuchtungswärme. Bei dieser ist die Anschlussleistung der Leuchten einschießlich der Verlustleistung der Vorschaltgeräte bei Entladungslampen mit einem Gleichzeitigkeitsfaktor einzusetzen. Ein Teil der Leuchtenwärme wird besonders bei kurzen Betriebszeiten der Beleuchtung vom Speichervermögen des Raums, vorwiegend von der Decke aufgenommen. Bei belüfteten Leuchten, bei denen ein Teil der Wärme direkt abgeführt wird, verbleibt je nach Art der Abluftführung an der Leuchte ein unterschiedlicher Restwärmefaktor als Belastung des Raums zurück. Durch Einsatz von LED-Beleuchtung lässt sich der Anteil der Beleuchtungswärme erheblich reduzieren.

Maschinen- und Gerätewärme. Die im Raum umgesetzte Energie wird allgemein als Wärme frei, sofern nicht ein Teil durch örtliche Absaugung unmittelbar entfernt wird. Die maschinelle Ausstattung an Arbeitsplätzen hat so weit zugenommen, dass die Maschinenwärme den dominierenden Anteil innerhalb der Gesamtkühllast übernommen hat. Dies bedeutet, dass die maximale Kühllast nicht unbedingt in der Zeit der maximalen Außentemperatur auftritt.

Daher kann die maximale Raumlufttemperatur (Auslegungstemperatur) von z. B. 27 °C bei Anfall maximaler Innenlasten und nicht unbedingt bei maximaler Außentemperatur auftreten.

Bei Ermittlung der Maschinenwärme sind die Reduktionsfaktoren nach VDI 2078, wie bei Beleuchtung zu berücksichtigen. Darüber hinaus wurden erhebliche Leistungsdifferenzen zwischen Nenn- und Istleistung bei PC- und Zubehörgeräten festgestellt. Beispiel: s. Tab. 38.10.

Die Kühllastberechnung nach VDI 2078 trennt bei Personen- und Maschinenlasten die konvektive und die Strahlungswärmeabgabe. Die Raumluft wird zunächst durch die konvektive Wärmeabgabe belastet. Der Strahlungsanteil erscheint verändert und zeitverschoben im Raum.

38.2.3.2 Äußere Kühllast

Außenlufttemperatur, Strahlungswärme, Sonnenschutz. Der Rechenwert für die Heizperiode, zumeist –10 bis –15 °C, ist in DIN EN 12 831 festgelegt, für die Sommerzeit wird nach dem Binnenland- und dem Küstenklima unterschieden. Als max. Außentemperatur gilt im Juli für das Binnenklima die Temperatur von 32 °C und für das Küstenklima von 29 °C, wobei der Tagesgang der Lufttemperatur für den zeitlichen Anfall der max. Belastung von Bedeutung ist.

Bei der Sonnen- und Himmelsstrahlung ist sowohl der jahreszeitliche als auch der tägliche Verlauf zu berücksichtigen, DIN 4710.

Festzustellen ist die Beschattung des Gebäudes aus der Umgebung. Wesentlich vermindert wird die eindringende Strahlungswärme durch Sonnenschutzvorrichtungen.

Wärmedurchgang durch Glasflächen. In der VDI-Richtlinie 2078 ist die eindringende Gesamtstrahlung bei einfach verglasten Flächen als monatlicher Maximalwert angegeben.

Die Reduzierung durch Sonnenschutzvorrichtungen wird mit einem Durchlassfaktor erfasst, der je nach Art und Anordnung des Sonnenschutzes verschieden ist. Die momentane Wärmeeinstrahlung durch Fenster wird ferner zum Teil durch die Speicherwirkung im Raum, an der im Wesentlichen der Fußboden und die Decke bei entsprechender baulicher Ausführung beteiligt sind, aufgefangen. Bei nicht direkt sonnenbeschienenen Glasflächen wird die diffuse Himmelstrahlung wirksam.

Wärmedurchgang durch Außenwände und Dächer. Für diesen Wärmedurchgang ergibt sich wegen der mit der Tageszeit sich ändernden Außenlufttemperatur und Sonnenstrahlung nur ein quasi-stationärer Zustand. Dieser Vorgang wird durch die äquivalente Temperaturdifferenz berücksichtigt, mit der sowohl die durch Speichervorgänge bewirkte Dämpfung als auch die zeitliche Verschiebung der Wärmeeinströmung erfasst wird. In der Norm wird für eine Anzahl charakteristischer Wand- und Dachbauarbeiten die äquivalente Temperaturdifferenz in Abhängigkeit von der Flächenorientierung und der Tageszeit für die Klimadaten des Monats Juli ermittelt worden dargestellt.

Wärmezufuhr aus Nachbarräumen. Der Wärmestrom wird als Wärmedurchgang berechnet, er ist meist vernachlässigbar klein.

Tab. 38.10 Anhaltswerte für den Wärmeanfall durch EDV-Technik am Arbeitsplatz

Anlage	Anzusetzende Leistung	Charakteristische Typenschildleistung[a]
Personal Computer (PC) mit Bildschirm	130 bis 160 W	300 W
Terminals	50 bis 100 W	180 W
Drucker (nur bei Druckbetrieb)	30 bis 50 W	100 bis 800 W

[a] Die abgegebene Leistung ist meist erheblich geringer als die Leistungsangabe auf dem Typenschild.

38.2.4 Luft-Volumenstrom

Sylvia Schädlich

Aufgrund des Schadstoffgehaltes in Räumen (siehe Abschn. 38.1.4) muss diesen über die Klimaanlage ein ausreichend bemessener Außenluftstrom zugeführt werden. Die Erkenntnisse von Fanger (siehe ebenfalls Abschn. 38.1.4), dass alle Materialien zur Geruchsbelastung der Raumluft beitragen, haben dabei in der Normung Berücksichtigung gefunden. Gemäß DIN EN 15251 muss daher jeweils eine personenbezogene Lüftungsrate und eine Lüftungsrate für die Gebäudeemission bezogen auf m^2 Nutzfläche berücksichtigt werden (Beispiel in Tab. 38.11). Zusätzlich erfolgt dies in Abhängigkeit vom Gebäudetyp sehr schadstoffarm – schadstoffarm – nicht schadstoffarm. Diese Festlegung muss in Absprache mit dem Bauherrn erfolgen.

Es ist festzustellen, dass in dem aufgeführten Beispiel der gesamte personenbezogene Luftvolumenstrom 8390 m^3/h beträgt. Der gebäudebezogene Luftvolumenstrom variiert je nach Gebäudetyp zwischen 3112 m^3/h und 12 449 m^3/h, so dass sich ebenfalls erhebliche Unterschiede im Gesamt-Luftvolumenstrom ergeben. Fazit: durch Wahl von emissionsarmen Bau- und Einrichtungsmaterialien lassen sich erhebliche Einsparungen beim zu fördernden Luftvolumenstrom und damit bei der Ventilatorleistung und den Betriebskosten erzielen.

38.3 Luftführung und Luftdurchlässe

Sylvia Schädlich

38.3.1 Luftführung

So verschiedenartig die Konzeptionen von Lüftungs- und Klimaanlagen seien können, eines ist ihnen allen gemeinsam: die in der Klimazentrale aufbereitete Luft muss dem Raum zugeführt und im Raum verteilt werden. Eine Raumluftbewegung zu erzielen, die einerseits eine gute Raumdurchspülung gewährleistet und andererseits die menschliche Behaglichkeit nicht beeinträchtigt, ist eine der schwierigsten Aufgaben der Klimatechnik. Bei der Bewältigung dieser Aufgabe sind gute Kenntnisse der theoretischen Randbedingungen und der praktischen Ausbildung der verschiedenen Strömungsformen im Raum unerlässlich.

Tab. 38.11 Beispiel zur Ermittlung des Luftvolumenstroms in Abhängigkeit vom Gebäudetyp

Anzahl/Raumtyp/m^2	Fläche/m^2		Pers.	m^3/h, Pers.	Ges. m^3/h
40 Einzelbüros a. 10	400		40	25	1000
4 Großraumbüros a. 450	1800		120	27	3240
6 Konferenzräume a. 20	120		60	25	1500
1 Kantine a. 150	150		100	26,5	2650
Summe	2470				8390
Gebäudetyp	m^3/h, m^2*	Fläche m^2	m^3/h Gebäude	m^3/h Pers.	m^3/h Gesamt
sehr schadstoffarm	1,26	2470	3112	8390	11 502
schadstoffarm	2,52	2470	6224	8390	14 614
nicht schadstoffarm	4,04	2470	12 449	8390	20 839

* Lüftungsrate für Gebäudeemissionen

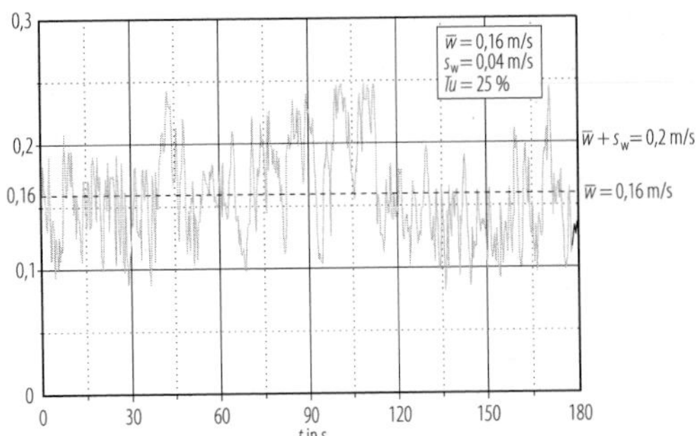

Abb. 38.4 Zeitlicher Verlauf der Geschwindigkeit

Strömungsbewegungen entstehen stets aufgrund von Druckdifferenzen. So führt die Erwärmung der Luft durch Wärmequellen (Personen, Geräte, etc.) durch eine Erhöhung des Partialdruckes zu einer aufwärts gerichteten Strömungsbewegung, die auch als *thermischer Auftrieb* bezeichnet wird. Auch eine Feuchteabgabe an die Luft führt zu einer Absenkung des Partialdrucks und damit zu einer Aufwärtsbewegung der *feuchteren* und damit *leichteren* Luft. Aber auch von außen aufgeprägte Druckdifferenzen durch eine mechanische Lüftungs- oder Klimaanlage verursachen Raumluftbewegungen, die meist durch höhere Strömungsgeschwindigkeiten und turbulente, d. h. unregelmäßig schwankende Geschwindigkeitswerte (Abb. 38.4) charakterisiert sind.

Zur Bewertung solcher Geschwindigkeiten werden statistische Größen herangezogen, wie z. B. der Mittelwert $\bar{w}$, der aus einer Anzahl n Stichproben der Momentanwerte w_i nach folgender Formel ermittelt wird:

$$\bar{w} = \frac{1}{n} \cdot \sum_{i=1}^{n} w_i \,. \qquad (38.9)$$

Großen Einfluss auf die thermische Behaglichkeit nimmt weiterhin die Größe der turbulenten Schwankungsbewegungen, die man als Standardabweichung bezeichnet:

$$s_W = \sqrt{\frac{1}{n-1} \cdot \sum_{i=1}^{n} (w_i - \bar{w})^2} \qquad (38.10)$$

Eine gemeinsame Berücksichtigung der Standardabweichung und des Mittelwertes findet sich

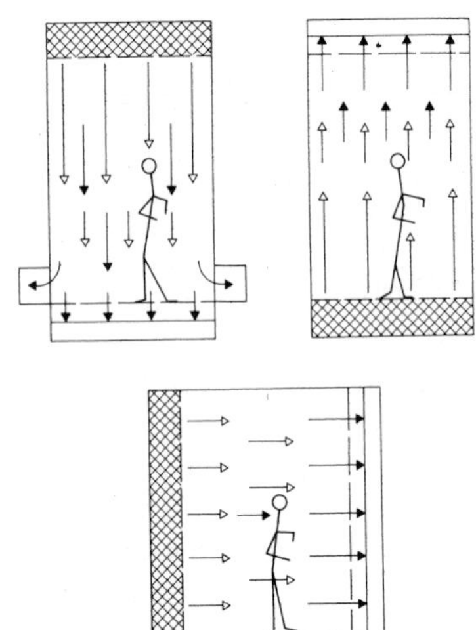

Abb. 38.5 Vollflächige turbulenzarme Verdrängungslüftungen werden in erster Linie in *Reinen Räumen* eingesetzt

im Turbulenzgrad T_u, der als Quotient aus beiden Größen definiert ist:

$$T_u = \frac{s_W}{\bar{w}} \,. \qquad (38.11)$$

Zugerscheinungen treten in erster Linie bei zu hohen Mittelwerten der Geschwindigkeit auf, wobei jedoch starke Schwankungen der Luftgeschwindigkeit – also ein hoher Turbulenzgrad – vom Menschen als besonders unangenehm empfunden werden.

Systeme der Luftführung. Bei der Charakterisierung von Luftführungsarten im Raum unterscheidet man prinzipiell drei verschiedene Arten der Lufteinbringung:

- die turbulenzarme Verdrängungslüftung,
- die turbulente Mischlüftung,
- die Quelllüftung.

Verdrängungslüftung. Die Verdrängungslüftung wird in speziellen Bereichen angewandt, wie z. B. in reinen Räumen, in Operationssälen bei speziellen hygienischen Aufgaben oder in Industriebetrieben, wo *Reinraumbedingungen* verlangt werden, Abb. 38.5.

Der Raum ist als die Verlängerung des Zuluftkanals zu betrachten. Die Luft strömt nach dem

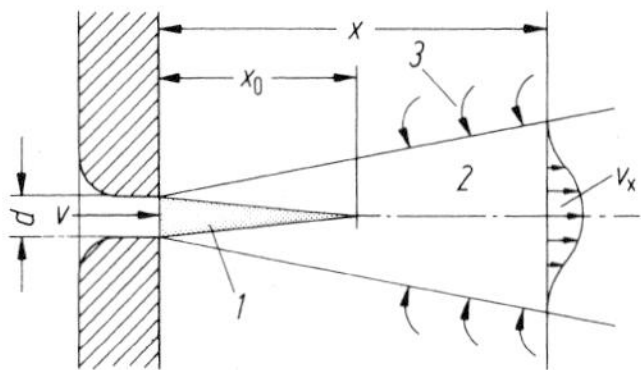

Abb. 38.6 Isothermer Freistrahl aus einer Düse. *1* Kern, *2* Mischzone, *3* Sekundärluft

„Kolben-Prinzip" durch den Raum und schiebt die im Raum freigewordene Verunreinigung, wie Staubpartikel, Gase oder thermische Lasten, in Richtung des Abluftsystems vor sich hin. Luftgeschwindigkeiten von ca. 0,5 m/s sind bei dem System zugelassen. Zugerscheinungen werden bei diesen Geschwindigkeiten (bis 0,5 m/s) nicht registriert, da ein homogenes Geschwindigkeits- und Temperaturfeld erzeugt wird.

Turbulente Mischlüftung. Die in den Raum geführte Luft wird mit hoher Luftgeschwindigkeit und großer Temperaturdifferenz in den Raum geblasen. Die Zuluft vermischt sich mit der Raumluft (Induktion) und baut die Temperaturdifferenz und ihre dynamische Einblasenergie mehr oder weniger rasch ab. Der Abbau der Temperaturdifferenz ist der Energieaustausch, wodurch die thermischen Raumlasten abgetragen werden. Das sich einstellende Geschwindigkeitsprofil eines isothermen Freistrahls (der mit gleicher Temperatur wie die Raumtermperatur in den Raum eintritt), zeigt Abb. 38.6.

Runde und rechteckige Düsen. Bei rechteckigen Luftdüsen ist die Luftverteilung ähnlich derjenigen der runden Durchlässe, bei scharfkantigen und durch Jalousien, Lochgitter oder andere Gitter verengten Durchlässen ist eine Lufteinschnürung zu berücksichtigen.

Ebener Strahl. Als wichtige Strahlform ist noch der ebene Strahl, also der Lufteintritt aus Schlitzen anzusprechen, zumal die Abnahme der Geschwindigkeit wegen der fehlenden Induktion an den Seiten erheblich geringer ist als bei runden Durchlässen. Dementsprechend wird die Eindringtiefe größer.

Wenn ein *Schlitzstrahl* unmittelbar unter der Decke ausgeblasen wird, legt er sich wegen des Unterdrucks an die Decke an. Dieser Effekt wird als *Coanda-Effekt* bezeichnet. Ähnlich legen sich auch Strömungen aneinander an, die in einem zu geringen Abstand nebeneinander ausgeblasen werden. Der Coanda-Effekt tritt also immer auf, wenn das Ausbreitungsvermögen des Luftstrahls seitlich wegen fehlender Induktion behindert ist.

Im Vergleich zum runden Strahl ist der Ausbreitwinkel ebenfalls größer, er beträgt etwa 33° anstelle von 24°.

Bei Strahlen in Deckennähe spricht man von *Halbstrahlen* oder *Wandstrahlen*, da sich der Luftstrahl bei einem Schlitz unmittelbar unter der Decke nicht frei ausdehnen kann.

38.3.1.1 Nicht isothermer Luftstrahl

Bei der Temperaturdifferenz zwischen Zuluft und Raumluft fällt oder steigt der Strahl zusätzlich zu der durch die Ausbreitung bedingten Höhenänderung. Hersteller von Luftauslässen haben durch Modellversuche die notwendigen Aussagen hinsichtlich der Strahlenausbreitung, der Eindringtiefe und der Strömungsgeschwindigkeit ermittelt und in Nomogramme bzw. geeignete Software überführt.

Das in den klimatisierten Räumen häufig verwendete Lüftungsprinzip ist die *Verdünnungs-*, *Misch-* bzw. *Induktionslüftung*. Diese lässt sich je nach Art der Lufteinbringung in den Raum auf tangentiale und diffuse Lüftung unterteilen.

Gliederung der Lüftung bzw. Luftführung, Abb. 38.7. Unter einem *tangentialen* Luftführungssystem versteht man die Luftführung, bei der sich die in den Raum eingeführte Luft an Wänden, Fenstern, Decke und Fußboden anlehnt. Hierzu sind als Beispiel die Induktionsgeräte oder einige Deckendurchlässe zu erwähnen. Als Problem dieses Luftführungssystems ist die zwingende innere Raumgestaltung (glatte Decke, Einbauleuchten, Bodenfreiheit der Möblierung usw.) anzusehen. Weiterhin ist anzunehmen, dass die Effektivität der so in den Raum eingeführten Zuluft nicht so günstig ist wie z. B. bei der diffusen Luftführung.

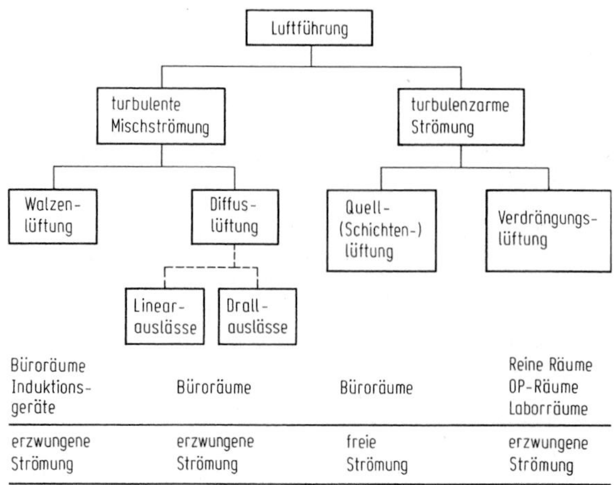

Abb. 38.7 Luftführungsarten

Es können Kurzschlusserscheinungen bei der tangentialen Luftführung dann auftreten, wenn die Zuluft an die Decke angelehnt wird und die Abluft ebenfalls über die Decke (Leuchten) entnommen wird. Vorteil der tangentialen Luftführung ist die stabile *Luftwalze* im Raum als sekundäre Luftbewegung, die durch die Induktion aufrechterhalten wird, Abb. 38.8.

Die diffuse Lüftung führt die Luft unmittelbar in den Aufenthaltsbereich nach dem *Strahl-* oder *Drallprinzip*. Die Luft lässt sich in kleinen Volumenstromeinheiten so in den Raum führen, dass der Abbau der Temperaturdifferenzen und der Bewegungsenergie dreidimensional auf dem kürzesten Weg so vollzogen wird, dass keine Zugerscheinungen – trotz intensiver gleichmäßiger Luftbewegung – verursacht werden. Dabei muss eine ausreichende Raumluftdurchspülung gewährleistet werden. Vorteile der diffusen Luftführung sind:

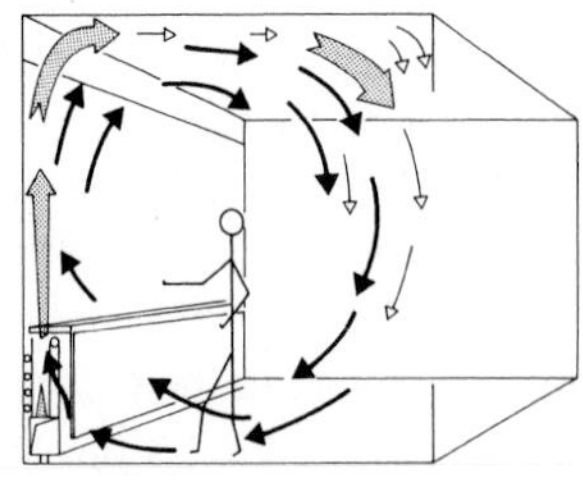

Abb. 38.8 Luftwalze

- Keine speziellen raumumschließende Elemente, wie z. B. geschlossene Decke, Einbauleuchten. Man kann ohne abgehängte Decke bei Rasterdecken und bei Aufbauleuchten das System anwenden.
- Dem Raum zugeführte Luft wird voll und auf dem direkten Weg zu dem Aufenthaltsbereich geführt.

Als Nachteil des Systems muss die instabile Luftbewegung im Raum angesehen werden und die erforderlichen speziellen Luftdurchlässe.

Quelllüftung. Das Prinzip der Quelllüftung sieht eine großflächige bodennahe Zufuhr von gekühlter Luft mit geringen Geschwindigkeiten vor, sodass sich ein *Frischluftsee* am Boden ausbildet, der aus Behaglichkeitsgründen keine allzu niedrigen Temperaturen aufweisen darf. Aufgrund der Auftriebswirkung von Wärmequellen, zu denen auch der Mensch zählt, wird diese aufbereitete kühle Luft in höhergelegene Bereiche und damit direkt in die Aufenthaltszone gefördert, sodass sich jeder Verbraucher selber mit schadstoffarmer und kühler Zuluft versorgt. Die erwärmte Luft steigt zur Decke und wird dort abgesaugt (s. Abb. 38.9).

Im Gegensatz zur Verdrängungsströmung und turbulenten Mischlüftung wird hier die Raumluftbewegung im Wesentlichen durch innere Antriebe (thermischer Auftrieb, etc.) bestimmt. Der Vorteil liegt hierbei in der Verdrängung der ver-

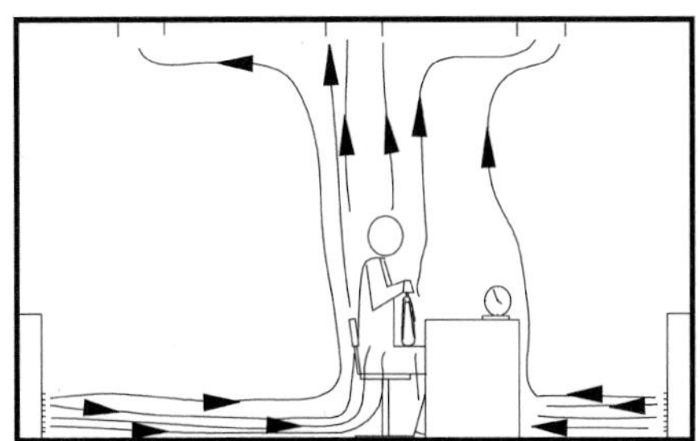

Abb. 38.9 Raumströmung bei Quelllüftung

brauchten und belasteten Luft durch die nachströmende Frischluft.

Die Zuluft wird mittels Luftkanälen zum Quellluftdurchlass geführt, aus dem sie dann großflächig mit niedriger Geschwindigkeit austritt. Aufgrund dessen kann die Einbringung in unmittelbarer Arbeitsplatznähe erfolgen und so direkt in der Aufenthaltszone des Menschen wirksam werden.

Auch bei der Belüftung von Produktionshallen bietet sich der Einsatz der Quelllüftung insbesondere in Bereichen mit starken Wärmequellen an, deren Auftriebsströmungen für eine ausgeprägte Aufwärtsbewegung der aufbereiteten Zuluft sorgen, wie dies zum Beispiel in Presswerken, Gießereien, etc. der Fall ist. Aufgrund der personennahen Einbringung der Zuluft ist auch in diesen hoch schadstoffbelasteten Hallen die Einhaltung behaglicher Raumluftzustände gewährleistet.

Dem Wunsch nach kleineren Strömungsgeschwindigkeiten und Turbulenzgraden kann durch die Quelllüftung Rechnung getragen werden, nicht jedoch dem nach erhöhter Lastabfuhr.

Da sich im Raum ein für diese Lüftungsart typisches Temperatur- und Schadstoffkonzentrationsprofil einstellt, ist man in der Lage, mit kleineren Luftmengen gleiche Flächenlasten wie bei der Mischlüftung abzuführen. Jedoch ist zu beachten, dass bedingt durch Grenzen bei der Austrittsgeschwindigkeit und der Temperaturdifferenz zwischen Fuß und Kopf ($< 2\,\mathrm{K}$) die maximal abführbaren Flächenlasten bei nur ca. $35\,\mathrm{W/m^2}$ liegen. Durch den Einsatz eines induzierenden Quellluftsystems (s. Abb. 38.10) kann die maximale Flächenlast auf ca. $50\,\mathrm{W/m^2}$ gesteigert werden.

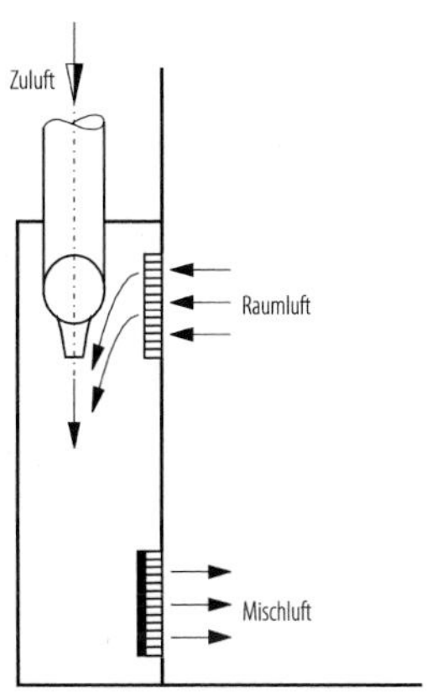

Abb. 38.10 Induzierender Quellluftdurchlass

38.3.2 Luftdurchlässe

Als Luftdurchlässe kommen im Allgemeinen Düsen- und Schlitzdurchlässe in verschiedenen geometrischen Anordnungen zum Einsatz, durch die die als Freistrahlen bezeichneten Luftstrahlen in den Raum eintreten. Diese müssen einerseits weit genug in den Raum eindringen, um eine gute Durchspülung zu gewährleisten, andererseits dürfen keine Zugerscheinungen im Aufenthaltsbereich der Personen auftreten. Daher ist die Dimensionierung der Luftauslässe sowie die Vorausbestimmung der Strahlausbreitung und der sich einstellenden Raumluftströmung von großer Wichtigkeit, erfolgt jedoch mangels theoretischer Grundlage meist anhand von empirisch ermittelten Werten oder einer computergestützten numerischen Simulation.

Die in der Praxis eingesetzten Luftdurchlässe besitzen die verschiedenartigsten Geometrien und Wirkungsweisen. Erst bei genauer Kenntnis der Strahlausbreitung aus einem bestimmten Luftdurchlass kann eine Auswahl für den in der Praxis relevanten Einsatzfall erfolgen.

Luftdurchlässe werden im Allgemeinen durch den durchsetzbaren Luftvolumenstrom, die Austrittsgeschwindigkeit sowie die Wurfweite und die sich somit im Aufenthaltsbereich einstellenden Raumluftgeschwindigkeiten charakterisiert. Neben dem wichtigen Aspekt der damit verbundenen Geräuschentwicklung ist für die Endauswahl eines Durchlasses seine Form und die freie Querschnittsfläche von Bedeutung.

Dabei muss insbesondere berücksichtigt werden, ob der Durchlass für den Heiz- oder den Kühlfall eingesetzt wird und ob er ggf. bei Umschaltung zwischen beiden Lastfällen über verstellbare Austrittsquerschnitte oder Ausblasrichtungen verfügt.

Die Luftdurchlässe können zum einen in der Wand angeordnet sein. Dann ist zu bedenken, dass z. B. bei einem Durchlass, der die gesamte Wandbreite einnimmt, also von den jeweiligen Seitenwänden begrenzt wird, oder aber in unmittelbarer Deckennähe angebracht ist, seine Geschwindigkeit entsprechend den Gesetzmäßigkeiten eines Wandstrahls langsamer abbaut als ein von allen Seiten frei induzierender Freistrahl.

Werden die Luftdurchlässe in die Decke installiert, so ist darauf zu achten, dass sich die Strahlradien nicht in der Form überschneiden, dass es in diesem Bereich in der Aufenthaltszone zu Zugerscheinungen kommt. Bei zu naher Installation kommt es zum Coanda-Effekt zwischen den einzelnen Strahlen, sodass sich diese zu einem gemeinsamen Strahl zusammenlagern, der mit hoher Geschwindigkeit nach unten strömt.

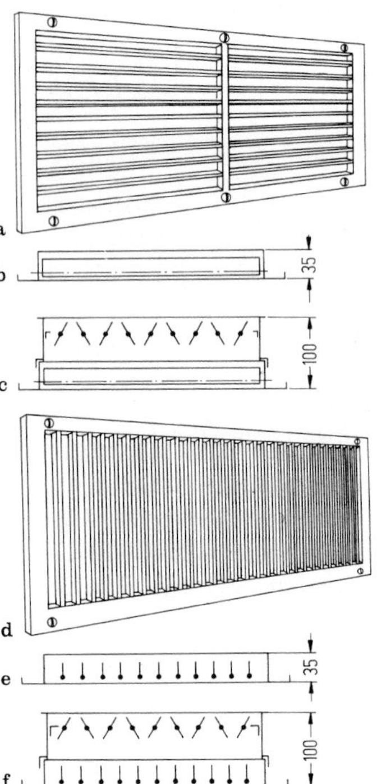

Abb. 38.11 Zu- und Abluftgitter-Bauformen. **a** Mit waagerechten Frontlamellen; **b** Bauform **a** ohne Mengeneinstellung, Lamellen einzeln einstellbar; **c** Bauform **a**, mit zusätzlicher gegenläufiger Mengeneinstellung; **d** mit senkrechten Frontlamellen; **e** Bauform **d** ohne Mengeneinstellung, Lamellen einzeln einstellbar; **f** Bauform **d**, mit zusätzlicher gegenläufiger Mengeneinstellung

Durchlassgitter sind meist einfache Draht- oder Lochgitter, durch die die Luft ohne besondere Führungen strömt. Luftumlenkungen können durch Steggitter erfolgen (Abb. 38.11).

Bei Dralldurchlässen wird der Luft durch Anordnung der Austrittsquerschnitte ein Drall aufgeprägt, der zu einem hohen Turbulenzgrad der austretenden Luft führt. Somit wird verstärkt Umgebungsluft induziert und die Strahlgeschwindigkeit und die -temperaturdifferenz wesentlich schneller als bei herkömmlichen Freistrahlen abgebaut (Abb. 38.12).

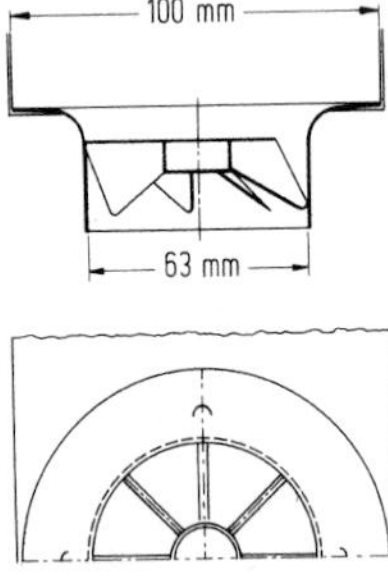

Abb. 38.12 Dralldurchlass (Krantz)

Düsenleisten bestehen aus reihenförmig nebeneinander angeordneten, runden Düsen. Die Ausbildung des Luftstrahls ist dabei abhängig vom Düsendurchmesser und -abstand sowie von der Austrittsgeschwindigkeit. Hierbei kann der Caonda-Effekt zwischen den einzelnen Düsen, der zu einer Strahleinschnürung führt, durchaus erwünscht sein, da er den Strahl bündelt, die Induktion von Umgebungsluft behindert und somit zu hohen Eindringtiefen führt. Häufig sind die Ausblasrichtungen der einzelnen Düsen verstellbar, sodass diese an den jeweiligen Lastfall oder die individuellen Gegebenheiten des Raumes (Möblierung, Säulen, etc.) angepasst werden können.

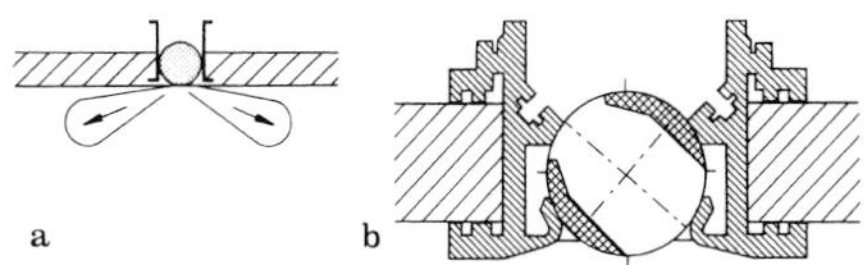

Abb. 38.13 Luftschlitz (LTG-Lufttechnische Ges.). **a** Deckenanordnung; **b** Walzenkonstruktion. Ausblasöffnung der Walzen abwechselnd links-rechts angeordnet

Schlitzschienen bestehen häufig aus mehreren Segmenten, deren Ausblasrichtung variabel ist. Somit kann ein einzelner, nahezu ebener Freistrahl erzeugt werden, der von der Decke entweder senkrecht oder schräg nach unten bläst, oder aber z. B. bei Kaltluft nahezu deckenbündig ausbläst, sodass der Strahl unter Ausnutzung des Coanda-Effekts zunächst entlang der Decke strömtund sich erst dann ablöst. Schlitzschienen bieten die Möglichkeit der Verstellung der Ausblasrichtung in Abhängigkeit vom Lastfall, d. h. ob warme oder kalte Luft austritt (Abb. 38.13).

38.3.2.1 Durchlässe mit variablen Ausblasquerschnitten

Bei Anlagen mit variablem Volumenstrom (VVS-Anlagen) bedarf es einer besonders sorgfältigen Auswahl der Luftdurchlässe. So darf man mit Durchlässen konstanten Querschnitts den Volumenstrom normalerweise nicht unter 50 % des Auslegungswertes senken, da bei Unterschreitung einer kritischen Ausblasgeschwindigkeit der Strahl instabil wird. Bei einem Deckenstrahl gewinnt mit sinkender Austrittsgeschwindigkeit der Schwerkrafteinfluss der Kaltluft immer mehr an Bedeutung, sodass der Strahl vorzeitig von der Decke ablöst oder sich erst gar nicht an diese anlegen kann. Das führt zu Zugerscheinungen in der Aufenthaltszone. Abhilfe schaffen hier spezielle Durchlässe für VVS-Anlagen. Eine Möglichkeit, die starke Reduzierung der Wurfweite, der kritischen Strahlweglänge usw. zu verhindern, besteht darin, den Austrittsquerschnitt proportional zum Volumenstrom zu variieren.

Abluftdurchlässe üben nur eine begrenzte Wirkung aus (Abb. 38.14); ihre Anordnung richtet sich nach den Luftverschlechterungsquellen, wobei die Abführung von gasförmigen Luftverunreinigungen zu einer teilweisen Anordnung im oberen Raumbereich zwingt.

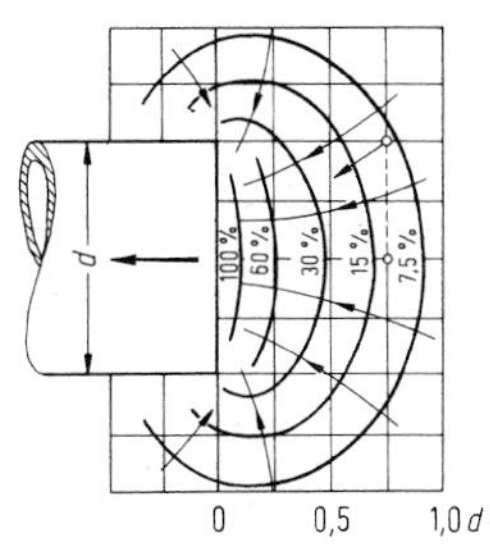

Abb. 38.14 Abluftdurchlass mit Senkenströmung

Die Anordnung der Abluftöffnung nimmt keinen signifikanten Einfluss auf die Raumluftbewegung, da sich die hier auftretende Senkenströmung von allen Seiten radial mit langsamer Geschwindigkeit auf die Öffnung zubewegt und somit die Raumluftströmung nur unwesentlich beeinflusst. Die Einbringung der Zuluft ist dagegen von entscheidender Bedeutung für die Ausbildung der Raumluftströmung, da sie strahlförmig gerichtet in den Raum eintritt bzw. an der Decke entlang geführt wird Abb. 38.15a,b.

38.3.2.2 Numerische Simulation von Raumluftströmungen

Bei allen aufgeführten Strömungsformen ist aufgrund der in einer Strömung auftretenden Kräfte, wie Impulsstrom, thermische Kräfte und Reibungskräfte sowie die Vielzahl der räumlichen Randbedingungen eine detaillierte theoretische Vorhersage der zu erwartenden Raumströmung sehr schwierig.

Jedoch ermöglichen immer leistungsfähigere Computer und die Entwicklung geeigneter Näherungsverfahren auch numerische Simulationen komplizierter Systeme wie das der Raumluftströmungen. Eine Zielvorstellung ist dabei, dass die Aussagegenauigkeit dieser Berechnungen hinsichtlich Temperatur-, Geschwindigkeits- und Konzentrationsverteilung dabei der eines Modellversuchs entsprechen soll, wobei die Vorteile in der einfachen Bestimmbarkeit weiterer Größen, wie z. B. Turbulenzgrad, Feuchte, lokales Raumluftalter, Lüftungseffektivität, etc. liegen. Desweiteren besteht die Möglich-

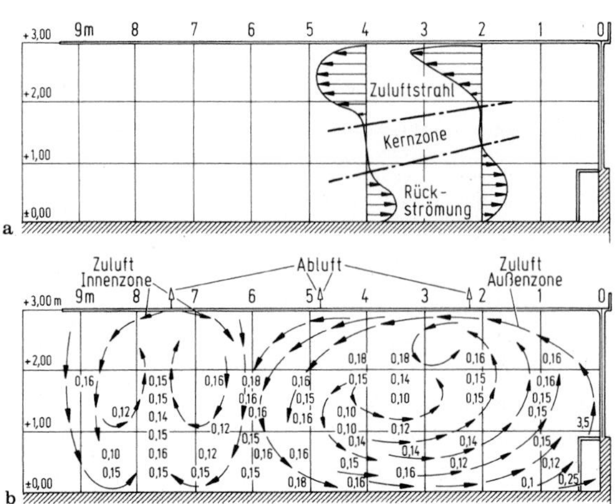

Abb. 38.15 Auslegung von Düsen (Freistrahl)

keit zur Parameter-Variation bezüglich der Austrittsbedingungen der Zuluft, sodass verschiedene Varianten ohne aufwändige Umbaumaßnahmen wie beim Modellversuch berechnet werden können.

Prinzipiell erfolgt die Berechnung von Raumluftströmungen über strömungsmechanische Modelle, bei denen der Raum mittels eines Berechnungsgitters aufgeteilt wird, dessen Knotenpunkte die Berechnungsstellen darstellen. Vielfach wird ein unsymmetrisches Gitter verwendet, das vermehrte Berechnungspunkte im Bereich der Abluft- und Zuluftdurchlässe sowie der Heizflächen vorsieht. Weiterhin müssen innerhalb einer Vorbereitungsphase alle Randbedingungen, d. h. Raumgeometrie und -möblierung, Luftzu- und -abführung, Wärmequellen, Hindernisse, etc. strömungsmechanisch genau erfasst und mathematisch exakt beschrieben werden. Schwierigkeiten bereitet hierbei insbesondere die richtige Modellierung der Ausströmbedingungen am Luftauslass. Aus diesem Grund werden im Vorhinein häufig Detailberechnungen für die unmittelbare Auslassnähe durchgeführt, in denen Luftgeschwindigkeiten und Turbulenzgrade berechnet werden, welche dann als Randbedingungen für die numerische Berechnung der gesamten Raumluftströmung eingesetzt werden.

Numerische Simulationen sind daher als ein ausgezeichnetes Hilfsmittel zu betrachten, das auf keinen Fall praktische Erfahrungen und ingenieurmäßige Betrachtungen und Beurteilungen ersetzen kann.

38.4 Komponenten von Lüftungs- und Klimaanlagen

Die entscheidende Voraussetzung für die Einhaltung der Behaglichkeitskriterien ist der Einsatz von hochwertigen Komponenten zur Luftbehandlung, die auf den jeweiligen Einsatzfall angepasst werden müssen. Im Folgenden werden gängige Komponenten vorgestellt, wobei der Markt eine Vielzahl von Lösungen bereithält, die aus Platzgründen nicht alle Erwähnung finden können.

Abb. 38.16 zeigt den typischen Aufbau einer konventionellen Klimaanlage. Hierbei bedeuten die Bezeichnung der Komponenten und Luftströme:

AL Außenluft; outdoor air
ZL Zuluft, supply air
AbL Abluft, extract air
FL Fortluft, exhaust air
1 Außenluftfilter
2 Wärmerückgewinnungssystem, hier. Rotationswärmerückgewinner
3 Vorwärmer (Winterbetrieb) bzw. Kühler (Sommerbetrieb)
4 Befeuchter, hier: Umlaufsprühbefeuchter
5 Nachwärmer
6 Zuluftventilator
7 Zuluftfilter
8 Schalldämpfer
9 Abluftfilter
10 Abluftventilator

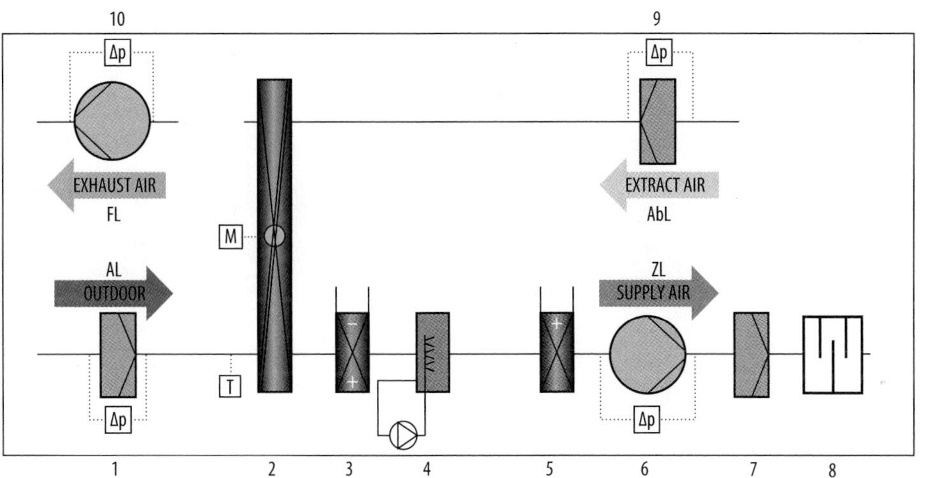

Abb. 38.16 Aufbau einer Klimaanlage [2]

38.4.1 Ventilatoren

Der Ventilator zählt zu den Strömungsmaschinen, dessen strömungstechnische Grundlagen ausführlich in Kap. 6 behandelt werden.

Die Aufgaben des Ventilators in der Klimaanlage sind Förderung des Luftvolumenstromes und Erzeugung der Druckerhöhung, die den Strömungswiderstand der Anlage (Komponenten) und des Kanalsystems sowie der Luftdurchlässe überwindet. Der Zuluftventilator fördert die Außenluft ins Klimagerät und die Zuluft ins Luftkanalsystem und schließlich in die Räume. Der Abluftventilator fördert die Abluft aus den Räumen und die Fortluft in die Umgebung.

In einer Klimaanlage sind die Ventilatoren das Bauteil mit dem größten Energiebedarf, der bis zu 50 % bis 70 % des Gesamtenergiebedarfs ausmachen kann. Nach Untersuchungen des europäischen Motor Challenge Program betragen die anteiligen Betriebskosten ca. 96 % der Lebenszykluskosten von Motor und Ventilator während die Investitionskosten lediglich 2,5 % und die Wartungskosten 1,5 % ausmachen.

38.4.1.1 Bauarten von Ventilatoren

Radialventilatoren mit Spiralgehäuse sind die in RLT-Anlagen am häufigsten verwendete Bauart, in der Praxis bewährt und werden in einer Vielzahl von Varianten angeboten. Die Luft wird rechtwinklig umgelenkt und strömt axial in das Laufrad ein und radial aus (Abb. 38.17a). Bei einem Förderdruck von über

a

b

Abb. 38.17 **a** Radialventilator mit Direktantrieb [3], **b** Laufrad mit rückwärts gekrümmten Schaufeln [3]

1000 Pa wird bereits von einem Hochdruckventilator gesprochen. Meist kommen Radialventilatoren mit rückwärts gekrümmten Schaufeln zum Einsatz (Abb. 38.17b), die auch als Hochleistungsräder bezeichnet werden. Sie besitzen einen hohen Wirkungsgrad, ein stabiles Betriebsverhalten und eine überlastungssichere Kennlinie. Laufräder mit vielen vorwärts gekrümmten Schaufeln (Trommellaufrad) weisen einen niedrigeren Wirkungsgrad auf, finden aber aus schalltechnischen Gründen häufiger Verwendung.

Bei großen Luftvolumenströmen kommen meist doppelseitig saugende Ventilatoren zum Einsatz. Beim Einbau der Ventilatoren in die Geräte müssen Mindestabstände eingehalten werden und auf eine symmetrische Anströmung geachtet

Abb. 38.18 Radialventilator mit Riemenantrieb [3]

werden, die wesentlich ist für den Wirkungsgrad und die Leistungsfähigkeit des Ventilators.

Der Antrieb des Ventilators erfolgt über einen Motor, der direkt mit dem Ventilator verbunden sein kann oder über einen Riemenantrieb (Abb. 38.18). Bei einem Antrieb über Flachriemen beträgt der zusätzliche Energieverbrauch ca. 2 bis 3 %, der Betrieb ist wartungs- und schwingungsarm und weist eine lange Lebensdauer auf. Bei Antrieb über Keilriemen ergibt sich ein 5 bis 10%iger zusätzlicher Energieverbrauch mit höherem Riemenverschleiß, der eine erhöhte Filterverschmutzung bewirkt [3].

Bei **Radialventilatoren ohne Spiralgehäuse**, auch bezeichnet als „freilaufende Räder" (Abb. 38.19) wirken die Wände des RLT-Gerätes als Luftführung und -umlenkung. Meist werden Laufräder mit wenigen, rückwärtsgekrümmten Schaufeln (Radiallaufräder) (Abb. 38.17b) ein-

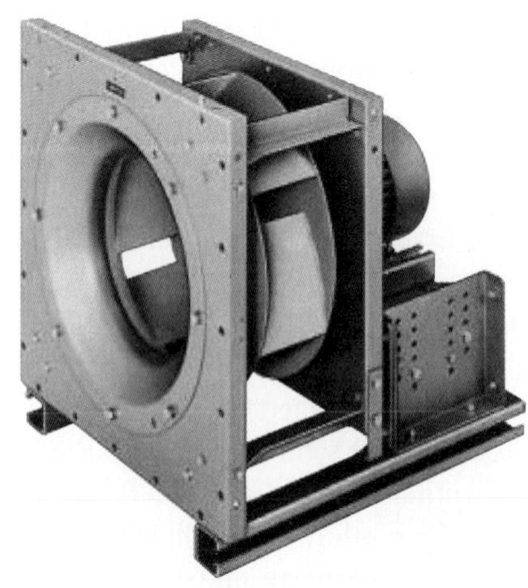

Abb. 38.19 Freilaufendes Rad [3]

Abb. 38.20 Diagonalventilator mit Direktantrieb [3]

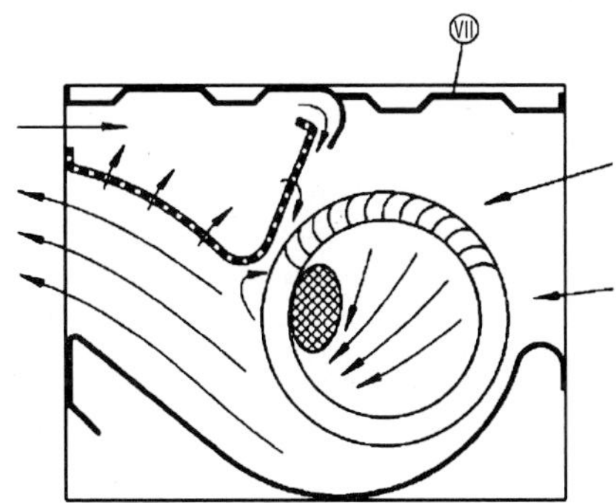

Abb. 38.21 Querstromventilator Schema [4]

gesetzt; der Direktantrieb erfolgt über den angeflanschten Motor [3].

In **Diagonalventilatoren** (Abb. 38.20) erfolgt eine axiale Zuströmung und eine diagonale Abströmung der Luft. In der Charakteristik liegen sie zwischen Axial- und Radialventilatoren. Sie weisen eine kompakte Bauweise mit integriertem Motor auf und sind sehr gut geeignet für Rohr- oder Kanaleinbau, wo die Luft wieder axial umgelenkt werden muss.

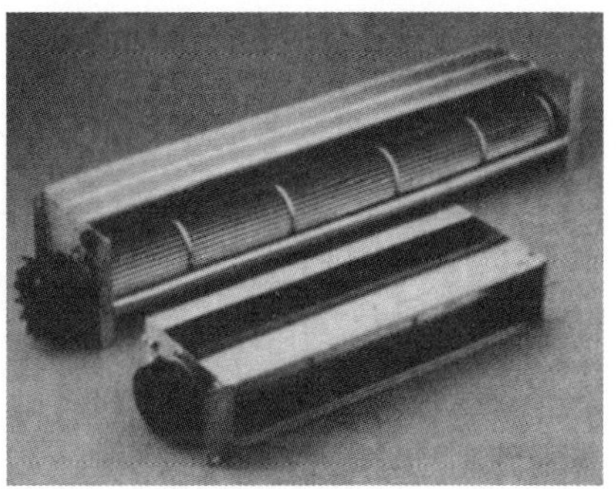

Abb. 38.22 Querstromventilator Gerät [4]

Querstromventilatoren (Tangentialventilatoren) weisen eine walzenförmige Bauweise auf; die Luft strömt radial ein und radial aus (Abb. 38.21, 38.22). Der geförderte Volumenstrom ist proportional zur Laufradlänge. Heute erfolgt die Anwendung meist in in dezentralen Klimasystemen.

In **Axialventilatoren** (Abb. 38.23) strömt die Luft axial ein und axial wieder aus. Sie werden meist bei kleinen bis mittleren Druckdifferenzen bis ca. 1000 Pa und großen Volumenströmen eingesetzt und kommen in Klimaanlagen eher selten zum Einsatz. Zur Verbesserung des Wirkungsgades werden Leiträder vor und/oder nach dem Laufrad eingesetzt.

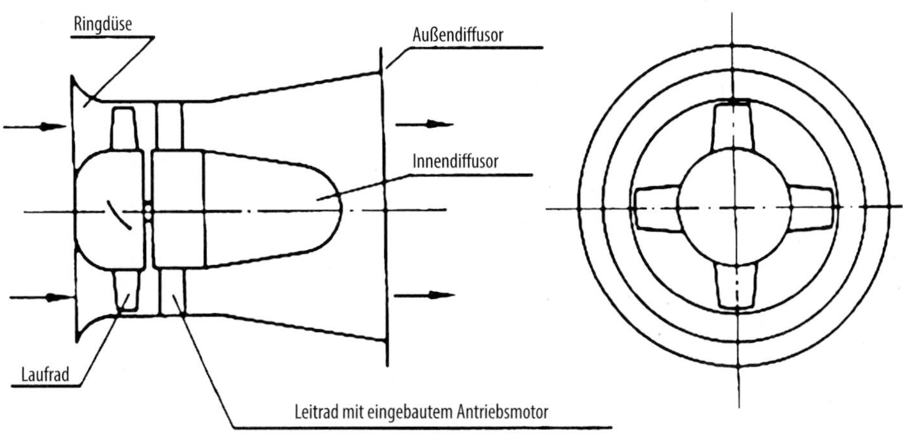

Abb. 38.23 Axialventilator [4]

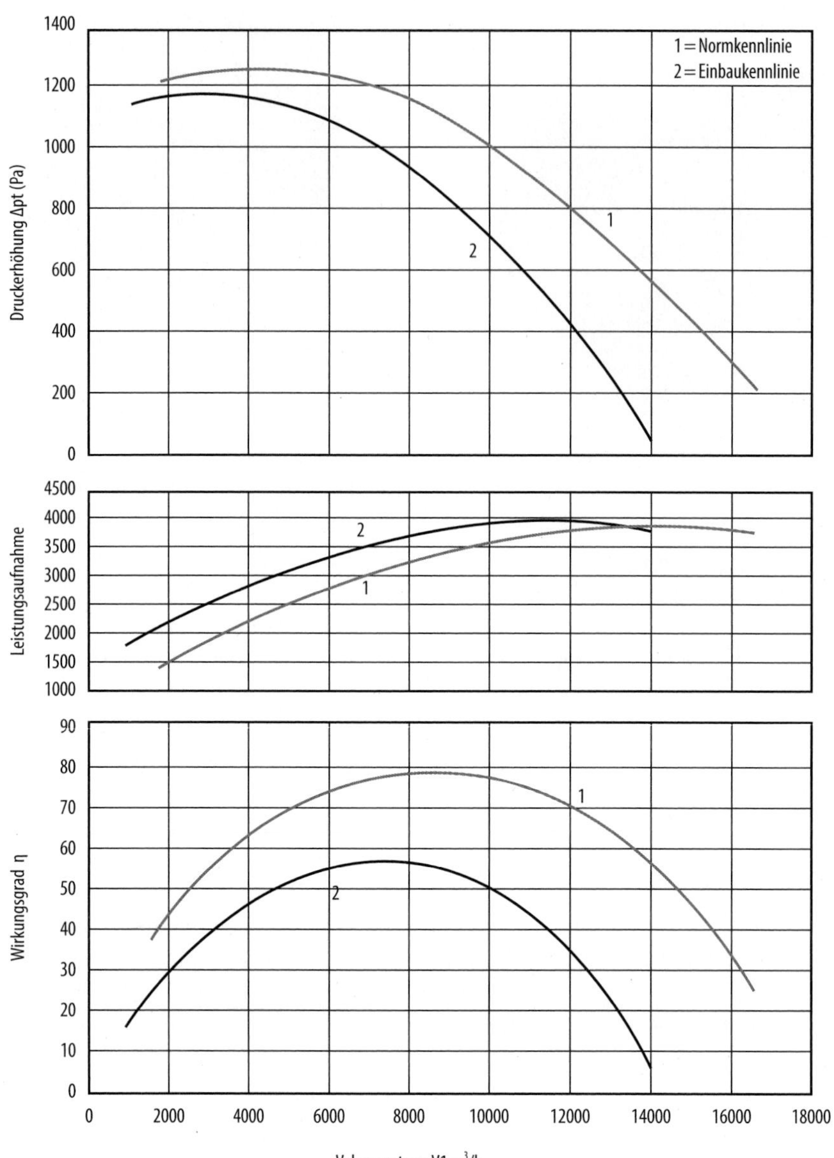

Abb. 38.24 Kennlinien von Ventilatoren [3]

Ventilatorauslegung Die Auswahlkriterien für Ventilatoren sind neben Volumenstrom und Druckverlust ebenfalls Geräuschentwicklung, Baugröße, Regelbarkeit, Energieeffizienz, Einbausituation, Hygiene und Wartung (s. Kap. 12).

Die Angabe von Leistungsdaten erfolgt üblicherweise als Kennlinien oder Kennfelder, die auf Normprüfständen nach DIN 24163 bei definierten, d. h. ungestörten saug- und druckseitigen Anschlussbedingungen ermittelt werden.

In Abb. 38.24 sind jeweils Druckerhöhung, Leistungsaufnahme und Wirkungsgrad in Abhängigkeit vom geförderten Luftvolumenstrom dargestellt. Man erkennt deutliche Unterschiede zwischen der Normkennlinie 1 mit ungestörten saug- und druckseitigen Anschlussbedingungen und der Einbaukenlinie 2, die unter realistischen Einbaubedingungen ermittelt wurde. Diese ist hin zu schlechteren Wirkungsgraden und somit einer höheren Leistungsaufnahme verschoben. Das

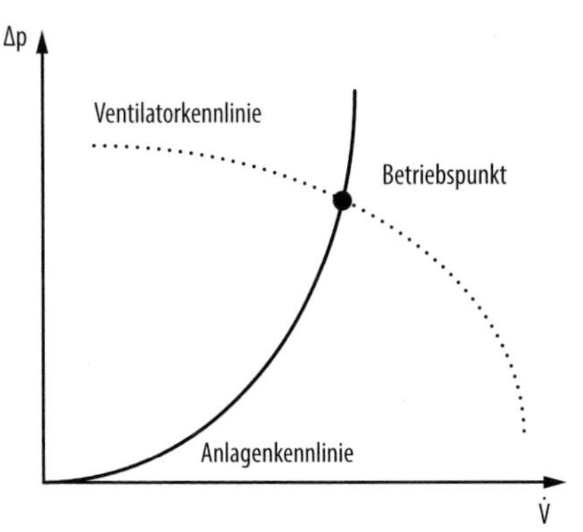

Abb. 38.25 Betriebspunkt des Ventilators [4]

bedeutet, dass bei Förderung eines gleichen Volumenstromes weniger Druckverlust überwunden werden kann bzw. bei Überwindung des gleichen Druckverlustes weniger Luftvolumenstrom gefördert wird.

Die üblicherweise verwendete Kennlinie von Ventilatoren ist der Zusammenhang von Luftvolumenstrom und Druckverlust. Die Kennlinie der Anlage wird zusätzlich in das Diagramm eingezeichnet; diese besitzt einen quadratischen Verlauf (Abb. 38.25). Der Betriebspunkt des Ventilators liegt im Schnittpunkt von Ventilator- und Anlagenkennlinie.

Ein Teil der Antriebsleistung des Ventilators wird in Wärme umgewandelt; d. h. der Ventilator kann als Nacherwärmer genutzt werden. Mit sinkendem Wirkungsgrad des Ventilators wird die Temperaturerhöhung – unabhängig vom Volumenstrom – größer.

38.4.1.2 Antriebsleistung des Ventilators

Die erforderliche Antriebsleistung des Ventilators lässt sich nach folgender Formel berechnen:

$$P = \frac{\Delta p \cdot \dot{V}}{\eta} \qquad (38.14)$$

Δp statischer Druckverlust
$\dot{V}$ Luftvolumenstrom
η Systemwirkungsgrad

Weiterhin gelten die physikalischen Zusammenhänge

Förderstrom proportional zur Drehzahl

$$\frac{\dot{V}_1}{\dot{V}_2} = \frac{n_1}{n_2} \qquad (38.15)$$

Differenzdruck proportional zum Quadrat der Drehzahl

$$\frac{\Delta p_1}{\Delta p_2} = \left(\frac{n_1}{n_2}\right)^2 \qquad (38.16)$$

Leistung proportional zur 3. Potenz der Drehzahl

$$\frac{P_1}{P_2} = \left(\frac{n_1}{n_2}\right)^3 \qquad (38.17)$$

Insbesondere letzterer Zusammenhang verdeutlicht die enormen Energieeinsparpotenziale durch Drehzahlreglung des Ventilators; d. h. bei einer Verringerung des Volumenstromes um 50 % und proportionaler Verringerung der Drehzahl sinkt die Leistung auf 12,5 %.

Regelung von Ventilatoren Durch die Regelung des Ventilators erfolgt die Verschiebung des Betriebspunktes im Ventilatorkennfeld.

Bei der **Drosselregelung** (Abb. 38.26) (auch als Klappenregelung bezeichnet) wird der Volumenstrom verringert, indem eine hinter dem Ventilator angeordnete Klappe mehr oder weniger geschlossen wird. Hierdurch steigt der Systemdruck, den der Ventilator überwinden muss, daher verschiebt sich die Anlagenkennlinie hin zu höheren Drücken und der Ventilator verlässt bei konstanter Drehzahl den optimalen Betriebspunkt 1, der sich hin zum schlechteren Betriebspunkt 2 mit niedrigerem Wirkungsgrad verschiebt. Mit der Drosselregelung ist eine relativ geringe Energieeinsparung verbunden.

Bei der **Bypassregelung** (Abb. 38.27) von Ventilatoren wird ein Teil des Luftvolumenstroms um den Ventilator herumgelenkt, wobei das Verhältnis zwischen Bypass- und Nettovolumenstrom durch Klappen veränderlich ist. Der Ventilator fördert nach wie vor den gleichen Volumenstrom; der Betriebspunkt 1 verändert sich nicht. Somit wird keine Energieeinsparung erzielt.

Bei der **Drehzahlregelung** (Abb. 38.28) von Ventilatoren verschiebt sich sowohl die Anlagen-

38

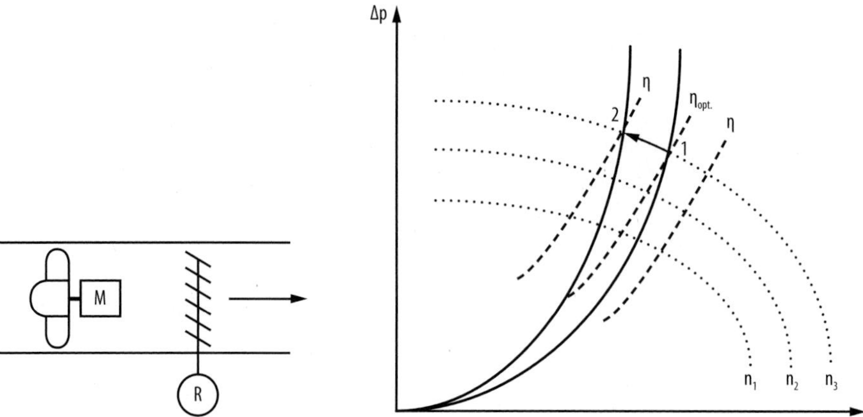

Abb. 38.26 Drosselregelung von Ventilatoren [4]

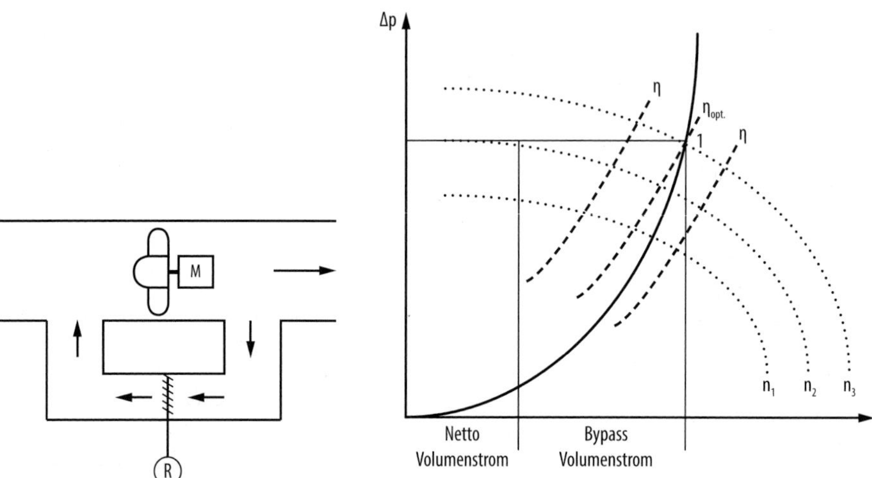

Abb. 38.27 Bypassregelung von Ventilatoren [4]

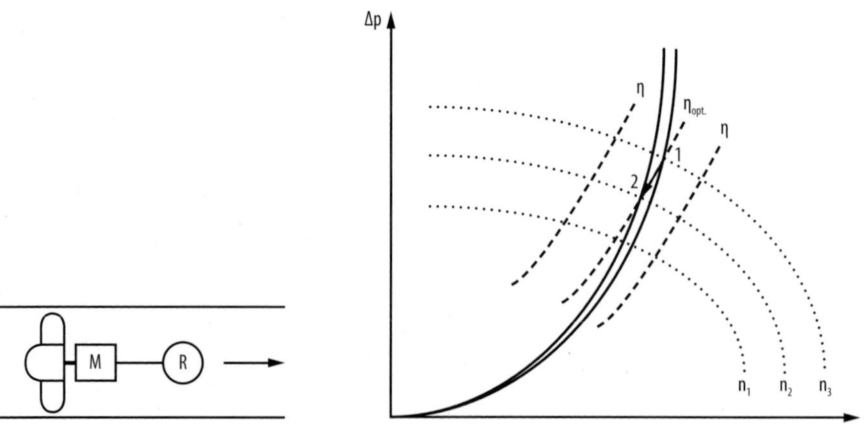

Abb. 38.28 Drehzahlregelung von Ventilatoren [4]

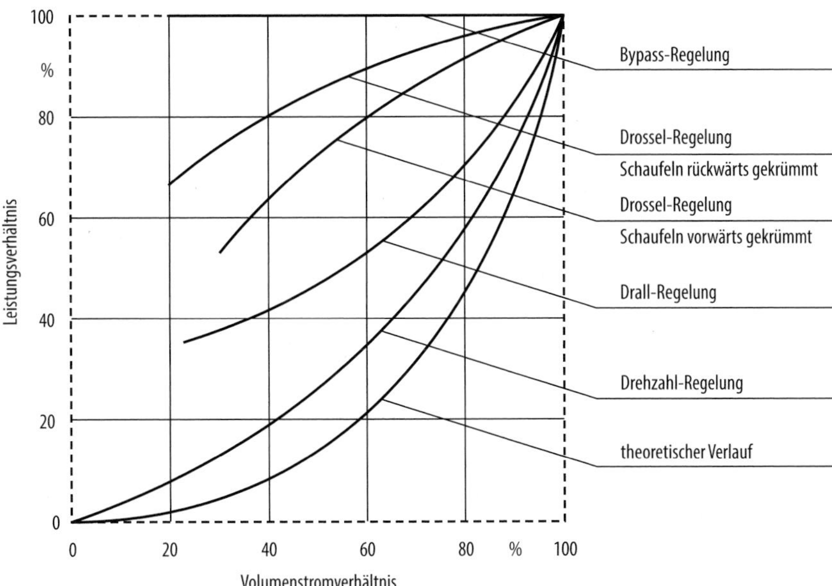

Abb. 38.29 Regelungsarten von Ventilatoren [4]

als auch die Ventilatorkennlinie. Wichtig ist hierbei, dass sich der Betriebspunkt 1 dabei von der höheren Drehzahl auf der Linie eines konstanten optimalen Wirkungsgrades entlang zum Betriebspunkt 2 hin verschiebt. Dieser weist neben einem geringeren Druckverlust auch einen geringeren Volumenstrom bei unverändertem Wirkungsgrad auf. Daher ist diese Regelungsart mit einer hohen Energieeinsparung verbunden.

Folgendes Beispiel verdeutlicht das Energieeinsparpotenzial durch Einsatz einer Drehzahlregelung:

$$\frac{P_{\text{alt}}}{P_{\text{neu}}} = \left(\frac{n_1}{n_2}\right)^3$$
$$\text{d.h. } \frac{1}{2}\text{ Drehzahl} = \frac{1}{8}\text{ Leistungsaufnahme} \tag{38.18}$$

Beispiel: P_{alt} 7,5 kW
n_1 2850 1/min
n_2 1400 1/min

$$P_{\text{neu}} = P_{\text{alt}} \cdot \left(\frac{n_2}{n_1}\right)^3 \tag{38.19}$$

$$P_{\text{neu}} = 7{,}5 \cdot \left(\frac{1400}{2850}\right)^3 = 0{,}88\,\text{kW} \tag{38.20}$$

Eine Übersicht der Einsparpotenziale durch verschiedene Reglungsarten findet sich in Abb. 38.29.

Axialventilatoren lassen sich durch eine Laufschaufelverstellung regeln.

38.4.1.3 Anordnung von Ventilatoren

Baugleiche Ventilatoren können parallel oder hintereinander angeordnet werden.

Die **Parallelanordnung von Ventilatoren** führt zu einer deutlichen Erhöhung des Volumenstromes bei leicht erhöhtem Druckanstieg (Abb. 38.30a). Dies wird heute bei sehr hohen Volumenströmen genutzt, da bspw. mit vier gleichmäßig über die Kanalstirnwand verteilten Ventilatoren ein gleichmäßigeres Strömungsbild erzielt werden kann und die Baulänge deutlich geringer ist als bei einem einzigen Ventilator. Bei Ausfall eines Ventilators funktionieren die verbleibenden drei weiter und übernehmen einen Großteil der Volumenstromförderung. Weiterhin vereinfacht sich der Service, da die einzelnen Bauteile aufgrund des geringeren Gewichts leichter zu handhaben sind.

Die Reihenanordnung Ventilatoren führt zu einer deutlichen Erhöhung des Druckes bei leicht erhöhtem Volumenstrom (Abb. 38.30b).

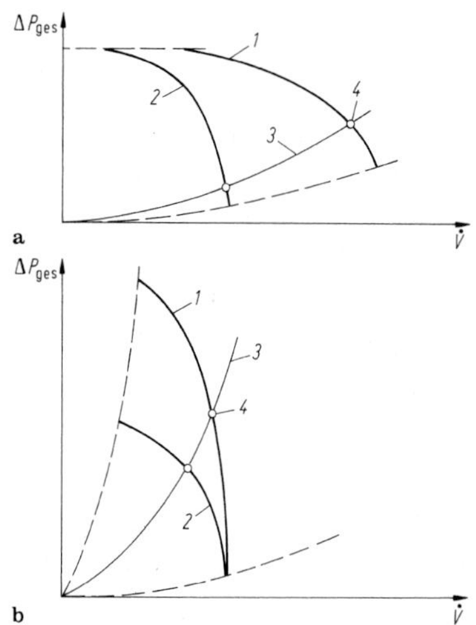

Abb. 38.30 **a** Parallellauf von zwei gleichen Ventilatoren; **b** Serienlauf von zwei gleichen Ventilatoren. *1* Resultierende Ventilatorkennlinie, *2* Kennlinie von einem Ventilator, *3* Anlagecharakteristik, *4* Arbeitspunkt. Δp_{ges} Förderdruck, $\dot{V}$ Luftvolumenstrom

38.4.1.4 Bewertung von Ventilatoren

Als **Systemwirkungsgrad eines Ventilators** bezeichnet man das Verhältnis von nutzbarer Strömungsleistung zu der aus dem Netz aufgenommenen Wirkleistung des Ventilators. In bestehenden Anlagen lässt sich der Systemwirkungsgrad mittels Messungen des statischen Druckes vor und hinter dem Ventilator, des Luftvolumenstromes und der Wirkleistung des Ventilators nach folgender Formel bestimmen:

$$\eta = \frac{\Delta p \cdot \dot{V}}{P} \tag{38.21}$$

Δp statischer Druckverlust
$\dot{V}$ Luftvolumenstrom
P Wirkleistung des Ventilators

Dieser beträgt je nach Ventilatorgröße zwischen 50 und 70 %; in Altanlagen sind jedoch auch Werte zwischen 10 und 30 % möglich, vor allem wenn die Motorenleistung drastisch gedrosselt wurde.

Die Qualität des Ventilators bemisst sich nicht nur nach Wirkungsgrad einer Komponente, sondern aus dem Zusammenspiel der Einzelkomponenten Laufrad-Motor-Übertragungseinheit-Regelung (Abb. 38.31).

Ein weiteres Bewertungskriterium ist die Bestimmung des **Specific-Fan-Power-(SFP)**-Wertes nach DIN EN 16798 Teil 3. Hierbei wird die Wirkleistung zum geförderten Volumenstrom ins Verhältnis gesetzt; bzw. die Druckdifferenz zum Systemwirkungsgrad:

$$\text{SFP} = \frac{P_1}{V} = \frac{\Delta p}{\eta_{\text{System}}} \tag{38.22}$$

In Tab. 38.12 sind die verschiedenen Kategorien der SFP-Werte nach DIN EN 16798 Teil 3 aufgeführt.

38.4.1.5 EU-konforme Ventilatoren

Gemäß der EU-Richtlinie „Energy related Products“ (ErP), auch bekannt als „Ökodesign-Richtlinie“ ist der Hersteller verpflichtet ErP-konforme Produkte zu liefern. Ziel dieser Richtlinie ist die Senkung des Energieverbrauches durch

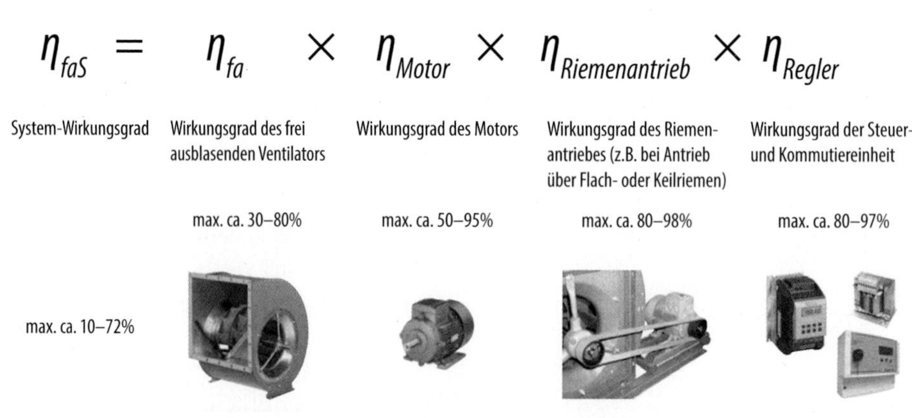

Abb. 38.31 Ermittlung Systemwirkungsgrad [4]

Tab. 38.12 SFP-Werte nach DIN EN 16798 Teil 3

Category	SFP W/m³/s
SFP 0	< 300
SFP 1	< 500
SFP 2	< 750
SFP 3	< 1250
SFP 4	< 2000
SFP 5	< 3000
SFP 6	< 4500
SFP 7	> 4500

umweltgerechte Gestaltung von Produkten. In Bezug auf Ventilatoren, die in der EU in Verkehr gebracht werden, verspricht sich die EU durch diese Maßnahme, den Energieverbrauch, der bis 2020 auf 560 TWh pro Jahr ansteigen soll (2010: 344 TWh pro Jahr), um 34 TWh zu senken. Die Richtlinie gilt für Ventilatoren von 125 W bis 500 kW Eingangsleistung und legte im Jahr 2013 und 2015 in zwei Stufen die Wirkungsgrade bzw. Effizienzgrade für Ventilatoren fest. ErP-konforme Ventilatoren erkennt man an der entsprechenden CE-Kennzeichnung. Ausnahmen bestehen nur für Ventilatoren in explosionsgefährdeten, toxischen, hochgradig korrosiven, zündfähigen oder Umgebungen mit abrasiven Stoffen, oder bei Temperaturen über 100 °C.

Für bestehende Anlagen besteht Bestandsschutz; im Servicefall waren bis 2015 Ersatzventilatoren erlaubt; seit 2015 dürfen nur noch ErP-konforme Ventilatoren eingesetzt werden (Tab. 38.13).

38.4.2 Lufterhitzer, -kühler

Die Aufgabe von Lufterhitzern bzw. -kühlern ist das Erwärmen bzw. Kühlen und ggf. Entfeuchten der Außenluft. Der Aufbau der Komponenten besteht aus mäanderförmig angeordneten Kupferrohren, in denen heißes oder kaltes Wasser strömt, berippt mit Aluminiumlamellen, wodurch eine Oberflächenvergrößerung erzielt wird. Die Anordnung erfolgt in Abhängigkeit von der Leistung ein- oder mehrreihig. Bei sehr kleinen Leistungen kommen gelegentlich auch Elektroerhitzer zum Einsatz. Sowohl beim Erhitzer als auch beim Kühler muss auf gute Zugänglichkeit und leichte Reinigbarkeit geachtet werden.

Luftkühler als Entfeuchter Liegt im Sommer die Wassertemperatur im Kühler oberhalb der Taupunkttemperatur der Luft, so wird die Außenluft lediglich gekühlt (Abb. 38.32, 1→2). Wird

Tab. 38.13 Gesamteffizienz nach ErP-Richtlinie [5]

Ventilatorkategorie	Messkategorie (A–D)	Ventilator-druck	Ab 1. Januar 2013 Leistungsbereich [kW] 0,125	10	500	Ab 1. Januar 2015 Leistungsbereich [kW] 0,125	10	500
Axialventilator	A, C	statisch	24	36	39	28	40	43
	B, D	total	38	50	53	46	58	61
Radialventilator vorwärtsgekrümmte Schaufeln	A, C	statisch	25	37	40	32	44	47
	B, D	total	30	42	45	37	49	52
Freiläufer rückwärtsgekrümmte Schaufeln	A, C	statisch	38	58	62	42	62	66
Radialventilator rückwärtsgekrümmte Schaufeln	A, C	statisch	38	58	62	41	61	65
	B, D	total	41	61	65	44	64	68
Diagonalventilator	A, C	statisch	27	47	51	30	50	54
	B, D	total	38	58	62	42	62	66
Querstromventilator	B, D	total	8	13	13	16	21	21

A: freier Ein- und Auslass
B: freier Einlass und montierte Rohrleitung am Auslass
C: montierte Rohrleitung am Einlass und freier Auslass
D: montierte Rohrleitung am Ein- und Auslass

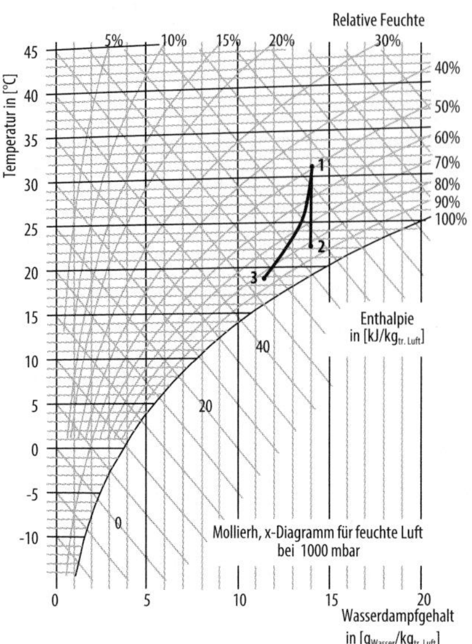

Abb. 38.32 Zustandsänderungen im hx-Diagramm bei Kühlung ohne (1→2) und mit (1→3) Entfeuchtung [2]

Abb. 38.33 Oberflächenkühler mit Entfeuchtung – Wanne mit Kondensatablauf [3]

aus Behaglichkeitsgründen auch eine Entfeuchtung der warmen, feuchten Außenluft gewünscht, so muss die Wassertemperatur unterhalb der Taupunkttemperatur der Luft liegen. Es erfolgt die Entfeuchtung an der kalten Kühleroberfläche. Abb. 38.32 zeigt die leicht gekrümmte Zustandsänderung im hx-Diagramm von 1→3 bei Kühlung und Entfeuchtung.

Das abtropfende Kondensat muss in einer Wanne aufgefangen werden (Abb. 38.33), die ein allseitiges Gefälle und Abfluss aufweisen muss. Stehendes Kondensat verursacht Keimwachstum, Verkalkung und Korrosion.

Die Reinigung muss durchgängig möglich sein; die Komponenten, insbesondere die Tropfenabscheider müssen für die Reinigung herausziehbar sein. Als Mindestabstände für die Lamellen sind für Kühler ohne Entfeuchter 2 mm festgelegt, für Kühler mit Entfeuchter 2,5 mm, für Außenluft-Vorerhitzer 4 mm und für alle anderen Wärmeübertrager 2 mm. Weiterhin sieht die Richtlinie Empfehlungen für Bautiefen vor. Die VDI 3803 Blatt 1 „RLT-Geräte" sieht den Vorlauf unten und den Rücklauf oben zur Entlüftung sowie den Einsatz von korrosionsbeständigen Materialien sowie glatte und gratfreie Ausführung. Im Hinblick auf die Kühleranordnung sollen Kühler mit Entfeuchtung saugseitig angeordnet werden, um den Nacherwärmungseffekt des Ventilators auszunutzen.

Neben wasserdurchflossenen Kühlern, die über sogenannte „Kaltwassersätze" kältetechnisch versorgt werden, können auch Verdampfer von Kälteanlagen als sogenannte „Direktverdampfer" in die Klimaanlage eingebaut werden. Dies ist energetisch vorteilhafter, da die Wärmeübertragung auf den Zwischenträgerkreislauf entfällt. Andererseits besteht keine Möglichkeit zur Kältespeicherung; sie muss stets bedarfsgerecht von der Kältemaschine produziert werden.

38.4.3 Luftbefeuchter

Luftbefeuchter werden zur kontrollierten Befeuchtung der Außenluft im Winter eingesetzt. Mögliche Probleme bei Wasserbefeuchtung liegen in der Korrosion und Verkalkung der Komponenten sowie in hygienischen Problemen aufgrund mangelhafter Wartung. Daher ist auf eine regelmäßige Wartung mit Probenahme und Wasseranalyse nach VDI 6022 dringend zu achten. Nach VDI 3803 Blatt 1 „RLT-Geräte" muss die Materialauswahl für Luftbefeuchter unter Berücksichtigung von Korrosionsbeständigkeit, Hygiene und Reinigungsfähigkeit erfolgen. Insbesondere darf kein Nährboden für Mikroorganismen vorliegen. Daher muss eine Wanne mit

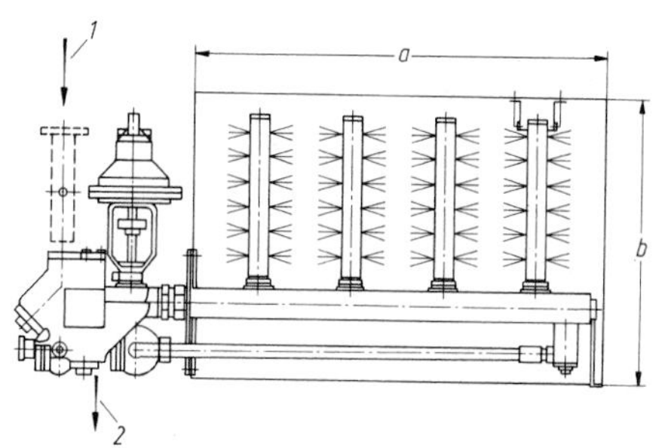

Abb. 38.34 Dampfbefeuchter (Rox). *1* Dampfeintritt, *2* Kondensataustritt, *a* Kanalbreite, *b* Kanalhöhe

allseitigem Gefälle eingesetzt werden. Befeuchter dürfen nicht unmittelbar vor Filtern eingesetzt werden.

Übliche Systeme zur Luftbefeuchtung sind Wasserbefeuchter (u. a. Sprühbefeuchter, Ultraschallbefeuchter) und Dampfbefeuchter.

In **Dampfbefeuchtern** wird der Dampf meist elektrisch erzeugt, seltener durch Gasbrenner oder Mantelheizungen und direkt in die Luft eingedüst. Dadurch wird die Luft befeuchtet und ggf. erwärmt; die Zustandsänderung kann aber auch isotherm erfolgen. Die Parameter des Dampferzeugers bestimmen Druck und Temperatur des Dampfes und damit dessen Enthalpie h_D. Der Dampfbefeuchter ist aufgrund seiner hohen Temperaturen zwar hygienisch günstiger als der Wasserbefeuchter, jedoch energetisch ungünstiger, insbesondere bei elektrischer Erzeugung (Abb. 38.34).

Zur Bestimmung der Zustandsänderung im *hx*-Diagramm ausgehend vom Zustandspunkt 1 der Luft (Abb. 38.35) bedient man sich einer Hilfslinie: ausgehend vom Pol des *hx*-Diagrammes (bei 0 °C) wird die angegebene Dampfenthalpie h_D am Randmaßstab $(\Delta h/\Delta x)$ angetragen und die Verbindungslinie zwischen Pol und Randmaßstab parallel in den Zustandspunkt 1 der Luft verschoben. Die Lage des Zustandspunktes 2 wird durch die eingebrachte Dampfmenge bestimmt.

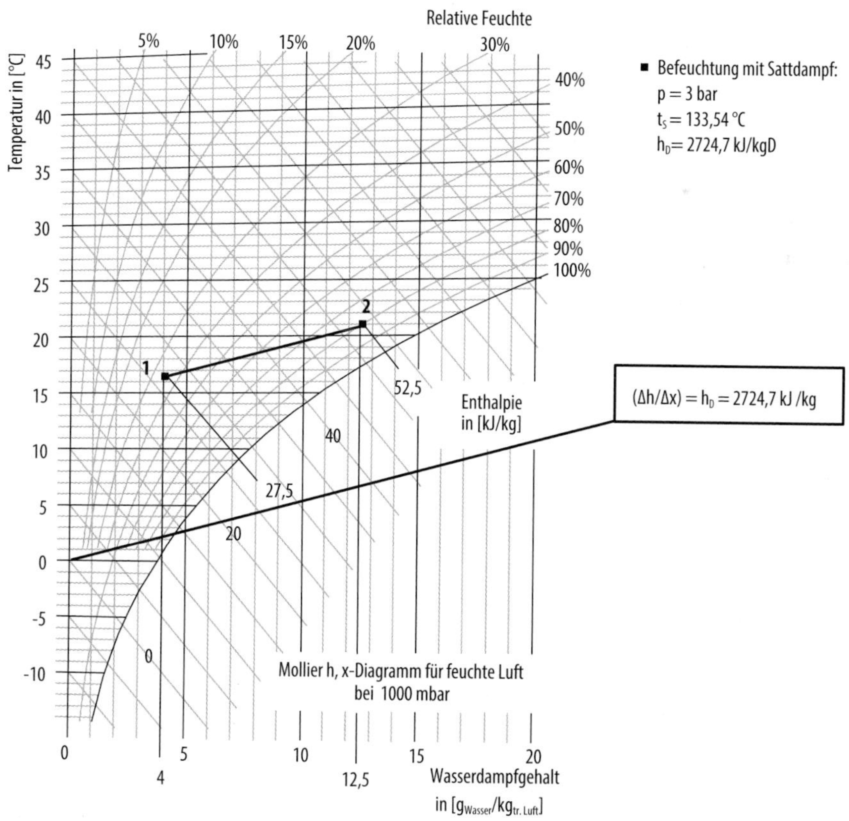

Abb. 38.35 *hx*-Diagramm: Befeuchtung mit Dampf [4]

Bei der Wasserbefeuchtung wird flüssiges Wasser in Kontakt mit Luft gebracht; meist in Sprühbefeuchtern unter Hochdruck versprüht. Das Wasser verdampft und entzieht der Luft Verdampfungsenthalpie; die Luft kühlt ab und wird befeuchtet. In einem Umlaufbefeuchter erfolgt die Zustandsänderungen ausgehend vom Zustandspunkt 1 der Luft (Abb. 38.36) entlang der Linie t_f = konst., die in einem *hx*-Diagramm näherungsweise der Linie h = konst. entspricht. Aus Gründen der Übersichtlichkeit wird in den meisten *hx*-Diagrammen auf eine separaten Einzeichnung der Feuchtisothermen verzichtet und der Verlauf stattdessen entlang der Adiabaten (h = konst.) vorgenommen. Streng genommen ist dies falsch, denn durch die Befeuchtung nimmt die Luft Wasserdampf auf, hierdurch wird ihre Enthalpie erhöht. Trotzdem wird der thermodynamisch unkorrekte Begriff „Adiabater Luftwascher" nach wie vor verwendet und die Zustandsänderung entlang der Isenthalpen eingezeichnet. Im Rahmen der Zeichengenauigkeit ist damit kein allzu großer Fehler verbunden.

Die Lage des Zustandspunktes 2 wird in geregelten Befeuchtern durch die eingebrachte Wassermenge bestimmt. In ungeregelten Befeuchtern wird mit einem so großen Wasserüberschuss gefahren, dass bis auf einen Feuchtewert von nahezu 100 % befeuchtet wird. Der Befeuchterwirkungsgrad ist abhängig von der Anzahl der Düsenreihen, der Luft- und Wasserrichtung und der Länge der Düsenkammer.

In **Umlauf-Sprühbefeuchtern** wird das Wasser durch Düsen, die an Düsenstöcken angebracht sind, fein verteilt und im Gleich- oder Gegenstrom zur Luft in diese eingedüst (Abb. 38.37). Am Ende der Befeuchterkammer ist ein Tropfenabscheider angeordnet.

Wasserbefeuchter erfordern nach VDI 6022 eine regelmäßige Wartung; ebenfalls ist eine Wasseraufbereitung unerlässlich.

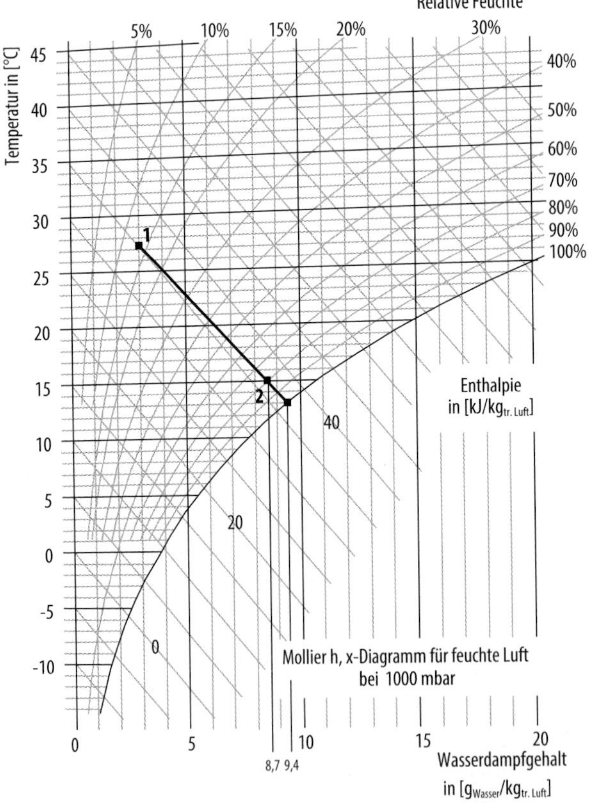

Abb. 38.36 *hx*-Diagramm: Befeuchtung mit Wasser im Umlaufsprühbefeuchter [4]

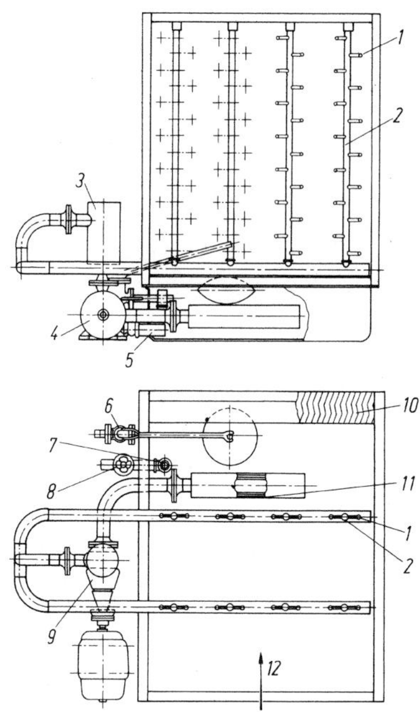

Abb. 38.37 Sprühbefeuchter-Kammer. *1* Druckdüse, *2* Düsenrohr, *3* Wasserfilter, *4* Pumpenmotor, *5* Ablauf, *6* Schwimmerventil, *7* Überlauf, *8* Ablaufmuffenschieber, *9* Wasserpumpe, *10* Tropfenabscheider, *11* Saugsieb, *12* Strömungsrichtung der Luft

In **Ultraschallbefeuchtern** wird das Wasser über einen Ultraschallschwinger zerstäubt.

38.4.4 Wärmerückgewinnung

Im Hinblick auf die Energieeffizienz sollten Einrichtungen zur Wärmerückgewinnung unbedingt vorgesehen werden. § 15 der Energieeinsparverordnung EnEV fordert den Einbau von Einrichtungen zur Wärmerückgewinnung mit einer bestimmten Klassifizierung bei Neubau oder Sanierung von Lüftungs- und Klimaanlagen.

Bei der Wärmerückgewinnung wird warme Abluft der Wärmerückgewinnung zugeführt (Abb. 38.38). Nach der Wärmeabgabe wird die Abluft zur Fortluft. Kalte Außenluft wird der Wärmerückgewinnung zugeführt und dort durch die Wärmeabgabe der Abluft vorgewärmt. Diese Vorwärmung reicht in der Regel nicht aus, um die gesamte Heizaufgabe zu übernehmen. Eine Nachheizung muss erfolgen um den Restwärmebedarf zu decken. Nach der

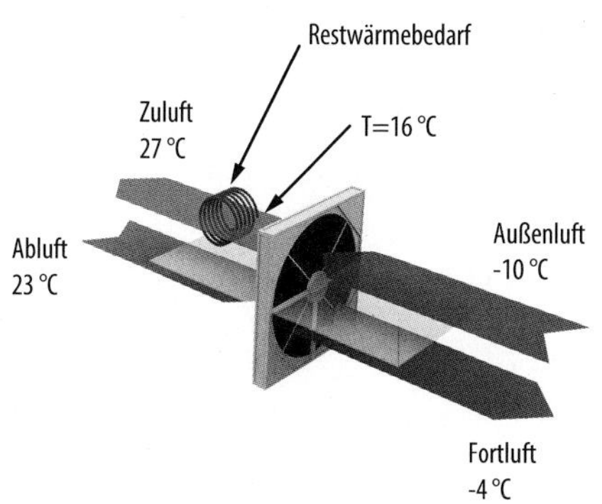

Abb. 38.38 Vorgänge bei der Wärmerückgewinnung [4]

Wärmeaufnahme wird die Außenluft zur Zuluft.

Das Ziel ist, möglichst viel Wärme aus der Abluft zurückzugewinnen. Die Wärmerückgewinnung funktioniert ebenfalls im Sommer als Kälterückgewinnung.

Ist die Abluft belastet z. B. mit Geruch- oder Schadstoffen, so ist darauf zu achten, dass kein Leckluftstrom von der Abluft in die Zuluft geraten kann. Neben Wärme kann auch Feuchte übertragen werden. Man unterscheidet Rekuperative Systeme und Regenerative Systeme. Bei Rekuperativen Systemen wird lediglich sensible Wärme zurückgewonnen, während bei Regenerativen Systemen eine Wärme- und Feuchterückgewinnung (sensible und latente Wärme) stattfindet. Abb. 38.39 zeigt die Luftzustandsverläufe bei der Energierückgewinnung.

38.4.4.1 Vor- und Nachteile der Wärmerückgewinnung

Durch Vorwärmung der Außenluft wird die benötigte installierte Heiz- und Kälteleistung reduziert; dies bedeutet eine Reduzierung der Investitionskosten für den Wärme- und Kälteerzeuger (bspw. Kessel, Kältemaschine, Rückkühler, Rohrleitungen, etc.). Weiterhin ist dies verbunden mit der Reduzierung des Wärme- und Kälteenergieverbrauchs; d. h. der Verringerung der Betriebskosten. Die Nachteile liegen in der höheren erforderlichen Ventilatorleistung aufgrund des steigenden Druckverlustes. Die neuen normativen Bewertungsverfahren gemäß DIN EN 13053:2020-05 berücksichtigen sowohl Vor- als auch Nachteile.

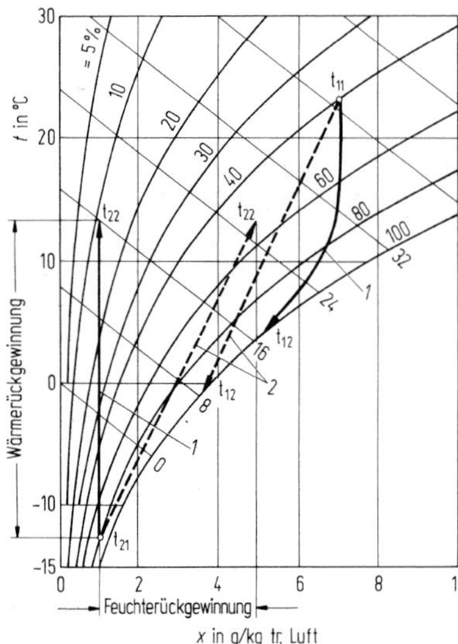

Abb. 38.39 Luftzustandsverlauf bei Energierückgewinnung. *1* Austausch von sensibler Wärme, *2* Austausch von sensibler und latenter Wärme sowie Wasser

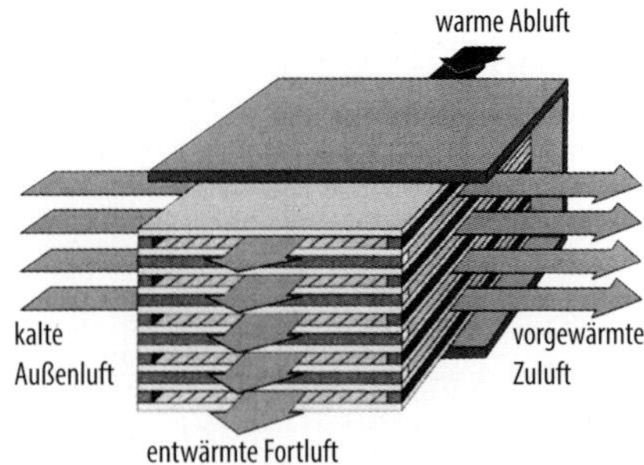

Abb. 38.40 Plattenwärmeübertrager [4]

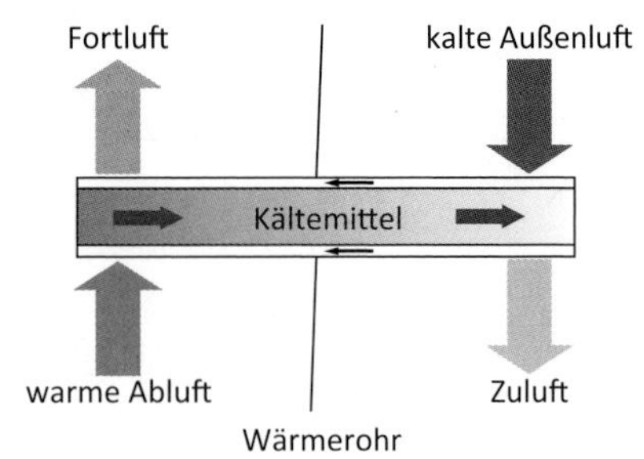

Abb. 38.41 Wärmerohr [4]

38.4.4.2 Arten von Wärmerückgewinnungssystemen

Rekuperative Systeme zur Wärmerückgewinnung besitzen feste Austauschflächen. Durch die räumliche Trennung der Fluidströme wird nur eine reine Wärmeübertragung ermöglicht. Rekuperatoren können aus Metall, Kunststoff, aber auch aus Glas bestehen.

Die bekannteste Bauart ist der Plattenwärmeübertrager, der im Gleich-, Gegen- oder Kreuzstrom bzw. Kreuz-Gegenstrom betrieben werden kann. Die Funktionsweise wird aus Abb. 38.40 ersichtlich; der Außen- und Abluftstrom werden in einzelne Teil-Luftströme aufgeteilt um eine größere Austauschfläche zu erzielen.

Wärmerohre (Heat Pipe) sind mit einem dochtartigen Material ausgekleidet und mit einem Kältemittel gefüllt. Durch die warme Abluft verdampft dieses, strömt auf die Zuluftseite, auf der die Wärme von der kalten Außenluft aufgenommen wird. Das Kältemittel kondensiert und wird vom dochtartigen Material aufgenommen. Durch die Kapillarwirkung wird es auf die Abluftseite transportiert, wo es wiederum verdampft. Wärmerohre werden aus Kostengründen kaum noch in Klimaanlagen eingesetzt.

Bei **Regenerativen Systemen** zur Wärmerückgewinnung existiert keine räumliche Trennung der Fluidströme; es finden Speichermassen Verwendung durch die eine sensible und latente Wärmeübertragung stattfindet. Letztere kann durch den Einsatz von hygroskopisch beschichteten Materialien noch verstärkt werden. Als Materialien kommen Aluminium, Kunststoff oder Keramik zum Einsatz. Bei Regenerativen Systemen ist eine Verschleppung von Anteilen aus der Abluft in die Zuluft möglich, daher sind solche Systeme in hygienisch sensiblen Bereichen nicht zugelassen.

Am häufigsten eingesetzt werden wohl **Rotationswärmeübertrager** mit langsam rotierenden Speichermasse (5–15 U/min.).

Bei **Speicherplattenwärmeübertragern** erfolgt eine örtliche und zeitliche Trennung der Fluidströme. Hierbei handelt es sich um Speicherpakete, die abwechselnd – durch Umschaltung von Klappensystemen – von Außen- und Abluft durchströmt werden und auf diese Weise be- und entladen werden (Abb. 38.43). Im Zyklus 1 wird das obere Speicherpaket durch die warme Abluft erwärmt und nach der Um-

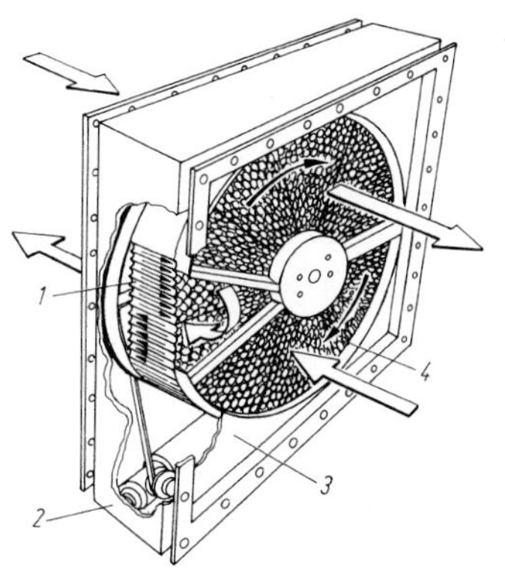

Abb. 38.42 Regenerativer Wärmerückgewinner (Rotationstauscher) (Kraftanlagen Heidelberg). *1* Rotor, *2* Stahlblechgehäuse, *3* Schleuszone, *4* Rotorantrieb

schaltung im Zyklus 2 durch die kalte Außenluft entwärmt, die dann als vorgewärmte Zuluft in den Raum eintritt. Im Gegenzug wird nun das untere Speicherpaket durch die Abluft erwärmt.

Können Zu- und Abluftkanal nicht zusammengeführt werden, so kommen meist **Kreislaufverbundsysteme** zum Einsatz. Diese bestehen aus zwei Rekuperatoren, die jeweils im Abluft- und Außenluftstrom sitzen und durch einen Solekreislauf verbunden sind (Abb. 38.44). Durch diesen Zwischenträgerkreislauf und die zusätzliche benötigte Pumpenenergie ist die Effektivität geringer als bei einer direkten Übertragung. Moderne Kreislaufverbundsysteme bieten die Möglichkeit einer zusätzlichen Wärme- und Kälteein-

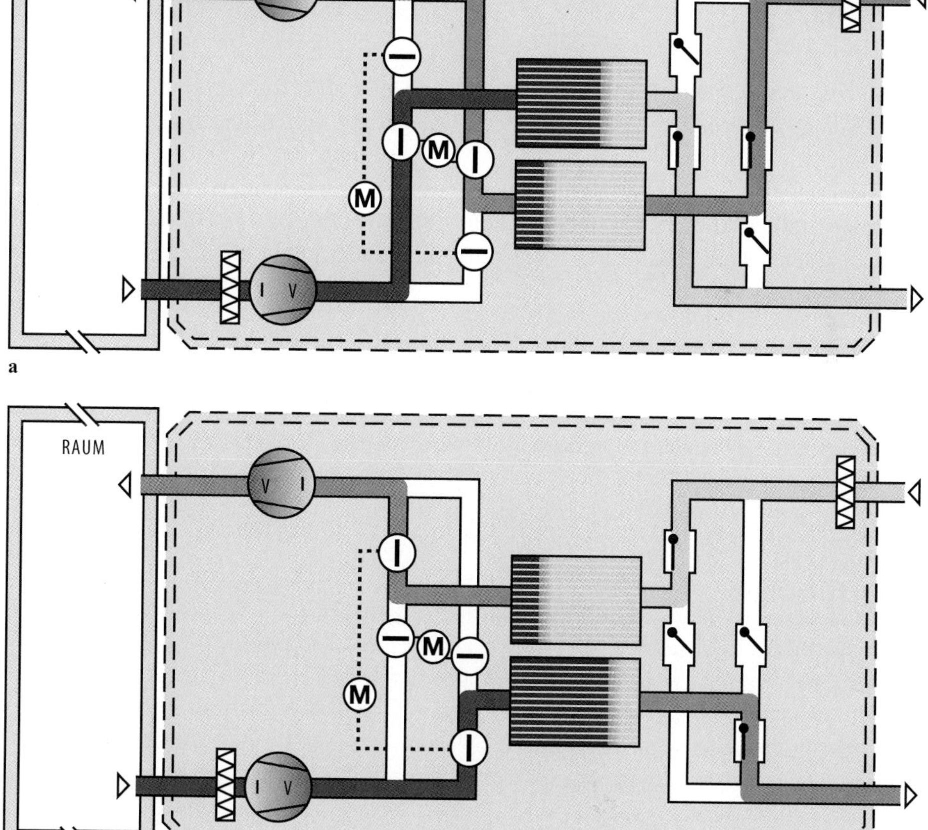

Abb. 38.43 Speicherplattenregenerator (**a**) Zyklus 1 (**b**) Zyklus 2 [6]

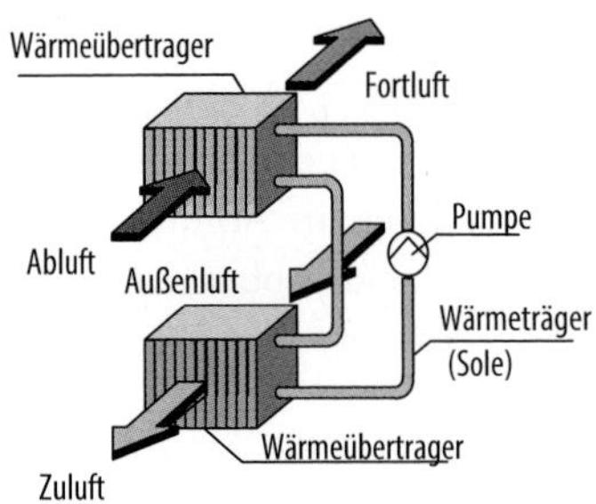

Abb. 38.44 Kreislaufverbundsystem [4]

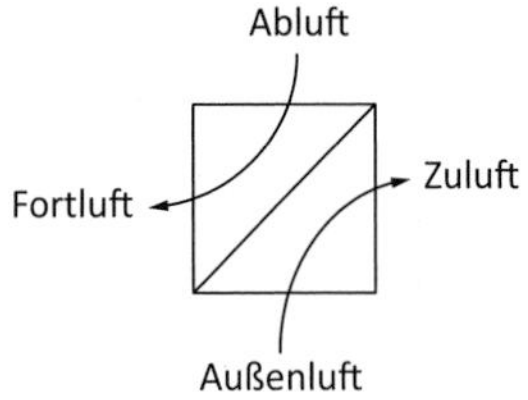

Abb. 38.45 Schematische Darstellung der Wärmerückgewinnung

kopplung bzw. -auskopplung (bspw. zur Trinkwassererwärmung). Hierdurch wird die Effizienz dieser Systeme wesentlich verbessert.

Um Eigenschaften von Wärmerückgewinnungssystemen (allg.: Abb. 38.45) übersichtlich darstellen zu können dient Tab. 38.14.

38.4.4.3 Bewertung der Wärmerückgewinnung

Zur Bewertung der Wärmerückgewinnung wird das Verhältnis von tatsächlich zurückgewonnener Wärme, Feuchte bzw. Enthalpie zu maximal zurückgewinnbarer Wärme, Feuchte bzw. Enthalpie gebildet:

Wärmerückgewinnungsgrad, Rückwärmzahl

$$\Phi_T = \frac{t_{\text{WRG,aus}} - t_{\text{AL}}}{t_{\text{AbL}} - t_{\text{AL}}} \tag{38.23}$$

Feuchterückgewinnungsgrad, Rückfeuchtzahl

$$\Phi_{\text{F}} = \frac{\varphi_{\text{WRG,aus}} - \varphi_{\text{AL}}}{\varphi_{\text{AbL}} - \varphi_{\text{AL}}} \tag{38.24}$$

Enthalpierückgewinnungsgrad

$$\Phi_{\text{H}} = \frac{h_{\text{WRG,aus}} - h_{\text{AL}}}{h_{\text{AbL}} - h_{\text{AL}}} \tag{38.25}$$

Die EnEV fordert in § 15 bei Neubau und Sanierung von Klimaanlagen den Einbau einer Einrichtung zur Wärmerückgewinnung mit einer Klassifizierung H3 nach DIN EN 13 053: 2007-09 (Tab. 38.15). Diese ist streng genommen nicht mehr gültig, da inzwischen die Norm DIN

Tab. 38.14 Eigenschaften von Wärmerückgewinnungssystemen [4]

	Eigenschaft			
WRG-System	Zu- und Abluft müssen zusammengeführt sein	Bewegte mechanische Teile sind vorhanden	Stoffaustausch ist möglich	Rückwärmezahl (ohne Kondensation)
Platten-WRG	ja	nein	nein	50–80 %
Rotations-WRG (ohne hygroskopische Beschichtung)	ja	ja	ja (gering)	65–80 %
Rotations-WRG (mit hygroskopischer Beschichtung)	ja	ja	ja (gut)	65–80 %
Kreislaufverbund-WRG	nein	ja	nein	40–50 %
Wärmerohr	ja	nein	nein	50–60 %

Tab. 38.15 Klassifizierung H3 nach DIN EN 13 053: 2007-09

Klasse WRG	Min. Rückwärmzahl	Max. Druckverlust
H1	Werte × 1,15	Werte × 0,75
H2	Werte × 1,10	Werte × 0,90
H3	Werte × 1,00	Werte × 1,00
H4	Werte × 0,90	Werte × 1,10
H5	Keine Anforderung	Keine Anforderung

Tab. 38.16 Wärmerückgewinnungsgrad/Rückwärmzahl und Druckverluste gemäß DIN EN 13053 : 2007-09

Laufzeit [h/a]	max. Außenluftvolumenstrom im Winter [m³/h]				
	2000 bis 5000	> 5000 bis 10 000	> 10 000 bis 25 000	> 25 000 bis 50 000	> 50 000
< 2000	–	0,40	0,43	0,50	0,55
	–	150 Pa	175 Pa	200 Pa	225 Pa
≥ 2000 bis 4000	0,40	0,43	0,47	0,53	0,58
	175 Pa	200 Pa	225 Pa	250 Pa	275 Pa
< 4000 bis 6000	0,43	0,45	0,50	0,58	0,63
	200 Pa	225 Pa	250 Pa	275 Pa	300 Pa
< 6000	0,45	0,50	0,55	0,63	0,68
	225 Pa	250 Pa	275 Pa	300 Pa	325 Pa

Werte bei Massenstromverhältnis 1 : 1
Bei besseren Rückwärmezahlen höhere zul. Druckverluste

EN 13053:2020-05 mit einer veränderten Bewertung in Kraft getreten ist. Da aber die alte Norm in der Verordnung noch bezogen wird, gilt sie hierfür noch weiterhin. Auch in der Neufassung der EnEV 2014/16 wurde dieser Bezug bewusst belassen.

In Tab. 38.16 sind die eigentlichen Kennwerte – der Wärmerückgewinnungsgrad/Rückwärmzahl und der Druckverlust – in Abhängigkeit vom maximalen Außenluftvolumenstrom im Winter und der Betriebszeit der Anlage aufgeführt.

In der neuen Fassung der DIN EN 13053: 2020-05 wurde eine veränderte Bewertung der Wärmerückgewinnung vorgenommen. Die Definition der Leistungszahl ε berücksichtigt das Verhältnis von zurückgewonnener Wärmeleistung zur zusätzlich erforderlichen elektrischen Leistung des Ventilators um den zusätzlichen Druckverlust der Wärmerückgewinnungseinrichtung zu überwinden.

$$\varepsilon = \frac{\dot{Q}_{\mathrm{WRG}}}{P_{\mathrm{el}}} \tag{38.26}$$

$\dot{Q}_{\mathrm{WRG}}$ zurückgewonnene Wärmeleistung
P_{el} zusätzliche elektrische Leistung Ventilator

mit

$$P_{\mathrm{el}} = \frac{\dot{V} \cdot \Delta p_{\mathrm{WRG}}}{\eta} + P_{\mathrm{Zus}} \tag{38.27}$$

$\dot{V}$ Volumenstrom [m³/s]
Δp_{WRG} Differenzdruck der WRG Zu- und Abluft [Pa]
η Gesamtwirkungsgrad des Antriebes [-]
P_{Zus} zusätzliche Hilfsenergien (Pumpen, etc.) [W]

Die Bewertung der Rückwärmeeffizienz erfolgt nach folgender Formel:

$$\text{Energieeffizienz:} \quad \eta_{\mathrm{e}} = \eta_{\mathrm{t}} \cdot \left(1 - \frac{1}{\varepsilon}\right)$$

ε Leistungszahl
η_{t} Wärmerückgewinnungsgrad, Rückwärmzahl

Beide Kennziffern müssen auf Basis der Konditionen $t_{\mathrm{Abluft}} = +25\,°\mathrm{C}$ und $t_{21} = +5\,°\mathrm{C}$ angegeben werden.

Das Erneuerbare Energien- und Wärmegesetz EEWärmeG sieht die Nutzung der Wärmerückgewinnung als Ersatzmaßnahme vor und fordert die Einhaltung einer Leistungszahl ε unterhalb von 10 und einer Rückwärmzahl größer als 70 %.

38.4.5 Luftfilter

Luftfilter dienen zur Abscheidung von staub- und gasförmigen Verunreinigungen, wobei die Anzahl und die Güte der eingesetzten Filter je nach Anwendungsfall variieren kann. An sie werden insbesondere Anforderungen hinsichtlich niedriger Druckdifferenzen, eines möglichst konstanten Entstaubungsgrad während des Betriebes und einer möglichst hohen Standzeit gestellt. Ebenso ist auf die leichte Zugänglichkeit aufgrund der

Abb. 38.46 Taschenfilter [7]

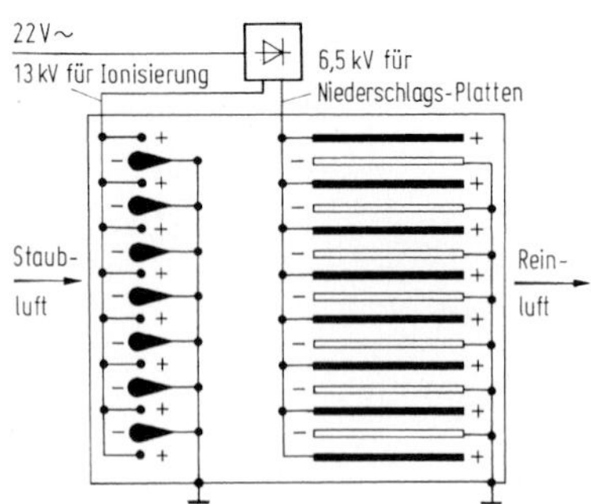

Abb. 38.47 Elektrofilter-Funktionsschema (Delbag)

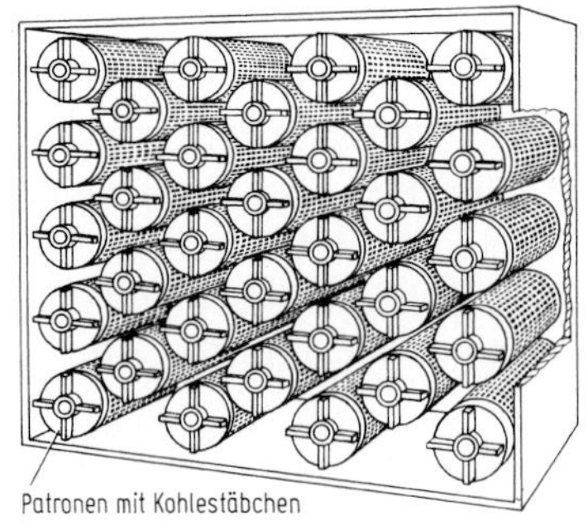

Abb. 38.48 Patronen-Aktivkohlefilter (Ceag)

regelmäßigen Wartung zu achten. Aufgrund der vergrößerten Oberfläche kommen hauptsächlich Taschenfilter und seltener ebene Filterzellen (diese meist als Schwebstofffilter) zum Einsatz.

38.4.5.1 Standfilter

Trockenfilter. Sie bestehen ebenfalls aus Zellen mit Fasern aus Glas, Kunststoff, Textilien, Papier u. ä. Sie sind zum Teil wie Glasfaserfilter nicht reinigungsfähig und müssen nach Verschmutzung erneuert werden (*Wegwerffilter*). Einbauform ist die senkrechte Filterwand oder die V-Form als Schrägstromfilter.

Als Sack- oder Taschenfilter wird bei geringen Einbaumassen eine hohe Staubspeicherfähigkeit erreicht. Abb. 38.46

Schwebstofffilter. Diese bestehen meist aus Glasfasermatten, sind nicht regenerierbar und müssen daher ausgewechselt werden. Da sie einen gravimetrischen Abscheidegrad von praktisch 100 % haben, werden sie bei Testverfahren mit Prüfaerosolen beaufschlagt (DIN EN 1822 Teil 1).

Elektroluftfilter. Sie haben einen Ionisierungsanteil mit positiv geladenen Wolframdrähten, in denen die ankommenden Staubteilchen elektrisch aufgeladen werden, um im Staubabscheidungsteil, meist ein Plattenkondensator, abgeschieden zu werden, Abb. 38.47. Dafür ist eine Hochspannungsanlage von etwa 6500 bis 13 000 V erforderlich.

Aktivkohlefilter. Sie werden zur Einhaltung geringer Geruchs- oder Gaskonzentrationen eingesetzt und bestehen aus Aktivkohleplatten, bei höheren Ansprüchen aus mit Aktivkohle gefüllten Patronen, die auf Einbaurahmen gasdicht aufgeschraubt sind, Abb. 38.48. Aktivkohlefilter müssen wie Schwebstofffilter Vorfilter haben, da durch Grobstaubverschmutzung ihre Wirksamkeit schnell nachlässt.

38.4.5.2 Mehrstufige Filter

Für hochwertige Filteraufgaben werden die Filter zwei- oder dreistufig hintereinander eingesetzt entweder in geschlossenem Einbau im Zentralengerät oder einzeln an verschiedenen Stellen des Kanalnetzes, z. B. das M5-Filter (1. Stufe) vor

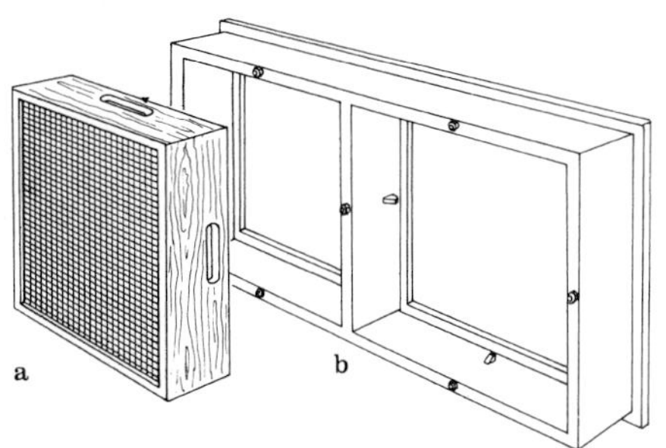

Abb. 38.49 Hosch-Filter (Schwebstofffilter für Filterwand) (Camfil). **a** Schwebstofffilter; **b** Rahmen für Filterwand

Abb. 38.50 Filter falsch (liegend) eingebaut [4]

Abb. 38.51 Filter falsch (ohne Bezeichnung) eingebaut [4]

dem Lüftungs- oder Klimagerät, das F7. . . 8-Filter (2. Stufe) am Anfang des Kanalnetzes und das *Schwebstofffilter* (3. Stufe) vor Eintritt in den Raum.

In der Reinraumtechnik wird der Partikelgehalt in den Räumen durch sehr hohe Luftwechsel im Umluftbetrieb gering gehalten, wobei im Raum eine turbulenzarme Verdrängungsströmung aufrechterhalten werden soll. Große Filterflächen müssen in der Raumbegrenzung, z. B. in Decken oder Wänden, untergebracht werden, da die Luftgeschwindigkeit im Bereich von 0,3 bis 0,5 m/s liegt. Die Filter sind Hochleistungs-Schwebstofffilter (Hosch-Filter), wobei für die jeweilige Anwendung nach Reinheitsklassen unterschieden wird, Abb. 38.49.

In Klimaanlagen sollen nur nach DIN EN 1822 geprüfte Luftfilter eingesetzt werden, die einzeln sichtbar per Aufdruck gekennzeichnet sind. Außerdem soll nach VDI 6022 ein Einbau nicht liegend erfolgen. In der Praxis ist beides trotzdem häufig anzutreffen (Abb. 38.50, 38.51).

Ziel der Filterung ist immer eine gute Zuluftqualität, aber auch der Schutz der Anlagenkomponenten vor Verschmutzung. Meist ist eine zweistufige Filtration vorgesehen. Es existieren verschiedene Luftfilterqualitäten je nach Abscheidegraden.

Der Abscheidegrad definiert die Partikelrückhaltefähigkeit des Luftfilters. Je höher der Abscheidegrad ist, umso wirksamer ist der Filter und umso besser sind die nachfolgenden Komponenten geschützt. Der Gesamtabscheidegrad gibt das Verhältnis aller vom Filter abgeschiedenen Partikeln zu allen vom Filter angesaugten Partikeln an.

Das neue Prüfverfahren sieht eine zweifache Untersuchung der elektrostatischen Wirkungsweise von Synthetikfiltern vor: unbehandelt und neutralisiert. Geprüft wird bei Nennluftvolumenstrom und bei 50 % des Nennluftvolumenstroms. Da im Betrieb die elektrostatische Aufladung mit der Betriebszeit nachlässt, soll das neue Prüfverfahren dem Anwender die Sicherheit bieten, dass die Filter auch im Betrieb die geforderten Wirkungsgrade erreichen.

Für die Filterklasse am Zu- und Abluftausgang wird mindestens die Filterklasse M5 besser F7 empfohlen, die Klasse F6 in der Abluft vor den Einrichtungen zur Wärmerückgewinnung. Die zweite Filterstufe sollte mindestens F7, besser F9 sein, bei einstufiger Zuluft-Filterung mindestens F7. Die Mindestfilterklassen sind außerdem abhängig von der Außenluftqualität (ODA-outdoor air quality) und den Anforderungen der Raumluft (IDA – indoor air quality). Die maximal zulässigen Filterendwiderstände betragen dabei

bei Grobstaubfiltern 150 Pa, bei Medium-Filtern 200 Pa und bei Feinstaub-Filtern 300 Pa.

Zur Abscheidung von Gerüchen und Keimen werden Absorptionsfilter bzw. Einrichtungen zur UV-Bestrahlung eingesetzt. Zur Abtötung von Keimen mit UV-Strahlen sind Dosiswerte von 7 bis 70 Ws/m^2 nötig. Die UV-Strahlungsenergie wird dabei von der Nukleinsäure der Mikroorganismen absorbiert und dadurch deren Vermehrungsapparat geschädigt und so die Keime inaktiviert. Die desinfizierende Wirkung steigt mit der Strahlungsleistung und der Bestrahlungszeit.

Weitere Anforderungen an Luftfilter sind der Richtlinie VDI 3803 Teil 1 „RLT-Geräte“ zu entnehmen. Hier wird u. a. gefordert, dass Filter nicht direkt nach Kühlern oder Befeuchtern eingesetzt werden, dass die gleichmäßige An- und Abströmung sichergestellt wird und die Filterfläche mindestens 10 m^2 pro m^2 Gerätequerschnitt betragen muss. Die geforderten Grenzwerte für die Filter-Druckverluste entsprechen denen der EN 779, ebenso die Forderung nach einer Filterdifferenzdrucküberwachung.

Regelmäßige Wartung ist für Luftfilter unerlässlich. Nach §11 EnEV gehört eine regelmäßige Wartung zu den Betreiberpflichten; diese ist somit vom Gesetzgeber vorgeschrieben. Die Wartungsintervalle können in Abhängigkeit von der Belastung der Außenluft oder mittels Druckverlustmessung festgelegt werden. Für die Wartungsarbeiten sollte der Filter leicht zugänglich sein.

Effizienzklasse. Eine Verschmutzung des Luftfilters führt zu steigenden Druckverlusten, dies zu einem steigenden Strombedarf des Ventilators und damit zu steigenden Energiekosten zur Luftförderung. Zur Ermittlung der Energieeffizienzklasse eines Luftfilters sieht die Norm die Belastung eines Feinstaubfilter F7 bis F9 mit 100 g Staub vor. Dann erfolgt die Messung der Druckdifferenz Δp und die Berechnung des Stromverbrauchs des Ventilators (in kWh) auf der Grundlage eines Ventilator-Wirkungsgrades von 50 % und einer Laufzeit von 6000 h/a bei einem Luftvolumenstrom von 3400 m^3/h. Über diese Normkennwerte erfolgt dann die Zuordnung der Effizienzklasse.

38.4.6 Schalldämpfer

Physikalische Grundlagen zur Maschinenakustik finden sich in Bd. 1, Kap. 48.

Schalldämpfer bestehen meist aus einem verzinkten Stahlblechrahmen mit einer Füllung aus Mineralwolle. Eine poröse Abdeckung wie z. B. ein aufkaschiertes Glasvlies soll einen Abriebschutz bieten, so dass kein Material in den Luftstrom eingetragen werden kann. Manchmal existieren zusätzlich Lochblechabdeckungen oder Schutzgitter aus Streckmetall.

Bei Absorptions- oder „Kulissenschalldämpfern“ (Abb. 38.52, 38.53) sollte die Spaltbreite möglichst klein gehalten werden, da hier die Dämpfung der hohen Frequenzen erfolgt. Die Spaltbreite sollte jedoch nicht zu klein sein, da sonst zu hohe Strömungsgeschwindigkeiten

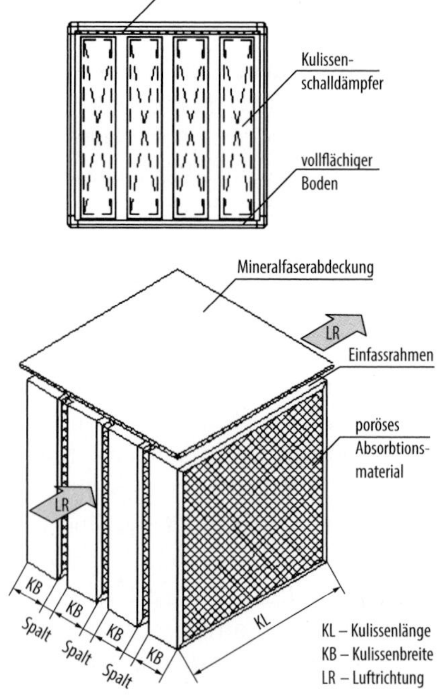

Abb. 38.52 Kulissenschalldämpfer mit poröser Abdeckung [3]

Abb. 38.53 Kulissenschalldämpfer [3]

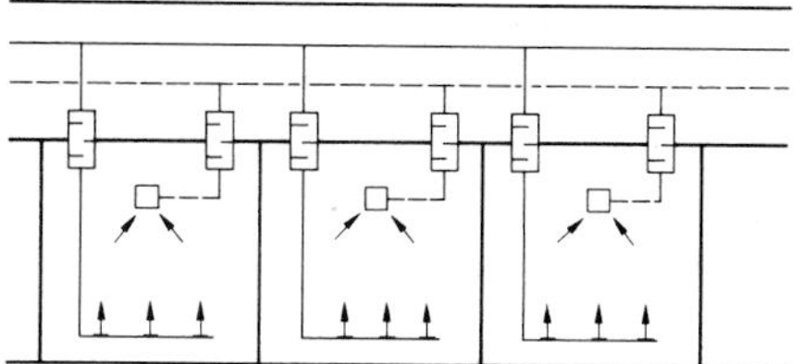

Abb. 38.54 Anordnung von Telefonieschalldämpfern

und zu hoher Druckverlust auftreten, verbunden mit hohem Energiebedarf. Der Druckverlust von Schalldämpfern liegt ca. bei 80–100 Pa; die Luftgeschwindigkeiten im Spalt bei ca. 12 m/s. Die Kulissendicke sollte möglichst groß sein, da hier die Dämpfung der tiefen Frequenzen erfolgt.

Aus schalltechnischen Gründen sollen Schalldämpfer innerhalb des RLT-Gerätes angeordnet werden; aus hygienischen Gründen zwischen erster und zweiter Filterstufe und nicht unmittelbar hinter Entfeuchtungskühler oder Befeuchter. Der Mindestanstand zu Einbauteilen soll anströmseitig die einfache maximalen Kulissenbreite betragen (ausgenommen bei Filtern) und abströmseitig die 1,5fachen maximale Kulissenbreite. Die Kulissen sollen zur Reinigung demontierbar sein, ohne andere Einbauteile abbauen zu müssen. Dies ist aus Platzgründen meist in der Praxis nicht der Fall.

Bei Räumen mit sehr hohen akustischen Anforderungen wie Rundfunkstudios und Konzertsäle, werden noch Sekundärschalldämpfer im Kanalnetz nahe am Raum, also vor den Luftdurchlässen, benötigt. Das trifft auch zur Verhinderung der Schallübertragung von Raum zu Raum über Luftdurchlass und Kanalnetz zu (*Telefonieschalldämpfer*), Abb. 38.54.

38.4.6.1 Körperschalldämmung

Die Fortpflanzung des Körperschalls im Kanalnetz wird durch die elastische Verbindung am Ventilatorstutzen verhindert, die Fortleitung durch die Fundamente oder Sockel durch Einschaltung von *Schwingungsdämpfern*, z. B. als Gummiisolatoren. Diese Isolatoren oder auch Korkplatten, die auf das Ventilatorfundament gelegt werden, dienen gleichzeitig zur *Erschütterungsdämmung*, für die auch Schwingungsdämpfer in Form von Stahlfedern eingesetzt werden. Um eine Schallabstrahlung von Ventilatoren oder nachfolgenden Kanälen zu unterbinden, werden *Entdröhnungsmittel* verwendet.

38.4.6.2 Gerätegehäuse

Die mechanischen Eigenschaften des Gerätegehäuses müssen sowohl eine Durchbiegung des Rahmens als auch der Wände verhindern. Weiterhin müssen insbesondere die Bereiche Hygiene, Brandschutz, Schall- und Wärmedämmung sowie Energieeffizienz beachtet werden.

Eine möglichst gute Abdichtung ist erforderlich, um bei drückend angeordneten Ventilatoren Verluste der aufbereiteten Luft und bei saugenden Ventilatoren einen Eintrag von möglicherweise belasteter Außenluft in das Gerät zu vermeiden.

Die Leckagen innerhalb des Gerätes und nach außen werden durch Messungen mit bestimmten Prüfunter- und -überdrücken nach DIN EN 1886 durchgeführt. Hierbei wird ein konstanter Druck für mindestens fünf Minuten aufgegeben und danach die Leckluftrate angezeigt. In Abhängigkeit von der Leckluftrate in Verbindung mit der eingesetzten Filterklasse werden die Geräte dann in Dichtheitsklassen L1 (geringe Leckluftrate von 0,15 l/(s · m^2)), L2 (mittlere Leckluftrate von 0,44 l/(s · m^2)) und L3 (hohe Leckluftrate von 1,32 l/(s · m^2)) bei Unterdruck bzw. Dichtheitsklassen L1 (geringe Leckluftrate von 0,22 l/(s · m^2)), L2 (mittlere Leckluftrate von 0,63 l/(s · m^2)) und L3 (hohe Leckluftrate von 1,9 l/(s · m^2)) bei Überdruck eingestuft.

Auch innerhalb des Gerätes dürfen bestimmte Grenzwerte nicht überschritten werden. So soll der Luftvolumenstrom durch die Komponenten – bspw. Filter – strömen und nicht an ihnen vorbei. Bei einer Gehäuse-Leckage Klasse L3 darf nach DIN EN 1886 die zulässige Gesamtleckage maximal 2 % des Nennvolumenstromes betragen.

Nach DIN EN 1886 erfolgt ebenfalls eine Einteilung der Klimageräte nach der Durchtrittsgeschwindigkeit im lichten Gehäusequerschnitt von Klasse V1 mit Geschwindigkeiten unterhalb von 1,6 m/s über Klasse V5 mit Geschwindigkeiten von 2,2 bis 2,5 m/s bis zu Klasse V9 mit Geschwindigkeiten über 3,6 m/s.

Das Gerätegehäuse sollte wärmegedämmt sein (Abb. 38.55), um Energieverluste zu vermeiden; insbesondere bei Außenaufstellung um Kondensation im Inneren zu vermeiden. Es ist darauf zu achten, dass die Einpassung der Wärmedämmung ohne Zwischenräume erfolgt. In DIN EN 1886 findet sich eine Klassifizierung des Wärmebrückenfaktors des Gehäuses sowie die Angabe der Messstellen zur Prüfung des Wärmebrückenfaktors. Auch hier erfolgt eine Klassifizierung des Gerätes von Klasse TB1 (gut) bis Klasse TB5 (schlecht).

Bzgl. der Hygiene ist festzuhalten, dass alle Innenwandflächen möglichst glatt sein sollen um Anhaftungen zu vermeiden. Alle Bauteile müssen so konstruiert sein, dass sie zur Wartung und Reinigung gut zugänglich oder ausziehbar sind. Das bedeutet natürlich auch, dass in der Klimazentrale selber ausreichend Platz hierfür vorhanden ist und nicht andere Geräte oder Rohrleitungen den benötigten Platz versperren. Leider erlebt man in der Praxis die abenteuerlichsten Konstruktionen und Vorkommnisse, die eine Wartung bereits von der Planung her unmöglich machen.

Abb. 38.55 Gehäuse: thermischer Trennung der Innen- und Außenschale [3]

Auch das eingesetzte Dichtungsmaterial darf keine Feuchtigkeit aufnehmen bzw. keinen Nährboden für Mikroorganismen bilden. Es muss abriebfest, emissions- und geruchsfrei und mikrobiell nicht verstoffwechselbar sein.

Die DIN EN 1886 sieht bzgl. Brandschutz eine Minimierung der brennbaren Werkstoffe vor indem entweder nichtbrennbares oder schwerentflammbares Material eingesezt wird. Das Brandfallrisiko durch Staubablagerungen ist durch geeignete Filtereinrichtungen und/oder Reinigungsmaßnahmen zu begrenzen.

38.4.6.3 Klappen

Klappen dienen in Klimaanlagen zur Druck- bzw. Volumenstromeinstellung und können als Regel-, Drossel- oder Absperrklappen eingesetzt werden (Abb. 38.56). Alternativ dienen sie als Abschluss einer Luftleitung, um u. a. bei Stillstand der Anlage Kaltlufteinfall zu vermeiden. Die Verstellung der Klappen kann manuell über Handversteller oder motorisch über Stellantriebe erfolgen. Jalousieklappen gibt es entweder mit Zahnrad- oder Gestängeantrieb. Die Klappenstellung muss auf der Außenseite der Klappe ersichtlich sein

Bei der Montage von Jalousieklappen muss unbedingt darauf geachtet werden, dass keine Gehäuseverspannung auftritt, ansonsten droht Zahnradbruch oder Zerstörung der Seitenabdichtung, insbesondere bei T4-Klappen (luftdicht).

Nach DIN EN 1751 existieren verschiedene Dichtheitsklassen für Klappen. Dichtheitsklasse 1 (schlecht) bedeutet eine maximale Leckage

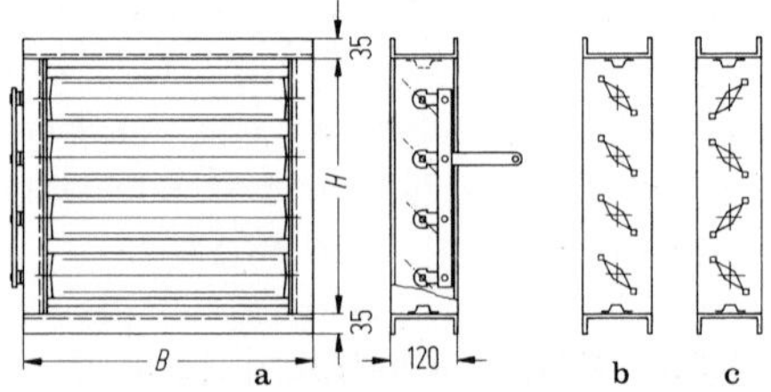

Abb. 38.56 Jalousieklappen (Schako). **a** Konstruktion; **b** Prinzip gleichlaufender Lamellen; **c** Prinzip gegenlaufender Lamellen, *H* und *B* Bestellmaße

von 500 l/(s · m^2); Dichtheitsklasse 2 bedeutet eine maximale Leckage von 100 l/(s · m^2); Dichtheitsklasse 3 bedeutet eine maximale Leckage von 20 l/(s · m^2) und Dichtheitsklasse 4 (gut) bedeutet eine maximale Leckage von 4 l/(s · m^2), ermittelt bei einem Prüfdruck von 500 Pa.

Für Klappen, die während des Anlagenbetriebs geschlossen sind, z. B. für Mischklappen oder Bypassklappen, ist Dichtheitsklasse 2 vorgeschrieben. Außenluftklappen müssen bei Ausfall der Energieversorgung selbsttätig schließen.

38.4.7 Luftkanalsystem

Im Vergleich zum Rohrnetz handelt es sich beim Luftkanalnetz nicht um einen geschlossenen Kreislauf des Mediums, da hinter den Luftdurchlässen an der Versorgungsstelle ein einheitlicher konstanter Druck herrscht, der zumeist mit dem Außendruck übereinstimmt. Das Kanalnetz bzw. der für die Förderung der Luft aufzubringende Gesamtdruck wird dementsprechend getrennt für das Zuluft- und Abluftnetz berechnet. Ferner hat der Druckverlust in den Einzelwiderständen einen wesentlich größeren Anteil am Gesamtdruckverlust, als der Druckabfall im Kanal oder Rohr durch Reibung. Daher ist eine genaue Erfassung des Widerstandsbeiwerts aller Einbauteile und Formstücke wichtig. Bestimmend für die Ausführung des Kanalnetzes sind: Platzbedarf, Förderkosten und Geräuschentstehung im Kanalnetz, letzteres zwingt zur Einhaltung von Grenzgeschwindigkeiten der Luft [9].

Vor dem Zuluftdurchlass herrscht i. Allg. eine Luftgeschwindigkeit von 1,5 bis 4 m/s, bei speziellen Auslässen – wie Induktionsgeräten – bis ca. 20 m/s.

Der Gesamtdruckverlust nimmt i. Allg. in Stromrichtung ab; der statische Druckverlust kann dabei aber der Geschwindigkeitsverminderung entsprechend zunehmen. Die Berechnung des Kanalsystems erfolgt heute rechnergestützt.

38.4.7.1 Kanalführung

Die Führung der Luftkanäle muss wegen des Platzbedarfs in einem frühzeitigen Stadium der Gebäudeplanung festgelegt werden. Die vertikale Kanalführung erfolgt meist im Bereich der Fassade oder in Kernen im Inneren, die horizontale im Deckenbereich.

38.4.7.2 Kanalformen

Luftkanäle, in der Bauordnung als Lüftungsleitungen bezeichnet, sollen glatt und reinigungsfähig, dicht an den Stößen und Verbindungsstellen und aus nicht brennbarem Material sein. Als Material wird hauptsächlich verzinktes Stahlblech verwendet, Abluftkanäle für Laboratorien oder Werkstätten, wo Korrosionsbeständigkeit gefordert wird, sind aus Kunststoff. Mit Bögen, Abzweig-, Reduzierstücken werden Querschnittsveränderungen vorgenommen. Durchlässe werden auch mit flexiblen Rohren als Metallschläuche aus Bandmaterial oder Drahtspiralen, die mit Kunststoff belegt sind angeschlossen. Die einzelnen Blechkanalstöße werden durch gefälzte Enden, Flanschen, Winkelrahmen und Schiebeleisten miteinander verbunden, bei runden Rohren auch durch Steckverbindungen mit Dichtungen.

38.4.7.3 Zubehör

Zum Kanalnetz gehört neben der Aufhängung und Befestigung noch Zubehör in Form von *Wetter-* und *Vogelschutzgittern* in den Außendurchlässen, Absperrklappen meist als Jalousieklappen, bei Räumen hoher Keimfreiheit luftdichte Absperrklappen in Raumnähe. Führt ein Luftkanal durch mehrere Brandabschnitte, müssen in den Brandwänden Feuerschutzklappen geprüfter Ausführung eingesetzt werden, die bei hohen Temperaturen im Luftkanal automatisch zufallen, Abb. 38.57. Nach Möglichkeit sind im Kanalnetz dicht schließende Reinigungsöffnungen zu setzen. Die Verbindung des Kanalnetzes mit dem Lüftungsgerät bzw. der Ventilatorkammer erfolgt über elastische Verbindungsstücke (Kunststoff), um eine Körperschallübertragung des Ventilatorgeräusches zu unterbinden.

Die Luftleitungen, die klimatisierte Luft führen, sollten aus energetischen Gründen eine Wärmedämmung erhalten. Die Dicke der Wärmedämmung lässt sich nach einer Wirtschaftlichkeitsberechnung festlegen.

Bei Leitungen mit Taupunktunterschreitungen (bspw. Außenluftleitungen) muss die Wärme-

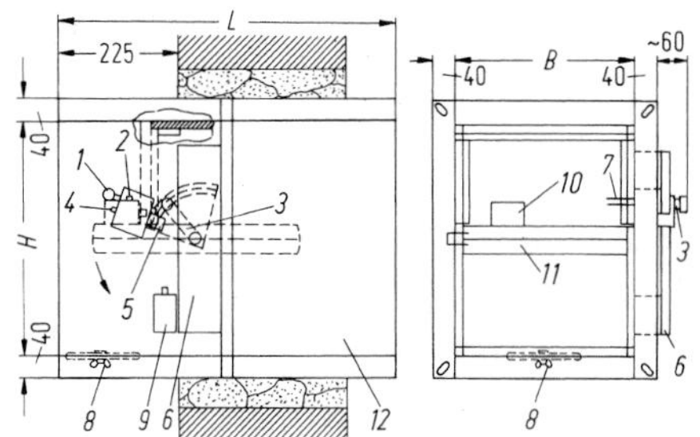

Abb. 38.57 Absperrvorrichtung für Feuer und Rauch (Feuerschutzklappe) (Wildeboer). *1* Sperrstift, *2* Auslösestift, *3* Handhebel, *4* Rasterstift, *5* Rasternase, *6* Abdeckhaube, *7* Schmelzlot 70 °C, *8* Inspektionsdeckel, *9* Endschalter, *10* Schließgewicht, *11* Klappenblatt, *12* Gehäuse. *H*, *B* und *L* Bestellmaße

dämmung mit Dampfsperre versehen werden, damit eine Kondenswasserbildung unterbunden wird.

Darüber hinaus können Luftleitungen – je nach Bedarf – eine Schalldämmung und/oder Brandschutzisolierung gemäß festgelegter Brandklasse erhalten.

Für die Luftdichtigkeit der Luftleitungen schreibt die VDI-Richtlinie 3803 die zulässigen Leckagen vor.

38.4.8 Mess- und Regelungstechnik

38.4.8.1 Schaltung und Steuerung

Die Betriebsdauer von Lüftungs- und Klimaanlagen ist je nach dem Nutzungszweck der Räume sehr unterschiedlich, so beträgt sie bei *Versammlungsräumen* mehrere Stunden, bei *Verwaltungsgebäuden, Geschäftshäusern* 8 bis 10 h am Tage, bei *Industrieanlagen* kann Dauerbetrieb vorliegen. Das Ein- und Ausschalten der Anlage geschieht meist von einer Schaltstelle im Gebäude, unabhängig von einer zusätzlichen Schalteinrichtung im Gerät über eine zentrale Gebäudeleittechnik. Verbunden mit dieser zentralen Schaltmöglichkeit wird die Überwachung des Betriebs, bei kleineren Anlagen nur hinsichtlich der Funktion, bei mittleren und größeren Anlagen auch hinsichtlich bestimmter Betriebswerte vorgenommen. Kleinere Anlagen haben einzelne *Schaltkästen*, bei einem größeren Umfang an Anlagen wird ein *zentraler Schaltraum* und bei einer Vielzahl größerer Anlagen innerhalb eines Gebäudekomplexes eine *Schalt- oder Leitwarte* geschaffen, von der aus auch eine messtechnische Überwachung von Betriebswerten und die Meldung von Störungen durchgeführt werden kann. Die Gebäudeleittechnik (GLT) ermöglicht in Kombination mit einem computergestützten Anlagenbetrieb eine effiziente Energienutzung.

38.4.8.2 Regelung

Die Regeleinrichtung nimmt einen immer größer werdenden Umfang an. Bereits bei einfachen Lüftungsanlagen wird zur automatischen Regelung übergegangen, schon um Beanstandungen wie Zugerscheinungen zu vermeiden und um einen möglichst wirtschaftlichen Betrieb zu erreichen. Geregelt wird meist die *Temperatur* und *Feuchtigkeit*, und *Volumenstrom*.

38.5 Lüftungsanlage

38.5.1 Einrichtungen zur freien Lüftung

Die Lufterneuerung im Raum und die Richtung der Luftströmung hängen weitgehend von der Außenwitterung und von der Größe sowie örtlichen Lage der Luftdurchlässe ab. Dabei ist der Grundriss, die Höhe des Gebäudes, die Umströmung und die Druckverteilung im Gebäude mit ausschlaggebend für den Luftwechsel im Raum, Abb. 38.58 und 38.59 [10].

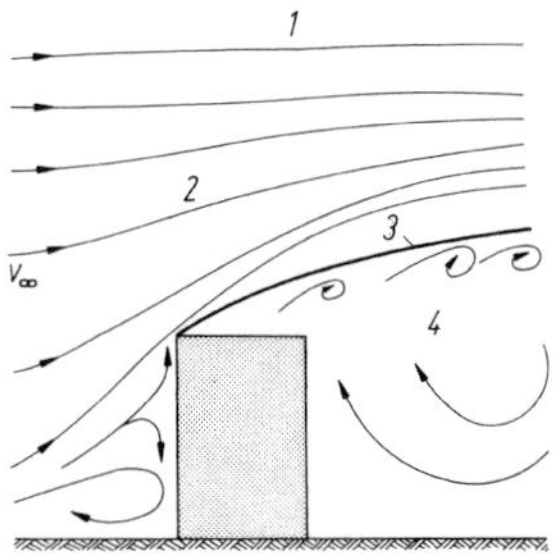

Abb. 38.58 Gebäudeumströmung [10]. *1* Freie Strömung, *2* Verdrängungszone, *3* Trennschicht, *4* Wirbelgebiet

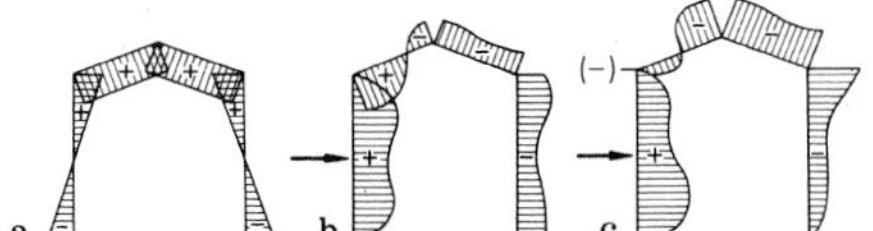

Abb. 38.59 Druckverteilung an einer Halle [2]. **a** Bei Temperaturunterschied von 20 K; **b** bei Wind von 5 m/s; **c** bei Temperaturunterschied und Wind

Sind die Lüftungsöffnungen in gegenüberliegenden Gebäudeseiten, ergibt sich eine wirksame *Querlüftung* im Raum; häufiger ist die Anordnung nur auf einer Seite als Fenster. Eine Aufbereitung der einströmenden Luft kann nicht vorgenommen werden, da eine ausreichende Druckdifferenz zur Überwindung von Apparatewiderständen nicht zur Verfügung steht. Auch lassen sich weder der Luftwechsel noch die Temperatur und Geschwindigkeit der einströmenden Luft für eine ständige Lüftung besetzter Räume genügend regulieren. Bei warmer Außenwitterung kommt nur ein *schwacher Luftwechsel* zustande, bei kühler und kalter Außenwitterung treten *Zugbelästigungen* auf, bei stärkerem Wind wird der Luftwechsel zu groß. Wegen der täglichen und jahreszeitlichen Veränderung der Luftförderung schwankt der Luftwechsel im Raum in einem sehr weiten Bereich. Oft ist eine Lüftung des besetzten Raums nicht möglich, sondern nur eine *Pausenlüftung*. Bei stärkeren inneren Wärmequellen (Warmbetrieb) ergibt die größere Temperaturdifferenz zwischen innen und außen und der die Auftriebswirkung verstärkende Höhenunterschied zwischen Zuluft- und Fortluftdurchlass, wie in Industriehallen, Luftwechselzahlen beträchtlicher Größenordnung [11].

Voraussetzung für die freie Lüftung ist eine Umgebungsluft, die nur zumutbar verunreinigt ist und keine Stoffe enthält, die die Gesundheit beeinträchtigen. Auch sind für die Schallimmission Grenzwerte vorgeschrieben, ferner für den Gehalt an Staub, Gasen und Dämpfen. Abb. 38.60 zeigt verschiedene Systeme der freien Lüftung.

38.5.1.1 Fensterlüftung

Bei der Fensterlüftung strömt die Luft i. Allg. unter dem Fenstersturz ab und über der Fensterbrüstung ein. Dementsprechend sind schmale, hohe Dreh-, Schwing-, Spalt- oder obere bzw.

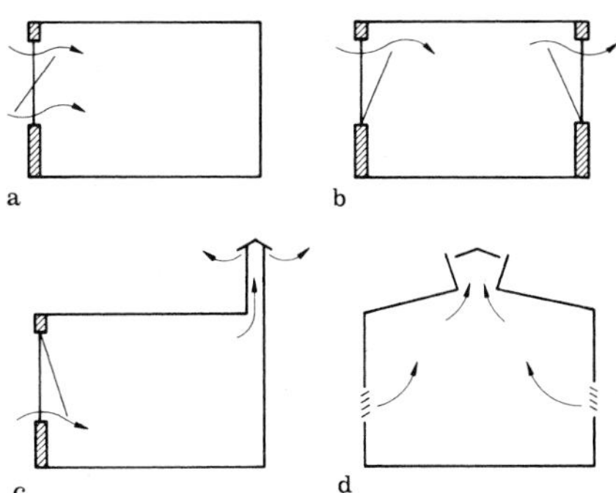

Abb. 38.60 Freie Lüftung. Lüftungsverfahren. **a** Fensterlüftung; **b** Querlüftung; **c** Schachtlüftung; **d** Dachaufsatzlüftung

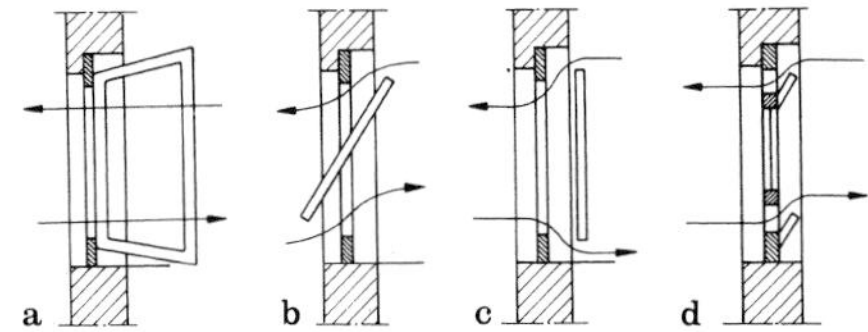

Abb. 38.61 Fensterbauarten. **a** Drehflügel; **b** Schwingflügel; **c** Parallelflügel; **d** oberer und unterer Kippflügel

untere Kippflügel als lüftungstechnisch günstige Bauweisen anzusprechen (Abb. 38.61), so auch Lüftungsgitter im Fensterrahmen [12].

Fenster können über Eck oder gegenüber angeordnet werden, oft ergibt sich über die Türfugen eine Verbindung zum Hausinneren, zum Treppenhaus oder Aufzugsschacht, was eine zumindest teilweise Querlüftung im Raum zur Folge hat und eine Vertikallüftung, die sich in Hochhäusern bei undichten Fenstern im Winter oft nachteilig auswirkt. Für Arbeits- und Verkaufsräume sind Mindestquerschnitte der Lüftungsöffnungen angegeben, die von der Raumtiefe und Raumhöhe abhängen. Auch für Nebenräume liegt eine auf die Raumfläche bezogene Größe der Lüftungsöffnung vor.

38.5.1.2 Schachtlüftung

Durch die nach oben verlegte Abluftöffnung in der Schachtmündung verstärkt sich der Auftrieb, sodass ein wesentlich höherer Luftwechsel als bei Fensterlüftung zustande kommt. Das drückt sich in der bei Schachtquerlüftung größeren Raumtiefe bzw. dem kleinen Lüftungsquerschnitt aus. Schachtlüftung ist bei innenliegenden Bädern und Toiletten häufig (DIN EN 18017), auch an Ansaugehauben im Industriebereich. Schächte mit Abluftventilator haben zum konstanten Förderluftstrom noch den Vorteil des kleineren Querschnitts.

38.5.1.3 Dachaufsatzlüftung

Diese meist im industriellen Bereich verwendeten Dachlüfter dienen zugleich als Rauchabzug. Wegen der Größe der Querschnitte entstehen nicht unerhebliche Aufbauten auf Fabrikdächern. Vermieden werden muss ein störender Windeinfluss. Bei *Warmbetrieben* in hohen Hallen kann der hohe Luftwechsel eine Verstellbarkeit der Durchlassfläche für den Winter- und Sommerbetrieb erforderlich machen. Die Berechnung der Lüftungsquerschnitte erfolgt unter vereinfachten Annahmen für den Auftrieb.

38.5.1.4 Freie Lüftung, verstärkt durch Ventilatoren

Abluftventilatoren werden in Außenwänden, Fenstern und Schächten eingesetzt, um eine Dauerlüftung zu erreichen, wobei die Zuluft meist aus benachbarten Räumen nachströmt. Zu beachten ist bei Axialventilatoren die Geräuschabstrahlung und der vom Druckverlust im Lüftungsweg stark abhängige Förderstrom. Zuluft-Wand-Ventilatoren sind ohne Lufterhitzer wegen der Zuggefahr nur bedingt verwendungsfähig.

38.5.2 Mechanische Lüftungsanlagen

Lüftungsanlagen können Außenluft (AL) und/oder Umluft (UL) d. h. Mischluft (ML) befördern.

Thermodynamische Luftbehandlungsstufen der Zuluft sind: Heizung (H), Befeuchtung (B), Kühlung (K) und Entfeuchtung (E).

38.5.2.1 Lüftungs- bzw. Klimaanlagen

- mit **einer** thermodynamischen Luftbehandlungsfunktion: z. B. Heizung,
- mit **zwei** thermodynamischen Luftbehandlungsfunktionen: z. B. Heizung und Befeuchtung,
- mit **drei** thermodynamischen Luftbehandlungsfunktionen: z. B. Heizung, Befeuchtung und Kühlung,
- mit **vier** thermodynamischen Luftbehandlungsfunktionen: z. B. Heizung, Befeuchtung, Kühlung und Entfeuchtung.

38.5.2.2 Abluftanlagen

Entlüftungsanlagen: ventilator- und luftleitungsunterstützte Luftabsaugung mit freier und unkontrollierter Luftnachströmung für innenliegende Räume wie Toiletten, Technikräume, Nebenräume usw.

Entrauchungsanlagen: wie Entlüftung, im Brandfall mit verstärktem Abluft-Fortluftstrom für Rauchabsaugung nach dem Unterdruckprinzip.

Für Rauchfreihaltung der Fluchtwege u. a. für innenliegende Treppenhäuser wird Überdrucklüftung eingesetzt.

38.5.2.3 Umluftanlagen

Lüftungsanlagen mit thermodynamischer Luftbehandlung ohne Außenluftzufuhr für Kühlung, Heizung. Befeuchtung und/oder Entfeuchtung.

38.5.2.4 Außenluftanlagen mit Umluftfunktion

Luftaufbereitung für raumlufttechnische Anlagen kann zentral oder dezentral erfolgen.

38.6 Zentrale Raumlufttechnische Anlagen

38.6.1 Klassifizierung raumlufttechnischer Systeme

Die mechanische Außenluftversorgung der Nutzräume eines Gebäudes sowie die Entsorgung der verbrauchten Luft übernimmt grundsätzlich die *RLT-Anlage* (Raumlufttechnische Anlage). Eine Anlage besteht i. Allg. aus folgenden Bauteilen:

Raumgerät oder *Zentralgerät*, Kanalnetz mit Luftdurchlässen im Raum und nach draußen, Leitungen für Wärme-, Kälte- und Stromversorgung, Schalt-, Steuer- und Regeleinrichtung.

Nach dem Ausmaß der thermodynamischen Luftbehandlung wird in Kurzbezeichnungen nach: *Lüftungs-*, *Luftheiz-*, *Luftkühl-*, *Luftbefeuchtungs-*, *Teilklima-* und *Klimaanlagen* unterschieden, wobei die Stufe der Luftbehandlung durch Buchstaben F (*Filtern*), H (*Heizen*), C (*Kühlen*), M (*Befeuchten*), D (*Entfeuchten*) gekennzeichnet wird.

Bei zentraler Luftaufbereitung sind Technikzentralen, luftführende Schächte für Außen-, Zu-, Ab- und Fortluftführung innerhalb des zu versorgenden Gebäudes notwendig.

RLT-Geräte können im Nutzraum (Raumgeräte) oder in Technikzentralen (Zentralgeräte) zur Aufstellung kommen.

Die Raumgeräte wie Schrank-, Truhen-, Ventilatorkonvektor-, Deckengeräte sind luft- und warmwasser- sowie elektroseitig zentral anzuschließen, Abb. 38.62. Vorteile sind die geringen Energiekosten und die örtliche Bedienung; Nachteile sind die schlechte Redundanz, die Durchführung der Wartungs- und Reparaturarbeiten vor Ort, niedrige Ventilatorwirkungsgrade, Raumbedarf im Nutzraum u. a.

Die Nutzbereiche werden bei konventionellen RLT-Anlagen durch Zentralgeräte aus den Technikzentralen versorgt. Die seitens der Nutzung und Raumluftkondition gleichen Flächen werden sinngemäß durch ein Zentralgerät versorgt.

Unterschiedliche Nutzungsbereiche innerhalb eines Gebäudes oder Gebäudekomplexes werden durch je ein Zentralgerät versorgt, Abb. 38.63. Vorteil der getrennten Versorgung ist der günstige Energieaufwand; nachteilig sind die fehlende Redundanz und der größere Raumbedarf für die luftführenden Leitungen.

Zur Versorgung eines zusammenhängenden Nutzbereichs stehen diverse *RLT-Systeme* zur Verfügung. In Abhängigkeit davon, ob im Nutzbereich vor Ort eine thermische Nachbehandlung vorgesehen ist, unterscheidet man zwischen *Nur-Luft-* und *Luft-Wasser*-Systemen.

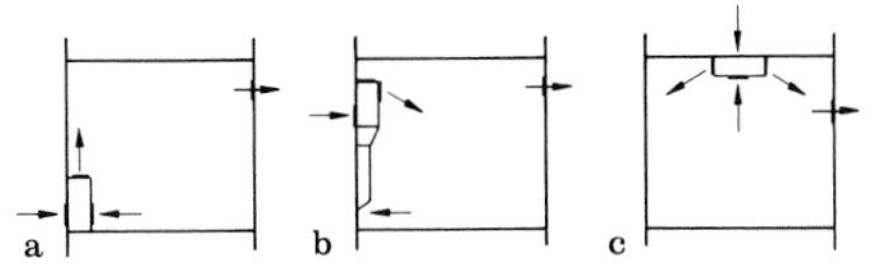

Abb. 38.62 System Geräte im Raum. **a** Truhen- oder Schrankgerät; **b** Wandgerät; **c** Deckengerät

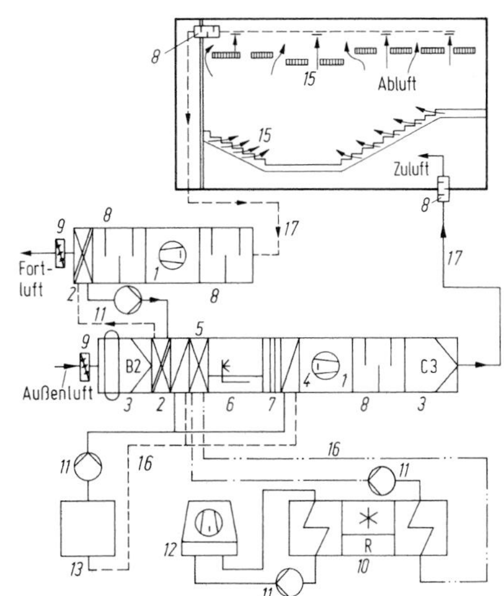

Abb. 38.63 Klimasystem für einen Versammlungsraum; Schema der Luft- und Energieversorgung. *1* Ventilator, *2* Wärmerückgewinner, *3* Filter, *4* Lufterhitzer, *5* Luftkühler, *6* Sprühkammer, *7* Tropfenabscheider, *8* Schalldämpfer, *9* Jalousieklappe, *10* Kaltwassersatz (Kältemaschine mit Verflüssiger und Verdampfer), *11* Pumpe, *12* Rückkühlwerk, *13* Heizkessel, *14* Induktionsgerät, *15* Luftdurchlass im Raum, *16* Warm- und Kaltwasserleitungen, *17* Luftleitungen

38.6.1.1 Systeme von Klimaanlagen

Bei den Nur-Luft-Anlagen erfüllt die in den Raum eingebrachte Außenluft die Aufgabe, die dort erzeugten Schadstoffe, den Wasserdampf und die thermischen Lasten aufzunehmen, um sie mit der Abluft aus dem Raum zu transportieren. Dazu ist die Behandlung der Luft z. B. in der Zentrale einer Klimaanlage unerlässlich und sollte die Möglichkeit der Lufterwärmung, -kühlung, Be- und Entfeuchtung sowie deren Filterung beinhalten. Häufig sind jedoch die in modernen Büros anfallenden thermischen Lasten so groß, dass eine Abfuhr allein über die Luft die Zuführung großer Luftvolumenströme beinhalten würde. Dies verursacht zum einen enorme Förder- und damit Energiekosten, zum anderen aber können aufgrund der hohen Ausblasgeschwindigkeiten die thermischen Behaglichkeitskriterien nicht mehr erfüllt werden. Dies führt dazu, dass kombinierte Luft-Wasser-Anlagen eingesetzt werden, bei denen der Luftvolumenstrom lediglich nach der hygienisch erforderlichen Rate bemessen wird, um den anfallenden Wasserdampf und Schad- oder Geruchsstoffe aus dem Raum abzuführen. Die auftretenden thermischen Lasten dagegen werden durch kaltwasser- oder kältemitteldurchflossene Wärmeaustauscher abgeführt. Somit wird die Klimaanlage trotz ständig steigender Kühllasten den gleichzeitig erhöhten Komfortansprüchen des Menschen gerecht.

38.6.2 Nur-Luft-Anlagen

In einer Klimazentrale erfolgt die Aufbereitung der Außenluft, die dann über Luftkanäle mit einer Strömungsgeschwindkeit von ca. 6 bis 8 m/s den Räumen zugeführt wird. Die Temperaturdifferenzen zwischen Zuluft und Raumluft liegen bei ca. 6 bis 8 K, die vom Ventilator aufzubringende Druckdifferenz bei ca. 700 bis 1000 Pa.

Entweder erhalten alle Räume Luft des gleichen Zustandes oder es werden Unterzentralen vorgesehen. Dann fehlt in der Klimazentrale der Nacherwärmer, der in diesem Fall gemeinsam mit zusätzlichen Aggregaten, wie Filter, Ventilator und Kühler in sogenannten Unterzentralen angeordnet ist. Diese versorgen einzelne Räume oder Raumgruppen mit individuell aufbereiteter, an deren Anforderungen angepasste Zuluft. Ein Teil der abgesaugten Abluft wird bei diesem System der jeweiligen Unterzentrale zur Wärmerückgewinnung zugeführt. Nachteilig an diesem System sind jedoch die hohen Investitionskosten, da zusätzliche Unterzentralen installiert werden müssen.

Sind die Anforderungen der Räume sehr unterschiedlich, sodass in einem Raum extreme Kühllasten, wie z. B. in EDV-Räumen, in anderen sehr geringe Kühllasten oder eher Heizlasten auftreten z. B. in Laborräumen, so ist eine zonenweise Versorgung mit verstärkter Warm- oder Kaltluft sinnvoll. Zu diesem Zweck wird der aus der Klimazentrale austretende Luftstrom in mehrere Kanäle aufgeteilt, in denen dann jeweils lediglich Nacherwärmer und Kühler installiert sind. Hierbei wird jedoch die Abluft der Klimazentrale wieder zugeführt.

38.6.2.1 Hochdruck-Klimaanlagen

VVS-Systeme. Ein System mit konstantem Volumenstrom (Konstant-Volumenstrom-System KVS) wird heutzutage nur noch selten eingesetzt. Da die Förderkosten und somit die Energiekosten wesentlich von der Ventilatorleistung abhängen, können durch Verringerung des Volumenstroms erhebliche Kosten eingespart werden. Dies macht folgende Abschätzung deutlich:

Die Ventilatorleistung berechnet sich aus dem Volumenstrom $\dot{V}$, dem Druckverlust Δp und dem Wirkungsgrad η folgendermaßen:

$$P = \frac{\dot{V} \cdot \Delta p}{\eta} . \qquad (38.28)$$

Wird nun z. B. der Volumenstrom halbiert $\dot{V}/2$, so beträgt der Druckverlust Δp aufgrund der quadratischen Abhängigkeit von der Geschwindigkeit nur noch 25 %, sodass sich die Ventilatorleistung bei angenommenem konstanten Wirkungsgrad auf 1/8 reduziert. Im Realfall wird der Wirkungsgrad im Teillastbereich natürlich schlechter sein als im Vollastbereich, aber diese Abschätzung zeigt das enorme Einsparpotenzial bei Variation des Volumenstroms.

Aus diesem Grund werden im Zuge der Energieeinsparung verstärkt Variable-Volumenstrom-Systeme (VVS) eingesetzt.

Die ab- oder zugeführte Wärmemenge $\dot{Q}$ ist abhängig von dem Volumenstrom $\dot{V}$ und der Temperaturdifferenz Δt:

$$\dot{Q} = f(\dot{V}, \Delta t) .$$

Verändert sich die Energielast $\dot{Q}$, so wird bei einem Konstant-Volumenstrom-System die Temperturdifferenz Δt durch Variation der Zulufttemperatur verändert,

$$\Delta t = f(\dot{Q})_{\dot{V}=\text{konst.}}$$

während bei einem Variabler-Volumenstrom-System bei konstanter Zulufttemperatur der Volumenstrom verändert wird:

$$\dot{V} = f(\dot{Q})_{\Delta t=\text{konst.}} .$$

Bei Reduzierung der Luftmenge muss jedoch gewährleistet sein, dass die hygienisch erforderliche Mindestluftrate eingehalten wird. Dies ist insbesondere bei Betrieb einer Klimaanlage mit großem Umluftanteil – wie dies bei älteren Anlagen in der Praxis noch zu finden ist – unbedingt zu berücksichtigen. Ein weiteres auftretendes Problem ist die Auslegung der Luftdurchlässe, die speziell auf ein VVS-System abgestimmt sein müssen. Bei Reduzierung des Volumenstroms verringert sich die Austrittsgeschwindigkeit der Luft in den Raum, dem durch entsprechende Konstruktion der Durchlässe Rechnung getragen werden muss. VVS-Anlagen sind heutzutage üblich und werden unter dem Schlagwort „DCV" – „Demand Controlled Ventilation" (Bedarfslüftung) propagiert.

Bedarfslüftung. In Gebäuden mit Raumlufttechnischen Anlagen als auch in Gebäuden mit freier Lüftung kann es zu Beeinträchtigungen des Wohlbefindens oder sogar zu gesundheitlichen Störungen kommen. Die auftretenden Beeinträchtigungen wie z. B. Reizungen der Augen-, Nasen- und Halsschleimhaut, Husten, Heiserkeit, häufige Atemwegsinfektionen, trockene Haut, Juckreiz, Kopfschmerzen, Schwindel, Übelkeit, etc. wurden in der Vergangenheit pauschalisierend mit dem Begriff „Sick-Building-Syndrome" (SBS) bezeichnet.

Die Ursachen befindlichkeitsstörender Faktoren sind vielschichtig. Neben menschlichen Bioeffluenzen und Tabakrauch konnten in letzter Zeit zunehmend Ausdünstungen aus Baumaterialien und Möblierung als Ursache für schlechte Luftqualität identifiziert werden. Fanger hat versucht, die Belastung der Raumluft durch verschiedenartige Emissionsquellen in der Einheit olf zu quantifizieren und diese für möglichst viele Stoffe zu bestimmen. Neben dem bekannten Begriff der thermischen Behaglichkeit prägte Fanger den Begriff des olfaktorischen Komforts, der entscheidenden Einfluss auf die subjektive Beurteilung der Raumluftqualität nimmt.

Die Kenntnis über diese Zusammenhänge führte zu der Vorgehensweise, zunächst die bekannten Schad- und Geruchs-stoffquellen im Raum so weit wie möglich zu reduzieren und die verbleibende Belastung der Raumluft durch lüftungstechnische Maßnahmen auf ein verträgliches Maß herabzusetzen. Hierzu können unter Umständen jedoch große Luftmengen erforderlich sein, zu deren Förderung und Aufbereitung in einer RLT-Anlage erhebliche Mengen an Energie benötigt werden.

Daraus resultiert die Forderung, die zur Lüftung erforderliche Außenluftrate an die im Raum herrschende und vom Menschen empfundene Luftqualität anzupassen. Diese ist abhängig von einer Vielzahl von Faktoren. Anzuführen sind beispielsweise die Personenzahl und Belegungsdichte, die Schadstoffbelastung in dem zu klimatisierenden Raum als auch die Belastung der Außenluft. Diese Faktoren können in der Regel nur überschlägig anhand von Richtwerten und Richtlinien ermittelt werden und gehen als Auslegungskriterien in die Planung des Klimatisierungssystems ein. Hierdurch kann es im Vorfeld zu einer Überdimensionierung einer Raumlufttechnischen Anlage kommen, die in Verbindung mit einer falschen Lüftungsstrategie im Betriebszustand zu einem enormen Mehrverbrauch an Energie gegenüber einem sensorgeführten Lüftungssystem führt.

Stellt der Mensch die Hauptverunreinigungsquelle der Raumluft dar, werden heutzutage vorzugsweise Kohlendioxidsensoren eingesetzt. Auf Grund einer Korrelation zwischen der beim menschlichen Stoffwechsel produzierten Kohlendioxidmenge und den vom Menschen zeitgleich abgegebenen Geruchsstoffen ist der Kohlendioxidgehalt ein guter Indikator für eine mit Geruchsstoffen belastete Raumluft. Diese Korrelation gilt nur für den Fall, dass die anwesenden Personen im Durchschnitt die Eigenschaften einer Standardperson aufweisen. Da in einem Gebäude neben dem Menschen weitere Emissionsquellen für Geruchs- und Schadstoffe existieren können, darf ein geringer Kohlendioxidgehalt jedoch nicht als Maß für eine gute Luftqualität verwendet werden, da Ausdünstungen von Büroeinrichtungen oder Tabakrauch von CO_2-Sensoren nicht detektiert werden. Über die Messung der Kohlendioxidkonzentrationen in der Außen-, Zu- und Abluft besteht zwar zusätzlich die Möglichkeit, die in den Normen für unterschiedliche

Nutzugsbereiche geforderten personenbezogenen Außenluftraten einzuhalten, jedoch kann auch das Einhalten definierter Außenluftraten nicht jederzeit eine gute Luftqualität in den Innenräumen garantieren. Eine Alternative für die Überwachung der Raumluftqualität bietet der Einsatz sogenannter Mischgassensoren, welche die Anwesenheit oxidierbarer Luftinhaltsstoffe erkennen können. Beim Einsatz von Mischgassensoren muss jedoch auf die Messgenauigkeit, eine ausreichende Langzeitstabilität des Messsignals sowie Querempfindlichkeiten gegenüber Temperatur, Feuchte und Luftdruck geachtet werden. Über die Sensorik lassen sich die Volumenströme in Abhängigkeit von der tatsächlich auftretenden Luftverunreinigung anpassen und somit eine gute Luftqualität bei optimaler Energieeinsparung gewährleisten.

38.6.3 Luft-Wasser-Anlagen

Die zunehmende Technisierung von Büroräumen mit Computern, Druckern, Kopierern, Telefaxgeräten, etc. mit der damit verbundenen hohen Wärmebelastung hat in vielen Bereichen zu erhöhten Anforderungen an die Kühlleistung der Klimaanlage geführt. Handelt es sich hierbei um eine Nur-Luft-Klimaanlage, so ist diese häufig nicht mehr in der Lage, diese Wärmelasten unter Einhaltung der Behaglichkeitskriterien des Menschen bezüglich Raumlufttemperatur und -geschwindigkeit abzuführen, sodass nun verstärkt auf Luft-Wasser-Klimaanlagen zurückgegriffen wird. Bei diesen wird dem Raum lediglich der Mindest-Luftvolumenstrom zugeführt, während die thermischen Lasten mittels kaltwasserdurchflossenen Wärmeaustauschern abgeführt werden.

Auch energetisch bietet dieses System Vorteile, da – um die gleiche Wärmemenge zu transportieren – die Förderung von Wasser mittels einer Pumpe energetisch wesentlich günstiger ist als die Förderung von Luft. Beachtet werden muss dabei, dass eine zusätzliche Wasserinstallation erforderlich ist.

Induktionsanlagen. Moderne Induktionsgeräte sind in der Regel Vierleiter-Induktionsgeräte mit zwei getrennten Wärmeaustauschern zum Heizen und zum Kühlen der Sekundärluft. Die aus der Klimazentrale kommende Primärluft – der zur Lufterneuerung benötigte Außenluftanteil – wird mit hoher Geschwindigkeit durch Düsen senkrecht nach oben ausgeblasen. Durch den Induktionseffekt der Primärluftstrahlen wird aus dem Raum Sekundärluft angesaugt, die durch einen Wärmetauscher in das Gerät strömt und dabei erwärmt bzw. gekühlt wird. Die Primärluft wird mit der erwärmten oder gekühlten Sekundärluft im Gerät gemischt und strömt durch Auslassgitter in den Raum. Das Verhältnis von Primär- und Sekundärluft beträgt dabei 1 : 2 bis 1 : 4. Es ist dabei jedoch zu beachten, dass die Zuluftfeuchte nur über die Klimazentrale für den Gesamt-Volumenstrom eingestellt werden kann. Der Vorteil dieses Systems ist, dass von der Klimazentrale nur der Mindest-Luftvolumenstrom zum Raum gefördert werden muss, sodass wesentlich kleiner dimensionierte Luftkanäle sowohl für die Zu- als auch für die Abluft verwendet werden können. Darüberhinaus wird der Umluftanteil raumintern umgewälzt, sodass die evtl. in einem Raum entstehenden Geruchs- oder Schadstoffe nicht in andere Räume übertragen werden können. Dabei ist es möglich, einen zusätzlichen Filter im Induktionsgerät vorzusehen, durch den sich jedoch der Druckverlust erhöht und der regelmäßig gewartet werden muss.

Die Aufstellung der Induktionsgeräte erfolgt in der Fensterbrüstung, wobei die Ansaugung der Sekundärluft aus dem Raum in Bodennähe durch eine Öffnung in der Geräteverkleidung erfolgt. Die Mischluft aus Primärluft und erwärmter bzw. gekühlter Sekundärluft wird nach oben gegen die Fenster ausgeblasen, sodass im Heizfall die Fenster erwärmt werden, was dazu beiträgt, Strahlungszug zu vermeiden. Aufgrund des Coanda-Effekts legen sich die aus den Induktionsgeräten austretenden Luftstrahlen zunächst an das Fenster an und folgen dann im weiteren Verlauf der Decke, sodass eine entsprechende Eindringtiefe der gekühlten bzw. erwärmten Luft in den Raum sichergestellt wird.

Der Deckenstrahl induziert auf seinem Weg ständig Luft aus dem Raum, sodass der Massenstrom des Strahls längs der Decke zunimmt.

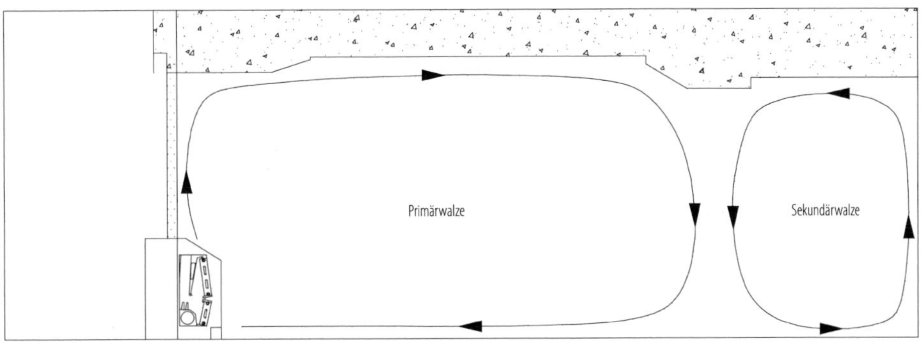

Abb. 38.64 Ausbildung einer Primär- und Sekundärluftwalze bei Induktionsanlagen

Da der Impuls des Strahls erhalten bleibt, nimmt die Strahlgeschwindigkeit gleichzeitig ab, bis der Coanda-Effekt seine Wirksamkeit verliert und der Strahl sich von der Decke ablöst. Es bildet sich somit eine Luftwalze mit einer Rückströmung über dem Boden aus, die durch die Ansaugung von Sekundärluft seitens der Induktionsgeräte unterstützt wird. Diese Tiefe dieser Luftwalze beträgt dabei ca. 2 mal die Raumhöhe. Hinter dieser ersten Luftwalze, die im Allgemeinen als Primärwalze bezeichnet wird, kommt es bei tiefen Räumen zur Ausbildung einer Sekundärwalze, die durch die Induktionseffekte der ersten Luftwalze verursacht wird. Abb. 38.64 zeigt die Raumluftströmung bei Ausbildung einer Primär- und Sekundärluftwalze.

Die Installation von Induktionsanlagen verlangt jedoch vom Architekten sowie vom Raumausstatter und -nutzer eine besondere Berücksichtigung der Luftführung. So dürfen z. B. an der Decke keine hervorstehenden Lampen, Absätze oder sonstige Störstellen vorhanden sein, da dies zu einer sofortigen Ablösung des Luftstrahls von der Decke und somit in einem Raumbereich zu Zugerscheinungen führen würde, während der restliche Raum nicht mit Zuluft versorgt wird. Weiterhin muss die Möblierung eine ausreichende Bodenfreiheit gewährleisten, damit die Rückströmung in diesem Bereich nicht behindert und die Luftwalze unterbrochen wird.

Besonders kritisch sind die häufig in Großraumbüros eingesetzten Stellwände zur Abtrennung der Arbeitsbereiche. Diese müssen sowohl im oberen als auch im unteren Bereich genügend Raum lassen, sodass sich die Luftwalze ungestört ausbreiten kann. Ist dies nicht der Fall, so dürfen sie höchstens parallel zur Strömungsrichtung aufgestellt werden, jedoch niemals senkreht dazu. Um hier einer unsachgemäßen Möblierung vorzubeugen, hat es sich bewährt, alle Mitarbeiter über die Wirkungsweise des Lüftungssystems zu informieren.

Ebenso dürfen die Luftaustrittsöffnungen keinesfalls als Ablageflächen für Aktenordner, Blumentöpfe, etc. verwendet werden. Viele Herstellerfirmen begegnen diesem Problem mit der Abschrägung der Induktionsgeräteverkleidung.

Lüftungsanlage mit Kühldecke. Neben den Induktionsgeräten wird häufig das System der partiellen Bauteilkühlung, wie z. B. die Kühldecke oder Kühlsegel eingesetzt, die jedoch lediglich zur Abfuhr von thermischen Lasten geeignet ist. Stoffliche Lasten wie z. B. Wasserdampf oder Geruchs- und Schadstoffe können weiterhin nur durch die Zufuhr von Frischluft und die Abfuhr der verbrauchten und belasteten Luft entfernt werden, sodass zusätzlich zur Kühldecke ein Lüftungssystem – und bei Bedarf auch ein Heizungssystem – vorgesehen werden muss.

Bei Kühldecken handelt es sich meist um in der Decke verlegte, in Aluminium-Profile eingepresste, kaltwasserführende Kupferrohre, die über ein Aufhängesystem mit Klipsen, Magneten, etc. möglichst gut wärmeleitend mit einer Deckenkonstruktion verbunden sind. Diese Raster- oder Paneel-Deckenelemente können in verschiedensten Aufteilungen ausgeführt werden, sodass Kühldecken in gewissen Grenzen auch als gestalterisches Element eingesetzt werden können.

Daneben werden auch unmittelbar in die Decke eingeputzte Kapillar-Rohrsysteme angeboten, wobei berücksichtigt werden muss, dass die wärmetechnischen Eigenschaften mit der Bauform der Decke variieren.

Um eine möglichst große Wärmeübertragung von den Rohren an die Deckenoberfläche zu gewährleisten, ist in jedem Fall oberhalb der Kühldecke eine Wärmedämmung vorzusehen. Problematisch können die schalltechnischen Eigenschaften werden, da eine Beschichtung der Deckenoberfläche mit einem schallabsorbierenden Material mit einer erheblichen Leistungseinbuße verbunden wäre. Abb. 38.65 zeigt die Bauformen der offenen und geschlossenen Kühldecken und deren durchschnittlichen Leistungsgrößen.

Um die Wirkungsweise von Kühldecken zu verdeutlichen, muss kurz auf die Wärmeabgabe des Menschen eingegangen werden: damit der Mensch sich behaglich fühlt, muss er in Abhängigkeit von der Bekleidung und dem Aktivitätsgrad eine Wärmeleistung von ca. 100 W an die Umgebung abgeben. Dies erfolgt im Wesentlichen durch drei Hauptmechanismen: durch Verdunstung über die Körperoberfläche und die Atmung, durch Konvektion an die Raumluft und durch Strahlung an Körper mit niedrigen Oberflächentemperaturen (z. B. Fenster). Während Nur-Luft-Klimaanlagen die Wärme ausschließlich auf konvektivem Weg mittels gekühlter Luft abtransportieren, erfolgt bei Kühldeckensystemen der Wärmetransport zu einem erheblichen Anteil über die Strahlung an die kalte Deckenoberfläche. Dieser erreicht bei geschlossenen Kühldecken ca. 55 %, wobei die restlichen 45 % der Wärme auf konvektivem Weg abgeführt werden. Diese Zahlenwerte stellen lediglich Anhaltspunkte dar und sind abhängig von der Bauform der Decke. Es ist darauf zu achten, dass der Strahlungsanteil nicht zu groß wird, um den für den Menschen unbehaglichen *Strahlungszug* – eine starke asymmetrische Wärmeabgabe durch Strahlung – zu vermeiden. Da der Strahlungswärmeaustausch im Wesentlichen durch die Temperaturdifferenz zwischen Deckenoberfläche und Wärmequelle bestimmt wird, lässt sich die abgeführte Wärmeleistung durch Absenkung der Wasservorlauf- und damit auch der Oberflächentemperatur der Decke erhöhen. Wird dabei jedoch die Taupunkttemperatur der Raumluft unterschritten, so kondensiert der in der Raumluft enthaltene Wasserdampf, was zu erheblichen Feuchteschäden, Korrosion oder in extremen Fällen zu Tropfwasser von der Decke führen kann. Insbesondere in Räumen, in denen die Möglichkeit zur Fensteröffnung besteht, muss an warmen und schwülen Sommertagen mit einer Taupunktunterschreitung gerechnet werden, der mit einer schnellen und zuverlässigen Regelung zur Anhebung der Wasservorlauftemperatur begegnet werden kann, die in der Regel im Sommer 16 °C nicht unterschreiten sollte. Hierbei ist darauf zu achten, dass mittels Temperatur- und Feuchtefühlern nicht nur die Werte im Raum, sondern auch im Bereich oberhalb der Decke erfasst werden. In diesem Zusammenhang muss nochmals auf die Unverzichtbarkeit der zusätzlichen Lüftung hingewiesen werden, die nicht nur zum Schadstofftransport und zur Erhaltung der menschlichen Behaglichkeit, sondern auch zur Vermeidung von lokalen Feuchtigkeitsnestern und dem damit verbundenen Feuchtigkeitsausfall und Korrosionsgefahr erforderlich ist.

In der Übergangszeit bei Außentemperaturen von 20 bis 22 °C besitzt die Luft eine geringere Feuchte und eine höhere Taupunkttemperatur, sodass die Wassertemperatur weiter gesenkt und damit die Leistung angepasst werden kann. Eine weitere Möglichkeit zur Leistungsregelung besteht in der Variation des Wassermassenstroms unter Berücksichtigung des Strömungszustandes: sinkt nämlich die Strömungsgeschwindigkeit unter die kritische Reynolds-Zahl auf einen laminaren Zustand, so wird eine erheblich geringere Leistung erzielt.

Der Leistung von Kühldecken wird zum einen durch den konvektiven Wärmetransport vom Wasser an das Rohr und durch Wärmeleitung vom Rohr an die Deckenoberfläche, zum anderen durch die konvektive Wärmeübertragung von der Deckenoberfläche an die Raumluft bestimmt. Letzteres ist stark abhängig vom Wärmeübertragungskoeffizienten α, der aufgrund der beschränkten Konditionen in einem klimatisierten Raum zwischen 9 und 12 $W/(m^2K)$ beträgt, sodass sich die meisten Hersteller auf eine sogenannte Basiskennlinie für die Kühldeckenleis-

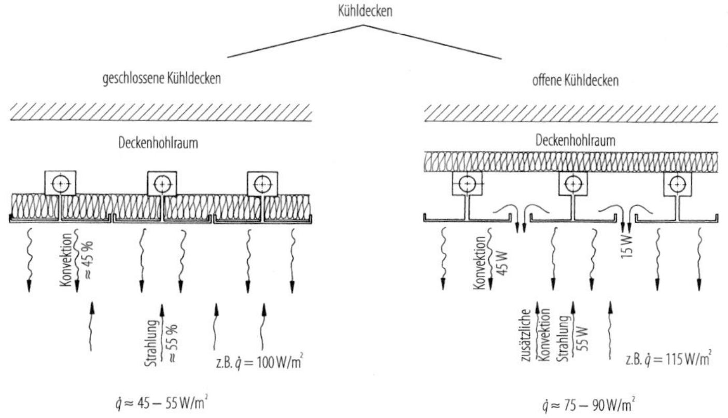

Abb. 38.65 Bauformen und Leistungsgrößen von Kühldecken

tung geeinigt haben:

$$\dot{q}_{\mathrm{D}} = 9 \cdot (t_{\mathrm{D}} - t_{\mathrm{RL}})^{1.08} \qquad (38.29)$$

Die Haupteinflussgrößen auf die Kühldeckenleistung sind neben dem logarithmischen Mittelwert aus Wasseraus- und -eintrittstemperatur t_{W}, die Deckenoberflächentemperatur t_{D} und die Temperatur der Raumluft t_{RL}, aus denen ein Übertragungsgrad η gebildet wird:

$$\eta = \frac{t_{\mathrm{D}} - t_{\mathrm{RL}}}{t_{\mathrm{WD}} - t_{\mathrm{RL}}} \,. \qquad (38.30)$$

Nachrüstung von Kühlflächen. Ältere Bürogebäude wurden in der Regel nur mit dem Wärmeträger Luft klimatisiert. Hier konnten insbesondere bei hohen thermischen und stofflichen Lasten Zugerscheinungen und Strömungsgeräusche nicht immer ausgeschlossen werden. In den vergangenen Jahren sind die inneren Lasten durch die rasch voranschreitende Entwicklung in der IT-Branche deutlich größer geworden. Auch werden in Büroräumen häufig mehr Personen und damit technisches Equipment untergebracht als zunächst geplant. Dies führt dazu, dass in einigen Großraumbüros sogar ganzjährig gekühlt werden muss. Die vorhandene Raumlufttechnische Anlagen stößt dann meist an die Grenzen der ursprünglichen Auslegung, sodass auch die Möglichkeit der Nachrüstbarkeit von Kühlflächen an Bedeutung gewinnt.

Mittlerweile gibt es eine Vielzahl verschiedener Flächenkühlsysteme. Diese lassen sich vereinfacht in die folgenden vier Gruppen unterteilen:

- Betonkernaktivierung,
- Putzkühldecke,
- Vollflächig abgehängte Unterdecken mit rückseitig aufgelegten Kühlmodulen,
- Kühlsegel.

Bei der Betonkernaktivierung werden kaltwasserführende Rohrschlangen direkt in den Beton eingegossen und hierdurch eine Aktivierung der großen Speichermasse erzielt. Dieses System ist effektiv, aber sehr träge. Zudem eignet es sich aufgrund der baulichen Eingriffe in der Regel nicht zur Nachrüstung.

Bei der Putzkühldecke werden die Kühlmodule unmittelbar an die Rohdecke montiert und anschließend direkt eingeputzt. Dieses System besitzt eine relativ hohe Kühlleistung und eine große Ausnutzung der zur Verfügung stehenden Deckenfläche. Die gesamte Putzstärke beträgt nur wenige Zentimeter, sodass die Raumhöhe nahezu unverändert bleibt. Die Integration von Lampen und sonstigen Deckeneinbauelementen (z. B. Luftdurchlässe) muss vorher sorgfältig geplant werden. Zur Nachrüstung ist dieses System eher weniger geeignet.

Besitzt das Gebäude die entsprechende Raumhöhe, so kann ohne weiteres das an dritter Stelle genannte Flächenkühlsystem nachgerüstet werden. Da in diesem Fall eine Unterdecke mit rückseitig aufgelegten Kühlmodulen eingezogen wird, entsteht ein entsprechender Deckenhohlraum. Somit können in der Regel können alle Arten von Lampen, Luftdurchlässe usw. in die Decke integriert werden.

Kühlsegel sind frei unter die Decke abgehängte Elemente mit auf der Rückseite eingelegten Kühlmodulen. Sie werden allseitig mit Raumluft umströmt und besitzen aufgrund der rückseitigen Aktivierung eine sehr hohe Wärmestromdichte. Der Montageaufwand vor Ort ist äußerst gering, da durch die kompakte Bauweise die Kühlsegel vollständig vormontiert werden können. Der Verrohrungsaufwand der Versorgungsleitung ist deutlich weniger aufwändig als bei der vollflächigen Kühldeckenausführung. In die Kühlsegel können ohne weiteres Beleuchtungselemente und Luftdurchlässe integriert werden. Werden die Segel perforiert, tragen sie auch zur Verbesserung der Raumakustik bei.

In bestimmten Fällen bzw. bei der Deckengestaltung als reversible Metallkassettendecke können systemabhängig die Kühlmodule auch ohne Austausch der Decke nachgerüstet werden. Hierzu muss die Zwischendecke zunächst geöffnet werden. Dann werden die kühlwasserführenden Versorgungsleitungen an die Rohdecke montiert und parallel dazu die Deckenplatten mit Kühlmodulen bestückt. Beim Wiedereinlegen der Platten werden die Kühlmodule schließlich flexibel mit geeigneten Steckschläuchen verbunden.

Beinhaltet die Aufgabenstellung eine möglichst geringe Veränderung der örtlichen Gegebenheiten und soll gleichermaßen der laufende Bürobetrieb während der Nachrüstarbeiten nur minimal beeinflusst werden, stellen Kühlsegel eine sehr gute Lösung dar.

Systeme zur Betonkernaktivierung eignen sich nicht unbedingt zur Nachrüstung.

Inzwischen gibt es vielfältige Entwicklungen auf dem Markt, um Gebäude mit hocheffizienten Kühlflächensystemen aus- und nachzurüsten. Welches System zur Anwendung kommen sollte, muss jedoch immer im Einzelfall entscheiden werden und hängt sowohl von den baulichen Gegebenheiten sowie der Tatsache, ob die Räume während der Nutzung nachgerüstet werden oder ob die Gebäude noch ungenutzt sind. Auch das Vorhandensein einer Lüftung oder aber die zusätzliche Nachrüstung von Lüftungssystemen gemeinsam mit den Kühlflächensystemen wird hier letztendlich den Ausschlag geben.

38.6.3.1 Nachbehandlungsgeräte mit Luftförderung

Systeme Eine Nachbehandlung der Luft kann durch Einbau von *Erhitzern, Kühlern, Filtern* im Kanal oder bei Zweikanalanlagen durch *Mischkästen* vorgenommen werden. Nachbehandlungsgeräte mit Wärmetauscher und Luftförderung werden meist sichtbar in der Fensterbrüstung in den Raum gesetzt, wobei zusätzlich zum Luftstrom von der Zentrale (*Primärluft*) noch Raumluft (*Sekundärluft*) umgewälzt wird, um die notwendige Leistung zu erreichen. Mit diesen Geräten ist die individuelle Regelung eines jeden Raums möglich. Sie werden daher meist in Vielraumgebäuden verwandt.

Die zusätzliche Luftförderung geschieht entweder durch Düsen, die Raumluft injizieren (*Induktionsgerät*) oder durch einen in das Gerät eingebauten Ventilator (*Ventilatorkonvektor*)

Ventilatorkonvektor Er stellt ein Umwälzgerät dar, z. B. als Truhengerät mit Filter, Wärmetauscher und Ventilator (Abb. 38.66), wobei die Außenluft zentral aufbereitet und dem Raum über ein Kanalnetz zugeführt wird. Die Sekundärluftumwälzung ist unabhängig von dem Primärluftstrom. Hinsichtlich der Anzahl und Ausführung der Wärmetauscher und des Anschlusses an den

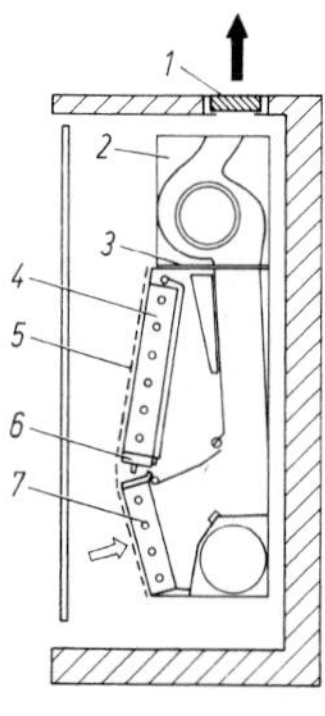

Abb. 38.66 Ventilatorkonvektor (LTG, Lufttechnische Ges.). *1* Luftauslassgitter, *2* Ventilator, *3* Bypass, *4* Luftkühler, *5* Luftfilter, *6* Tropfschale, *7* Lufterhitzer

Kalt- und Warmwasserkreislauf sind die gleichen Möglichkeiten gegeben mit den verschiedenen Rohrsystemen wie beim Induktionsgerät.

38.7 Dezentrale Klimaanlage

Der Lufttransport für den Außenluftbedarf der Personen, die Kühlung bzw. Heizung des Raumes – die Raumluftkonditionierung – ist die Aufgabe der Klimatisierung. Die Kühl- und Heizlasten können am energiegünstigsten mit Hilfe von Luft- und Wasser aus dem Raum abgeführt werden. Bei dezentralem Klimasystem werden bspw. Ventilatorkonvektoren in den meisten Fällen in unmittelbarer Nähe der Fassade im Doppelbodenhohlraum eingesetzt. Bei Büronutzung wird grundsätzlich in jeder zweiten Achse ein Gerät vorgesehen. Um weitere Ventilatorkonvektoren zu jeder Zeit z. B. bei Nutzungsänderung einsetzen zu können, werden Regelanschlüsse bei den wasserführenden Leitungen und bei der Elektroinstallation vorgehalten. Die Ventilatorkonvektoren übernehmen bei dieser Bauform die Außenluftansaugung auf kürzestem Weg direkt durch die Fassade (und sind nicht an ein RLT-Gerät angeschlossen), die Luftaufbereitung und die Luftführung zum Raum (s. Abb. 38.67a).

Der Außenluftstrom kann im Raum individuell unabhängig von Nachbarräumen zwischen 1,5 und 3,0 Luftwechsel/h geregelt, abgeschaltet sowie nach Bedarf erwärmt und gekühlt werden. In Kombination mit zusätzlicher Flächenkühlung und optionaler Heizung (z. B. Kühldecken

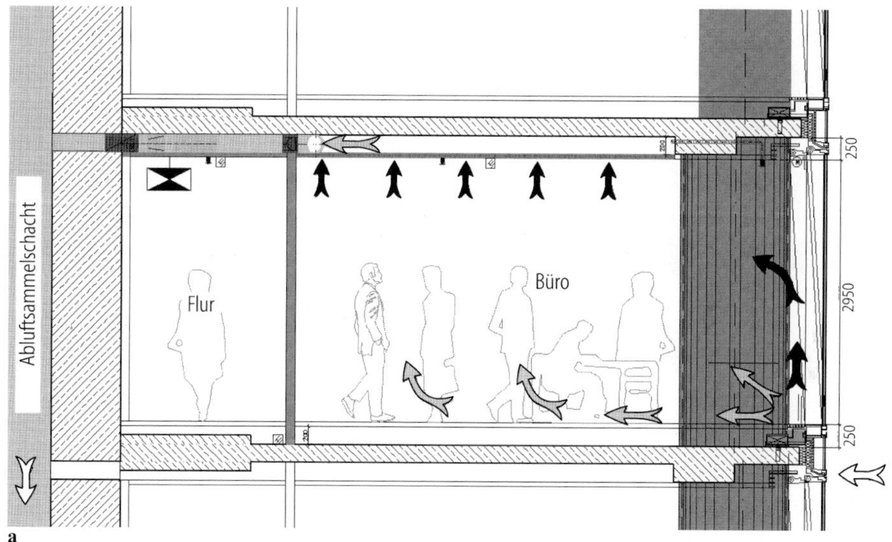

VORTEILE des dezentralen KLIMASYSTEMS

- EINSPARUNGEN an:
  - INVESTITION von RLT, WÄRME, KÄLTE
  - BETRIEBSKOSTEN: ENERGIE
WARTUNG
  - RAUMBEDARF: TECHNIKZENTRALEN
SCHÄCHTE
  - INDIVIDULLE RAUMREGELUNG
  - optimale HYGIENE: keine ZULUFTKANÄLE
  - keine SICK-BUILDING SYNDROME
  - Energieeinsparung durch FENSTERLÜFTUNG

b

Abb. 38.67 **a** Dezentrales Klimasystem eines Büroraums; **b** Vorteile des dezentralen Klimasystems

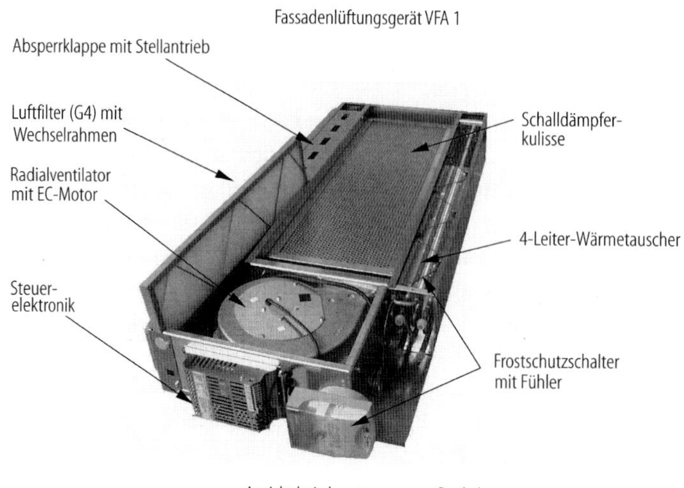

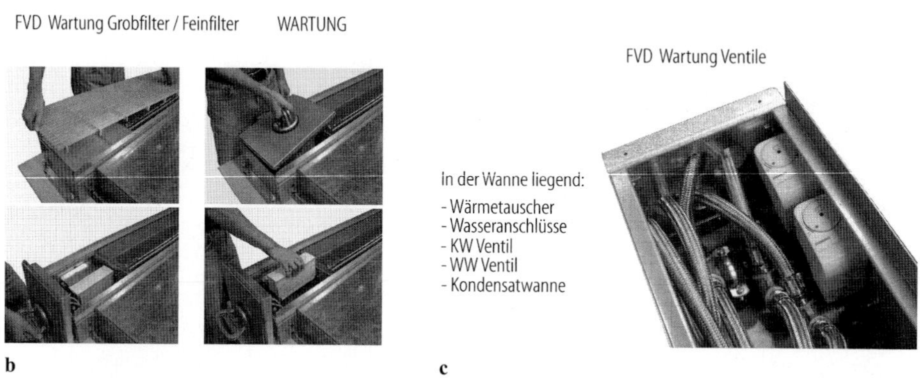

Abb. 38.68 **a** Ventilatorkonvektor im Doppelboden (Fabrikat/Foto: LTG); **b** und **c** Wartung von Ventilatorkonvektor (Foto: LTG)

oder Bauteilaktivierung) werden die in der Normung nutzungsbereichbezogenen vorgeschlagenen Raumtemperaturen und die vorgeschriebenen personenbezogene Außenluftraten in jedem Fall eingehalten. Als zusätzlicher Komfort ist auch die Möglichkeit des Fensteröffnens vorgesehen. Die Konvektoren werden mit Kalt- und Warmwasser nach dem „Vierleiterprinzip" versorgt, um jeder Zeit den Nutzraum individuell temperieren (heizen oder kühlen) zu können.

Die Abluft strömt in Großraumbüros frei, ohne luftführende Leitungen zu den innenliegenden Funktionsräumen wie Toiletten, Serverräumen, Teeküchen, Fotokopierraum usw., wo sie direkt abgesaugt und z. B. über Dach oder über Tiefgarage fortgeblasen wird. Die Abluft der Büroräume wird nach dem als Zweitnutzungsprinzip zur Belüftung und Erwärmung innenliegender Lager- und Technikräume in den UG's benützt. Eine Möglichkeit der Wärmerückgewinnung mit einem Luft-Wasser-Luftsystem (Kreislaufverbunden) auch in Kombination mit einer Wärmepumpe ist grundsätzlich denkbar. Der Einsatz dieser Energierückgewinnungssysteme bedarf in jedem Fall eines Wirtschaftlichkeitsnachweises. Bei besonderen Auflagen seitens des Brandschutzes und des Fluchtwegkonzeptes müssen individuelle Lösungen entwickelt werden, um die freie Abluftführung realisieren zu können.

Vorteile: *Zum Vergleich wurde ein konventionelles Zentralsystem mit 2,5fachem Luftwechsel* *und Flächenkühlung für Büronutzung zu Grunde gelegt.*

Wo möglich keine Abhangdecken im Nutzbereich. Keine bzw. kaum im Raum sichtbare Komponente der Raumluft-, Wärme-, Kälte- und Elektrotechnik im Bereich der Büronutzung. Investitionskostenreduktion im Bereich der RLT-, Wärme- und Kältetechnik von ca. 15–20 %. Energiebedarf- und Energiekostenreduktion, vor allem hinsichtlich der Elektroarbeit für die Luftförderung von ca. 70–80 %. Wartungskostenreduktion von ca. 10 %. Raumbedarfreduktion im Bereich der Technikzentralen von ca. 20 % und im Bereich der Schächte von ca. 25 %. Flexibilität in der Raumaufteilung auch nach der Inbetriebnahme (s. Abb. 38.67b).

Das Abb. 38.68a zeigt einen Ventilatorkonvektor der Firma LTG, geeignet für Doppelbodeneinbau bei vollverglastem Gebäude. Wenn zur Deckung der Grundkühlung Betontemperierung oder Kühlfläche gewählt wird, können die Nutzräume ohne sichtbare Installation der Komponenten der Raumlufttechnik und ohne Deckenabhängung erstellt werden. Die Abb. 38.68b und c zeigen die Möglichkeit der Wartung und Reinigung des im Doppelboden eingebauten Ventilatorkonvektors.

Das dezentrale System bietet extrem große Flexibilität bei Änderungen der Raumaufteilung von Büroflächen und bei Änderungen bei Mieterteilung vor allem im Bereich der dezentralen Energiebedarferfassung.

38.8 Berücksichtigung von Klimaanlagen nach Energieeinsparverordnung

Die Energieeinsparverordnung (EnEV) 2016 enthält direkt und indirekt Vorgaben für Planung und Installation von Klimaanlagen.

Die EnEV 2016 beruht auf der „Richtlinie 2010/31/EU des Europäischen Parlaments und des Rates über die Gesamtenergieeffizienz von Gebäuden (Energy Performance of Buildings Directive – EPBD)“.

38.8.1 Referenzgebäudeverfahren für Nichtwohngebäude

Die EnEV legt § 4 Nichtwohngebäude fest, dass der Jahres-Primärenergiebedarf Q_P für Nichtwohngebäude nach DIN V 18599 zu berechnen ist.

„(1) Zu errichtende Nichtwohngebäude sind so auszuführen, dass der Jahresprimärenergiebedarf für Heizung, Warmwasserbereitung, **Lüftung, Kühlung** und eingebaute Beleuchtung den Wert des Jahres-Primarenergiebedarfs eines Referenzgebäudes gleicher Geometrie, Nettogrundfläche, Ausrichtung und Nutzung einschließlich der Anordnung der Nutzungseinheiten mit der in Anlagen 2 Tab. 1 angegebenen technischen Ausführung nicht überschreitet.“

Anlage 2 Tab. 1 enthält somit neben anderen Angaben die „Referenztechnik“ für Klimaanlagen (Tab. 38.17).

Anhand dieser Parameter werden bestimmte Vorgaben und Rechenwerte in das Rechenverfahren nach DIN V 18599 integriert, so dass sich in Ergänzung zu anderen Berechnungen ein Jahresprimärenergiebedarf für das Referenzgebäude ergibt.

Man kann somit festhalten, dass in der jeweils gültigen Fassung der EnEV der „Stand der Technik“ für einzelne Gewerke festgeschrieben ist.

38.8.2 Wartung von Klimaanlagen

Klimaanlagen, die nicht ordnungsgemäß gewartet sind, weisen einen deutlich erhöhten Energiebedarf auf. Verschmutzte Filter und/oder Wärmeübertrager bedingen deutlich erhöhte Druckverluste, die vom Ventilator zu überwinden sind. Daher wird vom Gesetzgeber festgelegt, dass der Betreiber diese Anlagen warten muss: § 11 „Aufrechterhaltung der energetischen Qualität“ stellt die gesetzliche Verpflichtung des Betreibers von Klimaanlagen dar zur Anlagenwartung und zum energieeffizienten Betrieb. Absatz (4) besagt : „Komponenten mit wesentlichem Einfluss auf den Wirkungsgrad solcher Anlagen sind vom Betreiber regelmäßig zu warten und instand zu halten.“

Tab. 38.17 Referenztechnologie nach EnEV 2016 Anlage 2 Tab. 1

Referenz-RLT	Abluftanlage:	Ventilator:	PSFP = 1,0 kW/(m³/s)
	Zu- und Abluftanlage:	Zuluftvent.	PSFP = 1,5 kW/(m³/s)
		Abluftvent.	PSFP = 1,0 kW/(m³/s)
		Wärmerückgewinnung 0,6	
	Zu- und Abluftanlage geregelte Luftkonditionierung:		
		Zuluftvent.	PSFP = 1,5 kW/(m³/s)
		Abluftvent.	PSFP = 1,0 kW/(m³/s)
		Wärmerückgewinnung 0,6	
Referenzkühlung	Kaltwasser Fan-Coil 14/18 °C Kaltwassertemperatur, Brüstungsgerät		
Referenzkälteerzeugung	Kolben/Scrollverdichter mehrstufig schaltbar, R134a, luftgekühlt, Kaltwassertemperatur 6/12 °C, Kaltwasserkreis ungeregelte Pumpe		

38.8.3 Energetische Inspektion von Klimaanlagen

Nach § 12 (1) liegt die Verantwortlichkeit für die Durchführung der Energetischen Inspektion beim Betreiber der Klimaanlage. Bei Mietobjekten ist zu prüfen, wer Betreiber im rechtlichen Sinn ist. Bei Übergabe des Objektes an ein Facility-Management-Unternehmen kann dieses der rechtliche Betreiber sein.

Unter die Pflicht zur Energetischen Inspektion fallen die Klimaanlagen ab einer Anlagengröße über 12 kW der Nennkühlleistung. Die Inhalte der Inspektion werden in § 12 (2) aufgeführt: „Die Inspektion umfasst Maßnahmen zur Prüfung der Komponenten, die den Wirkungsgrad der Anlage beeinflussen und der Anlagendimensionierung im Verhältnis zum Kühlbedarf des Gebäudes. Sie bezieht sich insbesondere auf

1. die Überprüfung und Bewertung der Einflüsse, die für die Auslegung der Anlage verantwortlich sind, insbesondere auf
   - Veränderung der Raumnutzung und -belegung,
   - Nutzungszeiten,
   - innere Wärmquellen,
   - relevante bauphysikalische Eigenschaften,
   - Sollwerte für Luftmenge, Temperatur, Feuchte, Betriebszeit, Toleranzen,
2. die Feststellung der Effizienz der wesentlichen Komponenten."

Abgeschlossen wird die Energetische Inspektion mit Hinweisen und Ratschlägen zur energetischen Verbesserung der Anlage.

Durch die Vorgaben der EnEV wird die Aufteilung der Energetischen Inspektion in zwei Teile festgelegt: Im Rahmen der Anlagentechnischen Prüfung werden Ventilatoren, Wärmerückgewinner, Befeuchter, Kältemaschine, etc. auf ihre Energieeffizienz hin untersucht. Die Systemprüfung beinhaltet die Prüfung von Gebäudeeigenschaften, -betrieb und Anlagendimensionierung und kann abhängig von Gebäudegröße und der Qualität der zur Verfügung gestellten Informationen und Unterlagen einen weitaus größeren Part als die anlagentechnische Prüfung einnehmen [7]. Ein geschlossenes Verfahren zur Energetischen Inspektion enthält die Norm DIN SPEC 15240 „Lüftung von Gebäuden – Gesamtenergieeffizienz von Gebäuden – Energetische Inspektion von Klimaanlagen".

Generell ist die Inspektion erstmals nach 10 Jahren vorzunehmen; dann wiederkehrend mindestens alle zehn Jahre. Die in der EnEV festgelegten Übergangsfristen sind am 1.10.2013 abgelaufen.

38.8.4 Vorgaben für die Planung von Lüftungs- und Klimaanlagen

In § 15 „Klimaanlagen und sonstige Anlagen der Raumlufttechnik" werden die bei Neubau oder Sanierung von Klimaanlagen zu berücksichtigenden Anforderungen an die Anlagentechnik formuliert. Zu beachten ist hierbei, dass dies – abweichend vom § 12, der sich nur auf Anlagen mit einer Kälteleistung von > 12 kW bezieht- auch für reine Lüftungsanlagen > 4000 m³/h gilt. Folgende Anforderungen sind zu erfüllen:

- Die Ventilatoren dürfen den Grenzwert von SFP4 (1250–2000 W/(m³/s)) nach DIN EN 13779 nicht überschreiten.
- Besitzen die Anlagen eine Be- und Entfeuchtung, so muss diese geregelt sein. Es muss sich um eine selbständig wirkende Regelung handeln, bei der getrennte Sollwerte für die Be- und die Entfeuchtung eingestellt werden können und als Führungsgröße mindestens die direkt gemessene Zu- oder Abluftfeuchte dient. Sind diese Regeleinrichtungen nicht vorhanden, so besteht Nachrüstpflicht.
- Bei bestimmten Anlagen mit Luftleistungen oberhalb von 9 m³/h je m² Nutzfläche muss eine selbständig wirkende Volumenstromregelung vorhanden sein.
- Kälteverteilungs- und Kaltwasserleitungen sowie Armaturen müssen wärmegedämmt sein.
- Es müssen Einrichtung zur Wärmerückgewinnung mit einer Klassifizierung H3 installiert werden.

38.8.5 Berücksichtigung von Klimaanlagen in der DIN V 18599

Die Berechnung von Klimaanlagen im Rahmen der EnEV und auch im Rahmen der Energetischen Inspektion erfolgt nach den Rechenverfahren, die in der DIN V 1899 „Energetische Bewertung von Gebäuden- Berechnung des Nutz-, End- und Primärenergiebedarf für Heizung, Kühlung, Lüftung, Trinkwarmwasser und Beleuchtung", insbesondere Teil 3 und 7 niedergelegt sind.

Die Berücksichtigung des Energiebedarfs von Klimaanlagen, d. h. für die Erwärmung, Abkühlung, Be- und Entfeuchtung der Luft und auch für den Endenergiebedarf der Luftförderung erfolgt im Teil 3 „Nutzenergiebedarf für die energetische Luftaufbereitung" der DIN V 18599.

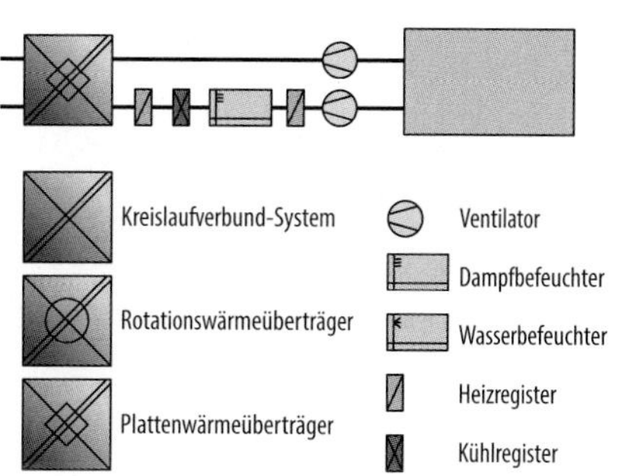

Abb. 38.69 modularer Aufbau von 46 Anlagenvarianten [7]

Um eine Simulationsrechnung für jeden Einzelfall zu vermeiden wurden hier 46 üblicherweise in RLT-Anlagen vorkommende sinnvolle Anlagenvarianten gebildet. Die gewählten Varianten und deren Betriebsweisen bilden ein breites Spektrum praktisch vorkommender Komponentenreihungen ab (Abb. 38.69). Tab. 38.18 zeigt eine Übersicht über die Variantenmatrix nach DIN V 18599 Teil 3.

Für jede der 46 Anlagenvarianten wurde der jeweilige Nutzenergiebedarf für Wärme, Kälte und Dampf in der Einheit [Wh/(m³/h)] vorab in einer Simulationsrechnung in stündlichen Schritten für einen festgelegten Basisfall ermittelt. Diese Berechnung basiert auf folgenden Voraussetzungen:

- mittlere Klimadaten für den Standort Potsdam,
- normiert auf einen Zuluftvolumenstrom von 1 m³/h,
- Zulufttemperatur der RLT-Anlage V,mech = 18 °C,
- Tägliche Betriebsstundenzahl der RLT-Anlage $t_{V,mech}$= 12 h/d,
- Monatliche Betriebstagezahl $d_{V,mech} = d_{mth}$, abhängig von der Tageanzahl des jeweiligen Monats.

Tab. 38.18 Übersicht über die Variantenmatrix nach DIN V 18599 Teil 3

Feuchteanforderungen	Befeuchter-Typ	WRG-Typ	Rückwärmzahl
Keine	Verdunstung nicht regelbar	keine	45 %
großer Toleranzbereich	Verdunstung regelbar	reine Wärmeübertragung	60 %
ohne Toleranzbereich	Dampfbefeuchter	Wärme- und Feuchteübertragung	75 %

Tab. 38.19 Spezifische Energiekennwerte; Auszug (gemäß DIN V 18599 Teil 3; Tabelle A6)

Varianten-Nr.	Energiekennwerte Gesamtjahr		
	Wärme	Dampf	Kälte
	q_H, 18 °C,12 h	q_{St}, 18 °C,12 h	q_C, 18 °C,12 h
	[Wh/(m³/h)]	[Wh/(m³/h)]	[Wh/(m³/h)]
1	11 369	–	1951
2	3340	–	1923
3	1179	–	1913
4	51	–	1903
5	16 241	–	2751
–	–	–	–
20	3351	4453	2000
21	1222	4453	1990
22	273	4479	1981
23	3434	2488	1986

Ebenfalls ermittelte „Stützwerte" erlauben die Interpolation für folgende Größen:

- frei wählbare Betriebszeiten,
- frei wählbare Zulufttemperaturen im Bereich von 14 °C bis 22 °C,
- frei wählbare Rückwärmzahlen < 75 %.

Teil 3, Anhang A enthält die Tabellen für das Gesamtjahr und die Einzelmonate.

Zur Berechnung des Nutzenergiebedarfs für die Aufbereitung der Zuluft, müssen jeweils die spezifischen Energiekennwerte der Einzelenergien (Wärme, Dampf, Kälte) denormiert werden, indem sie mit dem monatlichen Zuluftvolumenstrom multipliziert werden (Tab. 38.19).

38.8.6 Endenergie für Ventilatoren

Der Vollständigkeit halber sei erwähnt, dass im Teil 3 ebenfalls die Berechnung des Endenergiebedarfs für die Luftförderung erfolgt. D.h. hier wird die elektrische Energie ermittelt, die für den Ventilatorantrieb benötigt wird. Unterschieden wird dabei nach Steuerungs- bzw. Regelungsart des Luftvolumenstroms. In Abhängigkeit davon, ob es sich um Anlagen mit zeit- oder nutzungsabhängiger Steuerung des Volumenstroms oder um Anlagen mit kühllastabhängiger Regelung des Volumenstroms handelt, kommen jeweils unterschiedliche Gleichungen zum Ansatz.

Literatur

Spezielle Literatur

1. FGK Statusreport 14, Definition von Klimaanlagen nach EnEV und EPBD, Fachverband Gebäude-Klima, Bietigheim-Bissingen, 2011
2. Schädlich, S., Stahl, M., Grundlagen und Praxis der Lüftungs- und Klimatechnik, CCI Dialog GmbH, Karlsruhe, 2005
3. www.rlt-info.de; Fachverband Gebäude-Klima, Bietigheim Bissingen, Stand 08.02.2013
4. Schädlich, S., Bauelemente von Klimaanlagen, Seminarunterlagen, 2012
5. Anforderungen der ErP-(Ökodesign)-Richtlinie an Ventilatoren, Wissensportal CCI Dialog GmbH, Stand 22.02.2013
6. Menerga GmbH Mülheim, Firmenunterlagen
7. Schädlich, S., Trogisch, A.; Energetische Inspektion von Klimaanlagen; CCI Dialog GmbH, Karlsruhe, 2011
8. Miezker, Th., Heißes Eisen EN 779; 03/2012 cci Zeitung 03/2012, S. 13–15; Verlag CCI Dialog GmbH Karlsruhe
9. Rákóczy, T.: Optimierung von Kanälen für Raumlufttechnische Anlagen, KI 6 (1977)
10. Frimberger, R.: Einführung in Aerodynamik der Bauwerke im Hinblick auf deren Einfluss auf die Funktion von Heizungs- und Lüftungsanlagen, DVGW-Schriftenreihe Nr. 12, S. 7–24 (1975)
11. Hansen, N.: Die Lüftung von Werkshallen, Lüftungstechnik und Klimaanlagen, H. 151. Vulkan, Essen (1967)
12. Hausladen, G.: Wohnungslüftung. Fortschrittsber. VDI-Z. Reihe 6 Nr. 73. VDI-Verlag, Düsseldorf (1980)

Weiterführende Literatur

Baumgarth, S., Hörner, B., Reeker, J. (Hrsg.): Handbuch der Klimatechnik Band 1: Grundlagen; VDE Verlag Berlin, Offenbach (2008)

Hörner, B., Schmidt, M. (Hrsg.): Handbuch der Klimatechnik Band 2: Anwendungen; VDE Verlag Berlin, Offenbach (2011)

Hörner, B., Schmidt, M. (Hrsg.): Handbuch der Klimatechnik Band 3: Aufgaben und Übungen; VDE Verlag Berlin, Offenbach (2012)

Schädlich, S. (Hrsg.): Taschenbuch Kälte-Wärme-Klima 2012; VDE Verlag Berlin, Offenbach (2012)

Recknagel, H., Sprenger, E., Schramek, E.-R. (Hrsg.): Der Recknagel 2011/2012. Taschenbuch für Heizung + Klimatechnik, 75. Auflage, Oldenbourg Verlag

IKET (Hrsg.): Pohlmann-Taschenbuch der Kältetechnik; VDE Verlag Berlin, Offenbach (2012)

Normen und Richtlinien

DIN EN 1822 (alle Teile): Schwebstofffilter (EPA, HEPA und ULPA)

DIN 1946-4 Raumlufttechnik – Teil 4: Raumlufttechnische Anlagen im Gebäuden und Räumen des Gesundheitswesens
DIN 1946-5 Lüftungstechnische Anlagen (VDI-Lüftungsregeln); Lüftung von Schulen
DIN 1946-6 Raumlufttechnik – Teil 6: Lüftung von Wohnungen – Allgemeine Anforderungen, Anforderungen zur Bemessung, Ausführung und Kennzeichnung, Übergabe/Übernahme (Abnahme) und Instandhaltung
DIN 1946-7 Raumlufttechnik – Teil 7: Raumlufttechnische Anlagen in Laboratorien
DIN 18017 Lüftung von Bädern und Toilettenräumen ohne Außenfenster – Teil 3: Lüftung mit Ventilatoren
DIN EN 24185 Durchflussmessung von Flüssigkeiten in geschlossenen Leitungen; Wägeverfahren (ISO 4185:1980); Deutsche Fassung EN 24185:1993
DIN 24184 Typprüfung von Schwebstofffiltern
DIN 8957 Teil 1–4 Raumklimageräte
DIN 18032 T1 Sporthallen – Hallen und Räume für Sport und Mehrzwecknutzung Grundsätze für die Planung
DIN 18379 VOB Vergabe- und Vertragsordnung für Bauleistungen – Teil C: Allgemeine Technische Vertragsbedingungen für Bauleistungen (ATV) – Raumlufttechnische Anlagen
DIN EN 12831:2003-08: Heizungsanlagen in Gebäuden – Verfahren zur Berechnung der Norm-Heizlast; 2003, Beiblatt 1 Heizsysteme in Gebäuden – Verfahren zur Berechnung der Norm-Heizlast – Nationaler Anhang NA, (Berichtigung zu DIN EN 12831 Beiblatt 1:2008-07), 2010-11, Beiblatt 2: Vereinfachtes Verfahren zur Ermittlung der Gebäude-Heizlast und der Wärmeerzeugerleistung, 2012-05
DIN SPEC 13779 Lüftung von Nichtwohngebäuden – Allgemeine Grundlagen und Anforderungen für Lüftungs- und Klimaanlagen und Raumkühlsysteme – Nationaler Anhang zu DIN EN 13779:2007-09
DIN EN 12599 Lüftung von Gebäuden- Prüf und Messverfahren für die Übergabe eingebauter raumlufttechnischer Anlagen
DIN EN 12792 Lüftung von Gebäuden- Symbole, Terminologie und graphische Symbole
DIN EN 16798 Teil 3 Energetische Bewertung von Gebäuden-Lüftung von Gebäuden-Teil 3: Lüftung von Nichtwohngebäuden – Leistungsanforderungen an Lüftungs- und Klimaanlagen und Raumkühlsystemen
DIN EN 15251 Eingangsparameter für das Raumklima zur Auslegung und Bewertung der Energieeffizienz von Gebäuden – Raumluftqualität, Temperatur, Licht und Akustik (gilt für Wohn- und Nichtwohngebäude)
DIN EN 14240 Lüftung von Gebäuden – Kühldecken-Prüfung und Bewertung
DIN EN 15239 Lüftung von Gebäuden – Gesamtenergieeffizienz von Gebäuden – Leitlinien für die Inspektion von Klimaanlagen
DIN EN 15240 Lüftung von Gebäuden – Gesamtenergieeffizienz von Gebäuden – Leitlinien für die Inspektion von Klimaanlagen
DIN EN 15251 Eingangsparameter für das Raumklima zur Auslegung und Bewertung der Energieeffizienz von Gebäuden – Raumluftqualität, Temperatur, Licht und Akustik
DIN EN 16211 Lüftung von Gebäuden – Luftvolumenstrommessung in Lüftungssystemen – Verfahren
DIN EN 15726 2007-12-01 N-E Lüftung von Gebäuden – Luftverteilung – Messungen im Aufenthaltsbereich von klimatisierten/belüfteten Räumen zur Bewertung der thermischen und akustischen Bedingungen
DIN EN ISO 7730 Ergonomie der thermischen Umgebung – Analytische Bestimmung und Interpretation der thermischen Behaglichkeit durch Berechnung des PMV- und des PPD-Indexes und Kriterien der lokalen thermischen Behaglichkeit
DIN EN ISO 14644-1 Reinräume und zugehörige Reinraumbereiche – Teil 1: Klassifizierung der Luftreinheit (ISO 14644-1:1999)
DIN EN ISO 14644-2 Reinräume und zugehörige Reinraumbereiche – Teil 2
DIN EN ISO 14644-5 Reinräume und zugehörige Reinraumbereiche – Teil 5: Betrieb
DIN EN ISO 14644-3 Reinräume und zugehörige Reinraumbereiche – Teil 3: Prüfverfahren
DIN EN ISO 14644-4 Reinräume und zugehörige Reinraumbereiche – Teil 4: Planung, Ausführung und Erst-Inbetriebnahme
DIN EN ISO 14644-6 Reinräume und zugehörige Reinraumbereiche – Teil 6: Terminologie
DIN EN ISO 14644-7 SD-Module
DIN EN ISO 14644-8 Reinräume und zugehörige Reinraumbereiche – Teil 8: Klassifikation luftgetragener molekularer Kontamination
DIN SPEC 15240 „Lüftung von Gebäuden – Gesamtenergieeffizienz von Gebäuden – Energetische Inspektion von Klimaanlagen" (Entwurf)
DIN EN ISO 14644-9 Reinräume und zugehörige Reinraumbereiche – Teil 9: Klassifizierung der partikulären Oberflächenreinheit
DIN EN ISO 14644-10 Reinräume und zugehörige Reinraumbereiche – Teil 10: Klassifizierung der chemischen Oberflächenreinheit
DIN-Fachbericht 128 Klima am Arbeitsplatz und in der Arbeitsumgebung – Grundlagen zur Klimaermittlung
DIN V 1899 „Energetische Bewertung von Gebäuden – Berechnung des Nutz-, End- und Primärenergiebedarf für Heizung, Kühlung, Lüftung, Trinkwarmwasser und Beleuchtung
VDI 2052 Raumlufttechnische Anlagen für Küchen
VDI 2052 Blatt 1 Raumlufttechnische Anlagen für Küchen – Bestimmung der Rückhalteeffizienz von Aerosolabscheidern in Abluftanlagen von Küchen
VDI 2078 Berechnung der Kühllast klimatisierter Räume (VDI Kühllastregeln)
VDI 2078 Blatt 1 Berechnung der Kühllast klimatisierter Gebäude bei Raumkühlung über gekühlte Raumumschließungsflächen
VDI 2082 Raumlufttechnik – Verkaufsstätten (VDI-Lüftungsregeln)

VDI 3802 Raumlufttechnische Anlagen für Fertigungsstätten
VDI 3802 Blatt 2 E Raumlufttechnische Anlagen für Fertigungsstätten – Absaugung luftfremder Stoffe an materialabtragenden Werkzeugmaschinen
VDI 3803 Blatt 1 Raumlufttechnik – Zentrale Raumlufttechnische Anlagen. Bauliche und technische Anforderungen (VDI-Lüftungsregeln)
VDI 3804 Raumlufttechnik – Bürogebäude (VDI-Lüftungsregeln)
VDI 3805 Blatt 5 Produktdatenaustausch in der TGA – Luftdurchlässe
VDI 3805 Blatt 7 Produktdatenaustausch in der TGA – Ventilatoren
VDI 3805 Blatt 9 Produktdatenaustausch in der TGA – Modullüftungsgeräte
VDI 6022 Blatt 1, Raumlufttechnik, Raumluftqualität, Hygieneanforderungen an Raumlufttechnische Anlagen und Geräte (VDI-Lüftungsregeln), 2011-07 – Blatt 1.1, Prüfung von Raumlufttechnischen Anlagen (VDI-Lüftungsregeln), 2012-08 – Blatt 3, Beurteilung der Raumluftqualität, 2011-07 – Blatt 4, Qualifizierung von Personal für Hygienekontrollen, Hygieneinspektionen und die Beurteilung der Raumluftqualität, 2012-08 – Blatt 4.1, Nachweis der Qualifizierung in Schulungskategorie A und Schulungskategorie B, 2013-01 – Blatt 6, Luftbefeuchtung über dezentrale Geräte – Planung, Bau, Betrieb, Instandhaltung, 2012-05
VDI 6035 Raumlufttechnik – Dezentrale Lüftungsgeräte – Fassadenlüftungsgeräte (VDI- Lüftungsregeln)
VDI 6038 E Raumlufttechnik – Raumluftqualität – Beurteilung der Raumluftqualität (VDI-Lüftungsregeln)
VDI 2051 Raumlufttechnik in Laboratorien
VDI 2052 Raumlufttechnische Anlagen für Küchen
VDI 2053 Raumlufttechnische Anlagen für Garagen
VDI 2071 Blatt 2 Wärmerückgewinnung in Raumlufttechnischen Anlagen; Wirtschaftlichkeitsberechnung
VDI 2083 Blatt 1 Reinraumtechnik – Partikelreinheitsklassen der Luft 2013-01
VDI 2083 Blatt 3 Reinraumtechnik – Messtechnik in der Reinraumluft
VDI 2089 Blatt 1 Technische Gebäudeausrüstung von Schwimmbädern – Hallenbäder
VDI 2089 Blatt 2 Technische Gebäudeausrüstung von Schwimmbädern – Effizienter Einsatz von Energie und Wasser in Schwimmbädern
VDI 2567 Schallschutz durch Schalldämpfer
VDI 3802 Raumlufttechnische Anlagen für Fertigungsstätten
VDI 3814 Blatt 1 Gebäudeautomation (GA) – Systemgrundlagen
VDI 3814 Blatt 2 Gebäudeautomation (GA) – Gesetze, Verordnungen, Technische Regeln
VDI 3814 Blatt 3 Gebäudeautomation (GA) – Hinweise für das Gebäudemanagement – Planung, Betrieb und Instandhaltung
VDI 3814 Blatt 4 Gebäudeautomation (GA) – Datenpunktlisten und Funktionen – Beispiele
ASR 5 Lüftung
ASR 34 1-5 Umkleideräume
ASR 35 1-4 Waschräume
ASR 37/1 Toilettenräume

Gesetzliche und behördliche Vorschriften

EnEV 2014 Energieeinsparverordnung für Gebäude. Verordnung über den energetischen Wärmeschutz und energiesparende Anlagentechnik bei Gebäuden
EnEV 2014 Zweite Verordnung zur Änderung der Energieeinsparverordnung, vom 18. November 2013
EU-Richtlinie 2010/31/EU Gesamtenergieeffizienz von Gebäuden; Gesetz zur Förderung Erneuerbarer Energien im Wärmebereich (Erneuerbare-Energien-Wärmegesetz – EEWärmeG) 2009
Verordnung (EG) Nr. 640/2009 der Kommission zur Durchführung der Richtlinie 2005/32/EG (ErP Elektromotoren)

39 Systeme und Bauteile der Heizungstechnik

Christian Hainbach

39.1 Einzelheizung

Einzelheizgeräte haben zur Wärmeerzeugung entweder einen *Feuerraum* zur Verbrennung von festen Brennstoffen, Öl oder Gas (Öfen), oder *elektrische Heizleiter*. Wegen des veränderlichen Wärmebedarfs ist die Wärmeerzeugung bzw. die Heizleistung der Außenwitterung entsprechend zu regulieren. Je nach Konstruktion des Heizgeräts überwiegt die Wärmeabgabe durch *Konvektion* oder *Strahlung*. Der Strahlungsanteil macht eine freie Aufstellung im Raum erforderlich. Wegen der Verbrennungsabgabe ist der Anschluss an einen Schornstein oder eine Abgasleitung nötig, was meist zur Innenwandaufstellung zwingt, Abb. 39.1. Geräte, die an einen Wärmeträger angeschlossen sind und bei denen keine Wärmeerzeugung im Raum stattfindet, werden nicht zu den Einzelheizgeräten gerechnet.

In größeren Räumen und Hallen treten anstelle der Öfen treten *Luftheizgeräte*, meist mit Öl- oder Gasfeuerung. Die Wärmeleistung der Großraumgeräte geht bis zu 1000 kW, wobei im Gerät eingebaute Ventilatoren die Luftumwälzung im Raum sicherstellen, Abb. 39.2. Bei Heizgeräten mit stark injizierenden Weitwurfdüsen wird die Luft bis auf 150 °C an der Düse erwärmt. Die Feuerung hat meist Gebläsebrenner, bei Gas auch atmosphärische Brenner. Anstelle eines großen Geräts werden zur besseren Wärmeverteilung und Regelung oft mehrere Geräte in Werkhallen längs der beiden Außenwände in Form von Wandheizgeräten angeordnet. Aus Gründen

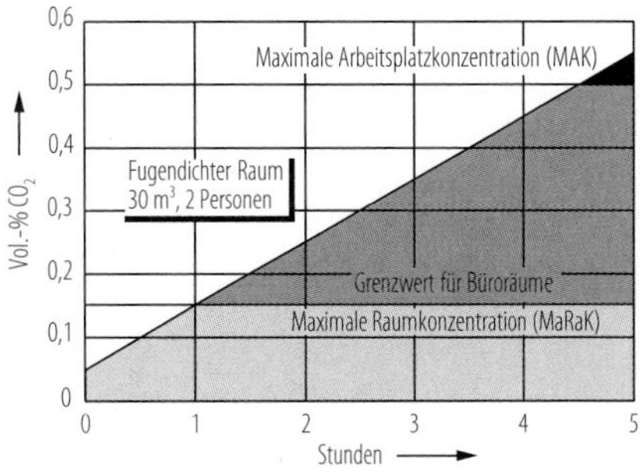

Maximale Arbeitsplatzkonzentration (MAK)
Fugendichter Raum 30 m³, 2 Personen
Grenzwert für Büroräume
Maximale Raumkonzentration (MaRaK)
Vol.-% CO_2
Stunden
0,6 0,5 0,4 0,3 0,2 0,1 0
0 1 2 3 4 5

Abb. 39.1 Schema der Wärmeübertragung im Raum bei Innenwandaufstellung von Öfen. K Konvektion, Str Strahlung

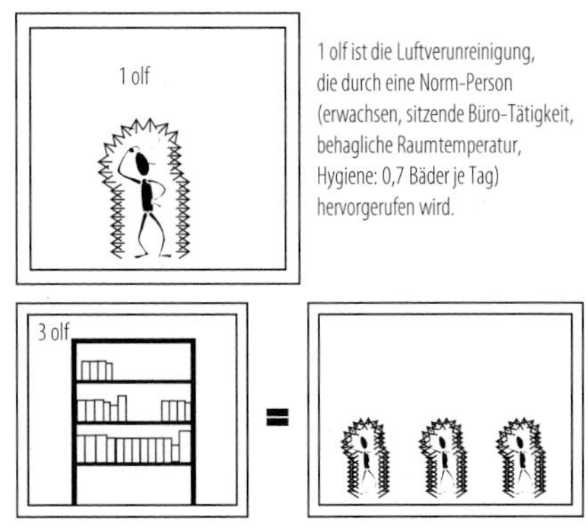

Abb. 39.2 Ölbefeuerte Warmlufterzeuger verschiedener Bauart. *1* Abgasrohr, *2* Brennkammer, *3* Warmluft, *4* Ölbrenner. **a** Mit Axialventilator und waagerechter Flammenachse; **b** mit Radialventilator und senkrechter Flammenachse; **c** mit Axialventilator (Außenläufer) und Sturzbrenner

C. Hainbach (✉)
Institut für Kälte-, Klima- und Energietechnik GmbH
Essen, Deutschland
E-Mail: hainbach@iket.de

B. Bender und D. Göhlich (Hrsg.), *Dubbel Taschenbuch für den Maschinenbau 3: Maschinen und Systeme*,
https://doi.org/10.1007/978-3-662-59715-6_39

des Umweltschutzes werden heutzutage mehrere kleine Schornsteine auf einem Werksgelände nicht mehr zugelassen (TA-Luft).

Strom und Gas werden auch in *Strahlern*, die oben verteilt im Raum angeordnet werden, verwendet. *Elektrostrahler* bestehen i. Allg. aus einem Strahlschirm mit einer von Isoliermasse umgebenen Heizwendel bei einer Temperatur von ca. 400 °C. Bei *Gasstrahlern* werden perforierte, keramische Katalytplatten erhitzt, die bei Temperaturen von 800 bis 900 °C in Rotglut geraten. Die Abgase müssen nach draußen abgeführt werden (DIN EN 419).

39.2 Zentralheizung

39.2.1 Systeme

Zentralheizungssysteme werden nach dem Wärmeträger als *Warmwasser-, Heißwasser-, Niederdruckdampf-, Hochdruckdampf* und *Luftheizanlage* bezeichnet. Allen gemeinsam ist die Zentrale als Ort der Wärmeerzeugung, das Rohrnetz oder Kanalnetz für die Wärmeverteilung und die Heizkörper und Heizflächen im Raum. Lediglich bei der Luftheizung übernimmt der Wärmeträger direkt die Raumerwärmung über Zu- und Abluftgitter im Raum. Heizkörper werden bevorzugt an der Außenwand angeordnet, große Heizflächen im Fußboden oder in der Decke untergebracht, Abb. 39.3. Das Energieeinsparungsgesetz (Heizungsanlagen-Verordnung) schreibt vor, dass Zentralheizungen mit zentralen, selbsttätig wirkenden Einrichtungen zum Verringern bzw. Abschalten der Wärmezufuhr in Abhängigkeit von einer geeigneten Führungsgröße und der Zeit auszustatten sind. Darüber hinaus sind für eine raumweise Temperaturregelung selbsttätig arbeitende Einrichtungen erforderlich.

Das häufigste System ist die *Warmwasserheizung* mit Umwälzung des Heizwassers durch eine Pumpe, wobei die Heizleistung durch Vorgabe des Betriebswerts, z. B. der Vorlauftemperatur am Wärmeerzeuger, zentral der Außenwitterung angepasst wird. Am Heizkörper findet eine zusätzliche Regelung der Wärmeabgabe im Raum durch

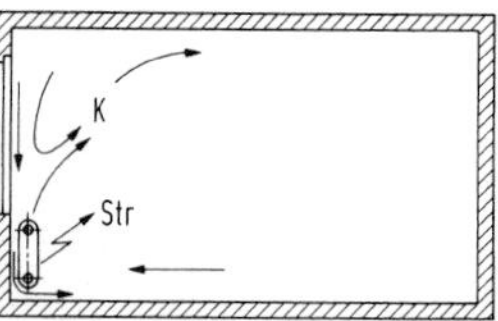

Abb. 39.3 Schema der Wärmeübertragung bei Außenwand-Aufstellung von Heizkörpern. K Konvektion, Str Strahlung

thermostatische Steuerung des Heizkörperventils statt. In Nichtwohnbauten ist eine Gruppenregelung zulässig.

Die *Niedertemperaturheizung* mit Wassertemperaturen um 50 °C gehört wegen der Verringerung der Wärmeverluste zu den Energiesparsystemen. Darüberhinaus ermöglichen die niedrigen Vorlauftemperaturen den Einsatz der Wärmeerzeugung mit hohem Wirkungsgrad (NT- bzw. Brennwertkessel, Wärmepumpen).

Wasserheizungen. Es gibt offene und geschlossene Systeme. Bei der geschlossenen Anlage ist das Ausdehnungsgefäß zugleich Druckgefäß für Wassertemperaturen über 100 °C. Unter Berücksichtigung des statischen Drucks wird in den Sicherheitsvorschriften nach Anlagen mit einer maximalen Heizwassertemperatur bis und über 110 °C unterschieden; die letzteren werden als *Heißwasserheizungen* bezeichnet.

Luftheizung. Sie entspricht im Aufbau den raumlufttechnischen Anlagen (s. Abschn. 38.6).

Wärmeerzeugung. *Heizkessel* werden zur Wärmeerzeugung mit festen Brennstoffen – Öl oder Gas – betrieben; Strom zur zentralen Wärmeerzeugung bleibt auf Blockspeicher oder *Wärmepumpen* beschränkt.

Bei Wohnblocks in einem Siedlungsgebiet oder bei ganzen Stadtteilen, die von einer gemeinsamen Zentrale aus mit Wärme versorgt werden, ist die Bezeichnung *Block-* oder *Fernheizung* üblich geworden. Die Zentrale wird wegen ihrer Größe als *Heizwerk* bezeichnet; bei der Ausnutzung von Abwärme aus Industriebetrieben oder aus Elektrizitätswerken als Heizkraftwerk (s. Abschn. 49.2).

39.2.2 Raum-Heizkörper, -Heizflächen

39.2.2.1 Heizkörper

Die meist für die Wasserheizung entwickelten Heizkörper können auch für Dampfheizungen Verwendung finden. Bauformen, zum Teil genormt, sind *Radiatoren* (Gliederheizkörper), *Platten-, Rohrheizkörper, Konvektoren* und die heute weniger verwendeten *Rippenrohre,* Abb. 39.4 und Abb. 39.5.

Am häufigsten werden die Heizkörper einseitig an das Rohrnetz mit dem *Vorlauf* (Warmstrang) oben und dem *Rücklauf* (Kaltstrang) unten, längere Heizkörper auch wechselseitig angeschlossen. Bei Einrohrheizungen oder bei im Estrich verlegtem Rohrnetz wird auch der untere, einseitige oder wechselseitige und sogar der mittige Anschluss gewählt, Abb. 39.6.

Die Wärmeabgabe der Heizkörper muss auf einem anerkannten Prüfstand festgestellt werden; für die genormten Bauformen liegen allgemein gültige Leistungsangaben vor (DIN 4703, DIN 4704).

Unter *Normbedingungen* beträgt der Temperaturabfall im Heizwasser 20 K bei einer Vorlauftemperatur von 90 °C. Bei einer wesentlich größeren Temperaturdifferenz im Heizwasser als 20 K ist anstelle des arithmetischen der logarithmische Mittelwert für die Wärmeübertragung von der Heizfläche an die Raumluft einzusetzen. Metallische Anstriche (Metallbronze) haben geringe Strahlungswärmeabgabe, was eine Leistungsminderung von 10 bis 15 % im Vergleich zum Lackanstrich mit sich bringt. In gleicher Größenordnung liegt die Verminderung der Heizkörperleistung beim unteren Anschluss, sofern der Wasserdurchfluss nicht erheblich erhöht wird. Für die Umrechnung auf andere Heizwasser- und Raumlufttemperaturen gilt das Potenzgesetz für die gesuchte Wärmeleistung (Niedertemperaturheizkörper):

$$q = q_n(\Delta t/\Delta t_n)^m \, .$$

Hierin sind: q_n Normleistung, $\Delta t_n = 60\,K$ Δt gesuchte Übertemperatur, $m = 1{,}25 \ldots 1{,}6$ je nach Heizkörperbauform; Radiatoren und Plattenheizkörper haben i. Allg. einen Exponenten $m = 1{,}3$; Konvektoren bis $m = 1{,}6$.

Heizkörper werden aus raumgestalterischen Gründen oft verkleidet. Die Verkleidungen können leistungsmindernd in der Größenordnung von 10 bis 15 % wirken, wenn neben der Strahlungswärmeabgabe auch die Luftumwälzung am Heizkörper eingeschränkt wird. Erschwert wird ferner die Zugänglichkeit für die Reinigung. Ebenso bewirkt das Aufstellen von Heizkörpern in Nischen eine Minderung der Wärmeleistung.

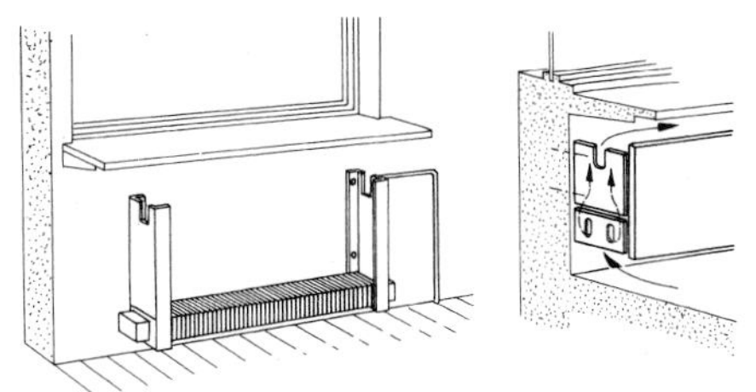

Abb. 39.5 Konvektor (Gea-Happel)

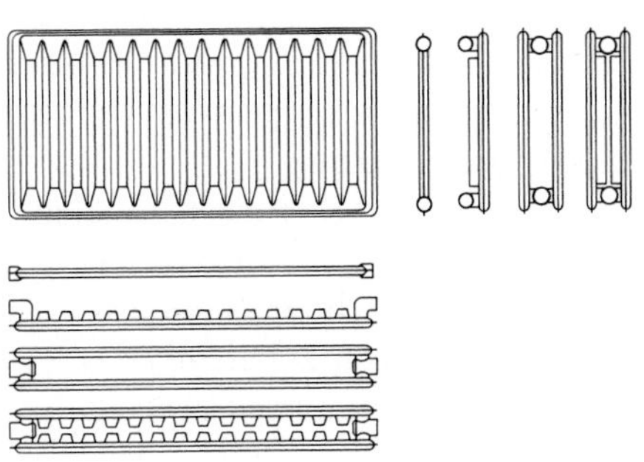

Abb. 39.4 Platten-Heizkörper [1]

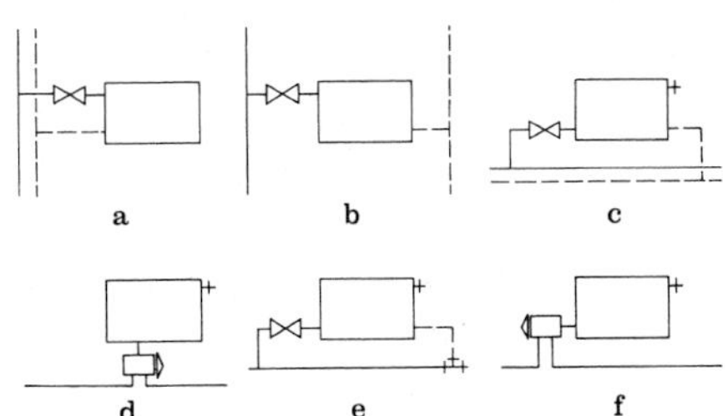

Abb. 39.6 Heizkörper-Anschluss. **a** Gleichseitig; **b** wechselseitig; **c** reitend, zweiseitig; **d** mittig, Vier-Wege-Ventil; **e** zweiseitig, Reduzierstück; **f** einseitig, Vier-Wege-Ventil. **a–c** Zweirohrsystem; **d–f** Einrohrsystem

39.2.2.2 Flächenheizung

Die Wärmeübertragung übernehmen große Heizflächen, die entweder Teil der Raumflächen oder großflächig im Raum – meist an der Decke – angeordnet sind. Da der Strahlungsanteil in der Wärmeabgabe größer ist als bei Heizkörpern, wird die Flächenheizung auch als *Strahlungsheizung* bezeichnet. Bei *Fußboden-*, *Decken-* oder *Wandheizflächen* sind die Heizrohre in die Baukonstruktion integriert; aus physiologischen Gründen liegen die Oberflächentemperaturen im Bereich von 25 bis 45 °C (Niedertemperaturheizung).

Bei dem *Strahlplatten-*(Sunstrip-)System für Fabrikhallen, also für hohe Räume, sind in Deckennähe Rohrregister mit Blechlamellen oder doppelwandige Blechplatten aufgehängt, deren mittlere Oberflächentemperatur je nach Raumhöhe bis zu 145 °C beträgt. Die Niedertemperaturheizung kommt der Forderung nach Energieeinsparung entgegen, da für den Einsatz von Wärmepumpen durch die niedrigen Heizwassertemperaturen günstige Betriebsbedingungen (Leistungsziffern) vorliegen. Wegen der im Raum nicht sichtbaren Heizfläche begünstigen raumgestalterische Aspekte die Anwendung der Flächenheizung.

Fußbodenheizung. Bei dieser Art werden die Rohre in oder unter dem Estrich verlegt [3]. Je nachdem, ob eine Wärmeabgabe nur nach oben (Bungalow) oder auch nach unten (Geschossbau) erwünscht ist oder zugelassen wird, wird die Dicke der Isolierschicht unter den Rohrschlangen gewählt. Als Rohrmaterial wird Stahl, Kupfer und heute vorwiegend Kunststoff verwendet. Bei Kunststoffrohren tritt je nach Beschaffenheit in unterschiedlichem Maße Sauerstoffdiffusion auf, daher sind Vorkehrungen zum Korrosionsschutz der metallischen Anlagenteile erforderlich (z. B. Anlagentrennung durch Wärmetauscher. Die Rohre haben eine Nennweite von 1/2 bis 3/4″ bei einem Rohrabstand von 15 bis 30 cm, je nach erforderlicher Heizleistung, Abb. 39.7. Wegen der Fußberührung soll die max. Fußbodentemperatur 26 °C nicht überschreiten. An wenig begangenen Stellen, z. B. an der Außenwand, kann sie bis zu 29 °C betragen. Die max. Heizwassertemperatur hängt von der Einbauart der Rohre ab; bei einbetonierten Rohren zwischen 45 und 50 °C, um Risse im Beton zu vermeiden. Die Heizleistung einer Fußbodenheizfläche ist also spezifisch gering, sie liegt zwischen 70 und 105 W/m^2. Dementsprechend muss eine gute Wärmedämmung der Außenflächen vorhanden sein, die heute durch die erhöhten Forderungen an den Wärmeschutz nach dem Energieeinsparungsgesetz im Gegensatz zu früher gegeben ist.

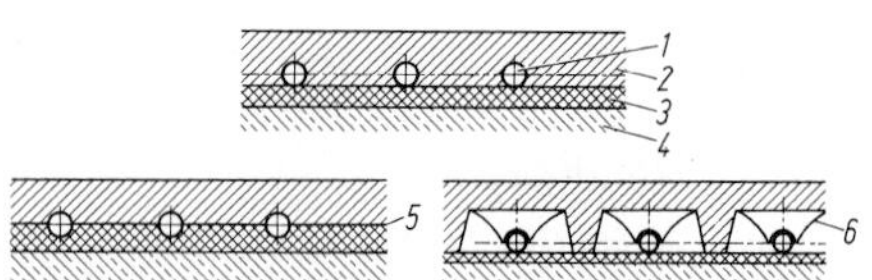

Abb. 39.7 Warmwasser-Fußbodenheizung; verschiedene Bauarten [4]. *1* Heizrohr, *2* Estrich, *3* Wärmedämmung, *4* Betondecke, *5* Wärmeverteilungsblech (Folie), *6* Längsrippe

39.2.2.3 Luftheizgeräte

Luftheizgeräte mit zentraler Rohr-Wärmeversorgung bestehen aus lamellenbesetzten Wärmeaustauschern und Ventilatoren zur Intensivierung der Luftumwälzung; daher erfolgt die Wärmeabgabe an den Raum fast ausschließlich durch Konvektion. Diese Geräte werden für größere Räume an der Wand oder an der Decke angeordnet (Abb. 39.8), für kleinere Räume auch in Truhenform unter den Fenstern. Zentrale Luftheizanlagen mit Kanalnetz und Luftdurchlässen im Raum werden als Kleinanlage in Einfamilienhäusern eingebaut, zum Teil mit dem Wärmeerzeuger im Raum (Kachelofen-Luftheizung) (Abb. 39.9) [5]. Die allgemeine Ausführung und Ausstattung entspricht den RLT-Anlagen (s. Abschn. 38.6).

39.2.2.4 Luftheizung

Luftheizungen gehören zu den raumlufttechnischen Anlagen. Der mit Ventilatoren umgewälzte Luftstrom $\dot{V}_\mathrm{h}$ in m^3/h errechnet sich nach dem Wärmebedarf und der Differenz zwischen Lufttemperatur am Heizgerät und im Raum

$$\dot{V}_\mathrm{h} = \frac{3600\,\dot{Q}_\mathrm{h}}{1000\,\varrho\,c_\mathrm{p}(t_\mathrm{Z} - t_\mathrm{R})}\,. \qquad (39.1)$$

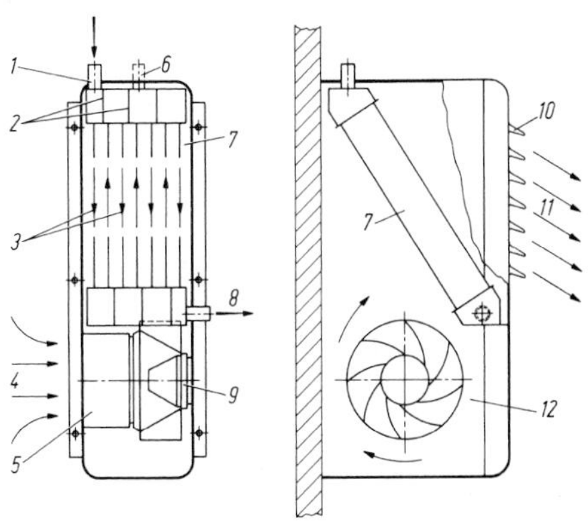

Abb. 39.8 Luftheizgerät (Gea-Happel). *1* Vorlaufstutzen, *2* Trennstege (entfallen bei Dampf), *3* Wasserführung im Element, *4* Kaltlufteintritt, *5* Luftansaugstutzen, *6* evtl. Dampfeintritt, *7* Rippenrohr-Element für Heißwasser, Warmwasser oder Dampf, *8* Wasserrücklaufstutzen oder Dampfkondensatstutzen, *9* Außenläufermotor mit Lüfterrad, Aluminium, *10* Luftleitjalousie, *11* aufgewärmte Luft, *12* Stahlblechgehäuse

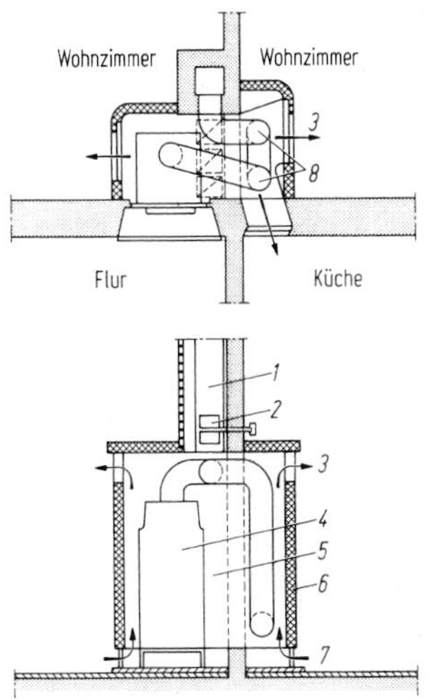

Abb. 39.9 Kachelofen-Mehrzimmerheizung ohne Ventilator. *1* Warmluftkanal, *2* Drosselklappe, *3* Warmluft, *4* Einsatzofen, *5* Heizkammer, *6* Kachelmantel, *7* Kaltluft, *8* Heizrohre

Hierin sind: $\dot{Q}_h$ Wärmebedarf in W, ϱ Dichte der Luft in kg/m^3, c_p spezifische Wärme der Luft in kJ/(kg K), $t_Z - t_R$ Temperaturdifferenz in K, Z Index für Zuluft, R Index für Raumluft.

Die Zulufttemperatur wird bei Aufenthaltsräumen bis 45 °C und bei Industriebetrieben bis 70 °C gewählt. Soweit Luftheizanlagen auch zur Lüftung des Raums dienen und somit ein Teil des Luftstroms aus Außenluft besteht, ist bei der Bemessung des Lufterhitzers neben dem Wärmebedarf noch die Erwärmung der Außenluft auf Raumtemperatur zu berücksichtigen.

39.2.3 Rohrnetz für Warm- und Heißwasserleitungen

In der Heizungstechnik ist die Geschwindigkeit der Flüssigkeit häufig noch nicht bekannt, wohl aber der Wasserstrom. Bekannt ist auch der zulässige Druckabfall und der Linienzug des Rohrstrangs mit der Art und Zahl der Einzelwiderstände. Gefragt ist der Rohrdurchmesser. Zur Berechnung wird das Rohrnetz in Teilstrecken aufgeteilt. Die Berechnungsgleichung lässt sich nicht nach dem Rohrdurchmesser auflösen. Es wird daher eine vorläufige Berechnung mit Schätzwerten durchgeführt, und zwar schätzt man den Anteil der Einzelwiderstände am Druckabfall. Ist dieser Anteil a, so ergibt sich für die gerade Rohrstrecke (s. Bd. 1, Abschn. 17.2)

$$\begin{aligned} Rl &= (1-a)\Delta p = \lambda(l/d)\left(\upsilon^2/2\right)\varrho \\ &= \lambda\left(l/d^5\right)\left(\dot{G}^2/\varrho\right)\left(8/\pi^2\right) . \end{aligned} \qquad (39.2)$$

Hierin sind: R Druckgefälle, l Rohrlänge, Rl Druckabfall im geraden Rohr, d Rohrdurchmesser, a geschätzter Anteil der Einzelwiderstände, λ Rohrreibungsbeiwert, υ Geschwindigkeit, ϱ Dichte der Flüssigkeit, $\dot{G}$ Flüssigkeitsstrom.

Die endgültige Rechnung als Nachrechnung wird durchgeführt, um die Schätzung des Druckabfalls der Einzelwiderstände zu korrigieren und die Änderung des Druckabfalls durch den genormten, anstelle des errechneten Durchmessers zu erfassen. Das Verfahren mit dem geschätzten Anteil der Einzelwiderstände ist bei Fernleitungen gut brauchbar, da deren Anteil nur 10 bis 20 % beträgt. Sie liefert auch für Haus-Heiznetze noch brauchbare Werte bis zu dem i. Allg. vorliegenden Anteil der Einzelwiderstände von etwa 33 %. Bei Rohrnetzen, die einen hohen Anteil an Einzelwiderständen haben, wie in Kessel- und Verteilungszentralen und bei Luftleitungen, ist das Verfahren nicht brauchbar. In diesem Fall wird nicht der Anteil der Einzelwiderstände geschätzt, sondern die Strömungsgeschwindigkeit. Es kann dann erforderlich werden, das Rohrnetz mit zwei oder drei Geschwindigkeitswerten durchzurechnen, um eine ausreichende Übereinstimmung mit dem angestrebten Druckabfall zu erreichen. Zur einfacheren Handhabung sind die Gleichungen in Netztafeln und Tabellen dargestellt, in denen, ausgehend vom Wasserstrom oder der Geschwindigkeit und dem zur Verfügung stehenden Druckgefälle, der gesuchte Rohrdurchmesser abgelesen werden kann.

Diese Art der Rohrnetzberechnung wurde eingeführt, als die Heizungsanlagen noch vorwiegend eine Wasserumwälzung im Schwerkraftbetrieb hatten und der zulässige Druckabfall durch den Gewichtsunterschied der erwärmten und abgekühlten Wassersäule gegeben war. Bei den üblichen max. Heizwassertemperaturen im Vorlauf von 90 °C und im Rücklauf von 70 °C ergibt der Unterschied der spezifischen Gewichte ein Druckgefälle von 1,25 mbar bei einem 4- bis 5geschossigen Haus, also einen zulässigen Druckabfall von 15 bis 20 mbar. Bei der heute allgemein nur noch ausgeführten Pumpenheizung ist der von der Pumpe erzeugte Druck maßgebend. Der Schwerkraftwirkung kommt eine untergeordnete Bedeutung zu, sie darf aber bei hohen Häusern, insbesondere bei größerer Temperaturdifferenz zwischen Vor- und Rücklauf wegen der unterschiedlichen Wirkung nicht außer acht gelassen werden. Bei niedrigen Heizwassertemperaturen, also in der Übergangszeit, ist die Wirkung vernachlässigbar, bei hohen Heizwassertemperaturen an kalten Tagen steht aber in den oberen Geschossen ein beträchtlicher zusätzlicher Druck am Heizkörperventil an [2].

Bei der heutigen Art der Rohrnetzausführung für Hausheizungen wird ein verhältnismäßig großer Druckabfall im Heizkörperventil vorgegeben, um die Heizwasserverteilung gut einregulieren zu können. Die Tendenz zu hohem Druckabfall in den Heizkörperventilen wird durch den Einbau von Thermostatventilen gefördert, da durch diese Ventile die Durchflussmenge im Heizkörper auf sehr kleine Werte gedrosselt werden kann.

39.2.3.1 Wasserrohrnetz

Wird für das Heizwasser der Vorlauf-(Zulauf-) und der Rücklauf-(Ablauf-)Rohrstrang getrennt geführt, wird es als *Zweirohrsystem* und im Falle nur eines gemeinsamen Rohrzugs für Vor- und Rücklauf als *Einrohrsystem* bezeichnet. In den heutigen Rohrnetzen wird die Wasserförderung von Pumpen übernommen; der früher übliche Umlauf des Heizwassers nur durch Schwerkraftwirkung scheidet bei Neuanlagen aus. Wegen der Wasserausdehnung beim Erwärmen gehört zum Rohrnetz ein Ausdehnungsgefäß, das bei einer offenen Anlage oben am höchsten Punkt des Rohrnetzes und bei einer geschlossenen Anlage als Druckgefäß unten oder oben angeordnet werden kann. Die *geschlossene* Anlage wird bevorzugt und fast ausschließlich gebaut, da der Sauerstoffzutritt in die Anlage weitgehend verhindert und damit die Korrosionsgefahr erheblich eingeschränkt wird, Abb. 39.10. Auch bei einer offenen Anlage sollte aus Korrosionsgründen eine Wasserzirkulation im Ausdehnungsgefäß unterbunden werden [6]. Es bestehen sowohl für die offene als auch für die geschlossene Anlage Vorschriften über sicherheitstechnische Einrichtungen, die nach *Warmwasseranlagen* bis zu einer max. Temperatur bis 110 °C (DIN 4751, Teile 1–4) und *Heißwasseranlagen* über 110 °C unterteilt sind, Abb. 39.11.

Aus betrieblichen und wirtschaftlichen Gründen wird bei größeren oder unterschiedlich ge-

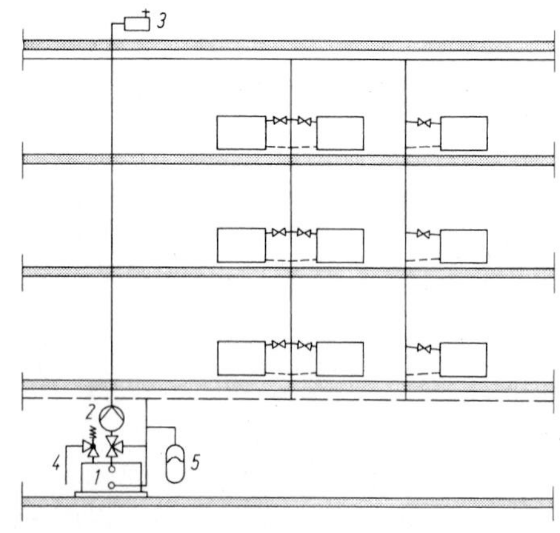

Abb. 39.10 Einrohr-Anlage mit geschlossenem Ausdehnungsgefäß. *1* Kessel, *2* Pumpe, *3* Lufttopf, *4* Sicherheitsventil, *5* Ausdehnungsgefäß

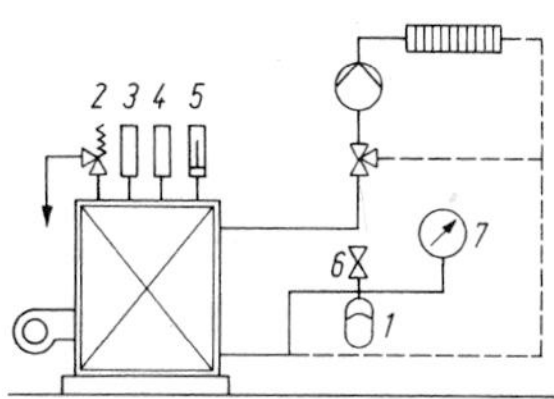

Abb. 39.11 Sicherheitseinrichtungen für geschlossene Anlagen mit einer Heizwassertemperatur bis 110 °C. *1* Ausdehnungsgefäß, *2* Sicherheitsventil, *3* Sicherheitsthermostat, *4* Regelthermostat, *5* Thermometer, *6* Entlüftungsventil, *7* Manometer

nutzten Anlagen das Rohrnetz in Heizgruppen unterteilt, um eine bessere Anpassung an die jeweilige Belastung durch unterschiedliche Heizwassertemperaturen zu erreichen.

39.2.3.2 Verlegungsart

Das Rohrnetz besteht aus den horizontalen Verteil- und Sammelleitungen und den senkrechten Strängen.

Bei *Einrohrsystemen* ist nach waagerechter oder senkrechter Einrohrheizung zu unterscheiden. Die waagerechte Einrohrheizung hat an Steigestränge angeschlossene Verteilringe in jedem Geschoss, Abb. 39.12.

Während bei der *Zweirohranlage* jeder Heizkörper die gleiche mittlere Heizwassertemperatur hat, ergibt sich beim Einrohrsystem eine Abstufung der Heizwassertemperatur vom ersten bis zum letzten Heizkörper des jeweiligen Rings; bei gleicher Wärmeleistung erhalten also die Heizflächen verschiedene Größen. Je nachdem, ob das gesamte Wasser den Heizkörper durchfließt oder ein Teilstrom in einer Kurzschlussstrecke am Heizkörper vorbeifließt und sich vor dem nächsten Heizkörper wieder mischt, erhält man unterschiedliche Auslegungs- und Betriebsbedingungen. Die letztere Ausführungsart ist zu empfehlen, da die Heizkörper ohne große Beeinflussung untereinander an- und abgestellt werden können. Anstelle der üblichen Heizkörperventile treten dann Drei- oder Vierwegeventile, Abb. 39.13.

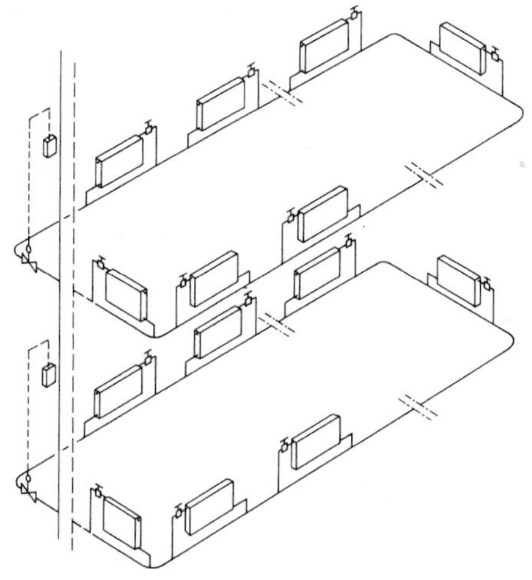

Abb. 39.12 Waagerechte Einrohrheizung im mehrgeschossigen Bau mit geschossweiser Regelung

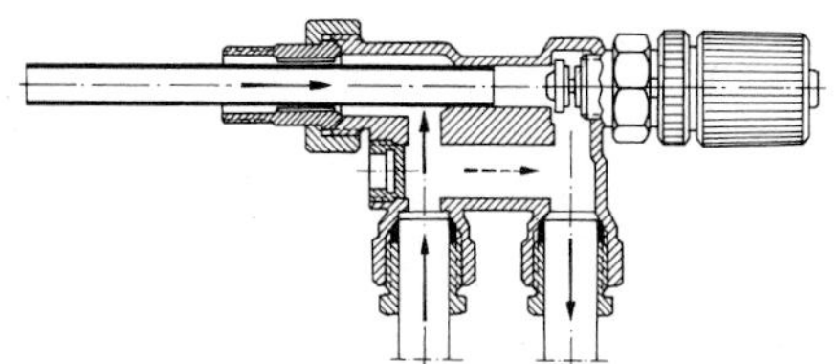

Abb. 39.13 Vierwege-Ventil für Einrohrheizung (Oventrop)

39.2.4 Armaturen

Zu Konstruktion und Anwendung von *Ventilen, Schiebern, Hähnen* und *Klappen* wird auf Abschn. 35.9 verwiesen.

Für Heizkörper sind besondere Ventile entwickelt worden, bei denen die Wasserverteilung im Netz durch einen festen einzustellenden Drosselquerschnitt (Voreinstellung) einreguliert werden kann, Abb. 39.14. Bei hochwertigen Ventilen geschieht dies anhand der Ventilkennli-

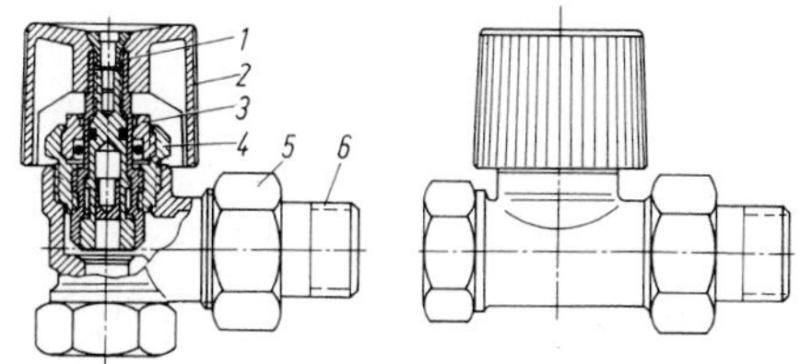

Abb. 39.14 Heizkörper-Ventil (Gampper-Armaturen). *1* Handradschraube, *2* Handrad, *3* Spindelabdichtung, *4* Oberteil, *5* Tüllenmutter, *6* Tülle

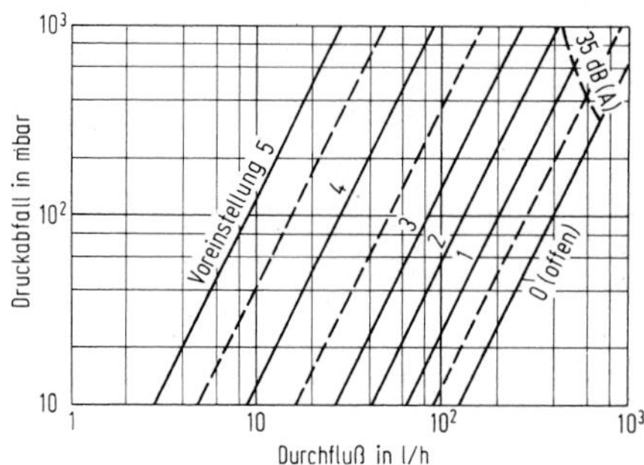

Abb. 39.15 Heizkörper-Ventil-Kennlinien (Gampper-Armaturen)

nie Abb. 39.15. Das ist besonders notwendig bei Heizsystemen mit großer Temperaturspreizung,z. B. Vorlauftemperatur 100 °C, Rücklauftemperatur 50 °C, in hohen Häusern, wegen den nicht zu vernachlässigenden unterschiedlichen Einflüssen der Auftriebswirkung. Die *Feinregulierventile* müssen einen hohen Druckabfall von 50 bis 100 mbar haben, um die Schwerkraftwirkung auf die Wasserumwälzung weitgehend zu unterbinden. Bei Drosselung der Ventilquerschnitte und hohem Druckabfall ist auf die mögliche Geräuschentstehung zu achten.

Zur Einzelraumregelung werden Heizkörperventile als *Thermostatventile* mit einem über Ausdehnungskörper direkt wirkenden Regler kombiniert. Zur Einregulierung der Wasserverteilung sind dabei Rücklaufverschraubungen mit Drosselquerschnitt am Heizkörper für die Voreinstellung, also eine Trennung von Regelventil und Regulierquerschnitt zweckmäßig.

Zur gruppenweisen Drosselung werden Ventile mit profiliertem Kegel und definiertem Regelverhalten verwendet. *Drosselklappen* finden nur gelegentlich Verwendung.

Ist bei Rückflussverhinderung kein dichter Abschluss erforderlich, werden *Rückschlagklappen* oder *Rückschlagventile* eingesetzt.

Zu *Kompensatoren* zur Aufnahme der Rohrausdehnung wird auf Abschn. 35.8.5 verwiesen.

Kondensatableiter in der häufigsten Bauform als Kondenstopf bezeichnet, sollen das Kondensat drucklos an die Kondensatleitung übergeben. Dabei muss verhindert werden, dass Dampf in die Kondensatleitung übertritt. Der zeitweilige Verschluss wird durch *Schwimmer* oder *Ausdehnungskörper* erreicht. Düsenableiter haben ebenso wie Labyrinthableiter einen geringfügigen Dampfverlust. In der einfachsten Form können auch Wasserschleifen, deren Höhe dem Überdruck entspricht, Verwendung finden.

39.2.5 Umwälzpumpen

Die Leistung der Pumpe, d. h. die Förderhöhe und die Fördermenge, ergibt sich aus der Rohrnetzberechnung (s. Bd. 1, Abschn. 17.2). Der Einbau der Pumpe kann im Vorlauf oder im Rücklauf erfolgen. Je nach Abschluss des Ausdehnungsgefäßes (*offene Anlage*) oder Druckgefäßes (*geschlossene Anlage*) auf der Druck- oder Saugseite der Pumpe liegt der Betriebsdruck unter oder über dem der Ruhedrucklinie, Abb. 39.16. Vermieden werden muss Unterdruck zum atmosphärischen Druck an den obersten Heizkörpern, damit keine Luft am Heizkörperventil oder Entlüftungsventil eindringt und zu Luftansammlung im Heizkörper führt. Die Anordnung der Pumpe im Vorlauf wird wegen des günstigeren Druckverlaufs aber auch wegen der umfassenderen Regelmöglichkeit bei der Bildung von Heizgruppen bevorzugt.

Als Pumpen werden ausschließlich Kreiselpumpen verwendet, die durch Elektromotore, meist direkt gekuppelt, angetrieben werden (s. Kap. 8). Entsprechend den geforderten Leistungsdaten wird die Pumpe nach der Pumpenkennlinie so ausgewählt, dass der Betriebspunkt – das ist der Schnittpunkt der Pumpenkennlinie – mit der Rohrnetzkennlinie in einem günstigen Wirkungsgrad- und Regulierbereich liegt. Die umlaufende Wassermenge ändert sich mit der Belastung der Anlage nur geringfügig, Abb. 39.17. Bei größeren Wassermengen wird die Umwäl-

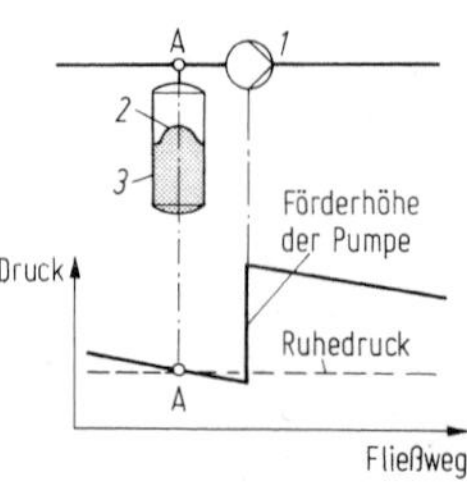

Abb. 39.16 Druckverlauf in geschlossener Heizungsanlage. *1* Pumpe, *2* Membrane, *3* Ausdehnungsgefäß

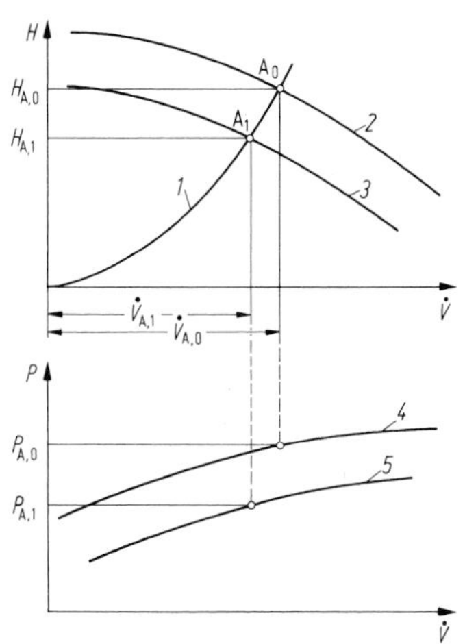

Abb. 39.17 Betriebspunkt einer Pumpen-Heizungsanlage mit zwei Drehzahlstufen (Grundfoss). *1* Rohrnetzkennlinie, *2* max. Drehzahl, n_{max}, *3* min. Drehzahl, n_{min}, *4* max. Stufe, *5* min. Stufe

zung auf mehrere Pumpen verteilt, die im Parallelbetrieb arbeiten; es wird dem Leistungsbedarf entsprechend auch nach *Tag-* und *Nachtpumpen* unterschieden. Zur Energieeinsparung werden auch Pumpen kleiner Leistung bereits mit Drehzahlregelung eingesetzt. Meist werden zur Erhöhung der Betriebssicherheit Reservepumpen vorgesehen, so auch Zwillings- oder Doppelpumpen.

Zu achten ist auf die mögliche Geräuschübertragung im Gebäude, die eine gute körperschallgedämmte Befestigung oder Aufstellung der Pumpen notwendig macht. Weiterhin muss, um Kavitationserscheinungen zu vermeiden, ausreichender Zulaufdruck im System vorhanden sein. Im Bereich der Heizungsanlagen liegt der notwendige Förderdruck bei 0,3 bar für eine Heizleistung von 50 bis 1000 kW, wobei die horizontale Ausdehnung des Rohrnetzes etwa 200 bis 1000 m beträgt. Häufig können dafür Rohrpumpen verwendet werden, deren Leistungsbereich bis zu etwa 75 m³/h Fördermenge und 1,3 bar Förderhöhe verläuft, Abb. 39.18.

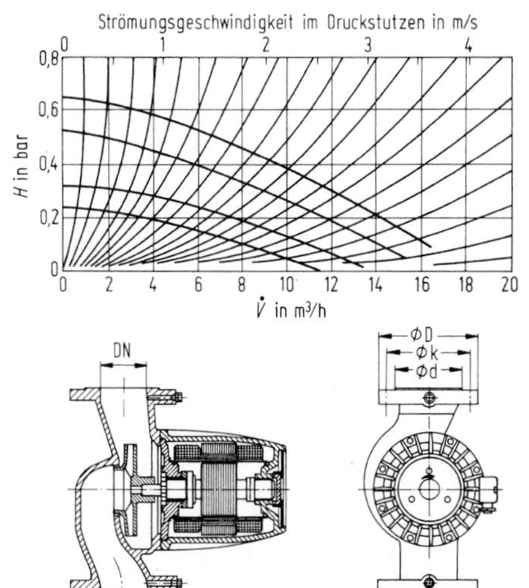

Abb. 39.18 Bauform und unterschiedliche Förderkennlinien für eine Rohrpumpe (Wilo-Werk)

39.2.6 Wärmeerzeugung

39.2.6.1 Heizkessel

Die Kessel in der Heizungstechnik sind *Guss-* oder *Stahlkessel*, die in der gleichen Grundkonstruktion – bis auf einige Zusatzteile – als Wasser- und Dampfkessel verwendet werden. Der Feuerraum muss der Art des Brennstoffs und der Flammbildung entsprechend ausgebildet sein, um einen wirtschaftlichen Feuerwirkungsgrad zu erreichen (EnEV Energieeinsparverordnung). Öl und Gas werden mit vorgesetzten Gebläsebrennern aus Düsen verbrannt oder in eingebauten atmosphärischen Brennern (s. Kap. 51).

Seit dem Anstieg der Energiepreise in den 70er Jahren findet eine Entwicklung der Kesselkonstruktionen mit höheren Wirkungsgraden im Teillastbetrieb statt, Abb. 39.19. Dies geschieht hauptsächlich durch Herabsetzen der Abgastemperaturen – bei *Niedertemperaturkesseln* bis oberhalb des Taupunkts von Wasserdampf (50 bis 60 °C bei Stadt- und Erdgas, 40 bis 50 °C bei Heizöl), bei *Brennwertkesseln* (überwiegend bei Gas) unter den Taupunkt –, wobei die durch Wasserdampfkondensation im Abgas frei werdende Wärme zusätzlich rückgewonnen wird. Zum Vermeiden von Korrosionen im Feuerraum sind durch Wahl des Materials, der Konstruktion oder durch innere Auskleidung Kessel – auch kleiner Leistung – für niedrige Heizwasser- und Abgastemperaturen entwickelt worden; so bei Niedertemperaturkesseln die Konstruktionen mit Trockenkammer oder mit mehrschaligen Heizflächen, *Zweikreiskessel* oder *Kessel mit Beschich-*

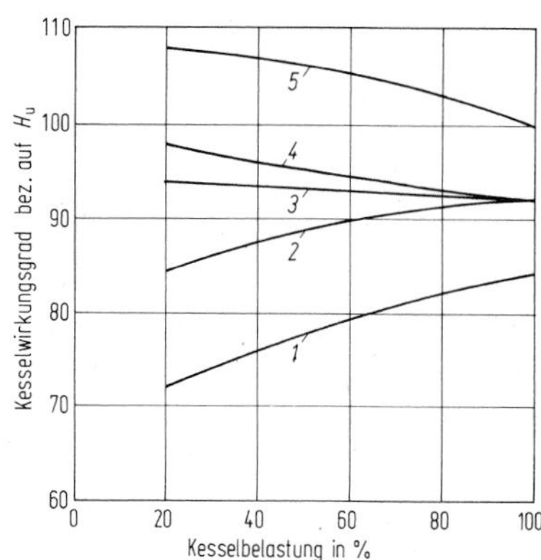

Abb. 39.19 Nutzungsgrade verschiedener Heizkesselkonstruktionen. *1* alter Heizkessel nach DIN 4702 (1967) bei $\eta_K = 84\,\%$, Kesselwassertemperatur konstant ca. 80 °C, Feuerung ein-aus, *2* neuer Heizkessel nach DIN 4702 (1988) bei $\eta_K = 92\,\%$, Kesselwassertemperatur konstant ca. 80 °C, Feuerung ein-aus, *3* neuer Niedertemperaturheizkessel, $\eta_K = 92\%$, Kesselwassertemperatur als Funktion der Außentemperatur, Feuerung ein-aus, *4* neuer Niedertemperaturheizkessel, $\eta_K = 92\,\%$, Kesselwassertemperatur als Funktion der Außentemperatur, Feuerung modulierend, *5* neuer Brennwertheizkessel $\eta_K = 99\,\%$, Kesselwassertemperatur als Funktion der Außentemperatur, Feuerung modulierend, Heizsystem der Brennwerttechnik voll angepasst

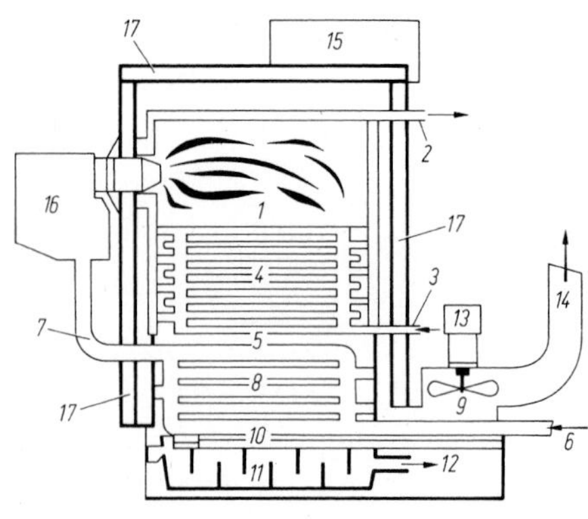

Abb. 39.20 Schema des Brennwertkessels (Veritherm). *1* Brennkammer, *2* Vorlaufanschluss, *3* Rücklaufanschluss, *4* Wärmetauscher aus Stahl, *5* Temperaturzone ca. 60 °C, *6* Vorwärmer für die Brennerluft, *7* Brennerluft – vorgewärmt, *8* Wärmetauscher aus Kunststoff, *9* Temperaturzone ca. 35 °C, *10* Bodenwanne, *11* Katalysatorschublade, *12* Abflussanschluss, *13* Sauggebläse, *14* Abgasleitung, *15* Kesselsteuerung, *16* Brenner, *17* Wärmedämmung

tung [7] sowie bei *Brennwertkesseln Kondensationskessel* (ganz oder teilweise aus Edelstahl) oder Kessel mit nachgeschaltetem *Rekuperator*, Gusskessel mit großer Wärmetauscherfläche und modulierendem Brenner oder Kessel mit geringem Luftüberschuß, die nach dem Pulsationsprinzip arbeiten, Abb. 39.20 [8].

Die SO_2-Emission wird weitgehend vom Brennstoff her bestimmt und deshalb werden hier die primären Maßnahmen bereits bei dem Aufbereiten des Brennstoffs vorgenommen. Die wichtigsten feuerungstechnischen Maßnahmen zum Verringern der Stickoxid-(NO_x-)Bildung sind: Verbrennung mit günstiger Luftzahl, zwei- oder mehrstufiger Brennerbetrieb, Herabsetzen der Verbrennungstemperaturen durch Flammenkühlung, Verkürzen der Verweilzeiten bei hohen Temperaturen, Senken der Lufttemperatur und der Brennerraumbelastung, Abgaszirkulation.

Die *Grenzwerte* für NO_x-Emissionen liegen nach TA-Luft für Heizöl bei 250 mg/kWh und für Gas bei 200 mg/kWh. Es wurden Brennersysteme entwickelt, bei denen mit passenden Brennerräumen die spezifischen Emissionen unter den vorgeschriebenen Werten liegen, ohne Erhöhung der CO-Emissionen. So weisen bei Heizöl die Verdampfungs-, Öldruckzerstäuber- und Ölbrenner (Farbe der Flamme gelb) 200 mg/kWh, Ölbrenner und Druckluftbrenner (Farbe der Flamme blau) 150 mg/kWh auf. Bei *konventionellen Gasbrennern* ohne Gebläse liegen die spezifischen Emissionen teilweise oberhalb des Grenzwerts, Gasbrenner ohne Gebläse mit NO_x-reduzierender Flammenkühlung emittieren 160 mg/kWh und Gebläsebrenner 110 mg/kWh. Die NO_x-mindernden Technologien sind gegenwärtig noch in einer intensiven Entwicklung begriffen. Hier sind jeweils Maßnahmen nach dem Stand der Technik gefordert [1].

Gusskessel. Er war lange Zeit wegen seiner Korrosionsbeständigkeit und wegen des großen Anteils der Koksfeuerung vorherrschend, zumal in der Gliederbauweise eine individuelle Leistungsanpassung und gute Reparaturmöglichkeit gegeben ist. *Kleinkessel* haben Leistungen bis zu 60 kW, *Mittelkessel* bis 200 kW und *Großkessel* bis zu 700 kW.

Stahlkessel. Sie gibt es für den gesamten Leistungsbereich in zahlreichen Fabrikaten, angefangen beim Kleinkessel für eine Wohnung bis zu Einheiten mit einer Leistung von 3500 kW.

Brennstoff. Die Brennstoffarten (s. Kap. 48), die in Kesselanlagen eingesetzt werden dürfen, sind durch die Immissionsschutzbestimmungen festgelegt. Aus Gründen der Wartung, Bedienung und des Umweltschutzes werden Öl- und Gaskessel den festen Brennstoffen vorgezogen. Die gestiegenen Brennstoffpreise der 70er und frühen 80er Jahre sowie die Energieknappheit führten aber zur Weiterentwicklung und zu vermehrtem Einsatz der Konzeptionen mit festen Brennstoffen. In der Folge erreichten mechanisch beschickte Feuerungsanlagen einen hohen Automatisierungsgrad und Sicherheitsstandard. Die Umstellbarkeit eines Öl- oder Gaskessels auf feste Brennstoffe wurde wieder ins Gespräch gebracht. Neue Forderungen des Umweltschutzes, die komplexe Anlagentechnik, die hohen Kosten für Wartung und Bedienung sowie die Preisverhältnisse bei den Brennstoffen schränken zzt. die weitere Entwicklung und den Einsatz von Kesseln mit festen Brennstoffen auf spezielle Bereiche (Großanlagen) ein.

Kombikessel. Ein- und Mehrfamilienhäuser, etwa bis zu einer Kesselleistung von 100 kW, haben oft einen gemeinsamen Kessel (Kombikessel) für die Heizung und Warmwasserbereitung, der entweder mit einem Durchlauferhitzer oder mit einem Speicher für die Warmwassererzeugung ausgestattet ist. Zur besseren Leistungsanpassung gibt es für die Warmwasserbereitung Vorrangschaltungen und Speicherladepumpen, um einen günstigeren Wirkungsgrad zu erreichen.

Elektrokessel. Sie sind fast ausschließlich *Speicherkessel*. Eine direkte Heizung des Kessels mit *Tauch-Heizkörpern* bleibt auf sehr kleine Anlagen beschränkt. Als Speichermaterial werden Wasser und andere Medien, aber auch Feststoffe verwendet, um die Niedertarifzeiten für den Strombezug auszunutzen; feste Stoffe sind Gusseisen und Magnesit in Blockspeicherkesseln.

39.2.6.2 Fernheizung

An die Stelle der *Heizzentrale* tritt bei einer Fernwärmeversorgung durch einen Fremdlieferer, z. B. durch Heizkraft- oder Heizwerke der Städtischen Energieversorgung, die *Übergabestation* und die *Hausstation*. Zu den allgemeinen Vorteilen der Fernheizung für den Abnehmer gehört der wesentlich geringere Platzbedarf der beiden Stationen. Für die Übergabestation wird eine Wandlänge von etwa 4 bis 5 m benötigt. Die Ausführung der Übergabe- und Hausstation richtet sich nach dem Wärmeträger und nach der Art des Fernheiznetzes.

39.2.7 Heizzentrale

Unter Heizzentralen werden sowohl die Räumlichkeiten als auch die technischen Einrichtungen für die *Wärmeerzeugung, Wärmeverteilung, Wasserumwälzung* und *Brennstofflagerung* verstanden. Bei Kleinanlagen ergibt sich lediglich ein Heizraum für den Kessel mit daneben liegendem Lagerraum für feste Brennstoffe, für die Aufnahme des Ölbehälters oder der Gasanschlussstation. Mittlere und größere Anlagen mit mehreren Kesseln haben zumeist Heizgruppen, somit zusätzlich eine Verteilstation für Pumpen und Rohrverteiler, Abb. 39.21. Heizzentralen sind in Kellerräumen untergebracht, wobei die Schornsteinanordnung für die örtliche Lage maßgebend ist. Bei Gas-, weniger bei Ölfeuerung, werden auch Dachzentralen errichtet, wenn bauliche Belange oder wirtschaftliche Gesichtspunkte dafür sprechen. Große Heizzentralen erhalten ein eigenes Gebäude oder sind in einer allgemeinen Energieversorgungszentrale untergebracht, z. B. bei einer Blockheizung für einen Gebäudekomplex, bei einer Fernheizung für eine Siedlung oder eine Fabrik.

Kesselräume und Lager für flüssige und gasförmige Brennstoffe unterliegen in ihrer Anordnung und Ausführung einer Reihe baulicher und sicherheitstechnischer Vorschriften und Verordnungen. Bei Kleinanlagen unter 30 kW, bei denen der Heizkessel auch in Küche, Bad oder Nebenräumen untergebracht werden kann, entfallen die Vorschriften für Heizräume.

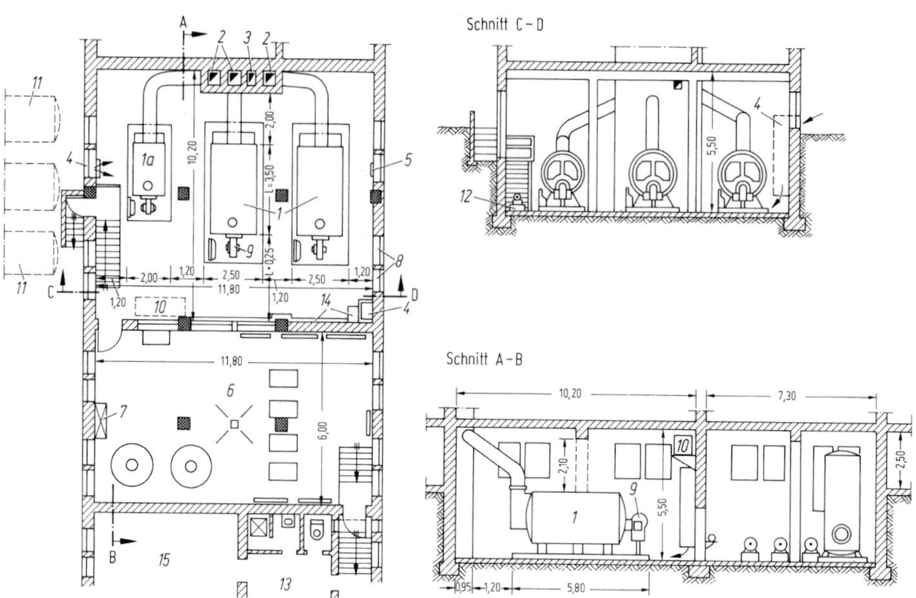

Abb. 39.21 Heizzentrale für Ölfeuerung mit einer Leistung von 3500 kW. *1* Kessel, *1a* Kessel, *2* Schornstein, *3* Abluft, *4* Zuluft, *5* Notausstieg, *6* Verteiler- u. Pumpenraum, *7* Schalttafel, *8* Montageöffnung, *9* Heizölbrenner, *10* Heizöltagsbehälter, *11* Öltanks, *12* Heizölpumpe, *13* Tisch für Heizer bzw. Heizerraum, *14* Schlammgrube bzw. Entwässerung, *15* Werkraum

Zur Vermeidung von Geräuschübertragungen (Brenner-, Flammen-, Pumpengeräusch) sind gegebenenfalls Vorkehrungen zur Schalldämmung, wie die Aufstellung der Kessel auf Schalldämmbügel, Schalldämmhauben für Brenner, Abgasschalldämpfer vor dem Schornsteinanschluss u. ä. zu treffen.

Ölbehälter als Batteriebehälter nach DIN 6620 bis zu einem Gesamtinhalt von 5000 l können im Heizraum aufgestellt werden. Kunststoffbehälter werden wegen des Korrosionsschutzes bevorzugt. Unterirdisch verlegte Behälter müssen entweder doppelwandig sein oder als einwandige Behälter eine Innenblase erhalten. Der Zwischenraum wird über Leckanzeiger kontrolliert. Vom Ölstand gesteuerte Grenzwertgeber unterbrechen den Füllvorgang, um eine Überfüllung und Ölverschmutzung zu unterbinden, Abb. 39.22.

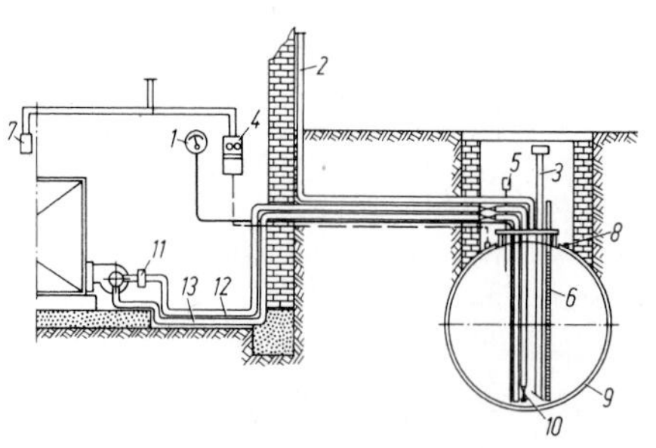

Abb. 39.22 Unterirdischer Lagerbehälter für Öl mit Anschlussleitungen. *1* Ölstandsanzeiger, *2* Entlüftungsleitung, *3* Füllrohr, *4* Leckanzeigegerät, *5* Grenzwertgeber, *6* Peilstab, *7* Alarmgeber, *8* Entlüftung des Doppelmantels, *9* Kontroll-Flüssigkeit, *10* Fußventil, *11* Ölfilter, *12* Ölzuleitung, *13* Ölrückleitung

39.2.8 Wärmeverbrauchsermittlung

Die *Wärmezählung* (DIN 4713) erfolgt bei Großabnehmern über die laufende Messung und Zählung der umlaufenden Wassermenge und der zugehörigen Temperaturdifferenz zwischen Vor- und Rücklauf.

Kleinwärmezähler für Einzelwohnungen kommen durch den Drang zur Energieeinsparung vermehrt in Gebrauch. Voraussetzung für ihren Einsatz ist ein darauf abgestelltes, wohnungseigenes Rohrnetz, Abb. 39.23.

Zur Wärmeverbrauchserfassung sind noch *Heizkostenverteiler*, die an den Heizkörpern angebracht sind, zugelassen, nach deren Anzeige

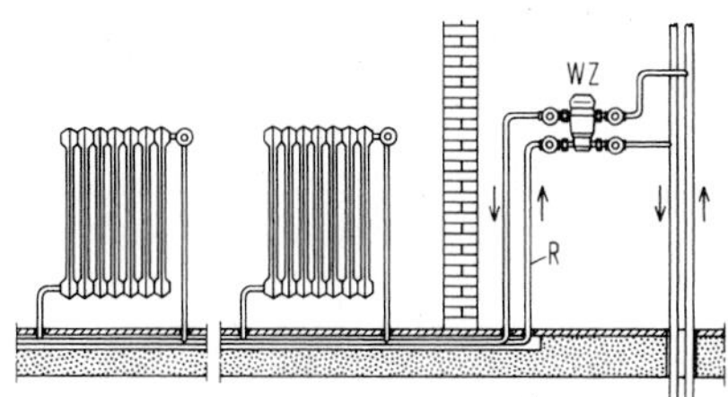

Abb. 39.23 Wärmeverbrauchsmessung mit Kleinwärmezähler für eine Wohnung (Spanner-Pollux). *WZ* Wärmezähler, *R* Ringleitung

der Gesamtwärmeverbrauch einer Anlage aufgeschlüsselt werden kann [9]. Beim Heizkostenverteiler nach dem *Verdunstungsprinzip* wird der Wärmeverbrauch eines Heizkörpers an der in der Heizperiode verdunsteten Flüssigkeitsmenge eines Messröhrchens abgelesen, Abb. 39.24. Maßgebend für die Verdunstung ist die Oberflächentemperatur des Heizkörpers.

Beim Heizkostenverteiler mit *elektrischer Messgrößenerfassung* wird die Oberflächentemperatur des Heizkörpers bzw. die Differenz zwischen Heizkörper- und Raumtemperatur mit Thermoelementen oder Halbleitern zur Ermittlung des Wärmeverbrauchs des Heizkörpers erfasst. Es lässt sich eine Addition der Anzeigen an

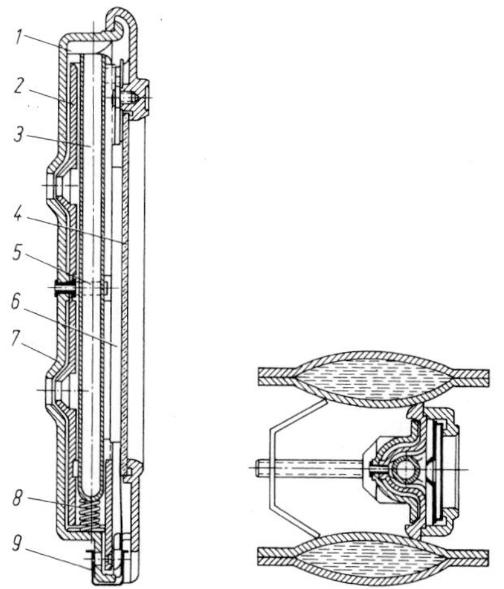

Abb. 39.24 Heizkosten-Verteiler auf Verdunstungsbasis (Techem). *1* Anschlag des Messröhrchens, *2* Wärmeleiter aus Silumin, *3* Glasröhrchen mit Spezialflüssigkeit, *4* Glasscheibe, *5* Federklemme, *6* Skala, *7* Isolierender Rückteil aus Pressstoff, *8* Druckfeder, *9* Klemme mit Plombenverschluss

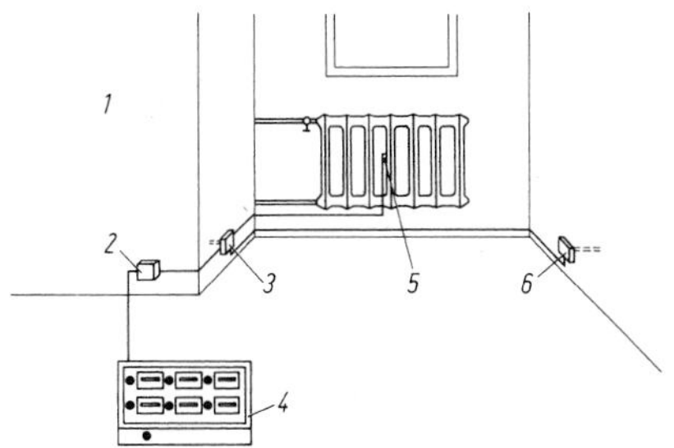

Abb. 39.25 Anordnung und Verbrauchszählung mit Heizkosten-Verteiler auf elektronischer Basis. *1* Innenwand, *2* Messelektronik, *3* Vergleichsfühler, *4* Zentrale, *5* Heizkörperfühler, *6* Transmissionsfühler

den einzelnen Heizkörpern über einen Gesamtzähler für jede Wohnung herbeiführen, denkbar ist aber auch eine Einzelzählung des Wärmeverbrauchs an jedem Heizkörper, Abb. 39.25 [10].

Literatur

Spezielle Literatur

1. Marx, E.: Wirtschaftliche Betriebsweise von Öl-Gasbrennern in größeren Leistungsbereichen unter Berücksichtigung der Entlastung der Umwelt durch Emissionen. Heiz. J. **2**, 26–35 (1988)
2. Kopp, W.: Regelung des Heizwasserdurchsatzes in Gebäude-Heizungsanlagen bei Fernwärmeversorgung. Heizung - Lüftung - Haustechnik **22**, 42–47 (1971)
3. Schmidt, P.: Fußbodenheizsysteme. Gesundh. Ing. **1/2**, 7–11 u. 74–78 (1985)
4. Müller, F.: Der Montagestand der Solartechnik. Klima Ing. **5**, 199–203 (1985)
5. Zentralverband Sanitär Heizung Klima (ZVSHK): Richtlinien für den Kachelofenbau. St. Augustin (1984)
6. Zentralverband Heizungskomponenten e. V. (ZVH): Richtlinie 12.02 für Membrandruckausdehnungsgefäße. Ennepetal-Voerde (1986)
7. Mann, W.: Niedertemperaturstahlheizkessel. Wärmetech. **5**, 216–221 (1988)
8. Jannemann, T.: Entwicklungsstand der Brennwerttechnik. Heiz. Lüft. Haustech. **10**, 501–506 (1985)
9. Kreuzberg, J.: Die neue Heizkostenverordnung und ihr Zusammenhang mit weiteren Folgerungen aus der Energie-Sparpolitik. Heiz. Lüft. Haustech. **7**, 307–316 (1984)
10. Goettling, D., Kuppler, F.: Heizkostenverteilung. Technische Grundlagen und praktische Anwendung. KWK43. Müller, Karlsruhe (1981)

Weiterführende Literatur

Hönmann, W. (Hrsg.): Taschenbuch für Heizung und Klimatechnik, 65. Aufl. Oldenbourg, München 1990/91

Kollmar, A., Liese, W.: Die Strahlungsheizung, 4. Aufl. Oldenbourg, München (1957)

Normen und Richtlinien

DIN 2403: Kennzeichnung von Rohrleitungen nach dem Durchflussstoff: 2018-10

DIN 2404: Kennfarben für Heizungsrohrleitungen : 1942-12

DIN 2428: Rohrleitungszeichnungen – Vordrucke für isometrische Darstellung : 1968-12

DIN 3018: Ölstandsanzeiger : 1984-05

DIN 3258-1: Flammenüberwachung an Gasverbrauchseinrichtungen; Zündsicherungen: 1971-02

DIN 3320-1: Sicherheitsventile; Sicherheitsabsperrventile; Begriffe; Größenbemessung; Kennzeichnung: 1984-09

DIN 3334/35/36: Heizungsmischer mit Flanschanschluß; ND 6 max. 110°C; Dreiwegemischer; Vierwegemischer, Baumaße: 1968-10

DIN EN 613: Konvektions-Raumheizer für gasförmige Brennstoffe; Deutsche Fassung EN 613:2000: 2001-06

DIN 3368-2: Gasgeräte; Umlauf-Wasserheizer; Kombi-Wasserheizer; Anforderungen; Prüfung: 1989-03

DIN EN 419-1: Hellstrahler mit einem Brenner ohne Gebläse für gewerbliche und industrielle Anwendung Teil 1: Sicherheit; Deutsche Fassung EN 419-1-2009: 2009-07

DIN EN 419-2: Hellstrahler mit Brenner ohne Gebläse für gewerbliche und industrielle Anwendung - Teil 2: Rationelle Energienutzung; Deutsche Fassung EN 419-2:2006: 2006-12

DIN 3394-1: Automatische Stellgräte Teil 1: Stellgeräte zum Sichern, Abblasen und Regeln für Drücke über 4 bar bis 16 bar: 2004-05

DIN 3440: Temperatur-Regel- und -Begrenzungseinrichtungen für Wärmeerzeugungsanlagen; Sicherheitstechnische Anforderungen und Prüfung. 1994-06

DIN 3841-1: Heizungsarmaturen; Heizkörperventile PN 10; Maße; Werkstoffe; Ausführung: 1990-05

DIN 3842: Heizungsarmaturen- Heizkörper- Verschraubungen PN 10 – Maße; Werkstoffe; Ausführung: 2017-10 Aktuell

DIN 4140: Dämmarbeiten an betriebstechnischen Anlagen in der Industrie und in der technischen Gebäudeausrüstung – Ausführung von Wärme- und Kältedämmerung: 2014-04 Aktuell

DIN 4703-1: Raumheizkörper –Teil 1: Maße von Gliedheizkörpern: 1999-12

DIN 4704 Teil 2–4: Prüfung von Raumheizkörpern; Prüfregeln

DIN 4713 Teil 1–4: Verbrauchsabhängige Wärmekostenberechnung; Allgemeines; Begriffe; Teil 5: Betriebskostenverteilung und Abrechnung. 1980-12

DIN 4731: Ölheizeinsätze mit Verdampfungsbrennern; Anforderungen; Prüfung und Kennzeichnung: 1989-07

DIN 4737 Teil 1, 2: Ölregler für Verdampfungsbrenner; Sicherheitstechnische Anforderungen u. Prüfung: 2002-08

DIN 4754: Wärmeübertragungsanlagen mit organischen Flüssigkeiten; Sicherheitstechnische Anforderungen und Prüfung: 2015-03 Aktuell

DIN 4755: Ölfeuerungsanlagen – Technische Regel Ölfeuerungsinstallation (TRÖ) Prüfung: 2004-11 Aktuell

DIN EN 226: Ölzerstäubungsbrenner; Anschlussmaße zw. Brenner und Wärmeerzeuger; Deutsche Fassung EN 226: (1987): 1988-06

DIN 4809-1: Kompensatoren aus elastomeren Verbundwerkstoffen (Gummikompensatoren) für Wasser-Heizungsanlagen, für eine maximale Betriebstemperatur von 100°C und einen zulässigen Betriebsüberdruck von 10 bar; Anforderungen und Prüfung: 1986-11

DIN 6625-1:Eckige Behälter aus Stahl für die oberirdische Lagerung von Flüssigkeiten mit einem Flammpunkt von mehr als 55°C – Teil1: Bau- und Prüfgrundsätze: 2013-06 Aktuell

DIN 8905-1: Rohre für Kälteanlagen mit hermetischen und halbhermetischen Verdichtern; Außendurchmesser bis 54 mm; Technische Lieferbedingungen, 1983-10

DIN 8960: Kältemittel – Anforderungen und Kurzzeichen 1998-11

DIN EN 14511-2: Luftkonditionierer, Flüssigkeitskühlsätze und Wärmepumpen für die Raumbeheizung und -kühlung und Prozess-Kühler mit elektrisch angetriebenen Verdichtern - Teil 2: Prüfbedingungen; 2019-07

DIN 18889: Speicher-Kohle/Wasser-Heizer, drucklos für 1 Atü Prüfdruck; Begriffe; Bau; Güte; Leistung; Prüfung: 1956-11

DIN 45 635-56: Geräuschmessung an Maschinen; Luftschallemission; Hüllflächen- und Kanalverfahren; Warmlüfter; Luftheizer, Ventilatorteile von Luftbehandlungsgeräten: 1986-10

DIN 55 900 Teil 1, 2: Beschichtungen für Raumheizkörper; Begriffe; Anforderungen; Prüfung; Grundbeschichtungsstoffe; Industriell hergestellte Grundbeschichtungen: 2018-11 Aktuell

VDI Richtlinie 2035: Vermeidung von Schäden in Warmwasser- Heizungsanlagen-Steinbildung in Trinkwassererwärmungs- und Warmwasser-Heizungsanlagen: 2005-12

VDI-Richtlinie 2050: Anforderungen an Technikzentralen – Technische Grundlage für Planung und Ausführung: 2013-11 Aktuell

VDI-Richtlinie 2055: Wärme- und Kälteschutz von betriebstechnischen Anlagen in der Industrie und in der Technischen Gebäudeausrüstung; Berechnungsgrundlagen: 2008-09 Aktuell

VDI-Richtlinie 2089, Bl. 1: Heizung, Raumlufttechnik in Brauchwasserbereitung in Hallenbädern

VDI Richtlinie 2089, Bl. 2: Technische Gebäudeausrüstung von Schwimmbädern; Effizienter Einsatz von Energi und Wasser in Schwimmbädern: 2009-08 Aktuell

VDI-Richtlinie 2715: Schallschutz an heiztechnischen Anlagen: 2011-11 Aktuell

VDI-Richtlinie 3811: Modernisierung heiztechnischer Anlagen: 2016-07 Aktuell

Schornsteinfegergesetz vom 15.09.69 (BGBl. I, S. 1634) und 22.07.76 (BGBl. I, S. 1873)

BetrSichV Verordnung über Sicherheit und Gesundheitsschutz bei der Bereitstellung von Arbeitsmitteln und deren Benutzung bei der Arbeit, über Sicherheit beim Betrieb überwachungsbedürftiger Anlagen und über die Organisation des betrieblichen Arbeitsschutzes vom 27. September 2002 (BGBl. I S. 3777), zuletzt durch Artikel 5 des Gesetzes vom 8. November 2011 (BGBl. I S. 2178) geändert

Gesetz zur Ordnung des Wasserhaushalts (Wasserhaushaltsgesetz - WHG) vom 31. Juli 2009 (BGBl. I S.2585), durch Artikel 12 des Gesetzes vom 11. August 2010 (BGBl. I S. 1163) geändert

Gesetz zum Schutz vor schädlichen Umwelteinwirkungen durch Luftverunreinigungen, Geräusche, Erschütterungen und ähnliche Vorgänge (Bundes Immissionsschutzgesetz -BImSchG) in der Fassung der Bekanntmachung vom 26. September 2002 (BGBl. I S.3830), zuletzt durch Artikel 2 des Gesetzes vom 27. Juni 2012 (BGBl. I S. 1421) geändert. Hierzu zahlreiche Durchführungsverordnungen und Verwaltungsvorschriften u. a.: Erste Allgemeine Verwaltungsvorschrift zum Bundes-Immissionsschutzgesetz, Technische Anleitung zur Reinhaltung der Luft (TA Luft), 24. Juli 2002 (GMBl. S. 511).

Erste Verordnung zur Durchführung des Bundes Immissionsschutzgesetzes, Verordnung über kleine und mittlere Feuerungsanlagen vom 26. Januar 2010 (BGBl. I S. 38). Dritte Verordnung zur Durchführung des Bundesimmissionsschutzgesetzes, Verordnung über den Schwefelgehalt bestimmter flüssiger Kraft- oder Brennstoffe, vom 24. Juni 2002 (BGBl.I Nr. 41 vom 28.06.2002 S. 2243). Vierte Verordnung zur Durchführung des Bundes-Immissionsschutzgesetzes (Verordnung über genehmigungsbedürftige Anlagen) 02.05.2013 (BGBl. I Nr. 21 S.973). Dreizehnte Verordnung zur Durchführung des Bundes-Immissionsschutzgesetzes Verordnung über Großfeuerungs-, Gasturbinen- und Verbrennungsmotoranlagen, 02.05.2013 (BGBl. I S. 1021, 1023) Energieeinsparungsgesetz der Bundesregierung vom 27.07.76 und 20.06.80.

EnEV 2009 Energiesparverordnung für Gebäude: Verordnung über energiesparenden Wärmeschutz und energiesparende Anlagentechnik bei Gebäuden (Energiesparverordnung EnEV 2009) Heizkostenverordnung vom 23.02.81 und 05.04.84. Verordnung über die gebrauchsabhängige Abrechnung der Heiz- und Warmwasserkosten. Novellierung am 20.01.89

Taschenbuch Kälte Wärme Klima, VDE-Verlag, Berlin (2011)

39

Teil VII
Biomedizinische Technik

Produkte für die Anwendung am geschwächten, erkrankten oder narkotisierten und damit wehrlosen Menschen müssen besondere Anforderungen bezüglich Sicherheit und Zuverlässigkeit erfüllen. Daher unterliegen sie strengen Regeln zur Konformitätsbewertung bzw. Zulassung, die regelmäßig wegen der Weiterentwicklung der Technik oder auf Grund von Erfahrungen während der Anwendung der Produkte aktualisiert werden.

Innerhalb dieses Rahmens bietet die Biomedizintechnik aber auch ein großes, Natur- und Ingenieurwissenschaften interdisziplinär mit der Medizin zusammenführendes Tätigkeitsfeld.

Dieses Kapitel fokussiert zunächst auf maschinenbauliche Aspekte der Medizintechnik, die z. B. in vielen Produkten höchst präzisen Spritzguss erfordern oder mit der Bereitstellung biokompatibler Werkstoffe für Implantate oder Instrumente äußerst hohe und spezifische Ansprüche erfüllen muss, die sich auch aus den Bedingungen der Aufbereitung ergeben. Ein anderes Beispiel soll aber auch die Anforderungen an die Konstruktion moderner Medizingeräte illustrieren. In Computertomografen werden z. B. während des Scanvorgangs rotierende Massen zwischen 700 kg und 1800 kg bei Rotationsfrequenzen von bis zu 4 Hz um die Patientenlängsachse bewegt. Dabei treten Beschleunigungen von bis zum 40fachen der Erdbeschleunigung an der Röntgenröhre auf. Eine elektrische Leistung von bis zu 100 kW muss in dieses rotierende System übertragen werden. Dazu sind pro Sekunde mehr als ein Gigabyte an Bildinformation des Detektors berührungslos zu übertragen. Um die Bildqualität zu sichern, dürfen eventuelle Schwingungsamplituden des Detektors nicht über 0,1 mm liegen. Diese wenigen Parameter verdeutlichen die technischen und die Qualitätsansprüche denen sich Anwender und Hersteller derartiger Medizinprodukte stellen müssen.

40 Einführung

Stephan Klein und Marc Kraft

Biomedizinische Technik (BMT) ist die Bereitstellung ingenieurwissenschaftlicher Mittel und Methoden sowie deren Anwendung auf lebende Systeme in Biologie und Medizin

- im medizinischen Betreuungsprozess (Prophylaxe und Metaphylaxe, Diagnose und Prognose, Therapie und Rehabilitation) und zur Lebensqualitätsverbesserung,
- in der Forschung und in allen Phasen des Produktlebenszyklusses (Konzeption, Entwicklung, Prüfung und Zulassung, Herstellung, Anwendung, Aufbereitung und Entsorgung biomedizintechnischer Geräte und Systeme),
- in verschiedenen Branchen wie Medizintechnik, Biotechnologie, Gesundheitswirtschaft, Pharmazie, Umwelttechnik sowie allgemein in den Lebenswissenschaften [1].

Biomedizinische Technik ist durch eine enge interdisziplinäre Zusammenarbeit von Ingenieuren, Naturwissenschaftlern und Medizinern geprägt. Den Kern der Biomedizinischen Technik bilden die Medizintechnik und das Klinikingenieurwesen, die sich auf den Einsatz von Technik im klinischen Umfeld beziehen und die Bereitstellung und Anwendung technischer Mittel und Methoden in der Medizin sowie (im engeren Sinne) deren Vergegenständlichung umfassen [2]. Dieses Kapitel kann lediglich einen kleinen Ausschnitt aus dem breiten Spektrum der Biomedizinischen Technik darstellen.

Wesentliche gesetzliche Rahmenbedingungen setzen die EU-Verordnung 2017/745 für Medizinprodukte und die EU-Verordnung 2017/746 für In-vitro-Diagnostika, die im April 2017 verabschiedet wurden und zum 25. Mai 2017 mit einer Übergangszeit von drei Jahren in Kraft getreten sind [3, 4]. Medizinprodukte werden in § 3 des Medizinproduktegesetzes definiert. Danach sind Medizinprodukte (zusammenfassend) Gegenstände, die zur Anwendung im oder am menschlichen Körper bestimmt sind und deren bestimmungsgemäße Hauptwirkung weder durch pharmakologisch oder immunologisch wirkende Mittel (Arzneimittel) noch durch Metabolismus (Lebensmittel) erreicht wird. Ihre primäre Zweckbestimmung erzielen Medizinprodukte also z. B. über physikalische oder ähnliche Wirkmechanismen. Werkstoffe für die Biomedizinische Technik sind von definierter Struktur, Zusammensetzung, Oberfläche sowie Funktion und für eine speziesadaptierte, biokompatible Anwendung an oder in Menschen und Tieren vorgesehen [1]. Diese nicht lebensfähigen Materialien werden als Biomaterial bezeichnet. Besonders hohe Anforderungen an die Fähigkeit eines Werkstoffs, in einer spezifischen Anwendung bei angemessener Wirtsreaktion eine bestimmte Funktion auszuüben (Biokompatibilität) stellen sich bei Implantaten. Das sind künstliche

S. Klein (✉)
Technische Hochschule Lübeck
Lübeck, Deutschland
E-Mail: stephan.klein@th-luebeck.de

M. Kraft
Technische Universität Berlin
Berlin, Deutschland
E-Mail: marc.kraft@tu-berlin.de

B. Bender und D. Göhlich (Hrsg.), *Dubbel Taschenbuch für den Maschinenbau 3: Maschinen und Systeme*,
https://doi.org/10.1007/978-3-662-59715-6_40

Materialien, die durch einen chirurgischen Eingriff ganz oder teilweise in den Körper eingeführt werden und dort mindestens 30 Tage lang verbleiben [1].

Die wirtschaftliche Entwicklung der deutschen Medizintechnikbranche verläuft ausgesprochen positiv. Medizintechnik als Teil der Biomedizinischen Technik ist heute in allen Bereichen des Gesundheitswesens und der Lebenswissenschaften etabliert. Weltweit werden ingenieurwissenschaftliche Studiengänge im interdisziplinären Querschnittsfach der Biomedizinischen Technik angeboten (deutschsprachige Studienangebote siehe https://blbt.file2.wcms.tu-dresden.de/ausbildung/ Stand 13.3.2017). Diese Studiengänge sind oft aus anderen Studiengängen der Elektrotechnik, der Physik und des Maschinenbaus hervorgegangen.

Für die Gesundheitsversorgung der Bevölkerung ist die Branche von grundlegender und wachsender gesellschaftlicher sowie ökonomischer Bedeutung. Der Alltag moderner Krankenhäuser, Kliniken und Praxen ist durch einen hohen Grad an Technisierung geprägt. Trotzdem machen die Ausgaben für Medizintechnik nur ca. 8 % der Gesamtausgaben im deutschen Gesundheitswesen aus [5]. Insbesondere vor dem Hintergrund des demographischen Wandels wird der Bedarf an moderner Medizintechnik für Diagnose und Therapie, aber auch für die Vor- und Nachsorge sowie die Rehabilitation in den kommenden Jahrzehnten weiter steigen, ergänzt durch die Technik, die im häuslichen Umfeld und zur telemedizinischen Überwachung des Menschen eingesetzt wird [6].

Die Medizintechnik gehört zu den innovativsten Branchen. Die Investitionen der medizintechnischen Unternehmen in Forschung und Entwicklung in Deutschland sind u. a. mit rund neun Prozent des Umsatzes etwa doppelt so hoch wie im Industriedurchschnitt [6]. Rund 15 % der rund 149 000 Mitarbeiter in 1375 Betriebe mit mehr als 20 Beschäftigten waren 2019 in der Produktentwicklung tätig [7]. Die Medizintechnik wächst weltweit seit Jahrzehnten. Der Umsatz der deutschen Medizintechnik stieg 2019 um 10,3 % auf 33,41 Mrd. Euro. Die Exportquote von 65,7 % liegt in der Medizintechnik im Vergleich zum Industriedurchschnitt (ca. 40 %) sehr hoch [7, 8]. Regionale Zentren der Medizintechnik in Deutschland sind die Räume Tuttlingen, Hamburg/Lübeck, Erlangen, München und Berlin. Die deutsche Medizintechnikbranche ist stark mittelständisch geprägt. Rund 95 % der rund 1375 Betriebe haben weniger als 250 Beschäftigte, knapp 900 Betriebe sogar weniger als 50 Beschäftigte [8]. Die Produktpalette reicht vom Investitionsgut bis zu Einwegartikeln. Wichtige Industrieverbände sind der Bundesverband Medizintechnologie e. V. (www.bvmed.de), der Industrieverband SPECTARIS (www.spectaris.de) und der Fachverband Elektromedizinische Technik im ZVEI – Zentralverband Elektrotechnik- und Elektronikindustrie e. V. (http://www.zvei.org/verband/fachverbaende/elektromedizinischetechnik). Die DGBMT – Deutsche Gesellschaft für Biomedizintechnik im VDE (www.dgbmt.de) ist die größte wissenschaftlich-technische Fachgesellschaft der Medizintechnik in Deutschland. Im Verein Deutsche Ingenieure haben sich ca. 3500 Mitglieder dem Fachbereich Medizintechnik zugeordnet.

Literatur

Spezielle Literatur

1. Morgenstern, U., Kraft, M.: Biomedizinische Technik: Faszination, Einführung und Überblick. Biomedizinische Technik, Lehrbuchreihe, Bd. 1. De Gruyter, Berlin (2013). ISBN 978-3110251982
2. IEC 80001-1:2010; Application of risk management for IT-networks incorporating medical devices –Part 1: Roles, responsibilities and activities; Deutsche Version EN 80001-1:2011
3. Verordnung (EU) 2017/745 des europäischen Parlaments und des Rates vom 5. April 2017 über Medizinprodukte, zur Änderung der Richtlinie 2001/83/EG, der Verordnung (EG) Nr. 178/2002 und der Verordnung (EG) Nr. 1223/2009 und zur Aufhebung der Richtlinien 90/385/EWG und 93/42/EWG des Rates
4. Verordnung (EU) 2017/746 des Europäischen Parlaments und des Rates vom 5. April 2017 über In-vitro-Diagnostika und zur Aufhebung der Richtlinie 98/79/EG und des Beschlusses 2010/227/EU der Kommission
5. Kraft, M.: Finanzielle Auswirkungen innovativer Medizintechnik mit Einspareffekten im Gesundheitswesen. In: Kraft, M., Schlosser, B., Behrens, S. (Hrsg.) Einsparpotenzial innovativer Medizintechnik

im Gesundheitswesen. GDE, Bonn (2006). ISBN 978-3930376483

6. Kraft, M., Morgenstern, U.: Trends der deutschen Medizintechnikbranche – Innovationen, Forschungs- und Förderpolitik. In: Füssel, J., Koch, E., Malberg, H., Vonau, W. (Hrsg.) Innovationen in Medizintechnik und medizinischer Mess- und Sensortechnik 4. Dresdner Medizintechnik-Symposium. TUDpress, Dresden (2012). ISBN 978-3942710961
7. SPECTARIS – Deutscher Industrieverband für optische, medizinische und mechatronische Technologien e. V.: Spectaris Berlin (2020). https://www.spectaris.de/fileadmin/Infothek/Medizintechnik/Steckbrief_Medizintechnik.pdf. Zugegriffen: 11.08.2020
8. Lindner, R., Nusser, M., Zimmermann, A., Hartig, J., Hüsing, B.: Medizintechnische Innovationen – Herausforderungen für Forschungs-, Gesundheits- und Wirtschaftspolitik, TAB-Arbeitsbericht Nr. 134 (2009). http://www.tab-beim-bundestag.de/de/publikationen/berichte/ab134.html, Zugegriffen: 1. Juni 2011

41 Einteilung von Medizinprodukten

Stephan Klein und Marc Kraft

Die direkte Anwendung und Wirkung medizintechnischer Systeme am lebenden Objekt kann generell mittels verschiedener Charakteristika beschrieben werden, anhand derer auch eine Einteilung von Medizinprodukten möglich ist [1]. Zu den Einteilungskriterien gehören:

- die Invasivität der Informationserfassung bzw. des Eingriffs:
  - invasiv (dringt durch Körperoberfläche oder über eine Körperöffnung ganz oder teilweise in den Körper ein), z. B. Herzschrittmacherimplantation, Messung des zentralvenösen Blutdrucks, tiefe Hirnstimulation,
  - nichtinvasiv, z. B. Ultraschallbildgebung, Oberflächen-EKG,
- nach dem Ort der Anwendung bzw. der Art des Verfahrens:
  - *in vivo* (im/am lebenden Objekt), z. B. Operationsmikroskopie,
  - *in situ* (in natürlicher Lage im Körper), z. B. Stent-Implantation,
  - *ex vivo* (außerhalb des Körpers, z. B. nach Entnahme), z. B. Spektroskopie am Tumor-Schnellschnitt,
  - *in vitro* (im Reagenzglas), z. B. Züchtung von Stammzellen,
  - *in silico* (am Computer): z. B. Computersimulation der Erregungsbildung und -leitung am Herzen für die Ableitung eines Therapievorschlages,
- nach der Dauer der Anwendung:
  - Vorübergehend (weniger als 60 min), z. B.: Operationsinstrumentarium,
  - Kurzzeitig (bis zu 30 Tagen), z. B. Beatmung für die Dauer einer Woche,
  - Langzeitig (mehr als 30 Tage), z. B. Herzschrittmacher,
  - Ununterbrochen, z. B. künstliche Herzklappe (günstigenfalls lebenslang) [1].

Darüber hinaus findet man abhängig von der medizinischen Zielstellung verschiedene Einteilungen in Untergruppen. Beispielsweise ist eine Einteilung medizintechnischer Geräte nach Anwendung ionisierender (z. B. Computertomografie) oder nicht ionisierender Strahlung (z. B. Magnetresonanztomografie) möglich oder nach der Anzahl der vom Hersteller vorgesehenen Anwendungen (Mehrwegprodukt oder Einwegprodukt). Ein Teil der genannten Charakteristika hat Auswirkungen auf das potenzielle Risiko der Anwendung von Medizinprodukten und muss im Zulassungsprozess berücksichtigt werden (vgl. Kap. 43).

Eine übliche, jedoch nicht widerspruchs- und überschneidungsfreie Klassierung von Medizinprodukten verdeutlicht nachfolgend das Spektrum:

S. Klein (✉)
Technische Hochschule Lübeck
Lübeck, Deutschland
E-Mail: stephan.klein@th-luebeck.de

M. Kraft
Technische Universität Berlin
Berlin, Deutschland
E-Mail: marc.kraft@tu-berlin.de

B. Bender und D. Göhlich (Hrsg.), *Dubbel Taschenbuch für den Maschinenbau 3: Maschinen und Systeme*,
https://doi.org/10.1007/978-3-662-59715-6_41

- Implantate (z. B. Herzschrittmacher, Herzklappen, Knochennägel, Ureterstents, Endoprothesen, Intraokularlinsen),
- Medizintechnische Geräte (z. B. Blutdruckmessgeräte, Beatmungsgeräte, Infusionspumpen, Dialysegeräte, Ultraschallgeräte, Herz-Lungen-Maschinen, Sterilisatoren),
- Instrumente und Medicalprodukte (z. B. chirurgische Instrumente, chirurgisches Nahtmaterial, Bandagen, Inkontinenzhilfen, Kanülen),
- Hilfsmittel (z. B. Rollstühle, Exoprothesen, Gehhilfen, Kompressionsstrümpfe, Anti-Dekubitus-Systeme, siehe auch Hilfsmittelverzeichnis),
- Dentalprodukte (z. B. Inlays, Knochenersatzstoffe, künstliche Zähne),
- Produkte zur Empfängnisregelung (z. B. Kondome),
- in-vitro-Diagnostika und Diagnostikgeräte (z. B. Blutgasanalysegeräte, Blutkörperchenzählgeräte).

Der bei der Abgrenzung der Medizintechnik gegenüber anderen Technikbereichen im Vordergrund stehende Anwendungsbezug für die Heilkunde hat zur Folge, dass jedes technische System ein Medizinprodukt ist, wenn es die o. g. Definition des Medizinproduktegesetzes erfüllt.

Literatur

Spezielle Literatur

1. Morgenstern, U., Kraft, M.: Biomedizinische Technik: Faszination, Einführung und Überblick. Biomedizinische Technik, Lehrbuchreihe, Bd. 1. De Gruyter, Berlin (2013). ISBN 978-3110251982

42 Ausgewählte Beispiele wichtiger medizintechnischer Geräte

Stephan Klein, Marc Kraft, Henrik Botterweck, Jürgen Manigel, Martin Ryschka, Harald Hanke, Peter Schouwink und Jochim Koch

42.1 Bildgebung

42.1.1 Definition und Aufgabe

Medizinische Bildgebung ist *die Kombination technischer und algorithmischer Verfahren zur Gewinnung orts- und evtl. zeitverteilter morphologischer oder physiologischer Größen, deren Kenntnis der Erhaltung oder Wiederherstellung der Gesundheit dient.*

Ihr Haupteinsatz ist die Erkennung und Klassifikation einer Erkrankung, daneben aber auch die medizinische Prozesskette von der Prävention (z. B. Pränataluntersuchungen) über die Therapie (z. B. Kontrolle und Steuerung eines Eingriffs, Neurochirurgie, Strahlentherapie) bis zur Nachsorge und Kontrolle. Bildgebende Verfahren – *Modalitäten* – können klassifiziert werden nach:

1. dem abbildenden Medium: Licht, Röntgen- oder Gammastrahlung, Infrarot- (Wärme-) Strahlung, Radiowellen (MRI), Ultraschall, u. U. auch Partikelstrahlung.
2. dem Charakter des Informationstransportes: Überwiegen typische Wellenphänomene wie Interferenz und Kohärenz (z. B. Röntgen-Phasenkontrast, optische Kohärenztomographie), kann die Strahlung im wesentlichen als Teilchenstrom beschrieben werden (klassisches Röntgen). Die Nutzung statischer Felder ist unüblich, da deren Feldamplitude um Quellen herum schneller abfällt bzw. in Gewebe abgeschirmt wird.
3. der Wechselwirkung mit dem Objekt: Transmission (Quelle außerhalb des Körpers), Emission (innerhalb), Anregung und Streuung (extern stimulierte Emission), Reflexion (Sonderfall der Streuung).
4. der Bildgenerierung: das Bild kann direkt auf einem Detektor entstehen, durch Scan-

S. Klein (✉)
Technische Hochschule Lübeck
Lübeck, Deutschland
E-Mail: stephan.klein@th-luebeck.de

M. Kraft
Technische Universität Berlin
Berlin, Deutschland
E-Mail: marc.kraft@tu-berlin.de

H. Botterweck
Technische Hochschule Lübeck
Lübeck, Deutschland
E-Mail: henrik.botterweck@th-luebeck.de

J. Manigel
Dräger Medical GmbH
Lübeck, Deutschland
E-Mail: juergen.manigel@draeger.com

M. Ryschka
Technische Hochschule Lübeck
Lübeck, Deutschland
E-Mail: martin.ryschka@th-luebeck.de

H. Hanke
Olympus Surgical Technologies Europe
Hamburg, Deutschland
E-Mail: harald.hanke@olympus-oste.eu

P. Schouwink
Olympus Surgical Technologies Europe
Hamburg, Deutschland
E-Mail: peter.schouwink@olympus-oste.eu

J. Koch
Lübeck, Deutschland

B. Bender und D. Göhlich (Hrsg.), *Dubbel Taschenbuch für den Maschinenbau 3: Maschinen und Systeme*,
https://doi.org/10.1007/978-3-662-59715-6_42

nen punktweise erfasst werden oder tomographisch berechnet werden.
5. der Fokussierung: rauscharme Daten können gewonnen werden, wenn zusammengehörige Strahlen mit Linsen oder Kollimatoren fokussiert werden.
6. der gewonnenen Information: unterschieden werden morphologische Strukturen und physiologische Parameter.

Ein sinnvolles Verfahren ist charakterisiert durch medizinische Relevanz, Vielseitigkeit, Robustheit, geringe Nebenwirkungen oder Belästigungen für Patient und Arzt, wie Strahlendosis, Lärm, Atemanhalten, Beengung sowie geringe Kosten.

42.1.2 Modalitäten

42.1.2.1 Röntgentransmission

Die Durchleuchtung des Körpers mit Röntgenstrahlung markiert 1895 den Beginn der modernen medizinischen Bildgebung. Die Wellennatur der Strahlung tritt mit Ausnahmen (Phasenkontrast) zurück: Photonen von typisch 20–180 keV durchdringen den Körper geradlinig und werden vor allem durch den Photoeffekt absorbiert. Ein Vorteil sind die idealen Schwächungskoeffizienten mit im Vergleich zur Optik geringer Streuung. Ein signifikanter Anteil der emittierten Strahlung erreicht den Detektor, andererseits ergeben die Unterschiede im Absorptionskoeffizienten verschiedener Gewebetypen ein kontrastreiches Bild.

- Röntgenröhre: Ein Elektronenstrahl trifft nach Beschleunigung durch Hochspannung auf ein Target. Für hohe Leistungen (z. B. 100 kW elektrisch) werden rotierende Drehanoden verwendet. Auf einem Träger mit guter Wärmekapazität (bis 6 MJ aufnehmbare Wärme) und -leitfähigkeit ist das Targetmaterial aufgebracht. Kriterien sind eine hohe Kernladungszahl Z, hoher Schmelzpunkt und geeignete Fluoreszenzenergien: durch den photoelektrischen Effekt werden zusätzlich zur Bremsstrahlung charakteristische Energien emittiert. Der Wirkungsgrad ist angenähert proportional zur Beschleunigungsspannung U und der Kernladungszahl Z, $\eta = kUZ$ mit $k \approx 10^{-9}$ / V, typisch $\eta \leq 1\,\%$. Deshalb ist bei Leistungsröhren die Kühlung wesentlich: vom Brennfleck (typisch $< 1\,\text{mm}^2$) über die induktiv in Rotation versetzte Anode und das Röhrengehäuse (Glas oder Metall) in ein umgebendes Kühlmedium.
- Röntgenstrahler: Dieser umfasst neben der Röhre die Kühlung (je nach Leistung Luft, Wasser, Öl), Antriebe für die Rotation bei Drehanoden und Vorrichtungen zur Filterung und Kollimation der Strahlung (Abb. 42.1). Diese verlässt die Röhre typischerweise durch ein Berryliumfenster (photoelektrische Absorption ist proportional zu Z^3). Da niederenergetische Photonen überwiegend absorbiert werden, tragen sie kaum zum Bild, wohl aber zur aufgenommenen Energiedosis bei. Je nach Anwendung werden deshalb Filter (Aluminium) in den Strahl eingebracht. Zur Dosisoptimierung können diese auch winkelabhängig geformt sein, da der Strahl in der Bildmitte mehr Materie zu durchdringen hat. Hinzu kommen u. U. Lichtquellen zur optischen Markierung des Strahlfeldes.
- Hochspannungsgenerator: Wichtig ist die Bereitstellung stabiler Gleichspannung, die in Bruchteilen von Millisekunden regelbar ist. Neben Transformatoren mit zwölf überlagerten phasenverschobenen Wechselspannungen sind Halbleitergeneratoren üblich.
- Röntgendetektor: Neuere Nachweismethoden sind Halbleiterdetektoren (CCD oder flache Detektoren in Bildgröße als Dünnfilmtransistoren mit Photodioden), CMOS o. a. mit und ohne Szintillator. Veraltend sind der Bildverstärker, bei dem Photoelektronen von einer Potentialdifferenz beschleunigt auf einen Fluoreszenzschirm treffen, und der Röntgenfilm. Zur Erhöhung der Empfindlichkeit (nicht der Auflösung) kann letzterer mit zusätzlichen Konversionsschichten zu optischer Strahlung versehen sein. Speicherfolien, auf denen Ladungsträger generiert werden, ermöglichen eine direkte Auslesung mit Lasern.

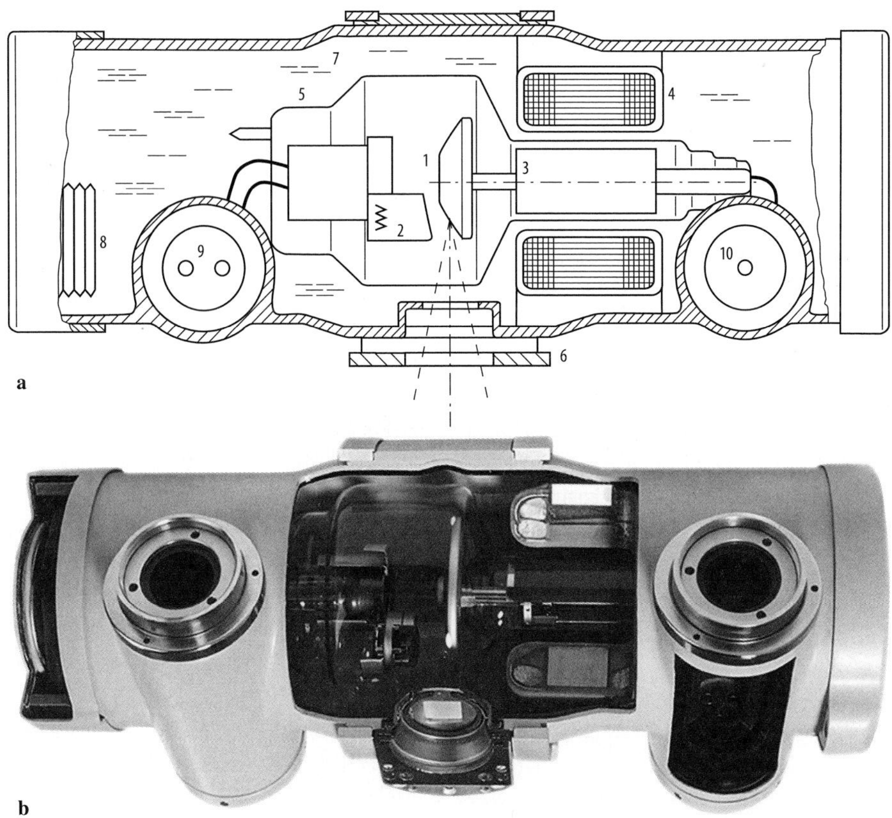

Abb. 42.1 Röntgenstrahler. **a** Prinzip. *1* Drehanode, *2* Glühwendel und Wehneltzylinder (Kathode), *3* Rotor des Drehanodenantriebs mit Lagerung, *4* Stator, *5* evakuiertes Glasgehäuse, *6* Austrittsöffnung mit Filter und Bleiblende, *7* Gehäuse mit Ölfüllung, *8* Ausgleichsgefäß, *9* Kathoden- und Heizstromanschluss, *10* Anodenstromanschluss. **b** Querschnitt. (Fa. Philips, Hamburg)

Bis heute ist die Röntgendurchleuchtung für viele Fälle vor allem mit gutem Kontrast die Methode der ersten Wahl, wogegen CT oder MRT für kontrastarme oder funktionale Anwendungen auch höheren Aufwand bedeuten.

42.1.2.2 (Röntgentransmissions-)Computertomographie

Diese wird historisch als *die* CT bezeichnet. Grundidee ist die Berechnung eines Schnittbildes (gr. tó$\mu o\varsigma$-Schnitt, $\gamma\rho\acute{\alpha}\varphi\varepsilon\iota\nu$-schreiben) aus Projektionen verschiedener Richtungen. Neben der genaueren Lokalisierbarkeit ergibt sich als Hauptvorteil ein größerer Kontrast bei gegebenem Rauschniveau.

- Prinzip: Bei der helikalen Aufnahme rotiert die Gantry mit Strahler und gegenüberliegendem Detektor um den Patienten, der kontinuierlich mit der Liege durch das Gerät geschoben wird (Abb. 42.2). So werden genügend Projektionen aufgenommen, um die dreidimensionale Verteilung der Absorption zu berechnen. Letztere ist gewebetyps- und energieabhängig und wird in Hounsfield-Einheiten angegeben (HU), relativ zu der für das Energiespektrum gemittelten Absorption von Wasser.
  $U = 1000 * (\mu - \mu_{\text{Wasser}}) / \mu_{\text{Wasser}}$ in [HU]
  (U: Hounsfield-Zahl, μ: Schwächungskoeffizient)
- Gantry: Sie rotiert 2–3 mal je Sekunde um den Patienten. Darauf montiert sind der Röntgenstrahler mit Hochspannungsversorgung, Filter, Strahlkontrolle etc. und gegenüber der Detektor, der aus mindestens einer, meist mehreren (typisch 64) Zeilen von etwa 1000 Detektorpixeln besteht. Dazu kommt die Signalvorver-

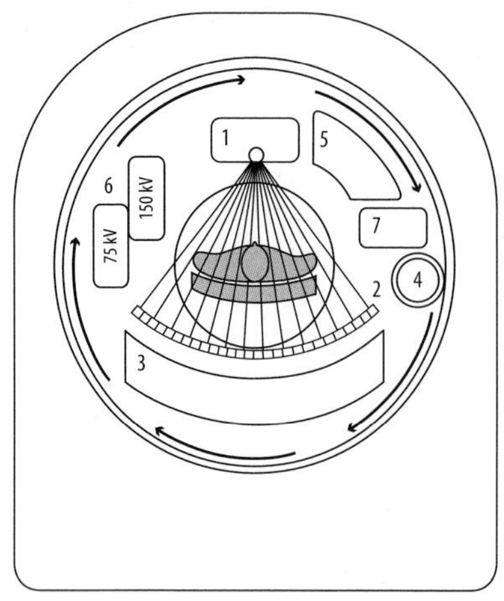

Abb. 42.2 Computertomograph (Querschnitt). *1* Röntgenstrahler mit Filter und Kollimator, *2* Detektoren, *3* Datenakquisation, *4* Antrieb, *5* Ölkühlung, *6* Hochspannungsgeneratoren, *7* AC/DC-Wandlung

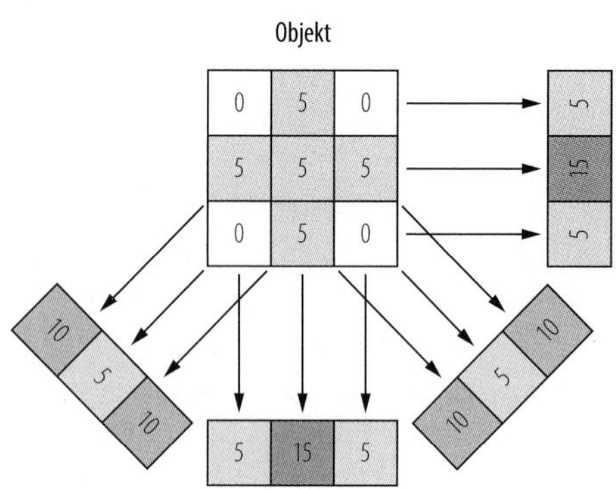

Abb. 42.3 Bildrekonstruktion. Aus den Projektionen des Objekts (Linienintegrale des Objekts, Radontransformierte) wird auf das Objekt geschlossen

stärkung und eine Einrichtung, um die Steuersignale zur Gantry und vor allem die Bilddaten von dort zur Weiterverarbeitung zu leiten. Dies kann mechanisch über einen Schleifring oder drahtlos über Funk erfolgen mit Datenraten bis zu mehreren hundert MB/s bei etwa 1000–2000 Projektionsaufnahmen je Rotation.

- CT-Detektor: Die Strahlintensität und Pixelgröße heutiger Geräte bedingt intensitätsbasierte, nicht zählende Detektion mit Aufnahmezeiten einiger hundert Mikrosekunden. Üblich sind Szintillatoren verbunden mit Photodioden, die die älteren Xenon-Ionisationskammern bzw. Photomultiplier abgelöst haben. Primäre Kriterien für die Wahl des Szintillators sind die Sensitivität, die Eigenabsorption, das Abklingverhalten im Bereich von Mikrosekunden und das Nachleuchten. Materialien sind u. a. klassisch CsI (Cäsiumiodid), Cadmiumwolframat ($CdWO_4$) oder Bismutgermanat (BGO). Keramische Seltene-Erdenverbindungen sind vorteilhaft für schnelle Abklingzeiten.
- Rekonstruktion ist die rechnerische Umkehrung der Bildaufnahme (Abb. 42.3). Für idealisierte Fälle existieren analytische Formeln, die aber wegen der statistischen Natur der Röntgenstrahlung regularisiert werden müssen, um zu verhindern, dass beliebig kleine Abweichungen vom Erwartungswert der Zählrate zu großen Bildfehlern führen. Mit der Einführung der Mehrzeilen-CT und für flache Detektoren, die an einem Röntgen-C-Arm befestigt sind (Volume-CT), wurde die Entwicklung schneller, robuster Algorithmen für kegelförmige Strahlbündel notwendig (cone beam reconstruction). Die Reduktion der Strahlendosis und die Verkleinerung der Pixel motiviert den Einsatz statistischer Methoden, die das wahrscheinlichste Bild unter Berücksichtigung der bekannten Verteilung um die mittlere Zählrate herum bestimmen (maximum-likelihood/maximum-a-posteriori).
- Typische Artefakte: rekonstruktionsbedingt führen defekte Pixel, Beschränkung des Projektionsfeldes, materialabhängige Aufhärtung (niederenergetische Photonen werden stärker absorbiert), komplette Absorption an Metallen u. a. zu nichttrivialen Bildfehlern. Wichtig ist die Optimierung der Algorithmen zu deren Berücksichtigung.

Die CT kann zur Untersuchung aller raumfordernden oder -ändernden Prozesse im Körper, auch der weniger kontrastreichen oder entzündlichen an Knorpeln, Binde- und Nervengewebe eingesetzt werden. Für die Weichteilbildgebung ist die MRT eine aufwändige Alternative ohne ionisierende Strahlung, in der Tumor- und Metastasenerkennung kann die CT gut durch nuklearmedizinisch-funktionale Modalitäten wie die PET ergänzt werden.

42.1.2.3 Nuklearmedizinische Bildgebung

Mit der Szintigraphie und tomographisch SPECT (*single photon emission CT*) und PET (*positron emission tomography*) wird die Emissionsverteilung einer spezifischen Substanz (Tracers) im Körper bestimmt. In den ersten beiden Fällen handelt es sich um einzelne Gammaquanten, die üblicherweise β^--Zerfällen folgen, bei der PET annihiliert das Positron eines β^+-Zerfalls mit einem Elektron zu zwei Photonen, die sich mit Energien von je 512 keV entlang einer Ache voneinander fort bewegen.

- Prinzip der SPECT: eine oder mehrere Gammakameras rotieren um den Patienten und erzeugen Projektionsbilder. Da es für Gammastrahlung keine effiziente Fokussierungsmöglichkeit (Linsen) gibt, werden mit Kollimatoren nur Photonen bestimmter Richtung erfasst. Je nach Anwendung sind diese gemäß den Kriterien hoher Ortsauflösung (viele, feine Bohrungen), Richtungsauflösung (große Bohrungstiefe), hoher Photonenenergie versus großer Öffnungsfläche (dicke/dünne Zwischenwände) ausgewählt. Technisch kommen u. a. kombinierte gefaltete Bleche mit sechseckigen Zwischenräumen oder Bleiguss in Betracht. Bevorzugt ist wegen der hohen Absorption Blei – mit dem Nachteil möglicher Fluoreszenzstrahlung. Alternativen sind Einzellochkollimatoren, die nach dem Prinzip der camera obscura arbeiten und Objekte nahe der Öffnung geometrisch vergrößern (e. g. Schilddrüsenszintigraphie). Die Detektion selbst findet szintillatorisch – typisch ist NaI (Natriumiodid) – mit angekoppelten Photomultipliern (PM) statt. Die technische Einfachheit der Gammakamera (Angerkamera) beruht darauf, dass durch (früher analogelektronische) Wichtung der Szintillationssignale benachbarter PM der Detektionsort bis auf wenige mm bestimmt werden kann, so dass 40–70 PM ausreichen z. B. 256 × 256 Pixel. Höhere Auflösungen sind wegen der geringen Zählraten von wenigen tausend γ/s nicht sinnvoll.
- Prinzip der PET: Detektorelemente sind ringförmig um den Patienten angeordnet. Durch Koinzidenzdetektion beider Annihilationsphotonen wird so ein Strahl, auf dem der Zerfall stattgefunden haben muss, bekannt. Der Vorteil gegenüber der SPECT ist, dass prinzipiell jedes Photon innerhalb des von Detektoren abgedeckten Raumwinkels zur Messung beiträgt, während bei letzterer nur Bruchteile eines Promilles den Kollimator passieren.
- Weiterentwicklung: Während die SPECT i.w. technisch ausgereift ist, kann bei der PET mit schnelleren Szintillatoren und entsprechender Koinzidenzelektronik aus dem Flugzeitunterschied beider Photonen auf den Zerfallsort mit einer Genauigkeit deutlich unter 10 cm geschlossen werden. Weiterhin können Parallaxenfehler schräg einfallender Photonen durch Erfassung der Szintillationstiefe vermindert werden (DOI, depth of interaction). Ein weiterer Trend ist die Entwicklung von Halbleiterdetektoren (Avalanche-Photodioden u. a.), die dann auch in PET/MR Kombinationen verwendet werden können, wo PM wegen der Störung des MR nicht möglich sind.

SPECT und PET profitieren von der Weiterentwicklung der Rekonstruktionsmethoden, die mögliche Artefakte durch Streuung, Scheinkoinzidenzen, Fluoreszenz im Detektor etc. einbeziehen und vor allem der statistischen Natur der niedrigen Zählraten Rechnung tragen.

Einsatzgebiete der Nuklearmedizin sind vor allem die Kardiologie (Funktion des Myokardiums), Onkologie, Thyreologie (Schilddrüsenuntersuchung) und Neurologie.

42.1.2.4 Sonographie

Die Ultraschall-Bildgebung ist leicht verfügbar, nebenwirkungsarm und vielfältig. Grundprinzip ist die Wellenreflexion an Grenzflächen der mechanischen Impedanz, wobei das Bild durch punktweises Scannen und Messen der Laufzeit für die Tiefeninformation entsteht. Die schallerzeugenden und -detektierenden Transducer können anwendungsabhängig ausgetauscht werden – das dahinterliegende Gerät dient dann

42

‚nur' noch der Signalverarbeitung und -auswertung.

- Transducer wandeln elektrische Spannungssignale durch den piezoelektrischen Effekt in Schallschwingungen (Sender) um und umgekehrt (Empfänger) (Abb. 42.4). Hinzu kommen Dämpfer an den abgewandten Seiten, die Spannungszuführung, die geometrische Gestalt zur anwendungsabhängigen Abstrahlcharakteristik und eine Impedanzwandlerschicht, die Reflexion am Übergang vom Piezoelement in das i. w. wasseräquivalente Objekt verhindert. Zur Ankopplung an das Gewebe wird ein Gel zwischen Transducer und Körper aufgebracht. Transducer haben i. Allg. eine feste Frequenz, wobei hohe Frequenzen die Ortsauflösung verbessern, da die Wellenlängen im Bereich der erzielbaren Auflösung liegen (sub-mm). Allerdings steigt auch die Absorption im Gewebe, so dass für Untersuchungen etwa im Bauchraum wenige MHz verwendet werden, für oberflächennahe Anwendungen (Gefäßwände u. a.) aber bis über 20 MHz.

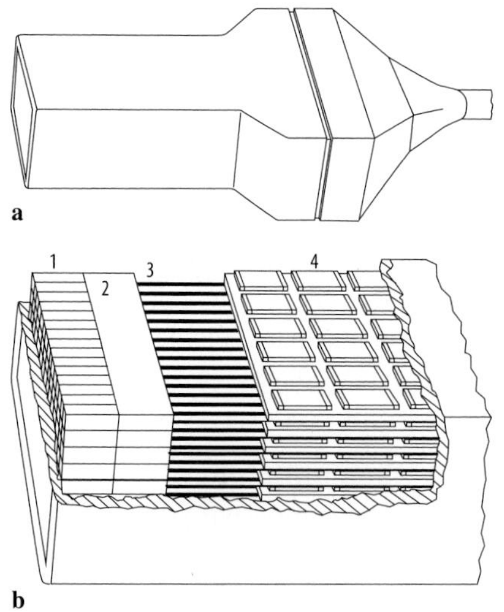

Abb. 42.4 Ultraschallwandler. **a** Ansicht. **b** Detail (Mehrzeilen-Array). *1* Piezokeramiken getrennt durch Dämpfungsmaterial, *2* rückseitige Dämpfungsmasse, *3* Konnektierung, *4* Elektronik

- Transducerarrays: die Strahlrichtung und -charakteristik kann durch Verwendung von Arrays koordinierter Transducerelemente beeinflusst werden. In linearen oder gekrümmten Anordnungen kann durch die zeitliche Phasenverschiebung der Ansteuerung die Richtung der resultierenden Wellenfront definiert werden. Mit ineinanderliegenden zirkularen Elementen kann ein fokussierter Strahl erzeugt werden.
- Signalverarbeitung: die ursprünglichen Bildgebungsmodi beruhen auf analoger Technik. Im historischen „A-Modus" (amplitude) wird das reflektierte Signal oszilloskopisch über die Laufzeit aufgetragen. Im „B-Modus" (brightness) ist die Signalstärke durch Helligkeit kodiert, so dass durch Variation der Strahlrichtung ein zweidimensionales, tiefenabhängiges Bild dargestellt wird. Durch zusätzliche Auslenkung in die zweite transversale Richtung sind dreidimensionale Modi möglich. Im „M-Modus" (motion) entspricht eine Bildachse der Zeit, so dass die Bewegung von Grenzflächen, die einen Messstrahl schneiden, visualisiert wird (Echokardiographie).
- Farbdoppler: die Information über (Blut-)Flussgeschwindigkeiten wird durch die Frequenzverschiebung des reflektierten Signals an bewegten Objekten (Doppler-Effekt) gewonnen. Durch Kombination von Wellenpaketpulsen zur Tiefenmessung kann ein Dopplerbild generiert werden, in dem die Flussgeschwindigkeit in zum Transducer axialer Richtung farblich kodiert ist. Zusammen mit dieser Information über den Gefäßquerschnitt kann so auch der gesamte Fluss bestimmt werden. Spezielle Signalverarbeitungen erlauben, den Fluss ohne Kenntnis der Geschwindigkeit, aber rauschärmer zu bestimmen (Power-Doppler).

Wichtige Anwendungen der Sonographie und Dopplerbildgebung sind Untersuchungen des Bauchraums, des ungeborenen Kindes und der Herzfunktion – allgemein also Körperregionen „ohne Luft und Knochen", mit dem Vorteil des einfachen und nebenwirkungsfreien Einsatzes.

42.1.2.5 Magnetresonanztomographie

Die Magnetresonanztomographie (*magnetic resonance imaging*, MRI) ist die jüngste der etablierten Modalitäten. Sie basiert auf der Kernspinresonanz.

- Grundprinzip: Mit dem Kernspin ist ein magnetisches Moment verbunden. Wasserstoffkerne mit Spin 1/2 werden in einem homogenen Magnetfeld B_0 bevorzugt parallel dazu ausgerichtet und präzedieren mit der Larmorfrequenz $f = \gamma B_0$ mit $\gamma \approx 42{,}6\,\mathrm{MHz/T}$ darum (Abb. 42.5). Wird eine Radiowelle dieser Frequenz eingestrahlt, so präzediert der Spin zusätzlich um die Magnetfeldachse der Anregung. Da dieses Feld weit schwächer ist (µT), kann diese Rotation nach einem Kippen des Spins von 90° (im klassischen Bild) unterbrochen werden. Nun liegen in einer Probe dort, wo die Radiofrequenz der lokalen Larmorfrequenz entsprach, die Kernspins in einer Ebene senkrecht zu B_0, rotieren darin und emittieren deshalb elektromagnetische Strahlung. Für diagnostische Anwendungen liegt B_0 im Bereich von 1,5–7 T, die Frequenzen deshalb um 60–300 MHz, was Hochfrequenztechnik in der Signalverarbeitung erfordert.
- Bildgebung: Zusätzliche Spulen erzeugen folgende Magnetfeldgradienten um 10 mT/m:
  1. Ein Gradient i. Allg. parallel zum Körper während der Anregung resultiert in einer dem Frequenzband der Anregung entsprechenden Anregungsschicht.
  2. Ein Gradient senkrecht dazu zwischen Anregung und Signaldetektion erzeugt mit definierter Stärke und Dauer eine Phasenverschiebung der Spins, da sich deren Larmor-Frequenz proportional zu dieser Achse ändert: Phasenkodierung.
  3. Ein Gradient senkrecht zu beiden vorherigen während der Signaldetektion resultiert in Emissionsfrequenzen proportional zu dieser Achse: *Frequenzkodierung*.

  Eine Antenne detektiert das Resonanzsignal über ein Zeitintervall. Es ist eine Überlagerung aller Ortssignale, phasenverschoben je Ort und Messzeitpunkt entsprechend Schritten 2 und 3. Wenn die Prozedur mit verschiedenen Gradientenstärken in Schritt 2 wiederholt wird, werden sukzessive Werte der Fouriertransformierten des Ortssignals bekannt. Eine 2D-Fouriertransformation liefert das Bild zur Schicht aus Schritt 1.

- Klassische Sequenzen. Das Bild hängt von der Dichte angeregter Protonen ab und vor allem vom Zerfall der Anregung durch Rückkehr in den Grundzustand (T_1-Relaxation) oder Verlust der Phasenkohärenz (T_2). Diese drei Effekte können durch Anpassung der Zeitdauern zwischen Anregungen und Messungen selektiv hervorgehoben werden. Zum Ausgleich lokaler Inhomogenitäten kann in der Mitte zwischen Anregung und Messung ein zusätzlicher Anregungsimpuls mit Spindrehung um 180° erzeugt werden, so dass sich im zweiten Zeitintervall die im ersten aufgelaufenen Phasenunterschiede gerade wieder aufheben (Spin Echo).
- Technische Realisierung: Das statische Feld von einigen Tesla muss über das Messvolumen homogen (µT) sein, was durch Kallibrationsspulen erreicht wird. Das Hauptfeld wird durch eine supraleitende Spule erzeugt. Im Innern liegen die Gradientenspulen und darin die Anregungs- und Messantennen. Je Anwendung können weitere Antennen direkt an den Körper gebracht werden. Magnetisierbare Materialien dürfen nicht verwendet werden.
- Weitere Entwicklungen: ein Vorteil ist die Vielfalt möglicher Sequenzen, etwa zur schnellen Bildgebung im Sekundenbereich, funktionalen Bildgebung im Gehirn (blood-oxygen-level-dependent, BOLD), Diffusionsmessung von Protonen (Diffusion Tensor Imaging) parallel zu „Leitungsbahnen“ (Axonen) u. v. a. Tracer wie Gadolinium(III)-Verbindungen verstärken durch ihren Paramagnetismus die Relaxation in ihrer Umgebung und damit den Bildkontrast.

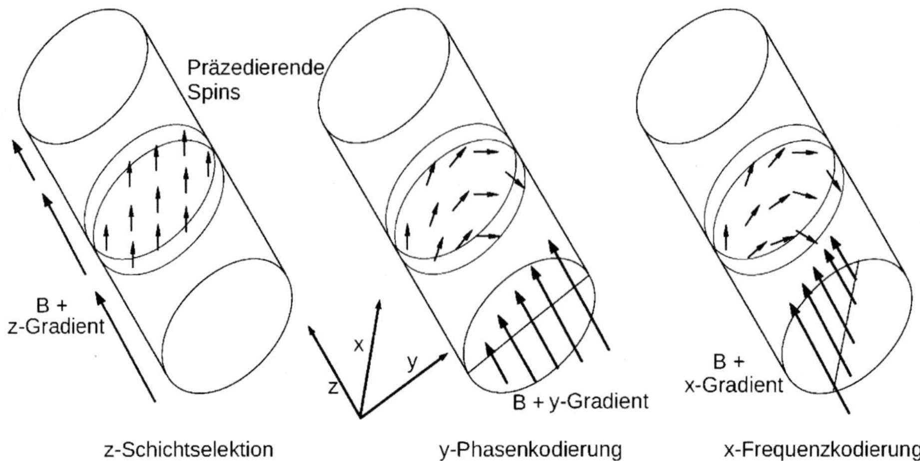

Abb. 42.5 Magnetresonanztomographie (Prinzip)

42.1.2.6 Weitere Verfahren

Zur medizinischen Bildgebung zählen auch OP-Mikroskope und Endoskope (vgl. Abschn. 42.7) als klassische optische Geräte. Die Kohärenzeigenschaften von Laserlicht werden in der OCT (*optical coherence tomography*) für Tomographie aus (e. g. an der Netzhaut) reflektiertem Licht genutzt. Die Neuentwicklung des MPI (*magnetic particle imaging*) erlaubt die Erfassung der Verteilung spezifischer Tracer-Partikel anhand ihrer nichtlinearen magnetischen Suszeptibilität in äußeren Feldern. Weitere Beispiele sind Ultraschalltransmission zur Knochendichtemessung, die Tomographie der elektrischen Impedanz mit äußerlichen Stromquellen und -sensoren, Tomographie während der Strahlentherapie zur Volumenkontrolle u. v. a.

42.1.3 Trends und Aspekte

Die Bedeutung der Bildverarbeitung und Informationsextraktion wächst. Die steigende morphologische und funktionale Datenmenge erfordert leistungsfähige und robuste Verfahren:

- Registrierung ist die punktweise Zuordnung mehrerer Bilder verschiedene Modalitäten desselben Patienten zu unterschiedlichen Zeiten (Verlaufskontrolle) oder verschiedener Personen mit vergleichbaren Bildaufnahmen (Querschnittsvergleiche).
- Segmentierung bezeichnet die manuelle, halb- oder vollautomatische Erfassung von Grenzflächen, also etwa die Definition von Tumorvolumina oder Organen.
- Quantifizierung ist die absolute Angabe von z. B. Tumorvolumina, nuklearmedizinischen Aktivitäten, kardiologischen Parametern, Blutflüssen u. a. Dazu sind neben reproduzierbaren Bildgebungsverfahren Kallibrierungsmethoden wichtig und eine detaillierte Modellierung des gesamten Bildgebungsprozesses zur Einbeziehung sämtlicher Effekte (z. B. Röntgenstreuung) erforderlich.
- Multimodalität ist die Kombination komplementärer, sich ergänzender Verfahren. Zur Vermeidung von Registrierungsartefakten ist eine zeit- und ortsnahe gleichzeitige Aufnahme sinnvoll, bevorzugt in einem Gerät. Mit z. B. der PET/CT werden funktionale Bildinformationen (Tumorlokation, Glucoseverbrauch im Myokardium u. a.) mit anatomischen CT-Bildern überlagert, wodurch die Position der PET-Signale genauer definiert ist.
- Molekulare Bildgebung ist der Ansatz, funktionale Information auf einem Empfindlichkeitsniveau einzelner oder weniger Moleküle zu gewinnen. So kann mit der PET grundsätzlich ein einzelnes stoffwechselrelevantes

Molekül beim Zerfall eines chemisch daran gebundenen β^+-Markers nachgewiesen werden. Ziel ist die Entwicklung hochspezifischer, evtl. auch personaler Marker.

42.2 Monitoring

42.2.1 Patientenmonitoring

Unter Monitoring oder genauer Patientenmonitoring wird in der Medizintechnik die fortwährende gerätetechnische Erfassung und Überwachung physiologischer Parameter eines Patienten verstanden. Die automatische Überwachung der erfassten Parameter erlaubt es dem medizinischen Personal, sich anderen Parametern oder Tätigkeiten zuzuwenden oder sich gar vom Patientenbett zu entfernen. Erst beim Verlassen von zuvor eingestellten Normalbereichen wird das Eingreifen des medizinischen Personals durch visuelle und akustische Alarme angefordert.

Welche Parameter in welcher zeitlichen Dichte erfasst und in wie engen Grenzen überwacht werden, hängt von der Situation und dem Gesundheitsstatus des Patienten ab. Monitoring wird dort eingesetzt, wo Organfunktionen durch Krankheit, Diagnose, Therapie oder durch Frühgeburt gefährdet oder eingeschränkt sind und eventuell durch Maschinenfunktionen kompensiert werden.

Ein typisches Beispiel für das situationsbedingte Patientenmonitoring ist die Überwachung der Vitalfunktionen eines Patienten während einer Allgemeinanästhesie. Weitere Beispiele für den Monitoringeinsatz sind der Aufwachraum, die Intensivstation, die Überwachungsstation für Patienten nach akuten, insbesondere kardialen Problemen, die Notfallstation und speziell die Neonatologie.

Auch bei besonderen Diagnose- oder Therapieverfahren mit einem erhöhten Risiko für den Patienten oder hoher Invasivität, wie beispielsweise der Herzkatheteruntersuchung oder der Dialyse wird Patientenmonitoring eingesetzt. Selbst mobile Patienten können über drahtlose Telemetriesysteme überwacht werden.

Bei der Entscheidung, welcher Monitoringumfang einer bestimmten Situation angemessen ist, wird das medizinische Personal durch Empfehlungen der Berufsverbände und durch normative Anforderungen unterstützt. So wird für den anästhesierten, beatmeten Patienten während der Operation das folgende Minimal-Patientenmonitoring empfohlen [1]: EKG-Monitor (Elektrokardiogramm) mit Herzfrequenz-Überwachung, exspiratorisches Tidalvolumen (vgl. Abschn. 42.3), Sauerstoffsättigung, nichtinvasiver Blutdruck und endexspiratorische Kohlendioxidkonzentration im Atemgas (vgl. Tab. 42.1).

42.2.2 Maschinenmonitoring

Werden vitale Organfunktionen durch Maschinen kompensiert, kommt zum eigentlichen Patientenmonitoring noch ein sogenanntes Maschinenmonitoring zur Überwachung der Maschinenfunktionen hinzu. Für das Beispiel des anästhesierten, beatmeten Patienten wird normativ zusätzlich das folgende Maschinenmonitoring gefordert [2]: Patientennahe Atemgaskonzentrationen (O_2, Inhalationsanästhetika), Exspirationsvolumen mit Überwachung von Diskonnektion und Apnoe, Atemwegsdruck.

42.2.3 Alarmgebung

Durch die automatische Überwachung und Alarmierung soll ein für den Patienten kritischer oder gar lebensbedrohlicher Zustand frühzeitig erkannt und das rechtzeitige Eingreifen des medizinischen Personals ermöglicht werden. Dazu müssen die Warngrenzen der erfassten Parameter entsprechend eng eingestellt sein, um eine klinisch relevante Situation sicher zu entdecken. Außerdem muss die Alarmausgabe hinreichend dominant sein, um gegenüber anderen visuellen und akustischen Hintergrundreizen wahrnehmbar zu sein. Die speziellen Anforderungen an die Alarmausgabe sind dabei in einer Norm festgelegt [3]. Im klinischen Alltag ergeben sich durch die Häufigkeit und Intensität gerade von akusti-

Tab. 42.1 Mindestanforderungen an die apparative Ausstattung eines Anästhesie-Arbeitsplatzes. (Auszug aus [1])

	Verfügbarkeit	Arbeitsplatz, unmittelbar	Im Bedarfsfall in angemessener Zeit
Essenziell	Anästhesie-Atemsystem *incl. Überwachungsgeräten, Alarmsystemen und Schutzvorrichtungen nach DIN EN 60601-2-13*	X	
	Patientennahe Atemgasmessung *Konzentrationen von Sauerstoff, Kohlendioxid und Inhalationsanästhetikum*	X	
	Pulsoximeter *u. a. Digitalanzeige von SpO_2- und Herzfrequenz*	X	
	EKG-Monitor *akustisches Signal bei Unterschreitung einstellbarer Alarmgrenzen der Herzfrequenz*	X	
	Blutdruckmessung	X	
	Körpertemperaturmessung		X
	Defibrillator		X
	Relaxometer *wenn Muskelrelaxantien eingesetzt werden*		X
	Blutzuckermessung *bei Kindern bis zum vollendeten 1. Lebensjahr und Diabetikern*		X
Empfohlen	Anästhesie-Beatmungsgerät *nach DIN EN ISO 8835 T 5*	X	
	Oszillometrische Blutdruckmessung	X	

schen Alarmen massive Probleme für das medizinische Personal und für die Patienten z. B. auf Intensivstationen [4].

Gerade beim Eintreten kritischer Situationen werden meist mehrere Alarme gleichzeitig ausgelöst. Dann kann es für das Personal schwierig werden, die unterschiedlichen Alarme zu unterscheiden und zu identifizieren. Um zu verhindern, dass weniger wichtige Alarme wichtigere überdecken, werden Alarmsysteme mit geeigneter Alarmpriorisierung normativ vorgeschrieben [3].

42.2.4 Zentrale Überwachung

Während es bei der OP-Überwachung um einen einzelnen, lokal betreuten Patienten geht, werden in der Überwachungsstation oder in der Intensivstation in der Regel mehrere Patienten gleichzeitig überwacht. Oft werden die bettseitig erfassten Parameter zu einer Zentrale geleitet, wenigstens aber die Alarme zentral oder so verteilt ausgegeben, dass das medizinische Personal sie auch in anderen Räumen wahrnehmen kann.

42.2.5 Gerätetechnik

Obwohl Patientenmonitore von einer Vielzahl von Herstellern angeboten werden, hat sich doch eine typische Gerätekonfiguration herausgebildet. Auf einem Bildschirm werden ausgewählte Parameter als Echtzeitkurven über der Zeit dargestellt (z. B. EKG, Atemdruckkurve, arterieller Blutdruck, zentralvenöser Blutdruck, Photoplethysmogramm) (Abb. 42.6). Zusätzlich gibt es auf dem Bildschirm Bereiche mit numerischen Anzeigen für z. B. die aus dem EKG abgeleitete Herzfrequenz, die Sauerstoffsättigung aus dem Photoplethysmogramm oder den nichtinvasive Blutdruck. Für überwachte Parameter können auch die Alarmgrenzen ständig oder durch Benutzerinteraktion dargestellt werden. In unmittelbarer Nähe zum Bildschirm sind Bedienelemente angeordnet.

Viele Patientenmonitore sind bezüglich der erfassten Parameter und ihrer Darstellungsform konfigurierbar. So können Module für bestimmte physiologische Größen hinzugefügt und damit der Patientensituation angepasst werden. Je nach

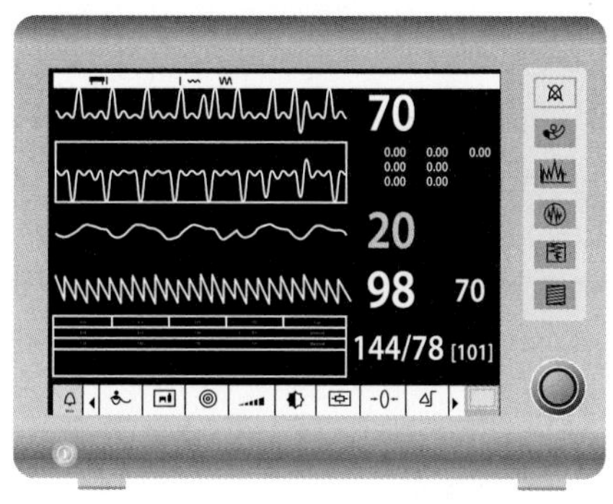

Abb. 42.6 Patientenmonitor

Hersteller können über 30 Parameter erfasst werden. Mit einer wachsenden Anzahl erfasster Parameter nimmt auch die Menge von Kabel- oder Schlauchverbindungen zwischen Patient und Monitor zu, wodurch der Patientenzugang für das medizinische Personal signifikant beeinträchtigt werden kann. Zur Entschärfung dieser Situation bieten einige Hersteller patientennahe Parameterboxen an, die die Messwerterfassung für mehrere Parameter enthalten und dann über nur eine Verbindung mit der Anzeigeeinheit kommunizieren.

Die meisten Patientenmonitore bieten die Möglichkeit, die erfassten Daten an eine zentrale Überwachungsstation zu liefern und mit einem eventuell vorhandenem Krankenhausinformationssystem (KIS) zu kommunizieren. Die Übertragung der Signale erfolgt entweder über dedizierte, vom Hersteller bereitgestellte Monitoring-Netzwerke oder seltener über das allgemeine Krankenhausnetzwerk, wenn dessen Zuverlässigkeit und Echtzeitfähigkeit für die Übertragung zeitkritischer Signale sichergestellt ist [3]. Die Anbindung der bettseitigen Monitore an die Netzwerke kann drahtgebunden oder drahtlos erfolgen [22].

Wenn die bettseitig gewonnenen physiologischen Parameter mit Informationen des Krankenhausinformationssystems, wie der Anamnese, der Labordiagnostik und der Historie der Therapiemaßnahmen und Medikation zusammengefügt und automatisch ausgewertet werden, spricht man von Patienten-Datenmanagement-Systemen (PDMS). Sie können einen umfassenden Patientenstatus generieren und überwachen sowie die strategische Therapieplanung unterstützen.

Beim Transport kritischer Patienten oder in der Notfallversorgung werden tragbare Patientenmonitore eingesetzt.

42.3 Beatmung, Inhalationsnarkose

42.3.1 Beatmung

Beatmung dient der Unterstützung oder dem Ersatz unzureichender Spontanatmung und ist ein fester Bestandteil der Anästhesiologie. Atemwegsdrücke bewegen sich im Bereich von −20 bis 100 hPa relativ zum Umgebungsdruck und werden mit piezoelektrischen Differenzdrucksensoren sehr genau gemessen. Die Beatmungsmuster (Modi) moderner Beatmungsgeräte lassen sich einteilen in volumenkontrollierte Modi, druckkontrollierte Modi und Spontanatmungs-Modi. Im Folgenden werden die Grundformen der kontrollierten Beatmung beschrieben.

Bei der volumenkontrollierten Beatmung (Abb. 42.7) mit konstantem Inspirationsfluss appliziert der Antrieb (Ventilator) ein eingestelltes Tidalvolumen (Atemzugvolumen). Einstellparameter sind: der Inspirationsfluss (F_{insp}), das Tidalvolumen (V_{T}), die Inspirationszeit (T_{i}), die Beatmungsfrequenz (f) und der exspiratorische Beatmungsdruck (PEEP). Der inspiratorische Beatmungsdruck ist die resultierende Größe entsprechend der Lungenmechanik (Atemwegswiderstand (Resistance R) und Nachgiebigkeit (Compliance C)). Wird das eingestellte Tidalvolumen schon vor Ablauf der eingestellten Inspirationszeit erreicht, ergibt sich eine inspiratorische Pause mit dem Plateaudruck (P_{plateau}). Nach Ablauf der Inspirationszeit wird der exspiratorische Beatmungsdruck PEEP eingestellt. Aufgrund der Druckdifferenz zwischen dem Lungendruck und dem exspiratorischen Beatmungsdruck kommt es zu einer passiven Exspiration. Bei der druckkontrollierten Beatmung (Abb. 42.7) hält der Ventilator ein eingestelltes Druckniveau konstant. Aus dem Beatmungsdruckverlauf folgt entsprechend der Lungenmechanik ein in- und exspiratorisch absinkender Fluss. Einstellparameter für druckkontrollierte Beatmungsmodi

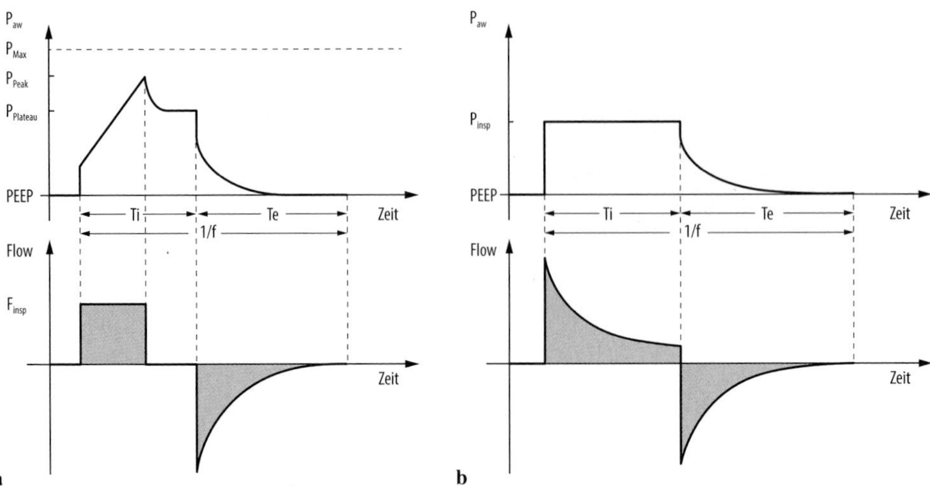

Abb. 42.7 Beatmungsdruck (P_{aw}) und -fluss bei volumenkontrollierter (**a**) und bei druckkontrollierter Beatmung (**b**) [5]

sind: der Inspirationsdruck (P_{insp}), die Inspirationszeit (T_i), die Beatmungsfrequenz (f) und der Beatmungsdruck während der exspiratorischen Phase (PEEP).

42.3.2 Inhalationsnarkose

Die Entwicklung der Anästhesie und der Anästhesietechnik ist eng mit der Entdeckung wirksamer Substanzen zur Ausschaltung des Bewusstseins und des Schmerzempfindens verknüpft. Inhalationsanästhetika liegen bei Raumtemperatur als Gas (Lachgas, Xenon) oder als Flüssigkeit (Halothane, Enflurane, Isoflurane, Sevoflurane, Desflurane) vor. Letztere sind flüchtige (volatile) Substanzen, die grundsätzlich über die Lungen appliziert werden.

Mindestanforderungen an einen Anästhesiearbeitsplatz ergeben sich aus den harmonisierten internationalen Normen [6, 7] und den Anforderungen der Berufsverbände der Anästhesisten (z. B. Deutsche Gesellschaft für Anästhesie und Intensivmedizin – DGAI; www.dgai.de).

Die pneumatischen Systeme werden nach ihrem Grad der Rückatmung in offene, halboffene, halbgeschlossene sowie geschlossene Systeme eingeteilt. Halbgeschlossene Systeme sind die Grundlage für die Konstruktion aller modernen Anästhesiegeräte. Man spricht auch von Kreissystemen oder Rückatemsystemen. Wesentliche Baugruppen sind die Gasdosierung, die Narkosemitteldosierung und das Kreissystem mit den In- und Exspirationsventilen sowie dem CO_2-Absorber (Abb. 42.8). Dabei ist die Zufuhr von Frischgas zum Patienten i. d. R. geringer als das Atemminutenvolumen.

Näherungsweise entspricht das vom Patienten ausgeatmete CO_2, das im Absorber gebunden wird, der Sauerstoffaufnahme. Damit wird dem System Volumen entzogen. Beträgt der eingespeiste Frischgasfluss exakt dem vom Patienten aufgenommenen Gasvolumen pro Minute, spricht man von einem geschlossenen System. Geschlossene Systeme können in Verbindung mit technischen Regelkreisen realisiert werden.

42.3.3 Gasdosierung

Die genaue Dosierung des Frischgasflusses und die Einstellung des Mischungsverhältnisses der medizinischen Gase ist Aufgabe der Gasdosierung. Die elektronische Gasdosierung umfasst einen Gasmischer mit drei parallelen elektronisch ansteuerbaren Schaltventilen. Die Gaskonzentrationen im Mischgasreservoir ergeben sich aus dem Schaltzeitverhältnis der Ventile. Die Steuerung und Überwachung der Ventile erfolgt mit Druck- und Flusssensoren.

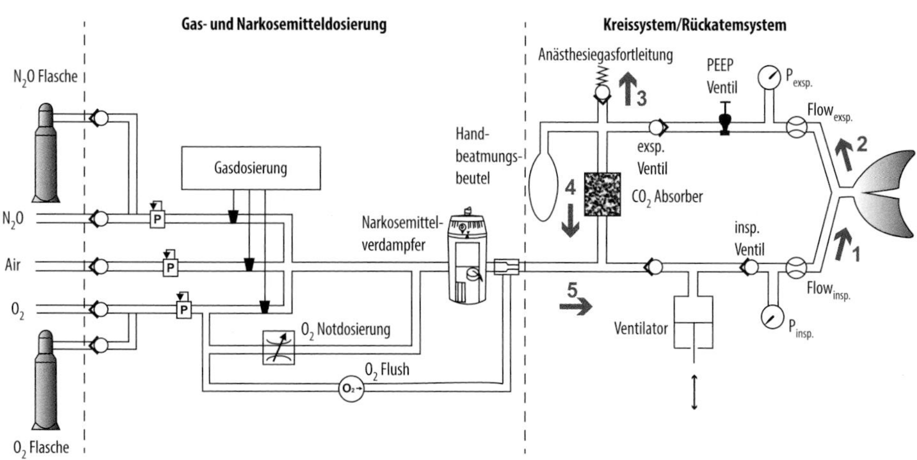

Abb. 42.8 Anästhesiesystem mit Gasversorgung, Narkosemitteldosierung und Kreissystem *1* Inspirationsfluss, *2* Exspirationsfluss, *3* Überschussvolumen, *4* Rückatmungsvolumen, *5* Frischgasfluss. Ventilator: Antrieb, PEEP-Ventil: positiver endexspiratorischer Druck (Druckbegrenzung). Die patientennahe Überwachung des Atemgases am Y-Stück kann auch Bestandteil des Monitoring (s. o.) sein und ist daher hier nicht dargestellt. (Fa. Drägerwerk AG & Co. KGaA, Lübeck)

42.3.4 Narkosemitteldosierung

Die spezifischen physikalischen Eigenschaften der volatilen Flüssigkeiten erfordern unterschiedliche Verdampferkonstruktionen, die von passiver Verdunstung bis zur Flüssigkeitseinspritzung variieren. Narkosemittelverdampfer (Vapore) verdampfen die volatilen Anästhetika ohne Energiezufuhr. Ein Trägergasfluss wird aufgeteilt in einen Bypass- und einen Verdampferfluss, der mit Narkosemittel aufgesättigt wird. Aus dem Mischungsverhältnis von Bypass- und Verdampferfluss ergibt sich der Frischgasfluss mit der gewählten Narkosemittelkonzentration (Abb. 42.9).

Für Desflurane werden spezielle Vapore eingesetzt. Da der Siedepunkt mit 22,8 °C in der Nähe der Raumtemperatur liegt, wird es erwärmt und über einen elektronischen Differenzdruckregler proportional zur Höhe des Frischgasflusses mit der gewünschten Konzentration dosiert. Bei der Direkteinspritzung wird von einem Einspritzdosierventil eine genau definierte Menge flüssiges Narkosemittel aus einem mit Druck beaufschlagten Narkosemitteltank in eine Verdampferkammer eingespritzt, wo es verdampft (Abb. 42.10). Über eine beheizte Leitung wird der Sattdampf weitergeleitet.

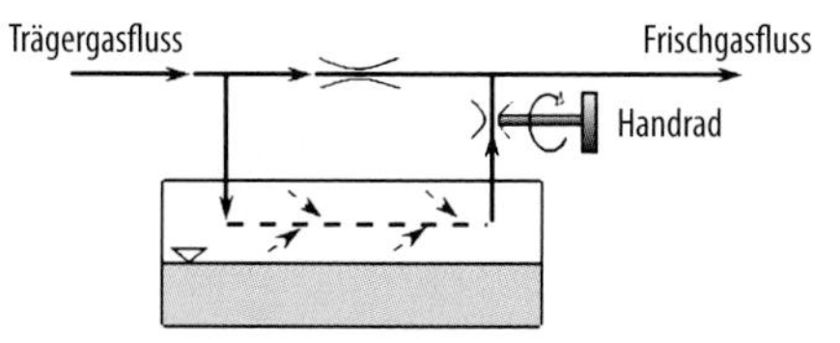

Abb. 42.9 Narkosemitteldosierung durch Narkosemittelverdampfer. Der über der freien Narkosemitteloberfläche durch Verdunstung gesättigte Bypassstrom wird dem Trägergas dosiert zugemischt. (Fa. Drägerwerk AG & Co. KGaA, Lübeck)

42.3.5 Kreissystem

Das Kreissystem beinhaltet In- und Exspirationsventil, einen CO_2-Absorber, ein Überschussventil, zwei Beatmungsschläuche mit Y-Stück und einen Handbeatmungsbeutel. Außerdem sind für die automatische Beatmung ein elektrisch angetriebener Ventilator, ein PEEP/P_{max}-Ventil sowie Druck- und Flusssensoren für die Steuerung und Überwachung der Beatmung vorhanden. Während der Inspiration verschiebt der Ventilator das Tidalvolumen in das Atemsystem und über den Inspirationsschenkel in die Lunge. Das PEEP/P_{max}-Ventil ist geschlossen. Das in Flussrichtung vor dem Inspirationsventil kontinuier-

42

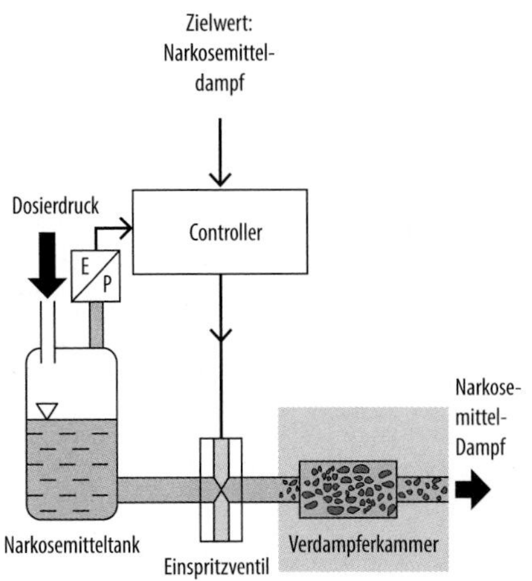

Abb. 42.10 Narkosemitteldosierung durch elektronische Einspritzung. (P/E: Drucksensor mit elektrischem Ausgangssignal) [8]

lich in das Kreissystem einströmende Frischgas wird in dieser Phase im Handbeatmungsbeutel gespeichert (Abb. 42.11).

Bei der Exspiration (Abb. 42.12) wird das aus der Lunge exspirierte Gas über den Exspirationsschenkel abgeatmet. Bei geschlossenem Inspirationsventil fährt der Ventilator proportional zum Signal des Exspirationsflusssensors zurück und wird sowohl mit über den CO_2-Absorber geleitetem Exspirationsgas als auch mit Frischgas gefüllt. Die in- und exspiratorische Gaskonzentration wird durch das Frischgasdosierprinzip nur indirekt vorgegeben. Genaue Informationen über die Gaskonzentrationen kann nur eine Gaskonzentrationsmessung liefern.

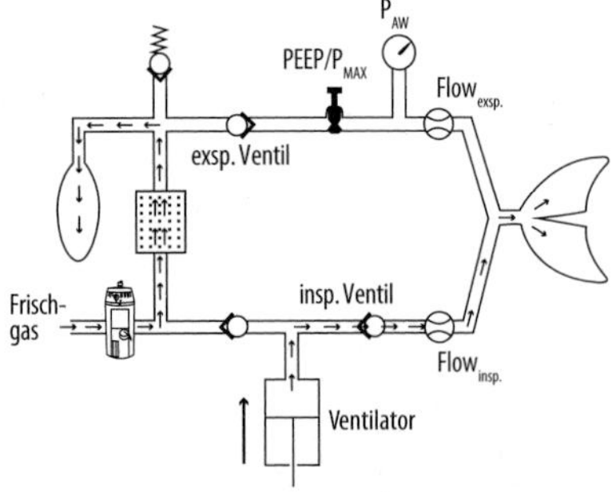

Abb. 42.11 Kreissystem mit Kolben-Ventilator – Inspirationsphase. (Fa. Drägerwerk AG & Co. KGaA, Lübeck)

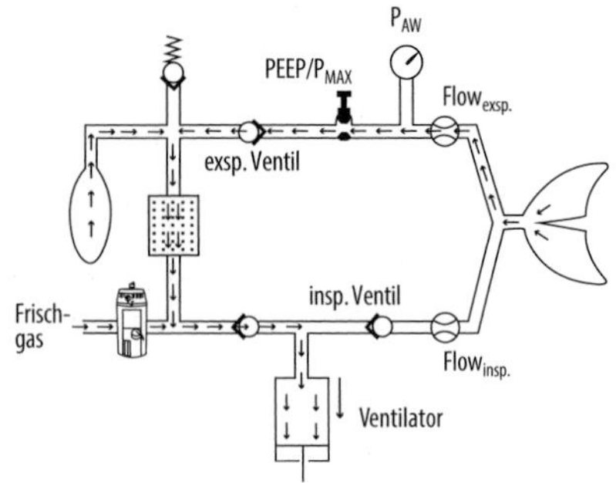

Abb. 42.12 Kreissystem mit Kolben-Ventilator – Exspirationsphase. (Fa. Drägerwerk AG & Co. KGaA, Lübeck)

42.3.6 CO_2-Absorber

Das ausgeatmete Kohlendioxid wird im Absorber im Kreissystem chemisch an Atemkalk gebunden. Bei der Reaktion entstehen Wasser und Wärme.

$$2NaOH + H_2CO_3 \rightarrow Na_2CO_3 + 2H_2O + \text{Wärme}$$

$$Ca(OH)_2 + Na_2CO_3 \rightarrow CaCO_3 + 2NaOH$$

42.3.7 Ventilator

Ein Erwachsener hat typisch ein Tidalvolumen von 500 ml bei 12 Atemhüben pro Minute. Der Gasaustausch der Lungen während der Narkose wird durch maschinelle Beatmung (Ventilator) aufrechterhalten. Während der Ein- und Ausleitung der Narkose wird manuell mit dem Handbeatmungsbeutel gearbeitet.

Verschiedene Antriebssysteme für Ventilatoren sind üblich. Beim Balgantrieb wird in einer Kammer das Inspirationsgas durch eine elastische Membran (Balg) vom Antriebsgas getrennt, das in die Kammer geleitet wird. Nachteilig ist, dass das benötigte inspiratorische Antriebsgasvolumen bei der Exspiration verloren geht. Außerdem ist das kompressible Volumen der Kammer i. d. R. nicht exakt messbar, wodurch auch das vom Balgantrieb gelieferte Volumen nicht exakt bestimmbar ist. Beim Kolbenantrieb wird das gelieferte Volumen über den Stellweg des Kolbens bestimmt. Da die genaue Position des Kolbens und damit das kompressible Volumen sehr gut messbar sind, kann das gelieferte Volumen auf wenige Milliliter genau bestimmt werden. Radialverdichter sind primär Druckquellen und können ohne Zusatzvorrichtungen allein mit hohen Drehzahlen und schnellen Drehzahländerungen die in einem Anästhesiekreissystem erforderlichen Beatmungsdrücke (bis zu 100 hPa) und Beatmungsdruckänderungen innerhalb von 100 ms erzeugen.

42.3.8 Gas-, Druck- und Flussmessung

Steuerung und Überwachung der Beatmung werden durch Druck- und Flusssensoren sichergestellt. Für die Flussmessung werden Differenzdruck-Messverfahren, Hitzdrahtanemometrie oder Ultraschallverfahren eingesetzt (vgl. Bd. 2, Teil VI „Messtechnik und Sensorik"). Um dabei den ersten Fehlerfall erkennen zu können, werden Sensoren doppelt ausgeführt und Aktuatoren durch Sensoren überwacht. Die Messung der Gaskonzentrationen für CO_2 und Anästhesiegase basiert in der Regel auf infrarotoptischen, spektrokopischen Verfahren. O_2 kann mittels seiner paramagnetischen Eigenschaften oder elektrochemisch gemessen werden.

42.4 Therapie von Herzrhythmusstörungen

Das Herz hat die Aufgabe, das Blut im Körperkreislauf (linke Herzseite) und im Lungenkreislauf (rechte Herzseite) zu fördern. Dazu arbeitet es analog einer Verdrängerpumpe. Durch Kontraktion des Herzhohlmuskels, der die beiden Kammern und Vorhöfe auf der rechten und linken Herzseite bildet, wird das sich in ihm befindende Blutvolumen verdrängt. Die Herzklappen zwischen Vorhof und Kammer (Bluteingang) sowie Kammer und ausmündendem Blutgefäß (Blutausgang) arbeiten als Rückschlagventile und bestimmen die Strömungsrichtung. Die strömungsmechanische Funktion sowie der anatomische Aufbau der rechten und linken Herzseite sind weitgehend analog. Allerdings erzeugt die linke Herzseite den für den Körperkreislauf erforderlichen deutlich höheren Druck und hat deshalb eine kräftigere Muskulatur. Der Volumenstrom durch beide Herzseiten ist gleich.

Die zyklische Kontraktion des Herzmuskels (Myokard) wird durch rhythmische elektrische Erregungen ausgelöst, die im Herzen selbst entstehen. Das Erregungsbildungs- und Leitungssystem des Herzens ist autonom, also unabhängig vom zentralen Nervensystem. Es besteht aus Erregungen generierenden und leitenden Zellen, die sich mit ihren Knotenpunkten auf der rechten Herzseite befinden.

Der Sinusknoten im oberen rechten Vorhof besitzt schnell depolarisierende Zellen. Sie haben die höchste Eigenfrequenz und geben dem gesamten Myokard mit etwa 60 bis 80 Aktivitäten pro Minute einen Takt vor, der sich der jeweiligen Belastung des Kreislaufes anpasst. Diese Erregung läuft über die Leitungsbahnen und Muskelzellen beider Vorhöfe, die dadurch kontrahieren und das sich in ihnen befindende Blut durch die Segelklappen in die Herzkammern verdrängen. Die elektrische Erregung erreicht auch den Atrioventrikularknoten (AV-Knoten), der zwischen dem rechten Vorhof und der rechten Herzkammer sitzt (Abb. 42.13). Dieser verzögert die Erregungsweiterleitung kurz, damit genügend Zeit für die Füllung der Kammern aus den Vorhöfen zur Verfügung steht. Nur der AV-Knoten kann die Erregung durch die aus Bindegewebe bestehende und elektrisch isolierende Klappenebene zwischen den Vorhöfen und den Kammern weiterleiten. Er besitzt einen geringeren Eigenrhythmus als der Sinusknoten (etwa 40

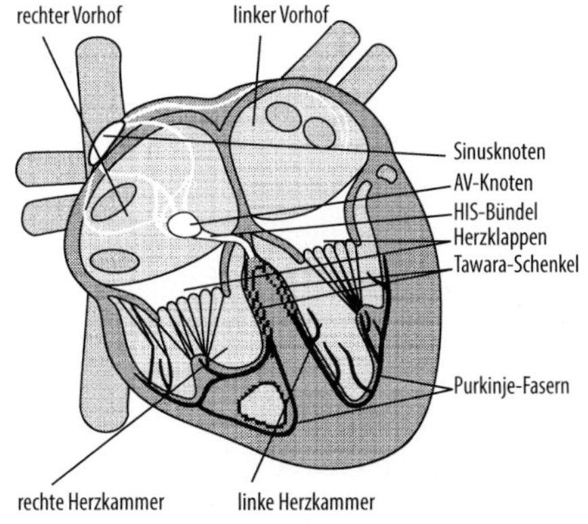

Abb. 42.13 Erregungsleitungssystem des Herzens

42

bis 50 Aktivitäten pro Minute). Die Erregungen, die den AV-Knoten vom Sinusknoten erreichen, zwingen ihm also den schnelleren Sinusrhythmus auf. Andererseits kann der AV-Knoten bei Ausfall des Sinusknotens einen langsameren Herzschlag generieren und so das Leben erhalten. Allerdings werden die Vorhöfe dann gleichzeitig erregt und können gegen den höheren Druck in den Kammern (bei geschlossenen Klappen) keine Pumpfunktion bewirken (passive Füllung notwendig). Die Eigenrhythmen der nachgelagerten Erregungszentren schaffen also eine Redundanz bei Störungen. Der AV-Knoten gibt die Erregung in die als His-Bündel bezeichneten angrenzenden Zellen des Erregungsleitungssystems in der Herzkammer weiter. Sie besitzen einen Eigenrhythmus, der mit etwa 15 bis 30 Aktivitäten pro Minute noch geringer als derjenige des AV-Knotens ist. So wird auch ihnen der schnellere Sinusrhythmus aufgezwungen. Die Erregungsausbreitung erfolgt nach dem His-Bündel zu den Tawara-Schenkeln und dann über die Purkinje-Fasern auf den Herzmuskel in der unteren Herzspitze. Die Kontraktion der Kammermuskulatur verläuft von dort ausgehend in Richtung Klappenebene, wo sich die Taschenklappen der ausmündenden Gefäße öffnen.

Verschiedene Herzerkrankungen können zu Unregelmäßigkeiten bei der Erregungsbildung und -leitung (Herzrhythmusstörungen) mit negativen Auswirkungen auf die Pumpleistung des Herzens führen. Ist die Herzschlagfrequenz zu niedrig oder unregelmäßig, spricht man von bradykarden Rhythmusstörungen. Ursache können Ausfälle von Erregungsleitungszentren (z. B. Ausfall des Sinusknotens) sein. Bei tachykarden Rhythmusstörungen ist die Herzschlagfrequenz stark erhöht. Ursache dafür können zu schnell erneut erregbare Herzmuskelzellen sein, die eine kreisende Erregung (Kurzschluss) erzeugen.

Bradykarde Rhythmusstörungen werden oft mit implantierbaren Herzschrittmachern (HSM) behandelt. Dies sind Impulsgeneratoren, die elektrische Aktivitäten erfassen und bei Bedarf niederenergetische, nicht fühlbare Spannungsimpulse im Herzen applizieren, um so das Herz künstlich zu erregen. Herzschrittschacher werden unter der Haut im Brustraum implantiert. Bis zu drei Elektroden verbinden den Schrittmacher je nach Bedarf mit

- dem rechten Vorhof (z. B. bei Ausfall des Sinusknotens),
- der rechten Kammer (z. B. bei Störungen der Erregungsleitung im AV-Knoten),
- einer Koronarvene auf der linken Herzseite (für die Kardiale Resynchronisationstherapie z. B. bei Linksschenkelblock, damit die Herzkammern besser aufeinander abgestimmt kontrahieren).

Die Elektroden dienen je nach Art der Erkrankung der Stimulation (Spannung ca. 2,4–3 V mit Impulsdauer von 0,4 ms) und Wahrnehmung (Empfindlichkeit 1–2,5 mV). Der Schrittmacherimpuls kann unterdrückt (inhibiert) werden, wenn bei unregelmäßigen Rhythmusstörungen eine Herzeigenaktion stattfindet. Bei Schrittmachern mit zwei oder drei Elektroden ist eine getriggerte Impulsabgabe möglich. So kann z. B. eine Elektrode im Vorhof den Sinusrhythmus detektieren und der Schrittmacher verzögert seinen Reiz über eine Kammerelektrode in die Herzspitze abgeben. So wird bei einem Ausfall des AV-Knotens der Herzschrittmacher dessen Funktion übernehmen. Moderne Schrittmachertypen sind ca. 40–50 mm lang und breit bei einer Dicke von ungefähr 7 mm. Das Gewicht eines Schrittmachers beträgt zwischen 20 und 27 g. Sein Gehäuse besteht aus Titan. Es werden Lithium-Jod-Batterien verwendet, die mit einer nutzbaren Kapazität von über 1 Ah eine Lebenszeit von etwa 10 Jahren erreichen. Das Auslesen der Schrittmacheraktivitäten und des aufgezeichneten EKG sowie die Umstellung des Betriebsmodus erfolgen telemetrisch durch die Haut.

Tachykarde Herzrhythmusstörungen mit stark erhöhter Schlagfrequenz können u. a. mit Defibrillatoren therapiert werden. Diese Impulsgeneratoren geben hochenergetische Spannungsimpulse (Energie bis 360 J bei äußerer Anwendung am Brustkorb, bis 30 J bei Anwendung am Herzmuskel) an die erregbaren Herzmuskelzellen ab, um das Erregungsbildungs- und -leitungssystem in einen Grundzustand zu versetzen. Mit der anschließenden Erregungsbildung im Sinusknoten

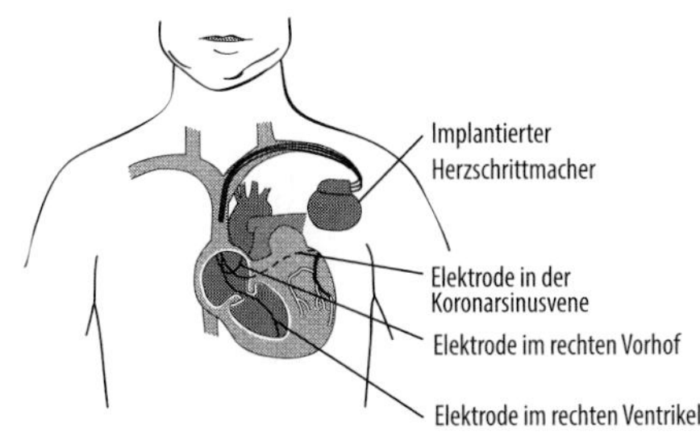

Abb. 42.14 Implantationsort und Elektrodenpositionierung eines Herzschrittmachers

kann danach wieder ein regulärer Herzrhythmus entstehen. Heute sind auch implantierbare Defibrillatoren verfügbar, die das Herz ständig überwachen und jederzeit defibrillieren können. Sie sehen Herzschrittmachern ähnlich, sind aber aufgrund der Kondensatoren, die als Zwischenspeicher für die Impulsenergie erforderlich sind, etwas größer.

42.5 Blutreinigung (Dialyse)

Im Jahr 2017 litten 448 054 vollstationäre Patientinnen und Patienten in deutschen Krankenhäusern an Krankheiten der Niere [9]. Rund 70 000 Menschen müssen sich in Deutschland der chronischen Nierenersatztherapie in Form einer Blutreinigung (Dialyse) unterziehen.

Die beiden in einer Nierenersatztherapie technisch ersetzbaren Hauptaufgaben der Niere sind die Ausscheidung von sowohl Stoffwechselendprodukten als auch Giften und Medikamenten sowie die Regulation des Wasser- und Elektrolythaushaltes. Zahlreiche weitere Funktionen der Niere (z. B. die der Blutdruckregulation) können nicht ersetzt werden. Neben einer Nierentransplantation sind technische Therapiemöglichkeiten einer Niereninsuffizienz die extrakorporale Blutreinigung (dem Körperkreislauf wird Blut entnommen und in einem extrakorporal gelegenen Kreislauf der Blutreinigung zugeführt) und die intrakorporale künstliche Blutreinigung (Peritonealdialyse: das Bauchfell bildet mit seinen Kapillaren eine Austauschmembran). Für den Stoffaustausch (bzw. den Entzug zu entfernender Blutbestandteile) werden:

- halbdurchlässige (semipermeable) Membranen,
- oberflächenaktive Stoffe (Sorptionsverfahren) und
- die Trennung unterstützende physikalische Effekte (Diffusion, statischer Druck, Beschleunigung bzw. Zentrifugation etc.) genutzt.

Die wichtigsten Stoffaustauschvorgänge an Membranen sind die Diffusion (Stofftransport durch eine für den gelösten Stoff durchlässige Membran infolge eines Konzentrationsgradienten), die Ultrafiltration (Stoff- und Lösungsmitteltransport durch eine für den gelösten Stoff durchlässige Membran infolge eines Druckgradienten) und die Osmose (Lösungsmitteltransport durch eine für den gelösten Stoff undurchlässige Membran infolge eines Konzentrationsgradienten). Die Osmose wird ausschließlich in der intrakorporalen künstlichen Blutreinigung (Peritonealdialyse) für den Entzug von Wasser genutzt.

Das wichtigste Bauelement einer Dialysemaschine zur extrakorporalen Blutreinigung ist der Dialysator, in dem der gewünschte Stoffaustausch erfolgt. Ein Dialysator besteht aus einer semipermeablen Membran und einem Gehäuse. Die Membrananordnung und -beschaffenheit muss sicherstellen, dass Blut und Dialysierflüssigkeit zuverlässig voneinander getrennt sind und durch eine geeignete Strömungsführung die gesamte Membranoberfläche sowohl vom Blut als auch von der Dialysierflüssigkeit umströmt wird. In den Verfahren zur extrakorporalen Blutreinigung werden Porenmembranen (z. B. asymmetrische Polysulfonmembranen) eingesetzt. Die Poren sind gerade so groß (ca. 3,3 nm), dass die aus dem Blut zu entfernenden Stoffe aufgrund ihrer Molekülgröße die Membran passieren können. Die Permeabilität einer Membran ist u. a. abhängig von

- der Molekülgröße und -form der zu dialysierenden Substanz,
- der Porengröße und Porengestalt der Membran,
- der Porenzahl pro Flächeneinheit,
- der Membrandicke und

42

- einer ggf. vorhandenen Oberflächenaktivität der Membran (Adsorption von Molekülen).

Heute hat sich aufgrund guter Blut- und Dialysatflusseigenschaften, guter Massentransporteigenschaften im Stoffaustausch und geringer Produktionskosten die Bauart des Kapillardialysators gegenüber früher verwendeten Platten oder Spulendialysatoren durchgesetzt. In ihm wird das Blut in kleinen Hohlfasern (Kapillaren) geführt, welche von Dialysierflüssigkeit umspült werden (Abb. 42.15).

Ein Kapillardialysator besitzt rund 10 000 an den Enden mit Polyurethan vergossene Kapillaren mit einem Innendurchmesser zwischen 180 und 230 µm. Die installierte Membranfläche beträgt 0,8–2,0 m^2. An der Membran ist ein Blutfluss bis zu 300 ml/min und ein Dialysatfluss bis zu 800 ml/min (in der Regel 500 ml/min) ohne größeren Druckverlust möglich. Die Membran muss einer Druckdifferenz von 500 mmHg zum Entzug von Wasser aus dem Blut standhalten.

Ein Hämodialysesystem besteht aus einem extrakorporalen Blutkreislauf und einem dialysatführenden System (Abb. 42.16). Bei der Bicarbonatdialyse werden durch zwei getrennte Mischeinheiten das Bikarbonat-Konzentrat und das pufferfreie Dialysierflüssigkeits-Konzentrat im vorgegebenen Verhältnis mit Reinwasser gemischt. Die Zusammensetzung der Dialysierflüssigkeit wird jeweils mit einer Messung der elektrischen Leitfähigkeit überprüft. Die Dialysierflüssigkeit enthält alle Elektrolyte, die nicht aus dem Blut entfernt werden sollen in der physiologischen Konzentration. So sorgt das Konzentrationsgefälle harnpflichtiger Substanzen für deren Diffusion durch die Poren der Membran von der Blut- zur Dialysatseite.

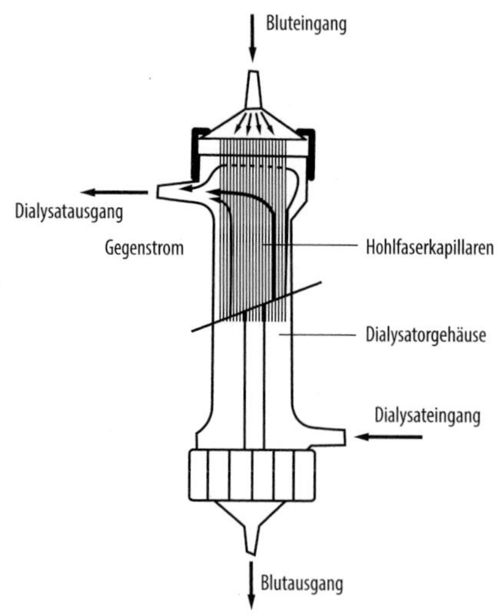

Abb. 42.15 Aufbau eines Kapillardialysators

Nach der Mischung wird die Dialysierflüssigkeit auf Körpertemperatur erwärmt. Das dabei frei werdende Gas kann durch Niederschlag auf der Dialysemembran zu einer Verringerung der Stoffaustauschleistung führen. Eine Entgasungspumpe erzeugt deshalb einen Unterdruck, der zum Entmischen des zuvor gelösten Gases und der Dialysierflüssigkeit dient. Es folgt die Bilanzkammer. Sie stellt sicher, dass die zum Dialysator strömende frische Dialysierflüssigkeit genau die gleiche Menge verbrauchter Flüssigkeit vom Dialysator ersetzt. Vor dem Eintritt in den Dialysator erfolgt noch eine Kontrolle der Temperatur und des Volumenstroms. Ein Bypass-Ventil kann verhindern, dass fehlkonzentrierte oder falsch temperierte Dialysierflüssigkeit in den Dialysator gelangt und den Patienten gefährdet.

Der Stoffaustausch findet im Dialysator statt, der blutseitig mit 100–300 ml/min, dialysatseitig in der Regel mit 500 ml/min durchströmt wird. Blut- und Dialysatstrom sind entgegen gerichtet. Hinter dem Dialysator befindet sich ein Blutleckdetektor. Er überwacht das bei einer möglichen Membranruptur in das Dialysat gelangende Hämoglobin. Die nachfolgende Ultrafiltrationspumpe entzieht dem Blut im Dialysator die notwendige Flüssigkeitsmenge (entsprechend der ernährungsbedingten Aufnahme) durch Ultrafiltration. Sie fördert das Dialysat an der Bilanzkammer vorbei. So definiert sie allein den transmembranen Volumenstrom mit einem zusätzlichen der Diffusion überlagerten konvektiven Stofftransport harnpflichtiger Substanzen zwischen Blut- und Dialysatseite. Die Ultrafiltration hängt vom transmembranen Druckverhältnis (typisch: 500 mmHg) ab, welches durch Druckaufnehmer am Ein- und Ausgang des Dialysators sowohl auf der Blut- als auch auf der Dialysatseite bestimmt werden kann.

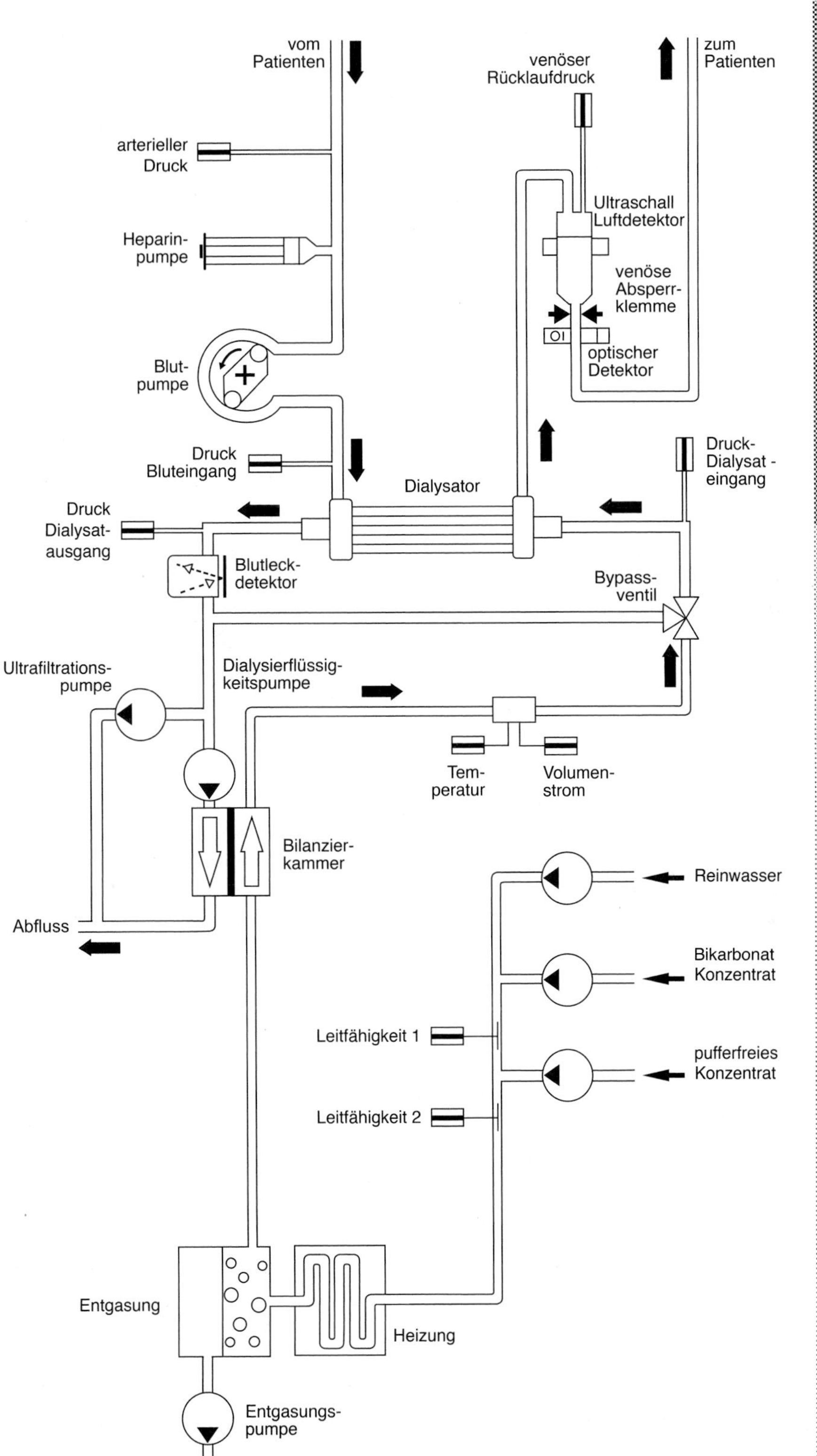

Abb. 42.16 Komponenten der dialysat- und blutführenden Systeme einer Dialysemaschine

42

Der extrakorporale Blutkreislauf des blutführenden Systems enthält mindestens eine Blutpumpe (Rollenpumpe), die das Blut aus dem Zugangsgefäß fördert. Vor der Blutpumpe befinden sich ein Drucksensor, der den Blutzulauf überwacht, und eine Spritzenpumpe, die Heparin in das Blut fördert und damit seine Gerinnungsfähigkeit verringert. Hinter dem Dialysator befindet sich ein Luftdetektor mit einer Messeinrichtung (in der Regel ein Ultraschalldetektor), die den Blutspiegel in einem Blasenfänger (Luftdetektor) überwacht. Hier wird auch der venöse Rücklaufdruck gemessen. Hinter dem Blasenfänger ist eine Klemme angebracht, die im Fall eines Alarms des Luftdetektors den blutführenden Schlauch bei gleichzeitigem Stopp der Blutpumpe abklemmt.

42.6 Pumpen für Infusionen und Herzunterstützung

Pumpen werden in der Medizin zu verschiedenen Zwecken eingesetzt. Wichtige Anwendungsgebiete liegen in der Infusionstechnik, der Blutreinigung (Abschn. 42.5) und der Herzunterstützung (ggf. kombiniert mit einer Lungenunterstützung). Es werden implantierbare Systeme von solchen unterschieden, die (überwiegend) außerhalb des Körpers (extrakorporal) zur Anwendung kommen und über Kanülen oder Katheter mit Blutgefäßen, Organen bzw. Hohlräumen des menschlichen Körpers verbunden werden.

Hauptaufgabe der Infusionstherapie ist die Erhaltung oder Wiederherstellung der Eigenregulation des Organismus (Homöostase). Es kann u. a. eine parenterale Ernährung, eine Blutreinigung, eine Applikation von Arzneimitteln oder eine Regulation des Wasser- und Elektrolythaushaltes erfolgen. Unterschieden werden Schwerkraftinfusionssysteme und Druckinfusionssysteme. Die in ca. 80 % der Fälle [10] eingesetzten Schwerkraftinfusionssysteme nutzen den hydrostatischen Druck der Wassersäule eines über dem Patienten angebrachten Infusionsbehälters bei einer intravenösen Infusion mit geringem Gegendruck. Druckinfusionssysteme nutzen pneumatisch gespeicherte Energie oder elektrische Pumpen, die in Abhängigkeit vom Zweck der Infusion (Indikationsstellung) erforderlich werden, wenn spezifische Anforderungen an

- den Volumenstrom (Infusionsrate, Konstanz),
- die applizierten Volumina (Dosiergenauigkeit, sehr kleines oder großes Volumen),
- die Dauer der Infusion oder
- die Zusammensetzung der Infusionslösung gestellt werden.

Weiterhin sind Pumpen in der Lage, höhere Drücke bis zu 1000 hPa aufzubauen, wie sie z. B. für Infusionen in Arterien (selten) oder in Gewebe, bei Verwendung kleiner Kanülen oder hochviskoser Infusionslösungen erforderlich sind.

Externe Infusionspumpen werden nach Art des Förderantriebs in pneumatische und elektrische Systeme unterscheiden. Elektrische Antriebe werden in volumengesteuerten oder tropfengeregelten Peristaltikpumpen (Rollenpumpen bzw. Fingerpumpen) und Kolbenpumpen (Spritzenpumpen) genutzt. Rotationspumpen finden in der Herzunterstützung (s. u.), jedoch nicht für Infusionszwecke Anwendung. Infusionspumpen müssen hohe hygienische Anforderungen erfüllen. So haben sich Systeme durchgesetzt, in denen ausschließlich preiswerte Kunststoffschläuche oder -spritzen in Kontakt mit der Infusionslösung kommen und die keine Ventile benötigen. Die sterilen Kunststoffkomponenten werden nach einmaliger Anwendung verworfen, während die Pumpenmechanik erhalten bleibt. Die drei wichtigsten Bauformen sind:

Rollenpumpen. Mehrere Rollen, die auf einem drehenden Rad angebracht sind, drücken nacheinander einen flexiblen Schlauch gegen eine Innenkontur, so dass im Schlauch ein Volumen des Fördermediums zwischen zwei geklemmten Abschnitten eingeschlossen und mit der kreisförmigen Bewegung der Rollen gefördert wird (Abb. 42.17).

Fingerpumpen. Nebeneinander angeordnete Druckstege (Fingerelemente), die über eine rotierende Nockenwelle translatorisch bewegt werden, drücken in Förderrichtung nacheinander einen flexiblen Schlauch gegen eine elastische Ge-

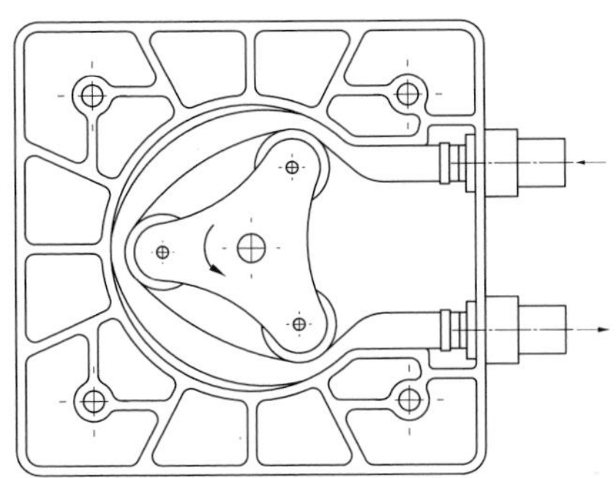

Abb. 42.17 Förderprinzip einer Rollenpumpe

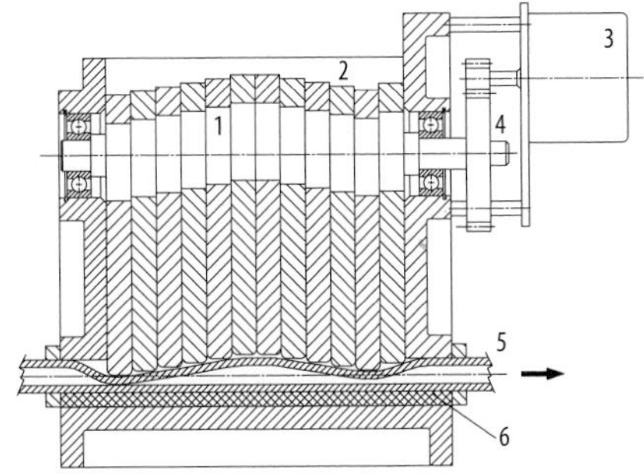

Abb. 42.18 Förderprinzip einer Fingerpumpe. *1* Nockenwelle, *2* Drucksteg, *3* Motor, *4* Getriebe, *5* Förderschlauch, *6* elastisches Gegenlager

genlage, so dass im Schlauch ein Volumen des Fördermediums gefördert wird (Abb. 42.18).

Spritzenpumpen. Das sich im Zylinder der gefüllten Spritze befindende Volumen wird durch Druck auf den Stempel entleert (Abb. 42.19). Antriebssysteme sind Zahnstangen oder Gewindespindeln.

Implantierbare Infusionspumpen. Diese Pumpen werden überwiegend in der Schmerz- und Spastiktherapie eingesetzt und im Bauchraum implantiert (Abb. 42.20). Ein Katheter führt zum Wirkort des Medikamentes, das ohne unerwünschte Wirkungen oder Verdünnung im Blut z. B. unmittelbar dem Spinalraum im Rückenmark zugeführt wird. Die Befüllung erfolgt durch Punktion mit nicht-stanzenden Nadeln durch ein Silikon-Septum [11, 12].

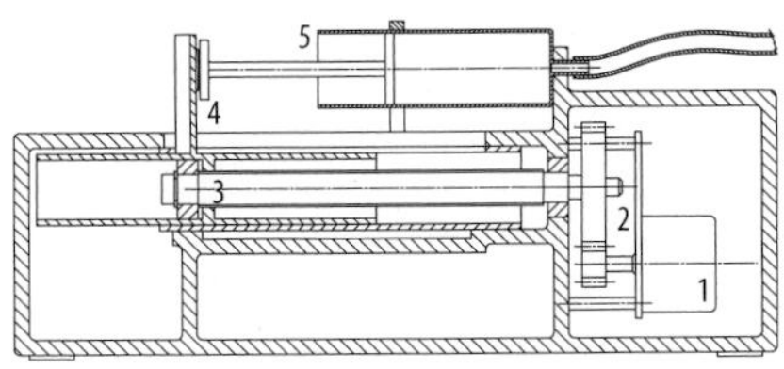

Abb. 42.19 Förderprinzip einer Spritzenpumpe. *1* Motor, *2* Getriebe, *3* Gewindespindel, *4* Linearführung mit Stempel, *5* Spritze

Zwei Bauformen sind am Markt eingeführt, elektrische Rollenpumpen (s. o.) und gasgetriebene Pumpen (Abb. 42.21). Die Antriebsenergie der elektrischen Pumpen wird einer Batterie entnommen. Diese Pumpen sind einstellbar und können extrakorporal gesteuert werden, erfordern jedoch eine Explantation zum Batteriewechsel und sind erheblich teurer als gasgetriebene Pumpen. Diese bestehen aus einem mit einem Zwei-Phasen-Gemisch als Treibmittel (i. d. R. n-Butan mit konstantem Dampfdruck von ca. 3,4 bar absolut bei konstanter Körpertemperatur) gefüllten Titangehäuse. Der Druck fördert das sich in einer flexiblen Kammer befindende Medikament durch eine Drosselstrecke, die nach dem Gesetz von Hagen-Poiseuille den Fluss bestimmt, in den Katheter zum Wirkort. Bei Volumenströmen zwi-

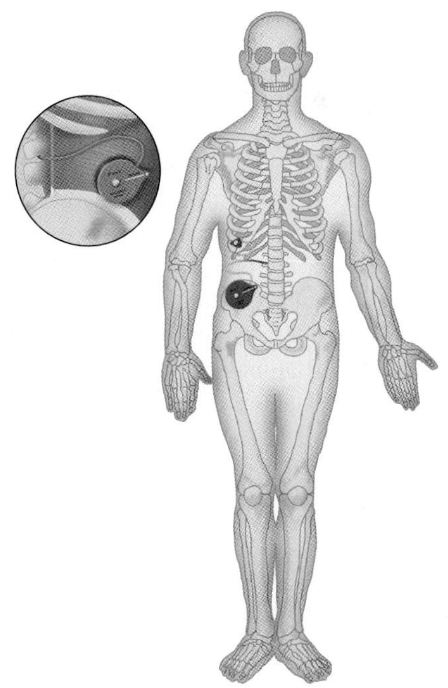

Abb. 42.20 Implantierbare Infusionspumpe im Bauchraum mit Rückenmarkskatheter. (Fa. Tricumed, Kiel)

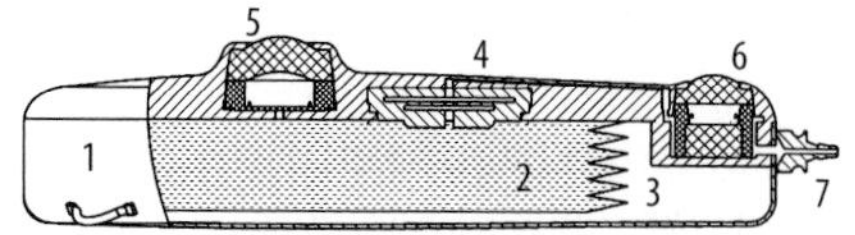

Abb. 42.21 Implantierbare Infusionspumpe. *1* Titangehäuse, *2* flexible Medikamentenkammer, *3* Treibmittel (zwei Phasen), *4* Drosselstrecke, *5* Füllseptum, *6* Bolusseptum, *7* Katheteranschluss. (Fa. Tricumed, Kiel)

schen 0,25 ml/24 h und 3,0 ml/24 h erlauben die Pumpen Nachfüllintervalle von ca. 30 Tagen. Die Volumenänderung innerhalb des Treibmittelraumes wird durch Verdampfen bzw. Kondensation des Treibmittels kompensiert, solange zwei Phasen vorliegen. Beim Nachfüllen der Pumpe mit einer speziellen Nadel durch das Füllseptum wird die Medikamentenkammer expandiert und ein Teil des Treibmittels kondensiert, sodass mit der Körperwärme als Energiequelle ein erneuter Entladungszyklus beginnt. Ein Bolusseptum erlaubt den direkten Zugang zum Katheter.

Die Vorteile beider Systeme werden in der Neuentwicklung einer gasbetriebenen, extrakorporal einstellbaren Infusionspumpe vereint.

42.6.1 Herzunterstützungssysteme

Während in Herz-Lungen-Maschinen bei der Ruhigstellung des Herzens (und der Lunge) bei einem chirurgischen Eingriff vor allem Rollenpumpen verwendet werden, stehen für die kurzfristige mechanische Kreislaufunterstützung (Stunden, Tage) minimal-invasive Rotationspumpen und intraaortale Ballonpumpen zur Verfügung. Bei Ballonpumpen wird ein in die Aorta eingebrachter Ballon nach Schließen der Aortenklappe mit Helium gefüllt und verdrängt das Blut in die peripheren Arterien (intraaortale Gegenpulsation). Bei der mittelfristigen (Monate) und langfristigen (Jahre) mechanischen Kreislaufunterstützung von Patienten mit chronischer Herzinsuffizienz kommen implantierbare Rotationspumpen und verschiedene pulsatil arbeitende Verdrängerpumpen zum Einsatz. Oft genügt es, die Blutförderung in den Körperkreislauf zu unterstützen (Left Ventricular Assist Device LVAD), indem die Pumpe parallel zur linken Herzkammer Blut aus der linken Herzspitze in die Aorta fördert. Biventrikuläre Herzunterstützungssysteme unterstützen zusätzlich den Lungenkreislauf. Es werden nach der Anordnung der Komponenten extrakorporale, perkutane Systeme (in der Regel kurzzeitig eingesetzt), teilimplantierbare Systeme (intrakorporale Pumpe, extrakorporale Steuerung) und implantierbare Systeme (mit transkutaner Energieeinkopplung) unterschieden. Herzunterstützungssysteme haben direkten Blut- und Gewebekontakt und müssen deshalb eine hohe Biokompatibilität besitzen. Dazu gehört u. a.:

- eine minimale Blutschädigung (Hämolyse),
- eine geringe Neigung, die Bildung von Blutgerinseln anzuregen (Thrombogenität),
- eine hohe Biokompatibilität der Oberflächen im Gewebekontakt (z. B. zur Förderung des An- und Einwachsens angrenzender Blutgefäße),
- eine minimale Infektionsgefahr bei hautdurchdringenden Bestandteilen (Energieversorgungskabel, Blutkanülen)
- sowie die Vermeidung unphysiologischer Unterdrücke im einleitenden Gefäß (möglichst passive Füllung).

Verdrängerpumpen mit pneumatischem Antrieb sind als Membranpumpen aufgebaut und besitzen Ein- und Auslassventile, welche die Strömungsrichtung festlegen (Abb. 42.22). Die Ventile können als Segel oder Klappenventil aufgebaut sein und ähneln Herzklappenprothesen.

Die Vorteile von Rotationspumpen liegen in ihrem einfachen konstruktiven Aufbau, dem ge-

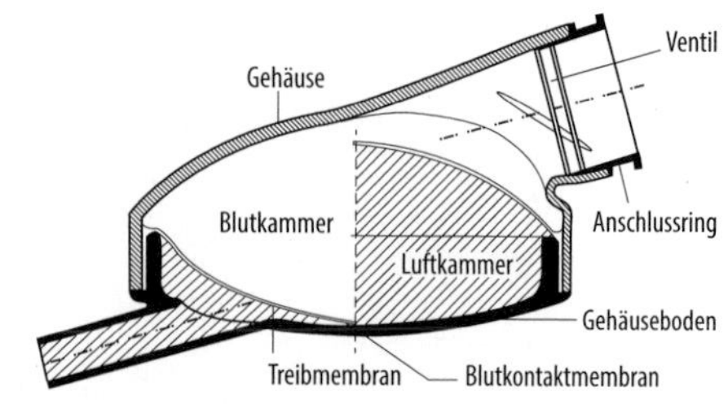

Abb. 42.22 Mechanische Verdrängerpumpe mit Darstellung des gefüllten (*links*) und des entleerten Zustandes (*rechts*) (nur eines von zwei erforderlichen Ventilen dargestellt)

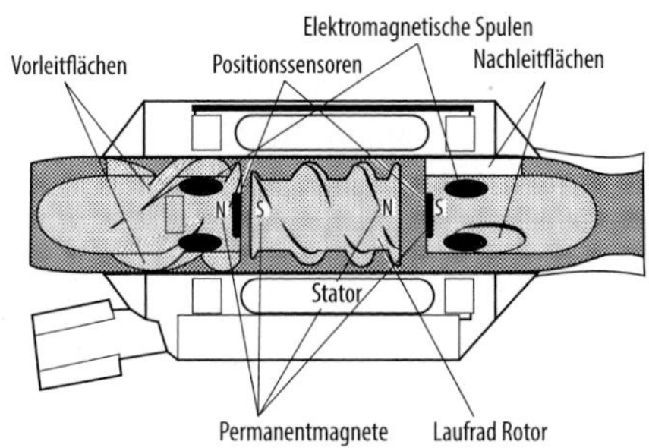

Abb. 42.23 Implantierbare Rotationspumpe zur Unterstützung der linken Herzkammer

ringeren Platzbedarf (implantierbar), dem hohen Wirkungsgrad und deshalb geringen Energiebedarf, der einfachen Regelung sowie der hohen technischen Zuverlässigkeit und Lebensdauer (Verzicht auf flexible Membranen und Ventile). Sie nutzen hohe Drehzahlen (ca. $12\,000\,\text{min}^{-1}$) und verfügen über eine Magnetlagerung des Laufrades (Abb. 42.23).

42.7 Minimal-invasive Technologien

42.7.1 Endoskopische Techniken

Unter minimal-invasiven Technologien werden Geräte und Instrumente verstanden, die Eingriffe durch möglichst kleine künstliche oder natürliche Körperöffnungen ermöglichen und dadurch die postoperativen Belastungen der Patienten gering halten. Nach ersten Einsätzen in der Mitte des 19. Jahrhunderts erfolgte in den 1980er-Jahre eine rasante Entwicklung, in deren Folge heute zahlreiche Eingriffe minimal-invasiv durchgeführt werden können (Tab. 42.2). In Deutschland wurden 2018 ca. 3,52 Mio. diagnostische Endoskopien durchgeführt [9]. Zu den minimal-invasiven Technologien zählen z. B. auch Teilbereiche der interventionellen Radiologie (s. u.), wie die Arbeit mit Herzkathetern oder spezifische Operationstechniken in der Orthopädie.

Für einen minimal-invasiven Eingriff sind mindestens ein Endoskop für die Bildgebung und ein Instrument erforderlich, häufig Zusatzeinrichtungen wie z. B. ein Insufflator, um durch Einleiten von CO_2 mit einem Druck von ca. 12 mmHg in den Bauchraum einen Arbeitsbereich zu schaffen (Abb. 42.24). Die Funktion des Endoskops, Bilder des Körperinneren zu erzeugen, und die des Instruments, eine Therapie zu ermöglichen, wird häufig auch als „see and treat" bezeichnet. Beide Funktionen sind bei therapeutischen Eingriffen untrennbar miteinander verbunden und können in einem Instrument vereinigt sein (z. B. in einem Resektoskop).

Durch minimal-invasive Techniken können die Operationszeiten und -kosten steigen, die Gesamtkosten einer Behandlung sinken jedoch in zahlreichen Eingriffen wegen der schnelleren Erholung der Patienten, der geringeren Eingriffstiefe und der geringeren Traumatisierung. Übliche Durchmesser für Endoskope und Instrumente lie-

Tab. 42.2 Einsatzgebiete und Bezeichnungen von Endoskopen

Einsatzgebiet	Zielorgane	Krankheitsbilder (Bsp.)	Endoskope
Urologie	- Prostata - Blase - Harnleiter - Niere	- Benigne Prostatahyperplasie - Blasentumor - Stein - Tumore	- Resektoskop - Zystoskop - Ureteroskop - Nephroskop
Gynäkologie	- Gebärmutter - Eierstock	- Polypen - Zysten	- Hysteroskop - Laparoskop
Chirurgie	- Organe im Bauchraum	- Gallenblasenentzündung - Darmkrebs	- Kolposkop - Laparoskop
Gastrointestinal	- Lunge - Magen - Darm	- Tumore - Reflux - Adenom	- Bronchoskop - Gastroskop - Kolposkop
HNO (Hals, Nasen, Ohren)	- Nase - Nebenhöhlen - Rachenraum	- Entzündung - chronische Vereiterung - Stimmbandveränderung	- Rhinoskop - Sinuskop - Laryngoskop
Orthopädie	- Gelenke	- Verschleiß	- Arthroskop

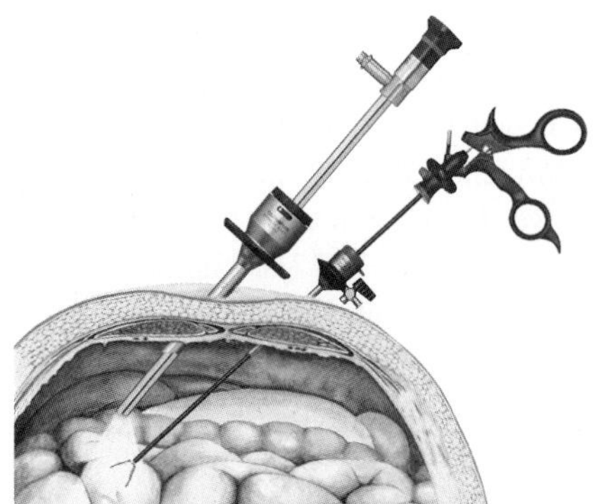

Abb. 42.24 Minimal-invasiver Eingriff im Bauchraum (Fa. Olympus, Hamburg)

gen zwischen 1,9 und 10 mm für Endoskope sowie 3 und 10 mm für Handinstrumente.

42.7.2 Endoskope

Endoskope werden sowohl zu diagnostischen als auch therapeutischen Zwecken eingesetzt. Für therapeutische Zwecke werden zusätzlich sogenannte Handinstrumente in das Körperinnere eingeführt [13, 14]. Ein Endoskopiesystem besitzt zwei optische Funktionsgruppen, das Abbildungs- und das Beleuchtungssystem (Abb. 42.25).

Die Beleuchtung besteht aus der Lichtquelle, einem Lichtleitkabel und den Lichtleitfasern im Endoskop. Als Lichtquellen dienen in der Endoskopie hauptsächlich Xenon-Leuchten, seltener Halogen-Lichtquellen. In den letzten Jahren werden zunehmend LED-Lichtquellen genutzt. Das Licht der Lichtquelle wird über ein Lichtleitkabel, das aus einem Bündel Lichtleitfasern besteht, die das Licht per Totalreflektion weitgehend verlustfrei leiten, zum Endoskop geführt. Innerhalb des Endoskops führen Lichtleitfasern das Licht an die Spitze.

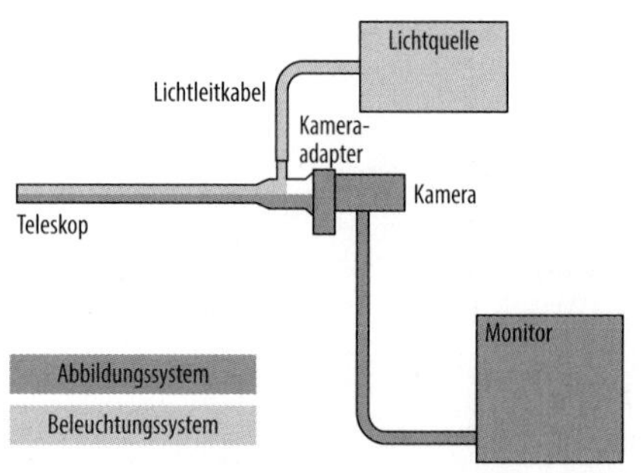

Abb. 42.25 Wesentliche Funktionseinheiten eines Endoskops. (Fa. Olympus, Hamburg)

An der Spitze des Endoskops befindet sich ein Objektiv, das ein verkleinertes Bild des Körperinneren erzeugt. Durch das Beobachtungssystem wird ein Bild des ausgeleuchteten Hohlraums von der Spitze des Endoskops (distales Ende) nach außerhalb des Körpers (proximales Ende) übertragen. Je nach Anwendungsgebiet werden flexible und starre Endoskope genutzt. Bilder von der Spitze zum proximalen Ende des Endoskops werden mit drei Prinzipien übertragen: optisch durch Glasfaserbündel oder Linsensysteme sowie elektrisch als Videosignale. Dies führt zu drei Bauformen von Endoskopen.

42.7.2.1 Faserendoskope (flexibel und starr)

Das Bild des Objektivs wird über ein geordnetes Faserbündel mit bis zu 50 000 Fasern geleitet. Damit das Bild übertragen werden kann, muss die Anordnung der Fasern an beiden Endflächen des Faserbündels gleich sein (Abb. 42.26). Am proximalen Ende des Endoskops befindet sich ein Okular, das ein vergrößertes Bild des vom Faserbündel übertragenen Bildes erzeugt. In der Regel wird das Endoskop dann mit einem Kamerakopf verbunden. Dabei wird das Bild des Okulars auf einem Bildsensor z. B. mit HD-Auflösung (2 Mio Pixel) abgebildet und auf einem Monitor dargestellt.

42.7.2.2 Videoendoskope (flexibel und starr)

Bei diesen Endoskopen wird ein Bildsensor an der distalen Spitze des Endoskops positioniert, auf den das Objektiv das Körperinnere direkt abbildet (Abb. 42.27). Es werden nur elektrische Signale zum proximalen Ende des Endoskops übertragen. Das Bildsignal wird auch hier auf einem Monitor dargestellt. Für die Bewegung optischer Komponenten (Filter, Linsen) in der Endoskopspitze werden Mikroaktuatoren eingesetzt [15].

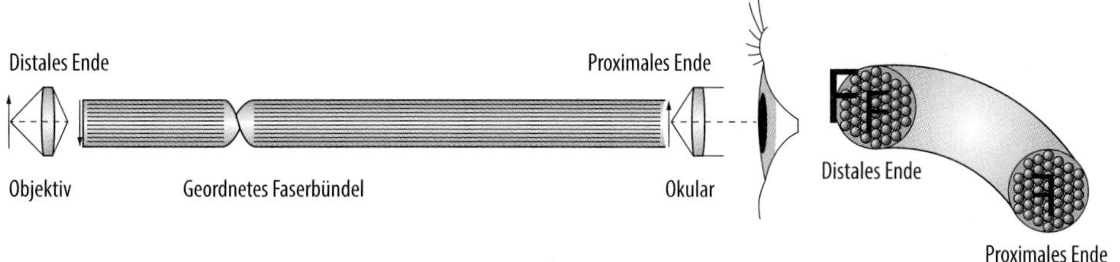

Abb. 42.26 Faserendoskop (flexibel). (Fa. Olympus, Hamburg)

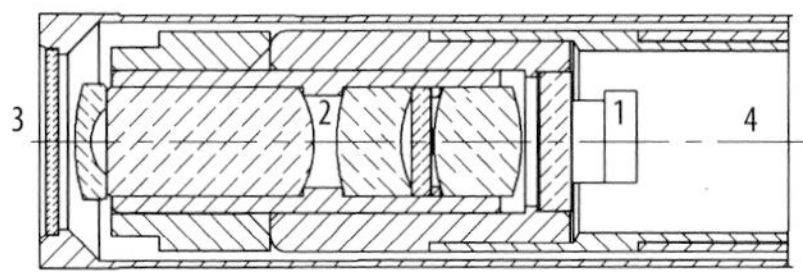

Abb. 42.27 Distales Ende eines Videoendoskops. *1* Bildsensor, *2* Objektiv, *3* Abschlussglas (z. B. Saphir), *4* hermetischer Raum. (Fa. Olympus, Hamburg)

42.7.2.3 Linsenendoskope (starr)

In einem Linsenendoskop wird das Bild des Objektivs durch eine Vielzahl von Linsen vom distalen zum proximalen Ende transportiert. Die Vielzahl an Linsen kann in Unterbaugruppen, sogenannte Umkehrsätze, aufgeteilt werden. Jeder Umkehrsatz erzeugt ein 1 : 1-Abbild des vom Objektiv erzeugten Bildes (Abb. 42.28). Durch die Verwendung von Stablinsen (Hopkinsoptik) kann das Licht weitgehend verlustfrei durch einen kleinen Durchmesser geleitet werden. Das vom letzten Umkehrsatz erzeugte Bild wird vom Okular vergrößert. Wie bei den flexiblen Endoskopen mit Faserbündel wird das Bild in der Regel auf einem Kamerakopf abgebildet und auf einem Monitor dargestellt.

42.7.2.4 Instrumente

Neben der durch das Endoskop realisierten Bildgebung auf das Operationsfeld sind Instrumente für die Therapie erforderlich. Flexible Endoskope verfügen dafür über Arbeitskanäle, die es erlauben, Instrumente und Katheter mit Durchmessern von 1 bis 2,4 mm bis vor die Optik zu bringen, um dort unter Sicht zu operieren. Starre Endoskope können ebenfalls mit Arbeitskanälen versehen sein, häufig werden zusätzliche Instrumente durch weitere Körperöffnungen (Trokare) eingebracht.

Der therapeutische Eingriff kann auf unterschiedliche Weise erfolgen. Mechanische Instrumente werden genutzt, um Gewebe z. B. zu greifen, zu dissektieren, zu schneiden oder zu vernähen (Abb. 42.29). Vielfach werden auch Spül- und Sauginstrumente eingesetzt, um das Operationsfeld oder das Endoskop kontinuierlich oder bedarfsabhängig zu reinigen.

Neben den mechanischen Instrumenten werden verschiedene physikalische Effekte oder Energieformen in der Therapie mit speziellen Instrumenten genutzt, u. a. Hochfrequenzstrom (HF-Instrumente), Ultraschall, Laserlicht sowie Wärme oder Kälte. Spezifische Vor- und Nachteile führen zu unterschiedlichen Anwendungsarten, deren Entwicklung häufig sehr aufwändig ist. Die Komplexität einiger Instrumente erlaubt nur einen einmaligen Gebrauch, da eine Aufbereitung (vgl. Kap. 44) zur Sicherung der Sterilität teilweise nicht möglich ist.

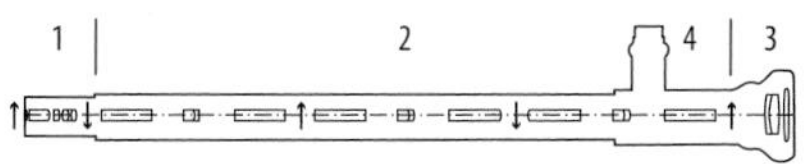

Abb. 42.28 Abbildungssystem eines Linsenendoskops mit Zwischenabbildungen. *1* Objektiv, *2* Übertragungssystem (Stablinsen), *3* Okular, *4* Einkopplung Beleuchtung (Lichtleitfaser). (Fa. Olympus, Hamburg)

42.7.2.5 Entwicklungstrends

Jüngere Entwicklungen gehen dahin, die Invasivität weiter zu reduzieren, z. B. durch kleinere Instrumente oder durch eine geringere Anzahl von Schnitten oder die Anwendung von Multiporttrokaren, die mehrere Instrumente durch eine Körperöffnung führen (Single-Port-Surgery). Auch wird untersucht, ausschließlich natürliche Körperöffnungen zu nutzen (NOTES, Natural Orifice

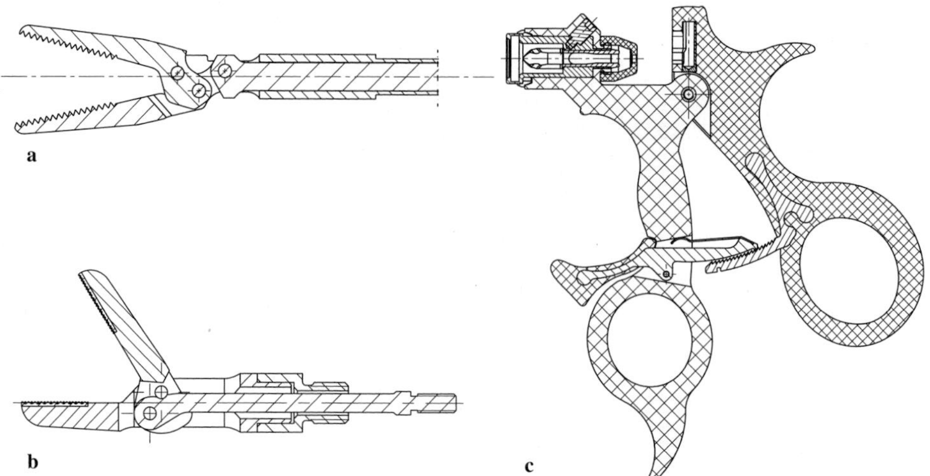

Abb. 42.29 Mechanische Instrumente für die minimal-invasive Chirurgie. **a** Präparationszange mit mehrachsigem Hebelmechanismus, **b** Nadelhalter mit einfachem Hebelmechanismus und Hartmetalleinlagen, **c** Handgriff mit mechanischer Rastfunktion für laparoskopische Instrumente (Fa. Olympus, Hamburg)

Transluminal Endoscopic Surgery). Ein Beispiel ist die Entfernung der Gallenblase durch einen kleinen Schnitt im Magen. Der Zugang erfolgt dabei von außen über den Mund und die Speiseröhre und ist nach der Operation nicht mehr sichtbar.

42.7.3 Interventionelle Kardiologie

Die Kathetertechniken der interventionellen Kardiologie zur Behandlung der koronaren Herzkrankheit verursachen eine geringere Patientenbelastung als Bypassoperationen und sind bei medikamentös nicht therapierbaren Verengungen der Herzkranzgefäße indiziert, wenn eine operative Verbesserung der Blutversorgung nicht erforderlich ist.

Dazu ist nur eine Punktion der Leistenarterie notwendig. Über eine abdichtende Schleuse und einen in der Aorta liegenden Führungskatheter sind die Herzkranzgefäße für koronare Katheter direkt erreichbar. Eine Option in der Behandlung von Verengungen dieser Gefäße ist die mechanische Aufweitung des verengten Gefäßabschnittes (Stenose) mit einem Ballonkatheter (Perkutane Transluminale Coronare Angioplastie PTCA). Inzwischen hat sich die Kombination der Ballondilatation von Koronarstenosen mit der Platzierung einer drahtgeflechtartigen Gefäßprothese (Koronarer Stent, Bare Metal Stent) durchgesetzt. Einen Erfolg bei der Vermeidung erneuter Verschlüsse (Restenose) von Koronargefäßen nach deren Aufweitung brachte die Beschichtung von Gefäßprothesen mit Medikamenten (Drug-Eluting-Stent), welche das für den erneuten Verschluss ursächliche, überschießende Wachstum des mechanisch gereizten Gewebes unterdrücken. Im Jahr 2018 wurden in Deutschland 682 564 koronarinterventionelle Eingriffe durchgeführt [9], in ca. 90 % dieser Fälle wurden Stents implantiert, von denen ca. 68 % mit Medikamenten beschichtet waren [16]. Andere neue kardiologische Behandlungsverfahren streben eine Limitierung der Dauer des Fremdkörperreizes der Gefäßprothese auf die ersten Wochen und Monate nach der interventionellen Therapie durch Verwendung resorbierbarer Werkstoffe an (resorbierbare Polymere und Metalle).

Anforderungen an die Werkstoffe der Grundstruktur koronarer Stents (Abb. 42.30) sind eine hohe Bruchdehnung, eine ausreichend niedrige Dehngrenze (für die Expansion mit einem Ballon), ein ausreichend hoher Elastizitätsmodul (geringe Rückfederung nach der Aufweitung), eine geringe Kriechneigung, eine hohe Dauerfestigkeit (zyklische Arterienwandbewegung), hohe Korrosionsbeständigkeit (sofern diese nicht für

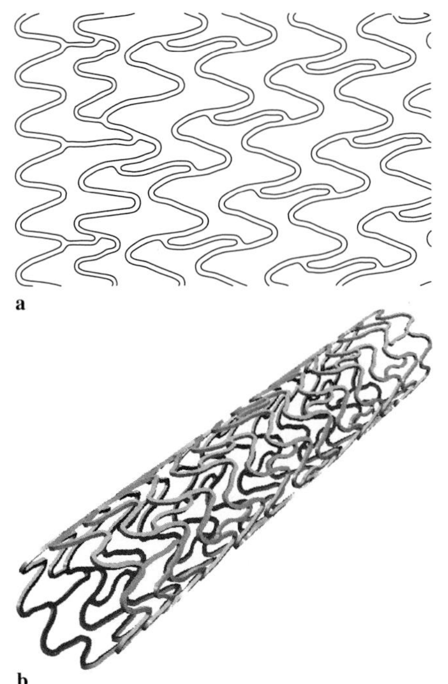

Abb. 42.30 Koronarstentsystem. **a** 2D-Abwicklung **b** 3D-Modell. (Fa. Biotronik AG, Bülach/CH)

die Resorption genutzt wird), eine gute Röntgenabsorption (Sichtbarkeit in der Angiografie) und nicht magnetische Eigenschaften für die Anwendung der Magnetresonanztomografie. Wie alle Implantate müssen koronare Stents biokompatibel und sterilisierbar sein. Es werden heute überwiegend metallische Werkstoffe für die Grundstruktur koronarer Stents (in Kombination mit verschiedenen medikamentenbeladenen Beschichtungen) eingesetzt. Dies sind hauptsächlich Chrom-Nickel-Stähle (kubisch flächenzentrierter austenitischer Stahl nach AISI 316 L) und kaltumformbare Kobaltbasislegierungen (CoCrNiMo). Eine Bedeutung außerhalb kardiologischer Anwendungen besitzen Formgedächtnislegierungen auf Nickel-Titan-Basis (Nitinol, je 50 % Nickel und Titan, Einsatz bei selbstexpandierenden Stents).

42.8 Orthopädische Implantate

Orthopädische Implantate werden zur Behandlung angeborener oder erworbener Störungen und Anomalien des Stütz- und Bewegungsapparates eingesetzt. Die wichtigsten Anwendungsgebiete orthopädischer Implantate sind

- der Ersatz von Gelenken (u. a. Hüfte, Knie, Schulter sowie Ellenbogen),
- der Ersatz von Bandscheiben und Wirbelkörpern bzw. die Stabilisierung der Wirbelsäule,
- die Unterstützung der Knochenheilung (Osteosynthese) und
- die Fixation von Muskeln, Sehnen und Bändern.

Exemplarisch werden Gelenkimplantate als wichtigste Gruppe orthopädischer Implantate vorgestellt. Die beiden großen Gelenke der unteren Extremität werden am häufigsten durch Implantate ersetzt. 2018 wurden 239 204 Endoprothesen am Hüftgelenk und 190 427 am Kniegelenk implantiert [9].

Der endoprothetische Ersatz ist aber auch im Bereich der großen Gelenke der oberen Extremität sowie für Finger- und Zehengelenke möglich. Im Bereich der Wirbelsäulenchirurgie werden ebenfalls verschiedene orthopädische Implantate (u. a. als Bandscheibenersatz) verwendet. Zunehmend finden minimal-invasive Operationsverfahren bei der Implantation Anwendung, bei denen mit einem relativ kleinen Hautschnitt unter Schonung der gelenkumgreifenden Muskulatur und der anderen Weichteile sowie Nerven operiert wird. Navigationssysteme und patientenindividuelle Resektionsschablonen, die unter Nutzung von Bilddaten angefertigt werden, dienen einer Erhöhung der Positioniergenauigkeit von Gelenkimplantaten.

Das Ziel der Gelenkendoprothesen-Implantation ist die Wiederherstellung eines zuvor schmerzhaft geschädigten und bewegungseingeschränkten Gelenks unter besonderer Beachtung der biomechanischen Verhältnisse. Die Hauptanforderungen an eine Gelenkendoprothese sind eine dauerhaft stabile, lasttragende Verankerung im Stützapparat, eine ausreichend gute Nachbildung der Gelenkkinematik und eine Biokompatibilität, die die Verträglichkeit ggf. freigesetzter Ionen oder Abriebpartikel einschließt.

In der Gelenkendoprothetik wird zwischen der zementfreien und der zementierten Verankerung der Prothesenkomponenten unterschieden. Die zementfreie Verankerung wird überwiegend bei jüngeren Patienten oder bei Patienten mit guter Knochenbeschaffenheit genutzt. Bei einer zementfreien Hüftprothese kann der Halt im Röhrenknochen durch die Passfähigkeit der äußeren Implantatform des verankerten Schaftbereiches in der Knochenaushöhlung (Kavität, Hohlraum) im Press-Fit-Verfahren (Form- und Kraftschluss zwischen Implantat und Knochen) erreicht werden. Der Knochen wächst (ggf. unterstützt durch bioaktive Beschichtungen) in poröse oder raue Implantatoberflächen ein. So wird die Implantatverankerung durch Formschluss verbessert. Nachteilig an dieser Verankerungsform ist, dass der Patient das Implantat nach der Operation einige Wochen lang nur teilbelasten darf.

Gelenkendoprothesen für ältere Patienten oder Patienten mit schlechter Knochenbeschaffenheit werden aufgrund der verringerten Regenerationsfähigkeit des Knochens und einer weniger belastbaren Knochenstruktur eher zementiert verankert. Knochenzement ist ein Polymethylmethacrylat (PMMA)-Material, das während der Operation aus Monomeren hergestellt wird und danach innerhalb von 10 min. verarbeitet werden kann. Die Polymerisation findet in situ als exotherme Reaktion statt. Ziel ist es, einen geschlossenen Zementmantel zwischen der Implantatoberfläche und dem Knochen bzw. dem Schaft des Implantats und dem umgebenden Röhrenknochen zu erhalten. Diese stoffschlüssige Form der Verankerung hat eine höhere Primärstabilität als die zementfreie Verankerung. Die Patienten sind schneller mobilisierbar, die volle Belastbarkeit kann schon einen Tag nach der Operation erreicht werden. Einschränkungen bestehen in der geringen Festigkeit des PMMA-Materials und in der Notwendigkeit, bei Revisionsoperationen den Knochenzement zu entfernen.

Eine Hüftendoprothese ersetzt das natürliche Hüftgelenk und ist wie dieses als Kugelgelenk aufgebaut. Sie besteht aus mehreren Komponenten (Abb. 42.31): einem Schaft, der im oberen Teil des Oberschenkelröhrenknochens verankert wird und mit einer Konusverbindung den Kugelkopf trägt, der in der passenden Gelenkpfanne gleitet. Die Gelenkpfanne besteht aus einem Inlay und einer äußeren, im Beckenknochen verankerten Schale.

Die zementfreien Implantate werden oft aus einer Titanschmiedelegierung gefertigt, die das Anwachsen des Knochens unterstützt, während die zementierbaren Prothesenkomponenten aus einer Kobalt-Chrom-Schmiedelegierung hergestellt sind. Der modulare Aufbau des prothetischen Systems erlaubt die Kombination unterschiedlicher Reibpartner (Gelenkkopf und Pfanne) sowie die Verwendung der jeweils auf die Patientenanatomie abgestimmten Größen der Verankerungskomponenten (Schaft, Pfannenaußenschale) in der gewünschten Verankerungsform (zementiert, zementfrei).

Für die Gleitpaarung zwischen Hüftkopf und -pfanne werden unterschiedliche Kombinationen eingesetzt. Üblich sind Keramik-Kopf mit Keramik- oder Polyethylen-Pfannen-Inlay sowie Metall-Kopf mit Polyethylen- oder Metall-Pfannen-Inlay. Die Auswahl der patientenindividuell geeigneten Kombination wird in Abhängigkeit vom erwarteten Abrieb, der Biokompatibilität, der Bruchgefahr und der Kosten getroffen. Es sind verschiedene Schaft- und Pfannenschalenkonstruktionen verfügbar.

Bei den Knieendoprothesen (Abb. 42.32) sind vier verschiedene konstruktive Varianten zu unterscheiden, die in Abhängigkeit von der Größe der geschädigten und zu ersetzenden Gelenkbereiche eingesetzt werden. Bei einem einseitigen (unikondylären) Oberflächenersatz wird nur eine Seite des Gelenkes ersetzt (öfter die innere als die äußere), die andere Gelenkseite und der das Gelenk sichernde Bandapparat bleiben erhalten. Bei einem kompletten Oberflächenersatz werden der gesamte Gelenkknorpel und ggf. auch die Kreuzbänder ersetzt, die Seitenbänder bleiben erhalten. Bei einer extremen seitlichen Gelenkinstabilität, Fehlstellung oder im Revisionsfall wird ein teilgekoppelter Gelenkersatz notwendig, wobei ein Seitenband erhalten bleiben sollte. Bei einem vollständigen, achsgeführten Gelenk-

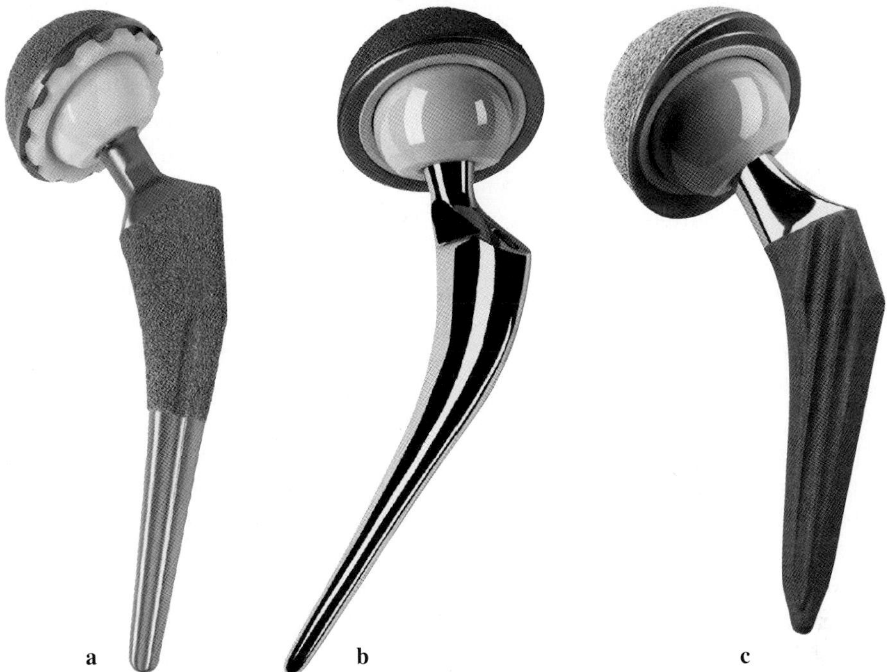

Abb. 42.31 Hüftgelenkendoprothesen. **a** zementfreie Prothese mit Keramikkopf und Polyethylen-Pfanneninlay. **b** Hybrid-Ausführung mit zementiertem Hüftschaft, zementfreier Pfanne mit Keramik-Inlay und Keramik-Kopf. **c** zementfreier kurzer Hüftschaft mit zementfreier Pfanne mit Kermaik-Inlay und Keramik-Kopf. (Fa. Biomet GmbH, Berlin)

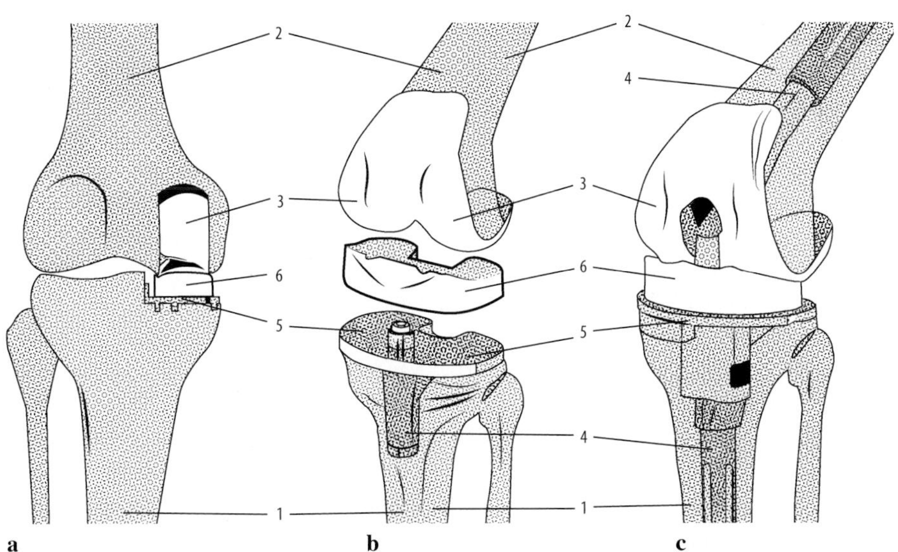

Abb. 42.32 Knieendoprothesen. **a** Einseitiger (unikondylärer) Oberflächenersatz, **b** kompletter Oberflächenersatz, **c** vollständiger, achsgeführter Gelenkersatz. *1* Unterschenkelknochen (Tibia), *2* Oberschenkelknochen (Femur), *3* Oberschenkelimplantat, *4* Verankerungsschaft, *5* Metallplateau, *6* Polyethylen-Gleitfläche

ersatz sind auch beide Seitenbänder zu ersetzen. Eine Scharnierachse verbindet hier die Implantatkomponenten im Ober- und Unterschenkel. Im Kniegelenk kommen aufgrund der notwendigen Dämpfung, Elastizität und Bruchsicherheit überwiegend Metall-Polyethylen-Gleitpaarungen zum Einsatz. Wie bei Hüftgelenken sind zementierte und zementfreie Verankerungen möglich.

42.9 Gliedmaßenprothetik (Exoprothetik der Extremitäten)

Exoprothesen sind außen angebrachte Körperersatzstücke, zu denen u. a. Gliedmaßenprothesen für die obere und untere Extremität gehören. In der Gesundheitsstatistik Deutschlands sind für 2018 122 Amputationen und Exartikulationen im Bereich der oberen Extremität, 4147 der Hand, 11 316 der unteren Extremität und 36 836 des Fußes erfasst [9]. Gliedmaßenprothesen können Amputierten sowohl einen funktionellen als auch den ästhetischen (kosmetischen) Ersatz für die verlorenen Gliedmaße bieten.

Wichtigste Anforderung an eine funktionelle Beinprothese ist die Erhaltung der für den Patienten erforderlichen statischen und dynamischen Sicherheit beim Gehen und Stehen. Mobile Patienten erwarten die Nachbildung eines natürlichen Bewegungsablaufes. Weiterhin sollte eine Beinprothese (bei Amputationen im und oberhalb des Kniegelenks) das Sitzen möglichst wenig behindern. Kosmetische Prothesen hingegen stellen nur das äußere Erscheinungsbild wieder her.

Beinprothesen können nach unterschiedlichen Kriterien klassifiziert werden. Das wichtigste über die notwendigen Komponenten und die Komplexität des Systems entscheidende Kriterium ist das Amputationsniveau. So werden Beinprothesen für Fuß-, Unterschenkel-, Knie-, Oberschenkel- und Hüft- bzw. Beckenamputierte unterschieden (Abb. 42.33).

Beinprothesen für Amputationen oberhalb des Fußes sind modular aufgebaut (Rohrskelett- oder endoskelettale Bauweise). Die lösbar miteinander verbundenen mechanischen Bauteile sind so dimensioniert, dass sie innerhalb einer kosmetischen Schaumstoffverkleidung untergebracht und ohne großen Aufwand ausgetauscht werden können. Korrekturen der Ausrichtung der Komponenten untereinander (statischer Aufbau der Prothese) sind reproduzierbar möglich und können sowohl während der Montage und Anprobe als auch nach der Fertigstellung der Prothese durchgeführt werden.

Eine modulare bzw. endoskelettale Beinprothese kann abhängig vom Amputationsniveau aus den nachfolgend beschriebenen Komponenten bestehen:

- Prothesenschaft oder Beckenkorb bzw. Stumpfankopplung,
- Hüftgelenk (bei Becken- oder Hüftamputation),
- Kniegelenk (bei Becken-, Hüft-, Oberschenkel- und Knieamputation),
- Prothesenfuß (bei Becken-, Hüft-, Oberschenkel- und Knie-, Unterschenkel- und Fußamputation),
- weitere Strukturkomponenten (z. B. Adapter, Torsions- und Stoßdämpfer),
- kosmetische Verkleidungen (auf Wunsch des Patienten).

Für die Auswahl der innerhalb einer Beinprothese kombinierten funktionellen Komponenten sind die physiologischen Patientendaten (z. B. Alter, Geschlecht, Gewicht, Begleiterkrankungen, geistiger und körperlicher Allgemeinzustand) sowie die pathophysiologischen Bedingungen des Amputationsstumpfes entscheidend. Von ihnen hängt der erreichbare Mobilitätsgrad des Betroffenen ab, welcher vor einer prothetischen Versorgung abzuschätzen ist.

Der Prothesenschaft eines Amputierten muss das Stumpfvolumen aufnehmen und statische wie dynamische Kräfte und Momente beim Gehen und Stehen übertragen. Er beinhaltet die Kontaktflächen zur Haut und stellt die Ankopplung der Prothese an den Patienten sicher.

Das prothetische Hüftgelenk ist die gelenkige Verbindung des Beckenkorbes mit den darunter befindlichen prothetischen Bauteilen, die zusammen eine Gliederkette bilden. Die Drehbewegung des Hüftgelenks findet in der Sagittalebene statt, muss aber nicht auf diese Ebene beschränkt

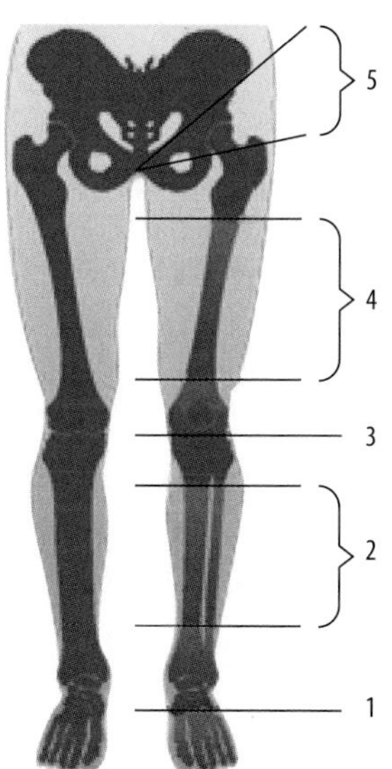

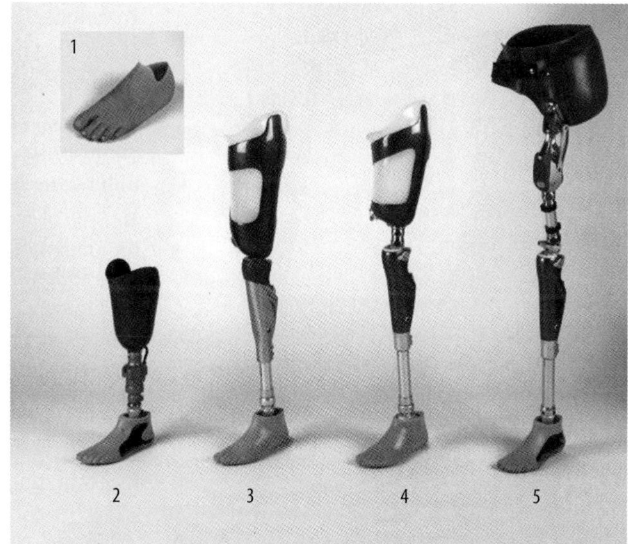

Abb. 42.33 Beinprothesen für verschiedene Amputationsniveaus (Darstellung ohne optional mögliche Kosmetikverkleidung aus hautfarbenem Schaumstoff). Prothesen für Fuß- (*1*), Unterschenkel- (*2*), Knie- (*3*), Oberschenkel- (*4*) und Hüft- bzw. Beckenamputierte (*5*). (Fa. Otto Bock HealthCare GmbH, Duderstadt)

sein. Das Hüftgelenk gewährleistet gemeinsam mit dem Kniegelenk und dem Prothesenfuß die Standphasensicherheit, ggf. die Schwungphasensteuerung der Beinprothese und ermöglicht das Sitzen.

Das prothetische Kniegelenk ersetzt die wichtigsten Funktionen des natürlichen Kniegelenks einschließlich des angrenzenden Band- und Muskelapparats. Es gewährleistet immer eine Sicherung des Gelenks im Stehen und in der Standphase des Gangzyklusses. Zusatzfunktionen ermöglichen u. a. eine harmonische Beugung/Streckung in der Sagittalebene während der Schwungphase des Gangzyklusses (ggf. mit einer Gelenksverkürzung), eine Stoßdämpfung beim Fersenauftritt, die beugewinkelabhängige Verlagerung des Gelenkdrehpunktes, eine kontinuierliche Vorwärtsbewegung des Körperschwerpunktes während der Standphase (Kniebeugung unter Last) und das alternierende Gehen auf Treppen.

Die Klassifizierung von Prothesenkniegelenken erfolgt heute überwiegend anhand der Elemente bzw. konstruktiven Merkmale, die zur Gewährleistung der Standphasensicherung und Schwungphasensteuerung und ggf. des Sitzens oder besonderer Funktionen (z. B. Knien mit maximalem Beugewinkel, Bewegen ohne Gelenkwiderstand beim Radfahren, Treppengehen) in die Systeme integriert sind. So werden u. a. Kniegelenke mit

- mono- oder polyzentrischem Aufbau (Abb. 42.34a und b),
- Sperre,
- Federn zur Unterstützung der Streckung in der Schwungphase,
- Reibungsbremsen für die Standphasensicherung oder Schwungphasensteuerung,
- elastisch einfedernden Elementen in der Standphase,
- pneumatischer Schwungphasensteuerung,
- hydraulischer Standphasensicherung oder Schwungphasensteuerung oder
- elektronischer Steuerung (Abb. 42.34c) unterschieden.

Prothetische Füße stellen gemeinsam mit dem Schuh den Bodenkontakt des Beinamputierten her. Ihre Funktionalität wird durch die Art der Einleitung von Kräften und Momenten, die Abrolleigenschaften in der Sagittalebene, die Anpassungsfähigkeit an Bodenunebenheiten, die Fähigkeit zum Zwischenspeichern und Abgeben

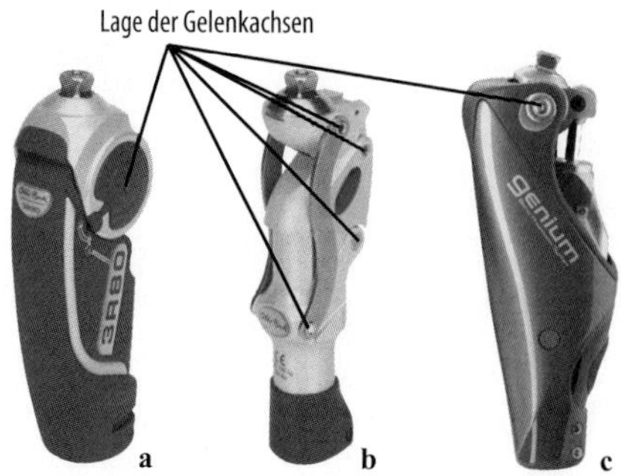

Abb. 42.34 Kniegelenke. **a** monozentrischer Aufbau und mechanische Stand- und Schwungphasenhydraulik. **b** polyzentrischer Aufbau und pneumatische Schwungphasensteuerung. **c** elektronisch gesteuerte Stand- und Schwungphasenhydraulik. (Fa. Otto Bock HealthCare GmbH, Duderstadt)

potenzieller Energie und die Dämpfungseigenschaften u. a. beim Fersenauftritt bestimmt.

Funktionelle Prothesen zur Versorgung von Amputationen im Bereich des Ober- und Unterarms (Arm-/Handprothesen) haben die Aufgabe, zahlreiche Bewegungsmuster nachzubilden. Schulter- und Ellbogengelenk erfüllen hauptsächlich den Zweck, die Hand an ein Zielobjekt in der jeweils günstigsten Positionierung heranzuführen. Die prothetische Hand ist das Greiforgan.

Gliedmaßenprothesen der oberen Extremität werden in aktive und passive Systeme unterteilt. Kosmetische Armprothesen gehören zu den passiven Prothesen, mit denen ausschließlich das äußere Erscheinungsbild wiederhergestellt wird. Unter den aktiven Armprothesen werden mit Eigenkraft bzw. Fremdkraft betriebene Systeme unterschieden. Die Bewegung einer Arm- bzw. Handprothese mit Eigenkraft erfolgt über Zugbandagen, die Schulterbewegungen über Gurte und Seilzüge in Greif- und Unterarmbewegungen oder in ein Sperren des Ellenbogengelenks der Prothese umformen (Abb. 42.35a). Als zweite wichtige Gruppe der aktiven Systeme haben sich fremdkraftgetriebene Prothesen durchgesetzt. Sie sind in Hybridprothesen auch mit einer Eigenkraftnutzung, z. B. für die Bewegung und Sperrung des Ellenbogengelenkes, kombinierbar und werden in aller Regel elektromechanisch angetrieben.

Die am Stumpf vorhandene Muskulatur generiert das Steuersignal. Dazu messen spezielle auf die Haut des Stumpfes aufgelegte Elektroden die bei der Muskelkontraktion entstehenden bioelektrischen Spannungen im µV-Bereich. Die notwendige Unempfindlichkeit dieser Systeme gegenüber elektromagnetischen Störungen wird u. a. über hohe Gleichtaktunterdrückungsverhältnisse der verwendeten Verstärker erreicht. Ansteuerbar sind Bewegungen bzw. die Sperrung von Prothesen-Ellenbogengelenken, die Rotati-

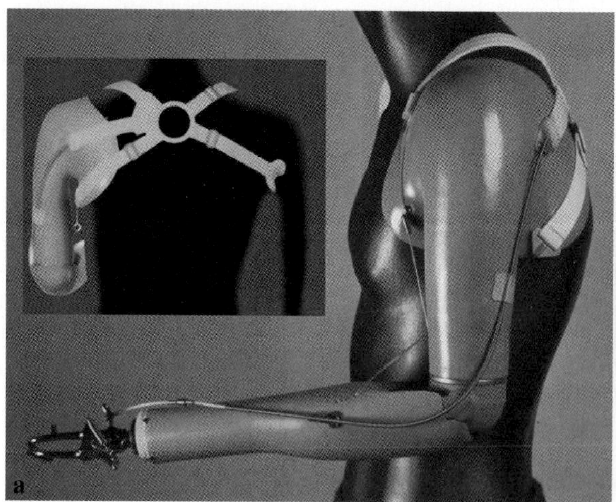

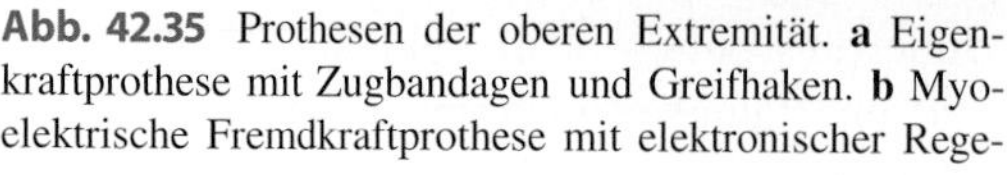
Abb. 42.35 Prothesen der oberen Extremität. **a** Eigenkraftprothese mit Zugbandagen und Greifhaken. **b** Myoelektrische Fremdkraftprothese mit elektronischer Regelung des Ellenbogengelenks und der Prothesenhand. (Fa. Otto Bock HealthCare GmbH, Duderstadt)

on von Prothesenhänden und deren Greifbewegung.

Obwohl die Einführung dieser myoelektrischen Prothesen ein großer Fortschritt in der Orthopädietechnik war, ist der Versorgte noch gezwungen, die Bewegung seiner Prothese visuell zu überwachen. Ihm fehlt die taktile Rückmeldung der natürlichen Hand. Um den Armamputierten auch in solchen Situationen von Überwachungsfunktionen zu entlasten, sind auch Handprothesen mit Greifkraftregelung verfügbar.

Patienten mit Amputationen im Bereich des Oberarms benötigen neben einer Prothesenhand auch eine Unterarmprothese mit Ellenbogengelenk und einen Stumpfschaft für den Oberarm. Der Verlust einer Vielzahl von Körperfunktionen führt bei diesem Amputationsniveau zu höheren Anforderungen an die Prothese.

42.10 Wärmetherapiegeräte für Früh- und Neugeborene

Neugeborene haben ein deutlich höheres Oberflächen-Massenverhältnis als Erwachsene, wodurch sie gegenüber Erwachsenen einen erheblich höheren transdermalen Wärmeverlust erleiden [17]. Der eigene Metabolismus, der im Körper Wärme erzeugt, entwickelt sich erst langsam nach der Geburt innerhalb der ersten Lebenswochen zu höheren Werten. Daher ist bei Früh- und Neugeborenen, die nach der Geburt einer medizinischen Intensivpflege bedürfen, eine zusätzliche äußere Wärmezufuhr erforderlich. Erschwerend kommt hinzu, dass die Haut nach der Geburt noch nicht vollständig entwickelt ist, insbesondere bei Frühgeborenen. Es fehlen noch die Hornhaut und die Fettschicht, so dass durch die für Feuchtigkeit noch stark durchlässige Haut in den ersten Lebenstagen sehr viel Flüssigkeit und wegen der auftretenden Verdunstungskälte ebenfalls Wärme verloren geht (Abb. 42.36; [18]). Deshalb ist in den ersten Lebenstagen eine hohe Luftfeuchte erforderlich.

In den 1950er-Jahren wurde die lebensunterstützende Wirkung der Wärmetherapie nachgewiesen. Höhere Lufttemperaturen verringerten die Sterberate von ca. 45 auf 22 % [19]. Bei Er-

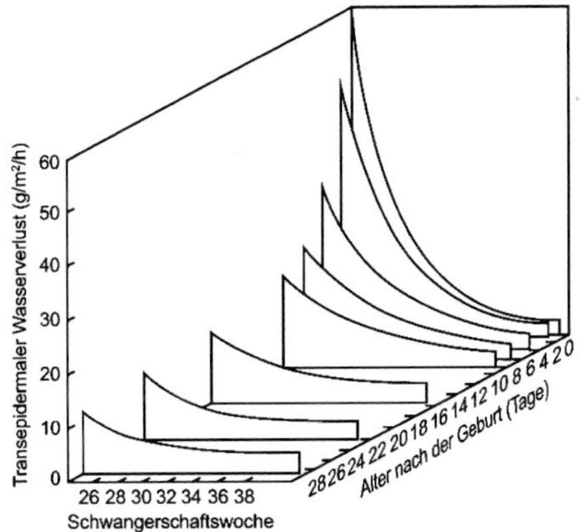

Abb. 42.36 Transepidermale Wasserverluste von Früh- und Neugeborenen in Abhängigkeit von der Schwangerschaftsdauer und dem Lebensalter in Tagen [18]

höhung der Umgebungsfeuchte von 30 bis 60 % auf 80 bis 90 % rel. Feuchte verringerte sich die Sterberate von 35 auf 22 % [20]. Obwohl die Frühgeborenen heute geringere Geburtsgewichte und Gestationsalter aufweisen, kann aber angenommen werden, dass sich diese physiologischen Einflüsse auch auf sie übertragen lassen, abgesehen davon, dass die zitierten Untersuchungen heute aus ethischen Gründen nicht mehr durchführbar wären.

Verschiedene Wärmetherapiekonzepte verhindern, dass die Früh- und unreifen Neugeborenen auskühlen und ermöglichen, ihre Körpertemperatur in einem normothermen Bereich stabil zu halten. Seit über 60 Jahren haben sich dazu sowohl Inkubatoren als auch Wärmestrahler etabliert. Bei reiferen Neugeborenen werden auch einfache beheizte Wärmebetten verwendet, zum Teil in Kombination mit einer Strahlungsheizung. Durch Wärmezufuhr mittels eines Wärmestrahlers (Infrarotstrahlung im Bereich von 760 bis 1400 nm) kann jedes Frühgeborene effizient warmgehalten werden [18]. Allerdings besteht dabei die Gefahr der Überhitzung der Haut; deshalb sind diese Geräte mit einer Hauttemperaturregelung ausgestattet. Wärmestrahler sind beim Pflegepersonal deshalb beliebt, weil sie einen guten manuellen Zugang zu dem intensivbedürftigen Patienten ermöglichen. Dabei können jedoch erhöhte Wärmeverluste durch Evaporation auftreten, die zu einem zusätzlichen Flüssigkeitsverlust des Patienten führen können. Erschwerend kommt hinzu, dass die zum Teil hohe Wärmestrahlung auf der Liegefläche zu forcierten konvektiven Wärmeverlusten führt.

Alternativ zu Wärmestrahlern haben sich in der Pflege Inkubatoren durchgesetzt [21]. Technisch gesehen sind sie kleine Klimakammern, die elektrisch beheizt sind und über eine Lufttemperatur- und Luftfeuchte-Regelung verfügen, aber auch mit einer Hauttemperaturregelung betrieben werden können, die die Lufttemperatur soweit anpasst, dass die Hauttemperatur einen vorgegebenen Sollwert erreicht. Damit wird der individuelle Wärmebedarf des Neugeborenen berücksichtigt. Die Heizung befindet sich unterhalb der Liegefläche. Die Luft wird mit Hilfe eines Ventilators im Kreislauf umgewälzt (Abb. 42.37).

Im Innern des Inkubators wird die Feuchtigkeit durch einen Gleichdruck-Verdampfer erzeugt und mit einem Feuchtigkeitssensor gemessen. Sie wird z. B. in Abhängigkeit von der Reife der Haut mit zunehmendem Lebensalter auf niedrigere Werte geregelt. Im Inkubator kann eine relativ hohe Lufttemperatur von bis zu 39 °C und ein komfortables Klima mit niedrigen Luftgeschwindigkeiten realisiert werden. Dadurch ist die Gefahr von Hautverbrennungen gegenüber Wärmestrahlern praktisch ausgeschlossen. Außerdem kann bei Bedarf zusätzlich Sauerstoff zugeführt werden, um die inspiratorische Konzentration für das Neugeborene zu erhöhen. Die Regelung erfolgt mit Hilfe redundanter Sauerstoffsensoren. Die Belüftungsgeräusche liegen bei neueren Geräten unterhalb 40 dBA.

Um einerseits nicht auf die Vorzüge des komfortablen Klimas im Inkubator und andererseits auf die gute Zugänglichkeit des Wärmestrahlers verzichten zu müssen, wurden in den letzten Jahren sogenannte Hybride oder Kombinationsgeräte entwickelt (Abb. 42.38). Bei diesen Geräten wird das Neugeborene normalerweise in dem geschlossenen Inkubator gepflegt. Bei aufwändigen Pflegemaßnahmen kann die Haube des Inkubators angehoben werden und die Strahlungsheizung übernimmt die erforderliche Wärmezufuhr.

Bei allen Wärmetherapiegeräten für Frühgeborene ist besonders die Gefahr der Hautverbrennung zu beachten. Ein weiterer wichtiger Aspekt ist die Gefährdung des Auges. Zu große Sauerstoffzufuhr kann zu einer Schädigung der Augennetzhaut (Retina) mit folgender Er-

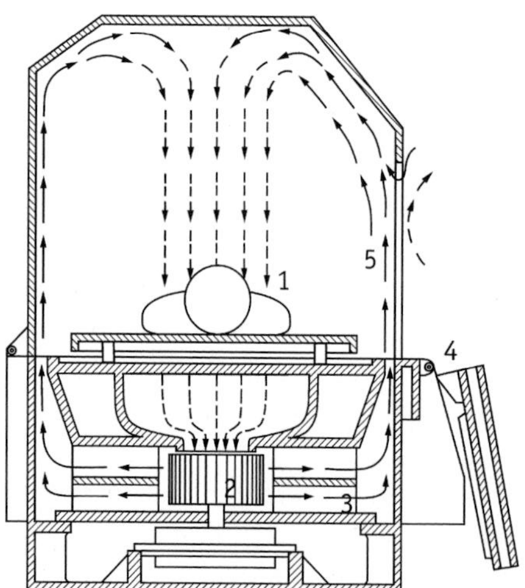

Abb. 42.37 Querschnitt durch einen Konvektionsinkubator bei geöffneter Frontklappe. Der Warmluftvorhang sichert ein stabiles Mikroklima im Innenraum auch bei geöffneten Zugangsöffnungen (Schwenkfenster, Seitenklappen) und schützt das Neugeborene vor Auskühlung und Austrocknung. *1* Neugeborenes, *2* Lüfter, *3* Wärmetauscher und Strömungsgleichrichter, *4* Frontklappe (geöffnet), *5* Warmluftvorhang

Abb. 42.38 Kombinationsgerät aus Inkubator und Wärmestrahler. (Fa. Drägerwerk AG & Co. KGaA, Lübeck)

blindung führen, zu niedrige Sauerstoffzufuhr zu einer Schädigung des Gehirns.

Literatur

Spezielle Literatur

1. Deutsche Gesellschaft für Anästhesiologie und Intensivmedizin e. V. und des Berufsverbandes Deutscher Anästhesisten e. V.: Mindestanforderungen an den anästhesiologischen Arbeitsplatz. Anästh. Intensivmed. **54**, 39–42 (2013)
2. EN ISO 80601-2-13:2012; Medizinisch elektrische Geräte – Teil 2–13: Besondere Festlegungen für die Sicherheit einschließlich der wesentlichen Leistungsmerkmale für Anästhesie-Arbeitsplätze
3. DIN EN IEC 60601-1-8:2014-04; Medizinische elektrische Geräte – Teil 1–8: Allgemeine Festlegungen für die Sicherheit einschließlich der wesentlichen Leistungsmerkmale – Ergänzungsnorm: Alarmsysteme – Allgemeine Festlegungen, Prüfungen und Richtlinien für Alarmsysteme in medizinischen elektrischen Geräten und in medizinischen Systemen
4. Verband der Elektrotechnik Elektronik Informationstechnik e. V.: VDE-Positionspapier: Alarmgebung medizintechnischer Geräte. VDE-Verlag, Frankfurt (2010). ISBN 978-3-925-51218-6
5. Kramme, R.: Medizintechnik, 4. Aufl. Springer, Berlin (2011)
6. DIN EN 60601-1 (IEC 60601-1 edition 3.1). Medizinische elektrische Geräte – Teil 1: Allgemeine Festlegungen für die Sicherheit einschließlich der wesentlichen Leistungsmerkmale. 2012
7. DIN EN 60601-2-13 (IEC 60601-2-13). Medizinische elektrische Geräte – Teil 2-13: Besondere Festlegungen für die Sicherheit von Anästhesiesystemen. Ausgabe 5, 2007
8. Schüttler, J., Schwilden, H. (Hrsg.): Modern anesthetics. Springer, Berlin, S. 452 (2008)
9. Statistisches Bundesamt: Fallpauschalenbezogene Krankenhausstatistik (DRG-Statistik) 2017. DeStatis, Wiesbaden (2019)
10. Motzkus, B.: Infusionsapparate, Medizintechnik im Krankenhaus und Praxis. De Gruyter, Berlin (1981)
11. Klein, St.: Aktive Implantate zur Wirkstoffapplikation. In: Dössel, O. (Hrsg.) VDE Expertenbericht Biomedizinische Technik. VDE-Verlag, Frankfurt am Main (2015)
12. ISO 14708-4:2008 Implants for surgery – Active implantable medical devices – Part 1: Implantable Infusion Pumps
13. ISO 8600.1-7: Optik und optische Instrumente – Medizinische Endoskope und endoskopisches Zubehör
14. DIN EN 60601-2-18:2016-10, Medizinische elektrische Geräte – Teil 2-18: Besondere Festlegungen für die Sicherheit einschließlich der wesentlichen Leistungsmerkmale von endoskopischen Geräten
15. Abel, Ph.: Miniaturisierte Aktuatoren für die Umsetzung optischer Funktionalitäten in medizinischen Videoendoskopen. Dissertation OvG-Universität Magdeburg, 2012
16. DGK: Leistungszahlen Herzkatheterlabore 2012 (2012). Erhebung
17. Koch, J.: Thermoregulation des Menschen. In: Leonhardt, St., Walter, M. (Hrsg.) Medizintechnische Systeme. Springer, Berlin (2016)
18. Strömberg, S.: Heat Loss from the skin of preterm and fullterm new-born infants during the first weeks after birth. Biol. Neonate **50**, 1–10 (1986)
19. Silverman, W., Fertig, J., Berger, A.: Pediatrics **22**, 876–885 (1958)
20. Silverman, W., Blanc, W.: Pediatrics **20**, 447 (1957)
21. DIN EN 60601-2-19:2010-01 Medizinische elektrische Geräte – Teil 2-19: Besondere Festlegungen für die Sicherheit einschließlich der wesentlichen Leistungsmerkmale von Säuglingsinkubatoren
22. IEC 80001-1:2010-10; Anwendung des Risikomanagements für IT-Netzwerke mit Medizinprodukten – Teil 1: Aufgaben, Verantwortlichkeiten und Aktivitäten

43 Entwicklung und Marktzugang von Medizinprodukten

Stephan Klein, Marc Kraft und Folker Spitzenberger

Der gesamte Produktlebenszyklus eines Medizinprodukts von der Entwicklungsinitiierung bis zur Abkündigung vom Markt wird wegen der spezifischen regulatorischen Anforderungen in verschiedene Phasen strukturiert und muss sehr weitgehend dokumentiert werden. Die weltweite Zulassung von Medizinprodukten ist jedoch nicht einheitlich geregelt.

Innerhalb der EU erfordert das Inverkehrbringen auf dem Unionsmarkt – hierunter wird die erstmalige Bereitstellung eines Produkts, mit Ausnahme von Produkten für Leistungsstudien verstanden [1, Artikel 2] – vom Hersteller die erfolgreiche Durchführung eines sog. Konformitätsbewertungsverfahrens. Der Hersteller weist dadurch die Konformität seines Produktes mit den einschlägigen Regularien nach, eine explizite Zulassung durch eine Behörde findet in der EU nicht statt.

Im Jahr 2017 trat eine umfangreiche Überarbeitung des europäischen Regelwerkes für Medizinprodukte in Kraft. Die Übergangszeit für die vollständige Anwendung der neuen „medical device regulation – MDR“ [1] beträgt vier Jahre[1], für die vollständige Anwendung der „in vitro diagnostic medical device regulation – IVDR“ [7] fünf Jahre. Änderungen gegenüber den bisherigen Regularien (s. u.) betreffen im Bereich Medizinprodukte die Erweiterung des Geltungsbereichs um z. B. Nanomaterialien, die Erweiterung und Spezifizierung der Klassifizierungsregeln um z. B. Software, die Anforderungen an die Durchführung von Konformitätsbewertungsverfahren, vor allem bei Neubewertungen von Klasse III-Produkten und implantierbaren Produkten, die Erhöhung der Transparenz und Rückverfolgbarkeit durch eine neue Produktkennzeichnung (UDI – Unique Device Identification) sowie die Spezifizierung und Erhöhung harmonisierter Anforderungen an Benannte Stellen und Marktüberwachungsbehörden.

Bezüglich der In-vitro-Diagnostika wurden ein neues Klassifizierungssystem eingeführt (Klassen A, B, C und D) und neue Klassifizierungsregeln festgelegt. Außerdem sollen sog. EU-Referenzlaboratorien zur Konsultation bei Konformitätsbewertungsverfahren von Hochrisikoprodukten etabliert werden.

Wo im Fall von Produkt- und Herstellungsmängeln schwerwiegende Risiken für die Ge-

S. Klein (✉)
Technische Hochschule Lübeck
Lübeck, Deutschland
E-Mail: stephan.klein@th-luebeck.de

M. Kraft
Technische Universität Berlin
Berlin, Deutschland
E-Mail: marc.kraft@tu-berlin.de

F. Spitzenberger
Technische Hochschule Lübeck
Lübeck, Deutschland
E-Mail: folker.spitzenberger@th-luebeck.de

[1] Die ursprünglich vorgesehene Übergangszeit von drei Jahren für die MDR wurde aufgrund der COVID-19-Pandemie durch eine Änderungsverordnung kurzfristig auf insgesamt vier Jahre verlängert, sodass die volle Gültigkeit für die MDR voraussichtlich zum Mai 2021 erlangt wird.

B. Bender und D. Göhlich (Hrsg.), *Dubbel Taschenbuch für den Maschinenbau 3: Maschinen und Systeme*,
https://doi.org/10.1007/978-3-662-59715-6_43

sundheit und Sicherheit entstehen könnten, müssen zusätzlich unabhängige Prüf- und Zertifizierungsstellen, sog. Konformitätsbewertungsstellen, in die Konformitätsbewertung einbezogen werden. Konformitätsbewertungsverfahren führen zu Konformitätserklärungen, die von allen EU-Mitgliedstaaten anerkannt werden. Die vom Hersteller auf jedem Produkt angebrachte CE-Kennzeichnung verdeutlicht schließlich die Übereinstimmung oder Konformität mit europäischen gesetzlichen Anforderungen und ist die Voraussetzung für die Verkehrsfähigkeit (CE: „conformité européenne", fr.).

Medizinprodukte werden klassifiziert, um entsprechend möglicher Risiken bei ihrer Anwendung spezielle Anforderungen an Sicherheit und Leistung der Produkte festlegen bzw. deren Erfüllung prüfen zu können. Dazu werden Grundlegende Anforderungen an Medizinprodukte u. a. im Anhang I der Verordnung [1] definiert. Diese Klassifizierung erfolgte bisher für Produkte, die keine aktiven implantierbaren medizinischen Geräte und keine In-vitro-Diagnostika darstellen, nach Anhang IX der Richtlinie 93/42/EWG [8]. Gemäß seiner Zweckbestimmung wurde ein Medizinprodukt nach dieser Richtlinie mit Hilfe von 18 Klassifizierungsregeln mit steigendem Risiko einer der vier Risikoklassen I, IIa, IIb oder III zugeordnet. Bei der Novellierung des europäischen Medizinprodukterechts 2017 (s. o.) wurde u. a. die Zahl der Klassifizierungsregeln für Medizinprodukte auf 22 erhöht [1]. Das grundsätzliche Konzept der Einteilung in die vier Risikoklassen wurde jedoch beibehalten. Die EU-Verordnungen gelten unmittelbar und müssen, anders als die vorher geltenden Richtlinien, nicht in nationales Recht umgesetzt werden.

Von der Klassifizierung hängen auch die Wege ab, die für das Konformitätsbewertungsverfahren gewählt werden können. Medizinprodukte werden – vereinfacht – nach folgenden Kriterien eingeordnet:

- Invasivität: nicht, teilweise oder ganz durch die Körperoberfläche oder über eine Körperöffnung in den Körper eindringendes Produkt
- Nutzung: diagnostisch oder therapeutisch genutztes Produkt
- Anwendungsdauer: vorübergehende, kurzzeitige oder langzeitige Anwendung des Produkts
- Energiequelle: nicht-aktives Produkt (Betrieb mit durch den menschlichen Körper oder durch die Schwerkraft erzeugter Energie) oder aktives Produkt (Betrieb mit einer anderen Energiequelle)

Zahlreiche Spezifika im Produktlebenszyklus eines Medizinprodukts resultieren aus den hohen Sicherheits- und Leistungsanforderungen. Abb. 43.1 zeigt die wesentlichen Phasen im Lebenszyklus eines Medizinproduktes von der Idee bis zur Überwachung nach der Markteinführung.

Ergänzend zu den Grundlagen der Produktentwicklung (vgl. Teil I) schreibt die harmonisierte Norm DIN EN ISO 13485 [2] wesentliche Forderungen zum Produktentwicklungsprozess von Medizinprodukten vor. Danach müssen u. a. die Design- und Entwicklungsphasen festgelegt werden und für jede dieser Phasen die angemessene Bewertung, Verifizierung und Validierung der Ergebnisse sichergestellt sein. Unter Verifizierung wird der Nachweis verstanden, dass die Design- und Entwicklungsergebnisse die Vorgaben erfüllen, unter Validierung der Nachweis, dass das resultierende Produkt in der Lage ist, die Anforderungen für die festgelegte Anwendung oder den beabsichtigten Gebrauch zu erfüllen. Außerdem müssen die Verantwortungen und Befugnisse für das Design im Qualitätsmanagementsystem des Unternehmens definiert sowie die Entwicklung und das Planungsergebnis kontinuierlich dokumentiert werden. Dazu dient die sog. technische Dokumentation (Produkthauptakte), die nach Vorgaben genau spezifiziert wird und u. a. folgende Informationen enthalten muss [1, Anhang II]:

Produktbeschreibung und Spezifikationen, einschließlich der Varianten und Zubehörteile:

- Beschreibung der Zweckbestimmung(en) des Produkts,
- Beschreibung des Produkts, einschließlich der Varianten,
- Konstruktions- und Fertigungszeichnungen sowie Pläne von Bauteilen, Baugruppen, Schaltungen usw.,

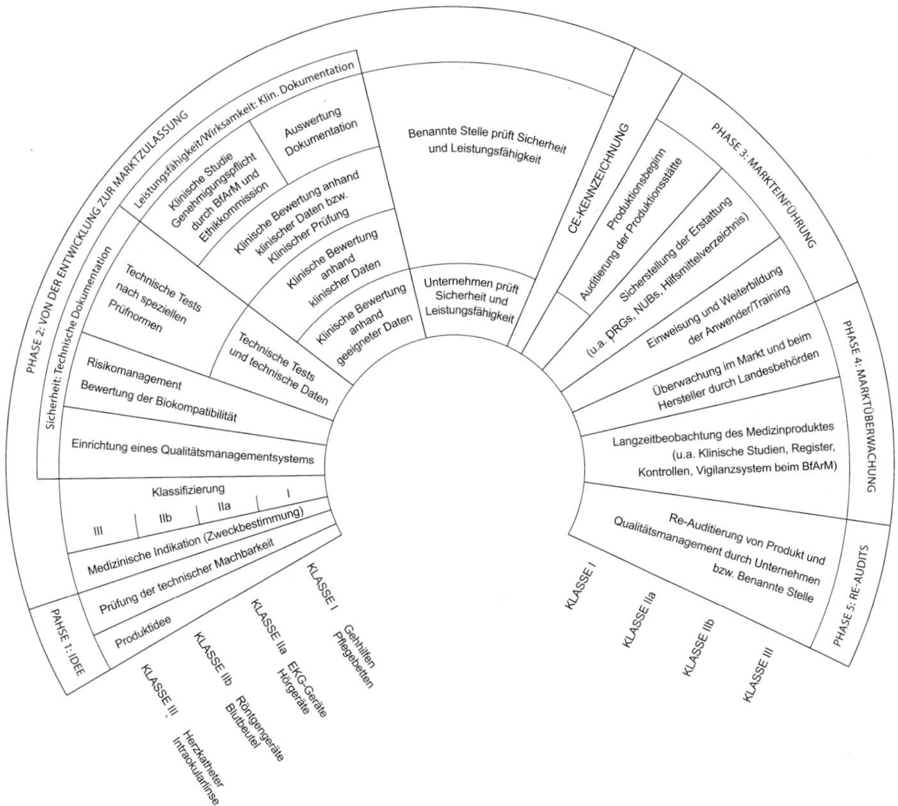

Abb. 43.1 Regulatorische Begleitung der Entwicklung, des Inverkehrbringens und der Nutzung eines Medizinproduktes. DRG (engl.): Diagnosis Related Groups, deutsch: diagnosebezogene Fallgruppen, NUB: Neue Untersuchungs- und Behandlungsmethoden. (Bundesverband Medizintechnologie, Berlin)

- Beschreibungen und Erklärungen der Zeichnungen und Pläne sowie der Funktionsweise des Produkts,
- Ergebnisse von Berechnungen, Prüfungen etc.

Informationen zu Auslegung und Herstellung:

- Informationen, die es ermöglichen, die Auslegungsphasen, die das Produkt durchlaufen hat, zu verstehen

Darlegung der Nutzen-Risiko-Analyse und des Risikomanagements

Grundlegende Sicherheits- und Leistungsanforderungen:

- Beschreibung der Lösungen zur Einhaltung der Grundlegenden Anforderungen der Europäischen Verordnung,
- Liste der angewandten Richtlinien und Normen,
- Beschreibung ggf. vorgesehener Sterilisationsverfahren

Verifizierung und Validierung des Produkts:

- Ergebnisse der Prüfungen zur Verifizierung, Validierung sowie ggf. die präklinische Bewertung und klinische Daten

Vom Hersteller zu liefernde Informationen:

- Kennzeichnung und Gebrauchsanweisung,
- schriftliche Konformitätserklärung des Herstellers.

Häufig folgt die Entwicklung von Medizinprodukten dem V-Modell, das in der Mechatronik und der Informatik verbreitet ist [3] und die geforderte Validierung und Verifizierung in die einzelnen Zyklen integriert. Nach dem Entwicklungsbeginn erfolgt die Verifizierung der Zielplanung (Ergebnis) mit der Projektdefinition (Vorgabe). Dieser Prozess setzt sich in den weiteren Schleifen mit kontinuierlich steigendem Konkretisierungsgrad des Produktes fort. Das V-Modell ist inhaltlich gesteuert und beschreibt lediglich den Ablauf, die Aufgaben und die Ergebnisse der einzelnen Entwicklungsphasen. Die Koordination dieser Phasen mit der Termin- und Ressourcenplanung ist eine wesentliche Aufgabe des Projektmanagements.

Bei Medizinprodukten ist außerdem die Gebrauchstauglichkeit zu berücksichtigen. Darunter wird die Eigenschaft der Benutzer-Produkt-Schnittstelle verstanden, den effektiven, effizienten und zufriedenstellenden Gebrauch in der festgelegten Gebrauchsumgebung zu gewährleisten und dadurch Anwendungsfehlern vorzubeugen. Die Norm EN 62366 beschreibt den erforderlichen gebrauchstauglichkeitsorientierten Entwicklungsprozess [4].

Die mit der Anwendung des Medizinprodukts verbundenen Risiken werden nach der Norm DIN EN ISO 14971 [5] beurteilt. Unter einem Risiko wird die Kombination der Wahrscheinlichkeit des Auftretens eines Schadens und des Schweregrades dieses Schadens verstanden. Der Risikomanagementprozess beginnt nach der Festlegung der Zweckbestimmung und begleitet das Medizinprodukt bis zur Abkündigung vom Markt und der Außerbetriebnahme der letzten Exemplare. Ziel ist, die Sicherheit des Medizinproduktes, d. h. die Freiheit von unvertretbaren Risiken, zu gewährleisten.

Nach dem Inverkehrbringen ist der Hersteller verpflichtet, das Produkt und dessen Verhalten im Markt zu beobachten. Das beim Hersteller einzurichtende System zur Überwachung der Produkte nach dem Inverkehrbringen wurde für Medizinprodukte [1] bzw. In-vitro-Diagnostika [7] mit zahlreichen neuen Anforderungen versehen, die vor allem das proaktive Monitoring der Produkte betreffen und durch die sog. „Technische Dokumentation über die Überwachung nach dem Inverkehrbringen" nach den beiden Anhängen III der Verordnungen MDR bzw. IVDR reflektiert werden. Die Marktbeobachtung führt außerdem im Rahmen der sog. Vigilanz zur Meldung von Risiken und Vorkommnissen, insbesondere Nebenwirkungen, bei der jeweiligen nationalen Behörde und geht mit der Verpflichtung des Herstellers einher, auf meldepflichtige Vorkommnisse zu reagieren.

Der Nachweis der Übereinstimmung mit den Grundlegenden Anforderungen wird laut MDR durch eine klinische Bewertung erbracht. Durch diese wird einerseits nachgewiesen, dass das Produkt sowohl die merkmals- und leistungsrelevanten Anforderungen als auch die Sicherheitsanforderungen bei normalen Einsatzbedingungen erfüllt. Die klinische Bewertung schließt die Beurteilung von unerwünschten Wirkungen ein und stützt sich auf die Ergebnisse klinischer Prüfungen oder auf Daten aus der wissenschaftlichen Literatur, die die vorgesehene Anwendung des Medizinproduktes und die dabei zum Einsatz kommenden Techniken behandeln. Eine klinische Prüfung ist eine wissenschaftliche Untersuchung an Patienten oder gesunden Probanden (Studienteilnehmer) unter kontrollierten Bedingungen, um die Sicherheit und Leistungsfähigkeit eines bestimmten Medizinprodukts unter normalen Anwendungsbedingungen zu überprüfen. Die Anforderungen an den Prozess ähneln denen des Arzneimittelrechts und sind bisher national im Medizinproduktegesetz (MPG) sowie in der Verordnung über klinische Prüfungen von Medizinprodukten (MPKPV) geregelt, voraussichtlich ab Mai 2021 vor allem europäisch durch die MDR und national ergänzt durch das Medizinprodukterecht-Durchführungsgesetz (MPDG). Als harmonisierte Norm für den Bereich der klinischen Prüfungen an Medizinprodukten (ausgenommen In-vitro-Diagnostika) ist die Norm EN ISO 14155 relevant [6].

Insgesamt bleibt das europäische Konzept der Konformitätsbewertung von Medizinprodukten mit seinen wesentlichen Verfahren, Elementen und Akteuren (Hersteller, Benannte Stellen, Behörden) zwar bestehen, wird aber durch die neuen Verordnungen mit deutlich weitergehenden Anforderungen an die Verfahren und Akteure umfangreicher, detaillierter und voraussichtlich auch kostenintensiver. Im internationalen Vergleich orientiert sich die EU zunehmend an den Konsensus-Empfehlungen des „International Medical Devices Regulators Forum – IMDRF"

[9], was der zunehmenden Globalisierung und internationalen Harmonisierung des Medizinproduktesektors entspricht.

Literatur

Spezielle Literatur

1. Verordnung (EU) 2017/745 des europäischen Parlaments und des Rates vom 5. April 2017 über Medizinprodukte, zur Änderung der Richtlinie 2001/83/EG, der Verordnung (EG) Nr. 178/2002 und der Verordnung (EG) Nr. 1223/2009 und zur Aufhebung der Richtlinien 90/385/EWG und 93/42/EWG des Rates
2. EN ISO 13485:2016 Medizinprodukte – Qualitätsmanagementsysteme – Anforderungen für regulatorische Zwecke
3. VDI 2206:2004: Entwicklungsmethodik für mechatronische Systeme
4. EN 62366-1:2017: Medizinprodukte – Anwendung der Gebrauchstauglichkeit auf Medizinprodukte
5. DIN EN ISO 14971:2020-07: Medizinprodukte – Anwendung des Risikomanagements auf Medizinprodukte (ISO 14971:2019); Deutsche Fassung EN ISO 14971:2019
6. DIN EN ISO 14155:2012-01. Klinische Prüfung von Medizinprodukten an Menschen – Gute klinische Praxis (ISO 14155:2011 + Cor. 1:2011); Deutsche Fassung EN ISO 14155:2011 + AC:2011
7. Verordnung (EU) 2017/746 des europäischen Parlaments und des Rates vom 5. April 2017 über In-vitro-Diagnostika und zur Aufhebung der Richtlinie 98/79/EG und des Beschlusses 2010/227/EU der Kommission
8. Richtlinie 93/42/EWG des Rates vom 14. Juni 1993 über Medizinprodukte
9. http://www.imdrf.org, Zugegriffen: 16. Aug. 2020

44 Aufbereitung

Marc Kraft

Wiederverwendbare Medizinprodukte, die bestimmungsgemäß keimarm oder steril zur Anwendung kommen, müssen vor der erneuten Anwendung aufbereitet werden. Diese Aufbereitung umfasst die Reinigung, die Desinfektion und die Sterilisation einschließlich der damit zusammenhängenden Arbeitsschritte sowie die Prüfung und Wiederherstellung der technisch-funktionellen Sicherheit [1]. Umsetzungshinweise zur Aufbereitung von Medizinprodukten finden sich in der gemeinsamen Empfehlung der Kommission für Krankenhaushygiene und Infektionsprävention beim Robert Koch-Institut und des Bundesinstituts für Arzneimittel und Medizinprodukte [2].

Die Aufbereitung von Medizinprodukten ist unter Berücksichtigung der Angaben des Herstellers mit geeigneten validierten Verfahren so durchzuführen, dass der Erfolg dieser Verfahren nachvollziehbar gewährleistet ist (§ 8 der Verordnung über das Errichten, Betreiben und Anwenden von Medizinprodukten (MPBetreibV)). Wie aufwändig die Aufbereitung ist, hängt wesentlich von der Bauart und dem Einsatzzweck des Medizinproduktes ab. Bei unkritischen Medizinprodukten wird eine Reinigung und Desinfektion oft als ausreichend erachtet. Kritische Medizinprodukte durchlaufen hingegen einen Aufbereitungsprozess in der zentralen Sterilgut-Versorgung eines Krankenhauses oder eines externen Dienstleisters. Ziel dieser Prozesse ist bei einigen Medizinprodukten die Sterilität (Freiheit von lebensfähigen Mikroorganismen), welche z. B. in einer Dampfsterilisation (Autoklavieren [3]) oder einem anderen Sterilisationsverfahren (z. B. chemische Sterilisation mit Ethylenoxid oder physikalische Sterilisation mit Gamma-Strahlung) erreicht werden kann.

Literatur

Spezielle Literatur

1. Verordnung (EU) 2017/745 des europäischen Parlaments und des Rates vom 5. April 2017 über Medizinprodukte, Artikel 2
2. Kommission für Krankenhaushygiene und Infektionsprävention (KRINKO), Robert Koch-Institut (RKI), Bundesinstitutes für Arzneimittel und Medizinprodukte (BfArM): Anforderungen an die Hygiene bei der Aufbereitung von Medizinprodukten. Bundesgesundheitsblatt **55**, 1244–1310 (2012)
3. DIN EN ISO 17665-1:2006-11, Sterilisation von Produkten für die Gesundheitsfürsorge – Feuchte Hitze – Teil 1: Anforderungen an die Entwicklung, Validierung und Lenkung der Anwendung eines Sterilisationsverfahrens für Medizinprodukte

M. Kraft (✉)
Technische Universität Berlin
Berlin, Deutschland
E-Mail: marc.kraft@tu-berlin.de

B. Bender und D. Göhlich (Hrsg.), *Dubbel Taschenbuch für den Maschinenbau 3: Maschinen und Systeme*,
https://doi.org/10.1007/978-3-662-59715-6_44

45 Telemedizin

Marc Kraft

Die rasante Entwicklung der Informations- und Kommunikationstechnologien ist auch in der Medizin ein Technologietreiber und wird im Trend der Computerisierung und Vernetzung der Medizintechnik deutlich [1]. Der Stellenwert der medizinischen Informationserfassung, -verarbeitung, -sicherung und -präsentation sowie des Informationsaustausches in komplexen medizintechnischen Systemlösungen steigt ständig. Die Telemedizin ist eine spezifische Nutzungsform der Informations- und Kommunikationstechnologien in der Medizin und wird dem Bereich eHealth (electronic Health) zugeordnet. Sie dient der Überbrückung einer räumlichen Distanz zwecks diagnostischer oder therapeutischer Interaktion zwischen Ärzten oder zwischen Patienten und Ärzten [2].

Die Telemedizin ist ein junges Teilgebiet der medizinischen Informatik und der Medizintechnik. Sie hat sich zunächst im Bereich der Teleradiologie entwickelt, die eine Fernübertragung radiologischen Bildmaterials unterschiedlicher Modalitäten (Bilddatenerfassungssysteme, vgl. Abschn. 42.1) erlaubt. Voraussetzung für die Teleradiologie waren digitale Systeme zur Bilddatenerfassung, -speicherung und -übertragung. Zunächst stellten die zu verarbeitenden Datenmengen eine Herausforderung dar, die dank technischer Weiterentwicklung der Datenspeicher und der optischen Datenübertragung schnell überwunden werden konnte. So ist es heute in vielen kleineren Kliniken üblich, keinen eigenen Radiologen mit der Bilddatenauswertung zu beschäftigen. Zwar werden die Bilddaten noch vor Ort aufgenommen, die Befundung erfolgt jedoch als Service eines anderen, darauf spezialisierten Krankenhauses. Dessen Teleradiologen nutzen auch digitale Medien, um die diagnostischen Ergebnisse mit Therapieempfehlungen an die behandelnden Ärzte vor Ort zurück zu melden.

In der Telepathologie geht es um die Nutzung von Informations- und Kommunikationstechnologien zur Fernübertragung von Daten einer Gewebeprobe, die mit Hilfe mikroskopischer, biochemischer oder molukelarbiologischer Techniken gewonnen werden. Ziel kann die konsilarische Befundung sein (mögliche Einbeziehung externer ärztlicher Kompetenz) oder die Befundung von Gewebeproben, die während der OP in einem sogenannten Schnellschnitt gewonnen sowie präpariert werden und die möglichst sofort (ohne Transportzeiten) diagnostiziert werden müssen (z. B. um Tumore zu erkennen) [2].

Das Telemonitoring ist eine spezifische Form des Patientenmonitorings (vgl. Abschn. 42.2) und ermöglicht eine Fernüberwachung von Patienten im Gesundheitswesen. Es werden in der Regel Vitalparameter erfasst und ausgewertet. Neben deren Kontrolle ist auch eine Rückmeldung an den Patienten möglich. Überwachte Parameter können z. B. Körpertemperatur, Gewicht, Gerinnungswerte, Blutdruck, Blutzuckerwerte, Herz- oder Atemfrequenz, EKG oder die

M. Kraft (✉)
Technische Universität Berlin
Berlin, Deutschland
E-Mail: marc.kraft@tu-berlin.de

B. Bender und D. Göhlich (Hrsg.), *Dubbel Taschenbuch für den Maschinenbau 3: Maschinen und Systeme*,
https://doi.org/10.1007/978-3-662-59715-6_45

Aktivität des Patienten sein. Sie eignen sich zur permanenten oder kurz getakteten diagnostischen Kontrolle von Patienten mit unterschiedlichsten Krankheitsbildern. Zahlreiche Systeme sind bisher beispielsweise für den Einsatz in der Kardiologie entwickelt worden, u. a. für Patienten mit einer Herzinsuffizienz. Allerdings stoßen derartige Systeminnovationen auch an Grenzen, die eine zügige Entwicklung dieser kostensparenden Diagnosetechniken erschweren. Wird beispielsweise bei der kontinuierlichen Überwachung der Vitalparameter eines chronisch kranken Patienten in einem Telemonitoringzentrum ein Behandlungsbedarf festgestellt, ist zuerst der Hausarzt zu informieren. Ihm obliegt die Therapieentscheidung. Kann der Hausarzt jedoch aus den verschiedensten Gründen nicht sofort reagieren, ist die stationäre Einrichtung auf Grund ihres Informationsstandes in der Lage, Maßnahmen, wie zum Beispiel die sofortige Aufnahme, zu ergreifen. Die Rollen- und Aufgabenverteilung in der Versorgung der betroffenen Patienten muss also teilweise neu gefunden werden. Weitere Schwierigkeiten existieren im Bereich der Vergütung über die gesetzliche Krankenversicherung. Die Nachfrage nach telemedizinischen Leistungen wird noch immer durch unklare Finanzierungsbedingungen gebremst und erschwert. Eine standardisierte Kostenübernahme, vergleichbar zur Verordnung von Medikamenten existiert für das Telemonitoring noch nicht, ist jedoch aufgrund des demografischen Wandels insbesondere im ländlichen Raum dringend erforderlich.

Telekonferenzen sind ein weiteres Teilgebiet der Telemedizin, unterscheiden sich jedoch nur wenig von gleichartigen Nutzungsformen der Informations- und Kommunikationstechnologien in anderen Branchen.

Literatur

Spezielle Literatur

1. Morgenstern, U., Kraft, M.: Biomedizinische Technik: Faszination, Einführung und Überblick. Biomedizinische Technik, Lehrbuchreihe, Bd. 1. De Gruyter, Berlin (2013). ISBN 978-3110251982
2. Dickhaus, H., Knaup-Georgi, P.: Biomedizinische Technik – Medizinische Informatik Bd. 6. De Gruyter, Berlin (2015)

46 Physiologische Regelkreise

Philipp Rostalski

Physiologisch geschlossene Regelkreise bilden eine spezielle Klasse von Medizinprodukten (PCLC Physiological Closed-Loop Controlled Medical Devices), bei denen der menschliche Körper einen wesentlichen Teil des Systems darstellt [1]. PCLCs unterstützen oder ersetzen dabei in der Regel Aufgaben des menschlichen Körpers zur Aufrechterhaltung des inneren Milieus (z. B. pH-Wert, Körperkerntemperatur, Hormongehalt etc.) welches ein Überleben der Zellen im menschlichen Körper sicherstellt.

In einem gesunden menschlichen Körper hält der Prozess der Homöostase diese Körperfunktionen aufrecht. Trotz schwankender Versorgung sowie sich verändernder äußerer und innerer Rahmenbedingungen sorgen zahlreiche sich gegenseitig beeinflussende Regelkreise im menschlichen Körper dafür, dass die wesentlichen physiologischen Größen in engen Grenzen gehalten werden. Die Struktur dieser homöostatischen Regelkreise ähnelt dem Aufbau eines klassischen Regelkreises. Die zu regelnde Größe wird über einen Rezeptor erfasst und entweder „leitungsgebunden" über Nervenbahnen oder „kabellos" über Hormone an den Regler übertragen. Der dort ermittelte Stelleingriff kann anschließend von einem Stellglied umgesetzt werden. Dieses besteht je nach Regelkreis z. B. aus einem Muskel (Atmung) oder einem hormonproduzierenden Organ wie der Schilddrüse, der Bauchspeicheldrüse oder der Nebenniere [2].

Sind Teile dieser Regelkreise gestört, übernehmen häufig redundante Regelmechanismen im menschlichen Körper diese Aufgaben. Als Beispiel sei hier z. B. die Regelung des Blutdrucks über das autonome Nervensystem oder mittels des Renin-Angiotensin-Aldosteron-System. Ist eine körpereigene Kompensation nicht möglich oder soll die entsprechende physiologische Größe aus medizinischen Gründen beeinflusst werden, sind in der Regel therapeutische Eingriffe von außen erforderlich. Klassisch wird dieser therapeutische Eingriff manuell vorgenommen, zunehmend aber auch durch Assistenzsysteme unterstützt oder vollständig übernommen. Arbeiten diese Systeme in einer geschlossenen Wirkungskette spricht man von einem physiologisch geschlossenen Regelkreis.

Der innere Aufbau eines physiologisch geschlossenen Regelkreises ist in Abb. 46.1 dargestellt und folgt der bereits in Abschnitt Bd. 2, Abschn. 36.1 eingeführten Struktur. Die zu regelnde physiologische Größe wird dabei als Regelgröße bezeichnet und über einen physiologischen Sensor messtechnisch erfasst. Durch Vergleich mit einem Referenzwert wird die Regelabweichung (Regelfehler) ermittelt. Der physiologische Regler berechnet daraus einen Wert bzw. einen Verlauf für die Stellgröße, die über einen Aktuator auf die Regelstrecke einwirkt. Die Besonderheit eines physiologisch geschlossenen Regelkreises liegt darin, dass der Mensch Teil der Regelstrecke ist und dessen Physiologie

P. Rostalski (✉)
Universität zu Lübeck
Lübeck, Deutschland
E-Mail: philipp.rostalski@uni-luebeck.de

B. Bender und D. Göhlich (Hrsg.), *Dubbel Taschenbuch für den Maschinenbau 3: Maschinen und Systeme*,
https://doi.org/10.1007/978-3-662-59715-6_46

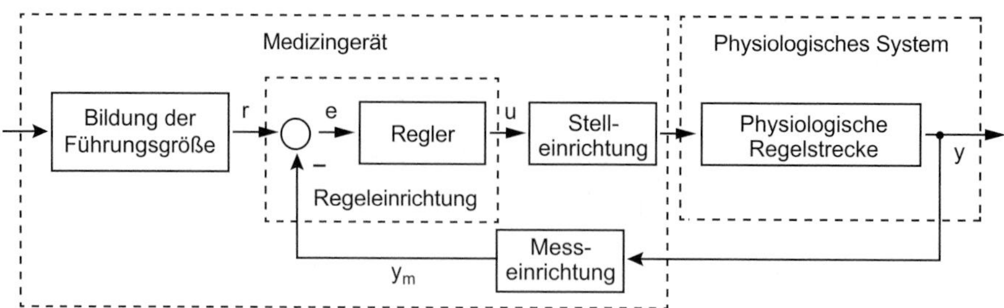

Abb. 46.1 Wirkungsplan einer Physiologischen Regelstrecke

das Verhalten des Regelkreises damit direkt beeinflusst. Daraus ergeben sich im Gegensatz zu anderen technischen Systemen zahlreiche zusätzliche Herausforderungen:

- Nichtlinearität der Systemdynamik
- Variabilität und Schwankung des Systemverhaltens
- Unzuverlässigkeit und fehlende Verfügbarkeit von Sensorik

Daher unterliegt die Entwicklung physiologisch geschlossener Regelsysteme, neben den üblichen Anforderungen an Medizinprodukte, zahlreichen zusätzlichen Anforderungen an Funktion und Sicherheit, welche in der Norm IEC-60601-1-10 zusammengefasst sind [3].

Einige Beispiele von PCLCs:

Glukose stellt den wichtigsten Nährstoff für die Zellen des menschlichen Körpers dar, vor allem im Gehirn, aber auch für Muskel- und Fettzellen. Die Regelung des Blutzuckerspiegels ist daher eine wichtige Aufgabe der Homöostase. In einem gesunden menschlichen Organismus wird der Blutzuckerspiegel über die beiden Hormone Insulin und Glukagon geregelt, welche in den Langerhans'schen Inseln der Bauchspeicheldrüse produziert werden. Dabei wird die Glukoseaufnahmefähigkeit von Muskel- und Leberzellen durch das Andocken von Insulinmolekülen erhöht. Das sorgt für eine Reduktion des Blutzuckerspiegels, während Glukagon die Umwandlung von in der Leber gespeichertem Glukagon in Glukose bewirkt.

Diabetes mellitus Typ I ist nach vorherrschender wissenschaftlicher Einschätzung eine schubweise verlaufende Autoimmunerkrankung, bei der die insulinproduzierenden Beta-Zellen der Bauchspeicheldrüde durch das Immunsystem des Körpers zerstört werden [4]. Als Folge kann die Bauchspeicheldrüse kein oder nur noch sehr wenig Insulin erzeugen, wodurch der Prozess der Regelung gestört ist. Die klassische Therapie der Typ I Diabetes erfordert daher ein aufwändiges Insulinmanagement der erkrankten Person, welche eine genaue Planung der Kalorienzufuhr und eine künstliche Insulingabe erforderlich macht. Episoden mit zu niedrigem und zu hohem Blutzuckerspiegel lassen sich häufig dennoch nicht vollständig vermeiden.

Automatisierte Insulinpumpen, die – außen am Körper getragen – den Blutzuckerspiegel kontinuierlich oder intermittierend überwachen und bei Bedarf Insulin injizieren, stellen ein typisches Beispiel für einen physiologisch geschlossenen Regelkreis dar. Aufgrund der hohen Prävalenz der Diabetes ist insbesondere im Bereich der Blutzuckerregelung derzeit eine sehr dynamische Entwicklung zu beobachten. Erste Produkte für den klinischen und ambulanten Einsatz sind seit 2016 kommerziell verfügbar, zahlreiche weitere Therapiegeräte werden derzeit in klinischen Studien getestet [5].

Die Regelung der Sauerstoffsättigung ist ein weiteres Beispiel eines physiologisch geschlossenen Regelkreises im Bereich der maschinellen Beatmung. Dabei wird die periphere Sauerstoffsättigung z. B. am Finger oder Ohrläppchen mittels Pulsoxymetrie erfasst und mit einem Sollwert verglichen. Ein Regler berechnet anschließend die benötigte Konzentration inspiratorischen Sauerstoffs, die durch ein Beatmungsgerät appliziert wird (vgl. Abschn. 42.3). Die Regelstrecke wird dabei – neben dem Beatmungsgerät – vor allem durch die Lunge, den Blutkreislauf und den menschlichen Stoffwechsel gebildet. Diese Art der Regelung findet insbesondere bei Frühgeborenen Anwendung und dient dort zur Vermeidung von Hypoxämie und Hyperoxämie [6].

Die automatisierte Narkoseführung mittels volatiler oder intravenöser Medikamente stellt ebenfalls einen PCLC dar. Dabei sind bisher kommerziell vor allem Systeme im Einsatz, bei denen die endexspiratorische Konzentration eines Narkosegases im geschlossenen Regelkreis geregelt wird [7]. Daneben befinden sich seit Jahren Systeme in der Erprobung, bei denen verschiedenen Aspekte der Narkose wie Schmerzempfindung (Analgesie) oder Hypnose direkt geregelt werden sollen. Der großflächige kommerzielle Einsatz dieser Systeme blieb jedoch bisher aus, vor allem auf Grund mangelnder Zuverlässigkeit der Sensorik.

Der automatisierte Eingriff in den menschlichen Körper ermöglicht neue personalisierte, konsistente und zuverlässige Therapieansätze, wirft aber auch eine Reihe neuer rechtlicher, normativer und ethischer Fragen auf, die bisher nicht abschließend geklärt sind.

Literatur

Spezielle Literatur

1. Leonhard, St., Walter, M. (Hrsg.): Medizintechnische Systeme. Springer, Berlin (2016)
2. Silbernagl, St.: Taschenatlas Physiologie, 8. Aufl. Thieme, Stuttgart (2012)
3. IEC-60601-1-10 Medizinische elektrische Geräte – Teil 1-10: Allgemeine Festlegungen für die Sicherheit einschließlich der wesentlichen Leistungsmerkmale – Ergänzungsnorm: Anforderungen an die Entwicklung von physiologischen geschlossenen Regelkreisen (IEC 60601-1-10:2007 +A1:2013)
4. Danne, T., Kordonouri, O., Lange, K.: Physiologie und Pathophysiologie des Typ-1-Diabetes. In: Diabetes bei Kindern und Jugendlichen, 7. Aufl. Springer, Berlin (2015)
5. Kovatchev, B., Tamborlane, W., Cefalu, W., Cobelli, C.: The artificial pankreas in 2016: a digital treatment ecosystem for diabetes. Diabetes Care **39**, 7 (2016)
6. Hummler, H., Fuchs, H., Schmid, M.: Automatische Anpassung der inspiratorischen Sauerstofffraktion zur Vermeidung von Hypoxämie und Hyperoxämie bei Neugeborenen – Übersicht klinischer Studien. Klin. Padiatr. **226**(4), 204 (2014)
7. Dumont, G., Ansermino, J.: Closed-loop control of anesthesia: a primer for anesthesiologists. Anesth. Analg. **117**(5), 1130 (2013)

Literatur zu Teil VII Biomedizinische Technik

Weiterführende Literatur

Baum, J.: Die Inhalationsnarkose mit niedrigem Frischgas, 3. Aufl. Thieme, Stuttgart (1997)

Buzug, Th.: Einführung in die Computertomographie – Mathematisch-physikalische Grundlagen der Bildrekonstruktion. Springer, Berlin (2004)

Buzug, Th.: Computed tomography – from photon statistics to modern cone-beam CT. Springer, Berlin (2008)

Dössel, O.: Bildgebende Verfahrenin der Medizin: Von der Technik zur medizinischen Anwendung. Springer, Berlin (1999)

Dössel, O., Buzug, Th. (Hrsg.): Medizinische Bildgebung. Lehrbuchreihe Biomedizinische Technik, Bd. 7. De Gruyter, Berlin (2013)

Kramme, R.: Medizintechnik. Verfahren – Systeme – Informationsverarbeitung, 5. Aufl. Springer, Berlin (2017)

Leitgeb, N.: Sicherheit von Medizingeräten. Springer, Berlin (2009)

Leonhard, St., Walter, M. (Hrsg.): Medizintechnische Systeme. Springer, Berlin (2016)

Morgenstern, U., Kraft, M.: Biomedizinische Technik: Faszination, Einführung und Überblick. Biomedizinische Technik, Lehrbuchreihe, Bd. 1. De Gruyter, Berlin (2013). ISBN 978-3110251982

Rathgeber, J.: Grundlagen der maschinellen Beatmung, 2. Aufl. Thieme, Stuttgart (2010)

Rossaint, R., Werner, Chr , Zwißler, B.: Die Anästhesiologie, 3. Aufl. Springer, Berlin (2011)

Wintermantel, E., Ha, S.: Medizintechnik, 5. Aufl. Springer, Berlin (2009)

Webster, J.: Medical instrumentation, 4. Aufl. Wiley & Sons, Hoboken (2009)

Zenios, S., Makower, J., Yock, P.: Biodesign: the process of innovating medical technologies, 2. Aufl. Cambridge University Press, Cambridge (2015)

Teil VIII
Energietechnik und -wirtschaft

Eine zuverlässige Energieversorgung ist im alltäglichen Leben genauso wichtig wie selbstverständlich und unerlässlich. Daher verwundert es nicht, dass bei einem weltweit steigenden Energiebedarf und gleichzeitigem Ziel die CO_2-Emissionen zu reduzieren, neue Anforderungen an die Energietechnik und insbesondere die Kraftwerke gestellt werden.

Verstärkt wird diese Problematik in Deutschland zusätzlich durch den geplanten Kernenergieausstieg bis 2022 und den Ausstieg aus der Kohleverstromung bis 2038 und das Ziel bis 2050 die CO_2-Emissionen gegenüber 1990 auf 20 % und weniger zu senken. Die Konsequenz ist ein Ausbau erneuerbarer Energien, eine Erhöhung der Energieeffizienz von Kraftwerken sowie deren struktureller veränderter Nutzung in sich ändernden Lastbereichen. Während früher die regenerativen Energien nur einen kleinen Anteil an der Stromerzeugung ausmachten, müssen konventionelle Kraftwerke heute bereits häufiger hoch- und runterfahren, um auf die kontinuierlich steigende Residuallast zu reagieren. Dies bringt nicht nur Probleme in der Rentabilität der Kohle- oder Gaskraftwerke, sondern auch beispielsweise in der Materialbeständigkeit, da die Kraftwerke zu Zeiten ihres Baus auf konstantere Lastbereiche ausgelegt waren. Benötigt werden zunehmend neue Speicher für Elektrizität und Kraftwerke, welche nur im Notfall die Versorgungssicherheit aufrechterhalten. Des Weiteren stellen verschärfte Emissionsvorgaben neue Herausforderungen.

Nicht zu vernachlässigen sind jedoch auch die technischen Fortschritte, die durch die deutsche Energiewende forciert werden. Windkraftanlagen und Photovoltaikanlagen erreichen immer höhere technische Standards, Speichermöglichkeiten werden auch für elektrische Energie im Zusammenhang mit der Einführung von Elektroautos diskutiert, erforscht und weiterentwickelt.

Damit Deutschland die gesetzten Ziele zum Umbau der Elektrizitätsversorgung erreichen kann, müssen noch einige Hürden überwunden werden. Der Strom, der im Norden von Windkraftanlagen erzeugt wird, muss beispielsweise über weite Strecken in Richtung Süden transportiert werden. Hierzu sind neue Stromtrassen und Hochspannungs-Gleichstrom-Übertragungsnetze nötig, die sich in der Vorbereitung befinden. Diese müssen von der Bevölkerung akzeptiert werden.

Das nachfolgende Kapitel „Energietechnik und -wirtschaft“ soll einen Umriss über die technischen Anlagen und Prozesse, aber auch über die politischen und wirtschaftlichen Hintergründe in der Energietechnik liefern. Neben Kraftwerksprozessen, Verbrennungsvorgängen und Rauchgasreinigungsmaßnahmen werden auch die Stromerzeugung durch erneuerbare Energien sowie wirtschaftliche und politische Hintergründe erläutert, um einen allgemeinen Überblick zu liefern.

Ein herzlicher Dank geht an die Mitautoren für die Unterstützung bei der Erarbeitung und die Autoren des Kapitel L in den vorhergehenden DUBBEL-Auflagen für ihre gute Vorarbeit. Ein weiterer herzlicher Dank geht an Frau M.Sc. Laura Graziano für ihre Mithilfe bei der Aktualisierung des Teil VIII.

Grundsätze der Energieversorgung

47

Hermann-Josef Wagner, Hendrik Hasenclever und Kathrin Hoffmann

Um eine nachhaltige Energiewirtschaft zu schaffen, sollten Energiepolitik und Wirtschaft darauf ausgerichtet sein, Verbrennungsprozesse einzuschränken, Solar- und Windenergie verstärkt einzusetzen und die erforderliche Energie so rationell wie möglich zu nutzen. Tab. 47.1 zeigt den Primärenergieverbrauch in Deutschland aus dem Jahr 2018. In den Industrieländern ist der Energieverbrauch seit 1980 zwar rückläufig, jedoch in den restlichen Ländern steigt er weiter an. Der Einsatz der verschiedenen Primärenergien zeigt Abb. 47.1. Dabei ist anzumerken, dass neben den SI-Einheiten weltweit im Energiebereich noch länder- oder sektorspezifische Einheiten verwendet werden. Als Beispiel ist in Abb. 47.1 der Weltenergieverbrauch in der in Deutschland gebrauchten Einheit t SKE angegeben.

Die EU verpflichtete sich freiwillig, ihre CO_2-Emissionen bis zum Jahr 2000 auf dem Niveau von 1990 zu stabilisieren. Dieses Ziel hat sie zum gegenwärtigen Zeitpunkt erreicht.

Im Rahmen des Kyoto-Protokolls von 1997 einigten sich die 15 Länder, aus denen die EU damals bestand, darauf, bis 2012 ihre gesamten Treibhausgasemissionen um 8 % unter das Niveau von 1990 zu reduzieren. Dieses Gesamtziel wurde für jeden Mitgliedstaat – je nach dessen Fähigkeit, die Emissionen einzudämmen – in ein konkretes, rechtsverbindliches Ziel umgesetzt (s. Tab. 47.2).

Bis Ende 2005 unterschritten die Emissionen der EU-15 das Niveau von 1990 um 1,5 %, während die Gesamtemissionen aller heutigen 27 Mitgliedstaaten 7,9 % niedriger lagen. Laut Angaben der Bundesregierung wurden die Vorgaben des Kyoto-Protokolls der 15 EU-Mitglieds-

Tab. 47.1 Primärenergieverbrauch in Deutschland 2019. (Quelle: BMWi Energiedaten 06/2020)

Energieträger	Primärenergieverbrauch in PJ	Anteile am Primärenergieverbrauch in %
Mineralöl	4511	35,3
Steinkohle	1095	8,6
Braunkohle	1161	9,1
Erdgas, Erdölgas	3193	25,0
Kernenergie	819	6,4
Wasser- und Windkraft[a]	697	5,5
Andere Erneuerbare[b]	1202	9,4
Außenhandelssaldo Strom	−118	−0,9
Sonstige[c]	221	1,7
Gesamtverbrauch	12 782	100

[a] inkl. Photovoltaik
[b] u. a. Brennholz, Brenntorf, Klärgas, Müll
[c] sonstige Energieträger u. a. Grubengas, nichterneuerbarer Müll

H.-J. Wagner (✉)
Ruhr-Universität Bochum
Bochum, Deutschland
E-Mail: wagner@lee.rub.de

H. Hasenclever
Vonovia SE
Bochum, Deutschland
E-Mail: Hendrik.Hasenclever@rub.de

K. Hoffmann
Ruhr-Universität Bochum
Bochum, Deutschland
E-Mail: kathrin.hoffmann-2@rub.de

B. Bender und D. Göhlich (Hrsg.), *Dubbel Taschenbuch für den Maschinenbau 3: Maschinen und Systeme*,
https://doi.org/10.1007/978-3-662-59715-6_47

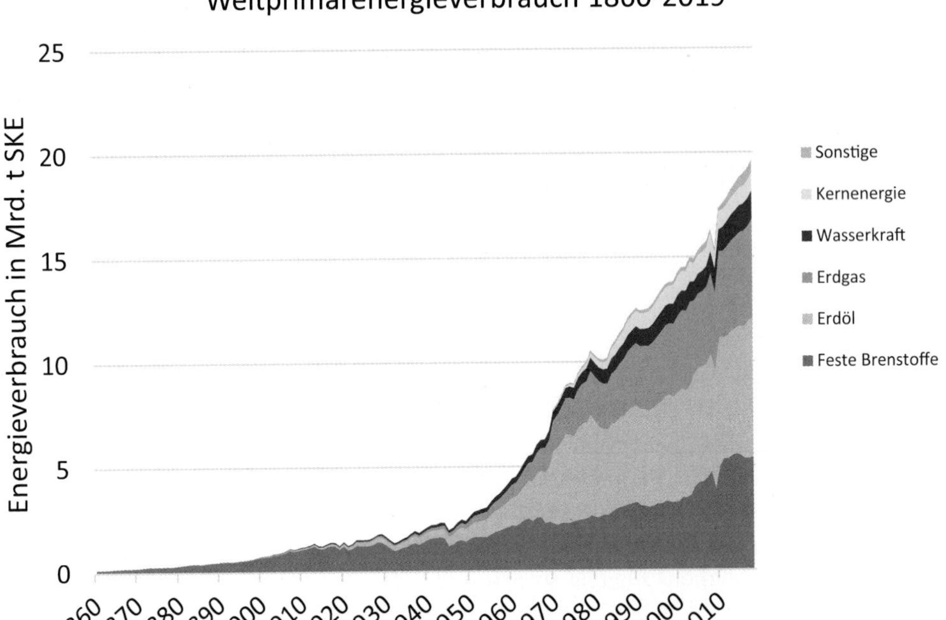

Abb. 47.1 Weltweiter Primärenergieverbrauch. (Quelle: verschiedene Statistiken; letzte Jahre: BP-Statistik Stand 2020)

Tab. 47.2 Bis 2012 zu erreichende Kyoto-Ziele der EU

Verteilung des im Kyoto-Protokoll vereinbarten gemeinsamen Reduktionsziels von 8 % auf die einzelnen EU-15-Staaten in %	
Österreich	−13
Belgien	−7.5
Dänemark	−21
Finnland	0
Frankreich	0
Deutschland	−21
Griechenland	25
Irland	13
Italien	−6.5
Luxemburg	−28
Niederlande	−6
Portugal	27
Spanien	15
Schweden	4
Großbritannien	−12.5

staaten bis 2012 mit einer Reduzierung der Treibhausgasemissionen um 12,2 % deutlich übertroffen. Deutschland schaffte statt der vereinbarten 21 % eine Reduzierung um 23,6 % (gegenüber dem Jahr 1990).

Im Dezember 2008 verabschiedeten die EU-Mitgliedstaaten die Verpflichtung, die gesamten Treibhausgasemissionen der EU bis 2020 im Vergleich zu den Werten von 1990 um 20 % zu senken und den Anteil der erneuerbaren Energie am Energieverbrauch in der gesamten EU auf 20 % zu steigern. Laut Bundesregierung ist weltweit der Ausstoß an Treibhausgasemissionen zunehmend. Allein zwischen 1990 und 2010 stiegen die Treibhausgasemissionen weltweit um 29 %. Mit mehr als 28 % war China 2015 der größte Verursacher von Treibhausgasemissionen, die USA stehen mit 16 % an zweiter Stelle.

Mit dem Reaktorunfall 2011 in Fukushima (Japan) erklärte die Bundesregierung den kompletten Ausstieg aus der Kernenergie für Deutschland bis 2022. Das Energiekonzept der Bundesregierung definiert diverse Ziele, um die Energiewende in Deutschland bis 2050 umzusetzen. Die Treibhausgasemissionen sollen auf 20 % im Vergleich zum Jahr 1990 gesenkt werden. Der Anteil regenerativer Energien soll auf 60 % Endenergie bzw. 55 % Primärenergie gesteigert werden. Allgemein ist die Vorgabe, den Primärenergieverbrauch gegenüber 2008 auf 50 % zu senken und dies mit weniger Öl und Erdgas sowie einem nur sehr geringem Anteil an Kohle zu ermöglichen. Der Stromverbrauch soll im Vergleich zum Jahr 2008 auf 75 % gesenkt werden und der Endenergieverbrauch im Sektor Verkehr auf 60 % (gegenüber 2005).

Der technologische Fortschritt durch rationellere Verwendung und bessere Energienutzung einschließlich der Energierückgewinnung im Anwendungsbereich ist gekennzeichnet durch den Energienutzungsgrad.

Neben den recht unterschiedlichen Energiegewinnungs- und Transporttechniken für die einzelnen Primärenergien, liegt der Schwerpunkt der modernen Energiewirtschaft im Bereich der Erzeugung und Verteilung von Elektrizität, Gas und Fernwärme. Sie werden als „leitungsgebundene Energien" bezeichnet. Durch den wachsenden Anteil regenerativer Energien, gerade in Deutschland, rücken Speicherung und Lastverlagerung immer mehr in den Fokus der Energiepolitik. Bisher fehlen ausreichende Speicherkapazitäten, um zukünftig den weiter wachsenden Anteil regenerativer Energien zu speichern und so wetterunabhängig nutzbar zu machen.

47.1 Planung und Investitionen

Planung der Energieversorgung Alle technischen und wirtschaftlichen Maßnahmen, die für die Umwandlung von Primärenergie in Sekundärenergie, d. h. Anwendung beim Endverbraucher, erforderlich werden, sind außerordentlich kapitalintensiv.

Der größte Teil der erforderlichen Investitionsgüter weist Nutzungsdauern von 25 bis 50 Jahre auf, sodass Entscheidungen mit langfristigen Auswirkungen verbunden sind. Dies ist bedingt neben der umfangreichen, komplizierten Anlagentechnik durch die zusätzlichen Anforderungen zur Minderung der Emissionen in die Atmosphäre und Beeinflussung der Gewässer, akustische Belastung der Umgebung und optische Beeinträchtigung. Gerade in Bezug auf Umweltbelastungen sind umfangreiche Messungen und Analysen durchzuführen, um Umweltschäden einschätzen zu können. Vor allem bei der Umsetzung von Großprojekten stehen Umweltauswirkungen häufig im Fokus und werden von Umweltschützern kritisiert. Hierdurch entstehen zum Teil Verzögerungen in der Anlagenplanung.

Für die Entwicklung und den Ausbau der Energietechnik sind energiewirtschaftliche Prognosen für einen Zeitraum von mindestens zehn Jahren erforderlich. Sie sind infolge der privaten und staatlichen Maßnahmen in ihrer Wirkung auf das Wirtschaftswachstum mit erheblichen Unsicherheiten behaftet. Die Entwicklung der Weltwirtschaft, die Währungsproblematik (Preisentwicklung der einzelnen Primärenergien) und Umweltaspekte beeinflussen die technologische Entwicklung und die Anwendung einzelner Energien. Daher sind Planungen von entscheidender Bedeutung für die Betriebswirtschaft des Energieversorgungsunternehmens.

Investitionsentscheidungen Die Sicherung der verfügbaren Energieträger, deren mögliche Lager- oder Speicherkapazität, die wirtschaftliche Gestaltung der Energieumwandlungsanlage, die rationelle Energienutzung bei Koppelproduktion, das Einräumen des Wegerechts für Energietransportleitungen oder Versorgungsmodalitäten sowie Umweltbeeinflussung bestimmen die Investitionsentscheidungen. Diesen liegen Planungsrechnungen zugrunde. Die Art und Weise, wie investiert wird, ist für die künftige Kostenlage entscheidend. Mit der Entscheidung zur Investition wird der Spielraum für größere Dispositionen weitgehend eingeengt. Die Investitionsplanung ist nur ein Teilgebiet, das in ein Gesamtsystem der Finanz- und Erfolgsplanung (Gewinn- und Verlustrechnung und Kostenträgerrechnung) zu integrieren ist. In 2018 haben die Übertragungs- und Verteilnetzbetreiber laut Monitoringbericht der Bundesnetzagentur und des Bundeskartellamts über 9,8 Mrd. EUR in Netzinfrastruktur investiert.

Die Aufgabe der Planungsrechnung ist es, die voraussichtliche Wirtschaftlichkeit von Investitionen zu errechnen. Sie arbeitet mit erwarteten Einnahmen (Erlöse) und Ausgaben (Kosten) in ihrer Verteilung über den jeweiligen Betrachtungszeitraum. Um die zu verschiedenen Zeiten anfallenden Einnahmen und Ausgaben miteinander vergleichen zu können, müssen sie finanzmathematisch durch Abzinsung bzw. Aufzinsung auf einen gleichen Bezugszeitpunkt bezogen werden.

Bei den aufzuwendenden Kosten für die Energieumwandlung und ihr leitungsgebundener Transport bis zum Verbraucher ist zu unterscheiden zwischen leistungs- und arbeitsabhängigen Kosten.

Leistungsabhängige Kosten sind der Kapitaldienst, die Steuern, Versicherungen und andere leistungsabhängige Betriebsaufwendungen.

Arbeitsabhängige Kosten enthalten den Aufwand für die Umwandlungsenergie (z. B. Brennstoffkosten der Primärenergien) und den arbeitsabhängigen Anteil für Bedienung, Unterhalt, Hilfsmittel und Entsorgung.

Beide Kosten werden von dem *Umwandlungswirkungsgrad* beeinflusst. Eine Optimierung setzt eine Abschätzung der Veränderungen der Kostenelemente wie z. B. Brennstoff- und Lohnkosten während der Nutzungsdauer oder für den Abschreibungszeitraum voraus.

Barwertmethode
Hiermit kann bei Projekten die wirtschaftlichste Variante gefunden werden. Es existieren noch andere Möglichkeiten, die Kosten von Großprojekten zu bilanzieren, die Barwertmethode wird jedoch häufig angewandt und soll daher hier beispielhaft vorgestellt werden.

Der Barwert b beträgt für die n Jahre lang auftretenden Kosten K_0 beim Zinsfuß p und dem Zinsfaktor q: $b = \beta K_0$ mit dem Rentenbarwertfaktor $\beta = \frac{q^n - 1}{q^n(q-1)}$ und dem Aufzinsungsfaktor $q^n = (1 + p/100)^n$. Der Annuitätsfaktor ist $1/\beta$. Einschränkend ist zu bemerken, dass Erlöse und Kosten gegen Ende der Nutzungsdauer hierbei geringer bewertet werden als solche, die bei Baubeginn anfallen; auch die Höhe der angenommenen Verzinsung, wie die Differenz zwischen Soll- und Habenzinsen, ist auf die Wichtung von Einfluss.

47.2 Elektrizitätswirtschaft

Die Elektrizitätswirtschaft befasst sich mit der Erzeugung und Verteilung der elektrischen Energie. Die Elektrizität ist eine *Sekundärenergie*, die sich vielfältig verwenden lässt. Im Unterschied zu anderen Primär- und Sekundärenergien sind folgende Merkmale bestimmend:

- die Leitungsgebundenheit
- die beschränkte Speicherfähigkeit (in Batterien oder anderen Energiespeicherformen z. B. Pumpspeicherung, Dampfspeicherung, Luftspeicherung, Schwungradspeicherung)
- die allgemeine Versorgungspflicht (Anschlussverpflichtung)
- die außergewöhnliche Kapitalintensität

Als Maßstab für die Bedeutung der Elektrizitätswirtschaft innerhalb der Volkswirtschaft kann die Anzahl an Beschäftigten gesehen werden: laut statistischem Bundesamt arbeiteten 2019 über 128 153 Menschen in der Stromversorgung. Wegen der wirtschaftlichen Bedeutung und der durch die Anlagentechnik verbundenen großen Investitionen sind Prognosen über den zukünftigen Strombedarf erforderlich. Dabei sind Unsicherheiten u. a. von der wirtschaftlichen Entwicklung und den Lebensstandards abhängig.

Lange Zeit galt, dass der Strommehrbedarf bei jährlich etwa 1 % lag. Dies trifft seit 2007 so nicht mehr zu. Während Deutschland 2007 noch brutto etwa 621,5 TWh verbrauchte, waren es 2019 weniger als 580 TWh, wobei zwischenzeitlich, aber auch Anstiege zu verzeichnen waren. Insgesamt kann von einer abnehmenden Tendenz im Bruttostromverbrauch gesprochen werden. Er ist stark temperatur- und besonders konjunkturabhängig. Als besonderes Beispiel lässt sich hier die Corona-Pandemie nennen: aufgrund der schwachen Wirtschaftslage sank der Stromverbrauch in Deutschland im ersten Halbjahr 2020 um 5,7 % im Vergleich zum Vorjahr (Pressemeldung BDEW, 30. Juli 2020).

Die einzelnen Primärenergieträger sind sehr unterschiedlich an der Erzeugung von Elektrizität beteiligt. Der Anteil gasgefeuerter Anlagen wird durch Bau von Kombiblöcken und regionalen Kraft-Wärme-Kopplungsanlagen steigen, Abb. 47.2 zeigt die Erzeugung mit den einzelnen Primärenergieträgern. Eine Leistungsübersicht ergäbe ein falsches Bild, da die Windkraft- und Photovoltaikleistung zwar mit 104 GW (2018, Bundesnetzagentur) eine hohe

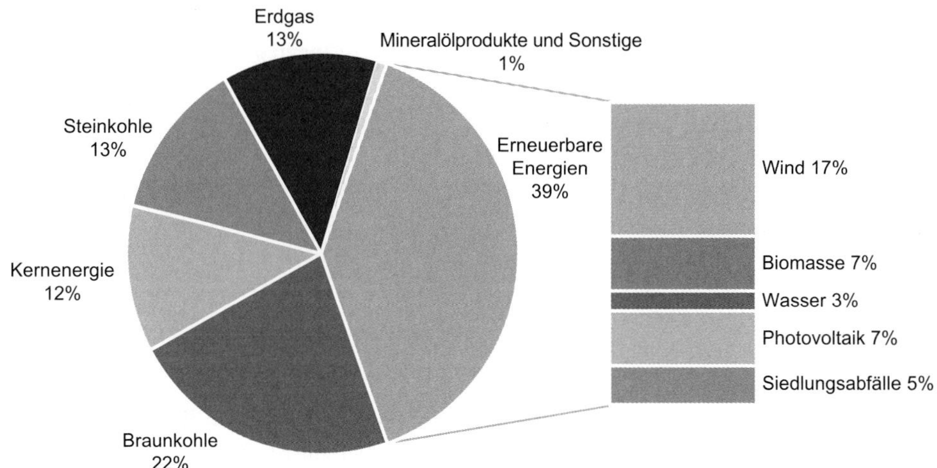

Abb. 47.2 Brutto-Stromerzeugung in Deutschland 2018 nach Energieträgern (Quelle: AG Energiedaten, Stand 6. März 2019)

Tab. 47.3 Bruttostromerzeugungskapazitäten in Deutschland 2017. (Quelle: BMWi Energiedaten 2020)

Energieträger	Kapazität in GW
Steinkohlen inkl. Mischfeuerungen	29,9
Braunkohle	23,0
Heizöl	3,1
Gase	27,7
Kernenergie	11,4
Wasser	10,3
Wind	45,7
Photovoltaik	42,3
Geothermie	0,038
Biomasse	8,7
Sonstige	7,9
Ingesamt	**219,3**

installierte Leistung aufweist, diese jedoch ungesichert ist. Das heißt, dass Windvorhersagen nur kurzfristig und eher ungenau gemacht werden können, sodass der Stromertrag durch Windkraftanlagen nur schwer vorherzusagen ist. Außerdem ist der Strom aus Windkraftanlagen kaum steuerbar, sodass dieser nicht für die Grundlast geeignet ist. Die Leistung konventioneller Kraftwerke betrug weiterhin knapp 100 GW in der öffentlichen Versorgung (s. Tab. 47.3).

Infolge der schwankenden Einsatzfähigkeiten bei Volllaststundenzeiten von 2300 h/a (Land, guter Standort) und 4400 h/a (See, Wind) und 900 h/a (Photovoltaik) ist die Leistung der erneuerbaren Energien nur beschränkt verfügbar. Außerdem speist sie ungesichert ins Niederspannungsnetz ein. Sie wird für den Regelleistungsbedarf von Bedeutung.

Die Struktur der öffentlichen Elektrizitätsversorgung in der Bundesrepublik Deutschland ist pluralistisch und dezentral im Vergleich zu vielen zentralen Strukturen im Ausland. Die EVU sind recht unterschiedlich hinsichtlich der rechtlichen Organisationsform als auch nach der wirtschaftlichen Aufgabenstellung und Bedeutung. Einen Schwerpunkt der Elektrizitätswirtschaft bildet die Erzeugung elektrischer Energie in Kraftwerken (s. Kap. 49). Der weitere Schwerpunkt umfasst die vielfältigen Netzanlagen mit ihrer Vielzahl von Umspannwerken auf den verschiedenen Spannungsebenen (s. Abschn. 50.1.3 und Bd. 2, Abschn. 27.1). Die neue EU Elektrizitätsrichtlinie hat aus Wettbewerbsgründen eine Trennung von Erzeugung und Verteilung vorgeschrieben.

Die Bundesrepublik Deutschland wird mit Elektrizität sowohl durch öffentliche und industrielle Unternehmen, als auch durch die bahneigenen Werke versorgt. Um die elektrische Energie von den Kraftwerken zu den Verbrauchern zu bringen, haben die EVU ein dichtes Leitungsnetz aufgebaut. Der Rückgang der Niederspannungs- und Mittelspannungsfreileitungen ist auf fortschreitende Verkabelungen zurückzuführen.

Das Höchstspannungsnetz (über 125 kV, rund 37 000 km; Quelle: BDEW) mit seinen Leitungen und Umspannanlagen dient dem weiträumigen Transport zwischen den Kraftwerken und den Verbraucherschwerpunkten. Auf dieser Spannungsebene wird vorwiegend der Energieaustausch auch mit dem Ausland abgewickelt (s. Abschn. 50.1.3). Während früher Kraftwerke in der Nähe von Großstädten o. ä. gebaut wurden, um die Transportwege klein zu halten, muss der Strom, der durch Wind und Photovoltaik erzeugt wird, mittlerweile sehr viel größere Wegstrecken zurücklegen, da der Ort der Erzeugung kaum oder gar nicht beeinflusst werden kann. Vorwiegend kleinere (100 bis 300 MW) und ältere thermische Kraftwerksblöcke, Gasturbinen, Laufwasser- und Pumpspeicher-Kraftwerke sind in die 110- bzw. 220-kV-Netze eingebunden. Die Netto-Engpassleistung der deutschen Kraftwerke betrug 2017 insges. 100 892 MW mit einer Netto-Erzeugung von 406,3 TWh (Statistisches Bundesamt).

Das unterlagerte Hochspannungsnetz (72,5 bis 125 kV; ca. 86 000 km) übernimmt die regionale Verteilung. In den großen Städten wird diese Spannungsebene verstärkt ausgebaut und auch einige Großbetriebe haben einen derartigen Versorgungsanschluss. Hier spielt derzeit die Einbindung der Windkraftanlagen eine dominierende Rolle.

Beim Vergleich des Erscheinungsbilds deutscher Netze mit dem ausländischer Netze fällt auf, dass die Verteilungsnetze mit 220/380 V und 10, 20 bzw. 30 kV in geschlossenen Ortschaften, selbst in kleinen Orten, weitgehend verkabelt sind und die Hochspannungsleitungen mit zwei, heute aber meistens mit vier oder noch mehr Stromkreisen ausgerüstet werden.

Entsprechend der Zusammensetzung der Kosten aus leistungs- und arbeitsabhängigen Kosten sehen die Preisregelungen i. Allg. zwei Preisbestandteile vor:

- einen festen Betrag als Grundpreis bei den allgemeinen Tarifen und als Leistungspreis entsprechend der in Anspruch genommenen Leistung bei Sonderverträgen, bei größeren Abnehmern (z. B. Industrie) werden Wirk- und Blindleistung getrennt abgenommen und beide Positionen gesondert abgerechnet
- einen Preis für die abgenommene elektrische Arbeit (Arbeitspreis je kWh)

Die EVU sind in der Rechnungslegung zu getrennter Kontenführung für die Bereiche Erzeugung, Übertragung und Netzführung (Hochspannung) und Verteilung (Mittel- und Niederspannung) verpflichtet. Abb. 47.3 zeigt im Beispiel eine derzeitige Zusammensetzung des Strompreises.

Der regional größte Stromversorger unterliegt der allgemeinen Anschluss- und Versorgungspflicht.

Seit 1999 ist der Strommarkt in Deutschland liberalisiert. Das heißt Wettbewerb beim Endkunden und Auftrennung der ehemals integrierten Energieversorgungsunternehmen in eigenständige unabhängige Unternehmen der Sparten Erzeugung, Stromtransportnetz (380-kV-Netz), Verteilnetz und Stromvertrieb, so genanntes Unbundling, der Unternehmen. Da die Übertragungsnetzbetreiber (ÜNB) und Verteilnetzbetreiber (VNB) das einzige, konkurrenzlose Stromnetz zum Kunden betreiben, müssen diese in besonderem Maß unabhängig sein. Sie werden von der Bundesnetzagentur kontrolliert. Das gesamte deutsche 380-kV-Netz wird derzeit von den 4 großen EVU und auch zukünftig ebenfalls von 4 Unternehmen betrieben.

Vattenfall Transportation ist jetzt 50Hertz Transmission GmbH, E.ON Netz ist jetzt TenneT TSO GmbH, RWE Transportnetz Strom GmbH ist jetzt Amprion GmbH und der vierte EVU EnBW TransnetBW GmbH.

Die Übertragungsnetzbetreiber sind innerhalb des Dachverbandes BDEW organisiert. Der Bundesverband der Energie- und Wasserwirtschaft (BDEW), www.bdew.de, ist deren Interessenverband, in dem etwa 1900 Unternehmen organisiert sind.

Die Stromerzeuger, die Betreiber der großen Kraftwerke, bieten ihren erzeugten Strom den Stromvertrieben und Stromhändlern auf dem Markt an. Der Strom wird über bilaterale Verträge oder über die Leipziger Strombörse EEX, www.eex.de, gehandelt.

Tab. 47.4 Einspeisevergütung für Photovoltaik gemäß EEG, Stand: August 2020

Inbetriebnahme	Anlagen auf Wohngebäuden und Lärmschutzwänden			Sonstige Anlagen bis 750 MW_p
	Bis 10 kW_p	Bis 40 kW_p	Bis 750 kW_p	
Erlösobergrenze ct/kWh – Marktprämienmodell ab 100 kW_p verpflichtend				
ab 1. Oktober 2020	9,04	8,80	6,99	6,34
Vergütungssätze ct/kWh – Feste Einspeisevergütung bis einschl. 100 kW_p				
ab 1. Oktober 2020	8,64	8,40	6,59	5,94

Erneuerbare-Energien-Gesetz (EEG) Seit dem Jahr 2000 regelt das „Gesetz für den Vorrang Erneuerbarer Energien (Erneuerbare-Energien-Gesetz (EEG))" die vorrangige Einspeisung aus erneuerbaren Energien erzeugter Strom in das Stromnetz und die Vergütung dieses Stroms.

Mit der Novelle 2014 traten neue Vergütungssätze und Regelungen in Kraft. Gerade in Bezug auf Photovoltaik sind große Änderungen zu verzeichnen. Neu ist zum Beispiel, dass für den eigenverbrauchten Strom 40 % der EEG-Umlage entrichtet werden müssen. Diese Änderung tritt schrittweise in Kraft. Die vollen 40 % der EEG-Umlage müssen erst ab 2017 entrichtet werden, zuvor gelten Übergangswerte in Höhe von 30 und später 35 %. Die EEG-Umlage muss jedoch nicht bei Kleinstanlagen bis maximal zehn Kilowatt entrichtet werden. Die meisten Anlagen in Einfamilienhäusern fallen unter diese Regelung und sind somit nach wie vor von der EEG-Umlage befreit. Des Weiteren gilt bei Anlagen, die über 100 kW_p liegen, dass der Betreiber einen Direktvermarkter einschalten oder den Strom selbst verkaufen muss. Der Betreiber erhält eine Marktprämie, um die Differenz zur bisherigen Vergütung auszugleichen. Wird ein Direktvermarkter eingeschaltet erhält der Betreiber zusätzlich noch einen Aufschlag von 0,4 ct pro kWh. Die bei der Novellierung 2012 eingeführte Degression der Vergütungssätze je nach Anzahl neuinstallierter PV-Anlagen bleibt auch mit der Novelle von 2014 bestehen, jedoch wird die Änderung der Förderrate etwas angepasst, so dass der Photovoltaik-Markt nach einer Flaute schneller wieder belebt werden kann. Die zum Zeitpunkt der Inbetriebnahme geltende Vergütung bleibt für Anlagen ohne Marktprämienmodell aber nach wie vor für 20 Jahre garantiert. Größere Anlagen müssen ausgeschrieben werden und die Einspeisevergütung wird nur entsprechend den Angebotskonditionen ausgezahlt. Die Bundesnetzagentur stellt die monatlichen Vergütungssätze auf ihrer Homepage öffentlich zur Verfügung (www.bundesnetzagentur.de). Tab. 47.4 zeigt die Einspeisevergütung gemäß EEG für Juni 2016. Im Sommer 2016 wurde eine weitere Novelle des EEG beschlossen, die mit Beginn des Jahres 2017 in Kraft trat. Besonders hervorzuheben sind zwei Änderungen im Bezug auf Ausschreibungsverfahren: für Photovoltaikanlagen, die unter 750 kW (Biomasseanlagen unter 150 kW) Leistung liegen, wird keine Ausschreibung mehr verlangt, was gerade bei Anlagen zur Eigenversorgung hilfreich ist. Außerdem werden Bürgerwindprojekte bei Ausschreibungen bevorzugt behandelt, so soll verhindert werden, dass zu viele Großinvestoren bei Windprojekten den Zuschlag bekommen.

Neben den marktwirtschaftlichen Anpassungen erfolgte mit der EEG Novelle 2012 erstmalig eine technische Vorgabe für die Einbindung von Photovoltaikanlagen in das Einspeisemanagement und zur Unterstützung der Versorgungssicherheit. In Anlagen bis 100 kW_p, die ab 01.01.2012 installiert worden sind, müssen technische Einrichtungen eingebaut sein, um die Leistungsabgabe reduzieren zu können. Bei Kleinerzeugern bis 30 kW_p kann alternativ die Einspeiseleistung auf 70 % der installierten Leistung reduziert werden. Darüber hinaus erfordert der starke Zubau der Photovoltaik die Berücksichtigung des Anlagenverhaltens bei Fre-

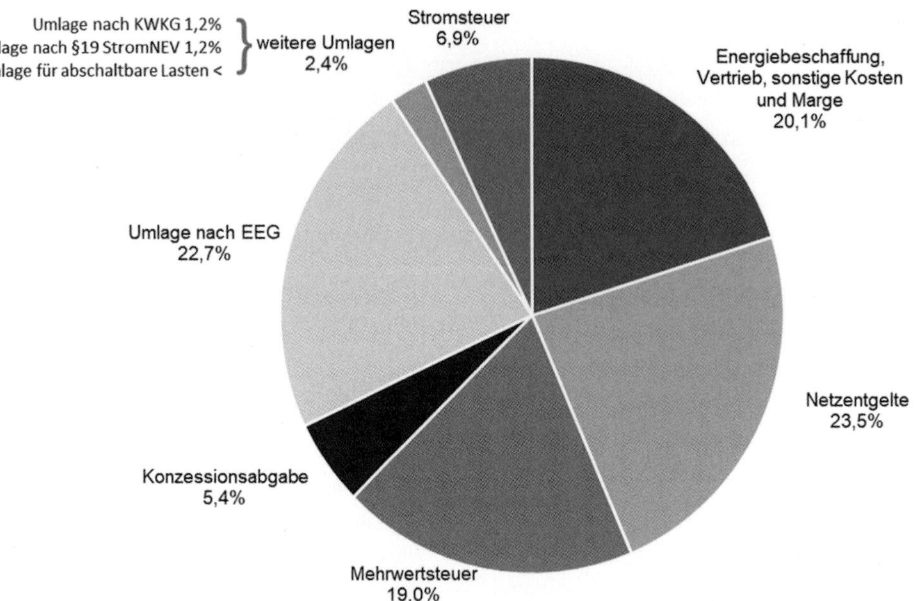

Abb. 47.3 Zusammensetzung des Strompreises für Haushaltskunden mit einem Jahresverbrauch zwischen 2500 und 5000 kWh zum 1. April 2018 (Quelle: Bundesnetzagentur, Bundeskartellamt)

quenzschwankungen. Bereits installierte Anlagen schalten bei einer Überfrequenz von 50,2 Hz ab. Durch die gleichzeitige Leistungsreduzierung kann dies im Falle einer hohen PV-Einspeisung zu einem deutlichen Frequenzeinbruch führen, der nicht durch regelbare Erzeugungskapazitäten (thermische Kraftwerke) kompensiert werden kann. Daher schreibt das EEG hier eine technische Nachrüstung der PV-Wechselrichter vor, die eine stufenweise Leistungsabgabe ermöglicht.

Die Einspeisevergütung wird vom regionalen, den Strom aufnehmenden Verteilnetzbetreiber dem Erzeuger vergütet. Über Weiterverrechnung über die vier Transportnetzbetreiber und Bilanzierung der bundesweiten Vergütung beim Bundesverband der Energie- und Wasserwirtschaft (BDEW) wird die Belastung für jeden Stromkunden ermittelt.

Kraft-Wärme-Kopplungsgesetz (KWKG) Seit dem Jahr 2002 regelt das „Gesetz für die Erhaltung, Modernisierung und den Ausbau der Kraft-Wärme-Kupplung“ (KWKG) die Zusatzvergütungen für den gekoppelt erzeugten Strom. Die Kosten für die KWK-Förderung werden mit der Netznutzung auf alle Stromkunden umgelegt (s. Abschn. 49.2.5).

Strompreiszusammensetzung Für Haushaltskunden und Gewerbekunden setzt sich der Strompreis in der Regel aus einem Grundpreis und einem Arbeitspreis zusammen, bei Großabnehmer wird oftmals auch die Blindleistung berechnet. Bis zu einem Jahresverbrauch von 10 000 kWh handelt es sich beim Grundpreis um einen Festbetrag, darüber ist es ein Leistungspreis, entsprechend der maximal in Anspruch genommenen Leistung. Der Arbeitspreis (ct/kWh) beinhaltet im Jahr 2020 folgende Positionen, die Angaben beziehen sich auf einen Strompreis in Höhe von 30,05 ct/kWh (entspricht etwa einem Haushalt mit einem jährlichen Verbrauch von rund 3500 kWh; vgl. Abb. 47.3):

- Energiebeschaffung, Vertrieb, sonstige Kosten und Marge: 5,30 ct/kWh
- Netzentgelte: 8,00 ct/kWh
- Mehrwertsteuer: 4,86 ct/kWh
- Konzessionsabgabe: 1,59 ct/kWh (vgl. Tab. 47.5)

Tab. 47.5 Konzessionsabgabe

<25 000 EW/Stadt	Max. 1,32 ct/kWh
<100 000 EW/Stadt	1,59 ct/kWh
<500 000 EW/Stadt	1,99 ct/kWh
>500 000 EW/Stadt	2,39 ct/kWh

- Umlage nach EEG: 6,65 ct/kWh
- Stromsteuer: 2,00 ct/kWh
- weitere Umlagen: 0,30 ct/kWh

Die EEG-Umlage und die KWK-Umlage werden mit der Netznutzung abgerechnet. Der Anteil Steuern und staatliche Abgaben beträgt bei 30,05 ct/kWh etwa 53 %.

Ökostrom, Zertifikatehandel Um Ökostrom über größere Entfernungen verlässlich zu handeln, kann man sich des Zertifikatehandels bedienen. Das Renevable Energy Certificate System (RECS) ist eine Möglichkeit dafür. Kann z. B. ein Unternehmen keinen eigenen Strom aus erneuerbaren Energien erzeugen, möchte hier aber gerne investieren, so können Zertifikate eingekauft werden. Die Deutsche Bahn wirbt seit längerem damit, dass Kunden, die eine BahnCard oder Wochen-/Monatstickets besitzen „mit 100 % Ökostrom fahren". Hierbei handelt es sich auch um einen Zertifikatehandel. Die Bahn garantiert, dass für die getätigten Fahrten Zertifikate eingekauft werden und somit erneuerbare Energien eingesetzt werden. Ökostrom wird häufig als Werbemaßnahme für Unternehmen eingesetzt, um ein umweltbewusstes Verhalten zu zeigen.

47.3 Gaswirtschaft

Bis Ende der 20er-Jahre wurde das für die öffentliche Versorgung benötigte Gas aus Kohle bzw. Koks durch Entgasung oder Vergasung erzeugt. Um 1960 wurde in Westeuropa die Gaserzeugung aus Kohle wegen der niedrigen Erdölpreise auf diesen Rohstoff in Form von Rohbenzin bis hin zum Schweröl umgestellt. Gleichzeitig wurde mit der Entdeckung namhafter Erdgasvorkommen in Holland ein länderübergreifendes Verteilungssystem aufgebaut bzw. auf das hohe kalorische trockene *Erdgas* (Zustand 80 bis 86 % CH_4, Brennwert $H_o = 11{,}06\,\text{kWh/m}^3$) umgestellt.

Die Erdgasreserven wurden 2020 auf etwa 46,6 Mrd. m^3 geschätzt [1]. Die Erdgasförderung betrug 2014 weltweit ca. 3,5 Bill. m^3 [2] und in Deutschland rund 10,7 Mrd. m^3 bei einem Verbrauch von ca. 84 Mrd. m^3 [3]. Das verflüssigte Erdgas, derzeit 333 Mrd. m^3 [1], z. B. aus Quatar und Algerien, nimmt bedingt durch die aufwändige Verflüssigung bisher eine untergeordnete Rolle bei der Beförderung ein. Die Zusammensetzung der Gase und ihre energiewirtschaftlichen Kennzahlen sind aus Abschn. 48.4 zu entnehmen. Erdgas hat in der Bundesrepublik Deutschland einen Primärenergieanteil von rd. 20 % (101,1 Mio. t SKE bei einem Primärenergieverbrauch von ca. 13 100 PJ [1]). Der Erdgasbedarf ist weltweit steigend (s. Abb. 47.1). Gasquellen und Gasverbraucher liegen nur in seltenen Fällen nahe beieinander, sodass das Gas meist über erhebliche Entfernungen transportiert werden muss. In den meisten Fällen erfolgt der Ferntransport in Stahlrohrleitungen unter hohem Druck (bis 84 bar in Deutschland). Die größten Erdgastransportleitungen haben weltweit eine Ausdehnung von über 1 Mio. km erreicht. Die Versorgung mit Gas wird häufig von mehreren Unternehmen durchgeführt (RWE Gas, EWE, Statoil, Wingas, Gascade, Thyssengas).

Das Ferngasleitungsnetz in der Bundesrepublik Deutschland (s. Abschn. 50.1.2) wird von mehreren Ferngasgesellschaften betrieben. Infolge der Vielzahl von Einspeisestellen, Speichern und Abgabestellen ist eine weitgehend zentrale Überwachung und Steuerung, die als „Dispatching" bezeichnet wird, erforderlich. Die Großabnehmer von Erdgas, also regionale und kommunale Gasgesellschaften sowie gasgefeuerte Kraftwerke und größere Industriebetriebe, verfügen ebenso wie die Ferngasgesellschaften über solche Zentralen. Im Zuge der Liberalisierung werden alle Verteilnetzbetreiber mit der Öffnung des Massenkundengeschäfts mit zusätzlichen Überwachungs-, Allokations- und Abrechnungsaufgaben konfrontiert, die ohne IT-Systeme kaum zu bewältigen sind.

Da der Gasbedarf stets vom Wärmeverbrauch abhängt, sind große zeitliche Belastungsunter-

47

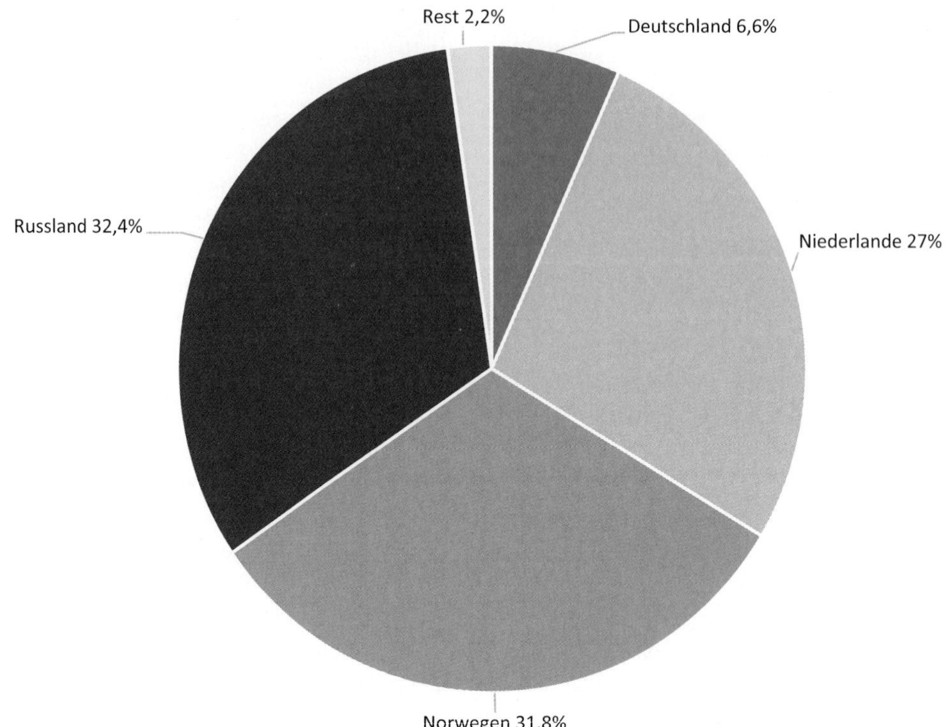

Abb. 47.4 Deutsches Erdgasaufkommen nach Herkunftsländern in 2015. (Quelle: VIK 2019)

schiede festzustellen. Um die Transportkapazität der Fernleitungen wirtschaftlich auszunutzen sind große Gasspeicher in Form von Untertagespeichern (47), als Poren- (20) oder Kavernenspeicher (27 in Deutschland [4]) erforderlich. Ferner werden z. B. für Kraftwerke unterbrechbare Gaslieferungsverträge geschlossen und zur Spitzenlastdeckung erfolgen Flüssiggaszumischungen.

Der Gasbedarf hängt stark von den klimatischen Verhältnissen ab. Die Gasnachfrage steigt speziell in Westeuropa weiterhin an. Gas wird damit zur Wachstumsenergie Nr. 1. Im Jahre 2012 sind rund 49,2 % der 38,4 Mio. Wohnungen erdgasbeheizt [5]. Im Bereich der Kesselfeuerung ist durch die Energieeinsparverordnung EnBV ein erheblicher Mehrbedarf entstanden. Die Aufteilung des Erdgasverbrauchs in der Bundesrepublik von 2011 ist: 42 % Industrie, 26 % Haushalte, 15 % Kraftwerke, 13 % Gewerbe, Handel und Dienstleistungen sowie 4 % Fernwärme [6].

In der Gaswirtschaft wird in Tageswerten disponiert, da die Schwankungen im Tagesverlauf durch das Leitungsvolumen des Ferntransportsystems ausgeglichen werden können. Der Außentemperatureinfluss ist für den Verbrauch von großem Einfluss.

Infolge des hohen Methangehalts des Erdgases von über 80 % erreicht die CO_2-Emission bezogen auf die freigesetzte Energiemenge den geringsten Wert bei den kohlenstoffhaltigen Energieträgern. Für einen verstärkten Erdgaseinsatz spricht der geringe CO_2-Anteil bei der Verbrennung.

In 2015 lagen die Erdgasimporte nach Deutschland bei 3 551 000 Terrajoule. Die wichtigsten Importeure waren Russland (32 %), Norwegen (32 %) und die Niederlande (27 %) [4]. Der Grenzübergangspreis entsprach dabei durchschnittlich 2,05 ct/kWh [7].

Die weltweiten Erdgasreserven sind erheblich schneller gestiegen als die Erdölreserven. 2014 lagen die Ölreserven bei 354 Mrd. t SKE (9100 EJ) und die Gasreserven bei 222 Mrd. t SKE (7500 EJ). Bei einer Förderung von 180 EJ liegt die statistische Reichweite beim Erdöl bei rund

51 Jahren bzw. beim Erdgas bei einer Förderung von 127 EJ bei 59 Jahren [1].

Erdgas spielt auch für PKW eine Rolle, jedoch im Vergleich mit anderen Kraftstoffen nur untergeordnet. Gab es 2004 rund 27 000 Erdgas betriebene Fahrzeuge, ist die Zahl bis 2015 auf ca. 98 000 angestiegen [8].

Auch die mögliche Gasversorgung mit Wasserstoff – vorwiegend jetzt für PKW und in der chemischen Industrie als Synthese- oder Reduktionsgas verwendet – spielt nur eine untergeordnete Rolle und wird vorerst weiterhin eine untergeordnete Rolle spielen, da seine derzeitige Erzeugung noch zu teuer ist und bei seinem Transport gegenüber Erdgas auf das dreifache Volumen in den Zwischenverdichterstationen komprimiert werden muss.

Auch Erdgas ist seit 1989/91, ähnlich wie Öl, besteuert. Dabei setzt sich der Heizölpreis aus einem Produktenpreis, der Energie- und Mehrwertsteuer sowie dem Deckungsbeitrag zusammen. Im März 2016 betrug der durchschnittliche Heizölpreis 48,95 ct/l, wobei die Energiesteuer 6,14 ct/l und die Mehrwertsteuer 7,82 ct/l ausmachen [9]. Beim Erdgas wird seit 2004 nach dem Energiesteuergesetz eine Steuer von 0,55 ct/kWh erhoben [10]. Zusätzlich zur Energiesteuer wird das Erdgas mit der Mehrwertsteuer in Höhe von derzeit 19 % beaufschlagt [11].

47.4 Fernwärmewirtschaft

Von dem Gesamtenergieverbrauch in der Bundesrepublik Deutschland entfallen ein Großteil auf den Wärmeverbrauch für Raumheizung und Prozesswärme in Haushalten, öffentlichen Gebäuden sowie industriellen und gewerblichen Betrieben. Deshalb ist es verständlich das Einsparkonzept der Energie gerade auf den Wärmesektor anzuwenden. Hinzu kommen die wachsenden Anforderungen an den Schutz vor Umweltbelastungen und -schäden.

Neben anderen Möglichkeiten zur Verringerung des Energieaufwands und zur Umweltentlastung von Schadstoffen spielt die Fernwärmeversorgung eine wichtige Rolle, da mit ihr bevorzugt heimische Brennstoffe, Abwärme aus öffentlichen und industriellen Kraftanlagen sowie Müll und sonstige Abfallstoffe Verwendung finden können. Wird Wärme aus den Stromerzeugungsprozessen ausgekoppelt und zeitgleich für Fernheizzwecke verwendet, so wird von der *Kraft-Wärme-Kopplung* gesprochen (s. Abschn. 49.2). Unter Fernwärmeversorgung wird die Lieferung von Wärme in Form von Heizwasser oder Dampf sowohl für Raumheizzwecke und Brauchwassererwärmung als auch für Produktionszwecke aus zentralen Heizkraftwerken und Heizwerken verstanden. Daneben gibt es im industriellen Bereich und bei Energieversorgungsunternehmen zahlreiche Wärmeerzeugungsanlagen mit oder ohne Kraft-Wärme-Kopplung. Zusätzlich bestehen Heizzentralen und Blockheizwerke vorwiegend kleinerer Leistung, die privat oder genossenschaftlich betrieben werden.

Eine öffentliche Fernwärmeversorgung gibt es seit ca. 1900, aber zu einem leistungsfähigen Zweig der Energiewirtschaft, der im Wettbewerb und im Leistungsvergleich mit anderen Energieangeboten auf dem Wärmemarkt seinen Anteil an der Bedarfsdeckung ständig erhöhen konnte, hat sie sich mit Ausnahme einiger großer Städte erst besonders im letzten Jahrzehnt entwickelt. Während seit jeher die Heizkraftwerke nahe dem Verbraucher mit gekoppelter Kraft-Wärme-Erzeugung den Hauptanteil der Wärmelieferungen ausmachen, wurden seit 1960 zumeist von privaten Gesellschaften der Kohle- und Mineralölwirtschaft zunehmend auch Heizwerke zur Versorgung neuer geschlossener Siedlungsgebiete errichtet. Etwa 5,6 Mio. Wohnungen werden in Deutschland zurzeit fernbeheizt [12]. 40 % der Fernwärmeabgabe entfallen dabei auf Wohnungen und 60 % auf öffentliche Gebäude, Industrie und Gewerbe [13].

Trotz volkswirtschaftlicher und ökologischer Vorteile der Fernwärmeversorgung durch Heizkraftwerke, die einen beschleunigten Ausbau wünschenswert erscheinen lassen, bleibt der Einsatz von Fernwärme im Wesentlichen auf Gebiete mit hoher Wärmedichte, insbesondere große und mittlere Städte, beschränkt. Dies hat seine Ur-

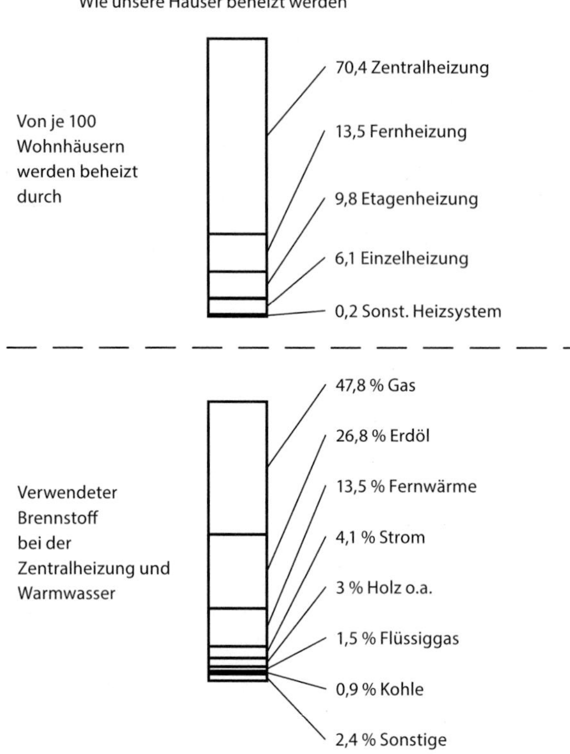

Abb. 47.5 Wohnungsbestand 40,4 Mio. in 2015. In den Bundesländern sind 70,4 % aller Wohnhäuser zentral beheizt oder an das Fernheizungsnetz angeschlossen [12]

sache darin, dass die Wärmeverteilungskosten mit abnehmender Wärmedichte ansteigen. Ausgehend von den jeweiligen örtlichen Bebauungsstrukturen und der Wärmebeschaffungssituation muss daher geprüft werden, inwieweit eine Fernwärmeversorgung auf- bzw. ausgebaut werden kann.

Literatur

1. Statistisches Bundesamt: Erdgasreserven in Deutschland nach Bundesländern zum Jahresbeginn 2020. https://de.statista.com/statistik/daten/studie/232466/umfrage/erdgasreserven-in-deutschland-nach-bundeslaendern/
2. BGR: BGR – Energiestudie 2015 – Reserven, Ressourcen und Verfügbarkeit von Energierohstoffen (2015). http://www.bgr.bund.de/DE/Themen/Energie/Downloads/Energiestudie_2015.pdf?__blob=publicationFile&v=3
3. http://www.erdgassuche-in-deutschland.de/erdgas/
4. BDEW: Gasspeicher in Deutschland, 03/2020
5. http://www.geb-info.de/1-Erdgasheizung-in-fast-der-Haelfte-der-Wohnungen,QUlEPTU1ODk2MCZNSUQ9MzAwMDE.html
6. bdew, Energiemarkt Deutschland, Zahlen und Fakten zur Gas-, Strom- und Fernwärmeversorgung. http://docs.dpaq.de/2436-energie-markt_2012d_web.pdf
7. BAFA http://www.bafa.de/bafa/de/energie/erdgas/energieinfo/2015/mai.html
8. http://de.statista.com/statistik/daten/studie/151826/umfrage/anzahl-der-erdgasfahrzeuge-in-ausgewaehlten-laendern/
9. IWO, Wie setzt sich der Heizölpreis zusammen? https://www.zukunftsheizen.de/heizoel/zusammensetzung-heizoelpreis.html
10. BMJV, Energiesteuergesetz (EnergieStG). https://www.gesetze-im-internet.de/energiestg/__2.html
11. Bund der Energieverbraucher e. V., Steuer auf Erdgas. http://www.energieverbraucher.de/de/steuer-auf-gas__2859/
12. bdew, Wie heizt Deutschland 2019? https://www.bdew.de/media/documents/Pub_20191031_Wie-heizt-Deutschland-2019.pdf/
13. BMWi – Energiestatistiken. https://www.bmwi.de/BMWi/Redaktion/PDF/E/energiestatistiken-grafiken,property=pdf,bereich=bmwi2012,sprache=de,rwb=true.pdf

Primärenergien

48

Hermann-Josef Wagner, Christian Bratfisch, Hendrik Hasenclever und Kathrin Hoffmann

48.1 Definitionen

Die in den Brennstoffen als chemische Energie gespeicherte Sonnenenergie wird durch Oxidation der brennbaren Bestandteile Kohlenstoff, Wasserstoff und andere Elemente wieder in Wärme umgesetzt. Als Oxidationsmittel dient meist Luft, mitunter auch mit Sauerstoff angereichert, seltener reiner Sauerstoff. Verbrennungsvorgang s. Bd. 1, Abschn. 44.1. Einen Vergleich auf der Basis Steinkohleneinheiten (SKE), Joule und kcal zeigt Tab. 48.7.

Heiz- und Brennwert Zu unterscheiden sind der spezifische Brennwert H_o (oberer Heizwert) mit Rückgewinnung der Kondensationswärme des bei der Verbrennung gebildeten Wasserdampfs und der in der Verbrennungstechnik übliche Wert, der spezifische Heizwert H_u (unterer Heizwert) ohne sie (s. DIN 5499). Einen Überblick für fossile Brennstoffe gibt Tab. 48.8 u. Bd. 1, Tab. 44.2.

Maximaler CO_2-Gehalt Dies ist der CO_2-Gehalt des bei vollständiger Verbrennung ohne Luftüberschuss entstehenden trockenen Rauchgases. Er stellt die Grundlage für die Messung und Berechnung der Rauchgasmenge und -zusammensetzung dar. Er ist um so niedriger, je höher der Wasserstoffgehalt ist. Für den Klimaschutz ist die CO_2-Emission bedeutungsvoll, siehe Tab. 48.9.

Zündtemperatur Niedrigste Temperatur, bei der die durch Reaktion entwickelte Wärme größer als die durch Strahlung abgegebene ist, so dass die Verbrennung unter Flammenbildung erfolgt. Da der Wert vom Bestimmungsverfahren abhängt, ist dieses anzugeben (s. DIN 51 794).

48.2 Feste Brennstoffe

48.2.1 Natürliche feste Brennstoffe

Sie sind aus Pflanzenteilen durch Erhitzung unter Luftabschluss und hohem Druck während Millionen von Jahren entstanden. Dabei wurden vor allem O_2-haltige Molekülgruppen abgespalten, wodurch sich Bitumen und Wachse in Kohlenstoff umwandelten und der Kohlenstoffgehalt immer höher wurde (Inkohlung). Gleichzeitig nahm der Wasserstoffgehalt ab. Damit ist der *Inkohlungsgrad* ein Maßstab für das Alter des fes-

H.-J. Wagner (✉)
Ruhr-Universität Bochum
Bochum, Deutschland
E-Mail: wagner@lee.rub.de

C. Bratfisch
Ruhr-Universität Bochum
Bochum, Deutschland
E-Mail: christian.bratfisch@rub.de

H. Hasenclever
Vonovia SE
Bochum, Deutschland
E-Mail: Hendrik.Hasenclever@rub.de

K. Hoffmann
Ruhr-Universität Bochum
Bochum, Deutschland
E-Mail: kathrin.hoffmann-2@rub.de

B. Bender und D. Göhlich (Hrsg.), *Dubbel Taschenbuch für den Maschinenbau 3: Maschinen und Systeme*,
https://doi.org/10.1007/978-3-662-59715-6_48

ten Brennstoffs. Eigenschaften natürlicher fester Brennstoffe zeigt Tab. 48.10 (s. Bd. 1, Tab. 44.2).

Torf Er ist die jüngste Form der natürlichen festen Brennstoffe und wird entweder als Sodentorf gestochen und durch Lufttrocknung von 90 % Anfangsfeuchte auf 30 bis 40 % Endfeuchte gebracht oder als Frästorf mit Baggern gewonnen und mit 50 bis 60 % Feuchte verfeuert.

Braunkohle Die jüngste Form ist die erdige oder Weichbraunkohle. In Dampferzeugerfeuerungen wird sie mit der ursprünglichen Feuchte von 55 bis über 60 % verwendet. Wegen der Sandeinschlüsse kann der Aschegehalt bis zu 24 % betragen. Die älteste Form ist die Hartbraunkohle, die eine amorphe Struktur und matt glänzende Bruchflächen hat. Laut Statistik der Kohlenwirtschaft e. V. wurden 2018 in Deutschland 166 Mio. t Braunkohle gefördert. Ein Großteil hiervon stammen aus dem Rheinland. Davon werden ca. 90 % verstromt und für Fernwärme eingesetzt. Eine Verfeuerung ist jedoch mit hohen CO_2-Emissionen verbunden (Tab. 48.9).

Steinkohle Sie kommt in der Bundesrepublik Deutschland in Flözen mit 60 cm bis 2 m Mächtigkeit in Tiefen bis 1500 m vor. Der Gehalt an flüchtigen Bestandteilen entsprechend dem Inkohlungsgrad ergibt die verschiedenen Sorten. Zur Aufbereitung wird die Förderkohle durch Sieben vom Groben über 120 mm Korngröße und von der Feinkohle unter 10 mm getrennt. Vorher werden durch Waschen die „Berge" mit über 50 % und das Mittelgut mit 20 bis 40 % Asche getrennt, so dass Nusskohlen unter 10 % Asche enthalten. Schlamm mit hohem Aschegehalt, Feinkohle und Mittelgut können in Dampferzeugern verbrannt werden, Nusskohle für andere Zwecke (Hausbrand). Die Steinkohlenproduktion für die Verstromung und Stahlindustrie beläuft sich laut Statistik der Kohlenwirtschaft e. V. 2015 auf ca. 6,2 Mio. t vF (verwertbare Förderung) / a. Die Schichtleistung pro Beschäftigter unter Tage beträgt 7491 kg. Bis zur Schließung in 2018 existierten noch zwei Bergwerke in Deutschland, eine Zeche im Ruhrgebiet und eine in Ibbenbüren.

Laut BAFA betrug der Preis für Kraftwerkskohle aus Drittländern frei deutscher Grenze in 2015 durchschnittlich 67,90 €/t.

48.2.2 Künstliche feste Brennstoffe

Brikettieren Steinkohlen feinster Fraktionen werden mit Pechblende als Bindemittel unter hohem Druck zu Eier- oder Nussbriketts gepresst. Braunkohlen mit geringem Aschegehalt lassen sich nach dem Trocknen und Zerkleinern ohne Bindemittel brikettieren.

Schwelen Darunter wird das Erhitzen gasreicher Stein- oder Braunkohle unter Luftabschluss bis 500 °C, wobei Bitumen teilweise verdampft, verstanden. Es ergibt Tieftemperaturkoks (Schwel-, Grudekoks), Schwelgas und Teer.

Verkoken Es ist ein Erhitzen auf 800 bis 1200 °C unter Luftabschluss, wobei flüchtige Bestandteile ausgetrieben werden (Entgasung). Dabei entsteht Hochtemperaturkoks (Hütten-, Zechen-, Gaskoks) und Koksofengas. Fettkohle ergibt die günstigsten Kokseigenschaften, Gaskohle ist aber auch gut geeignet. Bei zu hohem Gasgehalt wird Koks wegen der Hohlraumbildung zu weich.

48.2.3 Abfallbrennstoffe

Müll Nach Angaben des statistischen Bundesamts betrug das Brutto-Abfallaufkommen 2017 in Deutschland 412,2 Mio. t. Hierbei sind jedoch auch Im- und Exporte von Abfällen sowie Abfälle, die bereits in Abfallentsorgungsanlagen behandelt wurden, enthalten (Sekundärabfälle). Abzüglich dieser Werte gab es in Deutschland ein Netto-Abfallaufkommen von 358,9 Mio. t. Etwa 53 % hiervon sind Bau- und Abbruchabfälle und knapp 13 % Siedlungsabfälle. Tab. 48.1 zeigt die Abfallbilanz für das Jahr 2018. In den Siedlungsabfällen ist ebenfalls der Haushaltsmüll enthalten. Dieser betrug 2017 46,2 Mio. t bzw. 557 kg pro Einwohner. Hiervon fielen etwa 14,1 Mio. t

Tab. 48.1 Abfallbilanz 2018. (Quelle: Statistisches Bundesamt)

Abfallsart	Abfallaufkommen	Davon Verbleib in Abfallentsorgungsanlagen mit					Verwertungsquote
		Beseitigungsverfahren			Verwertungsverfahren		
		Ablagerung	Thermische Beseitigung	Behandlung zur Beseitigung	Energetische Verwertung	Stoffliche Verwertung	
	1000 Tonnen						%
Abfallaufkommen	385 729	67 434	10 015	4353	38 375	265 552	79
Davon							
Siedlungsabfälle	50 260	109	179	603	15 646	33 723	70
Abfälle aus Gewinnung und Behandlung von Bodenschätzen	28 846	27 916	0	67	14	849	3
Bau- und Abbruchabfälle	228 120	25 908	91	994	1351	199 776	88
Sekundärabfälle	54 885	5004	342	769	18 518	30 253	89
Übrige Abfälle (insbesondere aus Produktion und Gewerbe)	55 086	12 265	2945	1529	13 492	25 855	70

als Hausmüll an, dies entspricht 174 kg pro Einwohner.

Bei der Verbrennung von Müll in Müllverbrennungsanlagen (MVA) ist der Heizwert des Abfalls entscheidend. Die MVA Nürnberg gibt an, dass der dort verbrannte Müll einen Heizwert von etwa 10 500 kJ/kg hat und jährlich etwa 230 000 t Abfall verarbeitet werden. Beim Verbrennen kann das zu deponierende Abfallvolumen stark reduziert und bei der Aufbereitung eine Reihe von Stoffen einer Wiederverwertung zugeführt werden. Auch Schlamm aus Kläranlagen wird heute in speziellen Anlagen verbrannt.

Industriemüll hat viele hochwertige Anteile (Gummi, Kunststoffe, Textilabfälle, Verpackungsmaterial); der Heizwert beträgt bis zu 25 000 kJ/kg.

Pflanzliche Abfälle Dazu zählen Rückstände von Früchten (Kerne, Samen, Schalen), Rinde, Holzabfälle (Sägemehl, Schleifstaub, Abschnitte) und Bagasse (Zuckerrohrschnitzel). Sie haben einen hohen Gehalt an flüchtigen Bestandteilen und wenig Asche. In den letzten Jahren ist der Anteil an Holzverbrennungsanlagen (meist Holzpellet- oder Holzhackschnitzelheizungen) gestiegen. Hier wird Holz, welches in festgelegten Größen und Formen angeliefert wird, verbrannt.

48.2.4 Eigenschaften

Heizwert Wenn die Elementarzusammensetzung bekannt ist, lässt er sich bestimmen aus der Gleichung:

$$H_u = 33{,}9c + 121{,}4(h - o/8) + 10{,}5s - 2{,}44w \quad \text{in MJ/kg} \tag{48.1}$$

wobei c, h, o, n, s und w in dieser und den folgenden Gleichungen Gewichtsanteile der Rohkohle sind, deren Summe eins ist (Tab. 48.10 und Tab. 48.11 sowie Bd. 1, Abschn. 44.2).

Nach Boie [1] gilt für jüngere Brennstoffe mit besserer Genauigkeit:

$$H_u = 34{,}8c + 93{,}9h + 10{,}5s + 6{,}3n - 10{,}8o - 2{,}5w \tag{48.2}$$

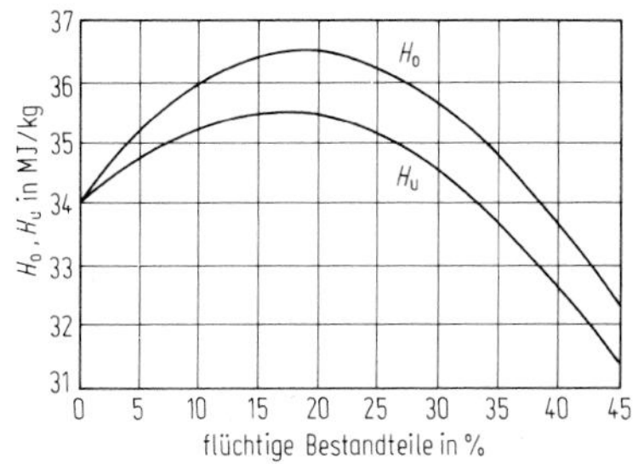

Abb. 48.1 Brennwert H_o (oberer) und Heizwert H_u (unterer) der wasser- und aschefreien Steinkohlen von Ruhr, Saar und Aachen [3]

48

Bestimmung des Heizwerts nach DIN 51900 oder näherungsweise nach [2] aus flüchtigen Bestandteilen, Abb. 48.1. Im Rahmen internationaler Harmonisierung wird anstelle H_u auch die Bezeichnung H_i (i für lat. inferior) verwendet.

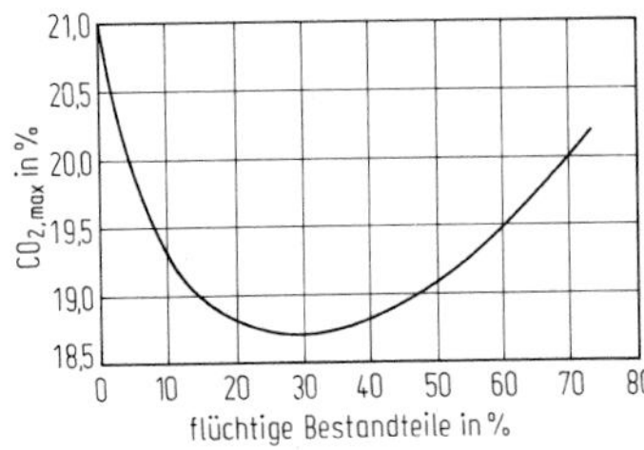

Abb. 48.2 Maximaler CO_2-Gehalt der Rauchgase fester Brennstoffe [3]

Tab. 48.2 Schüttgewichte fester Brennstoffe in kg/m^3 [3]

Scheitholz weich	400 ... 420
Scheitholz hart	500 ... 560
Sodentorf	340 ... 410
Frästorf	250 ... 400
Rohbraunkohle	650 ... 700
Braunkohlenbrikett	700 ... 820
Steinkohlenbrikett (Eiform)	740 ... 780
Steinkohle	
Förderkohle	850 ... 890
Nuss 1 ... 2	740 ... 780
Nuss 3 ... 5	720 ... 750
Feinkohle	820 ... 860
Kohlenstaub	400 ... 500
Schwelkoks (je nach Körnung)	500 ... 700
Hochtemperaturkoks	450 ... 500

Tab. 48.3 Zündtemperaturen fester Brennstoffe im Sauerstoffstrom in °C [2]

Weichholz	220
Hartholz	300
Torf, lufttrocken	225 ... 280
Rohbraunkohle	135 ... 240
Steinkohlen-Schwelkoks	295 ... 420
Hochtemperaturkoks	505 ... 600
Steinkohle	
Gasflammkohle	214 ... 230
Fettkohle	243 ... 248
Esskohle	260
Magerkohle	339
Anthrazit (Donez)	485

Weitere Kennwerte $CO_{2,max}$ s. Abb. 48.2, Schüttgewichte s. Tab. 48.2, Zündtemperaturen s. Tab. 48.3 [4].

48.2.5 Mineralische Bestandteile

Sie stammen teilweise von den ursprünglichen Pflanzen (Pflanzenasche), teilweise von äußeren Verunreinigungen (Fremdasche).

Asche *Steinkohlenasche*: Pflanzlich SiO_2 und P_2O_5, Fremdasche meist Ton (Al_2O_3), Quarz (SiO_2) und Eisenverbindungen (Pyrit FeS_2, Eisenoxide Fe_2O_3 und FeO).

Braunkohlenasche: Wenig pflanzlich, Fremdasche von Überflutungen (kalkhaltige Schalen, $CaCO_3$) und Verwerfungen (Sand, SiO_2). Bei richtiger Mischung niedriger Schmelzpunkt.

Schmelzverhalten Bei Kohlenstaubfeuerungen mit trockenem Ascheabzug müssen Anbackungen an Feuerraumwänden und Heizflächen vermieden werden, bei Schmelzfeuerungen muss der Schlackefluss sicher sein. Beides hängt vom Schmelzverhalten ab, das die Gestaltung von Feuerung und Dampferzeuger somit weitgehend beeinflusst. Bestimmung mit Leitz-Erhitzungsmikroskop nach DIN 51730.

Verschmutzungseinflüsse Ist die Temperaturdifferenz zwischen Erweichungs- und Fließpunkt klein (kurze Schlacken), besteht die Gefahr des Einfrierens von Schmelzfeuerungen bei Teillast. Ist sie groß (lange Schlacken), kommt es zu zähem Schlackefluss und zu Ansatzbildung im Schlackenschacht. Da Probekörper aus vorbehandelter Asche sind, in Feuerungen aber die Veraschung sehr schnell stattfindet, können Unterschiede auftreten. Bei schneller Erhitzung in Staubfeuerungen entstehen SiO-Dämpfe, die bei Oxidation zu SiO_2 Aerosole unter 1 µm bilden und die Grundschicht für die Verschmutzung ergeben. SiO und SiS führen zu klebrigen Filmen auf den Heizflächen.

Schlackenviskosität Da die Messung mit Kugelzieh- oder Rotationsviskosimeter unsicher

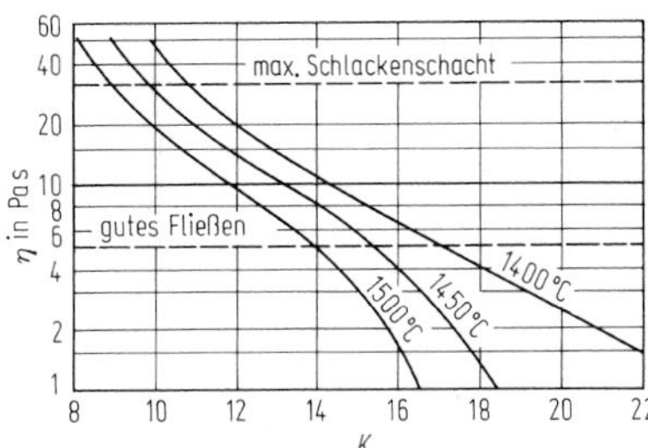

Abb. 48.3 Dynamische Viskosität η geschmolzener Kohlenaschen nach Endell; $K = \text{MgO} + 0{,}5(\text{Fe}_2\text{O}_3 + 1{,}11\,\text{FeO} + \text{CaO})$ [3]

ist, kann sie bei bekannter Schlackenanalyse mittels der Kenngröße K nach Endell [5] (Abb. 48.3) angenähert bestimmt werden. Der Fließpunkt nach Leitz entspricht etwa 100 Pa · s. Im Schlackenschacht darf die Schlackenviskosität 30 Pa · s nicht überschreiten (gutes Fließen bei 5 Pa · s) [6].

48.3 Flüssige Brennstoffe

48.3.1 Zusammensetzung

Sie bestehen aus einem Gemisch verschiedener Kohlenwasserstoffe aus folgenden Gruppen mit unterschiedlichen Verbrennungseigenschaften.

Paraffine oder Aliphate Gesättigte kettenförmige Moleküle (Endsilbe -an, z. B. Propan, Butan) in Normal- oder Isoform (bei Isoparaffinen CH_3-Gruppen in Seitenketten), Bruttoformel C_nH_{2n+2}. Relativ stabil, wenig reaktionsfreudig.

Olefine Ungesättigte Paraffine mit einer Doppelbindung, Bruttoformel C_nH_{2n}, ebenfalls in Normal- und Isoform vorhanden (Endsilbe -ylen, z. B. Propylen). Wesentlich reaktionsfreudiger als Paraffine, kommen nur in gecrackten Erdölprodukten vor.

Naphtene Cycloparaffine mit ringförmigen Molekülen, Bruttoformel C_nH_{2n} (meist mit $n = 5$ oder 6), auch als Isomere mit CH_3 in Seitenketten und mit Doppelbindung (z. B. Cyclohexen). Gute Reaktionsfähigkeit.

Aromaten Ringförmige, ungesättigte Moleküle aus Benzolringen C_6H_6, bilden Doppelringe oder Seitenketten, riechen stark (daher der Name), sind aber trotz Doppelbindung relativ stabil. Verwendung für Treibstoffe mit erhöhter Klopffestigkeit.

Asphalte Hochmolekulare Stoffe, aus Kohlenwasserstoffen bestehend, oft in festem Zustand.

48.3.2 Natürliche flüssige Brennstoffe

Erdöl gilt auch heute noch als einer der wichtigsten Energieträger in der Welt. Neben dem Einsatz in Heizungsanlagen und Heizkraftwerken sind der Verkehr und die chemische Industrie maßgebliche Verbraucher von Erdöl.

Vorkommen und Zusammensetzung Erdöl entstand vor Millionen von Jahren durch organisches Material, welches sich zum Beispiel auf dem Meeresgrund abgelagert hat und unter bestimmten Umgebungsbedingungen, wie Temperatur, Druck und Sauerstoffabschluss in Tiefen, meist zwischen 1500 und 4000 m, lagert.

Das Öl wird meist über Fördertürme an die Erdoberfläche befördert und dort weiterverarbeitet.

BP gibt für das Jahr 2019 weltweite Erdölreserven in Höhe von 244,6 Mrd. t an. Hierbei sind die Begriffe Reserven und Ressourcen zu unterscheiden. Als Reserven werden die Vorkommen bezeichnet, die zum heutigen Zeitpunkt technisch und wirtschaftlich gewinnbar sind. Als Ressourcen werden die nachgewiesenen geologischen Vorkommen bezeichnet, die zwar bekannt, aber heutzutage (noch) nicht wirtschaftlich und oder technisch gefördert werden können. Auf Grund technischer Fortschritte oder geringerer Förderkosten können Ressourcen zu Reserven werden. Umgekehrt können auch Reserven zu Ressourcen werden. Wegen der Corona-Krise und der damit verbundenen Wirtschaftskrise fiel der Ölpreis im Jahr 2020 so weit, dass beispielsweise Reserven von Light Tight Oil zeitweise zu Ressourcen wurden, da diese wirtschaftlich nicht förderbar waren. Im Jahr 2019 wurden nach Angaben von BP etwa 4484,5 Mio. t Erdöl gefördert. In Deutschland sind es im Jahr 2019 nach Angaben des Bundesverbandes Erdgas, Erdöl und Geoenergie e. V. (BVEG) 1,4 Mio. t gewesen. Deutschland hat somit einen geringen Anteil an der weltweiten Erdölförderung. Der weltweite Erdölverbrauch lag 2019 bei 4610,4 Mio. t, Deutschland verbrauchte mit 111,8 Mio. t etwa 2,4 %, dies sind 0,9 % mehr als noch im Vorjahr (Quelle: BP).

Die Bestandteile des Erdöls haben stetig ineinander übergehende Siedebereiche. Je nach Überwiegen einer Kohlenwasserstoffgruppe spricht man von paraffin- (Pennsylvania/USA), naphten- (Venezuela, Mexiko), gemischt- (Nahost) oder asphaltbasischen Rohölen.

Aus einer Tonne Ölsand werden derzeit 80 l Öl gewonnen. Der Preis für eine Tonne Rohöl liegt derzeit (Juni 2016) bei etwa 300 €. Russland und Saudi-Arabien sind derzeit die Länder mit den höchsten Erdölfördermengen. Russland förderte nach Angaben von BP 534,1 Mio. t Erdöl in 2014, dies entsprach etwa 12,7 % der weltweiten Fördermenge, Saudi-Arabien förderte mit 543,4 Mio. t (12,9 %) etwas mehr.

Verarbeitung Sie wird nacheinander in folgenden Schritten durchgeführt:

Fraktionierte Destillation Aufgrund des Siedeverhaltens ergeben sich verschieden schwere Fraktionen (Schnitte), wobei das Siedeende bei Atmosphärendruck etwa bei 400 °C liegt. (Straight-run-)Produkte: Flüssiggas (Propan, Butan), Leichtbenzin (Siedebereich 40 bis 120 °C), Schwerbenzin (100 bis 200 °C), leichtes Gasöl (200 bis 250 °C), schweres Gasöl (250 bis 380 °C; daraus Heizöl Extra Leicht und Dieselöl), Schmier- oder Spindelöl (300 bis 400 °C), Destillationsrückstand (350 bis 400 °C; daraus schweres Heizöl S), Vakuumdestillation.

Cracken (Spalten) Zur Erhöhung der Ausbeute an Benzin werden durch Erhitzen auf 450 bis 500 °C (thermisches Cracken) leichtere Fraktionen (Benzin und leichtes Gasöl) mit Katalysatoren aus dem Vakuum-Destillationsrückstand gewonnen. Rückstand ist Heizöl Extra Schwer oder Petrolkoks. Unter Zusatz von Wasserstoff und bei einem Druck von 200 bar (Hydrocracken) ist daraus weiteres Benzin gewinnbar.

Reformieren Zur Erhöhung der Oktanzahl (Klopffestigkeit von Treibstoffen) katalytische Bildung klopffester Aromaten und Naphtene (Dehydrierung) und Umformung von geradkettigen Paraffinen in Cycloparaffine bei 2 bis 17 bar und 520 bis 750 °C. Bei Platin als Katalysator spricht man von Platformen.

Raffinieren Im Rückstand aus der Vakuumdestillation angereicherter Schwefel muss aus den Crackprodukten entfernt werden. Liegt er in Form von H_2S vor, wird er mit Natronlauge ausgewaschen. Andere Schwefelverbindungen werden durch katalytisches Hydrieren in H_2S umgeformt (Hydrofinen).

48.3.3 Künstliche flüssige Brennstoffe

Steinkohlen-Teeröl Es wird durch Destillation des beim Verkoken von Steinkohle entstehenden Teers gewonnen. Leichtes Steinkohlen-Teeröl (Siedebereich bis 170 °C), mittleres (170 bis 230 °C), schweres (230 bis 270 °C). Es enthält viele Aromate, aber auch Schwefel- und Stickstoffverbindungen, dadurch höheres c/h-Verhältnis (s. Tab. 48.11), niedrigerer Heizwert und geringe Viskosität, Gefahr der Naphtenausscheidung (Leitungen können verstopfen) (s. Bd. 1, Tab. 44.3).

Schwelöl Beim Schwelen von Stein- und Braunkohle entsteht neben Koks und Gas auch Schwelteer, welcher vorwiegend aus hochmolekularen Paraffinen besteht. Beim Destillieren zu Benzin und Heizöl fällt ein schweres Heizöl – Stein- oder Braunkohlen-Schwelöl – an, das ähnliche Eigenschaften wie Teeröl hat.

Schieferöl Aus Ölschiefer, einem ölhaltigen porösen Gestein, und Ölsanden wird durch Schwelung in Öfen oder Retorten bzw. durch Destillation ein Heizöl gewonnen, das dünnflüssiger als Heizöl S ist und viele Olefine und Naphtene enthält. Die Vorräte an Ölschiefer und Ölsand betragen nach Angaben der U.S. Energy Information Administration weltweit etwa 418,9 Mrd. barrel. Die größten Vorkommen liegen in der USA (78,2 Mrd. barrel) und Russland (74,6 Mrd. barrel). In Deutschland liegen etwa 700 Mio. barrel. Der größte Teil des Schieferöls in Deutschland liegt in Niedersachsen.

Die Gewinnung von Schieferöl ist technisch aufwändig und teuer, sodass Schieferöl bisher nicht flächendeckend abgebaut wird. Gerade in Deutschland ist der Abbau stark umstritten, da hohe Umweltschäden durch z. B. Fracking erwartet werden.

48.3.4 Abfallbrennstoffe

Altöl Gebrauchte Schmieröle und der Rückstand aus der Aufarbeitung enthalten viele Rückstände (Sand, Metall), nach der Aufarbeitung auch Schwefel und Chlor.

Zellstoffablauge Sulfit- oder sulfathaltige Ablauge bei der Zellstoffherstellung mit 5 % Feststoff. Die Asche ist sulfatreich und verschmutzt die Kesselheizflächen.

48.3.5 Eigenschaften

Heizölsorten Aus den Destillationsprodukten des Erdöls werden die Sorten EL (Extra Leicht), S (Schwer) und ES (Extra Schwer) gewonnen. Die nur noch selten verwendeten Sorten L (Leicht) und M (Mittel) stammen meist aus Teerölen. Die Heizölqualitäten sind nach steigender Dichte geordnet und besitzen in dieser Reihenfolge steigende Aschen- und Schwefelgehalte sowie steigendes c/h-Verhältnis [7].

Chemische Zusammensetzung Flüssige Brennstoffe sind wesentlich wasserstoffreicher als feste (niedrigeres c/h-Verhältnis (s. Tab. 48.11), wogegen es bei Braunkohle zwischen 10 und 14, bei Steinkohle zwischen 15 und 20 liegt). Für die Dichte gilt die Zahlenwertgleichung:

$$\varrho = 0{,}124\, c/h + 0{,}02 \quad \text{in g/cm}^3 \qquad (48.3)$$

Auch Viskosität, Stockpunkt und Conradsonzahl steigen mit der Dichte, während c, h, Heiz- und Brennwert fallen. Die Verbrennungseigenschaften hängen von der Art der Kohlenwasserstoffe ab, da – z. B. zwischen Olefinen und Naphtenen – trotz gleicher Summenformel große Unterschiede im Reaktionsverhalten wegen unterschiedlicher Bindungen bestehen.

Flammpunkt, Zündtemperatur Der Flammpunkt, die tiefste Temperatur bei der der Brennstoff unter Atmosphärendruck in einem geschlossenen Tiegel durch Fremdzündung entflammt, wird für Flammpunkte zwischen –30 und 75 °C nach DIN EN ISO 13736 (Methode Abel) und oberhalb 40 °C nach DIN EN ISO 2719 (Methode Pensky-Martens) bestimmt. Die Zündtemperatur (Tab. 48.11) ist nach DIN 51 794 die niedrigste Temperatur, bei der sich der Brennstoff von selbst entzündet.

Gefahrenklassen Über den Verkehr mit brennbaren Flüssigkeiten werden je nach Flammpunkt (F. P.) die Gefahrenklassen AI (F. P. unter 21 °C), AII (F. P. 21 bis 55 °C) und AIII (F. P. 55 bis 100 °C) unterschieden und verschiedene Sicherheitsvorkehrungen vorgeschrieben. Heizöl und Dieselöl gehören danach in Gefahrenklasse AIII, Benzin (F. P. unter 0 °C) dagegen in Gefahrenklasse AI.

Heiz- und Brennwert Berechnung aus der Zusammensetzung nach Gl. (48.1), experimentelle Bestimmung nach DIN 51 900.

Siedebereich Er wird als Kurve dargestellt, die den abdestillierten Anteil in Abhängigkeit von der Temperatur angibt. Beginn bei erster Dampfbildung, Ende bei Beendigung der Dampfbildung, wobei feste Rückstände bleiben können. Bei Heizölen soll der Siedebeginn bei 200 °C (Heizöl EL), das Siedeende bei 360 °C liegen und der Verlauf möglichst linear sein.

Tab. 48.4 Anforderungen an Heizöl EL nach DIN 51603-1 (auszugsweise)

Eigenschaft	Anforderungen		Einheit
	Min.	Max.	
Dichte bei 15 °C	–	860	kg/m³
Brennwert, H_S	45,4	–	MJ/kg
Flammpunkt im geschlossenen Tiegel nach Pensky-Martens	55	–	°C
Kinematische Viskosität bei 20 °C	–	6,00	mm²/s
Destillationsverlauf; Insgesamt verdampfte Volumenanteile			
– bis 250 °C	–	65	%
– bis 350 °C	85	–	%
Cloudpoint	–	3	°C
Temperaturgrenzwert der Filtrierbarkeit (CFPP) in Abhängigkeit vom Cloudpoint			
– bei Cloudpoint = 3 °C	–	−12	°C
– bei Cloudpoint = 2 °C	–	−11	°C
– bei Cloudpoint ≤ 1 °C	–	−10	°C
Koksrückstand nach Conradson (von 10 % Destillationsrückstand)	–	0,3	% (m/m)
Schwefelgehalt	Über 50	–	mg/kg
– für Heizöl EL Standard	–	0,10	% (m/m)
Schwefelgehalt	–	50	mg/kg
– für Heizöl EL schwefelarm	–	0,005	% (m/m)
Wassergehalt	–	200	mg/kg
Gesamtverschmutzung	–	24	mg/kg
Asche	–	0,01	% (m/m)
Thermische Stabilität	–	140	mg/kg

Viskosität, Pourpoint und Cloudpoint Die kinematische Viskosität ν ist für die Pumpen- und Rohrleitungsauslegung sowie für die Zerstäubung im Brenner maßgebend. Für die Pumpfähigkeit sind maximal $600 \cdot 10^{-6}\,\mathrm{m^2/s}$ zulässig, die günstigste Zerstäubung erfolgt bei 12 bis $30 \cdot 10^{-6}\mathrm{m^2/s}$. Die wichtigsten Stoffeigenschaften von Heizölen werden in Normen festgehalten. DIN 51603-1 für Heizöl EL (EL: extra leichtflüssig), DIN 51603-3 für Heizöl S (S: schwerflüssig), DIN 51603-4 für Heizöle R (R: flüssige Brennstoffe aus der Verarbeitung aromatenhaltiger Mineralölfraktionen aus der Reraffination mit der Unterscheidung des Schwefelgehalts LS oder TS), DIN 51603-5 für Heizöl SA (SA: schwerflüssig, schwefelarm). Tab. 48.4 zeigt die Mindestanforderungen an Heizöl EL nach DIN 51603-1.

Zwei weitere wichtige Kriterien für Heizöle sind der Cloud- und der Pourpoint. Nach der DIN EN 23015 ist der Cloudpoint die Temperatur, bei der eine Wolke von Paraffinkristallen (also Trübung) erstmalig in einer Flüssigkeit auftritt, wenn sie abgekühlt wird. Der Pourpoint beschreibt nach DIN ISO 3016 die Temperatur, bei der das Öl gerade noch fließt, wenn es abgekühlt wird. Beide Temperaturen werden für bestimmte Stoffe als Mindestmaß vorgegeben. Für Heizöl EL, schwefelarm, wird beispielsweise in der DIN 51603-1 ein Cloudpoint von 3 °C vorgegeben.

Verkokungsneigung Bestimmung des Koksrückstands nach Conradson (nach DIN 51 551-1); Anteil der ursprünglichen Menge in %, die nach dem Verdampfen und Cracken als Koks zurückbleibt. Sie gibt einen Anhalt, ob bei Aufschlagen der Flamme auf eine Wand Koks entsteht und ob der Brennstoff für Verdampfungsbrenner geeignet ist.

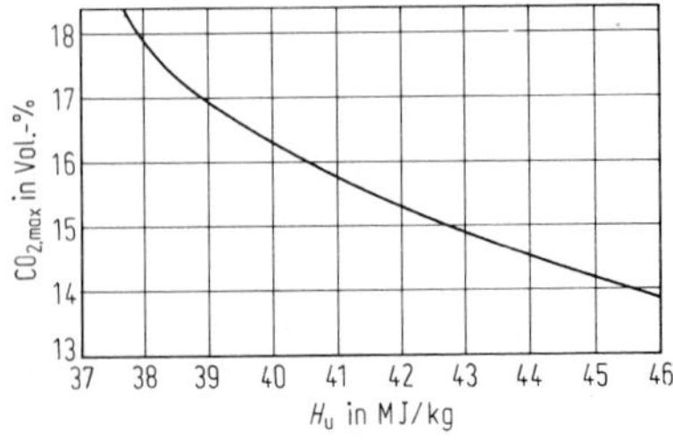

Abb. 48.4 Maximaler CO_2-Gehalt der Rauchgase flüssiger Brennstoffe [3]

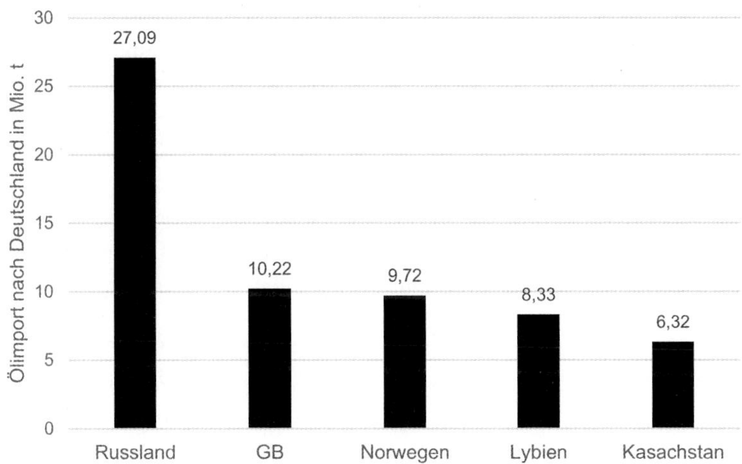

Abb. 48.5 Ölimport nach Deutschland im Jahr 2018 [10]

Maximaler CO_2-Gehalt Abhängig vom Heizwert, Abb. 48.4.

Ölimport – Deutschland Abb. 48.5 zeigt die wichtigsten Ölimporte Deutschlands für das Jahr 2018 in Mio. t Öl. Neben Russland und Großbritannien lieferten unter anderem Norwegen, Libyen und Kasachstan Öl nach Deutschland. Insgesamt importierte Deutschland 2018 nach Angaben des BAFA 86 Mio. t Öl. Der durchschnittliche Preis für eine Tonne lag in diesem Zeitraum bei 427,87 €. Im Zeitraum Januar bis Mai 2020 lag der durchschnittliche Preis bei 289,60 €. Gründe hierfür sind u. a. die steigende Menge geförderten Öls bei sinkender Nachfrage bedingt durch die Corona-Pandemie. Die für Öl und Erdgas zugehörende Energiemaße sind in Tab. 48.13 enthalten.

48.4 Gasförmige Brennstoffe oder Brenngase

Gasförmige Brennstoffe sind Gase oder Gasgemische, die mit Luft oder Sauerstoff brennbar sind und zur Wärmeerzeugung eingesetzt werden. Das Brenngas ist ein brennbares Gas, welches vor allem als Brennstoff eingesetzt wird. Das bekannteste Brenngas ist heutzutage Erdgas. Einteilen lassen sich gasförmige Brennstoffe nach ihrer Herkunft, z. B. Erdgas (natürlich), Kokereigas (künstlich), Klärgas (Abfall) oder nach dem Heizwert. Zur Anpassung von Brenngasen der öffentlichen Gasversorgung an Brenner und andere Einrichtungen dient die Einteilung in Gasfamilien, die u. a. auf dem Wobbeindex beruht.

48.4.1 Natürliche Brenngase

Erdgas kommt in eigenen Quellen (trockenes Erdgas) oder in Domen über Erdöl (nasses Erdgas) vor. Trockenes Erdgas hat in den brennbaren Bestandteilen meist über 80 % Methan (CH_4). Nasses Erdgas enthält einen größeren Anteil an höheren Paraffinen und hat einen größeren Heizwert, Tab. 48.12. Einige Erdgasquellen enthalten mehr Schwefelwasserstoff (H_2S, saures Erdgas) oder signifikante Mengen an Kohlenstoffdioxid und Stickstoff (Erdgas leicht). Die Bohrungen nach Erdgas erfolgen entweder auf dem Festland (Onshore) oder im Küstengebiet (Offshore), der Transport über Land durch Rohrleitungen und über See in Tankern im verflüssigten Zustand bei Atmosphärendruck und rund −161 °C (liquefied natural gas, LNG). Dazu wird sein Volumen auf das 1/600 reduziert. Weltweit wurden 2015 bereits 704 Mrd. m^3 (ca. 20 % der Weltgasförderung) per Pipeline und 338 Mrd. m^3 (ca. 10 % der Weltgasförderung) per LNG-Tanker gehandelt [8].

Der Erdgasverbrauch in Deutschland betrug 2015 88,5 Mrd. m^3 wobei 35 % [9] aus Russland, 30 % aus Norwegen, 22 % aus den Niederlanden,

8 % aus dem eigenen Land und 4 % aus anderen Ländern [8] bezogen wurden.

48.4.2 Künstliche Brenngase

48.4.2.1 Entgasungsgase

Schwelgase Sie entstehen beim Schwelen fester Brennstoffe (s. Bd. 1, Tab. 44.4). Die Unterschiede liegen in den verwendeten festen Brennstoffen begründet.

Verkokungsgase Bei der Erzeugung von Hütten- und Zechenkoks bei 1000 °C fallen sie mit geringem CO-Gehalt an.

Stadtgas Es fällt beim Verkoken von Steinkohle bei 1200 °C in Gaswerken an und wird zum Erreichen des gewünschten Heizwerts mit Wassergas vermischt. Seit der Einführung von Erdgas ist das Stadtgas nicht mehr von Bedeutung.

48.4.2.2 Vergasungsgase

Feste (Koks, nichtbackende Steinkohle, Braunkohle) oder flüssige (Destillationsrückstände) Brennstoffe werden mit Vergasungsmitteln (Wasserdampf, O_2-angereicherte oder natürliche Luft) restlos vergast, d. h. es entsteht kein Koks, sondern nur Asche.

Generatorgas Es entsteht durch die Vergasung mit Luft und besteht vorwiegend aus CO und H_2. Für die CO-Bildung gilt:

$$C + (1/2)O_2 \rightarrow CO + 123{,}1\,\text{MJ/kmol} \quad (48.4)$$

H_2 entsteht aus Feuchtigkeit und flüchtigen Bestandteilen nach:

$$CO + H_2O \rightarrow CO_2 + H_2 + 42{,}3\,\text{MJ/kmol}$$

Gichtgas Es entsteht im Hochofen durch Reduktion des bei der Verbrennung in tieferen Schichten entstandenen CO_2 an frischem Koks und ist deshalb sehr CO-reich:

$$C + CO_2 \rightarrow 2CO - 160{,}0\,\text{MJ/kmol}$$

Wassergas Es entsteht durch die Vergasung von Koks mit Wasserdampf, weshalb es auch als Synthesegas bezeichnet wird:

$$C + H_2O \rightarrow CO + H_2 - 118{,}5\,\text{MJ/kmol}$$

Druckvergasungsgas Mit O_2-angereicherter Luft oder reinem O_2 und Wasserdampf wird Feinkohle bei Drücken von 20 bis 30 bar im Festbett vergast.

Künstliches Erdgas Es kann durch hydrierende Vergasung von Kohle oder Heizöl nach:

$$C + 2H_2 \rightarrow CH_4 + 87{,}5\,\text{MJ/kmol}$$

oder durch Methanisierung von Synthesegas nach:

$$CO + 3H_2 \rightarrow CH_4 + H_2O + 206{,}0\,\text{MJ/kmol}$$

erzeugt werden.

48.4.3 Abfallbrenngase

Raffineriegase Diese Restgase der Erdölverarbeitung haben eine stark schwankende Zusammensetzung zwischen sehr H_2-haltigen Armgasen und Reichgasen mit hohem Anteil an Kohlenwasserstoffen bis Oktan. Damit schwanken Dichte und Heizwert sehr. Teilweise enthalten sie wertvolle Hilfsstoffe für die Vergasung.

Klärgas In städtischen und industriellen Klärwerken entsteht beim Faulen des Klärschlamms (Zersetzung durch Bakterien) in Faultürmen ein Gas mit hohem CH_4-Gehalt, das meist für den Eigenbedarf des Klärwerks (zur Dampferzeugung) verbraucht wird.

48.4.4 Eigenschaften

Brenn- und Heizwert Sie bestimmen die Qualität eines Brennstoffes, wobei der Brennwert auch die Nutzung der Kondensationswärme des Rauchgases mit berücksichtigt (s. Abschn. 48.1).

Für das Brenngas kann angenähert werden:

$$H_o = 12{,}62\,CO + 12{,}75\,H_2 + 39{,}81\,CH_4 + 63{,}43\,C_mH_n + 25{,}46\,H_2S \quad (48.5)$$

$$H_u = 12{,}62\,CO + 10{,}78\,H_2 + 35{,}87\,CH_4 + 59{,}50\,C_mH_n + 23{,}37\,H_2S \quad (48.6)$$

Dabei ist die Summe der Volumenanteile gleich eins. C_mH_n sind ungesättigte Kohlenwasserstoffe und werden als C_2H_4 gerechnet, schwere Kohlenwasserstoffe sind zusätzlich zu berücksichtigen.

Wobbeindex Der Wobbeindex oder auch Wobbezahl W ist der Quotient aus dem Brennwert H_o oder Heizwert H_u und der Wurzel aus der relativen Dichte. Dabei ist die relative Dichte der Quotient aus der Dichte des Brenngases und der Dichte trockener Luft bei gleichem Druck und Temperatur.

Bezogen auf den Brennwert ergibt sich der Wobbeindex zu:

$$W_o = \frac{H_o}{\sqrt{\frac{\rho_{\text{Gas}}}{\rho_{\text{Luft}}}}}$$

Der Wobbeindex zeigt die Austauschbarkeit von Gasen. Wenn beispielsweise ein Brenner von einer Heizung auf ein anderes Gas eingestellt wird, kann durch den Wobbeindex geklärt werden, ob die Brennerdüse größer oder kleiner werden muss oder gleich bleiben kann [11].

48.5 Kernbrennstoffe

Die bei der *Kernspaltung* von Atomkernen des Urans und Plutoniums freigesetzte Energie wird in Wärme umgesetzt und kann thermodynamisch in Kraftwerksprozessen genutzt werden. Die aus der kontrollierten Kernspaltung gewonnene Wärmeenergie wird in den Kernkraftwerken in elektrische Energie umgewandelt. Großtechnisch sind solche Anlagen seit Anfang der 50er-Jahre in Betrieb. Als Brennstoffe, die im Wesentlichen durch thermische Neutronen spaltbar sind, werden folgende Isotope angesehen: Uran-235 und -233, Plutonium-239 und -241.

In den heutigen Kernkraftwerken wird hauptsächlich *Uran* als Brennstoff eingesetzt. Natürliches Uran besteht zu 99,29 % aus dem schwerspaltbaren Uranisotop U-238 und zu 0,71 % aus dem leichter spaltbaren Isotop U-235. Das Natururan wird bei den meisten Reaktoren für den Brennstoffeinsatz auf ca. 3 % U-235 angereichert. Die Kernspaltung entsteht bei Beschuss des U-235 Isotops mit einem thermischen Neutron (im Moderator abgebremstes Neutron, auf ein Energieniveau von ca. 0,025 eV – Elektronenvolt), da diese Atomkerne eine relativ geringe Stabilität aufweisen. Die von einem thermischen Neutron ausgelöste Gleichgewichtsstörung des Urankerns erzeugt Schwingungen, durch die Teile des Kerns außerhalb der Reichweite der Kernbindungskräfte geraten. Der Kern zerreißt wegen der abstoßenden Coulombkräfte. Dabei bilden sich zwei gelegentlich auch drei zumeist ungleiche Teilkerne und einige (2 bis 3) schnelle Neutronen.

Zu den Spaltprodukten des Uran-235, die mit größter Häufigkeit auftreten, zählen Strontium-89 und -90, Zirkonium-95, Molybdän-95, Xenon-133, Cäsium-137 und Barium-140, Gl. 8.

Die Spaltprodukte und Neutronen werden in der sie umgebenden Materie (vorwiegend Brennelement des Reaktorkerns) abgebremst. Ihre kinetische Energie wird in Wärme umgewandelt, Tab. 48.5. Je Spaltung eines U-235-Kerns, wird eine Energie von $192\,\text{MeV} = 3{,}1 \cdot 10^{-11}\,\text{J}$ gewonnen.

Theoretisch lässt sich aus 1 g Uran 235 durch Kernspaltung in einem thermischen Reaktor eine Wärmeenergie von

$$\frac{\begin{array}{c}192\,\text{MeV/Kernspaltung} \cdot \\ 6{,}02214 \cdot 10^{23}\,\text{Atomkerne/Mol} \\ \text{(Avogadro-Konstante)}\end{array}}{235{,}04\,\text{g/mol (molare Masse von U-235)}} = 4{,}92 \cdot 10^{23}\,\text{MeV} = \text{etwa } 22\,\text{MWh} \quad (48.7)$$

freisetzen. Dies würde einem theoretischen Brennstoffbedarf von rd. 2,7 t SKE Steinkohle entsprechen.

In einem Kernreaktor können jedoch nicht alle Atome des Uran-235 gespalten werden. Es werden aber auch andere oder neu im Re-

48

Tab. 48.5 Kernspaltung und Energiebilanz

Durchschnittliche *Energieverteilung* für die Spaltung des U^{235}-Kerns in MeV:	
$\underbrace{{}^{235}_{92}\mathrm{U}}_{\substack{\text{Ausgangskern}\\ \text{(Spaltstoff)}}} + \underbrace{{}^{1}_{0}\mathrm{n}}_{\substack{\text{thermisches Neutron}\\ \text{2000 m/s}}} \rightarrow \underbrace{{}^{236}_{92}\mathrm{U}}_{\substack{\text{kurzlebiges}\\ \text{Zwischenprodukt}}} \rightarrow \underbrace{\underbrace{{}^{89}_{36}\mathrm{Kr}}_{\text{hier Krypton}} + \underbrace{{}^{144}_{56}\mathrm{Ba}}_{\text{hier Barium}} + \underbrace{3\,{}^{1}_{0}\mathrm{n}}_{\text{3 Neutronen}}}_{\text{(als Beispiel häufiger Spaltprodukte)}}$	(48.8)
Prompte Spaltungsenergie	
1. Kinetische Energie der Spaltprodukte	168 MeV
2. Kinetische Energie der schnellen Neutronen	5 MeV
3. Energie der prompten γ-Strahlen	5 MeV
Radioaktiver Zerfall der Spaltprodukte	
4. β-Strahlung	7 MeV
5. γ-Strahlung	6 MeV
6. Neutrinos (unabsorbierbar)	(11) MeV
Reaktionen mit Neutronen ohne Spaltungen	
7. β- und γ-Strahlen	7 MeV
Summe aus 1. bis 7.	198 MeV
Freiwerdende Energie pro Spaltung	192 MeV
$192\,\text{MeV} = 3{,}1 \cdot 10^{-11}\,\text{Ws}$	
Energieverteilung	
Spaltstoff	95 ... 92 %
Kühlmittel und Moderator	4 ... 7 %
Thermischer und biologischer Schild	1 %

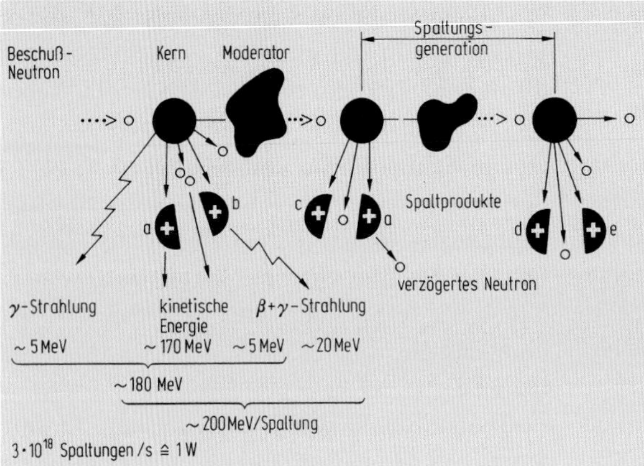

aktor erzeugte Isotope gespalten, insbesondere entsteht das Plutonium-239 aus dem Uran-238 durch Neutroneneinfang. Die tatsächliche Brennstoffausnutzung bei *Leichtwasserreaktoren* (LWR) wird mit dem Begriff „Abbrand" in GWd/t (24 Mio. kWh/t) eingesetztem Brennstoff definiert. Sie ist bei *Druckwasserreaktoren* (DWR) mit 32,5 GWd/t (Anreicherung 3,1 % U-235) und bei *Siedewasserreaktoren* (SWR) mit 27,5 GWd/t (Anreicherung 2,6 % U-235) anzusetzen.

Für die Herstellung von 1 kg auf 3,1 % angereichertes U-235 sind etwa 5,5 kg Natururan als sog. „Feed" erforderlich, wobei nach den Anreicherungsverfahren ca. 5,5 kg auf etwa 0,2 % abgereichertes Uran als Restprodukt („tail") verbleibt. Das bedeutet bei einem Abbrand von 32,5 GWd/t Uran (= 780 GWh/t), bezogen auf 1 kg Natururan, 17,48 t SKE Steinkohle bzw. etwa 12 t Erdöl, (s. Tab. 48.8).

Bei diesen Werten ist keine Rückführung von Uran und Plutonium unterstellt. Wird durch eine Wiederaufbereitung das im Brennstoff noch verbliebene spaltbare Material in den Brennstoffkreislauf zurückgeführt, erhöht sich der Energieinhalt pro eingesetztem kg Natururan bei seiner Verwendung in Leichtwasserreaktoren auf etwa 26 t Steinkohle bzw. 19 t Erdöl (s. Tab. 48.8).

Die Natururanvorräte in der Kostenklasse 80 $/kg U wurden 2015 auf rd. 1,3 Mio. t, die der Kostenklasse 80 bis 130 $/kg U auf ca. 3,8 Mio. t beziffert [12]. Die Nutzungsreichweite kann bei einem statischen weltweiten Verbrauch von ca. 67 000 t (Deutschland 1900 t) im Jahr 2015 mit etwa 75 Jahren angegeben werden. Die Urankosten haben nur einen vergleichsweise geringen Stromerzeugungskostenanteil von etwa 8–10 %.

Zur Wärmegewinnung im thermischen Kernreaktor sind folgende Prozesse von Bedeutung:

Wärmeabfuhr aus dem Reaktorkern, Moderation der Spaltneutronen (Abbremsung der schnellen Neutronen zu thermischen Neutronen – von über 1 MeV auf etwa 0,025 eV), Steuerung der Kernspaltungsvorgänge durch Absorption von Neutronen.

Die Kühlung und die Wärmeabfuhr erfolgt durch Flüssigkeiten oder Gase, hauptsächlich *leichtes Wasser* (H_2O), *schweres Wasser* (D_2O) sowie *Helium*, CO_2 und *Natrium*. Man unterscheidet zwischen *wasser- und gasgekühlte* Reaktoren. Flüssiges Natrium wird als Kühlmittel für den *schnellen Brüter* verwendet.

In thermischen Reaktoren ist zur Abbremsung der schnellen Neutronen ein *Moderator* erforderlich, z. B. Wasser oder Graphit.

Durch die *Regelstäbe*, welche wirkungsvolle Neutronenabsorber (Silber-Indium-Cadmium-Legierungen oder Borcarbid) enthalten, erfolgt eine schnelle Steuerung des Neutronenflusses innerhalb des Reaktorkerns und damit der Reaktorleistung. Borlösungen werden in DWR ebenfalls zur Leistungsregelung bzw. zur Abbrandkompensation und besonders in SWR für Notabschaltungen verwendet.

Die für die Zukunft geplante technische Energienutzung bei der *Kernverschmelzung* bspw. von schweren Wasserstoffkernen (Deuterium und Tritium) zu Heliumkernen, die sog. *Kernfusion*, befindet sich noch im Experimentierstadium. Der theoretische Gesamtprozess erzeugt aus 1 g Deuterium (schwerer Wasserstoff ^2H) 300 MWh an Energie, ein vielfaches der Kernspaltung. Ein Fusionsreaktor wäre u. a. deshalb den Kernspaltungsreaktoren überlegen, weil das zur Verfügung stehende Wasser als Energiequelle dienen kann und der verbleibende radioaktive Abfall geringer ist. Seine großtechnische Anwendung zur Energieerzeugung ist noch nicht absehbar, jedoch befindet sich mit dem internationalen Projekt ITER (Apronym, lateinisch für Weg und „International Thermonuclear Experimental Reactor") in Frankreich ein Tokamak-Versuchsreaktor im Bau, welcher einen Ernergieüberschuss liefern und die Technologie für kommerzielle Anlagen erproben soll. In Deutschland ist die Stellerator-Versuchsanlage Wendelstein 7-X seit Ende 2015 im Betrieb, in der die Eigenschaften von Plasmen im Dauerbetrieb erforscht werden sollen.

48.5.1 Brutprozess

Das bei der Absorption thermischer (langsamer) Neutronen in U-238 entstehende U-239 ist instabil und zerfällt zu Pu-239. Pu-239 ist durch thermische Neutronen spaltbar.

In mit Uran betriebenen Kernreaktoren befindet sich typischerweise deutlich mehr U-238 als U-235. Da im Mittel etwa 2,43 Neutronen je Spaltung entstehen und dabei etwa 1/3 im U-238 durch Resonanzabsorption eingefangen werden, läuft der „Konversionsprozess" von U-238 zu Pu-239 durch Neutroneneinfang des U-238 neben der Spaltung von U-235 ab. Dabei wird nicht jeder U-238-Kern zu Pu-239 umgewandelt.

Ist der Konversionsfaktor größer als 1,0, d. h. entsteht mehr Spaltstoff (hier Pu-239) als verbraucht wird, so wird dies als „brüten" bezeichnet. Thermische Reaktoren weisen aufgrund ihrer inneren Neutronenverluste typischerweise Konversionsfaktoren von 0,7 bis 0,9 auf und werden „Konverter" genannt. Im Laufe des Betriebes eines solchen Reaktors trägt die Spaltung von Pu-239 zunehmend zur Reaktion bei. Konversionsfaktoren über 1,0 können bei hoher Anreicherung ohne Moderator (Vermeidung der Neutronenabbremsung und von Absorptionsverlusten) erzielt werden, d. h. mit schnellen Neutronen. Ein solcher Reaktor wird daher auch als „schneller Brüter" bezeichnet.

Da Brüter die Nutzung der im Vergleich zu U-235 größeren Masse U-238 ermöglichen, lässt sich unter Berücksichtigung der Verluste durch (n,γ)-Absorption und radioaktioven Zerfall sowie der mehrfachen Wiederaufbereitung die aus

Uran gewinnbare Energie auf das etwa 60-fache gegenüber der bloßen Verwendung von U-235 in Konverten steigern.

Eine andere Möglichkeit, Spaltstoff aus nichtspaltbaren Isotopen zu erbrüten, ist die Neutronenbestrahlung von Thorium $^{232}_{90}\mathrm{Th}$, dem einzigen in der Natur vorkommenden Thoriumisotop. Dies wird durch Neutroneneinfang zu Th-233 und zerfällt aufgrund der Instabilität zu U-233 nach Gl. (48.9).

$$\begin{aligned} ^{232}_{90}\mathrm{Th} + {}^{1}_{0}\mathrm{n} &\rightarrow {}^{233}_{90}\mathrm{Th} \rightarrow {}^{0}_{-1}\mathrm{e} + {}^{233}_{91}\mathrm{Pa} \\ &\rightarrow {}^{0}_{-1}\mathrm{e} + {}^{233}_{92}\mathrm{U}\,. \end{aligned} \tag{48.9}$$

U-233 weist ähnliche Spalteigenschaften wie U-235 auf. Bei höheren Temperaturen bietet es einen größeren Spaltungs-Wirkungsquerschnitt σ_s und ist deshalb besonders geeignet für Hochtemperaturreaktoren (s. Abschn. 49.4.4).

Der Hauptteil der Erze besteht aus stark neutronenabsorbierenden Seltenen Erden, von denen das Thorium bei der Aufbereitung getrennt werden muss. Dazu wird es mit Phosphaten ausgefällt, in Nitrate umgewandelt und durch Flüssigextraktion von den restlichen Seltenen Erden befreit.

48.5.2 Brennstoffkreislauf

Er umfasst außer der Gewinnung des Spaltstoffs die Wiederaufbereitung bestrahlter Brennelemente und die Abfallbeseitigung.

Aus abgebautem uranhaltigem Gestein wird durch Brechen, Mahlen und Behandlung mit Säure oder Lauge ein pulverförmiges Uranerzkonzentrat („Yellow Cake“) erzeugt, welches etwa 70 % Uran in Form von U_3O_8 enthält. Zur Weiterverarbeitung wird das Uran u. a. durch Behandlung mit Wasserstoff in einen hochreinen Zustand gebracht und im Anschluss durch Flusssäure und Fluorierung zu Uranhexafluorid (UF_6,) umgewandelt. Die Anreicherung von U-235, d. h. Trennung von U-235 und U-238, erfolgt in Form des gasförmigen UF_6 ($^{235}UF_6$ und $^{238}UF_6$) heute im Wesentlichen nach zwei Verfahren. Beim Gasdiffusionsverfahren wird Uranhexafluorid unter hohem Druck durch feinporige Membranen hindurchgepresst und eine Trennung aufgrund der unterschiedlichen Diffusionsgeschwindigkeiten erreicht. Beim Zentrifugalverfahren findet die Trennung aufgrund der unterschiedlichen Zentrifugalkräfte, die auf die verschieden schweren Moleküle wirken, in Gaszentrifugen statt. Beide Verfahren nutzen das unterschiedliche Molekulargewicht von $^{235}UF_6$ und $^{238}UF_6$ aus, um das erstere im Produkt auf den später benötigten Anteil anzureichern (typisch etwa 3–4 %). Das so angereicherte Uranhexafluorid wird zu Urandioxid (UO_2) umgewandelt und anschließend in Tablettenform bei 1700 °C gesintert. Diese Pellets werden in Brennstäbe eingefüllt.

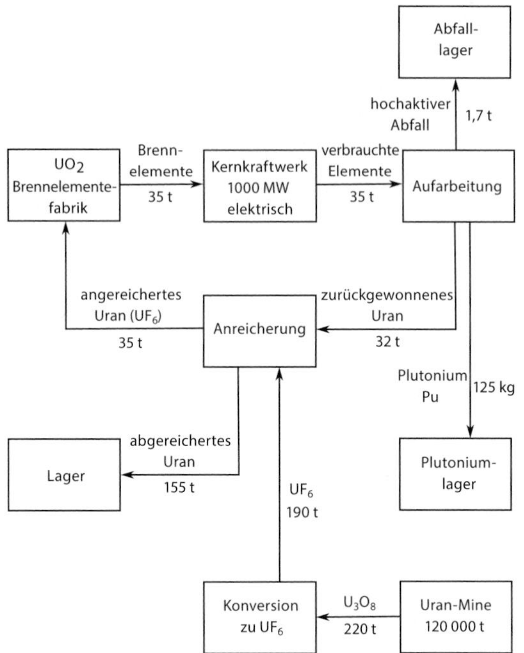

Abb. 48.6 Brennstoffkreislauf und Rückführung von Uran [13]

Bei einem Abbrand von etwa 33 GWd/t bleiben 32 t/a Uran unverbraucht, die in die Anreicherung zurückgeführt werden könnten, sowie 125 kg Pu-239 (Abb. 48.6). Dieses Plutonium kann in sogenannten Mischoxid(MOX)-Brennelementen wiederverwendet werden. Im Juni 2000 wurde mit den deutschen Kernkraftwerksbetreibern vereinbart, diese Wiederaufbereitung verbrauchter Brennelemente ab 2005 einzustellen.

Gegenwärtig beträgt der Abbrand in Deutschland ca. 35 GWd/t. Die Brennstoffkosten betrugen 2013 ca. 2981 US$/kg UO_2 bei Urankosten von 242,3 US$/kg U_3O_8 [14].

Tab. 48.6 Zusammensetzung der Brennelemente vor und nach Einsatz

	Reaktortyp	
	SWR	DWR
Ausgangsmaterial 1000 g „schwach" angereichertes Uran		
Anreicherung	2,6 % U-235	3,3 % U-235
Abbrand	27,5 MWd/kg	33 MWd/kg
Von 1000 g U verbleibt im abgebrannten Brennstoff:		
U-238	953,0 g	945,0 g
U-236	3,3 g	4,2 g
U-235	6,2 g	8,6 g
Pu-239	4,0 g	5,3 g
Pu-240	2,1 g	2,4 g
Pu-241	0,9 g	1,2 g
Pu-242	0,4 g	0,4 g
andere Aktiniden-Elemente	ca. 0,5 g	ca. 0,6 g
Spaltprodukte	29,5 g	32,5 g

48.5.3 Endlagerung radioaktiver Abfälle

Der Umgang mit den radioaktiven Abfällen ist ein öffentlich kontrovers diskutiertes Thema. Es ist internationaler Konsens, dass hochradioaktive Abfälle in tiefen geologischen Formationen endgelagert werden sollen, so dass die Schadstoffe dauerhaft von Stoffkreisläufen der Biosphäre isoliert werden. In Deutschland soll die Langzeitsicherheit des Endlagers für einen Zeitraum von 1 Mio. Jahre gewährleistet sein (nach [15, §1 (2)]).

Abfälle mit vernachlässigbarer Wärmeentwicklung (schwach- und mittelradioaktive Abfälle) werden entsprechend den Endlagerungsbedingungen konditioniert und in zugelassenen Endlagerbehältern zur Einlagerung in das Endlager Schacht Konrad bereitgestellt. Dies sind etwa 90 % des gesamten nuklearen Abfallvolumens, jedoch ca. 1 % der Radioaktivität des nuklearen Abfalls in Deutschland [16]. Das Endlager Schacht Konrad wurde mit Abschluss des Verfahrens 2007 für ein Abfallvolumen von 303 000 m^3 mit vernachlässigbarer Wärmeentwicklung planfestgestellt [17]. Aktuell wird das Endlager ausgebaut. Derzeitige Planungen gehen aufgrund von Verzögerungen von einer Fertigstellung im Jahr 2027 aus [18].

In dem ehemaligen Salzbergwerk Asse wurde von 1976 bis 1978 ein Großteil der schwach- und mittelradioaktiven Abfälle (vernachlässigbare Wärmeentwicklung) der Bundesrepublik Deutschland eingelagert. Aufgrund von Salzlösungszutritten in das Grubengebäude ist die Asse entsprechend der Novelle des Atomgesetzes vom März 2009 schnellstmöglich stillzulegen [19]. Dazu ist nach aktuellem Kenntnisstand die Rückholung der radioaktiven Abfälle notwendig. Dies ist seit 2013 gesetzlicher Auftrag [20].

Wärmeentwickelnde Abfälle (2 bis 20 kW/m^3, hochradioaktiv), zu denen auch die abgebrannten Brennelementen gehören, machen in Deutschland ca. 10 % des nuklearen Abfallvolumens (jedoch etwa 99 % der Radioaktivität) aus. Diese wurden bis zum Verbot des Transports von abgebrannten Brennelementen zur Wiederaufarbeitung im Juli 2005 als Rückstände aus der Wiederaufarbeitung durch Eingießen – entsprechend ihrer Strahlung in Bitumen, Beton oder Borsilikatgläser – verfestigt. Die verfestigen Abfälle wurden dann zum größten Teil in das Transportbehälterlager Gorleben transportiert und dort oberirdisch zwischengelagert. Seit dem Verbot der Wiederaufarbeitung werden abgebrannte Brennelemente in den Standortzwischenlagern der Kernkraftwerke bis zu deren direkten Endlagerung zwischengelagert. Dafür wird der Transport- und Lagerbehälter CASTOR® verwendet.

In Deutschland werden laut dem BMU bis zum Jahr 2050 etwa 300 000 m^3 radioaktive Abfälle mit vernachlässigbarer Wärmeentwicklung erwartet [18]. An wärmeentwickelnden Abfällen sind bis zur Stilllegung aller deutschen Kernkraftwerke ca. 10 500 t zu erwarten [21].

In keinem Land gibt es zurzeit (Stand August 2020) ein in Betrieb befindliches Endlager. Die finnische Regierung hat im November 2015 die Baugenehmigung für das Endlager für wärmeentwickelnde Abfälle am Standort Olkiluoto erteilt. Die vom finnischen Kernenergiegesetz vorgesehene Zustimmung der Behörde für Strahlenschutz und Nuklearsicherheit „Stuk" nach eingehender Überprüfung ist im November 2016 erfolgt und im Jahr 2020 soll die Betriebsgenehmigung bei der STUK beantragt werden. Nach Erteilung der Genehmigung soll noch im selben Jahr die Einlagerung beginnen [22].

In Deutschland soll auf Grundlage des 2013 verabschiedeten Standortauswahlgesetzes ein Endlagerstandort für wärmeentwickelnde Abfälle ausgewählt werden. Dabei soll auch der bis 2010 erkundete Salzstock Gorleben weiterhin mitbetrachtet werden [23].

48.6 Regenerative Energien

Die Existenz der regenerativen Energien ist auf die Sonnenenergie zurückzuführen sowie auf den Einfluss des Mondes bei den Gezeiten und auf die Erdwärme bei der Geothermie.

48.6.1 Wasserenergie

Zur Gewinnung mechanischer Arbeit in Form von Wasserrädern, schon vor Jahrhunderten genutzt, dient die Wasserkraft heute vorwiegend der Stromerzeugung (s. Kap. 7 und Abschn. 49.3.1). Vor allem in Ländern der Dritten Welt bestehen noch Möglichkeiten, durch Bau von Wasserkraftwerken die Energiegrundlage, die Trink- und Nutzwasserversorgung und die Verkehrsverhältnisse auf den Wasserläufen zu verbessern. Der Einfluss solcher Maßnahmen auf Klima und Grundwasserspiegel ist zu beachten. Langjährige Aufzeichnungen über Niederschlagsmengen im Einzugsbereich und über Wasser- und Geschiebeführung der in Frage kommenden Gewässer sind Voraussetzung für eine wirtschaftliche Auslegung, bei der auch Übertragungskosten der gewonnenen elektrischen Energie und Kosten der Leistungsreserve bei Trockenperioden zu berücksichtigen sind. Die durch Stauseen zusätzlich überfluteten Gebiete sind ökologisch zu bewerten. Die derzeitige Nutzung der Wasserkraft zur Stromerzeugung ist in Abb. 48.7 dargestellt. Sie ist auch von der Niederschlagsmenge abhängig. In Deutschland sind derzeit ca. 7300 Anlagen (2019) am Netz angeschlossen (s. Abschn. 49.3.1).

Die meisten Wasserkraftanlagen sind klein und haben eine Leistung von weniger als 100 kW. Insgesamt sind derzeit in Deutschland 5600 MW installiert und erzeugen zwischen 20 und 29 TWh Strom. Der größte Teil des erzeugten Stromes (ca. 90 %) ist auf die wenigen großen Anlagen (über 1 MW, knapp über 400 Anlagen) zurückzuführen. Die Stromerzeugung ist abhängig von der Niederschlagsmenge. Im Jahr 2018 lag die erzeugte Strommenge bei 20 TWh (Bundesverband deutscher Wasserkraftwerke).

Neben der Stromerzeugung durch Fluss- und Niederschlagswasser ist ebenfalls möglich, die Wasserkraft der Meere zu nutzen. Es gibt wenige Anlagen, hiervon liegt keine in Deutschland. Gezeitenkraftwerke nutzen die Flut um Wasser in beispielsweise Becken zu befördern und dann bei Ebbe durch eine Turbine wieder zu entlassen. Hohe Investitionskosten, Behinderung der Schifffahrt durch Staudammschleusen, tidenabhängige und daher zeitlich beschränkte Stromerzeugung ergeben geringe wirtschaftliche Möglichkeiten. Im europäischen Raum ist bisher nur das *Gezeitenkraftwerk* an der Rance bei St. Malo 1966 mit 24 Maschineneinheiten à 10 MW in Betrieb gegangen, das vor Jahren völlig überholt wurde (Staudammbreite: 750 m, Tidenhub bis 14 m).

Die Ausnutzung der tiefenabhängigen Temperaturdifferenz im Meereswasser sowie auch die Nutzung der dynamischen Kräfte der Meereswellen zur Energiegewinnung werden in absehbarer Zeit keinen nennenswerten Beitrag zur Energieversorgung leisten.

Unter den Wellenenergiekonvertern sind die OWC-Kraftwerke (oscillating water column) die bisher erfolgversprechenden Anlagen. Ein Quadratmeter Rotorfläche erzeugt bei einer Meeres-

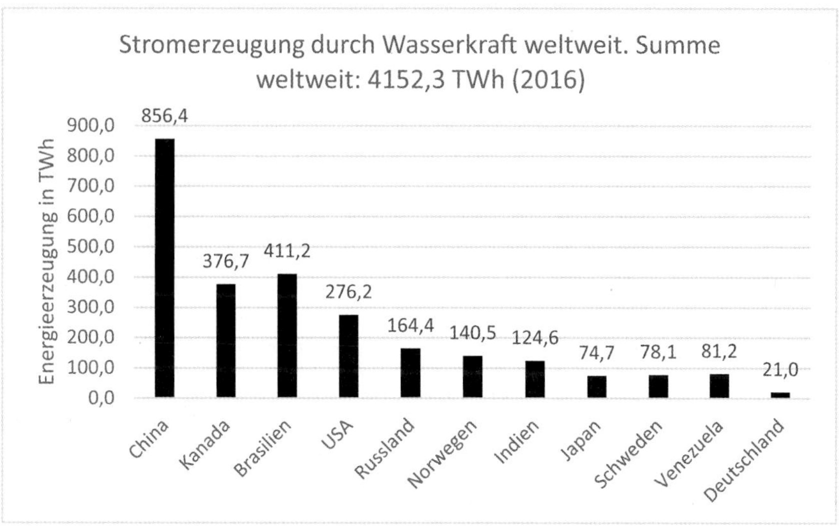

Abb. 48.7 Stromerzeugung durch Wasserkraft weltweit. Summe weltweit: 4152,3 TWh (2016). (Quelle: VIK Statistik Energiewirtschaft 2019)

strömungsturbine etwa achtmal soviel Leistung wie bei einem Windrad. Entscheidend ist die gute Verankerung im Boden und die Beständigkeit der Werkstoffe gegenüber Salzwasser. Wellenenergiekonverter werden derzeit noch nicht kommerziell genutzt. Bisher existieren lediglich Prototypen und Versuchsanlagen.

48.6.2 Windenergie

Die Windenergie ist die größte genutzte erneuerbare Primärenergie in Deutschland.

Die Leistung des Windes auf eine zur Strömungsrichtung senkrechte Fläche beträgt:

$$P = 0{,}5 \cdot \varrho \cdot v^3 \cdot A_{\text{Rotor}} \tag{48.10}$$

P: Windleistung, ϱ: Luftdichte ($1{,}23\,\text{kg/m}^3$), v: Strömungsgeschwindigkeit, A_{Rotor}: Rotorfläche.

Die entziehbare Leistung eines frei umströmten Rotors ergibt sich aus dem Verhältnis der Strömungsgeschwindigkeiten vor und nach dem Rotor. Die Windenergie lässt sich nach Betz maximal zu 59,3 % in andere Energieformen umwandeln, da die Energieabgabe mit einer Reduzierung der Strömungsgeschwindigkeit und einem Luftstau einhergeht.

Bei der Planung geeigneter Standorte spielt die durchschnittliche Windgeschwindigkeit für den wirtschaftlichen Betrieb eine wesentliche Rolle. Onshore hat die Beschaffenheit der Oberfläche (z. B. durch Bewaldung) bis zu einer Höhe von 100 m einen großen Einfluss auf die Windgeschwindigkeit. Daher haben moderne Windenergieanlagen eine Nabenhöhe oberhalb dieser Marke. Im Offshore-Bereich ergeben sich günstigere Bedingungen aufgrund der homogenen Oberflächenstruktur der Meere. Zudem weht der Wind hier deutlich gleichmäßiger, wodurch höhere jährliche Volllaststunden erreicht werden können. In der Nordsee sind die Verhältnisse für die Windkraftnutzung durch die hohen durchschnittlichen Windgeschwindigkeiten von 10–11 m/s sehr vorteilhaft. Im Gegensatz dazu liegen die Werte in Südeuropa bei 3–8 m/s [24].

In Deutschland sind derzeit (Ende 2019) 30 925 Windkraftanlagen mit etwa 61 GW installiert (Bundesverband WindEnergie). Somit hat Deutschland weltweit gesehen die drittgrößte Menge an installierten Windkraftanlagen (Abb. 48.8). Im Jahr 2019 wurden laut Hochrechnung der Übertragungsnetzbetreiber 106 TWh durch Onshore- und 25,8 TWh durch Offshore-Windkraftanlagen erzeugt (Deutsche WindGuard).

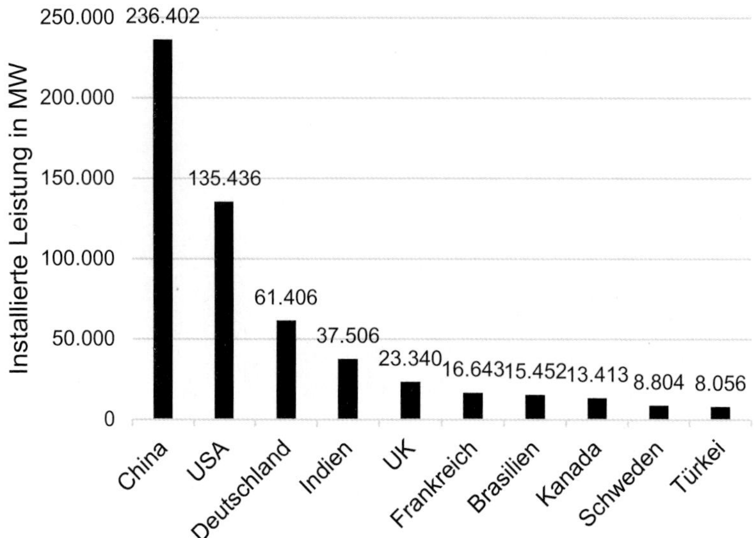

Abb. 48.8 Windenergienutzung weltweit. Summe installierter Leistung weltweit: 621 GW (2019). (Quelle: GWEC)

48.6.3 Solarenergie

Die Sonnenstrahlung stellt eine aus menschlicher Perspektive unerschöpfliche Energiequelle dar. Sie trifft mit einer Leistung von 1367 W/m^2 auf die Erdatmosphäre (Solarkonstante). Beim Atmosphärendurchgang wird die Strahlung durch Reflexion, Absorption und Diffusion geschwächt. Je nach Einstrahlwinkel ist die zu durchstrahlende Strecke durch die Atmosphäre unterschiedlich lang. Die senkrechte Durchstrahlung am Äquator wird mit dem AirMass Faktor AM $=$ 1 angegeben. Bei einem Einstrahlwinkel von 30° zur Erdoberfläche beträgt AM $=$ 2 (Abb. 48.9):

$$\mathrm{AM} = 1/\sin\alpha$$

AM: AirMass, α: Einstrahlwinkel.

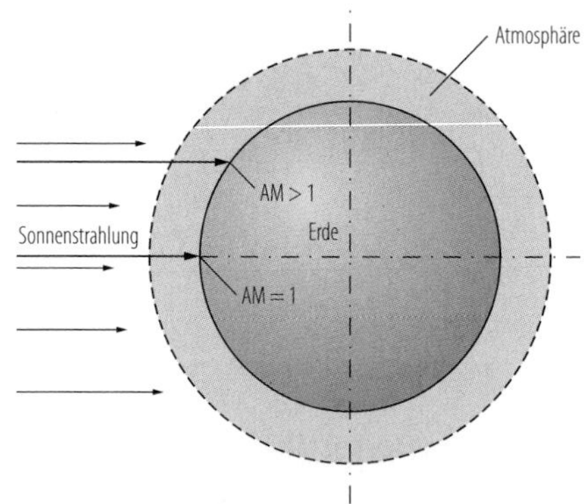

Abb. 48.9 Sonnenstrahlung auf die Erde

Ebenfalls wird das Spektrum des Sonnenlichts bei Durchstrahlung durch die Erdatmosphäre je nach AM-Wert verändert. Die spektrale Strahlungsleistungsdichte wird reduziert und einzelne Wellenlängen werden ausgeblendet (Abb. 48.10). Die solare Einstrahlung auf die Erdoberfläche ist darüber hinaus ganz wesentlich von der Sonnenscheindauer abhängig. So werden in Deutschland maximal Werte von 1100 kWh/m^{2}a, am Mittelmeer von 1400 kWh/m^{2}a und in Nordafrika, Südamerika und Australien Werte von 2200 kWh/m^{2}a erreicht (Abb. 48.11). Ohne Berücksichtigung von Wirkungsgradverlusten bei höheren Modultemperaturen rechnet sich somit eine Anlage bei gleichen Investitionskosten in Nordafrika wesentlich schneller als in Deutschland.

Die Strahlung auf die Erdoberfläche wird in direkte und diffuse Strahlung unterschieden. Die direkte Strahlung kann wesentlich effektiver in Nutzenergie gewandelt werden.

Die Sonnenstrahlung wird direkt genutzt durch (s. Abschn. 49.3.3):

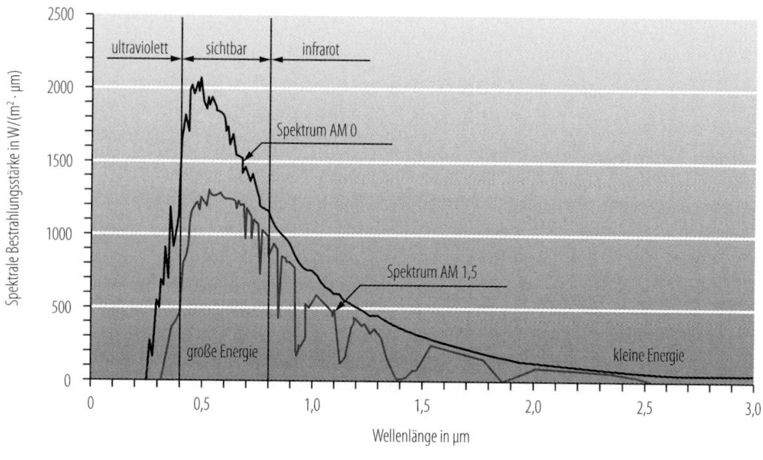

Abb. 48.10 Spektrum des Sonnenlichts

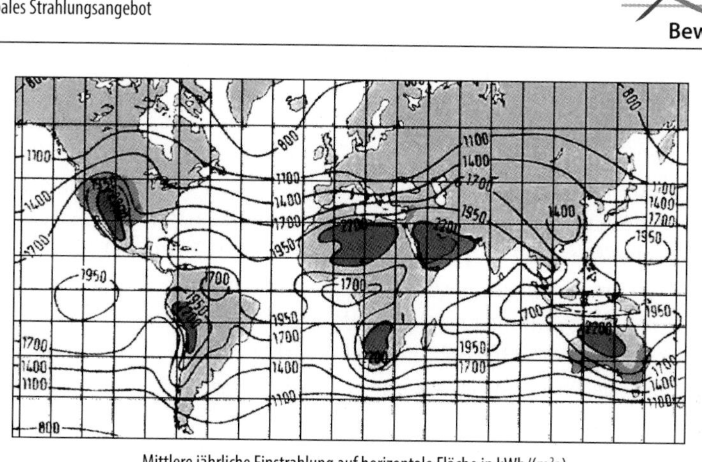

Abb. 48.11 Sonneneinstrahlung weltweit

- Photovoltaikanlagen zur Stromerzeugung
- Solarthermische Anlagen zur Erzeugung von Wärme für Brauchwasser und Heizung
- Solarkraftwerke zur Stromerzeugung mittels eines zwischengeschalteten Dampfprozesses

Sonnenenergie wird indirekt genutzt durch:

- Biomasse
- Erdwärme
- Wasserkraftwerke
- Windenergie

48.6.4 Geothermische Energie

Der aus dem Erdinnern strömende Wärmefluss von 0,06 bis 0,08 W/m^2 ist zu 80 % auf den Zerfall radioaktiver Isotope in Gesteinen (U 238, Th 232 und K 40) und zu 20 % auf die Ursprungswärme bei der Erdentstehung zurückzuführen. Normalerweise beträgt die Temperaturzunahme durchschnittlich 3 K pro 100 m Tiefe, im Oberrheingraben kann der Wert auf 5 K oder in der Toskana auf 20 K ansteigen. Die Speicherwärme in der Erdkruste liefert je nach Örtlichkeit aus dort vorhandenem Wasser Heiß- oder Sattdampf bzw. Heißwasser. Diese Energieträger dienen zur Elektrizitätserzeugung, als Prozesswärme und zur Raumheizung (Abschn. 49.3.4). Von ihnen mitgeführte Fremdstoffe können zu Korrosionen und zu Umweltbelastungen führen und die Ausnutzung erschweren. Bei unter Druck stehendem Heißwasser, das oft in Verbindung mit Naturgas steht, wird auch die Entspannungsenergie bei der Freisetzung genutzt. Beim Hot-Dry-Rock-Verfahren wird kaltes Fremdwasser in großer Tiefe (3000–4000 m) durch trockene, heiße Gesteinsfelder gepumpt und erhitzt. Als Heißwasser wieder nach oben gefördert dient es der Elektrizitäts- und Wärmeerzeugung. Die Nutzung der geothermischen Energie ist lediglich von lokaler Bedeutung und auf die Energieversorgung größerer Regionen nur von geringem Einfluss. Nach Angaben des Bundesverbands der Geothermie sind derzeit (Januar 2019) im Bereich der tiefen Geothermie (Bohrtiefe >400 m) 37 Anlagen in Betrieb (Heizwerke, Kraftwerke und Heizkraftwerke). Die installierte Wärmeleistung beträgt insgesamt 336,51 MW und die installierte elektrische Leistung 37,13 MW. Es befinden sich 3 weitere Anlagen in der Bauphase, 5 weitere sind Forschungsprojekte und ca. 30 werden derzeit geplant. Die oberflächennahe Wärmenutzung des Erdreichs (Bohrtiefe < 400 m) erfolgt mittels Kollektoren in einer Tiefe von 80–160 m oder Erdwärmesonden in einer Tiefe von ca. 100 m. Mit Hilfe einer Kompressionswärmepumpe wird das Wärmeträgermedium verdichtet und die Temperatur erhöht sich, so dass die geothermische Wärme zur Raumbeheizung genutzt werden kann. Derzeit sind über 400 000 oberflächennahe Geothermieanlagen mit einer Leistung von ca. 4400 MW in Deutschland installiert (2019), hierbei handelt es sich hauptsächlich um Anlagen mit Wärmepumpen.

48.6.5 Biogas

Organische Abfälle werden in Faulgruben gesammelt und mikrobiell in Faulgase, vorwiegend Methan und immissionsfreien Dünger, umgewandelt. Das Biogasverfahren ist in dicht besiedelten Industrieländern wichtig in Bezug auf Umweltschutz. Eine weitere Verflüssigung des Gases als Treibstoff wäre wegen des erforderlichen Kompressionsaufwands unwirtschaftlich. Angelegte Mülldeponien werden zu ihrer Entgasung mittels Motoren zur Strom- und Fernwärmeerzeugung genutzt (Deponiegasanlagen). Die größte Biogaserzeugung stammt aus einer Deponie von New York, die täglich rd. 0,5 Mio. m^3 Methan liefert. In Deutschland sind laut Fachverband Biogas e. V. 2019 9527 Biogasanlagen im Betrieb. Bis Ende 2020 wurde ein Zubau von 68 Anlagen prognostiziert. Demnach waren 2019 5000 MW elektrische Leistung installiert, die ca. 33,33 TWh zur Brutto-Stromerzeugung Deutschlands beitragen (Abb. 48.12).

Eine der größten Biogasanlagen ist der Bio-Energie Park Güstrow und liegt in Mecklenburg-Vorpommern. Mit einer installierten thermischen Leistung von 50 MW werden in vier Fermentern pro Jahr ca. 46 Mio m^3 Biomethan erzeugt. Dies entspricht ca. 160 Mio. kWh an elektrischer und 180 Mio. kWh an thermischer Energie im Jahr. Die bei der Herstellung des Biogas anfallenden Gärreste (ca. 460 000 t) werden im Düngerwerk aufgearbeitet und zu Flüssigdünger und Presskuchen verarbeitet, die wiederum von den Landwirten zum Ackerbau genutzt werden (NAWARO BioEnergie AG). Für die Einspeisung ins Erdgasnetz muss das Biogas, das einen Methangehalt zwischen 50 und 75 % hat, vorbehandelt und auf Erdgasqualität konditioniert werden. Schweden versucht derzeit seine Ölimportabhängigkeit (z. Zt. 30 %) vorwiegend im Kraftfahrzeugbereich durch Erzeugung und Einsatz von Bioethanol (Kraftstoff E85 – 85 % Ethanol u. 15 % Benzin) zu reduzieren. In Deutschland ist seit 2011 der Kraftstoff Super E10 (10 % Ethanol) zwecks Umweltschutz und Reduzierung der Ölabhängigkeit, gestützt durch eine EU Vorgabe, eingeführt worden.

48.6.6 Biomasse

Unter Biomasse für die Energieversorgung versteht man Holz, naturbelassen als Scheitholz, aufgearbeitet als Pellets, unbelastet, unbehandelt und

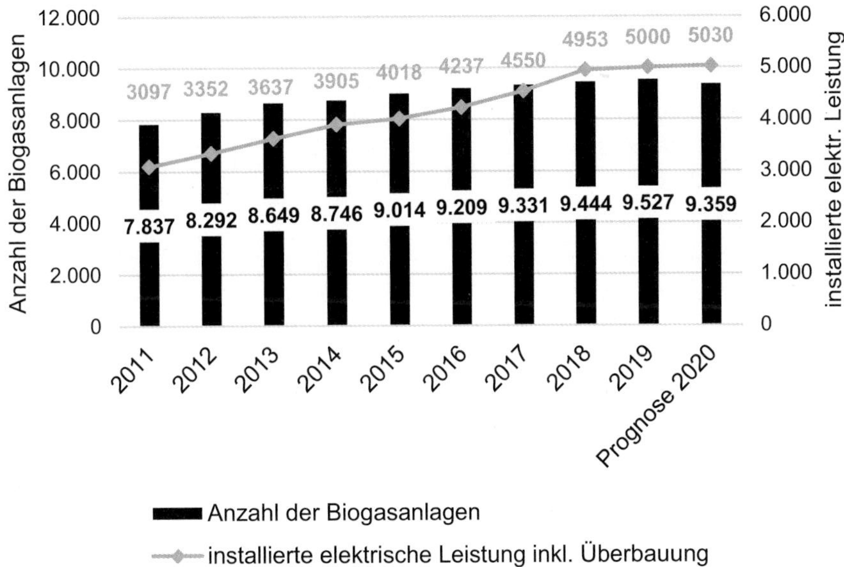

Abb. 48.12 Entwicklung der Anzahl Biogasanlagen und der gesamten installierten elektrischen Leistung in MW. (Quelle: Fachverband Biogas e. V., Stand 07/2020)

sortiert als Rest- und Abfallholz, andere schnell wachsende Pflanzen und verbrennbare Reststoffe der Agrarwirtschaft. Holz und andere pflanzliche Energieträger sind gespeicherte Sonnenenergie. Da diese während ihres Wachstums so viel CO_2 aus der Atmosphäre abgebaut haben, wie sie anschließend bei der Verbrennung wieder freisetzen, kann die Nutzung von Biomasse als CO_2-neutral betrachtet werden. Damit gehören sie zu den regenerativen Energien.

Holzpellets sind kleine zylindrische Presslinge aus naturbelassenen Holzspänen, wie sie im holzverarbeitenden Gewerbe anfallen. Holzeigene Bindestoffe machen das Pellet formstabil und beständig. Fremdstoffe (z. B. Leim, Kunststoffe) dürfen bei der Herstellung der Brennstoff-Pellets nicht zugegeben werden. Ausgeschlossen sind ebenso Hölzer, die mit Fremdstoffen belastet sind. Holzpellets sind seit 1996 in Deutschland als Brennstoff für Kleinfeuerungsanlagen zugelassen. Sie sind gemäß DIN EN ISO 17225 „Biogene Festbrennstoffe – Brennstoffspezifikationen und -klassen“ genormt. In DIN EN ISO 17225-2 „Klassifizierung von Holzpellets“ werden die Anforderungen an Holzpellets weiter spezifiziert. Hierzu zählen unter anderem Vorgaben zu Materialzusammensetzung, Heizwert, mechanischer Festigkeit, Aschegehalt und Größe. Grundsätzlich wird unterschieden, ob es sich um eine große oder kleine Feuerungsanlage handelt, daher werden hier die Angaben zwischen industrieller oder häuslich/gewerblicher Nutzung unterschieden. Die häuslich/gewerblich genutzten Holzpellets haben einen Durchmesser von 6–8 mm und eine Länge von 3,15 bis 40 mm. Der Heizwert muss bei mindestens 4,6 kWh/kg liegen, dies entspricht in etwa dem Heizwert von einem halben Liter Heizöl (DEPI, DEPV). Holzpellets sind besonders schütt- und rieselfähig, sie werden mit dem Tankwagen geliefert und in einen Lagerraum oder Lagertank im Haus eingeblasen, aus dem sie bei Bedarf automatisch in die Feuerung transportiert werden. Die Schüttdichte der Pellets mit mehr als 600 kg/m^3 ist höher als bei anderen Holzbrennstoffen. Der Energieaufwand für die Herstellung der Pellets aus Restholz liegt bei ca. 2,7 % ihres Energiegehalts. Der Preis für Holzpellets betrug je nach Region und Abnahmemenge zwischen 212 und 225 €/t (Juli 2020, DEPV).

Anhang

Tab. 48.7 Heizwerte der Energieträger und Faktoren für die Umrechnung von natürlichen Einheiten in Energieeinheiten (Quelle: AG Energiebilanzen, Stand: März 2020)

Energieträger	Natürliche Einheit	Heizwert (kJ)	Heizwert (kcal)	SKE-Faktor
Steinkohle [a]	kg	27 368	6537	0,934
Steinkohlenbriketts [b]	kg	31 398	7499	1,071
Steinkohlenkoks [b]	kg	28 739	6864	0,981
Braunkohle [a]	kg	9050	2162	0,309
Braunkohlenbriketts [b]	kg	19 610	4684	0,669
Andere Braunkohlenprodukte [b]	kg	21 779	5 202	0,743
Erdöl (roh) [a]	kg	42 505	10 152	1,450
Ottokraftstoffe [b]	kg	42 281	10 099	1,443
Rohbenzin [b]	kg	44 000	10 509	1,501
Flugturbinenkraftstoff [b]	kg	42 800	10 223	1,460
Dieselkraftstoff [b]	kg	42 648	10 186	1,455
Heizöl, leicht [b]	kg	42 816	10 226	1,461
Heizöl, schwer [b]	kg	40 343	9636	1,377
Petrolkoks [b]	kg	32 000	7643	1,092
Flüssiggas [b]	kg	43 074	10 288	1,470
Raffineriegas [b]	kg	45 492	10 866	1,552
Andere Mineralölprodukte [b]	kg	39 501	9435	1,348
Kokereigas, Stadtgas [b]	m^3	15 994	3820	0,546
Gichtgas, Kovertgas [b]	m^3	4187	1000	0,143
Erdgas, Erdölgas [c]	kWh	3600	860	0,123
Grubengas [a]	m^3	17 769	4239	0,606
Strom	kWh	3600	860	0,123

[a] Durchschnittswert für den Primärenergieverbrauch; im Übrigen gelten unterschiedliche Heizwerte.
[b] Durchschnittswert für die Produktion und Einfuhr; im Übrigen gelten unterschiedliche Heizwerte.
[c] Sofern statistische Daten auf dem oberen Heizwert (Brennwert) beruhen, werden sie für die Energiebilanz mit dem Faktor 0,9024 in den unteren Heizwert umgerechnet.

Tab. 48.8 Fossile Brennstoffe

Brennstoff	Asche (Mittel)	Wasser (Mittel)	Heizwert				Minimale Verbrennungsluftmenge
			Rohbrennstoff		Reinsubstanz		
	%	%	kJ/kg	kcal/kg	kJ/kg	kcal/kg	m^3/kg
Holz, frisch	0,3	50	8374	2000	18 841	4500	4,2
trocken	0,5	18	15 072	3600	18 841	4500	4,2
Torf, frisch	0,9	85	1047	250	22 609	5400	4,2
lufttrocken	4,7	28	14 654	3500	22 609	5400	4,2
Braunkohle:			H_u	H_u	H_o	H_o	
rheinländische	3,5	59	7997	1910	9923	2370	2,7
mitteldeutsche	5,9	53	9211	2200	11 137	2660	2,9
oberbayerische Pechkohle	18	12	19 845	4740	21 143	5050	6,0
brikettierte	7	13	19 678	4700	20 934	5000	5,3
Steinkohle:							
Gasflammkohle	6	5	27 214	6500	29 308	7000	7,5
Gaskohle	6	5	29 308	7000	30 982	7400	7,7
Fettkohle	6,5	5	30 982	7400	32 238	7700	7,9
Esskohle	8	3	31 820	7600	32 657	7800	7,9
Magerkohle	7,5	4,5	31 401	7500	32 657	7800	8,0
Anthrazit	6	3	30 982	7400	31 820	7600	8,2
Zeckenkoks	8	2,5	30 145	7200	30 564	7300	9,1
Spiritus	–	–	23 865	5700	26 754	6390	6,3
Benzol	–	–	40 235	9610	41 952	10 020	10,2
Benzin	–	–	42 496	10 150	46 683	11 150	11,5
Dieselöl	–	–	41 659	9950	44 799	10 700	11,1
Heizöl	–	–	42 915	10 250	45 008	10 750	11
			kJ/m^3	kcal/m^3	kJ/m^3	kcal/m^3	V_{Luft}/V_{Gas}
Erdgas/Methan	–	–	35 588	8500	39 775	9500	10
Stadtgas	–	–	17 585	4200	19 259	4600	3,7
Wassergas	–	–	10 760	2570	11 765	2810	2,2
Generatorgas	–	–	5652	1350	5945	1420	1,3
Gichtgas	–	–	3977	950	4061	970	0,76

Tab. 48.9 Aktuelle Daten zur Berechnung der Klimawirksamkeit fossiler Energieträger

CO_2-Emissionen bei Verbrennung	Erdgas:	0,2 kg CO_2/kWh = 61 %
	Steinkohle:	0,33 kg CO_2/kWh = 100 %
	Braunkohle:	0,4 kg CO_2/kWh = 121 %
	Schweröl:	0,28 kg CO_2/kWh = 85 %
	Leichtöl:	0,26 kg CO_2/kWh = 79 %
Methan-Emissionen bei Erdgasnutzung:	1,6 ... 2,6 % des Verbrauchs	
Methan-Emissionen bei Steinkohlennutzung:	9 ... 19 m^3 CH_4/t Steinkohle	
Methan-Emissionen bei Braunkohlennutzung:	0,015 m^3 CH_4/t Braunkohle	

Tab. 48.10 Eigenschaften natürlicher fester Brennstoffe [1]

Brennstoffart		Flüchtige Bestandteile in Gew.-% auf waf bezogen	Mittlere Elementaranalyse in Gew.-%, auf waf bezogen					Gew.-% der Rohbrennstoffe		Mittlerer Roh-Heizwert MJ/kg	Eigenschaften		
			c	h	o	n	s	Wasser	Asche		der Kohle	des Kokses	der Flamme
Holz (lftr.)		70	50	6	44	–	–	12…25	0,2…0,8	15,2	faserig	porös	lang
Torf (lftr.)		60…70	59	6	33	1,5	0,5	25…40	1…3	13,4	elastisch	weich, krümelig, porös	lang, matt
Braunkohle	Weichbraunkohle	55…62	68	5,5	23	1,0	2,5	40…65	2…24	8,4	plastisch, matt	pulverig, krümelig	lang, matt
	Hartbraunkohle	48…55	74	5,5	17,5	1,5	1,5	20…30	7…18	16,8	hart, glänzend	körnig	lang, hell
Steinkohlen	Sinterkohle	40…45	78	5,5	14,5	1,0	1,0	Förder- u. Stückkohle	Stückkohle	28,0[a]	wenig backend	locker	lang, matt
	Gasflammkohle	35…40	82	5,2	10,0	1,3	1,5	2%…3%	3%…6%	29,4[a]	schwach backend	schwach gebacken	sehr lang
	Gaskohle	28…35	86	5,0	6,5	1,5	1,0	Nusskohle 3%…5%	Nusskohle 4%…7%	32,0[a]	backend blähend	gut gebacken	lang, hell
	Fettkohle	19…28	88	5,0	4,5	1,5	1,0	Feinkohle (gew.)	Feinkohle (gew.)	32,4[a]	stark backend	fest, dicht	kurz, kräftig
	Esskohle	14…19	90	4,5	3,0	1,5	1,0	7%…10%	6%…9%	31,5[a]	leicht blähend	gesintert	kurz
	Magerkohle	10…14	91	3,8	3,2	1,0	1,0			31,5[a]	nicht blähend	gesintert bis sandig	kurz
	Anthrazit	3…10	93	3,0	2,0	1,0	1,0			31,0[a]	nicht blähend	pulverig	sehr kurz

[a] Für Nusskohle; für anderen Ballastgehalt Umrechnung mit Hilfe von Gl. (3).

Tab. 48.11 Eigenschaften flüssiger natürlicher und künstlicher Brenn- und Treibstoffe [1]

Brennstoff		Dichte bei 15°C in g/cm³	Zusammensetzung in Gew.-%				Brennwert H_o in MJ/kg	Heizwert H_u in MJ/kg	Zündtemperatur[a] in °C	c/h
			c	h	$o+n$	s				
Methanol (CH_3OH)		0,792	37,5	12,5	50	–	22,3	19,6	400	3
Flüssiggas (C_3H_8, C_4H_{10})		0,58[b]	82	18	–	–	50,0	46,0	450	4,6
Benzol (C_6H_6)		0,879	92,3	7,7	–	–	42,0	40,2	580	12
Benzin		0,72…0,80	85	15	–	–	46,7	42,5	230…260	5,65
Dieselöl		0,835	85,9	13,3	–	0,5	45,9	43,0		6,45
Heizöl EL		0,84	85,9	13,0	0,4	0,7	45,5	42,7	230…240	6,6
Heizöl L		0,88	85,5	12,5	0,8	1,2	44,8	42,0		6,85
Heizöl M		0,92	85,3	11,6	0,6	2,5	43,3	40,7		7,35
Heizöl S		0,97	84,9	11,1	1,5	2,5	42,7	40,2	220	7,7
Steinkohlen-Teeröl	leicht	0,95…0,97	87	9	4	–	39,0	37,7	320	9,7
	schwer	1,02…1,1	89,8	6,5	2,9	0,8	39,0	37,7		13,8
Braunkohlen-Teeröl		0,93	84,0	11,0	4,3	0,7	42,7	40,2	260	7,65

[a] Im Sauerstoffstrom. [b] In flüssigem Zustand.

Tab. 48.12 Eigenschaften von Erdgasen (Anhaltswerte für Rohgase) [1]

Herkunft	Molmasse in kg/kmol	Dichte in kg/m³	Zusammensetzung in Vol.-%						Brennwert H_o in MJ/m³	Heizwert H_u in MJ/m³	$CO_{2,\,max}$ in Vol.-%
			CH_4	C_2H_6	C_3H_8	schw. KW[b]	CO_2	N_2			
USA (Panhandle)	19,8	0,885	81,8	5,6	3,4	2,2	0,1	6,9	43,9	39,0	12,1
Deutschland (Weser-Ems)	17,8	0,800	87,0	1,7	0,2	0,1	1,0	10,0	36,1	32,6	11,9
Frankreich (Lacq)	22,8	1,034	69,5	3,2	1,4	1,0	9,6	15,3[c]	36,6	33,1	13,4[a]
Algerien (Hassi R'Mel)	21,8	0,978	76,0	8,0	3,3	4,4	1,9	6,4	46,0	41,8	12,5
Niederlande (Groningen)	18,6	0,833	81,3	2,8	0,4	0,2	0,7	14,4	35,4	31,7	11,5
UdSSR (Orenb.)	20,2	0,905	82,1	3,7	1,5	3,6	0,5	7,3[d]	42,0	38,0	12,2[a]
Offshore:											
Italien (Ravenna)	16,1	0,72	99,6	0,1		–	–	0,3	39,7	35,8	11,8
Norwegen (Ekofisk)	19,1	0,855	85,8	8,3	2,8	1,2	1,5	0,5	44,5	40,2	12,3
Großbritannien (Leman Bank)	17,0	0,762	94,8	3,0	0,6	0,4	–	1,2	41,0	37,0	11,9

[a] $(CO_2 + SO_2)_{max}$. [b] Schwere Kohlenwasserstoffe. [c] H_2S. [d] $H_2 = 1{,}3$ Vol.-%.

Tab. 48.13 Energiemaße für Öl und Erdgas

Rohöl	1 m³ = 870–920 kg (mittelschwer) 1 m³ = 920–1000 kg (schwer) 1 barrel [b] = 0,143 t 1 t SKE = 0,731 TOE (Öleinheit = TOE)
Heizöl	1 m³ = 0,87 t 1 t = 1160 bis 1230 l (l = Liter)
Erdgas	1 m³ = 9,7692 kWh bezogen auf H_o (Brennwert) 1 m³ = 8,816 kWh bezogen auf H_u (unterer Heizwert)

Literatur

1. Doering, E., et al.: Grundlagen der technischen Thermodynamik, 7. Aufl. Springer, Heidelberg (2012)
2. Gumz, W.: Kurzes Handbuch der Brennstoff- und Feuerungstechnik, 3. Aufl. Springer, Berlin (1962)
3. Lenz,W.: Dampferzeugungsanlagen. Dubbel 16. Aufl., L1., Springer, Berlin (1987)
4. Riediger, B.: Brennstoffe, Kraftstoffe, Schmierstoffe. Springer, Berlin (1949)
5. Endell, K., Zauleck, D.: Beziehungen zwischen chemischer Zusammensetzung und Zähigkeit flüssiger Kohlenschlacken in Schmelzkammerfeuerungen. Bergbau Energiewirtschaft **3**, 42–50, 70–73 (1950)
6. Gumz, W., Kirsch, H., Mackowsky, M.-T.: Schlackenkunde. Springer, Berlin (1958)
7. DIN-Taschenbuch 57: Mineralöl- und Brennstoffnormen, Grundnormen. Beuth, Berlin (1976)
8. Univ.-Prof. Dr.-Ing. Hermann-Josef Wagner, Umdruck Energiewirtschaft WS 16_17, Schaubilder und Tabellen zur Lehrveranstaltung, September 2016
9. AG Energiebilanzen: Energieverbrauch 2015 mit leichtem Zuwachs, pressedienst, Nr. 01 (2016). https://ag-energiebilanzen.de/index.php?article_id=22archiv=18year=2016, Zugriff am: 14.12.2017
10. BAFA EnergieINFO Rohöl R01/2020
11. Nitschke-Kowsky, P., Schenk, J., Schley, P., Altfeld, K.: Gasbeschaffenheiten in Deutschland. https://www.di-verlag.de/media/content/GWI/GWI_06_2012/gwi_06_2012_FB_Altfeld.pdf?xaf26a=100ffbcca198e6f72d93c1dbab99e957, Zugriff am: 03.09.2016
12. Bundesanstalt für Geowissenschaften und Rohstoffe (BGR): Energiestudie 2016. Reserven, Ressourcen und Verfügbarkeit von Energierohstoffen. Fachbereich B1.3, Geologie der Energierohstoffe, Polargeologie. BGR, Hannover (2016)
13. www.energie.ch/brennstoffkreislauf, Zugriff am: 12.12.2017
14. Panos, Konstantin: Praxisbuch Energiewirtschaft. Energieumwandlung, -transport und -beschaffung im liberalisierten Markt. 3., aktualisierte Auflage. Springer-Verlag Berlin Heidelberg (2013). ISBN 978-3-642-37265-0

48

15. Gesetz zur Suche und Auswahl eines Standortes für ein Endlager für hochradioaktive Abfälle (Standortauswahlgesetz – StandAG vom 5. Mai 2017, BGBl. I 2017 Nr. 26 S. 1074)
16. Gesellschaft für Zwischenlagerung mbH (BGZ), http://bgz.de/die-abfaelle, Zugriff am: 12.12.2017
17. Bundesgesellschaft für Endlagerung mbH (BGE), www.bge.de/de/konrad/kurzinformationen, Zugriff am: 12.12.2017
18. Bundesgesellschaft für Endlagerung mbH, Pressemitteilung Nr. 01/18 – Fertigstellung des Endlagers Konrad verzögert sich, Salzgitter, 08.03.2018, https://www.bge.de/de/pressemitteilungen/2018/03/pm-0118-fertigstellung-des-endlagers-konrad-verzoegert-sich/, Zugriff am: 09.08.2020
19. Zehntes Gesetz zur Änderung des Atomgesetzes vom 17. März 2009, Bundesgesetzblatt Jahrgang 2009 Teil I Nr. 15, 24. März 2009
20. Bundesgesellschaft für Endlagerung mbH (BGE), www.bge.de/de/asse/kurzinformationen, Zugriff am 12.12.2017
21. Kommission Lagerung hoch radioaktiver Abfallstoffe: Abschlussbericht, Verantwortung für die Zukunft – Ein faires und transparentes Verfahren für die Auswahl eines nationalen Endlagerstandortes, Juli 2016
22. Posiva Oy Olkiluoto: General Time Schedule for Final Disposal, http://www.posiva.fi/en/final_disposal/general_time_schedule_for_final_disposal#.XzGhm69xe8E, Zugriff am 09.08.2020
23. Bundesamt für kerntechnische Entsorgungssicherheit (BFE), www.bfe.bund.de/DE/soa/sicherungsvorschriften/sicherungsvorschriften_node.html, Zugriff am 12.12.2017
24. Wagner, H.-J., Mathur, J.: Introduction to wind energy systems, 2. Aufl. Springer, Berlin (2013)

Wandlung von Primärenergie in Nutzenergie

49

Hermann-Josef Wagner, Christian Bratfisch, Hendrik Hasenclever und Kathrin Hoffmann

Zur Gewinnung der Nutzenergie, die entweder als Strom, Wärme oder mechanische Energie abgesetzt wird, sind traditionell Verbrennungsprozesse unter Einsatz von Primärenergie wie Kohle, Öl, Gas und Kernenergie erforderlich. Dabei ist die vielseitigste verwendbare Nutzenergie der Strom. Der Umwandlungswirkungsgrad, welcher derzeit bei der ungekoppelten Stromerzeugung mit bis zu 50 % zu veranschlagen ist, ist direkt mit dem CO_2-Ausstoß verbunden. Daher sind die zukünftigen Verbesserungen in der Kraftwerkstechnik für eine Erhöhung auf über 50 % anzustreben, was durch die Kombination eines Gas- mit einem Dampfkraftwerkes (GuD-Kraftwerk) oder der gekoppelten Nutzung mit der entstehenden thermischen Wärme erreicht werden kann, der Kraft-Wärme-Kopplung (KWK). Der Verbesserung des Wirkungsgrades wirkt der notwendige, erhöhte Aufwand für die Rauchgasreinigung bis hin zur CO_2-Reduzierung entgegen. In den letzten Jahren hat die Bedeutung der erneuerbaren Energien am deutschen Energiemix durch die Energiewende deutlich zugenommen.

H.-J. Wagner (✉)
Ruhr-Universität Bochum
Bochum, Deutschland
E-Mail: wagner@lee.rub.de

C. Bratfisch
Ruhr-Universität Bochum
Bochum, Deutschland
E-Mail: christian.bratfisch@rub.de

H. Hasenclever
Vonovia SE
Bochum, Deutschland
E-Mail: Hendrik.Hasenclever@rub.de

K. Hoffmann
Ruhr-Universität Bochum
Bochum, Deutschland
E-Mail: kathrin.hoffmann-2@rub.de

49.1 Fossile Brennstoffe

49.1.1 Wärmekraftwerke

49.1.1.1 Anlagentechnik der Kraftwerke

Neben energiewirtschaftlichen Einflussfaktoren haben betriebswirtschaftliche Kriterien den Strukturwandel im Erzeugungspark mitbestimmt. Hier stand die Senkung der spezifischen Anlagenkosten im Vordergrund. Sie führte zu einer ständigen Erhöhung der Einheitenleistung und zu einem recht frühen Übergang vom Sammelschienen- zum Blockkraftwerk.

Die Steigerung der Dampfparameter und genügend Betriebserfahrungen haben den Übergang auf Leistungen von 600 MW und größer in den 70er-Jahren relativ schnell bewerkstelligt (s. Kap. 11).

Die neuen Kraftwerksblöcke auf der Basis ostdeutscher Braunkohle waren die Anlagen in Lippendorf (Sachsen) die 2000 in Betrieb ging mit 933 MW (Wirkungsgrad 42,8 %), Boxberg 907 MW (Brutto-Wirkungsgrad 48,5 %). Der neue BOA (Block mit optimierter Anlagentechnik) des RWE in Niederaußem ist mit 1027 MW brutto, bei einem Wirkungsgrad von 45,2 % in 2003 ans Netz gegangen.

B. Bender und D. Göhlich (Hrsg.), *Dubbel Taschenbuch für den Maschinenbau 3: Maschinen und Systeme*,
https://doi.org/10.1007/978-3-662-59715-6_49

In den USA entschied man sich gleichzeitig mit der Vergrößerung der Maschineneinheiten auch für höhere Frischdampfzustände. Bemerkenswert ist, dass der schnelle Anstieg der Einheitenleistung mit der höheren Drehzahl bei 60 Hz bereits 1957 zu *Zweiwellenkonstruktionen* führte. Jedoch ist auch in den USA auf die *Einwellenanordnung* zurückgegriffen worden, wenn sich technische Lösungen dafür anboten. Geringerer Maschinenpreis, geringerer Platzbedarf und geringerer Aufwand an Rohrleitungen sind die wesentlichen Gründe. Die Steigerung der Einheitenleistung hatte in der Bundesrepublik Deutschland keine negativen Einflüsse auf die Verfügbarkeit.

Die Entwicklung des Dampfprozesses ist durch die Erhöhung der Anzahl der regenerativen Vorwärmstufen von 2 bis 8 gekennzeichnet; hierbei wuchs die Einheitenleistung von kleiner 100 bis auf 900 MW. Der Einsatz von preisgünstigem Heizöl und Erdgas führte zu kombinierten Gas- und Dampfturbinenprozessen.

Durch die Steigerung der Einheitenleistung konnte der spezifische Flächenbedarf pro Kilowatt ständig reduziert werden. Wachsende Umweltschutzmaßnahmen, wie z. B. die Rauchgasentschwefelung oder die Rauchgasentstickung (DeNOx), führen zu einem Anstieg des Flächenbedarfs durch den Zubau notwendiger Anlagen.

Dieser Umweltanteil bedingt auch zusätzliche Aufwendungen. Bis 1970 waren nur wenige Prozent der Gesamtinvestitionen für Umweltschutzmaßnahmen zur Reduzierung von Lärm- und Staubbelastung aufzuwenden. Seit Mitte der 70er-Jahre sind ständig wachsende „Umweltaufwendungen" erforderlich, die derzeit rund 25 % der Gesamtinvestitionen ausmachen (s. Abschn. 49.5).

Bei den *Gasturbinen* setzte die Entwicklung zu größeren Einheiten über 20 MW im Wesentlichen erst Anfang der 70er-Jahre ein, heutzutage sind Leistungen über 200 MW einsetzbar (s. Kap. 13). Gasturbinen werden als Spitzenlast- oder Reserveanlagen installiert. Ihre Startzeit von Null auf Volllast ist mit 15 min zu veranschlagen. Dauer der Spitzenlast, schnelle Lastwechsel, Starthäufigkeit und Startgeschwindigkeit verringern in großem Maße die Lebensdauer. Gasturbinen im offenen Prozess sollten möglichst mit Nennlast und im Dauerbetrieb mit einer solchen Temperatur gefahren werden, bei der Korrosionen an den heißen Teilen vermieden wird. Die meisten Bauarten müssen wegen des direkt gekuppelten Verdichters mit fester Drehzahl laufen; der Luftstrom ist in einigen Fällen und geringem Maße durch Verstellen der vorderen Verdichterleitschaufeln regelbar, geringe Laständerungen sind also durch Änderung des Rauchgasdurchsatzes und nicht durch Rauchgastemperaturänderungen möglich.

Neben der Forderung nach höheren Leistungen wurden Konzeptionen von Standard-Serienprodukten angestrebt. Die Turbineneintrittstemperatur stieg dabei seit 1950 von rund 650 °C bis auf ca. 1400 °C [1].

Neben der Erhöhung der Gaseintrittstemperatur, die u. a. durch die Kühlung der Schaufelblätter ermöglicht wurde, hat die Steigerung des Verdichterdruckverhältnisses auf rund 19 dazu beigetragen, dass der Wirkungsgrad beim reinen Gasturbinenprozess auf ca. 40 % gesteigert werden konnte [2].

49.1.1.2 Dampfprozesse

Neben den primär energiewirtschaftlich bedingten Ursachen dieses Strukturwandels hat aber auch die Verbesserung des Wasser-Dampfkreislaufs einen wesentlichen Anteil an der gesamten Weiterentwicklung der Kraftwerkstechnik. Mitte der 50er-Jahre wurde der Dampfprozess mit einfacher Zwischenüberhitzung erstmals installiert. Dieser Prozess ist, wenn man von Detailentwicklungen wie z. B. der Erhöhung der Vorwärmstufen absieht, bis heute der Standardprozess geblieben (Beispiel Abb. 49.1). Derzeitige Wirkungsgradsteigerungen von 40 auf 46 % werden von den CO_2-Abgaben beeinflusst. Eine 700 °C Demonstrationsanlage (Comtes 700) wurde erfolgreich getestet, ist aber bedingt durch die Nickel-Basis Bauelemente sehr kostenintensiv [3].

Im Gegensatz zu anderen Ländern wie den USA, Frankreich und England verwendete die Bundesrepublik Deutschland für Steinkohlekraftwerke die wirtschaftlichen Vorteile der Zwischenüberhitzung und der hohen bzw. überkritischen Dampfzustände mit 180 bis 270 bar und

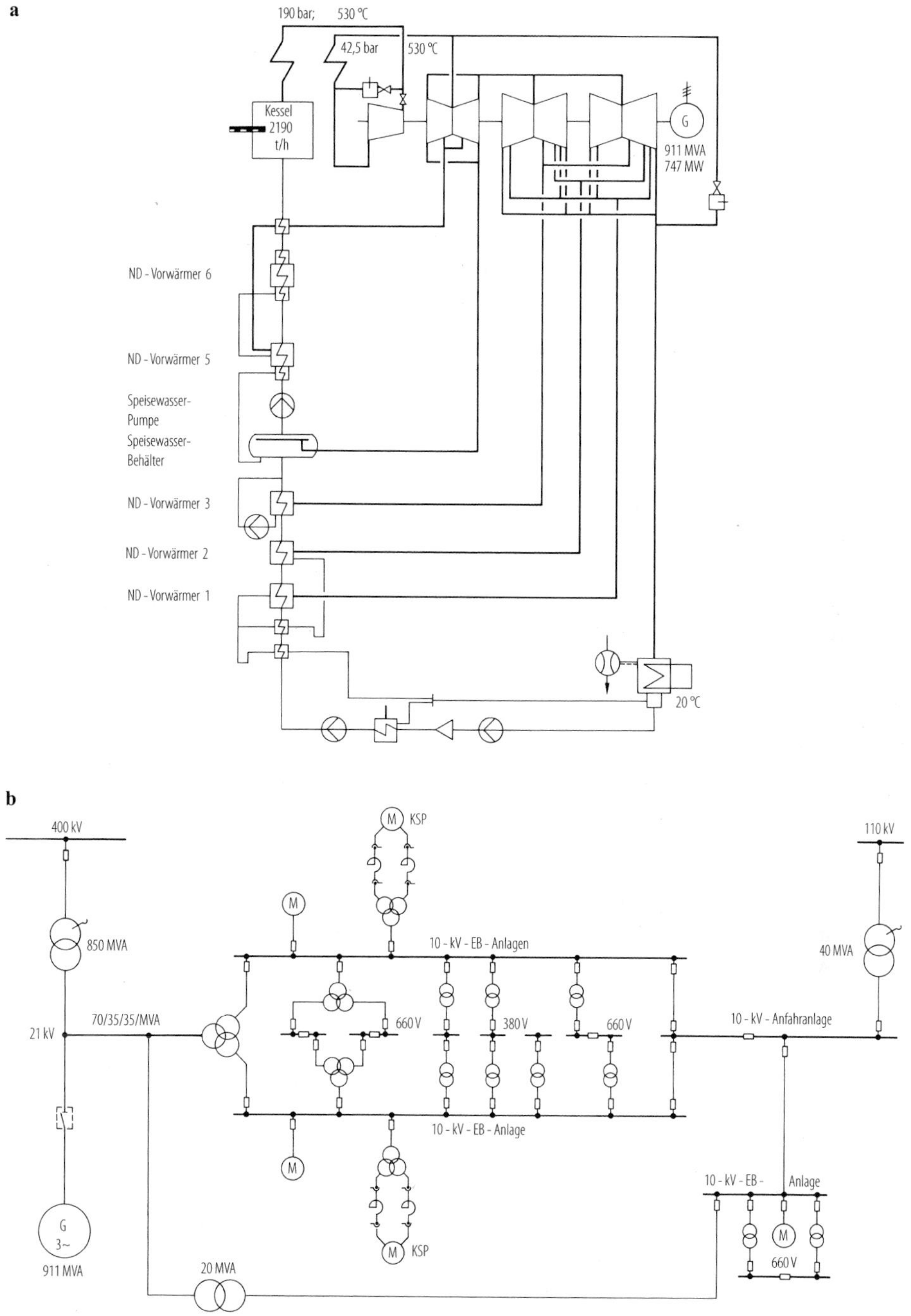

Abb. 49.1 Steinkohle-Kraftwerksblock (Kraftwerk Scholven Block F) 750-MW Nettowirkungsgrad ca. 40 %. **a** Wärmeschaltbild; **b** Elektrisches Schaltbild

etwa 530 °C im ferritischen Bereich. Diese Temperatur wurde auch für die *Zwischenüberhitzung* (ZÜ) gewählt. Mit dem ZÜ-Druck von etwa 40 bis 50 bar wurde in der Regel die oberste Regenerativanzapfung gekoppelt, sodass die Speisewasservorwärmung bei etwa 245 bis 260 °C lag. Mit einer sechs- bis achtstufigen Vorwärmung – je nach den Kühlwasserverhältnissen –

Tab. 49.1 Kraftwerk, Hauptauslegungsdaten

		Staudinger Block 5[a]	Niederaußem K (Braunkohle)
Block			
elektrische Nennleistung, brutto	MW	553	1027
elektrische Nennleistung, netto	MW	509	980
Dampferzeuger	η	0,945	
Feuerungswärmeleistung	MW_{th}	1183	2306
Frischdampfanlage	kg/s	417	739
Frischdampfdruck	bar	262	290
Frischdampftemperatur	°C	545	580
Dampftemperatur am Zwischenüberhitzeraustritt	°C	562	600
Speisewasserendtemperatur	°C	270	295
Vorwärmestufenzahl		8	10
Turbosatz			
Kühlwassertemperatur (bezogen auf Feuchtlufttemperatur $t_F = 8\,°C$)	°C	18	
Kühlwassermenge	kg/s	11500	
Kondensatordruck	mbar	38/52	29,1
Temperatur	°C		35,8
Fernwärme			
Möglichkeit zur Auskopplung	MW	bis zu 300	
Vorlauf-/Rücklauftemperatur	°C	145/60	
Netto-Gesamtwirkungsgrad bei 508,6 MW (Kond)	η	0,43	0,45

[a] Nach VGB Kraftwerkstechnik 73 (1993) H. 11

wurde dann der Prozess optimal gestaltet. Bei brennstoffrevierfernen Kraftwerken lohnt sich eine Speisewasservorwärmung bis auf 300 °C.

Mit unterkritischem Dampf lassen sich Wirkungsgrade von 38–40,5 % und mit überkritischen Dampfzustand bis ca. 46 % bei Steinkohle-Dampfkraftwerken erzielen [4].

Der gebaute Steinkohleblock mit 553 MW elektrischer Bruttoleistung (KW Staudinger) wird vielfach als frühere Referenzanlage angesehen und Niederaußem Block K (BoA-Konzept) als eine davon optimierte Anlage (Tab. 49.1).

Ein mit fossilen Brennstoffen betriebener Kraftwerksblock erfordert folgende Komponenten (Schaltbilder Abb. 49.1): Brennstofftransport und Lagerung, Aufbereitung zur Verbrennung, Verbrennung im Feuerraum des Kessels, Wärmeentbindung an Wasser, Dampf und Luft (Wasser-Dampfkreislauf), Abgasreinigung und Ableitung über den Kamin, Umwandlung der Wärmeenergie mittels Turbogeneratoren in elektrische Energie, elektrische Leistungsabfuhr, Umspannung und Sicherung des elektrischen Eigenbedarfs (s. Bd. 2, Kap. 27), Regelung und Überwachung. Im Forschungsprojekt Comtes 700 (Scholven F) wurden alle bei 700 °C kritischen Komponenten wie Verdampfer, Überhitzer, Armaturen und Turbinenregelventile bis zu 30 000 h getestet. Dabei werden Nickelbasiswerkstoffe eingesetzt. Ziel ist es in Zukunft elektrische Wirkungsgrade von über 50 % zu erzielen, um weitere CO_2-Emission zu mindern [5].

Bereits eine verbesserte HD-Turbine durch eine Stufe mehr (16 statt 15) und bessere Abdichtung ergab eine Leistungssteigerung von 10,5 MW (HD-Turbinenwirkungsgrad $\eta \sim 92\,\%$), die allein den Gesamtwirkungsgrad um 1 % erhöht.

Fossiler Brennstoff Er beeinflusst den Kraftwerksbau in Bezug auf: Brennstofftransport, -lagerung und -aufbereitung, auf Dampferzeugerbauart und -wirkungsgrad, Speisewasservorwärmung, alle Rauchgas und Luft führenden Anlageteile sowie Kraftwerkslage; je größer der Ballastanteil der Kohle, desto näher das Kraftwerk an der Grube, je niedriger der Brennstoffheizwert, desto größer die zu transportieren-

Tab. 49.2 Typische Prozessparameter thermischer Kraftwerke

	Blockleistung MW_{brutto}	Brennstoffart	Prozessparameter bar/°C	Spezifischer Wärmeverbrauch kJ/kWh_{netto} (Bestpunkt)	Wirkungsgrad η (%)
Gasturbinenanlage (GT)	80...200	Erdgas	$t_T = 1260\,°C$	10 600	34
		EL	$t_{Abg.} = 594\,°C$		
Gasturbinen- und Dampfturbine (GuD)	407	Erdgas	$t_T = 920\,°C - 950\,°C$	6270	57,8
		EL	$t_{Abg.} = 483\,°C$ DT: 42,9 bar/420 °C		
Mittellast-Dampfanlage	150	Steinkohle (Import)	120 bar/525 °C	10 800	33,3
Dampfanlage mit Wirbelschichtfeuerung	100	Steinkohle	190 bar/530 °C	9900	36,4
Wirbelschichtfeuerung (EDF)	250	Steinkohle	163 bar/565 °C		36,5
Grundlast-ZÜ Dampfanlage	1027	Braunkohle	290 bar/580 °C	8000	45
Rückkühlung mit Entschwefelung	750	Steinkohle (Import)	250 bar/600 °C	8200	44
Kernkraftwerk	1600	Uran	250 bar/560 °C	10 275	35

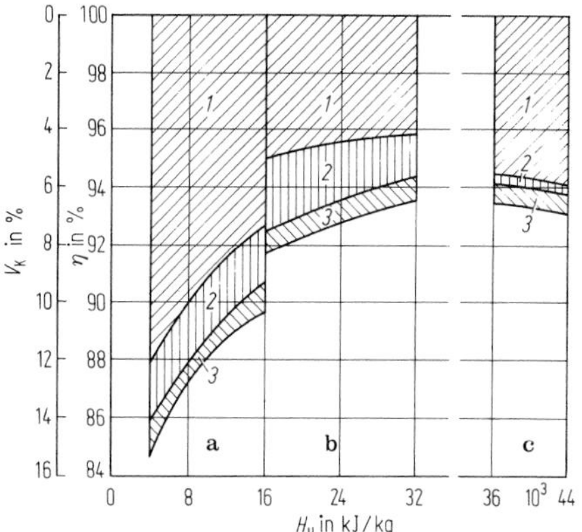

Abb. 49.2 Verluste V_K und Wirkungsgrade η_K eines Dampferzeugers in Abhängigkeit vom Brennstoff. **a** Braunkohle; **b** Steinkohle (trockene Entaschung); **c** Heizöl. *1* Abgasverluste, *2* Feuerungsverluste, *3* Verluste durch Leitung und Strahlung. H_u unterer Heizwert (s. Bd. 1, Abschn. 42.3)

den und aufzubereitenden Mengen, das Asche-, Luft- und Rauchgasvolumen, das Kesselvolumen sowie der umbaute Raum des Kesselhauses (s. Abschn. 51.1).

Mit sinkendem Heizwert vergrößert sich die Entstaubungsanlage und der brennstoffabhängige Anteil des Eigenbedarfs. Schwefel- und Wassergehalt des Brennstoffs beeinflussen Säure- und Wassertaupunkt der Rauchgase, erzwingen höhere Abgastemperatur und senken den Kesselwirkungsgrad. Wegen der großen Rauchgasmenge wasserreicher Brennstoffe ist der Temperaturabbau auf dem Rauchgasweg geringer als bei wasserarmen Brennstoffen. Bei vertretbaren Heizflächengrößen ergeben sich entweder höhere Abgastemperaturen oder niedrigere Speisewassereintrittstemperaturen, Abb. 49.2 und 49.3.

Die Herstellungskosten gliedern sich etwa folgendermaßen auf: maschinentechnischer Teil 60 bis 70 %, bautechnischer Teil 20 bis 25 %, elektrotechnischer Teil 10 bis 15 % der Bausumme. Der brennstoffabhängige Teil beträgt 40 bis 50 % des maschinentechnischen Teils und kann unterteilt werden in 35 bis 45 % für Dampferzeuger einschließlich Feuerung, Entstaubung, Entaschung und Montage sowie 1 bis 5 % für Bekohlung.

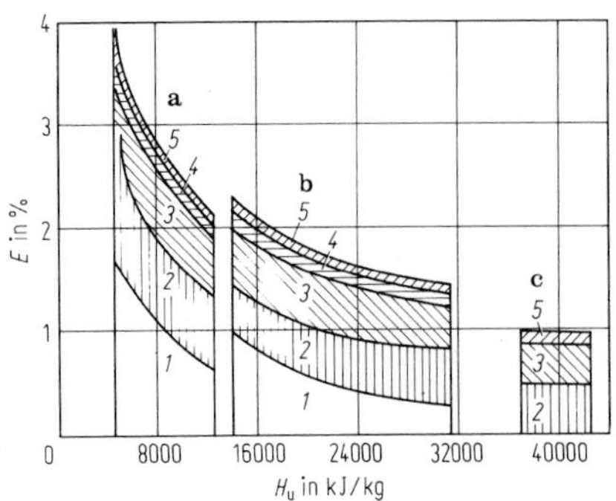

Abb. 49.3 Eigenbedarf E der brennstoffabhängigen Hilfseinrichtungen ohne Rauchgasreinigung, die derzeit mit 2 bis 3 % zu veranschlagen sind, in Prozent der Generatorleistung. **a** Braunkohle; **b** Steinkohle; **c** Heizöl. *1* Kohlenmühlen, *2* Saugzug, *3* Frischlüfter, *4* Bekohlung, Zuteiler, *5* Sonstiges

Regenerative Speisewasservorwärmung Sie heißt auch Carnotisierung des Clausius-Rankine-Prozesses und verringert die Abdampffluten der Turbine, erhöht bei gleicher Klemmleistung den Heißdampf- und damit Speisewasserstrom sowie die Speisepumpenleistung und vermindert den Kühlwasserstrom und den Aufwand für Kühlsystem oder Rückkühlung. Die Wärmeersparnis steigt mit der Anzahl der Vorwärmstufen (bis zu 10), nimmt jedoch nicht proportional mit diesen zu (Bd. 1, Abschn. 42.2).

Zwischenüberhitzung Sie beeinflusst die regenerative Speisewasservorwärmung. Beide Maßnahmen zusammen ergeben eine Verbesserung des Wärmeverbrauchs. Zwischenüberhitzung verringert Dampfnässe in Endstufen, Erosionen dieser Turbinenschaufeln durch Wassertropfen und verbessert den inneren Turbinenwirkungsgrad. Bei gleicher Leistung und gleichem Frischdampfdruck sind Frischdampf- und Speisewasserstrom sowie Eigenbedarf der Speisepumpe kleiner. Verringerter Abdampfstrom erhöht ebenfalls, wie regenerative Speisewasservorwärmung, die Grenzleistung des Turbosatzes und senkt Kondensations- und Kühlaufwand. Beide Maßnahmen, bei siebenstufiger Speisewasservorwärmung und einmaliger Zwischenüberhitzung, ergeben bei üblichen Auslegungsdaten (190 bar, 540 °C und 540 °C Überhitzungstemperatur) eine Senkung des Wärme- und damit Brennstoffaufwands um etwa 11,5 %.

Wie weit sich die Wirkungsgrade thermischer Kraftwerke dem theoretischen Grenzwert (Carnot-Faktor) annähert zeigt Abb. 49.4.

Kühlwasser Es wird zur Abkühlung des Abdampfes innerhalb des Kühlkreislaufes verwendet, wobei die Menge und Temperatur des Kühlmittels einen erheblichen Einfluss auf den Wärmeverbrauch und die Auslegung der Anlage ausübt, Abb. 49.5.

Kühlwassertemperatur und -menge Sie beeinflussen den Kondensatordruck. Dadurch können Unterschiede im Wärmeverbrauch bis zu 8 % auftreten. Da eine Verringerung des spezi-

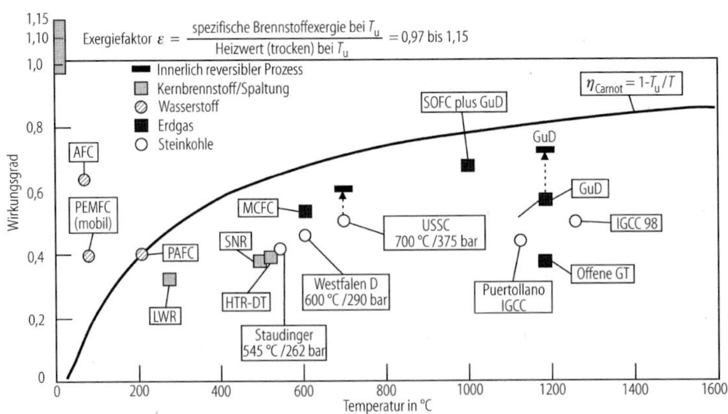

Abb. 49.4 Carnot-Faktor und Kraftwerkswirkungsgrade als Funktion der maximalen Temperatur der Arbeitsmittel. Der Prozentgütegrad ist $\eta_{PG} = \eta_{Kraftwerk}/\eta_{Carnot}$. [6]

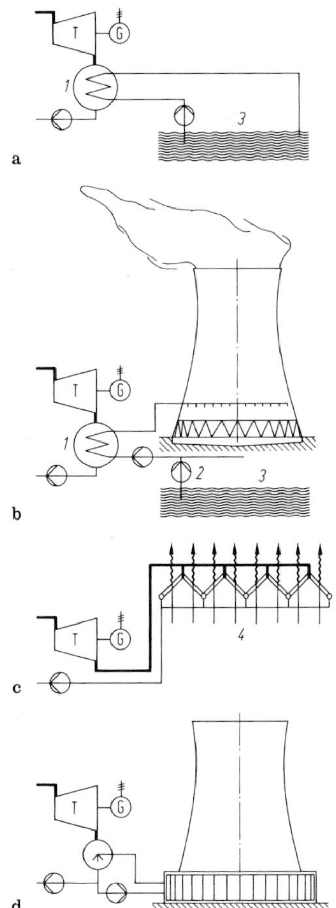

Abb. 49.5 Kühlverfahren. **a** Frischwasserkühlung; **b** Wasserrückkühlung; **c** direkte Luftkühlung; **d** indirekte Luftkühlung. *1* Kondensator, *2* Zusatzwasserpumpe, *3* Flusswasser, *4* Naturzug (evtl. Ventilatorbetrieb)

fischen Wärmeverbrauchs um so wirkungsvoller ist, je mehr sie gegen Ende der Prozesskette erfolgt, ist die Optimierung des kalten Endes eines Kondensationskraftwerks besonders wichtig. Die Verbesserung des Wärmeverbrauchs mindert die Anlagekosten und senkt die Betriebskosten. Bei großen Anlagen sind Abdampffluten und Schaufellängen der Turbine begrenzt, so dass niedrige Kondensatordrücke nicht ausreichend genutzt werden können.

Frischwasserkühlung Bei dieser beträgt die Kühlwassermenge etwa das 60- bis 90-fache der Abdampfmenge. Das Kühlwasser wird im Einlaufbauwerk durch Rechen und Siebe aus Fluss, Teich oder der See entnommen und frei von groben Verunreinigungen, mit Sauerstoff angereichert, etwa 6 bis 12 °C wärmer über Auslaufbauwerk dem Gewässer so zugeführt, dass seine Auslassströmung die Schiffahrt nicht behindert (Querströmung $<2\,\mathrm{m/s}$). Das erwärmte Wasser schwimmt in starker Schicht auf der Oberfläche auf und kühlt sich schnell durch Strahlung und Verdunstung ab. Kaltes und 1 bis 2 °C wärmeres Wasser mischen sich kaum, daher sollte nicht nach einer Mischungsregel gerechnet werden.

Nasskühltürme Falls Frischwasserkühlung nicht möglich ist, dann wird das Kühlwasser in Nass- oder Trockenkühltürmen mit Natur- oder Ventilatorzug rückgekühlt. Bei Nasskühltürmen verdunsten etwa 1,5 bis 2,5 % des Kühlwassers, wodurch die Konzentration mineralischer Bestandteile im Wasserkreislauf ansteigt. Um eine zu hohe Konzentration, vor allem an zulässigen Salzgehalt, zu vermeiden, muss ein Teil des Wassers dem Kreislauf entzogen werden. Dabei darf das Abflutungswasser meist nicht unaufbereitet abgeführt werden. Abflutungs-, Kreislauf- und Spritzverluste entsprechen etwa 65 % der Abdampfmenge. Schwaden aus Nasskühltürmen können niedrige Inversionsschichten durchstoßen und das Lokalklima verbessern, bei hohen Inversionsschichten Nebeldauer um etwa 20 min verlängern bzw. Sonnenscheindauer um wenige Minuten verkürzen. Geräuschbelästigung durch Tropfenfall und Ventilatoren lässt sich durch bauliche Maßnahmen gering halten (meist mit Schalldämpfer). Die aus dem Kühlturm austretende Luft ist gewaschen und frei von pathogenen Keimen.

Trockenkühltürme Sie benötigen die 3,5-fache Luftmenge eines Nasskühlturms und sind daher im Bauvolumen und Grundflächenbedarf wesentlich aufwändiger. Abflutungs- und Spritzverluste treten nicht auf, die Vakuumhaltung ist schwieriger, Umweltbelastung tritt praktisch nicht auf, optisch sind sie sehr auffallend, da die Bauwerke erheblich größer sind.

Luftreinheit In den meisten Ländern werden neben einem hohen Entstaubungsgrad der Rauchgase (99,5 %) eine Beschränkung der Emissi-

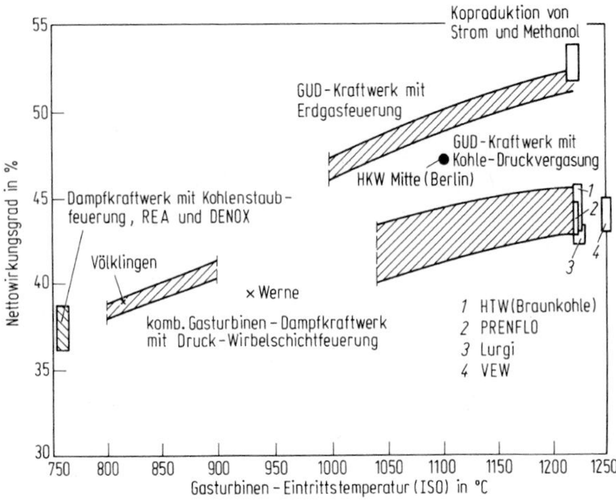

Abb. 49.6 Wirkungsgradvergleich von kombinierten Gas-/Dampfturbinenprozessen mit staubbefeuerten Steinkohlekraftwerken mit REA und $DeNO_x$

on von SO_2 (<300 bis $400\,mg/m^3$ und NO_x $< 200\,mg/m^3$) verlangt. Die Kosten für eine Entschwefelung der Brennstoffe sind wesentlich höher als die der Entschwefelungsverfahren von Rauchgasen. Die Vielzahl von Entschwefelungsverfahren von Rauchgasen hat sich auf wenige reduziert; zu über 85 % wird das Kalkwaschverfahren eingesetzt. Der Investitionsaufwand und der Platzbedarf sind sehr groß. Möglichkeiten für eine Deponie oder Verwendung in der Zementindustrie sind gegeben. Der NO_x-Gehalt der Rauchgase ist durch die Feuerung durch sog. Primärmaßnahmen zu beeinflussen. Als Sekundärmaßnahmen werden Keramik- oder Metallkatalysatoren eingesetzt (s. Abschn. 49.5).

CO_2-Emissionen Um die CO_2-Emissionen im europäischen Raum zu senken sind CO_2-Emissions-Zertifikate bzw. Emissionsberechtigungen seit 2005 in der EU, so auch in Deutschland, eingeführt worden. In der ersten Handelsperiode zu 2005–07 beteiligen sich 1200 Unternehmen mit 1849 Anlagen (1236 Kraftwerke). 2015 wurden die Emissionen von rund 12 000 Anlagen der Energiewirtschaft und energieintensiven Industrie erfasst [7]. Der Preis der EU-Zertifikate lag von Juni bis August 2005 vorwiegend bei 20 €/t CO_2, 2016 bei ca. 5 €/t [8]. Ab Januar 2021 soll dieser zunächst auf 25 €/t festgelegt werden und schrittweise auf 55 €/t in 2025 ansteigen [9].

49.1.2 Kombi-Kraftwerke

Eine Wirkungsgradsteigerung von Kraftwerksanlagen ist durch Kombination eines Dampfkraftwerkes mit vorgeschalteten Gasturbinen im offenen Prozess möglich. Mit Eintrittstemperaturen der Gasturbinen von rund 1400 °C werden die mittleren Prozesstemperaturen und auch der Wirkungsgrad erhöht. Die Abgastemperaturen liegen bei 450 bis 600 °C und werden im Dampfkessel und in der Vorwärmung eines konventionellen Kraftwerksblocks genutzt [1]. Durch die Vorschaltung einer Gasturbine, die in ihren Investitionen niedrig ist, kann die Gesamtinvestition eines Kombi-Kraftwerks gesenkt und auch der Nettowirkungsgrad der Energieumwandlung gesteigert werden, Abb. 49.6. Dabei ist auf das dynamische Verhalten (An- und Abfahren, Teillast) sowie auf eine hohe Verfügbarkeit Wert zu legen. Die Umweltanforderungen hinsichtlich der Emissionen (SO_2, NO_x, Staub), des Abwassers und eine Verwertung oder der Deponiefähigkeit sonstiger Nebenprodukte sind zu erfüllen. Zur Anwendung der Kohlevergasungstechnik stellt das in Abb. 49.7 gezeigte Kombi-Kraftwerk einen Zwischenschritt dar. Hier wird in der Gasturbine anstelle von Kohlegas aus einer Teilvergasung Erdgas eingesetzt, während der Dampfkessel mit einer Steinkohlefeuerung ausgerüstet ist (Nettowirkungsgrad $\eta = 38\,\%$).

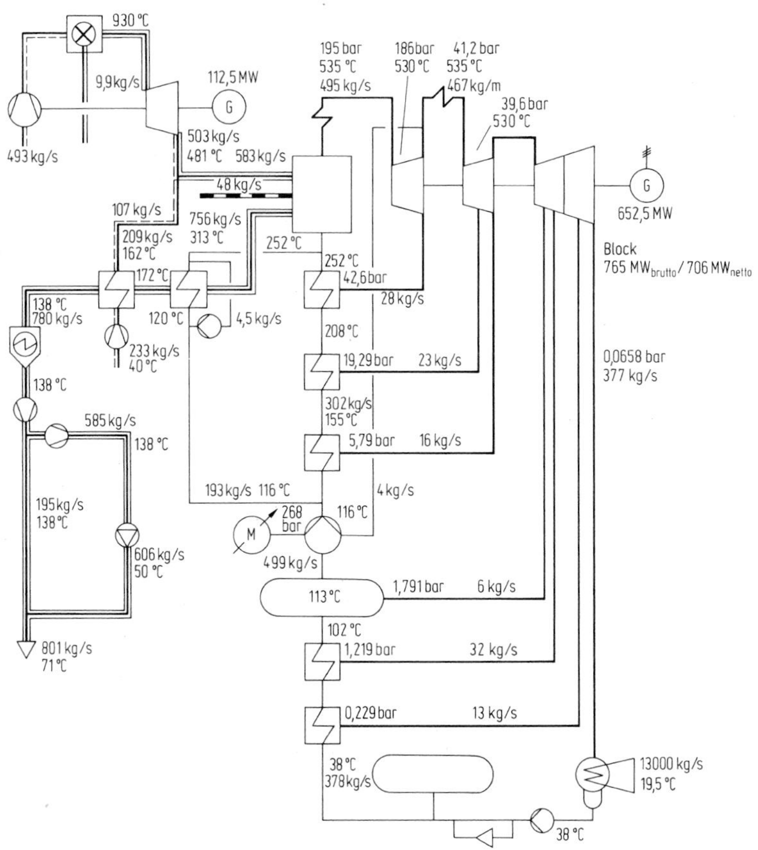

Abb. 49.7 Wärmeschaltbild des Erdgas/Kohle-Kombi-Blockes. Kraftwerk Herne

Wirkungsgradermittlung (Abb. 49.7):

Brennstoffeinsatz:

Gasturbine GT: $9{,}9\,\mathrm{kg/s}$ Erdgas $= 46\,895\,\mathrm{m^3/h}$

$$(\text{bei } H_u = 9{,}97\,\mathrm{kWh/m^3}) = 467{,}5\,\mathrm{MW_{th}}$$

Dampfturbine DT: $48\,\mathrm{kg/s}$ Steinkohle $= 172{,}8\,\mathrm{t/h}$

$$(\text{bei } H_u = 29{,}3\,\mathrm{MJ/t}) = 1406{,}4\,\mathrm{MW_{th}}$$

Bruttowirkungsgrad:

$$\eta = \frac{765}{1873{,}9} = 40{,}8\,\%$$

Nettowirkungsgrad:

$$\eta = \frac{765 - 59}{1873{,}9} = 37{,}7\,\%$$

Als Kesselfeuerung für einen Kombi-Prozess empfiehlt sich auch die Wirbelschichtfeuerung (s. Abschn. 51.5.2). Hierbei werden allerdings zur Beschränkung der NO_x-Bildung die Prozesstemperaturen auf 800 bis 900 °C begrenzt bleiben. Gas- und Dampfkraftwerke (GuD-Anlagen) haben an Bedeutung gewonnen, da durch die kombinierte Nutzung Wirkungsgradverluste durch bspw. die Rauchgasreinigung ausgeglichen werden können.

Zu den GuD-Anlagen zählen bspw. das seit Ende 2007 am Netz befindliche Kraftwerk in Hamm-Uentrop mit 2 × 425 MW und einem elektrischen Wirkungsgrad von 57,7 % [10] sowie das Heizkraftwerk München Süd mit maximal 698 MW elektrisch und einer maximalen Fernwärmeleistung von 814 MW, welches seit 2004 am Netz ist [11]. Der Block „Fortuna“ der Stadtwerke Düsseldorf stellt mit einer elektrischen Leistung von rund 595 MW und ei-

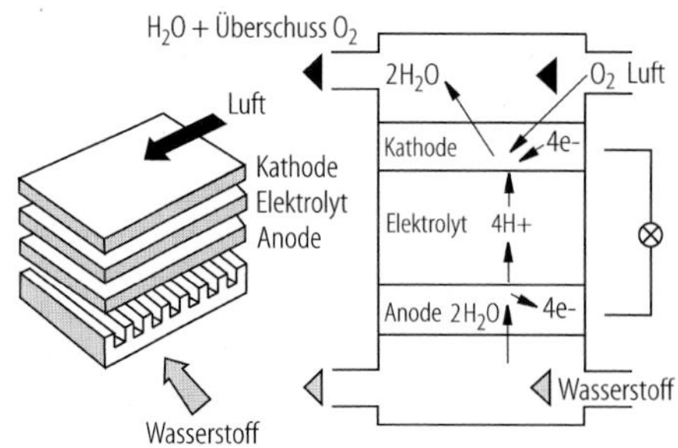

Abb. 49.8 Schema einer PEM-Brennstoffzelle

nem Wirkungsgrad größer 61 % bei der reinen Stromerzeugung eines der weltweit effizientesten Kraftwerke dar [12].

49.1.3 Brennstoffzelle

Die Brennstoffzelle wandelt die chemische Reaktionsenergie eines kontinuierlich zugeführten Brennstoffes (meist Wasserstoff, H_2) und eines Oxidationsmittels (O_2) in elektrische Energie um [13]. Dabei arbeitet sie nach dem umgekehrten Prinzip der Elektrolyse. Sie besteht aus zwei Elektroden, die durch einen ionendurchlässigen Elektrolyten getrennt sind. An der Anode wird kontinuierlich Wasserstoff, an der Kathode Sauerstoff als Oxidationsmittel zugeführt. Die bei der Reaktion von Wasserstoff und Sauerstoff zu Wasser frei werdenden Elektronen fließen über den äußeren Stromkreis, der die Elektroden miteinander verbindet (Abb. 49.8). Das Funktionsprinzip der Brennstoffzelle wird auch kalte Verbrennung genannt.

Die Brennstoffzelle arbeitet geräuschlos und ist vor Ort völlig emissionsfrei.

Entsprechend dem verwendeten Elektolyten arbeitet die Brennstoffzelle bei unterschiedlichen Betriebstemperaturen (Tab. 49.3).

Die PEMFC ist heutzutage die am meisten verwendete Brennstoffzelle und wird in mobilen und stationären Demonstrationsprojekten eingesetzt sowie in kW-Stacks für Backup-Stromversorgung genutzt [13]. Mehrere Automobilhersteller forschen an der PEM-Zelle für den zukünftigen Einsatz im Auto. Zusammen mit einem Elektromotor kann die Brennstoffzelle ein zukunftsweisendes, vor Ort emissionsfreies Fahren

Tab. 49.3 Brennstoffzelltypen

Typ	Bezeichnung	Elektrolyt	Betriebstemp. in °C
AFC	Alkaline Fuel Cell	Kalilauge	60–100
PEMFC	Proton Exchange Membrane Fuel Cell	Polymeremembran	60–100
PAFC	Phosphoric Acid Fuel Cell	Phosphorsäure	160–220
MCFC	Molten Carbonate Fuel Cell	Schmelzkarbonat	620–660
SOFC	Solid Oxide Fuel Cell	Oxidkeramik	800–1000

ermöglichen. Als Brennstoff ist neben Wasserstoff auch Erdgas oder Methanol im Zusammenhang mit einem Reformierungsprozess möglich.

Die MCFC findet Anwendung in stationären Blockheizkraftwerken (BHKW) und haben Betriebszeiten von mehr als 40 000 h erreicht. Zielgröße ist derzeit 80 000 h für eine zehnjährige Betriebsdauer [13]. Insbesondere bei der SOFC erhofft man sich durch das Nachschalten eines herkömmlichen Dampferzeugers mit Turbine einen bisher unerreicht hohen elektrischen Wirkungsgrad zu verwirklichen. Für die mobile Stromversorgung sind derzeit SOFC ab 0,5 kW-Systeme und für Ein- und Mehrfamilienhäuser ab 2 kW-Systeme in der Markteinführungsphase [13].

49.2 Kraft-Wärme-Kopplung

Das Prinzip der Kraft-Wärme-Kopplung (KWK) beruht auf der zeitgleichen Erzeugung elektrischer Energie und Heizwärme in einer Erzeugungsanlage. Die Motorenanlagen sind nach erzeugter mechanischer Energie bzw. elektrischer Energie optimiert. Mit wachsender Einheitenleistung steigen die Wirkungsgrade der elektrischen Energieumwandlung an, während die Wärmeausnutzung abnimmt. Die Wirkungsgrade zur Stromerzeugung liegen bei Dieselmotoren etwas höher als bei Gasmotoren. Das Verhältnis der Strom- und Wärmeerzeugung beträgt beim Gasbetrieb rund 1 : 1,5 und beim Dieselbetrieb 1 : 1. Mitentscheidend sind heute die Emissionsverhältnisse. Aus diesem Grunde ist ein Erdgasbetrieb anzustreben.

Eine etwas andere Tendenz in Bezug auf die Wärmeausnutzung zeigen Gasturbinen, wobei dies von der Turbineneintrittstemperatur und damit zwangsläufig gekoppelte Abgastemperatur abhängt, die für die Auslegung des Abhitzekessels maßgebend ist. Mit Gegendruckanlagen sind die besten Ausnutzungsgrade zu erzielen (bis zu 92 %), d. h. hier werden noch höhere Werte erzielt als von einem BHKW zu erwarten ist. Für große Wärmeerzeugungsleistungen werden in Heizkraftwerken Dampfturbinenprozesse genutzt.

Leistungsgrößen BHKW werden wegen des örtlichen Wärmebedarfs nur Leistungsgrößen (elektrisch) von 0,5 bis 10 MW erreichen. Die Heizkraftwerke mit Gasturbinen und Dampfturbinenblöcken bieten eine verkaufbare Wärmeleistung von 50 bis 500 MW und BHKW mit Motoren nur von 1 bis 5 MW. Der immer weniger angewendete Dampfmotor füllt den Bereich zwischen BHKW und Heizkraftwerk aus. Verstärkt werden von Stadtwerken GuD-Anlagen derzeit gebaut bzw. eingesetzt. Zum Beispiel Mainz-Wiesbaden Block 3 (406 MW_{el}) Heizkraftwerk Bewag/Vattenfall, Mitte (440 MW_{el}).

49.2.1 KWK-Anlagen mit Verbrennungsmotoren

Sie lassen sich im Gegensatz zu Dampfanlagen nur mit flüssigem oder gasförmigem Brennstoff betreiben (s. Kap. 4). Das Verhältnis zwischen Kraft- und Wärmeerzeugung ist nicht in dem Maße wählbar wie bei Dampfanlagen. Vorgegeben ist die Erzeugung mechanischer bzw. elektrischer Energie. Die bei dieser Erzeugung anfallende lastabhängige Abfallwärme, die in den Abgasen und dem Kühlsystem enthalten ist, kann im Fertigungsbetrieb und für Raumheizung voll oder teilweise verwertet werden. Nicht genutzte Abgaswärme wird über den Schornstein abgeführt, nicht genutzte Kühlwasserwärme muss fremdgekühlt werden. Solche Anlagen werden als Blockheizkraftwerke errichtet.

Kraftstoff und Zündung Motoren mit flüssigem Kraftstoff arbeiten i. Allg. nach dem Dieselprinzip, solche mit gasförmigem Kraftstoff nach dem Otto- oder dem Dieselverfahren (s. Kap. 4). Dieselgasmotoren benötigen zur Zündung 5 bis 10 % der Gesamtbrennstoffmenge als Zündöl. Die Zündölmenge ist nur drehzahl- und nicht lastabhängig. Das ist zu beachten, wenn die Motoren in einem großen Drehzahlbereich betrieben werden sollen. Die Brennstoffeinspritzanlage wird i. Allg. so ausgelegt, dass der Diesel auch bei Gasmangel die volle Leistung erbringen kann.

Fundamentierung Im Gegensatz zu Dampfanlagen entstehen bei Betrieb mit Motorenanlagen wegen der oszillierenden Bewegungen starke mechanische Schwingungen. Deswegen ist der Fundamentierung und Schwingungsdämpfung besondere Sorgfalt zu widmen (s. Bd. 1, Kap. 46 und Bd. 1, Kap. 47).

Schalldämpfung Die Maschinengeräusche und die periodischen Verbrennungsvorgänge lassen im Zuluft- und Abgassystem starke Schallschwingungen entstehen, die entsprechend zum zulässigen Geräuschpegel gedämpft werden müssen. Die Abgasgeräusche lassen sich in Resonanz- oder in Absorptionsschalldämpfern oder in Schallgruben dämpfen (s. Bd. 1, Kap. 48). Dieser Reihenfolge entsprechend steigen die Anschaffungskosten, aber auch ihre Wirksamkeit. Je dichter die Schalldämpfer am Motor sind, desto größer ist deren Wirksamkeit. Im Maschinenraum sind schallharte Wände, wie Fliesenbeläge und Steinfußboden, zu vermeiden, um die Schallreflexion zu verringern. Etwa 4 bis 6 % der Brennstoffwärme wird im Maschinenraum durch die Betriebswärme der Anlage abgegeben. Um eine Aufheizung des Maschinenraums zu verhindern ist ein ausreichender Luftwechsel erforderlich.

Abwärme Bei einer Motorenanlage kann sie in Form von Heißwasser, Dampf oder Heißluft indirekt nutzbar gemacht werden.

Kühlwasser Mit einer Austrittstemperatur bis zu 90 °C lässt es sich für Heizzwecke verwenden. Gegebenenfalls ermöglicht eine Zusatzfeuerung die Anpassung an den Wärmebedarf. Es besteht auch die Möglichkeit einer Heißkühlung des Motors. Die Wasseraustrittstemperaturen über 110 °C verlangen ein geschlossenes Kühlsystem mit einem Druck, der Dampfbildung ausschließt. Ein solches System ist erlaubnis- und prüfpflichtig.

Abgase Mit einer Temperatur bei Volllast bis zu 600 °C lassen sie sich in Luft- oder Wasservorwärmern oder in Dampferzeugern ausnutzen. Mit Rücksicht auf Taupunktkorrosionen sollten die Austrittstemperaturen der Abgase aus diesen Apparaten i. Allg. über 180 °C liegen. Eine Entstickung durch Katalysatoren ist erforderlich.

49.2.2 KWK-Anlagen mit Gasturbinen

Bei KWK-Anlagen auf Basis von Gasturbinen wird die elektrische Energie in einem von einer Gasturbine angetriebenen Generator erzeugt. Die Gasturbinenabgase mit Temperaturen zwischen 450 und 600 °C werden anschließend in einem nachgeschalteten Abhitzekessel zur Produktion von Dampf- oder Heißwasser eingesetzt, dabei abgekühlt und über einen Kamin abgeleitet. In Sonderfällen kommen die Abgase auch direkt in Produktionsprozessen wie z. B. in Trocknern zum Einsatz.

Leistungsgrößen In Deutschland sind eine Vielzahl von Gasturbinenanlagen installiert. Lag der Schwerpunkt der Installationen in der Vergangenheit bei großen Spitzenlastkraftwerken sowie kleineren KWK-Anlagen im Leistungsbereich von 1,5 bis 25 MW_{el} geht der Trend verstärkt hin zu kleinen elektrischen Aggregatsleistungen im Bereich unter 100 kW (Mikro-KWK), Anlagen im Bereich um 2 MW_{el} (KWK-Gesetz enthält hier eine Leistungsschwelle, s. Abschn. 49.2.5) und bei den sehr großen Gas- und Dampfkraftwerken zu Leistungen bis zu 600 MW_{el}.

Mikro-KWK-Anlagen sind überall dort wirtschaftlich einsetzbar, wo ein ganzjähriger Wärme- und Strombedarf mit mindestens 5000 h/a besteht. Im Leistungsbereich bis 1 kW_{el} zählt hierzu das Einfamilienhaus, bis 5 kW_{el} das Mehrfamilienhaus sowie der Gewerbebetrieb und ab ca. 30 kW_{el} größere Büro- und Nutzgebäude.

Wird der Dampf aus dem Abhitzekessel der Gasturbine dann in einer Dampfturbine verstromt, so wird dies als GuD-Prozess bezeichnet, Abb. 49.9. Je nach Leistungsgröße der Anlage sind hierfür unterschiedliche Anlagenkonzepte im Einsatz. Bei industriellen Anwendungen bis zu 50 MW_{el} überwiegen einfache Schaltungen, bei denen oft die Gasturbine dem Dampfturbinenprozess nur vorgeschaltet wurde und die Abhitzekessel mit Zusatzfeuerungen ausgerüstet sind. Bei Kraftwerken der Stromwirtschaft größer 65 MW_{el} überwiegen spezielle Schaltungen. Hier wird der Abhitzekessel wärmetechnisch so ausgelegt, dass mehrere Dampfdruckstufen und Zwischenüberhitzungen installiert werden und so das Gasturbinenabgas optimal genutzt werden kann. Gasturbine, Dampfturbine und der Generator werden hierbei zum Teil mit einer gemeinsamen Welle errichtet. Zusatzfeuerungen im Abhitzekessel und Vorwärmschaltungen sind hier ebenfalls nicht unüblich [14].

49.2.3 KWK-Anlagen mit Dampfturbinen

Heizkraftwerke mit Dampfturbinen werden seit Jahren in der kommunalen und industriellen Stromerzeugung eingesetzt. Vor allem im industriellen Bereich, aber auch bei Anlagen zur Fernwärmeerzeugung wird die KWK mit Dampfkraftwerken eingesetzt, wobei der Leistungsbereich der Dampfturbinen von einigen hundert kW_{el} bis zu einigen hundert MW_{el} reicht.

Die Dampfturbine wandelt den von der Kesselanlage gelieferten Frischdampf in mechanische bzw. über den angebauten Generator in elektrische Energie um. Der Hauptvorteil der Dampfkraftwerke besteht dabei in der Vielseitigkeit des Primärenergieeinsatzes, da alle verfügbaren festen, flüssigen oder gasförmigen Brennstoffe verwendbar sind. Hinzu kommt eine hohe Flexibilität bei der Anpassung der Anlagen an die speziellen Bedürfnisse der Energieverbraucher.

Aufgrund der hohen spezifischen Investitionen und der vor allem im unteren Leistungsbereich geringen elektrischen Anlagenwirkungsgrade ist

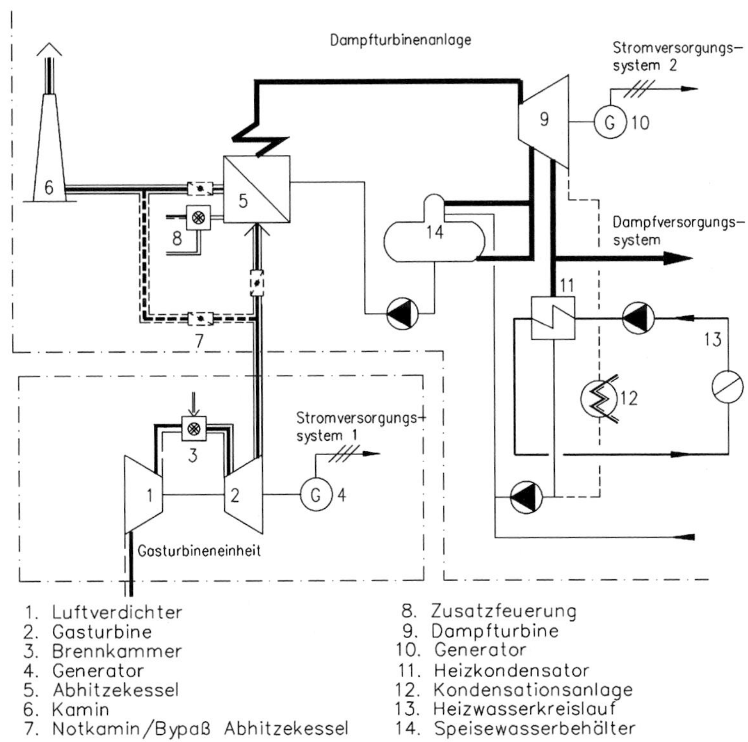

Abb. 49.9 Prinzipschaltbild einer GuD-Anlage [14]

der Anteil der Dampfkraftwerke an der Gesamtanlagenbautätigkeit seit Jahren im Verhältnis z. B. zu KWK-Anlagen auf Gasturbinen- oder Motoranlagenbasis rückläufig. Auch vorhandene Altanlagen geraten teilweise an die Grenze der Wirtschaftlichkeit, wenn vor allem die hohen Investitionen für die Nachrüstung der Rauchgasreinigungsanlagen nachträglich eingerechnet werden müssen [14].

49.2.4 Kraft-Wärme-Kälte-Kopplungsanlagen

Vor allem in den Sommermonaten sind für die auf KWK-Systemen basierenden Stromerzeugungssysteme oft keine ausreichenden Wärmeabnehmer zu finden. Jedoch sind gerade für Kälteversorgungsanlagen wie z. B. zur Klimatisierung von Datenverarbeitungsanlagen, Kaufhäusern und Kühlhäusern ein Maximalbedarf an elektrischer Energie erforderlich. Hier können Absorptions- oder Adsorptionskältemaschinen zur Reduzierung des elektrischen Leistungsbedarfs sowie zur Verbesserung der Auslastung der Wärmeversorgungsnetze im Sommerbetrieb zum Teil wirtschaftlich eingesetzt werden. Die Beheizung der Anlagen erfolgt hier mit der im Sommer nicht für Heizzwecke benötigten Abwärme der KWK-Anlagen oder aus sonstigen Abwärmequellen [14].

Absorptionskältemaschine (AKM) Sie sind thermisch angetriebene Kältemaschinen, die Wärme durch unmittelbare Anbindung an ein Fernwärmenetz oder eine KWK-Anlage beziehen, wodurch sie bei diesen Anlagen auch in Zeiten geringerer Wärmeabnahme für eine bessere Auslastung sorgen.

Absorptionskältemaschinen kommen als Wasser-Lithiumbromid-AKM oder Ammoniak-Wasser-AKM vor, wobei beim Wasser-Lithiumbromid-AKM eine thermische Verdichtung des Kältemittels mit Hilfe eines kombiniertem Lösungsmittel- und Kältemittelkreislaufes erfolgt. Die elektrisch betriebene Lösungsmittelpumpe wälzt die hygroskopische Wasser-LiBr-Lösung um, wobei das Kältemittel Wasser auf

Tab. 49.4 KWK-Zuschläge nach den Gesetzen von 2012 und 2016 [18, 19]

Leistung [kW_{el}]	KWK-Zuschlag [ct/kWh]			Max. Volllaststunden [h]	
KWKG	2012	2016	2016	2012	2016
		Eigennutzung	Keine Eigennutzung		
Bis 50	5,41	4,0	8,0	30 000 oder 10 Betriebsjahre	60 000
Über 50 bis 100	4,0	3,0	6,0	30 000	30 000
Über 100 bis 250	4,0	–	5,0	30 000	30 000
Über 250 bis 2000	2,4	–	4,4	30 000	30 000
Über 2000	1,8	–	3,1	30 000	30 000

niedrigem Temperaturniveau verdampft und von der Wasser-LiBr-Lösung absorbiert wird. Die dadurch verdünnte Lösung wird auf ein höheres Druckniveau gepumpt und unter Wärmezufuhr das Kältemittel Wasser als Dampf freigesetzt. Dieser kondensiert im Kondensator, wobei das Kondensat entspannt und im Verdampfer unter Wärmeaufnahme aus der Umgebung verdampft.

Adsorptionskältemaschine (AdKM) AdKM sind ebenso wie AKM thermisch angetriebene Kälteanlagen. Sie bestehen aus zwei mit Sorptionsmittel gefüllten Arbeitskammern sowie einem Kondensator und einem Verdampfer. Als Sorptionsmittel wird Silikagel (Kieselgel) und als Kältemittel Wasser eingesetzt. Gleichzeitig laufen zwei Prozesse ab – zum einen die Verdampfung des Kältemittels und Adsorption des entstehenden Kältemitteldampfes durch das Adsorptionsmittel, zum anderen die Desorption des im Adsorptionsmittel gebundenen Kältemittels und nachfolgend die Kondensation des entstehenden Dampfes. Da zwischen zwei Adsorberbetten zyklisch umgeschaltet werden muss, kann mit AdKM nur ein quasi kontinuierlicher Prozess realisiert werden. Wasser-Silikagel-AdKM sind insbesondere für Fernwärme und Solarthermie geeignet, da sie noch Antriebstemperaturen von 60 °C nutzen können [15].

49.2.5 Kraft-Wärme-Kopplungsgesetz

Das erste Gesetz entstand am 18.05.2000 infolge der Liberalisierung des Strommarktes im Jahr 1998 aufgrund drastisch gefallener Strompreise. Dadurch waren kleine KWK-Anlagen oft nicht mehr wirtschaftlich und wurden daraufhin abgeschaltet. Um die KWK-Technologie zu schützen wurde dieses Gesetz als Übergangslösung konzipiert. Dabei schrieb es eine Abnahmepflicht und eine Mindestvergütung für KWK-Strom fest. Im Jahr 2002 wurde das Gesetz vom zweiten KWKG abgelöst. Seitdem kam es in den Jahren 2009, 2012 und 2016 zu drei weiteren Novellierungen des KWKG, indem das Gesetz regelmäßig an die aktuellen Gegebenheiten angepasst und erweitert wurde [16].

Nach der letzten Fassung vom 01.01.2016 ergeben sich die KWK-Zuschläge aus der Tab. 49.4. Demnach liegt die Förderung für KWK-Anlagen bis 50 kW für die Eigennutzung bei 4 ct/kWh und wenn der Strom eingespeist wird bei 8 ct/kWh. 2020 erscheint ein neues KWKG (KWKG 2020), in dem sich u. a. die Förderung von Strom aus KWK-Anlagen verdoppeln soll, die förderfähigen Volllaststunden jedoch halbieren [17].

49.3 Strom-/Wärmeerzeugung mit regenerativen Energien

49.3.1 Wasserkraftanlagen (s. Abschn. 48.6)

Wasserkraftwerke werden unterschieden in Laufwasser-, Speicherwasser- oder Meeresenergiekraftwerke.

Laufwasserkraftwerke nutzen die potenzielle Energie des Wassers im Flusslauf. Das Flusswasser läuft durch eine Turbine und erzeugt kinetische Energie, die durch einen Generator in elektrische Energie umgewandelt wird. Um die Gefällehöhe und somit auch die installierte Leistung zu erhöhen, wird das Wasser in der Re-

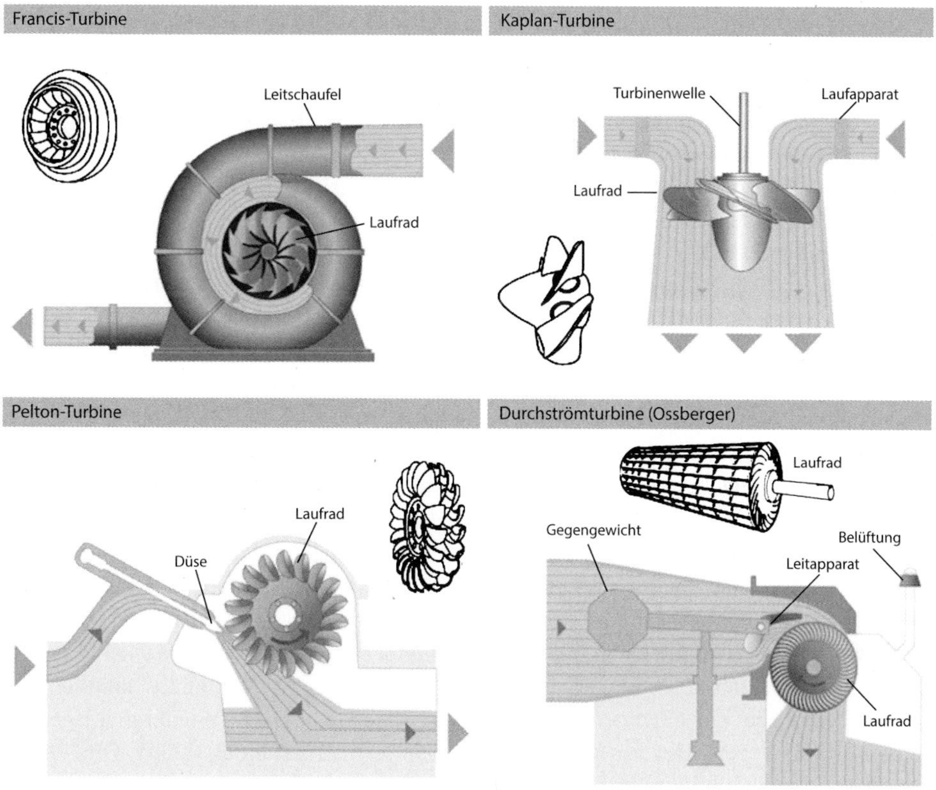

Abb. 49.10 Wasserturbinen. (Quelle: Bayerische Landeskraftwerke)

gel durch ein Wehr aufgestaut. Fischtreppen, die meist in Ufernähe angebracht sind, helfen den Fischen das Bauwerk unbeschadet zu überwinden.

Speicherwasserkraftwerke werden meist in höheren Lagen gebaut. Sie können mit oder ohne natürlichen Zulauf vorkommen. Sind die Speicherbecken ohne künstlichen Zulauf dienen sie nur der Deckung von Spitzenlastzeiten sowie der Blindleistungskompensation und werden Pumpspeicherkraftwerke genannt, da das Wasser zu Zeiten geringen Energiebedarfs hochgepumpt und zu Spitzenlastzeiten bei Bedarf durch die Turbine zurückverstromt wird. Die einzelnen Betriebszustände eines Pumpspeicherkraftwerks werden daher als Pumpbetrieb (Wasser wird in Zeiten geringen Energieverbrauchs hochgepumpt), Turbinenbetrieb (Wasser fließt durch die Turbine und erzeugt Strom zu Spitzenlastzeiten) und Phasenschieberbetrieb (mit Hilfe des Generators wird Blindleistung kompensiert und Blindenergie ins Netz geliefert bzw. aus dem Netz aufgenommen. Hierfür wird Wirkenergie aus dem Netz bezogen) bezeichnet.

Als Wasserturbinen können Pelton-, Francis-, Kaplan- oder Durchströmturbinen eingesetzt werden. Kaplanturbinen werden für Laufwasserkraftwerke eingesetzt, Peltonturbinen für Speicherwasserkraftwerke. Francisturbinen eignen sich sowohl für Laufwasser- als auch Speicherwasserkraftwerke. Durchström- (Ossberger-)turbinen werden sowohl für kleine Laufwasser- als auch für kleine Speicherwasserkraftwerke verwendet. Die einzelnen Bauarten von Wasserturbinen zeigt Abb. 49.10.

Bei der Nutzung von Meeresenergien existieren verschiedene Ansätze zur Energiegewinnung: Bei Gezeitenkraftwerken wird das Wasser mit der Flut in einen abgeschlossenen Bereich gelassen und zu Zeiten der Ebbe wieder entleert. Sowohl beim Eintritt als auch beim Austritt aus diesem Becken fließt das Wasser über eine Turbine und erzeugt mit Hilfe eines angeschlossenen Generators Elektrizität. Meeresströmungskraftwerke nutzen die Strömungen im Wasser. Hierzu werden unter Wasser Rotoren, Pendel oder Flügel eingesetzt, die die kinetische Energie der Strömungen in mechanische Energie umwandeln.

Wellenkraftwerke nutzen die kinetische Energie der Wellen. Sind diese in Ufernähe gebaut, treffen die Wellen in der Regel auf ein Bauwerk, in dem durch die Wellen Luft komprimiert wird, die dann durch eine Turbine austreten kann. Zieht die Welle sich wieder zurück, wird Luft wiederum eingesaugt und die Turbine erzeugt erneut Energie. Auf dem Meer existieren zwei Ansätze die Wellenenergie zu nutzen. Zum einen wird eine Plattform auf dem Meer installiert, in dessen Mitte eine Turbine angebracht ist. Wenn Wellen das Bauwerk überströmen gelangt das Wasser durch die Turbine wieder zurück ins Meer. Ein Generator wandelt die Energie in Strom um. Andere Prinzipien wandeln die kinetische Energie mit Hilfe von Hydraulikeinheiten in elektrische Energie um. Es existieren einige Wellenkraftwerke, bei denen die Leistungen in der Regel bei max. 750 kW liegen. Die Forschung ist in diesem Bereich rege und es ist zu erwarten, dass kommerziell genutzte Anlagentypen in den nächsten Jahren immer mehr an Bedeutung gewinnen.

Meereswärmekraftwerke nutzen den Temperaturgradienten zwischen Wasseroberfläche und der Temperatur in einigen Metern Tiefe. Salzgradientenkraftwerke nutzen das Diffusionsverhalten von Salzwasser und Frischwasser mit Hilfe einer semipermeablen Membran. Der dabei entstehende Überdruck wird zur Energiegewinnung genutzt. Salzgradientenkraftwerke gibt es nur eines. Dies ist in Norwegen und hat eine Leistung von 2–4 kW. Es wurde bisher weltweit als erste Pilotanlage errichtet, aber in der Zwischenzeit wieder außer Betrieb genommen.

Meereskraftwerke tragen nur gering zur Energieerzeugung bei. Bei den Gezeitenkraftwerken existieren aktuell drei größere Anlagen: die Sihwa-Anlage in Südkorea mit 254 MW, Annapolis Royal in Kanada mit 20 MW sowie das Gezeitenkraftwerk La Rance in Frankreich mit 240 MW. Meeresströmungskraftwerke liegen bei wenigen kW bis maximal 1,2 MW, Meereswärmekraftwerke existieren derzeit nicht.

49.3.2 Windkraftanlagen

Im globalen Maßstab hat die Windenergie ihre Führungsrolle unter den erneuerbaren Energien weiter ausgebaut. Nach dem Deutschland zu Beginn der 2000er-Jahre die weltweit höchste installierte Leistung vorweisen konnte und in Europa mit ca. 61 GW weiterhin führend ist (s. Tab. 49.5), dominieren Ende 2019 China mit ca. 236 GW und die USA mit ca. 105 GW die Liste (GWEC).

Das starke Wachstum der Windkraftnutzung in Deutschland ist auf das seit 2000 gültige EEG zurückzuführen. Das Gesetz über die Einspeisung von Strom aus erneuerbaren Energien in das öffentliche Netz legt fest, dass das regionale Energieversorgungsunternehmen (EVU) den Strom aus Wasserkraft, Windkraft, Sonnenenergie und Biomasse zu festgesetzten Preisen aufnehmen muss.

In 2019 lag die durchschnittlich installierte Leistung einer Windkraftanlage an Land rein rechnerisch bei 3,32 MW. Offshore-Anlagen (Abb. 49.11) lagen durchschnittlich bei 6,9 MW. Windkraftanlagen sind in den letzten Jahren immer höher geworden. So lag 2019 die Nabenhöhe neu installierter Offshore-Anlagen durchschnittlich bei 104 m. Laut einer Studie der Deutsche WindGuard GmbH, die im Auftrag des Bundesverband WindEnergie e. V. und der VDMA Power Systems in Auftrag gegeben wurde, werden für Anlagen an Land derzeit Hauptinvestitionskosten (also Bau, Transport und Installation) in Höhe von 980 bis 1380 €/kW angegeben. Für die Höhe der Kosten ist die Nabenhöhe ausschlaggebend. Je höher die Anlage, desto höher auch die Investitionskosten. Anlagen mit höherer Leistungsklasse sind tendenziell etwas günstiger. Für die mittleren Investitionsnebenkosten (also Fundament, Netzanbindung, Erschließung, Pla-

Tab. 49.5 Windenergienutzung in Deutschland, Stand Februar 2016. (Quelle: Deutsche Windguard)

	Installierte Leistung MW	Anzahl Anlagen
Gesamt	61 428	30 925
Brutto-Zubau Offshore 2019	1111	160
Brutto-Zubau Onshore 2019	1078	325

Abb. 49.11 Offshore-Windenergie Borkum

nung und sonstige Kosten) werden 387 €/kW angegeben, wobei dieser Wert standortabhängig stark schwankt (DEWI).

Anfänglich waren nur die Küstenstandorte vorrangig in Nordeuropa gefragt. Steigende Nachfrage und größere Turmhöhen zur Nutzung der höheren Winde führt zur stärkeren Nutzung der Binnenlandstandorte. Hierbei erlauben sogenannte Schwachwindanlagen einen wirtschaftlichen Betrieb auch an bisher ungünstigen Standorten. Weiterhin sind Offshore-Windparks mit Leistungen von bis zu 7 MW/Anlage in Planung.

Seit 2009 ist der erste Windpark, alpha ventus, vor der deutschen Küste in Betrieb. 45 km vor Borkum stehen 12 Windkraftanlagen der 5-MW-Klasse in der Nordsee (s. Abb. 49.11). Die Wassertiefe beträgt dort 30 m. Ende 2016 waren insgesamt etwa 4 GW Offshore-Anlagen in Betrieb. Die Bundesregierung plant bis 2024 die installierte Windleistung Offshore auf ca. 14 GW zu erhöhen.

Die Nutzung der Windenergie ist witterungsabhängig. Mittels konventioneller Kraftwerke muss deren Schwankungen bei der Elektrizitätserzeugung entsprechend dem tatsächlichen Bedarf an Energie ausgeglichen werden. Ebenfalls ist der Ertrag der Windkraftanlagen über die Jahre unterschiedlich. Beispielsweise haben Messungen des Deutschen Wind-Instituts DEWI in der Zeit von 1993 bis 1998 Unterschiede bis zu +10 und −6 % vom Jahresmittelwert ergeben. Deren tatsächliche Leistung wird derzeit nur an einigen Referenzanlagen bestimmt. Auf dieser Grundlage und mittels Wetterdaten erstellt der Übertragungsnetzbetreiber, als Bilanzkreisverantwortlicher der erneuerbaren Energien, vortägliche Prognosen nach denen die Energiemenge für den Verkauf an der Energiebörse bestimmt wird.

Bei der Planung von Windkraftanlagen sind Forderungen nach Umweltverträglichkeit bezüglich Geräuschemission, Schattenwurf, Gesichtspunkten der Landschaftsgestaltung und des Vogelschutzes zu berücksichtigen.

Aufbau von Windkraftanlagen Eine Windkraftanlage besteht aus dem Turm mit Fundament, den Rotorblättern, dem Maschinenhaus mit der Nabe zur Befestigung der Rotorblätter, der Hauptwelle, den Lagern, der Kupplung, ggf. dem Getriebe, dem Generator, ggf. der Bremse und den Nebenaggregaten, der Nachführeinrichtung der Gondel (Maschinenhaus) entsprechend der Windrichtung und der Hochspannungsanlage.

Die Türme der meisten Anlagen sind Stahlrohrkonstruktionen.

Als Faustformel gilt: pro Meter Masthöhe verbessert sich der Energieertrag um 1 %, da die Windgeschwindigkeit mit der Höhe in der dritten Potenz zunimmt. Als besonderes Unterscheidungsmerkmal hinsichtlich der Hersteller sind die getriebelosen Windkraftanlagen der Firma Enercon zu nennen. Enercon hat als erstes getriebelose Anlagen hergestellt. Während bei anderen Herstellern die Kraft der Rotorblätter mit Hilfe eines Getriebes an den Generator übertragen wird, fällt dieser bei den Enercon-Anlagen weg. Die Umwandlung erfolgt mit Hilfe eines Ring- bzw. Synchrongenerators. Ein Vielpolgenerator ermöglicht eine niedrige Drehzahl des Generators bei ausreichend hoher Frequenz. Zwischenzeitlich sind auch Anlagen mit Vielpolgeneratoren und Getriebe im Einsatz. Bei ihnen wird eine höhere Polpaarzahl des Generators gewählt,

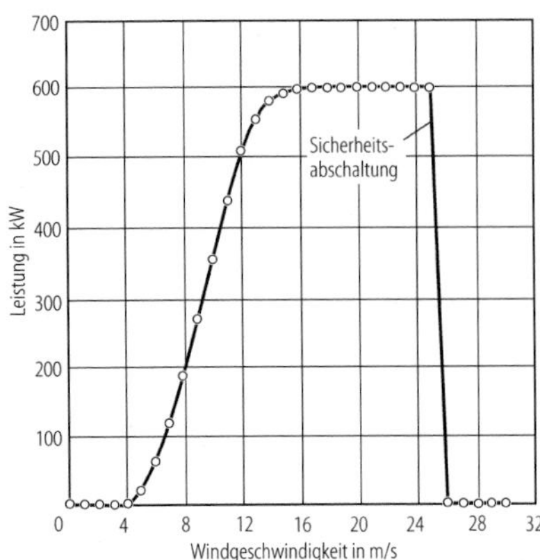

Abb. 49.12 Leistungskennlinie einer Windkraftanlage

um die Getriebedrehzahl zu reduzieren. Da die Windkraftanlagen mit variabler Drehzahl (je nach Windgeschwindigkeit) läuft, erzeugt ein Synchrongenerator wechselnde Frequenzen, die über einen Gleichstromzwischenkreis auf die Sollfrequenz des Netzes (in Europa 50 Hz bzw. in den USA 60 Hz) umgerichtet werden (AC-DC-AC-Konvertierung). Doppelt gespeiste Asynchrongeneratoren können über ihr Schlupfregelung eine konstante Frequenz bei in Grenzen variabler Drehzahl liefern.

Bei den Rotoren unterscheidet man nach Widerstands- und Strömungsläufern. Die alten Windmühlen und die amerikanischen Westernräder sind Widerstandsläufer. Die heutigen modernen Windkraftanlagen haben (überwiegend drei) aerodynamisch geformte Rotorblätter, die wie bei einem Flugzeugflügel den Auftrieb zur Leistungserzeugung nutzen.

Die Windkraftanlagen laufen bei einer Mindestwindgeschwindigkeit von etwa 3 m/s an, erreichen bei 12 bis 14 m/s ihre Nennleistung und schalten bei etwa 25 m/s aus Sicherheitsgründen ab (Abb. 49.12). Die Leistungsregelung (Begrenzung) der Windkraftanlage erfolgt über die Verstellung der Flügel (Pitch-Regelung) oder über den Strömungsabriss (Stall-Regelung). Anlagen im MW-Bereich verfügen heutzutage ausschließlich über Pitch-Regelung, da sie damit besser der Nennleistung angesteuert werden können.

Alle Maschinenkomponenten werden, soweit von der Größe möglich, in der Gondel vormontiert angeliefert. Die Gondel ist drehbar auf einem Zahnkranzring am Turmkopf gelagert. Die Lagerpunkte sind an Antriebe – E-Motoren – gekoppelt, die dafür sorgen, dass die Maschinenwelle immer in Hauptwindrichtung zeigt. Ein elektronischer Windrichtungsmesser setzt die gemessene Windrichtung in Steuersignale für die Antriebe, die sog. Giermotoren, um.

Heute müssen Windkraftanlagen erhöhte Netzanschlussbedingungen hinsichtlich der Power Quality und ihrem Beitrag zur Systemführung erfüllen. Die hierzu formulierte Systemdienstleistungsverordnung beschreibt das notwendige Netzverhalten von Windanlagen insbesondere im Fehlerfall. So sollen beispielsweise Anlagen nicht abschalten, wenn es zu einem Kurzschluss kommt.

Als Beispiel für die heutige Auslegung und ihre Abmessungen sei die Anlage „E-147 EP5 E2“ der Fa. Enercon genannt, Nabenhöhe 155 m, Rotordurchmesser 147 m, Nennleistung = 5 MW (bei 2000 Volllaststunden: 10 GWh Jahresarbeit).

49.3.3 Anlagen zur Nutzung der Sonnenenergie

Die direkte Nutzung der Sonnenenergie kann wie folgt aufgeteilt werden:

- Photovoltaische Nutzung, Erzeugung von Gleichstrom direkt aus der Sonnenenergie
- Solarthermische Nutzung, Erzeugung von Niedertemperaturwärme für Warmwasser und Heizung
- Solarthermische Kraftwerke, Erzeugung von Strom über einen solar erhitzten Dampfkreislauf

49.3.3.1 Photovoltaik

Die photovoltaische Stromerzeugung kann sehr vielfältig genutzt werden, von kleinen Inselsystemen, Versorgung z. B. von Berghütten, bis hin zu Großanlagen auf Freiflächen mit Leistungen größer 50 MW, wobei die Leistungen neu installierter Anlagen stetig größer werden. Das Prinzip des photovoltaischen Effektes zeigt Abb. 49.13. Die Solarzelle besteht aus zwei Siliziumschich-

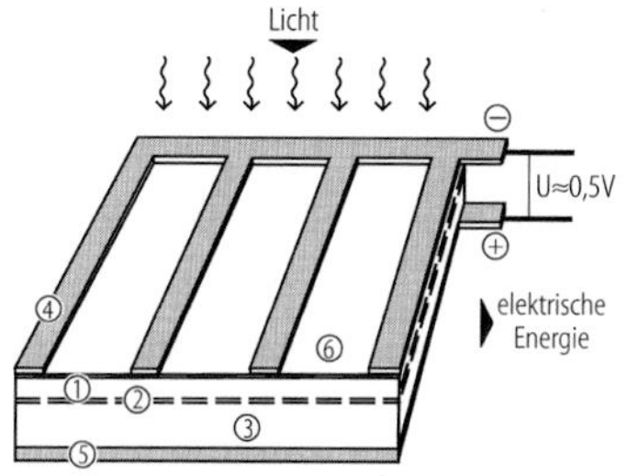

Abb. 49.13 Schema einer Solarzelle. *1* n-leitendes Silizium, *2* p-n-Übergang, *3* p-leitendes Silizium, *4* Kontaktfinger, *5* Rückseitenkontakt, *6* Oberflächenvergütung

ten, die mit z. B. Phosphor oder Bor verunreinigt werden. Während Silizium vier Außenelektronen (Valenzelektronen) besitzt, hat Phosphor fünf und Bor drei. Somit herrscht in der mit Phosphor verunreinigten Schicht ein Elektronenüberschuss (n-Dotierung), während in der mit Bor versetzten Schicht ein Elektron zu wenig ist („Loch“, p-Dotierung). Durch die Dotierung baut sich in der Grenzschicht (p-n-Übergang) ein elektrisches Feld auf. Die freien Elektronen aus der n-leitenden Schicht wandern in die Löcher der p-leitenden Schicht über und gehen dort eine Bindung ein. Gelangt Sonnenlicht auf die Oberfläche der Zelle, wird diese Bindung gelöst und die Elektronen bewegen sich über die n-leitende Schicht und die Kontakte zum Verbraucher, so dass ein Strom entsteht. Auf der Unterseite der Solarzelle gelangen die Elektronen wieder in die p-leitende Schicht und gehen erneut Bindung ein, bis sie durch Sonnenlicht gelöst werden.

Eine PV-Anlage besteht aus den Modulen, dem dafür notwendigen Untergestell, der Verkabelung, dem Wechselrichter und dem Netzanschluss mit der Zähleinrichtung. Bei den Solarzellen unterscheidet man nach:

- monokristallinen Zellen (Wirkungsgrad 15–20 %)
- polykristallinen Zellen (Wirkungsgrad 12–16 %)
- amorphen Zellen (Wirkungsgrad 5–7 %)
- Dünnschichtzellen auf der Basis von Cadmiumtellurid (Wirkungsgrad 13 %)
- Konzentrierende Photovoltaik-Systeme (CPV, Concentrating Photovoltaic) (Wirkungsgrad 25–30 %, für die Zukunft können hier Wirkungsgradsteigerungen auf bis zu 40 % erwartet werden)

Mehrere Solarzellen werden in Reihe geschaltet und zu einem Modul gefertigt. Die Module enthalten Schutzdioden, die das Erhitzen einzelner Zellen bei Abschattung und dadurch ihre Zerstörung verhindern. Die Modulgrößen liegen zwischen etwa 40 und 300 W_p (W_p: Watt peak Spitzenleistung unter Standardtestbedingungen). Die Ausgangsspannung eines Moduls liegt zwischen 12 und 24 V Gleichspannung. Mehrere Module werden wiederum in Reihe geschaltet (String) und auf den Wechselrichter geführt. Dieser wandelt die Gleichspannung in netzverträgliche Wechselspannung.

In der Praxis erreichen Photovoltaikanlagen in Deutschland maximal 1050 kWh/kW_p. Dieser Wert ist nicht nur vom Standort sondern auch von Bauweise und Ausrichtung abhängig.

Die Standard-Testbedingungen sind:

- Einstrahlung $E = 1000\,\mathrm{W/m^2}$
- Zell-Temperatur $T_C = 25\,°\mathrm{C}$, $AM = 1{,}5$ (vgl. Abschn. 48.6)

Die Abb. 49.14a und b zeigen die Abhängigkeit der Leistung von der Einstrahlung und der Zelltemperatur.

Bei der Planung von Anlagen muss auf absolute Verschattungsfreiheit geachtet werden. Die Ausrichtung sollte unter einem Anstellwinkel von 25 bis 40° zur Waagerechten in Richtung Süden sein. PV-Module für Einfamilienhäuser bis zu einer Größe von etwa 5 kW_p kosten etwa 1000–1450 €/kW_p (Solaranlagen ABC, Stand August 2020). Der Flächenbedarf beim Einsatz von monokristallinen Modulen auf einem Schrägdach liegt bei etwa 10 m²/kW_p. Auf einem Flachdach muss im Vergleich zu einem Schrägdach mit einem erhöhten Flächenbedarf gerechnet werden. Bezüglich des Brandfalls muss berücksichtigt werden, dass die hohen Gleichspannungen der PV-Anlagen eine Gefahr für die Feuerwehr werden kann. Deshalb ist es notwendig, dicht an den Modulen Trennschalter mit möglichst automatischer Abschaltung zu installieren, damit die Anlage weitestge-

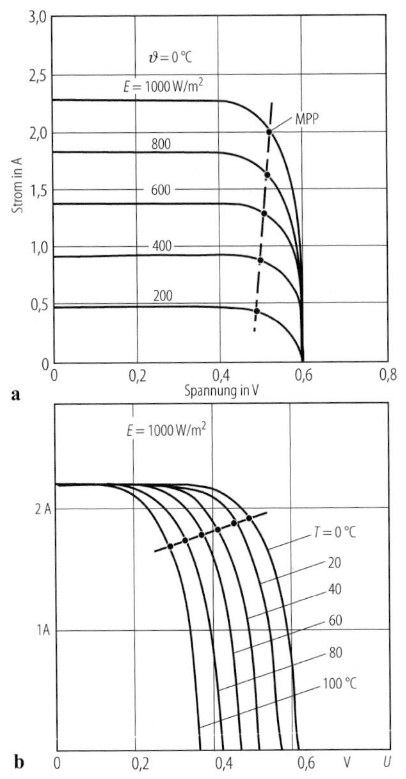

Abb. 49.14 Zellkennlinien

hend spannungsfrei gelöscht werden kann. Laut Bundesverband Solarwirtschaft e. V. betrug die in 2019 neu installierte Photovoltaik-Kapazität 3,9 GW_p, die sich auf ca. 100 800 Anlagen verteilen (s. Abb. 49.15). Demnach waren Ende 2019 insgesamt etwa 49,2 GW_p in Deutschland installiert. Der in 2019 durch Photovoltaik erzeugte Strom lag bei ca. 47,5 TWh, was einem Anteil von etwa 8 % am deutschen Bruttostromverbrauch entspricht.

49.3.3.2 Solarthermie

Solarthermische Anlagen (s. Abb. 49.16) dienen vorrangig zur Erwärmung von Brauchwasser. Das Konzentrationsverhältnis C ist ein Flächenverhältnis und ist definiert als:

C = Aperturfläche/Fläche des Sonnebilds im Focus.

In letzter Zeit werden Anlagen auch zur Unterstützung der Heizung im Niedrigenergiehaus-Sektor ausgelegt. Man unterscheidet folgende Anlagentypen:

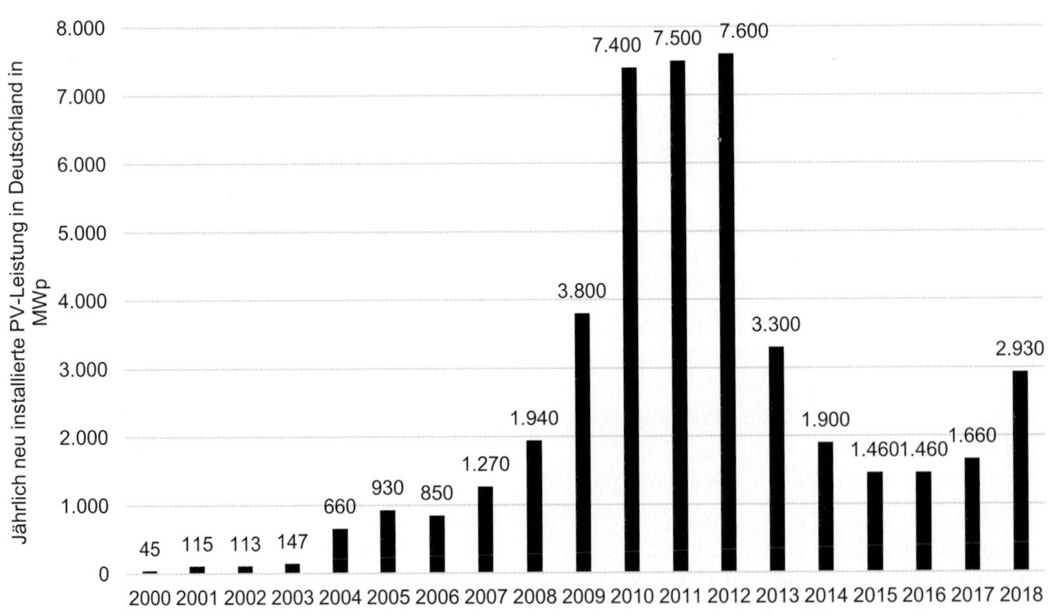

Abb. 49.15 Jährlich neu installierte PV-Leistung in Deutschland in MW_p. (Quelle: BSW Solar)

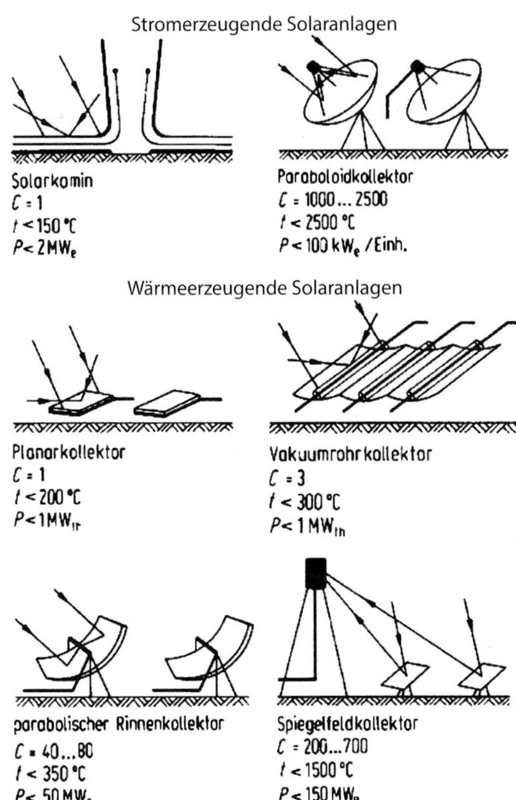

Abb. 49.16 Grundkonzepte solarer Energiekollektoren für Strom- und Warmwassererzeugung mit *C* Konzentrationsverhältnis, *t* erreichbare Temperaturen, P Leistung, e elektrisch, th thermisch

- Absorber für die direkte Erwärmung von Wasser, eingesetzt in Freibädern, sehr preiswert, Wasser muss aber im Winter wegen Gefahr des Einfrierens abgelassen werden
- Flachkollektoren in Kombination mit einem Wärmetauscher und Solekreislauf für den ganzjährigen Betrieb geeignet, eingesetzt für die Warmwasserbereitung von Wohngebäuden
- Vakuumröhrenkollektoren für erhöhte Betriebstemperaturen

Abb. 49.17 zeigt die Installation der Solarkollektoren (Flachkollektoren und Vakuumröhren) in Deutschland. Solarthermische Warmwasserbereitungsanlagen bestehen aus dem Kollektorfeld, dem Warmwasserspeicher, der Pumpengruppe und der Verrohrung. Bei einem 4-Personen-Haushalt rechnet man mit etwa 5 m^2 Flachkollektor und 300 l Speicher, um etwa 60 % des Jahresbedarfs an Warmwasser solar zu erzeugen.

Neben der direkten Nutzung der solaren Wärme für Brauchwasser und Heizung wird diese Energie auch zur Kühlung verwendet. Sogenannte Absorptionskältemaschinen (s. Abschn. 49.2.4) arbeiten auf der Grundlage der Temperaturabhängigkeit zweier Lösungen. Ein Kältemittel, z. B. Wasser, wird dazu in einem beinahe evakuierten Behälter genutzt, um Gebäuden über die Verdampfungsenergie Wärme zu entziehen bzw. Kälteenergie bereitzustellen. In einem nachgelagerten Prozess wird eine Salzlösung verwendet, die aufgrund ihrer Eigenschaften den Kältemitteldampf im Absorber aus der Luft bindet und darauffolgend wird diese Lösung zur Vermeidung einer Sättigung aus dem Kältemittel unter Zufuhr von Wärme ausgekocht und verdampft bei einem höheren Temperatur- und Druckniveau. Das Wasser wird im vierten Schritt über den Kondensator auf das Ausgangsniveau abgekühlt und dem Verdampfer zugeführt.

Hybridmodule, Photovoltaik und Solarthermie in einem Modul Hybridmodule sind vom Grundsatz eine interessante Lösung, um Stromerzeugung und Wassererwärmung miteinander zu verbinden. Bei vorrangiger PV-Nutzung ist eine Kühlung des Moduls ertragssteigernd, die nutzbare Wärme befindet sich aber auf sehr niedrigem Niveau. Sollte das Hybridmodul auf thermische Nutzung ausgelegt werden, ist eine hohe Betriebstemperatur von Nutzen, was den PV-Ertrag aber sinken lässt.

Solarthermische Kraftwerke Solarthermische Kraftwerke werden weltweit in besonders sonnenreichen Gegenden als Pilotkraftwerke in Form einachsig der Sonnen nachgeführter Parabolrinnenkraftwerke sowie beidachsig nachgeführter Paraboloid- oder Solarturmkraftwerke mit Spiegelflächen betrieben.

Parabolrinnenkraftwerk Das solarthermische Kraftwerk Andasol (Spanien) mit den Blöcken

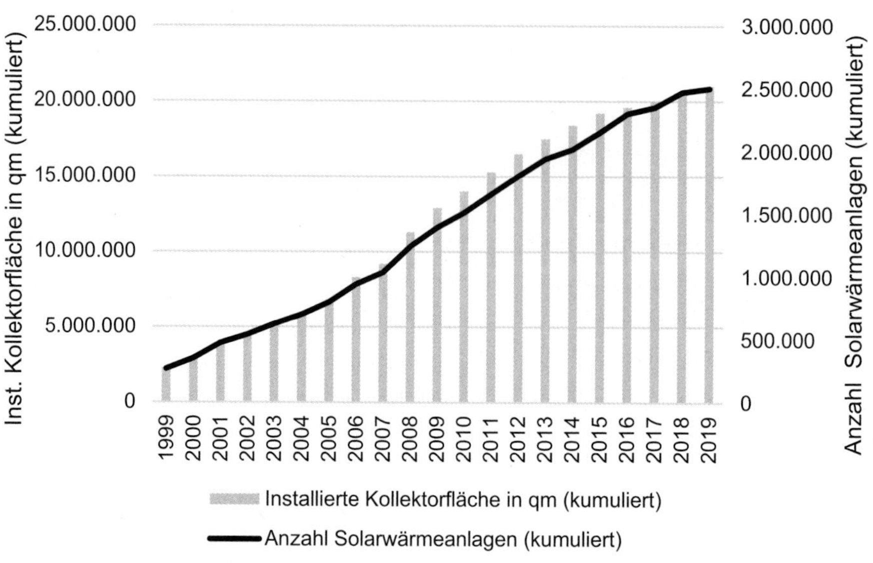

Abb. 49.17 Installierte Kollektorfläche und Anlagenanzahl für Solarwärmeanlagen (2019). (Quelle: BSW-Solar)

1 bis 3 wurde von 2008 bis 2011 in Betrieb genommen. Jedem Block stehen knapp 210 000 Parabolrinnenkollektoren mit einer Gesamtfläche von zirka 510 000 m^2 als Wärmequelle zur Verfügung, jeweils mit einer Länge von 12 m und 2,5 t Gewicht. Die Dampfturbinen haben eine Gesamtleistung von 150 MW. Die Turbine besteht aus einer Hoch- und Niederdruckmaschine, die speziell für den Einsatz im Kraftwerk Andasol entwickelt wurde. Anders als in konventionellen Kraftwerken muss eine Turbine im Solarbetrieb darauf ausgelegt sein, je nach Verfügbarkeit des Dampfes jeden Tag an- und abgefahren zu werden. Der Spitzenwirkungsgrad des Dampfkreislaufs in Andasol liegt knapp über 25 %. Andasol 3 ist 2011 mit einer Turbinenleistung von ca. 50 MW in Betrieb gegangen. Die Speicherkapazität des Wärmespeichers liegt bei 30 000 t Salz für 8 Volllaststunden.

Solarturmkraftwerk In Spanien steht in Almeria ein großes Testzentrum für solare Energienutzung. Dort sind zwei Solarturmkraftwerke installiert, die in der Praxis getestet werden. Das deutsche Zentrum für Luft und Raumfahrt (DLR) war an der Entwicklung und dem Bau des Testzentrums beteiligt und bis heute arbeiten dort Wissenschaftler des DLR. Die Solarturmanlagen dort heißen CESA-1 und SSPS und sind mit 300 und 92 Heliostaten (à 40 m^2) ausgestattet. Die thermische Leistung der CESA-1-Anlage mit einer Turmhöhe von 83 m liegt bei 7 MW$_{th}$, die SSPS-Anlage hat eine Turmhöhe von 43 m und eine Leistung von 2,7 MW$_{th}$.

In der südkalifornischen Mojave-Wüste ist seit 2014 das weltweit größte Solarturmkraftwerk Ivanpah in Betrieb. Auf einer Fläche von 14,2 km^2 stehen mehr als 300 000 Spiegel, die das Sonnenlicht auf drei ca. 140 m hohe Türme reflektieren. Im Absorber wird überhitzter Dampf erzeugt. Drei Turbinen mit einer Leistung von insgesamt 392 MW (2 × 133 MW, 1 × 126 MW) erzeugen Strom, der nach Angaben von BrightSourceEnergy über 140 000 Haushalte in Kalifornien versorgen kann.

Fresnelkollektoren mit Direktverdampfungsreceiver Schott Solar lieferte 2010 Receiver für die Direktverdampfung von Wasser in solarthermischen Kraftwerken an den Kraftwerksbauer Novatec Biosol. Dieser verbaute die Receiver in seiner neuen Fresnelkollektor-Generation Supernova, die bis zu 450 °C heißen Wasserdampf erzeugen. Die vakuumisolierten Receiver sind mit

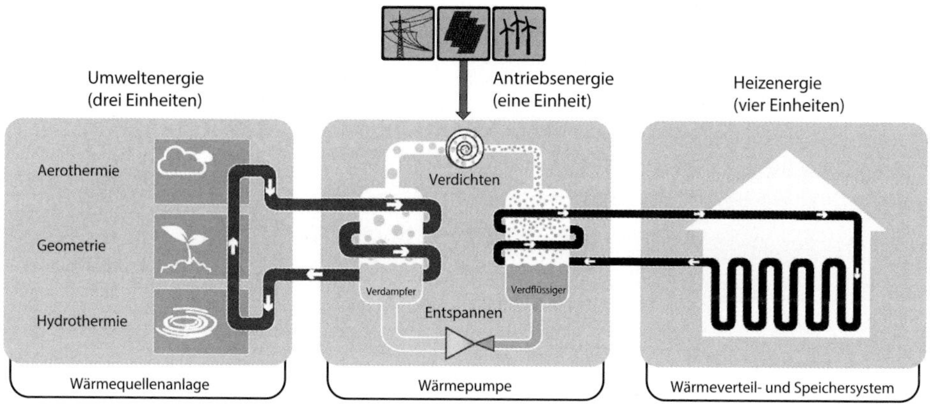

Abb. 49.18 Funktionsschema einer Wärmepumpenanlage. (Quelle: Bundesverband Wärmepumpe e. V. mit eigenen Ergänzungen)

einer hochselektiven und temperaturbeständigen Beschichtung versehen. Die Temperaturverluste des Receivers liegen bei einer Betriebstemperatur von 400 °C bei unter 10 %. Im Gegensatz zur gängigen Parabolrinnentechnologie führen die Receiver der Fresnelkollektoren kein Thermoöl als Wärmeträger, sondern Wasser. Damit sind grundsätzlich höhere Betriebstemperaturen möglich, da sich das Öl bei knapp 400 °C zersetzt. Im kalifornischen Bakersfield liegt die Kimberlina-Anlage. Sie wurde 2008 in Betrieb genommen und kommerziell genutzt. Auf fast 26 000 m^2 sind 3 Absorberrohre mit jeweils 10 Reihen an Fresnel-Spiegeln über eine Länge von 385 m angeordnet. Das Kraftwerk hat eine thermische Leistung von 25 MW_{th} und eine elektrische Leistung von 5 MW_{el}.

49.3.4 Wärmepumpen

Elektrisch betriebene Kompressions-Wärmepumpen entziehen der Umgebung Wärme und pumpen sie auf ein nutzbares Temperaturniveau. Das Prinzip entspricht der Umkehrung des Kühlschranks (s. Abschn. 37.10). Sie benötigen je nach Bauart und Energiequelle nur etwa 25 % (eine Einheit) der Nutzenergie als elektrische Antriebsenergie, 75 % (drei Einheiten) der Nutzenergie kommen aus der Umwelt (Abb. 49.18).

Das Verhältnis der elektrischen Antriebsarbeit zu der für Heizzwecke genutzten Wärmearbeit wird Jahresarbeitszahl genannt und ist ein Maß für die Güte der Anlage. Als Energiequelle dienen am häufigsten die Umgebungsluft, das Grundwasser und das Erdreich mit Hilfe von oberflächennahen Kollektoren oder senkrecht gebohrten Erdspießen (Abb. 49.19). Es können auch andere Wärmequellen genutzt werden, wie z. B. die der Abwasserkanäle (Demoanlage von Vattenfall Europe in Berlin, Beheizung einer Turnhalle). Eine Quelle ist besonders vorteilhaft, wenn sie über das ganze Jahr annähernd konstante Temperatur hat. Dies trifft beim Erdspieß und den Abwasserkanälen zu.

Erdreich als Energiequelle Es werden bis zu 100 m lange Erdspieße (U-Rohr oder Rohr im Rohr) in das Erdreich gebohrt, die mit einer Wärmeträgerflüssigkeit durchströmt werden. Das Erdreich hat ab einer Tiefe von etwa 10 m über das ganze Jahr eine konstante Temperatur von etwa 10 °C. Dadurch, dass die elektrische Kompressions-Wärmepumpe bis zu 75 % Umweltenergie nutzt, zählt sie zu den Anwendungen regenerativer Energien. Einige Energieversorger bieten für die Wärmepumpen auch regenerativ erzeugten Strom an. Unter diesen Umständen ist die Nutzung der Wärmepumpe rein regenerativ.

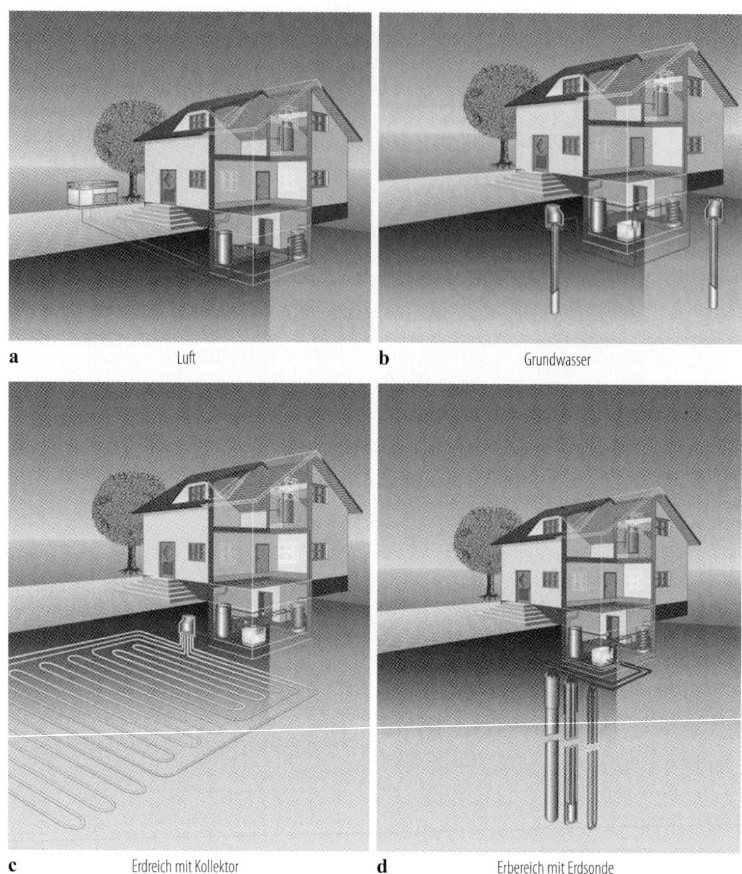

Abb. 49.19 Energiequellen für Wärmepumpen

49.4 Kernkraftwerke

Kernkraftwerke sind Wärmekraftwerke, die anstelle einer fossil gefeuerten Kesselanlage Kernreaktoren als Wärmequelle verwenden. Die weltweit am häufigsten und in Deutschland ausschließlich betriebenen Kernkraftwerke verwenden thermische Reaktoren, welche mit „leichtem" Wasser (H_2O) gekühlt werden. In diesen Leichtwasserreaktoren (LWR) ist das Wasser gleichzeitig Moderator und Kühlmittel. Wegen der Absorberwirkung des Wassers, muss jedoch das eingesetzte Uran auf etwa 3–5 % U-235 angereichert werden. Der am häufigsten verwendete Reaktortyp ist der Druckwasserreaktor (DWR), bei dem der Dampfkreislauf mit Turbine (Sekundärkreislauf) durch einen Wärmetauscher (Dampferzeuger) vom Kühlkreislauf des Reaktors (Primärkreis) getrennt ist. Wie beim konventionellen Dampfkraftwerk der Kessel, ist der Kernreaktor bei Siedewasserreaktoren (SWR) direkt in den Dampfkreislauf integriert. Infolgedessen ist der Antriebsdampf der Turbine bei Siedewasserreaktoren leicht kontaminiert. Die maximale elektrische Leistung von Leichtwasserreaktoren liegt heute bei etwa 1560 MW (brutto), die thermische Leistung bei ca. 4575 MW (CHOOZ B-1, DWR, Frankreich) [20]. Der schlechtere Wirkungsgrad von LWR zwischen 33 und etwa 36,5 % (neue Anlagen wie EPR oder HPR1000) [20] im Vergleich zu fossil befeuerten Dampfkraftwerken erklärt sich aus den ungünstigeren Dampfparametern. Bei einem Kernkraftwerk mit einem Schwerwasserreaktor sind wie beim DWR-Kraftwerk Reaktorkreislauf und Dampfkreislauf getrennt. Der sekundäre Dampfkreislauf mit Turbine ist konventionell, während der Reaktor meist zwei getrennte D_2O-Kreisläufe zur Moderation und zur Kühlung aufweist. D_2O erlaubt wegen seiner geringen Neutronenabsorption die Verwendung von Natururan mit 0,7 % U-235. Die Trennung in zwei Reaktorkreisläufe ist zweckmäßig, um die Leckverluste kleinzuhalten, da das Schwerwasser sehr kostenintensiv ist. Diese Bauweise wird auch als Druckröhrenreaktor bezeichnet. Neben diesen Reaktoren sind zurzeit leichtwassergekühlte-graphitmoderierte sowie gasgekühlte Reaktoren und schnelle Brutreaktoren im Betrieb. Letztere verwenden keinen Moderator und nutzen daher die schnellen Neutronen.

Vom „Generation IV International Forum", das von der OECD Nuclear Energy Agency unterstützt wird und in dem u. a. Euratom, Japan und die USA vetreten sind, werden eine Reihe neuer Reaktorkonzepte (Generation IV) vorangetrieben. Dazu zählen schnelle Reaktoren (gas-, blei- oder natriumgekühlt), der gasgekühlte Höchsttemperaturreaktor, der überkritische Leichtwasserreaktor und Flüssigsalzreaktoren.

In Deutschland erzeugten die sieben Reaktoren mit einer Gesamtleistung von 10 GW im Jahr 2018 etwa 76 TWh (brutto), dies entspricht einem Anteil an der gesamten Stromerzeugung 2018 von 11,8 % [21]. Weltweit wurde 2019 eine Netto-Strommenge von rund 2586 TWh durch 449 Reaktoren erzeugt. Im August 2020 befinden sich weltweit 440 Reaktoren in 30 Ländern mit einer Netto-Leistung von etwa 389 GW_{el} im Betrieb. Die Meisten davon befinden sich in Nordamerika und Westeuropa. Im Jahr 2018 gingen neun Reaktoren neu ans Netz. Weltweit sind im August 2020 54 Reaktoren mit einer Netto-Leistung von etwa 57 GW_{el} im Bau überwiegend in Asien. Von den vorhandenen Reaktoren befinden sich beispielsweise in Japan im Jahr 2019 nur acht der 54 Anlagen in Betrieb. Der Anteil der Kernenergie an der gesamten Stromerzeugung variierte 2019 in Europa (in Ländern mit mind. einem Reaktor) von 3,2 % in den Niederlanden (ein Reaktor) bis zu 70,6 % in Frankreich (56 Reaktoren) [20]. Deutschland hat im Jahr 2011 nach dem Vorfall im japanischen Kraftwerk Fukushima Daiichi den beschleunigten Ausstieg aus der Kernenergieerzeugung beschlossen. Bis 2022 werden alle deutschen Kernkraftwerke sukzessive dauerhaft abgeschaltet.

49.4.1 Bauteile des Reaktors und Reaktorgebäude

Reaktorkern Er besteht aus Brennelementen, in denen die Kettenreaktion abläuft, die vom Moderator umgeben sind und vom Kühlmittel umströmt werden. Die Brennelemente sitzen im Kerngerüst, das Schwingungen verhindert und den Kühlmittelfluss leitet.

Reflektor Er besteht aus einer den Kern umgebenden Schicht aus Wasser oder Beryllium oder Graphit, um die am äußeren Reaktorkern ausdiffundierenden Neutronen zu reflektieren und dadurch die Verluste zu verringern. Die Flussverteilung im Kern wird dadurch vergleichmäßigt.

Thermischer Schild Er ist ein dickwandiger Stahl- oder Gusseisenmantel um den Reflektor. Er soll die bei der Spaltung entstehenden hochenergetischen γ-Strahlen vom umschließenden Druckgefäß stark abschirmen, um dessen Versprödung zu vermeiden.

Reaktordruckbehälter (RDB) Er enthält neben dem Reaktorkern die Anschlüsse für die Zu- und Abfuhr des Kühlmittels (bei integrierter Bauweise mit Spannbeton-Druckbehälter für Speisewasser und Dampf) sowie Möglichkeiten für den Ein- und Ausbau der Brennelemente (bspw. bei LWR Deckel, bei D_2O-Reaktoren Druckschleusen für die einzelnen Brennelemente bzw. Druckröhren) und Steuerelemente.

Biologischer Schild Als eine 1 bis 2 m dicke Betonschale umgibt er den Druckbehälter und schirmt vorrangig die γ-Strahlung soweit ab, dass die zulässigen Strahlungsintensitäten außerhalb nicht überschritten werden.

Sicherheitsbehälter (Containment) Er ist aus Stahl ausgeführt und befindet sich im Reaktorgebäude. Bei DWR ist er kugelförmig und umfasst den gesamten Primärkreislauf sowie die Dampferzeuger. In bspw. deutschen DWR und dem EPR soll er dem bei Verdampfen des gesamten Kühlmittels im Innern entstehenden Druck standhalten. Bei SWR umschließt er den RDB und die Kondensationskammer. Je nach Reaktortyp befinden sich alle oder Teile der Not- und Nachkühlsysteme im Containment. Ebenfalls kann sich das Brennelementlagerbecken zur Brennelementen innerhalb des Containments (hauptsächlich in DWR) befinden.

Reaktorgebäude Das Reaktorgebäude besteht aus einer Betonhülle von ca. 1,5 bis 2 m Dicke, die äußeren Einwirkungen (bspw. Flugzeugabsturz, äußere Explosion, Erdbeben) widerstehen soll, ohne dass am Reaktor und den sicherheitstechnisch wichtigen Teilen Schäden entstehen, durch die Aktivität freigesetzt oder der sichere Zustand gefährdet würde. Das Reaktorgebäude ist nur durch Schleusen zu betreten, so dass es von den anderen Gebäuden getrennt ist. Die Belüftung ist so ausgelegt, dass Unterdruck im Vergleich zur Umgebung besteht. Die Abluft wird auf Aktivität überwacht und über Filter durch einen Kamin abgeführt, so dass bei der maximal zulässigen Aktivitätsabgabe ein Überschreiten der zulässigen Belastung in der Umgebung ausgeschlossen ist. Im Störfall kann das Reaktorgebäude luftdicht abgeschlossen werden.

49.4.2 Sicherheitstechnik von Kernreaktoren

Die im Betrieb unvermeidlich abgegebene Aktivität belastet die Bevölkerung mit weniger als 1 % der natürlichen und zivilisatorischen Strahlenbelastung. Eine mögliche Gefährdung stellt die große Aktivität des Kerns dar, herrührend von den Spaltprodukten (ein 1300-MW_{el}-Reaktorkern enthält eine Aktivität von etwa 10^{17} Bq), welche bei einem Kernschmelzeunfall (verursacht durch ungenügende Abfuhr der Nachzerfallswärme) teilweise freigesetzt werden könnte. Alle Sicherheitsmaßnahmen sollen bezwecken, dass auch bei den unwahrscheinlichsten Unfällen keine Spaltprodukte in die Umgebung entweichen können. Die Sicherheitskonzepte der deutschen Reaktoren beruhen auf einer Kombination organisatorischer, aktiver, passiver und konstruktiver sowie inhärenter Maßnahmen.

Organisatorische Maßnahmen Vor Baubeginn müssen Vorschriften bei der Standortwahl bezüglich geologischer, hydrologischer und meteorologischer Bedingungen sowie der Bevölkerungsdichte in bestimmten Umkreisen beachtet werden.

Im Betrieb sind Begutachtungen des Sicherheitsberichts und kontinuierliche Prüfungen der Konstruktion, der Werkstoffe durch die Beauftragten der Zulassungsbehörde (TÜV) und die Reaktorsicherheitskommission (RSK) durchzuführen, woraus behördliche Auflagen folgen können. Weiterhin sind die Aufzeichnungen laufend zu kontrollieren, bei – meist mit Brennelementwechsel verbundenen – Revisionen sind an zahlreichen Komponenten (inkl. Reaktordruckbehälter) Wiederholungsprüfungen durchzuführen. Störungen sind der Genehmigungsbehörde zu melden, die entsprechende Untersuchungen einleiten kann.

Darüber hinaus werden Informationen über Störungen in Kraftwerken weltweit durch die WANO (World Association of Nuclear Operators) weitergeleitet, um eventuelle ähnliche Gefährdungen bereits im Vorfeld erkennen und entsprechende Handlungen einleiten zu können.

Aktive Maßnahmen Die Reaktorschutzsignale steuern mit Vorrang. Diese umfassen u. a. Reaktorschnellabschaltung, Kernnot- und Nachkühlung, Notspeisewasserversorgung und Gebäudeabschluss.

Die durch ein Reaktorschutzsignal eingeleitete Hochdruckeinspeisung bei DWR ist ein Beispiel für aktiv arbeitende Sicherheitssysteme. Dieses System speist bei ungewolltem Druckabfall (z. B. infolge von Kühlmittelverlust) ab etwa 110 bar ein Wasser-Borsäure-Gemisch aus typischerweise vier vorhandenen Flutbehältern in den Primärkreislauf ein. Dies soll die ausreichedne Kühlung und die Unterkritikalität des Kerns sicherstellen.

Passive und konstruktive Maßnahmen Zu den konstruktiven Sicherheitsbarrieren zählen das Kristallgitter des Kernbrennstoffs selbst (es hält etwa zwei Drittel der radioaktiven Spalt-

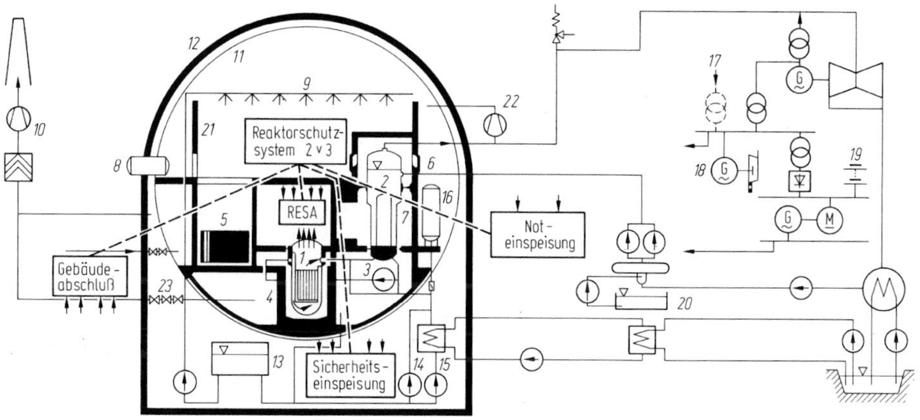

Abb. 49.20 Sicherheitstechnische Einrichtungen für Druckwasserreaktoren. *1* Reaktor, *2* Dampferzeuger, *3* Hauptkühlmittelpumpe, *4* biologischer Schild, *5* Brennelementbecken, *6* Überstromöffnung, *7* Dampferzeuger-Abstützung, *8* Materialschleuse, *9* Gebäudesprüheinrichtung, *10* Ringraumabsaugung, *11* Sicherheitshülle, *12* Sekundärabschirmung, *13* Borwasser-Flutbehälter (4×50%), *14* HD-Sicherheitseinspeisepumpe (4 × 50 %), *15* ND-Sicherheitseinspeisepumpe und Nachwärmekühler (4 × 50 %), *16* Druckspeicher, *17* Anfahrnetz-Einspeisung, *18* Notstrom-Dieselgenerator, *19* Batterie, *20* Deionatbecken, *21* Trümmerschutzzylinder, *22* Rückpumpeinrichtung, *23* Unterdruckhaltung

produkte zurück), die Brennstabhülle (schließt die Spaltprodukte in den Brennstäben gas- und druckdicht ein), der Reaktordruckbehälter, der biologische Schild, der Sicherheitsbehälter (Containment), das Reaktorgebäude. Beispiele für passiv wirkende Sicherheitssysteme sind die – typischerweise acht (pro Primärkreislaufstrang zwei) – Druckspeicher eines DWR. Diese sind im unteren Teil mit einem Wasser-Borsäure-Gemisch und im oberen Teil mit gasförmigem Stickstoff gefüllt. Der Behälter steht unter einem Druck von etwa 26 bar und ist über Rohrleitungen (und Rückschlagklappen) mit dem Primärkreislauf verbunden. Fällt der Primärkühlmitteldruck unter den der Druckspeicher wird automatisch aufgrund des Überdrucks in den Behältern Notkühlmittel in den Kern geleitet.

Inhärente Sicherheit Bei wassermoderierten Reaktoren sinkt mit abnehmender Dichte des Wassers, d. h. mit steigender Temperatur und/oder (erhöhter) Blasenbildung durch Sieden der thermische Neutronenfluss (negativer Temperatur- und Void-Koeffizient). Damit nimmt auch die Leistung ab. Ein weiteres Merkmal ist der sich einstellende Naturumlauf im Primärkreislauf von DWR. Dieser sorgt auch ohne laufende Hauptkühlmittelpumpen für eine Wärmeabfuhr vom Kern zu den Dampferzeugern.

Größter anzunehmender Unfall (GAU) Dieser muss vom Reaktorsystem auslegungsgemäß noch beherrscht werden. Er unterstellt beim LWR den kompletten Abriss einer Hauptkühlmittelleitung mit beidseitigem Versatz (doppelter Austrittsquerschnitt). Alle Notkühlsysteme sind mehrfach vorhanden (Redundanz, s. Bd. 2, Abschn. 1.4.2) – bspw. vier Stränge zu je 50 % der benötigten Leistung – um selbst im Fall von Systemausfällen und wegen Wartungsarbeiten blockierter Systeme eine ausreichende Notkühlung sicherzustellen. Die Reaktorschnellabschaltung (RESA) stoppt durch den Einfall (DWR) bzw. das Einschießen (SWR) der Steuerstäbe die Kettenreaktion und bringt den Reaktor damit in einen unterkritischen Zustand. Reaktorschutzschaltungen schalten die Notkühlsysteme bereit und initiieren die Hochdruck- und Niederdruckeinspeisung. Ferner wird das Reaktorgebäude bei erhöhter Aktivität abgesperrt. Außerdem reagiert das Reaktorschutzsystem bei Druckabweichungen und Temperaturüberschreitungen in Leitungen sowie Räumen und bei ungewollten Leistungsänderungen.

Abb. 49.20 zeigt die sicherheitstechnischen Maßnahmen eines DWR (Bezeichnungen s. Abschn. 49.4.4 – Druckwasserreaktor).

Ergänzungen beim EPR sind u. a. Doppelcontainment mit Ringabsaugung, integriertes Flutbecken, Core-Catcher (Kernfänger) sowie Containment für Wärmeabfuhrsystem, vgl. [22].

Untersuchungen zum zeitlichen Verlauf der Störfälle, die mit ihnen verbundenen Belastungen und das Eingreifen der zur Störfallbeherrschung vorgesehenen Sicherheitssysteme wurden im Rahmen der DRS-B (*D*eutsche *R*isiko-*S*tudie Phase *B*) analysiert. Hierbei wurde neben der Bedeutung von anlageninternen Notfallmaßnahmen (Accident-Management-Maßnahmen) festgestellt, dass Kernkraftwerke in vielen Fällen auch dann noch über Sicherheitsreserven verfügen, wenn Sicherheitssysteme nicht wie vorgesehen eingreifen und sicherheitstechnische Auslegungsgrenzen überschritten werden.

Eine Untersuchung mittels probabilistischer Sicherheitsanalysen (PSA) der Gesellschaft für Reaktor- und Anlagensicherheit gGmbH (GRS) [23] kommt zu dem Ergebnis, dass eine Kernschmelze in einem deutschen DWR der Konvoi-Baureihe mit einer Wahrscheinlichkeit der Größenordnung 10^{-6} auftreten kann. Im Rahmen der Reaktorsicherheitsforschung wird die Sicherheit von Kernreaktoren kontinuierlich in nationalen und internationalen Forschungspogrammen untersucht.

49.4.3 Leistungsregelung bei Kernreaktoren

Leistungsänderungen Hierfür sind Regelstäbe aus stark neutronenabsorbierendem Material vorhanden, die von oben (DWR) oder unten (SWR, aufgrund des Wasserabscheiders und Dampftrockners über dem Kern) je nach Leistung mehr oder weniger weit in den Kern eingefahren werden. Weitere Regelungsmöglichkeiten ergeben sich beim SWR durch die Drehzahländerung der Umwälzpumpen, den dadurch geänderten Dampfblasengehalt im Kern und die damit beeinflusste Neutronenabbremsung. Beim DWR kann durch entsprechende Einspeisungen die Borsäurekonzentration im Primärkühlmittel verändert werden. Bor ist ein guter Neutronenabsorber und beeinflusst daher die Anzahl der Neutronen, die für Spaltungen zur Verfügung stehen.

Schnellabschaltung Sie erfolgt durch Auslösung der Regelstäbe, welche beim DWR elektromagnetisch in Position (meist im oberen Kernbereich bzw. oberhalb des Kerns) gehalten werden und unter Eigengewicht einfallen. Bei SWR werden die Regelstäbe hydraulisch durch Wasser unter hohem Druck von unten in den Reaktor eingeschoben (sog. „Einschießen"). Das Einfahren in voller Länge geschieht in beiden Fällen innerhalb von weniger als drei Sekunden.

49.4.4 Bauarten von Kernreaktoren

49.4.4.1 Leichtwasserreaktoren (LWR)

Druckwasserreaktor (DWR)

Kühlung und Moderation erfolgen durch Wasser, das unter Druck (etwa 158 bar) steht, so dass es bei Aufwärmung im Reaktor (bei Vollast von etwa 292 auf ca. 326 °C) nicht verdampft [24]. Im August 2020 waren 297 DWR weltweit im Betrieb und 44 im Bau [20].

Brennelemente Der Brennstoff Urandioxid (UO_2) oder ein Mischoxid (MOX) aus UO_2 und meist PuO_2 befindet sich in Form von gesinterten Pellets (etwa 9,5 mm Durchmesser und ca. 10 mm Höhe) in nahtlos gezogenen Präzisionshüllrohren (etwa 10,75 mm äußerer Durchmesser, ca. 0,65 mm Wanddicke) aus Zircaloy-4. Diese Brennstäbe sind mit Helium unter Druck gefüllt. Dies verringert die mechanische Beanspruchung im Betrieb und verbessert die Wärmeübertragung. Die Stabenden sind gasdicht verschweißt. Die Brennstäbe befinden sich z. B. in einer 18 × 18-Anordnung im Brennelement. Darin enthalten sind etwa 24 Zircaloy-Führungsrohre für Absorberstäbe, Kerninstrumentierungen, Drosselkörper oder anfänglicher Neutronenquellen. Bei MOX-Brennelementen befinden sich mittig des Brennelementes auf vier Positionen Wasserstäbe statt Brennstäben, um eine radial homogene Leistungsverteilung zu erzielen. Etwa neun Abstandshalter und Kopf- und Fußteile halten die Brennstäbe in Position. Die Absorberstäbe werden über einen Tragstern zu ei-

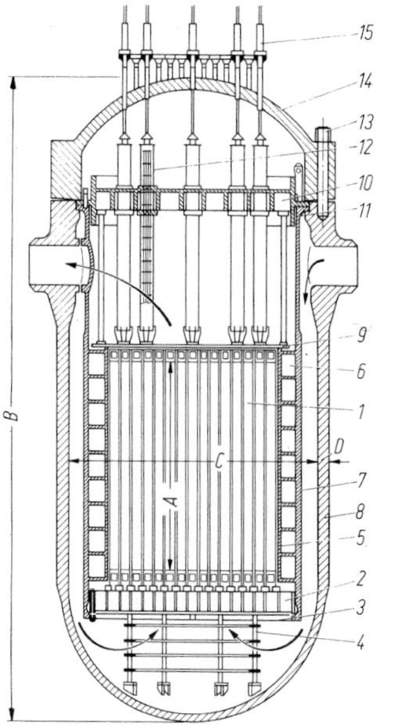

Abb. 49.21 Druckwasserreaktor (Kraftwerk Union AG (KWU), Mülheim/Ruhr). *1* Brennelemente, *2* unterer Rost, *3* Stauplatte, *4* Schemel, *5* Kernumfassung, *6* Reflektor, *7* Kernbehälter (thermischer Schild), *8* Druckbehälter, *9* Gitterplatte, *10* oberer Rost, *11* Tragflansch, *12* Führungseinsatz für Steuerelemente, *13* Deckelschraube, *14* Deckel, *15* Steuerstabantrieb

nem Steuerelement zusammengefasst, das mittels eines Antriebs mit elektromagnetischer Betätigung schrittweise verfahren werden kann bzw. bei Stromausfall frei einfällt (Reaktorschnellabschaltung). Die Steuerelemente sind so über den Reaktorquerschnitt verteilt, dass die Neutronenflussverteilung möglichst wenig gestört wird, im Notfall jedoch eine sichere Abschaltung erfolgt. In einer Konvoi-Anlage kommen 193 Brennelemente mit typischen Abmessungen von 0,23 m × 0,23 m × 4,8 m zum Einsatz.

Aufbau, Abb. 49.21 Das Kühlwasser strömt zwischen der Druckbehälter-Innenwand und dem Kernbehälter, der den thermischen Schild bildet, nach unten und zwischen den Brennelementen nach oben. Ein- und Austritt sind so hoch gelegt, dass bei Undichtheiten in den Leitungen der Kern von Wasser bedeckt bleibt. Der Druckbehälter aus warmfesten Feinkorn-Baustahl ist innen mit einer 5 bis 7 mm dicken Plattierung aus austenitischem Stahl zur Vermeidung radioaktiver Korrosionsprodukte ausgekleidet.

Dampferzeuger In DWR kommen größtenteils U-Rohr-Dampferzeuger zum Einsatz. Das unter ungefähr 158 bar stehende Primärkühlmittel strömt durch etwa 4000 U-förmige Heizrohre aus Incoloy 600 oder 800 (typische Maße: 22 mm äußerer Durchmesser) und kühlt sich dabei von ca. 326 auf etwa 290 °C ab. Auf der Sekundärseite wird Sattdampf bei ca. 68 bar im Naturumlauf erzeugt. Die Heizrohre (U-Rohre) werden durch Haltegitter aus Flacheisen wärmebeweglich gehalten. Das Speisewasser (Sekundärkühlmittel) wird in zwei Vorwärmkammern eingespeist und bis nahe an die Sättigungstemperatur vorgewärmt, dabei wird das Primärkühlmittel möglichst weit abgekühlt. Das auf der Sekundärseite entstehende Dampf/Wasser-Gemisch mit einem Dampfgehalt von etwa 33 % wird in Arbeitszyklonen getrennt. Das Umlaufwasser strömt durch den Spalt zwischen der Behälterinnenwand und der Umlaufschürze nach unten und vermischt sich mit dem vorgewärmten Speisewasser. Die Führung von Umlauf- und Speisewasser sorgt für eine gute Spülung der Rohrplatte, so dass sich keine Korrosionsprodukte ansammeln können. Der abgeschiedene Dampf wird im Dampftrockner oberhalb der Arbeitszyklone auf etwa 0,25 % Feuchtigkeit gebracht und strömt durch den Frischdampfstutzen zum Frischdampfsammler und anschließend zur Turbine. Die Heizrohre sind in der mit Inconel plattierten Rohrplatte eingewalzt und mit der unteren, primärseitigen Plattierung verschweißt. Dadurch wird eine Korrosion der Rohrplatte verhindert (siehe auch Kap. 52).

Siedewasserreaktor (SWR)

Der Wasserdurchsatz ist so geregelt, dass bei etwa 70 bar Betriebsdruck ein Dampf/Wasser-Gemisch (ca. 13 % Dampfgehalt) mit der Siedetemperatur von etwa 286 °C entsteht. Im August 2020 waren 65 SWR im Betrieb und vier befanden sich im Bau [20].

Brennelemente Als Brennstoff dient analog zum DWR UO_2 oder ein Mischoxid aus UO_2 und PuO_2 in Form von gesinterten Pellets (etwa 10,6 mm Durchmesser). Diese befinden sich in Hüllrohren aus Zircaloy-2 (ca. 12,5 mm äußerer

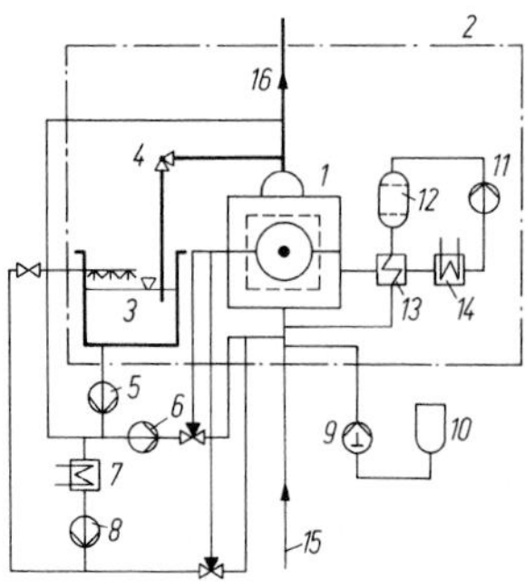

Abb. 49.22 Schaltplan für Siedewasserreaktor. *1* Reaktor, *2* Sicherheitshülle, *3* Kondensationskammer, *4* Sicherheitsventile, *5* Vorpumpe, *6* Hochdruckpumpe, *7* Nachwärmekühler, *8* Niederdruckpumpe, *9* Borwasserpumpe, *10* Borwasserbehälter, *11* Kühlmittel-Reinigungspumpe, *12* Filter, *13* Wärmetauscher, *14* Reinigungskühler, *15* Speiseleitung, *16* Frischdampfleitung. Ergänzungen beim SWR 1000: Gebäudekondensatoren, passive Notkondensatoren, passive Flutleitungen, SuE-Ventile für RDB-Druckbegrenzung und Druckerstellung [25]

Durchmesser), deren Enden gasdicht verschweißt sind. Da bei SWR im Kühlmittel keine gelöste Borsäure zur Abbrandkompensation eingesetzt wird, erfolgt diese teils über die Absorberstäbe und teils durch abbrennbare Neutronengifte, wie natürliches Gadolinium, welches in Form von Gd_2O_3 in die Brennstäbe eingebracht wird. Die Brennstäbe sind bspw. in einer 10×10-Anordnung zu einem Brennelement zusammengefasst, das von einem mittleren wasserdurchflossenen Kanal und etwa sieben Abstandshaltern stabilisiert wird. Ein Brennelementkasten aus Zircaloy umgibt die Brennstäbe. Die aktive Länge beträgt etwa 3,76 m. Zwischen den Brennelementen sind vertikal verfahrbare Steuerkreuze positioniert, welche aus mit Borcarbid (B_4C) gefüllten Absorbertäben zusammengesetzt sind. Sie werden hydraulisch durch Wasser unter hohem Druck von unten eingefahren.

Sicherheitskreisläufe und Regelung, Abb. 49.22 Bei Störungen anfallender Dampf wird in der Kondensationskammer *3* niedergeschlagen, der Wasserinhalt über den Kühler *7* mit den Pumpen *5* und *6* umgewälzt. Der Kühler *7* dient auch zum Abführen der Nachwärme beim Abschalten über die Leitung von der Hauptdampfleitung *16* und die Niederdruckpumpe *8*. Dieses System ist dreifach vorhanden, wobei jeder Kühler für 100 % Leistung ausgelegt ist. Die Kühler dienen auch zur Notkühlung bei Störungen mit Kühlmittelverlust und Druckabsenkung mit Einspeisung sowohl in die Speiseleitung *15* als auch direkt in den Reaktorkern. Ein Teil des Reaktorwassers wird laufend über den Wärmetauscher *13* und den Kühler *14* durch die Reinigung *12* umgewälzt. Zur Notabschaltung kann Borwasser aus dem Behälter 10 eingespeist werden.

49.4.4.2 Schwerwasserreaktoren

Mit D_2O moderiert, ermöglichen sie auch bei Kühlung mit Schwerwasser unter Druck den Betrieb mit Natururan (DSWR, engl.: PHWR Pressurized Heavy Water Reactor). Bei Kühlung mit H_2O bspw. beim Advanced CANDU Reaktor (ACR) erfordern sie wegen der größeren Neutronenverluste typischerweise eine leichte Anreicherung. Sie sind kleiner als graphitmoderierte Natururanreaktoren und sind meist als Druckröhrenreaktor ausgeführt (mit horizontalen Rohren in Kanada als CANDU). Die Wärmedämmung zwischen den die Brennelemente enthaltenden Druckröhren und dem Moderator hält diesen kühl und drucklos. Im August 2020 waren 48 schwerwassermoderierte Reaktoren im Betrieb (überwiegend in Kanada und Indien) und vier im Bau (Indien) [20].

49.4.4.3 Leichtwassergekühlte-Graphitmoderierte Reaktoren

Russische RBMK-Reaktoren unterscheiden sich von den bereits genannten Reaktortypen deutlich.

Diese verwenden große Graphitblöcke als Moderator, in die vertikal Druckröhren eingelassen sind. In diesen umströmt das Kühlwasser von unten nach oben die Brennstäbe, welche zu DWR und SWR ähnlichen Brennstoff mit ca. 2,4–2,8 % U-235 enthalten. Das Kühlwasser verdampft beim Durchströmen der Druckröhren. Dieser Typ weist im Vergleich zu leichtwassermoderierten Reaktoren einige Nachteile, wie bspw. einen positiven Temperatur- und Void-Koeffizienten auf. Dies führt bei Überhitzung des Kühlwassers zu einem Leistungsanstieg. Daneben ist Graphit bei hohen Temperaturen in Verbindung mit Luft brennbar und es fehlt ein entsprechendes Containment. Der Unfall von Tchernobyl 1986 ereignete sich in einem solchen Reaktor.

Im August 2020 waren 13 dieser Reaktoren im Betrieb (Russland) [20].

49.4.4.4 Gasgekühlte thermische Reaktoren

Gasgekühlte Reaktoren haben im Vergleich zu den ersten Jahrzehnten der kerntechnischen Entwicklung stark an Bedeutung verloren. Während in den USA von vornherein wassergekühlte Reaktoren entwickelt wurden, wandte sich u. a. Großbritannien der Kühlung mit CO_2 oder Helium unter Verwendung von Graphit als Moderator zu. In diesen Reaktoren kann Natururan eingesetzt werden. In Großbritannien wird für den AGR (Advanced Gas Cooled Reactor) der Gasdruck (etwa 40 bar) dadurch möglich, weil der Druckbehälter aus Spannbeton ausgeführt wird. Dieses Konzept für den Behälter wurde in Deutschland für den 1988 abgeschalteten heliumgekühlten Thorium-Hochtemperaturreaktor (THTR) mit kugelförmigen Brennelementen gewählt, die während des Betriebs kontinuierlich zugegeben und abgeführt wurden. Sie waren aus einer Graphitmatrix aufgebaut, in die sog. „coated particles" als Brennstoff eingebettet waren. Dies sind im Allgemeinen kugelförmige Teilchen (ca. 1 mm Durchmesser) mit einem etwa 0,5 mm großen Kern, welcher den Kernbrennstoff enthält. Diese Kerne sind von zwei Schichten pyrolitischen Graphits (bei hohen Temperaturen aufgesinterten Graphits) umgeben, welche der Gasdichtigkeit dienen. Je nach Ausführung der coated particles befinden sich zwischen Kern und innerem Pyrographit zusätzlich eine poröse Kohlenstoffschicht als Expansionsvolumen für Spaltprodukte und zwischen den Pyrographitschichten eine hochfeste Siliciumcarbidschicht [26].

Die Graphitmatrix mit diesen Teilchen wird mit einer etwa 5 mm starken Graphithülle umgeben, so dass feste Kugeln von ca. 60 mm äußerem Durchmesser entstehen. Der Graphit wirkt als Moderator. Für den THTR wurde ein Mischoxid aus hochangereichertem Uran und Thorium verwendet, um aus Th-232 U-233 zu erbrüten (s. Abschn. 48.5.1; [28]). Die hohen Kühlmittelaustrittstemperaturen von etwa 700–950 °C des HTR erlauben Frischdampfparameter ähnlich zu konventionellen Dampfkraftwerken von etwa 530 °C und 180 bar und damit entsprechend höhere Wirkungsgrade von ca. 41 %. Darüber hinaus ist so auch die Bereitstellung von Prozesswärme für verfahrenstechnische Anwendungen möglich. Die endgültige Stillegung der deutschen THTR-300-Reaktoranlage erfolgte 1989. Die Anlage hatte vom 16.11.1985 bis zum 29.09.1988 rund 2891 GWh erzeugt. Die HTR-Idee wird u. a. an der Tsinghua-Universität in Peking weiterverfolgt und 2012 begann in China der Bau eines HTR-Prototypen-Kraftwerks (mit HTR-PM bezeichnet). Weltweit waren im August 2020 14 gasgekühlte Reaktoren im Betrieb (Großbritannien) und einer (s. o.) befand sich im Bau [20].

Dampferzeuger Für gasgekühlte Reaktoren haben sich Schraubenrohr-Zwangdurchlauf-Dampferzeuger (z. B. beim THTR-300 eingesetzt) bewährt (siehe auch Kap. 52).

49.4.4.5 Schnelle Brutreaktoren (SNR)

Da zum Brüten die Neutronenenergie so hoch wie möglich erhalten bleiben muss, wird kein Moderator verwendet. Die Aufrechterhaltung der Kettenreaktion mit schnellen Neutronen erfordert eine Anreicherung (etwa 15 bis 25 %). Um die Wirtschaftlichkeit dieses Typs bei hoher Leistungsdichte (etwa $300\,\mathrm{MW/m^3}$) mit geringer Übertemperatur zu erreichen, stellt flüssiges Metall wegen seiner guten Wärmeleitfähigkeit ein geeignetes Kühlmittel dar. Unter anderem wegen kernphysikalischer Betrachtungen (s. Abschn. 48.5) und ausreichendem Abstand zwischen Betriebs- und Siedetemperatur wird Natrium gewählt. In Zusammenhang mit Natrium als Kühlmittel entstehen spezifische technische Herausforderungen. So reagiert es sehr heftig mit Wasser und mit Luft (sofern nicht 0 % Luftfeuchtigkeit herrschen). Darüber hinaus weist ein schneller (natriumgekühlter) Brutreaktor nicht die von leichtwassermoderierten thermischen Reaktoren bekannte inhärente Sicherheit durch die negativen Temperatur- und Void-Koeffizienten auf. Im August 2020 waren weltweit drei SNR im Betrieb (zwei in Russland und ein

Experimentalreaktor in China) und ein Prototypreaktor in Indien im Bau [20].

Dampferzeuger Für SNR werden als Verdampfer und Überhitzer Geradrohr- und Wendelrohr-Module verwendet. In beiden Fällen fließt Wasser bzw. Dampf im Gegenstrom von unten nach oben in den Rohren und das Natrium im Zwischenraum von oben nach unten (siehe auch Kap. 52).

49.5 Umweltschutztechnologien

Das Bundes-Immissionsschutzgesetz (BImSchG) hat zu einer wesentlichen Umgestaltung der Dampfkraftwerke geführt. Dabei beziehen sich die neu einzubauenden Technologien verstärkt auf die Entstaubung, Entschwefelung, Entstickung und CO_2-Reduzierung (s. Abschn. 51.2.3).

49.5.1 Rauchgasentstaubung

Bei der Rauchgasentstaubung genügen für den groben Flugstaub von Rostfeuerungen Fliehkraftentstauber bzw. Fliehkraftabscheider aus, um die Staubpartikel aus dem Rauchgas abzuscheiden. Mit dem Einsatz von Kohlenstaubfeuerungen hingegen müssen in den meisten Fällen Elektrofilter verwendet werden. Dabei können Entstaubungsgrade von rund 99,9 % erreicht werden.

Fliehkraftabscheider Beim Fliehkraftabscheider oder auch Zyklon genannt werden die Partikel im Gas durch deren eigenen Strömungsgeschwindigkeit und entsprechender konstruktiver Gestaltung des Abscheiders in eine Drehbewegung versetzt. Dabei erfolgt die Stofftrennung im Fliehkraftabscheider durch die unterschiedlichen Partikelmassen. Bedingt durch die Fliehkraft werden die Partikel an die Kegelwände geschleudert und soweit abgebremst, dass sie sich aus der Strömung lösen und nach unten in den Auffangbehälter rieseln. Dabei werden für kleine Anlagen Großzyklone mit 0,5 bis 1,5 m Durchmesser, für größere Anlagen Multizyklone vorgesehen, die aus einer großen Zahl kleinerer Zyklone mit 100 bis 500 mm Durchmesser aufgebaut sind.

Elektrofilter Sie ionisieren durch Sprühelektroden (profilierte Drähte), die an einer negativen Gleichspannung von 20 bis 100 kV liegen [29], den Flugstaub und scheiden ihn an den Niederschlagselektroden (geerdete Platten) ab. Diese bilden Gassen, in deren Mitte die Sprühelektroden in Rahmen aufgehängt sind. Beide Elektroden müssen mittels Klopfvorrichtungen gereinigt werden. Elektrofilter sind meist als Mehrzonenfilter gebaut; die elektrische Spannung wird für jede Zone entsprechend dem unterschiedlichen Staubanfall so geregelt, dass die höchste Abscheideleistung erzielt wird. Da die Gasgeschwindigkeit nur 1 bis 2 m/s betragen darf, werden die Querschnitte und Volumen der Elektrofilter sehr groß ($100\,m^3/MW$), doch können mit ihnen die wegen der Luftreinhaltevorschriften (s. Abschn. 51.2.3) erforderlichen Abscheidewirkungsgrade bis über 99 % erreicht werden. Selbst Abscheidungswirkungsgrade bis 99,9 % können erreicht werden, sodass nur einzelne Partikel im µm Bereich nicht abgeschieden werden können.

49.5.2 Rauchgasentschwefelung

Die Rauchgasentschwefelung (DeSOx) ist für Kohle und schweres Heizöl befeuerte Dampfkessel erforderlich. Dabei werden die Schwefelverbindungen in Rauchgasentschwefelungsanlagen (REA) aus dem Rauchgasstrom nach dem Elektrofilter entfernt.

Bestimmend für die Verfahrenswahl ist der Schwefelgehalt im Brennstoff. Die Entschwefelungsverfahren lassen sich in Additiv-, Trocken- und Nassverfahren unterteilen.

Additivverfahren Hier erfolgt die Entschwefelung durch Kalk- oder Kalkhydratzugabe in den Feuerraum oder mit der Kohle. Bei Wirbelschichtfeuerungen wird der geforderte Entschwefelungsgrad bzw. eine Restemission von unter $200\,mg\ SO_2/m^3$ erreicht.

Trockenverfahren Sie sind gekennzeichnet durch die deutlich unter dem Taupunkt des Wasserdampfes liegenden Rauchgastemperaturen und die Abwasserfreiheit. Eine Wiederaufheizung der Rauchgase kann daher nicht entfallen.

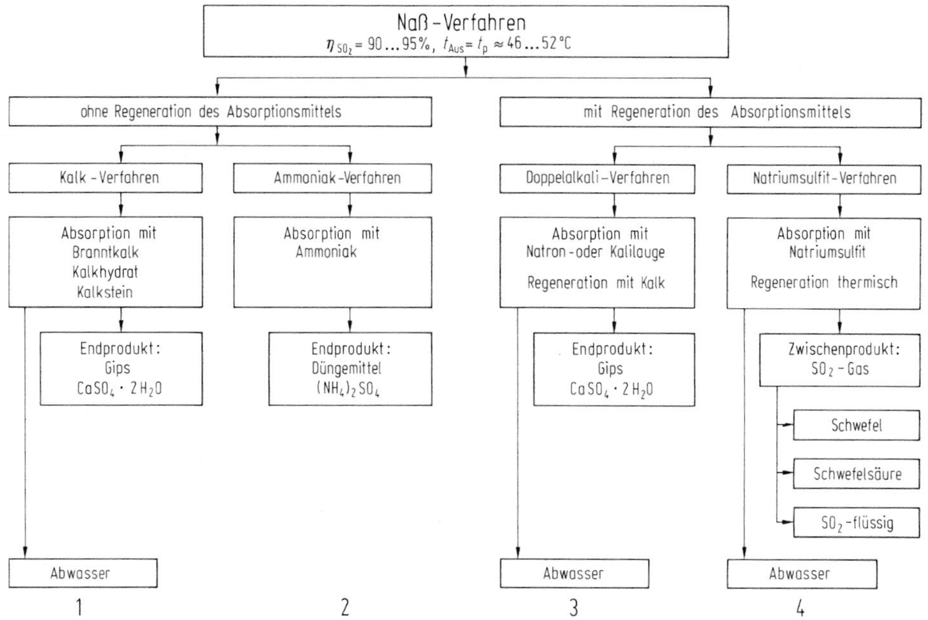

Abb. 49.23 Nassverfahren zur Rauchgasentschwefelung

Hierzu zählt auch das Verfahren der Bergbauforschung mit Aktivkoks als Katalysator, das auch zur simultanen Abscheidung von Schwefel- und Stickoxiden zweistufig mit NH_3-Zugabe eingesetzt wird.

Nassverfahren Das am häufigsten eingesetzte Verfahren ist das Nassverfahren, welches in vier Möglichkeiten eingeteilt wird (Abb. 49.23). Das sogenannte Walther-Verfahren (2) hat sich nicht durchgesetzt. Die Verfahren mit Regeneration der Absorbermittel (3) und (4) sind im Einsatz, wobei vor allem das Verfahren (3) angewendet wird. Das Wellmann-Lord-Verfahren (4), mit z. B. Schwefel als Endprodukt, ist besonders aufwändig, jedoch bei bestimmten Braunkohlen erforderlich.

Bei dem Kalkwasch-Verfahren (3) (Abb. 49.24) werden die Rauchgase in einem Absorber (1) mit einer wässerigen Suspension von Kalkstein besprüht (2) und weitgehend von den Schadstoffen SO_2, HCL und HF befreit. Nach Passieren eines Tropfenabscheiders werden die Reingase im Regenerativvorwärmer (5) wieder aufgeheizt und zum Kamin geführt.

Das bei der Reaktion im Absorber primär entstehende Calciumsulfit wird mit Oxidationsluft zu Gips aufoxidiert. Ein Teilstrom der Suspension wird aus dem Prozess herausgeschleust (3) und nach Voreindickung (4) auf eine Restfeuchte von weniger als 10 % entwässert (Summenreaktionen) Tab. 49.6.

Alle für die physikalischen und chemischen Vorgänge notwendigen Prozessschritte wie Absorption, Oxidation, Neutralisation und Tropfenabscheidung laufen im Wäscher ab. Die Waschsysteme sind unterschiedlich in der Rauchgasführung ausgebildet, wobei diese bei der Verrieselung im Gegen- oder Gleichstrom oder sogar in Kombination erfolgt.

Außerdem sind Unterschiede in der Art der Tropfenabscheidung, Größe und Anzahl der Waschebenen, Eindüsungsart und in der Gestaltung des Sumpfes festzustellen. Bei der Gestaltung der Wäscher muss auf die unterschiedlichen Rauchgasgeschwindigkeiten wegen der Kontaktzeiten Rücksicht genommen werden. Die Wäscher sind gummiert und sollten daher etwa alle 30 000 Betriebsstunden einer Inspektion unterzogen werden.

Der maximale Chloridgehalt, bezogen auf die Materialgarantie, ist zu beachten, ebenso der pH-Wert im Sumpf, der je nach Verfahren im sauren Bereich liegt. Die Suspensionsverweilzeit ist im

Tab. 49.6 Entschwefelung auf Kalkbasis (Summenreaktionen)

Entschwefelung	Kalkstein: $CaCO_3 + SO_2$	$\rightarrow CaSO_3 + CO_2$
	Branntkalk: $CaO + SO_2$	$\rightarrow CaSO_3$
	Kalkhydrat: $Ca(OH)_2 + SO_2$	$\rightarrow CaSO_3 + H_2O$
Oxidation	$CaSO_3 + \frac{1}{2}O_2$	$\rightarrow CaSO_4$

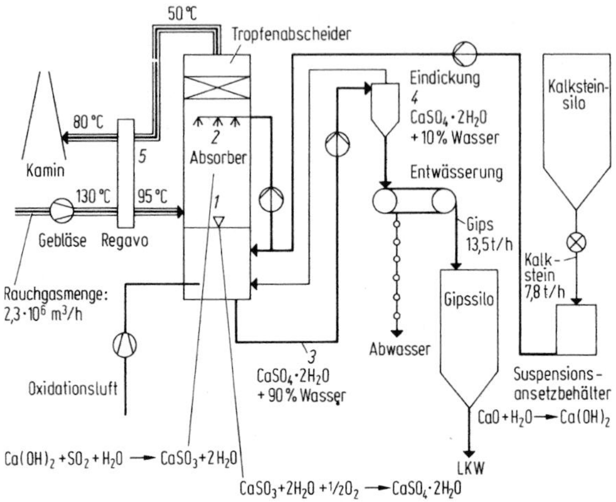

Abb. 49.24 Nassverfahren für Rauchgasentschwefelung mit Gipserzeugung. Blockleistung: 750 MW, Restemission: 400 mg/m^3, Kohlemenge: 220 t/h, S-Gehalt der Kohle: 1,3 Gew.-% (Ruhr- und Saarkohle meist nur 0,9 %)

Minutenbereich zu veranschlagen, während die Kontaktzeit des Rauchgases im Sekundenbereich liegt.

Eine Hochchlorid-Fahrweise für dieses Verfahren kann die Einsatzstoffe und Reststoffe einschließlich der Abwässer und Salze aus den Rauchgasentschwefelungsanlagen minimieren. Gleichfalls soll der zusätzlich erforderliche elektrische und Dampf-Eigenbedarf klein gehalten werden.

Zur Wiederaufheizung der Rauchgase werden regenerative Rauchgasvorwärmer installiert. Diese müssen, um Verschmutzungen und Ablagerungen zu vermeiden, mit Wasser und Druckluftreinigungseinrichtungen ausgerüstet werden.

49.5.3 Rauchgasentstickung

Die Stickoxidbildung ist verstärkt abhängig von der Verbrennungstemperatur im Feuerraum. Daher kommen Brenner mit verzögertem Verbrennungsablauf durch verspätete Luftzugabe und gestufte Zuführung der Verbrennungsluft zum Einsatz. Diese Primärmaßnahmen sind wirtschaftlicher als alle Sekundärmaßnahmen mit Katalysatoren. Durch Primärmaßnahmen lässt sich eine Reduzierung der Stickoxide (No_x) bis auf ca. 650 mg/m^3 erreichen. Die sehr hohen NO_x-Werte bei Schmelzfeuerungen können so um 20 bis 30 % reduziert werden.

Reduzierung an NO_x können auch durch Rauchgasrezirkulation erzielt werden, die bei der Ölfeuerungen zur Anwendung kommt.

Für die sekundäre Entstickung nach dem SCR-Verfahren (Selective Catalytic Reduction) kommen zwei Schaltungen in Betracht (Abb. 49.25), die Rohgasschaltung und die Reingasschaltung. Da die katalytische Reduktion, d. h. die Aufspaltung der Stickoxide in Stickstoff und Wasserdampf unter Zugabe von NH_3 bei Anwesenheit eines Katalysators (Keramik oder Metall), nur mit hohem Wirkungsgrad im Temperaturfenster von 270 bis 400 °C erfolgt, wird die Rohgasschaltung verstärkt eingesetzt. Die Katalysatoren sind vor dem Luftvorwärmer (Luvo) und Elektrofilter angeordnet. Der $DeNO_x$-Reaktor ist daher staubbeladen und wird verkürzte Standzeiten (ca. fünf Jahre) aufweisen. Bei der Reingasschaltung ist infolge der vorgeschalteten REA und Elektrofilter

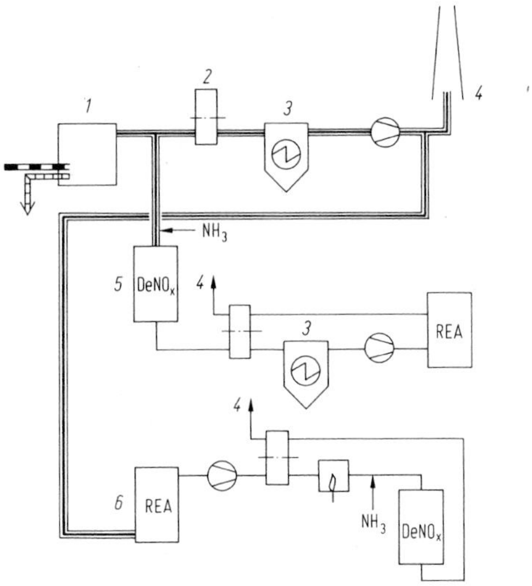

Abb. 49.25 Rohgas- und Reingasschaltung. *1* Schmelzkammerkessel, *2* Luvo, *3* E-Filter, *4* zum Kamin, *5* Rohgas-SCR, *6* Reingas-SCR

das Rauchgas rein (Reingas SCR). Er lässt Standzeiten von acht Jahren erwarten, jedoch muss das nach der REA auf rund 50 °C abgekühlte Rauchgas auf die Reaktionstemperatur von ca. 300 °C gebracht werden. Auch wenn dies regenerativ geschieht, bleibt ein Temperaturverlust von 30 bis 50 K, der mit zusätzlicher Brennstoffenergie dem Prozess zugeführt werden muss.

Die zum Einsatz kommenden Katalysatoren sind als Platten mit Metallträger und als Waben mit Keramikkörpern ausgeführt. Die Platten haben Fertigungsvorteile, geringeren Bruchverlust und kleinere Verstopfungen. Katalysatoren können auch als Schichtelemente im Luvo angeordnet werden. Entscheidend für die Größe der in mehreren Lagen (3 bis 4) angeordneten Katalysatoren ist der Ausgangswert an NO_x nach der Feuerung, um den jeweiligen Grenzwert (Kohle 200 mg/m³, Öl 150 mg/m³ und Gas 100 mg/m³) einhalten zu können.

49.5.4 Kohlendioxidabscheidung

49.5.4.1 Carbon Capture and Storage (CCS)

Um CO_2-Emissionen zu reduzieren, wird das CO_2 bereits im Kraftwerksprozess abgeschieden und für den Transport und unterirdische Speicherung oder auch zur industriellen Nutzung weiterbehandelt. Im Kraftwerk Schwarze Pumpe in der Lausitz betrieb Vattenfall zwischen September 2008 und Juli 2014 die zu dem Zeitpunkt weltweit erste CCS-Pilotanlage mit einer thermischen Leistung von 30 MW. In der Anlage wurde das CO_2 mit Hilfe des Oxyfuel-Verfahrens abgeschieden und verflüssigt.

Beim Oxyfuel-Verfahren wird die Kohle unter reinem Sauerstoff und rezirkuliertem Rauchgas (CO_2) verbrannt. Das Abgas besteht so aus Wasserdampf und CO_2, was eine relativ einfache Abtrennung des CO_2 ermöglicht.

49.5.4.2 Integrated Gasification Combined Cycle (IGCC)

Hierbei handelt es sich um ein Kombikraftwerk mit integrierter Kohlevergasung und anschließender CO_2-Abscheidung. Bis auf das in Vigo Township (Vereinigte Staaten) in 2013 in Betrieb genommene Kraftwerk wurde neben kleinen Versuchsanlagen weltweit keine Kohlendioxidabscheidung vorgenommen, da nicht geklärt ist, wo das abgeschiedene CO_2 untergebracht werden kann. Zudem sinkt der Nettowirkungsgrad des Kraftwerkes durch die CO_2-Abscheidung erheblich, was mit hohen Kosten verbunden ist [30, 31].

49.5.5 Entsorgung der Kraftwerksnebenprodukte

Die Reststoffe aus der Rauchgasreinigung sind zu entsorgen, um die Folgebelastungen von Boden und Wasser in umweltrelevanten Grenzen zu halten (Bundesimmissionsschutzgesetz § 5.3 und Abfallbeseitigungsgesetz § 3.2). Das bedeutet möglichst eine Verwendung bzw. Deponierung der Kraftwerksnebenprodukte.

Bei der *Entstaubung* entsteht in den Abscheidesystemen (elektrische und filternde Abscheider) Flugasche. Bei diesem durchschnittlichen Aschegehalt der Steinkohle von 9 Gew.-% fallen bei Kohlenstaubfeuerungen mit trockenem Ascheabzug Mengen zwischen 8 und 10 g/kWh_{el} an. Für die Verwertung ist der Gehalt am unverbrannten Kohlenstoff (auch Glühverlust) entscheidend. Aschen können als Zuschläge für den Zement, Beton und Betonerzeugnisse, Mörtel, Estriche, Ziegel und Gasbeton sowie als Straßenbaustoffe verwendet werden. Andere Aschen wie aus der Wirbelschichtfeuerung (20 bis 25 g/kWh$_{el}$) oder bei Behandlung der Rauchgase nach dem Trocken-Additiv-Verfahren (5 bis 15 g/kWh$_{el}$) bzw. einer Spezialabsorption (3 bis 10 g/kWh$_{el}$), sind infolge der integrierten Entschwefelung mit Komponenten des Kalkeintrags in Form von $CaSO_4$, CaO und $CaCO_3$ belastet. Unter weiterer Behandlung durch Mischung mit anderen Aschen, Oxidation und Aufbereitung können auch dafür Verwertungen in der Baustoffindustrie (z. B. Kiesersatz) erfolgen.

Zwischen dem bei den Entschwefelungsverfahren anfallende REA-Gips und dem Naturprodukt können keine Unterschiede nachgewiesen werden, auch wenn der Gips unterschiedlich in der Farbe ist (braun oder grau statt weiß, abhängig vom Kalkstein).

Die Nachteile des REA-Gipses sind seine Restfeuchte bis zu 10 % und dass er nur als Dihydrat anfällt. Zur Herstellung seiner Bindeeigenschaften muss er wie der Naturgips auch thermisch behandelt werden. Durch den Kalk werden Eisen-, Aluminium- sowie Magnesiumverbindungen eingeschleppt. Aus der Kohle stammen Chlor und Fluor. Chlor kann durch Waschen entfernt werden. Fluor bleibt als schwerlösbares CaF_2 im Gips. Schwermetalle gelangen sowohl durch den Reingasstaub als auch durch den Kalkstein und das Prozesswasser in den REA-Gips. Eine Hochchlorid-Fahrweise der REA (Fahrweise mit der Verwendung von viel Chlor) vermindert die Abwassermenge, die oftmals auch nicht mehr in die Kanalisation eingeleitet werden darf. Dies führt zu *REA-Abwasser-Eindampfungen*. Die Restsalze, vorwiegend Calciumchlorid mit einem Wassergehalt von 30 bis 50 %, sollen weiter aufbereitet werden oder müssen mit Zementzusatz deponiert werden.

Bei dem Wellmann-Lord-Verfahren mit dem Endprodukt Elementarschwefel oder Schwefelsäure ist es wegen des besonders hohen Reinheitsgrads dem Elementarschwefel mindestens gleichwertig.

Bei der sekundären *Entstickung* nach dem SCR-Verfahren werden bei der High-dust-Schaltung durch den auftretenden Ammoniakschlupf die Reststoffe wie z. B. Flugasche und der Gips beeinflusst. Werden NH_3-Konzentrationen von 50 bis 100 ppm überschritten, kann es zu Geruchsbelästigungen und Verwertungseinschränkungen kommen. Außerdem ist ebenfalls ein Einfluss auf das REA-Abwasser gegeben [31].

Literatur

1. Univ.-Prof. Dr.-Ing. Hermann-Josef Wagner, Umdruck Energieumwandlungssysteme WS 15_16, Schaubilder und Tabellen zur Lehrveranstaltung, September 2015
2. Siemens, SGT5-4000F heavy-duty gas turbine (50 Hz). https://www.siemens.com/global/en/home/products/energy/power-generation/gas-turbines/sgt5-4000f.html#!/, Zugriff am: 24.06.2016
3. Kraftwerkforschung, Hochtemperaturwerkstoffe für über 700 °C Dampftemperatur. http://kraftwerkforschung.info/hochtemperaturwerkstoffe-fuer-ueber-700-c-dampftemperatur/, Zugriff am: 14.03.2017
4. bine, Moderne Dampfkraftwerke. http://www.bine.info/publikationen/themeninfos/publikation/neue-kraftwerke-mit-fossilen-brennstoffen/moderne-dampfkraftwerke/, Zugriff am: 28.10.2016
5. BWK: Bd. 56/57 (2004/2005) Nr. 7/8/10
6. Pruschek, R.: Zukünftige Kohlekraftwerke. BWK **12**, (2001)
7. Umweltbundesamt, Der Europäische Emissionshandel. https://www.umweltbundesamt.de/daten/klimawandel/der-europaeische-emissionshandel, Zugriff am: 14.06.2016
8. IASS WORKING PAPER, CO_2-Emissionsgrenzwerte für Kraftwerke – Ausgestaltungsansätze und Bewertung einer möglichen Einführung auf nationaler Ebene. http://www.iass-potsdam.de/sites/default/files/files/working_paper_emissionsgrenzwerte_0.pdf, Zugriff am: 14.03.2016
9. Die Bundesregierung, Grundlage für CO2-Preis steht, Mai 2020, https://www.bundesregierung.de/breg-de/themen/klimaschutz/nationaler-emissionshandel-1684508
10. Trianel, Daten und Fakten zum Kraftwerk. http://www.trianel-hamm.de/kraftwerk/daten-und-fakten/, Zugriff am: 08.09.2016
11. Stadtwerke München, Heizkraftwerke. https://www.swm.de/privatkunden/unternehmen/energieerzeugung/erzeugungsanlagen/heizkraftwerke.html, Zugriff am: 03.07.2016
12. Stadtwerke Düsseldorf, Gaskraftwerk „Fortuna". https://www.swd-ag.de/ueber-uns/erzeugung/

gaskraftwerk-gud-kraftwerk/, Zugriff am: 10.11.2016
13. Lehmann, J., Luschtinetz, T.: Wasserstoff und Brennstoffzellen – Unterwegs mit dem saubersten Kraftstoff, Technik im Fokus. Springer, Berlin Heidelberg (2014). ISBN 978-3642346675
14. Schaumann, G., Schmitz, K.W.: Kraft-Wärme-Kopplung, 4. Aufl. VDI, Springer, Berlin Heidelberg (2010). ISBN 978-3642014246
15. KWKK, Funktionsweise. http://www.kwkk.de/kwkk_funktionsweise.html, Zugriff am: 22.04.2016
16. Konstantin, P.: Praxisbuch Energiewirtschaft – Energieumwandlung, -transport und -beschaffung im liberalisierten Markt, 2. Aufl. Springer, Berlin (2009)
17. BMWi, Gesetzentwurf der Bundesregierung, Entwurf eines Gesetzes zur Neuregelung des Kraft-WärmeKopplungsgesetzes, Vorblatt, 2020, https://www.bmwi.de/Redaktion/DE/Downloads/E/entwurf-eines-gesetzes-zur-neuregelung-des-kraft-waerme-kopplungsgesetzes.pdf?__blob=publicationFile&v=2
18. Bundesgesetzblatt, Gesetz zur Änderung des Kraftwärmekopplungsgesetzes, in: Teil I Nr. 33, Jahrgang 2012 Bundesanzeiger Verlag , Bonn, Juli 2012
19. Bundesgesetzblatt, Gesetz zur Neureglung des Kraftwärmekopplungsgesetzes, in: Teil I Nr. 55, Jahrgang 2015 Bundesanzeiger Verlag, Bonn, Dezember 2015
20. International Atomic Energy Agency (IAEA), Power Reactor Information System, www.IAEA.org/pris; Stand: 08.2020, Zugriff am 09.08.2020
21. Kerntechnik Deutschland e. V.: Kernenergie in Zahlen 2019, Berlin, Mai 2019, https://www.kernd.de/kernd-wAssets/docs/service/621kernenergie-in-zahlen.pdf, Zugriff am 09.08.2020
22. Laufs, P.: Reaktorsicherheit für Leistungskraftwerke, Die Entwicklung im politischen und technischen Umfeld der Bundesrepublik Deutschland. Springer-Verlag, Berlin, Heidelberg (2013). ISBN: 978-642-30654-9
23. GRS (Gesellschaft für Anlagen- und Reaktorsicherheit mbH): Bewertung des Unfallrisikos fortschrittlicher Druckwasserreaktoren in Deutschland: Methoden und Ergebnisse einer umfassenden Probabilistischen Sicherheitsanalyse (PSA). GRS-175. (2001). ISBN 978-3931995430
24. Böhm, W.: Physikalische Kernauslegung. Taschenbuch 51, Druckwasserreaktoren. Thiemig, München (1979)
25. VDI-Nachrichten Nr. 36, S. 21 (2005)
26. Ziegler, A., Allelein, H.-J.: Reaktortechnik. 2., neu bearbeitete Auflage. Springer, Berlin Heidelberg (2013). ISBN 978-3-642-33845-8
27. Bedenig, B.: Hochtemperaturreaktoren. Thiemig, München (1972)
28. VDI-Richtlinie: VDI 3678 Blatt 1 Elektrofilter – Prozessgas- und Abgasreinigung, September 2011
29. Wagner, H.-J., Borsch, P.: Energie und Umweltbelastung, 2. Aufl. Springer, Berlin, Heidelberg (1998)
30. Dr. Markewitz, P.: Technologiebericht – 2.1 Zentrale Großkraftwerke innerhalb des Forschungsprojekts TF_Energiewende, Forschungszentrum Jülich GmbH, Dezember 2017
31. Becker, J.: Möglichkeiten der Stickstoffoxidminderung durch SCR-Anlagen. Z Bwk Fachrep Rauchgasreinig (1986)

Verteilen und Speicherung von Nutzenergie

50

Hermann-Josef Wagner, Hendrik Hasenclever und Kathrin Hoffmann

50.1 Energietransport

Neben den leitungsgebundenen Energien von Erdgas, Strom und Fernwärme spielen die Primärenergietransporte von Kohle und Öl eine bedeutende Rolle. Für den Ausbau der Energietransportsysteme sind entscheidend die Lage heimischer Energievorkommen, die Importabhängigkeit und die dazu räumlich sich ergebenden Verbraucherschwerpunkte. Für den wirtschaftlichen Transport spielt die Entfernung die entscheidende Rolle.

Flüssige und gasförmige Brennstoffe und Fernwärme werden in Stahlrohren bis zu 1420 mm Durchmesser bei einem Druck bis zu 75 bar transportiert [1]. Stahlrohre sind gegen Korrosionen zu schützen, da bei Erdverlegung Sauerstoff und Säuren im Boden vorhanden sind, die das Rohrmaterial angreifen. Beim Gastransport kann es auch auf der Innenseite zu Korrosionen durch ausfallende feuchte Stoffe kommen. Unzulässige Betriebszustände sollen durch Schnellauslösung selbsttätig zur Abschaltung der Anlage und Meldung an die Betriebszentrale führen. Alle elektrischen Anlageteile und Betriebsmittel sind „explosionsgeschützt" zu installieren.

H.-J. Wagner (✉)
Ruhr-Universität Bochum
Bochum, Deutschland
E-Mail: wagner@lee.rub.de

H. Hasenclever
Vonovia SE
Bochum, Deutschland
E-Mail: Hendrik.Hasenclever@rub.de

K. Hoffmann
Ruhr-Universität Bochum
Bochum, Deutschland
E-Mail: kathrin.hoffmann-2@rub.de

50.1.1 Mineralöltransporte

Während die Kohle auf dem Wasser- und Schienenweg transportiert wird, erfolgt der Mineralöltransport vielfach in Komponentenpipelines von den Seehäfen zu den Raffinerien.

Die Rohölversorgung der deutschen Raffinerien per Rohrleitung erfolgt zum größten Teil über deutsche Häfen sowie über Rotterdam, Antwerpen und über die Häfen Genua und Triest.

Bei den *Pipelines* wird der Innendruck der Rohrleitung auch durch die geodätische Höhe beeinflusst. Bei waagerechter Verlegung nimmt der Druck bei konstantem Rohrdurchmesser linear mit der Entfernung ab. Beim Öltransport ist je nach Ölviskosität und möglicher Außentemperatur durch Heizstationen und wärmeisolierte Rohrleitungen die Pumpfähigkeit des Transportguts aufrechtzuerhalten. Durch Metallpfropfen (*Trennmolche*) lassen sich in einer Leitung verschiedene Chargen voneinander trennen und hintereinander befördern. Gelegentlich werden auch radioaktive Isotope zum Markieren der Trennlinie verwendet.

Pumpstationen Bei größeren Anlagen arbeiten Kreiselpumpen, sonst Verdrängerpumpen, die durch Elektromotoren, Dieselmotoren, Gasent-

B. Bender und D. Göhlich (Hrsg.), *Dubbel Taschenbuch für den Maschinenbau 3: Maschinen und Systeme*,
https://doi.org/10.1007/978-3-662-59715-6_50

spannungsmotoren oder Gasturbinen angetrieben werden. Die Umweltbeeinflussung ist in erforderlichen Grenzen zu halten.

50.1.2 Erdgastransporte

Bei diesen sind Gasgewicht und geodätischer Höhenunterschied ohne Bedeutung für den Leitungsinnendruck, jedoch muss bei Erd- und Kokereigas bei hohen Drücken die *Kompressibilität* berücksichtigt werden. Abnehmende Dichte und zunehmendes Volumen in Fließrichtung haben großen Einfluss auf die Leitungsauslegung und Verdichterstationen.

Druckabnahme In der Gasleitung erfolgt sie nach einem parabolischen Gesetz. Dabei arbeiten in der Regel die Zentrifugalkompressoren bei einem Druckerhöhungsverhältnis von 1,5 bis 2 und die Kolbenkompressoren bei einem von 3 bis 7. Für kompressible Medien gilt, wenn nicht vom Mengen- sondern vom Energiestrom ausgegangen wird:

$$\frac{p_1^2 - p_2^2}{l} = 17{,}8K \cdot \frac{\lambda \dot{Q}_w^2}{(100d)^5 W_o{}^2} \quad \text{in} \quad \frac{\text{bar}^2}{\text{km}} \tag{50.1}$$

Hierin bedeuten p_1, p_2 Druck in bar am Anfang bzw. Ende der Leitung, l Länge der Leitung in km, d die Rohrweite in m, $\dot{Q}_w$ Energiestrom in kJ/h, λ dimensionslose Rohrreibungszahl, K Kompressibilitätszahl, W_o Wobbezahl in kJ/m^3.

Wobbezahl Sie definiert die Qualität des Brenngases und kann zur Beurteilung der Austauschbarkeit von Brenngasen verwendet werden (s. Abschn. 48.4.4). Die Wobbezahl beträgt: $W_o = H_o/\sqrt{d_v}$ (H_o Brennwert des Gases auf das Normalvolumen bezogen, d_v Verhältnis der Dichten von Brenngas zur trockenen Luft; für Luft ist $d_v = 1$).

Kompressibilitätszahl Sie ist dimensionslos und beträgt für Erd- bzw. Kokereigas (Index E und K) in erdverlegten Leitungen mit etwa 12 °C:

$$K_E = 1 - (p_m/470); \quad K_K = 1 + (p_m/6300)$$

mit p_m in bar. Hierbei ist der mittlere Druck:

$$p_m = \frac{2p_1^3 - p_2^3}{3p_1^2 - p_2^2}$$

Energietransport Sind der Rohrdurchmesser, die Reibungszahl und der Druckverlust gleich, so folgt aus Gl. (50.1) für Erd- bzw. Kokereigas:

$$Q_{WE}/Q_{WK} = \frac{(W_{OE}/W_{OK})}{(K_K/K_E)^{0,5}}$$

Für 12 °C und $p_m = 20 \ldots 60$ bar gilt $W_{OE}/W_{OK} = 1{,}42$ und $K_E/K_K = 0{,}9$. Damit folgt $Q_{WE}/Q_{WK} = 1{,}42/0{,}9^{0,5} = 1{,}5$. Beim Erdgasbetrieb lässt sich also ein um 50 % höherer Energiestrom erzielen als bei Kokereigas.

Sind der Druckverlust, die Rohrreibungszahl und der Energiestrom gleich, so folgt aus Gl. (50.1):

$$d_E/d_K = \frac{(K_E/K_K)^{0,2}}{(W_{OK}/W_{OE})^{0,4}}$$

Für 12 °C und 20 bis 60 bar gilt $d_E/d_K = 0{,}9^{0,2}/1{,}42^{0,4} = 85$. Die Leitung kann also bei Erdgas um 15 % kleiner sein als bei Kokereigas.

Verdichterstationen Turboverdichter (s. Kap. 12) sowie kontinuierlich fördernde Verdrängermaschinen haben ein wesentlich größeres Durchsatzvolumen als Kolbenverdichter (s. Kap. 3). Sie werden durch Elektromotoren, durch gasgefeuerte Dampferzeuger mit Dampfturbinen oder meist durch Gasturbinen angetrieben. Bei niedrigem Verdichtungsverhältnis kann eine Gaskühlung entfallen. Je nach Umgebung ist auf zulässigen Geräuschpegel und erlaubte Schadstoffemissionen zu achten. Erdverlegte Fernleitungen werden mit einem Druck von bis zu 100 bar betrieben. Bei Offshore-Pipelines muss der Druck höher sein. Sie werden mit einem Druck von bis zu 200 bar betrieben. Dabei muss um den Hochdruck in der Fernleitung aufrechtzuerhalten, ca. alle 100 bis 200 km Verdichterstationen errichtet werden [2].

Die höhere regionale Dichte der Energienachfrage in Westeuropa schafft gegenüber den USA günstige wirtschaftliche Voraussetzungen für eine leitungsgebundene Erdgasversorgung durch niedrige Transport- und Verteilungskosten. Bereits 1998 begann die Liberalisierung des Gasmarktes, jedoch fanden sich anfangs keine Anbieter, die sich dem Wettbewerb mit den bisherigen Großanbietern stellen wollten. 2005 bekam die Bundesnetzagentur die Aufsicht über das deutsche Gasnetz, wodurch es 2006 zur praktischen Liberalisierung kam [3]. Neben dem Handel des Erdgases über Pipelines wächst der Markt des Handels und Transports von verflüssigtem Naturgas, dem Liquefied Natural Gas (LNG). Hierbei wird das Naturgas auf –161,5 °C abgekühlt und damit sein Volumen für den Transport auf ein sechs Hundertstel reduziert [4]. 2015 waren weltweit insgesamt ca. 350 Tanker im Einsatz, die 338 Mrd. m^3 Flüssiggas transportieren [5].

Inzwischen haben die größeren *Erdgas-Transportleitungen* kontinentaleuropäisch eine Ausdehnung von einigen hunderttausend Kilometern erreicht. Mit dem technischen Fortschritt (Hochdruckleitungen, steigende Durchmesser bis 1420 mm [6]) werden sich die Transportkosten vermindern oder sogar halbieren lassen.

Die Ferngasnetze der ehemaligen Sowjetunion verbinden bei Rohrlänge von mehr als 161 000 km [6] nahezu alle wichtigen Wirtschaftszentren des Landes, mit einem jährlichen Erdgastransport von 687 Mrd. m^3. In Ost-West-Richtung ergibt sich eine Netzausdehnung von 5600 km. Im April 2010 bis November 2011 begann der Bau eines ersten Pipelinestrangs von der Bucht von Portovaya nahe Wyborg durch die Ostsee bis zur deutschen Küste nach Lubmin in der Nähe von Greifswald. Die Bauarbeiten für den zweiten Leitungsstrang, der parallel zum ersten verläuft, haben im Mai 2011 begonnen und wurden im April 2012 beendet. Die zweite Pipeline nahm ihren Betrieb im Oktober 2012 auf. Jeder Pipelinestrang weist eine Länge von je 1224 km und eine Transportkapazität von rund 27,5 Mrd. m^3 Gas pro Jahr auf. Sie können Verbraucher in Deutschland, Dänemark, im Vereinigten Königreich, in den Niederlanden, Belgien, Frankreich, in der tschechischen Republik und anderen Ländern versorgen [7, 8]. 2014 bezog Deutschland rund 38 % seines Erdgases aus Russland, 26 % aus den Niederlanden, 22 % aus Norwegen, 4,4 % aus sonstigen Ländern und 9,6 % aus Förderungen aus dem eigenen Land [9]. Dabei umfasst das Deutsche Verteilernetz für Erdgas eine Länge von mehr als 470 000 km und das gesamte deutsche Erdgasnetz über 530 000 km Länge [2]. Die laufende Zunahme des Heizgasverbrauchs erfordert zunehmende Investitionen für Speichervorhaben und Maßnahmen zur Abdeckung der winterlichen Lastspitzen. 2020 befanden sich in Deutschland 47 Erdgasspeicher im Betrieb (20 Porenspeicher und 27 Kavernenspeicher) mit einem maximalen nutzbaren Arbeitsgasvolumen von rund 23,8 Mrd. m^3 [10]. Damit verfügt Deutschland über die nach den USA, Russland und der Ukraine weltweit viertgrößten Speicherkapazitäten. Die maximale Speicherkapazität reicht gegenwärtig statistisch gesehen im Durchschnitt für 80 Tage Vollversorgung [7].

50.1.3 Elektrische Verbundnetze

Das deutsche Verbundnetz nimmt aufgrund seiner Lage und seiner Struktur eine zentrale Position innerhalb des westeuropäischen Verbundnetzes ein. Die Höchstspannungsnetze (380 / 220 kV) in der Bundesrepublik Deutschland sind im Eigentum der vier Übertragungsnetzbetreiber (ÜNB) Tennet TSO, 50Hertz Transmission, Amprion und TransnetBW (Abb. 50.1). Jeder ÜNB ist dementsprechend auch für die Planung und den Betrieb seiner Übertragungsanlagen selbst verantwortlich. Innerhalb des ENTSO-E (European Network of Transmission System Operators for Electricity) koordinieren die ÜNB alle mit dem Verbundnetz zusammenhängenden Aufgaben. Der Verbundbetrieb hat seine Vorteile vor allem beim Stromaustausch über große Räume. Beim Parallelbetrieb der Netze kann ein Belastungsausgleich zwischen klimatischen und strukturellen Unterschieden oder bei Störungen erfolgen, wodurch die Betriebsmittel wirtschaftlich und mit größerer Versorgungssicherheit einsetzbar sind.

Der Stromaustausch erfolgt rein physikalisch in Deutschland mit Dänemark, Nieder-

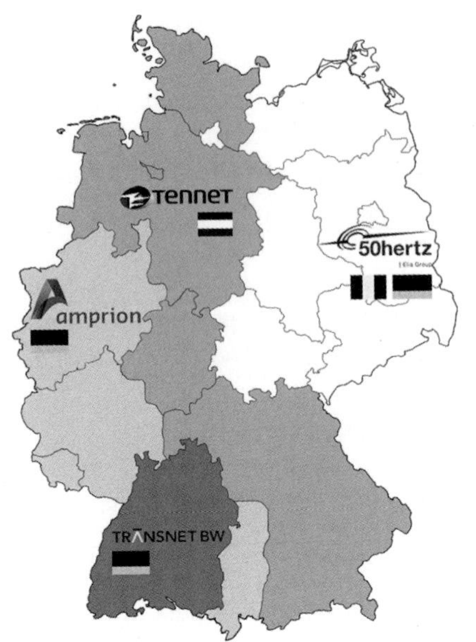

Abb. 50.1 Übertragungsnetzbetreiber in Deutschland [11]

lande, Luxemburg, Frankreich, Schweiz, Österreich, Tschechien, Polen und Schweden [12]. Dabei ist der Austausch mit Luxemburg auf die Pumpstromlieferung und den Speicherleistungsbezug aus Vianden zurückzuführen. 2015 besaß Deutschland einen Exportüberschuss im Stromaustausch von mehr als 50 Mrd. kWh. So exportierte Deutschland rund 83,1 Mrd. kWh Strom in seine Nachbarländer, während 33 Mrd. kWh Strom importiert wurden. In Europa verfügt Deutschland über die höchste installierte Kraftwerksleistung und erzeugt und verbraucht am meisten Strom [12]. Der größte Importbezug stammte 2015 aus Frankreich mit 11 TWh (Saldo aus Import – Export) [13]. In 2012 hatte Deutschland einen Stromexportüberschuss von 22,8 TWh (BDEW), was zum Teil auf Überschusserzeugung aus regenerativen Anlagen zurückzuführen ist.

Bei Blockausfällen in Kraftwerken, besonders bei der zunehmenden Anzahl großer Einheiten, kann der Leistungsmangel durch die Gesamtheit der im Parallelbetrieb betriebenen Kraftwerksblöcke nach Maßgabe ihrer Leistungszahlen zum größten Teil ausgeglichen und damit die Frequenzeinbrüche oberhalb der Grenzen gehalten werden, die sonst zu einem frequenzabhängigen Lastabwurf führen würden. Im westeuropäischen Verbundnetz, vormals UCTE, reicht es erfahrungsgemäß aus, wenn jeder Verbundpartner etwa 2,5 % seiner Netzlast als Primärregelung in seinen Kraftwerken vorhält, um, ohne Beeinträchtigung der Verbraucher, größere Leistungsausfälle zu beherrschen.

Die Primär- und Sekundärregelleistung sowie die Minutenreserve werden dabei unter dem Begriff Regelenergie zusammengefasst. Längerfristige Kraftwerksreserven für den Minuten- und Stundenbereich können durch benachbarte Partner leichter, teilweise gemeinsam und damit in geringerer Höhe vorgehalten werden. So erfüllen die zusammengeschalteten Höchstspannungsnetze im Verbundbetrieb neben reinen Transportaufgaben noch weitere vielfältige technische und wirtschaftliche Versorgungsaufgaben. Die 380-kV-Spannungsebene wird in der Bundesrepublik Deutschland für die Verbundaufgaben noch lange als höchste Spannungsebene ausreichen, wobei innerhalb Deutschlands hauptsächlich die 110-kV-Spannungsebene verwendet wird. Durch Mehrfachleitungen, z. B. mit vier 380-kV-Stromkreisen auf einem Mastgestänge, werden die wenigen verfügbaren Trassen optimal genutzt. Das westeuropäische Verbundnetz erstreckt sich von Dänemark bis Portugal und Süditalien. Alle Netze in Westeuropa sind zusammengeschaltet, alle Kraftwerke Westeuropas fahren parallel und damit in gleicher Frequenz. Großbritannien und die skandinavischen Länder Schweden/Norwegen sind über Hochspannungs-Gleichstrom-Übertragungsanlagen wegen der Seekabelverbindungen mit diesem Netz verbunden. Die Lastverteiler der westeuropäischen Verbundunternehmen arbeiten auch im westeuropäischen Verbundnetz gleichrangig und ohne eine zentrale europäische Lastverteilung zusammen. Die Transportkapazität der Verbindungsleitungen zwischen den ehemals UCTE Mitgliedsländern (heute ENTSO-E) ist enorm gestiegen, wodurch immer höhere Ausfallleistungen im Netz verkraftet werden können. Mit dem Ausbau der Kraftwerkskapazität wird das ENTSO-E-Netz noch stabiler. Die besonderen Eigenschaften der Hochspannungs-Gleichstrom-Übertragung (HGÜ) haben in der Welt bisher überwiegend zu Anwendungen geführt, bei denen die HGÜ sowohl technische als auch wirtschaftliche Vorteile gegenüber einer Drehstromübertragung aufweist oder sogar die einzige technisch mögliche Lösung darstellt und zwar bei der Übertragung über größte Entfernung, bei der Notwendigkeit zur leistungsfähigen Verkabelung, z. B. bei längeren Seekabelübertragungen und zur Kopplung asynchroner Netze (z. B. Osteuropa – VES/EES-Netze). Durch stetig verstärkte Einspeisung aus Blockheizkraftwerken, Windkraftanlagen und anderen Stromerzeugungsanlagen, die vorrangig mit erneuerbaren Energien betrieben werden, ändern sich die Anforderungen an das Mittelspannungs- und Stromverteilnetz, da die Stromerzeugung dezentraler wird. Auch bestehen Überlegungen dahingehend, dass die Netze in Zukunft mit lokalen Lastmanagements betrieben werden.

50.1.4 Fernwärmetransporte

In West- und Osteuropa hat sich der Fernwärmemarkt in den letzten Jahren merklich erweitert. Auf dem schwieriger werdenden Wärmemarkt in Folge niedriger Energiepreise seit 2015 muss auch die Fernwärme ihre Wettbewerbsposition bei wachsendem Konkurrenzdruck weiterhin ausbauen. Durch technische und innovative Weiterentwicklung in allen Bereichen der Versorgung sollen daher die kapitalintensiven Vorlaufzeiten und langen Kapitalrückflussintervalle durch Rationalisierung, effektivere Betriebssysteme und kostengünstige Lösungen verbessert werden. Seit 1990 bis 2010 ist in Deutschland die Trassenlänge für Wärme- und Kältenetzte von 12 850 km auf insgesamt 22 400 km angestiegen, wobei 21 550 km Wärmenetze mit Wasser, 780 km Wärmenetze mit Dampf und 70 km Kältenetze existierten. Dabei kommt ein Großteil der Fernwärme aus Heizkraftwerken in Kraft-Wärme-Kopplung [14], bei einer mittleren Ausnutzungsdauer der deutschen Fernwärmeanlagen von rund 1800 h/a in 2013 [15].

Während in Hamburg bereits 831 km Fernwärmeleitungen verlegt sind und über 470 000 Wohneinheiten mit Fernwärme versorgen [16],

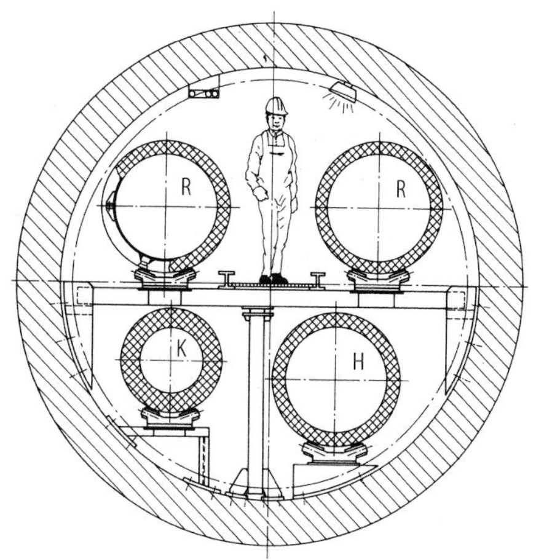

Abb. 50.2 Querschnitt der großen Fernwärmetransportleitung (HTL 1). *R* Rücklauf DN 1000 (2×), *K* Vorlauf Konstant DN 600, *H* Vorlauf Heizung DN 1000. Betonrohr-Innendurchmesser 4,1 m

beträgt die Netzlänge in Berlin (Vattenfall Europe Wärme AG) zzt. rund 1900 km. Jede dritte Wohnung in Berlin ist an das Fernwärmenetz angeschlossen und bezieht seine Wärme und Warmwasser aus den Berliner Erzeugungsanlagen [17]. Das größte innerstädtische Fernwärmesystem in Berlin zeigt Abb. 50.2.

In Westeuropa hat sich das Kunststoff-Mantelrohr bei der Neuverlegung durchgesetzt, auch bei Transportrohren großer Nennweite bis DN 1000.

50.2 Energiespeicherung

Die Entwicklung der Energietechnik wird mitgeprägt durch die Entwicklung und den Stand der Speichertechniken. Auf, oder besser zwischen, den einzelnen Stufen der Prozessketten von der Gewinnung und der Umwandlung der Primärenergie bis hin zur Nutzungsenergiedarbietung sind Speicher im weitesten Sinne oft entweder zwangsläufig nötig oder technisch und wirtschaftlich sehr nützlich und vorteilhaft. Mit ihnen wird der oft unterschiedliche Zeitgang von Angebot und Nachfrage, von Input und Output, entkoppelt und damit wird es möglich:

- die zeitliche Disparität zwischen der Verfügbarkeit der Energieträger (z. B. bei der

Wasserkraft-, der Windkraft und der direkten Sonnenenergienutzung) und dem Leistungsbedarf der Energieanwender anzugleichen

- der oft aus ökonomischen Gründen eingeschränkten Flexibilität der Primärenergiegewinnung (z. B. im Steinkohlenbergbau) trotz u. U. starker saisonaler Nachfrageschwankung Rechnung zu tragen
- die installierte Leistung von Anlagen zur Energieerzeugung, zum Energietransport und zur Energieumwandlung zu optimieren
- energietechnische Anlagen auf oder in der Nähe des Bestpunkts mit höherer Ausnutzungsdauer zu fahren, als es der Benutzungsdauer bei der Energieanwendung entspricht
- die Sicherheit der Versorgung zu erhöhen

Bei der Speicherung der Brennstoffe wird Materie gespeichert, bei denen die Speicherenergie mit der Masse der Speichermaterie linear verknüpft ist. Bei den Speichern für fühlbare oder latente Wärme und potentieller oder kinetischer Energie wird die Speicherenergie nicht nur von der Masse der Speichermaterie, sondern vom physikalischen Zustand dieser Masse (Temperatur, Aggregatzustand, Lage, Druck und Geschwindigkeit) entscheidend mitbestimmt.

Das Speichern einer bestimmten Energieart kann mit Hilfe unterschiedlicher Techniken geschehen. Insbesondere für elektrischen Strom entwickelte man eine Reihe verschiedener Speicherverfahren, die mit Ausnahme der Speicher für magnetische Feldenergie (Spulen) und elektrischer Feldenergie (Kondensatoren) mit einer Hin- und Rückwandlung des Stroms in eine andere Energieart verbunden sind (z. B. elektrochemische Speicher, Pumpspeicherkraftwerke, Schwungradspeicher, Druckluftspeicher) (s. Bd. 2, Abschn. 27.5).

Beim Speichern von Brennstoffen treten in der Regel nur geringe Energieverluste durch leckagebedingte Masseverluste oder durch teilweise Oxidation auf. Die Speicherung von Wärme und elektrischer Energie ist dagegen mit nennenswerten Verlusten verbunden, wobei im Hinblick auf die Anwendungsbereiche der Speicher unterschieden werden muss zwischen Verlusten durch Be- und Entladevorgänge (z. B. Pumpspeicherkraftwerk, Akkumulatoren) und Verlusten durch Selbstentladung (z. B. Wärmespeicher und Akkumulatoren).

Viele Versorgungssysteme sind ohne spezielle Speicher nicht möglich, so z. B. die autarke Stromversorgung einer Siedlung über photovoltaische Anlagen. Viele andere Systeme sind nur durch den Einsatz von Speichern wirtschaftlich tragfähig geworden, wie z. B. die elektrische Speicherheizung.

Folgende Kriterien beschreiben ein Speichersystem: Die Energiedichte in kWh/kg bzw. kWh/m^3, die Leistungsdichte in kW/kg bzw. kW/m^3, die Zugriffszeit und der Leistungsgradient, der Nutzungsgrad, gebildet aus dem Quotienten von Nettoenergieabgabe des Speichers bezogen auf die gesamt zugeführte Energie einschließlich der von Hilfsanlagen, die Eignung für spezielle Aufgaben wie Momentan-, Minuten-, Stunden-, Tages- und Wochenreserve oder Verbessern der Versorgungsqualität, z. B. durch Frequenz-Leistungsregelung, die Lebensdauer und die mögliche Zyklenzahl, die Anschaffungskosten in EUR/kW sowie die Betriebskosten je kWh entspeicherte Energie. Die Anwendung der Energiespeicher kann durch zwei Kriterien klassifiziert werden: Leistung des Systems und Entladungszeit bei Nennleistung. Dementsprechend lassen sich drei Anwendungsfälle unterscheiden (s. Abb. 50.3): Power Quality, Power Bridging und Energiemanagement.

50.2.1 Pumpspeicherwerke

Bei diesen betreibt elektrische Energie zu lastschwachen Zeiten *Pumpen* (s. Kap. 8), die Wasser in hochgelegene Becken fördern und so potentielle Energie speichern (s. Abschn. 49.3.1). Bei elektrischem Bedarf wird das Wasser abgelassen und treibt *Wasserturbinen* (s. Abb. 49.10) mit gekuppelten *Generatoren* an. Abgesehen von den hohen Kapitalkosten treten Wirkungsgradverluste auf. Die Startbereitschaft ist hoch. Für die Bereitstellung dieser Reserve treten keine Energieverluste auf. Die Wirtschaftlichkeit von Pumpspeicherwerken ist eingeschränkt und von den geologischen Bedingungen ab-

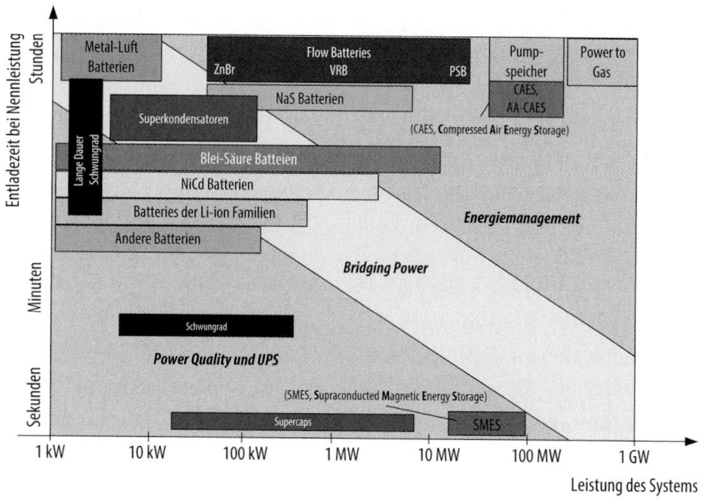

Abb. 50.3 Vergleich von Energiespeichern nach Leistung und typischen Einsatzzeiten; UPS: Uninterruptible Power Supply (deutsch: USV: Unterbrechungsfreie Stromversorgung)

hängig. Die Speicher- und Pumpspeicherleistung beträgt in der Bundesrepublik Deutschland ca. 6700 MW mit einer gesamten Speicherkapazität von ca. 40 GWh. Die Speicherwirkungsgrade liegen derzeit zwischen 70 und 80 %. Die Ausnutzungsdauer bei 900 h/a.

Bei geeigneter Bauart können Pumpen als Wasserturbinen und Motoren als Generatoren betrieben werden. Hierbei werden die Anlagekosten geringer, aber der Wirkungsgrad der hydraulischen Maschinen schlechter (s. Abschn. 7.7). Die neueste Anlage mit 4×265 MW in Goldisthal (Thüringisches Schiefergebirge) ist seit 2003 in Betrieb. Dafür wurde ein 12 Mio. m^3 fassendes Speicherbecken errichtet, was einen etwa 8-stündigen Volllastbetrieb erlaubt. Pumpspeicherkraftwerke haben eine besondere Bedeutung für den angestiegenen Einsatz der Windenergie und Photovoltaik. Das Pumpspeicherkraftwerk in Vianden (Luxemburg) liegt direkt an der deutschen Grenze und liefert Spitzenstrom in das deutsche RWE-Netz. Der Überschussstrom aus Deutschland wird ebenfalls dazu genutzt, das Wasser in lastschwachen Zeiten hochzupumpen. Laut SEO wurde das Kraftwerk 2014 um eine elfte Turbine erweitert. Die Turbinen 1–9 haben jeweils eine Leistung von 100 MW im Turbinen- und 70 MW im Pumpbetrieb. Die zehnte Turbine hat eine Nennleistung von 196 MW im Turbinenbetrieb und eine Nennleistung von 220 MW im Pumpbetrieb. Die neue, elfte Maschine hat eine Turbinennennleistung von ca. 195 MW und eine Pumpnennleistung von 189 MW.

50.2.2 Druckluftspeicherwerke

In der diabatischen Version erfordern Druckluftspeicherwerke Gasturbinen im offenen Prozess. Der kuppelbare Kompressor der Gasturbine wird mit Fremdstrom betrieben, die komprimierte Luft wird gespeichert. Im Bedarfsfalle wird sie der Gasturbine (s. Kap. 13) zugeführt, die wegen Wegfalls der Kompressionsarbeit etwa dreifache Leistung abgibt. Abgesehen von Leckverlusten tritt bei Bereitschaft kein Energieverlust auf. Da die Verbrennungsluft, im Gegensatz zur Gasturbine mit direkt gekuppeltem Kompressor, dosiert zugeführt werden kann, ist Teillastbetrieb mit konstanter Temperatur möglich und wirtschaftlich. Die Schnellstartbereitschaft (1,5 MW/s bei der Anlage Huntorf) ist etwas geringer als bei Pumpspeicherwerken. Die spezifischen Erzeugungs- und Kapitalkosten einer solchen Anlage sind geringer als die einer konventionellen Gasturbinenanlage, die auch bei fehlender Speicherluft autark mit ein Drittel Leistung betrieben werden kann. Der Wirkungsgrad derartiger Anlagen liegt bei 50 %. Die Leistungsdichte liegt bei 0,001 MW/kg; die Investition ist mit 256 €/kW zu veranschlagen (s. Abschn. 13.5.3).

Eine adiabatische Version des Druckluftspeichers war zwischen 2009 und 2015 in der Entwicklungsphase. Der Speicher sollte in Staßfurt (Sachsen-Anhalt) aufgebaut und durch ein Konsortium von RWE Power geleitet werden. In der adiabatischen Version sollte die während der Kompressionsphase erzeugte Wärme nicht verloren, sondern in einem thermischen Speicher zwischengespeichert werden. Diese thermische Energie sollte wieder genutzt werden, um die Druckluft ohne Einsatz von Erdgas zu erwärmen. Der geschätzte Wirkungsgrad des adiabatischen Druckluftspeichers liegt bei ca. 70 %. Die Pläne für den Druckluftspeicher wurden 2015 jedoch wieder verworfen.

Gleichdruckspeicher Er hat Wasser als Verdrängungsmedium, das beim Füllen in ein oberirdisches Becken gedrückt wird. Bei Entnahme von Luft im Nutzleistungsbetrieb strömt das Wasser in den unterirdischen Speicher, der nur bergmännisch und im felsigen Untergrund erstellt werden kann. Kluftiger Fels muss abgedichtet und Mitreißen von Wasser verhindert werden. Eine Kombination mit einem hydraulischen Pumpspeicherwerk ist möglich.

Gleitdruckspeicher Sie werden in Küstenländern mit unterirdischen Salzlagerstätten vorgesehen. Eine Kaverne wird mit Wasser ausgewaschen, die Sole wird direkt oder indirekt in die See geleitet. Die Kaverne kann nur trocken betrieben werden. Der Luftdruck im gefüllten Speicher muss zuzüglich die Leitungsverluste und geodätische Druckhöhe bis zum Ende der täglichen Betriebsperiode den Turbineneintrittsluftdruck aufbringen. Unter gleichen Betriebsverhältnissen muss ein Gleitdruckspeicher größeres Volumen haben als ein Gleichdruckspeicher. Wegen des höheren Luftdrucks beim Füllen des Gleitdruckspeichers ist die spezifische Verdichterarbeit und der Kühlaufwand bei der Verdichtung größer. Die spezifischen Kosten einer Salzkaverne sind aber wesentlich geringer als die einer Felskaverne.

50.2.3 Dampfspeicherung

In lastschwachen Zeiten wird Entnahmedampf von Turbinen entnommen und in der Reihenfolge steigenden Drucks in druckfeste, wärmedichte Großwasserraumbehälter eingeleitet. Das Wasser wird in diesen *Energie- oder Ruthsspeichern* auf Siedetemperatur gebracht und gehalten. Dank der Änderung des Aggregatzustands lassen sich verhältnismäßig große Energiemengen speichern.

Im Bedarfsfall wird die Ruthsspeicheranlage auf synchronisierte Sattdampfturbogeneratoren geschaltet. Durch Druckabsenkung dampft das siedende Wasser aus und das spezifische Dampfvolumen wird immer größer. Die Leistungsfähigkeit bestimmt das Schluckvermögen der Turbineneintrittstufe.

50.2.4 Elektrische Speicher

Zu den elektrischen Speichern zählen Batterien und auch die Nachtstromspeicherheizung.

Batteriespeicheranlagen Akkumulatoren werden in drei Hauptanwendungsgebieten eingesetzt:

- zum Starten und zur Stromversorgung von Kraftfahrzeugen
- für Traktionszwecke
- in ortsfesten Anlagen

Als *Starterbatterie* für Kraftfahrzeuge bestimmt nach wie vor die Blei-Batterie den Markt.

Für *Traktionszwecke*, also als Fahrbatterie für Elektrofahrzeuge, werden zurzeit verschiedene Batterietypen angewandt und erforscht.

Seit 2008 wird auch mit finanzieller Hilfe der Bundesministerien die Elektromobilität weiter entwickelt. Der am meisten favorisierte und angewandte Batterietyp ist derzeit die Lithium-Ionen-Batterie. Für Elektroautos werden allgemein Hemnisse durch hohe Batteriekosten, lange Ladedauer und geringe Reichweiten genannt. Dies stimmt in gewissen Maßen, das Fraunhofer ISI spricht aber im „Gesamt-Roadmap Energiespeicher für die Elektromobilität“ sowie dem „Batterien für Elektroautos: Faktencheck und Handlungsbedarf“ über erhebliche Verbesserungen in allen Bereichen. So liegen die Kosten für kleinformatige Lithium-Ionen-Batterien häufig deutlich unter 200 €/kWh (großformatige Zellen heute zwischen 200 und 250 €/kWh), anstatt noch bei 800 €/kWh o. ä. wie noch vor ein paar Jahren. Außerdem haben sich Ladezeiten und Reichweiten erheblich verbessert. Wenn dieser Trend weiter anhält, werden Elektroautos immer leistungsfähiger und somit auch wettbewerbsfähiger. Prognostiziert werden Kosten deutlich unter 100 €/kWh in den nächsten 10 Jahren. Bezüglich Energiedichten können aktuell laut Fraunhofer ISI 200 Wh/kg bzw. 400 Wh/l erreicht werden. Prognostiziert werden Energiedichten bei den konventionellen Batterien in Höhe von 350 Wh/kg bzw. 800 Wh/l.

Weitere Innovation und Fortschritte in der Wirtschaftlichkeit erhofft man sich auch durch Weiterentwicklungen. Derzeit existieren breite Forschungen unter anderem in Lithium-Schwefel-, Lithium-Luft sowie Lithium-Feststofftechnologien oder -Batterien. Alternativen sind die verschiedenen Varianten von Hybridfahrzeugen, z. B. das aus dem Netz gespeiste Hybridfahrzeug (plug in hybrid electric vehicle, PHEV). Die Elektrofahrzeuge ermöglichen es jedoch, dass der Verkehrssektor weniger abhängig vom Öl wird, über Ökostrom die Mobilität sofort in entsprechendem Maß ökologisch wird und die Energieversorgungsunternehmen für den verstärkten Windstrom zusätzliche Speicher erhalten. Über das von den Windprognosen abhängige gesteuerte Laden der Elektrofahrzeuge wird es möglich sein, bei Starkwindzeiten das Netz gezielt zu entlasten. Andererseits wird es zukünftig über die Rückspeisung von Strom aus den Fahrzeugbatterien in das Netz (vehicle to grid V2G) möglich sein, dieses bei hoher Last und geringem Windstromangebot zu stützen. Derzeit laufen weltweit in verschiedenen Städten Pilotprojekte zum gezielten Leistungsmanagement mit Elektromobilität.

Ortsfeste Batterien werden traditionell vor allem als Fernmeldebatterien, als Betätigungsbatterien, in Anlagen zur unterbrechungsfreien Stromversorgung (USV-Anlagen) und im Rahmen der Sicherheitsbeleuchtung eingesetzt. Ein wichtiger ehemaliger Anwendungsbereich wird zzt. neu entdeckt: Der Einsatz von Batterien zur Deckung von Leistungsspitzen in Energieversorgungssystemen, d. h. zur Leistungssteuerung und -regelung.

In Berlin war von 1987 bis 1995 eine Großanlage von $\pm 8{,}5$ MW und einer Sofortreserveleistung von 17 MW bei einen minimalen Arbeitsvermögen von 4,6 MWh in Betrieb.

Am Markt sind eingeführte standardisierte Baureihen von Blei- und Nickel-Cadmium-Akkumulatoren.

Schwungmassenspeicher In einem Schwungrad wird der Strom als kinetische Energie gespeichert. Die Speicherkapazität hängt von der rotierenden Masse, von der Form und von der Drehgeschwindigkeit ab. In Mannheim wurde 2005 bei MVV ein hochtouriger (60 000 U/min) Schwungmassenspeicher in Betrieb genommen, der Stromausfälle bis zu 20 s überbrücken soll.

Elektrische Heizung Der Schwerpunkt ihrer Verwendung liegt in der Nachtstromspeicherheizung. Früher wurden diese Heizungen häufig eingebaut um Nachtstromtarife des EVU auszunutzen. Es wurden gesonderte Nachtstromtarife vereinbart, so dass der Speicher der Heizung nachts beladen wurde, um die Wärme tagsüber abzugeben. Für die EVU lag der Vorteil darin, dass zu den Zeiten geringen Stromverbrauchs trotzdem Abnehmer gefunden wurden. Zwischenzeitlich wurde in Erwägung gezogen, Nachtspeicherheizungen sogar gesetzlich zu verbieten, da der bezogene Nachtstrom nennenswert aus Kohle erzeugt wird. Bisher betrifft das Verbot jedoch nur wenige Ausnahmen (z. B. Wohngebäude mit mehr als fünf Wohneinheiten). Zukünftig ist zu berücksichtigen, dass bei immer größeren Anteilen regenerativ erzeugtem Strom Nachtspeichergeräte als Energiespeicher für zeitlich überzählig erzeugte Elektrizität verwendet werden können.

Speicheröfen werden in der Größe 2 bis 6 kW gebaut. Ein geringer Teil ihrer Speicherwärme wird ständig als Strahlungs- und Konvektionswärme abgegeben. Die in dem besonders gut isolierten Kern gespeicherte Wärme (Wärmekonserve) kann mittels Luftgebläse über Thermostat

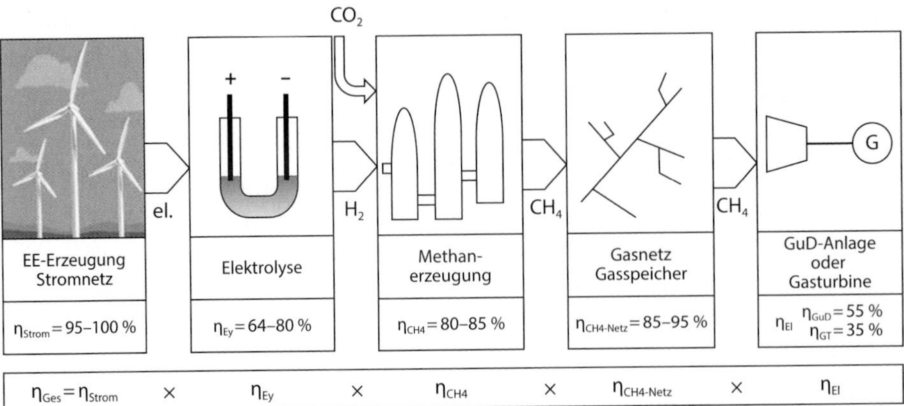

Abb. 50.4 Langzeitspeicherung von Strom aus erneuerbaren Energien über Elektrolyse, synthetisches Methan und Rückverstromung. (Quelle: Energiewirtschaftliche Tagesfragen)

geregelt als Konvektionswärme abgegeben werden.

Elektrische Direktheizung Sie ist wirtschaftlich, wenn der Wärmeverbrauch unter 50 bis $60\,\mathrm{W/m^2}$ liegt. Gerade im Niedrigenergiehaus mit kontrollierter Wärmerückgewinnung ist dies eine günstige Ergänzung. Bei dem geringen Wärmebedarf wären die Investitionen für einen weiteren Energieträger zu hoch. In Skandinavien finden sie vielfältigen Einsatz.

Power-to-Gas Power-to-Gas-Anlagen verwandeln Wasser mit Hilfe von (regenerativ erzeugtem) Strom in Wasserstoff und gegebenenfalls Methan. Wasser wird durch Elektrolyse zunächst in Wasserstoff und Sauerstoff gespalten und falls gewünscht unter Zugabe von Kohlenstoffdioxid methanisiert. So kann das Gas dann auch dem Erdgasnetz zugeführt und weiterverwendet werden. Bisher ist es aber noch nicht wirtschaftlich, es wird aber erwartet, dass mit Senkung von Investitionskosten und Steigerung des Wirkungsgrades ein wirtschaftlicher Betrieb möglich ist. Wirtschaftlich besonders interessant wird das Power-to-Gas-Verfahren, wenn überschüssiger Strom aus erneuerbaren Energien verwendet werden kann. Abb. 50.4 zeigt die Langzeitspeicherung von Strom aus erneuerbaren Energien über Elektrolyse, synthetisches Methan und Rückverstromung inklusive der Angaben von Wirkungsgraden.

Literatur

1. Gazprom, Informatorium – Ferngasleitung. http://www.gazprominfo.de/terms/gas-main/?, Zugriff am: 05.08.2016
2. FNB Gas, Fernleitungsnetz. https://www.fnb-gas.de/de/fernleitungsnetze/zahlen-und-fakten/zahlen-und-fakten.html, Zugriff am: 03.09.2016
3. Toptarif, Liberalisierung Gasmarkt. https://www.toptarif.de/gas/wissen/liberalisierung-gasmarkt/, Zugriff am: 04.06.2016
4. Welt der Physik, Pipelines und Tanker. http://www.weltderphysik.de/gebiet/technik/energie/speichern-und-transportieren/pipelinestanker/, Zugriff am: 09.09.2016
5. Univ.-Prof. Dr.-Ing. Hermann-Josef Wagner, Umdruck Energiewirtschaft, WS 16_17, Schaubilder und Tabellen zur Lehrveranstaltung, September 2016
6. Gazprom, Wie wird Erdgas befördert. http://www.gazprominfo.de/articles/natural-gas-transportation/, Zugriff am: 16.11.2016
7. BMWi, Konventionelle Energieträger, Derzeit unverzichtbar für eine verlässliche Energieversorgung. http://www.bmwi.de/Redaktion/DE/Dossier/konventionelle-energietraeger.html, Zugriff am: 05.09.2016
8. Nord-Stream, Die Pipeline. https://www.nord-stream.com/de/das-projekt/die-pipeline/, Zugriff am: 03.11.2016
9. BMWi, Versorgungssicherheit bei Erdgas, Monitoring-Bericht nach 51 EnWG. https://www.bmwi.de/BMWi/Redaktion/PDF/Publikationen/monitoring-bericht-nach-51-enwg-zur-versorgungssicherheit-bei-erdgas,property=pdf,bereich=bmwi2012,sprache=de,rwb=true.pdf, Zugriff am: 12.08.2016
10. BDEW, Gasspeicher in Deutschland, Mai 2020. https://www.bdew.de/service/daten-und-grafiken/gasspeicher-deutschland/, Zugriff am: 12.08.2020

11. http://commons.wikimedia.org/w/index.php?curid=22232969 (Francis McLloyd/CC BY-SA)
12. BMWi, Strommarkt der Zukunft. http://www.bmwi.de/Redaktion/DE/Dossier/strommarkt-der-zukunft.html, Zugriff am: 04.12.2017
13. statista, Stromaustauschsaldo Deutschlands im Jahr 2016 nach Ländern (in Terawattstunden). http://de.statista.com/statistik/daten/studie/180862/umfrage/stromaustauschsaldo-deutschlands-nach-partnerlaendern/, Zugriff am: 08.08.2016
14. statista, Trassenlänge der Wärme- und Kältenetzbetreiber in Deutschland im Jahresvergleich 2001 und 2011 (in Kilometer). http://de.statista.com/statistik/daten/studie/37971/umfrage/netzlaenge-der-waerme--und-kaeltenetzbetreiber-in-1998-und-2008/, Zugriff am: 03.06.2016
15. Wesselak, V. et. al., Handbuch Regenerative Energien, Springer Vieweg, 2017, ISBN 978-662-53072-6
16. Vattenfall, Fernwärme überzeugt den Gesetzgeber. https://wärme.vattenfall.de/hamburg/produkte/primaerenergiefaktor, Zugriff am: 12.06.2016
17. Vattenfall, Brennstoffeinsatz für die Erzeugung von Fernwärme. https://wärme.vattenfall.de/berlin/produkte/primaerenergiefaktor, Zugriff am: 05.11.2016

Feuerungen

51

Klaus Görner

51.1 Technische Feuerungen

51.1.1 Feuerung in einem Dampferzeuger

In der Feuerung eines Dampferzeugers wird die chemisch gebundene Energie des Brennstoffs (Kohle, Öl, Gas, Biomasse, Abfall u. a.) freigesetzt und in fühlbare Enthalpie (Energie) des Rauchgases überführt. Mit diesem heißen Rauchgas (t_{RG} ca. 1000 bis 1200 °C) wird im nachgeschalteten Dampferzeuger Wasser verdampft. Dieser Dampf wird in die Dampfturbine geleitet, dort entspannt und abgekühlt. Dabei wird seine thermische Energie in mechanische Rotationsenergie des Turbinenläufers umgewandelt. An diesen Läufer ist der Generator angeflanscht. In ihm wird dann der Strom erzeugt. Der Dampf wird im nachgeschalteten Kondensator, der über den Kühlturm gekühlt wird, vollständig kondensiert und über die Speisepumpe wieder dem Dampferzeuger zugeführt. Damit ist der Wasser-Dampf-Kreislauf geschlossen. Das abgekühlte Rauchgas muss vor seiner Ableitung in die Atmosphäre über die Rauchgasreinigung gereinigt werden, da zum Schutz der Umwelt nur gewisse Emissionswerte zulässig sind. Abb. 51.1, linker Teil zeigt diesen Prozess sehr vereinfacht, im rechten Teil sind deutlich mehr Details dargestellt.

K. Görner (✉)
Universität Duisburg-Essen
Essen, Deutschland
E-Mail: klaus.goerner@uni-due.de

51.1.2 Einteilung von Feuerungen für gasförmige, flüssige und feste Brennstoffe

Feuerungen für technische Brennstoffe werden nach dem Brennstoff und nach der Anordnung der Brenner im Feuerraum eingeteilt (Abb. 51.2; [3]).

Gasförmige Brennstoffe Für gasförmige Brennstoffe kommt eine Anordnung der Brenner an einer oder mehreren Wänden, der Decke oder dem Boden in Frage, da hierbei nicht auf Aschebestandteile geachtet werden muss, die sich, der Schwerkraft folgend, am Boden absetzen. Wandfeuerungen erfolgen meist an einer Wand (Frontalfeuerung) oder an gegenüberliegenden Wänden (Boxerfeuerung).

Flüssige Brennstoffe Hierbei ist zwischen leichtem und schwerem Heizöl zu unterscheiden. In beiden Fällen werden die Brenner an einer oder mehreren Wänden angeordnet, z. B. als Frontal- oder Boxerfeuerung. Deckenfeuerungen werden oft für flüssige Abfälle oder Rückstände eingesetzt.

Feste Brennstoffe Für feste Brennstoffe ist zunächst nach der Korngröße des Brennstoffs zu unterscheiden. Daraus ergibt sich die Schlupfgeschwindigkeit zwischen Feststoff und Gas als Kriterium für eine aerodynamische Einteilung (Abb. 51.2). Sehr große Brennstoffpartikel wer-

B. Bender und D. Göhlich (Hrsg.), *Dubbel Taschenbuch für den Maschinenbau 3: Maschinen und Systeme*,
https://doi.org/10.1007/978-3-662-59715-6_51

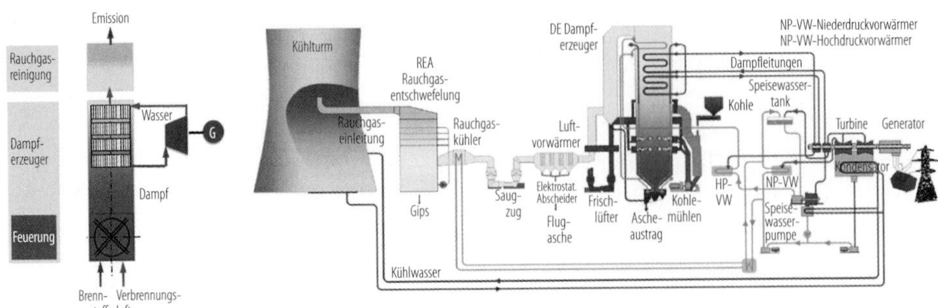

Abb. 51.1 Feuerung als Bestandteil eines Dampferzeugers. (Quelle (Bild *rechts*) Mitsubishi Hitachi Power Systems Europe GmbH (MHPSE), Duisburg, Deutschland, 2016)

den in einer Festbett- oder Rostfeuerung eingesetzt (Abschn. 51.5.3). Hier ruht der Brennstoff und die Schlupfgeschwindigkeit ist relativ groß. Sehr fein ausgemahlene Brennstoffe, meist Kohlen, werden in einer Staubfeuerung verbrannt, in denen die Schlupfgeschwindigkeit sehr gering wird. Für solche Stäube hat sich eine sehr große Vielfalt an verschiedenen Brenneranordnungen etabliert (Abschn. 51.5.1). Dazwischen liegen Wirbelschichtfeuerungen (stationäre und zirkulierende), bei denen der Brennstoff während der Verbrennung mehr oder weniger in der Schwebe gehalten wird (Abschn. 51.5.2).

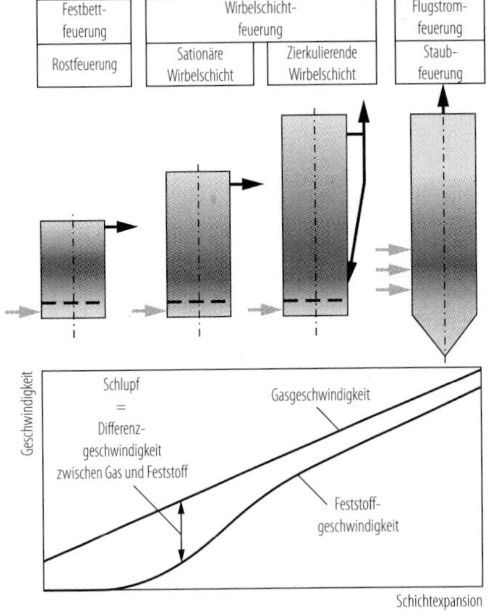

Abb. 51.2 Einteilung von Feststofffeuerungssystemen unter aerodynamischen Gesichtspunkten (Schlupfgeschwindigkeit zwischen Gas- und Feststoffströmung)

51.2 Verbrennung

51.2.1 Verbrennungsvorgang

Die Umsetzung eines Brennstoffs mit Sauerstoff kann aufgeteilt werden in einen physikalischen Transportprozess, bei dem die Brennstoffmoleküle mit dem Sauerstoff auf molekularer Ebene zusammengebracht werden und der eigentlichen chemischen Reaktion [1–4].

Reaktionen Bei der Verbrennung kommt es zu einer Kombination aus physikalischen Transportprozessen und chemischen Reaktionen. Strömungs-, Diffusions-, Wärme- und Stoffübertragungsvorgänge beeinflussen die Reaktion von C und H mit O, wobei die Bruttoreaktionen über viele Zwischenprodukte wie CO und OH ablaufen (s. Bd. 1, Kap. 44). Die Brutto-Verbrennungsreaktionen lauten:

$$\begin{aligned} C + O_2 &\rightleftharpoons CO_2 + 406{,}1\,\text{MJ/kmol und} \\ H_2 + \tfrac{1}{2}\cdot O_2 &\rightleftharpoons H_2O + 241{,}9\,\text{MJ/kmol} \end{aligned} \tag{51.1}$$

Reaktionsgeschwindigkeit *k* bzw. Reaktionswiderstand *W* Als Reziprokwert der Reaktionsgeschwindigkeit k setzt sich der Reaktionswiderstand aus dem nur schwach temperaturabhängigen physikalischen Widerstand für den diffusiven Transport der Reaktionspartner sowie dem chemischen Widerstand, bedingt durch eine endliche Reaktionsgeschwindigkeit, zusammen.

$$k = 1/W = 1/W^{\text{ch}} + 1/W^{\text{ph}} \tag{51.2}$$

(k Reaktionsgeschwindigkeit, W Gesamtreaktionswiderstand, W^{ch} *chemischer Widerstand*, W^{ph} *physikalischer Widerstand*).

Chemischer Widerstand W^{ch} Nach dem Arrhenius-Ansatz lässt dieser sich angeben:

$$W^{\text{ch}} = 1/k^{\text{ch}} = 1/k_0 \exp[E_A/(RT)] \quad (51.3)$$

(k_0 Reaktionsgeschwindigkeitskonstante, E_A Aktivitätsenergie, R Gaskonstante, T abs. Temperatur).

Er ist stark temperaturabhängig, mit steigender Temperatur wird er vernachlässigbar, die chemische Reaktiosrate wird sehr hoch. Die Verbrennungsgeschwindigkeit w_{V} wird daher bei niedrigen Temperaturen – z. B. bei Wirbelschichtfeuerungen – vor allem vom chemischen und bei hohen Temperaturen – z. B. bei Staubfeuerungen – vom physikalischen Widerstand bestimmt.

Physikalischer Widerstand W^{ph} Der physikalische Widerstand hängt im Wesentlichen von Transportprozessen (Diffusion) durch die Grenzschicht um ein Partikel und durch das Porensystem eines Teilchens (z. B. Kohlenstaubpartikel) ab [3]. Hierbei wird Sauerstoff aus der Partikelumgebung zum Reaktionsort im Partikel (Chemisorption an der Kohlenstoffoberfläche im Porensystem) und Reaktionsprodukte wie CO und CO_2 vom Partikel weg in die umgebende Gasatmosphäre transportiert. Der physikalische Widerstand lässt sich durch eine gute Mischung und eine hohe Relativgeschwindigkeit zwischen Gas- und Partikelphase verringern, der chemische nur durch eine Temperaturerhöhung, z. B. Einstrahlung von heißen Flächen und durch eine Luftvorwärmung. Für den Transport von Sauerstoff an die Partikeloberfläche gilt:

$$W^{\text{ph}} = C_1[(T_p - T_\infty)/2]/D_p \quad (51.4)$$

(C_1 empirische Konstante, T_p Partikeloberflächentemperatur, T_∞ Temperatur der Gasphase (weit weg vom Partikel), D_p Diffusionskoeffizient für die Partikelgrenzschicht).

Feuerraumendtemperatur T_{FE} Die sich bei der Verbrennung am Feuerraumende einstellende Rauchgastemperatur T_{FE} lässt sich unter Berücksichtigung eines Wärmestroms $\dot{Q}_{\text{V}}$, der zur Verdampfung und Überhitzung des Wassers im Feuerraum dient, nach Gl. (51.5) berechnen zu [1]:

$$T_{\text{FE}} = \dot{m}_{\text{B}} \cdot (H_{\text{i}} + c_{p,\text{L}} \cdot h_{\text{L}})/(\dot{m}_{\text{RG}}\, c_{p,\text{RG}}) - \dot{Q}_{\text{V}} \quad (51.5)$$

($\dot{m}_{\text{B}}$ Brennstoffmassenstrom, H_{i} unterer Heizwert, $c_{p,\text{L}}$ spezifische Wärmekapazität der Luft, h_{L} Enthalpie der Verbrennungsluft, Index RG entsprechende Werte für das Rauchgas, $\dot{Q}_{\text{V}}$ Wärmeaufnahme des Wasserdampfsystems in Feuerraum).

Verweilzeit Z_v Die Verweilzeit des Brennstoffs (Gas, Öl, Kohlenstaubpartikel) beträgt in der Regel ca. 2 s. In dieser Zeit muss der Brennstoff vollständig verbrannt werden. Vor allem bei festen Brennstoffen stellt dies sehr hohe Anforderungen an die Mischung zwischen dem Brennstoff und der Verbrennungsluft.

51.2.2 Kennzahlen

Feuerraumvolumenbelastung $\dot{q}_v$ Sie ist der pro Einheit des Feuerraumvolumens entbundene Wärmestrom (die Enthalpie der Verbrennungsluft eingeschlossen):

$$\dot{q}_v = \dot{m}_{\text{B}} \cdot (H_{\text{i}} + \nu_{\text{L}} \cdot h_{\text{L}})/V_{\text{F}} \quad (51.6)$$

($\dot{m}_{\text{B}}$ Brennstoffmassenstrom, H_{i} unterer Heizwert, ν_{L} spezifisches Luftvolumen im Normzustand, h_{L} Enthalpie der Verbrennungsluft, V_{F} Feuerraumvolumen).

$$q_{\text{BG}} = \dot{m}_{\text{B}}(H_{\text{i}} + \nu_{\text{L}} \cdot h_{\text{L}})/S_{\text{BG}} \quad (51.7)$$

($\dot{m}_{\text{B}}$ Brennstoffmassenstrom, H_{i} unterer Heizwert des Brennstoffs, c_{p} spezifische Wärmekapazität der Luft, ν_{G} spezifisches Rauchgasvolumen im Normzustand, bezogen auf die Massen- oder Volumeneinheit des Brennstoffs, S_{BG} Brennergürtelfläche (Abb. 51.3)).

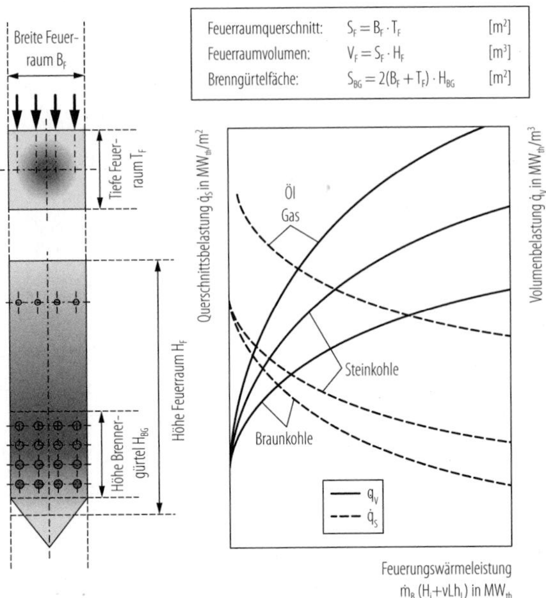

Abb. 51.3 Kennzahlen zur Dimensionierung des Feuerraums

Für die Luft- und Gasvolumen gilt der Normzustand; die Größen H_i und ν_L werden auf die Massen- oder Volumeneinheit des Brennstoffs bezogen.

Brennergürtelflächenbelastung $\dot{q}_{\mathrm{BG}}$ Sie wird mitunter statt der Feuerraumbelastung $\dot{q}_v$ angegeben und entsprechend mit der Brennergürtelfläche berechnet:

Feuerraumquerschnittsbelastung $\dot{q}_s$ Die Feuerraumquerschnittbelastung $\dot{q}_s$ ist die auf den Feuerraumquerschnitt $\mathrm{S_F}$ bezogene Wärmestromdichte (einschließlich der Luftwärme)

$$\dot{q}_s = \dot{m}_\mathrm{B} \cdot (H_\mathrm{i} + \nu_\mathrm{L} \cdot h_\mathrm{L})/S_\mathrm{F} \qquad (51.8)$$

($\dot{m}_\mathrm{B}$ Brennstoffmassenstrom, H_i unterer Heizwert des Brennstoffs, c_p spezifische Wärmekapazität der Luft, ν_G spezifisches Rauchgasvolumen im Normzustand, S_F Feuerraumquerschnitt).

Querschnitts- und Volumenbelastung Abb. 51.3 zeigt die Querschnittsbelastung über der in den Feuerraum eingebrachten Feuerungswärmeleistung. Damit werden der jeweilige Feuerraumquerschnitt und die Rauchgasgeschwindigkeit festgelegt. Bei vorgegebenem Brennkammerquerschnitt (bzw. Rauchgasgeschwindigkeit) und vorgegebener Brennkammerendtemperatur liegt entsprechend der eingebrachten Wärmemenge die benötigte Brennkammeroberfläche fest. Mit steigender Wärmemenge nimmt die Volumenbelastung wegen des abnehmenden Oberflächen-/Volumenverhältnisses ab. Die Abb. 51.3, rechts zeigt den Zusammenhang zwischen der Querschnittsbelastung, der Volumenbelastung und der Feuerungswärmeleistung für die Auslegung von Feuerungsräumen.

Heizflächenbelastung $\dot{q}_{\mathrm{HF}}$ $\dot{q}_\mathrm{HF}$ ist die auf die projizierte Feuerraumheizfläche bezogene *Wärmestromdichte* und liegt bei 10 bis 20 % der Querschnittsbelastung (Anhaltswert aus ausgeführten Anlagen). Sie hat Bedeutung bei Schmelzfeuerungen (Abschn. 51.5.1) und Großwasserraumkesseln (Abschn. 52.2.1).

Heizflächenleistung $\dot{Q}_{\mathrm{HF}}$ $\dot{Q}_\mathrm{HF}$ ist die auf die projizierte Feuerraumheizfläche bezogene, übertragene Wärmestromdichte und liegt bei ca. 50 % der Heizflächenbelastung (Anhaltswert aus ausgeführten Anlagen). Sie kann je nach Strömung und Ablauf der Verbrennung im Feuerraum ört-

Tab. 51.1 Emissionsgrenzwerte

Schadstoffe		Kleinfeuerungsanlagen VO	TA-Luft 2002 Feuerungs-Wärmeleistung (MW)	Großfeuerungsanlagenverordnung 13. BImSchV - 2013								Abfallverbrennung 17. BImSchV 2013
				Brennstoffart								
				Fest[1] (Biomasse[2]) Feuerungswärmeleistung (MW)			Flüssig Feuerungswärmeleistung (MW)			Gasförmig[3] Feuerungswärmeleistung (MW)		
		<5	5-50	50-100	100-300	>300	50-100	100-300	>300	50-300	> 300	
SO_x	mg/m^3	-	1300[6]	400[4] (200)	200 (200)	150[4] (150)	350	200	150	35	35	50
NO_x	mg/m^3	-	400	300[5] (250)	200 (200)	150[5] (150)	180	150	100	100	100	150
CO	mg/m^3	300-1.000[7]	150	150 (250)	200 (250)	200 (250)	80	80	80	50	50	50
HCl	mg/m^3	-										10
HF	mg/m^3	-										1
Staub	mg/m^3	20-100[7]	20	10 (10)	10 (10)	10 (10)	10	10	10	5	5	5
NH_3	mg/m^3	-										10
Cd+Tl	mg/m^3	-	0,05	0,05	0,05	0,05	0,05	0,05	0,05	0,05	0,05	0,05
Hg	mg/m^3	-	0,05	0,03 (0,03)	0,03 (0,03)	0,03 (0,03)						0,03
PCDD/ PCDF	ng/m^3	-	0,1	0,1	0,1	0,1	0,1	0,1	0,1	0,1	0,1	

[1] außer Braunkohle, [2] außer naturbelassenes Holz, [3] nur für Erdgas, nicht für Hochofen- und Gichtgase, [4] nicht für Wirbelschichtfeuerungen, [5] außer Braunkohlenfeuerungen, 6 bei Steinkohle, 7 abhängig vom Brennstoff (hier: Werte für feste Brennstoffe)

lich sehr verschieden sein und hat Einfluss auf die Anforderungen hinsichtlich der Speisewasserbeschaffenheit (Abschn. 52.3.5). Zu hohe Werte können zu wasser- oder rauchgasseitiger Korrosion führen.

Weitere Einflüsse:

Druckverhältnisse im Feuerraum Zur Überwindung der Druckverluste in der gesamten Rauchgasstrecke wird ein Saugzuggebläse in den Rauchgaskanal gelegt, mit dem ein leichter Unterdruck (wenige mbar) im Feuerraum erzeugt wird. Hierdurch wird auch sichergestellt, dass bei etwaigen Undichtigkeiten in der Feuerung keine Rauchgase in das Kesselhaus austreten können.

51.2.3 Emissionsgrenzwerte

Zum Schutz der Umwelt und letztendlich auch des Klimas sind strenge Emissionsgrenzwerte für sämtliche entstehende Schadstoffe aus der Verbrennung einzuhalten. In diesem Zusammenhang sind zu nennen:

- Schwefeloxide (SO_x: SO_2, SO_3),
- Stickoxide (NO_x: NO, NO_2, N_2O),
- Kohlenstoffoxide (CO, CO_2),
- Halogene (HCl, HF),
- Staub
- Ammoniak (NH_3),
- Schwermetalle (Cd, Ti, Hg),
- Dioxine, Furane (PCDD, PCDF).

In Deutschland sind die zulässigen Grenzwerte über das Bundes-Immissions-Schutz-Gesetz (BImSchG) und nachgeordnete Verordnungen (BImSchV) festgelegt. Für sehr kleinen Anlagen gelten die Werte der 1. BImSchV, für Großfeuerungen die 13. BImSchV und für Abfallverbrennungsanlagen (thermische Abfallbehandlungsanlagen) die 17. BImSchV. Diese Werte sind als Mindestwerte zu betrachten und können von der genehmigenden Behörde nach dem anerkannten Stand der Technik noch niedriger festgelegt werden. Gültige Werte (Stand 2016) sind in Tab. 51.1 zusammengefasst.

Derzeit findet in der EU die Festlegung von europaweit gültigen Grenzwerten statt, die sich auf die vorher im Rahmen des Sevilla-Verfahrens abgefragten BAT-Werten (BAT: best available technology) stützen. Eine EU-weite Grenzwertfestlegung ist für das Jahr 2017 zu erwarten. Danach müssen die EU-Mitgliedsstaaten diese Werte mit einer Frist von zwei Jahren in nationales Recht umsetzen.

Im Zusammenhang mit der Reduzierung der CO_2-Emissionen werden die Abscheidung und Speicherung (CCS – carbon capture and storage) und/oder die Nutzung des abgeschiedenen CO_2 (CCU – carbon capture and usage) diskutiert [6]. Solange man auf fossile Energieträger nicht verzichten kann, ist dies die einzige Möglichkeit einer Reduzierung, da der zugeführte Kohlenstoff durch Oxidation in CO_2 überführt wird.

51.3 Feuerungen für gasförmige Brennstoffe

51.3.1 Verbrennung und Brennereinteilung

Verbrennung Die Gasverbrennung läuft schneller ab als bei festen oder flüssigen Brennstoffen, da keine Vergasung oder Verdampfung des Brennstoffs nötig ist. Für die Güte der Verbrennung ist deshalb die Mischung entscheidend. Daneben sind ein Betrieb mit möglichst niedrigem Luftüberschuss und eine weiche Flamme anzustreben, um die NO_x-Bildung im Rahmen der zulässigen Grenzwerte zu halten. Da H_2 mit blauer Flamme verbrennt und der Anteil höherer Kohlenwasserstoffe gering ist, ist die Strahlungszahl $C \approx 2{,}3\,W/(m^2K^4)$ deutlich niedriger als bei Verbrennung von Kohle oder Öl.

Brenner Technische Brenner werden fast immer als sogenannte Diffusionsbrenner ausgeführt. Dabei werden Brennstoff und Verbrennungsluft getrennt zugeführt und vermischen sich erst nach Austritt aus dem Brenner. Zunächst wird eine strömungsinduzierte Mischung auf makroskopischer Ebene vorgenommen. Zu deren Unterstützung wird meist der Luftströmung ein Drall aufgeprägt und/oder der Brennermund ist konisch ausgeführt, um ein radiales Aufreißen der Flamme zu erzielen. Diese konvektiv induzierte Mischung ist aber nicht ausreichend, da bei den chemischen Verbrennungsreaktionen die Reaktionspartner auf molekularer Ebene, als mikroskopisch gemischt, vorliegen müssen. Hier muss ein Diffusionsprozess ansetzen, wodurch sich der Name dieses Brennertyps erklärt.

51.3.2 Brennerbauarten

Bei Feuerungsanlagen wird das Erdgas mit einem Druck von über 200 mbar zugeführt. Oft werden solche Gasbrenner auch für einen kombinierten Betrieb mit Öl ausgelegt. Erdgas sollte wegen seiner niedrigeren spezifischen CO_2-Emissionen verstärkt als Alternativbrennstoff zu Öl und Kohle eingesetzt werden. Wirtschaftliche Gründe verhindern dies allerdings vor dem Hintergrund sehr niedriger Stein- und Braunkohlepreise.

Das Gas wird durch Lanzen zugeführt, die an der Spitze und am vorderen Teil Düsenbohrungen in verschiedenen Richtungen tragen. Der Düsendurchmesser beträgt 3 bis 5 mm, die Austrittsgeschwindigkeit maximal 190 m/s. Die vielen Bohrungen müssen weit auseinander liegen, damit sich die Gasstrahlen nicht zu größeren Strahlen vereinigen, bevor sie sich mit Luft gemischt haben.

Durch eine individuelle radiale Anstellung der Gaseinzeldüsen lässt sich das Mischungs- und damit das Verbrennungsverhalten innerhalb der Flamme einstellen. Hierdurch ist es möglich, einerseits eine gesicherte und vollständige Verbrennung zu erzielen und andererseits über die Vermeidung von Spitzentemperaturen innerhalb der Flamme eine niedrige NO_x-Bildung zu gewährleisten.

51.4 Feuerungen für flüssige Brennstoffe

51.4.1 Besondere Eigenschaften

Vor- und Nachteile Ölfeuerungen werden wegen der gestiegenen und schwankenden Ölkosten im Kraftwerksbereich nahezu nicht mehr eingesetzt. Sie werden aber sehr gern als Back-up in Kombination mit Gasfeuerungen eingesetzt. Mit dem in Tanks gelagerten Öl kann dadurch eine deutlich höhere Versorgungssicherheit gegenüber dem leitungsgebundenen Erdgas erreicht werden.

In Industriebetrieben werden sie häufiger verwendet, wobei für größere Leistungen das billigere schwere Heizöl bevorzugt wird, während leichtes Heizöl in kleineren Betrieben, als Zündfeuerung für Staubfeuerungen sowie zum Hochfahren von Schwerölfeuerungen Anwendung findet. Vorteile: geringere Investitionskosten; geringere Betriebskosten; schnellere Betriebsbereitschaft (gegebenenfalls automatischer Betrieb ohne Beaufsichtigung). Nachteile: Notwendigkeit der Vorwärmung von schwerem Heizöl; Korrosionsgefahr und Entschwefelung, wenn nicht sehr S-armes Öl Einsatz findet.

51.4.1.1 Korrosionen bei Heizölfeuerungen

Niedertemperaturkorrosion Der Schwefelgehalt – besonders bei Heizöl S – führt zu SO_2, bei Luftüberschuss zu SO_3 und mit Wasserdampf zu H_2SO_4. Bei Heizflächentemperaturen von 130 bis 140 °C wird der Säure-Taupunkt unterschritten und es fällt ein hochkonzentriertes Kondensat aus, das den Stahl der Rohre zu Eisensulfat korrodiert. Dieses bildet auf der Heizfläche einen klebrigen Film, der Aschepartikel (Ölasche) binden, damit zu Belägen und in der Folge zu einer Beeinträchtigung der Rauchgaswege führen kann.

Hochtemperaturkorrosion Die Ölasche enthält je nach Herkunft des Öls wechselnde V_2O_5-Gehalte und Alkalien (Na_2O, K_2O). Diese bilden niedrigschmelzende Eutektika (560 °C bei 0,66 mol Na_2O pro Mol V_2O_5), die eine klebrige Grundschicht auf der Heizfläche bilden, was wegen der oxidierenden Wirkung des V_2O_5 zu Korrosion führt.

Abhilfe Der Betrieb mit niedrigstem Luftüberschuss (1 bis 3 % entsprechend 0,2 bis 0,6 % O_2) verhindert die Oxidation zu SO_3 sowie die Bildung von V_2O_5 (V_2 allein ist ungefährlich). Voraussetzungen dazu sind eine genaue Feuerungsregelung, die jedem Brenner einzeln zuzuteilende Luftmenge, eine feine Zerstäubung und eine gleichmäßige Mischung mit Verbrennungsluft.

51.4.2 Brenner

Brenner für den Brennstoff Öl haben grundsätzlich den gleichen Aufbau wie Gasbrenner, nur dass an Stelle der auf einem Kreis angeordneten Gasdüsen eine zentrale Öllanze mit Öldüse angeordnet ist.

Flammenhalter Zur Stabilisierung der Verbrennung am Brennermund wird um die Öldüse herum ein Mischelement – der sogenannte Flammenhalter – angeordnet, der die folgenden Aufgaben erfüllt: Mischung eines Teils der Verbrennungsluft mit einem Teil des verdüsten Öl, um damit ein zündfähiges Gemisch zu erzielen; Erzeugung eines Rückströmgebietes im Lee des Mischkörpers, um aus der heißen Flamme Energie (Enthalpie) zur Zündung des Gemisches heran zu transportieren; er dient mit seiner sich im Betrieb einstellenden hohen Temperatur durch Zustrahlung aus der heißen Flamme selbst als kontinierliche Zündquelle.

Zerstäuberbauformen Für die Zerstäubung von Öl kommen die folgenden Düsen zum Einsatz [5]:

- Einstoffzerstäuber (Druckzerstäuber, Simplex-Zerstäuber)
  - Turbulenzdüsen
  - Lamellenbildende Düsen,

- Zweistoffzerstäuber (Injektionszerstäuber)
  - Äußere oder innere Mischung der beiden Medien
  - Druckluft oder Dampf als Hilfsmedium,
- Rotationszerstäuber und
- Sonderzerstäuber (Ultraschallzerstäuber u. a.).

Einstoffzerstäuber (Druckzerstäuber) Die Zerstäubung findet in einer Dralldüse statt, in der der Druck in tangentialen Kanälen einer Wirbelkammer teilweise in Geschwindigkeit umgesetzt wird. Die restliche Energie wird bei der radialen Abströmung zu der Austrittsöffnung in der Stirnwand der Wirbelkammer zur Erhöhung der Umfangsgeschwindigkeit umgewandelt. Die große Umfangsgeschwindigkeit ergibt eine feine Zerstäubung. Für eine gute Zerstäubung ist eine kinematische Viskosität von $1 \cdot 10^{-5}$ bis $2 \cdot 10^{-5}$ m^2/s nötig. Um diese einzustellen, wird das Heizöl meist mit Dampf vorgewärmt. Da er einen lastabhängigen Öldurchsatz hat, geht die Zerstäubungsfeinheit bei Teillast wegen des sinkenden Dralls zurück. Ein Regelbereich von 1:2 ist mit dieser einfachen und kostengünstigen Bauart zu erreichen, wenn mit hohem Öldruck (bis 70 bar) gefahren wird.

Simplex-Zerstäuber Wenn ein größerer Regelbereich erwünscht ist, sind Konstruktionen nötig, die den Drall bei Teillast konstant halten. Erreichbar ist dies entweder durch Änderung des Einströmquerschnitts, z. B. mit dem Verschieben eines Kolbens, der die Höhe der Wirbelkammer und damit der Eintrittsschlitze ändert, oder durch Konstanthalten des Öldurchsatzes und Rückführen eines mit sinkender Last steigenden Ölanteils durch eine Bohrung im Boden der Wirbelkammer (*Rücklauf-Druckzerstäuber*). Der Rücklaufstrom wird von einem Ventil in der Rückströmleitung eingestellt, das mit sinkender Brennerleistung weiter öffnet und damit den Rücklaufdruck senkt. Ein Überströmventil, das eine mit steigender Brennerleistung zunehmende Menge zum Ölbehälter zurückströmen lässt, hält den Öldruck im Vorlauf konstant.

Zweistoffzerstäuber (Injektionszerstäuber) Bei diesem Zerstäuberprinzip wird Pressluft oder Dampf als Zerstäubungsmedium verwendet. Die sehr feine Zerstäubung beruht auf der plötzlichen Entspannung eines Gemischs aus Heizöl und einem Zerstäubungsmedium. Die erforderliche Viskosität entspricht der bei Druckzerstäubern. Wird Luft verwendet, so wird hierdurch auch zusätzlich Sauerstoff in den Flammenkern eingebracht, was sich negativ auf die NO_x-Bildung auswirkt. Bei Dampf wird dieser Umstand vermieden. Er ist bei einem Einsatz in einem Dampferzeuger zudem meist kostengünstiger bereitzustellen.

Rotationszerstäuber Für kleinere Leistungen können Rotationszerstäuber zum Einsatz kommen. Bei ihnen wird das Öl in einen mit hoher Drehzahl rotierenden Becher eingebracht und tritt aus diesem mit hoher Relativgeschwindigkeit zwischen dem Öl und der umgebenden Luft aus, was zur Zerstäubung führt.

51.4.3 Gesamtanlage

Zur Gesamtanlage einer Gas- und/oder Öl-Feuerung gehören:

Brennstoffaufbereitung und -verteilung *Komponenten*: Tagesölbehälter mit Füllpumpen und Füllstandmess- und -regelungsgeräten, Saugfilter, Brennerpumpen mit vorgeschalteten Ölvorwärmern und zuschaltbaren Reservepumpen, Ausblaseinrichtungen beim Abschalten der Brenner. Angefahren wird mit leichtem Heizöl oder mit vorgewärmtem Öl.

Brennstoffzufuhr *Komponenten*: Flammenwächter zur automatischen Abschaltung, wenn die Flamme erlischt, Verriegelungssysteme zum erzwungenen Wiedereinschalten einer Anlage in einer bestimmten Reihenfolge.

Zündung Die häufigsten Ursachen für eine Störung und dadurch verursachter Verpuffungen sind bei der Zündung gegeben. Gezündet wird meist mittels gas-elektrischer Zündbrenner. Dabei wird das Zündgas (Propan, Erdgas) elektrisch gezündet und der Zündbrenner durch eine Ionisationsstrecke überwacht. Eine Zündung kann erst nach der zwischen 15 s und einigen Minuten einstellbaren Vorbelüftungszeit erfolgen, die sicherstellt, dass keine brennbaren Gasreste im Feuerraum oder in den Rauchgaszügen vorhanden sind. Brenner- und Zündgas-Magnetventile schließen, wenn der Flammenwächter nach 5 s keine Flamme „sieht" (Sicherheitszeit). Ein weiterer Zündversuch ist erst nach erneuter Durchlüftung möglich. Bei Erlöschen der Flamme im Betrieb schaltet der Flammenwächter nach 1 s ab. Bei vollautomatischen Anlagen werden alle Vorgänge in Abhängigkeit von einer Regelgröße (Dampfdruck) in der richtigen Reihenfolge eingeleitet, auch der zweite Zündversuch, bei halbautomatischen nur die Flammenüberwachung und die Abschaltung.

Sicherheitsvorkehrungen bzw. -einrichtungen Da flüssige Brennstoffe beim Verdampfen leicht zündfähige Gemische bilden, sodass Verpuffungen eintreten können, müssen Einrichtungen vorhanden sein, die ein Einströmen von Brennstoff in den Feuerraum ohne Flamme oder unter ungenügenden Verbrennungsbedingungen verhindern und sicherstellen, dass vom vorhergehenden Betrieb keine unverbrannten Gasreste vorhanden sind. Hierzu werden Doppelabsperrarmaturen in die Brennstoffstrecke eingesetzt. Vor jedem Anfahren der Feuerung wird durch einen Vorbelüftungsprozess sichergestellt, dass noch eventuell vorhandene Gasreste aus dem Feuerraum ausgetragen werden.

51.5 Feuerungen für feste Brennstoffe

51.5.1 Kohlenstaubfeuerung

Arbeitsweise Der Brennstoff wird außerhalb der Feuerung aufbereitet (gemahlen und getrocknet). Als Staub eingeblasen, verbrennt er in der Schwebe. Dieses Verfahren, das für große Leistungen geeignet ist, wird in Kraftwerkskessel für feste Brennstoffe ausschließlich verwendet. In der Mühle wird durch Mahlung und gleichzeitiger Trocknung (Mahltrocknung) der Wassergehalt verringert (Steinkohle bis auf 2 %, Rohbraunkohle bis auf 30 %). Die Körnung wird so verfeinert, dass eine spezifische Oberfläche von mehreren Tausend m^2/kg entsteht. Dies ermöglicht eine schnelle Zündung und Verbrennung sowie die pneumatische Förderung und das Einblasen in den Feuerraum. Zur Trocknung muss Heißluft (Primärluft) oder Heißgas aus dem Feuerraum in die Mühle geführt werden. Die entstehenden Brüden (Gemisch der Heißluft bzw. des Heißgases mit Wasserdampf) dienen als Fördermedium (Tragluft). Der größere Teil der Verbrennungsluft wird als Sekundärluft am Brenner zugemischt. Der Brenner soll eine möglichst gleichmäßige Mischung von Staub und Luft erzeugen, den Brennstoffstrahl in einer vorgegebenen Richtung in den Feuerraum einblasen und die Zündung sicherstellen. Bauteile der Staubfeuerung sind Zuteiler unter dem Rohkohlenbunker, Fallschacht, Mühle mit Sichter und Verteiler, Mühlenkalt- und Heißluftleitungen bzw. Rauchgas-Rücksaugeschächte, die Staubleitungen, die Brenner mit Sekundärluftleitungen und der Feuerraum [3, 4].

Vorteile: für fast alle festen Brennstoffe geeignet, auch für backende und blähende Steinkohlen sowie sehr feuchte Kohlen (Rohbraunkohle, Torf, deren Staub nach der Mahltrocknung gezündet werden kann); hohe Luftvorwärmung möglich und damit hohe Speisewassertemperaturen durch Anzapfdampf bei niedrigen Abgastemperaturen: geringe Ausbrandverluste (0,1 bis 1 %).

Nachteile: hoher Leistungsbedarf für Mühlen- und Gebläseantrieb (1 bis 2 % der erzeugten elektrischen Leistung); großer Flugstaubgehalt der Rauchgase, der je nach Einbindegrad der Feuerung bei trockenen Staubfeuerungen und hohem Aschegehalt bis zu 50 g/m^3 beträgt und einen hohen Abscheidegrad der Elektrofilter erfordert, wobei der hohe Anteil an Feinstaub die Abscheidung erschwert.

Staubeinblasung Der Staub wird meist direkt eingeblasen, da die Konstruktion und der Betrieb einfach sind. Für schwierige Brennstoffe oder um die Laständerungsgeschwindigkeit bei der Erhöhung der Einblasrate zu erhöhen (Kohlemühle ist dabei das trägste Glied) kann auch eine Zwischenbunkerung des Fertigstaubs vorgesehen werden (indirekte Feuerung).

51.5.1.1 Einteilung nach der Art des Asche-/Schlacke-Abzugs

Ascheeinflüsse Die Austrittstemperatur beim Verlassen des Feuerraums muss unter der Erweichungstemperatur der Asche liegen. Auch im Feuerraum darf die Asche nicht zum Schmelzen kommen, da sonst Anbackungen entstehen. Bei diesen Feuerungen wird die Asche unter dem Feuerraum trocken abgezogen (*trockene Staubfeuerungen*). Um Anbackungen zu vermeiden, die Asche in verwertbarer Form zu erhalten sowie Zündung und Verbrennung durch hohe Temperatur zu beschleunigen, wurden die *Schmelzfeuerungen* entwickelt. Bei ihnen wird durch Wärmedämmung der aus Verdampferrohren gebildeten Feuerraumwände eine Temperatur von 1500 bis 1800 °C eingestellt, sodass die geschmolzene Asche ausgetragen werden kann. Damit die gesamte Asche eingeschmolzen wird, ist der im Filter abgeschiedene Staub in die Feuerung zurückzuführen. Zu hoher Ascheumlauf im Dampferzeuger kann Erosion an den Heizflächen und schwierige Abscheidebedingungen am Filter ergeben. Deshalb muss der Gesamteinbindegrad γ, der das Verhältnis von eingebundener zu insgesamt im Feuerraum vorhandener Asche (Kohle und Rückführung) ist, möglichst hoch sein. Dies wird durch Ankleben der Flugasche an den mit flüssiger Schlacke bedeckten Wänden erzielt, sodass die verschiedenen Schmelzfeuerungen Einbindegrade zwischen 60 und 80 % erreichen, während Trockenstaubfeuerungen nur 10 bis 15 % der Asche im Feuerraum einbinden. Der Gesamtentaschungsgrad γ, d. h. der Anteil der im Feuerraum abgezogenen Asche zur zugeführten Asche, beträgt bei Schmelzfeuerungen über 90 %.

Trockene Staubfeuerung Steinkohlenfeuerungen werden als mit Wirbelbrennern an den Wänden ausgeführt. Sie eignen sich für große bis größte Leistungen. Um bei großen Feuerräumen eine ausreichende Rauchgasabkühlung zu erreichen, wird mitunter eine den Feuerraum in zwei Hälften teilende Mittelwand aus Kesselrohren eingebaut. Die Brenner sind in vier bis sechs horizontalen Reihen übereinander angeordnet (32 bis 96 Brenner bei großen Anlagen). Braunkohlefeuerungen werden als Ecken- oder Seitenfeuerungen bis über 1000 MW ausgeführt. Die Absenkung des Luftüberschusses auf 10 bis 15 % kann bei der Steinkohlenfeuerung die NO_x-Bildung reduzieren.

Schmelzfeuerungen Die Feuerraumwände sind aus dichtliegenden, meist verschweißten Rohren aufgebaut, auf die Sicromalstifte von 10 bis 12 mm Länge und 10 mm Durchmesser maschinell geschweißt sind (2000 bis 4000 Stifte/m^2). Sie werden mit SiC-Stampfmasse, die mit V-haltigen Zusätzen beständig gegen Schlacken gemacht ist, dicht ausgestampft. Den Abschluss der Schmelzkammer gegen den Strahlraum bildet ein aus Rohrplatten bestehender „Schlackenfangrost“. Die flüssige Schlacke fließt durch den Schlackenschacht in einen Nassentschlacker, in dem sie granuliert und ausgetragen wird. Trotz verschiedener Vorteile gegenüber Trockenfeuerungen sowie Verbesserungen in der Ausführung und Feuerführung (Vermeiden von Toträumen) tritt Korrosion auf. Der Hauptgrund dafür, dass dieser Feuerungstyp nicht mehr zum Einsatz kommt, sind allerdings die sehr hohen Verbrennungstemperaturen und die damit verbundenen extrem hohen NO_x-Bildungsraten.

Wirbelfeuerungen Diese spezielle Schmelzfeuerungskonstruktion erhöht den Einbindegrad durch Drallbewegung. Das Berühren der Flammen mit der Wand muss durch starke Außenluft verhindert werden. Dazu gehören: *Horizontalzyklon*, *Vertikalzyklon* und *Wirbelschmelzfeuerung mit Deckenbrennern*.

51.5.1.2 Einteilung nach der Brenneranordnungen im Feuerraum

Frontfeuerung Bei ihr sind parallel einblasende Brenner bis zu Kesselleistungen für 300 MW$_{el}$ an einer Wand, bei höherer Leistung an zwei einander gegenüberliegenden Wänden angeordnet. Im ersten Fall kommt es zu einer ungleichmäßigen Beaufschlagung des Feuerraums und zu großen Wirbeln über den Brennern. Beim Einblasen

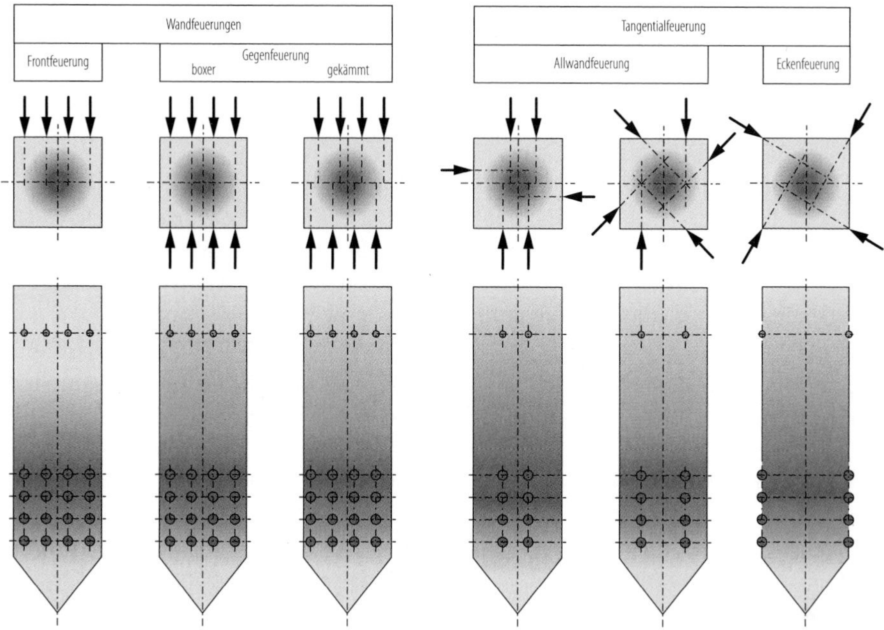

Abb. 51.4 Einteilung von Staubfeuerungen nach der Anordnung der Brenner im Feuerraum

von zwei Wänden aus werden die Brenner meist versetzt (gekämmt) gegeneinander angeordnet, was zu einer besseren Ausfüllung des Feuerraums durch die Flammen und einer gleichmäßigeren Temperaturverteilung führt. Die Frontfeuerung für Steinkohlenfeuerung wird meist mit trockenem Ascheabzug und mit Wirbelbrennern ausgeführt (siehe Abb. 51.4).

Tangentialfeuerung Die Brennerstrahlen werden tangential auf einen Kreis gerichtet, dessen Durchmesser nicht mehr als 10 % der Feuerraumkantenlänge betragen sollte. In der Feuerraumachse entsteht ein Wirbel, der die Verbrennung zwar beschleunigt, aber Luftmangel sowie eine ungleichmäßige Raumausfüllung und Temperaturverteilung verursacht. Die Brenner sind in den vier Ecken (Eckenfeuerung) oder an den vier Seiten (Seitenfeuerung) angeordnet. Verwendet werden Strahlbrenner; bei Steinkohle meist von einer Mühle Staubeinblasung zu jedem Brenner einer Ebene; bei Braunkohle ist jeder Mühle ein Brenner zugeordnet, um kurze Staubleitungen zu erhalten. Hinzu kommt die „Over Fire Air-Technik (OFA)". Sie wird als NO_x-arme Verbrennungstechnik angewendet, indem hierdurch eine gestufte verzögerte Verbrennung eingestellt wird (siehe Abb. 51.4).

Deckenfeuerung Bei der vor allem für Schmelzfeuerungen gebräuchlichen Deckenfeuerung sind in der Feuerraumdecke parallel einblasende Brenner angeordnet. Der erste abwärts durchströmte Feuerraumteil ist gut ausgefüllt, hinter der Umlenkung nach oben entsteht jedoch ein Wirbel, der einen Totraum bildet. Mit dem Einziehen der Rückwand ist seine Unterdrückung möglich.

Brennerbauart der Wirbelbrenner: Deckenfeuerungen kommen auch bei Sonderabfallverbrennungsanlagen für gasförmige und flüssige Brennstoff mit hohem Unverbrennlichem-Anteil zu Einsatz, um Anbackungen in der Brennkammer zu reduzieren.

51.5.1.3 Mahlanlagen

Staubeigenschaften In der Mühle entsteht ein Gemisch mit einer Korngrößenverteilung, die von Null bis zu einem Größtwert (Spritzkorn) reicht. Die Mahlfeinheit wird in einer Siebanalyse durch Prüfsiebung mit Drahtgeweben beurteilt. Als Siebsatz werden Siebe verschiedener Feinheit verwendet. Die Kornfraktion zwischen zwei aufeinander folgenden Siebgrößen wird zum Rückstand auf dem feineren Sieb und ergibt die Verteilungskurve (auf die Einheit des Korndurchmessers bezogen, meist in µm). Für die Summen der Rückstände R in % unterhalb einer Korngröße d, die Rückstandssummenkurve R, gilt häufig die Verteilungsfunktion nach Rosin, Rammler, Sperling und Bennet, die RRSB-Verteilung [8].

$$R = 100 \cdot \exp[-(d/d')^n] \text{ in } \% \qquad (51.9)$$

(d' ein die Feinheit kennzeichnender Durchmesser, n Gleichmäßigkeitskoeffizient).

Je größer n ist, desto gleichmäßiger ist das Gemisch; für $n \rightarrow \infty$ ist nur Korn mit d' vorhanden. Für solche Korngemische genügt die Angabe von zwei Rückstandswerten; dafür wird meist R DIN 200 µm und R DIN 90 µm gewählt, wobei die Zahlen die Maschenweite der Prüfsiebe nach DIN angeben.

Mahlfeinheit Sie ist mit regelbaren Sichtern (Umlenk- oder Zentrifugalsichter) einstellbar. Für einen zufriedenstellenden Ausbrand kann bei Steinkohlen mit höherem Gehalt an flüchtigen Bestandteilen gröber ausgemahlen werden als bei niedrigen, wodurch sich Mahlarbeiten und Verschleiß reduzieren. Bei Kohlen mit niedrigem Gehalt an flüchtigen Bestandteilen ist R DIN 90 µm etwa gleich ihrem Gehalt, bei höherem Gehalt (von 15 % an) etwa 80 % davon. Je nach Mühlenbauart stellt sich R DIN 200 µm bei Feinausmahlung zu etwa 10 %, bei gröberer Ausmahlung zu etwa 20 % von R DIN 90 µm ein. Für Braunkohle kann R DIN 90 µm etwa gleich dem Gehalt an flüchtigen Bestandteilen sein, R DIN 200 µm wird dann etwa 20 bis 40 % davon. Bei sichterloser Mahlung, die aus Kostengründen und bei älteren Anlagen durchgeführt wird, liegen die Werte höher.

Meist wird nicht nur vom Ausbrandverlust ausgegangen, sondern es werden die gesamten Mahlkosten, die sich aus den Kosten für Ausbrandverlust, Energieverbrauch und Verschleiß zusammensetzen, optimiert. Mit gröberer Ausmahlung steigen die Ausbrandverlustkosten, während die Energie- und besonders stark die Verschleißkosten sinken.

Spezifische Mahlarbeit Sie wird auf das Gewicht der Kohle bezogen (z. B. kWh/t) und hängt für eine bestimmte Mühlenbauart von der Mahlfeinheit und der Kohlenmahlbarkeit ab. Je feiner gemahlen wird, desto größer ist die Zerkleinerungsarbeit, die etwa proportional der spezifischen Oberfläche ist. Die Mahlbarkeit wird als eine empirisch, mittels eines von Hardgrove angegebenen Referenzmahlverfahrens ermittelte Zahl im Vergleich zu einer Normkohle angegeben. Je höher die Hardgrove-Zahl ist, desto besser ist die Mahlbarkeit. Für Kohlen liegt sie zwischen 50 und 110 H. Leistungsangaben für Mühlen, d. h. maximaler Durchsatz bei gegebener Antriebsleistung, beziehen sich immer auf eine bestimmte Mahlfeinheit und Mahlbarkeit (z. B. 60 H, 35 % R DIN 90 µm).

Mühlenverschleiß Er ist auf das Gewicht der Kohle bezogen (z. B. g/t) und hängt außer von der Mahlbarkeit und Feinheit auch von der Art der Beimengungen ab. Besonders verschleißend wirken Pyrit (Härte 9) und Quarz (Härte 7).

Mahltrocknung Beim Mahlen ist der größte Teil der Kohlefeuchtigkeit zu verdampfen, da die Mühle sich sonst zusetzen würde. Für diese Mahltrocknung muss die mit Heißluft oder Rauchgasen zugeführte Wärme die Verdampfungswärme, die Aufwärmung der Trockensubstanz und der Restfeuchtigkeit auf Sichtertemperatur (das ist die Temperatur, mit der das Gemisch die Mühle verlässt), sowie die Strahlungsverluste decken. Der Mühlenluftstrom bei Heißlufttrocknung soll möglichst klein sein (15 bis 20 % des Gesamtluftstroms), damit bei allen Lasten genügend Sekundärluft vorhanden ist. Die Geschwindigkeit in den Staubleitungen soll 18 m/s wegen der Ablagerung nicht unterschreiten und 24 m/s wegen des Verschleißes nicht überschreiten. Die Staubbeladung der Tragluft liegt zwischen 200 und 500 g/m^3, bezogen auf Trockenkohle und Sichterzustand. Dadurch ist das Heißluftvolumen gegeben.

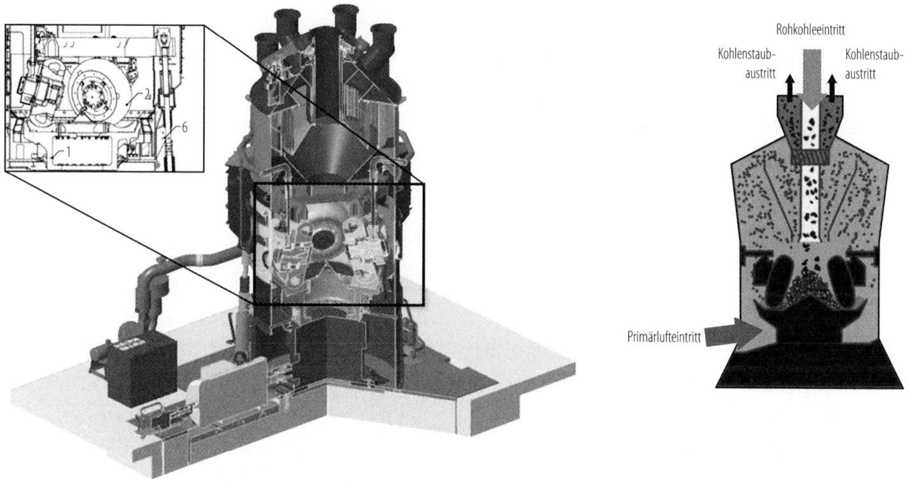

Abb. 51.5 MPS-Walzenringmühle. (Quelle: MHPSE [B1])

Sichtertemperatur Sie soll wegen der Zündung so hoch wie möglich liegen: bei Magerkohle 150 °C, Gaskohle 110 °C, Rohbraunkohle mit Rauchgastrocknung 170 °C. Die Strahlungswärme ist durch Wärmedämmung der Mühle auf höchstens 10 % der der Mühle zugeführten Wärme zu begrenzen. Die Mahltrocknungs-Rechnung ergibt meist, dass die Heißlufttemperatur nur bis zu einer Rohkohlenfeuchte von 12 bis 15 % ausreicht, darüber ist Rauchgas aus dem Feuerraum zur Trocknung auszuführen.

Mühlenbauarten Nach der Art der zerkleinerten Kraft unterscheidet man bei Kohlemühlen nach [8]:

- Reib- und Wälzmühle (Walzenmühle, Walzenringmühle u. a.),
- Schlag- und Prallmühle (Fliehkraft- oder Schlagradmühle) und
- Mahlkörpermühlen (Kugelmühle, Rohrmühle u. a.)

Walzenmühle Bei ihnen zerquetschen Rollkörper wie Kollergänge die Kohle. Es gibt zwei Bauarten:

- mit einem angetriebenen Teller oder einer Schüssel gegen die auf einer feststehenden Achse laufende Walzen von Fremdkraft (Feder oder Hydraulik) gepresst werden (*Walzenmühle*),
- mit zwei Ringen, von denen der obere mit Fremdkraft angedrückt und durch Anschläge gegen Mitnehmen gesichert ist und der untere angetrieben wird, zwischen denen Kugeln oder Walzen freibeweglich oder wie bei den Walzenmühlen beschrieben laufen (*Kugel-* und *Walzenringmühlen*), Abb. 51.5. Die Kohle wird durch ein Zentralrohr von oben zugeführt, das auch in der Achse des über der Mühle angeordneten Fliehkraftsichters sitzt. Die Tragluft wird durch ein vor der Mühle angeordnetes Gebläse gefördert. Dadurch wird zwar mehr Antriebsleistung benötigt als bei einer Anordnung hinter der Mühle, aber man vermeidet staubbedingten Verschleiß. Die Mühle arbeitet dadurch im Überdruck. Die Luft wird mit großer Geschwindigkeit durch einen Ringspalt oder durch Düsen am Umfang der Mahlbahn von unten eingeblasen und nimmt dabei die gemahlene Kohle zum Sichter mit. Dadurch entsteht in Mühle und Sichter ein gesamter Druckverlust von 30 bis 60 mbar. Wegen der ungünstigen Stoffaustauschbedingungen für die Mahltrocknung sind diese Mühlen nur für Brennstoffe mit bis zu 25 % Feuchtigkeit geeignet.

Fliehkraft- oder Schlagradmühle Rotierende Teile schleudern die Kohle gegen feste Wände, wobei sowohl am Rotor als auch an der Wand Zerkleinern durch Aufprall erfolgt. Wegen der guten Wärme- und Stoffübertragung sind diese Mühlen beim Mahlvorgang auch für sehr feuchte Brennstoffe geeignet (Rohbraunkohle). Die Förderwirkung des Rotors erübrigt meist ein Mühlengebläse. Daher wird dieser Mühlentyp auch als Ventilatormühle bezeichnet. Bei hohem Sandgehalt der Rohbraunkohle erhalten die Mühlen keinen Sichter, um den Verschleiß niedrig zu halten.

Rohr- oder Kugelmühle Hier zerschlagen herabfallende Körper die Kohle. Schwerkraftmühlen dienen bei Dampferzeugern als Mahlanlagen für die gesamte Anlage (häufig mit Zwischenbunkerung). Die Rohrmühle besteht deshalb aus einer rotierenden Trommel (für Kohlenmahlung 18 bis $28\,\mathrm{min}^{-1}$, bis 7,5 m lang, bis 4 m Durchmesser), deren Füllung aus Stahlkugeln beim Drehen der Trommel von der Innenpanzerung mitgenommen wird und beim Herunterfallen die Kohle zerschlägt.

51.5.1.4 Brenner und Feuerraum

Aufgabe des Brenners ist es, Staubgemisch und Sekundärluft so in den Feuerraum einzubringen, dass beide gut gemischt und das Gemisch schnell gezündet wird. Die Brenner sind so anzuordnen, dass der Feuerraum möglichst vollständig – ohne Toträume und Wirbel – ausgefüllt wird. Die Mischung erfolgt am Brenneraustritt durch Fliehkraft beim Wirbelbrenner oder durch Freistrahlen unterschiedlicher Geschwindigkeit im Verlauf des Brennwegs beim Strahlbrenner. Wirbelbrenner finden vor allem für Steinkohle Anwendung (siehe Abb. 51.6), Strahlbrenner für Braunkohle. Durch die Forderung nach NO_x-armer Verbrennung und der damit verbundene Anstieg der Feuerungsverluste bzw. des C-Gehalts in der Flugasche wird die Verweilzeit des Kokskorns bei hoher Temperatur entscheidend für die Brennergestaltung und die Feuerraumauslegung (Abschn. 51.1.2).

Zünd- und Stützeinrichtung für Kohlenstaubbrenner

Grundsätzlich ist bei der Funktion der Zündeinrichtung zu unterscheiden zwischen dem Start einer Feuerung und dem Zuschalten von weiteren Brennern z. B. zur Leistungssteigerung der Feuerung.

Generell erfolgt mit der Zündeinrichtung die sichere Zündung des durch den Brenner eingeblasenen Kohlenstaubs. Dem Stand der Technik folgend geschieht diese mit Gas oder Öl als Hilfsbrennstoff. Die Initialzündung erfolgt mittels elektrischer Hochspannungs- oder Hochenergiezünder. Die nun in Betrieb befindliche Gas- oder Ölflamme heizt den Brennermund und den Feuerraum auf und sorgt nach Freigabe der Kohlenstaubzufuhr für eine Durchzündung des Kohlenstaubs und zur Ausbildung einer sicher brennenden Kohlenstaubflamme, die mittels eines Flammenwächters überwacht wird. Die Zündfeuerung muss so lange in Betrieb sein, bis die Kohlenstaubflamme selbsterhaltend brennt, was wiederum mittels des Flammenwächters detektiert werden kann.

Da die Hilfsbrennstoffe Gas und Öl gegenüber Kohle wesentlich teurer sind, besteht in neuerer Zeit das Bestreben, diese durch Kohlenstaub zu

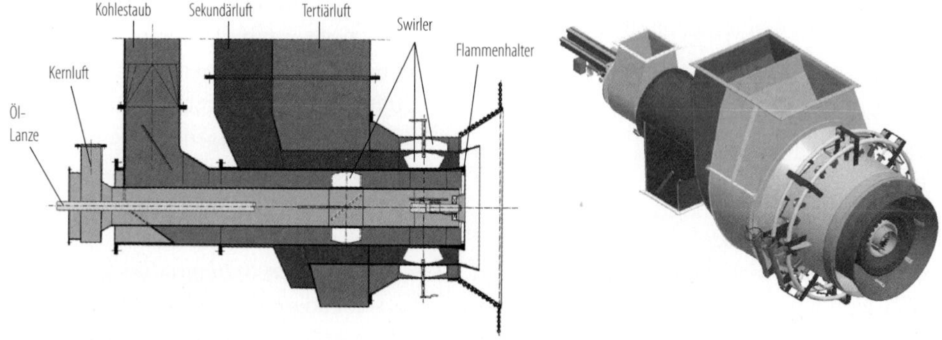

Abb. 51.6 Kohlenstaubbrenner, Bauart DS®. (Quelle: MHPSE [B1])

ersetzen. Hierfür wird z. B. die Kohlenstaubdüse elektrisch beheizt und das Gemisch am Düsenmund gezündet. Diese Variante kommt nur dann in Frage, wenn bereits andere Brenner in Betrieb sind (Leistungssteigerung). Zum initialen Anfahren kann ein fein ausgemahlener Anfahrstaub verwendet werden, der wiederum gas- oder ölelektrisch gezündet wird. Soll auf Hilfsbrennstoffe ganz verzichtet werden, kann mit einem Hochtemperaturplasmabrenner gearbeitet werden.

51.5.1.5 Zubehör für Feuerungen fester Brennstoffe

Bekohlung Die Kohle wird vom Bahnwaggon oder vom Schiff mit Portalkränen oder fahrbaren Förderbändern auf das Kohlelager übernommen, hier mit Motorschiebern gestapelt und festgewalzt, um Selbstzündung zu verhindern (Schichthöhe ca. 10 m). Zur Vermeidung von Staub- und Geräusch-Emissionen werden geschlossene Systeme mit vollständiger Abdeckung des Kohlelagers (z. B. KW Duisburg-Walsum) oder unterirdisch eingesetzt.

Oberhalb der Kesselbunker wird die Kohle vom Förderband auf ein verfahrbares, reversierbares Band gegeben, das sie auf die einzelnen Kesselbunker verteilt. Auf dem Förderband wird sie oft mittels Bandwaagen gewogen, bei kleineren Anlagen (Rostkessel) unterhalb des Bunkerauslaufs mit Kippwaagen. Den Mühlen wird die Kohle mittels Plattenband- oder Trogkettenförderer zugeteilt. Sie müssen so gebaut sein, dass weder ein Durchschießen der Kohle noch Verstopfungen (bei feuchter Kohle) möglich sind. Schräge Abwurfkanten führen zu einer kontinuierlichen Zuteilung. Die aus Stahl oder Beton hergestellten Bunker enthalten bei Großanlagen nur für wenige Stunden Vorrat (Tagesverbrauch). Da bei feuchter Kohle Schwierigkeiten aufgrund von Brückenbildung zu befürchten sind, sollen die Seitenwände unterschiedliche Neigungen haben (nicht unter 75°).

Ascheaustrag Der Austrag der Brennstoffasche wird mit Bändern vorgenommen, bei Tiefbunkern auch mit Plattenbändern, Pendelbecherwerken oder ähnlichem (für große Leistungen mit Schaufelförderern in Verbindung mit Förderbändern).

Entaschung und Ascheverwertung Größere Schlackenstücke aus dem Feuerraum werden mit Brechern zerkleinert und in Wasser abgekühlt. Geschmolzene Schlacke aus Schmelzfeuerungen wird in einem großen Wasserbad granuliert. Die Schlacke wird dann von Entschlackern ausgetragen. Kratzentschlacker bestehen aus zwei an den Seiten über Zahnräder umlaufende Ketten, zwischen denen Kratzeisen befestigt sind. Plattenband hat den Vorteil, auf der ganzen Fläche auszutragen und damit größere Förderleistungen zu bringen. Bei der Spülentaschung wird die Schlacke in einem starken Wasserstrom granuliert und in ein Absetzbecken gefördert, wobei das Wasser im Kreislauf gefahren wird. Zur Rückführung des Flugstaubs (s. Schmelzfeuerungen) dienen pneumatische Systeme. In unter 5° geneigten Förderrinnen wird der Staub mit geringen Luftmengen von 50 mbar Druck fluidisiert und mittels Düsen und Pressluft von 0,5 bis 0,8 bar gefördert. Bei trockenen Staubfeuerungen wird die Flugasche meist nicht zurückgeführt, sondern durch Spülentaschungen in Absetzbecken gefördert und die abgesetzte Flugasche abtransportiert. Eine Verwertung durch Sintern im Schachtofen ist möglich, wenn der Anteil an Verbrennlichem nicht über 3 bzw. 5 % liegt. So dienen Schlackenstücke als Zuschlag zu Beton; unter Zusatz von Zement werden auch Gasbetonsteine daraus hergestellt.

51.5.1.6 Ausgeführte Kohlenstaubfeuerungen

Da der Feuerraum einen großen Teil des Dampferzeugers einnimmt, bestimmt die Wahl der Feuerung weitgehend die Konstruktion des Dampferzeugers. Durch die starke Importabhängigkeit wird das Kohleband immer breiter und damit steigt die Anforderung an die Feuerungen.

Tab. 51.2 zeigt einige charakteristische Prozessgrößen für Stein- und Braunkohle-Staubfeuerungen. Sie dienen lediglich zur Einordnung und sind nicht für eine Auslegung geeignet.

Die Abb. 51.7 und Abb. 51.8 zeigen ausgeführte Dampferzeuger für Stein- und Braunkohle. Darin sind jeweils links die Feuerungen

Tab. 51.2 Charakteristische Prozessparameter für Stein- und Braunkohle-Staubfeuerungen

	Steinkohle		Braunkohle
	trockener Ascheabzug	schmelzflüssiger Schlackeabzug	
Verbrennungs-temperaturen in °C	**1.100 – 1.500**	**1.300 – 1.600**	**1.100 – 1.300**
Feuerraumend-temperatur in °C	**1.000 – 1.150**	**1.050 – 1.250**	**950 – 1.150**
Gasgeschwindigkeit im Feuerraum in m/s	**5 – 10**	**5 – 10**	**4 – 8**
Verweilzeit des Gase im Feuerraum in s	**1 – 3**	**1 – 3**	**1 – 3**
Verweilzeit des Brennstoff im Feuerraum in s	**1 – 3**	**1 – 3**	**1 – 3**
Luftzahl in -	**1,13 – 1,3**	**1,15 – 1,3**	**1,2 – 1,5**
Feuerungswirkungsgrad in %	**96 – 99**	**98 – 99,9**	**96 – 99**

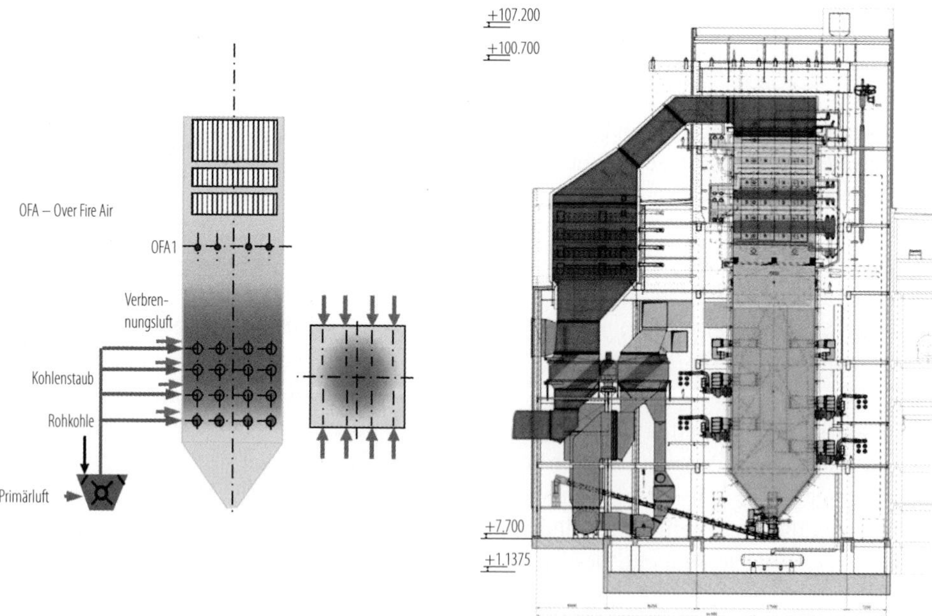

Abb. 51.7 Dampferzeuger mit Steinkohlefeuerung. (Quelle (Bild *rechts*): MHPSE [B1])

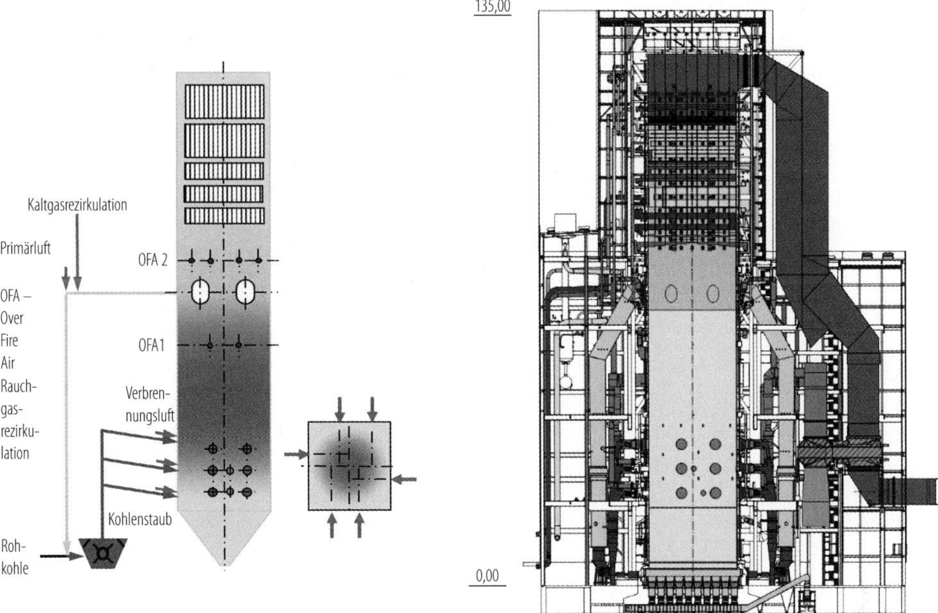

Abb. 51.8 Dampferzeuger mit Braunkohlefeuerung. (Quelle (Bild *rechts*): MHPSE [B1])

und die Anordnung der Brenner stilisiert und auf der rechten Seite ein Vertikalschnitt durch den Dampferzeuger und die Feuerung dargestellt. Mit einer Gesamthöhe des Kessels von ca. 100 m (Steinkohle-Anlage Moorburg) und 135 m (Braunkohle-Anlage Boxberg) wird auch die Dimension des Feuerraums offensichtlich. Die beiden Anlagen haben elektrische Leistungen von ca. 820 bzw. 670 MW_{el}. Bedingt durch den deutlich niedrigeren Heizwert der hierbei eingesetzten Braunkohle gegenüber der Steinkohle ergibt sich bei der Braunkohleanlage der deutlich voluminösere Feuerraum und damit auch der höhere Dampferzeuger.

51.5.2 Wirbelschichtfeuerung

Der Begriff „Wirbelschicht" geht auf ein Verfahren von Winkler zur Synthesegaserzeugung aus Braunkohle zurück. Der Anwendungsbereich einer Wirbelschichtfeuerung liegt zwischen der Rost- und der Staubfeuerung (Abschn. 51.1.2).

Eine Übersicht der einzelnen Wirbelschichtprinzipien zeigt Abb. 51.9.

Die *stationäre Wirbelschichtfeuerung* arbeitet mit Rauchgasgeschwindigkeiten von 1,5 bis 3 m/s, sodass ein Austragen von Asche weitgehend vermieden wird. Die Wärmeabfuhr aus dem Wirbelbett erfolgt durch Tauchheizflächen bei 850 °C. Dieses Prinzip gilt auch für die druckbetriebene Ausführung, wobei sich sie spezifische thermische Wirbelbettbelastung etwa proportional mit dem Rauchgasdruck erhöht. Bei der atmo-

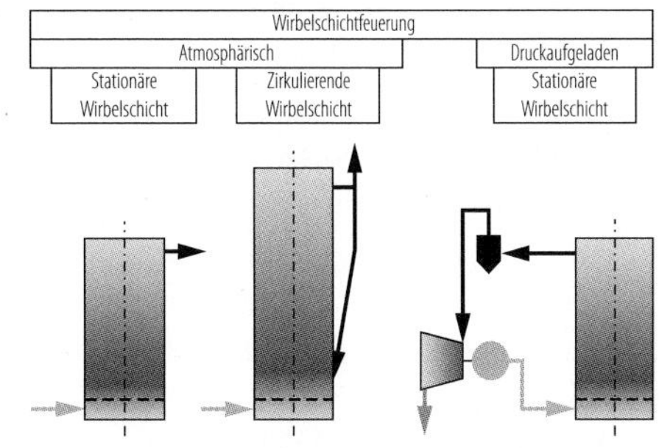

Abb. 51.9 Einteilung von Wirbelschichtfeuerungen

Tab. 51.3 Charakteristische Prozessparameter für Wirbelschichtfeuerungen

	Atmosphärisch		Druckaufgeladen
	Stationäre Wirbelschicht	Zirkulierende Wirbelschicht	Stationäre Wirbelschicht
Verbrennungstemperaturen in °C	**750 – 1.050**	**750 – 950**	**750 – 950**
Feuerraumendtemperatur in °C	**750 – 1.050**	**750 – 950**	**750 – 950**
Gasgeschwindigkeit im Feuerraum in m/s	**0,5 – 5**	**5 – 8**	**0,5 – 3**
Verweilzeit des Gase im Feuerraum in s	**1 – 3**	**0,5 – 6**	**3 – 8**
Verweilzeit des Brennstoff im Feuerraum in s	**1.000 – 10.000**	**500 – 1.000**	**80 – 400**
Luftzahl in -	**1,2 – 1,4**	**1,12 – 1,3**	**1,2 – 1,5**
Feuerungswirkungsgrad in %	**92 – 95**	**98 – 99**	**95 – 99**

sphärischen Ausführung wird anschließend die Temperatur mit Konvektionsheizflächen auf etwa 350 °C abgebaut (Abb. 51.9); bei der druckbetriebenen Anlage geschieht das in der Gasturbine. Die stationäre Wirbelschichtfeuerung kann jedoch aufgrund der großen Wirbelbettfläche und der damit verbundenen Mischungs- und Konstruktionsprobleme nur schwer in den Bereich einer Feuerungswärmeleistung oberhalb 100 MW vorstoßen. Außerdem bereitet die Einhaltung des NO_X-Grenzwerts von 200 mg/m^3 Schwierigkeiten.

Die *zirkulierende Wirbelschicht* hat ihren Vorteil bei der Verbrennung von verschiedenen Kohlegemischen und Biomassen. Durch die Integration der Rauchgasentschwefelung und Entstickung durch Kalksteinzugabe in die Brennkammer und aufgrund der niedrigen Verbrennungstemperatur (ca. 850 °C) und gestufter Luftzufuhr im Feuerungsprozess, hat diese Technik wieder ein Anwendungsgebiet erfahren. Bei der zirkulierenden Wirbelschichtfeuerung ist die Rauchgasgeschwindigkeit mit 5 bis 8 m/s so hoch, dass der größte Teil der Asche ausgetragen wird. Die Asche wird in einem Zyklon abgeschieden und in die Brennkammer zurückgeführt. Die Wärmezufuhr aus der Brennkammer erfolgt bei 850 °C durch Wand- und Schottenheizflächen und durch Rauchgasrezirkulation sowie in einigen Fällen durch Aufheizung der rezirkulierenden Asche. Besondere Eigenschaften dieses Prinzips sind die hohe spezifische Wirbelbettbelastung, die niedrige NO_X-Emission aufgrund der gestuften Luftzufuhr sowie die langen Reaktionszeiten der einzelnen Reaktionspartner mit der Folge eines guten Ausbrands und eines hohen Schwefeleinbindungsgrads.

Wirbelschichtkessel Abb. 51.10 Wirbelschichtfeuerung und Dampferzeuger stellen eine Weiterentwicklung der Anlagen mit Kohlenstaubbrenner in Duisburg und Flensburg dar.

Die wesentlichen Maßnahmen sind:

- die Wirbelkammer wird nicht mehr ausgemauert, sondern erhält eine Wandberohrung, die als Verdampferheizfläche geschaltet ist. Auf eine eingehängte Heizfläche wird wegen der Kosionsgefährdung verzichtet. Der untere Teil der Wirbelkammer ist gestampft, um

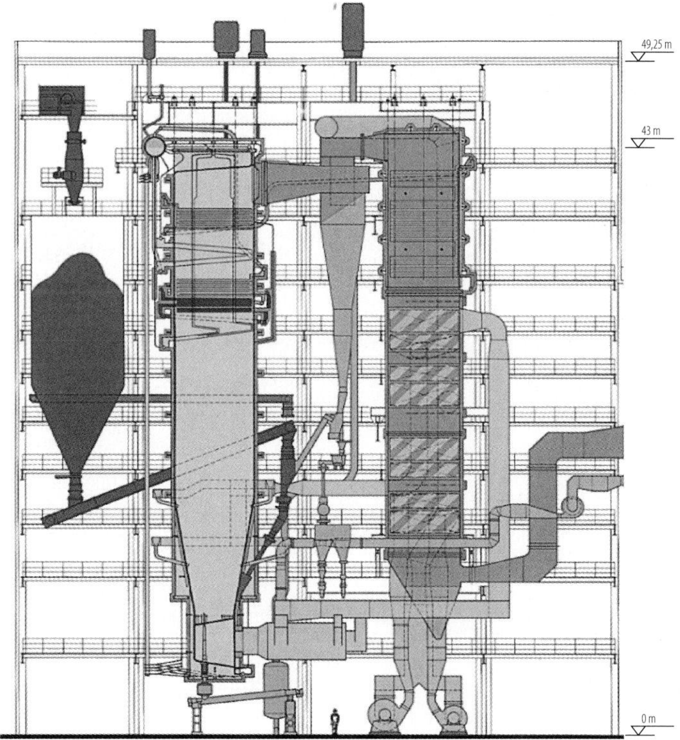

Abb. 51.10 Wirbelschicht-Dampferzeuger, Längsschnitt. (Quelle: MHPSE [B1])

Korrosionen im Bereich der reduzierenden Atmosphäre (zwischen Primär- und Sekundärlufteinführung) zu verhindern;

- die Rückführzyklone und die außenliegenden Heizflächen (Fließbettkühler) erhalten ebenfalls eine Wandberohrung;
- die Heizfläche für den Zwischenüberhitzer wird aufgeteilt in Fließbettkühler und Nachschaltheizfläche;
- die Brennstoffaufgabe wird an vier Stellen realisiert.

Mit diesen Maßnahmen wird eine drastische Verringerung der Anfahrzeit aus dem kalten Zustand erreicht und eine höhere Verfügbarkeit erreicht. Außerdem werden Regelgüte und Laständerungsgeschwindigkeit verbessert. Die Aufteilung der Zwischenüberhitzer-Heizfläche hat das Ziel, bei einer Störung im Ascheumlauf eine unzulässige Senkung der ZÜ-Temperatur zu vermeiden, d. h. den Schnellschluss der Turbine auszuschließen.

51.5.3 Rostfeuerungen

In Rostfeuerungen wird der Brennstoff meist im Anlieferungszustand verbrannt. Sie decken den kleineren und mittleren Leistungsbereich ab und unterscheiden sich, abhängig vom Brennstoff, nach der Bauart des Rostes und der geometrischen Gestaltung des Feuerraums. Anwendung finden sie in kleineren Industrie- und Heizwerken sowie in thermischen Abfallbehandlungsanlagen.

Auf dem Rost ablaufende Prozesse Auf dem Verbrennungsrost laufen vom Eintritt des Brennstoffs auf den Rost bis zum Abwurf der Asche am Ende des Rostes die folgenden physikalisch/chemischen Prozesse ab:

- Trocknung des Brennstoffs z. B. bei Abfall und feuchter Biomasse,
- Vergasung eines Teils des Brennstoffs,
- Verbrennung des übrigen Brennstoffs (Hauptverbrennungszone) und

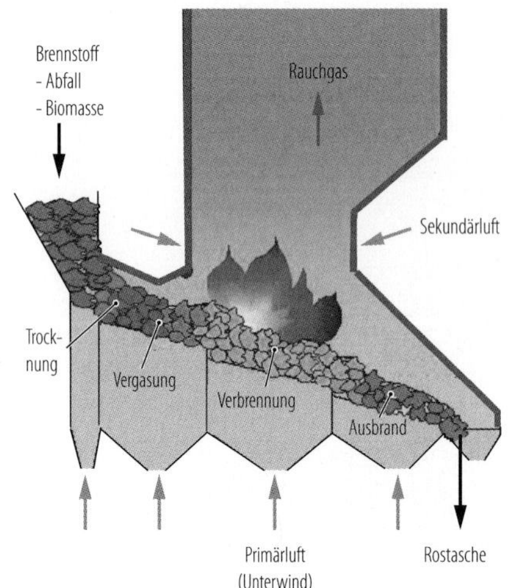

Abb. 51.11 Auf dem Rost einer Abfall-/Biomasseverbrennungsanlage ablaufende Prozesse

- Ausbrand von evtl. noch vorhandenem Unverbranntem.

Da für jeden dieser Prozesse eine individuelle Luftmenge notwendig ist, wird die Primärluft (Unterwind) in typischerweise vier Zonen geregelt aufgeteilt (Abb. 51.11).

Zur Reduzierung der Stickoxidbildung werden etwa nur 60 bis 80 % der gesamt zugeführten Verbrennungsluft als Unterwind durch den Verbrennungsrost zugegeben. Die restlichen 20 bis 40 % werden über die Sekundärlufteindüsung eingebracht, um so zwischen den Hauptverbrennungszone über dem Rost und der Sekundärlufteindüseebene (Abb. 51.13) eine reduzierende Zone einzustellen, in der bereits gebildetes NO_x wieder zu N_2 reduziert werden kann.

Kenngrößen

Gesamte Rostfläche A_R A_R wird zwischen Schichtregler, seitlicher Begrenzung und Abwurf bzw. Ausbrennrost gemessen.

Freie Rostfläche Sie ist die Summe aller Luftdurchtrittsöffnungen im Rostbelag. Je nach Körnung des Brennstoffs und der entsprechenden Spaltweite beträgt sie bei Planrosten 15 bis 35 % von A_R, bei Vorschubrosten 10 bis 20 % von A_R, bei Zonenwanderrosten 3 bis 10 % von A_R.

Rostbelastung $\dot{q}_B$ $\dot{q}_B = \dot{m}_B/A_B$ ist der je Einheit der gesamten Rostfläche verbrannte Brennstoffstrom.

Rostwärmebelastung $\dot{q}_R$ Eindeutiger, da von der Brennstoffsorte unabhängig, ist die Rostwärmebelastung. $\dot{q}_R = \dot{m}_B H_i/A_R$ ist der je Einheit der gesamten Rostfläche entbundene Wärmestrom. Die zulässige Belastung hängt von den Brennstoffeigenschaften, der Luftvorwärmung, der Wirbelluftzufuhr, der Flugstaub-Rückführung und des zugelassenen Ausbrandverlusts ab.

Die Betriebseckpunkte einer solchen Anlage können im Feuerungsleistungsdiagramm FLD (Abb. 51.12) verfolgt werden.

Die Zustände 1 bis 5 des FLD beschreiben den Regelbetrieb mit seinen limitierenden Zuständen:

1. Ist der „MCR" (maximum continuous rate), also der maximal im Dauerbetrieb erreichbare Brennstoffdurchsatz bei der maximale Auslegungsdampfmenge für den Auslegungsheizwert H_i (hier 10 000 kJ/kg).
2. Für steigenden Heizwert (hier 15 000 kJ/kg) nimmt der Brennstoffdurchsatz bei gleichem thermischen Eintrag ab, da die maximale Dampfleistung nicht dauerhaft überschritten werden darf.
3. Der Brennstoffdurchsatz kann noch weiter abgesenkt werden, aber nur bis zu dem Punkt, an dem sich nicht mehr genügend Brennstoff auf dem Rost befindet, um diesen vor einer thermischen Überlastung (Überhitzung) zu schützen.
4. Dieser Punkt ist gegeben durch die Minimallast des Dampferzeugers.
5. Hier wird der minimal zulässige Heizwert erreicht (hier 7000 kJ/kg).

Die Punkte 1., 2. und 5. können nur kurzfristig durch Überschreiten des maximale Brennstoffdurchsatzes und/oder Überschreiten der maximalen Dampfmenge angefahren werden. Sie sind nicht für einen Dauerbetrieb zulässig.

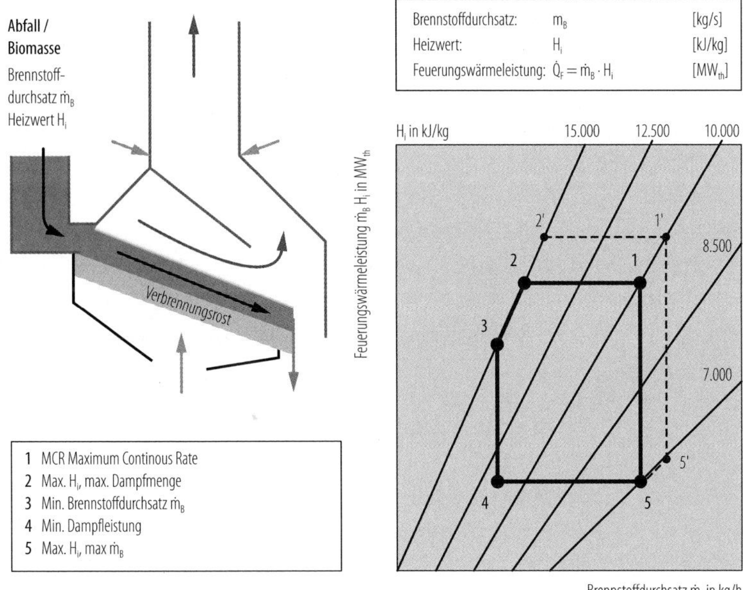

Abb. 51.12 Feuerungsleistungsdiagramm FLD für eine Rostfeuerung

51.5.3.1 Einteilung nach der Rostfeuerungsbauart

Sie unterscheiden sich bezüglich des Prinzips des Brennstofftransports in der Feuerung und sind dementsprechend jeweils für besondere Brennstoffsorten geeignet. Grundsätzlich kann unterschieden werden in:

- Planrost (Festrost)
- Wanderrost
- Walzenrost
- Vorschubrost
- Rückschubrost

Bevorzugt werden die drei letztgenannten Bauarten eingesetzt, deren grundsätzlicher Aufbau aus Abb. 51.13 zu ersehen ist.

Planrost Er hat meist Wurfbeschickung, ist für eine nicht automatische Entschlackung konzipiert und wird nur für Innenfeuerung von Flammenrohrkesseln verwendet. Der Wurfbeschicker wirft mit Federkraft in einstellbaren Zeitabständen Brennstoffportionen mit einstellbarer Wurfweite. Zur Verhinderung von Rußbildung ist zusätzliche Wirbelluft nützlich. Die maximale Leistung beträgt 3,5 MW bzw. 1,5 kg/s Dampf.

Wanderrost Er besteht aus einem endlosen Band, das aus Roststäben mit Luftschlitzen aufgebaut ist. Dieses läuft über zwei Wellen. Hierdurch wird die Kohle durch den Feuerraum transportiert und die Schlacke am Ende abgeworfen. Zwischen dem oberen und dem unteren Rostband sind Zonen-Luftkasten eingebaut, mit denen die Luft von der Seite steuerbar in die einzelnen Zonenkästen zugeführt wird (bis acht Zonen), wodurch man die Luft entsprechend dem Abbrand über die Länge verteilt unter den Rostbelag zuführen kann. $\dot{q}_R = 0{,}8 - 1{,}2\,\text{MJ/(m}^2\text{s)}$

Walzenrost Er ist speziell für die Abfallverbrennung entwickelt worden, bei der die Schicht immer wieder gewendet werden muss, damit bereits gezündete Teile in den noch nicht gezündeten Brennstoff kommen und so die Durchzündung beschleunigen. Dies wird beim Übergang von einer Walze auf die nächste erreicht, Abb. 51.13. Der Verbrennungsrost hat eine Neigung von ca. 30° und besteht aus sechs hintereinander liegenden Walzen von ca. 5,5 m Länge mit einem Durchmesser von ca. 1,50 m. Durch die langsame, regelbare Drehbewegung der Walzen wandert der Abfall nach unten und verbrennt auf diesem Wege. Am Ende des Rostes fällt der

51

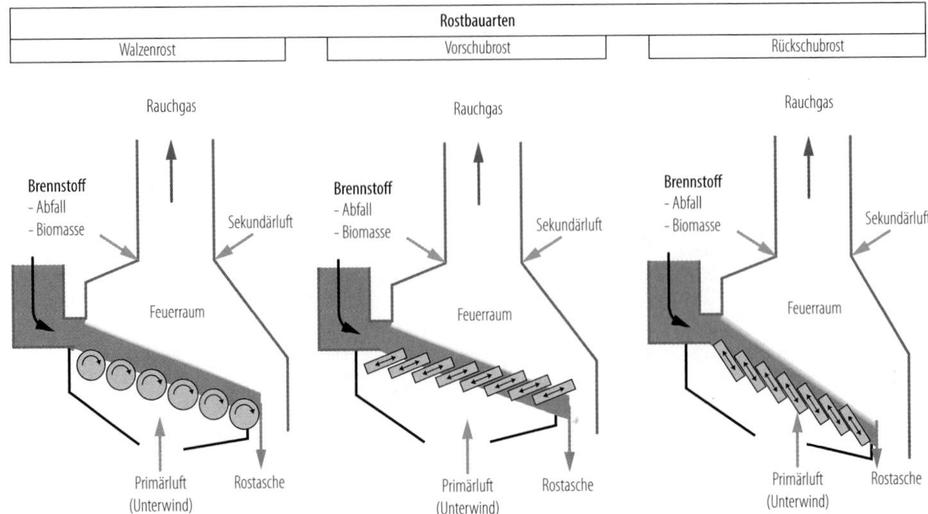

Abb. 51.13 Rostfeuerungsbauarten bei Abfall-/Biomasseverbrennungsanlagen

ausgebrannte Abfall als Schlacke in ein Wasserbad, wird über Presskolbenentschlacker entwässert und dann mittels Schwingrinnen in den Rostaschebunker gefördert. Von hier aus erfolgt anschließend der Abtransport per Lkw.

Vorschubrost Er ist 10 bis 20° geneigt und besteht aus festen und beweglichen Stufen im Wechsel. Die beweglichen Stufen werden mit veränderlicher Hubzahl vor und zurück geschoben, wodurch der Brennstoff transportiert und durchmischt wird; gleichzeitig wird hierdurch die Schlacken aufgebrochen.

Rückschubrost Auch er besteht – wie beim Vorschubrost – aus festen und beweglichen Stufen im Wechsel, die sich aber entgegen der Brennstofftransportrichtung bewegen. Daher muss die Rostbahn stärker gegen die Horizontale geneigt sein, um den Brennstoff zu transportieren. Die Misch- bzw. Schürwirkung dieses Rosttyps ist intensiver als die des Vorschubrostes, wodurch er sich besonders für stärker backende Abfälle eignet.

Bei allen Rostverbrennungsanlagen für Abfälle wird die Verbrennungsluft durch Gebläse aus der Entladehalle über den Müllbunker angesaugt und der Feuerung zugeführt. Diese Art der Luftförderung bewirkt in der Entladehalle eine weitgehend staub- und geruchsfreie Atmosphäre.

51.5.3.2 Einteilung nach der Feuerraumgeometrie

Rostfeuerungen können auch nach der Feuerraumgeometrie eingeteilt werden. Dabei gibt es mehr oder weniger geeignete Kombinationen von Rosttyp und Feuerraumgeometrie.

In Abb. 51.14 sind die drei Grundtypen zusammengestellt:

- Gleichstromfeuerung
- Gegenstromfeuerung
- Mittelstromfeuerung

Der Name ergibt sich aus dem Bezug zwischen dem Transport des Brennstoffs und der Strömungsrichtung der Verbrennungsgase in Feuerraum. Bei der Gleichstromfeuerung wird erzwungen, dass Pyrolysegase, die in der Trocknungszone freigesetzt werden, sicher ausgebrannt werden, da sie durch die Hauptverbrennungszone geführt werden. Bei der Gegenstromfeuerung ist der Energietransport aus der Hauptverbrennungszone in die Entgasungszone sichergestellt. Die Mittelstromfeuerung stellt einen Kompromiss zwischen den beiden anderen Geometrietypen dar.

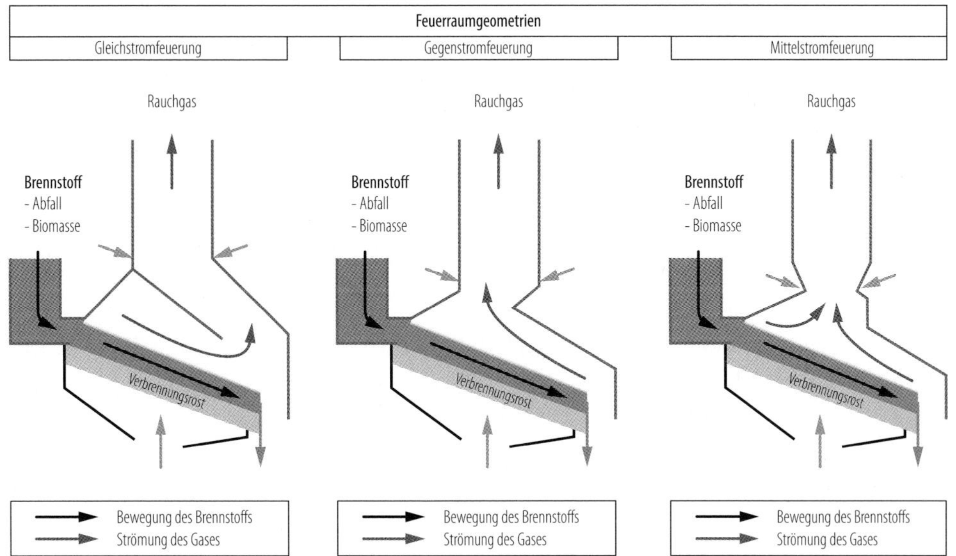

Abb. 51.14 Feuerraumgeometrien bei Abfall-/Biomasseverbrennungsanlagen

Abb. 51.15 zeigt das Schnittbild eines Dampferzeugers für eine thermische Biomasseverbrennungsanlage. Es handelt sich dabei um einen Vorschubrost mit Gegenstromfeuerung.

Die bei der Verbrennung entstehenden Rauchgase haben unmittelbar über dem Rost eine Temperatur von ca. 1050 °C. Sie geben ihre Wärme in den drei Kesselzügen an die Heizflächen und die

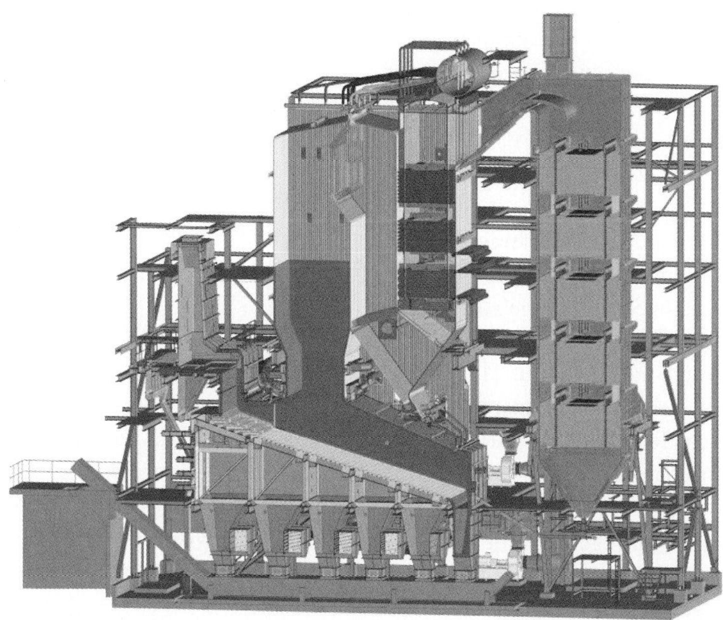

Abb. 51.15 Dampferzeuger mit Rostfeuerung einer Biomasseverbrennungsanlage. (Quelle: Bertsch Energy [B2])

in diesen strömenden Medien Wasser und Dampf ab und kühlen sich dabei auf ca. 200 bis 230 °C ab.

51.6 Allgemeines Feuerungszubehör

51.6.1 Gebläse

Luft wird als Verbrennungs-, Wirbel- (bei Rostfeuerungen), Heiß- (für Mühlen) und Förderluft (für Kohlen und Flugstaub) benötigt. Verbrennungsgase werden als Rückführ- (für Regelung) und Abgas gefördert. Diese verschiedenartigen Zwecke führen zu sehr unterschiedlichen Auslegungsbedingungen.

Bauarten Radialgebläse werden bei kleineren Leistungen (Wirkungsgrad bis 85 %), Axialgebläse für größere Leistungen (Wirkungsgrad über 90 %) verwendet. Hochfrequente Schallemissionen und stärkerer Verschleiß sind die Nachteile des Axiallüfters, deshalb sind Schalldämpfer in der Saugleitung (bei Frischlüfter) bzw. vor dem Schornstein (bei Saugzug) nötig und mit Leistungsverlusten verbunden.

Antriebsleistung Sie beträgt an der Gebläsewelle:

$$P = \dot{V}_P \cdot T \cdot \Delta_p / (T_0 \cdot \eta) \tag{51.10}$$

($\dot{V}_P$ Förderstrom, Δ_p Druckdifferenz, η Wirkungsgrad, T Gastemperatur, $T_0 = 273\,\mathrm{K}$).

Da die Gebläse für Spitzenbetrieb und aus Regelungsgründen im Förderstrom um etwa 10 %, also in der Förderhöhe um etwa 21 %, größer ausgelegt werden, arbeiten sie meist im Teillastbereich. Eine gute Regelung ist also zum wirtschaftlichen Betrieb notwendig.

Regelungsarten Drallregelung mit verstellbaren Leitschaufeln am Eintritt, Schleifringläufer-Motoren mit Steueranlasser oder Kurzschlussläufer: Motoren mit hydraulischer Kupplung bringen Verbesserungen gegenüber der reinen Drosselregelung, die für schnelle Druckregelung vorhanden, aber durch Folgeregelung der Drehzahlverstellung in den günstigen Regelbereich zurückgeführt wird. Bei Axialgebläsen ergibt die Laufschaufelverstellung höheren Wirkungsgrad und vermeidet bei Parallelbetrieb zweier gleicher Gebläse die Pumpgrenze.

51.6.2 Schornstein

Er dient zum Abführen der Rauchgase in atmosphärische Höhen, die unzulässige Immissionen am Boden verhindern.

Berechnung Da Rauchgas infolge der höheren Temperatur eine geringere Dichte als Luft hat, entsteht am inneren unteren Ende des Schornsteins ein kleinerer statischer Druck als außen (Differenzdruck, Zug), der die Förderung der Rauchgase durch den Kessel unterstützt. Durch die Rauchgaswäsche bei der Entschwefelung erfolgt eine Abkühlung auf ca. 50 °C, sodass eine Wiederaufheizung teilweise regenerativ auf 70 bis 100 °C notwendig ist.

Statische Druckdifferenz $\boldsymbol{\Delta p_{st}}$ Der statische Differenzdruck gegenüber außen ist:

$$\begin{aligned}\Delta p_{\mathrm{st}} &= H \cdot g \cdot (\rho_{\mathrm{L}} - \rho_{\mathrm{G}}) \\ &= H \cdot g \cdot T_0 \cdot (\rho_{\mathrm{L},0}/T_{\mathrm{L}} - \rho_{\mathrm{G},0}/T_{\mathrm{G}})\end{aligned} \tag{51.11}$$

(H Schornsteinhöhe, ρ Dichte, g Erdbeschleunigung; Index L für Umgebungsluft, G für Rauchgas, 0 für Normzustand.)

Effektiver Unterdruck $\boldsymbol{\Delta p_{eff}}$ In Wirklichkeit stellt sich ein:

$$\Delta p_{\mathrm{eff}} = \Delta p_{\mathrm{st}} - \Delta p_r - \Delta p_a \tag{51.12}$$

(Δp_{r} Reibungsdruckverlust im Schornstein, für die mittlere Geschwindigkeit w_{m} bei T_{G} wie für einen Kanal zu berechnen; Δp_{a} Austrittsdruckverlust).

Austrittsdruckverlust $\boldsymbol{\Delta p_a}$ Er beträgt:

$$\Delta p_{\mathrm{a}} = \sigma_{\mathrm{G},0}\, T_0 \cdot w_{\mathrm{a}}^2 / (2 \cdot T_{\mathrm{G,a}}) \tag{51.13}$$

Austrittstemperatur $\boldsymbol{T_{G,a}}$ $T_{\mathrm{G,a}}$ ist etwa 10 K niedriger als die Kesselaustrittstemperatur.

Austrittsgeschwindigkeit $\boldsymbol{w_a}$ w_{a} ist bei $T_{\mathrm{G,a}}$ zu berechnen, bei Volllast nicht unter 10 m/s zu wählen, meist 15 bis 20 m/s ausgeführt. Über 20 m/s besteht die Gefahr von Resonanzschwingungen der Gassäule. Große Geschwindigkeit ergibt dynamische Schornsteinüberhöhung (s. TA Luft) und verbessert die Ausbreitung.

In modernen Kraftwerken wird die Rauchgasableitung meist in den Kühlturm eingebracht, um damit den zusätzlichen Auftrieb der Kühlturmschwaden zu nutzen.

Literatur

1. Görner, K.: Verbrennung. In: Rebhan, E. (Hrsg.) Energiehandbuch. Springer, Berlin (2002)
2. Joos, F.: Technische Verbrennung – Verbrennungstechnik, Verbrennungsmodellierung, Emissionen. Springer, Berlin (2006)
3. Görner, K.: Technische Verbrennungssysteme – Grundlagen, Modellbildung und Simulation. Springer, Berlin (1991)
4. Effenberger, H.: Dampferzeugung. Springer, Berlin (2000)
5. Wozniak, G.: Zerstäubungstechnik – Prinzipen, Verfahren, Geräte. Springer, Berlin (2003)
6. Fischedick, M., Görner, K., Thomeczek, M.: CO2: Abtrennung, Speicherung, Nutzung. Springer, Heidelberg New York (2015)
7. Görner, K., Klasen, Th.: CFD-Berechnungen für thermische Abfallbehandlungsanlagen – ein Beitrag zur Schadenserkennung und -behebung. In: Born, M. (Hrsg.) Dampferzeugerkorrosion, Bd. 2007, SAXONIA, Freiberg (2007)
8. Stieß, M.: Mechanische Verfahrenstechnik. Springer, Berlin (2008)
9. Hirschberg, H.G.: Handbuch Verfahrenstechnik und Anlagenbau. Springer, Berlin (1999)

Dampferzeuger

52

Gerd Oeljeklaus

52.1 Angaben zum System

52.1.1 Entwicklungsstufen

Bei der ursprünglichen Bauart der Dampfkessel waren die Rauchgase von Wasser umgeben (Flammrohr-Rauchrohrkessel (vgl. Abschn. 52.2.1)). Ihr Wasserinhalt ist zwangsläufig im Verhältnis zur Dampferzeugung groß, d. h. gleich oder größer als die stündlich erzeugte Dampfmenge (*Großwasserraumkessel*). Der große Wasserinhalt erhöht die Speicherwirkung bei Druckschwankungen, aber auch die Abkühlungsverluste bei Stillstand und die Anfahrzeit. Da sie für höhere Drücke ungeeignet waren, wurden die *Wasserrohrkessel* entwickelt, bei denen die Rauchgase die wassergefüllten Siederohre umgeben. Hier sind die Wasserinhalte kleiner als die stündliche Dampferzeugung. Zunächst wurden sie als *Schrägrohrkessel* mit geraden Rohren (zur besseren Reinigung) gebaut, später als *Steilrohrkessel* mit zwischen zwei Trommeln eingebauten Rohrbündeln, auch hier zunächst mit geraden Rohren, später mit gebogenen Rohrbündeln. Da hier noch ungekühlte Feuerräume vorgebaut wurden, erfolgte die Wärmeübertragung im Rohrbündel vor allem durch Rauchgasberührung. Je mehr jedoch der Feuerraum durch Siederohre gekühlt wurde, desto mehr wurde Wärme durch Strahlung übertragen (*Strahlungskessel*). Die Siederohre der Wasserrohrkessel werden von einem Wasser-Dampf-Gemisch gekühlt, das im *Naturumlauf* durchströmt (s. Abschn. 52.2.2). Zum Vermeiden dadurch gegebener Einschränkungen der Konstruktion wurden die *Zwangumlaufkessel* entwickelt, bei denen das Wasser mit einer Umwälzpumpe durch die Rohre gedrückt wird. Bei beiden Bauarten muss das Wasser-Dampf-Gemisch in einer Trommel getrennt werden. Diese mit steigendem Druck und höherer Leistung immer teurer werdende Trommel entfällt beim *Zwangdurchlaufkessel*. Wegen des verringerten Wasserinhalts ist dieser Dampferzeuger schneller reaktionsfähig und im Aufbau einfacher. Grundform ist das beheizte *Rohr*, deshalb auch *Einrohrkessel* genannt, in das Wasser eingespeist wird und aus dem (überhitzter) Dampf austritt.

52.1.2 Dampferzeugersysteme

Die klassischen Verdampfersysteme sind in Abb. 52.1 dargestellt.

Im Umlauf betriebene Systeme sind auf unterkritische Dampfzustände beschränkt. Bei Großkesseln bieten sich die zwangdurchströmten Verdampfersysteme (Sulzer und Benson) an, da diese Dampferzeuger mit höchsten Drücken und den entsprechenden Heißdampftemperaturen betrieben werden können. Hier sind die erreichbaren Frischdampfparameter durch die zur Verfügung stehenden Materialien begrenzt. Bei hohen Dampfdrücken müssen aus Gründen der Dampfturbinenprozessführung eine oder meh-

G. Oeljeklaus (✉)
Universität Duisburg-Essen
Essen, Deutschland
E-Mail: gerd.oeljeklaus@uni-due.de

B. Bender und D. Göhlich (Hrsg.), *Dubbel Taschenbuch für den Maschinenbau 3: Maschinen und Systeme*,
https://doi.org/10.1007/978-3-662-59715-6_52

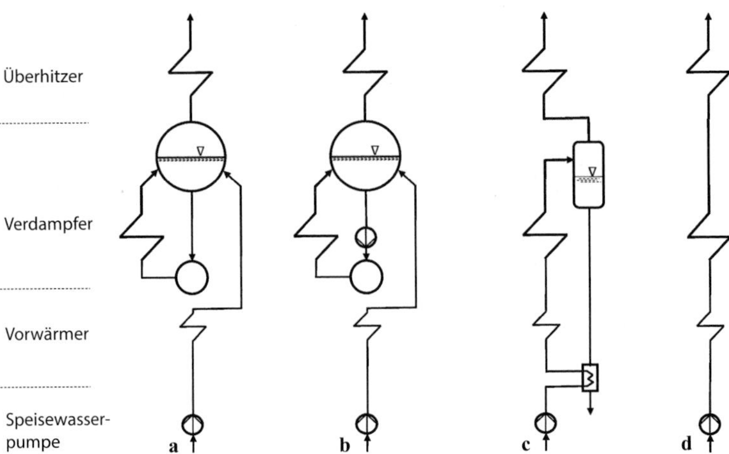

Abb. 52.1 Verdampfersysteme: **a** Naturumlauf; **b** Zwangumlauf; **c** Zwangdurchlauf mit Restwasserabscheidung (Sulzer); **d** Zwangdurchlauf (Benson)

rere Zwischenüberhitzungen vorgesehen werden. Hierfür wird Turbinenabdampf nach Teilentspannung dem Dampferzeuger zurückgeführt (s. Abschn. 49.1.1).

Im unteren Lastbetrieb unterhalb von 35 % Volllast wird auch bei zwangdurchströmten Dampferzeugersystemen ein Umwälzbetrieb notwendig.

Durch den forcierten Ausbau der Nutzung erneuerbarer Energien muss die Residuallast vermehrt von konventionellen Kraftwerken übernommen werden. Dampferzeuger für Kraftwerke sind daher für möglichst hohe Laständerungsgeschwindigkeiten und geringe Minimallasten zu konzipieren.

52.1.3 Drücke

Sie werden als Überdrücke gegen Außendruck angegeben. Zu unterscheiden sind *Nenndruck*, höchster zulässiger *Betriebsdruck*, *Trommeldruck*, *Speisewasser-Eintrittsdruck* und *Frischdampf-Austrittsdruck*. Bei Trommelkesseln ist der Nenndruck auch der bei Nennleistung auftretende Trommeldruck. Der höchste zulässige Betriebsdruck wird um etwa 5 % höher festgelegt, um ein Ansprechen der Sicherheitsventile bei Druckschwankungen zu vermeiden.

Der Speisewasser-Eintrittsdruck ist um die Druckverluste der Speisewasser-Regelventile und des Speisewasser-Vorwärmers höher, der Frischdampf-Austrittsdruck um den Druckverlust des Überhitzers (etwa 10 % des höchsten zulässigen Betriebsdrucks), jeweils für Nennleistung gerechnet, niedriger als der Nenndruck.

Der Nenndruck richtet sich bei Industrieanlagen nach der benötigten Prozesstemperatur. Für Kraftwerke werden vorrangig Zwangdurchlaufdampferzeuger gebaut. Bei ihnen wird als höchster zulässiger Betriebsdruck der Austrittsdruck plus 10 % angegeben. Wegen des großen Gesamtdruckgefälles dieser Bauarten (über 50 bar) wird für die Berechnung der Einzelteile der Betriebsdruck des betreffenden Teils plus 10 % des Austrittsdrucks zugrunde gelegt. Für niedrigere Drücke werden diese Bauarten wegen des dann unwirtschaftlich hohen Druckverlustes kaum gebaut. Überkritische Dampfzustände können dagegen nur mit Zwangdurchlaufkessel erzielt werden.

Moderne Dampfkraftwerke sind mit Frischdampfdrücken um 300 bar ausgeführt.

52.1.4 Temperaturen

Sie sind durch den Dampfkreislauf bei Kraftwerken mit dem Druck gekoppelt. Bei Frischdampftemperaturen bis zu 540 °C werden die Belastungsgrenzen von warmfesten ferritischen Werkstoffen erreicht.

Für Frischdampftemperaturen oberhalb von 540 °C werden austenitische Werkstoffe eingesetzt. Bei Frischdampfzustände von 350 bar und 700 °C mit Zwischenüberhitzung auf 720 °C sind Nickel-Basis-Legierungen notwendig (s. Abschn. 49.1.1).

Je temperaturbeständiger der Werkstoff ist, desto teurer ist die Ausführung. Dies wird zum einen mit dem Werkstoffpreis selbst und zum anderen mit dem Verarbeitungsaufwand begründet.

52.1.5 Dampfleistungen

Im Kesselbau bedeutet „Dampfleistung" den erzeugten Massenstrom. Man unterscheidet höchste Dauerleistung oder Nennleistung des Kessels, für die er ausgelegt wird, kurzzeitig erzielbare Spitzenleistung (meist 10 % über der maximalen Dauerleistung) und Regel- oder Normalleistung, die 80 % der höchsten Dauerleistung beträgt und die Leistung mit dem günstigsten Wirkungsgrad ist.

52.1.6 Sicherheit

Zur Harmonisierung der Rechtsvorschriften der EU-Mitgliedsstaaten über die Bereitstellung von Druckgeräten auf dem Markt gilt die Richtlinie 2014/68/EU. Diese Richtlinie gilt für Druckgeräte mit einem maximal zulässigen Überdruck von mehr als 0,5 bar. Sie ist in der 14. Verordnung zum Produktsicherheitsgesetz (Druckgeräteverordnung – 14. ProdSV) in nationales Recht überführt worden. Die Druckgeräte sind vom Hersteller nach zunehmendem Gefahrenpotential in Kategorien einzustufen und für die Druckgeräte sind Konformitätsbewertungsverfahren entsprechend der Kategorie, in die sie eingestuft worden sind, durchzuführen. Mit der Ausstellung der EU-Konformitätserklärung, die besagt, dass die Erfüllung der wesentlichen Sicherheitsanforderungen nachgewiesen wurde, übernimmt der Hersteller die Verantwortung für die Konformität des Druckgeräts oder der Baugruppe mit den Anforderungen der Richtlinie.

Nach der Betriebssicherheitsverordnung (BetrSichV) ist zusätzlich eine Gefährdungsbeurteilung durchzuführen, in der auftretende Gefährdungen zu beurteilen und daraus notwendige und geeignete Schutzmaßnahmen abzuleiten sind.

Der Betrieb von Hochdruckkesseln bedarf der Genehmigung. Sie wird von der zuständigen Gewerbeaufsicht aufgrund eines Gutachtens des zuständigen Technischen Überwachungsvereins (TÜV) erteilt. Seine Aufgaben sind die Prüfung der Konstruktion, die Beurteilung der Sicherheit der Bauart und der Bemessung nach den Technischen Regeln, die Überwachung der Herstellung (besonders der Schweißverfahren), die Erteilung von Bescheinigungen für die Einzelteile und die Abnahme auf der Baustelle (Druckprobe).

52.2 Ausgeführte Dampferzeuger

52.2.1 Großwasserraumkessel

Flammrohrkessel Sie werden mit ein bis drei Flammrohren gebaut, um mit vergrößerter Heizfläche die Rauchgaswärme besser zu nutzen. Das Nachschalten zusätzlicher Rauchrohrteile ergab die **Flammrohr-Rauchrohrkessel.** Sie sind die heute am häufigsten ausgeführte Bauart für kleinere Leistungen und Drücke in der Industrie und als Heizwerk. Diese Kessel werden meist mit drei horizontalen Zügen (ein Flammrohr und zwei Rauchrohrzüge) für Sattdampf, leicht und hoch überhitzten Dampf bis 25 bar und 450 °C gebaut. Dabei wird fast nur Öl und Gas im Überdruckbetrieb verfeuert. Der geringe Raumbedarf, der niedrige Preis, die weitgehende Fertigstellung in der Werkstatt, die Montage auch von Zubehör (Speisepumpe, Ölvorwärmer und -pumpe, Feuerungsautomatik) auf einem Grundrahmen sowie die kurze Zeit für die Aufstellung sind die Vorteile dieser Bauart, Abb. 52.2.

52.2.2 Naturumlaufkessel für fossile Brennstoffe

Wasserumlauf In den beheizten Siede- oder Steigrohren entstehen Dampfblasen, wodurch die Dichte des Gemischs in diesen Rohren geringer ist als in den weniger oder nicht beheizten Fallrohren. Dadurch bildet sich am unteren Ende der Fallrohre ein Überdruck, der das Gemisch in den

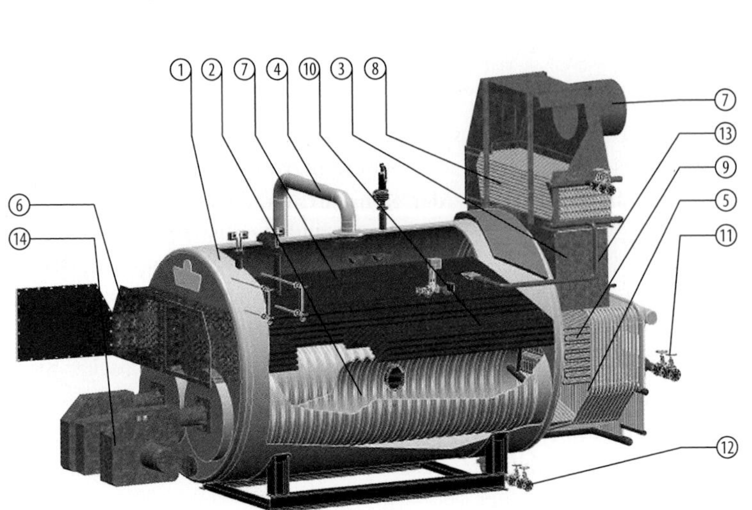

1 Kesseldruckkörper
Boiler pressure vessel
2 Flammrohre, 1. Zug
Flame tubes, 1st. pass
3 Rauchrohre, 2. Zug
Flue tubes, 2nd. pass
4 Rauchrohre, 3. Zug
Flue tubes, 3rd. pass
5 Wasserrohrwendekammer
Watertube chamber
6 Rauchgaswendekammer
Reversing chamber
7 Rauchgasaustritt
Smoke outlet
8 Economiser
Economiser
9 Überhitzer
Superheater
10 Sattdampfleitung
Steamline
11 Heißdampfaustritt
Superheated steam outlet
12 Abschlammventil
Mud valve
13 Speisewasserleitung
Feedwater line
14 Feuerung
Bumer

Abb. 52.2 Zweiflammrohr-Dreizugkessel zur Heißdampferzeugung. (VKK Standardkessel Köthen GmbH)

Steigrohren nach oben zur Trommel drückt, während aus den Fallrohren Wasser nachfließt. Durch diesen aus der Natur der Verdampfung entstehenden Wasserumlauf werden die Rohre gekühlt. Die Strömungsgeschwindigkeit stellt sich so ein, dass der Überdruck den Reibungsdruckverlust in den Steigrohren deckt. Der Umlaufstrom muss bei Nennlast mindestens das Fünf- bis Siebenfache des gebildeten Dampfstroms sein (Umlaufzahl), damit bei Mindestlast keine Dampfblasen hängen bleiben, was zu Überhitzung und zum Aufreißen der Siederohre führen würde.

52.2.2.1 Bauarten

Steilrohrkessel Bei den früheren Bauarten mit ungekühltem Feuerraum bildeten steil oder senkrecht stehende Rohrbündel zwischen Ober- und Untertrommel die Verdampferfläche. Da heute der Feuerraum dicht mit Siederohren ausgekleidet wird, nimmt er einen großen Teil der Verdampfungswärme auf. Bei kleineren Drücken sind Siederohrbündel nachzuschalten.

Eckrohrkessel Für Leistungen bis 65 kg/s wird das Gerüst eingespart, indem der gesamte Verdampfer in ein Rohrgestell eingehängt wird, dessen senkrechte Rohre – insbesondere die Rohre, die die Trommel tragen – als Fallrohre wirken, während die unteren horizontalen Rohre als Verteiler und die oberen durch Überströmrohre mit der Trommel verbundenen Rohre als Sammler dienen. Die in diesen Sammlern eintretende Vorabscheidung des mitgeführten Überschusswassers wird dazu genutzt, durch zusätzliche senkrechte Rücklaufrohre einen internen Umlauf innerhalb des Rohrgerüsts zu erzeugen.

Strahlungskessel Die den Feuerraum und den anschließenden Strahlraum auskleidenden Verdampferheizflächen nehmen die Wärme größtenteils durch Strahlung auf. Mitunter bilden die Tragrohre und die den 2. Zug auskleidenden Wandrohre zusätzliche Verdampferheizflächen. Bei Drücken über 100 bar kann die für die Feuerung erforderliche Wandheizfläche für die Verdampfung – insbesondere wenn volle Überhitzung bis zu tiefen Teillasten gefordert wird – zu groß sein, weshalb sie teilweise mit Strahlungsüberhitzern ausgekleidet wird. Die Trommel wird entweder über viele in der Wärmedämmung des Feuerraums oder in der schwach beheizten Rückwand des 2. Zugs verlegte Fallrohre oder über zwei oder mehrere große Hauptfallrohre mit den unteren Verteilern der Strahlungsheizfläche verbunden. Das Dampf/Wasser-Gemisch aus den oberen Sammlern der Strahlungsheizflächen wird durch Überströmrohre der Trommel zugeführt.

Zuganordnung Gebaut werden Zweizug-, Eineinhalbzug und Einzug-(Turm-) Dampferzeuger. *Zweizug-Dampferzeuger* haben den Rauchgasaustritt unten. Sie bauen niedriger als die anderen Bauarten und haben geringere Gerüstkosten, da die nachgeschalteten Heizflächen, Filter und Gebläse getrennt aufgestellt werden (oft außerhalb des Kesselhauses). *Einzug-Dampferzeuger* erfordern weniger Platz und werden bei der Nutzung von Braunkohle häufig aus Verschleißgründen erforderlich. Bei nicht zu großer Leistung können die Luftvorwärmer (Luvo), das Gebläse und der dann niedrige Schornstein auf das Kesselgerüst aufgesetzt werden. Sonst werden die Rauchgase durch einen Leerkanal nach unten geführt und die nachgeschalteten Teile wie beim Zweizug-Dampferzeuger getrennt aufgestellt. Bei kleinerer Leistung und Öl- oder Gasfeuerung wird mitunter das Unterteil des Schornsteins als Kesselgerüst verwendet und die Heizflächen und die Feuerung in den Schornstein eingebaut.

52.2.3 Zwanglaufkessel für fossile Brennstoffe

52.2.3.1 Bauarten

Zwangumlaufkessel Die Beschränkungen, bezüglich der Führung und die lichte Weite der Steigrohre beim Naturumlauf, entfallen, wenn zwischen die Fall- und Steigrohre eine oder mehrere Umwälzpumpen geschaltet werden, die das Wasser durch die Steigrohre drücken. Ihr Förderstrom muss das Fünf- bis Achtfache des Dampfstroms betragen, damit die Geschwindigkeit in den Rohren die Mitnahme der Dampfblasen nach unten sicherstellt. Die Steigrohre können mit äußeren Durchmessern bis 32 mm (kleine Wanddicke, Materialersparnis) ausgelegt und auf- und abwärts geführt werden (Mäanderbandwicklung). Für die Trennung des Dampf/Wasser-Gemischs ist eine Trommel notwendig (nur für unterkritische Drücke einsetzbar). Da der Umlauf nicht vom Druck abhängt, ist eine Annäherung des Drucks an den kritischen Druck eher möglich als mit Naturumlauf. Um das Wasser gleichmäßig auf alle parallel geschaltete Steigrohre zu verteilen, ist in den Eintritt jedes Steigrohrs eine Drosseldüse eingebaut (LaMont-Düse, deshalb auch La-Mont-Kessel genannt). Ohne sie ist Instabilität (s. Zwangdurchlaufkessel) möglich. Von Umwälzpumpen ausgehende Komplikationen sind in Kauf zu nehmen. Eine Reservepumpe wird gefordert, die bei Ausfall einer Pumpe schnell und automatisch eingeschaltet wird.

Die Mäanderband-Bauweise findet man bei Abhitzekesseln, Kühlflächen hinter Konvertern, Ofentüren und ähnlichem.

Zwangdurchlaufkessel Die Stabilität der Strömung ist das Hauptproblem bei Zwangdurchlaufkesseln. Die beiden Bauarten – Sulzer- und Bensonkessel – unterscheiden sich in der Art, wie die Stabilität der Strömung bei allen Lasten sichergestellt wird. Eine Strömung durch mehrere parallel zwischen Sammler und Verteiler geschaltete Rohre ist stabil, wenn die gleichmäßige Verteilung des Durchsatzes auf alle Rohre in allen Betriebszuständen eingehalten wird. Der Druckverlust in jedem Rohr ist immer gleich der Druckdifferenz zwischen Sammler und Verteiler. Bei gleichen Widerstandszahlen haben die einzelnen Rohre bei homogenem Medium auch gleichen Durchfluss. Bei Verdampfung (im Zwanglauf durchströmte Verdampferrohre oder Rohre von Speisewasservorwärmern) können aber auch bei gleichen Widerstandszahlen unterschiedliche Durchsätze in den einzelnen Rohren entstehen und dadurch Rohre mit kleinerem Durchsatz überhitzt und beschädigt werden. Der gleiche Druckverlust kann nämlich bei großem Durchsatz ohne oder mit geringer Verdampfung und bei kleinem Durchsatz mit starker Dampfbildung und der dabei eintretenden Volumenvergrößerung entstehen. Dadurch ist es möglich, dass sich in den einzelnen Rohren zwei (oder drei) stark unterschiedliche Durchsätze einstellen, die durch ungleiche Widerstandszahlen und unterschiedliche Beheizung noch verstärkt werden. Ein genügend großer Druckverlust (wie beim Zwangumlaufkessel) oder eine geeignete Rohrführung (s. Bensonkessel) verhindert Instabilität. Bei einer stabilen

- 670 MW_{el} / 1760 t/h
- Zwangdurchlaufkessel, Once-through steam generator, Benson®
- Braunkohle, Lignite
- Auslegungsparameter, Design parameters:

  SH: 600 °C / 315 bar

  RH: 610 °C / 72 bar
- Jahr der Inbetriebnahme, Commissioning: 2011

Einzug-Benson-Dampferzeuger mit Rohbraunkohlen-Feuerung (MHPSE Mitsubishi Hitachi Power Systems Europe GmbH, Duisburg).
Leistung (brutto) = 675 MW, Frischdampf = 475 kg/s, 600 °C, 286 bar, HZÜ-Dampf = 610 °C, 50 bar, 24 Rundstrahlbrenner als Allwandfeuerung,

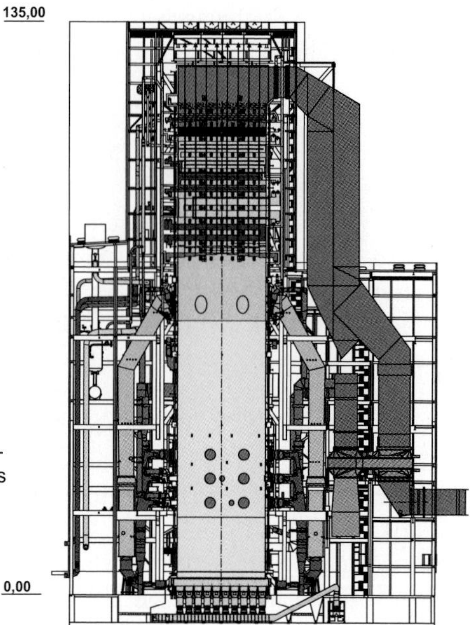

Abb. 52.3 Einzug-Benson-Dampferzeuger mit Rohbraunkohlenfeuerung, Boxberg R. (MHPSE Mitsubishi Hitachi Power Systems Europe GmbH, Duisburg)

Rohrcharakteristik wächst im gesamten Durchflussbereich mit steigendem Durchsatz auch der Druckverlust, bei einer instabilen Charakteristik nimmt in einem Teil des Durchsatzbereichs mit wachsendem Durchsatz der Druckverlust ab, Abb. 52.3 und Abb. 52.4.

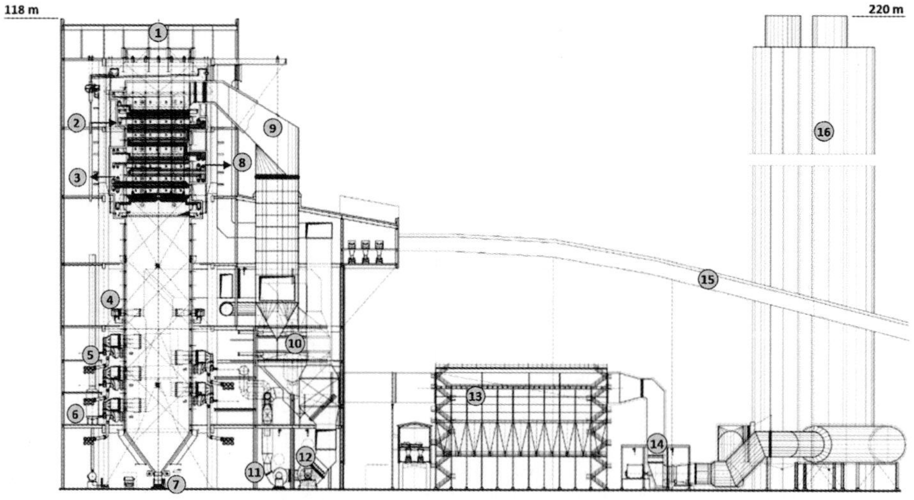

Abb. 52.4 Kraftwerksquerschnitt KW Medupi (MHPSE GmbH, Duisburg), *1* Kessel (2290 t/h), *2* Speisewasser (290 °C), *3* HD Dampfaustritt (564 °C / 258 bar), *4* Ausbrandluftsystem, *5* DS®Brenner (30 × 78 MWth), *6* Entspanner, *7* Entascher, *8* ZÜ Dampfaustritt (572 °C / 53,2 bar), *9* RG-Kanäle, *10* Rengenerativ Luvo, *11* Mühlenluft (164 kg/s), *12* Verbrennungsluft (770 kg/s), *13* Gewerbefilter, *14* Saugzug Gebläse (863 kg/s), *15* Kohlezuführung, *16* Kamin

52.2.3.2 Betriebsverhalten

Gleitdruckbetrieb Bei Blockschaltung von Dampferzeuger und Turbine wird meist der Austrittsdruck des Dampferzeugers konstant gehalten (Androsselung durch Düsengruppen der Turbine). Wenn man aber die Stellventile der Turbine geöffnet hält, stellt sich ein Druck am Austritt des Dampferzeugers entsprechend der Schluckfähigkeit der Turbine je nach Last ein (Gleitdruck). Da der Druck bei Teillast stark abnimmt, ergibt sich eine Einsparung an Speisepumpenarbeit, die aber infolge erhöhten Wärmeverbrauchs des Kreisprozesses bei niedrigerem Druck teilweise wieder verbraucht wird. Wegen des schonenderen Betriebs und Minderung der Drosselverluste hat sich der Gleitdruckbetrieb weitgehend durchgesetzt (s. Kap. 11).

Bensonkessel Damit in einem möglichst großen Lastbereich stabile Strömung herrscht, wird bei dieser Bauart ein großer Teil (30 bis 40 bar) des Gesamtdruckverlusts (50 bis 60 bar) in den Verdampfer gelegt. Dadurch ist bis hinunter zu 30 bis 45 % Teillast eine stabile Strömung sichergestellt, wenn die Verdampferrohre steigend verlegt sind (steigende Mäander- bzw. Schraubenwicklung bei verschweißten Wänden). Das gesamte zugeführte Wasser – 95 % Speisewasser und 5 % Einspritzwasser in den Überhitzerkühlern – wird als überhitzter Dampf abgegeben. Beim Anfahren und im unteren Teillastbereich (unterhalb von 35–40 %) wird mit zusätzlich umgewälztem Wasser der stabile Mindestdurchfluss im Verdampfer erhalten.

Verdampfungspunkt Der Verdampfungspunkt, an dem das Wasser völlig verdampft und die Überhitzung beginnt, soll bei Volllast nicht an einer thermisch hochbelasteten Stelle liegen. Deshalb wird die Strahlungsheizfläche im Feuerraum meist als Verdampfungsfläche geschaltet. Da sie bei Teillast einen größeren Anteil der gesamten Erzeugungswärme aufnimmt, verschiebt sich der Verdampfungspunkt gegen den Eintritt in die Verdampfungsheizfläche und die Überhitzerheizfläche wird größer.

Anfahren Hierbei wird der Wasserstrom in Höhe der kritischen Teillast von einer Umwälzpumpe durch den Vorwärmer und den Verdampfer über eine Abscheideflasche umgewälzt. Bei Dampfbildung wird der Dampf im Abscheider vom Wasser getrennt und zum Überhitzer abgeführt; das Wasser wird zur Umwälzpumpe zurückgeleitet. Dadurch wird mit steigender Dampfbildung der Umwälzstrom immer kleiner und der von der Speisepumpe geförderte Speisewasserstrom, der den Dampf ersetzt, größer. Das Speisewasser-Regelventil wird wie bei einem Trommelkessel vom Wasserstand in der Abscheideflasche gesteuert, während das Umwälz-Regelventil (zwischen Umwälzpumpe und Speisewasserleitung) den Gesamtdurchfluss durch den Verdampfer konstant hält. Die auch für höchste Betriebsdrücke geeignete Umwälzpumpe ist eine einstufige Kreiselpumpe mit im Wasser laufendem Elektromotor.

Umwälzbetrieb In dieser Betriebsart kann auch Schwachlast von 15 bis 35 % lange Zeit gefahrlos gefahren werden. Dabei wird der Verdampfungspunkt durch die Abscheideflasche festgehalten (ebenso wie beim Sulzerkessel im gesamten Betrieb). Die Dampftemperatur ist wie bei Trommelkesseln zu regeln.

Abfahren Zur Abfuhr der Speicherwärme muss beim Abfahren Speisewasser eingespeist oder auf Umwälzbetrieb übergegangen werden. Damit der heiße Endüberhitzer nicht abgeschreckt wird, ist vor ihm eine Abfahrleitung vorzusehen. Der Endüberhitzer muss dabei so im Dampferzeuger eingebaut sein, dass er nicht durch Speicherwärme gefährdet wird.

Regelung Die Dampfaustrittstemperatur wird durch das Verhältnis Brennstoff/Wasser eingehalten. Infolge der Durchlaufzeit (mehrere Minuten) und der verzögernden Wirkung der Speicherwärme von Eisen und Mauerwerk würde eine Änderung des Speisewasserstroms bei Änderung der Feuerung (z. B. bei Laständerung) zu träge wirken und die Dampftemperatur würde zu stark vom Sollwert abweichen. Deshalb werden zur

Regelung etwa 5 % des Speisewassers in Einspritzkühlern zwischen Überhitzerteilen eingespritzt. Dabei wird jeder Überhitzerteil als Regelkreis für sich betrachtet, für den die Temperatur hinter dem Kühler die Regelgröße mit eventuell lastabhängigem Sollwert und die Temperatur am Austritt des Überhitzerteils eine Korrekturgröße ist. Eine schnelle und genaue Temperaturregelung mit möglichst geringem Einspritzwasser ist notwendig. In die Speisewasserregelung wird neben der Regelgröße (meist Druck am Überhitzerausgang) das Verhältnis Speisewasser/Einspritzwasser als Korrektur zugeschaltet, damit immer genügend Wasser im Verdampfer ist. Wegen der Abhängigkeit der Dampftemperatur von der Wärmezufuhr muss derselbe Impuls die Brennstoffmenge regeln.

Zwischenüberhitzer Beim Anfahren wird er mit dem Dampf gekühlt, der aus dem Hochdrucküberhitzer durch eine Umgehungsleitung um die Hochdruckturbine und ein kombiniertes Reduzier- und Einspritz-Kühlventil zugeführt wird. Im Betrieb wird die Dampftemperatur mittels Wärmeübertragung vom Hochdruck- an den Mitteldruckdampf geregelt. Eine Kühlung durch Einspritzung wird nur zu Beginn einer Änderung oder bei schnellen Vorgängen (Lastabwurf) als Notmaßnahme vorgenommen, da eine Vergrößerung des Mitteldruck-Dampfstroms wegen der größeren Kondensationswärme vermieden werden sollte.

52.3 Bauelemente von Dampferzeugern

52.3.1 Verdampfer

Trommel Bei Natur- und Zwangumlauf-Dampferzeugern wird das entstehende Dampf/Wasser-Gemisch in möglichst trockenen Sattdampf und in zum Verdampfer zurückfließendes Umlaufwasser mittels einer unbeheizten Trommel getrennt. Die dabei entstehende Oberfläche des Wasserinhalts, der Wasserstand, trennt Dampf- und Wasserraum. Die Speisewasserzufuhr wird so geregelt, dass der Wasserstand konstant bleibt. Als Grundlage der Speisewasserregelung dient der Wasserstandsanzeiger.

Erfolgt die Trennung von Wasser und Dampf nur durch Schwerkraft, muss genügend Zeit dafür zur Verfügung stehen, d. h. der Dampfraum muss eine Mindestgröße haben.

Die zulässige *Dampfraumbelastung* ist abhängig vom Betriebsdruck. Sie hat die Dimension $m^3/(m^3\,s)$ und ist das Verhältnis von erzeugtem Sattdampfvolumenstrom zum Dampfrauminhalt der Trommel.

Wasseroberfläche Sie muss so groß sein, dass die Austrittsgeschwindigkeit der Dampfblasen nicht größer ist als die Fallgeschwindigkeit der mitgerissenen Wassertropfen. Um eine große Wasseroberfläche zu erhalten, werden die Trommeln meist waagerecht eingebaut.

Durch Einbauten kann die Schwerkraft als Trennkraft meist durch die viel wirksamere Fliehkraft oder durch Aufprallen der Wassertropfen auf Ableitbleche ersetzt und die Dampfraumbelastung erhöht werden.

52.3.2 Überhitzer und Zwischenüberhitzer

52.3.2.1 Überhitzer

Bauarten Je größer der Anteil der Überhitzungswärme an der gesamten Wärmeleistung des Kessels ist (höherer Druck, höhere Dampftemperatur, Zwischenüberhitzung), in desto höheren Rauchgastemperaturen liegen die Heizflächen. Bei Drücken über etwa 120 bar ist die Wärmeaufnahme der Feuerraum- und Strahlraumwände größer als die Verdampfungswärme. Deshalb ist ein Teil der Wände mit Überhitzerrohren auszukleiden. Diese *Strahlungsüberhitzer* nehmen etwa 95 % der Wärme durch Strahlung (s. Bd. 1, Abschn. 45.5) und den Rest durch Leitung und Konvektion auf. Da wegen der Verschmutzungsgefahr bei festen Brennstoffen am Ende des Strahlungsraums (1000 bis 1200 °C) keine Rohrbündel eingebaut werden können, ordnet man zur weiteren Abkühlung der Rauchgase auf 800 bis 900 °C aus eng liegenden Überhitzerrohren gebildete Wände in Abständen von 400 bis 1000 mm über die ganze Kesselbreite verteilt an. Diese *Schottüberhitzer* nehmen etwa 90 % der Wärme durch Gasstrahlung auf. Erst bei Gastemperaturen unter 900 °C sind Rohrbündel verwendbar. Diese *Berührungsüberhitzer* sind kompakter und nehmen 50 bis 80 % der Wärme durch Konvektion und den Rest durch Gasstrahlung auf. Da die Rohre von Strahlungsüberhitzern einseitig beheizt werden, entstehen infolge der Temperaturdifferenz zwischen der Vorder- und Rückseite des Rohrs Längsspannungen, die zu Rundrissen führen können. Die Rohre der Schottüberhitzer werden beidseitig, die des Berührungsüberhitzers fast gleichmäßig über den Umfang beheizt, so dass hier solche Spannungen nicht auftreten. Liegend ausgeführte Heizflächen ermöglichen eine gute Entwässerung.

Je nach Temperaturniveau werden unterschiedliche Werkstoffe eingesetzt. Überhitzerrohrmaterialien sind vom Druck, der Temperatur und der Rohrwanddicke abhängig, wobei die Zeitstandfestigkeit stärker von der Temperatur als vom Druck bestimmt wird.

Betriebsverhalten Bei Trommelkesseln wird der erzeugte Dampfstrom durch die Wärmeaufnahme in den Verdampferheizflächen bestimmt, die im Feuerraum und Strahlraum liegen. Da alle Strahlungsflächen bei Teillast einen größeren Wärmeanteil aufnehmen und deshalb die Austrittstemperatur sinkt, nehmen die Berührungsheizflächen wegen geringerer Temperaturdifferenz und kleinerer Geschwindigkeit (kleinerer Wärmedurchgangskoeffizient) weniger Wärme auf. Deshalb nimmt die Aufwärmung hier ab, während sie im Strahlungsüberhitzer zunimmt und im Schottüberhitzer etwa gleich groß bleibt (fallende Charakteristik des Berührungsüberhitzers, steigende Charakteristik des Strahlungsüberhitzers). Bei Bensonkesseln kann die Hochdrucktemperatur durch das Wasser/Brennstoff-Verhältnis gehalten werden. Eine Verschiebung des Verdampfungspunkts ist die Folge. Für Zwischenüberhitzer gilt dasselbe wie für Überhitzer von Trommelkesseln. Die Kombination eines Strahlungs- (bzw. Schott-)Überhitzers mit einem Berührungsüberhitzer ermöglicht es, die Dampftemperatur über einen Lastbereich fast konstant zu halten, für den restlichen Abfall und für Übergangszustände muss die Temperatur geregelt werden.

Eine konstante Dampftemperatur über einen großen Lastbereich kann durch eine der beiden folgenden Maßnahmen erreicht werden:

Die anteilige Wärmeaufnahme des Überhitzers wird konstant gehalten. Dazu dient die *Rauchgasrückführung*. Mit einem Rückführgebläse wird abgekühltes Rauchgas (meist vom Kesselaustritt) abgesaugt und in den Feuerraum eingeblasen, wodurch hier die Wärmeaufnahme wegen der niedrigeren Temperatur sinkt. Im Berührungsüberhitzer wird aber mehr Wärme aufgenommen, da die Geschwindigkeit und damit der Wärmedurchgangskoeffizient sowie der Gasstrom und damit seine Wärmekapazität zunehmen.

Der Überhitzer wird so groß ausgelegt, dass er bei der geforderten Teillast (bei Trommelkesseln 50 bis 80 %) die volle Überhitzung erreicht. Dann ist er für höhere Lasten überdimensioniert und nimmt zu viel Wärme auf, die durch *Kühlung* an den Verdampfer abgeführt werden muss. Das kann geschehen mittels Oberflächenkühler, das sind Rohrbündel in der Trommel oder einer dazu parallel geschalteten Flasche, die zwischen zwei Teile des Überhitzers geschaltet ist und durch die mittels Mischschiebers ein der jeweiligen Last entsprechender Teil des teilweise überhitzten Dampfes geleitet wird, durch speisewasserdurchflossene Rohrbündel in einem Zwischensammler oder durch Einspritzkühler, die schneller reagieren. Bei großen Kesseln würde wegen der langen Durchlaufzeit des Dampfes durch den Überhitzer eine zu große Totzeit entstehen, wenn nur eine Einspritzung (z. B. vor dem Endüberhitzer) vorgesehen wäre. Deshalb sind mehrere Kühler zwischen den Überhitzerteilen mit jeweils getrennter Regelung gesetzt.

52.3.2.2 Zwischenüberhitzer

Bei Dampfdrücken über 150 bar ist ein Zwischenüberhitzer nötig, um eine zu hohe Endnässe in der ND-Turbine zu vermeiden. Er erhöht aber auch den Wirkungsgrad, da das nutzbare Gefälle in der Turbine vergrößert wird. Bei knapp unterkritischen Drücken wird die Zwischenüberhitzung bei 30–60 bar durchgeführt; bei überkritischen Drücken und auch zweifacher Zwischenüberhitzung bei 100–180 bar und die zweite wieder bei 30–40 bar. Die Zwischenüberhitzungstemperaturen liegen in der Höhe der jeweiligen Frischdampftemperaturen oder leicht darüber.

Wegen des großen Dampfvolumenstromes in der zweiten Zwischenüberhitzung wird eine zweifache Zwischenüberhitzung nur selten ausgeführt (s. Abschn. 49.1). Damit der thermische Vorteil der Zwischenüberhitzung nicht verlorengeht, sind die Druckverluste gering zu halten.

52.3.3 Speisewasservorwärmer (Eco)

Das mit Anzapfdampf vorgewärmte Speisewasser wird im Eco mit dem hinter den Verdampfer- und Überhitzerheizflächen aus dem Kessel austretende Rauchgas weiter vorgewärmt. Dabei werden die Rauchgase bis auf eine wirtschaftlich tragbare Abgastemperatur, die möglichst oberhalb der Taupunkttemperatur liegt, abgekühlt. Bei hohen Drücken und Anzapfvorwärmungen bis 300 °C muss noch ein Luftvorwärmer nachgeschaltet werden (s. Abschn. 52.3.4). Speisewasservorwärmendtemperatur und Verbrennungsluftvorwärmtemperatur sollten eng beieinanderliegen.

52.3.4 Luftvorwärmer (Luvo)

Sie stellen die einzige Möglichkeit dar, bei hoher Speisewasservorwärmung durch Anzapfung ausreichend niedrige Abgastemperaturen zu erreichen. Luftvorwärmung hat aber auch feuerungstechnische Vorteile wie beschleunigte Zündung und besseren Ausbrand infolge höherer Feuerraumtemperatur. Bei Ölfeuerung ist eine zu hohe Vorwärmung zu vermeiden, da es sonst zur Verkokung am Brenner kommt. Bei Armgasfeuerung (Gichtgas) mit viel Ballast im Brennstoff ist neben dem Luftvorwärmer auch ein Gasvorwärmer notwendig, da die Wärmekapazität des Rauchgases viel größer ist als die der Verbrennungsluft und sonst keine ausreichende Abkühlung des Rauchgases möglich ist. Luvos sind keine druckführende Heizflächen, dementsprechend sind sie dünnwandig. Wegen des niedrigen Wärmeübergangskoeffizienten auf beiden Seiten werden aber große Heizflächen benötigt.

Taupunkt Bei Gefahr der Taupunktunterschreitung wird das kalte Ende durch Emaille, Glas oder Keramik gegen Korrosion geschützt und mit einer Spülvorrichtung zur Beseitigung klebriger Ansätze ausgerüstet (sonst Zusetzen). Taupunktunterschreitung lässt sich durch Vorwärmen der Luft (meist mit Dampfluvo) verhindern; dabei erhöht sich aber die Abgastemperatur.

Regenerativ-Luftvorwärmer (Drehluvo) Bei der regenerativen Luftvorwärmung wird im periodischen Wechsel Speichermasse durch heiße Rauchgase aufgeheizt und Verbrennungsluft durch Abkühlung der Speichermasse vorgewärmt. Beim Ljungström Luftvorwärmer rotiert eine Speichermasse mit Rotordrehzahlen von 1,5 bis 3 min^{-1} zwischen dem Rauchgasstrom und dem Luftstrom, die im Gegenstrom geführt werden. Aufgrund der drucklosen Gasführung und durch einstellbare Abdichtungen können die Luftverluste klein gehalten werden, Abb. 52.5.

Rekuperativ-Luftvorwärmer Bei Rekuperatoren werden die strömenden Fluide getrennt geführt und die Wärme wird durch eine metallische Wand übertragen. Rekuperativ-Luftvorwärmer werden als Rippenrohr-, Platten- oder Röhren-Vorwärmer im Gegenstrom oder Kreuzstrom ausgeführt. Im Gegensatz zum Drehluvo treten keine Luftverluste auf.

Dampfluvo Zum Vermeiden von Taupunktkorrosion wird Verbrennungsluft mittels Anzapfdampf auf bis zu 80 °C vorgewärmt. Der Dampf strömt durch runde oder elliptische Rohre mit aufgeschobenen und mittels z. B. Verzinkens gut leitend verbundenen, dünnen Blechrippen. Die Rohre werden durch Sammler für die Dampfzufuhr und Kondensatabfuhr zu Registern von meist zwei Reihen hintereinander zusammengefasst und in den Luftkanal eingebaut. Die Regelung wird mit dem Abschalten von Registerteilen

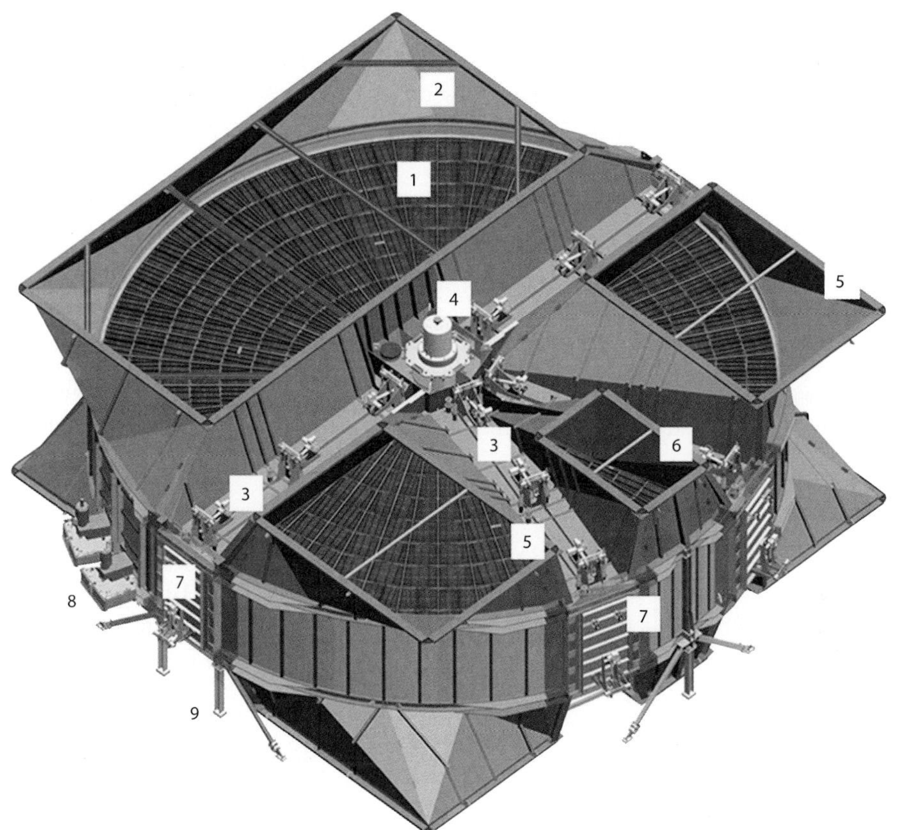

Abb. 52.5 Regenerativ-Luftvorwärmer, Ljungström, Quartsektor Design Arvos Ljungström GmbH. *1* Rotor mit Heizfläche, *2* Rauchgasstuzen, *3* Radialabdichtung, *4* Führungslager, *5* Sekundärluftstutzen, *6* Primärluftstutzen, *7* Mantelabdichtung, *8* Rotorhauptantriebe, 9 Gehäuseabstützung. (Quelle: MHPSE)

vorgenommen. Der Dampfluvo wird insbesondere bei Teillastbetrieb und für Anfahrvorgänge benötigt, um Taupunktunterschreitungen zu vermeiden. Bei staubhaltiger Luft besteht Verschmutzungsgefahr.

52.3.5 Speisewasseraufbereitung

Entsprechend den *Eigenschaften* des Wassers (Verunreinigungen, Härte, Salzgehalt, pH-Wert, Alkalität) und deren *Wirkungen* sowie den *Anforderungen* an die Speise- und Kesselwasserbeschaffenheit (Tab. 52.1) müssen Wasseraufbereitungsmaßnahmen durchgeführt werden. Diese sind:

Klärung Beseitigung der Schweb- und Sinkstoffe.

Filterung Entfernung grobdisperser Stoffe von Oberflächen- und Grundwässern.

Enteisung und Entmanganung Überführen von Eisencarbonat oder Eisensulfat in wasserunlösliche Eisen-(III) Hydroxidform durch Belüften.

Entcarbonisierung und Enthärtung Durch Ausfällung mit direkter Zugabe von Chemikalien.

Ionenaustauschverfahren Durch Stoffe, die die in ihnen gelagerten Ionen gegen andere im Wasser vorhandene austauschen können.

Entgasung Durch mechanische, thermische und chemische Entgasung erfolgt ein Austreiben der im Wasser gelösten Gase (O_2 und CO_2).

Tab. 52.1 Grenzwerte für das Speisewasser. (DIN-EN 12953-10; VGB-S-10-T-00; MHPSE)

Bauart	Einheit	Durchlaufkessel und Einspritzwasser für Heißdampfkühler	Großwasserraum- und Umlaufkessel		
			>0,5 bis 20 bar	>20 bis 80 bar	>80 bar
Allgemeine Anforderung		Klar und farblos			
Gesamthärte	mmol/kg	n.n.	<0,01	<0,005	n.n.
Sauerstoff (O_2)	mg/kg	<0,02	<0,05	<0,02	<0,02
Gesamt-Eisen (Fe)	mg/kg	<0,02	<0,3	<0,1	<0,05
Gesamt-Kupfer (Cu)	mg/kg	<0,003	<0,05	<0,01	<0,005
pH-Wert bei 25 °C[a]		>9	>9,2	>9,2	>9,2
Kieselsäure (SiO_2)	mg/kg	<0,02	Nur Richtwerte für Kesselwasser beachten		
Säureleitfähigkeit	µS/cm	<0,02	Nur Richtwerte für Kesselwasser beachten		
$KMnO_4$-Verbrauch	mg/kg	<0,5	<1	<1	<0,5
Öl	mg/kg	n.n.	<1	<1	n.n.

n.n.: nicht nachweisbar
[a] bei Kupferlegierungen im System muss der pH-Wert im Bereich 8,7–9,2 gehalten werden!

Verdampfung Je nach Zusammensetzung des Rohwassers und den betrieblichen Verhältnissen kann eine Aufbereitung auch durch Verdampfen erfolgen.

52.4 Wärmetechnische Berechnung

52.4.1 Energiebilanz und Wirkungsgrad

Die Erstellung von Energiebilanzen und Bestimmung von Wirkungsgraden erfolgt im Rahmen von Abnahme- und Betriebsversuchen. Da große Massenströme nur ungenau gemessen werden können, wird meist die „indirekte Methode" angewendet [VDI 3986, DIN 1942, DIN EN 12952-15]. Der Kesselwirkungsgrad wird dabei über die Verluste des Dampferzeugers bestimmt. Dabei muss eine geeignete Systemgrenze um den Dampferzeuger gelegt werden und alle dem System zu- und abgeführte Energieströme sind zu bestimmen. Je nach Lieferumfang oder Zweckmäßigkeit der Messungen werden verschiedene Systemgrenzen (z. B. unter Einschluss der Gebläse, des Entstaubers usw.) gewählt. Für die Wärmeströme wird eine Bezugstemperatur t_b angegeben (meist $t_b = 25\,°C$, da der Heizwert darauf bezogen wird), von der der Kesselwirkungsgrad abhängt.

Computergestützte Bilanzierungen und die Simulation von Auslegungsparametern werden für die Berechnung von Dampferzeugern angewendet.

52.4.1.1 Direktes Verfahren

Der Kesselwirkungsgrad ist das Verhältnis von allen genutzt abgeführten zu allen zugeführten Energieströmen

$$\eta_k = \frac{\dot{Q}_N}{\dot{Q}_{zu,ges}} \tag{52.1}$$

Die **Nutzwärmeleistung** ist

$$\dot{Q}_N = \dot{Q}_D + \sum_{i=1}^{m} \dot{Q}_{Z,i} + \dot{Q}_{Ab} \tag{52.2}$$

($i = 1$, m = Anzahl der Zwischenüberhitzungen Z).

Für den Nutzwärmestrom, die Wärmeströme des Frischdampfs, der Zwischenüberhitzung und der Abschlämmung (Indizes N, D, Z und Ab) gelten die Beziehungen

$$\dot{Q}_D = \dot{m}_{sp}\left(h_D - h_{sp}\right) + \sum_{j=1}^{m} \dot{m}_{E,D_j}\left(h_D - h_{E,D_j}\right) \tag{52.3a}$$

$$\dot{Q}_{Z,i} = \dot{m}_{Z,e}\left(h_{Z,a} - h_{Z,e}\right) + \sum_{j=1}^{m} \dot{m}_{E,Z_j}\left(h_{Z,a} - h_{E,Z_j}\right) \tag{52.3b}$$

$$\dot{Q}_{\text{Ab}} = \dot{m}_{\text{Ab}} \left(h_{\text{Ab}} - h_{\text{sp}}\right) \tag{52.3c}$$

$\dot{m}$ Massenstrom, h Enthalpie, $j = 1$, m *Anzahl* der Einspritzungen (Index E) im jeweiligen Überhitzerteil, Indizes: sp Speisewasser, a Austritt, e Eintritt.

Die **zugeführte Wärmeleistung** beträgt

$$\dot{Q}_{\text{zu,ges}} = \dot{Q}_{\text{B,zu}} + \dot{Q}_{\text{zu}} \tag{52.4}$$

$\dot{Q}_{\text{B,zu}}$ ist die Summe der dem zugeführten Brennstoffstrom (Index B) proportionalen Energieströme (chemische und fühlbare Brennstoffenergie, Energie der Verbrennungsluft (Index L) und des Zerstäuberdampfs (Index ZD) bei flüssigen Brennstoffen).

$$\begin{aligned}\dot{Q}_{\text{B,zu}} = \dot{m}_{\text{B}} \,[H_i &+ c_{\text{B}} \,(t_{\text{B}} - t_{\text{b}}) \\ &+ \mu_{\text{ZD}} \left(h_{\text{ZD}} - r_0 - c_{pm,\text{D}} t_{\text{b}}\right) \\ &+ \mu_{\text{L}} c_{pm,\text{L}} \,(t_{\text{L}} - t_{\text{Lb}})]\end{aligned}$$

$$\dot{Q}_{\text{B,zu}} = \dot{m}_{\text{B}} H_{i,\text{B,ges}} \tag{52.5}$$

($\dot{m}_{\text{B,zu}}$ zugeführter Brennstoffstrom, $\dot{m}_{\text{B}}$ verbrannter Brennstoffstrom, μ Masse pro Masseneinheit des Brennstoffs, c spezifische Wärmekapazität c_{pm} mittlere spezifische Wärmekapazität, r_0 Verdampfungswärme des Wassers bei 25 °C, H_i Heizwert des Brennstoffs; Index: b Bezugstemperatur)

$$\begin{aligned} r_0 &= 2442{,}5\,\text{kJ/kg}, \\ c_{pm,\text{D}} &= 1{,}884\,\text{kJ/(kgK)}, \\ c_{pm,\text{L}} &= 1{,}011\,\text{kJ/(kgK)} \end{aligned}$$

Die unabhängig vom Brennstoffstrom zugeführten Energien $\dot{Q}_{\text{zu}}$ sind Leistungen der Mühlen, Gebläse, Pumpen und Motoren (Luvo, Flugstaubrückführung) und, soweit Entstauber innerhalb der Systemgrenze liegen, die bei Elektrofiltern zugeführte elektrische Leistung.

52.4.1.2 Indirektes Verfahren

Da die gesamte zugeführte Energie auch die Summe der Nutzwärmeleistung und der gesamten nicht nutzbaren Energieströme (Verluste) $\dot{Q}_{\text{V,ges}}$ ist, gilt

$$\dot{Q}_{\text{zu,ges}} = \dot{Q}_{\text{N}} + \dot{Q}_{\text{V,ges}} \tag{52.6}$$

Damit ist der Kesselwirkungsgrad

$$\eta_k = \frac{\dot{Q}_{\text{N}}}{\dot{Q}_{\text{zu,ges}}} = \frac{\left(\dot{Q}_{\text{zu,ges}} - \dot{Q}_{\text{V,ges}}\right)}{\dot{Q}_{\text{zu,ges}}}$$

$$\eta_k = 1 - \frac{\dot{Q}_{\text{V,ges}}}{\dot{Q}_{\text{zu,ges}}} = 1 - \sum_{j=1}^{m} l_j \tag{52.7}$$

Die Einzelverluste l_j sind z. B. Abgasverluste, Verluste durch unvollständige Verbrennung, Enthalpie und Unverbranntes in Schlacke und Flugstaub sowie Wärmeverluste durch Strahlung und Leitung. Sie sind auf die Brennstoffleistung oder auch auf die Nutzwärmeleistung bezogen und sind entsprechend der DIN EN 12952-15 zu bestimmen.

Große mit Steinkohle befeuerte Kessel sollten im Bestpunkt Wirkungsgrade um 95 % erreichen.

52.4.2 Ermittlung der Heizfläche

Die Nutzwärmeleistung ist

$$\dot{Q}_{\text{N}} = \dot{Q}_{vs} + \dot{Q}_{\text{ü}} + \sum_{i=1}^{m} \dot{Q}_{\text{Z},i} \tag{52.8}$$

Dabei betragen die Vorwärmer- und Verdampferleistung $\dot{Q}_{vs}$ und die Überhitzerleistung $\dot{Q}_{\text{ü}}$ (Zwischenüberhitzerleistung $\dot{Q}_{\text{Z},i}$ s. Gl. (52.3b)).

$$\dot{Q}_{vs} = \dot{m}_{\text{sp}} \left(h'' - h_{\text{sp}}\right) + \dot{m}_{\text{Ab}} \left(h_{\text{Ab}} - h_{\text{sp}}\right),$$

$$\dot{Q}_{\text{ü}} = \dot{m}_{\text{sp}} \left(h_{\text{D}} - h''\right) + \sum_{j=1}^{m} \dot{m}_{\text{E},j} \left(h_{\text{D}} - h_{\text{E,D},j}\right) \tag{52.9}$$

Aus den Gln. (52.1) und (52.4) folgt

$$\dot{Q}_{\text{B,zu}} = \left(\frac{\dot{Q}_{\text{N}}}{\eta_{\text{K}}}\right) - \dot{Q}_{\text{zu}} = \dot{m}_{\text{B}} H_{i,\text{B,ges}} \tag{52.10}$$

Mit η_{K} aus Gl. (52.7) ergibt sich $\dot{m}_{\text{B}}$. Mit μ_{L} bzw. μ_{A}, den Luft und Rauchgasmassen je Masseneinheit des Brennstoffs bei dem gewünschten Luftüberschuss, folgen die Luft- und Rauchgasströme. Aus den Forderungen der Feuerung ergeben sich der Feuerraum, seine Heizflächen und die Wärmeaufnahme.

Aus der geforderten Rauchgastemperatur vor den Heizflächen folgen der Strahlraum und seine Wärmeaufnahme. Ist die gesamte Wärmeaufnahme kleiner als $\dot{Q}_{vs}$ und sind alle Wände mit Verdampferflächen ausgekleidet, so ist der Rest im Vorwärmer aufzunehmen. Ist sie (bei niedrigen Drücken) kleiner als $\dot{Q}_v = \dot{Q}_{\mathrm{sp}}(h'' - h')$, so ist ein Vorverdampfer vorzusehen. Ist die Wärmeaufnahme größer als $\dot{Q}_{vs}$, so sind Wandüberhitzer anzubringen.

52.4.3 Strömungswiderstände

Wasser- und Dampfseite Der Druckverlust infolge Reibung, Beschleunigung und Umlenkung ergibt sich aus

$$\Delta p = \frac{\xi}{2\rho_m}\left(\frac{\dot{m}_{\mathrm{D}}}{S}\right)^2 \quad (52.11)$$

(S Summe der Querschnitte aller parallel durchströmten Rohre, Reibungsbeiwerte ξ siehe Bd. 1, Abschn. 17.2, ρ_{m} mittlere Dichte, $\dot{m}_{\mathrm{D}}$ Massenstrom)

Der Druckverlust ist für jeden Abschnitt zu bestimmen. Der Gesamtdruckverlust ergibt sich dann aus der Summe der Druckverluste der Abschnitte.

Die Massenstromdichte $\frac{\dot{m}_{\mathrm{D}}}{S}$ in den Verdampferrohren kann auch schaltungstechnisch oder von der Rohranordnung beeinflusst werden. Sie ist so groß zu halten, dass der resultierende Wärmeübergangskoeffizient α_i zu einer zulässigen äußeren Wandtemperatur (s. Bd. 1, Abschn. 45. 4) führt, die aus

$$t_{w,a} = t_{\mathrm{D}} + q_a d_a \left(\frac{\ln\left(\frac{d_a}{d_i}\right)}{2\lambda_w} + \frac{1}{\alpha_i d_i}\right) \quad (52.12)$$

folgt.

Luft- und Rauchgasseite Hier ist eine Berechnung der Widerstände für die Bestimmung der Gebläseleistungen erforderlich. Kanalwiderstände werden nach Gl. (52.11) mit $\dot{m}$ und ρ für das jeweilige Gas berechnet, wobei ξ von *Re* und dem Strömungszustand (s. Bd. 1, Abschn. 17.2.1) abhängt. Bei Rohrbündeln ist außerdem noch die Längs- und Querteilung zu berücksichtigen. Für Rippenrohr-Heizflächen und Regenerativvorwärmer gelten die Angaben der Hersteller.

Da sich bei mehreren Kesselzügen wegen der mit der Abkühlung zunehmenden Dichte des Rauchgases ϱ_0 der Einfluss der Höhe H nicht ausgleicht, ist der Druckverlust Δp für jeden Zug um

$$\Delta p_h = \varrho_0 T_0 g H \left(\frac{1}{T_{u,m}} - \frac{1}{T_{G,m}}\right) \quad (52.13)$$

(T_0 Eintrittstemperatur, g Erdbeschleunigung, $T_{u,m}$ mittlere Umgebungstemperatur, $T_{G,m}$ mittlere Gastemperatur) zu korrigieren, d. h. bei Aufwärtsströmung abzuziehen und bei Abwärtsströmung zuzurechnen.

52.4.4 Festigkeitsberechnung

Berechnung der Zylinderschalen und Böden s. Kap. 35.

Literatur

Spezielle Literatur

1. Effenberger, H.: Dampferzeugung. Springer, Heidelberg, Berlin (1999). ISBN 978-3540641759
2. Rebhan, E.: Energiehandbuch Gewinnung, Wandlung und Nutzung von Energie. Springer, Heidelberg, Berlin (2002). ISBN 978-3540412595
3. Dolezal, R.: Dampferzeugung. Springer, Heidelberg, Berlin (1985). ISBN 978-3540137719
4. Strauß, K.: Kraftwerkstechnik. Springer, Heidelberg, Berlin (1989). ISBN 978-3540647508
5. Noot, W.: Vom Kofferkessel bis zum Großkraftwerk – Die Entwicklung im Kesselbau. Vulkan-Verlag, Essen (2010). ISBN 978-3802725586
6. VGB PowerTech: Konzeptstudie: Referenzkraftwerk Nordrhein-Westfalen (2017). http://www.vgb.org, Zugegriffen: 23. Jan. 2017
7. Richtlinie 2014/68/UE des Europäischen Parlaments und des Rates vom 15. Mai 2014
8. DIN EN 12952-15: Wasserrohrkessel und Anlagenkomponenten, Teil 15: Abnahmeversuche. Beuth, Berlin (2004)
9. VDI 3986: Ermittlung des Wirkungsgrads von konventionellen Kraftwerken. Beuth, Berlin (2014)
10. Planungshandbuch Dampfkessel, Viessmann, 5470 699 D 03/2011

Teil IX
Fahrzeugtechnik

Der Verkehr an Personen und Gütern hat in den letzten 150 Jahren nach Einführung von Eisenbahn, Dampfschiff, Kraftfahrzeug und Flugzeug weltweit dramatisch zugenommen. Dieser säkulare Trend ermöglicht eine zunehmende internationale Arbeitsteilung, umfassenden Reiseverkehr zu privaten Zwecken, die Trennung zwischen den Orten von Wohnen, Ausbildung und Arbeit usw. Die Entwicklung kann durch viele Kenngrößen sichtbar gemacht werden. Zunächst sind die zurückgelegten Strecken pro Person oder pro Gewichtseinheit von Gütern interessant, die Zahl der dafür erforderlichen Fahrzeuge, Flugzeuge und Schiffe, deren Energieverbrauch oder die davon ausgehende Umweltbelastung.

Weltweit werden ca. 100 000 Mrd. tkm an Gütertransportleistung erbracht; die OECD erwartet ein Wachstum auf 330 000 Mrd. tkm bis 2050 [1].

Der Schiffsverkehr auf den Weltmeeren erbringt ca. 90 % dieser Transportleistung. Damit verursachte er 2012 über zwei Prozent der globalen CO_2-Emissionen (ca. 940 Mio. t) [2].

Vom Flugverkehr wird bis 2050 weltweit eine Vervierfachung erwartet [1]. 2015 wurden in Deutschland 2,84 Tsd. Starts und Landungen gezählt, es wurden 218 Mio. Passagiere befördert und 4,5 Mio. t Fracht und Post befördert [3].

Die Zahl der Kfz liegt weltweit bei ca. 1 Mrd., sie wird bis 2050 auf 2,4 Mrd. anwachsen [1]. Dieses Wachstum wird sich überwiegend in Märkten abspielen, die eher preisempfindlich sind und robuste Technik erfordern.

Die dichtesten Schienenverkehrsnetze befinden sich in Europa, Japan, Südkorea, Taiwan. In der VR China werden sie schnell ausgebaut. Sehr große Transportleistungen in tkm werden z. B. dann erreicht, wenn Rohstoffgewinnung im Binnenland mit Seehäfen zu verbinden ist.

Der Verkehr in Städten wird sich weltweit bis 2050 mehr als verdoppeln. Je nach der eingeschlagenen Verkehrspolitik kann dies bei nahezu unverändertem Individualverkehr durch das Wachstum öffentlicher Verkehre erfolgen; wahrscheinlicher ist aber ein massives Anwachsen des MIV [1].

In fast allen Fällen kann man in den entwickelten Ländern die Tendenz zur Sättigung bei den Verkehrsleistungen und der Zahl der Kraftfahrzeuge erkennen, während sich bei den spezifischen Größen beträchtliche Verbesserungen zeigen. Die weniger entwickelten holen teilweise mit sehr hohen Wachstumsraten auf, und in weiteren beginnen gerade sehr schnelle Entwicklungen, z. B. in Südasien und Afrika [1].

Für den deutschen Bundesverkehrswegeplan (BVWP) 2016 wurde eine Prognose bis zum Jahr 2030 erstellt. Danach bleibt die Zahl der Einwohner im Alter von über 18 Jahren, die sog. fahrfähige Bevölkerung, fast konstant (–1 %). Unter den Erwachsenen wird die Anzahl der Einwohner im Erwerbsalter (18 bis 64 Jahren) um 12 % ab-, die der älteren Personen (65 und mehr) dagegen weit überdurchschnittlich zunehmen (+31 %). Der Pkw-Bestand wird danach auf 49,9 Mio., die Pkw-Dichte auf 694 Fahrzeuge pro 1000 Einwohner über achtzehn anwachsen. Die Verkehrsleistung erhöht sich aufgrund des überproportional wachsenden Fernverkehrs und steigender Fahrtweiten von 1184 Mrd. Pkm in 2010 auf 1329 Mrd. (+12,2 %). Bei Betrachtung allein des motorisierten Verkehrs liegt der Zuwachs bei 12,9 %, was einem durchschnittlichen jährlichen Wachstum von 0,6 % p. a. entspricht.

Das Aufkommen an Güterverkehr (gemessen in t transportierter Güter) ist in Deutschland seit 1995 mit leichten, überwiegend konjunkturell bedingten Schwankungen fast konstant. Dagegen ist die Güterverkehrsleistung (gemessen in tkm) deutlich angestiegen. Wenn auch die spezifischen Verbräuche besonders im Straßengüterverkehr deutlich rückläufig sind, ergibt sich dadurch insgesamt ein Anwachsen des Verbrauchs an Kraftstoffen und damit auch der CO_2-Emissionen des Güterverkehrs [4].

Die hier angedeuteten Trends können aufgrund der zahlreichen Akteure, der umfangreichen Infrastrukturen usw. nur schwer gelenkt, schon gar nicht kurzfristig umgekehrt werden, wie es aus Gründen des Ressourceneinsatzes und wegen der ungewollten Nebenwirkungen wünschenswert wäre. Daraus ergibt sich die Notwendigkeit, die Effizienz auf allen Ebenen zu steigern.

Die Nachfrage nach Transportdienstleistungen erzeugt entsprechende Märkte für Transportmittel: Kraftfahrzeuge (Produktion weltweit 2017 ca. 22,9 Mio. Nfz, ca. 72,1 Mio. Pkw [5]), Schienenfahrzeuge, Flugzeuge, Schiffe. Sie bilden einen großen Sektor der Weltwirtschaft, in dem deutsche und andere europäische Firmen stark vertreten sind. Die größeren Wachstumsraten auf dem Gebiet der Kfz-Produktion zeigen sich aber in Ländern, die sich rasch entwickeln, z. B. in China, Indien, Thailand, Mexiko. Dagegen werden Produktentwicklung und Produktionsplanung ganz überwiegend an den Standorten der großen Hersteller in Europa, USA, Japan durchgeführt, auch in China sind sehr große Entwicklungskapazitäten entstanden. Große Flugzeuge und Schiffe werden nur an wenigen Stellen entwickelt und gebaut; Newcomer in diesen Sektoren müssen mit sehr hohen Hürden kämpfen.

Die direkte Übertragbarkeit von Technologien zwischen den Industrien der Fahrzeug-, Flugzeug- und Schiffsbauer ist gering. Die Größen der Objekte, ihre Betriebsweise usw. lassen dies nicht zu. Klar zu erkennen ist jedoch der Trend, alle Schritte der Entwicklung, der Produktionsplanung und der Logistik digital zu hinterlegen. Er wurde mit Nachdruck zunächst in der Kfz-Industrie verfolgt und erfasst immer stärker die gesamte Industrie. Kenntnisse auf diesem vielfältigen Gebiet sind daher und werden immer stärker zur Voraussetzung für erfolgreiches berufliches Arbeiten auf technischem Gebiet.

Literatur

1. ITF 2017: International Transport Forum: ITF Transport Outlook 2017, OECD Publishing, Paris 2017
2. UBA 2016: Umweltbundesamt: Seeschifffahrt, 9.9.2016
3. ViZ 2017: Bundesministerium für Verkehr und digitale Infrastruktur: Verkehr in Zahlen 2016/2017
4. SRU 12: Sachverständigenrat für Umweltfragen: Umweltgutachten 2012, Kapitel 4: Güterverkehr und Klimaschutz; siehe auch www.umweltrat.de
5. OICA 2017: Organisation Internationale des Constructeurs d'Automobiles (OICA): Production Statistics, Stand 29.3.2017

Kraftfahrzeugtechnik

53

Volker Schindler und Steffen Müller

53.1 Definition von Kraftfahrzeugen

Kraftfahrzeuge sind selbstfahrende, maschinell angetriebene Landfahrzeuge, die nicht an Gleise gebunden sind. Sie dienen dem Transport von Personen und Gütern und sind die Basis für eine weiträumige und feingliedrige Arbeitsteilung. Sie erlauben die vielfältig differenzierte Darstellung von Statusansprüchen und dienen auch dem Vergnügen. Eine fast unübersehbare Vielfalt von Varianten und speziellen Ausführungen ist entstanden.

Die UN-ECE (United Nation – Economic Commission for Europe) hat ein Gliederungsschema für Kfz festgelegt, das vor allem in der europäischen Gesetzgebung viel verwendet wird [1, 2]. Die wichtigsten Fahrzeugkategorien sind danach:

Leichte Fahrzeuge [3]:

L1e Leichtkrafträder, die nicht schneller als 45 km/h fahren können; Hubraum von bis zu 50 cm^3 im Falle von Verbrennungsmotoren oder maximale Nenndauerleistung von bis zu 4 kW im Falle von Elektromotoren;

V. Schindler (✉)
Technische Universität Berlin
Berlin, Deutschland
E-Mail: volker.schindler@tu-berlin.de

S. Müller
Technische Universität Berlin
Berlin, Deutschland
E-Mail: steffen.mueller@tu-berlin.de

L2e Leichtkrafträder wie L1, aber mit drei Rädern.

L3e mit einem Hubraum von mehr als 50 cm^3 im Falle von Verbrennungsmotoren und/oder einer bauartbedingten Höchstgeschwindigkeit von mehr als 45 km/h;

L4e wie L3e aber mit drei, bezüglich der Längsachse asymmetrisch angeordneten Rädern (z. B. Motorrad mit Seitenwagen).

L5e wie L3e, aber mit drei symmetrisch angeordneten Rädern (z. B. Piaggio Ape, Trike).

L6e 4-rädrige Fahrzeuge mit zwei Sitzen und einem Leergewicht < 350 kg, im Falle eines Elektronantriebs ohne Batterie, die nicht schneller als 45 km/h fahren können und bei denen der Hubraum eines Ottomotors nicht mehr als 50 cm^3 oder die Leistung eines anderen Motors mit innerer Verbrennung nicht mehr als 4 kW oder die maximale Dauerleistung eines Elektromotors nicht mehr als 4 kW beträgt (z. B. Quad, Quadricycle) (Ab 01.01.2017 gelten geänderte Massen und maximale Antriebsleistungen; siehe 2013/168/EU: Verordnung des Europäischen Parlaments und des Rates vom 15. Januar 2013 über die Genehmigung und Marktüberwachung von zwei- oder dreirädrigen und vierrädrigen Fahrzeugen.)

L7e 4-rädrige Fahrzeuge, die nicht unter L6e fallen, mit einem Leergewicht < 400 kg (< 550 kg für Fahrzeuge zum Gütertransport), im Falle eines Elektronantriebs ohne Batterie, mit einer Leistung < 15 kW.

B. Bender und D. Göhlich (Hrsg.), *Dubbel Taschenbuch für den Maschinenbau 3: Maschinen und Systeme*,
https://doi.org/10.1007/978-3-662-59715-6_53

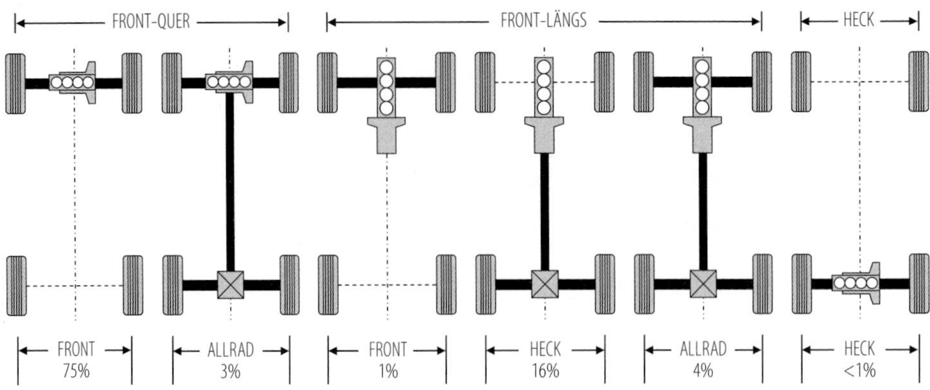

Abb. 53.1 Gegenüberstellung der Antriebsarten und deren weltweiten Marktanteilen [4]

Kfz mit mindestens vier Rädern für die Beförderung von Personen:

M1 Pkw mit ≤ 9 Sitzplätzen inkl. Fahrer,
M2 Kleinbus mit >9 Sitzplätzen inkl. Fahrer, < 5 t zGG (zulässiges Gesamtgewicht)
M3 Bus mit ≥ 9 Sitzplätzen inkl. Fahrer, > 5 t zGG.

Für Busse wird weiter danach unterschieden, ob stehende Passagiere erlaubt sind oder nicht.

Kfz mit mindestens vier Rädern für den Transport von Gütern (Lkw):

N1 Lkw mit $< 3{,}5$ t zGG
N2 Lkw $3{,}5\,\text{t} < \text{zGG} < 12\,\text{t}$
N3 Lkw > 12 t zGG.

Die Kategorien O1 bis O4 beschreiben verschiedene Ausführungsformen von Anhängern.

Außer Einzelfahrzeugen sind Gespanne aus Zugmaschine und einem Anhänger bzw. Sattelauflieger zugelassen (§ 32a StVZO Straßenverkehrs-Zulassungs-Ordnung).

Innerhalb jeder der Kategorien gibt es zahlreiche Ausführungsformen. Speziell für die besonders zahlreichen M1-Fahrzeuge (Pkw) gibt es feine Untergliederungen nach der Form der Karosserie von Mini bis Luxury und von Sportwagen bis Van. Eine weitere wichtige Kategorisierung unterscheidet nach der Anordnung des Antriebsstrangs (Abb. 53.1). Überwiegend werden Pkw und leichte Nfz mit Frontantrieb mit quer oder auch längs eingebautem Motor angeboten, dazu kommen Fahrzeuge mit Standardantrieb

Tab. 53.1 Maximale Längen von Kfz im öffentlichen Straßenverkehr in Deutschland nach § 32 StVZO 1996/53/EG und 2002/7/EG

Art des Fahrzeugs	Länge
Kraftfahrzeug (ausgenommen Kraftomnibusse)	12,00 m
Anhänger	12,00 m
Sattelkraftfahrzeug	16,50 m
Lastzug	18,75 m
zweiachsiger Kraftomnibus	13,50 m
Kraftomnibus mit mehr als zwei Achsen	15,00 m
Gelenkbus	18,75 m
Kraftomnibus und Anhänger	18,75 m

mit Motor längs vorne und Achsantrieb hinten und mit Allradantrieb in zahlreichen Varianten. Pkw mit hinten oder mittig eingebauten Motoren sind selten. Eine weitere, selten verwendete Lösung ist Transaxle (Motor vorne, Getriebe an der Hinterachse).

Die maximalen Abmessungen der Kfz im öffentlichen Straßenverkehr sind beschränkt (Tab. 53.1). Die Breite darf in Deutschland höchstens 2,55 m (2,60 m bei Kühlaufbauten), die Höhe 4,00 m betragen. Durch die Richtlinie 2012/1230/EU wurden Vorrichtungen zur Verringerung des Luftwiderstands erlaubt, die das Heck darüber hinaus um bis zu 500 mm verlängern und das Fahrzeug um bis zu 100 mm verbreitern und die im Stand eingeklappt werden müssen. Die maximale Masse wurde auf 40 t (44 t im kombinierten Verkehr mit intermodaler Transportkette) festgelegt. Die zulässigen Achslasten betragen in der Regel nicht mehr als 11,5 t. Die zuständigen Behörden können Ausnahmen von diesen

Regelungen zulassen. In der Regel werden dann besondere Auflagen bezüglich Fahrzeugtechnik, Qualifikation der Fahrer, Strecken usw. festgelegt. Einige europäische Länder weichen bei den Abmessungen und Massen für Lkw-Kombinationen ab (z. B. Schweden bis 24 m Länge und 60 t Masse). Seit 2017 lässt das Deutsche Verkehrsministerium (2019 präzisiert und erweitert, in Teilen erleichterte Anforderungen) Lang-Lkw auf dafür ausdrücklich genannten Strecken („Positivliste“, 11 600 km) zu; Gesamtmasse maximal 40 t bzw. 44 t im kombinierten Verkehr, Länge bis 25,25 m, Fahrzeuglänge bis 17,88 m bis Ende 2023 [36].

53.2 Bedeutung von Kraftfahrzeugen

Im Zentralen Fahrzeugregister waren am 01.01.2017 55,6 Mio. Kfz und 7,0 Mio. Kfz-Anhänger eingetragen; hinzu kamen ca. 2 Mio. Fahrzeuge mit Versicherungskennzeichen. Unter den Kfz waren 45,8 Mio. Pkw und 4,3 Mio. Krafträder. Außerdem waren 2,9 Mio. Lkw, 202 000 Sattelzugmaschinen, 1,4 Mio. land- und forstwirtschaftliche Zugmaschinen sowie 79 Tsd. Kraftomnibusse registriert.

Diesel (32,9 %) und vor allem Benzin (65,5 %) sind die bevorzugten Antriebsarten, außerdem waren 34 022 Elektro-Pkw und 165 405 Pkw mit Hybridantrieb im Bestand. Das durchschnittliche Alter der Pkw erreichte 9,3 Jahre (Vorjahr: 9,2 Jahre). 600 000 Pkw (1,3 %) waren älter als 30 Jahre [39].

Die gesamte Verkehrsleistung im motorisierten Individualverkehr (MIV) belief sich 2014 auf 939 Mrd. Pkm.; hinzu kamen 228 Mrd. Pkm der öffentlichen Verkehre [37]. Die Fahrleistung belief sich insgesamt auf 752,3 Mrd. Fzg.km, die der Pkw auf 627,2 Mrd. Fzg.km [40].

Zur Bewältigung dieser Straßenverkehre ist eine Vielzahl von Fahrzeugtypen entstanden. Die Entscheidungsgründe eines Kunden für den Erwerb eines bestimmten Fahrzeugtyps sind außerordentlich vielfältig. Während bei Nfz in der Regel wirtschaftliche Überlegungen unter Berücksichtigung des gesamten Lebenszyklus von der Beschaffung über den Betrieb mit Kosten für Kraftstoff, Versicherung, Service, Reparatur, ggf. Straßenmaut bis zum Weiterverkauf des gebrauchten Fahrzeugs oder zum Recycling den Ausschlag geben (Total Cost of Ownership), spielen bei privaten Pkw Fragen des persönlichen Geschmacks, der Emotionalität des Fahrzeugs, des damit vermittelten Status usw. eine große Rolle. Die Industrie trägt diesen Bedürfnissen mit dem Angebot einer Vielzahl von Karosserie-, Motorisierungs- und Ausstattungsvarianten Rechnung. Die Prozesse der Produktentwicklung und der Produktion, wie auch die Fahrzeugplattformen und Komponentenbaukästen wurden so verfeinert, dass sehr weitgehend individualisierte Pkw kundenspezifisch hergestellt werden können.

Die große Bedeutung des motorisierten Verkehrs hat es erforderlich gemacht, viele Aspekte der Zulassung und des Betriebs zu reglementieren. So ist ein dichtes Geflecht von Vorschriften entstanden, das Mindestanforderungen für Aktive und Passive Sicherheit, Abgas- und Geräuschemissionen, Kraftstoffverbrauch, Recyclingeigenschaften usw. festlegt (Tab. 53.2 und 53.3). Außerdem müssen die Fahrzeuge regelmäßig

Tab. 53.2 Eine Auswahl von Vorschriften für die EU-Typgenehmigung von Fahrzeugen der Klasse M1. Eine vollständige, stets aktualisierte Übersicht ist zu finden unter http://www.ec.europa.eu – unter „Directives and regulations on motor vehicles, their trailers, systems and components“

Genehmigungsgegenstand		Nummer des Rechtsakts	Bei Bezug auf Einzelrichtlinie oder -verordnung gilt UN-ECE-Regelung
1	Geräuschpegel	70/157/EWG	51, 59
2	Emissionen (mit Ausnahme sämtlicher Anforderungen bezüglich des On-Board-Diagnosesystems (OBDSystem))	70/220/EWG	83, 103
3	Kraftstoffbehälter/Unterfahrschutz hinten	70/221/EWG	34, 58, 67, 110

Tab. 53.2 (Fortsetzung)

Genehmigungsgegenstand		Nummer des Rechtsakts	Bei Bezug auf Einzelrichtlinie oder -verordnung gilt UN-ECE-Regelung
4	Anbringung hinteres Kennzeichen	70/222/EWG	
5	Lenkanlagen	70/311/EWG	79
6	Türverriegelungen und -scharniere	70/387/EWG	11
7	Schallzeichen	70/388/EWG	28
8	Einrichtungen für indirekte Sicht	2003/97/EG	46
9	Bremsanlage	71/320/EWG	13H, 90
10	Funkentstörung	72/245/EWG	10
11	Emissionen von Dieselmotoren	72/306/EWG	24
12	Innenausstattung	74/60/EWG	21
13	Diebstahlsicherung	74/61/EWG	18, 97, 116
14	Lenkanlage bei Unfallstößen	74/297/EWG	12
15	Sitzfestigkeit	74/408/EWG	17
16	Außenkanten	74/483/EWG	26
17	Geschwindigkeitsmesser und Rückwärtsgang	75/443/EWG	39
18	Vorgeschriebene Schilder	76/114/EWG	
19	Gurtverankerungen	76/115/EWG	14
20	Anbau der Beleuchtungs- und Lichtsignaleinrichtungen	76/756/EWG	48
21	Rückstrahler	76/757/EWG	3
22	Umriss-, Begrenzungs-, Schluss-, Tagfahr-, Brems- und Seitenmarkierungsleuchten	76/758/EWG	7, 87, 91
23	Fahrtrichtungsanzeiger	76/759/EWG	6
24	Hintere Kennzeichenbeleuchtung	76/760/EWG	4
25	Scheinwerfer (einschließlich Glühlampen)	76/761/EWG	1, 5, 8, 20, 31, 37, 98, 99
26	Nebelscheinwerfer	76/762/EWG	19
27	Abschleppeinrichtung	77/389/EWG	
28	Nebelschlussleuchten	77/538/EWG	38
29	Rückfahrscheinwerfer	77/539/EWG	23
30	Parkleuchten	77/540/EWG	77
31	Rückhaltesysteme und Rückhalteeinrichtungen	77/541/EWG	16, 44
32	Sichtfeld	77/649/EWG	
33	Kennzeichnung der Betätigungseinrichtungen	78/316/EWG	
34	Entfrostung/Trocknung	78/317/EWG	
35	Scheibenwischer/-wascher	78/318/EWG	
36	Heizung	2001/56/EG	
37	Radabdeckung	78/549/EWG	
38	Kopfstützen	78/932/EWG	17, 25
39	CO_2-Emission/Kraftstoffverbrauch	80/1268/EWG	101
40	Motorleistung	80/1269/EWG	85
41	Emissionen von Dieselmotoren	88/77/EWG	49
44	Massen und Abmessungen (Pkw)	92/21/EWG	
45	Sicherheitsglas	92/22/EWG	43
46	Luftreifen	92/23/EWG	30, 54, 64, 117
50	Verbindungseinrichtungen	94/20/EG	55
53	Frontalaufprall	96/79/EG	94
54	Seitenaufprall	96/27/EG	95
58	Fußgängerschutz	2003/102/EG	

Tab. 53.3 Vorschriften für die Typgenehmigung nach FMVSS (Einige Nummern sind nicht vergeben.)

Genehmigungsgegenstand	FMVSS
Passenger car controls and displays	101
Transmission shift position sequence, starter interlock, and transmission braking effect	102
Windshield defrosting and defogging systems	103
Windshield wiping and washing systems	104
Hydraulic and electric brake systems	105
Brake hoses	106
Lamps, reflective devices, and associated equipment	108
New pneumatic and certain specialty tires	109
Tire selection and rims for motor vehicles	110
Rearview mirrors	111
Hood latch systems	113
Theft protection and rollaway prevention	114
Motor vehicle brake fluids	116
Retreaded pneumatic tires	117
Power-operated window, partition, and roof panel systems	118
New pneumatic tires for vehicles other than passenger cars	119
Tire selection and rims for motor vehicles other than passenger cars	120
Air brake systems	121
Motorcycle brake systems	122
Motorcycle controls and displays	123
Accelerator control systems	124
Warning devices	125
Electronic stability control systems	126
New non-pneumatic tires for passenger cars	129
School bus pedestrian safety devices	131
Light vehicle brake systems	135
Electronic stability control systems for heavy vehicles (im Abstimmungsprozess)	136
Tire pressure monitoring systems	138
New pneumatic radial tires for light vehicles	139
Occupant protection in interior impact	201
Head restraints	202
Impact protection for driver from the steering control system	203
Steering control rearward displacement	204
Glazing materials	205
Door locks and door retention components	206
Seating systems	207
Occupant crash protection	208
Seat belt assemblies	209
Seat belt assembly anchorages	210
Windshield mounting	212

Tab. 53.3 (Fortsetzung)

Genehmigungsgegenstand	FMVSS
Child restraint systems	213
Side impact protection	214
Roof crush resistance	216
Bus emergency exits and window retention and release	217
Motorcycle helmets	218
Windshield zone intrusion	219
School bus rollover protection	220
School bus body joint strength	221
School bus passenger seating and crash protection	222
Rear impact guards	223
Rear impact protection	224
Child restraint anchorage systems	225
Ejection Mitigation	226
Fuel system integrity	301
Flammability of interior materials	302
Fuel system integrity of compressed natural gas vehicles	303
Compressed natural gas fuel container integrity	304
Electric-powered vehicles: electrolyte spillage and electrical shock protection	305
Interior trunk release	401
Platform lift systems for motor vehicles	403
Platform lift installations in motor vehicles	404
Low-speed vehicles	500

gemäß § 29 StVZO auf ihre Verkehrssicherheit und die Einhaltung von Emissionsvorschriften überprüft werden (Hauptuntersuchung). Auch die Bedingungen zum Erwerb der Fahrerlaubnis sind immer wieder verfeinert worden.

53.3 Karosserie

Die Karosserie ist die übergreifende Struktur, die allen anderen Komponenten des Fahrzeugs ihren Platz zuweist. Sie bestimmt das Erscheinungsbild eines Fahrzeugs. Die Grundfunktionen der Karosserie sind

- Tragende Struktur für Fahrwerk, Antrieb, Ausstattung
- Schutz der Insassen und der Komponenten vor Umwelteinflüssen
- Schutz im Crashfall
- Gestaltgebung.

Man kann die Tragstruktur mit den Aufgaben

- Aufnahme aller Kräfte und Momente
- Gestaltfester Innenraum
- Zonen für die definierte Aufnahme von Deformationsenergie in der Peripherie
- Aufnahme des Fahrwerks inkl. der Lenkung und der Bremsen, der Antriebsaggregate, der gesamten Ausstattung, der Insassen und der Zuladung

und die Außenhaut mit den Aufgaben

- Schutz vor äußeren Einflüssen
- Design
- Aerodynamik/Aeroakustik

voneinander unterscheiden.

Bei der Auslegung einer Rohkarosserie stehen zunächst die geometrischen Randbedingungen im Vordergrund. Dazu gehören: Unterbringung aller Komponenten, die für die Funktion erforderlich sind, der Insassen und der sonstigen Zuladung, Öffungsmöglichkeiten für Türen, Klappen, Schiebedach usw., geometrische Erfordernisse für den Betrieb wie Bodenfreiheit, Böschungswinkel, Bordsteinfreiheit, Rampenwinkel, Radfreigängigkeit, Schneekettenmontage, Sichtverhältnisse für den Fahrer usw.

Eine gute Passive Sicherheit erfordert zunächst einen Raum für die Insassen, der bei einem Unfall undeformiert bleibt und vor dem Eindringen von Fremdkörpern (Intrusion) geschützt ist. Dies wird durch eine äußerst stabil ausgelegte Sicherheitszelle erreicht. Ziel bei einem Frontalcrash ist es, möglichst viel kinetische Energie schon im Vorderwagen in plastische Deformation oder andere Formen der Materialzerstörung umzusetzen und die restliche Energie großflächig in die Fahrgastzelle einzuleiten. Die vorderen Längsträger werden daher so gestaltet, dass sie sich durch Faltenbeulen und Biegen verformen und dabei viel Energie aufnehmen.

In der Regel wird bei einem Unfall nur ein Teil der Fahrzeugfront getroffen. Um auch die stoßabgewandten Strukturen zur Aufnahme von Energie heranzuziehen, müssen die Kräfte entsprechend verteilt werden. Das geschieht u. a. durch geeignet gestaltete Stoßfängerträger und andere Querstrukturen.

Bei einem Heckcrash gelten weitgehend analog die Auslegungsprinzipien für den Frontalcrash. Der Kraftstofftank wird bei Pkw in der Regel oberhalb der Hinterachse unter den hinteren Sitzen eingebaut. Damit ist er auch bei einem Heckaufprall weitgehend geschützt.

Beim seitlichen Aufprall eines anderen Kfz erfolgt die Einleitung der Last über die A- und B-Säule bzw. B- und C-Säule und die in die Türen integrierten, meist diagonal angeordneten Aufprallträger. Bei einem seitlichen Pfahlaufprall (z. B. Schleuderunfall gegen einen Baum) muss die Kraft über Schweller und Dachrahmen aufgenommen werden.

Von großer Bedeutung bei der Auslegung der Karosserie sind neben der Passiven Sicherheit akustische Eigenschaften. Anforderungen sind z. B.:

- Die globalen Eigenfrequenzen der Karosserie müssen deutlich von denen der Achsen und des Antriebs getrennt werden.
- Das Eindringen von Luftschall in den Innenraum muss vermieden werden.
- Pfade für das Weiterleiten von Körperschall müssen unterbrochen werden.

Daher sollten flächenhafte Tragstrukturen vermieden und statische und dynamische Kräfte möglichst über Trägerstrukturen übertragen werden.

Die Karosserie muss die Betriebslasten und definierte Missbrauchslastfälle ohne Beeinträchtigung von Sicherheit und Funktion ertragen können. Es müssen adäquate, nicht zu aufwändige Reparaturmethoden für Schäden an der Karosserie zur Verfügung stehen.

Die Aufgaben und Einsatzbedingungen eines Fahrzeugs bestimmen die Art des Aufbaus und des Fahrgestells (Chassis). Man unterscheidet nach dem Konstruktionsprinzip:

- Fahrzeuge mit ebenem Rahmen (Leiterrahmen, engl.: ladder frame)
- Fahrzeuge mit dreidimensionalen Gitterstrukturen (Spaceframe, Gitterrohrrahmen)

Abb. 53.2 Rohkarosserie eines 5er BMW (MJ 2010): Für die dunkel angelegten Trägerstrukturen wurde warm umgeformter, höchstfester Stahl verwendet, die vorderen Federbeindome werden aus Aluminium gegossen. (Quelle BMW Group)

- Fahrzeuge mit selbsttragender Karosserie
- Monocoque-Bauweise unter Verwendung von Hochleistungskunststoffen.

Bei leichten Transportern mit Pritsche, schweren Lkw und vielen Off-Road-Fahrzeugen dient ein Rahmen als Basis für die Karosserie, die selber keine tragende Funktion haben muss. Er dient als Tragstruktur für Antrieb, Fahrwerk und Aufbauten. Vorteil der Rahmenbauweise ist die hohe Variantenflexibilität, die einfache Realisierbarkeit eines Baukastens mit großem Gestaltungsspielraum, die gute Eignung für spezialisierte Aufbauten und die hohe Belastbarkeit.

Funktionale Anforderungen und vor allem wirtschaftliche Aspekte haben zur Entwicklung der selbsttragenden Karosserie aus Stahlblech (engl.: steel unibody) geführt. Sie hat sich im Bereich der Pkw und der Transporter praktisch vollständig durchgesetzt. Bei ihr bildet das Tragwerk zur Aufnahme von Antrieb und Fahrwerk eine Einheit mit der Karosserie. Die Träger werden jeweils aus mindestens zwei Schalen aus tiefgezogenen Blechen zusammengefügt. Durch die Gestaltung der Trägerquerschnitte, der Knotenstrukturen zwischen den Trägern und der verschließenden Blechfelder werden sowohl die mechanisch-strukturellen als auch die geometrischen Anforderungen an die Karosserie erfüllt. Die Blechstärke beträgt von 0,6 bis über 2 mm. Die konstruktiv erforderliche Materialstärke wird an vielen Stellen durch die erforderliche Festigkeit definiert. Hier erlauben höher- und höchstfeste Materialien Wanddickenreduzierungen. Die Karosserien moderner Pkw bestehen bis zu über 80 % aus solchen Stahlqualitäten (Abb. 53.2).

Die Rohkarosserie eines Mittelklasse-Pkw entsteht aus ca. 300 Blechteilen; hinzu kommen zahlreiche Kleinteile wie angeschweißte Schraubbolzen zur Befestigung von Anbauteilen. Der gesamte Prozess von der Anlieferung der Bleche über den Zuschnitt, das Tiefziehen bis hin zum Fügen erfolgt bei Großserienprodukten weitgehend automatisiert. Als Fügetechnik wird ganz überwiegend das Widerstands-Punktschweißen eingesetzt; für eine Karosserie werden ca. 4700 Schweißpunkte benötigt. Es wird durch Laserschweißen und Schutzgasschweißen ergänzt. Bei neueren Fahrzeugkonstruktionen kommen vermehrt Punktschweiß-Kleben und Strukturkleben zum Einsatz.

Durch präzise Anpassung der Materialstärke an die mechanischen Anforderungen können erhebliche Gewichtseinsparungen erzielt werden. Dieser Gedanke führt zum Konzept der Tailored Blanks. Dabei handelt es sich um lasergeschweißte Stahlplatinen mit unterschiedlicher Dicke und ggf. auch unterschiedlicher Qualität. Schon im Ausgangsmaterial für den Tiefziehvorgang, der Platine, wird so genau an höher belasteten Stellen dickeres oder festeres Material zur Verfügung gestellt.

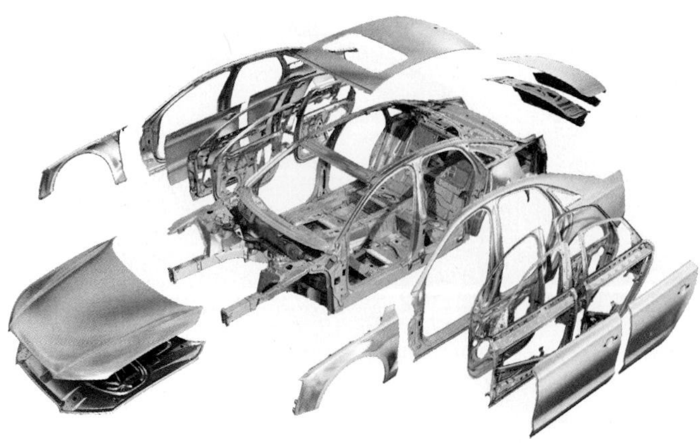

Abb. 53.3 Aluminium-Spaceframe des Audi A8 (MJ 2010) aus Strangpressprofilen, mit gegossenen Knoten und mit Aluminiumblechen. (Quelle Audi)

Das Gewicht einer Pkw-Rohkarosserie inkl. Türen und Klappen beträgt 280 bis 350 kg. Die Leichtbaugüte *L*, ausgedrückt durch das Verhältnis von Masse der Rohkarosserie m_{RK} zu Torsionssteifigkeit C_{T} und Aufstandsfläche *A*

$$L = \frac{m_{\mathrm{RK}}}{C_{\mathrm{T}} A},$$

konnte über viele Fahrzeuggenerationen hinweg stetig verbessert werden und beträgt nun für Pkw ca. 2,5.

Auch aus Aluminiumblech können selbsttragende Karosserien hergestellt werden. Eine Minderung des Gewichts der Rohkarosserie bis über 30 % bei gleicher Steifigkeit wie bei Stahl ist möglich. Allerdings ist eine ganze Reihe von Anpassungen im Fertigungsprozess und auch im Service erforderlich. In der Regel werden Verbindungstechniken wie Durchsatzfügen, Kleben, Schutzgasschweißen oder Kombinationen verwendet. Die Oberflächenqualität von Stahl ist mit Aluminiumblechen nur mit zusätzlichem Aufwand zu erreichen. In der Praxis führt dies zu höherem Nacharbeitsaufwand und damit zu höheren Kosten. Die Aluminium-Schalenbauweise wird bisher nur für wenige Fahrzeuge eingesetzt. Relativ viele Fahrzeuge der Oberklasse werden aber mit Türen, Klappen und vorderen oder hinteren Kotflügeln aus Al-Blech dargestellt (Abb. 53.3).

Gitterrohrrahmen waren bei Pkw stets selten und sind heute praktisch nicht mehr zu finden. Dreidimensionale Rahmen werden dagegen in Form des Spaceframe für Pkw eingesetzt, die in relativ geringer Stückzahl produziert werden. In der Regel werden dabei stranggepresste Aluminiumprofile als Träger benutzt. Sie werden nach Möglichkeit in gerader Form verbaut, können aber auch geeignet gebogen werden. Sie werden in der Regel über gegossene Knoten aus Aluminium miteinander verbunden (Abb. 53.3). Als Fügetechnik wird das MIG-Schweißen, seltener das Kleben eingesetzt. Die Spaceframe-Bauweise hat vor allem bei kleinen Stückzahlen Kostenvorteile. Die geringeren Einmalkosten für die Bereitstellung von Werkzeugen und anderen Produktionseinrichtungen überwiegen dann die höheren Werkstoffkosten und den größeren Handling-Aufwand. Dies gilt noch verstärkt, wenn auch für andere Komponenten auf Bauweisen mit geringem Einmalaufwand zurückgegriffen werden kann. Daher bietet sich eine Kombination von Spaceframe-Struktur mit Kunststoffaußenhaut grundsätzlich an.

Besonders leichte Karosserien können in Monocoque-Bauweise aus CFK hergestellt werden. Man findet sie bisher nur bei Hochleistungssportwagen (Abb. 53.4). Nur wenige Pkw-Modelle mit einem größeren Anteil von Höchstleistungs-Faserverbundwerkstoffen sind bisher auf den Markt gekommen.

Ungeschütztes Stahlblech oder Aluminium korrodiert unter der Einwirkung von Steinschlag, Nässe, Salz, erhöhten Temperaturen usw. Die Rohkarosserien moderner Kfz werden daher mit

Abb. 53.4 CFK-Monocoque des Mercedes McLaren mit Aluminium-Vorderbau. (Quelle Daimler AG)

mehreren Oberflächenschichten versehen. Ein typischer Aufbau besteht aus einer Verzinkung der Stahlbleche, Phosphatierung zum weiteren Korrosionsschutz und zum Aufrauen der Oberfläche zur besseren Haftung der nächsten Schicht, kathodischer Tauchlackierung (KTL), Abdichten von Nähten mit PVC-Paste, Füller als farbtonbezogener Untergrund für den Decklack, Decklack in der vom Kunden spezifizierten Farbe, Klarlack. Der Lackaufbau wird im Trockner bei ca. 150 °C eingebrannt. Hohlräume der Karosserie werden mit kriechfähigem Wachs versiegelt.

Für nicht tragende, vertikale Teile der Karosserie wie Stoßfängerverkleidungen und vordere und hintere Seitenteile, auch für vertikale Heckklappen wird nicht selten Kunststoff verwendet. Dafür kommen sowohl Thermoplaste (z. B. Polypropylen (PP) und Blends (z. B. PC/PBT)) als auch Duroplaste (z. B. Polyuretan (PU)) in Frage. Beide Materialgruppen können mit Glasfasern verstärkt werden (GMT – Glasmattenverstärkter Thermoplast, BMC – Bulk Moulded Compound, SMC – Sheet Moulded Compound). Auch für viele andere Bauteile der Ausstattung, aber auch im Motorraum werden zunehmend Kunststoffe eingesetzt.

53.4 Fahrwerk

Das Fahrwerk dient der Erzeugung und Aufnahme der Kräfte in den Kontaktzonen zwischen Reifen und Fahrbahn für Antrieb, Bremsung und Querführung. Außerdem trägt es wesentlich zum akustischen Eindruck und zum Schwingungsverhalten des Fahrzeugaufbaus gegenüber der Straße bei. Zum Fahrwerk gehören zunächst

- Rad, Radlager und Radträger
- Radführung, Lenkung
- Federn, Dämpfer.

Im weiteren Sinn rechnet man häufig Systeme zum Fahrwerk, die für das Quer- und Längsführen sowie das Bremsen eines Kfz erforderlich sind:

- Pedalerie
- Lenkrad, Lenksäule
- Reibungsbremse mit Betätigung
- Regelsysteme zur Unterstützung von Funktionen des Fahrwerks.

Wesentliche Randbedingungen für die konstruktive Gestaltung ergeben sich aus Package, Gewicht, Aerodynamik (z. B. Kühlung der Bremsscheiben) und Kosten. Die Anforderungen an die Konzepte von Fahrwerken sind vielfältig und werden je nach Fahrzeugkategorie und -charakter unterschiedlich gewichtet und ausgeprägt (angelehnt an [4]):

- sicheres, stabiles, vorhersehbares Fahrverhalten als Voraussetzung für die Beherrschbarkeit bei allen Fahrbedingungen,
- stabile und komfortable Geradeausfahrt auch bei Seitenwind und Fahrbahnunebenheiten,
- direktes und exaktes, intuitives Lenkverhalten, das sowohl komfortabel und leichtgängig ist als auch das Gefühl für Fahrzeug und Straße vermittelt,
- fein dosierbares und standfestes Bremsverhalten, kurze Bremswege,
- guter Schwingungskomfort bei Ride und Handling.

Ride umfasst dabei die straßeninduzierten Aufbauschwingungen in der Hochrichtung (Heben), um die Längsachse (Wanken) und um die Querachse (Nicken) im Bereich von 0 bis 25 Hz und deren Wahrnehmung durch die Insassen. Handling bezeichnet die fahrerinduzierten Bewegungen des Fahrzeugs in Querrichtung, um die Hochachse (Gieren) und um die Längsachse (Wanken). Die für Handling typischen Anregungen des Fahrzeugs sind für Normalfahrer selten größer als 0,5 Hz [7].

Die klassische Fahrwerkabstimmung umfasst die Auslegung von Federn, Dämpfern, Stabilisatoren, Achs- und Motorlagern sowie die Auswahl von Reifen und ggf. deren Entwicklung. Sie findet relativ spät im Laufe des Produktentstehungsprozesses statt. Wichtige Einflussgrößen auf das Fahrverhalten wie Radstand, Spurweite, Achslastverteilung, Trägheitsmomente, Schwerpunktlage sowie die Achskinematik stehen zu diesem Zeitpunkt schon fest. Sie werden zuvor unter Verwendung numerischer Modelle ausgelegt. Dabei wird vor allem die Mehr-Körper-Simulation eingesetzt. Die Feinabstimmung des Fahrwerks wird von Versuchsingenieuren durchgeführt, die die Fahrzeuge subjektiv bewerten. Oft können die erlebten Phänomene nur verbal und nicht eindeutig messtechnisch erfasst werden. Eine Vielzahl von Kenngrößen, wie z. B. Wankwinkelgradient, Eigenlenkgradient, Schwimmwinkelgradient, maximale Gierverstärkung, maximal erreichbare Querbeschleunigung wird messtechnisch erfasst. Es gab immer wieder Versuche, solche gemessenen Größen mit den subjektiven Eindrücken in Verbindung zu setzen, also das Fahrverhalten zu objektivieren. Sie waren bisher nur teilweise erfolgreich; es gibt weiterhin Phänomene, die der numerischen Modellbildung nicht völlig zugänglich sind [7].

53.4.1 Räder

Die Einheit von Felge (mit Radscheibe) und Reifen wird als Rad bezeichnet. Reifen und Felge umschließen einen luftgefüllten Ringraum, beide müssen daher luftdicht sein und dicht, aber lösbar, miteinander verbunden werden. Es werden praktisch ausschließlich schlauchlose Reifen eingesetzt.

Über die Kontaktfläche zwischen Reifen und Fahrbahn, den Latsch, werden bis auf Luftkräfte alle fahrzeugdynamischen Kräfte übertragen. Ein Kraftschluss am rollenden Reifen, der den Aufbau einer Umfangskraft F_U ermöglicht, ist immer mit einer Relativbewegung zwischen Radumfangsfläche und Fahrbahn, mit Schlupf, verbunden. Der Umfangsschlupf λ ist definiert als

$$\lambda = \frac{\omega\, r_{dyn} - v}{v}$$

mit der Fahrgeschwindigkeit v und der Radumfangsgeschwindigkeit, ermittelt aus der Winkelgeschwindigkeit ω und dem dynamischen Reifenradius r_{dyn}. Im Falle von $\lambda > 0$ liegt Treiben vor, bei $\lambda < 0$ Bremsen und bei $\lambda = 0$ Rollen. Der Kraftschlussbeiwert μ erreicht bei einem Schlupf von 10–15 % sein Maximum. Dann erfolgt ein allmählicher Übergang von der Haftreibung in die Gleitreibung; der Kraftschlussbeiwert nimmt ab. Sein Absolutwert hängt vom Aufbau des Reifens, speziell von der Laufflächenmischung, und der Fahrbahn und deren Nässe und Verschmutzung ab; normale Reifen erreichen auch unter sehr guten Straßenbedingungen selten $\mu > 1$.

Für die Übertragung von Seitenkräften F_S, die für das Befahren von Kurven unerlässlich sind, müssen an den Reifen Schräglaufwinkel aufgebaut werden. Sie liegen abhängig vom Reifentyp bei maximal 5–15°. Die übertragbaren Seitenkräfte hängen von der Radlast ab. Der Querschlupf errechnet sich aus dem Schräglaufwinkel α zu

$$\lambda_{schräg} = \frac{v \sin \alpha}{v}.$$

Der resultierende Schlupf χ für einen Reifen ergibt sich zu

$$\chi = \sqrt{\lambda^2 + \lambda^2_{schräg}}.$$

Unter der Annahme, dass im Latsch nicht mehr als eine maximale Reibungskraft R_{max} wirken kann, gilt für den Kamm'schen Reibungskreis (s. Abb. 53.5)

$$R_{max} = \sqrt{F_U^2 + F_S^2}.$$

Das volle Kraftschlusspotential kann daher nicht gleichzeitig in Längs- und Querrichtung aufgebaut werden. Mit zunehmendem Bremsschlupf geht der Seitenkraftbeiwert zurück. Blockierende Reifen übertragen keine Seitenkräfte.

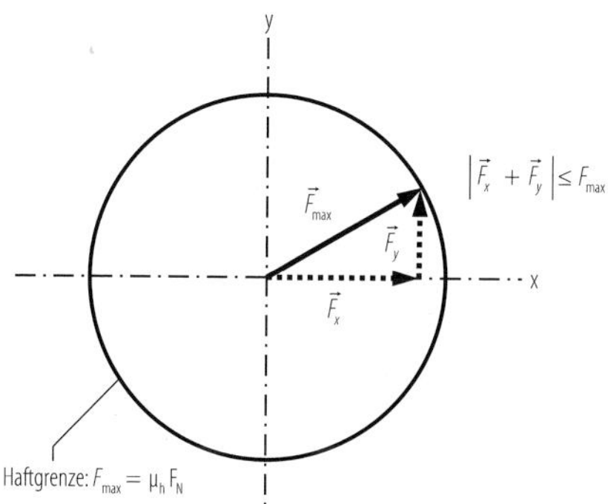

Abb. 53.5 Kamm'scher Kreis

Das Kennfeld in Abb. 53.6 entsteht, wenn für einen Reifen auf einer trockenen Fahrbahn für verschiedene, jeweils konstant gehaltene Schräglaufwinkel α der mögliche Bereich des Umfangsschlupfes eingetragen wird. Als Umhüllende, die den maximalen Kraftschluss darstellt, ergibt sich eine Figur, die nicht genau kreisförmig ist. Maximale Antriebskraft F_{UA} und maximale Bremskraft F_{UB} müssen nicht übereinstimmen. Auch bei $\alpha = 0$ tritt eine Seitenkraft auf. Bei geringem Schräglauf ist nur ein kleine gegenseitige Beeinflussung zwischen Umfangskraft und Seitenkraft zu beobachten. Im Grenzbereich steigt der gegenseitige Einfluss stark an.

Mit dem Aufbau der Seitenkräfte baut sich ein Rückstellmoment auf, welches dazu führt, dass sich das Lenkrad in seine Ausgangsstellung zurückbewegen will. Ein negativer Reifensturz erhöht die Seitenkraft, verringert aber die Rückstellkraft. Werden die Reifen dynamisch beansprucht, treten transiente Effekte auf, weil für den Aufbau von Reaktionskräften im Latsch Zeit benötigt wird [8].

Reifen werden heute fast ausschließlich in radialer Bauweise (Radialreifen, Gürtelreifen) ausgeführt: Eine mit Kunststoffgewebe verstärkte Karkasse wird unter der Lauffläche mit mehreren, in Umfangrichtung orientierten Gürteln aus Stahldraht umgeben. Den Abschluss bilden ein Gürtel aus Kunststoffgewebe und die Lauffläche. Die luftdichte Verbindung zur Felge geschieht über den Wulst, der mit Stahldraht verstärkt ist und eine lösbare Verbindung zu Felgenhorn und Hump ermöglicht, die den Reifen vor einem Verrutschen im Felgenbett schützt (Abb. 53.7). Für schwere Nfz werden an hoch belasteten Achsen auch Zwillingsbereifungen verwendet. Inzwischen werden dafür auch neue, besonders breite und tragfähige Einzelreifen (Super Single) angeboten.

Bei der Weiterentwicklung der Reifen müssen mehrere tendenziell im Konflikt liegende Anforderungen parallel verfolgt werden: Reduzierung des Rollwiderstands, Reduzierung des Abrollgeräusches, Verbesserung des Nassgriffs, Wintereigenschaften, Verringerung der ungefederten Massen, Notlaufeigenschaften, Verbesserung des

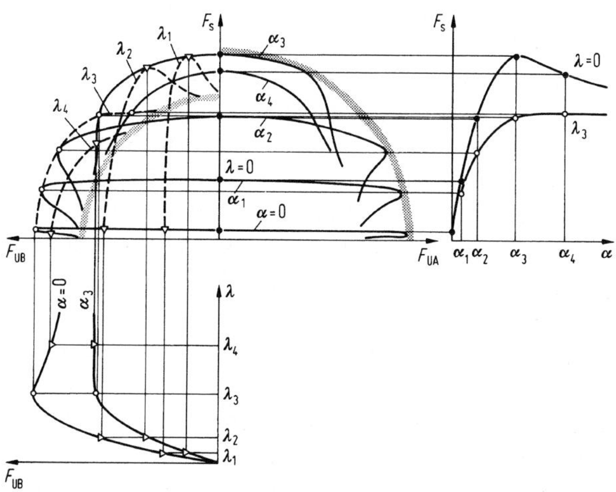

Abb. 53.6 Das Zusammenwirken von Umfangs- und Seitenkräften, von Schräglauf und Umfangsschlupf

Abb. 53.7 Lagenaufbau (*oben*) und Querschnitt (*unten*) eines Gürtelreifens. (Quelle Continental AG)

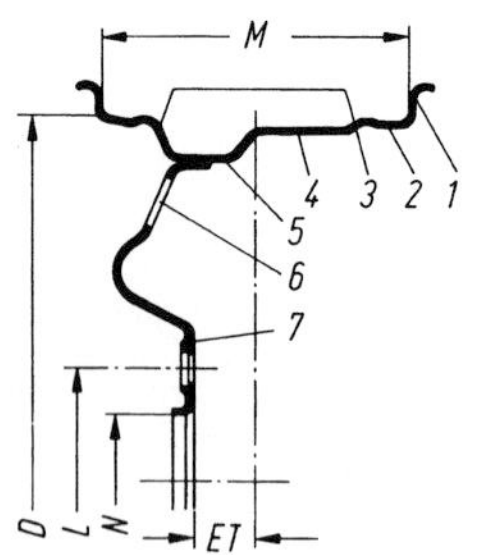

Abb. 53.8 Querschnitt durch eine Felge. *1* Felgenhorn, *2* Schrägschulter, *3* Hump, *4* Felge, *5* Tiefbett, *6* Belüftungsloch, *7* Radschüssel; *D* Felgendurchmesser, *L* Lochkreisdurchmesser, *M* Felgenmaulweite, *N* Mittenloch, *ET* Einpresstiefe

Federungs- und Abrollkomforts, Erhöhung der Laufleistung, Vermeidung von gesundheitlich bedenklichem Abrieb u. V. m. Die EU macht detaillierte Vorgaben bezüglich Rollwiderstand, Nassgriff und Abrollgeräusch [9]. Die unterschiedlichen Anforderungen können leichter erfüllt werden, wenn Winter- und Sommerreifen saisonspezifisch benutzt werden. Auf vielen Märkten haben sich aber Allwetterreifen durchgesetzt, die einen vertretbaren Kompromiss bieten müssen. Fortschritte werden einerseits durch das bessere Verständnis der mechanischen Zusammenhänge im Reifen erreicht, mit dem viele Eigenschaften numerisch simuliert und auf dieser Basis gezielt verbessert werden können, andererseits durch verbesserte Materialien und Verarbeitungsverfahren.

Reifen werden durch ein Kennzahlensystem charakterisiert, das auf den Reifenflanken abgebildet ist. Es umfasst Eigenschaften wie Reifenbauart, Felgendurchmesser, Verhältnis von Reifenhöhe und -breite, Tragfähigkeit, Geschwindigkeitsklasse, Zeitpunkt und Fabrik der Herstellung, Eignung für schlauchlos, Erlaubnis zum Nachschneiden des Profils u. V. m. Reifen sind Verschleißteile. Jährlich werden in Deutschland ca. 45 Mio. Reifen über den Handel verkauft.

Die Felgen werden in der Regel aus tiefgezogenem Stahlblech hergestellt (Abb. 53.8). Bei Pkw werden vielfach gegossene Aluminiumfelgen verwendet. Daneben sind gelegentlich geschmiedete Aluminiumfelgen anzutreffen. Felgen aus Magnesium oder CFK sind absolute Ausnahmen.

Ein korrekter Luftdruck ist wesentlich für die Leistungsfähigkeit des Rades. Außerdem erhöht ein zu geringer Druck den Rollwiderstand und damit den Kraftstoffverbrauch. Die regelmäßige Überwachung überfordert aber viele Nutzer. Daher wurden in den USA ab 2003 Reifendrucküberwachungssysteme gesetzlich zur Pflicht gemacht [10]. Für Europa ist die Einführung für neu typgeprüfte Fahrzeuge ab 2012 vorgeschrieben [9]. Es sind zwei Techniken im Gebrauch. In den meisten Fällen werden durch Auswertung der Raddrehzahlsignale Unterschiede im dynamischen Reifenrollradius erkannt, die auf Unterschiede im Reifendruck zurückgeführt werden können. Die geeigneten Signale stellt das ABS-Gerät zur Verfügung. Genauer, aber erheblich aufwändiger ist es, den Reifendruck im Reifen durch mitrotierende Sensoren direkt zu ermitteln und drahtlos an Empfänger im Radhaus zu übertragen.

Da die Wahrscheinlichkeit von Reifenpannen gering geworden ist, wird vielfach auf ein vollwertiges Reserverad gänzlich verzichtet oder es wird durch ein Notrad ersetzt. Stattdessen werden Reifen mit Notlaufeigenschaften verwendet. Dabei haben sich zwei Ansätze bewährt, die beide verhindern, dass Teile der Flanken der drucklosen

Abb. 53.9 McPherson-Vorderachse des Mini. (Quelle BMW Group)

Reifen aufeinander reiben und sich dabei zerstören. Entweder wird in den Reifen eine Stützstruktur aus Blech eingebracht, auf der sich die Lauffläche abstützen kann. Häufiger werden die Flanken des Reifen so verstärkt, dass eine Berührung unwahrscheinlich wird. Gleichzeitig muss der sichere Halt des Reifens auf der Felge gewährleistet werden.

Für die Auslegung von Fahrwerken und die Abstimmung von Fahrwerksregelsystemen sind numerische Reifenmodelle erforderlich. Je nach Anwendung kann es sich um Kennfelder oder um relativ einfache bis sehr komplexe formelmäßige Zusammenhänge (z. B. Magic Formula, SWIFT-Modell (Short Wavelength Intermediate Frequency Tire Model), RMOD-K) handeln; in allen Fällen müssen sie durch Rechnungen oder Messungen kalibriert werden. Besondere Anforderungen ergeben sich, wenn der gesamte für die Fahrdynamik und für Komfortfragestellungen relevante Frequenzbereich mit demselben Modell abgebildet werden muss. Für Hardware-in-the-Loop-Untersuchungen muss harte Echtzeitfähigkeit erreicht werden.

53.4.2 Radführungen

Räder und Bremsscheiben werden mit dem Radträger über Radlager drehbeweglich verbunden. In der Regel werden Schrägkugel- oder -rollenlager verwendet, die sowohl radial als auch axial belastbar sind. Die Radaufhängung verbindet den Radträger mit Rad und Bremse definiert beweglich mit dem Aufbau des Fahrzeugs. Ihre wichtigsten Aufgaben sind

- genaue Führung der Räder,
- Federung,
- Dämpfung der Aufbau- und Radschwingungen,
- Aufnahme aller Längs-, Quer- und Vertikalkräfte.

Die Kräfte im Latsch werden über Reifen, Felge und Radlager in den Radträger geleitet, der sie über Lenker, Feder und Stoßdämpfer an die Karosserie weitergibt.

Als Bauweisen für Achsen hat sich bei leichten Pkw vorne die McPherson-Achse durchgesetzt (Abb. 53.9), hinten findet man sehr häufig Verbundlenkerachsen (Abb. 53.10). Bei schwereren Pkw sind vorne und hinten Mehrlenkerachsen verbreitet (Abb. 53.11). Die Geometrie der Achsen und ihre Verbindung mit der Karosserie ist kritisch einerseits für das Lenkverhalten, andererseits für die Übertragung von Schwingungen und Geräuschen. An den Lagerstellen werden entsprechend abgestimmte elastische Elemente eingesetzt. In besonders hochwertigen Fahrzeu-

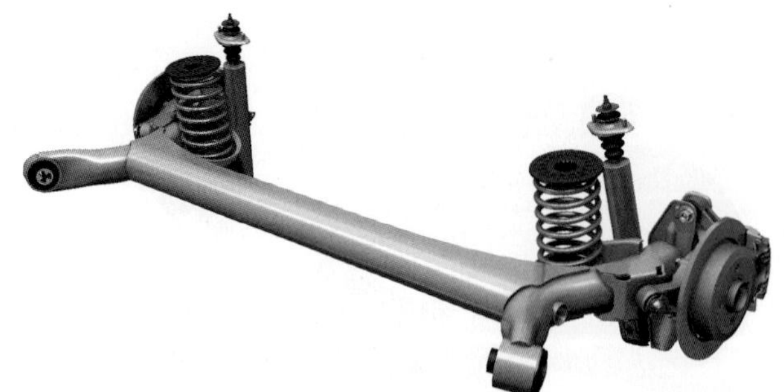

Abb. 53.10 Elastokinematische Torsionslenkerachse. (Quelle ZF Friedrichshafen AG)

Abb. 53.11 Mehrlenkerhinterachse des BMW 5er. (Quelle BMW Group)

gen werden Hilfsrahmen verwendet, an die einige oder alle Fahrwerkselemente angelenkt sind und die ihrerseits elastisch mit der Karosserie verbunden sind; man spricht dann von doppeltelastischer Entkopplung. Bei Off-Road-Fahrzeugen findet man vielfach hinten Starrachsen. Für Busse und schwere Lkw werden wegen ihrer Wirtschaftlichkeit und Robustheit vorne wie hinten ganz überwiegend Starrachsen eingesetzt, zu einem geringen Teil findet man vorne auch Mehrlenkerachsen.

53.4.3 Federung und Dämpfung

Die Räder werden durch die Unebenheiten der Straße zu vertikalen Schwingungen angeregt, die einerseits zu Aufbauschwingungen führen und Komfort und Betriebsfestigkeit beeinträchtigen, andererseits dynamische Lastschwankungen erzeugen und es nicht erlauben, das maximal mögliche Kraftschlusspotential zwischen Reifen und Fahrbahn zu nutzen. Federung und Dämpfung des Fahrwerks reduzieren die Schwingungen. Dabei muss ein Kompromiss für alle Fahrbahnanregungen, Beladungszustände und Geschwindigkeiten erreicht werden.

Die Aufbaueigenfrequenz ω_{Aufbau} soll möglichst bei allen Ladebedingungen gleich sein (k Federrate)

$$\omega_{\text{Aufbau}} = \sqrt{\frac{k}{m}}.$$

Um dies auch bei veränderlicher Masse m (Zuladung) erreichen zu können, werden Stahlfedern mit progressiver Kennung eingesetzt. Eine wesentlich bessere Anpassung gelingt mit Hilfe von Luftfedern.

Die Federungen von Pkw und leichten Nfz werden überwiegend mit Schraubenfedern ausgeführt, selten mit quer liegenden Blattfedern aus glasfaserverstärktem Kunststoff. Ebenfalls selten sind in den Hinterachsen längs eingebaute, stählerne Blattfedern anzutreffen. Oberklassefahrzeuge und Busse werden teilweise mit Luftfederungen ausgestattet. Ihre Wirkung beruht auf der adiabatischen Kompression eines Gasvolumens; mit zunehmender Belastung wird die Feder härter. Die Federungseigenschaften können durch Veränderung des Luftdrucks, z. B. an den Ladezustand, angepasst werden (Abb. 53.12). In schweren Nfz werden häufig Blattfedern eingesetzt, weil sie in Verbindung mit den dort verwendeten Starrachsen auch die Radführungsaufgaben vollständig übernehmen können. Aber vielfach

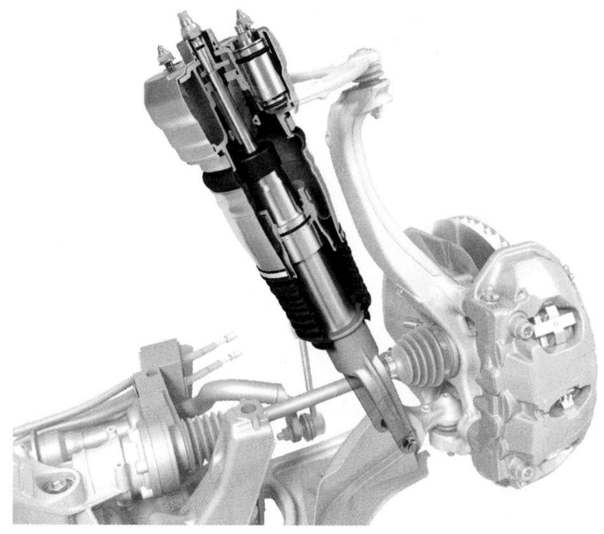

Abb. 53.12 Luftfeder mit schaltbarem Zusatzvolumen im Porsche Panamera. (Quelle Dr. Ing. h. c. F. Porsche AG)

werden auch dort Luftfedern in Kombination mit Längslenkern verwendet.

Schwingungen zwischen Aufbau und Fahrwerk werden mit Hilfe von Stoßdämpfern gedämpft. Weit verbreitet sind Ausführungen als Teleskopsystem. Man unterscheidet Einrohr- und Zweirohrsysteme (Abb. 53.13). Bei beiden Dämpferarten bewegt sich ein mit Drosselelementen versehener Kolben in einem flüssigkeitsgefüllten Zylinder und überwindet dabei einen Strömungswiderstand. Die aufgenommene mechanische Arbeit wird in Wärme umgewandelt. Die Drosselelemente können richtungsabhängig wirken; das Verhalten in Zug- und Druckrichtung ist so gestaltbar (Abb. 53.14). Die Dämpferkraft F_D ist eine Funktion der Einfedergeschwindigkeit. Die Kennung des Dämpfers wird entweder im Kraft-Weg-Diagramm oder im Kraft-Geschwindigkeits-Diagramm angegeben.

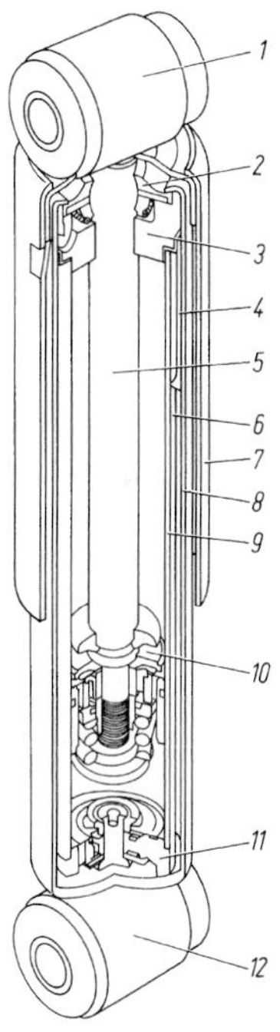

Abb. 53.13 Zweirohrdämpfer. *1* Befestigungsgelenk, *2* Kolbenstangendichtung, *3* Kolbenstangenführung, *4* Gas, *5* Kolbenstange, *6* Ölvorratsraum, *7* Schutzrohr, *8* Behälterrohr, *9* Arbeitszylinder, *10* Kolbenventil, *11* Bodenventil, *12* Befestigungsgelenk, *13* Trennkolben

53.4.4 Lenkung

Die Lenkung von Zweispurfahrzeugen erfolgt über den Aufbau von Seitenkräften an den Rädern. Bei Pkw, Bussen und Lkw werden ausschließlich Achsschenkellenkungen an der Vorderachse eingesetzt. Über die Gestaltung des Lenktrapezes sind unterschiedliche Schräglaufwinkel der Räder einer Achse möglich (Abb. 53.15). Die Lenkübersetzung wird häufig abhängig vom Lenkwinkel gestaltet. Für Lenkwinkel bis $\pm 20°$ wird sehr häufig eine „dynamische Auslegung“ realisiert. Damit wird erreicht,

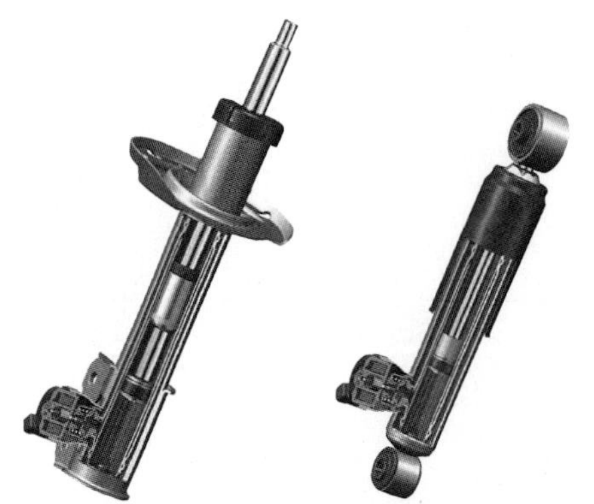

Abb. 53.14 Verstellbare Stoßdämpfer. CDC (Continuous Damping Control) passt die Fahrwerkdämpfung stufenlos an die jeweilige Fahrsituation an. (Quelle ZF Friedrichshafen AG)

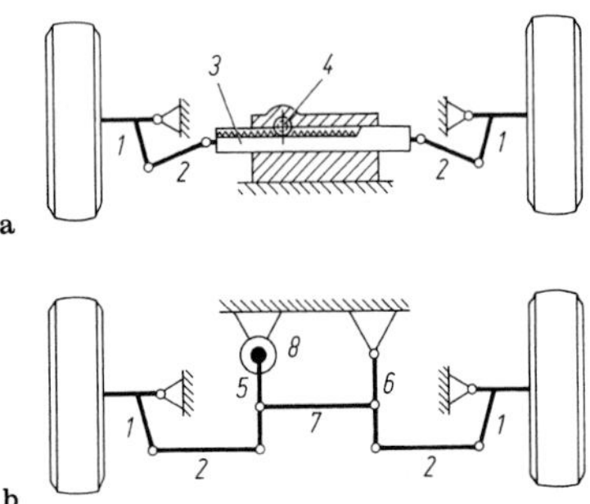

Abb. 53.15 Achsschenkellenkung. **a** Lenkdreieck, Zahnstangenlenkung; **b** Lenkviereck, Hebellenkung; *1* Spurhebel, *2* Spurstange, *3* Zahnstange, *4* Ritzel, *5* Lenkstockhebel, *6* Zwischenhebel, *7* Lenkzwischenstange, *8* Lenkgetriebe

dass die belasteten kurvenäußeren Räder mit größeren Schräglaufwinkeln abrollen und etwa dieselbe Kraftschlussausnutzung erreichen wie die entlasteten kurveninneren. Bei größeren Lenkwinkeln wird eine „statische Auslegung" nahe der Ackermann-Auslegung (s. Abschn. 53.8.2.2 „Querdynamik") angenähert, da im Rangierbetrieb ein schlupfarmes Abrollen vorteilhaft ist.

Für die Übertragung des Lenkradwinkels auf die Spurstange hat sich bei Pkw die Zahnstangenlenkung fast vollständig durchgesetzt (Abb. 53.16). Bei schweren Fahrzeugen findet man verbreitet Kugelmutter-Hydrolenkungen mit Lenkstockhebel.

Bei Pkw werden in seltenen Fällen auch die Hinterräder aktiv gelenkt, um ein agileres Fahrverhalten und engere Wendekreise zu erreichen.

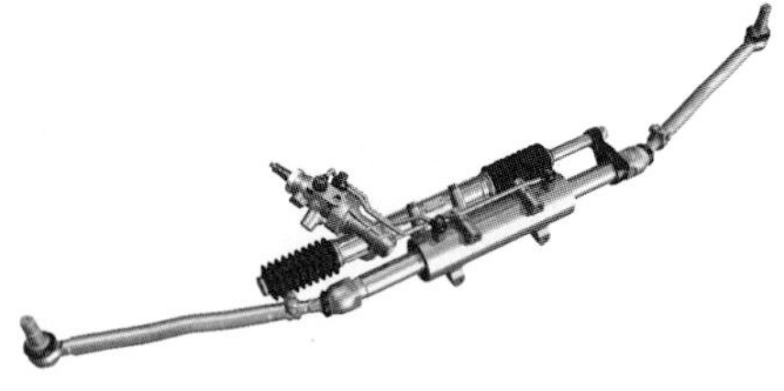

Abb. 53.16 Zahnstangen-Hydrolenkung für Lkw und Busse mit Einzelradaufhängung ZF-Servoline. (Quelle ZF Friedrichshafen AG)

Dafür werden mechatronische Systeme verwendet, bei denen der geringe erforderliche Lenkwinkel abhängig von der fahrdynamischen Situation errechnet und über elektrisch ansteuerbare Aktoren realisiert wird. An schweren und langen Nfz sind häufig mehrere Achsen lenkbar ausgeführt, um praktikable Wendekreise ohne zu viel Schlupf zu ermöglichen.

Aus Komfort- und Sicherheitsgründen sind Lenkungen mit Hilfskraftunterstützung sehr weit verbreitet. Sie sind häufig servohydraulisch ausgeführt. Die erforderliche Hilfsenergie wird über eine Pumpe bereitgestellt, die über einen Riemen vom Motor angetrieben wird. Um Energieverluste zu vermindern, werden bei neuen Fahrzeugen verbreitet elektrische Antriebe für die Servopumpe genutzt (elektrohydraulische Lenkung). Bei Pkw und leichten Nfz hat sich die direkte, elektromechanische Lenkunterstützung durchgesetzt. Die Servounterstützung wird vielfach abhängig vom Lenkwinkel und der Fahrgeschwindigkeit bereitgestellt. So können die Forderungen nach leichtem Rangieren und Unempfindlichkeit bei hoher Geschwindigkeit vereint werden. Bisher werden nur in Oberklasse-Pkw Überlagerungslenkungen verbaut. Sie können Zusatz-Lenkwinkel erzeugen, die das Eigenlenkverhalten des Fahrzeugs und den Lenkwinkelbedarf modifizieren. Eingebunden in die Regellogik von ESP sind sie in der Lage, Gierbewegungen besser auszugleichen, wie sie z. B. beim Bremsen auf Fahrbahnen mit sehr unterschiedlichen Reibwerten links und rechts (μ-Split) auftreten. In jedem Fall muss eine mechanische Rückfallebene vorgesehen werden; reine Drive-by-Wire-Systeme sind derzeit nur unter sehr einschränkenden Bedingungen zulassungsfähig.

53.5 Antrieb und Bremsen

Antrieb und Bremsen erfordern beide den Aufbau von Reifenumfangskräften.

53.5.1 Bremsen

Bremsen dienen dazu, die Geschwindigkeit zu verringern, eine ungewollte Beschleunigung zu verhindern (Beharrungsbremsung) oder ein ruhendes Fahrzeug festzuhalten. In den Bremsen wird die kinetische Energie des Fahrzeugs durch Reibung in thermische Energie umgewandelt, die an die Umgebung abgegeben werden muss. Wenn die Räder blockieren, muss die gesamte Energie im Reifen umgesetzt werden, der dabei schwer beschädigt werden kann.

Nach DIN ISO 611 besteht eine Bremsanlage aus einer Betätigungsvorrichtung, mit der die Wirkung gesteuert wird, einer Energieversorgung (in konventionellen Pkw-Bremsanlagen ist dies der Vakuumbremskraftverstärker (Vakuum-Booster) oder eine Vakuumpumpe, bei Lkw in der Regel ein Druckluftsystem), Übertragungseinrichtungen (Hauptbremszylinder, Bremsschläuche und -leitungen) und Bremse (bei Pkw ganz überwiegend Scheibenbremsen, bei schweren Nfz auch noch Simplex-Trommelbremsen). Weiter wird zwischen der Betriebsbremsanlage für den normalen Betrieb, der Hilfsbremsanlage für Notfälle und der Feststellbremse unterschieden. In Nfz werden außerdem verschleißfreie Dauerbremsen eingesetzt (Motorbremse, Retarder, Wirbelstrombremse). Der Gesetzgeber schreibt ein zweikreisiges System für die Betriebsbremse vor.

In Kfz werden ganz überwiegend Scheibenbremsen genutzt (Abb. 53.17). Sie können bei geringerem Bauraumanspruch dieselbe Bremskraft aufbringen wie die früher verwendeten Trommelbremsen, die noch in kleinen Pkw (meist nur an der Hinterachse) und in Nfz Verwendung finden. Sie sind zudem weniger empfindlich gegenüber hohen Temperaturen und Nässe und zuverlässiger. Über hydraulisch betätigte Kolben werden Reibbeläge gegen eine mit dem Rad verbundene Scheibe gepresst. Die Kolben sitzen in einem Bremssattel. Je nach Bauart variiert die Konfiguration der Sättel und Kolben. Bei der Festsattelbremse (engl.: fixed caliper brake) ist der Sattel fest mit dem Radträger verbunden und die Kolben pressen die Bremsbeläge von beiden Seiten gegen die dazwischen rotierende Bremsscheibe. Sie wird in Varianten von einem bis zu vier Kolbenpaaren verbaut. Bei der Faustsattelbremse wird der Bremsbelag nur von einer Seite über einen hydraulischen Kolben an die Bremsscheibe gepresst, während auf der anderen Seite der Sattel den Belag trägt. Die Vorteile gegenüber der Festsattelbremse sind niedrigeres Gewicht, geringeres Bauvolumen sowie niedrigere Herstellungskosten.

Abb. 53.17 Scheibenbremse Audi A4 [11]

Der in Europa meistens verwendete Reibwerkstoff (Bremsbelag) besteht aus einer bindenden Matrix, meistens einem duroplastischen Material wie Phenolharz in pyrolisierter Form, in die eine Anzahl unterschiedlicher, partikelförmiger Materialien eingelagert ist. Darunter befinden sich Abrasionsstoffe, also Zusätze, die vor allem den Reibkoeffizienten erhöhen, Reaktivkomponenten, Gleitkomponenten und Komponenten zur Verbesserung der Wärmeleitung. Bremsbeläge unterscheiden sich nach Zahl und Art dieser Zusätze. Der Kontakt zwischen Belag und Scheibe findet in einer dünnen Schicht mit dem Reibwerkstoff statt, der sich unter der Wirkung von Wärme, Feuchtigkeit und Verschmutzungen u. U. beträchtlich verändert. Die sehr unterschiedlichen

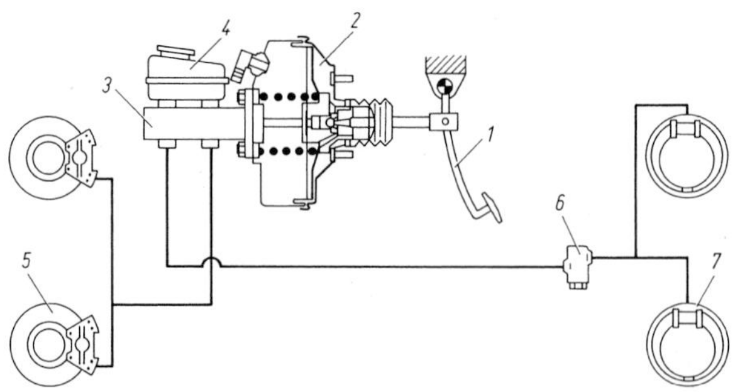

Abb. 53.18 Hilfskraftbremsanlage für Pkw. *1* Bremspedal, *2* Unterdruck-Bremskraftverstärker, *3* Tandemhauptzylinder, *4* Bremsflüssigkeitsbehälter, *5* Scheibenbremse (vorn), *6* Bremskraftverteiler, *7* Trommelbremse (hinten)

Eigenschaften derselben Paarung aus Bremsscheibe und Bremsbelag bei unterschiedlichen Betriebsbedingungen beruhen wesentlich auf der Unterschiedlichkeit dieser Reibschichten.

Bremsscheiben müssen aus einem Material bestehen, das einen guten Reibwert mit einem korrespondierenden Bremsbelag aufbauen kann, hohe thermische Beanspruchung mechanisch und korrosiv erträgt, möglichst leicht ist, da die Bremsscheiben zu den ungefederten Massen beitragen, und als Verschleißteil einfach und kostengünstig gewechselt werden können. Sie bestehen in der Regel aus Gusseisen. Auf der Bremsscheibe haftende Feuchtigkeit oder Verunreinigungen können die erreichbare Bremskraft mindern. Besondere Oberflächenstrukturen (Löcher, Nuten etc.) helfen, Schmutz schneller zu entfernen. Für Hochleistungsbremsen im Motorsport und in wenigen Pkw werden Bremsscheiben aus kohlenstofffaserverstärktem Siliziumcarbid, einem keramischen Verbundwerkstoff, verbaut. Sie zeigen ein Nachlassen der Bremskraft (Fading) erst bei höherer Temperatur und bei erheblich höheren und längeren Belastungen. Sie zeichnen sich auch durch geringeres Gewicht und niedrigeren Verschleiß aus, sind allerdings wegen sehr aufwändiger Herstellungsprozesse erheblich teurer.

Die in Wärme gewandelte Bewegungsenergie des Kfz muss in der Bremsscheibe zunächst teilweise gespeichert bzw. über die Anströmung mit Luft abgeführt werden. Sie kann dabei hohe Temperaturen (bis zu 700 °C) erreichen. Besonders beanspruchte Bremsscheiben werden innen belüftet ausgeführt. Ein unzulässiges Aufheizen benachbarter Komponenten, speziell der Bremsleitungen muss verhindert werden ($T < 180\,°C$ in der Bremsflüssigkeit). Auch das sofortige Abstellen des Fahrzeugs nach maximaler Beanspruchung der Bremse muss beherrscht werden; die Wärme muss dann i. W. durch Konvektion abgeführt werden.

Eine Bremsscheibe ist nicht genau rotationssymmetrisch; zudem ist sie am inneren Radius eingespannt. Die starke Aufheizung kann daher zu einer thermischen Verformung führen, die sich ihrerseits in Bremsrubbeln äußert. Durch geeignete Auslegung kann dieser Effekt hinreichend gering gehalten werden.

Pkw-Bremsen werden ganz überwiegend mit Unterdruck-Bremskraftverstärkern ausgeführt (Abb. 53.18). Daneben haben elektrohydraulische Systeme eine gewisse Bedeutung. Elektromechanische Bremsen, bei denen die Zuspannkräfte an den Bremsscheiben ohne das hydraulische System erzeugt werden, scheiterten bisher u. a. an den erforderlichen hohen elektrischen Leistungen, die mit 12 V-Systemen nicht unter allen Bedingungen sicher bereitgestellt werden können. In Bussen und schweren Lkw werden Luftdruckbremsen verwendet; gelegentlich werden die Zuspannkräfte hydraulisch erzeugt.

53.5.2 Fahrdynamikregelsysteme

Die Wechselwirkung des Fahrzeugs mit der Fahrbahn umfasst einen Bereich mit nahezu linearem Verhalten, das vom durchschnittlichen Fahrer re-

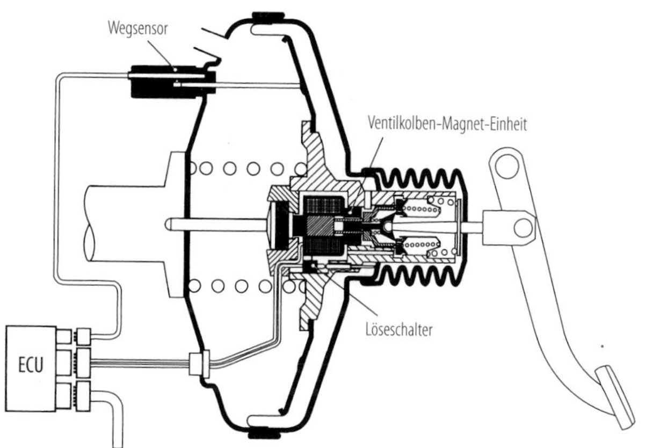

Abb. 53.19 Bremsassistent in einfacher Ausführung. (Quelle Continental AG)

lativ leicht erlernt werden kann. Daran schließt sich ein Bereich an, der durch erhebliche Nicht-Linearitäten gekennzeichnet ist und von einem normalen Fahrer selten erreicht wird; er kann also keine entsprechenden mentalen Modelle entwickeln. Schließlich werden die Grenzen des fahrdynamisch Möglichen überschritten. Fahrdynamikregelsysteme erhalten dem Fahrer die sichere Kontrolle über das Fahrzeug bis in den Grenzbereich. Außerdem ermöglichen sie die Realisierung von Funktionen, die rein mechanisch nicht dargestellt werden können.

53.5.2.1 Bremsassistent

Der Bremsassistent (BA) ist ein Sicherheitssystem, welches die menschlichen Defizite während eines Notbremsvorgangs ausgleicht, indem es bei Erkennung einer gewünschten Vollbremsung den Bremsdruck auf sein Maximum erhöht und somit eine optimale Bremsleistung gewährleistet (Abb. 53.19).

Zwei Größen können Aufschluss über das Vorliegen einer Gefahrenbremsung geben: Die Geschwindigkeit der Betätigung des Bremspedals und das charakteristische, schnelle Lösen des Gaspedals. Die Erkennung einer beabsichtigten Vollbremsung erfolgt bei den ersten serienmäßig angebotenen Bremsassistenten durch die Überwachung des Bremsdruckanstiegs. Ein Wegsensor meldet die Pedalbewegung an ein Steuergerät. Durch Vergleich mit hinterlegten Schwellwerten kann auf eine Notbremsung geschlossen werden. Die Bremskraftverstärkung endet, sobald der Fuß vom Bremspedal genommen wird; bei einigen Herstellern kehrt das System bereits bei Verringerung des Bremsdrucks in den normalen Betriebsmodus zurück. Eine weiter entwickelte Variante des BA nutzt die Erkenntnis, dass Fahrer das Gaspedal signifikant schneller lösen und auch die Umsetzzeit auf die Bremse verkürzt ist, wenn sie sich in einer Gefahrensituation sehen. Wegen der durch Studien belegten hohen Wirksamkeit des BA ist er ab 24.11.2009 für neue Pkw- und leichte Nfz-Typen in Europa vorgeschrieben [12].

Bei nahezu der Hälfte aller schweren Pkw-Unfälle wird durch den Fahrer keine Bremsung eingeleitet, der BA kann also nicht wirksam werden. Wenn es gelingt, eine unfallkritische Situation durch Umfeldsensorik unabhängig vom Fahrer zu erfassen, kann ein erweiterter BA warnen, eine Teilbremsung ausführen oder autonom bis zum Stillstand bremsen. Der Abstand zum vorausfahrenden Fahrzeug wird dabei mittels Video-Bildverarbeitung, RADAR oder LIDAR gemessen. Systeme dieser Art sind in unterschiedlichen Ausführungen auf dem Markt. In der EU müssen ab dem 01.11.2013 alle neuen Lkw-Typen mit Spurhalteassistent und Notbremsassistent ausgestattet werden [9].

53.5.2.2 ABS, ASR, ESP

Automatische Blockier-Verhinderer (ABV, auch Anti Blockier System ABS, engl.: antilock braking system) ermöglichen Vollbremsungen ohne blockierende Räder und erhalten die Lenkfähigkeit. Durch individuelle Ansteuerung der Bremsen wird das Überbremsen einzelner Räder verhindert und der Bremsschlupf im Bereich der maximalen Kraftschlussbeanspruchung gehalten. ABV ist für Busse sowie Lkw, Sattelzugmaschinen und Anhänger mit einem zGG von mehr als 3,5 t durch die StVZO vorgeschrieben. Seit dem 01.07.2004 werden einer Selbstverpflichtung folgend alle Pkw-Neufahrzeuge europäischer Hersteller serienmäßig mit ABV ausgestattet. Auch neue Motorradtypen müssen ab 2016 mit ABV ausgestattet werden [13].

Korrespondierend zum ABV passt eine Antriebsschlupfregelung (ASR) das Drehmoment des Motors durch Verstellen der Drosselklappe, des Zündzeitpunkts oder durch Ausblenden von einzelnen Zündungen automatisch an das Kraftschlusspotential an. Wenn diese Eingriffe zu langsam sind oder nicht ausreichen, werden die angetriebenen Räder gezielt gebremst.

In einem ESP-System (EU-amtliche Bezeichnung: Elektronisches Fahrdynamik-Regelsystem, engl.: traction control system (TCS)) werden alle diese Funktionen auf der Basis einer Sensorik, eines elektronischen Steuergeräts und verschiedener Aktuatoren zusammengefasst.

Für die Funktion eines ESP wird einerseits ein Modell der Absichten des Fahrers benötigt. Es ergibt sich aus Lenkradwinkel, Lenkradwinkelgeschwindigkeit, Gangwahl, Gaspedalstellung, Bremsdruck und Raddrehzahlen. Mit Hilfe eines numerischen Fahrzeugmodells wird daraus der Soll-Kurs ermittelt. Parallel dazu wird der Ist-Kurs geschätzt. Er ergibt sich aus den Raddrehzahlen, der Querbeschleunigung und der Gierrate des Fahrzeugs. Aus dem permanenten Vergleich dieser Daten wird mit einem Takt von ca. 25 Hz errechnet, ob der tatsächliche Kurs des Autos dem gewünschten entspricht. Je nach Gradient und Größe der Abweichung greift das ESP in die Fahrzeugdynamik ein. In der Regel erfolgt das über das selektive Abbremsen einzelner Räder und durch Beeinflussung der Motordynamik wie bei der ASR. Eine noch bessere Funktionalität kann erreicht werden, wenn eine aktive Lenkung in die ESP-Regelung einbezogen werden kann oder wenn auch das Antriebsmoment achsen- oder sogar radindividuell beeinflussbar ist.

Abb. 53.20 Komponenten eines ESP-Systems. Drehzahlfühler, Hydraulikmodul, Lenkwinkelsensor, Drehratensensor. (Quelle Bosch)

Da bei einem ESP-System der neueren Generation (Abb. 53.20) recht umfassende Informationen über Fahrerwunsch und fahrdynamische Situation vorliegen (Abb. 53.21), können ohne großen zusätzlichen Hardware-Aufwand zahlreiche Einzelfunktionen realisiert werden. Dazu zählen

- ABV,
- beladungsabhängiges ESP für Transporter und Lkw,
- automatische Giermomentenregelung: Instabiles Unter- und Übersteuern z. B. durch μ-Split-Situationen werden erkannt und kompensiert,
- Motorschleppmomentregelung: Auch beim abrupten Zurückschalten und geringem Kraftschlusspotential wird ein Überbremsen der Antriebsräder verhindert,
- Cornering Brake Control: Verminderung der Eindrehneigung des Fahrzeugs beim Bremsen in einer schnell gefahrenen Kurve durch asymmetrisch aufgebauten Bremsdruck,
- elektronische Bremskraftverteilung,
- elektronische Differentialsperre,
- Optimierung der Traktion auf losem Untergrund,
- Gespannstabilisierung: Die Schwingung eines Gespanns mit starrer Deichsel quer zur Fahrtrichtung (ca. 1 Hz) wird durch die dem Zugfahrzeug aufgeprägte Gierschwingung erkannt; eine Sensorik am Anhänger ist nicht erforderlich. Die Schwingung wird durch Bremseingriff an der Kfz-Vorderachse ge-

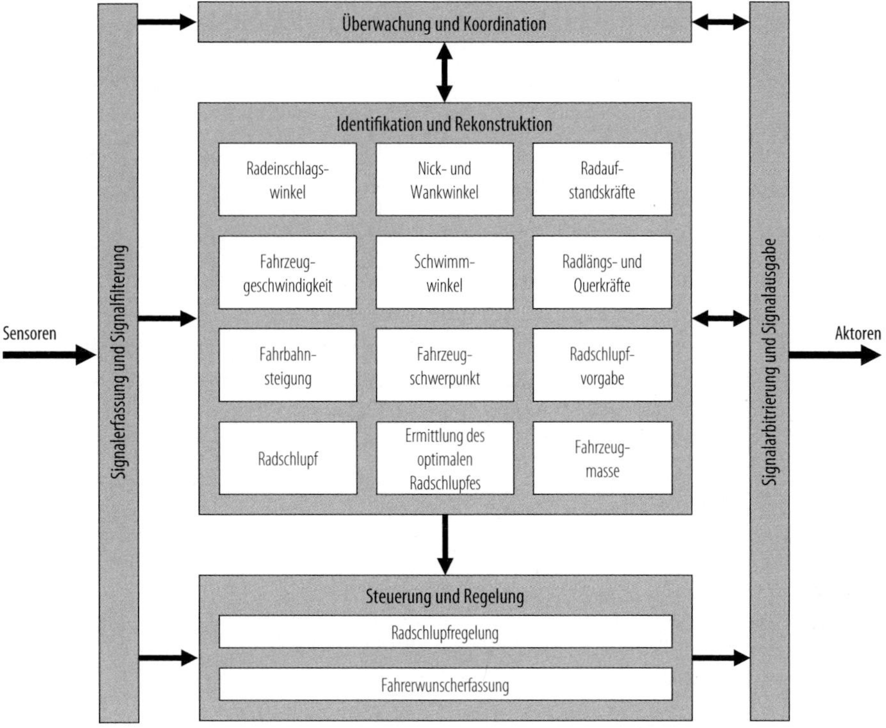

Abb. 53.21 Unterteilung der Fahrzeugbremsregelung in die Grundfunktionen Signalerfassung und Signalfilterung, Regelung, Identifikation und Rekonstruktion der fahrdynamischen Situation, Überwachung und Koordination, Signalarbitrierung und Signalausgabe [14]

dämpft. Parallel dazu wird das Gespann verzögert.

- Fahrzeughaltefunktion: Automatische Betätigung der Feststellbremse beim Anhalten bzw. Wieder-Anfahren,
- Berganfahrhilfe: Sicherung gegen unbeabsichtigtes Zurückrollen,
- Soft Stop: Bei Bremsungen in den Stillstand ergibt sich im Übergang von Gleit- in Haftreibung zwischen Bremsbelägen und Bremsscheibe häufig ein Ruck, der als unkomfortabel wahrgenommen wird. Er kann durch eine Reduzierung des Bremsdrucks vermieden werden. Bei starken Bremsungen ist die Funktion nicht aktiv, um eine Verlängerung des Bremsweges auszuschließen.
- Bremsbereitschaft: Beim schnellen Lösen des Gaspedals werden die Bremsbeläge kurzzeitig – für ca. 0,5 s – leicht angelegt, um bei einer eventuell folgenden Gefahrenbremsung den Druckaufbau zu beschleunigen und um optimale Reibbedingungen zwischen Bremsbelag und Bremsscheibe zu erzielen.
- Trockenbremsen: Bei Nässe – erkannt durch den Regensensor – werden die Bremsbeläge periodisch an die Bremsscheiben angelegt, um Wasser abzustreifen.
- Aktive Geschwindigkeitsregelung: Das Fahrzeug wird auch bei Bergabfahrt auf einer vorgegebenen Geschwindigkeit gehalten.
- Reifendrucküberwachung mit Hilfe der Raddrehzahlmessung,
- Active Rollover Protection: Das System erkennt Kippgefahr bei hoher Querbeschleunigung und wirkt ihr durch Bremseneingriff entgegen.
- Secondary Crash Mitigation: Nach einem unfallbedingten Zusammenstoß wird das häufig auftretende Schleudern nach dem ersten Zusammenstoß unterbunden und das Fahrzeug schnell zum Stehen gebracht.

Die positive Wirkung von ESP wurde in zahlreiche Studien nachgewiesen (siehe z. B. [15]). Ab 01.11.2011 müssen in Europa alle neuen Pkw- und Lkw-Typen mit ESP ausgerüstet sein [9].

Potential für die Weiterentwicklung von ESP liegt darin, die Bedingungen für das Übertragen von Kräften zwischen Fahrzeug und Fahrbahn situationsgerecht weiter zu verbessern. Dazu gehört z. B. die Verminderung von Radlastschwankungen beim Bremsen. Dies kann durch das Einbeziehen von aktiven Dämpfern (Abb. 53.14) in das ESP-Regelkonzept erreicht werden. Die Einbindung einer aktiven Lenkung oder einer Hinterachslenkung ermöglicht die unmittelbare Beeinflussung des Gierverhaltens. Eine andere Entwicklungslinie betrifft die noch genauere Erfassung von Fahrerwunsch und fahrdynamischer Situation. Entsprechende Systeme erfordern den Austausch relevanter Informationen der verschiedenen Einzelsysteme. Entwicklungen hin zu integrierten Chassis Control Systems sind weit fortgeschritten.

53.5.3 Energiewandlung

An Bord eines Kfz muss mechanische Arbeit für den Antrieb der Räder und zur Versorgung von Nebenverbrauchern bereitgestellt werden. Das geschieht heute nahezu ausschließlich durch Nutzung der chemischen Energie von Kraftstoffen in Hubkolbenmotoren mit innerer Verbrennung nach dem Otto- oder Dieselverfahren (s. Kap. 4). Die Produkte der Verbrennung müssen daher gasförmig anfallen und können nur an die Atmosphäre abgegeben werden. Wenn keine Verschmutzungen zugelassen werden sollen, darf das Abgas nur Bestandteile enthalten, die in der Luft natürlich vorkommen. Stoffe im Kraftstoff, die schädigende Wirkung haben können, sind daher nicht zulässig und wurden streng limitiert: Metalle (z. B. Blei, Mangan), Schwefel, Phosphor, Halogene. Auch Verbindungen, die in der Verbrennung nicht immer vollständig umgesetzt werden (z. B. Benzol) wurden stark reduziert. Schadstoffe, die sich bei der Verbrennung bilden, wie unverbrannte Kohlenwasserstoffe (HC), Stickstoffoxide (NO_x) oder Kohlenmonoxid (CO), dürfen nur in sehr geringen Mengen den Auspuff verlassen. Dies wurde durch Verbesserungen der Kraftstoffe, der motorischen Brennverfahren und vor allem mit Hilfe umfassender Abgasnachbehandlungssysteme erreicht (s. Kap. 4). Kohlendioxid, neben Wasserdampf das Hauptprodukt der Verbrennung von Kohlenwasserstoffen, kann fahrzeugseitig nur durch Verminderung des spezifischen Verbrauchs verringert werden.

Bei Pkw haben sich weltweit mehrheitlich Ottomotoren durchgesetzt, in Deutschland und einigen anderen europäischen Ländern hat aber der Anteil der Dieselmotoren zeitweilig 50 % und mehr erreicht. Nfz werden fast ausschließlich mit Dieselmotoren ausgestattet. Als Endenergieträger werden die flüssigen Kraftstoffe Benzin und Diesel eingesetzt (Abb. 53.22). Sie erfüllen in der Summe die zahlreichen und teils widersprüchlichen Anforderungen sehr gut [16]. Als Beispiel sei die Sicherheit im Umgang herausgegriffen: Bei jährlich mehr als einer Milliarde Tankvorgängen in Deutschland passieren praktisch keine größeren Unfälle.

Die flüssigen Kraftstoffe werden heute fast ausschließlich aus Erdöl hergestellt, dessen langfristige Verfügbarkeit vielfach angezweifelt wird. Zudem trägt der Straßenverkehr in Deutschland ca. 18 % zur Freisetzung des Treibhausgases (THG) CO_2 bei. Daher wird seit Langem nach Möglichkeiten gesucht, die Abhängigkeit vom Erdöl und die Freisetzung von THG durch alternative Kraftstoffe zu vermindern. Auf dem Markt eingeführt wurden Pflanzenöl, veresterte Pflanzenöle (Biodiesel, RME – Rapsöl-Methyl-Ester), Ethanol aus zucker- oder stärkehaltiger Biomasse, Erdgas und LPG (Liquid Petroleum Gas, Autogas). Weiter eignen sich z. B. Methanol, Butanol, Di-Methyl-Ether, Wasserstoff und viele weitere Stoffe. Wie Benzin und Diesel auch, können alle diese Energieträger und viele mehr unter Einsatz von Energie aus beliebigen Ausgangsstoffen mit passender chemischer Zusammensetzung hergestellt werden. Sie können alle in geeignet modifizierten Verbrennungsmotoren eingesetzt werden. Die Kraftstoffanlagen müssen dazu an die anderen Energiedichten und physikalisch-chemischen Eigenschaften angepasst werden. Erdgas und Wasserstoff erfordern Hochdrucktanks (250–700 bar). An anderen Speichermöglichkeiten für Wasserstoff – kryogen flüssig,

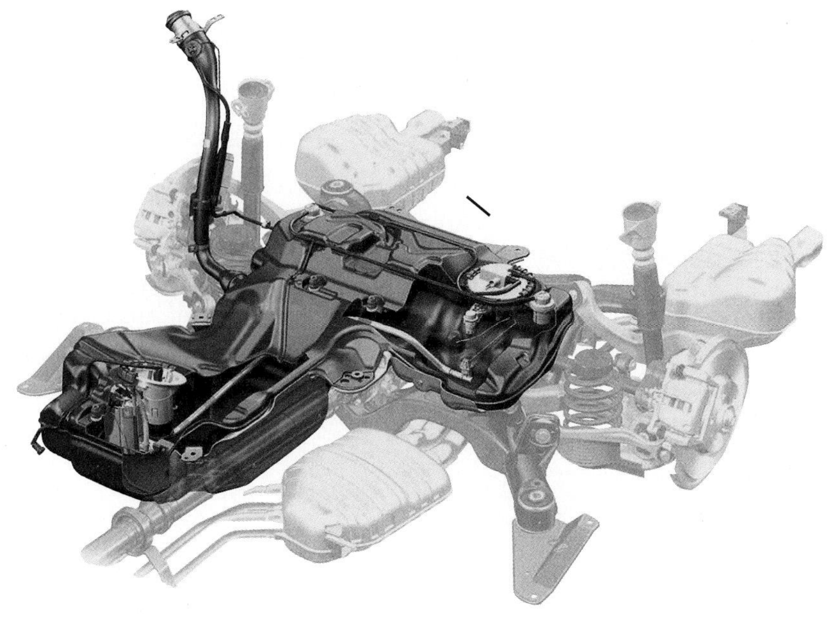

Abb. 53.22 Tankanlage (Benzin) Audi A4 [11]

in Metallhydriden, Erzeugung von Reformer-Gas aus flüssigen Ausgangsstoffen, Dehydrierung geeigneter Trägerstoffe – wird seit langem gearbeitet.

Fahrzeuge für LPG und CNG (Compressed Natural Gas) werden heute fast immer bivalent ausgelegt. Sie verfügen über zwei unabhängige Kraftstoffsysteme mit getrennten Tanks, Leitungs- und Kraftstofffördersystemen und Gemischaufbereitungen, aus denen wahlweise der Motor versorgt werden kann (Abb. 53.23). Das Motorsteuergerät erkennt an einer Schalterstellung oder über einen Sensor, welcher Kraftstoff gerade zur Verfügung gestellt wird, und passt die Steuerungsparameter für Gemischbildung und Zündung entsprechend an. Flexible-Fuel-Auslegungen (FFV – Flexible Fuel Vehicle) ermöglichen die Verwendung von zwei flüssigen Kraftstoffen in beliebigen Mischungen; das Mischungsverhältnis wird automatisch erkannt, die Motorsteuerung entsprechend angepasst. Die Eigenschaften des besseren der wahlweise nutzbaren Kraftstoffe können weder bei Auslegung auf bivalenten Betrieb noch als FFV voll genutzt werden. Flexible-Fuel-Fahrzeuge für Mischungen aus Benzin und Ethanol haben in Brasilien große Verbreitung gefunden.

53.5.3.1 Antrieb mit Brennstoffzelle

Nur Wasserstoff bietet die Möglichkeit, als Energiewandler eine Brennstoffzelle (BZ) in Kombination mit Elektromotoren einzusetzen (Abb. 53.24). Sie haben einen besseren Wirkungsgrad als Hubkolbenmotoren; im NEFZ-Zyklus liegt für eines der wenigen Kleinserienfahrzeuge der energetische Verbrauch bei 63 % eines leistungsgleichen Diesels [17].

Für Kfz kommen derzeit nur Polymer-Elektrolyt-Membran-Systeme (PEM) zum Einsatz. Kernelement dieser Niedertemperatur-BZ ist eine elektronisch isolierende, aber Protonen leitende Membran. Sie wird auf der Basis von PTFE-Polymeren hergestellt, in die Ionomere eingebettet werden. Typische Membranen enthalten bis zu 40 Gew.-% Wasser. Ihre Protonenleitfähigkeit ist eine Funktion des Wassergehalts, der seinerseits von der Temperatur und der Gasfeuchte abhängt. Die Zuführung und Rezirkulation von gasförmigem Wasserstoff und von gereinigter Luft sowie die Abführung des Reaktionsprodukts Wasser auch an entlegenen Stellen der Membranstapel muss mit Hilfe von Verdichtern gewährleistet werden. Die Beladung von Membranen mit dem Katalysator Platin liegt bei $> 1\,g/m^2$. Entwicklungsziel für die flächenbezogene Leis-

Abb. 53.23 Fahrzeugpackage mit CNG-Anlage, Volkswagen Touran TSI EcoFuel. Erdgasflaschen im Fahrzeugboden mit 18 kg Fassungsvolumen, kompaktes Package der Antriebsaggregate im Motorraum. (Quelle Volkswagen AG)

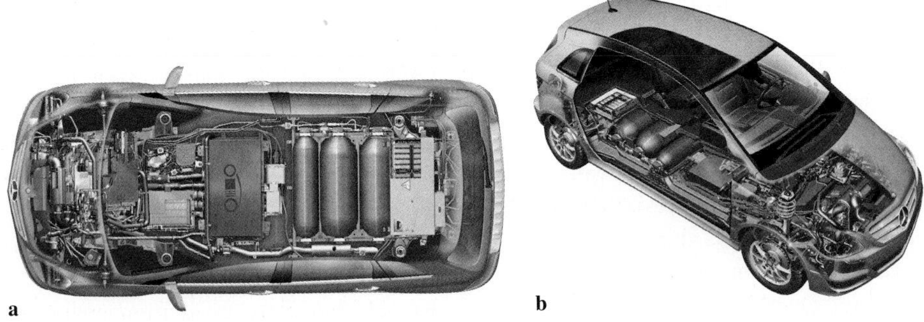

Abb. 53.24 Mercedes-Benz B-Class F-Cell mit Elektroantrieb. Brennstoffzelle, 700 bar H_2-Tanks, Lithium-Ionen-Batterie. (Quelle Daimler AG)

tung ist $> 10\,\mathrm{kW/m^2}$, für die Lebensdauer im Fahrzeug bei 5000–7000 h. PEM-BZ haben eine Betriebstemperatur von ca. 80 °C. Sie liegt also erheblich unter der Kühlwassertemperatur eines Verbrennungsmotors (bis zu 115 °C). Da die Abwärme ausschließlich über einen Wasser-Luft-Kühler abtransportiert wird und nicht auch über das Abgas, sind die erforderlichen Kühlflächen bei gleicher Leistung erheblich größer [18]. Der Kaltstart ist erst nach einer Aufwärmphase möglich. Als Kostenziel wird häufig ein Wert von < 50 € /kW genannt.

Vielfach wird der BZ-Antrieb mit einer Batterie kombiniert. Man erreicht damit, dass die BZ i. W. auf die niedrigere mittlere Leistung ausgelegt werden kann und weniger dynamisch beansprucht wird; damit können Kosten gesenkt und betriebliche Vorteile erreicht werden (Kaltabfahrt, Boosten, Rekuperieren von Bremsenergie).

53.5.3.2 Elektroantrieb

Eine weitere Möglichkeit für den Antrieb von Kfz bietet die Kombination von elektrochemischem Akkumulator (wiederaufladbarer Batterie) mit Elektromotoren (BEV – Battery Electric Vehicle). Dieser Ansatz ist seit der Frühzeit der Kfz-Technik in Wellen mehrfach verfolgt worden. Aktuell findet er besonderes Interesse, weil mit der Entwicklung von Batteriesystemen auf Basis von Lithium-Metallsalzen die bisherigen Grenzen für die Energiedichte auf ca. 100 Wh/kg verschoben wurden. Dennoch bleiben Batterien vergleichsweise schwer und teuer. Sie altern im Betrieb durch Laden und Entladen, aber auch kalendarisch, unabhängig von der Belastung. Der Verbrauch eines sehr kleinen BEV im NEFZ-Zyklus wird mit 12 kWh/100 km angegeben. Hinzu kommen die Verbräuche von Systemen der Ausstattung, wie Heizung, Klimatisierung, Licht. In Summe muss mit ca. 15–18 kWh/100 km im realen Stadtbetrieb gerechnet werden. Eine Reichweite von 150 km erfordert daher eine Batterie mit 23–27 kWh, die etwa 250 kg wiegt. Sie wird auch langfristig teuer bleiben; die für große Stückzahlen hochgerechneten Kosten liegen bei ca. 100 €/kWh. Verbesserungen der Wirtschaftlichkeit von BEV werden von kleineren, leichteren, konsequent auf minimalen Energieverbrauch optimierten Fahrzeugen erwartet. Außerdem wird die Nutzung der Batterie zum Lastmanagement von elektrischen Stromnetzen mit fluktuierender Energieerzeugung z. B. aus Windkraftwerken diskutiert, aus der sich ein Zusatznutzen ergeben würde (vehicle-to-grid) [19].

53.5.3.3 Hybridantriebe

Wenn zwei (oder mehr) vollständige Antriebssysteme von der Speicherung von Energie bis zur Wandlung in mechanische Arbeit zur Verfügung stehen, spricht man von einem Hybridantrieb. Vorteile des einen werden genutzt, um Nachteile des anderen zu kompensieren. In der Regel soll damit der Wirkungsgrad des Gesamtsystems im Mittel über einen Fahrzyklus erhöht werden. Es sind auch andere Auslegungsziele erreichbar, z. B. eine kurzfristige Steigerung der Leistung oder ein günstigeres Package. Wenn der Antriebsstrang zwar eine Wandlung der mechanischen Energie in elektrische vorsieht, aber kein elektrischer Speicher zur Verfügung steht, spricht man in der Regel nicht von einem Hybridantrieb, sondern von einem elektrischen Getriebe oder Kennungswandler; solche Systeme findet man z. B. bei Großkippern für Tagebaue.

Hybridantriebe in Pkw werden in der Regel als Kombinationen von Ottomotor mit elektrischen Maschinen untersucht und als Serienprodukte in schnell wachsender Zahl verkauft. Es gibt aber auch andere Konzepte wie BZ mit Batterie und Elektromotor (s. Abb. 53.24), Dieselmotor oder Gasturbine mit Generator, Elektromotor(en) und Batterie, Verbrennungsmotor mit Generator, Elektromotor(en) und Hochleistungskondensatoren, Dieselmotor mit hydrostatischem Speicher und Hydraulikmotoren; viele weitere Konfigurationen sind denkbar. Als Speicher für elektrische Energie kommen Batterien unterschiedlicher Bauart (Nickel-Metallhydrid, Lithium-Ionen) und Doppelschichtkondensatoren großer Kapazität („Ultracaps") in Frage. Auch Schwungräder werden immer wieder untersucht. Durch das Zusammenwirken mehrerer, sehr unterschiedlicher Energiewandler ergeben sich die Notwendigkeit und die Chance, einen Hybridantrieb mit einer relativ komplexen Betriebsstrategie zu versehen.

Für die Kombination von Verbrennungsmotor mit elektrischen Maschinen und elektrischem Energiespeicher lassen sich grundsätzlich drei unterschiedliche Formen von Hybridantrieben unterscheiden:

- Serieller Hybrid: Die gesamte Antriebsleistung wird über den elektrischen Pfad geführt. Die Verluste der mehrfachen Energiewandlung sollten durch den besseren mittleren Wirkungsgrad des Verbrennungsmotors übertroffen werden.
- Paralleler Hybrid: Verbrennungsmotor und elektrische Maschine stellen die Antriebsleistung gemeinsam dar. Die mehrfache Wandlung wird überwiegend vermieden.
- Hybrid mit zwei unabhängigen Antriebssystemen: Vorderachse und Hinterachse werden von verschiedenen Antriebssystemen angetrieben, zwischen denen situationsabhängig automatisch oder manuell gewechselt wird.

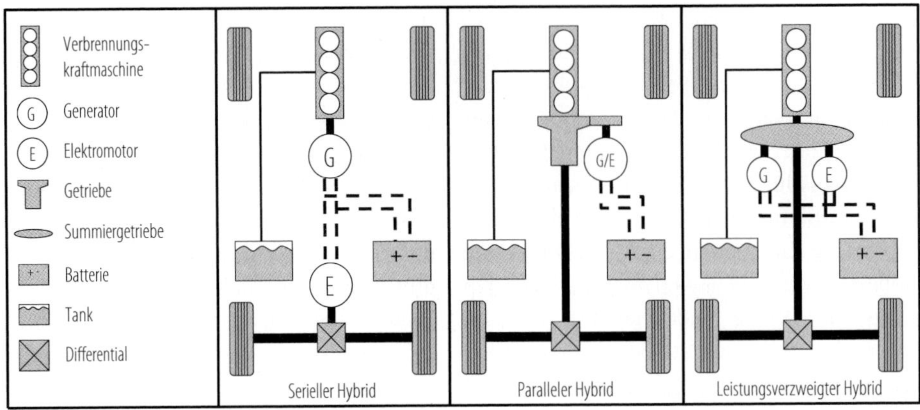

Abb. 53.25 Schematische Darstellung verschiedener Hybridsysteme

Im Übergang zwischen seriellem und parallelen Hybrid sind Zwischenstufen mit Leistungsverzweigung realisierbar, bei denen je nach Auslegung und Betriebssituation ein unterschiedlich großer Anteil der Leistung über den elektrischen Pfad geführt wird.

Der Verbrennungsmotor für einen Hybridantrieb kann deutlich anders ausgelegt werden als für einen konventionellen Antrieb. Die Fähigkeit zu schnellen Lastwechseln muss nicht denselben Ansprüchen genügen, die Ladungswechselorgane können vereinfacht werden. Im Ergebnis kann ein solcher Motor leichter, bezogen auf den hauptsächlich genutzten Betriebsbereich effizienter, abgasseitig und akustisch günstiger gestaltet werden; damit sind auch Kostenpotentiale vorhanden.

Hybridantriebe können nach den unterschiedlichsten Gesichtspunkten konzipiert werden. So ist u. a. das Gegensatzpaar leistungsorientiert-energieorientiert für Einteilungen nützlich. Im ersten Fall stehen die Rekuperation von Bremsenergie und die Bereitstellung hoher Antriebsleistung für kurze Zeit im Vordergrund (z. B. Linienbus mit seriellem Hybridantrieb). Im zweiten Fall soll eine größere Strecke rein elektrisch und mit ausreichender Fahrleistung bewältigt werden können (Abb. 53.25).

Eine andere Unterscheidung verwendet den Anteil der elektrischen Leistung an der Systemleistung als Kriterium. Bei einem Micro Hybrid ist er gering (< 5 kW). Häufig werden Funktionen wie Start-Stopp-Automatik (SSA) in Kombination mit intelligenter Generatorregelung (IGR) so bezeichnet. Unter einer SSA versteht man ein System, das den Verbrennungsmotor dann stilllegt, wenn dessen Leistung nicht benötigt wird, und ihn im Bedarfsfall automatisch innerhalb von ca. 350 ms wieder startet. Es wird erst aktiv, nachdem das Motoröl die erforderliche Betriebstemperatur erreicht hat. Das System kann Situationen erkennen, in denen ein Dauerbetrieb des Motors von Vorteil ist, wie im Falle einer stark entladenen Batterie. Er bleibt auch in Betrieb, wenn die Innentemperatur noch zu niedrig ist oder wenn Heizleistung benötigt wird, um die Frontscheibe von Eis oder Beschlag zu befreien. Bei einer IGR wird der Erregerstrom des konventionellen 14 V-Generators so geregelt, dass dieser in Schub- und Bremssituationen elektrische Energie liefert, in anderen Phasen aber weitgehend unbelastet bleibt. Es wird sichergestellt, dass die Batterie stets genügend geladen ist, um einen Kaltstart zu ermöglichen. Ansonsten variiert ihr Ladezustand entsprechend dem Angebot an Bremsenergie [20]. Neuere Entwicklungen gehen von einer auf 48 V erhöhten Bordnetzspannung aus; so können einerseits erhebliche verbesserte Funktionen realisiert werden, andererseits ergeben sich noch keine wesentlichen zusätzlichen Mehraufwände, um Berührschutz unter allen denkbaren Bedingungen in Fertigung, Betrieb, bei Unfällen im Service oder beim Recycling sicherzustellen, wie er bei höheren Betriebsspannungen unabdingbar ist.

Unter einem Mild Hybrid versteht man ein Fahrzeug mit einer triebstrangintegrierten, elektrischen Maschine mit ca. 20 kW Leistung. Im einfachsten Fall wird das Schwungrad durch eine elektrische Maschine ersetzt oder ergänzt, die als Generator und als Motor arbeiten kann. Bei den meisten bisher ausgeführten Konzepten wird nur eine Kupplung zwischen der elektrischen Maschine und dem Getriebe vorgesehen. Es wird eine deutlich größere Batterie als im rein verbrennungsmotorischen Antriebsstrang verwendet. Das Konzept ermöglicht einen perfektionierten Start-Stopp-Betrieb, ein zusätzliches Drehmomentangebot für Beschleunigungsphasen (Boost-Betrieb) und Bremsenergierückgewinnung in deutlich größerem Umfang. Wenn zusätzlich eine Kupplung zwischen elektrischer Maschine und Verbrennungsmotor vorgesehen wird, kann die Bremsenergierückgewinnung erheblich verbessert werden. Außerdem ist dann ein rein elektrischer Betrieb bei geringen Leistungsanforderungen und für relativ kurze Strecken möglich. Grundsätzlich ermöglicht ein Mild Hybrid die Wahl eines kleineren Verbrennungsmotors bei gleichen Fahrleistungen. Zur Nutzung des vollen Potentials ist es erforderlich, alle Nebenverbraucher wie Servolenkung, Klimakompressor, Unterdruckversorgung des Bremssystems usw. vom Betriebszustand des Verbrennungsmotors unabhängig zu machen. Gas- und Bremspedal werden zu Bedienelementen, mit denen der Fahrer Momentenanforderungen vorgibt, die von der Betriebsstrategie unter Nutzung aller Freiheitsgrade optimal umgesetzt werden. Dabei müssen Lösungen gefunden werden, die sich „anfühlen" wie die gewohnten Bedienelemente [21]. Unter Nutzung aller Potentiale kann der Verbrauch um bis zu 15 % gesenkt werden. Mehr als die Hälfte des Personalaufwandes für die Entwicklung komplexer Hybridantriebe muss heute für die Software der Betriebsstrategie investiert werden.

Ein Full Hybrid wird durch elektrische Maschinen mit relativ großer Leistung (20 kW oder wesentlich mehr) und eine Batterie in einer Größe charakterisiert, die eine relevante elektrische Reichweite (> 5 km) ermöglicht. Daraus ergibt sich, dass eine hohe Bordnetzspannung realisiert werden muss ($\gg$ 100 V). Ein Beispiel ist der Two-Mode-Hybridantrieb mit einem Getriebe in Kombination mit zwei Elektromotoren, drei Planetenradsätzen und vier Kupplungen, das eine Leistungsverzweigung in einen elektrischen und einen mechanischen Pfad erlaubt. Es wird so ein stufenlosen ECVT-Getriebe (Electric Continuously Variable Transmission) realisiert, das in zwei Betriebszuständen arbeiten kann. Ein Modus ist speziell für das Anfahren mit starker Kraftentfaltung sowie für niedrige Geschwindigkeiten vorgesehen, der zweite für das Fahren bei höherem Tempo. Beim Anfahren wird nur einer der beiden Elektromotoren aktiv. Sobald mehr Leistung abgefordert wird, startet der zweite Elektromotor den Verbrennungsmotor automatisch hinzu. Bei steigenden Motorlasten und in höheren Geschwindigkeitsbereichen wird die Leistungsübertragung vom elektrischen zum mechanischen Antriebszweig verschoben [22, 23].

Hybridfahrzeuge werden in der Regel so ausgelegt, dass ein Aufladen des elektrischen Speichers aus dem Netz nicht vorgesehen wird; d. h. im Mittel ist die Ladebilanz der Batterie ausgeglichen. Ausgelöst durch die Regelungen der EU zu den CO_2-Minderungszielen werden verstärkt Konzepte verfolgt, die ein Aufladen vorsehen (Plug-In Hybrid, PHEV, Grid-Connected-Hybrid). Nach Fahrtbeginn wird die Batterie zunächst so weit beansprucht, bis der untere zulässige Ladungszustand (SOC – state of charge) erreicht ist (charge depletion mode). Dann wird ein Verbrennungsmotor gestartet. Es kann sich um einen Generatorsatz handeln, häufiger findet man aber die Lösung mit einem leistungsverzweigten Getriebe. Die Batterie wird nun auf ihrem Ladezustand gehalten, nicht nachgeladen (charge sustaining mode). Zum Erzielen einer sinnvoll großen elektrischen Reichweite muss das Fahrzeug eine relativ große Batterie mit sich führen. Je nach Nutzungsmuster kann so die Betriebsenergie weitgehend durch den Bezug von Strom aus dem öffentlichen Netz gedeckt werden. PHEV (Plug-in Hybrid Electric Vehicle) sind in der Europäischen Union wegen einer Besonderheit bei der Berechnung des Flottenverbrauchs eines Herstellers attraktiv: Die mit aus dem Netz bezogener, elektrischer Energie zurückgelegte Fahrstrecke wird rechnerisch als emissionsfrei berücksichtigt [24]. Zudem werden Pkw als BEV

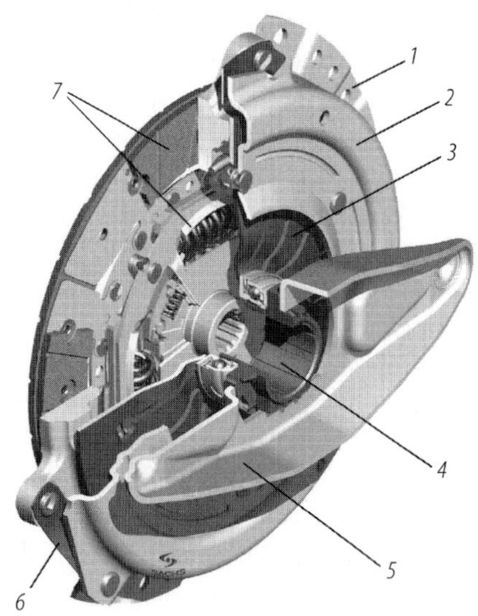

Abb. 53.26 Einscheiben-Trockenkupplung. *1* Verschraubung zum Schwungrad, *2* Druckplatte, *3* Membranfeder, *4* Ausrücker, *5* Ausrückhebel, *6* Tangentialblattfeder, *7* Kupplungsscheibe mit Torsionsdämpfer. (Quelle ZF-Sachs)

und PHEV auf den Flottenverbrauch mit jährlich abnehmendem Gewicht bis 2022 mehrfach angerechnet (super credits), wenn ihre spezifische CO_2-Emission rechnerisch unter 50 g/km bleibt. Fahrzeuge mit solchen Antriebssystemen helfen daher vorübergehend den Herstellern, die bei Überschreitung der verbindlichen CO_2-Vorgaben zu leistenden, erheblichen Strafzahlungen zu vermeiden [38].

53.5.4 Kupplung und Kennungswandler

Hubkolbenmotoren können nicht aus dem Stillstand anlaufen, ihre maximale Leistung steht nur oberhalb der Leerlaufdrehzahl in einem bestimmten Drehzahlbereich zur Verfügung. Zudem ist der Motorwirkungsgrad abhängig vom Betriebspunkt, also dem geforderten Drehmoment bei einer bestimmten Drehzahl. Das macht es erforderlich, die Kennung des Motors an den Zugkraftbedarf des Fahrzeugs anzupassen. Zu diesem Zweck werden Kupplungen und Getriebe benötigt.

Die Kupplung dient dazu, den Motor bei Schaltvorgängen oder im Leerlauf vom Getriebe zu trennen. Außerdem ermöglicht sie durch schlupfenden Betrieb die Anpassung der Momente und Drehzahlen von Motor und Getriebe (Abb. 53.26). Vielfach werden in die Kupplung auch Elemente integriert, die der Dämpfung von Drehschwingungen im Antriebsstrang dienen (Abb. 53.27). Für Pkw werden trockene Einscheiben-Zentral-Membranfeder-Kupplungen verwendet (Abb. 53.28). Sie werden in der Regel über ein Kupplungspedal mit hydraulischem Geberzylinder, eine Druckleitung und den am Getriebegehäuse befestigten Nehmerzylinder betätigt. Die Gangwahl erfolgt in der Regel manuell mittels Seilzug oder Gestänge. Schaltmuffen verbinden das frei auf der

Abb. 53.27 Zweimassenschwungrad. (Quelle Schaeffler Gruppe Automotiv Aftermarket)

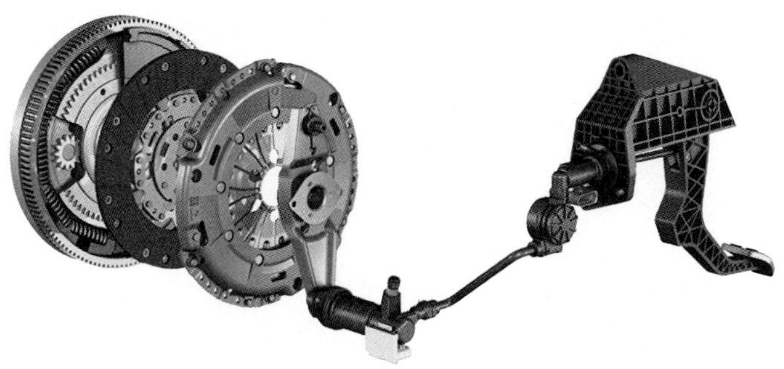

Abb. 53.28 Gesamtsystem einer Pkw-Kupplung: Hydraulische Betätigung des Ausrückhebels über das Kupplungspedal. (Quelle ZF Friedrichshafen AG)

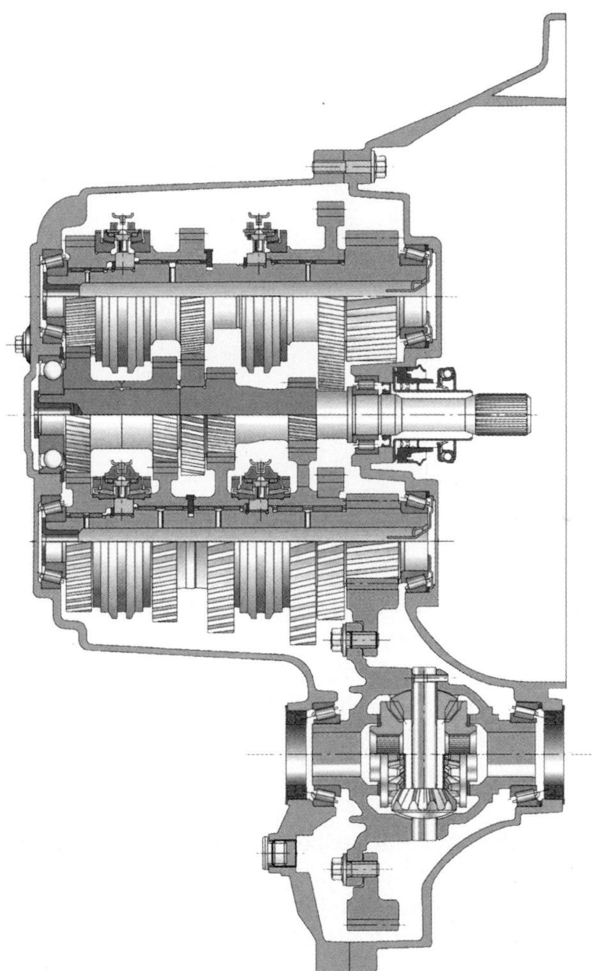

Abb. 53.29 Manuelles Schaltmuffengetriebe. (Quelle GETRAG FORD Transmissions GmbH)

Hauptwelle rotierende Gangrad beim Schalten formschlüssig mit der Welle. Synchronring und Reibbelag stellen die komfortable Anpassung der Drehzahlen sicher (Abb. 53.29). Bei Nfz werden vielfach automatisierte Schaltgetriebe eingesetzt, bei Pkw eher selten. Der Schaltvorgang ist notwendigerweise mit einer Zugkraftunterbrechung verbunden. Manuell geschaltete Pkw-

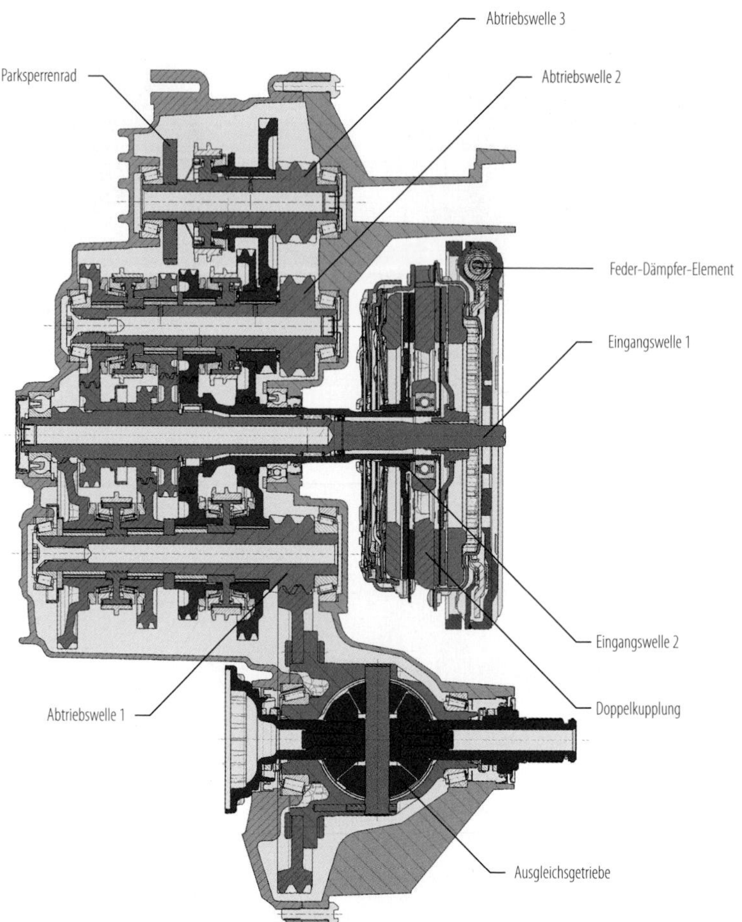

Abb. 53.30 7-Gang Doppelkupplungsgetriebe. (Quelle Volkswagen AG)

Getriebe haben bis zu sechs Gänge, Nfz-Getriebe z. B. 16. Ihr mechanischer Wirkungsgrad liegt bei 99 %.

Doppelkupplungsgetriebe (DKG) verfügen über zwei Antriebswellen, auf denen die geraden bzw. die ungeraden Gänge durch Zahnradpaarungen realisiert sind. Nur eine davon ist über eine der beiden Kupplungen mit dem Abtrieb verbunden, in der anderen ist der als nächster vorgewählte Gang eingelegt. Durch sehr schnelles, koordiniertes Öffnen bzw. Schließen der beiden Kupplungen erfolgt der Gangwechsel. Dieser Vorgang wird elektronisch gesteuert und vermeidet eine Zugkraftunterbrechung (Abb. 53.30). Manuell geschaltete und DKG sind als Standgetriebe mit zwei oder drei ortfesten Wellen und Zahnradpaarungen mit permanentem Eingriff auf Vorgelegewelle und Hauptwelle ausgeführt. DKG haben bis zu zehn Gänge.

Alternativ zur Reibungskupplung werden zunehmend hydrodynamische Wandler mit Pumpenrad, Turbinenrad und Leitrad mit Einweg-Freilauf (Trilok-Wandler) eingesetzt (Abb. 53.31). Sie ermöglichen einen verschleißfreien Kraftschluss und eine Momentenüberhöhung beim Anfahren. Sie sind stets schlupfbehaftet; ihr Wirkungsgrad ist schlechter als der einer Reibungskupplung. Daher wird der Wandler mit einer Überbrückungskupplung kombiniert, die in möglichst vielen Betriebspunkten einen direkten Durchtrieb erlaubt. Um diesen Bereich ohne Komfortnachteile möglichst auszudehnen, werden zusätzlich mechanische Drehschwingungsdämpfer verbaut. Wandler werden mit Planetengetrieben kombiniert, die bis zu zehn Schaltstufen ermöglichen. Es gelingt mit solchen Systemen, den Kraftstoffverbrauch unter das Niveau des handgeschalteten Vergleichsmodells zu senken.

Abb. 53.31 8-Gang-Wandlerautomatikgetriebe ZF 8HP. (Quelle BMW Group)

Neben Stufengetrieben werden auch kontinuierlich verstellbare CVT-Getriebe (Continuously Variable Transmission) in Pkw eingesetzt. Sie werden als Varianten von Umschlingungsgetrieben mit Variatorkegeln realisiert. Sie haben aber in Deutschland keine große Marktrelevanz gewonnen. Auch Toroid-CVT-Getriebe wurden untersucht, aber kaum eingesetzt. Erhebliche Anstrengungen richten sich auf die Entwicklung intelligenter Schaltprogramme, die Fahrsituation, Topografie, Typ des Fahrers, Beladung des Fahrzeugs usw. in die Schaltstrategie einfließen lassen.

53.5.5 Achsgetriebe

Das Antriebsmoment eines Kfz wird über die beiden Räder einer Achse oder über beide (bei Nfz u. U. auch mehr) Achsen auf die Straße übertragen. Differentialgetriebe ermöglichen die für das Befahren von Kurven erforderliche Drehzahldifferenz und realisieren in der Regel eine Übersetzung ins Langsame. Sie werden als Umlaufgetriebe ausgeführt. Über Seitenwellen gelangt das Moment an die Räder. Wenn ein Rad entlastet wird, erhält auch das andere Rad nur ein reduziertes Moment; die Traktion ist dann eingeschränkt. Differentialsperren beschränken diesen Effekt. Sie werden so ausgeführt, dass sie auf Drehzahlunterschiede ansprechen (z. B. Haldex) oder Momentenunterschiede erkennen (Torsen, Torque Sensing). Mit Torque Vectoring Getrieben (Abb. 53.32) ist es möglich, Antriebsmomente an den Rädern frei vorzugeben.

Bei Allradantrieben muss das Moment zwischen den Achsen verteilt werden. In einfachen Ausführungen geschieht das durch eine manuell betätigte Kupplung zwischen Vorder- und Hinterachse. Bei permanentem Allradantrieb muss ein Mittendifferential Drehzahldifferenzen zwischen den Achsen ausgleichen. Es wird im einfachen Fall auf ein festes Drehmomentverhältnis zwischen vorne und hinten ausgelegt. Variable Kraftverteilungen nutzen eine Visco-Sperre, ein Torsen-Differential oder eine steuerbare Lamellenkupplung.

Abb. 53.32 Torque Vectoring System. (Quelle BMW Group)

53.6 Ausstattungen

Kfz werden je nach Bestimmungszweck mit Ausstattungen in vielfältig unterschiedlichen Formen und Umfängen ausgerüstet. Einige davon sind funktional zwingend, manche gesetzlich vorgeschrieben, viele können frei gewählt werden. Zu den Ausstattungen gehören

- Verglasung, Scheibenwischer, Spiegel
- Fensterheber, Türmechanismen, Schiebedach
- Sitzanlage, Instrumententafel, Mittelkonsole, Bedienelemente, Anzeigen
- Innenverkleidungen, Teppiche
- Heizung, Klimatisierung, Belüftung
- Insassenschutzsysteme
- Stoßfänger, Systeme zur Fußgängersicherheit
- Licht und Beleuchtung
- Fahrerassistenzsysteme
- Unterhaltungselektronik, Anbindung von Telekommunikationsgeräten.

Fast alle diese Systeme enthalten mechatronische Elemente.

53.6.1 Verglasung, Scheibenwischer

Scheiben von Kraftfahrzeugen werden heute praktisch ausschließlich aus Glas hergestellt. Nur in Ausnahmefällen werden Seiten- und Heckscheiben aus Kunststoff (PC – Polycarbonat) eingesetzt. Es werden zwei Qualitäten von Glasscheiben verwendet. Einscheibensicherheitsglas ist durch eine Wärmebehandlung so eingestellt, dass es bei zu großer mechanischer Belastung in kleine Bruchstücke zerfällt. Für Frontscheiben wird heute ausschließlich und für Seiten- und Heckscheiben zunehmend Verbundsicherheitsglas (VSG) verwendet. Es besteht aus einer äußeren und einer inneren Glasschicht, die durch eine dünne, sehr reißfeste Kunststofffolie miteinander verbunden sind. Bei einer Beschädigung hält diese Folie die entstehenden Scherben an ihrem Platz. Front- und Heckscheibe werden in der Regel mit der Karosserie verklebt. Damit kann eine prozesssichere Verbindung erreicht werden. Die Scheiben werden zudem in den Kraftfluss mit eingebunden und tragen zur Verbesserung der Karosseriesteifigkeit bei. Die Scheiben werden zunehmend mit Zusatzelementen wie Beschichtungen, Heizdrähten und Antennen versehen. Bei einem Flächengewicht von ca. $15\,\text{kg}/\text{m}^2$ trägt die Verglasung mit bis zu 60 kg zum Gesamtgewicht bei.

Der Scheibenwischer befreit die Frontscheibe von Regenwasser und ermöglicht zusammen mit einer Scheibenwaschanlage auch die Reinigung der Scheibe. Bei Fahrzeugen mit Vollheck wird in der Regel auch die Heckscheibe mit einem Scheibenwischer ausgerüstet. Vielfach werden Regensensoren eingesetzt, die die Wischer automatisch steuern.

53.6.2 Sitzanlage, Bedienelemente, Anzeigen

Sitze werden in vielfältigen Formen angeboten. Sitzhaltung, Fußstellung, Greifraum und Kopffreiheit müssen für unterschiedlich große und verschieden proportionierte Nutzer durch das Sitzverstellfeld jeweils angemessen einstellbar sein. Zusammen mit dem Sicherheitsgurt und der Nackenstütze bildet der Sitz ein wichtiges Element des Insassenschutzes. Eine stabile Sitzposition ist auch für die aktive Sicherheit relevant.

Zum Führen eines Kfz muss der Fahrer ständig eine Reihe von Bedienelementen verwenden. Für die Primärfunktionen der Stabilisierung und Führung werden Lenkrad und Pedalerie eingesetzt. Für Nebenfunktionen wie Ein-/Ausschalten des Lichts, Auf-/Abblenden, Anzeige der Fahrtrichtung, Warnung, Scheibenwischer, Scheibenreinigung werden entsprechende Schalter verwendet. Einige dieser Funktionen werden inzwischen automatisiert (Licht ein/aus, Auf-/Abblenden, Wischer ein/aus/Intervall). Vielfältige neue Bedienfunktionen für Navigationssystem, Telekommunikation, Unterhaltungselektronik, Klimaanlage usw. kommen hinzu. Lösungen werden in der Integration mancher Bedienfunktionen in das Lenkrad, Bedienkonzepten mit Dreh-Drück-Stellern, berührungsempfindlichen Bildschirmen, Sprach- und Gestensteuerung gesucht.

Im Instrumentenkombi sind die verschiedenen Anzeigen zusammengefasst, die den Fahrer über den Zustand seines Fahrzeugs (Kühlwassertemperatur, Öltemperatur, Öldruck, Bordnetzspannung, …), über die gefahrene Geschwindigkeit, die momentane Drehzahl des Motors, Fahrrichtungsanzeiger an/aus, Fernlicht an/aus usw. informieren. Die Inhalte sind teilweise gesetzlich detailliert vorgeschrieben. Nicht selten werden Fahrerinformationssysteme (FIS) mit einem zentralen Bildschirm, der in der Mitte der Instrumententafel im blickgünstigen, peripheren Sichtbereich untergebracht ist, mit Bedienelementen in der Nachbarschaft dieses Bildschirms, im primären Griffbereich des Fahrers auf der Mittelkonsole, am Lenkrad oder an der Lenksäule kombiniert. Immer häufiger werden gewünschte Daten auch auf einem zusätzlichen Display im Instrumentenkombi angezeigt. Eine noch junge Entwicklung ist die Verwendung von Head-up-Displays (HuD), die es ermöglichen, Informationen als virtuelle Bilder in das primäre Sichtfeld des Fahrers einige Meter vor dem Fahrzeug zu projizieren. Bezüglich der Gestaltung der Mensch-Maschine-Schnittstelle werden von den Entwicklern die Grundsätze einer Empfehlung der EU zu Grunde gelegt [25].

53.6.3 Heizung und Klimatisierung

In Fahrzeugen mit Verbrennungsmotor wird der Wärmebedarf zum Heizen des Innenraums i. W. durch Abwärme im Kühlwasser gedeckt. In Kaltstartsituationen kann es bei Dieselmotoren erforderlich sein, elektrisch zuzuheizen.

Kfz werden vielfach mit Klimaanlagen ausgestattet. Sie versorgen den Innenraum mit Luft, die auch kälter als die der Umgebung sein kann. Es werden überwiegend über den Riementrieb angetriebene Kompressionskälteanlagen eingesetzt. Verdampfer und Kondensator sind meist Rippenrohrwärmetauscher. Das bisher verwendete Kältemittel R 134a ist in der EU wegen seines zu hohen Treibhauspotentials seit 01.01.2017 nicht mehr zulässig. Stattdessen wird vielfach R1234yf verwendet. Einige Firmen arbeiten an Kältekreisläufen mit dem Arbeitsmedium CO_2 (R744).

Die gekühlte oder gewärmte Luft wird über Kanäle zu den Ausströmöffnungen geleitet. Menge, Temperatur und Verteilung werden häufig elektronisch gesteuert. Dazu wird ein Sensor verbaut, der die Innenraumtemperatur misst. Aufwändige Anlagen verfügen über zusätzliche Sensoren, die Luftbestandteile erkennen können und es ermöglichen, das Verhältnis von Frischluft zu Umluft zu steuern oder die die Sonneneinstrahlung erfassen. Nicht selten werden Pollenfilter mit und ohne Aktivkohlefilter zur Reinigung der Frischluft eingesetzt.

53.6.4 Systeme für den Insassenschutz

Die Insassen werden durch eine Reihe von Rückhaltesystemen (engl.: restraint systems) vor den Wirkungen der Trägheitskräfte durch eine unfallbedingte Verzögerung geschützt. Ziel ist es, sie unter Nutzung des zur Verfügung stehenden Raums nur in einem Maß an der Fahrzeugverzögerung teilnehmen zu lassen, das zu Krafteinwirkungen unterhalb der biomechanischen Belastungsgrenzen führt. Das wichtigste Rückhaltesystem ist der Sicherheitsgurt (engl.: safety belt) in Kombination mit dem Sitz. Airbags bieten zusätzlichen Schutz.

In Kfz sind Gurte für die Insassen vorgeschrieben. Sie werden in aller Regel als Dreipunkt-Automatikgurte realisiert. Ein Gurtaufroller übernimmt die automatische Anpassung der Gurtlänge an die Körpergröße und die Sitzposition des Insassen. Gurtkraftbegrenzer sorgen dafür, dass das erträgliche Kraftniveau nicht überschritten wird. Gurtstraffer reduzieren die Gurtlose, so dass der Rückhalteeffekt früher einsetzt. Außerdem wird ein Verrutschen des Gurtes verhindert. Er kann am Aufroller, am Gurtschloss oder an der Gurtverankerung angebracht werden, auch die Verwendung mehrerer Straffer an einem Gurt ist üblich. Es werden pyrotechnische Aktuatoren und vorgespannte Federn verwendet. Die Auslösung erfolgt durch die Crashsensorik. Ein reversibler, elektromotorischer Gurtstraffer kann beliebig häufig Kräfte bis zu 250 N zur Verfügung stellen. Darüber hinaus bietet er die Möglichkeit zur Realisierung von Warn- und Komfortfunktionen. Gekoppelt mit einem Pre-Crash-Sensor kann er den Gurt bereits mehrere zehntel Sekunden vor dem Aufprall aufrollen und erreicht so eine bessere Anbindung des Insassen an die Fahrzeugstruktur. Zudem wird eine unmissverständliche Warnung des Fahrers erreicht. Die Reversibilität eines solchen Systems ist erforderlich, weil Fehlauslösungen nicht gänzlich vermieden werden können. Ein Seat Belt Reminder (SBR) macht die Insassen aufmerksam, falls ein Sicherheitsgurt nicht angelegt wurde. Er setzt voraus, dass die Belegung der Beifahrersitze automatisch erkannt werden kann. Gurtsysteme werden in Fahrzeugen ohne B-Säule auch komplett im Sitz untergebracht. Die Sitzintegration ermöglicht einen optimalen Gurtverlauf unabhängig von der Größe der Person und von der Neigung der Sitzlehne. Die Gurtkräfte müssen über die Sitzstruktur mit den Verstellmechanismen in das Bodenblech des Fahrzeugs eingeleitet werden; entsprechende Verstärkungen sind erforderlich.

Ein Airbag soll den Körper des Insassen bei einer starken Verzögerung des Fahrzeugs großflächig auffangen und kontrolliert abbremsen. Frontairbags für Fahrer (Abb. 53.33) und Beifahrer (manchmal unterstützt durch Knieairbag oder aufblasbare Sitzrampe) schützen bei mehr oder

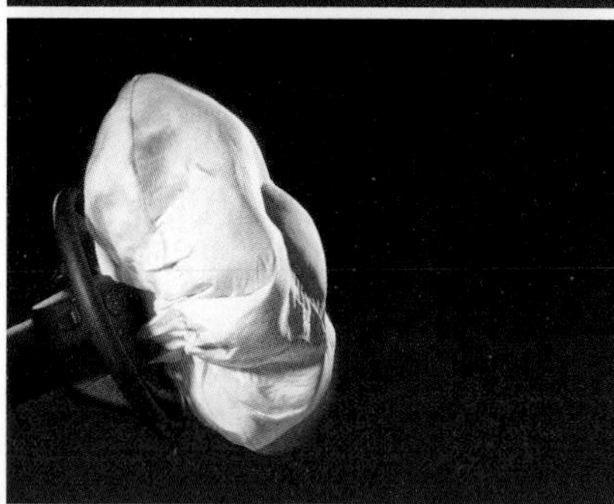

Abb. 53.33 Entfaltung eines Fahrerairbags. (Quelle Daimler AG)

weniger frontalen Unfällen, Thorax- und Kopfairbags bei seitlichen. Die wesentlichen Komponenten eines Airbagsystems sind Luftsack, Gasgenerator, Crashsensorik und Steuergerät (ECU, engl.: electronic control unit). Ein typisches System besteht aus einer ECU auf dem vorderen Teil des Tunnels mit drei internen Beschleunigungssensoren (zwei längs, einer quer) sowie vier Satellitensensoren für die Erkennung eines Seitenaufpralls. Zweistufige Airbags können angepasst an die Unfallschwere zwei verschiedene Druckniveaus aufbauen. Weitere Möglichkeiten zur Adaption der Schutzsysteme an Insassen und den Unfall sind in Entwicklung.

Die US-amerikanischen Vorschriften verlangen auch den Schutz nicht angegurteter Insassen (FMVSS 208); das bedingt eine hohe Leistungsfähigkeit, also eine große Härte und damit auch Aggressivität des Airbagsystems. Dennoch müssen auch sogenannte Missbrauchsfälle beherrscht werden (z. B. Kind stehend, nicht angeschnallt vor dem Beifahrerairbag). In der Summe müssen die Rückhaltesysteme präzise auf ein bestimmtes Fahrzeug abgestimmt werden und schützen dann die Insassen zusammen mit der Karosserie sehr wirksam.

53.6.5 Licht und Beleuchtung

Sehen und gesehen werden sind wichtige Voraussetzungen für den sicheren Betrieb von Kfz. Speziell bei Nacht muss dabei auf die Beschränkungen der menschlichen Wahrnehmung Rücksicht genommen werden. Für ein Kfz gelten daher zahlreiche Vorschriften, die Mindeststandards für die Gestaltung von Sichtfeldern, Wischbereichen auf der Frontscheibe, die minimal zulässige Transmission der Frontverglasung, für Licht und Signale usw. festlegen.

Licht und Beleuchtung dienen einerseits der Erkennbarkeit des Fahrzeugs und der Absichten des Fahrers und andererseits zum Ausleuchten der Fahrbahn. Sie sollen häufig das Fahrzeug auch gestalten („Nachtdesign", „Lichtdesign").

Als Lichtquellen für Scheinwerfer dienen Glühlampen in Form von Halogenlampen und Xenon-Gasentladungslampen (Abb. 53.34). Sie werden aber zunehmend durch Light Emitting Diodes (LED) verdrängt, die einen wesentlich besseren Wirkungsgrad aufweisen und neue Package-Möglichkeiten schaffen. Das Licht dieser Quellen wird mit Hilfe von Spiegel- oder Linsen-

Abb. 53.34 Xenon-Gasentladungslampe. (Quelle Osram)

Abb. 53.35 Frontscheinwerfermodul des Opel Insignia. (Quelle Hella)

systemen zur Ausleuchtung des Bereichs vor dem Fahrzeug projiziert (Abb. 53.35). Es muss ein Fahrlicht (Abblendlicht) und ein Fernlicht realisiert werden. Die Höhenlage des Lichts wird zur Vermeidung von Blendwirkungen häufig automatisch nachgestellt. Daneben werden vielfältige zusätzliche Funktionen realisiert wie statisches Abbiegelicht, das den Bereich seitlich vor dem Fahrzeug ausleuchtet, wenn der Blinker gesetzt ist, dynamisches Kurvenlicht, das gesteuert durch Lenkwinkel und Fahrzeuggeschwindigkeit den Lichtkegel schwenkt usw. (Abb. 53.36). Weiterentwicklungen unter Nutzung von Kartenmaterial aus geografischen Informationssystemen (GIS) in Kombination mit GPS-Ortung (Global Positioning System, Ortsbestimmung mittels Satellit) sind ebenso in der Entwicklung wie markierendes Licht unter Verwendung von Arrays aus zahlreichen, einzeln steuerbaren Mikrospiegeln oder LEDs, mit dessen Hilfe der Fahrer auf ein potentiell gefährdendes Objekt aufmerksam gemacht werden kann, das von einem Sensorsystem bereits erfasst wurde.

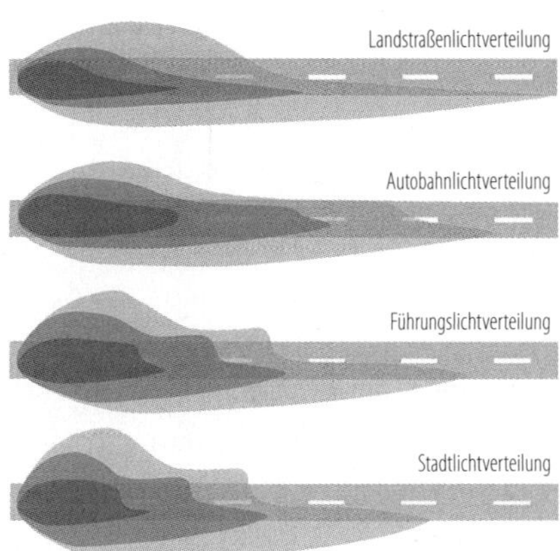

Abb. 53.36 Lichtverteilung vor dem Fahrzeug in Abhängigkeit von der Fahrsituation [26]

Brems- und Rückleuchten sowie Fahrtrichtungsanzeiger (Blinker) werden in der Regel als mehrkammerige, farbige Kunststoffkörper ausgeführt, deren Licht in Glühlampen erzeugt wird. Auch hier setzen sich LED-Lichtquellen schnell durch. Sie bieten u. a. mehr Gestaltungsmöglichkeiten und eine um ca. 150 ms schnellere Ansprechzeit, die im Falle des Bremslichts sicherheitsrelevant sein kann. Sie können auch zur Übertragung von Informationen genutzt werden, wenn das Gegenüber einen entsprechenden Empfänger hat. Inzwischen wird auch adaptives Bremslicht realisiert, das dem nachfolgenden Fahrer abhängig von der Bremssituation differenzierte und intuitiv erfassbare Informationen liefert.

53.6.6 Fahrerassistenzsysteme

Unter dem Begriff Fahrerassistenzsystem (FAS) wird eine Vielzahl von Systemen mit ganz unterschiedlichen Zielsetzungen und technischen Realisierungen zusammengefasst. Sie sollen den Fahrer bei der Wahrnehmung der verschiedenen Aufgaben, die mit der Führung eines Kfz verbunden sind, unterstützen. Einige sollen ihn überwachen und ggf. auf Mängel im Verhalten oder in der Kondition aufmerksam machen. Viele nutzen die Funktionalität der Fahrwerkregelsysteme, die auch zu den FAS gezählt werden. Man kann die zahlreichen Ansätze nach Anwendungsgebieten klassifizieren:

- Unterstützung bei der Längsführung: Tempomat, Abstandsregeltempomat
- Unterstützung beim Bremsen: Notbremsassistent (verpflichtende Einführung für Nfz in der EU beschlossen [9])
- Unterstützung bei der Querführung: Aktivlenkung, Einparkautomat, Spurhaltewarnsystem (Einführung für Nfz in der EU beschlossen), Spurhalteassistent, Spurwechselassistent
- Unterstützung beim Sehen: Verkehrszeichenerkennung, Kreuzungsassistent, Fahrlichtsteuerung, markierendes Licht, Nachtsichtgerät, Rückfahrkamera, Einparkhilfe (PDC – Park Distance Control), Totwinkelüberwachung, elektronische Markierung von geschützten und ungeschützten Verkehrsteilnehmern
- Unterstützung bei Routineaufgaben: Einparkassistent, Garageneinparker, Rückwärtsfahrautomat, Stop-and-Go-Automat
- Unterstützung beim ökonomischen Fahren: Momentanverbrauchsanzeige, Schaltanzeige, Fahrprofilassistent
- Überwachung des Fahrers und Vermeidung von Aufmerksamkeitsdefiziten: Aufmerksamkeitsassistent, Einschlafwarner, Alkoholwarner, elektronischer Fahrlehrer, automatische Einhaltung von Geschwindigkeitbeschränkungen (ISA – Intelligent Speed Adaptation)
- Unterstützung nach einem Unfall: Automatischer Notruf, elektronische Anleitung für Retter
- Unterstützung bei der Routenplanung: Navigationssystem
- Automatisierung komplexer Fahraufgaben: Stop-and-Go-Automatik, autonomes Fahren, automatisiertes Konvoi-Fahren mit minimalem Abstand, automatisierte Testfahrer.

Alle diese Systeme beruhen auf der mehr oder weniger umfassenden Nutzung von grundlegenden Technologien, die sich in schneller Entwicklung befinden:

- Leistungsfähige Prozessoren, Speicher und Datenübertragungssysteme im Fahrzeug
- Kommunikation zwischen Fahrzeug und Infrastruktur und mit anderen Fahrzeugen (unidirektional, bidirektional)
- Sensorik zur Erfassung des Fahrzeugumfeldes: Ultraschall, Radar, Lidar, Videobilderfassung, Sensordatenfusion und Interpretation
- Orts-, Höhen- und Geschwindigkeitsbestimmung meistens mittels satellitengestützer Systeme wie GPS, Galileo, GLONASS
- Geografische Informationssysteme (GIS) mit georeferenzierten Daten zu Straßenverlauf, Straßeneigenschaften, Verkehrsregeln, Topografie usw.

53.6.7 Automatisiertes Fahren

Der Begriff „Automat" bedeutet im Griechischen „von selbst geschehend". Umgangssprachlich ist mit automatisiertem Fahren die von Maschinen selbst durchgeführte Längs- und Querführung des Fahrzeuges gemeint. Hierzu müssen die folgenden elementaren Aufgaben vom Fahrzeug selbsttätig durchgeführt werden:

- Umfelderkennung
- Trajektorienplanung
- Trajektorienfolgeregelung
- Fahrzeugstabilisierung

Automatisiertes Fahren lässt sich in unterschiedliche Stufen einteilen (Abb. 53.37). Während in den Stufen 0 („Drivers Only") bis 2 („teilautomatisiert") immer der Fahrer die letztendliche Verantwortung für die Führung des Fahrzeuges hat, wird diese ab Stufe 3 („hochautomatisiert") zeitweise und in Stufe 4 („vollautomatisiert") vollständig dem Fahrzeug übergeben. Fahrerassistenzsysteme müssen immer überwacht werden und sind daher den Stufen 1 und 2 zuzuordnen.

Die Vorteile des automatisierten Fahrens liegen insbesondere in den Bereichen Fahrzeugsicherheit, Fahrkomfort, Fahrerlebnis und Fahrzeugeffizienz. Da ein Großteil der heutigen Verkehrsunfälle durch menschliches Fehlverhalten verursacht wird, könnte hoch- oder vollautomatisiertes Fahren die Verkehrsunfallzahlen zukünftig

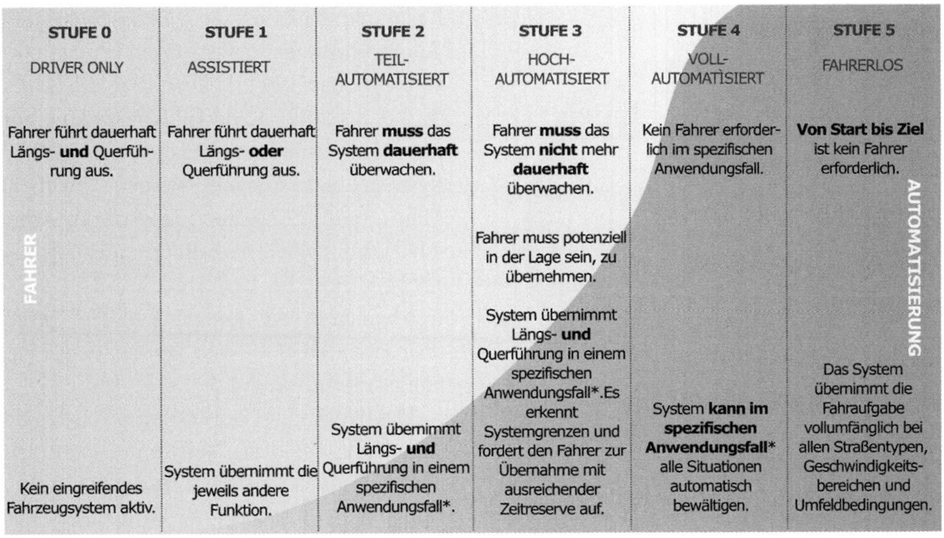

STUFE 0 DRIVER ONLY	**STUFE 1** ASSISTIERT	**STUFE 2** TEIL-AUTOMATISIERT	**STUFE 3** HOCH-AUTOMATISIERT	**STUFE 4** VOLL-AUTOMATISIERT	**STUFE 5** FAHRERLOS
Fahrer führt dauerhaft Längs- **und** Querführung aus.	Fahrer führt dauerhaft Längs- **oder** Querführung aus.	Fahrer **muss** das System **dauerhaft** überwachen.	Fahrer **muss** das System **nicht** mehr **dauerhaft** überwachen.	Kein Fahrer erforderlich im spezifischen Anwendungsfall.	**Von Start bis Ziel** ist kein Fahrer erforderlich.
			Fahrer muss potenziell in der Lage sein, zu übernehmen.		
Kein eingreifendes Fahrzeugsystem aktiv.	System übernimmt die jeweils andere Funktion.	System übernimmt Längs- **und** Querführung in einem spezifischen Anwendungsfall*.	System übernimmt Längs- **und** Querführung in einem spezifischen Anwendungsfall*. Es erkennt Systemgrenzen und fordert den Fahrer zur Übernahme mit ausreichender Zeitreserve auf.	System **kann im spezifischen Anwendungsfall*** alle Situationen automatisch bewältigen.	Das System übernimmt die Fahraufgabe vollumfänglich bei allen Straßentypen, Geschwindigkeitsbereichen und Umfeldbedingungen.

FAHRER — AUTOMATISIERUNG

*Anwendungsfälle beinhalten Straßentypen, Geschwindigkeitsbereiche und Umfeldbedingungen

Abb. 53.37 Automatisierungsstufen. (Quelle: VDA)

deutlich verringern. Hinzu kommt ein immer größer werdendes Angebot an Infotainment Angeboten im Fahrzeug, wodurch die Aufmerksamkeit des Fahrers reduziert und die Unfallgefahr ohne automatisches Fahren erhöht wird. Darüber hinaus ergeben sich für automatisiert fahrende Fahrzeuge ab Stufe 3 ganz neue Möglichkeiten der Innenraumnutzung. Der Fahrer wird zum Passagier und kann sich einer Vielzahl anderer Tätigkeiten als dem Fahren widmen. Automatisierte Fahrzeuge können durch kooperative und zentral geregelte Fahrstrategien außerdem positive Beiträge zur Stauvermeidung und Kraftstoffeinsparung leisten.

Mittlerweile ist in Deutschland der Betrieb von Kraftfahrzeugen mittels hoch- und vollautomatisierter Fahrfunktion im Rahmen einer bestimmungsgemäßen Verwendung zulässig. Dabei muss sichergestellt werden, dass die automatisierte Fahrfunktion zur Fahrzeugsteuerung nur dann verwendet werden kann, wenn der Fahrzeugführer besonders geregelte Pflichten zur unverzüglichen Wiederaufnahme der Fahrzeugsteuerung beachtet. Das bedeutet, dass der Fahrer auch beim hoch- und vollautomatisierten Fahren immer noch in der Verantwortung bleibt.

53.7 Elektrische Infrastruktur

Ein Kfz hat in aller Regel zwei ganz verschiedene elektrische Netze: Eines zur Versorgung vielfältiger Verbraucher mit elektrischer Energie und eines zur Übermittlung von Daten. Beide müssen hohe Ansprüche hinsichtlich Zuverlässigkeit und Sicherheit erfüllen.

Das Energieversorgungsnetz besteht fast immer aus einem Generator (Lichtmaschine) zur Erzeugung elektrischer Energie (Abb. 53.38), der vom Motor über einen Riementrieb angetrieben wird (Abb. 53.39), einer Batterie für die Energiespeicherung, elektrischen Verbrauchern und den Kabelverbindungen, Steckern, Sicherungen usw. Neuerdings spielen auch DC/DC-Wandler eine Rolle, die es gestatten, Verbraucher auf unterschiedlichen Spannungsniveaus zu versorgen.

Heutige Pkw-Bordnetze verwenden eine 12-V-Batterie (selten zwei oder drei). Um eine ausreichende Batterieladung zu gewährleisten, liegt die vom Generator erzeugte Spannung bei ca. 14 V. In Nfz wird vielfach ein 24-V-Bordnetz verwendet. Die Auslegung der Batterie wurde lange durch die Kaltstartfähigkeit bestimmt (bei

Abb. 53.38 Generator. (Quelle Bosch)

Pkw Strom beim Kaltstart ca. 300 A für einige Sekunden; bei Lkw bis 1500 A). Später trat die Versorgung der Verbraucher im abgestellten Zustand über einen längeren Zeitraum hinzu, die in Summe einen merklichen Ruhestromverbrauch haben (Problem des Ausgleichs der Ladebilanz). Inzwischen wird das elektrische Bordnetz auch unter dem Aspekt des Energiemanagements auf Fahrzeugebene ausgelegt. Elektrische Leistung wird möglichst dann erzeugt, wenn Bremsenergie rekuperiert werden oder der Motor durch Lastpunktanhebung die elektrische Energie mit gutem Wirkungsgrad erzeugen kann (siehe Micro Hybrid). Das bedeutet aber, dass die Batterie viel stärker als zuvor Lade-Entlade-Zyklen durchlaufen muss. Üblich sind bisher Blei-Flüssigsäure-Systeme, nicht so häufig werden Absorbent Glass Matt (AGM) Systeme eingesetzt. In Fahrzeugen mit Traktionsbatterie kann grundsätzlich auf eine 12/24-V-Batterie verzichtet werden; stattdessen werden dann die konventionellen Verbraucher über einen DC/DC-Wandler aus dem Hochspannungssystem versorgt.

Das Netz zur Übermittlung von Daten ist je nach Fahrzeugklasse sehr unterschiedlich komplex. Sehr weit verbreitet ist der CAN-Bus (Controller Area Network). Er verwendet eine lineare Busstruktur mit einer logischen Busleitung nach dem Multi-Master-Prinzip. Über den Vergleich eines Arbitration-Fields, das jede Sendung anführt, wird deren Priorität festgestellt. Niederpriore Sendungen werden automatisch abgebrochen und später wiederholt. Der Ausfall eines Teilnehmers beeinflusst die Funktion des Bussystems nicht. Jede angeschlossene Station entscheidet anhand mitgesendeter Merkmale, ob die Botschaft empfangen werden muss. Fehlererkennungs- und Korrekturmechanismen sind auf mehreren Ebenen realisiert. Je nach Anforde-

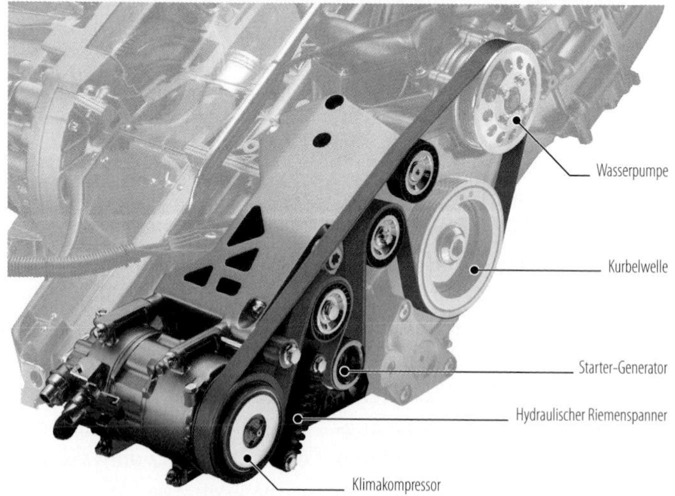

Abb. 53.39 Riementrieb eines Pkw mit Start-Stopp-Automatik. (Quelle Daimler AG)

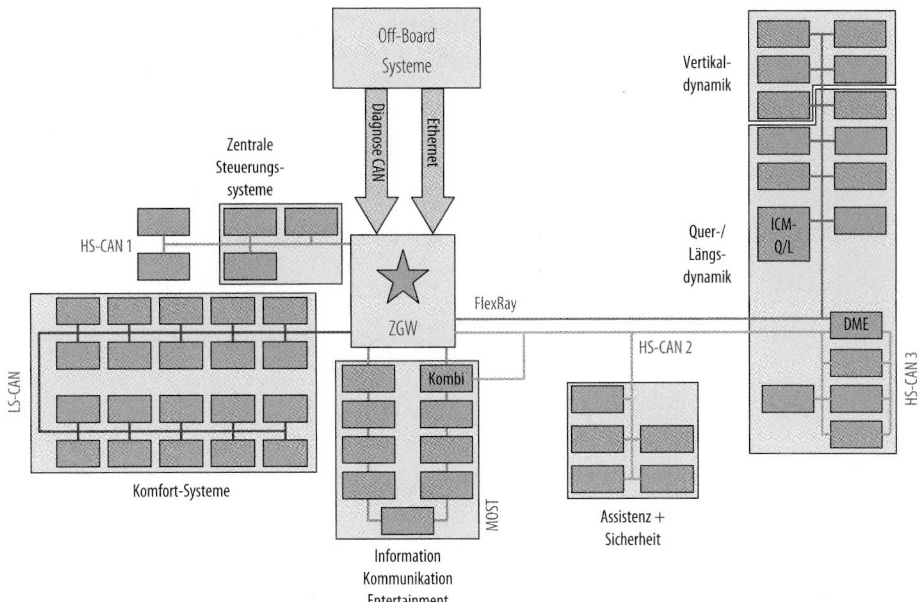

Abb. 53.40 Bordnetzarchitektur des BMW 7er, E65 [26]

rung werden Eindraht- oder Zweidrahtleitungen, geschirmt oder ungeschirmt, verwendet. Die zulässige Länge bei maximaler Übertragungsrate liegt bei ca. 40 m, die Übertragungsrate im Bereich < 10 kBit/s bis 1 MBit/s. Der CAN-Bus wurde in mehreren Versionen von ISO und SAE normiert. Weitere Normungen für andere Leistungs- und Anwendungsbereiche sind in Arbeit.

FlexRay ist ein deterministischer, zeitgesteuerter Datenbus mit einer Bandbreite von 10 Mbit/s. Er ist fehlertolerant und bietet zuverlässige und zeitgenaue Übermittlung für sicherheitsrelevante Anwendungen. Darüber hinaus erlaubt FlexRay große Freiheiten bei den Netzwerktopologien – von Punkt-zu-Punkt- bis Passiv-Bus- und Active Star-Topologien. Der maximale Abstand zwischen den am weitesten auseinanderliegenden Busteilnehmern liegt bei 24 m. FlexRay-Busse können einkanalig und zweikanalig ausgeführt werden. Sind zwei Kanäle realisiert, können diese redundant zur Erhöhung der Zuverlässigkeit oder zur Erhöhung der Bandbreite eingesetzt werden. Steuergeräte können nur dann miteinander kommunizieren, wenn sie am selben Kanal angeschlossen sind. Die Leitungen sind als geschirmte oder ungeschirmte Zwei-Draht-Verbindungen ausgeführt [27].

Für Infotainment-Systeme wird vielfach MOST (Media Oriented Systems Transport) eingesetzt, ein Bus mit Ringtopologie auf Basis von POF (Plastic Optical Fibers). Die Bandbreite liegt bei 25 Mbit/s.

Die verschiedenen Bussysteme sind im Fahrzeug über ein zentrales Gateway-Steuergerät miteinander verbunden (Abb. 53.40). Es ermöglicht im Service Diagnosen und Software-Updates.

Der Kabelbaum verbindet alle elektrischen Verbraucher mit der Energieversorgung und beinhaltet die Datenleitungen der Bussysteme (Abb. 53.41). Das Bordnetz eines modernen Pkw der oberen Mittelklasse umfasst ca. 550 Leitungen und hat eine Gesamtlänge von ca. 1100 m. Ein Kabelbaum für einen Pkw wiegt ca. 35 kg. Er wird in aller Regel fahrzeugspezifisch gefertigt. Er durchzieht das ganze Fahrzeug und ist daher eines der Teile, die ganz zu Beginn der Montage verbaut werden.

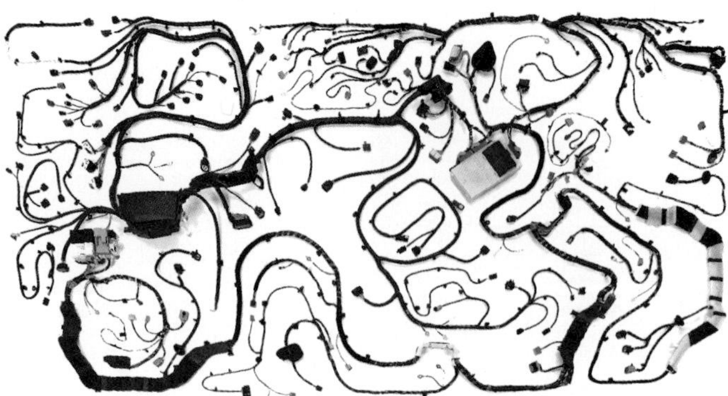

Abb. 53.41 Kabelbaum eines modernen Mittelklassewagens

53.8 Eigenschaften des Gesamtfahrzeugs

Die verschiedenen Hauptbaugruppen eines Kfz werden so entwickelt, dass sie in möglichst harmonischer, den Zweck des Fahrzeugs optimal erfüllender Weise zusammenwirken. Viele Eigenschaften des Fahrzeugs können erst auf dieser Ebene des Gesamtfahrzeugs beschrieben und gestaltet werden.

53.8.1 Package, Ergonomie, Mensch-Maschine-Interface

Die Komponenten des Fahrzeugs müssen ihrer Funktion entsprechend untergebracht werden, die Bedienelemente, insbesondere Lenkrad und Pedalerie, müssen ergonomisch bedienbar sein, Sichtwinkel, Ein- und Ausstieg und viele weitere Funktionen müssen bequem gestaltet sein. Für die Funktion des Fahrzeugs sind Größen wie Bodenfreiheit, Rampenwinkel, Radstand, Überhänge vorne und hinten, maximale Achsverschränkung, Wendekreis, Achslastverteilung, aerodynamische Beiwerte, Anordnung von Scheinwerfen und Leuchten, Zugänglichkeit des Innenraums, Durchladebreite und -höhe sowie Volumen des Kofferraums, Höhe der Ladekante, Freiraum zwischen Fronthaube und Aggregaten für die Fußgängersicherheit und vieles mehr wichtig. Die Maße werden teilweise auch gesetzlich eingegrenzt. Aus diesen Bedingungen ergeben sich unmittelbar Anforderungen an die geometrische Gestaltung großer Teile des Fahrzeugs. Weitere resultieren daraus, dass eine ausgeglichene Verteilung der Masse auf Vorder- und Hinterachse erforderlich ist. Vielfach werden Gleichteilekonzepte verfolgt; dann müssen Teile von anderen Fahrzeugen ohne jede Änderung übernommen werden. Gleichzeitig soll das Fahrzeug attraktiv gestaltet sein, durch das Design eine bestimmte „Aussage“ machen, als Statussymbol einen „Anspruch“ ausdrücken; daraus resultieren Anforderungen an die Gestaltung des Äußeren – des Exterieurs – und des Innenraums – des Interieurs.

Wegen der großen Bedeutung der Anordnung der Komponenten hat sich dafür ein eigener Begriff eingebürgert: Package (englisch für Paket, Auslegung, Anordnung). Er bezeichnet häufig gleichzeitig den Prozess zur Lösung von Zielkonflikten, die sich aus den sehr unterschiedlichen Ansprüchen ergeben. Der Package-Prozess ist Teil der gesamten Fahrzeugentwicklung vom frühesten Konzeptstadium bis zur serienbegleitenden Weiterentwicklung.

In der Regel werden am Beginn einer Fahrzeugentwicklung die Schlüsselabmessungen als Sollwerte bereits festgelegt. Dazu gehören nicht nur Länge, Breite, Höhe, sondern eine ganze Reihe weiterer markanter Fahrzeugkoordinaten, die die Karosserie beschreiben. Dazu zählen vorderer und hinterer Überhang, die Lage der Scheibenwurzel, d. h. die Höhe des Übergangs der Motorhaube zur Windschutzscheibe, der Einzug des Green House, d. h. die Verringerung der Breite des Aufbaus nach oben, Lage und Kontur der Stoßfänger, die Lage der Hüft- und Fersenpunkte der sitzenden Insassen vorne und hinten, die Art der Sitzposition in einer Spannweite vom

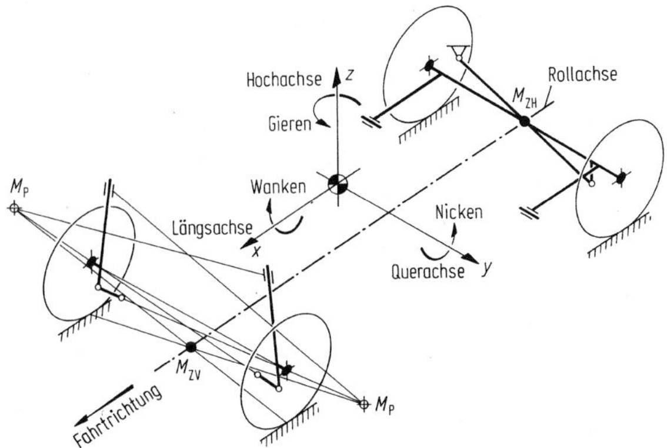

Abb. 53.42 Bewegungsformen des Fahrzeugs. Rollachse; M_P Momentanpole der Räder; M_{ZV}, M_{ZH} Momentanzentren der Achsen

fast liegenden Fahrer eines Sportwagens bis zur gerade aufgerichteten Haltung in manchen SUV („Command Position") oder Neigung und Abstand des Lenkrades zum Fahrer. Diese Daten werden in einem Grenzpunkteplan zusammengestellt, der schließlich ein Volumen beschreibt, das im Verlauf des Formgestaltungsprozesses nicht verändert werden soll. Unter Berücksichtigung all dieser Vorgaben entsteht die dreidimensionale Gestalt des Fahrzeugs, das Styling.

Bei der ergonomischen Gestaltung muss die breite Varianz der Körpergrößen der Nutzer berücksichtigt werden. Üblicherweise erfolgt die Auslegung so, dass sowohl die 5 %-Frau – nur 5 % sind kleiner – als auch der 95 %-Mann – nur 5 % sind größer – die betreffenden Funktionen mit geringer physischer Beanspruchung bedienen können.

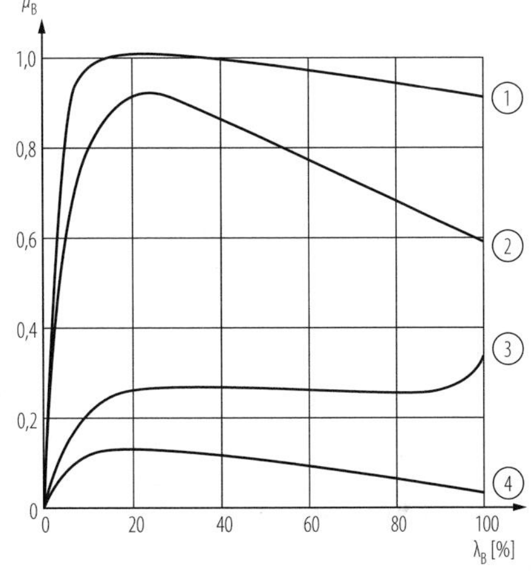

Abb. 53.43 Bremskraftbeiwertverläufe. λ_B Bremsschlupf, μ_B Bremskraftbeiwert; *1* trockener Asphalt, *2* nasser Asphalt, *3* Neuschnee, *4* Eis [8]

53.8.2 Fahrdynamik

Die Fahrdynamik von Kfz wird traditionell getrennt nach Längs-, Quer- und Vertikaldynamik behandelt. Naturgemäß bestehen Kopplungen zwischen diesen Bewegungsrichtungen (Abb. 53.42).

53.8.2.1 Längsdynamik

Bei der Untersuchung von Bewegungsvorgängen in Fahrzeuglängsrichtung, also beim Antreiben und Bremsen, spricht man von der Längsdynamik des Fahrzeugs. Vor allem die verschiedenen Beiträge zum Fahrwiderstand sowie die Grenzen der Traktion und des Bremsens sind hier von Interesse (Abb. 53.43).

Der Fahrwiderstand beeinflusst maßgeblich Fahrleistung und Kraftstoffverbrauch eines Fahrzeugs. Über Gleichgewichtsbeziehungen zwischen Antriebskraft und Fahrwiderstand können Größen wie Beschleunigung, Höchstgeschwindigkeit, Steigfähigkeit usw. bestimmt werden. Der Fahrwiderstand F_W ist die Summe aller Widerstände, die von der Antriebskraft des Fahrzeuges überwunden werden müssen: Radwiderstand F_{WR}, Luftwiderstand F_{WL}, Steigungswiderstand F_{WSt} und Beschleunigungswiderstand F_{WB}

$$F_W = F_{WR} + F_{WL} + F_{WSt} + F_{WB} .$$

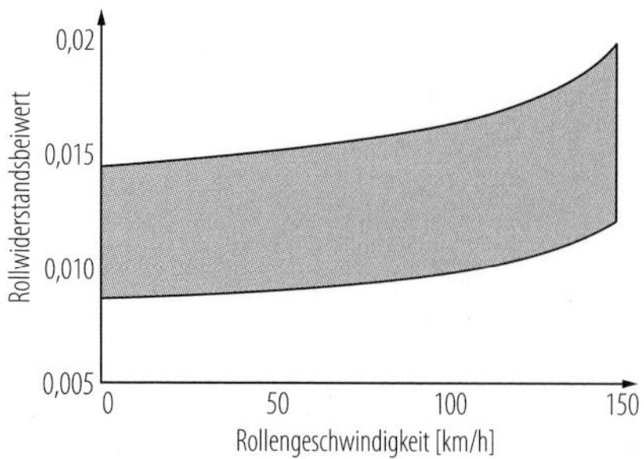

Abb. 53.44 Rollwiderstandsbeiwert in Abhängigkeit von der Rollgeschwindigkeit [4]

Zur Überwindung von F_W ist eine Zugkraft F_Z erforderlich, die vom Antrieb zur Verfügung gestellt wird. Die erforderliche Antriebsleistung errechnet sich mit der Geschwindigkeit v zu

$$P = F_A\, v.$$

F_{WR} fasst die am rollenden Rad entstehenden Widerstandskräfte zusammen. Beim Fahren auf einer befestigten, trockenen Fahrbahn ist dabei das Walken des Reifens bei Weitem dominierend. Kleine Beiträge liefern der Vorspur- und der Schräglaufwiderstand, der Lüfterwiderstand durch das Bewegen des Rades und der Bremsscheiben in der umgebenden Luft, eine Restreibung der Bremse, die Reibung von Lagern und die Stoßdämpfer. Bei weichem Untergrund ist der Schwallwiderstand ausschlaggebend, der sich aus dem Verdichten, Verformen und Wegdrücken von Material sowie der Reibung des Reifens an Spurrinnen ergibt. Der Rollwiderstand eines Reifen wird im Rollwiderstandsbeiwert f_R zusammengefasst; er kann in der Regel als Maß für den gesamten Radwiderstand verwendet werden. Er wird normalerweise als unabhängig von Radlast und Fahrgeschwindigkeit betrachtet. Genau genommen liegen hier aber Abhängigkeiten vor (Abb. 53.44).

Die Rollwiderstandsbeiwerte von Pkw-Reifen liegen heute im Bereich $0{,}008 < f_R < 0{,}014$. Spezialreifen für Wettbewerbszwecke erreichen mit 0,001 das Niveau der Rollreibung von Eisenbahn-Stahlrädern auf Schienen [4].

Der Beitrag des Radwiderstandes zum Fahrzeugwiderstand ergibt sich mit der auf das betreffende Rad wirkenden Normalkraft F_N zu

$$F_{WR} = f_R\, F_N.$$

Bewegt sich ein Körper, muss Luft gegen Druck-, Reibungs- und induzierte Widerstände verdrängt werden. Sie werden bei einem Kfz bei der Umströmung des Körpers an der Oberseite und am Unterboden sowie bei der Durchströmung von Radhäusern (Kühlung der Bremsen), Motorraum (Kühlung) und Innenraum (Lüftung) wirksam. Die Qualität der Strömung um und durch ein Kfz wird mittels des Luftwiderstandsbeiwerts c_W beschrieben. Der Beitrag des Luftwiderstands F_{WL} zum Fahrzeugwiderstand beträgt

$$F_{WL} = \frac{\rho}{2}\, c_W A\, v^2$$

mit ρ Dichte der Luft, A Querschnittsfläche des Fahrzeugs, v Fahrzeuggeschwindigkeit; ggf. muss eine schräge Anströmung näherungsweise vektoriell berücksichtigt werden.

Beim Befahren von Steigungen erfordert die Gewichtskraft des Fahrzeugs die Überwindung einer Steigungskraft bzw. leistet einen Beitrag zur Antriebskraft:

$$F_{WSt} = m\, g \sin\alpha$$

mit m für Fahrzeugmasse, g Erdbeschleunigung und α Steigungswinkel.

Der Beschleunigungswiderstand ergibt sich aus der Kraft, die zum Verändern des Bewegungszustands eines Massepunktes m erforderlich ist: $F = m\,a$. Da in einem Kfz im Verlauf einer Beschleunigung auch die Winkelgeschwindigkeit rotierender Teile geändert wird, berücksichtigt man einen Zuschlag zur Masse m. Er errechnet sich aus den Drehträgheitsmomenten Θ der rotierenden Teile unter Berücksichtigung der Übersetzungen i in Achsantrieb und Schaltgetriebe zu:

$$\begin{aligned}\Theta = \Theta_{\text{Räder}} &+ i_{\text{Achse}}^2\, \Theta_{\text{Antriebswellen}} \\ &+ i_{\text{Achse}}^2 i_{\text{Getriebe}}^2 \big(\Theta_{\text{Motor}} + \Theta_{\text{Kupplung}} \\ &+ \Theta_{\text{Getriebe}}\big)\,.\end{aligned}$$

Damit kann mit dem dynamischen Rollradius r_{dyn} ein Massenzuschlagsfaktor definiert werden

$$\lambda = 1 + \frac{\Theta}{r_{dyn}^2}.$$

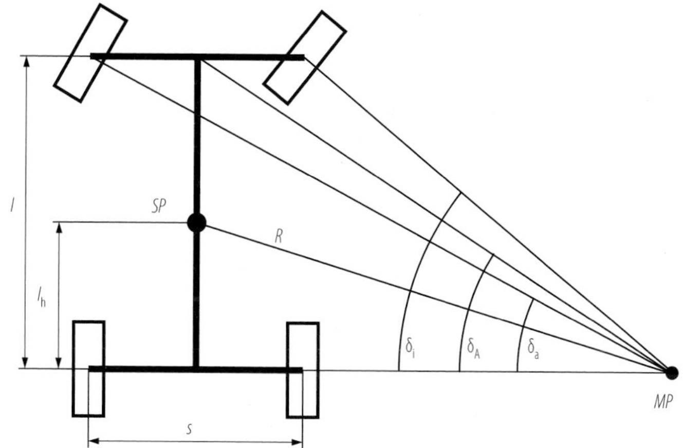

Abb. 53.45 Schlupffreies Abrollen bei Kurvenfahrt, Ackermann-Lenkwinkel

Dabei ist zusätzlich zur Referenzmasse $m_{\text{fahrbereit,leer}}$ die Masse der Zuladung m_{Zuladung} zu berücksichtigen. Der Massenfaktor ist bei niedrigen Gängen hoch ($\lambda \sim 1{,}3 \dots 1{,}5$) und sinkt zu hohen Gängen ab ($\lambda < 1{,}1$). Bei sehr hoch untersetzten Antrieben wie bei Erdbewegungsmaschinen kann er erheblich höher sein.

Die Bewegungsgleichung enthält eine effektiv zu beschleunigende Masse und die Fahrwiderstände, die Antriebskraft wird durch die Radmomente ausgedrückt:

$$\begin{aligned}&\left(\lambda m_{\text{fahrbereit,leer}} + m_{\text{Zuladung}}\right) \ddot{x}\\&= \frac{M_{\text{V}} + M_{\text{H}}}{r_{\text{dyn}}} - F_{\text{WR}} - F_{\text{WL}} - F_{\text{WSt}}.\end{aligned}$$

Aus den Fahrwiderständen kann der Energiebedarf W zur Überwindung einer bestimmten Strecke x_1 nach x_2 ermittelt werden:

$$\begin{aligned}W &= \int_{x_1}^{x_2} \lambda\, m\, \ddot{x}\, \mathrm{d}x + \int_{x_1}^{x_2} F_{\text{WSt}}\, \mathrm{d}x\\&\quad + \int_{x_1}^{x_2} (F_{\text{WR}} + F_{\text{WL}})\, \mathrm{d}x\\&= (E_2 - E_1) + (U_2 - U_1)\\&\quad + \int_{x_1}^{x_2} (F_{\text{WR}} + F_{\text{WL}})\, \mathrm{d}x.\end{aligned}$$

Er setzt sich aus einem Anteil aus kinetischer und potentieller Energie zusammen, der grundsätzlich regenerierbar ist, und einem dissipativen Verlust durch Roll- und Luftwiderstand, der auf keine Weise zurückgewonnen werden kann.

53.8.2.2 Querdynamik

Unter dem Begriff Querdynamik werden das Kurvenverhalten, die Möglichkeiten und Grenzen der Fahrstabilität usw. behandelt. Für eine Kreisfahrt ohne Schlupf ergibt sich der Ackermann-Lenkwinkel δ_{A} für kleine Winkel aus Radstand l und Kurvenradius R (Abb. 53.45):

$$\delta_{\text{A}} \approx \frac{l}{R}.$$

Bei der stationären Kreisfahrt laufen die Reifen unter Einwirkung von Seitenkräften mit Schlupf, es stellen sich Schräglaufwinkel an der Vorder- und Hinterachse ein. Der Lenkwinkel setzt sich dann aus einem statischen Anteil (Ackermannwinkel) und einem dynamischen Anteil zusammen (Abb. 53.46), der sich aus der Differenz der Schräglaufwinkel ergibt und damit von der Querbeschleunigung a_y, von den Abständen l_{V} und l_{H} der Achsen vom Schwerpunkt und von den Schräglaufsteifigkeiten der Reifen c_{SV} und c_{SH} abhängt

$$\delta = \delta_{\text{A}} + \alpha_{\text{V}} - \alpha_{\text{H}} = \delta_{\text{A}} + \frac{c_{\text{SH}}\, l_{\text{H}} - c_{\text{SV}}\, l_{\text{V}}}{c_{\text{SH}}\, c_{\text{SV}}} \frac{m\, a_y}{l}.$$

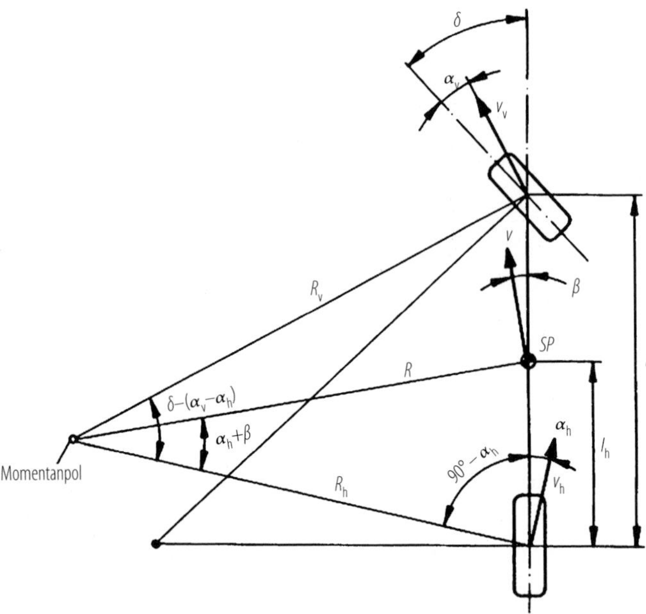

Abb. 53.46 Wesentliche Kenngrößen am Einspurmodell: β Schwimmwinkel, α Schräglaufwinkel (vorn und hinten), δ Lenkwinkel, v Geschwindigkeitsvektoren, Lage des Momentanpols

Der dynamische Anteil kann negative und positive Werte annehmen. Wenn er positiv ist, liegt untersteuerndes Lenkverhalten vor. Bei höheren Querbeschleunigungen ändern sich die wirksamen Schräglaufsteifigkeiten, der lineare Zusammenhang zwischen Schräglaufwinkeldifferenz und Querbeschleunigung geht verloren. Zur Beurteilung des Eigenlenkverhaltens wird daher zusätzlich der Eigenlenkgradient verwendet, der die Änderung des Lenkwinkels unter dem Einfluss der Querbeschleunigung angibt:

$$\mathrm{EG} = \frac{\mathrm{d}\delta}{\mathrm{d}a_\mathrm{y}} - \frac{\mathrm{d}\delta_\mathrm{A}}{\mathrm{d}a_\mathrm{y}}.$$

Bei $\mathrm{EG} < 0$ liegt übersteuerndes, bei $\mathrm{EG} > 0$ untersteuerndes Lenkverhalten vor; dieser Zustand wird bei üblichen Auslegungen angestrebt.

53.8.2.3 Vertikaldynamik

Das Schwingungsverhalten in Richtung der Fahrzeughochachse wird als Vertikaldynamik bezeichnet. Dabei stehen u. a. Fragen des Komforts und der Fahrzeugsicherheit durch den Einfluss von Radlastschwankungen im Vordergrund. Bei der Auslegung der Dämpfer muss ein für das Fahrzeugkonzept sinnvoller Kompromiss zwischen harter Sicherheitsdämpfung und weicher Komfortdämpfung gefunden werden (Abb. 53.47). Dabei wird das Komfortempfinden z. B. durch eine gewichtete Summe von Sitz-, Hand- und Fußbeschleunigungen beschrieben. Eine teilweise Auflösung des Zielkonflikts gelingt mit Hilfe aktiver Dämpfer und Wankstabilisierung [28].

53.8.2.4 Regelkreis Fahrer-Fahrzeug

Die Fahraufgabe kann unterteilt werden in Navigation, Fahrzeugführung und Fahrzeugstabilisierung, bei der der Fahrer die Rolle eines Reglers übernimmt. Er nimmt Störungen wahr, die zu Abweichungen des realen Fahrverhaltens vom gewünschten führen, und reagiert entsprechend (Abb. 53.48). Es ist daher erforderlich, neben den Open-Loop-Eigenschaften ohne die regelnde Wirkung des Fahrers auch die Closed-Loop-Eigenschaften eines Fahrzeugs zu untersuchen, bei denen der Fahrer als Regler wirksam wird. Dies ist unabdingbar, wenn durch Fahrdynamikregelsysteme eine zweite Reglerebene geschaffen wird. So werden z. B. Stabilitäts- und Lenkfähigkeitsuntersuchungen durchgeführt, um die

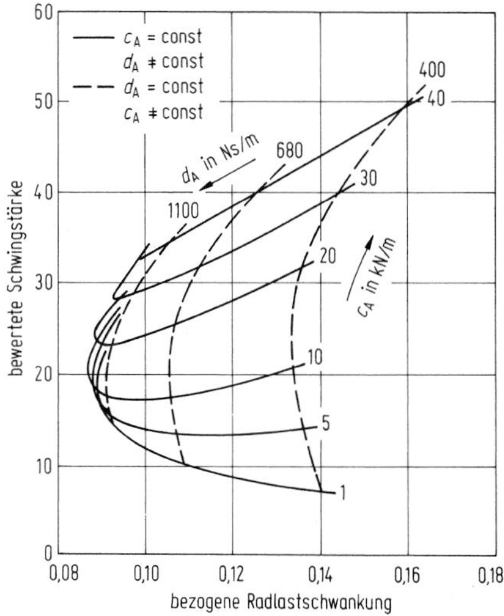

Abb. 53.47 Grenzkurven für die Abstimmung zwischen Komfort und Sicherheit [4]. *c* Federkonstante; *d* Dämpferkonstante des Schwingungsdämpfers

Regelgüte des Gesamtsystems Fahrer-Fahrzeug-Umwelt zu optimieren. Für die numerische Behandlung solcher Situationen sind Modelle des Verhaltens des Fahrers erforderlich.

53.8.3 Aerodynamik

Die Aerodynamik der Kfz befasst sich mit der Um- und Durchströmung des Fahrzeugkörpers. Bei Gespannen und Sattelzügen kommt die Durchströmung der Freiräume zwischen Zugfahrzeug und Anhänger bzw. Fahrerhaus und Sattelauflieger hinzu. Interessierende Größen sind der c_W-Wert, der für den Luftwiderstand entscheidend ist, Abtrieb bzw. Auftrieb an den Achsen mit ihrem Einfluss auf die Radlasten, aerodynamisch erzeugtes Geräusch im Fahrzeug und in der Umgebung, die Durchströmung von Kühlern, Motorraum, Teilen des Abgassystems, Radhäusern, des Innenraums, die Entstehung von Schutzfahnen auf und von Sprühfahnen hinter dem Fahrzeug usw.

Der c_W-Wert wurde im Verlauf der Evolution des Kfz immer wieder verbessert. Pkw erreichen heute überwiegend Werte im Bereich $0{,}20 < c_W < 0{,}35$; Fahrzeugunterseite und Fahrwerk sind daran etwa zur Hälfte beteiligt, rund ein Zehntel geht auf die Durchströmung der Kühler zurück [29]. Auch bei Lkw wurden analoge Verbesserungen erreicht (c_W für Solofahrzeuge ab ca. 0,35, für Züge ab ca. 0,6). Speziell bei Zügen wird der c_W-Wert bei Schräganströmung über die bloße Vektoraddition der Geschwindigkeitskomponenten hinaus erheblich beeinflusst [30].

53.8.4 Verbrauch und CO_2-Emission

Der Energieverbrauch beim Betrieb eines Fahrzeuges wird von der Summe der Fahrwiderstände, dem Energieverbrauch an Bord und den Wirkungsgraden der verschiedenen Energiewandlungen bestimmt. Die Masse geht linear in den Rollwiderstand ein und ist damit auch bei Konstantfahrt relevant; bedeutsamer wird ihr Einfluss beim Steigungs- und beim Beschleunigungswiderstand. Er wird durch Nutzung von Bremsenergierückgewinnung gemindert. Der Kraftstoffverbrauch für die Überwindung einer bestimmten Strecke B_{Strecke} kann aus dem zeitabhängigen Leistungsbedarf $P(t)$ zur Überwindung der Fahrwiderstände bestimmt werden nach:

$$B_{\text{Strecke}} = \frac{\int \frac{1}{\eta_{\text{Antrieb}}} b_e P(t)\mathrm{d}t}{\int v \mathrm{d}t} .$$

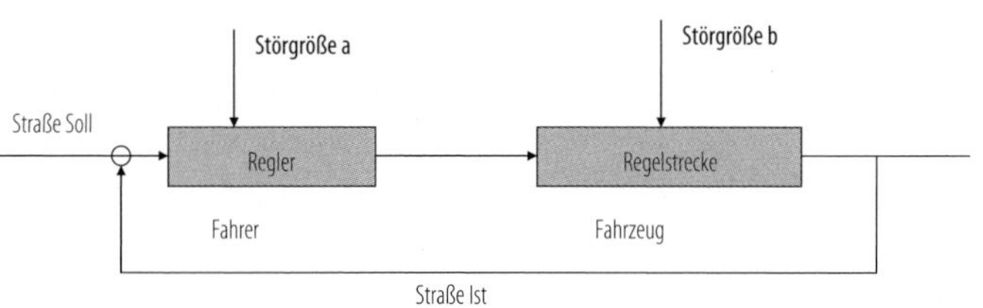

Abb. 53.48 Regelkreis Fahrer-Fahrzeug

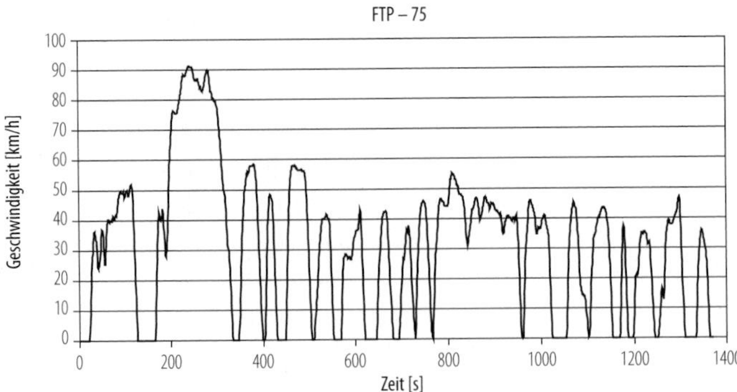

Abb. 53.49 FTP-75 Zyklus

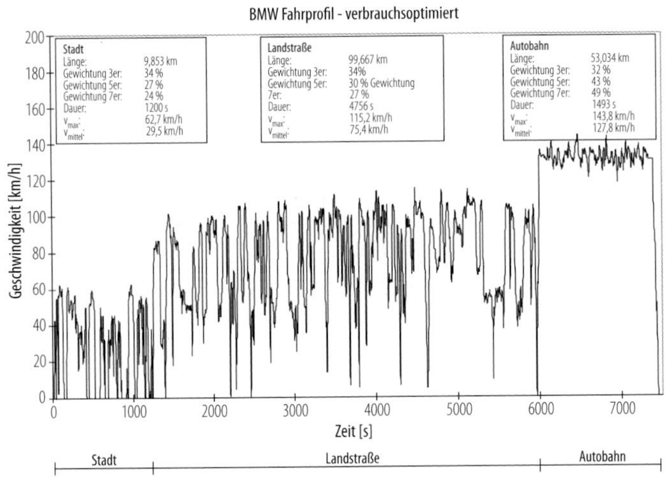

Abb. 53.50 Verbrauchsorientierter Zyklus. (Quelle BMW Group)

Dabei bezeichnet b_e den spezifischen Kraftstoffverbrauch des Motors (siehe Kap. 4), η_{Antrieb} den Wirkungsgrad des Antriebstrangs, die beide von Drehzahl und Moment abhängig sind. B_{Strecke} wird in Europa in l/100 km angegeben (Japan km/l, USA miles per gallon). Daraus kann unter der Voraussetzung, dass die Kraftstoffe aus Rohöl gewonnen wurden, die Freisetzung von fossilem, treibhausrelevantem Kohlendioxid errechnet werden (1 l Benzin entspricht 2,37 kg CO_2-Emission, 1 l Diesel 2,65 kg [31]).

Um Kraftstoffverbrauch und Abgasemissionen vergleichbar angeben zu können, wurden Fahrzyklen definiert. Beschleunigungs-, Brems- und Schaltvorgänge sowie Leerlauf- und Stillstandphasen sind genau vorgeschrieben. In der EU gilt für Zwecke der Typprüfung der „Worldwide Harmonized Light Vehicles Test Procedure" (WLTP) mit zahlreichen zusätzlichen Anforderungen, in den USA wird vielfach der FTP-75 verwendet (Abb. 53.49). Firmen haben für interne Zwecke eigene Zyklen definiert (Abb. 53.50). Da im realen Fahrbetrieb definierte Fahrzyklen nicht reproduzierbar durchfahren werden können, erfolgen Verbrauchs- und Abgasmessungen stets auf Rollenprüfständen. Gerade wegen der Standardisierung der Zyklen können viele für den praktischen Betrieb relevante Einflüsse nicht erfasst werden; es ergeben sich daher fast immer Abweichungen zum praktischen Betrieb.

Verbrauchsenkende Maßnahmen können an den Fahrwiderständen und an der Effizienz der Wandlungskette ansetzen (Masse, c_W-Wert, Radwiderstand, Wirkungsgrade von Motor, Getriebe), die Betriebsstrategie optimieren (Gangwahl, Wechsel elektrisch-verbrennungsmotorisch bei Hybridantrieb), sich auf die Wiedergewinnung der regenerierbaren Anteile des Verbrauchs richten (Bremsenergierückgewinnung, Fahrprofilassistent mit Berücksichtigung topografischer Information) oder thermische Verlustleistungen erfassen und ihren exergetischen Anteil nutzen. Für jede der Einzelmaßnahmen müssen technische Lösungen gefunden und bewertbar gemacht werden. Die Wirtschaftlichkeit solcher Maßnahmen für den einzelnen Nutzer hängt wesentlich von deren Kosten und dem daraus in der Regel folgenden Mehrpreis für das Fahrzeug und vom Kraftstoffpreis und ggf. von weiteren mit dem Verbrauch verknüpften Abgaben (z. B. CO_2-bezogene Kraftfahrzeugsteuer) ab. Ziel der EU ist es, die CO_2-Emissionen der jährlich neu zugelassenen Fahrzeugflotte von 2008 ca. 158 g/km bis 2020 auf 95 g/km zu senken [32]. Die Hersteller werden durch Strafzahlungen auf CO_2-Emissionen von Pkw, die für einen Fahrzeughersteller jährlich Milliarden Euro erreichen können, zur Einhaltung dieser Vorgaben veranlasst. Obwohl die Ölpreise stagnieren und zusätzliche Verteuerungen des Kraftstoffs z. B. durch die Pflicht zur Beimischung von Biokraftstoffen nicht durchschlagen [34], verschieben sich daher derzeit die Grenzen des ökonomisch Sinnvollen zu Gunsten niedrigerer Verbrauchswerte.

53.8.5 Abgasverhalten

Das Abgas der motorischen Verbrennung enthält neben den Endprodukten der chemischen Reaktionen CO_2 und H_2O in kleineren Mengen unverbrannte Kohlenwasserstoffe (HC), Kohlenmonoxid (CO), Stickstoffoxide (NO_x) und andere Stoffe. Die Mengen hängen außer vom Energiewandler vom Fahrzeug ab. Die Emissionen werden im WLTP-Zyklus gesetzlich strikt limitiert. Sie werden nicht nur auf dem Prüfstand, sondern auch im realen Fahrzeugbetrieb gemessen und berücksichtigt (Real Driving Emissions, RDE). Die dauerhafte Funktionsfähigkeit der abgasrelevanten Komponenten muss mit Hilfe einer automatischen Diagnose kontinuierlich überwacht werden (OBD – On Board Diagnosis). Die Grenzwerte werden durch die Führung des Verbrennungsprozesses und Techniken zur Abgasnachbehandlung eingehalten (s. Kap. 4).

53.8.6 Geräusch

Viele Bauteile eines Fahrzeugs bilden schwingungsfähige Systeme, die Luft- und Körperschall erzeugen können. Die Geräusche im Innenraum bestimmen den Gesamteindruck des Fahrzeugs wesentlich mit und werden vielfach sorgfältig gestaltet („Geräuschdesign"). Die Außengeräusche sind gesetzlich limitiert. Sie ergeben sich aus dem Reifen-Fahrbahn-Kontakt, mechanischen Geräuschen und Gasschwingungen aus dem Motorraum und dem Abgassystem sowie aus aeroakustischen Effekten verursacht durch die Um- und Durchströmung des Fahrzeugs usw.

53.8.7 Fahrzeugsicherheit

Das Niveau an Schutz, das ein Kfz seinen Insassen bei einem schweren Unfall bieten kann (Selbstschutz), hängt vom Zusammenwirken der Karosserie mit ihren Energie verzehrenden und gestaltfesten Strukturen (s. Abschn. 53.3) und den Rückhaltesystemen ab. Die Anforderungen ergeben sich einerseits aus den gesetzlichen Vorgaben mit erheblichen Unterschieden zwischen Europa und USA. Daneben sind die Tests von EuroNCAP (New Car Assessment Programme) bzw. US-NCAP, ChinaNCAP usw. sehr wichtig geworden.

Um einen möglichst umfassenden Schutz der Fahrzeuginsassen bei einem Unfall zu gewährleisten, müssen die folgenden Anforderungen möglichst weitgehend erfüllt werden:

- Sicherung des Überlebensraums für die Insassen
  - Gestaltfeste Fahrgastzelle (siehe Karosserie)
  - Keine Intrusionen, die den Insassen gefährlich werden können (z. B. durch Rückverlagerung der Lenksäule)
- Abbremsung der Insassen in der Fahrgastzelle
  - Verzögerung der Zelle mit max. ca. 15 g
  - Frühzeitige Ankopplung der Insassen an die Verzögerung mit Hilfe von Rückhaltesystemen (Sicherheitsgurte, Airbags, ...), um den verbleibenden Raum für die Abbremsung optimal nutzen zu können

- Begrenzung der Kontaktkräfte zwischen Körper und Fahrzeugteilen auf ein biomechanisch erträgliches Maß (Airbags, Polsterungen)

- Vermeiden des Hinausschleuderns der Insassen aus der Fahrgastzelle nach Bruch von Scheiben durch das geöffnete Schiebedach oder ähnliches, z. B. durch Einsatz von Seitenairbags mit längerer Standzeit
- Schutz sicherheitsrelevanter oder gefährdender Bereiche im Fahrzeug (Kraftstoffsystem, Spannungsversorgung)
- Erleichterung der Rettung (Alarmierung, Öffnen der Türen, ...)

Neben dem Selbstschutz muss der Partnerschutz beachtet werden. Hier kommt es einerseits auf die Sicherstellung kompatibler Crasheigenschaften bei Fahrzeugen unterschiedlicher Größe oder Struktur an. Außerdem müssen ungeschützte Verkehrsteilnehmer wie Fußgänger und Radfahrer berücksichtigt werden.

Für die präzise Auslegung der Crasheigenschaften wird in großem auf numerische Simulationen zurückgegriffen. Dazu werden FEM-Modelle der Fahrzeugstruktur, der Sitze und der Innenraumverkleidung, der Rückhaltesysteme wie Sicherheitsgurte und Airbags sowie der Dummys erstellt. Analog werden die gegnerischen Objekte, z. B. Crashbarrieren, modelliert. Es werden häufig Modelle mit mehreren Millionen FEM-Elementen verwendet. Numerische Solver lösen diese Modelle auf Hochleistungsrechnern. Die Ergebnisse haben prädiktive Qualität, d. h. sie erlauben Entscheidungen über z. B. die Beschaffung von Großpresswerkzeugen.

Für Lkw gelten Bestimmungen zur Verbesserung der Kompatibilität (Front- und Heck-Unterfahrschutz, Seitenschutz). Eine Serie von in Schweden obligatorischen Tests zur passiven Sicherheit des Fahrerhauses ist praktisch europäischer Standard geworden. Auch in Nfz sind der Einbau und teilweise auch die Nutzung von Sicherheitsgurten vorgeschrieben.

Die technischen Möglichkeiten der Beeinflussung der Fahrzeugdynamik durch ESP und ähnliche Systeme, zur Erfassung der Umfeldsituation durch Radar, Lidar und optische Bildverarbeitung und – künftig – die Möglichkeiten der car-to-car- und car-to-infrastructure-Kommunikation bieten neue Möglichkeiten, einen Unfall noch im Entstehen so zu beeinflussen, dass dessen Schwere so gering wie möglich wird. Es kommt zu einem Zusammenwachsen von Aktiver und Passiver Sicherheit; man spricht von Integraler Sicherheit.

53.8.8 Betriebsfestigkeit

Die Betriebsfestigkeit ist eine Eigenschaft des gesamten Fahrzeugs; der Begriff wird aber auch auf Komponenten bezogen. Im Unterschied zu anderen Eigenschaften wird sie vom Kunden nur wahrgenommen, wenn sie nicht mehr gegeben ist. Um Risiken auszuschließen,

- dürfen sicherheitsrelevante Bauteile bei bestimmungsgemäßem Gebrauch innerhalb der vorgesehenen Nutzungsdauer nicht versagen und
- muss eine definierte Schadenskette konstruktiv sichergestellt werden, über die im Schadensfall eine eindeutige Rückmeldung an den Fahrer erfolgt.

Basis für die betriebsfeste Auslegung sind die auf das Fahrzeug einwirkenden Belastungen beim Betrieb in Kundenhand. Neben den äußeren Einflüssen ist dafür auch das Betriebsverhalten z. B. in Form von Schwingungen wichtig.

Für den Nachweis der Betriebsfestigkeit müssen die verschiedenen Beanspruchungsarten und Einflussfaktoren berücksichtigt werden. Dabei kann man unterschiedliche Ziele anstreben:

- Sicheres Erleben: Die Betriebsfestigkeit eines Bauteils ist über den gesamten Lebenszyklus gesichert. Die statischen Lastfälle und das Ermüdungsspektrum werden ertragen.
- Beherrschbares Versagen (fail-safe): Schädigungen der Struktur werden zugelassen, ihre Folgen werden durch eine hinreichende Resttragfähigkeit abgesichert. Diese Forderung kann z. B. durch redundante Lastpfade konstruktiv erfüllt werden.

- Ertragbarer Schaden: Zusätzlich zur Auslegung nach dem Fail-Safe-Prinzip wird angenommen, dass Schädigungen in der Struktur vorhanden sind, ihr Wachstum aber analysiert und zeitlich verfolgt wird. Die Konstruktion wird einem Inspektions- und Wartungskonzept unterworfen. Diese Strategie wird vor allem in der Luftfahrt benutzt.

53.9 Typgenehmigung

Um für ein neues Fahrzeugmodell eine Typgenehmigung zu erhalten, muss vom Hersteller eine Vielzahl von Gesetzesvorschriften erfüllt bzw. deren Einhaltung nachgewiesen werden. Dabei unterscheiden sich die Zulassungsverfahren in Europa und den USA grundsätzlich.

Für die Erteilung von Typgenehmigungen sind in der Europäischen Union die jeweils zuständigen nationalen Behörden der Mitgliedstaaten verantwortlich, in Deutschland das Kraftfahrt-Bundesamt (KBA). Die erteilten Typgenehmigungen gelten dabei für die gesamte EU. Grundlage für die EG-Typgenehmigung bzw. die EG-Betriebserlaubnis ist die Richtlinie 2007/46/EG (bisher 1970/156/EWG).

Beim Genehmigungsverfahren kann der Hersteller zwischen folgenden Optionen wählen:

- Mehrphasen-Typgenehmigung: Alle Teilsysteme, Bauteile und selbständigen technischen Einheiten werden einzeln geprüft, was schließlich zur Genehmigung des Gesamtfahrzeugs führt.
- Einphasen-Typgenehmigung: Das komplette Fahrzeug wird in einem Vorgang genehmigt.
- Gemischte Typgenehmigung: Genehmigungen werden sowohl für einzelne Bauteile als auch für komplette Subsysteme erteilt, was im Ergebnis ebenfalls zur Genehmigung des Gesamtfahrzeugs führt.

Zertifizierungen für Pkw mit ausschließlich nationaler Geltung, die in Deutschland gemäß der Straßenverkehrs-Zulassungs-Ordnung (StVZO) und der Fahrzeugteileverordnung (FzTV) erteilt wurden, sind nicht mehr möglich. Zukünftig werden auch alle andere Fahrzeugarten gemäß den EG-Richtlinien geprüft. ECE-Regelungen finden nach Übernahme in das nationale Recht u. a. auch in zahlreichen weiteren europäischen Staaten, in Japan und in Australien Anwendung.

Im Gegensatz zu Europa werden in den USA neue Fahrzeugmodelle vor der Markteinführung nicht von einer staatlichen Behörde zertifiziert. Vielmehr ist es Aufgabe der Hersteller, im Rahmen der Selbstzertifizierung die Einhaltung aller in den FMVSS (Federal Motor Vehicle Safety Standard) definierten Anforderungen an Straßenfahrzeuge zu garantieren. Damit liegt die alleinige Verantwortung für die gesetzeskonforme Markteinführung eines Kfz beim Fahrzeughersteller. Er muss mittels geeigneter Qualitätskontrollen sicherstellen, dass die gültigen Vorschriften im laufenden Produktionsprozess eingehalten werden. Im Auftrag der NHTSA (National Highway Traffic Safety Administration) überprüft das OVFC (Office of Vehicle Safety Compliance) stichprobenweise Fahrzeuge hinsichtlich ihrer Gesetzeskonformität. Werden dabei Verstöße festgestellt und kann der Hersteller nicht nachweisen, alle vorgeschriebenen Prüfverfahren in der vorgeschriebenen Art und Weise durchgeführt zu haben, drohen Strafzahlungen. Außerdem sind Haftungsansprüche möglich.

53.10 Entwicklungsprozesse und -methoden

Ein Kfz ist ein komplexes System. Es kann nur noch bedingt aus der Funktion der einzelnen Komponenten verstanden werden. Erst deren Integration führt zu dem erwarteten Leistungsbild. Der Fähigkeit zur Systemintegration kommt daher besondere Bedeutung für die Konkurrenzfähigkeit eines Kfz-Herstellers zu.

Die Kfz-Technik ist eine Integrationswissenschaft innerhalb der Ingenieurwissenschaften. Sie bedient sich der Ergebnisse und Methoden fast jeder anderen Ingenieurdisziplin, der vieler Naturwissenschaften, Informatik, Mathematik, Psychologie, Medizin, Betriebswirtschaft usw.

Die Prozesse, in denen das Kraftfahrzeug entwickelt und zur Produktion vorbereitet wird, sind heute in hohem Maße auf die Anwendung wissenschaftlicher Methoden angewiesen. Ohne eine ausgefeilte Versuchstechnik, numerische Berechnungsverfahren, Simulation von Prozessen ist es nicht mehr möglich, erfolgreich Automobile für den Weltmarkt zu entwickeln. Die Konstruktion erfolgt ausschließlich mit CAD-Systemen, fast alle funktionalen Untersuchungen werden zunächst mittels numerischer Berechnung durchgeführt und später im Versuch überprüft.

Kraftfahrzeuge werden in hochgradig arbeitsteiligen Prozessen entwickelt. An einem neuen Modell arbeiten je nach Projektphase einige dutzend bis weit über tausend Fachleute zusammen. Dies geschieht in aller Regel in Multiprojektsituationen, es werden also mehrere Projekte zeitlich versetzt parallel bearbeitet. Viele der Beteiligten arbeiten gleichzeitig an mehreren Vorhaben, sie haben mehreren Projektleitern zu berichten und sind Teil mehrerer Arbeitsteams. Autos werden mit dem Ziel entwickelt, sie in Millionenstückzahlen zu bauen. Selbst von Fahrzeugen der Oberklasse werden täglich bis über dreihundert hergestellt. Die Möglichkeit zur kostengünstigen Fertigung dieser extrem variantenreichen Produkte muss schon in den frühen Phasen der Entwicklung mit berücksichtigt werden. Die Arbeitsteilung in der Entwicklung und die Multiprojektsituation stellen hohe Anforderungen an die soziale Kompetenz der Entwickler. Seit einigen Jahren erfolgen Fahrzeugentwicklung und -produktion zudem in global verteilten Strukturen; es werden also zusätzlich Anforderungen an die Fähigkeit, sich auf Englisch zu verständigen, und an das Verhalten in interkulturellen Zusammenhängen gestellt. Man kann ohne Übertreibung sagen, dass die Entwicklung eines Kraftfahrzeugs einerseits ein technisches, ganz wesentlich aber auch ein soziales Ereignis ist.

In Deutschland spielt das Kraftfahrzeug eine besonders große Rolle. Die Automobilindustrie mit ihren Zulieferern, Ingenieurfirmen, Anlagenbauern, Softwarehäusern, Vertriebsfirmen usw. ist die bei weitem größte Branche. Deutsche Firmen haben sich zu weltumspannenden und die Welt beliefernden Konzernen entwickelt. Sie stehen in Europa in einem intensiven Wettbewerb untereinander und mit französischen, italienischen, japanischen, koreanischen und US-amerikanischen Firmen. Zugleich arbeiten Automobilfirmen in zahlreichen Kooperationen zusammen; Beispiele sind gemeinsame vorwettbewerbliche Forschung, die Normierung, Entwicklung und Produktion von Komponenten. Es besteht also gleichzeitig Wettbewerb und Kooperation – „coopetition". Weitere große Automobilfirmen wachsen vor allem in China und Indien heran. Weltweit wird intensiv an neuen Produkten gearbeitet. Die deutschen Automobilhersteller greifen dabei auf ein dichtes Netz von Zulieferern und Ingenieurfirmen zurück. Es besteht in dieser Form nur an wenigen Stellen auf der Welt und erklärt zum Teil die Dominanz Deutschlands auf dem Gebiet der Premium-Kraftfahrzeuge. Es überrascht daher nicht, dass von den 62,4 Mrd. €, die 2015 in Deutschland von der Wirtschaft jährlich für Forschung und Entwicklung aufgewendet werden, 21,7 Mrd. € (35 %) auf den Fahrzeugbau entfallen [35].

Literatur

Spezielle Literatur

1. UNECE Vehicle Regulations. Jeweils aktuelle Fassung der Richtlinien auf http://www.unece.org/
2. 2007/46/EG: Richtlinie des Europäischen Parlaments und des Rates vom 5. September 2007 zur Schaffung eines Rahmens für die Genehmigung von Kraftfahrzeugen und Kraftfahrzeuganhängern sowie von Systemen, Bauteilen und selbstständigen technischen Einheiten für diese Fahrzeuge (Rahmenrichtlinie)
3. 2002/24/EG: Richtlinie des Europäischen Parlaments und des Rates vom 18. März 2002 über die Typgenehmigung für zweirädrige oder dreirädrige Kraftfahrzeuge und zur Aufhebung der Richtlinie 92/61/EWG des Rates
4. Ersoy, M.: Kapitel 1: Einleitung und Grundlagen. In: Heißing, B., Ersoy, M. (Hrsg.) Fahrwerkhandbuch, 2. Aufl. Vieweg, Wiesbaden (2008)
5. Verkehr in Zahlen 2008/2009
6. Beschluss der Bundesregierung vom 2.7.2003: Bundesverkehrswegeplan (2003)
7. Botev, S.: Digitale Gesamtfahrzeugabstimmung für Ride und Handling. Fortschritt-Bericht VDI, Reihe 12, Bd. 684. VDI Verlag, Düsseldorf (2008)
8. Huinink, H.: Kapitel 5: Interaktion Fahrbahn-Reifen-Bremse. In: Breuer, B., Bill, K.H. (Hrsg.) Bremsenhandbuch, 3. Aufl. Vieweg, Wiesbaden (2006)
9. 661/2009/EG: Verordnung des Europäischen Parlaments und des Rates vom 13. Juli 2009 über die

Typgenehmigung von Kraftfahrzeugen, Kraftfahrzeuganhängern und von Systemen, Bauteilen und selbstständigen technischen Einheiten für diese Fahrzeuge hinsichtlich ihrer allgemeinen Sicherheit

10. Tread Act – Transportation Recall Enhancement, Accountability and Documentation Act
11. Kohotek, P.: Der neue Audi A4, 1. Aufl. Vieweg+Teubner, Wiesbaden (2007)
12. 78/2009/EG: Verordnung des Europäischen Parlaments und des Rates vom 14. Januar 2009 über die Typgenehmigung von Kraftfahrzeugen im Hinblick auf den Schutz von Fußgängern und anderen ungeschützten Verkehrsteilnehmern, zur Änderung der Richtlinie 2007/46/EG und zur Aufhebung der Richtlinien 2003/102/EG und 2005/66/EG
13. 2013/168/EU: Verordnung des Europäischen Parlaments und des Rates vom 15. Januar 2013 über die Genehmigung und Marktüberwachung von zwei- oder dreirädrigen und vierrädrigen Fahrzeugen
14. Isermann, R.: Fahrdynamik-Regelung: Modellbildung, Fahrerassistenzsysteme, Mechatronik, 1. Aufl. Vieweg+Teubner, Wiesbaden (2006)
15. Fach, M., Ockel, D.: Evaluation Methods for the Effectiveness of Active Safety Systems with respect to Real World Accident Analysis. Paper 09-0311. 21st International Technical Conference on the Enhanced Safety of Vehicles (ESV). (2009)
16. Schindler, V.: Kraftstoffe für morgen. Springer, Berlin (1997)
17. Errechnet nach Herstellerangaben für den Mercedes-Benz B-Class F-Cell (2008) im Vergleich zum Mercedes-Benz B 200 CDi
18. Hertel, P.: Membranen für Brennstoffzellen. ATZ **6**, 528 (2005)
19. Linßen, J., et al.: Netzintegration von Fahrzeugen mit elektrifizierten Antriebssystemen in bestehende und zukünftige Energieversorgungsstrukturen, Energie & Umwelt. Energy & Environment, Bd. 150. Forschungszentrum Jülich GmbH, Jülich (2012)
20. Wallentowitz, H., Freialdenhoven, A., Olschewski, I.: Strategien zur Elektrifizierung des Antriebsstrangs, 1. Aufl. Vieweg+Teubner, Wiesbaden (2010)
21. Vollrath, O., Armstrong, N., Lamm, A., Bitsche, O., Schenk, J.: Die Hybridlösung von Mercedes-Benz in der S-Klasse. ATZ **5**, 322–330 (2009)
22. Braun, H.S., Krauß, M., Rattei, F., Bohne, W., Engelmann, M., Deuke, U., Di Pierro, M.: Der Vollhybridantrieb im ActiveHybrid X6 von BMW. ATZ **11**, 792–803 (2009)
23. Weiss, M., Armstrong, N., Schenk, J., Lückert, P., Ruhl, T., Nietfeld, F., Gödecke, T.: Hybridsystem für die M-Klasse von Mercedes-Benz. MTZ **9**, 644–651 (2009)
24. UN ECE R101, Amendment 2 vom 9. Nov. 2009
25. Commission Recommendation of 22 December 2006 on safe and efficient in-vehicle information and communication systems: Update of the European Statement of Principles on human machine interface (C(2006) 7125 final)
26. BMW Group: Der neue BMW 7er: Entwicklung und Technik, 1. Aufl. Vieweg+Teubner, Wiesbaden (2009)
27. Zimmermann, W., Schmidgall, R.: Bussysteme in der Fahrzeugelektronik, 3. Aufl. Vieweg+Teubner, Wiesbaden (2008)
28. Elbers, C.: Kapitel 2.1: Fahrwerkregelsysteme. In: Heißing, B., Ersoy, M. (Hrsg.) Fahrwerkhandbuch, 2. Aufl. Vieweg, Wiesbaden (2008)
29. Zuck, B., Kramer, W., Neuendorf, R.: Kühlung und Durchströmung. In: Hucho, W.-H. (Hrsg.) Aerodynamik des Automobils, 5. Aufl. Vieweg+Teubner, Wiesbaden (2005)
30. Hoepke, E., Breuer, S., Brähler, H., Appel, W., Dahlhaus, U., Esch, T., Gräfenstein, J. (Hrsg.): Nutzfahrzeugtechnik – Grundlagen, Systeme, Komponenten, 4. Aufl. Vieweg, Wiesbaden (2006)
31. Kraftfahrtbundesamt: Methodische Erläuterungen zu Statistiken über Fahrzeugzulassungen, (Januar 2009)
32. Vorschlag für eine Verordnung des Europäischen Parlaments und des Rates zur Änderung der Verordnung (EG) Nr. 443/2009 hinsichtlich der Festlegung der Modalitäten für das Erreichen des Ziels für 2020 zur Verringerung der CO_2-Emissionen neuer Personenkraftwagen, Brüssel 11. Juli 2012
33. 443/2009/EG: Verordnung des Europäischen Parlaments und des Rates vom 23. April 2009 zur Festsetzung von Emissionsnormen für neue Personenkraftwagen im Rahmen des Gesamtkonzepts der Gemeinschaft zur Verringerung der CO_2-Emissionen von Personenkraftwagen und leichten Nutzfahrzeugen
34. Gesetz zum Schutz vor schädlichen Umwelteinwirkungen durch Luftverunreinigungen, Geräusche, Erschütterungen und ähnliche Vorgänge (BImSch), § 37a: Mindestanteil von Biokraftstoffen an der Gesamtmenge des in Verkehr gebrachten Kraftstoffs; Treibhausgasminderung
35. Bundesministerium für Bildung und Forschung: Forschungsausgaben: Drei-Prozent-Ziel ist erreicht, lPressemitteilung: 153/2016 vom 12. Dez. 2016
36. Verordnung über Ausnahmen von straßenverkehrsrechtlichen Vorschriften für Fahrzeuge und Fahrzeugkombinationen mit Überlänge (LKW-ÜberlStVAusnV), zuletzt geändert am 19.9.2019
37. Destatis 2016: Statistisches Bundesamt, Statistisches Jahrbuch 2016
38. EU 2014: Verordnung (EU) Nr. 333/2014 Des Europäischen Parlaments und des Ratesvom 11. März 2014 zur Änderung der Verordnung (EG) Nr. 443/2009 hinsichtlich der Festlegung der Modalitäten für das Erreichen des Ziels für 2020 zur Verringerung der CO_2-Emissionen neuer Personenkraftwagen
39. KBA 2017: Kraftfahrtbundesamt: Jahresbilanz des Fahrzeugbestandes am 1. Januar 2017
40. ViZ 2017: Bundesministerium für Verkehr und digitale Infrastruktur (Hrsg.): Verkehr in Zahlen 2016/2017

53

Weiterführende Literatur

41. Borgeest, K.: Elektronik in der Fahrzeugtechnik, 3. Aufl. Vieweg, Wiesbaden (2013)
42. Bosch GmbH: Kraftfahrtechnisches Taschenbuch, 27. Aufl. Vieweg-Teubner, Berlin, Heidelberg (2011)
43. Pischinger, S., Seiffert, U. (Hrsg.): Handbuch Kraftfahrzeugtechnik. Vieweg, Wiesbaden (2016)
44. Breuer, B., Bill, K.H. (Hrsg.): Bremsenhandbuch, 4. Aufl. Springer, Wiesbaden (2013)
45. Heißing, B., Ersoy, M., Gies, S. (Hrsg.): Fahrwerkhandbuch, 3. Aufl. Vieweg, Wiesbaden (2012)
46. Hoepke, E., Breuer, S. (Hrsg.): Nutzfahrzeugtechnik, 8. Aufl. Vieweg, Wiesbaden (2016)
47. Isermann, R. (Hrsg.): Fahrdynamik-Regelung. Vieweg, Wiesbaden (2006)
48. Kirchner, E.: Leistungsübertragung in Fahrzeuggetrieben: Grundlagen der Auslegung, Entwicklung und Validierung von Fahrzeuggetrieben und deren Komponenten, 1. Aufl. Springer, Berlin (2007)
49. Kramer, F. (Hrsg.): Integrale Sicherheit von Kraftfahrzeugen, 4. Aufl. Springer, Berlin, Heidelberg (2013)
50. Mitschke, M., Wallentowitz, H.: Dynamik der Kraftfahrzeuge, 5. Aufl. Springer VDI-Buch, Berlin, Heidelberg (2014)
51. Schütz, T. (Hrsg.): Hucho Aerodynamik des Automobils, 6. Aufl. Springer, Wiesbaden (2013). vollst. überarb. u. erw. Aufl.
52. Stoffregen, J.: Motorradtechnik, 8. Aufl. Springer, Berlin, Heidelberg (2012)
53. Wallentowitz, H., Reif, K. (Hrsg.): Handbuch Kraftfahrzeugelektronik, 2. Aufl. Springer, Berlin, Heidelberg (2011)
54. Zimmermann, W., Schmidgall, R.: Bussysteme in der Fahrzeugtechnik, 5. Aufl. Springer, Berlin, Heidelberg (2014)

54 Schienenfahrzeuge

Markus Hecht, Oldrich Polach und Ulrich Kleemann

54.1 Grundsätzliche Randbedingungen

Zwei gesellschaftliche Entwicklungen führen zu einer Renaissance des Schienenverkehrs.

Dies ist zum einen die Verstädterung und zum anderen der Klimawandel.

Bei beiden präsentiert der Schienenverkehr große Vorteile gegenüber den anderen Verkehrsträgern. Die sehr große Leistungsfähigkeit und Emissionsfreiheit vor Ort ermöglicht Bahnsysteme mit z. B. 70 000 Personen pro Stunde und Richtung mit 2000 Pers/Zug und 100 sec Zugfolgezeit, automatisch fahrerlos auf 4 m breitem Fahrweg als U-Bahn in Megastädten. Zwischen den Stadtzentren ermöglich die Schiene mit bis 400 km/h schnellen Doppelstockzügen auf Strecken von 1000 km und mehr schnelleren Transport als mit dem Flugzeug.

Die Herausforderung CO_2-freien Transport bei geringem Energieverbrauch können Bahnsysteme bereits heute voll erfüllen. Grüne Elektroenergie vermeidet CO_2-Emission auch global. Dies ist eine Chance für den Schienenverkehr generell, auch den Güterverkehr. Wegen der Spurführung lässt er sich leicht automatisieren und kann so die Ergebnisse der Digitalisierung integrieren.

Die Struktur von Bahnsystemen ist stark von technisch betrieblichen Randbedingungen geprägt, Abb. 54.1. Dies gilt sowohl für Bahnsysteme, bei denen alle Systemelemente in einem Unternehmen vereinigt sind (klassische integrierte Bahnsysteme) als auch neue im Rahmen der Europäischen Union geforderte Randbedingungen mit Trennung von Netz und Betrieb [1].

Wegen der großen Bedeutung für das Gemeinwesen und den großen Finanzbedarf benötigt es stets treibende Kräfte in Politik, Gesellschaft und Wirtschaft, *oben links*, die aber auch auf einzelne Subsysteme direkt einwirken können. Neu seit der Bahnreform ist, dass die Zulassung als hoheitliche Aufgabe von außen erfolgt und nicht mehr durch die Bahnunternehmen selbst.

Die *Diagonale* zeigt das Zusammenwirken der einzelnen Elemente eines Bahnsystems auf. In alten Strukturen werden die Strategien und Konzepte in der Führungsebenen einer Bahn erarbeitet, während das in neuen Strukturen durch ein periodisches Abstimmen der Führungskräfte der einzelnen Unternehmen erfolgt.

Das Angebot in Form eine Fahrplans enthält die Bedienhäufigkeit und über Entfernung und Zeiten auch die Reisegeschwindigkeiten. Die Fahrzeuge, die heute überwiegend von Fahrzeugvermietgesellschaften beschafft und an Betreiber (Eisenbahnverkehrsunternehmen, EVUs) vermietet werden, sind sowohl auf die Infrastruktur

M. Hecht (✉)
Technische Universität Berlin
Berlin, Deutschland
E-Mail: Markus.Hecht@TU-Berlin.de

O. Polach
Technische Universität Berlin
Berlin, Deutschland

U. Kleemann
München, Deutschland
E-Mail: ulrich.kleemann@kleemann.pro

B. Bender und D. Göhlich (Hrsg.), *Dubbel Taschenbuch für den Maschinenbau 3: Maschinen und Systeme*,
https://doi.org/10.1007/978-3-662-59715-6_54

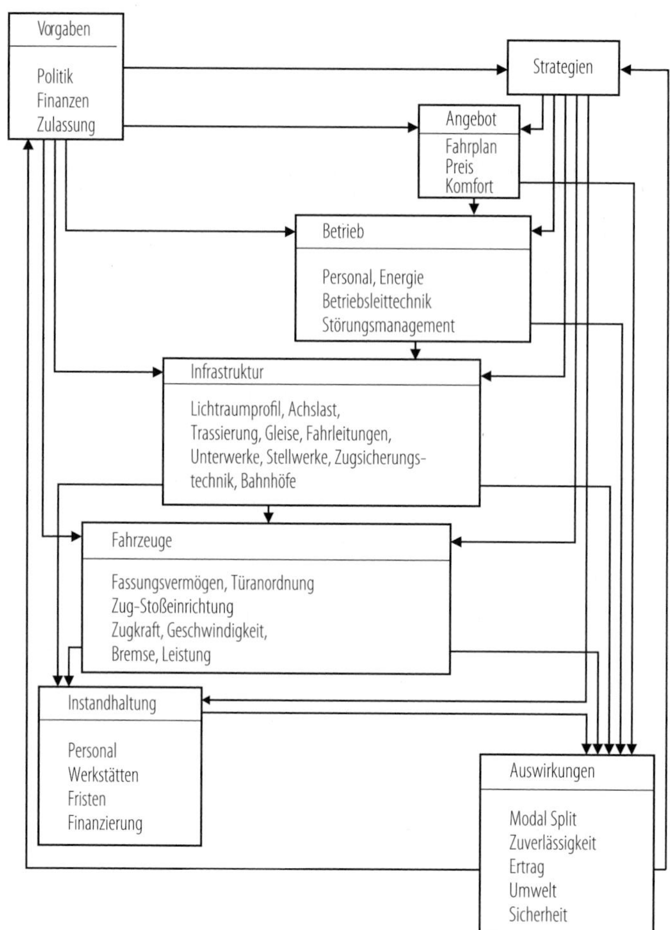

Abb. 54.1 Schienenverkehr – ein System mit starker Vernetzung

(Eisenbahninfrastrukturunternehmen, EIUs), anzupassen, als auch die Instandhaltung auf die Fahrzeuge. Ergebnis ist dann unter anderem die Verfügbarkeit. Mit weiteren anderen Faktoren wie Komfort, Preis, Image ergibt sich dann ein Ergebnis wie Modal Split (= Anteil der Verkehrsträger am Markt) oder direkter wirtschaftlicher Erfolg.

Durch die Vorteile sehr großer Raumeffizienz durch die Spurführung und geringen Energiebedarfs durch geringe Rollreibung Rad-Schiene und geringen Luftwiderstand durch Zugbildung und zudem bei elektrischem Betrieb die leichte Nutzbarkeit regenerativer Energien und die Rückspeisung der Bremsenergie in den Fahrdraht ist die Eisenbahn von den leistungsfähigen Verkehrsmitteln das umweltfreundlichste. Einzig das Lärmverhalten ist umwelttechnisch problematisch.

Entsprechend Abb. 54.1 werden Fahrzeuge zur Erfüllung ihrer Transportaufgabe ausgelegt.

54.1.1 Fahrzeugbegrenzungsprofil

Das Lichtraumumgrenzungsprofil der Strecke muss um folgende Wege größer sein als das Fahrzeugbegrenzungsprofil: Einfederung, Radverschleiß, Spiele, Wankbewegung des Fahrzeugs. Zusätzlich können Breiteneinschränkungen aufgrund der Fahrzeuglänge auftreten [2]. Die Beispiele in Abb. 54.2 zeigen die große Streuung der Fahrzeugbegrenzungsprofile unabhängig von der Spurweite. So sind alle gezeig-

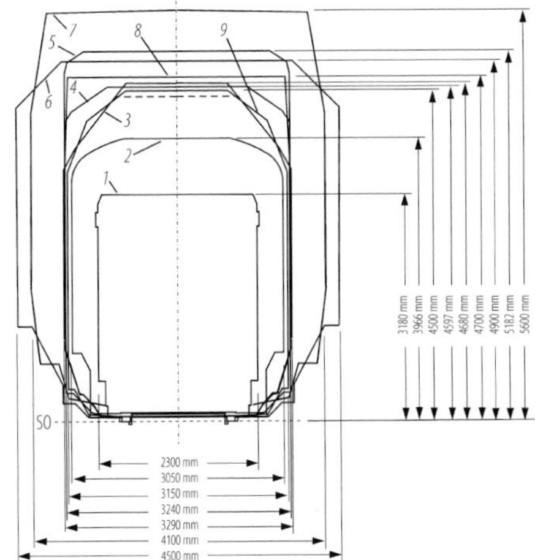

Abb. 54.2 Fahrzeugbegrenzungsprofile. *1* U-Bahn Berlin Kleinprofil (Normalspur), *2* Südafrikanisches Profil für Kapspurbahnen Spoornet, *3* Europäisches Profil G2, *4* plate B, *5* plate F, *4* und *5* amerikanische Umgrenzungsprofile *6* Rheinbraun (Kohlenbahn in Deutschland), *7* Transmanche-Link (Ärmelkanaltunnel), *8* Europäisches GC-Profil, *9* Iran Railways

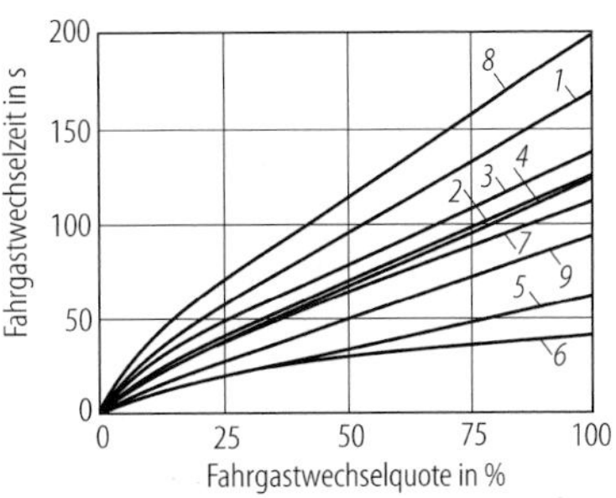

Abb. 54.3 Fahrgastwechselzeiten als Funktion der Fahrgastwechselquote. *1* Mitteleinstiegswagen SBB, *2* Einheitswagen IV SBB, *3* Nahverkehrswagen DB Bnp 719, *4* S-Bahn-Wagen DB Bx 794, *5* S-Bahn-Triebzug DB BR 420, *6* Abteilwagen Sächsische Staatsbahn C 4 Sa 13, *7* Doppelstockwagen DR, *8* Doppelstockwagen S-Bahn Zürich, *9* Doppelstockwagen DByg546

ten Profile bei Normalspurbahnen mit Spurweite 1435 mm in Anwendung, außer dem Profil von Spoornet, das bei einer Kapspurbahn mit 1067 mm Spurweite angewendet wird und nur unwesentlich schmaler als die in Deutschland übliche G2-Bezugslinie [3] ist. Beim G2-Profil stören insbesondere die Abschrägungen im oberen Bereich im Gegensatz zu den weitgehend rechteckigen amerikanischen Profilen. Für spezielle Strecken, z. B. mit Doppelstockwageneinsatz oder Großraumgüterwagen werden diese Eckräume zum Profil GC ausgeweitet. Spezialbahnen können sehr große Profile aufweisen.

54.1.2 Fahrgastwechselzeiten

Die Gestaltung des Fahrzeuggrundrisses, die Anzahl der Türen und deren Anordnung werden in Abhängigkeit der vorgegebenen Fahrgastwechselzeiten definiert. Damit bei Nahverkehrsfahrzeugen mit ihren häufigen Halten und häufigem Fahrgastwechsel möglichst geringe Wechselzeiten auftreten, sind viele und breite Türen vorzusehen, während bei Fernverkehrsfahrzeugen schmalere und wenige Türen genügen und die Halte deutlich länger sein dürfen. Die Fahrgastwechselzeit ist eine Funktion der Fahrgastwechselquote, d. h. des Anteils der Fahrgäste des doppelten Fassungsvermögens eines Fahrzeugs, die an einer Haltestelle ein- oder aussteigen [4]. Die starken Unterschiede werden aus Abb. 54.3 deutlich.

54.1.3 Lebenszykluskosten LCC

Für eine Optimierung der monetären Aufwendungen für ein Fahrzeug oder eine Fahrzeugflotte dürfen nicht nur die Investitionskosten betrachtet werden, sondern es müssen alle Kosten berücksichtigt werden, die während der ganzen Fahrzeuglebensdauer von häufig 30 und mehr Jahren einschließlich Beschaffung und Entsorgung auftreten. Diese Betrachtung wird unter dem Begriff „Lebenszykluskosten, Lifecyclecost (LCC)" [5–8] geführt. Da über die Konstruktion eines Fahrzeugs seine Eigenschaften und damit auch die verursachten Kosten beeinflusst werden, wandeln sich durch die Einbeziehung dieser Kosten die Konstruktionsvorgaben erheblich ab. Die Lebenszykluskosten umfassen somit die Kosten der Beschaffung (Bestellung, Entwicklung, Herstellung, Übernahme einschließlich Typenversuche), der Nutzung (Instandhaltungskosten, Betriebsmittelkosten, Wartungs- sowie auch Modernisierungs- und Umbaukosten) und der Desinvestition inklusive Recycling. Die Begriffsdefinitionen in

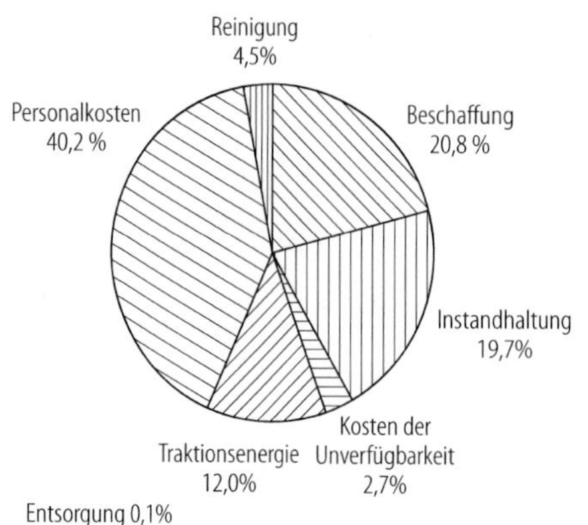

Abb. 54.4 Lebenszykluskosten für einen Dieseltriebwagen

[6, 7] dienen in diesem sensiblen Gebiet einer kooperativen Zusammenarbeit zwischen Hersteller und Betreiber.

Eine hohe Zuverlässigkeit des Fahrzeugs, d. h. möglichst wenige ungeplante Ausfälle, wirkt sich sehr vorteilhaft auf geringe Lebenszykluskosten aus. Um dies zu erreichen, kann die Methode der Fehlermöglichkeits- und Einflussanalyse (Failure Mode Effect Analysis, FMEA) zur systematischen Optimierung des Produkts konstruktionsbegleitend angewendet werden [8]. Abb. 54.4 zeigt ein Beispiel der Verteilung der Lebenszykluskosten für einen zweiteiligen Dieseltriebwagen, siehe [9].

Vor allem für völlig neue Fahrzeugtypen ist die Datenbeschaffung problematisch. Bei Anlehnung an ein vorhandenes Produkt und die realen Verfügbarkeitsdaten können ganz spezifisch Konstruktionsvorgaben zur Erhöhung der Verfügbarkeit gemacht werden. Insbesondere Angaben zur Ausfallrate $\lambda = 1/\text{MDBF}$ (Mean Distance Between Failures) für ganze Fahrzeuge oder gar Fahrzeugflotten müssen auf das Verhalten einzelner Bauteile heruntergebrochen werden. Falls durch Redundanz bei Ausfall eines Bauteils das Fahrzeug weiter betrieben werden könnte, muss die Reparaturhäufigkeit berücksichtigt werden, MkmtR (mean km to repair).

Beispiel für Verfügbarkeitsvorgaben: 2 Kompressorausfälle je 10^6 km.

Eine weitere Möglichkeit zur Kostenverringerung ist der Übergang von der präventiven Wartung zur zustandsbezogenen Wartung. Bei der präventiven Wartung wird nach bestimmten Zeit- oder Wegintervallen eine Wartungsarbeit vorbeugend ausgeführt, während bei der zustandsbezogenen Wartung im Idealfall kurz vor dem Ausfall ein Wartungseingriff erfolgt. Letztere Vorgehensweise wird durch die Verfügbarkeit von kostengünstiger und zuverlässiger Diagnosetechnik zunehmend möglich, s. Abschn. 54.5.2.

54.2 Fahrwerke

54.2.1 Grundbegriffe der Spurführungstechnik

Im Folgenden werden die grundlegenden Begriffe der Spurführungstechnik erläutert, ohne auf Details einzugehen.

Obwohl das Gleis organisatorisch bei den Bahnen der Bautechnik zugerechnet wird [5], sind Fahrzeug und Gleis dynamisch betrachtet ein eng gekoppeltes System, sodass hier auch die fahrzeugtechnisch relevanten Parameter des Gleises angesprochen werden. Das traditionelle Querschwellengleis (Abb. 54.5) setzt mit dem Oberbau auf dem Unterbau auf. Der Schotter oberhalb der Schutzschicht hat eine Vielzahl von Aufgaben: Lastverteilung und Kraftübertragung in alle drei Richtungen.

Vertikal: Übertragung der Gewichtskraft des Zuges;

Längs: Übertragung der Zug- und Druckkräfte der endlos verschweißten Schienen in Funktion der Temperatur und der Längskräfte des Zuges;

Quer: Übertragung der Knickkräfte bei großen Druckspannungen im Gleis an warmen Tagen und der Querkräfte des Zuges, insbesondere bei Bogenfahrt.

Zudem sind Feder- und Dämpfungsaufgaben zu erfüllen. Ganz wesentlich ist die Wirkung des Gleisbettes als Schallabsorber zur Reduktion des Rollgeräusches.

Die Kräfte werden über Schwellen, meist aus Spannbeton, selterner aus Holz oder Stahl, auf den Schotter übertragen. Auf den Schwellen werden die Schienen 1 : 20 oder 1 : 40 geneigt gela-

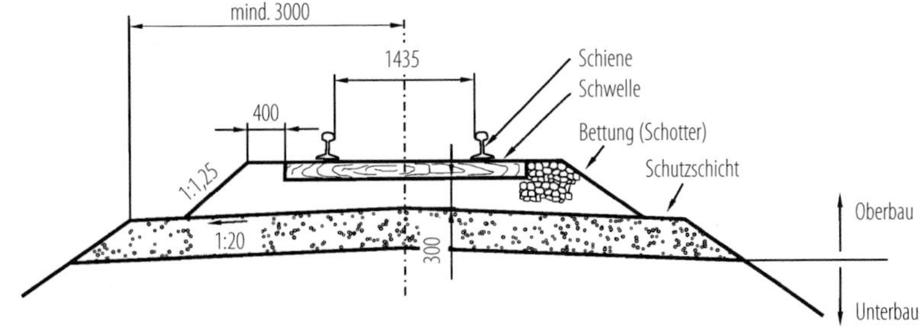

Abb. 54.5 Konventionelles Schotter-Querschwellengleis

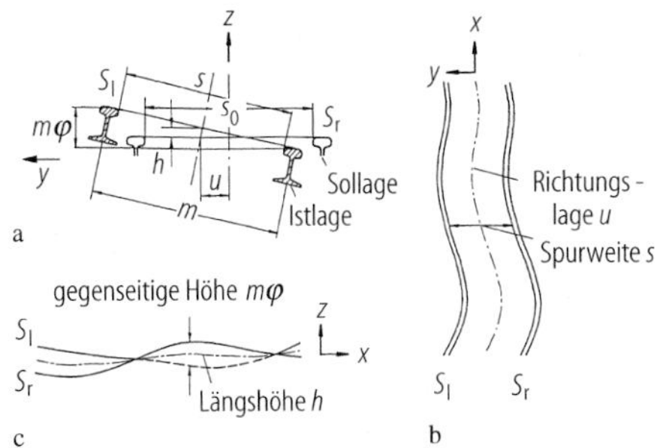

Abb. 54.6 Beschreibung der Gleislageabweichungen. **a** Gleislagekoordinaten in der Messebene; **b** horizontale Gleislagekoordinaten; **c** vertikale Gleislagekoordinaten

gert eingebaut. Zwischen Schiene und Schwelle ist es durch Einfügen einer Zwischenlage in bestimmten Grenzen möglich, das dynamische Verhalten auch nachträglich, während der Liegedauer, noch zu verändern. Einfaches Ersatzmodell mit Daten siehe Abb. 54.75.

Die Gleise liegen nicht perfekt entsprechend ihrer Trassierung, sondern es treten Abweichungen auf (Abb. 54.6). Dabei werden in Querrichtung (y) folgende beiden Größen definiert: die Spurweite s als Abstand der Innenkanten der beiden Schienen und die Richtungslage u als Querlageabweichung der Gleismitte als gedachte Linie. In Hochrichtung wird die gegenseitige Höhenlage $m\,\varphi$ der beiden Schienen und die Längshöhe h wiederum als Lage der gedachten Mittellinie der beiden Schienen definiert. Die Bezeichnungen an der Schiene finden sich in Abb. 54.7.

Die Gleisunebenheiten werden als Funktionen der Wellenlänge L oder der Wegkreisfrequenz $\Omega = 2\pi/L$ angegeben. Mit zunehmender Wellenlänge nehmen auch die Unebenheitsamplituden zu. Als Auslegungsdaten werden häufig die folgenden Unebenheitsspektren verwendet [10]

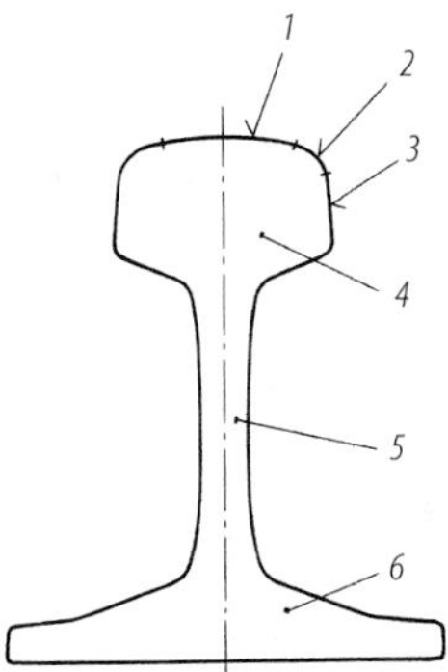

Abb. 54.7 Bezeichnungen an der heute üblichen Breitfuß- oder Vignolesschiene. *1* Fahrfläche, *2* Kopfabrundung, *3* Flanke, *4* Schienenkopf, *5* Schienensteg, *6* Schienenfuß

- Längshöhenfehler (Vertikalabweichung der Gleislage)

$$S_z(\bar{\Omega}) = \frac{A_V\,\Omega_c^2}{(\bar{\Omega}^2+\Omega_r^2)(\bar{\Omega}^2+\Omega_c^2)}\left[\frac{m^2}{rad/m}\right],$$

- Richtungsfehler (Lateralabweichung der Gleislage)

$$S_y(\bar{\Omega}) = \frac{A_A\,\Omega_c^2}{(\bar{\Omega}^2+\Omega_r^2)(\bar{\Omega}^2+\Omega_c^2)}\left[\frac{m^2}{rad/m}\right],$$

- Querhöhenabweichung der Schienen in Radiant

$$S_\varphi(\bar{\Omega}) = \frac{A_V\,\Omega_c^2}{(\bar{\Omega}^2+\Omega_r^2)(\bar{\Omega}^2+\Omega_c^2)(\bar{\Omega}^2+\Omega_s^2)}\left[\frac{1}{rad/m}\right]$$

mit folgenden Daten für ein konventionelles Gleis in gutem Zustand (kleiner Störpegel): $\Omega_s =$

$0{,}4380\,\mathrm{rad/m}$, $\Omega_c = 0{,}8246\,\mathrm{rad/m}$, $\Omega_r = 0{,}0206\,\mathrm{rad/m}$, $A_V = A_A = A_C = 5{,}9233 \cdot 10^{-7}\,\mathrm{m} \cdot \mathrm{rad}$, $a = 0{,}75\,\mathrm{m}$.

54.2.2 Radbauarten

Die Bezeichnungen am Rad sind in Abb. 54.8 aufgeführt. Die Lauf- oder Fahrfläche berührt die Schienenfahrfläche insbesondere im Bereich nahe des Spurkranzes. Der äußere Bereich der Lauffläche, die in etwa doppelt so breit ist wie die Fahrfläche der Schiene, wird vor allem zum Durchfahren von Weichenherzstücken [5] mit flachen Kreuzungswinkel benötigt, in Sonderfällen auch in engen Bögen. Der Spurkranz ist ein Sicherheitshilfsmittel, das nur in seltenen Fällen benötigt werden darf, da sonst großer Verschleiß auftritt. Die Laufflächenneigung wird meist größer gleich der Schienenneigung gewählt.

Da die Flächenpressung im Radaufstandspunkt deutlich über der Fließgrenze liegt, wird mit jeder Überrollung Material von der Laufflächenmitte nach außen gequetscht. Dank der Fase *11* kann dieses Material einen gewissen Raum finden ohne überzustehen. Die Kennrille *13* gibt auf einfache Weise an, wann der Verschleißvorrat an Radmaterial für das Reprofilieren der Räder aufgebraucht ist (gestrichelte Linie).

Abb. 54.9 zeigt verschiedene Beispiele ausgeführter Räder. Gummigefederte Räder werden im Personennah- und Regionalverkehr zur Schwingungsentkopplung eingesetzt. Gummigefederte Räder der Bauart Bochum 54 weisen Federsteifigkeiten in radialer Richtung von ca. 50 kN/mm auf und in axialer Richtung ca. 20 kN/mm. Dies bedeutet somit, dass die Räder in vertikaler Richtung deutlich härter als in Querrichtung sind. Aus Spurführungsgründen können die Räder quer nicht weicher gemacht werden. Die Radbauart Bochum 84 ermöglicht das Montieren des Radkranzes mit weniger Hilfseinrichtungen, während die Bauart Bo 54 leichtere Räder ermöglicht.

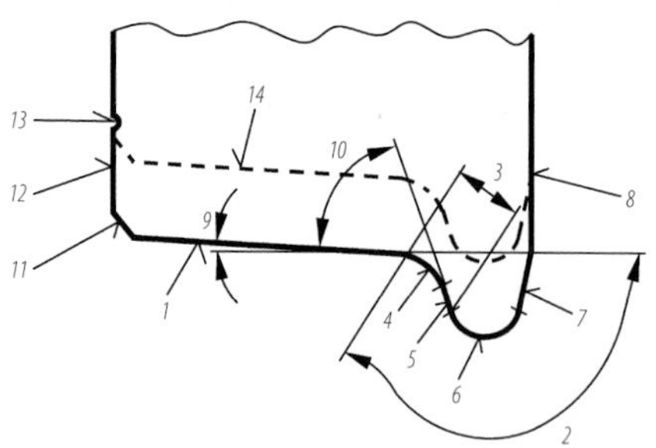

Abb. 54.8 Bezeichnungen des Rads im Berührbereich von Rad und Schiene. *1* Lauf-(Fahr-)fläche, *2* Spurkranz, *3* Spurkranzstirnfläche, *4* Hohlkehle, *5* Spurkranzflanke, *6* Spurkranzkuppe, *7* Spurkranzrückenfläche, *8* Radrückenfläche, *9* Lauf-(Fahr-)flächenneigung, *10* Spurkranzflankenwinkel, *11* Fase, *12* Radstirnfläche, *13* Kennrille, *14* Querprofil minimaler Raddurchmesser

Für Fernverkehrsbahnen werden heute vorwiegend Scheibenräder eingesetzt. Tangential gewellte Räder weisen häufig etwas weniger Masse auf gegenüber solchen mit ebener Scheibe, die sich durch geringere Lärmabstrahlung auszeichnen. Das Lärmverhalten kann unabhängig von der Radbauart weiter durch Radschallabsorber verbessert werden, in Abb. 54.9c Axial- und Radialabsorber als Zungenabsorber. Alle hier gezeigten Räder sind mit Ölabpressbohrungen versehen. Beim Abpressen der Räder von der Welle wird Öl mit hohem Druck eingepresst, um Ziehriefen auf der Welle zu vermeiden.

54.2.3 Radsatz

Der Radsatz (Abb. 54.10) besteht aus der Radsatzwelle und den beiden montierten Rädern. Die Welle ist entweder als Vollwelle massiv oder als Hohlwelle hohlgebohrt oder hohlgeschmiedet. Letzteres reduziert die Masse und ermöglicht die Ultraschallprüfung mit einer Ultraschallprüfsonde. Die Verbindung kann als Presssitz oder Schrumpfsitz ausgeführt werden.

Die Räder sind heute fast nur noch als Voll- oder Monoblockräder hergestellt. Diese sind wesentlich leichter als bereifte Räder. Die früher geltend gemachte Materialersparnis durch Tausch des Radkranzes anstelle des ganzen Rades bei Radverschleiß ist bei heutigen Lohnkosten meist von untergeordneter Bedeutung. Auch das Versagensverhalten ist wesentlich weniger kritisch, da bei bereiften Rädern der Radreifen stets unter Zugspannung steht, während bei Monoblocrädern durch entsprechende thermische Behandlung bei der Fertigung der Radkranz Druckei-

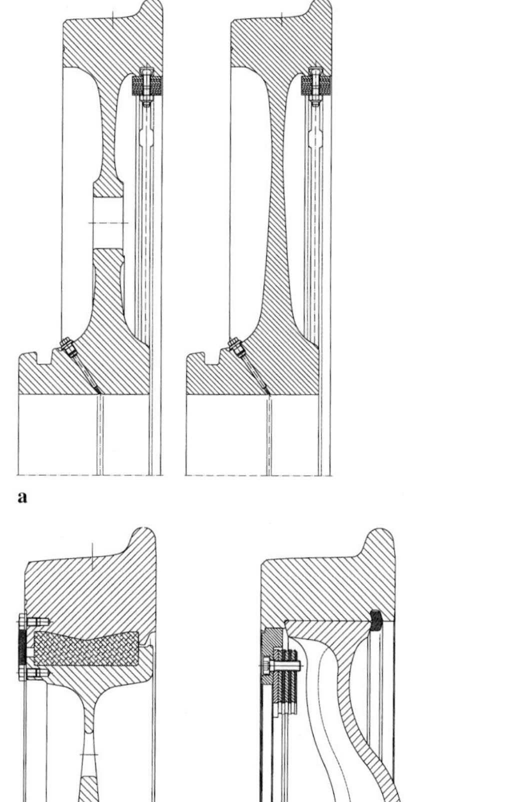

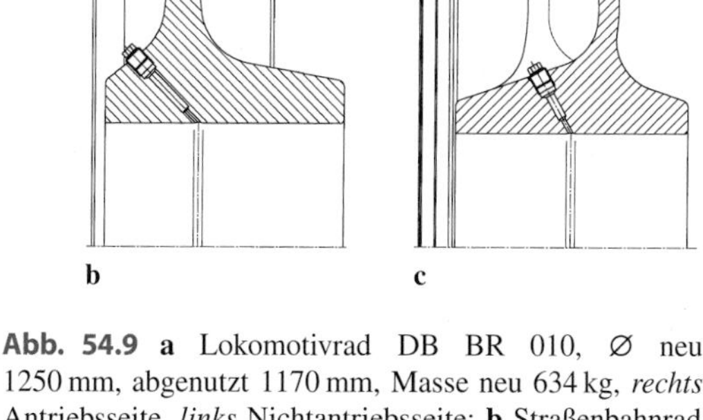

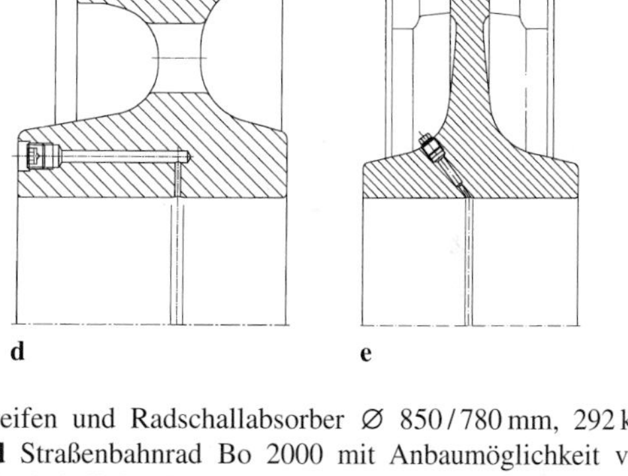

Abb. 54.9 **a** Lokomotivrad DB BR 010, ∅ neu 1250 mm, abgenutzt 1170 mm, Masse neu 634 kg, *rechts* Antriebsseite, *links* Nichtantriebsseite; **b** Straßenbahnrad Bo 54 ∅ 840 / 760 mm, 305 kg; **c** doppelt gewellt mit Radreifen und Radschallabsorber ∅ 850 / 780 mm, 292 kg; **d** Straßenbahnrad Bo 2000 mit Anbaumöglichkeit von Radschallabsorbern, ∅ 590 / 530 mm, 184 kg; **e** ICE3-Rad mit Radbremsscheiben ∅ 923,5 / 830 mm, 483 kg. (Quelle Bochumer Verein)

genspannungen aufweist. Risse in der Lauffläche breiten sich dann, bei Vorhandensein von Druckeigenspannungen, nicht aus.

Abb. 54.11 zeigt die spurführungstechnisch relevanten Abstände im Radsatz. Diese Abmessungen können sich bei gleicher Spurweite durchaus unterscheiden. So beträgt z. B. der Rückenflächenabstand in Europa 1360 mm, während er in USA und China aufgrund dickerer Spurkränze auf 1353 mm festgelegt ist. Diese Maße sind für Weichenfahrten relevant.

54.2.4 Rad-Schiene-Kontakt

Um realitätsnahe spurführungstechnische Berechnungen ausführen zu können, muss die Profilpaarung von Rad und Schiene genau bekannt sein. Abb. 54.12 zeigt die heute bei hochbelasteten Vollbahnstrecken meistverbreitete Paarung. Diese Abhängigkeit resultiert nicht nur aus den in den obigen Bildern aufgeführten Konturen von Rad und Schiene im Berührbereich, sondern auch aus dem Abstand der Körper (Spurmaß und Spur-

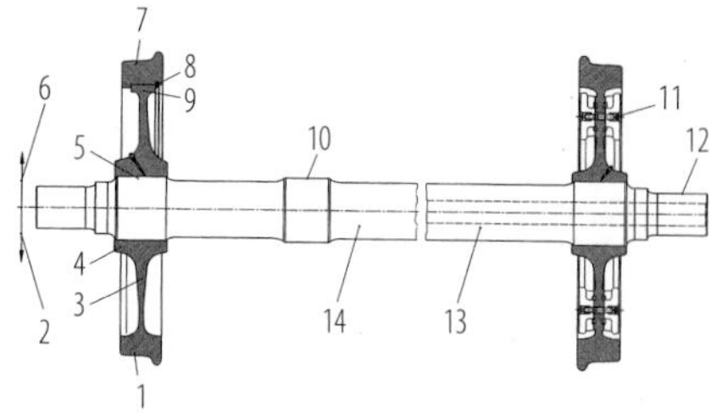

Abb. 54.10 Bezeichnungen am Radsatz, *oben links* bereiftes Rad, *unten links* Vollrad, *rechts* Rad mit Radbremsscheibe. *1* Radkranz, *2* Vollrad, *3* Scheibe, *4* Nabe, *5* Radsitz, *6* bereiftes Rad, *7* Radreifen, *8* Sprengring, *9* Radfelge, *10* Nabensitz für Wellenbremsscheibe oder Triebzahnrad, *11* Radbremsscheibe, *12* Wellenschenkel, *13* Hohlwelle, *14* Vollwelle

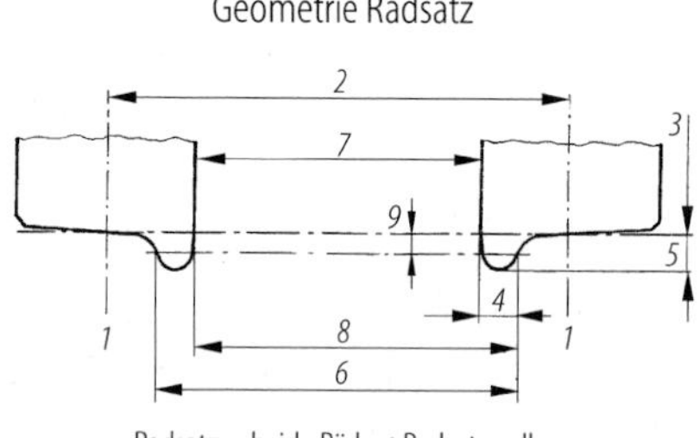

Abb. 54.11 Maße am Radsatz. *1* Messkreisebene, *2* Stützweite, *3* Nenndurchmesser, *4* Spurkranzdicke, *5* Spurkranzhöhe, *6* Spurmaß, *7* Rückenflächenabstand, *8* Leitmaß, *9* Messabstand (meist 10 mm)

weite) und aus der Neigung der Schienen. Auch verschlissene Profile können messtechnisch erfasst und deren Berührfunktionen dargestellt werden.

Die Zahlen an der Radkontur in Abb. 54.12a und b geben die Querverschiebung des Radsatzes in mm aus der Gleismitte an und die Lage des Berührpunktes auf der Lauffläche. Für jeden Millimeter Radsatzquerverschiebung ist ein Pfeil eingetragen, der auf den korrespondierenden Berührpunkt auf der Schiene weist. Im Vergleich der Querlageänderung des Berührpunktes mit dem auf der Abszisse aufgetragenen Maßstab wird deutlich, dass kleine Querlageänderungen zu großen Verschiebungen des Berührpunktes führen.

Die Rollradiendifferenzfunktion gibt den Unterschied zwischen rechtem und linkem momentanen Rollradius an. Je größer die Radiendifferenz bei gegebener Querverschiebung, desto größer ist das Wendevermögen eines Radsatzes. Dies ist vor allem für radial einstellende Radsätze in engen Bögen hilfreich. Die Kontaktwinkeldifferenzfunktion ist ein Maß für die zentrierende Querkraft. Bei Losradkonstruktionen ist sie die einzige, die Fahrwerke in Mittenposition des Gleises haltende Größe. Die äquivalente Konizität gibt die Kegelneigung eines gedachten Radsatzes mit konstanter Konizität an, der bei gegebener Querverschiebung dieselbe Wellenlänge aufweist wie das vorliegende Profil. Deutlich ist zu erkennen, dass mit beginnendem Spurkranzanlauf (Querverschiebung über 6 mm) die Konizität plötzlich stark zunimmt.

Neben den geometrisch bedingten Kräften wirken zudem durch die Abrollbewegung hervorgerufene Kräfte, die Schlupfkräfte.

Die Präsenz der Tangentialkräfte im Rad-Schiene-Kontakt ist durch Schlupf, also Relativbewegung der Körper, bedingt. Der Schlupf wird meistens als dimensionslose, auf die Fahrgeschwindigkeit bezogene Größe angegeben (Relativschlupf). In der Kraftschluss-Schlupf-Funktion wird zwischen dem Mikro- und Makroschlupfbereich unterschieden (Abb. 54.13). Im Mikroschlupfbereich entstehen die Tangentialkräfte überwiegend durch Materialdehnung (creep) und die Schlupfwerte erreichen einige ‰. Im Makroschlupfbereich werden die Kräfte überwiegend mittels Reibung übertragen. Bei konstantem Reibbeiwert wird im Bereich der Sättigung eine konstante Kraft erreicht. Wird auch die Abnahme des Reibbeiwertes mit der Schlupfgeschwindigkeit berücksichtigt, entsteht ein abfallender Ast der Kraftschluss-Schlupf-Funktion (gestrichelt; Abb. 54.13).

In dynamischen Analysen werden komplexe Zusammenhänge in der Berührfläche von Rad und Schiene berücksichtigt. Neben dem Schlupf in Längs- und Querrichtung ist der Bohrschlupf (spin) von Bedeutung. Durch die Neigung der Kontaktfläche entsteht beim Radsatz ein Drehen um die Normale zur Berührfläche mit der Winkelgeschwindigkeit ω_B (Abb. 54.14)

$$\omega_\mathrm{B} = \omega \cdot \sin \gamma$$

mit ω_B Bohrschlupf, ω Rollgeschwindigkeit des Radsatzes und γ Kontaktwinkel.

Die Kontaktkräfte wurden am umfangreichsten von Johnson [11] und Kalker beschrieben.

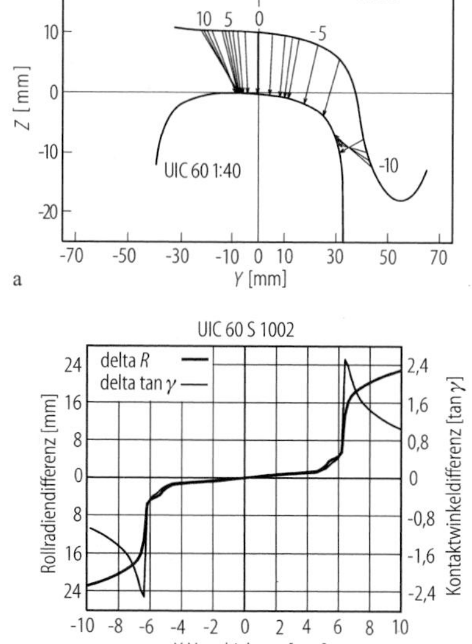

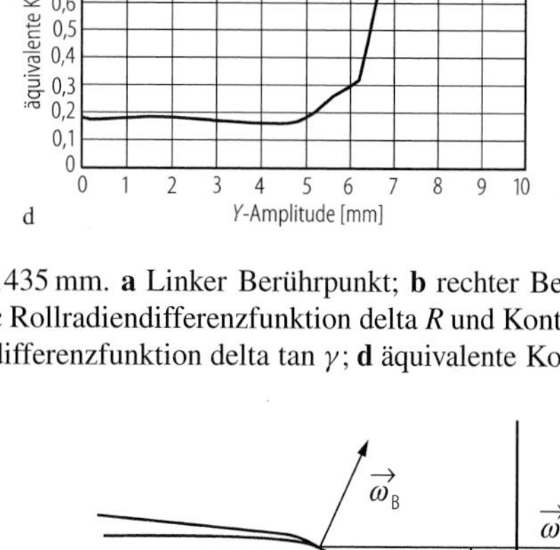

Abb. 54.12 Berührpunkte und Berührfunktionen von Rad und Schiene, Profilpaarung Rad S 1002, Spurmaß 1426 mm, Schiene UIC 60 E1, 1 : 40 geneigt, Spurweite 1435 mm. **a** Linker Berührpunkt; **b** rechter Berührpunkt; **c** Rollradiendifferenzfunktion delta R und Kontaktwinkeldifferenzfunktion delta tan γ; **d** äquivalente Konizität

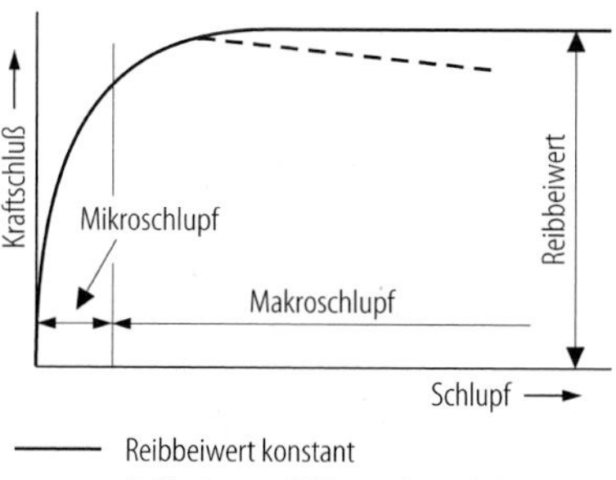

Abb. 54.13 Kraftschluss-Schlupf-Funktion

Die exakte Theorie von Kalker [12] ermöglicht die Berechnung der Tangentialkräfte unter der Präsenz von Längs-, Quer- und Bohrschlupf. Die Berührfläche wird auf die Haft- und Gleitzone aufgeteilt, und die Tangentialspannungen werden in einzelnen Elementen der Fläche berechnet. Für lineare Berechnungen ergibt die Theorie von Kalker unter Annahme der elliptischen Berührfläche:

$$F_x = -G \cdot a \cdot b \cdot c_{11} \cdot s_x \,,$$

$$F_y = -G \cdot a \cdot b \cdot c_{22} \cdot s_y - G \cdot \sqrt{(a \cdot b)^3} \cdot c_{23} \cdot \psi \,,$$

wobei G Schubmodul, a, b Halbachsen der Berührellipse, c_{11}, c_{22}, c_{23} Koeffizienten nach [12],

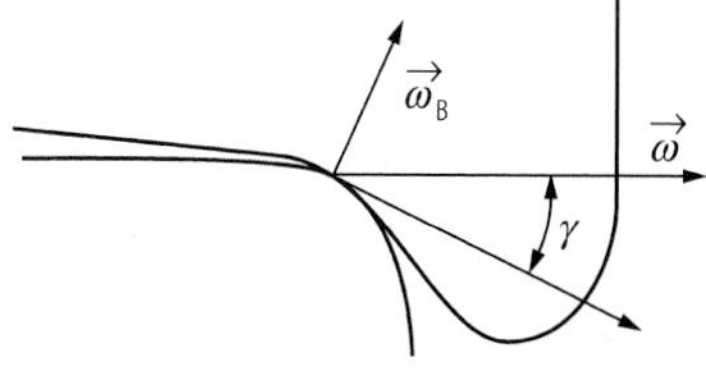

Abb. 54.14 Bohrschlupf durch Neigung der Berührfläche zur Drehrichtung

s_x, s_y Relativschlupf in Längs- und Querrichtung und ψ auf die Fahrgeschwindigkeit bezogener Bohrschlupf sind.

Für nichtlineare Berechnungen wurden diverse Programme entwickelt, die jedoch lange Rechenzeiten in Anspruch nehmen. Für Anwendungen in Simulationen werden oft vereinfachte Theorien gesucht, die auch die Nichtlinearitäten berücksichtigen. Die Methode von Polach [13] basiert auf der Gleichung

$$F = -\frac{2 \cdot Q \cdot f}{\pi} \left(\frac{\varepsilon}{1+\varepsilon^2} + \arctan \varepsilon \right)$$

mit Q Radlast, f Reibbeiwert, ε Steigung der Tangentialspannung in der Haftzone und

$$\varepsilon = \frac{2}{3} \frac{C \cdot \pi \cdot a^2 \cdot b}{Q \cdot f} s \,,$$

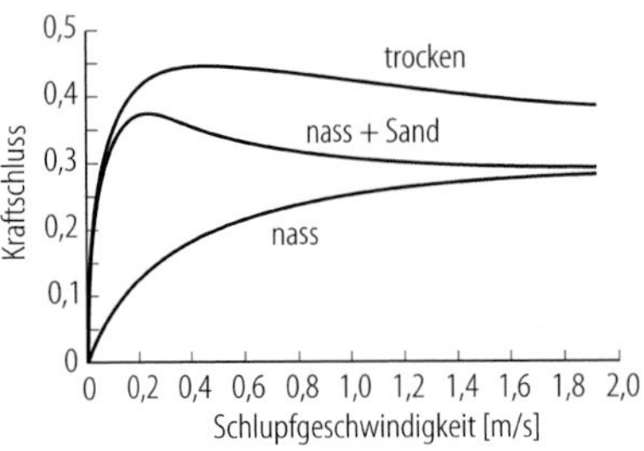

Abb. 54.15 Beispiele der Kraftschluss-Schlupf-Funktionen für verschiedene Randbedingungen

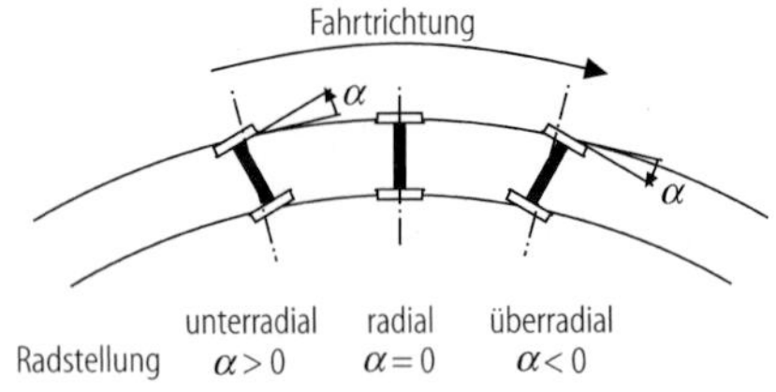

Abb. 54.16 Radsatzstellungen im Gleis

wobei C die Konstante der Nachgiebigkeit der berührenden Körper ist.

Werden die Koeffizienten von Kalker [12] verwendet, ergibt sich zur Berechnung der in Längsrichtung wirkenden Kraft folgende Gleichung für die Steigung der Tangentialspannung

$$\varepsilon = \frac{1}{4} \frac{G \cdot \pi \cdot a \cdot b \cdot c_{11}}{Q \cdot f} s_x \,.$$

Die in [13] beschriebene Methode berücksichtigt auch Bohrschlupf und ist wegen der kurzen Rechenzeit für numerische Simulationen gut geeignet. Eine Erweiterung dieser Methode für große Schlüpfe durch Traktion oder Bremsen ist in [14] zusammen mit typischen Eingabeparametern aufgeführt.

Für Übertragung der Zug- und Bremskräfte sind die Kraftschluss-Schlupf-Kennlinien in Fahrtrichtung maßgebend. Die erreichbaren Kraftschlussbeiwerte variieren stark je nach den Konditionen zwischen Rad und Schiene. Die Schlupfgeschwindigkeiten im Rad-Schiene-Kontakt können beim Anfahren mit großen Zugkräften mehrere km/h erreichen. Bei trockenen Verhältnissen ist die Kraftschluss-Schlupf-Kennlinie durch einen steilen Anstieg und nach dem Maximum durch einen abfallenden Ast charakterisiert. Bei ungünstigen Adhäsionsverhältnissen (nass, glatt, verschmutzt) nimmt die Steigung ab und der abfallende Ast ist weniger ausgeprägt oder gar nicht erkennbar (Abb. 54.15). Als Mittel zur Adhäsionssteigerung ist die Verwendung von Sand stark verbreitet. Durch die harten Sandkörner treten lokale Verformungen der Oberflächen auf, die zu einer Aufrauung von Rad und Schiene führen. Es erhöht sich die größte übertragbare Kraft, die Wirkung nimmt aber nach dem Sanden schnell ab. Verschiedene andere Schienenkonditioniereinrichtungen haben sich wegen dem hohen technischen und energetischen Aufwand bis jetzt nicht verbreitet.

Aufgrund der Führung des Radsatzes und der Kräfte im Radaufstandspunkt können sich unterschiedliche Stellungen des Radsatzes ergeben (Abb. 54.16).

Der überradiale Radsatz lenkt nach bogeninnen, der unterradiale nach bogenaußen. Nur bei radialer Stellung verschwindet der Anlaufwinkel α zwischen Rad und Schiene.

In starrachsigen Drehgestellen hat der vorlaufende Radsatz gewöhnlich eine unterradiale Einstellung, der nachlaufende eine überradiale.

54.2.5 Fahrwerkskonstruktionen

Die Radsätze werden federnd im Drehgestellrahmen durch die sog. Primärfederung gelagert. Ausführungen über Federn siehe Bd. 2, Kap. 9. Neben der Komfortverbesserung und Kraftspitzenreduzierung zum Aufbau hin, gleichen die Federn auch die Radkräfte durch elastische Verbindung aus. Der Einsatz von Gummifedern ermöglicht je nach konstruktiver Gestaltung die Wahl unterschiedlicher Federkennlinien in alle drei Raumrichtungen, eine oft hinreichende Dämpfung durch die Gummidämpfung und zusätzlich eine Körperschallentkopplung, die durch Stahlelemente nicht erreicht wird.

Die möglichen Stellungen im Gleis zeigt Abb. 54.17. In dieser Darstellung ist der Abstand der Räder und der Schienen um das Spurmaß verringert. D. h. die beiden Räder fallen in einem Punkt zusammen und die Schienen sind nur durch das Spurspiel getrennt. Bei Freilauf läuft

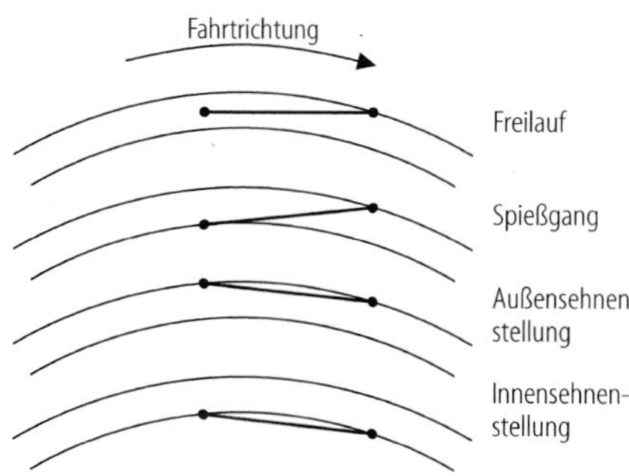

Abb. 54.17 Fahrwerkstellungen im Gleis

der vorlaufende Radsatz bogenaußen an, während beim nachlaufenden Radsatz kein Spurkranzkontakt besteht und damit Freilauf vorliegt.

Je enger der durchfahrene Bogen, je größer die Überhöhung, je kleiner die Fahrgeschwindigkeit und je kleiner das Spurspiel ist, um so wahrscheinlicher geht der Zustand Freilauf in den Spießgang über, bei dem der nachlaufende Radsatz mit dem bogeninneren Rad an die bogeninnere Schiene anläuft.

Bei großen Querkräften nach bogenaußen, z. B. bei Neigezügen mit hoher Querbeschleunigung, kann der umgekehrte Fall auftreten, das Anlaufen des nachlaufenden Radsatzes bogenaußen, trotz überradialer Einstellung. Dann liegt Außensehnenstellung vor.

Der seltene Fall von Innensehnenstellung, Anlauf der bogeninneren Räder beider Radsätze, tritt meist nur bei Triebfahrzeugen auf, die bei schlechten Kraftschlussverhältnissen im überhöhten Bogen bei sehr kleinen Fahrgeschwindigkeiten große Zugkräfte ausüben.

Die Bewegungen des Schienenfahrzeugs werden mit folgenden Begriffen beschrieben (Abb. 54.18):

Schwingungen in Richtung der Achsen:

- x-Richtung (= Längsrichtung): Zucken,
- y-Richtung (= Querrichtung): Querschwingen,
- z-Richtung (= Vertikalrichtung): Tauchen.

Drehbewegung:

- φ Drehen um Längsachse x: Rollen,
- χ Drehen um Querachse y: Nicken,
- ψ Drehen um Hochachse z: Wenden, Gieren.

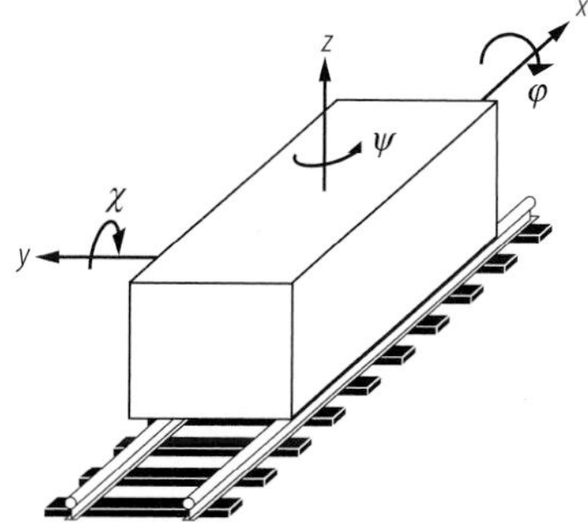

Abb. 54.18 Bewegungskoordinaten von Schienenfahrzeugen

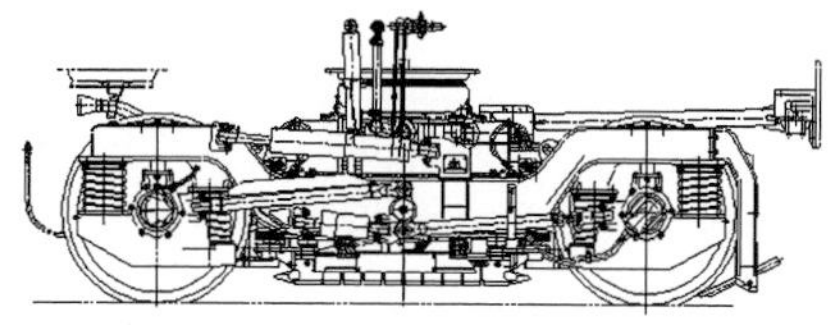

Abb. 54.19 Drehgestell mit gegenseitig gesteuerten Radsätzen. (Quelle Bombardier)

An kombinierten Bewegungen sind für das Schwingungsverhalten von Schienenfahrzeugen vor allem Wanken = Rollen + Querschwingen und Schlingern = Wenden + Querschwingen von Bedeutung.

Als Beispiel wird der gegenseitig gesteuerte Radsatz für einen Neigezug (Bombardier Regioswinger der DB AG, VT 612) gezeigt (s. Abb. 54.19). Die Verbindung der Achslager über schräg angelenkte Stangen ist deutlich erkennbar.

Durch die Verwendung von Losrädern kann der Fußboden des Wagendurchgangs sehr tief gelegt werden, wie beim Talgo (Abb. 54.20; [15]). Die Lagerung des Aufbaus auf dem Fahrwerk erfolgt über die sogenannte Sekundärfeder. Wie bereits bei der Radsatzführung ausgeführt, werden bevorzugt Federn verwendet, die alle drei Raumrichtungen unterstützen, Schraubenfedern mit Flexicoilwirkung oder Luftfedern.

Flexicoilfedern haben die früher üblichen Wiegenanordnungen mit Schraubenfedern für die Vertikalfederung und Pendeln für die Querfederung abgelöst. Die Flexicoilfeder ermöglicht die Quer- und die Vertikalabfederung durch ein Element. Zusätzlich gestattet sie die verschleißfreie Ausdrehbewegung des Drehgestells.

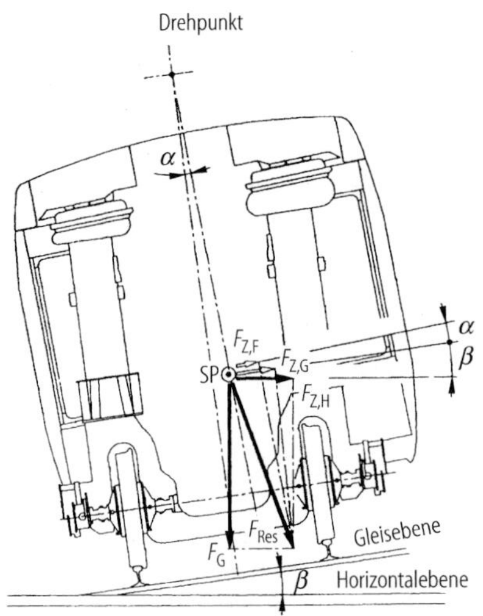

Abb. 54.20 Talgofahrwerk. (Quelle Patentes Talgo SA)

Die Flexicoilfeder biegt sich dabei seitlich um den Querfederweg s_q nach Abb. 54.21 aus. Der Querfederweg s_q und die Querfederkonstante c_q lassen sich wie folgt berechnen [16]:

$$s_\mathrm{q} = F_\mathrm{q}\left[\frac{1}{F}\left(\frac{2}{\chi}\tan\frac{\chi \cdot L}{2} - L\right) + \frac{L}{S}\right]$$

mit F_q Querkraft, F axiale Druckkraft, L Höhe der Feder unter Wirkung der axialen Druckkraft, S, B, χ Rechengrößen.

Die Größen χ, B und S werden mit folgenden Gleichungen berechnet:

$$\chi = \sqrt{\frac{F}{B\,(1 - F/S)}},$$

$$S = 3360\,\frac{L \cdot d^4}{i \cdot r^3},$$

$$B = 1460\,\frac{L \cdot d^4}{i \cdot r},$$

$$c_\mathrm{q} = \frac{F_\mathrm{q}}{s_\mathrm{q}}$$

mit F_q, F in N; L, r, d, i ist die Zahl der freien Windungen. s_q in mm; S in N; B in $\mathrm{N \cdot mm^2}$; χ in 1/mm. Die rechnerischen Werte für den Querfederweg s_q bzw. die Federkonstante c_q liefern nur Anhaltswerte.

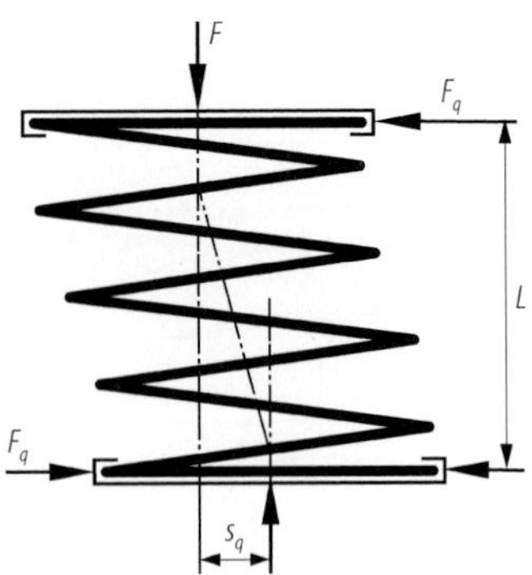

Abb. 54.21 Flexicoilwirkung einer Schraubenfeder

Im konkreten Fall streut die Querfederkonstante stark. Sie ist auch abhängig von der Lage der Federenden. Um bei Tauchbewegungen keine Lenkbewegungen hervorzurufen, müssen für die rechte und linke Sekundärfeder gegensinnig gewickelte Schraubenfedern verwendet werden.

Luftfedern werden bei kleinen Auslenkungen (bis ca. 100 mm) auch für die Ausdrehbewegung genutzt. Bei größeren Bewegungen, insbesondere bei Bahnen mit engen Radien, ist ein Kugeldrehkranz erforderlich.

Luftfedern werden um so weicher, je kleiner der Druck im System ist und je größer das Zusatzvolumen ist. Allerdings verringert sich dann auch die Tragfähigkeit.

Abb. 54.22 zeigt eine Luftfeder, Halbtorusbalg, mit zugehörigen Kennlinien. An den Beispielen der horizontalen Kennlinien ist zu erkennen, dass bei Erhöhung der Vertikalkraft auch die Querfedersteifigkeit ansteigt. Die vertikalen Federkennlinien sind für verschiedene Zusatzluftvolumina V_a aufgeführt. Je größer das Zusatzluftvolumen ist, desto weicher wird die Federcharakteristik. Die Strömungswiderstände zwischen der Luftfeder und dem Zusatzluftvolumen müssen allerdings sehr klein sein.

Eine Ausführung als Rollfederbalg zeigt Abb. 54.23. Bei Ausfall der Luftfeder oder des Luftversorgungssystems wirkt hier die unter der Gleitplatte angeordnete Gummiblockfeder als Notfeder.

Bezüglich der Dämpfung sei auf Abschn. 53.4.3 verwiesen. Im Gegensatz zum Kraftfahrzeug werden bei Schienenfahrzeugen jedoch Zweirohrdämpfer nicht nur in vertikaler

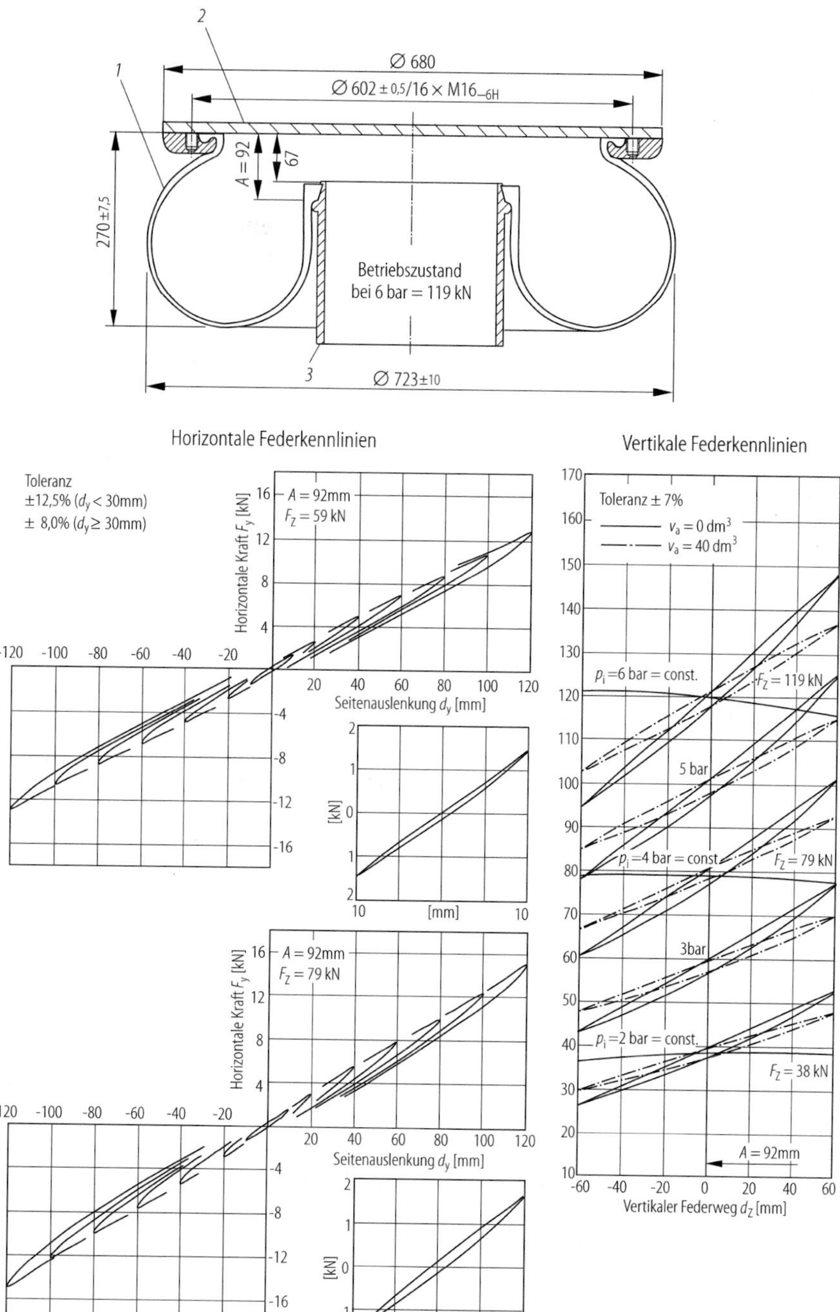

Abb. 54.22 Sekundärfeder Luftfeder mit Kennlinien. *1* Luftfederbalg, *2* Lagerplatte Wagenkasten, *3* Stützrohr Drehgestell, V_a Zusatzluftvolumen. (Quelle ContiTech Luftfedersysteme)

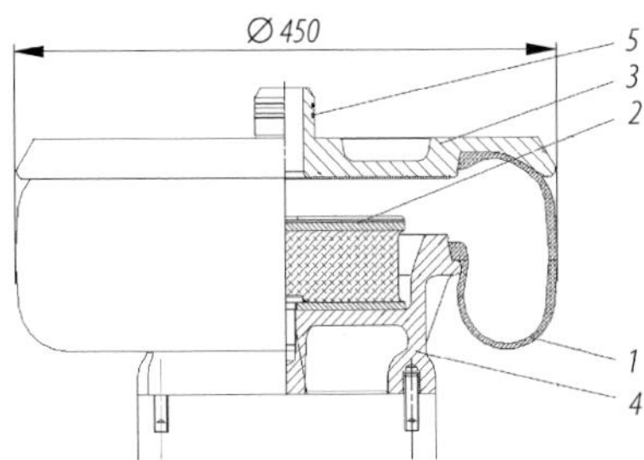

Abb. 54.23 Sekundärfeder Luftfederrollbalg. *1* Luftfederbalg, *2* Gleitplatte, *3* Befestigungsplatte, *4* Kolben, *5* O-Ring (ContiTech Luftfedersysteme, Typ 840N.1B, load condition at 6,6 bar = 73 kN)

Richtung, sondern auch in Querrichtung und als Schlingerdämpfer zur Dämpfung von Drehbewegungen benötigt.

54.2.6 Neigetechnik

Um auf konventionell trassierten Strecken mit vielen engen Gleisbögen ein attraktiveres Angebot durch kürzere Fahrzeiten bieten zu können, werden Neigezüge eingesetzt. Durch Neigen des Fahrzeugaufbaus nach bogeninnen wird der Fahrgast von aus der Querbeschleunigung resultierenden Querkräften entlastet. Die im Radaufstandspunkt wirkenden Kräfte (s. Abschn. 54.7.3) werden durch die Neigetechnik kaum beeinflusst. Da hier dieselben Grenzen wie für konventionelle Fahrzeuge gelten, jedoch anteilmäßig höhere Fliehkäfte wirken, werden die Neigezüge in der Regel mit gleisschonenden, radialeinstellenden Fahrwerken ausgestattet.

Es gibt im Wesentlichen zwei verschiedene Neigeprinzipien: passiv und aktiv. Beim passiven System werden die auf das Fahrzeug wirkenden natürlichen Kräfte genutzt, um es nach bogeninnen zu neigen [15]. Beim aktiven System wird die Bewegung durch äußere Kräfte erzwungen. Abb. 54.20 zeigt ein Ausführungsbeispiel für das passive System. Durch die Anordnung der Luftfedern im Dachbereich, die dargestellten Säulen dienen als Zusatzluftbehälter, wird ein virtueller Drehpunkt weit oberhalb des Schwerpunkts des Wagenkastens erzeugt. Der Wagenkasten neigt sich über den durch die Gleisüberhöhung hervorgerufenen Winkel β hinaus um den Winkel α nach bogeninnen und reduziert so die auf die Fahrgäste wirkende Querbeschleunigung. Bei konventionellen Fahrzeugen, bei denen der Schwerpunkt normalerweise über dem Drehpunkt liegt, tritt der gegenteilige Effekt auf. Der Wagen neigt sich nach außen, und so erhöht sich die auf den Fahrgast wirkende Querbeschleunigung. Eine als Wankstütze wirkende Drehstabfeder vermindert die Problematik bei konventionellen Fahrzeugen.

Bei aktiven Systemen werden die Stellkräfte pneumatisch, hydraulisch, elektromagnetisch oder elektromotorisch aufgebracht. Um keinen Platz im Fahrgastraum zu verlieren, sind heute alle Stelleinrichtungen im Drehgestell integriert.

Das aktive Stellglied kann entweder über, in oder unter der Sekundärfeder angeordnet sein. Eine Trennung der Aufgaben der Sekundärfederung von der Stellaufgabe hat sich bewährt, sodass heute nur noch Lösungen unter oder über der Sekundärebene ausgeführt werden. Bei Anordnung unter der Sekundärebene wirken auf die Sekundärfeder keine zusätzlichen Querkräfte, die Neigeeinrichtung ist jedoch im stärker beanspruchten nur primär abgefederten Bereich angeordnet. Bei Anordnung des Stellzylinder oberhalb der Sekundärfeder wirkt auf die Sekundärfeder die volle Querbeschleunigung wie auf Gleisebene. Ein aktiver Querstellzylinder muss dann ein zu starkes Auswandern des Fahrzeugaufbaus aus der Zentralen vermeiden [17]. Dadurch entstehen keine weiteren Radlastunterschiede zwischen bogeninnen und bogenaußen und das Lichtraumprofil wird besser ausgenutzt als ohne. Die Drehpolhöhe wird möglichst im Bereich der Sitzfläche oder knapp darüber vorgesehen, da dies die wenigsten Magenirritationen hervorruft [18]. Die Ansteuerung der Stellglieder erfolgt heute in aller Regel durch Auswertung von Querbeschleunigungs- und Wendegeschwindigkeitssignalen. Letztere werden meist mit faseroptischen Kreiselsystemen erfasst. Die Problematik ist die Unterscheidung von Anregungen durch Gleislagefehler im Gegensatz zur Erkennung von Trassierungseinflüssen. Durch Weiterentwicklung von Satellitennavigationssystemen, z. B. GPS und Galileo, werden auch Lösungen mit Streckendatenbanken denkbar, die heute

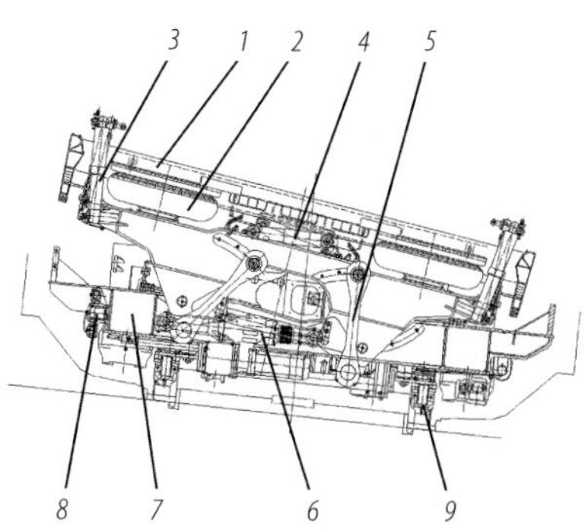

Abb. 54.24 Neigeeinrichtung VT 612 Regioswinger. *1* Wagenboden, *2* Sekundärfeder, *3* Vertikaldämpfer und Wankstütze, *4* Querdämpfer, *5* Pendel, *6* Stellantrieb, *7* Drehgestellrahmen, *8* passive Radsatzlenkung, *9* Radsatz. (Quelle Bombardier)

nur über Gleismarker angesprochen werden können.

Abb. 54.24 zeigt eine Anordnung der Neigeeinrichtung unter der Sekundärfeder und die Anlenkung über Pendel. Eine andere konstruktive Ausführung desselben Prinzips zeigt Abb. 54.25. Die Neigetraverse wird hier über Rollen abgestützt und die Sekundärfeder besteht aus einer einzigen Luftfeder. Ein Wankstabilisator ist hier unabdingbar.

Während bei konventionellen Bahnsystemen unausgeglichene Querbeschleunigungen auf Gleisebene von 0,65 bis 0,8 m/s^2 und in Ausnahmefällen 1,0 m/s^2 zugelassen werden, können diese bei verbessertem Komfort für den Fahrgast bei passiven Systemen typisch auf 1,4 m/s^2 und bei aktiven Systemen auf 1,8 bis 2,0 m/s^2 vergrößert werden. Damit lassen sich Geschwindigkeitserhöhungen im Bogen bei verbessertem Fahrkomfort von bis zu 18 % bei passiven Systemen und bis zu 30 % bei aktiven Systemen erreichen.

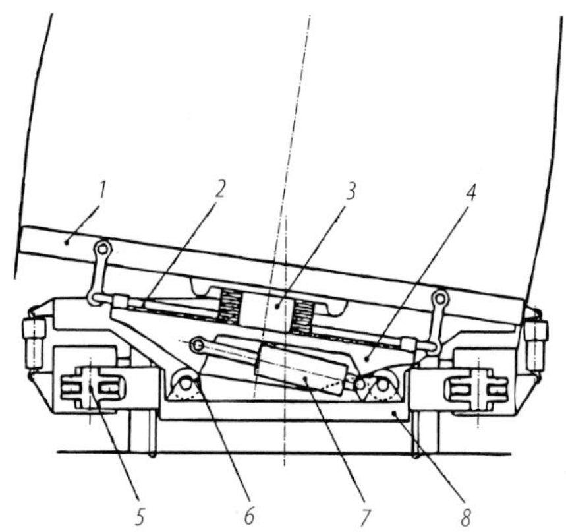

Abb. 54.25 Neigemechanismus SBB ICN. *1* Traverse, *2* Wankstabilisator, *3* Sekundärluftfeder, *4* Neigetraverse, *5* Radsatzführung, *6* Stützrolle, *7* Stellantrieb, *8* Drehgestellrahmen. (Quelle Alstom)

Bei der Einführung eines Neigezugsystems genügt es jedoch nicht, nur Neigefahrzeuge zu beschaffen, sondern auch die Signaltechnik und die Gleislagequalität muss an die höhere Fahrgeschwindigkeit angepasst werden.

54.3 Aufbau, Fahrzeugarten

Der Aufbau kann auf unterschiedliche Weise von Fahrwerken abgestützt werden (Abb. 54.26).

Ausgeführt werden konventionelle Einzelfahrzeuge oder Gliederzüge, bei denen sich Aufbausegmente auf andere abstützen. Da jedes Fahrwerk eine große Masse aufweist, führt die bei Gliederzügen meist verringerte Fahrwerkanzahl oder auch Radanzahl zu einer Gewichtsminimie-

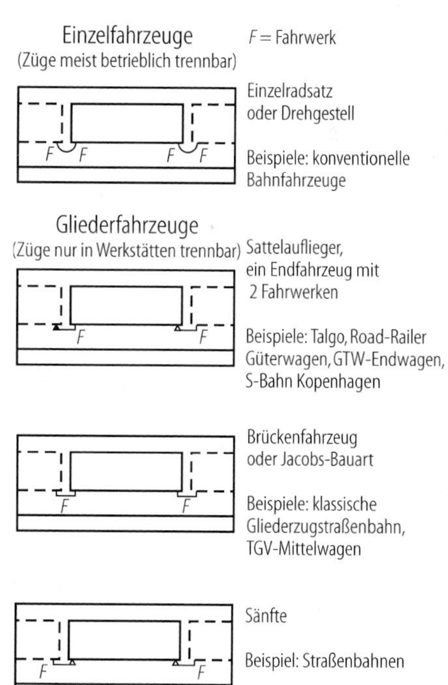

Abb. 54.26 Grundsatzanordnungen von Aufbauten und Fahrwerken

rung. Zudem wird die Lärmemission bei der Vorbeifahrt durch geringere Radanzahl ebenso minimiert.

54.3.1 Rohbau

Für die Bauweise des Aufbaus sind folgende drei Prinzipien momentan im praktischen Einsatz:

Bei der Differentialbauweise werden Bleche und Winkel- oder Rohrprofile schweißtechnisch miteinander verbunden (Abb. 54.27), wie im Bereich des Führerraumfensters dargestellt. Als Werkstoff wird bevorzugt Stahl S355 oder rostfreier Stahl verwendet.

Durch Übergang von Schutzgasschweißen zu Laserstrahlschweißen konnte der Wärmeeintrag und damit das Verziehen der Strukturen deutlich verringert werden. Richtarbeiten falls so kaum mehr an. Auch immer wieder notwendige Unfallreparaturen sind in Stahl mit einfachen Mitteln leicht auszuführen.

Deshalb wird heute die Stahldifferentialbauweise in etwa gleichhäufig wie die Aluminiumstrangpressprofilbauweise angewendet. Bei letzter wird die Röhre des Fahrzeugrohbaus aus für die jeweilige Fahrzeugbauart speziell gefertigten Strangpressprofilen mit Längsnähten zusammengeschweißt. Als Werkstoff werden Aluminiumlegierungen verwendet. Die höheren Kosten des Materials werden durch wesentliche Reduktion der Fertigungskosten kompensiert. Abb. 54.28 zeigt die große Vielfalt der darstellbaren Fahrzeugquerschnitte auf.

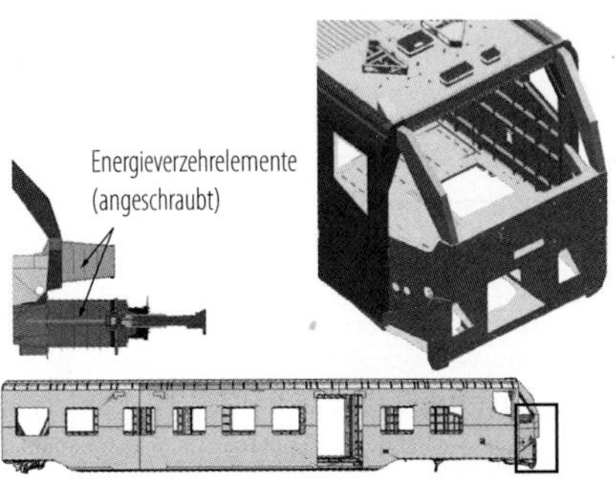

Abb. 54.27 Fahrzeugfront des Corradia Lint Triebwagens in Stahl-Differentialbauweise mit Energieverzehrelementen. Der Kasten kann modular mit ein oder zwei Doppeltüren je Fahrzeugseite ausgeführt werden. (Quelle Alstom)

Eine Sandwich-Fachwerkbauweise mit aufgeklebten Sandwichplatten als Schubfelder wird beim Regioshuttle verwendet (Abb. 54.29, s. a. Abb. 54.35).

54.3.2 Klimaanlage

Die Grundlagen zu Fahrzeugklimaanlagen sind in **M** aufgeführt.

Aus Umweltschutzgründen zur Vermeidung des Treibhauseffektes dürfen heutige Klimaanlagen keine Fluorchlorkohlenwasserstoff-(FCKW-)haltigen Kältemittel enthalten, da sie bei Undichtigkeiten austreten. Die gefahrlose Alternative ist Luft als Kältemittel. Diese Anlagen sind aus dem Verkehrsflugzeugbau abgeleitet. Wegen des unschädlichen Kältemittels müssen sie nicht in einem geschlossenen Kreislauf geführt werden, sondern können als „offener Prozess" angeordnet werden. In modernen Schienenfahrzeugen wird sowohl das geschlossene Überdruck-Konzept als auch der vorteilhafte offene Unterdruck-Prozess gewählt (s. Abb. 54.30).

Obwohl der Wirkungsgrad einer Kaltluftanlage in deren Auslegungspunkt unter dem eines Kaltdampf-Prozesses liegt, kann durch die bessere Regelbarkeit sowie durch weitere Maßnahmen, wie z. B. der regenerativen Nutzung

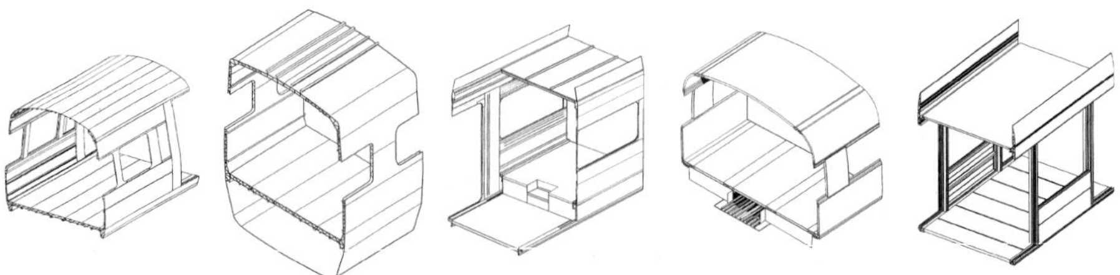

Abb. 54.28 Verschiedene Fahrzeugkästen in Aluminium-Strangpressprofilbauweise. (Quelle ALCAN)

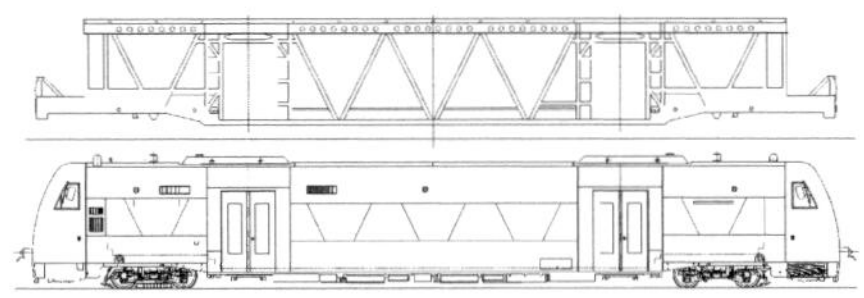

Abb. 54.29 Regioshuttle (Stadler Pankow). *Oben* geschweißter Stahlrohbau, *unten* fertiges Fahrzeug

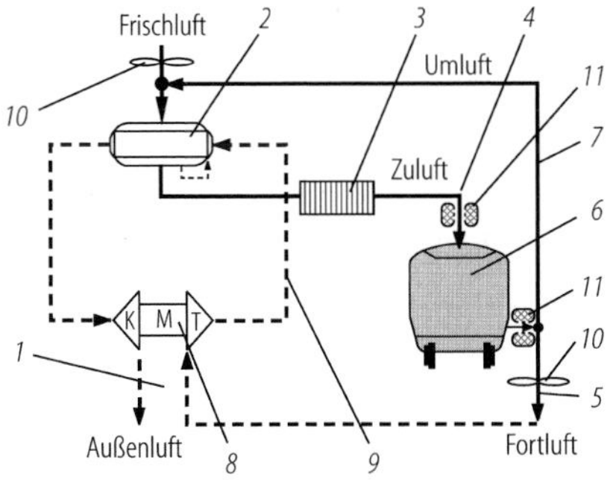

Abb. 54.30 Aufbauprinzip Klimaanlage mit offenem Unterdruckkühlprozess. *1* Umgebungsluft, *2* Luft-Luft-Wärmetauscher, *3* elektrisches Heizregister, *4* Zuluft, *5* Fortluft, *6* Wageninnenraum, *7* Umluft, *8* motorisierte Kühlturbine, *9* Kaltluft-Prozesskreis, *10* Druckschutzlüfter, *11* Schalldämpfer. (Quelle Liebherr-Verkehrstechnik GmbH)

der kondensierten Luftfeuchte oder der Wagenfortluft derselbe Jahresenergieverbrauch erreicht werden. Die Anlage lässt sich zusätzlich mit einem Druckschutz kombinieren, um unangenehme Druckschwankungen bei schnellen Tunnelein- und -ausfahrten klein zu halten.

Die Prozessluft aus der Umgebung wird zunächst in einer Turbine expandiert und dabei abgekühlt. Die kalte Prozessluft durchströmt den anschließenden Wärmetauscher und kühlt dabei die warme Frischluft ab. Anschließend wird die Prozessluft vom Turboverdichter angesaugt und wieder nach außen abgegeben. Die Regelung der Kälteerzeugung erfolgt über die Drehzahl der motorisierten Kühlturbine. Dadurch lässt sich die Kälteleistung stufenlos zwischen 0 und 100 % einstellen. Im Winterbetrieb wird die kalte Frischluft mit Hilfe der elektrischen Hauptheizung aufgewärmt. Dabei ist die Turbomaschine deaktiviert.

Konstruktiv wird das Klimagerät als Kompaktanlage ausgeführt. Sie übernimmt als Dachklimagerät einen Teil der Dachkontur. In

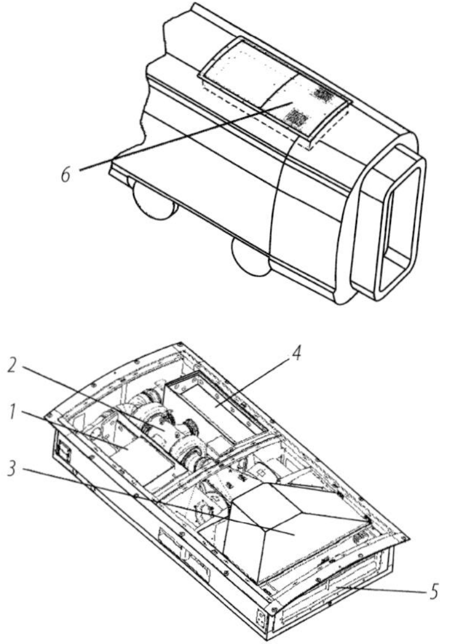

Abb. 54.31 Dachklimaanlage ICE 3. *1* Prozessluft Einlass, *2* motorisierte Kühlturbine, *3* Luft-Luft-Wärmetauscher, *4* Prozessluft Auslass, *5* Zuluft, *6* Einbauort ICE 3. (Quelle Liebherr-Verkehrstechnik GmbH)

Abb. 54.31 ist eine Anlage des zweiten Produktionsloses des ICE 3 dargestellt.

Die für die Klimaanlagen einzuhaltenden Komfortbedingungen sind in den EN13129 und EN 14750 [19] definiert.

54.3.3 Türen

In Personenfahrzeugen werden an Fahrzeugtüren besonders große Anforderungen hinsichtlich Zuverlässigkeit und Lebensdauer (meist mehrere Millionen Öffnungs- und Schließzyklen) gestellt. Weitere Anforderungen sind Dichtigkeit gegen Flugschnee, Nässe und in Sonderfällen Druckschwankungen, Lärm- und Wärmedämmung von Türblatt, Dichtung und Rahmen ähnlich der übrigen Fahrzeugstruktur, wirksamer Einklemmschutz, kurze Öffnungs- und Schließzeiten, Möglichkeit zur manuellen Notöffnung innen und außen, Zustandsüberwachung offen/zu zur Ansteuerung der Wegfahrsperre, Diagnosefähigkeit, manuelle Verriegelungseinrichtung zur Stillegung der Tür bei etwaigen Defekten, möglichst keine Verletzung des Lichtraumprofils im nicht geschlossenen Zustand, geringe Masse und

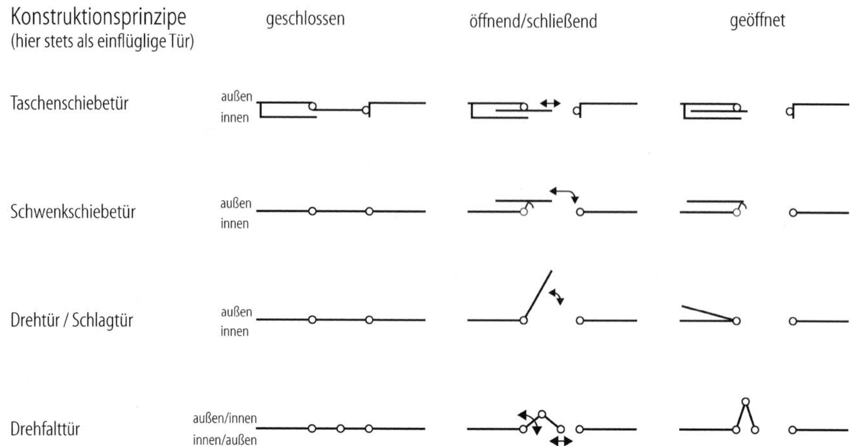

Abb. 54.32 Konstruktionsprinzipien für Fahrgasttüren

geringer Energieverbrauch, geringe Geräusche beim Öffnen/Schließen und Unempfindlichkeit auf Verformungen am Fahrzeug durch starke Beladung oder Trassierungseinflüsse (z. B. Gleisverwindungen).

Von den prinzipiellen Bauweisen Taschenschiebetür, Schwenkschiebetür, Drehtür und Drehfalttür (Abb. 54.32) erfüllt die Schwenkschiebetür die obigen Anforderungen am besten. Falls Abstriche gemacht werden, können die anderen Bauarten zu Kostenvorteilen führen. Der Türantrieb ist heute wegen der besseren Steuer- und Überwachbarkeit elektrisch, statt wie in der Vergangenheit pneumatisch (Abb. 54.33).

Bei Stadt- und Straßenbahnen sind die Anforderungen an Druck-, Schall- und Wärmedämmung wesentlich geringer, sodass die gezeigte Tür bei doppelter Breite nur etwa halb so schwer ist (Abb. 54.34).

54.3.4 Fenster

Um die Schwitzwasserproblematik deutlich zu entschärfen, werden in Mittel- und Nordeuropa in Passagierräumen fast ausschließlich doppelverglaste Isolierscheiben verwendet. Die bessere Lärmdämmung gegenüber einfachverglasten ist ein weiterer Vorteil. Die Befestigung der Fenster kann entweder geklebt erfolgen (s. Abb. 54.35) oder über Gummiprofile.

Beim Kleben werden Dickschichtklebstoffe verwendet, da das unterschiedliche Temperaturausdehnungsverhalten der verbundenen Materialien in der Klebenaht ausgeglichen werden muss. Auf hinreichende Dämpfung im Klebstoff ist zu achten, um keine ausgeprägten Resonanzprobleme zu erzeugen, die sich sonst vor allem im Luftschall bemerkbar machen.

Die Verbindung des Fensters mit der Fahrzeugstruktur über Gummiprofile zeigt Abb. 54.36. Die Relativwege zwischen Fenster und Fahrzeugstruktur werden hier von einem Silikon-Rastprofil aufgenommen. Die dargestellte Anordnung bezieht einen Notaus- und -einstieg ein.

Für die Selbstbefreiung von innen kann die Isolierglasscheibe *6* nach Betätigen des Notausstieggriffes *1* nach innen geschwenkt werden. Die Isolierglasscheibe *6* ist dabei gegen Herausfallen durch Halteseile *2* gesichert. Bei der Fremdbefreiung von außen ist die Dichtung *4* und das Spreizprofil *3* mit einem scharfen Messer zu durchtrennen. Die Scheibe *6* kann dann nach außen geschwenkt werden. In beiden Fällen steht die volle Fensterbreite als Notaus- und -einstieg zur Verfügung.

54.3.5 Führerräume

Die Gestaltung der Führerräume muss vielfältigen Ansprüchen genügen. Abb. 54.37 zeigt die

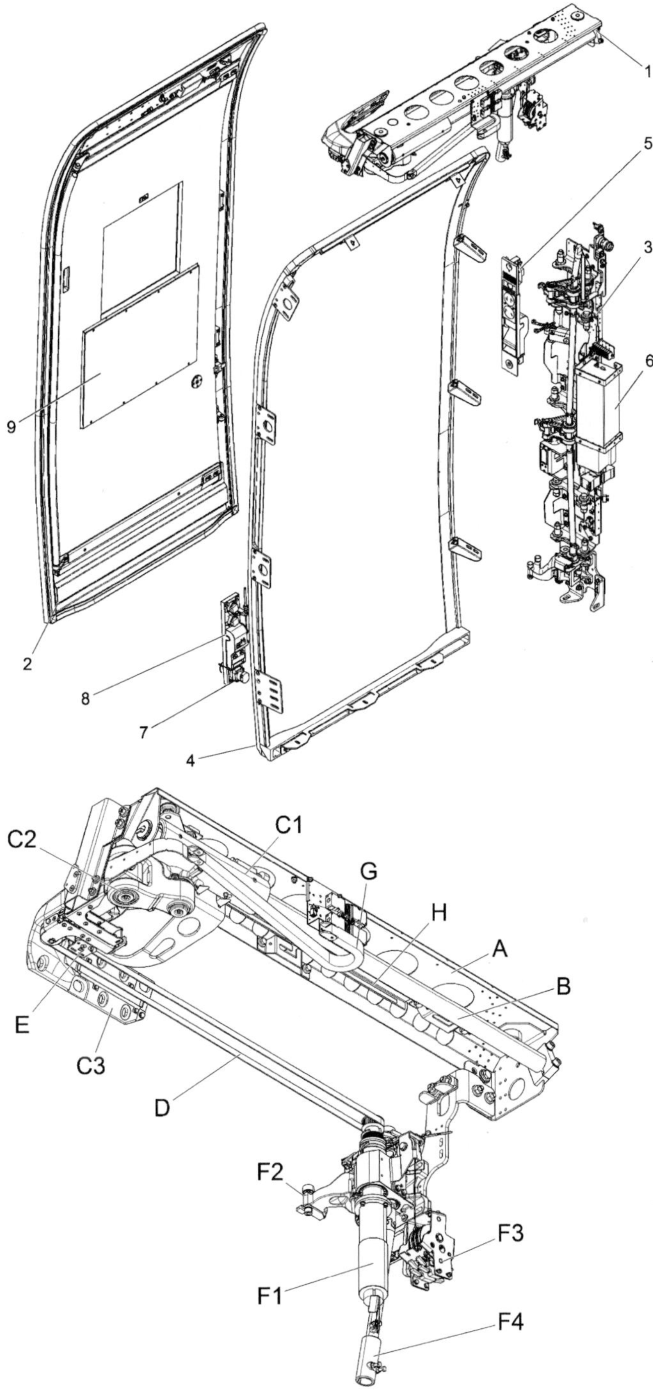

Abb. 54.33 Voll elektrisch angetriebene Einfachschwenkschiebetür DET-e1 in druckdichter Ausführung für ICE 3 letzte Serie (DB Baureihe 407) der DB AG, Masse ca. 240 kg. *1* Türantrieb, *2* Türflügel, *3* Drehsäulenverriegelung, *4* Portalrahmen, *5* Bedienpaneel innen, *6* elektronisches Türsteuergerät, *7* Schlüsselschalter außen, *8* Bedienpaneel außen, *9* Deckel für Fahrtroutenanzeige. Details des Türantriebs: *A* Tragkonsole, *B* Führungsrund, Türführungseinheit (Schlitten C1, Schwinge C2, Türblattträger C3), *D* Zahnriemen, *E* Riemenspanneinheit, Verriegelungseinheit mit Antriebsmotor (*F1*), oberem Schwenkarm (*F2*), Notentriegelungseinheit (*F3*) und Verbindungsgelenkwelle (F4) zur Drehsäulenverriegelung (*3*), *G* Energiekette, *H* Führungsschiene. (Quelle Knorr-Bremse GmbH, Division IFE)

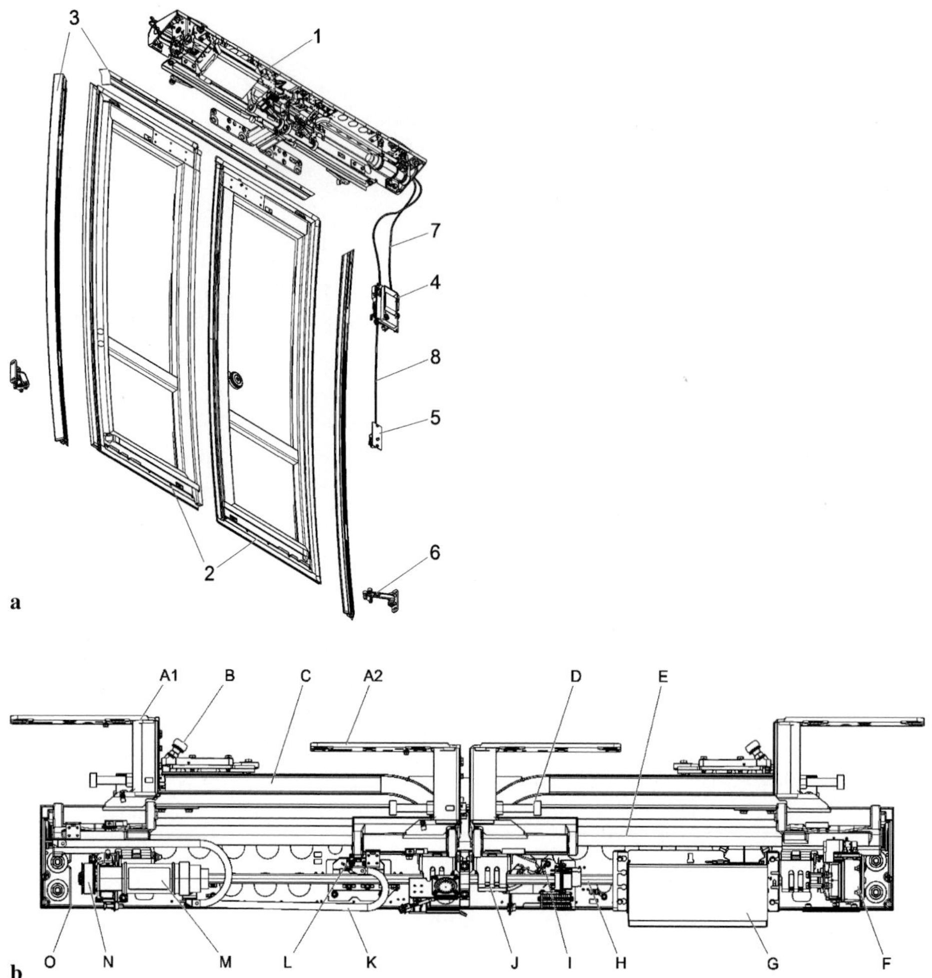

Abb. 54.34 **a** Elektrisch angetriebene Schwenkschiebetür RLS-2002 für Straßenbahn, Masse ca. 180 kg. *1* elektromotorischer Antrieb, *2* Türflügel, *3* Dichtwinkel, *4* innere Notbetätigung, *5* äußere Notbetätigung, *6* Rollenschwenkhebel; **b** Antrieb in offener und geschlossener Konfiguration, Ansicht von unten, *A1* Türblattgeber (offen), *A2* Türblattgeber (geschlossen), *B* Niederhalterrolle, *C* Führungsschiene, *D* Anschlagpuffer, *E* Führungsgrund, *F* Verriegelung, *G* Türsteuergerät, *H* Spindel, *I* Endschaltereinheit rechts, *J* Spindelmutter, *K* Energiekette, *L* Endschaltereinheit *links*, *M* Motor, *N* Zahnriemen, *O* Tragkonsole. (Quelle Knorr-Bremse GmbH, Division IFE)

Gesamtanordnung eines Führerraumes für Wechselstromvollbahntriebwagen der DB AG mit Angaben zur Luftführung auch bei Ausfall der Klimaanlage.

Während früher bei den Staatsbahnbetrieben Einheitsführerstände angestrebt wurden, um den Schulungsaufwand für die universell auf allen Fahrzeugtypen einzusetzenden Triebfahrzeugführer klein zu halten, ist es heute dank der kleineren Produktionseinheiten bei den Bahnen durch Modultechnik möglich, auf die speziellen Bedürfnisse der jeweiligen Fahrzeugart leichter einzugehen.

Die in Abb. 54.38 aufgeführten Bedien- und Anzeigeelemente geben einen Einblick in die durch den Triebfahrzeugführer wahrzunehmenden Handlungs- und Kontrollaufgaben, in diesem Fall bei einem für die Flügelzugbildung geeigneten Fahrzeug. Dazu sind möglichst kurze Zeitdauern für das Verbinden oder Trennen von Kompositionen von einem Führerraum notwendig. Der Führertisch in Kombination mit einem

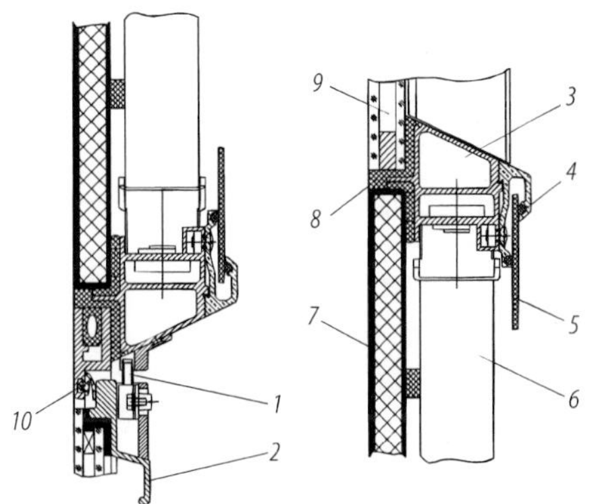

Abb. 54.35 Geklebte Fensterkonstruktion Regioshuttle. *1* Riegel, *2* Griff, *3* Rahmen, *4* Dichtung, *5* Innenverkleidung, *6* Stahlstruktur, *7* Sandwich, *8* Klebefuge, *9* Isolierverglasung, *10* Dichtlippe für Klappfenster. (Quelle Stadler Pankow)

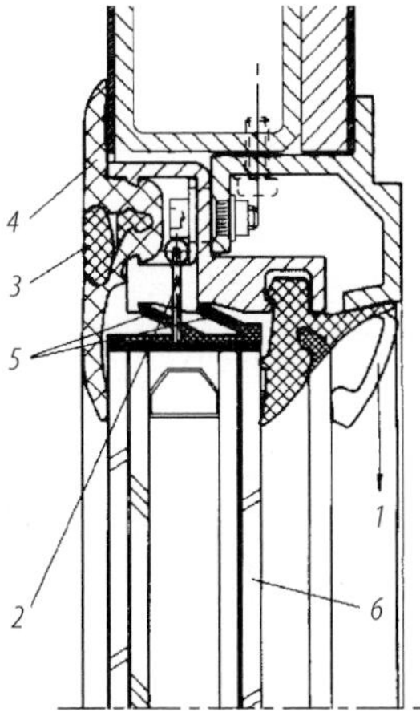

Abb. 54.36 Fensterkonstruktion über Gummiprofile mit Notausstiegsfunktion im Metropolitan der DB AG, im IC2000 Doppelstockwagen und ICN der SBB. *1* Notausstieggriff innen, *2* Halteseile, *3* Spreizprofil, *4* Dichtprofil, *5* Rastprofil, *6* Isolierverglasung. (Quelle J.C.F. Kaufmann Metallwarenwerk)

verschiebbaren Sessel eignet sich wahlweise für sitzende oder stehende Bedienung.

54.3.6 Zug-Stoßeinrichtungen

Aufgrund der Spurführung eignet sich die Eisenbahn im Vergleich zu anderen Verkehrssystemen besonders zur Zugbildung. Dies ist ein wesentlicher Grund für die hohe Leistungsfähigkeit des Schienenverkehrs.

Neben weiteren Anforderungen sind Kompatibilitätsforderungen bei freizügig einsetzbaren Fahrzeugen sehr hoch einzustufen. Bei den Europäischen Vollbahnen hat sich deshalb bei lokbespannten Zügen ein Prinzip von Seitenpuffer und zentraler Schraubenkupplung [20] aus der Frühzeit der Eisenbahn bis heute halten können (s. a. Abb. 54.39 ff.), und alle zum Teil sehr intensiven Bemühungen, dieses System durch eine automatische Kupplung zu ersetzen, sind bisher aus wirtschaftlichen Gründen gescheitert.

Die Schraubenkupplung (Abb. 54.39) ist an jedem Wagen an jedem Ende vorhanden, sodass bei Defekt einer Kupplung die des Nachbarwagens unmittelbar verfügbar ist. Durch den Rangierer wird der Kupplungsbügel *5* eines Wagens in den Zughaken des Nachbarwagens eingehängt und über den Kupplungsschwengel *1* über die mit Rechts- und Linksgewinde ausgeführte Kupplungsspindel durch Drehen festgespannt. Dadurch kann eine spielfreie, leicht vorgespannte Verbindung hergestellt werden. Dies ist gegenüber vielen moderneren Kupplungssystemen, die stets Spiel zwischen den Wagen aufweisen, ein Vorteil. Die Kupplungslaschen *2* sind als Sollbruchelemente auf eine Bruchlast von zusammen 850 kN ausgelegt, während die sonstige Zugeinrichtung eine Bruchlast von mindestens 1000 kN aufweist. Eine weitere Steigerung der Bruchlast durch Vergrößerung der Bauteile ist aufgrund der bereits heute schwierigen Handhabung der Schraubenkupplung nicht mehr möglich.

Die Pufferteller sind stets ballig ausgeführt, um die Druckkräfte möglichst zentral in der Pufferachse wirken zu lassen. Die Größe und Form der Pufferteller bestimmt sich aus den Fahrzeugabmessungen und der vorliegenden Gleisgeometrie. Der Teller muss groß genug gewählt sein, um in allen betrieblichen Fahrzeugzuständen eine Überpufferung (Kontaktverlust der Pufferteller durch seitliches Aneinandervorbeigleiten) zu vermeiden. Bei Bahnen mit Schiebebetrieb und häufigen Krümmungswechseln treten im Kontakt zwischen den Puffertellern Querkräfte auf. Um diese ohne intensiven Fetteinsatz auf offenen Schmierstellen in engen Grenzen zu halten, erhalten die Pufferteller Kunststoffgleitflächen (Abb. 54.40).

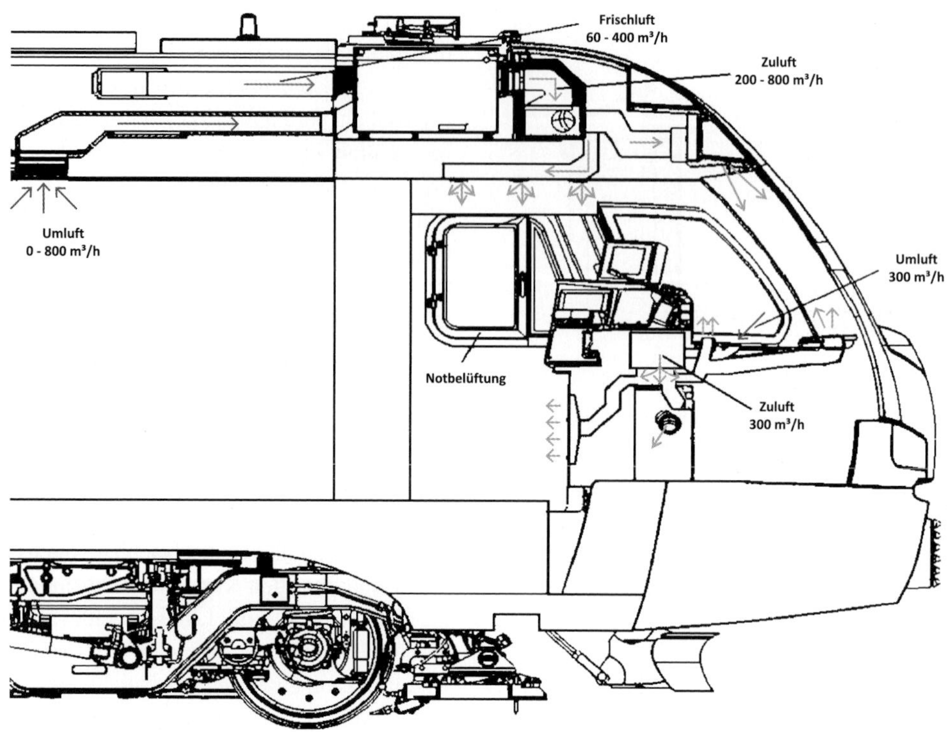

Abb. 54.37 Luftführung Führerstand Flirt Triebwagen. (Quelle: Stadler –Pankow)

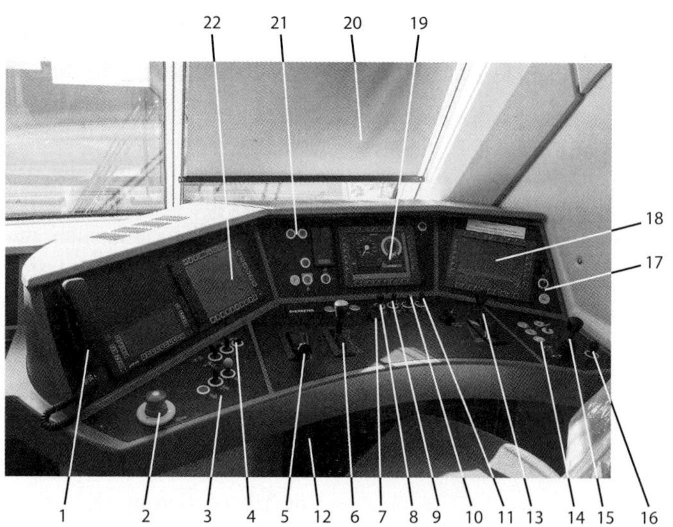

Abb. 54.38 Lokführerstand Siemens Vectron Mehrsystemlok für Europa mit Diesel Hilfsantrieb. *1* Zugfunk *2* Nothalt mit Schnellbremsung *3* Zugsicherung, *4* Stromabnehmer auf/ab und Hauptschalter ein/aus, Diesel ein/aus, *5* Fahrgeschwindigkeitssteller, *6* Zugkraft/elektr. Bremskraftsteller, dahinter Türfreigabe rechts/links, Tür schließen, *7* Buchfahrplanhalter für Papier, *8* Sander, *9* Lokbremse lösen, *10* Fernlicht/Abblendlicht, *11* Führerraumlicht, *12* Wachsamkeitstaste Fußraum mit Typhon Fußraum, *13* Zugdruckluftbremse indirekt wirkend, *14* Fahrtrichtungswähler, *15* Lokdruckluftbremse, direktwirkend, *16* Typhon, *17* Kompressor ein/aus/automatisch, *18* Diagnose Mensch-Maschine-Schnittstelle, *19* Lok-Zustandsdatendisplay, *20* Sonnenblendschutz, *21* Linienzugbeeinflussung, *22* ETCS und elektronischer Buchfahrplan. (Quelle Siemens)

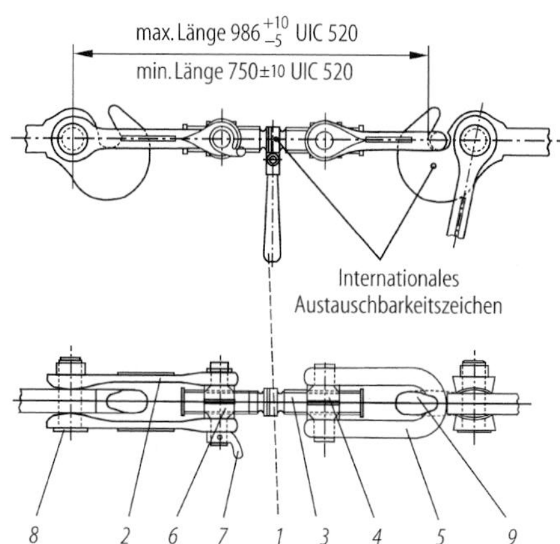

Abb. 54.39 Schraubenkupplung (DB AG). Längenangaben mit ganz aus-, resp. ganz eingedrehter Kupplungsspindel. *1* Kupplungsschwengel, *2* Kupplungslasche, *3* Kupplungsspindel mit Rundgewinde, *4* Kupplungsmutter, Bügelseite, *5* Kupplungsbügel, *6* Kupplungsmutter, Laschenseite, *7* Kupplungsschwengelsicherung, *8* Kupplungsbolzen, *9* Zughaken

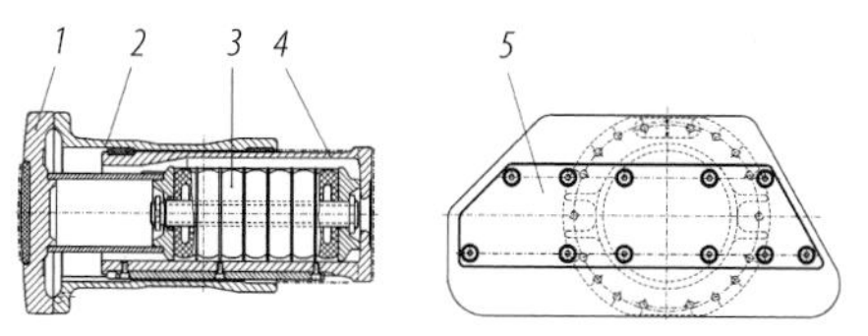

Abb. 54.40 Puffer für Reisezugwagen. *1* Pufferteller, *2* Pufferstößel, *3* Federsatz, *4* Pufferhülse, *5* Kunststoffgleitfläche Nylatron, Masse 185 kg, Arbeitsaufnahmevermögen 21 kJ. (Quelle Schwab Verkehrstechnik)

Abb. 54.41 Zum Abschleppen CFRP Adapter Kupplung, 23 kg schwer, überträgt die maximal möglichen Zug- und Druckkräfte auf den Zughaken

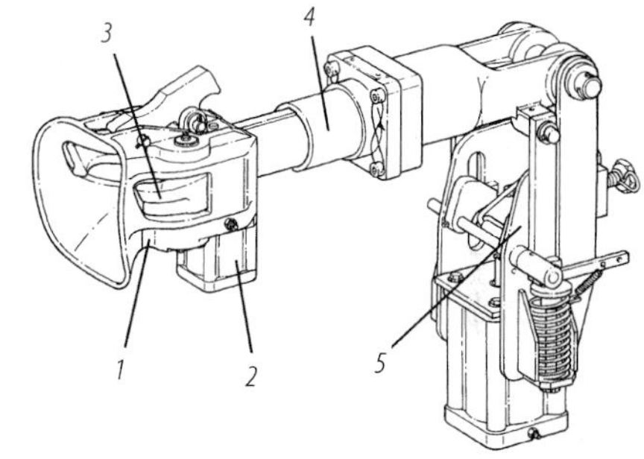

Abb. 54.42 Rangierkupplung RK900 für Verschublokomotiven. *1* Kuppelkopf hochschwenkbar, Bruchlast 1000 kN, *2* Pneumatikzylinder zum ferngesteuerten Öffnen der Kupplung, *3* Greifklaue für Zughaken, *4* teleskopierbare Zugstange, *5* pneumatisch angetriebene Hochstellvorrichtung für Zughaken-Schraubenkupplungsbetrieb. (Quelle Faiveley)

Die Puffer selbst werden mit Federelementen mit möglichst großer Dämpfung ausgestattet. Dies sind heute meist Elastomerfedern, die nur wenig temperaturabhängige Eigenschaften aufweisen.

Um Fahrzeuge mit Mittelpufferkupplung abschleppen zu können, wird ein Adapterkupplung auf den Zughaken gesteckt, Abb. 54.41. Zughaken von Lokomotiven müssen bis zu 300 kN Druckkraft aushalten können, die von Wagen 50 kN (DIN EN 15566:2016 Bahnanwendungen Zughaken und Schraubenkupplungen).

Um im Rangierdienst zumindest bei den sehr häufigen Lokkuppelvorgängen den Vorgang zu beschleunigen, sind diese Lokomotiven anstelle der Schraubenkupplung mit Rangierkupplungen ausgestattet, die am Zughaken des benachbarten Wagens einrasten (Abb. 54.42).

Da bei den getrennten Zug- und Stoßeinrichtungen die maximalen Kräfte nie gleichzeitig an beiden Elementen auftreten können, ist es aus Leichtbaugründen besser, eine Funktionskombination durchzuführen und Zug- und Druckkraftübertragung durch ein Element ausführen zu lassen. Dies wird bei allen nicht freizügig eingesetzten Fahrzeugen durch sogenannte automatische Mittelpufferkupplungen erreicht. Automatisch bezeichnet die Eigenschaft, dass sich der Kuppelvorgang bei Berührung selbstständig vollzieht. Nur für die Trennung muss von außen eingegriffen werden. Hierbei gilt die Forderung, dass die Trennung durch Manipulation an nur einem Kuppelkopf und nicht an beiden erfolgen muss. Abb. 54.43 zeigt das Funktionsprinzip für eine Ausführung. Beim Entkuppeln wird nur einer der beiden Lösehebel betätigt (manuell

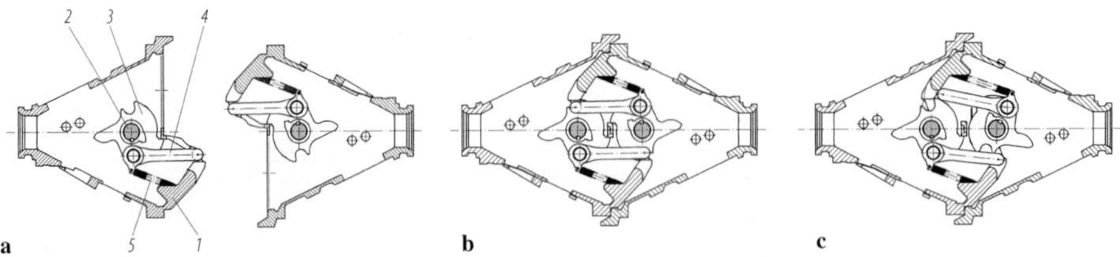

Abb. 54.43 Funktionsprinzip der automatischen Mittelpufferkupplung. **a** kuppelbereit; **b** gekuppelt; **c** entkuppelt. *1* Kupplungskopfgehäuse, *2* Hauptbolzen, *3* Herzstück, *4* Zugstange, *5* Zugfedern. (Quelle Voith Turbo Scharfenberg)

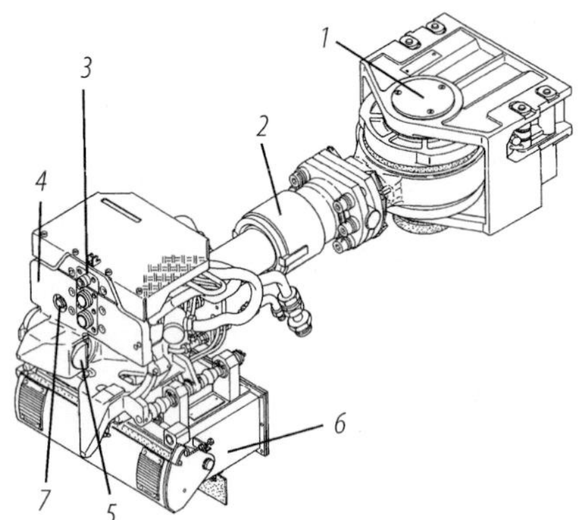

Abb. 54.44 Compact Mittelpufferkupplung für schwere Triebzüge. Zugbruchlast 850 kN, Drucklast 1500 kN, Greifbereich vertikal ± 90 mm, horizontal ± 170 mm; *1* Anlenkung zur gelenkigen Verbindung Kupplung-Fahrzeug, *2* Stoßverzehrglied, hier mechanisch, wahlweise hydropneumatisch oder hydroelastisch, *3* pneumatische Leitungen, *4* Kuppelkopf mit Greifhorn, *5* Riegelbolzen, *6* Kabelkasten, *7* Näherungsschalter zur Überwachung des Kuppelzustandes. (Quelle Faiveley)

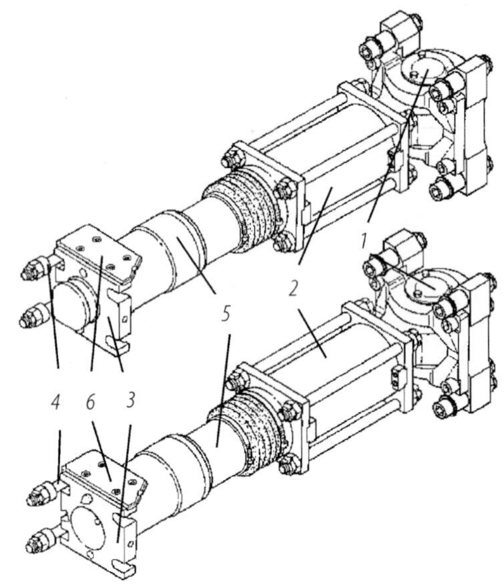

Abb. 54.45 Semipermanente Mittelpuffer-Kurzkupplung für schwere Fahrzeuge, Zugbruchlast 1500 kN, Drucklast 2000 kN. *1* Anlenkung zur gelenkigen Verbindung Kupplung-Fahrzeug mit Abscherglied, *2* Stoßverzehrglied, *3* Kuppelkopf, *4* einschwenkbare Schraubverbindung, *5* Zug- und Stoßvorrichtung, *6* Gangwayabstützung. (Quelle Faiveley)

bei halbautomatischer Kupplung oder fernbetätigt vom Führerstand aus bei vollautomatischer Kupplung).

Die Zugbildung und Trennung der Schraubenkupplung ist ein zeitintensive und sehr gefährliche Tätigkeit. Deshalb werden wo möglich automatische Kupplungen eingesetzt.

Um freizügig alle ausgerüsteten Fahrzeuge von beliebiger Seite aus kuppeln zu können, müssen die automatischen Kupplungen symmetrisch zur vertikalen Mittellinie in der Kupplungsebene aufgebaut sein (Abb. 54.44). Neben den bisher besprochenen Längskräften im Zugverband werden auch die pneumatischen, elektrischen und Lichtwellenleiter über die Kupplungen geführt.

Bleiben Fahrzeuge im Betrieb immer zusammen und müssen nur für Werkstattarbeiten selten getrennt werden, so kann die Zug-Stoßeinrichtung wesentlich einfacher und leichter ausgeführt werden (Abb. 54.45).

Gegenüber alternativ verwendbaren Verbindungen mit Halbschalenmuffen bleiben bei dieser Ausführung beim Lösevorgang alle Teile fest mit dem Fahrzeug verbunden. Bei diesen selten zu trennenden Kupplungen wird das Prinzip der Punktsymmetrie nicht mehr berücksichtigt, d. h. es gibt zwei verschiedene Enden an jedem Fahr-

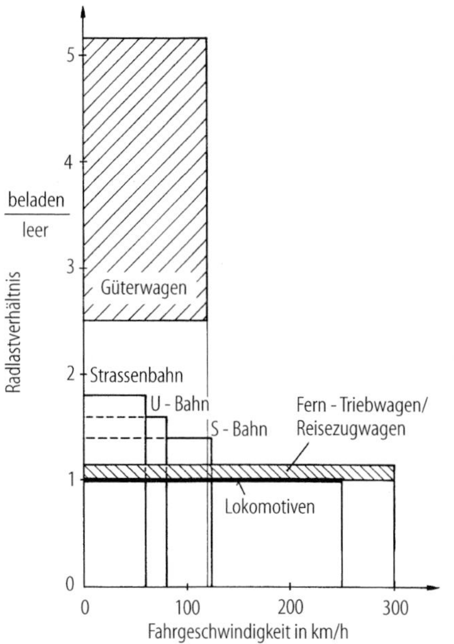

Abb. 54.46 Radlastverhältnis beladen/leer über der Fahrgeschwindigkeit für verschiedene Fahrzeugarten

zeug (z. B. A- und B-Ende). Der Vorteil ist jedoch Kosten- und Gewichtsersparnis.

54.3.7 Fahrzeugarten

Je nach den gewünschten Aufgaben werden unterschiedliche Fahrzeugarten gebaut. Abb. 54.46 zeigt für verschiedene Fahrzeugarten das Radlastverhältnis beladen/leer und die üblichen Fahrgeschwindigkeitsbereiche auf.

Für die Charakterisierung der Achsfolge oder Achsanordnung wurden Vereinbarungen nach Tab. 54.1 getroffen.

Im Folgenden werden Beispiele der einzelnen Fahrzeugarten aufgeführt. Abb. 54.47 zeigt eine moderne Mehrsystemlokomotive für alle vier in Europa üblichen Stromsysteme, 1,5 und 3 kV Gleichstrom und 25 kV 50 Hz und 15 kV 16,7 Hz Wechselstrom. Für Umschlaganlagen ohne Fahrdraht ist eine kleine Dieselgeneratorgruppe einbaubar, die Fahren mit Schrittgeschwindigkeit ermöglicht. Die Lokomotive lässt sich modular auch an andere unterschiedlichen Anforderungen, insbesondere die verschiedenen Zugsicherungssysteme, Kupplungssysteme und Spurweite

Tab. 54.1 Charakterisierung der Achsfolge oder Achsanordnung nach DIN 30052:2006-07

Symbol	Bedeutung
1, 2, 3 ... arabische Ziffern	Laufachsen
A, B, C, ... große lateinische Buchstaben	Triebachsen
o kleine Null	Mechanisch nicht gekuppelte Triebachsen
' Apostroph	Nicht im Hauptrahmen gelagerte Achsen eines Typs
( ) ... Klammern	Wie ', jedoch verschiedene Typen
+ Pluszeichen	Mehrere zusammen verkehrende Fahrzeuge

Beispiele:
Bo' Bo' – vierachsiges Triebfahrzeug mit zwei Drehgestellen und Einzelachsantrieb
A + 2 + A – dreiteiliger Gliedertriebwagen mit Einzelachsfahrwerken unter den Endteilen
1' A' – zweiachsiger Triebwagen mit Einzelachsfahrwerken mit Zwischenrahmen und einer Treibachse

anpassen. Besonders die Möglichkeit der Nutzbremsung (Rekuperation), d. h. die Motoren arbeiten als Generatoren und die elektrische Energie wird in den Fahrdraht zurückgespeist, macht die elektrische Traktion besonders energieffizient und damit treibhausgasmindernd [21].

Aber nicht überall sind Fahrdrähte vorhanden, deshalb sind heute sogenannte Fahrdrahthybridfahrzeuge, die außer der elektrischen Energieversorgung ab Fahrdraht noch ein zweite Energiequelle, heute meist dieselgeneratorisch, mitführen, Abb. 54.48. Diese Fahrdrahthybridlok wird sowohl für Streckendienst, Bauzugdienst und schweren Rangierdienst eingesetzt. Für den schweren Rangierdienst kann sie mit 6 t Ballast, leicht ein- und ausbaubar auf 90 t Masse erhöht werden. Da besonders im Rangierdienst häufige Fahrtrichtungswechsel erfolgen, weist die Lok nur ein Mittelführerhaus statt 2 Endführerhäuser wie Streckenloks gemäß Abb. 54.47 aus. Der Wechsel von Diesel auf Fahrdraht kann während der Fahrt erfolgen.

Niederflurstraßenbahntriebwagen (Abb. 54.49) ermöglichen schnellen Fahrgastwechsel für Behinderte und Nichtbehinderte. Durch Kombination von Fahrwerk und Sänftenmodulen können unterschiedliche Längen realisiert wer-

Maschinenraum-Layout Vectron MS-Lok

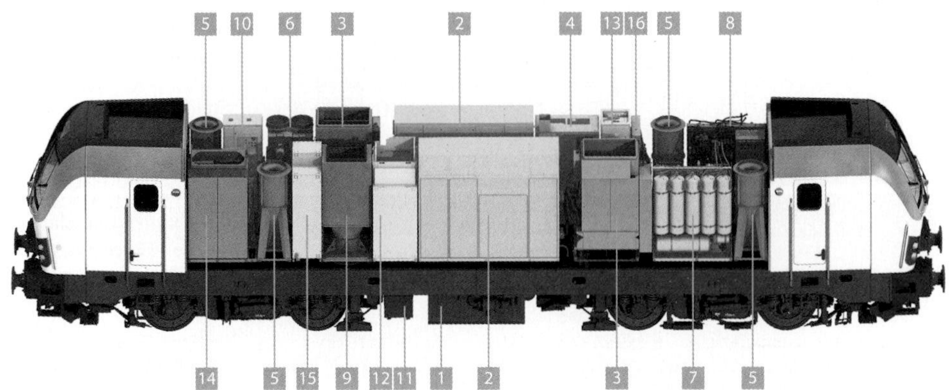

Abb. 54.47 Elektrische Mehrsystemstreckenlokomotive Siemens Vectron, Achsfolge Bo′Bo′, Leistung 6400 kW, Anfahrzugkraft 300 kN, Höchstgeschwindigkeit 160 oder 200 km/h, Masse 87 t, Länge über Puffer/Kupplung 18 980 mm, Breite 3012 mm, Höhe 4248 mm, max Achslast 22,5 t, Raddurchmesser neu 1250 mm, abgenutzt 1160 mm, Fahrzeugbegrenzungsprofil UIC 505-1 (etwas kleiner als G2 in Abb. 54.2), Spurweite 1435 bis 1668 mm, *1* Haupttransformator, *2* Traktionsstromrichter, *3* Öl- und Wasserkühler, *4* Gleichstromhochspannungsgerüst, *5* Fahrmotorlüfter, *6* Hilfsbetriebe-Trafogerüst, *7* Drucklufterzeugungsgerüst, *8* Bremsgerätegerüst, *9* Bremswiderstand (nur wenn keine Rekuperation möglich), *10* Niederspannungsgerüst, *11* Batteriekasten, *12* AC-Hochspannungsgerüst, *13* Hilfsbetriebegerüst, *14* Zugsicherungsschrank 1/2, *15* Zugsicherungsschrank 3, *16* Brandbekämpfungsanlage (optional). (Quelle Siemens)

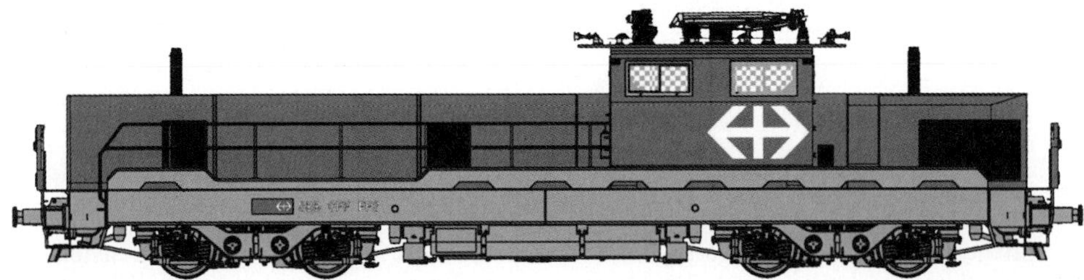

Abb. 54.48 Fahrdrahthybridlok Aem 940 für SBB, Achsfolge Bo′Bo′, Leistung 2 * 450 kW Diesel, 2000 kW ab Fahrdraht, Anfahrzugkraft 300 kN, Höchstgeschwindigkeit 120 km/h, Masse ohne Ballast 84 t, mit Ballast 90 t, Länge über Puffer 18 750 mm, Breite 2955 mm, Höhe 4478 mm, Raddurchmesser neu 1000 mm, abgenutzt 920 mm, Spurweite 1435 mm. (Quelle Alstom)

den. Einrichtungstriebwagen weisen nur einen Führerraum und nur auf einer Seite Türen auf. Sie sind leichter, billiger und geräumiger, benötigen aber Wendeschleifen an den Endhaltestellen im Gegensatz zu Zweirichtungstriebwagen.

Güterwagen weisen eine maximale Anpassung an die gestellte Transportaufgabe auf. Abb. 54.50 zeigt einen Containerwagen der leer nur 20 % des vollbeladenen Fahrzeuges wiegt.

Da die Streckenausbauten nicht mit dem Zuwachs der Verkehrsmenge Schritt halten können, werden zunehmend Doppelstockzüge eingesetzt, sowohl im Regional- wie im Weitstreckenverkehr, siehe Abb. 54.51. Der abgebildete Zug kann in Doppeltraktion fahren und so die in Europa vorgegeben Wagenzuglänge von 400 m gemäß TSI INS [22] voll ausnutzen. Zudem ist er mit einer Wankkompensation ausgerüstet, um bei Bogenfahrt die Fahrzeugneigung nach bogenaußen zu verringern und so den Reisenden einen größeren Fahrzeugquerschnitt zur Verfügung zu stellen als konventionelle Fahrzeuge.

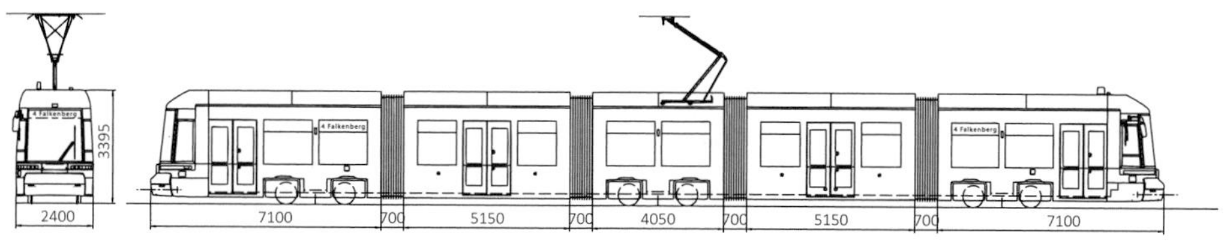

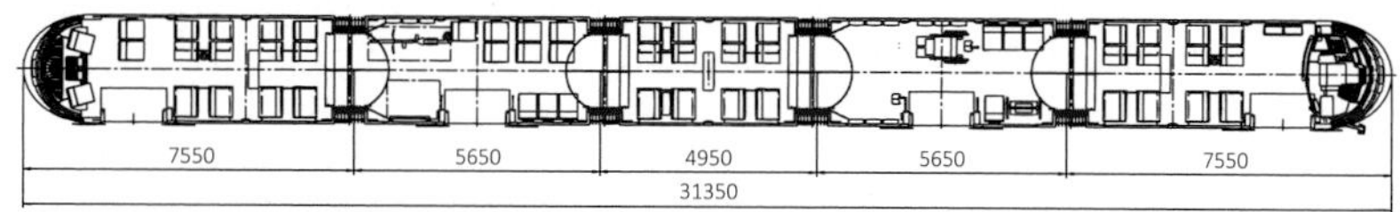

Abb. 54.49 Niederflurstraßenbahn Flexity Berlin. 5 Module, 64 Sitz-, 116 Stehplätze bei 4 Pers./m^2, 2 Triebfahrwerke, 1 Lauffahrwerk, Länge 30 800 mm, Höhe 3450 mm, Breite 2400 mm, Fußbodenhöhe über SO 295 mm im Einstiegsbereich, 355 mm im Niederflurbereich, Gangbreite min. 600 mm, Spurweite 1435 mm, min. Kurvenradius 17,25 m; Fahrzeugmasse (leer) 37,9 t (Zweirichtungsfahrzeuge +2 t); max. Achslast beladen 10 t, Längskraft über Hilfskupplung ohne bleibende Verformung 400 kN, Höchstgeschwindigkeit 70 km/h; Nennspannung 600 / 750 V, Leistung 8 × 50 kW, Rückspeisung elektr. Bremsenergie ins Netz. (Quelle Bombardier Transportation)

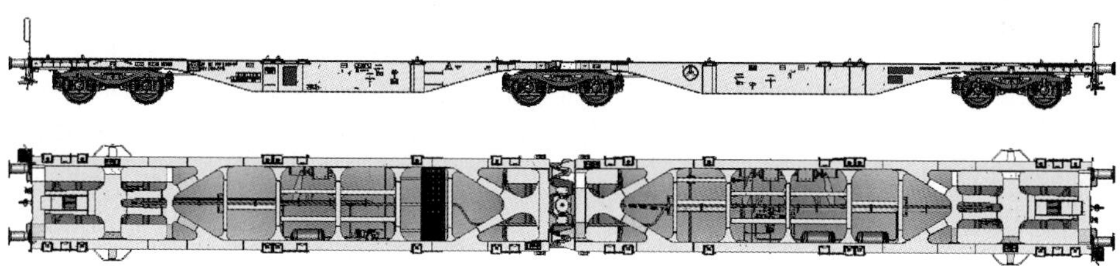

Abb. 54.50 6-achsiger, 3-Drehgestell-Gelenk-Tragwagen Sggmrss-90 für Container und Wechselaufbauten, Achslast 22,5 t, Ladehöhe 1155 mm, Länge über Puffer 29.590 mm, Leermasse 27,6 t, Höchstgeschwindigkeit 120 km/h (mit 20 t Achslast), Drehgestellbauart Y25Ls(s)d1. (Quelle International Railway Systems)

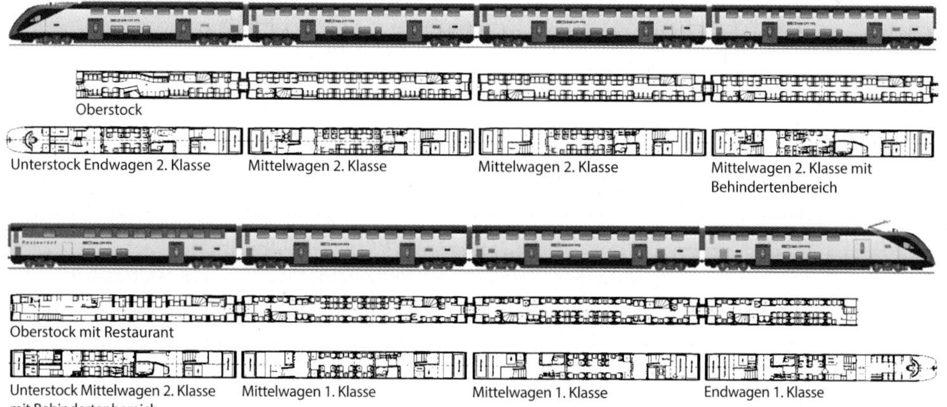

Abb. 54.51 Fernverkehrsdoppelstockzug SBB RABe502 für Einsatz in Schweiz, Deutschland, Österreich, Achsfolge 2' Bo' + 2' Bo' + 2' 2' + 2' 2' + Bo' 2' + Bo' 2' + Bo' 2' + Bo' 2, Leistung 7500 kW, Anfahrzugkraft 482 kN, Höchstgeschwindigkeit 200 km/h, Leermasse 453 t Dienstmasse 539 t mit 4 Personen/m^2, Länge über Puffer 200.600 mm, Breite 2800 mm, Höhe 4590 mm, Raddurchmesser neu 920 mm, abgenutzt 840 mm, Spurweite 1435 mm, Sitzplätze 625, davon 176 1. Klasse, mit Speisewagen, 2 rollstuhlgängige Toiletten, 4 Standarttoiletten, 8 Fahrradstellplätze, 4 Rollstuhlplätze. (Quelle Bombardier Transportation)

54.4 Antriebe

54.4.1 Fahrwiderstand

Als Vorgabe eines Verkehrsunternehmens steht zunächst die erforderliche Gefäßgröße und eine Zugfolgezeit, um eine bestimmte Transportleistung zu erfüllen. Aus der erforderlichen Reisegeschwindigkeit, die sich am technisch und wirtschaftlich Machbaren orientieren muss, ist die notwendige Beschleunigung und die notwendige Höchstgeschwindigkeit bestimmbar. Die Antriebsanlage muss die Strecken- und die Fahrzeugwiderstände überwinden.

Unter Streckenwiderstand wird insbesondere der Steigungswiderstand verstanden, aber auch der Krümmungswiderstand, wobei letzterer auch eine Funktion der Fahrzeugkonstruktion ist und letztlich nur durch fahrdynamische Simulationsrechnungen oder Versuche genau bestimmbar ist. Der Steigungswiderstand entsteht durch den Hangabtrieb.

Die Fahrzeugwiderstände R werden durch folgende Gleichung gemäß DIN EN 14 067-2:2003 Aerodynamik bestimmt:

$$R = C_1 + C_2 V + C_3 V^2 ,$$

wobei C_1 der mechanische Rollwiderstand, eine lineare Funktion der Zugmasse ist, C_2 das Produkt aus Luftvolumenstrom und spezifischem Gewicht der Luft und C_3 den externen Druckwiderstand und den Luftreibungswiderstand eines Zuges umfasst.

Als Beispiel sei hier der Fahrzeugwiderstand des ICE 1 mit 2 Triebköpfen und 12 Mittelwagen genannt [23]:

$$F_{\text{ICE 1}} = 6{,}12 + 36{,}2 \cdot 10^{-3} V + 0{,}893 \cdot 10^{-3} V^2 [\text{kN}]$$

mit V [km/h]. In Tunneln nimmt der Fahrwiderstand erheblich zu [23].

54.4.2 Konstruktionen

Ein vorgegebener Fahrwiderstand muss durch die Zugkraft des Fahrzeugs überwunden werden.

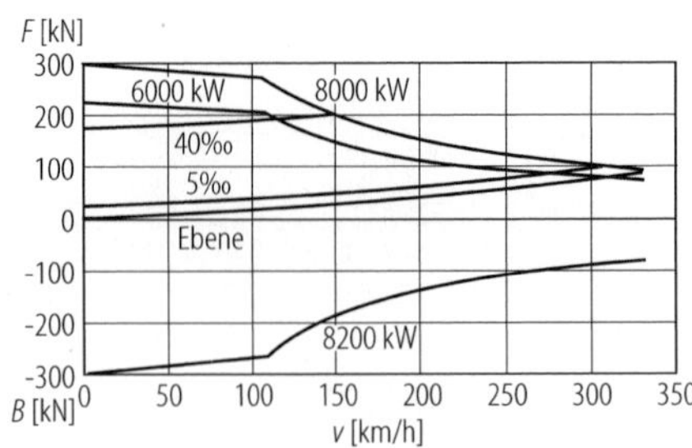

Abb. 54.52 Zugkraft-/Bremskraft-/Geschwindigkeitsdiagramm mit Fahrwiderstandskennlinie für den ICE 3 im Wechselstromnetz. (Quelle Siemens)

Abb. 54.52 zeigt das Zugkraft-Geschwindigkeitsdiagramm des ICE 3. Die Anfahrzugkraft beträgt etwa 300 kN. Bei etwa 110 km/h wird im sogenannten Leistungseckpunkt die Leistungshyperbel erreicht. Die zulässige Höchstgeschwindigkeit von 330 km/h kann in der Ebene bei voll verfügbarer elektrischer Anlage (8 MW) erreicht werden. Fällt ein Viertel der Anlage aus (6 MW verfügbar), verringert sich die Höchstgeschwindigkeit in der Ebene auf 300 km/h [25].

Innerhalb des Antriebes wird Energie in Zugkraft umgewandelt. Diese Energie kann elektrische Energie (s. Abschn. 54.5 und Bd. 2, Kap. 24) oder chemische Energie (s. Kap. 4) sein. Die Wandlung des Drehmomentes und dessen Weiterleitung an die Antriebsachsen ist die wesentliche Aufgabe der Leistungsübertragung [26].

Neben dieser Hauptanforderung sind noch Nebenanforderungen zu erfüllen:

Massenentkopplung von Antrieb und Radsatz, kleine Gesamtmasse, kleiner Bauraum, lange Lebensdauer, geringe Wartungskosten, schnelle Wartbarkeit, Lärmarmut, Öldichtigkeit, große Überlastbarkeit (z. B. bei Motorkurzschlüssen), hoher Wirkungsgrad und Drehrichtungsumkehr.

Durch Integration der Bauteile Elektromotor, mechanische Bremse und Getriebe in einer Baugruppe lassen sich insbesondere Bauraum und Masse einsparen.

Abb. 54.53 zeigt die einfachste und weit verbreitete Getriebebauart für Elektrotriebfahrzeuge, den Tatzlagerantrieb. Der Motor stützt sich zum einen über ein sog. Nasenlager gefedert am Drehgestellrahmen ab. Dieses Lager dient auch als Drehmomentstütze. Die weitere Lagerung erfolgt über sog. Tatzlager direkt auf der

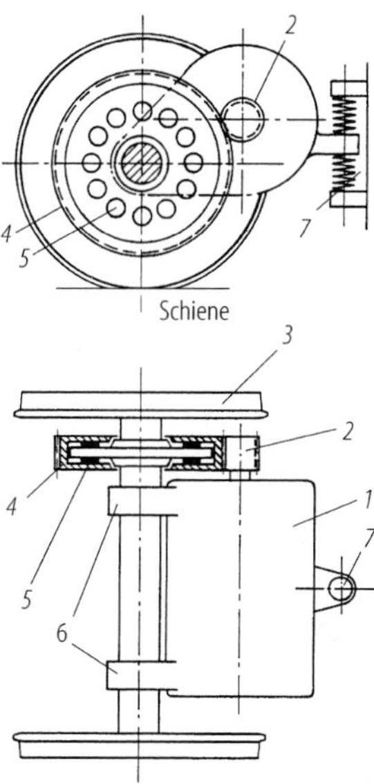

Abb. 54.53 Tatzlagerantrieb. *1* Motor, *2* Ritzel, *3* Radsatz, *4* Großrad, *5* Federung, *6* Tatzlager, *7* Nasenlager

Achswelle. Da diese Lagerung unabgefedert erfolgt, wird dieser Antrieb als sogenannter teilabgefederter Antrieb bezeichnet. Das Großrad kann drehelastisch ausgeführt werden, um Stöße im Zahnradgetriebe klein zu halten. Durch die unabgefederte Aufhängung an der Achswelle kann der Motor den größtmöglichen Bauraum am Radsatz ausnutzen, da keine Abstände für Federwege zu berücksichtigen sind.

Um die Masse von Antriebsmotoren möglichst gering halten zu können, sollte ihre Drehzahl möglichst groß und damit das Übersetzungsverhältnis des Getriebes ebenfalls möglichst groß sein. Durch die gegebene Zahnkraft und die hohe Drehzahl wird die Lagerbelastung des ritzelnahen Lagers bei Zweipunktlagerung klassischer Bauart sehr groß (Abb. 54.54a). Diese Belastung kann durch Zweipunktaußenlagerung vermindert werden (Abb. 54.54b). Allenfalls lassen sich beschädigte Ritzellager auch ohne Ausbau des Motors wechseln. Eine weitere Reduktion der Lagerbelastung wird durch Dreipunktlagerung mit Gelenk erreicht (Abb. 54.54c). Allerdings ist hier der Aufwand erheblich größer.

54.5 Elektrische/Elektronische Ausrüstung/Diagnose

54.5.1 Leistungselektrik

Aufgrund der Spurführung ist der elektrische Antrieb für den Schienenverkehr mittels Fahrdraht und Stromrückführung über die Schienen einfacher als bei anderen Verkehrssystemen zu realisieren. Eine weite Verbreitung gefunden haben sowohl Gleichstrom- (750 V für Straßen- und U-Bahnen, 1500 und 3000 V für Fernbahnen) als auch Einphasenwechselstromsysteme (15 kV, $16\frac{2}{3}$ Hz und 25 kV, 50 Hz). Gleichstrombahnen weisen geringere Kosten bei sehr dichtem Verkehr mit kleinen Einheiten auf, während sich Wechselstrombahnen aufgrund der größeren Fahrdrahtspannung durch weniger Übertragungsverluste auf weiten Strecken auszeichnen. Ein großes Problem bei Einphasenwechselstrombahnen stellt jedoch die unstetige Leistungsabgabe mit doppelter Netzfrequenz dar.

Im Gegensatz zu vielen stationären Maschinen müssen Fahrzeuge beliebige Dauerarbeitspunkte im Momenten- und Drehzahlfeld aufweisen.

Bei Gleichstrombahnen in konventioneller Technik wird über einen Vorwiderstand mit Stufenschalter die am Motor angelegte Spannung reduziert (Abb. 54.55). Durch Kombination von Serien- und Parallelschaltung mehrerer Fahrmotoren können nur wenige verschiedene, verlustfreie Dauerfahrstufen eingestellt werden. Im oberen

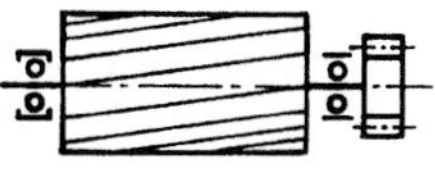

a

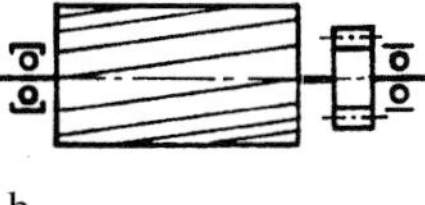

b

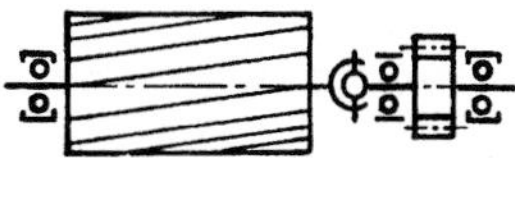

c

Abb. 54.54 Lagerung Motorläufer und Ritzel bei Lokomotivantrieben. **a** Zweipunktlagerung mit fliegendem Ritzel, klassische Bauart (z. B. SBB-Br 460, Bombardier); **b** Zweipunkt-Außenlagerung (z. B. Railion-BR 152, Siemens); **c** Dreipunktlagerung mit Gelenk (z. B. DB-BR 101, Bombardier)

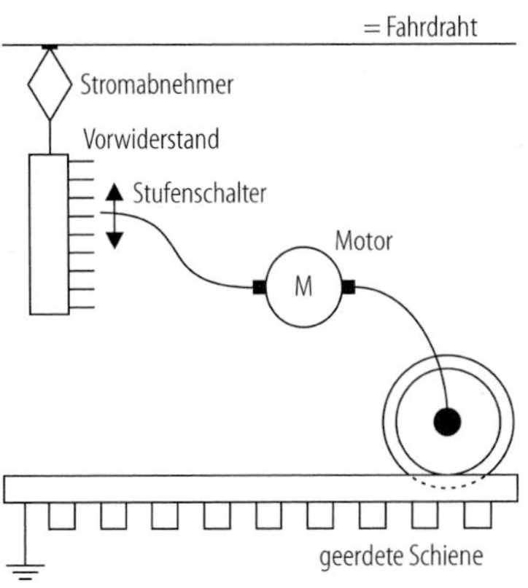

Abb. 54.55 Prinzipbild Gleichspannungsbahnfahrzeug mit Vorwiderstandssteuerung

Geschwindigkeitsbereich kann durch Feldschwächung die Wirtschaftlichkeit vergrößert werden. Die Schaltwerke sind stark verschleißbehaftet. Bei Anwendung moderner Halbleiterleistungselektronik wird die Fahrdrahtspannung über gepulste Halbleiter für den Fahrmotor reduziert (Abb. 54.56). Diese Halbleiter sind Thyristoren in GTO-Technik (Gate Turn Off, d. h. schaltbar und selbst löschend) oder zunehmend Transistoren, sogenannte IGBT (Insulated Gate Bipolar Transistors). Letztere senden durch große Schaltfrequenzen wesentlich geringere Netzstörungen und auch kleinere Anregungsfrequenzen für Fahrzeugschwingungen aus. Zudem haben sie ein besseres Leistungsgewicht als andere Halbleitersteuerungen.

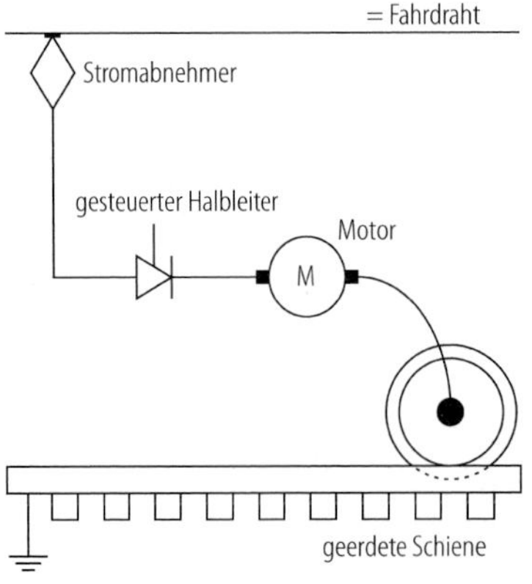

Abb. 54.56 Prinzipbild Gleichspannungsbahnfahrzeug mit Halbleitersteuerung

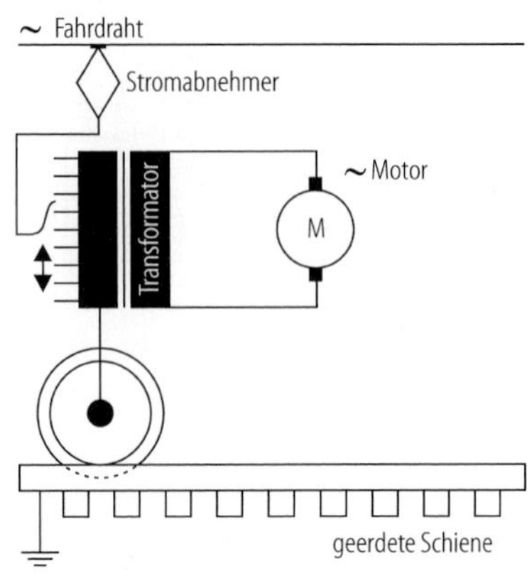

Abb. 54.57 Prinzipbild Wechselspannungsfahrzeug mit Steuerung durch Hochspannungsstufenschaltwerk

Bei Wechselstrombahnen in konventioneller Technik wird durch Transformatoren mit Stufenschaltwerk die Motorspannung an den Bedarf angepasst. Hier ist jede einstellbare Stufe, meist zwischen 20 und 30, eine verlustlose Dauerfahrstufe (Abb. 54.57).

Bei der Verwendung von Leistungshalbleitern als sog. Traktionsrichter kann statt des wartungsaufwändigen Stufenschaltwerkes ein Festtransformator verwendet werden (Abb. 54.58). Die Energie wird in einen Gleichspannungszwischenkreis gespeist, aus dem heraus Drehstrom mit variabler Spannung und variabler Frequenz durch steuerbare Halbleiter erzeugt wird. Dieser Dreh-

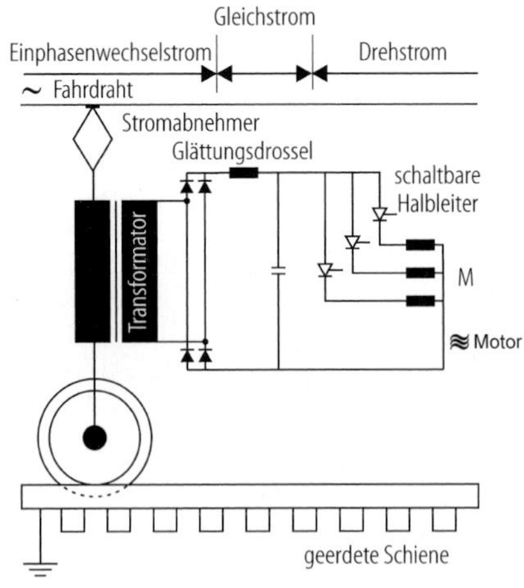

Abb. 54.58 Prinzipbild Wechselspannungsfahrzeug mit Steuerung durch Leistungshalbleiter

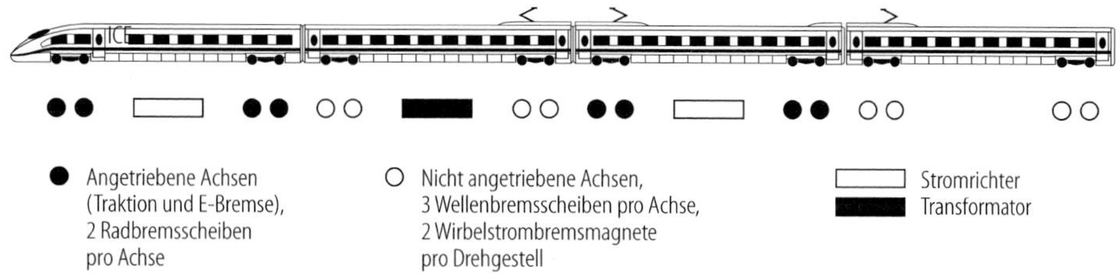

Abb. 54.59 Verteilung der Antriebsanlage über jeweils 4 Wagen des ICE 3 für DBAG/NS. (Quelle Siemens)

strom ermöglicht dann die Verwendung wesentlich kleinerer, leichter und robusterer, jedoch sehr schnell drehender Fahrmotoren.

Die Anordnung der Elektrokomponenten kann in Triebzügen, die in festen Formationen verkehren, auf mehrere Fahrzeuge verteilt werden (Abb. 54.59). So wird beim ICE 3 der Transformator in einem nicht angetriebenen Wagen eingebaut. Die Radsatzlast kann so überall unter 17 t gehalten werden.

Tab. 54.2 Beispiel für Klassenbildungen nach Prioritätsstufen und mit möglichen Reaktionen

Zustand	empfohlene Reaktion
1. Betrieblich gefährliche Zustände	Veranlassung Zugstillstand
2. Gefahr für einzelne isolierte Komponente	Stillsetzen der Komponente
3. Ausfall einer Komponente	Personalanweisung für Notbetrieb
4. Überschreiten von wartungsrelevanten Betriebsgrenzmaßen	Veranlassen von Wartungsarbeiten
5. Erfassen von Betriebszuständen	Statistik für Auslegungsdaten

54.5.2 Diagnosetechnik

Mit der Ausrüstung von Schienenfahrzeugen mit Leistungshalbleitern war die Einführung von Diagnosesystemen zur Fehlersuche unabdingbar. Die Systeme auch für Aufgaben der Diagnose des Mechanikteils zu erweitern, ist so nur noch ein weiterer Schritt. Insbesondere Einrichtungen mit Publikumskontakt, wie Türen und automatische Toiletten, wurden rasch an die Diagnosetechnik angeschlossen. Heute steht die Einführung der Diagnose im Fahrwerkbereich bei Güterwagen bevor, um dort die optische Kontrolle, die sehr zeitaufwändig und kaum nachprüfbar ist, zu ergänzen oder gar zu ersetzen.

Die Elemente der Diagnose sind Sensoren als Wandler mechanischer in elektrische Signale, Analog-Digitalumsetzer, Datenleitungen, Auswerteeinheiten und Datenspeicher. Die Auswertung muss eine Datenreduktion nach verschiedenen Kriterien beinhalten. Je nach Kundenanforderungen sind Klassenbildungen möglich (Tab. 54.2).

Neben der eigentlichen Fehlerinformation müssen auch Umgebungsdaten wie Zeit, Geschwindigkeit und sonstige Fahrzeugzustände mit erfasst werden, um die Ursachenfindung zu erleichtern. Die Daten der Diagnose müssen je nach Relevanz auch an unterschiedliches Personal weitergeleitet werden: Triebfahrzeugführer, Zugbegleiter, Werkstattpersonal oder Fahrzeugentwickler. Um eine zugweite zentrale Erfassung zur Verfügung zu haben, muss eine Verknüpfung des Fahrzeugbusses jeden Fahrzeugs MVB („Multifunction Vehicle Bus") mit dem Zugbus WTB („Wired Train Bus") erfolgen (Abb. 54.60).

Diese Kommunikation ist über UIC 556 genormt. Allerdings ist damit eine aufwändige Verkabelung notwendig, die nur für Trieb- und Personenwagen vorstellbar ist. Für Güterwagen ist neben den Diagnosedaten wegen der unbegleiteten Bedienweise die Ortung zusätzlich nötig, um bei kurzfristig erforderlichen Eingriffen das Fahrzeug schnell finden zu können. Hierzu werden funkbasierte Systeme benötigt [27].

Um für das Bedien- und Wartungspersonal optimale Informationen zu erhalten, muss es möglich sein, je Fahrzeug oder Zug von nur einer Mensch-Maschine-Schnittstelle (Bildschirm mit Bedientasten und allenfalls Speicher) alle

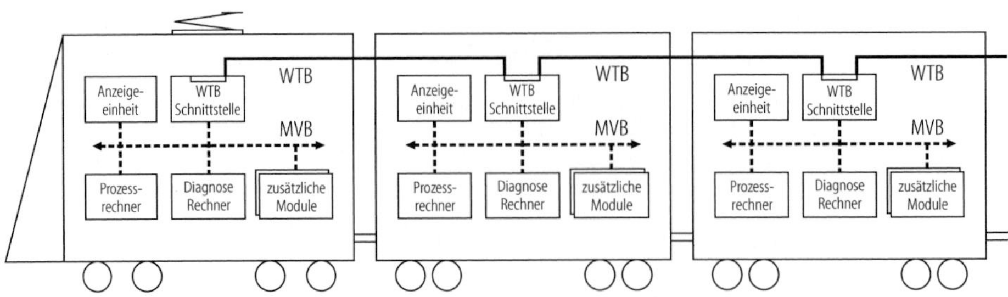

Abb. 54.60 Diagnosedatenaustausch zwischen den Fahrzeugen über den Fahrzeugbus WTB. (Quelle Bombardier)

relevanten Daten von Geräten unterschiedlicher Hersteller zu verarbeiten und darzustellen. Das Ablegen auf einen nichtflüchtigen Speicher sollte fahrzeugspezifisch erfolgen.

Sowohl die Fehlermeldung als auch die Handlungsanweisung erscheinen auf dem Display (siehe Abb. 54.38). Zusätzlich können akustische Anweisungen, zum Teil auch in verschiedenen Sprachen, über Lautsprecher erfolgen. Teilweise kann auch das Display Funktionen von ausgefallenen Anzeigegeräten im Führerraum übernehmen und so die problemlose Weiterführung der Fahrt ohne Ersatzlok ermöglichen.

54.6 Sicherheitstechnik

54.6.1 Aktive Sicherheitstechnik/ Bremse, Bremsbauarten

Aufgrund der großen bewegten Massen und des relativ geringen Kraftschlusses zwischen Rad und Schiene hat die Eisenbahnbremse eine besondere sicherheitsrelevante Bedeutung.

Die betrieblichen Aufgaben der Bremse sind sehr vielfältig: Die Betriebsbremsung ist der normale Bremsvorgang zum Verringern der Geschwindigkeit. Die Vollbremsung ist eine Betriebsbremsung der höchsten Stufe. Die Stoppbremsung führt zum Stillstand. Die Beharrungsbremsung hält im Gefälle die Geschwindigkeit konstant. Die Regulierbremsung senkt die Geschwindigkeit auf einen bestimmten Wert ab. Die Schnellbremsung erreicht die höchste Bremswirkung in kürzest möglicher Zeit. Bei elektronisch geregelten Reibungsbremsen löst die Ablöse- und Haltebremsung bei niedriger Geschwindigkeit die elektro- oder hydrodynamische Bremse ab und reduziert die Bremskraft vor dem Stillstand, um ruckfreies Anhalten zu erreichen. Systeme zur Überwachung des Fahrers oder der Zugfahrt können selbsttätig eine Zwangsbremsung einleiten. Der Fahrer kann über ein gesondertes Bediengerät die Fahrernotbremse einleiten, die direkt auf die Bremssteuerung wirkt. Fahrzeuge des Personenverkehrs sind stets mit einer Fahrgastnotbremse ausgerüstet. Meist kann der Fahrer mit der Notbremsüberbrückung (NBÜ) deren Bremswirkung aufheben, um den Zug an sicherer Stelle anzuhalten. Mit der Parkbremse kann das Fahrzeug zeitlich unbegrenzt im maximalen Streckengefälle abgestellt werden, hierzu dienen Handbremsen und Federspeicherbremsen. Straßenbahnen teilen sich die Straße mit anderen Verkehrsteilnehmern, dort sorgt die Gefahrbremsung für maximale Verzögerung.

Die Bremsbauarten werden häufig nach der Krafterzeugung eingeteilt: Kraftschlussabhängige Bremsen übertragen die Bremskraft über den Rad-Schiene-Kraftschluss. Kraftschlussunabhängige Bremsen (z. B. Magnetschienen-, Wirbelstrombremsen) erzeugen Bremskräfte unabhängig davon. Die pneumatische Bremse nutzt Druckluft zur Krafterzeugung und Steuerung. Sie ist die meistverwendete Eisenbahnbremse mit weitgehender internationaler Kompatibilität [28]. Die elektrodynamische (generatorische) Bremse betreibt die Fahrmotoren als Generatoren und speist die Energie ins Netz zurück oder verwandelt sie in Widerständen in Wärme. Komponenten der hydraulischen Bremse ermöglichen kleinere Bremsaggregate, die bei beengten Einbaubedingungen wie bei Niederflurstraßenbahnen eingesetzt werden. Hydrodynamische Brem-

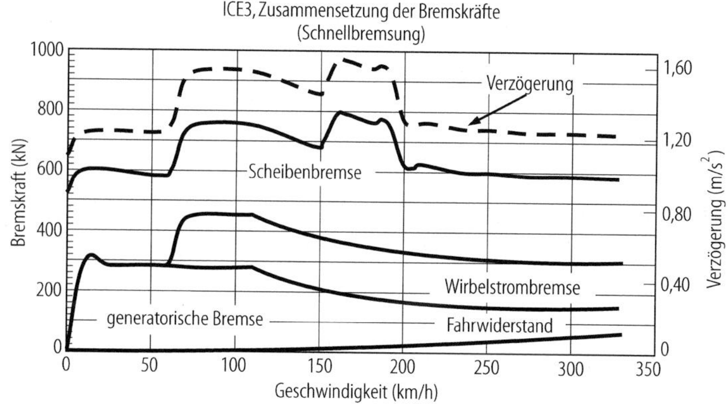

Abb. 54.61 Bremskraftanteile in Funktion der Fahrgeschwindigkeit beim ICE 3. (Quelle Knorr Bremse SfS)

sen sind Retarder in hydraulischen Getrieben. Bei Dampflokomotiven gab es die Gegendruckbremse. Vakuumbremsen arbeiten mit Unterdruck im Bremszylinder. Der geringe Druckunterschied erfordert sehr große Bremszylinder.

Abb. 54.61 zeigt das Zusammenwirken verschiedener Bremsen beim ICE 3. Die elektrodynamische Bremse bringt konstante Bremskraft im unteren Geschwindigkeitsbereich, bei höheren Geschwindigkeiten begrenzt die maximale Leistung die verschleißfreie elektrische Bremse. Die verschleißfreie Wirbelstrombremse wird mit zweiter Priorität eingesetzt. Die Scheibenbremse ergänzt bei Betriebsbremsungen in Bereichen mit nicht ausreichender Kraftwirkung die verschleißfreien Bremsen. Sie dient als Sicherheits- und Rückfallebene bei Ausfall der anderen Bremssysteme.

54.6.1.1 Pneumatische Bremse

Die UIC-Druckluftbremse verwendet Luft als Steuer- und Arbeitsmedium in einer Bremssteuerleitung, der sog. Hauptluftleitung (HL-Leitung).

Gemäß EBO [3] § 35 müssen alle Züge mit einer durchgehenden, selbsttätigen Bremse ausgerüstet sein. Durchgehend bedeutet, dass die Bremsen aller Fahrzeuge eines Zuges an eine durchgehende Steuerleitung angeschlossen sind. Von einer beliebigen Stelle im Zugverband aus können alle Bremsen angesteuert werden. Dies erfolgt entweder durch den Lokführer mit dem Führerbremsventil auf dem Führerstand oder

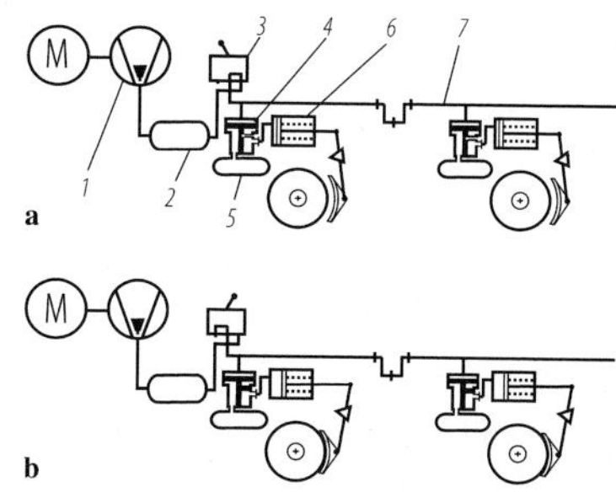

Abb. 54.62 Indirekte durchgehende Druckluftbremse. *1* Kompressor, *2* Hauptluftbehälter, *3* Führerbremsventil, *4* Steuerventil, *5* Vorratsluftbehälter, *6* Bremszylinder, *7* Hauptluftleitung. **a** Lösestellung; **b** Bremsstellung. (Quelle Knorr Bremse SfS)

durch den Fahrgast im Reisezugwagen mit der Fahrgastnotbremse. Selbsttätig bedeutet, dass im Fall einer Zugtrennung automatisch eine Bremsung eintritt.

Im gelösten Zustand sind die Hl-Leitung und die Vorratsluftbehälter mit 5 bar (Überdruck) gefüllt. Im Fall einer Zugtrennung entweicht die Luft aus der HL-Leitung. Die Steuerventile, die in allen Fahrzeugen angeordnet sind und die aus den Vorratsluftbehältern gespeist werden, setzen den Druckabfall in HL in einen Druckaufbau in den Bremszylindern um (indirekte Bremse, Abb. 54.62). Eine vollständige Entlüftung von HL bewirkt eine Schnellbremsung. Für die Betriebsbremsung wird der Druck gezielt um 0,5 bar (1. Bremsstufe) bis 1,5 bar (Vollbremsung) abgesenkt. Meistens wird für eine Vollbremsung ein Bremszylinderdruck von 3,8 bar genutzt.

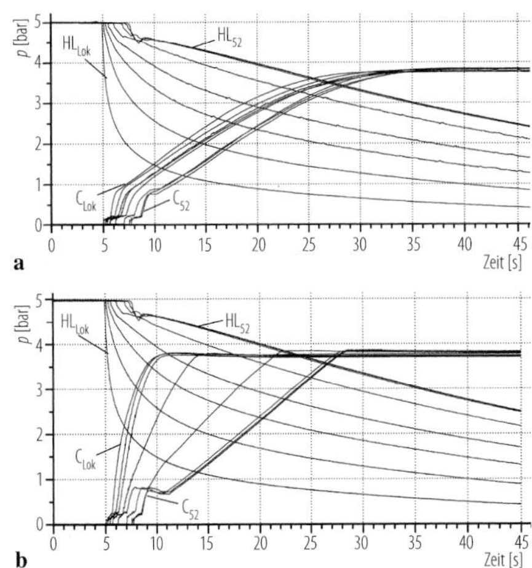

Abb. 54.63 HL-Drücke (*HL*) und Bremszylinderdrücke (*C*), Schnellbremsung, 750 m-Zug, 52 Wagen. **a** Bremsstellung G; **b** Bremsstellung P

Besondere Einrichtungen der Steuerventile sorgen dafür, dass als Durchschlagsgeschwindigkeit für den Bremsbeginn bei allen Bremsvorgängen 260 bis 290 m/s erreicht wird. Damit kommt man nahe an die Schallgeschwindigkeit, die hierfür einen absoluten Grenzwert darstellt. Dennoch wird der letzte Wagen bei einem 700 m langem Zug erst ca. 3 s nach dem ersten Wagen angesteuert. Die weitere Absenkung des HL-Druckes ist aufgrund von Strömungsverlusten verlangsamt, das verlängert die Bremszylinderfüllzeiten für die hinteren Wagen (s. Abb. 54.63). Große Bremskraftunterschiede führen zu Längskräften im Zugverband. Um diese zu begrenzen, wird bei langen Zügen der Bremskraftaufbau bewusst verlangsamt (Bremsstellung G, Abb. 54.63a). Für Einzelfahrzeuge gilt Tab. 54.3 [29]. Die Bremsstellung G führt durch den langsamen Bremskraftaufbau jedoch zu deutlich längeren Bremswegen als die Bremsstellung P (Abb. 54.63b).

Zum Lösen der Bremse wird der Druck in der HL-Leitung wieder angehoben, die Vorratsluftbehälter werden wieder gefüllt. Einlösige Bremsen lösen bei Druckanstieg in der HL-Leitung vollständig aus. Sie eignen sich wegen des schnellen Lösevorgangs für besonders lange und schwere Züge. Mehrlösige Bremsen lösen soweit, wie es dem HL-Druck als Bremsanforderung entspricht. Die Bremse ist unerschöpfbar, da sie nur soweit löst, wie durch den Druck im Vorratsluftbehälter

Tab. 54.3 Zeitverhalten in Funktion der Bremsart

Bremsart	Bremszylinder-füllzeit [s]	Bremszylinder-lösezeit [s]
G	18–30	45–60
R bzw. P	3– 5	15–20

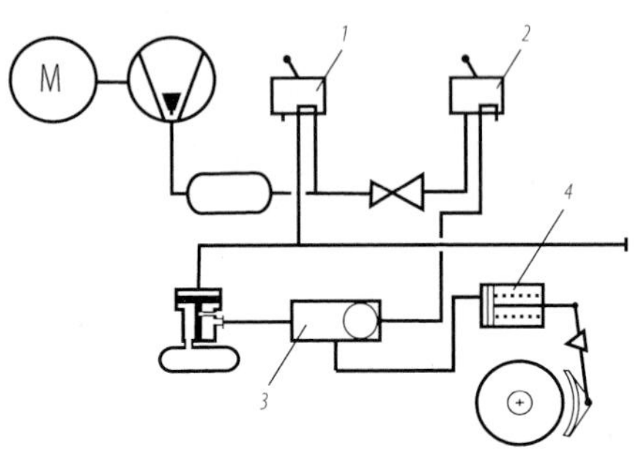

Abb. 54.64 Führerbremsanlage auf einer Lokomotive mit indirekter (*1*) und direkter (*2*) Bremse, die über ein Doppelrückschlagventil (*3*) auf dieselben Bremszylinder (*4*) wirken. (Quelle Knorr Bremse SfS)

die Bereitschaft gegeben ist, wieder einzubremsen [30].

Bei Reisezügen und Triebwagen versorgt die zusätzliche Hauptluftbehälterleitung mit 8 bis 10 bar die Druckluftbremsen und weitere Systeme. Dazu zählen Scheibenwischer, Sandung, Signaleinrichtungen, Luftfederung, Türsteuerung und Pantographensteuerung. Die HL-Leitung hat dann nur noch die Funktion der Bremssteuerung.

Weiter sind Reisezüge und Triebwagen heute meist zusätzlich mit einer elektrisch gesteuerten pneumatischen Bremse, der sog. ep-Bremse ausgerüstet. Diese sorgt für zeitgleiches Ansteuern aller Bremsen. Sie ist meist mit der Notbremsüberbrückung (NBÜ) kombiniert. Der Lokführer kann bei einer Fahrgastnotbremsung die Bremswirkung unterdrücken, um den Zug an geeigneter Stelle anzuhalten z. B. außerhalb von Tunneln [31].

Auf Fahrzeugen mit Führerraum erlaubt die direkt wirkende Bremse durch schnelles Ansprechen feinfühliges Rangieren und erleichtert das Anfahren im Gefälle (Abb. 54.64).

Die Gleitschutzanlage überwacht die Raddrehzahlen und verhindert das Blockieren der Räder durch kurzes Lösen einzelner Bremsen. Damit werden Flachstellen und andere Radschäden vermieden, sowie der Kraftschluss optimiert.

Für die Beurteilung und Kennzeichnung des Bremsvermögens dient das sog. Bremsgewicht [32] (dimensionsbehaftete Fahrzeugkenngröße). Für jede Zugfahrt werden die Bremshundertstel des aktuellen Zuges

$$\lambda_{\mathrm{Zug}} = \frac{\sum B_{\mathrm{Fahrzeuge}}}{\sum m_{\mathrm{Fahrzeuge}}} \times 100\,(\%)$$

aus den Bremsgewichten B und den Fahrzeugmassen m ermittelt und mit den Mindestbremshundertsteln verglichen, die für diese Zugfahrt nach Fahrplan erforderlich sind. Darin sind der Vorsignalabstand (zul. Bremsweg), das Gefälle und die Geschwindigkeit berücksichtigt.

Die Bremsgewichte neuer Fahrzeuge werden durch Versuche ermittelt. Anhand von Tafeln wird aus Bremsweg, Fahrzeugmasse und Bremsausgangsgeschwindigkeit das Bremsgewicht bestimmt und am Fahrzeug angeschrieben. Wird das Auslegungsziel nicht erreicht, sind ggf. Änderungen an der Bremsanlage erforderlich.

54.6.1.2 Komponenten der Bremsanlage

Um die Bremskraft auf die Radsätze aufzubringen, kommen Klotz- oder Scheibenbremsen zum Einsatz. Klotzbremsen sind bei Güterwagen oft sehr einfach ausgeführt, ein einzelner Bremszylinder betätigt bis zu 16 Bremsklötze an vier Achsen. Der Verschleiß der Bremsklötze wird von Gestängestellern ausgeglichen, um den Hub der Bremszylinder in etwa konstant zu halten.

Graugussklötze (Abb. 54.65a) führen durch eine Verriffelung der Radlaufflächen zu einem signifikanten Rollgeräusch. Zur Lärmreduktion werden zunehmend Bremsklötze aus organischem Reibmaterialen eingesetzt (Kunststoffklötze, K-Sohlen), die die Räder nicht verriffeln. Der Reibwert von Graugussklötzen ist gering ($\mu < 0{,}1$), nimmt jedoch mit abnehmender Geschwindigkeit stark zu (Abb. 54.66). Die größeren Reibbeiwerte bei Sinter- und Kunststoffmaterial (μ bis 0,4) erlauben wesentlich kleinere Klotzkräfte und damit kleinere und leichtere Bremszylinder, erschweren jedoch eine Umrüstung von Grauguss- auf Kunststoffklötze.

Scheibenbremsen vermeiden die thermische Belastung der Räder und weisen eine hohe Leistungsfähigkeit auf. Sie erreichen mit organischen Belägen (Abb. 54.65b) oder Sinterbelägen (für hohe Temperaturen) wesentlich höhere Standzeiten als Klotzbremsen mit Graugussbremsklötzen.

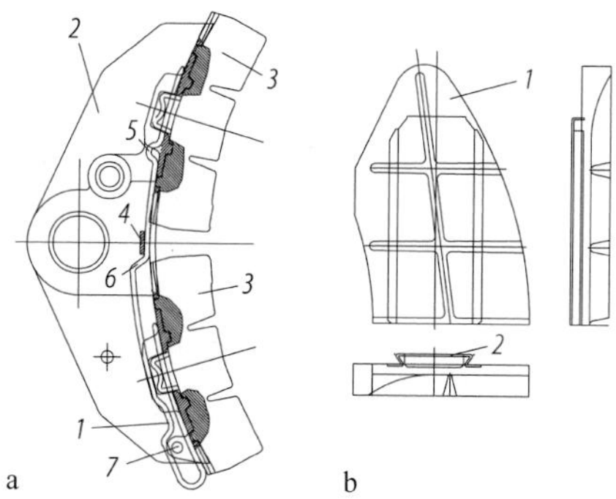

Abb. 54.65 Bremsbeläge. **a** Graugussbremsklotz in Doppelklotzhalter, *1* Federriegel, *2* Bremsklotzhalter, *3* Bremsklotz, *4* Steg, *5*, *6* Nocken, *7* Sicherungsfeder; **b** Scheibenbremsbelag, *1* Reibmaterial, *2* Stahlblech. (Quelle Cosid Rail)

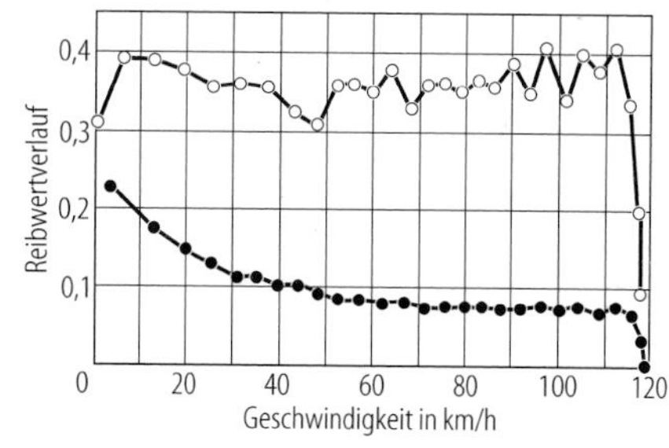

Abb. 54.66 Reibwertverlauf (Versuchsergebnis) einer Anhaltebremsung aus 120 km/h, *obere Kurve* Sinterreibmaterial, *untere Kurve* Graugussbremsklötze. (Quelle Bombardier)

Der Reibwertverlauf von Sinterbelägen und organischen Belägen ist weitgehend geschwindigkeitsunabhängig.

Abb. 54.67 zeigt einen Bremszylinder mit Federspeicher und Nachstelleinrichtung. Die Federkraft dient der Feststellbremse, sie wird mit Druckluft gelöst.

Bei innenbelüfteter Bremsscheibe (Abb. 54.68) werden die Kühlstege zur Minimierung der Ventilationsverlustleistung optimiert. Ein geteilter Reibring bei Ersatzbremsscheiben vereinfacht die Montage erheblich, da anderenfalls die Räder abgezogen werden müssen.

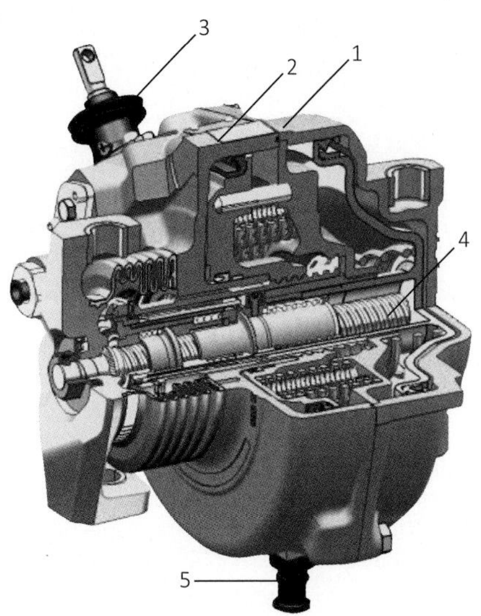

Abb. 54.67 Federspeicherzylinder, Masse 39 kg, Zylinderkraft bei 3,8 bar = 17,95 kN, max. Zylinderkraft bei 8,0 bar = 39,24 kN, Federspeicherlösedruck zwischen 4,0 und 6,5 bar, Kolbenfläche 10 Zoll (Typ Faiveley PBE-CFP 254–120). *1* Betriebsbremskammer, *2* Federspeicherkammer, *3* Notlöseeinrichtung, *4* Kolbenstange, *5* Entlüftung. (Quelle Faiveley)

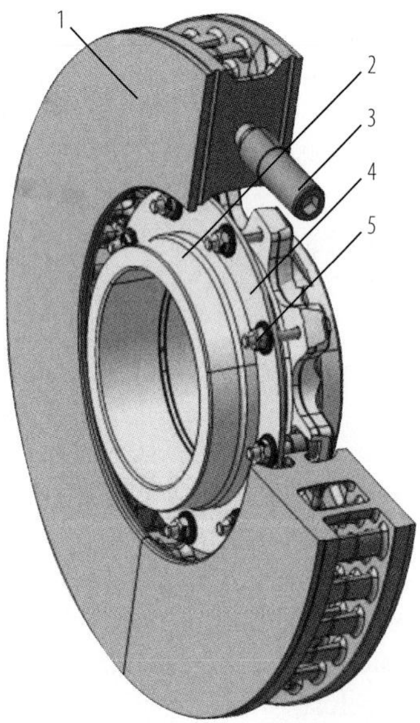

Abb. 54.68 Wellenbremsscheibe mit Presssitz in geteilter Ausführung, Masse 119 kg, Reibringwerkstoff: Grauguss, Außendurchmesser d_A = 640 mm, max. Bremsleistung: 460 kW (Typ Faiveley WAKS 640 G-NB). *1* Reibring, *2* Nabe, *3* Befestigungselemente Teilung, *4* Haltering, *5* Befestigungselemente Nabe/Reibring. (Quelle Faiveley)

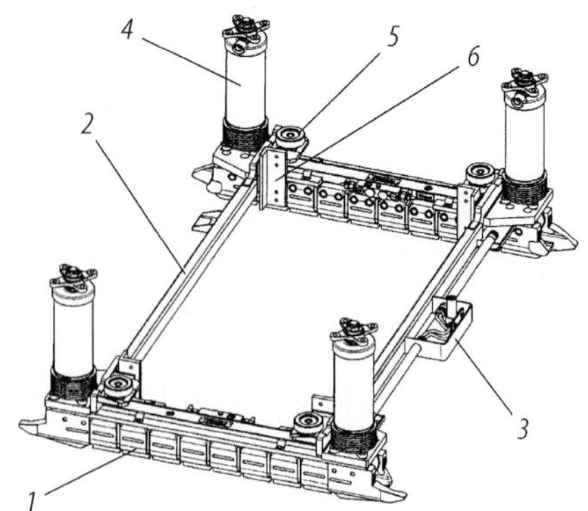

Abb. 54.69 Magnetschienenbremse, Masse 450 kg, 84 kN Anpresskraft, Bremskraft 16,4 kN bei 160 km/h, 14,4 kN bei 250 km/h. *1* Gliedermagnete, *2* Spurhalter, *3* Spurhalter mit Kabelschutz, *4* Betätigungszylinder, *5* Zentriereinrichtung, *6* Mitnehmerbelag. (Quelle Knorr Bremse SfS)

Als Bremsscheibenwerkstoff kommen Grauguss, Aluminium- und Stahlguss zum Einsatz.

Magnetschienenbremsen (Mg-Bremsen) bestehen aus Elektromagneten, die sich an die Schiene anziehen. Die Reibung zwischen Magnet und Schiene erzeugt die Bremskraft (Abb. 54.69). Bei Fernverkehrsfahrzeugen sind Mg-Bremsen im gelösten Zustand angehoben, um Berührung mit den Schienen zu vermeiden. Zur Aktivierung werden sie pneumatisch abgesenkt. Bei Straßenbahnen werden die ausgeschalteten Mg-Bremsen durch Federn mit geringem Luftspalt über die Schiene gehalten. Die Ausführung der Mg-Bremse als Gliedermagnet ergibt eine gute Anpassung an die Schiene. Mg-Bremsen werden vorwiegend bei Not- oder Schnellbremsungen eingesetzt.

Die Wirbelstrombremse (WB-Bremse) ist eine verschleißfreie Bremse mit hoher Leistung bei hoher Geschwindigkeit. Die Elektromagnete der WB-Bremse werden zum Bremsen abgesenkt und mit einem Luftspalt von wenigen Millimetern über der Schiene geführt. Die wandernden Magnetfelder induzieren in der Schiene kreisende Wirbelströme. Deren Magnetfelder erzeugen in Wechselwirkung mit den Magnetfeldern der Bremsmagnete Kräfte, die der Bewegung entgegengerichtet sind. Da lineare Wirbelstrombremsen verschleißfrei arbeiten, werden sie auch als Betriebsbremse eingesetzt.

54.6.2 Passive Sicherheit

Die hohe Sicherheit der Eisenbahn ist durch die Spurführung und die aktive Sicherheitstechnik (Signaltechnik einschließlich Zugsicherung und die Bremstechnik) bedingt. Der Trend zu größeren Höchstgeschwindigkeiten, höheren Kurvengeschwindigkeiten, höheren Radsatzlasten und stärkerer Verkehrsbündelung verschärft die Sicherheitsanforderungen. Erhebliche Verbesserungspotentiale liegen in der unfallgerechten Gestaltung der Fahrzeuge, der sogenannten passiven Sicherheit [33]. Auch die Auswirkungen gravierender Systemstörungen, z. B. Radbruch oder Hindernis auf dem Gleis können dann stark abgemildert werden.

Die drei Prinzipien der passiven Sicherheit lauten:

1. Sichern von Überlebensraum,
2. Verzögerungsbegrenzung und Energieabbau durch Deformationselemente,
3. Rückhaltesysteme für Reisende.

Die Sicherung des Überlebensraumes wird durch möglichst steife Gestaltung des Aufbaus realisiert ([34]; Abb. 54.70).

Erst in jüngster Zeit werden Deformationselemente in nennenswertem Umfang eingebaut. Diese Elemente sind so auszulegen, dass die maximal übertragbare Kraft ohne Verformung kleiner als die maximal ertragbare Kraft der Struktur ist. Durch diese Kraftbegrenzung wird auch die maximale Verzögerung des Aufbaus und damit die Verzögerung der im Fahrzeug befindlichen Personen begrenzt. Je länger der Verformungsweg der Deformationselemente ausgeführt wird, desto größer ist die aufnehmbare Energie.

Abb. 54.71 zeigt eine Auslegung für einen Regionalfahrzeugtriebkopf. Bei kleinem Kraftniveau sprechen zunächst die reversiblen Kraftelemente A_1 in der Kupplung an. Bei weiterer Kraftbeanspruchung reagieren die irreversiblen Elemente A_2, B und dann erst lokal begrenzte Strukturen C, D im Aufbau. Dadurch wird nicht nur die Überlebenswahrscheinlichkeit der Personen im Fahrzeug verbessert, sondern der Schaden am Fahrzeug wird gestuft und lokal begrenzt. Dies vermindert den Reparaturaufwand gegenüber konventionellen Strukturen erheblich.

Für die Auslegung des Deformationsverhältnisses sind Kollisionsszenarien zu definieren. Dabei darf der Überlebensraum der Fahrgäste und des Personals nicht verloren gehen, und die Verzögerung für Personen muss ertragbar gestaltet werden. Folgende vier Szenarien sind in [35] definiert (Abb. 54.72):

1. Zusammenstoß von zwei identischen Kompositionen mit 36 km/h;
2. Zusammenstoß mit einem 80 t schweren Güterwagen mit Seitenpuffern mit 36 km/h;
3. Zusammenprall mit 110 km/h auf ein 15 t schweres deformierbares Referenzhindernis, das einen Lastkraftwagen auf einem Bahnübergang repräsentiert.
4. Statische Kraft auf den Bahnräumer 250 / 300 kN z. B., verursacht durch ein kleines Hindernis wie ein Auto.

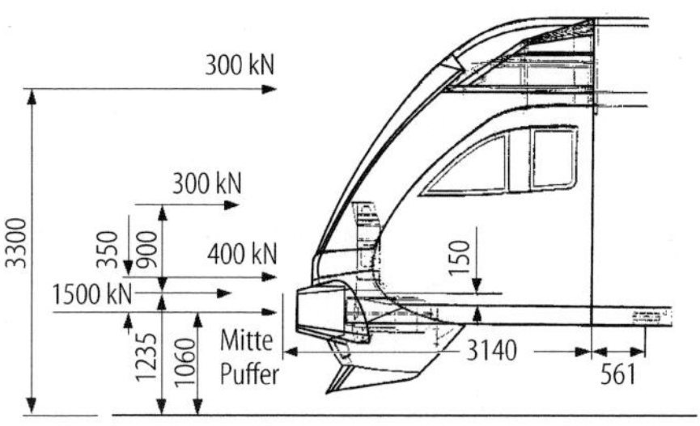

Abb. 54.70 Kräfte an der Fahrzeugfront, die keine bleibende Verformung des Führerraumes oder der Fahrgastzelle bewirken dürfen. Die Kräfte wirken nicht gemeinsam sondern alternativ. (Quelle Fahrzeugtechnik Dessau)

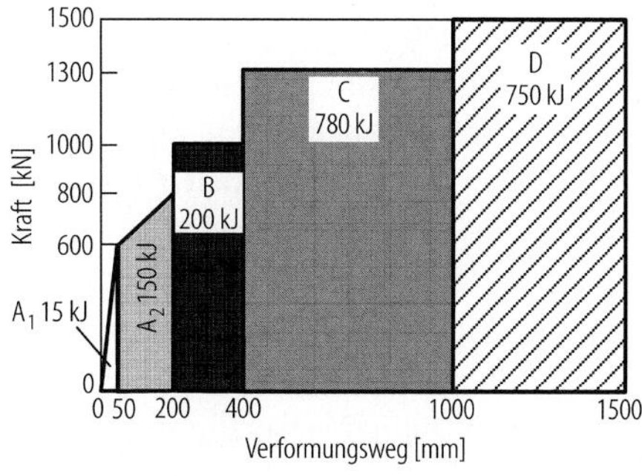

Abb. 54.71 Ansprechkräfte und Deformationswege der verschiedenen Kupplungs- und Strukturelemente *A* bis *D* an einem Regionaltriebkopf mit Angabe der aufnehmbaren Energiemenge für definierte Fahrzeugsegmente. (Quelle Fahrzeugtechnik Dessau/TU Berlin)

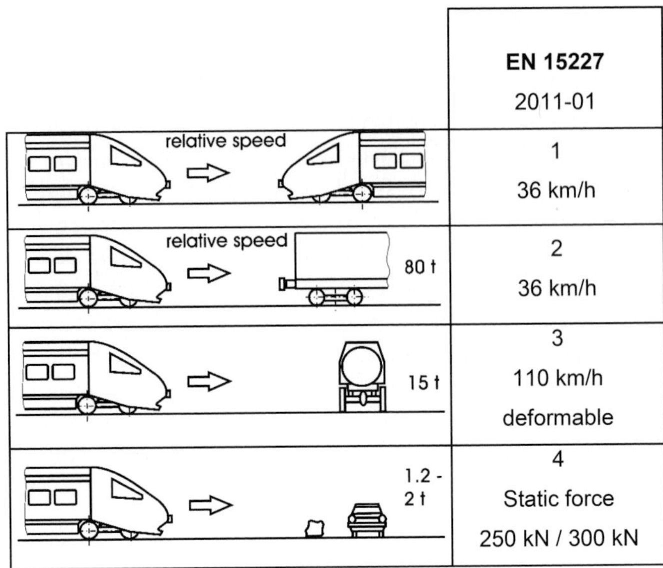

Abb. 54.72 Für die Fahrzeugauslegung nachzuweisende Crashszenarien

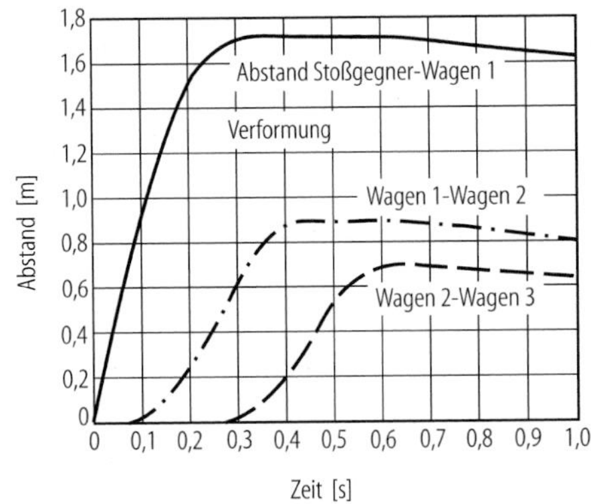

Abb. 54.73 Abstand-Wegkennlinien an einem dreiteiligen Triebzug mit 3 · 60 t Masse und Aufprall auf einen 80 t schweren Güterwagen bei 36 km/h

Besondere Beachtung ist dem Verhalten des Zugverbandes zu widmen. Durch Deformationselemente zwischen den Fahrzeugen kann die Fahrzeugfront des vorlaufenden Fahrzeugs entlastet werden und der ganze Vorgang zeitlich gestreckt werden. Abb. 54.73 zeigt, dass die Verformung der ersten Fahrzeugfront zwar am stärksten ist, die nachfolgenden Fahrzeugverbindungen jedoch zeitlich versetzt und mit kleineren Verformungen ansprechen. Diese Verformungen an den nachfolgenden Fahrzeugen bauen Energie ab, die ansonsten das vorlaufende Fahrzeug belasten würde.

54.7 Entwicklungsmethodik

Wie in Abb. 54.1 dargestellt, müssen Schienenfahrzeuge stets auf bestimmte Randbedingungen maßgeschneiderte Systeme sein, ähnlich dem Schiffs- oder Anlagenbau. Um die Entwicklungsdauer und das Entwicklungsrisiko hinreichend klein zu halten, ist die Anwendung von Simulationstechnik unerlässlich. Dies gilt insbesondere für sehr komplexe Bereiche wie das Lärmdesign [2, 36] und die Lauftechnik. Das Lärmdesign ist eine sehr komplexe Aufgabe, da das Lärmverhalten vom Gesamtsystem Fahrzeug und Gleis bestimmt wird. Um dem Besteller und dem Hersteller des Fahrzeugs die Bewältigung diese Aufgabe handhabbar zu machen, wurde im Forschungsverbund „Leiser Verkehr" (www.fv-leiserverkehr.de) der Ablauf der akustischen Qualitätskontrolle systematisiert (Abb. 54.74). Dadurch kann schrittweise das akustische Verhalten transparent gemacht und gegebenenfalls kostengünstig und zeitsparend nachgebessert werden. Nur so können akustische Anforderungen gleichberechtigt mit anderen Anforderungen berücksichtigt werden.

Die Lärmminderung muss an der Quelle erfolgen und die Mindestanforderungen der EU (Technische Spezifikation für Interoperabilität) deut-

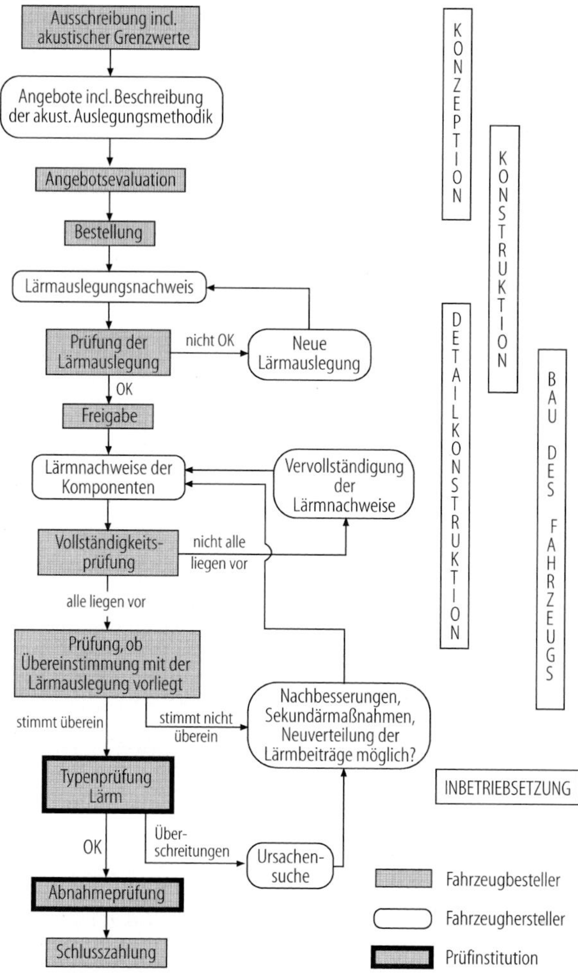

Abb. 54.74 Akustische Qualitätssicherung für ein Schienenfahrzeug mit mehrfachen Iterationsprozessen. (Forschungsverbund Leiser Verkehr, Leise Züge und Trassen, Akustische Qualitätssicherung)

lich unterschreiten, um auf Linien mit dichtem Verkehr oder in Abstellanlagen nahe Wohngebieten zumutbare Belastungen der Anwohner zu erhalten. Die Einhaltung der Immissionsgrenzwerte kann nur über eine Begrenzung der Emission zielführend erreicht werden und nicht durch Maßnahmen am Ausbreitungsweg wie Schallschutzwände oder -fenster. Die akustische Detailauslegung von Fahrzeugen ist wie in der Maschinenakustik gemäß Bd. 1, Kap. 48 auszuführen.

Zur Absicherung der Eigenschaften von Fahrwerken ist bei anspruchsvollen Anforderungen eine konstruktionsbegleitende, lauftechnische Simulationsrechnung des ganzen Fahrzeugs oder Zuges unerlässlich. Das Fahrzeug wird als Mehrkörperdynamiksystem nachgebildet. Eingangsgrößen sind Gleislagen, Fahrgeschwindigkeiten, Rad-Schiene-Profilfunktionen, Feder- und Dämpferkennlinien, vorhandene Federspiele. Insbesondere letztere wirken unmittelbar auf das zur Verfügung stehende Lichtraumprofil zurück. Ergebnisse der Simulationsrechnungen sind Kräfte zwischen Rad und Schiene, Komfortwerte im Fahrzeugkasten und Verschleißkennwerte. In interativer Zusammenarbeit mit der Fahrzeugkonstruktion wird bis zur Erreichung der geforderten Werte optimiert. Diese Ergebnisse sind nach der Inbetriebnahme durch Typenversuche am realen Fahrzeug nachzuweisen.

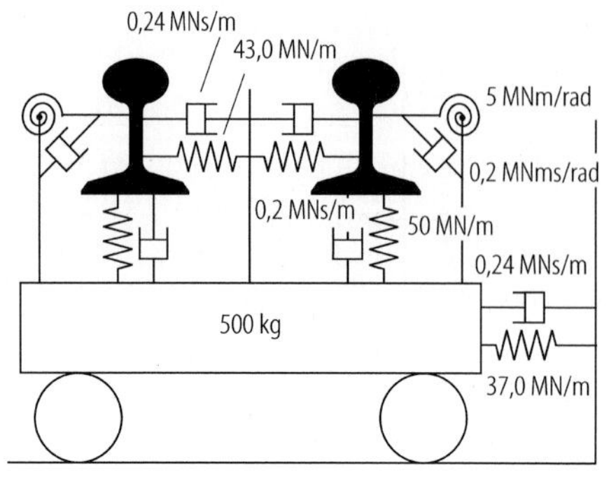

Abb. 54.75 Gleismodell mit dynamisch relevanten Daten

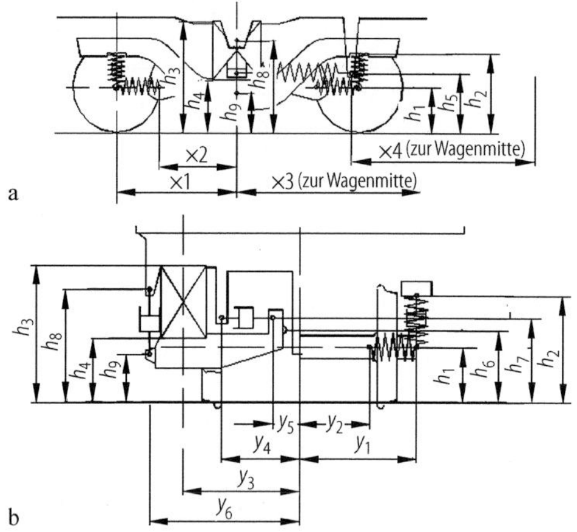

Abb. 54.76 Seitenansicht (**a**) und Schnitt (**b**) durch das Drehgestell

54.7.1 Modelle

Um die Eigenschaften der verschiedenen Simulationsprogramme vergleichen zu können, werden sogenannte Benchmarktests durchgeführt [37]. Nachfolgend werden Daten eines typischen Gleis- und Fahrzeugmodells aufgeführt, die für solche Vergleichstests verwendet werden (Abb. 54.75 und 54.76).

Beim dargestellten Fahrzeug handelt es sich um einen konventionellen Reisezugwagen mit zwei Drehgestellen und einer einfachen Primärfederung. Alle Körper werden als starr angesehen. Die Rad-Schiene-Profilpaarung soll Abb. 54.12 entsprechen. Dieses Fahrzeug ist dem ERRI B 176 Benchmark Fahrzeug sehr ähnlich mit folgenden Unterschieden: keine Schlingerdämpfer und vereinfachte Primärfederung, symmetrisches Fahrzeug, nichtgeneigte Dämpfer mit geschwindigkeitsproportionalen Dämpfungsraten.

54.7.1.1 Massen und Trägheiten

Radsätze		
Masse	1 813	kg
Wankträgheit	1 120	kgm²
Nickträgheit	112	kgm²
Wendeträgheit	1 120	kgm²
Drehgestelle		
Masse	2 615	kg
Wankträgheit	1 722	kgm²
Nickträgheit	1 476	kgm²
Wendeträgheit	3 067	kgm²
Wagenkasten		
Masse	32 000	kg
Wankträgheit	56 800	kgm²
Nickträgheit	1 970 000	kgm²
Wendeträgheit	1 970 000	kgm²

54.7.1.2 Federungseigenschaften

Primärfedern	*(4 je Drehgestell)*	
Längssteifigkeit	31 391	kN/m
Nominelle parallele Dämpfung	15	kNs/m
Steifigkeit	60 000	kN/m
(in Serie geschaltet mit der Dämpfung)		
Quersteifigkeit	3 884	kN/m
Nominelle parallele Dämpfung	2	kNs/m
Steifigkeit	7 500	kN/m
(in Serie geschaltet mit der Dämpfung)		
Vertikalsteifigkeit	1 220	kN/m
Sekundärfeder	*(2 je Drehgestell)*	
Längssteifigkeit längs	160	kN/m
Quersteifigkeit	160	kN/m
Vertikalsteifigkeit	430	kN/m
Biegesteifigkeit	10,5	kNm/rad
Sekundäre Wankstütze	*(1 je Drehgestell)*	
Steifigkeit	940	kNm/rad
Zug-Druckstange	*(1 je Drehgestell)*	
Steifigkeit	5 000	kN/m
Nominelle parallele Dämpfung	25	kNs/m
Steifigkeit	10 000	kN/m
(in Serie geschaltet mit der Dämpfung)		
Sekundärer Queranschlag	*(1 je Drehgestell)*	
Symmetrische Charakteristik		

0	25	30	35	40	45	50	55	60	65	/mm
0	0	0,60	1,76	3,73	6,87	11,58	17,17	29,2	230,0	/kN

54.7.1.3 Dämpfereigenschaften

Primäre Vertikaldämpfer	*(4 je Drehgestell)*	
Dämpfungsrate	4	kNs/m
Steifigkeit in Serie geschaltet	1000	kN/m
Sekundäre Querdämpfer	*(2 je Drehgestell)*	
Dämpfungsrate	32	kNs/m
Steifigkeit in Serie geschaltet	6000	kN/m
Sekundäre Vertikaldämpfer	*(2 je Drehgestell)*	
Dämpfungsrate	20	kNs/m
Steifigkeit in Serie geschaltet	6000	kN/m
Fahrzeugabmessungen		
Halber Drehzapfenabstand	9500	mm
Halber Drehgestellachsstand	1280	mm
Radradius	460	mm
Abstand: Schienenoberkante – Massenmittelpunkt Drehgestell (= Schwerpunkthöhe)	600	mm
Abstand: Schienenoberkante – Massenmittelpunkt Wagenkasten (= Schwerpunkthöhe)	1800	mm
Längs- und Querverschiebung des Massenmittelpunkts vom Wagenkasten zur Mitte des Wagenkastens	0	mm

54.7.1.4 Federungsgeometrie (s. Abb. 54.76)

Primärfeder		
Halber Abstand längs	(x1)	1280 mm
Halber Abstand quer	(y1)	1000 mm
Höhe über Schienenoberkante	(h1)	460 mm
Sekundärfeder		
Halber Abstand längs	(x3)	9500 mm
Halber Abstand quer	(y3)	1000 mm
Höhe oberes Ende über Schienenoberkante	(h3)	1130 mm
Höhe unteres Ende über Schienenoberkante	(h4)	525 mm
Zug-Druckstange		
Höhe über Schienenoberkante	(h5)	600 mm
Halber Abstand längs, Ende am Drehgestell	(x3)	9500 mm
Halber Abstand längs, Ende am Wagenkasten	(x4)	8300 mm
Sekundärer Queranschlag		
Höhe über Schienenoberkante	(h6)	650 mm
Primäre Vertikaldämpfer		
Halber Abstand längs	(x1)	1280 mm
Halber Abstand quer	(y1)	1000 mm
Höhe über Schienenoberkante, Ende am Radsatz	(h1)	460 mm
Höhe über Schienenoberkante, Ende am Drehgestellrahmen	(h2)	880 mm
Sekundäre Querdämpfer		
Halber Querabstand, Ende am Wagenkasten	(y4)	665 mm
Halber Querabstand, Ende am Drehgestell	(y5)	230 mm
Höhe über Schienenoberkante	(h7)	700 mm
Sekundäre Vertikaldämpfer		
Halber Querabstand	(y6)	1300 mm
Höhe oberes Ende über Schienenoberkante	(h8)	925 mm
Höhe unteres Ende über Schienenoberkante	(h9)	400 mm

Um ein rasches Verständnis der Fahrzeugbewegungen zu erreichen, sind grafische Ergebnisdarstellungen hilfreich (Abb. 54.77). Hier ist beispielsweise zu sehen, dass die Wankbewegung im vorliegenden Fall nur über die Sekundärfeder, nicht aber über die Primärfeder erfolgt. Der Einbau einer Wankstütze schafft Abhilfe.

Beispielhaft werden nachfolgend die Komfortuntersuchung und die Bewertung der Rad-Schiene-Kräfte aufgezeigt.

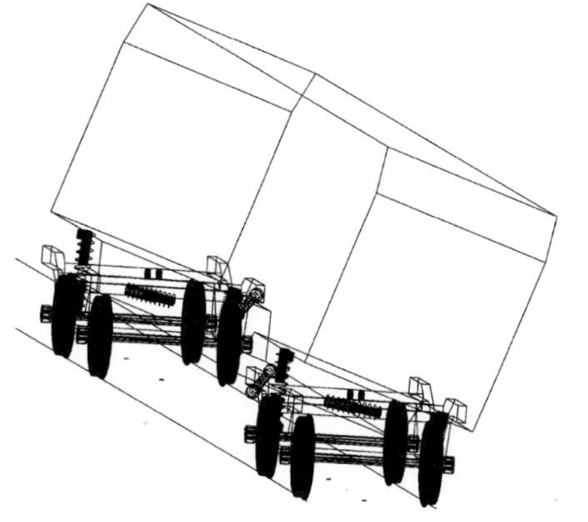

Abb. 54.77 Wankbewegung des Wagenkastens eines Reisezugwagens als Strichbild

54.7.2 Fahrkomfort

Um Aussagen über den Komfort einzelner Fahrzeuge treffen zu können, müssen am Wagenkasten gemessene Beschleunigungen dem menschlichen Empfinden entsprechend gewichtet werden, z. B. Berechnung des N-Wertes nach [36].

54.7.3 Rad-Schiene-Kräfte

Die Radaufstandskräfte werden mit Messradsätzen [39] gemessen, dies sind spezielle mit Dehnmessstreifen und Auswertelogik bestückte Radsätze.

Beispielsweise sind in der UIC 518 [40] und EN 14 363 [41] für die Rad-Schiene Kräfte folgende Grenzwerte vorgegeben:

Als Grenze für die Gleisverschiebekraft nach Prud'homme gilt:

- Querkraft am Radsatz (über 2 Gleismeter)

$$(\Sigma Y)_{2\mathrm{m}} \quad \text{oder} \quad H_{2\mathrm{m}} \leqq \alpha\left(10 + \frac{2\,Q_0}{3}\right)$$

mit Y Querkraft an jedem Rad eines Radsatzes, H Querkräfte an den Achslagern, $2Q_0$ Radsatzkraft in kN, Koeffizient $\alpha = 1{,}0$ für Triebfahrzeuge, Reisezugwagen und Triebwagen mit Reisenden bzw. Koeffizient $\alpha = 0{,}85$ für Güterwagen.

Als Maß für die Sicherheit gegen Entgleisung gilt das Verhältnis von Querkraft Y zu Vertikalkraft Q. Der Grenzwert hängt vom Spurkranzwinkel und Reibungszahl Rad-Schiene ab. Für quasistatische Verhältnisse in engen Bögen im Gleis mit Verwindung, einen Spurkranzwinkel von 70° und Reibungszahl von 0,36 (trockene Schiene) beträgt der Grenzwert

$$\frac{Y}{Q} \leqq 1{,}2\,.$$

Bei Fahrversuchen gemäß [38] und [39]; gilt für Fahrzeuge der Normalspur als Grenzwert der Fahrsicherheit

$$\frac{Y}{Q} \leqq 0{,}8 \text{ für Bogenradien} \geqq 250\,\mathrm{m}\,.$$

Quasistatische Führungskraft im Gleisbogen Y_{qst}

$$Y_{qst} \leqq 60\,kN\,.$$

Quasistatische Radkraft im Gleisbogen Q_{qst}

$$Q_{qst} \leqq 145\,kN\,.$$

Maximale vertikale Radkraft Q_{lim}

- Gesetzmäßigkeit: $Q_{lim} = 90 + Q_0$ Q_{lim} und Q_0 werden in kN ausgedrückt, wobei Q_0 die statische Radlast ist;
- fahrgeschwindigkeitsabhängige Grenzwerte:

$$\begin{aligned}
&\text{bei} & V_{lim} &\leqq 160\,km/h: \\
& & Q_{lim} &\leqq 200\,kN, \\
&\text{bei } 160\,km/h < & V_{lim} &\leqq 200\,km/h: \\
& & Q_{lim} &\leqq 190\,kN, \\
&\text{bei } 200\,km/h < & V_{lim} &\leqq 250\,km/h: \\
& & Q_{lim} &\leqq 180\,kN, \\
&\text{bei } 250\,km/h < & V_{lim} &\leqq 300\,km/h: \\
& & Q_{lim} &\leqq 170\,kN, \\
&\text{bei} & V_{lim} &> 300\,km/h: \\
& & Q_{lim} &\leqq 160\,kN;
\end{aligned}$$

V_{lim} ist hierbei die Höchstgeschwindigkeit des Fahrzeugs im Betrieb.

Anwendungsbereich: Maximale statische Radlast: 112,5 kN.

Wie in Abschn. 54.2 aufgeführt, gelten diese Kraftgrenzen auch für Neigezüge.

Durch Einhaltung dieser Grenzen wird erreicht, dass die auf das Gleis wirkenden Kräfte hinreichend klein sind.

54.8 Zuverlässigkeitsprüfung

Bahnverkehr muss sehr zuverlässig sein, nicht nur der Kundenattraktivität wegen, sondern auch um die Betriebskosten klein zu halten. Hochgeschwindigkeitszüge weisen eine jährliche Laufleistung bis zu 750.000 km/a je Fahrzeug gemittelt über die ganze Flotte, also mit Stillstandszeiten für Instandhaltung auf, bei Verfügbarkeitswerten bis zu 97 % [42].

Ein wesentliches Element für die Optimierung und Überprüfung der Zuverlässigkeit der Fahrzeuge ist der Klima-Wind-Kanalin Wien [43], der zwei Kammern aufweist (Abb. 54.78).

Insbesondere die Einflüsse von Wasser, Eis und Schnee in Kombination mit dem Fahrtwind entziehen sich heute noch der Simulationstechnik, sodass eine Optimierung nur unter messtechnischer Beobachtung im Klimakanal erfolgen kann. Zudem können Funktions- und Energieverbrauchsoptimierungen für Klimaanlagen und Heizung durchgeführt werden, wie auch Wärmeübergangswerte bestimmt werden.

Auch die bei Ein- und Ausfahrt in lange Tunnels auftretenden abrupten Temperatur- und Feuchtigkeitsschwankungen [44] können durch schnellen Wechsel der Fahrzeuge zwischen den einzelnen Kammern nachgebildet werden. Besonders kritisch ist der Wechsel aus kalter trockener Luft, z. B. −20 °C in warme, gesättigte Luft, z. B. +20 °C und 98 % Luftfeuchtigkeit, wie sie z. B. das ganze Jahr über im 20 km langen Simplontunnel zwischen Schweiz und Italien herrschen. Im Tunnel kondensieren dann große Mengen Wasser an den kalten Fahrzeugoberflächen und bei nicht sorgfältiger Ausgestaltung zu Kurzschlüssen und Totalausfall der Fahrzeuge führen.

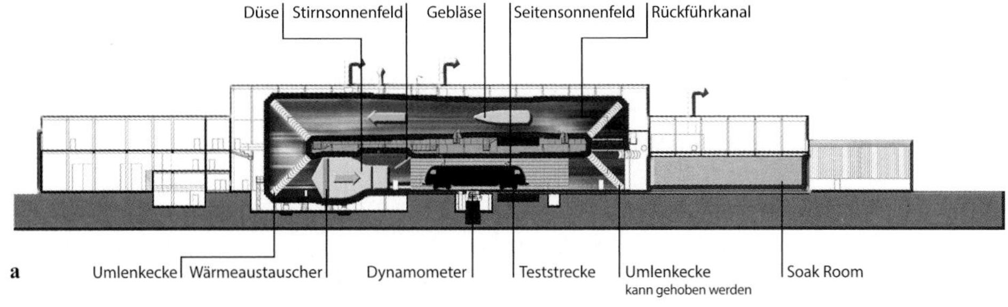

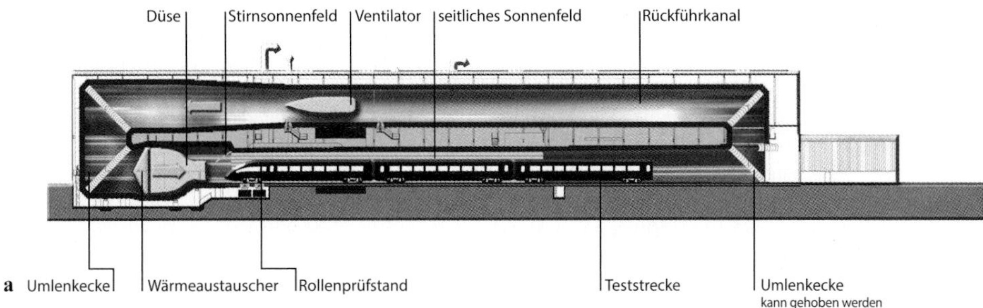

Abb. 54.78 Klima-Wind-Kanal in Wien, maximaler Temperaturbereich −45 °C bis +60 °C, Temperaturgradient 10 K/h, relative Luftfeuchte 10 bis 98 %, Strahlungsleistung des Sonnenfeldes bis 1000 W/m², Regen-, Schnee- und Vereisungsanlagen, Fahrzeugversorgungsspannungen Gleichstrom 200 bis 3600 V, Wechselstrom 16,7 und 40–60 Hz. **a** Kleiner Kanal für ein Fahrzeug bis 33,8 m Länge, max. Windgeschwindigkeit 120 km/h. **b** Großer Kanal für Fahrzeuggruppen bis 100 m Länge, max. Windgeschwindigkeit 300 km/h, Rollenprüfstand 1 Achse mit 850 kW Antriebs- und Bremsleistung, kurzzeitig 1,5 MW. (RTA Rail Tec Arsenal Fahrzeugversuchsanlage)

Literatur

Spezielle Literatur

1. N.N.; http://www.europarl.europa.eu/news/de/news-room/20160425STO24586/viertes-eisenbahnpaket-alles-was-sie-dar%C3%BCber-wissen-m%C3%BCssen, zuletzt aufgerufen am 07.01.17
2. Schindler, Ch , Hecht, M., et al.: Handbuch Schienenfahrzeuge - Entwicklung Produktion Instandhaltung, 1. Aufl. DVV Media Group GmbH, Hamburg (2014)
3. N.N.; Eisenbahn-Bau- und Betriebsordnung vom 8. Mai 1967 (BGBl. 1967 II S. 1563), die zuletzt durch Artikel 1 der Verordnung vom 10. Oktober 2016 (BGBl. I S. 2242) geändert worden ist; https://www.gesetze-im-internet.de/bundesrecht/ebo/gesamt.pdf
4. Weidmann, U.: Grundlagen zur Berechnung der Fahrgastwechselzeit. Schriftenreihe des Instituts für Verkehrsplanung, Transporttechnik, Straßen- und. Eisenbahnbau, Bd. 106. ETH Zürich, Zürich (1995)
5. Jänsch, U., Hecht, M., et al.: Handbuch Das System Bahn, 2. Aufl. DVV Media Group GmbH, Hamburg (2016)
6. Fontanel, E., Christeller, R.: Rolling stock in the Railway System. Editions La Vie du Rail, Bd. 1., Paris (2016)
7. König, R., Hecht, M.: Weißbuch Innovativer Eisenbahngüterwagen 2030 (2012). http://www.schienenfzg.tu-Berlin.de/fileadmin/fg62/Dokumente/Downloads/Weissbuch_innovativer_eisenbahngueterwagen_2030/. Berlin und Dresden
8. DIN EN 50126-1:2016-03; VDE 0115-103-1: 2016-03 – Entwurf Bahnanwendungen – Spezifikation und Nachweis von Zuverlässigkeit, Verfügbarkeit, Instandhaltbarkeit und Sicherheit (RAMS) – Teil 1: Generischer RAMS Prozess
9. Strauß, P., Altmann, A.: Das modulare 4-Phasen-Modell für Life-Cycle-Costs der Deutschen Bahn. Tagungsband. 3. Schienenfahrzeugtagung, 24.–26.02.1999. Tetzlaff Verlag, Dresden (1999)
10. Arbeitsgemeinschaft Rheine-Freren: Rad/Schiene-Versuchs- und Demonstrationsfahrzeug, Definitionssphase R/S-VD. Ergebnisbericht der Arbeitsgruppe Lauftechnik (1980)
11. Johnson, K.L.: Contact Mechanics. Cambridge University Press, Cambridge (1985)
12. Kalker, J.J.: Three-Dimensional Elastic Bodies in Rolling Contact. Kluwer, Dordrecht (1990)
13. Polach, O.: A Fast Wheel-Rail Forces Calculation Computer Code. Veh Syst Dyn Suppl **33**, 728–739 (1999)

14. Polach, O.: Creep forces in simulations of traction vehicles running on adhesion limit. Wear **258**, 992–1000 (2005)
15. Beucker, K.: Das Talgo-System – bewährte Schienenfahrzeugtechnologie aus einer Hand. ETR **48**(5), 315–324 (1999)
16. Hanneforth, W., Fischer, W.: Laufwerke. Transpress, Berlin (1986)
17. Rath, B., Stribersky, A., Müller, H.: Der Komfortzug – Ein innovatives Neigetechnik-Konzept. Zev+det Glasers Ann **121**, 320–329 (1997)
18. Bitterberg, U.: Neigezüge in Europa – aktuelle Entwicklungstrends. Eisenbahningenieur **50**(5), 5–11 (1999)
19. DIN EN 13129:2016-12: Bahnanwendungen – Luftbehandlung in Schienenfahrzeugen des Fernverkehrs – Behaglichkeitsparameter und Typprüfungen
20. Güterwagen, Reisezugwagen und Gepäckwagen; Teile der Zugeinrichtung, Normung. UIC Kodex **520**, 1. Juli 1995. Internationaler Eisenbahnverband, Paris (1995)
21. Wittwer, M., Hauser, G., et al.: Neue Zweikraftlokomotive Aem 940 für die SBB. Eisenbahnrevue Int **10**, 493–502 (2016)
22. N.N.; technische Spezifikation für die Interoperabilität des Teilsystems „Infrastruktur" des Eisenbahnsystems in der Europäischen Union Verordnung (EU) Nr. 1299/2014 der Kommission vom 18. November 2014
23. Mnich, P., Stephan, A., Fritz, E.: Energiebedarf der Bahnsysteme Transrapid und ICE 3 Strecke Berlin–Hamburg, Ergebnisse. IFB/TUB-Bericht 98, Bd. 82. (1998)
24. von Andrian: Hochgeschwindigkeit im Gotthard-Basistunnel. Eisenbahnrevue Int **1**(72), 70 (2017)
25. Weschta, A.: Die elektrische Ausrüstung der Schnellverkehrstriebzüge ICE 3 und ICT der Deutschen Bahn AG. Glasers Ann **119**(9), 425–435 (1995). ZEV+DET
26. Gesellschaft Entwicklung, V.D.I.: Konstruktion, Vertrieb: Getriebe für Schienenfahrzeuge. Tagung Veitshöchheim, 1999. VDI-Berichte, Bd. 1455. VDI-Verlag, Düsseldorf (1999)
27. Hecht, M.: Zeitgemäße Technik im Güterwagen – Schlüssel zur Ertragssteigerung. Jahrbuch Logistik 2006. Verlag Handelsblatt, Korschenbroich, S. 56–60 (2006)
28. N. N.: Bremsen, Druckluftbremsen für Güter- und Personenzüge. UIC Kodex **540**, Internationaler Eisenbahnverband, Paris (UIC = Union internationale des Chemins de fer)
29. Knorr-Bremse AG: Handbuch Bremstechnische Begriffe und Werte. Eigenverlag, München (1990)
30. Gralla, D.: Eisenbahnbremstechnik. Werner Verlag, Düsseldorf (1999)
31. Kuper, K., Janicki, J.: Bremstechnik und Bremsproben, 3. Aufl. DB-Fachbuch, Bd. 9. Eisenbahn Fachverlag, Heidelberg (1996)
32. Hendrichs, W.: Verbesserung der Streckenleistungsfähigkeit durch den Einsatz moderner Bremsbewertung, Systemdynamik der Eisenbahn. Tagungsband. Fachtagung Hennigsdorf 1994. Hestra Verlag, Darmstadt (1994)
33. Hecht, M., Sohr, S.: Tische als Rückhaltesysteme für Reisende – eine Grundsatzuntersuchung im Bereich Passive Sicherheit. Eisenbahnrevue Intern **7**, 318–321 (2001)
34. Standard DIN EN 12663-1,Railway applications – Structural requirements of railway vehicle bodies – Part 1: Locomotives and passenger rolling stock (and alternative method for freight wagons).Standard published on 1. März 2015
35. EN 15 227: Bahnanwendungen – Anforderungen an die Kollisionssicherheit der Wagenkästen von Schienenfahrzeuge, Juli (2011)
36. Hecht, M., Zogg, H.: Lärmdesign moderner Triebfahrzeuge am Beispiel der Lok 2000-Familie; Anwendung von Telemetrie, Intensitäts- und Araymesstechnik. Glasers Ann **119**(9/10), 463–474 (1995). ZEV+DET
37. Iwnicki, S.: Manchester Benchmarks for Rail Vehicle Simulation, Vehicle System Dynamics. Intern J Veh Mech Mobil **30**(3–4), 295–313 (1998)
38. DIN EN 12 299: Bahnanwendungen – Fahrkomfort für Fahrgäste – Messung und Auswertung. Europäische Norm, Berlin (2009–08)
39. Berg, H., Gößling, G., Zück, H.: Radsatzwelle und Radscheibe – die richtige Kombination zur Messung der Kräfte zwischen Rad und Schiene. Zev+det Glasers Ann **120**(2), 40–47 (1996)
40. Internationaler Eisenbahnverband: UIC-Kodex 518: Fahrtechnische Prüfung und Zulassung von Eisenbahnfahrzeugen – Fahrsicherheit, Fahrwegbeanspruchung und Fahrverhalten, 4. Aufl., Selbstverlag, Paris (2009)
41. DIN EN 14 363: Bahnanwendungen – Fahrtechnische Prüfung für die fahrtechnische Zulassung von Eisenbahnfahrzeugen – Prüfung des Fahrverhaltens und stationäre Versuche. Beuth, Berlin (2013)
42. DIN EN 50126:2015: Bahnanwendungen – Spezifikation und Nachweis der Zuverlässigkeit, Verfügbarkeit, Instandhaltbarkeit und Sicherheit (RAMS)
43. Haller, G.: Der neue Klima-Wind-Kanal in Wien. ZEVrail Glasers Annalen **126** Tagungsband SFT Graz, 22–27 (2002)
44. N. N.: Snow failures savage Eurostar. Railw. Gaz. Intern. Febr. 2010, S. 23 (2010)

Weiterführende Literatur

45. Esveld, C.: Modern Railway track Bd. 2. MRT-productions, Delft (2001)
46. Feihl, J.: Die Diesellokomotive; Aufbau, Technik, Auslegung, 2. Aufl. Transpress, Stuttgart (2009)
47. Filipovic, Z.: Elektrische Bahnen; Grundlagen, Triebfahrzeuge, Stromversorgung, 4. Aufl. Springer, Berlin (2005)
49. Hecht, M., Jänsch, E., Lang, D.: Handbuch „Das System Bahn", 2. Aufl. DVV Rail Media Verlag (Eurailpress), Hamburg (2016)

50. Knothe, K.: Dynamik von Eisenbahngleisen. Ernst und Sohn, Berlin (1998)
51. Knothe, K., Stichel, S.: Rail Vehicle Dynamics. Springer, Heidelberg, New York (2016)
52. Knothe, K., Stichel, S.: Rail Vehicle Dynamics. Springer, Heidelberg, New York (2017). ISBN 978-3319453743
53. Kurz, K., et al.: Richtlinien für die Spurführung von Schienenbahnen nach der Verordnung über den Bau und Betrieb der Straßenbahnen, 2. Aufl. E. Schmidt Verlag, Bielefeld (1994)
54. Matthews, V.: Bahnbau, 7. Aufl. Teubner, Stuttgart (2007)
55. N. N.: Jane's World Railways, Yearbook 2016. IHS Global Limited, Coulsdon (2016)
56. Pachl, J.: Systemtechnik des Schienenverkehrs, 6. Aufl. Vieweg+Teubner, Stuttgart (2011)
57. Popp, K., Schiehlen, W.: Fahrzeugdynamik. Eine Einführung in die Dynamik des Systems Fahrzeug – Fahrweg. Teubner, Stuttgart (1993)
58. Popp, K., Schiehlen, W.: System dynamics and long-term behaviour of railway vehicles, track and subgrade. Springer, Berlin (2003)
59. Steimel, A.: Elektrische Triebfahrzeuge und ihre Energieversorgung, 3. Aufl. Oldenbourg, München (2013)
60. Wende, D.: Fahrdynamik des Schienenverkehrs. Vieweg+Teubner, Wiesbaden (2003)
61. Der Eisenbahningenieur: Internationale Fachzeitschrift für Schienenverkehr und Technik. Verband Deutscher Eisenbahningenieure VDEI e.V.
62. Der Nahverkehr: Zeitschrift für Verkehr in Stadt und Region. DVV-Media Verlag
63. Eisenbahnrevue International. Minirex Verlag, Luzern
64. Elektrische Bahnen eb: Elektrotechnik im Verkehrswesen. InnoTed Medien GmbH RTR
65. ETR Eisenbahntechnische Rundschau: Zeitschrift für die gesamte Eisenbahntechnik. DVV Media Verlag
66. Nahverkehrs-Praxis: Fachzeitschrift für Nahverkehr und Verkehrsindustrie. Arnold GmbH
67. Privatbahnmagazin: Wirtschaft, Logistik, Unternehmen, Technik. Bahnmedia Verlag, Sulendorf
68. Proceedings of the Institution of Mechanical Engineers, Part F. J. Rail Rapid Transit. Professional Engineering Publishing
69. Railway Gazette International: Quadrant House, Sutton
70. Railway Technical Review: Intern. J. Railw. Eng. DVV Media Verlag
71. Verkehr und Technik (V+T): Organ für den Öffentlichen Personennahverkehr (ÖPNV), Verkehrstechnik, Verkehrswirtschaft, Verkehrspolitik. Erich Schmidt Verlag
72. ZEVrail Glasers: Zeitschrift für das gesamte System Bahn. Georg Siemens Verlag, Berlin
73. Krüger, F., Czolbe, Ch , et al.: Kurvengeräusche: Messung, Bewertung und Minderungsmaßnahmen. Schriftenreihe für Verkehr und Technik, Bd. 97. Erich Schmidt Verlag, Berlin (2013)
74. Matthews, V.: Bahnbau (Teubner Studienskripten Bauwesen) Taschenbuch (2012)
75. Fontanel, E., Christeller, R.: Rolling Stock in the Railway System. Editions la vie du rail, Bd. 1. (2016)
76. Alle Spezifikationen Interoperabilität, frühere und aktuelle: http://www.eisenbahn-cert.de/DE/Informationen/TSI/tsi_node.html, 5.11.17 aufgerufen

Luftfahrzeuge 55

Rudolf Voit-Nitschmann und Thomas Keilig

55.1 Allgemeines

Sich frei und willkürlich durch den Luftraum zu bewegen, das ist seit jeher ein Menschheitstraum. Das Wort *Flugzeug* ist erst etwas mehr als ein Jahrhundert alt. Otto Lilienthal nannte als Erster seine Gleitflugapparate *Flugzeug*. 1891 führte er den ersten gesteuerten Menschenflug von einem aufgeschütteten Fliegeberg in Lichtenfelde bei Berlin durch.

55.1.1 Luftverkehr

55.1.1.1 Allgemeine Luftfahrt

Nach der Definition der International Civil Aviation Organisation (ICAO) umfasst die Allgemeine Luftfahrt (General Aviation) alle Zweige, die nicht zum Linienverkehr, zum planmäßigen Gelegenheitsverkehr (Charter) oder zur Militärluftfahrt gehören [1].

Mit einem statistischen Mittel der letzten Jahre von fast 90 % des Flugzeugbestandes hat die Allgemeine Luftfahrt weltweit zahlenmäßig den größten Anteil an der zivilen Luftfahrt.

R. Voit-Nitschmann (✉)
Emeritus, Universität Stuttgart
Stuttgart, Deutschland
E-Mail: r.voit-nitschmann@online.de

T. Keilig
Universität Stuttgart
Stuttgart, Deutschland

Dazugehörende Bereiche sind der Reiseflugverkehr mit Privatflugzeugen, der Geschäftsreiseverkehr, Einsätze in Land- und Forstwirtschaft, die Sportluftfahrt, Versorgungs- und Rettungsflüge sowie die Regierungsflüge.

Weltweit gibt es rund 400 000 Flugzeuge der Allgemeinen Luftfahrt und über 1,2 Millionen Piloten mit zivilen Motorfluglizenzen. Ihnen stehen etwa 36 000 Flugplätze zur Verfügung.

55.1.1.2 Verkehrsluftfahrt

Zu Beginn der Verkehrsluftfahrt steht nicht das Flugzeug sondern das Luftschiff. 1909 wird die DELAG, die Deutsche Luftschiffahrts-Aktiengesellschaft, als erste Luftverkehrsgesellschaft der Welt, gegründet. Die DELAG betrieb bis Kriegsbeginn 1914 sieben Luftschiffe.

Den zivilen Flugverkehr mit Flugzeugen begannen zunächst die Postverwaltungen. Im Juni 1912 genehmigte die Kaiserliche Postverwaltung erstmalig Postflüge zwischen Darmstadt und Frankfurt. 1920 gab es einen transkontinentalen Luftpostdienst. Am 6. Januar 1926 wurde die Deutsche Luft Hansa gegründet.

Heute beeinflussen die Luftverkehrsunternehmen mit ihren Forderungen die Auslegung der Transportflugzeuge. Der Wettbewerb unter den Herstellern sorgt für den Fortschritt. Das Strahlflugzeug (Jet) beherrscht die Kurz-, Mittel- und Langstrecke. Auf kurzen und mittleren Strecken mit geringerem Verkehrsaufkommen werden Maschinen mit Propellerturbinen (Turboprop) geflogen.

B. Bender und D. Göhlich (Hrsg.), *Dubbel Taschenbuch für den Maschinenbau 3: Maschinen und Systeme*,
https://doi.org/10.1007/978-3-662-59715-6_55

55.1.1.3 Militärluftfahrt

Der Gedanke, einen Gegner aus der Luft zu bekämpfen, reicht in die Zeit um 2000 v. Chr. zurück. Der chinesische General Han Hsin verwendete bemannte Drachen, um die Entfernung zu feindlichen Festungen zu bestimmen. 1910 wurde in Döberitz bei Berlin eine militärische Fliegerschule eingerichtet.

Auch heute gelten Militärflugzeuge immer noch als Schrittmacher moderner Technologien (Elektronik, Sensorik, gewichtssparende Faserverbundwerkstoffe).

55.1.2 Anforderungen an den Luftverkehr und an Luftfahrzeuge

55.1.2.1 Anforderungen an den Luftverkehr

Mit dem Schritt in die Nutzungsphase des Flugzeugs begann die Ausweitung der Flugtechnik zum *Gesamtsystem*. Dazu gehört z. B. auch die Einrichtung einer Infrastruktur von Flugplätzen.

Flughäfen/Flugplätze sind Anlagen, die durch entsprechende Einrichtungen für Starts und Landungen sowie für die Abfertigung, die Wartung und das Abstellen von Luftfahrzeugen geeignet sind. Flughäfen unterscheiden sich von den einfacher ausgestatteten Landeplätzen (z. B. der Allgemeinen Luftfahrt) besonders durch ausreichend lange und entsprechend befestigte Start- und Landebahnen für Strahl- und Großraumflugzeuge sowie durch flugsicherungstechnische Einrichtungen (z. B. Instrumenten-Landesystem ILS), die Start und Landung selbst bei schlechten Wetterbedingungen ermöglichen. Die Anbindung von Flughäfen an das Bodenverkehrsnetz (Autobahn, Eisenbahn, S- und U-Bahnen sowie citynahe Busverbindungen und der Individual-Verkehr) wird heute als unabdingbare Voraussetzung für einen reibungslosen Verkehrsverbund und -umschlag angesehen.

Die wichtigsten Einrichtungen eines Verkehrsflughafens sind befestigte Start- und Landebahnen (Pisten) mit Rollwegen (Abrollwegen) und Vorfeldanlagen, entsprechende Befeuerungseinrichtungen (Beleuchtung), Tanklager und Betankungseinrichtungen (Tankwagen oder Unterflurbetankung), Abfertigungsgebäude für Fluggäste (Terminal), Gepäck, Fracht (Cargo-Terminal), Posteinrichtungen (Luftpost), Hallen (Hangars) für Wartungs-, Reparatur- und Überholungsarbeiten an Flugzeugen, Feuerwachen mit Spezialllösch- und Rettungsfahrzeugen, Kontrollturm (Tower) und Vorfeldkontrolle, Flugwetterwarte, Einrichtungen für die gesamte Flugzeugversorgung wie Bordverpflegung (Catering) aber auch Entsorgung (Toilettenwagen) bis hin zum Winterdienst mit Enteisungsgeräten.

Die größten Flughäfen besitzen zudem eigene Flughafenkliniken oder flugärztliche Dienste, Besucherterrassen und Standplätze für Busse und Taxen, Parkplätze und Parkhäuser. Ein moderner Verkehrsflughafen besitzt auch Einrichtungen für Zollfahrzeuge, für Sicherheitskontrollen, für die Flughafenpolizei und den Bundesgrenzschutz.

55.1.2.2 Anforderungen an Luftfahrzeuge

Die *Systemtechnik* in der Flugtechnik begann mit der Einführung des Antriebs im Fluggerät. Heute nach 100 Jahren Entwicklung besteht immer noch ein ständiger, technisch begründeter Anreiz, alle Untersysteme und deren Zusammenspiel im *Gesamtsystem Flugzeug* zu verbessern. Auf folgenden Gebieten liegt in der Zukunft noch ein großes Entwicklungspotential:

- Aerodynamik (Widerstandsverminderung, Anpassung der Profilumströmung durch mechanisch/geometrische Adaption der Profilform),
- Strukturgewicht (breite Einführung von Faserverbundwerkstoffen, Verbesserung der Leichtmetalllegierungen),
- Antriebe (neue Materialien, z. B. Keramiken; neue Energieträger, z. B. Wasserstoff),
- Umweltprobleme (Fluglärmverminderung, Schadstoffreduzierung),
- Flugzeugausrüstung (Geräte zur vollständigen genauen Überwachung des Flugzustandes),
- Navigation (Einrichtungen und Geräte am Boden, in Satelliten und an Bord wirken vollautomatisch zusammen, überwachen den Flugkurs = Autopilot),

- Zuverlässigkeit (Ausweitung der Zuverlässigkeits-Techniken und Theorien, z. B. *trend monitoring* oder *condition monitoring* bei Triebwerken).

Neben der Hauptgruppe *Zelle* werden in einem Fluggerät folgende Subsysteme benötigt: Hydraulische, elektrische und pneumatische Energieversorgung, Kraftstoffsysteme, Klima- und Enteisungsanlagen, primäres und sekundäres Flugsteuerungssystem, Flugführungssystem, Flugregler und Autopilot, Trägheits- und Flugnavigationsgeräte, Cockpitinstrumentierung, Küchen, Toiletten, Entertainment-Einrichtungen u. a.

Das Zusammenwirken dieser Untersysteme zum Gesamtsystem muss in der Entwurfsphase eines Fluggerätes bestimmt und optimiert werden. Des Weiteren muss die Auswirkung auf die Lebensdauer und die Betriebskosten abgeschätzt werden. Dazu müssen in allen durchzuführenden Phasen wie Planung, Entwicklung, Erprobung, Integration und Betrieb universelle Bewertungskriterien und -methoden angewandt oder neu entwickelt werden. Nur durch diese ganzheitliche Betrachtung kann ein Produkt in der Luftfahrt im internationalen Wettbewerb bestehen. Diese Betrachtungsweise führt letztlich zu wenigen Flugzeugfamilien *(Airbus, Boeing)*, die sich am Markt behaupten können. Der sich ergebende Konzentrationseffekt resultiert auch daraus, dass heute z. B. ein modernes, ziviles, am Markt plazierbares Passagierflugzeug von einer Nation alleine gar nicht mehr entwickelt werden kann. Europa und USA stehen im Wettbewerb [2].

55.1.3 Einordnung und Konstruktionsgruppen von Luftfahrzeugen

55.1.3.1 Unterscheidung von Luftfahrzeugen

Geräte leichter als Luft. Diese erfahren einen statischen Auftrieb. Der Auftrieb unterliegt dem Archimedischen Prinzip: Die Gesamtmasse des Gerätes ist leichter als die verdrängte Luftmasse. Zu dieser Kategorie gehören Ballone (Gasfüllung oder Füllung mit Heißluft), als Freiballone gefahren oder als Fesselballone genützt, sowie die Luftschiffe, in nichtstarrer, halbstarrer und starrer Bauausführung. Moderne Luftschiffe sind heute teilweise schwerer als Luft, z. B. *Zeppelin NT*, und führen somit einen dynamischen Flug aus.

Geräte schwerer als Luft. Diese erfahren bei der Bewegung durch die Atmosphäre einen dynamischen Auftrieb. Der Auftrieb folgt den theoretischen Ansätzen des Bernoulli-Gesetzes. Er entsteht an schräg angeblasenen, großen, zumeist flachen Körpern (s. Bd. 1, Abschn. 17.6.5). Die Gesamtmasse des Gerätes ist dabei schwerer als die verdrängte Luftmasse.

Flugzeuge. So werden allgemein Luftfahrzeuge genannt, die schwerer als Luft sind und die einen dynamischen Auftrieb an profilierten unter einem Anstellwinkel angeströmten Tragflächen erfahren. Man spricht auch von Starrflüglern.

Drehflügelflugzeuge. Dies sind Luftfahrzeuge, die schwerer als Luft sind und rotierende Auftriebsflächen besitzen. Dazu gehören die Hubschrauber (Auftrieb und Vortrieb durch motorangetriebenen Rotor), die Flugschrauber (Auftrieb durch motorangetriebenen Rotor und Vortrieb durch zusätzliche Luftschraube) und die Tragschrauber (Vortrieb durch Luftschraube, Auftrieb durch antriebslosen Rotor).

Sonderformen von Luftfahrzeugen. Dazu gehören Geräte, die schwerer als Luft sind und zumeist ballistische Flugbahnen beschreiben, wobei sie einen gewissen dynamischen Auftrieb erfahren. Dazu gehören alle Arten von Flugkörpern, Trägerraketen und Raumgleiter (space shuttle).

55.1.3.2 Bauarten

Eine Einordnung der Flugzeuge kann auch über folgende Merkmale erfolgen (Abb. 55.1):

- Zahl der Tragflächen (Eindecker, Eineinhalbdecker, Doppeldecker, Mehrdecker),
- Anordnung der Tragflächen (Tiefdecker, Mitteldecker, Schulterdecker, Hochdecker),

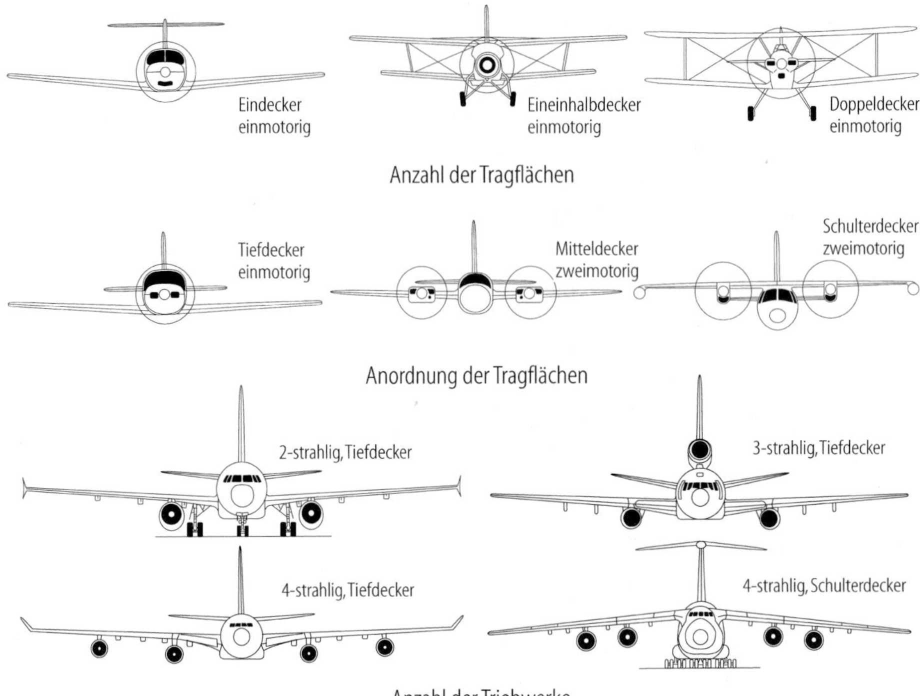

Abb. 55.1 Einordnung der Flugzeuge nach Bauarten

- Bauform der Tragflächen (freitragend, verstrebt, einstielig, mehrstielig und verspannt),
- Start-/Landungsart (Landflugzeug: Fahrgestell, Kufe; Wasserflugzeug: Schwimmer, Bootsrumpf, Amphibium),
- Anzahl und Art der Triebwerke (einmotorig, zweimotorig, dreimotorig, vier- und mehrmotorig),
- Anordnung der Luftschraube (Zugschraube, Druckschraube, Zug- und Druckschraube),
- Leitwerksbauformen (Kreuz-, T-, V-Leitwerk, Abb. 55.11).

55.1.3.3 Konstruktions- und Fertigungsgruppen

Die Untergliederung in einzelne Baugruppen kann erfolgen nach Funktion (sogenannte Konstruktionsgruppen)

- Rumpf (fuselage): Aufnahme von Besatzung, Passagieren und Nutzlast,
- Tragwerk (wing): Tragflügel, auftriebserzeugende Klappen, Höhenleitwerk,
- Leitwerk (empennage): Seitenleitwerk und Höhenleitwerk,
- Steuerwerk (controls): Übertragung der Steuereingaben vom Cockpit bis zu den Steuerflächen, inkl. beweglicher Klappen und Ruderflächen,
- Fahrwerk (landing gear): zum Rollen am Boden, evtl. Kufen, Skier oder Schwimmer,
- Triebwerk (power plant): Kolbenmotor mit Propeller, Turboprop oder Jet

oder nach Fertigungsaspekten (hier am Beispiel Flügel)

- Einzelteile (Obergurt, Untergurt, Stringer, Winkel, Knotenbleche usw., vgl. Abb. 55.32),
- Bauteile (Holme, Stege, Rippen, Beschläge usw.),
- Baugruppen (Holmkasten, Pylone, Ruder, Klappen usw.),
- Großgruppen (Flügel, Rumpfsegmente, Seitenleitwerk, Höhenleitwerk usw.).

55.1.4 Einordnung von Luftfahrzeugen nach Vorschriften

Die hohen Sicherheitsanforderungen bringen es mit sich, dass man in praktisch allen Teilbereichen der Luftfahrt internationalen und nationalen Bindungen, Vorschriften und Vereinbarungen begegnet. Dies führte schon in den Anfängen der Luftfahrt zu anspruchsvollen Vorschriften. Zwei wichtige internationale Organisationen beeinflussen den Bau und den Betrieb von Luftfahrzeugen:

Auf der Ebene der Regierungen die ICAO (International Civil Aviation Organisation), gegründet 1947, Sitz in Montreal, Kanada. Die CINA (Commission International de Navigation Aerienne), gegründet 1919, war die Vorgängerinstitution der ICAO. Für die Mitgliedschaft in der ICAO muss ein Staat sich am Luftverkehr beteiligen und in die UNO wählbar sein. Die ICAO erarbeitet internationale Richtlinien und Empfehlungen, z. B. in den Bereichen: Lufttüchtigkeit von Luftfahrzeugen, Eintragung und Kennzeichnung von Luftfahrzeugen, Merkmale von Flughäfen und Landeplätzen. Die Ausgestaltung und die Überprüfung der Einhaltung der ICAO-Empfehlungen bildet die Arbeitsgrundlage der nationalen Luftfahrtbehörden.

Auf der Ebene der Luftverkehrsgesellschaften (Halter) die IATA (International Air Traffic Association), gegründet 1919 in Den Haag, Neugründung 1945 in Havanna als International Air Transport Association, mit Sitz in Montreal, Kanada.

Die von der ICAO erarbeiteten Richtlinien und Empfehlungen werden als international anerkannte FAR-(Federal Aviation Regulation-)Texte von der US-amerikanischen Luftfahrtbehörde FAA (Federal Aviation Administration) herausgegeben. In Europa übernahm die JAA (Joint Aviation Authority) der ECAC (European Civil Aviation Conference) mit ihren JAR-Vorschriften (Joint Airworthiness Requirement) diese Aufgabe. Seit Oktober 2003 wird für die Mitgliedstaaten der Europäischen Gemeinschaft die rechtsverbindliche Luftfahrtverwaltung durch die europäische Luftfahrbehörde EASA (European Aviation Safety Agency) in Köln wahrgenommen. Außer den EU-Mitgliedsstaaten sind Liechtenstein, Island, Norwegen und die Schweiz kooperative Mitglieder.

Dies ist der große Unterschied zur JAA, welche ein „Interessenverband“ ohne Rechtsgewalt ist: Die von der JAA ausgearbeiteten Vorschläge für einheitliche Standards hatten keinerlei Rechtscharakter. Die Regierungen der einzelnen JAA-Mitgliedsstaaten (zuletzt 37, darunter z. B. auch Albanien, Island, Rumänien, Türkei und Zypern) mussten jede JAR zuerst in nationales Recht umwandeln. Dabei gab es neben zeitlichen Verzögerungen auch nationale Unterschiede bzw. Übersetzungsvarianten. Alle JAR-Texte wurden im letzten Änderungsstand des englischen Originals nun wortgleich in EASA CS Vorschriften (CS Certification Specification) gewandelt. Ferner hat die EASA auch die Aufgaben der Zulassung von Luftfahrttechnischen Betrieben (LTB) und Luftfahrzeugen (Type Certification) sowie die Erstellung und Verbreitung von Airworthiness Directives (AD, dt.: Luftfahrttechnische Anweisung LTA) einheitlich für alle EU-Staaten übernommen. In Deutschland hatte diese Aufgaben vorher das Luftfahrt-Bundesamt (LBA) in Braunschweig inne. Die oberste deutsche Behörde zur Wahrnehmung der Aufgaben in der Luftfahrt ist das Bundesministerium für Verkehr.

55.1.4.1 Zulassungspflichtige Luftfahrtgeräte, Musterzulassung

In Deutschland regelt das Luftverkehrsgesetz (LuftVG [3]) mit den zugehörigen Verordnungen den Luftverkehr. Einzelne Verordnungen sind z. B.:

- Luftverkehrs-Zulassungs-Ordnung (LuftVZO),
- Luftverkehrs-Ordnung (LuftVO),
- Bauordnung für Luftfahrtgerät (LuftBauO),
- Verordnung zur Prüfung von Luftfahrtgerät (LuftGerPV),
- Verordnung über Luftfahrtpersonal (LuftPersV),
- Betriebsordnung für Luftfahrtgerät (LuftBO).

Gemäß LuftVG ist ein Luftfahrzeug ein Gerät, das sich in der Atmosphäre bewegt.

Luftfahrtgeräte, die der Musterzulassung bedürfen, sind: Flugzeuge, Drehflügelflugzeuge, Luftschiffe, Motorsegler, Segelflugzeuge, bemannte Ballone, Luftsportgeräte, Flugmodelle mit mehr als 25 kg Masse, Rettungsfallschirme, Rettungsgeräte für Luftsportgerät, Flugmotoren, Propeller, Funkgeräte (eingebaut in zulassungspflichtigen Luftfahrzeugen) und sonstige Luftfahrtgeräte (prüfungspflichtig nach Prüfordnung).

Die Musterzulassung erfordert eine abgeschlossene Musterprüfung. Die Musterprüfung erfolgt auf der Basis von Bauvorschriften und wird von der EASA erteilt. Die Musterzulassung der Luftsportgeräte wird von einem Beauftragten des Bundesministeriums für Verkehr erteilt.

55.1.4.2 Bauvorschriften

Für zulassungspflichtige Luftfahrtgeräte ist durch Musterprüfung festzustellen, ob die anzuwendenden Bauvorschriften erfüllt werden.

Die amerikanischen Lufttüchtigkeitsforderungen für Verkehrsflugzeuge sind in der FAR Part 25, die für Drehflügler in FAR Part 27 zu finden. Den Verkehrs-Drehflüglern ist z. B. der Part 29 vorbehalten. Part 33 behandelt die Flugmotoren, Part 35 beschäftigt sich mit dem Propeller, die Lärmproblematik wird innerhalb Part 36 behandelt.

Innerhalb der EASA-Mitgliedsstaaten gelten die EASA CS (Certification Specifications), z. B. kommt in Europa die EASA CS 25 für *large aeroplanes* anstelle der FAR Part 25 zur Anwendung und die CS-E betrifft FAR Part 33 für *engines.* Anstelle von FAR Part 35 tritt die CS-P für die Propeller. Die EASA CS 22 wird auf Segelflugzeuge und Motorsegler angewandt. In den USA kommen generell die FAR-Bestimmungen zum Einsatz (Tab. 55.1).

Innerhalb der Bauvorschriften für zivile Luftfahrzeuge, wie z. B. FAR Part 23 (bzw. EASA CS 23) sind die Lufttüchtigkeitsforderungen für Normal-, Nutz- und Kunstflugzeuge (Kategorien:

Tab. 55.1 Bauvorschriften. Übersicht über die wichtigsten Bauvorschriften im Flugzeugbau

Kategorie	Bezeichnung	Bemerkungen, Beschränkungen	Ursprung	Gültigkeit
Ultraleichtflugzeuge (UL)	Lufttüchtigkeitsforderungen für UL **LTF-UL**	Abflugmasse max. 472,5 kg (zweisitzig) $V_{S0} \leq 65$ km/h	BRD	BRD
	Federal Aviation Regulation **FAR 103** Ultralight	Abflugmasse max. 400 kg (zweisitzig)	USA	USA
Kleine zivile Flugzeuge	EASA Requirements **CS-VLA** Very Light Aeroplanes	Abflugmasse max. 750 kg, zweisitzig, einmotorig, VFR-Tag, $v_{S0} \leq 45$ kt (83 km/h)	EU	EU
	EASA Requirements **CS 23**, Normal Utility, Aerobatic and Commuter Category Aeroplanes	einmotorige Propellerflugzeuge Abflugmasse max. 5670 kg, max. 9 Passagiere mehrmotorige Propellerflugzeuge: max. 8618 kg, max. 19 Passagiere	EU	EU
	Federal Aviation Regulation **FAR 23**, Normal, Utility, Aerobatic and Commuter Category Aeroplanes	Abflugmasse max. 12 500 lbs (5670 kg), max. 9 Passagiere mehrmotorig: max. 19 000 lbs (8618 kg), max. 19 Passagiere	USA	USA
Segelflugzeuge und Motorsegler	**EASA Requirements CS 22** Sailpanes and Motorgliders	Segelflugzeuge: Abflugmasse max. 750 kg, Motorsegler: max. 850 kg, zweisitzig $m_{max} / b^2 = 3$ kg/m² (*b*: Spannweite)	EU	EU, USA

Tab. 55.1 (Fortsetzung)

Kategorie	Bezeichnung	Bemerkungen, Beschränkungen	Ursprung	Gültigkeit
Zivile Transport-flugzeuge	**EASA Requirements CS 25** Large Aeroplanes	Abflugmasse > 5670 kg, > 9 Passagiere mehrmotorig: > 8618 kg, > 19 Passagiere	EU	EU
	Federal Aviation Regulation **FAR 25** Transport Category Airplanes	Abflugmasse > 5670 kg, > 9 Passagiere mehrmotorig: > 8618 kg, > 19 Passagiere	USA	USA
Militär-flugzeuge	Military Specifications **MIL-A-8860 Series** Aircraft Strength and Rigidity, General Specification		USA	USA
	Design Requirements for Service Aircraft		UK	UK
	Air 2004 D Résistance des Avions		Frankreich	Frankreich
Hub-schrauber	Federal Aviation Regulation **FAR 27** Normal Category Rotorcraft	Abflugmasse max. 6000 lbs (2722 kg)	USA	USA
	Federal Aviation Regulation **FAR 29** Transport Category Rotorcraft	Kategorie A: Abflugmasse > 20 000 lbs (9072 kg) $\geq$ 10 Passagiere Kategorie B > 2000 lbs < 9 Passagiere $\leq$ 20 000 lbs $\geq$ 10 Passagiere		
Triebwerke	Federal Aviation Regulation **FAR 33** Engines		USA	USA, EU
Propeller	Federal Aviation Regulation **FAR 35** Propeller		USA	USA, EU

N = Normal, U = Utility und A = Aerobatic) enthalten. In Subpart B findet man Forderungen zum Betriebsverhalten, in C Aussagen zur Festigkeit, in D Angaben zur Gestaltung und Bauausführung, in E Informationen zum Triebwerkseinbau und in F zur Ausrüstung.

Für Militärflugzeuge gelten spezielle Vorschriften und Verfahrensbeschreibungen:

- Military Specifications (MIL-SPEC), Vorschriften für die Kraftstoffanlage, die Triebwerke, aber auch Einzelkomponenten wie elektrische Schalter.
- Die Military Standards (MIL-STD) enthalten Vorschriften, Richtlinien und Verfahrensbeschreibungen, z. B. für das Sichtfeld von Flugzeugbesatzungen, für Testmethoden usw.
- Das Military Handbook (MIL-HDBK) enthält u. a. Konstruktionsrichtlinien und Angaben über Festigkeitseigenschaften metallischer Werkstoffe, GFK-Bauteile, Sandwich-Bauteile u. a.

Tab. 55.2 Deutsche Eintragungszeichen

Für Flugzeuge				
E	einmotorig		bis 2 t	Leichte Reiseflugzeuge
G	mehrmotorig		bis 2 t	Geschäftsreiseflugzeuge
F	einmotorig	über 2 t	bis 5,7 t	
I	mehrmotorig	über 2 t	bis 5,7 t	
C	über 5,7 t		bis 14 t	Commuter-Flugzeuge
B	über 14 t		bis 20 t	Regionalverkehrsflugzeuge
A	über 20 t			Verkehrsflugzeuge
Für anderes Luftfahrtgerät				
H	Drehflügler			
K	Motorsegler			
L	Luftschiffe			
M	Luftsportgeräte, motorgetrieben (z. B. Ultraleichtflugzeuge)			
N	Luftsportgeräte, nichtmotorgetrieben (z. B. Drachen)			
O	bemannte Ballone			
0–9	Segelflugzeuge (z. B. Kennung: D-0859)			

55.1.4.3 Einordnung nach Gewicht und Eintragungszeichen

Deutsche Flugzeuge, Drehflügler, Luftschiffe, Motorsegler, Segelflugzeuge, Luftsportgeräte und Ballone führen als Staatszugehörigkeitszeichen die Bundesflagge und den Buchstaben D. Neben dem Nationalitätszeichen D folgen als Eintragungszeichen vier weitere Buchstaben zur eindeutigen Kennzeichnung. Tab. 55.2 zeigt, welche Buchstaben in Deutschland als erste Buchstaben des Eintragungszeichens verwendet werden.

55.2 Definitionen

In diesem Abschnitt werden Begriffe definiert und Vereinbarungen getroffen. Detailliertere Erklärungen finden sich in den folgenden Abschnitten zu Flugphysik (Abschn. 55.3) und Struktur (Abschn. 55.4).

55.2.1 Die internationale Standardatmosphäre (ISA)

Die hier verwendeten Daten und Formeln zur Berechnung der Eigenschaften der Atmosphäre für Flugleistungsrechnungen gehen zurück auf Arbeiten in den 1920er Jahren, durchgeführt von der NACA (National Advisory Comittee on Aeronautics) und ICAN (International Comittee on Aerial Navigation). Diese Arbeiten flossen in die Veröffentlichung einer neuen internationalen Standardatmosphäre durch die ICAO 1954 ein. (Allgemeine Grundlagen zur Berechnung der Atmosphärendaten für Höhen bis 20 km. Eine Erweiterung der Daten auf größere Höhen erfolgte in späteren Jahren, weitere Informationen s. a. [4].)

Das mathematische Modell betrachtet die Luft der Atmosphäre als ideales Gas. Folglich sind die Zustandsgrößen (Druck p, Dichte ρ und Temperatur T) durch das ideale Gasgesetz (thermische Zustandsgleichung idealer Gase, s. a. Bd. 1, Abschn. 40.1.1) verknüpft:

$$p = \varrho \cdot R \cdot T\ .$$

Dabei ist R die spezifische Gaskonstante ($R = 287{,}05\ \mathrm{J/(kg \cdot K)}$). Unter der Annahme einer statischen Atmosphäre muss die hydrostatische Gleichung erfüllt werden (s. a. Bd. 1, Kap. 16):

$$\Delta p = -\varrho \cdot g \cdot \Delta H\ .$$

Für die Bestimmung der wichtigsten physikalischen Größen der ISA gelten die in Tab. 55.3 zusammengestellten Gleichungen und Konstanten. Für die Troposphäre – der Teil der Atmosphäre, in dem das Wettergeschehen stattfindet,

Tab. 55.3 Internationale Standardatmosphäre, Formeln und Konstanten

Größe	Gleichung	Parameter Troposphäre
Druck	$\frac{p}{p_0}(H) = \left(1 + \frac{\mathrm{d}T}{\mathrm{d}H} \cdot \frac{H - H_0}{T_0}\right)^{\frac{n}{n-1}}$	$H_0 = 0\,[\mathrm{m}]\frac{\mathrm{d}T}{\mathrm{d}H} = -0{,}0065[\mathrm{K/m}]P_0 = 101325[\mathrm{Pa}]T_0 = 288{,}15\,[\mathrm{K}]\varrho_0 = 1{,}225\,[\mathrm{kg/m^3}]n = 1{,}235\,[\,]R = 287{,}05\,[\mathrm{J/(kg \cdot K)}]$
Dichte	$\frac{\varrho}{\varrho_0}(H) = \left(1 + \frac{\mathrm{d}T}{\mathrm{d}H} \cdot \frac{H - H_0}{T_0}\right)^{\frac{n}{n-1}}$	
Temperatur	$gT(H) = T_0 + \frac{\mathrm{d}T}{\mathrm{d}H}(H - H_0)$	
Größe	**Gleichung**	**Parameter Stratosphäre**
Druck	$\frac{p}{p_0}(H) = \exp\left(\frac{-g}{R \cdot T_0}(H - H_0)\right)$	$H_0 = 10\,000\,[\mathrm{m}]\frac{\mathrm{d}T}{\mathrm{d}H} = 0\,[\mathrm{K/m}]P_0 = 22\,632\,[\mathrm{Pa}]T_0 = 216{,}65\,[\mathrm{K}]\varrho_0 = 0{,}364\,[\mathrm{kg/m^3}]n = 1\,[\,]R = 287{,}05\,[\mathrm{J/(kg \cdot K)}]$
Dichte	$\frac{\varrho}{\varrho_0}(H) = \exp\left(\frac{-g}{R \cdot T_0}(H - H_0)\right)$	
Temperatur	$T(H) = T_0$	

Tab. 55.4 Internationale Standardatmosphäre, physikalische Größen

H [m]	p [hPa]	ρ[kg/m³]	T [K]	a [m/s]	H [ft]
0	1013,25	1,225	288,15	340,29	0
1000	898,76	1,112	281,65	336,43	3281
2000	794,97	1,007	275,15	332,53	6562
3000	701,11	0,909	268,65	328,58	9843
4000	616,43	0,819	262,15	324,58	13 123
5000	540,24	0,736	255,65	320,53	16 404
6000	471,85	0,660	249,15	316,43	19 685
7000	410,65	0,590	242,65	312,27	22 966
8000	356,04	0,525	236,15	308,06	26 247
9000	307,46	0,466	229,65	303,79	29 528
10 000	264,40	0,413	223,15	299,46	32 808
11 000	226,36	0,364	216,65	295,07	36 089
12 000	193,30	0,311	216,65	295,07	39 370
13 000	165,10	0,266	216,65	295,07	42 651
14 000	141,02	0,227	216,65	295,07	45 932
15 000	120,45	0,194	216,65	295,07	49 213
16 000	102,88	0,165	216,65	295,07	52 493
17 000	87,87	0,141	216,65	295,07	55 774
18 000	75,05	0,121	216,65	295,07	59 055
19 000	64,10	0,103	216,65	295,07	62 336
20 000	54,75	0,088	216,65	295,07	65 617

unterhalb einer Höhe von 11 km – gilt ein negativer Temperaturgradient, während für den Bereich über der Tropopause ($H \geqq 11$ km, Stratosphäre) von einem konstanten Temperaturverlauf über der Höhe ausgegangen wird. Die Zahlenwerte der physikalischen Größen und der Verläufe der relativen Größen sind in Tab. 55.4 und Abb. 55.2 zusammengefasst.

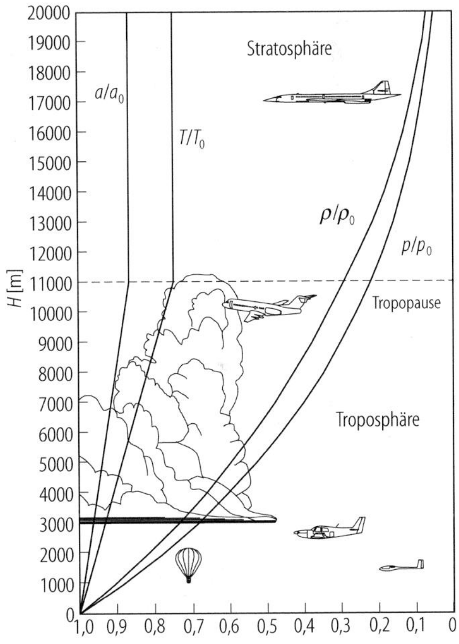

Abb. 55.2 Internationale Standardatmosphäre, relative Größen über der Höhe

Schallgeschwindigkeit. Die Schallgeschwindigkeit a ist definiert als die Ausbreitungsgeschwindigkeit einer Schallwelle in der umgebenden, vom aerodynamischen Feld des Luftfahrzeuges nicht beeinflussten Luft.

Die Schallgeschwindigkeit wird wie folgt als Funktion der Temperatur bestimmt

$$a = \sqrt{\kappa \cdot R \cdot T}\,.$$

Tab. 55.5 Geodätisches (erdlotfestes) Achsenkreuz

Benennung	Zeichen	Achsen	positive Richtung
	x_g	in der Horizontalebene	beliebig
	y_g	in der Horizontalebene	folgt aus x_g und z_g
Lotachse	z_g	gleichlaufend mit Gravitationsvektor	nach unten

Tab. 55.6 Flugzeug- bzw. Körperfestes Achsenkreuz

Benennung	Zeichen	Achsen	positive Richtung
Längsachse	x	in der Bezugsebene	beliebig nach vorne
Querachse	y	gleichlaufend mit Spannweite, rechtwinklig zur Längsachse	nach Steuerbord (in Flugrichtung rechts)
Hochachse	z	in der Bezugsebene	nach unten

Dabei ist $\kappa = 1{,}4$ der Isentropenexponent, $R = 287{,}05\ [\mathrm{J/(kg \cdot K)}]$ die spezifische Gaskonstante der Luft und T die Temperatur in Kelvin.

55.2.2 Achsenkreuze

Um Bewegungen des Luftfahrzeuges in der Atmosphäre, die als ruhend oder in translatorischer Bewegung mit nach Betrag und Richtung konstanter Geschwindigkeit gegenüber der Erde angenommen wird, zu beschreiben, werden in der Flugmechanik die folgenden Achsenkreuze festgelegt (s. Tab. 55.5, 55.6 und 55.7). Als flugzeugfeste Bezugsebene wird die vertikale Symmetrieebene des Luftfahrzeugs definiert. Für weiterführende Definitionen siehe auch [5].

55.2.3 Winkel

Die schräge Anströmung des Luftfahrzeugs wird durch die aerodynamischen Winkel α, β zwischen flugwindfestem und körperfestem Achsenkreuz beschrieben (s. Tab. 55.8 und Abb. 55.3). Die Lage des Luftfahrzeugs im Raum wird durch die Lagewinkel Ψ, Θ, Φ wiedergegeben (s. Tab. 55.9 und Abb. 55.4).

Tab. 55.7 Aerodynamisches (flugwindfestes) Achsenkreuz

Benennung	Zeichen	Achsen	positive Richtung
Flugwindachse	x_a	in Richtung des Fluggeschwindigkeitsvektors	in Richtung des Fluggeschwindigkeitsvektors
Querkraftachse	y_a	rechtwinklig zur Flugwindachse	nach Steuerbord (rechts)
Auftriebsachse	z_a	senkrecht zur Flugwindachse in der zx-Ebene	nach unten

Tab. 55.8 Aerodynamische Winkel (Anströmwinkel)

Benennung	Zeichen	Definition
Anstellwinkel (angle of attack)	α	Winkel zwischen der Längsachse und der Projektion des Fluggeschwindigkeitsvektors auf die zx-Ebene des körperfesten Achsenkreuzes. Positiv, wenn die z-Komponente des Fluggeschwindigkeitsvektors bezüglich der Hochachse positiv ist. Bereich: $-\pi < \alpha \leqq \pi$
Schiebewinkel (angle of sideslip)	β	Winkel, den der Fluggeschwindigkeitsvektor mit der Bezugsebene des Luftfahrzeugs bildet. Er ist positiv, wenn die y-Komponente des Fluggeschwindigkeitsvektors bezüglich der Querachse positiv ist. Bereich: $-\pi/2 \leqq \beta \leqq \pi/2$

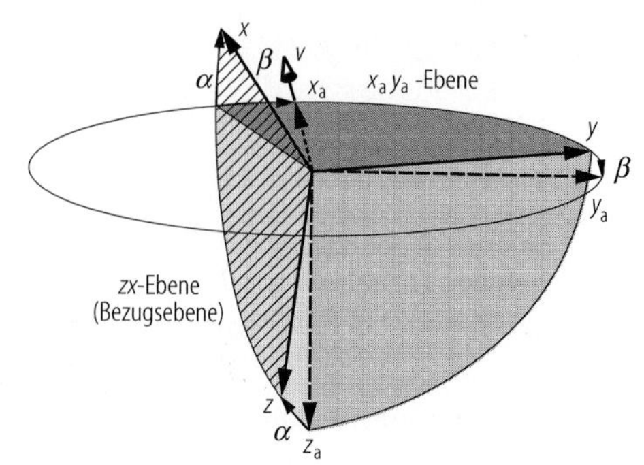

Abb. 55.3 Winkel zwischen aerodynamischem und körperfestem Achsenkreuz (Anströmwinkel)

Tab. 55.9 Lagewinkel

Benennung	Zeichen	Definition
Azimut bzw. Gierwinkel (azimuth angle)	ψ	Winkel der Drehung um die z_g-Achse (positiv im Uhrzeigersinn), die die x_g-Achse in die Projektion der Längsachse auf die Horizontalebene durch den Ursprung überführt.
Längsneigungs- bzw. Nickwinkel (inclination angle)	Θ	Winkel der Drehung in einer vertikalen Ebene im Anschluss an die Drehung Ψ, die die gedrehte x_g-Achse in die Längsachse überführt. Er ist positiv, wenn der positive Abschnitt der Längsachse oberhalb der Horizontalebene durch den Ursprung liegt. Bereich: $-\pi/2 \leqq \Theta \leqq \pi/2$
Hänge- bzw. Rollwinkel (bank angle)	Φ	Winkel der Drehung um die Längsachse (positiv im Uhrzeigersinn), die die y_g-Achse aus der nach der Drehung um Ψ erreichten Lage in ihre endgültige Lage y überführt.

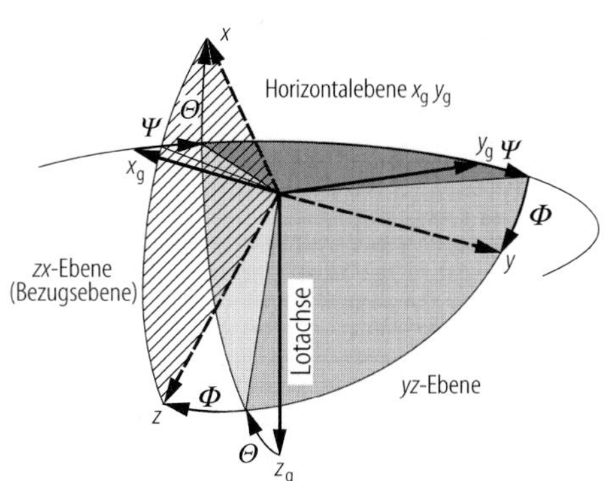

Abb. 55.4 Übergang vom erdlotfesten Achsenkreuz mit körperfestem Ursprung zum körperfesten Achsenkreuz (Lagewinkel)

55.2.4 Gewichte

Unter dem Begriff der Flugmasse versteht man ganz allgemein die momentane Masse des Luftfahrzeuges. Das Fluggewicht erhält man mit

$$G = m \cdot g\,.$$

Außerdem sind folgende Gewichtsdefinitionen gebräuchlich:

Maximales Abfluggewicht. Das maximale Abfluggewicht (maximum take-off weight) ist das strukturbegrenzte Höchstgewicht, mit dem das Flugzeug gestartet werden darf. Es hat sich die Abkürzung MTOW eingebürgert, die aus dem englischen Begriff abgeleitet wurde.

Maximales Landegewicht. Maximales Gewicht mit dem das Luftfahrzeug gelandet werden darf. Es wird die Abkürzung MLW (maximum landing weight) verwendet. Begrenzend ist auch hier die Struktur des Luftfahrzeuges. Ein höheres tatsächliches Landegewicht kann zu einer Schädigung der Struktur (z. B. Fahrwerk) führen, was im Falle einer Notlandung kurz nach dem Start bei Großflugzeugen das Ablassen des Kraftstoffes im Fluge notwendig macht.

Maximales Leertankgewicht. Maximales Flugzeuggewicht ohne Kraftstoff in den Tragflügeln (maximum zero fuel weight), abgekürzt MZFW. Limitierend ist hierbei das maximale Biegemoment an der Tragflügelwurzel, da der Kraftstoff im Tragflügel entlastend wirkt (vgl. Abschn. 55.4.6).

Außer durch diese Strukturlimits kann das maximal zulässige Gewicht eines Luftfahrzeuges auch durch die Flugleistungen begrenzt werden. Für sonstige Gewichtsbezeichnungen siehe Tab. 55.10.

55.2.5 Fluggeschwindigkeiten

Definitionen. Die Fluggeschwindigkeit ist definiert als der Vektor der Geschwindigkeit des Ursprunges des körperfesten Achsenkreuzes (üblicherweise im Schwerpunkt angeordnet), gegenüber der von dem aerodynamischen Feld des Luftfahrzeuges nicht beeinflussten Luft.

Demgegenüber definiert man die Geschwindigkeit über Grund (Ground speed). Dabei handelt es sich um die Geschwindigkeit, die das Luftfahrzeug dem Erdboden gegenüber besitzt. Die Differenz von tatsächlicher Fluggeschwin-

Tab. 55.10 Flugzeuggewichte

Gewicht des Flugzeuges inkl. Triebwerke und Ausrüstung (Elektrik, hydraul. Einrichtungen, Navigations-Anlagen, etc.)	
Leergewicht, ***Empty Weight Dry***	
+ nicht nutzbarer Kraftstoff, Motoröl, Hydraulik-, Enteisungs- und sonstige Flüssigkeiten	
Leergewicht (nass), ***Empty Weight***	
+ bewegliche Einsatzausrüstung (Dokumente, Notausrüstung, etc.)	
Grundgewicht, ***Basic Empty Weight***	
+ Crew mit Gepäck, Pantry (Catering), Wasservorräte	
Betriebsleergewicht, ***Dry Operating Weight***	
+ Kraftstoff beim Abflug, *Take off Fuel*	+ Nutzlast, *Payload*
Betriebsgewicht, ***Operating Weight***	**Leertankgewicht**, ***Zero Fuel Weight***
+ Nutzlast, *Payload*	+ Kraftstoff beim Abflug, *Take off Fuel*
Startgewicht, ***Take Off Weight***	
– Kraftstoff der im Flug verbraucht wird, *burn off trip fuel*	
Landegewicht, ***Landing Weight***	

Tab. 55.11 Bezeichnung der Fluggeschwindigkeiten

Zeichen	Englische Benennung	Deutsche Benennung
v_{IAS}	Indicated Airspeed	Angezeigte Geschwindigkeit
v_{BAS}	Basic Airspeed	Ausgangsgeschwindigkeit
v_{CAS}	Calibrated Airspeed	Eichgeschwindigkeit
v_{EAS}	Equivalent Airspeed	Äquivalente Geschwindigkeit
v_{TAS}	True Airspeed	Wahre Geschwindigkeit

Tab. 55.12 Zusammenhang zwischen den Fluggeschwindigkeiten

$\boldsymbol{v}_{\mathbf{IAS}}$	
↓	Berichtigung des Instrumentenfehlers
$\boldsymbol{v}_{\mathbf{BAS}}$	
↓	Berichtigung– der Druckverzögerung– des Gesamtdruckfehlers– des statischen Druckfehlers
$\boldsymbol{v}_{\mathbf{CAS}}$	
↓	Berichtigung des Kompressibilitätsfehlers
$\boldsymbol{v}_{\mathbf{EAS}}$	
↓	Berichtigung des Dichtefehlers
$\boldsymbol{v}_{\mathbf{TAS}}$	

digkeit und Geschwindigkeit über Grund ist der Einfluss der Bewegung der Luftmasse (Wind).

In Luftfahrzeugen wird als Maß für die Geschwindigkeit der Staudruck herangezogen. Da sich die Luftdichte und die Lufttemperatur mit zunehmender Flughöhe ändern und in den Druckleitungssystemen von Luftfahrzeugen Druckverluste auftreten, besteht eine Diskrepanz zwischen der tatsächlichen und der dem Piloten angezeigten Fluggeschwindigkeit.

Zur Erfassung des Übergangs von der angezeigten auf die tatsächliche Fluggeschwindigkeit sind fünf verschiedene Geschwindigkeiten nach Tab. 55.11 definiert. Tab. 55.12 zeigt, wie die einzelnen Geschwindigkeiten über die jeweils erforderlichen Korrekturen zusammenhängen.

Der Instrumentenfehler entsteht durch mechanische Unzulänglichkeiten im barometrischen Teil des Fahrtmessers. Man erstellt für jedes Gerät ein Eichprotokoll und kann so für jede Geschwindigkeit den Instrumentenfehler bestimmen.

Die Druckverzögerung entsteht dadurch, dass sich Druckänderungen mit einer endlichen Geschwindigkeit ausbreiten. Die Größe des Fehlers kann rechnerisch bestimmt werden, die entsprechende Formel kann aus [6] entnommen werden.

Da es sich in der Umgebung des Luftfahrzeuges nicht mehr um eine ungestörte Strömung handelt, kommt es bei der Abnahme des Gesamtdruckes bei Verwendung eines Pitot- oder Prandtlrohres zum Gesamtdruckfehler. Die Fahrtmesseranlage muss kalibriert werden.

Da es außerdem praktisch keine Stelle am umströmten Körper gibt, an der bei allen Anströmwinkeln und Konfigurationen der gemessene statische Druck dem statischen Druck der ungestörten Strömung entspricht, kommt es zum statischen Druckfehler.

Moderne Fahrtmesser korrigieren die Kompressibilität der Luft zwar nach den Beziehungen von St. Venant/Wantzel bzw. Lord Rayleigh (s. [6]), allerdings gilt diese Korrektur nur für Meereshöhe. Die Korrekturen für abnehmende Luftdichten können der Literatur entnommen werden [6]. Die Dichteänderung über der Höhe verursacht bei gleicher Geschwindigkeit in unterschiedlichen Höhen einen unterschiedlichen Staudruck.

Tab. 55.13 Bemessungsgeschwindigkeiten der EASA CS 22

Zeichen	Benennung	Definition
v_{SF}	Überziehgeschwindigkeit mit Flügelklappen voll ausgefahren und bei Höchstmasse	$v_{SF} = \sqrt{\frac{2G}{\varrho C_{A\,max_F} S}}$
v_{S0}	Überziehgeschwindigkeit in Landekonfiguration	$v_{S0} = \sqrt{\frac{2G}{\varrho C_{A\,max_0} S}}$
v_{S1}	Überziehgeschwindigkeit in einer festgelegten Konfiguration	$v_{S1} = \sqrt{\frac{2G}{\varrho C_{A\,max_1} S}}$
v_A	Bemessungs-Manöver-Geschwindigkeit	$v_A = v_{S1}\sqrt{n_1} U : n_1 = 5{,}3$ bzw. $A : n_1 = 7$
v_B	Bemessungsgeschwindigkeit für größte Böenstärke	darf nicht kleiner sein als v_A
v_D	Bemessungshöchstgeschwindigkeit	darf nicht kleiner sein als:$v_D = 18\sqrt[3]{\frac{G}{C_{W\,min} S}}$ [km/h] für Lufttüchtigkeitsgruppe U.$v_D = 3{,}5 \cdot \frac{G}{S} + 200$ [km/h] für Lufttüchtigkeitsgruppe A.
v_F	Bemessungsgeschwindigkeit bei ausgefahrenen Flügelklappen	für Landestellung darf v_F nicht kleiner sein als der größte Wert aus i. 1,4 v_{S1} ii. 2,0 v_{SF} (v_{SF} ist die Überziehgeschwindigkeit mit voll ausgefahrenen Flügelklappen und Höchstmasse). Für jede positive Überlandstellung darf V_F nicht kleiner sein als der größte Wert aus i. 2,7 v_{S1} ii. 1,05 v_A

Bemessungsgeschwindigkeiten. Für die Zulassung von Luftfahrzeugen werden in den Bauvorschriften (Tab. 55.1) sogenannte Bemessungsfluggeschwindigkeiten festgelegt, mit deren Hilfe die Lasten für verschiedene Flugfälle ermittelt werden. Alle Bemessungsfluggeschwindigkeiten sind äquivalente Geschwindigkeiten (EAS). Folgende Geschwindigkeiten sind laut Bauvorschrift, hier am Beispiel der JAR/EASA CS 22 [7] für Segelflugzeuge, definiert (Tab. 55.13).

Die Geschwindigkeiten für andere Bauvorschriften sind in ähnlicher Weise definiert und können in der zugehörigen Bauvorschrift (z. B. [8]) nachgelesen werden (s. a. Abschn. 55.4.2).

Machzahl. Unter der Machzahl Ma versteht man das Verhältnis der Fluggeschwindigkeit zur Schallgeschwindigkeit

$$\mathrm{Ma} = \frac{v}{a} .$$

Wesentliche aerodynamische Größen, beispielsweise Auftrieb und Widerstand, werden von der Kompressibilität der Luft beeinflusst und sind daher von der Mach-Zahl abhängig (etwa ab $\mathrm{Ma} \gtrsim 0{,}6$).

55.2.6 Geometrische Beschreibung des Luftfahrzeuges

55.2.6.1 Äußere Struktur

Luftfahrzeuge bestehen in der Regel aus Rumpf, Tragflügel und Leitwerk. Dazu kommen noch die Antriebseinheit und das Landewerk. Unkonventionelle Entwürfe wie Tandemflügler, Nurflügler und Canard-Flugzeuge weichen von diesem Grundaufbau ab. Aber auch hier lassen sich diese Grundelemente in irgendeiner Form wiederfinden (Abb. 55.5).

Gesamtabmessungen des Flugzeugs am Boden. Aus Abb. 55.6 können die Bezeichnungen und Formelzeichen für die Definition der Abmessungen eines Flugzeugs entnommen werden.

55.2.6.2 Bezeichnungen am Tragflügelprofil

Unter einem Tragflügelprofil versteht man die geometrische Form eines Flügelschnittes. Die dafür verwendeten Bezeichnungen sind in Abb. 55.7 dargestellt. Die systematische Erfassung und Bezeichnung der unterschiedlichen Tragflügelprofile ist abhängig vom Profilentwickler. Als Beispiel für die systematische

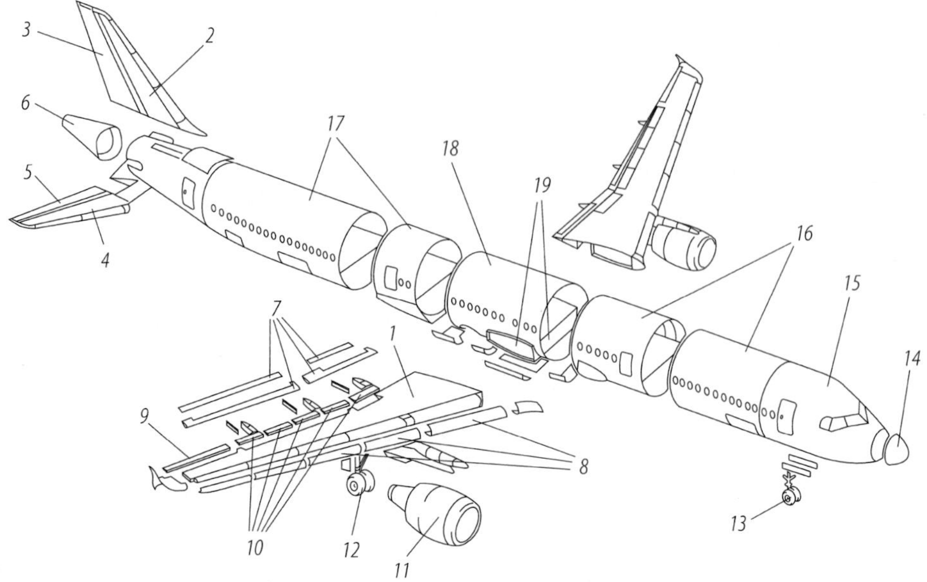

Abb. 55.5 Grundaufbau eines Flugzeuges. *1* Flügelkasten (wingbox), *2* Seitenflosse (vertical stabilizer), *3* Seitenruder (rudder), *4* Höhenflosse (horizontal stabilizer), *5* Höhenruder (elevator), *6* Heckkonus (after body), *7* Landeklappen (flaps), *8* Vorflügel (slats), *9* Querruder (aileron), *10* Störklappen (spoiler), *11* Triebwerk (engine), *12* Hauptfahrwerk (main gear), *13* Bugfahrwerk (nose gear), *14* Wetterradarverkleidung (Radom), *15* Führerstand (cockpit), *16* Vorderrumpf (forward fuselage), *17* Hinterrumpf (after fuselage), *18* Rumpfmittelstück (middle section), *19* Flügelmittelstück (center wing box)

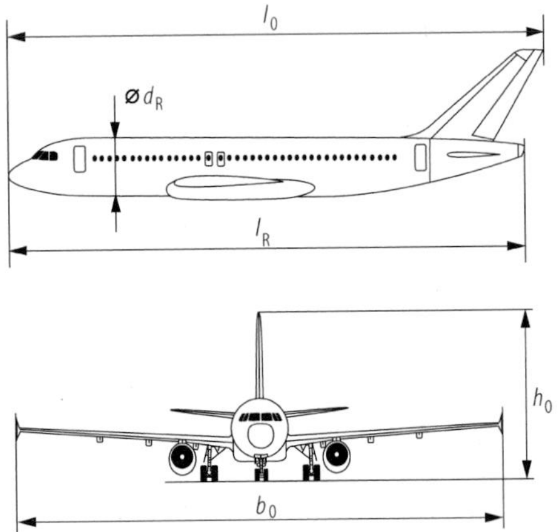

Abb. 55.6 Gesamtabmessungen am Flugzeug. Gesamtlänge am Boden l_0, Rumpflänge l_R, Rumpfdurchmesser d_R, Spannweite am Boden b_0, Gesamthöhe am Boden h_0

Benennung unterschiedlicher Tragflügelprofile siehe [9] (NACA-Profilsystematik).

55.2.6.3 Bezeichnungen am Tragflügel

Die Geometrie eines Tragflügels wird bestimmt durch die geometrische Form des Flügelgrundrisses (Abb. 55.8) sowie durch den Pfeilwinkel (sweep), die V-Stellung (dihedral, anhedral), die Schränkung (wing twist) und die Flügeltiefe (chord) (Abb. 55.9).

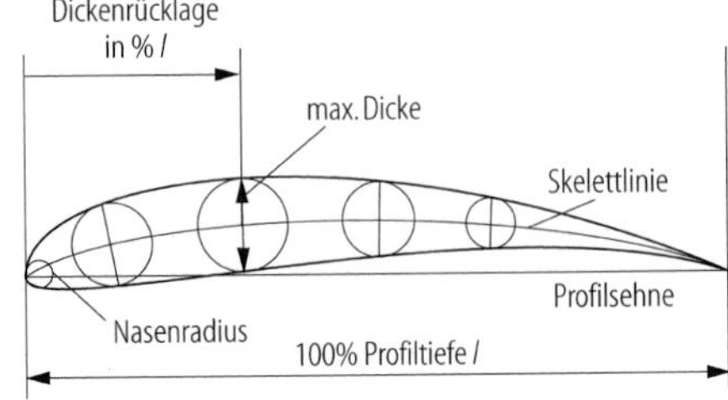

Abb. 55.7 Bezeichnungen am Tragflügelprofil

Pfeilung. Zum Erreichen von höheren Fluggeschwindigkeiten im Unterschallbereich (etwa Ma $\gtrsim$ 0,6) wird eine Flügelpfeilung unumgänglich, da sich so die kritische Machzahl der Profilumströmung und somit die Reisegeschwindigkeit erhöhen lässt. Die Pfeilung dient aber auch der Kursstabilität, da der voreilende Tragflügel einen größeren Widerstand erzeugt als der zurückbleibende.

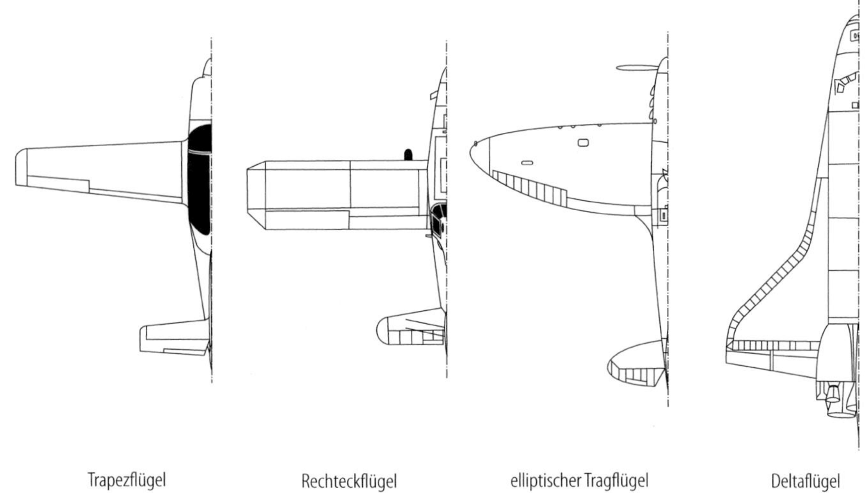

Abb. 55.8 Tragflügelgrundrisse

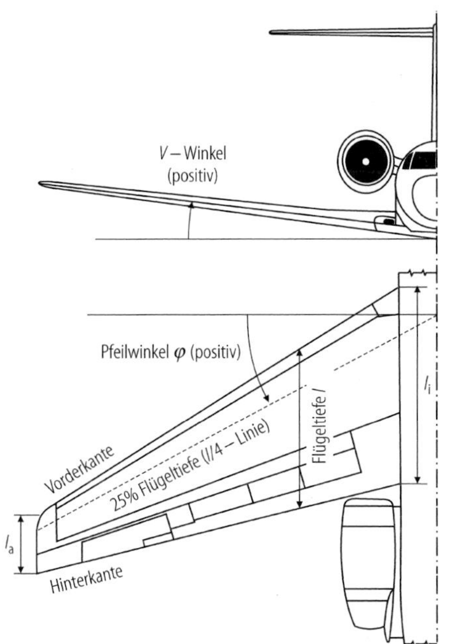

Abb. 55.9 Pfeilwinkel und V-Stellung

V-Form. Neben der Gewährleistung der erforderlichen Bodenfreiheit von Triebwerken (bzw. Propellern) und Flügelspitzen hat die V-Form des Flügels noch einen großen Einfluss auf die Querstabilität (siehe Abschn. 55.2.9).

Flügelschränkung. Unter Schränkung versteht man die geometrische Reduzierung des örtlichen Anstellwinkels des Tragflügels von innen nach außen. Dazu reduziert man entweder den Einstellwinkel entlang der Spannweite nach außen (geometrische Schränkung) oder man verändert die Profilgeometrie (aerodynamische Schränkung). Meist kommt eine Kombination aus beiden Maßnahmen zum Einsatz. Durch die Schränkung kann das Langsamflug- und Überziehverhalten des Flugzeugs, der induzierte Widerstand sowie die Lastverteilung beeinflusst werden.

55.2.6.4 Abmessungen in der Flugmechanik

Für Definitionen im Rahmen der Flugmechanik werden für die Abmessungen und Hebelarme Bezeichnungen gemäß Tab. 55.14 und Abb. 55.10 verwendet.

Bezugsflügeltiefe. Die Bezugsflügeltiefe benötigt man für viele flugmechanische Betrachtungen. Referenz [5] definiert den Begriff der Bezugsflügeltiefe als die Tiefe eines rechteckigen Ersatzflügels mit gleicher Flügelfläche und gleichem Momentenverhalten wie der Originalflügel.

Sie kann berechnet werden mit

$$l_\mu = \frac{1}{S}\int_{-s}^{+s} l(y)^2 \mathrm{d}y\,.$$

l ist die örtliche Flügeltiefe, die sich entlang der Spannweite verändern kann.

Tab. 55.14 Geometrische Definitionen in der Flugmechanik

Formelzeichen	Benennung	Formelzeichen	Benennung
BE	Bezugsebene	b [m]	Spannweite
SP	Schwerpunkt des Gesamtflugzeugs	s [m]	Halbspannweite
NP_{F}	Neutralpunkt des Flügels (Abb. 55.15)	$S_{\mathrm{F}}\ [\mathrm{m}^2]$	Flügelfläche
NP_{FR}	Neutralpunkt der Flügel-Rumpf-Kombination	l_{μ} [m]	Bezugsflügeltiefe
NP_{HLW}	Neutralpunkt des Höhenleitwerks	b_{HLW} [m]	Spannweite des Höhenleitwerks
NP_{FLZ}	Neutralpunkt des Gesamtflugzeugs	s_{HLW} [m]	Halbspannweite des Höhenleitwerks
x_{S} [m]	Schwerpunktsabstand zur Bezugsebene BE	$S_{\mathrm{HLW}}\ [\mathrm{m}^2]$	Höhenleitwerksfläche
x_{NFR} [m]	Neutralpunktsabstand der Flügel-Rumpf-Kombination zur Bezugsebene BE	r_{HLW} [m]	Abstand des Schwerpunkts SP zum Neutralpunkt des Höhenleitwerks (Höhenleitwerkshebelarm)
$r_{\mathrm{NHLW,NFR}}$ [m]	Abstand des Höhenleitwerk-Neutralpunkts zum Neutralpunkt der Flügel-Rumpf-Kombination	r_{SLW} [m]	Abstand des Schwerpunkts SP zum Neutralpunkt des Seitenleitwerks (Seitenleitwerkshebelarm)
l_{a} [m]	Flügeltiefe außen	$S_{\mathrm{SLW}}[\mathrm{m}^2]$	Seitenleitwerksfläche
l_{i} [m]	Flügeltiefe innen	l_{R} [m]	Rumpflänge

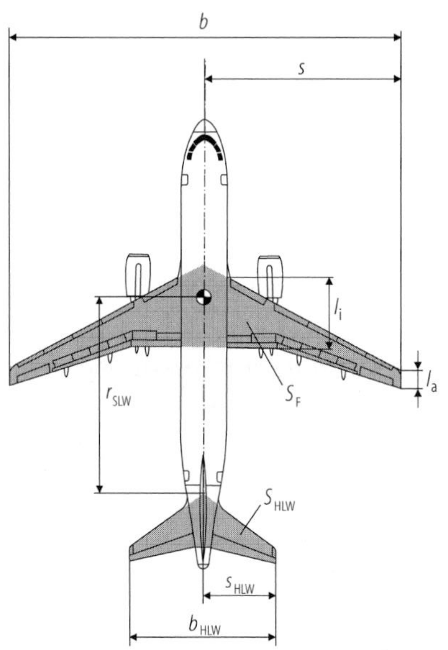

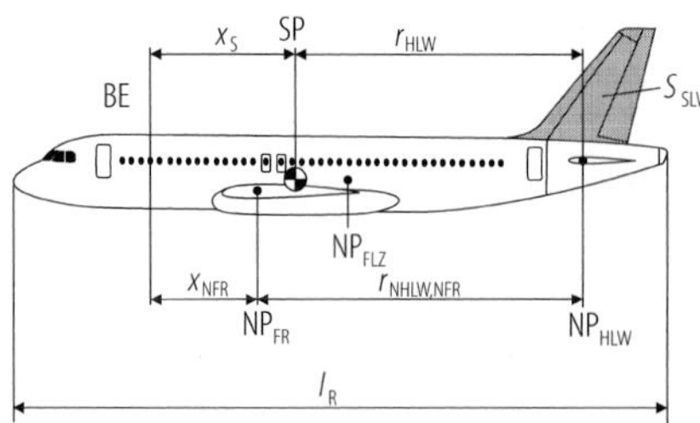

Abb. 55.10 Abmessungen in der Flugmechanik

Streckung. Die Streckung eines Tragflügels ist beim Rechteckflügel das Verhältnis von Spannweite b zu Flügeltiefe:

$$\Lambda = \frac{b}{l}\,.$$

Es gilt allgemein für den beliebigen Flügelgrundriss:

$$\Lambda = \frac{b^2}{S}\,.$$

Die Streckung hat Einfluss auf die aerodynamische Güte eines Tragflügels. Verwendung findet sie beispielsweise bei der Berechnung des induzierten Widerstandes (s. Abschn. 55.3.2).

Zuspitzung. Unter Zuspitzung des Flügels versteht man das Verhältnis von Flügeltiefe an der Flügelspitze l_{a} zu Flügeltiefe an der Flügelwurzel l_{i} (Abb. 55.9)

$$\lambda = \frac{l_{\mathrm{a}}}{l_{\mathrm{i}}}\,.$$

55.2.6.5 Leitwerksbauformen

Das Leitwerk befindet sich bei konventionell ausgelegten Flugzeugen am hinteren Ende des Rumpfes. Seine Aufgabe ist die Stabilisierung und die Steuerung des Flugzeugs in seiner Lage im Raum. Es besteht aus dem vertikalen

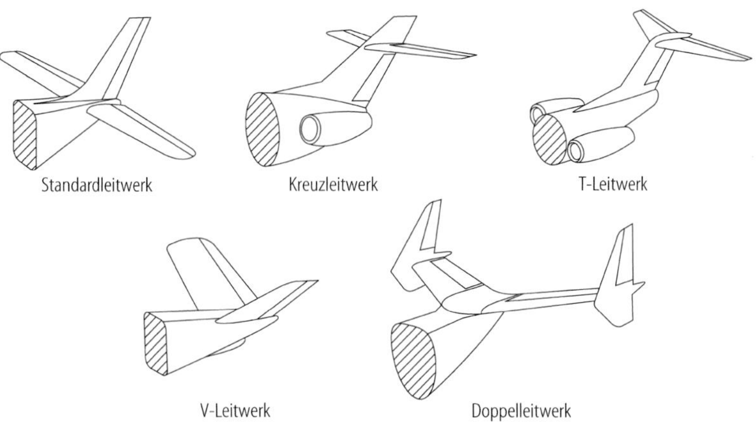

Abb. 55.11 Leitwerksbauformen

Seitenleitwerk (SLW) und dem horizontalen Höhenleitwerk (HLW). Im Normalfall besteht das Seiten- wie auch das Höhenleitwerk aus einem feststehenden Teil, der Flosse, und einem beweglichen Teil, dem Ruder. Je nach spezieller Anforderung an ein Luftfahrzeug kann es sinnvoll sein, das Leitwerk nicht in der Standardanordnung anzubringen, sondern andere Anordnungen zu wählen.

Abb. 55.11 gibt einen Überblick über einige spezielle Leitwerksanordnungen. Das T-Leitwerk wird beispielsweise im Segelflugzeugbau verwendet, um im Falle einer Außenlandung in Gelände mit hohem Bewuchs Beschädigungen zu vermeiden, oder im Fall von motorisierten Flugzeugen, um die Anbringung von Triebwerken am Heck zu ermöglichen. Mit Hilfe des V-Leitwerkes, bei dem Höhensteuer und Seitensteuer in nur zwei Steuerflächen kombiniert werden, versucht man durch Einsparung einer Steuerfläche Gewicht und Widerstand zu reduzieren. Sonderformen sind Nurflügler ohne Leitwerk und Canard-Flugzeuge mit dem Höhenleitwerk vor dem Hauptflügel.

Die von den Leitwerksflächen erzeugten Momente um den Schwerpunkt sind proportional zum Produkt aus Leitwerksfläche und Leitwerkshebelarm. Dieses Produkt wird als Leitwerksvolumen bezeichnet und kann auf die Tragflügelabmessungen bezogen werden (Leitwerksvolumenbeiwerte). Typische Zahlenwerte für den HLW-Volumenbeiwert sind $C_{\mathrm{HLW}} = 0{,}5$ bis 1 und für den SLW-Volumenbeiwert $C_{\mathrm{SLW}} = 0{,}04$ bis $0{,}08$.

$$C_{\mathrm{HLW}} = \frac{S_{\mathrm{HLW}} \cdot r_{\mathrm{HLW}}}{S \cdot l_\mu}$$

$$C_{\mathrm{SLW}} = \frac{S_{\mathrm{SLW}} \cdot r_{\mathrm{SLW}}}{S \cdot b}$$

55.2.7 Kräfte und Winkel im Flug

Während des Fluges werden die in Abschn. 55.2.2 aufgeführten Koordinatensysteme gegeneinander verdreht. Der Auftrieb A steht senkrecht auf der Anströmrichtung, der Widerstand W ist entgegengesetzt parallel zur Anströmrichtung. Der Winkel σ bezeichnet die Richtung des Schubvektors zur Längsachse des Luftfahrzeuges. Zur Verdeutlichung der Verhältnisse sind in Abb. 55.12 noch einmal die Koordinatensysteme und die entsprechenden Winkel eingezeichnet.

Lastvielfache. Bei Abfangmanövern und/oder stationären Kurvenflügen muss der Tragflügel eines Luftfahrzeuges einen höheren Auftrieb erzeugen wie die Gewichtskraft, um so die auftretenden Zentrifugalkräfte auszugleichen.

Dabei wird das Luftfahrzeug in Scheinlotrichtung mit einem Vielfachen der Erdbeschleunigung belastet. Man definiert dieses sogenannte Lastvielfache n als das Verhältnis von Auftrieb

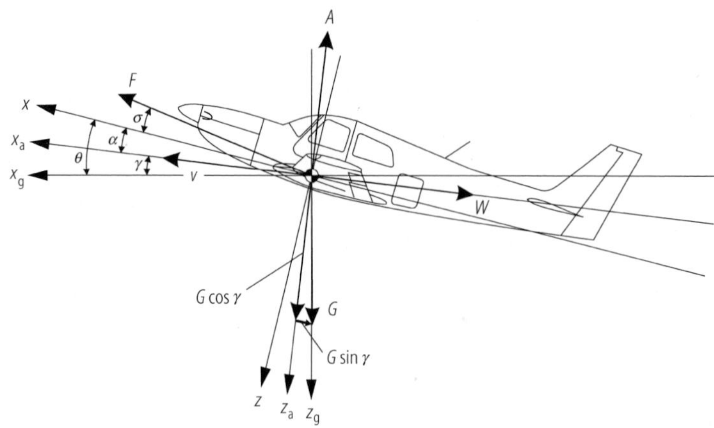

Abb. 55.12 Winkel und Kräfte im Flug

zu Gewichtskraft:

$$n = \frac{A}{G}\,.$$

Lastvielfache können auch beim Durchflug von Böen (Änderung des Geschwindigkeitsfeldes der das Luftfahrzeugs umgebenden Luftmasse) entstehen (s. a. Abschn. 55.4.2).

Beiwerte. Für eine bessere Anschaulichkeit werden Kräfte und Momente am Luftfahrzeug üblicherweise in dimensionsloser Schreibweise angegeben. Als Bezugsgrößen werden der Staudruck $q = 0{,}5\varrho \cdot v^2$, die Bezugsflügelfläche S_F und die Bezugsflügeltiefe l_μ verwendet.

Auftriebsbeiwert:

$$C_A = \frac{A}{0{,}5\,\varrho \cdot v^2 \cdot S_F}$$

Widerstandsbeiwert:

$$C_W = \frac{W}{0{,}5\,\varrho \cdot v^2 \cdot S_F}$$

Momentenbeiwert:

$$C_M = \frac{M}{0{,}5\,\varrho \cdot v^2 \cdot S_F \cdot l_\mu}$$

55.2.8 Flugsteuerung

Zur Steuerung eines Flugzeugs stehen dem Piloten im Cockpit verschiedene Steuereingabeeinrichtungen (Tab. 55.15) zur Verfügung. Mit den Händen bedient er einen Steuerknüppel bzw. ein Steuerhorn. Durch Bewegung des Steuerknüppels/Steuerhorns nach vorne oder hinten betätigt er das Höhenruder (HR). Durch Ausschlag des Steuerknüppels/Steuerhorns zur Seite schlägt er die Querruder (QR) aus. Mit den Füßen bedient er die Steuerpedale, über die sich das Seitenruder (SR) bewegen lässt.

Die durch die Steuereingaben von Querruder und Seitenruder hervorgerufenen Roll- und Giermomente sind allerdings miteinander gekoppelt. Im Falle einer Querrudereingabe giert das Flugzeug zusätzlich zur Rollbewegung in die gegensinnige Richtung und man spricht vom negativen Roll-Wende-Moment. Der Grund dafür ist die Zunahme des Widerstandes an dem Flügelsegment, das einen erhöhten Auftrieb erfährt. Schlägt man nur das Seitenruder aus, so beginnt das Flugzeug durch die Beschleunigung des voreilenden Tragflügels sinnrichtig zu rollen – positives Wende-Roll-Moment.

Im Regelfall werden die Steuereingaben des Piloten über Steuerstangen, Steuerseile oder über eine Hydraulikanlage auf die Ruder übertragen. Oft findet man auch eine Kombination aus direkter Kraftübertragung und Hydraulikanlage. Allerdings finden Hydraulikanlagen zur Kraftübertragung nur bei schnellfliegenden Flugzeugen Anwendung, da dort die Steuerkräfte sonst zu hoch werden. In modernsten Hochleistungsflugzeugen wurden in den 1980er Jahren sogenannte Fly-by-

Tab. 55.15 Steuereingaben und Bewegungen des Flugzeuges

Steuerung um die	Steuereingaben im Cockpit	Bewegung der Steuerflächen	Bewegungsform	Reaktion des Flugzeuges
Querachse	Knüppel ziehen	HR schlägt nach oben aus	Nicken	Anstellwinkelerhöhung Steigflug/Fahrtabnahme
	Knüppel drücken	HR schlägt nach unten aus		Anstellwinkelreduzierung Sinkflug/Fahrtzunahme
Längsachse	Knüppel nach links	linkes QR schlägt nach oben aus rechtes QR schlägt nach unten aus	Rollen	Primär: Rollen nach links Sekundär: Nase dreht nach rechts
	Knüppel nach rechts	linkes QR schlägt nach unten aus rechtes QR schlägt nach oben aus		Primär: Rollen nach rechts Sekundär: Nase dreht nach links
Hochachse	linkes Pedal nach vorne	SR schlägt nach links aus	Gieren	SLW erzeugt Kraft nach rechts → Flugzeugnase dreht nach links
	rechtes Pedal nach vorne	SR schlägt nach rechts aus		SLW erzeugt Kraft nach links → Flugzeugnase dreht nach rechts

Wire-Flugsteuerungsanlagen eingeführt. Der Pilot gibt hier seine Steuereingaben an einen Computer (Flight Control Computer), dieser Computer bereitet die Steuereingabe auf oder begrenzt sie und gibt einen elektronischen Steuerimpuls an die Hydraulikanlage. Mit dem *Airbus* A320 wurde dieses Steuerprinzip im Zivilflugzeugbau in der Großserie eingeführt. Die nächsten Entwicklungsschritte werden die Einführung von Lichtleitern (Fly by light) sein, die gegen Störungen durch elektromagnetische Felder immun sind, sowie der Ersatz der Hydraulikanlagen durch Elektroaktuatoren.

55.2.9 Flugstabilitäten

Unter Flugstabilität versteht man die Fähigkeit eines Flugzeugs, im Falle einer Störung der Flugbewegung selbsttätig, ohne korrigierende Steuereingaben des Piloten, wieder in die Ausgangslage des ungestörten Flugzustandes zurückzukehren. Störungen des Flugzustandes können äußere Einflüsse wie z. B. Böen oder kurze ungewollte Steuereingaben des Piloten sein. Man unterscheidet stabiles Flugverhalten, indifferentes Flugverhalten und instabiles Flugverhalten. Im letzten Fall würde sich das Flugzeug bei einer Störung immer weiter von der Ausgangslage entfernen und den ursprünglichen Flugzustand nicht wieder erreichen. Man unterscheidet:

Statische Stabilität. Bei einer Störung der Gleichgewichtslage wird eine Reaktion hervorgerufen, die der Störung entgegenwirkt. Die statische Stabilität ist Voraussetzung für die:

Dynamische Stabilität. Die aus der Störung resultierende Bewegungsform (Schwingung um die Gleichgewichtslage) muss gedämpft sein. Diese sich nach einer Störung ergebende Bewegungsform um die Querachse nennt man Phygoide.

Die Frage nach stabilem Flugverhalten stellt sich um alle drei Flugzeugachsen. Man spricht im Falle der Bewegung um die Querachse von Längs- oder Nickstabilität, bei der Bewegung um die Hochachse von Kursstabilität und bei Bewegungen um die Längsachse von Querstabilität. Die Längsstabilität wird maßgeblich vom Höhenleitwerk beeinflusst. Mit dem Seitenleitwerk und der Pfeilform des Tragflügels beeinflusst man hauptsächlich die Kursstabilität, während sich die V-Stellung des Flügels und die Bauart als Hochdecker positiv auf die Querstabilität auswirken.

Beispiel Querstabilität: Die V-Form des Flügels Abb. 55.9 sorgt mit einem rückdrehenden Moment um die Längsachse dafür, dass sich das Flugzeug bei einem Flug mit hängender Fläche von selbst wieder aufrichtet. Erfahrungen haben gezeigt, dass 1° V-Winkel eine ähnliche stabilisierende Wirkung hat wie 3° Pfeilung. Eine negative V-Form (anhedral) wird dann notwendig, wenn bei einem Hochdecker mit gepfeilten

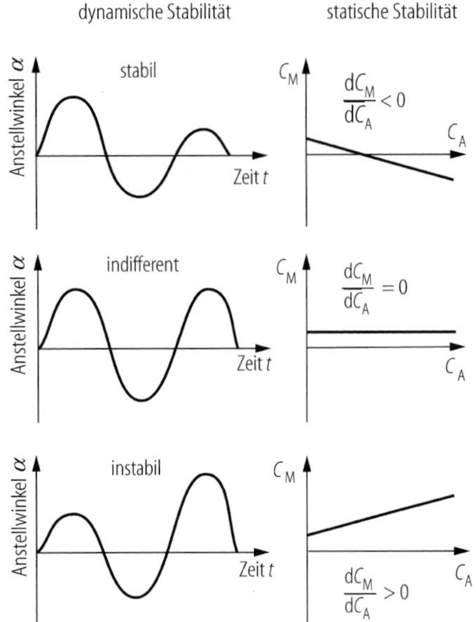

Abb. 55.13 Längsstabilität

Flügeln ansonsten eine zu hohe Querstabilität vorhanden ist (z. B. *Avro* RJ85, *Lookheed* C-5 *Galaxy*, vgl. Abb. 55.1).

Beispiel Längsstabilität: Der Momentenbeiwert des Flugzeugmoments um den Schwerpunkt lässt sich bei Änderungen des Auftriebsbeiwertes folgendermaßen definieren:

$$C_\mathrm{M} = C_\mathrm{M0} + \frac{\partial C_\mathrm{M}}{\partial C_\mathrm{A}} C_\mathrm{A} .$$

Man sieht, dass Stabilität gerade dann gegeben ist, wenn $(\partial C_\mathrm{M}/\partial C_\mathrm{A}) < 0$ ist. Nimmt aufgrund einer Störung der Anstellwinkel zu, so stellt sich ein höherer Auftriebsbeiwert ein, und das Nickmoment wird kleiner (kopflastig), was zur Absenkung der Flugzeugnase führt. Abb. 55.13 zeigt die resultierenden Bewegungsformen bei unterschiedlichen Flugstabilitäten.

Neutralpunkt. An Tragflügeln ist der Angriffspunkt von Auftrieb und Widerstand (Druckpunkt) abhängig vom Anstellwinkel. Nimmt der Anstellwinkel zu, so wandert der Druckpunkt nach vorn und damit verändern sich auch die Hebelarme für Momentenbetrachtungen. Für die Aufstellung von Momentengleichgewichten am Flugzeug ist es also von Nachteil, den Druckpunkt zu verwenden.

Am Flügelschnitt, am Tragflügel und auch am Gesamtflugzeug existiert ein Momentenbezugspunkt, an dem das Moment bei gleicher Anströmgeschwindigkeit unabhängig vom Anstellwinkel ist. Dieser Punkt heißt Neutralpunkt. Es gilt also

$$C_\mathrm{M} = \text{const.} , \quad \frac{\mathrm{d}C_\mathrm{M}}{\mathrm{d}\alpha} = 0 .$$

Verwendet man diesen Punkt als Bezugspunkt, so werden Momentenbetrachtungen unabhängig vom Anstellwinkel. Folglich müssen bei diesem Ersatzmodell der Auftrieb und Auftriebsänderungen im Neutralpunkt angreifen. Statische Stabilität ist gegeben, wenn der Schwerpunkt vor dem Neutralpunkt des Gesamtflugzeuges liegt (Abb. 55.10).

55.3 Grundlagen der Flugphysik

55.3.1 Einführung

Eine zentrale Rolle in der Flugphysik spielt die Flugzeugpolare. Sie stellt die Verknüpfung der beiden im Flugzeugentwurf wichtigen Größen Auftrieb (lift) und Widerstand (drag) dar. Als Flugzeugpolare bezeichnet man dabei die dimensionslose Darstellung des Auftriebs bzw. Auftriebsbeiwertes C_A über dem dimensionslosen Widerstand bzw. Widerstandsbeiwert C_W. Das aus dieser Darstellungsweise ableitbare Verhältnis von Auftrieb zu Widerstand $(C_\mathrm{A}/C_\mathrm{W})$ bzw. dessen Kehrwert $(C_\mathrm{W}/C_\mathrm{A})$, auch als Gleitzahl bezeichnet, kann als dimensionslose Darstellung der aerodynamischen Leistungsfähigkeit (Güte) des Luftfahrzeuges angesehen werden.

Im Kapitel Flugleistungen werden unter Berücksichtigung des jeweiligen Antriebssystems die Flugmissionssegmente wie Start, Steigflug, Reiseflug und Landung betrachtet.

55.3.1.1 Auftrieb und Widerstand [9–13]

Die resultierende Luftkraft am Luftfahrzeug lässt sich zerlegen in einen Anteil senkrecht zur Anströmrichtung, den Auftrieb A, und in einen Anteil in Anströmrichtung, den Widerstand W (Abb. 55.12). Für eine bessere Anschaulichkeit werden Kräfte und Momente am Luftfahrzeug

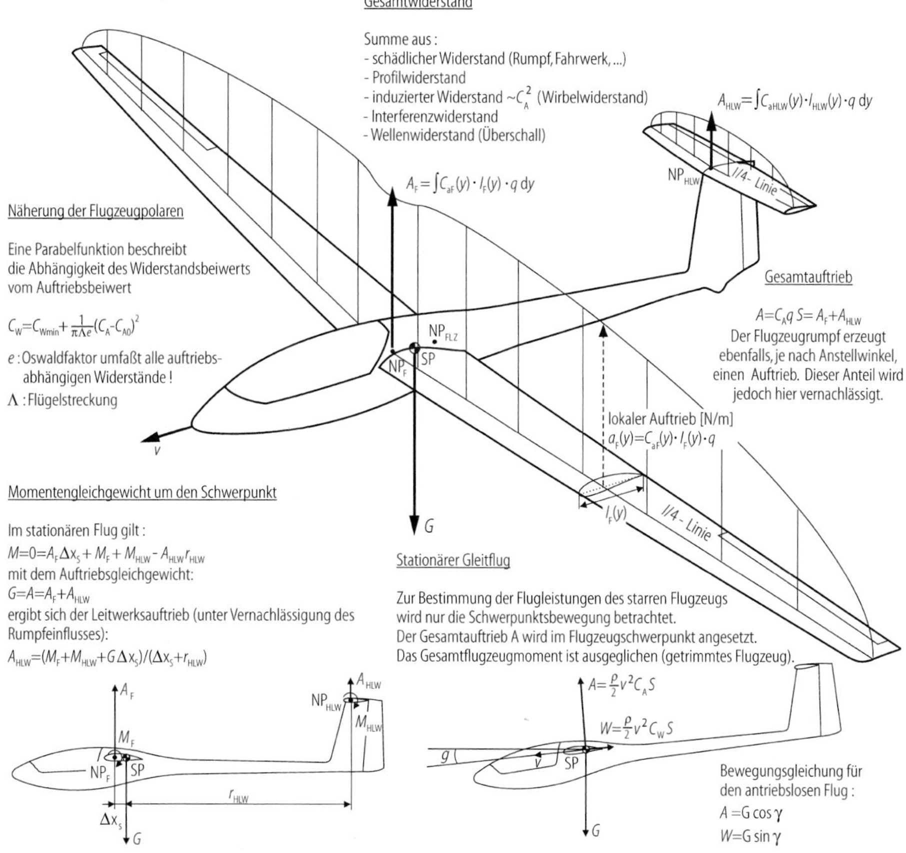

Abb. 55.14 Übersichtsbild. Schematische Darstellung der am Flugzeug angreifenden Kräfte und Momente

üblicherweise in dimensionsloser Schreibweise angegeben. Als Bezugsgrößen werden der Staudruck $q = 0{,}5\,\varrho \cdot v^2$, die Bezugsflügelfläche S und die Bezugsflügeltiefe l_μ verwendet (s. a. Abschn. 55.2.7).

Auftrieb [14]. Der Hauptanteil des Auftriebes wird durch den Flügel erzeugt. Das Höhenleitwerk dient der Erhaltung des Längsmomentengleichgewichtes (Momentengleichgewicht um die Querachse) und der beabsichtigten Erzeugung von Momentenänderungen (Längssteuerung, Flugmanöver). Der Begriff Stabilitätsmaß beschreibt in diesem Zusammenhang den auf die Ersatzflügeltiefe normierten Abstand zwischen Flugzeugschwerpunkt und Flugzeugneutralpunkt. Ein positives Stabilitätsmaß (Flugzeugschwerpunkt liegt vor dem Flugzeugneutralpunkt) bedeutet ein statisch stabiles Flugzeug. Was bedeutet, dass es nach einer Störung der Längsbewegung wieder von alleine in seine Ausgangsfluglage zurückkehren wird (s. a. Abschn. 55.2.9).

Im stationären Reiseflug ist bei einem konventionellen Flugzeug in der Regel am Höhenleitwerk im Verhältnis zum Flügelauftrieb ein geringer Abtrieb nötig, abhängig von der Flugzeugauslegung und der Schwerpunktslage. Dies ist natürlich unerwünscht, da es den nötigen Flügelauftrieb vergrößert. Durch Rückverlagerung des Flugzeugschwerpunktes (Fliegen bei geringem Stabilitätsmaß) kann auch im Reiseflug ein geringfügiger Auftrieb am Höhenleitwerk erzielt werden (Abb. 55.14). Bei modernen Verkehrsflugzeugen wird dies durch einen Kraftstofftank (Trimmtank) in der Höhenflosse verwirklicht.

Der Verlauf des Auftriebes entlang der Spannweite ist qualitativ in Abb. 55.14 dargestellt.

Tab. 55.16 Physikalische Einteilung der verschiedenen Widerstandsarten

a	Druckwiderstand:	
	a.1	Formwiderstand
	a.2	Widerstand bei reibungsfreier Strömung: – induzierter Widerstand – Wellenwiderstand (Überschall)
b	Reibungswiderstand	

Die Aerodynamik fordert idealerweise eine elliptische Auftriebsverteilung, da dies ein Minimum des auftriebsabhängigen Widerstandes (induzierter Widerstand, Wirbelwiderstand, s. Bd. 1, Abschn. 17.6.5) bewirkt. Bei unverwundenem Tragflügel ist dafür ein elliptischer Grundriss erforderlich. Diese Forderung wird in der Praxis durch Einfach- oder Mehrfachtrapezflügel und entsprechende Flügelverwindung annähernd erfüllt.

Die Berechnung der Auftriebsverteilung erfolgt im Leichtflugzeugbau mit vereinfachten Verfahren gemäß der einfachen Traglinientheorie nach Prandtl [15]. Mit der erweiterten Traglinientheorie nach Weissinger [16] ist es möglich, auch gepfeilte Flügel (Abb. 55.9) zu berechnen. In der Industrie kommen heute vorwiegend aufwändigere numerische Verfahren zum Einsatz (computational fluid dynamics = CFD).

Aus den so berechneten aerodynamischen Lasten lassen sich dann Querkraft-, Biegemomenten- und Torsionsmomentenverläufe bestimmen und somit auch die für die Dimensionierung benötigten Schnittkräfte und -momente bereitstellen.

Widerstand. In der üblichen aerodynamischen Betrachtungsweise wird eine Unterteilung der Widerstände entsprechend ihrer physikalischen Entstehungsmechanismen durchgeführt. Dabei unterscheidet man z. B. den Reibungswiderstand und den Druckwiderstand (vgl. Tab. 55.16, s. a. Bd. 1, Abschn. 17.6.4).

Bei der Bestimmung des Widerstandes im Flugzeugentwurf teilt man diesen aus praktischen Gründen anders auf. Es wird hier eine komponentenbezogene Aufteilung benutzt. Die Widerstandskomponenten [17] sind dabei mit verschiedenen Teilen der Flugzeugzelle, wie z. B. Flügel, Rumpf, Leitwerk und Ruder (abhängig von den Ruderausschlägen), verknüpft.

Im allgemeinsten Fall ist der Widerstand eines Flugzeugs als Funktion von Auftrieb, Machzahl und Klappenwinkel darstellbar:

$$C_{\mathrm{W}} = f(C_{\mathrm{A}}, \mathrm{Ma}, \eta_{\mathrm{K}}) .$$

Für die Abschätzung einer Flugzeugpolaren ist es angemessen, einen analytischen Ansatz zur Charakterisierung des Flugzeugwiderstands zu treffen. Dieser Ansatz wird besonders im Entwurf von Flugzeugen eingesetzt, wenn nur wenige detaillierte Widerstandsuntersuchungen und Messungen vorliegen.

Geht man von einer machzahlunabhängigen Polaren aus, so vereinfacht sich die Funktion des Widerstandes zu:

$$C_{\mathrm{W}} = f(C_{\mathrm{A}}) .$$

Man teilt den Widerstand in zwei wesentliche Anteile auf:

- Widerstandskomponenten, die unabhängig vom Auftrieb sind (Nullwiderstand oder schädlicher Widerstand), und
- auftriebsabhängige Widerstandsanteile.

Den Gesamtwiderstand eines Flugzeugs erhält man, wenn die Einzelwiderstände der Bauteile getrennt nach Nullwiderstand und auftriebsabhängigem Widerstand addiert und die durch die gegenseitige Beeinflussung entstehenden Interferenzwiderstände berücksichtigt werden. Die Gliederung in einen auftriebsabhängigen und auftriebsunabhängigen Teil spiegelt sich auch in der Bestimmung der Widerstandspolaren wider. Dort treten ebenfalls diese beiden Anteile auf. Diese Unterteilung führt zu einer Näherung der Flugzeugpolaren in Form einer Parabel [18]:

$$C_{\mathrm{W}} = f\left(C_{\mathrm{A}}, C_{\mathrm{A}}^2\right) = K_0 + K_1 C_{\mathrm{A}} + K_2 C_{\mathrm{A}}^2 .$$

Auf die Bestimmung und Bedeutung der Konstanten und die Genauigkeit dieser Näherung wird in Abschn. 55.3.2 eingegangen.

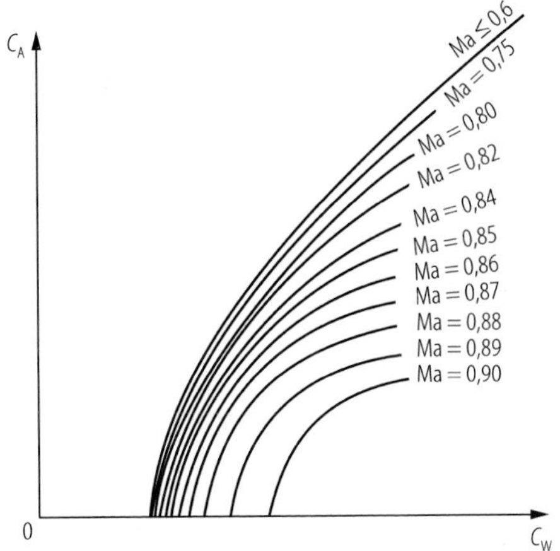

Abb. 55.15 Machzahlabhängige Polare

55.3.2 Flugzeugpolare

In einem breiten Einsatzbereich des Luftfahrzeuges ist der Auftrieb bzw. C_A linear abhängig vom Anstellwinkel α. In der Nähe des Maximalauftriebs und bei kleinen C_A-Werten ist der Verlauf jedoch nicht mehr linear.

$C'_A = \mathrm{d}C_A/\mathrm{d}\alpha$ ist der Auftriebsgradient. Für diesen gilt im linearen Bereich (Tragflügel, Unterschall, Flügelstreckung > 3, siehe z. B. [10]):

$$C'_A = \frac{2\pi \cdot \Lambda}{\Lambda + 2}\,.$$

Der Widerstand des Luftfahrzeuges ist vom Auftrieb abhängig. Die Auftragung des Auftriebsbeiwertes C_A über dem Widerstandsbeiwert C_W wird als Widerstandspolare oder Flugzeugpolare bezeichnet. Bereits *Lilienthal* benutzte diese Darstellung (deshalb auch Lilienthalpolare genannt). Die aerodynamische Güte und somit die Leistungsfähigkeit eines Luftfahrzeuges lässt sich in jedem Flugzustand durch das Verhältnis Widerstand zu Auftrieb (W/A bzw. C_W/C_A) aufzeigen. C_W/C_A wird als Gleitzahl ε bezeichnet, da beim antriebslosen Flug die Gleitzahl dem Gleitwinkel entspricht.

Im Geschwindigkeitsbereich bis Ma $\approx$ 0,6 wird die Polare konstant (machzahlunabhängig) angenommen. Bei höheren Machzahlen treten Kompressibilitätseffekte auf, die eine Abhängigkeit der Polaren von der Machzahl bewirken (Widerstandsvergrößerung bei größeren Machzahlen, Abb. 55.15).

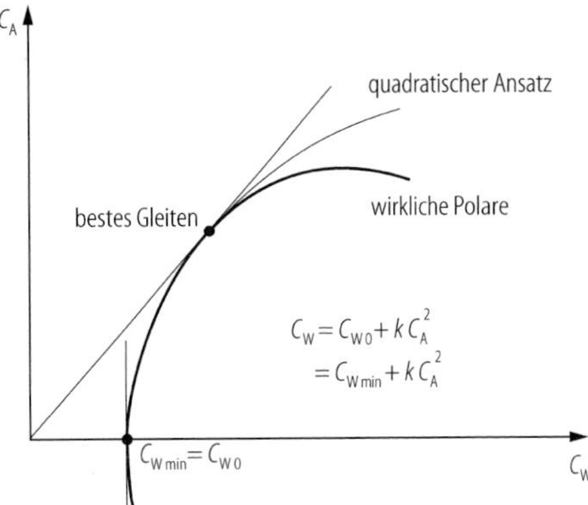

Abb. 55.16 Symmetrische Polare

Der Kurvenverlauf der Widerstandspolaren kann in grober Näherung errechnet werden. Bessere Ergebnisse liefern natürlich Windkanalmessungen mit einem Flugzeuggesamtmodell. Die exakte Polare kann letztendlich erst im Flugversuch ermittelt werden. Zur einfacheren und übersichtlicheren Behandlung der Flugleistungsgleichungen wird die Polare durch eine Parabel angenähert. Dabei ist zu beachten, dass die Näherung bei geringen C_A-Werten und in der Nähe von $C_{A\,max}$ ungenaue Werte liefert.

Die einfachste Näherung ist in Abb. 55.16 dargestellt und wird häufig als symmetrische Polare bezeichnet:

$$C_W = C_{W0} + k \cdot C_A^2\,,$$

wobei $k = 1/(\pi \Lambda e)$ mit Streckung Λ und Oswaldfaktor e ist.

C_{W0} stellt den auftriebsunabhängigen Anteil des Widerstandsbeiwertes dar und ist im Unterschall hauptsächlich reibungsbedingt. Der auftriebsabhängige Anteil $k \cdot C_A^2$ wird auch induzierter Widerstand genannt. Dieser ist umgekehrt proportional zur Tragflügelstreckung. Der sogenannte Oswaldfaktor $e \leqq 1$ berücksichtigt die Abweichung vom Optimum bei elliptischer Auftriebsverteilung. Zusätzlich berücksichtigt er alle weiteren auftriebsabhängigen Widerstände (z. B. Trimmwiderstand), s. Tab. 55.17.

Eine weitere Näherung der Polaren stellt Abb. 55.17 dar.

$$C_W = C_{W\,min} + k \cdot (C_A - C_{A0})^2\,.$$

Tab. 55.17 Anhaltswerte für Flugzeugwiderstände (schädlicher Widerstandsbeiwert und auftriebsabhängiger Anteil) zur Berechnung einer symmetrischen Flugzeugpolaren

Typ	C_{W0}	e
Segelflugzeuge	0,010…0,020	0,90
Motorflugzeuge (einmot.)	0,020…0,045	0,70–0,85
Transportflugzeuge	0,013…0,018	0,70–0,80

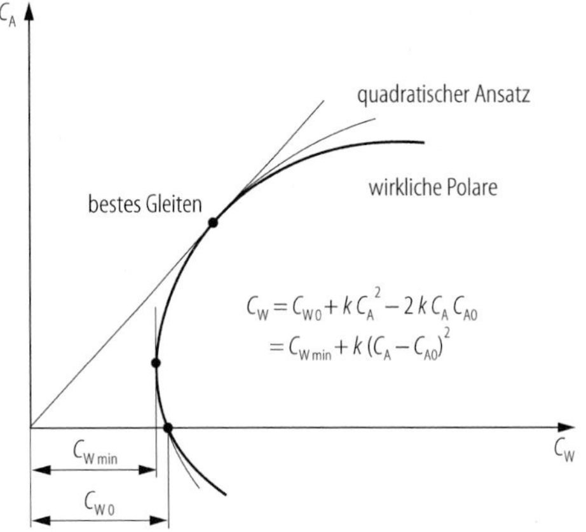

Abb. 55.17 Unsymmetrische Polare

Für Flugzeuge, für die $C_{\mathrm{W\,min}} \neq C_{\mathrm{W0}}$ gilt, liefert diese Näherung vor allem bei geringen C_{A}-Werten genauere Ergebnisse. Die mathematische Behandlung wird dadurch jedoch aufwändiger.

55.3.3 Flugleistungen

55.3.3.1 Flugzustandsgleichungen

Für die Betrachtung der Flugleistungen kann das Flugzeug als starrer Körper dargestellt werden, der sich im Luftraum unter der Einwirkung äußerer Kräfte und Momente bewegt.

Für die meisten Flugzustände kann angenommen werden, dass sich das Flugzeug in einer vertikalen Bezugsebene bewegt und der Geschwindigkeitsvektor in der Symmetrieebene des Flugzeugs liegt [19].

Die Lage des Flugzeugs wird in Bezug auf das erdfeste Koordinatensystem (x_{g}, y_{g}, z_{g}) angegeben. Weiterhin kommen das flugzeugfeste (x, y, z) und das aerodynamische Koordinatensystem (x_{a}, y_{a}, z_{a}) zur Anwendung (s. a. Abschn. 55.2.2). Unter der Annahme, dass eine Beschleunigung des Luftfahrzeuges durch die ständige Abnahme der Flugzeugmasse m (Kraftstoffverbrauch) vernachlässigt werden kann, lassen sich die Grundgleichungen für die symmetrische Flugbahn angeben (Abb. 55.12):

Widerstandsgleichung:

$$F \cdot \cos(\alpha + \sigma) - W - m \cdot g \cdot \sin\gamma = m \cdot \dot{v}\,,$$

Auftriebsgleichung:

$$A + F \cdot \sin(\alpha + \sigma) - m \cdot g \cdot \cos\gamma = m \cdot v \cdot \dot{\gamma}\,.$$

Für stationäre Flugzustände mit konstanter Flugzeugmasse und unter Berücksichtigung, dass α und σ meist sehr klein sind, lassen sich die Gleichungen weiter vereinfachen zu:

$$F - W - m \cdot g \cdot \sin\gamma = 0\,,$$
$$A - m \cdot g \cdot \cos\gamma = 0\,.$$

Die im Folgenden angegebenen Gleichungen und Herleitungen beziehen sich alle auf die in Abschn. 55.3.2 vorgestellte symmetrische Polare. Die abgeleiteten Formeln für die unsymmetrische Polare sind in der Tab. 55.22 am Ende des Kapitels zusammengefasst.

55.3.3.2 Gleitflug

Der Gleitflugzustand wird im Folgenden relativ ausführlich behandelt, da charakteristische Flugzustände sehr anschaulich dargestellt werden können und auch wichtige Zustände des motorgetriebenen Fluges auf der Basis des Gleitfluges erläutert werden können.

Segelflugzeuge und motorisierte Flugzeuge mit abgeschaltetem Antrieb führen den Gleitflug aus. Es gilt dann mit $F = 0$:

$$W - m \cdot g \cdot \sin\gamma = 0\,,$$
$$A - m \cdot g \cdot \cos\gamma = 0\,.$$

Daraus lässt sich ableiten:

$$\varepsilon = \frac{W}{A} = \frac{C_{\mathrm{W}}}{C_{\mathrm{A}}} = -\tan\gamma \approx -\gamma\,.$$

Das Verhältnis W/A wird in der deutschsprachigen Literatur auch als Gleitzahl ε bezeichnet.

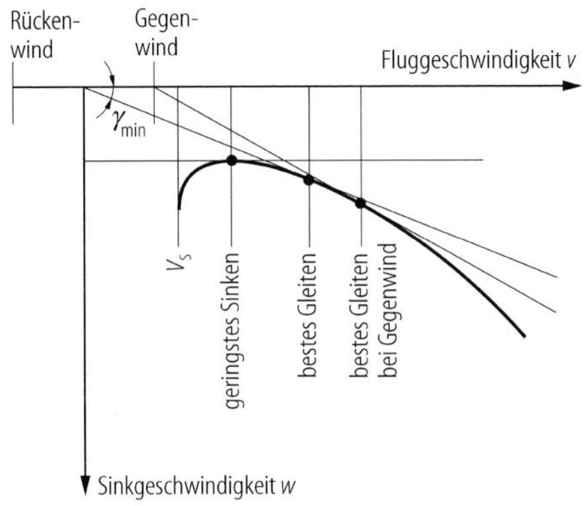

Abb. 55.18 Geschwindigkeitspolare unter Berücksichtigung des Windeinflusses. Darstellung der Punkte des besten Gleitens und geringsten Sinkens

In der englischsprachigen Literatur wird jedoch meist mit dem Kehrwert der Gleitzahl $1/\varepsilon = C_A/C_W$ (Gleitverhältnis) gearbeitet. Moderne Hochleistungssegelflugzeuge erreichen Gleitzahlen von bis zu $\varepsilon = 1/60$, d. h. mit einem Meter Höhenverlust gleitet das Segelflugzeug 60 m weit [20].

Für kleine γ lässt sich sofort die Sinkgeschwindigkeit angeben

$$w = v \cdot \varepsilon \,.$$

Für die Bahngeschwindigkeit und Sinkgeschwindigkeit im Gleitflug gilt allgemein für kleine Bahnwinkel γ:

$$v = \sqrt{\frac{2G}{\varrho \cdot S} \cdot \frac{1}{C_A}}\,, \quad w = \sqrt{\frac{2G}{\varrho \cdot S} \cdot \frac{C_W^2}{C_A^3}}\,.$$

Die Darstellung der Sinkgeschwindigkeit w über der Fluggeschwindigkeit v wird als Geschwindigkeitspolare bezeichnet (Abb. 55.18).

Bestes Gleiten. Der Berührpunkt der Tangente vom Ursprung aus an die Geschwindigkeitspolare ergibt das beste Verhältnis von w/v und somit die beste Gleitzahl $\varepsilon_{\min}$. Der Flug bei $\varepsilon_{\min}$ ergibt die größte Reichweite. Bei Gegen- bzw. Rückenwind muss die Tangente unter Berücksichtigung der jeweiligen Windkomponenten an die Polare gezogen werden. Dementsprechend ist bei Gegenwind schneller und bei Rückenwind langsamer zu fliegen. Der Punkt des besten Gleitens lässt sich natürlich auch auf der Widerstandspolaren angeben, indem die Tangente vom Ursprung an die Polare gelegt wird. Damit ist auch der Auftriebsbeiwert gegeben, mit dem bei bestem Gleiten geflogen werden muss. Wie später gezeigt wird, entspricht der Flug bei $\varepsilon_{\min}$ auch gleichzeitig dem Flugzustand bei minimalem Widerstand (Abb. 55.21).

Unter Verwendung des Parabelansatzes (Abb. 55.16) für die Widerstandspolare lässt sich $\varepsilon_{\min}$ auch mathematisch ableiten. Mit der Bedingung

$$\frac{\mathrm{d}\left(\frac{C_W}{C_A}\right)}{\mathrm{d}C_A} = 0$$

ergibt sich für Auftriebs- und Widerstandsbeiwert:

$$C_{A\,\varepsilon\min} = \sqrt{\frac{C_{W0}}{k}}\,,$$

$$C_{W\,\varepsilon\min} = 2\,C_{W0}\,.$$

Und damit wird die beste Gleitzahl zu:

$$\varepsilon_{\min} = \frac{C_{W\,\varepsilon\min}}{C_{A\,\varepsilon\min}} = 2\sqrt{k \cdot C_{W0}}\,.$$

Für die Fluggeschwindigkeit bei $\varepsilon_{\min}$ folgt damit:

$$v_{\varepsilon\min} = \sqrt{\frac{2G}{\varrho \cdot S} \cdot \frac{1}{\sqrt{\frac{C_{W0}}{k}}}}\,.$$

Die Sinkgeschwindigkeit ist dann:

$$w_{\varepsilon\min} = 2\sqrt{\frac{2G\sqrt{k^3 \cdot C_{W0}}}{\varrho \cdot S}}\,.$$

Minimale Sinkgeschwindigkeit. Die geringste Sinkgeschwindigkeit ergibt sich für $(C_A^3/C_W^2)_{\max}$. Der Ausdruck (C_A^3/C_W^2) wird oft als *Steigzahl* bezeichnet. Mit dem symmetrischen Ansatz für die Polare erhält man aus der Bedingung:

$$\frac{\mathrm{d}\left(\frac{C_A^3}{C_W^2}\right)}{\mathrm{d}C_A} = 0\,.$$

Die Beiwerte für das geringste Sinken sind gegeben mit

$$C_{\mathrm{A\,w\,min}} = \sqrt{\frac{3C_{\mathrm{W0}}}{k}}\,,$$
$$C_{\mathrm{W\,w\,min}} = 4\,C_{\mathrm{W0}}\,.$$

Dabei muss mit folgender Fluggeschwindigkeit geflogen werden

$$v_{\mathrm{w\,min}} = \sqrt{\frac{2G}{\varrho\cdot S}\cdot\frac{1}{\sqrt{\frac{3C_{\mathrm{W0}}}{k}}}}\,.$$

Die minimale Sinkgeschwindigkeit wird dann

$$w_{\min} = \frac{4}{3}\cdot\sqrt{\frac{2G}{\varrho\cdot S}\cdot\sqrt{3C_{\mathrm{W0}}\cdot k^3}}\,.$$

Die Fluggeschwindigkeit für das geringste Sinken beträgt etwa ¾ der Geschwindigkeit für bestes Gleiten. Es muss also deutlich langsamer geflogen werden als im Fall des besten Gleitens.

Maximale Geschwindigkeit im Gleitflug. Die maximale Geschwindigkeit im Gleitflug erhält man für einen Sturzflug mit $A = 0$ (symmetrische Polare). Dann gilt $W = G$ und folglich $C_{\mathrm{W}} = C_{\mathrm{W\,min}}$. Daraus ergibt sich die näherungsweise maximale Geschwindigkeit zu

$$v_{\max} = \sqrt{\frac{2G}{\varrho\cdot S}\cdot\frac{1}{C_{\mathrm{W\,min}}}}\,.$$

Für die einfache Polarennäherung gilt dabei: $C_{\mathrm{W\,min}} = C_{\mathrm{W0}}$.

Kreisflug. Im Kreisflug gilt das Auftriebsgleichgewicht entsprechend Abb. 55.19:

$$A\cdot\cos\phi = G\cdot\cos\gamma \approx G\,.$$

Das im Kurvenflug auftretende Lastvielfache hängt somit allein von der Schräglage ab

$$n = \frac{1}{\cos\phi}\,.$$

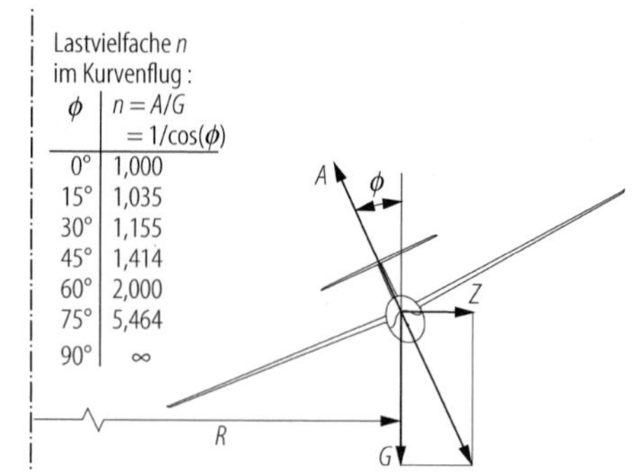

Abb. 55.19 Kräfte und Lastvielfache im Kreisflug

Für den Kurvenradius findet man unter Berücksichtigung der Zentrifugalkraft

$$R = \frac{v^2}{g\cdot\tan\phi}\,.$$

Die Geschwindigkeiten im Kurvenflug erhält man, indem in den Bestimmungsgleichungen C_{A} durch $C_{\mathrm{A}}\cdot\cos\phi$ ersetzt wird.

55.3.3.3 Flug mit Antriebsleistung [21, 22]

Antriebssysteme. Für Luftfahrzeuge stehen folgende Antriebssysteme zur Verfügung

- Propellerantrieb mit Kolbenmotor,
- Propellerantrieb mit Turbine (Propellerturbine oder Turboprop),
- Turboluftstrahltriebwerk (TL, engl.: Jet).

Für Sonderanwendungen werden noch Staustrahl- und Raketenantriebe eingesetzt.

Die Auswahl des Antriebsystems hängt wesentlich von der Mission und der Missionsgeschwindigkeit ab.

Bei Propellerantriebssystemen (PA) ist die Leistung über der Geschwindigkeit annähernd konstant und für den Kraftstoffverbrauch maßgebend. Der Schub nimmt mit der Geschwindigkeit ab.

Bei TL-Antriebssystemen ist der Schub in weiten Bereichen des Einsatzes konstant und für den Kraftstoffverbrauch maßgebend. Die Leistung steigt mit der Geschwindigkeit an.

Aufgrund dieses Sachverhaltes verdient bei Flugleistungsbetrachtungen für Propellerflugzeuge die Leistung und für TL-Flugzeuge der Schub besondere Beachtung.

Beispielsweise ist für die Erzielung einer maximalen Reichweite das optimale Verhältnis von Schub zu Geschwindigkeit bei TL-Flugzeugen maßgebend.

Propellerturbinen-Antriebsysteme können wie Kolbenmotorantriebe behandelt werden, wenn für die Leistung eine äquivalente Leistung unter Berücksichtigung des Turbinenrestschubs definiert wird.

$$P_{\text{äqui}} = P_{\mathrm{W}} + \frac{F_{\mathrm{R}} \cdot v}{\eta_{\mathrm{A}}}$$

mit dem Restschub F_{R} und der Wellenleistung P_{W}.

Die verfügbare Leistung ist dann

$$P_{\text{verf}} = P_{\text{äqui}} \cdot \eta_{\mathrm{A}} = P_{\mathrm{W}} \cdot \eta_{\mathrm{A}} + F_{\mathrm{R}} \cdot v\,.$$

Für den Vergleich der Antriebssysteme definiert man den *spezifischen Kraftstoffverbrauch.*

Propellerantriebssysteme (PA):

$$C_{\mathrm{PA}} = \frac{\dot{m}_{\mathrm{TR}}}{P}\,.$$

Die in der Literatur verwendeten Einheiten sind $[\mathrm{kg}/(\mathrm{h} \cdot \mathrm{kW})]$ oder $[\mathrm{kg}/(\mathrm{h} \cdot \mathrm{PS})]$

Turboluftstrahl-Antriebssysteme (TL):

$$C_{\mathrm{TL}} = \frac{\dot{m}_{\mathrm{TR}} \cdot g}{F}\,.$$

Der spezifische Treibstoffverbrauch hat die Einheit $[(\mathrm{kg} \cdot \mathrm{m})/(\mathrm{N} \cdot \mathrm{s}^3)] = [1/\mathrm{s}]$, üblicherweise wird jedoch $[1/\mathrm{h}]$ verwendet.

Auch für Propellerantriebe lässt sich zur besseren Vergleichbarkeit ein ebenfalls auf den Schub bezogener äquivalenter spezifischer Kraftstoffverbrauch definieren

$$C_{\text{PA äqui}} = \frac{\dot{m}_{\mathrm{TR}} \cdot g \cdot v}{P \cdot \eta_{\mathrm{A}}}\,.$$

Es gilt hierbei $P \cdot \eta_{\mathrm{A}} = F \cdot v$, wobei η_{A} den Antriebswirkungsgrad bezeichnet.

Abb. 55.20 zeigt den spezifischen Kraftstoffverbrauch verschiedener Antriebssysteme über der Machzahl. Daraus lässt sich bereits weitgehend die Auswahl des Antriebsystems für die einzelnen Flugzeugkategorien ableiten. Weitere Anhaltswerte für den Verbrauch verschiedener Triebwerke im Reiseflug sind in Tab. 55.18 zusammengestellt.

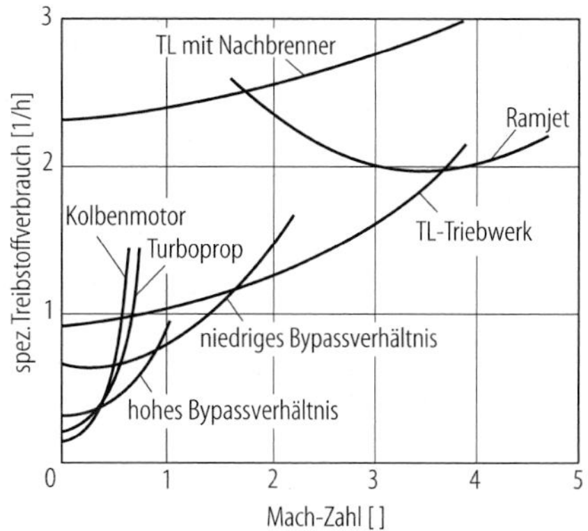

Abb. 55.20 Spezifischer Treibstoffverbrauch für verschiedene Antriebssysteme in Abhängigkeit von der Machzahl

Tab. 55.18 Spezifischer Treibstoffverbrauch für die unterschiedlichen Antriebssysteme

Propellerantrieb	C^*_{PA} [kg/(kW · h)]
Reihenmotoren (Viertakt)	0,27–0,34
Boxermotoren (Viertakt)	0,27–0,30
Sternmotoren (Viertakt)	0,27–0,38
Propellerturbine	0,30–0,39
TL-Triebwerk	C [1/h]
niedriges Bypass-Verhältnis	0,80
hohes Bypass-Verhältnis	0,50

Tab. 55.19 Treibstoffdichten für Kerosin und Flugbenzin

Treibstoff	ρ [kg/dm³] bei 15 °C
Avgas (Flugbenzin)	0,72
Jet A-1 (Kerosin)	0,775–0,825

Die Treibstoffdichten der üblichen Kraftstoffe sind in Tab. 55.19 aufgeführt.

55.3.3.4 Stationärer Reiseflug

Aus der Flugzustandsgleichung (Widerstandsgleichung) lässt sich für kleine α und σ der erforderliche Schub angeben mit

$$F = W\,.$$

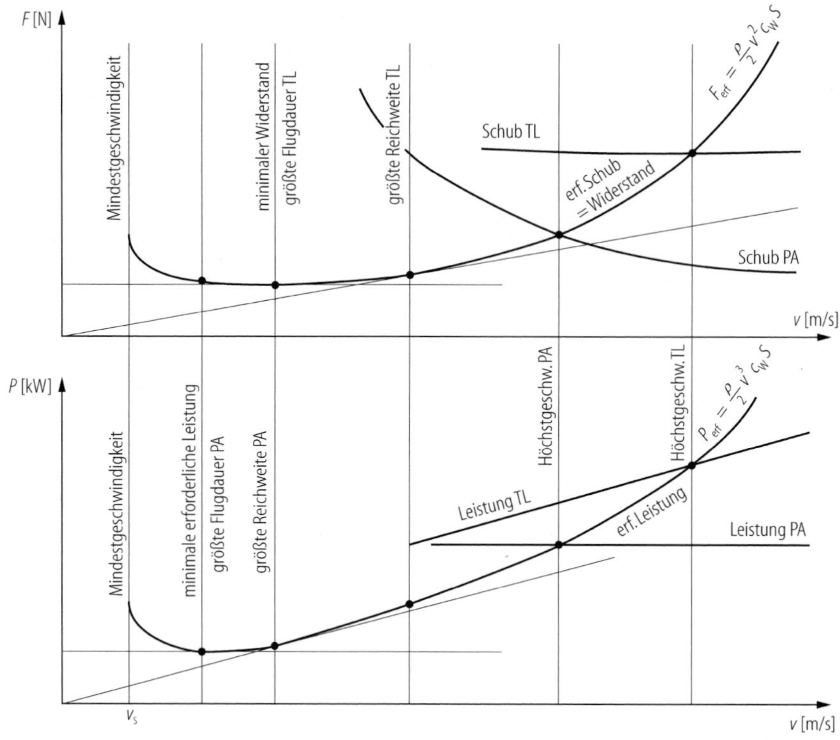

Abb. 55.21 Schub und Leistung über der Fluggeschwindigkeit

Die erforderliche Leistung ist gegeben mit

$$P_{\text{erf}} = F \cdot v = \frac{\varrho}{2} \cdot v^3 \cdot C_W \cdot S \,.$$

Bei einem Propellerantriebssystem mit der gegebenen Wellenleistung P_W für einen bestimmten Drosselgrad (Drosselgrad 0,75≙75 % der maximalen Leistung) und der Annahme des Gesamtantriebswirkungsgrades η_A gilt:

$$P_{\text{erf}} = P_W \cdot \eta_A \,.$$

Der Antriebswirkungsgrad η_A beinhaltet den Propeller- und den Einbauwirkungsgrad. Für ein TL-Flugzeug ist für einen vorgegebenen Drosselgrad der Schub gegeben. Somit lässt sich für einen vorgegebenen Schub bzw. für eine vorgegebene Wellenleistung die erzielbare Geschwindigkeit im Horizontalflug angeben. Für das propellergetriebene Flugzeug ist

$$v = \sqrt[3]{\frac{2P \cdot \eta_A}{S \cdot C_W \cdot \varrho}} \,.$$

Der Antriebswirkungsgrad η_A ist geschwindigkeitsabhängig. Nur für Verstell-Luftschrauben gilt $\eta_A \approx$ const. für den Reiseflugbereich.

Für das TL-getriebene Flugzeug ist

$$v = \sqrt{\frac{2F}{S \cdot C_W \cdot \varrho}} \,.$$

In beiden Beziehungen ist C_W von v abhängig. Deshalb löst man die Formeln zweckmäßigerweise iterativ.

Den Verlauf des erforderlichen Schubes bzw. der erforderlichen Leistung zeigt Abb. 55.21. Für das beste Verhältnis von Geschwindigkeit und Leistung erhält man die maximale Reichweite für das Propellerflugzeug. Entsprechend wird für das beste Verhältnis von Geschwindigkeit und Schub für das TL-Flugzeug die maximale Reichweite erzielt (s. Abb. 55.21, Tangente an die Leistungs- bzw. Schubkurve). Mit minimaler Leistung bzw. minimalem Schub wird jeweils beim Propeller- bzw. TL-Flugzeug die maximale Flugdauer erzielt.

Mit Hilfe der angenäherten Polaren kann dies auch mathematisch abgeleitet werden (s. Abschnitt Reichweite und Flugdauer, sowie Tab. 55.22).

55.3.3.5 Stationärer Horizontalflug mit minimaler Leistung (PA)

Es gilt $(P_{\text{H erf}})_{\min} = (W \cdot v)_{\min}$ für die erforderliche Horizontalflugleistung

$$P_{\text{H erf}} = \sqrt{\frac{2G}{\varrho \cdot S}} \cdot \sqrt{\frac{1}{C_{\text{A}}^3/C_{\text{W}}^2}} \,.$$

Offensichtlich wird $P_{\text{H erf}}$ minimal für den Flug bei $(C_{\text{A}}^3/C_{\text{W}}^2)_{\max}$. Dies war gleichzeitig die Bedingung für die geringste Sinkgeschwindigkeit im Gleitflug. Mit $C_{\text{A}} = C_{\text{A w min}}$ und $C_{\text{W}} = C_{\text{W w min}}$ lässt sich $P_{\text{H min}}$ angeben:

$$P_{\text{H min}} = \frac{4}{3}\sqrt{\frac{G}{b^3} \cdot \frac{2}{\varrho} \cdot \sqrt{\frac{3C_{\text{W0}} \cdot S}{(\pi \cdot e)^3}}} \,.$$

55.3.3.6 Stationärer Horizontalflug mit minimalem Schub (TL)

Aus den Flugzustandsgleichungen leitet man für den stationären Horizontalflug mit $\gamma = 0$ ab:

$$\frac{F}{G} = \frac{W}{A} = \frac{C_{\text{W}}}{C_{\text{A}}} = \varepsilon$$

und somit für den erforderlichen Schub

$$F = G \cdot \varepsilon \,.$$

Offensichtlich wird also bei einem Horizontalflug mit bestem Gleiten $\varepsilon_{\min}$ minimaler Schub erforderlich.

$$F_{\text{H min}} = 2G \cdot \sqrt{k \cdot C_{\text{W0}}} \,.$$

55.3.3.7 Reichweite

Die meisten modernen Transportflugzeuge sind dahingehend optimiert, eine möglichst große Nutzlast mit hoher Geschwindigkeit über eine große Reichweite zu transportieren bei möglichst geringem Treibstoffverbrauch. Der Anteil des Treibstoffverbrauchs an den direkten Betriebskosten beträgt ca. 20 %. Deshalb hat die Optimierung der Reichweite große Bedeutung für den Flugzeugentwurf.

Die Masse bzw. das Gewicht des Luftfahrzeugs nimmt aufgrund des Kraftstoffverbrauchs ständig ab. Die hier vorgestellten Ansätze bilden eine erste Näherung zur Abschätzung der Reiseflugleistungen. Für eine tiefergehende Einführung in die Problematik der Flugleistungsbestimmung und deren Überwachung im Linienbetrieb sei auf [23] verwiesen.

Für den Treibstoffverbrauch in der Zeit dt erhält man

$$\mathrm{d}m = -\mathrm{d}m_{\text{TR}} \quad \text{und} \quad \mathrm{d}m_{\text{TR}} = \dot{m}_{\text{TR}} \cdot \mathrm{d}t \,.$$

Für ein Reichweitensegment dR gilt

$$\mathrm{d}R = v \cdot \frac{\mathrm{d}m_{\text{TR}}}{\dot{m}_{\text{TR}}} \quad \text{oder} \quad \mathrm{d}R = -v \cdot \frac{\mathrm{d}m}{\dot{m}_{\text{TR}}} \,.$$

Mit dem spezifischen Kraftstoffverbrauch

$$C_{\text{TL}} = \frac{\dot{m}_{\text{TR}} \cdot g}{F}$$

lässt sich schreiben

$$R = \frac{v}{C_{\text{TL}} \cdot \frac{C_{\text{W}}}{C_{\text{A}}}} \cdot \ln\left(\frac{m_{\text{A}}}{m_{\text{E}}}\right)$$

mit v Reisefluggeschwindigkeit, m_{A} Masse am Anfang des Reiseflugs, m_{E} Masse am Ende des Reiseflugs bzw. des Reiseflugsegments.

Dies ist die bekannte Reichweitenformel, die *Breguet* bereits 1910 aufgestellt hat. Diese in der Breguet-Gleichung getroffenen Annahmen erfordern jedoch einen Flug mit konstantem Auftriebsbeiwert. Bei abnehmendem Treibstoff und konstanter Geschwindigkeit bedeutet dies ein ständiges Steigen (Reisesteigflug = cruise climb), da die Luftdichte und damit die Flughöhe angepasst werden muss. Dieses kontinuierliche Steigen während des Reiseflugs wird normalerweise von der Flugsicherung nicht gestattet. Denn nur durch Zuweisung von konstanten Flughöhen und Geschwindigkeiten lässt sich der Flugverkehr vernünftig staffeln. Man kann die Breguet-

Gleichung mit geringem Genauigkeitsverlust verwenden, wenn man den Reiseflug in mehrere Segmente konstanter Flughöhe unterteilt und die passende Gleitzahl entsprechend der geänderten Masse einsetzt.

Maximale Reichweite für Propellerflugzeuge. Diese Beziehung kann sowohl für Jet- als auch für Propellerflugzeuge genutzt werden. Für Propellerflugzeuge muss dann allerdings $C_{\text{PA äqui}}$ eingesetzt werden.

Damit gilt für das Propellerflugzeug

$$R = \frac{v \cdot \eta_A}{C_{\text{PA äqui}}} \cdot \frac{1}{\varepsilon} \cdot \ln\left(\frac{m_A}{m_E}\right).$$

Für Propellerflugzeuge mit Verstell-Luftschraube kann $\eta_A \approx$ const. angenommen werden.

Somit wird für den Flug mit $\varepsilon_{\min}$ die größtmögliche Reichweite erzielt.

Maximale Reichweite für TL-Flugzeuge. Es gilt:

$$R = \sqrt{\frac{2G}{\varrho \cdot S}} \cdot \frac{1}{C_{TL}} \cdot \frac{\sqrt{C_A}}{C_W} \cdot \ln\left(\frac{m_A}{m_E}\right).$$

Die Reichweite wird maximal für

$$\frac{d}{dC_A} \frac{\sqrt{C_A}}{C_W} = 0.$$

Mit der einfachen Polarennäherung (symmetrische Polare) erhält man für die Beiwerte:

$$C_{\text{A R max}} = \sqrt{\frac{C_{W0}}{3k}} \quad \text{und} \quad C_{\text{W R max}} = \frac{4}{3} C_{W0}.$$

Entsprechend ergibt sich die zugehörige Fluggeschwindigkeit:

$$v_{\text{R max}} = \sqrt{\frac{2G}{\varrho \cdot S} \cdot \frac{1}{\sqrt{\frac{C_{W0}}{3k}}}}.$$

Der spezifische Kraftstoffverbrauch ist in großer Höhe am geringsten. Bei relativ hohen Machzahlen, bei denen moderne TL-Flugzeuge in großer Höhe operieren, muss also der Machzahleinfluss berücksichtigt werden.

55.3.3.8 Flugdauer

Für Spezialaufgaben wie z. B. Beobachtungsflüge ist eine möglichst lange Flugdauer erforderlich. Derartige Flugzeuge werden bezüglich der Flugdauer optimiert. Die Flugzeit ergibt sich für ein Wegsegment ds zu

$$dt = \frac{ds}{v}.$$

Für das Wegsegment kann das Reichweitensegment dR gesetzt werden

$$dt = \frac{1}{v} \cdot dR, \quad t = \frac{1}{v} \int dR$$

bei $v =$ const.

Mit $\int dR$ aus dem vorangegangenen Abschnitt ergibt sich die Einsatzdauer E

$$E = \frac{R}{v} = \frac{1}{C_{TL} \cdot \varepsilon} \cdot \ln\left(\frac{m_A}{m_E}\right).$$

Maximale Flugdauer für Propellerflugzeuge. Mit

$$C_{\text{PA äqui}} = C_{PA} \cdot \frac{g \cdot v}{\eta_A}$$

und

$$v = \sqrt{\frac{2G}{\varrho \cdot S \cdot C_A}}$$

folgt

$$E = \frac{\eta_A}{C_{PA}} \cdot \sqrt{\frac{\varrho \cdot S}{2G}} \cdot \sqrt{\frac{C_A^3}{C_w^2}} \cdot \ln\left(\frac{m_A}{m_E}\right).$$

Offensichtlich wird die Flugdauer maximal für

$$\frac{d}{dC_A} \frac{C_A^3}{C_W^2} = 0.$$

Dies ist gleichzeitig die Bedingung für minimale Sinkgeschwindigkeit und minimale erforderliche Leistung für den Horizontalflug. In Bodennähe wird bei PA-Flugzeugen die längste Flugdauer erzielt, da die erforderliche Leistung dort am geringsten ist (abhängig von der Dichte).

Mit der einfachen Näherung für die Polare und mit

$$C_{\text{A E max PA}} = C_{\text{A P min PA}} = \sqrt{\frac{3\, C_{W0}}{k}},$$
$$C_{\text{W E max PA}} = C_{\text{W P min PA}} = 4\, C_{W0}$$

erhält man für die Fluggeschwindigkeit bei der längsten Flugdauer

$$v_{\mathrm{E\,max\,PA}} = \sqrt{\frac{2G}{\varrho \cdot S} \cdot \frac{1}{\sqrt{3\frac{C_{\mathrm{W0}}}{k}}}}\,.$$

Maximale Flugdauer für TL-Flugzeuge. Für TL-Flugzeuge lässt sich sofort angeben, dass für $\varepsilon_{\min}$ die längste Flugdauer erzielt wird. Der Flug in großer Höhe ist dabei wegen des geringeren spez. Kraftstoffverbrauches günstiger. Für die Fluggeschwindigkeit des TL-Flugzeugs erhält man analog mit der einfachen Näherung der Polaren:

$$v_{\mathrm{E\,max\,TL}} = \sqrt{\frac{2G}{\varrho \cdot S} \cdot \frac{1}{\sqrt{\frac{C_{\mathrm{W0}}}{k}}}}\,.$$

55.3.3.9 Stationärer Steigflug

Aus den Flugzustandsgleichungen erhält man die Gleichung für die Steiggeschwindigkeit:

$$w = v \cdot \sin\gamma = v \cdot \frac{F - W}{G}$$

oder durch Ersetzen des Schubes mit $F = (P_{\mathrm{W}} \cdot \eta_{\mathrm{A}})/v$

$$w = \frac{P_{\mathrm{W}} \cdot \eta_{\mathrm{A}} - W \cdot v}{G}\,.$$

Dabei wird der Ausdruck $F - W$ mit überschüssigem Schub bzw. $P_{\mathrm{W}} \cdot \eta_{\mathrm{A}} - W \cdot v$ mit Überschussleistung bezeichnet. Mit diesem Überschussanteil kann gestiegen und/oder beschleunigt werden.

Um möglichst schnell Höhe zu gewinnen, steigt man mit $w_{\max}$. Die zugehörige Fluggeschwindigkeit wird in den Flughandbüchern mit v_y bezeichnet. Um am Flugplatzende Hindernisse zu übersteigen wird mit $w_{\gamma\,\max}$ gestiegen. Die zugehörige Geschwindigkeit wird in den Flughandbüchern mit v_x bezeichnet (Abb. 55.22).

Beste Steiggeschwindigkeit für PA-Flugzeuge. Mit der Geschwindigkeitsgleichung

$$v = \sqrt{\frac{2G \cdot \cos\gamma}{\varrho \cdot C_{\mathrm{A}} \cdot S}}$$

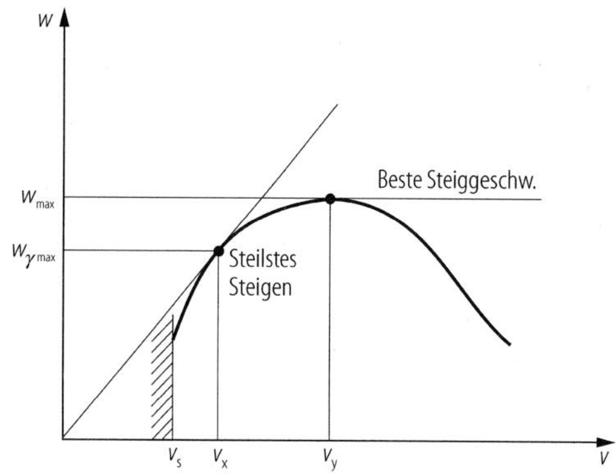

Abb. 55.22 Steiggeschwindigkeitspolare. Bestes und steilstes Steigen

und der umgeformten Gleitzahl-Beziehung

$$W = G \cdot \cos\gamma \cdot \frac{C_{\mathrm{W}}}{C_{\mathrm{A}}}$$

wird die Steiggeschwindigkeit zu

$$w_{\mathrm{PA}} = \frac{P \cdot \eta_{\mathrm{A}}}{G} - \sqrt{\frac{2G \cdot \cos^3\gamma}{\varrho \cdot S} \cdot \frac{1}{C_{\mathrm{A}}^3/C_{\mathrm{W}}^2}}\,,$$

wobei der Wurzelausdruck der Sinkgeschwindigkeit beim antriebslosen Flug entspricht. Die beste Steiggeschwindigkeit erhält man für

$$\frac{\mathrm{d}\left(\frac{C_{\mathrm{A}}^3}{C_{\mathrm{W}}^2}\right)}{\mathrm{d}C_{\mathrm{A}}} = 0$$

unter der Annahme einer konstanten Leistung. Dies entspricht der Bedingung für geringste Sinkgeschwindigkeit im Reiseflug und gleichzeitig dem Flug mit minimaler Horizontalflugleistung. Die maximale Steiggeschwindigkeit errechnet sich aus (symmetrische Polare)

$$w_{\mathrm{max\,PA}} = \frac{P \cdot \eta_{\mathrm{A}}}{G} - \sqrt{\frac{2G \cdot \cos^3\gamma}{\varrho \cdot S} \cdot \frac{1}{\sqrt{3\frac{C_{\mathrm{W0}}}{k}}}}\,.$$

Bester Steigwinkel für Propellerflugzeuge. Es gilt für den Steigwinkel

$$\sin\gamma = \frac{F - W}{G} = \frac{P_{\mathrm{W}} \cdot \eta_{\mathrm{A}}}{v \cdot G} - \frac{W}{G}\,.$$

Die Bestimmung der dazugehörigen Geschwindigkeit des steilsten Steigens ist nur noch iterativ bzw. anhand der Steiggeschwindigkeitspolaren durch Anlegen der Tangente möglich (Abb. 55.22). Unter Verwendung der Näherungspolaren ergeben sich aufgrund der Abweichungen bei hohen C_A-Werten meist unrealistisch große Steigwinkel. Deshalb sollte eine möglichst genau berechnete oder durch Windkanalversuche bestimmte Polare verwendet werden. Beste Ergebnisse werden natürlich durch Flugversuche erzielt.

Die Geschwindigkeit für den besten Steigwinkel ist geringer als die für die beste Steiggeschwindigkeit

$$v_x \approx 0{,}85\ldots 0{,}9\, v_y\ .$$

Beste Steiggeschwindigkeit für TL-Flugzeuge. Es gilt:

$$w = v \cdot \frac{F - W}{G}\ .$$

Mit der symmetrischen Polarennäherung erhält man

$$w_{\max \mathrm{TL}} = \sqrt{\frac{F + \sqrt{F^2 - 12k \cdot G^2 \cdot C_{\mathrm{W0}}}}{3\varrho \cdot S \cdot C_{\mathrm{W0}}}}\ .$$

Die Fluggeschwindigkeit v_y, für die beim Jet die beste Steiggeschwindigkeit erzielt wird, liegt bei relativ hohen Geschwindigkeiten. Als Näherung kann angegeben werden

$$v_y \approx 2\, v_{\mathrm{P\,min}}\ .$$

Bester Steigwinkel für TL-Flugzeuge. Aus den Flugzustandsgleichungen folgt

$$\sin \gamma = \frac{F - W}{G} = \frac{F}{G} - \varepsilon\ .$$

Bei konstantem Schub erhält man daraus bei $\varepsilon_{\min}$ den besten Steigwinkel.

55.3.3.10 Start und Landung

Start- und Landestrecken sind wesentliche Leistungsmerkmale von Flugzeugen. Die entsprechenden Bauvorschriften definieren Mindestanforderungen für die Start- und Landestrecken.

Tab. 55.20 Rollreibungsbeiwerte für unterschiedliche Bodenbeläge zur Berechnung der Startstrecke

Bodenbelag	Rollreibungsbeiwert μ
trockener Asphalt/Beton	0,03–0,05
nasser Asphalt/Beton	0,05
vereister Asphalt/Beton	0,02
harter Grasboden	0,05
fester Grasboden	0,04
weicher Grasboden	0,07
nasses Gras	0,08

Startphasen. Der Startvorgang wird in drei Abschnitte unterteilt: Startlauf am Boden, Übergangsbogen und Steigflug.

Startlauf (Abb. 55.23). Während des Rollens am Boden wirken auf das Flugzeug Schub, Widerstand, Auftrieb und die Rollreibung der Räder. Für die Beschleunigung des Flugzeugs gilt

$$\frac{\mathrm{d}v}{\mathrm{d}t} = a = \frac{g}{G}\left[F - W - \mu \cdot (G - A)\right].$$

Typische Rollreibungsbeiwerte μ siehe Tab. 55.20.

Mit $\mathrm{d}s = \mathrm{d}v \cdot t$ ergibt sich für die Rollstrecke folgender Zusammenhang

$$s_{\mathrm{R}} = \int_0^{1{,}1\, v_{\mathrm{S}}} \frac{v}{a}\, \mathrm{d}v\ .$$

Da der Schub während des Startvorgangs nicht konstant ist, wird in der oben stehenden Gleichung ein mittlerer Wert von 70 % des Schubs bei maximaler Geschwindigkeit dieses Segments eingesetzt.

Bei höheren Anforderungen an die Genauigkeit kann das Rollsegment in mehrere Abschnitte unterteilt werden. Die Rollstrecke schließt ebenfalls den Weg des Rotierens mit ein. Die Zeit, die zwischen dem Erreichen der Abhebegeschwindigkeit und dem Fliegen des Flugzeugs verstreicht, kann mit etwa 3 s (Verkehrsflugzeuge) angesetzt werden. Bei Flugzeugen der Allgemeinen Luftfahrt ist 1 s ein typischer Wert.

Übergangsbogen. Während des Übergangsbogens beschleunigt das Flugzeug von der Abhe-

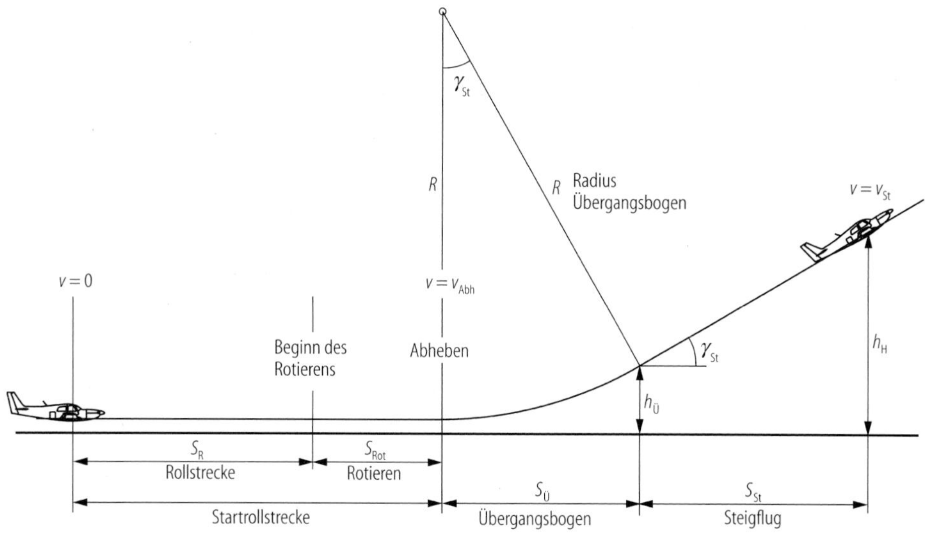

Abb. 55.23 Startstrecke

begeschwindgkeit ($v_{Abh} = 1{,}1\ v_S$) bis zur Steigfluggeschwindigkeit ($v_{st} \approx 1{,}2\ v_S$). Der mittlere Auftriebsbeiwert ist ca. 0,9 $C_{A\max}$ (mit Klappen in Startstellung). Für das mittlere Lastvielfache im Übergangsbogen und dessen Radius gilt

$$\bar{n} = 1{,}2 = 1{,}0 + \frac{(1{,}15\ v_s)^2}{R \cdot g}$$

$$\Rightarrow \quad R = \frac{(1{,}15\ v_s)^2}{0{,}2\ g} .$$

Zusammen mit dem angestrebten Steigwinkel ergibt sich die Länge des Übergangsbogens zu

$$\sin \gamma_{St} = \frac{F - W}{G} \cong R \cdot \left[\frac{F}{G} - \varepsilon\right]$$

$$\Rightarrow \quad s_Ü = R \cdot \sin \gamma_{St} .$$

Steigflug. Die Strecke für das Übersteigen eines Hindernisses ist

$$s_{St} = \frac{h_H - h_Ü}{\tan \gamma_{St}}$$

mit h_H Hindernishöhe und $h_Ü$ Höhe des Übergangsbogens.

Zulassungsstartstrecke. Aufgrund von Sicherheitsvorschriften ist der Startvorgang komplexer als vorhergehend dargestellt. Beispielsweise muss das Flugzeug eine Sequenz von verschiedenen Geschwindigkeiten durchlaufen, bevor die Entscheidung zum endgültigen Start gefällt werden kann. Diese Sequenz wird unter der Annahme festgelegt, dass bei einem mehrmotorigen Flugzeug jederzeit während des Starts ein Triebwerk ausfallen kann. Eine wichtige Geschwindigkeit ist in diesem Zusammenhang die sogenannte Entscheidungsgeschwindigkeit (decision speed v_1). Bei dieser Geschwindigkeit ist die Strecke (balanced field length) für das Abbremsen des Flugzeugs genau gleich groß wie die benötigte Strecke für die Fortsetzung des Starts mit einem ausgefallenen Triebwerk. Ist das Flugzeug bereits schneller als v_1 und ein Triebwerk fällt aus, wird der Start fortgesetzt. Bei einem Triebwerksausfall unter v_1 wird der Start abgebrochen. Für weitere Informationen siehe FAR25.109 und LuftBO.

Landephasen. Wie der Startvorgang, so wird auch die Landung in drei Abschnitte unterteilt (Abb. 55.24).

Endanflug. Die komplette Landestrecke schließt ein 15 m hohes Hindernis ein, das überflogen werden muss. Die Anfluggeschwindigkeit beträgt $v_{Anfl} = 1{,}3\ v_S$. Der steilste Anflugwinkel ergibt sich für Triebwerke im Leerlauf und

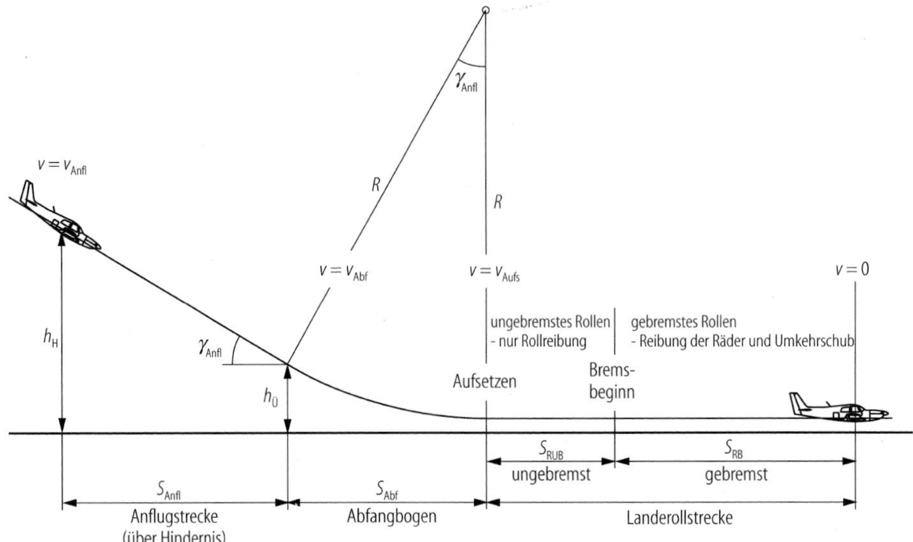

Abb. 55.24 Landestrecke

maximalen Widerstand (Fahrwerk ausgefahren, Klappen voll ausgefahren). Bei Verkehrsflugzeugen wird dieser Anflug in der Regel mit $\gamma_{\mathrm{Anfl}} = 3°$ durchgeführt. Die vom 15 m-Hindernis bis zum Abfangbogen zurückgelegte Strecke berechnet sich aus:

$$s_{\mathrm{Anfl}} = \frac{h_{\mathrm{H}} - h_{\mathrm{Ü}}}{\tan \gamma_{\mathrm{Anfl}}} .$$

Ausschweben. Die Aufsetzgeschwindigkeit beträgt $v_{\mathrm{Aufs}} = 1{,}15\, v_{\mathrm{S}}$. Das Flugzeug verzögert im Abfangbogen von der Anfluggeschwindigkeit auf die Aufsetzgeschwindigkeit. Die mittlere Geschwindigkeit während des Ausschwebens wird mit $v_{\mathrm{Abf}} \approx 1{,}23\, v_{\mathrm{S}}$ angesetzt. Die Länge des Abfangbogens ergibt sich wieder zusammen mit dessen Radius. Als mittleres Lastvielfaches wird wie beim Startbogen wiederum mit $\bar{n} \approx 1{,}2$ gearbeitet:

$$h_{\mathrm{Ü}} = R \cdot \left(1 - \cos \gamma_{\mathrm{Anfl}}\right) ,$$

$$s_{\mathrm{Abf}} = \sqrt{R^2 - \left(R - h_{\mathrm{Ü}}\right)^2} .$$

Rollen. Nach dem Aufsetzen wird der Pilot nach einigen Sekunden die Bremsen einsetzen. Hier gelten die in Tab. 55.21 angegebenen Reibungsbeiwerte zur Bestimmung der Rollstrecke. Falls das Jet-Flugzeug mit Umkehrschub ausgerüstet ist, wird der Umkehrschub ca. 40–50 % des maximalen positiven Schubs betragen. Der Umkehrschub kann in der Regel bei kleinen Geschwindigkeiten nicht mehr eingesetzt werden (Einschränkung wegen Ansaugung von Abgasen). Der Umkehrschub von Propellern kann während des gesamten Rollvorgangs benutzt werden (ca. 40 % des maximalen Schubs für Kolbenflugzeuge und 60 % für Turboprops).

Tab. 55.21 Reibungsbeiwerte des gebremsten Flugzeuges auf unterschiedlichen Bodenbelägen zur Berechnung der Landerollstrecke

Bodenbelag	Rollreibungsbeiwert μ gebremst
trockener Asphalt/Beton	0,30–0,50
nasser Asphalt/Beton	0,15–0,30
vereister Asphalt/Beton	0,06–0,10
harter Grasboden	0,40
fester Grasboden	0,30
weicher Grasboden	0,20
nasses Gras	0,20

Das Nutzlast-Reichweiten-Diagramm. Die Transportleistungen eines Flugzeugs werden gegenüber dem Kunden mit Hilfe des Nutzlast-Reichweiten-Diagramms dargestellt. Außerdem repräsentiert es auch im Entwicklungsprozess einige wesentliche Parameter.

Tab. 55.22 Zusammenstellung der Flugleistungen

Flugleistungen	Bestimmungsgleichung bzw. Beiwerte
Flugzeugpolare unsymmetrische Polare (Machzahl unabhängig) die symmetrische Polare ergibt sich für $C_{A0} = 0$	$C_W = C_{W\,min} + k \cdot (C_A - C_{A0})^2$ $C_W = C_{W0} + k \cdot C_A^2 - 2k \cdot C_A \cdot C_{A0}$ mit $C_{W\,min} = C_{W0} - k \cdot C_{A0}^2$
Bestimmung der Geschwindigkeiten für kleine γ gilt cos $\gamma \approx 1$	$v = \sqrt{\frac{2G \cdot \cos\gamma}{\varrho \cdot S \cdot C_A}}$ $w = \sqrt{\frac{2G \cdot \cos\gamma^3 \cdot C_W^2}{\varrho \cdot S \cdot C_A^3}}$
Gleitflug – bestes Gleiten Bedingung: $\frac{d}{dC_A}\left(\frac{C_W}{C_A}\right) = 0$	$C_A = \sqrt{\frac{C_{W0}}{k}}$ $C_W = 2\left(C_{W0} - C_{A0}\sqrt{k \cdot C_{W0}}\,\right)$
Gleitflug – geringstes Sinken Bedingung: $\frac{d}{dC_A}\left(\frac{C_A^3}{C_W^2}\right) = 0$	$C_A = \sqrt{\frac{3C_{W0}}{k}}$ (symmetrische Polare) $C_W = 4\left[C_{W0} + k \cdot C_{A0}^2 - C_{A0}\sqrt{k^2\left(\frac{3C_{W0}}{k} + C_{A0}^2\right)}\right]$
Gleitflug – maximale Geschwindigkeit Bedingung: $W = G$ Näherung!	$v \approx \sqrt{\frac{2G}{\varrho \cdot S \cdot C_{W\,min}}}$
Kurvenflug (Abb. 55.19) Bedingung: $A \cdot \cos\phi = G \cdot \cos\gamma \approx G$ $G = C_A \cdot \frac{\varrho}{2} \cdot v^2 \cdot S \cdot \cos\phi$	$v = \sqrt{\frac{2G}{\varrho \cdot S \cdot C_A \cdot \cos\phi}}$ $R = \frac{v^2}{g \cdot \tan\phi}$ $w = \frac{1}{\cos\phi^{\frac{3}{2}}}\sqrt{\frac{2G}{\varrho \cdot S \cdot \frac{C_A^3}{C_W^2}}}$ $n = \frac{1}{\cos\phi}$
Horizontalflug – minimaler Widerstand Bedingung: $\frac{d}{dC_A}\left(\frac{C_W}{C_A}\right) = 0$	Beiwerte siehe: Flug bei bestem Gleiten
Horizontalflug – minimale Leistung Bedingung: $\frac{d}{dC_A}\left(\frac{C_A^3}{C_W^2}\right) = 0$	Beiwerte siehe: Flug bei geringstem Sinken
Streckenflug (PA) – größte Reichweite Bedingung: $\frac{d}{dC_A}\left(\frac{C_W}{C_A}\right) = 0$	Beiwerte siehe: Flug bei bestem Gleiten
Streckenflug (PA) – größte Flugdauer Bedingung: $\frac{d}{dC_A}\left(\frac{C_A^3}{C_W^2}\right) = 0$	Beiwerte siehe: Flug bei geringstem Sinken
Streckenflug (TL) – größte Reichweite Bedingung: $\frac{d}{dC_A}\left(\frac{\sqrt{C_A}}{C_W}\right) = 0$	$C_A = \sqrt{\frac{C_{W0}}{3k} + \frac{C_{A0}^2}{9}} + \frac{k\,C_{A0}}{3}$ $C_W = \frac{4}{3}C_{W0} + \frac{2k}{3}(k-3)\sqrt{\frac{C_{W0}}{3k} + \frac{C_{A0}^2}{9}}C_{A0} + \left(\frac{k}{9}(k-3)^3 - \frac{8k}{9}\right)C_{A0}^2$
Streckenflug (TL) – größte Flugdauer Bedingung: $\frac{d}{dC_A}\left(\frac{C_W}{C_A}\right) = 0$	Beiwerte siehe: Flug bei bestem Gleiten
Steigflug (PA) – bestes Steigen Bedingung: $\frac{d}{dC_A}w = \frac{d}{dC_A}\left(\frac{C_A^3}{C_W^2}\right) = 0$ Geschwindigkeit – bestes Steigen $= v_y$	Beiwerte siehe: Flug bei geringstem Sinken
Steigflug (PA) – steilstes Steigen Bedingung: $\frac{d}{dC_A} = (\sin\gamma) = 0$ Geschwindigkeit – steilstes Steigen $= v_x$	Iterative Lösung der Gleichung oder Tangente an Steiggeschwindigkeitspolare $\sin\gamma = \frac{F-W}{G} = \frac{P\eta_A}{vG} - \frac{W}{G}$
Steigflug (TL) – bestes Steigen Bedingung: $\frac{d}{dC_A}w = \frac{d}{dC_A}\left(\frac{C_A^3}{C_W^2}\right) = 0$	Beiwerte siehe: Flug bei geringstem Sinken
Steigflug (TL) – steilstes Steigen Bedingung: $\frac{d}{dC_A} = (\sin\gamma) = 0$	Iterative Lösung der Gleichung oder Tangente an Steiggeschwindigkeitspolare $\sin\gamma = \frac{F-W}{G}$

55

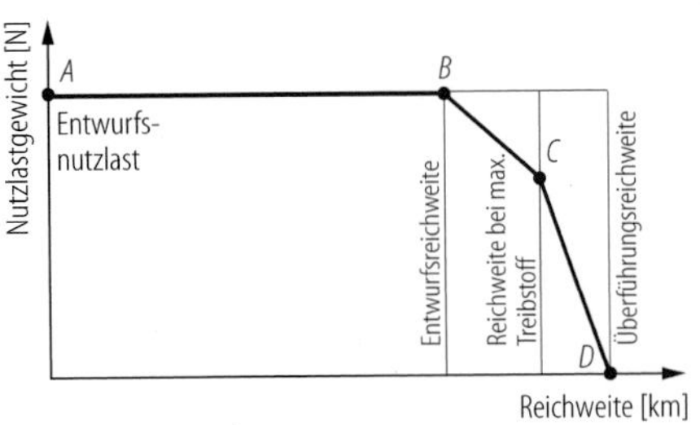

Abb. 55.25 Nutzlast-Reichweiten-Diagramm

Für die Zuladung gilt:

$$G_{\text{Zuladung}} = G_{\text{Abflug}} - G_{\text{Leer}} \,.$$

Für das Leergewicht wird hier das operationelle Leergewicht G_{Leer} angesetzt (OWE operating weight empty, s. Abschn. 55.1.3).

Die Zuladung selbst setzt sich aus dem Treibstoffgewicht (Fuel) und dem Nutzlastgewicht (Payload) zusammen

$$G_{\text{Zuladung}} = G_{\text{Treibstoff}} + G_{\text{Nutzlast}} \,.$$

Im Nutzlast-Reichweiten-Diagramm (Abb. 55.25) sind die bei gegebener Zuladung erzielbaren Reichweiten zusammengestellt. Ausgezeichnete Punkte im Nutzlast-Reichweiten-Diagramm sind:

- Punkt A: kein Treibstoff, Reichweite 0, nicht sinnvoll,
- Punkt B: Entwurfsreichweite mit Entwurfsnutzlast (max. Nutzlast),
- B $\Rightarrow$ C: Reduzierte Nutzlast ermöglicht größere Reichweite durch erhöhte Treibstoffzuladung,
- Punkt C: maximales Treibstoffvolumen, Reichweite bei maximalem Treibstoff,
- C $\Rightarrow$ D: Reichweitenerhöhung durch Nutzlastreduzierung (Überführungsreichweite).

55.4 Zelle, Struktur

55.4.1 Konstruktionsphilosophien und -prinzipien

Die Auslegung und Konstruktion von Luftfahrzeugen ist ein evolutionärer Prozess, der durch die Forderungen nach wachsender Sicherheit und wettbewerbsfähiger Ökonomie und Ökologie vorangetrieben wird.

Bei den statisch unbestimmten Flugzeugkonstruktionen der frühen Jahre bedeutete ein lokales Versagen nicht gleichzeitig den Bruch der gesamten Struktur. Dadurch wurde eine gewisse Versagenssicherheit erreicht, die in den 1950er Jahren zur Fail-Safe-Philosophie führte.

Mit dem nach dem 2. Weltkrieg beginnenden Jet-Zeitalter trat die Problematik der Materialermüdung (Fatigue) zunehmend in den Vordergrund. Durch die größeren Reiseflughöhen und die deshalb notwendigen Druckkabinen kommt es zu stark wechselnden Membranspannungen infolge des Innendrucks in der Rumpfröhre. Zusammen mit den extremen Temperaturschwankungen, der Spannungsrisskorrosion und der rasant ansteigenden Zahl an Starts und Landungen pro Flugzeug ereigneten sich neuartige, durch Materialermüdung verursachte Unfälle (z. B. 1953/54 de Havilland *Comet*, [24]). Heutzutage werden Flugzeuge ausgelegt auf:

- statische Festigkeit (Dehngrenze),
- Rissentstehung und Risswachstum während des zu erwartenden Flugzeuglebens (Ermüdung, Fatigue),
- statische Restfestigkeit einer eventuell beschädigten Struktur,
- Ermüdungs-Restfestigkeit einer eventuell beschädigten Struktur (vorgeschriebene Inspektions-Intervalle),
- thermische Spannungen, Korrosion, Kontaktkorrosion und Spannungskorrosion.

Safe-Life-Philosophie (sicheres Erleben, s. Bd. 2, Abschn. 1.4.2). Die Flugzeugzelle wird auf die während eines Flugzeuglebens zu erwartenden statischen Lastfälle und das dynamische Ermüdungsspektrum hin ausgelegt. Das Auftreten von Ermüdungsrissen wird verhindert, weshalb eine Konstruktion nach diesem Grundsatz im Allgemeinen schwerer ausfällt. Dennoch gibt es Flugzeugkomponenten, die auch heute noch nach dieser Philosophie ausgelegt werden, z. B. die Fahrwerke.

Fail-Safe (beherrschbares Versagen, s. Bd. 2, Abschn. 1.4.2). Es wird davon ausgegangen, dass Risse auftreten können und damit einzelne Teile unter Umständen sogar ausfallen können. Zur Aufrechterhaltung der Funktionsfähigkeit werden redundante Lastpfade konstruiert. Die nach einem eventuellen Versagen einer Einzelkomponente verbleibende Struktur muss ausreichende Restfestigkeit gegen Vibrationen, Flattern oder sonstige unkontrollierten Ereignisse bieten sowie eine sichere Beendigung des Flugs innerhalb des Auslegungsfensters ermöglichen. Um dem Risswachstum entgegenzuwirken, werden ferner auf kritischen Beplankungsfeldern gezielt Rissstopperfunktionen durch entsprechende Doppler oder Blechstöße vorgesehen.

Durch das immer größer werdende Wissen darüber, wie und wo Ermüdungsrisse auftreten, sind noch heute Flugzeuge und Hubschrauber im Einsatz, die ihre ursprünglich zugelassene Flugstundenzahl in der Zwischenzeit um ein Vielfaches überschritten haben (z. B. *Douglas* DC-3, *Bell* UH-1 *Huey*).

Damage-Tolerance-Philosophie (ertragbarer Schaden). Zusätzlich zu der Fail-Safe-Philosophie werden nun in der Struktur vorhandene Risse sowie deren Wachstum mit berücksichtigt. Voraussetzung hierfür ist, dass das Risswachstum analysiert und zeitlich verfolgt wird. Es wird davon ausgegangen, dass speziell definierte „nicht entdeckbare" Schäden und Risse anwachsen können, innerhalb eines Wartungsintervalls jedoch nicht zu einem kritischen Versagen der Struktur führen. Entdeckbare Schäden und Risse werden repariert, falls zu erwarten ist, dass sie bis zur nächsten Wartung eine kritische Größe erreichen. Somit muss schon bei der Konstruktion der Flugzeugzelle das während der späteren Nutzungsphase durchzuführende Inspektions- und Wartungskonzept (Maintenance) mit einbezogen werden. Dieser enge Kontakt zwischen Flugzeugherstellern und Wartungsunternehmen wird zum Beispiel dadurch verdeutlicht, dass allein in die Entwicklung des *Airbus* A340 rund 30 000 Ingenieurstunden der Lufthansa-Technik AG eingeflossen sind.

55.4.2 Lasten, Lastannahmen

Die für den Betrieb der Luftfahrzeuge anzunehmenden Lasten haben sich über die Dauer der Luftfahrzeugentwicklung historisch entwickelt. Im September 1900, drei Jahre vor dem ersten Motorflug, schrieb Wilbur Wright in einem Brief an seinen Vater: „*I am constructing my machine to sustain about five times my weight and I am testing every piece. I think there is no possible chance of its breaking while in the air.*"

Dieses Statement enthält alle wesentlichen Elemente des Festigkeitsnachweises für eine Flugzeugstruktur:

- Die Struktur muss in der Lage sein definierte Lastfälle zu ertragen.
- Der Nachweis wird durch Berechnung erbracht und durch Strukturversuche unterstützt.
- Die erzielte Strukturfestigkeit muss derartig sein, dass ein katastrophales Versagen während des Betriebes ausgeschlossen ist.

Innerhalb der für die entsprechende Flugzeugkategorie maßgebenden Bauvorschrift (Tab. 55.1) werden neben den allgemeinen Anforderungen insbesondere auch die Forderungen an die Festigkeit und Steifigkeit der Luftfahrzeugstruktur im jeweiligen Subpart C festgelegt. Diese Lastannahmen bilden die Grundlage für die Dimensionierung der gesamten Flugzeugstruktur sowie einzelner Strukturkomponenten. Auch das Sicherheitsvielfache (im Allgemeinen $j = 1{,}5$) sowie davon abweichende zusätzliche Sicherheitsfaktoren für Gussteile, Beschläge, Lager und Gelenke sind dort definiert.

Im Übrigen galt für den allgemeinen Sicherheitsfaktor bis zum Jahre 1945 nach der damaligen Bauvorschrift für Verkehrsflugzeuge $j = 1{,}8$. Eine Reduzierung des Sicherheitsfaktors wurde damals angestrebt um Strukturgewicht einsparen zu können. Dass die Zuverlässigkeit unter der Herabsetzung nicht gelitten hat, ist zum einen einer verringerten Streuung von Werkstoffeigenschaften und Fertigungstoleranzen zu verdanken, vor allem jedoch den immer weiter

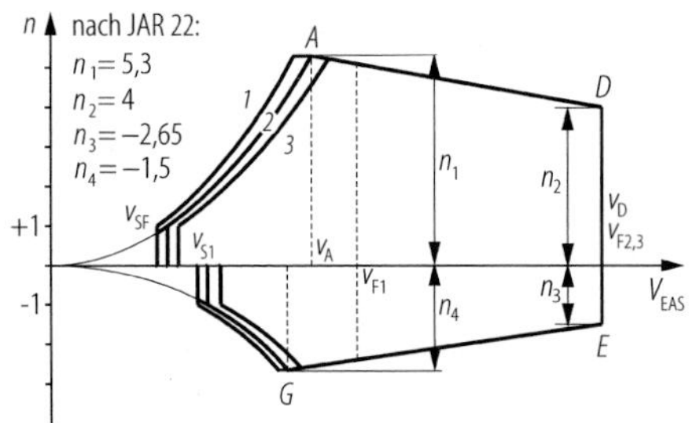

Abb. 55.26 v-n-Diagramm für Abfangmanöver-Lastfälle nach [7]. *1* Wölbklappen voll ausgefahren, *2* Wölbklappen in Neutralstellung, *3* negative Wölbklappenstellung

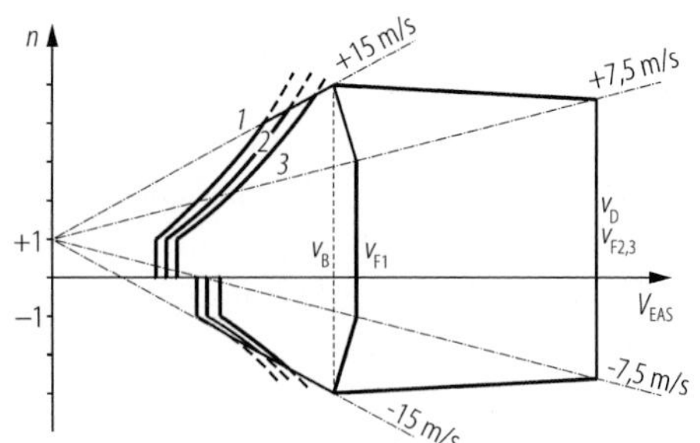

Abb. 55.27 v-n-Diagramm für Böen-Lastfälle nach [7]. *1* Wölbklappen voll ausgefahren, *2* Wölbklappen in Neutralstellung, *3* negative Wölbklappenstellung

verbesserten Berechnungsmethoden und Lastannahmen [24].

Auch der für die Dimensionierung zugrunde gelegte Einsatzbereich der entsprechenden Flugzeugkategorie wird dort durch das v-n-Diagramm festgelegt. Das v-n-Diagramm wird konstruiert, indem man die maximal zulässigen Grenzlastvielfachen (s. Abschn. 55.2.7) über den Bemessungsgeschwindigkeiten (EAS, vgl. Abschn. 55.2.5) aufträgt (Abb. 55.26). Typische positive Manöverlastvielfache betragen für Transportflugzeuge ca. $n = 2{,}5$, für Leichtflugzeuge $n = 3{,}8$ (Normalkategorie), $n = 4{,}4$ (Utility-Kategorie) bzw. $n = 6$ (Aerobatic Kategorie) sowie für Segelflugzeuge $n = 5{,}3$ (Normalkategorie) bzw. $n = 7$ (Aerobatic Kategorie).

Nicht nur Flugmanöver erzeugen Lastvielfache: auch der Einflug in Böenfelder, also aufsteigende oder absinkende Luftmassen, erzeugen Beschleunigungen, denen das Luftfahrzeug widerstehen muss. Diese entstehen durch eine Erhöhung oder Verringerung des Anströmwinkels am Tragflügel und damit einer Auftriebserhöhung oder -verringerung.

Vernachlässigt man den Einfluss des Höhenleitwerkes und betrachtet man einen konventionellen Flugzeugentwurf, so berechnet sich das Böenlastvielfache bei Einflug in eine harte, abrupte Böe nach [7] wie folgt

$$n = 1 \pm \frac{k_g \cdot \varrho \cdot v \cdot u}{2(G/S_F)} \cdot C'_A \,.$$

Dabei ist k_g ein Böenabminderungsfaktor, v die Fluggeschwindigkeit (EAS), u die Böengeschwindigkeit, G/S_F die Flächenbelastung als Gewicht pro Flügelfläche und C'_A der Auftriebsgradient des Flügels bei Erhöhung des Anströmwinkels. Der Böenabminderungsfaktor berücksichtigt instationäre Vorgänge beim Einflug in die Böe. Damit erhält man eine Geradengleichung mit der Fluggeschwindigkeit als Veränderliche. Zeichnet man diese Geradenschar, die bei Variation der Böengeschwindigkeit entsteht, in das v-n-Diagramm ein, so entsteht Abb. 55.27. Die Böenlastvielfachen können vor allem bei geringer Flächenbelastung über den Abfanglastvielfachen liegen.

Die somit ermittelten Lasten werden in einer Lastfalltabelle dargestellt. Für jede einzelne Komponente des Luftfahrzeuges existiert ein sogenannter dimensionierender Lastfall, für den die Grenze der Belastbarkeit erreicht wird entweder hinsichtlich Festigkeit, Steifigkeit, Stabilität (Knicken, Beulen) oder auch hinsichtlich der Flattergrenze.

Unter Flattern versteht man das aeroelastische Verhalten einer Flugzeugstruktur bei gewissen Eigenfrequenzen [25]: Da Flügel, Rümpfe und Leitwerke eine Strukturweichheit besitzen können sie sich unter dem Wechselspiel von Luft- und Massenkräften biegen und verdrehen. Flattern tritt immer dann ein, wenn dem Schwingungsvorgang aerodynamisch mehr Energie zugeführt wird, als durch die Strukturdämpfung verlorengeht. Somit ist die Flattergrenze kein Festigkeitskriterium für die Struktur, sondern oft die aeroelastische Begrenzung der maximalen Fluggeschwindigkeit v_D.

Der Nachweis der Strukturfestigkeit gegenüber den zugrunde gelegten Lasten erfolgt durch

Rechnung, welche durch statische und dynamische Strukturversuche unterstützt wird. Bei Transportflugzeugen müssen die theoretischen Lastannahmen durch Flugversuche verifiziert werden.

55.4.3 Leichtbau

In den Pioniertagen des Flugzeugbaus wurden die Querkräfte, Biegemomente und Torsionsbelastungen von Flügel und Rumpf durch Fachwerkstrukturen aufgenommen. Für die Aussteifung der Fachwerksdiagonalen wurden dabei oft Spanndrähte verwendet und die aerodynamischen Oberflächen durch Stoffbespannungen erzielt.

Ein Gewichtsminimum lässt sich allerdings nur dann erzielen, wenn alle Strukturelemente auf ihre Versagensgrenze hin ausdimensioniert und dabei Mehrfachfunktionalitäten voll ausgenutzt werden. So wird heutzutage beispielsweise die Flügelbeplankung, die ursprünglich nur für die aerodynamische Formgebung vorgesehen war, unter den stetig anwachsenden Leichtbauforderungen auch zur Aufnahme des Torsionsmoments aus der Flügelverdrehung und zum Teil auch erheblicher Lasten der Flügelbiegung herangezogen.

Ein anschauliches Beispiel für den Leichtbau bei Luftfahrzeugen ist die Faustregel, dass bei einem modernen Transportflugzeug die Nutzlast ca. 20 % des MTOW beträgt und das Leergewicht des Flugzeugs sowie der Treibstoff je einen Anteil von ca. 40 % zum MTOW beisteuern. Bei einem Langstreckenflugzeug verringert sich dabei der prozentuale Nutzlastanteil zugunsten einer höheren Treibstoffkapazität, für einen Kurzstrecken-Airliner verhält es sich entsprechend umgekehrt.

Als Anschauungsbeispiel einige Daten des *Airbus* A340-200: Leergewicht im Airline-Einsatz 123 t; MTOW 257 t; max. Treibstoff 138 638 Liter (ca. 114 t); max. Nutzlast (Passagiere und Luftfracht) 46 t; max. Reichweite 8400 NM bzw. 15 500 km. Je nach Flugmission kann nun mit maximaler Zuladung nur eine reduzierte Reichweite erflogen werden oder umgekehrt mit reduzierter Zuladung die maximale Reichweite (vgl. Abb. 55.25). Die nominelle Reichweite des *Airbus* A340-200 beträgt 7350 NM (13 600 km) inklusive der vorgeschriebenen Treibstoffreserve für einen Flug zu einem 200 NM entfernten Ausweichflughafen.

55.4.3.1 Schalenbauweise

Die Schalenkonstruktionen des Flugzeugbaus in Blechbauweise werden durch Längsprofile (Stringer) und Querprofile (Spanten bzw. Rippen) versteift. Dabei übernehmen die Hautfelder der Blechbeplankung auch tragende Funktionen. Diese Strukturen sind statisch unbestimmt und wurden erst durch die Idealisierung des Schubfeldschemas berechenbar, durch das die Berechnungsmethoden der Baustatik auf längs- und querversteifte Schalen wie Flügel und Rümpfe übertragen werden konnten. Der wesentliche praktische Unterschied gegenüber Fachwerken besteht darin, dass die Zahl der Längsversteifungen (Stringer) sehr viel größer ist.

Drill-/Biegedrillknicken, Steg-/Flanschbeulen. Die Verwendung von offenen Querschnittsformen für Stringer zur Versteifung der Hautfelder und zur Fertigung von Rippen, Holmstegen und Spanten führte zu neuen Versagensformen. Während man bis dahin nur das Eulerknicken des auf Druck belasteten Stabes kannte, sind nun weitere Versagensformen zu beobachten: Die dünnwandigen, offenen Profile sind verhältnismäßig torsionsweich und versagen daher unter Druckbelastung nicht auf Biegung sondern durch Wegdrehen des Querschnittes (Drillknicken) oder bei unsymmetrischen Querschnitten durch Wegdrehen und gleichzeitiges Knicken (Biegedrillknicken, s. Bd. 1, Abschn. 25.1.6). Dieses Biegedrillknicken wird durch eine beim Ausknicken der Neutralachse auftretende Querkomponente der Längskraft hervorgerufen, die nicht durch den Schubmittelpunkt des Profils geht und somit Torsion hervorruft. Bei den im Flugzeugbau verwendeten dünnwandigen Aluminiumprofilen können neben dem reinen Kippen als Biegeträger (s. Bd. 1, Abschn. 25.2) auch weitere Formen eines Stabilitätsversagens wie das Beulen der Profilwände in Gestalt von Steg- oder Flanschbeulen auftreten (Abb. 55.28).

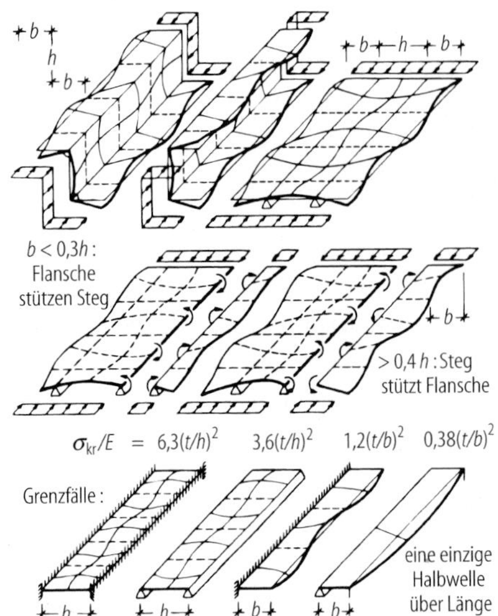

Abb. 55.28 Beulformen an einem zweiflanschigen Blechprofil bei Längsdruck sowie für Steg und Flansche als Einzelstreifen bei gegenseitiger Drehstützung (nach [26])

Schubfeldschema. Längs- und querversteifte Schalen entsprechen grundsätzlich dem Aufbau einer Fachwerkkonstruktion, wobei an Stelle der Diagonalstäbe nun Vollwände eingefügt sind. Statt der räumlichen Fachwerke, die in statisch bestimmten Fachwerkscheiben zerlegt werden, hat man jetzt versteifte Blechscheiben von vielfacher statischer Unbestimmtheit zu untersuchen. Zur Berechnung dieser komplexen Schalenbauteile wird ein vereinfachtes System aus Längs- und Querstäben und dazwischen liegenden Schubfeldern angenommen. Die Stäbe sollen rechtwinkelig und miteinander gelenkig verbunden sein, also nur Normalkräfte übertragen. Die Hautfelder übertragen den pro Feld als konstant angenommenen Schubfluss. Die Berechnung ebener Schubfelder kann mit geringem Aufwand auf schwach gekrümmte Schalenelemente erweitert werden.

Beulen. In den Blechfeldern der versteiften Flugzeugstrukturen trat in den 1930er Jahren mit dem Beulen infolge von Druck- und Schubbelastungen ein neues Phänomen des Stabilitätsversagens auf: Wird in einem Schubfeld die kritische Schubspannung überschritten, was insbesondere bei sehr dünnen Blechen frühzeitig auftritt, so beginnt das Blechfeld unter Ausbildung von Diagonalfalten zu beulen (s. Bd. 1, Abschn. 25.3.1).

Zugfeldträger. In umfangreichen experimentellen und theoretischen Untersuchungen wurde erkannt, dass die Tragfähigkeit der Struktur mit dem ersten Auftreten von Beulen noch nicht vollständig erschöpft ist: Durch das Beulen verliert das Blechfeld in der Druckdiagonalen seine Tragfähigkeit, behält sie in der Zugdiagonalen jedoch bei. Durch Lastumlagerungen in vertikale oder diagonale Pfosten mit ausreichend geringem Abstand oder durch Stegversteifungen in Längsrichtung kann die Struktur eine weitere Laststeigerung ertragen [27]. Bis zum endgültigen Versagen der Hautfelder auf Zug oder der Pfosten durch Knicken kann von einem Zugfeldträger eine gewisse Überschreitung der kritischen Beullast ertragen werden. Bei Aluminium sind hierbei Überschreitungsgrade von bis zu 10 möglich. Die Ausbildung derartiger Zugfelder kann natürlich nur dort zugelassen werden, wo die Faltenbildung nicht zu einer Beeinträchtigung der Aerodynamik führt oder die Ermüdung keine kritische Rolle spielt.

Zur Verwirklichung einer versteiften Rumpf- oder Flügelschale können verschiedene Konstruktions- bzw. Fertigungsphilosophien (s. Bd. 1, Abschn. 32.13) herangezogen werden:

Differentialbauweise. Die einfachste Möglichkeit ist die punktuelle Verbindung der Blechhaut mit den Versteifungselementen. Die Verbindung erfolgt in erster Linie durch Nieten, seltener durch Kleben oder Schweißen. Die Längsversteifungen (Stringer) sind meistens durchgehend mit der Beplankung verbunden, während die Querversteifungen (Rippen bzw. Spante) an den Kreuzungspunkten ausgespart sind. Die Differentialbauweise entspricht somit dem klassischen Blechbau, wobei die Leichtbauaussparungen in Rippen und Spanten mit Bördeln versehen sind und die notwendigen Wandstärkenänderungen in den Hautfeldern (bei Ausschnitten, Fügungen, Krafteinleitungen) durch Doppler-Bleche erreicht werden (Abb. 55.29a).

Das Zusammensetzen vieler einfach zu fertigender Einzelteile, welche für sich alleine sehr gut berechen- und dimensionierbar sind, birgt

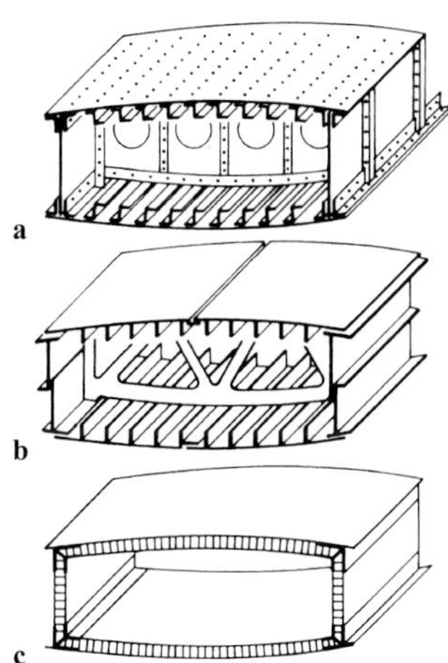

Abb. 55.29 Verschiedene Schalenbauweisen am Beispiel eines Tragflügelkastens (Biegetorsionsträger), Prinzipskizzen nach [26]. **a** Differentialbauweise, **b** Integralbauweise, **c** Sandwichbauweise

jedoch Nachteile aufgrund der Fügungen: Zum einen werden enge Toleranzen für die Nietbohrungen gefordert, sodass die zu fügenden Teile gemeinsam verbohrt werden müssen, und zum anderen ergeben sich durch die sehr häufigen Eingriffe ins Material Kerbwirkungen und somit Spannungsüberhöhungen.

Integralbauweise. Durch Bauteile, die aus einem Stück gefertigt werden, wird die getrennte Fertigung vieler Einzelteile sowie die zeit- und kostenaufwändige Fügung einschließlich ihrer festigkeitsmindernden und fertigungstechnischen Nachteile vermieden. Die Auflösung einer Leichtbauschale in ihre Längs- und Querversteifungen sowie Hautfelder mit den spezifischen Aufgaben und Eigenschaften entfällt dabei keinesfalls, allerdings bilden sie eine organische Einheit (Abb. 55.29b). Integralbauteile können nicht nur als Guss- oder Gesenkpressteile ausgeführt werden, sondern auch durch chemisches Ätzen (Reduzierung der Wandstärke in Hautfeldern) oder durch mechanisches Zerspanen hergestellt werden.

Durch verbesserte Aluminiumlegierungen und Wärmebehandlungsverfahren wurde es möglich, mehrere Zentimeter dicke homogene Platten mit gleichbleibend guten Eigenschaften herzustellen. Mit den zur Verfügung stehenden großen CNC-Fräsmaschinen werden nun großflächige Flügelbeplankungsfelder inklusive Stringern, Ausschnitten und Wandstärkenschwankungen gefertigt. Dabei werden Zerspanungsgrade von über 90 % des eingesetzen Materials erreicht. Die derzeit zum Einsatz kommenden 5-Achs-CNC-Fräsmaschinen erlauben die Herstellung von ganzen Flügelbeplankungen (*Boeing* B777 upper wing skin). Durch anschließendes Kugelstrahlen oder Stauchen der Stege werden die ebenen Felder (panels) der gekrümmten Profil-/Rumpfkontur angepasst.

Sandwichbauweise (s. Bd. 1, Abschn. 32.13). Die sogenannten Stützkernverbunde werden aus Faserverbundwerkstoffen (FVW) hergestellt und kommen vor allem bei schwach gekrümmten und flächig belasteten Bauteilen zum Einsatz. Sie stellen extreme Leichtbaukonstruktionen dar und bestehen aus einem relativ dicken Kern geringer Dichte und den beiden Deckschichten, welche bei Beanspruchung die Zug- und Druckkräfte aufnehmen. Der schubbelastete Kern dient dazu, die beiden Deckschichten auf konstantem Abstand zu fixieren und besteht meist aus Hartschäumen (30 bis 70 kg/m^3), Aramid- oder Papierwaben. So lässt sich das Trägheits- und das Widerstandsmoment der Schale bei nur unwesentlich höherem Strukturgewicht beträchtlich erhöhen. Beispielbauteile sind etwa aerodynamische Verkleidungen, Fußböden und Innenverkleidungen, aber auch viele Tragflügel von Segel- und Leichtflugzeugen sind komplett in der Sandwichbauweise ausgeführt (Abb. 55.29c). In jüngster Zeit werden auch kernlose Sandwichbauteile aus Abstandsgeweben oder dreidimensional gewebten Faserstrukturen für ihren Einsatz im Flugzeugbau hin untersucht [28].

55.4.4 Werkstoffe und Bauweisen

Von den Anfängen der Fliegerei bis heute haben sich vier grundlegende Bauweisen von Flugzeugen entwickelt:

Holzbauweise. Als Werkstoffe fanden zuerst Holzleisten, Sperrholz (d. h. Schichtholz mit wechselnder Orientierung), Bambusrohre, Weidenruten, Draht (Klaviersaiten) und Baumwollstoff Verwendung. Alle wichtigen Baugruppen wie Tragflächen, Rumpf und Leitwerk werden aus Holz hergestellt, mit Sperrholz beplankt oder mit Stoff bespannt. Das Holz wird dabei entsprechend der Belastung faserorientiert eingesetzt: Für Holme verläuft die Faserrichtung längs, für Torsionsnasen unter $\pm 45°$. Die Holzverarbeitung im Flugzeugbau erreichte zur Herstellung von Knickholmen, Holzrohren und -propellern durch Biegen, Schäften, Verleimen usw. eine heute kaum mehr vorstellbare handwerkliche Qualität [29]. Herstellung und Reparatur gestalten sich einfach. Geringe Wetterfestigkeit und Splittergefährdung bei Unfällen sind jedoch große Nachteile. Der Werkstoff Holz erlebte im 2. Weltkrieg eine Renaissance wegen der eingeschränkten Verfügbarkeit von Aluminiumlegierungen und fand im Segelflugzeugbau bis in die 1960er Jahre hinein Verwendung.

Gemischtbauweise. Tragflächen und Leitwerk sind zumeist in Holz ausgeführt. Der Rumpf wird aus einem verschweißten Stahlrohrgerüst gebildet, das mit Stoff bespannt wird. Die Sicherheit der Besatzung bei Unfällen ist hierbei höher zu bewerten als bei der reinen Holzbauweise. Die Gemischtbauweise wird noch bei Klein- und Leichtflugzeugen angewendet.

Metallbauweise. Ab 1930 Entwicklung ziviler Transportflugzeuge aus Aluminium. Um dieses im Vergleich zu Stahl leichte aber weiche Metall in Flugzeugstrukturen einsetzen zu können, mussten zuerst hochfeste Aluminiumlegierungen entwickelt werden [30]. Mit der Einführung der Blechbauweise traten neue Probleme bei der Bemessung und Berechnung der Struktur auf, zumal gleichzeitig die Fluggeschwindigkeiten zunahmen.

Wegen der größeren Beanspruchung sowie der verlangten höheren Lebensdauer und Sicherheit, ist die Metallbauweise die heutige Standardbauweise aller Flugzeuge. Die komplette Zelle besteht dabei aus Leichtmetalllegierungen. Neben Aluminium kommen Magnesium (s. Bd. 1, Abschn. 31.2.3) und Titan (s. Bd. 1, Abschn. 31.2.4) zum Einsatz, aber auch Lithium als besonderes Legierungselement.

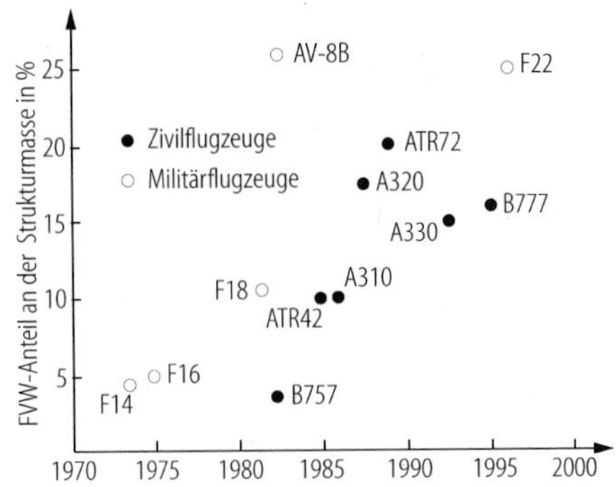

Abb. 55.30 Anteil der Faserverbundwerkstoffe am Strukturgewicht (nach [32])

Faserverbundbauweise (s. Bd. 1, Abschn. 32.13 und Abb. 55.30). Die Faserverbundbauweise wird häufig auch nur als Kunststoffbauweise bezeichnet, obwohl zum Erreichen der geforderten Festigkeiten und Steifigkeiten immer Faserverstärkungen (Fibre reinforcement) in Form von Glasfasern, Kohlenstoffasern und/oder Aramidfasern zum Einsatz kommen [28]. Als Matrix (Bettungsmasse) werden Epoxidharze, seltener Phenolharze, verwendet. Im Jahre 1957 flog das erste GFK-Segelflugzeug (fs 24 *Phönix*) und ab 1972 eroberte mit der SB 10 auch die steifere CFK-Bauweise den Segelflugzeugbau [31]. Nur Segelflugzeuge und Leichtflugzeuge werden heute komplett in der Faserverbundbauweise gefertigt. Im Verkehrsflugzeugbau setzen sich tragende Komponenten in dieser Bauweise langsam durch. Leitwerke, Ruder und Klappen, aber auch schon komplette Tragflächen werden in Faserverbundbauweise gefertigt. In Zukunft sollen auch Rümpfe so hergestellt werden.

Großbauteile werden in Negativ-Halbschalen mit Hilfe der Autoklavtechnik gefertigt und verklebt, teilweise auch vernietet. Für Kleinserien und im Segelflugzeugbau hat sich die Nasslaminiertechnik in Negativformen durchgesetzt. Amateurflugzeuge werden z. T. auch in Positivbauweise gefertigt. Ein weites Feld findet die Faserverbundbauweise für nichttragende Sekundärbauteile: Innenausstattungen, aerodynamische Verkleidungen, Fahrwerksklappen usw. aus faser-

Tab. 55.23 Die Systematik der im Werkstoff-Handbuch der Deutschen Luftfahrt enthaltenen Werkstoffe

Teil 1: Metallische Werkstoffe	
Band 1: Stahl und Nichteisenmetalle	
0.0000–0.9999	Roheisen und Ferrolegierungen
1.0000–1.9999	Stähle und hochwarmfeste Legierungen
2.0000–2.9999	Nichteisenmetalle (ausgenommen Leichtmetalle)
Band 2: Leichtmetalle	
3.0000–3.4999	Aluminium und Aluminiumlegierungen
3.5000–3.6299	Magnesium und -legierungen
3.7000–3.7999	Titan und Titanlegierungen
4.3851–4.3854	Sinterbronze
Teil 2: Nichtmetallische Werkstoffe	
Band 1:	
5.0000–5.3999	Kunststoffe und faserverstärkte Kunststoffe
5.4100–5.4199	strukturelle Klebstoffe
5.4200–5.4299	Haftgrundmittel für strukturelle Klebstoffe
5.5000–5.5899	Gummi, Gummi-Verbundstoffe (Elastomere)
Band 2:	
5.5900–5.5999	Dichtmassen und Haftgrundmittel
5.7000–5.7999	Anstrichstoffe
6.1000–6.1099	Vollholz, Schichtholz, Sperrholz
6.2000–6.2099	Bespannstoffe
6.3000–6.5099	Gurtbänder und Textilien
8.2300–8.2699	Aramidfasern (Gewebe, Rovings, Prepregs)
8.3500–8.3699	Kohlenstoffasern (Gewebe, Rovings, Prepregs)
8.4300–8.4699	Glasfasern (Gewebe, Rovings, Prepregs)

verstärkten Kunststoffen sind nicht mehr wegzudenkende Leichtbauteile.

55.4.4.1 Werkstoffkennwerte

Die in der Luft- und Raumfahrt an die Werkstoffe gestellten Anforderungen setzen ein umfangreiches Wissen um ihre Eigenschaften und ihr Verhalten in Wärme, Kälte und anderen Umwelteinflüssen voraus. Für tragende Bauteile in Luftfahrzeugen dürfen nur Werkstoffe verwendet werden, die mit ihren Werkstoffkennwerten im Werkstoff-Handbuch der Deutschen Luftfahrt [33] aufgeführt sind. Der Einsatz anderer Materialien macht eine vorherige Genehmigung durch die Zulassungsbehörde (EASA) erforderlich. Für die Bauteilzulassung werden dann auch umfangreiche experimentelle Festigkeitsnachweise unter Betriebsbedingungen gefordert.

Für jeden in das Werkstoff-Handbuch der Deutschen Luftfahrt aufgenommenen Werkstoff gibt es ein Werkstoff-Leistungsblatt (WL-Blatt). Dabei wird jeder Werkstoff durch eine fünfstellige Zahl nach [34, 35] bezeichnet, die gleichzeitig die Nummer des zugehörigen WL-Blattes ist. Zur weiteren Spezifikation wird der Werkstoffnummer noch eine ein- oder zweiziffrige Zustands- bzw. Anhängezahl hinzugefügt. Das Werkstoff-Handbuch der Deutschen Luftfahrt besteht aus zwei Teilen (Tab. 55.23).

In der Luftfahrt werden von jeher möglichst leichte Werkstoffe eingesetzt. Die Bewertung der Werkstoffkennwerte erfolgt daher über den gewichtsspezifischen E-Modul E/ϱ und die gewichtspezifische Bruchfestigkeit (Reißlänge) R_m/ϱ, jeweils in Kilometern (vgl. Bd. 1, Abschn. 32.13).

Durch Werkstoffe mit höherer Festigkeit und steiferer Strukturbauweisen wurde es möglich, freitragende Flügel (cantilever wing) ohne Streben und Abspannungen zu bauen, obwohl ihr Strukturgewicht etwa 40 % über dem eines abgestrebten Flügels (braced wing) liegt. Jedoch wurde so eine bessere aerodynamische Güte der Tragwerke erreicht, da die Flügelstreben (struts) insbesondere bei höheren Fluggeschwindigkeiten einen immensen Widerstand erzeugen.

Gleichzeitig ermöglichten die festeren und steiferen Werkstoffe auch die Realisierung widerstandsarmer Profile mit immer geringeren Profildicken. Die Profildicken heutiger Verkehrsflugzeuge liegen bei 14 bis 16 %. Beim Segelflugzeug DG-600 in CFK-Bauweise beispielsweise kommt das bisher dünnste Segelflugprofil mit nur 11,7 % relativer Flügeldicke zum Einsatz (Spannweite 17 m, Flügelfläche 11,6 m^2, Streckung 25, Wurzeltiefe 930 mm, Gewicht pro Flügel ca. 70 kg).

Durch die versagenstolerante Konstruktionsphilosophie (Damage Tolerance) verlagerten sich die Kriterien für die Werkstoffauswahl und Werkstoffentwicklung weg von immer höheren Festigkeiten hin zu bruchmechanischen Kriterien wie Risszähigkeit, Rissfortschritt und kritischer Risslänge, wobei auch die Probleme der Korrosion und Spannungskorrosion Beachtung finden.

55.4.5 Rumpf

Der Rumpf eines Flugzeugs stellt das Volumen zur Verfügung für die Aufnahme der Besatzung (Crew) und der Nutzlast (Payload), bestehend aus Passagieren (Pax), dem Gepäck (Baggage) und der Luftfracht (Cargo). Sein Äußeres muss widerstandsarm, im Idealfall stromlinienförmig, gestaltet sein. An der Struktur des Rumpfes werden die Hauptanbauteile wie Höhen- und Seitenleitwerk, die Fahrwerke und häufig auch die Triebwerke befestigt.

Da die beiden Tragflügel über ein Flügelmittelstück (Abb. 55.5) oder eine Holmbrücke miteinander verbunden sind, bilden sie eine durch den Rumpf hindurchgehende Einheit. Um das nutzbare Volumen im Rumpf nicht unnötig einzuengen, sind Mitteldecker daher eher selten, sondern vielmehr hängt der Rumpf unter dem Tragflügel (Schulter-/Hochdecker) oder sitzt auf ihm (Tiefdecker).

55.4.5.1 Anforderungen an den Rumpf

Aus Gründen der Funktionalität und aus Fertigungsaspekten (einfach gekrümmte Beplankungsbleche, gleiche Spant-Geometrien) wird bei heutigen Passagier- und Transportflugzeugen die Forderung nach einem stromlinienförmigen Rumpf zugunsten eines konstanten Rumpfquerschnitts aufgegeben. Daher liefert der Rumpf mit 30 bis 50 % auch den größten Anteil am Gesamtwiderstand des Flugzeugs.

Aus Leichtbaugründen – und bei Flugzeugen mit Druckkabinen auch aus Festigkeitsgründen – ist ein kreisförmiger oder ovaler Rumpfquerschnitt optimal. Bei Propeller-Flugzeugen ohne Druckkabine wird vor dem Hintergrund der Fertigungskosten und wegen des besseren Sitzkomforts der außen sitzenden Passagiere auf einen rechteckigen Querschnitt zurückgegriffen (z. B. *Dornier* Do228, *Shorts* 330/360).

Wenn man den Rumpf alleine betrachtet, sollte aus aerodynamischen Gründen das Verhältnis von Rumpflänge zu Rumpfdurchmesser etwa $l_R/d_R = 6$ betragen (Abb. 55.6). Der Gesamtwiderstand von Rumpf und Leitwerk zusammen wird jedoch bei einem Verhältnis von 8 bis 9 minimal, da ein längerer Rumpf dem Leitwerk einen größeren Hebelarm bietet und somit aus flugmechanischen Gründen kleinere Leitwerksflächen möglich werden.

Die Basisversion eines neuen Flugzeugtyps wird nach diesen Empfehlungen widerstandsarm ausgelegt und kann zur Befriedigung der Kundenwünsche später auch noch bis etwa $l_R/d_R = 5$ verkürzt oder bis ca. $l_R/d_R = 14$ gestreckt werden.

Cockpit-Bereich und Heckkonus. Während die Gestalt des Cockpitbereiches von Funktionalität und Sicherheitsaspekten diktiert wird, bietet das Rumpfheck Potential zur Reduzierung des Widerstandes. Hierbei gilt es, die gegensätzlichen Forderungen von Druckanstieg (d. h. möglichst langes Heck), umspülter Oberfläche und Strukturgewicht (d. h. möglichst kurzes Heck) gleichzeitig zu berücksichtigen.

Der Heckwinkel auf der Rumpfunterseite muss so gestaltet sein, dass das Flugzeug beim Start den zum Abheben erforderlichen Anstellwinkel erreicht, ohne mit dem Heck die Startbahn zu berühren (tail strike).

Druckkabine. Bei hochfliegenden Flugzeugen muss der Bereich für die Passagiere und die Nutzlast sowie das Cockpit als Druckkabine ausgeführt werden, welche eine abgeschlossene Einheit bildet. Diese hat aus Festigkeitsgründen im Idealfall eine zylindrische Form und wird hinter dem Nutzlastbereich und vor dem Cockpit jeweils durch einen kalottenförmigen Druckspant (Druckschott) abgeschlossen.

Innerhalb der Druckkabine wird nicht der am Boden herrschende Druck beibehalten, sondern mit zunehmender Flughöhe der Druck wegen der sonst ungerechtfertigt hohen Membranspannungen in den Hautfeldern (Leichtbau) ebenfalls reduziert. Bei einem Reiseflug in 12 000 Meter (193 hPa) wird ein Kabinendruck von etwa 750 hPa (2500 Meter) eingestellt, woraus sich je nach Umgebungsbedingungen ein Differenzdruck von 600 bis 700 hPa ergibt.

Passagierbereich. Je nach Klasse (First/Business/Economy) sind Mindestmaße für Sitzabstand, Sitzbreite und Gangbreite vorgeschrieben, ebenso wie die Anzahl der Gänge (Aisles), der Toiletten und der Notausgänge. Für Flugzeuge mit mehr als 44 Passagieren wird eine Evakuierung des vollbesetzten Flugzeugs innerhalb von 90 Sekunden vorgeschrieben. Dies hat zur Folge, dass bei einem Wide-Body-Rumpf deutlich mehr Notausgänge erforderlich sind als für ein Narrow-Body-Flugzeug.

Luftfracht (Cargo). Der Luftfrachtbereich befindet sich bei modernen Verkehrsflugzeugen unter dem Passagierdeck. Neben dem Volumen der Frachträume ist deren Form (Querschnitt) von entscheidender Bedeutung, da es standardisierte Luftfracht-Container für schnelles Be- und Entladen gibt.

55.4.5.2 Rumpfstruktur

Die Rumpfstruktur muss ausgelegt werden für die Aufnahme der aus der Druckkabine resultierenden Belastungen, für die sichere Einleitung der Lasten von Tragwerk, Leitwerken, Triebwerken und Fahrwerken sowie zusätzlich für die von der Zuladung hervorgerufenen Massenkräfte.

Fachwerkrümpfe. In den Anfangsjahren des Luftfahrzeugbaus entstanden Fachwerkrümpfe aus Holz bzw. Stahlrohr mit Stoffbespannung, dann geodätische Fachwerke mit nichttragenden Beplankungen aus Sperrholz. Zwischen dem Motor und dem Cockpit ist aus Sicherheitsgründen ein nicht brennbares bzw. in einem möglichen Brand nicht schmelzendes Brandschott – meist aus Stahl – vorgeschrieben.

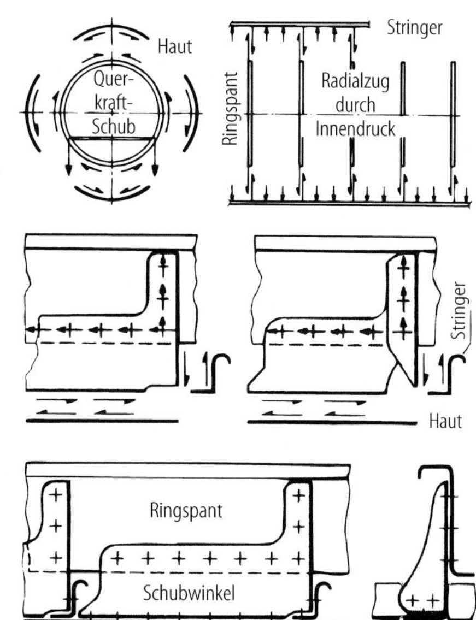

Abb. 55.31 Anschlüsse von Ringspanten an einer längsgestringerten Zylinderschale über Schubwinkel (nach [27])

Schalenrumpf. Rümpfe moderner Transportflugzeuge werden ausschließlich in Leichtmetall-Schalen-Bauweise ausgeführt. Die dünnwandige Zylinderschale wäre ohne Aussteifungen instabil gegen Druck- und Schubbelastung. Deshalb wird die Blechhaut in Längsrichtung durch Stringer und Holme sowie in Querrichtung durch Spante ausgesteift. Die Grundphilosophie bei der Gestaltung der versteiften Rumpfröhre besteht darin, den Längsverbund (Haut und Stringer/Holme) und den Querverbund (Spante) möglichst ungestört auszuführen. Deshalb werden die Stringer/Holme durchgehend auf die Rumpfhaut aufgebracht. Die Spante werden nach innen versetzt, mit möglichst ungestörtem Querschnitt ausgeführt und mittels Schubwinkel an der Haut und den Stringern befestigt (Abb. 55.31). In seltenen Fällen (meist bei Leichtflugzeugen ohne Druckkabine) sind die Spante für die Stringer und zur Durchführung von Versorgungsleitungen ausgespart.

Rumpfhaut. Die Rumpfhaut trägt die aus der Druckdifferenz herrührenden Membranspannungen. Außerdem werden Schubkräfte aus der Torsionsbelastung sowie der Querkrafteinleitung über die Spante aufgenommen.

Gemeinsam mit den Stringern und Längsholmen wird ein Anteil der Längskräfte aus der Rumpfdurchbiegung (Leitwerklasten und Trägheitslasten) aufgenommen. Die übliche Blechstärke für die Rumpfbeplankung eines Verkehrsflugzeuges liegt – örtliche Verstärkungen ausgenommen – zwischen 0,8 und 3,2 mm [36], die Mindestblechstärke lässt sich, s. Gl. (32.3) abschätzen.

Längsprofile/Holme. Die Stringer übernehmen den Hauptanteil der Längskräfte, welche durch die Rumpfdurchbiegung hervorgerufen werden. Sie sind durchlaufend ausgeführt, um den von ihnen aufgenommenen Längskraftfluss nicht zu unterbrechen. Außerdem dienen die Stringer der Längsversteifung der beulgefährdeten Schale. Der typische Stringerabstand beträgt 15 bis 25 cm. Aus Korrosionsgründen kommen meist offene Profile zur Anwendung.

Spante. Die Spante erfüllen hauptsächlich die Aufgabe der Querversteifung der Rumpfröhre (Formhaltigkeit der Rumpfquerschnitte) und verhindern somit ein generelles Stabilitätsversagen. Weiterhin dienen einige stabiler ausgeführte Spante der Einleitung von Querkräften resultierend aus Tragflügel-, Leitwerks- und Kabinenbodenbelastungen in die Rumpfschale. Für moderne Transport- und Passagierflugzeuge beträgt der typische Spantabstand etwa 500 mm (20 inch). Die Ringspante selbst weisen eine durchschnittliche Profilhöhe von 90 bis 150 mm auf. Die Ringspante sind dabei nicht direkt mit der Rumpfbeplankung verbunden, sondern über sogenannte Schubwinkel (Clips).

Schubwinkel. Über diese Schubwinkel wird die durch den Innendruck der Rumpfröhre herrührende Normalbelastung der Beplankungsfelder auf die Spante übertragen. Andererseits wird der Querkraftschub in den Spanten als reiner Schub auf die Haut verteilt. Daher ist die Befestigung der Clips am Spant mit einer horizontalen Nietreihe für Schubkräfte und einer vertikalen für die Zugkrafteinleitung erforderlich. Gleichzeitig erfüllen die Schubwinkel noch die Funktion der Aussteifung des Spantprofils gegen Beulen und durch eine zusätzliche Anbindung der Schubwinkel an die Stringer werden diese auch noch gegen Auskippen gestützt.

Die für Aerodynamiker und Statiker ideale Rumpfröhre wird allerdings aus konstruktiven Gründen an vielen Stellen unterbrochen durch: Türen, Ladeluken, Fenster, Notausgänge, Fahrwerksklappen, Wartungsklappen usw. Diese Bereiche müssen gesondert verstärkt und ausgesteift werden.

55.4.6 Tragflügel

Der Tragflügel wird in erster Linie durch die den Auftrieb erzeugende, aerodynamische Flächenlast auf Biegung und Torsion beansprucht. Ferner wird die Tragflügelstruktur durch ihr Eigengewicht sowie die Massenkräfte des Treibstoffs und der Triebwerke belastet. Diese wirken der Luftkraftresultierenden entgegen und entlasten die Biegebeanspruchung des Flügels im Flug. Somit ist der ungünstigste Lastfall für den Tragflügel bei einem Verkehrsflugzeug, das praktisch den gesamten Treibstoff im Flügel mit sich führt, oft das MZFW mit nahezu leergeflogenen Tanks. Auch dem Blitzschutz und der Ableitung von elektrostatischen Aufladungen ist am Flügel besondere Aufmerksamkeit zu schenken.

Die Torsionsbelastung des Flügels hat verschiedene Ursachen. Da die angreifenden Kräfte vom Flugzustand abhängig sind und die Anordnung des Holmes durch die Profilform festgelegt ist, lässt sich eine Torsionsbelastung auch nicht vermeiden.

Beim nicht gepfeilten Flügel entstehen Torsionsmomente durch aerodynamische Kräfte und Massenkräfte. Die meisten Flügelprofile haben aufgrund ihrer Wölbung einen negativen Momentenbeiwert. Dadurch wird ein Moment erzeugt, das von der Fluggeschwindigkeit abhängig ist. Da die aerodynamische Luftkraft des Auftriebs näherungsweise immer an der gleichen Stelle bei

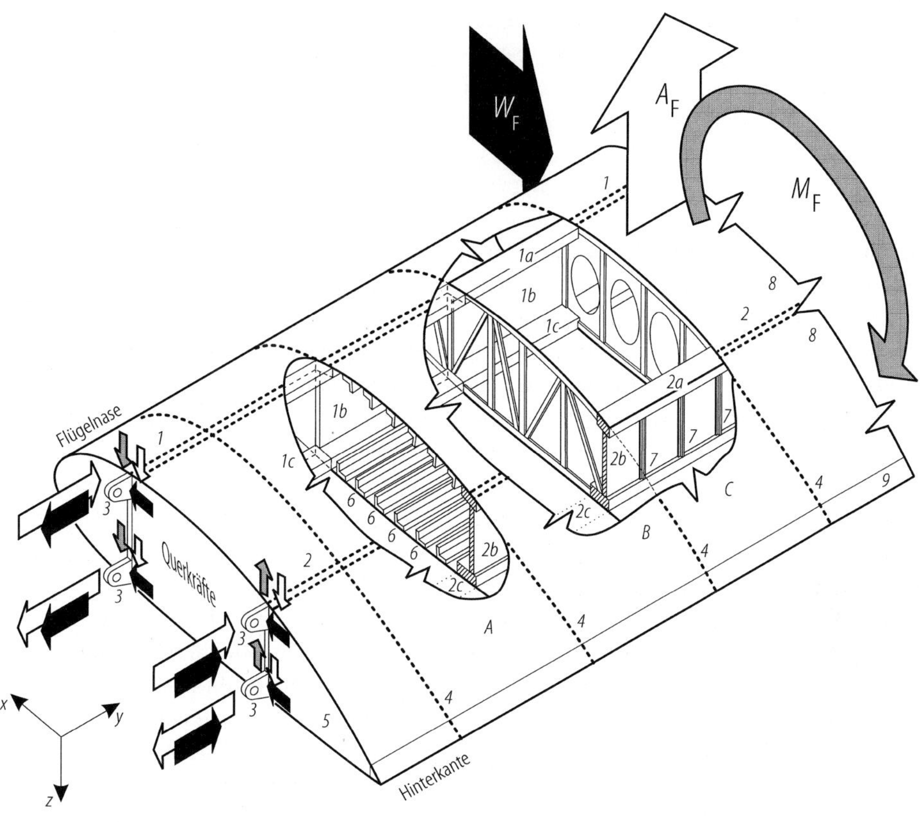

Abb. 55.32 Belastungen an einem Tragflügel sowie verschiedene Benennungen und Rippenbauweisen in der Prinzipdarstellung. Einblicke: *A* Stringerversteifung im Holmkasten, *B* Fachwerkrippe, *C* Blechrippe als Schwappschott. *1* Vorderholm, *1a* Obergurt, *1b* Holmsteg, *1c* Untergurt, *2* Hinterholm, *2a* Obergurt, *2b* Holmsteg, *2c* Untergurt, *3* Querkraftbeschläge, *4* Rippen, *5* Wurzelrippe, *6* Stringer, *7* Pfosten, *8* Beplankungsfeld, *9* Endleiste, W_F Widerstandskraft des Tragflügels, A_F Auftriebskraft des Tragflügels, M_F Torsionsmoment des Flügels

ca. 25 % Profiltiefe angreift, ist das dadurch erzeugte Moment nur von der Flugmasse und dem Lastvielfachen abhängig. Bei Veränderungen der Profilgeometrie (Ausfahren von Klappen) verändert sich darüber hinaus auch der Angriffspunkt der Luftkräfte relativ zur elastischen Achse bzw. zur Schubmittelpunktsachse der Flügelstruktur, die sich bei eingefahrenen Klappen je nach Konstruktion zwischen 30 und 45 % Flügeltiefe befindet. Zusätzlich zu diesen aerodynamischen Belastungen kommen noch Massenkräfte. Abhängig vom Angriffspunkt dieser Kräfte führen auch sie zu einer Torsionsbelastung.

Da bei gepfeilten Flügeln (Abb. 55.9) der Holm nicht parallel zur y-Achse des flugzeugfesten Koordinatensystems ist, ergibt sich beim Übergang auf ein anderes Koordinatensystem ein Torsionsmoment aus dem Biegemoment des Flügels (Abb. 55.32). Grundsätzlich hat ein gepfeilter Flügel aber eine höhere Strukturmasse als ein entsprechender Flügel mit rechteckigem Grundriss oder ein ungepfeilter Trapezflügel. Allerdings lässt sich bei gepfeilten Flügeln durch eine Flügelschränkung das Wurzelbiegemoment deutlich verringern, wodurch der Tragflügel auch wieder leichter gebaut werden kann.

55.4.6.1 Flügelstruktur

Die Tragflügelstruktur kann unterteilt werden in eine tragende Primärstruktur und die daran angebauten beweglichen Steuerflächen (Querruder, Hochauftriebssysteme und Landehilfen usw.).

Primärstruktur. Der Entwurf der Struktur und der Lastpfade im Inneren einer Tragfläche ist eng mit dem eingesetzten Werkstoff und der Fertigungsmethode verbunden. Während sich im Blechbau der einfach oder mehrfach geschlossene Kasten als Biegetorsionsträger durchgesetzt hat, verteilt man bei den Faserverbundflügeln von Segel- und Leichtflugzeugen die Biegung und Torsion wieder auf Holm und Schale [37, 38].

Bei Tragflügeln, die in der klassischen Holm-Rippen-Bauweise gebaut sind, ist die Flügelstruktur mit einer nichttragenden Beplankung/Bespannung versehen. Der Strukturaufbau aus Holmen und Rippen wird auch bei Schalenflügeln in Blechbauweise beibehalten. Lediglich bei Faserverbund-Sandwichschalen kann auf Rippen weitestgehend verzichtet werden.

Wie an der Rumpfröhre so wird auch am Flügel die ideale Struktur einer durchgehenden Beplankung häufig unterbrochen durch Fahrwerksklappen, Mannlochdeckel, Wartungsklappen usw. Diese Bereiche müssen in der Strukturauslegung gesondert betrachtet werden ebenso wie die Aufhängungen der Triebwerke und Fahrwerke, die Angriffspunkte der Aktuatoren für die aerodynamischen Hochauftriebssysteme sowie deren Lagerpunkte.

Holme. Die Holme verlaufen entlang der Spannweitenrichtung des Flügels und nehmen das Biegemoment, hervorgerufen durch den Auftrieb, auf. Sie sind im Bereich der Flügelwurzel die am meisten belasteten Bauteile des Flügels.

Die Holme selbst sind als Leichtbau-Biegeträger ausgelegt. Um mit möglichst geringem Materialeinsatz die gewünschte Steifigkeit und Festigkeit zu erreichen, werden sie häufig als I-Träger oder als Kastenträger ausgeführt. Bei Strukturkonzepten mit nur einem Holm sollte dieser zur Ausnutzung des Trägheitsmoments an der Stelle der größten Profildicke sitzen. Die mit Normalkräften belasteten oberen und unteren Bereiche werden als Holmgurte (spar cap) bezeichnet. Die senkrecht stehenden Wandungen, die sogenannten Holmstege (spar web), werden nicht nur auf Schub beansprucht, sondern auch durch Normalkräfte senkrecht und parallel zur Gurtrichtung. Parallel zu den Gurten rühren die Normalkräfte daher, dass dem fest mit den Gurten verbundenen Steg im gurtnahen Bereich des Druckgurts eine Stauchung und im Bereich des Zuggurts eine Dehnung aufgezwungen wird. Durch die Biegeverformung des Holmes wird der Steg zusätzlich noch auf Druck senkrecht zu den Gurten (Holmabtriebskraft) beansprucht [37].

Holme in Blechbauweise sind häufig als Zugfeldträger ausgeführt. Dabei wird zwischen den Gurten, welche aus Strangpressprofilen gefertigt oder als gefräste Integralbauteile eingesetzt werden, eine Schubwand mit vertikalen, auf Druck belasteten Pfosten eingesetzt. In einem nach dem Fail-Safe-Prinzip ausgelegten Tragflügel darf nun das Versagen eines dieser Pfosten oder Zugfelder noch nicht zum Gesamtversagen der Struktur führen.

Rippen. Die Rippen verlaufen entweder senkrecht zum Holm oder in Anströmrichtung von der Flügelnase bis zur Endleiste. Sie stützen die Beplankung (bzw. Bespannung) und stellen so die aerodynamische Profilierung des Tragflügels sicher. Als Hilfsrippen werden Rippen bezeichnet, die entweder nur vor oder nur hinter dem Holm sitzen. Sie dienen zur Aussteifung der Flügelnase (Torsionsnase) oder im hinteren Bereich als Lagerrippen zur Befestigung der Querruder- oder Klappenscharniere (Abb. 55.33).

Torsionskasten. Zur Aufnahme der Flügeltorsion ist es zusätzlich notwendig, einen geschlossenen Kasten mit möglichst großer umschlossener Fläche (Torsionssteifigkeit) innerhalb der Tragflügelstruktur vorzusehen. Dies wird entweder durch einen Holmkasten bestehend aus einem vorderen und hinteren Holm oder durch ein Strukturkonzept in Schalenbauweise realisiert (Abb. 55.34). Den Anforderungen von Torsion und Biegung genügt ein Holmkasten zwischen etwa 15 % und 65 % der Flügeltiefe. Damit steht einerseits vor und hinter dem Holmkasten noch genügend Raum zur Integration der Hochauftriebssysteme, andererseits aber auch ein hinreichend großes Tankvolumen (Integraltank) zur Verfügung.

Integraltank. Durch die Forderung nach immer größeren Reichweiten und größerer Nutzlast

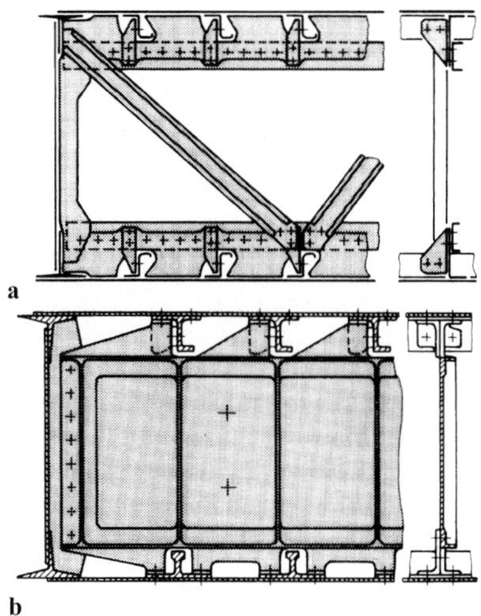

Abb. 55.33 Anschluss von Rippen in einem längsgestringerten Holmkasten über Schubwinkel, nach [27]. **a** Differentialbauweise, **b** Integralbauweise

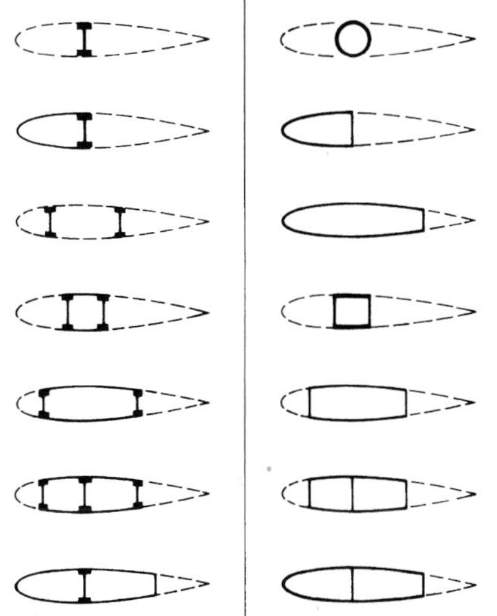

Abb. 55.34 Strukturkonzepte für Biegetorsionsträger: verschiedene Holmsysteme, Kastensysteme, einfach oder mehrfach geschlossene Schalen (nach [27])

muss auch immer mehr Treibstoff mitgeführt werden. Um gleichzeitig auch noch Strukturgewicht einsparen zu können, werden keine eigenen Kraftstofftanks konstruiert, sondern man nutzt die abgeschlossenen Hohlräume in der Flügelstruktur (Holmkasten) direkt als Tank (Integraltank). Hierzu wird es allerdings erforderlich, dass alle Fügungen und Nietbohrungen, die eine Leckage ermöglichen könnten, schon während der Montage mit Dicht-Paste (Seal) abgedichtet werden. Um zu verhindern, dass der Treibstoff bei Flugmanövern in Spannweitenrichtung zu schwappen beginnt, sind in festgelegten Abständen die Rippen zwischen Vorder- und Hinterholm als Schwappschott ausgeführt (Abb. 55.32). Auch ist die Struktur eines solchen Integraltanks auf einen beim Betanken auftretenden Innendruck von bis zu 3 bar hin auszulegen.

Steuerflächen. Für die zum Tragwerk gehörenden beweglichen aerodynamischen Steuerflächen gelten die selben Leichtbauforderungen wie für das Gesamtflugzeug. Sie sind meistens ebenfalls aus Rippen, Holm und einer tragenden Schale aufgebaut.

Querruder. Sie nutzen durch ihre Position außen an den Flügeln den maximalen Hebelarm der Flügelspannweite und schlagen entgegengesetzt aus. Konstruktiv kann dem negativen Roll-Wende-Moment durch differenzierte Ruderausschläge oder durch gleichzeitiges Ausfahren der Spoiler entgegengewirkt werden.

Um einer Ruderumkehr vorzubeugen, was vor allem bei Pfeilflügeln von Bedeutung ist, muss die primäre Tragflügelstruktur besonders torsionssteif ausgeführt sein. Ruderumkehr kann dann auftreten, wenn das nach unten ausschlagende Querruder infolge der dann größeren Profilwölbung den gesamten Flügel im Außenbereich verdreht, anstatt nur den Auftrieb zu erhöhen. In diesem Fall kommt es anstelle der gewünschten Auftriebserhöhung durch den Ruderausschlag zu einer Verkleinerung des Anstellwinkels und damit zu einer Reduzierung des Auftriebs im Querruderbereich.

Hochauftriebssysteme. Die Notwendigkeit zur Konstruktion von auftriebserhöhenden Klappen ergibt sich aus den konträren Forderungen nach einer möglichst hohen Reisefluggeschwindigkeit und einer möglichst geringen Start-/Landegeschwindigkeit, welche beide mit ein und demselben Flügel erreicht werden müssen.

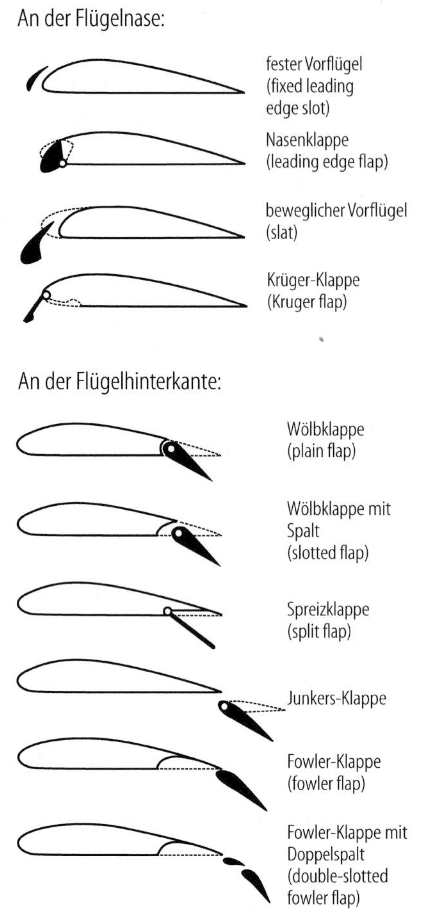

Abb. 55.35 Mögliche Bauarten von Hochauftriebshilfen, häufig auch kombiniert ausgeführt (Prinzipdarstellungen)

Dabei findet der Reiseflug mit eingefahrenen Klappen (clean wing) statt, während für den Start und den Steigflug sowie für den Landeanflug und die Landung an der Flügelnase und/oder an der Flügelhinterkante verschiedene Klappensysteme stufenweise ausgefahren werden können.

Das Prinzip dieser auftriebserhöhenden Klappen beruht auf einer Erhöhung der Profilwölbung und einer Vergrößerung der Flügelfläche [11]. Gleichzeitig wird durch die Spalte (slots) der ausgefahrenen Klappen (flaps) die Grenzschicht (boundary layer) beeinflusst: von der Flügelunterseite fließt eine energiereiche Luftströmung auf die Profiloberseite und bildet dort eine neue Grenzschicht aus (Abb. 55.35).

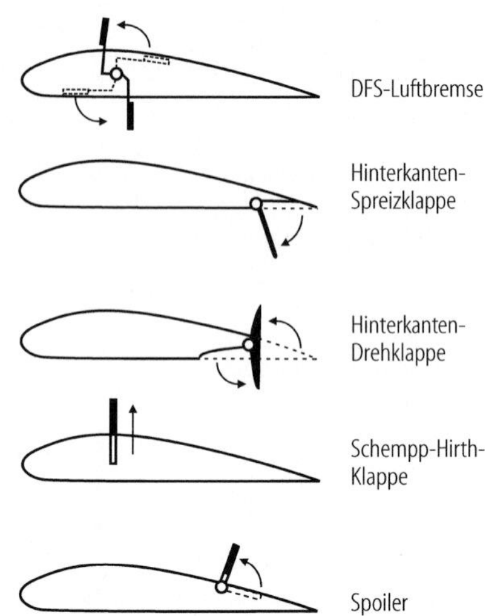

Abb. 55.36 Mögliche Bauarten von Landehilfen (Prinzipdarstellungen)

Landehilfen (Air brakes). Diese Klappen wirken nicht nur auftriebserhöhend zur Reduzierung der Mindestfahrt sondern auch widerstandserhöhend zur Steuerung des Gleitpfades, d. h. des Anflugwinkels, bzw. zur Reduzierung der Fluggeschwindigkeit (Bremsklappen) [11]. Bei Verkehrsflugzeugen werden die Spoiler zur Vernichtung des Auftriebs vollständig ausgefahren, sobald das Fahrwerk den Boden berührt (Abb. 55.36).

55.4.7 Wartung und Instandhaltung

Neben dem Routine-Check vor jedem Start (Pre-Flight-Check) durch die Besatzung bzw. das Bodenpersonal sind zusätzliche tägliche und wöchentliche System-Überprüfungen (Ramp Check und Service Check) laut Flug- und Betriebshandbuch vorgeschrieben. Für die Durchführung von Reparaturen gibt es – soweit vom Hersteller nicht näher spezifiziert – umfangreiche Anweisungen [39]. Das eigentliche Wartungskonzept besteht aus umfangreichen Inspektions- und Prüfprogrammen, die mit einem Werftaufenthalt des Flugzeugs verbunden sind. Die vorgeschriebenen Intervalle sind definiert über die Zahl der absolvierten Flugstunden oder Starts, werden jedoch

Tab. 55.24 Intervalle und Umfang der Wartungsprogramme für einige Verkehrsflugzeuge

	B 737	B 747	A 300	A 320	Werftliegezeit	Arbeitsumfang
A-Check	350 h	650 h (6–7 Wochen)	350 h	350 h	über Nacht	– Kabinen-Inspektion– System-Checks (∼ 20–130 Mannstunden)
B-Check	5 ½ Monate	1800 h	1000 h	—	ein Tag	– Inspektion der Struktur– intensive System-Checks (∼ 200–1000 Mannstunden)
C-Check	15 Monate	18 Monate	18 Monate	15 Monate	wenige Tage	– detaillierte Inspektion der Struktur(Entfernen aller Verkleidungen)– High-Level System-Checks (∼ 600–1400 Mannstunden)
D-Check	22 000 h 25 000 Starts 108 Monate	31 000 h 72 Monate	25 000 h 12 500 Starts 108 Monate	102 Monate	∼ 6 Wochen	– Zerlegen aller Komponenten,– Struktur- und System-Überholung– Durchführung aller vom Herstellerempfohlenen Nachrüstungen– Neulackierung (∼ 50 000 Mannstunden)

spätestens nach Ablaufen einer zeitlichen Frist fällig (Tab. 55.24).

Große Maintenance-Betriebe der Luftverkehrsgesellschaften sind von den Luftfahrtbehörden nicht nur als Instandhaltungsbetrieb zugelassen, sondern zum Teil auch als luftfahrttechnische Entwicklungsbetriebe. Das heißt, dass sie autorisiert sind, tiefgreifende Änderungen an Flugzeugen vorzunehmen und Instandhaltungssysteme zu modifizieren. So haben Maintenance-Betriebe unzählige intelligente Prüf- und Reparaturverfahren zur zeit- und kostensparenden Instandhaltung der Flugzeuge erarbeitet und qualifiziert. Ein Beispiel ist das von der Lufthansa-Technik AG entwickelte Verfahren für die Reparatur von Bauteilen aus Faserverbundwerkstoffen. Auch hat sich gezeigt, dass die Wartung von Verkehrsflugzeugen nicht nur im Hinblick auf den sehr hohen Sicherheitsstandard zwingend vorgeschrieben sein muss, sondern den Luftverkehrsgesellschaften durch ständige Optimierung der Systeme auch ein Potential zu Treibstoffeinsparung bietet.

Literatur

Spezielle Literatur

1. Abkommen über die internationale Zivilluftfahrt (ICAO-Abkommen, Chicago Convention) vom 7. Dezember 1944. Bundesgesetzblatt 1956 II, S. 411, aktuelle Fassung vom 1. Oktober 1998
2. Arendts, F.J., Dörner, H.: Struktur und Werkstoffe (Zelle). In: Ein Jahrhundert Flugzeuge. VDI-Verlag, Düsseldorf (1990)
3. Luftverkehrsgesetz LuftVG. Bundesgesetzblatt I, S. 550 (1999)
4. ESDU, Performance Volume 2, ITEM 68046, Atmospheric Data for Performance Calculation (1995)
5. DIN 9300: Begriffe, Größen und Formelzeichen in der Flugmechanik, Teil 1–7
6. Thomas, D., Freytag, J.: Flugtechnische Tabellen und Formeln. Selbstverlag, Fürstenfeldbruck (1995)
7. JAR22 Joint Airworthiness Requirements Part 22: Erste Durchführungsverordnung zur Bauordnung für Luftfahrtgerät (Lufttüchtigkeitsforderungen für Segelflugzeuge und Motorsegler). Bundesanzeiger (2002)
8. Airworthiness Standards: Transport Category Aircraft FAR Part 25 (1999)
9. Abbott, I., von Doenhoff, A.: Theory of wing sections. Dover Publications, New York (1959)

10. Schlichting, H, Truckenbrodt, E.: Aerodynamik des Flugzeuges. Springer, Berlin (1967)
11. Dubs, F.: Aerodynamik der reinen Unterschallströmung. Birkhäuser, Basel (1990)
12. Eppler, R.: Airfoil design and data. Springer, Berlin (1990)
13. Althaus, D.: Niedriggeschwindigkeitsprofile. Vieweg, Braunschweig (1996)
14. Hoerner, S., Borst, H.: Fluid-dynamic lift. Selbstverlag, Brick Town (1975)
15. Prandtl, L.: Führer durch die Strömungslehre. Vieweg, Braunschweig (1965)
16. Weissinger, J.: Über die Erweiterung der Prandtl'schen Theorie der tragenden Linie. Math. Nachr. **2** (1949)
17. Hoerner, S.: Fluid-dynamic drag. Selbstverlag, Brick Town (1965)
18. ESDU: Engineering science data unit. London (1995)
19. Brüning, G., Hafer, X., Sachs, G.: Flugleistungen. Springer, Berlin (1986)
20. Thomas, F.: Grundlagen für den Entwurf von Segelflugzeugen. Motorbuch-Verlag, Stuttgart (1979)
21. Hale, F.J.: Introduction to aircraft performance, selection, and design. Wiley, New York (1984)
22. Roskam, J.: Airplane Design, Part VII. Roskam Aviation and Engineering Corp., Ottawa (1989)
23. Wagenmakers, J.: Aircraft performance engineering. Prentice-Hall, New York (1991)
24. Braun, W.: Die Luftkräfte am Flugzeug. Schmidt, Braunschweig (1957)
25. Stender, W., Kießling, F.: Aeroelastic Flutter Prevention in Gliders and Small Aircraft. DLR-Mitteilung **91-03**. Institut für Aeroelastik, Göttingen. DLR Berichtswesen, Köln (1991)
26. Wiedemann, J.: Leichtbau, Bd. 1: Elemente. Springer, Berlin (1986)
27. Wiedemann, J.: Leichtbau, Bd. 2: Konstruktion. Springer, Berlin (1989)
28. Flemming, M., Roth, S.: Faserverbundbauweisen. Springer, Berlin (2003)
29. Jacobs, H., Lück, H.: Werkstattpraxis für den Bau von Gleit- und Segelflugzeugen. Otto Maier, Ravensburg (1955); neu aufgelegt: Schäfer, Hannover (1989)
30. Peery, D.J.: Aircraft Structures. McGraw-Hill, New York (1950)
31. Brinkmann, G., Zacher, H.: Die Evolution der Segelflugzeuge. Bernard & Graefe, Bonn (1992)
32. Long, G.: Future directions in aeronautical composites. 21st ICAS-Congress, Melbourne (1998)
33. DIN Deutsches Institut für Normung e. V. – Normenstelle Luftfahrt: Werkstoff-Handbuch der deutschen Luftfahrt. Beuth, Berlin Teil 1 (1982) und Teil 2 (1981)
34. DIN 17 007-4: Werkstoffnummern, Systematik der Hauptgruppen 2 und 3, Nichteisenmetalle. Beuth, Berlin (1963)
35. DIN EN 10 027-2: Bezeichnungssysteme für Stähle, Teil 2: Nummernsystem. Beuth, Berlin (1992)
36. Niu, M.C.-Y.: Airframe Structural Design. Conmilit Press, Hong Kong (1988)
37. VDI-Richtlinie 2013: Dimensionieren von Bauteilen aus GFK (Glasfaserverstärkte Kunststoffe), zwischenzeitlich zurückgezogen. VDI, Düsseldorf. Beuth, Berlin (1970)
38. VDI-Richtlinie 2014: Entwicklung von Bauteilen aus Faser-Kunststoff-Verbund. Blatt 1: Grundlagen, Blatt 2: Konzeption und Gestaltung, Blatt 3: Berechnung. VDI, Düsseldorf. Beuth, Berlin (1997)
39. Aircraft Inspection and Repair FAA AC 43.13-1A. LBA (Hrsg.) Deutsche Übersetzung. TÜV-Verlag, Köln (1992)

Weiterführende Literatur

Anderson, J.: Aircraft performance and design. McGraw-Hill, New York (1999)

Anderson, J.: Fundamentals of aerodynamics. McGraw-Hill, New York (1991)

Anderson, J.: Introduction to flight. McGraw-Hill, New York (1989)

Beck, G., Pusch, D., LBA (Hrsg.): Grundlagen der Luftfahrzeugtechnik in Theorie und Praxis; Band I: Allgemeine Luftfahrttechnik; Band II: Flugwerk; Band III: Triebwerk; Band IV: Elektronik; Band V: Segelflugzeuge und Motorsegler. TÜV-Verlag, Köln (1997)

Bölkow, L.: Ein Jahrhundert Flugzeuge – Geschichte und Technik des Fliegens. VDI-Verlag, Düsseldorf (1990)

Curtis, H.D.: Fundamentals of Aircraft Structural Analysis. Irwin, Times Mirror Higher Education Group, London, Chicago (1997)

Dörner, H.: Drei Welten – ein Leben. Prof. Dr. Ulrich Hütter. Segelflug, Windenergie, Glasfasern. Eigenverlag, Heilbronn (1995)

Donaldson, B.K.: Analysis of Aircraft Structures: An Introduction. McGraw-Hill, New York (1993)

Engmann, K. (Hrsg.): Technologie des Flugzeuges. Leuchtturm-Verlag, Alsbach (1994)

Etkin, B.: Dynamics of flight: stability and control. Wiley, Chichester (1996)

Foersching, H.: Grundlagen der Aeroelastik. Springer, Berlin (1974)

Götsch, E.: Einführung in die Luftfahrzeugtechnik. Leuchtturm-Verlag, Alsbach (1980)

Hirschel, E.H., Prem, H., Madelung, G.: Die Deutsche Luftfahrt, Band 30: Luftfahrtforschung in Deutschland. Bernhard & Graefe, Bonn (2001)

Jane's: All the World's Aircraft. Jane's information group Ltd., Coulsdon, alle Jahrgänge

Just, W.: Flugmechanik. Verlag Flugtechnik, Stuttgart (1965)

Megson, T.H.G.: Aircraft Structures for Engineering Students. Arnold, London (1999)

Roskam, J.: Airplane Design. University of Kansas, Lawrence (1989)

Raymer, D.: Aircraft design: a conceptual approach. AIAA, Washington (1989)

Torenbeek, E.: Synthesis of subsonic airplane design. University Press, Delft (1976)
Aviation Week & Space Technology. McGraw-Hill, UK
Flight International. UK
AIAA Journal. AIAA Publication, USA
Journal of aircraft. AIAA Publication, USA
Aircraft Design. Pergamon, UK

Normen und Richtlinien

Air Transport Association of America: ATA Specification 100, Specification for Manufacturers' Technical Data. ATA, Washington D.C. (1994)
BFU: Bauvorschriften für Ultraleichtflugzeuge. Nachrichten für Luftfahrer Teil II, NFL II 100/95 (1995)
DIN 9300: Begriffe, Größen und Formelzeichen in der Flugmechanik, Teil 1–7
FAR Federal Aviation Regulations. Federal Aviation Administration, Washington
JAR22 Joint Airworthiness Requirements Part 22, Amendment 6: Erste Durchführungsverordnung zur Bauordnung für Luftfahrtgerät (Lufttüchtigkeitsforderungen für Segelflugzeuge und Motorsegler). Bundesanzeiger (2002)
JAR-VLA Joint Airworthiness Requirements Very Light Aeroplanes. Joint Aviation Authorities (JAA) of the European Civil Aviation Conference (ECAC) (1992)
LuftBO Betriebsordnung für Luftfahrtgerät. Bundesgesetzblatt I, S. 262 (1970)
Aircraft Inspection and Repair FAA AC 43.13-1A Chg. 93. Deutsche Übersetzung: TÜV-Verlag, Köln (1992)
DIN Deutsches Institut für Normung e. V. – Normenstelle Luftfahrt (Hrsg.): WL-Blätter: Werkstoff-Handbuch der deutschen Luftfahrt

Fachausdrücke

Deutsch-Englisch

Abdichten des Arbeitsraumes Sealing of the working chamber
Abfallbrennstoffe Fuel from waste material
Abgasemission Exhaust emissions
Abgasturbolader Exhaust-gas turbocharger
Abgasverhalten Exhaust fume behavior
Ablauf technischer Fermentationen Course of technical fermentation
Abschaltbare Thyristoren Gate turn off thyristors
Abschätzverfahren zur Bestimmung des Schallleistungspegels Valuation method of determine the noise power level
Abscheiden von Feststoffpartikeln aus Flüssigkeiten Separation of solid particles out of fluids
Abscheiden von Partikeln aus Gasen Separation of particles out of gases
Abscherbeanspruchung Transverse shear stresses
Absolute und relative Strömung Absolute and relative flow
Absorbieren, Rektifizieren, Flüssig-flüssig-Extrahieren Absorption, rectification, liquid-liquid-extraction
Absorptionskälteanlage Absorption refrigeration plant
Absorptions-Kaltwassersatz Absorbtion of cold water
Absorptionswärmepumpen Absorption heat pumps
Absperr- und Regelorgane Shut-off and control valves
Abstrahieren zum Erkennen der Funktionen Abstracting to identify the functions
Abtragen Erosion
Achsenkreuze Axis systems
Achsgetriebe Axis gearing
Achsschubausgleich Axial thrust balancing
Ackeret-Keller-Prozess Ackeret-keller-process
Adaptive Regelung Adaptive control
Adiabate, geschlossene Systeme Adiabatic, closed systems
Adsorbieren, Trocknen, Fest-flüssig-Extrahieren Adsorption, drying, solid-liquid-extraction
Aerodynamik Aero dynamics
Agglomerationstechnik Agglomeration technology
Agglomerieren Agglomeration
Ähnlichkeitsbeziehungen Similarity laws
Ähnlichkeitsbeziehungen und Beanspruchung Similarity conditions and loading
Ähnlichkeitsgesetze (Modellgesetze) Similarity laws
Ähnlichkeitskennfelder Turbomachinery characteristics
Ähnlichkeitsmechanik Similarity mechanics
Aktive Maßnahmen zur Lärm- und Schwingungsminderung Actice steps toward noise and vibration reduction
Aktive Sicherheitstechnik/Bremse, Bremsbauarten Active safety/brakes, types of brakes
Aktoren Actuators
Aktuatoren Actuators
Akustische Messtechnik Acoustic measurement
Algen Algae
Algorithmen Algorithms
Allgemeine Anforderungen General requirements
Allgemeine Arbeitsmethodik General working method

B. Bender und D. Göhlich (Hrsg.), *Dubbel Taschenbuch für den Maschinenbau 3: Maschinen und Systeme*,
https://doi.org/10.1007/978-3-662-59715-6

Allgemeine Auswahlkriterien General Selection criteria
Allgemeine Bewegung des starren Körpers General motion of a rigid body
Allgemeine ebene Bewegung starrer Körper General plane motion of a rigid body
Allgemeine Formulierung General formulation
Allgemeine Grundgleichungen Fundamentals
Allgemeine Grundlagen General fundamentals
Allgemeine Grundlagen der Kolbenmaschinen Basic principles of reciprocating engines
Allgemeine Korrosion General Corrosion
Allgemeine räumliche Bewegung General motion in space
Allgemeine Tabellen General Tables
Allgemeine Verzahnungsgrößen General relationships for all tooth profiles
Allgemeiner Lösungsprozess General problem-solving
Allgemeiner Zusammenhang zwischen thermischen und kalorischen Zustandsgrößen General relations between thermal and caloric properties of state
Allgemeines General
Allgemeines Feuerungszubehör General furnace accessories
Allgemeines über Massenträgheitsmomente Moment of inertia
Allgemeines und Bauweise General and configurations
Allgemeingültigkeit der Berechnungsgleichungen Generalization of calculations
Alternative Antriebsformen Alternative Power train systems
Aluminium und seine Legierungen Aluminium and aluminium alloys
Analog-Digital-Umsetzer Analog-digital converter
Analoge elektrische Messtechnik Analog electrical measurement
Analoge Messwerterfassung Analog data logging
Analyse der Einheiten (Dimensionsanalyse) und Π-Theorem Dimensional analysis and Π-theorem
Analytische Verfahren Methods of coordinate geometry
Anbackungen Start of baking process
Anergie Anergy
Anfahren Start-up period
Anfahren und Betrieb Start up and operation
Anforderungen an Bauformen Requirements, types of design
Angaben zum System System parameters
Anisotropie Anisotropy
Anlagencharakteristik Plant performance characteristics
Anorganisch-chemische Analytik Inorganic chemical analysis
Anregungskräfte Initial forces, start-up forces
Anschluss an Motor und Arbeitsmaschine Connection to engine and working machine
Anstrengungsverhältnis nach Bach Bach's correction factor
Antrieb Driver
Antrieb und Bremsen Driver and brakes
Antriebe Drives
Antriebe der Fördermaschinen Drive systems for materials handling equipment
Antriebe mit Drehstromsteller Drives with three-phase current controllers
Antriebs- und Steuerungssystem Motion and control System
Antriebsmotoren und Steuerungen Drive systems and controllers
Antriebsschlupfregelung ASR Drive slip control
Antriebsstrang Drive train
Anwenden von Exponentengleichungen Use of exponent-equations
Anwendung Application
Anwendung und Vorgang Application and procedures
Anwendung, Ausführungsbeispiele Applications, Examples
Anwendungen und Bauarten Applications and types
Anwendungsgebiete und Auswahl von Industrierobotern Applications and selection of industrial robots
Arbeit Work
Arbeitgebundene Pressmaschine Press, working process related
Arbeits- und Energiesatz Energy equation
Arbeitsaufnahmefähigkeit, Nutzungsgrad, Dämpfungsvermögen, Dämpfungsfaktor

Energy storage, energy storage efficiency factor, damping capacity, damping factor
Arbeitsfluid Working fluid
Arbeitsplanung Production planning
Arbeitssicherheit Safety
Arbeitssteuerung Production planning and control
Arbeitsverfahren bei Verbrennungsmotoren Type of engine, type of combustion process
Arbeitsverfahren und Arbeitsprozesse Engine types and working cycles
Arbeitsvorbereitung Job planning
Arbeitsweise Functioning
Arbeitswissenschaftliche Grundlagen Basic ergonomics
Arbeitszyklus Working cycle
Arbeitszyklus, Liefergrade und Druckverluste Work cycle, volumetric efficiencies and pressure losses
Armaturen Valves and fittings
Asynchron-Kleinmotoren Asynchronos small motor
Asynchronlinearmotoren Asynchronos linear motor
Asynchronmaschinen Asynchronous machines
Aufbau Body
Aufbau, Eigenschaften, Anwendung Design, characteristic and use
Aufbauorganisation von Steuerungen Organisation of control systems
Aufgabe Task, Definition
Aufgabe und Einordnung Task and Classification
Aufgabe, Einteilung und Anwendungen Function, classification and application
Aufgaben Applications
Aufgaben der Montage und Demontage Tasks of assembly and disassembly
Aufgaben des Qualitätsmanagements Scope of quality management
Aufgaben, Eigenschaften, Kenngrößen Applications, characteristics, properties
Aufladung von Motoren Supercharging
Auflagerreaktionen an Körpern Support reactions
Aufwölbung und Bewegungen im Schmelzgut Bulging of the surface and melt circulation in induction furnaces
Aufzüge Elevators
Aufzüge und Schachtförderanlagen Elevators and hoisting plants
Ausarbeiten Detail design
Ausführung und Auslegung von Hydrogetrieben Configuration and Layout of hydrostatic transmissions
Ausführungen Types
Ausführungen von Halbleiterventilen Types of semi-conductor valves
Ausgeführte Dampferzeuger Types of steam generator
Ausgeführte Motorkonstruktionen Design of typical internal combustion (IC) engines
Ausgeführte Pumpen Pump constructions
Ausgleich der Kräfte und Momente Compensation of forces and moments
Ausgleichsvorgänge Transient phenomena
Auslegung Basic design principles
Auslegung einer reibschlüssigen Schaltkupplung Layout design of friction clutches
Auslegung einfacher Planetengetriebe Design of simple planetary trains
Auslegung und Dauerfestigkeitsberechnung von Schraubenverbindungen Static and fatigue strength of bolted connections
Auslegung und Hauptabmessungen Basic design and dimensions
Auslegung von Hydrokreisen Design of hydraulic circuits
Auslegung von Industrieturbinen Design of industrial turbines
Auslegung von Klimadaten Interpretation of climate data
Auslegung von Wärmeübertragern Layout design of heat exchangers
Auslegungsgesichtspunkte, Schwingungsverhalten Layout design principles, vibration characteristics
Ausschnitte Cutouts
Äußere Kühllast External cooling load
Ausstattungen Equipment
Auswahl einer Kupplungsgröße Size selection of friction clutches
Auswahlgesichtspunkte Type selection
Auswertung von Messungen Analysis of measurements
Automatisierte Montage Automated assembly

Automatisierung in der Materialflusstechnik Automation in materials handling
Automatisierung von Handhabungsfunktionen Automation of material handling functions
Automobil und Umwelt Automobile and environment
Axiale Repetierstufe einer Turbine Axial repeating stage of multistage turbine
Axiale Repetierstufe eines vielstufigen Verdichters Axial repeating stage of multistage compressor
Axiale Sicherungselemente Axial locking devices
Axiale Temperatur- und Massenstromprofile Axial temperature and mass flow profile
Axiale Temperaturverläufe Axial temperature profile
Axialtransport Axial transport
Axialverdichter Axial compressors
Bagger Excavators
Bakterien Bacteria
Bandsäge- und Bandfeilmaschinen Bandsawing and filing machines
Bandsäge- und Bandfeilmaschinen Hubsäge- und Hubfeilmaschinen Schleifmaschinen Band sawing and band filing machines, hack sawing and hack filing machines, grinding machines
Bandschleifmaschinen Belt grinding machines
Basisdisziplinen Basic disciplines
Basismethoden Fundamental methods
Batterien Batteries
Bauarten Types
Bauarten der Wälzlager Rolling bearing types
Bauarten und Anwendungsgebiete Types and applications
Bauarten und Prozesse Construction types and processes
Bauarten und Zubehör Types and accessories
Bauarten von Kernreaktoren Types of nuclear reactors
Bauarten von Wärmeübertragern Types of heat exchangers
Bauarten, Anwendungen Types, applications
Bauarten, Beispiele Types, examples
Bauarten, Eigenschaften, Anwendung Characteristics and use
Bauausführungen Types of construction
Bauelemente Pneumatic components
Bauelemente hydrostatischer Getriebe Components of hydrostatic transmissions
Bauformen und Achshöhen Types of construction and shaft heights
Bauformen und Baugruppen Types and components
Baugruppen Assemblies
Baugruppen und konstruktive Gestaltung Components and design
Baugruppen zur Ein- und Auslasssteuerung Inlet and outlet gear components
Baukasten Modular system
Baumaschinen Construction machinery
Baureihen- und Baukastenentwicklung Fundamentals of development of series and modular design
Bauteile Components
Bauteile des Reaktors und Reaktorgebäude Components of reactors und reactor building
Bauteilverbindungen Connections
Bauzusammenhang Construction interrelationship
Beanspruchung bei Berührung zweier Körper (Hertzsche Formeln) Hertzian contact stresses (Formulas of Hertz)
Beanspruchung der Schaufeln durch Fliehkräfte Centrifugal stresses in blades
Beanspruchung der Schaufeln durch stationäre Strömungskräfte Steady flow forces acting on blades
Beanspruchung stabförmiger Bauteile Stresses in bars and beams
Beanspruchung und Festigkeit der wichtigsten Bauteile Stresses and strength of main components
Beanspruchungen Stresses
Beanspruchungen und Werkstoffe Loading and materials
Beanspruchungs- und Versagensarten Loading and failure types
Beanspruchungskollektiv Operating variables
Bearbeitungszentren Machining Centers
Becherwerke (Becherförderer) Bucket elevators (bucket conveyors)
Bedeutung von Kraftfahrzeugen Importance of motor vehicles

Begriff Definition
Begriffsbestimmung Definition of the term
Begriffsbestimmungen und Übersicht Terminology definitions and overview
Behagliches Raumklima in Aufenthalts- und Arbeitsräumen Comfortable climate in living and working rooms
Beheizung Heating system
Beispiel einer Radialverdichterauslegung nach vereinfachtem Verfahren Example: approximate centrifugal compressor sizing
Beispiele für mechanische Ersatzsysteme: Feder-Masse-Dämpfer-Modelle Examples for mechanical models: Spring-mass-damper-models
Beispiele für mechanische Ersatzsysteme: Finite-Elemente-Modelle Examples for mechanical models: Finite-Elemente models
Beispiele mechatronischer Systeme Examples of mechatronic systems
Belastbarkeit und Lebensdauer der Wälzlager Load rating and fatigue life of rolling bearings
Belastungs- und Beanspruchungsfälle Loading and stress conditions
Belegungs- und Bedienstrategien Load and operating strategies
Beliebig gewölbte Fläche Arbitrarily curved surfaces
Bemessung, Förderstrom, Steuerung Rating, flow rate, control
Benennungen Terminology, classification
Berechnung Design calculations
Berechnung des stationären Betriebsverhaltens Calculation of static performance
Berechnung hydrodynamischer Gleitlager Calculation of hydrodynamic bearings
Berechnung hydrostatischer Gleitlager Calculation of hydrostatic bearings
Berechnung und Auswahl Calculation and selection
Berechnung und Optimierung Calculation and optimization
Berechnung von Rohrströmungen Calculation of pipe flows
Berechnungs- und Bemessungsgrundlagen der Heiz- und Raumlufttechnik Calculation and sizing principles of heating and air handling engineering
Berechnungs- und Bewertungskonzepte Design calculation and integrity assessment
Berechnungsgrundlagen Basic design calculations
Berechnungsverfahren Design calculations
Bereiche der Produktion Fields of production
Bernoullischen Gleichung für den instationären Fall Bernoulli's equation for unsteady flow problems
Bernoullischen Gleichung für den stationären Fall Bernoulli's equation for steady flow problems
Berührungsdichtungen an gleitenden Flächen Dynamic contact seals
Berührungsdichtungen an ruhenden Flächen Static contact seals
Berührungsschutz Protection against electric shock
Beschaufelung Blading
Beschaufelung, Ein- und Austrittsgehäuse Blading, inlet and exhaust casing
Beschichten Surface coating
Beschleunigungsmesstechnik Acceleration measurement
Beschreibung des Zustands eines Systems. Thermodynamische Prozesse Description of the state of a system. Thermodynamic processes
Beschreibung von Chargenöfen Description of batch furnaces
Besondere Eigenschaften Special characteristics
Besondere Eigenschaften bei Leitern Special properties of conductors
Beton Concrete
Betonmischanlagen Mixing installations for concrete
Betonpumpen Concrete pumps
Betrieb von Lagersystemen Operation of storage systems
Betriebliche Kostenrechnung Operational costing
Betriebsarten Duty cycles
Betriebsbedingungen (vorgegeben) Operating conditions
Betriebsfestigkeit Operational stability
Betriebskennlinien Operating characteristics
Betriebssysteme Operating systems

Betriebsverhalten Operating characteristics
Betriebsverhalten der verlustfreien Verdrängerpumpe Action of ideal positive displacement pumps
Betriebsverhalten und Kenngrößen Operating conditions and performance characteristics
Betriebsverhalten und Regelmöglichkeiten Operational behaviour and control
Betriebsweise Operational mode
Bettfräsmaschinen Bed-type milling machines
Betttiefenprofil Depth profile
Beulen von Platten Buckling of plates
Beulen von Schalen Buckling of shells
Beulspannungen im unelastischen (plastischen) Bereich Inelastic (plastic) buckling
Beulung Buckling of plates and shells
Beurteilen von Lösungen Evaluations of solutions
Bewegung eines Punkts The motion of a particle
Bewegung starrer Körper Motion of rigid bodies
Bewegungsgleichungen von Navier-Stokes Navier Stokes' equations
Bewegungsgleichungen, Systemmatrizen Equations of motion, system matrices
Bewegungssteuerungen Motion controls
Bewegungswiderstand und Referenzdrehzahlen der Wälzlager Friction and reference speeds of rolling bearings
Bewertungskriterien Evaluation Criteria
Bezeichnungen für Wälzlager Designation of standard rolling bearings
Bezugswerte, Pegelarithmetik Reference values, level arithmetic
Biegebeanspruchung Bending
Biegedrillknicken Torsional buckling
Biegen Bending
Biegeschlaffe Rotationsschalen und Membrantheorie für Innendruck Shells under internal pressure, membrane stress theory
Biegeschwingungen einer mehrstufigen Kreiselpumpe Vibrations of a multistage centrifugal pump
Biegespannungen in geraden Balken Bending stresses in straight beams
Biegespannungen in stark gekrümmten Trägern Bending stresses in highly curved beams
Biegesteife Schalen Bending rigid shells
Biegeversuch Bending test
Biegung des Rechteckbalkens Bending of rectangular beams
Biegung mit Längskraft sowie Schub und Torsion Combined bending, axial load, shear and torsion
Biegung und Längskraft Bending and axial load
Biegung und Schub Bending and shear
Biegung und Torsion Bending and torsion
Bindemechanismen, Agglomeratfestigkeit Binding mechanisms, agglomerate strength
Biogas Biogas
Bio-Industrie-Design: Herausforderungen und Visionen Organic industrial design: challenges and visions
Biomasse Biomass
Bioreaktoren Bioreactors
Bioverfahrenstechnik Biochemical Engineering
Bipolartransistoren Bipolar transistors
Blechbearbeitungszentren Centers for sheet metal working
Blei Lead
Blindleistungskompensation Reactive power compensation
Bohrbewegung Rolling with spin
Bohren Drilling and boring
Bohrmaschinen Drilling and boring machines
Bolzenverbindungen Clevis joints and pivots
Bremsanlagen für Nkw Brakes for trucks
Bremsen Brakes
Bremsenbauarten Types of brakes
Bremsregelung Control of brakes
Brenner Burners
Brennerbauarten Burner types
Brennkammer Combustion chamber (burner)
Brennstoffe Fuels
Brennstoffkreislauf Fuel cycle
Brennstoffzelle Fuel cell
Brennstoffzellen Fuel Cells
Bruchmechanikkonzepte Fracture mechanics concepts
Bruchmechanische Prüfungen Fracture mechanics tests
Bruchmechanische Werkstoffkennwerte bei statischer Beanspruchung Characteristic fracture mechanics properties for static loading

Bruchmechanische Werkstoffkennwerte bei zyklischer Beanspruchung Characteristic fracture mechanics properties for cyclic loading
Bruchmechanischer Festigkeitsnachweis unter statischer Beanspruchung Fracture mechanics proof of strength for static loading
Bruchmechanischer Festigkeitsnachweis unter zyklischer Beanspruchung Fracture mechanics proof of strength for cyclic loading
Bruchphysik; Zerkleinerungstechnische Stoffeigenschaften Fracture physics; comminution properties of solid materials
Brücken- und Portalkrane Bridge and gantry cranes
Brutprozess Breeding process
Bunkern Storage in silos
Bypass-Regelung Bypass regulation
CAA-Systeme CAA systems
CAD/CAM-Einsatz Use of CAD/CAM
CAD-Systeme CAD systems
CAE-Systeme CAE systems
CAI-Systeme CAI systems
CAM-Systeme CAM systems
CAPP-Systeme CAPP systems
CAP-Systeme CAP systems
CAQ-Systeme CAQ-systems
Carnot-Prozess Carnot cycle
CAR-Systeme CAR systems
CAS-Systeme CAS systems
CAT-Systeme CAT systems
Charakterisierung Characterization
Checkliste zur Erfassung der wichtigsten tribologisch relevanten Größen Checklist for tribological characteristics
Chemische Korrosion und Hochtemperaturkorrosion Chemical corrosion and high temperature corrosion
Chemische Thermodynamik Chemical thermodynamics
Chemische und physikalische Analysemethoden Chemical and physical analysis methods
Chemische Verfahrenstechnik Chemical Process Engineering
Chemisches Abtragen Chemical machining
Client-/Serverarchitekturen Client-/Server architecture
Dachaufsatzlüftung Ventilation by roof ventilators
Dämpfe Vapours
Dampferzeuger Steam generators
Dampferzeuger für Kernreaktoren Nuclear reactor boilers
Dampferzeugersysteme Steam generator systems
Dampfkraftanlage Steam power plant
Dampfspeicherung Steam storage
Dampfturbinen Steam turbines
Dämpfung Shockabsorption
Darstellung der Schweißnähte Graphical symbols for welds
Darstellung von Schwingungen im Frequenzbereich Presentation of vibrations in the frequency domain
Darstellung von Schwingungen im Zeit- und Frequenzbereich Presentation of vibrations in the time and frequency domain
Darstellung von Schwingungen im Zeitbereich Presentation of vibrations in the time domain
Das Prinzip der Irreversibilität The principle of irreversibility
Datenschnittstellen Data interfaces
Datenstrukturen und Datentypen Data structures and data types
Dauer-Bremsanlagen Permanent brakes
Dauerformverfahren Permanent molding process
Dauerversuche Longtime tests
Definition Definitions
Definition und allgemeine Anforderungen Definitions and general requirements
Definition und Einteilung der Kolbenmaschinen Definition and classification
Definition und Kriterien Definition and criteria
Definition von Kraftfahrzeugen Definition of motor cycles
Definition von Wirkungsgraden Definition of efficiencies
Definitionen Definitions
Dehnungsausgleicher Expansion compensators
Dehnungsmesstechnik Strain measurement
Demontage Disassembly
Demontageprozess Disassembling process
Dériazturbinen Dériaz turbines

Dezentrale Klimaanlage Decentralized air conditioning system
Dezentralisierung durch den Einsatz industrieller Kommunikationssysteme Decentralisation using industrial communication tools
Dezimalgeometrische Normzahlreihen Geometric series of preferred numbers (Renard series)
D-Glied Derivative element
Diagnosetechnik Diagnosis devices
Dichtungen Bearing seals
Dielektrische Erwärmung Dielectric heating
Dieselmotor Diesel engine
Differentialgleichung und Übertragungsfunktion Differential equation and transfer function
Digitale elektrische Messtechnik Digital electrical measurements
Digitale Messsignaldarstellung Digital signal representation
Digitale Messwerterfassung Digital data logging
Digitalrechnertechnologie Digital computing
Digitalvoltmeter, Digitalmultimeter Digital voltmeters, multimeters
Dimensionierung von Bunkern Design of silos
Dimensionierung von Silos Dimensioning of silos
Dimensionierung, Anhaltswerte Dimensioning, First assumtion data
Dioden Diodes
Diodenkennlinien und Daten Diode characteristics and data
Direkte Beheizung Direct heating
Direkte Benzin-Einspritzung Gasoline direct injection
Direkte und indirekte Geräuschentstehung Direct and indirect noise development
Direkter Wärmeübergang Direct heat transfer
Direktes Problem Direct problem
Direktumrichter Direct converters
Direktverdampfer-Anlagen Direct expansion plants
Direktverdampfer-Anlagen für EDV-Klimageräte Computer-air-conditioners with direct expansion units
DMU-Systeme DMU systems
Drahtziehen Wire drawing
Drehautomaten Automatic lathes
Drehen Turning
Drehfelder in Drehstrommaschinen Rotating fields in three-phase machines
Drehführungen Swivel guides
Drehführungen, Lagerungen Rotary guides, bearings
Drehkraftdiagramm von Mehrzylindermaschinen Graph of torque fluctuations in multicylinder reciprocating machines
Drehkrane Slewing cranes
Drehmaschinen Lathes
Drehmomente, Leistungen, Wirkungsgrade Torques, powers, efficiencies
Drehmomentgeschaltete Kupplungen Torque-sensitive clutches (slip clutches)
Drehnachgiebige, nicht schaltbare Kupplungen Permanent rotary-flexible couplings
Drehrohrmantel Rotary cube casing
Drehrohröfen Rotary kiln
Drehschwinger mit zwei Drehmassen Torsional vibrator with two masses
Drehschwingungen Torsional vibrations
Drehstabfedern (gerade, drehbeanspruchte Federn) Torsion bar springs
Drehstarre Ausgleichskupplungen Torsionally stiff self-aligning couplings
Drehstarre, nicht schaltbare Kupplungen Permanent torsionally stiff couplings
Drehstoß Rotary impact
Drehstrom Three-phase-current
Drehstromantriebe Three-phase drives
Drehstromtransformatoren Three phase transformers
Drehwerke Slewing mechanis
Drehzahlgeschaltete Kupplungen Speed-sensitive clutches (centrifugal clutches)
Drehzahlregelung Speed control
Drehzahlverstellung Speed control
Druckbeanspruchte Querschnittsflächen A_p Pressurized cross sectional area A_p
Drücke Pressures
Drucker Printers
Druckmesstechnik Pressure measurement
Druckventile Pressure control valves
Druckverlust Pressure drop
Druckverlustberechnung Pressure drop design
Druckverluste Pressure losses

Druckversuch Compression test
Druckzustände Pressure conditions
Dünnwandige Hohlquerschnitte (Bredtsche Formeln) Thin-walled tubes (Bredt-Batho theory)
Durchbiegung von Trägern Deflection of beams
Durchbiegung, kritische Drehzahlen von Rotoren Deflection, critical speeds of rotors
Durchdrücken Extrusion
Durchführung der Montage und Demontage Realization of assembly and disassembly
Durchgängige Erstellung von Dokumenten Consistent preparation of documents
Durchlauföfen Continuous kilns
Durchsatz Throughput
Duroplaste Thermosets
Düsen- und Diffusorströmung Jet and diffusion flow
Dynamische Ähnlichkeit Dynamic similarity
Dynamische Beanspruchung umlaufender Bauteile durch Fliehkräfte Centrifugal stresses in rotating components
Dynamische Kräfte Dynamic forces
Dynamische Übertragungseigenschaften von Messgliedern Dynamic transient behaviour of measuring components
Dynamisches Betriebsverhalten Dynamic performance
Dynamisches Grundgesetz von Newton (2. Newtonsches Axiom) Newton's law of motion
Dynamisches Modell Dynamic model
Dynamisches Verhalten linearer zeitinvarianter Übertragungsglieder Dynamic response of linear time-invariant transfer elements
Ebene Bewegung Plane motion
Ebene Böden Flat end closures
Ebene Fachwerke Plane frames
Ebene Flächen Plane surfaces
Ebene Getriebe, Arten Types of planar mechanisms
Ebene Kräftegruppe Systems of coplanar forces
Ebener Spannungszustand Plane stresses
Effektive Organisationsformen Effective types of organisation
Eigenfrequenzen ungedämpfter Systeme Natural frequency of undamped systems
Eigenschaften Characteristics
Eigenschaften Properties
Eigenschaften des Gesamtfahrzeugs Characteristics of the complete vehicle
Eigenschaften und Verwendung der Werkstoffe Properties and Application of Materials
Ein- und Auslasssteuerung Inlet and outlet gear
Eindimensionale Strömung Nicht-Newtonscher Flüssigkeiten One-dimensional flow of non-Newtonian fluids
Eindimensionale Strömungen idealer Flüssigkeiten One-dimensional flow of ideal fluids
Eindimensionale Strömungen zäher Newtonscher Flüssigkeiten (Rohrhydraulik) One-dimensional flow of viscous Newtonian fluids
Einfache und geschichtete Blattfedern (gerade oder schwachgekrümmte, biegebeanspruchte Federn) Leaf springs and laminated leaf springs
Einfluss der Stromverdrängung Current displacement
Einfluss von Temperatur, pH-Wert, Inhibitoren und Aktivatoren Influence of temperature, pH, inhibiting and activating compounds
Einflussgröße Influencing variables
Einflüsse auf die Werkstoffeigenschaften Influences on material properties
Einführung Introduction
Eingangsproblem Input problem
Einheitensystem und Gliederung der Messgrößen der Technik System and classification of measuring quantities
Einige Grundbegriffe Fundamentals
Einleitung Introduction
Einleitung und Definitionen Introduction and definitions
Einordnung der Fördertechnik Classification of materials handling
Einordnung des Urformens in die Fertigungsverfahren Placement of primary shaping in the manufacturing processes
Einordnung und Konstruktionsgruppen von Luftfahrzeugen Classification and structural components of aircrafts
Einordnung von Luftfahrzeugen nach Vorschriften Classification of aircraft according to regulations
Einphasenmotoren Single-phase motors
Einphasenströmung Single phase fluid flow

Einphasentransformatoren Single phase transformers
Einrichtungen zur freien Lüftung Installations for natural ventilation
Einrichtungen zur Gemischbildung und Zündung bei Dieselmotoren Compression-ignition engine auxiliary equipment
Einrichtungen zur Geschwindigkeitserfassung bei NC-Maschinen Equipment for speed logging at NC-machines
Einrichtungen zur Positionsmessung bei NC-Maschinen Equipment for position measurement at NC-machines
Einsatzgebiete Operational area
Einsatzgebiete Fields of application
Einscheiben-Läppmaschinen Single wheel lapping machines
Einspritz-(Misch-)Kondensatoren Injection (direct contact) condensers
Einspritzdüse Injection nozzle
Einspritzsysteme Fuel injection system
Einstellregeln für Regelkreise Rules for control loop optimization
Einteilung der Stromrichter Definition of converters
Einteilung nach Geschwindigkeits- und Druckänderung Classification according to their effect on velocity and pressure
Einteilung und Begriffe Classification and definitions
Einteilung und Einsatzbereiche Classification and rating ranges
Einteilung und Verwendung Classification and configurations
Einteilung von Fertigungssystemen Classification of manufacturing systems
Einteilung von Handhabungseinrichtungen Systematic of handling systems
Eintrittsleitschaufelregelung Adjustable inlet guide vane regulation
Einwellenverdichter Single shaft compressor
Einzelhebezeuge Custom hoists
Einzelheizgeräte für größere Räume und Hallen Individual heaters for larger rooms and halls
Einzelheizgeräte für Wohnräume Individual heaters for living rooms
Einzelheizung Individual heating
Einzieh- und Wippwerke Compensating mechanism
Eisenwerkstoffe Iron Base Materials
Eisspeichersysteme Ice storage systems
Elastische, nicht schaltbare Kupplungen Permanent elastic couplings
Elastizitätstheorie Theory of elasticity
Elastomere Elastomers
Elektrische Antriebstechnik Electric drives
Elektrische Bremsung Electric braking
Elektrische Energie aus erneuerbaren Quellen Electric energy from renewable sources
Elektrische Infrastruktur Electric infrastructure
Elektrische Maschinen Rotating electrical machines
Elektrische Speicher Electric storages
Elektrische Steuerungen Electrical control
Elektrische Stromkreise Electric circuits
Elektrische Verbundnetze Combined electricity nets
Elektrische/Elektronische Ausrüstung/Diagnose Electrical/Electronical Equipment/Diagnosis
Elektrizitätswirtschaft Economic of electric energy
Elektrobeheizung Electric heating
Elektrochemische Korrosion Electrochemically corrosion
Elektrochemisches Abtragen Electro chemical machining (ECM)
Elektrohängebahn Electric suspension track
Elektrolyte Electrolytic charge transfer
Elektromagnetische Ausnutzung Electromagnetic utilization
Elektromagnetische Verträglichkeit Electromagnetic compatibility
Elektronenstrahlverfahren Electron beam processing
Elektronisch kommutierte Motoren Electronically commutated motors
Elektronische Bauelemente Electronic components
Elektronische Datenerfassung und -übertragung durch RFID Electronic data collection and transmission by RFID
Elektronische Datenverarbeitung Electronic data processing

Elektronische Schaltungen, Aufbau Assembly of electronic circuits
Elektrostatisches Feld Electrostatic field
Elektrotechnik Electrical Engineering
Elektrowärme Electric heating
Elemente der Kolbenmaschine Components of crank mechanism
Elemente der Werkzeugmaschinen Machine tool components
Elliptische Platten Elliptical plates
Emissionen Emissions
Endlagerung radioaktiver Abfälle Permanent disposal of nuclear waste
Endtemperatur, spezifische polytrope Arbeit Discharge temperature, polytropic head
Energetische Grundbegriffe: Arbeit, Leistung, Wirkungsgrad Basic terms of energy: work, power, efficiency
Energie-, Stoff- und Signalumsatz Energy, material and signal transformation
Energiebilanz und Wirkungsgrad Energy balance, efficiency
Energiespeicher Energy storage methods
Energiespeicherung Energy storage
Energietechnik und Wirtschaft Energy systems and economy
Energietransport Energy transport
Energieübertragung durch Flüssigkeiten Hydraulic power transmission
Energieübertragung durch Gase Pneumatic power transmission
Energieverteilung Electric power distribution
Energiewandlung Energy conversion
Energiewandlung mittels Kreisprozessen Energy conversion by cyclic processes
Entsorgung der Kraftwerksnebenprodukte Deposition of by-products in the power process
Entstehung von Maschinengeräuschen Generation of machinery noise
Entstehung von Maschinenschwingungen, Erregerkräfte F(t) Origin of machine vibrations, excitation forces
Entwerfen Embodiment design
Entwicklungsmethodik Development methodology
Entwicklungsprozesse und -methoden Development processes and methods
Entwicklungstendenzen Development trends
Entwurfsberechnung Calculation
Entwurfsproblem Design problem
Erdbaumaschinen Earth moving machinery
Erdgastransporte Natural gas transport
Ergänzungen zur Höheren Mathematik Complements to advanced mathematics
Ergänzungen zur Mathematik für Ingenieure Complements for engineering mathematics
Ergebnisdarstellung und Dokumentation Representation and documentation of results
Ermittlung der Heizfläche Calculation of heating surface area
Erosionskorrosion Corrosion erosion
ERP-Systeme ERP systems
Ersatzschaltbild und Kreisdiagramm Equivalent circuit diagram and circle diagram
Erstellung von Dokumenten Technical product documentation
Erster Hauptsatz First law
Erträgliches Raumklima in Arbeitsräumen und Industriebetrieben Optimum indoor climate in working spaces and factories
Erwärmung und Kühlung Heating and cooling
Erweiterte Schubspannungshypothese Mohr's criterion
Erzeugung elektrischer Energie Generation of electric energy
Erzeugung von Diffusionsschichten Production of diffusion layers
Erzwungene Schwingungen Forced vibrations
Erzwungene Schwingungen mit zwei und mehr Freiheitsgraden Forced vibrations with two and multi-DOFs
Evolventenverzahnung Involute teeth
Excellence-Modelle Excellence models
Exergie einer Wärme Exergy and heat
Exergie eines geschlossenen Systems Exergy of a closed system
Exergie eines offenen Systems Exergy of an open system
Exergie und Anergie Exergy and anergy
Exergieverluste Exergy losses
Experimentelle Spannungsanalyse Experimental stress analysis
Extreme Betriebsverhältnisse Extreme operational ranges
Exzentrischer Stoß Eccentric impact

Fachwerke Pin-jointed frames
Fahrantrieb Propulsion system
Fahrdynamik Driving dynamics
Fahrdynamikregelsysteme Control system for driving dynamics
Fahrerassistenzsysteme Advanced driver assistant systems
Fahrerlose Transportsysteme (FTS) Automatically guided vehicles (AGV)
Fahrgastwechselzeiten Duration of passenger exchange
Fahrgastzelle Occupant cell
Fahrkomfort Driving comfort
Fahrwerk Under-carriage
Fahrwerke Carriages
Fahrwerkskonstruktionen Running gear
Fahrwiderstand Train driving resistance
Fahrwiderstand und Antrieb Driving resistance and powertrain
Fahrzeugabgase Vehicle emissions
Fahrzeuganlagen Vehicle airconditioning
Fahrzeugarten Vehicle principles
Fahrzeugarten, Aufbau Body types, vehicle types, design
Fahrzeugbegrenzungsprofil Vehicle gauge
Fahrzeugelektrik, -elektronik Vehicle electric and electronic
Fahrzeugkrane Mobile cranes
Fahrzeugsicherheit Vehicle safety
Fahrzeugtechnik Transportation technology
Faser-Kunststoff-Verbunde Fibre reinforced plastics, composite materials
Faserseile Fibre ropes
Featuretechnologie Feature modeling
Fed-Batch-Kultivierung Fed-batch cultivation
Feder- und Dämpfungsverhalten Elastic and damping characteristics
Federkennlinie, Federsteifigkeit, Federnachgiebigkeit Load-deformation diagrams, spring rate (stiffness), deformation rate (flexibility)
Federn Springs
Federn aus Faser-Kunststoff-Verbunden Fibre composite springs
Federnde Verbindungen (Federn) Elastic connections (springs)
Federung und Dämpfung Suspension and dampening
Feinbohrmaschinen Precision drilling machines
Feldbusse Field busses
Feldeffekttransistoren Field effect transistors
Feldgrößen und -gleichungen Field quantities and equations
Fenster Windows
Fensterlüftung Ventilation by windows
Fernwärmetransporte Remote heat transport
Fernwärmewirtschaft Economics of remote heating
Fertigungs- und Fabrikbetrieb Production and works management
Fertigungsmittel Manufacturing systems
Fertigungssysteme Manufacturing systems
Fertigungsverfahren Manufacturing processes
Fertigungsverfahren der Feinwerk- und Mikrotechnik Manufacturing in precision engineering and microtechnology
Feste Brennstoffe Solid fuels
Feste Stoffe Solid materials
Festigkeit von Schweißverbindungen Strength calculations for welded joints
Festigkeitsberechnung Strength calculations
Festigkeitshypothesen Strength theories
Festigkeitshypothesen und Vergleichsspannungen Failure criteria, equivalent stresses
Festigkeitslehre Strength of materials
Festigkeitsnachweis Structural integrity assessment
Festigkeitsnachweis bei Schwingbeanspruchung mit konstanter Amplitude Proof of strength for constant cyclic loading
Festigkeitsnachweis bei Schwingbeanspruchung mit variabler Amplitude (Betriebsfestigkeitsnachweis) Proof of structural durability
Festigkeitsnachweis bei statischer Beanspruchung Proof of strength for static loading
Festigkeitsnachweis unter Zeitstand- und Kriechermüdungsbeanspruchung Loading capacity under creep conditions and creep-fatigue conditions
Festigkeitsnachweis von Bauteilen Proof of strength for components
Festigkeitsverhalten der Werkstoffe Strength of materials
Fest-Loslager-Anordnung Arrangements with a locating and a non-locating bearing

Festschmierstoffe Solid lubricants
Feststoff/Fluidströmung Solids/fluid flow
Feststoffschmierung Solid lubricants
Fettschmierung Grease lubrication
Feuerfestmaterialien Refractories
Feuerungen Furnaces
Feuerungen für feste Brennstoffe Solid fuel furnaces
Feuerungen für flüssige Brennstoffe Liquid fuel furnaces
Feuerungen für gasförmige Brennstoffe Gas-fueled furnaces
Filamentöses Wachstum Filamentous growth
Filmströmung Film flow
Filter Filters
Finite Berechnungsverfahren Finite analysis methods
Finite Differenzen Methode Finite difference method
Finite Elemente Methode Finite element method
Flächenpressung und Lochleibung Contact stresses and bearing pressure
Flächentragwerke Plates and shells
Flächenverbrauch Use of space
Flachriemengetriebe Flat belt drives
Flankenlinien und Formen der Verzahnung Tooth traces and tooth profiles
Flansche Flanges
Flanschverbindungen Flange joints
Flexible Drehbearbeitungszentren Flexible turning centers
Flexible Fertigungssysteme Flexible manufacturing systems
Fließkriterien Flow criteria
Fließkurve Flow curve
Fließprozess Flow process
Fließspannung Flow stress
Fließverhalten von Schüttgütern Flow properties of bulk solids
Flügelzellenpumpen Vanetype pumps
Fluggeschwindigkeiten Airspeeds
Flugleistungen Aircraft performance
Flugstabilitäten Flight stability
Flugsteuerung Flight controls
Flugzeugpolare Aircraft polar
Fluid Fluid
Fluidische Antriebe Hydraulic and pneumatic power transmission
Fluidische Steuerungen Fluidics
Fluorhaltige Kunststoffe Plastics with fluorine
Flurförderzeuge Industrial trucks
Flüssigkeitsringverdichter Liquid ring compressors
Flüssigkeitsstand Liquid level
Foliengießen Casting of foils
Förderer mit Schnecken Screw conveyors
Fördergüter und Fördermaschinen Material to be conveyed; materials handling equipment
Fördergüter und Fördermaschinen, Kenngrößen des Fördervorgangs Conveyed materials and materials handling, parameters of the conveying process
Förderhöhen, Geschwindigkeiten und Drücke Heads, speeds and pressures
Förderleistung, Antriebsleistung, Gesamtwirkungsgrad Power output, power input, overall efficiency
Fördertechnik Materials handling and conveying
Formänderungsarbeit Strain energy
Formänderungsarbeit bei Biegung und Energiemethoden zur Berechnung von Einzeldurchbiegungen Bending strain energy, energy methods for deflection analysis
Formänderungsgrößen Characteristics of material flow
Formänderungsvermögen Formability
Formen der Organisation Organisational types
Formen, Anwendungen Types, applications
Formgebung bei Kunststoffen Forming of plastics
Formgebung bei metallischen und keramischen Werkstoffen durch Sintern (Pulvermetallurgie) Forming of metals and ceramics by powder metallurgy
Formgebung bei metallischen Werkstoffen durch Gießen Shaping of metals by casting
Formpressen Press moulding
Formschlüssige Antriebe Positive locked drives
Formschlüssige Schaltkupplungen Positive (interlocking) clutches (dog clutches)
Formschlussverbindungen Positive connections

Formverfahren und -ausrüstungen Forming process and equipment
Föttinger-Getriebe Hydrodynamic drives and torque convertors
Föttinger-Kupplungen Fluid couplings
Föttinger-Wandler Torque convertors
Fourierspektrum, Spektrogramm, Geräuschanalyse Fourier spectrum, spectrogram, noise analysis
Francisturbinen Francis turbines
Fräsen Milling
Fräsmaschinen Milling machines
Fräsmaschinen mit Parallelkinematiken Milling machines with parallel kinematics
Fräsmaschinen mit Parallelkinematiken Sonderfräsmaschinen Milling machines with parallel kinematics, special milling machines
Freie gedämpfte Schwingungen Free damped vibrations
Freie Kühlung Free cooling
Freie Kühlung durch Außenluft Free cooling with external air
Freie Kühlung durch Kältemittel-Pumpen-System Free cooling with refrigerant pump system
Freie Kühlung durch Rückkühlwerk Free cooling with recooling plant
Freie Kühlung durch Solekreislauf Free cooling with brine cycle
Freie Lüftung, verstärkt durch Ventilatoren Fan assisted natural ventilation
Freie Schwingungen (Eigenschwingungen) Free vibrations
Freie Schwingungen mit zwei und mehr Freiheitsgraden Free vibrations with two and multi-DOFs
Freie ungedämpfte Schwingungen Free undamped vibrations
Freier Strahl Free jet
Fremdgeschaltete Kupplungen Clutches
Frequenzbewertung, A-, C- und Z-Bewertung Frequency weighting, A-, C- and Z-weighting
Frequenzgang und Ortskurve Frequency response and frequency response locus
Frequenzgangfunktionen mechanischer Systeme, Amplituden- und Phasengang Frequency response functions of mechanical systems, amplitude- and phase characteristic
Frontdrehmaschinen Front turning machines
Fügen von Kunststoffen Joining
Führerräume Driver's cab
Führungen Linear and rotary guides and bearings
Führungs- und Störungsverhalten des Regelkreises Reference and disturbance reaction of the control loop
Führungsverhalten des Regelkreises Reference reaction of the control loop
Funkenerosion und elektrochemisches Abtragen Spark erosion and electrochemical erosion
Funkenerosion, Elysieren, Metallätzen Electric discharge machining, electrochemical machining, metaletching
Funktion der Hydrogetriebe Operation of hydrostatic transmissions
Funktion und Subsysteme Function and subsystems
Funktion von Tribosystemen Function of tribosystems
Funktionsbausteine Functional components
Funktionsbedingungen für Kernreaktoren Function conditions for nuclear reactors
Funktionsblöcke des Regelkreises Functional blocks of the monovariable control loop
Funktionsgliederung Function structure
Funktionsweise des Industrie-Stoßdämpfers Principle of operation
Funktionszusammenhang Functional interrelationship
Fused Deposition Modelling (FDM) Fused Deposition Modeling (FDM)
Gabelhochhubwagen Pallet-stacking truck
Galvanische Korrosion Galvanic corrosion
Gas- und Dampf-Anlagen Combined-cycle power plants
Gas-/Flüssigkeitsströmung Gas/liquid flow
Gas-Dampf-Gemische. Feuchte Luft Mixtures of gas and vapour. Humid air
Gasdaten Gas data
Gasfedern Gas springs
Gasförmige Brennstoffe oder Brenngase Gaseous fuels
Gasgekühlte thermische Reaktoren Gas cooled thermal reactors

Gaskonstante und das Gesetz von Avogadro Gas constant and the law of Avogadro
Gasstrahlung Gas radiation
Gasturbine für Verkehrsfahrzeuge Gas-turbine propulsion systems
Gasturbine im Kraftwerk Gas turbines in power plants
Gasturbinen Gas turbines
Gaswirtschaft Economics of gas energy
Gebläse Fans
Gebräuchliche Werkstoffpaarungen Typical combinations of materials
Gedämpfte erzwungene Schwingungen Forced damped vibrations
Gegengewichtstapler Counterbalanced lift truck
Gehäuse Casings
Gelenkwellen Drive shafts
Gemeinsame Grundlagen Common fundamentals
Gemischbildung und Verbrennung im Dieselmotor Mixture formation and combustion in compression-ignition engines
Gemischbildung und Verbrennung im Ottomotor Mixture formation and combustion in spark ignition engines
Gemischbildung, Anforderungen an Requirements of gas mixture
Gemische Mixtures
Gemische idealer Gase Ideal gas mixtures
Genauigkeit, Kenngrößen, Kalibrierung Characteristics, accuracy, calibration
Generelle Anforderungen General requirements
Generelle Zielsetzung und Bedingungen General objectives and constraints
Geometrisch ähnliche Baureihe Geometrically similar series
Geometrische Beschreibung des Luftfahrzeuges Geometry of an aircraft
Geometrische Beziehungen Geometrical relations
Geometrische Messgrößen Geometric quantities
Geometrische Modellierung Geometric modeling
Geothermische Energie Geothermal energy
Gerader zentraler Stoß Normal impact
Geradzahn-Kegelräder Straight bevel gears
Geräusch Noise
Geräuschentstehung Noise development
Geregelte Feder-/Dämpfersysteme im Fahrwerk Controlled spring/damper systems for chassis
Gesamtanlage Complete plant
Gesamtmechanismus Whole mechanism
Gesamtwiderstand Total driving resistance
Geschlossene Gasturbinenanlage Closed gas turbine
Geschlossene Systeme, Anwendung Application to closed systems
Geschlossener Kreislauf Closed circuit
Geschlossenes 2D-Laufrad Shrouded 2 D-impeller
Geschlossenes 3D-Laufrad Shrouded 3 D-impeller
Geschwindigkeiten, Beanspruchungskennwerte Velocities, loading parameters
Geschwindigkeits- und Drehzahlmesstechnik Velocity and speed measurement
Gestaltänderungsenergiehypothese Maximum shear strain energy criterion
Gestalteinfluss auf Schwingfestigkeitseigenschaften Design and fatigue strength properties
Gestalteinfluss auf statische Festigkeitseigenschaften Design and static strength properties
Gestalten und Bemaßen der Zahnräder Detail design and measures of gears
Gestalten und Fertigungsgenauigkeit von Kunststoff-Formteilen Design and tolerances of formed parts
Gestaltung Fundamentals of embodiment design
Gestaltung der Gestellbauteile Embodiment design of structural components (frames)
Gestaltung, Werkstoffe, Lagerung, Genauigkeit, Schmierung, Montage Embodiment design, materials, bearings, accuracy, lubrication, assembly
Gestaltungshinweise Design hints
Gestaltungsprinzipien Principles of embodiment design
Gestaltungsrichtlinien Guidelines for embodiment design
Gestelle Frames
Getriebe Transmission units

Getriebe mit Verstelleinheiten Transmission with variable displacement units
Getriebeanalyse Analysis of mechanisms
Getriebetechnik Mechanism-engineering, kinematics
Gewichte Weight
Gewinde- und Zahnradmesstechnik Thread and gear measurement
Gewindearten Types of thread
Gewindebohren Tapping
Gewindedrehen Single point thread turning
Gewindedrücken Thread pressing
Gewindeerodieren Electrical Discharge Machining of threads
Gewindefertigung Thread production
Gewindefräsen Thread milling
Gewindefurchen Thread forming
Gewindeschleifen Thread grinding
Gewindeschneiden Thread cutting with dies
Gewindestrehlen Thread chasing
Gewindewalzen Thread rolling
Gewölbte Böden Domed end closures
Gewölbte Flächen Curved surfaces
Gitterauslegung Cascade design
Glas Glass
Gleichdruckturbinen Impulse turbines
Gleiche Kapazitätsströme (Gegenstrom) Equal capacitive currents (countercurrent)
Gleichgewicht und Gleichgewichtsbedingungen Conditions of equilibrium
Gleichgewicht, Arten Types of equilibrium
Gleichseitige Dreieckplatte Triangular plate
Gleichstromantriebe Direct-current machine drives
Gleichstromantriebe mit netzgeführten Stromrichtern Drives with line-commutated converters
Gleichstrom-Kleinmotoren Direct current small-power motor
Gleichstromkreise Direct-current (d. c.) circuits
Gleichstromlinearmotoren Direct current linear motor
Gleichstrommaschinen Direct-current machines
Gleichstromsteller Chopper controllers
Gleit- und Rollbewegung Sliding and rolling motion
Gleitlagerungen Plain bearings
Gliederbandförderer Apron conveyor
Gliederung Survey
Gliederung der Messgrößen Classification of measuring quantities
Granulieren Granulation
Grenzformänderungsdiagramm Forming limit diagram (FLD)
Grenzschichttheorie Boundary layer theory
Großdrehmaschinen Heavy duty lathes
Größen des Regelkreises Variables of the control loop
Großwasserraumkessel Shell type steam generators
Grubenkühlanlagen Airconditioning and climate control for mining
Grundaufgaben der Maschinendynamik Basic problems in machine dynamics
Grundbegriffe Basic concepts
Grundbegriffe der Kondensation Principles of condensation
Grundbegriffe der Reaktortheorie Basic concepts of reactor theory
Grundbegriffe der Spurführungstechnik Basics of guiding technology
Grundgesetze Basic laws
Grundlagen Basic considerations
Grundlagen der Berechnung Basic principles of calculation
Grundlagen der betrieblichen Kostenrechnung Fundamentals of operational costing
Grundlagen der Flugphysik Fundamentals of flight physics
Grundlagen der fluidischen Energieübertragung Fundamentals of fluid power transmission
Grundlagen der Konstruktionstechnik Fundamentals of engineering design
Grundlagen der Tragwerksberechnung Basic principles of calculating structures
Grundlagen der Umformtechnik Fundamentals of metal forming
Grundlagen der Verfahrenstechnik Fundamentals of process engineering
Grundlagen technischer Systeme und des methodischen Vorgehens Fundamentals of technical systems and systematic approach
Grundlagen und Bauelemente Fundamentals and components

Grundlagen und Begriffe Fundamentals and terms
Grundlagen und Vergleichsprozesse Fundamentals and ideal cycles
Grundlegende Konzepte für den Festigkeitsnachweis Fundamental concepts for structural integrity assessment
Grundnormen Basic standards
Grundregeln Basic rules of embodiment design
Grundsätze der Energieversorgung Principles of energy supply
Grundstrukturen des Wirkungsplans Basic structures of the action diagram
Gummifederelemente Basic types of rubber spring
Gummifedern Rubber springs and anti-vibration mountings
Gurtförderer Conveyors
Gusseisenwerkstoffe Cast Iron materials
Güte der Regelung Control loop performance
Haftung und Gleitreibung Static and sliding friction
Haftung und Reibung Friction
Hähne (Drehschieber) Cocks
Halbähnliche Baureihen Semi-similar series
Halboffener Kreislauf Semi-closed circuits
Halbunendlicher Körper Semi-infinite body
Hämmer Hammers
Handbetriebene Flurförderzeuge Hand trucks
Handgabelhubwagen Hand lift trucks
Hardwarearchitekturen Hardware architecture
Hardwarekomponenten Hardware
Härteprüfverfahren Hardness test methods
Hartlöten und Schweißlöten (Fugenlöten) Hard soldering and brazing
Hebezeuge und Krane Lifting equipment and cranes
Hefen Yeasts
Heizlast Heating load
Heiztechnische Verfahren Heating processes
Heizung und Klimatisierung Heating and air conditioning
Heizwert und Brennwert Net calorific value and gros calorific value
Heizzentrale Heating centres
Herstellen planarer Strukturen Production of plane surface structures
Herstellen von Schichten Coating processes
Herstellung von Formteilen (Gussteilen) Manufacturing of cast parts
Herstellung von Halbzeugen Manufacturing of half-finished parts
Hilfsmaschinen Auxiliary equipment
Hinweise für Anwendung und Betrieb Application and operation
Hinweise zur Konstruktion von Kegelrädern Design hints for bevel gears
Historische Entwicklung Historical development
Hitzesterilisation Sterilization with heat
Hobel- und Stoßmaschinen Planing, shaping and slotting machines
Hobelmaschinen Planing machines
Hochbaumaschinen Building construction machinery
Hochgeschwindigkeitsfräsmaschinen High-speed milling machines
Hochspannungsschaltgeräte High voltage switchgear
Hochtemperaturkorrosion mit mechanischer Beanspruchung High temperature corrosion with mechanical load
Hochtemperaturkorrosion ohne mechanische Beanspruchung High temperature corrosion without mechanical load
Hochtemperaturlöten High-temperature brazing
Holz Wood
Honen Honing
Honmaschinen Honing machines
Hubantrieb, Antrieb der Nebenfunktionen Lift drive, auxiliary function driv
Hubantrieb, Antrieb der Nebenfunktionen Handbetriebene Flurförderzeuge Lift drive, auxiliary function drive, manually operated industrial trucks
Hubbalkenofen Walking beam furnace
Hubgerüst Lift mast
Hubkolbenmaschinen Piston engines
Hubkolbenverdichter Piston compressors
Hubsäge- und Hubfeilmaschinen Machines for power hack sawing and filing
Hubwerke Hoisting mechamism
Hubwerksausführungen Hoist design

Hybride Verfahren für Gemischbildung und Verbrennung Hybride process for mixture formation and combustion
Hydraulikaufzüge Hydraulic elevators
Hydraulikflüssigkeiten Hydraulic fluids
Hydraulikzubehör Hydraulic equipment
Hydraulische Förderer Hydraulic conveyors
Hydro- und Aerodynamik (Strömungslehre, Dynamik der Fluide) Hydrodynamics and aerodynamics (dynamics of fluids)
Hydrogetriebe, Aufbau und Funktion der Arrangement and function of hydrostatic transmissions
Hydrokreise Hydraulic Circuits
Hydromotoren in Hubverdränger-(Kolben-) bauart Pistontype motors
Hydromotoren in Umlaufverdrängerbauart Gear- and vanetype motors
Hydrostatik (Statik der Flüssigkeiten) Hydrostatics
Hydrostatische Anfahrhilfen Hydrodynamic bearings with hydrostatic jacking systems
Hydrostatische Axialgleitlager Hydrostatic thrust bearings
Hydrostatische Radialgleitlager Hydrostatic journal bearings
Hydroventile Valves
Hygienische Grundlagen Hygienic fundamentals, physiological principles
I-Anteil, I-Regler Integral controller
Ideale Flüssigkeit Perfect liquid
Ideale Gase Ideal gases
Ideale isotherme Reaktoren Ideal isothermal reactors
Idealisierte Kreisprozesse Theoretical gas-turbine cycles
Identifikation durch Personen und Geräte Identification through persons and devices
Identifikationsproblem Identification Problem
Identifikationssysteme Identification systems
IGB-Transistoren Insulated gate bipolar transistors
I-Glied Integral element
Impulsmomenten- (Flächen-) und Drehimpulssatz Angular momentum equation
Impulssatz Equation of momentum
Indirekte Beheizung Indirect heating
Indirekte Luftkühlung und Rückkühlanlagen Indirect air cooling and cooling towers
Induktionsgesetz Faraday's law
Induktive Erwärmung Induction heating
Induktivitäten Inductances
Industrieöfen Industrial furnaces
Industrieroboter Industrial robot
Industrie-Stoßdämpfer Shock absorber
Industrieturbinen Industrial turbines
Informationsdarstellung Information layout
Informationstechnologie Information technology
Inkompressible Fluide Incompressible fluids
Innengeräusch Interior noise
Innenraumgestaltung Interior lay out
Innere Energie und Systemenergie Internal energy and systemenergy
Innere Kühllast Internal cooling load
Instabiler Betriebsbereich bei Verdichtern Unstable operation of compressors
Instationäre Prozesse Unsteady state processes
Instationäre Strömung Nonsteady flow
Instationäre Strömung zäher Newtonscher Flüssigkeiten Non-steady flow of viscous Newtonian fluids
Instationäres Betriebsverhalten Transient operating characteristics
Integrationstechnologien Integration technologies
Interkristalline Korrosion Intergranular corrosion
Internationale Praktische Temperaturskala International practical temperature scale
Internationale Standardatmosphäre (ISA) International standard atmosphere
Internationales Einheitensystem International system of units
Internet Internet
Interpolation, Integration Interpolation, Integration
Kabel und Leitungen Cables and lines
Kalandrieren Calendering
Kalkulation Cost accounting
Kalorimetrie Calorimetry
Kalorische Zustandsgrößen Caloric properties
Kaltdampf-Kompressionskälteanlage Compression refrigeration plant

Kaltdampfkompressions-Wärmepumpen größerer Leistung Compression heat pumps with high performance

Kälte-, Klima- und Heizungstechnik Refrigeration and air-conditioning technology and heating engineering

Kälteanlagen und Wärmepumpen Refrigeration plants and heat pumps

Kältemaschinen-Öle Refrigeration oil

Kältemittel Refrigerant

Kältemittel, Kältemaschinen-Öle und Kühlsolen Refrigerants, refrigeration oils and brines

Kältemittelkreisläufe Refrigerant circuits

Kältemittelverdichter Refrigerant-compressor

Kältespeicherung in Binäreis Cooling storage

Kältespeicherung in eutektischer Lösung Cooling storage in eutectic solution

Kältetechnik Refrigeration technology

Kältetechnische Verfahren Refrigeration processes

Kaltwassersatz mit Kolbenverdichter Reciprocating water chillers

Kaltwassersatz mit Schraubenverdichter Screw compressor water chillers

Kaltwassersatz mit Turboverdichter Centrifugal water chillers

Kaltwassersätze Packaged water chiller

Kaltwasserverteilsysteme für RLT-Anlagen Chilled water systems for air-conditioning plants

Kanalnetz Duct systems

Kapazitäten Capacitances

Kapazitätsdioden Varactors

Kaplanturbinen Kaplan turbines

Karosserie Bodywork

Karren, Handwagen und Rollwagen Barrows, Hand trolleys, Dollies

Kaskadenregelung Cascade control

Katalytische Wirkung der Enzyme Catalytic effects of enzymes

Kathodischer Schutz Cathodic protection

Kavitation Cavitation

Kavitationskorrosion Cavitation corrosion

Kegelräder Bevel gears

Kegelräder mit Schräg- oder Bogenverzahnung Helical and spiral bevel gears

Kegelrad-Geometrie Bevel gear geometry

Keilförmige Scheibe unter Einzelkräften Wedge-shaped plate under point load

Keilriemen V-belts

Keilverbindungen Cottered joints

Kenngrößen Characteristics

Kenngrößen der Leitungen Characteristics of lines

Kenngrößen der Schraubenbewegung Characteristics of screw motion

Kenngrößen des Fördervorgangs Parameters of the conveying process

Kenngrößen des Ladungswechsels Charging parameters

Kenngrößen von Messgliedern Characteristics of measuring components

Kenngrößen von Pressmaschinen Characteristics of presses and hammers

Kenngrößen-Bereiche für Turbinenstufen Performance parameter range of turbine stages

Kenngrößen-Bereiche für Verdichterstufen Performance parameter range of compressor stages

Kennlinien Characteristic curves

Kennliniendarstellungen Performance characteristics

Kennungswandler Torque converter

Kennzahlen Characteristics

Kennzeichen Characteristics

Kennzeichen und Eigenschaften der Wälzlager Characteristics of rolling bearings

Keramische Werkstoffe Ceramics

Kerbgrundkonzepte Local stress or strain approach

Kerbschlagbiegeversuch Notched bar impact bending test

Kernbrennstoffe Nuclear fuels

Kernfusion Nuclear fusion

Kernkraftwerke Nuclear power stations

Kernreaktoren Nuclear reactors

Ketten und Kettentriebe Chains and chain drives

Kettengetriebe Chain drives

Kinematik Kinematics

Kinematik des Kurbeltriebs Kinematics of crank mechanism

Kinematik, Leistung, Wirkungsgrad Kinematics, power, efficiency

Kinematische Analyse ebener Getriebe Kinematic analysis of planar mechanisms
Kinematische Analyse räumlicher Getriebe Kinematic analysis of spatial mechanisms
Kinematische Grundlagen, Bezeichnungen Kinematic fundamentals, terminology
Kinematische und schwingungstechnische Messgrößen Kinematic and vibration quantities
Kinematisches Modell Kinematic model
Kinematisches und dynamisches Modell Kinematic and dynamic model
Kinetik Dynamics
Kinetik chemischer Reaktionen Kinetics of chemical reactions
Kinetik der Relativbewegung Dynamics of relative motion
Kinetik des Massenpunkts und des translatorisch bewegten Körpers Particle dynamics, straight line motion of rigid bodies
Kinetik des Massenpunktsystems Dynamics of systems of particles
Kinetik des mikrobiellen Wachstums Kinetic of microbial growth
Kinetik enzymatischer Reaktionen Kinetic of enzyme reactions
Kinetik starrer Körper Dynamics of rigid bodies
Kinetik und Kinematik Dynamics and kinematics
Kinetostatische Analyse ebener Getriebe Kinetostatic analysis of planar mechanisms
Kippen Lateral buckling of beams
Kippschalensorter Tilt tray sorter
Kirchhoffsches Gesetz Kirchhoff's Law
Klappen Flap valves
Klären der Aufgabenstellung Defining the requirements
Klassieren in Gasen Classifying in gases
Klassifizierung raumlufttechnischer Systeme Airconditioning systems
Kleben Adhesive bonding
Klebstoffe Adhesives
Klemmverbindungen Clamp joints
Klimaanlage Air conditioning
Klimamesstechnik Climatic measurement
Klimaprüfschränke und -kammern Climate controlled boxes and rooms for testing
Knicken im elastischen (Euler-)Bereich Elastic (Euler) buckling
Knicken im unelastischen (Tetmajer-)Bereich Inelastic buckling (Tetmajer's method)
Knicken von Ringen, Rahmen und Stabsystemen Buckling of rings, frames and systems of bars
Knickung Buckling of bars
Kohlendioxidabscheidung Carbon capture
Kohlenstaubfeuerung Pulverized fuel furnaces
Kolbenmaschinen Reciprocating engines
Kolbenpumpen Piston pumps
Kombi-Kraftwerke Combi power stations
Komfortbewertung Comfort evaluation
Kommissionierung Picking
Kompensatoren und Messbrücken Compensators and bridges
Komponenten des Roboters Components of robot
Komponenten des Roboters Kinematisches und dynamisches Modell Components of the robot kinematics and dynamic model
Komponenten des thermischen Apparatebaus Components of thermal apparatus
Komponenten mechatronischer Systeme Components of mechatronic systems
Komponenten von Lüftungs- und Klimaanlagen Components of ventilation and air-conditioning systems
Kompressionskälteanlage Compression refrigeration plant
Kompressions-Kaltwassersätze Compression-type water chillers
Kompressionswärmepumpe Compression heat pump
Kompressoren Compressors
Kondensation bei Dämpfen Condensation of vapors
Kondensation und Rückkühlung Condensers and cooling systems
Kondensatoren Condensers
Kondensatoren in Dampfkraftanlagen Condensers in steam power plants
Kondensatoren in der chemischen Industrie Condensers in the chemical industry
Konsolfräsmaschinen Knee-type milling machines

Konstante Wandtemperatur Constant wall temperature

Konstante Wärmestromdichte Constant heat flux density

Konstruktion und Schmierspaltausbildung Influence of the design on the form of the lubricated gap between bearing and shaft

Konstruktion von Eingriffslinie und Gegenflanke Geometric construction for path of contact and conjugate tooth profile

Konstruktion von Motoren Internal combustion (IC) engine design

Konstruktionen Designs

Konstruktionsarten Types of engineering design

Konstruktionselemente Components

Konstruktionselemente von Apparaten und Rohrleitungen Components of apparatus and pipe lines

Konstruktionsphilosophien und -prinzipien Design Philosophies and Principles

Konstruktionsprozess The design process

Konstruktive Ausführung von Lagerungen. Bearing arrangements

Konstruktive Gesichtspunkte Basic design layout

Konstruktive Gestaltung Design of plain bearings

Konstruktive Hinweise Hints for design

Konstruktive Merkmale Constructive characteristics

Konvektion Convection

Konzipieren Conceptual design

Kooperative Produktentwicklung Cooperative product development

Koordinatenbohrmaschinen Jig boring machines

Körper im Raum Body in space

Körper in der Ebene Plane problems

Körperschallfunktion Structure-borne noise function

Korrosion und Korrosionsschutz von Metallen Corrosion and Corrosion Protection of Metals

Korrosion nichtmetallischer Werkstoffe Corrosion of nonmetallic material

Korrosion und Korrosionsschutz Corrosion and corrosion protection

Korrosion unter Verschleißbeanspruchung Corrosion under wear stress

Korrosion von anorganischen nichtmetallischen Werkstoffen Corrosion of inorganic nonmetallic materials

Korrosionsartige Schädigung von organischen Werkstoffen Corrosion-like damage of organic materials

Korrosionserscheinungen („Korrosionsarten“) Manifestation of corrosion

Korrosionsprüfung Corrosion tests

Korrosionsschutz Corrosion protection

Korrosionsschutz durch Inhibitoren Corrosion protection by inhibitors

Korrosionsschutzgerechte Fertigung Corrosion prevention by manufacturing

Korrosionsschutzgerechte Konstruktion Corrosion prevention by design

Korrosionsverschleiß Wear initiated corrosion

Kostenartenrechnung Types of cost

Kostenstellenrechnung und Betriebsabrechnungsbögen Cost location accounting

Kraft-(Reib-)schlüssige Schaltkupplungen Friction clutches

Kräfte am Flachriemengetriebe Forces in flat belt transmissions

Kräfte am Kurbeltrieb Forces in crank mechanism

Kräfte im Raum Forces in space

Kräfte in der Ebene Coplanar forces

Kräfte und Arbeiten Forces and energies

Kräfte und Verformungen beim Anziehen von Schraubenverbindungen Forces and deformations in joints due to preload

Kräfte und Winkel im Flug Forces and angles in flight

Kräftesystem im Raum System of forces in space

Kräftesystem in der Ebene Systems of coplanar forces

Kraftfahrzeuge Vehicle vehicles

Kraftfahrzeugtechnik Automotive engineering

Kraftmesstechnik Force measurement

Krafträder Motorcycles

Kraftschlüssige Antriebe Actuated drives

Kraftstoffverbrauch Fuel consumption

Kraft-Wärme-Kopplung Combined power and heat generation (co-generation)

Kraftwerkstechnik Power plant technology
Kraftwerksturbinen Power Plant Turbines
Kraftwirkungen im elektromagnetischen Feld Forces in electromagnetic field
Kranarten Crane types
Kratzerförderer Scraper conveyors
Kreiselpumpe an den Leistungsbedarf, Anpassung Matching of centrifugal pump and system characteristics
Kreiselpumpen Centrifugal Pumps
Kreisförderer Circular conveyors
Kreisplatten Circular plates
Kreisscheibe Circular discs
Kreisstruktur Closed loop structure
Kritische Drehzahl und Biegeschwingung der einfach besetzten Welle Critical speed of shafts, whirling
Kugel Spheres
Kugelläppmaschinen Spherical lapping machines
Kühllast Cooling load
Kühlsolen Cooling brines
Kühlung Cooling
Kühlwasser- und Kondensatpumpen Condensate and circulating water pumps
Kultivierungsbedingungen Conditions of cell cultivation
Künstliche Brenngase Synthetic fuels
Künstliche feste Brennstoffe Synthetic solid fuels
Künstliche flüssige Brennstoffe Synthetic liquid fuels
Kunststoffe Plastics
Kunststoffe, Aufbau und Verhalten von Structure and characteristics of plastics
Kunststoffschäume Plastic foams (Cellular plastics)
Kupfer und seine Legierungen Copper and copper alloys
Kupplung und Kennungswandler Clutching and torque converter
Kupplungen und Bremsen Couplings, clutches and brakes
Kurbeltrieb Crank mechanism
Kurbeltrieb, Massenkräfte und -momente, Schwungradberechnung Crank mechanism, forces and moments of inertia, flywheel calculation
Kurvengetriebe Cam mechanisms
Kurzhubhonmaschinen Short stroke honing machines
Kurzschlussschutz Short-circuit protection
Kurzschlussströme Short-circuit currents
Kurzschlussverhalten Short-circuit characteristics
Ladungswechsel Cylinder charging
Ladungswechsel des Viertaktmotors Charging of four-stroke engines
Ladungswechsel des Zweitaktmotors Scavenging of two-stroke engines
Lageeinstellung Position adjustment
Lager Bearings
Lager- und Systemtechnik Warehouse technology and material handling system technology
Lagereinrichtung und Lagerbedienung Storage equipment and operation
Lagerkräfte Bearing loads
Lagerkühlung Bearing cooling
Lagerluft Rolling bearing clearance
Lagern Store
Lagerschmierung Lubricant supply
Lagersitze, axiale und radiale Festlegung der Lagerringe Bearing seats, axial and radial positioning
Lagerung und Antrieb Bearing and drive
Lagerung und Schmierung Bearing and lubrication
Lagerungsarten, Freimachungsprinzip Types of support, the „free body“
Lagerwerkstoffe Bearing materials
Lagrangesche Gleichungen Lagrange's equations
Laminated Object Manufacturing (LOM) Laminated Object Manufacturing (LOM)
Längenmesstechnik Length measurement
Langhubhonmaschinen Long stroke honing machines
Längskraft und Torsion Axial load and torsion
Läppmaschinen Lapping machines
Laserstrahl-Schweiß- und Löteinrichtungen Laser welding and soldering equipment
Laserstrahlverfahren Laser beam processing
Lasertrennen Laser cutting
Lastaufnahmemittel für Schüttgüter Load carrying equipment for bulk materials

Lastaufnahmemittel für Stückgüter Load carrying equipment for individual items
Lastaufnahmevorrichtung Load-carrying device
Lasten und Lastkombinationen Loads and load combinations
Lasten, Lastannahmen Loads, Load Assumptions
Lasthaken Lifting hook
Läufer-Dreheinrichtung Turning gear
Laufgüte der Getriebe Running quality of mechanisms
Laufrad Impeller
Laufrad und Schiene (Schienenfahrwerke) Impeller and rail (rail-mounted carriage)
Laufradfestigkeit Impeller stress analysis
Laufradfestigkeit und Strukturdynamik Impeller strength and structural dynamics
Laufwasser- und Speicherkraftwerke Run-of-river and storage power stations
Laufwasser- und Speicherkraftwerke Water wheels and pumped-storage plants
Lebenslaufkostenrechung Life Cycle Costing
Lebenszykluskosten LCC Lifecyclecosts
Leerlauf und Kurzschluss No-load and short circuit
Legierungstechnische Maßnahmen Alloying effects
Leichtbau Lightweight structures
Leichtwasserreaktoren (LWR) Light water reactors
Leistung, Drehmoment und Verbrauch Power, torque and fuel consumption
Leistungsdioden Power diodes
Leistungselektrik Power electronics
Leistungsmerkmale der Ventile Power characteristics of valves
Leit- und Laufgitter Stationary and rotating cascades
Leiter, Halbleiter, Isolatoren Conductors, semiconductors, insulators
Leitungen Ducts and piping
Leitungsnachbildung Line model
Lenkung Steering
Licht und Beleuchtung Light and lighting
Licht- und Farbmesstechnik Photometry, colorimetry
Lichtbogenerwärmung Electric arc-heating
Lichtbogenofen Arc furnaces
Lichtbogenschweißen Arc-welding
Liefergrade Volumetric efficiencies
Lineare Grundglieder Linear basic elements
Lineare Kennlinie Linear characteristic curve
Lineare Regler, Arten Types of linear controllers
Lineare Übertragungsglieder Linear transfer elements
Linearer Regelkreis Linear control loop
Linearführungen Linear guides
Linearmotoren Linear motors
Linearwälzlager Linear motion rolling bearings
Lokalkorrosion und Passivität Localized corrosion and passivity
Löten Soldering and brazing
Lückengrad Voidage
Luftbedarf Air supply
Luftbefeuchter Humidifiers
Luftdurchlässe Air passages
Luftentfeuchter Dehumidifiers
Lufterhitzer, -kühler Heating and cooling coils
Luftfahrzeuge Aircrafts
Luftfeuchte Outdoor air humidity
Luftführung Air duct
Luftheizung Air heating
Luftkühlung Air cooling
Luftschallabstrahlung Airborne noise emission
Luftspeicher-Kraftwerk Air-storage gas-turbine power plant
Luftspeicherwerke Compressed air storage plant
Lufttemperatur Outdoor air temperature
Lüftung Ventilation
Luftverkehr Air traffic
Luftverteilung Air flow control and mixing
Luftvorwärmer (Luvo) Air preheater
Luft-Wasser-Anlagen Air-water conditioning systems
Magnesiumlegierungen Magnesium alloys
Magnetische Datenübertragung Magnetic data transmission
Magnetische Materialien Magnetic materials
Management der Produktion Production management
Maschine Machine
Maschinen zum Scheren Shearing machines

Maschinen zum Scheren und Schneiden Shearing and blanking machines
Maschinen zum Schneiden Blanking machines
Maschinenakustik Acoustics in mechanical engineering
Maschinenakustische Berechnungen mit der Finite-Elemente-Methode/Boundary-Elemente-Methode Machine acoustic calculations by Finite-Element-Method/Boundary-Element-Method
Maschinenakustische Berechnungen mit der Statistischen Energieanalyse (SEA) Machine acoustic calculations by Statistical Energy Analysis (SEA)
Maschinenakustische Grundgleichung Machine acoustic base equation
Maschinenarten Machine types
Maschinendynamik Dynamics of machines
Maschinenkenngrößen Overall machine performance parameters
Maschinenschwingungen Machine vibrations
Maschinenstundensatzrechnung Calculation of machine hourly rate
Massenkräfte und Momente Forces and moments of inertia
Materialeinsatz Use of material
Materialflusssteuerungen Material flow controls
Materialographische Untersuchungen Materiallographic analyses
Materialtransport Materials handling
Mathematik Mathematics
Mechanik Mechanics
Mechanische Beanspruchungen Mechanical action
Mechanische Datenübertragung Mechanical data transmission
Mechanische Elemente der Antriebe Mechanical brakes
Mechanische Ersatzsysteme, Bewegungsgleichungen Mechanical models, equations of motion
Mechanische Konstruktionselemente Mechanical machine components
Mechanische Lüftungsanlagen Mechanical ventilation facilities
Mechanische Speicher und Steuerungen Mechanical memories and control systems
Mechanische Verfahrenstechnik Mechanical process engineering
Mechanische Verluste Mechanical losses
Mechanische Vorschub-Übertragungselemente Mechanical feed drive components
Mechanisches Ersatzsystem Mechanical model
Mechanisches Verhalten Mechanical behaviour
Mechanisch-hydraulische Verluste Hydraulic-mechanical losses
Mechanisiertes Hartlöten Mechanized hard soldering
Mechanismen der Korrosion Mechanisms of corrosion
Mechatronik Mechatronics
Mehrdimensionale Strömung idealer Flüssigkeiten Multidimensional flow of ideal fluids
Mehrdimensionale Strömung zäher Flüssigkeiten Multidimensional flow of viscous fluids
Mehrgitterverfahren Multigrid method
Mehrgleitflächenlager Multi-lobed and tilting pad journal bearings
Mehrmaschinensysteme Multi-machine Systems
Mehrphasenströmungen Multiphase fluid flow
Mehrschleifige Regelung Multi-loop control
Mehrspindelbohrmaschinen Multi-spindle drilling machines
Mehrstufige Verdichtung Multistage compression
Mehrwegestapler Four-way reach truck
Mehrwellen-Getriebeverdichter Integrally geared compressor
Membrantrennverfahren Membrane separation processes
Membranverdichter Diaphragm compressors
Mess- und Regelungstechnik Measurement and control
Messgrößen und Messverfahren Measuring quantities and methods
Messkette Measuring chain
Messort und Messwertabnahme Measuring spot and data sensoring
Messsignalverarbeitung Measurement signal processing
Messtechnik Metrology
Messtechnik und Sensorik Measurement technique and sensors

Messverstärker Amplifiers
Messwandler Instrument transformers
Messwerke Moving coil instruments
Messwertanzeige Indicating instruments
Messwertausgabe Output of measured quantities
Messwertregistrierung Registrating instruments
Messwertspeicherung Storage
Metallfedern Metal springs
Metallographische Untersuchungen Metallographic investigation methods
Metallurgische Einflüsse Metallurgical effects
Meteorologische Grundlagen Meteorological fundamentals
Methoden Methods
Methodisches Vorgehen Systematic approach
Michaelis-Menten-Kinetik Michaelis-Menten-Kinetic
Mikrobiologisch beeinflusste Korrosion Microbiological influenced corrosion
Mikroorganismen mit technischer Bedeutung Microorganisms of technical importance
Mineralische Bestandteile Mineral components
Mineralöltransporte Oil transport
Mischen von Feststoffen Mixing of solid materials
Mittlere Verweilzeit Mean retention time
Modale Analyse Modal analysis
Modale Parameter: Eigenfrequenzen, modale Dämpfungen, Eigenvektoren Modal parameters: Natural frequencies, modal damping, eigenvectors
Modellbildung und Entwurf Modeling and design method
Modelle Models
Möglichkeiten zur Geräuschminderung Possibilities for noise reduction
Möglichkeiten zur Verminderung von Maschinengeräuschen Methods of reducing machinery noise
Mollier-Diagramm der feuchten Luft Mollier-diagram of humid air
Montage und Demontage Assembly and disassembly
Montageplanung Assembly planning
Montageprozess Assembly process
Montagesysteme Assembly systems
Motorbauteile Engine components
Motoren Motors
Motoren-Kraftstoffe Internal combustion (IC) engine fuels
Motorisch betriebene Flurförderzeuge Power-driven lift trucks
Motorkraftwerke Internal combustion (IC) engines
Mustererkennung und Bildverarbeitung Pattern recognition and image processing
Nachbehandlungen Secondary treatments
Nachformfräsmaschinen Copy milling machines
Näherungsverfahren zur Knicklastberechnung Approximate methods for estimating critical loads
Naturumlaufkessel für fossile Brennstoffe Natural circulation fossil fuelled boilers
Neigetechnik Body-tilting technique
Nenn-, Struktur- und Kerbspannungskonzept Nominal, structural and notch tension concept
Nennspannungskonzept Nominal stress approach
Netzgeführte Gleich- und Wechselrichter Line-commutated rectifiers and inverters
Netzgeführte Stromrichter Line-commutated converters
Netzrückwirkungen Line interaction
Netzwerkberechnung Network analysis
Netzwerke Networks
Nichteisenmetalle Nonferrous metals
Nichtlineare Schwingungen Non-linear vibrations
Nichtlinearitäten Nonlinear transfer elements
Nichtmetallische anorganische Werkstoffe Nonmetallic inorganic materials
Nichtstationäre Wärmeleitung Transient heat conduction
Nickel und seine Legierungen Nickel and nickel alloys
Niederhubwagen Pallet truck
Niederspannungsschaltgeräte Low voltage switchgear
Nietverbindungen Riveted joints
Normalspannungshypothese Maximum principal stress criterion
Normen- und Zeichnungswesen Fundamentals of standardisation and engineering drawing
Normenwerk Standardisation

Nullter Hauptsatz und empirische Temperatur Zeroth law and empirical temperature
Numerisch-analytische Lösung Numerical-analytical solutions
Numerische Berechnungsverfahren Numerical methods
Numerische Grundfunktionen Numerical basic functions
Numerische Methoden Numerical methods
Numerische Steuerungen Numerical control (NC)
Numerische Verfahren zur Simulation von Luft- und Körperschall Numerical processes to simulate airborne and structure-borne noise
Nur-Luft-Anlagen Air-only systems
Nutzliefergrad und Gesamtwirkungsgrad Delivery rate and overall efficiency
Oberflächenanalytik Surface analysis
Oberflächeneinflüsse Surface effects
Oberflächenerwärmung High-frequency induction surface heating
Oberflächenkondensatoren Surface condensers
Oberflächenkultivierung Surface fermentations
Oberflächenmesstechnik Surface measurement
Objektorientierte Programmierung Object oriented programming
Ofenköpfe Furnace heads
Offene Gasturbinenanlage Open gas turbine cycle
Offene und geschlossene Regelkreise Open and Closed loop
Offenes Laufrad Semi-open impeller
Offener Kreislauf Open circuit
Offline-Programmiersysteme Off-line programming systems
Ölschmierung Oil lubrication
Operationsverstärker Operational amplifiers
Optimierung von Regelkreisen Control loop optimization
Optimierungsprobleme Optimization problems
Optische Datenerfassung und -übertragung Optical data collection and transmission
Optische Messgrößen Optical quantities
Optoelektronische Empfänger Opto-electronic receivers
Optoelektronische Komponenten Optoelectronic components
Optoelektronische Sender Opto-electronic emitters
Optokoppler Optocouplers
Organisation der Produktion Structure of production
Organisationsformen der Montage Organizational forms of assembly
Organisch-chemische Analytik Organic chemical analysis
Ossbergerturbinen Ossberger (Banki) turbines
Oszillierende Verdrängerpumpen Oscillating positive displacement pumps
Oszilloskope Oscilloscopes
Ottomotor Otto engine
P-Anteil, P-Regler Proportional controller
Parameterermittlung Parameter definition
Parametererregte Schwingungen Parameter-excited vibrations
Parametrik Parametric modeling
Parametrik und Zwangsbedingungen Parametrics and holonomic constraint
Pass- und Scheibenfeder-Verbindungen Parallel keys and woodruff keys
Passive Komponenten Passive components
Passive Sicherheit Passive safety
PD-Regler Proportional plus derivative controller
Peltonturbinen Pelton turbines
Pflanzliche und tierische Zellen (Gewebe) Plant and animal tissues
Pflichtenheft Checklist
P-Glied Proportional element
Physikalische Grundlagen Law of physics
PID-Regler Proportional plus integral plus derivative controller
Pilze Funghi
PI-Regler Proportional plus integral controller
Planiermaschinen Dozers and graders
Planschleifmaschinen Surface grinding machines
Planung und Investitionen Planning and investments
Planung von Messungen Planning of measurements
Plastisches Grenzlastkonzept Plastic limit load concept
Plastizitätstheorie Theory of plasticity
Platten Plates

Plattenbandförderer Slat conveyors
Pneumatische Antriebe Pneumatic drives
Pneumatische Förderer Pneumatic conveyors
Polarimetrie Polarimetry
Polygonwellenverbindungen Joints with polygonprofile
Polytroper und isentroper Wirkungsgrad Polytropic and isentropic efficiency
Portalstapler, Portalhubwagen Straddle carrier, Van carrier
Positionswerterfassung, Arten Types of position data registration
Potentialströmungen Potential flows
PPS-Systeme PPC systems
Pressmaschinen Press
Pressverbände Interference fits
Primärenergien Primary energies
Prinzip der virtuellen Arbeiten Principle of virtual work
Prinzip und Bauformen Principle and types
Prinzip von d'Alembert und geführte Bewegungen D'Alembert's principle
Prinzip von Hamilton Hamilton's principle
Probenentnahme Sampling
Produktdatenmanagement Product data management
Produktentstehungsprozess Product creation process
Profilschleifmaschinen Profil grinding machines
Profilverluste Profile losses
Programmiermethoden Programming methods
Programmiersprachen Programming languages
Programmierverfahren Programming procedures
Programmsteuerung und Funktionssteuerung Program control and function control
Propeller Propellers
Proportionalventile Proportional valves
Prozessdatenverarbeitung und Bussysteme Process data processing and bussystems
Prozesse und Funktionsweisen Processes and functional principles
Prozesskostenrechnung/-kalkulation Activity-based accounting/-calculation
Prüfverfahren Test methods
P-Strecke 0. Ordnung ($P–T_0$) Proportional controlled system
P-Strecke 1. Ordnung ($P–T_1$) Proportional controlled system with first order delay
P-Strecke 2. und höherer Ordnung ($P–T_n$) Proportional controlled system with second or higher order delay
P-Strecke mit Totzeit ($P–T_t$) Proportional controlled system with dead time
Pulsationsdämpfung Pulsation dumping
Pumpspeicherwerke Pump storage stations
Qualitätsmanagement (QM) Quality management
Quasistationäres elektromagnetisches Feld Quasistationary electromagnetic field
Querbewegung Translational motion
Querdynamik und Fahrverhalten Lateral dynamics and driving behavior
Quereinblasung Vertical injection
Quergurtsorter Cross belt sorter
Querstapler Side-loading truck
Quertransport Cross transfer
Radaufhängung und Radführung Wheel suspension
Radbauarten Wheel types
Räder Wheels
Radiale Laufradbauarten Centrifugal impeller types
Radiale Turbinenstufe Radial turbine stage
Radialgleitlager im instationären Betrieb Dynamically loaded plain journal bearings
Radialverdichter Centrifugal compressors
Radsatz Wheel set
Rad-Schiene-Kontakt Wheel-rail-contact
Randelemente Boundary elements
Rauchgasentschwefelung Flue-gas desulphurisation
Rauchgasentstaubung Flue-gas dust separating
Rauchgasentstickung Flue-gas NO_x reduction
Raum-Heizkörper, -Heizflächen Radiators, convectors and panel heating
Raumklima Indoor climate
Räumlicher und ebener Spannungszustand Three-dimensional and plane stresses
Raumluftfeuchte (interior) air humidity
Raumluftgeschwindigkeit (interior) air velocity
Räummaschinen Broaching machines
Raumtemperatur Room temperature
Reaktionsgleichungen Equations of reactions

Reaktorkern mit Reflektor Reactor core with reflector
Reale Gase und Dämpfe Real gases and vapours
Reale Gasturbinenprozesse Real gas-turbine cycles
Reale Maschine Real engine
Reale Reaktoren Real reactors
Reale Strömung durch Gitter True flow through cascades
Reales Fluid Real fluid
Rechnergestützter Regler Computer based controller
Rechnernetze Computer networks
Rechteckplatten Rectangular plates
Refraktometrie Refractometry
Regelstrecken Controlled systems
Regelstrecken mit Ausgleich (P-Strecken) Controlled systems with self-regulation
Regelstrecken ohne Ausgleich (I-Strecken) Controlled systems without self-regulation
Regelung Regulating device
Regelung in der Antriebstechnik Drive control
Regelung mit Störgrößenaufschaltung Feedforward control loop
Regelung und Betriebsverhalten Regulating device and operating characteristics
Regelung und Steuerung Control
Regelung von Drehstromantrieben Control of three-phase drives
Regelung von Turbinen Control of turbines
Regelung von Verdichtern Control of compressors
Regelungsarten Regulation methods
Regelungstechnik Automatic control
Regenerative Energien Regenerative energies
Regenerativer Wärmeübergang Regenerative heat transfer
Regler Controllers
Reibkorrosion (Schwingverschleiß) Fretting corrosion
Reibradgetriebe Traction drives
Reibschlussverbindungen Connections with force transmission by friction
Reibung Friction
Reibungszahl, Wirkungsgrad Coefficient of friction, efficiency
Reibungszustände Friction regimes
Reifen und Felgen Tires and Rims
Reihenstruktur Chain structure
Revolverbohrmaschinen Turret drilling machines
Richtungsgeschaltete Kupplungen (Freiläufe) Directional (one-way) clutches, overrun clutches
Riemenlauf und Vorspannung Coming action of flat belts, tensioning
Rissphänomene Cracking phenomena
Rohbau Body work
Rohrleitungen Pipework
Rohrnetz Piping system
Rohrverbindungen Pipe fittings
Rollen- und Kugelbahnen Roller conveyors
Rollwiderstand Rolling friction
Roots-Gebläse Roots blowers
Rostfeuerungen Stokers and grates
Rotation (Drehbewegung, Drehung) Rotation
Rotation eines starren Körpers um eine feste Achse Rigid body rotation about a fixed axis
Rotationssymmetrischer Spannungszustand Axisymmetric stresses
Rotationsverdichter Vane compressors
Rückkühlsysteme Recooling systems
Rückkühlwerke Cooling towers
Rumpf Fuselage
Rundfräsmaschinen Machines for circular milling
Rundschleifmaschinen Cylindrical grinding machines
Rutschen und Fallrohre Chutes and down pipes
Sachnummernsysteme Numbering systems
Säge- und Feilmaschinen Sawing and filing machines
Saugdrosselregelung Suction throttling
Saugrohr-Benzin-Einspritzung Port fuel injection
Säulenbohrmaschinen Free-standing pillar machines
Schacht-, Kupol- und Hochöfen Shaft, cupola and blast furnace
Schachtförderanlagen Hoisting plants
Schachtlüftung Ventilation by wells
Schadstoffgehalt Pollutant content
Schalen Shells
Schall, Frequenz, Hörbereich, Schalldruck, Schalldruckpegel, Lautstärke Sound, fre-

quency, acoustic range, sound pressure, sound pressure level, sound pressure level
Schalldämpfer Sound absorber
Schallintensität, Schallintensitätspegel Sound intensity, sound intensity level
Schallleistung, Schallleistungspegel Sound power, sound power level
Schaltanlagen Switching stations
Schaltgeräte Switchgear
Schaltung Circuit
Schaltung und Regelung Switching and control
Schaufelanordnung für Pumpen und Verdichter Blade arrangement in pumps and compressors
Schaufelanordnung für Pumpen und Verdichter Schaufelanordnung für Turbinen Blade arrangement for pumps and compressors blade arrangement for turbines
Schaufelanordnung für Turbinen Blade arrangement in turbines
Schaufelgitter Blade rows (cascades)
Schaufelgitter, Stufe, Maschine, Anlage Blade row, stage, machine and plant
Schaufellader Shovel loaders
Schaufeln im Gitter, Anordnung Arrangement of blades in a cascade
Schaufelschwingungen Vibration of blades
Schäumen Expanding
Schaumzerstörung Foam destruction
Scheiben Discs
Scheren und Schneiden Shearing and blanking
Schichtpressen Film pressing
Schieber Gate valves
Schiebeschuhsorter Sliding shoe sorter
Schiefer zentraler Stoß Oblique impact
Schienenfahrzeuge Rail vehicles
Schifffahrt Marine application
Schiffspropeller Ship propellers
Schleifmaschinen Grinding machines
Schlepper Industrial tractor
Schlupf Ratio of slip
Schmalgangstapler Stacking truck
Schmelz- und Sublimationsdruckkurve Melting and sublimation curve
Schmieden Forging
Schmierfette Lubricating greases
Schmieröle Lubricating oils
Schmierstoff und Schmierungsart Lubricant and kind of lubrication
Schmierstoffe Lubricants
Schmierung Lubrication
Schmierung und Kühlung Lubrication and cooling
Schneckengetriebe Worm gears
Schneidstoffe Cutting materials
Schnelle Brutreaktoren (SNR) Fast breeder reactors
Schnittlasten am geraden Träger in der Ebene Forces and moments in straight beams
Schnittlasten an gekrümmten ebenen Trägern Forces and moments in plane curved beams
Schnittlasten an räumlichen Trägern Forces and moments at beams of space
Schnittlasten: Normalkraft, Querkraft, Biegemoment Axial force, shear force, bending moment
Schnittstellen Interfaces
Schornstein Stack
Schottky-Dioden Schottky-Diodes
Schraube (Bewegungsschraube) Screw (driving screw)
Schrauben Bolts
Schrauben- und Mutterarten Types of bolt and nut
Schraubenverbindungen Bolted connections
Schraubenverdichter Screw compressors
Schraubflächenschleifmaschinen Screw thread grinding machines
Schreiber Recorders
Schrittmotoren Stepping motors
Schub und Torsion Shear and torsion
Schubplattformförderer Push sorter
Schubspannungen und Schubmittelpunkt am geraden Träger Shear stresses and shear centre in straight beams
Schubspannungshypothese Maximum shear stress (Tresca) criterion
Schubstapler Reach truck
Schuppenförderer Shingling conveyor
Schüttgutlager Bulk material storage
Schüttgut-Systemtechnik Bulk material handling technology
Schutzarten Degrees of protection
Schutzschalter Protection switches

Schweiß- und Lötmaschinen Welding and soldering (brazing) machines
Schweißverfahren Welding processes
Schwenkbohrmaschinen Radial drilling machines
Schwerpunkt (Massenmittelpunkt) Center of gravity
Schwerpunktsatz Motion of the centroid
Schwerwasserreaktoren Heavy water reactors
Schwimmende oder Stütz-Traglagerung und angestellte Lagerung Axially floating bearing arrangements and clearance adjusted bearing pairs
Schwinger mit nichtlinearer Federkennlinie oder Rückstellkraft Systems with non-linear spring characteristics
Schwingfestigkeit Fatigue strength
Schwingförderer Vibrating conveyors
Schwingkreise und Filter Oscillating circuits and filters
Schwingungen Vibrations
Schwingungen der Kontinua Vibration of continuous systems
Schwingungen mit periodischen Koeffizienten (rheolineare Schwingungen) Vibration of systems with periodically varying parameters (Parametrically excited vibrations)
Schwingungsrisskorrosion Corrosion fatigue
Segregation Segregation
Seil mit Einzellast Cable with point load
Seil unter Eigengewicht (Kettenlinie) The catenary
Seil unter konstanter Streckenlast Cable with uniform load over the span
Seilaufzüge Cable elevator
Seile und Ketten Cables and chains
Seile und Seiltriebe Ropes and rope drives
Selbsterregte Schwingungen Self-excited vibrations
Selbstgeführte Stromrichter Self-commutated converters
Selbstgeführte Wechselrichter und Umrichter Self-commutated inverters and converters
Selbsthemmung und Teilhemmung Selflocking and partial locking
Selbsttätig schaltende Kupplungen Automatic clutches
Selbsttätige Ventile, Konstruktion Design of self acting valves
Selektiver Netzschutz Selective network protection
Selektives Lasersintern (SLS) Selective laser sintering (SLS)
Sensoren Sensors
Sensoren und Aktoren Sensors and actuators
Sensorik Sensor technology
Serienhebezeuge Standard hoists
Servoventile Servo valve
Sicherheit Safety
Sicherheitsbestimmungen Safety requirements
Sicherheitstechnik Safety devices
Sicherheitstechnik von Kernreaktoren Reactor safety
Sicherung von Schraubenverbindungen Thread locking devices
Signalarten Types of signals
Signalbildung Signal forming
Signaleingabe und -ausgabe Input and output of signals
Signalverarbeitung Signal processing
Simulationsmethoden Simulation methods
Softwareentwicklung Software engineering
Solarenergie Solar energy
Sonderbauarten Special-purpose design
Sonderbohrmaschinen Special purpose drilling machines
Sonderdrehmaschinen Special purpose lathes
Sonderfälle Special cases
Sonderfräsmaschinen Special purpose milling machines
Sondergetriebe Special gears
Sonderklima- und Kühlanlagen Special air conditioning and cooling plants
Sonderschneidverfahren Special blanking processes
Sonderverfahren Special technologies
Sonnenenergie, Anlagen zur Nutzung Sun power stations
Sonnenstrahlung Solar radiation
Sortiersystem – Sortieranlage – Sorter Sorting system – sorting plant – sorter
Spanen mit geometrisch bestimmten Schneiden Cutting with geometrically well-defined tool edges

Spanen mit geometrisch unbestimmter Schneide Cutting with geometrically non-defined tool angles
Spanende Werkzeugmaschinen Metal cutting machine tools
Spannungen Stresses
Spannungen und Verformungen Stresses and strains
Spannungsbeanspruchte Querschnitte Strained cross sectional area
Spannungsinduktion Voltage induction
Spannungsrisskorrosion Stress corrosion cracking
Spannungswandler Voltage transformers
Speicherkraftwerke Storage power stations
Speicherprogrammierbare Steuerungen Programmable logic controller (PLC)
Speichersysteme Storage systems
Speisewasseraufbereitung Feed water treatment
Speisewasservorwärmer (Eco) Feed water heaters (economizers)
Sperrventile Shuttle Valves
Spezifische Sicherheitseinrichtungen Specific safety devices
Spezifischer Energieverbrauch Specific power consumption
Spindelpressen Screw presses
Spiralfedern (ebene gewundene, biegebeanspruchte Federn) und Schenkelfedern (biegebeanspruchte Schraubenfedern) Spiral springs and helical torsion springs
Spreizenstapler Straddle truck
Spritzgießverfahren Injection moulding
Spritzpressen Injection pressing
Sprungantwort und Übergangsfunktion Step response and unit step response
Stäbe mit beliebigem Querschnitt Bars of arbitrary cross section
Stäbe mit Kerben Bars with notches
Stäbe mit konstantem Querschnitt und konstanter Längskraft Uniform bars under constant axial load
Stäbe mit Kreisquerschnitt und konstantem Durchmesser Bars of circular cross section and constant diameter
Stäbe mit Kreisquerschnitt und veränderlichem Durchmesser Bars of circular cross section and variable diameter
Stäbe mit veränderlichem Querschnitt Bars of variable cross section
Stäbe mit veränderlicher Längskraft Bars with variable axial loads
Stäbe unter Temperatureinfluss Bars with variation of temperature
Stabilität des Regelkreises Control loop stability
Stabilitätsprobleme Stability problems
Stähle Steels
Stahlerzeugung Steelmaking
Standardaufgabe der linearen Algebra Standard problem of linear algebra
Standardaufgaben der linearen Algebra Standard problems of linear algebra
Ständerbohrmaschinen Column-type drilling machines
Standsicherheit Stability
Starre Kupplungen Rigid couplings
Start- und Zündhilfen Starting aids
Statik starrer Körper Statics of rigid bodies
Stationär belastete Axialgleitlager Plain thrust bearings under steady state conditions
Stationär belastete Radialgleitlager Plain journal bearings under steady-state conditions
Stationäre laminare Strömung in Rohren mit Kreisquerschnitt Steady laminar flow in pipes of circular cross-section
Stationäre Prozesse Steady state processes
Stationäre Strömung durch offene Gerinne Steady flow in open channels
Stationäre turbulente Strömung in Rohren mit Kreisquerschnitt Steady turbulent flow in pipes of circular cross-section
Stationäre Wärmeleitung Steady state heat conduction
Stationärer Betrieb Steady-state operation
Statisch unbestimmte Systeme Statically indeterminate systems
Statische Ähnlichkeit Static similarity
Statische bzw. dynamische Tragfähigkeit und Lebensdauerberechnung Static and dynamic capacity and computation of fatigue life
Statische Festigkeit Static strength
Statischer Wirkungsgrad Static efficiency
Statisches Verhalten Steady-state response
Stauchen Upsetting

Stauchen rechteckiger Körper Upsetting of square parts
Stauchen zylindrischer Körper Upsetting of cylindrical parts
Stell- und Störverhalten der Strecke Manipulation and disturbance reaction of the controlled system
Stereolithografie (SL) Stereolithography (SL)
Steriler Betrieb Sterile operation
Sterilfiltration Sterile filtration
Sterilisation Sterilization
Stetigförderer Continuous conveyors
Steuerdatenverarbeitung Control data processing
Steuerkennlinien Control characteristics
Steuerorgane für den Ladungswechsel Valve gear
Steuerung automatischer Lagersysteme Control of automatic storage systems
Steuerungen Control systems
Steuerungssystem eines Industrieroboters Industrial robot control systems
Steuerungssystem eines Industrieroboters Programmierung Control system of a industrial robot programming
Steuerungssysteme, Aufbau Design of control systems
Stiftverbindungen Pinned and taper-pinned joints
Stirnräder – Verzahnungsgeometrie Spur and helical gears – gear tooth geometry
Stirnschraubräder Crossed helical gears
Stöchiometrie Stoichiometry
Stoffe im elektrischen Feld Materials in electric field
Stoffe im Magnetfeld Materials in magnetic field
Stoffmessgrößen Quantities of substances and matter
Stoffthermodynamik Thermodynamics of substances
Stofftrennung Material separation
Störungsverhalten des Regelkreises Disturbance reaction of the control loop
Stoß Impact
Stoß- und Nahtarten Types of weld and joint
Stoßmaschinen Shaping and slotting machines
Stoßofen Pusher furnace
Strahlung in Industrieöfen Radiation in industrial furnaces
Strahlungsmesstechnik Radiation measurement
Strangpressen (Extrudieren) Extrusion
Straßenfahrzeuge Road vehicles
Streckziehen Stretch-forming
Strom-, Spannungs- und Widerstandsmesstechnik Measurement of current, voltage and resistance
Stromrichterkaskaden Static Kraemer system
Stromrichtermotor Load-commutated inverter motor
Stromteilgetriebe Throttle controlled drives
Strömung Flow
Strömung idealer Gase Flow of ideal gases
Strömungsförderer Fluid conveyor
Strömungsform Flow pattern
Strömungsgesetze Laws of fluid dynamics
Strömungsmaschinen Fluid flow machines (Turbomachinery)
Strömungstechnik Fluid dynamics
Strömungstechnische Messgrößen Fluid flow quantities
Strömungsverluste Flow losses
Strömungsverluste durch spezielle Rohrleitungselemente und Einbauten Loss factors for pipe fittings and bends
Strömungswiderstand von Körpern Drag of solid bodies
Strömungswiderstände Flow resistance
Stromventile Flow control valves
Stromverdrängung, Eindringtiefe Skin effect, depth of penetration
Stromversorgung Electric power supply
Stromwandler Current transformers
Struktur tribologischer Systeme Structure of tribological systems
Struktur und Größen des Regelkreises Structure and variables of the control loop
Struktur von Verarbeitungsmaschinen Structure of Processing Machines
Strukturen der Messtechnik Structures of metrology
Strukturfestlegung Structure definition
Strukturintensität und Körperschallfluss Structure intensity and structure-borne noise flow
Strukturmodellierung Structure representation

Stückgut-Systemtechnik Piece good handling technology
Stufen Stage design
Stufenkenngrößen Dimensionless stage parameters
Submerskultivierung Submerse fermentations
Substratlimitiertes Wachstum Substrate limitation of growth
Suche nach Lösungsprinzipien Search for solution principles
Superplastisches Umformen von Blechen Superplastic forming of sheet
Synchronlinearmotoren Synchronous linear motor
Synchronmaschinen Synchronous machines
Systematik Systematic
Systematik der Verteilförderer Systematics of distribution conveyors
Systeme der rechnerunterstützten Produktentstehung Application systems for product creation
Systeme für den Insassenschutz Systems for occupant protection
Systeme für ganzjährigen Kühlbetrieb Chilled water systems for year-round operation
Systeme für gleichzeitigen Kühl- und Heizbetrieb Systems for simultaneous cooling- and heating-operation
Systeme mit einem Freiheitsgrad Systems with one degree of freedom (DOF)
Systeme mit mehreren Freiheitsgraden (Koppelschwingungen) Multi-degree-of-freedom systems (coupled vibrations)
Systeme mit veränderlicher Masse Systems with variable mass
Systeme mit Wärmezufuhr Systems with heat addition
Systeme starrer Körper Systems of rigid bodies
Systeme und Bauteile der Heizungstechnik Heating systems and components
Systeme, Systemgrenzen, Umgebung Systems, boundaries of systems, surroundings
Systemzusammenhang System interrelationship
T_1-Glied First order delay element
T_2/n-Glied Second or higher order delay element
T_t-Glied Dead time element
TDM-/PDM-Systeme TDM/PDM systems
Technische Ausführung der Regler Controlling system equipment
Technische Systeme Fundamentals of technical systems
Technologie Technology
Technologische Einflüsse Technological effects
Teillastbetrieb Part-load operation
Tellerfedern (scheibenförmige, biegebeanspruchte Federn) Conical disk (Belleville) springs
Temperaturausgleich in einfachen Körpern Temperature equalization in simple bodies
Temperaturen Temperatures
Temperaturen. Gleichgewichte Temperatures. Equilibria
Temperaturskalen Temperature scales
Temperaturverläufe Temperature profile
Thermische Ähnlichkeit Thermal similarity
Thermische Beanspruchung Thermal stresses
Thermische Behandlungsprozesse Thermal treatments
Thermische Messgrößen Thermal quantities
Thermische Verfahrenstechnik Thermal process engineering
Thermische Zustandsgrößen von Gasen und Dämpfen Thermal properties of gases and vapours
Thermischer Apparatebau und Industrieöfen Thermal apparatus engineering and industrial furnaces
Thermischer Überstromschutz Thermic overload protection
Thermisches Abtragen Removal by thermal operations
Thermisches Abtragen mit Funken (Funkenerosives Abtragen) Electro discharge machining (EDM)
Thermisches Gleichgewicht Thermal equilibrium
Thermodynamik Thermodynamics
Thermodynamische Gesetze Thermodynamic laws
Thyristoren Thyristors
Thyristorkennlinien und Daten Thyristor characteristics and data
Tiefbohrmaschinen Deep hole drilling machines
Tiefziehen Deep drawing

Tischbohrmaschinen Bench drilling machines
Titanlegierungen Titanium alloys
Torquemotoren Torque motors
Torsionsbeanspruchung Torsion
Totaler Wirkungsgrad Total efficiency
Tragfähigkeit Load capacity
Tragflügel Wing
Tragflügel und Schaufeln Aerofoils and blades
Tragmittel und Lastaufnahmemittel Load carrying equipment
Tragwerke Steel structures
Tragwerksgestaltung Design of steel structures
Transferstraßen und automatische Fertigungslinien Transfer lines and automated production lines
Transformationen der Michaelis-Menten-Gleichung Transformation of Michaelis-Menten-equation
Transformatoren und Wandler Transformers
Transistoren Transistors
Translation (Parallelverschiebung, Schiebung) Translation
Transportbetonmischer Truck mixers
Transporteinheiten (TE) und Transporthilfsmittel (THM) Transport units (TU) and transport aids (TA)
Transportfahrzeuge Dumpers
Trennen Cutting
Tribologie Tribology
Tribologische Kenngrößen Tribological characteristics
Tribotechnische Werkstoffe Tribotechnic materials
Trockenluftpumpen Air ejectors
Trogkettenförderer Troughed chain conveyors
Tunnelwagenofen Tunnel furnace
Turbine Turbine
Turboverdichter Turbocompressors
Türen Doors
Turmdrehkrane Tower cranes
Typen und Bauarten Types and Sizes
Typgenehmigung Type approval
Überblick, Aufgaben Introduction, function
Überdruckturbinen Reaction turbines
Überhitzer und Zwischenüberhitzer Superheater und Reheater
Überlagerung von Korrosion und mechanischer Beanspruchung Corrosion under additional mechanical stress
Überlagerung von Vorspannkraft und Betriebslast Superposition of preload and working loads
Übersetzung, Zähnezahlverhältnis, Momentenverhältnis Transmission ratio, gear ratio, torque ratio
Übersicht Overview
Überzüge auf Metallen Coatings on metals
Ultraschallverfahren Ultrasonic processing
Umformen Forming
Umgebungseinflüsse Environmental effects
Umkehrstromrichter Reversing converters
Umlaufgetriebe Epicyclic gear systems
Umlauf-S-Förderer Rotating S-conveyor
Umrichterantriebe mit selbstgeführtem Wechselrichter A. c. drives with self-commutated inverters
Umwälzpumpen Circulating pumps
Umweltmessgrößen Environmental quantities
Umweltschutztechnologien Environmental control technology
Umweltverhalten Environmental pollution
Unendlich ausgedehnte Scheibe mit Bohrung Infinite plate with a hole
Ungedämpfte erzwungene Schwingungen Forced undamped vibrations
Ungleiche Kapazitätsstromverhältnisse Unequal capacitive currents
Universaldrehmaschinen Universal lathes
Universalmotoren Universal motor
Universal-Werkzeugfräsmaschinen Universal milling machines
Unstetigförderer Non-continuous conveyors
Urformen Primary shaping
Urformwerkzeuge Tools for primary forming
Ventilator Fan
Ventilauslegung Valve lay out
Ventile und Klappen Valves
Ventileinbau Valve location
Verarbeitungsanlagen Processing Plants
Verarbeitungssystem Processing System
Verbrauch und CO_2-Emission Consumption and CO_2 emission
Verbrennung Combustion

Verbrennung im Motor Internal combustion
Verbrennung und Brennereinteilung Combustion and burner classification
Verbrennungskraftanlagen Internal combustion engines
Verbrennungsmotoren Internal combustion engines
Verbrennungstemperatur Combustion temperature
Verbrennungsvorgang Combustion
Verdampfen und Kristallisieren Evaporation and crystallization
Verdampfer Evaporator
Verdichter Compressor
Verdichtung feuchter Gase Compression of humid gases
Verdichtung idealer und realer Gase Compression of ideal and real gases
Verdrängerpumpen Positive displacement pumps
Verdunstungskühlverfahren Evaporativ cooling process
Verfahren der Mikrotechnik Manufacturing of microstructures
Verfahrenstechnik Chemical engineering
Verflüssiger Condenser
Verflüssigersätze, Splitgeräte für Klimaanlagen Condensing units, air conditioners with split systems
Verformungen Strains
Vergaser Carburetor
Verglasung, Scheibenwischer Glazing, windshield wiper
Vergleichsprozesse für einstufige Verdichtung Ideal cycles for single stage compression
Verluste an den Schaufelenden Losses at the blade tips
Verluste und Wirkungsgrad Losses and efficiency
Verlustteilung Division of energy losses
Verminderung der Körperschallfunktion Reduction of the structure-borne noise function
Verminderung der Kraftanregung Reduction of the force excitation
Verminderung der Luftschallabstrahlung Reduction of the airborne noise emission
Verminderung des Kraftpegels (Maßnahmen an der Krafterregung) Reduce of force level
Verminderung von Körperschallmaß und Abstrahlmaß (Maßnahmen am Maschinengehäuse) Reduce of structure-borne-noise-factor and radiation coefficient
Versagen durch komplexe Beanspruchungen Modes of failure under complex conditions
Versagen durch mechanische Beanspruchung Failure under mechanical stress conditions
Verschiedene Energieformen Different forms of energy
Verschleiß Wear
Verstärker mit Rückführung Amplifier with feedback element
Verstellung und Regelung Regulating device
Versuchsauswertung Evaluation of tests
Verteilen und Speicherung von Nutzenergie Distribution und storage of energy
Verteilermasten Distributor booms
Vertikaldynamik Vertical dynamic
Verzahnen Gear cutting
Verzahnen von Kegelrädern Bevel gear cutting
Verzahnen von Schneckenrädern Cutting of worm gears
Verzahnen von Stirnrädern Cutting of cylindrical gears
Verzahnungsabweichungen und -toleranzen, Flankenspiel Tooth errors and tolerances, backlash
Verzahnungsgesetz Rule of the common normal
Verzahnungsschleifmaschinen Gear grinding machines
Viergelenkgetriebe Four-bar linkages
Virtuelle Produktentstehung Virtual product creation
Viskosimetrie Viscosimetry
Volumen, Durchfluss, Strömungsgeschwindigkeit Volume, flow rate, fluid velocity
Volumenstrom, Eintrittspunkt, Austrittspunkt Capacity, inlet point, outlet point
Volumenstrom, Laufraddurchmesser, Drehzahl Volume flow, impeller diameter, speed
Volumetrische Verluste Volumetric losses
Vorbereitende und nachbehandelnde Arbeitsvorgänge Preparing and finishing steps
Vorgang Procedure
Vorgespannte Welle-Nabe-Verbindungen Prestressed shaft-hub connections
Vorzeichenregeln Sign conventions

VR-/AR-Systeme VR /AR systems
Waagerecht-Bohr- und -Fräsmaschinen Horizontal boring and milling machines
Wachstumshemmung Inhibition of growth
Wagen Platform truck
Wahl der Bauweise Selection of machine type
Wälzgetriebe mit stufenlos einstellbarer Übersetzung Continuously variable traction drives
Wälzlager Rolling bearings
Wälzlagerdichtungen Rolling bearing seals
Wälzlagerkäfige Bearing cages
Wälzlagerschmierung Lubrication of rolling bearings
Wälzlagerwerkstoffe Rolling bearing structural materials
Wanddicke ebener Böden mit Ausschnitten Wall thickness
Wanddicke verschraubter runder ebener Böden ohne Ausschnitt Wall thickness of round even plain heads with inserted nuts
Wandlung regenerativer Energien Transformation of regenerative energies
Wandlung von Primärenergie in Nutzenergie Transformation of primary energy into useful energy
Wandlungsfähige Fertigungssysteme Versatile manufacturing systems
Wärme Heat
Wärme- und Stoffübertragung Heat and material transmission
Wärme- und strömungstechnische Auslegung Thermodynamic and fluid dynamic design
Wärmeaustausch durch Strahlung Heat exchange by radiation
Wärmebedarf, Heizlast Heating load
Wärmebehandlung Heat Treatment
Wärmedehnung Thermal expansion
Wärmeerzeugung Heat generation
Wärmekraftanlagen Thermal power plants
Wärmekraftwerke Heating power stations
Wärmepumpen Heat pumps
Wärmequellen Source of heat
Wärmerückgewinnung Heat recovery
Wärmerückgewinnung durch Luftvorwärmung Heat recovery through air preheating
Wärmetauscher Heat exchangers
Wärmetechnische Auslegung von Regeneratoren Thermodynamic design of regenerators
Wärmetechnische Auslegung von Rekuperatoren Thermodynamic design of recuperators
Wärmetechnische Berechnung Thermodynamic calculations
Wärmeübergang Heat transfer
Wärmeübergang beim Kondensieren und beim Sieden Heat transfer in condensation and in boiling
Wärmeübergang durch Konvektion Heat transfer by convection
Wärmeübergang ins Solid Heat transfer into solid
Wärmeübergang ohne Phasenumwandlung Heat transfer without change of phase
Wärmeübergang und Wärmedurchgang Heat transfer and heat transmission
Wärmeübertrager Heat exchanger
Wärmeübertragung Heat transfer
Wärmeübertragung durch Strahlung Radiative heat transfer
Wärmeübertragung Fluid–Fluid Fluid-fluid heat exchange
Wärmeverbrauchsermittlung Determination of heat consumption
Wartung und Instandhaltung Maintenance
Wasserbehandlung Water treatment
Wasserenergie Water power
Wasserkraftanlagen Water power plant
Wasserkraftwerke Hydroelectric power plants
Wasserkreisläufe Water circuits
Wasserstoffinduzierte Rissbildung Hydrogen induced cracking
Wasserturbinen Water turbines
Wasserwirtschaft Water management
Wechselstrom- und Drehstromsteller Alternating- and three-phase-current controllers
Wechselstromgrößen Alternating current quantities
Wechselstromtechnik Alternating current (a. c.) engineering
Wegeventile Directional control valves
Weggebundene Pressmaschinen Mechanical presses
Wegmesstechnik Motion measurement
Weichlöten Soldering
Wellendichtungen Shaft seals
Werkstoff Material

Werkstoff- und Bauteileigenschaften Properties of materials and structures
Werkstoffauswahl Materials selection
Werkstoffkennwerte für die Bauteildimensionierung Materials design values for dimensioning of components
Werkstoffphysikalische Grundlagen der Festigkeit und Zähigkeit metallischer Werkstoffe Basics of physics for strength and toughness of metallic materials
Werkstoffprüfung Materials testing
Werkstoffreinheit Purity of material
Werkstofftechnik Materials technology
Werkstückeigenschaften Workpiece properties
Werkzeuge Tools
Werkzeuge und Methoden Tools and methods
Werkzeugmaschinen zum Umformen Presses and hammers for metal forming
Widerstände Resistors
Widerstandserwärmung Resistance heating
Widerstandsschweißmaschinen Resistance welding machines
Wind Wind
Windenergie Wind energy
Windkraftanlagen Wind power stations
Winkel Angles
Wirbelschicht Fluidized bed
Wirbelschichtfeuerung Fluidized bed combustion (FBC)
Wirklicher Arbeitsprozess Real cycle
Wirkungsgrade Efficiencies
Wirkungsgrade, Exergieverluste Efficiencies, exergy losses
Wirkungsweise Mode of operation
Wirkungsweise und Ersatzschaltbilder Working principle and equivalent circuit diagram
Wirkungsweise, Definitionen Mode of operation, definitions
Wirkzusammenhang Working interrelationship
Wissensbasierte Modellierung Knowledge based modeling
Wölbkrafttorsion Torsion with warping constraints
Zahlendarstellungen und arithmetische Operationen Number representation and arithmetic operations
Zahn- und Keilwellenverbindungen Splined joints
Zahnform Tooth profile
Zahnkräfte, Lagerkräfte Tooth loads, bearing loads
Zahnradgetriebe Gearing
Zahnradpumpen und Zahnring-(Gerotor-)pumpen Geartype pumps
Zahnringmaschine Zahnradpumpen und Zahnring-(Gerotor-)pumpen Gear ring machine, gear pump and gear ring (gerotor) pumps
Zahnschäden und Abhilfen Types of tooth damage and remedies
Z-Dioden Z-Diodes
Zeichnungen und Stücklisten Engineering drawings and parts lists
Zeigerdiagramm Phasor diagram
Zelle, Struktur Airframe, Structural Design
Zellerhaltung Maintenance of cells
Zentrale Raumlufttechnische Anlagen Central air conditioning plant
Zentralheizung Central heating
Zerkleinern Size Reduction
Zerkleinerungsmaschinen Size Reduction Equipment
Zerstörungsfreie Bauteil- und Maschinendiagnostik Non-destructive diagnosis and machinery condition monitoring
Zerstörungsfreie Werkstoffprüfung Non-destructive testing
Zink und seine Legierungen Zinc and zinc alloys
Zinn Tin
Zug- und Druckbeanspruchung Tension and compression stress
Zugkraftdiagramm Traction forces diagram
Zugmittelgetriebe Belt and chain drives
Zug-Stoßeinrichtungen Buffing and draw coupler
Zugversuch Tension test
Zündausrüstung Ignition equipment
Zusammenarbeit von Maschine und Anlage Matching of machine and plant
Zusammengesetzte Beanspruchung Combined stresses
Zusammengesetzte Planetengetriebe Compound planetary trains

Zusammensetzen und Zerlegen von Kräften mit gemeinsamem Angriffspunkt Combination and resolution of concurrent forces

Zusammensetzen und Zerlegen von Kräften mit verschiedenen Angriffspunkten Combination and resolution of non-concurrent forces

Zusammensetzen von Gittern zu Stufen Combination of cascades to stages

Zusammensetzung Composition, combination

Zustandsänderung Change of state

Zustandsänderungen feuchter Luft Changes of state of humid air

Zustandsänderungen von Gasen und Dämpfen Changes of state of gases and vapours

Zustandsschaubild Eisen-Kohlenstoff Iron Carbon Constitutional Diagram

Zuverlässigkeitsprüfung Reliability test

Zwanglaufkessel für fossile Brennstoffe Forced circulation fossil fueled boilers

Zweipunkt-Regelung Two-position control

Zweiter Hauptsatz Second law

Zylinder Cylinders

Zylinderanordnung und -zahl Formation and number of cylinders

Zylinderschnecken-Geometrie Cylindrical worm gear geometry

Zylindrische Mäntel und Rohre unter innerem Überdruck Cylinders and tubes under internal pressure

Zylindrische Mäntel unter äußerem Überdruck Cylinders under external pressure

Zylindrische Schraubendruckfedern und Schraubenzugfedern Helical compression springs, helical tension springs

Englisch-Deutsch

A. c. drives with self-commutated inverters Umrichterantriebe mit selbstgeführtem Wechselrichter

Absolute and relative flow Absolute und relative Strömung

Absorbtion of cold water Absorptions-Kaltwassersatz

Absorption heat pumps Absorptionswärmepumpen

Absorption refrigeration plant Absorptionskälteanlage

Absorption, rectification, liquid-liquid-extraction Absorbieren, Rektifizieren, Flüssig-flüssig-Extrahieren

Abstracting to identify the functions Abstrahieren zum Erkennen der Funktionen

Acceleration measurement Beschleunigungsmesstechnik

Ackeret-keller-process Ackeret-Keller-Prozess

Acoustic measurement Akustische Messtechnik

Acoustics in mechanical engineering Maschinenakustik

Actice steps toward noise and vibration reduction Aktive Maßnahmen zur Lärm- und Schwingungsminderung

Action of ideal positive displacement pumps Betriebsverhalten der verlustfreien Verdrängerpumpe

Active safety/brakes, types of brakes Aktive Sicherheitstechnik/Bremse, Bremsbauarten

Activity-based accounting/-calculation Prozesskostenrechnung/-kalkulation

Actuated drives Kraftschlüssige Antriebe

Actuators Aktoren

Actuators Aktuatoren

Adaptive control Adaptive Regelung

Adhesive bonding Kleben

Adhesives Klebstoffe

Adiabatic, closed systems Adiabate, geschlossene Systeme

Adjustable inlet guide vane regulation Eintrittsleitschaufelregelung

Adsorption, drying, solid-liquid-extraction Adsorbieren, Trocknen, Fest-flüssig-Extrahieren

Advanced driver assistant systems Fahrerassistenzsysteme

Aero dynamics Aerodynamik

Aerofoils and blades Tragflügel und Schaufeln

Agglomeration Agglomerieren

Agglomeration technology Agglomerationstechnik

Air conditioning Klimaanlage

Air cooling Luftkühlung

Air duct Luftführung

Air ejectors Trockenluftpumpen

Air flow control and mixing Luftverteilung

Air heating Luftheizung
(interior) air humidity Raumluftfeuchte
Air passages Luftdurchlässe
Air preheater Luftvorwärmer (Luvo)
Air supply Luftbedarf
Air traffic Luftverkehr
(interior) air velocity Raumluftgeschwindigkeit
Airborne noise emission Luftschallabstrahlung
Airconditioning and climate control for mining Grubenkühlanlagen
Airconditioning systems Klassifizierung raumlufttechnischer Systeme
Aircraft performance Flugleistungen
Aircraft polar Flugzeugpolare
Aircrafts Luftfahrzeuge
Airframe, Structural Design Zelle, Struktur
Air-only systems Nur-Luft-Anlagen
Airspeeds Fluggeschwindigkeiten
Air-storage gas-turbine power plant Luftspeicher-Kraftwerk
Air-water conditioning systems Luft-Wasser-Anlagen
Algae Algen
Algorithms Algorithmen
Alloying effects Legierungstechnische Maßnahmen
Alternating- and three-phase-current controllers Wechselstrom- und Drehstromsteller
Alternating current (a. c.) engineering Wechselstromtechnik
Alternating current quantities Wechselstromgrößen
Alternative Power train systems Alternative Antriebsformen
Aluminium and aluminium alloys Aluminium und seine Legierungen
Amplifier with feedback element Verstärker mit Rückführung
Amplifiers Messverstärker
Analog data logging Analoge Messwerterfassung
Analog electrical measurement Analoge elektrische Messtechnik
Analog-digital converter Analog-Digital-Umsetzer
Analysis of measurements Auswertung von Messungen
Analysis of mechanisms Getriebeanalyse
Anergy Anergie
Angles Winkel
Anisotropy Anisotropie
Application Anwendung
Application and operation Hinweise für Anwendung und Betrieb
Application and procedures Anwendung und Vorgang
Application systems for product creation Systeme der rechnerunterstützten Produktentstehung
Application to closed systems Geschlossene Systeme, Anwendung
Applications Aufgaben
Applications and selection of industrial robots Anwendungsgebiete und Auswahl von Industrierobotern
Applications and types Anwendungen und Bauarten
Applications, characteristics, properties Aufgaben, Eigenschaften, Kenngrößen
Applications, Examples Anwendung, Ausführungsbeispiele
Approximate methods for estimating critical loads Näherungsverfahren zur Knicklastberechnung
Apron conveyor Gliederbandförderer
Arbitrarily curved surfaces Beliebig gewölbte Fläche
Arc furnaces Lichtbogenofen
Arc-welding Lichtbogenschweißen
Arrangement and function of hydrostatic transmissions Hydrogetriebe, Aufbau und Funktion der
Arrangement of blades in a cascade Schaufeln im Gitter, Anordnung
Arrangements with a locating and a non-locating bearing Fest-Loslager-Anordnung
Assemblies Baugruppen
Assembly and disassembly Montage und Demontage
Assembly of electronic circuits Elektronische Schaltungen, Aufbau
Assembly planning Montageplanung
Assembly process Montageprozess
Assembly systems Montagesysteme
Asynchronos linear motor Asynchronlinearmotoren

Asynchronos small motor Asynchron-Kleinmotoren
Asynchronous machines Asynchronmaschinen
Automated assembly Automatisierte Montage
Automatic clutches Selbsttätig schaltende Kupplungen
Automatic control Regelungstechnik
Automatic lathes Drehautomaten
Automatically guided vehicles (AGV) Fahrerlose Transportsysteme (FTS)
Automation in materials handling Automatisierung in der Materialflusstechnik
Automation of material handling functions Automatisierung von Handhabungsfunktionen
Automobile and environment Automobil und Umwelt
Automotive engineering Kraftfahrzeugtechnik
Auxiliary equipment Hilfsmaschinen
Axial compressors Axialverdichter
Axial force, shear force, bending moment Schnittlasten: Normalkraft, Querkraft, Biegemoment
Axial load and torsion Längskraft und Torsion
Axial locking devices Axiale Sicherungselemente
Axial repeating stage of multistage compressor Axiale Repetierstufe eines vielstufigen Verdichters
Axial repeating stage of multistage turbine Axiale Repetierstufe einer Turbine
Axial temperature and mass flow profile Axiale Temperatur- und Massenstromprofile
Axial temperature profile Axiale Temperaturverläufe
Axial thrust balancing Achsschubausgleich
Axial transport Axialtransport
Axially floating bearing arrangements and clearance adjusted bearing pairs Schwimmende oder Stütz-Traglagerung und angestellte Lagerung
Axis gearing Achsgetriebe
Axis systems Achsenkreuze
Axisymmetric stresses Rotationssymmetrischer Spannungszustand
Bach's correction factor Anstrengungsverhältnis nach Bach
Bacteria Bakterien
Band sawing and band filing machines, hack sawing and hack filing machines, grinding machines Bandsäge- und Bandfeilmaschinen Hubsäge- und Hubfeilmaschinen Schleifmaschinen
Bandsawing and filing machines Bandsäge- und Bandfeilmaschinen
Barrows, Hand trolleys, Dollies Karren, Handwagen und Rollwagen
Bars of arbitrary cross section Stäbe mit beliebigem Querschnitt
Bars of circular cross section and constant diameter Stäbe mit Kreisquerschnitt und konstantem Durchmesser
Bars of circular cross section and variable diameter Stäbe mit Kreisquerschnitt und veränderlichem Durchmesser
Bars of variable cross section Stäbe mit veränderlichem Querschnitt
Bars with notches Stäbe mit Kerben
Bars with variable axial loads Stäbe mit veränderlicher Längskraft
Bars with variation of temperature Stäbe unter Temperatureinfluss
Basic concepts Grundbegriffe
Basic concepts of reactor theory Grundbegriffe der Reaktortheorie
Basic considerations Grundlagen
Basic design and dimensions Auslegung und Hauptabmessungen
Basic design calculations Berechnungsgrundlagen
Basic design layout Konstruktive Gesichtspunkte
Basic design principles Auslegung
Basic disciplines Basisdisziplinen
Basic ergonomics Arbeitswissenschaftliche Grundlagen
Basic laws Grundgesetze
Basic principles of calculating structures Grundlagen der Tragwerksberechnung
Basic principles of calculation Grundlagen der Berechnung
Basic principles of reciprocating engines Allgemeine Grundlagen der Kolbenmaschinen
Basic problems in machine dynamics Grundaufgaben der Maschinendynamik
Basic rules of embodiment design Grundregeln

Basic standards Grundnormen
Basic structures of the action diagram Grundstrukturen des Wirkungsplans
Basic terms of energy, work, power, efficiency Energetische Grundbegriffe – Arbeit, Leistung, Wirkungsgrad
Basic types of rubber spring Gummifederelemente
Basics of guiding technology Grundbegriffe der Spurführungstechnik
Basics of physics for strength and toughness of metallic materials Werkstoffphysikalische Grundlagen der Festigkeit und Zähigkeit metallischer Werkstoffe
Batteries Batterien
Bearing and drive Lagerung und Antrieb
Bearing and lubrication Lagerung und Schmierung
Bearing arrangements Konstruktive Ausführung von Lagerungen.
Bearing cages Wälzlagerkäfige
Bearing cooling Lagerkühlung
Bearing loads Lagerkräfte
Bearing materials Lagerwerkstoffe
Bearing seals Dichtungen
Bearing seats, axial and radial positioning Lagersitze, axiale und radiale Festlegung der Lagerringe
Bearings Lager
Bed-type milling machines Bettfräsmaschinen
Belt and chain drives Zugmittelgetriebe
Belt grinding machines Bandschleifmaschinen
Bench drilling machines Tischbohrmaschinen
Bending Biegebeanspruchung
Bending Biegen
Bending and axial load Biegung und Längskraft
Bending and shear Biegung und Schub
Bending and torsion Biegung und Torsion
Bending of rectangular beams Biegung des Rechteckbalkens
Bending rigid shells Biegesteife Schalen
Bending strain energy, energy methods for deflection analysis Formänderungsarbeit bei Biegung und Energiemethoden zur Berechnung von Einzeldurchbiegungen
Bending stresses in highly curved beams Biegespannungen in stark gekrümmten Trägern
Bending stresses in straight beams Biegespannungen in geraden Balken
Bending test Biegeversuch
Bernoulli's equation for steady flow problems Bernoullischen Gleichung für den stationären Fall
Bernoulli's equation for unsteady flow problems Bernoullischen Gleichung für den instationären Fall
Bevel gear cutting Verzahnen von Kegelrädern
Bevel gear geometry Kegelrad-Geometrie
Bevel gears Kegelräder
Binding mechanisms, agglomerate strength Bindemechanismen, Agglomeratfestigkeit
Biochemical Engineering Bioverfahrenstechnik
Biogas Biogas
Biomass Biomasse
Bioreactors Bioreaktoren
Bipolar transistors Bipolartransistoren
Blade arrangement for pumps and compressors blade arrangement for turbines Schaufelanordnung für Pumpen und Verdichter Schaufelanordnung für Turbinen
Blade arrangement in pumps and compressors Schaufelanordnung für Pumpen und Verdichter
Blade arrangement in turbines Schaufelanordnung für Turbinen
Blade row, stage, machine and plant Schaufelgitter, Stufe, Maschine, Anlage
Blade rows (cascades) Schaufelgitter
Blading Beschaufelung
Blading, inlet and exhaust casing Beschaufelung, Ein- und Austrittsgehäuse
Blanking machines Maschinen zum Schneiden
Body Aufbau
Body in space Körper im Raum
Body types, vehicle types, design Fahrzeugarten, Aufbau
Body work Rohbau
Body-tilting technique Neigetechnik
Bodywork Karosserie
Bolted connections Schraubenverbindungen
Bolts Schrauben
Boundary elements Randelemente
Boundary layer theory Grenzschichttheorie
Brakes Bremsen
Brakes for trucks Bremsanlagen für Nkw

Breeding process Brutprozess
Bridge and gantry cranes Brücken- und Portalkrane
Broaching machines Räummaschinen
Bucket elevators (bucket conveyors) Becherwerke (Becherförderer)
Buckling of bars Knickung
Buckling of plates Beulen von Platten
Buckling of plates and shells Beulung
Buckling of rings, frames and systems of bars Knicken von Ringen, Rahmen und Stabsystemen
Buckling of shells Beulen von Schalen
Buffing and draw coupler Zug-Stoßeinrichtungen
Building construction machinery Hochbaumaschinen
Bulging of the surface and melt circulation in induction furnaces Aufwölbung und Bewegungen im Schmelzgut
Bulk material handling technology Schüttgut-Systemtechnik
Bulk material storage Schüttgutlager
Burner types Brennerbauarten
Burners Brenner
Bypass regulation Bypass-Regelung
CAA systems CAA-Systeme
Cable elevator Seilaufzüge
Cable with point load Seil mit Einzellast
Cable with uniform load over the span Seil unter konstanter Streckenlast
Cables and chains Seile und Ketten
Cables and lines Kabel und Leitungen
CAD systems CAD-Systeme
CAE systems CAE-Systeme
CAI systems CAI-Systeme
Calculation Entwurfsberechnung
Calculation and optimization Berechnung und Optimierung
Calculation and selection Berechnung und Auswahl
Calculation and sizing principles of heating and air handling engineering Berechnungs- und Bemessungsgrundlagen der Heiz- und Raumlufttechnik
Calculation of heating surface area Ermittlung der Heizfläche
Calculation of hydrodynamic bearings Berechnung hydrodynamischer Gleitlager
Calculation of hydrostatic bearings Berechnung hydrostatischer Gleitlager
Calculation of machine hourly rate Maschinenstundensatzrechnung
Calculation of pipe flows Berechnung von Rohrströmungen
Calculation of static performance Berechnung des stationären Betriebsverhaltens
Calendering Kalandrieren
Caloric properties Kalorische Zustandsgrößen
Calorimetry Kalorimetrie
Cam mechanisms Kurvengetriebe
CAM systems CAM-Systeme
CAP systems CAP-Systeme
Capacitances Kapazitäten
Capacity, inlet point, outlet point Volumenstrom, Eintrittspunkt, Austrittspunkt
CAPP systems CAPP-Systeme
CAQ-systems CAQ-Systeme
CAR systems CAR-Systeme
Carbon capture Kohlendioxidabscheidung
Carburetor Vergaser
Carnot cycle Carnot-Prozess
Carriages Fahrwerke
CAS systems CAS-Systeme
Cascade control Kaskadenregelung
Cascade design Gitterauslegung
Casings Gehäuse
Cast Iron materials Gusseisenwerkstoffe
Casting of foils Foliengießen
CAT systems CAT-Systeme
Catalytic effects of enzymes Katalytische Wirkung der Enzyme
Cathodic protection Kathodischer Schutz
Cavitation Kavitation
Cavitation corrosion Kavitationskorrosion
Center of gravity Schwerpunkt (Massenmittelpunkt)
Centers for sheet metal working Blechbearbeitungszentren
Central air conditioning plant Zentrale Raumlufttechnische Anlagen
Central heating Zentralheizung
Centrifugal compressors Radialverdichter
Centrifugal impeller types Radiale Laufradbauarten

Centrifugal Pumps Kreiselpumpen
Centrifugal stresses in blades Beanspruchung der Schaufeln durch Fliehkräfte
Centrifugal stresses in rotating components Dynamische Beanspruchung umlaufender Bauteile durch Fliehkräfte
Centrifugal water chillers Kaltwassersatz mit Turboverdichter
Ceramics Keramische Werkstoffe
Chain drives Kettengetriebe
Chain structure Reihenstruktur
Chains and chain drives Ketten und Kettentriebe
Change of state Zustandsänderung
Changes of state of gases and vapours Zustandsänderungen von Gasen und Dämpfen
Changes of state of humid air Zustandsänderungen feuchter Luft
Characteristic curves Kennlinien
Characteristic fracture mechanics properties for cyclic loading Bruchmechanische Werkstoffkennwerte bei zyklischer Beanspruchung
Characteristic fracture mechanics properties for static loading Bruchmechanische Werkstoffkennwerte bei statischer Beanspruchung
Characteristics Eigenschaften
Characteristics Kenngrößen
Characteristics Kennzahlen
Characteristics Kennzeichen
Characteristics and use Bauarten, Eigenschaften, Anwendung
Characteristics of lines Kenngrößen der Leitungen
Characteristics of material flow Formänderungsgrößen
Characteristics of measuring components Kenngrößen von Messgliedern
Characteristics of presses and hammers Kenngrößen von Pressmaschinen
Characteristics of rolling bearings Kennzeichen und Eigenschaften der Wälzlager
Characteristics of screw motion Kenngrößen der Schraubenbewegung
Characteristics of the complete vehicle Eigenschaften des Gesamtfahrzeugs
Characteristics, accuracy, calibration Genauigkeit, Kenngrößen, Kalibrierung
Characterization Charakterisierung
Charging of four-stroke engines Ladungswechsel des Viertaktmotors
Charging parameters Kenngrößen des Ladungswechsels
Checklist Pflichtenheft
Checklist for tribological characteristics Checkliste zur Erfassung der wichtigsten tribologisch relevanten Größen
Chemical and physical analysis methods Chemische und physikalische Analysemethoden
Chemical corrosion and high temperature corrosion Chemische Korrosion und Hochtemperaturkorrosion
Chemical engineering Verfahrenstechnik
Chemical machining Chemisches Abtragen
Chemical Process Engineering Chemische Verfahrenstechnik
Chemical thermodynamics Chemische Thermodynamik
Chilled water systems for air-conditioning plants Kaltwasserverteilsysteme für RLT-Anlagen
Chilled water systems for year-round operation Systeme für ganzjährigen Kühlbetrieb
Chopper controllers Gleichstromsteller
Chutes and down pipes Rutschen und Fallrohre
Circuit Schaltung
Circular conveyors Kreisförderer
Circular discs Kreisscheibe
Circular plates Kreisplatten
Circulating pumps Umwälzpumpen
Clamp joints Klemmverbindungen
Classification according to their effect on velocity and pressure Einteilung nach Geschwindigkeits- und Druckänderung
Classification and configurations Einteilung und Verwendung
Classification and definitions Einteilung und Begriffe
Classification and rating ranges Einteilung und Einsatzbereiche
Classification and structural components of aircrafts Einordnung und Konstruktionsgruppen von Luftfahrzeugen
Classification of aircraft according to regulations Einordnung von Luftfahrzeugen nach Vorschriften

Classification of manufacturing systems Einteilung von Fertigungsystemen
Classification of materials handling Einordnung der Fördertechnik
Classification of measuring quantities Gliederung der Messgrößen
Classifying in gases Klassieren in Gasen
Clevis joints and pivots Bolzenverbindungen
Client-/Server architecture Client-/Serverarchitekturen
Climate controlled boxes and rooms for testing Klimaprüfschränke und -kammern
Climatic measurement Klimamesstechnik
Closed circuit Geschlossener Kreislauf
Closed gas turbine Geschlossene Gasturbinenanlage
Closed loop structure Kreisstruktur
Clutches Fremdgeschaltete Kupplungen
Clutching and torque converter Kupplung und Kennungswandler
Coating processes Herstellen von Schichten
Coatings on metals Überzüge auf Metallen
Cocks Hähne (Drehschieber)
Coefficient of friction, efficiency Reibungszahl, Wirkungsgrad
Column-type drilling machines Ständerbohrmaschinen
Combi power stations Kombi-Kraftwerke
Combination Zusammensetzung
Combination and resolution of concurrent forces Zusammensetzen und Zerlegen von Kräften mit gemeinsamem Angriffspunkt
Combination and resolution of non-concurrent forces Zusammensetzen und Zerlegen von Kräften mit verschiedenen Angriffspunkten
Combination of cascades to stages Zusammensetzen von Gittern zu Stufen
Combined bending, axial load, shear and torsion Biegung mit Längskraft sowie Schub und Torsion
Combined electricity nets Elektrische Verbundnetze
Combined power and heat generation (cogeneration) Kraft-Wärme-Kopplung
Combined stresses Zusammengesetzte Beanspruchung
Combined-cycle power plants Gas- und Dampf-Anlagen
Combustion Verbrennung
Combustion Verbrennungsvorgang
Combustion and burner classification Verbrennung und Brennereinteilung
Combustion chamber (burner) Brennkammer
Combustion temperature Verbrennungstemperatur
Comfort evaluation Komfortbewertung
Comfortable climate in living and working rooms Behagliches Raumklima in Aufenthalts- und Arbeitsräumen
Coming action of flat belts, tensioning Riemenlauf und Vorspannung
Common fundamentals Gemeinsame Grundlagen
Compensating mechanism Einzieh- und Wippwerke
Compensation of forces and moments Ausgleich der Kräfte und Momente
Compensators and bridges Kompensatoren und Messbrücken
Complements for engineering mathematics Ergänzungen zur Mathematik für Ingenieure
Complements to advanced mathematics Ergänzungen zur Höheren Mathematik
Complete plant Gesamtanlage
Components Bauteile
Components Konstruktionselemente
Components and design Baugruppen und konstruktive Gestaltung
Components of apparatus and pipe lines Konstruktionselemente von Apparaten und Rohrleitungen
Components of crank mechanism Elemente der Kolbenmaschine
Components of hydrostatic transmissions Bauelemente hydrostatischer Getriebe
Components of mechatronic systems Komponenten mechatronischer Systeme
Components of reactors und reactor building Bauteile des Reaktors und Reaktorgebäude
Components of robot Komponenten des Roboters
Components of the robot kinematics and dynamic model Komponenten des Roboters Kinematisches und dynamisches Modell

Components of thermal apparatus Komponenten des thermischen Apparatebaus
Components of ventilation and air-conditioning systems Komponenten von Lüftungs- und Klimaanlagen
Composition Zusammensetzung
Compound planetary trains Zusammengesetzte Planetengetriebe
Compressed air storage plant Luftspeicherwerke
Compression heat pump Kompressionswärmepumpe
Compression heat pumps with high performance Kaltdampfkompressions-Wärmepumpen größerer Leistung
Compression of humid gases Verdichtung feuchter Gase
Compression of ideal and real gases Verdichtung idealer und realer Gase
Compression refrigeration plant Kaltdampf-Kompressionskälteanlage
Compression refrigeration plant Kompressionskälteanlage
Compression test Druckversuch
Compression-ignition engine auxiliary equipment Einrichtungen zur Gemischbildung und Zündung bei Dieselmotoren
Compression-type water chillers Kompressions-Kaltwassersätze
Compressor Verdichter
Compressors Kompressoren
Computer based controller Rechnergestützter Regler
Computer networks Rechnernetze
Computer-air-conditioners with direct expansion units Direktverdampfer-Anlagen für EDV-Klimageräte
Conceptual design Konzipieren
Concrete Beton
Concrete pumps Betonpumpen
Condensate and circulating water pumps Kühlwasser- und Kondensatpumpen
Condensation of vapors Kondensation bei Dämpfen
Condenser Verflüssiger
Condensers Kondensatoren
Condensers and cooling systems Kondensation und Rückkühlung
Condensers in steam power plants Kondensatoren in Dampfkraftanlagen
Condensers in the chemical industry Kondensatoren in der chemischen Industrie
Condensing units, air conditioners with split systems Verflüssigersätze, Splitgeräte für Klimaanlagen
Conditions of cell cultivation Kultivierungsbedingungen
Conditions of equilibrium Gleichgewicht und Gleichgewichtsbedingungen
Conductors, semiconductors, insulators Leiter, Halbleiter, Isolatoren
Configuration and Layout of hydrostatic transmissions Ausführung und Auslegung von Hydrogetrieben
Conical disk (Belleville) springs Tellerfedern (scheibenförmige, biegebeanspruchte Federn)
Connection to engine and working machine Anschluss an Motor und Arbeitsmaschine
Connections Bauteilverbindungen
Connections with force transmission by friction Reibschlussverbindungen
Consistent preparation of documents Durchgängige Erstellung von Dokumenten
Constant heat flux density Konstante Wärmestromdichte
Constant wall temperature Konstante Wandtemperatur
Construction interrelationship Bauzusammenhang
Construction machinery Baumaschinen
Construction types and processes Bauarten und Prozesse
Constructive characteristics Konstruktive Merkmale
Consumption and CO_2 emission Verbrauch und CO_2-Emission
Contact stresses and bearing pressure Flächenpressung und Lochleibung
Continuous conveyors Stetigförderer
Continuous kilns Durchlauföfen
Continuously variable traction drives Wälzgetriebe mit stufenlos einstellbarer Übersetzung
Control Regelung und Steuerung
Control characteristics Steuerkennlinien
Control data processing Steuerdatenverarbeitung

Control loop optimization Optimierung von Regelkreisen
Control loop performance Güte der Regelung
Control loop stability Stabilität des Regelkreises
Control of automatic storage systems Steuerung automatischer Lagersysteme
Control of brakes Bremsregelung
Control of compressors Regelung von Verdichtern
Control of three-phase drives Regelung von Drehstromantrieben
Control of turbines Regelung von Turbinen
Control system for driving dynamics Fahrdynamikregelsysteme
Control system of a industrial robot programming Steuerungssystem eines Industrieroboters Programmierung
Control systems Steuerungen
Controlled spring/damper systems for chassis Geregelte Feder-/Dämpfersysteme im Fahrwerk
Controlled systems Regelstrecken
Controlled systems with self-regulation Regelstrecken mit Ausgleich (P-Strecken)
Controlled systems without self-regulation Regelstrecken ohne Ausgleich (I-Strecken)
Controllers Regler
Controlling system equipment Technische Ausführung der Regler
Convection Konvektion
Conveyed materials and materials handling, parameters of the conveying process Fördergüter und Fördermaschinen, Kenngrößen des Fördervorgangs
Conveyors Gurtförderer
Cooling Kühlung
Cooling brines Kühlsolen
Cooling load Kühllast
Cooling storage Kältespeicherung in Binäreis
Cooling storage in eutectic solution Kältespeicherung in eutektischer Lösung
Cooling towers Rückkühlwerke
Cooperative product development Kooperative Produktentwicklung
Coplanar forces Kräfte in der Ebene
Copper and copper alloys Kupfer und seine Legierungen
Copy milling machines Nachformfräsmaschinen
Corrosion and corrosion protection Korrosion und Korrosionsschutz
Corrosion and Corrosion Protection of Metals Korrosion und Korrosionsschutz von Metallen
Corrosion erosion Erosionskorrosion
Corrosion fatigue Schwingungsrisskorrosion
Corrosion of inorganic nonmetallic materials Korrosion von anorganischen nichtmetallischen Werkstoffen
Corrosion of nonmetallic material Korrosion nichtmetallischer Werkstoffe
Corrosion prevention by design Korrosionsschutzgerechte Konstruktion
Corrosion prevention by manufacturing Korrosionsschutzgerechte Fertigung
Corrosion protection Korrosionsschutz
Corrosion protection by inhibitors Korrosionsschutz durch Inhibitoren
Corrosion tests Korrosionsprüfung
Corrosion under additional mechanical stress Überlagerung von Korrosion und mechanischer Beanspruchung
Corrosion under wear stress Korrosion unter Verschleißbeanspruchung
Corrosion-like damage of organic materials Korrosionsartige Schädigung von organischen Werkstoffen
Cost accounting Kalkulation
Cost location accounting Kostenstellenrechnung und Betriebsabrechnungsbögen
Cottered joints Keilverbindungen
Counterbalanced lift truck Gegengewichtstapler
Couplings, clutches and brakes Kupplungen und Bremsen
Course of technical fermentation Ablauf technischer Fermentationen
Cracking phenomena Rissphänomene
Crane types Kranarten
Crank mechanism Kurbeltrieb
Crank mechanism, forces and moments of inertia, flywheel calculation Kurbeltrieb, Massenkräfte und -momente, Schwungradberechnung

Critical speed of shafts, whirling Kritische Drehzahl und Biegeschwingung der einfach besetzten Welle
Cross belt sorter Quergurtsorter
Cross transfer Quertransport
Crossed helical gears Stirnschraubräder
Current displacement Einfluss der Stromverdrängung
Current transformers Stromwandler
Curved surfaces Gewölbte Flächen
Custom hoists Einzelhebezeuge
Cutouts Ausschnitte
Cutting Trennen
Cutting materials Schneidstoffe
Cutting of cylindrical gears Verzahnen von Stirnrädern
Cutting of worm gears Verzahnen von Schneckenrädern
Cutting with geometrically non-defined tool angles Spanen mit geometrisch unbestimmter Schneide
Cutting with geometrically well-defined tool edges Spanen mit geometrisch bestimmten Schneiden
Cylinder charging Ladungswechsel
Cylinders Zylinder
Cylinders and tubes under internal pressure Zylindrische Mäntel und Rohre unter innerem Überdruck
Cylinders under external pressure Zylindrische Mäntel unter äußerem Überdruck
Cylindrical grinding machines Rundschleifmaschinen
Cylindrical worm gear geometry Zylinderschnecken-Geometrie
D'Alembert's principle Prinzip von d'Alembert und geführte Bewegungen
Data interfaces Datenschnittstellen
Data structures and data types Datenstrukturen und Datentypen
Dead time element T_t-Glied
Decentralisation using industrial communication tools Dezentralisierung durch den Einsatz industrieller Kommunikationssysteme
Decentralized air conditioning system Dezentrale Klimaanlage
Deep drawing Tiefziehen
Deep hole drilling machines Tiefbohrmaschinen
Defining the requirements Klären der Aufgabenstellung
Definition Begriff
Definition and classification Definition und Einteilung der Kolbenmaschinen
Definition and criteria Definition und Kriterien
Definition of converters Einteilung der Stromrichter
Definition of efficiencies Definition von Wirkungsgraden
Definition of motor cycles Definition von Kraftfahrzeugen
Definition of the term Begriffsbestimmung
Definitions Begriffe
Definitions Definition
Definitions Definitionen
Definitions and general requirements Definition und allgemeine Anforderungen
Deflection of beams Durchbiegung von Trägern
Deflection, critical speeds of rotors Durchbiegung, kritische Drehzahlen von Rotoren
Degrees of protection Schutzarten
Dehumidifiers Luftentfeuchter
Delivery rate and overall efficiency Nutzliefergrad und Gesamtwirkungsgrad
Deposition of by-products in the power process Entsorgung der Kraftwerksnebenprodukte
Depth profile Betttiefenprofil
Dériaz turbines Dériazturbinen
Derivative element D-Glied
Description of batch furnaces Beschreibung von Chargenöfen
Description of the state of a system. Thermodynamic processes Beschreibung des Zustands eines Systems. Thermodynamische Prozesse
Design and fatigue strength properties Gestalteinfluss auf Schwingfestigkeitseigenschaften
Design and static strength properties Gestalteinfluss auf statische Festigkeitseigenschaften
Design and tolerances of formed parts Gestalten und Fertigungsgenauigkeit von Kunststoff-Formteilen
Design calculation and integrity assessment Berechnungs- und Bewertungskonzepte
Design calculations Berechnung
Design calculations Berechnungsverfahren

Design hints Gestaltungshinweise
Design hints for bevel gears Hinweise zur Konstruktion von Kegelrädern
Design of control systems Steuerungssysteme, Aufbau
Design of hydraulic circuits Auslegung von Hydrokreisen
Design of industrial turbines Auslegung von Industrieturbinen
Design of plain bearings Konstruktive Gestaltung
Design of self acting valves Selbsttätige Ventile, Konstruktion
Design of silos Dimensionierung von Bunkern
Design of simple planetary trains Auslegung einfacher Planetengetriebe
Design of steel structures Tragwerksgestaltung
Design of typical internal combustion (IC) engines Ausgeführte Motorkonstruktionen
Design Philosophies and Principles Konstruktionsphilosophien und -prinzipien
Design problem Entwurfsproblem
Design, characteristic and use Aufbau, Eigenschaften, Anwendung
Designation of standard rolling bearings Bezeichnungen für Wälzlager
Designs Konstruktionen
Detail design Ausarbeiten
Detail design and measures of gears Gestalten und Bemaßen der Zahnräder
Determination of heat consumption Wärmeverbrauchsermittlung
Development methodology Entwicklungsmethodik
Development processes and methods Entwicklungsprozesse und -methoden
Development trends Entwicklungstendenzen
Diagnosis devices Diagnosetechnik
Diaphragm compressors Membranverdichter
Dielectric heating Dielektrische Erwärmung
Diesel engine Dieselmotor
Different forms of energy Verschiedene Energieformen
Differential equation and transfer function Differentialgleichung und Übertragungsfunktion
Digital computing Digitalrechnertechnologie
Digital data logging Digitale Messwerterfassung
Digital electrical measurements Digitale elektrische Messtechnik
Digital signal representation Digitale Messsignaldarstellung
Digital voltmeters, multimeters Digitalvoltmeter, Digitalmultimeter
Dimensional analysis and Π-theorem Analyse der Einheiten (Dimensionsanalyse) und Π-Theorem
Dimensioning of silos Dimensionierung von Silos
Dimensioning, First assumtion data Dimensionierung, Anhaltswerte
Dimensionless stage parameters Stufenkenngrößen
Diode characteristics and data Diodenkennlinien und Daten
Diodes Dioden
Direct and indirect noise development Direkte und indirekte Geräuschentstehung
Direct converters Direktumrichter
Direct current linear motor Gleichstromlinearmotoren
Direct current small-power motor Gleichstrom-Kleinmotoren
Direct expansion plants Direktverdampfer-Anlagen
Direct heat transfer Direkter Wärmeübergang
Direct heating Direkte Beheizung
Direct problem Direktes Problem
Direct-current (d. c.) circuits Gleichstromkreise
Direct-current machine drives Gleichstromantriebe
Direct-current machines Gleichstrommaschinen
Directional (one-way) clutches, overrun clutches Richtungsgeschaltete Kupplungen (Freiläufe)
Directional control valves Wegeventile
Disassembling process Demontageprozess
Disassembly Demontage
Discharge temperature, polytropic head Endtemperatur, spezifische polytrope Arbeit
Discs Scheiben
Distribution und storage of energy Verteilen und Speicherung von Nutzenergie
Distributor booms Verteilermasten

Disturbance reaction of the control loop Störungsverhalten des Regelkreises
Division of energy losses Verlustteilung
DMU systems DMU-Systeme
Domed end closures Gewölbte Böden
Doors Türen
Dozers and graders Planiermaschinen
Drag of solid bodies Strömungswiderstand von Körpern
Drilling and boring Bohren
Drilling and boring machines Bohrmaschinen
Drive control Regelung in der Antriebstechnik
Drive shafts Gelenkwellen
Drive slip control Antriebsschlupfregelung ASR
Drive systems and controllers Antriebsmotoren und Steuerungen
Drive systems for materials handling equipment Antriebe der Fördermaschinen
Drive train Antriebsstrang
Driver Antrieb
Driver and brakes Antrieb und Bremsen
Driver's cab Führerräume
Drives Antriebe
Drives with line-commutated converters Gleichstromantriebe mit netzgeführten Stromrichtern
Drives with three-phase current controllers Antriebe mit Drehstromsteller
Driving comfort Fahrkomfort
Driving dynamics Fahrdynamik
Driving resistance and powertrain Fahrwiderstand und Antrieb
Duct systems Kanalnetz
Ducts and piping Leitungen
Dumpers Transportfahrzeuge
Duration of passenger exchange Fahrgastwechselzeiten
Duty cycles Betriebsarten
Dynamic contact seals Berührungsdichtungen an gleitenden Flächen
Dynamic forces Dynamische Kräfte
Dynamic model Dynamisches Modell
Dynamic performance Dynamisches Betriebsverhalten
Dynamic response of linear time-invariant transfer elements Dynamisches Verhalten linearer zeitinvarianter Übertragungsglieder
Dynamic similarity Dynamische Ähnlichkeit
Dynamic transient behaviour of measuring components Dynamische Übertragungseigenschaften von Messgliedern
Dynamically loaded plain journal bearings Radialgleitlager im instationären Betrieb
Dynamics Kinetik
Dynamics and kinematics Kinetik und Kinematik
Dynamics of machines Maschinendynamik
Dynamics of relative motion Kinetik der Relativbewegung
Dynamics of rigid bodies Kinetik starrer Körper
Dynamics of systems of particles Kinetik des Massenpunktsystems
Earth moving machinery Erdbaumaschinen
Eccentric impact Exzentrischer Stoß
Economic of electric energy Elektrizitätswirtschaft
Economics of gas energy Gaswirtschaft
Economics of remote heating Fernwärmewirtschaft
Effective types of organisation Effektive Organisationsformen
Efficiencies Wirkungsgrade
Efficiencies, exergy losses Wirkungsgrade, Exergieverluste
Elastic (Euler) buckling Knicken im elastischen (Euler-)Bereich
Elastic and damping characteristics Feder- und Dämpfungsverhalten
Elastic connections (springs) Federnde Verbindungen (Federn)
Elastomers Elastomere
Electric arc-heating Lichtbogenerwärmung
Electric braking Elektrische Bremsung
Electric circuits Elektrische Stromkreise
Electric discharge machining, electrochemical machining, metaletching Funkenerosion, Elysieren, Metallätzen
Electric drives Elektrische Antriebstechnik
Electric energy from renewable sources Elektrische Energie aus erneuerbaren Quellen
Electric heating Elektrobeheizung
Electric heating Elektrowärme
Electric infrastructure Elektrische Infrastruktur
Electric power distribution Energieverteilung
Electric power supply Stromversorgung
Electric storages Elektrische Speicher

Electric suspension track Elektrohängebahn
Electrical control Elektrische Steuerungen
Electrical Discharge Machining of threads Gewindeerodieren
Electrical Engineering Elektrotechnik
Electrical/Electronical Equipment/Diagnosis Elektrische/Elektronische Ausrüstung/Diagnose
Electro chemical machining (ECM) Elektrochemisches Abtragen
Electro discharge machining (EDM) Thermisches Abtragen mit Funken (Funkenerosives Abtragen)
Electrochemically corrosion Elektrochemische Korrosion
Electrolytic charge transfer Elektrolyte
Electromagnetic compatibility Elektromagnetische Verträglichkeit
Electromagnetic utilization Elektromagnetische Ausnutzung
Electron beam processing Elektronenstrahlverfahren
Electronic components Elektronische Bauelemente
Electronic data collection and transmission by RFID Elektronische Datenerfassung und -übertragung durch RFID
Electronic data processing Elektronische Datenverarbeitung
Electronically commutated motors Elektronisch kommutierte Motoren
Electrostatic field Elektrostatisches Feld
Elevators Aufzüge
Elevators and hoisting plants Aufzüge und Schachtförderanlagen
Elliptical plates Elliptische Platten
Embodiment design Entwerfen
Embodiment design of structural components (frames) Gestaltung der Gestellbauteile
Embodiment design, materials, bearings, accuracy, lubrication, assembly Gestaltung, Werkstoffe, Lagerung, Genauigkeit, Schmierung, Montage
Emissions Emissionen
Energy balance, efficiency Energiebilanz und Wirkungsgrad
Energy conversion Energiewandlung
Energy conversion by cyclic processes Energiewandlung mittels Kreisprozessen
Energy equation Arbeits- und Energiesatz
Energy storage Energiespeicherung
Energy storage methods Energiespeicher
Energy storage, energy storage efficiency factor, damping capacity, damping factor Arbeitsaufnahmefähigkeit, Nutzungsgrad, Dämpfungsvermögen, Dämpfungsfaktor
Energy systems and economy Energietechnik und Wirtschaft
Energy transport Energietransport
Energy, material and signal transformation Energie-, Stoff- und Signalumsatz
Engine components Motorbauteile
Engine types and working cycles Arbeitsverfahren und Arbeitsprozesse
Engineering drawings and parts lists Zeichnungen und Stücklisten
Environmental control technology Umweltschutztechnologien
Environmental effects Umgebungseinflüsse
Environmental pollution Umweltverhalten
Environmental quantities Umweltmessgrößen
Epicyclic gear systems Umlaufgetriebe
Equal capacitive currents (countercurrent) Gleiche Kapazitätsströme (Gegenstrom)
Equation of momentum Impulssatz
Equations of motion, system matrices Bewegungsgleichungen, Systemmatrizen
Equations of reactions Reaktionsgleichungen
Equipment Ausstattungen
Equipment for position measurement at NC-machines Einrichtungen zur Positionsmessung bei NC-Maschinen
Equipment for speed logging at NC-machines Einrichtungen zur Geschwindigkeitserfassung bei NC-Maschinen
Equivalent circuit diagram and circle diagram Ersatzschaltbild und Kreisdiagramm
Erosion Abtragen
ERP systems ERP-Systeme
Evaluation Criteria Bewertungskriterien
Evaluation of tests Versuchsauswertung
Evaluations of solutions Beurteilen von Lösungen
Evaporation and crystallization Verdampfen und Kristallisieren

Evaporativ cooling process Verdunstungskühlverfahren
Evaporator Verdampfer
Example: approximate centrifugal compressor sizing Beispiel einer Radialverdichterauslegung nach vereinfachtem Verfahren
Examples for mechanical models: Finite-Elemente models Beispiele für mechanische Ersatzsysteme: Finite-Elemente-Modelle
Examples for mechanical models: Spring-mass-damper-models Beispiele für mechanische Ersatzsysteme: Feder-Masse-Dämpfer-Modelle
Examples of mechatronic systems Beispiele mechatronischer Systeme
Excavators Bagger
Excellence models Excellence-Modelle
Exergy and anergy Exergie und Anergie
Exergy and heat Exergie einer Wärme
Exergy losses Exergieverluste
Exergy of a closed system Exergie eines geschlossenen Systems
Exergy of an open system Exergie eines offenen Systems
Exhaust emissions Abgasemission
Exhaust fume behavior Abgasverhalten
Exhaust-gas turbocharger Abgasturbolader
Expanding Schäumen
Expansion compensators Dehnungsausgleicher
Experimental stress analysis Experimentelle Spannungsanalyse
External cooling load Äußere Kühllast
Extreme operational ranges Extreme Betriebsverhältnisse
Extrusion Durchdrücken
Extrusion Strangpressen (Extrudieren)
Failure criteria, equivalent stresses Festigkeitshypothesen und Vergleichsspannungen
Failure under mechanical stress conditions Versagen durch mechanische Beanspruchung
Fan Ventilator
Fan assisted natural ventilation Freie Lüftung, verstärkt durch Ventilatoren
Fans Gebläse
Fans Ventilatoren
Faraday's law Induktionsgesetz
Fast breeder reactors Schnelle Brutreaktoren (SNR)
Fatigue strength Schwingfestigkeit
Feature modeling Featuretechnologie
Fed-batch cultivation Fed-Batch-Kultivierung
Feed water heaters (economizers) Speisewasservorwärmer (Eco)
Feed water treatment Speisewasseraufbereitung
Feedforward control loop Regelung mit Störgrößenaufschaltung
Fibre composite springs Federn aus Faser-Kunststoff-Verbunden
Fibre reinforced plastics, composite materials Faser-Kunststoff-Verbunde
Fibre ropes Faserseile
Field busses Feldbusse
Field effect transistors Feldeffekttransistoren
Field quantities and equations Feldgrößen und -gleichungen
Fields of application Einsatzgebiete
Fields of production Bereiche der Produktion
Filamentous growth Filamentöses Wachstum
Film flow Filmströmung
Film pressing Schichtpressen
Filters Filter
Finite analysis methods Finite Berechnungsverfahren
Finite difference method Finite Differenzen Methode
Finite element method Finite Elemente Methode
First law Erster Hauptsatz
First order delay element T_1-Glied
Flange joints Flanschverbindungen
Flanges Flansche
Flap valves Klappen
Flat belt drives Flachriemengetriebe
Flat end closures Ebene Böden
Flexible manufacturing systems Flexible Fertigungssysteme
Flexible turning centers Flexible Drehbearbeitungszentren
Flight controls Flugsteuerung
Flight stability Flugstabilitäten
Flow Strömung
Flow control valves Stromventile
Flow criteria Fliesskriterien
Flow curve Fliesskurve
Flow losses Strömungsverluste
Flow of ideal gases Strömung idealer Gase

Flow pattern Strömungsform
Flow process Fließprozess
Flow properties of bulk solids Fliessverhalten von Schüttgütern
Flow resistance Strömungswiderstände
Flow stress Fliessspannung
Flue-gas desulphurisation Rauchgasentschwefelung
Flue-gas dust separating Rauchgasentstaubung
Flue-gas NO_x reduction Rauchgasentstickung
Fluid Fluid
Fluid conveyor Strömungsförderer
Fluid couplings Föttinger-Kupplungen
Fluid dynamics Strömungstechnik
Fluid flow machines (Turbomachinery) Strömungsmaschinen
Fluid flow quantities Strömungstechnische Messgrößen
Fluid-fluid heat exchange Wärmeübertragung Fluid–Fluid
Fluidics Fluidische Steuerungen
Fluidized bed Wirbelschicht
Fluidized bed combustion (FBC) Wirbelschichtfeuerung
Foam destruction Schaumzerstörung
Force measurement Kraftmesstechnik
Forced circulation fossil fueled boilers Zwanglaufkessel für fossile Brennstoffe
Forced damped vibrations Gedämpfte erzwungene Schwingungen
Forced undamped vibrations Ungedämpfte erzwungene Schwingungen
Forced vibrations Erzwungene Schwingungen
Forced vibrations with two and multi-DOFs Erzwungene Schwingungen mit zwei und mehr Freiheitsgraden
Forces and angles in flight Kräfte und Winkel im Flug
Forces and deformations in joints due to preload Kräfte und Verformungen beim Anziehen von Schraubenverbindungen
Forces and energies Kräfte und Arbeiten
Forces and moments at beams of space Schnittlasten an räumlichen Trägern
Forces and moments in plane curved beams Schnittlasten an gekrümmten ebenen Trägern
Forces and moments in straight beams Schnittlasten am geraden Träger in der Ebene
Forces and moments of inertia Massenkräfte und Momente
Forces in crank mechanism Kräfte am Kurbeltrieb
Forces in electromagnetic field Kraftwirkungen im elektromagnetischen Feld
Forces in flat belt transmissions Kräfte am Flachriemengetriebe
Forces in space Kräfte im Raum
Forging Schmieden
Formability Formänderungsvermögen
Formation and number of cylinders Zylinderanordnung und -zahl
Forming Umformen
Forming limit diagram (FLD) Grenzformänderungsdiagramm
Forming of metals and ceramics by powder metallurgy Formgebung bei metallischen und keramischen Werkstoffen durch Sintern (Pulvermetallurgie)
Forming of plastics Formgebung bei Kunststoffen
Forming process and equipment Formverfahren und -ausrüstungen
Four-bar linkages Viergelenkgetriebe
Fourier spectrum, spectrogram, noise analysis Fourierspektrum, Spektrogramm, Geräuschanalyse
Four-way reach truck Mehrwegestapler
Fracture mechanics concepts Bruchmechanikkonzepte
Fracture mechanics proof of strength for cyclic loading Bruchmechanischer Festigkeitsnachweis unter zyklischer Beanspruchung
Fracture mechanics proof of strength for static loading Bruchmechanischer Festigkeitsnachweis unter statischer Beanspruchung
Fracture mechanics tests Bruchmechanische Prüfungen
Fracture physics; comminution properties of solid materials Bruchphysik; Zerkleinerungstechnische Stoffeigenschaften
Frames Gestelle
Francis turbines Francisturbinen
Free cooling Freie Kühlung
Free cooling with brine cycle Freie Kühlung durch Solekreislauf

Free cooling with external air Freie Kühlung durch Außenluft
Free cooling with recooling plant Freie Kühlung durch Rückkühlwerk
Free cooling with refrigerant pump system Freie Kühlung durch Kältemittel-Pumpen-System
Free damped vibrations Freie gedämpfte Schwingungen
Free jet Freier Strahl
Free undamped vibrations Freie ungedämpfte Schwingungen
Free vibrations Freie Schwingungen (Eigenschwingungen)
Free vibrations with two and multi-DOFs Freie Schwingungen mit zwei und mehr Freiheitsgraden
Free-standing pillar machines Säulenbohrmaschinen
Frequency response and frequency response locus Frequenzgang und Ortskurve
Frequency response functions of mechanical systems, amplitude- and phase characteristic Frequenzgangfunktionen mechanischer Systeme, Amplituden- und Phasengang
Frequency weighting, A-, C- and Z-weighting Frequenzbewertung, A-, C- und Z-Bewertung
Fretting corrosion Reibkorrosion (Schwingverschleiß)
Friction Haftung und Reibung
Friction Reibung
Friction and reference speeds of rolling bearings Bewegungswiderstand und Referenzdrehzahlen der Wälzlager
Friction clutches Kraft-(Reib-)schlüssige Schaltkupplungen
Friction regimes Reibungszustände
Front turning machines Frontdrehmaschinen
Fuel cell Brennstoffzelle
Fuel Cells Brennstoffzellen
Fuel consumption Kraftstoffverbrauch
Fuel cycle Brennstoffkreislauf
Fuel from waste material Abfallbrennstoffe
Fuel injection system Einspritzsysteme
Fuels Brennstoffe
Function and subsystems Funktion und Subsysteme
Function conditions for nuclear reactors Funktionsbedingungen für Kernreaktoren
Function of tribosystems Funktion von Tribosystemen
Function structure Funktionsgliederung
Function, classification and application Aufgabe, Einteilung und Anwendungen
Functional blocks of the monovariable control loop Funktionsblöcke des Regelkreises
Functional components Funktionsbausteine
Functional interrelationship Funktionszusammenhang
Functioning Arbeitsweise
Fundamental concepts for structural integrity assessment Grundlegende Konzepte für den Festigkeitsnachweis
Fundamental methods Basismethoden
Fundamentals Allgemeine Grundgleichungen
Fundamentals Einige Grundbegriffe
Fundamentals and components Grundlagen und Bauelemente
Fundamentals and ideal cycles Grundlagen und Vergleichsprozesse
Fundamentals and terms Grundlagen und Begriffe
Fundamentals of development of series and modular design Baureihen- und Baukastenentwicklung
Fundamentals of embodiment design Gestaltung
Fundamentals of engineering design Grundlagen der Konstruktionstechnik
Fundamentals of flight physics Grundlagen der Flugphysik
Fundamentals of fluid power transmission Grundlagen der fluidischen Energieübertragung
Fundamentals of metal forming Grundlagen der Umformtechnik
Fundamentals of operational costing Grundlagen der betrieblichen Kostenrechnung
Fundamentals of process engineering Grundlagen der Verfahrenstechnik
Fundamentals of standardisation and engineering drawing Normen- und Zeichnungswesen
Fundamentals of technical systems Technische Systeme

Fundamentals of technical systems and systematic approach Grundlagen technischer Systeme und des methodischen Vorgehens
Funghi Pilze
Furnace heads Ofenköpfe
Furnaces Feuerungen
Fused Deposition Modeling (FDM) Fused Deposition Modelling (FDM)
Fuselage Rumpf
Galvanic corrosion Galvanische Korrosion
Gas constant and the law of Avogadro Gaskonstante und das Gesetz von Avogadro
Gas cooled thermal reactors Gasgekühlte thermische Reaktoren
Gas data Gasdaten
Gas radiation Gasstrahlung
Gas springs Gasfedern
Gas turbines Gasturbinen
Gas turbines in power plants Gasturbine im Kraftwerk
Gas/liquid flow Gas-/Flüssigkeitsströmung
Gaseous fuels Gasförmige Brennstoffe oder Brenngase
Gas-fueled furnaces Feuerungen für gasförmige Brennstoffe
Gasoline direct injection Direkte Benzin-Einspritzung
Gas-turbine propulsion systems Gasturbine für Verkehrsfahrzeuge
Gate turn off thyristors Abschaltbare Thyristoren
Gate valves Schieber
Gear- and vanetype motors Hydromotoren in Umlaufverdrängerbauart
Gear cutting Verzahnen
Gear grinding machines Verzahnungsschleifmaschinen
Gear ring machine, gear pump and gear ring (gerotor) pumps Zahnringmaschine Zahnradpumpen und Zahnring-(Gerotor-)pumpen
Gearing Zahnradgetriebe
Geartype pumps Zahnradpumpen und Zahnring-(Gerotor-)pumpen
General Allgemeines
General and configurations Allgemeines und Bauweise
General Corrosion Allgemeine Korrosion
General formulation Allgemeine Formulierung
General fundamentals Allgemeine Grundlagen
General furnace accessories Allgemeines Feuerungszubehör
General motion in space Allgemeine räumliche Bewegung
General motion of a rigid body Allgemeine Bewegung des starren Körpers
General objectives and constraints Generelle Zielsetzung und Bedingungen
General plane motion of a rigid body Allgemeine ebene Bewegung starrer Körper
General problem-solving Allgemeiner Lösungsprozess
General relations between thermal and caloric properties of state Allgemeiner Zusammenhang zwischen thermischen und kalorischen Zustandsgrößen
General relationships for all tooth profiles Allgemeine Verzahnungsgrößen
General requirements Allgemeine Anforderungen
General requirements Generelle Anforderungen
General Selection criteria Allgemeine Auswahlkriterien
General Tables Allgemeine Tabellen
General working method Allgemeine Arbeitsmethodik
Generalization of calculations Allgemeingültigkeit der Berechnungsgleichungen
Generation of electric energy Erzeugung elektrischer Energie
Generation of machinery noise Entstehung von Maschinengeräuschen
Geometric construction for path of contact and conjugate tooth profile Konstruktion von Eingriffslinie und Gegenflanke
Geometric modeling Geometrische Modellierung
Geometric quantities Geometrische Messgrößen
Geometric series of preferred numbers (Renard series) Dezimalgeometrische Normzahlreihen
Geometrical relations Geometrische Beziehungen
Geometrically similar series Geometrisch ähnliche Baureihe

Geometry of an aircraft Geometrische Beschreibung des Luftfahrzeuges
Geothermal energy Geothermische Energie
Glass Glas
Glazing, windshield wiper Verglasung, Scheibenwischer
Granulation Granulieren
Graph of torque fluctuations in multicylinder reciprocating machines Drehkraftdiagramm von Mehrzylindermaschinen
Graphical symbols for welds Darstellung der Schweißnähte
Grease lubrication Fettschmierung
Grinding machines Schleifmaschinen
Guidelines for embodiment design Gestaltungsrichtlinien
Hamilton's principle Prinzip von Hamilton
Hammers Hämmer
Hand lift trucks Handgabelhubwagen
Hand trucks Handbetriebene Flurförderzeuge
Hard soldering and brazing Hartlöten und Schweißlöten (Fugenlöten)
Hardness test methods Härteprüfverfahren
Hardware Hardwarekomponenten
Hardware architecture Hardwarearchitekturen
Heads, speeds and pressures Förderhöhen, Geschwindigkeiten und Drücke
Heat Wärme
Heat and material transmission Wärme- und Stoffübertragung
Heat exchange by radiation Wärmeaustausch durch Strahlung
Heat exchanger Wärmeübertrager
Heat exchangers Wärmetauscher
Heat generation Wärmeerzeugung
Heat pumps Wärmepumpen
Heat recovery Wärmerückgewinnung
Heat recovery through air preheating Wärmerückgewinnung durch Luftvorwärmung
Heat transfer Wärmeübergang
Heat transfer Wärmeübertragung
Heat transfer and heat transmission Wärmeübergang und Wärmedurchgang
Heat transfer by convection Wärmeübergang durch Konvektion
Heat transfer in condensation and in boiling Wärmeübergang beim Kondensieren und beim Sieden
Heat transfer into solid Wärmeübergang ins Solid
Heat transfer without change of phase Wärmeübergang ohne Phasenumwandlung
Heat Treatment Wärmebehandlung
Heating and air conditioning Heizung und Klimatisierung
Heating and cooling Erwärmung und Kühlung
Heating and cooling coils Lufterhitzer, -kühler
Heating centres Heizzentrale
Heating load Wärmebedarf, Heizlast
Heating power stations Wärmekraftwerke
Heating processes Heiztechnische Verfahren
Heating system Beheizung
Heating systems and components Systeme und Bauteile der Heizungstechnik
Heavy duty lathes Großdrehmaschinen
Heavy water reactors Schwerwasserreaktoren
Helical and spiral bevel gears Kegelräder mit Schräg- oder Bogenverzahnung
Helical compression springs, helical tension springs Zylindrische Schraubendruckfedern und Schraubenzugfedern
Hertzian contact stresses (Formulas of Hertz) Beanspruchung bei Berührung zweier Körper (Hertzsche Formeln)
High temperature corrosion with mechanical load Hochtemperaturkorrosion mit mechanischer Beanspruchung
High temperature corrosion without mechanical load Hochtemperaturkorrosion ohne mechanische Beanspruchung
High voltage switchgear Hochspannungsschaltgeräte
High-frequency induction surface heating Oberflächenerwärmung
High-speed milling machines Hochgeschwindigkeitsfräsmaschinen
High-temperature brazing Hochtemperaturlöten
Hints for design Konstruktive Hinweise
Historical development Historische Entwicklung
Hoist design Hubwerksausführungen
Hoisting mechamism Hubwerke
Hoisting plants Schachtförderanlagen
Honing Honen
Honing machines Honmaschinen

Horizontal boring and milling machines Waagerecht-Bohr- und -Fräsmaschinen
Humidifiers Luftbefeuchter
Hybride process for mixture formation and combustion Hybride Verfahren für Gemischbildung und Verbrennung
Hydraulic and pneumatic power transmission Fluidische Antriebe
Hydraulic Circuits Hydrokreise
Hydraulic conveyors Hydraulische Förderer
Hydraulic elevators Hydraulikaufzüge
Hydraulic equipment Hydraulikzubehör
Hydraulic fluids Hydraulikflüssigkeiten
Hydraulic power transmission Energieübertragung durch Flüssigkeiten
Hydraulic-mechanical losses Mechanisch-hydraulische Verluste
Hydrodynamic bearings with hydrostatic jacking systems Hydrostatische Anfahrhilfen
Hydrodynamic drives and torque convertors Föttinger-Getriebe
Hydrodynamics and aerodynamics (dynamics of fluids) Hydro- und Aerodynamik (Strömungslehre, Dynamik der Fluide)
Hydroelectric power plants Wasserkraftwerke
Hydrogen induced cracking Wasserstoffinduzierte Rissbildung
Hydrostatic journal bearings Hydrostatische Radialgleitlager
Hydrostatic thrust bearings Hydrostatische Axialgleitlager
Hydrostatics Hydrostatik (Statik der Flüssigkeiten)
Hygienic fundamentals, physiological principles Hygienische Grundlagen
Ice storage systems Eisspeichersysteme
Ideal cycles for single stage compression Vergleichsprozesse für einstufige Verdichtung
Ideal gas mixtures Gemische idealer Gase
Ideal gases Ideale Gase
Ideal isothermal reactors Ideale isotherme Reaktoren
Identification Problem Identifikationsproblem
Identification systems Identifikationssysteme
Identification through persons and devices Identifikation durch Personen und Geräte
Ignition equipment Zündausrüstung
Impact Stoß
Impeller Laufrad
Impeller and rail (rail-mounted carriage) Laufrad und Schiene (Schienenfahrwerke)
Impeller strength and structural dynamics Laufradfestigkeit und Strukturdynamik
Impeller stress analysis Laufradfestigkeit
Importance of motor vehicles Bedeutung von Kraftfahrzeugen
Impulse turbines Gleichdruckturbinen
Incompressible fluids Inkompressible Fluide
Indicating instruments Messwertanzeige
Indirect air cooling and cooling towers Indirekte Luftkühlung und Rückkühlanlagen
Indirect heating Indirekte Beheizung
Individual heaters for larger rooms and halls Einzelheizgeräte für größere Räume und Hallen
Individual heaters for living rooms Einzelheizgeräte für Wohnräume
Individual heating Einzelheizung
Indoor climate Raumklima
Inductances Induktivitäten
Induction heating Induktive Erwärmung
Industrial furnaces Industrieöfen
Industrial robot Industrieroboter
Industrial robot control systems Steuerungssystem eines Industrieroboters
Industrial tractor Schlepper
Industrial trucks Flurförderzeuge
Industrial turbines Industrieturbinen
Inelastic (plastic) buckling Beulspannungen im unelastischen (plastischen) Bereich
Inelastic buckling (Tetmajer's method) Knicken im unelastischen (Tetmajer-)Bereich
Infinite plate with a hole Unendlich ausgedehnte Scheibe mit Bohrung
Influence of temperature, pH, inhibiting and activating compounds Einfluss von Temperatur, pH-Wert, Inhibitoren und Aktivatoren
Influence of the design on the form of the lubricated gap between bearing and shaft Konstruktion und Schmierspaltausbildung
Influences on material properties Einflüsse auf die Werkstoffeigenschaften
Influencing variables Einflussgröße
Information layout Informationsdarstellung

Information technology Informationstechnologie
Inhibition of growth Wachstumshemmung
Initial forces, start-up forces Anregungskräfte
Injection (direct contact) condensers Einspritz-(Misch-)Kondensatoren
Injection moulding Spritzgießverfahren
Injection nozzle Einspritzdüse
Injection pressing Spritzpressen
Inlet and outlet gear Ein- und Auslasssteuerung
Inlet and outlet gear components Baugruppen zur Ein- und Auslasssteuerung
Inorganic chemical analysis Anorganisch-chemische Analytik
Input and output of signals Signaleingabe und -ausgabe
Input problem Eingangsproblem
Installations for natural ventilation Einrichtungen zur freien Lüftung
Instrument transformers Messwandler
Insulated gate bipolar transistors IGB-Transistoren
Integral controller I-Anteil, I-Regler
Integral element I-Glied
Integrally geared compressor Mehrwellen-Getriebeverdichter
Integration technologies Integrationstechnologien
Interfaces Schnittstellen
Interference fits Pressverbände
Intergranular corrosion Interkristalline Korrosion
Interior lay out Innenraumgestaltung
Interior noise Innengeräusch
Internal combustion Verbrennung im Motor
Internal combustion (IC) engine design Konstruktion von Motoren
Internal combustion (IC) engine fuels Motoren-Kraftstoffe
Internal combustion (IC) engines Motorkraftwerke
Internal combustion engines Verbrennungskraftanlagen
Internal combustion engines Verbrennungsmotoren
Internal cooling load Innere Kühllast
Internal energy and systemenergy Innere Energie und Systemenergie
International practical temperature scale Internationale Praktische Temperaturskala
International standard atmosphere Internationale Standardatmosphäre (ISA)
International system of units Internationales Einheitensystem
Internet Internet
Interpolation, Integration Interpolation, Integration
Interpretation of climate data Auslegung von Klimadaten
Introduction Einführung
Introduction Einleitung
Introduction and definitions Einleitung und Definitionen
Introduction, function Überblick, Aufgaben
Involute teeth Evolventenverzahnung
Iron Base Materials Eisenwerkstoffe
Iron Carbon Constitutional Diagram Zustandsschaubild Eisen-Kohlenstoff
Jet and diffusion flow Düsen- und Diffusorströmung
Jig boring machines Koordinatenbohrmaschinen
Job planning Arbeitsvorbereitung
Joining Fügen von Kunststoffen
Joints with polygonprofile Polygonwellenverbindungen
Kaplan turbines Kaplanturbinen
Kinematic analysis of planar mechanisms Kinematische Analyse ebener Getriebe
Kinematic analysis of spatial mechanisms Kinematische Analyse räumlicher Getriebe
Kinematic and dynamic model Kinematisches und dynamisches Modell
Kinematic and vibration quantities Kinematische und schwingungstechnische Messgrößen
Kinematic fundamentals, terminology Kinematische Grundlagen, Bezeichnungen
Kinematic model Kinematisches Modell
Kinematics Kinematik
Kinematics of crank mechanism Kinematik des Kurbeltriebs
Kinematics, power, efficiency Kinematik, Leistung, Wirkungsgrad
Kinetic of enzyme reactions Kinetik enzymatischer Reaktionen

Kinetic of microbial growth Kinetik des mikrobiellen Wachstums
Kinetics of chemical reactions Kinetik chemischer Reaktionen
Kinetostatic analysis of planar mechanisms Kinetostatische Analyse ebener Getriebe
Kirchhoff's Law Kirchhoffsches Gesetz
Knee-type milling machines Konsolfräsmaschinen
Knowledge based modeling Wissensbasierte Modellierung
Lagrange's equations Lagrangesche Gleichungen
Laminated Object Manufacturing (LOM) Laminated Object Manufacturing (LOM)
Lapping machines Läppmaschinen
Laser beam processing Laserstrahlverfahren
Laser cutting Lasertrennen
Laser welding and soldering equipment Laserstrahl-Schweiß- und Löteinrichtungen
Lateral buckling of beams Kippen
Lateral dynamics and driving behavior Querdynamik und Fahrverhalten
Lathes Drehmaschinen
Law of physics Physikalische Grundlagen
Laws of fluid dynamics Strömungsgesetze
Layout design of friction clutches Auslegung einer reibschlüssigen Schaltkupplung
Layout design of heat exchangers Auslegung von Wärmeübertragern
Layout design principles, vibration characteristics Auslegungsgesichtspunkte, Schwingungsverhalten
Lead Blei
Leaf springs and laminated leaf springs Einfache und geschichtete Blattfedern (gerade oder schwachgekrümmte, biegebeanspruchte Federn)
Length measurement Längenmesstechnik
Life Cycle Costing Lebenslaufkostenrechung
Lifecyclecosts Lebenszykluskosten LCC
Lift drive, auxiliary function driv Hubantrieb, Antrieb der Nebenfunktionen
Lift drive, auxiliary function drive, manually operated industrial trucks Hubantrieb, Antrieb der Nebenfunktionen Handbetriebene Flurförderzeuge
Lift mast Hubgerüst
Lifting equipment and cranes Hebezeuge und Krane
Lifting hook Lasthaken
Light and lighting Licht und Beleuchtung
Light water reactors Leichtwasserreaktoren (LWR)
Lightweight structures Leichtbau
Line interaction Netzrückwirkungen
Line model Leitungsnachbildung
Linear and rotary guides and bearings Führungen
Linear basic elements Lineare Grundglieder
Linear characteristic curve Lineare Kennlinie
Linear control loop Linearer Regelkreis
Linear guides Linearführungen
Linear motion rolling bearings Linearwälzlager
Linear motors Linearmotoren
Linear transfer elements Lineare Übertragungsglieder
Line-commutated converters Netzgeführte Stromrichter
Line-commutated rectifiers and inverters Netzgeführte Gleich- und Wechselrichter
Liquid fuel furnaces Feuerungen für flüssige Brennstoffe
Liquid level Flüssigkeitsstand
Liquid ring compressors Flüssigkeitsringverdichter
Load and operating strategies Belegungs- und Bedienstrategien
Load capacity Tragfähigkeit
Load carrying equipment Tragmittel und Lastaufnahmemittel
Load carrying equipment for bulk materials Lastaufnahmemittel für Schüttgüter
Load carrying equipment for individual items Lastaufnahmemittel für Stückgüter
Load rating and fatigue life of rolling bearings Belastbarkeit und Lebensdauer der Wälzlager
Load-carrying device Lastaufnahmevorrichtung
Load-commutated inverter motor Stromrichtermotor
Load-deformation diagrams, spring rate (stiffness), deformation rate (flexibility) Federkennlinie, Federsteifigkeit, Federnachgiebigkeit

Loading and failure types Beanspruchungs- und Versagensarten
Loading and materials Beanspruchungen und Werkstoffe
Loading and stress conditions Belastungs- und Beanspruchungsfälle
Loading capacity under creep conditions and creep-fatigue conditions Festigkeitsnachweis unter Zeitstand- und Kriechermüdungsbeanspruchung
Loads and load combinations Lasten und Lastkombinationen
Loads, Load Assumptions Lasten, Lastannahmen
Local stress or strain approach Kerbgrundkonzepte
Localized corrosion and passivity Lokalkorrosion und Passivität
Long stroke honing machines Langhubhonmaschinen
Longtime tests Dauerversuche
Loss factors for pipe fittings and bends Strömungsverluste durch spezielle Rohrleitungselemente und Einbauten
Losses and efficiency Verluste und Wirkungsgrad
Losses at the blade tips Verluste an den Schaufelenden
Low voltage switchgear Niederspannungsschaltgeräte
Lubricant and kind of lubrication Schmierstoff und Schmierungsart
Lubricant supply Lagerschmierung
Lubricants Schmierstoffe
Lubricating greases Schmierfette
Lubricating oils Schmieröle
Lubrication Schmierung
Lubrication and cooling Schmierung und Kühlung
Lubrication of rolling bearings Wälzlagerschmierung
Machine acoustic base equation Maschinenakustische Grundgleichung
Machine acoustic calculations by Finite-Element-Method/Boundary-Element-Method Maschinenakustische Berechnungen mit der Finite-Elemente-Methode/Boundary-Elemente-Methode
Machine acoustic calculations by Statistical Energy Analysis (SEA) Maschinenakustische Berechnungen mit der Statistischen Energieanalyse (SEA)
Machine dynamics Maschinendynamik
Machine tool components Elemente der Werkzeugmaschinen
Machine types Maschinenarten
Machine vibrations Maschinenschwingungen
Machines for circular milling Rundfräsmaschinen
Machines for power hack sawing and filing Hubsäge- und Hubfeilmaschinen
Machining Centers Bearbeitungszentren
Magnesium alloys Magnesiumlegierungen
Magnetic data transmission Magnetische Datenübertragung
Magnetic materials Magnetische Materialien
Maintenance Wartung und Instandhaltung
Maintenance of cells Zellerhaltung
Manifestation of corrosion Korrosionserscheinungen („Korrosionsarten“)
Manipulation and disturbance reaction of the controlled system Stell- und Störverhalten der Strecke
Manufacturing in precision engineering and microtechnology Fertigungsverfahren der Feinwerk- und Mikrotechnik
Manufacturing of cast parts Herstellung von Formteilen (Gussteilen)
Manufacturing of half-finished parts Herstellung von Halbzeugen
Manufacturing of microstructures Verfahren der Mikrotechnik
Manufacturing processes Fertigungsverfahren
Manufacturing systems Fertigungsmittel
Manufacturing systems Fertigungssysteme
Marine application Schifffahrt
Matching of centrifugal pump and system characteristics Kreiselpumpe an den Leistungsbedarf, Anpassung
Matching of machine and plant Zusammenarbeit von Maschine und Anlage
Material Werkstoff
Material flow controls Materialflusssteuerungen
Material separation Stofftrennung
Material to be conveyed; materials handling equipment Fördergüter und Fördermaschinen

Materiallographic analyses Materialographische Untersuchungen
Materials design values for dimensioning of components Werkstoffkennwerte für die Bauteildimensionierung
Materials handling Materialtransport
Materials handling and conveying Fördertechnik
Materials in electric field Stoffe im elektrischen Feld
Materials in magnetic field Stoffe im Magnetfeld
Materials selection Werkstoffauswahl
Materials technology Werkstofftechnik
Materials testing Werkstoffprüfung
Mathematics Mathematik
Maximum principal stress criterion Normalspannungshypothese
Maximum shear strain energy criterion Gestaltänderungsenergiehypothese
Maximum shear stress (Tresca) criterion Schubspannungshypothese
Mean retention time Mittlere Verweilzeit
Measurement and control Mess- und Regelungstechnik
Measurement of current, voltage and resistance Strom-, Spannungs- und Widerstandsmesstechnik
Measurement signal processing Messsignalverarbeitung
Measurement technique and sensors Messtechnik und Sensorik
Measuring chain Messkette
Measuring quantities and methods Messgrößen und Messverfahren
Measuring spot and data sensoring Messort und Messwertabnahme
Mechanical action Mechanische Beanspruchungen
Mechanical behaviour Mechanisches Verhalten
Mechanical brakes Mechanische Elemente der Antriebe
Mechanical data transmission Mechanische Datenübertragung
Mechanical feed drive components Mechanische Vorschub-Übertragungselemente
Mechanical losses Mechanische Verluste
Mechanical machine components Mechanische Konstruktionselemente
Mechanical memories and control systems Mechanische Speicher und Steuerungen
Mechanical model Mechanisches Ersatzsystem
Mechanical models, equations of motion Mechanische Ersatzsysteme, Bewegungsgleichungen
Mechanical presses Weggebundene Pressmaschinen
Mechanical process engineering Mechanische Verfahrenstechnik
Mechanical ventilation facilities Mechanische Lüftungsanlagen
Mechanics Mechanik
Mechanism-engineering, kinematics Getriebetechnik
Mechanisms of corrosion Mechanismen der Korrosion
Mechanized hard soldering Mechanisiertes Hartlöten
Mechatronics Mechatronik
Melting and sublimation curve Schmelz- und Sublimationsdruckkurve
Membrane separation processes Membrantrennverfahren
Metal cutting machine tools Spanende Werkzeugmaschinen
Metal springs Metallfedern
Metallographic investigation methods Metallographische Untersuchungen
Metallurgical effects Metallurgische Einflüsse
Meteorological fundamentals Meteorologische Grundlagen
Methods Methoden
Methods of coordinate geometry Analytische Verfahren
Methods of reducing machinery noise Möglichkeiten zur Verminderung von Maschinengeräuschen
Metrology Messtechnik
Michaelis-Menten-Kinetic Michaelis-Menten-Kinetik
Microbiological influenced corrosion Mikrobiologisch beeinflusste Korrosion
Microorganisms of technical importance Mikroorganismen mit technischer Bedeutung
Milling Fräsen

Milling machines Fräsmaschinen
Milling machines with parallel kinematics Fräsmaschinen mit Parallelkinematiken
Milling machines with parallel kinematics, special milling machines Fräsmaschinen mit Parallelkinematiken Sonderfräsmaschinen
Mineral components Mineralische Bestandteile
Mixing installations for concrete Betonmischanlagen
Mixing of solid materials Mischen von Feststoffen
Mixture formation and combustion in compression-ignition engines Gemischbildung und Verbrennung im Dieselmotor
Mixture formation and combustion in spark ignition engines Gemischbildung und Verbrennung im Ottomotor
Mixtures Gemische
Mixtures of gas and vapour. Humid air Gas-Dampf-Gemische. Feuchte Luft
Mobile cranes Fahrzeugkrane
Modal analysis Modale Analyse
Modal parameters: Natural frequencies, modal damping, eigenvectors Modale Parameter: Eigenfrequenzen, modale Dämpfungen, Eigenvektoren
Mode of operation Wirkungsweise
Mode of operation, definitions Wirkungsweise, Definitionen
Modeling and design method Modellbildung und Entwurf
Models Modelle
Modes of failure under complex conditions Versagen durch komplexe Beanspruchungen
Modular system Baukasten
Mohr's criterion Erweiterte Schubspannungshypothese
Mollier-diagram of humid air Mollier-Diagramm der feuchten Luft
Moment of inertia Allgemeines über Massenträgheitsmomente
Motion and control System Antriebs- und Steuerungssystem
Motion controls Bewegungssteuerungen
Motion measurement Wegmesstechnik
Motion of rigid bodies Bewegung starrer Körper
Motion of the centroid Schwerpunktsatz
Motorcycles Krafträder
Motors Motoren
Moving coil instruments Messwerke
Multi-degree-of-freedom systems (coupled vibrations) Systeme mit mehreren Freiheitsgraden (Koppelschwingungen)
Multidimensional flow of ideal fluids Mehrdimensionale Strömung idealer Flüssigkeiten
Multidimensional flow of viscous fluids Mehrdimensionale Strömung zäher Flüssigkeiten
Multigrid method Mehrgitterverfahren
Multi-lobed and tilting pad journal bearings Mehrgleitflächenlager
Multi-loop control Mehrschleifige Regelung
Multi-machine Systems Mehrmaschinensysteme
Multiphase fluid flow Mehrphasenströmungen
Multi-spindle drilling machines Mehrspindelbohrmaschinen
Multistage compression Mehrstufige Verdichtung
Natural circulation fossil fuelled boilers Naturumlaufkessel für fossile Brennstoffe
Natural frequency of undamped systems Eigenfrequenzen ungedämpfter Systeme
Natural gas transport Erdgastransporte
Navier Stokes' equations Bewegungsgleichungen von Navier-Stokes
Net calorific value and gros calorific value Heizwert und Brennwert
Network analysis Netzwerkberechnung
Networks Netzwerke
Newton's law of motion Dynamisches Grundgesetz von Newton (2. Newtonsches Axiom)
Nickel and nickel alloys Nickel und seine Legierungen
Noise Geräusch
Noise development Geräuschentstehung
No-load and short circuit Leerlauf und Kurzschluss
Nominal stress approach Nennspannungskonzept
Nominal, structural and notch tension concept Nenn-, Struktur- und Kerbspannungskonzept
Non-destructive diagnosis and machinery condition monitoring Zerstörungsfreie Bauteil- und Maschinendiagnostik
Non-destructive testing Zerstörungsfreie Werkstoffprüfung

Nonferrous metals Nichteisenmetalle
Nonlinear transfer elements Nichtlinearitäten
Non-linear vibrations Nichtlineare Schwingungen
Nonmetallic inorganic materials Nichtmetallische anorganische Werkstoffe
Nonsteady flow Instationäre Strömung
Non-continuous conveyors Unstetigförderer
Non-steady flow of viscous Newtonian fluids Instationäre Strömung zäher Newtonscher Flüssigkeiten
Normal impact Gerader zentraler Stoß
Notched bar impact bending test Kerbschlagbiegeversuch
Nuclear fuels Kernbrennstoffe
Nuclear fusion Kernfusion
Nuclear power stations Kernkraftwerke
Nuclear reactor boilers Dampferzeuger für Kernreaktoren
Nuclear reactors Kernreaktoren
Number representation and arithmetic operations Zahlendarstellungen und arithmetische Operationen
Numbering systems Sachnummernsysteme
Numerical basic functions Numerische Grundfunktionen
Numerical control (NC) Numerische Steuerungen
Numerical methods Numerische Berechnungsverfahren
Numerical methods Numerische Methoden
Numerical processes to simulate airborne and structure-borne noise Numerische Verfahren zur Simulation von Luft- und Körperschall
Numerical-analytical solutions Numerisch-analytische Lösung
Object oriented programming Objektorientierte Programmierung
Oblique impact Schiefer zentraler Stoß
Occupant cell Fahrgastzelle
Off-line programming systems Offline-Programmiersysteme
Oil lubrication Ölschmierung
Oil transport Mineralöltransporte
One-dimensional flow of ideal fluids Eindimensionale Strömungen idealer Flüssigkeiten
One-dimensional flow of non-Newtonian fluids Eindimensionale Strömung Nicht-Newtonscher Flüssigkeiten
One-dimensional flow of viscous Newtonian fluids Eindimensionale Strömungen zäher Newtonscher Flüssigkeiten (Rohrhydraulik)
Open and Closed loop Offene und geschlossene Regelkreise
Open circuit Offener Kreislauf
Open gas turbine cycle Offene Gasturbinenanlage
Operating characteristics Betriebskennlinien
Operating characteristics Betriebsverhalten
Operating conditions Betriebsbedingungen (vorgegeben)
Operating conditions and performance characteristics Betriebsverhalten und Kenngrößen
Operating systems Betriebssysteme
Operating variables Beanspruchungskollektiv
Operation of hydrostatic transmissions Funktion der Hydrogetriebe
Operation of storage systems Betrieb von Lagersystemen
Operational amplifiers Operationsverstärker
Operational area Einsatzgebiete
Operational behaviour and control Betriebsverhalten und Regelmöglichkeiten
Operational costing Betriebliche Kostenrechnung
Operational mode Betriebsweise
Operational stability Betriebsfestigkeit
Optical data collection and transmission Optische Datenerfassung und -übertragung
Optical quantities Optische Messgrößen
Optimization problems Optimierungsprobleme
Optimum indoor climate in working spaces and factories Erträgliches Raumklima in Arbeitsräumen und Industriebetrieben
Optocouplers Optokoppler
Optoelectronic components Optoelektronische Komponenten
Opto-electronic emitters Optoelektronische Sender
Opto-electronic receivers Optoelektronische Empfänger
Organic chemical analysis Organisch-chemische Analytik

Organic industrial design: challenges and visions Bio-Industrie-Design: Herausforderungen und Visionen
Organisation of control systems Aufbauorganisation von Steuerungen
Organisational types Formen der Organisation
Organizational forms of assembly Organisationsformen der Montage
Origin of machine vibrations, excitation forces Entstehung von Maschinenschwingungen, Erregerkräfte F(t)
Oscillating circuits and filters Schwingkreise und Filter
Oscillating positive displacement pumps Oszillierende Verdrängerpumpen
Oscilloscopes Oszilloskope
Ossberger (Banki) turbines Ossbergerturbinen
Otto engine Ottomotor
Outdoor air humidity Luftfeuchte
Outdoor air temperature Lufttemperatur
Output of measured quantities Messwertausgabe
Machine Maschine
Overall machine performance parameters Maschinenkenngrößen
Overview Übersicht
Packaged water chiller Kaltwassersätze
Pallet truck Niederhubwagen
Pallet-stacking truck Gabelhochhubwagen
Parallel keys and woodruff keys Pass- und Scheibenfeder-Verbindungen
Parameter definition Parameterermittlung
Parameter-excited vibrations Parametererregte Schwingungen
Parameters of the conveying process Kenngrößen des Fördervorgangs
Parametric modeling Parametrik
Parametrics and holonomic constraint Parametrik und Zwangsbedingungen
Particle dynamics, straight line motion of rigid bodies Kinetik des Massenpunkts und des translatorisch bewegten Körpers
Part-load operation Teillastbetrieb
Passive components Passive Komponenten
Passive safety Passive Sicherheit
Pattern recognition and image processing Mustererkennung und Bildverarbeitung
Pelton turbines Peltonturbinen
Perfect liquid Ideale Flüssigkeit
Performance characteristics Kennliniendarstellungen
Performance parameter range of compressor stages Kenngrößen-Bereiche für Verdichterstufen
Performance parameter range of turbine stages Kenngrößen-Bereiche für Turbinenstufen
Permanent brakes Dauer-Bremsanlagen
Permanent disposal of nuclear waste Endlagerung radioaktiver Abfälle
Permanent elastic couplings Elastische, nicht schaltbare Kupplungen
Permanent molding process Dauerformverfahren
Permanent rotary-flexible couplings Drehnachgiebige, nicht schaltbare Kupplungen
Permanent torsionally stiff couplings Drehstarre, nicht schaltbare Kupplungen
Phasor diagram Zeigerdiagramm
Photometry, colorimetry Licht- und Farbmesstechnik
Picking Kommissionierung
Piece good handling technology Stückgut-Systemtechnik
Pin-jointed frames Fachwerke
Pinned and taper-pinned joints Stiftverbindungen
Pipe fittings Rohrverbindungen
Pipework Rohrleitungen
Piping system Rohrnetz
Piston compressors Hubkolbenverdichter
Piston engines Hubkolbenmaschinen
Piston pumps Kolbenpumpen
Pistontype motors Hydromotoren in Hubverdränger-(Kolben-)bauart
Placement of primary shaping in the manufacturing processes Einordnung des Urformens in die Fertigungsverfahren
Plain bearings Gleitlagerungen
Plain journal bearings under steady-state conditions Stationär belastete Radialgleitlager
Plain thrust bearings under steady state conditions Stationär belastete Axialgleitlager
Plane frames Ebene Fachwerke
Plane motion Ebene Bewegung
Plane problems Körper in der Ebene
Plane stresses Ebener Spannungszustand

Plane surfaces Ebene Flächen
Planing machines Hobelmaschinen
Planing, shaping and slotting machines Hobel- und Stoßmaschinen
Planning and investments Planung und Investitionen
Planning of measurements Planung von Messungen
Plant and animal tissues Pflanzliche und tierische Zellen (Gewebe)
Plant performance characteristics Anlagencharakteristik
Plastic foams (Cellular plastics) Kunststoffschäume
Plastic limit load concept Plastisches Grenzlastkonzept
Plastics Kunststoffe
Plastics with fluorine Fluorhaltige Kunststoffe
Plates Platten
Plates and shells Flächentragwerke
Platform truck Wagen
Pneumatic components Bauelemente
Pneumatic conveyors Pneumatische Förderer
Pneumatic drives Pneumatische Antriebe
Pneumatic power transmission Energieübertragung durch Gase
Polarimetry Polarimetrie
Pollutant content Schadstoffgehalt
Polytropic and isentropic efficiency Polytroper und isentroper Wirkungsgrad
Port fuel injection Saugrohr-Benzin-Einspritzung
Position adjustment Lageeinstellung
Positive (interlocking) clutches (dog clutches) Formschlüssige Schaltkupplungen
Positive connections Formschlussverbindungen
Positive displacement pumps Verdrängerpumpen
Positive locked drives Formschlüssige Antriebe
Possibilities for noise reduction Möglichkeiten zur Geräuschminderung
Potential flows Potentialströmungen
Power characteristics of valves Leistungsmerkmale der Ventile
Power diodes Leistungsdioden
Power electronics Leistungselektrik
Power output, power input, overall efficiency Förderleistung, Antriebsleistung, Gesamtwirkungsgrad
Power plant technology Kraftwerkstechnik
Power Plant Turbines Kraftwerksturbinen
Power, torque and fuel consumption Leistung, Drehmoment und Verbrauch
Power-driven lift trucks Motorisch betriebene Flurförderzeuge
PPC systems PPS-Systeme
Precision drilling machines Feinbohrmaschinen
Preparing and finishing steps Vorbereitende und nachbehandelnde Arbeitsvorgänge
Presentation of vibrations in the frequency domain Darstellung von Schwingungen im Frequenzbereich
Presentation of vibrations in the time and frequency domain Darstellung von Schwingungen im Zeit- und Frequenzbereich
Presentation of vibrations in the time domain Darstellung von Schwingungen im Zeitbereich
Press moulding Formpressen
Press Pressmaschinen
Press, working process related Arbeitgebundene Pressmaschine
Presses and hammers for metal forming Werkzeugmaschinen zum Umformen
Pressure conditions Druckzustände
Pressure control valves Druckventile
Pressure drop Druckverlust
Pressure drop design Druckverlustberechnung
Pressure losses Druckverluste
Pressure measurement Druckmesstechnik
Pressures Drücke
Pressurized cross sectional area A_p Druckbeanspruchte Querschnittsflächen A_p
Prestressed shaft-hub connections Vorgespannte Welle-Nabe-Verbindungen
Primary energies Primärenergien
Principle and types Prinzip und Bauformen
Principle of operation Funktionsweise des Industrie-Stoßdämpfers
Principle of virtual work Prinzip der virtuellen Arbeiten
Principles of condensation Grundbegriffe der Kondensation

Principles of embodiment design Gestaltungsprinzipien
Principles of energy supply Grundsätze der Energieversorgung
Printers Drucker
Procedure Vorgang
Process data processing and bussystems Prozessdatenverarbeitung und Bussysteme
Processes and functional principles Prozesse und Funktionsweisen
Processing Plants Verarbeitungsanlagen
Processing System Verarbeitungssystem
Product creation process Produktentstehungsprozess
Product data management Produktdatenmanagement
Production and works management Fertigungs- und Fabrikbetrieb
Production management Management der Produktion
Production of diffusion layers Erzeugung von Diffusionsschichten
Production of plane surface structures Herstellen planarer Strukturen
Production planning Arbeitsplanung
Production planning and control Arbeitssteuerung
Profil grinding machines Profilschleifmaschinen
Profile losses Profilverluste
Program control and function control Programmsteuerung und Funktionssteuerung
Programmable logic controller (PLC) Speicherprogrammierbare Steuerungen
Programming languages Programmiersprachen
Programming methods Programmiermethoden
Programming procedures Programmierverfahren
Proof of strength for components Festigkeitsnachweis von Bauteilen
Proof of strength for constant cyclic loading Festigkeitsnachweis bei Schwingbeanspruchung mit konstanter Amplitude
Proof of strength for static loading Festigkeitsnachweis bei statischer Beanspruchung
Proof of structural durability Festigkeitsnachweis bei Schwingbeanspruchung mit variabler Amplitude (Betriebsfestigkeitsnachweis)
Propellers Propeller
Properties Eigenschaften
Properties and Application of Materials Eigenschaften und Verwendung der Werkstoffe
Properties of materials and structures Werkstoff- und Bauteileigenschaften
Proportional controlled system P-Strecke 0. Ordnung ($P–T_0$)
Proportional controlled system with dead time P-Strecke mit Totzeit ($P–T_t$)
Proportional controlled system with first order delay P-Strecke 1. Ordnung ($P–T_1$)
Proportional controlled system with second or higher order delay P-Strecke 2. und höherer Ordnung ($P–T_n$)
Proportional controller P-Anteil, P-Regler
Proportional element P-Glied
Proportional plus derivative controller PD-Regler
Proportional plus integral controller PI-Regler
Proportional plus integral plus derivative controller PID-Regler
Proportional valves Proportionalventile
Propulsion system Fahrantrieb
Protection against electric shock Berührungsschutz
Protection switches Schutzschalter
Pulsation dumping Pulsationsdämpfung
Pulverized fuel furnaces Kohlenstaubfeuerung
Pump constructions Ausgeführte Pumpen
Pump storage stations Pumpspeicherwerke
Purity of material Werkstoffreinheit
Push sorter Schubplattformförderer
Pusher furnace Stoßofen
Quality management (QM) Qualitätsmanagement
Quantities of substances and matter Stoffmessgrößen
Quasistationary electromagnetic field Quasistationäres elektromagnetisches Feld
Radial drilling machines Schwenkbohrmaschinen
Radial turbine stage Radiale Turbinenstufe
Radiation in industrial furnaces Strahlung in Industrieöfen
Radiation measurement Strahlungsmesstechnik
Radiative heat transfer Wärmeübertragung durch Strahlung

Radiators, convectors and panel heating Raum-Heizkörper, -Heizflächen
Rail vehicles Schienenfahrzeuge
Rating, flow rate, control Bemessung, Förderstrom, Steuerung
Ratio of slip Schlupf
Reach truck Schubstapler
Reaction turbines Überdruckturbinen
Reactive power compensation Blindleistungskompensation
Reactor core with reflector Reaktorkern mit Reflektor
Reactor safety Sicherheitstechnik von Kernreaktoren
Real cycle Wirklicher Arbeitsprozess
Real engine Reale Maschine
Real fluid Reales Fluid
Real gases and vapours Reale Gase und Dämpfe
Real gas-turbine cycles Reale Gasturbinenprozesse
Real reactors Reale Reaktoren
Realization of assembly and disassembly Durchführung der Montage und Demontage
Reciprocating engines Kolbenmaschinen
Reciprocating water chillers Kaltwassersatz mit Kolbenverdichter
Recooling systems Rückkühlsysteme
Recorders Schreiber
Rectangular plates Rechteckplatten
Reduce of force level Verminderung des Kraftpegels (Maßnahmen an der Krafterregung)
Reduce of structure-borne-noise-factor and radiation coefficient Verminderung von Körperschallmaß und Abstrahlmaß (Maßnahmen am Maschinengehäuse)
Reduction of the airborne noise emission Verminderung der Luftschallabstrahlung
Reduction of the force excitation Verminderung der Kraftanregung
Reduction of the structure-borne noise function Verminderung der Körperschallfunktion
Reference and disturbance reaction of the control loop Führungs- und Störungsverhalten des Regelkreises
Reference reaction of the control loop Führungsverhalten des Regelkreises
Reference values, level arithmetic Bezugswerte, Pegelarithmetik
Refractometry Refraktometrie
Refractories Feuerfestmaterialien
Refrigerant Kältemittel
Refrigerant circuits Kältemittelkreisläufe
Refrigerant-compressor Kältemittelverdichter
Refrigerants, refrigeration oils and brines Kältemittel, Kältemaschinen-Öle und Kühlsolen
Refrigeration and air-conditioning technology and heating engineering Kälte-, Klima- und Heizungstechnik
Refrigeration oil Kältemaschinen-Öle
Refrigeration plants and heat pumps Kälteanlagen und Wärmepumpen
Refrigeration processes Kältetechnische Verfahren
Refrigeration technology Kältetechnik
Regenerative energies Regenerative Energien
Regenerative heat transfer Regenerativer Wärmeübergang
Registrating instruments Messwertregistrierung
Regulating device Regelung
Regulating device Verstellung und Regelung
Regulating device and operating characteristics Regelung und Betriebsverhalten
Regulation methods Regelungsarten
Reliability test Zuverlässigkeitsprüfung
Remote heat transport Fernwärmetransporte
Removal by thermal operations Thermisches Abtragen
Representation and documentation of results Ergebnisdarstellung und Dokumentation
Requirements of gas mixture Gemischbildung, Anforderungen an
Requirements, types of design Anforderungen an Bauformen
Resistance heating Widerstandserwärmung
Resistance welding machine Widerstandsschweißmaschine
Resistors Widerstände
Reversing converters Umkehrstromrichter
Rigid body rotation about a fixed axis Rotation eines starren Körpers um eine feste Achse
Rigid couplings Starre Kupplungen
Riveted joints Nietverbindungen
Road vehicles Straßenfahrzeuge
Roller conveyors Rollen- und Kugelbahnen
Rolling bearing clearance Lagerluft

Rolling bearing seals Wälzlagerdichtungen
Rolling bearing structural materials Wälzlagerwerkstoffe
Rolling bearing types Bauarten der Wälzlager
Rolling bearings Wälzlager
Rolling friction Rollwiderstand
Rolling with spin Bohrbewegung
Room temperature Raumtemperatur
Roots blowers Roots-Gebläse
Ropes and rope drives Seile und Seiltriebe
Rotary cube casing Drehrohrmantel
Rotary guides, bearings Drehführungen, Lagerungen
Rotary impact Drehstoß
Rotary kiln Drehrohröfen
Rotating electrical machines Elektrische Maschinen
Rotating fields in three-phase machines Drehfelder in Drehstrommaschinen
Rotating S-conveyor Umlauf-S-Förderer
Rotation Rotation (Drehbewegung, Drehung)
Rubber springs and anti-vibration mountings Gummifedern
Rule of the common normal Verzahnungsgesetz
Rules for control loop optimization Einstellregeln für Regelkreise
Running gear Fahrwerkskonstruktionen
Running quality of mechanisms Laufgüte der Getriebe
Run-of-river and storage power stations Laufwasser- und Speicherkraftwerke
Safety Arbeitssicherheit
Safety Sicherheit
Safety devices Sicherheitstechnik
Safety requirements Sicherheitsbestimmungen
Sampling Probenentnahme
Sawing and filing machines Säge- und Feilmaschinen
Scavenging of two-stroke engines Ladungswechsel des Zweitaktmotors
Schottky-Diodes Schottky-Dioden
Scope of quality management Aufgaben des Qualitätsmanagements
Scraper conveyors Kratzerförderer
Screw (driving screw) Schraube (Bewegungsschraube)
Screw compressor water chillers Kaltwassersatz mit Schraubenverdichter
Screw compressors Schraubenverdichter
Screw conveyors Förderer mit Schnecken
Screw presses Spindelpressen
Screw thread grinding machines Schraubflächenschleifmaschinen
Sealing of the working chamber Abdichten des Arbeitsraumes
Search for solution principles Suche nach Lösungsprinzipien
Second law Zweiter Hauptsatz
Second or higher order delay element T_2/n-Glied
Secondary treatments Nachbehandlungen
Segregation Segregation
Selection of machine type Wahl der Bauweise
Selective laser sintering (SLS) Selektives Lasersintern (SLS)
Selective network protection Selektiver Netzschutz
Self-commutated converters Selbstgeführte Stromrichter
Self-commutated inverters and converters Selbstgeführte Wechselrichter und Umrichter
Self-excited vibrations Selbsterregte Schwingungen
Selflocking and partial locking Selbsthemmung und Teilhemmung
Semi-closed circuits Halboffener Kreislauf
Semi-infinite body Halbunendlicher Körper
Semi-open impeller Offenes Laufrad
Semi-similar series Halbähnliche Baureihen
Sensor technology Sensorik
Sensors Sensoren
Sensors and actuators Sensoren und Aktoren
Separation of particles out of gases Abscheiden von Partikeln aus Gasen
Separation of solid particles out of fluids Abscheiden von Feststoffpartikeln aus Flüssigkeiten
Servo valve Servoventile
Shaft seals Wellendichtungen
Shaft, cupola and blast furnace Schacht-, Kupol- und Hochöfen
Shaping and slotting machines Stoßmaschinen
Shaping of metals by casting Formgebung bei metallischen Werkstoffen durch Gießen
Shear and torsion Schub und Torsion

Shear stresses and shear centre in straight beams Schubspannungen und Schubmittelpunkt am geraden Träger
Shearing and blanking Scheren und Schneiden
Shearing and blanking machines Maschinen zum Scheren und Schneiden
Shearing machines Maschinen zum Scheren
Shell type steam generators Großwasserraumkessel
Shells Schalen
Shells under internal pressure, membrane stress theory Biegeschlaffe Rotationsschalen und Membrantheorie für Innendruck
Shingling conveyor Schuppenförderer
Ship propellers Schiffspropeller
Shock absorber Industrie-Stoßdämpfer
Shockabsorption Dämpfung
Short stroke honing machines Kurzhubhonmaschinen
Short-circuit characteristics Kurzschlussverhalten
Short-circuit currents Kurzschlussströme
Short-circuit protection Kurzschlussschutz
Shovel loaders Schaufellader
Shrouded 2 D-impeller Geschlossenes 2D-Laufrad
Shrouded 3 D-impeller Geschlossenes 3D-Laufrad
Shut-off and control valves Absperr- und Regelorgane
Shuttle Valves Sperrventile
Side-loading truck Querstapler
Sign conventions Vorzeichenregeln
Signal forming Signalbildung
Signal processing Signalverarbeitung
Similarity conditions and loading Ähnlichkeitsbeziehungen und Beanspruchung
Similarity laws Ähnlichkeitsbeziehungen
Similarity laws Ähnlichkeitsgesetze (Modellgesetze)
Similarity mechanics Ähnlichkeitsmechanik
Simulation methods Simulationsmethoden
Single phase fluid flow Einphasenströmung
Single phase transformers Einphasentransformatoren
Single point thread turning Gewindedrehen
Single shaft compressor Einwellenverdichter
Single wheel lapping machines Einscheiben-Läppmaschinen
Single-phase motors Einphasenmotoren
Size Reduction Zerkleinern
Size Reduction Equipment Zerkleinerungsmaschinen
Size selection of friction clutches Auswahl einer Kupplungsgröße
Skin effect, depth of penetration Stromverdrängung, Eindringtiefe
Slat conveyors Plattenbandförderer
Slewing cranes Drehkrane
Slewing mechanis Drehwerke
Sliding and rolling motion Gleit- und Rollbewegung
Sliding shoe sorter Schiebeschuhsorter
Software engineering Softwareentwicklung
Solar energy Solarenergie
Solar radiation Sonnenstrahlung
Soldering Weichlöten
Soldering and brazing Löten
Solid fuel furnaces Feuerungen für feste Brennstoffe
Solid fuels Feste Brennstoffe
Solid lubricants Festschmierstoffe
Solid lubricants Feststoffschmierung
Solid materials Feste Stoffe
Solids/fluid flow Feststoff/Fluidströmung
Sorting system – sorting plant – sorter Sortiersystem – Sortieranlage – Sorter
Sound absorber Schalldämpfer
Sound intensity, sound intensity level Schallintensität, Schallintensitätspegel
Sound power, sound power level Schallleistung, Schallleistungspegel
Sound, frequency, acoustic range, sound pressure, sound pressure level, sound pressure level Schall, Frequenz, Hörbereich, Schalldruck, Schalldruckpegel, Lautstärke
Source of heat Wärmequellen
Spark erosion and electrochemical erosion Funkenerosion und elektrochemisches Abtragen
Special air conditioning and cooling plants Sonderklima- und Kühlanlagen
Special blanking processes Sonderschneidverfahren

Special cases Sonderfälle
Special characteristics Besondere Eigenschaften
Special gears Sondergetriebe
Special properties of conductors Besondere Eigenschaften bei Leitern
Special purpose drilling machines Sonderbohrmaschinen
Special purpose lathes Sonderdrehmaschinen
Special purpose milling machines Sonderfräsmaschinen
Special technologies Sonderverfahren
Special-purpose design Sonderbauarten
Specific power consumption Spezifischer Energieverbrauch
Specific safety devices Spezifische Sicherheitseinrichtungen
Speed control Drehzahlregelung
Speed control Drehzahlverstellung
Speed-sensitive clutches (centrifugal clutches) Drehzahlgeschaltete Kupplungen
Spheres Kugel
Spherical lapping machines Kugelläppmaschinen
Spiral springs and helical torsion springs Spiralfedern (ebene gewundene, biegebeanspruchte Federn) und Schenkelfedern (biegebeanspruchte Schraubenfedern)
Splined joints Zahn- und Keilwellenverbindungen
Springs Federn
Spur and helical gears – gear tooth geometry Stirnräder – Verzahnungsgeometrie
Stability Standsicherheit
Stability problems Stabilitätsprobleme
Stack Schornstein
Stacking truck Schmalgangstapler
Stage design Stufen
Standard hoists Serienhebezeuge
Standard problem of linear algebra Standardaufgabe der linearen Algebra
Standard problems of linear algebra Standardaufgaben der linearen Algebra
Standardisation Normenwerk
Start-up period Anfahren
Start of baking process Anbackungen
Start up and operation Anfahren und Betrieb
Starting aids Start- und Zündhilfen
Static and dynamic capacity and computation of fatigue life Statische bzw. dynamische Tragfähigkeit und Lebensdauerberechnung
Static and fatigue strength of bolted connections Auslegung und Dauerfestigkeitsberechnung von Schraubenverbindungen
Static and sliding friction Haftung und Gleitreibung
Static contact seals Berührungsdichtungen an ruhenden Flächen
Static efficiency Statischer Wirkungsgrad
Static Kraemer system Stromrichterkaskaden
Static similarity Statische Ähnlichkeit
Static strength Statische Festigkeit
Statically indeterminate systems Statisch unbestimmte Systeme
Statics of rigid bodies Statik starrer Körper
Stationary and rotating cascades Leit- und Laufgitter
Steady flow forces acting on blades Beanspruchung der Schaufeln durch stationäre Strömungskräfte
Steady flow in open channels Stationäre Strömung durch offene Gerinne
Steady laminar flow in pipes of circular crosssection Stationäre laminare Strömung in Rohren mit Kreisquerschnitt
Steady state heat conduction Stationäre Wärmeleitung
Steady state processes Stationäre Prozesse
Steady turbulent flow in pipes of circular cross-section Stationäre turbulente Strömung in Rohren mit Kreisquerschnitt
Steady-state operation Stationärer Betrieb
Steady-state response Statisches Verhalten
Steam generator systems Dampferzeugersysteme
Steam generators Dampferzeuger
Steam power plant Dampfkraftanlage
Steam storage Dampfspeicherung
Steam turbines Dampfturbinen
Steel structures Tragwerke
Steelmaking Stahlerzeugung
Steels Stähle
Steering Lenkung
Step response and unit step response Sprungantwort und Übergangsfunktion
Stepping motors Schrittmotoren

Stereolithography (SL) Stereolithografie (SL)
Sterile filtration Sterilfiltration
Sterile operation Steriler Betrieb
Sterilization Sterilisation
Sterilization with heat Hitzesterilisation
Stoichiometry Stöchiometrie
Stokers and grates Rostfeuerungen
Storage Messwertspeicherung
Storage equipment and operation Lagereinrichtung und Lagerbedienung
Storage in silos Bunkern
Storage power stations Speicherkraftwerke
Storage systems Speichersysteme
Store Lagern
Straddle carrier, Van carrier Portalstapler, Portalhubwagen
Straddle truck Spreizenstapler
Straight bevel gears Geradzahn-Kegelräder
Strain energy Formänderungsarbeit
Strain measurement Dehnungsmesstechnik
Strained cross sectional area Spannungsbeanspruchte Querschnitte
Strains Verformungen
Strength calculations Festigkeitsberechnung
Strength calculations for welded joints Festigkeit von Schweißverbindungen
Strength of materials Festigkeitslehre
Strength of materials Festigkeitsverhalten der Werkstoffe
Strength theories Festigkeitshypothesen
Stress corrosion cracking Spannungsrisskorrosion
Stresses Beanspruchungen
Stresses Spannungen
Stresses and strains Spannungen und Verformungen
Stresses and strength of main components Beanspruchung und Festigkeit der wichtigsten Bauteile
Stresses in bars and beams Beanspruchung stabförmiger Bauteile
Stretch-forming Streckziehen
Structural integrity assessment Festigkeitsnachweis
Structure and characteristics of plastics Kunststoffe, Aufbau und Verhalten von
Structure and variables of the control loop Struktur und Größen des Regelkreises
Structure definition Strukturfestlegung
Structure intensity and structure-borne noise flow Strukturintensität und Körperschallfluss
Structure of Processing Machines Struktur von Verarbeitungsmaschinen
Structure of production Organisation der Produktion
Structure of tribological systems Struktur tribologischer Systeme
Structure representation Strukturmodellierung
Structure-borne noise function Körperschallfunktion
Structures of metrology Strukturen der Messtechnik
Submerse fermentations Submerskultivierung
Substrate limitation of growth Substratlimitiertes Wachstum
Suction throttling Saugdrosselregelung
Sun power stations Sonnenenergie, Anlagen zur Nutzung
Supercharging Aufladung von Motoren
Superheater und Reheater Überhitzer und Zwischenüberhitzer
Superplastic forming of sheet Superplastisches Umformen von Blechen
Superposition of preload and working loads Überlagerung von Vorspannkraft und Betriebslast
Support reactions Auflagerreaktionen an Körpern
Surface analysis Oberflächenanalytik
Surface coating Beschichten
Surface condensers Oberflächenkondensatoren
Surface effects Oberflächeneinflüsse
Surface fermentations Oberflächenkultivierung
Surface grinding machines Planschleifmaschinen
Surface measurement Oberflächenmesstechnik
Survey Gliederung
Suspension and dampening Federung und Dämpfung
Switchgear Schaltgeräte
Switching and control Schaltung und Regelung
Switching stations Schaltanlagen
Swivel guides Drehführungen
Synchronous linear motor Synchronlinearmotoren
Synchronous machines Synchronmaschinen

Synthetic fuels Künstliche Brenngase
Synthetic liquid fuels Künstliche flüssige Brennstoffe
Synthetic solid fuels Künstliche feste Brennstoffe
System and classification of measuring quantities Einheitensystem und Gliederung der Messgrößen der Technik
System interrelationship Systemzusammenhang
System of forces in space Kräftesystem im Raum
System parameters Angaben zum System
Systematic Systematik
Systematic approach Methodisches Vorgehen
Systematic of handling systems Einteilung von Handhabungseinrichtungen
Systematics of distribution conveyors Systematik der Verteilförderer
Systems and components of heating systems Systeme und Bauteile der Heizungstechnik
Systems for occupant protection Systeme für den Insassenschutz
Systems for simultaneous cooling- and heating-operation Systeme für gleichzeitigen Kühl- und Heizbetrieb
Systems of coplanar forces Ebene Kräftegruppe
Systems of coplanar forces Kräftesystem in der Ebene
Systems of rigid bodies Systeme starrer Körper
Systems with heat addition Systeme mit Wärmezufuhr
Systems with non-linear spring characteristics Schwinger mit nichtlinearer Federkennlinie oder Rückstellkraft
Systems with one degree of freedom (DOF) Systeme mit einem Freiheitsgrad
Systems with variable mass Systeme mit veränderlicher Masse
Systems, boundaries of systems, surroundings Systeme, Systemgrenzen, Umgebung
Tapping Gewindebohren
Task and Classification Aufgabe und Einordnung
Task, Definition Aufgabe
Tasks of assembly and disassembly Aufgaben der Montage und Demontage
TDM/PDM systems TDM-/PDM-Systeme
Technical product documentation Erstellung von Dokumenten
Technological effects Technologische Einflüsse
Technology Technologie
Temperature equalization in simple bodies Temperaturausgleich in einfachen Körpern
Temperature profile Temperaturverläufe
Temperature scales Temperaturskalen
Temperatures Temperaturen
Temperatures. Equilibria Temperaturen. Gleichgewichte
Tension and compression stress Zug- und Druckbeanspruchung
Tension test Zugversuch
Terminology definitions and overview Begriffsbestimmungen und Übersicht
Terminology, classification Benennungen
Test methods Prüfverfahren
The catenary Seil unter Eigengewicht (Kettenlinie)
The design process Konstruktionsprozess
The motion of a particle Bewegung eines Punkts
The principle of irreversibility Das Prinzip der Irreversibilität
Theoretical gas-turbine cycles Idealisierte Kreisprozesse
Theory of elasticity Elastizitätstheorie
Theory of plasticity Plastizitätstheorie
Thermal apparatus engineering and industrial furnaces Thermischer Apparatebau und Industrieöfen
Thermal equilibrium Thermisches Gleichgewicht
Thermal expansion Wärmedehnung
Thermal power plants Wärmekraftanlagen
Thermal process engineering Thermische Verfahrenstechnik
Thermal properties of gases and vapours Thermische Zustandsgrößen von Gasen und Dämpfen
Thermal quantities Thermische Messgrößen
Thermal similarity Thermische Ähnlichkeit
Thermal stresses Thermische Beanspruchung
Thermal treatments Thermische Behandlungsprozesse
Thermic overload protection Thermischer Überstromschutz

Thermodynamic and fluid dynamic design Wärme- und strömungstechnische Auslegung
Thermodynamic calculations Wärmetechnische Berechnung
Thermodynamic design of recuperators Wärmetechnische Auslegung von Rekuperatoren
Thermodynamic design of regenerators Wärmetechnische Auslegung von Regeneratoren
Thermodynamic laws Thermodynamische Gesetze
Thermodynamics Thermodynamik
Thermodynamics of substances Stoffthermodynamik
Thermosets Duroplaste
Thin-walled tubes (Bredt-Batho theory) Dünnwandige Hohlquerschnitte (Bredtsche Formeln)
Thread and gear measurement Gewinde- und Zahnradmesstechnik
Thread chasing Gewindestrehlen
Thread cutting with dies Gewindeschneiden
Thread forming Gewindefurchen
Thread grinding Gewindeschleifen
Thread locking devices Sicherung von Schraubenverbindungen
Thread milling Gewindefräsen
Thread pressing Gewindedrücken
Thread production Gewindefertigung
Thread rolling Gewindewalzen
Three phase transformers Drehstromtransformatoren
Three-dimensional and plane stresses Räumlicher und ebener Spannungszustand
Three-phase drives Drehstromantriebe
Three-phase-current Drehstrom
Throttle controlled drives Stromteilgetriebe
Throughput Durchsatz
Thyristor characteristics and data Thyristorkennlinien und Daten
Thyristors Thyristoren
Tilt tray sorter Kippschalensorter
Tin Zinn
Tires and Rims Reifen und Felgen
Titanium alloys Titanlegierungen
Tools Werkzeuge
Tools and methods Werkzeuge und Methoden
Tools for primary forming Urformwerkzeuge
Tooth errors and tolerances, backlash Verzahnungsabweichungen und -toleranzen, Flankenspiel
Tooth loads, bearing loads Zahnkräfte, Lagerkräfte
Tooth profile Zahnform
Tooth traces and tooth profiles Flankenlinien und Formen der Verzahnung
Torque converter Kennungswandler
Torque convertors Föttinger-Wandler
Torque motors Torquemotoren
Torques, powers, efficiencies Drehmomente, Leistungen, Wirkungsgrade
Torque-sensitive clutches (slip clutches) Drehmomentgeschaltete Kupplungen
Torsion Torsionsbeanspruchung
Torsion bar springs Drehstabfedern (gerade, drehbeanspruchte Federn)
Torsion with warping constraints Wölbkrafttorsion
Torsional buckling Biegedrillknicken
Torsional vibrations Drehschwingungen
Torsional vibrator with two masses Drehschwinger mit zwei Drehmassen
Torsionally stiff self-aligning couplings Drehstarre Ausgleichskupplungen
Total driving resistance Gesamtwiderstand
Total efficiency Totaler Wirkungsgrad
Tower cranes Turmdrehkrane
Traction drives Reibradgetriebe
Traction forces diagram Zugkraftdiagramm
Train driving resistance Fahrwiderstand
Transfer lines and automated production lines Transferstraßen und automatische Fertigungslinien
Transformation of Michaelis-Menten-equation Transformationen der Michaelis-Menten-Gleichung
Transformation of primary energy into useful energy Wandlung von Primärenergie in Nutzenergie
Transformation of regenerative energies Wandlung regenerativer Energien
Transformers Transformatoren und Wandler
Transient heat conduction Nichtstationäre Wärmeleitung
Transient operating characteristics Instationäres Betriebsverhalten

Transient phenomena Ausgleichsvorgänge
Transistors Transistoren
Translation Translation (Parallelverschiebung, Schiebung)
Translational motion Querbewegung
Transmission ratio, gear ratio, torque ratio Übersetzung, Zähnezahlverhältnis, Momentenverhältnis
Transmission units Getriebe
Transmission with variable displacement units Getriebe mit Verstelleinheiten
Transport units (TU) and transport aids (TA) Transporteinheiten (TE) und Transporthilfsmittel (THM)
Transportation technology Fahrzeugtechnik
Transverse shear stresses Abscherbeanspruchung
Triangular plate Gleichseitige Dreieckplatte
Tribological characteristics Tribologische Kenngrößen
Tribology Tribologie
Tribotechnic materials Tribotechnische Werkstoffe
Troughed chain conveyors Trogkettenförderer
Truck mixers Transportbetonmischer
True flow through cascades Reale Strömung durch Gitter
Tunnel furnace Tunnelwagenofen
Turbine Turbine
Turbocompressors Turboverdichter
Turbomachinery characteristics Ähnlichkeitskennfelder
Turning Drehen
Turning gear Läufer-Dreheinrichtung
Turret drilling machines Revolverbohrmaschinen
Two-position control Zweipunkt-Regelung
Type of engine, type of combustion process Arbeitsverfahren bei Verbrennungsmotoren
Type selection Auswahlgesichtspunkte
Types Ausführungen
Types Bauarten
Types and accessories Bauarten und Zubehör
Types and applications Bauarten und Anwendungsgebiete
Types and components Bauformen und Baugruppen
Types and Sizes Typen und Bauarten
Types of bolt and nut Schrauben- und Mutterarten
Types of brakes Bremsenbauarten
Types of construction Bauausführungen
Types of construction and shaft heights Bauformen und Achshöhen
Types of cost Kostenartenrechnung
Types of cranes Kranarten
Types of engineering design Konstruktionsarten
Types of equilibrium Gleichgewicht, Arten
Types of heat exchangers Bauarten von Wärmeübertragern
Types of linear controllers Lineare Regler, Arten
Types of nuclear reactors Bauarten von Kernreaktoren
Types of planar mechanisms Ebene Getriebe, Arten
Types of position data registration Positionswerterfassung, Arten
Types of semi-conductor valves Ausführungen von Halbleiterventilen
Types of signals Signalarten
Types of steam generator Ausgeführte Dampferzeuger
Types of support, the „free body“ Lagerungsarten, Freimachungsprinzip
Types of thread Gewindearten
Types of tooth damage and remedies Zahnschäden und Abhilfen
Types of weld and joint Stoß- und Nahtarten
Types, applications Bauarten, Anwendungen
Types, applications Formen, Anwendungen
Types, examples Bauarten, Beispiele
Typical combinations of materials Gebräuchliche Werkstoffpaarungen
Ultrasonic processing Ultraschallverfahren
Under-carriage Fahrwerk
Unequal capacitive currents Ungleiche Kapazitätsstromverhältnisse
Uniform bars under constant axial load Stäbe mit konstantem Querschnitt und konstanter Längskraft
Universal lathes Universaldrehmaschinen
Universal milling machines Universal-Werkzeugfräsmaschinen
Universal motor Universalmotoren

Unstable operation of compressors Instabiler Betriebsbereich bei Verdichtern
Unsteady state processes Instationäre Prozesse
Upsetting Stauchen
Upsetting of cylindrical parts Stauchen zylindrischer Körper
Upsetting of square parts Stauchen rechteckiger Körper
Use of CAD/CAM CAD/CAM-Einsatz
Use of exponent-equations Anwenden von Exponentengleichungen
Use of material Materialeinsatz
Use of space Flächenverbrauch
Valuation method of determine the noise power level Abschätzverfahren zur Bestimmung des Schallleistungspegels
Valve gear Steuerorgane für den Ladungswechsel
Valve lay out Ventilauslegung
Valve location Ventileinbau
Valves Hydroventile
Valves Ventile und Klappen
Valves and fittings Armaturen
Vane compressors Rotationsverdichter
Vanetype pumps Flügelzellenpumpen
Vapours Dämpfe
Varactors Kapazitätsdioden
Variables of the control loop Größen des Regelkreises
V-belts Keilriemen
Vehicle airconditioning Fahrzeuganlagen
Vehicle electric and electronic Fahrzeugelektrik, -elektronik
Vehicle emissions Fahrzeugabgase
Vehicle gauge Fahrzeugbegrenzungsprofil
Vehicle principles Fahrzeugarten
Vehicle safety Fahrzeugsicherheit
Vehicle vehicles Kraftfahrzeuge
Velocities, loading parameters Geschwindigkeiten, Beanspruchungskennwerte
Velocity and speed measurement Geschwindigkeits- und Drehzahlmesstechnik
Ventilation Lüftung
Ventilation by roof ventilators Dachaufsatzlüftung
Ventilation by wells Schachtlüftung
Ventilation by windows Fensterlüftung
Versatile manufacturing systems Wandlungsfähige Fertigungssysteme
Vertical dynamic Vertikaldynamik
Vertical injection Quereinblasung
Vibrating conveyors Schwingförderer
Vibration of blades Schaufelschwingungen
Vibration of continuous systems Schwingungen der Kontinua
Vibration of systems with periodically varying parameters (Parametrically excited vibrations) Schwingungen mit periodischen Koeffizienten (rheolineare Schwingungen)
Vibrations Schwingungen
Vibrations of a multistage centrifugal pump Biegeschwingungen einer mehrstufigen Kreiselpumpe
Virtual product creation Virtuelle Produktentstehung
Viscosimetry Viskosimetrie
Voidage Lückengrad
Voltage induction Spannungsinduktion
Voltage transformers Spannungswandler
Volume flow, impeller diameter, speed Volumenstrom, Laufraddurchmesser, Drehzahl
Volume, flow rate, fluid velocity Volumen, Durchfluss, Strömungsgeschwindigkeit
Volumetric efficiencies Liefergrade
Volumetric losses Volumetrische Verluste
VR /AR systems VR-/AR-Systeme
Walking beam furnace Hubbalkenofen
Wall thickness Wanddicke ebener Böden mit Ausschnitten
Wall thickness of round even plain heads with inserted nuts Wanddicke verschraubter runder ebener Böden ohne Ausschnitt
Warehouse technology and material handling system technology Lager- und Systemtechnik
Water circuits Wasserkreisläufe
Water management Wasserwirtschaft
Water power Wasserenergie
Water power plant Wasserkraftanlagen
Water treatment Wasserbehandlung
Water turbines Wasserturbinen
Water wheels and pumped-storage plants Laufwasser- und Speicherkraftwerke
Wear Verschleiß
Wear initiated corrosion Korrosionsverschleiß

Wedge-shaped plate under point load Keilförmige Scheibe unter Einzelkräften
Weight Gewichte
Welding and soldering (brazing) machines Schweiß- und Lötmaschinen
Welding processes Schweißverfahren
Wheel set Radsatz
Wheel suspension Radaufhängung und Radführung
Wheel types Radbauarten
Wheel-rail-contact Rad-Schiene-Kontakt
Wheels Räder
Whole mechanism Gesamtmechanismus
Wind Wind
Wind energy Windenergie
Wind power stations Windkraftanlagen
Wing Tragflügel
Wire drawing Drahtziehen
Wood Holz
Work Arbeit
Work cycle, volumetric efficiencies and pressure losses Arbeitszyklus, Liefergrade und Druckverluste
Working cycle Arbeitszyklus
Working fluid Arbeitsfluid
Working interrelationship Wirkzusammenhang
Working principle and equivalent circuit diagram Wirkungsweise und Ersatzschaltbilder
Workpiece properties Werkstückeigenschaften
Worm gears Schneckengetriebe
Yeasts Hefen
Z-Diodes Z-Dioden
Zeroth law and empirical temperature Nullter Hauptsatz und empirische Temperatur
Zinc and zinc alloys Zink und seine Legierungen

Stichwortverzeichnis

B

Z

Ihr kostenloses eBook

Vielen Dank für den Kauf dieses Buches. Sie haben die Möglichkeit, das eBook zu diesem Titel kostenlos zu nutzen. Das eBook können Sie dauerhaft in Ihrem persönlichen, digitalen Bücherregal auf **springer.com** speichern, oder es auf Ihren PC/Tablet/eReader herunterladen.

1. Gehen Sie auf **www.springer.com** und loggen Sie sich ein. Falls Sie noch kein Kundenkonto haben, registrieren Sie sich bitte auf der Webseite.
2. Geben Sie die eISBN (siehe unten) in das Suchfeld ein und klicken Sie auf den angezeigten Titel. Legen Sie im nächsten Schritt das eBook über **eBook kaufen** in Ihren Warenkorb. Klicken Sie auf **Warenkorb und zur Kasse gehen**.
3. Geben Sie in das Feld **Coupon/Token** Ihren persönlichen Coupon ein, den Sie unten auf dieser Seite finden. Der Coupon wird vom System erkannt und der Preis auf 0,00 Euro reduziert.
4. Klicken Sie auf **Weiter zur Anmeldung**. Geben Sie Ihre Adressdaten ein und klicken Sie auf **Details speichern und fortfahren**.
5. Klicken Sie nun auf **kostenfrei bestellen**.
6. Sie können das eBook nun auf der Bestätigungsseite herunterladen und auf einem Gerät Ihrer Wahl lesen. Das eBook bleibt dauerhaft in Ihrem digitalen Bücherregal gespeichert. Zudem können Sie das eBook zu jedem späteren Zeitpunkt über Ihr Bücherregal herunterladen. Das Bücherregal erreichen Sie, wenn Sie im oberen Teil der Webseite auf Ihren Namen klicken und dort **Mein Bücherregal** auswählen.

EBOOK INSIDE

eISBN 978-3-662-59715-6

Ihr persönlicher Coupon SxZHP5j23qWz6ZK

Sollte der Coupon fehlen oder nicht funktionieren, senden Sie uns bitte eine E-Mail mit dem Betreff: **eBook inside** an **customerservice@springer.com**.

E

H

L

N

Q

R

S

W